昆虫2.8万
名前大辞典

日外アソシエーツ

A Name Dictionary of 28,000 Insects

Compiled by
Nichigai Associates, Inc.

© 2009 by Nichigai Associates, Inc.

Printed in Japan

本書はディジタルデータでご利用いただくことができます。詳細はお問い合わせください。

●編集担当● 星野 裕
装 丁：浅海 亜矢子

刊行にあたって

　「堤中納言物語」の中の一編「虫愛づる姫君」を例に出すまでもなく、日本人は万葉の時代から多くの昆虫やムシ（クモ・多足類など）に囲まれて暮らしている。数年前には子供たちの間で昆虫を扱ったカードゲームが大流行し、その影響でカブトムシやクワガタなど甲虫の飼育が今なおブームとなっている。昆虫およびムシ類は地球上のありとあらゆる場所に生息しており、その数は地球上の全生物の7割を占めているという。昆虫が減ったと言われる都会でも、土・緑・水がある場所には必ずと言って良いほど昆虫がいるものである。

　昆虫・ムシ類のことを調べたい場合には、昆虫・ムシ類を扱った事典や図鑑にあたればよいが、実際には「蝶」「クモ」「甲虫」「トンボ」「害虫」など分野別・種類別に分けて刊行・掲載されていることが多いため、昆虫・ムシ類の基本的な情報をあらかじめ知っていないと調査が難しい。何巻にもわたる事典・図鑑であれば、目的の昆虫・ムシ類が掲載されている可能性が高いが、調査には手間と時間がかかってしまう。また、別名・異名で掲載されていれば、その関係に気づくこともできない。そこで、ひとまず基礎的な知識を得ることのできるツールが必要となる。

　本書は見出し数28,000という国内最大規模の「昆虫の名前」辞典である。本格的な研究調査を始める前の「基礎調査」に役立つよう、学名・英名、科名、正式名・別名、分布といった、最低限必要な情報を記載した。本書だけでも昆虫・ムシ類の概略が分かるので、この一冊で調査が完了することもあるかもしれない。

また本書で"あたり"を付けておいて、さらに詳しい図鑑・事典を参照する、という使い方もできるだろう。
　なお目的の昆虫がどの事典・図鑑にどんな見出しで掲載されているのかを調べるツールとして「昆虫レファレンス事典」(2005年5月刊)がある。併せてご利用いただきたい。
　本書が、昆虫・ムシの調査・研究の一助となることを願う。

　　2008年12月

　　　　　　　　　　　　　　　　　　　　日外アソシエーツ

凡　例

１．本書の内容

　　本書は、昆虫・ムシ類を名前の五十音順に並べた辞典である。見出しとしての名前の他、漢字表記、学名、科名、正式名、大きさ、形状など、昆虫の特定に必要な情報を簡便に記載したものである。

２．収録対象

　　国内の代表的な図鑑・百科事典に掲載されている昆虫およびムシ類28,000件を収録した。

３．記載事項

〈例〉

キマダラツバメエダシャク　黄斑燕枝尺蛾　〈*Thinopteryx crocoptera*〉昆虫綱鱗翅目エダシャク亜科の蛾。翅はオレンジ色がかった黄色，前翅の前端には灰褐色の点。開張5.5～6.0mm。分布：インド，スリランカ，中国，日本，マレーシア，ジャワ。

(1) 見出し

　　昆虫・ムシ類の一般的な名称を見出しとして採用し、カナ読みを示した。漢字表記がある場合は、カナ読みの後に示した。見出しと異なる別名等は適宜、別見出しとして立てた。

(2) 排列

　1) 見出しの五十音順に排列した。
　2) 濁音・半濁音は清音扱いとし、ヂ→ジ、ヅ→ズとした。また拗促音は直音扱いとし、長音（音引き）は無視した。

(3) 記述
　見出しとした昆虫・ムシ類に関する記述の内容と順序は以下の通りである。

　　　　　〈学名 または 英名〉　解説

1) 学名(英名)
　可能な限り学名を示した。学名が不明の場合は英名を示した。
2) 解説
　昆虫・ムシ類を同定するための情報して、科名、種類、別名、形状、分布地などを示した。また解説末尾には、出典などにより明らかな場合に限り「害虫」「珍虫」「珍蝶」などの種別を示した。

昆虫2.8万 名前大辞典

【ア】

アイイロオオルリオサムシ〈*Damaster gehini* var.*cyaneoviolaceus*〉昆虫綱甲虫目オサムシ科の甲虫。分布：北海道。

アイイロカミキリモドキ〈*Oedemerina robusta*〉昆虫綱甲虫目カミキリモドキ科の甲虫。

アイイロコジャノメ〈*Mycalesis orseis*〉昆虫綱鱗翅目ジャノメチョウ科の蝶。分布：アッサム，マレーシア，スマトラ。

アイイロコノハチョウ〈*Kallima philarchus*〉昆虫綱鱗翅目タテハチョウ科の蝶。分布：インド，スリランカ。

アイカルスシジミ イカロスシジミの別名。

アイキョウチャイロコガネ〈*Sericania aikyoi*〉昆虫綱甲虫目コガネムシ科の甲虫。

アイヅミドリカワゲラモドキ〈*Isoperla aizuana*〉昆虫綱襀翅目アミメカワゲラ科。

アイデス・アエギタ〈*Aides aegita*〉昆虫綱鱗翅目セセリチョウ科の蝶。分布：ブラジル。

アイデス・アエストゥリア〈*Aides aestria*〉昆虫綱鱗翅目セセリチョウ科の蝶。分布：ブラジル。

アイデス・エピトゥス〈*Aides epitus*〉昆虫綱鱗翅目セセリチョウ科の蝶。分布：パナマからブラジルまで。

アイヌアカコメツキ〈*Ampedus ainu*〉昆虫綱甲虫目コメツキムシ科。

アイヌカスリヒメガガンボ〈*Limnophila aino*〉昆虫綱双翅目ガガンボ科。

アイヌカミキリモドキ〈*Xanthochroa ainu*〉昆虫綱甲虫目カミキリモドキ科の甲虫。体長11～13mm。分布：北海道，本州，四国。害虫。

アイヌキンオサムシ〈*Carabus aino*〉昆虫綱甲虫目オサムシ科の甲虫。体長19～29mm。分布：北海道，南千島。

アイヌキンモンホソガ〈*Phyllonorycter aino*〉昆虫綱鱗翅目ホソガ科の蛾。分布：北海道，朝鮮半島南部。

アイヌケシマグソコガネ〈*Psammodius ainu*〉昆虫綱甲虫目コガネムシ科の甲虫。体長2.0～2.5mm。

アイヌコブスジコガネ〈*Trox aino*〉昆虫綱甲虫目コブスジコガネ科の甲虫。体長11mm。

アイヌコメツキダマシ アイヌ偽叩頭虫〈*Farsus ainu*〉昆虫綱甲虫目コメツキダマシ科の甲虫。体長5～9mm。分布：本州，四国，九州。

アイヌゴモクムシ〈*Harpalus quadripunctatus ainus*〉昆虫綱甲虫目オサムシ科の甲虫。体長8.6～11.3mm。

アイヌチビオオキノコムシ〈*Triplax ainonia*〉昆虫綱甲虫目オオキノコムシ科の甲虫。体長3.0～3.5mm。

アイヌチビマルハナノミ〈*Cyphon ainu*〉昆虫綱甲虫目マルハナノミ科の甲虫。体長3.5～4.8mm。

アイヌツツハムシ〈*Cryptocephalus yamadai*〉昆虫綱甲虫目ハムシ科の甲虫。体長5.0mm。

アイヌツツハムシ アオチビツツハムシの別名。

アイヌツヤヒメコメツキダマシ〈*Xylobius ainu*〉昆虫綱甲虫目コメツキダマシ科の甲虫。体長4.2～5.2mm。

アイヌテントウ〈*Coccinella ainu*〉昆虫綱甲虫目テントウムシ科の甲虫。体長4.3～5.6mm。

アイヌハンミョウ〈*Cicindela gemmata*〉昆虫綱甲虫目ハンミョウ科の甲虫。体長16～17mm。

アイヌホソコバネカミキリ〈*Necydalis aino*〉昆虫綱甲虫目カミキリムシ科ハナカミキリ亜科の甲虫。体長27～33mm。分布：北海道。

アイヌミズギワゴミムシ〈*Bembidion ainu*〉昆虫綱甲虫目オサムシ科の甲虫。体長3.3mm。

アイノオビヒラタアブ〈*Epistrophe aino*〉昆虫綱双翅目ハナアブ科。

アイノカツオゾウムシ〈*Lixus maculatus*〉昆虫綱甲虫目ゾウムシ科の甲虫。体長6.5～12.5mm。分布：北海道，本州(山地)，対馬，伊豆諸島。

アイノクロハナギンガ〈*Chasminodes aino*〉昆虫綱鱗翅目ヤガ科カラスヨトウ亜科の蛾。分布：沿海州，北海道，本州中部以北の山地。

アイノシギゾウムシ〈*Curculio aino*〉昆虫綱甲虫目ゾウムシ科の甲虫。体長3.5～4.0mm。

アイノトリバ〈*Platyptilia ainonis*〉昆虫綱鱗翅目トリバガ科の蛾。分布：北海道，本州。

アイノハナゾウムシ〈*Anthonomus aino*〉昆虫綱甲虫目ゾウムシ科の甲虫。体長3.0～3.2mm。

アイノヒゲボソムシヒキ〈*Grypoctonus aino*〉昆虫綱双翅目ムシヒキアブ科。

アイノホソヒメバチ〈*Cylloceria aino*〉昆虫綱膜翅目ヒメバチ科。

アイノミドリシジミ〈*Chrysozephyrus aurorinus*〉昆虫綱鱗翅目シジミチョウ科ミドリシジミ亜科の蝶。前翅長18～20mm。分布：北海道，本州，四国，九州。

アイモンアツバ〈*Bomolocha rivuligera*〉昆虫綱鱗翅目ヤガ科アツバ亜科の蛾。開張28mm。分布：北海道から九州。

アウカ・コクテイ〈*Auca coctei*〉昆虫綱鱗翅目ジャノメチョウ科の蝶。分布：チリ。

アウギアデス・クリニスス〈*Augiades crinisus*〉昆虫綱鱗翅目セセリチョウ科の蝶。分布：南アメリカ，アマゾン川流域地方。

アウソニア

アウソニアツマキチョウ〈*Euchloe ausonia*〉昆虫綱鱗翅目シロチョウ科の蝶。分布：ピレネー，アルプス山脈南西部。

アウトウミバエコマユバチ〈*Opius aino*〉昆虫綱膜翅目コマユバチ科。

アウドゥレ・アウリニア〈*Audre aurinia*〉昆虫綱鱗翅目シジミタテハ科の蝶。分布：ペルー，ブラジル他。

アウドゥレ・アルビヌス〈*Audre albinus*〉昆虫綱鱗翅目シジミタテハ科の蝶。分布：パナマからベネズエラまで。

アウドゥレ・エプルス〈*Audre epulus*〉昆虫綱鱗翅目シジミタテハ科の蝶。分布：ギアナ，ブラジル北部からアルゼンチン。

アウドゥレ・エロストゥラトゥス〈*Audre erostratus*〉昆虫綱鱗翅目シジミタテハ科の蝶。分布：ベネズエラ，コロンビア，パナマ。

アウドゥレ・キレンシス〈*Audre chilensis*〉昆虫綱鱗翅目シジミタテハ科の蝶。分布：チリのアンデス山地，アルゼンチン。

アウドゥレ・ドビナ〈*Audre dovina*〉昆虫綱鱗翅目シジミタテハ科の蝶。分布：アルゼンチン，ボリビア。

アウトクトン・ケッルス〈*Autochton cellus*〉昆虫綱鱗翅目セセリチョウ科の蝶。分布：中央アメリカからニューヨーク州まで。

アウトクトン・ボクス〈*Autochton bocus*〉昆虫綱鱗翅目セセリチョウ科の蝶。分布：ギアナ，コロンビア，トリニダード。

アウトクラトールウスバシロチョウ〈*Parnassius autocrator*〉昆虫綱鱗翅目アゲハチョウ科の蝶。分布：アフガニスタン，パミール。

アウラコトマ・テヌエリンバタ〈*Aulacotoma tenuelimbata*〉昆虫綱甲虫目カミキリムシ科の甲虫。分布：マダガスカル。

アウラデラ・クレニコスタ〈*Auladera crenicosta*〉昆虫綱甲虫目ゴミムシダマシ科。分布：チリ。

アウランティアカメダマヤママユ〈*Automeris aurantiaca*〉昆虫綱鱗翅目ヤママユガ科の蛾。分布：ブラジル南部からアルゼンチン北部。

アウレア・アウレア〈*Aurea aurea*〉昆虫綱鱗翅目シジミチョウ科の蝶。分布：マレーシア，スマトラ，ボルネオ。

アウレア・トゥロゴン〈*Aurea trogon*〉昆虫綱鱗翅目シジミチョウ科の蝶。分布：マレーシア，スマトラ，ボルネオ。

アエカス・アエカス〈*Aecas aecas*〉昆虫綱鱗翅目セセリチョウ科の蝶。分布：パナマからブラジル，トリニダードまで。

アエギアレ・ヘスペリアリス〈*Aegiale hesperiaris*〉昆虫綱鱗翅目セセリチョウ科の蝶。分布：メキシコ。

アエティオパナ・ホノリウス〈*Aethiopana honorius*〉昆虫綱鱗翅目シジミチョウ科の蝶。分布：アフリカ西部・中央部。

アエティオプスベニヒカゲ〈*Erebia aethiops*〉昆虫綱鱗翅目ジャノメチョウ科の蝶。分布：ヨーロッパ西部，ウラル，コーカサス。

アエティッラ・エキナ〈*Aethilla echina*〉昆虫綱鱗翅目セセリチョウ科の蝶。分布：メキシコからコロンビアおよびエクアドルまで。

アエティッラ・メンミウス〈*Aethilla memmius*〉昆虫綱鱗翅目セセリチョウ科の蝶。分布：ベネズエラ。

アエティッラ・ラテル〈*Aethilla later*〉昆虫綱鱗翅目セセリチョウ科の蝶。分布：ペルー。

アエティッラ・ラボクレア〈*Aethilla lavochrea*〉昆虫綱鱗翅目セセリチョウ科の蝶。分布：中央アメリカおよび南アメリカ。

アエドンアグリアス アエドンミイロタテハの別名。

アエドンミイロタテハ〈*Agrias aedon*〉昆虫綱鱗翅目タテハチョウ科の蝶。開張80mm。分布：メキシコからコロンビア。珍蝶。

アエネアスマエモンジャコウアゲハ〈*Parides aeneas*〉昆虫綱鱗翅目アゲハチョウ科の蝶。分布：ペルー，ボリビア，ギアナ，オリノコ川上流，アマゾン川上流。

アエモナ・アマトゥシア〈*Aemona amathusia*〉昆虫綱鱗翅目ワモンチョウ科の蝶。分布：アッサム。

アエモナ・オーバーチューリ〈*Aemona oberthueri*〉昆虫綱鱗翅目ワモンチョウ科の蝶。分布：中国西部。

アエモナ・レナ〈*Aemona lena*〉昆虫綱鱗翅目ワモンチョウ科の蝶。分布：ミャンマー。

アエリア・エウリメディア〈*Aeria eurimedia*〉昆虫綱鱗翅目トンボマダラ科の蝶。分布：ギアナ，アマゾン下流地方。

アエロマクス・スティグマタ〈*Aeromachus stigmata*〉昆虫綱鱗翅目セセリチョウ科の蝶。分布：ヒマラヤ。

アエロマクス・ドゥビウス〈*Aeromachus dubius*〉昆虫綱鱗翅目セセリチョウ科の蝶。分布：インドから中国まで。

アエロマクス・プルムベオラ〈*Aeromachus plumbeola*〉昆虫綱鱗翅目セセリチョウ科の蝶。分布：フィリピン。

アオアカガネヨトウ〈*Karana laetevirens*〉昆虫綱鱗翅目ヤガ科カラスヨトウ亜科の蛾。開張34～38mm。分布：沿海州, 北海道から九州, 対馬, 屋久島, 奄美大島。

アオアカタテハモドキ〈*Junonia octavia sesamus*〉昆虫綱鱗翅目タテハチョウ科の蝶。分布：エチオピア区のほとんど全域。

アオアカメセセリ〈*Matapa sasivarna*〉昆虫綱鱗翅目セセリチョウ科の蝶。

アオアシナガハナムグリ〈*Gnorimus subopacus*〉昆虫綱甲虫目コガネムシ科の甲虫。体長17～22mm。分布：北海道, 本州, 四国, 九州。

アオアツバ〈*Hypena subcyanea*〉昆虫綱鱗翅目ヤガ科アツバ亜科の蛾。分布：沖縄本島, 台湾, 朝鮮半島。

アオアトキリゴミムシ〈*Calleida onoha*〉昆虫綱甲虫目オサムシ科の甲虫。体長7.0～9.5mm。

アオイガ〈*Xanthodes albago*〉昆虫綱鱗翅目ヤガ科コヤガ亜科の蛾。分布：地中海沿岸からアフリカ, インド, 東南アジア, 台湾, 石垣島。

アオイチモンジ〈*Limenitis astyanax*〉昆虫綱鱗翅目タテハチョウ科の蝶。分布：フロリダ州からニューイングランド州まで。

アオイトトンボ 青糸蜻蛉〈*Lestes sponsa*〉昆虫綱蜻蛉目アオイトトンボ科の蜻蛉。体長40mm。桜桃, 林檎に害を及ぼす。分布：北海道から九州。

アオイラガ 青刺蛾〈*Latoia consocia*〉昆虫綱鱗翅目イラガ科の蛾。開張29～32mm。柿, ナシ類, 栗に害を及ぼす。分布：本州, 四国, 九州, 朝鮮半島, シベリア南東部, 中国。

アオウスズミタカネヒカゲ〈*Oeneis ivalida*〉昆虫綱鱗翅目ジャノメチョウ科の蝶。分布：カリフォルニア州。

アオウスチャコガネ〈*Phyllopertha intermixta*〉昆虫綱甲虫目コガネムシ科の甲虫。体長8～11mm。分布：北海道, 本州, 四国, 九州。

アオウバタマムシ〈*Chalcophora japonica oshimana*〉昆虫綱甲虫目タマムシ科。

アオオオヅハンミョウ〈*Megacephala megacephala*〉昆虫綱甲虫目ハンミョウ科。分布：アフリカ西部・中央部。

アオオサムシ 青歩行虫〈*Carabus insulicola*〉昆虫綱甲虫目オサムシ科の甲虫。体長25～32mm。分布：本州（関東, 中部以北）。害虫。

アオオニグモ〈*Araneus pentagrammicus*〉蛛形綱クモ目コガネグモ科の蜘蛛。体長雌9～10mm, 雄5～6mm。分布：本州, 四国, 九州。

アオオビイチモンジ〈*Limenitis daraxa*〉昆虫綱鱗翅目タテハチョウ科の蝶。分布：インドからマレーシア, ボルネオおよびインドシナ半島まで。

アオオビクビナガゴミムシ〈*Ophicnea indica*〉昆虫綱甲虫目ゴミムシ科。

アオオビクビナガゴミムシ クビナガゴミムシの別名。

アオオビナガクチキムシ 青帯長朽木虫〈*Osphya orientalis*〉昆虫綱甲虫目ナガクチキムシ科の甲虫。体長5～9mm。分布：本州, 四国。

アオオビハエトリ〈*Silerella vittata*〉蛛形綱クモ目ハエトリグモ科の蜘蛛。体長雌5～7mm, 雄5～6mm。分布：本州, 四国, 九州, 南西諸島。

アオオビハエトリの一種〈*Silerella sp.*〉蛛形綱クモ目ハエトリグモ科の蜘蛛。体長雌7mm, 雄4mm。分布：沖縄。

アオオビハデツヤカミキリ〈*Calloplophora graafi*〉昆虫綱甲虫目カミキリムシ科の甲虫。分布：スマトラ, ボルネオ。

アオカタビロオサムシ〈*Calosoma cyanescens*〉昆虫綱甲虫目オサムシ科の甲虫。体長19～24mm。分布：北海道, 本州（北部）。

アオカナブン〈*Rhomborrhina unicolor*〉昆虫綱甲虫目コガネムシ科の甲虫。体長25～29mm。林檎に害を及ぼす。分布：北海道, 本州, 四国, 九州。

アオガネヒメサルハムシ〈*Nodina chalcosoma*〉昆虫綱甲虫目ハムシ科の甲虫。体長1.8～2.3mm。葡萄に害を及ぼす。

アオカブリモドキ〈*Damaster smaragdinus*〉昆虫綱甲虫目オサムシ科の甲虫。分布：中国北部・東北部, 朝鮮半島, ウスリー, アムール, バイカル。

アオカミキリ〈*Schwarzerium quadricolle*〉昆虫綱甲虫目カミキリムシ科カミキリ亜科の甲虫。体長21～30mm。楓（紅葉）に害を及ぼす。分布：北海道, 本州, 四国, 九州, 屋久島。

アオカミキリモドキ 青擬天牛〈*Xanthochroa waterhousei*〉昆虫綱甲虫目カミキリモドキ科の甲虫。体長8～12mm。分布：北海道, 本州, 四国, 九州。害虫。

アオカメノコハムシ〈*Cassida rubiginosa*〉昆虫綱甲虫目ハムシ科の甲虫。体長7mm。分布：本州。

アオキスイカミキリ〈*Phytoecia coeruleimicans*〉昆虫綱甲虫目カミキリムシ科フトカミキリ亜科の甲虫。体長8～9mm。

アオキコナジラミ〈*Aleurotuberculatus aucubae*〉昆虫綱半翅目コナジラミ科。体長0.8mm。桜類, アオキ, モチノキ, 梅, アンズ, ツツジ類, 柑橘に害を及ぼす。分布：本州, 九州, 沖縄。

アオキシロカイガラムシ〈*Pseudaulacaspis cockerelli*〉昆虫綱半翅目マルカイガラムシ科。体長2.5mm。バナナ, グアバ, 桑, トベラ, アオキ, イヌツゲ, ヤシ類, ユズリハ, キウイ, マンゴーに害を及ぼす。分布：九州以北の日本各地。

アオキツメトゲブユ〈*Simulium aokii*〉昆虫綱双翅目ブユ科。体長4mm。分布：北海道，本州，四国，九州。害虫。

アオキノカワゴミムシ〈*Leistus subaeneus*〉昆虫綱甲虫目オサムシ科の甲虫。体長8.0～8.5mm。

アオキノコヨトウ〈*Stenoloba assimilis*〉昆虫綱鱗翅目ヤガ科の蛾。分布：沿海州，本州，四国，九州。

アオキノハタテハ〈*Anaea glauce*〉昆虫綱鱗翅目タテハチョウ科の蝶。分布：アマゾン上流地方，コロンビア。

アオキヒゲナガアブラムシ〈*Aulacorthum linderae*〉昆虫綱半翅目アブラムシ科。アオキに害を及ぼす。

アオキミズギワヨツメハネカクシ〈*Psephidonus aokii*〉昆虫綱甲虫目ハネカクシ科の甲虫。体長3.6～4.0mm。

アオギリチビガ〈*Bucculatrix firmianella*〉昆虫綱鱗翅目チビガ科の蛾。開張6～8mm。アオギリに害を及ぼす。分布：本州，四国，九州。

アオクサカメムシ 青臭亀虫〈*Nezara antennata*〉昆虫綱半翅目カメムシ科。体長12～16mm。キク科野菜，桃，スモモ，林檎，柑橘，タバコ，ダリア，金魚草，隠元豆，小豆，ササゲ，豌豆，空豆，オクラ，アブラナ科野菜，イネ科作物，柿，ナシ類，ナス科野菜，大豆に害を及ぼす。分布：北海道，本州，四国，九州，南西諸島。

アオクチナガハナゾウムシ〈*Euphyllobiomorphus kurosawai*〉昆虫綱甲虫目ゾウムシ科の甲虫。体長4.6～5.5mm。

アオクチブトカメムシ 青口太亀虫〈*Dinorhynchus dybowskyi*〉昆虫綱半翅目カメムシ科。体長18～23mm。分布：北海道，本州，四国，九州。

アオグロアカハネムシ〈*Tydessa levisi*〉昆虫綱甲虫目アカハネムシ科の甲虫。体長4.0～4.5mm。

アオグロカミキリモドキ〈*Asclera nigrocyanea*〉昆虫綱甲虫目カミキリモドキ科の甲虫。体長6～9mm。

アオグロケシジョウカイモドキ クロアオケシジョウカイモドキの別名。

アオグロツヤカナブン〈*Ischiosopha lucivorax*〉昆虫綱甲虫目コガネムシ科の甲虫。分布：ニューギニア。

アオグロツヤハムシ〈*Oomorphoides nigrocoeruleum*〉昆虫綱甲虫目ハムシ科。

アオグロナガタマムシ〈*Agrilus viridiobscurus*〉昆虫綱甲虫目タマムシ科の甲虫。体長3.7～5.5mm。

アオグロハシリグモ〈*Dolomedes raptor*〉蛛形綱クモ目キシダグモ科の蜘蛛。体長雌22～25mm，雄12～14mm。分布：北海道，本州，四国，九州。

アオグロヒラタゴミムシ 青黒扁芥虫〈*Agonum chalcomum*〉昆虫綱甲虫目オサムシ科の甲虫。体長7mm。分布：北海道，本州，四国，九州。

アオケンモン〈*Belciades niveola*〉昆虫綱鱗翅目ヤガ科ケンモンヤガ亜科の蛾。開張40～45mm。分布：北海道から九州，アムール，朝鮮半島，中国。

アオコアブ 青小虻〈*Tabanus humilis*〉昆虫綱双翅目アブ科。体長11～13mm。分布：本州，四国，九州。害虫。

アオコシボソハバチ〈*Tenthredo japonica*〉昆虫綱膜翅目ハバチ科。体長12mm。分布：本州，四国。

アオコノハチョウ〈*Kallima horsfieldi*〉昆虫綱鱗翅目タテハチョウ科の蝶。分布：インド，スリランカ。

アオゴマダラカミキリ〈*Anoplophora versteegi*〉昆虫綱甲虫目カミキリムシ科の甲虫。分布：インド，ミャンマー，ラオス，ベトナム北部，マレーシア，インドネシア。

アオゴミムシ 青芥虫〈*Chlaenius pallipes*〉昆虫綱甲虫目オサムシ科の甲虫。体長12～15mm。分布：北海道，本州，四国，九州。

アオコンボウハバチ 青棍棒葉蜂〈*Zaraea lewisii*〉昆虫綱膜翅目コンボウハバチ科。体長11mm。分布：本州。

アオサソリ〈*Heterometrus cyaneus*〉蛛形綱サソリ目コガネサソリ科。体長120～140mm。害虫。

アオサナエ〈*Nihonogomphus viridis*〉昆虫綱蜻蛉目サナエトンボ科の蜻蛉。体長55mm。分布：本州，四国，九州。

アオシャク 青尺蛾 昆虫綱鱗翅目シャクガ科アオシャク亜科のガの総称。

アオジャコウアゲハ〈*Battus philenor*〉昆虫綱鱗翅目アゲハチョウ科の蝶。雄の後翅に青い金属光沢がある。開張7.5～11.0mm。分布：カナダ南部からメキシコ，コスタリカ。

アオシャチホコ〈*Quadricalcarifera japonica*〉昆虫綱鱗翅目シャチホコガ科の蛾。分布：東北地方から四国，九州。

アオシャチホコ オオアオシャチホコの別名。

アオジョウカイ 青浄海〈*Themus cyanipennis*〉昆虫綱甲虫目ジョウカイボン科の甲虫。体長15～20mm。分布：北海道，本州，四国，九州。

アオジロキチョウ〈*Eurema lacteola*〉昆虫綱鱗翅目シロチョウ科の蝶。

アオズキンヨコバイ〈*Batracomorphus mundus*〉昆虫綱半翅目ヨコバイ科。体長6～7mm。葡萄に害を及ぼす。分布：北海道，本州，四国，九州，対馬。

アオスジアオシャク〈*Hemithea marina*〉昆虫綱鱗翅目シャクガ科アオシャク亜科の蛾。開張18～

23mm。分布：本州，四国，九州，対馬，朝鮮半島，中国東部，台湾。

アオスジアオリンガ 〈*Bena fagana*〉昆虫綱鱗翅目ヤガ科リンガ亜科の蛾。前翅は緑色で3本もしくは2本の白色の斜線が走る。開張3～4mm。分布：ヨーロッパ，アジア温帯域を経てシベリア，日本。

アオスジアゲハ 青条揚羽 〈*Graphium sarpedon nipponum*〉昆虫綱鱗翅目アゲハチョウ科の蝶。翅脈で仕切られた青緑色の帯が前翅から後翅にかけてある。開張8～9mm。分布：インド，スリランカ，ミャンマー，インドシナ，マレーシア，中国南部，朝鮮半島，日本，スマトラ，ジャワ，ボルネオ，小スンダ列島，フィリピン，ニューギニア，ソロモン，オーストラリア北部。

アオスジカタゾウムシ 〈*Pachyrrhynchus moniliferus chevrolati*〉昆虫綱甲虫目ゾウムシ科。分布：ルソン島，ポリロ，カタンドワネス，サマール。

アオスジカミキリ 青条天牛 〈*Xystrocera globosa*〉昆虫綱甲虫目カミキリムシ科カミキリ亜科の甲虫。体長15～35mm。分布：本州，四国，九州，佐渡，対馬。

アオスジキハマキ 〈*Pseudargyrotoza diticinctana*〉昆虫綱鱗翅目ハマキガ科の蛾。開張15～16mm。分布：北海道，本州，九州，伊豆諸島(新島)，中国。

アオスジコシブトハナバチ 〈*Amegilla cingulata scnahai*〉昆虫綱膜翅目ミツバチ科。

アオスジコハナバチ 〈*Nomia punctulata*〉昆虫綱膜翅目コハナバチ科。

アオスジコヤガ 〈*Inabaia culta*〉昆虫綱鱗翅目ヤガ科コヤガ亜科の蛾。開張20mm。分布：中国，朝鮮半島，関東以西，九州，対馬，屋久島。

アオスジドリスドクチョウ 〈*Heliconius doris aristomache*〉昆虫綱鱗翅目ドクチョウ科の蝶。分布：中央アメリカ南部からエクアドルまで。

アオスジナミシャク 〈*Echthrocollix minuta*〉昆虫綱鱗翅目シャクガ科ナミシャク亜科の蛾。開張15～17mm。分布：本州(関東以西)，四国，九州，対馬，屋久島，西表島，台湾。

アオスジハナバチ アオスジコハナバチの別名。

アオスジベッコウ 〈*Paracyphononyx alienus*〉昆虫綱膜翅目ベッコウバチ科。体長13mm。分布：本州，四国，九州。

アオスソビキアゲハ 〈*Lamproptera meges*〉昆虫綱鱗翅目アゲハチョウ科の蝶。半透明な前翅と，はかまの裾のような後翅。開張4～5mm。分布：インドから，中国南部，マレーシア，フィリピン，スラウェシ。珍蝶。

アオスネヒラタハバチ 〈*Onycholyda viriditibialis*〉昆虫綱膜翅目ヒラタハバチ科。

アオズムカデ 青頭蜈蚣 〈*Scolopendra subspinipes japonica*〉節足動物門唇脚綱オオムカデ目オオムカデ科の陸上動物。分布：北海道を除く日本各地。害虫。

アオセダカシャチホコ 〈*Rabtala splendida*〉昆虫綱鱗翅目シャチホコ科ウチキシャチホコ亜科の蛾。開張55～65mm。分布：沿海州，北海道から九州。

アオタイヨウモルフォチョウ 〈*Morpho cisseis lilacina*〉昆虫綱鱗翅目モルフォチョウ科の蝶。分布：アマゾン川中流，下流。

アオタテハモドキ 青擬蛺蝶 〈*Junonia orithya*〉昆虫綱鱗翅目タテハチョウ科ヒオドシチョウ亜科の蝶。前翅は黒色，後翅は青色。開張4～6mm。分布：アフリカ，インド，マレーシア，オーストラリア。

アオタマムシ 〈*Eurythyrea tenuistriata*〉昆虫綱甲虫目タマムシ科の甲虫。体長17～28mm。分布：本州(関西以西)，四国，九州。

アオチビケシキスイ 〈*Meligethes praetermissus*〉昆虫綱甲虫目ケシキスイ科の甲虫。体長1.7～2.4mm。

アオチビツツハムシ 〈*Cryptocephalus pumilio*〉昆虫綱甲虫目ハムシ科の甲虫。体長2.0～2.5mm。

アオツヤキノコゴミムシダマシ 〈*Platydema marseuli*〉昆虫綱甲虫目ゴミムシダマシ科の甲虫。体長5mm。分布：本州，四国，九州，吐噶喇列島。

アオツヤダイコクコガネ 〈*Phanaeus igneus*〉昆虫綱甲虫目コガネムシ科の甲虫。分布：北アメリカ。

アオツヤハダコメツキ 〈*Mucromorphus montanus*〉昆虫綱甲虫目コメツキムシ科。体長10～13mm。分布：北海道，本州。

アオツヤハムシ 〈*Stenoluprus cyaneus*〉昆虫綱甲虫目ハムシ科。

アオドウガネ 〈*Anomala albopilosa*〉昆虫綱甲虫目コガネムシ科の甲虫。体長17～22mm。ビワ，葡萄，サトウキビ，サンゴジュ，カナメモチ，桜類，イヌマキ，サツマイモ，苺，柿，パイナップルに害を及ぼす。分布：本州，四国，九州，対馬，南西諸島。

アオトゲムネタマムシ 〈*Psiloptera attenuata*〉昆虫綱甲虫目タマムシ科。分布：ブラジル，パラグアイ，アルゼンチン。

アオナガイトトンボ 〈*Pseudagrion microcephalum*〉昆虫綱蜻蛉目イトトンボ科の蜻蛉。絶滅危惧I類(CR+EN)。体長38mm。

アオナガタマムシ 〈*Agrilus marcopoli*〉昆虫綱甲虫目タマムシ科の甲虫。体長11.5～15.0mm。

アオナミシャク 青波尺蛾 〈*Leptostegna tenerata*〉昆虫綱鱗翅目シャクガ科ナミシャク亜科の蛾。開

張19～24mm。分布：北海道,本州,四国,朝鮮半島,中国,シベリア南東部。

アオニセハムシハナカミキリ〈*Lemula cyanipennis*〉昆虫綱甲虫目カミキリムシ科の甲虫。分布：台湾。

アオネアゲハ〈*Papilio peranthus*〉昆虫綱鱗翅目アゲハチョウ科の蝶。別名ナカルリアゲハ。開張90mm。分布：バリ島,スラウェシ島。珍蝶。

アオネオオセセリ〈*Astraptes fulgerator*〉昆虫綱鱗翅目セセリチョウ科の蝶。分布：テキサス州,メキシコ,中米諸国からブラジル,アルゼンチンまで。

アオネオナガセセリ〈*Urbanus proteus*〉昆虫綱鱗翅目セセリチョウ科の蝶。緑色の光沢。開張4～5mm。分布：アルゼンチンから南アメリカ。

アオネツバメ〈*Tajuria japyx*〉昆虫綱鱗翅目シジミチョウ科の蝶。分布：セレベス。

アオバアシナガハムシ〈*Monolepta fulvicollis*〉昆虫綱甲虫目ハムシ科の甲虫。体長3.2mm。

アオバアリガタハネカクシ 青翅蟻形隠翅虫〈*Paederus fuscipes*〉昆虫綱甲虫目ハネカクシ科アリガタハネカクシ亜科の甲虫。体長6.5～7.0mm。分布：北海道,本州,四国,九州,佐渡,南西諸島。害虫。

アオハエトリ〈*Euophrys heliophaniformis*〉蛛形綱クモ目ハエトリグモ科の蜘蛛。

アオバクチキムシ〈*Allecula aeneipennis*〉昆虫綱甲虫目ゴミムシダマシ科の甲虫。体長7mm。分布：本州。

アオバシャチホコ 青翅天社蛾〈*Zaranga permagna*〉昆虫綱鱗翅目シャチホコガ科ウチキシャチホコ亜科の蛾。開張50～60mm。分布：北海道から九州,対馬,伊豆諸島（御蔵島）。

アオバセセリ 青羽挵蝶〈*Choaspes benjaminii*〉昆虫綱鱗翅目セセリチョウ科の蝶。前翅長23～26mm。分布：本州,四国,九州,南西諸島。

アオバセダカヨトウ〈*Mormo muscivirens*〉昆虫綱鱗翅目ヤガ科カラスヨトウ亜科の蛾。開張54～59mm。分布：中国,朝鮮半島,北海道,九州に至る本土域。

アオハダトンボ 青肌蜻蛉〈*Calopteryx japonica*〉昆虫綱蜻蛉目カワトンボ科の蜻蛉。体長55mm。分布：本州,四国,九州。

アオバチビオオキノコムシ〈*Triplax amoena*〉昆虫綱甲虫目オオキノコムシ科の甲虫。体長4.0～5.5mm。分布：本州。

アオバドウガネトビハムシ〈*Chaetocnema koreana*〉昆虫綱甲虫目ハムシ科の甲虫。体長2.2～2.5mm。

アオバトシラミバエ〈*Ornithomyia avicularia aobatonis*〉昆虫綱双翅目シラミバエ科。体長4.0～7.0mm。害虫。

アオバナガクチキムシ 青翅長朽木虫〈*Melandrya gloriosa*〉昆虫綱甲虫目ナガクチキムシ科の甲虫。体長7.5～15.0mm。分布：北海道,本州,四国,九州。

アオハナカミキリ〈*Anoplodera virens*〉昆虫綱甲虫目カミキリムシ科ハナカミキリ亜科の甲虫。体長12～22mm。分布：樺太,北蒙古,シベリア,欧州。

アオハナムグリ〈*Cetonia roelofsi*〉昆虫綱甲虫目コガネムシ科の甲虫。体長15～20mm。バラ類に害を及ぼす。分布：北海道,本州,四国,九州。

アオバネサルゾウムシ〈*Ceutorhynchus ibukianus*〉昆虫綱甲虫目ゾウムシ科の甲虫。体長2.5～3.0mm。

アオバネサルハムシ 青翅猿葉虫〈*Basilepta fulvipes*〉昆虫綱甲虫目ハムシ科の甲虫。体長3.0～4.5mm。キク,マメ科牧草,柿,林檎,大豆に害を及ぼす。分布：北海道,本州,四国,九州。

アオバネホソクビゴミムシ〈*Brachinus aeneicostis*〉昆虫綱甲虫目ホソクビゴミムシ科。

アオバノコヒゲハムシ〈*Sphenoraia intermedia*〉昆虫綱甲虫目ハムシ科の甲虫。体長4.5～5.0mm。

アオバノメイガ〈*Parotis suralis*〉昆虫綱鱗翅目メイガ科の蛾。分布：西表島,波照間島,東南アジアから太平洋の島々。

アオバハガタキリガ アオバハガタヨトウの別名。

アオバハガタヨトウ〈*Antivaleria viridimacula*〉昆虫綱鱗翅目ヤガ科セダカモクメ亜科の蛾。林檎,桜類に害を及ぼす。分布：沿海州,北海道から九州。

アオバハゴロモ 青羽羽衣〈*Geisha distinctissima*〉昆虫綱半翅目アオバハゴロモ科。体長9～11mm。マサキ,ニシキギ,柑橘,桑,茶,バラ類,牡丹,芍薬,クチナシ,楓(紅葉),サンゴジュ,椿,山茶花,トベラ,カナメモチ,桜類,フジ,イスノキ,アオキ,イヌツゲ,紫陽花,柿,梅,アンズに害を及ぼす。分布：本州,四国,九州,対馬,南西諸島。

アオバヒメハムシ〈*Epaenidea elegans*〉昆虫綱甲虫目ハムシ科の甲虫。体長4.8～6.6mm。

アオバホソハナカミキリ〈*Strangalomorpha tenuis*〉昆虫綱甲虫目カミキリムシ科ハナカミキリ亜科の甲虫。体長11～15mm。分布：本州,四国,九州,佐渡,対馬。

アオバホソハムシ〈*Apophylia viridipennis*〉昆虫綱甲虫目ハムシ科の甲虫。体長4.2～5.0mm。

アオバミドリトビハムシ〈*Crepidodera pluta*〉昆虫綱甲虫目ハムシ科。

アオバミドリトビハムシ ミドリトビハムシの別名。

アオハムシダマシ 青偽葉虫〈Arthromacra viridissima〉昆虫綱甲虫目ゴミムシダマシ科の甲虫。体長9〜12mm。分布：本州，四国，九州。

アオバヤガ〈Anaplectoides prasina〉昆虫綱鱗翅目ヤガ科モンヤガ亜科の蛾。開張45〜50mm。分布：北半球温帯，北海道，東北地方北部(青森，岩手，秋田県)，関東，中部地方の山地。

アオハレギチョウ キアネハレギチョウの別名。

アオヒゲナガゾウムシ〈Eumyllocerus gratiosus〉昆虫綱甲虫目ゾウムシ科の甲虫。体長4.7〜6.5mm。

アオヒゲナガトビケラ 青鬚長飛蝶〈Mystacides azurea〉昆虫綱毛翅目ヒゲナガトビケラ科。分布：北海道，本州，四国。

アオヒゲナガトビケラ属の一種〈Mystacides sp.〉昆虫綱毛翅目ヒゲナガトビケラ科。

アオヒゲボソゾウムシ〈Phyllobius prolongatus〉昆虫綱甲虫目ゾウムシ科の甲虫。体長8〜9mm。

アオビタイトンボ〈Brachydiplax chalybea flavovittata〉昆虫綱蜻蛉目トンボ科の蜻蛉。体長33mm。分布：沖縄本島および北大東島，南大東島。

アオヒメコバネカミキリ〈Epania maruokai〉昆虫綱甲虫目カミキリムシ科カミキリ亜科の甲虫。体長5.5mm。

アオヒメスギカミキリ〈Palaeocallidium chlorizans〉昆虫綱甲虫目カミキリムシ科カミキリ亜科の甲虫。体長11〜17mm。

アオヒメヒゲナガアブラムシ〈Macrosiphoniella yomogifoliae〉昆虫綱半翅目アブラムシ科。

アオビユツツミノガ〈Coleophora amaranthivora〉昆虫綱鱗翅目ツツミノガ科の蛾。分布：北海道，本州。

アオヒラタタマムシ〈Conognatha pretiosissima〉昆虫綱甲虫目タマムシ科。分布：ブラジル。

アオフキバッタ〈Parapodisma subaptera〉昆虫綱バッタ目イナゴ科。体長22〜27mm。分布：本州。

アオフクロキノカワガ〈Labanda sp.〉昆虫綱鱗翅目ヤガ科キノカワガ亜科の蛾。分布：石垣島，西表島。

アオフシラクモヨトウ〈Antapamea conciliata〉昆虫綱鱗翅目ヤガ科カラスヨトウ亜科の蛾。分布：暖温帯，四国，九州，対馬，隠岐，伊豆諸島，御蔵島。

アオフタオチョウ〈Charaxes eupale〉昆虫綱鱗翅目タテハチョウ科の蝶。分布：シエラレオネからニアサランド(マラウイ)まで。

アオフトメイガ〈Orthaga olivacea〉昆虫綱鱗翅目メイガ科フトメイガ亜科の蛾。開張25〜31mm。分布：北海道，本州，四国，九州，対馬，屋久島，奄美大島，沖縄本島，宮古島，西表島，与那国島，台湾，中国。

アオベニモンキチョウ クロロコマモンキチョウの別名。

アオヘリアオゴミムシ〈Chlaenius praefectus〉昆虫綱甲虫目オサムシ科の甲虫。体長16.5〜17.0mm。

アオヘリアカネタテハ〈Callithea leprieuri〉昆虫綱鱗翅目タテハチョウ科の蝶。分布：スリナム，アマゾン下流。

アオヘリアトキリゴミムシ〈Parena latecincta〉昆虫綱甲虫目オサムシ科の甲虫。体長9〜19mm。分布：本州，四国，九州，南西諸島。

アオヘリイナズマ〈Tanaecia julii〉昆虫綱鱗翅目タテハチョウ科の蝶。分布：マレーシア，インド，タイ。

アオヘリオオルリタマムシ〈Megaloxantha purpurascens〉昆虫綱甲虫目タマムシ科。分布：マレーシア，ボルネオ。

アオヘリカメノコカワリタマムシ〈Polybothris blucheaui〉昆虫綱甲虫目タマムシ科。分布：マダガスカル。

アオヘリフクロウ〈Zeuxidia doubledayi〉昆虫綱鱗翅目ワモンチョウ科の蝶。分布：マレーシア，スマトラ，バンカ，ボルネオ。

アオヘリホソゴミムシ 青縁細ゴミ虫〈Drypta japonica〉昆虫綱甲虫目オサムシ科の甲虫。体長9〜10mm。分布：本州，四国，九州。

アオヘリミズギワゴミムシ〈Bembidion leucolenum〉昆虫綱甲虫目オサムシ科の甲虫。体長5.5mm。

アオボシキンカメムシ〈Poecilocoris druraei〉昆虫綱半翅目カメムシ科。分布：ブータン，インド，ミャンマー，中国，台湾，ジャワ，スマトラ。

アオホソゴミムシ〈Drypta ussuriensis〉昆虫綱甲虫目オサムシ科の甲虫。体長8.0〜8.5mm。

アオマイマイカブリ〈Damaster blaptoides fortunei〉昆虫綱甲虫目オサムシ科の甲虫。分布：粟島，山形県西部。

アオマエモンジャコウアゲハ〈Parides vertumnus〉昆虫綱鱗翅目アゲハチョウ科の蝶。分布：コロンビアからボリビア，アマゾン，ギアナ。

アオマダラタマムシ〈Nipponobuprestis amabilis〉昆虫綱甲虫目タマムシ科の甲虫。体長17〜29mm。分布：本州，四国，九州。

アオマツムシ 青松虫〈*Calyptotrypus hibinonis*〉昆虫綱直翅目コオロギ科。体長23〜28mm。ナシ類、桃、スモモ、桜類、柿、梅、アンズに害を及ぼす。分布：本州（関東以西）。

アオマルガタミズギワゴミムシ〈*Bembidion gebleri*〉昆虫綱甲虫目オサムシ科の甲虫。体長4.0mm。

アオミズギワゴミムシ〈*Bembidion chloreum*〉昆虫綱甲虫目オサムシ科の甲虫。体長5.4mm。

アオムシ 青虫 チョウやガなどの鱗翅目の昆虫の幼虫うち、体表に長い毛がなくて緑色をしたものの俗称。

アオムシコバチ 青虫小蜂〈*Pteromalus puparum*〉昆虫綱膜翅目コガネコバチ科。体長3mm。分布：日本全土。

アオムシコマユバチ アオムシサムライコマユバチの別名。

アオムシコマユヒメコバチ〈*Tetrastichus rapo*〉昆虫綱膜翅目ヒメコバチ科。

アオムシサムライコマユバチ 青虫侍小繭蜂〈*Apanteles glomeratus*〉昆虫綱膜翅目コマユバチ科。分布：日本各地。

アオムシヒラタヒメバチ〈*Itoplectis narangae*〉昆虫綱膜翅目ヒメバチ科。

アオムネオオアカコメツキ〈*Ampedus azurescens*〉昆虫綱甲虫目コメツキムシ科。

アオムネスジタマムシ〈*Chrysodema jucunda*〉昆虫綱甲虫目タマムシ科の甲虫。体長21〜31mm。分布：沖縄諸島以南の南西諸島。

アオムネヒラタタマムシ〈*Conognatha cyanicollis*〉昆虫綱甲虫目タマムシ科。分布：チリ。

アオメアブ 青眼虻〈*Cophinopoda chinensis*〉昆虫綱双翅目ムシヒキアブ科。体長20〜30mm。分布：本州、四国、九州、南西諸島。

アオメシジミタテハ〈*Semomesia croesus*〉昆虫綱鱗翅目シジミタテハ科の蝶。開張40mm。分布：アマゾン川流域。珍蝶。

アオメダマチョウ〈*Taenaris dimona*〉昆虫綱鱗翅目ワモンチョウ科の蝶。開張80mm。分布：ニューギニア島。珍蝶。

アオメツマグロハバチ〈*Tenthredo basizonata*〉昆虫綱膜翅目ハバチ科。

アオメムシヒキ アオメアブの別名。

アオモリコマユバチ〈*Microgaster russatus*〉昆虫綱膜翅目コマユバチ科。

アオモリヤマブユ〈*Simulium malyshevi*〉昆虫綱双翅目ブユ科。

アオモンイトトンボ 青紋糸蜻蛉〈*Ischnura senegalensis*〉昆虫綱蜻蛉目イトトンボ科の蜻蛉。体長32mm。分布：本州（関東平野以西）。

アオモンカメムシ 青紋亀虫〈*Dichobothrium nubilum*〉昆虫綱半翅目ツノカメムシ科。体長7〜9mm。分布：本州、四国、九州。

アオモンギンセダカモクメ〈*Cucullia argentea*〉昆虫綱鱗翅目ヤガ科セダカモクメ亜科の蛾。開張38mm。分布：ユーラシア、新潟、富山、福井、兵庫、岡山、香川、愛媛、対馬。

アオモンツノカメムシ〈*Elasmostethus nubilum*〉昆虫綱半翅目ツノカメムシ科。

アオモンツノカメムシ アオモンカメムシの別名。

アオモンナガタマムシ ムネアカナガタマムシの別名。

アオヤマキリガ〈*Orthosia aoyamensis*〉昆虫綱鱗翅目ヤガ科ヨトウガ亜科の蛾。開張43mm。分布：北海道、本州、四国、九州の山地。

アオヤンマ 青蜻蜒〈*Aeschnophlebia longistigma*〉昆虫綱蜻蛉目ヤンマ科の蜻蛉。体長65〜70mm。分布：北海道南部、本州、四国、九州。

アカアシアオシャク 赤脚青尺蛾〈*Culpinia diffusa*〉昆虫綱鱗翅目シャクガ科アオシャク亜科の蛾。開張16〜22mm。分布：北海道、本州、四国、九州、対馬、屋久島、朝鮮半島、シベリア南東部、千島、中国。

アカアシアカハネムシ〈*Pseudopyrochroa lateraria*〉昆虫綱甲虫目アカハネムシ科の甲虫。体長8.5〜10.0mm。

アカアシエビグモ〈*Philodromus roseofemoralis*〉蛛形綱クモ目エビグモ科の蜘蛛。

アカアシオオアオカミキリ〈*Chloridolum japonicum*〉昆虫綱甲虫目カミキリムシ科カミキリ亜科の甲虫。別名オオミドリカミキリ。体長15〜30mm。分布：本州、四国、九州。

アカアシオオアオゾウムシ〈*Chlorophanus auripes*〉昆虫綱甲虫目ゾウムシ科。

アカアシオオクシコメツキ 赤脚大櫛叩頭虫〈*Melanotus cete*〉昆虫綱甲虫目コメツキムシ科の甲虫。体長16〜18mm。分布：本州、四国、九州、屋久島、伊豆諸島。

アカアシオオハナコメツキ アカアシハナコメツキの別名。

アカアシオオメハネカクシ〈*Quedius praeditus*〉昆虫綱甲虫目ハネカクシ科の甲虫。体長9.0〜12.0mm。

アカアシオニグモ〈*Araneus rufofemoratus*〉蛛形綱クモ目コガネグモ科の蜘蛛。

アカアシカスミガメ〈Onomaus lautus〉昆虫綱半翅目カスミカメムシ科。体長7～9mm。分布：北海道, 本州, 四国, 九州。

アカアシクチブトカメムシ アシアカクチブトカメムシの別名。

アカアシクチブトサルゾウムシ〈Rhinoncus cribricollis〉昆虫綱甲虫目ゾウムシ科の甲虫。体長2.0～2.6mm。

アカアシクビナガキバチ 赤脚首長樹蜂〈Xiphydria camelus〉昆虫綱膜翅目クビナガキバチ科。分布：北海道, 本州, 四国。

アカアシクロコメツキ〈Ampedus japonicus〉昆虫綱甲虫目コメツキムシ科の甲虫。体長10mm。分布：本州, 四国, 九州。

アカアシクロツチバチ〈Tiphia bisecutata〉昆虫綱膜翅目コツチバチ科。

アカアシクロトガリハネカクシ〈Medon discedens〉昆虫綱甲虫目ハネカクシ科の甲虫。体長6.0～6.5mm。

アカアシクワガタ〈Dorcus rubrofemoratus〉昆虫綱甲虫目クワガタムシ科の甲虫。体長雄24～45mm, 雌24～32mm。分布：北海道, 本州, 四国, 九州。

アカアシコキノコダマシ クロコキノコムシダマシの別名。

アカアシコハナコメツキ〈Paracardiophorus sequens〉昆虫綱甲虫目コメツキムシ科の甲虫。体長5mm。分布：本州, 四国, 九州。

アカアシスジデオキノコムシ〈Ascaphium sulcipenne〉昆虫綱甲虫目デオキノコムシ科の甲虫。体長6.5mm。分布：本州(山地)。

アカアシチビコフキゾウムシ〈Sitona lineatus〉昆虫綱甲虫目ゾウムシ科の甲虫。体長4.1～5.0mm。

アカアシチビシデムシ〈Catops angustipes〉昆虫綱甲虫目チビシデムシ科の甲虫。体長4.0～4.8mm。

アカアシツチスガリ〈Cerceris albofasciata〉昆虫綱膜翅目ジガバチ科。

アカアシツヤアオカミキリ〈Gauresthes rufipes〉昆虫綱甲虫目カミキリムシ科の甲虫。分布：マレーシア, ボルネオ。

アカアシツヤカナブン〈Heterorrhina paupera〉昆虫綱甲虫目コガネムシ科の甲虫。分布：フィリピン。

アカアシトガリアナバチ 赤脚尖穴蜂〈Tachytes modestus〉昆虫綱膜翅目アナバチ科。分布：本州, 九州。

アカアシナガクチキムシ〈Melandrya mongolica〉昆虫綱甲虫目ナガクチキムシ科の甲虫。体長7～16mm。分布：北海道, 本州。

アカアシノミゾウムシ〈Rhynchaenus sanguinipes〉昆虫綱甲虫目ゾウムシ科の甲虫。体長2.8～3.1mm。ニレ, ケヤキに害を及ぼす。分布：本州, 四国, 九州。

アカアシハナコメツキ〈Dicronychus adjutor〉昆虫綱甲虫目コメツキムシ科。体長9～10mm。分布：本州, 四国, 九州, 対馬, 南西諸島, 伊豆諸島。

アカアシハラナガツチバチ〈Campsomeris mojiensis ryukyuana〉昆虫綱膜翅目ツチバチ科。

アカアシヒゲナガゾウムシ〈Araecerus tarsalis〉昆虫綱甲虫目ヒゲナガゾウムシ科の甲虫。体長3.2～4.3mm。分布：本州, 四国, 九州, 対馬。

アカアシヒメゴミムシダマシ〈Cneocnemis laminipes〉昆虫綱甲虫目ゴミムシダマシ科の甲虫。体長6.2～7.0mm。

アカアシヒメコメツキモドキ〈Anadastus ruficeps〉昆虫綱甲虫目コメツキモドキ科の甲虫。

アカアシフシヒメバチ〈Dolichomitus mesocentrus〉昆虫綱膜翅目ヒメバチ科。

アカアシブトコバチ 赤脚太小蜂〈Brachymeria fonscolombei〉昆虫綱膜翅目アシブトコバチ科。

アカアシブトヒメハマキ アシブトヒメハマキの別名。

アカアシホシカムシ〈Necrobia rufipes〉昆虫綱甲虫目カッコウムシ科の甲虫。体長3.5～7.0mm。害虫。

アカアシホソクチゾウムシ〈Apion viciae〉昆虫綱甲虫目ホソクチゾウムシ科の甲虫。体長2.1～2.4mm。

アカアシホソハネカクシ〈Metoponcus maxinus〉昆虫綱甲虫目ハネカクシ科。

アカアシマルガタゴモクムシ 赤脚円形塵芥虫〈Harpalus tinctulus〉昆虫綱甲虫目オサムシ科の甲虫。体長6～8mm。分布：北海道, 本州, 四国, 九州。

アカアシメクラカメムシ アカアシカスミガメの別名。

アカアシユミセミゾハネカクシ〈Thinodromus deceptor〉昆虫綱甲虫目ハネカクシ科の甲虫。体長2.5～2.8mm。

アカアトマルキクイムシ〈Dryocoetes hectographus〉昆虫綱甲虫目キクイムシ科の甲虫。体長3.0～5.0mm。

アカアナナミハグモ〈Cybaeus akaanaensis〉蛛形綱クモ目タナグモ科の蜘蛛。

アカアブ 赤虻〈Tabanus sapporoensis〉昆虫綱双翅目アブ科。分布：本州, 北海道。

アカアリ 赤蟻 昆虫綱膜翅目アリ科の昆虫のうち, 体色が赤褐色または黄褐色の種類を呼ぶ俗称。

アカアリヅカエンマムシ〈Hetaerius gratus〉昆虫綱甲虫目エンマムシ科の甲虫。体長1.5〜1.8mm。

アカアリノスハネカクシ 赤蟻巣隠翅虫〈Bolitochara pictus〉昆虫綱甲虫目ハネカクシ科。分布：本州，九州。

アカイエカ 赤家蚊〈Culex pipiens pallens〉昆虫綱双翅目カ科。体長5.5mm。分布：日本全土。害虫。

アカイクビハネカクシ〈Bryoporus gracilis〉昆虫綱甲虫目ハネカクシ科の甲虫。体長5.0〜5.5mm。

アカイソウロウグモ〈Argyrodes miniacea〉蛛形綱クモ目ヒメグモ科の蜘蛛。体長雌3.5〜5.0mm，雄2.5〜3.5mm。分布：本州(関東地方以南)，四国，九州，南西諸島。

アカイチモンジ〈Lebadea martha〉昆虫綱鱗翅目タテハチョウ科の蝶。分布：インドからインドシナ半島およびマレーシアまで。

アカイネゾウムシ アカイネゾウモドキの別名。

アカイネゾウモドキ〈Dorytomus roelofsi〉昆虫綱甲虫目ゾウムシ科の甲虫。体長5mm。分布：北海道，本州，四国，九州。

アカイラガ 赤刺蛾〈Phrixolepia sericea〉昆虫綱鱗翅目イラガ科の蛾。開張20〜27mm。柿，梅，アンズ，林檎，栗，茶，アオギリ，楓(紅葉)，桜類に害を及ぼす。分布：北海道，本州，四国，九州，屋久島，シベリア南東部。

アカイロテントウ〈Rodolia concolor〉昆虫綱甲虫目テントウムシ科の甲虫。体長4.0〜5.5mm。分布：本州，四国，九州。

アカイロトモエ 赤色巴蛾〈Speiredonia martha〉昆虫綱鱗翅目ヤガ科の蛾。分布：本州，九州。

アカイロトラフシジミ〈Rapala iarbas〉昆虫綱鱗翅目シジミチョウ科の蝶。雄の翅は赤銅色で，雌は淡褐色。開張3〜4mm。分布：インド，スリランカ，マレーシア，小スンダ列島。

アカイロトリノフンダマシ〈Cyrtarachne yunoharuensis〉蛛形綱クモ目コガネグモ科の蜘蛛。体長雌5〜6mm，雄1.5〜2.2mm。分布：本州(中・南部)，四国，九州，南西諸島。

アカイロナガハムシ〈Zeugophora varipes〉昆虫綱甲虫目ハムシ科の甲虫。体長3.0〜4.0mm。

アカイロニセハムシハナカミキリ〈Lemula nishimurai〉昆虫綱甲虫目カミキリムシ科ハナカミキリ亜科の甲虫。体長7〜8mm。分布：本州，四国。

アカイロマメゾウムシ〈Callosobruchus analis〉昆虫綱甲虫目マメゾウムシ科。害虫。

アカイロマルノミハムシ〈Argopus punctipennis〉昆虫綱甲虫目ハムシ科の甲虫。体長3.2〜3.8mm。

アカイワサキコノハ〈Doleschallia noorua〉昆虫綱鱗翅目タテハチョウ科の蝶。

アカウシアブ 赤牛虻〈Tabanus chrysurus〉昆虫綱双翅目アブ科。体長25〜30mm。分布：北海道，本州，四国，九州。害虫。

アカウスグロノメイガ〈Bradina sp.〉昆虫綱鱗翅目メイガ科の蛾。分布：本州(東北地方より)，四国，九州，屋久島，西表島。

アカウスヤガ アトウスヤガの別名。

アカウミベハネカクシ 赤海辺隠翅虫〈Cafius rufescens〉昆虫綱甲虫目ハネカクシ科の甲虫。体長5mm。分布：北海道，本州，九州。

アカウラカギバ 赤裏鉤翅蛾〈Hypsomadius insignis〉昆虫綱鱗翅目カギバガ科の蛾。開張37〜48mm。分布：本州(宮城県以南)，四国，九州，対馬，種子島，屋久島，奄美大島，沖縄本島，石垣島，西表島，台湾，中国。

アカウラギンシジミ〈Curetis santana〉昆虫綱鱗翅目シジミチョウ科の蝶。分布：マレーシア，ジャワ，スマトラ，ボルネオ，フィリピン。

アカエグリバ〈Calyptra excavata〉昆虫綱鱗翅目ヤガ科クチバ亜科の蛾。開張47〜50mm。ナス科野菜，柿，ナシ類，桃，スモモ，林檎，葡萄，柑橘に害を及ぼす。分布：中国，朝鮮半島，本州から九州，対馬，屋久島，種子島，伊豆諸島。

アカエグリヒメバチ〈Ulesta agitata〉昆虫綱膜翅目ヒメバチ科。

アカエゾゼミ 赤蝦夷蟬〈Tibicen flammatus〉昆虫綱半翅目セミ科。体長58〜68mm。分布：北海道，本州，四国，九州。

アカエダシャク〈Ectephrina semilutea〉昆虫綱鱗翅目シャクガ科エダシャク亜科の蛾。開張28〜32mm。林檎に害を及ぼす。分布：北海道，本州，四国，九州，屋久島，朝鮮半島，シベリア南東部。

アカエリトリバネアゲハ〈Trogonoptera brookiana〉昆虫綱鱗翅目アゲハチョウ科の蝶。雄は，黒地に鮮やかな緑色の模様。開張12〜17.8mm。分布：マレーシア，スマトラ，ボルネオ。珍蝶。

アカオオイトカメムシ〈Metatropis brevirostris〉昆虫綱半翅目イトカメムシ科。

アカオニアメイロカミキリ〈Obrium cantharinum〉昆虫綱甲虫目カミキリムシ科カミキリ亜科の甲虫。

アカオニグモ 赤鬼蜘蛛〈Araneus pinguis〉節足動物門クモ形綱真正クモ目コガネグモ科の蜘蛛。体長雌17〜20mm，雄9〜10mm。分布：北海道，本州，四国，九州の各地の標高800m以上の高地。

アカオニシジミ〈Thamala marciana〉昆虫綱鱗翅目シジミチョウ科の蝶。分布：ミャンマー，ス

アカオニミツギリゾウムシ〈Cobalocephalus gyotokui〉昆虫綱甲虫目ミツギリゾウムシ科の甲虫。体長10〜10.5mm。

アカオビウズマキタテハ〈Callicore hystaptes〉昆虫綱鱗翅目タテハチョウ科の蝶。分布：ペルー，ボリビア，ブラジル。

アカオビカストニア〈Divana diva〉昆虫綱鱗翅目カストニアガ科の蛾。前翅は濃い黄褐色で枯れ葉に似る。開張6.0〜9.5mm。分布：中央および南アメリカの熱帯域。

アカオビカツオブシムシ 赤帯鰹節虫〈Dermestes vorax〉昆虫綱甲虫目カツオブシムシ科の甲虫。体長7〜8mm。分布：北海道，本州。

アカオビキコモンセセリ〈Celaenorrhinus aurivittatus〉昆虫綱鱗翅目セセリチョウ科の蝶。分布：ミャンマー，マレーシア，ボルネオ。

アカオビケブカタマムシ〈Dactylozodes cupricollis〉昆虫綱甲虫目タマムシ科。分布：チリ。

アカオビゴケグモ〈Latrodectus elegans〉蛛形綱クモ目ヒメグモ科。体長雌7〜10mm，雄3mm。害虫。

アカオビコムラサキ〈Apatura bieti〉昆虫綱鱗翅目タテハチョウ科の蝶。分布：チベット，中国(西部・中部)。

アカオビシジミタテハ〈Ancyluris pulchra〉昆虫綱鱗翅目シジミタテハ科。分布：コロンビア，エクアドル，ペルー。

アカオビスズメ〈Hyles lineata〉昆虫綱鱗翅目スズメガ科コスズメ亜科の蛾。前翅は暗色で，ピンク色をおびた白色の帯と条がある。後翅はピンク色。開張7〜8mm。分布：世界中。

アカオビタマクモゾウムシ〈Egiona konoi〉昆虫綱甲虫目ゾウムシ科の甲虫。体長2.6〜3.8mm。

アカオビトガリアナバチ 赤帯尖穴蜂〈Larra amplipennis〉昆虫綱膜翅目ジガバチ科。体長16〜18mm。分布：本州，四国，九州，奄美大島。

アカオビトガリメイガ〈Endotricha ruminalis〉昆虫綱鱗翅目メイガ科の蛾。分布：沖縄本島，伊平屋島，台湾，スリランカ，インド。

アカオビニセハナノミ 赤帯偽花蚤〈Orchesia imitans〉昆虫綱甲虫目ナガクチキムシ科の甲虫。体長3.5〜4.5mm。分布：北海道，本州，九州，奄美大島。

アカオビハイイロハマキ〈Stuodes jaculana〉昆虫綱鱗翅目ホソハマキガ科の蛾。開張16〜21mm。

アカオビホソハマキ〈Eupoecilia kobeana〉昆虫綱鱗翅目ホソハマキガ科の蛾。分布：本州(関東以西)，四国，九州，対馬，伊豆諸島(式根島，八丈島)，屋久島。

アカオビマダラメイガ〈Conobathra bifidella〉昆虫綱鱗翅目メイガ科の蛾。分布：新潟県新津，富山県美女平，福岡県英彦山。

アカガシクキバチ 赤樫茎蜂〈Janus kashivorus〉昆虫綱膜翅目クキバチ科。分布：本州。

アカガシノキクイムシ〈Xyleborus concisus〉昆虫綱甲虫目キクイムシ科の甲虫。体長2.4〜2.6mm。

アカカスリヨコバイ〈Balclutha rubrinervis〉昆虫綱半翅目ヨコバイ科。

アカカタハナノミ〈Mordellaria aurata〉昆虫綱甲虫目ハナノミ科の甲虫。体長4mm。

アカガネアオゴミムシ 銅青芥虫〈Chlaenius abstersus〉昆虫綱甲虫目オサムシ科の甲虫。体長14〜14.5mm。分布：本州，九州。

アカガネエグリタマムシ〈Endelus pyrrosiae〉昆虫綱甲虫目タマムシ科の甲虫。体長4.0〜5.5mm。

アカガネオオゴミムシ オオルナガゴミムシの別名。

アカガネオサムシ〈Carabus granulatus〉昆虫綱甲虫目オサムシ科の甲虫。体長20〜30mm。分布：北海道，本州(関東以北)。

アカガネカタゾウカミキリ〈Aprophata eximia〉昆虫綱甲虫目カミキリムシ科の甲虫。分布：フィリピン。

アカガネカタゾウダマシ〈Alcides sp.〉昆虫綱甲虫目ゾウムシ科。

アカガネカタゾウムシ〈Pachyrrhynchus venustus〉昆虫綱甲虫目ゾウムシ科。分布：フィリピン。

アカガネカミキリ 銅天牛〈Plectrura metallica〉昆虫綱甲虫目カミキリムシ科フトカミキリ亜科の甲虫。体長9〜12mm。分布：北海道，本州。

アカガネコハナバチ 銅小花蜂〈Halictus aerarius〉昆虫綱膜翅目コハナバチ科。分布：日本各地。

アカガネサルハムシ 赤銅猿葉虫〈Acrothinium gaschkevitchii〉昆虫綱甲虫目ハムシ科サルハムシ亜科の甲虫。体長7mm。葡萄に害を及ぼす。分布：北海道，本州，四国，九州，南西諸島。

アカガネダイコクコガネ〈Phanaeus floriger〉昆虫綱甲虫目コガネムシ科の甲虫。分布：メキシコ，中央アメリカ。

アカガネチビタマムシ〈Trachys inedita〉昆虫綱甲虫目タマムシ科の甲虫。体長2.9〜3.1mm。

アカガネトビハムシ〈Hippuriphila babai〉昆虫綱甲虫目ハムシ科の甲虫。体長1.8〜2.2mm。

アカガネハマキ〈Archips fuscocupreana〉昆虫綱鱗翅目ハマキガ科の蛾。

アカガネハムシダマシ〈Arthromacra decora〉昆虫綱甲虫目ハムシダマシ科の甲虫。体長9.2〜10.6mm。

アカガネヒラタコガネ〈Gymnopleurus dejeani〉昆虫綱甲虫目コガネムシ科の甲虫。分布：インド。

アカガネマルガタゴミムシ〈Amara ussuriensis〉昆虫綱甲虫目オサムシ科の甲虫。体長7.5〜8.0mm。

アカガネヨトウ 銅夜盗蛾〈Euplexia lucipara〉昆虫綱鱗翅目ヤガ科カラスヨトウ亜科の蛾。開張27〜33mm。アブラナ科野菜に害を及ぼす。分布：ユーラシア，北海道から九州，対馬。

アカカミアリ〈Solenopsis geminata〉昆虫綱膜翅目アリ科。害虫。

アカカメムシ〈Pygomenida bengalensis〉昆虫綱半翅目カメムシ科。体長6〜8mm。稲に害を及ぼす。分布：石垣島，西表島，台湾，中国，ミャンマー，インド。

アカキアブモドキ〈Xylomyia galloisi〉昆虫綱双翅目キアブモドキ科。

アカギカメムシ〈Cantao ocellatus〉昆虫綱半翅目カメムシ科。分布：東洋熱帯，日本では屋久島以南。

アカキチョウ〈Eurema nicippe〉昆虫綱鱗翅目シロチョウ科の蝶。分布：アメリカ合衆国，ブラジル，アンチル諸島。

アカギフクログモ〈Clubiona akagiensis〉蛛形綱クモ目フクログモ科の蜘蛛。体長雌7.0〜7.5mm，雄6.5〜7.0mm。分布：本州（高地，亜高山地帯）。

アカキリバ〈Anomis mesogona〉昆虫綱鱗翅目ヤガ科クチバ亜科の蛾。開張37〜40mm。ナシ類，桃，スモモ，葡萄，柑橘に害を及ぼす。分布：スリランカ，インド，ミャンマー，マレーシア，中国，本州から九州，対馬，屋久島。

アカキンウワバ〈Polychrysia aurata〉昆虫綱鱗翅目ヤガ科コヤガ亜科の蛾。開張36〜38mm。分布：北海道，東北地方(北部)，関東・中部地方の山地。

アカクシヒゲカ 赤櫛鬚蚊〈Culex pallidothorax〉昆虫綱双翅目カ科。分布：本州，中部以西，四国，九州。

アカクチホソクチゾウムシ〈Apion pallidirostre〉昆虫綱甲虫目ホソクチゾウムシ科の甲虫。体長1.8〜2.0mm。

アカクビカミキリモドキ〈Asclera konoi〉昆虫綱甲虫目カミキリモドキ科の甲虫。体長6.5〜9.0mm。

アカクビカミキリモドキ サタカミキリモドキの別名。

アカクビキクイムシ 赤頸穿孔虫〈Xyleborus rubricollis〉昆虫綱甲虫目キクイムシ科の甲虫。体長2.3〜2.8mm。分布：本州，四国，九州。

アカクビナガオトシブミ〈Paracentrocorynus nigricollis〉昆虫綱甲虫目オトシブミ科の甲虫。体長5〜6mm。桜桃，林檎に害を及ぼす。分布：本州，四国，九州，朝鮮半島。

アカクビナガハムシ〈Lilioceris subpolita〉昆虫綱甲虫目ハムシ科の甲虫。体長6〜8mm。分布：本州，四国，九州。

アカクビヒメゴモクムシ〈Bradycellus laeticolor〉昆虫綱甲虫目オサムシ科の甲虫。体長4.6〜6.1mm。

アカクビホシカムシ 赤頸干鰯虫〈Necrobia ruficollis〉昆虫綱甲虫目カッコウムシ科の甲虫。体長4〜6mm。

アカクビボソハムシ〈Lema diversa〉昆虫綱甲虫目ハムシ科の甲虫。体長5.5〜6.0mm。分布：本州，四国，九州。

アカクビボソムシ〈Macratria serialis〉昆虫綱甲虫目アリモドキ科の甲虫。体長4.5〜7.0mm。

アカクビワチョウ〈Calinaga sudassana〉昆虫綱鱗翅目タテハチョウ科の蝶。分布：ミャンマー，タイ。

アカクモヒメバチ〈Millironia rufa〉昆虫綱膜翅目ヒメバチ科。

アカクラアシマダラブユ〈Simulium rufibasis〉昆虫綱双翅目ブユ科。体長4.0mm。害虫。

アカグロマダラメイガ〈Pyla manifestella〉昆虫綱鱗翅目メイガ科の蛾。分布：山梨県芦安温泉，群馬県熊ノ平，同大河原，同伊香保温泉，同湯ノ平温泉，同勢多郡富士見村，埼玉県入間市，千葉県清澄山，東京都高尾山，静岡県二軒小屋，福井県武生市池泉，福岡県英彦山。

アカグロムクゲキスイ〈Biphyllus lewisi〉昆虫綱甲虫目ムクゲキスイムシ科の甲虫。体長2.0〜2.6mm。

アカケシガムシ〈Cercyon olibrus〉昆虫綱甲虫目ガムシ科の甲虫。体長2.0〜2.2mm。

アカケシデオキノコムシ〈Scaphisoma rufum〉昆虫綱甲虫目デオキノコムシ科の甲虫。体長1.5〜1.7mm。

アカゲハナボタル〈Plateros purpurivestis〉昆虫綱甲虫目ベニボタル科の甲虫。体長4.7〜7.2mm。

アカゲハマダラミバエ〈Acidiella purpureiseta〉昆虫綱双翅目ミバエ科。

アカゲホソコメツキダマシ〈Nematodes confusus〉昆虫綱甲虫目コメツキダマシ科の甲虫。体長7.0〜11.5mm。

アカケヨソイカ 赤毛裝蚊〈*Chaoborus crystallinus*〉昆虫綱ハエ目ケヨソイカ科。分布：本州, 四国。

アカコガネオサムシ〈*Chrysotribax hispinus*〉昆虫綱甲虫目オサムシ科。分布：フランス南部。

アカゴシトゲアシベッコウ〈*Priocnemis fenestrata*〉昆虫綱膜翅目ベッコウバチ科。

アカゴシベッコウ〈*Anoplius reflexus*〉昆虫綱膜翅目ベッコウバチ科。

アカコブコブゾウムシ〈*Kobuzo rectirostris*〉昆虫綱甲虫目ゾウムシ科の甲虫。体長7.2～8.5mm。

アカコブゾウムシ アカコブコブゾウムシの別名。

アカゴミハネカクシ〈*Oxypoda subrufa*〉昆虫綱甲虫目ハネカクシ科。

アカコメツキ ヒメハネビロアカコメツキの別名。

アカゴライアスツノコガネ〈*Goliathus russus*〉昆虫綱甲虫目コガネムシ科の甲虫。分布：コンゴ, ザイール, タンザニアなど。

アカサシガメ 赤刺亀〈*Cydnocoris russatus*〉昆虫綱半翅目サシガメ科。体長14～16mm。分布：本州, 四国, 九州。

アカザツツガ アカザフシガの別名。

アカザトウムシ 赤座頭虫 節足動物門クモ形綱ザトウムシ目アカザトウムシ科に属する小動物の総称。

アカザハナツツミノガ〈*Coleophora chenopodii*〉昆虫綱鱗翅目ツツミノガ科の蛾。分布：北海道。

アカサビシギゾウムシ〈*Curculio lateritius*〉昆虫綱甲虫目ゾウムシ科の甲虫。体長5.2～6.2mm。

アカザフシガ〈*Coleophora socisperma*〉昆虫綱鱗翅目ツツミノガ科の蛾。開張14～18mm。分布：本州, 四国, 九州。

アカザモグリハナバエ 藜潜花蠅〈*Pegomyia hyoscyami*〉昆虫綱双翅目ハナバエ科。体長5～6mm。アカザ科野菜に害を及ぼす。分布：北海道, 本州, 九州。

アカシアアリ〈*Pseudomyrmex ferruginea*〉昆虫綱膜翅目アリ科。珍虫。

アカシアシジミ〈*Surendra vivarna*〉昆虫綱鱗翅目シジミチョウ科の蝶。分布：スマトラ, マレーシア, ジャワ, セレベス, ボルネオ, パラワン島など。

アカシアツノゼミ〈*Oxyrhachis tarandus*〉昆虫綱半翅目ツノゼミ科。分布：インド, スリランカ, カラチ, エジプト, エチオピア, セネガル。

アカシジミ 赤小灰蝶〈*Japonica lutea*〉昆虫綱鱗翅目シジミチョウ科ミドリシジミ亜科の蝶。前翅長18～23mm。分布：北海道, 本州, 四国, 九州。

アカシジミヒメバチ〈*Anisobas diminutus*〉昆虫綱膜翅目ヒメバチ科。

アカシヒメヨコバイ〈*Typhlocyba akashiensis*〉昆虫綱半翅目ヒメヨコバイ科。

アカシマサシガメ 赤縞刺亀〈*Haematoloecha nigrorufa*〉昆虫綱半翅目サシガメ科。分布：本州, 四国, 九州。

アカジマトラカミキリ〈*Anaglyptus bellus*〉昆虫綱甲虫目カミキリムシ科カミキリ亜科の甲虫。体長16～19mm。分布：本州, 四国, 九州。

アカジママドガ 赤縞窓蛾〈*Striglina cancellata*〉昆虫綱鱗翅目マドガ科の蛾。開張18～27mm。栗, ヤマモモに害を及ぼす。分布：朝鮮半島, シベリア南東部, 中国, 北海道, 本州, 四国, 九州, 対馬, 屋久島。

アカシマメイガ 赤縞螟蛾〈*Herculia pelasgalis*〉昆虫綱鱗翅目メイガ科シマメイガ亜科の蛾。開張21～29mm。茶に害を及ぼす。分布：関東以西の本州, 四国, 九州, 対馬, 種子島, 屋久島, 朝鮮半島, 台湾, 中国。

アカシシャチホコ 赤天社蛾〈*Gangaridopsis citrina*〉昆虫綱鱗翅目シャチホコ科ウチキシャチホコ亜科の蛾。開張38～50mm。分布：本州(青森県まで), 四国, 九州。

アカズクビナガキバチ〈*Euxiphydria potanini*〉昆虫綱膜翅目クビナガキバチ科。

アカスジアオリンガ〈*Pseudoips sylpha*〉昆虫綱鱗翅目ヤガ科リンガ亜科の蛾。分布：中国中部, 沿海州, 対馬, 九州北部, 四国の瀬戸内海側, 中国・近畿地方, 長野県内陸部, 関東平野の丘陵地帯, 東北地方, 北海道。

アカスジアオリンガ シロスジアオリンガの別名。

アカスジウグイスコガネ〈*Plusiotis adelaida*〉昆虫綱甲虫目コガネムシ科の甲虫。分布：メキシコ, グアテマラ。

アカスジカスミカメ〈*Stenotus rubrovittatus*〉昆虫綱半翅目カスミカメムシ科。体長4.6～6.0mm。イネ科牧草, マメ科牧草, 飼料用トウモロコシ, ソルガム, イネ科作物, 稲に害を及ぼす。分布：本州, 四国, 九州, 極東アジア, ロシア, 中国。

アカスジカメムシ 赤条亀虫〈*Graphosoma rubrolineatum*〉昆虫綱半翅目カメムシ科。体長9～12mm。ユリ科野菜, セリ科野菜に害を及ぼす。分布：北海道, 本州, 四国, 九州, 南西諸島。

アカスジキイロハマキ〈*Clepsis pallidana*〉昆虫綱鱗翅目ハマキガ科の蛾。分布：北海道, 本州, 四国。

アカスジキヨトウ〈*Analetia postica*〉昆虫綱鱗翅目ヤガ科ヨトウガ亜科の蛾。分布：東北温帯アジア, 沿海州, 北海道から九州, 対馬。

アカスジキンカメムシ 赤条金亀虫〈*Poecilocoris lewisi*〉昆虫綱半翅目キンカメムシ科。体長17〜20mm。分布：本州，四国，九州。

アカスジクサカゲロウ 赤条草蜻蛉〈*Chrysopa furcifera*〉昆虫綱脈翅目クサカゲロウ科。開張25mm。分布：本州，九州，南西諸島。

アカスジケシツブゾウムシ〈*Smicronyx rubricatus*〉昆虫綱甲虫目ゾウムシ科の甲虫。体長2.2〜2.4mm。

アカスジケブカタマムシ〈*Dactylozodes rouleti*〉昆虫綱甲虫目タマムシ科。分布：チリ。

アカスジコマチグモ〈*Chiracanthium erraticum*〉蛛形綱クモ目フクログモ科の蜘蛛。体長雌7〜8mm，雄5〜6mm。分布：北海道。

アカスジコムラサキ〈*Herona marathus*〉昆虫綱鱗翅目タテハチョウ科の蝶。分布：シッキム，ミャンマー，インドシナ半島。

アカスジサジヨコバイ〈*Parabolocratus concentralis*〉昆虫綱半翅目フクロヨコバイ科。

アカスジシタベニマダラ〈*Arniocera erythropyga*〉昆虫綱鱗翅目マダラガ科の蛾。前翅は金属光沢のある青緑色に，黒色の縁どりのある赤色の帯。開張2.5〜3.0mm。分布：ジンバブエ，マラウイから，モザンビーク，南アフリカ。

アカスジシロコケガ 赤条白苔蛾〈*Bizone hamata*〉昆虫綱鱗翅目ヒトリガ科コケガ亜科の蛾。開張30〜38mm。分布：北海道，本州，四国，九州，対馬，種子島，沖永良部島，沖縄本島，西表島，伊豆諸島の三宅島，御蔵島，八丈島，台湾，朝鮮半島，中国。

アカスジチュウレンジ 赤条鐫花娘子〈*Arge nigrinodosa*〉昆虫綱膜翅目ミフシハバチ科。体長8mm。バラ類に害を及ぼす。分布：九州以北の日本各地。

アカスジツチバチ〈*Scolia fascinata*〉昆虫綱膜翅目ツチバチ科。体長雌20〜25mm，雄15〜21mm。分布：日本全土。

アカスジツヤシデムシ〈*Pteroloma rufovittatum*〉昆虫綱甲虫目シデムシ科の甲虫。体長6.0〜6.5mm。分布：本州，四国。

アカスジドクチョウ〈*Heliconius erato*〉昆虫綱鱗翅目タテハチョウ科の蝶。前翅の先端には白色の斑紋がある。開張5.5〜8.0mm。分布：中央アメリカからブラジル南部。珍蝶。

アカスジナガムクゲキスイ〈*Cryptophilus hiranoi*〉昆虫綱甲虫目コメツキモドキ科の甲虫。体長2.6〜3.0mm。

アカスジハバチ〈*Pristiphora fulvobalteata*〉昆虫綱膜翅目ハバチ科。

アカスジヒゲブトオサムシ〈*Pleuropterus dohrnI*〉昆虫綱甲虫目ヒゲブトオサムシ科。分布：アフリカ中央部・南部。

アカスジヒゲブトカスミカメ〈*Eolygus rubrolineatus*〉昆虫綱半翅目カスミカメムシ科。体長5.0〜6.5mm。分布：本州，四国，九州。

アカスジヒゲブトメクラカメムシ アカスジヒゲブトカスミカメの別名。

アカスジヒシベニボタル〈*Dictyoptera velata*〉昆虫綱甲虫目ベニボタル科の甲虫。体長5.7〜10.0mm。

アカスジメクラカメムシ アカスジカスミカメの別名。

アカセスジハネカクシ〈*Oxytelus incisus*〉昆虫綱甲虫目ハネカクシ科の甲虫。体長3.4〜3.8mm。

アカセセリ 赤挵蝶〈*Hesperia florinda*〉昆虫綱鱗翅目セセリチョウ科の蝶。絶滅危惧II類(VU)。前翅長16〜19mm。分布：関東地方，中部地方。

アカセマルマルクビハネカクシ〈*Paracilea insulicola*〉昆虫綱甲虫目ハネカクシ科の甲虫。体長2.0〜2.2mm。

アカセミゾハネカクシ〈*Autalia rufula*〉昆虫綱甲虫目ハネカクシ科。

アカソハムシ〈*Potaninia cyrtonoides*〉昆虫綱甲虫目ハムシ科の甲虫。体長5mm。分布：本州，四国，九州。

アカダ・アンヌリフェル〈*Acada annulifer*〉昆虫綱鱗翅目セセリチョウ科の蝶。分布：ナイジェリアからガボンまで。

アカタテハ 赤蛺蝶〈*Vanessa indica*〉昆虫綱鱗翅目タテハチョウ科ヒオドシチョウ亜科の蝶。前翅には濃い黒色の斑点，後翅には小さな青色の斑点。開張5.5〜7.5mm。繊維作物に害を及ぼす。分布：インド，パキスタン，日本，フィリピン。

アカタデハムシ〈*Pyrrhalta semifulva*〉昆虫綱甲虫目ハムシ科の甲虫。体長4mm。林檎に害を及ぼす。分布：北海道，本州，四国，九州。

アカダ・ビセリアトゥス〈*Acada biseriatus*〉昆虫綱鱗翅目セセリチョウ科の蝶。分布：ダル・エス・サラーム(タンザニア)，アフリカ東部。

アカタマキノコムシ〈*Leiodes alpicola*〉昆虫綱甲虫目タマキノコムシ科の甲虫。体長4.0〜4.5mm。

アカタマゾウムシ〈*Stereonychus thoracicus*〉昆虫綱甲虫目ゾウムシ科の甲虫。体長5.0〜5.5mm。

アカダルマコガネ〈*Panelus rufulus*〉昆虫綱甲虫目コガネムシ科の甲虫。体長2.0〜2.5mm。

アカチビイシガケチョウ〈*Chersonesia rahria*〉昆虫綱鱗翅目タテハチョウ科の蝶。分布：インドシナ，タイ，マレーシア，スマトラ，ジャワ，ボルネオ，フィリピン，スラウェシなど。

アカチビゴミムシダマシ〈*Menimus niponicus*〉昆虫綱甲虫目ゴミムシダマシ科の甲虫。体長2.0〜2.5mm。

アカチビゾウムシ ヒシチビゾウムシの別名。

アカチビヒラタエンマムシ〈*Paromalus omineus*〉昆虫綱甲虫目エンマムシ科。体長1.5mm。分布：本州。

アカチビヒラタムシ 赤矮扁虫〈*Laemophloeus ferrugineus*〉昆虫綱甲虫目ヒラタムシ科。

アカチャウスグロマダラ〈*Danaus formosa*〉昆虫綱鱗翅目マダラチョウ科の蝶。分布：アフリカ東部。

アカチャキノコハネカクシ〈*Bolitobius prolongatus*〉昆虫綱甲虫目ハネカクシ科の甲虫。体長7.5～8.0mm。

アカチャコガネ〈*Brahmina sakishimana*〉昆虫綱甲虫目コガネムシ科の甲虫。体長10～11mm。

アカチャコメツキダマシ〈*Epiphanis cornutus*〉昆虫綱甲虫目コメツキダマシ科の甲虫。体長6mm。分布：本州。

アカチャサルハムシ〈*Osnaparis nucea*〉昆虫綱甲虫目ハムシ科の甲虫。体長6mm。分布：四国、九州。

アカチャチビマルハナノミ〈*Cyphon japonicola*〉昆虫綱甲虫目マルハナノミ科の甲虫。体長3.2～4.5mm。

アカチャツノハナムグリ〈*Eudicella trilineata*〉昆虫綱甲虫目コガネムシ科の甲虫。分布：アフリカ中央部・東部。

アカチャホソシバンムシ〈*Oligomerus brunneus*〉昆虫綱甲虫目シバンムシ科の甲虫。体長4.0～7.1mm。

アカチャマルハナノミ アカチャチビマルハナノミの別名。

アカツツガムシ 赤恙虫〈*Leptotrombidium akamushi*〉節足動物門クモ形綱ダニ目ツツガムシ科の陸生小動物。体長0.6～0.8mm。分布：新潟、山形、秋田、福島。害虫。

アカツツホソミツギリゾウムシ〈*Callipareius japonicus*〉昆虫綱甲虫目ミツギリゾウムシ科の甲虫。体長6.0～7.5mm。

アカツノフサカ〈*Culex rubithorasis*〉昆虫綱双翅目カ科。

アカツブエンマムシ〈*Bacanius niponicus*〉昆虫綱甲虫目エンマムシ科の甲虫。体長0.9～1.6mm。

アカツヤツツヒラタムシ〈*Hectarthrum tenuicorne*〉昆虫綱甲虫目ツツヒラタムシ科の甲虫。体長9～10mm。

アカツヤドロムシ〈*Zaitzevia rufa*〉昆虫綱甲虫目ヒメドロムシ科の甲虫。準絶滅危惧種(NT)。体長2.7mm。

アカツリアブモドキ 赤擬長吻虻〈*Hirmoneura hirayamae*〉昆虫綱双翅目ツリアブモドキ科。分布：九州。

アガティムス・エバンシ〈*Agathymus evansi*〉イトランセセリ科。分布：アリゾナ南部。

アガティムス・ステフェンシ〈*Agathymus stephensi*〉イトランセセリ科。分布：カリフォルニア南部、バハ・カリフォルニア北部。

アガティムス・ネウモエゲニ〈*Agathymus neumoegeni*〉イトランセセリ科。分布：アリゾナ、ニューメキシコ、テキサス。

アカテンクチバ〈*Erygia apicalis*〉昆虫綱鱗翅目ヤガ科クチバ亜科の蛾。開張35～42mm。フジに害を及ぼす。分布：インドから東南アジア、東北地方から九州、対馬、屋久島、沖縄本島。

アカトガリコメツキ〈*Semiotus sanguinicollis*〉昆虫綱甲虫目コメツキムシ科。分布：ペルー、ボリビア。

アカトガリノメイガ〈*Hyalobathra undulinea*〉昆虫綱鱗翅目メイガ科の蛾。分布：中国南部、台湾、スリランカ、インド、石垣島。

アカトドマツヒメハマキ〈*Epinotia aciculana*〉昆虫綱鱗翅目ハマキガ科の蛾。分布：北海道、ロシア(アムール、ウスリー)、中国(東北)。

アカトビハマキ〈*Pandemis cinnamomeana*〉昆虫綱鱗翅目ハマキガ科の蛾。開張19～25mm。分布：北海道、本州、四国、九州、対馬、屋久島(山地)、中国、ロシア、ヨーロッパ、イギリス。

アカトリバネアゲハ〈*Ornithoptera croesus*〉昆虫綱鱗翅目アゲハチョウ科の蝶。分布：ハルマヘラ。

アカトンボ 赤蜻蛉 昆虫綱トンボ目トンボ科のアカネ属Sympetrumの種類の総称であるが、広義にはショウジョウトンボやベニトンボの成熟雄や、ウスバキトンボの赤化したものなどをさすことがある。

アカナガイトトンボ〈*Pseudagrion pilidorsum*〉昆虫綱蜻蛉目イトトンボ科の蜻蛉。体長44mm。分布：沖縄本島、石垣島、西表島、与那国島。

アカナガクチカクシゾウムシ〈*Rhadinomerus annulipes*〉昆虫綱甲虫目ゾウムシ科の甲虫。体長3.7～6.5mm。

アカニシキカナブン〈*Stephanorrhina adelpha*〉昆虫綱甲虫目コガネムシ科の甲虫。分布：アフリカ西部・中央部。

アカニセセミゾハネカクシ〈*Santhota sparsa*〉昆虫綱甲虫目ハネカクシ科の甲虫。体長3.3～3.5mm。

アカネ 茜蜻蛉 昆虫綱トンボ目トンボ科アカネ属Sympetrumの総称。

アカネアゲハ〈*Papilio rumanzovia*〉昆虫綱鱗翅目アゲハチョウ科の蝶。分布：フィリピン，セレベス。

アカネウズマキタテハ〈*Callicore eunomia*〉昆虫綱鱗翅目タテハチョウ科の蝶。分布：コロンビア，エクアドル，ペルー，ボリビア。

アカネエダシャク〈*Heterolocha coccinea*〉昆虫綱鱗翅目シャクガ科の蛾。分布：九州，対馬。

アカネオオセセリ〈*Pyrrhopyge cometes staudingeri*〉昆虫綱鱗翅目セセリチョウ科の蝶。分布：仏領ギアナ，ペルー，ボリビア，ブラジル北部。

アカネカザリシロチョウ〈*Delias aglaia*〉昆虫綱鱗翅目シロチョウ科の蝶。後翅裏面の基部は鮮やかな赤色。開張7〜9mm。分布：インドから，マレーシア，インドネシア，台湾。

アカネカミキリ 赤根天牛〈*Phymatodes maaki*〉昆虫綱甲虫目カミキリムシ科カミキリ亜科の甲虫。体長6〜10mm。分布：北海道，本州，四国，九州。

アカネキスジトラカミキリ〈*Cyrtoclytus monticallisus*〉昆虫綱甲虫目カミキリムシ科カミキリ亜科の甲虫。体長13mm。

アカネゴマダラ〈*Euripus consimilis*〉昆虫綱鱗翅目タテハチョウ科の蝶。分布：インドからミャンマー高地部およびタイまで。

アカネシャチホコ〈*Peridea lativitta*〉昆虫綱鱗翅目シャチホコガ科ウチキシャチホコ亜科の蛾。開張52〜60mm。分布：沿海州，中国東北，朝鮮半島，北海道，本州，四国，九州の冷温帯。

アカネシロチョウ アカネカザリシロチョウの別名。

アカネシロフタオチョウ〈*Charaxes hadrianus*〉昆虫綱鱗翅目タテハチョウ科の蝶。分布：ガーナ，カメルーンからコンゴ，ザイール，ウガンダまで。

アカネズミジラミ〈*Hoplopleura akanezumi*〉昆虫綱蝨目ケモノヒメジラミ科。

アカネドクチョウ〈*Heliconius burneyi*〉昆虫綱鱗翅目ドクチョウ科の蝶。分布：ペルー，ブラジル。

アカネトラカミキリ 赤根虎天牛〈*Brachyclytus singularis*〉昆虫綱甲虫目カミキリムシ科カミキリ亜科の甲虫。体長8〜12mm。分布：北海道，本州，四国，九州。

アカネドリスドクチョウ〈*Heliconius doris eratonius*〉昆虫綱鱗翅目ドクチョウ科の蝶。分布：中央アメリカ，南アメリカ北部。

アカネニセクチブトキクイゾウムシ〈*Stenoscelodes hayashii*〉昆虫綱甲虫目ゾウムシ科の甲虫。体長2.7〜3.8mm。

アカネハバチ〈*Hemibeleses nigriceps*〉昆虫綱膜翅目ハバチ科。

アカネハマキ〈*Acleris phantastica*〉昆虫綱鱗翅目ハマキガ科の蛾。分布：本州（東北から中部山地），四国（山地）。

アカネボカシタテハ〈*Euphaedra caerulescens*〉昆虫綱鱗翅目タテハチョウ科の蝶。分布：ザイール南西部，中央アフリカ。

アカネマダラシロチョウ〈*Prioneris autothisbe*〉昆虫綱鱗翅目シロチョウ科の蝶。分布：ジャワ。

アカネマネシヒカゲ〈*Elymnias esaca*〉昆虫綱鱗翅目ジャノメチョウ科の蝶。開張80mm。分布：スンダランド，フィリピン。珍蝶。

アカバオオキバハネカクシ 赤翅大牙隠翅虫〈*Oxyporus maculiventris*〉昆虫綱甲虫目ハネカクシ科の甲虫。体長8.0〜11.0mm。分布：北海道，本州。

アカバカワベハネカクシ〈*Bledius obihiroensis*〉昆虫綱甲虫目ハネカクシ科。

アカバキノカワハネカクシ〈*Coprohilus adachii*〉昆虫綱甲虫目ハネカクシ科の甲虫。体長4.5mm。

アカバキヨトウ〈*Aletia rufipennis*〉昆虫綱鱗翅目ヤガ科ヨトウガ亜科の蛾。開張30mm。分布：沿海州，朝鮮半島，北海道から本州中部。

アカバキリガ〈*Orthosia carnipennis*〉昆虫綱鱗翅目ヤガ科ヨトウガ亜科の蛾。開張45〜48mm。桜桃，桃，スモモ，林檎，栗，桜類に害を及ぼす。分布：沿海州，朝鮮半島，中国，台湾，北海道から九州，対馬。

アカバクビブトハネカクシ 赤翅頸太隠翅虫〈*Pinophilus rufipennis*〉昆虫綱甲虫目ハネカクシ科の甲虫。体長10.5〜12.0mm。分布：本州，九州。

アカバクロコキノコムシ〈*Parabaptistes reitteri*〉昆虫綱甲虫目コキノコムシ科。

アカバコキノコムシダマシ〈*Pisenus insignis*〉昆虫綱甲虫目キノコムシダマシ科の甲虫。体長2.5〜3.0mm。分布：本州，四国，九州。

アカバチビキマワリモドキ〈*Tetragonomenes komiyai*〉昆虫綱甲虫目ゴミムシダマシ科の甲虫。体長7.0〜8.0mm。

アカバチビナガハネカクシ〈*Lathrobium kobense*〉昆虫綱甲虫目ハネカクシ科の甲虫。体長4.0〜4.3mm。

アカバツヤムネハネカクシ〈*Quedius japonicus*〉昆虫綱甲虫目ハネカクシ科の甲虫。体長6mm。分布：北海道，本州，九州。

アカバデオキノコムシ 赤翅出尾茸虫〈*Episcaphium semirufum*〉昆虫綱甲虫目デオキ

ノコムシ科の甲虫。体長4.5～5.0mm。分布：本州, 四国, 九州。

アカバナガエハネカクシ〈*Ochthephilum pectorale*〉昆虫綱甲虫目ハネカクシ科の甲虫。体長7.7～8.3mm。

アカバナガタマムシ〈*Agrilus sinuatus*〉昆虫綱甲虫目タマムシ科の甲虫。体長7.8～11.4mm。

アカバナガハネカクシ 赤翅長隠翅虫〈*Lathrobium dignum*〉昆虫綱甲虫目ハネカクシ科の甲虫。体長8.4～9.4mm。分布：日本各地。

アカバナカミキリ〈*Anoplodera succedanea*〉昆虫綱甲虫目カミキリムシ科ハナカミキリ亜科の甲虫。体長12～22mm。分布：北海道, 本州, 四国, 九州, 佐渡。

アカバナトビハムシ〈*Altica oleracea*〉昆虫綱甲虫目ハムシ科。体長3.5mm。分布：北海道, 本州, 九州。

アカバナハバチ〈*Tenthredo colon nigriventris*〉昆虫綱膜翅目ハバチ科。

アカバナビワハゴロモ〈*Fulgora pyrorhyncha*〉昆虫綱半翅目ビワハゴロモ科。分布：インド, マレーシア, スマトラ, ジャワ。

アカバニセクビボソムシ〈*Aderus rubrivestis*〉昆虫綱甲虫目ニセクビボソムシ科。

アカバネオンブバッタ〈*Atractomorpha psittacina*〉昆虫綱直翅目オンブバッタ科。体長25～30mm。サツマイモに害を及ぼす。分布：奄美大島, 徳之島, 沖永良部島, 石垣島, 西表島。

アカバネグモ〈*Orchestina sanguinea*〉蛛形綱クモ目タマゴグモ科の蜘蛛。

アカバネゴマフアブ〈*Chrysozona rufipennsis*〉昆虫綱双翅目アブ科。

アカバネタマノミハムシ〈*Sphaeroderma nigricolle*〉昆虫綱甲虫目ハムシ科の甲虫。体長3.5mm。分布：本州, 四国, 九州。

アカバネツノハナムグリ〈*Eudicella smithi bertherandi*〉昆虫綱甲虫目コガネムシ科の甲虫。分布：アフリカ中央部・南部。

アカバネツヤクチキムシ 赤翅艶朽木虫〈*Hymenalia rufipennis*〉昆虫綱甲虫目クチキムシ科の甲虫。体長5mm。分布：本州, 四国, 九州。

アカバネナガウンカ 赤翅長浮塵子〈*Diostrombus politus*〉昆虫綱半翅目ハネナガウンカ科。分布：本州, 九州, 対馬, 屋久島。

アカバネバッタ〈*Celes akitanus*〉昆虫綱直翅目バッタ科。

アカバネヒメクチキムシ アカバネツヤクチキムシの別名。

アカハネフトヒラタコメツキ〈*Acteniceromorphus fulvipennis*〉昆虫綱甲虫目コメツキムシ科の甲虫。体長雄12～13mm, 雌16～17mm。

アカハネマシラグモ〈*Leptoneta akahanei*〉蛛形綱クモ目マシラグモ科の蜘蛛。

アカハネムシ 赤翅虫〈*Pseudopyrochroa vestiflua*〉昆虫綱甲虫目アカハネムシ科の甲虫。体長12～17mm。分布：北海道, 本州, 四国, 九州。

アカババハネカクシ 赤翅隠翅虫〈*Platydracus paganus*〉昆虫綱甲虫目ハネカクシ科の甲虫。体長16mm。分布：北海道, 本州, 四国, 九州。

アカハバビロオオキノコムシ 赤幅広大茸虫〈*Neotriplax lewisii*〉昆虫綱甲虫目オオキノコムシ科の甲虫。体長4.0～6.5mm。分布：本州, 四国, 九州。

アカバヒゲボソコキノコムシ〈*Prabaptistes reitteri*〉昆虫綱甲虫目コキノコムシ科の甲虫。体長3.0～3.3mm。

アカバヒメホソハネカクシ〈*Neobisnius pumilus*〉昆虫綱甲虫目ハネカクシ科の甲虫。体長5.0mm。

アカハビロタマムシ〈*Catoxantha purpurea*〉昆虫綱甲虫目タマムシ科。分布：フィリピン。

アカバホソハネカクシ 赤翅細隠翅虫〈*Othius rufipennis*〉昆虫綱甲虫目ハネカクシ科の甲虫。体長10.5～12.5mm。分布：北海道。

アカバマルクビハネカクシ〈*Tachinus sharpi*〉昆虫綱甲虫目ハネカクシ科の甲虫。体長5.8～6.0mm。

アカバマルタマキノコムシ〈*Sphaeroliodes rufescens*〉昆虫綱甲虫目タマキノコムシ科の甲虫。体長4.5mm。分布：本州, 九州。

アカハムシダマシ〈*Arthromacra sumptuosa*〉昆虫綱甲虫目ゴミムシダマシ科の甲虫。体長10mm。分布：本州。

アカハラアシナガミゾドロムシ〈*Stenelmis hisamatsui*〉昆虫綱甲虫目ヒメドロムシ科の甲虫。体長2.1～2.2mm。

アカハラクロコメツキ〈*Ampedus hypogastricus*〉昆虫綱甲虫目コメツキムシ科の甲虫。体長13～15mm。分布：本州, 四国, 九州, 対馬, 屋久島, 伊豆諸島。

アカハラケシキスイ 赤腹出尾虫〈*Librodor rufiventris*〉昆虫綱甲虫目ケシキスイ科の甲虫。体長4.0～6.7mm。分布：北海道, 本州。

アカハラゴマダラヒトリ 赤腹胡麻斑灯蛾〈*Spilosoma punctaria*〉昆虫綱鱗翅目ヒトリガ科ヒトリガ亜科の蛾。開張35～38mm。アブラナ科野菜, 桑に害を及ぼす。分布：北海道, 本州, 四国, 九州, 屋久島, 朝鮮半島, シベリア南東部, 中国, チベット。

アカハラチビオオキノコムシ ハラアカチビオオキノコムシの別名。

アカハラヒメアオシャク ハラアカヒメアオシャクの別名。

アカハレギチョウ〈Cethosia cydippe〉昆虫綱鱗翅目タテハチョウ科の蝶。開張80mm。分布：モロタイ、ハルマヘラ、バチャン、クイーンズランド、パプアニューギニア島。珍蝶。

アカヒゲオナシアゲハ モロンダバオナシアゲハの別名。

アカヒゲチビオオキノコムシ〈Aporotritoma ruficornis〉昆虫綱甲虫目オオキノコムシ科の甲虫。体長4.0～4.5mm。分布：本州、四国。

アカヒゲドクガ 赤鬚毒蛾〈Calliteara lunulata〉昆虫綱鱗翅目ドクガ科の蛾。開張雄51～55mm、雌65～70mm。栗に害を及ぼす。分布：北海道、本州、四国、九州、対馬、屋久島、沖縄本島、西表島、朝鮮半島、シベリア南東部、中国。

アカヒゲナガヒラタミツギリゾウムシ〈Cerobates laticostatis〉昆虫綱甲虫目ミツギリゾウムシ科の甲虫。体長4.5～6.6mm。

アカヒゲヒラタコメツキ〈Neopristilophus serrifer〉昆虫綱甲虫目コメツキムシ科の甲虫。体長14～23mm。分布：本州、四国、九州、屋久島。

アカヒゲフシヒメバチ〈Gregopimpla kuwanae〉昆虫綱膜翅目ヒメバチ科。

アカヒゲベニトゲアシガ〈Oedematopoda leechi〉昆虫綱鱗翅目ニセマイコガ科の蛾。分布：薩摩（九州鹿児島県）。

アカヒゲホソミドリメクラガメ 赤鬚細緑盲亀虫〈Trigonotylus ruficornis〉昆虫綱半翅目メクラカメムシ科。分布：日本各地。

アカヒトリ〈Spilosoma flammeola〉昆虫綱鱗翅目ヒトリガ科ヒトリガ亜科の蛾。前翅は赤褐色で透けている。開張3～4mm。分布：ヨーロッパ、北アフリカ、日本、カナダ、合衆国北部。

アカヒメコメツキモドキ 赤姫擬叩頭虫〈Anadastus filiformis〉昆虫綱甲虫目コメツキモドキ科の甲虫。分布：本州、九州。

アカヒメツノカメムシ 赤姫角亀虫〈Elasmucha dorsalis〉昆虫綱半翅目ツノカメムシ科。分布：北海道、本州。

アカヒメハナノミ〈Mordellistenoda aka〉昆虫綱甲虫目ハナノミ科の甲虫。体長3.0～4.2mm。

アカヒメヒョウタンゴミムシ〈Clivina yanoi〉昆虫綱甲虫目オサムシ科の甲虫。体長5.2～5.8mm。

アカヒメヘリカメムシ 赤姫縁亀虫〈Rhopalus maculatus〉昆虫綱半翅目ヘリカメムシ科。体長6～8mm。隠元豆、小豆、ササゲ、セリ科野菜、稲、麦類、イネ科牧草に害を及ぼす。分布：北海道、本州、四国、九州。

アカヒメヨコバイ〈Alebroides rubicunda〉昆虫綱半翅目ヒメヨコバイ科。

アカヒョウタンゾウムシ〈Catapionus cuprescens〉昆虫綱甲虫目ゾウムシ科。

アカヒラタカタホソハネカクシ〈Philydrodes subtilis〉昆虫綱甲虫目ハネカクシ科の甲虫。体長4.8～5.2mm。

アカヒラタガムシ〈Helochares anchoralis〉昆虫綱甲虫目ガムシ科の甲虫。体長5.5～5.9mm。

アカヒラタカメノコハムシ〈Notosacantha ihai〉昆虫綱甲虫目ハムシ科の甲虫。体長5.2～5.5mm。

アカヒラタコガシラハネカクシ〈Philonthus macrocephalus〉昆虫綱甲虫目ハネカクシ科の甲虫。体長12.5～13.0mm。

アカビロウドコガネ〈Maladera castanea〉昆虫綱甲虫目コガネムシ科の甲虫。体長8～9mm。大豆、落花生、アブラナ科野菜、苺、ヤマノイモ類、イネ科牧草、マメ科牧草、シバ類、隠元豆、小豆、ササゲ、サツマイモ、柿、キク科野菜に害を及ぼす。分布：北海道、本州、四国、九州、対馬、屋久島。

アカフキンウワバ ムラサキキンウワバの別名。

アカフコガシラウンカ〈Deferunda rubrostigma〉昆虫綱半翅目コガシラウンカ科。

アガブスジャコウアゲハ〈Parides agavus〉昆虫綱鱗翅目アゲハチョウ科の蝶。分布：ブラジル中部・南部。

アカフタミゾチビハネカクシ〈Leptusa impressicollis〉昆虫綱甲虫目ハネカクシ科。

アカフツヅリガ〈Lamoria glaucalis〉昆虫綱鱗翅目メイガ科ツヅリガ亜科の蛾。開張32～36mm。苺、桃、スモモに害を及ぼす。分布：本州北部から四国、九州、対馬、屋久島、朝鮮半島、中国。

アカフハネナガウンカ 赤斑翅長浮塵子〈Epotiocerus flexuosus〉昆虫綱半翅目ハネナガウンカ科。体長9～10mm。分布：北海道、本州、四国、九州。

アカフマダラメイガ〈Acrobasis ferruginella〉昆虫綱鱗翅目メイガ科マダラメイガ亜科の蛾。開張22mm。分布：本州（宮城県）、四国以南、九州、対馬。

アカフヤガ〈Diarsia pacifica〉昆虫綱鱗翅目ヤガ科モンヤガ亜科の蛾。開張30～40mm。分布：東北地方北部、四国、九州、屋久島。

アカヘリエンマゴミムシ〈Mouhotia planipennis〉昆虫綱甲虫目ゴミムシ科。分布：タイ。

アカヘリオオアオコメツキ〈Campsosternus gemma〉昆虫綱甲虫目コメツキムシ科。分布：中国、台湾。

アカヘリオオキノメイガ〈*Botyodes asialis*〉昆虫綱鱗翅目メイガ科の蛾。分布：本州南部，九州，対馬，屋久島，奄美大島，台湾，インドから東南アジア一帯。

アカヘリサシガメ　赤縁刺亀〈*Rhynocoris ornatus*〉昆虫綱半翅目サシガメ科。体長12〜14mm。分布：本州，四国，九州。

アカヘリシマメイガ〈*Herculia drabicilialis*〉昆虫綱鱗翅目メイガ科の蛾。分布：本州(関東以西)，四国，九州，対馬，奄美大島，沖縄本島。

アカヘリスカシノメイガ〈*Noorda amethystina*〉昆虫綱鱗翅目メイガ科の蛾。分布：アフリカからインド，ニューギニア，石垣島。

アカヘリタテハ〈*Didonis biblis*〉昆虫綱鱗翅目タテハチョウ科の蝶。分布：メキシコから南アメリカ，パラグアイまで。

アカヘリテントウ〈*Rodolia rufocincta*〉昆虫綱甲虫目テントウムシ科の甲虫。体長4.0〜5.6mm。

アカヘリナガカメムシ　赤縁長亀虫〈*Arocatus sericans*〉昆虫綱半翅目ナガカメムシ科。分布：本州，九州，対馬。

アカヘリヒメアオシャク〈*Pyrrhorachis pyrrhodona*〉昆虫綱鱗翅目シャクガ科の蛾。分布：沖縄本島，宮古島，石垣島，西表島，台湾，スリランカ，インド南部，インド北部，クィーンズランド，ロイヤルティ島。

アカヘリミドリタマムシ〈*Buprestis niponica*〉昆虫綱甲虫目タマムシ科の甲虫。体長12〜20mm。

アカヘリモンキチョウ〈*Colias interior*〉昆虫綱鱗翅目シロチョウ科の蝶。分布：カナダ南部，アメリカ合衆国。

アカヘリヤガ〈*Adisura atkinsoni*〉昆虫綱鱗翅目ヤガ科の蛾。分布：インド，関東地方以西，四国北部，九州北部。

アカボシウスバシロチョウ〈*Parnassius bremeri*〉昆虫綱鱗翅目アゲハチョウ科の蝶。分布：トランスバイカル，中国北部・東北部，朝鮮半島，ウスリー，アムール。

アカホシエグリゴマダラ　アカネゴマダラの別名。

アカホシカスミカメ〈*Creontiades coloripes*〉昆虫綱半翅目カスミカメムシ科。体長5〜7mm。大豆に害を及ぼす。分布：本州以南の日本各地，台湾，東南アジア。

アカホシカメムシ〈*Dysdercus cingulatus*〉昆虫綱半翅目ホシカメムシ科。体長12〜17mm。繊維作物，オクラに害を及ぼす。分布：九州(南部)，南西諸島。

アカホシクロヒラタケシキスイ〈*Ipidia sexguttata*〉昆虫綱甲虫目ケシキスイ科の甲虫。体長3.0〜3.5mm。

アカホシクロメクラガメ〈*Deraeocoris brevicornis*〉昆虫綱半翅目メクラカメムシ科。

アカボシゴマダラ〈*Hestina assimilis*〉昆虫綱鱗翅目タテハチョウ科コムラサキ亜科の蝶。準絶滅危惧種(NT)。前翅長42〜53mm。分布：奄美大島，徳之島。

アカボシチビヒメハナムシ〈*Stilbus bipustulatus*〉昆虫綱甲虫目ヒメハナムシ科の甲虫。体長1.8〜2.1mm。

アカボシツノハナムグリ〈*Amaurodes passerinii*〉昆虫綱甲虫目コガネムシ科の甲虫。分布：アフリカ中央部・東部・南部。

アカボシテントウ　赤星瓢虫〈*Chilocorus rubidus*〉昆虫綱甲虫目テントウムシ科の甲虫。体長5.8〜7.2mm。分布：北海道，本州，九州。

アカホシヒメアオシャク〈*Comostola rubripunctata*〉昆虫綱鱗翅目シャクガ科アオシャク亜科の蛾。開張18〜26mm。分布：本州(近畿以西)，四国，九州，対馬，屋久島，奄美大島，沖縄本島，宮古島。

アカホシヒラタケシキスイ〈*Epuraea rubronotata*〉昆虫綱甲虫目ケシキスイムシ科。

アカボシホソアリモドキ〈*Sapintus luteonotatus*〉昆虫綱甲虫目アリモドキ科の甲虫。体長2.2〜2.5mm。

アカホシマルカイガラムシ〈*Chrysomphalus aonidum*〉昆虫綱半翅目マルカイガラムシ科。体長1.5〜2.0mm。柑橘，ラン類，インドゴムノキ，蘇鉄，ヤシ類，アナナス類に害を及ぼす。

アカホシメクラガメ　アカホシカスミカメの別名。

アカホソアリモドキ〈*Sapintus fugiens*〉昆虫綱甲虫目アリモドキ科の甲虫。体長2.3〜3.1mm。

アカホソクシコメツキ〈*Neodiploconus ferrugihneipennis*〉昆虫綱甲虫目コメツキムシ科の甲虫。体長10〜13mm。

アカマエアオリンガ〈*Earias pudicana*〉昆虫綱鱗翅目ヤガ科リンガ亜科の蛾。開張19〜22mm。分布：北海道から九州，対馬，中国，アフガニスタン，インド西部，沿海州。

アカマエアツバ〈*Simplicia rectalis*〉昆虫綱鱗翅目ヤガ科クルマアツバ亜科の蛾。分布：北海道，本州，朝鮮半島，ウスリー，シベリアから欧州。

アカマエヤガ〈*Spaelotis ravida nipona*〉昆虫綱鱗翅目ヤガ科モンヤガ亜科の蛾。開張48〜50mm。分布：朝鮮半島，中国，北海道，東北地方から本州中部。

アカマキバサシガメ　赤牧場刺亀〈*Gorpis brevilineatus*〉昆虫綱半翅目マキバサシガメ科。分布：本州，四国，九州。

アカマダラ 赤斑蝶〈*Araschnia levana*〉昆虫綱鱗翅目タテハチョウ科ヒオドシチョウ亜科の蝶。春型はオレンジ色で，黒褐色の斑紋。夏型は暗褐色で，白色の帯。開張3〜4mm。分布：ヨーロッパ。

アカマダラエンマコガネ〈*Onthophagus lutosopictus*〉昆虫綱甲虫目コガネムシ科の甲虫。体長6.5〜9.0mm。

アカマダラカゲロウ 赤斑蜉蝣〈*Ephemerella rufa*〉昆虫綱蜉蝣目マダラカゲロウ科。体長5〜7mm。分布：日本各地。

アカマダラカツオブシムシ 赤斑鰹節虫〈*Trogoderma varium*〉昆虫綱甲虫目カツオブシムシ科の甲虫。体長2.6〜4.0mm。分布：本州，九州。

アカマダラケシキスイ〈*Lasiodactylus pictus*〉昆虫綱甲虫目ケシキスイムシ科の甲虫。体長7〜8mm。分布：本州，四国，九州，南西諸島。

アカマダラコガネ〈*Poecilophilides rusticola*〉昆虫綱甲虫目コガネムシ科の甲虫。体長16〜21mm。分布：北海道，本州，四国，九州。

アカマダラシマナミシャク〈*Xanthorhoe dentipostmediana*〉昆虫綱鱗翅目シャクガ科ナミシャク亜科の蛾。開張21〜24mm。分布：北海道の中部山岳，本州の中部山地。

アカマダラセンチコガネ 赤斑雪隠金亀子〈*Ochodaeus maculatus*〉昆虫綱甲虫目コガネムシ科の甲虫。体長7〜11mm。分布：本州，九州。

アカマダラヒカゲ〈*Rhaphicera satricus*〉昆虫綱鱗翅目ジャノメチョウ科の蝶。分布：インド北部から中国まで。

アカマダラヒゲナガゾウムシ〈*Litocerus tokarensis*〉昆虫綱甲虫目ヒゲナガゾウムシ科の甲虫。体長8〜13.2mm。分布：屋久島，吐噶喇列島中之島，奄美大島，小笠原諸島。

アカマダラヒメハマキ〈*Didrimys tokui*〉昆虫綱鱗翅目ハマキガ科の蛾。分布：屋久島，奄美大島。

アカマダラホソチョウ〈*Acraea perenna*〉昆虫綱鱗翅目ホソチョウ科の蝶。分布：シエラレオネ，アンゴラからアフリカ東部およびエチオピアまで。

アカマダラメイガ〈*Nephopterix semirubella*〉昆虫綱鱗翅目メイガ科マダラメイガ亜科の蛾。開張22〜28mm。分布：北海道，本州，四国，九州，対馬，種子島，屋久島，奄美大島，朝鮮半島，中国，シベリア東部からヨーロッパ，台湾からインド。

アカマダラモドキ〈*Araschnia prorsoides*〉昆虫綱鱗翅目タテハチョウ科の蝶。分布：インド東北部から中国西部まで。

アカマダラヤドリハナバチ〈*Nomada pyrifera*〉昆虫綱膜翅目ミツバチ科。

アカマダラヨトウ〈*Spodoptera picta*〉昆虫綱鱗翅目ヤガ科カラスヨトウ亜科の蛾。分布：インド以東アジア，太平洋地域，九州南部，沖永良部島，奄美大島，沖縄本島，石垣島，西表島，伊豆諸島，御蔵島，八丈島，紀伊半島南部，対馬。

アカマツチビキバガ〈*Stenolechia kodamai*〉昆虫綱鱗翅目キバガ科の蛾。分布：本州。

アカマツノネキクイムシ マツノネノキクイムシの別名。

アカマツハタケグモ〈*Hahnia pinicola*〉蛛形綱クモ目ハタケグモ科の蜘蛛。

アカマツハナムシガ〈*Piniphila bifasciana*〉昆虫綱鱗翅目ハマキガ科の蛾。分布：北海道，本州，中国，ロシア，ヨーロッパ，イギリス。

アカマツハモグリスガ〈*Ocnerostoma friesei*〉昆虫綱鱗翅目スガ科の蛾。分布：本州，ヨーロッパ。

アカマ メデオキノコムシ〈*Baeocera satana*〉昆虫綱甲虫目デオキノコムシ科。

アカマルカイガラムシ 赤円介殻虫〈*Aonidiella aurantii*〉昆虫綱半翅目マルカイガラムシ科。体長1.8mm。アオギリ，柑橘に害を及ぼす。分布：九州，四国，南西諸島，小笠原諸島，世界の熱帯，亜熱帯。

アカマルハナバチ〈*Bombus hypnorum*〉昆虫綱膜翅目ミツバチ科マルハナバチ亜科。

アカマルバネモンキタテハ〈*Aterica rabena*〉昆虫綱鱗翅目タテハチョウ科の蝶。分布：マダガスカル。

アカマルミジンムシ〈*Lewisium japonicum*〉昆虫綱甲虫目ミジンムシ科の甲虫。体長1.1〜1.2mm。

アカミケシデオキノコムシ〈*Scaphisoma rubrum*〉昆虫綱甲虫目デオキノコムシ科の甲虫。体長1.5〜1.8mm。分布：本州，四国，九州。

アカミジングモ〈*Dipoena chikunii*〉蛛形綱クモ目ヒメグモ科の蜘蛛。体長雌2.0〜2.2mm，雄1.2〜1.4mm。分布：北海道，本州(山形県・長野県)。

アカミスジヒシベニボタル〈*Benibotarus sanguinipennis*〉昆虫綱甲虫目ベニボタル科の甲虫。体長5.5〜7.5mm。

アカミトゲシカクワガタ〈*Rhaetulus didieri*〉昆虫綱甲虫目クワガタムシ科。分布：マレーシア。

アカミナミボタル〈*Drilaster bicolor*〉昆虫綱甲虫目ホタル科の甲虫。体長6.5〜8.5mm。

アカミヒゲナガゾウムシ〈*Litocerus rufescens*〉昆虫綱甲虫目ヒゲナガゾウムシ科の甲虫。体長3.3〜4.5mm。分布：本州，四国，九州，南西諸島，伊豆諸島八丈島。

アカミャクカスミガメ〈*Stenodema rubrinerve*〉昆虫綱半翅目カスミカメムシ科。体長8.5〜10.0mm。分布：北海道，本州，四国，九州。

アカミャクノメイガ〈*Pyrausta rubiginalis*〉昆虫綱鱗翅目メイガ科の蛾。分布：北海道, 本州(中部と北陸の山地), 新潟県佐渡島, シベリア南東部からヨーロッパ。

アカミャクメクラカメムシ アカミャクカスミガメの別名。

アカムカデ 赤蜈蚣〈*Scolopocryptops*〉節足動物門唇脚綱オオムカデ目メナシムカデ科アカムカデ属の陸生動物の総称。

アカムシ 赤虫〈*Halla okudai*〉環形動物門多毛綱遊在目ビクイソメ科の海産動物。分布：瀬戸内海沿岸, 天草地方の砂泥地。

アカムシ 赤虫〈blood worm〉昆虫綱双翅目カ群ユスリカ科の幼虫のうち, 体色が赤血色を帯びるもの。

アカムシユスリカ 赤虫揺蚊〈*Tokunagayusurika akamusi*〉昆虫綱双翅目ユスリカ科。体長8～10mm。害虫。

アカムネハナカミキリ〈*Macropidonia ruficollis*〉昆虫綱甲虫目カミキリムシ科ハナカミキリ亜科の甲虫。準絶滅危惧種(NT)。体長14～16mm。分布：本州, 四国。

アカムネミドリカミキリ〈*Pachyteria virescens*〉昆虫綱甲虫目カミキリムシ科の甲虫。分布：マレーシア。

アカムラサキタテハ〈*Sallya pechueli*〉昆虫綱鱗翅目タテハチョウ科の蝶。分布：アフリカ中央部。

アカムラサキヒメハマキ〈*Gypsonoma erubesca*〉昆虫綱鱗翅目ハマキガ科の蛾。分布：北海道の札幌市円山公園と大雪山。

アカムラサキヘリホシヒメハマキ〈*Dichroramph ainterponana*〉昆虫綱鱗翅目ハマキガ科の蛾。分布：北海道, 本州(山地), ロシア(シベリア, 沿海州, 千島)。

アカメイトトンボ〈*Erythromma najas*〉昆虫綱蜻蛉目イトトンボ科。準絶滅危惧種(NT)。

アカメガシワタカイガラムシ〈*Coccus malloti*〉昆虫綱半翅目カタカイガラムシ科。トベラ, マサキ, ニシキギ, 桜類に害を及ぼす。

アカメガシワハネナガウンカ〈*Vekunta malloti*〉昆虫綱半翅目ハネナガウンカ科。

アカメガシワホソガ〈*Acrocercops heptadeta*〉昆虫綱鱗翅目ホソガ科の蛾。開張9～10mm。分布：本州, 四国, 九州, 奄美大島, 台湾。

アカメセダカオドリバエ〈*Syneches grandis*〉昆虫綱双翅目オドリバエ科。

アカモクメヨトウ〈*Apamea aquila*〉昆虫綱鱗翅目ヤガ科カラスヨトウ亜科の蛾。開張37～44mm。分布：ユーラシア, 北海道から九州, 対馬。

アカモンアオカナブン〈*Ischiosopha ignipennis*〉昆虫綱甲虫目コガネムシ科の甲虫。分布：パプアニューギニア。

アカモンエグリコガネ〈*Macronota abdominalis*〉昆虫綱甲虫目コガネムシ科の甲虫。分布：フィリピン。

アカモンエンマムシ〈*Atholus bimaculatus*〉昆虫綱甲虫目エンマムシ科の甲虫。体長3.5～5.0mm。

アカモンオオツノハナムグリ〈*Chelorrhina savagei*〉昆虫綱甲虫目コガネムシ科の甲虫。分布：ギニアからカメルーン, ザイールを経てマラウイまで。

アカモンオオモモブトシデムシ〈*Diamesus osculans*〉昆虫綱甲虫目シデムシ科の甲虫。体長25～45mm。

アカモンカクケシキスイ〈*Pocadites chujoi*〉昆虫綱甲虫目ケシキスイ科の甲虫。体長2.7～4.1mm。

アカモンコナミシャク〈*Palpoctenidia phoenicosoma*〉昆虫綱鱗翅目シャクガ科ナミシャク亜科の蛾。開張15～18mm。分布：本州(関東以西), 四国, 九州, アッサム, 台湾。

アカモンジョウザンシジミ〈*Philotes sonorensis*〉昆虫綱鱗翅目シジミチョウ科の蝶。オレンジ色の斑紋をもつ。開張1.5～2.0mm。分布：カリフォルニアからメキシコ北部。

アカモンスカシジャノメ〈*Haetera macleannania*〉昆虫綱鱗翅目ジャノメチョウ科の蝶。分布：コスタリカ, パナマ, コロンビア, ペルー。

アカモンチビオオキノコムシ〈*Aporotritoma consobrina*〉昆虫綱甲虫目オオキノコムシ科の甲虫。体長4.0～4.5mm。

アカモンツツタマムシ〈*Strigoptera bimaculata*〉昆虫綱甲虫目タマムシ科の甲虫。分布：インド, オーストラリア。

アカモンドクガ〈*Orgyia recens*〉昆虫綱鱗翅目ドクガ科の蛾。開張雄30～36mm。大豆, ハスカップ, 桜桃, 林檎に害を及ぼす。分布：北海道, 本州(東北地方北部から中部山地), 九州。

アカモンナガクチキムシ〈*Prothalpia rufonotata*〉昆虫綱甲虫目ナガクチキムシ科の甲虫。体長6.5～9.0mm。

アカモンナミシャク 赤紋波尺蛾〈*Trichopterigia costipunctaria*〉昆虫綱鱗翅目シャクガ科ナミシャク亜科の蛾。開張29～32mm。分布：本州(関東以西), 四国, 九州。

アカモンヒゲナガノメイガ〈*Hendecasis pulchella*〉昆虫綱鱗翅目メイガ科の蛾。分布：台湾, 奄美大島。

アカモンホソアリモドキ〈*Sapintus marseuli*〉昆虫綱甲虫目アリモドキ科の甲虫。体長3.3～4.2mm。

アカモンホソバベニモン ベニモンホソバジャコウアゲハの別名。

アカモンミゾドロムシ〈Ordobrevia maculata〉昆虫綱甲虫目ヒメドロムシ科の甲虫。体長1.9～2.2mm。

アカヤスデ 赤馬陸〈Nedyopus tambanus〉節足動物門倍脚綱オビヤスデ目ヤケヤスデ科の陸生動物。

アカヤマアリ 赤山蟻〈Formica sanguinea fusciceps〉昆虫綱膜翅目アリ科。分布：中部地方以北。

アカヨツボシキンイロツノハナムグリ〈Coelorrhina loricata〉昆虫綱甲虫目コガネムシ科の甲虫。分布：アフリカ中央部。

アカラルス・アルボキリアトゥス〈Achalarus albociliatus〉昆虫綱鱗翅目セセリチョウ科の蝶。分布：メキシコからコロンビアまで。

アカラルス・シンプレクス〈Achalarus simplex〉昆虫綱鱗翅目セセリチョウ科の蝶。分布：中国西部、チベット。

アカラルス・リキアデス〈Achalarus lyciades〉昆虫綱鱗翅目セセリチョウ科の蝶。分布：ニューイングランド州からテキサス州まで、中央アメリカ。

アカリスカザリシロチョウ〈Delias acalis〉昆虫綱鱗翅目シロチョウ科の蝶。開張70mm。分布：ニューギニア島山地。珍種。

アカンタクリシス属の一種〈Acanthaclisis sp.〉昆虫綱脈翅目ウスバカゲロウ科。分布：マダガスカル。

アカントガリバ〈Tethea or〉昆虫綱鱗翅目トガリバガ科の蛾。開張35～37mm。分布：ユーラシア北部、北海道東部。

アカンヤブカ〈Aedes excrucians〉昆虫綱双翅目カ科。体長5.7mm。害虫。

アキアカネ 秋赤蜻蛉, 秋茜〈Sympetrum frequens〉昆虫綱蜻蛉目トンボ科アカネ属の蜻蛉。体長40mm。分布：北海道, 本州, 四国, 九州, 対馬。

アキカバナミシャク〈Eupithecia subfumosa〉昆虫綱鱗翅目シャクガ科ナミシャク亜科の蛾。開張18～20mm。分布：本州, 四国。

アキグミシギゾウムシ〈Curculio flavoscutellatus〉昆虫綱甲虫目ゾウムシ科の甲虫。体長3～4mm。

アキシオケルセス・アマンガ〈Axiocerses amanga〉昆虫綱鱗翅目シジミチョウ科の蝶。分布：サハラ以南のアフリカ全域。

アキシオケルセス・ハルパクス〈Axiocerses harpax〉昆虫綱鱗翅目シジミチョウ科の蝶。分布：シエラレオネ, アフリカ中部, アフリカ東部から喜望峰まで。

アキシオケルセス・バンバナ〈Axiocerses bambana〉昆虫綱鱗翅目シジミチョウ科の蝶。分布：アフリカ南半部全域。

アキシオケルセス・プニケア〈Axiocerses punicea〉昆虫綱鱗翅目シジミチョウ科の蝶。分布：ケニア, タンザニア。

アキス・アクミナタ〈Akis acuminata〉昆虫綱甲虫目ゴミムシダマシ科。分布：スペイン南部, シシリー, ダルマーチア(ユーゴスラビア西部)など。

アキヅキユスリカ〈Stictochironomus akizukii〉昆虫綱双翅目ユスリカ科。

アキス・レフレクサ〈Akis reflexa〉昆虫綱甲虫目ゴミムシダマシ科。分布：地中海沿岸地方。

アキタクロナガオサムシ〈Carabus porrecticollis〉昆虫綱甲虫目オサムシ科の甲虫。体長27～33mm。分布：本州。害虫。

アキタヤチグモ〈Coelotes erraticus〉蛛形綱クモ目タナグモ科の蜘蛛。

アギトアリ〈Odontomachus monticola〉昆虫綱膜翅目アリ科。絶滅のおそれのある地域個体群(LP)。

アキナミシャク〈Epirrita autumnata〉昆虫綱鱗翅目シャクガ科ナミシャク亜科の蛾。開張32～38mm。分布：北海道, 本州, 四国, 千島, サハリン, シベリア東部からヨーロッパ。

アキノヒメミノガ〈Bacotia sakabei〉昆虫綱鱗翅目ミノガ科の蛾。分布：本州(北陸や関東より南), 四国, 九州, 対馬。

アキノヤマテヒメハナバチ〈Andrena mitakensis〉昆虫綱膜翅目ヒメハナバチ科。

アキバエダシャク〈Hypomecis akiba〉昆虫綱鱗翅目シャクガ科の蛾。分布：本州(東北地方北部から関東, 北陸, 中部の山地), 九州, 屋久島, シベリア南東部。

アキボタル 秋蛍 昆虫綱甲虫目ホタル科の昆虫で, 秋に現れて発光するものをいう。

アキホラヒメグモ〈Nesticus akiensis〉蛛形綱クモ目ホラヒメグモ科の蜘蛛。

アキマドボタル〈Lychnuris rufa〉昆虫綱甲虫目ホタル科の甲虫。体長17～20mm。

アキヤマヌカカ〈Culicoides dendrophilus〉昆虫綱双翅目ヌカカ科。

アキヨシオオズアリヅカムシ〈Bythonesiotes coiffaiti〉昆虫綱甲虫目アリヅカムシ科の甲虫。体長1.9～2.0mm。

アキヨシナミハグモ〈Cybaeus okafujii〉蛛形綱クモ目タナグモ科の蜘蛛。

アキヨシヒメグモ アキヨシホラヒメグモの別名。

アキヨシホラヒメグモ〈Nesticus akiyoshiensis〉蛛形綱クモ目ホラヒメグモ科の蜘蛛。

アキヨシマシラグモ〈Leptoneta akiyoshiensis〉蛛形綱クモ目マシラグモ科の蜘蛛。

アキヨシメクラチビゴミムシ〈Rakantrechus etoi〉昆虫綱甲虫目オサムシ科の甲虫。体長4.2～5.2mm。

アキレスモルフォ〈Morpho achilles〉昆虫綱鱗翅目モルフォチョウ科の蝶。開張110mm。分布：南米。珍蝶。

アキレナモルフォ〈Morpho achillaena〉昆虫綱鱗翅目モルフォチョウ科の蝶。開張110mm。分布：ブラジル中南部。珍蝶。

アクチウスウスバシロチョウ〈Parnassius actius〉昆虫綱鱗翅目アゲハチョウ科の蝶。分布：天山山脈、トルケスタン、アフガニスタン、パミール、カラコルム。

アクティス・ペリグラファ〈Actis perigrapha〉昆虫綱鱗翅目シジミチョウ科の蝶。分布：カメルーンからコンゴまで。

アクティゼラ・ステッタラ〈Actizera stellata〉昆虫綱鱗翅目シジミチョウ科の蝶。分布：喜望峰、マラウイ。

アクティゼラ・ルキダ〈Actizera lucida〉昆虫綱鱗翅目シジミチョウ科の蝶。分布：アフリカ南部および東部からケニアまで。

アクティノテ・アラリア〈Actinote alalia〉昆虫綱鱗翅目ホソチョウ科の蝶。分布：ブラジル。

アクティノテ・アルキオネ〈Actinote alcione〉昆虫綱鱗翅目ホソチョウ科の蝶。分布：コロンビア、ボリビア、ペルー。

アクティノテ・アンテアス〈Actinote anteas〉昆虫綱鱗翅目ホソチョウ科の蝶。分布：グアテマラからベネズエラまで。

アクティノテ・エクアトリア〈Actionte equatoria〉昆虫綱鱗翅目ホソチョウ科の蝶。分布：グアテマラ、ボリビア、ベネズエラ。

アクティノテ・エリノメ〈Actinote erinome〉昆虫綱鱗翅目ホソチョウ科の蝶。分布：ペルー、ボリビア。

アクティノテ・エレシア〈Actinote eresia〉昆虫綱鱗翅目ホソチョウ科の蝶。分布：コロンビアからボリビアまで。

アクティノテ・オゾメネ〈Actinote ozomene〉昆虫綱鱗翅目ホソチョウ科の蝶。分布：コロンビア、エクアドル。

アクティノテ・カッリアンテ〈Actinote callianthe〉昆虫綱鱗翅目ホソチョウ科の蝶。分布：エクアドル、ベネズエラ。

アクティノテ・グアテマレナ〈Actinote guatemalena〉昆虫綱鱗翅目ホソチョウ科の蝶。分布：グアテマラ。

アクティノテ・ストゥラトニケ〈Actionte stratonice〉昆虫綱鱗翅目ホソチョウ科の蝶。分布：コロンビア、エクアドル、ベネズエラ。

アクティノテ・ディカエウス〈Actinote dicaeus〉昆虫綱鱗翅目ホソチョウ科の蝶。分布：エクアドル、ペルー。

アクティノテ・デモニカ〈Actinote demonica〉昆虫綱鱗翅目ホソチョウ科の蝶。分布：エクアドル、ペルー、ボリビア。

アクティノテ・テルプシノエ〈Actionte terpsinoe〉昆虫綱鱗翅目ホソチョウ科の蝶。分布：ペルー、ボリビア。

アクティノテ・ネレウス〈Actinote neleus〉昆虫綱鱗翅目ホソチョウ科の蝶。分布：エクアドル、コロンビア。

アクティノテ・パラフェレス〈Actinote parapheles〉昆虫綱鱗翅目ホソチョウ科の蝶。分布：パラグアイ、ブラジル。

アクティノテ・ヒロノメ〈Actinote hylonome〉昆虫綱鱗翅目ホソチョウ科の蝶。分布：ベネズエラ、コロンビア。

アクティノテ・マミタ〈Actinote mamita〉昆虫綱鱗翅目ホソチョウ科の蝶。分布：アルゼンチン、パラグアイ。

アクティノテ・ラディアタ〈Actionte radiata〉昆虫綱鱗翅目ホソチョウ科の蝶。分布：エクアドル、ペルー。

アクティノテ・ラベルナ〈Actinote laverna〉昆虫綱鱗翅目ホソチョウ科の蝶。分布：ベネズエラ。

アクティノテ・レウコメラス〈Actinote leucomelas〉昆虫綱鱗翅目ホソチョウ科の蝶。分布：メキシコ、パナマ。

アクティノル・ラディアンス〈Actinor radians〉昆虫綱鱗翅目セセリチョウ科の蝶。分布：ヒマラヤ北西部。

アクテオンオオカブト アクテオンゾウカブトムシの別名。

アクテオンゾウカブトムシ〈Megasoma actaeon〉昆虫綱甲虫目コガネムシ科の甲虫。分布：コロンビア、ペルー、アマゾン川全流域。

アクデスティスウスバシロチョウ〈Parnassius acdestis〉昆虫綱鱗翅目アゲハチョウ科の蝶。分布：カシミール、ラダク、チベット、中国西部。

アグナ・アサンデル〈Aguna asander〉昆虫綱鱗翅目セセリチョウ科の蝶。分布：メキシコからブラジルまで。

アグナ・コルス〈Aguna cholus〉昆虫綱鱗翅目セセリチョウ科の蝶。分布：ブラジル。

アグノストギナ・パシファエ〈*Agnostogyna pasiphae*〉昆虫綱鱗翅目シジミタテハ科。分布：ペルー、ベネズエラ、ギアナ、アマゾン流域。

アクラエア・アウビニ〈*Acraea aubyni*〉昆虫綱鱗翅目ホソチョウ科の蝶。分布：ケニア。

アクラエア・アキシナ〈*Acraea axina*〉昆虫綱鱗翅目ホソチョウ科の蝶。分布：アンゴラからナタールまで。

アクラエア・アグラオニケ〈*Acraea aglaonice*〉昆虫綱鱗翅目ホソチョウ科の蝶。分布：ナタール、トランスバール。

アクラエア・アクリタ〈*Acraea acrita*〉昆虫綱鱗翅目ホソチョウ科の蝶。分布：アンゴラからケニアまで。

アクラエア・アドゥマタ〈*Acraea admatha*〉昆虫綱鱗翅目ホソチョウ科の蝶。分布：シエラレオネからケニア、南へナタールまで。

アクラエア・アナクレオン〈*Acraea anacreon*〉昆虫綱鱗翅目ホソチョウ科の蝶。分布：アフリカ南部、アンゴラからローデシア、アフリカ東部からケニアまで。

アクラエア・アミキティアエ〈*Acraea amicitiae*〉昆虫綱鱗翅目ホソチョウ科の蝶。分布：ウガンダ。

アクラエア・アリキア〈*Acraea alicia*〉昆虫綱鱗翅目ホソチョウ科の蝶。分布：カメルーンからアフリカ東部まで。

アクラエア・アルキオペ〈*Acraea alciope*〉昆虫綱鱗翅目ホソチョウ科の蝶。分布：ガーナからコンゴおよびウガンダまで。

アクラエア・アルトッフィ〈*Acraea althoffi*〉昆虫綱鱗翅目ホソチョウ科の蝶。分布：カメルーンからコンゴおよびウガンダまで、ガーナおよびナイジェリアまで。

アクラエア・イゴラ〈*Acraea igola*〉昆虫綱鱗翅目ホソチョウ科の蝶。分布：ナタール、ズールーランドからタンザニアまで。

アクラエア・インシグニス〈*Acraea insignis*〉昆虫綱鱗翅目ホソチョウ科の蝶。分布：アフリカ中央部・東部。

アクラエア・ウィッギンシ〈*Acraea wigginsi*〉昆虫綱鱗翅目ホソチョウ科の蝶。分布：ウガンダ。

アクラエア・ウブイ〈*Acraea uvui*〉昆虫綱鱗翅目ホソチョウ科の蝶。分布：ナイジェリアからウガンダおよびタンザニア、アンゴラ。

アクラエア・エウゲニア〈*Acraea eugenia*〉昆虫綱鱗翅目ホソチョウ科の蝶。分布：アンゴラ。

アクラエア・エクアトリアリス〈*Acraea equatorialis*〉昆虫綱鱗翅目ホソチョウ科の蝶。分布：ケニア。

アクラエア・エクスケルシオル〈*Acraea excelsior*〉昆虫綱鱗翅目ホソチョウ科の蝶。分布：マラウイ、タンザニアおよびケニア。

アクラエア・エセブリア〈*Acraea esebria*〉昆虫綱鱗翅目ホソチョウ科の蝶。分布：アフリカ。

アクラエア・エルトリンガミ〈*Acraea eltringhami*〉昆虫綱鱗翅目ホソチョウ科の蝶。分布：ザイール東部からウガンダ西部まで。

アクラエア・エンケドン〈*Acraea encedon*〉昆虫綱鱗翅目ホソチョウ科の蝶。分布：ほとんどアフリカ全域とマダガスカル。

アクラエア・オスカリ〈*Acraea oscari*〉昆虫綱鱗翅目ホソチョウ科の蝶。分布：エチオピア。

アクラエア・オベイラ〈*Acraea obeira*〉昆虫綱鱗翅目ホソチョウ科の蝶。分布：マダガスカル、トランスバール。

アクラエア・オリナ〈*Acraea orina*〉昆虫綱鱗翅目ホソチョウ科の蝶。分布：シエラレオネからコンゴおよびウガンダまで。

アクラエア・オレアス〈*Acraea oreas*〉昆虫綱鱗翅目ホソチョウ科の蝶。分布：アンゴラからウガンダおよびアフリカ東部まで。

アクラエア・オレスティア〈*Acraea orestia*〉昆虫綱鱗翅目ホソチョウ科の蝶。分布：ナイジェリアからアンゴラおよびウガンダまで。

アクラエア・オンカエア〈*Acraea oncaea*〉昆虫綱鱗翅目ホソチョウ科の蝶。分布：アフリカ南部、コンゴ、アフリカ東部からエチオピアまで。

アクラエア・カエキリア〈*Acraea caecilia*〉昆虫綱鱗翅目ホソチョウ科の蝶。分布：セネガルからアフリカ東部およびエチオピアまで。

アクラエア・カエリブラ〈*Acraea chaeribula*〉昆虫綱鱗翅目ホソチョウ科の蝶。分布：コンゴからケニアおよびローデシアまで。

アクラエア・カビラ〈*Acraea cabira*〉昆虫綱鱗翅目ホソチョウ科の蝶。分布：コンゴからウガンダ、南へ喜望峰まで。

アクラエア・カマエナ〈*Acraea camaena*〉昆虫綱鱗翅目ホソチョウ科の蝶。分布：シエラレオネ、ナイジェリア。

アクラエア・カルダレナ〈*Acraea caldarena*〉昆虫綱鱗翅目ホソチョウ科の蝶。分布：アフリカ東部、ナタールからケニアまで。

アクラエア・キロ〈*Acraea chilo*〉昆虫綱鱗翅目ホソチョウ科の蝶。分布：ケニア、ソマリアおよびエチオピア。

アクラエア・クイリナ〈*Acraea quirina*〉昆虫綱鱗翅目ホソチョウ科の蝶。分布：シエラレオネからケアラまで。

アクラエア・クイリナリス〈Acraea quirinalis〉昆虫綱鱗翅目ホソチョウ科の蝶。分布：コンゴ東部，ウガンダ，ケニアおよびタンザニア。

アクラエア・クラカ〈Acraea kraka〉昆虫綱鱗翅目ホソチョウ科の蝶。分布：カメルーン，コンゴ。

アクラエア・ケフェウス〈Acraea cepheus〉昆虫綱鱗翅目ホソチョウ科の蝶。分布：ガーナ，シエラレオネ，アンゴラからスーダンまで。

アクラエア・ケラサ〈Acraea cerasa〉昆虫綱鱗翅目ホソチョウ科の蝶。分布：ナタールからケニアまで。

アクラエア・コンラーティ〈Acraea conradti〉昆虫綱鱗翅目ホソチョウ科の蝶。分布：マラウイ，タンザニア。

アクラエア・サティス〈Acraea satis〉昆虫綱鱗翅目ホソチョウ科の蝶。分布：ローデシア，タンザニア，ケニア。

アクラエア・サフィエ〈Acraea safie〉昆虫綱鱗翅目ホソチョウ科の蝶。分布：エチオピア。

アクラエア・ジトゥヤ〈Acraea zitja〉昆虫綱鱗翅目ホソチョウ科の蝶。分布：マダガスカル。

アクラエア・ジョーンストニ〈Acraea johnstoni〉昆虫綱鱗翅目ホソチョウ科の蝶。分布：ウガンダ，マラウイ，タンザニア。

アクラエア・ステノベア〈Acraea stenobea〉昆虫綱鱗翅目ホソチョウ科の蝶。分布：アフリカ南部，アンゴラからタンザニアまで。

アクラエア・セミビトゥレア〈Acraea semivitrea〉昆虫綱鱗翅目ホソチョウ科の蝶。分布：コンゴからウガンダまで。

アクラエア・ソティケンシス〈Acraea sotikensis〉昆虫綱鱗翅目ホソチョウ科の蝶。分布：コンゴ，アンゴラ，ローデシア，アフリカ東部。

アクラエア・ゾナタ〈Acraea zonata〉昆虫綱鱗翅目ホソチョウ科の蝶。分布：ケニア，タンザニア。

アクラエア・ダブルデイイ〈Acraea doubledayi〉昆虫綱鱗翅目ホソチョウ科の蝶。分布：アフリカ東部からスーダンまで。

アクラエア・テルプシコレ〈Acraea terpsichore〉昆虫綱鱗翅目ホソチョウ科の蝶。分布：サハラ以南のアフリカ全域。

アクラエア・ニオベ〈Acraea niobe〉昆虫綱鱗翅目ホソチョウ科の蝶。分布：サントメ島(ギニア湾内の島)。

アクラエア・ニュートニ〈Acraea newtoni〉昆虫綱鱗翅目ホソチョウ科の蝶。分布：サントメ島(ギニア湾内の島)。

アクラエア・ネオブレ〈Acraea neobule〉昆虫綱鱗翅目ホソチョウ科の蝶。分布：セネガルからナイジェリア，アフリカ南部，アフリカ東部からスーダンおよびエチオピアまで。

アクラエア・ノハラ〈Acraea nohara〉昆虫綱鱗翅目ホソチョウ科の蝶。分布：アフリカ南部，アフリカ東部からケニアまで。

アクラエア・バットネリ〈Acraea buttneri〉昆虫綱鱗翅目ホソチョウ科の蝶。分布：ローデシア，コンゴ。

アクラエア・バトレリ〈Acraea butleri〉昆虫綱鱗翅目ホソチョウ科の蝶。分布：ウガンダ。

アクラエア・パルラシア〈Acraea parrhasia〉昆虫綱鱗翅目ホソチョウ科の蝶。分布：シエラレオネ，ナイジェリア，カメルーン。

アクラエア・ビオラルム〈Acraea violarum〉昆虫綱鱗翅目ホソチョウ科の蝶。分布：アフリカ南部，アンゴラ。

アクラエア・プセウドリキア〈Acraea pseudolycia〉昆虫綱鱗翅目ホソチョウ科の蝶。分布：アンゴラ，ローデシア，タンザニア。

アクラエア・ブラエシア〈Acraea braesia〉昆虫綱鱗翅目ホソチョウ科の蝶。分布：タンザニア，ケニア，エチオピア。

アクラエア・ベスペラリス〈Acraea vesperalis〉昆虫綱鱗翅目ホソチョウ科の蝶。分布：シエラレオネ，コンゴ，ウガンダ。

アクラエア・ペトゥラエア〈Acraea petraea〉昆虫綱鱗翅目ホソチョウ科の蝶。分布：タンザニア。

アクラエア・ペネレオス〈Acraea peneleos〉昆虫綱鱗翅目ホソチョウ科の蝶。分布：シエラレオネからコンゴ，ウガンダおよびエチオピアまで。

アクラエア・ペリファネス〈Acraea periphanes〉昆虫綱鱗翅目ホソチョウ科の蝶。分布：アンゴラからローデシアまで。

アクラエア・ボナシア〈Acraea bonasia〉昆虫綱鱗翅目ホソチョウ科の蝶。分布：シエラレオネからアフリカ東部まで。

アクラエア・ホバ〈Acraea hova〉昆虫綱鱗翅目ホソチョウ科の蝶。分布：マダガスカル。

アクラエア・ホルタ〈Acraea horta〉昆虫綱鱗翅目ホソチョウ科の蝶。分布：喜望峰からトランスバールまで。

アクラエア・マイレッセイ〈Acraea mairessei〉昆虫綱鱗翅目ホソチョウ科の蝶。分布：コンゴ，ウガンダ。

アクラエア・マサンバ〈Acraea masamba〉昆虫綱鱗翅目ホソチョウ科の蝶。分布：マダガスカル。

アクラエア・マヘラ〈Acraea mahela〉昆虫綱鱗翅目ホソチョウ科の蝶。分布：マダガスカル。

アクラエア・ミリフィカ〈Acraea mirifica〉昆虫綱鱗翅目ホソチョウ科の蝶。分布：アンゴラからローデシアまで。

アクラエア・ラッバイアエ〈Acraea rabbaiae〉昆虫綱鱗翅目ホソチョウ科の蝶。分布：ケニアから南へローデシア，タンザニア。

アクラエア・ラヒラ〈Acraea rahira〉昆虫綱鱗翅目ホソチョウ科の蝶。分布：アンゴラおよびローデシアから南へ喜望峰まで。

アクラエア・リコア〈Acraea lycoa〉昆虫綱鱗翅目ホソチョウ科の蝶。分布：アフリカ西部から東部。

アクラエア・レウコピガ〈Acraea leucopyga〉昆虫綱鱗翅目ホソチョウ科の蝶。分布：アフリカ中央部。

アグラオーペマエモンジャコウアゲハ〈Parides aglaope〉昆虫綱鱗翅目アゲハチョウ科の蝶。分布：ペルー南東部，ボリビア東部からアマゾン川下流。

アグリアデス・ピレナイクス〈Agriades pyrenaicus〉昆虫綱鱗翅目シジミチョウ科の蝶。分布：ピレネー山脈中部とカンタブリア山脈(スペイン)の山地。

アグリアデス・ポダルケ〈Agriades podarce〉昆虫綱鱗翅目シジミチョウ科の蝶。分布：カリフォルニア州，ネバダ州，コロラド州。

アクリオデス・トゥラソ〈Achlyodes thraso〉昆虫綱鱗翅目セセリチョウ科の蝶。分布：メキシコからパラグアイ，アンチル諸島。

アクリオデス・パッリダ〈Achlyodes pallida〉昆虫綱鱗翅目セセリチョウ科の蝶。分布：コロンビア。

アクリオデス・ブルシス〈Achlyodes busirus〉昆虫綱鱗翅目セセリチョウ科の蝶。分布：メキシコからパラグアイまで。

アグレアアサギマダラ〈Tirumala agrea〉昆虫綱鱗翅目アゲハチョウ科の蝶。開張90mm。分布：北インドからスンダランド。珍蝶。

アクレルダキイロトピコバチ〈Astymachus japonicus〉昆虫綱膜翅目トピコバチ科。

アクレルダクロトピコバチ〈Boucekiella depressa〉昆虫綱膜翅目トピコバチ科。

アクレロス・プラキドゥス〈Acleros placidus〉昆虫綱鱗翅目セセリチョウ科の蝶。分布：ガーナからカメルーンまで。

アグロディアエトゥス・アドメトゥス〈Agrodiaetus admetus〉昆虫綱鱗翅目シジミチョウ科の蝶。分布：ヨーロッパ東部。

アグロディアエトゥス・エルショッフィ〈Agrodiaetus erschoffi〉昆虫綱鱗翅目シジミチョウ科の蝶。分布：イラン。

アグロディアエトゥス・ダモン〈Agrodiaetus damon〉昆虫綱鱗翅目シジミチョウ科の蝶。分布：スペインからヨーロッパをへて，ロシアおよびアルメニア。

アグロディアエトゥス・ポセイドン〈Agrodiaetus poseidon〉昆虫綱鱗翅目シジミチョウ科の蝶。分布：パミール。

アクロフタルミア・アルテミア〈Acrophthalmia artemia〉昆虫綱鱗翅目ジャノメチョウ科の蝶。分布：フィリピン，セレベス，モルッカ北部。

アクロポリス・タリア〈Acropolis thalia〉昆虫綱鱗翅目ジャノメチョウ科の蝶。分布：中国西部。

アゲシラウスオナガタイマイ〈Eurytides agesilaus〉昆虫綱鱗翅目アゲハチョウ科の蝶。分布：オリノコ，アマゾンからボリビアまで。

アゲテスオナガタイマイ〈Graphium agetes〉昆虫綱鱗翅目アゲハチョウ科の蝶。分布：シッキムからマレーシアおよびスマトラまで。

アゲハ 揚羽〈Papilio xuthus〉昆虫綱鱗翅目アゲハチョウ科の蝶。別名ナミアゲハ，アゲハチョウ。前翅長40〜60mm。柑橘に害を及ぼす。分布：日本全土。

アゲハチョウ 揚羽蝶〈swallow-tail〉昆虫綱鱗翅目アゲハチョウ科の総称，または同科に属するナミアゲハの別名。

アゲハヒメバチ 揚羽姫蜂〈Trogus mactator〉昆虫綱膜翅目ヒメバチ科の寄生バチ。体長16mm。分布：日本全土。

アゲハモドキ 擬鳳蝶〈Epicopeia hainesii〉昆虫綱鱗翅目アゲハモドキガ科の蛾。開張55〜60mm。分布：北海道，本州，四国，九州，対馬，台湾，中国。

アゲハモドキ 擬鳳蝶 昆虫綱鱗翅目アゲハモドキガ科のガの総称およびそのなかの一種名。

アケビコノハ 通草木葉〈Adris tyrannus〉昆虫綱鱗翅目ヤガ科クチバ亜科の蛾。開張95〜100mm。ナス科野菜，柿，ナシ類，桃，スモモ，葡萄，柑橘に害を及ぼす。分布：沿海州，日本，中国，台湾，インド。

アケビコンボウハバチ 通草棍棒葉蜂〈Zaraea akebii〉昆虫綱膜翅目コンボウハバチ科。分布：本州，四国，九州。

アケボノアゲハ 曙揚羽〈Atrophaneura horishana〉昆虫綱鱗翅目アゲハチョウ科の蝶。分布：台湾。

アケボノウラミドリタテハ〈Nessaea ancaea〉昆虫綱鱗翅目タテハチョウ科の蝶。別名アケボノタテハ。分布：コロンビア，エクアドル，ペルー，アマゾン地方，ボリビア。

アケボノスカシジャノメ〈Cithaerias aurorina〉昆虫綱鱗翅目ジャノメチョウ科の蝶。別名ベニモンスカシジャノメ。分布：コロンビア，ペルー，ボリビア。

アケボノタテハ アケボノウラミドリタテハの別名。

アケボノベッコウ〈Anoplius eous〉昆虫綱膜翅目ベッコウバチ科。

アケボノユウレイグモ〈Spermophora akebona〉蛛形綱クモ目ユウレイグモ科の蜘蛛。体長雌2.5mm，雄2.2mm。分布：本州。

アケルバス・アンテア〈Acerbas anthea〉昆虫綱鱗翅目セセリチョウ科の蝶。分布：ミャンマーからマレーシアおよびジャワ，スマトラ。

アコウノメイガ〈Glyphodes bivitralis〉昆虫綱鱗翅目メイガ科の蛾。分布：奄美大島，徳之島，沖縄本島，宮古島，石垣島，西表島，台湾，中国，インドから東南アジア一帯。

アコウハマキモドキ〈Choreutis achyrodes〉昆虫綱鱗翅目ハマキモドキガ科の蛾。分布：四国(高知県)，九州(鹿児島県)，種子島，屋久島，琉球諸島，台湾，インド，スリランカ。

アゴグロハエトリ〈Menemerus bivittatus〉蛛形綱クモ目ハエトリグモ科の蜘蛛。

アゴザトウムシ 顎座頭虫 節足動物門クモ形綱ザトウムシ目アゴザトウムシ科に属する小動物の総称。

アゴブトグモ〈Pachygnatha clercki〉蛛形綱クモ目アシナガグモ科の蜘蛛。体長雌5〜6mm，雄5〜6mm。分布：北海道，本州。

アゴブトハエトリ〈Menemerus brachygnathus〉蛛形綱クモ目ハエトリグモ科の蜘蛛。

アコンテアイナズマ マンゴーイナズマの別名。

アサイボアブラムシ〈Phorodon connabis〉昆虫綱半翅目アブラムシ科。体長2.1mm。繊維作物に害を及ぼす。分布：本州，ヨーロッパ。

アサカミキリ 麻天牛〈Thyestilla gebleri〉昆虫綱甲虫目カミキリムシ科フトカミキリ亜科の甲虫。準絶滅危惧種(NT)。体長10〜15mm。繊維作物に害を及ぼす。分布：本州，四国，九州。

アサカワオナシカワゲラ〈Nemoura asakawae〉昆虫綱襀翅目オナシカワゲラ科。

アサカワゴマグモ〈Micrargus asakawaensis〉蛛形綱クモ目サラグモ科の蜘蛛。体長雌2.0〜2.5mm，雄2.0〜2.2mm。分布：本州。

アサカワスジグロタマバチ〈Andricus asakawae〉蜂。ナラ，樫，ブナに害を及ぼす。

アサカワミドリカワゲラモドキ〈Isoperla asakawae〉昆虫綱襀翅目アミメカワゲラ科。

アサギウラアカシジミ アサギミドリシジミの別名。

アサギシジミ〈Tajuria caerulea〉昆虫綱鱗翅目シジミチョウ科の蝶。

アサギシロチョウ〈Valeria valeria〉昆虫綱鱗翅目シロチョウ科の蝶。分布：インド南部，ミャンマー，タイ，マレーシアからフィリピンまで。

アサギタテハ〈Metamorpha stelenes〉昆虫綱鱗翅目タテハチョウ科の蝶。表面には淡い緑地に黒色の斑紋がある。開張6〜8mm。分布：中央および南アメリカ。珍蝶。

アサギタテハ アサギドクチョウの別名。

アサギトガリバワモン オオリフクロウの別名。

アサギドクチョウ〈Philaethria dido〉昆虫綱鱗翅目タテハチョウ科の蝶。別名アサギタテハ。青緑色に黒褐色の斑紋をもつ。開張8.0〜9.5mm。分布：メキシコからアルゼンチン。珍蝶。

アサギナガタマムシ〈Agrilus rotundicollis〉昆虫綱甲虫目タマムシ科の甲虫。体長3.7〜6.0mm。

アサギマダラ 浅黄斑蝶〈Parantica sita〉昆虫綱鱗翅目マダラチョウ科の蝶。翅は非常に横長。前翅長60mm。分布：日本全土。

アサギマネシヒカゲ〈Elymnias ceryx〉昆虫綱鱗翅目ジャノメチョウ科の蝶。分布：スマトラ，ジャワ。

アサギミドリシジミ〈Howarthia caelestis〉昆虫綱鱗翅目シジミチョウ科の蝶。別名アサギウラアカシジミ。分布：中国西部。

アサクラアゲハ〈Pazala eurous〉昆虫綱鱗翅目アゲハチョウ科の蝶。分布：シッキムから中国中部まで。

アサクラコムラサキ〈Helcyra plesseni〉昆虫綱鱗翅目タテハチョウ科の蝶。

アサクラシジミ〈Arhopala birmana〉昆虫綱鱗翅目シジミチョウ科の蝶。

アサクラシジミ ミツオシジミの別名。

アサケンモン〈Acronicta consanguis〉昆虫綱鱗翅目ヤガ科ケンモンヤガ亜科の蛾。開張35mm。分布：インド，スマトラ，ボルネオ，台湾，関東地方以西九州，対馬，男女群島，屋久島，奄美大島，琉球，三宅島，御蔵島，八丈島。

アササルゾウムシ〈Ceutorhynchus rubripes〉昆虫綱甲虫目ゾウムシ科の甲虫。体長2.3〜3.0mm。繊維作物に害を及ぼす。分布：本州。

アサダキンモンホソガ〈Phyllonorycter ostryae〉昆虫綱鱗翅目ホソガ科の蛾。分布：北海道。

アサトカラスヤンマ〈Chlorogomphus brunneus keramensis〉昆虫綱蜻蛉目オニヤンマ科の蜻蛉。準絶滅危惧種(NT)。分布：渡嘉敷島，阿嘉島(慶良間諸島)，亜種は沖縄本島北部。

29

アサトビハ

アサトビハムシ〈Psylliodes attenuata〉昆虫綱甲虫目ハムシ科。体長2.5mm。ホップ，繊維作物に害を及ぼす。分布：北海道，本州，四国，九州。

アザヌス・イェソウス〈Azanus jiesous〉昆虫綱鱗翅目シジミチョウ科の蝶。分布：インド，ミャンマー，シリア，アラビアをへてアフリカ南部まで。

アザヌス・ウバルドゥス〈Azanus ubaldus〉昆虫綱鱗翅目シジミチョウ科の蝶。分布：インドおよびセイロン，アラビア。

アザヌス・ナタレンシス〈Azanus natalensis〉昆虫綱鱗翅目シジミチョウ科の蝶。分布：アンゴラからナタール。

アザヌス・ミルザ〈Azanus mirza〉昆虫綱鱗翅目シジミチョウ科の蝶。分布：シエラレオネからタンザニアおよびケニア。

アサヒアナアカマダラセンチコガネ〈Ochodaeus asahinai〉昆虫綱甲虫目コガネムシ科の甲虫。体長6～9mm。

アサヒエビグモ〈Philodromus subaureolus〉蛛形綱クモ目エビグモ科の蜘蛛。体長雌6～7mm，雄4～5mm。分布：北海道，本州，四国，九州。

アサヒナオオエダシャク〈Amraica asahinai〉昆虫綱鱗翅目シャクガ科の蛾。分布：九州(甑島)，屋久島，奄美大島，沖縄本島，久米島，宮古島，石垣島，西表島。

アサヒナカミキリモドキ〈Xanthochroa asahinai〉昆虫綱甲虫目カミキリモドキ科の甲虫。

アサヒナキマダラセセリ 朝比奈黄斑挵蝶〈Ochlodes asahinai〉昆虫綱鱗翅目セセリチョウ科の蝶。別名ウスバキマダラセセリ。絶滅危惧II類(VU)。前翅長19～22mm。分布：八重山列島。

アサヒナキマダラセセリ ウスバキマダラセセリの別名。

アサヒナコクヌスト〈Xenoglena asahinai〉昆虫綱甲虫目コクヌスト科の甲虫。体長7mm。分布：本州。

アサヒナコマルガムシ〈Anacaena asahinai〉昆虫綱甲虫目ガムシ科の甲虫。体長2.1～2.5mm。

アサヒナヒラタチビタマムシ〈Habroloma asahinai〉昆虫綱甲虫目タマムシ科の甲虫。体長2.6～3.0mm。

アサヒナルリナガタマムシ〈Agrilus asahinai〉昆虫綱甲虫目タマムシ科の甲虫。体長5.5～6.0mm。

アサヒハエトリの一種〈Phintella sp.〉蛛形綱クモ目ハエトリグモ科の蜘蛛。体長雌4.5～5.0mm，雄4.0～4.5mm。分布：本州(中部)。

アサヒヒメハマキ〈Zeiraphera luciferana〉昆虫綱鱗翅目ハマキガ科の蛾。分布：北海道松前，宮城県作並。

アサヒヒョウモン〈Clossiana freija〉昆虫綱鱗翅目タテハチョウ科ヒョウモンチョウ亜科の蝶。天然記念物，準絶滅危惧種(NT)。前翅長19～20mm。分布：北海道の大雪山，十勝連峰。

アサマイチモンジ 浅間一文字蝶〈Ladoga glorifica〉昆虫綱鱗翅目タテハチョウ科イチモンジチョウ亜科の蝶。前翅長30～34mm。分布：本州。

アサマウスモンヤガ〈Anomogyna descripta〉昆虫綱鱗翅目ヤガ科の蛾。分布：沿海州，浅間山。

アサマキシタバ〈Catocala streckeri〉昆虫綱鱗翅目ヤガ科シタバガ亜科の蛾。開張52～54mm。分布：沿海州，朝鮮半島，北海道，本州の内陸部，四国，九州。

アサマクビグロクチバ〈Lygephila unlcanea〉昆虫綱鱗翅目ヤガ科クチバ亜科の蛾。開張50～55mm。分布：沿海州から朝鮮半島，近畿地方以西，四国，九州，対馬，関東南部，中部地方。

アサマシジミ 浅間小灰蝶〈Lycaeides subsolanus〉昆虫綱鱗翅目シジミチョウ科ヒメシジミ亜科の蝶。別名イシダシジミ，ヤリガタケシジミ，トガクシシジミ，イブリシジミ，シロウマシジミ。前翅長16～18mm。分布：北海道，本州(関東，中部)。

アサマスカシバ〈Sesia asamaensis〉昆虫綱鱗翅目スカシバガ科の蛾。分布：長野県追分，北海道。

アサマツマキリアツバ〈Pangrapta minor〉昆虫綱鱗翅目ヤガ科クチバ亜科の蛾。分布：本州中部高原。

アサマノミヒゲナガゾウムシ〈Citacalus pygidialis〉昆虫綱甲虫目ヒゲナガゾウムシ科の甲虫。体長2mm。

アサマヤマキクイムシ〈Scolytus ellipticus〉昆虫綱甲虫目キクイムシ科。体長3mm。桜桃に害を及ぼす。分布：北海道，本州北・中部。

アザミウマ 薊馬〈thrips〉昆虫綱アザミウマ目Thysanopteraの微小な昆虫の総称。別名スリップス。珍虫。

アザミオオハムシ〈Galeruca vicina〉昆虫綱甲虫目ハムシ科の甲虫。体長10～11mm。分布：北海道，本州。

アザミオナガミバエ〈Euribia sachalinensis〉昆虫綱双翅目ミバエ科。

アザミカバナミシャク〈Eupithecia virgaureata〉昆虫綱鱗翅目シャクガ科の蛾。分布：シベリア南東部からヨーロッパ，北海道，本州，四国，九州，対馬，屋久島。

アザミカミナリハムシ〈Altica cirsicola〉昆虫綱甲虫目ハムシ科。

アザミグンバイ 薊軍配〈Tingis ampliata〉昆虫綱半翅目グンバイムシ科。分布：本州，四国，九州。

アザミケブカミバエ〈Tephritis majuscula〉昆虫綱双翅目ミバエ科。

アザミコブハムシ〈Chlamisus interjectus〉昆虫綱甲虫目ハムシ科。

アザミスソモンヒメハマキ〈Eucosma cana〉昆虫綱鱗翅目ハマキガ科の蛾。分布：ユーラシア，北アメリカ，北海道から本州の山地。

アザミナガツツハムシ〈Smaragdina quadratomaculata〉昆虫綱甲虫目ハムシ科の甲虫。体長5.0〜5.5mm。

アザミハナムシガ〈Catoptria cana〉昆虫綱鱗翅目ノコメハマキガ科の蛾。開張16〜21.5mm。

アザミヒメハマキ〈Thiodia cana〉昆虫綱鱗翅目ヒメハマキ科の蛾。

アザミホソクチゾウムシ〈Apion japonicum〉昆虫綱甲虫目ホソクチゾウムシ科の甲虫。体長2.8〜3.1mm。

アザラシジラミ〈Echinophthirius horridus〉昆虫綱虱目カイジュウジラミ科。体長雄2.6mm，雌2.9mm。分布：寄生するアザラシ同様北極海およびアラスカ沖からカリフォルニア沿岸。害虫。

アザレアコナカイガラムシ〈Crisicoccus azaleae〉昆虫綱半翅目コナカイガラムシ科。体長3〜4mm。ビワ，ツツジ類，柿，ナシ類に害を及ぼす。分布：本州，四国，九州，カリフォルニア(移入)。

アジアアカトンボ〈Lathrecista asiatica asiatica〉昆虫綱蜻蛉目トンボ科の蜻蛉。

アジアイトトンボ 亜細亜糸蜻蛉〈Ischnura asiatica〉昆虫綱蜻蛉目イトトンボ科の蜻蛉。体長29mm。分布：北海道南部から南西諸島。

アジアカカメムシ 脚赤亀虫〈Pentatoma rufipes〉昆虫綱半翅目カメムシ科。分布：日本各地。

アジアカクチブトカメムシ 脚赤口太亀虫〈Pinthaeus sanguinipes〉昆虫綱半翅目カメムシ科。体長14〜18mm。分布：本州，四国，九州。

アジアカクロバサシガメ 脚赤黒翅刺亀〈Labidocoris pectoralis〉昆虫綱半翅目サシガメ科。分布：本州，九州。

アジアカクロメクラガメ〈Adelphocoris rubripes〉昆虫綱半翅目メクラカメムシ科。

アジアカツヤアシブトコバチ〈Anthrocephalus apicalis〉昆虫綱膜翅目アシブトコバチ科。

アジアカヒザグモ〈Erigone sagicola〉蛛形綱クモ目サラグモ科の蜘蛛。

アジアナミキノコバエ〈Mycetophila asiatica〉昆虫綱双翅目キノコバエ科。害虫。

アジアホソバスズメ〈Oxyambulyx sericeipennis〉昆虫綱鱗翅目スズメガ科の蛾。分布：北海道(南部)から東北地方，四国の北半部，北九州，対馬，朝鮮半島，インドから東南アジア一帯，中国，台湾。

アシエダトビケラ 脚枝飛螻〈Rhabdoceras japonicum〉昆虫綱毛翅目アシエダトビケラ科。分布：本州。

アシガルトビコバチ〈Homalotylus flaminius〉昆虫綱膜翅目トビコバチ科。

アシキイロハバチ〈Conaspidia flavipes〉昆虫綱膜翅目ハバチ科。

アシキタナミハグモ〈Cybaeus ashikitaensis〉蛛形綱クモ目タナグモ科の蜘蛛。

アシグロアオゴミムシ〈Chlaenius leucops〉昆虫綱甲虫目オサムシ科の甲虫。体長12〜13mm。

アシグロアリガタハネカクシ 脚黒蟻形隠翅虫〈Paederus tamulus〉昆虫綱甲虫目ハネカクシ科。分布：九州。

アシグロコモリグモ〈Pirata yesoensis〉蛛形綱クモ目コモリグモ科の蜘蛛。

アシグロセジロクマバチ セジロクマバチの別名。

アシグロチビオオキノコムシ〈Aporotritoma atripes〉昆虫綱甲虫目オオキノコムシ科の甲虫。体長3.5〜4.3mm。

アシグロチビヒョウタンゴミムシ〈Dyschirius glypturus〉昆虫綱甲虫目オサムシ科の甲虫。体長2.9〜3.4mm。

アシグロツユムシ〈Phaneroptera nigroantennata〉昆虫綱直翅目キリギリス科。体長29〜35mm。分布：北海道，本州，四国，対馬。

アシグロトガリヒメバチ〈Echthrus reluctator sibiricus〉昆虫綱膜翅目ヒメバチ科。

アシグロハシリショウジョウバエ〈Chymomyza atrimana〉昆虫綱双翅目ショウジョウバエ科。

アシグロヒメコメツキモドキ〈Anadastus melanosternus〉昆虫綱甲虫目コメツキモドキ科の甲虫。体長3.5〜5.0mm。

アシクロヒメバチ〈Tricholabus incanescens〉昆虫綱膜翅目ヒメバチ科。

アジサイシロナガカイガラムシ〈Lopholeucaspis hydrangeae〉昆虫綱半翅目マルカイガラムシ科。マサキ，ニシキギ，紫陽花，ヤマモモに害を及ぼす。

アジサイツヤコガ〈Antispila hydrangifoliella〉昆虫綱鱗翅目ツヤコガ科の蛾。分布：北海道，本州，九州。

アジサイマルカイガラムシ〈Oceanaspidiotus spinosus〉昆虫綱半翅目マルカイガラムシ科。ヤツデ，マサキ，ニシキギ，モチノキ，ヤシ類に害を及ぼす。

アジサイワタカイガラムシ〈Pulvinaria hydrangeae〉昆虫綱半翅目カタカイガラムシ科。紫陽花に害を及ぼす。

アシジマカネタタキ〈Ectatoderus annulipedus〉昆虫綱直翅目コオロギ科。

31

アシダカグモ 足高蜘蛛〈Heteropoda venatoria〉節足動物門クモ形綱真正クモ目アシダカグモ科の蜘蛛。体長雌25～30mm,雄15～25mm。分布：本州(関東以南),四国,九州,南西諸島。害虫。

アシナガアトキリオサムシ〈Tribax biebersteini〉昆虫綱甲虫目オサムシ科。分布：コーカサス西部,エルブルス(Elbrus)など。

アシナガアリ 脚長蟻〈Aphaenogaster famelica〉昆虫綱膜翅目アリ科。体長7mm。分布：日本全土。

アシナガアリヅカムシ〈Labomimus reitteri〉昆虫綱甲虫目アリヅカムシ科の甲虫。体長3.5～3.7mm。

アシナガオオアオコガネ〈Chrysina macropus〉昆虫綱甲虫目コガネムシ科の甲虫。分布：メキシコ,中米諸国。

アシナガオオキバハネカクシ〈Pseudoxyporus longipes〉昆虫綱甲虫目ハネカクシ科の甲虫。体長9～10mm。分布：本州,四国。

アシナガオトシブミ 脚長落文〈Phialodes rufipennis〉昆虫綱甲虫目オトシブミ科の甲虫。体長9mm。分布：本州,四国,九州。

アシナガオニゾウムシ 脚長鬼象鼻虫〈Gasterocercus longipes〉昆虫綱甲虫目ゾウムシ科の甲虫。体長5.9～8.5mm。分布：本州,四国,九州。

アシナガカニグモ〈Heriaeus mellotteei〉蛛形綱クモ目カニグモ科の蜘蛛。体長雌8～9mm,雄5～6mm。分布：本州,四国,九州。

アシナガキンバエ 脚長金蠅〈Dolichopus nitidus〉昆虫綱双翅目アシナガバエ科。

アシナガグモ 足長蜘蛛〈Tetragnatha praedonia〉節足動物門クモ形綱真正クモ目アシナガグモ科の蜘蛛。体長雌12～14mm,雄9～11mm。分布：日本全土。

アシナガコガシラハネカクシ〈Philonthus subvarians〉昆虫綱甲虫目ハネカクシ科の甲虫。体長6.5～8.0mm。

アシナガコガネ 脚長金亀子〈Hoplia communis〉昆虫綱甲虫目コガネムシ科の甲虫。体長5.5～9.0mm。シバ類に害を及ぼす。分布：本州,四国,九州,屋久島。

アシナガコクゾウムシ〈Laogenia formosana〉昆虫綱甲虫目オサゾウムシ科の甲虫。体長5.9～7.1mm。

アシナガコマチグモ〈Chiracanthium eutittha〉蛛形綱クモ目フクログモ科の蜘蛛。体長雌12～14mm,雄10～11mm。分布：本州(南部),四国,九州,南西諸島。

アシナガゴマフカミキリ〈Mesosa praelongipes〉昆虫綱甲虫目カミキリムシ科フトカミキリ亜科の甲虫。体長10.5～16.0mm。

アシナガサシガメ〈Schidium marcidum〉昆虫綱半翅目サシガメ科。

アシナガサラグモ〈Linyphia longipedella〉蛛形綱クモ目サラグモ科の蜘蛛。体長雌5.5～6.5mm,雄5～6mm。分布：北海道,本州,四国,九州。

アシナガタマオシコガネ〈Sisyphus hirtus〉昆虫綱甲虫目コガネムシ科の甲虫。分布：インド,スリランカ。

アシナガツメダニ〈Cheletomorpha lepidopterorum〉蛛形綱ダニ目ツメダニ科。体長0.5mm。害虫。

アシナガバエ〈long-legged fly〉双翅目アシナガバエ科Dolichopodidaeに属する昆虫の総称。

アシナガバチ 脚長蜂〈paper wasp〉昆虫綱膜翅目スズメバチ科のアシナガバチ属Polystesの種類の総称。

アシナガハリバエ 脚長針蠅〈Thelaira nigripes〉昆虫綱双翅目アシナガヤドリバエ科。

アシナガヒメグモ〈Chrysso spiniventrie〉蛛形綱クモ目ヒメグモ科の蜘蛛。

アシナガヒメハナムシ〈Heterolitus thoracicus〉昆虫綱甲虫目ヒメハナムシ科の甲虫。体長1.7～2.2mm。

アシナガホソキノコバエ〈Bolitophila nigrolineata〉昆虫綱双翅目キノコバエ科。

アシナガマルケシキスイ〈Pallodes cyrtusoides〉昆虫綱甲虫目ケシキスイ科の甲虫。体長1.9～2.5mm。

アシナガミゾドロムシ〈Stenelmis vulgaris〉昆虫綱甲虫目ヒメドロムシ科の甲虫。体長2.7～3.2mm。分布：本州,四国,九州。

アシナガミゾドロムシの一種〈Stenelmis sp.〉甲虫。

アシナガミドリツヤコガネ〈Chrysophora chrysochlora〉昆虫綱甲虫目コガネムシ科の甲虫。分布：南アメリカ。

アシナガムシヒキ〈Molobratia japonica〉昆虫綱双翅目ムシヒキアブ科。体長21～27mm。分布：本州,四国,九州。

アシナガメクラチビゴミムシ〈Nipponaphaenops erraticus〉昆虫綱甲虫目ゴミムシ科の甲虫。体長5.8～7.3mm。分布：大野原寺山の姫ヶ淵竪穴(愛媛と高知の県境)。

アシノワハダニ〈Tetranychus ludeni〉蛛形綱ダニ目ハダニ科。体長雌0.5mm,雄0.5mm。ガーベラ,マリゴールド類,ナス科野菜,サツマイモ,大豆,隠元豆,小豆,ササゲ,ウリ科野菜に害を及ぼ

す。分布：北海道(温室),本州,四国,九州,沖縄本島,南北アメリカ,アフリカ,オーストラリア。

アシハグモ〈*Dictyna arundinacea*〉蛛形綱クモ目ハグモ科の蜘蛛。体長雌3.0～3.5mm,雄2.5～3.0mm。分布：本州(おもに中部),九州。

アシヒダナメクジ 足襞蛞蝓〈*Laevicaulis alte*〉軟体動物門腹足綱アシヒダナメクジ科の軟体動物。分布：東アフリカから熱帯太平洋諸島。

アシビロヘリカメムシ〈*Leptoglossus australis*〉昆虫綱半翅目ヘリカメムシ科。体長18～23mm。ウリ科野菜に害を及ぼす。分布：南西諸島,東洋の熱帯,亜熱帯。

アシブサトガリホソガ〈*Ashibusa jezoensis*〉昆虫綱鱗翅目カザリバガ科の蛾。分布：北海道,本州。

アシブトアブバエ アシブトハナアブの別名。

アシブトガ アシブトクチバの別名。

アシブトカクホソカタムシ〈*Cerylon crassipes*〉昆虫綱甲虫目カクホソカタムシ科の甲虫。体長1.5～2.0mm。

アシブトクチバ〈*Parallelia stuposa*〉昆虫綱鱗翅目ヤガ科シタバガ亜科の蛾。開張45～49mm。ナシ類,桃,スモモ,葡萄,柑橘,柘榴,百日紅に害を及ぼす。分布：インドから中国,台湾,朝鮮半島,関東地方以西,四国,九州,対馬,奄美大島,琉球列島。

アシブトクロトガリヒメバチ〈*Torbda uchidai*〉昆虫綱膜翅目ヒメバチ科。

アシブトケシキスイ〈*Lordyrodes latipes*〉昆虫綱甲虫目ケシキスイ科の甲虫。体長3.1～3.8mm。

アシブトコナダニ〈*Acarus siro*〉蛛形綱ダニ目コナダニ科。体長0.4～0.6mm。貯穀・貯蔵植物性食品に害を及ぼす。分布：日本全国,汎世界的。

アシブトコバチ 脚太小蜂〈*chalcid fly*〉昆虫綱膜翅目アシブトコバチ科のハチの総称。

アシブトサシガメ アシブトマキバサシガメの別名。

アシブトサヤムシガ アシブトヒメハマキの別名。

アシブトチズモンアオシャク 脚太地図紋青尺蛾〈*Agathia curvifiniens*〉昆虫綱鱗翅目シャクガ科アオシャク亜科の蛾。開張27～33mm。分布：本州(宮城県南部より),四国,九州,対馬,屋久島,朝鮮半島,台湾,中国東部,伊豆諸島八丈島。

アシブトハエトリ〈*Evarcha crassipes*〉蛛形綱ハエトリグモ科の蜘蛛。体長雌13～14mm,雄9～11mm。分布：本州,四国,九州。

アシブトハナアブ 脚太花虻〈*Helophilus virgatus*〉昆虫綱双翅目ショクガバエ科の蛾。体長12～14mm。分布：北海道,本州,四国,九州。害虫。

アシブトハナカメムシ〈*Xylocoris galactinus*〉昆虫綱半翅目ハナカメムシ科。

アシブトハマキ〈*Eudemis fimbriata*〉昆虫綱鱗翅目ノコメハマキガ科の蛾。開張16.5～20.0mm。

アシブトハヤトビバエ〈*Sphaerocera curvipes*〉昆虫綱双翅目ハヤトビバエ科。体長3.0～3.5mm。分布：北海道,本州。害虫。

アシブトヒゲナガハバチ 脚太鬚長葉蜂〈*Nematus inornatus*〉昆虫綱膜翅目ハバチ科。分布：本州。

アシブトヒメグモ〈*Anelosimus crassipes*〉蛛形綱クモ目ヒメグモ科の蜘蛛。体長雌3.5～4.5mm,雄3～4mm。分布：日本全土。

アシブトヒメハマキ〈*Cryptophlebia ombrodelta*〉昆虫綱鱗翅目ハマキガ科の蛾。開張15～25mm。分布：北海道を除く本土,小笠原諸島,台湾,中国,フィリピン,インド,オーストラリア(北部)。

アシブトヘリカメムシ〈*Anoplocnemis castanea*〉昆虫綱半翅目ヘリカメムシ科。分布：セイロン,台湾,沖縄。

アシブトマキバサシガメ〈*Prostemma hilgendorffi*〉昆虫綱半翅目マキバサシガメ科。体長5～7mm。分布：北海道,本州,四国,九州。

アシブトマルズオナガヒメバチ〈*Odontocolon microclausum*〉昆虫綱膜翅目ヒメバチ科。

アシブトミツバチモドキ アシブトムカシハナバチの別名。

アシブトムカシハナバチ〈*Colletes patellatus*〉ムカシハナバチ科。

アシブトメミズムシ〈*Nerthra macrothorax*〉アシブトメミズムシ科。

アシベニカギバ 脚紅鉤翅蛾〈*Oreta pulchripes*〉昆虫綱鱗翅目カギバガ科の蛾。開張30～35mm。サンゴジュに害を及ぼす。分布：北海道,本州,四国,九州,対馬,屋久島。

アシボソコキノコムシ〈*Mycetophagus obsoletesignatus*〉昆虫綱甲虫目コキノコムシ科の甲虫。体長3.6mm。

アシボソシリアゲハネカクシ〈*Ectolabrus laticollis*〉昆虫綱甲虫目ハネカクシ科。

アシボソネクイハムシ〈*Donacia gracilipes*〉昆虫綱甲虫目ハムシ科の甲虫。体長7.0～8.2mm。

アシマガリニセクビボソムシ〈*Aderus distortus*〉昆虫綱甲虫目ニセクビボソムシ科の甲虫。体長3.0～3.5mm。

アシマガリヒラタケシキスイ〈*Epuraea curvipes*〉昆虫綱甲虫目ケシキスイ科の甲虫。体長2.6～3.5mm。

アシマガリビロウドコガネ〈*Serica incurvata*〉昆虫綱甲虫目コガネムシ科の甲虫。体長8mm。分布：北海道,本州。

アシマダラクロメクラガメ〈*Polymerus pekinensis*〉昆虫綱半翅目メクラカメムシ科。

アシマダラコモリグモ〈Alopecosa hokkaidensis〉蛛形綱クモ目コモリグモ科の蜘蛛。体長雌14～16mm, 雄9～11mm。分布：北海道(大雪山)。

アシマダラナミハグモ〈Cybaeus striatipes〉蛛形綱クモ目タナグモ科の蜘蛛。

アシマダラヌマカ 脚斑沼蚊〈Mansonia uniformis〉昆虫綱双翅目カ科。体長5.5mm。分布：本州, 四国, 九州。害虫。

アシマダラヒメカゲロウ〈Eumicromus maculipes〉昆虫綱脈翅目ヒメカゲロウ科。開張17mm。分布：日本全土。

アシマダラブユ 脚斑蚋〈Simulium japonicum〉昆虫綱双翅目ブユ科。体長3.5～5.0mm。分布：日本全土。害虫。

アシマダラメダカハネカクシ 脚斑目高隠翅虫〈Stenus cicindeloides〉昆虫綱甲虫目ハネカクシ科の甲虫。体長4.7～7.5mm。分布：本州, 九州。

アシミゾナガゴミムシ〈Pterostichus sulcitarsis〉昆虫綱甲虫目オサムシ科の甲虫。体長8mm。分布：北海道, 本州。

アシミゾヒメヒラタゴミムシ〈Platynus thoreyi nipponicus〉昆虫綱甲虫目オサムシ科の甲虫。体長6.5～8.5mm。

アジヤアワノメイガ アワノメイガの別名。

アシュウナガツツキノコムシ〈Nipponocis ashuensis〉昆虫綱甲虫目ツツキノコムシ科の甲虫。体長2.7～4.0mm。

アシュウヤミサラグモ〈Arcuphantes ashifuensis〉蛛形綱クモ目サラグモ科の蜘蛛。

アショレグモ〈Labulla contortipes〉蛛形綱クモ目サラグモ科の蜘蛛。体長雌7～8mm, 雄5～6mm。分布：北海道, 本州, 四国, 九州。

アスカニウスナンベイジャコウアゲハ マエオビジャコウアゲハの別名。

アスキア・シンケラ〈Ascia sincera〉昆虫綱鱗翅目シロチョウ科の蝶。分布：エクアドル。

アスキア・モヌステ〈Ascia monuste〉昆虫綱鱗翅目シロチョウ科の蝶。分布：アルゼンチンからテキサス州まで。

アスキア・ヨセフィナ〈Ascia josephina〉昆虫綱鱗翅目シロチョウ科の蝶。分布：中央アメリカからテキサス州まで。

アズキサヤヒメハマキ〈Matsumuraeses azukivora〉昆虫綱鱗翅目ハマキガ科の蛾。隠元豆, 小豆, ササゲに害を及ぼす。分布：北海道, 本州。

アズキサヤムシガ アズキサヤヒメハマキ, マメサヤヒメハマキの別名。

アズキゾウムシ 小豆象虫, 小豆象鼻虫〈Callosobruchus chinensis〉昆虫綱甲虫目マメゾウムシ科の甲虫。別名ナミマメゾウ。体長2～3mm。貯穀・貯蔵植物性食品, 隠元豆, 小豆, ササゲに害を及ぼす。分布：日本全国, 朝鮮半島, 中国, 台湾, 東洋区。

アズキナシツツミノガ〈Coleophora uniformis〉昆虫綱鱗翅目ツツミノガ科の蛾。林檎に害を及ぼす。分布：北海道, 本州(東北地方)。

アズキノメイガ フキノメイガの別名。

アズキヘリカメムシ 小豆縁亀虫〈Homoeocerus marginiventris〉昆虫綱半翅目ヘリカメムシ科。体長13～15mm。隠元豆, 小豆, ササゲ, 大豆に害を及ぼす。分布：本州, 四国, 九州, 南西諸島。

アズキマメゾウムシ アズキゾウムシの別名。

アズキサキリガ〈Pseudopanolis azusa〉昆虫綱鱗翅目ヤガ科ヨトウガ亜科の蛾。分布：長野県島々谷, 飛騨山脈の山麓, 長野県北佐久郡川上村, 群馬県水上町土合口。

アズサノメイガ キササゲノメイガの別名。

アズチグモ〈Thomisus labefactus〉蛛形綱クモ目カニグモ科の蜘蛛。体長雌6～8mm, 雄2～3mm。分布：本州(西南部), 四国, 九州, 南西諸島。

アスティアネズミノミ〈Xenopsylla astia〉昆虫綱隠翅目ヒトノミ科。分布：世界各地。

アスティクトプテルス・アノマエウス〈Astictopterus anomaeus〉昆虫綱鱗翅目セセリチョウ科の蝶。分布：ナイジェリア, シエラレオネ。

アスティクトプテルス・イノルナトゥス〈Astictopterus inornatus〉昆虫綱鱗翅目セセリチョウ科の蝶。分布：喜望峰, ナタール。

アスティクトプテルス・オリバスケンス〈Astictopterus olivascens〉昆虫綱鱗翅目セセリチョウ科の蝶。分布：中国中部および南部。

アスティクトプテルス・ステッラトゥス〈Astictopterus stellatus〉昆虫綱鱗翅目セセリチョウ科の蝶。分布：モザンビーク, アフリカ東部。

アスティクトプテルス・ヘンリキ〈Astictopterus henrici〉昆虫綱鱗翅目セセリチョウ科の蝶。分布：中国西部。

アスティクトプテルス・ヤマ〈Astictopterus jama〉昆虫綱鱗翅目セセリチョウ科の蝶。分布：スマトラ, マレーシア, インド。

アステロカンパ・クリトン〈Asterocampa clyton〉昆虫綱鱗翅目タテハチョウ科の蝶。分布：ネブラスカ州からニューヨーク州まで。

アステロープウラナミジャノメ〈Ypthima asterope〉昆虫綱鱗翅目タテハチョウ科の蝶。目玉模様は黄色の縁どりで, 中心に白色の斑点があ

る。開張3〜4mm。分布：サハラ砂漠より南のアフリカ，西南アジア．

アステロペ・アムリア〈*Asterope amulia*〉昆虫綱鱗翅目タテハチョウ科の蝶．分布：シエラレオネからアンゴラまで．

アステロペ・オキシデンタリウム〈*Asterope occidentalium*〉昆虫綱鱗翅目タテハチョウ科の蝶．分布：シエラレオネからエチオピア，アンゴラまで．

アステロペ・トゥリメニ〈*Asterope trimeni*〉昆虫綱鱗翅目タテハチョウ科の蝶．分布：コンゴ，アンゴラ，アフリカ東部からアフリカ南端まで．

アステロペ・ナタレンシス〈*Asterope natalensis*〉昆虫綱鱗翅目タテハチョウ科の蝶．分布：トランスバールからナタールまで．

アステロペ・ペクエリ〈*Asterope pechueli*〉昆虫綱鱗翅目タテハチョウ科の蝶．分布：コンゴからザンビアまで．

アステロペ・ベングエラエ〈*Asterope benguelae*〉昆虫綱鱗翅目タテハチョウ科の蝶．分布：コンゴ．

アステロペ・ボアジュバリ〈*Asterope boisduvali*〉昆虫綱鱗翅目タテハチョウ科の蝶．分布：シエラレオネからアフリカ東部，および南へナタール，北へエチオピアまで．

アステロペ・マダガスカリエンシス〈*Asterope madagascariensis*〉昆虫綱鱗翅目タテハチョウ科の蝶．分布：マダガスカル．

アステロペ・モランティイ〈*Asterope morantii*〉昆虫綱鱗翅目タテハチョウ科の蝶．分布：ナタール．

アストゥラエオデス・アレウタ〈*Astraeodes areuta*〉昆虫綱鱗翅目シジミタテハ科の蝶．分布：ブラジル，ボリビア，ペルー．

アストゥラプテス・アウレステス〈*Astraptes aulestes*〉昆虫綱鱗翅目セセリチョウ科の蝶．分布：コロンビア，ブラジルからパラグアイまで．

アストゥラプテス・アナフス〈*Astraptes anaphus*〉昆虫綱鱗翅目セセリチョウ科の蝶．分布：テキサス州，メキシコ，中米諸国からブラジル，アルゼンチンまで，大アンチル諸島．

アストゥラプテス・アパストゥス〈*Astraptes apastus*〉昆虫綱鱗翅目セセリチョウ科の蝶．分布：ギアナ，ブラジル，ペルー．

アストゥラプテス・アラルドゥス〈*Astraptes alardus*〉昆虫綱鱗翅目セセリチョウ科の蝶．分布：メキシコ，中米諸国からブラジル，アルゼンチンまで，キューバ，ヒスパニオラ．

アストゥラプテス・アレクトル〈*Astraptes alector hopfferi*〉昆虫綱鱗翅目セセリチョウ科の蝶．分布：メキシコ，中米諸国からブラジル，コロンビア，ベネ

ズエラ，ガイアナ，エクアドル，ペルー，ボリビア，アマゾン流域．

アストゥラプテス・クレテウス〈*Astraptes creteus*〉昆虫綱鱗翅目セセリチョウ科の蝶．分布：メキシコからアマゾンおよびブラジルまで．

アストゥラプテス・コロスス〈*Astraptes colossus colossus*〉昆虫綱鱗翅目セセリチョウ科の蝶．分布：中米諸国，コロンビア，ベネズエラ，ギアナ，ペルー，ボリビア，ブラジル．

アストゥラプテス・タルス〈*Astraptes talus*〉昆虫綱鱗翅目セセリチョウ科の蝶．分布：メキシコ，中米諸国，コロンビア，ベネズエラ，ギアナ，ペルー，ボリビア，ブラジル，キューバ，ヒスパニオラ．

アストゥラプテス・ナクソス〈*Astraptes naxos*〉昆虫綱鱗翅目セセリチョウ科の蝶．分布：ブラジル，コロンビア．

アストゥラプテス・フェレス〈*Astraptes pheres*〉昆虫綱鱗翅目セセリチョウ科の蝶．分布：ブラジル，コロンビア，ペルー，パラグアイ．

アストゥラプテス・ホプフェリ〈*Astraptes hopferi*〉昆虫綱鱗翅目セセリチョウ科の蝶．分布：中央アメリカ，ペルー．

アスピタ・アゲノリア〈*Aspitha agenoria*〉昆虫綱鱗翅目セセリチョウ科の蝶．分布：スリナムからボリビアまで．

アスピタ・レアンデル〈*Aspitha leander*〉昆虫綱鱗翅目セセリチョウ科の蝶．分布：コロンビア．

アスボリス・カプキヌス〈*Asbolis capucinus*〉昆虫綱鱗翅目セセリチョウ科の蝶．分布：アンチル諸島，フロリダ，キューバ，コロンビア．

アズマアシナガグモ〈*Tetragnatha lea*〉蛛形綱クモ目アシナガグモ科の蜘蛛．

アズマオオズアカアリ〈*Pheidole fervida*〉昆虫綱膜翅目アリ科．体長2mm．分布：本州，四国，九州．害虫．

アズマオビハナノミ サタオビハナノミの別名．

アズマカニグモ〈*Xysticus insulicola*〉蛛形綱クモ目カニグモ科の蜘蛛．体長雌8〜9mm，雄5〜6mm．分布：本州，四国，九州．

アズマキシダグモ〈*Pisaura lama*〉蛛形綱クモ目キシダグモ科の蜘蛛．体長雌9〜11mm，雄8〜9mm．分布：北海道，本州，四国，九州．

アズマゲンゴロウモドキ シャープゲンゴロウモドキの別名．

アズマヒメアシナガグモ〈*Glenognatha nipponica*〉蛛形綱クモ目アシナガグモ科．

アズマヤチグモ〈*Coelotes kitazawai*〉蛛形綱クモ目タナグモ科の蜘蛛．体長雌9〜10mm，雄6〜7mm．分布：本州(中・東部)．

アズミキシタバ〈Catocala koreana〉昆虫綱鱗翅目ヤガ科シタバガ亜科の蛾。準絶滅危惧種(NT)。分布：沿海州，朝鮮半島，長野県白馬村の盆地部から八方尾根。

アズミハマキ〈Acleris azumina〉昆虫綱鱗翅目ハマキガ科の蛾。分布：長野県の島々谷。

アズミヤセサラグモ〈Lepthyphantes azumiensis〉蛛形綱クモ目サラグモ科の蜘蛛。体長雌6.0〜6.2mm，雄4.5〜4.7mm。分布：本州(中部の亜高山地帯)。

アスラウガ・パンドラ〈Aslauga pandora〉昆虫綱鱗翅目シジミチョウ科の蝶。分布：カメルーン南部。

アスラウガ・ビニンガ〈Aslauga viningta〉昆虫綱鱗翅目シジミチョウ科の蝶。分布：シエラレオネからオゴエ川(Ogowe R.)まで。

アスラウガ・プルプラスケンス〈Aslauga purpurascens〉昆虫綱鱗翅目シジミチョウ科の蝶。分布：アフリカ東部。

アスラウガヤママユ〈Bunaea aslauga〉昆虫綱鱗翅目ヤママユガ科の蛾。分布：サハラ以南のアフリカ全域とマダガスカル。

アスラウガ・ランボルニ〈Aslauga lamborni〉昆虫綱鱗翅目シジミチョウ科の蝶。分布：ナイジェリア，カメルーン。

アスラウガ・レオナエ〈Aslauga leonae〉昆虫綱鱗翅目シジミチョウ科の蝶。分布：シエラレオネ。

アスワマシラグモ〈Leptoneta asuwana〉蛛形綱クモ目マシラグモ科の蜘蛛。

アスワメクラチビゴミムシ〈Trechiama sasajii〉昆虫綱甲虫目オサムシ科の甲虫。体長4.9〜6.3mm。

アセビコハマキ〈Daemilus fulva〉昆虫綱鱗翅目ハマキガ科の蛾。分布：本州と屋久島，ロシア(シベリア)。

アセビツバメスガ〈Saridoscelis kodamai〉昆虫綱鱗翅目スガ科の蛾。分布：北海道，本州，四国。

アソカニセムラサキツバメ〈Flos asoka〉昆虫綱鱗翅目シジミチョウ科の蝶。

アソハネナシヒメバチ〈Gelis asozanus〉昆虫綱膜翅目ヒメバチ科。

アソメクラチビゴミムシ〈Rakantrechus asonis〉昆虫綱甲虫目オサムシ科の甲虫。体長3.3〜3.9mm。

アダチアナアキゾウムシ〈Dyscerus adachii〉昆虫綱甲虫目ゾウムシ科の甲虫。体長10.7〜13.0mm。

アタマクチカクシゾウムシ〈Caenocryptorrhynchus frontalis〉昆虫綱甲虫目ゾウムシ科の甲虫。体長7.6〜8.5mm。

アタマジラミ 頭虱〈Pediculus humanus humanus〉昆虫綱虱目ヒトジラミ科。害虫。

アタマバエ 頭蝿〈big-headed flies〉昆虫綱双翅目ハエ群アタマバエ科Pipunculidaeのハエの総称。

アダムスアカネタテハ〈Callithea adamsi〉昆虫綱鱗翅目タテハチョウ科の蝶。分布：ペルー。

アタルネス・サッレイ〈Atarnes sallei〉昆虫綱鱗翅目セセリチョウ科の蝶。分布：メキシコからコロンビア。

アタロペデス・カンペストゥリス〈Atalopedes campestris〉昆虫綱鱗翅目セセリチョウ科の蝶。分布：熱帯アメリカ，アメリカ合衆国。

アダンソンハエトリ〈Hasarius adansoni〉蛛形綱クモ目ハエトリグモ科の蜘蛛。体長雌7〜8mm，雄6〜7mm。分布：本州(西部)，四国，九州，南西諸島。害虫。

アッカホラヒメグモ〈Nesticus breviscapus〉蛛形綱クモ目ホラヒメグモ科の蜘蛛。

アッコウスバシロチョウ〈Parnassius acco〉昆虫綱鱗翅目アゲハチョウ科の蝶。分布：カラコルム，カシミール，ラダク，チベット，中国西部。

アッサムアオバセセリ〈Choaspes stigmatus〉昆虫綱鱗翅目セセリチョウ科の蝶。

アッサムミヤマクワガタ〈Lucanus dohertyi〉昆虫綱甲虫目クワガタムシ科。分布：アッサム。

アッピア・アッピア〈Appia appia〉昆虫綱鱗翅目セセリチョウ科の蝶。分布：アルゼンチン。

アッピアス・アダ〈Appias ada〉昆虫綱鱗翅目シロチョウ科の蝶。分布：モルッカ諸島，ニューギニア，オーストラリア。

アッピアス・カルデナ〈Appias cardena〉昆虫綱鱗翅目シロチョウ科の蝶。分布：マレーシア。

アッピアス・ケレスティナ〈Appias celestina〉昆虫綱鱗翅目シロチョウ科の蝶。分布：ニューギニア，オーストラリア。

アッピアス・シルビア〈Appias sylvia〉昆虫綱鱗翅目シロチョウ科の蝶。分布：アフリカ西部・中部・東部，南へローデシアまで。

アッピアス・ドゥルシッラ〈Appias drusilla〉昆虫綱鱗翅目シロチョウ科の蝶。分布：ブラジルからフロリダ州まで。

アッピアス・ネフェレ〈Appias nephele〉昆虫綱鱗翅目シロチョウ科の蝶。分布：フィリピン。

アッピアス・ファオラ〈Appias phaola〉昆虫綱鱗翅目シロチョウ科の蝶。分布：アフリカ西部および中部。

アッピアス・プラキディア〈Appias placidia〉昆虫綱鱗翅目シロチョウ科の蝶。分布：フィリピン(モルッカ諸島産)。

アッピアス・ラスティ〈Appias lasti〉昆虫綱鱗翅目シロチョウ科の蝶。分布：ケニア，タンザニア。

アッピアス・ラルゲ〈Appias lalage〉昆虫綱鱗翅目シロチョウ科の蝶。分布：インド北部，アッサム，ミャンマー，マレーシア。

アッピアス・ワーディイ〈Appias wardii〉昆虫綱鱗翅目シロチョウ科の蝶。分布：インド南部。

アッロティヌス・アプリエス〈Allotinus apries〉昆虫綱鱗翅目シジミチョウ科の蝶。分布：マレーシア，ジャワ，スマトラ，ボルネオ。

アッロティヌス・スブビオラケウス〈Allotinus subviolaceus〉昆虫綱鱗翅目シジミチョウ科の蝶。分布：マレーシア，スマトラ，ジャワ。

アッロティヌス・タラス〈Allotinus taras〉昆虫綱鱗翅目シジミチョウ科の蝶。分布：ミャンマー，マレーシア，ボルネオ，ジャワ。

アッロティヌス・ドゥルミラ〈Allotinus drumila〉昆虫綱鱗翅目シジミチョウ科の蝶。分布：アッサム。

アッロティヌス・ニバリス〈Allotinus nivalis〉昆虫綱鱗翅目シジミチョウ科の蝶。分布：マレーシアからフィリピンまで。

アッロティヌス・ファッラクス〈Allotinus fallax〉昆虫綱鱗翅目シジミチョウ科の蝶。分布：フィリピン，セレベス。

アッロティヌス・ファビウス〈Allotinus fabius〉昆虫綱鱗翅目シジミチョウ科の蝶。分布：ミャンマー，マレーシア，スマトラ，ボルネオ。

アッロティヌス・プンクタトゥス〈Allotinus punctatus〉昆虫綱鱗翅目シジミチョウ科の蝶。分布：フィリピン。

アッロティヌス・ホルスフィールディ〈Allotinus horsfieldi〉昆虫綱鱗翅目シジミチョウ科の蝶。分布：マレーシア，ミャンマー，ジャワ，セレベス。

アッロティヌス・ムルティストゥリガトゥス〈Allotinus multistrigatus〉昆虫綱鱗翅目シジミチョウ科の蝶。分布：ヒマラヤ東部からミャンマー高地部まで。

アッロラ・ドレスカッリ〈Allora doleschalli〉昆虫綱鱗翅目セセリチョウ科の蝶。分布：ニューギニア，ビスマルク諸島，ソロモン諸島，オーストラリア。

アディケラ属の一種〈Adicella sp.〉昆虫綱毛翅目ヒゲナガトビケラ科。

アティスドクチョウ〈Heliconius athis〉昆虫綱鱗翅目タテハチョウ科。開張80mm。分布：エクアドル。珍蝶。

アティルティス・メカニティス〈Athyrtis mechanitis〉昆虫綱鱗翅目トンボマダラ科の蝶。分布：ペルー。

アテシス・デルキッリダス〈Athesis dercyllidas〉昆虫綱鱗翅目トンボマダラ科の蝶。分布：コロンビアおよびエクアドル。

アデスミア属の一種〈Adesmia sp.〉昆虫綱甲虫目ゴミムシダマシ科。分布：ナミブ砂漠(南アフリカ)。

アデルファ・アビア〈Adelpha abia〉昆虫綱鱗翅目タテハチョウ科の蝶。分布：ブラジル，アルゼンチン，パラグアイ。

アデルファ・アララ〈Adelpha alala〉昆虫綱鱗翅目タテハチョウ科の蝶。分布：ベネズエラ，ペルー。

アデルファ・アレテ〈Adelpha arete〉昆虫綱鱗翅目タテハチョウ科の蝶。分布：ブラジル。

アデルファ・イシス〈Adelpha isis〉昆虫綱鱗翅目タテハチョウ科の蝶。分布：ブラジル南部。

アデルファ・イフィクラ〈Adelpha iphicla〉昆虫綱鱗翅目タテハチョウ科の蝶。分布：メキシコ，中央アメリカ，トリニダード，ブラジル。

アデルファ・イルミナ〈Adelpha irmina〉昆虫綱鱗翅目タテハチョウ科の蝶。分布：ペルー，ベネズエラ。

アデルファ・エピオネ〈Adelpha epione〉昆虫綱鱗翅目タテハチョウ科の蝶。分布：アンデス沿いにコロンビアからボリビア。

アデルファ・エロティア〈Adelpha erotia〉昆虫綱鱗翅目タテハチョウ科の蝶。分布：エクアドル，ペルー，ボリビア。

アデルファ・オリンティア〈Adelpha olynthia〉昆虫綱鱗翅目タテハチョウ科の蝶。分布：コロンビア，その他。

アデルファ・キテレア〈Adelpha cytherea〉昆虫綱鱗翅目タテハチョウ科の蝶。分布：コロンビア，アマゾン上流。

アデルファ・ケレリオ〈Adelpha celerio〉昆虫綱鱗翅目タテハチョウ科の蝶。分布：中央アメリカ，コロンビア，エクアドル。

アデルファ・コカラ〈Adelpha cocala〉昆虫綱鱗翅目タテハチョウ科の蝶。分布：ギアナ，中央アメリカからブラジルまで。

アデルファ・ザルモナ〈Adelpha zalmona〉昆虫綱鱗翅目タテハチョウ科の蝶。分布：コスタリカ，パナマ，コロンビア。

アデルファ・シマ〈Adelpha syma〉昆虫綱鱗翅目タテハチョウ科の蝶。分布：パラグアイ，アルゼンチン。

アデルファ・ゼア〈Adelpha zea〉昆虫綱鱗翅目タテハチョウ科の蝶。分布：メキシコ，中央アメリカ，パラグアイ。

アデルファ・セルパ〈Adelpha serpa〉昆虫綱鱗翅目タテハチョウ科の蝶。分布：パナマ，中央アメ

アテルフア

リカ, パラグアイ, アマゾン流域, ベネズエラ, ボリビア。

アデルファ・デミアルバ〈Adelpha demialba〉昆虫綱鱗翅目タテハチョウ科の蝶。分布：コスタリカ, パナマ。

アデルファ・トアス〈Adelpha thoas〉昆虫綱鱗翅目タテハチョウ科の蝶。分布：アマゾン流域, ペルー, ボリビア。

アデルファ・トゥラクタ〈Adelpha tracta〉昆虫綱鱗翅目タテハチョウ科の蝶。分布：コスタリカ, パナマ。

アデルファ・ネア〈Adelpha nea〉昆虫綱鱗翅目タテハチョウ科の蝶。分布：ギアナ, ペルー。

アデルファ・フェルデリ〈Adeplha felderi〉昆虫綱鱗翅目タテハチョウ科の蝶。分布：ポロチュ渓谷(Polochic Valley)。

アデルファ・プリラカ〈Adelpha plylaca〉昆虫綱鱗翅目タテハチョウ科の蝶。分布：メキシコからボリビア, トリニダード。

アデルファ・プレサウレ〈Adelpha plesaure〉昆虫綱鱗翅目タテハチョウ科の蝶。分布：ギアナ, アマゾン流域。

アデルファ・ヘレペキ〈Adelpha helepecki〉昆虫綱鱗翅目タテハチョウ科の蝶。分布：ボリビア。

アデルファ・ボレアス〈Adelpha boreas〉昆虫綱鱗翅目タテハチョウ科の蝶。分布：コロンビアからボリビアまで。

アデルファ・メセンティナ〈Adelpha mesentina〉昆虫綱鱗翅目タテハチョウ科の蝶。分布：エクアドル, ベネズエラ, カイエン, スリナム, アマゾン。

アデルファ・メロナ〈Adelpha melona〉昆虫綱鱗翅目タテハチョウ科の蝶。分布：ギアナ, トリニダード, アマゾン上流地方。

アデルファ・ララ〈Adelpha lara〉昆虫綱鱗翅目タテハチョウ科の蝶。分布：ベネズエラ, ペルー, ボリビア, コロンビア。

アデルファ・レウケリア〈Adelpha leuceria〉昆虫綱鱗翅目タテハチョウ科の蝶。分布：メキシコからパナマまで。

アデルファ・レウコフタルマ〈Adelpha leucophthalma〉昆虫綱鱗翅目タテハチョウ科の蝶。分布：ペルー, アマゾン流域。

アデロティパ・アレクトル〈Adelotypa alector alector〉昆虫綱鱗翅目シジミタテハ科。分布：ペルー, ボリビア, アマゾン。

アトアカヒトリ〈Spilosoma postrubidum〉昆虫綱鱗翅目ヒトリガ科の蛾。分布：石垣島, 与那国島, 台湾。

アトウスヤガ〈Ochropleura fennica〉昆虫綱鱗翅目ヤガ科モンヤガ亜科の蛾。開張42mm。分布：北半球の亜寒帯, 北海道。

アトゥランテア・ペレジ〈Atlantea perezi〉昆虫綱鱗翅目タテハチョウ科の蝶。分布：キューバ。

アトゥリデス・カルパシア〈Atlides carpasia〉昆虫綱鱗翅目シジミチョウ科の蝶。分布：メキシコ, グアテマラ。

アトゥリデス・ゲトゥス〈Atlides getus〉昆虫綱鱗翅目シジミチョウ科の蝶。分布：中央アメリカ, アマゾン, ギアナ, トリニダード。

アトゥリデス・コサ〈Atlides cosa〉昆虫綱鱗翅目シジミチョウ科の蝶。分布：ブラジル。

アトゥリデス・スカマンデル〈Atlides scamander〉昆虫綱鱗翅目シジミチョウ科の蝶。分布：パナマ。

アトゥリデス・トルフリダ〈Atlides torfrida〉昆虫綱鱗翅目シジミチョウ科の蝶。分布：アマゾン流域。

アトゥリデス・バキス〈Atlides bacis〉昆虫綱鱗翅目シジミチョウ科の蝶。分布：パナマ。

アトゥリデス・ポリベ〈Atlides polybe〉昆虫綱鱗翅目シジミチョウ科の蝶。分布：メキシコからブラジル南部, アルゼンチンまで。

アトゥリトネ・アスパ〈Atrytone aspa〉昆虫綱鱗翅目セセリチョウ科の蝶。分布：フロリダ州, アラバマ州。

アトゥリトネ・アロゴス〈Atrytone arogos〉昆虫綱鱗翅目セセリチョウ科の蝶。分布：合衆国東部。

アトゥリトネ・コンスピクア〈Atrytone conspicua〉昆虫綱鱗翅目セセリチョウ科の蝶。分布：合衆国北部。

アトゥリトネ・ディオン〈Atrytone dion〉昆虫綱鱗翅目セセリチョウ科の蝶。分布：カナダからネブラスカ州まで。

アトゥリトネ・ピラトゥカ〈Atrytone pilatka〉昆虫綱鱗翅目セセリチョウ科の蝶。分布：フロリダ州を北へバージニアまで。

アトゥリトネ・ロガン〈Atrytone logan〉昆虫綱鱗翅目セセリチョウ科の蝶。分布：合衆国中部・東部。

アトゥリトノプシス・ザオビニア〈Atrytonopsis zaovinia〉昆虫綱鱗翅目セセリチョウ科の蝶。分布：メキシコ, コスタリカ。

アトゥリトノプシス・デバ〈Atrytonopsis deva〉昆虫綱鱗翅目セセリチョウ科の蝶。分布：フロリダ州, カロライナ, メキシコ。

アトゥリトノプシス・ヒアンナ〈Atrytonopsis hianna〉昆虫綱鱗翅目セセリチョウ科の蝶。分布：合衆国中部・東部。

アトオビアトキリゴミムシ　フトオビアトキリゴミムシの別名。

アトオビコミズギワゴミムシ〈*Macrotachys recurvicollis*〉昆虫綱甲虫目オサムシ科の甲虫。体長3mm。分布：北海道, 本州, 九州。

アトキクロヒメジョウカイモドキ〈*Ebaeus flavocaudatus*〉昆虫綱甲虫目ジョウカイモドキ科。

アトキスジクルマコヤガ〈*Oruza mira*〉昆虫綱鱗翅目ヤガ科コヤガ亜科の蛾。開張18〜24mm。分布：沿海州, 朝鮮半島, 北海道から九州, 対馬。

アトキツツホソカタムシ〈*Teredolaemus guttatus*〉昆虫綱甲虫目ホソカタムシ科の甲虫。体長2.5〜3.5mm。

アトキハマキ〈*Archips asiaticus*〉昆虫綱鱗翅目ハマキガ科の蛾。開張雄19〜27mm, 雌24〜31mm。柿, ハスカップ, 林檎に害を及ぼす。分布：北海道, 本州, 四国, 九州, 屋久島。

アトキヒカリバコガ〈*Roeslerstammia bella*〉昆虫綱鱗翅目ヒカリバコガ科の蛾。分布：四国(愛媛県石鎚山)。

アトキヒロズコガ〈*Monopis flavidorsalis*〉昆虫綱鱗翅目ヒロズコガ科の蛾。分布：北海道。

アトキフタオ〈*Gathynia fumicosta*〉昆虫綱鱗翅目フタオガ科の蛾。分布：九州(宮崎県), 屋久島, 奄美大島, 西表島, 台湾, インドから東南アジア一帯。

アトキホソチョウ〈*Acraea asboloplintha*〉昆虫綱鱗翅目ホソチョウ科の蝶。分布：ウガンダ, ルウェンゾリ山(コンゴとウガンダの国境の高山)。

アトキマエジロットガ　ナカグロットガの別名。

アトキミズギワゴミムシ〈*Bembidion consummatum*〉昆虫綱甲虫目オサムシ科の甲虫。体長5.0mm。

アトキリアツバ〈*Rivula cognata*〉昆虫綱鱗翅目ヤガ科クチバ亜科の蛾。分布：インド, スリランカ, 屋久島, 奄美大島, 沖縄本島, 石垣島。

アトキリオオサムシ〈*Tribax polychrous*〉昆虫綱甲虫目オサムシ科の甲虫。分布：コーカサス。

アトキリオサムシ〈*Tribax reitteri*〉昆虫綱甲虫目オサムシ科。分布：コーカサス。

アトキリキクイゾウムシ〈*Coprodema calandraeforme*〉昆虫綱甲虫目ゾウムシ科の甲虫。体長2.8mm。

アトギンボシハマキモドキ〈*Prochoreutis delicata*〉昆虫綱鱗翅目ハマキモドキガ科の蛾。分布：本州。

アトグロアミメエダシャク　後黒網目枝尺蛾〈*Cabera griseolimbata*〉昆虫綱鱗翅目シャクガ科エダシャク亜科の蛾。開張23〜25mm。分布：朝鮮半島, 北海道, 本州, 四国, 九州, 対馬。

アトクロオビノメイガ〈*Glyphodes crithealis*〉昆虫綱鱗翅目メイガ科の蛾。分布：台湾, 中国, インド, 西表島。

アトグロキチョウ〈*Eurema tilaha*〉昆虫綱鱗翅目シロチョウ科の蝶。分布：マレーシア, ジャワ, スマトラ, セレベス, ボルネオ, フィリピンなど。

アトグロキノメイガ〈*Pyrausta noctualis*〉昆虫綱鱗翅目メイガ科の蛾。分布：群馬県, 富山県。

アトグロキベリシャチホコ〈*Epicoma melanosticta*〉昆虫綱鱗翅目シャチホコガ科の蛾。前翅が白色で, 外縁は, 黒色と黄色の格子模様。開張4〜5mm。分布：オーストラリア西部および南部。

アトグロジュウジアトキリゴミムシ〈*Lebia idae*〉昆虫綱甲虫目オサムシ科の甲虫。体長7〜8mm。分布：本州, 四国, 九州。

アトグロジュウジゴミムシ　アトグロジュウジアトキリゴミムシの別名。

アトグロドクチョウ〈*Heliconius heurippus*〉昆虫綱鱗翅目ドクチョウ科の蝶。分布：コロンビア。

アトクロナミシャク〈*Lampropteryx minna*〉昆虫綱鱗翅目シャクガ科ナミシャク亜科の蛾。開張20〜24mm。分布：北海道, 本州, 四国, 九州, 朝鮮半島, 中国東北, シベリア南東部。

アトグロヒメハナノミ〈*Mordellistena fuscoapicalis*〉昆虫綱甲虫目ハナノミ科。

アトグロヒラタハバチ〈*Acantholyda posticalis*〉昆虫綱膜翅目ヒラタハバチ科。

アトグロフトカミキリモドキ〈*Anoxacis iriomotensis*〉昆虫綱甲虫目カミキリモドキ科の甲虫。体長8〜10mm。

アトグロホソアリモドキ〈*Sapintus floralis*〉昆虫綱甲虫目アリモドキ科の甲虫。体長3.0〜3.5mm。

アトコブゴミムシダマシ〈*Phellopsis suberea*〉昆虫綱甲虫目ゴミムシダマシ科の甲虫。体長14〜21mm。分布：本州, 四国, 九州。

アトジロアルプスヤガ〈*Anomogyna sincera*〉昆虫綱鱗翅目ヤガ科の蛾。分布：ユーラシア高緯度地域, アムール地方, 赤石山脈北岳, 白根御池。

アトジロエダシャク　後白枝尺蛾〈*Pachyligia dolosa*〉昆虫綱鱗翅目シャクガ科エダシャク亜科の蛾。開張38〜44mm。桜類に害を及ぼす。分布：北海道, 本州, 四国, 九州, 対馬, 屋久島, 朝鮮半島。

アトシロオビフタオ〈*Epiplema desistaria*〉昆虫綱鱗翅目フタオガ科の蛾。

アトジロカレキゾウムシ〈Acicnemis dorsonigrita〉昆虫綱甲虫目ゾウムシ科の甲虫。体長3.0～4.0mm。

アトジロキヨトウ〈Leucania compta〉昆虫綱鱗翅目ヤガ科ヨトウガ亜科の蛾。分布：インド，伊豆半島，四国，北九州，対馬，屋久島，奄美大島，沖縄本島，西表島。

アトジロキリガ〈Orthosia mirabilis〉昆虫綱鱗翅目ヤガ科ヨトウガ亜科の蛾。開張30mm。分布：朝鮮半島，沿海州，北海道，東北地方，関東地方から東海地方。

アトジロコスガ〈Lycophantis bradleyi〉昆虫綱鱗翅目スガ科の蛾。分布：奄美大島，石垣島。

アトジロコヤガ〈Metaemene hampsoni〉昆虫綱鱗翅目ヤガ科コヤガ亜科の蛾。分布：台湾，沖縄本島，西表島。

アトジロサビカミキリ〈Pterolophia zonata〉昆虫綱甲虫目カミキリムシ科フトカミキリ亜科の甲虫。体長8～11mm。桑に害を及ぼす。分布：北海道，本州，四国，九州，佐渡。

アトジロシラホシヨトウ〈Melanchra postalba〉昆虫綱鱗翅目ヤガ科ヨトウガ亜科の蛾。分布：北海道，本州中部から北部。

アトシロスジハマキモドキ〈Prochoreutis sehestediana〉昆虫綱鱗翅目ハマキモドキガ科の蛾。分布：北海道，ヨーロッパ。

アトシロナミシャク〈Horisme tersata〉昆虫綱鱗翅目シャクガ科ナミシャク亜科の蛾。開張25～33mm。分布：東北地方北部から中部，シベリア南東部，アルタイ山脈。

アトジロフタテンアツバ〈Rivula sp.〉昆虫綱鱗翅目ヤガ科クチバ亜科の蛾。分布：屋久島。

アトシロモンカバナミシャク〈Chlorocylstis subcostalis〉昆虫綱鱗翅目シャクガ科の蛾。分布：四国南部，九州，屋久島。

アトシロモンコガ〈Acrolepiopsis paradoxa〉昆虫綱鱗翅目アトヒゲコガ科の蛾。分布：奈良県山辺郡祁村。

アトスカシモンヒメスガ〈Metanomeuta fulvicrinis〉昆虫綱鱗翅目スガ科の蛾。分布：本州，四国，九州。

アトスカシモンヒロズコガ〈Gerontha borea〉昆虫綱鱗翅目ヒロズコガ科の蛾。分布：対馬。

アトスジグロナミシャク〈Epilobophora obscuraria〉昆虫綱鱗翅目シャクガ科ナミシャク亜科の蛾。開張27～30mm。分布：本州（東北部より），四国，九州，対馬，朝鮮半島，中国。

アトスジチビゴミムシ〈Trechoblemus postilenatus〉昆虫綱甲虫目オサムシ科の甲虫。体長4.2～5.3mm。

アトチビキマワリモドキ〈Tetragonomenes semiviolaceus〉昆虫綱甲虫目ゴミムシダマシ科の甲虫。体長6.9～8.0mm。

アトツマグロオオスヒロキバガ〈Ethmia dentata〉昆虫綱鱗翅目スヒロキバガ科の蛾。分布：琉球，台湾，フィリピン。

アトテンクルマコヤガ〈Oruza submira〉昆虫綱鱗翅目ヤガ科コヤガ亜科の蛾。分布：北海道，東北地方，関東地方以西，四国，九州，対馬。

アドニアイナズマ〈Euthalia adonia adonia〉昆虫綱鱗翅目タテハチョウ科の蝶。分布：タイ，マレーシアから大スンダ諸島，パラワンまでに分布。亜種はジャワ。

アドニスヒメシジミ(1)〈Amauris echeria〉昆虫綱鱗翅目タテハチョウ科の蝶。翅の裏面外縁に白色の小さな斑点が多い。開張6～8mm。分布：アフリカ西部・中部・東部から南へアフリカ南部まで。

アドニスヒメシジミ(2)〈Lysandra bellargus〉昆虫綱鱗翅目タテハチョウ科の蝶。翅の縁に白地に黒色の模様。開張3～4mm。分布：ヨーロッパからトルコ，イラン。

アドニスモルフォ〈Morpho adonis〉昆虫綱鱗翅目モルフォチョウ科の蝶。開張90mm。分布：アマゾン川流域，南米北部。珍蝶。

アトバゴミムシの一種〈Catascopus sp.〉昆虫綱甲虫目ゴミムシ科。分布：マレーシア。

アトビサリ カニムシの別名。

アトフタモンホソハマキモドキ〈Glyphipterix euleucotoma〉昆虫綱鱗翅目ホソハマキモドキガ科の蛾。分布：本州。

アトフトオビエダシャク〈Boarmia displicens〉昆虫綱鱗翅目シャクガ科の蛾。

アトヘリアオシャク 後縁青尺蛾〈Aracima muscosa〉昆虫綱鱗翅目シャクガ科アオシャク亜科の蛾。開張32～44mm。分布：サハリン，シベリア南東部，本州，四国，九州，北海道。

アトベリクチブサガ〈Ypsolopha vittella〉昆虫綱鱗翅目スガ科の蛾。開張20～22mm。分布：北海道，本州，ヨーロッパからシベリア，北アメリカ。

アトヘリヒトホシアツバ〈Hemipsectra fallax〉昆虫綱鱗翅目ヤガ科クチバ亜科の蛾。分布：宮城県付近を北限，本州，四国，九州，対馬。

アトボシアオゴミムシ〈Chlaenius naeviger〉昆虫綱甲虫目オサムシ科の甲虫。体長14～14.5mm。

アトボシウスキヒゲナガ 後星淡黄鬚長蛾〈Nematopogon dorsigutella〉昆虫綱鱗翅目マガリガ科の蛾。開張20～22mm。分布：北海道，本州，シベリア東部。

アトボシエダシャク 後星枝尺蛾〈*Cepphis advenaria*〉昆虫綱鱗翅目シャクガ科エダシャク亜科の蛾。開張22〜25mm。分布：北海道，本州，四国，九州，千島，サハリン，朝鮮半島，シベリア東部からヨーロッパ。

アトボシツヤケシハナムグリ〈*Pachnoda marginata peregrina*〉昆虫綱甲虫目コガネムシ科の甲虫。分布：アフリカ西部，亜種はアフリカ西部。

アトボシハマキ〈*Choristoneura longicellana*〉昆虫綱鱗翅目ハマキガ科の蛾。開張雄19〜22mm，雌23〜34mm。柿，桜桃，ナシ類，桃，スモモ，林檎，栗に害を及ぼす。分布：北海道，本州，四国，九州，対馬，朝鮮半島，中国(北部)，ロシア(シベリアなど)。

アトボシハムシ〈*Paridea angulicollis*〉昆虫綱甲虫目ハムシ科の甲虫。体長5.5mm。分布：北海道，本州，四国，九州。

アトボシヒメテントウ〈*Nephus phosphorus*〉昆虫綱甲虫目テントウムシ科の甲虫。体長1.7〜2.3mm。

アトボシヒメヒゲナガゾウムシ イトヒゲナガゾウムシの別名。

アトボシヒラタマメゲンゴロウ〈*Platynectes chujoi*〉昆虫綱甲虫目ゲンゴロウ科の甲虫。体長4.9〜5.7mm。

アトボシメンコガ〈*Wegneria cerodelta*〉昆虫綱鱗翅目ヒロズコガ科の蛾。開張9.5〜13.0mm。分布：本州，四国，九州，台湾，マレー半島，インド。

アトボシモグリガ アトボシメンコガの別名。

アトマルキクイムシ〈*Dryocoetes rugicollis*〉昆虫綱甲虫目キクイムシ科の甲虫。体長3.6〜4.9mm。

アトマルナガゴミムシ〈*Pterostichus orientalis*〉昆虫綱甲虫目オサムシ科の甲虫。体長13〜17mm。

アトマルヒラタゴミムシ ヤマトクロヒラタゴミムシの別名。

アトマルホソクビゴミムシ〈*Brachinus chuji*〉昆虫綱甲虫目ホソクビゴミムシ科。

アトミスジホソハマキモドキ〈*Glyphipterix regula*〉昆虫綱鱗翅目ホソハマキモドキガ科の蛾。分布：千島列島(国後島)，北海道，本州。

アトムスジエダシャク〈*Aporhoptrina semiorbiculata*〉昆虫綱鱗翅目シャクガ科エダシャク亜科の蛾。開張23〜27mm。分布：北海道，本州，朝鮮半島，シベリア南東部，中国。

アトムモンセセリ〈*Caltoris cahira*〉昆虫綱鱗翅目セセリチョウ科の蝶。分布：インドから東へ中国まで，南へマレーシアまで，台湾，フィリピン，ジャワ，アンダマン諸島，ニコバル諸島。

アトムラサキアツバ〈*Rhynchina columbaris*〉昆虫綱鱗翅目ヤガ科アツバ亜科の蛾。開張29〜33mm。

アトモンアオゴミムシ〈*Chlaenius bioculatus*〉昆虫綱甲虫目オサムシ科の甲虫。体長12.5〜13.5mm。

アトモンクビナガゴミムシ〈*Eucolliuris fuscipennis*〉昆虫綱甲虫目オサムシ科の甲虫。体長6.0〜6.5mm。分布：本州(近畿)，南西諸島。

アトモンコミズギワゴミムシ〈*Tachyura klugii*〉昆虫綱甲虫目オサムシ科の甲虫。体長3.0mm。

アトモンサビカミキリ〈*Pterolophia granulata*〉昆虫綱鱗翅目カミキリムシ科フトカミキリ亜科の甲虫。体長7〜10mm。分布：北海道，本州，四国，九州，佐渡，対馬，伊豆諸島。

アトモンチビカミキリ〈*Sybra baculina*〉昆虫綱甲虫目カミキリムシ科フトカミキリ亜科の甲虫。体長5.5〜9.0mm。分布：四国，九州，南西諸島。

アトモンナガ〈*Caunaca japonica*〉昆虫綱鱗翅目スガ科の蛾。分布：北海道。

アドモンハマキ〈*Archips longicellana*〉昆虫綱鱗翅目ハマキガ科の蛾。

アトモンヒョウタンゾウムシ〈*Amystax satanus*〉昆虫綱甲虫目ゾウムシ科。

アトモンヒロズコガ 後紋広頭小蛾〈*Morophaga bucephala*〉昆虫綱鱗翅目ヒロズコガ科の蛾。開張16〜23mm。分布：北海道，本州，四国，九州，東シベリア，中国，北インド。

アトモンマルケシカミキリ 後紋円芥子天牛〈*Exocentrus lineatus*〉昆虫綱鱗翅目カミキリムシ科フトカミキリ亜科の甲虫。体長4.5〜6.0mm。分布：本州，四国，九州，対馬，南西諸島。

アトモンミズギワゴミムシ 後紋水際芥虫〈*Bembidion nilocticum*〉昆虫綱甲虫目オサムシ科の甲虫。体長3.5mm。分布：北海道，本州，四国，九州，南西諸島。

アトモンミズメイガ 後紋水螟蛾〈*Nymphicula saigusai*〉昆虫綱鱗翅目メイガ科ミズメイガ亜科の蛾。開張13mm。分布：北海道，本州，四国，九州。

アトモンメムシガ〈*Argyresthia magna*〉昆虫綱鱗翅目メムシガ科の蛾。分布：本州，四国。

アトラスオオカブトムシ〈*Chalcosoma atlas*〉昆虫綱甲虫目コガネムシ科カブトムシ亜科の甲虫。分布：インド，ミャンマー，タイ，マレーシア，フィリピン。

アトルリセキレイシジミ〈*Drupadia ravindra*〉昆虫綱鱗翅目シジミチョウ科の蝶。

アトルリムラサキシジミ〈*Arhopala muta*〉昆虫綱鱗翅目シジミチョウ科の蝶。

アトレウスフクロウチョウ〈Caligo atreus〉昆虫綱鱗翅目フクロウチョウ科の蝶。開張140mm。分布:コスタリカからエクアドル。珍蝶。

アトワアオゴミムシ〈Chlaenius virgulifer〉昆虫綱甲虫目オサムシ科の甲虫。体長12.5〜14.0mm。

アナアキアシブトハナバチ〈Pseudapis mandschurica〉昆虫綱膜翅目コハナバチ科。

アナイワナミハグモ〈Cybaeus anaiwaensis〉蛛形綱クモ目タナグモ科の蜘蛛。

アナエア・アイデア〈Anaea aidea〉昆虫綱鱗翅目タテハチョウ科の蝶。分布:メキシコからテキサス州まで。

アナエア・アウレオラ〈Anaea aureola〉昆虫綱鱗翅目タテハチョウ科の蝶。分布:グアテマラ、パナマ、コロンビア。

アナエア・アッピアス〈Anaea appias〉昆虫綱鱗翅目タテハチョウ科の蝶。分布:ブラジル。

アナエア・アテス〈Anaea ates〉昆虫綱鱗翅目タテハチョウ科の蝶。分布:ボリビア、ペルー、エクアドル。

アナエア・アルタカエナ〈Anaea artacaena〉昆虫綱鱗翅目タテハチョウ科の蝶。分布:中央アメリカ。

アナエア・アンドゥリア〈Anaea andria〉昆虫綱鱗翅目タテハチョウ科の蝶。分布:テキサス州からミシガン州まで。

アナエア・エケムス〈Anaea echemus〉昆虫綱鱗翅目タテハチョウ科の蝶。分布:キューバ。

アナエア・エリボテス〈Anaea eribotes〉昆虫綱鱗翅目タテハチョウ科の蝶。分布:アマゾン下流地方、ギアナ。

アナエア・オクタビウス〈Anaea octavius〉昆虫綱鱗翅目タテハチョウ科の蝶。分布:ニカラグア。

アナエア・オノフィス〈Anaea onophis〉昆虫綱鱗翅目タテハチョウ科の蝶。分布:グアテマラ、コロンビア、エクアエドル、ペルー。

アナエア・カエロネア〈Anaea chaeronea〉昆虫綱鱗翅目タテハチョウ科の蝶。分布:コロンビア、パナマ。

アナエア・カッリドゥリアス〈Anaea callidryas〉昆虫綱鱗翅目タテハチョウ科の蝶。分布:グアテマラ、パナマ。

アナエア・キセノクラテス〈Anaea xenocrates〉昆虫綱鱗翅目タテハチョウ科の蝶。分布:ペルー。

アナエア・キセノクレス〈Anaea xenocles〉昆虫綱鱗翅目タテハチョウ科の蝶。分布:グアテマラからリオデジャネイロまで。

アナエア・グリケリウム〈Anaea glycerium〉昆虫綱鱗翅目タテハチョウ科の蝶。分布:中央アメリカからベネズエラまで。

アナエア・クリソファナ〈Anaea chrysophana〉昆虫綱鱗翅目タテハチョウ科の蝶。分布:中央アメリカ、ペルー、ブラジル。

アナエア・ケレアリア〈Anaea cerealia〉昆虫綱鱗翅目タテハチョウ科の蝶。分布:コロンビア、ペルー、ボリビア。

アナエア・ゼリカ〈Anaea zelica〉昆虫綱鱗翅目タテハチョウ科の蝶。分布:中央アメリカ。

アナエア・ソシップス〈Anaea sosippus〉昆虫綱鱗翅目タテハチョウ科の蝶。分布:ペルー、エクアドル。

アナエア・ティリアンティナ〈Anaea tyrianthina〉昆虫綱鱗翅目タテハチョウ科の蝶。分布:ボリビアおよびペルー。

アナエア・パシブラ〈Anaea pasibula〉昆虫綱鱗翅目タテハチョウ科の蝶。分布:コロンビア。

アナエア・ビキニア〈Anaea vicinia〉昆虫綱鱗翅目タテハチョウ科の蝶。分布:アマゾン上流地方。

アナエア・ポリキン〈Anaea polyxo〉昆虫綱鱗翅目タテハチョウ科の蝶。分布:コロンビア、ペルー、ボリビア。

アナエア・モルブス〈Anaea morvus〉昆虫綱鱗翅目タテハチョウ科の蝶。分布:中央アメリカ、ペルー、ボリビア。

アナエア・リネアタ〈Anaea lineata〉昆虫綱鱗翅目タテハチョウ科の蝶。分布:ボリビア、ペルー、エクアドル。

アナエオモルファ・スプレンディダ〈Anaeomorpha splendida〉昆虫綱鱗翅目タテハチョウ科の蝶。分布:ペルー。

アナガミホラヒメグモ〈Nesticus anagamianus〉蛛形綱クモ目ホラヒメグモ科の蜘蛛。

アナガミメクラチビゴミムシ〈Ishikawatrechus subtilis〉昆虫綱甲虫目オサムシ科の甲虫。体長4.4〜4.7mm。

アナクシビアモルフォ〈Morpho anaxibia〉昆虫綱鱗翅目モルフォチョウ科の蝶。開張140mm。分布:ブラジル中南部。珍蝶。

アナクリディウム・アエギプティウム〈Anacridium aegyptium〉昆虫綱直翅目バッタ科。分布:中・南部を除くアフリカ、ヨーロッパ南部、アジア南西部。

アナズアリヅカムシ〈Batrisceniola dissimilis〉昆虫綱甲虫目アリヅカムシ科の甲虫。体長2.0〜2.2mm。

アナスジオサムシ〈Oreocarabus cribratus〉昆虫綱甲虫目オサムシ科。分布:コーカサス、トランスコーカシア、アナトリア。

アナストゥルス・オブスクルス〈*Anastrus obscurus*〉昆虫綱鱗翅目セセリチョウ科の蝶。分布：南アメリカ。

アナストゥルス・センピテルヌス〈*Anastrus sempiternus*〉昆虫綱鱗翅目セセリチョウ科の蝶。分布：メキシコからアマゾンまで。

アナツバメシラミバエ〈*Myophthiria reduvioides*〉昆虫綱双翅目シラミバエ科。分布：ボルネオ。

アナナスシロカイガラムシ〈*Diaspis bromeliae*〉昆虫綱半翅目マルカイガラムシ科。パイナップル，アナナス類に害を及ぼす。

アナノオメクラチビゴミムシ〈*Trechiama ovoideus*〉昆虫綱甲虫目オサムシ科の甲虫。体長5.5〜6.0mm。

アナバケデオネスイ〈*Mimemodes cribratus*〉昆虫綱甲虫目ネスイムシ科の甲虫。体長2.0〜2.4mm。

アナバチ 穴蜂〈*digger-wasps*〉昆虫綱膜翅目アナバチ科の総称，およびこの科の一亜科，あるいは一族の名称。

アナバチクロヒラタコバチ〈*Melittobia japonica*〉昆虫綱膜翅目ヒメコバチ科。

アナバチネジレバネ〈*Pseudoxenos esakii*〉ハチネジレバネ科。

アナバネゴミムシ〈*Blethisa multipunctata*〉昆虫綱甲虫目オサムシ科の甲虫。体長10〜13mm。

アナバネヒゲナガカミキリ〈*Mimorsidis yayeyamensis*〉昆虫綱甲虫目カミキリムシ科フトカミキリ亜科の甲虫。体長10〜14.5mm。分布：石垣島，西表島，与那国島。

アナバネビロウドカミキリ アナバネヒゲナガカミキリの別名。

アナバラアリヅカムシ〈*Batriscenellus similis*〉昆虫綱甲虫目アリヅカムシ科の甲虫。体長2.1〜2.2mm。

アナファエイス・アノマラ〈*Anaphaeis anomala*〉昆虫綱鱗翅目シロチョウ科の蝶。分布：ソコトラ島(インド洋アラビア南方の島)。

アナムネカクホソカタムシ〈*Thyroderus porcatus*〉昆虫綱甲虫目カクホソカタムシ科の甲虫。体長1.4〜1.7mm。

アナラバオナガフタオチョウ〈*Charaxes analava*〉昆虫綱鱗翅目タテハチョウ科の蝶。分布：マダガスカル。

アナルティア・アマテア〈*Anartia amathea*〉昆虫綱鱗翅目タテハチョウ科の蝶。分布：北および中央アメリカ，トリニダード島。

アナルティア・ファティマ〈*Anartia fatima*〉昆虫綱鱗翅目タテハチョウ科の蝶。分布：熱帯アメリカからテキサス州まで。

アナルティア・リトゥレア〈*Anartia lytrea*〉昆虫綱鱗翅目タテハチョウ科の蝶。分布：キューバ，アンチル諸島。

アニシンタ・スフェノセマ〈*Anisynta sphenosema*〉昆虫綱鱗翅目セセリチョウ科の蝶。分布：オーストラリア。

アニシンタ・ティッリアーディ〈*Anisynta tillyardi*〉昆虫綱鱗翅目セセリチョウ科の蝶。分布：オーストラリア。

アニシンタ・ドミヌラ〈*Anisynta dominula*〉昆虫綱鱗翅目セセリチョウ科の蝶。分布：オーストラリア，タスマニア。

アニシントイデス・アルゲンテオオルナトゥス〈*Anisyntoides argenteo-ornatus*〉昆虫綱鱗翅目セセリチョウ科の蝶。分布：オーストラリア。

アニソコリア・アルビダ〈*Anisochoria albida*〉昆虫綱鱗翅目セセリチョウ科の蝶。分布：ボリビア。

アニソコリア・ポリスティクタ〈*Anisochoria polysticta*〉昆虫綱鱗翅目セセリチョウ科の蝶。分布：メキシコからギアナおよびペルーまで。

アニタコノハシジミ〈*Amblypodia anita*〉昆虫綱鱗翅目シジミチョウ科の蝶。雄の翅は鈍い青紫色で，黒色の縁どり，雌の翅表面は黒褐色か青色の金属光沢の斑紋。開張4.5〜5.0mm。分布：インド，スリランカ，マレーシア，ジャワ。

アヌビスゾウカブトムシ〈*Megasoma anubis*〉昆虫綱甲虫目コガネムシ科の甲虫。分布：ブラジル南部。

アネッテスカシマダラ〈*Greta anette*〉昆虫綱鱗翅目トンボマダラ科の蝶。開張50mm。分布：中米。珍蝶。

アネティア・インシグニス〈*Anetia insignis*〉昆虫綱鱗翅目ドクチョウ科の蝶。分布：コスタリカ，中央アメリカ，メキシコ。

アネティア・クバナ〈*Anetia cubana*〉昆虫綱鱗翅目ドクチョウ科の蝶。分布：キューバ，ハイチ。

アノキリア・インキリス〈*Anochilia incilis*〉昆虫綱甲虫目コガネムシ科の甲虫。分布：マダガスカル。

アノキリア・ピキペス〈*Anochilia picipes*〉昆虫綱甲虫目コガネムシ科の甲虫。分布：マダガスカル。

アノキリア・ビッティコリス〈*Anochilia vitticollis*〉昆虫綱甲虫目コガネムシ科の甲虫。分布：マダガスカル。

アノキリア・ルフィペス〈*Anochilia rufipes*〉昆虫綱甲虫目コガネムシ科の甲虫。分布：マダガスカル。

アノフェレス 昆虫綱双翅目長角亜目カ科のハマダラカの属名Anophelesで，マラリアを媒介する

アノフロク

ア

アノプログナトゥス・アエネウス〈Anoplognathus aeneus〉昆虫綱甲虫目コガネムシ科の甲虫。分布：オーストラリア。

アノプログナトゥス・ネブロス〈Anoplognathus nebulosus〉昆虫綱甲虫目コガネムシ科の甲虫。分布：オーストラリア。

アノプログナトゥス・ビリディアエネウス〈Anoplognathus viridiaeneus〉昆虫綱甲虫目コガネムシ科の甲虫。分布：オーストラリア。

アノプログナトゥス・ビリディタルスス〈Anoplognathus virditarsus〉昆虫綱甲虫目コガネムシ科の甲虫。分布：オーストラリア。

アノマリペス属の一種〈Anomalipes sp.〉昆虫綱甲虫目ゴミムシダマシ科。分布：タンザニア。

アノモトマ・レスネイ〈Anomotoma lesnei〉昆虫綱甲虫目カミキリムシ科の甲虫。分布：ザイール。

アパウストゥス・グラキリス〈Apaustus gracilis〉昆虫綱鱗翅目セセリチョウ科の蝶。分布：メキシコからベネズエラまで。

アパウストゥス・メネス〈Apaustus menes〉昆虫綱鱗翅目セセリチョウ科の蝶。分布：パナマからブラジルまで。

アバタウミベハネカクシ 痘痕海辺翅虫〈Cafius vestitus〉昆虫綱甲虫目ハネカクシ科の甲虫。体長8mm。分布：本州，四国，九州，佐渡，屋久島。

アバタオオカミキリ レプラオオハイイロカミキリの別名。

アバタオニオサムシ〈Imaibius barysomus〉昆虫綱甲虫目オサムシ科。分布：カシミール。

アバタコバネハネカクシ 痘痕小翅隠翅虫〈Nazeris wollastoni〉昆虫綱甲虫目ハネカクシ科の甲虫。体長6mm。分布：本州，四国。

アバタセスジハネカクシ〈Anotylus antennarius〉昆虫綱甲虫目ハネカクシ科の甲虫。体長2.5～3.9mm。

アバタダンゴタマムシ〈Julodis speculifera〉昆虫綱甲虫目タマムシ科。分布：エジプトからイランまで。

アバタツヤムネハネカクシ〈Rientis parviceps〉昆虫綱甲虫目ハネカクシ科の甲虫。体長11.5～13.0mm。

アバタムナキグモ〈Lophomma yodoense〉蛛形綱クモ目サラグモ科の蜘蛛。

アバタルリツバメ〈Dacalana anysis〉昆虫綱鱗翅目シジミチョウ科の蝶。

アパトゥラ・ウルピ〈Apatura ulupi〉昆虫綱鱗翅目タテハチョウ科の蝶。別名シラギコムラサキ (朝鮮亜種)，ホウライコムラサキ(台湾亜種)。分布：中国西部，アッサム。

アパトゥラ・ケバナ〈Apatura chevana〉昆虫綱鱗翅目タテハチョウ科の蝶。分布：シッキム，アッサム，ミャンマー北部。

アパトゥラ・スブカエルレア〈Apatura subcaerulea〉昆虫綱鱗翅目タテハチョウ科の蝶。分布：中国西部。

アパトゥラ・パリサティス〈Apatura parisatis〉昆虫綱鱗翅目タテハチョウ科の蝶。分布：ヒマラヤから中国，スリランカからマラヤをへてセレベスまで。

アパトゥラ・リーチイ〈Apatura leechii〉昆虫綱鱗翅目タテハチョウ科の蝶。分布：中国西部および中部。

アパトゥラ・レア〈Apatura rhea〉昆虫綱鱗翅目タテハチョウ科の蝶。分布：フィリピン。

アパトゥリナ・エルミニア〈Apaturina erminia〉昆虫綱鱗翅目タテハチョウ科の蝶。分布：モルッカ諸島，ニューギニア，ソロモン諸島。

アパトゥロプシス・クレオカリス〈Apaturopsis cleocharis〉昆虫綱鱗翅目タテハチョウ科の蝶。分布：アンゴラ，コンゴ，ウガンダ，ローデシア。

アバンティス・ザンベシアカ〈Abantis zambesiaca〉昆虫綱鱗翅目セセリチョウ科の蝶。分布：ザンビア，ローデシア。

アバンティス・テッテンシス〈Abantis tettensis〉昆虫綱鱗翅目セセリチョウ科の蝶。分布：喜望峰からアンゴラおよびザンベジ川流域まで。

アバンティス・パラディセア〈Abantis paradisea〉昆虫綱鱗翅目セセリチョウ科の蝶。分布：ナタール，トランスバール，ローデシア。

アバンティス・ビコロル〈Abantis bicolor〉昆虫綱鱗翅目セセリチョウ科の蝶。分布：喜望峰，ナタール。

アバンティス・ビスマルキ〈Abantis bismarcki〉昆虫綱鱗翅目セセリチョウ科の蝶。分布：タンガニーカ。

アバンティス・ベノサ〈Abantis venosa〉昆虫綱鱗翅目セセリチョウ科の蝶。分布：トランスバールからローデシア，アンゴラまで。

アバンティス・レウコガステル〈Abantis leucogaster〉昆虫綱鱗翅目セセリチョウ科の蝶。分布：シエラレオネ，カメルーン。

アビサラ・カウサンボイデス〈Abisara kausamboides〉昆虫綱鱗翅目シジミタテハ科の蝶。分布：マレーシア，スマトラ，ボルネオ，ジャワなど。

アビサラ・ケレビカ〈Abisara celebica〉昆虫綱鱗翅目シジミタテハ科の蝶。分布：フィリピン，セ

レベス。

アビサラ・ゲロンテス〈Abisara gerontes〉昆虫綱鱗翅目シジミタテハ科の蝶。分布：シエラレオネ，コンゴ，ウガンダ。

アビサラ・タラントゥス〈Abisara talantus〉昆虫綱鱗翅目シジミタテハ科の蝶。分布：ナイジェリア，カメルーン。

アビサラ・ネオフロン〈Abisara neophron〉昆虫綱鱗翅目シジミタテハ科の蝶。分布：アッサムから中国南部まで。

アビサラ・ラザーフォーディ〈Abisara rutherfordi〉昆虫綱鱗翅目シジミタテハ科の蝶。分布：ナイジェリア，カメルーン，コンゴ。

アビサラ・ロジャーシ〈Abisara rogersi〉昆虫綱鱗翅目シジミタテハ科の蝶。分布：コンゴ，アンゴラ。

アビハジラミ〈Craspedonirmus colymbinus〉昆虫綱食毛目チョウカクハジラミ科。

アヒルナガハジラミ 鷲長羽虱〈Anaticola crassicornis〉昆虫綱食毛目チョウカクハジラミ科。体長雄2.5〜2.95mm，雌3.0〜3.6mm。害虫。

アブ 虻〈horse flies,bremsen〉双翅目短角亜目アブ科Tabanidaeの総称。

アファリティス・アカマス〈Apharitis acamas〉昆虫綱鱗翅目シジミチョウ科の蝶。分布：トルキスタンからアラビア，イラン，インド北西部，アフリカ北東部。

アファントプス・アルベンシス〈Aphantopus arvensis〉昆虫綱鱗翅目ジャノメチョウ科の蝶。分布：中国西部。

アフィソネウラ・ピグメンタリア〈Aphysoneura pigmentaria〉昆虫綱鱗翅目ジャノメチョウ科の蝶。分布：マウライ，タンザニア。

アフガニスタンウスバシロチョウ〈Parnassius inopinatus〉昆虫綱鱗翅目アゲハチョウ科の蝶。別名イノピナツスウスバシロチョウ。分布：コイババ山脈(アフガニスタン)。

アフガンベニシジミ〈Hyrcanana caspius〉昆虫綱鱗翅目シジミチョウ科の蝶。分布：イラン北部，アフガニスタン，パミール，トルケスタン。

アブクマメクラチビゴミムシ〈Kurasawatrechus quadraticollis〉昆虫綱甲虫目オサムシ科の甲虫。体長3.2〜3.4mm。

アプシスネズミジラミ〈Polyplax abscisa〉ホソゲジラミ科。体長1.2〜1.4mm。害虫。

アブデルスツノカブト〈Diloborerus abderus〉昆虫綱甲虫目コガネムシ科の甲虫。分布：アルゼンチン。

アフナエウス・アステリウス〈Aphnaeus asterius〉昆虫綱鱗翅目シジミチョウ科の蝶。分布：シエラレオネ。

アフナエウス・エリクッソニ〈Aphnaeus erikssoni〉昆虫綱鱗翅目シジミチョウ科の蝶。分布：アンゴラ，ローデシア。

アフナエウス・オルカス〈Aphnaeus orcas〉昆虫綱鱗翅目シジミチョウ科の蝶。分布：アフリカ西部・中央部・東部。

アフナエウス・オルガス〈Aphnaeus orgas〉昆虫綱鱗翅目シジミチョウ科の蝶。分布：シエラレオネからコンゴまで。

アフナエウス・クェスティオーキシ〈Aphnaeus questiquxi〉昆虫綱鱗翅目シジミチョウ科の蝶。分布：コンゴ。

アフナエウス・マーシャリ〈Aphnaeus marshalli〉昆虫綱鱗翅目シジミチョウ科の蝶。分布：タンザニア。

アフナエウス・レックス〈Aphnaeus rex〉昆虫綱鱗翅目シジミチョウ科の蝶。分布：タンザニア。

アフニオラウス・パッレネ〈Aphniolaus pallene〉昆虫綱鱗翅目シジミチョウ科の蝶。分布：アフリカ東部からナタールまで。

アブバエ 虻蠅〈syrphian,sweat flies,flower flies〉昆虫綱双翅目ハエ群アブバエ科Syrphidaeの総称。

アブラコウモリノミ〈Ischnopsyllus indicus〉昆虫綱隠翅目コウモリノミ科。体長雄2.2mm，雌2.2mm。害虫。

アブラゼミ 油蟬〈Graptopsaltria nigrofuscata〉昆虫綱半翅目セミ科。日本ではもっともふつうなセミ。体長53〜62mm。ナシ類，柑橘，梅，アンズに害を及ぼす。分布：北海道，本州，四国，九州，対馬，種子島，屋久島。

アブラナノヒメハナバチ〈Andrena brassicae〉昆虫綱膜翅目ヒメハナバチ科。

アブラニジモントビコバチ〈Cerapteroceroides fortunatus〉昆虫綱膜翅目トビコバチ科。

アブラミミズ 油蚯蚓 環形動物門貧毛綱アブラミミズ科Aeolosomaのミミズ類の総称。

アブラムシ 油虫〈aphids,plantlice,plant louse〉昆虫綱半翅目に属するアブラムシ科Aphididae，タマワタムシ科Pemphigidae，カサアブラムシ科Adelgidae，フィロキセラ科Phylloxeridaeの昆虫の総称。別名アリマキ。

アフリカアオシャチホコ〈Desmeocraera latex〉昆虫綱鱗翅目シャチホコガ科の蛾。後翅は光沢のある淡褐色。開張4〜6mm。分布：アフリカ西部から，マラウイ，アンゴラ，南アフリカ。

アフリカアカオビヤガ〈Aroa discalis〉昆虫綱鱗翅目ドクガ科の蛾。雄は濃い赤褐色，雌はオレン

アフリカア

ジ色をおびた黄色。開張3～4mm。分布：アフリカ南東部。

アフリカアカクワガタ〈*Prosopocoilus savagei*〉昆虫綱甲虫目クワガタムシ科。分布：アフリカ西部・中央部・東部。

アフリカアカハネカクシ〈*Prianophthalmus ferox*〉昆虫綱甲虫目ハネカクシ科。分布：アフリカ中央部。

アフリカアシナガシジミ〈*Megalopalpus zynna*〉昆虫綱鱗翅目シジミチョウ科の蝶。前翅に大きな黒色の斑紋、ナスビ形の後翅。開張3～4mm。分布：サハラ砂漠より南のアフリカ西部の熱帯域。

アフリカアトグロオビガ〈*Janomima westwoodi*〉昆虫綱鱗翅目オビガ科の蛾。前後翅とも暗褐色の帯をもつ。開張7.5～10.0mm。分布：ジンバブエ, ザンビア, ザイール。

アフリカアリマキシジミ〈*Feniseca tarquinius*〉昆虫綱鱗翅目シジミチョウ科の蝶。前翅の縁は黒褐色。開張2.5～3.0mm。分布：カナダからフロリダ, テキサスにいたる北アメリカ。

アフリカイチジクシジミ〈*Myrina silenus*〉昆虫綱鱗翅目シジミチョウ科の蝶。長い尾状突起、褐色と青色の金属光沢の模様をもつ。開張3～4mm。分布：アフリカの熱帯および亜熱帯域。

アフリカイボタガ〈*Dactylocerus swanzii*〉昆虫綱鱗翅目イボタガ科の蛾。前翅先端が屈曲、翅の縁に沿って褐色の三日月形の斑紋が並ぶ。開張12～16mm。分布：アフリカの熱帯森。

アフリカウスコモンマダラ〈*Danaus petiverana*〉昆虫綱鱗翅目マダラチョウ科の蝶。分布：西はガーナから東はスーダン, エチオピアまで、南はトランスバールまでのほとんどアフリカ全域。

アフリカウスミドリヤガ〈*Earias biplaga*〉昆虫綱鱗翅目ヤガ科の蛾。前翅には暗紫色の斑紋をもつ。開張2.0～2.5mm。分布：アフリカ、とくにサハラ砂漠より南。

アフリカオオカブトムシ〈*Augosoma centaurus*〉昆虫綱甲虫目コガネムシ科の甲虫。別名ケンタウルスオオカブトムシ。分布：アフリカ中央部。

アフリカオオヒゲコメツキ〈*Tetralobus dufouri*〉昆虫綱甲虫目コメツキムシ科。分布：アフリカ西部・中央部・南部。

アフリカオオヒゲコメツキ属の一種〈*Tetralobus sp.*〉昆虫綱甲虫目コメツキムシ科。分布：タンザニア。

アフリカオオミドリカナブン オオミドリツノカナブンの別名。

アフリカオナガタテハ〈*Antanartia delius*〉昆虫綱鱗翅目タテハチョウ科の蝶。分布：アフリカ西部, 中央部。

アフリカオナガミズアオ〈*Argema mimosae*〉昆虫綱鱗翅目ヤママユガ科の蛾。前翅先端に褐色の帯がある。開張12～13mm。分布：ケニヤ, ザイール, 南アフリカの亜熱帯域。

アフリカオナシアゲハ〈*Papilio demodocus*〉昆虫綱鱗翅目アゲハチョウ科の蝶。黒地に黄色の斑紋があり、尾状突起がない。開張9～12mm。分布：熱帯アフリカ。

アフリカキマダラカレハ〈*Eucraera gemmata*〉昆虫綱鱗翅目カレハガ科の蛾。前後翅ともに3本の白色の帯がある。開張3～5mm。分布：アンゴラから、西はモザンビーク。

アフリカクロスジカレハ〈*Grammodora nigrolineata*〉昆虫綱鱗翅目カレハガ科の蛾。前翅はクリーム色で, 4本の朱色の条と2重の黒褐色の線がある。開張4～6mm。分布：タンザニア, ザンビア, ジンバブエ, マラウイから, トランスバール州。

アフリカクロスジヒトリ〈*Amphicallia bellatrix*〉昆虫綱鱗翅目ヒトリガ科の蛾。鮮やかなオレンジ色に、細い黒色の縁どりをもった青黒色の不定形な縞がある。開張5～7mm。分布：ケニヤから, ザンビア, モザンビーク, ケープ州。

アフリカクワコ〈*Ocinara ficicola*〉昆虫綱鱗翅目カイコガ科の蛾。前翅の先端は丸みをおびる。開張2～3mm。分布：ジンバブエからトランスバール州。

アフリカケアシシジミ〈*Lachnocnema bibulus*〉昆虫綱鱗翅目シジミチョウ科の蝶。雄の翅表面は黒褐色、雌は白色。開張2～3mm。分布：サハラ砂漠より南のアフリカ。

アフリカコノハチョウ〈*Kallimoides rumia*〉昆虫綱鱗翅目タテハチョウ科の蝶。雄は前翅に紫色と赤色の斑紋、雌は淡青色の斑紋をもつ。開張7～8mm。分布：アフリカの東部および南部の熱帯域。珍蝶。

アフリカサバクシジミ〈*Poecilmitis thysbe*〉昆虫綱鱗翅目シジミチョウ科の蝶。オパール色の斑紋をもつ。開張2.5～3.0mm。分布：南アフリカの砂漠。

アフリカシロスジカミキリ〈*Batocera wyllei*〉昆虫綱甲虫目カミキリムシ科の甲虫。分布：アフリカ西部, 中央部。

アフリカシロチョウ〈*Belenois creona*〉昆虫綱鱗翅目シロチョウ科の蝶。分布：アラビア南西部, サハラ以南のアフリカ全域, マダガスカル。

アフリカシロナヨトウ〈*Spodoptera exempta*〉昆虫綱鱗翅目ヤガ科カラスヨトウ亜科の蛾。分布：アフリカ, アジアの亜熱帯, ハワイ, 静岡県中川根町, 沖縄本島。

アフリカタテハモドキ〈*Junonia oenone epiclelia*〉昆虫綱鱗翅目タテハチョウ科の蝶。分布：エチオピア区全域，亜種はマダガスカルとその属島。

アフリカチャイロヤママユ〈*Bunaea alcinoe*〉昆虫綱鱗翅目ヤママユガ科の蛾。前後翅に淡色の帯がある。開張10〜16mm。分布：サハラ砂漠より南のアフリカ，マダガスカル。

アフリカツノヒョウタンクワガタ〈*Nigidius perforatus*〉昆虫綱甲虫目クワガタムシ科。分布：アフリカ中央部。

アフリカツマグロコケシジミ〈*Liptena simplicia*〉昆虫綱鱗翅目シジミチョウ科の蝶。白色の翅で，前翅には太い黒色の帯。開張2.5〜3.0mm。分布：サハラ砂漠より南のアフリカ。

アフリカテングチョウ〈*Libythea labdaca*〉昆虫綱鱗翅目テングチョウ科の蝶。分布：サハラ以南のアフリカ全域，マダガスカル。

アフリカトガリシロチョウ〈*Appias epaphia*〉昆虫綱鱗翅目シロチョウ科の蝶。分布：アフリカ全土(北部を除く)，マダガスカル。

アフリカトガリドクガ〈*Psalis africana*〉昆虫綱鱗翅目ドクガ科の蛾。前翅は，独特な形で色は淡い黄褐色。開張3.0〜4.5mm。分布：アフリカ各地。

アフリカハガタカレハ〈*Gonometa postica*〉昆虫綱鱗翅目カレハガ科の蛾。胴は淡色の，毛状の鱗粉でおおわれる。開張4〜9mm。分布：ジンバブエから，モザンビーク，南アメリカのトランスバール州，ボツワナ，ナミビア。

アフリカパンダシャチホコ〈*Anaphe panda*〉昆虫綱鱗翅目シャチホコガ科の蛾。前翅は白色で，濃いチョコレート色の模様がある。開張4.0〜5.5mm。分布：アフリカ西部から，ケニヤ，モザンビーク，ナタール。

アフリカヒメイチモンジセセリ〈*Parnara monasi*〉昆虫綱鱗翅目セセリチョウ科の蝶。分布：ナタール，トランスバール。

アフリカヒメシロチョウ〈*Leptosia alcesta*〉昆虫綱鱗翅目シロチョウ科の蝶。分布：アフリカ西部から東部，さらに南へナタール，マダガスカル。

アフリカヒラタキクイムシ〈*Lyctus africanus*〉昆虫綱甲虫目ヒラタキクイムシ科の甲虫。体長2.5〜4.0mm。

アフリカフタスジカレハ〈*Pachypasa bilinea*〉昆虫綱鱗翅目カレハガ科の蛾。前翅に淡色の縁どりをもった暗褐色の線。開張5〜10mm。分布：東および西アフリカの赤道付近からザンビア，マラウイ，ジンバブエ。

アフリカヘイアカアオシャク〈*Omphax plantaria*〉昆虫綱鱗翅目シャクガ科の蛾。翅は緑色で，縁部には赤紫色とクリーム色の線がある。開張3〜4mm。分布：ジンバブエ，モザンビークからトランスバール，ナタール州にいたる，アフリカ南部。

アフリカベニシロドクガ〈*Calliteara pyrosoma*〉昆虫綱鱗翅目ドクガ科の蛾。前翅は純白色，腹部には鮮やかな朱色の縞。開張4〜5mm。分布：ジンバブエからトランスバール，ナタール。

アフリカベニヒカゲ〈*Pseudonympha trimeni*〉昆虫綱鱗翅目ジャノメチョウ科の蝶。分布：ケーププロビンス(南アフリカ共和国)，アフリカ南部。

アフリカマイマイ〈*Achatina fulica*〉軟体動物門腹足綱アフリカマイマイ科の巻き貝。殻の高さ100mm。ウリ科野菜，アブラナ科野菜に害を及ぼす。分布：南アメリカを除く世界の熱帯から亜熱帯地域。

アフリカマダラタイマイ〈*Graphium leonidas*〉昆虫綱鱗翅目アゲハチョウ科の蝶。分布：アフリカ全土(北部を除く)。

アフリカマツノキヤママユ〈*Nudaurelia cytherea*〉昆虫綱鱗翅目ヤママユガ科の蛾。目玉模様には黒色とオレンジ色の縁どりがある。開張9〜13mm。分布：南アフリカ。

アフリカミドリスズメ〈*Euchloron megaera*〉昆虫綱鱗翅目スズメガ科の蛾。胴と前翅は濃い緑色，後翅はオレンジ色味をおびた黄色。開張7〜12mm。分布：サハラ砂漠より南のアフリカ。

アフリカミヤマクワガタ〈*Metopodontus umhangi*〉昆虫綱甲虫目クワガタムシ科の甲虫。分布：アフリカ西部。

アフリカモロコシヤガ〈*Busseola fusca*〉昆虫綱鱗翅目ヤガ科の蛾。褐色の前翅に暗色の帯が斜めに走る。開張2.5〜3.0mm。分布：アフリカのサバンナやサハラ砂漠より南。

アフリカヤギジラミ〈*Linognathus africanus*〉昆虫綱虱目ケモノホソジラミ科。体長雄1.5〜1.6mm，雌1.8〜2.3mm。害虫。

アフリカヤシセセリ〈*Zophopetes dysmephila*〉昆虫綱鱗翅目セセリチョウ科の蝶。チョコレート色。開張4.0〜4.5mm。分布：南アフリカから，エレトリア，セネガル，サハラ砂漠南部。

アフリカユウレイセセリ〈*Borbo gemella*〉昆虫綱鱗翅目セセリチョウ科の蝶。分布：アフリカ南部まで。

アフリカユミツノクワガタ〈*Prosopocoilus antilopus*〉昆虫綱甲虫目クワガタムシ科。分布：アフリカ西部，中央部。

アブレプシス・アジネス〈*Ablepsis azines*〉昆虫綱鱗翅目セセリチョウ科の蝶。分布：アマゾン。

アブレプシス・ブルピヌス〈*Ablepsis vulpinus*〉昆虫綱鱗翅目セセリチョウ科の蝶。分布：ブラジル。

アブロータヤドリギシジミ〈Ogyris abrota〉昆虫綱鱗翅目シジミチョウ科の蝶。雄の翅は濃い青紫色で,黒色の縁どりがあり,雌は暗褐色。開張4.0～4.5mm。分布:オーストラリア南東部。

アプロトポス・アエデシア〈Aprotopos aedesia〉昆虫綱鱗翅目トンボマダラ科。分布:コロンビア,ベネズエラ。

アプロトポス・メラント〈Aprotopos melantho〉昆虫綱鱗翅目トンボマダラ科。分布:中米諸国。

アベマシラグモ〈Leptoneta abensis〉蛛形綱クモ目マシラグモ科の蜘蛛。

アポアサギマダラ〈Parantica dannatti〉昆虫綱鱗翅目マダラチョウ科の蝶。分布:ミンダナオ。

アポカザリシロチョウ〈Delias apoensis〉昆虫綱鱗翅目シロチョウ科の蝶。分布:ミンダナオ。

アポゴマダラ〈Hestina waterstradti〉昆虫綱鱗翅目タテハチョウ科の蝶。分布:ミンダナオ。

アポタイマイ〈Graphium sandawanum〉昆虫綱鱗翅目アゲハチョウ科の蝶。分布:ミンダナオ。

アポデミア・ウォルケリ〈Apodemia walkeri〉昆虫綱鱗翅目シジミタテハ科の蝶。分布:テキサス州からメキシコまで。

アポデミア・カーテリ〈Apodemia carteri〉昆虫綱鱗翅目シジミタテハ科の蝶。分布:バハマ諸島。

アポデミア・モルモ〈Apodemia mormo〉昆虫綱鱗翅目シジミタテハ科の蝶。分布:カリフォルニア州からニューメキシコ州まで。

アポリア・ソラクタ〈Aporia saracta〉昆虫綱鱗翅目シロチョウ科の蝶。分布:ヒマラヤ北西部。

アポリア・ダビディス〈Aporia davidis〉昆虫綱鱗翅目シロチョウ科の蝶。分布:中国西部および中部。

アポリア・ナベッリカ〈Aporia nobellica〉昆虫綱鱗翅目シロチョウ科の蝶。分布:チベット,ヒマラヤ。

アポリア・ビエティ〈Aporia bieti〉昆虫綱鱗翅目シロチョウ科の蝶。分布:中国中部,西部および南部。

アポリア・ロルジェットウイ〈Aporia largeteaui〉昆虫綱鱗翅目シロチョウ科の蝶。分布:宜昌(Ichang,中国湖北省揚子江岸の港市)からチベットまで。

アポロウスバアゲハ アポロウスバシロチョウの別名。

アポロウスバシロチョウ〈Parnassius apollo〉昆虫綱鱗翅目アゲハチョウ科の蝶。触角は灰色で,黒色のリング状の模様がある。開張5～10mm。分布:ヨーロッパから中央アジアにかけての山岳地帯。

アポロチョウ アポロウスバシロチョウの別名。

アポロニウスウスバシロチョウ〈Parnassius apollonius〉昆虫綱鱗翅目アゲハチョウ科の蝶。分布:天山山脈,トルケスタン。

アポロヤママユ〈Ceranchia apollina〉昆虫綱鱗翅目ヤママユガ科の蛾。分布:マダガスカル。

アマウタ・アングスタ〈Amauta angusta〉昆虫綱鱗翅目カストニア科。分布:エクアドル。

アマウリス・アルビマクラタ〈Amauris albimaculata〉昆虫綱鱗翅目マダラチョウ科の蝶。分布:アフリカ西部,コンゴ,ウガンダ。

アマウリス・アンソルゲイ〈Amauris ansorgei〉昆虫綱鱗翅目マダラチョウ科の蝶。分布:ケニア,コンゴ東部から南へマラウイまで。

アマウリス・インフェルナ〈Amauris inferna〉昆虫綱鱗翅目マダラチョウ科の蝶。分布:アフリカ西部,コンゴ,ウガンダ。

アマウリス・エリオティ〈Amauris ellioti〉昆虫綱鱗翅目マダラチョウ科の蝶。分布:ザイール東部,ルワンダ,ウガンダ西部。

アマウリス・オクレア〈Amauris ochlea〉昆虫綱鱗翅目マダラチョウ科の蝶。分布:アフリカ東部・南部,コモロ諸島。

アマウリス・クラウシャイ〈Amauris crawshayi oscarus〉昆虫綱鱗翅目マダラチョウ科の蝶。分布:ガーナからカメルーンを経てアンゴラ,ケニアまで。

アマウリス・タルタレア〈Amauris tartarea〉昆虫綱鱗翅目マダラチョウ科の蝶。分布:アフリカ西部,中央部。

アマウリス・ノッシマ〈Amauris nossima〉昆虫綱鱗翅目マダラチョウ科の蝶。分布:マダガスカル。

アマウリス・ファエドン〈Amauris phaedon〉昆虫綱鱗翅目マダラチョウ科の蝶。分布:マダガスカル,モーリシャス島。

アマウリス・ヘカテ〈Amauris hecate〉昆虫綱鱗翅目マダラチョウ科の蝶。分布:アフリカ西部,中央部。

アマギエビスグモ〈Lysiteles coronatus〉蛛形綱クモ目カニグモ科の蜘蛛。体長雌3.5～4.0mm,雄3.0～3.5mm。分布:北海道,本州,四国,九州。

アマギカラカネハナカミキリ〈Gaurotes amagisana〉昆虫綱甲虫目カミキリムシ科の甲虫。

アマギシャチホコ〈Eriodonta amagisana〉昆虫綱鱗翅目シャチホコガ科ウチキシャチホコ亜科の蛾。開張48mm。分布:本州(東北,関東,中部),四国,九州の山地。

アマギナガゴミムシ〈Pterostichus amagisanus〉昆虫綱甲虫目オサムシ科の甲虫。体長9.5～11.

5mm。

アマクサゴマフカミキリ〈Mesosa amakusae〉昆虫綱甲虫目カミキリムシ科フトカミキリ亜科の甲虫。

アマゴイルリトンボ〈Platycnemis echigoana〉昆虫綱蜻蛉目モノサシトンボ科の蜻蛉。体長40mm。

アマゾンウズマキタテハ〈Callicore cyllene〉昆虫綱鱗翅目タテハチョウ科の蝶。開張55mm。分布：アマゾン川流域。珍蝶。

アマゾンテングハゴロモ〈Cathedra serrata〉昆虫綱半翅目ビワハゴロモ科。分布：ギアナ、アマゾン流域地方。

アマトゥシア・ビンガァミ〈Amathusia binghami〉昆虫綱鱗翅目ワモンチョウ科の蝶。分布：マレーシア、スマトラ。

アマトゥシア・ペラカナ〈Amathusia perakana〉昆虫綱鱗翅目ワモンチョウ科の蝶。分布：マレーシア。

アマトゥシア・マシナ〈Amathusia masina〉昆虫綱鱗翅目ワモンチョウ科の蝶。分布：ボルネオ。

アマヒトリ〈Phragmatobia amurensis〉昆虫綱鱗翅目ヒトリガ科ヒトリガ亜科の蛾。開張35〜38mm。大豆、繊維作物に害を及ぼす。分布：北海道、サハリン、シベリア東南部、朝鮮半島の南部、東北地方北部から中部山地。

アマヒトリヤドリヒメバチ〈Ichneumon periscelis〉昆虫綱膜翅目ヒメバチ科。

アマミアオシャチホコ〈Quadricalcarifera amamiensis〉昆虫綱鱗翅目シャチホコガ科の蛾。分布：奄美大島、屋久島。

アマミアオジョウカイ〈Themus kazuoi〉昆虫綱甲虫目ジョウカイボン科の甲虫。体長13〜14mm。

アマミアオナミシャク〈Chloroclystis neoconversa〉昆虫綱鱗翅目シャクガ科の蛾。分布：対馬、屋久島、奄美大島。

アマミアオハムシダマシ〈Arthromacra amamiana〉昆虫綱甲虫目ハムシダマシ科の甲虫。体長8.2〜9.5mm。

アマミアカイラガ〈Phrixolepia tenebrosa〉昆虫綱鱗翅目イラガ科の蛾。分布：奄美大島の湯湾岳。

アマミアカハネクロベニボタル〈Cautires amamiensis〉昆虫綱甲虫目ベニボタル科の甲虫。体長7.0〜11.0mm。

アマミアカハネハナカミキリ〈Formosopyrrhona satoi〉昆虫綱甲虫目カミキリムシ科ハナカミキリ亜科の甲虫。体長18mm。

アマミアカホシテントウ〈Chilocorus amamensis〉昆虫綱甲虫目テントウムシ科の甲虫。体長3〜4mm。

アマミアズチグモ〈Thomisus kitamurai〉蛛形綱クモ目カニグモ科の蜘蛛。

アマミウズグモ〈Uloborus grandiconcavus〉蛛形綱クモ目ウズグモ科の蜘蛛。

アマミウスグロトラカミキリ〈Chlorophorus flavopubescens〉昆虫綱甲虫目カミキリムシ科カミキリ亜科の甲虫。体長10〜13mm。分布：奄美大島。

アマミウスバハムシ〈Pyrrhalta issikii〉昆虫綱甲虫目ハムシ科の甲虫。体長7.3mm。

アマミウラナミシジミ 奄美裏波小灰蝶〈Nacaduba kurava〉昆虫綱鱗翅目シジミチョウ科ヒメシジミ亜科の蝶。前翅長14mm。分布：屋久島、種子島、九州南端佐多岬。

アマミエンマコガネ〈Onthophagus shibatai〉昆虫綱甲虫目コガネムシ科の甲虫。体長7.0〜9.5mm。分布：奄美大島。

アマミオオニジゴミムシダマシ〈Hemicera nodokai〉昆虫綱甲虫目ゴミムシダマシ科の甲虫。体長9mm。分布：奄美大島。

アマミオオメコバネジョウカイ〈Microichthyurus minutulus〉昆虫綱甲虫目ジョウカイボン科の甲虫。体長5.3〜7.3mm。

アマミオオメノミカメムシ〈Hypselosoma hirashimai〉昆虫綱半翅目ムクゲカメムシ科。

アマミオビコキノコムシ〈Pseudotriphyllus ohbayashii〉昆虫綱甲虫目コキノコムシ科の甲虫。体長2.5mm。

アマミカタビロキマワリモドキ〈Phaedis oshimensis〉昆虫綱甲虫目ゴミムシダマシ科の甲虫。体長10.0〜12.5mm。

アマミカバアツバ〈Anachrostis amamiana〉昆虫綱鱗翅目ヤガ科クチバ亜科の蛾。分布：奄美大島。

アマミカバイロハムシ〈Gallerucida oshimana〉昆虫綱甲虫目ハムシ科の甲虫。体長7.4〜8.9mm。

アマミカミキリモドキ〈Asclera amamiana〉昆虫綱甲虫目カミキリモドキ科の甲虫。体長8〜13mm。

アマミキイロトラカミキリ〈Chlorophorus amami〉昆虫綱甲虫目カミキリムシ科カミキリ亜科の甲虫。体長11mm。分布：奄美大島。

アマミキシタバ〈Ulotrichopus macula〉昆虫綱鱗翅目ヤガ科シタバガ亜科の蛾。分布：インド南部、スリランカ、台湾、ボルネオ、セラム、奄美大島、屋久島。

アマミキノメイガ〈*Pleuroptya iopasalis*〉昆虫綱鱗翅目メイガ科の蛾。分布：屋久島, 奄美大島, 台湾, 中国, インドからオーストラリア。

アマミキホソバ〈*Eilema antica*〉昆虫綱鱗翅目ヒトリガ科の蛾。分布：屋久島, 奄美大島, 喜界島, 徳之島, 沖永良部島, 沖縄本島, 久米島, 石垣島, 西表島, 南大東島, 台湾, 中国, インドから東南アジア一帯。

アマミキマワリ〈*Plesiophthalmus brevipennis*〉昆虫綱甲虫目ゴミムシダマシ科の甲虫。体長12.0～14.0mm。

アマミキヨトウ〈*Leucania inouei*〉昆虫綱鱗翅目ヤガ科ヨトウガ亜科の蛾。分布：四国(高知県室戸岬), 屋久島, 奄美大島, 徳之島。

アマミクスベニカミキリ〈*Pyrestes inaequalicollis*〉昆虫綱甲虫目カミキリムシ科カミキリ亜科の甲虫。体長16～17mm。分布：奄美大島。

アマミクチキクシヒゲムシ〈*Sandalus kani*〉昆虫綱甲虫目クシヒゲムシ科の甲虫。体長10～20mm。

アマミクチキムシダマシ〈*Elacatis atrithorax*〉昆虫綱甲虫目クチキムシダマシ科の甲虫。体長4mm。分布：奄美大島。

アマミクリタマムシ〈*Toxoscelus amamiensis*〉昆虫綱甲虫目タマムシ科の甲虫。体長4.5～6.0mm。

アマミクロコガネ〈*Holotrichia amamiana*〉昆虫綱甲虫目コガネムシ科の甲虫。体長18～19mm。

アマミクロフヒゲナガゾウムシ〈*Tropideres insularis*〉昆虫綱甲虫目ヒゲナガゾウムシ科の甲虫。体長4.5～5.6mm。分布：奄美大島, 徳之島。

アマミクロホシテントウゴミムシダマシ〈*Derispia japonica*〉昆虫綱甲虫目ゴミムシダマシ科の甲虫。体長2.8mm。

アマミケカツオブシムシ〈*Trinodes amamiensis*〉昆虫綱甲虫目カツオブシムシ科の甲虫。体長1.8mm。

アマミコヒゲナガハナノミ〈*Ptilodactyla amamioshimana*〉昆虫綱甲虫目ナガハナノミ科の甲虫。体長3.4～4.5mm。

アマミコフキコガネ〈*Melolontha tamina*〉昆虫綱甲虫目コガネムシ科の甲虫。体長28～30mm。

アマミコブハムシ〈*Chlamisus geniculatus*〉昆虫綱甲虫目ハムシ科。

アマミコブヒゲカミキリ〈*Rhodopina modica*〉昆虫綱甲虫目カミキリムシ科フトカミキリ亜科の甲虫。

アマミコモリグモ〈*Lycosa amamiensis*〉蛛形綱クモ目コモリグモ科の蜘蛛。

アマミサソリモドキ〈*Typopeltis stimpsonii*〉サソリモドキ科。体長40mm。害虫。

アマミサナエ〈*Asiagomphus amamiensis amamiensis*〉昆虫綱蜻蛉目サナエトンボ科の蜻蛉。準絶滅危惧種(NT)。体長58mm。分布：奄美大島, 沖縄本島。

アマミシカクワガタ〈*Rhaetulus recticornis*〉昆虫綱甲虫目クワガタムシ科の甲虫。体長雄25～45mm, 雌20～24mm。分布：奄美大島, 徳之島, 沖縄本島。

アマミシロカイガラムシ〈*Aulacaspis amamiana*〉昆虫綱半翅目マルカイガラムシ科。体長2.0～2.8mm。キイチゴに害を及ぼす。分布：南西諸島。

アマミシロテンエダシャク〈*Cleora amamiensis*〉昆虫綱鱗翅目シャクガ科の蛾。分布：奄美大島, 沖縄本島。

アマミシロホシテントウ〈*Calvia parvinotata*〉昆虫綱甲虫目テントウムシ科の甲虫。体長4.2～4.9mm。

アマミスジアオゴミムシ〈*Haplochlaenius insularis*〉昆虫綱甲虫目オサムシ科の甲虫。絶滅危惧II類(VU)。体長24～25.5mm。

アマミスジキノコシバンムシ〈*Stagetomorphus amamiensis*〉昆虫綱甲虫目シバンムシ科の甲虫。体長1.6～2.0mm。

アマミズマルトラカミキリ〈*Xylotrechus reductemaculatus*〉昆虫綱甲虫目カミキリムシ科カミキリ亜科の甲虫。

アマミセスジムシ〈*Omoglymmius sakuraii*〉昆虫綱甲虫目セスジムシ科の甲虫。体長5.1～5.2mm。

アマミセダカコクヌスト〈*Thymalus amamensis*〉昆虫綱甲虫目コクヌスト科の甲虫。体長5.5～6.0mm。

アマミセマダラマグソコガネ〈*Aphodius ohishii*〉昆虫綱甲虫目コガネムシ科の甲虫。

アマミントグロアツバ〈*Scedopla inouei*〉昆虫綱鱗翅目ヤガ科クチバ亜科の蛾。分布：奄美大島。

アマミチビジョウカイ〈*Malthinellus chujoi*〉昆虫綱甲虫目ジョウカイボン科の甲虫。体長3.5～4.0mm。

アマミチビヒゲナガゾウムシ〈*Uncifer hispidus*〉昆虫綱甲虫目ヒゲナガゾウムシ科の甲虫。体長2.5～3.4mm。

アマミチョッキリ〈*Involvulus amamiensis*〉昆虫綱甲虫目オトシブミ科の甲虫。体長2.3～2.6mm。

アマミツブノミハムシ〈*Aphthona amamiana*〉昆虫綱甲虫目ハムシ科の甲虫。体長2.0～2.2mm。

アマミツマキリアツバ〈*Pangrapta curtalis*〉昆虫綱鱗翅目ヤガ科クチバ亜科の蛾。分布：奄美大島, 沖縄本島。

アマミツヤゴミムシダマシ〈*Scaphidema kondoi*〉昆虫綱甲虫目ゴミムシダマシ科の甲虫。体長5.0mm。

アマミデオキノコムシ〈*Scaphidium insulare*〉昆虫綱甲虫目デオキノコムシ科。

アマミトガリバ〈*Neochropacha aenea*〉昆虫綱鱗翅目トガリバガ科の蛾。分布：台湾, 奄美大島。

アマミトゲウスバカミキリ〈*Megopis kawazoei*〉昆虫綱甲虫目カミキリムシ科ノコギリカミキリ亜科の甲虫。

アマミトゲヒゲトラカミキリ〈*Demonax semixenisca*〉昆虫綱甲虫目カミキリムシ科カミキリ亜科の甲虫。体長10mm。分布：奄美大島。

アマミトビイロカミキリ〈*Nysina amamiensis*〉昆虫綱甲虫目カミキリムシ科カミキリ亜科の甲虫。体長10.5～13.0mm。

アマミトビイロセンチコガネ〈*Bolbelasmus shibatai*〉昆虫綱甲虫目コガネムシ科の甲虫。体長10mm。

アマミトラカミキリ〈*Xylotrechus angulithorax*〉昆虫綱甲虫目カミキリムシ科カミキリ亜科の甲虫。体長8～16mm。分布：奄美大島, 徳之島, 沖縄諸島。

アマミトラハナムグリ〈*Trichius lagopus*〉昆虫綱甲虫目コガネムシ科の甲虫。体長13～18mm。分布：奄美大島。

アマミナカボソタマムシ〈*Coraebus amamianus*〉昆虫綱甲虫目タマムシ科の甲虫。体長9mm。

アマミナナフシ〈*Entoria okinawaensis*〉トガリナナフシムシ科。

アマミナミボタル〈*Drilaster shibatai*〉昆虫綱甲虫目ホタル科の甲虫。体長5.5～6.4mm。

アマミニセクワガタカミキリ〈*Parandra shibatai*〉昆虫綱甲虫目カミキリムシ科ニセクワガタカミキリ亜科の甲虫。体長17～25mm。分布：奄美大島。

アマミニセチビシデムシ〈*Ptomaphagus amamianus*〉昆虫綱甲虫目チビシデムシ科の甲虫。体長3.0～4.2mm。

アマミヌカカ〈*Culicoides amamiensis*〉昆虫綱双翅目ヌカカ科。

アマミノコハナバチ〈*Lasioglossum subopacum*〉昆虫綱膜翅目コハナバチ科。

アマミハガタキコケガ〈*Miltochrista ziczac*〉昆虫綱鱗翅目ヒトリガ科の蛾。分布：奄美大島, 台湾, 中国。

アマミハリムネモモブトカミキリ〈*Ostedes inermis*〉昆虫綱甲虫目カミキリムシ科フトカミキリ亜科の甲虫。

アマミハンミョウ〈*Cicindela ferriei*〉昆虫綱甲虫目ハンミョウ科の甲虫。体長17mm。分布：奄美大島, 徳之島。

アマミヒゲコメツキ〈*Pectocera amamiinsulana*〉昆虫綱甲虫目コメツキムシ科の甲虫。体長22.5～32.0mm。

アマミヒメアツバ〈*Schrankia seinoi*〉昆虫綱鱗翅目ヤガ科クチバ亜科の蛾。分布：奄美大島, 徳之島。

アマミヒメクロコガネ〈*Sophrops kawadai*〉昆虫綱甲虫目コガネムシ科の甲虫。体長12～14mm。分布：奄美大島, 沖縄諸島。

アマミヒメジョウカイモドキ〈*Attalus ryukyuanus*〉昆虫綱甲虫目ジョウカイモドキ科の甲虫。体長2.8～3.3mm。

アマミヒメタマキノコムシ〈*Pseudoliodes piceus*〉昆虫綱甲虫目タマキノコムシ科の甲虫。体長1.6～2.1mm。

アマミヒメハナノミ〈*Mordellina amamiensis*〉昆虫綱甲虫目ハナノミ科の甲虫。体長2.0～3.1mm。

アマミヒメヒゲナガカミキリ〈*Monochamus masaoi*〉昆虫綱甲虫目カミキリムシ科フトカミキリ亜科の甲虫。

アマミヒメヒラタタマムシ〈*Anthaxia arakii*〉昆虫綱甲虫目タマムシ科の甲虫。体長3.0～4.5mm。

アマミヒョウタンメダカハネカクシ〈*Dianous amamiensis*〉昆虫綱甲虫目ハネカクシ科の甲虫。体長4.5～5.0mm。

アマミビロウドカミキリ〈*Acalolepta amamiana*〉昆虫綱甲虫目カミキリムシ科フトカミキリ亜科の甲虫。

アマミビロウドコガネ〈*Maladera amamiana*〉昆虫綱甲虫目コガネムシ科の甲虫。体長7.5～9.0mm。

アマミフサヒゲホソカッコウムシ〈*Diplopherusa shibatai*〉昆虫綱甲虫目カッコウムシ科の甲虫。体長6.0～8.2mm。

アマミフタスジヒメテントウ〈*Horniolus amamensis*〉昆虫綱甲虫目テントウムシ科の甲虫。体長2.2～2.4mm。

アマミホソコバネカミキリ〈*Necydalis moriyai*〉昆虫綱甲虫目カミキリムシ科ハナカミキリ亜科の甲虫。体長18～25mm。分布：屋久島。

アマミホソゴミムシダマシ〈*Hypophloeus amamiensis*〉昆虫綱甲虫目ゴミムシダマシ科の甲虫。体長2.4～3.6mm。

アマミホソナガクチキムシ〈*Phloeotrya minuscula*〉昆虫綱甲虫目ナガクチキムシ科の甲虫。体長3.8～5.8mm。

アマミホソハナノミ〈Stenomordella ochii〉昆虫綱甲虫目ハナノミ科の甲虫。体長6mm。

アマミホソヒゲナガキマワリ〈Ainu masumotoi〉昆虫綱甲虫目ゴミムシダマシ科の甲虫。体長10.5〜13.0mm。

アマミマルカッコウムシ〈Allochotes yuwanensis〉昆虫綱甲虫目カッコウムシ科の甲虫。体長7〜10mm。

アマミマルバネクワガタ〈Neolucanus protogenetivus〉昆虫綱甲虫目クワガタムシ科。体長雄45〜55mm、雌38〜42mm。分布：奄美大島, 沖縄本島。

アマミマルバネフタオ〈Dirades kosemponicola〉昆虫綱鱗翅目フタオガ科の蛾。分布：屋久島, 奄美大島, 徳之島, 沖縄本島, 石垣島, 西表島, 与那国島, 台湾。

アマミマルヒラタドロムシ〈Eubrianax nobuoi〉昆虫綱甲虫目ヒラタドロムシ科の甲虫。体長3.7〜4.6mm。

アマミマルムネゴミムシダマシ〈Tarpela amamiensis〉昆虫綱甲虫目ゴミムシダマシ科の甲虫。体長11.0mm。

アマミミスジエダシャク〈Hypomecis yuwanina〉昆虫綱鱗翅目シャクガ科の蛾。分布：奄美大島。

アマミミゾドロムシ〈Ordobrevia amamiensis〉昆虫綱甲虫目ヒメドロムシ科の甲虫。体長2.4〜2.7mm。

アマミミドリカッコウムシ〈Stenocallimerus prasinatus〉昆虫綱甲虫目カッコウムシ科の甲虫。体長7〜8mm。分布：奄美大島。

アマミミヤマクワガタ〈Lucanus ferriei〉昆虫綱甲虫目クワガタムシ科の甲虫。体長雄43〜60mm、雌32〜39mm。分布：奄美大島, 徳之島。

アマミムクゲテントウダマシ〈Stenotarsus oshimanus〉昆虫綱甲虫目テントウムシダマシ科の甲虫。体長3.9〜4.4mm。

アマミムネアカコメツキ〈Ampedus amamiensis〉昆虫綱甲虫目コメツキムシ科の甲虫。体長6.0〜7.5mm。

アマミムネスジウスバカミキリ〈Nortia pruinicollis〉昆虫綱甲虫目カミキリムシ科カミキリ亜科の甲虫。体長11.5〜20.0mm。

アマミモリヒラタゴミムシ〈Colpodes amamioshimensis〉昆虫綱甲虫目オサムシ科の甲虫。体長10.5〜13.0mm。

アマミモンキカミキリ〈Glenea iriei〉昆虫綱甲虫目カミキリムシ科フトカミキリ亜科の甲虫。体長10mm。分布：奄美大島, 徳之島, 沖縄諸島。

アマミヤマガタアツバ〈Bomolocha amamiensis〉昆虫綱鱗翅目ヤガ科アツバ亜科の蛾。分布：奄美大島。

アマミヤンマ〈Planaeschna ishigakiana nagaminei〉昆虫綱蜻蛉目ヤンマ科の蜻蛉。準絶滅危惧種(NT)。

アマミユミアシゴミムシダマシ〈Promethis oshimana〉昆虫綱甲虫目ゴミムシダマシ科の甲虫。体長25.0mm。

アマミヨツスジハナカミキリ〈Leptura amamiana〉昆虫綱甲虫目カミキリムシ科ハナカミキリ亜科の甲虫。

アマミヨツボシゴミムシダマシ〈Basanus amamianus〉昆虫綱甲虫目ゴミムシダマシ科の甲虫。体長6.0〜7.5mm。

アマミヨツモンアオシャク〈Comibaena quadrinotata〉昆虫綱鱗翅目シャクガ科の蛾。分布：奄美大島, インド北部, ヒマラヤ北東部, スリランカ, ジャワ, モルッカ諸島。

アマミリンゴカミキリ〈Oberea shibatai〉昆虫綱甲虫目カミキリムシ科フトカミキリ亜科の甲虫。体長15mm。分布：奄美大島, 徳之島, 沖縄諸島。

アマミルリモントンボ〈Coeliccia ryukyuensis amamii〉昆虫綱蜻蛉目モノサシトンボ科の蜻蛉。

アマリチビミノガ〈Taleporia amariensis〉昆虫綱鱗翅目ミノガ科の蛾。分布：山梨県甘利山, 新潟県。

アマリンティス・メネリア〈Amarynthis meneria〉昆虫綱鱗翅目シジミタテハ科の蝶。分布：コロンビア, ペルー, ボリビア, ギアナ, ブラジル北部。

アマンテスオオムラサキシジミ〈Arhopala amantes〉昆虫綱鱗翅目シジミチョウ科の蝶。光沢のある濃青色。開張4.5〜5.5mm。分布：インド北部からスリランカ, マレーシア, ティモール島。

アミカ　網蚊〈net-winged midges〉昆虫綱双翅目カ群アミカ科Blepharoceridaeの総称。

アミガサハゴロモ　編笠羽衣〈Pochazia albomaculata〉昆虫綱半翅目ハゴロモ科。体長10〜14mm。分布：本州, 四国, 九州。

アミタオンメスキワモン　オオヘリトガリバワモンの別名。

アミダテントウ〈Amida tricolor〉昆虫綱甲虫目テントウムシ科の甲虫。体長4.0〜4.6mm。

アミックス・テスタケウス〈Amissus testaceus〉昆虫綱半翅目カメムシ科。分布：タイ, マレーシア。

アミドンアグリアス　アミドンミイロタテハの別名。

アミドンミイロタテハ〈Agrias amydon〉昆虫綱鱗翅目タテハチョウ科の蝶。開張75mm。分布：アマゾン, コロンビア, ボリビア。珍蝶。

アミメアツバ〈Zanclognatha reticulatis〉昆虫綱鱗翅目ヤガ科クルマアツバ亜科の蛾。開張25～27mm。分布：北海道,本州,四国,九州,対馬,サハリン,中国,台湾,マレー半島,スマトラ,ボルネオ,マレー半島。

アミメアリ 網目蟻〈Pristomyrmex pungens〉昆虫綱膜翅目アリ科。体長3.0～3.5mm。分布：日本全土。害虫。

アミメオオエダシャク 網目大枝尺蛾〈Erebomorpha fulguraria〉昆虫綱鱗翅目シャクガ科エダシャク亜科の蛾。開張60～65mm。分布：北海道,本州,四国,九州,朝鮮半島,中国東北部・西部,シベリア南東部,インドから東南アジア一帯,台湾。

アミメカゲロウ 網目蜉蝣〈Nacaura matsumurai〉昆虫綱脈翅目アミメカゲロウ科。開張20mm。分布：本州,四国,九州。珍虫。

アミメカタゾウムシ〈Pachyrrhynchus reticulatus〉昆虫綱甲虫目ゾウムシ科。分布：ルソン島,ポリロ。

アミメカワゲラ 網目襀翅〈Perlodes ochracea〉昆虫綱襀翅目アミメカワゲラ科。分布：中部以北。

アミメカワゲラモドキ〈Isogenus scriptus〉昆虫綱襀翅目アミメカワゲラ科。

アミメカワゲラモドキ属の一種〈Stavsolus sp.〉昆虫綱襀翅目アミメカワゲラ科。

アミメキイロハマキ〈Ptycholoma imitator〉昆虫綱鱗翅目ハマキガ科ハマキガ亜科の蛾。開張17～24mm。桜桃,ナシ類,桃,スモモ,林檎,桜類に害を及ぼす。分布：北海道,本州,四国,九州(山地),中国(東北),ロシア(沿海州など)。

アミメキシタバ〈Catocala hyperconnexa〉昆虫綱鱗翅目ヤガ科シタバガ亜科の蛾。開張50～57mm。分布：関東南部,伊豆半島,下伊那地方,愛知,岐阜,富山県,四国,九州,屋久島。

アミメキシタバ ヨシノキシタバの別名。

アミメキノコヨトウ〈Stenoloba confusa〉昆虫綱鱗翅目ヤガ科コヤガ亜科の蛾。開張32～35mm。

アミメキハマキ アミメキイロハマキの別名。

アミメギンウワバ〈Diachrysia daubei〉昆虫綱鱗翅目ヤガ科コヤガ亜科の蛾。開張26～28mm。分布：アフリカ,マダガスカル,アジア,地中海からヨーロッパ南部,伊豆半島付近を北限,四国,九州,屋久島,八丈島,沖縄本島。

アミメクサカゲロウ アミメカゲロウの別名。

アミメケンモン〈Lophonycta confusa〉昆虫綱鱗翅目ヤガ科の蛾。分布：本州,四国,九州,奄美大島,沖縄本島,中国,ベトナム。

アミメコヤガ アミメキノコヨトウの別名。

アミメシロメムシガ〈Argyresthia retinella〉昆虫綱鱗翅目メムシガ科の蛾。分布：長野県徳本峠,ヨーロッパ,ウスリー。

アミメチビマルヒゲナガハナノミ〈Spineubria reticulata〉昆虫綱甲虫目ヒラタドロムシ科の甲虫。体長2.7～2.8mm。

アミメツツキノコムシ〈Syncosmetus reticulatus〉昆虫綱甲虫目ツツキノコムシ科の甲虫。体長1.9mm。

アミメツマキリヨトウ〈Callopistria aethiops〉昆虫綱鱗翅目ヤガ科カラスヨトウ亜科の蛾。開張27～29mm。分布：インド南部から東アジア,伊豆半島,東海地方から四国,九州,対馬,屋久島,奄美大島,石垣島,西表島,伊豆諸島,八丈島。

アミメテングハマキ〈Sparganothis illustris〉昆虫綱鱗翅目ハマキガ科の蛾。分布：北海道,本州。

アミメトガリノメイガ〈Chabula trivitralis〉昆虫綱鱗翅目メイガ科の蛾。分布：九州南部,屋久島,朝鮮半島,台湾,スリランカ,インド。

アミメトビケラ 網目飛蠊〈Oligotricha fluvipes〉昆虫綱毛翅目トビケラ科。体長12～14mm。分布：北海道,本州。

アミメトビハマキ〈Pandemis dumetana〉昆虫綱鱗翅目ハマキガ科の蛾。開張18～24mm。大豆,アスター(エゾギク),菊,バラ類に害を及ぼす。分布：北海道,本州,九州,対馬,四国。

アミメナガシンクイ〈Endecatomus lautus〉昆虫綱甲虫目ナガシンクイムシ科。

アミメナミシャク〈Eustroma reticulatum〉昆虫綱鱗翅目シャクガ科ナミシャク亜科の蛾。開張21～28mm。分布：北海道,本州,朝鮮半島,シベリア南東部,中国,ヨーロッパ。

アミメヒメヨトウ〈Iambia transversa〉昆虫綱鱗翅目ヤガ科カラスヨトウ亜科の蛾。分布：新潟,福井県,関東地方,四国。

アミメホソアワフキ〈Philaenus guttatus〉昆虫綱半翅目アワフキムシ科。

アミメホソハマキ〈Phalonidia chlorolitha〉昆虫綱鱗翅目ホソハマキガ科の蛾。開張17～18mm。分布：北海道,本州(山地),四国(山地),九州(山地),対馬,中国,ロシア(ウスリー)。

アミメマドガ〈Striglina suzukii〉昆虫綱鱗翅目マドガ科の蛾。開張24mm。茶に害を及ぼす。分布：四国,九州,対馬,種子島,屋久島,奄美大島,沖縄本島。

アミメモンヒメハマキ〈Pseudohermenias clausthaliana〉昆虫綱鱗翅目ハマキガ科の蛾。分布：北海道,中国(東北),ロシア,ヨーロッパ。

アミメリンガ 網目実蛾〈Sinna extrema〉昆虫綱鱗翅目ヤガ科リンガ亜科の蛾。開張35～37mm。

アミモンカ

分布：沿海州，中国，台湾，北海道から九州。

アミモンカバナミシャク〈*Eupithecia insigniata*〉昆虫綱鱗翅目シャクガ科ナミシャク亜科の蛾。開張19～21mm。分布：北海道，本州，四国，九州，朝鮮半島，中国東部，小アジアからヨーロッパ。

アミモントガリノメイガ〈*Sameodes cancellalis*〉昆虫綱鱗翅目メイガ科の蛾。分布：アフリカから東南アジア，オーストラリア，フィジー，サモア諸島，西表島。

アミモンヒラタケシキスイ〈*Physoronia hilleri*〉昆虫綱甲虫目ケシキスイ科の甲虫。体長3.1～4.1mm。

アムリアムラサキタテハ〈*Sallya amulia*〉昆虫綱鱗翅目タテハチョウ科の蝶。分布：サハラ以南のほとんどアフリカ全域。

アムールカタビロハナカミキリ〈*Brachyta kraatzi*〉昆虫綱甲虫目カミキリムシ科の甲虫。分布：アムール，中国東北部。

アムールホソカタビロハナカミキリ カタビロハナカミキリの別名。

アムールムツボシタマムシ〈*Chrysobothris amurensis*〉昆虫綱甲虫目タマムシ科の甲虫。体長8～10mm。

アムールモンキチョウ〈*Colias melinos*〉昆虫綱鱗翅目シロチョウ科の蝶。分布：アルタイ，サヤンからアムールまで。

アメイロアリ 飴色蟻〈*Paratrechina flavipes*〉昆虫綱膜翅目アリ科。体長3mm。分布：日本全土。

アメイロオオフンバエ〈*Norellisoma agrion*〉昆虫綱双翅目フンバエ科。体長9～13mm。分布：本州。

アメイロカクホソカタムシ〈*Philothermus pubens*〉昆虫綱甲虫目カクホソカタムシ科の甲虫。体長2.1～2.4mm。

アメイロカミキリ 飴色天牛〈*Stenodryas clavigera*〉昆虫綱甲虫目カミキリムシ科カミキリ亜科の甲虫。体長8～11mm。分布：本州，四国，九州，対馬，南西諸島。

アメイロケアリ〈*Lasius umbratus*〉昆虫綱膜翅目アリ科。体長4mm。分布：日本全土。

アメイロコンボウコマユバチ 飴色棍棒小繭蜂〈*Zele testaceator*〉昆虫綱膜翅目コマユバチ科。分布：北海道，本州。

アメイロセミゾハネカクシ〈*Falagria concinna*〉昆虫綱甲虫目ハネカクシ科の甲虫。体長3.2～3.5mm。

アメイロツヤムシ〈*Popilius despunctus*〉昆虫綱甲虫目クロツヤムシ科の甲虫。分布：北米(南部)，ブラジル。

アメイロトンボ〈*Tholymis tillarga*〉昆虫綱蜻蛉目トンボ科の蜻蛉。体長45mm。分布：南西諸島。

アメイロハエトリ〈*Synagelides agoriformis*〉蛛形綱クモ目ハエトリグモ科の蜘蛛。体長雌5～6mm，雄4～5mm。分布：本州，四国，九州，南西諸島。

アメイロハヤアリ〈*Anoplolepis longipes*〉昆虫綱膜翅目アリ科。

アメイロヒメシャク〈*Scopula tenuisocius*〉昆虫綱鱗翅目シャクガ科ヒメシャク亜科の蛾。開張22～26mm。分布：北海道，本州。

アメイロホソゴミムシダマシ〈*Hypophloeus gentilis*〉昆虫綱甲虫目ゴミムシダマシ科の甲虫。体長2.8～3.5mm。

アメイロホソムシヒキ 飴色細食虫虻〈*Leptogaster trimucronotata*〉昆虫綱双翅目ムシヒキアブ科。体長17～18mm。分布：本州，四国。

アメニス・バロニ〈*Amenis baroni*〉昆虫綱鱗翅目セセリチョウ科の蝶。分布：ペルー。

アメニス・ピオニア〈*Amenis pionia*〉昆虫綱鱗翅目セセリチョウ科の蝶。分布：コロンビア，ベネズエラ，ボリビア，アルゼンチン。

アメバチ 飴蜂〈*ichneumon flies*〉昆虫綱膜翅目ヒメバチ科に属する一群の寄生バチの総称。

アメバチモドキ〈*Netelia unicolor*〉昆虫綱膜翅目ヒメバチ科。

アメリカアオヒメタマムシ〈*Buprestis subornata*〉昆虫綱甲虫目タマムシ科。分布：アメリカ西部。

アメリカアカヘリタマムシ〈*Buprestis aurulenta*〉昆虫綱甲虫目タマムシ科。分布：北アメリカ西部。

アメリカアカヘリヒメタマムシ アメリカアカヘリタマムシの別名。

アメリカイチモンジ属の一種〈*Adelpha sp.*〉昆虫綱鱗翅目タテハチョウ科の蝶。分布：メキシコ。

アメリカウチスズメ〈*Smerinthus jamaicensis*〉昆虫綱鱗翅目スズメガ科の蛾。前翅には灰褐色の濃淡の模様，後翅は濃いピンク色。開張5～8mm。分布：カナダ，合衆国。

アメリカエビガラスズメ〈*Agrius cingulata*〉昆虫綱鱗翅目スズメガ科の蛾。腹部に目立つピンク色の横縞がある。開張8～12mm。分布：中央および南アメリカから，ハワイをふくむ合衆国南部。

アメリカオオオミズアオ〈*Actias luna*〉昆虫綱鱗翅目ヤママユガ科の蛾。後翅に長い尾状突起がある。開張7.5～10.8mm。分布：合衆国からメキシコ。

アメリカオオキチョウ〈*Phoebis agarithe*〉昆虫綱鱗翅目シロチョウ科の蝶。分布：メキシコ，カンザス州からパラグアイまで。

アメリカオオクワガタ〈Dorcus parallelus〉昆虫綱甲虫目クワガタムシ科．分布：カナダ，アメリカ．

アメリカオオチャイロハナムグリ〈Osmoderma scabra〉昆虫綱甲虫目コガネムシ科の甲虫．分布：北アメリカ．

アメリカオオモンキチョウ　オオアメリカモンキチョウの別名．

アメリカオビカレハ〈Malacosoma americanum〉昆虫綱鱗翅目カレハガ科の蛾．翅には白色の鱗粉が薄く散在，前翅には斜めに走る白色，または黄白色の突出部が2個ある．開張4～5mm．分布：合衆国とカナダ南部．

アメリカカクモンシジミ〈Leptotes cassius〉昆虫綱鱗翅目シジミチョウ科の蝶．雄の翅は淡青紫色，雌はほぼ白色．開張1.5～2.0mm．分布：北アメリカ南部の温暖な地方や，中央および南アメリカ．

アメリカカラスヨトウ〈Amphipyra pyramidoides〉昆虫綱鱗翅目ヤガ科の蛾．後翅は赤味をおびた褐色．開張4～5mm．分布：カナダ南部から合衆国，メキシコ．

アメリカカンザイシロアリ〈Incisitermes minor〉昆虫綱等翅目レイビシロアリ科．体長は有翅虫6～8mm，兵蟻8～11mm，ニンフ8.5mm．分布：東京都，神奈川県，神戸市，和歌山県．害虫．

アメリカキアゲハ〈Papilio zelicaon〉昆虫綱鱗翅目アゲハチョウ科の蝶．分布：アリゾナ州からアラスカまで．

アメリカギンヤンマ〈Anax junius〉昆虫綱蜻蛉目ヤンマ科の蜻蛉．

アメリカクロツヤムシ〈Passalus cornutus〉昆虫綱甲虫目クロツヤムシ科．分布：アメリカ．

アメリカコヒオドシ　ヤンキーコヒオドシの別名．

アメリカコヒョウモンモドキ〈Phyciodes tharos〉昆虫綱鱗翅目タテハチョウ科の蝶．翅表はオレンジ色，後翅の縁に白色の三日月形斑紋をもつ．開張2.5～4.0mm．分布：ニューファウンドランド島からメキシコ．

アメリカコムラサキ〈Doxocopa cyane〉昆虫綱鱗翅目タテハチョウ科の蝶．分布：コロンビア，ペルー．

アメリカジガバチ〈Sceliphron caementarium〉昆虫綱膜翅目ジガバチ科のハチ．体長20～25mm．分布：関東地方および大阪．害虫．

アメリカシロオビフユシャク〈Alsophila pometaria〉昆虫綱鱗翅目シャクガ科の蛾．雄は淡い灰褐色で，翅を横切るギザギザ灰白色の帯，雌は翅が痕跡的にしかない．開張2.5～3.0mm．分布：合衆国北部やカナダ南部．

アメリカシロヒトリ〈Hyphantria cunea〉昆虫綱鱗翅目ヒトリガ科ヒトリガ亜科の蛾．白色，胴は黄色．開張2.5～4.0mm．大豆，柿，梅，アンズ，桜桃，ナシ類，桃，スモモ，林檎，葡萄，栗，桑，バラ類，楓（紅葉），プラタナス，桜類に害を及ぼす．分布：カナダ南部，合衆国，ヨーロッパ中部，日本．

アメリカタカネヒメシジミ〈Agriades franklinii〉昆虫綱鱗翅目シジミチョウ科の蝶．雄は青味がかった灰色で，雌は赤褐色．開張2.0～2.5mm．分布：ラブラドル，アラスカ．

アメリカタテハモドキ〈Junonia coenia〉昆虫綱鱗翅目タテハチョウ科の蝶．前翅にオレンジ色の帯．開張5～6mm．分布：オンタリオからフロリダにかけての北アメリカとメキシコ．

アメリカツクワガタ〈Sinodendron rugosum〉昆虫綱甲虫目クワガタムシ科．分布：アメリカ．

アメリカテイオウヤママユ〈Eacles imperialis〉昆虫綱鱗翅目ヤママユガ科の蛾．大型で，翅の地は黄色．開張8～17.5mm．分布：合衆国，カナダ南部．

アメリカテングチョウ〈Libytheana carinenta〉昆虫綱鱗翅目タテハチョウ科の蝶．翅に明るいオレンジ色の斑紋がある．開張4～5mm．分布：パラグアイから中央アメリカ．

アメリカトガリキリバエダシャク〈Ennomos subsignaria〉昆虫綱鱗翅目シャクガ科の蛾．純白色．開張3～4mm．分布：カナダ，合衆国．

アメリカニセミドリシジミ〈Parrhasius m-album〉昆虫綱鱗翅目シジミチョウ科の蝶．翅の裏面には，細い白色の線があり，後翅の尾状突起の近くでM字形をつくる．開張2.5～3.0mm．分布：アイオワ，コネチカット，メキシコ．

アメリカニセミヤマクワガタ〈Lucanus capreolus〉昆虫綱甲虫目クワガタムシ科．分布：アメリカ．

アメリカハイイロカレハ〈Tolype velleda〉昆虫綱鱗翅目カレハガ科の蛾．胴に毛が密生．開張3.0～5.5mm．分布：カナダ南部から合衆国．

アメリカヒカゲ〈Enodia portlandia〉昆虫綱鱗翅目タテハチョウ科の蝶．目玉模様は黄色の縁どりをもつ．開張4.5～5.0mm．分布：イリノイからフロリダ．

アメリカヒメヒカゲ〈Coenonympha inornata〉昆虫綱鱗翅目タテハチョウ科の蝶．前翅の裏面はオレンジ色がかった褐色で先端には灰色の斑紋をもつ．開張2.5～4.5mm．分布：カナダからサウスダコタ，ニューヨーク．

アメリカブドウホソクロバ〈Harrisina americana〉昆虫綱鱗翅目マダラガ科の蛾．細長い黒色の前翅，黒色で長い胴をもつ．開張2～3mm．分布：合衆国西部．

アメリカへ

アメリカベニモンキチョウ〈Colias meadii〉昆虫綱鱗翅目シロチョウ科の蝶。分布：カナダ，アメリカ合衆国。

アメリカホシチャバネセセリ〈Pholisora catullus〉昆虫綱鱗翅目セセリチョウ科の蝶。暗色。開張2～3mm。分布：カナダ中部からメキシコ北部の北アメリカ。

アメリカホソバセダカモクメ〈Cucullia convexipennis〉昆虫綱鱗翅目ヤガ科の蛾。翅に淡色の外縁。開張4～5mm。分布：合衆国からカナダ南部。

アメリカホラヒメグモ〈Nesticus pallidus〉蛛形綱クモ目ホラヒメグモ科の蜘蛛。

アメリカミズアブ〈Hermetia illucens〉昆虫綱双翅目ミズアブ科のアブ。体長15～18mm。分布：本州，四国，九州，南西諸島。害虫。

アメリカミツノカブト〈Strategus antaeus〉昆虫綱甲虫目コガネムシ科の甲虫。分布：北アメリカ。

アメリカモモイロマダラヤガ〈Xanthopastis timais〉昆虫綱鱗翅目ヤガ科の蛾。前翅は淡赤色で，黒色とオレンジ色の斑紋がある。開張4.0～4.5mm。分布：南および中央アメリカの熱帯域，合衆国。

アメリカモンキチョウ〈Colias philodice〉昆虫綱鱗翅目シロチョウ科の蝶。分布：カナダ，アメリカ合衆国。

アメリカヤドリギ〈Atlides halesus〉昆虫綱鱗翅目シジミチョウ科の蝶。翅の裏面は灰紫色で，基部に赤色の斑点。開張2.5～4.0mm。分布：南北アメリカ。

アメリカワタノミガ〈Alabama argillacea〉昆虫綱鱗翅目ヤガ科の蛾。前翅の中央に卵形斑紋をもつ。開張3～4mm。分布：中央および南アメリカの熱帯域から，合衆国の温帯域，カナダ。

アメンボ 水黽, 飴坊〈Gerris paludum paludum〉昆虫綱半翅目アメンボ科。体長11～16mm。分布：北海道，本州，四国，九州，吐噶喇列島。

アメンボ 水黽, 飴坊〈water strider〉昆虫綱半翅目アメンボ科の総称，またはその一種名。

アモールキマダラセセリ〈Potanthus amor〉蝶。

アヤオビハナノミ〈Glipa ohgushii〉昆虫綱甲虫目ハナノミ科の甲虫。体長10.2～13.5mm。

アヤクチバ〈Sypna hercules〉昆虫綱鱗翅目ヤガ科シタバ亜科の蛾。開張53mm。

アヤコバネナミシャク〈Acasis bellaria〉昆虫綱鱗翅目シャク科の蛾。分布：北海道，本州，四国，九州，シベリア南東部。

アヤゴマフカミキリ〈Coptops japonica〉昆虫綱甲虫目カミキリムシ科の甲虫。

アヤシジミの一種〈Pseudodipsas cephenes〉昆虫綱鱗翅目シジミチョウ科の蝶。分布：オーストラリア（ニュー・サウス・ウェールズからクランダまで）。

アヤシラフクチバ〈Sypnoides hercules〉昆虫綱鱗翅目ヤガ科クチバ亜科の蛾。分布：北海道から九州，対馬。

アヤスジミゾドロムシ〈Graphelmis shirahatai〉昆虫綱甲虫目ヒメドロムシ科の甲虫。体長3.4～3.7mm。

アヤトガリバ〈Habrosyne pyritoides〉昆虫綱鱗翅目トガリバガ科の蛾。分布：ヨーロッパ，北海道，本州，四国，九州，対馬。

アヤナミアツバ〈Rhynchodontodes plusioides〉昆虫綱鱗翅目ヤガ科クチバ亜科の蛾。開張20～23mm。分布：中国，朝鮮半島，関東地方を北限，四国，九州。

アヤナミカメムシ 綾波亀虫〈Agonoscelis femoralis〉昆虫綱半翅目カメムシ科。分布：本州，四国，九州。

アヤナミツブゲンゴロウ 綾波粒竜蝨〈Laccophilus sharpi〉昆虫綱甲虫目ゲンゴロウ科の甲虫。体長3.5～4.5mm。分布：北海道，本州，四国，九州，南西諸島。

アヤナミツマキリヨトウ〈Callopistria placodoides〉昆虫綱鱗翅目ヤガ科カラスヨトウ亜科の蛾。開張26～30mm。分布：インド，中国，伊豆半島，東海地方以西，四国，九州，屋久島。

アヤナミノメイガ 綾波野螟蛾〈Eurrhyparodes accessalis〉昆虫綱鱗翅目メイガ科ノメイガ亜科の蛾。開張19mm。分布：東北地方から四国，九州，対馬，屋久島。

アヤニジュウシトリバ〈Alucita flavofascia〉昆虫綱鱗翅目ニジュウシトリバガ科の蛾。クチナシに害を及ぼす。分布：東海地方以西の本州，九州。

アヤヒゲナガトビムシ〈Salina speciosa〉無翅昆虫亜綱粘管目オウギトビムシ科。

アヤビロウドヤマカミキリの一種〈Aeolesthes holosericea〉昆虫綱甲虫目カミキリムシ科の甲虫。

アヤヘリガガンボ〈Dolichopeza geniculata〉昆虫綱双翅目ガガンボ科。

アヤヘリハネナガウンカ〈Losbanosia hibarensis〉昆虫綱半翅目ハネナガウンカ科。

アヤホソコヤガ〈Araeopteron amoena〉昆虫綱鱗翅目ヤガ科コヤガ亜科の蛾。開張8～12mm。分布：北海道から九州，対馬，屋久島，沖縄本島。

アヤムナビロタマムシ〈Sambus quadricolor〉昆虫綱甲虫目タマムシ科の甲虫。体長4～6mm。

アヤムネスジタマムシ 綾胸条吉丁虫
〈*Chrysodema lewisii*〉昆虫綱甲虫目タマムシ科の甲虫。体長18〜26mm。分布：本州, 四国, 九州, 南西諸島。

アヤメキバガ 〈*Monochroa divisella*〉昆虫綱鱗翅目キバガ科の蛾。イリス類に害を及ぼす。

アヤメツブノミハムシ 〈*Aphthona yuasai*〉昆虫綱甲虫目ハムシ科の甲虫。体長2.0〜2.8mm。イリス類に害を及ぼす。

アヤメハモグリバエ 〈*Cerodontha iraeos*〉昆虫綱双翅目ハモグリバエ科。イリス類に害を及ぼす。

アヤモクメキリガ 綾木目切蛾 〈*Xylena fumosa*〉昆虫綱鱗翅目ヤガ科セダカモクメ亜科の蛾。開張65mm。隠元豆, 小豆, ササゲ, 豌豆, 空豆, 大豆, アブラナ科野菜, 柿, 林檎, タバコ, ユリ類, ユリ科野菜に害を及ぼす。分布：関東地方, 本州, 四国, 九州。

アヤモンチビカミキリ 〈*Sybra ordinata*〉昆虫綱甲虫目カミキリムシ科フトカミキリ亜科の甲虫。体長6〜12mm。分布：四国, 九州, 南西諸島。

アヤモンニセハナノミ 〈*Orchesia elegantula*〉昆虫綱甲虫目ナガクチキムシ科の甲虫。体長3.6〜5.5mm。

アヤモンヒメナガクチキムシ 綾紋姫長朽木虫 〈*Holostrophus orientalis*〉昆虫綱甲虫目ナガクチキムシ科の甲虫。体長4.5〜7.0mm。分布：本州, 九州, 屋久島, 奄美大島。

アヤモンフトカミキリ 〈*Paranaleptes reticulata*〉昆虫綱甲虫目カミキリムシ科の甲虫。分布：アフリカ(タンザニア)。

アライトコモリグモ 〈*Trochosa ruricola*〉蛛形綱クモ目コモリグモ科の蜘蛛。体長雌10〜15mm, 雄8〜11mm。分布：北海道, 本州。

アラエナ・アマゾウラ 〈*Alaena amazoula*〉昆虫綱鱗翅目シジミチョウ科の蝶。分布：アフリカ東部・南部。

アラエナ・カイッサ 〈*Alaena caissa*〉昆虫綱鱗翅目シジミチョウ科の蝶。分布：タンザニア。

アラエナ・スブルブラ 〈*Alaena subrubra*〉昆虫綱鱗翅目シジミチョウ科の蝶。分布：タンガニーカ。

アラエナ・ニアッサエ 〈*Alaena nyassae*〉昆虫綱鱗翅目シジミチョウ科の蝶。分布：マラウイ。

アラエナ・ピカタ 〈*Alaena picata*〉昆虫綱鱗翅目シジミチョウ科の蝶。分布：ケニア。

アラエナ・マルガリタケア 〈*Alaena margaritacea*〉昆虫綱鱗翅目シジミチョウ科の蝶。分布：トランスバール。

アラエナ・ヨハンナ 〈*Alaena johanna*〉昆虫綱鱗翅目シジミチョウ科の蝶。分布：ケニア, ソマリア。

アラオテス・ペルラエビス 〈*Araotes perrhaebis*〉昆虫綱鱗翅目シジミチョウ科の蝶。分布：フィリピン。

アラカシハモグリバエ 〈*Japanagromyza quercus*〉昆虫綱双翅目ハモグリバエ科。

アラカワシロヘリトラカミキリ 〈*Anaglyptus arakawae*〉昆虫綱甲虫目カミキリムシ科カミキリ亜科の甲虫。体長8〜11mm。分布：四国, 屋久島, 奄美大島, 伊豆諸島。

アラカワダケヒメジョウカイ 〈*Rhagonycha arakawadakensis*〉昆虫綱甲虫目ジョウカイボン科の甲虫。体長6.8〜7.0mm。

アラキドウボソカミキリ 〈*Pothyne hayashii*〉昆虫綱甲虫目カミキリムシ科フトカミキリ亜科の甲虫。体長16〜22mm。分布：奄美諸島, 沖縄諸島。

アラキハナノミ 〈*Mordellaria arakii*〉昆虫綱甲虫目ハナノミ科の甲虫。体長4.0〜4.5mm。

アラゲオオキバカミキリ 〈*Callipogon barbatus*〉昆虫綱甲虫目カミキリムシ科の甲虫。分布：メキシコ, 中米。

アラゲオガサワラカミキリ 〈*Boninella hirsuta*〉昆虫綱甲虫目カミキリムシ科フトカミキリ亜科の甲虫。体長2.7〜3.5mm。

アラゲツツキノコムシ 〈*Acanthocis inonoti*〉昆虫綱甲虫目ツツキノコムシ科の甲虫。体長2.0〜2.3mm。

アラゲヒラタキクイムシ 〈*Lyctoxylon dentatum*〉昆虫綱甲虫目ヒラタキクイムシ科の甲虫。体長1.5〜2.0mm。

アラコガネコメツキ 〈*Selatosomus gloriosus*〉昆虫綱甲虫目コメツキムシ科の甲虫。体長11〜16mm。分布：北海道, 本州(東北)。

アラスクニア・オレアス 〈*Araschnia oreas*〉昆虫綱鱗翅目タテハチョウ科の蝶。分布：チベット東部, 中国西部。

アラハダクチカクシゾウムシ 〈*Rhadinopus sulcatostriatus*〉昆虫綱甲虫目ゾウムシ科の甲虫。体長3.7〜5.0mm。

アラハダシラホシゾウムシ 〈*Shirahoshizo rugipennis*〉昆虫綱甲虫目ゾウムシ科の甲虫。体長3.2〜4.3mm。

アラハダチャイロコメツキ 〈*Ectamenogonus rugipennis*〉昆虫綱甲虫目コメツキムシ科。

アラハダドウナガハネカクシ 〈*Palaminus japonicus*〉昆虫綱甲虫目ハネカクシ科の甲虫。体長3.1〜3.3mm。

アラハダトビハムシ 〈*Zipangia lewisi*〉昆虫綱甲虫目ハムシ科の甲虫。体長2.0〜3.2mm。

アラハダフトタマムシ〈Sternocera hildebrandti eschscholtzi〉昆虫綱甲虫目タマムシ科。分布：アフリカ中央部・東部・東北部。

アラバネオオヅハンミョウ〈Megacephala regalis〉昆虫綱甲虫目ハンミョウ科。分布：アフリカ中央部・南部。

アラムネクチカクシゾウムシ〈Mecistocerus rugicollis〉昆虫綱甲虫目ゾウムシ科の甲虫。体長4.2～7.7mm。分布：本州，四国，九州。

アラメアリゾナタマムシ〈Hippomelas coelata〉昆虫綱甲虫目タマムシ科。分布：アメリカ(アリゾナ州)，メキシコ。

アラメエンマコガネ〈Onthophagus ocellatopunctatus〉昆虫綱甲虫目コガネムシ科の甲虫。準絶滅危惧種(NT)。体長4.0～4.5mm。

アラメエンマムシ〈Zabromorphus punctulatus〉昆虫綱甲虫目エンマムシ科の甲虫。体長7.9～8.5mm。

アラメオオタマキノコムシ〈Leiodes multipunctatus〉昆虫綱甲虫目タマキノコムシ科の甲虫。体長2.1～3.2mm。

アラメオサムシ〈Cratocephalus cicatricosus〉昆虫綱甲虫目オサムシ科。分布：カザフスタン。

アラメカクホソカタムシ〈Ectomicrus rugicollis〉昆虫綱甲虫目カクホソカタムシ科の甲虫。体長2.5～2.7mm。

アラメカレキクチカクシゾウムシ〈Camptorhinus dorsalis〉昆虫綱甲虫目ゾウムシ科の甲虫。体長4.9～9.7mm。

アラメクビナガゴミムシ ナガサキクビナガゴミムシの別名。

アラメクビボソトビハムシ〈Pseudoliprus nigritus〉昆虫綱甲虫目ハムシ科の甲虫。体長2.2～3.5mm。

アラメゴミムシダマシ〈Derosphaerus foveolatus〉昆虫綱甲虫目ゴミムシダマシ科の甲虫。体長14.0～18.0mm。

アラメズビロキマワリモドキ〈Gnesis magnipunctatus〉昆虫綱甲虫目ゴミムシダマシ科の甲虫。体長7.0～9.0mm。

アラメタテハ〈Catuna crithea〉昆虫綱鱗翅目タテハチョウ科の蝶。分布：アフリカ西部，中央部。

アラメナガゴミムシ キタアラメナガゴミムシの別名。

アラメニセマグソコガネ〈Psammoporus friebi〉昆虫綱甲虫目コガネムシ科の甲虫。体長3.5～5.0mm。

アラメハナカミキリ 粗目花天牛〈Sachalinobia koltzei〉昆虫綱甲虫目カミキリムシ科ハナカミキリ亜科の甲虫。体長12～20mm。分布：北海道，本州(中部以北)。

アラメパプアミツノカブトムシ アラメミツノカブトムシの別名。

アラメヒゲナガアリヅカムシ〈Pselaphopsis debilis〉昆虫綱甲虫目アリヅカムシ科。

アラメヒゲブトゴミムシダマシ〈Luprops cribrifrons〉昆虫綱甲虫目ゴミムシダマシ科の甲虫。体長8～9mm。分布：本州，四国，九州。

アラメヒゲブトハムシダマシ アラメヒゲブトゴミムシダマシの別名。

アラメヒメマキムシモドキ〈Derodontus tuberosus〉昆虫綱甲虫目マキムシモドキ科の甲虫。体長2.1～2.8mm。

アラメヒラタゴミムシダマシ〈Tagalus miyakensis〉昆虫綱甲虫目ゴミムシダマシ科。

アラメホソツツタマムシ〈Paracylindromorphus richteri〉昆虫綱甲虫目タマムシ科の甲虫。体長4～5mm。

アラメミツノカブトムシ〈Scapanes grossepunctatus〉昆虫綱甲虫目コガネムシ科の甲虫。別名アラメパプアミツノカブトムシ。分布：ビスマルク諸島。

アラワクス・シト〈Arawacus sito〉昆虫綱鱗翅目シジミチョウ科の蝶。分布：メキシコからニカラグアまで。

アラワクス・ファエア〈Arawacus phaea〉昆虫綱鱗翅目シジミチョウ科の蝶。分布：中央アメリカ。

アラワクス・メリバエウス〈Arawacus melibaeus〉昆虫綱鱗翅目シジミチョウ科の蝶。分布：ブラジル。

アラワクス・リヌス〈Arawacus linus〉昆虫綱鱗翅目シジミチョウ科の蝶。分布：コロンビア，ベネズエラ，アマゾン流域，ボリビア。

アリ 蟻〈ants〉昆虫綱膜翅目アリ科Formicidaeに属する昆虫の総称。

アリアドゥネ・エノトゥレア〈Ariadne enotrea〉昆虫綱鱗翅目タテハチョウ科の蝶。分布：シエラレオネからアンゴラまで。

アリアドゥネ・タエニアタ〈Ariadne taeniata〉昆虫綱鱗翅目タテハチョウ科の蝶。分布：フィリピン。

アリアドゥネ・パーゲンシュテッヘリ〈Ariadne pagenstecheri〉昆虫綱鱗翅目タテハチョウ科の蝶。分布：カメルーンからアフリカ東部まで。

アリアドゥネモンキチョウ〈Colias ariadne〉昆虫綱鱗翅目シロチョウ科の蝶。分布：アメリカ合衆国。

アリオンシジミ〈Maculinea arion〉昆虫綱鱗翅目シジミチョウ科の蝶。別名ゴウザンゴマシジミ。

鮮やかな青色地に，前翅に黒色の斑紋がある。開張3〜4mm。分布：ヨーロッパ，シベリア，中国。

アリガタバチ 蟻形蜂〈*betylid-wasps*〉昆虫綱膜翅目アリガタバチ科Betylidaeの総称。

アリガタハネカクシ 蟻形隠翅虫〈*Megalopaederus poweri*〉昆虫綱甲虫目ハネカクシ科。分布：本州。

アリキア・アンテロス〈*Aricia anteros*〉昆虫綱鱗翅目シジミチョウ科の蝶。分布：バルカン半島からイランまで。

アリキア・ニキアス〈*Aricia nicias*〉昆虫綱鱗翅目シジミチョウ科の蝶。分布：ピレネー山脈，アルプス，フィンランド，ロシア。

アリグモ 蟻蜘蛛〈*Myrmarachne japonica*〉節足動物門クモ形綱真正クモ目ハエトリグモ科の蜘蛛。体長6〜7mm。分布：本州，四国，九州，南西諸島。

アリサラグモ〈*Cresmatoneta mutinensis*〉蛛形綱クモ目サラグモ科の蜘蛛。

アリサンオナガシジミ〈*Teratozephyrus arisanus*〉昆虫綱鱗翅目シジミチョウ科の蝶。

アリサンキマダラヒカゲ〈*Lethe pulaha*〉昆虫綱鱗翅目ジャノメチョウ科の蝶。分布：ヒマラヤから中国西部および中部。

アリサンシジミタテハ〈*Abisara burnii*〉昆虫綱鱗翅目シジミタテハ科の蝶。

アリサンチャイロヒカゲ〈*Lethe gemina zaitha*〉昆虫綱鱗翅目ジャノメチョウ科の蝶。分布：アッサム，中国西部。

アリサンヒメスギカミキリ〈*Palaeocallidium villosulum* subsp. *arisanum*〉昆虫綱甲虫目カミキリムシ科の甲虫。

アリサンルリシジミ〈*Celastrina oreas*〉昆虫綱鱗翅目シジミチョウ科の蝶。

アリジゴク 蟻地獄〈*ant-lion, doodle bug*〉昆虫綱脈翅目ウスバカゲロウ科の種類のうち，地表にすり鉢状の巣をつくる幼虫をさす。

アリスアトキリゴミムシ〈*Lachnoderma asperum*〉昆虫綱甲虫目オサムシ科の甲虫。体長8mm。分布：本州，九州。

アリスアブ 蟻巣虻〈*Microdon japonicus*〉昆虫綱双翅目ショクガバエ科。体長12〜14mm。分布：本州，四国。

アリスアブバエ 蟻巣虻蠅 昆虫綱双翅目ハエ群アブバエ科のアリスアブバエ亜科Microdontinaeの総称。

アリヅカウンカ〈*Tettigometra bipunctata*〉昆虫綱半翅目アリヅカウンカ科。

アリヅカコオロギ 蟻塚蟋蟀〈*Myrmecophila sapporensis*〉昆虫綱直翅目アリヅカコオロギ科。体長2〜3mm。分布：北海道，本州，四国。

アリヅカムシ 蟻塚虫〈*ant-loving beetles*〉昆虫綱甲虫目アリヅカムシ科Pselaphidaeの昆虫の総称。

アリステウスオナガタイマイ〈*Graphium aristeus hermocrates*〉昆虫綱鱗翅目アゲハチョウ科の蝶。分布：ミャンマー，インドシナ，マレーシア，スマトラ，ボルネオ，ティモール，フィリピン。

アリゾナキアゲハ〈*Papilio rudkini*〉昆虫綱鱗翅目アゲハチョウ科の蝶。

アリタクリイロコガネ〈*Holotrichia aritai*〉昆虫綱甲虫目コガネムシ科の甲虫。体長22〜24mm。

アリタツヤドロムシ〈*Zaitzevia aritai*〉昆虫綱甲虫目ヒメドロムシ科の甲虫。体長1.6〜1.7mm。

アリタヒゲナガジョウカイ〈*Habronychus aritai*〉昆虫綱甲虫目ジョウカイボン科の甲虫。体長5.7mm。

アリタムネアカコメツキ〈*Ampedus aritai*〉昆虫綱甲虫目コメツキムシ科の甲虫。体長12mm。分布：奄美大島，沖縄諸島。

アリダリス・エキシミア〈*Ardaris eximia*〉昆虫綱鱗翅目セセリチョウ科の蝶。分布：ベネズエラ。

アリノスシジミ〈*Liphyra brassolis*〉昆虫綱鱗翅目シジミチョウ科の蝶。オレンジ色と黒色の色彩。開張6〜9mm。分布：インド，東南アジアからオーストラリア北部。珍虫。

アリノスセセリ〈*Lotongus calathus*〉昆虫綱鱗翅目セセリチョウ科の蝶。分布：セイロン，ミャンマーからインドシナ，スマトラ，ジャワ，ボルネオ，スラウェシ。

アリノスヌカグモ〈*Evansia merens*〉蛛形綱クモ目サラグモ科の蜘蛛。

アリバチ 蟻蜂〈*velvet ants*〉昆虫綱膜翅目アリバチ科の総称。

アリバチモドキ〈*Myrmosa nigrofasciata*〉昆虫綱膜翅目コツチバチ科。体長雌6〜8mm，雄8〜14mm。分布：本州，九州。

アリマキ アブラムシの別名。

アリマケズネグモ〈*Gonatium arimaense*〉蛛形綱クモ目サラグモ科の蜘蛛。体長雌2.5〜3.0mm，雄2.3〜2.5mm。分布：本州(高地)。

アリマネグモ〈*Solenysa mellotteei*〉蛛形綱クモ目サラグモ科の蜘蛛。体長雌1.3〜1.5mm，雄1.0〜1.2mm。分布：本州，四国，九州。

アリモドキ 擬蟻〈*ant-like flower beetles*〉昆虫綱甲虫目アリモドキ科Anthicidaeの昆虫の総称。

アリモドキカッコウムシ〈*Thanasimus lewisi*〉昆虫綱甲虫目カッコウムシ科の甲虫。体長7〜10mm。分布：北海道，本州，四国，九州。

アリモドキゾウムシ 擬蟻象鼻虫〈*Cylas formicarius*〉昆虫綱甲虫目ミツギリゾウムシ科

アリヤトリ

の甲虫。体長6〜7mm。サツマイモに害を及ぼす。分布：吐噶喇列島以南の南西諸島。

アリヤドリコバチ 蟻寄生小蜂 昆虫綱膜翅目アリヤドリコバチ科のハチの総称。

アリランバウズマキタテハ〈*Callicore arirambae*〉昆虫綱鱗翅目タテハチョウ科の蝶。開張55mm。分布：アマゾン川中流。珍蝶。

アルカスジャコウアゲハ〈*Parides arcas*〉昆虫綱鱗翅目アゲハチョウ科の蝶。分布：メキシコ、ベネズエラ、ギアナ。

アルギオラウス・シラス〈*Argiolaus silas*〉昆虫綱鱗翅目シジミチョウ科の蝶。分布：アフリカ南部および東部からタンザニアまで。

アルギオラウス・ラロス〈*Argiolaus lalos*〉昆虫綱鱗翅目シジミチョウ科の蝶。分布：タンザニア、ケニア。

アルキダマスアオジャコウアゲハ〈*Battus archidamas*〉昆虫綱鱗翅目アゲハチョウ科の蝶。別名チリアオジャコウ。分布：チリ中部、アルゼンチン。

アルキデスヒラタクワガタ〈*Serrognathus alcides*〉昆虫綱甲虫目クワガタムシ科。分布：スマトラ。

アルキドナキノハタテハ〈*Anaea archidona*〉昆虫綱鱗翅目タテハチョウ科の蝶。開張90mm。分布：メキシコからブラジル。珍蝶。

アルギニス・アルギロスピラタ〈*Argynnis argyrospilata*〉昆虫綱鱗翅目タテハチョウ科の蝶。分布：パミール、アフガニスタン。

アルギニス・スマラグディフェラ〈*Argynnis smaragdifera*〉昆虫綱鱗翅目タテハチョウ科の蝶。分布：ニアサランド、ローデシア。

アルギレウプティキア・オキペテ〈*Argyreuptychia ocypete*〉昆虫綱鱗翅目ジャノメチョウ科の蝶。分布：アマゾン地方、スリナム、トリニダード。

アルギレウプティキア・ペネロペ〈*Argyreuptychia penelope*〉昆虫綱鱗翅目ジャノメチョウ科の蝶。分布：ブラジル、スリナム、トリニダード。

アルギログランマ・サフィリナ〈*Argyrogramma saphirina*〉昆虫綱鱗翅目シジミタテハ科の蝶。分布：ボリビアおよびペルー。

アルギログランマ・スルフレア〈*Argyrogramma sulphurea*〉昆虫綱鱗翅目シジミタテハ科の蝶。分布：メキシコ。

アルギログランマ・トゥロキリア〈*Argyrogramma trochilia*〉昆虫綱鱗翅目シジミタテハ科の蝶。分布：コロンビア、アマゾン下流地方。

アルギログランマナ・スルフレア〈*Argyrogrammana sulphurea sulphurea*〉昆虫綱鱗翅目シジミタテハ科の蝶。分布：メキシコからコロンビア。

アルギログランマ・ベニリア〈*Argyrogramma venilia*〉昆虫綱鱗翅目シジミタテハ科の蝶。分布：アマゾン下流地方。

アルギログランマ・ホロスティクタ〈*Argyrogramma holosticta*〉昆虫綱鱗翅目シジミタテハ科の蝶。分布：中央アメリカ、ペルー、トリニダード。

アルギロケイラ・ウンディフェラ〈*Argyrocheila undifera*〉昆虫綱鱗翅目シジミチョウ科の蝶。分布：シエラレオネからオゴエ川(Ogowe River)まで。

アルギロニンファ・プルクラ〈*Argyronympha pulchra*〉昆虫綱鱗翅目ジャノメチョウ科の蝶。分布：ソロモン諸島。

アルギロフェンガ・アンティポドゥム〈*Argyrophenga antipodum*〉昆虫綱鱗翅目ジャノメチョウ科の蝶。分布：ニュージーランド。

アルケウプティキア・クルエナ〈*Archeuptychia cluena*〉昆虫綱鱗翅目ジャノメチョウ科の蝶。分布：ブラジル。

アルケシアタテハモドキ〈*Junonia archesia*〉昆虫綱鱗翅目タテハチョウ科の蝶。分布：アフリカ中央部・南部。

アルケスオニツヤクワガタ〈*Odontolabis alces*〉昆虫綱甲虫目クワガタムシ科。分布：フィリピン。

アルゲンタータカザリシロチョウ〈*Delias argentata*〉昆虫綱鱗翅目シロチョウ科の蝶。開張45mm。分布：ニューギニア島山地。珍蝶。

アルゲントーナベニモンシロチョウ〈*Delias argenthona*〉昆虫綱鱗翅目シロチョウ科の蝶。分布：オーストラリア。

アルゴプテロン・アウレイペンニス〈*Argopteron aureipennis*〉昆虫綱鱗翅目セセリチョウ科の蝶。分布：チリ。

アルゴプテロン・プエルマエ〈*Argopteron puelmae*〉昆虫綱鱗翅目セセリチョウ科の蝶。分布：チリ。

アルゴポリス・コスティペンニス〈*Argoporis costipennis*〉昆虫綱甲虫目ゴミムシダマシ科。分布：アメリカ合衆国(カリフォルニア、アリゾナ、オレゴン)。

アルゴン・アルグス〈*Argon argus*〉昆虫綱鱗翅目セセリチョウ科の蝶。分布：パナマからコロンビア、トリニダード、アルゼンチン。

アルセヌラ・アルミダ〈*Arsenura armida*〉昆虫綱鱗翅目ヤママユガ科の蛾。分布：メキシコからブラジル南部。

アルセヌラ・ロムルス〈*Arsenura romulus*〉昆虫綱鱗翅目ヤママユガ科の蛾。分布：ブラジル。

アルゼンチンモンキチョウ〈*Colias lesbia*〉昆虫綱鱗翅目シロチョウ科の蝶。分布：ボリビア，ブラジル南部，アルゼンチン南部，フエゴ島。

アルタイアポロチョウ〈*Parnassius ariadne*〉昆虫綱鱗翅目アゲハチョウ科の蝶。分布：アルタイ山地。

アルタイウスバシロチョウ　アルタイアポロチョウの別名。

アルタイタカネヒカゲ〈*Oeneis dubia*〉昆虫綱鱗翅目ジャノメチョウ科の蝶。分布：アルタイ，サヤン。

アルタイベニモンキチョウ〈*Colias thisoa*〉昆虫綱鱗翅目シロチョウ科の蝶。分布：アルメニア，イランなど。

アルタキシアタテハモドキ〈*Junonia artaxia*〉昆虫綱鱗翅目タテハチョウ科の蝶。分布：アフリカ中央部・東部。

アルダニア・ラッデイ〈*Aldania raddei*〉昆虫綱鱗翅目タテハチョウ科の蝶。分布：アムール。

アルティトゥロパ・エリンニス〈*Artitropa erinnys*〉昆虫綱鱗翅目セセリチョウ科の蝶。分布：喜望峰からトランスバール，アフリカ東部まで。

アルティトゥロパ・コムス〈*Artitropa comus*〉昆虫綱鱗翅目セセリチョウ科の蝶。分布：アフリカ西部からコンゴまで。

アルティトゥロパ・シェッレイ〈*Artitropa shelleyi*〉昆虫綱鱗翅目セセリチョウ科の蝶。分布：アフリカ西部。

アルティネス・アクイリナ〈*Artines aquilina*〉昆虫綱鱗翅目セセリチョウ科の蝶。分布：ブラジル。

アルティネス・アティジエス〈*Artines atizies*〉昆虫綱鱗翅目セセリチョウ科の蝶。分布：パナマからベネズエラ，ブラジル，トリニダードまで。

アルテウロティア・トゥラクティペンニス〈*Arteurotia tractipennis*〉昆虫綱鱗翅目セセリチョウ科の蝶。分布：ベネズエラ。

アルテミスメダマチョウ　ナカグロメダマワモンの別名。

アルテリダ・クリニペス〈*Artelida crinipes*〉昆虫綱甲虫目カミキリムシ科の甲虫。分布：マダガスカル。

アルトペダリオデス・テナ〈*Altopedaliodes tena*〉昆虫綱鱗翅目ジャノメチョウ科の蝶。分布：エクアドル。

アルネッタ・アトゥキンソニ〈*Arnetta atkinsoni*〉昆虫綱鱗翅目セセリチョウ科の蝶。分布：シッキム，アッサム，ミャンマー，インドシナ，タイ。

アルネッタ・ベロネス〈*Arnetta verones*〉昆虫綱鱗翅目セセリチョウ科の蝶。分布：タイ，マレーシア。

アルバーティスナンヨウタマムシ〈*Cyphogastra albertisi*〉昆虫綱甲虫目タマムシ科。分布：ニューギニア南東部。

アルファルファタコゾウムシ〈*Hypera postica*〉昆虫綱甲虫目ゾウムシ科の甲虫。体長4.0〜6.5mm。マメ科牧草，ウリ科野菜に害を及ぼす。分布：本州，四国，九州，沖縄，北半球の各地。

アルフェラキーモンキチョウ〈*Colias alpherakyi*〉昆虫綱鱗翅目シロチョウ科の蝶。分布：パミールからヒンズークシュ山脈まで。

アルプスアミカ〈*Philorus alpinus*〉昆虫綱双翅目アミカ科。

アルプスカバナミシャク〈*Eupithecia perpaupera*〉昆虫綱鱗翅目シャクガ科の蛾。分布：山形県から中部や北陸。

アルプスキンウワバ〈*Syngrapha interrogationis*〉昆虫綱鱗翅目ヤガ科の蛾。

アルプスギンウワバ〈*Syngrapha nyiwonis*〉昆虫綱鱗翅目ヤガ科コヤガ亜科の蛾。開張34〜36mm。分布：サハリン，本州，早池峰山，岩手山，鳥海山，朝日連峰，蔵王山，月山，飯豊山塊，加賀白山，妙高山，飛騨山脈，木曾御岳，木曾山脈，赤石山脈，八ヶ岳，蓼科山，上信山地，北海道，大雪山塊。

アルプスクロヨトウ〈*Apamea rubrirena*〉昆虫綱鱗翅目ヤガ科カラスヨトウ亜科の蛾。分布：ユーラシア内陸，ウルップ島，国後島等，本州中部，飯豊山塊，妙高山，飛騨山脈，木曾駒ケ岳，八ヶ岳，赤石山脈。

アルプスナカジロナミシャク〈*Dysstroma pseudimmanata*〉昆虫綱鱗翅目シャクガ科の蛾。分布：サヤン山脈からバイカル湖周辺，赤石山脈の高山帯。

アルプスニセヒメガガンボ〈*Protoplasa alexanderi*〉ニセヒメガガンボ科。

アルプスヤガ〈*Anomogyna speciosa*〉昆虫綱鱗翅目ヤガ科モンヤガ亜科の蛾。開張40〜45mm。分布：ユーラシア高緯度地方，知床半島，斜里岳，夕張岳，大雪山塊，加賀白山，飛騨山脈，木曽駒が岳，蓼科山，八ヶ岳，奥秩父金峰山，甲武信岳，赤石山脈，荒川岳，サハリン，沿海州。

アルプスヤマメイガ〈*Eudonia japanalpina*〉昆虫綱鱗翅目メイガ科の蛾。分布：南アルプス三伏峠，富山県立山，北アルプス乗鞍岳霊泉小屋跡，中央アルプス駒ケ岳，北アルプス五色ケ原，南アルプス北岳小屋，三伏峠，荒川岳。

アルプスヤマユスリカ〈*Diamesa alpina*〉昆虫綱双翅目ユスリカ科。

アルブリナ・オンフィサ〈*Albulina omphisa*〉昆虫綱鱗翅目シジミチョウ科の蝶。分布：カシミール。

アルマンオノヒゲアリヅカムシ〈Bryaxis harmandi〉昆虫綱甲虫目アリヅカムシ科の甲虫。体長1.3～1.4mm。

アルマンコブハサミムシ コブハサミムシの別名。

アルマンサルゾウムシ〈Wagnerinus harmandi〉昆虫綱甲虫目ゾウムシ科の甲虫。体長2.3～2.5mm。

アルマンツツキノコムシ〈Rhopalodontus harmandi〉昆虫綱甲虫目ツツキノコムシ科の甲虫。体長1.7～2.3mm。

アルマンモモアカアナバチ〈Sphex harmandi〉昆虫綱膜翅目ジガバチ科。体長雌25mm、雄17mm。分布：本州、佐渡、四国、九州。

アルメニアモンキチョウ コベニモンキチョウの別名。

アレオスキズス・コンスティペンニス〈Areoschizus constipennis〉昆虫綱甲虫目カッコウムシ科。分布：アメリカ合衆国。

アレキサンダーモンキチョウ〈Colias alexandra〉昆虫綱鱗翅目シロチョウ科の蝶。分布：アメリカ合衆国。

アレクサンドラトリバネアゲハ〈Ornithoptera alexandrae〉昆虫綱鱗翅目アゲハチョウ科の蝶。翅には金属光沢をした青色と、黒色と黄緑色の模様。開張17～28mm。分布：パプアニューギニア南東部と、オーエン・スタンリー山脈の東部。珍蝶。

アレクシスカバイロシジミ〈Glaucopsyche alexis〉昆虫綱鱗翅目シジミチョウ科の蝶。翅裏面の基部は緑色がかった青色。開張2.5～4.0mm。分布：南部および中部ヨーロッパ、アジア温帯域。

アレサ・アメシス〈Alesa amesis〉昆虫綱鱗翅目シジミタテハ科の蝶。分布：ギアナ。

アレサ・プレマ〈Alesa prema〉昆虫綱鱗翅目シジミタテハ科。分布：トリニダード、ブラジル。

アレスミカンナガタマムシ〈Agrilus alesi〉昆虫綱甲虫目タマムシ科の甲虫。体長6.0～10.0mm。

アレチノコビトシジミ〈Vrephidium exilis〉昆虫綱鱗翅目シジミチョウ科の蝶。翅の裏面は淡褐色で、灰色の模様がある。開張1～2mm。分布：合衆国西部から南アメリカ。

アレツサナ・アレツサ〈Arethusana arethusa〉昆虫綱鱗翅目ジャノメチョウ科の蝶。分布：ヨーロッパ西部から小アジア、ロシア南部から中央アジア、アトラス山脈(アフリカ北部)まで。

アレッサロスチャイルドヤママユ〈Rothschildia arethusa〉昆虫綱鱗翅目ヤママユガ科の蛾。分布：ブラジル、パラグアイ、アルゼンチン。

アレナリアネコブセンチュウ〈Meloidogyne arenaria〉メロイドギネ科。体長0.6～1.0mm。桃、スモモ、桑、ハッカ、タバコ、アブラナ科野菜、ナス科野菜、ラッカセイに害を及ぼす。分布：本州以南の日本各地、熱帯から温帯。

アレニア・サンダステル〈Alenia sandaster〉昆虫綱鱗翅目セセリチョウ科の蝶。分布：喜望峰。

アレパカザリシロチョウ〈Delias alepa〉昆虫綱鱗翅目シロチョウ科の蝶。開張45mm。分布：ニューギニア島山地。珍蝶。

アレハダオオルリタマムシ〈Megaloxantha hemixantha〉昆虫綱甲虫目タマムシ科。分布：マレーシア、スマトラ。

アレハダヒゲナガゴマフカミキリ〈Apalimnodes granulatus〉昆虫綱甲虫目カミキリムシ科の甲虫。分布：マダガスカル。

アレラ・ブルピナ〈Alera vulpina〉昆虫綱鱗翅目セセリチョウ科の蝶。分布：コロンビア。

アロウツヤケシハナムグリ〈Pachnoda arrowi〉昆虫綱甲虫目コガネムシ科の甲虫。分布：アフリカ中央部・東部。

アロウヨツメハネカクシ〈Olophrum arrowi〉昆虫綱甲虫目ハネカクシ科の甲虫。体長2.8～3.3mm。

アロエイデス・アランダ〈Aloeides aranda〉昆虫綱鱗翅目シジミチョウ科の蝶。分布：喜望峰からトランスバールまで。

アロエイデス・コンラージ〈Aloeides conradsi〉昆虫綱鱗翅目シジミチョウ科の蝶。分布：タンザニア。

アロエイデス・シンプレクス〈Aloeides simplex〉昆虫綱鱗翅目シジミチョウ科の蝶。分布：喜望峰。

アロエイデス・タイコサマ〈Aloeides taikosama〉昆虫綱鱗翅目シジミチョウ科の蝶。分布：喜望峰からケニアまで。

アロエイデス・ダマレンシス〈Aloeides damarensis〉昆虫綱鱗翅目シジミチョウ科の蝶。分布：南アフリカ中部。

アロエイデス・ティラ〈Aloeides thyra〉昆虫綱鱗翅目シジミチョウ科の蝶。分布：喜望峰からトランスバールまで。

アロエイデス・ノッロティ〈Aloeides nollothi〉昆虫綱鱗翅目シジミチョウ科の蝶。分布：アフリカ南部。

アロエイデス・バックリイ〈Aloeides backlyi〉昆虫綱鱗翅目シジミチョウ科の蝶。分布：喜望峰。

アロエイデス・バンソニ〈Aloeides vansoni juana〉昆虫綱鱗翅目シジミチョウ科の蝶。分布：アフリカ南部。

アロエイデス・ピエルス〈Aloeides pierus〉昆虫綱鱗翅目シジミチョウ科の蝶。分布：アフリカ南部。

アロエイデス・マラグリダ〈Aloeides malagrida〉昆虫綱鱗翅目シジミチョウ科の蝶。分布：喜望峰からトランスバールまで。

アロエイデス・モロモ〈Aloeides molomo〉昆虫綱鱗翅目シジミチョウ科の蝶。分布：アフリカ南部。

アロパラ・アキシオテア〈Arhopala axiothea〉昆虫綱鱗翅目シジミチョウ科の蝶。分布：ニューギニア。

アロマ・アロマ〈Aroma aroma〉昆虫綱鱗翅目セセリチョウ科の蝶。分布：コスタリカからアマゾンまで。

アワクビボソハムシ〈Oulema dilutipes〉昆虫綱甲虫目ハムシ科の甲虫。体長3mm。イネ科作物に害を及ぼす。分布：北海道(南部)、本州、四国、九州、朝鮮半島、中国北部。

アワセグモ 袷蜘蛛〈Selenops bursarius〉節足動物門クモ形綱真正クモ目アワセグモ科の蜘蛛。

アワツヤドロムシ〈Zaitzevia awana〉昆虫綱甲虫目ヒメドロムシ科の甲虫。体長1.8～2.1mm。

アワノツヅリガ〈Mampava bipunctella〉昆虫綱鱗翅目メイガ科ツヅリガ亜科の蛾。開張21～24mm。分布：本州(東海以西)、四国、九州、台湾、インドから東南アジア一帯。

アワノメイガ 粟野螟蛾〈Ostrinia furnacalis〉昆虫綱鱗翅目メイガ科ノメイガ亜科の蛾。開張23～32mm。生姜、イネ科牧草、飼料用トウモロコシ、ソルガム、イネ科作物に害を及ぼす。分布：本州、四国、九州、シベリア南東部、中国東北、千島、北海道。

アワヒメハナノミ〈Pseudotolida awana〉昆虫綱甲虫目ハナノミ科の甲虫。体長2.7～3.6mm。

アワフキムシ 泡吹虫〈spittlebugs,froghoppers〉昆虫綱半翅目アワフキムシ科Aphrophoridaeの総称。

アワホラヒメグモ〈Nesticus longiscapus awa〉蛛形綱クモ目ホラヒメグモ科の蜘蛛。

アワヨトウ 粟夜盗〈Leucania separata〉昆虫綱鱗翅目ヤガ科ヨトウガ亜科の蛾。開張35～43mm。稲、サトウキビ、麦類、イネ科牧草、飼料用トウモロコシ、ソルガム、イネ科作物に害を及ぼす。分布：インドからオーストラリア地域、日本全土。

アワヨトウヤドリヒメバチ〈Vulgichneumon leucaniae〉昆虫綱膜翅目ヒメバチ科。

アンキストゥロイデス・ゲンミフェル〈Ancistroides gemmifer〉昆虫綱鱗翅目セセリチョウ科の蝶。分布：マレーシア、スマトラ、ボルネオ。

アンキストゥロイデス・ロンギコルニス〈Ancistroides longicornis〉昆虫綱鱗翅目セセリチョウ科の蝶。分布：ボルネオ、スマトラ。

アンキセスマエモンジャコウアゲハ〈Parides anchises〉昆虫綱鱗翅目アゲハチョウ科の蝶。分布：コロンビアからパラグアイまで。

アンキルリス・インカ〈Ancyluris inca〉昆虫綱鱗翅目シジミタテハ科の蝶。分布：メキシコ、中央アメリカ、コロンビア。

アンキルリス・コルブラ〈Ancyluris colubra〉昆虫綱鱗翅目シジミタテハ科の蝶。分布：ベネズエラからペルーまで。

アンキルリス・フアスカル〈Ancyluris huascar〉昆虫綱鱗翅目シジミタテハ科の蝶。分布：コロンビア。

アンキルリス・フォルモサ〈Ancyluris formosa〉昆虫綱鱗翅目シジミタテハ科の蝶。分布：エクアドル、ペルー。

アンキルリス・ユルゲンセニ〈Ancyluris jurgensenii〉昆虫綱鱗翅目シジミタテハ科の蝶。分布：中央アメリカ、メキシコ。

アンキロキシファ・ヌミトル〈Ancyloxypha numitor〉昆虫綱鱗翅目セセリチョウ科の蝶。分布：カナダ、アメリカ合衆国。

アンズハダニ〈Eotetranychus boreus〉蛛形綱ダニ目ハダニ科。体長雌0.4mm、雄0.3mm。桃、スモモ、梅、アンズに害を及ぼす。分布：北海道、本州。

アンソルゲフタオチョウ〈Charaxes ansorgei ruandana〉昆虫綱鱗翅目タテハチョウ科の蝶。分布：ザイール東部、ルワンダ、ブルンジ、ウガンダ、ケニア、タンザニア、マラウイ。

アンタナルティア・アビッシニカ〈Antanartia abyssinica〉昆虫綱鱗翅目タテハチョウ科の蝶。分布：ケニア、エチオピア。

アンタナルティア・スカエネイア〈Antanartia schaeneia〉昆虫綱鱗翅目タテハチョウ科の蝶。分布：アフリカ東部。

アンタナルティア・ヒッポメネ〈Antanartia hippomene〉昆虫綱鱗翅目タテハチョウ科の蝶。分布：アフリカ東部、カメルーン。

アンダマンアゲハ〈Papilio mayo〉昆虫綱鱗翅目アゲハチョウ科の蝶。分布：アンダマン諸島。

アンダマンナガサキアゲハ アンダマンアゲハの別名。

アンダマンホソバジャコウアゲハ〈Pachliopta rhodifer〉昆虫綱鱗翅目アゲハチョウ科の蝶。分布：アンダマン諸島。

アンダラフタオチョウ〈Charaxes andara〉昆虫綱鱗翅目タテハチョウ科の蝶。分布：マダガスカル。

アンタルスヒイロシジミ〈Deudorix antalus〉昆虫綱鱗翅目シジミチョウ科の蝶。翅の表面は青味

アンチルア

がかった褐色。開張2.5〜3.0mm。分布：アフリカの灌木帯やサバンナ。

アンチルアオジャコウアゲハ〈Battus devilliersi〉昆虫綱鱗翅目アゲハチョウ科の蝶。開張85mm。分布：キューバ、ハイチ。珍蝶。

アンティア・キルクムスクリプタ〈Anthia circumscripta〉昆虫綱甲虫目ゴミムシ科。分布：アフリカ中央部・南部。

アンティア・キンクティペンニス〈Anthia cinctipennis〉昆虫綱甲虫目ゴミムシ科。分布：アフリカ南部。

アンティア・クルデリス〈Anthia crudelis〉昆虫綱甲虫目ゴミムシ科。分布：アフリカ中央部。

アンティア・セクスマクラタ〈Anthia sexmaculata〉昆虫綱甲虫目ゴミムシ科。分布：サハラ以北のアフリカ。

アンティア属の一種〈Anthia sp.〉昆虫綱甲虫目ゴミムシ科。分布：セネガル。

アンティア・トラキカ〈Anthia thoracica〉昆虫綱甲虫目ゴミムシ科。分布：アフリカ南部。

アンティア・ニムロド〈Anthia nimrod〉昆虫綱甲虫目ゴミムシ科。分布：アフリカ西部。

アンティア・ファブリキイ〈Anthia fabricii〉昆虫綱甲虫目ゴミムシ科。分布：アフリカ西部・中央部・南部。

アンティア・ブルケリ〈Anthia burchelli〉昆虫綱甲虫目ゴミムシ科。分布：アフリカ中央部・南部。

アンティア・メリイ〈Anthia mellyi〉昆虫綱甲虫目ゴミムシ科。分布：アフリカ南部。

アンティアンテ・エキスパンサ〈Antianthe expansa〉昆虫綱半翅目ツノゼミ科。分布：アメリカ南部(カリフォルニア、アリゾナ、フロリダ)メキシコ、グアテマラ、ホンジュラス、ニカラグア。

アンティオクスドクチョウ〈Helionius antiochus〉昆虫綱鱗翅目タテハチョウ科の蝶。開張80mm。分布：南米北部。珍蝶。

アンティゴヌス・エモルサ〈Antigonus emorsa〉昆虫綱鱗翅目セセリチョウ科の蝶。分布：メキシコ。

アンティゴヌス・コロッスス〈Antigonus corrosus〉昆虫綱鱗翅目セセリチョウ科の蝶。分布：メキシコからパナマ。

アンティゴヌス・デケンス〈Antigonus decens〉昆虫綱鱗翅目セセリチョウ科の蝶。分布：ペルー。

アンティゴヌス・ネアルクス〈Antigonus nearchus〉昆虫綱鱗翅目セセリチョウ科の蝶。分布：メキシコからパラグアイ、ブラジル南部。

アンティゴヌス・リボリウス〈Antigonus liborius〉昆虫綱鱗翅目セセリチョウ科の蝶。分布：アルゼンチン、ウルグアイ。

アンティッレア・ペロプス〈Antillea pelops〉昆虫綱鱗翅目タテハチョウ科の蝶。分布：ジャマイカ、プエルトリコ。

アンティマクスオオアゲハ ドルーリーオオアゲハの別名。

アンティルラエア・アルカエア〈Antirrhaea archaea〉昆虫綱鱗翅目ジャノメチョウ科の蝶。分布：ブラジル。

アンティルラエア・ゲリオン〈Antirrhaea geryon〉昆虫綱鱗翅目ジャノメチョウ科の蝶。分布：コロンビア。

アンティルラエア属の一種〈Antirrahea sp.〉昆虫綱鱗翅目ジャノメチョウ科の蝶。分布：コロンビア。

アンティルラエア・ファシアネ〈Antirrhaea phasiane〉昆虫綱鱗翅目ジャノメチョウ科の蝶。分布：ペルー。

アンティルラエア・ミルティアデス〈Antirrhaea miltiades〉昆虫綱鱗翅目ジャノメチョウ科の蝶。分布：中央アメリカ。

アンテオス・マエルラ〈Anteos maerula〉昆虫綱鱗翅目シロチョウ科の蝶。分布：ネブラスカ州からメキシコまで。

アンデスクロツヤムシ〈Passalus interruptus〉昆虫綱甲虫目クロツヤムシ科。分布：テキサス州からアルゼンチンまで。

アンデスヒョウモン〈Yramea cytheris〉昆虫綱鱗翅目タテハチョウ科の蝶。分布：チリ。

アンデスベニモンキチョウ〈Colias euxanthe〉昆虫綱鱗翅目シロチョウ科の蝶。分布：ペルー、ボリビア(ともに高地)。

アンテネ・アマラ〈Anthene amarah〉昆虫綱鱗翅目シジミチョウ科の蝶。分布：アフリカ全土，アデン。

アンテネ・アレスコパ〈Anthene arescopa〉昆虫綱鱗翅目シジミチョウ科の蝶。分布：カメルーン。

アンテネ・カミリラ〈Anthene kamilila〉昆虫綱鱗翅目シジミチョウ科の蝶。分布：シエラレオネ。

アンテネ・シルバヌ〈Anthene sylvanus〉昆虫綱鱗翅目シジミチョウ科の蝶。分布：シエラレオネからアンゴラまで。

アンテネ・スキンティッルラ〈Anthene scintillula〉昆虫綱鱗翅目シジミチョウ科の蝶。分布：シエラレオネからコンゴまで。

アンテネ・スタウディンゲリ〈Anthene staudingeri〉昆虫綱鱗翅目シジミチョウ科の蝶。分布：シエラレオネからコンゴまで。

アンテネ・ゼンケリ〈Anthene zenkeri〉昆虫綱鱗翅目シジミチョウ科の蝶。分布：カメルーン，コンゴ。

アンテネ・ティルスシス〈*Anthene thyrsis*〉昆虫綱鱗翅目シジミチョウ科の蝶。分布：ガボン，コンゴ。

アンテネ・デフィニタ〈*Anthene definita*〉昆虫綱鱗翅目シジミチョウ科の蝶。分布：アフリカ東部から南へ喜望峰まで。

アンテネ・ネグレクタ〈*Anthene neglecta*〉昆虫綱鱗翅目シジミチョウ科の蝶。分布：シエラレオネからアフリカ東部，ナタールからエチオピアまで。

アンテネ・ハデス〈*Anthene hades*〉昆虫綱鱗翅目シジミチョウ科の蝶。分布：シエラレオネ，ナイジェリア。

アンテネ・ビプンクタ〈*Anthene bipuncta*〉昆虫綱鱗翅目シジミチョウ科の蝶。分布：コンゴ。

アンテネ・ピロプテラ〈*Anthene pyroptera*〉昆虫綱鱗翅目シジミチョウ科の蝶。分布：カメルーン，コンゴ。

アンテネ・ファスキアタ〈*Anthene fasciata*〉昆虫綱鱗翅目シジミチョウ科の蝶。分布：シエラレオネからコンゴまで。

アンテネ・ホドゥソニ〈*Anthene hodsoni*〉昆虫綱鱗翅目シジミチョウ科の蝶。分布：ウガンダ。

アンテネ・ホブレイイ〈*Anthene hobleyi*〉昆虫綱鱗翅目シジミチョウ科の蝶。分布：ケニアおよびウガンダ。

アンテネ・ボルタエ〈*Anthene voltae*〉昆虫綱鱗翅目シジミチョウ科の蝶。分布：シエラレオネからウガンダまで。

アンテネ・ミッラリ〈*Anthene millari*〉昆虫綱鱗翅目シジミチョウ科の蝶。分布：ナタール，トランスバール，ローデシア。

アンテネ・ムサゲテス〈*Anthene musagetes*〉昆虫綱鱗翅目シジミチョウ科の蝶。分布：シエラレオネからウガンダ，アンゴラまで。

アンテネ・ユバ〈*Anthene juba*〉昆虫綱鱗翅目シジミチョウ科の蝶。分布：シエラレオネからナイジェリアまで。

アンテネ・ラカレス〈*Anthene lachares*〉昆虫綱鱗翅目シジミチョウ科の蝶。分布：シエラレオネからガボンまで。

アンテネ・ラスティ〈*Anthene lasti*〉昆虫綱鱗翅目シジミチョウ科の蝶。分布：アフリカ東部。

アンテネ・ラミアス〈*Anthene lamias*〉昆虫綱鱗翅目シジミチョウ科の蝶。分布：シエラレオネ。

アンテネ・ラリダス〈*Anthene larydas*〉昆虫綱鱗翅目シジミチョウ科の蝶。分布：ローデシア，ナタール，シエラレオネからウガンダまで。

アンテネ・リカエノイデス〈*Anthene lycaenoides*〉昆虫綱鱗翅目シジミチョウ科の蝶。分布：マレーシアからニューギニアまで。

アンテネ・リグレス〈*Anthene ligures*〉昆虫綱鱗翅目シジミチョウ科の蝶。分布：アフリカ西部から東へタンザニアまで。

アンテネ・リザニウス〈*Anthene lyzanius*〉昆虫綱鱗翅目シジミチョウ科の蝶。分布：シエラレオネからアンゴラまで。

アンテネ・リシクレス〈*Anthene lysicles*〉昆虫綱鱗翅目シジミチョウ科の蝶。分布：シエラレオネからガボンまで。

アンテネ・リリダ〈*Anthene lirida*〉昆虫綱鱗翅目シジミチョウ科の蝶。分布：喜望峰からエチオピアまで。

アンテネ・ルクレティリス〈*Anthene lucretilis*〉昆虫綱鱗翅目シジミチョウ科の蝶。分布：シエラレオネからアンゴラまで。

アンテネ・ルソネス〈*Anthene lusones*〉昆虫綱鱗翅目シジミチョウ科の蝶。分布：シエラレオネからアンゴラまで。

アンテネ・ルヌラタ〈*Anthene lunulata*〉昆虫綱鱗翅目シジミチョウ科の蝶。分布：シエラレオネからケニアまで。

アンテネ・ルフォプラガタ〈*Anthene rufoplagata*〉昆虫綱鱗翅目シジミチョウ科の蝶。分布：シエラレオネからコンゴまで。

アンテネ・レビス〈*Anthene levis*〉昆虫綱鱗翅目シジミチョウ科の蝶。分布：シエラレオネからローデシアまで。

アンテネ・レプティネス〈*Anthene leptines*〉昆虫綱鱗翅目シジミチョウ科の蝶。分布：カメルーン，コンゴ。

アンテネ・レムノス〈*Anthene lemnos*〉昆虫綱鱗翅目シジミチョウ科の蝶。分布：ナタールからケニアまで。

アンテネ・ロクプレス〈*Anthene locuples*〉昆虫綱鱗翅目シジミチョウ科の蝶。分布：ナイジェリア，カメルーン。

アンテノールオオジャコウアゲハ〈*Pharmacophagus antenor*〉昆虫綱鱗翅目アゲハチョウ科の蝶。別名ホソボシジャコウアゲハ。開張130mm。分布：マダガスカル。珍蝶。

アンテノールジャコウアゲハ アンテノールオオジャコウアゲハの別名。

アンテリナ・スラカ〈*Antherina suraka*〉昆虫綱鱗翅目ヤママユガ科の蛾。分布：マダガスカル。

アンテロス・アケウス〈*Anteros acheus*〉昆虫綱鱗翅目シジミタテハ科の蝶。分布：南アメリカ。

アンテロス・アッレクトゥス〈*Anteros allectus*〉昆虫綱鱗翅目シジミタテハ科の蝶。分布：中央アメリカ，コロンビア，エクアドル。

アンテロス・カラウシウス〈Anteros carausius〉昆虫綱鱗翅目シジミタテハ科の蝶。分布：メキシコからボリビアまで。

アンテロス・クプリス〈Anteros kupris〉昆虫綱鱗翅目シジミタテハ科。分布：パナマからボリビアまで，ベネズエラ。

アンテロス・フォルモスス〈Anteros formosus〉昆虫綱鱗翅目シジミタテハ科の蝶。分布：ニカラグアからボリビアまで，南アメリカ北部，ブラジル。

アンテロス・ブラクテアタ〈Anteros bracteata〉昆虫綱鱗翅目シジミタテハ科の蝶。分布：アマゾン，ブラジル。

アンテロス・レナルドゥス〈Anteros renaldus〉昆虫綱鱗翅目シジミタテハ科。分布：ニカラグアからペルーまで，ギアナ，ブラジル。

アンドウメクラチビゴミムシ〈Rakantrechus andoi〉昆虫綱甲虫目オサムシ科の甲虫。体長3.5〜4.4mm。

アンドゥロニムス・ネアンデル〈Andronymus neander〉昆虫綱鱗翅目セセリチョウ科の蝶。分布：ナイジェリア，ナタール，トランスバール。

アンドゥロニムス・フィランデル〈Andronymus philander〉昆虫綱鱗翅目セセリチョウ科の蝶。分布：アフリカ西部からアンゴラ，アフリカ東部まで。

アントカリス・ケトゥラ〈Anthocharis cethura〉昆虫綱鱗翅目シロチョウ科の蝶。分布：カリフォルニア州。

アントカリス・ランケオロタ〈Anthocharis lanceolota〉昆虫綱鱗翅目シロチョウ科の蝶。分布：カリフォルニア州からアラスカまで。

アントカリス・リモネア〈Anthocharis limonea〉昆虫綱鱗翅目シロチョウ科の蝶。分布：メキシコ。

アントニオアゲハ〈Papilio antonio〉昆虫綱鱗翅目アゲハチョウ科の蝶。分布：レイテ，ミンダナオ。

アントプトゥス・エピクテトゥス〈Anthoptus epictetus〉昆虫綱鱗翅目セセリチョウ科の蝶。分布：メキシコから南アメリカまで。

アントペダリオデス・アントニア〈Antopedaliodes antonia〉昆虫綱鱗翅目ジャノメチョウ科の蝶。分布：ボリビア，ペルー。

アンドラエモンアゲハ〈Papilio andraemon〉昆虫綱鱗翅目アゲハチョウ科の蝶。分布：バハマ諸島，キューバ，ジャマイカ，グランド・カイマン島。

アンドラノドルスフタオチョウ〈Charaxes andranodorus〉昆虫綱鱗翅目タテハチョウ科の蝶。開張90mm。分布：マダガスカル。珍蝶。

アンナウラモジタテハ〈Diaethria anna〉昆虫綱鱗翅目タテハチョウ科の蝶。分布：メキシコ。

アンナヒゲナガゾウムシ〈Illis anna〉昆虫綱甲虫目ヒゲナガゾウムシ科の甲虫。体長3.0〜3.7mm。

アンナベニモンキノハ〈Anaea anna〉昆虫綱鱗翅目タテハチョウ科の蝶。別名アンナベニモンコノハ。分布：アマゾン上流地方。

アンピッティア・ダライラマ〈Ampittia dalailama〉昆虫綱鱗翅目セセリチョウ科の蝶。分布：チベット，中国西部。

アンピッティア・ディオスコリデス〈Ampittia dioscorides〉昆虫綱鱗翅目セセリチョウ科の蝶。分布：アッサム，インドから東南アジア一帯，中国。

アンピッティア・トゥリマクラ〈Ampittia trimacula〉昆虫綱鱗翅目セセリチョウ科の蝶。分布：中国西部。

アンフィセレニス・カマ〈Amphiselenis chama〉昆虫綱鱗翅目シジミタテハ科の蝶。分布：コロンビア，ベネズエラ。

アンフィデクタ・ピグネラトル〈Amphidecta pignerator〉昆虫綱鱗翅目ジャノメチョウ科の蝶。分布：コロンビア。

アンフリサスキシタアゲハ〈Troides amphrysus〉昆虫綱鱗翅目アゲハチョウ科の蝶。開張雄120mm，雌150mm。分布：スンダランド。珍蝶。

アンブリスキルテス・アエヌス〈Amblyscirtes aenus〉昆虫綱鱗翅目セセリチョウ科の蝶。分布：アメリカ合衆国中部・西部。

アンブリスキルテス・エオス〈Amblyscirtes eos〉昆虫綱鱗翅目セセリチョウ科の蝶。分布：テキサス州。

アンブリスキルテス・エキソテリア〈Amblyscirtes exoteria〉昆虫綱鱗翅目セセリチョウ科の蝶。分布：アリゾナ州，メキシコ。

アンブリスキルテス・オスラリ〈Amblyscirtes oslari〉昆虫綱鱗翅目セセリチョウ科の蝶。分布：合衆国西部およびロッキー山脈。

アンブリスキルテス・カッスス〈Amblyscirtes cassus〉昆虫綱鱗翅目セセリチョウ科の蝶。分布：アリゾナ州。

アンブリスキルテス・カロリナ〈Amblyscirtes carolina〉昆虫綱鱗翅目セセリチョウ科の蝶。分布：ジョージア州からバージニアまで。

アンブリスキルテス・テキストール〈Amblyscirtes textor〉昆虫綱鱗翅目セセリチョウ科の蝶。分布：バージニアからジョージア州およびテキサス州まで。

アンブリスキルテス・ニサ〈Amblyscirtes nysa〉昆虫綱鱗翅目セセリチョウ科の蝶。分布：テキサス州，カンザス州。

アンブリスキルテス・ビアリス〈*Amblyscirtes vialis*〉昆虫綱鱗翅目セセリチョウ科の蝶。分布：カナダからテキサス州および太平洋岸まで。

アンブリスキルテス・フィンブリアタ〈*Amblyscirtes fimbriata*〉昆虫綱鱗翅目セセリチョウ科の蝶。分布：コロラド州からメキシコまで。

アンブリスキルテス・ベッリ〈*Amblyscirtes belli*〉昆虫綱鱗翅目セセリチョウ科の蝶。分布：アメリカ合衆国中部・南部。

アンボイナノメイガ〈*Maruca amboinalis*〉昆虫綱鱗翅目メイガ科の蛾。分布：沖縄本島, 石垣島, 西表島, 台湾, インドから東南アジア一帯。

アンボンアゲハ〈*Menelaides gambrisius*〉昆虫綱鱗翅目アゲハチョウ科の蝶。

アンボンコウモリバエ〈*Brachytarsina amboinensis*〉昆虫綱双翅目コウモリバエ科。体長2.8〜3.1mm。害虫。

アンミアヌス属の一種〈*Ammianus* sp.〉昆虫綱半翅目グンバイムシ科。

【イ】

イアスピス・タライラ〈*Iaspis talayra*〉昆虫綱鱗翅目シジミチョウ科の蝶。分布：メキシコからブラジル。

イアナメクラチビゴミムシ〈*Stygiotrechus pachys*〉昆虫綱甲虫目オサムシ科の甲虫。体長3.2〜3.6mm。

イアンブリクス・オブリクアンス〈*Iambrix obliquans*〉昆虫綱鱗翅目セセリチョウ科の蝶。分布：ミャンマー, タイ, マレーシア, スマトラ, ジャワ, ボルネオ。

イイギリワタカイガラムシ〈*Pulvinaria idesiae*〉昆虫綱半翅目カタカイガラムシ科。体長5〜7mm。柿, マサキ, ニシキギに害を及ぼす。分布：本州, 四国, イギリス。

イイジマカバナミシャク〈*Eupithecia ijimai*〉昆虫綱鱗翅目シャクガ科の蛾。分布：北海道東部の標茶や糠平。

イイジマキリガ〈*Orthosia ijimai*〉昆虫綱鱗翅目ヤガ科ヨトウガ亜科の蛾。開張33〜37mm。林檎に害を及ぼす。分布：北海道, 本州中部と北部。

イイジマヒラムシ 飯島平虫〈*Stylochus ijimai*〉扁形動物門渦虫綱多岐腸目スチロヒラムシ科の海産小動物。分布：日本各地の海岸。

イイジマルリボシヤンマ〈*Aeschna subarctica*〉昆虫綱蜻蛉目ヤンマ科の蜻蛉。準絶滅危惧種(NT)。体長65mm。分布：北海道東部。

イイダハイジマハナアブ 飯田灰縞花虻〈*Eumerus iidai*〉昆虫綱双翅目ハナアブ科。分布：本州。

イイダヒゲクロヒラタアブ 飯田鬚黒扁虻〈*Endoiasimyia iidai*〉昆虫綱双翅目ハナアブ科。分布：本州。

イイデクロヨトウ〈*Apamea wasedana*〉昆虫綱鱗翅目ヤガ科カラスヨトウ亜科の蛾。分布：飯豊山塊烏帽子岳。

イイデヌレチゴミムシ〈*Apenetretus shirahatai*〉昆虫綱甲虫目オサムシ科の甲虫。体長9.5mm。

イエオニグモ〈*Neoscona nautica*〉蛛形綱クモ目コガネグモ科の蜘蛛。体長雌9〜12mm, 雄5〜7mm。分布：本州, 四国, 九州, 南西諸島。害虫。

イエカ 家蚊〈*Culex* spp.〉昆虫綱双翅目糸角亜目カ科イエカ属の種類の総称。

イエカミキリ 家天牛〈*Stromatium longicorne*〉昆虫綱甲虫目カミキリムシ科カミキリ亜科の甲虫。体長15〜22mm。分布：奄美大島以南の南西諸島, 小笠原諸島。

イエコオロギ カマドコオロギの別名。

イエゴキブリ 家蜚蠊〈*Neostylopyga rhombifolia*〉昆虫綱網翅目ゴキブリ科。体長20〜25mm。分布：奄美大島以南。害虫。

イエササラダニ〈*Haplochthonius simplex*〉蛛形綱ダニ目イエササラダニ科。体長0.24〜0.27mm。害虫。

イエシロアリ 家白蟻〈*Coptotermes formosanus*〉昆虫綱等翅目ミゾガシラシロアリ科。体長は有翅虫7.4〜9.7mm, 兵蟻3.8〜6.5mm, 職蟻3.3〜5.2mm。サトウキビに害を及ぼす。分布：本州(神奈川県以西の海岸線に沿った暖地), 四国, 九州, 南西諸島, 伊豆諸島, 小笠原諸島。

イエタナグモ 家店蜘蛛〈*Tegenaria domestica*〉節足動物門クモ形綱真正クモ目タナグモ科の蜘蛛。体長雌10〜12mm, 雄9〜10mm。分布：北海道, 本州, 四国, 九州。

イエダニ 家壁蝨〈*Ornithonyssus bacoti*〉節足動物門クモ形綱ダニ目オオサシダニ科のダニ。体長0.6〜1.0mm。害虫。

イエニクダニ 家肉壁蝨〈*Glycyphagus domesticus*〉節足動物門クモ形綱ダニ目コナダニ団ニクダニ科のダニ。体長雌0.5〜0.7mm, 雄0.3〜0.4mm。害虫。

イエネズミジラミ〈*Polyplax spinulosa*〉ホソゲジラミ科。体長雄0.85〜1.1mm, 雌1.2〜1.5mm。害虫。

イエバエ 家蠅〈*Musca domestica*〉昆虫綱双翅目イエバエ科。体長4〜8mm。分布：全世界。害虫。

イエハリクチダニ〈*Raphignathus domesticus*〉蛛形綱ダニ目ハリクチダニ科。害虫。

イエヒメアリ 家姫蟻〈*Monomorium pharaonis*〉昆虫綱膜翅目アリ科。分布：大阪, 東京。害虫。

イェマディア・グネトゥス〈Jemadia gnetus〉昆虫綱鱗翅目セセリチョウ科の蝶。分布：コロンビア，ギアナ，ブラジル。

イェマディア・スコンベル〈Jemadia scomber〉昆虫綱鱗翅目セセリチョウ科の蝶。分布：ペルー。

イェマディア・ソシア〈Jemadia sosia〉昆虫綱鱗翅目セセリチョウ科の蝶。分布：コロンビア，エクアドル，ペルー，ボリビア。

イェマディア・ヒュウィットソニ〈Jemadia hewitsonii albescens〉昆虫綱鱗翅目セセリチョウ科の蝶。分布：パナマ，アマゾン上流地方，ベネズエラ，ギアナ，ブラジル。

イェマディア・ホスピタ〈Jemadia hospita〉昆虫綱鱗翅目セセリチョウ科の蝶。分布：コロンビアからブラジルまで。

イエユウレイグモ〈Pholcus phalangioides〉蛛形綱クモ目ユウレイグモ科の蜘蛛。体長雌8～10mm，雄7～8mm。分布：本州，四国，九州，南西諸島，全世界。害虫。

イェラ・トゥリクスピダタ〈Jera tricuspidata〉昆虫綱鱗翅目セセリチョウ科の蝶。分布：エクアドル。

イオウイロハシリグモ〈Dolomedes sulfureus〉蛛形綱クモ目キシダグモ科の蜘蛛。体長雌18～28mm，雄14～18mm。分布：北海道，本州，四国，九州。害虫。

イオウジマケシカミキリ〈Miaenia iwojimana〉昆虫綱甲虫目カミキリムシ科フトカミキリ亜科の甲虫。

イオネツマアカシロチョウ〈Colotis ione〉昆虫綱鱗翅目シロチョウ科の蝶。分布：サハラ以南のアフリカ全域。

イオファヌス・ピルリアス〈Iophanus pyrrhias〉昆虫綱鱗翅目シジミチョウ科の蝶。分布：グアテマラ(高地)。

イオメダマヤママユ〈Automeris io〉昆虫綱鱗翅目ヤママユガ科の蛾。雄の前翅は黄色，後翅に目玉模様，雌は褐色。開張5～8.25mm。分布：カナダ南部から合衆国，メキシコ南部。

イオラウス・エウリッス〈Iolaus eurisus〉昆虫綱鱗翅目シジミチョウ科の蝶。分布：シエラレオネからカメルーンまで。

イオラウス・ボリッスス〈Iolaus bolissus〉昆虫綱鱗翅目シジミチョウ科の蝶。分布：カメルーン，コンゴ。

イオラフィルス・イスメニアス〈Iolaphilus ismenias〉昆虫綱鱗翅目シジミチョウ科の蝶。分布：ナイジェリアからスーダンまで。

イオラフィルス・カリスト〈Iolaphilus colisto〉昆虫綱鱗翅目シジミチョウ科の蝶。分布：セネガンビアからガボンまで。

イオラフィルス・ピアッガエ〈Iolaphilus piaggae〉昆虫綱鱗翅目シジミチョウ科の蝶。分布：エチオピア。

イオラフィルス・メナス〈Iolaphilus menas〉昆虫綱鱗翅目シジミチョウ科の蝶。分布：セネガンビアからガボンまで。

イオラフィルス・ユルス〈Iolaphilus iulus〉昆虫綱鱗翅目シジミチョウ科の蝶。分布：シエラレオネからナイジェリアまで。

イオラフィルス・ラオニデス〈Iolaphilus laonides〉昆虫綱鱗翅目シジミチョウ科の蝶。分布：シエラレオネ。

イオレツルギタテハ〈Marpesia iole〉昆虫綱鱗翅目タテハチョウ科の蝶。分布：中央アメリカからエクアドルまで。

イガ 衣蛾〈Tinea translucens〉昆虫綱鱗翅目ヒロズコガ科の蛾。開張10～14mm。分布：ヨーロッパ各地，インド，スリランカ，アフガニスタン，イラン，アフリカ南部，アメリカ，チリー。害虫。

イガクロツヤマグソコガネ〈Aphodius igai〉昆虫綱甲虫目コガネムシ科の甲虫。体長5.5～9.0mm。

イガブチヒゲハナカミキリ〈Anoplodera igai〉昆虫綱甲虫目カミキリムシ科ハナカミキリ亜科の甲虫。体長19～25mm。分布：本州，四国，九州。

イガムツボシタマムシ〈Chrysobothris igai〉昆虫綱甲虫目タマムシ科の甲虫。体長9～13mm。

イガメスグロカミキリモドキ〈Asclera igai〉昆虫綱甲虫目カミキリモドキ科の甲虫。体長5.5～9.5mm。

イガラシカッコウムシ〈Tillus igarashii〉昆虫綱甲虫目カッコウムシ科の甲虫。体長10mm。分布：北海道，本州，九州。

イカリキア・フェレス〈Icaricia pheres〉昆虫綱鱗翅目シジミチョウ科の蝶。分布：アメリカ合衆国の太平洋沿いの州。

イカリキア・リケア〈Icaricia lyceo〉昆虫綱鱗翅目シジミチョウ科の蝶。分布：ロッキー山脈。

イカリハナボタル〈Plateros ikarianus〉昆虫綱甲虫目ベニボタル科の甲虫。体長3.3～4.6mm。

イカリヒメジンガサハムシ〈Cassida sigillata〉昆虫綱甲虫目ハムシ科の甲虫。体長6.5～7.0mm。分布：本州，四国，九州。

イカリモンガ 錨紋蛾〈Pterodecta felderi〉昆虫綱鱗翅目イカリモンガ科の蛾。開張35mm。分布：北海道，本州，四国，九州，シベリア南東部，朝鮮半島，中国，台湾。

イカリモンテントウダマシ〈Mycetina ancoriger〉昆虫綱甲虫目テントウムシダマシ科の甲虫。体長2.4～3.4mm。

イカリモンノメイガ〈Glyphodes itysalis〉昆虫綱鱗翅目メイガ科の蛾。分布：奄美大島, 喜界島, 沖永良部島, 沖縄本島, 宮古島, 西表島, 台湾, インドから東南アジア一帯。

イカリモンハンミョウ〈Cicindela anchoralis〉昆虫綱甲虫目ハンミョウ科の甲虫。絶滅危惧類(CR+EN)。体長11～14mm。分布：本州(石川県), 九州。

イカロスシジミ〈Polyommatus icarus〉昆虫綱鱗翅目シジミチョウ科の蝶。雄は明るい青紫色。雌は褐色で, 縁にオレンジ色の斑点。開張2.5～4.0mm。分布：ヨーロッパ, 北アフリカ, アジア温帯域の草原。

イキシアス・キューニ〈Ixias kuehni〉昆虫綱鱗翅目シロチョウ科の蝶。分布：ウェタル島(小スンダ列島)。

イキシアス・フラビペンニス〈Ixias flavipennis〉昆虫綱鱗翅目シロチョウ科の蝶。分布：スマトラ。

イキシアス・ベニリア〈Ixias venilia〉昆虫綱鱗翅目シロチョウ科の蝶。分布：ジャワ。

イキシアス・ベルナ〈Ixias verna〉昆虫綱鱗翅目シロチョウ科の蝶。分布：ミャンマーからマレーシアまで。

イキシアス・マリアンネ〈Ixias marianne〉昆虫綱鱗翅目シロチョウ科の蝶。分布：インド, スリランカ。

イキシアス・ラインワルティ〈Ixias reinwardti〉昆虫綱鱗翅目シロチョウ科の蝶。分布：スンバワ, フロレス, アロル, ティモールなど。

イグサシンムシガ〈Bactra furfurana〉昆虫綱鱗翅目ハマキガ科の蛾。別名イグサヒメハマキ。開張11～15mm。分布：北海道, 本州, 九州の平・山地。イグサ, シチトウイに害を及ぼす。

イクチオオキバハネカクシ〈Oxyporus germanus〉昆虫綱甲虫目ハネカクシ科の甲虫。体長7.0～10.0mm。

イグチケブカゴミムシ〈Peronomerus auripilis〉昆虫綱甲虫目オサムシ科の甲虫。体長9～10mm。分布：北海道, 本州。

イグチナミキノコバエ〈Mycetophila fungorum〉昆虫綱双翅目ナミキノコバエ科。キノコ類に害を及ぼす。分布：日本全国, ヨーロッパ, アジア, 北アメリカ。

イグチホシヨコバイ〈Xestocephalus iguchii〉昆虫綱半翅目ヨコバイ科。体長3.5～4.0mm。分布：北海道, 本州, 四国。

イグチマルガタゴミムシ〈Amara macros〉昆虫綱甲虫目オサムシ科の甲虫。体長10mm。分布：北海道, 本州, 九州。

イグニタニシキシジミ〈Hypochrysops ignita〉昆虫綱鱗翅目シジミチョウ科の蝶。前翅の中央は空色で, 後翅の中央は紫色。開張2.5～3.0mm。分布：オーストラリアからパプアニューギニア。

イクビゴミムシダマシ コマルムネゴミムシダマシの別名。

イクビホソアトキリゴミムシ〈Dromius breviceps〉昆虫綱甲虫目オサムシ科の甲虫。体長5.5～6.5mm。

イクビマメゾウムシ 猪頸豆象鼻虫〈Spermophagus japonicus〉昆虫綱甲虫目マメゾウムシ科の甲虫。体長3.0～3.3mm。分布：本州, 四国, 九州。

イクビモリヒラタゴミムシ 猪頸森扁芥虫〈Colpodes modestior〉昆虫綱甲虫目オサムシ科の甲虫。体長7.0～8.5mm。分布：本州, 四国, 九州。

イケザキアシブトゾウムシ〈Endaenidius ikezakii〉昆虫綱甲虫目ゾウムシ科の甲虫。体長2.2～2.7mm。

イケダカンショコガネ〈Apogonia ikedai〉昆虫綱甲虫目コガネムシ科の甲虫。体長10mm。

イケママダラウワバ〈Abrostola asclepiades〉昆虫綱鱗翅目ヤガ科の蛾。

イコマケシツチゾウムシ〈Trachyphloeosoma advena〉昆虫綱甲虫目ゾウムシ科の甲虫。体長2.3～2.5mm。

イゴレタコジャノメ〈Mycalesis igoleta〉昆虫綱鱗翅目ジャノメチョウ科の蝶。

イゴロットカタゾウムシ〈Pachyrrhynchus igorota〉昆虫綱甲虫目ゾウムシ科。分布：ルソン島山地。

イサゴコモリグモ〈Pardosa isago〉蛛形綱クモ目コモリグモ科の蜘蛛。体長雌7～9mm, 雄6～8mm。分布：本州, 四国, 九州。

イサゴワシグモ〈Drassodes lapidosus〉蛛形綱クモ目ワシグモ科の蜘蛛。体長雌11～12mm, 雄10～11mm。分布：北海道, 本州(高山)。

イサベラヒトリ〈Pyrrharctia isabella〉昆虫綱鱗翅目ヒトリガ科の蛾。外縁に沿って, とくに翅の先端には数個の黒色の斑点が並ぶ。開張4.5～7.0mm。分布：カナダ, 合衆国。

イザベラミズアオ〈Graellsia isabellae〉昆虫綱鱗翅目ヤママユガ科の蛾。翅脈は赤褐色の模様, 暗褐色の縁どり, 中央には中心が白色の目玉模様をもつ。開張6～10mm。分布：スペイン中央部。

イサベルコモンタイマイ〈Graphium meeki〉昆虫綱鱗翅目アゲハチョウ科の蝶。分布：サンタ・イサベル。

イシイクビナガゴミムシ〈Ophionea ishii〉昆虫綱甲虫目オサムシ科の甲虫。体長6.5～7.0mm。

イシイクロ

イ

イシイクロヤドリコバチ〈*Coccophagus ishiii*〉昆虫綱膜翅目ツヤコバチ科。

イシイナガコムシ 石井長小虫〈*Campodea ishii*〉無翅昆虫亜綱双尾目ナガコムシ科。体長3～4mm。分布：本州(中部以西)，九州。

イシエリユスリカ〈*Spaniotoma saxosa*〉昆虫綱双翅目ユスリカ科。

イシガキアカホシテントウ〈*Chilocorus ishigakensis*〉昆虫綱甲虫目テントウムシ科の甲虫。体長2.6～3.7mm。

イシガキアシナガトビハムシ〈*Longitarsus ishigakiensis*〉昆虫綱甲虫目ハムシ科の甲虫。体長1.8～2.1mm。

イシガキイトヒゲカミキリ〈*Praolia ishigakiana*〉昆虫綱甲虫目カミキリムシ科フトカミキリ亜科の甲虫。

イシガキエグリゴミムシダマシ〈*Uloma ishigakiensis*〉昆虫綱甲虫目ゴミムシダマシ科の甲虫。体長6.3～6.5mm。

イシガキオオアオコメツキ ヨツモンオオアオコメツキの別名。

イシガキオオキバノコギリカミキリ ツヤオオキバノコギリカミキリの別名。

イシガキオビハナノミ〈*Glipa ishigakiana*〉昆虫綱甲虫目ハナノミ科の甲虫。体長8～10.2mm。

イシガキクワカミキリ ヤエヤマクワカミキリの別名。

イシガキケブトハナカミキリ〈*Caraphia babai*〉昆虫綱甲虫目カミキリムシ科ハナカミキリ亜科の甲虫。

イシガキコガネ〈*Mimela ishigakiensis*〉昆虫綱甲虫目コガネムシ科の甲虫。体長19～23mm。分布：石垣島，西表島。

イシガキコバネジョウカイ〈*Trypherus makiharai*〉昆虫綱甲虫目ジョウカイボン科の甲虫。体長4.2～6.4mm。

イシガキコヒゲナガハナノミ〈*Ptilodactyla ishigakiana*〉昆虫綱甲虫目ナガハナノミ科の甲虫。体長3.8～4.7mm。

イシガキゴマフカミキリ〈*Mesosa cervinopicta*〉昆虫綱甲虫目カミキリムシ科フトカミキリ亜科の甲虫。体長15mm。

イシガキシロオビサビカミキリ〈*Pterolophia kaleea*〉昆虫綱甲虫目カミキリムシ科フトカミキリ亜科の甲虫。体長6mm。分布：石垣島，西表島，与那国島。

イシガキシロチョウ ベニシロチョウの別名。

イシガキシロテンハナムグリ〈*Protaetia ishigakia*〉昆虫綱甲虫目コガネムシ科の甲虫。体長18～22mm。分布：南西諸島。

イシガキチビトラカミキリ〈*Perrissus ishigakianus*〉昆虫綱甲虫目カミキリムシ科カミキリ亜科の甲虫。

イシガキチビナミシャク〈*Gymnoscelis ishigakiensis*〉昆虫綱鱗翅目シャクガ科の蛾。分布：石垣島，西表島。

イシガキチビマルヒゲナガハナノミ〈*Ectopria tachikawai*〉昆虫綱甲虫目ヒラタドロムシ科の甲虫。体長2.3～2.8mm。

イシガキチョウ イシガケチョウの別名。

イシガキトガリバサビカミキリ〈*Iproca ishigakiana*〉昆虫綱甲虫目カミキリムシ科フトカミキリ亜科の甲虫。体長10mm。

イシガキトゲウスバカミキリ〈*Megopis ishigakiana*〉昆虫綱甲虫目カミキリムシ科の甲虫。体長27～40mm。

イシガキトサカシバンムシ〈*Trichodesma uruma*〉昆虫綱甲虫目シバンムシ科の甲虫。体長3.9mm。

イシガキトビイロセンチコガネ〈*Bolbelasmus ishigakiensis*〉昆虫綱甲虫目コガネムシ科の甲虫。体長12mm。

イシガキネブトクワガタ〈*Aegus formosae*〉昆虫綱甲虫目クワガタムシ科の甲虫。体長雄18～32mm，雌16mm。分布：石垣島，西表島。

イシガキヒゲナガゾウムシ〈*Araecerus ishigakiensis*〉昆虫綱甲虫目ヒゲナガゾウムシ科の甲虫。体長3.4～4.5mm。

イシガキヒメメダカカッコウムシ〈*Neohydnus aritai*〉昆虫綱甲虫目カッコウムシ科の甲虫。体長6mm。

イシガキビロウドカミキリ〈*Acalolepta* sp.〉昆虫綱甲虫目カミキリムシ科フトカミキリ亜科の甲虫。

イシガキフトカミキリ〈*Blepephaeus ishigakianus*〉昆虫綱甲虫目カミキリムシ科フトカミキリ亜科の甲虫。体長17～22mm。分布：石垣島。

イシガキヤンマ〈*Planaeschna ishigakiana*〉昆虫綱蜻蛉目ヤンマ科の蜻蛉。準絶滅危惧種(NT)。体長70mm。分布：石垣島，西表島。

イシガキリンゴカミキリ〈*Oberea ishigakiana*〉昆虫綱甲虫目カミキリムシ科フトカミキリ亜科の甲虫。体長14mm。分布：石垣島，西表島。

イシガケセセリ〈*Odontoptilum angulatum*〉昆虫綱鱗翅目セセリチョウ科の蝶。

イシガケチョウ 石崖蝶〈*Cyrestis thyodamas*〉昆虫綱鱗翅目タテハチョウ科イシガケチョウ亜科の蝶。別名イシガキチョウ。白地に複雑な模様。開張6～7mm。分布：インド北部から，パキスタン，日本。

イシカリヨトウ〈*Apamea oblonga*〉昆虫綱鱗翅目ヤガ科カラスヨトウ亜科の蛾。分布：ユーラシア, 北海道。

イシカワウスマルヒメバチ〈*Exetastes ishikawensis*〉昆虫綱膜翅目ヒメバチ科。

イシカワクモゾウムシ〈*Kumozo ishikawai*〉昆虫綱甲虫目ゾウムシ科の甲虫。体長3.2～4.0mm。

イシカワナミハグモ〈*Cybaeus ishikawai*〉蛛形綱クモ目タナグモ科の蜘蛛。

イシカワマシラグモ〈*Sarutana glabra*〉蛛形綱クモ目マシラグモ科の蜘蛛。

イシカワメクラチビゴミムシ〈*Ryugadous ishikawai*〉昆虫綱甲虫目ゴミムシ科の甲虫。体長3.4～4.0mm。分布：龍河洞, 山内洞(高知県)。

イシサワオニグモ〈*Araneus ishisawai*〉蛛形綱クモ目コガネグモ科の蜘蛛。体長雌18～20mm, 雄7～8mm。分布：北海道, 本州, 四国, 九州。

イシヅチオサムシ〈*Carabus dehaanii ishizuchianus*〉昆虫綱甲虫目オサムシ科の甲虫。分布：四国。

イシヅチチビゴミムシ〈*Epaphiopsis ishizuchiensis*〉昆虫綱甲虫目オサムシ科の甲虫。体長3.0～3.5mm。

イシヅチヒメハナカミキリ〈*Pidonia shikokensis*〉昆虫綱甲虫目カミキリムシ科ハナカミキリ亜科の甲虫。

イシヅチヒロコバネ〈*Neomicropteryx cornuta*〉昆虫綱鱗翅目コバネガ科の蛾。開張12mm。

イシダシジミ アサマシジミ, イブリシジミの別名。

イシダシャチホコ〈*Peridea graeseri*〉昆虫綱鱗翅目シャチホコガ科ウチキシャチホコ亜科の蛾。開張55mm。分布：沿海州, 中国東北, 北海道から九州。

イシダヒメヨコバイ〈*Edwardsiana ishidai*〉昆虫綱半翅目ヨコバイ科。体長2mm。林檎に害を及ぼす。分布：北海道, 本州, 九州。

イシダマグソコガネ〈*Oxyomus ishidai*〉昆虫綱甲虫目コガネムシ科の甲虫。体長2.8～3.2mm。

イシダメクラチビゴミムシ〈*Ishidatrechus nitidus*〉昆虫綱甲虫目オサムシ科の甲虫。体長3.9～4.3mm。

イシダモリヒラタゴミムシ〈*Colpodes ishidai*〉昆虫綱甲虫目オサムシ科の甲虫。体長11.5～12.0mm。

イシノミ 石蚤〈*Pedetontus nipponicus*〉無翅昆虫亜綱総尾目イシノミ科。体長12～15mm。

イシノミ 石蚤〈bristletails〉シミ目イシノミ亜目Microcorythiaに属する昆虫の総称。珍品。

イシハラエグリツツキノコムシ〈*Ennearthron ishiharai*〉昆虫綱甲虫目ツツキノコムシ科の甲虫。体長1.4～1.9mm。

イシハラカメムシ〈*Brachynema ishiharai*〉昆虫綱半翅目カメムシ科。

イシハラカンショコガネ〈*Apogonia ishiharai*〉昆虫綱甲虫目コガネムシ科の甲虫。体長10.5～11.5mm。

イシハラクロチョウカ イシハラハネビロチョウバエの別名。

イシハラクロチョウバエ イシハラハネビロチョウバエの別名。

イシハラジョウカイ〈*Athemus ishiharai*〉昆虫綱甲虫目ジョウカイボン科の甲虫。体長9.5～10.8mm。

イシハラチビマルハナノミ〈*Cyphon ishiharai*〉昆虫綱甲虫目マルハナノミ科の甲虫。体長2.4～3.9mm。

イシハラナガカメムシ〈*Pylorgus ishiharai*〉昆虫綱半翅目ナガカメムシ科。

イシハラハネビロチョウバエ〈*Brunettia ishiharai*〉昆虫綱双翅目チョウバエ科。別名イシハラクロチョウバエ。

イシハラヒメチビシデムシ〈*Nemadus ishiharai*〉昆虫綱甲虫目チビシデムシ科の甲虫。体長1.9～2.3mm。

イシハラヒメナガゴミムシ〈*Pterostichus ishiharai*〉昆虫綱甲虫目オサムシ科の甲虫。体長6mm。

イシハラヒメハナバチ〈*Andrena ishiharai*〉昆虫綱膜翅目ヒメハナバチ科。

イシムカデ 石蜈蚣〈long-legged centipede〉節足動物門唇脚綱イシムカデ目Lithobiomorphaの陸生動物の総称。

イシヤマカマトリバ〈*Leioptilus ishiyamanus*〉昆虫綱鱗翅目トリバガ科の蛾。分布：北海道, 本州(東北から中部山地)。

イシュクセンチュウ〈*Tylenchorhynchus* spp.〉ベロノライムシ。苺に害を及ぼす。

イズインチビゴミムシ〈*Thalassoduvalius masidai pacificus*〉昆虫綱甲虫目オサムシ科の甲虫。体長3.9～5.0mm。

イズメクラチビゴミムシ〈*Rakantrechus subglaber*〉昆虫綱甲虫目オサムシ科の甲虫。体長3.6～4.0mm。

イスノキマルカイガラムシ〈*Aulacaspis latissima*〉昆虫綱半翅目マルカイガラムシ科。イスノキに害を及ぼす。

イヅツグモ〈*Anyphaena pugil*〉蛛形綱クモ目イヅツグモ科の蜘蛛。体長雌6〜7mm,雄5〜6mm。分布:本州,四国,九州。

イヅツグモの一種〈*Anyphaena sp.*〉蛛形綱クモ目イヅツグモ科の蜘蛛。体長雌7mm。分布:本州(中部・高地)。

イストミアキオビマダラ〈*Mechanitis isthmia*〉昆虫綱鱗翅目タテハチョウ科の蝶。細長い胴をもつ。開張6〜8mm。分布:メキシコからアマゾン盆地。

イズニセビロウドカミキリ〈*Acalolepta izuinsulana*〉昆虫綱甲虫目カミキリムシ科フトカミキリ亜科の甲虫。体長16〜19mm。分布:伊豆諸島。

イスノキアキアブラムシ〈*Dinipponaphis autumna*〉昆虫綱半翅目アブラムシ科。体長0.7mm。イスノキ,トベラ,紫陽花に害を及ぼす。分布:本州,九州,沖縄。

イスノキオオムネアブラムシ〈*Nipponaphis distychii*〉昆虫綱半翅目アブラムシ科。体長1.5mm。イスノキに害を及ぼす。分布:本州,九州,沖縄。

イスノキシロカイガラムシ〈*Aulacaspis distylii*〉昆虫綱半翅目マルカイガラムシ科。体長2.0〜2.8mm。イスノキに害を及ぼす。分布:本州(南関東以西)以南の日本各地。

イスノキヒメハマキ〈*Spilonota distyliana*〉昆虫綱鱗翅目ハマキガ科の蛾。イスノキ,トベラ,紫陽花に害を及ぼす。分布:本州(近畿以西),四国,対馬,屋久島,奄美大島。

イスノタマフシアブラムシ〈*Monzenia globuli*〉昆虫綱半翅目アブラムシ科。体長1mm。イスノキに害を及ぼす。分布:本州,四国,九州。

イスノフシアブラムシ〈*Nipponaphis distyliicola*〉昆虫綱半翅目アブラムシ科。体長1.2mm。カシ類,イスノキに害を及ぼす。分布:本州,九州。

イズヒゲナガキバケシキスイ〈*Platychora insularis*〉昆虫綱甲虫目ケシキスイ科の甲虫。体長3.5〜4.8mm。

イスマ・オブスクラ〈*Isma obscura*〉昆虫綱鱗翅目セセリチョウ科の蝶。分布:ミャンマー,マレーシア,スマトラ,ジャワ,ボルネオ。

イスマ・グットゥリフェラ〈*Isma guttulifera*〉昆虫綱鱗翅目セセリチョウ科の蝶。分布:マレーシア,ボルネオ。

イスマ・プロトクレア〈*Isma protoclea*〉昆虫綱鱗翅目セセリチョウ科の蝶。分布:ミャンマー,マレーシア。

イスマ・ボノニア〈*Isma bononia*〉昆虫綱鱗翅目セセリチョウ科の蝶。分布:マレーシア,ボルネオ,ジャワ,ミャンマー。

イスラムヒメチャマダラセセリ〈*Pyrgus melotis*〉蝶。

イセキリガ〈*Agrochola sakabei*〉昆虫綱鱗翅目ヤガ科セダカモクメ亜科の蛾。分布:三重県度会郡大宮町滝原。

イセテントウ〈*Arawana isensis*〉昆虫綱甲虫目テントウムシ科の甲虫。体長3.5mm。

イセリアカイガラムシ〈*Icerya purchasi*〉昆虫綱半翅目ワタフキカイガラムシ科。別名ワタフキカイガラムシ。体長4〜6mm。ナシ類,柑橘,オリーブ,バラ類,牡丹,芍薬,クチナシ,ハクチョウゲ,イチョウ,楓(紅葉),椿,山茶花,モッコク,トベラ,ナンテン,柿,無花果,大豆に害を及ぼす。分布:関東地方以南の日本各地,世界の熱帯から温帯地域。

イソウロウグモ 居候蜘蛛〈*Argyrodes* spp.〉節足動物門クモ形綱真正クモ目ヒメグモ科イソウロウグモ属の総称。

イソウロウグモの一種〈*Argyrodes sp.*〉蛛形綱クモ目ヒメグモ科の蜘蛛。体長雌3.0〜3.5mm,雄2.5〜3.0mm。分布:本州,四国。

イソカネタタキ 磯鉦叩〈*Ornebius bimaculatus*〉昆虫綱直翅目コオロギ科。分布:神奈川,静岡,三重,和歌山,宮崎。

イソコツブムシ 磯小粒虫〈*Gnorimosphaeroma rayi*〉節足動物門甲殻綱等脚目コツブムシ科の水生小動物。分布:日本各地。

イソコモリグモ〈*Lycosa fujitai*〉蛛形綱クモ目コモリグモ科の蜘蛛。絶滅危惧II類(VU)。体長雌22〜24mm,雄17〜20mm。分布:北海道(海岸),本州(海岸)。

イソジョウカイモドキ〈*Laius asahinai*〉昆虫綱甲虫目ジョウカイモドキ科の甲虫。体長4.5〜5.0mm。分布:本州,九州。

イソタナグモ〈*Litisedes shirahamensis*〉蛛形綱クモ目タナグモ科の蜘蛛。体長雌6〜8mm,雄7〜8mm。分布:本州(千葉県以南),四国,九州,南西諸島。

イソツツジツツミノガ〈*Coleophora ledi*〉昆虫綱鱗翅目ツツミノガ科の蛾。分布:北海道,ヨーロッパ。

イソツツジノメムシガ〈*Selenodes lediana*〉昆虫綱鱗翅目ハマキガ科の蛾。分布:北海道,東北(山地),ロシア,ヨーロッパ,イギリス。

インドクグモ イソコモリグモの別名。

イソヌカカ 磯糠蚊〈*Culicoides circumscriptus*〉昆虫綱双翅目ヌカカ科。体長1.5mm。分布:北海道,本州,四国。害虫。

イソハエトリ〈*Icius himeshimensis*〉蛛形綱クモ目ハエトリグモ科の蜘蛛。体長雌9〜10mm,雄7〜8mm。分布:本州,四国,九州。

イソミミズ〈*Pontodrilus matsushimensis*〉貧毛綱フトミミズ科の環形動物。

イソメ 磯目 環形動物門多毛綱遊在目イソメ科 Eunicidaeの総称。

イタクラキノメイガ〈*Uresiphita fusei*〉昆虫綱鱗翅目メイガ科の蛾。分布：群馬県邑楽郡板倉町。

イタコジャノメ〈*Mycalesis ita*〉昆虫綱鱗翅目ジャノメチョウ科の蝶。分布：フィリピン。

イタチグモ〈*Itatsina praticola*〉蛛形綱クモ目フクログモ科の蜘蛛。体長雌8〜9mm，雄7〜8mm。分布：日本全土。

イタチムシ 鼬虫 袋形動物門腹毛虫綱イタチムシ目に属する水生微小動物の総称，またはそのなかの一種。

イタドリオマルアブラムシ〈*Macchiatiella itadori*〉昆虫綱半翅目アブラムシ科。

イタドリクロハバチ〈*Ametastegia polygoni*〉昆虫綱膜翅目ハバチ科。

イタドリハムシ〈*Gallerucida bifasciata*〉昆虫綱甲虫目ハムシ科の甲虫。体長7.5〜9.5mm。分布：北海道，本州，四国，九州。

イタドリマダラキジラミ〈*Aphalara itadori*〉昆虫綱半翅目キジラミ科。体長2.3〜3.1mm。分布：北海道，本州，四国，九州，奄美大島。

イタヤカミキリ 板屋天牛〈*Mecynippus pubicornis*〉昆虫綱甲虫目カミキリムシ科フトカミキリ亜科の甲虫。体長20〜28mm。楓(紅葉)に害を及ぼす。分布：北海道，本州，四国，九州，佐渡。

イタヤキリガ〈*Cosmia exigua*〉昆虫綱鱗翅目ヤガ科カラスヨトウ亜科の蛾。開張28〜35mm。林檎に害を及ぼす。分布：北海道から九州。

イタヤクチブトゾウムシ〈*Cyphycerus viridulus*〉昆虫綱甲虫目ゾウムシ科。

イタヤシロカイガラムシ〈*Takahashiaspis macroporana*〉昆虫綱半翅目マルカイガラムシ科。楓(紅葉)に害を及ぼす。

イタヤニセキンホソガ〈*Cameraria acericola*〉昆虫綱鱗翅目ホソガ科の蛾。分布：北海道。

イタヤハマキチョッキリ 板屋葉巻短截虫〈*Byctiscus venustus*〉昆虫綱甲虫目オトシブミ科の甲虫。体長7〜10mm。楓(紅葉)，林檎に害を及ぼす。分布：北海道，本州，四国，九州。

イタヤハマキホソガ〈*Caloptilia aceris*〉昆虫綱鱗翅目ホソガ科の蛾。分布：北海道，本州。

イタヤハムシ〈*Pyrrhalta fuscipennis*〉昆虫綱甲虫目ハムシ科の甲虫。体長8mm。楓(紅葉)に害を及ぼす。分布：北海道，本州，四国，九州。

イタヤミドリケアブラムシ〈*Periphyllus viridis*〉昆虫綱半翅目アブラムシ科。楓(紅葉)に害を及ぼす。

イダリアギンボシヒョウモン〈*Speyeria idalia*〉昆虫綱鱗翅目タテハチョウ科の蝶。別名ミカドヒョウモン。分布：アメリカ。

イタリアミヤマクワガタ〈*Lucanus tetraodon*〉昆虫綱甲虫目クワガタムシ科。分布：イタリア，バルカン半島。

イチイオオハマキ〈*Archips fumosus*〉昆虫綱鱗翅目ハマキガ科の蛾。分布：北海道，中国(東北)，ロシア(沿海州など)。

イチイガシコムネアブラムシ〈*Metathoracaphis isensis*〉昆虫綱半翅目アブラムシ科。カシ類に害を及ぼす。

イチイカタカイガラムシ〈*Parthenolecanium pomeranicum*〉昆虫綱半翅目カタカイガラムシ科。キャラボクに害を及ぼす。

イチゴオオハマキ ウスキカクモンハマキの別名。

イチゴカミナリハムシ〈*Altica fragariae*〉昆虫綱甲虫目ハムシ科。体長3.5〜4.0mm。苺に害を及ぼす。分布：西日本各地。

イチゴキリガ 苺切蛾〈*Orbona fragariae*〉昆虫綱鱗翅目ヤガ科セダカモクメ亜科の蛾。開張55〜57mm。分布：ユーラシア，北海道，本州，四国。

イチゴクギケアブラムシ〈*Chaetosiphon minor*〉昆虫綱半翅目アブラムシ科。体長1.2〜1.3mm。苺に害を及ぼす。分布：本州，南アメリカ，韓国，フィリピン。

イチゴケナガアブラムシ〈*Chaetosiphon fragaefolii*〉昆虫綱半翅目アブラムシ科。体長1.2〜1.3mm。苺に害を及ぼす。分布：本州，世界。

イチゴコナジラミ〈*Trialeurodes packardi*〉昆虫綱半翅目コナジラミ科。体長1.5mm。セリ科野菜，苺に害を及ぼす。分布：北海道，本州，四国，ハワイ，北アメリカ。

イチゴセンチュウ〈*Aphelenchoides fragariae*〉アフェレンコイデス科。体長0.6〜0.8mm。牡丹，芍薬，ラン類，苺，ユリ類に害を及ぼす。分布：北海道，本州，温帯から熱帯。

イチゴツツヒメハマキ〈*Pseudacroclita hapalaspis*〉昆虫綱鱗翅目ハマキガ科の蛾。開張9〜12mm。分布：北海道，本州，四国，九州。

イチゴトゲアブラムシ〈*Matsumuraja rubi*〉昆虫綱半翅目アブラムシ科。キイチゴに害を及ぼす。

イチゴナガカメムシ〈*Exptochiomera japonica*〉昆虫綱半翅目ナガカメムシ科。

イチゴナミシャク 苺波尺蛾〈*Mesoleuca albicillata*〉昆虫綱鱗翅目シャクガ科ナミシャク

亜科の蛾。開張24～33mm。分布：北海道, 本州 (関東から中部山地)。

イチゴネアブラムシ〈*Aphis forbesi*〉昆虫綱半翅目アブラムシ科。体長1.2～1.5mm。苺に害を及ぼす。分布：日本全国, 南北アメリカ, ヨーロッパ。

イチゴハトゲアブラムシ〈*Matsumuraja rubifoliae*〉昆虫綱半翅目アブラムシ科。キイチゴに害を及ぼす。

イチゴハナゾウムシ 苺花象虫, 苺花象鼻虫〈*Anthonomus bisignifer*〉昆虫綱甲虫目ゾウムシ科の甲虫。体長2.7～3.5mm。バラ類, 苺に害を及ぼす。分布：北海道, 本州, 四国, 九州。

イチゴハバチ〈*Allantus albicinctus*〉昆虫綱膜翅目ハバチ科。体長8mm。苺に害を及ぼす。分布：北海道, 千島, サハリン。

イチゴハマツムラアブラムシ イチゴハトゲアブラムシの別名。

イチゴハムシ〈*Galerucella grisescens*〉昆虫綱甲虫目ハムシ科の甲虫。体長5mm。苺に害を及ぼす。分布：北海道, 本州, 四国, 九州, 南西諸島。

イチゴメセンチュウ〈*Ditylenchus acris*〉アングイナ科。体長雌0.7～1.1mm, 雄0.7～0.9mm。苺に害を及ぼす。

イチジクキンウワバ〈*Chrysodeixis eriosoma*〉昆虫綱鱗翅目ヤガ科コヤガ亜科の蛾。開張38mm。分布：インド以東, 東南アジア, オーストラリア, 太平洋の諸島, 日本。

イチジクシジミ〈*Iraota timoleon*〉昆虫綱鱗翅目シジミチョウ科の蝶。分布：ヒマラヤから中国, インド南部, スリランカまで。

イチジクヒトリモドキ〈*Lacides ficus*〉昆虫綱鱗翅目ヒトリモドキガ科の蛾。分布：沖縄本島, 石垣島, 南大東島。

イチジクホソガ〈*Acrocercops ficuvorella*〉昆虫綱鱗翅目ホソガ科の蛾。開張6.0～8.5mm。分布：本州南部, 四国, 九州, 屋久島, 奄美大島。

イチジクマルカイガラムシ〈*Morganella longispina*〉昆虫綱半翅目マルカイガラムシ科。体長1.2～2.0mm。マンゴー, 葡萄, 柑橘, 桑, アオギリ, 楓(紅葉), グミ, イスノキ, 無花果に害を及ぼす。

イチジクモンサビダニ〈*Aceria ficus*〉蛛形綱ダニ目フシダニ科。体長0.15～0.2mm。無花果に害を及ぼす。分布：本州, インド, ヨーロッパ, エジプト, 南アフリカ, 北アメリカ, ブラジル, ハワイ。

イチモジアツバ イチモンジアツバの別名。

イチモジエダシャク イチモンジエダシャクの別名。

イチモジカラスヨトウ ハイマダラクチバの別名。

イチモジキノコヨトウ イチモンジキノコヨトウの別名。

イチモジコオロギ イチモンジコオロギの別名。

イチモジヒメヨトウ イチモンジヒメヨトウの別名。

イチモジフユナミシャク イチモンジフユナミシャクの別名。

イチモンジアツバ〈*Hypena sp.*〉昆虫綱鱗翅目ヤガ科アツバ亜科の蛾。分布：奄美大島, 石垣島。

イチモンジイナズマ〈*Euthalia teuta*〉昆虫綱鱗翅目タテハチョウ科の蝶。分布：アッサムからマレーシアまで。

イチモンジエダシャク〈*Apeira syringaria*〉昆虫綱鱗翅目シャクガ科エダシャク亜科の蛾。開張30～44mm。分布：北海道, 本州(東北地方から関東, 北陸, 中部の山地), サハリン, シベリア南東部からヨーロッパ。

イチモンジカメノコハムシ〈*Thlaspida biramosa*〉昆虫綱甲虫目ハムシ科の甲虫。体長8～9mm。分布：本州, 四国, 九州, 南西諸島。

イチモンジカメムシ〈*Piezodorus hybneri*〉昆虫綱半翅目カメムシ科。体長9～11mm。大豆, 隠元豆, 小豆, ササゲ, 豌豆, 空豆, マメ科牧草に害を及ぼす。分布：本州, 四国, 九州, 南西諸島。

イチモンジキノコヨトウ 一文字茸夜盗蛾〈*Cryphia granitalis*〉昆虫綱鱗翅目ヤガ科キノコヨトウ亜科の蛾。開張24～28mm。分布：北海道から九州, 対馬, 屋久島, 御蔵島, 三宅島。

イチモンジコオロギ〈*Scapsipedus parvus*〉昆虫綱直翅目コオロギ科。別名タンボコオロギ。体長15～22mm。分布：本州(東北南部以南), 四国, 九州, 奄美諸島, 沖縄諸島, 先島諸島, 小笠原諸島。

イチモンジコムラサキ〈*Apatura ambica*〉昆虫綱鱗翅目タテハチョウ科の蝶。分布：カシミールからアッサム, ミャンマー北部, タイ, ベトナム北部およびスマトラ。

イチモンジセセリ 一文字挵蝶〈*Parnara guttata*〉昆虫綱鱗翅目セセリチョウ科の蝶。別名ツトムシ。前翅長17～22mm。稲に害を及ぼす。分布：日本全土。初秋のころ草原や耕作地, 住宅地に生息。

イチモンジチョウ 一文字蝶〈*Ladoga camilla*〉昆虫綱鱗翅目タテハチョウ科イチモンジチョウ亜科の蝶。黒色で, 白色の帯があり, 裏面には赤褐色と白色の模様。開張5～6mm。ハスカップに害を及ぼす。分布：ヨーロッパ全域からアジア温帯域, 日本。

イチモンジハマキホソガ〈*Caloptilia semifasciella*〉昆虫綱鱗翅目ホソガ科の蛾。分布：北海道, 本州, 九州。

イチモンジハムシ 一文字金花虫〈*Morphosphaera japonica*〉昆虫綱甲虫目ハムシ科の甲虫。体長6.8〜7.8mm。分布：本州, 九州。

イチモンジヒメヨトウ〈*Xylomoia fusei*〉昆虫綱鱗翅目ヤガ科カラスヨトウ亜科の蛾。分布：利根川中流部の沼沢地, 茨城県菅生沼, 新潟県曾根の水田地帯。

イチモンジヒラタヒメバチ〈*Coccygomimus parnarae*〉昆虫綱膜翅目ヒメバチ科。

イチモンジフタオチョウ〈*Polyura schreiber wardi*〉昆虫綱鱗翅目タテハチョウ科の蝶。分布：インド, アッサム, ミャンマーからジャワ, ボルネオ, フィリピンまでに分布。亜種はインド南部。

イチモンジフユナミシャク〈*Operophtera rectipostmediana*〉昆虫綱鱗翅目シャクガ科ナミシャク亜科の蛾。開張29〜34mm。林檎に害を及ぼす。分布：本州(東北地方北部より), 九州, シベリア南東部。

イチモンジホウジャク〈*Macroglossum fringilla*〉昆虫綱鱗翅目スズメガ科の蛾。分布：沖縄本島, 西表島, 台湾, 中国南部, インドから東南アジア一帯, フィリピン。

イチモンジホソチョウモドキ〈*Pseudacraea lucretia*〉昆虫綱鱗翅目タテハチョウ科の蝶。分布：サハラ以南のほとんどアフリカ全域, コモロ, マダガスカル。

イチモンジマドタテハ〈*Lelecella limenitoides*〉昆虫綱鱗翅目タテハチョウ科の蝶。別名ニセイチモンジタテハ。分布：アッサム。

イッカクハラビロヤドリバチの一種〈*Inostema sp.*〉昆虫綱膜翅目ハラビロヤドリバチ科。

イツカドモンヒメハマキ〈*Epinotia pentagonana*〉昆虫綱鱗翅目ハマキガ科の蛾。分布：北海道, 本州(中部では山麓帯), ロシア(ウスリー)。

イッシキイシアブ〈*Choerades issikii*〉昆虫綱双翅目ムシヒキアブ科。

イッシキオオフサキバガ〈*Telephila issikii*〉昆虫綱鱗翅目キバガ科の蛾。分布：本州, 九州。

イッシキキモンカミキリ〈*Glenea centroguttata*〉昆虫綱甲虫目カミキリムシ科フトカミキリ亜科の甲虫。体長11〜16mm。分布：本州, 四国, 九州。

イッシキスイコバネ〈*Issikiocrania japonicella*〉昆虫綱鱗翅目スイコバネガ科の蛾。分布：長野県志賀高原。

イッシキチビキバガ〈*Stenolechia issikiella*〉昆虫綱鱗翅目キバガ科の蛾。分布：本州(大阪府)。

イッシキハマダラミバエ〈*Ortalotrypeta isshikii*〉昆虫綱双翅目ミバエ科。体長8〜11mm。分布：本州, 四国, 九州。

イッシキヒゲナガキバガ〈*Issikiopteryx japonica*〉昆虫綱鱗翅目ヒゲナガキバガ科の蛾。分布：本州, 四国, 九州。

イッシキヒメハマキ〈*Aterpia issikii*〉昆虫綱鱗翅目ハマキガ科の蛾。分布：本州, 四国, 口永良部島, 九州。

イッシキブドウトリバ〈*Nippoptilia issikii*〉昆虫綱鱗翅目トリバガ科の蛾。分布：北海道, 本州。

イッシキホソゾウムシ〈*Scythropus issikii*〉昆虫綱甲虫目ゾウムシ科の甲虫。体長6.2〜7.1mm。

イッシキマダラヤドリハナバチ〈*Nomada issikii*〉昆虫綱膜翅目ミツバチ科。

イッシキメスコバネマルハキバガ〈*Diurnea issikii*〉昆虫綱鱗翅目マルハキバガ科の蛾。分布：本州, 四国, 九州。

イッシキモンキカミキリ イッシキキモンカミキリの別名。

イツスジエダシャク〈*Alcis extinctaria*〉昆虫綱鱗翅目シャクガ科エダシャク亜科の蛾。開張32〜40mm。分布：バイカル湖周辺, 中国, 朝鮮半島北部, 北海道, 本州(東北地方から中部山岳)。

イツスジオビモンヒゲナガゾウムシ〈*Nessiodocus propinquus*〉昆虫綱甲虫目ヒゲナガゾウムシ科の甲虫。体長3.2〜4.5mm。

イッスンムカデ〈*Bothropolys asperatus*〉節足動物門唇脚綱の陸生動物。害虫。

イッソリア・インカ〈*Issoria inca*〉昆虫綱鱗翅目タテハチョウ科の蝶。分布：ボリビア。

イッソリア・エクスケルシオル〈*Issoria excelsior*〉昆虫綱鱗翅目タテハチョウ科の蝶。分布：カメルーン, タンザニア。

イッソリア・キテリス〈*Issoria cytheris*〉昆虫綱鱗翅目タテハチョウ科の蝶。分布：チリ。

イッソリア・ゲンマタ〈*Issoria gemmata*〉昆虫綱鱗翅目タテハチョウ科の蝶。分布：シッキム, チベット。

イッソリア・ハニントニ〈*Issoria hanningtoni*〉昆虫綱鱗翅目タテハチョウ科の蝶。分布：アフリカ東部。

イッソリア・ラトニア〈*Issoria lathonia*〉昆虫綱鱗翅目タテハチョウ科の蝶。分布：ヨーロッパ西部, カナリー諸島を含む北アフリカ, 中央アジア, ヒマラヤから中国西部まで。

イツツモントビコバチ〈*Callipteroma quinqueguttatum*〉昆虫綱膜翅目トビコバチ科。

イッテンオオメイガ 一点大螟蛾〈*Scirpophaga incertulas*〉昆虫綱鱗翅目メイガ科オオメイガ亜科の蛾。別名サンカメイガ。開張21mm。稲に害を及ぼす。分布：本州の南西部, 四国, 九州, それ

以南の島々, 台湾, 中国, インドから東南アジア一帯, アフガニスタン.

イッテンコクガ ツヅリガの別名.

イツトガ〈*Calamotropha shichito*〉昆虫綱鱗翅目メイガ科の蛾. イグサ, シチトウイに害を及ぼす. 分布: 静岡県や富山県より西の本州, 九州, 屋久島, 奄美大島, 中国.

イツボシオオゾウムシ〈*Ommatolampus paratrioides*〉昆虫綱甲虫目オサゾウムシ科. 別名ビロウドオオゾウムシ. 分布: フィリピン, 台湾.

イツボシシロカミキリ〈*Olenecamptus bilobus*〉昆虫綱甲虫目カミキリムシ科フトカミキリ亜科の甲虫. 体長10～17mm.

イツボシスヒロキバガ〈*Ethmia japonica*〉昆虫綱鱗翅目スヒロキバガ科の蛾. 分布: 四国の剣山系の成就社, 中国東北.

イツボシツヤゴモクムシ イツホシマメゴモクムシの別名.

イツホシテントウダマシ〈*Leiestes decoratus*〉昆虫綱甲虫目テントウムシダマシ科の甲虫. 体長2.3～2.7mm.

イツホシヒメテントウ〈*Pseudoscymnus quinquepunctatus*〉昆虫綱甲虫目テントウムシ科の甲虫. 体長1.6～2.3mm.

イツボシヒラタコメツキ ダイミョウコメツキの別名.

イツホシマメゴモクムシ〈*Stenolophus quinquepustulatus*〉昆虫綱甲虫目オサムシ科の甲虫. 体長6mm. 分布: 北海道をのぞく日本全土.

イッポンセスジスズメ 一本背条天蛾〈*Theretra pinastrina*〉昆虫綱鱗翅目スズメガ科コスズメ亜科の蛾. 開張60～65mm. サトイモに害を及ぼす. 分布: オーストラリアからビスマルク群島, フィリピン, スラウェシ, インドから東南アジア一帯, 中国南部, 本州(山口県), 四国, 九州, 対馬, 種子島, 屋久島から琉球の各島, 北大東島.

イツモンナガクチキムシ〈*Prothalpia pictipennis*〉昆虫綱甲虫目ナガクチキムシ科の甲虫. 体長6.2～10.5mm.

イツモンハバビロガムシ〈*Sphaeridium quinquemaculatum*〉昆虫綱甲虫目ガムシ科の甲虫. 体長3.9～4.7mm.

イツモンヒメガガンボ〈*Erioptera elegantula*〉昆虫綱双翅目ガガンボ科.

イデア・イデア〈*Idea idea marosiana*〉昆虫綱鱗翅目マダラチョウ科の蝶. 分布: スラウェシを中心にマルク諸島, 西イリアンまで.

イデア・ヒペルムネストゥラ〈*Idea hypermnestra*〉昆虫綱鱗翅目マダラチョウ科の蝶. 分布: マレーシア.

イデア・ブロンシェルディ〈*Iea blanchardi*〉昆虫綱鱗翅目マダラチョウ科の蝶. 分布: セレベス.

イデア・ヤソニア〈*Idea jasonia*〉昆虫綱鱗翅目マダラチョウ科の蝶. 分布: 南アンダマン島.

イティスカブトムシ〈*Clyster itys*〉昆虫綱甲虫目コガネムシ科の甲虫. 分布: マレーシア, ボルネオ.

イティスマドキノハ〈*Anaea itys*〉昆虫綱鱗翅目タテハチョウ科の蝶. 開張60mm. 分布: メキシコからブラジル. 珍蝶.

イトアメンボ 糸水黽〈*Hydrometra albolineata*〉昆虫綱半翅目イトアメンボ科の半水生昆虫. 絶滅危惧II類(VU). 体長11～14mm. 分布: 本州, 四国, 九州, 吐噶喇列島.

イトアメンボ 糸水黽〈*water measure*〉昆虫綱半翅目イトアメンボ科の総称, またはそのなかの一種名. 絶滅危惧II類(VU).

イトウコクロバエ〈*Paradichosia itoi*〉昆虫綱双翅目クロバエ科. 体長5～8mm. 分布: 本州, 四国, 九州, 奄美大島.

イトウセダカコガシラアブ〈*Oligoneura itoi*〉昆虫綱双翅目コガシラアブ科.

イトウタマユラアブ〈*Glutops itoi*〉昆虫綱双翅目クサアブ科.

イトウチビマルハナアブ イトウマルハナアブの別名.

イトウナ・フェナレテ〈*Ituna phenarete*〉昆虫綱鱗翅目トンボマダラ科. 分布: ペルー, ボリビア.

イトウナ・ラミルス〈*Ituna lamirus*〉昆虫綱鱗翅目ドクチョウ科の蝶. 分布: アンデス山脈東部.

イトウハバチ〈*Neocolochelyna itoi*〉昆虫綱膜翅目ハバチ科.

イトウハマダラミバエ〈*Acidiella diversa*〉昆虫綱双翅目ミバエ科.

イトウホソオドリバエ〈*Rhamphomyia itoi*〉昆虫綱双翅目オドリバエ科.

イトウマルアブバエ イトウマルハナアブの別名.

イトウマルハナアブ〈*Graptomyza itoi*〉昆虫綱双翅目ハナアブ科.

イトウマルバネオドリバエ〈*Empis itoiana*〉昆虫綱双翅目オドリバエ科.

イトウモモブトオドリバエ〈*Platypalpus itoi*〉昆虫綱双翅目オドリバエ科.

イトカメムシ 糸亀虫〈*Yemma exilis*〉昆虫綱半翅目イトカメムシ科. 体長6～7mm. 大豆に害を及ぼす. 分布: 本州, 四国, 九州.

イトカメムシ 糸亀虫 半翅目イトカメムシ科 Berytidaeに属する昆虫の総称,またはそのうちの一種を指す.

イトグモ〈Loxosceles rufescens〉蛛形綱クモ目イトグモ科の蜘蛛.体長8〜9mm.分布:本州(南部),四国,九州,南西諸島.

イトダニ 糸壁蝨〈uropodid mites〉節足動物門クモ形綱ダニ目イトダニ団に属するダニの総称.

イトトンボ 糸蜻蛉 昆虫綱トンボ目イトトンボ科 Agrionidaeのトンボ類をさすが,広義には均翅亜目のカワトンボ群を除いた小形で細身のアオイトトンボ科やモノサシトンボ科なども含んだ総称.

イトヒゲナガゾウムシ〈Exillis japonicola〉昆虫綱甲虫目ヒゲナガゾウムシ科の甲虫.体長2.7〜3.5mm.分布:四国,九州,対馬,南西諸島,伊豆諸島.

イトヒゲニセマキムシ〈Dasycerus japonicus〉昆虫綱甲虫目ニセマキムシ科の甲虫.体長1.8〜2.1mm.

イトミア・アグノシア〈Ithomia agnosia〉昆虫綱鱗翅目トンボマダラ科の蝶.分布:中央アメリカ,ベネズエラ,ペルー.

イトミア・アナフィッサ〈Ithomia anaphissa〉昆虫綱鱗翅目トンボマダラ科.分布:コロンビア,ペルー.

イトミア・エイララ〈Ithomia eilara〉昆虫綱鱗翅目トンボマダラ科の蝶.分布:ボリビア,ペルー.

イトミア・エポナ〈Ithomia epona〉昆虫綱鱗翅目トンボマダラ科の蝶.分布:エクアドル.

イトミア・オエナンテ〈Ithomia oenanthe〉昆虫綱鱗翅目トンボマダラ科の蝶.分布:コロンビア.

イトミア・ケレミア〈Ithomia celemia〉昆虫綱鱗翅目トンボマダラ科の蝶.分布:中央アメリカ.

イトミア・ディアシア〈Ithomia diasia〉昆虫綱鱗翅目トンボマダラ科の蝶.分布:コロンビア.

イトミア・デラサ〈Ithomia derasa〉昆虫綱鱗翅目トンボマダラ科の蝶.分布:ニカラグア,エクアドル.

イトミア・パティッラ〈Ithomia patilla〉昆虫綱鱗翅目トンボマダラ科の蝶.分布:中央アメリカ.

イトミア・ラグサ〈Ithomia lagusa〉昆虫綱鱗翅目トンボマダラ科の蝶.分布:コロンビア.

イトミオラ・カスケッラ〈Ithomiola cascella〉昆虫綱鱗翅目シジミタテハ科の蝶.分布:コロンビア.

イトミオラ・カッリキセナ〈Ithomiola callixena〉昆虫綱鱗翅目シジミタテハ科の蝶.分布:エクアドル.

イトミミズ 糸蚯蚓〈Tubifex hattai〉貧毛綱イトミミズ科の環形動物.

イトミミズ 糸蚯蚓 環形動物門貧毛綱イトミミズ科の水生ミミズの総称,および同科に属する一種名.

イトメ 糸目〈Tylorrhynchus heterochaetus〉環形動物門多毛綱遊在目ゴカイ科の海産動物.イトメの生殖型.分布:日本各地.

イトメイス・エウレマ〈Ithomeis eulema〉昆虫綱鱗翅目シジミタテハ科の蝶.分布:コスタリカ,パナマ.

イドメネウスフクロウチョウ〈Caligo idomeneus〉昆虫綱鱗翅目タテハチョウ科の蝶.後翅裏面に目玉模様をもつ.前翅の表面は黒褐色.開張12〜15mm.分布:アルゼンチンからスリナム.珍蝶.

イトランセセリ〈Megathymus yuccae〉昆虫綱鱗翅目セセリチョウ科の蝶.翅は黒褐色で,白色と黄色の模様.開張4.5〜8.0mm.分布:北アメリカ.

イトン・セマモラ〈Iton semamora〉昆虫綱鱗翅目セセリチョウ科の蝶.分布:インドからインドシナ半島,マレーシア,スマトラまで.

イトン・ワトウソニ〈Iton watsoni〉昆虫綱鱗翅目セセリチョウ科の蝶.分布:ミャンマー,タイ.

イナガキヤチネズミジラミ〈Hoplopleura inagakii〉昆虫綱虱目ケモノヒメジラミ科.

イナゴ 稲子〈Oxya spp.〉昆虫綱直翅目イナゴ科イナゴ属の種類の総称.

イナゴモドキ 擬蝗虫〈Parapleurus alliaceus〉昆虫綱直翅目バッタ科.体長25〜35mm.分布:北海道,本州,四国,九州,対馬.

イナズマウラシマグモ〈Phrurolithus claripes〉蛛形綱クモ目フクログモ科の蜘蛛.体長雌3.0〜3.5mm,雄2.0〜2.6mm.分布:北海道,本州,四国,九州.

イナズマオオムラサキ クロオオムラサキの別名.

イナズマキジラミ〈Psylla fulguralis〉昆虫綱半翅目キジラミ科.

イナズマクサグモ〈Agelena labyrinthica〉蛛形綱クモ目タナグモ科の蜘蛛.体長雌14〜16mm,雄12〜14mm.分布:北海道,本州,九州(高地).

イナズマコブガ 稲妻瘤蛾〈Meganola triangulalis〉昆虫綱鱗翅目コブガ科の蛾.開張19〜23mm.分布:本州(伊豆半島以西),四国,九州,対馬,屋久島,奄美大島,沖縄本島,石垣島,西表島,台湾,アッサム,シッキム.

イナズマシジミタテハ〈Lyropteryx apollonia〉昆虫綱鱗翅目シジミタテハ科の蝶.開張45mm.分布:中南米.珍蝶.

イナズマチョウ〈Euthalia irrubescens〉昆虫綱鱗翅目タテハチョウ科の蝶.

イナズマツヤアタマアブ〈Tomosvaryella inazumae〉昆虫綱双翅目アタマアブ科.

イナズマハエトリ〈*Euophrys undulatovittata*〉蛛形綱クモ目ハエトリグモ科の蜘蛛。

イナズマハエトリ キツネハエトリの別名。

イナズマヒメクチバ〈*Mecodina albodentata*〉昆虫綱鱗翅目ヤガ科クチバ亜科の蛾。分布：インド，ボルネオ，フィリピン，四国西南部，屋久島，奄美大島，沖縄本島北部。

イナズマヨコバイ〈*Recilia dorsalis*〉昆虫綱半翅目ヨコバイ科。体長3.7～4.5mm。稲に害を及ぼす。分布：本州以南。

イナダハリゲコモリグモ〈*Pardosa agraria*〉蛛形綱クモ目コモリグモ科の蜘蛛。

イナナガチビゴミムシ〈*Trechiama kimurai*〉昆虫綱甲虫目オサムシ科の甲虫。体長5.5～5.8mm。

イナバマシラグモ〈*Leptoneta inabaensis*〉蛛形綱クモ目マシラグモ科の蜘蛛。

イナバヤチグモ〈*Coelotes inabaensis*〉蛛形綱クモ目タナグモ科の蜘蛛。

イナフクログモ〈*Clubiona inaensis*〉蛛形綱クモ目フクログモ科の蜘蛛。体長雌5～6mm，雄4～5mm。分布：本州(中部地方)。

イヌエンジュヒメハマキ〈*Olethreutes ineptana*〉昆虫綱鱗翅目ハマキガ科の蛾。分布：北海道，本州(東北)，中国(東北)，ロシア(アムール)。

イヌエンジュヒラタマルハキバガ〈*Agonopterix pallidior*〉昆虫綱鱗翅目マルハキバガ科の蛾。分布：北海道，本州，四国，ウスリー。

イヌガヤワタカイガラムシ〈*Pulvinaria torreyae*〉昆虫綱半翅目カタカイガラムシ科。体長4～5mm。茶，マンリョウ，キャラボクに害を及ぼす。

イヌジラミ〈*Linognathus setosus*〉昆虫綱虱目ケモノホソジラミ科。体長雄1.6～1.7mm，雌1.8～2.4mm。害虫。

イヌシラミバエ〈*Hippobosca longipennis*〉昆虫綱双翅目シラミバエ科。体長6.0mm。害虫。

イヌセンコウヒゼンダニ イヌヒゼンダニの別名。

イヌダニ 犬壁蝨〈*Ixodes ricinus*〉節足動物門クモ形綱ダニ目マダニ科のダニ。

イヌツゲマルカイガラムシ〈*Diaspidiotus spiraspinae*〉昆虫綱半翅目マルカイガラムシ科。サンゴジュ，イヌツゲに害を及ぼす。

イヌノフグリトビハムシ〈*Longitarsus holsaticus*〉昆虫綱甲虫目ハムシ科の甲虫。体長2.0～2.1mm。

イヌノミ 犬蚤〈*Ctenocephalides canis*〉昆虫綱隠翅目ヒトノミ科。体長雄1.0～2.0mm，雌2.0～3.0mm。害虫。

イヌハジラミ 犬羽虱〈*Trichodectes canis*〉昆虫綱食毛目ケモノハジラミ科。体長雄1.3～1.4mm，雌1.5～1.8mm。害虫。

イヌヒゼンダニ〈*Sarcoptes scabiei* var.*canis*〉蛛形綱ダニ目ヒゼンダニ科。別名イヌセンコウヒゼンダニ。害虫。

イヌビワオオハマキモドキ〈*Tortyra divitiosa*〉昆虫綱鱗翅目ハマキモドキガ科の蛾。分布：八重山諸島(石垣島，西表島)，尖閣諸島(魚釣島)，台湾，フィリピン，インド，モルッカ，ビスマルク諸島，ニューギニア，オーストラリア。

イヌビワオナガコバチ 天仙果尾長小蜂〈*Goniogaster inubiae*〉昆虫綱膜翅目オナガコバチ科。体長雌1.7mm，雄2mm。分布：四国，九州。

イヌビワコバチ 天仙果小蜂〈*Blastophaga nipponica*〉昆虫綱膜翅目イチジクコバチ科。体長雌1.7mm，雄1.4mm。分布：本州，四国，九州。

イヌビワシギゾウムシ〈*Curculio funebris*〉昆虫綱甲虫目ゾウムシ科の甲虫。体長3.3～4.5mm。

イヌビワハマキモドキ〈*Choreutis japonica*〉昆虫綱鱗翅目ハマキモドキガ科の蛾。開張11～14mm。分布：本州(近畿，中国)，四国，九州，屋久島，琉球諸島。

イヌミミヒゼンダニ〈*Otodectes cynotis*〉蛛形綱ダニ目キュウセンダニ科。体長雄0.35～0.38mm，雌0.46～0.53mm。害虫。

イヌモンキチョウ〈*Colias cesonia*〉昆虫綱鱗翅目シロチョウ科の蝶。分布：アメリカ南部からアルゼンチン。

イヌワラビハバチ〈*Hemitaxonus athyrii*〉昆虫綱膜翅目ハバチ科。

イネアオムシ フタオビコヤガの別名。

イネアザミウマ〈*Stenchaetothrips biformis*〉昆虫綱総翅目アザミウマ科。体長雌1.3mm，雄1mm。サトウキビ，飼料用トウモロコシ，ソルガム，稲，麦類に害を及ぼす。分布：日本全国，朝鮮半島，中国，東南アジア，インド。

イネカメムシ 稲亀虫，稲椿象〈*Lagynotomus elongatus*〉昆虫綱半翅目カメムシ科。体長12～13mm。稲に害を及ぼす。分布：本州，四国，九州，南西諸島。

イネカラバエ イネキモグリバエの別名。

イネキモグリバエ 稲黄潜蠅〈*Chlorops oryzae*〉昆虫綱双翅目キモグリバエ科。別名イネカラバエ。体長2.5～3.0mm。稲に害を及ぼす。分布：日本全土。

イネキンウワバ 稲金上翅〈*Diachrysia festucae*〉昆虫綱鱗翅目ヤガ科コヤガ亜科の蛾。開張25～35mm。稲に害を及ぼす。分布：ユーラシア，北海道南部から東北地方，四国，九州，対馬，沿海州，サハリン，千島，カムチャツカ。

イネクキミギワバエ 稲茎水際蠅〈*Hydrellia sasakii*〉昆虫綱双翅目ミギワバエ科。体長2.0～2.5mm。稲に害を及ぼす。分布：本州，四国，九州。

イネクダアザミウマ　稲管薊馬〈*Haplothrips aculeatus*〉昆虫綱総翅目クダアザミウマ科。体長雌1.7mm,雄1.5mm。イネ科牧草,稲,サトウキビ,麦類に害を及ぼす。分布:日本全国,温帯ユーラシア。

イネクビボソハムシ　稲首細葉虫〈*Oulema oryzae*〉昆虫綱甲虫目ハムシ科の甲虫。体長4.0〜4.5mm。稲に害を及ぼす。分布:北海道,本州,四国,九州。

イネクロカメムシ　クロカメムシの別名。

イネコミズメイガ　稲小水螟蛾〈*Paraponyx vittalis*〉昆虫綱鱗翅目メイガ科ミズメイガ亜科の蛾。開張13〜17mm。稲に害を及ぼす。分布:本州,四国,九州,対馬,朝鮮半島,シベリア南東部,中国。

イネシンガレセンチュウ〈*Aphelenchoides besseyi*〉アフェレンコイデス科。イネの害虫。体長雌0.6〜0.9mm,雄0.4〜0.7mm。苺,イネ科作物に害を及ぼす。分布:日本全国,アジア,アフリカ,アメリカ等の稲作地帯。

イネゾウムシ　稲象鼻虫〈*Echinocnemus squameus*〉昆虫綱甲虫目ゾウムシ科の甲虫。体長3.7〜4.5mm。稲に害を及ぼす。分布:本州,四国,九州。

イネタテハマキ　イネハカジノメイガの別名。

イネドロオイムシ　イネクビボソハムシの別名。

イネネクイハムシ　稲根喰金花虫〈*Donacia provostii*〉昆虫綱甲虫目ハムシ科の甲虫。体長6mm。ハス,稲に害を及ぼす。分布:北海道,本州,四国,九州。

イネネモグリセンチュウ〈*Hirschmanniella oryzae*〉プラティレンクス科。体長雌1.1〜1.6mm,雄1.0〜1.4mm。イグサ,シチトウイ,稲に害を及ぼす。分布:北海道から九州,東南アジア,インド,スリランカ,アフリカ,南北アメリカ。

イネノクロカメムシ　クロカメムシの別名。

イネノネコナカイガラムシ〈*Geococcus oryzae*〉昆虫綱半翅目コナカイガラムシ科。体長1〜2mm。稲,イネ科作物に害を及ぼす。分布:本州,朝鮮半島。

イネハカジノメイガ〈*Marasmia exigua*〉昆虫綱鱗翅目メイガ科の蛾。稲に害を及ぼす。分布:本州,四国,九州,対馬,種子島,屋久島,沖永良部島,南西諸島。

イネハダニ〈*Oligonychus shinkajii*〉蛛形綱ダニ目ハダニ科。体長0.4mm。サトウキビ,イネ科作物に害を及ぼす。

イネハモグリバエ　稲葉潜蝿〈*Agromyza oryzae*〉昆虫綱双翅目ハモグリバエ科。体長2.5〜3.0mm。稲に害を及ぼす。分布:北海道,本州北部。

イネホソミドリカスミカメ〈*Trigonotylus caelestialium*〉昆虫綱半翅目カスミカメムシ科。体長5〜6mm。豌豆,空豆,イネ科牧草,麦類,稲に害を及ぼす。分布:日本全国,極東ロシア。

イネマダラヨコバイ〈*Recilia oryzae*〉昆虫綱半翅目ヨコバイ科。体長3.0〜4.5mm。イネ科牧草に害を及ぼす。分布:北海道,本州,四国,九州。

イネミギワバエ　稲水際蠅〈*Hydrellia griseola*〉昆虫綱双翅目ミギワバエ科。体長2〜3mm。イネ科牧草,稲に害を及ぼす。分布:北海道,本州,九州。

イネミズゾウムシ　稲水象鼻虫〈*Lissorhoptrus oryzophilus*〉昆虫綱甲虫目ゾウムシ科の甲虫。体長3mm。稲に害を及ぼす。分布:日本全国,朝鮮半島,中国東部,台湾,北アメリカ。

イネミズメイガ〈*Paraponyx fluctuosalis*〉昆虫綱鱗翅目メイガ科ミズメイガ亜科の蛾。開張16mm。分布:亜熱帯のアジア,オーストラリアからアフリカ,本州(南西部),四国,九州,屋久島,奄美大島,徳之島,沖縄本島,石垣島,西表島。

イネユスリカ〈*Tanytarsus oryzae*〉昆虫綱双翅目ユスリカ科。体長2.5〜3.0mm。稲に害を及ぼす。分布:日本各地。

イネヨトウ　稲夜盗〈*Sesamia inferens*〉昆虫綱鱗翅目ヤガ科カラスヨトウ亜科の蛾。開張24〜31mm。カーネーション,生姜,サトウキビ,イネ科牧草,飼料用トウモロコシ,ソルガム,イリス類,グラジオラス,イネ科作物に害を及ぼす。分布:北海道を除き東北地方から九州に至る本土域,伊豆諸島,屋久島,琉球列島。

イノウエカバイロキクイムシ〈*Hylurgops inouyei*〉昆虫綱甲虫目キクイムシ科の甲虫。体長1.9〜2.3mm。

イノウエノメイガ〈*Nacoleia inouei*〉昆虫綱鱗翅目メイガ科の蛾。分布:東北から北陸の山地。

イノウエホソハマキ〈*Eupoecilia inouei*〉昆虫綱鱗翅目ホソハマキガ科の蛾。分布:北海道,本州(東北,中部山地)。

イノウエマダラミズギワゴミムシ〈*Bembidion inouyei*〉昆虫綱甲虫目オサムシ科の甲虫。体長5.0mm。

イノコズチアブラムシ〈*Aphis justiciae*〉昆虫綱半翅目アブラムシ科。

イノコズチキバガ〈*Microsetia heringi*〉昆虫綱鱗翅目キバガ科の蛾。分布:本州,九州。

イノコズチホソガ〈*Acrocercops hemistacta*〉昆虫綱鱗翅目ホソガ科の蛾。分布:奄美大島,台湾,インド。

イノシシグモ〈*Dysdera crocota*〉蛛形綱クモ目イノシシグモ科。

イノシシジラミ〈*Haematopinus apri*〉昆虫綱虱目ケモノジラミ科。体長雄3.9〜4.3mm,雌4.5〜5.5mm。害虫。

イ

イノピナツスウスバシロチョウ　アフガニスタンウスバシロチョウの別名。

イノプスヤマトビケラ〈Mystrophora inops〉昆虫綱毛翅目ナガレトビケラ科。

イノモトソウノメイガ〈Herpetogramma okamotoi〉昆虫綱鱗翅目メイガ科の蛾。分布：兵庫県高砂市。

イハバチ〈Eutomostethus apicalis〉昆虫綱膜翅目ハバチ科。体長7～10mm。イグサ、シチトウイに害を及ぼす。分布：北海道、本州、四国、サハリン。

イハマルヒラタドロムシ〈Eubrianax ihai〉昆虫綱甲虫目ヒラタドロムシ科の甲虫。体長3.3～3.9mm。

イハモグリバエ〈Cerodontha sp.〉昆虫綱双翅目ハモグリバエ科。体長2.0～2.5mm。イグサ、シチトウイに害を及ぼす。分布：本州、四国、九州、奄美大島。

イバラカンザシゴカイ〈Spirobranchus giganteus corniculatus〉多毛綱カンザシゴカイ科の環形動物。

イバラヒゲナガアブラムシ　茨蘚長油虫〈Macrosiphum ibarae〉昆虫綱半翅目アブラムシ科。体長3mm。バラ類に害を及ぼす。分布：日本全国、朝鮮半島、台湾、中国、スマトラ。

イピデクラ・スカウシ〈Ipidecla schausi〉昆虫綱鱗翅目シジミチョウ科の蝶。分布：メキシコからニカラグア。

イフィスセセリ〈Pyrrhochalcia iphis〉昆虫綱鱗翅目セセリチョウ科の蝶。雄は黒地に青紫色の輝きがあり、雌も青緑色の輝き。開張7～8mm。分布：ガンビアから、ナイジェリア、ザイール、アンゴラ。

イフィダマスマエモンジャコウアゲハ〈Parides iphidamas〉昆虫綱鱗翅目アゲハチョウ科の蝶。分布：メキシコからエクアドル、ベネズエラ。

イブキコガシラウンカ〈Rhotala ibukisana〉昆虫綱半翅目コガシラウンカ科。

イブキスズメ〈Hyles gallii〉昆虫綱鱗翅目スズメガ科コスズメ亜科の蛾。開張60～85mm。分布：北海道、本州、対馬、千島列島、サハリン、朝鮮半島、シベリア東部、インド北部からヨーロッパ。

イブキチビキバガ〈Stenolechia bathrodyas〉昆虫綱鱗翅目キバガ科。開張6.5～7.5mm。イブキ類に害を及ぼす。分布：本州、四国。

イブキヒメギス〈Metrioptera japonica〉昆虫綱直翅目キリギリス科。別名ヤマヒメギス。体長22～25mm。分布：北海道、本州（山地）。

イブシアシナガドロムシ〈Stenelmis nipponica〉昆虫綱甲虫目ヒメドロムシ科の甲虫。体長2.8～3.0mm。

イブシエンマムシ〈Hister congener〉昆虫綱甲虫目エンマムシ科の甲虫。体長8.6～13.5mm。

イブシキマワリ〈Plesiophthalmus fuscoaenescens〉昆虫綱甲虫目ゴミムシダマシ科の甲虫。体長15～18mm。分布：石垣島、西表島。

イブシギンウワバ〈Chrysodeixis heberachis〉昆虫綱鱗翅目ヤガ科コヤガ亜科の蛾。分布：台湾、石垣島。

イブシキンオサムシ〈Carabus kolbei munakataorum〉昆虫綱甲虫目オサムシ科。

イブシセスジハネカクシ〈Anotylus funebris〉昆虫綱甲虫目ハネカクシ科の甲虫。体長3.2～3.5mm。

イブシツヤムネハネカクシ〈Quedius samuraicus〉昆虫綱甲虫目ハネカクシ科の甲虫。体長8.5～10.0mm。

イブシヒラタケシキスイ〈Epuraea pusilla〉昆虫綱甲虫目ケシキスイ科の甲虫。体長1.9～2.3mm。

イブシミゾドロムシ　イブシアシナガドロムシの別名。

イプティマ・アバンタ〈Ypthima avanta〉昆虫綱鱗翅目ジャノメチョウ科の蝶。分布：インド、スリランカ、ミャンマー。

イプティマ・アフニウス〈Ypthima aphnius〉昆虫綱鱗翅目ジャノメチョウ科の蝶。分布：セレベス、ティモール。

イプティマ・アルビダ〈Ypthima albida〉昆虫綱鱗翅目ジャノメチョウ科の蝶。分布：ナイジェリアおよびカメルーン、ケニアおよびウガンダ。

イプティマ・イトニア〈Ypthima itonia〉昆虫綱鱗翅目ジャノメチョウ科の蝶。分布：アフリカ西部・中部からエチオピアおよびケニアまで。

イプティマ・イリス〈Ypthima iris〉昆虫綱鱗翅目ジャノメチョウ科の蝶。分布：中国西部。

イプティマ・インソリタ〈Ypthima insolita〉昆虫綱鱗翅目ジャノメチョウ科の蝶。分布：中国西部。

イプティマ・ケイロニカ〈Ypthima ceylonica〉昆虫綱鱗翅目ジャノメチョウ科の蝶。分布：セイロン。

イプティマ・ケヌイ〈Ypthima chenui〉昆虫綱鱗翅目ジャノメチョウ科の蝶。分布：インド南部。

イプティマ・サッファーティ〈Ypthima sufferit〉昆虫綱鱗翅目ジャノメチョウ科の蝶。分布：マダガスカル。

イプティマ・ザンユガ〈Ypthima zanjuga〉昆虫綱鱗翅目ジャノメチョウ科の蝶。分布：マダガスカル。

イプティマ・トゥリオフタルマ〈Ypthima triophthalma〉昆虫綱鱗翅目ジャノメチョウ科の蝶。分布：マダガスカル。

イプティマ・ドレタ〈*Ypthima doleta*〉昆虫綱鱗翅目ジャノメチョウ科の蝶。分布：アフリカ西部。

イプティマ・ナレダ〈*Pythima nareda*〉昆虫綱鱗翅目ジャノメチョウ科の蝶。分布：ヒマラヤから中国中部まで。

イプティマ・ファスキアタ〈*Ypthima fasciata*〉昆虫綱鱗翅目ジャノメチョウ科の蝶。分布：マレーシア，スマトラ。

イプティマ・フィロメラ〈*Ypthima philomela*〉昆虫綱鱗翅目ジャノメチョウ科の蝶。分布：インド，ジャワおよびスマトラ。

イプティマ・ベーチ〈*Ypthima batesi*〉昆虫綱鱗翅目ジャノメチョウ科の蝶。分布：マダガスカル。

イプティマ・メトラ〈*Ypthima methora*〉昆虫綱鱗翅目ジャノメチョウ科の蝶。分布：アッサム，シッキム，ブータン。

イプティマ・リサンドゥラ〈*Ypthima lisandra*〉昆虫綱鱗翅目ジャノメチョウ科の蝶。分布：香港，ベトナム北部。

イプティモイデス・ケルミス〈*Ypthimoides celmis*〉昆虫綱鱗翅目ジャノメチョウ科の蝶。分布：ブラジル，アルゼンチン，パラグアイ。

イプティモイデス・ポルティス〈*Ypthimoides poltys*〉昆虫綱鱗翅目ジャノメチョウ科の蝶。分布：ボリビア，アマゾン。

イプティモイデス・モデスタ〈*Ypthimoides modesta*〉昆虫綱鱗翅目ジャノメチョウ科の蝶。分布：ベネズエラ，ボリビア，ペルー。

イプティモイデス・レナタ〈*Ypthimoides renata*〉昆虫綱鱗翅目ジャノメチョウ科の蝶。分布：中央アメリカ，コロンビア，パラグアイ。

イブリシジミ〈*Lycaeides iburiensis*〉昆虫綱鱗翅目シジミチョウ科の蝶。別名イシダシジミ。

イブリシジミ　アサマシジミの別名。

イヘヤウズグモ〈*Uloborus rimosus*〉蛛形綱クモ目ウズグモ科の蜘蛛。

イボカニグモ〈*Boliscus tuberculatus*〉蛛形綱クモ目カニグモ科の蜘蛛。体長雌3.5〜4.5mm，雄1.5〜2.0mm。分布：本州（南・西部），四国，九州，南西諸島。

イボカブリモドキ〈*Damaster pustulifer*〉昆虫綱甲虫目オサムシ科の甲虫。分布：中国西部。

イボカブリモドキ〈*Coptolabrus*〉オサムシ科の属称。珍虫。

イボタガ　水蠟蛾〈*Brahmaea wallichii*〉昆虫綱鱗翅目イボタガ科の蛾。前翅の基部には大きな目玉模様。胴は黒褐色で，オレンジ色をおびた褐色の縞模様がある。開張9〜16mm。イボタノキ類，木犀類に害を及ぼす。分布：インド北部からネパール，ミャンマー，中国，台湾，日本。

イボタクロハバチ〈*Macrophya crassuliformis*〉昆虫綱膜翅目ハバチ科。

イボタケンモン　水蠟樹剣紋〈*Acronicta ligustri*〉昆虫綱鱗翅目ヤガ科ケンモンヤガ亜科の蛾。開張38mm。分布：北海道から九州。

イボタコスガ〈*Zelleria hepariella*〉昆虫綱鱗翅目スガ科の蛾。分布：本州，ヨーロッパ。

イボタサビカミキリ〈*Sophronica obrioides*〉昆虫綱甲虫目カミキリムシ科フトカミキリ亜科の甲虫。体長5.0〜7.5mm。分布：本州，四国，九州，対馬，屋久島，奄美大島。

イボタヒシウンカ〈*Kuvera ligustri*〉昆虫綱半翅目ヒシウンカ科。

イボタホソガ〈*Gracilaria syringella*〉昆虫綱鱗翅目ホソガ科の蛾。開張10〜15mm。

イボタマゴミンシダマシ〈*Trigonoscelis nodosa gigas*〉昆虫綱甲虫目ゴミムシダマシ科の甲虫。分布：カスピ海沿岸地方。

イボタマゾウムシ〈*Bachycerus congestus*〉昆虫綱甲虫目ゾウムシ科の甲虫。分布：アフリカ。

イボタマルツノゼミ〈*Gargara ligustri*〉昆虫綱半翅目ツノゼミ科。体長7mm。フジに害を及ぼす。分布：本州，九州，朝鮮半島。

イボタロウオスヤドリトビコバチ〈*Microterys ericeri*〉昆虫綱膜翅目トビコバチ科。

イボタロウカイガラムシ　イボタロウムシの別名。

イボタロウカタカイガラムシ　イボタロウムシの別名。

イボタロウヒゲナガゾウムシ〈*Anthribus niveovariegatus*〉昆虫綱甲虫目ヒゲナガゾウムシ科の甲虫。体長2.3〜4.5mm。分布：北海道，本州，四国，九州。

イボタロウムシ　水蠟樹虫〈*Ericerus pela*〉昆虫綱半翅目カタカイガラムシ科。別名イボタロウカタカイガラムシ。イボタノキ類に害を及ぼす。分布：本州以南。

イボハダオオオサムシ〈*Procerus scabrosus tauricus*〉昆虫綱甲虫目ヒョウタンゴミムシ科の甲虫。分布：クリミヤ半島。

イボハダオサムシ〈*Carabus scabrosus*〉昆虫綱甲虫目オサムシ科。分布：黒海周辺諸国。

イボバッタ　疣蝗〈*Trilophidia annulata*〉昆虫綱直翅目バッタ科。体長24〜35mm。分布：本州，四国，九州，対馬，伊豆諸島。

イボヒラタカメムシ〈*Usingerida verrucigera*〉昆虫綱半翅目ヒラタカメムシ科。

イボムネマメコメツキ〈*Negastrius albipilis*〉昆虫綱甲虫目コメツキムシ科。

イマイチビアトキリゴミムシ〈*Microlestes imaii*〉昆虫綱甲虫目オサムシ科の甲虫。体長2.5mm。

イマサカクロハナボタル〈*Plateros imasaki*〉昆虫綱甲虫目ベニボタル科の甲虫。体長5.0～5.5mm。

イマサカドウボソカミキリ〈*Pothyne imasakai*〉昆虫綱甲虫目カミキリムシ科フトカミキリ亜科の甲虫。体長18mm。分布：本州，四国，九州，屋久島，奄美大島。

イマサカドウボソカミキリ シロスジドウボソカミキリの別名。

イマダテチャイロコガネ〈*Sericania imadatei*〉昆虫綱甲虫目コガネムシ科の甲虫。

イマダテテングヌカグモ〈*Oia imadatei*〉蛛形綱クモ目サラグモ科の蜘蛛。体長1.2mm。分布：本州。

イマダテメクラチビゴミムシ〈*Trechiama imadatei*〉昆虫綱甲虫目オサムシ科の甲虫。体長4.5～5.7mm。

イマニシガガンボ〈*Tipula imanishii*〉昆虫綱双翅目ガガンボ科。

イマニシシタカワゲラ〈*Rhabdiopteryx imanishii*〉昆虫綱襀翅目ミジカオカワゲラ科。

イマフクツヤゴモクムシ〈*Trichotichnus imafukui*〉昆虫綱甲虫目ゴミムシ科。

イマムラネモグリセンチュウ〈*Hirschmanniella imamuri*〉プラティレンクス科。体長1.8～3.0mm。稲に害を及ぼす。分布：北海道，本州。

イミズゲミギワバエ 出水棘水際蠅〈*Notiphila sekiyai*〉昆虫綱双翅目ミギワバエ科。稲に害を及ぼす。分布：本州。

イミャクオドリバエ〈*Rhamphomyia brunnostriata*〉昆虫綱双翅目オドリバエ科。

イメルダ・グラウコスミア〈*Imelda glaucosmia*〉昆虫綱鱗翅目シジミタテハ科の蝶。分布：コロンビア，エクアドル。

イモキバガ 甘藷牙蛾，薯牙蛾〈*Brachmia triannulella*〉昆虫綱鱗翅目キバガ科の蛾。別名イモコガ。開張15～19mm。サツマイモに害を及ぼす。分布：北海道，本州，四国，九州，屋久島，琉球，台湾，中国，インド北部。

イモグサレセンチュウ〈*Ditylenchus destructor*〉アングイナ科。体長0.8～1.4mm。ユリ科野菜，イリス類，ジャガイモに害を及ぼす。分布：九州以北の日本各地，北アメリカ，ヨーロッパ，ロシア，地中海地域，南アフリカ，バングラデシュ，ハワイ。

イモコガ イモキバガの別名。

イモコモリグモ〈*Pirata piratoides*〉蛛形綱クモ目コモリグモ科の蜘蛛。体長雌5～6mm，雄4～5mm。分布：北海道，本州，四国，九州。

イモサルハムシ 芋猿金花虫〈*Colasposoma dauricum*〉昆虫綱甲虫目ハムシ科の甲虫。体長6mm。サツマイモに害を及ぼす。分布：本州，四国，九州。

イモゾウムシ 芋象虫，芋象鼻虫〈*Euscepes postfasciatus*〉昆虫綱甲虫目ゾウムシ科の甲虫。体長3.5～4.0mm。サツマイモに害を及ぼす。分布：沖永良部島から八重山列島。

イモムシ 芋虫 昆虫綱鱗翅目(チョウ，ガ)の幼虫のうち，一般には大形で毛で覆われていないものの俗称。

イヨグモ〈*Prodidomus imaidzumii*〉蛛形綱クモ目イヨグモ科の蜘蛛。

イヨシロオビアブ 伊予白帯虻〈*Tabanus iyoensis*〉昆虫綱双翅目アブ科。体長11～14mm。分布：北海道，本州，四国，九州。害虫。

イヨヒメバチ〈*Amblyjoppa proteus satanas*〉昆虫綱膜翅目ヒメバチ科。体長25mm。分布：本州，四国，九州。

イヨヒメハナカミキリ〈*Pidonia hylophila*〉昆虫綱甲虫目カミキリムシ科ハナカミキリ亜科の甲虫。体長7.0～9.8mm。

イラオタ・ラザレナ〈*Iraota lazarena*〉昆虫綱鱗翅目シジミチョウ科の蝶。分布：フィリピン。

イラガ 刺蛾〈*Monema flavescens*〉昆虫綱鱗翅目イラガ科の蛾。開張32～34mm。柿，梅，アンズ，林檎，栗，茶，バラ類，楓(紅葉)，柘榴，百日紅，プラタナス，桜類に害を及ぼす。分布：北海道から九州，対馬，朝鮮半島，シベリア南東部，中国。

イラガ 刺蛾〈*slug-caterpillar moths*〉昆虫綱鱗翅目イラガ科Limacodidaeの総称。

イラガイツツバセイボウ 刺蛾五筒青蜂〈*Chrysis shanghaiensis*〉昆虫綱膜翅目セイボウ科。体長10mm。分布：本州(関東以西)，四国，九州。

イラガヤドリトガリヒメバチ〈*Paragambrus sapporonis*〉昆虫綱膜翅目ヒメバチ科。

イラクサギンウワバ〈*Diachrysia ni*〉昆虫綱鱗翅目ヤガ科コヤガ亜科の蛾。前翅は褐色のまだら模様，銀白色のU字形の斑紋と白斑。開張3～4mm。分布：ヨーロッパ，北アフリカなど北半球の温帯域。

イラクサノメイガ〈*Eurrhypara hortulata*〉昆虫綱鱗翅目メイガ科の蛾。分布：北海道天塩郡豊富町，斜里郡小清水町，サハリン，シベリア東部からヨーロッパ。

イラクサハマキモドキ〈*Choreutis fabriciana*〉昆虫綱鱗翅目ハマキモドキガ科の蛾。開張12～14mm。分布：北海道，本州の低山地から山地。

イラクサハモグリバエ〈*Agromyza reptans*〉昆虫綱双翅目ハモグリバエ科。

イラクサホソクチゾウムシ〈*Apion urticarum*〉昆虫綱甲虫目ホソクチゾウムシ科の甲虫。体長2.

0〜2.3mm。

イラクサマダラウワバ〈*Abrostola trigemina*〉昆虫綱鱗翅目ヤガ科コヤガ亜科の蛾。分布：ユーラシア，本土のほぼ全域，対馬，屋久島。

イラクサマダラウワバ オオマダラウワバの別名。

イラズメクラチビゴミムシ〈*Ishikawatrechus cerberus*〉昆虫綱甲虫目オサムシ科の甲虫。体長4.8〜5.8mm。

イランアゲハ〈*Hypermnestra helios*〉昆虫綱鱗翅目アゲハチョウ科の蝶。分布：イラン，トルキスタン。

イランモンキチョウ〈*Colias sagartia*〉昆虫綱鱗翅目シロチョウ科の蝶。分布：イラン。

イリアンフタオチョウ〈*Polyura jupiter*〉昆虫綱鱗翅目タテハチョウ科の蝶。分布：アルー諸島，ニューギニアからソロモン諸島までに分布。亜種はアルーからニューギニア等。

イリエオビハナノミ〈*Glipa iriei*〉昆虫綱甲虫目ハナノミ科の甲虫。体長8〜10.7mm。

イリエケシマメコメツキ〈*Thurana iriei*〉昆虫綱甲虫目コメツキムシ科の甲虫。体長1.5mm。

イリエコゲチャサビカミキリ〈*Mimectatina iriei*〉昆虫綱甲虫目カミキリムシ科の甲虫。体長7.5mm。

イリエシラホシサビカミキリ〈*Mycerinopsis apomecynoides*〉昆虫綱甲虫目カミキリムシ科フトカミキリ亜科の甲虫。体長11〜12mm。

イリエナガタマムシ〈*Agrilus iriei*〉昆虫綱甲虫目タマムシ科の甲虫。体長3.8〜4.2mm。

イリエヒサゴゴミムシダマシ〈*Misolampidius iriei*〉昆虫綱甲虫目ゴミムシダマシ科の甲虫。体長9.5〜12.5mm。

イリエヒメマルタマムシ〈*Philanthaxia iriei*〉昆虫綱甲虫目タマムシ科の甲虫。体長6〜8mm。

イリエマシラグモ〈*Leptoneta iriei*〉蛛形綱クモ目マシラグモ科の蜘蛛。体長雌2.2mm，雄2mm。分布：熊本県内の洞窟。

イリエメクラチビゴミムシ〈*Allotrechiama iriei*〉昆虫綱甲虫目オサムシ科の甲虫。体長3.0〜3.4mm。

イリオモテアオシャチホコ〈*Vaneeckeia pallidifascia*〉昆虫綱鱗翅目シャチホコガ科の蛾。分布：西表島。

イリオモテイトヒゲカミキリ〈*Serixia iriomoteana*〉昆虫綱甲虫目カミキリムシ科の甲虫。体長6mm。

イリオモテエグリゴミムシダマシ〈*Uloma takarai*〉昆虫綱甲虫目ゴミムシダマシ科の甲虫。体長7.3〜7.7mm。

イリオモテエグリツトガ〈*Pareromene sp.*〉昆虫綱鱗翅目メイガ科の蛾。分布：西表島，中国西部。

イリオモテキマダラセセリ〈*Potanthus miyashitai*〉昆虫綱鱗翅目セセリチョウ科の蝶。

イリオモテキマワリ〈*Plesiophthalmus gracilis*〉昆虫綱甲虫目ゴミムシダマシ科の甲虫。体長11.5〜13.0mm。

イリオモテクシヒゲジョウカイ〈*Laemoglyptus iriomotoensis*〉昆虫綱甲虫目ジョウカイボン科の甲虫。体長5.1〜5.2mm。

イリオモテクビアカモモブトホソカミキリ〈*Kurarua chujoi*〉昆虫綱甲虫目カミキリムシ科の甲虫。体長8.4〜10.7mm。

イリオモテトラカミキリ〈*Chlorophorus aritai*〉昆虫綱甲虫目カミキリムシ科カミキリ亜科の甲虫。体長12〜16mm。分布：沖縄本島以南の南西諸島。

イリオモテミナミヤンマ〈*Chlorogomphus iriomotensis*〉昆虫綱蜻蛉目オニヤンマ科の蜻蛉。体長80〜85mm。分布：西表島。

イリオモテモリヒラタゴミムシ〈*Colpodes iriomotensis*〉昆虫綱甲虫目オサムシ科の甲虫。体長7.0〜7.5mm。

イリオモテユミアシゴミムシダマシ〈*Promethis iriomotensis*〉昆虫綱甲虫目ゴミムシダマシ科の甲虫。体長16.0mm。

イリダナ・ニゲリアナ〈*Iridana nigeriana*〉昆虫綱鱗翅目シジミチョウ科の蝶。分布：象牙海岸。

イリダナ・ロウゲオティ〈*Iridana rougeoti*〉昆虫綱鱗翅目シジミチョウ科の蝶。分布：ガボン。

イルマ・イルビナ〈*Ilma irvina*〉昆虫綱鱗翅目セセリチョウ科の蝶。分布：セレベス。

イレコダニ　入籠壁蝨〈*box mites*〉節足動物門クモ形綱ダニ目イレコダニ科の総称。

イワカワシジミ〈*Deudorix eryx*〉昆虫綱鱗翅目シジミチョウ科ミドリシジミ亜科の蝶。準絶滅危惧種(NT)。前翅長15〜21mm。分布：奄美諸島，沖縄諸島，八重山諸島。

イワキアオタマムシ〈*Eurythyrea obenbergeri*〉昆虫綱甲虫目タマムシ科の甲虫。体長23mm。

イワキナガチビゴミムシ〈*Trechiama oreas*〉昆虫綱甲虫目オサムシ科の甲虫。体長6mm。分布：本州(東北)。

イワキメクラチビゴミムシ〈*Oroblemus caecus*〉昆虫綱甲虫目オサムシ科の甲虫。体長3.0〜3.4mm。

イワキヤクハナノミ〈*Yakuhananomia tsuyukii*〉昆虫綱甲虫目ハナノミ科の甲虫。体長7.2〜9.5mm。

イワコエグリトビケラ属の一種〈*Manophylax* sp.〉コエグリトビケラ科。

イワサキカレハ〈*Dendrolimus undans iwasakii*〉昆虫綱鱗翅目カレハガ科の蛾。害虫。

イワサキキンスジカミキリ〈*Glenea iwasakii*〉昆虫綱甲虫目カミキリムシ科フトカミキリ亜科の甲虫。体長10mm。分布：八重山諸島。

イワサキクサゼミ 岩崎草蟬〈*Mogannia iwasakii*〉昆虫綱半翅目セミ科。体長18～22mm。サトウキビに害を及ぼす。分布：沖縄本島（南部），宮古島，多良間島，八重山諸島。

イワサキコノハ〈*Doleschallia bisaltide*〉昆虫綱鱗翅目タテハチョウ科の蝶。栗色。開長6～7mm。分布：インド，スリランカから，タイ，日本，フィリピン，インドネシア，ソロモン諸島，バヌアツ。

イワサキシロチョウ〈*Saletara panda*〉昆虫綱鱗翅目シロチョウ科の蝶。分布：フィリピンからセレベスまで，マレーシア，スマトラ，ジャワ，ボルネオ。

イワサキゼミ〈*Meimuna iwasakii*〉昆虫綱半翅目セミ科。体長45～52mm。分布：石垣島と西表島。

イワサキタテハモドキ〈*Junonia hedonia*〉昆虫綱鱗翅目タテハチョウ科の蝶。分布：マレーシアからニューギニアをへてオーストラリアまで，日本では八重山諸島。

イワサクロベニボタル ユアサクロベニボタルの別名。

イワタオオハナノミ〈*Macrosiagon iwatai*〉昆虫綱甲虫目オオハナノミ科。

イワタクモヤドリフシヒメバチ〈*Zaglyptus iwatai*〉昆虫綱膜翅目ヒメバチ科。

イワタシギアブ〈*Dialysis iwatai*〉昆虫綱双翅目シギアブ科。

イワタセイボウ〈*Chrysis hirsta*〉昆虫綱膜翅目セイボウ科。

イワタツツベッコウ 岩田筒竈甲蜂〈*Homonotus iwatai*〉昆虫綱膜翅目ベッコウバチ科。分布：本州。

イワタメクラチビゴミムシ〈*Daiconotrechus iwatai*〉昆虫綱甲虫目オサムシ科の甲虫。絶滅危惧II類(VU)。体長2.7～2.9mm。

イワツバメシラミバエ〈*Lynchia nipponica*〉昆虫綱双翅目シラミバエ科。

イワテカマトリバ〈*Oidaematophorus iwatensis*〉昆虫綱鱗翅目トリバガ科の蛾。分布：北海道，本州，九州，小アジア，ヨーロッパ。

イワテハエトリ〈*Euophrys iwatensis*〉蛛形綱クモ目ハエトリグモ科の蜘蛛。体長雌4.5mm，雄不詳。分布：北海道，本州（東北地方）。

イワテホソバ〈*Eilema iwatensis*〉昆虫綱鱗翅目ヒトリガ科コケガ亜科の蛾。

イワテホソヒメバチ〈*Stenichneumon iwatensis*〉昆虫綱膜翅目ヒメバチ科。

イワテホラヒメグモ〈*Nesticus iwatensis*〉蛛形綱クモ目ホラヒメグモ科の蜘蛛。

イワハムシ〈*Aegialites stejnegeri*〉昆虫綱甲虫目チビキカワムシ科の甲虫。体長3.0mm。

イワマヒメグモ〈*Theridion riparium*〉蛛形綱クモ目ヒメグモ科の蜘蛛。

イワムシ 岩虫〈*Marphysa sanguinea*〉環形動物門多毛綱遊在目イソメ科の海産動物。分布：日本各地の浅海。

イワヤホラヒメグモ〈*Nesticus tosa iwaya*〉蛛形綱クモ目ホラヒメグモ科の蜘蛛。

イワワキオサムシ〈*Carabus iwawakianus*〉昆虫綱甲虫目オサムシ科の甲虫。体長20～26mm。

イワワキオチバゾウムシ〈*Otibazo morimotoi*〉昆虫綱甲虫目ゾウムシ科。

インカチャイロカミキリ〈*Dorcadocerus barbatus*〉昆虫綱甲虫目カミキリムシ科の甲虫。分布：ブラジル，ペルー。

インカツノコガネ〈*Inca clathratus*〉昆虫綱甲虫目コガネムシ科の甲虫。分布：メキシコからペルー，ブラジルまで。

インカベニモンキチョウ〈*Colias dinora*〉昆虫綱鱗翅目シロチョウ科の蝶。分布：エクアドル。

インキサリア・アウグスティヌス〈*Incisalia augustinus*〉昆虫綱鱗翅目シジミチョウ科の蝶。分布：ニューファンドランドからミシガン州まで。

インキサリア・イルス〈*Incisalia irus*〉昆虫綱鱗翅目シジミチョウ科の蝶。分布：カナダからテキサス州まで。

インキサリア・ニフォン〈*Incisalia niphon*〉昆虫綱鱗翅目シジミチョウ科の蝶。分布：ノバスコシア半島からフロリダ州まで。

インキサリア・ポリオス〈*Incisalia polios*〉昆虫綱鱗翅目シジミチョウ科の蝶。分布：ケベックからテキサス州まで。

インクタマバチ〈*Cynips gallaetinctoriae*〉昆虫綱膜翅目タマバチ科。

インゲンゾウムシ インゲンマメゾウムシの別名。

インゲンテントウ〈*Epilachna varivestis*〉昆虫綱甲虫目テントウムシ科。体長6～8mm。大豆，隠元豆，小豆，ササゲに害を及ぼす。分布：本州中部（長野・山梨），中央アメリカ，北アメリカ。

インゲンマメゾウムシ〈*Acanthoscelides obtectus*〉昆虫綱甲虫目マメゾウムシ科の甲虫。体長4mm。貯穀・貯蔵植物性食品に害を及ぼす。

インゲンモグリバエ〈Ophiomyia phaseoli〉昆虫綱双翅目ハモグリバエ科。体長2mm。隠元豆, 小豆, ササゲに害を及ぼす。分布：九州(鹿児島県), 沖縄諸島, 台湾, 東南アジア, インド, ミクロネシア, メラネシア, ハワイ, オーストラリア。

インデコラカレハ〈Bombycopsis indecora〉昆虫綱鱗翅目カレハガ科の蛾。前翅は緑褐色から赤褐色にわたり, 先端は暗色。後翅はクリーム色から褐色。開張2.5～6.0mm。分布：西アフリカの赤道付近からザンビア, トランスバール州。

インドウラナミジャノメ〈Ypthima huebneri〉昆虫綱鱗翅目ジャノメチョウ科の蝶。分布：ヒマラヤ, ミャンマー。

インドエンマコガネ〈Onthophagus bifasciatus〉昆虫綱甲虫目コガネムシ科の甲虫。分布：シッキム, アッサム, インド, ミャンマー。

インドオオミドリシジミ〈Neozephyrus duma〉昆虫綱鱗翅目シジミチョウ科の蝶。分布：シッキム, アッサム。

インドオビモンアゲハ〈Papilio liomedon〉昆虫綱鱗翅目アゲハチョウ科の蝶。分布：インド南部。

インドカギバ〈Oreta fuscopurpurea〉昆虫綱鱗翅目カギバガ科の蛾。開張45mm。分布：本州(山口県), 四国南部, 九州, 対馬, 沖縄本島, 台湾。

インドキシタクチバ〈Hypocala rostrata〉昆虫綱鱗翅目ヤガ科クチバ亜科の蛾。分布：奄美大島, 石垣島, 高知県。

インドキマダラセセリ〈Potanthus ganda〉昆虫綱鱗翅目セセリチョウ科の蝶。分布：アッサム, ミャンマー, タイ, マレーシア, スマトラ, ジャワ, バリ島。

インドコウモリノミ アブラコウモリノミの別名。

インドサシバエ〈Stomoxys indicus〉昆虫綱双翅目イエバエ科。体長5.0～6.0mm。害虫。

インドサソリ〈Heterometrus gravimanus〉蛛形綱サソリ目コガネサソリ科。体長90～150mm。害虫。

インドツノゼミ〈Emphusis malleus〉昆虫綱半翅目ツノゼミ科。分布：インド, スリランカ。

インドナガエンマムシ〈Platylister atratus〉昆虫綱甲虫目エンマムシ科の甲虫。体長5.5～6.7mm。

インドネズミノミ ケオプスネズミノミの別名。

インドホシチョウ ベニホシチョウの別名。

インブラシア・マクロティリス〈Imbrasia macrothyris〉昆虫綱鱗翅目ヤママユガ科の蛾。分布：アフリカ東部, アンゴラ, トランスバール。

インフラフリア・イッリマニ〈Infraphulia illimani〉昆虫綱鱗翅目シロチョウ科の蝶。分布：ペルー, ボリビア, チリ。

【ウ】

ウアカシロチョウ〈Mylothris agathina〉昆虫綱鱗翅目シロチョウ科の蝶。分布：コンゴ, アフリカ南部および東部からエチオピアまで。

ヴァンデポリキシタアゲハ〈Troides vandepolli〉昆虫綱鱗翅目アゲハチョウ科の蝶。開張雄120mm, 雌150mm。分布：スマトラ, ジャワ西部。珍蝶。

ヴィクトリアトリバネアゲハ ビクトリアトリバネアゲハの別名。

ウイリアムスマルカイガラムシ〈Quadraspidiotus williamsi〉昆虫綱半翅目マルカイガラムシ科。体長2.0～2.5mm。ツツジ類に害を及ぼす。分布：北海道。

ウィルコクスアオカタビロオサムシ〈Calosoma wilcoxi〉昆虫綱甲虫目オサムシ科。分布：カナダからメキシコまで。

ウェークフィールドマルバネタテハ〈Euxanthe wakefieldi〉昆虫綱鱗翅目タテハチョウ科の蝶。雄の黒色の翅に, 青緑色の輝きをもつ白色の斑紋がある。開張8～10mm。分布：アフリカ東部の熱帯域から, モザンビーク, 南アフリカ共和国のナタル州。

ウエスクキスジカミキリ〈Rosenbergia weiskei〉昆虫綱甲虫目カミキリムシ科の甲虫。分布：ニューギニア。

ウエダエンマコガネ〈Onthophagus olsoufieffi〉昆虫綱甲虫目コガネムシ科の甲虫。体長5～7mm。

ウエツキブナハムシ〈Chujoa uetsukii〉昆虫綱甲虫目ハムシ科の甲虫。体長5.8～8.0mm。

ウエノオオナガゴミムシ〈Pterostichus uenoi〉昆虫綱甲虫目オサムシ科の甲虫。体長17～18mm。分布：本州。

ウエノカミムラカワゲラ ウエノカワゲラの別名。

ウエノカワゲラ〈Kamimuria uenoi〉昆虫綱襀翅目カワゲラ科。別名ウエノカミムラカワゲラ。

ウエノキクイサビゾウムシ〈Dexipeus uenoi〉昆虫綱甲虫目オサゾウムシ科の甲虫。体長3.4～3.9mm。

ウエノコブスジコガネ〈Trox uenoi〉昆虫綱甲虫目コブスジコガネ科の甲虫。体長6.5mm。

ウエノチビケシゲンゴロウ〈Microdytes uenoi〉昆虫綱甲虫目ゲンゴロウ科の甲虫。体長1.4～1.6mm。

ウエノツヤゴモクムシ〈Trichotichnus uenoi〉昆虫綱甲虫目オサムシ科の甲虫。体長9.0～9.6mm。

ウエノツヤドロムシ〈Urumaelmis uenoi tokarana〉昆虫綱甲虫目ヒメドロムシ科の甲虫。体長1.8～2.1mm。

ウ

ウエノナガタマムシ〈*Agrilus uenoi*〉昆虫綱甲虫目タマムシ科の甲虫。体長3.1〜5.0mm。

ウエノヌレチゴミムシ〈*Patrobus uenoi*〉昆虫綱甲虫目オサムシ科の甲虫。体長8.0mm。

ウエノヒョウタンチカクシゾウムシ〈*Hyotanzo uenoi*〉昆虫綱甲虫目ゾウムシ科の甲虫。体長4.0〜4.5mm。

ウエノヒラタカゲロウ〈*Epeorus uenoi*〉昆虫綱蜉蝣目ヒラタカゲロウ科。体長11〜13mm。分布：日本各地。

ウエノマルツツトビケラ〈*Micrasema uenoi*〉昆虫綱毛翅目カクスイトビケラ科。

ウエノマルトビムシ〈*Papirioides uenoi*〉無翅昆虫亜綱粘管目クモマルトビムシ科。

ウエノマルマグソコガネ〈*Mazartius uenoi*〉昆虫綱甲虫目コガネムシ科の甲虫。体長3.2mm。

ウエノモリヒラタゴミムシ〈*Colpodes uenoi*〉昆虫綱甲虫目オサムシ科の甲虫。体長8.0〜9.5mm。

ウエノヤチグモ〈*Coelotes uenoi*〉蛛形綱クモ目タナグモ科の蜘蛛。

ヴォダクナガタマムシ〈*Agrilus friebi vodaki*〉昆虫綱甲虫目タマムシ科。

ウオツリグモ 魚釣蜘蛛〈angler spider〉節足動物門クモ形綱真正クモ目コガネグモ科のオーストラリア産のジクロスチクス属(ウオツリグモ属)のある種の俗称。

ウオビル 魚蛭〈*Ichthyobdella uobir*〉環形動物門ヒル綱吻ビル目ウオビル科の海産動物。分布：東北地方以北。

ウォーレスオオシロスジカミキリ ウォーレスシロスジカミキリの別名。

ウォーレスクシヒゲカミキリ〈*Cyriopalus wallacei*〉昆虫綱甲虫目カミキリムシ科の甲虫。別名ワラスクシヒゲヤマカミキリ。分布：マレーシア、ボルネオ。

ウォーレスシロスジカミキリ〈*Batocera wallacei*〉昆虫綱甲虫目カミキリムシ科の甲虫。分布：アル、ホーン、カイ、ニューギニア。珍虫。

ウォーレスハタザオツノゼミ〈*Pyrgauchenia wallacei*〉昆虫綱半翅目ツノゼミ科。別名ワラスハタザオツノゼミ。分布：ボルネオ。

ウォーレスヒゲナガカミキリ ウォーレスシロスジカミキリの別名。

ウォーレスルリタマムシ〈*Chrysochroa wallacei*〉昆虫綱甲虫目タマムシ科。別名ワレスルリタマムシ。分布：マレーシア、スマトラ、ボルネオ。

ウガンダオオツノハナムグリ〈*Mecynorrhina ugandensis*〉昆虫綱甲虫目コガネムシ科の甲虫。分布：ザイール、ウガンダ。

ウキクサミズゾウムシ〈*Tanysphyrus lemnae*〉昆虫綱甲虫目ゾウムシ科の甲虫。体長1.5〜1.7mm。

ウグイスコガネ〈*Plusiotis boisduvali*〉昆虫綱甲虫目コガネムシ科の甲虫。分布：アメリカ。

ウグイスシャチホコ〈*Pheosiopsis olivacea*〉昆虫綱鱗翅目シャチホコガ科ウチキシャチホコ亜科の蛾。開張40〜50mm。分布：本州、四国のブナ帯。

ウグイスセダカヨトウ〈*Mormo cyanea*〉昆虫綱鱗翅目ヤガ科カラスヨトウ亜科の蛾。分布：屋久島、九州熊本県。

ウグイスナガタマムシ〈*Agrilus tempestivus*〉昆虫綱甲虫目タマムシ科の甲虫。体長4.0〜8.0mm。

ウグイスノメイガ〈*Pleuroptya ultimalis*〉昆虫綱鱗翅目メイガ科の蛾。分布：四国、九州の南部、対馬、屋久島、奄美大島、沖縄本島、台湾、中国、インドから東南アジア一帯。

ウグイスビロウドカミキリ〈*Acalolepta olivacea*〉昆虫綱甲虫目カミキリムシ科フトカミキリ亜科の甲虫。

ウゴウンモンツマキリアツバ〈*Pangrapta suaveola*〉昆虫綱鱗翅目ヤガ科クチバ亜科の蛾。分布：沿海州、朝鮮半島、岩手、秋田両県。

ウコギトガリキジラミ〈*Trioza ukogi*〉昆虫綱半翅目トガリキジラミ科。

ウコンエダシャク 鬱金枝尺蛾〈*Corymica specularia*〉昆虫綱鱗翅目シャクガ科エダシャク亜科の蛾。開張25〜30mm。分布：インド、中国、台湾、朝鮮半島、北海道、本州、四国、九州、対馬、屋久島、奄美大島、石垣島、西表島。

ウコンカギバ〈*Tridrepana crocea*〉昆虫綱鱗翅目カギバガ科の蛾。開張30〜45mm。分布：本州(北部より)、四国、九州、中国。

ウコンノメイガ〈*Pleuroptya ruralis*〉昆虫綱鱗翅目メイガ科ノメイガ亜科の蛾。開張25〜36mm。隠元豆、小豆、ササゲ、大豆に害を及ぼす。分布：北海道、本州、四国、九州、対馬、朝鮮半島、台湾、中国、サハリンからヨーロッパ。

ウサギジラミ〈*Haemodipsus ventricosus*〉ホソゲジラミ科。体長雄1.0mm、雌1.5mm。害虫。

ウジ 蛆〈maggot〉昆虫綱双翅目のおもにハエ類の昆虫の俗称。

ウシアブ 牛虻〈*Tabanus trigonus*〉昆虫綱双翅目アブ科。体長22〜28mm。分布：北海道、本州、四国、九州。害虫。

ウシウンカ〈*Perkinsiella sinensis*〉昆虫綱半翅目ウンカ科。体長5.8mm。イネ科作物に害を及ぼす。分布：本州以南の日本各地、台湾、中国、東南アジア。

ウシオグモ 潮蜘蛛〈marine spider〉節足動物門クモ形綱ウシオグモ科ウシオグモ属のクモの総称。

ウシカメムシ 牛亀虫〈Alcimocoris japonensis〉昆虫綱半翅目カメムシ科。体長8〜9mm。分布：本州, 四国, 九州, 南西諸島。

ウシジラミ 牛虱〈Haematopinus eurysternus〉昆虫綱虱目ケモノジラミ科。体長2.0〜3.0mm。害虫。

ウシヅノエンマコガネ〈Onthophagus amamiensis〉昆虫綱甲虫目コガネムシ科の甲虫。体長7〜8mm。

ウシヅラカミキリ 牛面天牛〈Exechesops loucopis〉昆虫綱甲虫目ヒゲナガゾウムシ科。

ウシヅラヒゲナガゾウムシ エゴヒゲナガゾウムシの別名。

ウシバエ ウシヒフバエの別名。

ウシハナマシラグモ〈Leptoneta ushihanana〉蛛形綱クモ目マシラグモ科の蜘蛛。

ウシヒフバエ〈Hypoderma bovis〉昆虫綱双翅目ウシバエ科。体長11.0〜16.0mm。分布：アジア, ヨーロッパ, アフリカ北部, 北アメリカ。害虫。

ウシホソジラミ 牛細虱〈Linognathus vituli〉昆虫綱虱目ケモノホソジラミ科。体長雄1.5〜1.9mm, 雌1.8〜2.6mm。害虫。

ウスアオアヤシャク〈Pingasa aigneri〉昆虫綱鱗翅目シャクガ科アオシャク亜科の蛾。開張37〜38mm。分布：本州(東北地方北部より), 四国, 九州, 屋久島。

ウスアオエダシャク 淡青枝尺蛾〈Parabapta clarissa〉昆虫綱鱗翅目シャクガ科エダシャク亜科の蛾。開張25〜27mm。分布：北海道, 本州, 四国, 九州, 対馬, 朝鮮半島, シベリア南東部, 中国。

ウスアオオオダイコクコガネ〈Phanaeus ensifer〉昆虫綱甲虫目コガネムシ科の甲虫。分布：ブラジル, アルゼンチン。

ウスアオオオナガウラナミシジミ〈Catochrysops panormus〉昆虫綱鱗翅目シジミチョウ科の蝶。前翅長13〜16mm。分布：インド, スリランカからマレーシアをへてオーストラリアまで。

ウスアオオビゾウムシ〈Scythropus ornatus〉昆虫綱甲虫目ゾウムシ科の甲虫。体長4.3〜5.1mm。

ウスアオキノコヨトウ〈Stenoloba clara〉昆虫綱鱗翅目ヤガ科コヤガ亜科の蛾。開張21〜23mm。分布：朝鮮半島, 東北地方, 四国, 九州, 対馬。

ウスアオキリガ〈Lithophane venusta〉昆虫綱鱗翅目ヤガ科セダカモクメ亜科の蛾。開張36〜39mm。分布：沿海州, 北海道から九州。

ウスアオクチブトゾウムシ〈Macrocorynus elegantulus〉昆虫綱甲虫目ゾウムシ科の甲虫。体長3.6〜4.5mm。

ウスアオゴマダラシジミ〈Phengaris atroguttata〉昆虫綱鱗翅目シジミチョウ科の蝶。分布：ナガ丘陵(Naga Hills, インド北部)から中国西部・中部, 台湾(高地)。

ウスアオシャク 淡青尺蛾〈Dindica virescenes〉昆虫綱鱗翅目シャクガ科アオシャク亜科の蛾。開張35〜42mm。分布：道南から本州, 四国, 九州, 対馬, 奄美大島, 朝鮮半島。

ウスアオシンジュタテハ〈Salamis parhassus〉昆虫綱鱗翅目タテハチョウ科の蝶。暗色の目玉模様がある。開張7.5〜10.0mm。分布：熱帯アフリカ。珍蝶。

ウスアオタテハモドキ ウスムラサキタテハモドキの別名。

ウスアオハマキ〈Acleris strigifera〉昆虫綱鱗翅目ハマキガ科の蛾。開張21〜22mm。分布：北海道, 本州, 九州, ロシア(アムール)。

ウスアオボカシタテハ〈Euphaedra medon〉昆虫綱鱗翅目タテハチョウ科の蝶。分布：シエラレオネからアンゴラおよびコンゴまで。

ウスアオモンコヤガ〈Bryophilina mollicula〉昆虫綱鱗翅目ヤガ科コヤガ亜科の蛾。開張22〜25mm。分布：沿海州, 北海道から九州, 対馬, 伊豆諸島(新島), 奄美大島, 沖縄本島。

ウスアオヨトウ〈Polyphaenis subviridis〉昆虫綱鱗翅目ヤガ科カラスヨトウ亜科の蛾。開張36〜38mm。分布：中国, 北海道, 東北地方, 本州, 四国, 九州, 対馬, 伊豆諸島, 新島。

ウスアオリンガ〈Paracrama dulcissima〉昆虫綱鱗翅目ヤガ科リンガ亜科の蛾。開張27〜29mm。分布：インド, アンダマン, ボルネオ, ニューギニア, オーストラリア, 台湾, 近畿地方以西紀伊半島, 四国, 九州, 対馬, 西表島。

ウスアカオトシブミ 淡赤落文〈Apoderus rubidus〉昆虫綱甲虫目オトシブミ科の甲虫。体長5.5mm。分布：北海道, 本州, 四国, 九州。

ウスアカオビマダラメイガ〈Conobathra subflavella〉昆虫綱鱗翅目メイガ科の蛾。分布：群馬県御荷鉾山, 群馬県土合, 赤城山, 熊ノ平。

ウスアカキヨトウ〈Leucania curvilinea〉昆虫綱鱗翅目ヤガ科ヨトウガ亜科の蛾。分布：インドから東南アジア, 台湾, 沖縄本島。

ウスアカクロゴモクムシ〈Harpalus sinicus〉昆虫綱甲虫目オサムシ科の甲虫。体長10〜15mm。分布：北海道, 本州, 四国, 九州, 南西諸島。

ウスアカゴモクムシ ウスアカクロゴモクムシの別名。

ウスアカスジマダラメイガ〈Apomyelois fasciatella〉昆虫綱鱗翅目メイガ科の蛾。分布：長野県南安曇郡梓川村釜ノ沢, 群馬県土合口, 北九州市八幡区折尾。

- **ウスアカチビナミシャク**〈*Eupithecia rufescens*〉昆虫綱鱗翅目シャクガ科ナミシャク亜科の蛾。開張17〜19mm。杉に害を及ぼす。分布：本州(東北地方より)，四国，九州，対馬，屋久島。
- **ウスアカツヤゴモクムシ** チャバネクビアカツヤゴモクムシの別名。
- **ウスアカネマダラメイガ**〈*Ceroprepes patriciella*〉昆虫綱鱗翅目メイガ科の蛾。分布：北海道，本州，四国，九州，対馬，シッキム。
- **ウスアカバネホソハネカクシ** ウスアカバホソハネカクシの別名。
- **ウスアカバホソハネカクシ**〈*Othius medius*〉昆虫綱甲虫目ハネカクシ科の甲虫。体長15mm。分布：本州，九州，佐渡，対馬。
- **ウスアカヒゲブトハネカクシ**〈*Aleochara puberula*〉昆虫綱甲虫目ハネカクシ科の甲虫。体長3.0〜4.0mm。
- **ウスアカヒメシャク**〈*Scopula caesaria*〉昆虫綱鱗翅目シャクガ科の蛾。分布：ニューギニアからアフリカ，西表島，台湾。
- **ウスアカヒメツツハムシ**〈*Coenobius obscuripennis*〉昆虫綱甲虫目ハムシ科の甲虫。体長1.5〜1.8mm。
- **ウスアカマダラメイガ**〈*Acrobasis encaustella*〉昆虫綱鱗翅目メイガ科マダラメイガ亜科の蛾。開張19〜24mm。分布：北海道，本州の関東，北陸，中部の山地や平地。
- **ウスアカムラサキマダラメイガ**〈*Calguia defigualis*〉昆虫綱鱗翅目メイガ科の蛾。柿，ナシ類に害を及ぼす。分布：本州(東北地方南部より)，九州，対馬，屋久島，奄美大島，沖縄本島，石垣島，西表島，台湾，インドから東南アジア一帯。
- **ウスアカモンクロマダラメイガ**〈*Ceroprepes ophthalmicella*〉昆虫綱鱗翅目メイガ科マダラメイガ亜科の蛾。開張20〜27mm。分布：北海道，本州，四国，九州，屋久島，シベリア南東部。
- **ウスアカモンナミシャク**〈*Trichopterigia consobrinaria*〉昆虫綱鱗翅目シャクガ科ナミシャク亜科の蛾。開張19〜23mm。分布：本州(関東以西)，四国，九州，対馬，屋久島，奄美大島，西表島。
- **ウスアカモンノメイガ**〈*Hendecasis minutalis*〉昆虫綱鱗翅目メイガ科の蛾。分布：スリランカ，静岡県大滝温泉。
- **ウスアカヤガ**〈*Diarsia albipennis*〉昆虫綱鱗翅目ヤガ科モンヤガ亜科の蛾。開張33〜35mm。分布：インド北部，中国西南部，関東以西，九州，屋久島。
- **ウスアトキハマキ**〈*Archips semistructus*〉昆虫綱鱗翅目ハマキガ科の蛾。梅，アンズ，ナシ類，菊，バラ類に害を及ぼす。分布：本州(宮城県以南)，四国，九州，対馬，伊豆諸島(大島，神津島，三宅島)，中国。
- **ウスアトベリキバガ**〈*Hypatima spathota*〉昆虫綱鱗翅目キバガ科の蛾。分布：屋久島，琉球，ベトナム，インド，オーストラリア。
- **ウスアミメキハマキ 淡網目黄葉捲蛾**〈*Tortrix sinapina*〉昆虫綱鱗翅目ハマキガ科ハマキガ亜科の蛾。開張20〜23mm。分布：北海道，本州，対馬，中国，ロシア(シベリア)。
- **ウスアミメトビハマキ**〈*Pandemis corylana*〉昆虫綱鱗翅目ハマキガ科の蛾。開張21〜29mm。ハスカップに害を及ぼす。分布：北海道，本州，四国，九州の山地，朝鮮半島，中国，ロシア，ヨーロッパ，イギリス。
- **ウスアヤカミキリ**〈*Bumetopia japonica*〉昆虫綱甲虫目カミキリムシ科フトカミキリ亜科の甲虫。体長10〜16mm。
- **ウスイロアカキリバ**〈*Anomis figlina*〉昆虫綱鱗翅目ヤガ科クチバ亜科の蛾。分布：スリランカ，インド，東南アジア一帯，南太平洋地域，高知県中土佐町，対馬，天草島，屋久島。
- **ウスイロアカハネムシ**〈*Pseudopyrochroa peculiaris*〉昆虫綱甲虫目アカハネムシ科の甲虫。体長9〜13mm。
- **ウスイロアカフヤガ**〈*Diarsia ruficauda*〉昆虫綱鱗翅目ヤガ科モンヤガ亜科の蛾。開張32〜36mm。分布：中国中部・東部，朝鮮半島，北海道から九州。
- **ウスイロアシブトケバエ**〈*Bibio flavihalter*〉昆虫綱双翅目ケバエ科。
- **ウスイロアツバ**〈*Zanclognatha lilacina*〉昆虫綱鱗翅目ヤガ科クルマアツバ亜科の蛾。開張31〜33mm。分布：北海道，本州，四国，九州，対馬，朝鮮半島，ウスリー。
- **ウスイロイエバエ**〈*Musca conducens*〉昆虫綱双翅目イエバエ科。体長4.5〜5.5mm。害虫。
- **ウスイロイシガケチョウ** マルバネイシガケチョウの別名。
- **ウスイロイワヒバジャノメ**〈*Acrophtalmia artemis*〉昆虫綱鱗翅目ジャノメチョウ科の蝶。
- **ウスイロウリハムシ**〈*Monolepta pallidula*〉昆虫綱甲虫目ハムシ科の甲虫。体長5mm。分布：本州，四国，九州。
- **ウスイロオオエダシャク 淡色大枝尺蛾**〈*Amraica superans*〉昆虫綱鱗翅目シャクガ科エダシャク亜科の蛾。開張雄49〜60mm，雌70mm。分布：中国，台湾，朝鮮半島，シベリア南東部，北海道，本州，四国，九州，対馬，屋久島。
- **ウスイロオサシデムシ**〈*Brachyloma curtum*〉昆虫綱甲虫目シデムシ科の甲虫。体長5mm。

ウスイロオナガシジミ 淡色尾長小灰蝶〈*Antigius butleri*〉昆虫綱鱗翅目シジミチョウ科ミドリシジミ亜科の蝶。前翅長13～16mm。分布：北海道,本州,九州。

ウスイロカギバ〈*Callidrepana palleola*〉昆虫綱鱗翅目カギバガ科の蛾。分布：北海道,本州,四国,九州,中国。

ウスイロカギバコガ ウスイロクチブサガの別名。

ウスイロカザリバ〈*Cosmopterix victor*〉昆虫綱鱗翅目カザリバガ科の蛾。開張12～13mm。分布：北海道,本州,四国,九州。

ウスイロカネコメツキ ウスチャイロカネコメツキの別名。

ウスイロカノコサビカミキリ〈*Apomecyna deguchii*〉昆虫綱甲虫目カミキリムシ科フトカミキリ亜科の甲虫。

ウスイロカバスジヤガ〈*Sineugraphe disgnosta*〉昆虫綱鱗翅目ヤガ科モンヤガ亜科の蛾。開張40～46mm。分布：沿海州,朝鮮半島,北海道,本州,四国,九州。

ウスイロキクイムシ(1)〈*Cnestus murayamai*〉昆虫綱甲虫目キクイムシ科の甲虫。体長2.1～2.4mm。

ウスイロキクイムシ(2)〈*Hylurgops palliatus*〉昆虫綱甲虫目キクイムシ科の甲虫。体長2.5～4.0mm。

ウスイロキシタバ〈*Catocala intacta*〉昆虫綱鱗翅目ヤガ科シタバガ亜科の蛾。開張58～60mm。分布：本州中部以西,四国,九州,対馬,屋久島,中国中南部。

ウスイロキスイ〈*Cryptophagus dilutus*〉昆虫綱甲虫目キスイムシ科の甲虫。体長2.1～2.8mm。

ウスイロキチョウ〈*Eurema andersoni*〉昆虫綱鱗翅目シロチョウ科の蝶。別名マエグロキチョウ。分布：マレーシア。

ウスイロキマダラセセリ〈*Potanthus pava*〉昆虫綱鱗翅目セセリチョウ科の蝶。分布：インド,中国,台湾,フィリピン,スラウェシ。

ウスイロキヨトウ〈*Dysaletia inanis*〉昆虫綱鱗翅目ヤガ科ヨトウガ亜科の蛾。開張30～35mm。分布：沿海州,北海道から本州中部,九州。

ウスイロキンノメイガ〈*Pleuroptya punctimarginalis*〉昆虫綱鱗翅目メイガ科の蛾。分布：本州,九州,沖縄本島,インドから東南アジア一帯。

ウスイロギンモンシャチホコ〈*Spatalia doerriesi*〉昆虫綱鱗翅目シャチホコガ科の蛾。分布：沿海州,北海道から九州,対馬。

ウスイロクチキムシ〈*Allecula bilamellata*〉昆虫綱甲虫目ゴミムシダマシ科の甲虫。体長11mm。分布：本州。

ウスイロクチブサガ〈*Ypsolopha parenthesella*〉昆虫綱鱗翅目スガ科の蛾。開張17～22mm。分布：北海道,本州,四国,九州,ヨーロッパ。

ウスイロクビボソジョウカイ 淡色頸細浄海〈*Podabrus temporalis*〉昆虫綱甲虫目ジョウカイボン科の甲虫。体長9mm。分布：北海道,本州,四国,九州。

ウスイロケンモン〈*Thalatha japonica*〉昆虫綱鱗翅目ヤガ科の蛾。分布：関東地方南部(高尾山)付近を北限として東海地方から紀伊半島,四国,九州北部,対馬,八丈島。

ウスイロコオロギ カマドコオロギの別名。

ウスイロコジャノメ コジャノメの別名。

ウスイロコノマチョウ 薄色木間蝶〈*Melanitis leda*〉昆虫綱鱗翅目タテハチョウ科の蝶。前翅には四角めの目玉模様,裏面には黒褐色のまだら模様がある。開張6～8mm。分布：アフリカ,東南アジア,オーストラリア。

ウスイロコミズギワゴミムシ〈*Paratachys pallescens*〉昆虫綱甲虫目オサムシ科の甲虫。体長2.0mm。

ウスイロゴミムシダマシ〈*Strongylium brevicorne*〉昆虫綱甲虫目ゴミムシダマシ科の甲虫。体長8～10mm。分布：本州,四国,九州。

ウスイロコムラサキ〈*Herona sumatrana*〉昆虫綱鱗翅目タテハチョウ科の蝶。分布：ボルネオ,ジャワ。

ウスイロササキリ 淡色笹螽蟖〈*Conocephalus chinensis*〉昆虫綱直翅目キリギリス科。体長25～30mm。分布：北海道,本州,四国,九州,対馬。

ウスイロサルハムシ〈*Basilepta pallidula*〉昆虫綱甲虫目ハムシ科の甲虫。体長3.5mm。杉に害を及ぼす。分布：本州,四国,九州。

ウスイロシギアブ 淡色鷸虻〈*Rhagio tringarius*〉昆虫綱双翅目シギアブ科。分布：北海道。

ウスイロシマゲンゴロウ〈*Hydaticus rhantoides*〉昆虫綱甲虫目ゲンゴロウ科の甲虫。体長9～11mm。

ウスイロジャコウアゲハ〈*Parides dasarada*〉昆虫綱鱗翅目アゲハチョウ科の蝶。分布：ヒマラヤ。

ウスイロタテハ〈*Cirrochroa tyche*〉昆虫綱鱗翅目タテハチョウ科の蝶。分布：シッキムから海南島およびフィリピン,マレーシア。

ウスイロタデハムシ〈*Tricholochmaea konishii*〉昆虫綱甲虫目ハムシ科。

ウスイロトビスジナミシャク〈*Costaconvexa caespitaria*〉昆虫綱鱗翅目シャクガ科ナミシャク亜科の蛾。開張19～20mm。分布：北海道,本州,四国,シベリア南東部。

ウスイロトラカミキリ〈*Xylotrechus cuneipennis*〉昆虫綱甲虫目カミキリムシ科カミキリ亜科の甲虫。体長10〜24mm。分布：北海道,本州,四国,九州,佐渡,対馬。

ウスイロナガカメムシ〈*Bryanellocoris orientalis*〉昆虫綱半翅目ナガカメムシ科。

ウスイロナガハムシ ムナグロナガハムシの別名。

ウスイロハムシダマシ〈*Arthromacra abnormalis*〉昆虫綱甲虫目ハムシダマシ科の甲虫。体長12.4mm。

ウスイロヒゲナガ アトボシウスキヒゲナガの別名。

ウスイロヒゲナガカメムシ〈*Pachygrontha similis*〉昆虫綱半翅目ナガカメムシ科。

ウスイロヒゲボソゾウムシ〈*Phyllobius mundus*〉昆虫綱甲虫目ゾウムシ科の甲虫。体長5.1〜6.0mm。

ウスイロヒメジャノメ〈*Acropthalmia artemis*〉昆虫綱鱗翅目ジャノメチョウ科の蝶。分布：フィリピン,スラウェシ,北マルク諸島。

ウスイロヒメタマキノコムシ〈*Pseudocolenis hilleri*〉昆虫綱甲虫目タマキノコムシ科の甲虫。体長2.0〜2.7mm。

ウスイロヒメハナカミキリ〈*Pidonia pallida*〉昆虫綱甲虫目カミキリムシ科ハナカミキリ亜科の甲虫。

ウスイロヒメハナノミ〈*Mordellina palliata*〉昆虫綱甲虫目ハナノミ科。

ウスイロヒョウモンモドキ 淡色擬豹紋蝶〈*Melitaea diamina*〉昆虫綱鱗翅目タテハチョウ科ヒオドシチョウ亜科の蝶。絶滅危惧I類(CR+EN)。前翅長19〜22mm。分布：中国地方。

ウスイロヒラタナガカメムシ〈*Kleidocerys resedae*〉昆虫綱半翅目ナガカメムシ科。

ウスイロヒロヨコバイ〈*Handianus ogikubonis*〉昆虫綱半翅目ヨコバイ科。体長6〜8mm。分布：北海道,本州,四国,九州。

ウスイロフサガ ウスイロカザリバの別名。

ウスイロフタオチョウ〈*Polyura dolon*〉昆虫綱鱗翅目タテハチョウ科の蝶。開張100mm。分布：インドシナ半島。珍蝶。

ウスイロフトカミキリ〈*Blepephaeus decoloratus*〉昆虫綱甲虫目カミキリムシ科フトカミキリ亜科の甲虫。体長21〜25mm。分布：与那国島。

ウスイロホソナガハネカクシ〈*Xestolinus pauper*〉昆虫綱甲虫目ハネカクシ科の甲虫。体長5.0〜5.5mm。

ウスイロホソメクラガメ〈*Plagiognathus lividus*〉昆虫綱半翅目メクラカメムシ科。

ウスイロマグソコガネ 淡色馬糞金亀子〈*Aphodius sublimbatus*〉昆虫綱甲虫目コガネムシ科の甲虫。体長3.5〜5.0mm。

ウスイロマダラカミキリ〈*Dialeges pauper*〉昆虫綱甲虫目カミキリムシ科の甲虫。分布：インド,パキスタン,ミャンマー,タイ,ラオス,マレーシア,ボルネオ。

ウスイロマダラカミキリ ミヤマカミキリの別名。

ウスイロマルカイガラムシ〈*Aspidiotus destructor*〉昆虫綱半翅目マルカイガラムシ科。体長1.5mm。バナナ,グアバ,茶,蘇鉄,椿,山茶花,ヤシ類,パパイア,マンゴーに害を及ぼす。分布：本州(南関東以西)以南の日本各地,世界の熱帯,亜熱帯。

ウスイロマルバネワモン〈*Faunis aerope*〉昆虫綱鱗翅目ワモンチョウ科の蝶。分布：中国。

ウスイロミズギワカメムシ〈*Saldula pallipes*〉昆虫綱半翅目ミズギワカメムシ科。体長4mm。分布：本州以北。

ウスイロモンキチョウ〈*Colias phicomone*〉昆虫綱鱗翅目シロチョウ科の蝶。別名ヘリモンキチョウ。分布：アルプス,ピレネー山脈。

ウスイロヤイロタテハ〈*Agatasa chrysodonia*〉昆虫綱鱗翅目タテハチョウ科の蝶。分布：フィリピン。

ウスイロヤスジカバナミシャク〈*Eupithecia angustipunctaria*〉昆虫綱鱗翅目シャクガ科の蛾。分布：北海道東部。

ウスイロヤチグモ〈*Coelotes decolor*〉蛛形綱クモ目タナグモ科の蜘蛛。体長雌8〜11mm,雄8〜9mm。分布：本州(南部),四国。

ウスウラナミヒメシャク〈*Scopula longicerata*〉昆虫綱鱗翅目シャクガ科の蛾。分布：山形県より北九州。

ウスエグリバ〈*Calyptra thalictri*〉昆虫綱鱗翅目ヤガ科クチバ亜科の蛾。開張46〜49mm。ナシ類,桃,スモモ,林檎,ブドウに害を及ぼす。分布：ユーラシア,北海道から九州。

ウスオエダシャク〈*Semiothisa hebesata*〉昆虫綱鱗翅目シャクガ科エダシャク亜科の蛾。開張21〜23mm。分布：北海道,本州,四国,九州,対馬,屋久島,南西諸島,朝鮮半島,シベリア南東部,中国,台湾。

ウスオビカギバ 淡帯鉤翅蛾〈*Sabra harpagula*〉昆虫綱鱗翅目カギバ科の蛾。開張40mm。分布：北海道,本州,四国,九州,中国東北,シベリア南東部からヨーロッパ。

ウスオビキノコケシキスイ〈*Pocadites dilatimanus*〉昆虫綱甲虫目ケシキスイ科の甲虫。体長2.9〜4.4mm。

ウスオビキノメイガ〈*Microstega jessica*〉昆虫綱鱗翅目メイガ科ノメイガ亜科の蛾。開張20〜31mm。分布：北海道,本州,四国,九州,屋久島。

ウスオビクチバ〈*Remigia frugalis*〉昆虫綱鱗翅目ヤガ科シタバガ亜科の蛾。分布：インドからオーストラリア地域,太平洋の島々,石川県,四国南部,奄美大島以南の島嶼域一帯。

ウスオビクロチビノメイガ〈*Pyrausta fuliginata*〉昆虫綱鱗翅目メイガ科の蛾。分布：関東,北陸,中部,近畿。

ウスオビクロノメイガ〈*Herpetogramma fuscescens*〉昆虫綱鱗翅目メイガ科の蛾。分布：本州では東北地方の北部から関東,北陸の平地,山地,屋久島,奄美大島,台湾,四国,九州。

ウスオビコキノコムシ〈*Pseudotriphyllus lewisianus*〉昆虫綱甲虫目コキノコムシ科の甲虫。体長2.1〜2.5mm。

ウスオビコバネナミシャク〈*Trichopteryx incerta*〉昆虫綱鱗翅目シャクガ科の蛾。分布：本州,四国(北部)。

ウスオビコミズギワゴミムシ〈*Paratachys sericans*〉昆虫綱甲虫目オサムシ科の甲虫。体長2.7mm。

ウスオビシロエダシャク〈*Lomographa distans*〉昆虫綱鱗翅目シャクガ科エダシャク亜科の蛾。開張24〜26mm。分布：北海道,本州,九州,朝鮮半島,シベリア南東部。

ウスオビチビアツバ〈*Mimachrostia fasciata*〉昆虫綱鱗翅目ヤガ科クチバ亜科の蛾。分布：群馬県沼田市岩本,北海道標茶町,群馬県大河原,群馬県北軽井沢,福井県武生市。

ウスオビチビハマキ〈*Pammene nitidiana*〉昆虫綱鱗翅目ノコメハマキガ科の蛾。開張8.5〜10.0mm。

ウスオビチビヒゲナガゾウムシ〈*Stenorhis hirashimai*〉昆虫綱甲虫目ヒゲナガゾウムシ科の甲虫。体長2.0〜2.2mm。

ウスオビチャイロハマキ〈*Acleris uniformis*〉昆虫綱鱗翅目ハマキガ科の蛾。分布：北海道,本州(大阪),ロシア(ウスリー)。

ウスオビトガリメイガ〈*Endotricha consocia*〉昆虫綱鱗翅目メイガ科の蛾。分布：本州(宮城県以南),四国,九州,対馬,屋久島,中国。

ウスオビネマルハガ ウスオビネマルハキバガの別名。

ウスオビネマルハキバガ〈*Blastobasis decolor*〉昆虫綱鱗翅目ネマルハキバガ科の蛾。開張11〜14mm。分布：本州,四国,九州,台湾,インド,スリランカ。

ウスオビノメイガ〈*Udea pseudocrocealis*〉昆虫綱鱗翅目メイガ科の蛾。分布：神奈川県横須賀,神奈川県五剣山。

ウスオビハイイロフユハマキ〈*Kawabeia ignavana*〉昆虫綱鱗翅目ハマキガ科の蛾。分布：北海道,本州(東北,中部山地),ロシア(アムール,シベリア)。

ウスオビハバチ〈*Asiemphytus fasciatus*〉昆虫綱膜翅目ハバチ科。

ウスオビヒメアツバ〈*Schrankia masuii*〉昆虫綱鱗翅目ヤガ科クチバ亜科の蛾。分布：長野県,香川県,北九州市。

ウスオビヒメエダシャク〈*Euchristophia cumulata*〉昆虫綱鱗翅目シャクガ科エダシャク亜科の蛾。開張21〜25mm。分布：本州(東北地方北部より),四国,九州,朝鮮半島,シベリア南東部。

ウスオビヒメハナノミ〈*Mordellistenoda vagevittata*〉昆虫綱甲虫目ハナノミ科。

ウスオビフユエダシャク〈*Larerannis orthogrammaria*〉昆虫綱鱗翅目シャクガ科エダシャク亜科の蛾。開張27〜34mm。林檎に害を及ぼす。分布：北海道,本州(山形県),シベリア南東部。

ウスオビマルハキバガ メスコバネキバガの別名。

ウスオビヤガ 淡帯夜蛾〈*Pyrrhia bifasciata*〉昆虫綱鱗翅目ヤガ科タバコガ亜科の蛾。開張30mm。キリ,アブラギリに害を及ぼす。分布：沿海州,中国,台湾,北海道,本州。

ウスオビヨトウ ウスオビヤガの別名。

ウスカバイロノメイガ〈*Endocrossis caldusalis*〉昆虫綱鱗翅目メイガ科の蛾。分布：石垣島,西表島,台湾,中国南部,マレー半島,ジャワ,インド。

ウスカバスジコブガ〈*Nola ebatoi*〉昆虫綱鱗翅目コブガ科の蛾。分布：北海道,本州,四国,九州。

ウスカバスジナミシャク〈*Perizoma taeniatum*〉昆虫綱鱗翅目シャクガ科の蛾。分布：ヨーロッパから極東,長野県上高地。

ウスカバナミシャク〈*Eupithecia proterva*〉昆虫綱鱗翅目シャクガ科ナミシャク亜科の蛾。開張16〜21mm。分布：北海道,本州,四国,九州,屋久島,朝鮮半島。

ウスカワマイマイ 薄皮蝸牛〈*Acusta despecta*〉軟体動物門腹足綱オナジマイマイ科のカタツムリ。高さ20mm。ウリ科野菜,キク科野菜,シソ,セリ科野菜,ナス科野菜,ヤマノイモ類,ユリ科野菜,柑橘,アカザ科野菜,ウド,アブラナ科野菜に害を及ぼす。分布：日本全国,朝鮮半島。

ウスキアシブトハバチ〈*Cimbex lutea*〉昆虫綱膜翅目コンボウハバチ科。

ウズキイエバエモドキ〈*Paradichosia pusilla*〉昆虫綱双翅目クロバエ科。体長5.0～9.0mm。害虫。

ウスキオエダシャク〈*Semiothisa normata*〉昆虫綱鱗翅目シャクガ科エダシャク亜科の蛾。開張27～33mm。分布：北海道，本州，四国，九州，対馬，朝鮮半島，中国，チベット，台湾。

ウスキカクモンハマキ〈*Cornicacoecia lafauryana*〉昆虫綱鱗翅目ハマキガ科の蛾。苺に害を及ぼす。分布：北海道，本州(山地)，朝鮮半島，中国，ロシア，ヨーロッパ，イギリス。

ウスキクロスジナミシャク〈*Carige obsoleta*〉昆虫綱鱗翅目シャクガ科の蛾。分布：沖縄本島，与那。

ウスキクロテンヒメシャク 淡黄黒点姫尺蛾〈*Scopula ignobilis*〉昆虫綱鱗翅目シャクガ科ヒメシャク亜科の蛾。開張20～26mm。分布：北海道，本州，四国，九州，対馬，屋久島，朝鮮半島，台湾，中国。

ウスキケシマキムシ 薄黄芥子蟇虫〈*Corticaria japonica*〉昆虫綱甲虫目ヒメマキムシ科の甲虫。体長2mm。分布：本州，九州。

ウヅキコモリグモ〈*Pardosa astrigera*〉蛛形綱クモ目コモリグモ科の蜘蛛。体長雌7～10mm，雄6～8mm。分布：日本全土。害虫。

ウスキコヤガ〈*Hyposada brunnea*〉昆虫綱鱗翅目ヤガ科コヤガ亜科の蛾。開張25～27mm。分布：東北地方北部から四国，九州，対馬，沖縄本島，西表島。

ウスキシタホソバ〈*Eilema submontana*〉昆虫綱鱗翅目ヒトリガ科の蛾。分布：北海道北部・東部。

ウスキシタヨトウ〈*Triphaenopsis cinerescens*〉昆虫綱鱗翅目ヤガ科カラスヨトウ亜科の蛾。開張35～41mm。分布：沿海州，サハリン，北海道から九州。

ウスキシマヘリガガンボ 淡黄縞縁大蚊〈*Nipponomyia kuwanai*〉昆虫綱双翅目ガガンボ科。分布：本州。

ウスキシャチホコ〈*Mimopydna pallida*〉昆虫綱鱗翅目シャチホコガ科ウチキシャチホコ亜科の蛾。開張40～46mm。分布：中国，北海道から九州。

ウスキシロオオメイガ〈*Scirpophaga gotoi*〉昆虫綱鱗翅目メイガ科の蛾。分布：新潟県新津市，中国。

ウスキシロチョウ 薄黄白蝶〈*Catopsilia pomona*〉昆虫綱鱗翅目シロチョウ科の蝶。別名ウスキチョウ，ムモンウスキチョウ，ギンモンウスキチョウ。前翅長30～35mm。分布：本州以南，八重山諸島。

ウスキシロハマキ ウスキシロヒメハマキの別名。

ウスキシロヒメハマキ〈*Gibberifera simplana*〉昆虫綱鱗翅目ハマキガ科の蛾。開張11.5～13.0mm。分布：北海道，本州，四国，中国，ロシア，ヨーロッパ，イギリス。

ウスキシンクイ〈*Meridarchis vitiata*〉昆虫綱鱗翅目シンクイガ科の蛾。分布：屋久島，アッサム。

ウスキタテハ〈*Cymothoe caenis*〉昆虫綱鱗翅目タテハチョウ科の蝶。分布：シエラレオネからアンゴラ，ウガンダまで。

ウスキチビジョウカイ〈*Malthodes simplipygus*〉昆虫綱甲虫目ジョウカイボン科の甲虫。体長2.5～2.6mm。

ウスキチョウ ウスキシロチョウの別名。

ウスキツバメエダシャク 淡黄燕枝尺蛾〈*Ourapteryx nivea*〉昆虫綱鱗翅目シャクガ科エダシャク亜科の蛾。開張雄37～48mm，雌48～52mm。茶に害を及ぼす。分布：北海道，本州，四国，九州，対馬，屋久島，吐噶喇列島，奄美大島，沖縄本島，西表島。

ウスキツマキリコヤガ〈*Lophoruza lunifera*〉昆虫綱鱗翅目ヤガ科コヤガ亜科の蛾。分布：インド，スリランカから台湾，屋久島，奄美大島，沖縄本島，西表島。

ウスキトガリキリガ〈*Telorta acuminata*〉昆虫綱鱗翅目ヤガ科セダカモクメ亜科の蛾。開張40～42mm。分布：北海道を除く本土域，対馬。

ウスキトガリヒメシャク 淡黄尖姫尺蛾〈*Scopula confusa*〉昆虫綱鱗翅目シャクガ科ヒメシャク亜科の蛾。開張18～21mm。分布：北海道，本州，四国，九州，対馬，朝鮮半島。

ウヅキドクグモ ウヅキコモリグモの別名。

ウスキナカジロナミシャク〈*Dysstroma infuscata*〉昆虫綱鱗翅目シャクガ科の蛾。分布：スカンジナビア半島，シベリア北部と中部，北海道，本州中部山地。

ウスギヌカギバ 薄絹鉤翅蛾〈*Macrocilix mysticata*〉昆虫綱鱗翅目カギバガ科の蛾。開張30～45mm。分布：本州，四国，九州，対馬，奄美大島，中国，ミャンマー北部，シッキム，インド北部，台湾。

ウスギヌヒメユスリカ 薄衣姫揺蚊〈*Pentaneura maculipennis*〉昆虫綱双翅目ユスリカ科。

ウスキバネツトガ〈*Chrysoteuchia pseudodiplogramma*〉昆虫綱鱗翅目メイガ科の蛾。分布：北海道，本州(東北，北陸)，シベリア南東部，中国東部。

ウスキバネヒメガガンボ 淡黄翅姫大蚊〈*Limonia tanakai*〉昆虫綱双翅目ガガンボ科。分布：本州。

ウスキバラハナバエ 淡黄腹花蠅〈*Hydrophoria ruralis*〉昆虫綱双翅目ハナバエ科。体長5～7mm。分布：北海道，本州，四国，九州。

ウスキヒカリヒメシャク〈*Idaea nitidata*〉昆虫綱鱗翅目シャクガ科ヒメシャク亜科の蛾。開張20～

24mm。分布：本州，九州(中部山地)，対馬，朝鮮半島，シベリア南東部，中国東北，ヨーロッパ南東部。

ウスキヒゲナガ〈*Nematopogon distincta*〉昆虫綱鱗翅目マガリガ科の蛾。開張19〜20mm。分布：本州，四国，九州。

ウスキヒメアオシャク〈*Jodis urosticta*〉昆虫綱鱗翅目シャクガ科アオシャク亜科の蛾。開張20〜22mm。分布：本州(宮城県より南)，四国，九州，屋久島。

ウスキヒメアサギマダラ ウスキヒメマダラの別名。

ウスキヒメシャク 淡黄姫尺蛾〈*Idaea biselata*〉昆虫綱鱗翅目シャクガ科ヒメシャク亜科の蛾。開張14〜19mm。分布：北海道，本州，四国，九州，朝鮮半島，サハリン，中国，シベリア東部からヨーロッパ。

ウスキヒメスガ〈*Cedestis exiguata*〉昆虫綱鱗翅目スガ科の蛾。分布：四国(愛媛県産出)。

ウスキヒメトリバ〈*Adaina microdactyla*〉昆虫綱鱗翅目トリバガ科の蛾。分布：本州，九州，小アジア，ヨーロッパ。

ウスキヒメマダラ〈*Danaus aspasia*〉昆虫綱鱗翅目マダラチョウ科の蝶。別名ウスキヒメアサギマダラ。分布：ネパール，アッサム，ミャンマー，タイ，マレーシア，スマトラ，ジャワ，ボルネオ，パラワン。

ウスキヘリホシヒメハマキ〈*Dichrorampha testacea*〉昆虫綱鱗翅目ハマキガ科の蛾。分布：本州の中部山地。

ウスキホシテントウ〈*Oenopia hirayamai*〉昆虫綱甲虫目テントウムシ科の甲虫。体長3.3〜4.0mm。

ウスキボシハナノミ〈*Hoshihananomia kurosai*〉昆虫綱甲虫目ハナノミ科の甲虫。体長8.5〜11.0mm。

ウスキホソハマキ〈*Stenodes nipponana*〉昆虫綱鱗翅目ホソハマキガ科の蛾。分布：四国の足摺岬及び八丈島。

ウスキマダラ〈*Danaus schenkii*〉昆虫綱鱗翅目マダラチョウ科の蝶。別名パプアアマダラ。分布：カイ，キッサー，ウェタル，ソロモン。

ウスキマダラキバガ〈*Aristotelia cleodora*〉昆虫綱鱗翅目キバガ科の蛾。開張11〜14mm。分布：本州，四国。

ウスキマダラコヤガ〈*Acontia marmorata*〉昆虫綱鱗翅目ヤガ科コヤガ亜科の蛾。分布：インドからオーストラリア地域，琉球列島一帯。

ウスキミスジアツバ〈*Heminia arenosa*〉昆虫綱鱗翅目ヤガ科クルマアツバ亜科の蛾。分布：北海道，本州，四国，九州，対馬，朝鮮半島。

ウスキミズメイガ〈*Ambia colonalis*〉昆虫綱鱗翅目メイガ科の蛾。分布：北海道東部，シベリア南東部。

ウスキミナミオビガ〈*Nataxa flavescens*〉昆虫綱鱗翅目ミナミオビガ科の蛾。雄の前後翅は赤褐色で，淡黄色の帯，雌は灰褐色で，前翅の中央部に，白色の斑紋をもつ。開張3〜4mm。分布：オーストラリアのクイーンズランド南部から，ビクトリア，タスマニア。

ウスキモンアツバ〈*Paracolax contigua*〉昆虫綱鱗翅目ヤガ科クルマアツバ亜科の蛾。分布：本州(伊豆以西)，四国，九州，対馬，屋久島，台湾，中国。

ウスキモンノメイガ〈*Pleuroptya expictalis*〉昆虫綱鱗翅目メイガ科ノメイガ亜科の蛾。開張28〜31mm。分布：北海道，東北地方，中部山地，シベリア南東部。

ウスキモンヨトウ〈*Oligia rufata*〉昆虫綱鱗翅目ヤガ科カラスヨトウ亜科の蛾。分布：沿海州，北海道。

ウスギンスジキハマキ〈*Croesia phalera*〉昆虫綱鱗翅目ハマキガ科の蛾。開張16〜17mm。分布：本州の東北，中部山地(温湯温泉，中房温泉，日光湯元)，ロシア(アムール)。

ウスギンツトガ 淡銀苞蛾〈*Crambus perlellus*〉昆虫綱鱗翅目メイガ科ツトガ亜科の蛾。開張24〜27mm。イネ科作物に害を及ぼす。分布：北海道，本州，四国，朝鮮半島，サハリンからヨーロッパ，北アメリカ。

ウスクビグロクチバ〈*Lygephila viciae*〉昆虫綱鱗翅目ヤガ科クチバ亜科の蛾。分布：ユーラシア，北海道，本州。

ウズグモ 渦蜘蛛〈*Uloborus varians*〉節足動物門クモ形綱真正クモ目ウズグモ科の蜘蛛。体長雌4〜6mm，雄4〜5mm。分布：日本全土。

ウスクモエダシャク〈*Menophra senilis*〉昆虫綱鱗翅目シャクガ科エダシャク亜科の蛾。開張30〜39mm。林檎に害を及ぼす。分布：北海道，本州，四国，九州，対馬，屋久島，奄美大島，サハリン，朝鮮半島，シベリア南東部，中国。

ウスクモチビアツバ〈*Micreremites japonica*〉昆虫綱鱗翅目ヤガ科クチバ亜科の蛾。分布：新潟県朝日村三面，新潟県津南町逆巻，沖縄本島与那。

ウスクモナミシャク〈*Heterophleps fusca*〉昆虫綱鱗翅目シャクガ科ナミシャク亜科の蛾。開張16〜24mm。分布：本州(宮城県以南)，四国，九州，奄美大島。

ウスクモヨトウ〈*Apamea pabulatricula fraudulenta*〉昆虫綱鱗翅目ヤガ科カラスヨトウ亜科の蛾。分布：ユーラシア，北海道東部，本州，青森県田子町，山梨県清里高原。

ウスクリイロハマキ〈*Celypa constructa*〉昆虫綱鱗翅目ノコメハマキガ科の蛾。開張14〜15mm。

ウスクリイロヒメハマキ〈*Celypha cespitana*〉昆虫綱鱗翅目ハマキガ科の蛾。分布：ヨーロッパ，イギリス，ロシア，中国(東北)，北アメリカ，北海道，本州，四国，九州。

ウスクリモンハマキ〈*Olethreutes dolosanum*〉昆虫綱鱗翅目ノコメハマキガ科の蛾。開張14〜16mm。

ウスクリモンヒメハマキ〈*Olethreutes dolosana*〉昆虫綱鱗翅目ハマキガ科の蛾。分布：北海道から九州までの平・山地，中国(東北)，ロシア(アムール)。

ウスグロアシブトゾウムシ〈*Gryporrhynchus obscurus*〉昆虫綱甲虫目ゾウムシ科の甲虫。体長2.2〜2.5mm。

ウスグロアツバ〈*Zanclognatha fumosa*〉昆虫綱鱗翅目ヤガ科クルマアツバ亜科の蛾。開張31〜33mm。分布：北海道，本州，四国，九州，対馬，朝鮮半島，中国，アムール，ウスリー。

ウスグロアメイロカミキリ〈*Pseudiphra obscura*〉昆虫綱甲虫目カミキリムシ科カミキリ亜科の甲虫。体長4〜6mm。分布：奄美大島。

ウスグロアメバチモドキ〈*Netelia grumi*〉昆虫綱膜翅目ヒメバチ科。

ウスグロイガ〈*Niditinea baryspilas*〉昆虫綱鱗翅目ヒロズコガ科の蛾。分布：本州，インド(カシミール)。

ウスグロイシガケチョウ〈*Cyrestis paulinus*〉昆虫綱鱗翅目タテハチョウ科の蝶。分布：フィリピン，スラウェシ，マルク諸島，ワイゲオ。

ウスグロイラガ〈*Susica fusca*〉昆虫綱鱗翅目イラガ科の蛾。分布：台湾，沖縄本島，石垣島，西表島。

ウスグロオオゴマダラ〈*Idea blanchardii*〉昆虫綱鱗翅目マダラチョウ科の蝶。

ウスグロオオナミシャク〈*Triphosa dubitata*〉昆虫綱鱗翅目シャクガ科ナミシャク亜科の蛾。開張30〜38mm。分布：北海道，本州，朝鮮半島，中国東北，シベリア南東部，ヨーロッパ。

ウスグロオナガタイマイ〈*Eurytides leucaspis*〉昆虫綱鱗翅目アゲハチョウ科の蝶。分布：コロンビアからボリビアまで。

ウスグロオビナミシャク〈*Pennithera abolla*〉昆虫綱鱗翅目シャクガ科ナミシャク亜科の蛾。開張25〜30mm。分布：本州(東北地方北部より)，四国，九州，対馬。

ウスグロカマトリバ〈*Leioptilus mutuurai*〉昆虫綱鱗翅目トリバガ科の蛾。分布：関東，中部山地。

ウスグロカミキリモドキ 淡黒擬天牛〈*Xanthochroa strandi*〉昆虫綱甲虫目カミキリモドキ科の甲虫。体長11.5〜14.0mm。分布：中禅寺湖付近。

ウスグロキイロタテハ〈*Cymothoe haynae*〉昆虫綱鱗翅目タテハチョウ科の蝶。分布：カメルーン東部からコンゴ，中央アフリカ，ザイールまで。

ウスグロキバガ〈*Uliaria rasilella*〉昆虫綱鱗翅目キバガ科の蛾。開張12〜15mm。分布：本州，九州，中央ヨーロッパ，東シベリア。

ウスグロキバケシキスイ〈*Prometopia unidentata*〉昆虫綱甲虫目ケシキスイ科の甲虫。体長4.2〜7.9mm。

ウスグロキモンノメイガ〈*Ostrinia quadripunctalis*〉昆虫綱鱗翅目メイガ科の蛾。分布：対馬の念仏坂，シベリア南東部からバヴァリアやオーストリア。

ウスグロキヨトウ〈*Mythimna fuliginosa*〉昆虫綱鱗翅目ヤガ科ヨトウガ亜科の蛾。開張50mm。

ウスグロクチバ〈*Avitta puncta*〉昆虫綱鱗翅目ヤガ科クチバ亜科の蛾。開張42mm。分布：四国南部，九州，対馬，屋久島，奄美大島，紀伊半島，伊豆諸島，御蔵島。

ウスグロコガシラウンカ〈*Akotropis fumata*〉昆虫綱半翅目コガシラウンカ科。体長4.5mm。分布：本州，四国，九州。

ウスグロコキノコムシ ウスグロヒゲボソコキノコムシの別名。

ウスグロコケガ〈*Siccia obscura*〉昆虫綱鱗翅目ヒトリガ科コケガ亜科の蛾。分布：本州(関東以西)，四国，屋久島。

ウスグロシマヨトウ〈*Eucarta arcta*〉昆虫綱鱗翅目ヤガ科カラスヨトウ亜科の蛾。分布：シベリアから沿海州，朝鮮半島，伊豆半島大滝温泉。

ウスグロシャチホコ 淡黒天社蛾〈*Epinotodonta fumosa*〉昆虫綱鱗翅目シャチホコガ科ウチキシャチホコ亜科の蛾。開張37〜44mm。分布：北海道，本州中部以北。

ウスグロシロチョウ〈*Aoa affinis*〉昆虫綱鱗翅目シロチョウ科の蝶。分布：セレベス。

ウスグロシロヘリナガカメムシ〈*Panaorus angustatus*〉昆虫綱半翅目ナガカメムシ科。

ウスクロスジチビコケガ〈*Manoba obscura*〉昆虫綱鱗翅目ヒトリガ科の蛾。分布：東京都高尾山，石川県富来，香川県長尾町紅ノ滝。

ウスグロスジツツハムシ〈*Cryptocephalus fulvus*〉昆虫綱甲虫目ハムシ科の甲虫。体長2.0〜2.5mm。

ウスグロスジツトガ 淡黒条苞蛾〈*Chrysoteuchia diplogramma*〉昆虫綱鱗翅目メイガ科ツトガ亜科の蛾。開張20〜29mm。分布：北海道，本州，四国，九州，対馬，屋久島，シベリア南東部，中国。

ウスクロスジマダラメイガ〈*Nephopterix obscuriella*〉昆虫綱鱗翅目メイガ科の蛾。分布：群馬県熊ノ平。

ウスグロセニジモンアツバ〈*Paragona inchoata*〉昆虫綱鱗翅目ヤガ科クチバ亜科の蛾。分布：北海道を除く本土域, 対馬, 屋久島。

ウスグロチビカミナリハムシ〈*Ogloblinia flavicornis*〉昆虫綱甲虫目ハムシ科の甲虫。体長1.5〜2.0mm。

ウスグロチビヒゲナガゾウムシ〈*Uncifer truncatus*〉昆虫綱甲虫目ヒゲナガゾウムシ科の甲虫。体長2.5〜3.0mm。

ウスグロチビヒラタムシ〈*Laemophloeus fuscicornis*〉昆虫綱甲虫目ヒラタムシ科。

ウスグロチャタテ〈*Liposcelis subfuscus*〉昆虫綱噛虫目コナチャタテ科。体長雌1.0〜1.2mm, 雄0.8〜0.9mm。貯穀・貯蔵植物性食品に害を及ぼす。

ウスグロツトガ〈*Xanthocrambus lucellus*〉昆虫綱鱗翅目メイガ科の蛾。分布：北海道, 本州, 九州, 朝鮮半島, 中国, シベリアからヨーロッパ。

ウスグロツマキジョウカイ キアシツマキジョウカイの別名。

ウスグロテントウダマシ〈*Endomychus nigropiceus*〉昆虫綱甲虫目テントウムシダマシ科の甲虫。体長3.8〜4.7mm。

ウスクロテンヒメシャク〈*Idaea salutaria*〉昆虫綱鱗翅目シャクガ科ヒメシャク亜科の蛾。開張12〜16mm。分布：東海(静岡県), 北陸(新潟県)以西, 四国, 九州, 対馬, シベリア南東部。

ウスグロトラカミキリ〈*Chlorophorus signaticollis*〉昆虫綱甲虫目カミキリムシ科カミキリ亜科の甲虫。

ウスグロトラカミキリ アマミウスグロトラカミキリの別名。

ウスグロナミエダシャク〈*Phanerothyris sinearia*〉昆虫綱鱗翅目シャクガ科エダシャク亜科の蛾。開張25〜30mm。分布：中国, シベリア南東部, 北海道, 本州, 四国, 九州。

ウスグロノコバエダシャク〈*Odontopera bidentata harutai*〉昆虫綱鱗翅目シャクガ科エダシャク亜科の蛾。開張39〜43mm。分布：ヨーロッパ, 北海道, 本州(中部山地), 四国(中部山地)。

ウスグロノメイガ〈*Bradina admixtalis*〉昆虫綱鱗翅目メイガ科ノメイガ亜科の蛾。開張22〜27mm。

ウスグロハラナイガノメイガ〈*Tatobotys janapalis*〉昆虫綱鱗翅目メイガ科の蛾。分布：西表島, 台湾, 中国南部, インドシナからインド。

ウスグロヒゲナガコバネカミキリ〈*Glaphyra fuscipennis*〉昆虫綱甲虫目カミキリムシ科カミキリ亜科の甲虫。

ウスグロヒゲナガゾウムシ〈*Tropideres trunctanus*〉昆虫綱甲虫目ヒゲナガゾウムシ科。

ウスグロヒゲボソキノコムシ〈*Parabaptistes lewisi*〉昆虫綱甲虫目コキノコムシ科の甲虫。体長3.5mm。

ウスグロヒメコメツキモドキ〈*Anadastus harmandi*〉昆虫綱甲虫目コメツキモドキ科の甲虫。体長4.5mm。

ウスグロヒメスガ〈*Swammerdamia pyrella*〉昆虫綱鱗翅目スガ科の蛾。分布：北海道, ヨーロッパ, 北アメリカ。

ウスグロヒメツツハムシ〈*Coenobius nigrocastaneus*〉昆虫綱甲虫目ハムシ科の甲虫。体長1.6mm。

ウスグロヒメハナノミ〈*Mordellina nigrofusca*〉昆虫綱甲虫目ハナノミ科。

ウスグロヒメハマキ〈*Pammene obscurana*〉昆虫綱鱗翅目ハマキガ科の蛾。分布：イギリス, ヨーロッパからロシア, 新潟県(笹ヶ峰)。

ウスグロヒメヒゲナガゾウムシ〈*Rhaphitropis truncatoides*〉昆虫綱甲虫目ヒゲナガゾウムシ科の甲虫。体長2.5〜2.9mm。

ウスグロヒラタガムシ〈*Enochrus uniformis*〉昆虫綱甲虫目ガムシ科の甲虫。体長3.5〜3.6mm。

ウスグロフトメイガ〈*Lamida obscura*〉昆虫綱鱗翅目メイガ科の蛾。分布：本州(東北地方より), 四国, 九州, 対馬, 屋久島, 石垣島, 沖縄本島, 西表島, 台湾, インドから東南アジア一帯。

ウスグロフユハマキ〈*Kawabeia nigricolor*〉昆虫綱鱗翅目ハマキガ科の蛾。分布：北海道, 本州。

ウスグロベニシジミ〈*Lycaena alciphron*〉昆虫綱鱗翅目シジミチョウ科の蝶。分布：モロッコ, ヨーロッパ(中部・南部)からモンゴルまで。

ウスグロホソキコメツキ〈*Procraerus tsutsuii*〉昆虫綱甲虫目コメツキムシ科。

ウスグロホソヤガ〈*Araeopteron neblosa*〉昆虫綱鱗翅目ヤガ科コヤガ亜科の蛾。分布：本州関東以西, 四国, 九州。

ウスグロホソバネカミキリ〈*Thranius obscurus*〉昆虫綱甲虫目カミキリムシ科カミキリ亜科の甲虫。体長14〜20.5mm。

ウスグロマグソコガネ〈*Aphodius chokaiensis*〉昆虫綱甲虫目コガネムシ科の甲虫。体長4〜5mm。

ウスグロマダラ 淡黒斑蛾〈*Clelea fusca*〉昆虫綱鱗翅目マダラガ科の蛾。開張20〜25mm。分布：北海道, 本州, 九州, サハリン。

ウスグロマダラウワバ〈*Abrostola sugii*〉昆虫綱鱗翅目ヤガ科コヤガ亜科の蛾。分布：関東南部, 四国, 九州。

ウスグロマダラタマムシ〈*Texania campestris*〉昆虫綱甲虫目タマムシ科. 分布：アメリカ東部.

ウスグロマダラメイガ〈*Pyla fusca*〉昆虫綱鱗翅目メイガ科の蛾. 分布：本州中部山岳, 東北では岩手山, シベリア東部からヨーロッパ, 北アメリカ.

ウスグロミゾコメツキダマシ〈*Poecilochrus japonicus*〉昆虫綱甲虫目コメツキダマシ科の甲虫. 体長4.6〜9.1mm.

ウスグロムラサキ〈*Hypolimnas pithoeka gretheri*〉昆虫綱鱗翅目タテハチョウ科の蝶. 分布：ニューギニアからビアク, レンネルなどを経てガダルカナルまで.

ウスグロメバエ〈*Zodion cinereum*〉昆虫綱双翅目メバエ科.

ウスクロモクメヨトウ〈*Dipterygina cupreotincta*〉昆虫綱鱗翅目ヤガ科カラスヨトウ亜科の蛾. 開張35〜40mm. 分布：本州, 四国, 九州, 対馬.

ウスグロモリヒラタゴミムシ〈*Colpodes aequatus*〉昆虫綱甲虫目オサムシ科の甲虫. 体長9〜11mm.

ウスグロヤガ〈*Euxoa sibirica*〉昆虫綱鱗翅目ヤガ科モンヤガ亜科の蛾. 開張45〜50mm. 隠元豆, 小豆, ササゲ, 豌豆, 空豆, 大豆に害を及ぼす. 分布：シベリア中部から沿海州, 北海道から九州.

ウスグロヨツモンノメイガ〈*Lygropia poltisalis*〉昆虫綱鱗翅目メイガ科の蛾. 分布：北海道, 本州, 対馬, 朝鮮半島, インド, ボルネオ.

ウスグロヨトウ〈*Athetis funesta*〉昆虫綱鱗翅目ヤガ科カラスヨトウ亜科の蛾. 分布：沿海州, 本州中部.

ウスゲアメイロカミキリ〈*Obrium kusamai*〉昆虫綱甲虫目カミキリムシ科カミキリ亜科の甲虫.

ウスケゴモクムシ〈*Harpalus griseus*〉昆虫綱甲虫目オサムシ科. 体長9〜12mm. 分布：北海道, 本州, 四国, 九州, 屋久島.

ウスケメクラチビゴミムシ〈*Rakantrechus mirabilis*〉昆虫綱甲虫目オサムシ科の甲虫. 絶滅危惧I類(CR+EN). 体長3.9〜4.1mm.

ウスゴマダラエダシャク〈*Metabraxas paucimaculata*〉昆虫綱鱗翅目シャクガ科エダシャク亜科の蛾. 開張56〜57mm. 分布：東北地方北部(青森, 秋田, 岩手の諸県), 関東から近畿の山地, 四国では北部山地.

ウスコモンマダラ〈*Tirumala limniace*〉昆虫綱鱗翅目マダラチョウ科の蝶. 前翅長48mm. 分布：インド, ミャンマー, スリランカ, 香港, 台湾, フィリピン, セレベス, ジャワ, 九州, 南西諸島.

ウスコモンマルバネタテハ〈*Euxanthe crossleyi crossleyi*〉昆虫綱鱗翅目タテハチョウ科の蝶. 分布：ナイジェリアからウガンダ, ザンビアまで.

ウスサカハチヒメシャク〈*Scopula semignobilis*〉昆虫綱鱗翅目シャクガ科ヒメシャク亜科の蛾. 開張18〜22mm. 分布：北海道南部, 本州, 四国, 九州, 屋久島.

ウスシタキリガ 淡下切蛾〈*Enargia paleacea*〉昆虫綱鱗翅目ヤガ科カラスヨトウ亜科の蛾. 開張38〜42mm. 分布：本州.

ウスシモフリトゲエダシャク〈*Phigalia djakonovi*〉昆虫綱鱗翅目シャクガ科の蛾. 分布：北海道東部, シベリア南東部.

ウスジロエダシャク〈*Ectropis obliqua*〉昆虫綱鱗翅目シャクガ科エダシャク亜科の蛾. 開張22〜30mm. 大豆, ハスカップ, 林檎に害を及ぼす. 分布：北海道, 本州, 四国, 九州, 対馬.

ウスジロキノメイガ〈*Ostrinia latipennis*〉昆虫綱鱗翅目メイガ科ノメイガ亜科の蛾. 開張32mm. 分布：北海道, 本州(東北地方北部から中部山地), 中国東北, シベリア南東部.

ウスジロケンモン〈*Acronicta lutea leucoptera*〉昆虫綱鱗翅目ヤガ科の蛾. 分布：沿海州, 朝鮮半島, 日本.

ウスジロシンクイ コブシロシンクイの別名.

ウスシロテンチビミノガ〈*Solenobia cembrella*〉昆虫綱鱗翅目ミノガ科の蛾. 分布：ヨーロッパから日本.

ウスジロトガリバ〈*Parapsestis umbrosa*〉昆虫綱鱗翅目トガリバガ科の蛾. 開張32〜38mm. 分布：北海道, 本州, 四国, 九州.

ウスジロドクガ 淡白毒蛾〈*Calliteara virginea*〉昆虫綱鱗翅目ドクガ科の蛾. 開張雄41〜48mm, 雌64mm. 分布：本州, 四国, 朝鮮半島, シベリア南東部, 中国, 東北地方北部から中部山地.

ウスシロノメイガ ウスジロキノメイガの別名.

ウスジロノメイガ〈*Psammotis albula*〉昆虫綱鱗翅目メイガ科の蛾. 分布：北海道, 本州(秋田県), 朝鮮半島, 中国東北, シベリア南東部.

ウスジロハマキ〈*Acleris logiana*〉昆虫綱鱗翅目ハマキガ科の蛾. 開張21mm. 分布：北海道, 本州(中部山地), ロシア, ヨーロッパ, イギリス, 北アメリカ.

ウスジロヒカリヒメシャク〈*Idaea promiscuaria*〉昆虫綱鱗翅目シャクガ科の蛾. 分布：北海道, 本州, 朝鮮半島, 中国.

ウスジロフコヤガ 淡白斑小夜蛾〈*Lithacodia stygia*〉昆虫綱鱗翅目ヤガ科コヤガ亜科の蛾. 開張21〜27mm. 分布：中国, 朝鮮半島, 北海道から九州, 伊豆諸島(三宅島まで).

ウスジロフタスジマダラメイガ〈*Nephopterix bilineatella*〉昆虫綱鱗翅目メイガ科の蛾. 分布：本州(関東, 北陸), 四国の山地.

ウスシロミャクツツミノガ〈Coleophora pratella〉昆虫綱鱗翅目ツツミノガ科の蛾。分布：東北地方，ヨーロッパ。

ウスシロモンヒメハマキ〈Notocelia autolitha〉昆虫綱鱗翅目ハマキガ科の蛾。開張13～18mm。分布：北海道，本州，四国，九州，対馬，伊豆諸島(神津島，八丈島)，中国(東北)。

ウススジアカカギバヒメハマキ〈Ancylis obtusana〉昆虫綱鱗翅目ハマキガ科の蛾。開張11.5～14.0mm。分布：北海道，本州，ロシア，ヨーロッパ，イギリス。

ウススジアカハマキ ウススジアカカギバヒメハマキの別名。

ウススジオオシロヒメシャク〈Problepsis plagiata〉昆虫綱鱗翅目シャクガ科ヒメシャク亜科の蛾。開張32～40mm。分布：北海道，本州，四国，対馬，朝鮮半島。

ウススジカスミカメ〈Adelphocoris lineolatus〉昆虫綱半翅目カスミカメムシ科。体長7～9mm。隠元豆，小豆，ササゲ，大豆に害を及ぼす。分布：九州以北の日本各地，全北区。

ウススジキバネコメツキ〈Ampedus takeuchii〉昆虫綱甲虫目コメツキムシ科。

ウススジギンガ〈Chasminodes cilia〉昆虫綱鱗翅目ヤガ科カラスヨトウ亜科の蛾。開張20～27mm。分布：沿海州，北海道から九州，屋久島。

ウススジクリイロヒメハマキ ウスクリモンハマキの別名。

ウススジハエトリ〈Yaginumaella ususudi〉蛛形綱クモ目ハエトリグモ科の蜘蛛。体長雌6～7mm，雄5～6mm。分布：日本全土。

ウススジヒメカバナミシャク〈Eupithecia homogrammata〉昆虫綱鱗翅目シャクガ科の蛾。分布：北海道，本州，四国，九州，中国東北，シベリア南東部。

ウスヅマアツバ〈Bomolocha perspicua〉昆虫綱鱗翅目ヤガ科アツバ亜科の蛾。分布：宮城県付近を北限，本州，四国，九州，対馬。

ウスヅマクチバ〈Dinumma deponens〉昆虫綱鱗翅目ヤガ科クチバ亜科の蛾。開張36～44mm。分布：インドから中国，朝鮮半島，北海道を除く本土域，対馬。

ウスヅマシャチホコ〈Lophontosia cuculus〉昆虫綱鱗翅目シャチホコガ科ウチキシャチホコ亜科の蛾。開張28～35mm。分布：北海道から本州，九州。

ウスヅマスジキバガ 淡褄条牙蛾〈Brachmia japonicella〉昆虫綱鱗翅目キバガ科の蛾。開張15～19mm。分布：北海道，本州，九州。

ウスズミイシガケチョウ ウスグロイシガケチョウの別名。

ウスズミカレハ〈Poecilocampa populi〉昆虫綱鱗翅目カレハガ科の蛾。別名タマヌキカレハ。開張35～40mm。分布：ヨーロッパ，サハリン南部，北海道，本州，四国，九州。

ウスズミクチバ〈Hyposemansis singha〉昆虫綱鱗翅目ヤガ科クチバ亜科の蛾。分布：インド，台湾，紀伊半島那智山以西，四国，九州，屋久島。

ウスズミケンモン〈Acronicta carbonaria〉昆虫綱鱗翅目ヤガ科ケンモンヤガ亜科の蛾。開張45～50mm。分布：関東地方以西，北九州，四国(香川県)。

ウスズミジャコウアゲハ〈Parides daemonius〉蝶。

ウスズミヒメイエバエ〈Fannia prisca〉昆虫綱双翅目ヒメイエバエ科。別名クロヒメイエバエ。体長4.0～6.5mm。害虫。

ウスズミミドリシジミ〈Chrysozephyrus zoa〉昆虫綱鱗翅目シジミチョウ科の蝶。

ウスタビガ 薄手火蛾〈Rhodinia fugax〉昆虫綱鱗翅目ヤママユガ科の蛾。開張雄75～90mm，雌80～110mm。桜桃，栗，楓(紅葉)に害を及ぼす。分布：本州，四国，九州，シベリア南東部。

ウスチャイロカネコメツキ〈Nothodes marginicollis〉昆虫綱甲虫目コメツキムシ科の甲虫。体長7～8mm。

ウスチャオビキノメイガ〈Yezobotys dissimilis〉昆虫綱鱗翅目メイガ科の蛾。分布：東北地方の北部から関東，北陸，北海道南部，四国(高知県)。

ウスチャケシマキムシ〈Cortinicara gibbosa〉昆虫綱甲虫目ヒメマキムシ科の甲虫。体長1.0～1.6mm。

ウスチャコガネ〈Phyllopertha diversa〉昆虫綱甲虫目コガネムシ科の甲虫。体長7～8mm。バラ類，シバ類に害を及ぼす。分布：本州，四国，九州。

ウスチャジョウカイ〈Athemellus insulsus〉昆虫綱甲虫目ジョウカイボン科の甲虫。体長11.7～13.3mm。

ウスチャズダカグモ〈Lophocarenum punctiseriatum〉蛛形綱クモ目サラグモ科の蜘蛛。

ウスチャセミゾハネカクシ〈Myrmecocephalus japonicus〉昆虫綱甲虫目ハネカクシ科。

ウスチャタテハ〈Harma theobene〉昆虫綱鱗翅目タテハチョウ科の蝶。分布：南部を除くサハラ以南のアフリカ全域。

ウスチャチビマルハナノミ〈Cyphon intermedius〉昆虫綱甲虫目マルハナノミ科の甲虫。体長2.3～3.5mm。

ウスチャツトガ〈*Pseudocatharylla duplicella*〉昆虫綱鱗翅目メイガ科の蛾。分布：本州(関東以西)，九州，屋久島，宮古島，石垣島，西表島，与那国島，台湾，中国，インドシナ半島からマレーシア，スリランカ。

ウスチャツブゲンゴロウ〈*Laccophilus chinensis*〉昆虫綱甲虫目ゲンゴロウ科の甲虫。体長3.5～3.8mm。

ウスチャデオキスイ〈*Carpophilus freemani*〉昆虫綱甲虫目ケシキスイ科の甲虫。体長1.7～2.7mm。

ウスチャトビモンエダシャク〈*Psilalcis postmaculata*〉昆虫綱鱗翅目シャクガ科エダシャク亜科の蛾。開張26～29mm。分布：奄美大島，沖永良部島，沖縄本島，台湾，屋久島，鹿児島県。

ウスチャバネヒメカワトンボ〈*Euphaea ochracea ochracea*〉昆虫綱蜻蛉目ミナミカワトンボ科。分布：タイ，マレーシア。

ウスチャマエモンコヤガ〈*Neustrotia costimacula*〉昆虫綱鱗翅目ヤガ科コヤガ亜科の蛾。林檎に害を及ぼす。分布：沿海州，北海道，東北地方および関東中部山地。

ウスチャマグソコガネ〈*Aphodius marginellus*〉昆虫綱甲虫目コガネムシ科の甲虫。体長4.5～8.0mm。

ウスチャマダラメイガ〈*Nephopterix exotica*〉昆虫綱鱗翅目メイガ科の蛾。分布：北海道，本州。

ウスチャマルハナノミ ウスチャチビマルハナノミの別名。

ウスチャモンアツバ〈*Hepena innocua*〉昆虫綱鱗翅目ヤガ科アツバ亜科の蛾。分布：伊豆半島から本州南岸，近畿，四国，九州，屋久島，奄美大島，沖縄本島，石垣島。

ウスチャヤガ〈*Xestia dilatata*〉昆虫綱鱗翅目ヤガ科モンヤガ亜科の蛾。開張45mm。分布：中国東部，本州，四国，九州，対馬。

ウスツマグロハバチ〈*Tenthredo fulva adusta*〉昆虫綱膜翅目ハバチ科。体長17mm。分布：北海道，本州。

ウスツヤハイイロヒメハマキ〈*Gypsonoma attrita*〉昆虫綱鱗翅目ハマキガ科の蛾。分布：北海道，本州(東北及び中部の山地)，ロシア(ウスリー)。

ウステンシロナミシャク〈*Asthena amurensis*〉昆虫綱鱗翅目シャクガ科の蛾。分布：北海道，本州(関東から中部の山地)，朝鮮半島，中国東北，シベリア南東部。

ウストビイラガ 淡鳶刺蛾〈*Ceratonema sericea*〉昆虫綱鱗翅目イラガ科の蛾。開張27～33mm。分布：北海道，本州，四国，九州。

ウストビシマメイガ ヤマトシマメイガの別名。

ウストビスジエダシャク〈*Ectropis aigneri*〉昆虫綱鱗翅目シャクガ科エダシャク亜科の蛾。開張35～42mm。分布：北海道，本州，四国，九州，対馬，中国東北。

ウストビナミシャク〈*Eupithecia amplexata*〉昆虫綱鱗翅目シャクガ科ナミシャク亜科の蛾。開張17～20mm。分布：北海道，本州(関東から中部の山地)。

ウストビハマキ〈*Pandemis chlorograpta*〉昆虫綱鱗翅目ハマキガ科の蛾。開張20～26mm。林檎に害を及ぼす。分布：北海道，本州，四国，九州，屋久島，中国。

ウストビモンナミシャク〈*Eulithis ledereri*〉昆虫綱鱗翅目シャクガ科ナミシャク亜科の蛾。開張30～38mm。葡萄に害を及ぼす。分布：朝鮮半島，シベリア南東部，北海道，本州，四国，九州，対馬，屋久島。

ウストビモンハマキ〈*Argyrotaenia lacernata*〉昆虫綱鱗翅目ハマキガ科の蛾。分布：北海道，本州の東北，中部の山地，四国の剣山。

ウストホシハムシ ヤナギムジハムシの別名。

ウストラフコメツキ ヒメウストラフコメツキの別名。

ウスナミアツバ〈*Sinarella* sp.〉昆虫綱鱗翅目ヤガ科クルマアツバ亜科の蛾。分布：徳島県平谷，台湾。

ウスナミガタガガンボ クワハマダラガガンボの別名。

ウスネズミエダシャク〈*Tephrina vapulata*〉昆虫綱鱗翅目シャクガ科エダシャク亜科の蛾。開張26～29mm。分布：本州(東北地方北部より)，四国，九州，対馬，屋久島，朝鮮半島。

ウスバアゲハ ウスバシロチョウの別名。

ウスハイイロケンモン〈*Subleuconycta palshkovi*〉昆虫綱鱗翅目ヤガ科の蛾。分布：ウスリー地方，日本。

ウスバガガンボ 薄翅大蚊〈*Antocha serricauda*〉昆虫綱双翅目ガガンボ科。分布：北海道。

ウスバカゲロウ 薄翅蜻蛉〈*Hagenomyia micans*〉昆虫綱脈翅目ウスバカゲロウ科。開張85mm。分布：日本全土。

ウスバカゲロウ 薄翅蜻蛉〈ant lion fly〉昆虫綱脈翅目ウスバカゲロウ科の昆虫の総称，およびその一種。

ウスバカマキリ 薄翅蟷螂〈*Mantis religiosa*〉昆虫綱蟷螂目カマキリ科。体長47～65mm。分布：北海道(南部)，本州(中部山地に多い)，四国。

ウスバカミキリ 薄翅天牛〈*Megopis sinica*〉昆虫綱甲虫目カミキリムシ科ノコギリカミキリ亜科の

甲虫。体長30〜50mm。林檎, 桜類に害を及ぼす。分布：日本全土。

ウスバキエダシャク〈*Pseuderannis lomozemia*〉昆虫綱鱗翅目シャクガ科エダシャク亜科の蛾。開張26〜30mm。分布：北海道, 本州, 四国, 九州, 対馬, シベリア南東部。

ウスバキスイ〈*Cryptophagus cellaris*〉昆虫綱甲虫目キスイムシ科の甲虫。体長2.0〜2.7mm。

ウスバキチョウ 薄翅黄蝶〈*Parnassius eversmanni*〉昆虫綱鱗翅目アゲハチョウ科の蝶。別名キイロウスバアゲハ。天然記念物, 準絶滅危惧種(NT)。前翅長25〜30mm。分布：北海道の大雪山, 十勝連峰。

ウスバキトビケラ 薄翅黄飛螻〈*Limnophilus correptus*〉昆虫綱毛翅目エグリトビケラ科。体長12〜15mm。分布：北海道, 本州, 四国。

ウスバキトンボ 薄翅黄蜻蛉〈*Pantala flavescens*〉昆虫綱蜻蛉目トンボ科の蜻蛉。体長45mm。分布：日本全土。

ウスバキマダラセセリ〈*Ochlodes subhyalina*〉昆虫綱鱗翅目セセリチョウ科の蝶。別名ニイタカキマダラセセリ(台湾亜種)。分布：アッサム, 中国, 朝鮮半島, 日本, アムール, モンゴル, 台湾, ミャンマー北部, シッキムなど。

ウスバキンノメイガ〈*Pleuroptya plagiatalis*〉昆虫綱鱗翅目メイガ科の蛾。分布：徳之島, 沖永良部島, 沖縄本島, 西表島, スリランカ, インド。

ウスバクロマダラ〈*Inope heterogyna*〉昆虫綱鱗翅目マダラガ科の蛾。分布：北海道, シベリア南東部。

ウスバクワコ〈*Theophila raligiosae*〉昆虫綱鱗翅目カイコガ科の蛾。前翅先端は屈曲し, 暗褐色の斑紋がある。開張4〜5mm。分布：インド北部からマレーシア。

ウスバコカゲロウ〈*Centroptilum rotundum*〉昆虫綱蜉蝣目コカゲロウ科。体長7〜8mm。分布：日本各地。

ウスバジャコウアゲハ〈*Cressida cressida*〉昆虫綱鱗翅目アゲハチョウ科の蝶。前翅に大きな黒色の斑紋が2個ある。開張7.0〜7.5mm。分布：オーストラリア。

ウスバシロエダシャク〈*Pseuderannis amplipennis*〉昆虫綱鱗翅目シャクガ科エダシャク亜科の蛾。開張25〜32mm。分布：本州(東北地方から), 四国, 九州。

ウスバシロチョウ 薄羽白蝶〈*Parnassius glacialis*〉昆虫綱鱗翅目アゲハチョウ科の蝶。別名ウスバアゲハ。前翅長25〜38mm。分布：北海道, 本州, 四国。

ウスバチビコケガ〈*Palaeopsis unifascia*〉昆虫綱鱗翅目ヒトリガ科の蛾。分布：九州(福岡県), 屋久島, 口永良部島。

ウスバツマゲメガ 薄翅燕蛾〈*Elcysma westwoodii*〉昆虫綱鱗翅目マダラガ科の蛾。開張60mm。梅, アンズ, 桜桃, 桜類に害を及ぼす。分布：愛知県以西。

ウスバツマキジョウカイ〈*Malthinus nakanei*〉昆虫綱甲虫目ジョウカイボン科の甲虫。体長3.1〜3.7mm。

ウスバヒメガガンボ属の一種〈*Antocha sp.*〉昆虫綱双翅目ガガンボ科。

ウスバヒメナガハネカクシ〈*Leptacinus japonicus*〉昆虫綱甲虫目ハネカクシ科。

ウスバヒメミノガ〈*Psyche sp.*〉昆虫綱鱗翅目ミノガ科の蛾。分布：関東地方。

ウスバヒロズコガ〈*Psychoides phaedrospora*〉昆虫綱鱗翅目ヒロズコガ科の蛾。分布：北海道, 本州, 四国, 九州。

ウスバフタホシコケガ〈*Schistophleps bipuncta*〉昆虫綱鱗翅目ヒトリガ科コケガ亜科の蛾。分布：本州(伊豆半島以西), 四国, 九州, 対馬, 台湾からミャンマー, インド。

ウスバフユシャク〈*Inurois fletcheri*〉昆虫綱鱗翅目シャクガ科ホシシャク亜科の蛾。開張21〜30mm。柿, 梅, アンズ, 桜桃, 桃, スモモ, 林檎, 楓(紅葉), 桜類に害を及ぼす。分布：日本(北海道・本州・四国・九州)。

ウスバマガリガ 薄翅曲蛾〈*Mnesipatris phaedrospora*〉昆虫綱鱗翅目マガリガ科の蛾。開張11〜12mm。分布：北海道。

ウスバミスジエダシャク〈*Hypomecis punctinalis*〉昆虫綱鱗翅目シャクガ科エダシャク亜科の蛾。開張32〜44mm。林檎, 栗に害を及ぼす。分布：北海道, 本州, 四国, 九州, 屋久島, 北朝鮮, シベリア南東部, 中国東北, ヨーロッパ, 台湾。

ウスバミドリヨコバイ〈*Balclutha viridis*〉昆虫綱半翅目ヨコバイ科。

ウスハラアカアオシャク〈*Chlorissa macrotyro*〉昆虫綱鱗翅目シャクガ科アオシャク亜科の蛾。開張21〜26mm。分布：北海道, 本州, 四国, 九州。

ウスヒメトガリノメイガ〈*Anania albeoverbascalis*〉昆虫綱鱗翅目メイガ科の蛾。分布：北海道, 本州(東北地方より), 四国, 九州, 対馬。

ウスヒメトガリノメイガ クロヒメトガリノメイガの別名。

ウスヒョウタンゾウムシ〈*Dermatoxenus clathratus*〉昆虫綱甲虫目ゾウムシ科の甲虫。体長9〜13mm。

ウスヒラタゴキブリ〈*Onychostylus pallidiolus*〉昆虫綱網翅目チャバネゴキブリ科。体長12〜

14mm。分布：本州(和歌山県),四国(南部),九州(南部),南西諸島。害虫。

ウスヒラムシ 薄平虫〈Notoplana humilis〉扁形動物門渦虫綱多岐腸目ヤワヒラムシ科の海産小動物。分布：日本各地の沿岸。

ウスフタスジシロエダシャク〈Lomographa subspersata〉昆虫綱鱗翅目シャクガ科エダシャク亜科の蛾。開張20～26mm。分布：北海道,本州,四国,九州,対馬,シベリア南東部。

ウスフタスジシロオオメイガ〈Leechia bilinealis〉昆虫綱鱗翅目メイガ科の蛾。分布：富山県上新川郡大山町有峰,長野県赤石山脈塩川,中国中部。

ウスフタホシテントウ ツマフタホシテントウの別名。

ウスフタホシテントウトビコバチ〈Homalotylus hyperaspicola〉昆虫綱膜翅目トビコバチ科。

ウスフタモンサビカミキリ〈Ropica formosana〉昆虫綱甲虫目カミキリムシ科フトカミキリ亜科の甲虫。体長6～10mm。

ウスブチミャクヨコバイ〈Drabescus pallidus〉昆虫綱半翅目ブチミャクヨコバイ科。

ウスベニアオリンガ〈Earias jezoensis〉昆虫綱鱗翅目ヤガ科リンガ亜科の蛾。分布：北海道中部,秋田県鹿角市,新潟県糸魚川市。

ウスベニアヤトガリバ 淡紅綾尖翅蛾〈Habrosyne dieckmanni〉昆虫綱鱗翅目トガリバガ科の蛾。開張34～35mm。分布：シベリア南東部,千島,サハリン,朝鮮半島,北海道,本州,四国。

ウスベニエグリコヤガ〈Holocryptis erubescens〉昆虫綱鱗翅目ヤガ科コヤガ亜科の蛾。分布：スリランカ,タイ,屋久島。

ウスベニオオノメイガ〈Uresiphita prunipennis〉昆虫綱鱗翅目メイガ科の蛾。分布：北海道,本州,対馬,屋久島,朝鮮半島。

ウスベニカギバヒメハマキ〈Ancylis uncella〉昆虫綱鱗翅目ハマキガ科の蛾。分布：北海道,ロシア,ヨーロッパ,イギリス,北アメリカ。

ウスベニキヨトウ〈Aletia pudorina〉昆虫綱鱗翅目ヤガ科ヨトウガ亜科の蛾。分布：ユーラシア,北海道,本州。

ウスベニキリガ〈Orthosia cedermarki〉昆虫綱鱗翅目ヤガ科ヨトウガ亜科の蛾。開張37mm。分布：沿海州,朝鮮半島,北海道から九州。

ウスベニコヤガ 淡紅小夜蛾〈Perynea subrosea〉昆虫綱鱗翅目ヤガ科コヤガ亜科の蛾。開張17～23mm。分布：北海道から九州,対馬。

ウスベニスジナミシャク〈Esakiopteryx volitans〉昆虫綱鱗翅目シャクガ科ナミシャク亜科の蛾。開張19～22mm。分布：北海道,本州,四国,九州,朝鮮半島,シベリア南東部。

ウスベニスジヒメシャク〈Timandra dichela〉昆虫綱鱗翅目シャクガ科ヒメシャク亜科の蛾。開張21～28mm。分布：北海道,本州,四国,九州,対馬,奄美大島,沖永良部島,朝鮮半島,台湾,中国,アッサム。

ウスベニチャタテ〈Amphipsocus rubrostigma〉昆虫綱噛虫目ケブカチャタテ科。

ウスベニツマキリアツバ〈Tamba gensanalis〉昆虫綱鱗翅目ヤガ科クチバ亜科の蛾。開張35mm。分布：朝鮮半島,東海地方以西の暖温帯,四国,九州,対馬,屋久島,沖縄本島。

ウスベニトガリバ〈Monothyatira pryeri〉昆虫綱鱗翅目トガリバガ科の蛾。開張40～45mm。分布：本州(青森県以南),四国,九州。

ウスベニトガリメイガ〈Endotricha olivacealis〉昆虫綱鱗翅目メイガ科の蛾。分布：北海道,本州,四国,九州,対馬,屋久島,吐噶喇列島,奄美大島,沖永良部島,沖縄本島,石垣島,西表島,与那国島,台湾,朝鮮半島,中国,シベリア南東部,インドから東南アジア一帯。

ウスベニナミシャク 淡紅波尺蛾〈Calocalpe excultata〉昆虫綱鱗翅目シャクガ科ナミシャク亜科の蛾。開張32～39mm。分布：関東地方以西の本州,四国,シベリア南東部,中国。

ウスベニノメイガ〈Evergestis extimalis〉昆虫綱鱗翅目メイガ科ノメイガ亜科の蛾。開張28mm。アブラナ科野菜に害を及ぼす。分布：本州,北海道,九州,対馬,サハリン,朝鮮半島,中国からヨーロッパ。

ウスベニハネビロウンカ 淡紅翅広浮塵子〈Rhotana kagoshimana〉昆虫綱半翅目ハネナガウンカ科。分布：本州,九州。

ウスベニヒゲナガ〈Nemophora staudingerella〉昆虫綱鱗翅目マガリガ科の蛾。開張18～20mm。分布：北海道,本州,四国,九州,サハリン,シベリア東部。

ウスベニホシコヤガ〈Ozarba brunnea〉昆虫綱鱗翅目ヤガ科コヤガ亜科の蛾。分布：インド北部,中国,台湾,関東地方以西,八丈島。

ウスベニモンシロチョウ〈Delias eucharis〉昆虫綱鱗翅目シロチョウ科の蝶。別名スジグロベニモンシロチョウ。分布：ヒマラヤ低所,インド,スリランカ。

ウスベリケンモン〈Anacronicta nitida〉昆虫綱鱗翅目ヤガ科ウスベリケンモン亜科の蛾。開張48～52mm。分布：インド北部,スマトラ,ジャワ,沿海州から朝鮮半島,中国,台湾,北海道から九州。

ウスホシイエバエ〈Myiospila meditabunda〉昆虫綱双翅目イエバエ科。体長6.5～7.5mm。害虫。

ウスホシハナバエ ウスホシイエバエの別名。

ウスボシフサキバガ〈*Dichomeris quercicola*〉昆虫綱鱗翅目キバガ科の蛾。開張13〜14mm。分布：本州(近畿地方), 中国。

ウスホシミミヨトウ〈*Pratysenta pallescens*〉昆虫綱鱗翅目ヤガ科カラスヨトウ亜科の蛾。分布：宮古島。

ウズマキゴカイ 渦巻沙蚕〈*Janna foraminosus*〉多毛綱定在目ウズマキゴカイ科の環形動物。

ウズマキゴカイ 渦巻沙蚕〈*snail-worm*〉環形動物門多毛綱定在目カンザシゴカイ科に属する小さな渦巻状の殻に入ったゴカイの一種, またはこの類の総称。

ウスマダラアツバ〈*Scedopla diffusa*〉昆虫綱鱗翅目ヤガ科クチバ亜科の蛾。分布：北海道の中南部から九州。

ウスマダライラガ〈*Narosa fulgens*〉昆虫綱鱗翅目イラガ科の蛾。分布：対馬, 隠岐島(島根県), 朝鮮半島, 台湾。

ウスマダラカレハ〈*Bhima idiota*〉昆虫綱鱗翅目カレハガ科の蛾。分布：シベリア南東部, 中国東北, 朝鮮半島, 岡山県苫田郡奥津町, 広島県戸河内町滝山峡, 兵庫県氷ノ山, 鹿児島県霧島山。

ウスマダラビアツバ〈*Protoschrankia murakii*〉昆虫綱鱗翅目ヤガ科クチバ亜科の蛾。分布：新潟県, 群馬県, 静岡県, 長野県。

ウスマダラヒメガガンボ〈*Limonia nubeculosa*〉昆虫綱双翅目ガガンボ科。

ウスマダラヒラタキバガ〈*Depressaria applana fabricius*〉昆虫綱鱗翅目マルハキバガ科の蛾。開張21〜26mm。

ウスマダラヒラタマルハキバガ〈*Agonopterix japonica*〉昆虫綱鱗翅目マルハキバガ科の蛾。分布：長野県, 北海道。

ウスマダラマドガ 薄斑窓蛾〈*Rhodoneura pallida*〉昆虫綱鱗翅目マドガ科の蛾。開張20〜25mm。分布：本州, 四国, 九州, 対馬, 中国。

ウスマダラミズメイガ〈*Nymphula orientalis*〉昆虫綱鱗翅目メイガ科の蛾。分布：北海道釧路標茶町, 秋田県, ウスリー。

ウスマルモンノメイガ〈*Udea lugubralis*〉昆虫綱鱗翅目メイガ科ノメイガ亜科の蛾。開張19〜24mm。分布：北海道, 本州の関東, 中部, 北陸の山地, 中国, 朝鮮半島, サハリン南部, 千島の色丹島。

ウスミズアオシャク〈*Jodis argutaria*〉昆虫綱鱗翅目シャクガ科アオシャク亜科の蛾。開張22〜26mm。分布：本州(東北地方北部より), 四国, 中国, インド北部。

ウスミドリコバネナミシャク〈*Trichopteryx miracula*〉昆虫綱鱗翅目シャクガ科ナミシャク亜科の蛾。開張25〜29mm。分布：北海道, 本州, 四国, 九州。

ウスミドリシギゾウムシ〈*Curculio rai*〉昆虫綱甲虫目ゾウムシ科の甲虫。体長3.2〜3.4mm。

ウスミドリタイマイ〈*Graphium tyndaraeus*〉昆虫綱鱗翅目アゲハチョウ科の蝶。分布：アフリカ西部, コンゴ。

ウスミドリナミシャク〈*Episteira nigrilinearia*〉昆虫綱鱗翅目シャクガ科ナミシャク亜科の蛾。開張23〜26mm。分布：北海道(南部), 本州, 四国, 九州, 対馬, 屋久島, 奄美大島, 沖縄本島, 久米島, 中国西部。

ウスミミモンキリガ〈*Eupsilia contracta*〉昆虫綱鱗翅目ヤガ科セダカモクメ亜科の蛾。開張40〜44mm。分布：沿海州, 北海道から九州。

ウズムシ 渦虫〈*turbellarian, free living flatworms*〉扁形動物門渦虫綱に属する種類の総称。

ウスムジオオキバガ〈*Heterodmeta homomorpha*〉昆虫綱鱗翅目マルハキバガ科の蛾。開張20〜24mm。

ウスムジヒゲナガマルハキバガ〈*Carcina homomorpha*〉昆虫綱鱗翅目マルハキバガ科の蛾。分布：北海道, 本州の山地。

ウスムジマルハキバガ ウスムジオオキバガの別名。

ウスムラサキイラガ〈*Austrapoda dentata*〉昆虫綱鱗翅目イラガ科の蛾。梅, アンズ, 林檎, 栗, 茶, 桜類に害を及ぼす。分布：北海道, 本州, 四国, 九州の山地, シベリア南東部。

ウスムラサキエダシャク〈*Selenia adustaria*〉昆虫綱鱗翅目シャクガ科エダシャク亜科の蛾。開張32〜47mm。分布：北海道, 本州, 四国, 九州。

ウスムラサキクチバ〈*Ericeia pertendens*〉昆虫綱鱗翅目ヤガ科クチバ亜科の蛾。開張42mm。分布：インド全域, スリランカから中国, 台湾, スンダランド, ニューギニア, ソロモン諸島, 本州北端青森市まで, 四国, 九州, 屋久島, 奄美大島, 沖縄本島, 宮古島, 波照間島。

ウスムラサキケンモン〈*Acronicta subpurpurea*〉昆虫綱鱗翅目ヤガ科ケンモンヤガ亜科の蛾。開張45mm。分布：北海道から本州中部, 四国, 九州。

ウスムラサキシマメイガ〈*Hypsopygia postflava*〉昆虫綱鱗翅目メイガ科の蛾。分布：奄美大島, 沖縄本島, 台湾, インド。

ウスムラサキシロチョウ〈*Cepora nadina*〉昆虫綱鱗翅目シロチョウ科の蝶。分布：シッキム, アッサム, インド南部, スリランカ, ミャンマー, アンダマン, インドシナ, マレーシア, 中国南部, 海南島, 台湾, スマトラ。

ウスムラサキスジノメイガ〈Clupeosoma cinereum〉昆虫綱鱗翅目メイガ科ノメイガ亜科の蛾。開張21〜26mm。分布：北海道,本州,四国,九州,対馬,屋久島,台湾。

ウスムラサキタテハ〈Crenidomimas concordia〉昆虫綱鱗翅目タテハチョウ科の蝶。分布：アンゴラ,ザイール,ケニア以南のアフリカ各地。

ウスムラサキタテハモドキ〈Junonia atlites〉昆虫綱鱗翅目タテハチョウ科の蝶。別名ウスアオタテハモドキ,ハイイロタテハモドキ。

ウスムラサキチビナミシャク〈Gymnoscelis deleta〉昆虫綱鱗翅目シャクガ科の蛾。分布：宮崎県小林市,屋久島楠川,琉球石垣島,インド,スリランカ。

ウスムラサキトガリバ〈Epipsestis perornata〉昆虫綱鱗翅目トガリバガ科の蛾。分布：北海道,本州,四国。

ウスムラサキノメイガ〈Agrotera nemoralis〉昆虫綱鱗翅目メイガ科ノメイガ亜科の蛾。開張16〜22mm。分布：本州北部から関東,北陸および対馬。

ウスムラサキヨトウ〈Eucarta virgo〉昆虫綱鱗翅目ヤガ科カラスヨトウ亜科の蛾。開張28mm。分布：ユーラシア,北海道から東北地方,本州中部山地。

ウスムラノメイガ ウスムラサキノメイガの別名。

ウスモモイロアツバ〈Olulis ayumiae〉昆虫綱鱗翅目ヤガ科クチバ亜科の蛾。分布：伊豆半島を北限,東海地方から四国,九州。

ウスモンアカヒラタケシキスイ〈Epuraea kyushuensis〉昆虫綱甲虫目ケシキスイ科の甲虫。体長2.3〜3.5mm。

ウスモンアトキハマキ〈Archips asiatic〉昆虫綱鱗翅目ハマキガ科の蛾。

ウスモンアヤカミキリ ウスアヤカミキリの別名。

ウスモンオオハマキ〈Acleris placida〉昆虫綱鱗翅目ハマキガ科の蛾。分布：東京日原,香川県象頭山。

ウスモンオトシブミ 淡紋落文〈Apoderus balteatus〉昆虫綱甲虫目オトシブミ科の甲虫。体長5.5mm。分布：北海道,本州,四国,九州。

ウスモンガガンボダマシ〈Trichocera maculipennis〉昆虫綱双翅目ガガンボダマシ科。

ウスモンカレキゾウムシ〈Acicnemis palliata〉昆虫綱甲虫目ゾウムシ科の甲虫。体長5.0〜6.9mm。分布：本州,四国,九州。

ウスモンキノコハネカクシ〈Lordithon breviceps〉昆虫綱甲虫目ハネカクシ科の甲虫。体長5.5〜6.0mm。

ウスモンキヒメシャク〈Idaea denudaria〉昆虫綱鱗翅目シャクガ科ヒメシャク亜科の蛾。開張12〜17mm。分布：本州(東北地方北部より),九州,中国。

ウスモンケシガムシ〈Cercyon laminatus〉昆虫綱甲虫目ガムシ科の甲虫。体長3.3〜3.9mm。

ウスモンケシミズギワゴミムシ〈Bembidion assimile〉昆虫綱甲虫目オサムシ科の甲虫。体長3.4mm。

ウスモンケブカミバエ〈Stylia sororcula〉昆虫綱双翅目ミバエ科。

ウスモンコミズギワゴミムシ〈Tachyura fuscicauda〉昆虫綱甲虫目オサムシ科の甲虫。体長2.0mm。

ウスモンチビシギゾウムシ〈Curculio minutissimus〉昆虫綱甲虫目ゾウムシ科の甲虫。体長1.7〜2.5mm。

ウスモンチビナミシャク〈Perizoma illepidum〉昆虫綱鱗翅目シャクガ科の蛾。分布：長野県,山梨県の山地から高山。

ウスモンチビマルハナノミ〈Cyphon thunbergi〉昆虫綱甲虫目マルハナノミ科。

ウスモンツツリガ〈Lamoria adaptella〉昆虫綱鱗翅目メイガ科の蛾。分布：屋久島,奄美大島,沖縄本島,石垣島,西表島,インドから東南アジア一帯。

ウスモンツツヒゲナガゾウムシ 淡紋筒鬚長象鼻虫〈Ozotomerus japonicus〉昆虫綱甲虫目ヒゲナガゾウムシ科の甲虫。体長5.5〜9.5mm。分布：本州,四国,九州,対馬。

ウスモンツマオレガ〈Decadarchis sphenoschista〉昆虫綱鱗翅目ヒロズコガ科の蛾。開張15〜17mm。分布：本州,四国。

ウスモンツヤゴミムシダマシ〈Scaphidema discale〉昆虫綱甲虫目ゴミムシダマシ科の甲虫。体長3.5〜4.0mm。

ウスモントゲトゲゾウムシ〈Colobodes konoi〉昆虫綱甲虫目ゾウムシ科の甲虫。体長5.5〜7.3mm。分布：北海道,本州,四国,九州。

ウスモントゲミツギリゾウムシ〈Caenorychodes planicollis〉昆虫綱甲虫目ミツギリゾウムシ科の甲虫。体長13.5〜21.8mm。

ウスモンナガクチキムシ〈Eumelandrya obsoletomaculata〉昆虫綱甲虫目ナガクチキムシ科の甲虫。体長6.7〜9.0mm。

ウスモンノミゾウムシ〈Rhynchaenus spinosus〉昆虫綱甲虫目ゾウムシ科の甲虫。体長2.7〜2.9mm。

ウスモンハイイロハマキ〈Acleris similis〉昆虫綱鱗翅目ハマキガ科の蛾。分布：北海道,ロシアのアムール,ウスリー。

ウスモンハマキ〈*Clepsis rurinana*〉昆虫綱鱗翅目ハマキガ科の蛾。開張16〜21mm。分布：北海道, 本州, 九州。

ウスモンヒメコキノコムシ〈*Litargus lewisi*〉昆虫綱甲虫目コキノコムシ科の甲虫。体長2.0〜2.2mm。

ウスモンヒラタハバチ〈*Pamphilius jucundus*〉昆虫綱膜翅目ヒラタハバチ科。

ウスモンフユシャク〈*Inurois fumosa*〉昆虫綱鱗翅目シャクガ科ホシシャク亜科の蛾。開張22〜30mm。分布：北海道, 本州, 四国, 九州, 朝鮮半島, シベリア南東部。

ウスモンベニシタバ〈*Catocala optata*〉昆虫綱鱗翅目ヤガ科の蛾。分布：ヨーロッパ地中海沿岸から中央アジアまで。

ウスモンホソアリモドキ〈*Sapintus confucii*〉昆虫綱甲虫目アリモドキ科の甲虫。体長2.5〜3.3mm。

ウスモンマルバシマメイガ〈*Hypsopygia kawabei*〉昆虫綱鱗翅目メイガ科の蛾。分布：本州(東北地方以南), 対馬, 屋久島, 四国, 九州。

ウスモンミズギワゴミムシ〈*Bembidion cnemidotum*〉昆虫綱甲虫目オサムシ科の甲虫。体長4.3mm。

ウスモンミドリカスミガメ〈*Taylorilygus apicalis*〉昆虫綱半翅目カスミカメムシ科。体長4.5〜6.0mm。キク, 大豆, ダリアに害を及ぼす。分布：本州, 九州, 対馬, 五島列島, 南西諸島, 小笠原諸島。

ウスモンミドリメクラガメ ウスモンミドリカスミガメの別名。

ウスモンヤマメイガ〈*Scoparia submolestalis*〉昆虫綱鱗翅目メイガ科の蛾。分布：富士山新五合目, 長野県上高地, 中房温泉, 扉峠, 北海道層雲峡。

ウスモンユスリカ〈*Polypedilum nubeculosus*〉昆虫綱双翅目ユスリカ科。

ウズラカメムシ 鶉亀虫〈*Aelia fieberi*〉昆虫綱半翅目カメムシ科。体長8〜10mm。稲, 麦類に害を及ぼす。分布：本州, 四国, 九州。

ウスリーオオウスバカミキリ〈*Callipogon relictus*〉昆虫綱甲虫目カミキリムシ科ノコギリカミキリ亜科の甲虫。分布：シベリア南東部, 中国東北部, 朝鮮半島。

ウスリーオオカミキリ ウスリーオオウスバカミキリの別名。

ウスリーカキカイガラムシ〈*Lepidosaphes ussuriensis*〉昆虫綱半翅目マルカイガラムシ科。体長3〜4mm。桜類, 栗, ツツジ類に害を及ぼす。分布：九州以北の日本各地, ロシア, 沿海州。

ウスリーキンオサムシ〈*Carabus vietinghoffi caesareus*〉昆虫綱甲虫目オサムシ科の甲虫。分布：シベリア西部, 中国東北部。

ウスリーシギゾウムシ〈*Curculio ussuriensis*〉昆虫綱甲虫目ゾウムシ科の甲虫。体長5.5〜6.0mm。

ウスリーホソコバネカミキリ〈*Necydalis morio*〉昆虫綱甲虫目カミキリムシ科ハナカミキリ亜科の甲虫。

ウスリーミドリシジミ〈*Favonius ussuriensis*〉昆虫綱鱗翅目シジミチョウ科の蝶。分布：ウスリー, 朝鮮半島。

ウゼンマシラグモ〈*Leptoneta tofacea*〉蛛形綱クモ目マシラグモ科の蜘蛛。

ウチキアツバ〈*Bertula sinuosa*〉昆虫綱鱗翅目ヤガ科クルマアツバ亜科の蛾。分布：中国西部, 西表島。

ウチキシャチホコ 内黄天社蛾〈*Notodonta dembowskii*〉昆虫綱鱗翅目シャチホコガ科ウチキシャチホコ亜科の蛾。開張45mm。分布：サハリン, 沿海州, 中国東北, 朝鮮半島, 北海道と本州(東北・中部地方)の山地。

ウチジロコヤガ〈*Neustrotia albicincta*〉昆虫綱鱗翅目ヤガ科コヤガ亜科の蛾。開張19〜21mm。分布：関東以西九州, 対馬, 屋久島, 奄美大島。

ウチジロナミシャク〈*Dysstroma truncata*〉昆虫綱鱗翅目シャクガ科ナミシャク亜科の蛾。開張26mm。分布：ユーラシア大陸の北部。

ウチジロマイマイ〈*Parocneria furva*〉昆虫綱鱗翅目ドクガ科の蛾。開張雄22〜31mm, 雌33〜35mm。イブキ類に害を及ぼす。分布：本州(東北地方北部より), 四国, 九州, 中国。

ウチスズメ 家雀蛾, 家天蛾〈*Smerinthus planus*〉昆虫綱鱗翅目スズメガ科ウンモンスズメ亜科の蛾。開張70〜100mm。梅, アンズ, 桜桃, 林檎, 桜類に害を及ぼす。分布：北海道, 本州, 四国, 九州, 朝鮮半島, シベリア南東部。

ウチダキンモンホソガ〈*Phyllonorycter uchidai*〉昆虫綱鱗翅目ホソガ科の蛾。分布：北海道。

ウチダツノマユブユ〈*Simulium uchidai*〉昆虫綱双翅目ブユ科。体長4.0mm。害虫。

ウチベニキノメイガ 内紅黄野螟蛾〈*Pyrausta tithonialis*〉昆虫綱鱗翅目メイガ科ノメイガ亜科の蛾。開張18mm。分布：北海道, 本州, 九州, 朝鮮半島, シベリア南東部, 中国。

ウチムラサキシジミ ウラゴマダラシジミの別名。

ウチムラサキヒメエダシャク 内紫姫枝尺蛾〈*Ninodes splendens*〉昆虫綱鱗翅目シャクガ科エダシャク亜科の蛾。開張16〜18mm。分布：北海道, 本州, 四国, 九州, 対馬, 朝鮮半島, 台湾。

ウチョウランハモグリコガ〈Acrolepiopsis orchidophaga〉昆虫綱鱗翅目アトヒゲコガ科の蛾。分布：本州の奈良県(十津川, 大台ケ原など)。

ウチワグンバイ 団扇軍配〈Cantacader lethierryi〉昆虫綱半翅目グンバイムシ科。分布：本州, 九州。

ウチワゴカイ 団扇沙蚕〈Nectoneanthes oxypoda〉環形動物門多毛綱遊在目ゴカイ科の海産動物。分布：本州中部以南の砂泥地。

ウチワコガシラウンカ 団扇小頭浮塵子〈Catonidia sobrina〉昆虫綱半翅目コガシラウンカ科。分布：本州, 九州。

ウチワムシ バイオリンムシの別名。

ウチワヤンマ 団扇蜻蜓〈Ictinogomphus clavatus〉昆虫綱蜻蛉目サナエトンボ科の蜻蛉。体長70mm。分布：本州, 四国, 九州。

ウツギアミメハマキ〈Acleris exsucana〉昆虫綱鱗翅目ハマキガ科の蛾。分布：北海道, 本州, 四国, 九州, ロシア(シベリア, アムール), 中国。

ウツギノヒメハナバチ ウツギヒメハナバチの別名。

ウツギハマキ〈Argyroploce electana〉昆虫綱鱗翅目ノコメハマキガ科ノコメハマキガ亜科の蛾。開張15～18mm。分布：群馬県栗平, 東京高尾山, 香川県奥塩入, 鹿児島県霧島。

ウツギヒメハナバチ〈Andrena prostomias〉昆虫綱膜翅目ヒメハナバチ科。害虫。

ウツギヒメハマキ〈Olethreutes electana〉昆虫綱鱗翅目ハマキガ科の蛾。分布：ロシア(ウスリー), 中国(東北), 本州, 四国, 九州。

ウッドカザリシロチョウ〈Delias woodi〉昆虫綱鱗翅目シロチョウ科の蝶。分布：ミンダナオ。

ウデカニムシ 腕蟹虫 節足動物門クモ形綱擬蠍目ウデカニムシ科に属する陸生動物の総称。

ウデナガマシラグモ〈Leptoneta longipalpis〉蛛形綱クモ目マシラグモ科の蜘蛛。

ウデブトハエトリ〈Harmochirus brachiatus〉蛛形綱クモ目ハエトリグモ科の蜘蛛。体長雌4.0～4.5mm, 雄3.0～3.5mm。分布：本州, 四国, 九州, 南西諸島。

ウデムシ 腕虫 節足動物門クモ形綱無鞭目ウデムシ科に属する小動物の総称。

ウドアブラムシ〈Aphis acanthopanaci〉昆虫綱半翅目アブラムシ科。体長1.3mm。ウドに害を及ぼす。分布：北海道。

ウドゥラノミア・キッカワイ〈Udranomia kikkawai〉昆虫綱鱗翅目セセリチョウ科の蝶。分布：ベネズエラ。

ウドゥラノミア・スピッチ〈Udranomia spitzi〉昆虫綱鱗翅目セセリチョウ科の蝶。分布：マトグロソ(ブラジル東南部)。

ウドノメイガ〈Udonomeiga vicinalis〉昆虫綱鱗翅目メイガ科ノメイガ亜科の蛾。開張29～32mm。ウドに害を及ぼす。分布：北海道, 本州, 四国, 九州, 対馬, 台湾, 中国。

ウドフタオアブラムシ〈Cavariella araliae〉昆虫綱半翅目アブラムシ科。体長1.8～2.3mm。ウドに害を及ぼす。分布：本州, 九州, 朝鮮半島南部, 中国, 台湾。

ウナ・ウスタ〈Una usta〉昆虫綱鱗翅目シジミチョウ科の蝶。分布：アッサムからマレーシア, ジャワ, ボルネオ, スマトラ。

ウナ・プルプレア〈Una purpurea〉昆虫綱鱗翅目シジミチョウ科の蝶。分布：ロイヤルティー諸島(Loyalty Islands)。

ウバタマコメツキ 姥吉丁叩頭虫〈Paracalais berus〉昆虫綱甲虫目コメツキムシ科の甲虫。体長22～30mm。分布：北海道, 本州, 四国, 九州, 対馬, 南西諸島, 伊豆諸島。

ウバタマムシ 姥吉丁虫〈Chalcophora japonica〉昆虫綱甲虫目タマムシ科の甲虫。体長24～40mm。分布：本州, 四国, 九州, 佐渡, 対馬, 屋久島, 沖縄諸島。

ウバメガシノアブラムシ〈Atarsaphis quercus〉昆虫綱半翅目アブラムシ科。

ウバメガシハアブラムシ〈Diphyllaphis alba〉昆虫綱半翅目アブラムシ科。

ウブゲワシグモ〈Drassodes pubescens〉蛛形綱クモ目ワシグモ科の蜘蛛。

ウマオイ バッタ目キリギリス科のハタケノウマオイとハヤシノウマオイを指す。

ウマオイムシ 馬追虫〈Hexacentrus japonicus〉昆虫綱直翅目キリギリス科。体長28～36mm。分布：本州, 四国, 九州。

ウマシラミバエ 馬虱蠅〈Hippobosca equina〉昆虫綱双翅目シラミバエ科。体長8.0mm。害虫。

ウマノアシガタハバチ〈Stethomostus fuliginosus〉昆虫綱膜翅目ハバチ科。

ウマノオバチ 馬尾蜂〈Euurobracon yokohamae〉昆虫綱膜翅目コマユバチ科の寄生バチ。体長15～24mm。分布：本州, 四国, 九州。

ウマバエ 馬蠅〈Gasterophilus intestinalis〉昆虫綱双翅目ウマバエ科。体長12～17mm。分布：全世界。害虫。

ウマハジラミ〈Damalinia equi〉昆虫綱食毛目ケモノハジラミ科。体長雄1.6～1.9mm, 雌1.9～2.2mm。害虫。

ウマビル 馬蛭〈Whitmania pigra〉環形動物門ヒル綱顎ビル目ヒルド科の環形動物。

ウマブユ〈*Simulium salopiense*〉昆虫綱双翅目ブユ科。体長4.5mm。分布：本州, 四国, 九州。害虫。

ウミアカトンボ〈*Macrodiplax cora*〉昆虫綱蜻蛉目トンボ科の蜻蛉。体長42mm。分布：小笠原諸島, 北大東島, 南大東島, 宮古島, 池間島, 石垣島。

ウミアメンボ 海水黽〈*Halobates japonicus*〉昆虫綱半翅目アメンボ科。珍虫。

ウミアメンボ 海水黽〈*sea skater*〉昆虫綱半翅目アメンボ科のうち海に生息する種類の総称, またはそのなかの一種名。

ウミエラビル〈*Ozobranchus branchiatus*〉ウオビル科の環形動物。

ウミグモ 海蜘蛛〈*sea spider*〉節足動物門ウミグモ綱Pycnogonidaの海産動物の総称。別名ユメムシ。

ウミケムシ 海毛虫〈*Chloeia flava*〉環形動物門多毛綱遊在目ウミケムシ科の海産動物。

ウミハネカクシ〈*Halesthenus nakanei*〉昆虫綱甲虫目ハネカクシ科。

ウミベアカバハネカクシ 海辺赤翅隠翅虫〈*Phucobius simulator*〉昆虫綱甲虫目ハネカクシ科の甲虫。体長11mm。分布：北海道, 本州, 四国, 九州。

ウミベヒメゾウムシ〈*Baris maritima*〉昆虫綱甲虫目ゾウムシ科の甲虫。体長3.8～4.5mm。

ウミホソチビゴミムシ〈*Perileptus morimotoi*〉昆虫綱甲虫目オサムシ科の甲虫。準絶滅危惧種(NT)。体長1.8～2.3mm。

ウミミズカメムシ 海水亀虫〈*Speovelia maritima*〉昆虫綱半翅目ミズカメムシ科。分布：相模, 八丈島。

ウミミズギワゴミムシ〈*Sakagutia marina*〉昆虫綱甲虫目オサムシ科の甲虫。体長5mm。分布：北海道, 本州。

ウメエダシャク 梅枝尺蛾〈*Cystidia couaggaria*〉昆虫綱鱗翅目シャクガ科エダシャク亜科の蛾。開張35～45mm。梅, アンズ, 桜桃, 林檎, 桜類に害を及ぼす。分布：朝鮮半島, 中国北部, シベリア南東部, 北海道, 本州, 四国, 九州, 対馬。

ウメケムシ 梅毛虫 昆虫綱鱗翅目カレハガ科のオビカレハの幼虫の俗称。

ウメコブアブラムシ〈*Myzus mumecola*〉昆虫綱半翅目アブラムシ科。体長2mm。桃, スモモ, 梅, アンズに害を及ぼす。分布：北海道, 本州, 九州, 中国, インド, シベリア。

ウメシロカイガラムシ〈*Pseudaulacaspis prunicola*〉昆虫綱半翅目マルカイガラムシ科。体長2.0～2.5mm。桜桃, 桃, スモモ, 桜類, イボタノキ類, 木犀類, ライラック, 梅, アンズに害を及ぼす。分布：日本全国, 汎世界的。

ウメスカシクロバ 梅透黒翅蛾〈*Illiberis rotundata*〉昆虫綱鱗翅目マダラガ科の蛾。梅, アンズ, 桜桃, 桃, スモモ, 桜類に害を及ぼす。分布：本州(東北北部から中国地方まで), 対馬, 中国。

ウメチビタマムシ 梅矮吉丁虫〈*Trachys inconspicua*〉昆虫綱甲虫目タマムシ科の甲虫。体長2.5mm。桃, スモモ, 梅, アンズに害を及ぼす。分布：本州, 四国, 九州。

ウメチョッキリ〈*Involvulus cupreus*〉昆虫綱甲虫目オトシブミ科の甲虫。体長4.3～4.6mm。

ウメチョッキリゾウムシ ツツムネチョッキリの別名。

ウメノアカハネムシ〈*Pseudopyrochroa umenoi*〉昆虫綱甲虫目アカハネムシ科。

ウメノカミキリモドキ〈*Xanthochroa umenoi*〉昆虫綱甲虫目カミキリモドキ科の甲虫。体長12～16mm。

ウメノキクイムシ 梅木喰虫〈*Scolytus aratus*〉昆虫綱甲虫目キクイムシ科。体長2～3mm。林檎, 梅, アンズに害を及ぼす。分布：北海道, 本州, 千島, サハリン, シベリア, 朝鮮半島。

ウメマツアリ 梅松蟻〈*Vollenhovia emeryi*〉昆虫綱膜翅目アリ科。体長2～3mm。分布：日本全土。

ウモウダニ 羽毛壁蝨〈*feather mites*〉節足動物門クモ形綱ダニ目ウモウダニ上科Analgoideaほか二上科(Pterolichoidea, Freyanoidea)のダニ類の総称。

ウモウダニの一種〈*Analges* sp.〉蛛形綱ダニ目ウモウダニ科。

ウラアオシジミ〈*Callophrys rubi*〉昆虫綱鱗翅目シジミチョウ科の蝶。翅の表面はくすんだ褐色。開張2.5～3.0mm。分布：ヨーロッパ全域とアフリカ北部, アジア温帯域。

ウラアオセセリ〈*Pirdana hyela*〉昆虫綱鱗翅目セセリチョウ科の蝶。分布：ミャンマー, マレーシアからセレベスまで, シッキム, ジャワ, フィリピンなど。

ウラアカコジャノメ〈*Mycalesis phidon*〉昆虫綱鱗翅目ジャノメチョウ科の蝶。分布：ニューギニア。

ウラアカセキレイシジミ〈*Eooxylides tharis*〉昆虫綱鱗翅目シジミチョウ科の蝶。

ウラアカホソスジイチモンジ〈*Chalinga elwesi*〉昆虫綱鱗翅目タテハチョウ科の蝶。分布：チベット, 中国西部。

ウライウラボシシジミ リュウキュウウラボシシジミの別名。

ウラウスキ

ウラウスキナミシャク〈*Coenotephria umbrifera*〉昆虫綱鱗翅目シャクガ科ナミシャク亜科の蛾。開張25～29mm。分布：本州(関東以西)，四国，九州，朝鮮半島，中国，シベリア南東部，インド北部。

ウラオビセセリ〈*Halpe ormenes*〉昆虫綱鱗翅目セセリチョウ科の蝶。

ウラオビビロウドセセリ〈*Bibasis sena*〉昆虫綱鱗翅目セセリチョウ科の蝶。分布：インド，スリランカ，マレーシアからフィリピンまで。

ウラキコモンセセリ〈*Celaenorrhinus dhanada*〉昆虫綱鱗翅目セセリチョウ科の蝶。

ウラキトガリエダシャク〈*Hypephyra terrosa*〉昆虫綱鱗翅目シャクガ科エダシャク亜科の蛾。開張29～35mm。分布：本州，四国，九州，対馬，屋久島，インド北部。

ウラキボシカザリシロチョウ〈*Delias georgina*〉昆虫綱鱗翅目シロチョウ科の蝶。分布：マレーシア，スマトラ，ボルネオ北部，フィリピン，スラウェシ。

ウラキボシカザリシロチョウ(スラウェシ亜種)〈*Delias georgina battana*〉昆虫綱鱗翅目タテハチョウ科の蝶。分布：スラウェシ南部。

ウラキボシカザリシロチョウ(ボルネオ亜種)〈*Delias georgina cinerascens*〉昆虫綱鱗翅目タテハチョウ科の蝶。分布：ボルネオ北部。

ウラキマシネヒカゲ〈*Elymnias vasudeva*〉昆虫綱鱗翅目ジャノメチョウ科の蝶。分布：タイ，マレーシア。

ウラキマダラヒカゲ〈*Neope muirheadi*〉昆虫綱鱗翅目ジャノメチョウ科の蝶。

ウラキマダラミスジ〈*Neptis themis*〉昆虫綱鱗翅目タテハチョウ科の蝶。分布：中国西部，ウスリー，朝鮮半島，台湾(山地)。

ウラギロキノメイガ〈*Pyrausta gracilis*〉昆虫綱鱗翅目メイガ科の蛾。

ウラギンアゲハ〈*Baronia brevicornis*〉昆虫綱鱗翅目アゲハチョウ科の蝶。別名メキシコアゲハ。分布：メキシコ西部。

ウラギンガ〈*Chasminodes nervosa*〉昆虫綱鱗翅目ヤガ科カラスヨトウ亜科の蛾。開張18～24mm。分布：東北地方，北海道東部・北部，本州一円の山地と四国，九州。

ウラギンキヨトウ〈*Aletia pryeri*〉昆虫綱鱗翅目ヤガ科ヨトウガ亜科の蛾。開張33～38mm。分布：伊豆半島南部，関東地方南部，四国，九州，対馬，屋久島，奄美大島，沖縄本島，西表島。

ウラギンクロコムラサキ〈*Apatura subalba*〉昆虫綱鱗翅目タテハチョウ科の蝶。分布：中国西部および中部。

ウラギンコムラサキ〈*Helcyra subalba*〉昆虫綱鱗翅目タテハチョウ科の蝶。

ウラギンコムラサキ　アパトゥラ・ウルビ，シラギコムラサキの別名。

ウラギンシジミ〈*Ussuriana stygiana*〉昆虫綱鱗翅目シジミチョウ科ミドリシジミ亜科の蝶。前翅長15～20mm。分布：北海道，本州，四国，九州。

ウラギンシジミ　裏銀小灰蝶〈*Curetis acuta*〉昆虫綱鱗翅目シジミチョウ科ウラギンシジミ亜科の蝶。前翅長15～24mm。分布：本州，四国，九州，南西諸島。

ウラギンスジヒョウモン　裏銀条豹紋蝶〈*Argyronome laodice*〉昆虫綱鱗翅目タテハチョウ科ヒョウモンチョウ亜科の蝶。前翅長30～34mm。分布：北海道，本州，四国，九州。

ウラギンドクチョウ〈*Dione juno*〉昆虫綱鱗翅目タテハチョウ科の蝶。長い前翅と翅の裏面に広範な黒褐色の斑紋をもつ。開張6.0～7.5mm。分布：中央および南アメリカの熱帯域。珍蝶。

ウラギンヒョウモン　裏銀豹紋蝶〈*Fabriciana adippe pallescens*〉昆虫綱鱗翅目タテハチョウ科ヒョウモンチョウ亜科の蝶。前翅長33～35mm。分布：北海道，本州，四国，九州。

ウラギンヨトウ　ウラギンキヨトウの別名。

ウラキンルリツバメ〈*Remelana jangala*〉昆虫綱鱗翅目シジミチョウ科の蝶。分布：マレーシア，アッサムからフィリピンまで，および香港。

ウラクロシジミ　裏黒小灰蝶〈*Iratsume orsedice*〉昆虫綱鱗翅目シジミチョウ科ミドリシジミ亜科の蝶。前翅長14～17mm。分布：北海道，本州，四国，九州。

ウラクロシロチョウ〈*Cepora abnormis*〉昆虫綱鱗翅目シロチョウ科の蝶。分布：ニューギニア。

ウラグロシロノメイガ　裏黒白野螟蛾〈*Sitochroa palealis*〉昆虫綱鱗翅目メイガ科ノメイガ亜科の蛾。開張29mm。分布：北海道，本州，四国，九州，種子島，屋久島，沖縄本島，サハリン，朝鮮半島，中国，インド，シベリアからヨーロッパ。

ウラクロスジシロヒメシャク　裏黒条白姫尺蛾〈*Scopula prouti*〉昆虫綱鱗翅目シャクガ科ヒメシャク亜科の蛾。開張23～29mm。分布：北海道，本州，朝鮮半島，中国東北，シベリア南東部。

ウラクロムラサキシジミ〈*Arhopala alkisthenes*〉昆虫綱鱗翅目シジミチョウ科の蝶。

ウラゴマセセリ〈*Caprona agama*〉昆虫綱鱗翅目セセリチョウ科の蝶。

ウラゴマダラシジミ　裏胡麻斑小灰蝶〈*Artopoetes pryeri*〉昆虫綱鱗翅目シジミチョウ科ミドリシジミ亜科の蝶。別名ウチムラサキシジミ。前翅長17～23mm。分布：北海道，本州，四国。

ウラゴマダラシロチョウ〈*Leodonta dysoni*〉昆虫綱鱗翅目シロチョウ科の蝶。分布：コスタリカ，パナマ，コロンビア，ベネズエラ，ペルー。

ウラゴマルリツバメ〈*Araotes lapithis*〉昆虫綱鱗翅目シジミチョウ科の蝶。分布：シッキムからインドシナ半島，マレーシアまで。

ウラシマグモ〈*Phrurolithus nipponicus*〉蛛形綱クモ目フクログモ科の蜘蛛。体長雌3.0〜3.5mm，雄2.0〜2.5mm。分布：本州，四国，九州。

ウラシマグモの一種〈*Phrurolithus sp.*〉蛛形綱クモ目フクログモ科の蜘蛛。体長雌2.5〜3.0mm，雄2.0〜2.5mm。分布：本州(中・北部)。

ウラシマソウハバチ〈*Aglaostigma albicincta*〉昆虫綱膜翅目ハバチ科。

ウラジャノメ〈*Lopinga achine*〉昆虫綱鱗翅目ジャノメチョウ科の蝶。前翅長26〜28mm。分布：北海道，本州。

ウラジロアオシャク〈*Rhomborista megaspilaria*〉昆虫綱鱗翅目シャクガ科の蛾。分布：屋久島，奄美大島，沖縄本島，宮古島，石垣島，台湾，海南島からインド，ジャワ，スマトラ，ボルネオ，スリランカからインド中部，中国西部。

ウラジロアツバ〈*Zanclognatha stramentacealis*〉昆虫綱鱗翅目ヤガ科クルマアツバ亜科の蛾。分布：北海道，本州，四国，九州，朝鮮半島，中国，ウスリー。

ウラジロエノキマダラホソガ〈*Stomphastis labyrinthica*〉昆虫綱鱗翅目ホソガ科の蛾。分布：屋久島，インド。

ウラジロカラスシジミ〈*Fixsenia austrina*〉昆虫綱鱗翅目シジミチョウ科の蝶。

ウラジロキノメイガ〈*Uresiphita gracilis*〉昆虫綱鱗翅目メイガ科ノメイガ亜科の蛾。開張20〜24mm。分布：北海道，本州，四国，九州，奄美大島，台湾，朝鮮半島，シベリア南東部，中国。

ウラジロミドリシジミ 裏白緑小灰蝶〈*Favonius saphirinus*〉昆虫綱鱗翅目シジミチョウ科ミドリシジミ亜科の蝶。前翅長15〜18mm。分布：北海道，本州，四国，九州。

ウラスジシジミ ウラミスジシジミの別名。

ウラスジビロウドセセリ〈*Bibasis gomata*〉昆虫綱鱗翅目セセリチョウ科の蝶。分布：中国，マレーシアからフィリピン，スマトラ，ジャワ。

ウラテンシロヒメシャク〈*Scopula subpunctaria*〉昆虫綱鱗翅目シャクガ科の蛾。分布：本州(東北地方北部より中部山地)，シベリア東部，ヨーロッパ。

ウラナミアカシジミ 裏波赤小灰蝶〈*Japonica saepestriata*〉昆虫綱鱗翅目シジミチョウ科ミドリシジミ亜科の蝶。前翅長17〜21mm。分布：北海道，本州，四国。

ウラナミオナシアゲハ〈*Papilio erithonioides*〉昆虫綱鱗翅目アゲハチョウ科の蝶。分布：マダガスカル。

ウラナミコジャノメ〈*Mycalesis janardana*〉昆虫綱鱗翅目ジャノメチョウ科の蝶。分布：マレーシアからフィリピン，セレベス，モルッカ諸島まで。

ウラナミシジミ 裏波小灰蝶〈*Lampides boeticus*〉昆虫綱鱗翅目シジミチョウ科ヒメシジミ亜科の蝶。雄の翅は青紫色で，黒褐色の細い縁どり，雌は暗色で縁どりが幅広い。開張2.5〜4.0mm。隠元豆，小豆，ササゲ，豌豆，ソラマメに害を及ぼす。分布：ヨーロッパ，アフリカ，アジア，オーストラリア，太平洋の島々。

ウラナミジャノメ 裏波蛇目蝶〈*Ypthima motschulskyi*〉昆虫綱鱗翅目ジャノメチョウ科の蝶。絶滅危惧II類(VU)。前翅長21〜23mm。分布：本州(神奈川県，福井県以西)，四国，九州。

ウラナミシロチョウ 裏波白蝶〈*Catopsilia pyranthe*〉昆虫綱鱗翅目シロチョウ科の蝶。別名ミズアオシロチョウ。前翅長26〜37mm。分布：八重山諸島。

ウラナミヒメシャク〈*Scopula corrivalaria*〉昆虫綱鱗翅目シャクガ科ヒメシャク亜科の蛾。開張18〜20mm。分布：北海道，本州(山形県)，対馬，朝鮮半島，シベリア南東部，ヨーロッパの一部。

ウラナミベニヒカゲ〈*Loxerebia phyllis*〉昆虫綱鱗翅目ジャノメチョウ科の蝶。分布：中国西部，モンゴル。

ウラネイス・ザムロ〈*Uraneis zamuro*〉昆虫綱鱗翅目シジミタテハ科の蝶。分布：コロンビア，エクアドル。

ウラネイス・ヒアリナ〈*Uraneis hyalina*〉昆虫綱鱗翅目シジミタテハ科の蝶。分布：アマゾンからボリビアまで。

ウラノタウマ・アンティノリイ〈*Uranothauma antinorii*〉昆虫綱鱗翅目シジミチョウ科の蝶。分布：アフリカ東部からエチオピア，コンゴまで。

ウラノタウマ・クロウシェイイ〈*Uranothauma crawshayi*〉昆虫綱鱗翅目シジミチョウ科の蝶。分布：マラウイ。

ウラノタウマ・ヌビフェル〈*Uranothauma nubifer*〉昆虫綱鱗翅目シジミチョウ科の蝶。分布：アフリカ東部からナタールまで。

ウラノタウマ・ファルケンシュタイニ〈*Uranothauma falkensteini*〉昆虫綱鱗翅目シジミチョウ科の蝶。分布：シエラレオネからケニアまで。

ウラノタウマ・ポッゲイ〈*Uranothauma poggei*〉昆虫綱鱗翅目シジミチョウ科の蝶。分布：ナイジェリアからケニア，ローデシア，アンゴラまで。

ウラヒロオビシジミ〈Virachola rapaloides〉昆虫綱鱗翅目シジミチョウ科の蝶.

ウラフチベニシジミ〈Heliophorus epicles〉昆虫綱鱗翅目シジミチョウ科の蝶.

ウラベニエダシャク〈Heterolocha aristonaria〉昆虫綱鱗翅目シャクガ科エダシャク亜科の蛾.開張19〜26mm.分布：本州(宮城県以南),四国,九州,対馬,種子島,屋久島,奄美大島,沖縄本島,中国,朝鮮半島.

ウラベニカスリタテハ クロカスリタテハの別名.

ウラベニタテハ〈Panacea procilla〉昆虫綱鱗翅目タテハチョウ科の蝶.分布：コロンビア.

ウラベニヒョウモン〈Phalanta phalantha〉昆虫綱鱗翅目タテハチョウ科の蝶.別名ウラベニヒョウモンモドキ.前翅長32〜35mm.分布：八重山諸島,石垣島,西表島,黒島,沖縄本島.

ウラベニマルハキバガ フキヒラタマルハキバガの別名.

ウラホソスジシロヒメシャク〈Scopula analogia〉昆虫綱鱗翅目シャクガ科ヒメシャク亜科の蛾.開張21〜24mm.分布：埼玉県三峰山麓.

ウラマダラシロオビヒカゲ〈Lethe rohria〉昆虫綱鱗翅目ジャノメチョウ科の蝶.分布：セイロン,インド,ミャンマー,中国,台湾,ジャワ.

ウラミスジクジャクシジミ〈Thecla telemus〉昆虫綱鱗翅目シジミチョウ科の蝶.分布：中央アメリカからコロンビア,ギアナ,アマゾン流域まで.

ウラミスジシジミ 裏三条小灰蝶〈Wagimo signata〉昆虫綱鱗翅目シジミチョウ科ミドリシジミ亜科の蝶.別名ウラスジシジミ,クボウラミスジシジミ,ダイセンシジミ.前翅長15〜19mm.分布：北海道,本州,九州.

ウラミドリシジミ〈Theritas coronata〉昆虫綱鱗翅目シジミチョウ科の蝶.翅の表面は暗緑色.開張4.5〜6.0mm.分布：南アメリカの熱帯域からメキシコ.

ウラミドリタテハ〈Nessaea aglaura〉昆虫綱鱗翅目タテハチョウ科の蝶.分布：メキシコ,グアテマラ.

ウラモジタテハ ナミウラモジタテハの別名.

ウラモンアオナミシャク〈Chloroclystis subcinctata〉昆虫綱鱗翅目シャクガ科ナミシャク亜科の蛾.開張16〜18mm.分布：北海道,本州,四国,九州.

ウラモンアカエダシャク 裏紋赤枝尺蛾〈Parepione grata〉昆虫綱鱗翅目シャクガ科エダシャク亜科の蛾.開張24〜32mm.分布：本州(東北地方北部より),四国,九州,屋久島,中国西部.

ウラモンアカシャク〈Crypsiphona ocultaria〉昆虫綱鱗翅目シャクガ科の蛾.表面は灰色と白色,裏面には明瞭な赤色と黒色の帯がある.開張4〜5mm.分布：東オーストラリアおよび,クイーンズランドからビクトリア,タスマニアにいたるオーストラリア南部.

ウラモンアカマダラエダシャク〈Callerinnys combusta〉昆虫綱鱗翅目シャクガ科の蛾.分布：石垣島,西表島,台湾,スリランカ,シッキム,ジャワ.

ウラモンウストビナミシャク〈Eupithecia scribai〉昆虫綱鱗翅目シャクガ科ナミシャク亜科の蛾.開張19〜22mm.分布：北海道,本州(東北より中部,北陸まで),サハリン.

ウラモンエグリコヤガ〈Decticryptis deleta〉昆虫綱鱗翅目ヤガ科コヤガ亜科の蛾.分布：スリランカ,スンダ列島からニューギニア方面,台湾之島.

ウラモンカバナミシャク〈Eupithecia actaeata〉昆虫綱鱗翅目シャクガ科の蛾.分布：北海道,東北から関東,中部,北陸.

ウラモンクロスジヒメシャク〈Scopula limbata〉昆虫綱鱗翅目シャクガ科ヒメシャク亜科の蛾.開張は春型19mm,夏型15〜18mm.分布：屋久島,奄美大島,徳之島,台湾,海南島.

ウラモンチビアツバ〈Micreremites pyraloides〉昆虫綱鱗翅目ヤガ科クチバ亜科の蛾.分布：静岡県大滝温泉,群馬県熊ノ平,東京都高尾山,兵庫県氷ノ山.

ウラモントガリエダシャク〈Hypoxystis mandli〉昆虫綱鱗翅目シャクガ科エダシャク亜科の蛾.開張29〜35mm.分布：北海道(東部),中国東北,シベリア南東部.

ウリキンウワバ〈Anadevidia peponis〉昆虫綱鱗翅目ヤガ科コヤガ亜科の蛾.開張38〜40mm.ウリ科野菜に害を及ぼす.分布：スリランカ,インドからオーストラリア,中国,沿海州,本土全域,対馬,屋久島,沖縄本島.

ウリッチオサムシ〈Carabus ullrichi superbus〉昆虫綱甲虫目オサムシ科の甲虫.分布：欧州中南部.

ウリハムシ 瓜金花虫〈Aulacophora femoralis〉昆虫綱甲虫目ハムシ科の甲虫.体長6〜8mm.アブラナ科野菜,ウリ科野菜,マメ科牧草,アスター(エゾギク),大豆に害を及ぼす.分布：本州,四国,九州,南西諸島.

ウリハムシモドキ〈Atrachya menetriesi〉昆虫綱甲虫目ハムシ科の甲虫.体長5〜6mm.ナス科野菜,甜菜,ハッカ,マメ科牧草,フジ,アブラナ科野菜,隠元豆,小豆,ササゲ,大豆,ウリ科野菜に害を及ぼす.分布：北海道,本州,四国,九州.

ウリミバエ 瓜実蠅〈Bactrocera cucurbitae〉昆虫綱双翅目ミバエ科.体長8mm.ナス科野菜,オク

ラ，ウリ科野菜に害を及ぼす．分布：東南アジア一帯，ハワイ，ケニア，タンザニアなど．

ウルバヌス・カルコ〈*Urbanus chalco*〉昆虫綱鱗翅目セセリチョウ科の蝶．分布：コスタリカからパラグアイ．

ウルバヌス・コリドン〈*Urbanus corydon*〉昆虫綱鱗翅目セセリチョウ科の蝶．分布：メキシコからブラジル，ジャマイカ，ハイチまで．

ウルバヌス・シンプリキウス〈*Urbanus simplicius*〉昆虫綱鱗翅目セセリチョウ科の蝶．分布：テキサス州から中央アメリカおよび南アメリカまで．

ウルバヌス・ドランテス〈*Urbanus dorantes*〉昆虫綱鱗翅目セセリチョウ科の蝶．分布：カリフォルニア州からベネズエラまで．

ウルバヌス・ドリスス〈*Urbanus doryssus*〉昆虫綱鱗翅目セセリチョウ科の蝶．分布：南アメリカおよび中央アメリカ．

ウルバヌス・ビレスケンス〈*Urbanus virescens*〉昆虫綱鱗翅目セセリチョウ科の蝶．分布：パナマからパラグアイ．

ウルビリアヌストリバネアゲハ〈*Ornithoptera urvillianus*〉昆虫綱鱗翅目アゲハチョウ科の蝶．別名メガネアゲハ．分布：ソロモン諸島．

ウルマーシマトビケラ〈*Hydropsyche orientalis*〉昆虫綱毛翅目シマトビケラ科．体長5〜6mm．分布：北海道，本州，四国，九州．

ウロコアシナガグモ〈*Tetragnatha squamata*〉蛛形綱クモ目アシナガグモ科の蜘蛛．体長雌5〜7mm，雄5〜6mm．分布：北海道，本州，四国，九州．

ウロコアリ 鱗蟻〈*Strumigenys lewisi*〉昆虫綱膜翅目アリ科．体長2.0〜2.5mm．分布：本州，四国，九州．

ウロコチャタテ〈*Paramphientomum yumyum*〉昆虫綱噛虫目ウロコチャタテ科．

ウロコムシ 鱗虫〈scale-worm〉環形動物門多毛綱遊在目ウロコムシ科Polynoidaeの海産動物の総称．

ウロヤチグモ〈*Coelots hexommata*〉蛛形綱クモ目タナグモ科の蜘蛛．

ウワジマクサカゲロウトビコバチ〈*Isodromus uwajimensis*〉昆虫綱膜翅目トビコバチ科．

ウンカ 浮塵子〈plant hopper〉昆虫綱半翅目ウンカ科Delphacidaeに属する昆虫の総称，またはウンカ科を含むビワハゴロモ上科Fulgoroideaの総称．

ウンゼンチビゴミムシ〈*Epaphiopsis unzenensis*〉昆虫綱甲虫目ゴミムシ科．

ウンナンオオキイロミスジ〈*Neptis arachne*〉昆虫綱鱗翅目タテハチョウ科の蝶．分布：中国(中部・西部)．

ウンナンコムラサキ〈*Apatura laverna*〉昆虫綱鱗翅目タテハチョウ科の蝶．分布：中国西部．

ウンナンツマキチョウ〈*Anthocharis bieti*〉昆虫綱鱗翅目シロチョウ科の蝶．分布：中国雲南省，四川省，甘粛省．

ウンナンフタオチョウ〈*Polyura posidonius*〉昆虫綱鱗翅目タテハチョウ科の蝶．分布：中国西部．

ウンナンムラサキベニシジミ〈*Lycaena tseng*〉昆虫綱鱗翅目シジミチョウ科の蝶．分布：中国西部．

ウンブリンムラサキタテハ〈*Sallya umbrina*〉昆虫綱鱗翅目タテハチョウ科の蝶．分布：ガーナからケニア，タンザニア，エチオピア西部まで．

ウンモンアシナガハバチ〈*Aglaostigma neburosa*〉昆虫綱膜翅目ハバチ科．体長13mm．分布：北海道，本州，九州．

ウンモンアナアキゾウムシ〈*Lepyrus nebulosus*〉昆虫綱甲虫目ゾウムシ科の甲虫．体長8〜10.2mm．分布：北海道，本州，四国，九州．

ウンモンオオシロヒメシャク 雲紋大白姫尺蛾〈*Somatina indicataria*〉昆虫綱鱗翅目シャクガ科ヒメシャク亜科の蛾．開張23〜29mm．分布：北海道，本州，四国，九州，対馬，屋久島，朝鮮半島，中国東北，シベリア南東部．

ウンモンオオムシヒキヌカカ〈*Sphaeromias nubeculosus*〉昆虫綱双翅目ヌカカ科．

ウンモンキシタバ〈*Chrysorithrum flavomaculatum sericeum*〉昆虫綱鱗翅目ヤガ科クチバ亜科の蛾．開張55mm．分布：沿海州，朝鮮半島，中国，北海道，東北地方，関東中部の山地．

ウンモンキノコヨトウ〈*Stenoloba manleyi*〉昆虫綱鱗翅目ヤガ科コヤガ亜科の蛾．開張25〜27mm．分布：朝鮮半島，本州(関東以西)，四国，九州，対馬，屋久島．

ウンモンキハマキ〈*Croesia aurichalcana*〉昆虫綱鱗翅目ハマキガ科の蛾．開張18〜22mm．分布：北海道，本州，四国，朝鮮半島，中国東北部，ロシア(アムール)．

ウンモンクチカクシゾウムシ ウンモンナガクチカクシゾウムシの別名．

ウンモンクチバ 雲紋朽葉〈*Mocis annetta*〉昆虫綱鱗翅目ヤガ科シタバガ亜科の蛾．開張40〜47mm．フジに害を及ぼす．分布：中国，朝鮮半島，沿海州，北海道から九州，対馬，屋久島．

ウンモンコヤガ ウンモンキノコヨトウの別名．

ウンモンサザナミヒメハマキ〈*Epiblema rimosana*〉昆虫綱鱗翅目ハマキガ科の蛾．分布：

本州(中部,東北)の山地,ロシア(アムール),北海道。

ウンモンシロノメイガ〈*Togabotys fuscolineatalis*〉昆虫綱鱗翅目メイガ科の蛾。分布:宮城県から三重県。

ウンモンスズメ 雲紋雀蛾,雲紋天蛾〈*Callambulyx tatarinovii*〉昆虫綱鱗翅目スズメガ科ウンモンスズメ亜科の蛾。開張65~80mm。分布:朝鮮半島,中国,台湾,シベリア南東部からバイカル湖,本州,四国,九州。

ウンモンチュウレンジ〈*Arge jonasi*〉昆虫綱膜翅目ミフシハバチ科。

ウンモンツマキリアツバ〈*Pangrapta trimantesalis*〉昆虫綱鱗翅目ヤガ科クチバ亜科の蛾。開張30~33mm。分布:インド,中国,北海道から本州,対馬,伊豆諸島御蔵島。

ウンモンテントウ 雲紋瓢虫〈*Anatis halonis*〉昆虫綱甲虫目テントウムシ科の甲虫。体長6.5~8.5mm。分布:北海道,本州,四国,九州。

ウンモントビケラ〈*Dasystegia sordida*〉昆虫綱毛翅目トビケラ科。体長13~15mm。分布:北海道,本州,四国,九州。

ウンモンナガクチカクシゾウムシ〈*Rhadinomerus unmon*〉昆虫綱甲虫目ゾウムシ科の甲虫。体長4.9~6.5mm。

ウンモンナガタマムシ〈*Agrilus undulatipennis*〉昆虫綱甲虫目タマムシ科の甲虫。体長6.2~8.4mm。

ウンモンハマキ ウンモンキハマキの別名。

ウンモンヒゲナガゾウムシ〈*Asemorhinus nebulosus*〉昆虫綱甲虫目ヒゲナガゾウムシ科の甲虫。体長10~14mm。分布:本州,四国,九州,吐噶喇列島中之島,石垣島,西表島。

ウンモンヒロバカゲロウ 雲紋広翅蜉蜍〈*Osmylus tesselatus*〉昆虫綱脈翅目ヒロバカゲロウ科。開張50~55mm。分布:日本全土。

ウンモンフタオタマムシ〈*Achardella americana*〉昆虫綱甲虫目タマムシ科。分布:アルゼンチン。

ウンモンマドガ〈*Canaea ryukyuensis*〉昆虫綱鱗翅目マドガ科の蛾。分布:吐噶喇列島,奄美大島,喜界島,沖永良部島,沖縄本島,石垣島,西表島,与那国島。

ウンランチビハナケシキスイ〈*Brachypterolus shimoyamai*〉昆虫綱甲虫目ケシキスイ科の甲虫。体長2.4~2.9mm。

【エ】

エアグリス・サバディウス〈*Eagris sabadius*〉昆虫綱鱗翅目セセリチョウ科の蝶。分布:マダガスカル,モーリシャス島,コモロ諸島。

エアグリス・デカスティグマ〈*Eagris decastigma*〉昆虫綱鱗翅目セセリチョウ科の蝶。分布:カメルーン。

エアグリス・テトゥラスティグマ〈*Eagris tetrastigma*〉昆虫綱鱗翅目セセリチョウ科の蝶。分布:ローデシアからカメルーンまで。

エアグリス・デヌバ〈*Eagris denuba*〉昆虫綱鱗翅目セセリチョウ科の蝶。分布:シエラレオネからカメルーンまで。

エアグリス・ノットアナ〈*Eagris nottoana*〉昆虫綱鱗翅目セセリチョウ科の蝶。分布:喜望峰からローデシアまで。

エアグリス・フィッロフィラ〈*Eagris phyllophyla*〉昆虫綱鱗翅目セセリチョウ科の蝶。Eagris nottoanaと同種異名。分布:アフリカ東部。

エアグリス・ヘレウス〈*Eagris hereus*〉昆虫綱鱗翅目セセリチョウ科の蝶。分布:アンゴラ。

エアグリス・ルケティア〈*Eagris lucetia*〉昆虫綱鱗翅目セセリチョウ科の蝶。分布:アンゴラ,ウガンダ。

エアクレス・ペネロペ〈*Eacles penelope*〉昆虫綱鱗翅目ヤママユガ科の蛾。分布:ブラジル。

エイコクリソプス・ヒッポクラテス〈*Eicochrysops hippocrates*〉昆虫綱鱗翅目シジミチョウ科の蝶。分布:シエラレオネからナタールおよびエチオピア,マダガスカル。

エイコクリソプス・マハッラコアエナ〈*Eicochrysops mahallakoaena*〉昆虫綱鱗翅目シジミチョウ科の蝶。分布:アフリカ南部および東部。

エイコクリソプス・メッサプス〈*Eicochrysops messapus*〉昆虫綱鱗翅目シジミチョウ科の蝶。分布:喜望峰,ローデシア,エチオピア。

エウエイデス・クレオバエア〈*Eueides cleobaea*〉昆虫綱鱗翅目ドクチョウ科の蝶。分布:キューバ,プエルトリコ,中央アメリカ。

エウエイデス・パバナ〈*Eueides pavana*〉昆虫綱鱗翅目ドクチョウ科の蝶。分布:ブラジル,コロンビア。

エウエイデス・リネアトゥス〈*Eueides lineatus*〉昆虫綱鱗翅目ドクチョウ科の蝶。分布:コスタリカ,中央アメリカ。

エウエイデス・リビア〈*Eueides lybia*〉昆虫綱鱗翅目ドクチョウ科の蝶。分布:中央アメリカ。

エウキサンテ・エウリノメ〈*Euxanthe eurinome*〉昆虫綱鱗翅目タテハチョウ科の蝶。分布:ナイジェリア,カメルーン。

エウクリソプス・アビッシニア〈*Euchrysops abyssinia*〉昆虫綱鱗翅目シジミチョウ科の蝶。分布:エチオピア。

エウクリノプス・アルビストゥリアタ〈*Euchrysops albistriata*〉昆虫綱鱗翅目シジミチョウ科の蝶。分布：シエラレオネからコンゴをへてウガンダまで。

エウクリノプス・オシリス〈*Euchrysops osiris*〉昆虫綱鱗翅目シジミチョウ科の蝶。分布：アフリカ全土。

エウクリノプス・カブロサエ〈*Euchrysops kabrosae*〉昆虫綱鱗翅目シジミチョウ科の蝶。分布：ケニア。

エウクリノプス・スキンティッラ〈*Euchrysops scintilla*〉昆虫綱鱗翅目シジミチョウ科の蝶。分布：マダガスカル。

エウクリノプス・ドロロサ〈*Euchrysops dolorosa*〉昆虫綱鱗翅目シジミチョウ科の蝶。分布：ナタール、トランスバール。

エウクリノプス・バーケリ〈*Euchrysops barkeri*〉昆虫綱鱗翅目シジミチョウ科の蝶。分布：シエラレオネからタンザニア、南へナタールまで。

エウクリノプス・ヒポポリア〈*Euchrysops hypopolia*〉昆虫綱鱗翅目シジミチョウ科の蝶。分布：ナタール。

エウクリノプス・マラタナ〈*Euchrysops malathana*〉昆虫綱鱗翅目シジミチョウ科の蝶。分布：アフリカ全土およびその属島、アラビア。

エウクロエア・アウリピグメンタ〈*Euchroea auripigmenta*〉昆虫綱甲虫目コガネムシ科の甲虫。分布：マダガスカル。

エウクロエア・アブドミナリス〈*Euchroea abdominalis*〉昆虫綱甲虫目コガネムシ科の甲虫。分布：マダガスカル。

エウクロエ・アウソニデス〈*Euchloe ausonides*〉昆虫綱鱗翅目シロチョウ科の蝶。分布：バンクーバーからカリフォルニア州まで。

エウクロエア・ウラニア〈*Euchroea urania*〉昆虫綱甲虫目コガネムシ科の甲虫。分布：マダガスカル。

エウクロエア・クレメンティ〈*Euchroea clementi*〉昆虫綱甲虫目コガネムシ科の甲虫。分布：マダガスカル。

エウクロエア・コエレスティス〈*Euchroea coelestis*〉昆虫綱甲虫目コガネムシ科の甲虫。分布：マダガスカル。

エウクロエア・デスマレスト〈*Euchroea desmarest*〉昆虫綱甲虫目コガネムシ科の甲虫。分布：マダガスカル。

エウクロエア・バドニ〈*Euchroea vadoni*〉昆虫綱甲虫目コガネムシ科の甲虫。分布：マダガスカル。

エウクロエア・ヒストゥリオニカ〈*Euchroea histrionica*〉昆虫綱甲虫目コガネムシ科の甲虫。分布：マダガスカル。

エウクロエア・ペイリエラシ〈*Euchroea peyrierasi*〉昆虫綱甲虫目コガネムシ科の甲虫。分布：マダガスカル。

エウクロエア・ムルティグッタタ〈*Euchroea multiguttata*〉昆虫綱甲虫目コガネムシ科の甲虫。分布：マダガスカル。

エウクロエア・リファエウス〈*Euchroea riphaeus*〉昆虫綱甲虫目コガネムシ科の甲虫。分布：マダガスカル。

エウクロエ・オリンピア〈*Euchloe olympia*〉昆虫綱鱗翅目シロチョウ科の蝶。分布：アメリカ合衆国。

エウクロエ・タギス〈*Eucroe tagis*〉昆虫綱鱗翅目シロチョウ科の蝶。分布：ポルトガル、プロバンス(フランス南部),サルジニア島、コルシカ島、アルジェリア、モロッコ。

エウクロエ・ピマ〈*Euchloe pima*〉昆虫綱鱗翅目シロチョウ科の蝶。分布：アリゾナ州。

エウクロエ・ペキ〈*Euchloe pechi*〉昆虫綱鱗翅目シロチョウ科の蝶。分布：アルジェリア。

エウクロロン・メガエラ〈*Euchloron megaera lacordairei*〉昆虫綱鱗翅目スズメガ科の蛾。分布：アフリカ全域、マダガスカル。

エウステネス・ルベファクトゥス〈*Eusthenes rubefactus*〉昆虫綱半翅目カメムシ科。分布：インドシナ、ミャンマー、フィリピン、台湾。

エウステネス・ロブストゥス〈*Eusthenes robustus*〉昆虫綱半翅目カメムシ科。分布：ブータン、アッサム、インド、スリランカ、インドシナ、ジャワ、ボルネオ、中国。

エウセラシア・アウテ〈*Euselasia authe*〉昆虫綱鱗翅目シジミタテハ科の蝶。分布：ボリビア、ペルー。

エウセラシア・アウランティア〈*Euselasia aurantia*〉昆虫綱鱗翅目シジミタテハ科の蝶。分布：パナマ。

エウセラシア・アルゲンテア〈*Euselasia argentea*〉昆虫綱鱗翅目シジミタテハ科の蝶。分布：中央アメリカ、コロンビア。

エウセラシア・アルバス〈*Euselasia arbas*〉昆虫綱鱗翅目シジミタテハ科の蝶。分布：ベネズエラ、ギアナ、アマゾン流域からボリビアまで。

エウセラシア・アングラタ〈*Euselasia angulata*〉昆虫綱鱗翅目シジミタテハ科の蝶。分布：アマゾン流域。

エウセラシア・アンフィデクタ〈*Euselasia amphidecta*〉昆虫綱鱗翅目シジミタテハ科の蝶。

エウセラシ

分布:中央アメリカ, コロンビア。

エウセラシア・ウジタ〈*Euselasia uzita*〉昆虫綱鱗翅目シジミタテハ科の蝶。分布:ギアナ, アマゾン。

エウセラシア・エウオラス〈*Euselasia euoras*〉昆虫綱鱗翅目シジミタテハ科の蝶。分布:エクアドル。

エウセラシア・エウクラテス〈*Euselasia eucrates*〉昆虫綱鱗翅目シジミタテハ科の蝶。分布:エクアドル。

エウセラシア・エウゲオン〈*Euselasia eugeon*〉昆虫綱鱗翅目シジミタテハ科の蝶。分布:アマゾンからボリビア, アルゼンチン。

エウセラシア・エウセプス〈*Euselasia eusepus*〉昆虫綱鱗翅目シジミタテハ科の蝶。分布:メキシコからブラジル南部まで。

エウセラシア・エウティクス〈*Euselasia eutychus*〉昆虫綱鱗翅目シジミタテハ科。分布:コロンビア, エクアドル, ペルー, ボリビア, ブラジル北部。

エウセラシア・エウファエス〈*Euselasia euphaes*〉昆虫綱鱗翅目シジミタテハ科の蝶。分布:アマゾン。

エウセラシア・エウボエア〈*Euselasia euboea*〉昆虫綱鱗翅目シジミタテハ科の蝶。分布:ギアナからボリビアまで。

エウセラシア・エウリオネ〈*Euselasia euryone*〉昆虫綱鱗翅目シジミタテハ科の蝶。分布:ギアナ, エクアドル, ペルー, ボリビア。

エウセラシア・エウリテウス〈*Euselasia euriteus*〉昆虫綱鱗翅目シジミタテハ科の蝶。分布:アマゾン。

エウセラシア・エリトゥラエア〈*Euselasia erythraea*〉昆虫綱鱗翅目シジミタテハ科の蝶。分布:コロンビア, アマゾン。

エウセラシア・オルフィタ〈*Euselasia orfita*〉昆虫綱鱗翅目シジミタテハ科の蝶。分布:コロンビア, ベネズエラ, ギアナ, ペルー, ボリビア, ブラジル北部。

エウセラシア・カフサ〈*Euselasia cafusa*〉昆虫綱鱗翅目シジミタテハ科の蝶。分布:ギアナ, エクアドル, トリニダード。

エウセラシア・ギダ〈*Euselasia gyda*〉昆虫綱鱗翅目シジミタテハ科の蝶。分布:中央アメリカ, アマゾンからボリビアまで。

エウセラシア・クリシッペ〈*Euselasia chrysippe*〉昆虫綱鱗翅目シジミタテハ科の蝶。分布:中央アメリカ。

エウセラシア・ゲラノル〈*Euselasia gelanor*〉昆虫綱鱗翅目シジミタテハ科の蝶。分布:ギアナ,

アマゾン, ボリビア。

エウセラシア・ゲロン〈*Euselasia gelon*〉昆虫綱鱗翅目シジミタテハ科の蝶。分布:ギアナ。

エウセラシア・ゴルディオス〈*Euselasia gordios*〉昆虫綱鱗翅目シジミタテハ科。分布:ボリビア。

エウセラシア・コルドゥエナ〈*Euselasia corduena*〉昆虫綱鱗翅目シジミタテハ科の蝶。分布:中央アメリカからブラジル中部まで。

エウセラシア・スバルゲンテア〈*Euselasia subargentea*〉昆虫綱鱗翅目シジミタテハ科の蝶。分布:コロンビア。

エウセラシア・ゼナ〈*Euselasia zena*〉昆虫綱鱗翅目シジミタテハ科。分布:アマゾン流域。

エウセラシア・トゥキディデス〈*Euselasia thucydides*〉昆虫綱鱗翅目シジミタテハ科の蝶。分布:ブラジル。

エウセラシア・ヒエロミニ〈*Euselasia hieronymi*〉昆虫綱鱗翅目シジミタテハ科の蝶。分布:メキシコ, 中央アメリカ。

エウセラシア・ビオラケア〈*Euselasia violacea*〉昆虫綱鱗翅目シジミタテハ科。分布:コロンビア。

エウセラシア・ペッロニア〈*Euselasia pellonia*〉昆虫綱鱗翅目シジミタテハ科の蝶。分布:ペルー東部, アマゾン流域, ブラジル。

エウセラシア・ミス〈*Euselasia mys mys*〉昆虫綱鱗翅目シジミタテハ科。分布:ギアナからブラジル南部まで。

エウセラシア・メラファエア〈*Euselasia melaphaea*〉昆虫綱鱗翅目シジミタテハ科の蝶。分布:南アメリカ北部。

エウセラシア・ラブダクス〈*Euselasia labdacus*〉昆虫綱鱗翅目シジミタテハ科の蝶。分布:コロンビア, ベネズエラ, ギアナ, ボリビア, ブラジル。

エウセラシア・リシアス〈*Euselasia lisias*〉昆虫綱鱗翅目シジミタテハ科の蝶。分布:コロンビア, ギアナ, アマゾン。

エウセラシア・リシマクス〈*Euselasia lysimachus*〉昆虫綱鱗翅目シジミタテハ科。分布:アマゾン流域。

エウタリア・アエエテス〈*Euthalia aeetes*〉昆虫綱鱗翅目タテハチョウ科の蝶。分布:セレベス。

エウタリア・アエティオン〈*Euthalia aetion*〉昆虫綱鱗翅目タテハチョウ科の蝶。分布:モルッカ諸島, ニューギニア。

エウタリア・アエロパ〈*Euthalia aeropa*〉昆虫綱鱗翅目タテハチョウ科の蝶。分布:モルッカ諸島, ニューギニア。

エウタリア・アグニス〈*Euthalia agnis*〉昆虫綱鱗翅目タテハチョウ科の蝶。分布：マレーシア，ジャワ，スマトラ。

エウタリア・アルフェダ〈*Euthalia alpheda*〉昆虫綱鱗翅目タテハチョウ科の蝶。分布：マレーシア，スマトラ，ジャワ。

エウタリア・エベリナ〈*Euthalia evelina*〉昆虫綱鱗翅目タテハチョウ科の蝶。分布：アッサムからマレーシア，スリランカからジャワおよびセレベスまで。

エウタリア・キアニパルドゥス〈*Euthalia cyanipardus*〉昆虫綱鱗翅目タテハチョウ科の蝶。分布：アッサム，タイ，ボルネオ。

エウタリア・コキトゥス〈*Euthalia cocytus*〉昆虫綱鱗翅目タテハチョウ科の蝶。分布：タイ，インド，マレーシア。

エウタリア・コンフキウス〈*Euthalia confucius*〉昆虫綱鱗翅目タテハチョウ科の蝶。分布：中国西部および中部。

エウタリア・サトゥラペス〈*Euthalia satrapes*〉昆虫綱鱗翅目タテハチョウ科の蝶。分布：フィリピン。

エウタリア・サハデバ〈*Euthalia sahadeva*〉昆虫綱鱗翅目タテハチョウ科の蝶。分布：シッキム，アッサム，ミャンマー北部。

エウタリア・テウトイデス〈*Euthalia teutoides*〉昆虫綱鱗翅目タテハチョウ科の蝶。分布：アンダマン諸島(インド洋)。

エウタリア・ナラ〈*Euthalia nara*〉昆虫綱鱗翅目タテハチョウ科の蝶。分布：シッキムからミャンマー北部まで。

エウタリア・パタラ〈*Eutalia patala*〉昆虫綱鱗翅目タテハチョウ科の蝶。分布：ヒマラヤからアッサムおよびミャンマー南部まで。

エウタリア・メルタ〈*Euthalia merta*〉昆虫綱鱗翅目タテハチョウ科の蝶。分布：フィリピン，ボルネオ，スマトラ，マレーシア。

エウタリア・ヤーヌ〈*Euthalia jahnu*〉昆虫綱鱗翅目タテハチョウ科の蝶。分布：インドからマレーシアまで。

エウタリア・レピデア〈*Euthalia lepidea*〉昆虫綱鱗翅目タテハチョウ科の蝶。分布：インドからマレーシアまで。

エウティキデ・オリンピア〈*Eutychide olympia*〉昆虫綱鱗翅目セセリチョウ科の蝶。分布：ブラジル。

エウティキデ・コンプラナ〈*Eutychide complana*〉昆虫綱鱗翅目セセリチョウ科の蝶。分布：メキシコからベネズエラまで。

エウティキデ・フィスケッラ〈*Eutychide physcella*〉昆虫綱鱗翅目セセリチョウ科の蝶。分布：ブラジル。

エウテルペシジミタテハ〈*Stalachtis euterpe*〉昆虫綱鱗翅目シジミタテハ科の蝶。開張40mm。分布：ブラジル，アマゾン川流域。珍蝶。

エウトゥレシス・ヒペレイア〈*Eutresis hypereia*〉昆虫綱鱗翅目トンボマダラ科の蝶。分布：中央アメリカ，ペルー。

エウトレ・アルボビッタタ〈*Euthore albovittata*〉昆虫綱蜻蛉目ナンベイカワトンボ科。分布：南アメリカ。

エウニカ・アウグスタ〈*Eunica augusta*〉昆虫綱鱗翅目タテハチョウ科の蝶。分布：中央アメリカ。

エウニカ・アルクメナ〈*Eunica alcmena*〉昆虫綱鱗翅目タテハチョウ科の蝶。分布：メキシコ，中央アメリカ。

エウニカ・アンナ〈*Eunica anna*〉昆虫綱鱗翅目タテハチョウ科の蝶。分布：アマゾン地方。

エウニカ・エレガンス〈*Eunica elegans*〉昆虫綱鱗翅目タテハチョウ科の蝶。分布：ペルー。

エウニカ・オルフィセ〈*Eunica orphise*〉昆虫綱鱗翅目タテハチョウ科の蝶。分布：ギアナからペルーまで。

エウニカ・カエリナ〈*Eunica caelina*〉昆虫綱鱗翅目タテハチョウ科の蝶。分布：パナマ，リオグランデ(ブラジル南部)。

エウニカ・カレサ〈*Eunica caresa*〉昆虫綱鱗翅目タテハチョウ科の蝶。分布：ペルー。

エウニカ・カレタ〈*Eunica careta*〉昆虫綱鱗翅目タテハチョウ科の蝶。分布：コロンビアからペルー，ベネズエラ。

エウニカ・クリティア〈*Eunica clytia*〉昆虫綱鱗翅目タテハチョウ科の蝶。分布：ペルー，アマゾン。

エウニカ・クロロクロア〈*Eunica chlorochroa*〉昆虫綱鱗翅目タテハチョウ科の蝶。分布：ペルー。

エウニカ・タティラ〈*Eunica tatila*〉昆虫綱鱗翅目タテハチョウ科の蝶。分布：フロリダ州，ジャマイカ，キューバ，ブラジル。

エウニカ・ノリカ〈*Eunica norica*〉昆虫綱鱗翅目タテハチョウ科の蝶。分布：コロンビア。

エウニカ・ベキナ〈*Eunica bechina*〉昆虫綱鱗翅目タテハチョウ科の蝶。分布：コロンビア，ブラジル，アマゾン。

エウニカ・ベヌシア〈*Eunica venusia*〉昆虫綱鱗翅目タテハチョウ科の蝶。分布：コロンビア。

エウニカ・マクリス〈*Eunica macris*〉昆虫綱鱗翅目タテハチョウ科の蝶。分布：ブラジル，パラグアイ。

エウニカ・マルガリタ〈Eunica margarita〉昆虫綱鱗翅目タテハチョウ科の蝶。分布：ブラジル。

エウニカ・ミグドニア〈Eunica mygdonia〉昆虫綱鱗翅目タテハチョウ科の蝶。分布：ブラジル，トリニダード。

エウノギラ・サティルス〈Eunogyra satyrus〉昆虫綱鱗翅目シジミタテハ科の蝶。分布：エクアドル，ペルー，アマゾン，ブラジル。

エウヒドゥリアス・サレプタナ〈Euphydryas sareptana〉昆虫綱鱗翅目タテハチョウ科の蝶。分布：ロシア南部，黒海沿岸。

エウファエドゥラ・アウレオラ〈Euphaedra aureola〉昆虫綱鱗翅目タテハチョウ科の蝶。分布：ナイジェリア，カメルーン。

エウファエドゥラ・イナヌム〈Euphaedra inanum〉昆虫綱鱗翅目タテハチョウ科の蝶。分布：シエラレオネからアンゴラまで。

エウファエドゥラ・インペリアリス〈Euphaedra imperialis〉昆虫綱鱗翅目タテハチョウ科の蝶。分布：ナイジェリア，カメルーン。

エウファエドゥラ・エウセモイデス〈Euphaedra eusemoides〉昆虫綱鱗翅目タテハチョウ科の蝶。分布：コンゴ。

エウファエドゥラ・エウパルス〈Euphaedra eupalus〉昆虫綱鱗翅目タテハチョウ科の蝶。分布：シエラレオネ，アフリカ西部。

エウファエドゥラ・ガウサペ〈Euphaedra gausape〉昆虫綱鱗翅目タテハチョウ科の蝶。分布：ガーナ，シエラレオネからコンゴまで。

エウファエドゥラ・キシペテ〈Euphaedra xypete〉昆虫綱鱗翅目タテハチョウ科の蝶。分布：シエラレオネからアンゴラまで。

エウファエドゥラ・キパリッサ〈Euphaedra cyparissa〉昆虫綱鱗翅目タテハチョウ科の蝶。分布：シエラレオネからコンゴまで。

エウファエドゥラ・ケレス〈Euphaedra ceres〉昆虫綱鱗翅目タテハチョウ科の蝶。分布：シエラレオネ，ナイジェリア，カメルーン。

エウファエドゥラ・サリタ〈Euphaedra sarita〉昆虫綱鱗翅目タテハチョウ科の蝶。分布：コンゴ，エチオピア。

エウファエドゥラ・ザンパ〈Euphaedra zampa〉昆虫綱鱗翅目タテハチョウ科の蝶。分布：シエラレオネ。

エウファエドゥラ・ハルパリケ〈Euphaedra harpalyce〉昆虫綱鱗翅目タテハチョウ科の蝶。分布：シエラレオネからカメルーンまで。

エウファエドゥラ・フランキナ〈Euphaedra francina〉昆虫綱鱗翅目タテハチョウ科の蝶。分布：シエラレオネ。

エウファエドゥラ・プレウッシ〈Euphaedra preussi〉昆虫綱鱗翅目タテハチョウ科の蝶。分布：カメルーンからウガンダまで。

エウファエドゥラ・ペルセイス〈Euphaedra perseis〉昆虫綱鱗翅目タテハチョウ科の蝶。分布：シエラレオネ，リベリア。

エウファエドゥラ・ユディトゥ〈Euphaedra judith〉昆虫綱鱗翅目タテハチョウ科の蝶。分布：アフリカ西部。

エウフィエス・デラサ〈Euphyes derasa〉昆虫綱鱗翅目セセリチョウ科の蝶。分布：ブラジル。

エウフィエス・ペネイア〈Euphyes peneia〉昆虫綱鱗翅目セセリチョウ科の蝶。分布：パナマ。

エウフィドゥリアス・アウグスタ〈Euphydryas augusta〉昆虫綱鱗翅目タテハチョウ科の蝶。分布：カリフォルニア州。

エウフィドゥリアス・アニキア〈Euphydryas anicia〉昆虫綱鱗翅目タテハチョウ科の蝶。分布：ブリティシュコロンビア。

エウフィドゥリアス・カルケドン〈Euphydryas chalcedon〉昆虫綱鱗翅目タテハチョウ科の蝶。分布：カリフォルニア州。

エウフィドゥリアス・ヌビゲナ〈Euphydryas nubigena〉昆虫綱鱗翅目タテハチョウ科の蝶。分布：カリフォルニア州。

エウフィドゥリアス・ファエトン〈Euphydryas phaeton〉昆虫綱鱗翅目タテハチョウ科の蝶。分布：北アメリカ東部。

エウフィドゥリアス・マクグラシャニ〈Euphydryas macglashani〉昆虫綱鱗翅目タテハチョウ科の蝶。分布：カリフォルニア州。

エウフィドゥリアス・ルビクンダ〈Euphydryas rubicunda〉昆虫綱鱗翅目タテハチョウ科の蝶。分布：カリフォルニア州。

エウフィドリアス・イドゥナ〈Euphydryas iduna〉昆虫綱鱗翅目タテハチョウ科の蝶。分布：スカンジナビアから中部シベリアをへてアルタイ山脈，コーカサスまで。

エウフィドリアス・キンティア〈Euphydryas cynthia〉昆虫綱鱗翅目タテハチョウ科の蝶。分布：アルプス山脈。

エウフィドリアス・デスフォンテイニイ〈Euphydryas desfontainii〉昆虫綱鱗翅目タテハチョウ科の蝶。分布：アフリカ北部，スペイン，ピレネー山脈。

エウフィドリアス・マトゥルナ〈Euphydryas maturna〉昆虫綱鱗翅目タテハチョウ科の蝶。分布：ヨーロッパ中部・北部からロシアをへてアルタイ山脈まで。

エウプソフルス・カスタネウス〈*Eupsophulus castaneus*〉昆虫綱甲虫目ゴミムシダマシ科。分布：アメリカ合衆国(カリフォルニア，アリゾナ)。

エウプティキア・アレオラトゥス〈*Euptychia areolatus*〉昆虫綱鱗翅目ジャノメチョウ科の蝶。分布：北アメリカ。

エウプティキア・アンビグア〈*Euptychia ambigua*〉昆虫綱鱗翅目ジャノメチョウ科の蝶。分布：ブラジル，エクアドル。

エウプティキア・インノケンティア〈*Euptychia innocentia*〉昆虫綱鱗翅目ジャノメチョウ科の蝶。分布：ベネズエラ。

エウプティキア・オケッロイデス〈*Euptichia ocelloides*〉昆虫綱鱗翅目ジャノメチョウ科の蝶。分布：パラグアイ，ブラジル。

エウプティキア・キメレ〈*Euptychia cymele*〉昆虫綱鱗翅目ジャノメチョウ科の蝶。分布：北アメリカ。

エウプティキア・グリモン〈*Euptichia grimon*〉昆虫綱鱗翅目ジャノメチョウ科の蝶。分布：ブラジル。

エウプティキア・ゲラ〈*Euptychia gera*〉昆虫綱鱗翅目ジャノメチョウ科の蝶。分布：アマゾン下流地方。

エウプティキア・ゲンマ〈*Euptychia gemma*〉昆虫綱鱗翅目ジャノメチョウ科の蝶。分布：北アメリカ。

エウプティキア・サルビニ〈*Euptichia salvini*〉昆虫綱鱗翅目ジャノメチョウ科の蝶。分布：パナマおよびペルー。

エウプティキア・テルレストゥリス〈*Euptichia terrestris*〉昆虫綱鱗翅目ジャノメチョウ科の蝶。分布：アマゾン，スリナム，トリニダード。

エウプティキア・パエオン〈*Euptichia paeon*〉昆虫綱鱗翅目ジャノメチョウ科の蝶。分布：リオデジャネイロ。

エウプティキア・ハルモニア〈*Euptichia harmonia*〉昆虫綱鱗翅目ジャノメチョウ科の蝶。分布：エクアドル，コロンビア。

エウプティキア・ピケア〈*Euptichia picea*〉昆虫綱鱗翅目ジャノメチョウ科の蝶。分布：アマゾン，ペルー，スリナム。

エウプティキア・ファレス〈*Euptichia phares*〉昆虫綱鱗翅目ジャノメチョウ科の蝶。分布：ベネズエラ，ブラジル。

エウプティキア・フィロディケ〈*Euptychia philodice*〉昆虫綱鱗翅目ジャノメチョウ科の蝶。分布：中央アメリカ。

エウプティキア・ヘシオネ〈*Euptychia hesione*〉昆虫綱鱗翅目ジャノメチョウ科の蝶。分布：メキシコからコロンビア，ペルー，ボリビア，スリナム，ブラジル。

エウプティキア・ヘンシャウィ〈*Euptychia henshawi*〉昆虫綱鱗翅目ジャノメチョウ科の蝶。分布：コロラド州およびアリゾナ州からメキシコまで。

エウプティキア・ポリフェムス〈*Euptychia polyphemus*〉昆虫綱鱗翅目ジャノメチョウ科の蝶。分布：中央アメリカ。

エウプティキア・マエピウス〈*Euptichia maepius*〉昆虫綱鱗翅目ジャノメチョウ科の蝶。分布：ギアナ，ブラジル。

エウプティキア・ミッチェリ〈*Euptychia mitchelli*〉昆虫綱鱗翅目ジャノメチョウ科の蝶。分布：北アメリカ。

エウプティキア・メルメリア〈*Euptychia mermeria*〉昆虫綱鱗翅目ジャノメチョウ科の蝶。分布：中央アメリカからブラジルまで。

エウプティキア・モッリナ〈*Euptichia mollina*〉昆虫綱鱗翅目ジャノメチョウ科の蝶。分布：中央アメリカ，ベネズエラ。

エウプティキア・ルブリカタ〈*Euptychia rubricata*〉昆虫綱鱗翅目ジャノメチョウ科の蝶。分布：北アメリカ，グアテマラ。

エウプティコイデス・サトゥルヌス〈*Euptichoides saturnus*〉昆虫綱鱗翅目ジャノメチョウ科の蝶。分布：ベネズエラ，コロンビア，ボリビア，ブラジル。

エウプトイエタ・クラウディア〈*Euptoieta claudia*〉昆虫綱鱗翅目タテハチョウ科の蝶。分布：北アメリカ，ジャマイカ。

エウプトイエタ・ヘゲシア〈*Euptoieta hegesia*〉昆虫綱鱗翅目タテハチョウ科の蝶。分布：中央アメリカからテキサス州，西インド諸島，キューバまで。

エウプロエア・アイクホルニ〈*Euploea eichhorni*〉昆虫綱鱗翅目マダラチョウ科の蝶。分布：オーストラリア。

エウプロエア・アッシミラタ〈*Eulopea assimilata*〉昆虫綱鱗翅目マダラチョウ科の蝶。分布：カイ島およびその付近。

エウプロエア・アリスベ〈*Euploea arisbe*〉昆虫綱鱗翅目マダラチョウ科の蝶。分布：ティモール。

エウプロエア・アンダマネンシス〈*Euploea andamanensis*〉昆虫綱鱗翅目マダラチョウ科の蝶。分布：アンダマン諸島。

エウプロエア・ウシペテス〈*Euploea usipetes*〉昆虫綱鱗翅目マダラチョウ科の蝶。分布：ニューギニア。

エウプロエア・エウフォン〈*Euploea euphon*〉昆虫綱鱗翅目マダラチョウ科の蝶。分布：モーリシャス島(マダガスカル東方の島)。

エウプロエア・クラメリ〈*Euploea crameri*〉昆虫綱鱗翅目マダラチョウ科の蝶。分布：マレーシアからバリ島，ミャンマー，タイまで。

エウプロエア・クリメナ〈*Euploea climena*〉昆虫綱鱗翅目マダラチョウ科の蝶。分布：ニコバル諸島，ジャワ，モルッカ諸島，オーストラリア。

エウプロエア・クルギ〈*Euploea klugi*〉昆虫綱鱗翅目マダラチョウ科の蝶。分布：インド，マレーシア，スリランカ。

エウプロエア・グロリオサ〈*Euploea gloriosa*〉昆虫綱鱗翅目マダラチョウ科の蝶。分布：セレベス。

エウプロエア・ゴウドティイ〈*Euploea goudotii*〉昆虫綱鱗翅目マダラチョウ科の蝶。分布：レユニオン島(ブールボン島ともいわれる，マダガスカル東方の島)。

エウプロエア・ゴダルティイ〈*Euploea godartii*〉昆虫綱鱗翅目マダラチョウ科の蝶。分布：タイ，インドシナ半島。

エウプロエア・コルス〈*Euploea corus*〉昆虫綱鱗翅目マダラチョウ科の蝶。分布：ミャンマー，スリランカ。

エウプロエア・コレタ〈*Euploea coreta*〉昆虫綱鱗翅目マダラチョウ科の蝶。分布：インド南部，スリランカ。

エウプロエア・サルピンキソイデス〈*Euploea salpinxoides*〉昆虫綱鱗翅目マダラチョウ科の蝶。分布：ニューギニア西部。

エウプロエア・シルツェリ〈*Euploea scherzeri*〉昆虫綱鱗翅目マダラチョウ科の蝶。分布：ニコバル諸島。

エウプロエア・ダブルデイイ〈*Euploea doubledayi*〉昆虫綱鱗翅目マダラチョウ科の蝶。分布：インド，ミャンマー，タイ，マレーシア北部。

エウプロエア・ダルキア〈*Euploea darchia*〉昆虫綱鱗翅目マダラチョウ科の蝶。分布：アル諸島，ケイ諸島。

エウプロエア・ディアナ〈*Euploea diana*〉昆虫綱鱗翅目マダラチョウ科の蝶。分布：セレベス。

エウプロエア・デイオネ〈*Euploea deione*〉昆虫綱鱗翅目マダラチョウ科の蝶。分布：インド，タイ，マレーシア，ジャバ。

エウプロエア・デヘエリ〈*Euploea deheeri*〉昆虫綱鱗翅目マダラチョウ科の蝶。分布：ジャワ。

エウプロエア・デュポンシェリ〈*Euploea duponcheli*〉昆虫綱鱗翅目マダラチョウ科の蝶。分布：モルッカ諸島，ソロモン諸島。

エウプロエア・ドゥフレスネ〈*Euploea dufresne*〉昆虫綱鱗翅目マダラチョウ科の蝶。分布：フィリピン，台湾。

エウプロエア・ネコス〈*Euploea nechos*〉昆虫綱鱗翅目マダラチョウ科の蝶。分布：ソロモン諸島。

エウプロエア・ハッリシ〈*Euploea harrisi*〉昆虫綱鱗翅目マダラチョウ科の蝶。分布：インド，タイ，インドシナ半島。

エウプロエア・ビオラ〈*Euploea viola*〉昆虫綱鱗翅目マダラチョウ科の蝶。分布：セレベス。

エウプロエア・プミラ〈*Euploea pumila*〉昆虫綱鱗翅目マダラチョウ科の蝶。分布：パプア地域。

エウプロエア・ベーチ〈*Euploea batesi*〉昆虫綱鱗翅目マダラチョウ科の蝶。分布：ニューギニア，オーストラリア，ハルマヘラ，テルナテ，ソロモン諸島など。

エウプロエア・ボッレンホビ〈*Euploea vollenhovi*〉昆虫綱鱗翅目マダラチョウ科の蝶。分布：セレベス。

エウプロエア・ミトゥラ〈*Euploea mitra*〉昆虫綱鱗翅目マダラチョウ科の蝶。分布：セイケルス諸島(マダガスカル島の北東，インド洋にある群島)。

エウプロエア・メラノパ〈*Euploea melanopa*〉昆虫綱鱗翅目マダラチョウ科の蝶。分布：ニューギニア。

エウプロエア・モオレイ〈*Euploea moorei*〉昆虫綱鱗翅目マダラチョウ科の蝶。分布：ボルネオ，スマトラ，ジャワ，マレーシア。

エウプロエア・モデスタ〈*Euploea modesta*〉昆虫綱鱗翅目マダラチョウ科の蝶。分布：タイ，インドシナ半島，マレーシア。

エウプロエア・ラティファスキアタ〈*Euploea latifasciata*〉昆虫綱鱗翅目マダラチョウ科の蝶。分布：スラウェシ，マルク諸島。

エウペズス・ロンギペス〈*Eupezuz longipes*〉昆虫綱甲虫目ゴミムシダマシ科。分布：アフリカ西部，中央部。

エウヘーメツマキチョウ　サバクツマキチョウの別名。

エウマエウス・デボラ〈*Eumaeus debora*〉昆虫綱鱗翅目シジミチョウ科の蝶。分布：メキシコ，グアテマラ。

エウメドニア・エウメドン〈*Eumedonia eumedon*〉昆虫綱鱗翅目シジミチョウ科の蝶。分布：ピレネー山脈からノースケープ(ノルウェー北端)まで，ヨーロッパ，アジアをへてカムチャツカまで。

エウメニス・アウトノエ〈*Eumenis autonoe*〉昆虫綱鱗翅目ジャノメチョウ科の蝶。分布：ロシア南部，チベット，中国北西部。

エウメニス・アトゥランティス〈*Eumenis atlantis*〉昆虫綱鱗翅目ジャノメチョウ科の蝶。分布：モロッコ, アトラス山脈。

エウメニス・テレファッサ〈*Eumenis telephassa*〉昆虫綱鱗翅目ジャノメチョウ科の蝶。分布：シリア, 小アジア, アルメニアからイランをへてバルチスタンまで。

エウメニス・ペルセフォネ〈*Eumenis persephone*〉昆虫綱鱗翅目ジャノメチョウ科の蝶。分布：アルメニア, 小アジア, アフガニスタン, イラン。

エウモルファ・ビティス〈*Eumorpha vitis*〉昆虫綱鱗翅目スズメガ科の蛾。分布：ジャマイカを除く新熱帯区全域, 北はニューイングランドまで。

エウモルファ・ラブルスカエ〈*Eumorpha labruscae*〉昆虫綱鱗翅目スズメガ科の蛾。分布：カナダからパタゴニア, アンチル諸島。

エウモルフス属の一種〈*Eumorphus* sp.〉昆虫綱甲虫目テントウダマシ科。

エウリストゥリモン・ファボウス〈*Euristrymon favonius*〉昆虫綱鱗翅目シジミチョウ科の蝶。分布：合衆国（ジョージア, フロリダ）。

エウリティデス・アシウス〈*Eurytides asius*〉昆虫綱鱗翅目アゲハチョウ科の蝶。分布：ブラジル。

エウリティデス・アリアラテス〈*Eurytides ariarathes*〉昆虫綱鱗翅目アゲハチョウ科の蝶。分布：コロンビアからボリビアまで。

エウリティデス・イフィタス〈*Eurytides iphitas*〉昆虫綱鱗翅目アゲハチョウ科の蝶。分布：ブラジル。

エウリティデス・エウリレオン〈*Eurytides euryleon*〉昆虫綱鱗翅目アゲハチョウ科の蝶。分布：コロンビア, エクアドル。

エウリティデス・エピダウス〈*Eurytides epidaus*〉昆虫綱鱗翅目アゲハチョウ科の蝶。分布：メキシコからホンジュラスまで。

エウリティデス・オラビリス〈*Eurytides orabilis*〉昆虫綱鱗翅目アゲハチョウ科の蝶。分布：グアテマラ, コロンビア, コスタリカ。

エウリティデス・キサンティクレス〈*Eurytides xanticles*〉昆虫綱鱗翅目アゲハチョウ科の蝶。分布：パナマ, コロンビア。

エウリティデス・ステノデスムス〈*Eurytides stenodesmus*〉昆虫綱鱗翅目アゲハチョウ科の蝶。分布：パラグアイ, ブラジル。

エウリティデス・ドリカオン〈*Eurytides dolicaon*〉昆虫綱鱗翅目アゲハチョウ科の蝶。分布：コロンビアからブラジル南部まで。

エウリティデス・ファオン〈*Eurytides phaon*〉昆虫綱鱗翅目アゲハチョウ科の蝶。分布：メキシコからベネズエラまで。

エウリティデス・フィロラウス〈*Eurytides philolaus*〉昆虫綱鱗翅目アゲハチョウ科の蝶。分布：メキシコからニカラグアまで。

エウリティデス・プロトダマス〈*Eurytides protodamas*〉昆虫綱鱗翅目アゲハチョウ科の蝶。分布：ブラジル。

エウリティデス・ベレシス〈*Eurytides belesis*〉昆虫綱鱗翅目アゲハチョウ科の蝶。分布：メキシコからニカラグアまで。

エウリティデス・ミクロダマス〈*Eurytides microdamas*〉昆虫綱鱗翅目アゲハチョウ科の蝶。分布：パラグアイ, ブラジル南部。

エウリティデス・リシトウス〈*Eurytides lysithous*〉昆虫綱鱗翅目アゲハチョウ科の蝶。分布：ブラジル, パラグアイ。

エウリテラ・アリンダ〈*Eurytela alinda*〉昆虫綱鱗翅目タテハチョウ科の蝶。分布：カメルーン。

エウリテラ・ヒアルバス〈*Eurytela hiarbas*〉昆虫綱鱗翅目タテハチョウ科の蝶。分布：シエラレオネからアフリカ東部, および南へ喜望峰まで, 北へエチオピアまで。

エウリビア・カロリナ〈*Eurybia carolina*〉昆虫綱鱗翅目シジミタテハ科の蝶。分布：ブラジル。

エウリビア・ニカエア〈*Eurybia nicaea erythinosa*〉昆虫綱鱗翅目シジミタテハ科。分布：中米, ペルー, ベネズエラ, ブラジル。

エウリビア・ニカエウス〈*Eurybia nicaeus*〉昆虫綱鱗翅目シジミタテハ科の蝶。分布：ギアナからブラジル南部まで。

エウリビア・パトゥロナ〈*Eurybia patrona*〉昆虫綱鱗翅目シジミタテハ科の蝶。分布：メキシコからコロンビア, エクアドル。

エウリビア・ハリメデ〈*Eurybia halimede stellifera*〉昆虫綱鱗翅目シジミタテハ科の蝶。分布：ペルー, ボリビア, ベネズエラ, ギアナ, ブラジル。

エウリビア・ペルガエア〈*Eurybia pergaea*〉昆虫綱鱗翅目シジミタテハ科。分布：ブラジル。

エウリビア・ユトゥルナ〈*Eurybia juturna*〉昆虫綱鱗翅目シジミタテハ科の蝶。分布：ボリビア, ペルー, ギアナ。

エウリビア・ラティファスキアタ〈*Eurybia latifasciata*〉昆虫綱鱗翅目シジミタテハ科の蝶。分布：コロンビア, ペルー。

エウリビア・リキスカ〈*Eurybia lycisca*〉昆虫綱鱗翅目シジミタテハ科の蝶。分布：中央アメリカ, コロンビア, ペルー。

エウリビア・レウコロファ〈*Eurybia leucolopha*〉昆虫綱鱗翅目シジミタテハ科の蝶。分布：エクアドル, ペルー, ボリビア。

エウリフィ

エウリフィラ・ミリフィカ〈Euliphyra mirifica〉昆虫綱鱗翅目シジミチョウ科の蝶。分布：ナイジェリアからオゴエ川流域(ガボン)まで。

エウリフィラ・レウキアナ〈Euliphyra leucyana〉昆虫綱鱗翅目シジミチョウ科の蝶。分布：アフリカ西部,中央部。

エウリフィラ・レウキアネア〈Euliphyra leucyanea〉昆虫綱鱗翅目シジミチョウ科の蝶。分布：ナイジェリアからカメルーンまで。

エウリフェネ・アトゥロビレンス〈Euryphene atrovirens〉昆虫綱鱗翅目タテハチョウ科の蝶。分布：カメルーン,ガボン。

エウリフェネ・アトッサ〈Euryphene atossa〉昆虫綱鱗翅目タテハチョウ科の蝶。分布：ナイジェリア,コンゴ。

エウリフェネ・アバサ〈Euryphene abasa〉昆虫綱鱗翅目タテハチョウ科の蝶。分布：ナイジェリア,カメルーン,コンゴ。

エウリフェネ・アマランタ〈Euryphene amaranta〉昆虫綱鱗翅目タテハチョウ科の蝶。分布：カメルーン,ウガンダ。

エウリフェネ・アリダタ〈Euryphene aridatha〉昆虫綱鱗翅目タテハチョウ科の蝶。分布：ナイジェリア,カメルーン。

エウリフェネ・アンペドゥサ〈Euryphene ampedusa〉昆虫綱鱗翅目タテハチョウ科の蝶。分布：ガーナからナイジェリアまで。

エウリフェネ・イリス〈Euryphene iris〉昆虫綱鱗翅目タテハチョウ科の蝶。分布：コンゴ。

エウリフェネ・カマレンシス〈Euryphene camarensis〉昆虫綱鱗翅目タテハチョウ科の蝶。分布：カメルーン,コンゴ。

エウリフェネ・カルシ〈Euryphene karschi〉昆虫綱鱗翅目タテハチョウ科の蝶。分布：カメルーン。

エウリフェネ・ガンビアエ〈Euryphene gambiae〉昆虫綱鱗翅目タテハチョウ科の蝶。分布：セネガルからコンゴまで。

エウリフェネ・グロセスミシ〈Euryphene grosesmithi〉昆虫綱鱗翅目タテハチョウ科の蝶。分布：カメルーン。

エウリフェネ・ゴニオグランマ〈Euryphene goniogramma〉昆虫綱鱗翅目タテハチョウ科の蝶。分布：カメルーン,コンゴ。

エウリフェネ・サフィリナ〈Euryphene saphirina〉昆虫綱鱗翅目タテハチョウ科の蝶。分布：コンゴ。

エウリフェネ・シンプレクス〈Euryphene simplex〉昆虫綱鱗翅目タテハチョウ科の蝶。分布：シエラレオネ。

エウリフェネ・ドゥセニ〈Euryphene duseni〉昆虫綱鱗翅目タテハチョウ科の蝶。分布：カメルーン。

エウリフェネ・ドリクレア〈Euryphene doriclea〉昆虫綱鱗翅目タテハチョウ科の蝶。分布：シエラレオネからコンゴまで。

エウリフェネ・マワンバ〈Euryphene mawamba〉昆虫綱鱗翅目タテハチョウ科の蝶。分布：コンゴ。

エウリフェネ・ミルネイ〈Euryphene milnei〉昆虫綱鱗翅目タテハチョウ科の蝶。分布：リベリアからカメルーンまで。

エウリフェネ・リサンドゥラ〈Euryphene lysandra〉昆虫綱鱗翅目タテハチョウ科の蝶。分布：コンゴ,カメルーン。

エウリフラ・アクリス〈Euryphura achlys〉昆虫綱鱗翅目タテハチョウ科の蝶。分布：アフリカ東部。

エウリフラ・アルブラ〈Euryphura albula〉昆虫綱鱗翅目タテハチョウ科の蝶。分布：シエラレオネ。

エウリフラ・イスカ〈Euryphura isuka〉昆虫綱鱗翅目タテハチョウ科の蝶。分布：ウガンダ。

エウリフラ・ノビリス〈Euryphura nobilis〉昆虫綱鱗翅目タテハチョウ科の蝶。分布：シエラレオネ。

エウリフラ・プランティツラ〈Euryphura plantilla〉昆虫綱鱗翅目タテハチョウ科の蝶。分布：ナイジェリアからコンゴおよびウガンダまで。

エウリフラ・ポルフィリオン〈Euryphura porphyrion〉昆虫綱鱗翅目タテハチョウ科の蝶。分布：ガーナからカメルーンまで。

エウレマ・アティナス〈Eurema atinas〉昆虫綱鱗翅目シロチョウ科の蝶。分布：ボリビア,ペルー。

エウレマ・アルベラ〈Eurema arbela〉昆虫綱鱗翅目シロチョウ科の蝶。分布：メキシコからブラジル南部まで。

エウレマ・ウエストウッディ〈Eurema westwoodi〉昆虫綱鱗翅目シロチョウ科の蝶。分布：メキシコ。

エウレマ・エキシミア〈Eurema eximia〉昆虫綱鱗翅目シロチョウ科の蝶。分布：ケニアからアフリカ南部まで。

エウレマ・エラテア〈Eurema elathea〉昆虫綱鱗翅目シロチョウ科の蝶。分布：スリナム,ブラジル,トリニダード。

エウレマ・グラティオサ〈Eurema gratiosa〉昆虫綱鱗翅目シロチョウ科の蝶。分布：ホンジュラス,ベネズエラ,トリニダード。

エウレマ・サリ〈*Eurema sari*〉昆虫綱鱗翅目シロチョウ科の蝶。分布：インド南部, スリランカ, マレーシア, フィリピン。

エウレマ・サロメ〈*Eurema salome*〉昆虫綱鱗翅目シロチョウ科の蝶。分布：メキシコからテキサス州まで。

エウレマ・シバリス〈*Eurema sybaris*〉昆虫綱鱗翅目シロチョウ科の蝶。分布：ペルー。

エウレマ・スミラクス〈*Eurema smilax*〉昆虫綱鱗翅目シロチョウ科の蝶。分布：オーストラリア。

エウレマ・ダイラ〈*Eurema daira*〉昆虫綱鱗翅目シロチョウ科の蝶。分布：フロリダ州, アンチル諸島, 中央アメリカ。

エウレマ・ティメトゥス〈*Eurema thymetus*〉昆虫綱鱗翅目シロチョウ科の蝶。分布：ブラジル南部。

エウレマ・デスジャルディンシ〈*Eurema desjardinsi*〉昆虫綱鱗翅目シロチョウ科の蝶。分布：アフリカ全土。

エウレマ・デバ〈*Eurema deva*〉昆虫綱鱗翅目シロチョウ科の蝶。分布：ブラジル南部, チリ。

エウレマ・トミニア〈*Eurema tominia*〉昆虫綱鱗翅目シロチョウ科の蝶。分布：セレベス, ボルネオ。

エウレマ・ネダ〈*Eurema neda*〉昆虫綱鱗翅目シロチョウ科の蝶。分布：ギアナ, ベネズエラ, ニカラグア。

エウレマ・ノルバナ〈*Eurema norbana*〉昆虫綱鱗翅目シロチョウ科の蝶。分布：セレベス, モルッカ諸島。

エウレマ・ハパレ〈*Eurema hapale*〉昆虫綱鱗翅目シロチョウ科の蝶。分布：アフリカ西部・中部および東部から南ローデシアまで, およびマダガスカル。

エウレマ・ヒオナ〈*Eurema hyona*〉昆虫綱鱗翅目シロチョウ科の蝶。分布：サンドミンゴ(San Domingo, ドミニカ島)。

エウレマ・フィアレ〈*Eurema phiale*〉昆虫綱鱗翅目シロチョウ科の蝶。分布：コロンビア, ボリビア。

エウレマ・ブレンダ〈*Eurema brenda*〉昆虫綱鱗翅目シロチョウ科の蝶。分布：アフリカ西部・中部および東部からウガンダまで。

エウレマ・プロテルピア〈*Eurema proterpia*〉昆虫綱鱗翅目シロチョウ科の蝶。分布：南アメリカからテキサス州, アンチル諸島。

エウレマ・ボアドゥバリアナ〈*Eurema boisduvaliana*〉昆虫綱鱗翅目シロチョウ科の蝶。分布：メキシコ, フロリダ州。

エウレマ・メキシカナ〈*Eurema mexicana*〉昆虫綱鱗翅目シロチョウ科の蝶。分布：中央アメリカからミシガン州まで。

エウレマ・メッサリナ〈*Eurema messalina*〉昆虫綱鱗翅目シロチョウ科の蝶。分布：ジャマイカ島。

エウレマ・リサ〈*Eurema lisa*〉昆虫綱鱗翅目シロチョウ科の蝶。分布：熱帯アメリカからメーン州まで。

エウレマ・リビテア〈*Eurema libythea*〉昆虫綱鱗翅目シロチョウ科の蝶。分布：インド, スリランカ, ミャンマー。

エウレマ・リンビア〈*Eurema limbia*〉昆虫綱鱗翅目シロチョウ科の蝶。分布：ベネズエラ。

エウレマ・レティクラタ〈*Eurema reticulata*〉昆虫綱鱗翅目シロチョウ科の蝶。分布：ペルー。

エオキシリデス・タリス〈*Eoxylides tharis*〉昆虫綱鱗翅目シジミチョウ科の蝶。分布：スマトラ, マレーシア, ジャワ。

エオゲネス・アルキデス〈*Eogenes alcides*〉昆虫綱鱗翅目セセリチョウ科の蝶。分布：クルジスタン(トルコ東南部, イラン北西部, イラク北部にわたる高地)からチトラル(西パキスタン)まで。

エカシマルトゲムシ〈*Byrrhus ekashi*〉昆虫綱甲虫目マルトゲムシ科。

エガモルフォ〈*Morpho aega*〉昆虫綱鱗翅目タテハチョウ科の蝶。雄は鮮やかな青色, 雌は淡いオレンジ色。開張8〜9mm。分布：ブラジル。珍蝶。

エキスハエトリ〈*Laufeia aenea*〉蛛形綱クモ目ハエトリグモ科の蜘蛛。

エキソプリシア・ヒポクロリス〈*Exoplisia hypochloris*〉昆虫綱鱗翅目シジミタテハ科。分布：アマゾン上流地方。

エキソメトエカ・ニクテリス〈*Exometoeca nycteris*〉昆虫綱鱗翅目セセリチョウ科の蝶。分布：オーストラリア。

エキトン・グアドゥリグルメ〈*Eciton quadriglume*〉昆虫綱膜翅目アリ科。分布：ペルー, ボリビア, パラグアイ, ブラジル。

エキトン・ハマトゥム〈*Eciton hamatum*〉昆虫綱膜翅目アリ科。分布：メキシコ南部からペルー, ボリビア, ブラジル北部まで。

エキリスチビシジミ〈*Brephidium exllis*〉昆虫綱鱗翅目シジミチョウ科の蝶。開張10mm。分布：アメリカ南部から中米。珍蝶。

エクアドラリスキノハタテハ〈*Anaea ecuadoralis*〉昆虫綱鱗翅目タテハチョウ科の蝶。開張50mm。分布：エクアドル。珍蝶。

エクセルシオールウズマキタテハ〈*Callicore excelsior*〉昆虫綱鱗翅目タテハチョウ科の蝶。開張55mm。分布：アマゾン川西部。珍蝶。

エクティマ・リリア〈*Ectima liria*〉昆虫綱鱗翅目タテハチョウ科の蝶。分布：ベネズエラ、ペルー。

エクトミス・キトゥナ〈*Ectomis cythna*〉昆虫綱鱗翅目セセリチョウ科の蝶。分布：ギアナ。

エグリイチモジエダシャク エグリイチモンジエダシャクの別名。

エグリイチモンジエダシャク〈*Hyperapeira discolor*〉昆虫綱鱗翅目シャクガ科エダシャク亜科の蛾。開張30〜42mm。分布：本州(神奈川県三浦半島以西)、四国、九州、台湾、中国(東北を除く)、インド北部。

エグリエダシャク〈*Fascellina chromataria*〉昆虫綱鱗翅目シャクガ科エダシャク亜科の蛾。開張32〜38mm。分布：本州(房総半島以西)、四国、九州、対馬、屋久島、石垣島、台湾、中国からインド。

エグリキリガ〈*Teratoglaea pacifica*〉昆虫綱鱗翅目ヤガ科セダカモクメ亜科の蛾。開張23〜25mm。分布：沿海州、中国東北、北海道から九州。

エグリクチブトゾウムシ〈*Macrocorynus naso*〉昆虫綱甲虫目ゾウムシ科の甲虫。体長5.3〜7.1mm。

エグリグンバイ 剔軍配〈*Cochlochila lewisi*〉昆虫綱半翅目グンバイムシ科。分布：北海道、本州、九州。

エグリコブヒゲナガゾウムシ〈*Gibber incisus*〉昆虫綱甲虫目ヒゲナガゾウムシ科の甲虫。体長5.1〜5.9mm。分布：本州、四国、九州。

エグリゴマダラトガリゴマダラの別名。

エグリゴミムシ〈*Eustra japonica*〉昆虫綱甲虫目ヒゲブトオサムシ科の甲虫。体長3〜4mm。分布：本州、四国、九州。

エグリゴミムシダマシ〈*Uloma marseuli*〉昆虫綱甲虫目ゴミムシダマシ科の甲虫。体長7.0〜9.0mm。

エグリシジミ〈*Mahathala ameria*〉昆虫綱鱗翅目シジミチョウ科の蝶。別名マルハネムラサキツバメ。分布：インドからベトナム北部、マレーシア、中国、台湾、スマトラ、ジャワ。

エグリシャチホコ〈*Ptilodon jezoensis*〉昆虫綱鱗翅目シャチホコガ科ウチキシャチホコ亜科の蛾。開張40〜45mm。分布：北海道から九州。

エグリヅマエダシャク〈*Odontopera arida*〉昆虫綱鱗翅目シャクガ科エダシャク亜科の蛾。開張42〜49mm。茶に害を及ぼす。分布：本州(宮城県以南)、四国、九州、対馬、屋久島、奄美大島、伊豆諸島(三宅島、御蔵島、八丈島)、台湾、インド北部、ネパール。

エグリセダカオサムシ〈*Scaphinotus marginatus*〉昆虫綱甲虫目オサムシ科。分布：アリューシャン列島、アラスカ、カナダ、アメリカ北東部。

エグリタマミズムシ〈*Heterotrephes admorsus*〉タマミズムシ科。絶滅危惧II類(VU)。

エグリチイロアリヅカムシ〈*Batristilbus politus*〉昆虫綱甲虫目アリヅカムシ科の甲虫。体長2.8〜3.0mm。

エグリツヤヒメマキムシ〈*Holoparamecus contractus*〉昆虫綱甲虫目ツヤヒメマキムシ科の甲虫。体長1.5〜1.6mm。

エグリデオキノコムシ〈*Scaphidium emarginatum*〉昆虫綱甲虫目デオキノコムシ科の甲虫。体長6.5〜7.0mm。分布：北海道、本州、四国、九州。

エグリトガリシャク〈*Ozola japonica*〉昆虫綱鱗翅目シャクガ科ホシシャク亜科の蛾。開張21〜28mm。分布：本州(紀伊半島)、四国、九州、対馬、屋久島。

エグリトビケラ 剔飛螻, 剔石蚕〈*Nemotaulius admorsus*〉昆虫綱毛翅目エグリトビケラ科。体長20〜25mm。分布：北海道、本州、四国、九州。

エグリトビケラ 剔飛螻, 剔石蚕 昆虫綱トビケラ目エグリトビケラ科の昆虫の総称、またはその一種。

エグリトラカミキリ 剔虎天牛〈*Chlorophorus japonica*〉昆虫綱甲虫目カミキリムシ科カミキリ亜科の甲虫。体長9〜13mm。分布：北海道、本州、四国、九州、佐渡、対馬。

エグリノメイガ〈*Diplopseustis perieresalis*〉昆虫綱鱗翅目メイガ科ノメイガ亜科の蛾。開張15〜18mm。分布：北海道、本州、四国、九州、台湾から東南アジア、中国。

エグリバケブカハムシ〈*Pyrrhalta esakii*〉昆虫綱甲虫目ハムシ科の甲虫。体長8mm。分布：本州。

エグリバネヒゲナガゾウムシ〈*Autotropis basipennis*〉昆虫綱甲虫目ヒゲナガゾウムシ科の甲虫。体長3.8〜5.1mm。分布：本州、四国、九州。

エグリハマキ〈*Acleris emargana*〉昆虫綱鱗翅目ハマキガ科の蛾。開張22〜26mm。分布：北海道、本州(東北、中部山地)、中国(東北)、ロシア(シベリア、サハリン)、ヨーロッパ、イギリス、北アメリカ。

エグリヒゲナガゾウムシ〈*Directarius incisus*〉昆虫綱甲虫目ヒゲナガゾウムシ科。

エグリヒメカゲロウ〈*Drepanopteryx palaenoides*〉昆虫綱脈翅目ヒメカゲロウ科。開張25mm。分布：北海道、本州、九州。

エグリヒラタケシキスイ〈*Epuraea similis*〉昆虫綱甲虫目ケシキスイ科の甲虫。体長2.9〜3.6mm。

エグリフタオ〈*Metorthocheilus emarginatus*〉昆虫綱鱗翅目フタオガ科の蛾。分布：奄美大島、徳之島、沖縄本島、台湾、インドから東南アジア一帯。

エグリフトヒゲナガゾウムシ〈*Stiboderes impressus*〉昆虫綱甲虫目ヒゲナガゾウムシ科の

甲虫。体長10～18mm。分布：九州(鹿児島県)，屋久島。

エグリマメジョウカイ〈*Podosilis omissa*〉昆虫綱甲虫目ジョウカイボン科の甲虫。体長4.2～5.4mm。

エグリミスジ〈*Neptis leucoporos*〉昆虫綱鱗翅目タテハチョウ科の蝶。

エグリミズメイガ〈*Ambia acclaralis*〉昆虫綱鱗翅目メイガ科ミズメイガ亜科の蛾。開張12mm。分布：本州(和歌山県)，四国，九州，種子島，屋久島，沖縄本島，西表島，スリランカ，インド。

エグリユミアシゴミムシダマシ〈*Promethis subbiangulata*〉昆虫綱甲虫目ゴミムシダマシ科の甲虫。体長18.5～24.0mm。

エグレネズミジラミ〈*Hoplopleura captiosa*〉昆虫綱虱目ケモノヒメジラミ科。

エケナイス・アミニアス〈*Echenais aminias*〉昆虫綱鱗翅目シジミタテハ科の蝶。分布：ベネズエラ，アマゾン。

エケナイス・ゼルナ〈*Echenais zerna*〉昆虫綱鱗翅目シジミタテハ科の蝶。分布：ブラジル，ボリビア。

エケナイス・センタ〈*Echenais senta*〉昆虫綱鱗翅目シジミタテハ科の蝶。分布：アマゾン。

エケナイス・プルケッリマ〈*Echenais pulcherrima*〉昆虫綱鱗翅目シジミタテハ科の蝶。分布：アマゾン，ペルー。

エケナイス・ペンテア〈*Echenais penthea*〉昆虫綱鱗翅目シジミタテハ科の蝶。分布：アマゾン。

エケナイス・ボレナ〈*Echenais bolena*〉昆虫綱鱗翅目シジミタテハ科の蝶。分布：ブラジル，パラグアイ。

エケナイス・ミカトル〈*Echenais micator*〉昆虫綱鱗翅目シジミタテハ科の蝶。分布：ペルー。

エケナイス・レウコキアナ〈*Echenais leucocyana*〉昆虫綱鱗翅目シジミタテハ科の蝶。分布：ギアナ，アマゾン。

エケナイス・レウコファエア〈*Echenais leucophaea*〉昆虫綱鱗翅目シジミタテハ科の蝶。分布：ブラジル。

エゴシギゾウムシ　荏胡鷸象鼻虫〈*Curculio styracis*〉昆虫綱甲虫目ゾウムシ科の甲虫。体長5.5～7.0mm。分布：本州，四国，九州。

エゴタマバエ〈*Rhopalomyia stracophila*〉昆虫綱双翅目の蠅。夾竹桃，エゴノキ，クロキに害を及ぼす。

エゴツルクビオトシブミ　ハギツルクビオトシブミの別名。

エゴノキハモグリバエ〈*Tropicomyia styricicola*〉昆虫綱双翅目ハモグリバエ科。体長1.5mm。マサキ，ニシキギに害を及ぼす。分布：日本全国。

エゴノキンモンホソガ〈*Phyllonorycter styracis*〉昆虫綱鱗翅目ホソガ科の蛾。分布：九州(英彦山)。

エゴノネコアシアブラムシ〈*Ceratovacuna nekoashi*〉昆虫綱半翅目アブラムシ科。夾竹桃，エゴノキ，クロキに害を及ぼす。

エゴヒゲナガゾウムシ〈*Exechesops leucopis*〉昆虫綱甲虫目ヒゲナガゾウムシ科の甲虫。体長3.5～5.5mm。分布：本州，四国，九州，対馬。

エサカマネシジャノメ　アカネマネシヒカゲの別名。

エサキアオドウガネ〈*Anomala esakii*〉昆虫綱甲虫目コガネムシ科の甲虫。体長22～25mm。サトウキビに害を及ぼす。分布：石垣島，西表島，与那国島。

エサキアカホシテントウ〈*Chilocorus esakii*〉昆虫綱甲虫目テントウムシ科の甲虫。体長3.2～3.8mm。

エサキアメンボ〈*Gerris esakii*〉昆虫綱半翅目アメンボ科。準絶滅危惧種(NT)。

エサキアリヤドリコバチ　江崎蟻寄生小蜂〈*Eucharis esakii*〉昆虫綱膜翅目アリヤドリコバチ科。分布：本州，九州。

エサキウラナミジャノメ〈*Ypthima esakii*〉昆虫綱鱗翅目ジャノメチョウ科の蝶。

エサキオサムシ〈*Carabus japonicus esakianus*〉昆虫綱甲虫目オサムシ科。

エサキオゼフィルス・イカナ〈*Esakiozephyrus icana*〉昆虫綱鱗翅目シジミチョウ科の蝶。分布：ヒマラヤから中国西部まで。

エサキカタビロアメンボ〈*Pseudovelia esakii*〉昆虫綱半翅目カタビロアメンボ科。

エサキキチョウ〈*Eurema alitha*〉昆虫綱鱗翅目シロチョウ科の蝶。

エサキキノコゴミムシ〈*Coptoderina esakii*〉昆虫綱甲虫目ゴミムシ科。

エサキキンヘリタマムシ〈*Scintillatrix kamikochiana*〉昆虫綱甲虫目タマムシ科の甲虫。体長10～16mm。分布：北海道，本州。

エサキクロタマムシ〈*Buprestis esakii*〉昆虫綱甲虫目タマムシ科の甲虫。体長14～17mm。

エサキコミズムシ〈*Sigara septemlineata*〉昆虫綱半翅目ミズムシ科。

エサキスカシバ〈*Zenodoxus esakii*〉昆虫綱鱗翅目スカシバガ科の蛾。分布：奄美大島，沖縄本島と伊豆諸島の八丈島，八丈小島。

エサキドウガネ　エサキアオドウガネの別名。

エサキナガタマムシ〈*Agrilus esakii*〉昆虫綱甲虫目タマムシ科の甲虫。体長6.2〜6.8mm。

エサキニセヒメガガンボ〈*Protoplasa esakii*〉昆虫綱双翅目ニセヒメガガンボ科。

エサキハモグリバエ〈*Phytomyza esakii*〉昆虫綱双翅目ハモグリバエ科。

エサキヒメコシボソガガンボ〈*Bittacomorphella esakii*〉昆虫綱双翅目コシボソガガンボ科。

エサキヒメハナバチヤドリ〈*Sphecodes esakii*〉昆虫綱膜翅目コハナバチ科。

エサキフシダカコンボウハナバチ〈*Rhopalomelissa esakii*〉昆虫綱膜翅目コハナバチ科。

エサキホソコバネカミキリ〈*Necydalis esakii*〉昆虫綱甲虫目カミキリムシ科の甲虫。分布：台湾。

エサキマダラ〈*Clelea esakii*〉昆虫綱鱗翅目マダラガ科の蛾。分布：対馬の厳原, 香川県の五剣山, 大分県蒲江町。

エサキマルキバゴミムシ〈*Licinus yezoensis*〉昆虫綱甲虫目オサムシ科の甲虫。体長13.3〜13.7mm。

エサキミツバチモドキ〈*Colletes esakii*〉昆虫綱膜翅目ミツバチモドキ科。

エサキミドリシジミ〈*Chrysozephyrus esakii*〉昆虫綱鱗翅目シジミチョウ科の蝶。

エサキモンキツノカメムシ〈*Sastragala esakii*〉昆虫綱半翅目ツノカメムシ科。体長10〜14mm。分布：本州, 四国, 九州。

エスカランテプレポナ〈*Prepona escalantiana*〉昆虫綱鱗翅目タテハチョウ科の蝶。分布：メキシコ（ベラクルスVeracruz）。

エスカルゴ〈*Helix pomatia*〉軟体動物門腹足綱マイマイ科のカタツムリ。フランス料理の食用カタツムリとして有名。

エステモプシス・イェッシ〈*Esthemopsis jessi*〉昆虫綱鱗翅目シジミタテハ科の蝶。分布：ブラジル, ボリビア。

エステモプシス・イナリア〈*Esthemopsis inaria thyatira*〉昆虫綱鱗翅目シジミタテハ科。分布：コロンビア, ベネズエラ, ボリビア, ブラジル。

エステモプシス・クロニア〈*Esthemopsis clonia*〉昆虫綱鱗翅目シジミタテハ科の蝶。分布：中央アメリカからアマゾン地方まで。

エステモプシス・セリキナ〈*Esthemopsis sericina*〉昆虫綱鱗翅目シジミタテハ科の蝶。分布：アマゾン。

エステモプシス・ティアティラ〈*Esthemopsis thyatira*〉昆虫綱鱗翅目シジミタテハ科の蝶。分布：ボリビア, コロンビア, ブラジル。

エスハマダラミバエ〈*Pseudacidia s-nigrum*〉昆虫綱双翅目ミバエ科。体長7.5〜9.0mm。分布：本州, 四国, 九州, 南西諸島。

エスペランサトラフアゲハ〈*Papilio esperanza*〉昆虫綱鱗翅目アゲハチョウ科の蝶。分布：メキシコ。

エセシナハマダラカ 偽支那翅斑蚊〈*Anopheles sineroides*〉昆虫綱双翅目カ科。

エセミギワバエ〈*Procanace cressoni*〉昆虫綱双翅目エセミギワバエ科。

エゾアオイトトンボ〈*Lestes dryas*〉昆虫綱蜻蛉目アオイトトンボ科の蜻蛉。体長38mm。分布：北海道の北部と東部。

エゾアオカメムシ 蝦夷青亀虫〈*Palomena angulosa*〉昆虫綱半翅目カメムシ科。体長12〜16mm。林檎, 隠元豆, 小豆, ササゲ, 豌豆, 空豆, ジャガイモ, 大豆, ハスカップに害を及ぼす。分布：北海道, 本州, 四国。

エゾアオゴミムシ〈*Chlaenius stschukini*〉昆虫綱甲虫目オサムシ科の甲虫。体長10.5〜12.0mm。

エゾアオタマムシ〈*Eurythyrea eoa*〉昆虫綱甲虫目タマムシ科の甲虫。体長18〜24mm。

エゾアカネ 蝦夷茜蜻蛉〈*Sympetrum flaveolum*〉昆虫綱蜻蛉目トンボ科の蜻蛉。体長30〜35mm。分布：北海道東部。

エゾアカヤマアリ〈*Formica yessensis*〉昆虫綱膜翅目アリ科。体長6〜8mm。害虫。

エゾアザミテントウ〈*Epilachna pustlosa*〉昆虫綱甲虫目テントウムシ科の甲虫。体長7〜8mm。分布：北海道。

エゾアシナガグモ〈*Tetragnatha yesoensis*〉蛛形綱クモ目アシナガグモ科の蜘蛛。体長雌7〜9mm, 雄6〜7mm。分布：北海道, 本州, 四国, 九州。

エゾアミカ〈*Agathon kawamurai*〉昆虫綱双翅目アミカ科。

エゾアメイロカミキリ〈*Obrium* sp.〉昆虫綱甲虫目カミキリムシ科カミキリ亜科の甲虫。

エゾアリガタハネカクシ 蝦夷蟻形隠翅虫〈*Paederus parallelus*〉昆虫綱甲虫目ハネカクシ科の甲虫。体長8mm。分布：北海道, 本州(中部以北), 佐渡。害虫。

エゾイトトンボ 蝦夷糸蜻蛉〈*Coenagrion lanceolatum*〉昆虫綱蜻蛉目イトトンボ科の蜻蛉。体長38mm。分布：北海道, 本州(北半部)。

エゾウスイロヨトウ〈*Athetis jezoensis*〉昆虫綱鱗翅目ヤガ科カラスヨトウ亜科の蛾。分布：ウスリー南部, 北海道から九州。

エゾウスカ〈*Culex rubensis*〉昆虫綱双翅目カ科。

エゾウズグモ〈Uloborus yesoensis〉蛛形綱クモ目ウズグモ科の蜘蛛。体長雌4.5〜5.0mm, 雄4.0〜4.5mm。分布：北海道, 本州, 九州。

エゾウスクモエダシャク〈Menophra emaria〉昆虫綱鱗翅目シャクガ科エダシャク亜科の蛾。開張30〜36mm。分布：北海道, 朝鮮半島, シベリア南東部, 中国。

エゾエグリシャチホコ〈Ptilodon jezoensis〉昆虫綱鱗翅目シャチホコガ科ウチキシャチホコ亜科の蛾。開張42〜47mm。分布：北海道から本州中部山地, 四国, 九州。

エゾエンマコオロギ〈Teleogryllus infernalis〉昆虫綱直翅目コオロギ科。体長20〜25mm。アブラナ科野菜に害を及ぼす。分布：北海道, 本州(東北, 関東, 中部)。

エゾオオカワベハネカクシ〈Bledius yezoensis〉昆虫綱甲虫目ハネカクシ科。

エゾオオバコヤガ〈Diarsia dahlii〉昆虫綱鱗翅目ヤガ科モンヤガ亜科の蛾。開張30〜33mm。分布：ユーラシア, 中国西南部・北部, 北海道東部, 本州中部。

エゾオサムシ〈Carabus granulatus yezoensis〉昆虫綱甲虫目オサムシ科。別名アカガネオサムシ。

エゾオトヒメキノコバエ〈Tetragoneura otohimeana〉昆虫綱双翅目キノコバエ科。

エゾオナガミズスマシ〈Orectochilus villosus〉昆虫綱甲虫目ミズスマシ科の甲虫。体長5.5〜6.0mm。

エゾオナシカワゲラ〈Amphinemura flavostigma〉昆虫綱襀翅目オナシカワゲラ科。

エゾカオジロトンボ〈Leucorrhinia intermedia ijimai〉昆虫綱蜻蛉目トンボ科の蜻蛉。絶滅危惧II類(VU)。体長38〜44mm。分布：北海道の釧路原野。

エゾカギバ〈Nordstromia grisearia〉昆虫綱鱗翅目カギバガ科の蛾。分布：北海道, 本州, 九州, サハリン, シベリア南東部。

エゾガケジグモ〈Callobius hokkaido〉蛛形綱クモ目ガケジグモ科の蜘蛛。体長雌15〜20mm, 雄9〜11mm。分布：北海道。

エゾカタビロオサムシ〈Campalita chinense〉昆虫綱甲虫目オサムシ科の甲虫。体長26〜34mm。分布：小笠原諸島をのぞくほぼ日本全土。

エゾカタホソハネカクシ〈Philydrodes puncticollis〉昆虫綱甲虫目ハネカクシ科の甲虫。体長3.8〜4.5mm。

エゾカニグモ〈Lysiteles sapporensis〉蛛形綱クモ目カニグモ科の蜘蛛。

エゾカミキリ〈Lamia textor〉昆虫綱甲虫目カミキリムシ科フトカミキリ亜科の甲虫。体長12〜32mm。分布：北海道。

エゾキイロオドリバエ〈Xanthempis japonica〉昆虫綱双翅目オドリバエ科。

エゾキイロキリガ〈Xanthia japonago〉昆虫綱鱗翅目ヤガ科セダカモクメ亜科の蛾。分布：沿海州南部, 北海道から本州中部, 四国。

エゾギクキンウワバ〈Ctenoplusia albostriata〉昆虫綱鱗翅目ヤガ科コヤガ亜科の蛾。アスター(エゾギク)に害を及ぼす。分布：インドからオーストラリア地域, 日本。

エゾギクギンウワバ〈Argyrogramma albostriata〉昆虫綱鱗翅目ヤガ科キンウワバ亜科の蛾。開張29〜33mm。

エゾギクトリバ〈Platyptilia farfarella〉昆虫綱鱗翅目トリバガ科の蛾。開張17〜27mm。アスター(エゾギク), ガーベラ, 菊, キンセンカ, ダリア, 百日草, マリゴールド類に害を及ぼす。分布：北海道, 本州, 四国, 九州, 西表島, 台湾, ヨーロッパ。

エゾキシタヨトウ〈Triphaenopsis jezoensis〉昆虫綱鱗翅目ヤガ科カラスヨトウ亜科の蛾。分布：千島の国後島, 北海道から九州, 四国, 九州。

エゾキスイモドキ〈Byturus oakanus〉昆虫綱甲虫目キスイモドキ科の甲虫。体長4.3〜4.7mm。

エゾキノコヨトウ〈Cryphia bryophasma〉昆虫綱鱗翅目ヤガ科の蛾。分布：沿海州, 釧路, 十勝方面, 山形県, 群馬県沼田市, 長野県青木湖。

エゾキヒメシャク〈Idaea aversata〉昆虫綱鱗翅目シャクガ科ヒメシャク亜科の蛾。開張20〜25mm。分布：北海道東部, 利尻島, シベリア東部からヨーロッパ。

エゾキフタツメカワゲラ〈Gibosia tobei〉昆虫綱襀翅目カワゲラ科。

エゾキンウワバ〈Euchalcia sergia〉昆虫綱鱗翅目ヤガ科コヤガ亜科の蛾。開張32〜36mm。分布：沿海州, 北海道。

エゾギンスジシャチホコ エゾギンモンシャチホコの別名。

エゾキンナガゴミムシ〈Poecilus samurai〉昆虫綱甲虫目ゴミムシ科。

エゾギンモンシャチホコ〈Spatalia jezoensis〉昆虫綱鱗翅目シャチホコガ科ウチキシャチホコ亜科の蛾。開張38〜43mm。分布：北海道南部から九州。

エゾキンモンホソガ〈Phyllonorycter jezoniella〉昆虫綱鱗翅目ホソガ科の蛾。分布：北海道, 本州, ロシア南東部。

エゾクシヒゲシャチホコ〈Ptilophora jezoensis〉昆虫綱鱗翅目シャチホコガ科ウチキシャチホコ亜科の蛾。開張35mm。分布：沿海州, 北海道から本州中部, 四国。

エゾクシヒゲヒラタコメツキ〈*Orithales yezoensis*〉昆虫綱甲虫目コメツキムシ科の甲虫。体長6.5～7.0mm。

エゾクシヒゲモンヤガ〈*Lycophotia velata*〉昆虫綱鱗翅目ヤガ科の蛾。分布：沿海州，北海道。

エゾクチナガキノコバエ〈*Asindulum ezoensis*〉昆虫綱双翅目キノコバエ科。

エゾクチブトサルゾウムシ〈*Rhinoncus bruchoides*〉昆虫綱甲虫目ゾウムシ科の甲虫。体長2.2～2.8mm。

エゾクビグロクチバ〈*Lygeohila pastinum*〉昆虫綱鱗翅目ヤガ科クチバ亜科の蛾。分布：ユーラシア，北海道。

エゾクロギンガ〈*Chasminodes atrata*〉昆虫綱鱗翅目ヤガ科カラスヨトウ亜科の蛾。開張24mm。分布：沿海州，本州中部以北の山地，北海道，四国剣山の高地。

エゾクロナガオサムシ〈*Carabus arboreus*〉昆虫綱甲虫目オサムシ科の甲虫。体長18～34mm。分布：北海道。

エゾクロバエ〈*Onesia hokkaidensis*〉昆虫綱双翅目クロバエ科。

エゾクロヒラタアブ〈*Cheilosia yesonica*〉昆虫綱双翅目ハナアブ科。体長13mm。キク科野菜に害を及ぼす。分布：北海道，サハリン。

エゾクロヒラタゴミムシ〈*Platynus assimilis*〉昆虫綱甲虫目オサムシ科の甲虫。体長10～12mm。

エゾクロルリハナカミキリ〈*Anoplodera kishiii*〉昆虫綱甲虫目カミキリムシ科ハナカミキリ亜科の甲虫。体長7.5～9.0mm。

エゾコオナガミズスマシ エゾオナガミズスマシの別名。

エゾコガムシ〈*Hydrochara libera*〉昆虫綱甲虫目ガムシ科の甲虫。準絶滅危惧種(NT)。体長16～18mm。

エゾコセアカアメンボ〈*Gerris gracilicornis yezoensis*〉昆虫綱半翅目アメンボ科。

エゾコヒラタアブ 蝦夷小扁虻〈*Metasyrphus corollae*〉昆虫綱双翅目ハナアブ科。

エゾコモリグモ〈*Pardosa lugubris*〉蛛形綱クモ目コモリグモ科の蜘蛛。体長雌5.5～6.5mm，雄4.5～5.5mm。分布：北海道，本州(高地)。

エゾコヤガ〈*Neustrotia noloides*〉昆虫綱鱗翅目ヤガ科コヤガ亜科の蛾。開張16～17mm。分布：朝鮮半島，北海道から九州，対馬。

エゾコヤマトンボ〈*Macromia amphigena masaco*〉昆虫綱蜻蛉目エゾトンボ科の蜻蛉。

エゾサクラケンモン〈*Acronicta strigosa*〉昆虫綱鱗翅目ヤガ科の蛾。分布：沿海州，サハリン，北海道。

エゾサビカミキリ〈*Pterolophia japonica*〉昆虫綱甲虫目カミキリムシ科フトカミキリ亜科の甲虫。体長6～10mm。分布：北海道，本州，四国，九州，佐渡。

エゾシタジロヒメハマキ〈*Grapholita jesonica*〉昆虫綱鱗翅目ハマキガ科の蛾。分布：北海道，本州，九州。

エゾシマメイガ 蝦夷縞螟蛾〈*Herculia jezoensis*〉昆虫綱鱗翅目メイガ科の蛾。分布：北海道，本州，四国，屋久島。

エゾシモフリスズメ 蝦夷霜降天蛾〈*Meganoton scribae*〉昆虫綱鱗翅目スズメガ科メンガタスズメ亜科の蛾。開張100～120mm。分布：北海道，本州，四国，九州，朝鮮半島。

エゾショウブヨトウ〈*Amphipoea lucens*〉昆虫綱鱗翅目ヤガ科カラスヨトウ亜科の蛾。分布：ユーラシア，北海道。

エゾシロオビコブガ〈*Nola shin*〉昆虫綱鱗翅目コブガ科の蛾。分布：北海道釧路標茶町。

エゾシロシタバ〈*Catocala dissimilis*〉昆虫綱鱗翅目ヤガ科シタバガ亜科の蛾。開張45～50mm。分布：北海道から本州中部，四国，九州，沿海州，サハリン，朝鮮半島，中国東北。

エゾシロチョウ 蝦夷白蝶〈*Aporia crataegi*〉昆虫綱鱗翅目シロチョウ科の蝶。翅の裏面は黒い鱗粉でおおわれている。北海道産の亜種A.c.adherbalはもっとも大きい。開張6.0～7.5mm。桜桃，林檎に害を及ぼす。分布：ヨーロッパ全域。

エゾシロヒメハマキ〈*Notocelia longispina*〉昆虫綱鱗翅目ハマキガ科の蛾。分布：北海道の稚内。

エゾシロモンヒゲナガゾウムシ〈*Gonotropis insignis*〉昆虫綱甲虫目ヒゲナガゾウムシ科。体長4.3～5.1mm。分布：北海道。

エゾシロヤドリバエ〈*Phryxe vulgaris*〉昆虫綱双翅目ヤドリバエ科。

エゾスジグロシロチョウ〈*Pieris napi*〉昆虫綱鱗翅目シロチョウ科の蝶。別名エゾスジグロチョウ。前翅長20～30mm。分布：北海道，本州，四国，九州。

エゾスジグロチョウ エゾスジグロシロチョウの別名。

エゾスジョトウ〈*Doerriesa crambiformis*〉昆虫綱鱗翅目ヤガ科カラスヨトウ亜科の蛾。分布：北海道勇払郡早来町湯ノ沢。

エゾスズ 蝦夷鈴虫〈*Pteronemobius yezoensis*〉昆虫綱直翅目コオロギ科。体長7～10mm。稲に害を及ぼす。分布：北海道，本州(近畿，中国山地以北)。

エゾスズメ〈*Phillosphingia dissimilis*〉昆虫綱鱗翅目スズメガ科ウンモンスズメ亜科の蛾。開張90～100mm。分布：アッサムから中国，台湾，

フィリピン, 北海道, 本州, 四国, 九州, 対馬, 朝鮮半島, シベリア南東部。

エゾセスジガムシ〈*Helophorus matsumurai*〉昆虫綱甲虫目セスジガムシ科の甲虫。体長2.8〜3.6mm。

エゾゼミ 蝦夷蟬〈*Tibicen japonicus*〉昆虫綱半翅目セミ科。体長59〜68mm。分布:北海道, 本州, 四国, 九州。

エゾゼミ属の一種〈*Tibicen* sp.〉昆虫綱半翅目セミ科。

エゾソトジロアツバ〈*Bomolocha bipartita*〉昆虫綱鱗翅目ヤガ科アツバ亜科の蛾。分布:アムール地方, 北海道および本州の中部。

エゾタカネミドリイエバエ〈*Orthellia pacifica*〉昆虫綱双翅目イエバエ科。体長6〜10mm。分布:北海道, 本州北部。

エゾタカネミドリバエ エゾタカネミドリイエバエの別名。

エゾチッチゼミ 蝦夷ちっち蟬〈*Cicadetta yezoensis*〉昆虫綱半翅目セミ科。別名カラフトチッチゼミ。分布:北海道。

エゾチビミズギワコメツキ〈*Yezostrius aino*〉昆虫綱甲虫目コメツキムシ科の甲虫。体長3.5〜4.0mm。

エゾチャイロコガネ〈*Sericania sinuata*〉昆虫綱甲虫目コガネムシ科の甲虫。

エゾチャイロヨトウ〈*Lacanobia splendens*〉昆虫綱鱗翅目ヤガ科ヨトウガ亜科の蛾。開張35〜38mm。分布:ユーラシア, 北海道, 東北地方から本州中部, 内陸。

エゾツノカメムシ 蝦夷角亀虫〈*Acanthosoma expansum*〉昆虫綱半翅目ツノカメムシ科。体長11.5〜15.0mm。分布:北海道, 本州, 四国, 九州。

エゾツマグロハバチ〈*Dolerus armillatus*〉昆虫綱膜翅目ハバチ科。

エゾツマジロウラジャノメ〈*Lasiommata deidamia deidamia*〉昆虫綱鱗翅目ジャノメチョウ科の蝶。

エゾツマジロウラジャノメ ツマジロウラジャノメの別名。

エゾツユムシ 蝦夷露虫〈*Ducetia chinensis*〉昆虫綱直翅目キリギリス科。体長31〜35mm。分布:北海道, 本州, 四国(山地)。

エゾドウイロミズギワゴミムシ〈*Bembidion baikaloussuricum*〉昆虫綱甲虫目オサムシ科の甲虫。体長6.0mm。

エゾドクグモ エゾコモリグモの別名。

エゾトゲムネカミキリ〈*Oplosia fennica*〉昆虫綱甲虫目カミキリムシ科フトカミキリ亜科の甲虫。体長9〜11mm。

エゾトタテグモ〈*Antrodiaetus yesoensis*〉蛛形綱クモ目カネコトタテグモ科の蜘蛛。体長雌14〜18mm, 雄10〜14mm。分布:北海道(中央部)。

エゾトビハエトリ〈*Icius daisetsuzanus*〉蛛形綱クモ目ハエトリグモ科の蜘蛛。

エゾトラカミキリ〈*Oligoenoplus rosti*〉昆虫綱甲虫目カミキリムシ科カミキリ亜科の甲虫。体長8〜9mm。分布:北海道, 本州, 四国。

エゾトンボ 蝦夷蜻蛉〈*Somatochlora viridiaenea*〉昆虫綱蜻蛉目エゾトンボ科の蜻蛉。体長46〜50mm。分布:北海道, 本州, 四国, 九州。

エゾトンボ 蝦夷蜻蛉〈*Somatochlora viridiaenea*〉昆虫綱トンボ目エゾトンボ科の総称, およびそのなかの一種名。

エゾナガウンカ〈*Stenocranus matsumurai*〉昆虫綱半翅目ウンカ科。体長5.5〜6.0mm。分布:北海道, 本州, 四国, 九州。

エゾナガゴミムシ〈*Pterostichus thunbergi*〉昆虫綱甲虫目オサムシ科の甲虫。体長13.5〜15.0mm。分布:北海道, 本州(東北)。

エゾナガヒゲカミキリ〈*Jezohammus nubilus*〉昆虫綱甲虫目カミキリムシ科フトカミキリ亜科の甲虫。体長11〜14mm。分布:北海道, 本州, 四国, 九州。

エゾナミハグモ〈*Cybaeus aokii*〉蛛形綱クモ目タナグモ科の蜘蛛。

エゾハイイロハナカミキリ〈*Rhagium heyrovskyi*〉昆虫綱甲虫目カミキリムシ科ハナカミキリ亜科の甲虫。体長10〜21mm。分布:北海道, 本州(北部)。

エゾハサミムシ 蝦夷鋏虫〈*Eparchus yezoensis*〉昆虫綱革翅目クギヌキハサミムシ科。体長15〜20mm。分布:北海道, 本州, 四国, 対馬。

エゾハネビロアトキリゴミムシ〈*Lebia fusca*〉昆虫綱甲虫目ゴミムシ科。

エゾハラカタグモ〈*Ceratinella scabrosa*〉蛛形綱クモ目サラグモ科の蜘蛛。

エゾハルゼミ 蝦夷春蟬〈*Terpnosia nigricosta*〉昆虫綱半翅目セミ科。体長38〜45mm。分布:北海道, 本州, 四国, 九州。

エゾハンミョウモドキ〈*Elaphrus sibiricus*〉昆虫綱甲虫目オサムシ科の甲虫。体長8〜9mm。分布:北海道。

エゾヒゲナガハナノミ〈*Epilichas brunneicornis*〉昆虫綱甲虫目ナガハナノミ科の甲虫。体長10〜11mm。

エゾヒゲナガビロウドコガネ〈*Serica karafutoensis*〉昆虫綱甲虫目コガネムシ科の甲虫。

エゾヒサコ

エゾヒサゴキンウワバ〈*Diachrysia chrysitis*〉昆虫綱鱗翅目ヤガ科コヤガ亜科の蛾。分布：ヨーロッパ，北海道紋別郡湧別町。

エゾヒサゴゴミムシ〈*Miscodera arctica*〉昆虫綱甲虫目オサムシ科の甲虫。体長6.8～7.0mm。

エゾヒサゴコメツキ〈*Hypolithus aeneoniger*〉昆虫綱甲虫目コメツキムシ科の甲虫。体長8～9mm。分布：北海道。

エゾヒメゲンゴロウ〈*Rhantus yessoensis*〉昆虫綱甲虫目ゲンゴロウ科の甲虫。体長13.0～14.0mm。

エゾヒメシロチョウ〈*Leptidea morsei*〉昆虫綱鱗翅目シロチョウ科の蝶。前翅長18～23mm。分布：北海道。

エゾヒメゾウムシ 蝦夷姫象鼻虫〈*Baris ezoana*〉昆虫綱甲虫目ゾウムシ科の甲虫。体長3.5～4.1mm。分布：北海道，本州。

エゾヒメナガカメムシ〈*Nysius expressus*〉昆虫綱半翅目ナガカメムシ科。

エゾヒメナガゴミムシ〈*Pterostichus subgibbus*〉昆虫綱甲虫目オサムシ科の甲虫。体長7～8mm。

エゾヒメハナノミ〈*Mordellina ezoensis*〉昆虫綱甲虫目ハナノミ科。

エゾヒメハナムシ〈*Stilbus yezoensis*〉昆虫綱甲虫目ヒメハナムシ科の甲虫。体長1.8～2.0mm。

エゾヒメヒラタゴミムシ〈*Platynus ezoanus*〉昆虫綱甲虫目オサムシ科の甲虫。体長5.0～6.5mm。

エゾヒメミズスマシ〈*Gyrinus ohbayashii*〉昆虫綱甲虫目ミズスマシ科の甲虫。体長3.8mm。

エゾヒラタコメツキ〈*Actenicerus selectus*〉昆虫綱甲虫目コメツキムシ科。

エゾフクログモ〈*Clubiona ezoensis*〉蛛形綱クモ目フクログモ科の蜘蛛。体長雌9～10mm，雄8～9mm。分布：北海道。

エゾフタオマルヒメバチ〈*Astiphromma jezoense*〉昆虫綱膜翅目ヒメバチ科。

エゾフトヒラタコメツキ〈*Acteniceromorphus selectus*〉昆虫綱甲虫目コメツキムシ科の甲虫。体長14～17mm。分布：北海道。

エゾベニシタバ 蝦夷紅下翅〈*Catocala nupta*〉昆虫綱鱗翅目ヤガ科シタバガ亜科の蛾。開張66～70mm。分布：ユーラシア，北海道，本州，アムール，ウスリー，朝鮮半島，中国東北，西北部，西南部，台湾。

エゾベニヒラタムシ〈*Cucujus opacus*〉昆虫綱甲虫目ヒラタムシ科の甲虫。体長11～17mm。分布：北海道，本州，四国，九州。

エゾヘリグロヨトウ〈*Apamea veterina*〉昆虫綱鱗翅目ヤガ科カラスヨトウ亜科の蛾。分布：北海道，内陸アジア，沿海州，朝鮮半島。

エゾホソガガンボ〈*Nephrotoma cornicina*〉昆虫綱双翅目ガガンボ科。イネ科牧草，マメ科牧草に害を及ぼす。

エゾホソナガゴミムシ〈*Pterostichus nigritus*〉昆虫綱甲虫目オサムシ科の甲虫。体長11mm。

エゾホソルリミズアブ〈*Actina jezoensis*〉昆虫綱双翅目ミズアブ科。

エゾホラヒメグモ〈*Nesticus yesoensis*〉蛛形綱クモ目ホラヒメグモ科の蜘蛛。

エゾマイマイカブリ〈*Damaster blaptoides rugipennis*〉昆虫綱甲虫目オサムシ科。分布：北海道。

エゾマグソイエバエ〈*Brontaea ezoensis*〉昆虫綱双翅目イエバエ科。体長4.0mm。害虫。

エゾマグソコガネ〈*Aphodius uniformis*〉昆虫綱甲虫目コガネムシ科の甲虫。体長3.5～5.0mm。

エゾマダラウワバ〈*Abrostola ussuriensis*〉昆虫綱鱗翅目ヤガ科コヤガ亜科の蛾。分布：沿海州，北海道から本州中部。

エゾマダラヒメガガンボ〈*Limonia quadrinotata*〉昆虫綱双翅目ガガンボ科。

エゾマツオオアブラムシ 蝦夷松大油虫〈*Cinara bogdanowi ezoana*〉昆虫綱半翅目アブラムシ科。モミ，ツガ，トウヒ，トドマツ，エゾマツに害を及ぼす。

エゾマツオオキクイムシ〈*Dendroctonus micans*〉昆虫綱甲虫目キクイムシ科の甲虫。体長5.7～7.0mm。

エゾマツカサアブラムシ 蝦夷松笠油虫〈*Adelges japonicus*〉昆虫綱半翅目アブラムシ科。モミ，ツガ，トウヒ，トドマツ，エゾマツに害を及ぼす。分布：北海道，本州。

エゾマツケブカキクイゾウムシ〈*Himatinum piceae*〉昆虫綱甲虫目ゾウムシ科。

エゾマツシバンムシ〈*Hadrobregmus pertinax*〉昆虫綱甲虫目シバンムシ科の甲虫。体長4.6～6.2mm。

エゾマルガタナガゴミムシ〈*Pterostichus adstrictus*〉昆虫綱甲虫目ゴミムシ科。

エゾマルクビゴミムシ〈*Nebria subdilatata*〉昆虫綱甲虫目オサムシ科の甲虫。体長10～12mm。

エゾマルサラグモ〈*Centromerus terrigenus*〉蛛形綱クモ目サラグモ科の蜘蛛。

エゾミツボシキリガ〈*Eupsilia transversa*〉昆虫綱鱗翅目ヤガ科セダカモクメ亜科の蛾。開張42～45mm。分布：ユーラシア，北海道から本州中部の山地。

エゾミドリカワゲラ〈*Alloperla sapporensis*〉昆虫綱襀翅目ミドリカワゲラ科。

エゾミドリシジミ 蝦夷緑小灰蝶〈*Favonius jezoensis*〉昆虫綱鱗翅目シジミチョウ科ミドリシジミ亜科の蝶。前翅長17～21mm。分布：北海道,本州,四国,九州。

エゾムモントゲヒゲトラカミキリ〈*Grammographus jezoensis*〉昆虫綱甲虫目カミキリムシ科カミキリ亜科の甲虫。

エゾムラサキキンウワバ〈*Autographa urupina*〉昆虫綱鱗翅目ヤガ科コヤガ亜科の蛾。分布：千島,北海道。

エゾモクメ エゾモクメキリガの別名。

エゾモクメキリガ〈*Brachionycha nubeculosa*〉昆虫綱鱗翅目ヤガ科セダカモクメ亜科の蛾。開張48～52mm。分布：ユーラシア,北海道,本州中部以北の山地,四国,剣山。

エゾモンチビオオキノコムシ〈*Tritoma otaitoensis*〉昆虫綱甲虫目オオキノコムシ科。

エゾヤエナミシャク〈*Phileremecorrugata*〉昆虫綱鱗翅目シャクガ科ナミシャク亜科の蛾。開張25mm。分布：北海道(南部),本州,九州。

エゾヤチネズミノミ〈*Peromyscopsylla takahasii*〉無翅昆虫亜綱総尾目ホソノミ科。体長雄2.9mm,雌3.0mm。害虫。

エゾヤブカ 蝦夷藪蚊〈*Aedes esoensis*〉昆虫綱双翅目カ科。分布：北海道,本州。

エゾヤマサラグモ〈*Porrhomma montanum*〉蛛形綱クモ目サラグモ科の蜘蛛。

エゾヨツメ 蝦夷四ツ目〈*Aglia tau*〉昆虫綱鱗翅目ヤママユガ科の蛾。雄は黄褐色。開張5.5～9.0mm。分布：ヨーロッパから,温帯,日本。

エゾヨモギグンバイ〈*Tingis laciocera*〉昆虫綱半翅目グンバイムシ科。

エゾリンゴシジミ〈*Fixsenia pruni jezoensis*〉昆虫綱鱗翅目シジミチョウ科の蝶。

エゾリンゴシジミ リンゴシジミの別名。

エゾルリイトトンボ〈*Enallagma deserti yezoensis*〉昆虫綱蜻蛉目イトトンボ科の蜻蛉。

エダイボグモ〈*Cladothela boninensis*〉蛛形綱クモ目ワシグモ科の蜘蛛。

エダオビホソハマキ〈*Aethes rubigana*〉昆虫綱鱗翅目ホソハマキガ科の蛾。分布：北中ヨーロッパ,ロシア,中国(東北),本州。

エダシゲクロヒメハナノミ〈*Mordellistena edashigei*〉昆虫綱甲虫目ハナノミ科の甲虫。体長2.5～3.5mm。

エダシゲヒメハナノミ エダシゲクロヒメハナノミの別名。

エダシャク 枝尺蛾 昆虫綱鱗翅目シャクガ科の一部のガの総称。

エダナナフシ 枝竹節虫〈*Phraortes illepidus*〉昆虫綱竹節虫目ナナフシ科。体長雄69～75mm,雌82～95mm。桜類に害を及ぼす。分布：本州,四国,九州。

エダヒゲキボシアツバ〈*Naarda pectinata*〉昆虫綱鱗翅目ヤガ科クチバ亜科の蛾。分布：石垣島,西表島。

エダヒゲコメツキダマシ〈*Sarpedon atratus*〉昆虫綱甲虫目コメツキダマシ科の甲虫。体長4.0～6.5mm。

エダヒゲナガハナノミ 枝角長花蚤〈*Epilichas flabellatus*〉昆虫綱甲虫目ナガハナノミ科の甲虫。体長9～12mm。分布：本州,四国,九州。

エダヒゲネジレバネ〈*Elenchus japonicus*〉エビヒゲネジレバネ科。

エダモンハバビロハネカクシ〈*Megarthrus corticalis*〉昆虫綱甲虫目ハネカクシ科の甲虫。体長2.3～3.6mm。

エダモンマルケシキスイ〈*Cyllodes excellens*〉昆虫綱甲虫目ケシキスイ科の甲虫。体長3.7～4.2mm。

エチゴアオミズキワゴミムシ〈*Bembidion echigonum*〉昆虫綱甲虫目オサムシ科の甲虫。体長5.7mm。

エチゴチビケシキスイ〈*Meligethes astacus*〉昆虫綱甲虫目ケシキスイ科の甲虫。体長2.1～2.5mm。

エチゴチビコブガ〈*Meganola satoi*〉昆虫綱鱗翅目コブガ科の蛾。分布：北海道(南西部),本州(東北,北陸,関東,中部まで)。

エチゴトックリゴミムシ〈*Oodes echigonus*〉昆虫綱甲虫目オサムシ科の甲虫。体長14～15.2mm。

エチゴハガタヨトウ〈*Asidemia inexpecta*〉昆虫綱鱗翅目ヤガ科カラスヨトウ亜科の蛾。分布：新潟県,弥彦山,朝日村,新発田市,岩室村,佐渡島,福井県金山町,長野県小谷村,東京都奥多摩町日原,御岳,岡山県高梁市。

エチゴビロウドコガネ〈*Serica echigoana*〉昆虫綱甲虫目コガネムシ科の甲虫。体長7.5mm。分布：本州。

エチゴマダラメイガ〈*Nephopterix immatura*〉昆虫綱鱗翅目メイガ科の蛾。分布：新潟県新津市。

エチゴメダカカミキリ〈*Stenhomalus muneaka*〉昆虫綱甲虫目カミキリムシ科カミキリ亜科の甲虫。体長8mm。

エッコプトプテラ属の一種〈*Eccoptoptera sp.*〉昆虫綱甲虫目ゴミムシ科。分布：タンザニア。

エテオナ・ティシフォネ〈*Eteona tisiphone*〉昆虫綱鱗翅目ジャノメチョウ科の蝶。分布：リオデジャネイロ。

エトゥケベリヌス・キレンシス〈Etcheverinus chilensis〉昆虫綱鱗翅目ジャノメチョウ科の蝶。分布：チリ，パタゴニアからマゼラン海峡まで。

エドゥロテス・ベントゥリコスス〈Edrotes ventricosus〉昆虫綱甲虫目ゴミムシダマシ科。分布：アメリカ合衆国(カリフォルニア)。

エトペ・ディアデモイデス〈Ethope diademoides〉昆虫綱鱗翅目ジャノメチョウ科の蝶。分布：ミャンマー北部，ベトナム北部，海南島。

エトペ・ヒマカラ〈Ethope himachala〉昆虫綱鱗翅目ジャノメチョウ科の蝶。分布：アッサムからミャンマー高地部まで。

エトロフィネゾウモドキ〈Eteophilus etorofuensis〉昆虫綱甲虫目ゾウムシ科。

エトロフハナカミキリ〈Pedostrangalia variicornis〉昆虫綱甲虫目カミキリムシ科ハナカミキリ亜科の甲虫。体長13～15mm。分布：北海道(知床半島，花咲半島など)。

エドワードキンイロタマムシ〈Chrysochroa edwardsi〉昆虫綱甲虫目タマムシ科の甲虫。分布：ネパール，シッキム，アッサム，インド東部，ミャンマー，インドシナ，タイ，マレーシア。

エニスペ・エウティミウス〈Enispe euthymius〉昆虫綱鱗翅目ワモンチョウ科の蝶。分布：シッキム，ミャンマー，マレーシア。

エニスペ・キクヌス〈Enispe cycnus〉昆虫綱鱗翅目ワモンチョウ科の蝶。分布：アッサム，ミャンマー。

エニスペ・ルナトゥス〈Enispe lunatus〉昆虫綱鱗翅目ワモンチョウ科の蝶。分布：中国西部，チベット東部。

エネマ・パン〈Enema pan〉昆虫綱甲虫目コガネムシ科の甲虫。分布：メキシコからパラグアイ。

エノキカイガラキジラミ〈Celtisaspis japonica〉昆虫綱半翅目カイガラキジラミ科。

エノキキンモンホソガ〈Phyllonorycter celtidis〉昆虫綱鱗翅目ホソガ科の蛾。分布：九州(英彦山)。

エノキコメツキダマシ 榎擬叩頭虫〈Galloisius amplicollis〉昆虫綱甲虫目コメツキダマシ科の甲虫。体長4.0～6.1mm。分布：本州，九州。

エノキタテハ〈Asterocampa celtis〉昆虫綱鱗翅目タテハチョウ科の蝶。翅は褐色で，黒褐色の点と帯が複雑な模様をつくる。開張4.5～5.0mm。分布：北アメリカ。

エノキハムシ〈Pyrrhalta tibialis〉昆虫綱甲虫目ハムシ科の甲虫。体長7.5～8.0mm。

エノキヒメキンモンホソガ〈Phyllonorycter bifurcata〉昆虫綱鱗翅目ホソガ科の蛾。分布：九州。

エノキミツギリゾウムシ〈Spargonophasma celtis〉昆虫綱甲虫目ミツギリゾウムシ科の甲虫。体長6.0～6.5mm。

エノキワタアブラムシ 榎綿油虫〈Shivaphis celti〉昆虫綱半翅目アブラムシ科。

エノクレルス・クアドゥリシグナトゥス〈Enoclerus quadrisignatus〉昆虫綱甲虫目カッコウムシ科。分布：カナダ，アメリカ合衆国。

エノクレルス・ラエトゥス〈Enoclerus laetus〉昆虫綱甲虫目カッコウムシ科。分布：アメリカ合衆国南部。

エノシス・インマクラタ〈Enosis immaculata〉昆虫綱鱗翅目セセリチョウ科の蝶。分布：ベネズエラ。

エノシス・ミセラ〈Enosis misera〉昆虫綱鱗翅目セセリチョウ科の蝶。分布：ブラジル，トリニダード。

エノミスネズミジラミ〈Hoplopleura oenomydis〉フトゲジラミ科。体長雄1.0～1.3mm，雌1.5～1.8mm。害虫。

エバゴラスヒスイシジミ〈Jalmenus evagoras〉昆虫綱鱗翅目シジミチョウ科の蝶。後翅にはオレンジ色の目玉模様が2個。開張3～4mm。分布：オーストラリア。

エパメラ・アエトゥリア〈Epamera aethria〉昆虫綱鱗翅目シジミチョウ科の蝶。分布：トーゴランド。

エパメラ・アエムルス〈Epamera aemulus〉昆虫綱鱗翅目シジミチョウ科の蝶。分布：ナタールからタンザニアまで。

エパメラ・アフネオイデス〈Epamera aphneoides〉昆虫綱鱗翅目シジミチョウ科の蝶。分布：アフリカ南部からニアサランドまで。

エパメラ・アリエヌス〈Epamera alienus〉昆虫綱鱗翅目シジミチョウ科の蝶。分布：トランスバールからタンザニアまで。

エパメラ・サッピルス〈Epamera sappirus〉昆虫綱鱗翅目シジミチョウ科の蝶。分布：シエラレオネ。

エパメラ・シドゥス〈Epamera sidus〉昆虫綱鱗翅目シジミチョウ科の蝶。分布：ナタール。

エパメラ・シラヌス〈Epamera silanus〉昆虫綱鱗翅目シジミチョウ科の蝶。分布：ケニア，タンザニア。

エパメラ・ステノグラッミカ〈Epamera stenogrammica〉昆虫綱鱗翅目シジミチョウ科の蝶。分布：ウガンダ。

エパメラ・ヌルセイ〈Epamera nursei〉昆虫綱鱗翅目シジミチョウ科の蝶。分布：アラビア，アデン，ソマリア。

エパメラ・ベッリナ〈*Epamera bellina*〉昆虫綱鱗翅目シジミチョウ科の蝶。分布：シエラレオネからカメルーンまで。

エパメラ・ポッルクス〈*Epamera pollux*〉昆虫綱鱗翅目シジミチョウ科の蝶。分布：タンザニア, ウガンダ。

エパメラ・ミモサエ〈*Epamera mimosae*〉昆虫綱鱗翅目シジミチョウ科の蝶。分布：アフリカ南部, アフリカ東部からソマリアまで。

エパメラ・メルミス〈*Epamera mermis*〉昆虫綱鱗翅目シジミチョウ科の蝶。分布：タンザニア, ケニア。

エパメラ・ヨルダヌス〈*Epamera jordanus*〉昆虫綱鱗翅目シジミチョウ科の蝶。分布：ヨルダン渓谷(ヨルダン), アラビア。

エパメラ・ラオン〈*Epamera laon*〉昆虫綱鱗翅目シジミチョウ科の蝶。分布：ガーナからガボンまで。

エパルギレウス・アスピナ〈*Epargyreus aspina*〉昆虫綱鱗翅目セセリチョウ科の蝶。分布：メキシコ, 中米諸国, コロンビア, ベネズエラ, エクアドル, ペルー。

エパルギレウス・バリッセス〈*Epargyreus barisses*〉昆虫綱鱗翅目セセリチョウ科の蝶。分布：ペルー, ブラジル, アルゼンチン。

エパアカガネゴミムシ アカガネアオゴミムシの別名。

エビイロイチモンジ〈*Moduza procris*〉昆虫綱鱗翅目タテハチョウ科の蝶。

エビイロカメムシ 海老色亀虫〈*Gonopsis affinis*〉昆虫綱半翅目カメムシ科。体長14〜18mm。サトウキビに害を及ぼす。分布：本州, 四国, 九州, 南西諸島。

エビイロヒョットコ〈*Abisara saturata*〉昆虫綱鱗翅目シジミタテハ科の蝶。

エビイロマルムネハネカクシ〈*Myllaena japonica*〉昆虫綱甲虫目ハネカクシ科の甲虫。体長3.2〜3.5mm。

エピカウタ・イメネジ〈*Epicauta jimenezi*〉昆虫綱甲虫目ツチハンミョウ科。分布：アメリカ合衆国南部, メキシコ。

エピカウタ・クラッシタルシス〈*Epicauta crassitarsis*〉昆虫綱甲虫目ツチハンミョウ科。分布：アメリカ合衆国南部。

エピカウタ・セグメンタ〈*Epicauta segmenta*〉昆虫綱甲虫目ツチハンミョウ科。分布：アメリカ合衆国, メキシコ。

エピカウタ・テネッラ〈*Epicauta tenella*〉昆虫綱甲虫目ツチハンミョウ科。分布：アメリカ合衆国南部。

エピカウタ・パルダリス〈*Epicauta pardalis*〉昆虫綱甲虫目ツチハンミョウ科。分布：アメリカ合衆国(アリゾナ, ニューメキシコ), メキシコ。

エピカウタ・マクラタ〈*Epicauta maculata*〉昆虫綱甲虫目ツチハンミョウ科。分布：アメリカ合衆国(ミズーリ, アリゾナ, ニューメキシコ), メキシコ。

エピカウタ・リレイイ〈*Epicauta rileyi*〉昆虫綱甲虫目ツチハンミョウ科。分布：アメリカ合衆国南部(アリゾナ)。

エビガラスズメ 蝦殻天蛾〈*Agrius convolvuli*〉昆虫綱鱗翅目スズメガ科メンガタスズメ亜科の蛾。開張80〜105mm。サツマイモ, 隠元豆, 小豆, ササゲ, 朝顔に害を及ぼす。分布：大洋上の島々。

エビグモの一種〈*Philodromus poecilus*〉蛛形綱クモ目エビグモ科の蜘蛛。

エピスカダ・サルビニア〈*Episcada salvinia*〉昆虫綱鱗翅目トンボマダラ科の蝶。分布：グアテマラ。

エピスカダ・シルファ〈*Episcada sylpha*〉昆虫綱鱗翅目トンボマダラ科の蝶。分布：ベネズエラ。

エビヅルノムシ ブドウスカシバの別名。

エビチャクビナガハネカクシ 海老茶頸長隠翅虫〈*Procirrus lewisi*〉昆虫綱甲虫目ハネカクシ科。分布：四国, 九州。

エビチャケムリグモ〈*Zolotes* sp.〉蛛形綱クモ目ワシグモ科の蜘蛛。

エビチャコモリグモ〈*Arctosa ebicha*〉蛛形綱クモ目コモリグモ科の蜘蛛。体長雌12〜14mm, 雄10〜12mm。分布：本州, 四国, 九州。

エビチャドクグモ エビチャコモリグモの別名。

エビチャヨリメケムリグモ〈*Zolotes sanmenensis*〉蛛形綱クモ目ワシグモ科の蜘蛛。体長雌7〜8mm, 雄6〜7mm。分布：本州。

エピトミア・アルフォ〈*Epithomia alpho*〉昆虫綱鱗翅目トンボマダラ科の蝶。分布：中央アメリカ, ベネズエラ。

エピトミア・メトネッラ〈*Epithomia methonella*〉昆虫綱鱗翅目トンボマダラ科の蝶。分布：ブラジル, パラグアイ。

エピトラ・アルボマクラタ〈*Epitola albomaculata*〉昆虫綱鱗翅目シジミチョウ科の蝶。分布：シエラレオネ。

エピトラ・ウニフォルミス〈*Epitola uniformis*〉昆虫綱鱗翅目シジミチョウ科の蝶。分布：カメルーン。

エピトラ・カトゥナ〈*Epitola catuna*〉昆虫綱鱗翅目シジミチョウ科の蝶。分布：カメルーン。

エピトラ・カルキナ〈*Epitola carcina*〉昆虫綱鱗翅目シジミチョウ科の蝶。分布：シエラレオネ。

エヒトラク

エピトラ・クラウレイイ〈Epitola crowleyi〉昆虫綱鱗翅目シジミチョウ科の蝶。分布：シエラレオネからナイジェリアまで。

エピトラ・ケラウニア〈Epitola ceraunia〉昆虫綱鱗翅目シジミチョウ科の蝶。分布：アフリカ西部，中央部。

エピトラ・ゲリナ〈Epitola gerina〉昆虫綱鱗翅目シジミチョウ科の蝶。分布：コンゴ。

エピトラ・コンユンクタ〈Epitola coniuncta〉昆虫綱鱗翅目シジミチョウ科の蝶。分布：ウガンダ。

エピトラ・スタウディンゲリ〈Epitola staudingeri〉昆虫綱鱗翅目シジミチョウ科の蝶。分布：シエラレオネ，ガボン。

エピトラ・スブルストゥリス〈Epitola sublustris〉昆虫綱鱗翅目シジミチョウ科の蝶。分布：シエラレオネからナイジェリアまで。

エピトラ・ニグラ〈Epitola nigra〉昆虫綱鱗翅目シジミチョウ科の蝶。分布：シエラレオネ。

エピトラ・ニティダ〈Epitola nitida〉昆虫綱鱗翅目シジミチョウ科の蝶。分布：カメルーン。

エピトラ・バドゥラ〈Epitola badura〉昆虫綱鱗翅目シジミチョウ科の蝶。分布：カメルーンからガボンまで。

エピトラ・ヒュウィットソニ〈Epitola hewitsoni〉昆虫綱鱗翅目シジミチョウ科の蝶。分布：コンゴ。

エピトラ・ベーチ〈Epitola batesi〉昆虫綱鱗翅目シジミチョウ科の蝶。分布：カメルーン。

エピトラ・ポストゥムス〈Epitola posthumus〉昆虫綱鱗翅目シジミチョウ科の蝶。分布：アフリカ西部，中央部。

エピトラ・ホノリウス〈Epitola honorius〉昆虫綱鱗翅目シジミチョウ科の蝶。分布：カメルーン，コンゴ，シエラレオネからガーナまで。

エピトラ・ミランダ〈Epitola miranda〉昆虫綱鱗翅目シジミチョウ科の蝶。分布：シエラレオネ。

エピトラ・リアナ〈Epitola liana〉昆虫綱鱗翅目シジミチョウ科の蝶。分布：ウガンダ。

エピトラ・レオニナ〈Epitola leonina〉昆虫綱鱗翅目シジミチョウ科の蝶。分布：シエラレオネ。

エピトリナ・ディスパル〈Epitolina dispar〉昆虫綱鱗翅目シジミチョウ科の蝶。分布：ガーナからナイジェリアまで。

エピトリナ・ビリダナ〈Epitolina viridana〉昆虫綱鱗翅目シジミチョウ科の蝶。分布：シエラレオネからナイジェリアまで。

エビノヤセサラグモ〈Lepthyphantes ebinoensis〉蛛形綱クモ目サラグモ科の蜘蛛。

エピフィレ・アドゥラスタ〈Epiphile adrasta〉昆虫綱鱗翅目タテハチョウ科の蝶。分布：メキシコからパナマまで。

エピフィレ・エピカステ〈Epiphile epicaste〉昆虫綱鱗翅目タテハチョウ科の蝶。分布：コロンビア。

エピフィレ・エリオピス〈Epiphile eriopis〉昆虫綱鱗翅目タテハチョウ科の蝶。分布：コロンビア。

エピフィレ・オレア〈Epiphile orea〉昆虫綱鱗翅目タテハチョウ科の蝶。分布：ブラジル。

エピフィレ・ディレクタ〈Epiphile dilecta〉昆虫綱鱗翅目タテハチョウ科の蝶。分布：ボリビア。

エピフィレ・プルシオス〈Epiphile plusios〉昆虫綱鱗翅目タテハチョウ科の蝶。分布：中央アメリカ。

エピフィレ・ランペトゥサ〈Epiphile lampethusa〉昆虫綱鱗翅目タテハチョウ科の蝶。分布：コロンビアおよびボリビア。

エピフォラ・バウヒニアエ〈Epiphora bauhiniae〉昆虫綱鱗翅目ヤママユガ科の蛾。分布：アフリカ南西部・南部。

エピフォラ・ミティムニア〈Epiphora mythimnia〉昆虫綱鱗翅目ヤママユガ科の蛾。分布：アフリカ東部・南部。

エピフォルバスルリアゲハ マダガスカルルリアゲハの別名。

エピペドノタ・エベニナ〈Epipedonota ebenina〉昆虫綱甲虫目ゴミムシダマシ科。分布：アルゼンチン。

エピペドノタ・ペナイ〈Epipedonota penai〉昆虫綱甲虫目ゴミムシダマシ科。分布：チリ。

エピペドノタ・ラタ〈Epipedonota lata〉昆虫綱甲虫目ゴミムシダマシ科。分布：アルゼンチン。

エピマスティディア・スタウディンゲリ〈Epimastidia staudingeri〉昆虫綱鱗翅目シジミチョウ科の蝶。分布：セラム島（モルッカ諸島）。

エピマスティディア・ピルムナ〈Epimastidia pilumna〉昆虫綱鱗翅目シジミチョウ科の蝶。分布：ニューギニア。

エビヤドリムシ 蝦宿虫 節足動物門甲殻綱等脚目エビヤドリムシ科Bopyridaeの総称。

エフィリアデス・アルカス〈Ephyriades arcas〉昆虫綱鱗翅目セセリチョウ科の蝶。分布：アンチグア島，キューバ。

エフィリアデス・ゼフォデス〈Ephyriades zephodes〉昆虫綱鱗翅目セセリチョウ科の蝶。分布：キューバ，バハマ諸島。

エフィリアデス・ブルンネア〈Ephyriades brunnea〉昆虫綱鱗翅目セセリチョウ科の蝶。分布：キューバ，フロリダ州。

エブスス・エブスス〈Ebusus ebusus〉昆虫綱鱗翅目セセリチョウ科の蝶。分布：パナマからアマゾン，トリニダード，ボリビアまで。

エプリウス・ベレダ〈Eprius veleda〉昆虫綱鱗翅目セセリチョウ科の蝶.分布：メキシコからパナマ,トリニダードまで.

エブリエタス・オシリス〈Ebrietas osyris〉昆虫綱鱗翅目セセリチョウ科の蝶.分布：メキシコからアマゾンまで.

エブリコヒメツツキノコムシ〈Dolichocis yuasai〉昆虫綱甲虫目ツツキノコムシ科の甲虫.体長1.5〜1.9mm.

エベレス・アミントゥラ〈Everes amyntula〉昆虫綱鱗翅目シジミチョウ科の蝶.分布：合衆国の太平洋沿いの州.

エベレス・トガラ〈Everes togara〉昆虫綱鱗翅目シジミチョウ科の蝶.分布：カメルーンからコンゴ,ナイジェリアまで.

エベレス・ポタニニ〈Everes patanini〉昆虫綱鱗翅目シジミチョウ科の蝶.分布：中国からインド東部まで.

エベレス・ミキルス〈Everes micylus〉昆虫綱鱗翅目シジミチョウ科の蝶.分布：シエラレオネからナイジェリアまで.

エボンバールコモンタイマイ〈Graphium evombar〉昆虫綱鱗翅目アゲハチョウ科の蝶.分布：マダガスカル.

エマトゥルギナ・ビファスキアタ〈Ematurgina bifasciato〉昆虫綱鱗翅目シジミタテハ科の蝶.分布：ブラジル,アルゼンチン,パラグアイ.

エムモンチビヒメハナムシ〈Stilbus polygramma〉昆虫綱甲虫目ヒメハナムシ科の甲虫.体長1.2〜1.7mm.

エメシア・プログネ〈Emesia progne〉昆虫綱鱗翅目シジミタテハ科の蝶.分布：ペルー.

エメシス・アレス〈Emesis ares〉昆虫綱鱗翅目シジミタテハ科の蝶.分布：アリゾナ州.

エメシス・エメシア〈Emesis emesia emesia〉昆虫綱鱗翅目シジミタテハ科.分布：合衆国テキサス州からベネズエラ.

エメシス・キプリア〈Emesis cypria cypria〉昆虫綱鱗翅目シジミタテハ科の蝶.分布：メキシコからペルー,ブラジル北西部.

エメシス・ゼラ〈Emesis zela〉昆虫綱鱗翅目シジミタテハ科の蝶.分布：メキシコ,中央アメリカ,ベネズエラ,コロンビア.

エメシス・テネディア〈Emesis tenedia〉昆虫綱鱗翅目シジミタテハ科の蝶.分布：メキシコからブラジル南部まで.

エメシス・テメサ〈Emesis temesa emesine〉昆虫綱鱗翅目シジミタテハ科の蝶.分布：エクアドル,ペルー,亜種はペルー東部.

エメシス・ネメシス〈Emesis nemesis〉昆虫綱鱗翅目シジミタテハ科の蝶.分布：テキサス州.

エメシス・ブリモ〈Emesis brimo〉昆虫綱鱗翅目シジミタテハ科の蝶.分布：コロンビア,ペルー,ボリビア,トリニダード.

エメシス・プログネ〈Emesis progne〉昆虫綱鱗翅目シジミタテハ科.分布：ペルー,ボリビア.

エメシス・ベルティナ〈Emesis velutina〉昆虫綱鱗翅目シジミタテハ科の蝶.分布：中央アメリカからコロンビアまで.

エメシス・マンダナ〈Emesis mandana〉昆虫綱鱗翅目シジミタテハ科.分布：グアテマラ.

エメシス・ムティクム〈Emesis muticum〉昆虫綱鱗翅目シジミタテハ科の蝶.分布：北アメリカ西部からオハイオ州まで.

エメシス・ルキンダ〈Emesis lucinda〉昆虫綱鱗翅目シジミタテハ科.分布：中米からコロンビア.

エメラルドシタバチ〈Exaerete frontalis〉昆虫綱膜翅目ミツバチ科.分布：南アメリカ.

エヤヤマコオナガミズスマシ〈Orectochilus yayeyamensis〉昆虫綱甲虫目ミズスマシ科の甲虫.体長4.1〜4.8mm.

エラコン・クリニアス〈Eracon clinias〉昆虫綱鱗翅目セセリチョウ科の蝶.分布：ケイエン(仏領ギアナ).

エラコン・ブフォニア〈Eracon bufonia〉昆虫綱鱗翅目セセリチョウ科の蝶.分布：コロンビア.

エラートドクチョウ　アカスジドクチョウの別名.

エラヒキムシ　鰓曳虫　プリアプルス綱プリアプルス科Priapulidaeに属する袋形動物の総称,またはそのうちの一種を指す.

エラブタマダラカゲロウ〈Torleya japonica〉昆虫綱蜉蝣目マダラカゲロウ科.

エラミミズ　鰓蚯蚓〈Branchiura sowerbyi〉環形動物門貧毛綱イトミミズ科の水生ミミズ.分布：日本各地.

エリオティア・ミオアエ〈Eliotia mloae〉昆虫綱鱗翅目シジミチョウ科の蝶.分布：ミンダナオ.

エリオノタ・トゥラクス〈Erionota thrax thrax〉昆虫綱鱗翅目セセリチョウ科の蝶.分布：シッキム,アッサム,ミャンマーからマレーシア,スマトラ,ジャワ,ボルネオ,小スンダ,フィリピン,スラウェシ,北マルク諸島.

エリキナロスチャイルドヤママユ〈Rothschildia erycina〉昆虫綱鱗翅目ヤママユガ科の蛾.分布：コスタリカ,ペルー,ブラジル,アルゼンチン.

エリキニディア・グラキリス〈Erycinidia gracilis〉昆虫綱鱗翅目ジャノメチョウ科の蝶.分布：ニューギニア.

エリクトデス・エリクト〈*Erichthodes erichtho*〉昆虫綱鱗翅目ジャノメチョウ科の蝶。分布：ケイエン, スリナム, トリニダード, ブラジル。

エリクトデス・ユリア〈*Erichthodes julia*〉昆虫綱鱗翅目ジャノメチョウ科の蝶。分布：ボリビア, ペルー, コロンビア。

エリザハンミョウ　ヒメハンミョウの別名。

エリシヒトンメダマヤママユ〈*Automeris erisichton*〉昆虫綱鱗翅目ヤママユガ科の蛾。分布：エクアドル, ペルー。

エリスカブリモドキ〈*Damaster elysii*〉昆虫綱甲虫目オサムシ科。分布：中国中部。

エリタリオンナンベイジャコウアゲハ〈*Parides erithalion*〉昆虫綱鱗翅目アゲハチョウ科の蝶。開張85mm。分布：コスタリカからコロンビア。珍蝶。

エリテス・アルゲンティナ〈*Erites argentina*〉昆虫綱鱗翅目ジャノメチョウ科の蝶。分布：ジャワ, スマトラ, ボルネオ, マレーシア。

エリテス・エレガンス〈*Erites elegans*〉昆虫綱鱗翅目ジャノメチョウ科の蝶。分布：マレーシア, スマトラ, ボルネオ。

エリナ・レフェブレイ〈*Elina lefebvrei*〉昆虫綱鱗翅目ジャノメチョウ科の蝶。分布：チリ, アルゼンチン, ウルグアイ。

エリファニス・アエサクス〈*Eryphanis aesacus*〉昆虫綱鱗翅目フクロウチョウ科の蝶。分布：中央アメリカ。

エリファニス・リーベシ〈*Eryphanis reevesi*〉昆虫綱鱗翅目フクロウチョウ科の蝶。分布：ブラジル。

エリプシスカザリシロチョウ〈*Delias ellipsis*〉昆虫綱鱗翅目タテハチョウ科の蝶。分布：ニューカレドニア。

エリムニアス・アゴンダス〈*Elymnias agondas*〉昆虫綱鱗翅目ジャノメチョウ科の蝶。分布：ニューギニア, オーストラリア。

エリムニアス・カウダタ〈*Elymnias caudata*〉昆虫綱鱗翅目ジャノメチョウ科の蝶。分布：インド南部。

エリムニアス・キベレ〈*Elymnias cybele*〉昆虫綱鱗翅目ジャノメチョウ科の蝶。分布：モルッカ諸島北部。

エリムニアス・コットニス〈*Elymnias cottonis*〉昆虫綱鱗翅目ジャノメチョウ科の蝶。分布：ミャンマー, アンダマン諸島。

エリムニアス・シングハラ〈*Elymnias singhala*〉昆虫綱鱗翅目ジャノメチョウ科の蝶。分布：セイロン。

エリムニアス・ダラ〈*Elymnis dara*〉昆虫綱鱗翅目ジャノメチョウ科の蝶。分布：ミャンマー, マレーシア, ジャワ, スマトラ。

エリムニアス・パトナ〈*Elymnias patna*〉昆虫綱鱗翅目ジャノメチョウ科の蝶。分布：アッサムからマレーシアまで。

エリムニアス・パンテラ〈*Elymnias phnthera*〉昆虫綱鱗翅目ジャノメチョウ科の蝶。分布：マレーシア, ジャワ。

エリムニアス・ヒケタス〈*Elymnias hicetas*〉昆虫綱鱗翅目ジャノメチョウ科の蝶。分布：セレベス。

エリムニアス・ペナンガ〈*Elymnias penanga*〉昆虫綱鱗翅目ジャノメチョウ科の蝶。分布：マレーシア。

エリムニアス・ミマロン〈*Elymnias mimalon*〉昆虫綱鱗翅目ジャノメチョウ科の蝶。分布：セレベス。

エリムニオプシス・ウガンダエ〈*Elymniopsis ugandae*〉昆虫綱鱗翅目ジャノメチョウ科の蝶。分布：ウガンダ。

エリムニオプシス・バンマコオ〈*Elymniopsis bammakoo*〉昆虫綱鱗翅目ジャノメチョウ科の蝶。分布：アフリカ西部。

エリムニオプシス・ファゲア〈*Elymniopsis phegea*〉昆虫綱鱗翅目ジャノメチョウ科の蝶。分布：アフリカ西部。

エリムニス・クマエア〈*Elymnias cumaea*〉昆虫綱鱗翅目ジャノメチョウ科の蝶。分布：セレベス。

エリムニス・ペアリ〈*Elymnias peali*〉昆虫綱鱗翅目ジャノメチョウ科の蝶。分布：アッサム。

エリンニス・アルボマルギナトゥス〈*Erynnis albomarginatus*〉昆虫綱鱗翅目セセリチョウ科の蝶。分布：メキシコからコロンビアまで。

エリンニス・イケルス〈*Erynnis icelus*〉昆虫綱鱗翅目セセリチョウ科の蝶。分布：カナダ, ニューメキシコ州。

エリンニス・ゲスタ〈*Erynnis gesta*〉昆虫綱鱗翅目セセリチョウ科の蝶。分布：熱帯アメリカからテキサス州まで。

エリンニス・フネラリス〈*Erynnis funeralis*〉昆虫綱鱗翅目セセリチョウ科の蝶。分布：合衆国西部からメキシコおよびコロンビア。

エリンニス・ヘテロプテラ〈*Erynnis heteroptera*〉昆虫綱鱗翅目セセリチョウ科の蝶。分布：ブラジル。

エリンニス・ペルシウス〈*Erynnis persius*〉昆虫綱鱗翅目セセリチョウ科の蝶。分布：合衆国東部・西部からカナダまで。

エリンニス・ホラティウス〈*Erynnis horatius*〉昆虫綱鱗翅目セセリチョウ科の蝶。分布：アメリカ

合衆国。

エリンニス・マルティアリス〈*Erynnis martialis*〉昆虫綱鱗翅目セセリチョウ科の蝶。分布：カナダからアラバマ州まで。

エリンニス・マルロイイ〈*Erynnis marloyi*〉昆虫綱鱗翅目セセリチョウ科の蝶。分布：バルカン，小アジア，シリア，イランからチトラル(西パキスタン)まで。

エリンニス・ユベナリス〈*Erynnis juvenalis juvenalis*〉昆虫綱鱗翅目セセリチョウ科の蝶。分布：カナダからカリフォルニア，アリゾナ，メキシコ。

エルイナウラモジタテハ〈*Diaethria eluina*〉昆虫綱鱗翅目タテハチョウ科の蝶。開張40mm。分布：南米北部。珍蝶。

エルガネモンシロチョウ〈*Artogeia ergane*〉昆虫綱鱗翅目シロチョウ科の蝶。分布：フランス南東部からヨーロッパ南部を経て小アジア，シリア，イラク，イランまで。

エルズニア・フンボルティ〈*Elzunia humboldti*〉昆虫綱鱗翅目トンボマダラ科の蝶。分布：エクアドル，コロンビア。

エルタテハ L蛺蝶〈*Nymphalis vau-album*〉昆虫綱鱗翅目タテハチョウ科ヒオドシチョウ亜科の蝶。前翅長31〜33mm。分布：北海道，本州(西限は飛騨山脈)。

エルフィンストニア・カルロニア〈*Elphinstonia charlonia*〉昆虫綱鱗翅目シロチョウ科の蝶。分布：カナリー諸島，モロッコからチュニジア，エジプト，スーダン，マケドニア，アジア西部からイラン，パンジャブ(インド北部)まで。

エルベッラ・インテルセクタ〈*Elbella intersecta intersecta*〉昆虫綱鱗翅目セセリチョウ科の蝶。分布：コロンビア，ベネズエラ，仏領ギアナ，エクアドル，ペルー，ボリビア，ブラジル。

エルベッラ・ウンブラタ〈*Elbella umbrata umbrata*〉昆虫綱鱗翅目セセリチョウ科の蝶。分布：コロンビア，エクアドル，ペルー，ボリビア。

エルベッラ・スキッラ〈*Elbella scylla*〉昆虫綱鱗翅目セセリチョウ科の蝶。分布：ペルーおよびボリビア。

エルベッラ・ポリゾナ〈*Elbella polyzona*〉昆虫綱鱗翅目セセリチョウ科の蝶。分布：ギアナ，ブラジル。

エルモンドクガ〈*Arctornis l-nigrum*〉昆虫綱鱗翅目ドクガ科の蛾。開張38〜53mm。分布：ヨーロッパから日本。

エルモンヒラタカゲロウ〈*Epeorus latifolium*〉昆虫綱蜉蝣目ヒラタカゲロウ科。体長9mm。分布：日本各地。

エルモンマルハキバガ クロカギヒラタマルハキバガの別名。

エルラケスマエモンジャコウアゲハ〈*Parides erlaces*〉昆虫綱鱗翅目アゲハチョウ科の蝶。分布：エクアドルからアルゼンチン北部。

エレオデス・アルクアタ〈*Eleodes arcuata*〉昆虫綱甲虫目ゴミムシダマシ科。分布：アメリカ合衆国(アリゾナ)。

エレオデス・アルマタ〈*Eleodes armata*〉昆虫綱甲虫目ゴミムシダマシ科。分布：アメリカ合衆国南部。

エレオデス・エキストゥリカタ〈*Eleodes extricata*〉昆虫綱甲虫目ゴミムシダマシ科。分布：アメリカ合衆国南部。

エレオデス・オブスクラ〈*Eleodes obscura* var. *sulcipennis*〉昆虫綱甲虫目ゴミムシダマシ科。分布：アメリカ合衆国南部，メキシコ。

エレオデス・オブソレタ〈*Eleodes obsoleta*〉昆虫綱甲虫目ゴミムシダマシ科。分布：アメリカ合衆国(カンザスからニューメキシコ)。

エレオデス・カウディフェラ〈*Eleodes caudifera*〉昆虫綱甲虫目ゴミムシダマシ科。分布：アメリカ合衆国南部。

エレオデス・グラキリス〈*Eleodes gracilis*〉昆虫綱甲虫目ゴミムシダマシ科。分布：アメリカ合衆国南部。

エレオデス・ヒスピラブリス〈*Eleodes hispilabris*〉昆虫綱甲虫目ゴミムシダマシ科。分布：アメリカ合衆国南部，メキシコ。

エレオデス・ロンギコッリス〈*Eleodes longicollis*〉昆虫綱甲虫目ゴミムシダマシ科。分布：アメリカ合衆国(アリゾナ，テキサス，ニューメキシコ)。

エレクトラオオゴマダラ〈*Idea electra*〉昆虫綱鱗翅目マダラチョウ科の蝶。分布：ルソン島，レイテ，ミンダナオ。

エレシナ・クロラ〈*Eresina crola*〉昆虫綱鱗翅目シジミチョウ科の蝶。分布：ケニア，ウガンダ。

エレシナ・トロエンシス〈*Eresina toroensis*〉昆虫綱鱗翅目シジミチョウ科の蝶。分布：ウガンダ。

エレシナ・ビリネア〈*Eresina bilinea*〉昆虫綱鱗翅目シジミチョウ科の蝶。分布：ウガンダ。

エレティス・ドゥヤエラエラエ〈*Eretis djaelaelae*〉昆虫綱鱗翅目セセリチョウ科の蝶。分布：アフリカ南部からアンゴラ，ソマリアおよびエチオピア。

エレティス・ルゲンス〈*Eretis lugens*〉昆虫綱鱗翅目セセリチョウ科の蝶。分布：アフリカ東部。

エレトゥリス・アプレヤ〈*Eretris apuleja*〉昆虫綱鱗翅目ジャノメチョウ科の蝶。分布：エクアドル，ベネズエラ，ペルー。

エレトゥリス・カリスト〈Eretris calisto〉昆虫綱鱗翅目ジャノメチョウ科の蝶。分布：コロンビア。

エレビア・エッダ〈Erebia edda〉昆虫綱鱗翅目ジャノメチョウ科の蝶。分布：シベリア東部。

エレビア・エピスティグネ〈Erebia epistygne〉昆虫綱鱗翅目ジャノメチョウ科の蝶。分布：スペイン，フランス西南部。

エレビア・エピソデア〈Erebia episodea〉昆虫綱鱗翅目ジャノメチョウ科の蝶。分布：アラスカからコロラド州まで。

エレビア・エピフロン〈Erebia epiphron〉昆虫綱鱗翅目ジャノメチョウ科の蝶。分布：ヨーロッパ山地。

エレビア・オエメ〈Erebia oeme〉昆虫綱鱗翅目ジャノメチョウ科の蝶。分布：ピレネー山脈からアパー・オーストリア(Upper Austria, オーストリア北部の州)まで。

エレビア・カルムカ〈Erebia kalmuka〉昆虫綱鱗翅目ジャノメチョウ科の蝶。分布：中国西部。

エレビア・ゴルゴネ〈Erebia gorgone〉昆虫綱鱗翅目ジャノメチョウ科の蝶。分布：ピレネー山脈。

エレビア・ザパテリ〈Erebia zapateri〉昆虫綱鱗翅目ジャノメチョウ科の蝶。分布：スペイン中部。

エレビア・テアノ〈Erebia theano〉昆虫綱鱗翅目ジャノメチョウ科の蝶。分布：北アメリカおよびアルタイ山脈。

エレビア・ディサ〈Erebia disa〉昆虫綱鱗翅目ジャノメチョウ科の蝶。分布：北極圏ヨーロッパ，シベリア北部，北アメリカではアラスカ，ユーコンおよび周極地方。

エレビア・ティンダルス〈Erebia tyndarus〉昆虫綱鱗翅目ジャノメチョウ科の蝶。分布：ヨーロッパ南部および中部の山地。

エレビア・トゥラニカ〈Erebia turanica〉昆虫綱鱗翅目ジャノメチョウ科の蝶。分布：天山。

エレビア・パルメニオ〈Erebia parmenio〉昆虫綱鱗翅目ジャノメチョウ科の蝶。分布：モンゴル，中国東北部からアムールまで。

エレビア・ヒアグリバ〈Erebia hyagriva〉昆虫綱鱗翅目ジャノメチョウ科の蝶。分布：カシミールからシッキムまで。

エレビア・フェゲア〈Erebia phegea〉昆虫綱鱗翅目ジャノメチョウ科の蝶。分布：ダルマチア，イラン，ロシア南部からシベリア東部まで。

エレビア・プロノエ〈Erebia pronoe〉昆虫綱鱗翅目ジャノメチョウ科の蝶。分布：ピレネー山脈から南フランスをへてアルプス，オーストリア，カルパート山脈まで。

エレビア・ヘルセ〈Erebia herse〉昆虫綱鱗翅目ジャノメチョウ科の蝶。分布：チベット，中国西部。

エレビア・マウリシウス〈Erebia maurisius〉昆虫綱鱗翅目ジャノメチョウ科の蝶。分布：アルタイ山脈。

エレビア・マラカンディカ〈Erebia maracandica〉昆虫綱鱗翅目ジャノメチョウ科の蝶。分布：アルタイ山脈，パミール，サマルカンド，トルキスタン。

エレビア・ムネストゥラ〈Erebia mnestra〉昆虫綱鱗翅目ジャノメチョウ科の蝶。分布：フランス南部とアルプス地方。

エレビア・メタ〈Erebia meta〉昆虫綱鱗翅目ジャノメチョウ科の蝶。分布：トルキスタン，サマルカンド，アレキサンダー山脈。

エレビア・メラス〈Erebia melas〉昆虫綱鱗翅目ジャノメチョウ科の蝶。分布：ヨーロッパ東南部。

エレビア・ラディアンス〈Erebia radians〉昆虫綱鱗翅目ジャノメチョウ科の蝶。分布：パミール，トルキスタン。

エレビア・ロッシイ〈Erebia rossii〉昆虫綱鱗翅目ジャノメチョウ科の蝶。分布：アメリカおよびアジアの北極圏。

エロエッサ・キレンシス〈Eroessa chilensis〉昆虫綱鱗翅目シロチョウ科の蝶。分布：チリ(高山帯)。

エロディナ・エグナティア〈Elodina egnatia〉昆虫綱鱗翅目シロチョウ科の蝶。分布：シドニーからヨーク岬(オーストラリア)まで。

エロディナ・ペルディタ〈Elodina perdita〉昆虫綱鱗翅目シロチョウ科の蝶。分布：オーストラリア北部。

エロニア・ファリス〈Eronia pharis〉昆虫綱鱗翅目シロチョウ科の蝶。分布：アフリカ西部の森林。

エロラ・ラエタ〈Erora laeta〉昆虫綱鱗翅目シジミチョウ科の蝶。分布：ケベックからアリゾナ州，メキシコおよび中央アメリカ。

エンガンヤムシ 沿岸矢虫〈Sagitta nagae〉毛顎動物門矢虫綱無膜目ヤムシ科の海産動物。分布：相模湾，駿河湾。

エンケノパ・アルビドルサ〈Enchenopa albidorsa〉昆虫綱半翅目ツノゼミ科。分布：コロンビア，エクアドル，ペルー，ギアナ，ブラジル，アルゼンチン。

エンコフィッルム・メラレウクム〈Enchophyllum melaleucum〉昆虫綱半翅目ツノゼミ科。分布：メキシコ，グアテマラ，ベネズエラ，ブラジル。

エンチュウ センチュウの別名。

エンテウス・プリアッスス〈Entheus priassus〉昆虫綱鱗翅目セセリチョウ科の蝶。分布：ギアナ，エクアドル，ペルー，ブラジル。

エンテウス・レムナ〈Entheus lemna〉昆虫綱鱗翅目セセリチョウ科の蝶。分布：ブラジル。

エンドウクモバエ〈*Basilia truncata endoi*〉昆虫綱双翅目クモバエ科。体長2.5mm。害虫。

エンドウシンクイ〈*Cydia nigricana*〉昆虫綱鱗翅目ハマキガ科の蛾。豌豆、ソラマメに害を及ぼす。分布：北海道。

エンドウゾウムシ 豌豆象鼻虫〈*Bruchus pisorum*〉昆虫綱甲虫目マメゾウムシ科の甲虫。体長4.5mm。豌豆、空豆、貯穀・貯蔵植物性食品に害を及ぼす。分布：北海道, 本州, 四国, 九州。

エンドウヒゲナガアブラムシ 豌豆鬚長油虫〈*Aulacorthum pisum*〉昆虫綱半翅目アブラムシ科。体長3.8〜4.2mm。マメ科牧草、スイートピー、大豆、豌豆、ソラマメに害を及ぼす。分布：日本全国, 世界各地。

エンドウマメゾウムシ エンドウゾウムシの別名。

エントモデレス・ドゥラコ〈*Entomoderes draco*〉昆虫綱甲虫目ゴミムシダマシ科。分布：アルゼンチン。

エントモデレス・ボレアリス〈*Entomoderes borealis*〉昆虫綱甲虫目ゴミムシダマシ科。分布：アルゼンチン。

エンバフィオン・デプレッスム〈*Embaphion depressum*〉昆虫綱甲虫目ゴミムシダマシ科。分布：アメリカ合衆国(カリフォルニア)。

エンパメラ・フォンテイネイ〈*Epamera fontainei*〉昆虫綱鱗翅目シジミチョウ科の蝶。分布：ウガンダ。

エンマコオロギ 閻魔蟋蟀〈*Teleogryllus emma*〉昆虫綱直翅目コオロギ科。体長26〜40mm。大豆、ウリ科野菜、キク科野菜、セリ科野菜、柑橘、イネ科牧草、マメ科牧草、シバ類、アブラナ科野菜、ソバ、イネ科作物に害を及ぼす。分布：北海道(中部以南), 本州, 四国, 九州, 対馬。

エンマハバビロガムシ〈*Sphaeridium scarabaeoides*〉昆虫綱甲虫目ガムシ科の甲虫。体長5.5〜7.5mm。分布：北海道, 本州(東北北部)。

エンマハンミョウ〈*Manticora tuberculata*〉昆虫綱甲虫目ハンミョウ科。分布：アフリカ南部。

エンマハンミョウ〈*Manticora*〉ハンミョウ科の属称。珍虫。

エンマムシ 閻魔虫〈*Hister jekeli*〉昆虫綱甲虫目エンマムシ科の甲虫。体長6〜12mm。分布：北海道, 本州, 四国, 九州。

エンマムシダマシ〈*Sphaerites politus*〉昆虫綱甲虫目エンマムシダマシ科の甲虫。体長6mm。分布：北海道。

エンマムシモドキ 擬閻魔虫〈*Syntelia histeroides*〉昆虫綱甲虫目エンマムシモドキ科の甲虫。体長12〜15mm。分布：北海道, 本州, 四国, 九州。

エンマロデラ・ムルティプンクタタ〈*Emmallodera multipunctata*〉昆虫綱甲虫目ゴミムシダマシ科。分布：アルゼンチン。

【オ】

オアリスマ・ガリタ〈*Oarisma garita*〉昆虫綱鱗翅目セセリチョウ科の蝶。分布：北アメリカ。

オアリスマ・ポベシェイク〈*Oarisma powesheik*〉昆虫綱鱗翅目セセリチョウ科の蝶。分布：北アメリカ西部からメキシコまで。

オイワケキエダシャク〈*Exangerona prattiaria*〉昆虫綱鱗翅目シャクガ科エダシャク亜科の蛾。開張は春生28〜32mm, 夏生22〜30mm。分布：北海道, 本州, 四国, 九州, 中国。

オイワケクロヨトウ〈*Lacanobia aliena*〉昆虫綱鱗翅目ヤガ科ヨトウガ亜科の蛾。分布：ユーラシア, 北海道定山渓, 青森県平賀町, 長野県菅平。

オイワケヒメシャク〈*Idaea invalida*〉昆虫綱鱗翅目シャクガ科ヒメシャク亜科の蛾。開張15〜20mm。分布：本州(東北地方北部より), 四国, 九州, 対馬, 屋久島, 吐噶喇列島, 中国。

オイワケヤエナミシャク〈*Calocalpe latifasciaria*〉昆虫綱鱗翅目シャクガ科ナミシャク亜科の蛾。開張33〜36mm。分布：本州。

オウイエバエ オオイエバエの別名。

オウギグモ 扇蜘蛛〈*Hyptiotes affinis*〉節足動物門クモ形綱真正クモ目ウズグモ科の蜘蛛。褐色でつやつやしている。体長雌4〜5mm, 雄4.0〜4.5mm。分布：本州, 四国, 九州。

オウクロヤブカ オオクロヤブカの別名。

オウゴンオニクワガタ〈*Allotopus moseri*〉昆虫綱甲虫目クワガタムシ科。別名キンイロオニクワガタ。分布：マレーシア。

オウゴンマドタテハ キンイロマドタテハの別名。

オウシマダニ 尾牛真壁蝨〈*Boophilus microplus*〉節足動物門クモ形綱ダニ目マダニ科のダニ。分布：九州, 対馬, 南西諸島。

オウシュウツマキシャチホコ〈*Phalera bucephala*〉昆虫綱鱗翅目シャチホコガ科の蛾。前翅は紫灰色で, 黒色と褐色の条がはいっている。開張5.5〜7.0mm。分布：ヨーロッパ, シベリア。

オウタニムラサキヒカゲ〈*Ptychandra othanii*〉昆虫綱鱗翅目ジャノメチョウ科の蝶。別名プティカンドゥラ・オータニイ。分布：ミンダナオ。

オウトウショウジョウバエ 桜桃猩々蠅〈*Drosophila suzukii*〉昆虫綱双翅目ショウジョウバエ科。別名ツマグロショウジョウバエ。体長3mm。ヤマモモ, 桜桃に害を及ぼす。分布：日本全国, 朝鮮半島, 中国東北部, タイ, ミャンマー, インド。

オウトウナメクジハバチ〈*Caliroa cerasi*〉昆虫綱膜翅目ハバチ科。体長4mm。桃、スモモ、桜類、柿、桜桃に害を及ぼす。分布：北海道, 本州, 世界の温帯地域。

オウトウハダニ 桜桃葉壁蝨〈*Tetranychus viennensis*〉節足動物門クモ形綱ダニ目ハダニ科のダニ。体長雌0.5mm、雄0.4mm。ナシ類、桃、スモモ、林檎、桜類、梅、アンズに害を及ぼす。

オウトウハマダラミバエ 桜桃斑果実蠅〈*Rhacochlaena japonica*〉昆虫綱双翅目ミバエ科。体長6mm。桜桃に害を及ぼす。分布：北海道, 本州(東北地方), 朝鮮半島。

オウミムネカクトビケラ〈*Ecnomus omiensis*〉昆虫綱毛翅目イワトビケラ科。

オウレウス・シンプレクス〈*Ouleus simplex*〉昆虫綱鱗翅目セセリチョウ科の蝶。分布：メキシコ。

オウレウス・テッレウス〈*Ouleus terreus*〉昆虫綱鱗翅目セセリチョウ科の蝶。分布：ベネズエラ, トリニダード。

オウレウス・ナリクス〈*Ouleus narycus*〉昆虫綱鱗翅目セセリチョウ科の蝶。分布：エクアドル。

オウレウス・フリデリクス〈*Ouleus fridericus*〉昆虫綱鱗翅目セセリチョウ科の蝶。分布：パナマからブラジルまで。

オウロクネミス・アルキテス〈*Ourochnemis archytes*〉昆虫綱鱗翅目シジミタテハ科の蝶。分布：パラグアイ。

オエオヌス・ピステ〈*Oeonus pyste*〉昆虫綱鱗翅目セセリチョウ科の蝶。分布：メキシコ。

オエキドゥルス・ケルシス〈*Oechydrus chersis*〉昆虫綱鱗翅目セセリチョウ科の蝶。分布：ボリビア。

オエネイス・グラキアリス〈*Oeneis glacialis*〉昆虫綱鱗翅目ジャノメチョウ科の蝶。分布：アルプス山脈。

オエネイス・ネバデンシス〈*Oeneis nevadensis*〉昆虫綱鱗翅目ジャノメチョウ科の蝶。分布：バンクーバーからカリフォルニア州まで。

オエネイス・ブルケイ〈*Oeneis brucei*〉昆虫綱鱗翅目ジャノメチョウ科の蝶。分布：コロラド州およびアルバータ。

オエネイス・モンゴリカ〈*Oeneis mongolica*〉昆虫綱鱗翅目ジャノメチョウ科の蝶。分布：モンゴル東部。

オエネイス・ユーレリ〈*Oeneis uhleri*〉昆虫綱鱗翅目ジャノメチョウ科の蝶。分布：コロラド州, ノースダコタ州。

オエノマウス・オルティグヌス〈*Oenomaus ortygnus*〉昆虫綱鱗翅目シジミチョウ科の蝶。分布：メキシコからブラジル、トリニダードまで。

オエノマウス・ルスタン〈*Oenomaus rustan*〉昆虫綱鱗翅目シジミチョウ科の蝶。分布：ホンジュラス, パナマからペルー、ブラジルまで。

オエラネ・ミクロティルス〈*Oerane microthyrus*〉昆虫綱鱗翅目セセリチョウ科の蝶。分布：ミャンマー, マレーシア, スマトラ, ジャワ, ボルネオ。

オオアオイトトンボ 大青糸蜻蛉〈*Lestes temporalis*〉昆虫綱蜻蛉目アオイトトンボ科の蜻蛉。体長46mm。分布：本州, 四国, 九州。

オオアオイボトビムシ 大青疣跳虫〈*Morulina gigantea*〉無翅昆虫亜綱粘管目イボトビムシ科。分布：北海道, 本州。

オオアオカタビロオサムシ〈*Calosoma scrutator*〉昆虫綱甲虫目オサムシ科。分布：カナダ, アメリカ, メキシコ。

オオアオカミキリ 大青天牛〈*Chloridolum thaliodes*〉昆虫綱甲虫目カミキリムシ科カミキリ亜科の甲虫。体長23～32mm。分布：北海道, 本州, 四国, 九州, 対馬。

オオアオカミキリの一種〈*Chloridolum accensum*〉昆虫綱甲虫目カミキリムシ科の甲虫。

オオアオグロヒラタゴミムシ〈*Anchodemus calleides*〉昆虫綱甲虫目オサムシ科の甲虫。体長11～11.5mm。

オオアオコメツキ〈*Campsosternus auratus*〉昆虫綱甲虫目コメツキムシ科。分布：インドシナ, 中国, 海南島, 台湾。

オオアオシャク オオアヤシャクの別名。

オオアオシャチホコ 大青天社蛾〈*Quadricalcarifera cyanea*〉昆虫綱鱗翅目シャチホコガ科ウチキシャチホコ亜科の蛾。開張35～43mm。分布：台湾, 本州(青森県まで)から四国、九州, 対馬, 屋久島, 伊豆諸島の御蔵島, 神津島。

オオアオズキンヨコバイ〈*Batrachomorphus lateralis*〉昆虫綱半翅目アオズキンヨコバイ科。

オオアオスジアゲハ〈*Graphium milon*〉昆虫綱鱗翅目アゲハチョウ科の蝶。開張70mm。分布：スラウェシ。珍蝶。

オオアオゾウムシ 大青象鼻虫〈*Chlorophanus grandis*〉昆虫綱甲虫目ゾウムシ科の甲虫。体長12～15mm。分布：北海道, 本州, 九州。

オオアオチビケシキスイ〈*Meligethes cyaneus*〉昆虫綱甲虫目ケシキスイ科の甲虫。体長3.5～3.9mm。

オオアオバヤガ〈*Anaplectoides virens*〉昆虫綱鱗翅目ヤガ科モンヤガ亜科の蛾。開張60mm。分布：中国, 朝鮮半島, 沿海州, 北海道から九州。

オオアオホソゴミムシ〈*Desera geniculata*〉昆虫綱甲虫目オサムシ科の甲虫。体長9～11mm。分布：本州, 四国, 九州。

オオアオミズギワゴミムシ〈*Bembidion lissonotum*〉昆虫綱甲虫目オサムシ科の甲虫。体長6.0mm。

オオアオモリヒラタゴミムシ 大青森扁芥虫〈*Agonum buchanani*〉昆虫綱甲虫目オサムシ科の甲虫。体長11〜13mm。分布：北海道, 本州, 四国, 九州, 南西諸島。

オオアカイボトビムシ〈*Biloba takaoensis*〉無翅昆虫亜綱粘管目イボトビムシ科。

オオアカオビマダラメイガ〈*Conobathra frankella*〉昆虫綱鱗翅目メイガ科の蛾。分布：本州, 中国。

オオアカガネカタゾウムシ〈*Pachyrrhynchus* sp.〉昆虫綱甲虫目ゾウムシ科。

オオアカキリバ〈*Anomis commoda*〉昆虫綱鱗翅目ヤガ科クチバ亜科の蛾。開張41〜45mm。ナシ類, 桃, スモモ, 葡萄, ハイビスカス類に害を及ぼす。分布：中国中部, 本州, 四国, 九州, 対馬, 北海道。

オオアカコメツキ〈*Ampedus optabilis*〉昆虫綱甲虫目コメツキムシ科の甲虫。体長12〜14mm。

オオアカシアシジミ〈*Surendra quercetorum*〉昆虫綱鱗翅目シジミチョウ科の蝶。

オオアカジママドガ〈*Striglina oceanica*〉昆虫綱鱗翅目マドガ科の蛾。分布：沖縄本島, 宮古島, 石垣島, 西表島, 台湾から東南アジアを経てオーストラリアまで。

オオアカズヒラタハバチ〈*Cephalcia isshikii*〉昆虫綱膜翅目ヒラタハバチ科。モミ, ツガ, トウヒ, トドマツ, エゾマツに害を及ぼす。

オオアカセセリ(1)〈*Telicota hilda*〉昆虫綱鱗翅目セセリチョウ科の蝶。分布：マレーシア。

オオアカセセリ(2)〈*Mimoniades sela peruviana*〉昆虫綱鱗翅目セセリチョウ科の蝶。分布：コロンビア, エクアドル, ペルー, ボリビア。

オオアカチビキカワムシ〈*Istrisia rufobrunnea*〉昆虫綱甲虫目チビキカワムシ科の甲虫。体長4.9〜5.5mm。

オオアカノミバエ〈*Diploneura peregrina*〉昆虫綱双翅目ノミバエ科。害虫。

オオアカバコガシラハネカクシ 大赤翅小頭隠翅虫〈*Philonthus spinipes*〉昆虫綱甲虫目ハネカクシ科の甲虫。体長15mm。分布：北海道, 本州, 四国, 九州, 屋久島。

オオアカバハネカクシ 大赤翅隠翅虫〈*Agelosus carinatus*〉昆虫綱甲虫目ハネカクシ科の甲虫。体長20mm。分布：北海道, 本州, 四国, 九州。

オオアカボシウスバシロチョウ〈*Parnassius nomion*〉昆虫綱鱗翅目アゲハチョウ科の蝶。分布：アルタイ, サヤン, トランスバイカル, 中国(西部・北部・東北部), 朝鮮半島, ウスリー, アムール。

オオアカマエアツバ〈*Simplicia niphona*〉昆虫綱鱗翅目ヤガ科クルマアツバ亜科の蛾。開張30〜40mm。分布：北海道, 本州, 四国, 九州, 対馬, 屋久島, 奄美大島, 朝鮮半島, 台湾, 中国, スリランカ, インド, ネパール, マレーシア, スマトラ, ボルネオ。

オオアカマルノミハムシ〈*Argopus clypeatus*〉昆虫綱甲虫目ハムシ科の甲虫。体長5mm。分布：本州, 九州。

オオアカマルミジンムシ〈*Lewisium magnum*〉昆虫綱甲虫目ミジンムシ科。体長1.6〜1.8mm。

オオアカヨトウ〈*Apamea lateritia*〉昆虫綱鱗翅目ヤガ科カラスヨトウ亜科の蛾。開張46〜52mm。分布：北半球冷温帯, 北海道, 本州中部以北, 1,000m級の山地。

オオアゴヘビトンボ〈*Corydalis cornutus*〉昆虫綱広翅目ヘビトンボ科。分布：北アメリカ南部から南アメリカまで。珍虫。

オオアゴメダカハンミョウ〈*Therates labiatus*〉昆虫綱甲虫目ハンミョウ科。分布：ジャワ, フィリピン, スラウェシ, マルク諸島。

オオアサギシロチョウ〈*Pareronia tritaea*〉昆虫綱鱗翅目シロチョウ科の蝶。分布：フィリピン, セレベス(フィリピンではミンダナオ島)。

オオアシナガアリヅカムシ〈*Labomimus shibatai*〉昆虫綱甲虫目アリヅカムシ科。

オオアシナガグモ〈*Tetragnatha mandibulata*〉蛛形綱クモ目アシナガグモ科の蜘蛛。

オオアシナガサシガメ〈*Gardena melinarthrum*〉昆虫綱半翅目サシガメ科。

オオアシブトコマユバチ〈*Cardiochiles japonicus*〉昆虫綱膜翅目コマユバチ科。

オオアシブトヒメバチ〈*Eupalamus giganteus*〉昆虫綱膜翅目ヒメバチ科。

オオアシブトヒメハマキ〈*Cryptophlebia yasudai*〉昆虫綱鱗翅目ハマキガ科の蛾。分布：東北及び中部山地。

オオアシマダラブユ〈*Simulium nikkoence*〉昆虫綱双翅目ブユ科。

オオアトキハマキ〈*Archips ingentanus*〉昆虫綱鱗翅目ハマキガ科の蛾。開張雄20〜27mm, 雌23〜35mm。柿, 桜桃, ナシ類, 林檎に害を及ぼす。分布：北海道, 本州, 四国, 九州, 朝鮮半島, 中国, ロシア(アムール, ウスリー, サハリン, 千島)。

オオアトキリオサムシ アトキリオオオサムシの別名。

オオアトハマキ オオアトキハマキの別名。

オオアトベリクチブサガ〈Ypsolopha japonicus〉昆虫綱鱗翅目スガ科の蛾。分布：奈良県大台ケ原。

オオアトボシアオゴミムシ〈Chlaenius micans〉昆虫綱甲虫目オサムシ科の甲虫。体長15～18mm。分布：北海道,本州,四国,九州,南西諸島。害虫。

オオアナヤチグモ〈Coelotes grandivulva〉蛛形綱クモ目タナグモ科の蜘蛛。

オオアバタウミベハネカクシ ツヤウミベハネカクシの別名。

オオアブバエ オオハナアブの別名。

オオアミメカワゲラ アミメカワゲラの別名。

オオアメイロオナガバチ〈Megarhyssa groliosa〉昆虫綱膜翅目ヒメバチ科。分布：サハリン,千島,日本(北海道・本州)。

オオアメイロコンボウコマユバチ〈Xiphozele compressiventris〉昆虫綱膜翅目コマユバチ科。

オオアメリカモンキチョウ〈Colias eurytheme〉昆虫綱鱗翅目シロチョウ科の蝶。別名ソノールモンキチョウ。オレンジ色の斑点。開張4～6mm。分布：合衆国。

オオアメンボ〈Gerris elongatus〉昆虫綱半翅目アメンボ科。体長19～27mm。分布：本州,四国,九州。

オオアヤシャク 大綾尺蛾〈Pachyodes superans〉昆虫綱鱗翅目シャクガ科アオシャク亜科の蛾。開張雄45～55mm,雌65mm。分布：北海道,本州,四国,九州,朝鮮半島。

オオアヤトガリバ〈Habrosyne fraterna〉昆虫綱鱗翅目トガリバガ科の蛾。開張44～49mm。分布：本州(関東以西),四国,九州(北部),対馬,屋久島,奄美大島,沖縄本島,台湾,中国,インドシナ,ミャンマー,インド。

オオアラゲサルハムシ〈Demotina major〉昆虫綱甲虫目ハムシ科の甲虫。体長3.8～4.2mm。

オオアワフキ〈Yezophora major〉昆虫綱半翅目アワフキムシ科。

オオイエバエ 大家蠅〈Muscina stabulans〉昆虫綱双翅目イエバエ科。体長7.0～9.5mm。分布：日本全土。害虫。

オオイオリヒメサラグモ〈Syedra oii〉蛛形綱クモ目サラグモ科の蜘蛛。

オオイカリゾウムシ〈Euthycus japonicus〉昆虫綱甲虫目ゾウムシ科の甲虫。体長9.5～10.0mm。分布：奄美大島。

オオイグサシンムシガ〈Bactra lanceolana〉昆虫綱鱗翅目ノコメハマキガ科の蛾。開張15～21mm。

オオイクビツヤゴモクムシ〈Trichotichnus nipponicus〉昆虫綱甲虫目オサムシ科の甲虫。体長7～9mm。

オオイシアブ〈Laphria mitsukurii〉昆虫綱双翅目ムシヒキアブ科。体長15～26mm。分布：本州,四国,九州。

オオイシチビガ〈Trifurcula oishiella〉昆虫綱鱗翅目モグリチビガ科の蛾。桜桃に害を及ぼす。

オオイタアリスアブ〈Microdon oitanus〉昆虫綱双翅目ハナアブ科。

オオイタドリハムシ イタドリハムシの別名。

オオイチモンジ 大一文字蝶〈Limenitis populi〉昆虫綱鱗翅目タテハチョウ科イチモンジチョウ亜科の蝶。絶滅危惧II類(VU)。前翅長40～46mm。分布：北海道,本州。

オオイチモンジゲンゴロウ オオイチモンジシマゲンゴロウの別名。

オオイチモンジシマゲンゴロウ〈Hydaticus pacificus〉昆虫綱甲虫目ゲンゴロウ科の甲虫。体長15～16mm。

オオイチモンジセセリ〈Calpodes ethlius〉昆虫綱鱗翅目セセリチョウ科の蝶。暗褐色の翅に銀白色の斑点。開張4.5～5.5mm。分布：南アメリカから西インド諸島。

オオイトカメムシ クロオオイトカメムシの別名。

オオイトトンボ 大糸蜻蛉〈Cercion sieboldii〉昆虫綱蜻蛉目イトトンボ科の蜻蛉。体長36mm。分布：北海道南部から鹿児島県。

オオイナズマ〈Lexias dirtea〉昆虫綱鱗翅目タテハチョウ科の蝶。分布：インドから海南島,マレーシアからフィリピンまで。

オオイボトビムシ オオアオイボトビムシの別名。

オオウグイスシャチホコ スズキシャチホコの別名。

オオウグイスナガタマムシ〈Agrilus asiaticus〉昆虫綱甲虫目タマムシ科の甲虫。体長6.5～9.0mm。

オオウスアオハマキ〈Acleris amurensis〉昆虫綱鱗翅目ハマキガ科の蛾。開張26～28mm。分布：北海道,本州(東北,中部山地),ロシア(アムール),ヨーロッパ各地。

オオウスカバイロコメツキ〈Chatanayus insularis〉昆虫綱甲虫目コメツキムシ科の甲虫。体長10～11mm。

オオウスグロシャチホコ タカオシャチホコの別名。

オオウスグロノメイガ〈Bradina eriliitoides〉昆虫綱鱗翅目メイガ科の蛾。分布：本州,九州,屋久島,奄美大島,沖永良部島,沖縄本島,石垣島,西表島,台湾。

オオウヅマカラスヨトウ〈*Amphipyra erebina*〉昆虫綱鱗翅目ヤガ科カラスヨトウ亜科の蛾。開張43〜46mm。桃, スモモに害を及ぼす。分布:沿海州, 朝鮮半島, 中国, 北海道から九州, 対馬。

オオウヅマハマキ オオウヅマヒメハマキの別名。

オオウヅマヒメハマキ〈*Hedya semiassana*〉昆虫綱鱗翅目ハマキガ科の蛾。開張23〜25mm。分布:北海道, 本州(東北, 中部山地), ロシア(アムール, ウスリー)。

オオウストビナミシャク〈*Eupithecia antaggregata*〉昆虫綱鱗翅目シャクガ科の蛾。分布:北海道, 本州(群馬県, 山梨県)。

オオウスバカゲロウ〈*Heoclisis japonica*〉昆虫綱脈翅目ウスバカゲロウ科。開張115mm。分布:日本全土。

オオウスバカミキリ〈*Callipogon armillatus*〉昆虫綱甲虫目カミキリムシ科の甲虫。分布:南アメリカ北部・中部。

オオウスバハネカクシ 大薄翅隠翅虫〈*Eleusis coarctata*〉昆虫綱甲虫目ハネカクシ科の甲虫。体長4.0〜4.8mm。分布:北海道, 本州, 九州。

オオウスベニトガリメイガ 大淡紅尖螟蛾〈*Endotricha icelusalis*〉昆虫綱鱗翅目メイガ科トガリメイガ亜科の蛾。開張15〜20mm。分布:本州, 四国, 九州, 対馬, 屋久島, 奄美大島, 沖永良部島, 朝鮮半島, 中国。

オオウスベニヒゲナガ オオヒゲナガの別名。

オオウスモンキヒメシャク〈*Idaea imbecilla*〉昆虫綱鱗翅目シャクガ科ヒメシャク亜科の蛾。開張16〜17mm。分布:本州(東北地方北部より), 四国, 九州, 対馬, 屋久島。

オオウバタマコメツキ〈*Paracalais yamato*〉昆虫綱甲虫目コメツキムシ科の甲虫。体長25〜35mm。分布:本州(近畿以西)。

オオウミグモ 大海蜘蛛 節足動物門ウミグモ綱オオウミグモ科Colossendeidaeの海産動物の総称。

オオウラアオセセリ〈*Pirdana distanti*〉昆虫綱鱗翅目セセリチョウ科の蝶。分布:ミャンマー, マレーシア, ジャワ, スマトラ, ボルネオ。

オオウラギンスジヒョウモン〈*Argyronome ruslana*〉昆虫綱鱗翅目タテハチョウ科ヒョウモンチョウ亜科の蝶。前翅長35〜40mm。分布:北海道, 本州, 四国, 九州。

オオウラギンドクチョウ〈*Dione moneta*〉ヘリコニウス科の蝶。分布:南米北部。

オオウラギンヒョウモン 大裏銀豹紋蝶〈*Fabriciana nerippe*〉昆虫綱鱗翅目タテハチョウ科ヒョウモンチョウ亜科の蝶。絶滅危惧I類(CR+EN)。前翅長40〜45mm。分布:本州, 四国, 九州。

オオウラナミジャノメ〈*Ypthima formosana*〉昆虫綱鱗翅目ジャノメチョウ科の蝶。

オオウロコチャタテ〈*Stimulopalpus japonicus*〉昆虫綱噛虫目ウロコチャタテ科。

オオウンモンクチバ 大雲紋朽葉〈*Mocis undata*〉昆虫綱鱗翅目ヤガ科シタバガ亜科の蛾。開張45〜50mm。大豆に害を及ぼす。分布:インドからオーストラリア地域, 太平洋の島々, 関東地方以西の本土域, 伊豆諸島, 西南部の島嶼域。

オオウンモンホソハマキ〈*Hysterosia vulneratana*〉昆虫綱鱗翅目ホソハマキガ科の蛾。分布:北海道(大雪山, 夕張岳), 本州(加賀白山)の山岳地帯, ロシア(パミール, シベリア, アムール, カムチャツカ, モンゴル(北中ヨーロッパ))。

オオエグリゴミムシダマシ ミナミエグリゴミムシダマシの別名。

オオエグリシャチホコ 大刻天社蛾〈*Pterostoma sinicum*〉昆虫綱鱗翅目シャチホコガ科ウチキシャチホコ亜科の蛾。開張54〜65mm。アカシア, ニセアカシア, ネムノキ, ハギ, フジに害を及ぼす。分布:中国北部, 朝鮮半島, 沿海州, 北海道, 本州, 四国, 九州, 対馬。

オオエグリノメイガ〈*Terastia meticulosalis*〉昆虫綱鱗翅目メイガ科の蛾。分布:奄美大島, 徳之島, 沖縄本島, 宮古島, 石垣島。

オオエグリバ〈*Calyptra gruesa*〉昆虫綱鱗翅目ヤガ科クチバ亜科の蛾。開張60mm。ナス科野菜, ナシ類, 桃, スモモ, 林檎, ブドウに害を及ぼす。分布:中国中部, 本州, 四国, 九州, 対馬。

オオエグリヒラタマルハキバガ〈*Acria emarginella*〉昆虫綱鱗翅目マルハキバガ科の蛾。分布:本州, 四国, スリランカ。

オオエゾトンボ エゾトンボの別名。

オオエルタテハ〈*Polygonia gigantea*〉昆虫綱鱗翅目タテハチョウ科の蝶。分布:中国(中部・西部)。

オオエンマハンミョウ〈*Mantichora herculeana*〉昆虫綱甲虫目ハンミョウ科。分布:アフリカ南部。

オオカメコオロギ〈*Loxoblemmus sp.*〉昆虫綱直翅目コオロギ科。体長18〜24mm。分布:宮城県, 東京都, 三重県, 熊本県, 対馬。

オオオサムシ 大歩行虫〈*Carabus dehaanii*〉昆虫綱甲虫目オサムシ科の甲虫。体長25〜37mm。分布:本州(中部以西), 四国, 九州。

オオオトヒメカミキリ〈*Dorcasomus mirabilis*〉昆虫綱甲虫目カミキリムシ科の甲虫。分布:ザイール, ウガンダ, ルワンダ, ケニア。

オオオナガタイマイ〈*Graphium androcles*〉昆虫綱鱗翅目アゲハチョウ科の蝶。開張100mm。分

布：インドネシア, スラウェシ島。珍蝶。

オオオニヒョウタンゴミムシ〈*Ochryops gigas*〉昆虫綱甲虫目ヒョウタンゴミムシ科。分布：アフリカ西部, 中央部。

オオオバボタル〈*Lucidina accensa*〉昆虫綱甲虫目ホタル科の甲虫。体長11〜14mm。分布：本州, 四国, 九州。

オオオビクジャクアゲハ〈*Papilio blumei*〉昆虫綱鱗翅目アゲハチョウ科の蝶。開張110mm。分布：スンダランド。珍蝶。

オオオビハナノミ〈*Glipa shirozui*〉昆虫綱甲虫目ハナノミ科の甲虫。体長11〜13mm。分布：本州, 四国, 九州, 対馬。

オオオビモンアゲハ〈*Papilio gigon*〉昆虫綱鱗翅目アゲハチョウ科の蝶。分布：スラウェシ。

オオカオジロヒゲナガゾウムシ〈*Cedus insignis*〉昆虫綱甲虫目ヒゲナガゾウムシ科の甲虫。体長7.5〜10.0mm。

オオガガンボダマシ〈*Trichocera regelationis*〉昆虫綱双翅目ガガンボダマシ科。

オオカギバ〈*Cyclidia substigmaria*〉昆虫綱鱗翅目オオカギバガ科の蛾。分布：インド, ネパール, マレー半島, ジャワ, インドシナから中国, 北海道, 本州, 四国, 九州, 対馬, 種子島, 屋久島。

オオカクツツトビケラ〈*Neoseverinia crassicornis*〉昆虫綱毛翅目カクツツトビケラ科。

オオカザリシロチョウ〈*Delias diaphana*〉昆虫綱鱗翅目シロチョウ科の蝶。分布：ルソン島, セブ, ミンダナオ。

オオカシワクチブトゾウムシ〈*Myllocerus neglectus*〉昆虫綱甲虫目ゾウムシ科の甲虫。体長5.7〜6.9mm。

オオカタカイガラムシ〈*Parthenolecanium glandi*〉昆虫綱半翅目カタカイガラムシ科。体長8〜10mm。楓(紅葉), フジ, ナシ類に害を及ぼす。分布：北海道, 本州, 内モンゴル, 朝鮮半島。

オオカツオゾウムシ〈*Lixus divaricatus*〉昆虫綱甲虫目ゾウムシ科の甲虫。体長15〜17mm。分布：北海道, 本州の山地。

オオカバイロコメツキ〈*Ectinus dahuricus*〉昆虫綱甲虫目コメツキムシ科の甲虫。体長12mm。分布：北海道, 本州。

オオカバイロシジミ〈*Iolana iolas*〉昆虫綱鱗翅目シジミチョウ科の蝶。雄の翅は鮮やかな青紫色, 雌の後翅の縁には黒点が並ぶ。開張3〜4mm。分布：南および東ヨーロッパ, トルコ, イラン, 北アフリカ。

オオカバスジヤガ〈*Sineugraphe longipennis*〉昆虫綱鱗翅目ヤガ科モンヤガ亜科の蛾。開張46〜49mm。分布：北海道, 渡島, 胆振, 日高支庁管内

の南岸部, 本州(東北地方北部まで), 四国, 九州, 対馬, 朝鮮半島。

オオカバスソモンヒメハマキ〈*Eucosma rigidana*〉昆虫綱鱗翅目ハマキガ科の蛾。分布：北海道, 本州(東北, 中部山地), 朝鮮半島, ロシア(アムール)。

オオカバタテハ〈*Smyrna blomfildia*〉昆虫綱鱗翅目タテハチョウ科の蝶。分布：ベネズエラからペルーおよびパラグアイまで。

オオカバハムシ〈*Syneta major*〉昆虫綱甲虫目ハムシ科。

オオカバフスジドロバチ〈*Orancistrocerus drewseni*〉昆虫綱膜翅目スズメバチ科。体長18mm。分布：本州, 四国, 九州。害虫。

オオカバフドロバチ オオカバフスジドロバチの別名。

オオカバマダラ 大樺斑蝶〈*Danaus plexippus*〉昆虫綱鱗翅目タテハチョウ科の蝶。黒色とオレンジ色の模様で, 前翅の先端にはオレンジ色の斑紋をもつ。開張7.5〜10.0mm。分布：アメリカから, インドネシア, オーストラリア, カナリア諸島, 地中海地方。珍蝶。

オオカブトムシ〈*Dynastini*〉コガネムシ科のオオカブトムシ属(Dynastini)の総称。珍虫。

オオカブラヤガ〈*Agrotis tokionis*〉昆虫綱鱗翅目ヤガ科モンヤガ亜科の蛾。開張43mm。ユリ科野菜, 飼料用トウモロコシ, ソルガムに害を及ぼす。分布：沿海州, 朝鮮半島, 四国, 九州, 対馬。

オオカマキリ 大蟷螂〈*Tenodera aridifolia*〉昆虫綱蟷螂目カマキリ科。体長70〜95mm。分布：北海道, 本州, 四国, 九州。

オオカマキリモドキ〈*Climaciella magna*〉昆虫綱脈翅目カマキリモドキ科。

オオカメノコカワリタマムシ〈*Polybothris bernieri*〉昆虫綱甲虫目タマムシ科。分布：マダガスカル。

オオカモドキバチ〈*Rogas procerus*〉昆虫綱膜翅目コマユバチ科。

オオカレキクチカクシゾウムシ アラメカレキクチカクシゾウムシの別名。

オオカワトンボ〈*Mnais pruinosa nawai*〉昆虫綱蜻蛉目カワトンボ科の蜻蛉。

オオカンショコガネ〈*Apogonia major*〉昆虫綱甲虫目コガネムシ科の甲虫。体長11〜12mm。

オオキイロアツバ〈*Pseudalelimma miwai*〉昆虫綱鱗翅目ヤガ科クルマアツバ亜科の蛾。分布：鈴鹿山系の坂本谷, 藤原岳, 御在所岳, 岡山県新見市井倉付近。

オオキイロカギバコガ オオキクチブサガの別名。

オオキイロコガネ〈*Pollaplonyx flavidus*〉昆虫綱甲虫目コガネムシ科の甲虫。体長16〜20mm。分布：本州, 四国, 九州。

オオキイロトンボ〈*Hydrobasileus croceus*〉昆虫綱蜻蛉目トンボ科の蜻蛉。

オオキイロノミハムシ〈*Asiorestia obscuritarsis*〉昆虫綱甲虫目ハムシ科の甲虫。体長5mm。分布：北海道, 本州, 四国, 九州。

オオキイロマルノミハムシ〈*Argopus balyi*〉昆虫綱甲虫目ハムシ科の甲虫。体長5mm。分布：本州, 四国, 九州。

オオキオビハマキモドキ〈*Choreutis basalis*〉昆虫綱鱗翅目ハマキモドキガ科の蛾。分布：琉球諸島(石垣島, 西表島), フィリピン, ニューギニア, アル―, アンボン, モルッカ, スラウェシ, オーストラリア。

オオキカワムシ 大樹皮虫〈*Pytho nivalis*〉昆虫綱甲虫目キカワムシ科の甲虫。体長16mm。分布：北海道, 本州。

オオキクイコマユバチ〈*Coeloides scoliticida*〉昆虫綱膜翅目コマユバチ科。

オオキクギンウワバ〈*Macdunnoughia crassisigna*〉昆虫綱鱗翅目ヤガ科コヤガ亜科の蛾。開張33〜35mm。分布：インドから中国, 朝鮮半島, 北海道から九州, 対馬, 屋久島。

オオキクチブサガ〈*Ypsolopha blandella*〉昆虫綱鱗翅目スガ科の蛾。開張21〜24mm。分布：北海道, 本州の山地, アムール, 中国。

オオギシバンムシ〈*Deroptilinus obscurus*〉昆虫綱甲虫目シバンムシ科の甲虫。体長2.8〜4.2mm。

オオキスイの一種〈*Helota* sp.〉甲虫。

オオキスジジガバチ〈*Argogorytes mystaceus grandis*〉昆虫綱膜翅目ジガバチ科。

オオキトンボ 大黄蜻蛉〈*Sympetrum uniforme*〉昆虫綱蜻蛉目トンボ科の蜻蛉。絶滅危惧II類(VU)。体長47〜52mm。分布：本州, 四国, 九州(北部)。

オオキノコゴミムシ キノコゴミムシの別名。

オオキノコムシ 大茸虫〈*Encaustes praenobilis*〉昆虫綱甲虫目オオキノコムシ科の甲虫。体長16〜36mm。分布：北海道, 本州, 四国, 九州。

オオキノメイガ 大黄野螟蛾〈*Botyodes principalis*〉昆虫綱鱗翅目メイガ科ノメイガ亜科の蛾。開張42〜45mm。ヤナギ, ポプラに害を及ぼす。分布：関東以西の本州, 四国, 九州, 対馬, 屋久島, 奄美大島, 台湾, 中国, インド。

オオキバウスバカミキリ〈*Macrodontia cervicornis*〉昆虫綱甲虫目カミキリムシ科の甲虫。分布：ペルーからフランス領ギアナ, アマゾン流域, ブラジル。

オオキバウスバカミキリ属の一種〈*Macrodontia* sp.〉昆虫綱甲虫目カミキリムシ科の甲虫。分布：ペルー。

オオキバオニカミキリ〈*Psalidognathus buckleyi*〉昆虫綱甲虫目カミキリムシ科の甲虫。分布：エクアドル。

オオキバチビヒラタムシ〈*Nipponophloeus dorcoides*〉昆虫綱甲虫目ヒラタムシ科の甲虫。体長3〜4mm。分布：北海道, 本州, 四国, 九州, 屋久島。

オオキバナガクワガタ〈*Prosopocoilus giraffa*〉昆虫綱甲虫目クワガタムシ科。分布：ネパール, アッサム, インドからマレーシア, 中国(中・南部), スマトラ, ジャワ, スラウェシ, アンボン。

オオキバネナガハネカクシ 大黄翅長隠翅虫〈*Xantholinus japonicus*〉昆虫綱甲虫目ハネカクシ科の甲虫。体長11mm。分布：北海道, 本州, 九州。

オオキバネナシサビカミキリ〈*Pterolophia izumikurana*〉昆虫綱甲虫目カミキリムシ科フトカミキリ亜科の甲虫。体長8〜10mm。分布：伊豆諸島御蔵島。

オオキバネヒメガガンボ〈*Limonia bifasciata*〉昆虫綱双翅目ガガンボ科。

オオキバハネカクシ 大牙隠翅虫〈*Oxyporus japonicus*〉昆虫綱甲虫目ハネカクシ科の甲虫。体長11mm。分布：北海道, 本州, 四国, 九州。

オオキバハネカクシの一種〈*Oxyporus* sp.〉昆虫綱甲虫目ハネカクシ科。

オオキバヒラタカミキリ〈*Stenodontes downesi*〉昆虫綱甲虫目カミキリムシ科の甲虫。分布：熱帯アフリカ全域, アフリカ南部, マダガスカル。

オオキバラノメイガ〈*Pleuroptya harutai*〉昆虫綱鱗翅目メイガ科の蛾。開張35〜42mm。分布：北海道, 本州から九州, 石垣島。

オオキベリアオゴミムシ 大黄縁青芥虫〈*Epomis nigricans*〉昆虫綱甲虫目オサムシ科の甲虫。体長20〜21mm。分布：北海道, 本州, 四国, 九州。

オオキボシゾウムシ〈*Pissodes galloisi*〉昆虫綱甲虫目ゾウムシ科の甲虫。体長8〜10mm。分布：本州と四国の山地。

オオキボシハナノミ〈*Hoshihananomia auromaculata*〉昆虫綱甲虫目ハナノミ科の甲虫。体長7〜10mm。分布：本州, 四国, 九州, 奄美大島。

オオキマダラケシキスイ〈*Soronia fracta*〉昆虫綱甲虫目ケシキスイムシ科の甲虫。体長8〜10mm。分布：北海道, 本州, 九州。

オオキマダラヒメガガンボ〈*Epiphragma subfascipennis*〉昆虫綱双翅目ガガンボ科。

オオキメムシガ〈Argyresthia subrimosa〉昆虫綱鱗翅目メムシガ科の蛾。分布：北海道,本州,中国中部。

オオキモンノミバエ〈Megaselia spiracularis〉昆虫綱双翅目ノミバエ科。体長1.1〜2.0mm。分布：日本全土。害虫。

オオギョウレツムシガ〈Thaumetopoea pityocampa〉昆虫綱鱗翅目シャチホコガ科の蛾。前翅は灰白色で,暗色の灰褐色の帯。開張4〜5mm。分布：アフリカ北部を含む,地中海沿岸。

オオキンウワバ〈Diachrysia chryson〉昆虫綱鱗翅目ヤガ科コヤガ亜科の蛾。開張40〜46mm。分布：ユーラシア,北海道から東北地方,関東,中部地方の山間地。

オオキンカメムシ 大金亀虫〈Eucorysses grandis〉昆虫綱半翅目キンカメムシ科。体長20〜25mm。アブラギリ類,柑橘に害を及ぼす。分布：本州以南の日本各地,台湾,中国,東洋区。

オオギングチバチ〈Ectemnius konowii〉昆虫綱膜翅目ジガバチ科。

オオギンスジアカハマキ〈Ptycholoma lecheana〉昆虫綱鱗翅目ハマキガ科の蛾。開張15〜25mm。柿,ハスカップ,桜桃,ナシ類,林檎に害を及ぼす。分布：北海道,本州,四国,九州,対馬,奄美大島,朝鮮半島,中国,ロシア,小アジア,ヨーロッパ,イギリス。

オオギンスジコウモリ〈Gazoryctra macilenta〉昆虫綱鱗翅目コウモリガ科の蛾。分布：富山県の立山弥陀ヶ原と室堂,長野県北安曇郡,白馬大池付近,シベリア東部。

オオギンスジゾウムシ〈Tychius iwatensis〉昆虫綱甲虫目ゾウムシ科の甲虫。体長3.5〜4.0mm。

オオキンナガゴミムシ〈Pterostichus samurai〉昆虫綱甲虫目オサムシ科の甲虫。体長16mm。分布：北海道,本州。

オオギンボシヒョウモン キベレギンボシヒョウモンの別名。

オオギンモンカギバ〈Callidrepana hirayamai〉昆虫綱鱗翅目カギバガ科の蛾。分布：本州(南西部),四国(南部),九州(南部),対馬,屋久島,沖縄本島。

オオギンモンシャチホコ〈Spatalia doerriesi doerriesi〉昆虫綱鱗翅目シャチホコガ科ウチキシャチホコ亜科の蛾。開張36〜41mm。

オオキンモンホソガ〈Phyllonorycter gigas〉昆虫綱鱗翅目ホソガ科の蛾。分布：本州。

オオギンヤンマ〈Anax guttatus〉昆虫綱蜻蛉目ヤンマ科の蜻蛉。体長85mm。

オオクギヌキクワガタ〈Odontolabis latipennis〉昆虫綱甲虫目クワガタムシ科。分布：マレーシア,スマトラ,ニアス,ボルネオ。

オオクシコメツキ〈Spheniscosomus restrictus〉昆虫綱甲虫目コメツキムシ科。

オオクシヒゲガガンボ〈Ctenophora vittata〉昆虫綱双翅目ガガンボ科。

オオクシヒゲコメツキ 大櫛角叩頭虫〈Tetrigus lewisi〉昆虫綱甲虫目コメツキムシ科の甲虫。体長21〜33mm。分布：北海道,本州,四国,九州,対馬,南西諸島,伊豆諸島。

オオクシヒゲシマメイガ 大櫛鬚縞螟蛾〈Datanoides fasciatus〉昆虫綱鱗翅目メイガ科シマメイガ亜科の蛾。開張26〜33mm。分布：北海道,本州,四国,九州,対馬,朝鮮半島,サハリン,シベリア南東部。

オオクシヒゲビロウドムシ〈Pseudodendroides niponensis〉昆虫綱甲虫目アカハネムシ科の甲虫。体長15.5〜19.0mm。

オオクシヒゲベニボタル〈Macrolycus excellens〉昆虫綱甲虫目ベニボタル科の甲虫。体長11.0〜19.0mm。

オオクジャクアゲハ〈Papilio arcturus〉昆虫綱鱗翅目アゲハチョウ科の蝶。分布：カシミール,インド北西部,ネパールからミャンマーまで,中国西部。

オオクジャクシジミ〈Evenus coronatus〉昆虫綱鱗翅目シジミチョウ科の蝶。分布：グアテマラからコロンビア,エクアドルまで。

オオクジャクヤママユ〈Saturnia pyri〉昆虫綱鱗翅目ヤママユガ科の蛾。褐色の翅に赤,黒,褐色で縁どりされた目玉模様。開張10〜15mm。分布：ヨーロッパの中央部および南部。

オオグンクムシ 大具足虫〈Bathynomus doederleini〉節足動物門甲殻綱等脚目スナホリムシ科の海産動物。等脚類中最大の種類。体長120mm。分布：房州沖,相模湾,駿河湾,紀伊水道,日本海。水深200〜300mくらいの海底に生息。

オオクチカクシゾウムシ 大口隠象鼻虫〈Syrotelus septentrionalis〉昆虫綱甲虫目ゾウムシ科の甲虫。体長8.1〜14.5mm。分布：北海道,本州,九州,対馬。

オオクチキムシ 大朽木虫〈Allecula fuliginosa〉昆虫綱甲虫目ゴミムシダマシ科の甲虫。体長14〜16mm。分布：北海道,本州,四国,九州。

オオクチキムシダマシ〈Elacatis kraatzi〉昆虫綱甲虫目クチキムシダマシ科の甲虫。体長3.5〜6.5mm。分布：北海道,本州,四国,九州。

オオクチブトカメムシ〈Picromerus fuscoannulatus〉昆虫綱半翅目カメムシ科。体長12〜16mm。分布：北海道,本州,四国,九州。

オオクチブトゾウムシ〈Macrocorynus variabilis〉昆虫綱甲虫目ゾウムシ科の甲虫。体長6.1〜9.3mm。

オオクニイネゾウモドキ〈*Procas biguttatus*〉昆虫綱甲虫目ゾウムシ科。

オオクビカクシゴミムシダマシ〈*Dicraeosis carinatus*〉昆虫綱甲虫目ゴミムシダマシ科の甲虫。体長8〜9mm。分布：九州，南西諸島。

オオクビナガハンミョウ〈*Collyris feae*〉昆虫綱甲虫目ハンミョウ科。分布：ミャンマーからマレーシア。

オオクビブトハネカクシ〈*Pinophilus punctatissimus*〉昆虫綱甲虫目ハネカクシ科の甲虫。体長17〜23mm。

オオクビボソゴミムシ〈*Galeritella japonica*〉昆虫綱甲虫目ゴミムシ科。

オオクビボソハネカクシ〈*Stilicoderus signatus*〉昆虫綱甲虫目ハネカクシ科の甲虫。体長6.8〜7.2mm。

オオクビボソムシ〈*Stereopalpus gigas*〉昆虫綱甲虫目アリモドキ科の甲虫。体長6.5〜10.0mm。

オオクボカミキリ　大久保甲牛〈*Tengius ohkuboi*〉昆虫綱甲虫目カミキリムシ科ホソカミキリ亜科の甲虫。体長7.5〜9.0mm。分布：本州，四国，九州。

オオクボササラゾウムシ　大久保簔象鼻虫〈*Demimaea okuboi*〉昆虫綱甲虫目ゾウムシ科の甲虫。体長2.5mm。分布：四国。

オオクマアメイロハエトリ〈*Synagelides annae*〉蛛形綱クモ目ハエトリグモ科の蜘蛛。体長雌3.5〜4.0mm，雄3.0〜3.5mm。分布：四国，九州。

オオクマエビスグモ〈*Lysiteles okumae*〉蛛形綱クモ目カニグモ科の蜘蛛。体長雌3.5〜4.0mm，雄3.0〜3.5mm。分布：本州（中部），四国。

オオクママダラカゲロウ〈*Cincticostella okumai*〉昆虫綱蜉蝣目マダラカゲロウ科。

オオクモヘリカメムシ　大蜘蛛縁亀虫〈*Anacanthocoris striicornis*〉昆虫綱半翅目ヘリカメムシ科。体長17〜21mm。柑橘に害を及ぼす。分布：本州，四国，九州。

オオクラカケカワゲラ　大鞍掛襀翅〈*Paragnetina tinctipennis*〉昆虫綱襀翅目カワゲラ科。体長雄15mm，雌22mm。分布：本州，四国，九州。

オオクラフナガタハナノミ〈*Pentaria ohkurai*〉昆虫綱甲虫目ハナノミダマシ科。

オオクリイロヒゲナガハナノミ〈*Pseudoepilichas robustior*〉昆虫綱甲虫目ナガハナノミ科。

オオクリモンヒメハマキ〈*Olethreutes transversana*〉昆虫綱鱗翅目ハマキガ科の蛾。開張18〜21mm。大豆，ハッカに害を及ぼす。分布：北海道，本州，四国，九州，朝鮮半島，ロシア（アムール，ウスリー）。

オオクロイエバエ〈*Polietes nigrolimbatus*〉昆虫綱双翅目イエバエ科。体長7.5〜10.5mm。分布：北海道，本州，四国，九州。害虫。

オオクロエグリゴミムシダマシ〈*Uloma polita*〉昆虫綱甲虫目ゴミムシダマシ科の甲虫。体長11.5mm。

オオクロオナシカワゲラ〈*Protonemura hotakana*〉昆虫綱襀翅目オナシカワゲラ科。

オオクロオビナミシャク〈*Praethera praefecta*〉昆虫綱鱗翅目シャクガ科ナミシャク亜科の蛾。開張28〜34mm。分布：北海道，本州，四国，九州。

オオクロカミキリ〈*Megasemum quadricostulatum*〉昆虫綱甲虫目カミキリムシ科マルクビカミキリ亜科の甲虫。体長19〜29mm。分布：北海道，本州，四国，九州。

オオクロカメムシ〈*Scotinophara horvathi*〉昆虫綱半翅目カメムシ科。

オオクロキノコゴミムシダマシ〈*Platydema umbratum*〉昆虫綱甲虫目ゴミムシダマシ科の甲虫。体長10.0〜11.0mm。

オオクロシコメツキ〈*Melanotus restrictus*〉昆虫綱甲虫目コメツキムシ科の甲虫。体長17mm。分布：本州，四国，九州，南西諸島。

オオクロコガネ〈*Holotrichia morosa*〉昆虫綱甲虫目コガネムシ科の甲虫。体長18〜21mm。ラッカセイ，サトイモ，ナシ類，桜類，隠元豆，小豆，ササゲ，大豆に害を及ぼす。分布：本州，四国，九州，対馬。

オオクロコツチバチ　オオクロツチバチの別名。

オオクロセダカメクラガメ〈*Proboscydocoris malayus*〉昆虫綱半翅目メクラカメムシ科。

オオクロチビシデムシ〈*Prionochaeta harmandi*〉昆虫綱甲虫目チビシデムシ科の甲虫。体長3.6〜5.0mm。

オオクロチビゾウムシ〈*Nanophyes plumbeus*〉昆虫綱甲虫目ホソクチゾウムシ科の甲虫。体長2.5mm。

オオクロツチバチ〈*Tiphia latistriata*〉昆虫綱膜翅目ツチバチ科。体長雌11〜17mm。分布：北海道，本州，九州。

オオクロツヤゴモクムシ〈*Trichotichnus lewisi*〉昆虫綱甲虫目オサムシ科の甲虫。体長12〜14mm。分布：北海道，本州，九州。

オオクロツヤヒラタゴミムシ〈*Synuchus nitidus*〉昆虫綱甲虫目オサムシ科の甲虫。体長12〜16mm。分布：北海道，本州，四国，九州，屋久島。

オオクロツヤマグソコガネ〈*Aphodius japonicus*〉昆虫綱甲虫目コガネムシ科の甲虫。体長9〜11mm。

オオクロテンカバナミシャク〈Eupithecia abietaria〉昆虫綱鱗翅目シャクガ科ナミシャク亜科の蛾。開張18〜22mm。分布：ヨーロッパ，本州の中部山地から高山帯。

オオクロテンヒメシャク〈Scopula praesignipuncta〉昆虫綱鱗翅目シャクガ科の蛾。分布：沖縄本島。

オオクロトビカスミカメ 大黒鳶盲亀虫〈Ectmetopterus micantulus〉昆虫綱半翅目カスミカメムシ科。体長2.5〜3.0mm。サツマイモに害を及ぼす。分布：本州，四国，九州。

オオクロトビメクラガメ オオクロトビカスミカメの別名。

オオクロナガオサムシ〈Carabus kumagaii〉昆虫綱甲虫目オサムシ科の甲虫。体長28〜36mm。分布：本州（関東から近畿は太平洋側）。

オオクロナガゴミムシ〈Pterostichus prolongatus〉昆虫綱甲虫目オサムシ科の甲虫。体長14.5〜18.0mm。

オオクロナガコメツキ〈Elater niponensis〉昆虫綱甲虫目コメツキムシ科の甲虫。体長23mm。分布：北海道，本州，四国，九州。

オオクロバエ 大黒蠅〈Calliphora lata〉昆虫綱双翅目クロバエ科。体長8〜13mm。分布：日本全土。害虫。

オオクロハナカミキリ クロオオハナカミキリの別名。

オオクロハナバエ 大黒花蠅〈Polietes lardaria〉昆虫綱双翅目ハナバエ科。分布：北海道，本州。

オオクロバネハネカクシ〈Agelosus ohkurai unicolor〉昆虫綱甲虫目ハネカクシ科の甲虫。体長15.5〜21.5mm。

オオクロハバチ 大黒葉蜂〈Macrophya carbonaria〉昆虫綱膜翅目ハバチ科。体長11mm。分布：日本全土。

オオクロバヤガ〈Euxoa adumbrata〉昆虫綱鱗翅目ヤガ科の蛾。分布：ウラル以東のアジア内陸，本州中部（新潟，群馬，長野，山梨，静岡，岐阜）。

オオクロヒゲコメツキ〈Pectocera yaeyamana〉昆虫綱甲虫目コメツキムシ科の甲虫。体長21〜27mm。

オオクロフナガタハナノミ〈Anaspis frontalis〉昆虫綱甲虫目ハナノミダマシ科。

オオクロヘリキノメイガ クロズノメイガの別名。

オオクロボシシジミ〈Pithecops phoenix〉昆虫綱鱗翅目シジミチョウ科の蝶。

オオクロボシセセリ〈Seseria formosana〉昆虫綱鱗翅目セセリチョウ科の蝶。分布：台湾。

オオクロボシトガリホソガ〈Syntomaula simulatella〉昆虫綱鱗翅目カザリバガ科の蛾。分布：屋久島，フィリピン，ボルネオ，ニューギニア。

オオクロホソナガクチキムシ〈Phloeotrya bellicosa〉昆虫綱甲虫目ナガクチキムシ科の甲虫。体長12.5〜21.0mm。

オオクロマダラ シロオビルリマダラの別名。

オオクロマダラヒメハマキ〈Endothenia atrata〉昆虫綱鱗翅目ハマキガ科の蛾。分布：本州（東北，中部山地），四国（剣山），ロシア（アムール）。

オオクロモンマダラメイガ〈Salebria vinacea〉昆虫綱鱗翅目メイガ科の蛾。分布：本州（関東以西），四国，九州，屋久島。

オオクロモンヤマメイガ〈Scoparia molestalis〉昆虫綱鱗翅目メイガ科の蛾。分布：静岡県南アルプスの北沢，長野県徳本峠，富山県弥陀ヶ原。

オオクロヤブカ 大黒藪蚊〈Armigeres subalbatus〉昆虫綱双翅目カ科。体長7.5mm。分布：北海道をのぞく日本全土。害虫。

オオクワガタ 大鍬形虫〈Dorcus hopei〉昆虫綱甲虫目クワガタムシ科の甲虫。準絶滅危惧種(NT)。体長雄30〜72mm，雌36〜42mm。分布：北海道，本州，九州，対馬。

オオクワゴモドキ 大擬桑蚕蛾〈Oberthueria falcigera〉昆虫綱鱗翅目カイコガ科の蛾。開張38〜46mm。分布：北海道，本州，四国，九州。

オオゲジ〈Thereuopoda clunifera〉唇脚綱ゲジ目ゲジ科。体長30〜45mm。害虫。

オオケチョウカ オオチョウバエの別名。

オオケチョウバエ オオチョウバエの別名。

オオケブカキクイゾウムシ〈Himatium reticulatum〉昆虫綱甲虫目ゾウムシ科の甲虫。体長3.1〜3.3mm。

オオケブカチョッキリ〈Involvulus amabilis〉昆虫綱甲虫目オトシブミ科の甲虫。体長4.5〜5.4mm。

オオケマイマイ 大毛蝸牛〈Aegista vatheletii〉軟体動物門腹足綱オナジマイマイ科のカタツムリ。分布：本州中部以西，四国北部。

オオケンモン〈Acronicta major〉昆虫綱鱗翅目ヤガ科ケンモンヤガ亜科の蛾。開張55〜65mm。分布：東北温帯アジア，インド北部，台湾，沿海州，朝鮮半島，北海道から九州，対馬。

オオコウモリフタオチョウ〈Charaxes eurialus〉昆虫綱鱗翅目タテハチョウ科の蝶。分布：アンボン，セラム，サバルア。

オオコオイムシ〈Diplonychus major〉昆虫綱半翅目コオイムシ科。

オオコキノコムシ〈Mycetophagus grandis〉昆虫綱甲虫目コキノコムシ科の甲虫。体長5.5〜6.5mm。

オオゴキブリ　大蜚蠊〈*Panesthia spadica*〉昆虫綱網翅目オオゴキブリ科。体長40～45mm。分布：本州(中部以南), 四国, 九州, 隠岐, 対馬, 屋久島。

オオコクヌスト　大穀盗〈*Trogossita japonica*〉昆虫綱甲虫目コクヌスト科の甲虫。体長10.5～16.5mm。分布：北海道, 本州, 四国, 九州。

オオコゲチャンスソモンヒメハマキ〈*Eucosma denigratana*〉昆虫綱鱗翅目ハマキガ科の蛾。分布：本州(東北, 中部山地), ロシア(ウスリーなど)。

オオコシアカハバチ　大腰赤葉蜂〈*Siobla ferox*〉昆虫綱膜翅目ハバチ科。体長14mm。分布：日本全土。

オオコバネナガハネカクシ〈*Lathrobium nomurai*〉昆虫綱甲虫目ハネカクシ科の甲虫。体長11.2～14.0mm。

オオコバンゾウムシ〈*Miarus kobanzo*〉昆虫綱甲虫目ゾウムシ科の甲虫。体長3.7～4.5mm。分布：本州。

オオコブオトシブミ〈*Phymatapoderus latipennis*〉昆虫綱甲虫目オトシブミ科の甲虫。体長6.5～7.2mm。

オオコブガ〈*Meganola gigas*〉昆虫綱鱗翅目コブガ科の蛾。開張23～30mm。分布：北海道, 本州, シベリア南東部。

オオコブカブリモドキ〈*Damaster ignimetalla*〉昆虫綱甲虫目オサムシ科。分布：中国(中部・南部)。

オオコフキコガネ〈*Melolontha frater*〉昆虫綱甲虫目コガネムシ科の甲虫。体長25～32mm。柿に害を及ぼす。分布：本州, 四国, 九州, 屋久島。

オオコブスジコガネ〈*Trox obscurus*〉昆虫綱甲虫目コブスジコガネ科の甲虫。体長11～13mm。分布：本州, 四国, 九州。

オオゴボウゾウムシ〈*Larinus meleagris*〉昆虫綱甲虫目ゾウムシ科の甲虫。体長9.5～13.1mm。キク科野菜に害を及ぼす。分布：北海道, 本州(山地)。

オオコホンヅノカブトムシ　ゴホンヅノカブトムシの別名。

オオゴマシジミ　大胡麻小灰蝶〈*Maculinea arionides takamukui*〉昆虫綱鱗翅目シジミチョウ科ヒメシジミ亜科の蝶。準絶滅危惧種(NT)。前翅長15～23mm。分布：北海道(南西部), 本州(中部)。

オオゴマダラ　大胡麻斑蝶〈*Idea leuconoe*〉鱗翅目タテハチョウ科の蝶。翅は半透明の灰白色で, 黒色の斑紋がある。開張9.5～10.8mm。分布：タイから, マレーシア, フィリピン, 台湾。珍蝶。

オオゴマダラアゲハ　ジョルダンアゲハの別名。

オオゴマダラエダシャク　大胡麻斑枝尺蛾〈*Percnia giraffata*〉昆虫綱鱗翅目シャクガ科エダシャク亜科の蛾。開張60～68mm。柿に害を及ぼす。分布：本州(宮城県以南), 四国, 九州, 対馬, 種子島, 屋久島, 朝鮮半島, 台湾, 中国, インド。

オオゴマダラシジミ〈*Lycaena atroguttata*〉昆虫綱鱗翅目シジミチョウ科の蝶。

オオゴマダラタイマイ〈*Graphium idaeoides*〉昆虫綱鱗翅目アゲハチョウ科の蝶。開張130mm。分布：フィリピン・ミンダナオ島。珍蝶。

オオゴマダラヒカゲ〈*Zethera incerta*〉昆虫綱鱗翅目ジャノメチョウ科の蝶。分布：スラウェシ。

オオゴマダラマネシヒカゲ〈*Elymnias kuenstleri*〉昆虫綱鱗翅目ジャノメチョウ科の蝶。分布：マレーシア, スマトラ, ジャワ, ボルネオ。

オオゴミムシ　大芥虫〈*Lesticus magnus*〉昆虫綱甲虫目オサムシ科の甲虫。体長21mm。分布：北海道, 本州, 四国, 九州。

オオゴミムシダマシ　偽大芥虫〈*Setenis insomnis*〉昆虫綱甲虫目ゴミムシダマシ科。体長25～29mm。分布：北海道, 本州(東北)。

オオゴモクムシ　大塵芥虫〈*Harpalus capito*〉昆虫綱甲虫目オサムシ科の甲虫。体長18～24mm。分布：北海道, 本州, 四国, 九州。害虫。

オオゴライアスツノコガネ〈*Goliathus goliatus*〉昆虫綱甲虫目コガネムシ科の甲虫。別名ゴライアスオオツノハナムグリ。分布：熱帯アフリカ(東部を除く)。

オオゴンオニクワガタ　ローゼンベルクオウゴンオニクワガタの別名。

オオザイノキクイムシ〈*Indocryphalus majus*〉昆虫綱甲虫目キクイムシ科の甲虫。体長4.1～4.7mm。

オオサカアオゴミムシ〈*Callistoides pericallus*〉昆虫綱甲虫目オサムシ科の甲虫。体長11.3～12.0mm。

オオサカアカムネグモ〈*Ummeliata osakaensis*〉蛛形綱クモ目サラグモ科の蜘蛛。体長雌3.0～3.8mm, 雄2.8～3.0mm。分布：北海道, 本州(平地, 山地, 高地)。

オオサカサナエ〈*Stylurus annulatus*〉昆虫綱蜻蛉目サナエトンボ科の蜻蛉。体長60mm。

オオサカスジコガネ〈*Anomala osakana*〉昆虫綱甲虫目コガネムシ科の甲虫。体長11～16mm。シバ類に害を及ぼす。分布：本州(西南部), 九州, 屋久島。

オオサカハチアゲハ〈*Papilio lormieri*〉昆虫綱鱗翅目アゲハチョウ科の蝶。分布：ナイジェリア, カメルーンからスーダン南部, ケニア, ウガンダ, ザイール, アンゴラ。

オオサクラケブカハムシ〈Tricholochmaea takeii〉昆虫綱甲虫目ハムシ科。

オオササキリ オナガササキリの別名。

オオサザナミシロアオシャク〈Thalassodes antiquadraria〉昆虫綱鱗翅目シャクガ科の蛾。分布：沖縄本島, 台湾, 中国, タイ, アッサム。

オオサザナミヒメハマキ〈Hedya inornata〉昆虫綱鱗翅目ハマキガ科の蛾。開張20～24mm。分布：北海道, 本州, 対馬, 中国(東北), ロシア(アムール, ウスリー)。

オオサシガメ〈Triatoma rubrofasciata〉昆虫綱半翅目サシガメ科。準絶滅危惧種(NT)。体長20mm。害虫。

オオサビイロナミシャク〈Collix ghosha〉昆虫綱鱗翅目シャクガ科の蛾。分布：台湾, インドから東南アジア一帯, 屋久島, 奄美諸島, 沖縄本島, 石垣島, 西表島。

オオサビイロモンキハネカクシ〈Ocypus scutiger〉昆虫綱甲虫目ハネカクシ科の甲虫。体長20.0～24.0mm。

オオサビキコリ〈Adelocera arenicola〉昆虫綱甲虫目コメツキムシ科。

オオサビコメツキ〈Lacon maeklinii〉昆虫綱甲虫目コメツキムシ科の甲虫。体長13～17mm。分布：北海道, 本州, 四国, 九州。

オオサマゴライアスツノコガネ〈Goliathus regius〉昆虫綱甲虫目コガネムシ科の甲虫。分布：アフリカ西部(ゴールドコースト寄り)。

オオサマダイコク〈Heliocopris dominus〉昆虫綱甲虫目コガネムシ科の甲虫。分布：ミャンマー, インド, インドシナ半島。

オオサマナンバンダイコク オオサマダイコクの別名。

オオサマミツギリゾウムシ〈Eutrachelus temmincki〉昆虫綱甲虫目ミツギリゾウムシ科の甲虫。分布：スンダ海峡の諸島。

オオサルゾウムシ〈Ceuthorrhynchus lewisi〉昆虫綱甲虫目ゾウムシ科。

オオサルハムシ〈Chrysochus chinensis〉昆虫綱甲虫目ハムシ科の甲虫。体長11～13mm。

オオサワオオタマキノコムシ〈Leiodes osawai〉昆虫綱甲虫目タマキノコムシ科。

オオサワカミキリモドキ〈Xanthochroa osawai〉昆虫綱甲虫目カミキリモドキ科の甲虫。体長10～15mm。

オオシオカラトンボ 大塩辛蜻蛉〈Orthetrum triangulare melania〉昆虫綱蜻蛉目トンボ科の蜻蛉。体長50～57mm。分布：日本各地。

オオシタベニビワハゴロモ〈Fulgora basinigra〉昆虫綱半翅目ビワハゴロモ科。分布：ボルネオ。

オオシマアオハナムグリ〈Protaetia exasperata〉昆虫綱甲虫目コガネムシ科の甲虫。体長18～23mm。分布：沖縄諸島以北の南西諸島。

オオシマウスアヤカミキリ〈Bumetopia oshimana〉昆虫綱甲虫目カミキリムシ科フトカミキリ亜科の甲虫。体長10～16mm。分布：吐噶喇列島, 奄美諸島。

オオシマエンマコガネ〈Onthophagus oshimanus〉昆虫綱甲虫目コガネムシ科の甲虫。体長8～10mm。分布：奄美大島。

オオシマオオトラフコガネ〈Paratrichius duplicatus〉昆虫綱甲虫目コガネムシ科の甲虫。体長9.5～11.5mm。分布：奄美大島, 沖縄諸島。

オオシマオビハナノミ〈Glipa oshimana〉昆虫綱甲虫目ハナノミ科の甲虫。体長8～9mm。

オオシマカクムネベニボタル〈Lyponia oshimana〉昆虫綱甲虫目ベニボタル科の甲虫。体長10.5～15.2mm。

オオシマカラスヨトウ〈Amphipyra monolitha〉昆虫綱鱗翅目ヤガ科カラスヨトウ亜科の蛾。開張56～63mm。桜桃, 林檎, 桜類に害を及ぼす。分布：中国, 朝鮮半島, 四国, 九州, 対馬, 屋久島, 伊豆諸島, 八丈島。

オオシマクシヒゲムシ〈Horatocera oshimana〉昆虫綱甲虫目ホソクシヒゲムシ科の甲虫。体長14mm。

オオシマクリイロシラホシカミキリ〈Nanohammus subfasciatus〉昆虫綱甲虫目カミキリムシ科フトカミキリ亜科の甲虫。体長6～9mm。分布：奄美大島, 徳之島, 沖縄諸島。

オオシマゲンゴロウ〈Hydaticus aruspex〉昆虫綱甲虫目ゲンゴロウ科の甲虫。体長12～13mm。

オオシマゴマダラカミキリ〈Anoplophora ochimana〉昆虫綱甲虫目カミキリムシ科フトカミキリ亜科の甲虫。体長28～38mm。

オオシマコメツキモドキ〈Tetralanguria oshimana〉昆虫綱甲虫目コメツキモドキ科の甲虫。体長9.5～10.0mm。

オオシマサビカミキリ〈Pterolophia oshimana〉昆虫綱甲虫目カミキリムシ科フトカミキリ亜科の甲虫。体長7～9mm。分布：奄美大島。

オオシマゼミ〈Meimuna oshimensis〉昆虫綱半翅目セミ科。

オオシマセンチコガネ〈Geotrupes oshimanus〉昆虫綱甲虫目センチコガネ科の甲虫。体長17～22mm。分布：奄美大島。

オオシマチビシデムシ〈Catops amamiensis〉昆虫綱甲虫目チビシデムシ科の甲虫。体長3.3～3.6mm。

オオシマドウガネ〈Anomala chloroderma〉昆虫綱甲虫目コガネムシ科の甲虫。体長22〜26mm。

オオシマドウボソカミキリ〈Hyllisia oshimana〉昆虫綱甲虫目カミキリムシ科フトカミキリ亜科の甲虫。体長12〜15mm。

オオシマトビケラ〈Macronema radiatum〉昆虫綱毛翅目シマトビケラ科。体長15〜18mm。分布：本州，四国，九州。

オオシマナガキマワリ〈Strongylium oshimanum〉昆虫綱甲虫目ゴミムシダマシ科の甲虫。体長23mm。分布：奄美大島。

オオシマナガゴミムシダマシ〈Setenis oshimanus〉昆虫綱甲虫目ゴミムシダマシ科。体長24〜30mm。分布：奄美大島。

オオシマナガタマムシ〈Agrilus amamioshimanus〉昆虫綱甲虫目タマムシ科の甲虫。体長3.7〜4.3mm。

オオシマハナアブ 大縞花虻〈Sericomyia japonica〉昆虫綱双翅目ショクガバエ科。体長14〜16mm。分布：北海道。

オオシマハナムグリ オオシマアオハナムグリの別名。

オオシマヒラタハナムグリ〈Charitovalgus laetus〉昆虫綱甲虫目コガネムシ科の甲虫。体長5.0〜6.5mm。分布：奄美大島，徳之島。

オオシマビロウドカミキリ〈Acalolepta oshimana〉昆虫綱甲虫目カミキリムシ科フトカミキリ亜科の甲虫。

オオシマビロウドコガネ〈Gastromaladera major〉昆虫綱甲虫目コガネムシ科の甲虫。体長10〜10.5mm。

オオシマホソハナカミキリ〈Strangalia gracilis〉昆虫綱甲虫目カミキリムシ科ハナカミキリ亜科の甲虫。体長14〜17mm。分布：奄美大島，沖縄諸島。

オオシマママドボタル〈Lychnuris atripennis〉昆虫綱甲虫目ホタル科の甲虫。体長14〜15mm。

オオシマミドリカミキリ〈Chloridolum loochooanum〉昆虫綱甲虫目カミキリムシ科カミキリ亜科の甲虫。体長17〜23mm。分布：奄美大島，沖縄諸島。

オオシマミヤマクワガタ アマミミヤマクワガタの別名。

オオシマムツボシタマムシ〈Chrysobothris ohnoi〉昆虫綱甲虫目タマムシ科の甲虫。体長6〜10mm。

オオシマヤハズカミキリ〈Uraecha oshimana〉昆虫綱甲虫目カミキリムシ科フトカミキリ亜科の甲虫。体長17〜20mm。分布：奄美諸島，沖縄諸島。

オオシマルリタマムシ〈Chrysochroa alternans〉昆虫綱甲虫目タマムシ科。体長30〜40mm。分布：奄美大島，沖縄諸島。

オオシモフリエダシャク 大霜降枝尺蛾〈Biston betularia〉昆虫綱鱗翅目シャクガ科エダシャク亜科の蛾。白色と黒色の霜降り模様。開張4.5〜6.0mm。林檎に害を及ぼす。分布：ヨーロッパから，アジア温帯域，日本。

オオシモフリスズメ 大霜降天蛾〈Langia zenzeroides〉昆虫綱鱗翅目スズメガ科ウンモンスズメ亜科の蛾。開張140〜160mm。梅，アンズ，桜類に害を及ぼす。分布：インド北部，中国雲南省・南部，台湾，四国，九州(南部を除く)，対馬，朝鮮半島南部。

オオシモフリヨトウ 大霜降夜盗蛾〈Polia goliath〉昆虫綱鱗翅目ヤガ科ヨトウガ亜科の蛾。開張52〜63mm。分布：沿海州，朝鮮半島，中国，台湾の山地，北海道，本州の山地，四国，石鎚地山系。

オオジュウゴホシテントウ〈Harmonia dimidiata〉昆虫綱甲虫目テントウムシ科の甲虫。体長6.5〜9.0mm。

オオシュロセセリ〈Erionota grandis〉昆虫綱鱗翅目セセリチョウ科の蝶。分布：中国西部。

オオショウジョウバエ〈Drosophila immigrans〉昆虫綱双翅目ショウジョウバエ科。体長3.5mm。害虫。

オオジョロウグモ 大女郎蜘蛛〈Nephila maculata〉節足動物門クモ形綱真正クモ目コガネグモ科の蜘蛛。体長雌35〜50mm，雄7〜10mm。分布：南西諸島(奄美大島以南)。害虫。

オオシラナミアツバ〈Hipoepa fractalis〉昆虫綱鱗翅目ヤガ科クルマアツバ亜科の蛾。開張21〜24mm。分布：本州(宮城県以南)，四国，九州，対馬，屋久島，奄美大島，沖縄本島，宮古島，石垣島，西表島，与那国島，南大東島，台湾，朝鮮半島南部，中国，インドからアフリカ。

オオシラフクチバ 大白斑朽葉〈Sypna lucilla〉昆虫綱鱗翅目ヤガ科シタバ亜科の蛾。開張48〜54mm。分布：本州。

オオシラホシアシブトクチバ〈Achaea serva〉昆虫綱鱗翅目ヤガ科シタバガ亜科の蛾。分布：インドからオーストラリア地域一帯，南太平洋諸島，屋久島，沖縄本島，石垣島，大東島，小笠原諸島。

オオシラホシアツバ〈Edessena hamada〉昆虫綱鱗翅目ヤガ科クルマアツバ亜科の蛾。開張40〜45mm。分布：北海道，本州，四国，九州，種子島，対馬，朝鮮半島，中国。

オオシラホシハナノミ〈Hoshihananomia pirika〉昆虫綱甲虫目ハナノミ科の甲虫。体長10〜13mm。

オオシラホシヤガ〈Eurois occulta〉昆虫綱鱗翅目ヤガ科の蛾。分布：北半球の亜寒帯，サハリン，沿

オオシラホ

海州,中国山西省,北海道東部・中部,宮城県栗駒山,新潟県佐渡島,長野県上高地.

オオシラホシヨトウ〈*Polia nebulosa*〉昆虫綱鱗翅目ヤガ科ヨトウガ亜科の蛾.開張50〜57mm.分布：ユーラシア,北海道から本州中部の山地帯.

オオシリオビアオシャク オオシロオビアオシャクの別名.

オオシリグロハネカクシ〈*Astenus suffusus*〉昆虫綱甲虫目ハネカクシ科の甲虫.体長5.3〜5.6mm.

オオシロアシハマキ オオシロアシヒメハマキの別名.

オオシロアシヒメハマキ〈*Phaecasiophora fernaldana*〉昆虫綱鱗翅目ハマキガ科の蛾.開張23〜25mm.分布：本州(新潟県,関東以西),四国,九州,対馬,伊豆諸島(利島,御蔵島),屋久島,奄美大島,琉球列島(久米島,西表島),朝鮮半島,台湾.

オオシロアヤシャク 大白綾尺蛾〈*Pingasa alba*〉昆虫綱鱗翅目シャクガ科アオシャク亜科の蛾.開張36〜45mm.分布：台湾,中国南部,チベット,インド,本州(関東以西),四国,九州,屋久島.

オオシロアリ 大白蟻〈*Hodotermopsis japonica*〉オオシロアリ科.体長は有翅虫11〜12mm,兵蟻16〜19mm,職蟻8.5〜12.0mm.分布：高知県足摺岬,鹿児島県佐多岬,種子島,屋久島,吐噶喇列島中之島,奄美大島,徳之島.

オオシロエダシャク 大白枝尺蛾〈*Metabraxas clerica*〉昆虫綱鱗翅目シャクガ科エダシャク亜科の蛾.開張44〜59mm.分布：中国,チベット,北海道,本州,四国,九州,対馬.

オオシロオビアオシャク〈*Geometra papilionaria*〉昆虫綱鱗翅目シャクガ科アオシャク亜科の蛾.後翅の縁には独特の凹凸をもつ.開張4.5〜6.0mm.分布：ヨーロッパ,アジア温帯域,日本.

オオシロオビクロナミシャク〈*Calocalpe hastata*〉昆虫綱鱗翅目シャクガ科ナミシャク亜科の蛾.翅は黒色と白色の格子模様.開張2.5〜4.0mm.分布：ヨーロッパ,アジアの温帯域,北アメリカ.

オオシロオビクロハバチ〈*Allantus meridionalis*〉昆虫綱膜翅目ハバチ科.バラ類に害を及ぼす.

オオシロオビクロヒカゲ〈*Lethe mataja*〉昆虫綱鱗翅目ジャノメチョウ科の蝶.分布：台湾.

オオシロオビゾウムシ 大白帯象鼻虫〈*Cryptoderma fortunei*〉昆虫綱甲虫目オサゾウムシ科の甲虫.体長9〜15mm.分布：四国,九州.

オオシロカゲロウ アミメカゲロウの別名.

オオシロカネグモ 大銀蜘蛛〈*Leucauge magnifica*〉節足動物門クモ形綱真正クモ目アシナガグモ科の蜘蛛.体長雌13〜15mm,雄7〜10mm.分布：本州(中・南部),四国,九州,南西諸島.

オオシロカミキリ〈*Olenecamptus cretaceus*〉昆虫綱甲虫目カミキリムシ科フトカミキリ亜科の甲虫.体長21〜23mm.分布：本州,四国,九州,対馬.

オオシロジスガ〈*Klausius major*〉昆虫綱鱗翅目スガ科の蛾.分布：本州,九州.

オオシロシタセセリ〈*Satarupa gopala*〉昆虫綱鱗翅目セセリチョウ科の蝶.分布：シッキム,アッサム,インドシナ,マレーシア,スマトラ,海南島.

オオシロシタバ 大白下翅〈*Catocala lara*〉昆虫綱鱗翅目ヤガ科シタバガ亜科の蛾.開張78〜85mm.分布：アムール,ウスリー,サハリン,朝鮮半島,中国北部,北海道,本州,四国,九州.

オオシロジャノメ〈*Melanargia montana*〉昆虫綱鱗翅目ジャノメチョウ科の蝶.

オオシロスジカミキリ〈*Botocera davidis*〉昆虫綱甲虫目カミキリムシ科の甲虫.分布：台湾,南中国.

オオシロスダタイマイ〈*Eurytides serville serville*〉昆虫綱鱗翅目アゲハチョウ科の蝶.分布：コロンビア,エクアドルからボリビア,ベネズエラ北部.

オオシロテンアオヨトウ 大白点青夜盗蛾〈*Tranchea lucilla*〉昆虫綱鱗翅目ヤガ科カラスヨトウ亜科の蛾.開張45〜48mm.分布：北海道から九州.

オオシロテンクチバ〈*Hypersypnoides submarginata*〉昆虫綱鱗翅目ヤガ科クチバ亜科の蛾.開張44〜46mm.分布：インド,ボルネオ,ジャワ,中国,台湾,琉球列島,奄美大島,本土南岸,伊豆半島付近を北限,屋久島,西南部の離島,伊豆諸島のほぼ全域.

オオシロフベッコウ 大白斑蠅甲蜂〈*Episyron arrogans*〉昆虫綱膜翅目ベッコウバチ科.体長10〜17mm.分布：日本全土.

オオシロヘリハバチ〈*Tenthredo contusa*〉昆虫綱膜翅目ハバチ科.

オオシロモンサルゾウムシ〈*Ceutorhynchus ancora*〉昆虫綱甲虫目ゾウムシ科の甲虫.体長3.2〜4.0mm.

オオシロモンセセリ〈*Udaspes folus*〉昆虫綱鱗翅目セセリチョウ科の蝶.前翅長24〜26mm.分布：奄美大島以南の南西諸島.

オオシロモンノメイガ〈*Chabula telphusalis*〉昆虫綱鱗翅目メイガ科ノメイガ亜科の蛾.開張21〜24mm.分布：北海道,本州,四国,九州,対馬,屋久島,台湾,東南アジア.

オオシロモンムラサキ〈*Hypolimnas mechowi*〉昆虫綱鱗翅目タテハチョウ科の蝶.開張85mm.分布：アフリカ中央部.珍蝶.

オオシワアリ〈*Tetramorium guineense*〉昆虫綱膜翅目アリ科。

オオズアカアリ オオズアリの別名。

オオズアリ 大頭蟻〈*Pheidole nodus*〉昆虫綱膜翅目アリ科。分布：日本各地。害虫。

オオズアリヅカムシ〈*Nipponobythus latifrons*〉昆虫綱甲虫目アリヅカムシ科の甲虫。体長1.6〜2.1mm。

オオスイコバネ〈*Eriocrania semipurpurella*〉昆虫綱鱗翅目スイコバネガ科の蛾。開張10〜15mm。分布：北海道，本州(中部山岳地帯)，ヨーロッパからシベリア，北アメリカ。

オオズウミハネカクシ〈*Liparocephalus tokunagai*〉昆虫綱甲虫目ハネカクシ科。分布：和歌山県・愛媛県の太平洋岸。

オオズオオキバハネカクシ〈*Oxyporus parcus*〉昆虫綱甲虫目ハネカクシ科の甲虫。体長10.0〜13.0mm。

オオスカシクロバ〈*Illiberis psychina*〉昆虫綱鱗翅目マダラガ科の蛾。分布：東北地方の北部から北海道，シベリア南東部。

オオスカシツバメシジミタテハ〈*Chorinea sylphina*〉昆虫綱鱗翅目シジミタテハ科。分布：エクアドルからボリビアまで。

オオスカシノメイガ〈*Glyphodes multilinealis*〉昆虫綱鱗翅目メイガ科の蛾。分布：屋久島，宮古島，サモア諸島，ソシエテ諸島，グアム。

オオスカシバ 大透羽蛾〈*Cephonodes hylas*〉昆虫綱鱗翅目スズメガ科オオスカシバ亜科の蛾。開張50〜70mm。クチナシに害を及ぼす。分布：アフリカから東南アジア，オーストラリア，本州(関東以西)，四国，九州から琉球の与那国島，台湾，中国，インドから東南アジア一帯。

オオズカシホソチョウ〈*Acraea pentapolis*〉昆虫綱鱗翅目ホソチョウ科の蝶。分布：アフリカ西部，中央部。

オオズカタホソハネカクシ〈*Philydrodes hikosanensis*〉昆虫綱甲虫目ハネカクシ科の甲虫。体長6.3〜6.7mm。

オオズカラベ〈*Scarabaeus gangetex*〉昆虫綱甲虫目コガネムシ科の甲虫。分布：北アフリカ，中央アジア，イラン，南インド。

オオスギヤミサラグモ〈*Arcuphantes osugiensis*〉蛛形綱クモ目サラグモ科の蜘蛛。

オオズクロメバエ〈*Archiconops erythrocephalus*〉昆虫綱双翅目メバエ科。

オオズケゴモクムシ〈*Harpalus eous*〉昆虫綱甲虫目オサムシ科の甲虫。体長12.5〜15.0mm。

オオズコガシラハネカクシ〈*Philonthus parcus*〉昆虫綱甲虫目ハネカクシ科の甲虫。体長8.5〜9.5mm。

オオスジカブトゴミムシダマシ〈*Bradymerus clathratus*〉昆虫綱甲虫目ゴミムシダマシ科の甲虫。体長6.6mm。

オオスジグロシロチョウ〈*Artogeia extensa*〉昆虫綱鱗翅目シロチョウ科の蝶。分布：中国南西部。

オオスジコガネ 大条金亀子〈*Anomala costata*〉昆虫綱甲虫目コガネムシ科の甲虫。体長17〜20mm。カラマツに害を及ぼす。分布：北海道，本州，四国，九州。

オオスジシロキヨトウ〈*Leucania salebrosa*〉昆虫綱鱗翅目ヤガ科ヨトウガ亜科の蛾。開張28〜32mm。

オオスジチャタテ〈*Psococerastis kurokiana*〉昆虫綱噛虫目チャタテムシ科。

オオスジホソメイガ マエジロホソメイガの別名。

オオスズメバチ 大胡蜂〈*Vespa mandarinia*〉昆虫綱膜翅目スズメバチ科。体長雌37〜44mm，雄27〜39mm。分布：日本全土。害虫。珍虫。

オオズセダカコクヌスト〈*Thymalus laticeps*〉昆虫綱甲虫目コクヌスト科の甲虫。体長6.0〜7.5mm。

オオソモンカバハマキ〈*Catoptria rigidana*〉昆虫綱鱗翅目ノコメハマキガ科の蛾。開張18〜22mm。

オオズダレセセリ〈*Plastingia tessellata*〉昆虫綱鱗翅目セセリチョウ科の蝶。

オオズナゴミムシダマシ〈*Gonocephalum pubens*〉昆虫綱甲虫目ゴミムシダマシ科の甲虫。体長11.0〜13.0mm。

オオズナハラゴミムシ 大砂原芥虫〈*Diplocheila zeelandica*〉昆虫綱甲虫目オサムシ科の甲虫。体長22〜24mm。分布：本州，四国，九州。

オオズハイイロハネカクシ〈*Philetaerius elegans*〉昆虫綱甲虫目ハネカクシ科の甲虫。体長10.5〜11.5mm。

オオズハンミョウ〈*Megacephala asperata*〉昆虫綱甲虫目ハンミョウ科。分布：アフリカ東部，中央部・南部。

オオズヒメゴモクムシ〈*Bradycellus grandiceps*〉昆虫綱甲虫目オサムシ科の甲虫。体長5.7〜7.2mm。

オオズホソアカクワガタ〈*Cyclommatus pulchellus*〉昆虫綱甲虫目クワガタムシ科。分布：ニューギニア。

オオスミコガネグモ〈*Argiope ocula*〉蛛形綱クモ目コガネグモ科の蜘蛛。

オオズミズギワゴミムシ〈Bembidion quadriimpressum〉昆虫綱甲虫目オサムシ科の甲虫。体長4mm。分布：北海道，本州。

オオスミヒメハナノミ〈Mordellistenoda ohsumiana〉昆虫綱甲虫目ハナノミ科の甲虫。体長3.4〜4.5mm。

オオセアカクロバエ 大背赤黒蠅〈Muscina pascuorum〉昆虫綱双翅目イエバエ科。体長9.0〜10.5mm。分布：北海道，本州，九州。害虫。

オオセイボウ 大青蜂〈Stilbum cyanurum〉昆虫綱膜翅目セイボウ科。別名スズメバチ。体長12〜20mm。分布：本州，四国，九州，南西諸島。

オオセスジイトトンボ 大背条糸蜻蛉〈Cercion plagiosum〉昆虫綱蜻蛉目イトトンボ科の蜻蛉。絶滅危惧I類(CR+EN)。体長45mm。分布：本州。

オオセスジエンマムシ 大背条閻魔虫〈Onthophilus ostreatus〉昆虫綱甲虫目エンマムシ科の甲虫。体長4〜5mm。分布：本州。

オオセダカオサムシ〈Cychrus italicus〉昆虫綱甲虫目オサムシ科。分布：ヨーロッパ南部。

オオセンショウグモ〈Mimetus testaceus〉蛛形綱クモ目センショウグモ科の蜘蛛。体長雌5.5〜6.0mm，雄3.5〜3.7mm。分布：本州(北・中部)。

オオセンダンヒメハマキ〈Dudua aprobola〉昆虫綱鱗翅目ハマキガ科の蛾。分布：インドから台湾にかけての東南アジア，太平洋の島々，オーストラリア，南大東島，小笠原諸島。

オオセンチコガネ〈Geotrupes auratus〉昆虫綱甲虫目センチコガネ科の甲虫。体長16〜22mm。分布：北海道，本州，四国，九州，屋久島。

オオゾウムシ 大象鼻虫〈Sipalinus gigas〉昆虫綱甲虫目オサゾウムシ科の甲虫。体長12〜29mm。分布：日本全土。

オオダイオオナガゴミムシ〈Pterostichus biexcisus〉昆虫綱甲虫目オサムシ科の甲虫。体長20〜23.5mm。

オオダイセマダラコガネ〈Blitopertha ohdaiensis〉昆虫綱甲虫目コガネムシ科の甲虫。体長10〜12mm。分布：本州，四国，九州。

オオダイナガゴミムシ〈Pterostichus ohdaisanus〉昆虫綱甲虫目オサムシ科の甲虫。体長13.5〜15.0mm。

オオダイヌレチゴミムシ〈Patrobus ohdaisanus〉昆虫綱甲虫目ゴミムシ科。

オオダイヒラタシデムシ〈Silpha imitator〉昆虫綱甲虫目シデムシ科の甲虫。体長16〜18mm。

オオタイマイ オナガアオスジアゲハの別名。

オオダイマグソコガネダマシ〈Bolitotrogus ohdaiensis〉昆虫綱甲虫目ゴミムシダマシ科の甲虫。体長3.5mm。

オオダイルリシモフリヒラタコメツキ オオダイルリヒラタコメツキの別名。

オオダイルリヒラタコメツキ〈Actenicerus odaisanus〉昆虫綱甲虫目コメツキムシ科の甲虫。体長15〜19mm。分布：本州(近畿)。

オオタカネジャノメ〈Hypparchaia fagi〉昆虫綱鱗翅目タテハチョウ科の蝶。前翅にはギザギザの白色の帯がある。開張7.0〜7.5mm。分布：ヨーロッパの中部や南部。

オオタカネヒカゲ〈Oeneis magna〉昆虫綱鱗翅目ジャノメチョウ科の蝶。分布：シベリア北東部，アムール，ウスリー，朝鮮半島。

オオタキメクラチビゴミムシ〈Stygiotrechus satoui〉昆虫綱甲虫目オサムシ科の甲虫。体長2.5〜2.9mm。

オオタケチャイロコガネ〈Sericania ohtakei〉昆虫綱甲虫目コガネムシ科の甲虫。体長8.5〜11.5mm。

オオタコゾウムシ〈Hypera punctata〉昆虫綱甲虫目ゾウムシ科。体長8mm。マメ科牧草に害を及ぼす。分布：本州，北アメリカ，ヨーロッパ。

オオタツマアカヒメテントウ〈Scymnus rectus〉昆虫綱甲虫目テントウムシ科の甲虫。体長1.5〜1.8mm。

オオダナエテントウダマシ〈Danae denticornis〉昆虫綱甲虫目テントウダマシ科。

オオタバコガ〈Helicoverpa armigera〉昆虫綱鱗翅目ヤガ科タバコガ亜科の蛾。開張35mm。オクラ，アブラナ科野菜，ウリ科野菜，キク科野菜，セリ科野菜，ナス科野菜，繊維作物，菊，カーネーション，バラ類，イネ科作物に害を及ぼす。分布：アフリカ，アジア，オーストラリア，ヨーロッパ，湿帯アジア南部，北海道，東北地方，本土西南部，対馬，屋久島から琉球の離島。

オオタバコガモドキ〈Helicoverpa avmigera〉昆虫綱鱗翅目ヤガ科の蛾。

オオタヒメテントウ〈Scymnus ohtai〉昆虫綱甲虫目テントウムシ科の甲虫。体長1.9〜2.0mm。

オオダンゴタマムシ〈Julodis steveni ampliata〉昆虫綱甲虫目タマムシ科。分布：シリア，イラク，イラン。

オオダンダラチビタマムシ〈Trachys dilaticeps〉昆虫綱甲虫目タマムシ科の甲虫。体長3.3〜4.8mm。

オオチビヒョウタンゴミムシ〈Dyschirius yezoensis〉昆虫綱甲虫目オサムシ科。体長4.7mm。分布：北海道，本州。

オオチビヒラタエンマムシ〈Platylomalus niponensis〉昆虫綱甲虫目エンマムシ科の甲虫。体長3.0〜3.5mm。

オオチャイロコメツキダマシ〈*Fornax victor*〉昆虫綱甲虫目コメツキダマシ科の甲虫。体長7.8〜14.4mm。

オオチャイロハナムグリ〈*Osmoderma opicum*〉昆虫綱甲虫目コガネムシ科の甲虫。準絶滅危惧種(NT)。体長27〜28mm。分布：本州、四国、九州。

オオチャイロヨトウ〈*Polia bombycina*〉昆虫綱鱗翅目ヤガ科ヨトウガ亜科の蛾。開張50〜58mm。分布：ユーラシア、サハリン、本州中部以北の山地、北海道。

オオチャタテ〈*Psococerastis nubila*〉昆虫綱噛虫目チャタテムシ科。

オオチャバネセセリ 大茶翅挵蝶〈*Polytremis pellucida*〉昆虫綱鱗翅目セセリチョウ科の蝶。別名ハナセセリ。前翅長18〜21mm。分布：北海道、本州、四国、九州。

オオチャバネフユエダシャク〈*Erannis defoliaria*〉昆虫綱鱗翅目シャクガ科エダシャク亜科の蛾。雄は変異に富み、後翅には暗色の斑点。雌は無翅。開張3.0〜4.5mm。分布：ヨーロッパを中心にアジア温帯域。

オオチャバネヨトウ〈*Nonagria puengeleri*〉昆虫綱鱗翅目ヤガ科カラスヨトウ亜科の蛾。分布：沿海州、イラク、北海道東部、秋田県、岩手県、千葉県、神奈川県、群馬県、長野県、岐阜県、岡山県、小豆島、北九州市。

オオチョウバエ〈*Clogmia albipunctata*〉昆虫綱双翅目チョウバエ科。別名オオケチョウバエ。体長4mm。分布：本州、四国、九州。害虫。

オオツカクチブトゾウムシ〈*Myllocerus otsukai*〉昆虫綱甲虫目ゾウムシ科の甲虫。体長4.6〜4.8mm。

オオツカヒメテントウ〈*Pseudoscymnus ohtsukai*〉昆虫綱甲虫目テントウムシ科の甲虫。体長1.5〜1.6mm。

オオツヅリガ〈*Aphomia zelleri*〉昆虫綱鱗翅目メイガ科ツヅリガ亜科の蛾。開張雄26mm、雌30〜50mm。分布：北海道、本州、四国、中国、ヨーロッパ。

オオツチイロノメイガ〈*Sylepta fuscoinvalidalis*〉昆虫綱鱗翅目メイガ科の蛾。分布：東北北部、関東、中部、北陸。

オオツチグモ 大土蜘蛛 節足動物門クモ形綱真正クモ目オオツチグモ科の大形のクモの総称。

オオツチハンミョウ〈*Meloe proscalabaeus*〉昆虫綱甲虫目ツチハンミョウ科の甲虫。体長11〜30mm。

オオツキノコムシ〈*Cis boleti*〉昆虫綱甲虫目ツキノコムシ科の甲虫。体長3〜4mm。

オオツツマグソコガネ オオニセツツマグソコガネの別名。

オオツノカメムシ 大角亀虫〈*Anaxandra gigantea*〉昆虫綱半翅目ツノカメムシ科。体長16〜18mm。分布：本州、四国、九州。

オオツノクモゾウムシ〈*Chirozetes hiraii*〉昆虫綱甲虫目ゾウムシ科の甲虫。体長5.5〜6.7mm。

オオツノクワガタ〈*Hexarthrius mandibularis*〉昆虫綱甲虫目クワガタムシ科。分布：スマトラ、ボルネオ。

オオツノコクヌストモドキ〈*Gnathocerus cornutus*〉昆虫綱甲虫目ゴミムシダマシ科の甲虫。体長3.5〜4.5mm。貯穀・貯蔵植物性食品に害を及ぼす。分布：九州、沖縄、汎世界的。

オオツノゼミ〈*Centrotypus flexuosus*〉昆虫綱半翅目ツノゼミ科。分布：シッキム、アッサム、インド、ミャンマー。

オオツノダイコクコガネ〈*Phanaeus faunus*〉昆虫綱甲虫目コガネムシ科の甲虫。分布：ブラジル。

オオツノトンボ 大長角蜻蛉〈*Protidricerus japonicus*〉昆虫脈翅目ツノトンボ科。開張85mm。分布：本州、四国、九州。

オオツノハナムグリ ミドリオオツノハナムグリの別名。

オオツノハネカクシ〈*Bledius salsus*〉昆虫綱甲虫目ハネカクシ科の甲虫。体長6.2〜7.3mm。

オオツノメンガタカブトムシ〈*Trichogomphus lunicollis*〉昆虫綱甲虫目コガネムシ科の甲虫。分布：マレーシア、スマトラ、ボルネオ。

オオツバメエダシャク〈*Amblychia angeronaria*〉昆虫綱鱗翅目シャクガ科エダシャク亜科の蛾。開張75〜80mm。分布：奈良県の春日大社境内の原生林、四国南部、九州、対馬、屋久島、奄美大島、徳之島、西表島、台湾、中国、インドから東南アジア一帯、ニューギニア。

オオツバメガ〈*Lyssa zampa*〉昆虫綱鱗翅目ツバメガ科の蛾。

オオツマキクロハマキ オオツマキクロヒメハマキの別名。

オオツマキクロヒメハマキ〈*Hendecaneura impar*〉昆虫綱鱗翅目ハマキガ科の蛾。開張16〜17mm。分布：北海道、本州(中部山地)、屋久島。

オオツマキシロチョウ〈*Gideona lucasi*〉昆虫綱鱗翅目シロチョウ科の蝶。分布：マダガスカル。

オオツマヘリカメムシ〈*Colpura lativentris*〉昆虫綱半翅目ヘリカメムシ科。体長8.5〜13.0mm。分布：本州、四国、九州、南西諸島。

オオツマグロハバチ〈*Tenthredo providens*〉昆虫綱膜翅目ハバチ科。体長15mm。セリ科野菜に害を及ぼす。分布：本州、四国、九州。

オオツマジロハバチ〈*Tenthredo fagi facigera*〉昆虫綱膜翅目ハバチ科。

オオツヤエンマコガネ〈*Onthophagus discedens*〉昆虫綱甲虫目コガネムシ科の甲虫。体長9～13mm。

オオツヤクロジガバチ〈*Pison strandi*〉昆虫綱膜翅目アナバチ科。

オオツヤシデムシ〈*Necrophilus nomurai*〉昆虫綱甲虫目シデムシ科の甲虫。体長10mm。

オオツヤスジウンモンヒメハマキ〈*Olethreutes examinata*〉昆虫綱鱗翅目ハマキガ科の蛾。分布：北海道，本州(中部山地)，ロシア(ウスリー)。

オオツヤタマムシ〈*Psiloptera bicarinata*〉昆虫綱甲虫目タマムシ科の甲虫。分布：南アメリカ。

オオツヤハダコメツキ〈*Stenagostus umbratilis*〉昆虫綱甲虫目コメツキムシ科の甲虫。体長17～25mm。分布：北海道，本州，四国，九州，対馬，屋久島，伊豆諸島。

オオツヤバネベニボタル〈*Calochromus nagaii*〉昆虫綱甲虫目ベニボタル科の甲虫。体長11.2～17.3mm。

オオツヤホソゴミムシダマシ〈*Menephilus arciscelis*〉昆虫綱甲虫目ゴミムシダマシ科の甲虫。体長15mm。分布：本州，四国，九州，奄美大島。

オオツヤホソバエ〈*Themira nigricornis*〉昆虫綱双翅目ツヤホソバエ科。体長4.5～5.0mm。分布：本州。

オオツヤマグソコガネ〈*Aphodius rufipes*〉昆虫綱甲虫目コガネムシ科の甲虫。体長9.5～13.0mm。

オオツリガネヒメグモ〈*Achaearanea nipponica*〉蛛形綱クモ目ヒメグモ科の蜘蛛。体長雌4～5mm，雄3.0～3.5mm。分布：本州，九州。

オオツルハマダラカ〈*Anopheles lesteri*〉昆虫綱双翅目カ科。体長5.5mm。害虫。

オオテナガカナブン〈*Jumnos ruckeri*〉昆虫綱甲虫目コガネムシ科の甲虫。分布：シッキム，アッサム，インド北部，ミャンマー，タイ，マレーシア，亜種はシッキム，アッサム，インド北部。

オオテントウ〈*Synonycha grandis*〉昆虫綱甲虫目テントウムシ科の甲虫。体長10.5～13.0mm。分布：本州，四国，九州，南西諸島。

オオトウアツバ〈*Corsa petrina*〉昆虫綱鱗翅目ヤガ科クチバ亜科の蛾。開張24mm。分布：関東地方南部を北限，本州，四国，九州，対馬，石垣島，西表島。

オオトウウスグロクチバ〈*Avitta fasciosa*〉昆虫綱鱗翅目ヤガ科クチバ亜科の蛾。分布：アッサム地方，紀伊半島大塔山系，四国各地，関東地方。

オオトガリキジラミ〈*Epitrioza mizuhonica*〉昆虫綱半翅目トガリキジラミ科。

オオトガリキバガ〈*Metzneria inflammatella*〉昆虫綱鱗翅目キバガ科の蛾。開張18～23mm。分布：本州の中部山岳地帯。

オオトガリバキバガ　オオトガリキバガの別名。

オオトガリヨコバイ〈*Aconura grandis*〉昆虫綱半翅目ヨコバイ科。体長5～7mm。分布：本州，四国，九州，対馬，小笠原諸島。

オオトガリワモン〈*Discophora timora*〉昆虫綱鱗翅目ワモンチョウ科の蝶。分布：インド。

オオトゲアシキノコバエ〈*Mycomyia fasciata*〉昆虫綱双翅目キノコバエ科。

オオトゲアリヅカムシ〈*Lasinus spinosus*〉昆虫綱甲虫目ハネカクシ科の甲虫。体長3mm。分布：本州，九州。

オオトゲシラホシカメムシ〈*Eysarcoris lewisi*〉昆虫綱半翅目カメムシ科。体長5.0～7.0mm。イネ科牧草，豌豆，空豆，大豆，稲に害を及ぼす。分布：北海道，中部以北の本州，千島列島，極東ロシア。

オオトゲチマダニ〈*Haemaphysalis megaspinosa*〉蛛形綱ダニ目マダニ科。体長4.0mm。害虫。

オオトゲテントウダマシ〈*Cacodaemon satanas*〉昆虫綱甲虫目テントウダマシ科。分布：ボルネオ。

オオトゲトビムシ〈*Pogonognathus flavescens*〉無翅昆虫亜綱粘管目トゲトビムシ科。

オオトックリゴミムシ　大徳利芥虫〈*Oodes vicarius*〉昆虫綱甲虫目オサムシ科の甲虫。体長12～13mm。分布：北海道，本州，四国，九州。

オオトビエダシャク　大鳶枝尺蛾〈*Duliophyle majuscularia*〉昆虫綱鱗翅目シャクガ科エダシャク亜科の蛾。開張52～62mm。分布：本州(東北地方北部より)，四国，九州，対馬。

オオトビサシガメ　大鳶刺亀〈*Isyndus obscurus*〉昆虫綱半翅目サシガメ科。体長20～25mm。分布：本州，四国，九州。害虫。

オオトビスジエダシャク　大鳶条枝尺蛾〈*Ectropis excellens*〉昆虫綱鱗翅目シャクガ科エダシャク亜科の蛾。開張雄32～39mm，雌45～50mm。ハスカップ，林檎に害を及ぼす。分布：北海道，本州，四国，九州，対馬，屋久島，奄美大島，沖縄本島，久米島，石垣島，西表島，朝鮮半島，シベリア南東部，中国。

オオトビナナフシ　ナナフシ科のPharnacia属など数属の総称。珍虫。

オオトビネマダラメイガ〈*Acrobasis obrutella*〉昆虫綱鱗翅目メイガ科の蛾。桜桃，桃，スモモに害を及ぼす。分布：北海道，本州，シベリア南東部。

オオトビモンアツバ〈*Hepena occata*〉昆虫綱鱗翅目ヤガ科アツバ亜科の蛾。分布：関東南部以西，

四国, 九州, 屋久島, 奄美大島, 伊豆諸島, 八丈島, 台湾.

オオトビモンシャチホコ〈*Phalerodonta manleyi*〉昆虫綱鱗翅目シャチホコガ科ウチキシャチホコ亜科の蛾。開張40～50mm。栗, カシ類に害を及ぼす。分布：台湾, 北海道から九州, 対馬。

オオトモエ〈*Erebus ephesperis*〉昆虫綱鱗翅目ヤガ科シタバガ亜科の蛾。開張90～100mm。桃, スモモ, 葡萄, 柑橘に害を及ぼす。分布：インド, ミャンマー, アンダマン諸島, マレーシア, スマトラ, ボルネオ, ジャワ, スンダ諸島, 中国, 台湾, 関東地方南部以西, 琉球列島に至る全域。

オオトラカミキリ〈*Xylotrechus villioni*〉昆虫綱甲虫目カミキリムシ科カミキリ亜科の甲虫。体長23～27mm。

オオトラフアゲハ〈*Papilio rutulus*〉昆虫綱鱗翅目アゲハチョウ科の蝶。分布：カナダのブリティッシュ・コロンビアからアメリカ合衆国のカリフォルニア州, ロッキー山脈の東側高原地帯まで。

オオトラフコガネ 大虎斑金亀子〈*Paratrichius doenitzi*〉昆虫綱甲虫目コガネムシ科の甲虫。体長12～15mm。分布：北海道, 本州, 四国, 九州。

オオトラフトンボ 大虎斑蜻蛉〈*Epitheca bimaculata sibirica*〉昆虫綱蜻蛉目エゾトンボ科の蜻蛉。体長62mm。分布：北海道および本州の高山地。

オオトリノフンダマシ〈*Cyrtarachne inaequalis*〉蛛形綱クモ目コガネグモ科の蜘蛛。体長雌10～13mm, 雄2.0～2.5mm。分布：本州, 四国, 九州, 南西諸島。

オオナガエンマムシ 大長閻魔虫〈*Platysoma lewisii*〉昆虫綱甲虫目エンマムシ科の甲虫。体長4.3～6.0mm。分布：本州, 九州。

オオナガキスイ〈*Cryptophagus enormis*〉昆虫綱甲虫目キスイムシ科の甲虫。体長3.0～4.0mm。

オオナガクチキムシ〈*Melandrya niponica*〉昆虫綱甲虫目ナガクチキムシ科の甲虫。体長11～19mm。分布：北海道, 本州。

オオナガクロヒメハナカミキリ オオヒメハナカミキリの別名。

オオナガクロモクメ〈*Harpyia bicuspis kurilensis*〉昆虫綱鱗翅目シャチホコガ科ウチキシャチホコ亜科の蛾。開張35～40mm。

オオナガケシゲンゴロウ〈*Hydroporus kanoi*〉昆虫綱甲虫目ゲンゴロウ科。

オオナガゴミムシ 大長芥虫〈*Pterostichus fortis*〉昆虫綱甲虫目オサムシ科の甲虫。体長17～21mm。分布：北海道, 本州, 九州。

オオナガコメツキ〈*Elater sieboldi*〉昆虫綱甲虫目コメツキムシ科の甲虫。体長24～30mm。分布：北海道, 本州, 四国, 九州, 対馬, 南西諸島, 伊豆諸島。

オオナガシバンムシ〈*Priobium cylindricum*〉昆虫綱甲虫目シバンムシ科の甲虫。体長6mm。分布：本州。

オオナガジロフトメイガ〈*Teliphasa albifusa*〉昆虫綱鱗翅目メイガ科の蛾。分布：対馬, 朝鮮半島, 台湾, インド。

オオナガシンクイ〈*Heterobostrychus hamatipennis*〉昆虫綱甲虫目ナガシンクイムシ科の甲虫。体長8.5～15.5mm。分布：本州, 四国, 九州, 南西諸島。害虫。

オオナガニジゴミムシダマシ〈*Ceropria sulcifrons*〉昆虫綱甲虫目ゴミムシダマシ科。

オオナガバセセリ〈*Proteides mercurius*〉昆虫綱鱗翅目セセリチョウ科の蝶。分布：合衆国南部, メキシコ, 中米諸国からブラジル, アルゼンチンまで, 大アンチル諸島。

オオナガバヒメハマキ〈*Epinotia maculana*〉昆虫綱鱗翅目ハマキガ科の蛾。分布：北海道, 本州(中部山地), ロシア, ヨーロッパ, イギリス。

オオナガヒラタコメツキ〈*Paraphotistus notabilis*〉昆虫綱甲虫目コメツキムシ科の甲虫。体長16～23mm。分布：本州, 四国, 九州, 屋久島。

オオナカホシエダシャク〈*Alcis pryeraria*〉昆虫綱鱗翅目シャクガ科エダシャク亜科の蛾。開張26～36mm。分布：北海道, 本州, 四国, 九州, 屋久島, サハリン。

オオナカミゾコメツキダマシ〈*Rhacopus olexai*〉昆虫綱甲虫目コメツキダマシ科の甲虫。体長4.5～9.2mm。

オオナガレトビケラ 大流飛蠑〈*Himalopsyche japonica*〉昆虫綱毛翅目ナガレトビケラ科。準絶滅危惧種(NT)。分布：本州, 中国。

オオナミガタアオシャク〈*Jodis dentifascia*〉昆虫綱鱗翅目シャクガ科アオシャク亜科の蛾。開張24～29mm。分布：北海道, 本州, 四国, 九州, 朝鮮半島, シベリア南東部, 中国。

オオナミシャク 大波尺蛾〈*Callabraxas maculata*〉昆虫綱鱗翅目シャクガ科ナミシャク亜科の蛾。開張34～41mm。分布：北海道, 本州, 四国, 九州。

オオナミスジキヒメハマキ〈*Pseudohedya retracta*〉昆虫綱鱗翅目ハマキガ科の蛾。分布：北海道, 本州(東北, 中部山地), 中国(東北), ロシア(シベリア)。

オオナミハグモ〈*Cybaeus magnus*〉蛛形綱クモ目ミズグモ科の蜘蛛。

オオナミフユナミシャク〈*Operophtera variabilis*〉昆虫綱鱗翅目シャクガ科の蛾。林檎, 桜類に害を及ぼす。

オオナミモンハマキモドキ〈*Hilarographa mikadonis*〉昆虫綱鱗翅目ハマキモドキガ科の蛾。開張15～16mm。

オオナミモンマダラハマキ〈*Charitographa mikadonis*〉昆虫綱鱗翅目ハマキガ科の蛾。分布：東北の八幡平から鳥取県大山まで。

オオナンベイツバメガ〈*Urania leilus*〉昆虫綱鱗翅目ツバメガ科の蛾。別名ナンベイオオツバメガ。分布：ペルー、ボリビア、ブラジルなど。

オオニクバエ〈*Sarcophaga mimobasalis*〉昆虫綱双翅目ニクバエ科。体長13.0～16.0mm。害虫。

オオニシキキマワリモドキ〈*Campsiomopha formosana*〉昆虫綱甲虫目ゴミムシダマシ科の甲虫。体長24.0～28.0mm。

オオニジゴミムシダマシ〈*Hemicera zigzaga*〉昆虫綱甲虫目ゴミムシダマシ科の甲虫。体長8.0～11.0mm。

オオニジュウヤホシテントウ 大二十八星瓢虫〈*Epilachna rigintioctomaculata*〉昆虫綱甲虫目テントウムシ科の甲虫。体長6～7mm。豌豆、空豆、ジャガイモ、アブラナ科野菜、ウリ科野菜、ナス科野菜、隠元豆、小豆、ササゲに害を及ぼす。分布：北海道、本州、四国、九州。

オオニセツツマグソコガネ〈*Ataenius okinawensis*〉昆虫綱甲虫目コガネムシ科の甲虫。体長4.5mm。

オオネクイハムシ〈*Plateumaris constricticollis*〉昆虫綱甲虫目ハムシ科の甲虫。体長10～12mm。分布：北海道、本州。

オオネグロシャチホコ〈*Eufentonia nihonica*〉昆虫綱鱗翅目シャチホコガ科ウチキシャチホコ亜科の蛾。開張41～48mm。分布：関東以西、四国、九州、屋久島。

オオノコメエダシャク 大鋸目枝尺蛾〈*Acrodontis fumosa*〉昆虫綱鱗翅目シャクガ科エダシャク亜科の蛾。開張雄49～60mm、雌63mm。分布：本州(東北地方北部より)、四国、九州。

オオノヒメグモ〈*Crustulina sticta*〉蛛形綱クモ目ヒメグモ科の蜘蛛。体長雌2.5～2.7mm、雄2.6～3.0mm。分布：本州(岩手県・新潟県)。

オオハイイロカミキリ〈*Petrognatha gigas*〉昆虫綱甲虫目カミキリムシ科の甲虫。分布：アフリカ西部、中央部。

オオハイジロハマキ〈*Pseudeulia asinana*〉昆虫綱鱗翅目ハマキガ科の蛾。分布：北海道、本州、四国、九州の山地、ロシア、ヨーロッパ。

オオハイスソモンヒメハマキ〈*Eucosma discernata*〉昆虫綱鱗翅目ハマキガ科の蛾。分布：群馬県鹿沢、小豆島寒霞渓。

オオハエトリ〈*Marpissa dybowskii*〉蛛形綱クモ目ハエトリグモ科の蜘蛛。体長雌10～12mm、雄9～10mm。分布：日本全土。

オオハエトリグモ属の一種〈*Marpissa sp.*〉蛛形綱クモ目ハエトリグモ科の蜘蛛。体長雄3.2mm。分布：沖縄。

オオハガタナミシャク〈*Ecliptopera umbrosaria*〉昆虫綱鱗翅目シャクガ科ナミシャク亜科の蛾。開張24～32mm。分布：北海道、本州、四国、九州、対馬、種子島、屋久島、吐噶喇列島、奄美大島、沖縄本島、石垣島、西表島、与那国島、朝鮮半島、台湾、中国東北、シベリア南東部。

オオハガタヨトウ〈*Blepharita melanodonta*〉昆虫綱鱗翅目ヤガ科セダカモクメ亜科の蛾。開張43～47mm。分布：沿海州、北海道から九州。

オオハキリバチ 大葉切蜂〈*Chalicodoma sculpturalis*〉昆虫綱膜翅目ハキリバチ科。体長雌22～25mm、雄16mm。分布：日本全土。害虫。

オオハグルマエダシャク〈*Borbacha pardaria*〉昆虫綱鱗翅目シャクガ科の蛾。分布：沖縄本島、西表島、台湾からインド北部まで、東南アジア。

オオハゲタカアゲハ〈*Atrophaneura sycorax*〉昆虫綱鱗翅目アゲハチョウ科の蝶。開張140mm。分布：マレーシア、スマトラ、ジャワ島。珍蝶。

オオバケデオネスイ〈*Mimemodes emmerichi*〉昆虫綱甲虫目ネスイムシ科の甲虫。体長3.4～4.5mm。

オオバコトビハムシ〈*Longitarsus lewisii*〉昆虫綱甲虫目ハムシ科の甲虫。体長1.5～2.0mm。

オオバコハモグリバエ〈*Phytomyza plantaginis*〉昆虫綱双翅目ハモグリバエ科。

オオバコヤガ〈*Diarsia canescens*〉昆虫綱鱗翅目ヤガ科モンヤガ亜科の蛾。開張37～47mm。林檎、スミレ類に害を及ぼす。分布：沿海州、朝鮮半島、中国、北海道から九州、対馬、屋久島。

オオハサミシリアゲ〈*Panorpa bicornuta*〉昆虫綱長翅目シリアゲムシ科。

オオハサミムシ 大鋏虫〈*Labidura riparia*〉昆虫綱革翅目オオハサミムシ科。分布：日本各地。害虫。

オオバシマメイガ〈*Herculia orthogramma*〉昆虫綱鱗翅目メイガ科の蛾。分布：本州(東北地方北部より)、四国、九州、対馬。

オオハスジヒゲナガゾウムシ〈*Sintor yamawakii*〉昆虫綱甲虫目ヒゲナガゾウムシ科の甲虫。体長7～8mm。

オオハタザオツノゼミ〈*Gigantorhabdus enderleini*〉昆虫綱半翅目ツノゼミ科。分布：ボルネオ(高地)。

オオハッカヒメゾウムシ〈*Baris pilosa*〉昆虫綱甲虫目ゾウムシ科の甲虫。体長3.4〜3.8mm。

オオバツトガ〈*Chilo christophi*〉昆虫綱鱗翅目メイガ科の蛾。分布：北海道, 本州(東北地方), 中国北部, シベリア東部。

オオバトガリバ〈*Tethea ampliata*〉昆虫綱鱗翅目トガリバガ科の蛾。開張41〜48mm。分布：朝鮮半島, シベリア南東部, 中国, 北海道, 本州, 四国, 九州, 対馬。

オオハナアブ 大花虻〈*Megaspis zonata*〉昆虫綱双翅目ショクガバエ科。体長11〜16mm。分布：日本全土。害虫。

オオハナカミキリ〈*Konoa granulata*〉昆虫綱甲虫目カミキリムシ科ハナカミキリ亜科の甲虫。体長15〜23mm。分布：北海道, 本州。害虫。

オオハナコメツキ〈*Dicronychus nothus*〉昆虫綱甲虫目コメツキムシ科の甲虫。体長11mm。イネ科作物, 麦類に害を及ぼす。分布：北海道, 本州, 四国, 九州, 南西諸島, 伊豆諸島。

オオハナノミ 大花蚤 昆虫綱甲虫目オオハナノミ科Rhipiphoridaeの昆虫の総称。

オオバナミガタエダシャク 大翅波形枝尺蛾〈*Boarmia lunifera*〉昆虫綱鱗翅目シャクガ科エダシャク亜科の蛾。開張48〜64mm。分布：北海道, 本州, 四国, 九州, 対馬, 屋久島, 朝鮮半島。

オオハネカクシ 大隠翅虫〈*Creophilus maxillosus*〉昆虫綱甲虫目ハネカクシ科の甲虫。体長13〜23mm。分布：北海道, 本州, 四国, 九州。

オオハネナガセセリ〈*Unkana ambasa*〉昆虫綱鱗翅目セセリチョウ科の蝶。分布：スマトラ, マレーシアからジャワおよびフィリピンまで。

オオハマハマダラカ〈*Anopheles saperoi*〉昆虫綱双翅目カ科。準絶滅危惧種(NT)。体長5.00mm。害虫。

オオハムシ〈*Argosteomela indica*〉昆虫綱甲虫目ハムシ科。

オオハムシダマシ〈*Lagria fuscata*〉昆虫綱甲虫目ハムシダマシ科。

オオバヤシオオアオコメツキ ノブオオオアオコメツキの別名。

オオバヤシチビカミキリ〈*Hyagnis ohbayashii*〉昆虫綱甲虫目カミキリムシ科フトカミキリ亜科の甲虫。

オオバヤシチビシデムシ〈*Catops ohbayashii*〉昆虫綱甲虫目チビシデムシ科の甲虫。体長3.5〜4.7mm。

オオバヤシトゲヒゲトラカミキリ〈*Demonax ohbayashii*〉昆虫綱甲虫目カミキリムシ科カミキリ亜科の甲虫。体長7〜9mm。

オオバヤシヒメハナカミキリ〈*Pidonia ohbayashii*〉昆虫綱甲虫目カミキリムシ科ハナカミキリ亜科の甲虫。

オオバヤシヒメハナカミキリ ニッコウヒメハナカミキリの別名。

オオバヤシミナミボタル〈*Drilaster ohbayashii*〉昆虫綱甲虫目ホタル科の甲虫。体長5.2〜6.3mm。

オオバラクキバチ〈*Hartigia agilis*〉昆虫綱膜翅目クキバチ科。

オオハラナガツチバチ〈*Megacampsomeris grossa matsumurai*〉昆虫綱膜翅目ツチバチ科。

オオハラビロトンボ 大腹広蜻蛉〈*Lyriothemis elegantissima*〉昆虫綱蜻蛉目トンボ科の蜻蛉。体長40mm。分布：九州, 沖縄本島, 西表島, 北大東島, 南大東島。

オオハラボソコマユバチ〈*Meteorus albiditarsus*〉昆虫綱膜翅目コマユバチ科。

オオハリアリ 大針蟻〈*Brachyponera chinensis*〉昆虫綱膜翅目アリ科。体長4.0〜4.5mm。分布：本州(中部以南), 四国, 九州。

オオハリセンチュウ類〈*Xiphinema* spp.〉ロンギドルス科。柑橘, 桑, 茶に害を及ぼす。

オオハンミョウモドキ〈*Elaphrus japonicus*〉昆虫綱甲虫目オサムシ科の甲虫。体長8.0〜8.5mm。

オオヒカゲ 大日陰蝶〈*Ninguta schrenckii*〉昆虫綱鱗翅目ジャノメチョウ科の蝶。前翅長40〜46mm。分布：北海道, 本州。

オオヒゲナガ〈*Nemophora amurensis*〉昆虫綱鱗翅目マガリガ科の蛾。開張24〜26mm。分布：北海道から本州の中部山岳地帯, シベリア東部, 朝鮮半島。

オオヒゲナガガガンボ〈*Hexatoma stricklandi*〉昆虫綱双翅目ガガンボ科。

オオヒゲナガトビケラ〈*Notanatolica magna*〉昆虫綱毛翅目ヒゲナガトビケラ科。

オオヒゲナガハイイロカミキリ〈*Leprodera elongata*〉昆虫綱甲虫目カミキリムシ科の甲虫。別名オビハイイロカミキリ。分布：マレーシア, スマトラ, ジャワ, ボルネオ。

オオヒゲナガハナアブ 大鬚長花虻〈*Chrysotoxum grande*〉昆虫綱双翅目ハナアブ科。分布：北海道, 本州。

オオヒゲブトハナムグリ〈*Anthypna splendens*〉昆虫綱甲虫目コガネムシ科の甲虫。体長15〜17mm。分布：石垣島, 西表島, 与那国島。

オオヒゲブトハンミョウ〈*Dromica invicta*〉昆虫綱甲虫目ハンミョウ科。分布：アフリカ南部。

オオヒサゴキンウワバ〈*Diachrysia stenochrysis*〉昆虫綱鱗翅目ヤガ科コヤガ亜科の蛾。開張38〜

40mm。分布：沿海州, 北海道, 関東, 中部の山地帯, 東北地方, 北部。

オオヒサゴトビハムシ〈*Chaetocnema major*〉昆虫綱甲虫目ハムシ科の甲虫。体長3.2mm。

オオヒシウンカ 大菱浮塵子〈*Oliarus subnubilis*〉昆虫綱半翅目ヒシウンカ科。分布：本州, 九州。

オオヒシモンツトガ〈*Catoptria munroeella*〉昆虫綱鱗翅目メイガ科の蛾。分布：長野県の美ケ原, 同県の島々谷, 釜ノ沢, 中房温泉, 静岡県の梅ケ島温泉。

オオヒメガムシ〈*Sternolophus mergus*〉昆虫綱甲虫目ガムシ科。

オオヒメキノコハネカクシ〈*Sepedophilus fimbriatus*〉昆虫綱甲虫目ハネカクシ科の甲虫。体長5mm。分布：本州, 四国, 九州。

オオヒメグモ 大姫蜘蛛〈*Achaearanea tepidariorum*〉節足動物門クモ形綱真正クモ目ヒメグモ科の蜘蛛。体長雌7～8mm, 雄4～5mm。分布：日本全土, 世界。害虫。

オオヒメクモゾウムシ〈*Macrotelephae ichihashii*〉昆虫綱甲虫目ゾウムシ科の甲虫。体長4.2～4.5mm。

オオヒメゲンゴロウ〈*Rhantus erraticus*〉昆虫綱甲虫目ゲンゴロウ科の甲虫。体長13.0～14.0mm。

オオヒメタマキノコムシ〈*Pseudoliodes latus*〉昆虫綱甲虫目タマキノコムシ科の甲虫。体長2.5mm。分布：本州。

オオヒメテントウ〈*Pseudoscymnus pilicrepus*〉昆虫綱甲虫目テントウムシ科の甲虫。体長2.7～3.0mm。

オオヒメハナカミキリ〈*Pidonia grallatrix*〉昆虫綱甲虫目カミキリムシ科ハナカミキリ亜科の甲虫。体長9～14mm。分布：本州, 四国, 九州。

オオヒメハナノミ オオメヒメハナノミの別名。

オオヒメヒョウタンゴミムシ ツヤヒメヒョウタンゴミムシの別名。

オオヒョウタンキマワリ〈*Eucrossoscelis araneiformis*〉昆虫綱甲虫目ゴミムシダマシ科の甲虫。体長5.8～7.6mm。

オオヒョウタンゴミムシ〈*Scarites sulcatus*〉昆虫綱甲虫目オサムシ科の甲虫。準絶滅危惧種(NT)。体長28～43mm。分布：本州, 四国, 九州。

オオヒョウタンメダカハネカクシ〈*Dianous shibatai*〉昆虫綱甲虫目ハネカクシ科の甲虫。体長5.4mm。分布：本州。

オオヒョウモンヒトリ〈*Ecpantheria scribonia*〉昆虫綱鱗翅目ヒトリガ科の蛾。前翅には黒褐色から青黒色のリング状の斑紋がある。開張6～9mm。分布：カナダ東南部から, 合衆国東部を経て, メキシコ。

オオヒラクチハバチ 大扁口葉蜂〈*Pseudoclavellaria amerinae*〉昆虫綱膜翅目コンボウハバチ科。分布：本州。

オオヒラタアトキリゴミムシ〈*Parena laesipennis*〉昆虫綱甲虫目オサムシ科の甲虫。体長11～12.5mm。

オオヒラタエンマムシ 大扁閻魔虫〈*Hololepta amurensis*〉昆虫綱甲虫目エンマムシ科の甲虫。体長11mm。分布：北海道, 本州, 四国, 九州。

オオヒラタカミキリ〈*Hystatus javanus*〉昆虫綱甲虫目カミキリムシ科の甲虫。分布：マレーシア, スマトラ, ジャワ, ボルネオ。

オオヒラタガムシ〈*Enochrus haroldi*〉昆虫綱甲虫目ガムシ科の甲虫。体長7.1～7.6mm。

オオヒラタカメムシ 大扁亀虫〈*Mezira scabrosa*〉昆虫綱半翅目ヒラタカメムシ科。分布：本州, 四国, 九州。

オオヒラタケシキスイ〈*Aphenolia pseudosoronia*〉昆虫綱甲虫目ケシキスイ科の甲虫。体長4.8～6.6mm。

オオヒラタコクヌスト〈*Zimioma giganteum*〉昆虫綱甲虫目コクヌスト科の甲虫。体長13～19mm。分布：北海道, 本州。

オオヒラタゴミムシ〈*Platynus magnus*〉昆虫綱甲虫目オサムシ科の甲虫。体長13.5～16.5mm。分布：北海道, 本州, 四国, 九州, 屋久島。

オオヒラタシデムシ〈*Eusilpha japonica*〉昆虫綱甲虫目シデムシ科の甲虫。体長16～18mm。分布：北海道, 本州, 四国, 九州。

オオヒラタトックリゴミムシ〈*Oodes virens*〉昆虫綱甲虫目オサムシ科の甲虫。体長16mm。分布：本州, 四国, 九州。

オオヒラタナガカメムシ〈*Cymus glandicolor*〉昆虫綱半翅目ナガカメムシ科。

オオヒラタハナムグリ〈*Charitovalgus fumosus*〉昆虫綱甲虫目コガネムシ科の甲虫。体長6～9mm。分布：北海道, 本州, 四国, 九州。

オオヒラタハネカクシ 大扁隠翅虫〈*Piestoneus lewisii*〉昆虫綱甲虫目ハネカクシ科の甲虫。体長5～9mm。分布：北海道, 本州, 四国, 九州。

オオヒラタミズギワゴミムシ〈*Bembidion altaicum*〉昆虫綱甲虫目オサムシ科の甲虫。体長6.5mm。

オオヒラチャイロコガネ〈*Sericania ohirai*〉昆虫綱甲虫目コガネムシ科の甲虫。体長9.1～12.3mm。

オオビロウドコガネ〈*Maladera renardi*〉昆虫綱甲虫目コガネムシ科の甲虫。体長8.0～10.5mm。

オオヒロオビヒメハマキ〈*Statherotis towadaensis*〉昆虫綱鱗翅目ハマキガ科の蛾。分

布：青森県(十和田), 栃木県(那須), 長野県(豊科町)。

オオヒロズコガ〈*Scardia amurensis*〉昆虫綱鱗翅目ヒロズコガ科の蛾。開張37〜50mm。分布：北海道, 四国, 九州, アムール, ウスリー, サハリン, 中国東北。

オオフィリピンルリタマムシ〈*Chrysochroa praelonga*〉昆虫綱甲虫目タマムシ科。分布：フィリピン北部。

オオフサキバガ 大総牙蛾〈*Gaesa atomogypsa*〉昆虫綱鱗翅目キバガ科の蛾。開張20〜22mm。分布：本州(中部, 近畿地方)。

オオフタオカゲロウ 大双尾蜉蝣〈*Siphlonurus binotatus*〉昆虫綱蜉蝣目フタオカゲロウ科。体長18〜23mm。分布：本州。

オオフタオチョウ アンドラノドルスフタオチョウの別名。

オオフタオツバメ〈*Spindasis seliga*〉昆虫綱鱗翅目シジミチョウ科の蝶。

オオフタオビキヨトウ〈*Mythimna grandis*〉昆虫綱鱗翅目ヤガ科ヨトウガ亜科の蛾。開張45〜52mm。分布：北海道から九州。

オオフタオビドロバチ〈*Anterhynchium flavomarginatum micado*〉昆虫綱膜翅目スズメバチ科。体長16mm。分布：日本全土。

オオフタスジシロエダシャク〈*Lomographa claripennis*〉昆虫綱鱗翅目シャクガ科の蛾。分布：本州(東海以西), 四国(南部), 九州(南部), 対馬。

オオフタスジハマキ〈*Hoshinoa adumbratana*〉昆虫綱鱗翅目ハマキガ科ハマキガ亜科の蛾。開張雄22〜27mm, 雌28〜39mm。桜桃, ナシ類, 桃, スモモ, 林檎に害を及ぼす。分布：北海道, 本州, 四国。

オオフタホシテントウ〈*Lemnia biplagiata*〉昆虫綱甲虫目テントウムシ科の甲虫。体長5.2〜7.1mm。

オオフタホシマグソコガネ 大二星馬糞金亀子〈*Aphodius elegans*〉昆虫綱甲虫目コガネムシ科の甲虫。体長11〜13mm。分布：日本全土(小笠原諸島をのぞく)。

オオフタモンウバタマコメツキ〈*Paracalais larvatus*〉昆虫綱甲虫目コメツキムシ科の甲虫。体長26〜32mm。分布：本州, 四国, 九州, 対馬, 南西諸島, 伊豆諸島, 小笠原諸島。

オオフチグロノメイガ〈*Paratalanta cultralis*〉昆虫綱鱗翅目メイガ科の蛾。分布：中央アジアの東部, 秋田県北秋田郡森吉町, 雄勝郡雄勝町, 湯沢市泥湯。

オオブドウキンモンツヤコガ〈*Antispila inouei*〉昆虫綱鱗翅目ツヤコガ科の蛾。葡萄に害を及ぼす。

オオフトカギバ インドカギバの別名。

オオフトキノコバエ 大太茸蝿〈*Dynatosoma major sapporoensis*〉昆虫綱双翅目キノコバエ科。分布：北海道。

オオフトスナバッタ〈*Pamphagus elephas*〉昆虫綱バッタ目フトスナバッタ科。分布：アルジェリア, チュニジア, キレナイカ, ケープ。

オオフトヒゲナガゾウムシ〈*Xylinada annulipes*〉昆虫綱甲虫目ヒゲナガゾウムシ科の甲虫。体長15mm。

オオフトメイガ〈*Teliphasa amica*〉昆虫綱鱗翅目メイガ科フトメイガ亜科の蛾。開張35〜42mm。分布：本州北部から四国, 九州, 朝鮮半島, 台湾。

オオフナガタハナノミ〈*Ectasiocnemis shirozui*〉昆虫綱甲虫目ハナノミダマシ科。

オオブユ 大蚋〈*Prosimulium hirtipes*〉昆虫綱双翅目ブユ科。体長3.0〜4.5mm。分布：北海道, 本州, 九州。害虫。

オオベニイナズマ〈*Euthalia amanda*〉昆虫綱鱗翅目タテハチョウ科の蝶。分布：スラウェシ, バンカ島。

オオベニイロホソチョウモドキ〈*Pseudacraea boisduvali*〉昆虫綱鱗翅目タテハチョウ科の蝶。オレンジ色と赤色と黒色の色彩。開張7〜8mm。分布：南アフリカ共和国ナタル州を南限とするアフリカの熱帯雨林域。

オオベニシジミ チョウセンベニシジミの別名。

オオベニハゴロモ〈*Lyncides coquereli*〉昆虫綱半翅目アオバハゴロモ科。分布：マダガスカル。

オオベニヘリコケガ 大紅縁苔蛾〈*Melanaema venata*〉昆虫綱鱗翅目ヒトリガ科コケガ亜科の蛾。開張23〜30mm。分布：北海道, 本州, 朝鮮半島, サハリン, 中国東北, シベリア南東部。

オオベニホンヒラタコメツキ〈*Corymbitodes rubripennis*〉昆虫綱甲虫目コメツキムシ科の甲虫。体長8〜10.5mm。

オオベニモンアオリンガ〈*Earias roseoviridis*〉昆虫綱鱗翅目ヤガ科リンガ亜科の蛾。分布：沖縄本島, 屋久島。

オオベニモンアゲハ〈*Parides philoxenus*〉昆虫綱鱗翅目アゲハチョウ科の蛾。分布：ヒマラヤ地方からインドシナ半島まで。

オオベニモンコノハ〈*Phyllodes enganensis*〉昆虫綱鱗翅目ヤガ科の蛾。分布：マレーシア, スマトラ。

オオベニモンセセリ〈*Ancistroides armatus*〉昆虫綱鱗翅目セセリチョウ科の蝶。分布：スマトラ, マレーシア, ボルネオ, ミャンマー。

オオヘリカメムシ 大縁亀虫〈*Molipteryx fuliginosa*〉昆虫綱半翅目ヘリカメムシ科。体長

オオヘリト

19〜25mm。キク科野菜に害を及ぼす。分布：北海道，本州，四国，九州。

オオヘリトガリバワモン〈*Amathuxidia amythaon*〉昆虫綱鱗翅目タテハチョウ科の蝶。雄は，黒褐色で，前翅には幅広い薄青色の帯をもち，雌は濃い黄色の帯。開張11〜12mm。分布：インド，パキスタン，マレーシア，インドネシア，フィリピン。珍蝶。

オオホウセキカワリタマムシ〈*Polybothris obtusa*〉昆虫綱甲虫目タマムシ科。分布：マダガスカル。

オオボカシタテハ〈*Euphaedra spatiosa*〉昆虫鱗翅目タテハチョウ科の蝶。分布：カメルーン，ナイジェリアからコンゴをへてウガンダまで。

オオボクトウ〈*Cossus cossus*〉昆虫綱鱗翅目ボクトウガ科の蛾。前翅は淡い灰色で，暗褐色の線が網目状に広がる。開張7.0〜9.5mm。分布：ヨーロッパから，北アフリカ，アジア西部。

オオホコリタケシバンムシ〈*Caenocara tsuchiguri*〉昆虫綱甲虫目シバンムシ科の甲虫。体長2.0〜2.4mm。

オオボシオオスガ〈*Yponomeuta polystictus*〉昆虫綱鱗翅目スガ科の蛾。開張27〜32mm。ニシキギ，マユミ，マサキに害を及ぼす。分布：北海道，本州，四国，九州，中国中部。

オオホシオナガバチ〈*Megarhyssa japonica*〉昆虫綱膜翅目ヒメバチ科。体長30〜40mm。分布：日本全土。

オオホシカメムシ 大星亀虫〈*Physopelta gutta*〉昆虫綱半翅目オオホシカメムシ科。体長15〜19mm。桃，スモモ，柑橘，楓(紅葉)に害を及ぼす。分布：本州，四国，九州，南西諸島。

オオホシショウジョウバエ〈*Drosophila nigromaculata*〉昆虫綱双翅目ショウジョウバエ科。

オオボシハイスガ〈*Yponomeuta anatolicus*〉昆虫綱鱗翅目スガ科の蛾。開張20〜22mm。分布：本州。

オオホシボシゴミムシ〈*Anisodactylus sadoensis*〉昆虫綱甲虫目オサムシ科の甲虫。体長10〜12mm。

オオホシミバエ〈*Chaetostomella stigmataspis*〉昆虫綱双翅目ミバエ科。

オオホシミミヨトウ〈*Platysenta illecta*〉昆虫綱鱗翅目ヤガ科カラスヨトウ亜科の蛾。分布：インドから東南アジア，南太平洋諸島，琉球列島から屋久島。

オオホソアオバヤガ〈*Ochropleura praecurrens*〉昆虫綱鱗翅目ヤガ科モンヤガ亜科の蛾。開張45〜50mm。隠元豆，小豆，ササゲ，大豆，アブラナ科野菜に害を及ぼす。分布：沿海州，朝鮮半島，北海道から本州中部。

オオホソオドリバエ〈*Rhamphomyia formidabilis*〉昆虫綱双翅目オドリバエ科。

オオホソキコメツキ〈*Xanthopenthes konoi*〉昆虫綱甲虫目コメツキムシ科。

オオホソクビゴミムシ 大細頸芥虫〈*Brachinus scotomedes*〉昆虫綱甲虫目オサムシ科の甲虫。体長11〜18mm。分布：北海道，本州，四国，九州。害虫。

オオホソコバネカミキリ〈*Necydalis solida*〉昆虫綱甲虫目カミキリムシ科ハナカミキリ亜科の甲虫。体長11〜30mm。分布：本州，四国，九州。

オオホソチビゴミムシ〈*Perileptus laticeps*〉昆虫綱甲虫目オサムシ科の甲虫。体長2.9〜3.5mm。

オオホソバケンモン〈*Acronicta cuspis*〉昆虫綱鱗翅目ヤガ科の蛾。分布：ユーラシア，沿海州，サハリン，千島，北海道，本州。

オオホソハマキモドキ〈*Glyphipterix beta*〉昆虫綱鱗翅目ホソハマキモドキガ科の蛾。分布：本州，四国，九州。

オオホソムネカワリタマムシ〈*Polybothris viridiventris*〉昆虫綱甲虫目タマムシ科。分布：マダガスカル。

オオホソルリハムシ〈*Phratora grandis*〉昆虫綱甲虫目ハムシ科の甲虫。体長5mm。分布：北海道，本州。

オオマエキトビエダシャク〈*Nothomiza aureolaria*〉昆虫綱鱗翅目シャクガ科エダシャク亜科の蛾。開張26〜37mm。分布：房総半島から沖縄本島。

オオマエグロメバエ 大前黒眼蠅〈*Physocephala obscura*〉昆虫綱双翅目メバエ科。分布：本州，九州。

オオマエジロホソメイガ〈*Emmalocera gensanalis*〉昆虫綱鱗翅目メイガ科ホソメイガ亜科の蛾。開張31〜34mm。分布：北海道，本州，四国，九州，対馬，屋久島，沖縄本島，朝鮮半島。

オオマエベニトガリバ〈*Tethea consimilis*〉昆虫綱鱗翅目トガリバガ科の蛾。開張37〜54mm。分布：朝鮮半島，中国，インド，ネパール，ミャンマー，スマトラ，北海道，本州，四国，九州。

オオマエモンコブガ〈*Meganola gigantoides*〉昆虫綱鱗翅目コブガ科の蛾。分布：宮城，群馬，長野，福井。

オオマエモンジャコウアゲハ〈*Parides childrenae childrenae*〉昆虫綱鱗翅目アゲハチョウ科の蝶。分布：グアテマラからエクアドル。

オオマキバガガンボ〈*Nephrotoma pullata*〉昆虫綱双翅目ガガンボ科。

オオマグソコガネ 大馬糞金亀子〈*Aphodius haroldianus*〉昆虫綱甲虫目コガネムシ科の甲虫。体長8.5〜12.5mm。分布：北海道, 本州, 四国, 九州。

オオマダラウワバ〈*Abrostola major*〉昆虫綱鱗翅目ヤガ科コヤガ亜科の蛾。開張32〜38mm。分布：中国東部, 関東地方以西, 九州, 対馬, 東北地方, 北海道東部。

オオマダラカゲロウ 大斑蜉蝣〈*Ephemerella basalis*〉昆虫綱蜉蝣目マダラカゲロウ科。体長20mm。分布：日本各地。

オオマダラコクヌスト 大斑穀盗〈*Leperina tibialis*〉昆虫綱甲虫目コクヌスト科の甲虫。体長10〜17mm。分布：北海道, 本州。

オオマダラバエ〈*Euprosopia grhami*〉昆虫綱双翅目ヒロクチバエ科。

オオマダラヒゲナガゾウムシ〈*Sympaector rugirostris*〉昆虫綱甲虫目ヒゲナガゾウムシ科の甲虫。体長10.5〜11.0mm。分布：北海道, 本州, 四国, 九州, 対馬, 屋久島。

オオマダラホンチョウ〈*Acraea zetes*〉昆虫綱鱗翅目タテハチョウ科の蝶。オレンジ色と褐色の模様をもつ。開張6.0〜7.5mm。分布：サハラより南のアフリカ。

オオマダラメクラガメ〈*Phytocoris ohataensis*〉昆虫綱半翅目メクラカメムシ科。

オオマドボタル〈*Lychnuris discicollis*〉昆虫綱甲虫目ホタル科の甲虫。体長9〜12mm。

オオマメエンマムシ〈*Dendrophilus xavieri*〉昆虫綱甲虫目エンマムシ科の甲虫。体長3.0〜3.4mm。

オオマメヒラタアブ〈*Sphaerophoria javana*〉昆虫綱双翅目ハナアブ科。

オオマユミスガ〈*Yponomeuta minuellus*〉昆虫綱鱗翅目スガ科の蛾。

オオマルガタゴミムシ〈*Amara gigantea*〉昆虫綱甲虫目オサムシ科の甲虫。体長20mm。分布：北海道, 本州, 四国, 九州。

オオマルクビゴミムシ 大円頸芥虫〈*Nebria macrogona*〉昆虫綱甲虫目オサムシ科の甲虫。体長20mm。分布：北海道, 本州, 四国, 九州。

オオマルクビヒラタカミキリ〈*Asemum striatum*〉昆虫綱甲虫目カミキリムシ科マルクビカミキリ亜科の甲虫。

オオマルケシゲンゴロウ〈*Hydrovatus bonvouloiri*〉昆虫綱甲虫目ゲンゴロウ科の甲虫。体長3.5〜3.7mm。

オオマルシバンムシ〈*Megorama japonicola*〉昆虫綱甲虫目シバンムシ科の甲虫。体長4.1〜4.8mm。

オオマルスナゴミムシダマシ〈*Phelopatrum scaphoides*〉昆虫綱甲虫目ゴミムシダマシ科の甲虫。体長10.0〜11.0mm。

オオマルズハネカクシ〈*Domene crassicornis*〉昆虫綱甲虫目ハネカクシ科の甲虫。体長10.3〜10.7mm。

オオマルタマキノコムシ〈*Agathidium subcostatum*〉昆虫綱甲虫目タマキノコムシ科の甲虫。体長3.4〜5.2mm。

オオマルチビゴミムシダマシ〈*Caedius maderi*〉昆虫綱甲虫目ゴミムシダマシ科の甲虫。体長6mm。分布：本州, 四国, 九州, 伊豆諸島。

オオマルナガゴミムシ〈*Trigonognatha cuprescens*〉昆虫綱甲虫目オサムシ科の甲虫。体長19mm。分布：本州, 四国, 九州。

オオマルハナバチ〈*Bombus hypocrita*〉昆虫綱膜翅目ミツバチ科マルハナバチ亜科。体長雌17〜22mm, 雄12〜19mm。分布：日本全土。害虫。

オオマルバネカネタテハ〈*Callithea eminens*〉昆虫綱鱗翅目タテハチョウ科の蝶。分布：ペルー。

オオマルバネクワガタ〈*Neolucanus vendli*〉昆虫綱甲虫目クワガタムシ科の甲虫。分布：台湾。

オオマルビロウドコガネ〈*Maladera opima*〉昆虫綱甲虫目コガネムシ科の甲虫。体長11〜11.5mm。

オオマルマメエンマムシ〈*Gnathoncus nannetensis*〉昆虫綱甲虫目エンマムシ科の甲虫。体長2.5〜4.0mm。

オオミイデラゴミムシ〈*Pheropsophus javanus*〉昆虫綱甲虫目クビボソゴミムシ科の甲虫。体長17〜20mm。

オオミカドアゲハ〈*Graphium eurypylus*〉昆虫綱鱗翅目アゲハチョウ科の蝶。

オオミジンムシ〈*Alloparmulus yuasai*〉昆虫綱甲虫目ミジンムシ科の甲虫。体長1.5〜2.0mm。

オオミズアオ 大水青蛾〈*Actias artemis*〉昆虫綱鱗翅目ヤママユガ科の蛾。開張80〜120mm。梅, アンズ, 桜桃, 林檎, 栗, 楓（紅葉）, 桜類に害を及ぼす。分布：北海道, 千島, シベリア南東部, 中国北部, 本州, 四国, 九州, 対馬, 種子島, 屋久島。

オオミスジ 大三条蝶〈*Neptis alwina*〉昆虫綱鱗翅目タテハチョウ科イチモンジチョウ亜科の蝶。前翅長39〜44mm。分布：北海道（ニセコ町以南）, 本州（滋賀県北部）。

オオミスジノメイガ〈*Hedylepta indistincta*〉昆虫綱鱗翅目メイガ科ノメイガ亜科の蛾。開張30mm。

オオミスジマルゾウムシ〈*Phaeopholus major*〉昆虫綱甲虫目ゾウムシ科の甲虫。体長3.9〜4.5mm。分布：本州, 四国, 九州, 対馬。

オオミスス

オオミズスマシ 大鼓豆虫〈Dineutus orientalis〉昆虫綱甲虫目ミズスマシ科の甲虫。体長8〜10mm。分布：北海道,本州,四国,九州,南西諸島。

オオミズゾウムシ〈Tanysphyrus major〉昆虫綱甲虫目ゾウムシ科の甲虫。体長2.3〜2.5mm。

オオミズムシ〈Hesperocorixa kolthoffi〉昆虫綱半翅目ミズムシ科。準絶滅危惧種(NT)。

オオミツアナアトキリゴミムシ オオヨツアナアトキリゴミムシの別名。

オオミツオアゲハ オオミツオトラフアゲハの別名。

オオミツオシジミタテハ〈Helicopis acis〉昆虫綱鱗翅目シジミタテハ科の蝶。分布：ギアナ,アマゾン流域。

オオミツオトラフアゲハ〈Papilio multicaudatus〉昆虫綱鱗翅目アゲハチョウ科の蝶。別名オオミツオアゲハ。分布：カナダのブリティッシュ・コロンビア,アルバータ州からグアテマラまで。

オオミツノエンマコガネ ミツノエンマコガネの別名。

オオミドリカミキリ アカアシオオアオカミキリの別名。

オオミドリカワゲラモドキ〈Isoperla shibakawae〉昆虫綱襀翅目アミメカワゲラ科。

オオミドリコメツキ〈Campsosternus mirabilis〉昆虫綱甲虫目コメツキムシ科の甲虫。分布：台湾。

オオミドリサルハムシ〈Platycorynus japonicus〉昆虫綱甲虫目ハムシ科の甲虫。体長8.5〜10.6mm。

オオミドリシジミ 大緑小灰蝶〈Favonius orientalis〉昆虫綱鱗翅目シジミチョウ科ミドリシジミ亜科の蝶。前翅長17〜22mm。分布：北海道,本州,四国,九州。

オオミドリツノカナブン〈Dicranorrhina micans〉昆虫綱甲虫目コガネムシ科の甲虫。分布：アフリカ西部,中央部。

オオミドリツヤカナブン〈Lomaptera gloriosa〉昆虫綱甲虫目コガネムシ科の甲虫。分布：パプアニューギニア。

オオミドリナガタマムシ〈Agrilus marcopoli ulmi〉昆虫綱甲虫目タマムシ科。

オオミドリバエ〈Isomyia electa〉昆虫綱双翅目クロバエ科。体長12〜14mm。分布：石垣島,西表島。

オオミナミオビガ〈Chelepteryx collesi〉昆虫綱鱗翅目ミナミオビガ科の蛾。前翅は黒褐色で,白色と黄褐色の帯と小点がある。後翅は暗色。開張12〜16mm。分布：クイーンズランドから,ニューサウスウェールズ,ビクトリア。

オオミノガ 大蓑蛾〈Eumeta japonica〉昆虫綱鱗翅目ミノガ科の蛾。開張30〜42mm。柿,梅,アンズ,ナシ類,葡萄,栗,柑橘,茶,楓(紅葉),夾竹桃,柘榴,百日紅,サンゴジュ,プラタナス,トベラ,マサキ,ニシキギ,カナメモチ,桜類,イブキ類,イヌマキ,フジ,木犀類,ヤマモモに害を及ぼす。分布：本州,四国,九州,対馬,屋久島,沖縄本島,宮古島,石垣島,西表島。珍品。

オオミヤマトリバ〈Platyptilia sinuosa〉昆虫綱鱗翅目トリバガ科の蛾。分布：北海道,東北,関東,中部の山地。

オオムカデ 巨蜈蚣〈centipede〉節足動物門唇脚綱オオムカデ目Scolopendromorphaの陸生動物の総称。

オオムクゲキノコバエ〈Sciphila rufa〉昆虫綱双翅目キノコバエ科。

オオムジメムシガ〈Argyresthia metallicolor〉昆虫綱鱗翅目メムシガ科の蛾。分布：本州,ヨーロッパ。

オオムツボシタマムシ〈Chrysobothris ohbayashii〉昆虫綱甲虫目タマムシ科の甲虫。体長14〜20mm。

オオムナグロホソハマキ〈Hysterosia pulvillana〉昆虫綱鱗翅目ホソハマキガ科の蛾。分布：本州中部山地(中軽井沢),ロシアやヨーロッパ。

オオムネアカハバチ 大胸赤葉蜂〈Dolerus ephippiatus〉昆虫綱膜翅目ハバチ科。体長10〜12mm。麦類に害を及ぼす。分布：九州以北の日本各地,サハリン,千島,朝鮮半島。

オオムネケシチビシデムシ〈Anemadiola inordinata〉昆虫綱甲虫目チビシデムシ科の甲虫。体長1.7〜1.9mm。

オオムラサキ 大紫蝶〈Sasakia charonda〉昆虫綱鱗翅目タテハチョウ科コムラサキ亜科の蝶。日本の国蝶。雄の翅表面は暗褐色で,雌は褐色。縁には白色の斑点が並ぶ。タテハチョウ科の日本産のものでは最大種で,世界でも有数の大型タテハ。準絶滅危惧種(NT)。開張9.5〜12.0mm。分布：中国と日本。

オオムラサキアゲハ〈Chilasa paradoxa〉昆虫綱鱗翅目アゲハチョウ科の蝶。開張90mm。分布：北インドからスンダランド。珍蝶。

オオムラサキカミキリ〈Astathes episcopalis〉昆虫綱甲虫目カミキリムシ科フトカミキリ亜科の甲虫。

オオムラサキキンウワバ〈Autographa amurica〉昆虫綱鱗翅目ヤガ科コヤガ亜科の蛾。開張38〜43mm。分布：北海道,東北,関東,中部地方の山地。

オオムラサキクチバ〈Anisoneura aluco〉昆虫綱鱗翅目ヤガ科シタバガ亜科の蛾。分布：インド,

ミャンマー, マレーシア, ボルネオ, 台湾, 京都府比叡山, 高知・愛媛県境岩黒山, 鳥取県大山寺町.

オオムラサキツバメ〈*Narathura centaurus*〉昆虫綱鱗翅目シジミチョウ科の蝶. 分布：インドからセイロン, マレーシアまで, ジャワ, スマトラ.

オオムラサキトガリバワモンチョウ〈*Zeuxidia aurelius aurelius*〉昆虫綱鱗翅目ワモンチョウ科の蝶. 分布：マレーシア, スマトラ, ボルネオ.

オオムラサキノメイガ〈*Agrotera basinotata*〉昆虫綱鱗翅目メイガ科の蛾. 分布：屋久島, 奄美大島, 沖縄本島, 西表島, 台湾, インドから東南アジア一帯.

オオムラサキマダラ〈*Euploea phaenareta*〉昆虫綱鱗翅目マダラチョウ科の蝶. 分布：マレーシア, スリランカ, セレベス, モルッカ諸島, ソロモン諸島.

オオムラサキマダラ オオルリマダラの別名.

オオメアカヒラタケシキスイ〈*Trimenus adpressus*〉昆虫綱甲虫目ケシキスイ科の甲虫. 体長3.2〜5.8mm.

オオメイクビチョッキリ〈*Deporaus hartmanni*〉昆虫綱甲虫目オトシブミ科の甲虫. 体長3.3〜4.5mm.

オオメカミキリモドキ〈*Xanthochroa ocularis*〉昆虫綱甲虫目カミキリモドキ科の甲虫. 体長12.5〜16.0mm.

オオメカメムシ オオメナガカメムシの別名.

オオメキノコゴミムシダマシ〈*Platydema lynceum*〉昆虫綱甲虫目ゴミムシダマシ科の甲虫. 体長7.0〜8.5mm. 分布：北海道, 本州.

オオメクラチビゴミムシ〈*Trechiama pluto*〉昆虫綱甲虫目オサムシ科の甲虫. 体長6.0〜7.2mm.

オオメコバネジョウカイ〈*Microichthyurus pennatus*〉昆虫綱甲虫目ジョウカイボン科の甲虫. 体長5.2〜5.4mm.

オオメコヒゲナガハナノミ〈*Ptilodactyla japonensis*〉昆虫綱甲虫目ナガハナノミ科の甲虫. 体長5.2〜6.4mm.

オオメダカナガカメムシ 大眼高長亀虫〈*Malcus japonicus*〉昆虫綱半翅目メダカナガカメムシ科. 分布：本州, 四国.

オオメチビツヤムネハネカクシ〈*Heterothops rotundiceps*〉昆虫綱甲虫目ハネカクシ科の甲虫. 体長4.5〜5.0mm.

オオメツツシンクイ〈*Melitomma oculare*〉昆虫綱甲虫目ツツシンクイ科の甲虫. 体長9〜23mm.

オオメトンボ〈*Zyxomma petiolatum*〉昆虫綱蜻蛉目トンボ科の蜻蛉. 体長53mm. 分布：南西諸島（奄美大島以南）.

オオメナガカメムシ〈*Piocoris varius*〉昆虫綱半翅目ナガカメムシ科. 体長5〜6mm. 分布：本州, 四国, 九州.

オオメナガヒゲナガゾウムシ〈*Ulorhinus gokani*〉昆虫綱甲虫目ヒゲナガゾウムシ科の甲虫. 体長6.8〜7.3mm. 分布：本州.

オオメノコギリヒラタムシ〈*Oryzaephilus mercator*〉昆虫綱甲虫目ホソヒラタムシ科. 害虫.

オオメノミカメムシ〈*Hypselosoma matsumurai*〉昆虫綱半翅目ムクゲカメムシ科.

オオメヒゲナガゾウムシ〈*Nerthomma aplotum*〉昆虫綱甲虫目ヒゲナガゾウムシ科の甲虫. 体長4.8〜5.7mm.

オオメヒメハナノミ〈*Glipostena pelecotomoidea*〉昆虫綱甲虫目ハナノミ科の甲虫. 体長8〜10mm.

オオメヒラタキノコハネカクシ〈*Gyrophaena appendiculata*〉昆虫綱甲虫目ハネカクシ科.

オオメフタツメカワゲラ 大目二目襀翅〈*Gibosia thoracica*〉昆虫綱襀翅目カワゲラ科. 分布：日本各地.

オオメホソチビドロムシ〈*Cephalobyrrhulus japonicus*〉昆虫綱甲虫目チビドロムシ科の甲虫. 体長3.2〜3.7mm.

オオメホソナガクチキムシ〈*Anisoxya ocularis*〉昆虫綱甲虫目ナガクチキムシ科の甲虫. 体長5.0〜5.7mm.

オオメメダカハネカクシ〈*Stenus takara*〉昆虫綱甲虫目ハネカクシ科.

オオメンガタブラベルスゴキブリ〈*Blaberus giganteus*〉昆虫綱網翅目ブラベルスゴキブリ科. 分布：南アメリカ.

オオモクメシャチホコ〈*Cerura menciana*〉昆虫綱鱗翅目シャチホコガ科ウチキシャチホコ亜科の蛾. 開張58〜80mm. 分布：中国上海, 北海道, 本州, 九州, 小豆島.

オオモノサシトンボ 大物指蜻蛉〈*Copera tokyoensis*〉昆虫綱蜻蛉目モノサシトンボ科の蜻蛉. 絶滅危惧I類（CR+EN）. 体長48mm. 分布：東京.

オオモモエグリハナバエ〈*Hydrotaea similis*〉昆虫綱双翅目イエバエ科.

オオモモナガタマムシ〈*Agrilus ohmomoi*〉昆虫綱甲虫目タマムシ科の甲虫. 体長4.5〜5.3mm.

オオモモブトシデムシ〈*Necrodes asiaticus*〉昆虫綱甲虫目シデムシ科の甲虫. 体長15〜23mm. 分布：北海道, 本州, 四国, 九州.

オオモモブトスカシバ〈*Melittia bombiliformis*〉昆虫綱鱗翅目スカシバガ科の蛾. 開張37〜

オオモリケ

40mm。分布：北海道、本州、四国、九州、対馬、奄美大島、台湾、中国南部、東南アジア。

オオモリケンモン〈Acronicta omorii〉昆虫綱鱗翅目ヤガ科ケンモンヤガ亜科の蛾。開張33mm。分布：北海道、東北地方(宮城、山形県以北)、朝鮮半島、ウスリー。

オオモリハマダラカ〈Anopheles omorii〉昆虫綱双翅目カ科。

オオモリヒラタゴミムシ サドモリヒラタゴミムシの別名。

オオモンカバナミシャク〈Eupithecia okadai〉昆虫綱鱗翅目シャクガ科の蛾。分布：本州(東北地方北部より)、四国、九州。

オオモンキキリガ〈Xanthia tunicata〉昆虫綱鱗翅目ヤガ科セダカモクメ亜科の蛾。分布：東北温帯アジア、沿海州、北海道から東北地方、本州中部の山地。

オオモンキゴミムシダマシ 大紋黄偽芥虫〈Diaperis niponensis〉昆虫綱甲虫目ゴミムシダマシ科の甲虫。体長10mm。分布：北海道、本州、九州。

オオモンクロベッコウ 大紋黒竜甲蜂〈Anoplius samariensis〉昆虫綱膜翅目ベッコウバチ科。体長12～25mm。分布：日本全土。

オオモンサビタマムシ〈Capnodis cariosa〉昆虫綱甲虫目タマムシ科。分布：イタリア、バルカン半島、小アジア、キプロス、シリア、イラン、中央アジア。

オオモンシロシンクイ〈Meridarchis jumboa〉昆虫綱鱗翅目シンクイガ科の蛾。分布：宮城県の熊ケ根、温湯温泉、群馬県の碓氷峠、北海道。

オオモンシロチョウ〈Pieris brassicae〉昆虫綱鱗翅目シロチョウ科の蝶。雌は、前翅に2つの黒点と黒条。開張5.5～7.0mm。アブラナ科野菜に害を及ぼす。分布：ヨーロッパ、地中海沿岸、北アフリカ。

オオモンシロナガカメムシ 大紋白長亀虫〈Metochus abbreviatus〉昆虫綱半翅目ナガカメムシ科。分布：本州、四国、九州。

オオモンシロルリノメイガ〈Uresiphita dissipatalis〉昆虫綱鱗翅目メイガ科の蛾。分布：本州(関東地方、北陸)、九州、対馬、屋久島、中国、インドから東南アジア一帯。

オオモンツチバチ〈Scolia japonica〉昆虫綱膜翅目ツチバチ科。体長雌19～31mm、雄13～21mm。分布：日本全土。

オオモンハスジヒゲナガゾウムシ〈Sintor bipunctatus〉昆虫綱甲虫目ヒゲナガゾウムシ科の甲虫。体長7～10.1mm。分布：屋久島、吐噶喇列島中之島、奄美大島。

オオモンヒカゲ〈Cercyonis pegala〉昆虫綱鱗翅目タテハチョウ科の蝶。翅の裏面は濃い灰褐色で、中心が白色でオレンジ色の縁どりをもつ黒色の目玉洋模様をもつ。開張5.0～7.5mm。分布：カナダの中央部から、フロリダ。

オオモンヒメシロノメイガ〈Palpita annulata〉昆虫綱鱗翅目メイガ科の蛾。分布：屋久島、沖縄本島、石垣島、西表島、台湾、中国南部、インドから東南アジア一帯。

オオモンヤナギハマキ ヤナギハマキの別名。

オオヤドリギシジミ(1)〈Ogyris genoveva〉昆虫綱鱗翅目シジミチョウ科の蝶。雌は大型で黒褐色、青色の金属光沢の斑紋がある。開張4.5～5.7mm。分布：オーストラリア。

オオヤドリギシジミ(2)〈Ogyris olane〉昆虫綱鱗翅目シジミチョウ科の蝶。分布：オーストラリア。

オオヤドリギツバメ〈Tajuria deudorix〉昆虫綱鱗翅目シジミチョウ科の蝶。

オオヤナギサザナミヒメハマキ〈Saliciphaga caesia〉昆虫綱鱗翅目ハマキガ科の蛾。分布：北海道、本州、四国、中国(東北)、ロシア(アムール、沿海州)。

オオヤマカワゲラ〈Oyamia gibba〉昆虫綱襀翅目カワゲラ科。体長雄20mm、雌25mm。分布：本州、四国、九州。

オオヤマチビユスリカ〈Tanytarsus oyamai〉昆虫綱双翅目ユスリカ科。害虫。

オオヤマトンボ 大山蜻蛉〈Epophthalmia elegans〉昆虫綱蜻蛉目ヤマトンボ科の蜻蛉。体長83mm。分布：北海道南部から九州、種子島、沖縄本島、石垣島。

オオヤママイマイ〈Lymantria lucescens〉昆虫綱鱗翅目ドクガ科の蛾。分布：北海道、本州、九州。

オオヤマミドリヒョウモン〈Childrena childreni〉昆虫綱鱗翅目タテハチョウ科の蝶。分布：ヒマラヤ、チトラル(西パキスタン)から、アッサム、ミャンマー北部、中国中部および西部。

オオヤマメイガ〈Scoparia ambigualis〉昆虫綱鱗翅目メイガ科メイガ亜科の蛾。開張20mm。分布：北海道阿寒、北海道釧路標茶町、東京都高尾山、東京都日原、新潟県佐渡島。

オオヤマメクラチビゴミムシ〈Trechiama cornutus〉昆虫綱甲虫目オサムシ科の甲虫。体長4.8～5.8mm。

オオヤミイロカニグモ〈Xysticus saganus〉蛛形綱クモ目カニグモ科の蜘蛛。体長雌7～8mm、雄5～6mm。分布：北海道、本州、四国、九州。

オオユウレイガガンボ〈Dolichopeza candidipes〉昆虫綱双翅目ガガンボ科。

オオユスリカ〈*Chironomus plumosus*〉昆虫綱双翅目ユスリカ科。体長11mm。害虫。

オオユミアシゴミムシダマシ〈*Promethis insomnis*〉昆虫綱甲虫目ゴミムシダマシ科の甲虫。体長27.0mm。

オオヨコバイ 大横這〈*Cicadella viridis*〉昆虫綱半翅目ヨコバイ科。体長8〜10mm。柿、ナシ類、桃、スモモ、林檎、桑、イネ科牧草、麦類、稲に害を及ぼす。分布：北海道、本州、四国、九州、対馬、南西諸島。

オオヨコバイ 大横這 昆虫綱半翅目ヨコバイ科のオオヨコバイ亜科Cicadellinaeに属する昆虫の総称、またはそのなかの一種。

オオヨコモンヒラタアブ 大横紋扁虻〈*Ischirosyrphus glaucius*〉昆虫綱双翅目ハナアブ科。分布：本州。

オオヨスジアカエダシャク〈*Apopetelia chlororphnodes*〉昆虫綱鱗翅目シャクガ科エダシャク亜科の蛾。開張27〜31mm。分布：本州（東北地方北部より）、四国、九州、朝鮮半島、中国。

オオヨスジハナカミキリ オオヨツスジハナカミキリの別名。

オオヨツアナアトキリゴミムシ〈*Parena perforata*〉昆虫綱甲虫目オサムシ科の甲虫。体長8〜12mm。分布：北海道、本州、四国、九州。

オオヨツアナミズギワゴミムシ〈*Bembidion nuncaestimatum*〉昆虫綱甲虫目オサムシ科の甲虫。体長5.0mm。

オオヨツスジハナカミキリ〈*Megaleptura regalis*〉昆虫綱甲虫目カミキリムシ科ハナカミキリ亜科の甲虫。体長23〜31mm。分布：北海道、本州、四国、九州、屋久島。

オオヨツバコガネ〈*Parastasia oberthueri*〉昆虫綱甲虫目コガネムシ科の甲虫。体長15mm。分布：石垣島、西表島。

オオヨツボシゴミムシ 大四星芥虫〈*Dischissus mirandus*〉昆虫綱甲虫目オサムシ科の甲虫。体長20mm。分布：本州、四国、九州。

オオヨツモンヤママユ アフリカマツノキヤママユの別名。

オオヨモギハムシ〈*Chrysolina angusticollis*〉昆虫綱甲虫目ハムシ科の甲虫。体長7.0〜9.5mm。

オオランヒメゾウムシ〈*Orchidophilus aterrimus*〉昆虫綱甲虫目ゾウムシ科の甲虫。体長3.5〜6.0mm。

オオリアゲハ〈*Papilio ulysses*〉昆虫綱鱗翅目アゲハチョウ科の蝶。開張110mm。分布：アンボンからオーストラリア北部。珍蝶。

オオリオサムシ 大瑠璃歩行虫〈*Damaster gehini*〉昆虫綱甲虫目オサムシ科の甲虫。別名オオルリクビナガオサムシ。体長26〜35mm。分布：北海道。

オオルリオビアゲハ〈*Achillides blumei*〉昆虫綱鱗翅目アゲハチョウ科の蝶。

オオルリオビクチバ〈*Ischyja manlia*〉昆虫綱鱗翅目ヤガ科クチバ亜科の蛾。分布：インドから東南アジア、中国南部、台湾、奄美大島、琉球列島、屋久島、九州。

オオルリオビプレポナ〈*Prepona antimache*〉昆虫綱鱗翅目タテハチョウ科の蝶。分布：中央アメリカからパラグアイ、ブラジルまで。

オオルリクビナガオサムシ オオルリオサムシの別名。

オオルリコンボウハバチ〈*Orientabia relativa*〉昆虫綱膜翅目コンボウハバチ科。

オオルリシジミ 大瑠璃小灰蝶〈*Shijimiaeoides divina*〉昆虫綱鱗翅目シジミチョウ科ヒメシジミ亜科の蝶。絶滅危惧I類（CR+EN）。前翅長20mm。分布：本州（東北、中部）、九州（阿蘇、九重）。

オオルリシジミ アリオンシジミの別名。

オオルリタマムシ〈*Megaloxantha bicolor*〉昆虫綱甲虫目タマムシ科の甲虫。分布：スマトラ南部、ジャワ。

オオルリハムシ 大瑠璃金花虫〈*Chrysolina virgata*〉昆虫綱甲虫目ハムシ科の甲虫。体長14mm。分布：本州。

オオルリヒメハムシ〈*Calomicrus nobyi*〉昆虫綱甲虫目ハムシ科の甲虫。体長4.8〜6.0mm。

オオルリフクロウ〈*Zeuxidia aurelius*〉昆虫綱鱗翅目ワモンチョウ科の蝶。開張110mm。分布：マレーシア、スマトラ、ボルネオ。珍蝶。

オオルリフタオシジミ〈*Pseudolycaena marsyas*〉昆虫綱鱗翅目シジミチョウ科の蝶。分布：パナマからブラジル南部まで。

オオルリボシヤンマ〈*Aeschna nigroflava*〉昆虫綱蜻蛉目ヤンマ科の蜻蛉。体長80mm。

オオルリマダラ〈*Euploea callithoe*〉昆虫綱鱗翅目マダラチョウ科の蝶。別名オオムラサキマダラ。分布：セイロンから台湾、フィリピン、マルク諸島などを経てニューギニア、ビスマルク諸島、ソロモン諸島に分布。亜種は台湾。

オオルリミズギワゴミムシ〈*Bembidion amaurum*〉昆虫綱甲虫目オサムシ科の甲虫。体長6.0mm。

オオワタコナカイガラトビコバチ〈*Aphycus apicalis*〉昆虫綱膜翅目トビコバチ科。

オオワタコナカイガラムシ〈*Phenacoccus pergandei*〉昆虫綱半翅目コナカイガラムシ科。体長4〜6mm。無花果、枇杷、林檎、桜類、柿、ナシ

類に害を及ぼす。分布：九州以北の日本各地，サハリン，朝鮮半島。

オオワラジカイガラムシ 大草鞋介殻虫〈*Drosicha corpulenta*〉昆虫綱半翅目ワタフキカイガラムシ科。体長8〜12mm。カシ類，栗に害を及ぼす。分布：九州以北の日本各地，朝鮮半島。

オカザキハモグリバエ〈*Cerodontha incisa*〉昆虫綱双翅目ハモグリバエ科。体長1.6〜2.3mm。麦類に害を及ぼす。分布：本州，四国，九州，ヨーロッパ，北アメリカ。

オガサワラアオイトトンボ〈*Indolestes boninensis*〉昆虫綱蜻蛉目アオイトトンボ科の蜻蛉。絶滅危惧I類(CR+EN)。体長46mm。分布：父島(小笠原)。

オガサワラアラゲカミキリ〈*Bonipogonius fujitai*〉昆虫綱甲虫目カミキリムシ科フトカミキリ亜科の甲虫。体長8.5〜9.5mm。

オガサワライカリモントラカミキリ〈*Xylotrechus ogasawarensis*〉昆虫綱甲虫目カミキリムシ科カミキリ亜科の甲虫。体長8〜14mm。分布：小笠原諸島。

オガサワラインバエ〈*Fucellia boninnensis*〉昆虫綱双翅目ハナバエ科。体長4.0〜5.5mm。害虫。

オガサワライトトンボ〈*Boninagrion ezoin*〉昆虫綱蜻蛉目イトトンボ科の蜻蛉。絶滅危惧II類(VU)。体長35mm。分布：小笠原諸島。

オガサワラウラナミシジミ〈*Petrelaea tombugensis*〉昆虫綱鱗翅目シジミチョウ科の蝶。

オガサワラウラナミシジミ マルバネウラナミシジミの別名。

オガサワラオニゾウムシ〈*Gasterocercus ogasawaranus*〉昆虫綱甲虫目ゾウムシ科の甲虫。体長5.7〜10.6mm。

オガサワラオノヒゲナガゾウムシ〈*Dendrotrogus ohkurai*〉昆虫綱甲虫目ヒゲナガゾウムシ科の甲虫。体長7〜14.5mm。分布：小笠原諸島。

オガサワラオビハナノミ〈*Glipa ogasawarensis*〉昆虫綱甲虫目ハナノミ科の甲虫。体長8.5〜11.0mm。

オガサワラカギバ〈*Microblepsis acuminata*〉昆虫綱鱗翅目カギバガ科の蛾。開張30〜42mm。分布：本州(東北地方北部より)，四国，中国。

オガサワラカミキリ〈*Boninella degenerata*〉昆虫綱甲虫目カミキリムシ科フトカミキリ亜科の甲虫。

オガサワラカミキリモドキ〈*Eobia cinereipennis ogasawarensis*〉昆虫綱甲虫目カミキリモドキ科の甲虫。体長7〜12mm。害虫。

オガサワラキイロトラカミキリ〈*Chlorophorus kobayashii*〉昆虫綱甲虫目カミキリムシ科カミキリ亜科の甲虫。体長8.5〜12.5mm。

オガサワラキノコゴミムシダマシ〈*Platydema kulzerianum*〉昆虫綱甲虫目ゴミムシダマシ科の甲虫。体長3.0〜3.5mm。

オガサワラキノコヒゲナガゾウムシ〈*Euparius boninensis*〉昆虫綱甲虫目ヒゲナガゾウムシ科の甲虫。体長6.0〜7.4mm。分布：小笠原諸島。

オガサワラキボシハナノミ〈*Hoshihananomia trichopalpis*〉昆虫綱甲虫目ハナノミ科の甲虫。体長9〜10.5mm。

オガサワラキンオビハナノミ〈*Variimorda inomatai*〉昆虫綱甲虫目ハナノミ科の甲虫。体長4.8〜6.0mm。

オガサワラキンバエ〈*Lucilia snyderi*〉昆虫綱双翅目クロバエ科。体長5.5〜9.0mm。害虫。

オガサワラクチボソヒゲナガゾウムシ〈*Plintheria caliginosa*〉昆虫綱甲虫目ヒゲナガゾウムシ科の甲虫。体長2.7〜3.5mm。

オガサワラクビキリギス〈*Euconocephalus pallidus*〉昆虫綱直翅目キリギリス科。体長56〜65mm。分布：本州，四国，九州，屋久島，沖縄本島，小笠原諸島。

オガサワラケシグモ〈*Meioneta boninensis*〉蛛形綱クモ目サラグモ科の蜘蛛。

オガサワラゴキブリ 小笠原蜚蠊〈*Pycnoscelis surinamensis*〉昆虫綱網翅目オガサワラゴキブリ科。体長14〜20mm。分布：薩摩半島，種子島，屋久島，奄美大島，沖縄本島，宮古島，石垣島，西表島，伊豆諸島(八丈島，鳥島)。害虫。

オガサワラコナカイガラムシ〈*Dysmicoccus boninsis*〉昆虫綱半翅目コナカイガラムシ科。体長3.5〜5.0mm。イネ科作物，サトウキビに害を及ぼす。分布：南関東以西の日本各地，世界の熱帯，亜熱帯。

オガサワラコバネカミキリ〈*Psephactus scabripennis*〉昆虫綱甲虫目カミキリムシ科ノコギリカミキリ亜科の甲虫。

オガサワラコブヒゲナガゾウムシ〈*Gibber ogasawarensis*〉昆虫綱甲虫目ヒゲナガゾウムシ科の甲虫。体長2.9〜4.2mm。分布：小笠原諸島。

オガサワラゴマダラカミキリ〈*Anoplophora ogasawaraensis*〉昆虫綱甲虫目カミキリムシ科フトカミキリ亜科の甲虫。

オガサワラゴマフカミキリ〈*Mutatocoptops rufa*〉昆虫綱甲虫目カミキリムシ科フトカミキリ亜科の甲虫。体長17〜22mm。

オガサワラコマルガタテントウダマシ〈*Idiophyes boninensis*〉昆虫綱甲虫目テントウムシダマシ科の甲虫。体長1.5〜1.8mm。

オガサワラシジミ〈*Celastrina ogasawaraensis*〉昆虫綱鱗翅目シジミチョウ科の蝶。特別天然記念

物、絶滅危惧I類(CR+EN)。前翅長12～15mm。分布：小笠原諸島。

オガサワラシロクチカクシゾウムシ〈*Euthyrhinus kojimai*〉昆虫綱甲虫目ゾウムシ科の甲虫。

オガサワラスジホソカタムシ〈*Ascetoderes popei*〉昆虫綱甲虫目ホソカタムシ科の甲虫。体長3.0～6.2mm。

オガサワラスナゴミムシダマシ〈*Gonocephalum pottsi*〉昆虫綱甲虫目ゴミムシダマシ科の甲虫。体長5.5～6.2mm。

オガサワラセスジゲンゴロウ〈*Copelatus ogasawarensis*〉昆虫綱甲虫目ゲンゴロウ科の甲虫。体長4.8～5.4mm。

オガサワラセセリ〈*Parnara ogasawarensis*〉昆虫綱鱗翅目セセリチョウ科の蝶。準絶滅危惧種(NT)。前翅長15～20mm。分布：小笠原諸島の父島、母島。

オガサワラゼミ 小笠原蟬〈*Meimuna boninensis*〉昆虫綱半翅目セミ科。分布：父島列島、母島列島。

オガサワラタマムシ〈*Chrysochroa holstii*〉昆虫綱甲虫目タマムシ科の甲虫。体長25～32mm。分布：小笠原諸島。

オガサワラチビキマワリモドキ〈*Tetragonomenes boninensis*〉昆虫綱甲虫目ゴミムシダマシ科の甲虫。体長6.5～7.2mm。

オガサワラチビクワガタ〈*Figulus boninensis*〉昆虫綱甲虫目クワガタムシ科の甲虫。体長16～18mm。分布：小笠原諸島(父島、母島)。

オガサワラチビヒョウタンヒゲナガゾウムシ〈*Notioxenus nakanei*〉昆虫綱甲虫目ヒゲナガゾウムシ科の甲虫。体長1.7～1.8mm。

オガサワラチャイロカミキリ〈*Comusia testacea*〉昆虫綱甲虫目カミキリムシ科カミキリ亜科の甲虫。体長9mm。

オガサワラテナガグモ〈*Bathyphantes aokii*〉蛛形綱クモ目サラグモ科の蜘蛛。

オガサワラトビイロカミキリ〈*Nysina boninensis*〉昆虫綱甲虫目カミキリムシ科カミキリ亜科の甲虫。体長15～18.5mm。

オガサワラトラカミキリ〈*Chlorophorus boninensis*〉昆虫綱甲虫目カミキリムシ科カミキリ亜科の甲虫。体長11～13mm。

オガサワラトンボ〈*Hemicordulia ogasawarensis*〉昆虫綱蜻蛉目エゾトンボ科の蜻蛉。絶滅危惧I類(CR+EN)。体長48mm。

オガサワラナガタマムシ〈*Agrilus boninensis*〉昆虫綱甲虫目タマムシ科の甲虫。体長7.2～9.5mm。

オガサワラネブトクワガタ〈*Aegus ogasawarensis*〉昆虫綱甲虫目クワガタムシ科の甲虫。体長雄17～25mm、雌14～16mm。分布：小笠原諸島(母島)。

オガサワラハンミョウ〈*Cicindela bonina*〉昆虫綱甲虫目ハンミョウ科の甲虫。絶滅危惧I類(CR+EN)。体長10～13mm。

オガサワラヒゲヨトウ〈*Dasypolia fani*〉昆虫綱鱗翅目ヤガ科セダカモクメ亜科の蛾。分布：アジア内陸、岩手県、宮城県、栃木県、群馬県、長野県。

オガサワラヒメテントウ〈*Nephus boninensis*〉昆虫綱甲虫目テントウムシ科の甲虫。体長1.4～1.7mm。

オガサワラヒラアシコメツキ〈*Propsephus langfordi*〉昆虫綱甲虫目コメツキムシ科の甲虫。体長8～12mm。

オガサワラヒラタカミキリ〈*Eurypoda boninensis*〉昆虫綱甲虫目カミキリムシ科ノコギリカミキリ亜科の甲虫。体長15～27mm。

オガサワラビロウドカミキリ〈*Acalolepta boninensis*〉昆虫綱甲虫目カミキリムシ科フトカミキリ亜科の甲虫。体長13mm。

オガサワラフトヒゲナガゾウムシ〈*Basitropis seinoi*〉昆虫綱甲虫目ヒゲナガゾウムシ科の甲虫。体長5.8～12.0mm。分布：小笠原諸島。

オガサワラホソニクバエ〈*Goniophyto boninensis*〉昆虫綱双翅目ニクバエ科。体長5.0～7.0mm。害虫。

オガサワラムツボシタマムシ〈*Chrysobothris boninensis*〉昆虫綱甲虫目タマムシ科の甲虫。体長8～11mm。

オガサワラムネスジウスバカミキリ〈*Nortia kusuii*〉昆虫綱甲虫目カミキリムシ科カミキリ亜科の甲虫。体長17～22mm。

オガサワラモモブトアメイロカミキリ〈*Pseudiphra bicolor*〉昆虫綱甲虫目カミキリムシ科カミキリ亜科の甲虫。体長4.5～6.5mm。

オガサワラモモブトコバネカミキリ〈*Merionoeda tosawai*〉昆虫綱甲虫目カミキリムシ科カミキリ亜科の甲虫。体長5.5～8.0mm。

オガサワラモリヒラタゴミムシ〈*Colpodes laetus*〉昆虫綱甲虫目オサムシ科の甲虫。体長9.5～13.0mm。

オガサワラモンハナノミ〈*Tomoxia relicta*〉昆虫綱甲虫目ハナノミ科の甲虫。体長7mm。

オカダアワフキ 岡田泡吹〈*Euclovia okadai*〉昆虫綱半翅目アワフキムシ科。分布：北海道、本州、四国、九州。

オカダケムネチビゴミムシ〈*Epaphiopsis okadai*〉昆虫綱甲虫目オサムシ科の甲虫。体長3.8～4.4mm。

オカダノコギリゾウムシ　岡田鋸象鼻虫〈*Ixalma okadai*〉昆虫綱甲虫目ゾウムシ科の甲虫。体長4.0〜4.7mm。分布：本州。

オガタヒロバカゲロウ〈*Lysmus ogatai*〉昆虫綱脈翅目ヒロバカゲロウ科。

オカダマダラメマトイ〈*Amiota okadai*〉昆虫綱双翅目ショウジョウバエ科。体長4mm。分布：本州。害虫。

オガタマハマキ〈*Olethreutes threnodes*〉昆虫綱鱗翅目ハマキガ科ノコメハマキ亜科の蛾。

オガタヒメハマキ〈*Statherotis threnodes*〉昆虫綱鱗翅目ハマキガ科の蛾。分布：本州(紀伊半島南部)、四国(足摺岬)、九州(鹿児島県)、対馬、屋久島、奄美大島、琉球列島(沖縄本島、西表島)、スリランカ。

オガタマワタムシ〈*Formosaphis micheliae*〉昆虫綱半翅目アブラムシ科。

オカダンゴムシ　陸団子虫〈*Armadillidium vulgare*〉甲殻綱等脚目オカダンゴムシ科の陸生の甲殻類。別名ダンゴムシ。宅地、花壇、畑などの朽木、枯葉や石の下など、陰になった湿気のあるところにすみ、触れたりすると、体を完全な球状にまるめる。体長10〜15mm。ウリ科野菜、ナス科野菜、苺、タバコ、サボテン類、大豆、アブラナ科野菜に害を及ぼす。分布：世界各地。

オカトラノオハバチ〈*Melisandra carinifrons*〉昆虫綱膜翅目ハバチ科。

オカボシストセンチュウ〈*Heterodera elachista*〉ヘテロデラ科。体長雌0.4mm、雄0.9mm。稲に害を及ぼす。分布：東北地方南部から南九州まで。

オカボトビハムシ〈*Chaetocnema basalis*〉昆虫綱甲虫目ハムシ科の甲虫。体長1.5〜2.0mm。

オカボノアカアブラムシ〈*Rhopalosiphum rufiabdominalis*〉昆虫綱半翅目アブラムシ科。体長1.8mm。ウリ科野菜、麦類、イネ科作物、ナス科野菜、桜類、梅、アンズ、桃、スモモに害を及ぼす。分布：日本全国、全北区。

オカボノキバラアブラムシ〈*Anoecia fulviabdominalis*〉昆虫綱半翅目アブラムシ科。体長2.8mm。イネ科作物、麦類、稲に害を及ぼす。分布：北海道、本州、韓国。

オカボノクロアブラムシ〈*Tetraneura nigriabdominalis*〉昆虫綱半翅目アブラムシ科。体長2.2mm。イネ科作物、麦類、稲に害を及ぼす。分布：本州、中国、台湾、フィリピン、インド、モンゴル、アフリカ。

オカマルセイボウ〈*Hedychrum okai*〉昆虫綱膜翅目セイボウ科。

オカメコオロギ　阿亀蟋蟀〈*Loxoblemmus* spp.〉昆虫綱直翅目コオロギ科のうちオカメコオロギ類の総称。

オカモトクロカワゲラ〈*Takagripopteryx nigra*〉昆虫綱襀翅目クロカワゲラ科。

オカモトツヤアナハネムシ〈*Tosadendroides okamotoi*〉昆虫綱甲虫目アカハネムシ科の甲虫。体長8mm。分布：本州、四国。

オカモトトゲエダシャク　岡本棘枝尺蛾〈*Apochima juglansiaria*〉昆虫綱鱗翅目シャクガ科エダシャク亜科の蛾。開張36〜45mm。梅、アンズ、林檎、桜類に害を及ぼす。分布：北海道、本州、四国、九州、対馬、シベリア南東部。

オカモトヒメハナノミ〈*Falsomordellistena okamotoi*〉昆虫綱甲虫目ハナノミ科の甲虫。体長3.7〜7.1mm。

オカモトマダラヤドリハナバチ〈*Nomada okamotonis*〉昆虫綱膜翅目ミツバチ科。

オカモノアラガイ　陸物洗貝〈*Succinea lauta*〉軟体動物門腹足綱オカモノアラガイ科の巻き貝。貝殻の高さ25mm。キク科野菜、ユリ科野菜、アブラナ科野菜、ウリ科野菜、ヤマノイモ類、シソに害を及ぼす。分布：北海道、本州(中部以北)、サハリン。

オキクムシ　お菊虫　昆虫綱鱗翅目アゲハチョウ科のジャコウアゲハの蛹をいい、地方によってはアゲハチョウ類一般の蛹をいう。

オキシキラ・ゲルマイニ〈*Oxychila germaini*〉昆虫綱甲虫目ハンミョウ科。分布：コロンビア、ペルー、ボリビア、アルゼンチン。

オキシキラ属の一種〈*Oxychila* sp.〉昆虫綱甲虫目ハンミョウ科。分布：ブラジル。

オキシキラ・ラビアタ〈*Oxychila labiata*〉昆虫綱甲虫目ハンミョウ科。分布：ボリビア、ブラジル、パラグアイ、アルゼンチン。

オキシグリルス・ルギナスス〈*Oxygrylus ruginasus*〉昆虫綱甲虫目コガネムシ科の甲虫。分布：合衆国南部、メキシコ。

オキシニウスアゲハ〈*Papilio oxynius*〉昆虫綱鱗翅目アゲハチョウ科の蝶。分布：キューバ。

オキシネトゥラ・エリトゥロソマ〈*Oxynetra erythrosoma*〉昆虫綱鱗翅目セセリチョウ科の蝶。分布：アマゾン。

オキシネトゥラ・コンフサ〈*Oxynetra confusa*〉昆虫綱鱗翅目セセリチョウ科の蝶。分布：仏領ギアナ、エクアドル、ペルー、ボリビア。

オキシネトゥラ・セミヒアリナ〈*Oxynetra semihyalina*〉昆虫綱鱗翅目セセリチョウ科の蝶。分布：ネグロ川流域、コロンビア、エクアドル、ペルー、ボリビア。

オキシネトゥラ・フェルデリ〈*Oxynetra felderi*〉昆虫綱鱗翅目セセリチョウ科の蝶。分布：ブラジルからペルーまで。

オキシリデス・アマサ〈Oxylides amasa〉昆虫綱鱗翅目シジミチョウ科の蝶。分布：ナイジェリア。

オキシリデス・ファウヌス〈Oxylides faunus〉昆虫綱鱗翅目シジミチョウ科の蝶。分布：シエラレオネからコンゴおよびウガンダ，アンゴラ。

オキシンテス・コルスカ〈Oxynthes corusca〉昆虫綱鱗翅目セセリチョウ科の蝶。分布：メキシコ，パナマからブラジル。

オキセオスキストゥス・シンプレクス〈Oxeoschistus simplex〉昆虫綱鱗翅目ジャノメチョウ科の蝶。分布：コロンビア，エクアドル。

オキセオスキストゥス・プエルタ〈Oxeoschistus puerta〉昆虫綱鱗翅目ジャノメチョウ科の蝶。分布：コロンビア，ベネズエラ，コスタリカ。

オキセオスキストゥス・プロタゲニア〈Oxeoschistus protagenia〉昆虫綱鱗翅目ジャノメチョウ科の蝶。分布：コロンビア，エクアドル，ペルー，ボリビア。

オキセオスキストゥス・プロトゴニア〈Oxeoschistus protogonia〉昆虫綱鱗翅目ジャノメチョウ科の蝶。分布：コロンビア，エクアドル，ペルー，ボリビア。

オキセオスキストゥス・プロナクス〈Oxeoschistus pronax〉昆虫綱鱗翅目ジャノメチョウ科の蝶。分布：ペルーおよびボリビア。

オキツハネグモ〈Orchestina okitsui〉蛛形綱クモ目タマゴグモ科の蜘蛛。

オキツワタカイガラムシ〈Chloropulvinaria okitsuensis〉昆虫綱半翅目カタカイガラムシ科。体長2～3mm。柑橘，椿，山茶花，モチノキ，茶に害を及ぼす。分布：本州(関東以西)，四国，九州，中国。

オキナワアオジョウカイ〈Themus kurosawai〉昆虫綱甲虫目ジョウカイボン科の甲虫。体長15～20mm。

オキナワアオバホソハムシ〈Apophylia elongata〉昆虫綱甲虫目ハムシ科の甲虫。体長6.2～9.0mm。

オキナワアカミナミボタル〈Drilaster fuscicollis〉昆虫綱甲虫目ホタル科の甲虫。体長8.3～9.8mm。

オキナワアシナガトビハムシ〈Longitarsus ihai〉昆虫綱甲虫目ハムシ科の甲虫。体長1.8～2.1mm。

オキナワアシブトクチバ〈Parallelia arcuata〉昆虫綱鱗翅目ヤガ科シタバガ亜科の蛾。分布：紀伊半島，四国，九州南部，屋久島以南，八重山に至る島嶼部。

オキナワアズチグモ〈Thomisus okinawaensis〉蛛形綱クモ目カニグモ科の蜘蛛。

オキナワイチモンジハムシ〈Morphosphaera coerulea〉昆虫綱甲虫目ハムシ科の甲虫。体長7.0～8.8mm。

オキナワイナゴモドキ〈Gesonula punctifrons〉昆虫綱直翅目バッタ科。体長雄22～25mm，雌35mm。サトイモ，サトウキビに害を及ぼす。分布：南西諸島，中国，台湾，東南アジア。

オキナワイモサルハムシ〈Colasposoma auripenne〉昆虫綱甲虫目ハムシ科の甲虫。体長4.0～6.5mm。

オキナワイラガ〈Matsumurides okinawanus〉昆虫綱鱗翅目イラガ科の蛾。分布：奄美大島，徳之島，沖縄本島，西表島。

オキナワウスアヤカミキリ〈Bumetopia okinawa〉昆虫綱甲虫目カミキリムシ科フトカミキリ亜科の甲虫。体長10～13mm。

オキナワウスアヤカミキリ オオシマウスアヤカミキリの別名。

オキナワウスイロコヤガ〈Azumaia micardiopsis〉昆虫綱鱗翅目ヤガ科コヤガ亜科の蛾。分布：奄美大島，沖縄本島，屋久島。

オキナワウズグモ〈Uloborus okinawaensis〉蛛形綱クモ目ウズグモ科の蜘蛛。

オキナワウスチャヒメシャク〈Anisodes obliviaria〉昆虫綱鱗翅目シャクガ科の蛾。分布：インドから東南アジア一帯，モルッカ諸島，ニューギニア，クィーンズランド，沖縄本島北部。

オキナワウスベリケンモン〈Anacronicta okinawensis〉昆虫綱鱗翅目ヤガ科の蛾。分布：沖縄本島北部山地，慶留間島。

オキナワエンマコガネ〈Onthophagus itoi〉昆虫綱甲虫目コガネムシ科の甲虫。体長5.5～10.5mm。

オキナワオエダシャク〈Semiothisa emersaria〉昆虫綱鱗翅目シャクガ科の蛾。分布：東南アジア，屋久島，沖縄本島，台湾，海南島，スリランカ，インド。

オキナワオオアカキリバ〈Anomis metaxantha〉昆虫綱鱗翅目ヤガ科クチバ亜科の蛾。分布：インド，屋久島以南，奄美大島，琉球列島。

オキナワオオミズスマシ〈Dineutus mellyi〉昆虫綱甲虫目ミズスマシ科の甲虫。体長15～20mm。分布：南西諸島。

オキナワオオルリハムシ オオミドリサルハムシの別名。

オキナワオジロサナエ〈Stylogomphus ryukyuanus asatoi〉昆虫綱蜻蛉目サナエトンボ科の蜻蛉。

オキナワオバボタル オキナワマドボタルの別名。

オキナワオビジョウカイモドキ〈Laius kawasakii〉昆虫綱甲虫目ジョウカイモドキ科。

オキナワカギバ〈Oreta loochooana〉昆虫綱鱗翅目カギバガ科の蛾。分布：四国南部，九州南部，対馬，屋久島，奄美大島，徳之島，沖縄本島，石垣島，西表島，台湾，中国。

オキナワカ

オキナワカタビロキマワリモドキ〈*Phaedis iriei*〉昆虫綱甲虫目ゴミムシダマシ科の甲虫。体長10.5〜13.0mm。

オキナワカミキリモドキ〈*Asclera subrugosa*〉昆虫綱甲虫目カミキリモドキ科の甲虫。体長8.5〜11.0mm。

オキナワカラスアゲハ〈*Papilio okinawensis*〉昆虫綱鱗翅目アゲハチョウ科の蝶。

オキナワカンシャクシコメツキ〈*Melanotus okinawensis*〉昆虫綱甲虫目コメツキムシ科。体長16mm。サトウキビに害を及ぼす。分布：奄美群島(沖永良部島を除く)、沖縄群島。

オキナワキイロコウカアブ〈*Ptecticus okinawae*〉昆虫綱双翅目ミズアブ科。体長18〜25mm。害虫。

オキナワキゲンセイ〈*Zonitis okinawensis*〉昆虫綱甲虫目ツチハンミョウ科の甲虫。体長13〜16mm。

オキナワキボシカミキリ〈*Psacothea teneburosa*〉昆虫綱甲虫目カミキリムシ科フトカミキリ亜科の甲虫。体長23〜30mm。分布：南西諸島。

オキナワキボシヒメゾウムシ〈*Baris kiboshi ihai*〉昆虫綱甲虫目ゾウムシ科の甲虫。体長3.5〜4.9mm。

オキナワキマワリ〈*Plesiophthalmus piceus*〉昆虫綱甲虫目ゴミムシダマシ科の甲虫。体長13.0〜14.0mm。

オキナワキムラグモ〈*Heptathela nishihirai*〉蛛形綱クモ目キムラグモ科の蜘蛛。体長雌16〜18mm，雄11〜14mm。分布：沖縄から石垣島。

オキナワクシヒゲベニボタル〈*Macrolycus okinawanus*〉昆虫綱甲虫目ベニボタル科の甲虫。体長7.3〜11.3mm。

オキナワクチブトコメツキ〈*Silesis okinawensis*〉昆虫綱甲虫目コメツキムシ科の甲虫。体長7〜9mm。

オキナワクビシロカミキリ〈*Xylariopsis iriei*〉昆虫綱甲虫目カミキリムシ科フトカミキリ亜科の甲虫。体長11mm。

オキナワクビナガハムシ〈*Lilioceris neptis*〉昆虫綱甲虫目ハムシ科。

オキナワクビボソジョウカイ〈*Podabrus ihai*〉昆虫綱甲虫目ジョウカイボン科の甲虫。体長4.5〜4.7mm。

オキナワクロテンヒメシャク〈*Scopula nesciaria*〉昆虫綱鱗翅目シャクガ科の蛾。分布：奄美大島、沖永良部島、沖縄本島、宮古島、石垣島、与那国島、台湾、中国、フィリピン、マレーシアからスリランカ、インド。

オキナワクロホウジャク〈*Macroglossum corythus*〉昆虫綱鱗翅目スズメガ科ホウジャク亜科の蛾。開張55〜60mm。分布：インド―オーストラリア地区、奄美大島、徳之島、沖縄本島、石垣島、西表島、与那国島。

オキナワクロミナミボタル〈*Drilaster okinawensis*〉昆虫綱甲虫目ホタル科の甲虫。体長5.3〜5.7mm。

オキナワクワカミキリ〈*Apriona nobuoi*〉昆虫綱甲虫目カミキリムシ科フトカミキリ亜科の甲虫。体長36〜45mm。

オキナワクワゾウムシ〈*Episomus mori*〉昆虫綱甲虫目ゾウムシ科。体長13〜16mm。分布：奄美大島以南の南西諸島。

オキナワケブカゴミムシ〈*Trichisia insularis*〉昆虫綱甲虫目オサムシ科の甲虫。体長8.1〜10.0mm。

オキナワコアオハナムグリ〈*Oxycetonia forticula*〉昆虫綱甲虫目コガネムシ科の甲虫。体長13〜15mm。

オキナワコオニケシキスイ〈*Cryptarcha okinawensis*〉昆虫綱甲虫目ケシキスイ科の甲虫。体長3.6〜4.1mm。

オキナワコフキコガネ〈*Melolontha masafumii*〉昆虫綱甲虫目コガネムシ科の甲虫。体長29〜30mm。サトウキビに害を及ぼす。分布：宮古島、石垣島、西表島。

オキナワコブヒゲカミキリ〈*Rhodopina okinawensis*〉昆虫綱甲虫目カミキリムシ科フトカミキリ亜科の甲虫。体長11〜15mm。分布：奄美大島、徳之島、沖縄諸島。

オキナワゴマフカミキリ〈*Mesosa pictipes*〉昆虫綱甲虫目カミキリムシ科フトカミキリ亜科の甲虫。体長12.5〜19.0mm。

オキナワコヤマトンボ〈*Macromia kubokaiya*〉昆虫綱蜻蛉目ヤマトンボ科の蜻蛉。準絶滅危惧種(NT)。体長70mm。分布：沖縄本島。

オキナワサナエ〈*Asiagomphus amamiensis okinawanus*〉昆虫綱蜻蛉目サナエトンボ科の蜻蛉。準絶滅危惧種(NT)。

オキナワサビカミキリ〈*Diboma costata*〉昆虫綱甲虫目カミキリムシ科フトカミキリ亜科の甲虫。体長9〜10mm。

オキナワサラサヤンマ〈*Oligoaeschna kunigamiensis*〉昆虫綱蜻蛉目ヤンマ科の蜻蛉。準絶滅危惧種(NT)。体長55mm。分布：沖縄本島。

オキナワシジミガムシ〈*Laccobius nakanei*〉昆虫綱甲虫目ガムシ科の甲虫。体長2.4〜2.7mm。

オキナワシジミタテハ ヒョットコシジミタテハの別名。

オキナワジュウジアトキリゴミムシ〈*Lebia purkynei*〉昆虫綱甲虫目オサムシ科の甲虫。体長

5mm。

オキナワジョウカイ〈*Athemus okinawanus*〉昆虫綱甲虫目ジョウカイボン科の甲虫。体長6.2〜7.4mm。

オキナワシラクモヨトウ〈*Antapamea okinawensis*〉昆虫綱鱗翅目ヤガ科カラスヨトウ亜科の蛾。分布：沖縄本島北部山地，奄美大島，屋久島。

オキナワシロイラガ〈*Narosa azumai*〉昆虫綱鱗翅目イラガ科の蛾。分布：沖縄本島，西表島。

オキナワシロスジコガネ〈*Polyphylla schoenfeldti*〉昆虫綱甲虫目コガネムシ科の甲虫。体長23〜31mm。

オキナワスカシバ〈*Sesia okinawana*〉昆虫綱鱗翅目スカシバガ科の蛾。分布：沖縄。

オキナワスジゲンゴロウ〈*Hydaticus vittatus*〉昆虫綱甲虫目ゲンゴロウ科の甲虫。体長13mm。分布：南西諸島(吐噶喇列島宝島以南)。

オキナワスジボタル〈*Curtos okinawanus*〉昆虫綱甲虫目ホタル科の甲虫。体長6.6〜7.3mm。

オキナワズマルトラカミキリ〈*Xylotrechus albolatifasciatus*〉昆虫綱甲虫目カミキリムシ科カミキリ亜科の甲虫。体長7.6〜8.6mm。

オキナワセマダラコガネ〈*Blitopertha okinawaensis*〉昆虫綱甲虫目コガネムシ科の甲虫。体長10mm。サトウキビに害を及ぼす。分布：沖縄本島。

オキナワチビアシナガバチ〈*Ropalidia fasciata*〉昆虫綱膜翅目スズメバチ科。体長9〜11mm。害虫。

オキナワチビトラカミキリ〈*Perissus tsutsumii*〉昆虫綱甲虫目カミキリムシ科カミキリ亜科の甲虫。体長7.8〜10.0mm。

オキナワチャボハナカミキリ〈*Pseudalosterna aritai*〉昆虫綱甲虫目カミキリムシ科ハナカミキリ亜科の甲虫。体長6.2mm。

オキナワチャマダラヒゲナガゾウムシ〈*Acorynus okinawanus*〉昆虫綱甲虫目ヒゲナガゾウムシ科の甲虫。体長5.5〜7.0mm。

オキナワチョウトンボ ベッコウチョウトンボの別名。

オキナワツトガ〈*Crambus okinawanus*〉昆虫綱鱗翅目メイガ科の蛾。分布：沖縄本島。

オキナワツヤハナバチ〈*Ceratina okinawana*〉昆虫綱膜翅目ミツバチ科。

オキナワドウボソカミキリ〈*Pothyne liturata*〉昆虫綱甲虫目カミキリムシ科フトカミキリ亜科の甲虫。

オキナワトガリシャク〈*Ozola defectata*〉昆虫綱鱗翅目シャクガ科の蛾。分布：沖縄本島，久米島，石垣島，西表島。

オキナワトガリヒメシャク〈*Scopula anisopleura*〉昆虫綱鱗翅目シャクガ科の蛾。分布：沖縄本島。

オキナワドクガ〈*Euproctis okinawana*〉昆虫綱鱗翅目ドクガ科の蛾。分布：沖縄本島，西表島。

オキナワトゲオトンボ〈*Rhipidolestes okinawanus*〉昆虫綱蜻蛉目ヤマイトトンボ科の蜻蛉。体長46mm。分布：奄美大島，徳之島，沖縄本島北部，渡嘉敷島。

オキナワトタテグモ〈*Latouchia swinhoei*〉蛛形綱クモ目トタテグモ科の蜘蛛。体長雌30〜40mm，雄10〜13mm。分布：南西諸島。

オキナワトビイロカミキリ〈*Nysina insularis*〉昆虫綱甲虫目カミキリムシ科カミキリ亜科の甲虫。体長16〜18mm。分布：沖縄諸島，西表島。

オキナワナガタマムシ〈*Agrilus okinawensis*〉昆虫綱甲虫目タマムシ科の甲虫。体長6.2〜8.2mm。

オキナワナカボソタマムシ〈*Coraebus loochooensis*〉昆虫綱甲虫目タマムシ科の甲虫。体長10〜14mm。

オキナワナミアツバ〈*Progonia oileusalis*〉昆虫綱鱗翅目ヤガ科クルマアツバ亜科の蛾。分布：インド，東南アジアから台湾，奄美大島，沖縄本島，宮古島，石垣島，西表島，与那国島。

オキナワネグロホウジャク〈*Macroglossum faro*〉昆虫綱鱗翅目スズメガ科の蛾。分布：沖縄本島，石垣島，西表島，中国南部，インドから東南アジア一帯。

オキナワネブトクワガタ〈*Aegus nakanei*〉昆虫綱甲虫目クワガタムシ科の甲虫。体長雄12〜15mm，雌12mm。分布：沖縄本島。

オキナワノコギリクワガタ〈*Prosopocoilus dissimilis*〉昆虫綱甲虫目クワガタムシ科の甲虫。体長雄34〜72mm，雌29〜35mm。分布：吐噶喇列島，奄美大島から沖縄諸島。

オキナワハゴロモモドキ〈*Mindura sundana*〉昆虫綱半翅目ハゴロモモドキ科。

オキナワハナボタル〈*Plateros nakachii*〉昆虫綱甲虫目ベニボタル科の甲虫。体長5.0〜8.0mm。

オキナワハネナシサビカミキリ〈*Pterolophia obovata*〉昆虫綱甲虫目カミキリムシ科フトカミキリ亜科の甲虫。体長8mm。分布：沖縄諸島。

オキナワハンミョウ〈*Cicindela chinensis*〉昆虫綱甲虫目ハンミョウ科。

オキナワヒメナガハムシ〈*Hoplosaenidea miyatakei*〉昆虫綱甲虫目ハムシ科の甲虫。体長4.8〜5.0mm。

オキナワヒラタチビタマムシ〈*Habroloma liukiuense*〉昆虫綱甲虫目タマムシ科の甲虫。体長2.5〜3.0mm。

オキナワヒラタヒゲナガハナノミ オキナワマルヒラタドロムシの別名。

オキナワビロウドカミキリ〈*Acalolepta okinawaensis*〉昆虫綱甲虫目カミキリムシ科フトカミキリ亜科の甲虫。

オキナワビロウドコガネ〈*Maladera okinawaensis*〉昆虫綱甲虫目コガネムシ科の甲虫。体長8mm。

オキナワビロウドセセリ〈*Hasora chromus*〉昆虫綱鱗翅目セセリチョウ科の蝶。別名リュウキュウビロウドセセリ。前翅長25mm。分布：インド、ミャンマーからマレーシア、ボルネオ、マルク諸島、ニューギニア、オーストラリア北部。

オキナワビロードセセリ オキナワビロウドセセリの別名。

オキナワフタオ〈*Epiplema conchiferata*〉昆虫綱鱗翅目フタオガ科の蛾。分布：沖縄本島、石垣島、スリランカ、インド。

オキナワフタスジヒメテントウ〈*Horniolus okinawensis*〉昆虫綱甲虫目テントウムシ科の甲虫。体長1.9〜2.6mm。

オキナワフトカミキリ〈*Blepephaeus okinawanus*〉昆虫綱甲虫目カミキリムシ科フトカミキリ亜科の甲虫。体長17〜20mm。分布：沖縄諸島。

オキナワフトヒゲナガゾウムシ〈*Xylinada oshimai*〉昆虫綱甲虫目ヒゲナガゾウムシ科の甲虫。体長10〜13mm。

オキナワベッコウトンボ ベッコウチョウトンボの別名。

オキナワホウジャク〈*Macroglossum passalus*〉昆虫綱鱗翅目スズメガ科の蛾。分布：スリランカ、インド南部、日本、台湾、中国南部、奄美大島、徳之島、沖縄本島、石垣島、西表島。

オキナワホソクビアリモドキ〈*Formicomus okinawanus*〉昆虫綱甲虫目アリモドキ科の甲虫。体長2.7〜3.8mm。

オキナワホソヒメジョウカイモドキ〈*Attalus okinawanus*〉昆虫綱甲虫目ジョウカイモドキ科の甲虫。体長3.3〜3.5mm。

オキナワホソビロウドカミキリ〈*Acalolepta simillima*〉昆虫綱甲虫目カミキリムシ科フトカミキリ亜科の甲虫。体長14mm。分布：沖縄諸島。

オキナワホラヒメグモ〈*Nesticus okinawaensis*〉蛛形綱クモ目ホラヒメグモ科の蜘蛛。

オキナワマエモンヒメクチバ〈*Mecodina kurosawai*〉昆虫綱鱗翅目ヤガ科クチバ亜科の蛾。分布：沖縄本島。

オキナワマシラグモ〈*Leptoneta okinawaensis*〉蛛形綱クモ目マシラグモ科の蜘蛛。

オキナワマダラキヨトウ〈*Aletia formosana*〉昆虫綱鱗翅目ヤガ科ヨトウガ亜科の蛾。分布：屋久島以南、奄美大島、沖縄本島、宮古島、石垣島、西表島、南大東島。

オキナワマドヒラタアブ〈*Eumerus okinawaensis*〉昆虫綱双翅目ハナアブ科。

オキナワマドボタル〈*Lychnuris matsumurai*〉昆虫綱甲虫目ホタル科の甲虫。体長8〜10mm。

オキナワマメコガネ〈*Popillia lewisi*〉昆虫綱甲虫目コガネムシ科の甲虫。体長8.5〜10.0mm。

オキナワマルヒラタドロムシ〈*Eubrianax loochooensis*〉昆虫綱甲虫目ヒラタドロムシ科の甲虫。体長4.5〜4.9mm。

オキナワミドリカッコウムシ〈*Stenocallimerus okinawanus*〉昆虫綱甲虫目カッコウムシ科の甲虫。体長6〜8mm。

オキナワミナミヤンマ〈*Chlorogomphus brevistigma*〉昆虫綱蜻蛉目オニヤンマ科の蜻蛉。準絶滅危惧種(NT)。体長75mm。分布：沖縄本島北部。

オキナワムツボシタマムシ〈*Chrysobothris saliaris*〉昆虫綱甲虫目タマムシ科の甲虫。体長8〜10mm。

オキナワモンシロモドキ〈*Nyctemera okinawensis*〉昆虫綱鱗翅目ヒトリガ科の蛾。分布：西表島、徳之島、沖縄本島、石垣島、南大東島、与那国島。

オキナワユミアシゴミムシダマシ〈*Promethis okinawana*〉昆虫綱甲虫目ゴミムシダマシ科の甲虫。体長23.0mm。

オキナワルリチラシ〈*Eterusia aedea*〉昆虫綱鱗翅目マダラガ科の蛾。開張60〜70mm。分布：本州(伊豆半島以西)、四国、九州、対馬、隠岐島、福岡県沖ノ島。

オキノエラブコブヒゲカミキリ〈*Rhodopina okinoerabuana*〉昆虫綱甲虫目カミキリムシ科フトカミキリ亜科の甲虫。体長12〜15mm。分布：沖永良部島、伊豆諸島。

オキノエラブドウボソカミキリ〈*Pothyne nobuoi*〉昆虫綱甲虫目カミキリムシ科フトカミキリ亜科の甲虫。体長12〜16mm。

オキノエラブハネナシサビカミキリ〈*Pterolophia gibbosipennis*〉昆虫綱甲虫目カミキリムシ科の甲虫。体長9mm。

オキノエラブリンゴカミキリ〈*Oberea umebayashii*〉昆虫綱甲虫目カミキリムシ科フトカミキリ亜科の甲虫。体長13.5〜14.0mm。

オキバ・カラタナ〈*Ocyba calathana*〉昆虫綱鱗翅目セセリチョウ科の蝶。分布：中央アメリカおよび南アメリカ。

オキバディステス・ウォーケリ〈*Ocybadistes walkeri*〉昆虫綱鱗翅目セセリチョウ科の蝶。分布：オーストラリア，タスマニア。

オギリス・アエノネ〈*Ogyris aenone*〉昆虫綱鱗翅目シジミチョウ科の蝶。分布：オーストラリア。

オギリス・アマリッリス〈*Ogyris amaryllis*〉昆虫綱鱗翅目シジミチョウ科の蝶。分布：オーストラリア。

オギリス・イアンティス〈*Ogyris ianthis*〉昆虫綱鱗翅目シジミチョウ科の蝶。分布：オーストラリア。

オギリス・イドゥモ〈*Ogyris idmo*〉昆虫綱鱗翅目シジミチョウ科の蝶。分布：オーストラリア。

オギリス・オタネス〈*Ogyris otanes*〉昆虫綱鱗翅目シジミチョウ科の蝶。分布：オーストラリア。

オギリス・オロエテス〈*Ogyris oroetes*〉昆虫綱鱗翅目シジミチョウ科の蝶。分布：オーストラリア。

オギリス・ゾシネ〈*Ogyris zosine*〉昆虫綱鱗翅目シジミチョウ科の蝶。分布：オーストラリア。

オギリス・バーナーディ〈*Ogyris barnardi*〉昆虫綱鱗翅目シジミチョウ科の蝶。分布：オーストラリア。

オクエゾホソゴミムシダマシ 奥蝦夷細偽歩行虫〈*Hypophloeus okuezonis*〉昆虫綱甲虫目ゴミムシダマシ科の甲虫。体長4.2〜4.8mm。分布：北海道。

オクス・スブビッタトゥス〈*Ochus subvittatus*〉昆虫綱鱗翅目セセリチョウ科の蝶。分布：カシ丘陵(Khasi Hills)，ナガ丘陵(Naga Hills)(ともにインド北部)，ミャンマー，マレーシア。

オクタビアタテハモドキ〈*Junonia octavia*〉昆虫綱鱗翅目タテハチョウ科の蝶。乾季型は暗褐色で，青色の斑紋，雨季型は赤味のある褐色で，暗褐色の斑紋をもつ。開張5〜6mm。分布：アフリカ南部，熱帯域。

オクタマナガゴミムシ〈*Pterostichus okutamae*〉昆虫綱甲虫目オサムシ科の甲虫。体長15.5〜17.5mm。

オクチサラグモ〈*Microlinyphia pusilla*〉蛛形綱クモ目サラグモ科の蜘蛛。

オクハマキ〈*Dentisociaria armata*〉昆虫綱鱗翅目ハマキガ科の蛾。分布：北海道，本州，ロシア(沿海州)。

オクヘリホシヒメハマキ〈*Dichrorampha okui*〉昆虫綱鱗翅目ハマキガ科の蛾。分布：岩手県を北限とし，九州(英彦山)。

オグマサナエ〈*Trigomphus ogumai*〉昆虫綱蜻蛉目サナエトンボ科の蜻蛉。体長45mm。分布：本州(長野県，愛知県以西)，四国，九州。

オグマブチミャクヨコバイ〈*Drabescus ogumai*〉昆虫綱半翅目ヨコバイ科。体長13mm。桑に害を及ぼす。分布：本州，四国，朝鮮半島。

オグラカバイロコメツキ〈*Agriotes ogurae*〉昆虫綱甲虫目コメツキムシ科の甲虫。体長8mm。大豆，ナス科野菜，イネ科牧草，飼料用トウモロコシ，ソルガム，ジャガイモ，アブラナ科野菜，ウリ科野菜，隠元豆，小豆，ササゲ，甜菜，麦類，イネ科作物に害を及ぼす。分布：北海道，本州，九州，佐渡。

オグラヒラタゴミムシ〈*Platynus ogurae*〉昆虫綱甲虫目オサムシ科の甲虫。体長6.5〜8.0mm。

オグルマケブカミバエ〈*Orotava senecionis*〉昆虫綱双翅目ミバエ科。

オクロデス・シバ〈*Ochlodes siva karennia*〉昆虫綱鱗翅目セセリチョウ科の蝶。分布：チベット，シッキム，アッサム，ミャンマー，タイ，台湾。

オクロデス・シルバノイデス〈*Ochlodes sylvanoides*〉昆虫綱鱗翅目セセリチョウ科の蝶。分布：合衆国の太平洋沿いの州。

オクロデス・スノーウィ〈*Ochlodes snowi*〉昆虫綱鱗翅目セセリチョウ科の蝶。分布：コロラド州からメキシコまで。

オグロムモンシロドクガ〈*Euproctis chrysorrhoea*〉昆虫綱鱗翅目ドクガ科の蛾。雌の腹部末端に粗い褐色の鱗粉の大きな束がある。開張3.0〜4.5mm。分布：イギリスを含むヨーロッパ，北アフリカ，カナリア諸島。

オケサマルクビゴミムシ〈*Nebria saeviens*〉昆虫綱甲虫目オサムシ科の甲虫。体長11〜13mm。

オケッラ・アルバタ〈*Ocella albata*〉昆虫綱鱗翅目セセリチョウ科の蝶。分布：コロンビア，ボリビア，ペルー。

オコックアトキリゴミムシ〈*Cymindis vaporariorum immaculatus*〉昆虫綱甲虫目オサムシ科の甲虫。体長8mm。

オサシデムシ〈*Pelatines striatipennis*〉昆虫綱甲虫目シデムシ科の甲虫。体長5.5〜6.0mm。分布：本州，四国。

オサシデムシモドキ〈*Apatetica princeps*〉昆虫綱甲虫目ハネカクシ科の甲虫。体長7mm。分布：本州，四国，九州。

オサゾウムシ 筬象虫 昆虫綱甲虫目オサゾウムシ科Rhynchophoridaeの昆虫の総称。

オサムシ 歩行虫〈*ground beetle, predacious ground beetle*〉昆虫綱甲虫目オサムシ科の昆虫のうち，広義のオサムシ属Carabusに含まれる中・大形種の総称。

オサムシモ

オ

オサムシモドキ 擬歩行虫〈Craspedonotus tibialis〉昆虫綱甲虫目オサムシ科の甲虫。体長22mm。分布：北海道，本州，四国，九州。

オサヨコバイ〈Tartessus ferrugineus〉昆虫綱半翅目オサヨコバイ科。

オシドリハサミハジラミ〈Acidoproctus moschatae〉昆虫綱食毛目チョウカクハジラミ科。

オージートンボマダラ シロモンチビマダラの別名。

オジマコバチ〈Cirrospilus ogimai〉昆虫綱膜翅目ヒメコバチ科。

オシマヒメテントウ〈Nephus oshimensis〉昆虫綱甲虫目テントウムシ科の甲虫。体長1.4～2.0mm。

オシマルリオサムシ〈Damaster munakatai〉昆虫綱甲虫目オサムシ科の甲虫。別名オシマルリクビナガオサムシ。体長24～32mm。分布：北海道渡島半島。

オシマルリクビナガオサムシ オシマルリオサムシの別名。

オジロアシナガゾウムシ〈Mesalcidodes trifidus〉昆虫綱甲虫目ゾウムシ科の甲虫。体長8.9～10.1mm。分布：本州，四国，九州。

オジロイナズマ〈Euthalia phemius〉昆虫綱鱗翅目タテハチョウ科の蝶。分布：シッキム，ミャンマー，中国南部から香港まで。

オジロクロヒカゲ〈Lethe dura〉昆虫綱鱗翅目ジャノメチョウ科の蝶。分布：ヒマラヤから中国および台湾，ルソン島の山地（フィリピン）。

オジロサナエ〈Stylogomphus suzukii〉昆虫綱蜻蛉目サナエトンボ科の蜻蛉。体長40mm。分布：本州，四国，九州。

オジロシジミ 尾白小灰蝶〈Euchrysops cnejus〉昆虫綱鱗翅目シジミチョウ科ヒメシジミ亜科の蝶。前翅長14mm。分布：奄美大島以南の南西諸島。

オジロスミナガシ〈Dichorragia ninus〉昆虫綱鱗翅目タテハチョウ科の蝶。

オジロセセリ〈Darpa pteria〉昆虫綱鱗翅目セセリチョウ科の蝶。分布：マレーシアからフィリピンまで，スマトラ，ボルネオ。

オジロマネシヒカゲ〈Elymnias panthera〉昆虫綱鱗翅目ジャノメチョウ科の蝶。

オジロモンハマキ〈Eudemis cyanura〉昆虫綱鱗翅目ノコメハマキガ科の蛾。開張16.5～18.0mm。

オジロモンヒメハマキ〈Cephalophyes cyanura〉昆虫綱鱗翅目ハマキガ科の蛾。分布：本州（紀伊半島南部），四国（足摺岬），九州（佐多岬），伊豆諸島（式根島，新島，御蔵島），奄美大島。

オジロルリツバメガ〈Alcidis agathyrsus〉昆虫綱鱗翅目ツバメガ科の蛾。分布：ニューギニア。

オスアカケンヒメバチ〈Yamatarotes bicolor〉昆虫綱膜翅目ヒメバチ科。

オスアカコノマチョウ〈Melanitis constantia〉昆虫綱鱗翅目ジャノメチョウ科の蝶。分布：モルッカ諸島，ソロモン諸島，ニューギニア。

オスアカツヤホソバエ〈Sepsis thoracica〉昆虫綱双翅目ツヤホソバエ科。体長2～4mm。害虫。

オスアカミスジ〈Abrota ganga〉昆虫綱鱗翅目タテハチョウ科の蝶。分布：インド。

オスキバネヨトウ〈Leucocosmia nonagrica〉昆虫綱鱗翅目ヤガ科カラスヨトウ亜科の蛾。分布：インドから東南アジア，南太平洋諸島奄美大島。

オスグロオオハナノミ 雄黒大花蚤〈Macrosiagon cyaniveste〉昆虫綱甲虫目オオハナノミ科の甲虫。体長4～12mm。分布：函館，本州，四国。

オスグロトモエ 雄黒巴蛾〈Spirama retorta〉昆虫綱鱗翅目ヤガ科シタバガ亜科の蛾。開張57～72mm。分布：本州，四国，九州，対馬，伊豆諸島，新島。

オスグロナミアツバ〈Progonia sp.〉昆虫綱鱗翅目ヤガ科クルマアツバ亜科の蛾。分布：西表島，石垣島。

オスクロハエトリ〈Marpissa magister〉蛛形綱クモ目ハエトリグモ科の蜘蛛。体長雌9～11mm，雄8～9mm。分布：本州，四国，九州。

オスグロハバチ 雄黒葉蜂〈Dolerus japonicus〉昆虫綱膜翅目ハバチ科。分布：日本各地。

オスグロホソバアツバ〈Hypena ligneralis〉昆虫綱鱗翅目ヤガ科アツバ亜科の蛾。分布：インド，四国，九州。

オスジロアゲハ〈Papilio dardanus〉昆虫綱鱗翅目アゲハチョウ科の蝶。別名カワリアゲハ。雄は，黄色か白色で，黒色の縁どり。開張9～10.8mm。分布：サハラ砂漠より南のアフリカ，マダガスカルやコモロ諸島。珍蝶。

オスジロコウモリ〈Hepialus humuli〉昆虫綱鱗翅目コウモリガ科の蛾。雄は銀白色，雌は前翅が淡黄色。開張4.5～6.0mm。分布：イギリスを含むヨーロッパから，アジア。

オーストラリアアカシアカレハ〈Digglesia australasiae〉昆虫綱鱗翅目カレハガ科の蛾。黄色から赤褐色で，暗色の点と線の模様がある。開張2.5～5.0mm。分布：オーストラリア。

オーストラリアアカシアボクトウ〈Xyleutes eucalyoti〉昆虫綱鱗翅目ボクトウガ科の蛾。前翅は灰色に，黒色と暗褐色の網目模様，後翅は赤褐色に，暗褐色の模様。開張13～20mm。分布：オーストラリア東部。

オーストラリアオオボクトウ〈Xyleutes cinereus〉昆虫綱鱗翅目ボクトウガ科の蛾。前翅は灰色，後翅は灰黒色，背には黒色と白色の卵形の斑紋があ

る。開張14.5〜25.0mm。分布：クイーンズランド, ニューサウスウェールズ南部。

オーストラリアタカネセセリ〈*Oreisplanus munionga*〉昆虫綱鱗翅目セセリチョウ科の蝶。翅の表面は, 暗褐色で, オレンジ色の角張った斑点がある。開張2.5〜3.0mm。分布：オーストラリア南東部の山岳地。

オーストラリアヒメオビガ〈*Panacela lewinae*〉昆虫綱鱗翅目オビガ科の蛾。雄の前翅は暗色で, 赤褐色の帯をもち, 先端が鉤爪状。開張2.5〜4.0mm。分布：クイーンズランド南部からニューサウスウェールズ南部。

オーストラリアムカシセセリ〈*Netrocoryne repanda*〉昆虫綱鱗翅目セセリチョウ科の蝶。前翅は褐色で, 3から4個の半透明の斑点がある。開張4〜5mm。分布：オーストラリアの, クイーンズランドからビクトリア。

オーストラリアモンシロモドキ〈*Nyctemera amica*〉昆虫綱鱗翅目ヒトリガ科の蛾。翅は黒褐色で, 黄白色の斑紋がある。開張4.0〜4.5mm。分布：オーストラリア。

オスナキグモ〈*Steatoda japonica*〉蛛形綱クモ目ヒメグモ科の蜘蛛。

オスファンテス・オガベナ〈*Osphantes ogawena*〉昆虫綱鱗翅目セセリチョウ科の蝶。分布：コンゴ。

オスベッキーマルカイガラムシ〈*Aonidiella orientalis*〉昆虫綱半翅目マルカイガラムシ科。体長1.5〜2.5mm。パパイア, マンゴーに害を及ぼす。分布：世界中の熱帯・亜熱帯地方, 南西諸島。

オスモデス・アドスス〈*Osmodes adosus*〉昆虫綱鱗翅目セセリチョウ科の蝶。分布：シエラレオネからガボンまで。

オスモデス・アドン〈*Osmodes adon*〉昆虫綱鱗翅目セセリチョウ科の蝶。分布：シエラレオネからガボンまで。

オスモデス・コスタトゥス〈*Osmodesu costatus*〉昆虫綱鱗翅目セセリチョウ科の蝶。分布：カメルーン。

オスモデス・トプス〈*Osmodes thops*〉昆虫綱鱗翅目セセリチョウ科の蝶。O.thoraは同種異名。分布：トーゴ, ガボン。

オスモデス・ラロニア〈*Osmodes laronia*〉昆虫綱鱗翅目セセリチョウ科の蝶。分布：ガーナからガボン, ナイジェリアまで。

オスモデス・ルクス〈*Osmodes lux*〉昆虫綱鱗翅目セセリチョウ科の蝶。分布：コンゴ。

オセアニアヒメカミキリ〈*Ceresium unicolor*〉昆虫綱甲虫目カミキリムシ科カミキリ亜科の甲虫。体長10〜17mm。分布：沖縄諸島, 西表島, 小笠原諸島。

オゼイトトンボ 尾瀬糸蜻蛉〈*Coenagrion terue*〉昆虫綱蜻蛉目イトトンボ科の蜻蛉。体長33mm。分布：北海道, 本州(北半部)。

オゼウスイロムクゲキノコムシ〈*Ptinella yoshii*〉昆虫綱甲虫目ムクゲキノコムシ科。

オゼタデハムシ〈*Galerucella ozeana*〉昆虫綱甲虫目ハムシ科の甲虫。体長5.0mm。

オゼチビマルハナノミ〈*Cyphon ozensis*〉昆虫綱甲虫目マルハナノミ科の甲虫。体長2.0〜2.3mm。

オゼヒメハナノミ〈*Mordellistena ozeana*〉昆虫綱甲虫目ハナノミ科。

オゼミズギワカメムシ〈*Salda morio*〉昆虫綱半翅目ミズギワカメムシ科。

オダカグモ〈*Chrysso argyrodiformis*〉蛛形綱クモ目ヒメグモ科の蜘蛛。体長雌3.0〜3.5mm, 雄2.2〜2.5mm。分布：本州(関東地方以南), 四国, 九州, 南西諸島。

オダカユウレイグモ〈*Crossopriza lyoni*〉蛛形綱クモ目ユウレイグモ科の蜘蛛。体長5〜6mm, 雄4〜5mm。分布：愛知県, 宮崎県, 沖縄県。

オダナルリワモン ルリモンワモンの別名。

オタネガワイシアブ〈*Andrenosoma otanegawanum*〉昆虫綱双翅目ムシヒキアブ科。

オダヒゲナガコバネカミキリ〈*Glaphyra gracilis*〉昆虫綱甲虫目カミキリムシ科カミキリ亜科の甲虫。体長4.5〜7.0mm。分布：本州, 九州。

オダマキトリバ〈*Platyptilia jezoensis*〉昆虫綱鱗翅目トリバガ科の蛾。開張20mm。分布：北海道, 本州, 四国, 九州, 対馬。

オチバアナアキゾウムシ〈*Pentaropion costatum*〉昆虫綱甲虫目ゾウムシ科の甲虫。体長2.6〜3.1mm。

オチバキクイゾウムシ〈*Cotasterosoma omogoense*〉昆虫綱甲虫目ゾウムシ科の甲虫。体長1.8〜2.2mm。

オチバツツキノコムシ〈*Cis morikawai*〉昆虫綱甲虫目ツツキノコムシ科の甲虫。体長1.6mm。

オチバヒメタマキノコムシ〈*Colenis terrena*〉昆虫綱甲虫目タマキノコムシ科の甲虫。体長1.3〜1.6mm。

オツヌヤミサラグモ〈*Arcuphantes delicatus*〉蛛形綱クモ目サラグモ科の蜘蛛。体長3mm。分布：本州(高地, 亜高山, 高山地帯)。

オツネンイトトンボ オツネントンボの別名。

オツネントンボ 越年蜻蛉〈*Sympecma paedisca*〉昆虫綱蜻蛉目アオイトトンボ科の蜻蛉。体長35mm。分布：北海道, 本州, 四国, 九州。

オディナ・スリナ〈*Odina sulina*〉昆虫綱鱗翅目セセリチョウ科の蝶。分布：セレベス。

オディナ・デコラトゥス〈Odina decoratus〉昆虫綱鱗翅目セセリチョウ科の蝶。分布：ベトナム北部，中国，アッサム，ミャンマー，シッキム，タイ。

オトギリモグリチビガ〈Fomoria hypericifolia〉昆虫綱鱗翅目モグリチビガ科の蛾。分布：九州。

オトコモリグモ〈Pirata piratellus〉蛛形綱クモ目コモリグモ科の蜘蛛。

オトシブミ 落文〈Apoderus jekelii〉昆虫綱甲虫目オトシブミ科の甲虫。体長7～10mm。栗に害を及ぼす。分布：北海道，本州，四国，九州。

オトシブミ 落文〈leaf-cut weevil〉昆虫綱甲虫目オトシブミ科Attelabidaeの昆虫の総称。

オトヒメガガンボ〈Dicranota dicranotoides〉昆虫綱双翅目ガガンボ科。

オトヒメグモ〈Orthobula crucifera〉蛛形綱クモ目フクログモ科の蜘蛛。体長雌2.0～2.2mm，雄1.5～2.0mm。分布：本州，四国，九州，南西諸島。

オトヒメショウジョウバエ〈Microdrosophila purpurata〉昆虫綱双翅目ショウジョウバエ科。

オトヒメテントウ〈Scymnus otohime〉昆虫綱甲虫目テントウムシ科の甲虫。体長1.4～1.6mm。

オトヒメハナノミ〈Mordellina otohime〉昆虫綱甲虫目ハナノミ科。

オトメクビアカハナカミキリ ヒメクビアカハナカミキリの別名。

オドラジゴクオオヤガ〈Ascalapha odorata〉昆虫綱鱗翅目ヤガ科の蛾。褐色の翅にはコンマ形の暗色の斑紋，後翅には大きな歪んだ目玉模様がある。開張11～15mm。分布：中央および南アメリカの熱帯域，合衆国の南部。

オドリキバガ〈Tricyanaula hoplocrates〉昆虫綱鱗翅目キバガ科の蛾。開張11～14mm。分布：北海道，本州，四国，九州。

オドリコソウチビケシキスイ〈Meligethes morosus〉昆虫綱甲虫目ケシキスイ科の甲虫。体長1.8～2.3mm。

オドリバエ〈dance-fly〉双翅目オドリバエ科Empididaeに属する昆虫の総称。珍虫。

オドリハマキモドキ 踊擬葉捲虫〈Litobrenthia japonica〉昆虫綱鱗翅目ハマキモドキガ科の蛾。開張9～10mm。分布：本州(近畿)。

オドントキラ・カイエンネンシス〈Odontochila cayennensis〉昆虫綱甲虫目ハンミョウ科。分布：トリニダードからアマゾン川流域を経てブラジル南部まで。

オドントキラ・キリクイナ〈Odontochila chiriquina〉昆虫綱甲虫目ハンミョウ科。分布：エクアドル，ボリビア。

オドントキラ・スピニペンニス〈Odontochila spinipennis〉昆虫綱甲虫目ハンミョウ科。分布：南米北部。

オドントキラ・トゥリルビアナ〈Odontochila trilbyana〉昆虫綱甲虫目ハンミョウ科。分布：アマゾン川上・中流。

オドントプティルム・アングラタ〈Odontoptilum angulata〉昆虫綱鱗翅目セセリチョウ科の蝶。分布：ヒマラヤ，インドからマレーシア，大スンダ列島，小スンダ列島，フィリピン，スラウェシ。

オドントプティルム・ピゲラ〈Odontoptilum pygela〉昆虫綱鱗翅目セセリチョウ科の蝶。分布：スマトラ，マレーシアからジャワ，ボルネオまで。

オドントペズス・クプレウス〈Odontopezus cupreus〉昆虫綱甲虫目ゴミムシダマシ科。分布：サハラ以南のアフリカ全域。

オナガアオスジアゲハ〈Graphium codrus〉昆虫綱鱗翅目アゲハチョウ科の蝶。分布：ブル，アンボン，セラム及びその属島，ニュー・ブリテン，ニュー・アイルランド，ニュー・ハノーバー，デューク・オブ・ヨーク島群。

オナガアオバセセリ〈Choaspes subcaudatus〉昆虫綱鱗翅目セセリチョウ科の蝶。

オナガアカシジミ ハタフリシジミの別名。

オナガアカネ〈Sympetrum cordulegaster〉昆虫綱蜻蛉目トンボ科の蜻蛉。体長36mm。分布：本州の日本海沿岸，四国，八重島諸島。

オナガアゲハ 尾長揚羽〈Papilio macilentus〉昆虫綱鱗翅目アゲハチョウ科の蝶。前翅長38～65mm。分布：北海道，本州，四国，九州。

オナガアシナガグモ〈Tetragnatha javana〉蛛形綱クモ目アシナガグモ科の蜘蛛。

オナガアシブトコバチ〈Podagrion nipponicum〉昆虫綱膜翅目アシブトコバチ科。体長3～4mm。分布：本州，四国，九州。

オナガウジ ハナアブの別名。

オナガウラナミシジミ ウスアオオナガウラナミシジミの別名。

オナガカツオゾウムシ〈Lixus moiwanus〉昆虫綱甲虫目ゾウムシ科の甲虫。体長12～13mm。

オナガキバチ 尾長樹蜂〈Xeris spectrum〉昆虫綱膜翅目キバチ科。体長14～25mm。分布：北海道，本州，四国。

オナガギフチョウ〈Luehdorfia longicaudata〉昆虫綱鱗翅目アゲハチョウ科の蝶。

オナガグモ 尾長蜘蛛〈Argyrodes cylindrogaster〉節足動物門クモ形綱真正クモ目ヒメグモ科の蜘蛛。体長雌25～30mm，雄12～20mm。分布：本州，四国，九州，南西諸島。

オナガクロハナノミ〈*Mordella onaga*〉昆虫綱甲虫目ハナノミ科の甲虫。体長4.5～6.5mm。

オナガコバチ 尾長小蜂 節足動物門昆虫綱膜翅目オナガコバチ科Torymidaeの昆虫の総称。

オナガコモンタイマイ〈*Graphium antheus*〉昆虫綱鱗翅目アゲハチョウ科の蝶。分布：ほとんどアフリカ全土。

オナガササキリ 尾長笹螽蟖〈*Conocephalus gladiatus*〉昆虫綱直翅目キリギリス科。別名オオササキリ。体長25～52mm。分布：本州, 四国, 九州, 対馬。

オナガサナエ 尾長早苗蜻蜓〈*Onychogomphus viridicostus*〉昆虫綱蜻蛉目サナエトンボ科の蜻蛉。体長60mm。分布：本州, 四国, 九州。

オナガシジミ 尾長小灰蝶〈*Araragi enthea*〉昆虫綱鱗翅目シジミチョウ科ミドリシジミ亜科の蝶。前翅長15～17mm。分布：北海道, 本州, 四国, 九州。

オナガシジミタテハ〈*Abisara savitri*〉昆虫綱鱗翅目シジミタテハ科の蝶。分布：マレーシア, スマトラ, ボルネオ, ジャワ。

オナガシータテハ〈*Polygonia interrogationis*〉昆虫綱鱗翅目タテハチョウ科の蝶。分布：メキシコからケベックまで。

オナガシロオビオオヒカゲ〈*Neorina crishna*〉昆虫綱鱗翅目ジャノメチョウ科の蝶。分布：ジャワ。

オナガタイマイ〈*Graphium antiphates*〉昆虫綱鱗翅目アゲハチョウ科の蝶。分布：アッサムからミャンマーをへて中国, また南ヘタイをへてマレーシア, インドおよびセイロンまで。

オナガツバメシジミ〈*Jacoona amrita*〉昆虫綱鱗翅目シジミチョウ科の蝶。分布：スマトラ, マレーシア, ボルネオ。

オナガツバメシジミタテハ〈*Rhetus arcius*〉昆虫綱鱗翅目シジミタテハ科。分布：コロンビア, ベネズエラ, ギアナからボリビア, ブラジル南部まで。

オナガツヤコバチ〈*Azotus chionaspidis*〉昆虫綱膜翅目ツヤコバチ科。

オナガナギナタハバチ〈*Xyela alpigena*〉昆虫綱膜翅目ナギナタハバチ科。

オナガバチ 尾長蜂 昆虫綱膜翅目ヒメバチ科の一群の寄生バチの総称。

オナガヒメコノハチョウ〈*Kallima ansorgei*〉昆虫綱鱗翅目タテハチョウ科の蝶。分布：ザイール東部, ウガンダ, ケニア西部。

オナガヒメハナノミ〈*Mordellochroa pygidialis*〉昆虫綱甲虫目ハナノミ科の甲虫。体長3.5～4.7mm。

オナガヒラタカゲロウ 尾長扁蜉蝣〈*Epeorus hiemalis*〉昆虫綱蜉蝣目ヒラタカゲロウ科。分布：本州。

オナガフタオシジミ〈*Hypolycaena sipylus*〉昆虫綱鱗翅目シジミチョウ科の蝶。分布：モルッカ諸島, セレベス, フィリピン。

オナガフタオチョウ〈*Charaxes candiope*〉昆虫綱鱗翅目タテハチョウ科の蝶。分布：サハラ以南のほとんどアフリカ全域(ケープ西部を除く), サントメ島, ソコトラ島。

オナガベニモンアゲハ〈*Pachliopta mariae*〉昆虫綱鱗翅目アゲハチョウ科の蝶。

オナガホソクロバ〈*Himantopterus dohertyi*〉昆虫綱鱗翅目マダラガ科の蛾。リボンのような形の長い後翅をもつ。開張2.0～2.5mm。分布：インド, マレーシア。

オナガマダラタイマイ〈*Graphium gudenusi*〉昆虫綱鱗翅目アゲハチョウ科の蝶。分布：ザイール東部のキブ(Kivu)地方, ウガンダ南西部のキゲチ(Kigezi)地方, ルワンダ, ブルンジ。

オナガミズアオ〈*Actias gnoma*〉昆虫綱鱗翅目ヤママユガ科の蛾。翅は淡青緑色で, 後翅の尾状突起は黄色とピンク色。開張8～12mm。分布：インド, スリランカから, 中国, マレーシア, インドネシア。

オナガミズスマシ 尾長鼓豆虫〈*Orectochilus regimbarti*〉昆虫綱甲虫目ミズスマシ科の甲虫。体長8～9mm。分布：本州, 四国, 九州。

オナガムラサキベニシジミ〈*Lycaena li*〉昆虫綱鱗翅目シジミチョウ科の蝶。分布：中国西部。

オナシアオジャコウアゲハ〈*Battus polydamas*〉昆虫綱鱗翅目アゲハチョウ科の蝶。黄金色の縁どり, 裏面には赤色の斑紋をもつ。開張7～9mm。分布：西インド諸島, 中央アメリカから, アルゼンチン北部。

オナシアゲハ〈*Papilio demoleus*〉昆虫綱鱗翅目アゲハチョウ科の蝶。黒色と黄色の模様。開張8～10mm。分布：イラン, インド, マレーシアからパプアニューギニア, オーストラリア北部。

オナシウラナミシジミ〈*Anthene emolus*〉昆虫綱鱗翅目シジミチョウ科の蝶。分布：インドからソロモン諸島, マレーシアまで。

オナシカラスアゲハ〈*Papilio elephenor*〉昆虫綱鱗翅目アゲハチョウ科の蝶。分布：アッサム。

オナシカワゲラ 無尾襀翅〈*Nemoura sagittata*〉昆虫綱襀翅目オナシカワゲラ科。体長5mm。アブラナ科野菜に害を及ぼす。分布：日本全土。

オナシカワゲラ 無尾襀翅 昆虫綱カワゲラ目のオナシカワゲラ科Nemouridaeの昆虫の総称。

オナシカワゲラ属の一種〈*Nemoura* sp.〉昆虫綱襀翅目オナシカワゲラ科。

オナシキオビジャコウアゲハ〈*Euryades corethrus*〉昆虫綱鱗翅目アゲハチョウ科の蝶。分布：ブラジル南部、アルゼンチン北部。

オナジショウジョウバエ〈*Drosophila simulans*〉昆虫綱双翅目ショウジョウバエ科。体長2～3mm。ヤマモモに害を及ぼす。分布：日本全国、汎世界的。

オナシビロウドセセリ〈*Hasora anura*〉昆虫綱鱗翅目セセリチョウ科の蝶。分布：中国、台湾（山地）、ミャンマー、インド北部。

オナシビロードセセリ オナシビロウドセセリの別名。

オナシベニモンアゲハ〈*Pachliopta polydorus*〉昆虫綱鱗翅目アゲハチョウ科の蝶。

オナジマイマイ〈*Bradybaena similaris*〉軟体動物門腹足綱オナジマイマイ科のカタツムリ。柑橘に害を及ぼす。人家の庭園や生垣に生息。

オナシモンキアゲハ〈*Papilio castor*〉昆虫綱鱗翅目アゲハチョウ科の蝶。分布：台湾。

オニアカハネムシ 鬼赤翅虫〈*Pseudopyrochroa japonica*〉昆虫綱甲虫目アカハネムシ科の甲虫。体長10～14mm。分布：本州、四国、九州。

オニアシブトコバチ〈*Dirhinus hesperidum*〉昆虫綱膜翅目アシブトコバチ科。

オニイソメ 鬼磯目〈*Eunice aphroditois*〉環形動物門多毛綱遊在目イソメ科の海産動物。分布：本州中部以南。

オニエグリゴミムシダマシ〈*Uloma kondoi*〉昆虫綱甲虫目ゴミムシダマシ科の甲虫。体長11.2～11.9mm。

オニグモ 鬼蜘蛛〈*Araneus ventricosus*〉節足動物門クモ形綱真正クモ目コガネグモ科の蜘蛛。体長雌20～30mm、雄15～20mm。分布：日本全土。害虫。

オニグモヤドリキモグリバエ〈*Pseudogaurax chiyokoae*〉昆虫綱双翅目キモグリバエ科。

オニグルミトゲアブラムシ〈*Dasyaphis onigurumi*〉昆虫綱半翅目アブラムシ科。

オニグルミノキモンカミキリ〈*Menesia flavotecta*〉昆虫綱甲虫目カミキリムシ科フトカミキリ亜科の甲虫。体長6～10mm。分布：北海道、本州、四国。

オニクワガタ 鬼鍬形虫〈*Prismognathus angularis*〉昆虫綱甲虫目クワガタムシ科の甲虫。体長雄20～24mm、雌20～21mm。分布：北海道、本州、四国、九州。

オニコメツキダマシ 鬼偽叩頭虫〈*Hylochares harmandi*〉昆虫綱甲虫目コメツキダマシ科の甲虫。体長5～10mm。分布：北海道、本州、四国、九州。

オニシラホシヒゲナガコバネカミキリ〈*Glaphyra pinivorus*〉昆虫綱甲虫目カミキリムシ科カミキリ亜科の甲虫。体長9～14mm。分布：本州（福島県）。

オニシロシタセセリ〈*Tagiades parra*〉昆虫綱鱗翅目セセリチョウ科の蝶。

オニダナエテントウダマシ〈*Danae shibatai*〉昆虫綱甲虫目テントウムシダマシ科の甲虫。

オニツノクロツヤムシ ツノクロツヤムシの別名。

オニツノゴミムシダマシ〈*Toxicum funginum*〉昆虫綱甲虫目ゴミムシダマシ科の甲虫。体長12.5～13.5mm。

オニナガエンマムシ〈*Platylister cambodjensis*〉昆虫綱甲虫目エンマムシ科の甲虫。体長6.5～7.0mm。分布：九州、屋久島。

オニノカナボウケズネグモ〈*Gonatium nipponicum*〉蛛形綱クモ目サラグモ科の蜘蛛。

オニノホラヒメグモ〈*Nesticus tarumii*〉蛛形綱クモ目ホラヒメグモ科の蜘蛛。

オニヒゲナガコバネカミキリ オニシラホシヒゲナガコバネカミキリの別名。

オニヒメタニガワカゲロウ〈*Ecdyonurus bajkovae*〉昆虫綱蜉蝣目ヒラタカゲロウ科。

オニヒメテントウ〈*Scymnus giganteus*〉昆虫綱甲虫目テントウムシ科の甲虫。体長2.8～3.5mm。

オニヒラタシデムシ〈*Thanatophilus rugosus*〉昆虫綱甲虫目シデムシ科の甲虫。体長9～12mm。

オニヒラタホソカタムシ〈*Colobicus granulosus*〉昆虫綱甲虫目ホソカタムシ科の甲虫。体長4.1～5.5mm。

オニベニシタバ〈*Catocala dula*〉昆虫綱鱗翅目ヤガ科シタバガ亜科の蛾。開張65～70mm。分布：沿海州、サハリン、朝鮮半島、中国北部、北海道から近畿地方、四国、九州。

オニホソコバネカミキリ〈*Necydalis gigantea*〉昆虫綱甲虫目カミキリムシ科ハナカミキリ亜科の甲虫。体長11～32mm。分布：北海道、本州、四国、九州、屋久島。

オニホソコバネカミキリ屋久島亜種〈*Necydalis gigantea akiyamai*〉昆虫綱甲虫目カミキリムシ科の甲虫。分布：屋久島。

オニマクリス・スベロンガタ〈*Onymacris subelongata*〉昆虫綱甲虫目ゴミムシダマシ科。分布：アフリカ南部。

オニマクリス・プラナ〈*Onymacris plana*〉昆虫綱甲虫目ゴミムシダマシ科。分布：アフリカ南部。

オニマクリス・ルガティペンニス〈*Onymacris rugatipennis*〉昆虫綱甲虫目ゴミムシダマシ科。分布：アフリカ南部。

オニヤンマ 鬼蜻蜓, 馬大頭〈*Anotogaster sieboldii*〉昆虫綱蜻蛉目オニヤンマ科の蜻蛉。体長雄85～100mm, 雌95～105mm。分布：北海道から南西諸島。

オヌキグンバイウンカ〈*Mesepora onukii*〉昆虫綱半翅目グンバイウンカ科。

オヌキシダヨコバイ〈*Onukigallia onukii*〉昆虫綱半翅目シダヨコバイ科。

オヌキヨコバイ 小貫横這〈*Onukia onukii*〉昆虫綱半翅目ヨコバイ科。体長5.5～6.0mm。分布：北海道, 本州, 四国, 九州。

オネンセス・ヒアロフォラ〈*Onenses hyalophora*〉昆虫綱鱗翅目セセリチョウ科の蝶。分布：メキシコからパナマまで。

オノガタトゲツノゼミ〈*Centrotypus securis*〉昆虫綱半翅目ツノゼミ科。分布：シッキム, インド, ミャンマー。

オノヒゲアリヅカムシ〈*Bryaxis japonicus*〉昆虫綱甲虫目アリヅカムシ科。

オノヒゲナガゾウムシ〈*Dendrotrogus japonicus*〉昆虫綱甲虫目ヒゲナガゾウムシ科の甲虫。体長5.5～13.0mm。

オノファス・コルムバリア〈*Onophas columbaria*〉昆虫綱鱗翅目セセリチョウ科の蝶。分布：パナマからブラジルおよびトリニダードまで。

オハグロセセリ〈*Psolos fuligo*〉昆虫綱鱗翅目セセリチョウ科の蝶。

オバケオオウスバカミキリ〈*Titanus giganteus*〉昆虫綱甲虫目カミキリムシ科の甲虫。分布：アマゾンおよびネグロ川流域。

オバケオオコウモリ〈*Charagia mirabilis*〉昆虫綱鱗翅目コウモリガ科の蛾。分布：クイーンズランド(オーストラリア)。

オバケオオズデオネスイムシ オバケデオネスイの別名。

オバケクロツヤムシ〈*Proculus goryi*〉昆虫綱甲虫目クロツヤムシ科。分布：メキシコ, グアテマラ。

オバケデオネスイ〈*Mimemodes monstrosus*〉昆虫綱甲虫目ネスイムシ科の甲虫。体長2.4～3.3mm。

オバケハネナシコオロギ〈*Deinacrida*〉クロギリス科の属称。珍虫。

オバケムツボシタマムシ〈*Chrysobothris desmaresti*〉昆虫綱甲虫目タマムシ科。分布：ブラジル, パラグアイ, アルゼンチン。

オバコヤチグモ〈*Coelotes obako*〉蛛形綱クモ目タナグモ科の蜘蛛。

オバナワスズメ〈*Hippotion velox*〉昆虫綱鱗翅目スズメガ科の蛾。分布：台湾, 石垣島。

オバボタル 姥蛍〈*Lucidina biplagiata*〉昆虫綱甲虫目ホタル科の甲虫。体長7～12mm。分布：北海道, 本州, 四国, 九州。

オビアカサルゾウムシ〈*Coeliodes nakanoensis*〉昆虫綱甲虫目ゾウムシ科の甲虫。体長3.2～3.5mm。

オビアツバ〈*Paracolax fascialis*〉昆虫綱鱗翅目ヤガ科クルマアツバ亜科の蛾。開張25～34mm。分布：北海道, 本州, 四国, 九州。

オビウスイロヨトウ〈*Athetis furvula*〉昆虫綱鱗翅目ヤガ科カラスヨトウ亜科の蛾。分布：ユーラシア, 北海道, 本州中部。

オビガ 帯蛾〈*Apha aequalis*〉昆虫綱鱗翅目オビガ科の蛾。開張45～59mm。ハスカップに害を及ぼす。分布：北海道, 本州, 四国, 九州, 屋久島, 中国。

オビカギバ〈*Drepana curvatula*〉昆虫綱鱗翅目カギバガ科の蛾。開張30～45mm。分布：北海道, 本州, 四国, 九州, 千島, サハリン, 朝鮮半島, 中国東北, シベリア南東部, ヨーロッパ。

オビカクバネキバガ〈*Deltoplastis cleodotis*〉昆虫綱鱗翅目キバガ科の蛾。開張10～15mm。

オビカクバネヒゲナガキバガ〈*Deltoplastis apostatis*〉昆虫綱鱗翅目ヒゲナガキバガ科の蛾。分布：北海道, 本州, 四国, 九州。

オビカゲロウ〈*Bleptus fasciatus*〉昆虫綱蜉蝣目ヒラタカゲロウ科。

オビカツオブシムシ〈*Dermestes lardarius*〉昆虫綱甲虫目カツオブシムシ科の甲虫。体長6.5～7.5mm。

オビカバナミシャク〈*Eupithecia selinata*〉昆虫綱鱗翅目シャクガ科の蛾。分布：ヨーロッパ, 北海道, 本州(東北から中部)。

オビカレハ 帯枯葉〈*Malacosoma neustria*〉昆虫綱鱗翅目カレハガ科の蛾。開張雄30～35mm, 雌40～45mm。カシ類, 梅, アンズ, 桜桃, ナシ類, 桃, スモモ, 林檎, 桜類に害を及ぼす。分布：ヨーロッパ, 台湾, 北海道, 本州, 四国, 九州, 対馬, 屋久島。

オビカレハサムライコマユバチ〈*Apanteles gastropachae*〉昆虫綱膜翅目コマユバチ科。

オビカワウンカ 帯皮浮塵子〈*Andes harimaensis*〉昆虫綱半翅目ヒシウンカ科。分布：本州, 九州, 屋久島。

オビキジラミ〈*Aphalara fasciata*〉昆虫綱半翅目キジラミ科。

オビキノコヒゲナガゾウムシ〈*Euparius tamui*〉昆虫綱甲虫目ヒゲナガゾウムシ科の甲虫。体長5.5～6.5mm。

オビキンバエ 帯金蠅〈Chrysomya megacephala〉昆虫綱双翅目クロバエ科。体長8～10mm。分布：九州南部，南西諸島。害虫。

オビキンモンホソガ〈Lithocolletis nipponicella〉昆虫綱鱗翅目ホソガ科の蛾。開張7～9mm。分布：北海道，本州南部。

オビクジャクアゲハ〈Papilio palinurus〉昆虫綱鱗翅目アゲハチョウ科の蝶。開張90mm。分布：スンダランド。珍蝶。

オビグロスズメ〈Hyloicus crassistriga〉昆虫綱鱗翅目スズメガ科の蛾。分布：北海道，本州(関東から中部)。

オビケシマキムシ〈Corticaria fasciata〉昆虫綱甲虫目ヒメマキムシ科の甲虫。体長2.0～2.5mm。

オビコシボソガガンボ 帯腰細大蚊〈Ptychoptera japonica〉昆虫綱双翅目コシボソガガンボ科。分布：本州，九州。

オビコノマチョウ〈Melanitis boisduvalia〉昆虫綱鱗翅目ジャノメチョウ科の蝶。別名シロオビコノマチョウ。分布：フィリピン。

オビコバネナミシャク〈Trichopteryx muscigera〉昆虫綱鱗翅目シャクガ科の蛾。分布：山梨県の三ツ峠。

オビジガバチグモ〈Castianeira sp.〉蛛形綱クモ目フクログモ科の蜘蛛。体長雌7mm，雄6.5mm。分布：本州。

オビスジタマキノコムシ〈Anisotoma didymata〉昆虫綱甲虫目タマキノコムシ科の甲虫。体長3.0～3.5mm。分布：本州。

オビタマクモゾウムシ〈Egiona fasciata〉昆虫綱甲虫目ゾウムシ科の甲虫。体長2.8～3.1mm。

オビデオゾウムシ〈Acalyptus trifasciatus〉昆虫綱甲虫目ゾウムシ科の甲虫。体長2.3～2.5mm。

オビトリバネアゲハ〈Ornithoptera aesacus〉昆虫綱鱗翅目アゲハチョウ科の蝶。

オビハイイロカミキリ オオヒゲナガハイイロカミキリの別名。

オビババヤスデ キシャヤスデの別名。

オビヒトリ 帯灯蛾〈Spilosoma subcarnea〉昆虫綱鱗翅目ヒトリガ科ヒトリガ亜科の蛾。梅，アンズに害を及ぼす。分布：北海道，本州，四国，九州，対馬，屋久島，沖縄本島，台湾，朝鮮半島，中国から東南アジア。

オビヒトリ(赤色型)〈Spilosoma subcarnea〉昆虫綱鱗翅目ヒトリガ科ヒトリガ亜科の蛾。開張35～45mm。

オビヒメヨコバイ〈Naratettix zonatus〉昆虫綱半翅目ヒメヨコバイ科。体長3～4mm。梅，アンズ，ナシ類，桃，スモモ，林檎，栗，桑，桜類に害を及ぼす。分布：本州，四国，九州。

オビヒラタアブ 帯扁虻〈Syrphus tricinctus〉昆虫綱双翅目ハナアブ科。分布：北海道，本州。

オビベニヒメシャク〈Idaea nielseni〉昆虫綱鱗翅目シャクガ科ヒメシャク亜科の蛾。開張10mm。分布：本州(東北地方北部より)，九州，シベリア南東部。

オビベニホシシャク〈Eumelea biflavata〉昆虫綱鱗翅目シャクガ科ホシシャク亜科の蛾。開張40～42mm。分布：インドから東南アジア一帯，薩摩半島の南端，屋久島，奄美大島，徳之島，沖縄本島，宮古島，石垣島，西表島。

オビベニモンアゲハ〈Pachlioptera liris〉昆虫綱鱗翅目アゲハチョウ科の蝶。分布：ティモール。

オビホウジャク〈Macroglossum poecilum〉昆虫綱鱗翅目スズメガ科の蛾。分布：奄美大島，沖縄本島，西表島，中国南部。

オビボソカニグモ〈Xysticus trizonatus〉蛛形綱クモ目カニグモ科の蜘蛛。体長雌7.5mm。分布：伊豆大島，本州(中部の高地)。

オビホソヒラタアブ 帯細扁虻〈Epistrophe cinctella〉昆虫綱双翅目ショクガバエ科。体長9～10mm。分布：北海道，本州。

オビマイコガ〈Stathmopoda opticaspis〉昆虫綱鱗翅目ニセマイコガ科の蛾。開張9～11mm。分布：本州，四国，九州，屋久島，中国中部。

オビマグソコガネ〈Aphodius uniplagiatus〉昆虫綱甲虫目コガネムシ科の甲虫。体長3.5～5.0mm。分布：日本全土(小笠原諸島をのぞく)。

オビマダラアシナガカッコウムシ〈Omadius pectoralis〉昆虫綱甲虫目カッコウムシ科の甲虫。体長7.5～11.0mm。

オビマダラアツバ〈Raparna roseata〉昆虫綱鱗翅目ヤガ科クチバ亜科の蛾。開張21～24mm。分布：近畿地方以西，四国，九州，屋久島。

オビマダラケシゴミムシダマシ〈Microcrypticus scriptum〉昆虫綱甲虫目ゴミムシダマシ科の甲虫。体長2.7mm。

オビマルツノゼミ〈Gargara fasciata〉昆虫綱半翅目ツノゼミ科。体長6mm。分布：本州，四国。

オビムシ 帯虫 袋形動物門腹毛虫綱マクロダシス目Macrodasioideaに属する動物群の訳名。

オビメクラガメ〈Polymerus unifasciatus〉昆虫綱半翅目メクラカメムシ科。

オビモンアゲハ〈Papilio demolion〉昆虫綱鱗翅目アゲハチョウ科の蝶。分布：ミャンマー，タイ，マレーシア，スマトラ，ジャワ，ボルネオ，ロンボク。

オビモンタイマイ〈Graphium latreillianus〉昆虫綱鱗翅目アゲハチョウ科の蝶。分布：アフリカ西部，コンゴ。

オビモンドクチョウ〈*Dryadula phaetusa*〉ヘリコニウス科の蝶。分布：中米からアルゼンチン。

オビモンナガハムシ〈*Zeugophora unifasciata*〉昆虫綱甲虫目ハムシ科の甲虫。体長3.0mm。

オビモンニセクビボソムシ〈*Aderus quadrimaculatus*〉昆虫綱甲虫目ニセクビボソムシ科の甲虫。体長2.0～2.4mm。

オビモンハナゾウムシ〈*Anthonomus rectirostris*〉昆虫綱甲虫目ゾウムシ科の甲虫。体長4.0～4.7mm。桜桃に害を及ぼす。分布：九州以北の日本各地，シベリア，朝鮮半島，ヨーロッパ。

オビモンヒゲナガゾウムシ〈*Nessiodocus repandus*〉昆虫綱甲虫目ヒゲナガゾウムシ科の甲虫。体長4.5～4.8mm。

オビモンヒョウタンゾウムシ　帯紋瓢箪象鼻虫〈*Amystax fasciatus*〉昆虫綱甲虫目ゾウムシ科の甲虫。体長6.5～8.5mm。分布：本州，四国。

オビモンホソゴミムシダマシ〈*Leptoscapha unifasciata*〉昆虫綱甲虫目ゴミムシダマシ科の甲虫。体長3.5～4.5mm。

オビモンマグソコガネ〈*Aphodius okadai*〉昆虫綱甲虫目コガネムシ科の甲虫。

オビモンマルハナノミ〈*Scirtes mawatarii*〉昆虫綱甲虫目マルハナノミ科。

オビヤスデ　帯馬陸　節足動物門倍脚綱オビヤスデ目オビヤスデ科およびオビヤスデ属の陸生動物の総称。

オヒョウキンモンホソガ〈*Phyllonorycter laciniatae*〉昆虫綱鱗翅目ホソガ科の蛾。分布：北海道，ロシア南東部。

オビレカミキリ〈*Euseboides matsudai*〉昆虫綱甲虫目カミキリムシ科フトカミキリ亜科の甲虫。体長10.5～14.0mm。分布：九州，南西諸島。

オフクホラヒメグモ〈*Nesticus akiyoshiensis ofuku*〉蛛形綱クモ目ホラヒメグモ科の蜘蛛。

オプシファネス・カッシアエ〈*Opsiphanes cassiae*〉昆虫綱鱗翅目フクロウチョウ科の蝶。分布：スリナム，コロンビア，ブラジル，中央アメリカ。

オプシファネス・クイテリア〈*Opsiphanes quiteria*〉昆虫綱鱗翅目フクロウチョウ科の蝶。分布：中央アメリカ，パラグアイ，ギアナ。

オプシファネス・ベレキンティア〈*Opsiphanes berecynthia*〉昆虫綱鱗翅目フクロウチョウ科の蝶。分布：ペルー，ボリビア，ブラジル。

オプシファネス・ボアデュバリイ〈*Opsiphanes boisduvalii*〉昆虫綱鱗翅目フクロウチョウ科の蝶。分布：メキシコからホンジュラスまで。

オーベルチュールオオツノハナムグリ〈*Mecynorhina oberthuri*〉昆虫綱甲虫目コガネムシ科の甲虫。珍虫。

オーベルチュールホソチョウ〈*Acraea oberthueri*〉昆虫綱鱗翅目ホソチョウ科の蝶。分布：アフリカ西部，中央部。

オーベルチュールミドリツノカナブン〈*Dicranorrhina oberthuri*〉昆虫綱甲虫目コガネムシ科の甲虫。分布：アフリカ中央部・東部。

オポプテラ・アオルサ〈*Opoptera aorsa*〉昆虫綱鱗翅目フクロウチョウ科の蝶。分布：アマゾン，エクアドル，リオデジャネイロ。

オポプテラ・スルキウス〈*Opoptera sulcius*〉昆虫綱鱗翅目フクロウチョウ科の蝶。分布：ブラジル南部。

オボロニア・ギュッスフェルティ〈*Oboronia gussfeldti*〉昆虫綱鱗翅目シジミチョウ科の蝶。分布：シエラレオネからアンゴラまで。

オボロニア・プンクタトゥス〈*Oboronia punctatus*〉昆虫綱鱗翅目シジミチョウ科の蝶。分布：ナイジェリア。

オムス・アウドイニ〈*Omus audoini*〉昆虫綱甲虫目ハンミョウ科。分布：カナダ，アメリカ合衆国。

オムス・デジェアニ〈*Omus dejeani*〉昆虫綱甲虫目ハンミョウ科。分布：カナダ，アメリカ合衆国。

オメガアオハバチ〈*Tenthredo pseudolivacea omega*〉昆虫綱膜翅目ハバチ科。

オモゴイナズマチョウバエ〈*Pericoma omogoensis*〉昆虫綱双翅目チョウバエ科。

オモゴツツキノコムシ〈*Syncosmetus japonicus*〉昆虫綱甲虫目ツツキノコムシ科の甲虫。体長1.6～2.1mm。

オモゴツヤツツキノコムシ〈*Octotemnus omogensis*〉昆虫綱甲虫目ツツキノコムシ科の甲虫。体長1.6～1.8mm。

オモゴヒロズヨコバイ〈*Oncopsis omogonis*〉昆虫綱半翅目ヒロズヨコバイ科。

オモトウスアヤカミキリ　コヒゲウスアヤカミキリの別名。

オモロビロウドカミキリ〈*Acalolepta omoro*〉昆虫綱甲虫目カミキリムシ科フトカミキリ亜科の甲虫。体長16～27mm。

オヤメクラチビゴミムシ〈*Kurasawatrechus aberrans*〉昆虫綱甲虫目オサムシ科の甲虫。体長3.5～3.9mm。

オヤマヒメハナカミキリ〈*Pidonia oyamae*〉昆虫綱甲虫目カミキリムシ科ハナカミキリ亜科の甲虫。体長5.5～8.0mm。分布：本州の中部山岳地帯。

オヨキカタ

オヨギカタビロアメンボ〈Xiphovelia japonica〉昆虫綱半翅目カタビロアメンボ科。絶滅危惧II類(VU)。

オヨギゴカイ 泳沙蚕〈Tomopteris pacifica〉多毛綱オヨギゴカイ科の環形動物。

オヨギゴカイ 泳沙蚕 環形動物門多毛綱遊在目オヨギゴカイ科Tomopteridaeの海産動物の総称,およびそのなかの一種名。

オヨギダニ 泳壁蝨〈Hygrobates longipalpis〉節足動物門クモ形綱ダニ目オヨギダニ科のダニ。分布：日本各地。

オライアカザリシロチョウ〈Delias oraia〉昆虫綱鱗翅目シロチョウ科の蝶。

オライディウム・バルベラエ〈Oraidium barberae〉昆虫綱鱗翅目シジミチョウ科の蝶。分布：喜望峰からナタールまで。

オリオンタテハ〈Historis orion〉昆虫綱鱗翅目タテハチョウ科の蝶。分布：中央アメリカおよび南アメリカ。

オリゴリア・マクラタ〈Oligoria maculata〉昆虫綱鱗翅目セセリチョウ科の蝶。分布：合衆国の大西洋沿いの南部の州。

オリザーバロスチャイルドヤママユ〈Rothschildia orizaba〉昆虫綱鱗翅目ヤママユガ科の蛾。赤褐色の翅には窓のような透明な斑紋がある。開張11〜14.5mm。分布：中央および南アメリカの熱帯域。

オリノマ・ダマリス〈Orinoma damaris〉昆虫綱鱗翅目ジャノメチョウ科の蝶。分布：アッサム,ミャンマー高地部。

オリバ・カデニ〈Oryba kadeni〉昆虫綱鱗翅目スズメガ科の蛾。分布：パナマからボリビア,ブラジル南部。

オリバズスルリアゲハ〈Papilio oribazus〉昆虫綱鱗翅目アゲハチョウ科の蝶。分布：マダガスカル。

オリーブアナアキゾウムシ〈Dyscerus cribripennis〉昆虫綱甲虫目ゾウムシ科の甲虫。体長12〜15mm。オリーブに害を及ぼす。

オリーブカタカイガラムシ〈Saissetia oleae〉昆虫綱半翅目カタカイガラムシ科。体長3〜4mm。バナナ,グアバ,柑橘,オリーブ,マンゴーに害を及ぼす。

オリーブヒメハマキ〈Parapammene sp.〉昆虫綱鱗翅目ハマキガ科の蛾。分布：香川県の奥塩入。

オリラス・テオン〈Olyras theon〉昆虫綱鱗翅目トンボマダラ科。分布：メキシコ,中米諸国。

オリラス・プラエスタンス〈Olyras praestans〉昆虫綱鱗翅目トンボマダラ科の蝶。分布：中央アメリカ。

オリラス・モンタグイ〈Olyras montagui〉昆虫綱鱗翅目トンボマダラ科の蝶。分布：アンデス山脈東部。

オリンバ・アレマエオン〈Orimba alemaeon〉昆虫綱鱗翅目シジミタテハ科の蝶。分布：エクアドル,コロンビア。

オリンバ・エピトゥス〈Orimba epitus〉昆虫綱鱗翅目シジミタテハ科の蝶。分布：ギアナ。

オリンバ・クルエンタタ〈Orimba cruentata〉昆虫綱鱗翅目シジミタテハ科。分布：コロンビア,ペルー,アマゾン上流。

オリンバ・ジャンソニ〈Orimba jansoni〉昆虫綱鱗翅目シジミタテハ科の蝶。分布：中央アメリカ,エクアドル。

オリンバ・タパヤ〈Orimba tapaja〉昆虫綱鱗翅目シジミタテハ科の蝶。分布：サンタレレ(アマゾン中流の町)をはじめアマゾン川流域。

オリンバ・テリアス〈Orimba terias〉昆虫綱鱗翅目シジミタテハ科の蝶。分布：パラグアイ。

オリンバ・トゥタナ〈Orimba tutana〉昆虫綱鱗翅目シジミタテハ科の蝶。分布：ブラジル。

オリンバ・フランムラ〈Orimba flammula〉昆虫綱鱗翅目シジミタテハ科。分布：ペルー,ベネズエラ,アマゾン流域。

オリンピアキンオサムシ オリンピアコガネオサムシの別名。

オリンピアコガネオサムシ〈Chrysocarabus olympiae〉昆虫綱甲虫目オサムシ科の甲虫。分布：アルプス山地。

オルセス・キニスカ〈Orses cynisca〉昆虫綱鱗翅目セセリチョウ科の蝶。分布：メキシコからコロンビア,ブラジル,トリニダードまで。

オルトス・オルトス〈Orthos orthos〉昆虫綱鱗翅目セセリチョウ科の蝶。分布：パナマ。

オルトミエッラ・ポンティス〈Orthomiella pontis〉昆虫綱鱗翅目シジミチョウ科の蝶。分布：インド,中国。

オルニトプシラ・ラエティティアエ〈Ornithopsylla laetitiae〉昆虫綱隠翅目ヒトノミ科。分布：イギリス。

オルニフォリドトス・カービイ〈Ornipholidotos kirbyi〉昆虫綱鱗翅目シジミチョウ科の蝶。分布：カメルーン。

オルニフォリドトス・ニゲリアエ〈Ornipholidotos nigeriae〉昆虫綱鱗翅目シジミチョウ科の蝶。分布：ナイジェリア。

オルニフォリドトス・パラドクサ〈Ornipholidotos paradoxa〉昆虫綱鱗翅目シジミチョウ科の蝶。分布：カメルーン。

オルニフォリドトス・ペウケティア〈Ornipholidotos peucetia〉昆虫綱鱗翅目シジミチョウ科の蝶。分布：アフリカ東部。

オルニフォリドトス・ムハタ〈*Ornipholidotos muhata*〉昆虫綱鱗翅目シジミチョウ科の蝶。分布：カメルーン，コンゴ。

オルネアテス・アエギオクス〈*Orneates aegiochus*〉昆虫綱鱗翅目セセリチョウ科の蝶。分布：コスタリカからパナマ，コロンビアまで。

オルフェ・バティニウス〈*Orphe vatinius*〉昆虫綱鱗翅目セセリチョウ科の蝶。分布：ギアナ，ペルー，アマゾン。

オルレアンウスバシロチョウ〈*Parnassius orleans*〉昆虫綱鱗翅目アゲハチョウ科の蝶。分布：チベット，中国西部。

オレイスプラヌス・ペロルナトゥス〈*Oreisplanus perornatus*〉昆虫綱鱗翅目セセリチョウ科の蝶。分布：オーストラリア。

オレオンベニモンアゲハ〈*Pachliopta oreon oreon*〉昆虫綱鱗翅目アゲハチョウ科の蝶。分布：スンバ島。

オレクギエダシャク〈*Protoboarmia simpliciaria*〉昆虫綱鱗翅目シャクガ科エダシャク亜科の蛾。開張26～36mm。分布：北海道，本州，四国，対馬，朝鮮半島。

オレクギリンガ〈*Parhylophila celsiana*〉昆虫綱鱗翅目ヤガ科リンガ亜科の蛾。開張25mm。分布：沿海州，本州中部・北部。

オレゴンキアゲハ〈*Papilio oregonensis*〉昆虫綱鱗翅目アゲハチョウ科の蝶。

オレゴンルリクワガタ〈*Platycerus oregonensis*〉昆虫綱甲虫目クワガタムシ科。分布：アメリカ。

オレッシノマ・ティフラ〈*Oressinoma typhla*〉昆虫綱鱗翅目ジャノメチョウ科の蝶。分布：コロンビア，ベネズエラ，エクアドル，ペルー。

オレリア・アエグレ〈*Oleria aegle*〉昆虫綱鱗翅目トンボマダラ科の蝶。分布：ギアナ。

オレリア・アストゥラエア〈*Oleria astraea*〉昆虫綱鱗翅目トンボマダラ科の蝶。分布：ギアナ，中央アメリカ。

オレリア・イダ〈*Oleria ida*〉昆虫綱鱗翅目トンボマダラ科の蝶。分布：エクアドル。

オレリア・エステッラ〈*Oleria estella*〉昆虫綱鱗翅目トンボマダラ科の蝶。分布：エクアドル，ベネズエラ，コロンビア。

オレリア・オレスティッラ〈*Oleria orestilla*〉昆虫綱鱗翅目トンボマダラ科の蝶。分布：コロンビアおよびエクアドルのアンデス山脈東部。

オレリア・スシアナ〈*Oleria susiana*〉昆虫綱鱗翅目トンボマダラ科の蝶。分布：コロンビア，エクアドル。

オレリア・ゼリカ〈*Oleria zelica*〉昆虫綱鱗翅目トンボマダラ科の蝶。分布：アンデス山脈西部，エクアドル。

オレリア・ティゲッラ〈*Oleria tigella*〉昆虫綱鱗翅目トンボマダラ科の蝶。分布：エクアドル。

オレリア・デロンダ〈*Oleria deronda*〉昆虫綱鱗翅目トンボマダラ科の蝶。分布：ペルー，ボリビア。

オレリア・プリスキッラ〈*Oleria priscilla*〉昆虫綱鱗翅目トンボマダラ科の蝶。分布：アマゾン上流地方。

オレリア・マクレナ〈*Oleria makrena*〉昆虫綱鱗翅目トンボマダラ科の蝶。分布：ベネズエラ，コロンビア。

オレンジチビジャノメ〈*Hypocysta adiante*〉昆虫綱鱗翅目タテハチョウ科の蝶。翅は金色をおびた褐色。後翅の目玉模様は淡い灰褐色で縁どられる。開張3～4mm。分布：オーストラリアの北部および東部。

オーロタヘリグロシロチョウ〈*Anaphaeis aurota*〉昆虫綱鱗翅目シロチョウ科の蝶。前翅の先端部には，黒色か黒褐色の帯。開張5.0～5.5mm。分布：アフリカから東南アジア，インド。

オーロラヨトウ〈*Hade skraelingia*〉昆虫綱鱗翅目ヤガ科ヨトウガ亜科の蛾。分布：スカンジナビア北部の高緯度地方，大雪山塊の黒岳，白雲岳。

オンコドプス属の一種〈*Oncodopus* sp.〉昆虫綱直翅目キリギリス科。分布：マダガスカル。

オンコドプス・ゾナトゥス〈*Oncodopus zonatus*〉昆虫綱直翅目キリギリス科。分布：マダガスカル。

オンコメリス・フラビコルニス〈*Oncomeris flavicornis*〉昆虫綱半翅目カメムシ科。分布：スラウェシ，ティモール，ワイゲオ，ニューギニア。

オンシツコナジラミ〈*Trialeurodes vaporariorum*〉昆虫綱半翅目コナジラミ科。体長0.8～1.1mm。キク科野菜，シソ，セリ科野菜，ナス科野菜，苺，ヤマノイモ類，タバコ，ガーベラ，菊，ダリア，カーネーション，ツツジ類，隠元豆，小豆，ササゲ，大豆，オクラ，アブラナ科野菜，ウド，サトイモ，ウリ科野菜，ハイビスカス類に害を及ぼす。

オンシツマルカイガラムシ〈*Chrysomphalus dictyospermi*〉昆虫綱半翅目マルカイガラムシ科。体長1.5～2.0mm。グアバ，柑橘，アナナス類，ラン類，ヤシ類，マンゴーに害を及ぼす。

オンタケクロナガオサムシ〈*Carabus exilis gracillimus*〉昆虫綱甲虫目オサムシ科。

オンタケクロヨトウ〈*Apamea ontakensis*〉昆虫綱鱗翅目ヤガ科カラスヨトウ亜科の蛾。分布：木曾御岳。

オンタケチビゴミムシ〈*Trechus vicarius*〉昆虫綱甲虫目オサムシ科の甲虫。体長2.9～3.5mm。

オンタケトビケラ〈Stenophylax ondakensis〉昆虫綱毛翅目エグリトビケラ科。

オンタケナガチビゴミムシ〈Trechiama lewisi〉昆虫綱甲虫目オサムシ科の甲虫。体長6.2～7.0mm。

オンタケヌレチゴミムシ〈Patrobus ambiguus〉昆虫綱甲虫目ゴミムシ科。

オンタケヒメヒラタゴミムシ〈Agonum charillum〉昆虫綱甲虫目オサムシ科の甲虫。体長6mm。分布：本州(中部以北)。

オンタケヒラタゴミムシ オンタケヒメヒラタゴミムシの別名。

オンタケメクラチビゴミムシ〈Kurasawatrechus tanakai〉昆虫綱甲虫目オサムシ科の甲虫。体長2.9～3.1mm。

オンブバッタ 負蝗虫〈Atractomorpha lata〉昆虫綱直翅目オンブバッタ科。体長雄25mm、雌42mm。ダリア、サルビア、アフリカホウセンカ、鳳仙花、ケイトウ類、大豆、菊、アブラナ科野菜に害を及ぼす。分布：北海道、本州、四国、九州、対馬、伊豆諸島。

【カ】

カ 蚊〈mosquito〉昆虫綱双翅目糸角亜目カ科 Culicidaeの昆虫の総称。

ガ 蛾〈moth〉昆虫綱鱗翅目Heteroceraの昆虫の一群。

カイガラクロコバチ〈Coccophagus yoshidai〉昆虫綱膜翅目ツヤコバチ科。体長1.1mm。分布：本州、四国、九州。

カイガラクロコバチ イシイクロヤドリコバチの別名。

カイガラコバエ〈Leucopomyia silesiaca〉昆虫綱双翅目アブラコバエ科。

カイガラムシ 介殻虫〈scales, scale insect〉昆虫綱半翅目同翅亜目カイガラムシ上科Coccoideaに属する昆虫の総称。

カイコ 家蚕、飼い子、蚕〈Bombyx mori〉昆虫綱鱗翅目カイコガ科カイコ属の蛾。別名カイコガ。翅はふつう白色。繭から絹糸をとるため古くから中国や日本などで飼育されてきた。開張4～6mm。

カイコガ カイコの別名。

カイコノウジバエ 蠁蛆〈Blepharipa sericariae〉昆虫綱双翅目ヤドリバエ科。体長11～17mm。分布：日本全土。

カイコノクロウジバエ〈Ctenophorocera pavida〉昆虫綱双翅目ヤドリバエ科。

カイジュウジラミ〈Echinophthiriidae〉カイジュウジラミ科の昆虫の総称。珍虫。

カイソウウミハネカクシ〈Bryothinusa algarum〉昆虫綱甲虫目ハネカクシ科。分布：神奈川県鎌倉小動崎、油壺、真鶴岬、伊豆大島、三宅島、和歌山県切目崎、宮崎県青島など。

カイゾクコモリグモ〈Pirata piraticus〉蛛形綱クモ目コモリグモ科の蜘蛛。体長雌6～7mm、雄5～6mm。分布：北海道、本州(中部以北)。

カイゾクドクグモ カイゾクコモリグモの別名。

カイヒメテントウ〈Nephus kaiensis〉昆虫綱甲虫目テントウムシ科の甲虫。体長1.6mm。

ガイマイゴミムシダマシ〈Alphitobius diaperinus〉昆虫綱甲虫目ゴミムシダマシ科の甲虫。体長5.5～6.5mm。貯穀・貯蔵植物性食品に害を及ぼす。分布：本州、四国、九州、南西諸島。

ガイマイツヅリガ〈Corcyra cephalonica〉昆虫綱鱗翅目メイガ科の蛾。貯穀・貯蔵植物性食品に害を及ぼす。

ガイマイデオキスイ〈Carpophilus dimidiatus〉昆虫綱甲虫目ケシキスイ科の甲虫。体長2.0～3.2mm。

ガイマメスアカシジミ〈Thecla betulina gaimana〉昆虫綱鱗翅目シジミチョウ科の蝶。分布：ウスリー、朝鮮半島。

ガウロテス・キアニペンニス〈Gaurotes cyanipennis〉昆虫綱甲虫目カミキリムシ科の甲虫。分布：北アメリカ(カナダ・アメリカ合衆国東部)。

カエデキジラミ〈Psylla japonica〉昆虫綱半翅目キジラミ科。体長雄2.2～2.7mm、雌3.4～4.1mm。楓(紅葉)に害を及ぼす。分布：九州以北の日本各地。

カエデキンモンホソガ〈Phyllonorycter orientalis〉昆虫綱鱗翅目ホソガ科の蛾。分布：北海道、九州、ロシア南東部。

カエデシャチホコ〈Semidonta biloba〉昆虫綱鱗翅目シャチホコガ科ウチキシャチホコ亜科の蛾。開張35～40mm。分布：沿海州、朝鮮半島、北海道から九州、対馬。

カエデノヘリグロハナカミキリ 楓縁黒花天牛〈Eustrangalis distenoides〉昆虫綱甲虫目カミキリムシ科ハナカミキリ亜科の甲虫。体長14～20mm。分布：北海道、本州、四国、九州。

カエデハムシ〈Pyrrhalta seminigra〉昆虫綱甲虫目ハムシ科の甲虫。体長5.3～7.5mm。

カエデヒゲナガコバネカミキリ〈Glaphyra ishiharai〉昆虫綱甲虫目カミキリムシ科カミキリ亜科の甲虫。体長5～7mm。分布：利尻島、北海道、本州、四国、佐渡。

カエトクネメ・エディトゥス〈Chaetocneme editus〉昆虫綱鱗翅目セセリチョウ科の蝶。分布：ニューギニア、アルー諸島。

カエトクネメ・クリトメディア〈*Chaetocneme critomedia*〉昆虫綱鱗翅目セセリチョウ科の蝶。分布：オーストラリア。

カエトクネメ・コルブス〈*Chaetocneme corvus*〉昆虫綱鱗翅目セセリチョウ科の蝶。分布：ニューギニア，モルッカ諸島。

カエトクネメ・デニツァ〈*Chaetocneme denitza*〉昆虫綱鱗翅目セセリチョウ科の蝶。分布：オーストラリア。

カエトクネメ・ベアタ〈*Chaetocneme beata*〉昆虫綱鱗翅目セセリチョウ科の蝶。分布：オーストラリア。

カエトクネメ・ヘリリウス〈*Chaetocneme helirius naevifera*〉昆虫綱鱗翅目セセリチョウ科の蝶。分布：マルク諸島，ニューギニア，ビスマルク諸島。

カエトクネメ・ポルフィロピス〈*Chaetocneme porphyropis*〉昆虫綱鱗翅目セセリチョウ科の蝶。分布：オーストラリア。

カエニデス・ダケナ〈*Caenides dacena*〉昆虫綱鱗翅目セセリチョウ科の蝶。分布：シエラレオネからガボンまで。

カエニデス・ヒダリオイデス〈*Caenides hidarioides*〉昆虫綱鱗翅目セセリチョウ科の蝶。分布：カメルーン，コンゴ。

カエニデス・ベンガ〈*Caenides benga*〉昆虫綱鱗翅目セセリチョウ科の蝶。分布：カメルーン。

カエルキンバエ〈*Lucilia chini*〉昆虫綱双翅目クロバエ科。体長7.5mm。害虫。

カエルレウプティキア・コエリカ〈*Caeruleuptychia coelica*〉昆虫綱鱗翅目ジャノメチョウ科の蝶。分布：エクアドル。

カエルレウプティキア・コエレスティス〈*Caeruleuptychia coelestis*〉昆虫綱鱗翅目ジャノメチョウ科の蝶。分布：アマゾン地方。

カエルレウプティキア・ロベリア〈*Caeruleuptychia lobelia*〉昆虫綱鱗翅目ジャノメチョウ科の蝶。分布：ボリビア，エクアドル。

カエロイス・ゲルドゥルドゥトゥス〈*Caerois gerdrudtus*〉昆虫綱鱗翅目ジャノメチョウ科の蝶。分布：コスタリカ，パナマ。

カエロイス・コリナエウス〈*Caerois chorinaeus*〉昆虫綱鱗翅目ジャノメチョウ科の蝶。分布：ギアナとアマゾン全域。

カオキチビアナバチ〈*Psen aurifrons*〉昆虫綱膜翅目ジガバチ科。

カオキメムシガ〈*Argyresthia festiva*〉昆虫綱鱗翅目メムシガ科の蛾。分布：本州の山地。

カオグロオビホソヒラタアブ〈*Epistrophe omogensis*〉昆虫綱双翅目ハナアブ科。

カオグロホソヒラタアブ〈*Epistrophe nigroepistomata*〉昆虫綱双翅目ハナアブ科。

カオコブトゲアシベッコウ〈*Priocnemis mitakensis*〉昆虫綱膜翅目ベッコウバチ科。

カオジロショウジョウバエ〈*Drosophila auraria*〉昆虫綱双翅目ショウジョウバエ科。

カオジロトビコバチ〈*Anisotylus albifrons*〉昆虫綱膜翅目トビコバチ科。

カオジロトンボ 顔白蜻蛉〈*Leucorrhinia dubia orientalis*〉昆虫綱蜻蛉目トンボ科の蜻蛉。体長36mm。分布：北海道，本州。

カオジロヒゲナガゾウムシ 顔白鬚長象鼻虫〈*Litocerus laxus*〉昆虫綱甲虫目ヒゲナガゾウムシ科の甲虫。体長5.3〜8.0mm。分布：北海道，本州，四国，九州，佐渡，対馬。

カオマダラクサカゲロウ〈*Chrysopa boninensis*〉昆虫綱脈翅目クサカゲロウ科。

カオモンコガシラウンカ〈*Plectoderoides vittifrons*〉昆虫綱半翅目コガシラウンカ科。

カガハナゲバエ〈*Dichaetomyia bibax*〉昆虫綱双翅目イエバエ科。体長6.0〜7.5mm。分布：本州，四国，九州，南西諸島。

カガリグモ〈*Steatoda abrupta*〉蛛形綱クモ目ヒメグモ科の蜘蛛。

カガリビコモリグモ〈*Arctosa depectinata*〉蛛形綱クモ目コモリグモ科の蜘蛛。体長雌6〜7mm，雄4〜5mm。分布：本州(中・南部)，九州。

ガガンボ 大蚊，蚊ヶ母〈*crane flies, daddy-long-legs*〉昆虫綱双翅目糸角亜目カ群カガンボ科 Tipulidaeの昆虫の総称。

ガガンボカゲロウ 大蚊蜉蝣〈*Dipteromimus tipuliformis*〉昆虫綱蜉蝣目フタオカゲロウ科。分布：大和，山城，丹波，伊勢。

ガガンボギングチバチ〈*Crossocerus vagabundus yamatonicus*〉昆虫綱膜翅目ジガバチ科。体長10mm。分布：北海道，本州，四国。

ガガンボダマシ〈*Trichocera sp.*〉昆虫綱双翅目ガガンボダマシ科。

ガガンボモドキ 擬大蚊〈*Bittacus nipponicus*〉昆虫綱長翅目ガガンボモドキ科。

ガガンボモドキ 擬大蚊〈*Bittacidae*〉ガガンボモドキ科の昆虫の総称。珍虫。

カギアシゾウムシ〈*Bagous bipunctatus*〉昆虫綱甲虫目ゾウムシ科の甲虫。体長3.7〜4.2mm。

カギアシチョッキリ〈*Involvulus rugosicollis*〉昆虫綱甲虫目オトシブミ科の甲虫。体長3.4〜3.7mm。

カギアシデオキノコムシ〈*Scaphidium yasumatsui*〉昆虫綱甲虫目デオキノコムシ科の甲虫。体長4.5〜5.0mm。

カキアシブサホソガ〈*Cuphodes diospyrosella*〉昆虫綱鱗翅目ホソガ科の蛾。開張8～9mm。柿に害を及ぼす。分布：本州, 四国, 九州。

カギアシミドリハナムグリ〈*Stephanocrates bennigseni*〉昆虫綱甲虫目コガネムシ科の甲虫。分布：アフリカ中央部・東部。

カキアツバ〈*Laspeyria flexula*〉昆虫綱鱗翅目ヤガ科クチバ亜科の蛾。分布：ユーラシア, 北海道。

カキイロシロスジタイマイ〈*Eurytides marchandi*〉昆虫綱鱗翅目アゲハチョウ科の蝶。分布：合衆国ニューメキシコ州から中米を経てエクアドル西部まで。

カキカシジミタテハ〈*Ancyluris cacica latifasciata*〉昆虫綱鱗翅目シジミタテハ科。分布：コロンビア, ペルー。

カキクダアザミウマ〈*Ponticulothrips diospyrosi*〉昆虫綱総翅目クダアザミウマ科。体長雌2.9mm, 雄2.3mm。柿に害を及ぼす。分布：岩手県以南の本州。

カキサビダニ〈*Aceria diospyri*〉蛛形綱ダニ目フシダニ科。体長0.15mm。柿に害を及ぼす。分布：本州, 四国, ブラジル, アメリカ。

カキシロスジアオシャク〈*Geometra dieckmanni*〉昆虫綱鱗翅目シャクガ科アオシャク亜科の蛾。開張29～45mm。分布：北海道, 本州, 四国, 九州, 対馬, 朝鮮半島, 中国東北, シベリア南東部。

カキゾウムシ〈*Pseudocneorhinus obesus*〉昆虫綱甲虫目ゾウムシ科の甲虫。体長6.5mm。柿に害を及ぼす。分布：本州, 九州。

カキツマシマキバガ 鉤褄縞牙蛾〈*Polyhymno obliquata*〉昆虫綱鱗翅目キバガ科の蛾。開張14～16mm。分布：北海道, 本州, 九州。

カキツマスジキバガ〈*Polyhymno synodonta*〉昆虫綱鱗翅目キバガ科の蛾。開張14～15mm。

カキテヤシオオゾウムシ タイショウオオゾウムシの別名。

カキノキカイガラムシ〈*Lepidosaphes cupressi*〉昆虫綱半翅目マルカイガラムシ科。体長2～3mm。ヤマモモに害を及ぼす。分布：本州(南関東以西)以南の日本各地, 中国。

カキノキカキカイガラムシ カキノキカイガラムシの別名。

カキノテングハマキ〈*Sparganothis matsudai*〉昆虫綱鱗翅目ハマキガ科の蛾。柿, 梅, アンズに害を及ぼす。分布：本州。

カキノヒメヨコバイ〈*Empoasca nipponica*〉昆虫綱半翅目ヨコバイ科。体長2.8～3.2mm。柿に害を及ぼす。

カキノフタトゲナガシンクイ〈*Sinoxylon japonicum*〉昆虫綱甲虫目ナガシンクイムシ科の甲虫。体長5～6mm。葡萄, 柿に害を及ぼす。分布：本州, 四国, 九州。

カキノヘタムシガ 柿蒂虫蛾〈*Stathmopoda masinissa*〉昆虫綱鱗翅目ニセマイコガ科の蛾。別名カキノマイコガ。開張15～19mm。柿に害を及ぼす。分布：本州, 四国, 九州, 屋久島, 台湾, 中国中部, スリランカ。

カキノマイコガ カキノヘタムシガの別名。

カギバアオシャク 鉤翅青尺蛾〈*Tanaorhinus reciprocata*〉昆虫綱鱗翅目シャクガ科アオシャク亜科の蛾。開張55～70mm。分布：インド, 中国北部・西部・南部, 台湾, 本州, 四国, 九州, 屋久島, 奄美大島, 沖縄本島, 石垣島, 西表島, 朝鮮半島。

カギバアゲハ〈*Meandrusa payeni*〉昆虫綱鱗翅目アゲハチョウ科の蝶。分布：シッキムからジャワおよびボルネオまで。

カギバイラガ〈*Heterogenea asella*〉昆虫綱鱗翅目イラガ科の蛾。開張12～15mm。分布：北海道, 本州, 四国, 九州, 屋久島, 朝鮮半島からヨーロッパ。

カギバガ 鉤羽蛾〈*hook-tip moth*〉昆虫綱カギバガ科Drepanidaeのガ類の総称。

カギハグモ〈*Dictyna uncinata*〉蛛形綱クモ目ハグモ科の蜘蛛。体長雌3.0～3.5mm, 雄2.5～3.0mm。分布：本州(中部)。

カキバトモエ〈*Hypopyra vespertilio*〉昆虫綱鱗翅目ヤガ科シタバガ亜科の蛾。開張64～78mm。分布：スリランカ, インド全域から中国, 北海道を除く本土域, 対馬。

カギバノメイガ〈*Circobotys nycterina*〉昆虫綱鱗翅目メイガ科ノメイガ亜科の蛾。開張25～29mm。分布：北海道, 本州, 四国, 九州, 中国。

カギバヒメハマキ〈*Ancylis nemorana*〉昆虫綱鱗翅目ハマキガ科の蛾。分布：本州(東北地方を含む), 四国, 千島列島。

カギバモドキ 擬鉤翅蛾〈*Pseudandraca gracilis*〉昆虫綱鱗翅目カイコガ科の蛾。開張40mm。分布：本州(関東以西), 四国, 九州の山地, 台湾。

カギバラバチ 鉤腹蜂 昆虫綱膜翅目カギバラバチ科Trigonalidaeに属する寄生バチの総称。

カギヒゲチビヒラタムシ〈*Microbrontes laemophloeoides*〉昆虫綱甲虫目ヒラタムシ科の甲虫。体長1.6～2.0mm。

カギヒゲナガアリヅカムシ〈*Pselaphogenius uncifer*〉昆虫綱甲虫目アリヅカムシ科の甲虫。体長1.8mm。

カキヒメハダニ〈*Tenuipalpus zhizhilashviliae*〉蛛形綱ダニ目ヒメハダニ科。体長0.3mm。柿に害を及ぼす。分布：本州, 四国, 九州, コーカサス。

カキホソガ カキアシブサホソガの別名。

カギモンキリガ〈*Orthosia nigromaculata*〉昆虫綱鱗翅目ヤガ科ヨトウガ亜科の蛾。開張38～41mm。分布：関東南部,四国,九州,対馬,屋久島。

カギモンチビナミシャク〈*Gymnoscelis spinosa*〉昆虫綱鱗翅目シャクガ科の蛾。分布：琉球石垣島,西表島。

カギモンハナオイアツバ〈*Cidariplura signata*〉昆虫綱鱗翅目ヤガ科クルマアツバ亜科の蛾。開張30mm。分布：本州(秋田,宮城県以南),四国,九州,朝鮮半島,中国。

カギモンハネカクシダマシ〈*Inopeplus uenoi*〉ハネカクシダマシ科の甲虫。体長3.1～4.4mm。

カギモンヒメハマキ〈*Epinotia ramella*〉昆虫綱鱗翅目ハマキガ科の蛾。開張15～16mm。分布：北海道,本州(東北及び中部の山地),中国(東北),ロシア,ヨーロッパ,イギリス。

カギモンホソトラカミキリ カギモンミドリホソトラカミキリの別名。

カギモンホソナガクチキムシ〈*Abdera scriptipennis*〉昆虫綱甲虫目ナガクチキムシ科の甲虫。体長3.0～4.0mm。

カギモンミズギワゴミムシ〈*Bembidion poppii*〉昆虫綱甲虫目オサムシ科の甲虫。体長4.0mm。

カギモンミドリトラカミキリ カギモンミドリホソトラカミキリの別名。

カギモンミドリホソトラカミキリ〈*Chlorophorus virens*〉昆虫綱甲虫目カミキリムシ科カミキリ亜科の甲虫。体長13～20mm。分布：奄美大島。

カギモンヤガ〈*Cerastis pallescens*〉昆虫綱鱗翅目ヤガ科モンヤガ亜科の蛾。開張35mm。分布：沿海州,北海道から九州,対馬。

カキレウス・パレモン〈*Cacyreus palemon*〉昆虫綱鱗翅目シジミチョウ科の蝶。分布：アフリカ南部および東部。

カキレウス・リンゲウス〈*Cacyreus lingeus*〉昆虫綱鱗翅目シジミチョウ科の蝶。分布：アフリカ全土。

カクアゴハジラミ 角顎羽虱〈*Goniodes dissimilis*〉昆虫綱食毛目チョウカクハジラミ科。体長雄1.8～2.0mm,雌2.5～2.9mm。害虫。

カクアシヒラタケシキスイ〈*Epuraea bergeri*〉昆虫綱甲虫目ケシキスイ科の甲虫。体長2.6～3.5mm。

カクコガシラハネカクシ 角小頭隠翅虫〈*Philonthus rectangulus*〉昆虫綱甲虫目ハネカクシ科の甲虫。体長10mm。分布：北海道,本州,九州,佐渡,対馬,屋久島。

カクズクビナガムシ〈*Nematoplus konoi*〉昆虫綱甲虫目クビナガムシ科の甲虫。体長1.5mm。

カクスナガレユスリカ 角巣流揺蚊〈*Rheotanytarsus pentapoda*〉昆虫綱双翅目ユスリカ科。

カクスナゴミムシダマシ〈*Gonocephalum recticolle*〉昆虫綱甲虫目ゴミムシダマシ科の甲虫。体長11.0～12.0mm。

カクティスフタオチョウ〈*Charaxes cacuthis*〉昆虫綱鱗翅目タテハチョウ科の蝶。分布：マダガスカル。

カクバネキバガ 角翅牙蛾〈*Lecithocera leucoceros*〉昆虫綱鱗翅目キバガ科の蛾。開張12～14mm。分布：本州,四国,九州。

カクバネヒゲナガキバガ〈*Lecitholaxa thiodora*〉昆虫綱鱗翅目ヒゲナガキバガ科の蛾。キウイに害を及ぼす。分布：本州,四国,九州,琉球,台湾,中国。

カクヒメコクヌストモドキ〈*Palorus cerylonoides*〉昆虫綱甲虫目ゴミムシダマシ科の甲虫。体長1.9～2.2mm。貯穀・貯蔵植物性食品に害を及ぼす。

カクホシツヤヒラタアブ〈*Melanostoma transversum*〉昆虫綱双翅目ハナアブ科。

カクホソカタムシ〈*Cerylon sharpi*〉昆虫綱甲虫目カクホソカタムシ科の甲虫。体長1.5～2.0mm。

カクホソヒラタケシキスイ〈*Epuraea rapax*〉昆虫綱甲虫目ケシキスイ科の甲虫。体長3.0～4.0mm。

カクムネカワリタマムシ〈*Polybothris quadricollis*〉昆虫綱甲虫目タマムシ科の甲虫。分布：マダガスカル。

カクムネクロベニボタル〈*Cautires nakanei*〉昆虫綱甲虫目ベニボタル科の甲虫。体長8.0～12.5mm。

カクムネケシキスイ〈*Glischrochilus cruciatus*〉昆虫綱甲虫目ケシキスイ科の甲虫。体長4.5～6.9mm。

カクムネコクヌスト カクムネヒラタムシの別名。

カクムネゴミムシ〈*Tefflus meyerlei*〉昆虫綱甲虫目ゴミムシ科。分布：アフリカ西部,中央部。

カクムネコメツキダマシ〈*Melasis japonicus*〉昆虫綱甲虫目コメツキダマシ科の甲虫。体長8～11mm。分布：本州。

カクムネチビトビハムシ〈*Neocrepidodera recticollis*〉昆虫綱甲虫目ハムシ科の甲虫。体長2.0～2.2mm。

カクムネチビヒラタムシ カクムネヒラタムシの別名。

カクムネトビハムシ〈*Asiorestia laevicollis*〉昆虫綱甲虫目ハムシ科の甲虫。体長2.8～3.2mm。

カクムネナガタマムシ〈*Agrilus maculifer*〉昆虫綱甲虫目タマムシ科の甲虫。体長4.8～6.5mm。

カクムネヒメハナカミキリ〈*Pidonia maculithorax*〉昆虫綱甲虫目カミキリムシ科ハナカミキリ亜科の甲虫。体長8～13mm。分布：本州の近畿以北。

カクムネヒラタムシ〈*Cryptolestes pusillus*〉昆虫綱甲虫目ヒラタムシ科。別名カクムネコクヌスト，カクムネチビヒラタムシ。体長2mm。貯穀・貯蔵植物性食品に害を及ぼす。

カクムネベニボタル〈*Lyponia quadricollis*〉昆虫綱甲虫目ベニボタル科の甲虫。体長8～12mm。分布：本州，四国，九州。

カクムネホソヒラタムシ〈*Silvanus recticollis*〉昆虫綱甲虫目ホソヒラタムシ科。

カクムネマルナガゴミムシ〈*Trigonognatha coreana*〉昆虫綱甲虫目オサムシ科の甲虫。体長18.5～20.5mm。

カクムネムツボシタマムシ〈*Chrysobothris chrysostigma*〉昆虫綱甲虫目タマムシ科の甲虫。体長11～15mm。分布：北海道。

カクムネヨツメハネカクシ〈*Olophrum vicinum*〉昆虫綱甲虫目ハネカクシ科の甲虫。体長4.3～4.7mm。

カクモンアシブトハナアブ〈*Paramesembrius abdominalis*〉昆虫綱双翅目ハナアブ科。

カクモンキシタバ〈*Chrysorithrum amatum*〉昆虫綱鱗翅目ヤガ科クチバ亜科の蛾。開張60～67mm。分布：沿海州，朝鮮半島，日本。

カクモンコキマダラセセリ〈*Ochlodes flavomaculatus*〉蝶。

カクモンシジミ〈*Syntarucus plinius*〉昆虫綱鱗翅目シジミチョウ科ヒメシジミ亜科の蝶。前翅長12mm。分布：石垣島，竹富島，西表島，波照間島。

カクモンビノメイガ〈*Pyrausta chrysitis*〉昆虫綱鱗翅目メイガ科の蛾。分布：東北地方の北部から中部山地，四国，九州。

カクモンノメイガ 角紋野螟蛾〈*Rehimena surusalis*〉昆虫綱鱗翅目メイガ科ノメイガ亜科の蛾。開張26mm。ハイビスカス類に害を及ぼす。分布：本州(伊豆半島以西)，四国，九州，対馬，屋久島，奄美大島，沖縄本島，宮古島，台湾，朝鮮半島，中国，インドから東南アジア一帯，ニューギニア。

カクモンハマキ 角紋葉巻〈*Archips xylosteanus*〉昆虫綱鱗翅目ハマキガ科ハマキガ亜科の蛾。開張雄17～20mm，雌22～27mm。ハスカップ，梅，アンズ，桜桃，ナシ類，林檎，栗に害を及ぼす。分布：北海道，本州。

カクモンヒトリ 角紋灯蛾〈*Spilosoma inaequalis*〉昆虫綱鱗翅目ヒトリガ科ヒトリガ亜科の蛾。開張雄32～35mm，雌40～44mm。ナス科野菜，梅，アンズ，柑橘，桑，桜類，アオキに害を及ぼす。分布：本州(東北地方南部以南)，四国，九州，対馬，屋久島，シベリア南東部。

カクモンミスジノメイガ〈*Nacoleia charesalis*〉昆虫綱鱗翅目メイガ科の蛾。分布：奄美大島，沖縄本島，石垣島，西表島，台湾，インドから東南アジア一帯。

カグヤカマアシムシ〈*Silvestridia hutan*〉クシカマアシムシ科。

カグヤヒメキクイゾウムシ〈*Pseudocossonus brevitarsis*〉昆虫綱甲虫目ゾウムシ科の甲虫。体長5.3～6.0mm。

カグヤヒメグモ〈*Achaearanea culicivora*〉蛛形綱クモ目ヒメグモ科の蜘蛛。体長雌4～5mm，雄3～4mm。分布：北海道，本州，四国，九州。

カグヤヒメテントウ〈*Scymnus kaguyahime*〉昆虫綱甲虫目テントウムシ科の甲虫。体長1.5～1.9mm。

カグヤヒメハナノミ〈*Mordellina kaguyahime*〉昆虫綱甲虫目ハナノミ科の甲虫。体長3.0～3.9mm。

カクレイチモンジセセリ〈*Parnara batta*〉蝶。

ガケジグモ 崖地蜘蛛 節足動物門クモ型綱真正クモ目ガケジグモ科の陸生動物の総称。

カゲハマキ〈*Aphelia inumbratana*〉昆虫綱鱗翅目ハマキガ科の蛾。分布：北海道，シベリア。

カゲロウ 蜉蝣〈*mayflies*〉昆虫綱カゲロウ目Ephemeropteraの昆虫の総称。

カゲロウヒゲタケカ 蜉蝣鬚丈蚊〈*Macrocera ephemeraeformis*〉昆虫綱双翅目キノコバエ科。分布：北海道，本州。

カゴシマハマダラミバエ〈*Acidiella kagoshimensis*〉昆虫綱双翅目ミバエ科。

カコネモビウス属の一種〈*Caconemobius* sp.〉昆虫綱直翅目コオロギ科。分布：ハワイ島。

カザアナマシラグモ〈*Leptoneta speciosa*〉蛛形綱クモ目マシラグモ科の蜘蛛。

カサイテントウ〈*Sospita gebleri*〉昆虫綱甲虫目テントウムシ科の甲虫。体長6.1～7.7mm。

カサネカンザシゴカイ 重簪沙蚕 環形動物門多毛綱定在目カンザシゴカイ科のヒドロイデス属Hydroidesの海産動物の総称。

カサハラハムシ〈*Demotina modesta*〉昆虫綱甲虫目ハムシ科の甲虫。体長3.5mm。分布：本州，四国，九州，南西諸島。

ガザミグモ〈*Pistius undulatus*〉蛛形綱クモ目カニグモ科の蜘蛛。体長雌8～9mm，雄5～6mm。分布：北海道，本州，四国，九州。

カザラ・ハイデンライヒ〈*Chazara heydenreichi*〉昆虫綱鱗翅目ジャノメチョウ科の蝶。分布：パミール，ヒマラヤ。

カザラ・プリエウリ〈*Chazara prieuri*〉昆虫綱鱗翅目ジャノメチョウ科の蝶。分布：スペインおよびアフリカ北部。

カザリアゲハ〈*Chilasa anactus*〉昆虫綱鱗翅目アゲハチョウ科の蝶。

カザリカドムネタマムシ〈*Actenodes nobilis*〉昆虫綱甲虫目タマムシ科。分布：中央アメリカ，南アメリカ中北部，西インド諸島。

カザリコガネショウジョウバエ〈*Leucophenga ornata*〉昆虫綱双翅目ショウジョウバエ科。

カザリシロチョウ〈*Delias*〉シロチョウ科の属称。珍虫。

カザリスミナガシ〈*Stibochiona schoenbergi*〉昆虫綱鱗翅目タテハチョウ科の蝶。分布：ボルネオ。

カザリタイマイ〈*Pathysa nomius*〉昆虫綱鱗翅目アゲハチョウ科の蝶。

カザリツマキリアツバ〈*Eugrapta igniflua*〉昆虫綱鱗翅目ヤガ科クチバ亜科の蛾。分布：伊豆半島，東海地方，四国，九州，対馬。

カザリツヤヌカカ〈*Dasyhelea dufouri*〉昆虫綱双翅目ヌカカ科。

カザリニセハマキ〈*Imma monocosma*〉昆虫綱鱗翅目ニセハマキガ科の蛾。分布：本州の和歌山県大島，九州南端の佐多岬。

カザリバ〈*Cosmopterix fulminellx*〉昆虫綱鱗翅目カザリバガ科の蛾。開張10〜11mm。分布：本州，九州。

カザリヒワダニ〈*Cosmochthonius reticulatus*〉蛛形綱ダニ目カザリヒワダニ科。体長0.34mm。害虫。

カザリマスガタヌカカ 飾桝形糠蚊〈*Stilobezzia notata*〉昆虫綱双翅目ヌカカ科。

カザリマダラカツオブシムシ〈*Trogoderma ornatum*〉昆虫綱甲虫目カツオブシムシ科の甲虫。体長2.2〜3.8mm。

カシアシナガゾウムシ〈*Mecysolobus piceus*〉昆虫綱甲虫目ゾウムシ科の甲虫。体長5.6〜6.7mm。

カシカキカイガラムシ〈*Andaspis kashicola*〉昆虫綱半翅目マルカイガラムシ科。体長2.0〜2.5mm。栗に害を及ぼす。分布：本州以南の日本各地。

カシクスゴライアス カタモンゴライアスツノコガネの別名。

カシケブカアブラムシ〈*Allotrichosiphon kashicola*〉昆虫綱半翅目アブラムシ科。

カシコスカシバ 樫小透翅〈*Synanthedon quercus*〉昆虫綱鱗翅目スカシバガ科の蛾。開張25〜32mm。栗に害を及ぼす。分布：本州，九州，屋久島，朝鮮半島。

カシトガリキジラミ〈*Trioza remota*〉昆虫綱半翅目キジラミ科。カシ類に害を及ぼす。

カシトゲムネアブラムシ〈*Parathoracaphis setigera*〉昆虫綱半翅目アブラムシ科。

カシニセタマカイガラトビコバチ〈*Mayrencyrtus japonicus*〉昆虫綱膜翅目トビコバチ科。

カシニセタマカイガラムシ 樫偽球介殻虫〈*Lecanodiaspis quercus*〉昆虫綱半翅目ニセタマカイガラムシ科。体長4.0〜4.5mm。カシ類，栗に害を及ぼす。分布：本州，四国，九州，朝鮮半島。

カシノアカカイガラムシ〈*Kuwania quercus*〉昆虫綱半翅目ワタフキカイガラムシ科。体長1.5〜2.0mm。カシ類に害を及ぼす。分布：北海道，小笠原を除く日本各地，台湾，中国。

カシノコナガキクイムシ 樫小長穿孔虫〈*Crossotarsus simplex*〉昆虫綱甲虫目ナガキクイムシ科の甲虫。体長3.1〜3.8mm。分布：本州，四国，九州。

カシノシマメイガ 菓子縞螟蛾〈*Pyralis farinalis*〉昆虫綱鱗翅目メイガ科シマメイガ亜科の蛾。開張19〜27mm。貯穀・貯蔵植物性食品に害を及ぼす。分布：全世界。

カシノナガキクイムシ〈*Platypus quercivorus*〉昆虫綱甲虫目ナガキクイムシ科の甲虫。体長4.0〜5.2mm。

カシヒメヨコバイ〈*Kashitettix quercus*〉昆虫綱半翅目ヒメヨコバイ科。

カシフシダニ〈*Eriophyes kasi*〉蛛形綱ダニ目。ナラ，樫，ブナに害を及ぼす。

カシベニシタバ〈*Catocala conjuncta*〉昆虫綱鱗翅目ヤガ科の蛾。分布：地中海沿岸。

カシマルアブラトビコバチ〈*Aphidencyrtoides thoracaphis*〉昆虫綱膜翅目トビコバチ科。

カシマルカイガラムシ〈*Comstockaspis paraphyses*〉昆虫綱半翅目マルカイガラムシ科。カシ類に害を及ぼす。

カシミールオニオサムシ〈*Imaibius caschmirensis*〉昆虫綱甲虫目オサムシ科。分布：パキスタン，カシミール。

カシミールコクヌストモドキ〈*Tribolium freemani*〉昆虫綱甲虫目ゴミムシダマシ科。害虫。

カシムネアブラムシ〈*Dermaphis japonensis*〉昆虫綱半翅目アブラムシ科。

カジムラヒメナガゴミムシ〈*Pterostichus kajimurai*〉昆虫綱甲虫目オサムシ科の甲虫。体長7.0〜7.5mm。

ガジュマルハマキモドキ〈*Choreutis ophiosema*〉昆虫綱鱗翅目ハマキモドキガ科の蛾。分布：屋久島，琉球諸島，中国，インド，モルッカ諸島，オーストラリア。

カシルリオトシブミ 樫瑠璃落文〈Euops splendidus〉昆虫綱甲虫目オトシブミ科の甲虫。体長3.5mm。分布：本州，四国，九州。

カシルリチョッキリ〈Neocoenorrhinus assimilis〉昆虫綱甲虫目オトシブミ科の甲虫。体長2.5～3.0mm。林檎に害を及ぼす。分布：本州，四国，九州。

カシワアツバ〈Pechipogo strigirata〉昆虫綱鱗翅目ヤガ科クルマアツバ亜科の蛾。分布：長野県上伊那郡戸台，山梨県芦安，ヨーロッパからシベリア，ウスリー，アムール，朝鮮半島。

カシワオビキリガ 柏帯切蛾〈Conistra ardescens〉昆虫綱鱗翅目ヤガ科セダカモクメ亜科の蛾。分布：関東地方南部，長野県，岐阜県，近畿地方，四国。

カシワキクイムシ〈Xyloterus signatus niponicus〉昆虫綱甲虫目キクイムシ科。

カシワキボシキリガ〈Lithophane pruinosa〉昆虫綱鱗翅目ヤガ科セダカモクメ亜科の蛾。開張32～37mm。分布：沿海州，北海道から九州。

カシワキリガ〈Orthosia gothica〉昆虫綱鱗翅目ヤガ科ヨトウガ亜科の蛾。開張37～40mm。林檎に害を及ぼす。分布：ユーラシア，北海道から九州。

カシワギンオビハマキ カシワギンオビヒメハマキの別名。

カシワギンオビヒメハマキ〈Strophedra nitidana〉昆虫綱鱗翅目ハマキガ科の蛾。栗に害を及ぼす。分布：北海道から九州。

カシワギンスジホソハマキ〈Phalonia badiana〉昆虫綱鱗翅目ホソハマキガ科の蛾。

カシワギントビヒメハマキ ツママルモンヒメハマキの別名。

カシワクチブトゾウムシ 柏口太象鼻虫〈Myllocerus griseus〉昆虫綱甲虫目ゾウムシ科の甲虫。体長4.1～5.1mm。分布：北海道，本州，四国，九州。

カシワザイノキクイムシ〈Trypodendron signatum〉昆虫綱甲虫目キクイムシ科。体長3.7mm。林檎に害を及ぼす。分布：九州以北の日本各地，千島，サハリン，カムチャッカ，シベリア，ヨーロッパ。

カシワサルハムシ カシワツツハムシの別名。

カシワスカシバ〈Sesia rhynchioides〉昆虫綱鱗翅目スカシバガ科の蛾。栗に害を及ぼす。

カシワツツハムシ〈Cryptocephalus scitulus〉昆虫綱甲虫目ハムシ科の甲虫。体長4mm。分布：北海道，本州，四国，九州。

カシワトビメクラガメ〈Psallus wagneri〉昆虫綱半翅目メクラカメムシ科。

カシワノキクイムシ カシワザイノキクイムシの別名。

カシワノナミシャク〈Venusia semistrigata〉昆虫綱鱗翅目シャクガ科ナミシャク亜科の蛾。開張17～22mm。

カシワノミゾウムシ〈Rhynchaenus japonicus〉昆虫綱甲虫目ゾウムシ科の甲虫。体長3.7～4.1mm。分布：北海道，本州，四国，九州。

カシワフタモンハマキ コトサカハマキの別名。

カシワマイマイ 柏舞々蛾〈Lymantria mathura〉昆虫綱鱗翅目ドクガ科の蛾。開張雄44～52mm，雌80～93mm。林檎，栗に害を及ぼす。分布：日本から朝鮮半島，シベリア南東部，中国大陸から台湾，インドから東南アジア一帯。

カシワミドリシジミ〈Quercusia quercus〉昆虫綱鱗翅目シジミチョウ科の蝶。雄の翅の表面は，濃い紫色に黒色の縁どり，雌は黒褐色。開張2.5～3.0mm。分布：ヨーロッパからアフリカ北部，アジア温帯域。

カシワモンキヒメハマキ カバカギバヒメハマキの別名。

カズオクロハナボタル〈Libnetis kazuoi〉昆虫綱甲虫目ベニボタル科の甲虫。体長3.4～5.2mm。

カスガキモンカミキリ 春日黄紋天牛〈Paramenesia kasugensis〉昆虫綱甲虫目カミキリムシ科フトカミキリ亜科の甲虫。体長9～11mm。分布：本州，四国，九州。

カスザブチビツノゴミムシダマシ〈Byrsax kaszabi〉昆虫綱甲虫目ゴミムシダマシ科の甲虫。体長4.7～5.7mm。

カスタリウス・イシス〈Castalius isis〉昆虫綱鱗翅目シジミチョウ科の蝶。分布：シエラレオネからウガンダ，アンゴラまで。

カスタリウス・エティオン〈Castalius ethion〉昆虫綱鱗翅目シジミチョウ科の蝶。分布：インドからフィリピン，スリランカからマレーシアまで。

カスタリウス・エベナ〈Castalius evena〉昆虫綱鱗翅目シジミチョウ科の蝶。分布：ニューギニア。

カスタリウス・カリケ〈Castalius calice〉昆虫綱鱗翅目シジミチョウ科の蝶。分布：コンゴからケニア，南へナタールまで。

カスタリウス・カレタ〈Castalius caleta〉昆虫綱鱗翅目シジミチョウ科の蝶。分布：セイロン，フィリピン，セレベス。

カスタリウス・クレトスス〈Castalius cretosus〉昆虫綱鱗翅目シジミチョウ科の蝶。分布：エチオピア，ソマリア。

カスタリウス・ヒンツァ〈Castalius hintza〉昆虫綱鱗翅目シジミチョウ科の蝶。分布：アフリカ南部および東部。

カスタリウス・マルガリタケウス〈*Castalius margaritaceus*〉昆虫綱鱗翅目シジミチョウ科の蝶。分布：ケニア。

カスタリウス・ミンダルス〈*Castalius mindarus*〉昆虫綱鱗翅目シジミチョウ科の蝶。分布：ニューギニア。

カスタリウス・メラエナ〈*Castalius melaena*〉昆虫綱鱗翅目シジミチョウ科の蝶。分布：アフリカ南部から北へケニアまで。

カスタリウス・ロクスス〈*Castalius roxus*〉昆虫綱鱗翅目シジミチョウ科の蝶。分布：インドシナ半島からフィリピンおよびセレベス，ニューギニア，マレーシア，ティモール。

カストゥリダ・ガラパゲイウム〈*Castrida galapageium*〉昆虫綱甲虫目オサムシ科。分布：ガラパゴス諸島。

カストニア・エバルテ〈*Castnia evalthe*〉昆虫綱鱗翅目カストニア科。分布：中央アメリカ，南アメリカ。

カストニア・サトゥラペス〈*Castnia satrapes*〉昆虫綱鱗翅目カストニア科。分布：ブラジル。

カストニア・ダエダルス〈*Castnia daedalus*〉昆虫綱鱗翅目カストニア科。分布：ギアナ，ペルー，アマゾン流域。

カストニア・デキュッサタ〈*Castnia decussata*〉昆虫綱鱗翅目カストニア科。分布：ブラジル。

カストニア・パッラシア〈*Castnia pallasia*〉昆虫綱鱗翅目カストニア科。分布：ブラジル。

カストニア・フォンスコロンベ〈*Castnia fonscolombe*〉昆虫綱鱗翅目カストニア科。分布：ブラジル。

カストニア・ボアジュバリ〈*Castnia boisduvali*〉昆虫綱鱗翅目カストニア科。分布：南アメリカ。

カストールフタオチョウ〈*Charaxes castor*〉昆虫綱鱗翅目タテハチョウ科の蝶。開張100mm。分布：アフリカ中央部。珍蝶。

カスミゴマダラヒカゲ〈*Zethera thermaea*〉昆虫綱鱗翅目ジャノメチョウ科の蝶。分布：サマール，レイテ，パナオン，ボホール。

カスミハネカ 霞跳蚊〈*Nymphomyia alba*〉ハネカ科。分布：近畿地方。

カズラハマキホソガ〈*Caloptilia kadsurae*〉昆虫綱鱗翅目ホソガ科の蛾。分布：本州，九州，琉球（西表島）。

カスリウスバカゲロウ〈*Distoleon nigricans*〉昆虫綱脈翅目ウスバカゲロウ科。開張90mm。分布：北海道，本州，四国。

カスリガガンボ 絣大蚊〈*Tipula bubo*〉昆虫綱双翅目ガガンボ科。分布：北海道，本州。

カスリショウジョウバエ〈*Drosophila hydei*〉昆虫綱双翅目ショウジョウバエ科。体長3mm。分布：北海道，本州，四国，九州。害虫。

カスリタテハ〈*Hamadryas februa*〉昆虫綱鱗翅目タテハチョウ科の蝶。金属光沢のある青色の斑紋をもつ。開張6〜7mm。分布：メキシコからボリビア。珍蝶。

カスリタマムシ〈*Dicercomorpha argentiogutata*〉昆虫綱甲虫目タマムシ科の甲虫。分布：フィリピン。

カスリチビカミキリ〈*Nipposybra fuscoplagiata*〉昆虫綱甲虫目カミキリムシ科フトカミキリ亜科の甲虫。体長6mm。

カスリドウボソカミキリ〈*Pothyne variegata*〉昆虫綱甲虫目カミキリムシ科フトカミキリ亜科の甲虫。体長14〜28mm。分布：沖縄諸島，石垣島，西表島。

カスリヒメガガンボ 絣姫大蚊〈*Limnophila japonica*〉昆虫綱双翅目ガガンボ科。分布：本州，九州。

カスリホソバトビケラ 絣細翅飛螻〈*Molanna falcata*〉昆虫綱毛翅目ホソバトビケラ科。分布：本州，九州。

カスリモンユスリカ 絣紋揺蚊〈*Tanypus punctipennis*〉昆虫綱双翅目ユスリカ科。分布：本州。

カスリヨコバイ〈*Balclutha punctata*〉昆虫綱半翅目ヨコバイ科。体長3.5〜4.5mm。分布：北海道，本州，四国，九州。

カセミミズ 悴蚯蚓〈*Epimenia verrucosa*〉軟体動物門無板綱サンゴノヒモ科のミミズ様の動物。分布：和歌山県，熊本県の天草，伊豆七島。

ガゼラ・リヌス・ヘリコニオイデス〈*Gazera linus heliconioides*〉昆虫綱鱗翅目カストニア科。分布：南アメリカの熱帯地方。

カタアカアトキリゴミムシ〈*Cymindis collaris*〉昆虫綱甲虫目オサムシ科の甲虫。体長8.0〜9.5mm。

カタアカケシジョウカイモドキ〈*Omineus humeralis*〉昆虫綱甲虫目ジョウカイモドキ科の甲虫。体長4.5mm。分布：本州。

カタアカジョウカイモドキ カタアカケシジョウカイモドキの別名。

カタアカチビオオキノコムシ〈*Tritoma kensakui*〉昆虫綱甲虫目オオキノコムシ科の甲虫。体長3〜4mm。

カタアカナガクチキムシ〈*Hira humerosignata*〉昆虫綱甲虫目ナガクチキムシ科の甲虫。体長4.5〜6.5mm。

カタアカハナボタル〈*Eropterus nothus*〉昆虫綱甲虫目ベニボタル科の甲虫。体長3.8～6.5mm。

カタアカベニボタル〈*Conderis rufohumeralis*〉昆虫綱甲虫目ベニボタル科の甲虫。体長5.8～10.7mm。

カタアカホソコメツキ〈*Athous humeralis*〉昆虫綱甲虫目コメツキムシ科。

カタアカホソハネカクシ〈*Atrecus pilicornis*〉昆虫綱甲虫目ハネカクシ科の甲虫。体長7.0～8.0mm。

カタアカホタルモドキ カタモンミナミボタルの別名。

カタアカマイコガ〈*Stathmopoda haematosema*〉昆虫綱鱗翅目ニセマイコガ科の蛾。開張8～11mm。分布：本州、九州。

カタアカマルクビハネカクシ〈*Tachinus bidens*〉昆虫綱甲虫目ハネカクシ科の甲虫。体長5.5～6.0mm。

カタオカハエトリ〈*Euophrys frontalis*〉蛛形綱クモ目ハエトリグモ科の蜘蛛。体長雌4.0～4.5mm、雄3.0～3.5mm。分布：本州(中部・東北地方)。

カタカイガラムシ 堅介殻虫〈soft scale〉昆虫綱半翅目同翅亜目カタカイガラムシ科Coccidaeに属する昆虫の総称。

カタカケハマキ〈*Archips capsigeranus*〉昆虫綱鱗翅目ハマキガ科ハマキガ亜科の蛾。桃、スモモに害を及ぼす。分布：北海道、本州、四国、中国東北、ロシア(沿海州)。

カタカントゥス・ニグリペス〈*Catacanthus nigripes*〉昆虫綱半翅目カメムシ科。分布：フィリピン(セブ、ボホール)、スラウェシ、セラム、ニューギニア、ニューブリテン。

カタキカタビロハナカミキリ〈*Pachyta lamed*〉昆虫綱甲虫目カミキリムシ科ハナカミキリ亜科の甲虫。体長11～22mm。分布：北海道。

カタキバツツキノコムシ〈*Octotemnus japonicus*〉昆虫綱甲虫目ツツキノコムシ科の甲虫。体長1.3mm。

カタキハナカミキリ〈*Pedostrangalia femoralis*〉昆虫綱甲虫目カミキリムシ科ハナカミキリ亜科の甲虫。体長10～14mm。分布：北海道、本州、佐渡。

カタキヒメハナノミ〈*Falsomordellistena tokarana*〉昆虫綱甲虫目ハナノミ科の甲虫。体長4.5～5.5mm。

カタキマルハキバガ〈*Deuterogonia chionoxantha*〉昆虫綱鱗翅目マルハキバガ科の蛾。分布：千島列島(国後島)、北海道、本州、四国。

カタキンイロジョウカイ〈*Themus ohkawai*〉昆虫綱甲虫目ジョウカイボン科の甲虫。体長17～20mm。

カタキンメムシガ〈*Argyresthia angusta*〉昆虫綱鱗翅目メムシガ科の蛾。分布：本州、九州。

カタグランマ・アフィドゥナ〈*Catagramma aphidna*〉昆虫綱鱗翅目タテハチョウ科の蝶。分布：ベネズエラ。

カタクリソプス・エレウシス〈*Catachrysops eleusis*〉昆虫綱鱗翅目シジミチョウ科の蝶。分布：セネガル、エチオピア。

カタクリハムシ〈*Sangariola punctatostriata*〉昆虫綱甲虫目ハムシ科の甲虫。体長6mm。分布：北海道、本州、四国、九州。

カタグロアオカナブン〈*Ischiosopha hyla*〉昆虫綱甲虫目コガネムシ科の甲虫。分布：パプアニューギニア。

カタグロミドリメクラガメ〈*Cyrtorhinus lividipennis*〉昆虫綱半翅目メクラカメムシ科。

カタシナナガゴミムシ〈*Pterostichus katashinensis*〉昆虫綱甲虫目オサムシ科の甲虫。体長15.5～18.0mm。

カタジロキバガ カタジロマルハキバガの別名。

カタシロゴマフカミキリ〈*Mesosa hirsuta*〉昆虫綱甲虫目カミキリムシ科フトカミキリ亜科の甲虫。体長10～18mm。分布：北海道、本州、四国、九州、佐渡、対馬、屋久島、伊豆諸島。

カタジロハナノミ〈*Mordellaria latior*〉昆虫綱甲虫目ハナノミ科の甲虫。体長3.5～4.5mm。

カタジロマルハキバガ〈*Ocystola chionoxantha*〉昆虫綱鱗翅目マルハキバガ科の蛾。開張11～15mm。

カタシロムラサキハマキ〈*Epismus iophaea*〉昆虫綱鱗翅目ノコメハマキガ科の蛾。開張10.5～14.0mm。

カタシロムラサキヒメハマキ〈*Hedya iophaea*〉昆虫綱鱗翅目ハマキガ科の蛾。分布：九州、対馬、伊豆諸島(八丈島、八丈小島)、屋久島、奄美大島、台湾、スリランカ、ジャワ、ボルネオ。

カタスジアミメボタル〈*Xylobanus basivittatus*〉昆虫綱甲虫目ベニボタル科の甲虫。体長7.9～12.4mm。

カタスシナガタマムシ〈*Agrilus carinihumeralis*〉昆虫綱甲虫目タマムシ科の甲虫。体長3.8～4.6mm。

カタスジヒメハナノミ〈*Mordellistena brevilineata*〉昆虫綱甲虫目ハナノミ科。

カタスティクタ・ウリカエケアエ〈*Catasticta uricaecheae*〉昆虫綱鱗翅目シロチョウ科の蝶。分布：コロンビア。

カタスティクタ・クリソロファ〈*Catasticta chrysolopha*〉昆虫綱鱗翅目シロチョウ科の蝶。分布：エクアドル。

カタスティクタ・コッラ〈*Catasticta colla*〉昆虫綱鱗翅目シロチョウ科の蝶。分布：エクアドル，ペルー，ボリビア。

カタスティクタ・シサムヌス〈*Catasticta sisamnus*〉昆虫綱鱗翅目シロチョウ科の蝶。分布：ペルー。

カタスティクタ・スアデラ〈*Catasticta suadela*〉昆虫綱鱗翅目シロチョウ科の蝶。分布：ペルー，ボリビア。

カタスティクタ・ストゥラミネア〈*Catasticta straminea*〉昆虫綱鱗翅目シロチョウ科の蝶。分布：ペルー。

カタスティクタ・ストゥリゴサ〈*Catasticta strigosa*〉昆虫綱鱗翅目シロチョウ科の蝶。分布：ペルー。

カタスティクタ・セミラミス〈*Catasticta semiramis*〉昆虫綱鱗翅目シロチョウ科の蝶。分布：コロンビア。

カタスティクタ・テウタニス〈*Catasticta teutanis*〉昆虫綱鱗翅目シロチョウ科の蝶。分布：ペルー，エクアドル。

カタスティクタ・テウティレ〈*Catasticta teutile*〉昆虫綱鱗翅目シロチョウ科の蝶。分布：メキシコ。

カタスティクタ・トゥロエゼニデス〈*Catasticta troezenides*〉昆虫綱鱗翅目シロチョウ科の蝶。分布：コロンビア，ペルー。

カタスティクタ・トミリス〈*Catasticta tomyris*〉昆虫綱鱗翅目シロチョウ科の蝶。分布：コロンビアおよびベネズエラ。

カタスティクタ・ニンビケ〈*Catasticta nimbice*〉昆虫綱鱗翅目シロチョウ科の蝶。分布：メキシコ，グアテマラ。

カタスティクタ・ノタ〈*Catasticta notha*〉昆虫綱鱗翅目シロチョウ科の蝶。分布：ベネズエラ。

カタスティクタ・ビティス〈*Catasticta bithys*〉昆虫綱鱗翅目シロチョウ科の蝶。分布：メキシコからブラジル南部まで。

カタスティクタ・ファルナキア〈*Catasticta pharnakia*〉昆虫綱鱗翅目シロチョウ科の蝶。分布：ペルー。

カタスティクタ・フィライス〈*Catasticta philais*〉昆虫綱鱗翅目シロチョウ科の蝶。分布：コロンビア，ペルー。

カタスティクタ・フィレ〈*Catasticta phile*〉昆虫綱鱗翅目シロチョウ科の蝶。分布：ペルー。

カタスティクタ・プリオネリス〈*Catasticta prioneris*〉昆虫綱鱗翅目シロチョウ科の蝶。分布：ペルー。

カタスティクタ・フリサ〈*Catasticta flisa*〉昆虫綱鱗翅目シロチョウ科の蝶。分布：中央アメリカ，コロンビア，ベネズエラ，エクアドル。

カタスティクタ・フロウヤデイ〈*Catasticta froujadei*〉昆虫綱鱗翅目シロチョウ科の蝶。分布：ボリビア。

カタスティクタ・マルカピタ〈*Catasticta marcapita*〉昆虫綱鱗翅目シロチョウ科の蝶。分布：ボリビア。

カタスティクタ・マンコ〈*Catasticta manco*〉昆虫綱鱗翅目シロチョウ科の蝶。分布：ベネズエラ，ペルー，ボリビア。

カタスティクタ・モデスタ〈*Catasticta modesta*〉昆虫綱鱗翅目シロチョウ科の蝶。分布：ペルー。

カタゾウムシ 堅象虫〈*Pachyrrhynchinae*〉昆虫綱甲虫目ゾウムシ科のカタゾウムシ属 Pachyrrhynehusおよびその近縁の一群の昆虫。珍虫。

カタツムリ 蝸牛〈land snail〉陸産の貝類全体をいうこともあるが，正確にはえらでなく外套腔で呼吸する有肺類Pulmonataに属する軟体動物のことで，とくにその中の大型の種類を指す。

カタツムリトビケラ〈*Helicopsyche yamadai*〉昆虫綱毛翅目ケトビケラ科。

カタツムリトビケラ属の一種〈*Helicopsyche* sp.〉カタツムリトビケラ科。

カタトゲシロスジカミキリ〈*Batocera humeridens*〉昆虫綱甲虫目カミキリムシ科の甲虫。分布：ジャワ，ティモール。

ガタヌマブユモドキ〈*Forcipomyia acidicola*〉昆虫綱双翅目ヌカカ科。

カタパエキルマ・エレガンス〈*Catapaecilma elegans*〉昆虫綱鱗翅目シジミチョウ科の蝶。分布：インド，スリランカ，マレーシア，フィリピン。

カタパエキルマ・スボクラケア〈*Catapaecilma subochracea*〉昆虫綱鱗翅目シジミチョウ科の蝶。分布：インドからマレーシアまで。

カタパエキルマ・ナカモトイ〈*Catapaecilma nakamotoi*〉昆虫綱鱗翅目シジミチョウ科の蝶。分布：ミンダナオ。

カタバコミズギワゴミムシ〈*Tachyura ovata*〉昆虫綱甲虫目オサムシ科の甲虫。体長2.7mm。

カタバミトビハムシ〈*Mantura fulvipes*〉昆虫綱甲虫目ハムシ科の甲虫。体長2.0mm。

カタハリウズグモ〈*Uloborus sybotides*〉蛛形綱クモ目ウズグモ科の蜘蛛。体長雌4〜6mm，雄3〜4mm。分布：日本全土。

カタハリキリガ〈*Lithophane rosinae*〉昆虫綱鱗翅目ヤガ科セダカモクメ亜科の蛾。分布：アムー

カタハリヒ

ル地方, 北海道, 本州中部以北の山間部, 兵庫県, 愛媛県面河渓。

カタハリヒシガタグモの一種〈*Spintharus sp.*〉蛛形綱クモ目ヒメグモ科の蜘蛛。体長雌2mm, 雄2.3mm。分布:伊豆半島(湯ヶ島)。

カタビロオサムシ 肩広歩行虫 昆虫綱甲虫目オサムシ科のカタビロオサムシ属Calosomaおよびそれに近縁の一群の昆虫。

カタビロオサムシ属の一種〈*Calosoma sp.*〉昆虫綱甲虫目オサムシ科。分布:中央アフリカ。

カタビロカククチゾウムシ〈*Blosyrus asellus*〉昆虫綱甲虫目ゾウムシ科の甲虫。体長6.5~7.0mm。分布:沖縄本島, 宮古島, 石垣島, 西表島。

カタビロクサビウンカ 肩広楔浮塵子〈*Issus harimensis*〉昆虫綱半翅目マルウンカ科。体長7~8mm。分布:本州, 四国。

カタビロコマユバチヤドリ 肩広小繭蜂寄生蜂〈*Eurytoma appendigaster*〉昆虫綱膜翅目カタビロコバチ科。分布:本州。

カタビロサルゾウムシ トゲカタビロサルゾウムシの別名。

カタビロセスジタマムシ〈*Iridotaenia sumptuosa*〉昆虫綱甲虫目タマムシ科。分布:マレーシア, スマトラ, ボルネオ。

カタビロゾウムシ〈*Trigonocolus tibialis*〉昆虫綱甲虫目ゾウムシ科の甲虫。体長3.6~4.5mm。

カタビロトゲトゲ カタビロトゲハムシの別名。

カタビロトゲハムシ〈*Dactylispa subquadrata*〉昆虫綱甲虫目ハムシ科の甲虫。体長4.5~5.6mm。栗に害を及ぼす。分布:本州, 九州。

カタビロハナカミキリ〈*Stenocorus amurensis*〉昆虫綱甲虫目カミキリムシ科ハナカミキリ亜科の甲虫。体長12~26mm。分布:中国東北部, 朝鮮半島, アムール, サハリン。

カタビロハムシ 肩広金花虫〈*Colobaspis japonica*〉昆虫綱甲虫目ハムシ科の甲虫。体長7.0~8.8mm。分布:本州, 九州。

カタビロヒメハナノミ〈*Falsomordellistena auromaculata*〉昆虫綱甲虫目ハナノミ科の甲虫。体長4.0~5.6mm。

カタビロヒメルリタマムシ〈*Philocteanus capitatus*〉昆虫綱甲虫目タマムシ科。分布:マレーシア, ボルネオ。

カタビロルリタマムシ〈*Callopistus castelnaudi*〉昆虫綱甲虫目タマムシ科。分布:マレーシア, スマトラ, ジャワ, ボルネオ。

カタベニケブカテントウダマシ〈*Ectomychus basalis*〉昆虫綱甲虫目テントウムシダマシ科の甲虫。体長2.3~3.0mm。

カタベニタマキノコムシ〈*Anisotoma rubromaculata*〉昆虫綱甲虫目タマキノコムシ科の甲虫。体長3.2~3.5mm。

カタベニチビオオキノコムシ〈*Tritoma tripartiaria*〉昆虫綱甲虫目オオキノコムシ科の甲虫。体長3.5~4.0mm。

カタベニツツケシキスイ〈*Pityophagus basalis*〉昆虫綱甲虫目ケシキスイ科の甲虫。体長4.5~5.3mm。

カタベニデオキスイ〈*Urophorus humeralis*〉昆虫綱甲虫目ケシキスイ科の甲虫。体長3.0~5.0mm。

カタボシエグリオオキノコムシ 肩星刳大茸虫〈*Megalodacne bellula*〉昆虫綱甲虫目オオキノコムシ科の甲虫。体長13~18mm。分布:北海道, 本州, 四国, 九州。

カタボシオオキノコムシ カタボシエグリオオキノコムシの別名。

カタボシクビナガハムシ〈*Crioceris orientalis*〉昆虫綱甲虫目ハムシ科の甲虫。体長4.8~6.0mm。ユリ科野菜に害を及ぼす。分布:北海道, 本州, 九州, 台湾。

カタボシホナシゴミムシ 肩星穂無芥虫〈*Perigona acupalpoides*〉昆虫綱甲虫目オサムシ科の甲虫。体長4mm。分布:北海道, 本州, 四国, 九州。

カタホソハネカクシ クロカタホソハネカクシの別名。

カタマルカイガラムシ〈*Octaspidiotus stauntoniae*〉昆虫綱半翅目マルカイガラムシ科。柑橘, ヤツデ, グミ, アオキに害を及ぼす。

カタモンオオキノコムシ〈*Aulacochilus japonicus*〉昆虫綱甲虫目オオキノコムシ科の甲虫。体長5.5~7.0mm。分布:本州, 四国, 九州。

カタモンオオキバハネカクシ〈*Pseudoxyporus humeralis*〉昆虫綱甲虫目ハネカクシ科の甲虫。体長10mm。分布:本州。

カタモンキノコハネカクシ〈*Bolitobius setiger*〉昆虫綱甲虫目ハネカクシ科の甲虫。体長6.5~7.0mm。

カタモンクビナガハムシ〈*Lilioceris scapularis*〉昆虫綱甲虫目ハムシ科の甲虫。体長8.5~9.5mm。

カタモンコガネ〈*Blitopertha conspurcata*〉昆虫綱甲虫目コガネムシ科の甲虫。体長8~11mm。分布:北海道, 本州, 四国, 九州。

カタモンゴライアスツノコガネ〈*Goliathus cacicus*〉昆虫綱甲虫目コガネムシ科の甲虫。分布:カメルーン以西のアフリカ(ゴールドコースト寄り)。

カタモンチビオオキノコムシ〈*Spondotriplax horioi*〉昆虫綱甲虫目オオキノコムシ科。

カタモンチビコメツキ〈*Pronegastrius humeralis*〉昆虫綱甲虫目コメツキムシ科の甲虫。体長1.8～2.2mm。

カタモンナガチビオオキノコムシ〈*Triplax yatoi*〉昆虫綱甲虫目オオキノコムシ科。

カタモンニセクビボソムシ〈*Pseudolotelus humeralis*〉昆虫綱甲虫目ニセクビボソムシ科の甲虫。体長2.3～3.1mm。

カタモンハイイロカミキリ〈*Paraleprodera diophtalma formosana*〉昆虫綱甲虫目カミキリムシ科の甲虫。分布：台湾。

カタモンハナノミ〈*Mordellaria humeralis*〉昆虫綱甲虫目ハナノミ科。

カタモンハネカクシ 肩紋隠翅虫〈*Liusus hilleri*〉昆虫綱甲虫目ハネカクシ科の甲虫。体長14mm。分布：北海道, 本州。

カタモンヒメクチキムシ〈*Mycetochara mimica*〉昆虫綱甲虫目クチキムシ科の甲虫。体長5mm。

カタモンビロウドカミキリ〈*Acalolepta sublusca*〉昆虫綱甲虫目カミキリムシ科フトカミキリ亜科の甲虫。準絶滅危惧種(NT)。体長24～26mm。

カタモンブチヒゲハネカクシ〈*Anisolinus picticornis*〉昆虫綱甲虫目ハネカクシ科の甲虫。体長13～14mm。

カタモンホソツノコガネ〈*Melinesthes algoensis*〉昆虫綱甲虫目コガネムシ科の甲虫。分布：アフリカ南部。

カタモンマメコメツキ〈*Negastrius humeralis*〉昆虫綱甲虫目コメツキムシ科。

カタモンマルハナノミ〈*Helodes amamiensis*〉昆虫綱甲虫目マルハナノミ科の甲虫。体長3.2～3.7mm。

カタモンミゾドロムシ アカモンミゾドロムシの別名。

カタモンミナミボタル〈*Drilaster axillaris*〉昆虫綱甲虫目ホタル科の甲虫。体長6mm。分布：本州, 四国, 九州。

カタモンミナミボタルモドキ カタモンミナミボタルの別名。

カタモンムクゲキスイ〈*Biphyllus hemeralis*〉昆虫綱甲虫目ムクゲキスイムシ科の甲虫。体長1.9～2.3mm。

カタモンルリタマムシ〈*Chrysochroa mniszechii*〉昆虫綱甲虫目タマムシ科。分布：タイ, インドシナ。

カタンシロアリ〈*Glyptotermes fuscus*〉昆虫綱等翅目レイビシロアリ科。体長は有翅虫5～6mm, 兵蟻5～7.5mm, ニンフ5～6mm。分布：本州(伊豆半島以南), 四国, 九州, 南西諸島, 小笠原諸島。

カチドキナミハグモ〈*Cybaeus nipponicus*〉蛛形綱クモ目タナグモ科の蜘蛛。体長雌10～11mm, 雄8～9mm。分布：本州, 四国, 九州。

ガチャガチャ クツワムシの別名。

カツオガタナガクチキムシ〈*Synstrophus macrophthalmus*〉昆虫綱甲虫目ナガクチキムシ科の甲虫。体長6.7～9.2mm。

カツオゾウムシ 鰹象鼻虫〈*Lixus impressiventris*〉昆虫綱甲虫目ゾウムシ科の甲虫。体長10～12mm。分布：北海道, 本州, 四国, 九州。

カツオブシムシ 鰹節虫〈*skin beetles, carpet beetles*〉昆虫綱甲虫目カツオブシムシ科 Dermestidaeに属する昆虫の総称。

カッコウカミキリ 郭公天牛〈*Miccolamia cleroides*〉昆虫綱甲虫目カミキリムシ科フトカミキリ亜科の甲虫。体長4～5mm。分布：北海道, 本州, 四国。

カッコウハジラミ〈*Cuculicola latirostris*〉昆虫綱食毛目チョウカクハジラミ科。

カッコウムシ 郭公虫〈*checkered beetles*〉昆虫綱甲虫目カッコウムシ科 Cleridaeに属する昆虫の総称。

カッコウメダカカミキリ 郭公眼高天牛〈*Stenhomalus cleroides*〉昆虫綱甲虫目カミキリムシ科カミキリ亜科の甲虫。体長6～8mm。分布：本州, 四国, 九州, 対馬。

カッシオニンファ・カッシウス〈*Cassionympha cassius*〉昆虫綱鱗翅目ジャノメチョウ科の蝶。分布：アフリカ南部からナタールまで。

カツブシチャタテ〈*Liposcelis entomophilus*〉昆虫綱噛虫目コナチャタテ科。体長雌1.4～1.5mm, 雄0.9～1.0mm。貯穀・貯蔵植物性食品に害を及ぼす。分布：日本全国, 汎世界的。

カツラカミキリ チチブニセリンゴカミキリの別名。

カツラクシヒゲツツシバンムシ〈*Ptilinus cercidiphylli*〉昆虫綱甲虫目シバンムシ科の甲虫。別名ノウタニシバンムシ。体長3.2～4.5mm。害虫。

カツラネクイハムシ〈*Donacia katsurai*〉昆虫綱甲虫目ハムシ科の甲虫。体長5.0～8.0mm。

カツラマルカイガラムシ〈*Comstockaspis macroporana*〉昆虫綱半翅目マルカイガラムシ科。体長1.5～2.0mm。栗に害を及ぼす。分布：九州以北の日本各地, 朝鮮半島。

カッラルゲ・サギッタ〈*Callarge sagitta*〉昆虫綱鱗翅目ジャノメチョウ科の蝶。分布：揚子江流域(中国)。

カツリアデス・フリニクス〈*Calliades phrynicus*〉昆虫綱鱗翅目セセリチョウ科の蝶。分布：ブラ

ジル。

カツリオナ・アルゲニッサ〈*Calliona argenissa*〉昆虫綱鱗翅目シジミタテハ科の蝶。分布：ニューグレナダ，エクアドル，ベネズエラ，コロンビア，パナマの諸国，クンディナマレア(Cundinamarea)。

カツリオナ・イレネ〈*Calliona irene*〉昆虫綱鱗翅目シジミタテハ科の蝶。分布：アマゾン下流地方。

カツリキスタ・アルバタ〈*Callicista albata*〉昆虫綱鱗翅目シジミチョウ科の蝶。分布：パナマ，コロンビア，ベネズエラ，トリニダード。

カツリキスタ・アンゲリア〈*Callicista angelia*〉昆虫綱鱗翅目シジミチョウ科の蝶。分布：キューバ，ジャマイカ。

カツリキスタ・セデキア〈*Callicista sedecia*〉昆虫綱鱗翅目シジミチョウ科の蝶。分布：メキシコからグアテマラ。

カツリキスタ・ブバストゥス〈*Callicista bubastus*〉昆虫綱鱗翅目シジミチョウ科の蝶。分布：南アメリカ北部，ドミニカ。

カツリキスタ・ヨヨア〈*Callicista yojoa*〉昆虫綱鱗翅目シジミチョウ科の蝶。分布：メキシコからアマゾンまで。

カツリキスタ・リギア〈*Callicista ligia*〉昆虫綱鱗翅目シジミチョウ科の蝶。分布：コロンビア。

カツリクティタ・キアラ〈*Callictita cyara*〉昆虫綱鱗翅目シジミチョウ科の蝶。分布：ニューギニア。

カツリコレ・アエギナ〈*Callicore aegina*〉昆虫綱鱗翅目タテハチョウ科の蝶。分布：エクアドル，コロンビア。

カツリコレ・アタカマ〈*Callicore atacama*〉昆虫綱鱗翅目タテハチョウ科の蝶。分布：パナマ，コロンビア，ペルー。

カツリコレ・クリメナ〈*Callicore clymena*〉昆虫綱鱗翅目タテハチョウ科の蝶。分布：グアテマラ。

カツリコレ・コドマンヌス〈*Callicore codomannus*〉昆虫綱鱗翅目タテハチョウ科の蝶。分布：コロンビア，エクアドル，ブラジル。

カツリコレ・ゼルファンタ〈*Callicore zelphanta*〉昆虫綱鱗翅目タテハチョウ科の蝶。分布：アマゾン上流。

カツリコレ・テキサ〈*Callicore texa*〉昆虫綱鱗翅目タテハチョウ科の蝶。分布：コロンビア。

カツリコレ・パテリナ〈*Callicore patelina*〉昆虫綱鱗翅目タテハチョウ科の蝶。分布：グアテマラ。

カツリコレ・ピテアス〈*Callicore pitheas*〉昆虫綱鱗翅目タテハチョウ科の蝶。分布：パナマ，ベネズエラ。

カツリコレ・ファウスティナ〈*Callicore faustina*〉昆虫綱鱗翅目タテハチョウ科の蝶。分布：パナマ。

カツリコレ・ブロメ〈*Callicore brome*〉昆虫綱鱗翅目タテハチョウ科の蝶。分布：コロンビア。

カツリスティウム・クレアダス〈*Callistium cleadas*〉昆虫綱鱗翅目シジミタテハ科の蝶。分布：ギアナ，アマゾン。

カツリゾナ・アケスタ〈*Callizona acesta*〉昆虫綱鱗翅目タテハチョウ科の蝶。分布：中央アメリカからギアナまで。

カツリテア・ソンカイ〈*Callithea sonkai*〉昆虫綱鱗翅目タテハチョウ科の蝶。分布：アマゾン上流地方。

カツリテア・マーキイ〈*Callithea markii*〉昆虫綱鱗翅目タテハチョウ科の蝶。分布：コロンビア，アマゾン上流。

カツリドゥラ・ピラムス〈*Callidula pyramus*〉昆虫綱鱗翅目タテハチョウ科の蝶。分布：コロンビアからブラジル南部，トリニダード。

カツリトミア・シュルチ〈*Callithomia schulzi*〉昆虫綱鱗翅目トンボマダラ科の蝶。分布：ペルー，ブラジル。

カツリトミア・ビッルラ〈*Callithomia villula*〉昆虫綱鱗翅目トンボマダラ科の蝶。分布：コロンビア。

カツリトミア・ヘジア〈*Callithomia hezia*〉昆虫綱鱗翅目トンボマダラ科の蝶。分布：中央アメリカ。

カツリプシケ・ディンディムス〈*Callipsyche dindymus*〉昆虫綱鱗翅目シジミチョウ科の蝶。分布：ボリビア，ペルー，トリニダード。

カツリプシケ・ベーリイ〈*Callipsyche behrii*〉昆虫綱鱗翅目シジミチョウ科の蝶。分布：ロッキー山脈。

カツリマ・ジャクソニ〈*Kallima jacksoni*〉昆虫綱鱗翅目タテハチョウ科の蝶。分布：コンゴ。

カツリマティオン・ベヌストゥム〈*Callimation venustum*〉昆虫綱甲虫目カミキリムシ科の甲虫。分布：マダガスカル。

カツリモルムス・アルシモ〈*Callimormus alsimo*〉昆虫綱鱗翅目セセリチョウ科の蝶。分布：中央アメリカ，トリニダード。

カツリモルムス・コラデス〈*Callimormus corades*〉昆虫綱鱗翅目セセリチョウ科の蝶。分布：メキシコからブラジルおよびトリニダードまで。

カツレアグリス・コベラ〈*Calleagris kobela*〉昆虫綱鱗翅目セセリチョウ科の蝶。分布：喜望峰からトランスバールまで。

カッレアグリス・ジェームソニ〈*Calleagris jamesoni*〉昆虫綱鱗翅目セセリチョウ科の蝶。分布：ローデシア。

カッレアグリス・ホッランディ〈*Calleagris hollandi*〉昆虫綱鱗翅目セセリチョウ科の蝶。分布：マラウイ。

カッレアグリス・ラクテウス〈*Calleagris lacteus*〉昆虫綱鱗翅目セセリチョウ科の蝶。分布：ナイジェリアからウガンダまで。

カッレレビア・アンナダ〈*Callerebia annada*〉昆虫綱鱗翅目ジャノメチョウ科の蝶。分布：ヒマラヤから中国西部まで。

カッレレビア・カリンダ〈*Callerebia kalinda*〉昆虫綱鱗翅目ジャノメチョウ科の蝶。分布：チトラル(西パキスタン北部)。

カッレレビア・シャッラダ〈*Callerebia shallada*〉昆虫綱鱗翅目ジャノメチョウ科の蝶。分布：カシミール。

カッレレビア・ニルマラ〈*Callerebia nirmala*〉昆虫綱鱗翅目ジャノメチョウ科の蝶。分布：ヒマラヤ。

カッロフリス・アビス〈*Callophrys avis*〉昆虫綱鱗翅目シジミチョウ科の蝶。分布：ヨーロッパ西南部, アフリカ北部。

カッロフリス・エリフォン〈*Callophrys eryphon*〉昆虫綱鱗翅目シジミチョウ科の蝶。分布：ロッキー高地。

カテナリウスモルフォ ミズアオモルフォの別名。

カトウカミキリモドキ 加藤擬天牛〈*Xanthochroa katoi*〉昆虫綱甲虫目カミキリモドキ科の甲虫。体長10〜15mm。分布：東京付近, 天城山, 四国, 九州。

カトウツケオグモ〈*Phrynarachne katoi*〉蛛形綱クモ目カニグモ科の蜘蛛。体長雌9〜12mm。分布：本州, 九州。

カトウトゲアシモグリバエ〈*Traginops orientalis naganensis*〉昆虫綱双翅目トゲアシモグリバエ科。

カトウトゲハナバエ〈*Phaonia katoi*〉昆虫綱双翅目イエバエ科。体長9.0〜9.5mm。分布：北海道, 本州。

カトウナ・シコラナ〈*Catuna sikorana*〉昆虫綱鱗翅目タテハチョウ科の蝶。分布：アフリカ東部。

カトウハモグリバエ〈*Liriomyza katoi*〉昆虫綱双翅目ハモグリバエ科。

カトウヒメナガクチキムシ〈*Holostrophus diversefasciatus*〉昆虫綱甲虫目ナガクチキムシ科の甲虫。体長4.5〜5.0mm。

カトウヒメハナノミ〈*Falsomordellistena katoi*〉昆虫綱甲虫目ハナノミ科の甲虫。体長4.0〜6.1mm。

カトゥレウス・ジョーンストニ〈*Katreus johnstoni*〉昆虫綱鱗翅目セセリチョウ科の蝶。分布：シエラレオネからカメルーンまで。

カトゥレウス・ディミディア〈*Katreus dimidia*〉昆虫綱鱗翅目セセリチョウ科の蝶。分布：ガボン。

カドオビハマキ カドオビヒメハマキの別名。

カドオビヒメハマキ〈*Rhopobota latipennis*〉昆虫綱鱗翅目ハマキガ科の蛾。開張14〜17mm。分布：本州(宮城県以南), 四国, 九州, 中国(東北)。

カドガシラヒラタミツギリゾウムシ〈*Cerobates planicollis*〉昆虫綱甲虫目ミツギリゾウムシ科の甲虫。体長6.3〜6.9mm。

カトカラ・インコンスタンス〈*Catocala inconstans*〉昆虫綱鱗翅目ヤガ科の蛾。分布：インド北部, ネパール。

カトカラ・エロカタ〈*Catocala elocata*〉昆虫綱鱗翅目ヤガ科の蛾。分布：ヨーロッパ中南部から中近東まで。

カトカラ・ディレクタ〈*Catocala dilecta*〉昆虫綱鱗翅目ヤガ科の蛾。分布：地中海沿岸。

カトカラ・パクタ〈*Catocala pacta*〉昆虫綱鱗翅目ヤガ科の蛾。分布：ヨーロッパ,(中部・東部)からアムール, 中央アジア, チベットまで。

カトカラ・ヒメナエア〈*Catocala hymenaea*〉昆虫綱鱗翅目ヤガ科の蛾。分布：オーストリア, ヨーロッパ南東部。

カトカラ・プロリフィカ〈*Catocala prolifica*〉昆虫綱鱗翅目ヤガ科の蛾。分布：インド北部, ネパール。

カトキクロティス・アエムリウス〈*Catocyclotis aemulius*〉昆虫綱鱗翅目シジミタテハ科の蝶。分布：コスタリカ, エクアドル, ブラジル。

カドコブホソヒラタムシ〈*Ahasverus advena*〉昆虫綱甲虫目ホソヒラタムシ科の甲虫。体長1.5〜2.0mm。貯穀・貯蔵植物性食品に害を及ぼす。

カドシロカラスシャク〈*Odezia atrata*〉昆虫綱鱗翅目シャクガ科ホシシャク亜科の蛾。開張24mm。

カドタメクラチビゴミムシ〈*Ishikawatrechus intermedius*〉昆虫綱甲虫目オサムシ科の甲虫。絶滅(EX)。体長4.5〜5.7mm。

カドツブゴミムシ〈*Pentagonica angulosa*〉昆虫綱甲虫目オサムシ科の甲虫。体長4.5mm。

カトネフェレ・アウティノエ〈*Catonephele autinoe*〉昆虫綱鱗翅目タテハチョウ科の蝶。分布：アマゾン, ブラジル。

カトネフェレ・ニクティムス〈*Catonephele nyctimus*〉昆虫綱鱗翅目タテハチョウ科の蝶。分布：メキシコからベネズエラ, エクアドル。

カドハラヒメフトコメツキダマシ〈Bioxylus bidentatus〉昆虫綱甲虫目コメツキダマシ科の甲虫。

カトピロプス・アンキラ〈Catopyrops ancyra〉昆虫綱鱗翅目シジミチョウ科の蝶。分布：オーストラリア，ニューギニア。

カトピロプス・ケイリア〈Catopyrops keiria〉昆虫綱鱗翅目シジミチョウ科の蝶。分布：ソロモン諸島。

カドフシアリ〈Myrmecina nipponica〉昆虫綱膜翅目アリ科。

カトプシリア・タウルマ〈Catopsilia thauruma〉昆虫綱鱗翅目シロチョウ科の蝶。分布：マダガスカル。

カトブレピア・キサントゥス〈Catoblepia xanthus〉昆虫綱鱗翅目フクロウチョウ科の蝶。分布：エクアドル，ペルー，ギアナ。

カドマルエンマコガネ 角円閻魔金亀子〈Onthophagus lenzii〉昆虫綱甲虫目コガネムシ科の甲虫。体長8〜12mm。分布：北海道，本州，四国，九州。

カドマルカツオブシムシ〈Dermestes haemorrhoidalis〉昆虫綱甲虫目カツオブシムシ科の甲虫。体長6.2〜8.2mm。

カドムネウバタマムシ〈Chalcophora angulicollis〉昆虫綱甲虫目タマムシ科。分布：アメリカ（カリフォルニア州）。

カドムネオオキバハネカクシ トゲムネオオキバハネカクシの別名。

カドムネカタビロオサムシ〈Calosoma protractum〉昆虫綱甲虫目オサムシ科。分布：アメリカ，メキシコ。

カドムネカツオブシムシ〈Dermestes coarctatus〉昆虫綱甲虫目カツオブシムシ科の甲虫。体長8〜9mm。分布：北海道，本州，四国，九州。

カドムネセダカオサムシ〈Scaphinotus angusticollis〉昆虫綱甲虫目オサムシ科。分布：アラスカ，カナダ，アメリカ。

カドムネチビキカワムシ〈Lissodema validicorne〉昆虫綱甲虫目チビキカワムシ科の甲虫。体長1.9〜2.5mm。

カドムネチビヒラタムシ〈Placonotus testaceus〉昆虫綱甲虫目ヒラタムシ科の甲虫。体長1.7〜2.5mm。

カドモンヨトウ〈Apamea crenata〉昆虫綱鱗翅目ヤガ科カラスヨトウ亜科の蛾。開張40〜46mm。分布：ユーラシア，本州中部以北の内陸草原と北海道。

カドヤマキクイムシ〈Xyleborus kadoyamaensis〉昆虫綱甲虫目キクイムシ科の甲虫。体長1.9〜2.0mm。

カトリヤンマ 蚊取蜻蜓〈Gynacantha japonica〉昆虫綱蜻蛉目ヤンマ科の蜻蛉。体長65mm。分布：北海道南部から沖縄本島。

カナエキノハテハ〈Anaea fabius〉昆虫綱鱗翅目タテハチョウ科の蝶。開張90mm。分布：ギアナ，中央アメリカからブラジル南部まで。珍蝶。

カナガワフサトビコバチ〈Cheiloneurus kanagawaensis〉昆虫綱膜翅目トビコバチ科。

カナクギノキクイムシ〈Indocryphalus pubipennis〉昆虫綱甲虫目キクイムシ科の甲虫。体長2.6〜3.5mm。

カナコキグモ〈Tapinopa longidens〉蛛形綱クモ目サラグモ科の蜘蛛。体長雌4.0〜4.2mm，雄3.0〜3.2mm。分布：本州（高地）。

ガナシロシタセセリ〈Tagiades gana〉昆虫綱鱗翅目セセリチョウ科の蝶。分布：インドからマレーシアおよびフィリピンまで。

カナダオオタカネヒカゲ〈Oeneis macounii〉昆虫綱鱗翅目ジャノメチョウ科の蝶。分布：北アメリカ。

カナダタカネヒカゲ〈Oeneis chryxus〉昆虫綱鱗翅目ジャノメチョウ科の蝶。分布：北アメリカ。

カナブン 金蚕〈Rhomborrhina japonica〉昆虫綱甲虫目コガネムシ科ハナムグリ亜科の甲虫。体長23〜29mm。ナシ類，桃，スモモ，無花果に害を及ぼす。分布：本州，四国，九州，対馬，屋久島。

カナムグラサルゾウムシ〈Ceutorhynchus shaowuensis〉昆虫綱甲虫目ゾウムシ科の甲虫。体長2.8〜3.1mm。

カナムグラトゲサルゾウムシ〈Homorosoma chinense〉昆虫綱甲虫目ゾウムシ科の甲虫。

カナメモチオナガヒゲナガアブラムシ〈Sinomegoura photiniae〉昆虫綱半翅目アブラムシ科。体長2.5mm。カナメモチに害を及ぼす。分布：本州。

カナヤサヤワセンチュウ〈Hemicriconemoides kanayaensis〉クリコネマ科。体長0.4〜0.7mm。茶に害を及ぼす。分布：本州，四国，九州，北アメリカ。

カニアシシジミ〈Miletus boisduvali〉昆虫綱鱗翅目シジミチョウ科の蝶。開張3〜4mm。分布：ジャワからボルネオ，パプアニューギニア。

カニアミカ〈Neohapalothrix kanii〉昆虫綱双翅目アミカ科。

カニエリユスリカ〈Orthocladius kanii〉昆虫綱双翅目ユスリカ科。

カニグモ 蟹蜘蛛〈Xysticus audax〉蛛形綱クモ目カニグモ科の蜘蛛。体長雌5mm，雄4mm。分布：北海道。

カニグモ 蟹蜘蛛〈crab spider〉節足動物門クモ形綱真正クモ目カニグモ科(とくにカニグモ亜科)の陸生動物の総称。

カニグモの一種〈Xysticus sp.〉蛛形綱クモ目カニグモ科の蜘蛛。体長雌8mm, 雄4.3mm。分布：北海道。

ガニゴエメクラチビゴミムシ〈Ryugadous elongatulus〉昆虫綱甲虫目オサムシ科の甲虫。体長4.1～4.3mm。

カニミジングモ〈Dipoena mustelina〉蛛形綱クモ目ヒメグモ科の蜘蛛。体長3.0～3.5mm。分布：日本全土。

カニムシ 蟹虫〈book-scorpion, book crab〉節足動物門クモ形綱擬蠍目Pseudoscorpionesの陸生小動物の総称。別名アトビサリ。

カニムシモドキ 蟹虫擬〈Charon grayi〉節足動物門クモ形綱無鞭目カニムシモドキ科の陸生動物。

カニムシモドキ 蟹虫擬〈tailless whip-scorpion〉カニムシモドキ科Charontidaeに属する節足動物の総称で、ウデムシ科とともに蛛形綱中の1目、無鞭類Amblypygiを形成する。

カネコトタテグモ〈Antrodiaetus roretzi〉蛛形綱クモ目カネコトタテグモ科の蜘蛛。準絶滅危惧種(NT)。体長雌12～18mm, 雄10～13mm。分布：山形県, 岩手県以南から兵庫県, 岡山県までの間。

カーネーションサビダニ〈Aceria paradianthi〉蛛形綱ダニ目フシダニ科。カーネーションに害を及ぼす。

カーネーションハモグリバエ〈Liriomyza dianthicola〉昆虫綱双翅目ハモグリバエ科。カーネーションに害を及ぼす。

カネタタキ 鉦叩き〈Ornebius kanetataki〉昆虫綱直翅目カネタタキ科。体長10～18mm。柑橘に害を及ぼす。分布：本州(東北南部以南), 四国, 九州, 奄美諸島, 沖縄諸島, 先島諸島。

カノウコウモリバエ〈Brachytarsina kanoi〉昆虫綱双翅目コウモリバエ科。体長3mm。分布：日本全土。害虫。

カノウラナミジャノメ〈Ypthima praenubila〉昆虫綱鱗翅目ジャノメチョウ科の蝶。分布：中国西部・中部・南部, 海南島, 台湾。

カノカメノコショウジョウバエ〈Prostegana kanoi〉昆虫綱双翅目ショウジョウバエ科。

カノコガ 鹿子蛾〈Amata fortunei〉昆虫綱鱗翅目カノコガ科の蛾。開張30～37mm。分布：朝鮮半島, 中国, 台湾, 北海道, 本州, 四国, 九州, 対馬。

カノコガ 鹿子蛾 昆虫綱鱗翅目カノコガ科Ctenuchidaeの総称、またはそのなかの一種。

カノコサビカミキリ 鹿子錆天牛〈Apomecyna naevia〉昆虫綱甲虫目カミキリムシ科フトカミキリ亜科の甲虫。体長6～10mm。分布：本州, 四国, 九州, 屋久島。

カノコマルハキバガ 鹿子円翅牙蛾〈Schiffermuelleria zelleri〉昆虫綱鱗翅目マルハキバガ科の蛾。開張15～19mm。分布：本州, 四国, ウスリー。

カノシマチビゲンゴロウ〈Oreodytes kanoi〉昆虫綱甲虫目ゲンゴロウ科の甲虫。体長4.3～4.6mm。

カノミドリシジミ〈Chrysozephyrus kabrua〉昆虫綱鱗翅目シジミチョウ科の蝶。

カノミドリトラカミキリ〈Chlorophorus kanoi〉昆虫綱甲虫目カミキリムシ科カミキリ亜科の甲虫。体長10～11mm。

カバイチモンジ〈Limenitis archippus〉昆虫綱鱗翅目タテハチョウ科の蝶。別名カバイロイチモンジ。オオカバマダラの擬態者。翅脈と直結する黒色の線をもつ。開張7.0～7.5mm。分布：カナダから, 合衆国全域, メキシコ。

カバイロアシナガコガネ〈Ectinohoplia rufipes〉昆虫綱甲虫目コガネムシ科の甲虫。体長7～10mm。分布：北海道, 本州, 四国, 九州。

カバイロイチモンジ カバイチモンジの別名。

カバイロウスキヨトウ〈Epipsammia confusa〉昆虫綱鱗翅目ヤガ科カラスヨトウ亜科の蛾。分布：静岡県大滝温泉, 東京都高尾山, 福井県武生市, 北海帯広市。

カバイロオオアカキリバ〈Anomis revocans〉昆虫綱鱗翅目ヤガ科クチバ亜科の蛾。分布：インド—オーストラリア地域, 南太平洋, 屋久島以南, 琉球列島, 小笠原諸島。

カバイロキバガ 樺色牙蛾〈Carbatina picrocarpa〉昆虫綱鱗翅目キバガ科の蛾。開張17～20mm。梅, アンズ, 桜桃, 桃, スモモに害を及ぼす。分布：北海道, 本州, 四国, 九州, 中国東北。

カバイロキヨトウ〈Aletia iodochra〉昆虫綱鱗翅目ヤガ科ヨトウガ亜科の蛾。分布：新潟県槇町羽茸場, 新潟県沢口, 秋田県本庄市石沢, 岩手県北上市。

カバイロクワガタモドキ〈Trictenotoma lansfergei〉クワガタモドキ科の甲虫。分布：スマトラ(ニアス島)。

カバイロケシキスイ〈Lasiodactylus amplificator〉昆虫綱甲虫目ケシキスイ科の甲虫。体長4.8～6.5mm。

カバイロコクヌスト〈Ostoma ferruginea〉昆虫綱甲虫目コクヌスト科の甲虫。体長7～10mm。

カバイロコチビシデムシ〈Sciodrepoides fumatus〉昆虫綱甲虫目チビシデムシ科の甲虫。体長2.9～3.8mm。

カバイロコブガ〈Nola aerugula atomosa〉昆虫綱鱗翅目コブガ科の蛾。開張16〜18mm。分布：ヨーロッパ，北海道，本州，朝鮮半島，サハリン，シベリア南東部。

カバイロゴマダラ〈Sephisa princeps〉昆虫綱鱗翅目タテハチョウ科の蝶。分布：ヒマラヤ西部からタイ，中国をへて朝鮮半島まで。

カバイロコメツキ 樺色叩頭虫〈Ectinus sericeus〉昆虫綱甲虫目コメツキムシ科の甲虫。体長9mm。分布：北海道，本州，四国，九州，佐渡，対馬。

カバイロシジミ 樺色小灰蝶〈Glaucopsyche lycormas〉昆虫綱鱗翅目シジミチョウ科ヒメシジミ亜科の蝶。前翅長14〜17mm。分布：北海道，本州(青森県津軽半島，下北半島)。

カバイロシマコヤガ〈Corgatha argillacea〉昆虫綱鱗翅目ヤガ科コヤガ亜科の蛾。開張17〜21mm。分布：朝鮮半島，本州から九州，対馬。

カバイロシャチホコ 樺色天社蛾〈Ramesa tosta〉昆虫綱鱗翅目シャチホコガ科ウチキシャチホコ亜科の蛾。開張39mm。分布：インド，本州，四国，九州，北限は伊豆半島付近。

カバイロシンジュタテハ〈Salamis anteva〉昆虫綱鱗翅目タテハチョウ科の蝶。分布：マダガスカル。

カバイロスソモンヒメハマキ〈Eucosma glebana〉昆虫綱鱗翅目ハマキガ科の蛾。分布：北海道，本州，九州，対馬，ロシア(シベリア)。

カバイロスミナガシ〈Pseudergolis wedah〉昆虫綱鱗翅目タテハチョウ科の蝶。分布：ヒマラヤから中国中部まで。

カバイロチャタテ〈Metylophorus nebulosus〉昆虫綱噛虫目チャタテムシ科。

カバイロツトガ〈Chilo phragmitellus〉昆虫綱鱗翅目メイガ科の蛾。分布：ヨーロッパから中央アジア，中国，北海道(川上郡標茶町，札幌市界隈)。

カバイロトガリメイガ 樺色尖螟蛾〈Endotricha theonalis〉昆虫綱鱗翅目メイガ科トガリメイガ亜科の蛾。開張21〜24mm。分布：本州(関東以西)，四国，九州，種子島，屋久島，吐噶喇列島，沖縄本島，宮古島，石垣島，西表島，台湾，中国。

カバイロトゲマダラアブラムシ〈Tuberculoides fulviabdominalis〉昆虫綱半翅目アブラムシ科。

カバイロニセハナノミ〈Orchesia ocularis〉昆虫綱甲虫目ナガクチキムシ科の甲虫。体長4.0〜6.5mm。

カバイロハカマジャノメ〈Pierella hyceta〉昆虫綱鱗翅目タテハチョウ科の蝶。角張った形の翅をもち，後翅の先端はオレンジ色。開張7.0〜7.5mm。分布：ブラジルからガイアナ。

カバイロハナムグリ〈Protaetia culta〉昆虫綱甲虫目コガネムシ科の甲虫。体長20〜23mm。分布：石垣島，西表島，与那国島。

カバイロハバビロハネカクシ〈Megarthrus heterops〉昆虫綱甲虫目ハネカクシ科の甲虫。体長2.3〜3.0mm。

カバイロヒメテントウ〈Scymnus fuscatus〉昆虫綱甲虫目テントウムシ科の甲虫。体長1.9〜2.3mm。

カバイロヒョウホンムシ〈Pseudeurostus hilleri〉昆虫綱甲虫目ヒョウホンムシ科の甲虫。体長1.9〜2.8mm。

カバイロヒラタシデムシ〈Oiceoptoma subrufa〉昆虫綱甲虫目シデムシ科の甲虫。体長13mm。分布：北海道，本州。

カバイロビロウドコガネ〈Nipponoserica similis〉昆虫綱甲虫目コガネムシ科の甲虫。

カバイロフサヤガ〈Anigraea rubida〉昆虫綱鱗翅目ヤガ科フサヤガ亜科の蛾。分布：屋久島，インド北部，ボルネオ，シンガポール，台湾。

カバイロフタオ〈Epiplema simplex〉昆虫綱鱗翅目フタオガ科の蛾。開張20〜23mm。分布：本州(中部，北陸から近畿)，四国，九州，屋久島，台湾，インド。

カバイロボカシタテハ〈Euphaedra ruspina〉昆虫綱鱗翅目タテハチョウ科の蝶。開張75mm。分布：アフリカ中央部。珍蝶。

カバイロホソキクイムシ〈Crypturgus tuberosus〉昆虫綱甲虫目キクイムシ科。

カバイロマダラメイガ〈Volobilis chloropterella〉昆虫綱鱗翅目メイガ科の蛾。分布：屋久島，沖縄本島，石垣島，西表島，台湾，インドからオーストラリア。

カバイロミツボシキリガ〈Eupsilia boursini〉昆虫綱鱗翅目ヤガ科セダカモクメ亜科の蛾。開張36〜38mm。分布：北海道，東北地方，本州中部山地，四国，剣山，南部沿海州。

カバイロモクメシャチホコ 樺色木目天社蛾〈Hupodonta corticalis〉昆虫綱鱗翅目シャチホコガ科ウチキシャチホコ亜科の蛾。開張雄53〜58mm，雌60mm。分布：沿海州，朝鮮半島，北海道から九州，対馬。

カバイロモルフォモドキ〈Penetes pamphanis〉昆虫綱鱗翅目フクロウチョウ科の蝶。分布：ブラジル。

カバイロリンガ〈Hypocarea conspicua〉昆虫綱鱗翅目ヤガ科リンガ亜科の蛾。開張26〜38mm。分布：本州，四国，九州。

カバエ 蚊蠅 昆虫綱双翅目原ガ群に属する一科の総称。

カバエダシャク 樺枝尺蛾〈*Colotois pennaria*〉昆虫綱鱗翅目シャクガ科エダシャク亜科の蛾。開張39〜50mm。林檎に害を及ぼす。分布：ヨーロッパ，シベリア南東部，サハリン，北海道，本州，四国，九州。

カバオオフサキバガ〈*Dichomeris ustalella*〉昆虫綱鱗翅目キバガ科の蛾。開張18〜22mm。分布：北海道，本州の山地，シベリアからヨーロッパ。

カバオビドロバチ 樺帯泥蜂〈*Odynerus dantici*〉昆虫綱膜翅目スズメバチ科。体長11〜14mm。分布：本州，九州。

カバオビホソガ〈*Acrocercops cathedraea*〉昆虫綱鱗翅目ホソガ科の蛾。分布：屋久島，奄美大島，台湾，インド。

カバカギバヒメハマキ〈*Ancylis partitana*〉昆虫綱鱗翅目ハマキガ科の蛾。開張16〜19mm。分布：北海道，本州，四国，九州，対馬，ロシア（アムール）。

カバカギハマキ カバカギバヒメハマキの別名。

カバキケムリグモ〈*Zelotes rusticus*〉蛛形綱クモ目ワシグモ科の蜘蛛。体長雌8〜9mm，雄7〜8mm。分布：本州，九州。

カバキコマチグモ 樺黄小町蜘蛛〈*Chiracanthium japonicum*〉節足動物門クモ形綱真正クモ目フクログモ科の蜘蛛。体長雌10〜12mm，雄9〜10mm。分布：北海道，本州，四国，九州。害虫。

カバキリガ〈*Orthosia evanida*〉昆虫綱鱗翅目ヤガ科ヨトウガ亜科の蛾。開張44〜48mm。桜桃，林檎に害を及ぼす。分布：沿海州，北海道から九州，台湾の山地。

カバシタアゲハ〈*Chilasa agestor*〉昆虫綱鱗翅目アゲハチョウ科の蝶。開張100mm。分布：北インドから台湾，マレー半島。珍蝶。

カバシタゴマダラ〈*Hestina nama*〉昆虫綱鱗翅目タテハチョウ科の蝶。分布：ヒマラヤからアッサム，タイをへて中国西部，マレーシアまで。

カバシタフタオチョウ〈*Charaxes protoclea*〉昆虫綱鱗翅目タテハチョウ科の蝶。分布：サハラ以南のほとんどアフリカ全域。

カバシタマネシアゲハ カバシタアゲハの別名。

カバシタムクゲエダシャク〈*Sebastosema bubonaria*〉昆虫綱鱗翅目シャクガ科エダシャク亜科の蛾。絶滅危惧I類（CR＋EN）。開張32〜38mm。分布：秋田県の大平山，栃木県宇都宮市鶴田町，新潟県関屋浜，陝西省，甘粛省。

カバシタリンガ〈*Carea internifusca*〉昆虫綱鱗翅目ヤガ科リンガ亜科の蛾。分布：屋久島，奄美大島から琉球列島，台湾，インド。

カバシャク 樺尺蛾〈*Archiearis parthenias*〉昆虫綱鱗翅目シャクガ科カバシャク亜科の蛾。開張29〜33mm。分布：北海道，本州。

カバスジシジミタテハ〈*Stalachtis calliope*〉昆虫綱鱗翅目シジミタテハ科の蝶。開張60mm。分布：アマゾン川流域。珍蝶。

カバスジハマキモドキ コウゾハマキモドキの別名。

カバスジヤガ〈*Sineugraphe exusta*〉昆虫綱鱗翅目ヤガ科モンヤガ亜科の蛾。開張40〜45mm。分布：北海道から九州，中国，朝鮮半島，沿海州。

カバタテハ〈*Ariadne ariadne*〉昆虫綱鱗翅目タテハチョウ科カバタテハ亜科の蝶。前翅長27mm。分布：インドからマレーシア，台湾およびセレベス。

カバノキハムシ〈*Syneta adamsi*〉昆虫綱甲虫目ハムシ科の甲虫。体長4〜7mm。分布：北海道，本州，四国，九州。

カバノキンモンホソガ〈*Phyllonorycter cavella*〉昆虫綱鱗翅目ホソガ科の蛾。分布：北海道，本州，ロシア南東部，ヨーロッパ。

カバノハチビマダラアブラムシ〈*Callipterinella calliptera*〉昆虫綱半翅目アブラムシ科。カンバ，ハンノキ，ヤシャブシに害を及ぼす。

カバノメムシガ カギモンヒメハマキの別名。

カバハマキアブラムシ〈*Hamamelistes tullgreni*〉昆虫綱半翅目アブラムシ科。

カバフキシタバ〈*Catocala mirifica*〉昆虫綱鱗翅目ヤガ科シタバガ亜科の蛾。開張56mm。分布：近畿地方内陸部，中部地方，四国。

カバフキリバ〈*Episparis okinawensis* sp.〉昆虫綱鱗翅目ヤガ科クチバ亜科の蛾。分布：沖縄本島。

カバフクロテンキヨトウ〈*Aletia salebrosa*〉昆虫綱鱗翅目ヤガ科ヨトウガ亜科の蛾。分布：関東地方以西，四国，九州，対馬，屋久島，中国。

カバフサキバガ カバオオフサキバガの別名。

カバフシロイラガ〈*Narosa corusca*〉昆虫綱鱗翅目イラガ科の蛾。分布：奄美大島，石垣島，西表島。

カバフスジドロバチ〈*Pararrhynchium ornatum*〉昆虫綱膜翅目スズメバチ科。体長12〜15mm。分布：本州，四国，九州。害虫。

カバフドロバチ カバフスジドロバチの別名。

カバフヒメクチバ〈*Mecodina cineracea*〉昆虫綱鱗翅目ヤガ科クチバ亜科の蛾。開張38mm。分布：伊豆半島南部を北限，東海地方以西，四国，九州，対馬，屋久島，中国，インド。

カバフヨコバイ ホシヨコバイの別名。

カバホシボシホソガ〈*Parornix betulae*〉昆虫綱鱗翅目ホソガ科の蛾。分布：北海道，本州，ロシア南東部，ヨーロッパ。

カバマダラ(1)〈*Anosia chrysippus*〉昆虫綱鱗翅目タテハチョウ科の蝶。黒色とオレンジ色の警告色をもつ。開張7〜8mm。分布：アフリカから、インド、マレーシア、日本、オーストラリア。

カバマダラ(2)〈*Danaus chrysippus f.alcippus*〉昆虫綱鱗翅目マダラチョウ科の蝶。分布：アフリカ全域のほか、ユーラシア南部、熱帯アジア、オーストラリア。

カバマダラモドキ〈*Pseudacraea poggei*〉昆虫綱鱗翅目タテハチョウ科の蝶。分布：アフリカ中央部(東寄り)。

カバマダラヨトウ〈*Anapamea cuneata*〉昆虫綱鱗翅目ヤガ科カラスヨトウ亜科の蛾。分布：関東地方以西の本州、四国、九州。

カバモンオニカミキリ〈*Psalidognathus germaini*〉昆虫綱甲虫目カミキリムシ科の甲虫。分布：チリ、アルゼンチン。

カバレス・パテルクルス〈*Cabares paterculus*〉昆虫綱鱗翅目セセリチョウ科の蝶。分布：パナマから南アメリカまで。

カバレス・ポトゥリッロ〈*Cabares potrillo*〉昆虫綱鱗翅目セセリチョウ科の蝶。分布：メキシコ、中央アメリカ、キューバ、テキサス州。

カビアハジラミ〈*Gliricola porcelli*〉昆虫綱食毛目ナガケモノハジラミ科。体長雄1.24〜1.32mm、雌1.4〜1.5mm。害虫。

カビアマルハジラミ〈*Gyropus ovalis*〉昆虫綱食毛目ナガケモノハジラミ科。体長雄1.05〜1.13mm、雌1.18〜1.43mm。害虫。

ガビサンミスジ〈*Neptis nemorosa*〉昆虫綱鱗翅目タテハチョウ科の蝶。

カピス・アルファエウス〈*Capys alphaeus*〉昆虫綱鱗翅目シジミチョウ科の蝶。分布：アフリカ南部。

カピス・ディスユンクトゥス〈*Capys disiunctus*〉昆虫綱鱗翅目シジミチョウ科の蝶。分布：ナタール、トランスバール、カメルーン。

カビヤハジラミ カビアハジラミの別名。

カピラ・オメイア〈*Capila omeia*〉昆虫綱鱗翅目セセリチョウ科の蝶。分布：中国西部。

カピラ・ピエリドイデス〈*Capila pieridoides*〉昆虫綱鱗翅目セセリチョウ科の蝶。分布：中国西部。

カピラ・ファナエウス〈*Capila phanaeus*〉昆虫綱鱗翅目セセリチョウ科の蝶。分布：アッサム、ミャンマー、タイ、マレーシア、スマトラ、ボルネオ。

カピラ・ペンニキッラトゥム〈*Capila pennicillatum*〉昆虫綱鱗翅目セセリチョウ科の蝶。分布：カシ丘陵(Khasi Hills、アッサム西部)から広東(中国南部)まで。

カピラ・ヤヤデバ〈*Capila jayadeva*〉昆虫綱鱗翅目セセリチョウ科の蝶。分布：シッキム、アッサム。

カビルス・プロカス〈*Cabirus procas*〉昆虫綱鱗翅目セセリチョウ科の蝶。分布：ギアナからペルーまで。

カブトゴミムシダマシ〈*Bolitophagus felix*〉昆虫綱甲虫目ゴミムシダマシ科の甲虫。体長9.0〜10.0mm。

カブトセンチコガネ〈*Onthophagus mouhoti*〉昆虫綱甲虫目コガネムシ科の甲虫。分布：タイ、インドシナ半島。

カブトダニモドキ〈*Anachipteria grandis*〉蛛形綱ダニ目ツノバネダニ科。

カブトムシ 兜虫〈*Allomyrina dichotoma*〉昆虫綱甲虫目コガネムシ科カブトムシ亜科の甲虫。日本に産する最大の甲虫。体長30〜55mm。分布：本州、四国、九州、奄美大島、沖縄諸島。

カブラカイガラムシ〈*Beesonia napiformis*〉昆虫綱半翅目カブラカイガラムシ科。ナラ、樫、ブナに害を及ぼす。

カブラハバチ 蕪菁葉蜂〈*Athalia rosae*〉昆虫綱膜翅目ハバチ科。体長7mm。アブラナ科野菜に害を及ぼす。分布：ヨーロッパから朝鮮半島。

カブラヤガ 蕪夜蛾〈*Scotia fucosa*〉昆虫綱鱗翅目ヤガ科モンヤガ亜科の蛾。別名ネキリムシ。開張37〜45mm。大豆、オクラ、アカザ科野菜、アブラナ科野菜、ウリ科野菜、キク科野菜、サトイモ、生姜、セリ科野菜、ナス科野菜、苺、ユリ科野菜、甜菜、ホップ、ハッカ、タバコ、麦類、マメ科牧草、飼料用トウモロコシ、ソルガム、イリス類、グラジオラス、アスター(エゾギク)、ガーベラ、菊、ダリア、百日草、マリゴールド類、スミレ類、カーネーション、バラ類、チューリップ、イネ科作物、ジャガイモ、ソバに害を及ぼす。分布：ユーラシア全域、インド北部、屋久島以北の全域。

カブラヤガ ネキリムシの別名。

カブラヤグモ〈*Stasina japonica*〉蛛形綱クモ目アシダカグモ科の蜘蛛。

カブリダニ 咬壁蝨、被壁蝨 節足動物門クモ形綱ダニ目ダニ科Phytoseiidaeのダニの総称。

カプロナ・アリダ〈*Caprona alida vespa*〉昆虫綱鱗翅目セセリチョウ科の蝶。分布：ネパール、インドからタイ、香港。

カプロナ・エロスラ〈*Caprona erosula*〉昆虫綱鱗翅目セセリチョウ科の蝶。分布：セレベス。

カプロナ・シリクトゥス〈*Caprona syrichthus*〉昆虫綱鱗翅目セセリチョウ科の蝶。分布：インドシナ半島、ジャワ。

カプロナ・ピッラーナ〈*Caprona pillaana*〉昆虫綱鱗翅目セセリチョウ科の蝶。分布：ナタールからローデシアまで。

カプロナ・ランソネッティ〈*Caprona ransonnetti*〉昆虫綱鱗翅目セセリチョウ科の蝶。分布：インド南部，スリランカ，アッサム。

カベアナタカラダニ ハマベアナタカラダニの別名。

カボチャミバエ 南瓜果実蝿〈*Paradacus depressus*〉昆虫綱双翅目ミバエ科。体長9～10.5mm。ナス科野菜，ウリ科野菜に害を及ぼす。分布：本州，四国，九州，南西諸島。

カホンカハナアザミウマ 禾本科花薊馬〈*Frankliniella tenuicornis*〉昆虫綱総翅目アザミウマ科。体長雌1.4mm，雄1.1mm。イネ科作物，飼料用トウモロコシ，ソルガム，麦類，イネ科牧草に害を及ぼす。分布：日本全国，温帯ユーラシア，北アメリカ。

カマアシムシ 鎌脚虫〈*Eosentomon sakura*〉無心昆虫類原尾目カマアシムシ科。

カマアシムシ 鎌脚虫〈*Protura*〉昆虫目カマアシムシ目Proturaの昆虫の総称。珍虫。

カマエリムナス・スプレンデンス〈*Chamaelimnas splendens*〉昆虫綱鱗翅目シジミタテハ科の蝶。分布：ボリビア。

カマエリムナス・ビッラゴネス〈*Chamaelimnas villagones*〉昆虫綱鱗翅目シジミタテハ科の蝶。分布：中央アメリカからペルーまで。

カマエリムナス・ブリオラ〈*Chamaelimnas briola*〉昆虫綱鱗翅目シジミタテハ科の蝶。分布：南アメリカ。

カマエリムナス・ヨピアナ〈*Chamaelimnas joviana*〉昆虫綱鱗翅目シジミタテハ科の蝶。分布：ペルー，ボリビア，ブラジル。

カマキリ 蟷螂〈*Paratenodera angustipennis*〉昆虫綱蟷螂目カマキリ科。

カマキリ 蟷螂〈*mantises,praying mantids*〉昆虫綱カマキリ目Mantodeaの昆虫の総称，またはそのうちの一種。珍虫。

カマキリタマゴカツオブシムシ〈*Thaumaglossa ovivora*〉昆虫綱甲虫目カツオブシムシ科の甲虫。体長3～4mm。分布：本州，四国，九州。

カマキリバエ 蟷螂蝿〈*Ochtera mantis*〉昆虫綱双翅目ミギワバエ科。分布：北海道，本州。

カマキリモドキ 擬蟷螂〈*Eumantispa harmandi*〉昆虫綱脈翅目カマキリモドキ科。開張32～50mm。分布：本州，四国，九州。

カマキリモドキ 擬蟷螂〈*praying lacewings,false mantid*〉昆虫綱脈翅目カマキリモドキ科の昆虫の総称。

カマキリモドキの一種〈*Paramantispa* sp.〉分布：ペルー。

ガマキンウワバ〈*Autographa gamma*〉昆虫綱鱗翅目ヤガ科コヤガ亜科の蛾。前翅は灰褐色。開張3～5mm。隠元豆，小豆，ササゲ，大豆，アカザ科野菜，アブラナ科野菜，キク科野菜，セリ科野菜，甜菜に害を及ぼす。分布：ヨーロッパ南部，北アフリカ，アジア西部。

カマクラカキカイガラムシ〈*Lepidosaphes kamakurensis*〉昆虫綱半翅目マルカイガラムシ科。椿，山茶花に害を及ぼす。

カマクラテングヌカグモ〈*Walckenaeria kamakuraensis*〉蛛形綱クモ目サラグモ科の蜘蛛。

カマスグモ〈*Thelcticopis severa*〉蛛形綱クモ目アシダカグモ科の蜘蛛。体長雌20～22mm，雄15～16mm。分布：本州，四国，九州，南西諸島。

ガマズミキンモンホソガ〈*Phyllonorycter viburni*〉昆虫綱鱗翅目ホソガ科の蛾。分布：四国，九州。

ガマズミトビハムシ〈*Zipangia obscura*〉昆虫綱甲虫目ハムシ科の甲虫。体長2.0～3.0mm。

ガマズミニセキンホソガ〈*Cameraria hikosanensis*〉昆虫綱鱗翅目ホソガ科の蛾。分布：本州，四国，九州。

ガマズミニセスガ〈*Prays omicron*〉昆虫綱鱗翅目スガ科の蛾。分布：本州，四国。

カマドウマ 竈馬〈*Diestrammena apicalis*〉昆虫綱直翅目カマドウマ科。体長20mm。分布：本州（関東以西），四国，九州。害虫。

カマドウマ 竈馬〈*camel cricket*〉昆虫綱直翅目カマドウマ科の昆虫の総称，またはそのうちの一種。

ガマトガリホソガ〈*Limnaecia phragmitella*〉昆虫綱鱗翅目カザリバガ科の蛾。分布：本州，ヨーロッパ，北アフリカ，北アメリカ，オーストラリア。

カマドコオロギ 竈蟋蟀〈*Gryllodes sigillatus*〉昆虫綱直翅目コオロギ科。別名ウスイロコオロギ。体長18～30mm。分布：本州（東北南部）以南，四国，九州，奄美諸島，沖縄諸島，先島諸島。

カマナガレオドリバエ〈*Hilara mantis*〉昆虫綱双翅目オドリバエ科。

カマナシメクラチビゴミムシ〈*Kurasawatrechus kawaguchii*〉昆虫綱甲虫目オサムシ科の甲虫。体長3.3～3.5mm。

カマバチ 鎌蜂 昆虫綱膜翅目カマバチ科Dryinidaeに属する寄生バチの総称。

カマフリンガ 鎌斑実蛾〈*Macrochthonia fervens*〉昆虫綱鱗翅目ヤガ科リンガ亜科の蛾。開張31～39mm。分布：沿海州，中国，台湾，北海道から九州。

カマヨトウ〈*Archanara aerata*〉昆虫綱鱗翅目ヤガ科カラスヨトウ亜科の蛾。開張33～37mm。分布：北海道，本州。

ガミア・ブクホルジ〈*Gamia buchholzi*〉昆虫綱鱗翅目セセリチョウ科の蝶。分布：ガーナ。

カミガタヤチグモ〈*Coelotes yaginumai*〉蛛形綱クモ目タナグモ科の蜘蛛。体長雌8～10mm，雄7～9mm。分布：本州，四国，九州。

カミキリムシ 天牛，髪切虫〈*longicorn beetle, long-horned beetle*〉昆虫綱甲虫目カミキリムシ科Cerambycidaeに属する昆虫の総称。

カミキリモドキ 擬天牛〈*false-blister beetle*〉昆虫綱甲虫目カミキリモドキ科Oedemeridaeに属する昆虫の総称。

カミキリモドキの一種〈*Xanthochroa* sp.〉甲虫。

カミジョウキンモンホソガ〈*Phyllonorycter kamijoi*〉昆虫綱鱗翅目ホソガ科の蛾。分布：本州，九州。

カミナリハムシ〈*Altica cyanea*〉昆虫綱甲虫目ハムシ科の甲虫。体長5.5mm。分布：本州，四国，九州，南西諸島。

カミムラカワゲラ〈*Paragnetina bolivari*〉昆虫綱襀翅目カワゲラ科。

カミムラカワゲラ　カワゲラの別名。

カミヤコバンゾウムシ〈*Miarus kamiyai*〉昆虫綱甲虫目ゾウムシ科の甲虫。体長2.8～3.8mm。

カミヤササコクゾウムシ〈*Diocalandra kamiyai*〉昆虫綱甲虫目オサゾウムシ科の甲虫。体長5.8～7.4mm。

カミヤチビシギゾウムシ〈*Curculio kamiyai*〉昆虫綱甲虫目ゾウムシ科の甲虫。体長1.9mm。

カミヤチャイロコガネ〈*Sericania kamiyai*〉昆虫綱甲虫目コガネムシ科の甲虫。体長9.5～11.5mm。分布：本州。

カミヤビロウドコガネ〈*Maladera kamiyai*〉昆虫綱甲虫目コガネムシ科の甲虫。

カミングオオウスバカミキリ〈*Ancistrotus cumingi*〉昆虫綱甲虫目カミキリムシ科の甲虫。別名カミングムナゲカミキリ。分布：チリ。

カミングムナゲカミキリ　カミングオオウスバカミキリの別名。

ガムシ 牙虫〈*Hydrophilus acuminatus*〉昆虫綱甲虫目ガムシ科の甲虫。体長32～35mm。分布：北海道，本州，四国，九州。

カムチムラサキツバメ〈*Arhopala khamti*〉昆虫綱鱗翅目シジミチョウ科の蝶。

カムチャホソゾウムシ〈*Lixus auriculatus*〉昆虫綱甲虫目ゾウムシ科の甲虫。体長8.5～10.0mm。

カムンダ・カムンダ〈*Chamunda chamunda*〉昆虫綱鱗翅目セセリチョウ科の蝶。分布：シッキム，アッサムからタイ。

カメキララマダニ〈*Amblyomma geomydae*〉蛛形綱ダニ目マダニ科。体長10.0mm。害虫。

カメナ・イケタス〈*Camena icetas*〉昆虫綱鱗翅目シジミチョウ科の蝶。分布：ヒマラヤから中国西部まで。

カメナ・クレオビス〈*Camena cleobis*〉昆虫綱鱗翅目シジミチョウ科の蝶。分布：インドからマレーシアまで。

カメナ・コティス〈*Camena cotys*〉昆虫綱鱗翅目シジミチョウ科の蝶。分布：インドからジャワまで。

カメナ・デバ〈*Camena deva*〉昆虫綱鱗翅目シジミチョウ科の蝶。分布：インド，マレーシア，ジャワ。

カメナ・ブランカ〈*Camena blanka*〉昆虫綱鱗翅目シジミチョウ科の蝶。分布：インド，スマトラ。

カメノコウカタカイガラムシ〈*Eucalymnatus tessellatus*〉昆虫綱半翅目カタカイガラムシ科。体長5～6mm。カンノンチク，シュロチク，マンゴー，バナナに害を及ぼす。

カメノコカワリタマムシ〈*Polybothris sparsuta*〉昆虫綱甲虫目タマムシ科。分布：マダガスカル。

カメノコチビヒゲナガゾウムシ〈*Uncifer discrepans*〉昆虫綱甲虫目ヒゲナガゾウムシ科の甲虫。体長3.5mm。

カメノコデオキノコムシ 亀子出尾茸虫〈*Cyparium mikado*〉昆虫綱甲虫目デオキノコムシ科の甲虫。体長5mm。分布：北海道，本州，四国，九州。

カメノコテントウ 亀子瓢虫〈*Aiolocaria hexaspilota*〉昆虫綱甲虫目テントウムシ科の甲虫。体長8～13mm。分布：北海道，本州，四国，九州。

カメノコハムシ 亀子金花虫〈*Cassida nebulosa*〉昆虫綱甲虫目ハムシ科カメノコハムシ亜科の甲虫。体長7mm。甜菜に害を及ぼす。分布：北海道，本州，四国，九州。

カメノコロウアカヤドリトビコバチ〈*Anicetus ohgushii*〉昆虫綱膜翅目トビコバチ科。

カメノコロウトビコバチ〈*Microterys clauseni*〉昆虫綱膜翅目トビコバチ科。

カメノコロウムシ〈*Ceroplastes japonicus*〉昆虫綱半翅目カタカイガラムシ科。体長4～5mm。ビワ，柑橘，茶，クチナシ，柘榴，百日紅，椿，山茶花，モッコク，トベラ，マサキ，ニシキギ，シャリンバイ，ヒマラヤシーダ，イヌツゲ，柿に害を及ぼす。分布：本州，四国，九州，沖縄地方。

カメハメハアカタテハ〈*Vanessa tameamea*〉昆虫綱鱗翅目タテハチョウ科の蝶．分布：ハワイ諸島．

カメムシ　椿象，亀虫〈*shield-bugs, stink bug*〉昆虫綱半翅目異翅亜目Heteropteraに含まれる昆虫で，狭義ではカメムシ科Pentatomidae(あるいはカメムシ上科Pentatomoidea)に属するものの総称であり，広義では異翅亜目のなかで陸生のものをさす．

カメムシタマゴトビコバチ〈*Ooencyrtus nezarae*〉昆虫綱膜翅目トビコバチ科．

カメロンムラサキシジミ〈*Arhopala antimuta*〉昆虫綱鱗翅目シジミチョウ科の蝶．

カメンヤチグモ〈*Coelotes personatus*〉蛛形綱クモ目タナグモ科の蜘蛛．体長雌13～15mm，雄11～14mm．分布：本州，四国．

カモシカタテハモドキ〈*Junonia antilope*〉昆虫綱鱗翅目タテハチョウ科の蝶．分布：エチオピア区全域(マダガスカルを除く)．

カモシカマダニ〈*Ixodes acutitarsus*〉蛛形綱ダニ目マダニ科．害虫．

カモドキバチ〈*Rogas japonicus*〉昆虫綱膜翅目コマユバチ科．

カモドキバチモドキ　偽擬蚊蜂〈*Rhogas drymoniae*〉昆虫綱膜翅目コマユバチ科．

カモハジラミ　鴨羽虱〈*Trinoton querquedulae*〉昆虫綱食毛目タンカクハジラミ科．体長雄4.5～4.8mm，雌5.2～5.7mm．害虫．

カヤウンカ〈*Yanunka miscanthi*〉昆虫綱半翅目ウンカ科．

カヤキリ　萱切〈*Pseudorhynchus japonicus*〉昆虫綱直翅目キリギリス科．体長60～67mm．分布：本州(関東，福井県以西)，四国，九州，対馬．

カヤコオロギ　茅蟋蟀〈*Euscirtus japonicus*〉昆虫綱直翅目コオロギ科．体長9～12mm．分布：本州，四国，九州，伊豆諸島三宅島．

カヤサヤワセンチュウ〈*Hemicriconemoides brachyurus*〉クリコネマ科．体長0.4～0.5mm．サトウキビに害を及ぼす．分布：本州，九州，沖縄，台湾，スリランカ．

カヤシマグモ　萱嶋蜘蛛〈*Filistata marginata*〉節足動物門クモ形綱真正クモ目カヤシマグモ科の陸生動物．分布：奄美大島以南．

カヤネズミジラミ〈*Hoplopleura longula*〉フトゲジラミ科．体長1.2～1.4mm．害虫．

カヤノトゲトゲ　クロトゲハムシの別名．

カヤヒバリ〈*Anaxipha sp.*〉昆虫綱直翅目コオロギ科．

カヨウトラカミキリ〈*Xylotrechus kayoensis*〉昆虫綱甲虫目カミキリムシ科の甲虫．

カライスツマアカシロチョウ〈*Colotis calais*〉昆虫綱鱗翅目シロチョウ科の蝶．分布：サハラ以南のアフリカからアラビアを経てインドまでに分布．亜種はインド半島部，スリランカ．

カラオニグモ〈*Araneus viperifer*〉蛛形綱クモ目コガネグモ科の蜘蛛．体長雌4～5mm，雄3.5～4.0mm．分布：北海道，本州，四国，九州．

カラカニグモ〈*Xysticus ephippiatus*〉蛛形綱クモ目カニグモ科の蜘蛛．体長雌9～11mm，雄6～7mm．分布：北海道，本州，四国，九州．

カラカネイトトンボ　唐金糸蜻蛉〈*Nehalennia speciosa*〉昆虫綱蜻蛉目イトトンボ科の蜻蛉．準絶滅危惧種(NT)．体長27mm．

カラカネオオキマワリモドキ〈*Oedemutes hirashimai*〉昆虫綱甲虫目ゴミムシダマシ科の甲虫．体長11.0～14.0mm．

カラカネクビナガゴミムシ　ブロンズクビナガゴミムシの別名．

カラカネクリタマムシ〈*Toxoscelus sasakii*〉昆虫綱甲虫目タマムシ科の甲虫．体長4～6mm．

カラカネゴモクムシ〈*Platymetopus flavilabris*〉昆虫綱甲虫目オサムシ科の甲虫．体長8～10mm．分布：北海道，本州，四国，九州，南西諸島．

カラカネチビキマワリモドキ〈*Obriomaia palpaloides*〉昆虫綱甲虫目ゴミムシダマシ科の甲虫．体長4.5～6.5mm．

カラカネチビナカボソタマムシ〈*Nalanda ohbayashii*〉昆虫綱甲虫目タマムシ科の甲虫．体長4～5mm．

カラカネツヤメダカハネカクシ〈*Stenus mercator*〉昆虫綱甲虫目ハネカクシ科の甲虫．体長5.7～6.3mm．

カラカネトンボ　青銅蜻蛉〈*Cordulia aenea amurensis*〉昆虫綱蜻蛉目エゾトンボ科の蜻蛉．体長48mm．分布：北海道と本州中部までの山岳地帯．

カラカネナカボソタマムシ〈*Coraebus ignotus*〉昆虫綱甲虫目タマムシ科の甲虫．体長9～13mm．

カラカネハナカミキリ　唐金花天牛〈*Gaurotes doris*〉昆虫綱甲虫目カミキリムシ科ハナカミキリ亜科の甲虫．体長8～15mm．分布：北海道，本州，四国，九州．

カラカネハネカクシ　唐金隠翅虫〈*Staphylinus sharpi*〉昆虫綱甲虫目ハネカクシ科．分布：樺太，北海道，本州，九州．

カラカネハマベエンマムシ〈*Hypocaccus lewisii*〉昆虫綱甲虫目エンマムシ科．

カラカネヒゲブトゴミムシダマシ〈*Schizomma kondoi*〉昆虫綱甲虫目ゴミムシダマシ科の甲虫．体長5.0～6.0mm．

カラカネヒメキマワリ〈Plesiophthalmus puncticollis〉昆虫綱甲虫目ゴミムシダマシ科の甲虫。体長8.8mm。

カラカネヒラタチビタマムシ〈Habroloma nixillum〉昆虫綱甲虫目タマムシ科の甲虫。体長2.9〜3.5mm。

カラカネホソコメツキ〈Vuilletus bifoveatus〉昆虫綱甲虫目コメツキムシ科。

カラカネホソハマキモドキ〈Glyphipterix gamma〉昆虫綱鱗翅目ホソハマキモドキガ科の蛾。分布：本州, 九州。

カラカネミヤマクワガタ〈Lucanus mearesii〉昆虫綱甲虫目クワガタムシ科。分布：ヒマラヤ, シッキム, アッサム。

カラカラグモ〈Theridiosoma epeiroides〉蛛形綱クモ目カラカラグモ科の蜘蛛。体長雌2.0〜2.3mm, 雄1.4〜1.6mm。分布：北海道, 本州, 四国, 九州。

カラキセス・アカエメネス〈Charaxes achaemenes〉昆虫綱鱗翅目タテハチョウ科の蝶。分布：アフリカ南部・中部および東部からエチオピアまで。

カラキセス・アミクス〈Charaxes amycus carolus〉昆虫綱鱗翅目タテハチョウ科の蝶。分布：フィリピン, 亜種はレイテ, ミンダナオ。

カラキセス・アメリアエ〈Charaxes ameliae〉昆虫綱鱗翅目タテハチョウ科の蝶。分布：アフリカ西部からニアサランドまで。

カラキセス・アリストギトン〈Charaxes aristogiton〉昆虫綱鱗翅目タテハチョウ科の蝶。分布：シッキムからミャンマー, タイ。

カラキセス・アンティクレア〈Charaxes anticlea〉昆虫綱鱗翅目タテハチョウ科の蝶。分布：シエラレオネからウガンダまで。

カラキセス・アントニウス〈Charaxes antonius〉昆虫綱鱗翅目タテハチョウ科の蝶。分布：レイテ, ミンダナオ。

カラキセス・エウドクスス〈Charaxes eudoxus〉昆虫綱鱗翅目タテハチョウ科の蝶。分布：コンゴ。

カラキセス・エタリオン〈Charaxes ethalion〉昆虫綱鱗翅目タテハチョウ科の蝶。分布：ケニア, ウガンダ。

カラキセス・エテシッペ〈Charaxes etesippe〉昆虫綱鱗翅目タテハチョウ科の蝶。分布：シエラレオネからアフリカ東部まで。

カラキセス・オケッラトゥス〈Charaxes ocellatus florensis〉昆虫綱鱗翅目タテハチョウ科の蝶。分布：小スンダ列島, 亜種はフロレス。

カラキセス・オリルス〈Charaxes orilus orilus〉昆虫綱鱗翅目タテハチョウ科の蝶。分布：ティモールおよびその属島, 亜種はチモール。

カラキセス・カールデニ〈Charaxes kahldeni〉昆虫綱鱗翅目タテハチョウ科の蝶。分布：カメルーンからアンゴラまで。

カラキセス・キシファレス〈Charaxes xiphares〉昆虫綱鱗翅目タテハチョウ科の蝶。分布：アフリカ南部からナタールまで。

カラキセス・キンティア〈Charaxes cynthia〉昆虫綱鱗翅目タテハチョウ科の蝶。分布：アフリカ西部。

カラキセス・グデリアナ〈Charaxes guderiana〉昆虫綱鱗翅目タテハチョウ科の蝶。分布：アンゴラからケニアまで。

カラキセス・ジンガ〈Charaxes zingha〉昆虫綱鱗翅目タテハチョウ科の蝶。分布：シエラレオネからコンゴまで。

カラキセス・スマラグダリス〈Charaxes smaragdalis〉昆虫綱鱗翅目タテハチョウ科の蝶。分布：アフリカ西部。

カラキセス・ゼリカ〈Charaxes zelica〉昆虫綱鱗翅目タテハチョウ科の蝶。分布：ナイジェリア, カメルーン, アンゴラ。

カラキセス・ダブルデイイ〈Charaxes doubledayi〉昆虫綱鱗翅目タテハチョウ科の蝶。分布：シエラレオネからコンゴまで。

カラキセス・ディスタンティ〈Charaxes distanti distanti〉昆虫綱鱗翅目タテハチョウ科の蝶。分布：ミャンマー, マレーシア, スマトラ, ボルネオ, 亜種はミャンマー, マレーシア。

カラキセス・ドゥルケアヌス〈Charaxes druceanus〉昆虫綱鱗翅目タテハチョウ科の蝶。分布：コンゴ, アフリカ東部, ザンビアからトランスバールまで。

カラキセス・トマシウス〈Charaxes thomasius〉昆虫綱鱗翅目タテハチョウ科の蝶。分布：サントマス島(アフリカ西岸ギニア湾内の島)。

カラキセス・ニケテス〈Charaxes nchetes〉昆虫綱鱗翅目タテハチョウ科の蝶。分布：カメルーンからアンゴラ, ニアサランド(マラウイ)まで。

カラキセス・ニテビス〈Charaxes nitebis〉昆虫綱鱗翅目タテハチョウ科の蝶。分布：スラウェシ, スラ諸島。

カラキセス・ヌメネス〈Charaxes numenes〉昆虫綱鱗翅目タテハチョウ科の蝶。分布：シエラレオネからウガンダまで。

カラキセス・パフィアヌス〈Charaxes paphianus〉昆虫綱鱗翅目タテハチョウ科の蝶。分布：シエラレオネからアンゴラまで。

カラキセス・ビオレッタ〈Charaxes violetta〉昆虫綱鱗翅目タテハチョウ科の蝶。分布：アフリカ。

カラキセス・ファビウス〈*Charaxes fabius*〉昆虫綱鱗翅目タテハチョウ科の蝶。分布：インド，スリランカ，セレベス，フィリピン。

カラキセス・プサフォン〈*Charaxes psaphon imna*〉昆虫綱鱗翅目タテハチョウ科の蝶。分布：インド，スリランカ，亜種はインド(主として南部)。

カラキセス・プラテニ〈*Charaxes plateni*〉昆虫綱鱗翅目タテハチョウ科の蝶。分布：パラワン。

カラキセス・ブルトゥス〈*Charaxes brutus*〉昆虫綱鱗翅目タテハチョウ科の蝶。分布：シエラレオネ，ナイジェリア。

カラキセス・ベブラ〈*Charaxes bebra*〉昆虫綱鱗翅目タテハチョウ科の蝶。分布：ナイジェリアからタンザニアまで。

カラキセス・ペリアス〈*Charaxes pelias*〉昆虫綱鱗翅目タテハチョウ科の蝶。分布：ケーププロビンス(南アフリカ連邦の一州)，アフリカ南部。

カラキセス・ボウエティ〈*Charaxes boueti*〉昆虫綱鱗翅目タテハチョウ科の蝶。分布：ガンビアからモンバサまで。

カラキセス・ポッルクス〈*Charaxes pollux*〉昆虫綱鱗翅目タテハチョウ科の蝶。分布：アフリカ西部・中部および東部。

カラキセス・マデンシス〈*Charaxes madensis*〉昆虫綱鱗翅目タテハチョウ科の蝶。分布：ブル島。

カラキセス・マルス〈*Charaxes mars mars*〉昆虫綱鱗翅目タテハチョウ科の蝶。分布：スラウェシ，スラ諸島，亜種はスラウェシ(中・南部)。

カラキセス・マルマクス〈*Charaxes marmax*〉昆虫綱鱗翅目タテハチョウ科の蝶。分布：シッキム，アッサム，ミャンマー，インドシナ，マレーシア。

カラキセス・ヤールサ〈*Charaxes jahlusa*〉昆虫綱鱗翅目タテハチョウ科の蝶。分布：アフリカ南部からトランスバールおよびニアサランド(マラウイ)まで。

カラキセス・ラオディケ〈*Charaxes laodice*〉昆虫綱鱗翅目タテハチョウ科の蝶。分布：ガーナからアンゴラまで。

カラキセス・ラトナ〈*Charaxes latona ombiranus*〉昆虫綱鱗翅目タテハチョウ科の蝶。分布：マルク諸島からニューギニア，ビスマルク諸島までに分布。亜種はオビ。

カラキセス・リカス〈*Charaxes lichas*〉昆虫綱鱗翅目タテハチョウ科の蝶。分布：シエラレオネ，コンゴ。

カラクサシリス〈*Syllis ramosa*〉環形動物門多毛綱遊在目シリス科の海産動物。

カラクニコキマダラセセリ〈*Ochlodes crataeis*〉蝶。

カラクニハエトリ〈*Thianella davidi*〉蛛形綱クモ目ハエトリグモ科の蜘蛛。

カラコモリグモ〈*Pardosa hedini*〉蛛形綱クモ目コモリグモ科の蜘蛛。体長雌4～5mm，雄4.0～4.5mm。分布：本州(中部，長野県)。

カラスアゲハ 烏揚羽〈*Papilio bianor*〉昆虫綱鱗翅目アゲハチョウ科の蝶。前翅長40～65mm。分布：日本全土。

カラスゴミグモ〈*Cyclosa atrata*〉蛛形綱クモ目コガネグモ科の蜘蛛。体長雌8～10mm，雄5～6mm。分布：北海道，本州，四国，九州。

カラスシジミ 烏小灰蝶〈*Strymonidia w-album*〉昆虫綱鱗翅目シジミチョウ科ミドリシジミ亜科の蝶。翅の表面は黒褐色。開張3～4mm。分布：ヨーロッパからアジア温帯域。

カラスツバメ〈*Tajuria mantra*〉昆虫綱鱗翅目シジミチョウ科の蝶。分布：ミャンマーからマレーシア，セレベス，スマトラ，ボルネオ，ジャワ。

カラスナミシャク〈*Eupithecia caliginea*〉昆虫綱鱗翅目シャクガ科の蛾。分布：シベリア南東部，本州。

カラスハエトリ〈*Rhene atrata*〉蛛形綱クモ目ハエトリグモ科の蜘蛛。体長雌6.5～7.5mm，雄6～7mm。分布：本州(南・西部)，四国，九州，南西諸島。

ガラスマダラ〈*Parantica vitrina*〉昆虫綱鱗翅目マダラチョウ科の蝶。

カラスヤンマ〈*Chlorogomphus brunneus brunneus*〉昆虫綱蜻蛉目オニヤンマ科の蜻蛉。

カラスヨトウ 烏夜盗蛾〈*Amphipyra livida*〉昆虫綱鱗翅目ヤガ科カラスヨトウ亜科の蛾。開張45～48mm。葡萄に害を及ぼす。分布：ユーラシア，北海道から九州，対馬，屋久島。

カラツイエカ 唐津家蚊〈*Culex bitaeniorhynchus*〉昆虫綱双翅目カ科。分布：本州，四国，九州。

カラツヒザグモ〈*Erigone karatsensis*〉蛛形綱クモ目サラグモ科の蜘蛛。

カラナサ・ボロリカ〈*Karanasa bolorica mohsenii*〉昆虫綱鱗翅目ジャノメチョウ科の蝶。分布：パミール，ヒンズークシュ。

カラナ・ヒポレウカ〈*Charana hypoleuca*〉昆虫綱鱗翅目シジミチョウ科の蝶。分布：ジャワ，スマトラ，マレーシア。

カラフトアヤトガリバ〈*Habrosyne intermedia*〉昆虫綱鱗翅目トガリバガ科の蛾。分布：北海道中部，サハリン，シベリア南東部。

カラフトイトトンボ〈*Coenagrion hylas*〉昆虫綱蜻蛉目イトトンボ科の蜻蛉。絶滅危惧I類(CR+EN)。

カラフトウスアオシャク〈Comibaena ingrata〉昆虫綱鱗翅目シャクガ科アオシャク亜科の蛾。開張22〜24mm。分布：北海道,本州,四国,朝鮮半島,サハリン,シベリア南東部。

カラフトエダシャク〈Alcis maculata maculata〉昆虫綱鱗翅目シャクガ科エダシャク亜科の蛾。開張35〜38mm。

カラフトオナシカワゲラ〈Nemoura sachalinensis〉昆虫綱襀翅目オナシカワゲラ科。

カラフトオニグモ〈Zilla sachalinensis〉蛛形綱クモ目コガネグモ科の蜘蛛。体長雌7〜8mm,雄3〜4mm。分布：北海道,本州,四国,九州。

カラフトオニヒラタシデムシ〈Thanatophilus lapponicus〉昆虫綱甲虫目シデムシ科の甲虫。体長10〜12mm。分布：北海道。

カラフトキンオサムシ〈Carabus avinovi〉昆虫綱甲虫目オサムシ科の甲虫。分布：樺太(旧日ソ国境附近・内路・保呂)。

カラフトクビナガオサムシ〈Damaster lopatini〉昆虫綱甲虫目オサムシ科の甲虫。分布：サハリン。

カラフトゴマケンモン〈Panthea coenobita〉昆虫綱鱗翅目ヤガ科ウスベリケンモン亜科の蛾。開張43〜52mm。分布：北海道,本州,四国,九州,対馬。

カラフトゴマフトビケラ 樺太胡麻斑飛蠅〈Neuronia phalaenoides〉昆虫綱毛翅目トビケラ科。分布：北海道。

カラフトコモリグモ〈Trochosa terricola〉蛛形綱クモ目コモリグモ科の蜘蛛。体長雌10〜15mm,雄8〜11mm。分布：北海道,本州(北部)。

カラフトコンボウアメバチ〈Schizoloma amictum〉昆虫綱膜翅目ヒメバチ科。体長20mm。分布：日本全土。

カラフトシマケシゲンゴロウ〈Coelambus impressopunctatus hiurai〉昆虫綱甲虫目ゲンゴロウ科の甲虫。体長4.8mm。

カラフトシロナミシャク〈Asthena sachalinensis〉昆虫綱鱗翅目シャクガ科ナミシャク亜科の蛾。開張17〜21mm。分布：北海道,本州(関東,中部の山地),四国(香川県の山地),サハリン。

カラフトスカシバ〈Pennisetia hylaeiformis〉昆虫綱鱗翅目スカシバガ科の蛾。分布：北海道,サハリンからヨーロッパ。

カラフトタカネキマダラセセリ〈Carterocephalus silvicola〉昆虫綱鱗翅目セセリチョウ科の蝶。前翅長13mm。分布：スカンジナビア北部,シベリア,アムール,カムチャツカ。

カラフトタカネヒカゲ〈Oeneis jutta〉昆虫綱鱗翅目ジャノメチョウ科の蝶。分布：ヨーロッパ(中部・北部),アルタイ,サヤン,アムール,ウスリー,カムチャツカ,サハリン,朝鮮半島。

カラフトチッチゼミ エゾチッチゼミの別名。

カラフトチャイロコガネ〈Sericania sachalinensis〉昆虫綱甲虫目コガネムシ科の甲虫。

カラフトツチハンミョウ ムラサキオオツチハンミョウの別名。

カラフトツツハムシ〈Cryptocephalus karafutonis〉昆虫綱甲虫目ハムシ科の甲虫。体長3.4〜4.6mm。

カラフトドクグモ カラフトコモリグモの別名。

カラフトトホシハナカミキリ〈Brachyta sachalinensis〉昆虫綱甲虫目カミキリムシ科ハナカミキリ亜科の甲虫。

カラフトトリバ〈Platyptilia sachalinensis〉昆虫綱鱗翅目トリバガ科の蛾。分布：北海道,サハリン。

カラフトヒゲナガ〈Nemophora karafutonis〉昆虫綱鱗翅目ヒゲナガガ科の蛾。

カラフトヒゲナガカミキリ〈Monochamus saltuarius〉昆虫綱甲虫目カミキリムシ科フトカミキリ亜科の甲虫。体長11〜20mm。

カラフトヒメヒョウタンゴミムシ〈Clivina fossor〉昆虫綱甲虫目オサムシ科の甲虫。体長5.5〜6.5mm。

カラフトヒョウモン 樺太豹紋蝶〈Clossiana euphrosyne〉昆虫綱鱗翅目タテハチョウ科ヒョウモンチョウ亜科の蝶。前翅長22〜25mm。分布：北海道の石狩低地帯以東。

カラフトホソコバネカミキリ〈Necydalis sachalinensis〉昆虫綱甲虫目カミキリムシ科ハナカミキリ亜科の甲虫。

カラフトマエモンシデムシ〈Nicrophorus karafutonis〉昆虫綱甲虫目シデムシ科の甲虫。体長14〜22mm。

カラフトマツサムライコマユバチ〈Apanteles ordinarius〉昆虫綱膜翅目コマユバチ科。

カラフトマルトゲムシ〈Byrrhus geminatus〉昆虫綱甲虫目マルトゲムシ科の甲虫。体長7.5〜9.0mm。

カラフトメクラガメ〈Capsus ater〉昆虫綱半翅目メクラカメムシ科。

カラフトモモブトカミキリ〈Acanthocinus carinulatus〉昆虫綱甲虫目カミキリムシ科フトカミキリ亜科の甲虫。体長8〜12mm。分布：北海道。

カラフトヤブカ 樺太藪蚊〈Aedes sticticus〉昆虫綱双翅目カ科。分布：北海道北部。

カラフトヤマメイガ〈*Gesneria centuriella*〉昆虫綱鱗翅目メイガ科の蛾。

カラフトヨツスジハナカミキリ〈*Leptura quadrifasciata*〉昆虫綱甲虫目カミキリムシ科ハナカミキリ亜科の甲虫。体長11〜20mm。分布：北海道。

カラフトルリシジミ 樺太瑠璃小灰蝶〈*Vacciniina optilete*〉昆虫綱鱗翅目シジミチョウ科ヒメシジミ亜科の蝶。天然記念物，準絶滅危惧種（NT）。前翅長12〜13mm。分布：北海道中央部から東部。

ガラマスアゲハ〈*Papilio garamas*〉昆虫綱鱗翅目アゲハチョウ科の蝶。分布：メキシコ。

カラマツアカハバチ〈*Pachynematus itoi*〉昆虫綱膜翅目ハバチ科。カラマツに害を及ぼす。

カラマツイトヒキハマキ〈*Ptycholomoides aeriferana*〉昆虫綱鱗翅目ハマキガ科ハマキガ亜科の蛾。開張19〜23mm。カラマツに害を及ぼす。分布：北海道から本州中部山地，中国，ロシア，ヨーロッパ，イギリス。

カラマツエダモグリガ〈*Argyresthia laevigatella*〉昆虫綱鱗翅目メムシガ科の蛾。分布：本州（長野県），中央ヨーロッパ，イギリス。

カラマツカミキリ〈*Tetropium morishimaorum*〉昆虫綱甲虫目カミキリムシ科マルクビカミキリ亜科の甲虫。

カラマツキハラハバチ〈*Pristiphora wesmaeli*〉昆虫綱膜翅目ハバチ科。カラマツに害を及ぼす。

カラマツコキクイムシ〈*Cryphalus laricis*〉昆虫綱甲虫目キクイムシ科の甲虫。体長1.5〜1.8mm。

カラマツスジハモグリバエ〈*Phytomyza minuscula*〉昆虫綱双翅目ハモグリバエ科。

カラマツソウハモグリバエ〈*Phytomyza thalictricola*〉昆虫綱双翅目ハモグリバエ科。

カラマツタネバエ〈*Lasimma laricicola*〉昆虫綱双翅目の蠅。カラマツに害を及ぼす。

カラマツチャイロヒメハマキ〈*Zeiraphera lariciana*〉昆虫綱鱗翅目ハマキガ科の蛾。分布：本州中部山地から北海道。

カラマツツツガ ムジツツミノガの別名。

カラマツツツミノガ〈*Coleophora longisignella*〉昆虫綱鱗翅目ツツミノガ科の蛾。開張8〜10mm。分布：北海道，本州。

カラマツツツミノガ ムジツツミノガの別名。

カラマツノコキクイムシ カラマツコキクイムシの別名。

カラマツハマキ〈*Spillonota laricana*〉昆虫綱鱗翅目ノコメハマキガ科の蛾。開張12〜15mm。

カラマツハラアカハバチ 落葉松腹赤葉蜂〈*Pristiphora erichsoni*〉カラマツに害を及ぼす。分布：本州，北海道。

カラマツヒメハマキ〈*Spilonota eremitana*〉昆虫綱鱗翅目ハマキガ科の蛾。カラマツに害を及ぼす。分布：北海道，本州（山地）。

カラマツヒラタハバチ〈*Cephalcia koebelei*〉昆虫綱膜翅目ヒラタハバチ科。

カラマツホソバヒメハマキ〈*Lobesia virulenta*〉昆虫綱鱗翅目ハマキガ科の蛾。ナシ類に害を及ぼす。

カラマツマダラメイガ〈*Cryptoblabes angustipennella*〉昆虫綱鱗翅目メイガ科の蛾。カラマツに害を及ぼす。分布：北海道，本州，インドから東南アジア一帯。

カラマツヤツバキクイムシ〈*Ips cembrae*〉昆虫綱甲虫目キクイムシ科の甲虫。別名マツノオオキクイムシ。体長4.3〜6.2mm。カラマツに害を及ぼす。

カラムシカザリバ〈*Cosmopterix zieglerella*〉昆虫綱鱗翅目カザリバガ科の蛾。分布：北海道，本州，四国，九州，ヨーロッパ。

カラムシハモグリガ〈*Lyonetia boehmeriella*〉昆虫綱鱗翅目ハモグリガ科の蛾。分布：北海道，本州，四国，九州，台湾。

ガランピマダラ〈*Euploea core*〉昆虫綱鱗翅目タテハチョウ科の蝶。翅の外縁に沿って白色の斑点が並ぶ。開張8.0〜9.5mm。分布：インドから，中国，スマトラ，ジャワ，オーストラリア。

カリア・クリサメ〈*Caria chrysame*〉昆虫綱鱗翅目シジミタテハ科の蝶。分布：ボリビア，ペルー。

カリアスシロスジタイマイ〈*Eurytides callias*〉昆虫綱鱗翅目アゲハチョウ科の蝶。分布：コロンビア，エクアドル，ペルー，ブラジル（アマゾン川流域）。

カリア・スティッラティキア〈*Caria stillaticia*〉昆虫綱鱗翅目シジミタテハ科の蝶。分布：メキシコ。

カリア・スポンサ〈*Caria sponsa*〉昆虫綱鱗翅目シジミタテハ科。分布：アマゾン上流。

カリア・ドミティアヌス〈*Caria domitianus*〉昆虫綱鱗翅目シジミタテハ科の蝶。分布：グアデロウペ（Guadeloupe，西インド諸島），メキシコ，ベネズエラ，テキサス州。

カリア・マンティネア〈*Caria mantinea amazonica*〉昆虫綱鱗翅目シジミタテハ科。分布：ペルー，ボリビア，エクアドル，アマゾン上流。

カリア・ランペト〈*Caria lampeto*〉昆虫綱鱗翅目シジミタテハ科の蝶。分布：中央アメリカからボリビアまで。

カリウドバチ 狩人蜂 有剣類Aculeata(獲物を麻痺させたり敵を防御するための刺針をもつハチ類)

カリオモテ

の中で，子を育てるために巣をつくり，餌として他の昆虫やクモを狩って与えるハチ類の総称。

カリオモティス・エリトゥロメラス〈*Cariomothis erythromelas*〉昆虫綱鱗翅目シジミタテハ科の蝶。分布：スリナム，ギアナ。

カリオモティス・エロティルス〈*Cariomothis erotylus*〉昆虫綱鱗翅目シジミタテハ科の蝶。分布：ペルー，ボリビア。

カリコピス・アトゥリウス〈*Calycopis atrius*〉昆虫綱鱗翅目シジミチョウ科の蝶。分布：グアテマラからアマゾン地方，トリニダード。

カリコピス・オルキディア〈*Calycopis orcidia*〉昆虫綱鱗翅目シジミチョウ科の蝶。分布：メキシコからブラジルまで。

カリコピス・キンニアナ〈*Calycopis cinniana*〉昆虫綱鱗翅目シジミチョウ科の蝶。分布：アマゾン，トリニダード。

カリコピス・クレオン〈*Calycopis cleon*〉昆虫綱鱗翅目シジミチョウ科の蝶。分布：トリニダード，アマゾン，ブラジル。

カリコピス・デモナッサ〈*Calicopis demonassa*〉昆虫綱鱗翅目シジミチョウ科の蝶。分布：メキシコからアマゾン，トリニダード。

カリコピス・バダカ〈*Calycopis badaca*〉昆虫綱鱗翅目シジミチョウ科の蝶。分布：パナマ，コロンビア，ブラジル，トリニダード。

カリコピス・フルトゥス〈*Calycopis phrutus*〉昆虫綱鱗翅目シジミチョウ科の蝶。分布：ギアナ，トリニダード，ペルー。

カリコピス・ベオン〈*Calycopis beon*〉昆虫綱鱗翅目シジミチョウ科の蝶。分布：アメリカ合衆国南部，中央アメリカからブラジルまで。

カリコピス・ヘスペリティス〈*Calycopis hesperitis*〉昆虫綱鱗翅目シジミチョウ科の蝶。分布：メキシコからブラジルおよびトリニダード。

カリコピス・ベスルス〈*Calycopis vesulus*〉昆虫綱鱗翅目シジミチョウ科の蝶。分布：ギアナからアマゾン，トリニダード。

カリス・アウイウス〈*Charis auius*〉昆虫綱鱗翅目シジミタテハ科。分布：コスタリカからペルー，ブラジル北部。

カリス・アニウス〈*Charis anius*〉昆虫綱鱗翅目シジミタテハ科の蝶。分布：中央アメリカ，ブラジル，ボリビア。

カリス・カディティス〈*Charis cadytis*〉昆虫綱鱗翅目シジミタテハ科の蝶。分布：ブラジル南部，パラグアイ。

カリス・ギアス〈*Charis gyas*〉昆虫綱鱗翅目シジミタテハ科の蝶。分布：中央アメリカからブラジルまで。

カリス・ギナエア〈*Charis gynaea zama*〉昆虫綱鱗翅目シジミタテハ科。分布：中米からブラジル南部。

カリス・ギネア〈*Charis gynea*〉昆虫綱鱗翅目シジミタテハ科の蝶。分布：アマゾン，コロンビア，ブラジル。

カリス・クリスス〈*Charis chrysus*〉昆虫綱鱗翅目シジミタテハ科の蝶。分布：メキシコ，中央アメリカ，アマゾン。

カリステシロスジタイマイ〈*Eurytides calliste calliste*〉昆虫綱鱗翅目アゲハチョウ科の蝶。分布：メキシコからコスタリカ，亜種はメキシコ，グアテマラ。

カリス・テドラ〈*Charis thedora*〉昆虫綱鱗翅目シジミタテハ科の蝶。分布：ブラジル，ボリビア，ペルー。

カリストイデス・バソキス〈*Carystoides basochis*〉昆虫綱鱗翅目セセリチョウ科の蝶。分布：中央アメリカ，アマゾン，トリニダード。

カリストイデス・マロマ〈*Carystoides maroma*〉昆虫綱鱗翅目セセリチョウ科の蝶。分布：パナマからアマゾン流域。

カリストゥス・フォルクス〈*Carystus phorcus*〉昆虫綱鱗翅目セセリチョウ科の蝶。分布：ギアナ，トリニダード。

カリストゥス・ペリファス・ペリファス〈*Carystus periphas periphas*〉昆虫綱鱗翅目セセリチョウ科の蝶。分布：コロンビアからペルー，フランス領ギアナ，アマゾン上流。

カリストゥス・ヨルス〈*Carystus jolus*〉昆虫綱鱗翅目セセリチョウ科の蝶。分布：ブラジル。

カリスト・ザンギス〈*Calisto zangis*〉昆虫綱鱗翅目ジャノメチョウ科の蝶。分布：ジャマイカ，ギアナ。

カリスト・プルケッラ〈*Calisto pulchella*〉昆虫綱鱗翅目ジャノメチョウ科の蝶。分布：ハイチ。

カリディア・エンポラエウス〈*Charidia empolaeus*〉昆虫綱鱗翅目セセリチョウ科の蝶。分布：ブラジル。

カリディア・ルカリア〈*Charidia lucaria*〉昆虫綱鱗翅目セセリチョウ科の蝶。分布：コロンビア，エクアドル，ペルー，ギアナ。

カリドゥナ・カイエタ〈*Calydna caieta*〉昆虫綱鱗翅目シジミタテハ科の蝶。分布：アマゾン，ペルー。

カリドゥナ・カセバ〈*Calydna chaseba*〉昆虫綱鱗翅目シジミタテハ科。分布：ブラジル。

カリドゥナ・カタナ〈*Calydna catana*〉昆虫綱鱗翅目シジミタテハ科の蝶。分布：ベネズエラ，アマゾン。

カリドゥナ・カビラ〈*Calydna cabira*〉昆虫綱鱗翅目シジミタテハ科の蝶。分布：アマゾン。

カリドゥナ・カラミサ〈*Calydna calamisa*〉昆虫綱鱗翅目シジミタテハ科の蝶。分布：アマゾン。

カリドゥナ・カリケ〈*Calydna calyce*〉昆虫綱鱗翅目シジミタテハ科の蝶。分布：アマゾン。

カリドゥナ・カリラ〈*Calydna charila*〉昆虫綱鱗翅目シジミタテハ科の蝶。分布：ブラジル北部、ペルー。

カリドゥナ・ケア〈*Calydna cea*〉昆虫綱鱗翅目シジミタテハ科の蝶。分布：アマゾン。

カリドゥナ・テルサンダ〈*Calydna thersanda*〉昆虫綱鱗翅目シジミタテハ科の蝶。分布：ギアナ、ブラジル。

カリドゥナ・テルサンデル〈*Calydna thersander*〉昆虫綱鱗翅目シジミタテハ科。分布：ペルー、ベネズエラ、ギアナ、ブラジル。

カリドゥナ・プンクタタ〈*Calydna punctata*〉昆虫綱鱗翅目シジミタテハ科の蝶。分布：エクアドル、ペルー、ボリビア。

カリナガ・ラツォ〈*Calinaga lhatso*〉昆虫綱鱗翅目タテハチョウ科の蝶。分布：雲南省(中国)。

カリネタ属の一種〈*Carineta sp.*〉昆虫綱半翅目セミ科。

カリネタ・ディアルディ〈*Carineta diardi*〉昆虫綱半翅目セミ科。分布：南アメリカ。

カリバチ 狩蜂〈*wasps*〉昆虫綱膜翅目細腰亜目の一群である有剣類Aculeataに属する一群からハナバチを除いたハチ類をいう。

カリフォルニアイヌモンキチョウ〈*Zerene eurydice*〉昆虫綱鱗翅目シロチョウ科の蝶。雄は前翅の中央部に黒色の斑点、雌は淡黄色。開張4〜6mm。分布：カリフォルニア。

カリプソシロチョウ〈*Belenois calypso*〉昆虫綱鱗翅目シロチョウ科の蝶。分布：アフリカ西部・中部および東部からタンザニアまで。

カリプソテントウ〈*Lemnia saucia*〉昆虫綱甲虫目テントウムシ科の甲虫。体長5.6〜6.7mm。

カリヤナミガタガガンボ〈*Limonia kariyana*〉昆虫綱双翅目ガガンボ科。

カリュウホラヒメグモ〈*Nesticus karyuensis*〉蛛形綱クモ目ホラヒメグモ科の蜘蛛。

カリリア・エクセレンス〈*Carilia excellens*〉昆虫綱甲虫目カミキリムシ科の甲虫。分布：ポーランド、カルパチア山脈(バルカン半島)、ウクライナ。

カリリア・ビルギネア〈*Carilia virginea*〉昆虫綱甲虫目カミキリムシ科の甲虫。分布：ヨーロッパ(北部・中部の山地)。

カルカロドゥス・アルケアエ〈*Carcharodus alceae*〉昆虫綱鱗翅目セセリチョウ科の蝶。分布：ヨーロッパ、アジア南部。

ガルサウリテス・キサントストラ〈*Garsaurites xanthostola*〉昆虫綱鱗翅目トンボマダラ科の蝶。分布：アマゾン川流域。

カルテア・ビトゥラ〈*Cartea vitula*〉昆虫綱鱗翅目シジミタテハ科の蝶。分布：ペルー、アマゾン流域、ブラジル北部。

カルテロケファルス・アバンティ〈*Carterocephalus avanti*〉昆虫綱鱗翅目セセリチョウ科の蝶。分布：チベット、中国西部、シッキム、ブータン。

カルテロケファルス・アルギロスティグマ〈*Carterocephalus argyrostigma*〉昆虫綱鱗翅目セセリチョウ科の蝶。分布：中国、チベット、ウラジオストック。

カルテロケファルス・ニベオマクラトゥス〈*Carterocephalus niveomaculatus*〉昆虫綱鱗翅目セセリチョウ科の蝶。分布：チベット、中国西部および南部。

カルテロケファルス・プルクラ〈*Carterocephalus pulchra*〉昆虫綱鱗翅目セセリチョウ科の蝶。分布：チベット、中国西部。

カルテロケファルス・ミキオ〈*Carterocephalus micio*〉昆虫綱鱗翅目セセリチョウ科の蝶。分布：中国(主として西部、チベット)。

カルトリス・コルマッサ〈*Caltoris cormassa*〉昆虫綱鱗翅目セセリチョウ科の蝶。分布：インドからマレーシアおよびフィリピンまで。

カルトリス・トゥルシ〈*Caltoris tulsi*〉昆虫綱鱗翅目セセリチョウ科の蝶。分布：インドからマレーシアおよび中国、ジャワ。

カルトリス・フィリッピナ〈*Caltoris philippina*〉昆虫綱鱗翅目セセリチョウ科の蝶。分布：インド、スリランカ、マレーシアからニューギニアおよびソロモン群島、フィリピン、モルッカ諸島。

カルナルリモンアゲハ〈*Achillides karna*〉昆虫綱鱗翅目アゲハチョウ科の蝶。

カルミモンシロチョウ〈*Talbotia naganum*〉昆虫綱鱗翅目シロチョウ科の蝶。

カルレネス・ウニファスキアタ〈*Carrhenes unifasciata*〉昆虫綱鱗翅目セセリチョウ科の蝶。分布：中央アメリカ。

カルレネス・カネスケンス〈*Carrhenes canescens*〉昆虫綱鱗翅目セセリチョウ科の蝶。分布：メキシコからコロンビアまで。

カレタシロスジヤママユ〈*Eupachardia calleta*〉昆虫綱鱗翅目ヤママユ科の蛾。翅は黒褐色に白色の帯。開張8.25〜11mm。分布：合衆国南部から、メキシコ中央部。

カレドニアオオルリアゲハ〈Papilio montrouzieri〉昆虫綱鱗翅目アゲハチョウ科の蝶.分布:ニューカレドニア,ロイヤルティ諸島.

カレハガ 枯葉蛾〈Gastropacha orientalis〉昆虫綱鱗翅目カレハガ科の蛾.翅は赤褐色で,紫色をおびた褐色の光沢がある.開張4.0～7.5mm.柿,梅,アンズ,桜桃,ナシ類,桃,スモモ,林檎,桜類に害を及ぼす.分布:ヨーロッパ,アジア温帯域.

カレハガ 枯葉蛾 昆虫綱鱗翅目カレハガ科 Lasiocampidaeの総称,またはそのなかの一種.

カレハグモ〈Lathys humilis〉蛛形綱クモ目ハグモ科の蜘蛛.

カレハチビマルハキバガ〈Tyrolimnas anthraconesa〉昆虫綱鱗翅目マルハキバガ科の蛾.分布:本州,屋久島,四国,九州,中国.

カレハヒメグモ〈Enoplognatha transversifoveata〉蛛形綱クモ目ヒメグモ科の蜘蛛.体長雌6～8mm,雄4～6mm.分布:本州,四国,九州.

カレハヒメマルハキバガ〈Pseudodoxia achlyphanes〉昆虫綱鱗翅目マルハキバガ科の蛾.分布:本州,四国,九州.

カレハヤドリフシオナガヒメバチ カレハヤドリフシヒメバチの別名.

カレハヤドリフシヒメバチ〈Iseropus orientalis〉昆虫綱膜翅目ヒメバチ科.

ガレモンヒメハマキ〈Zeiraphera argutana〉昆虫綱鱗翅目ハマキガ科の蛾.分布:北海道,本州(東北及び中部の山地),四国(剣山),中国(東北),ロシア(ウスリー).

カレンコウシジミ〈Tajuria diaeus〉昆虫綱鱗翅目シジミチョウ科の蝶.

ガロアアナアキゾウムシ〈Dyscerus galloisi〉昆虫綱甲虫目ゾウムシ科の甲虫.体長13～15mm.

ガロアオナガバチ〈Triancyra galloisi〉昆虫綱膜翅目ヒメバチ科.

ガロアキマダラハナバチ〈Nomada galloisi〉昆虫綱膜翅目コシブトハナバチ科.

ガロアクシヒゲシバンムシ〈Ptilinus galloisi〉昆虫綱甲虫目シバンムシ科.

ガロアケシカミキリ〈Exocentrus galloisi〉昆虫綱甲虫目カミキリムシ科フトカミキリ亜科の甲虫.体長4～5mm.分布:北海道,本州,四国,九州,佐渡.

ガロアケシデオキノコムシ〈Scaphisoma galloisi〉昆虫綱甲虫目デオキノコムシ科.

ガロアチャイロコガネ〈Sericania galloisi〉昆虫綱甲虫目コガネムシ科の甲虫.

ガロアトゲアリヅカムシ〈Batrisoplisus galloisi〉昆虫綱甲虫目アリヅカムシ科の甲虫.体長1.5mm.

ガロアノミゾウムシ〈Rhynchaenus galloisi〉昆虫綱甲虫目ゾウムシ科の甲虫.体長2.2～2.6mm.

ガロアヒメナガシンクイ〈Xylopsocus galloisi〉昆虫綱甲虫目ナガシンクイムシ科の甲虫.体長3.5～7.0mm.

ガロアヒメハナノミ〈Tolidopalpus galloisi〉昆虫綱甲虫目ハナノミ科の甲虫.体長3.3～5.5mm.

ガロアマダラヤドリハナバチ ガロアキマダラハナバチの別名.

ガロアミズギワゴミムシ〈Bembidion galloisi〉昆虫綱甲虫目オサムシ科の甲虫.体長5mm.分布:北海道,本州,四国,九州,屋久島.

ガロアムシ〈Galloisiana nipponensis〉昆虫綱欠翅目ガロアムシ科.

ガロアムシ〈Notoptera〉昆虫綱ガロアムシ目ガロアムシ科の昆虫の総称,またはそのうちの一種.珍虫.

ガロアムネスジダンダラコメツキ〈Harminius galloisi〉昆虫綱甲虫目コメツキムシ科の甲虫.体長14～19mm.

カロキアスマ・リリナ〈Calociasma lilina〉昆虫綱鱗翅目シジミタテハ科の蝶.分布:メキシコからパナマまで.

カロスピラ・ゼウリッパ〈Calospila zeurippa zeurippa〉昆虫綱鱗翅目シジミタテハ科.分布:メキシコからパナマ.

カロスピラ・タラ〈Calospila thara thara〉昆虫綱鱗翅目シジミタテハ科.分布:エクアドル,ペルー,アマゾン流域,ベネズエラ,ギアナ.

カロデタ・エピイェッサ〈Chalodeta epijessa〉昆虫綱鱗翅目シジミタテハ科の蝶.分布:ブラジル,ギアナ.

カロデタ・カオニティス〈Chalodeta chaonitis〉昆虫綱鱗翅目シジミタテハ科の蝶.分布:ギアナ,ボリビア.

カロデタ・テオドラ〈Chalodeta theodora〉昆虫綱鱗翅目シジミタテハ科.分布:コロンビア,エクアドル,ボリビア,ブラジルからアルゼンチン.

カロニアス・エウリテレ〈Charonias eurytele〉昆虫綱鱗翅目シロチョウ科の蝶.分布:エクアドル,コロンビア.

カロニアス・テアノ〈Charonias theano〉昆虫綱鱗翅目シロチョウ科の蝶.分布:エクアドル,ブラジル.

カロリンホソアカトンボ〈Agrionoptera sanguinolenta sanguinolenta〉昆虫綱蜻蛉目トンボ科の蜻蛉.

カワイヒラアシコメツキ〈*Ischiodontus hawaii*〉昆虫綱甲虫目コメツキムシ科の甲虫。体長10～11.5mm。

カワカゲロウ 川蜉蝣 昆虫綱カゲロウ目カワカゲロウ科Potamanthidaeの総称。

カワカミシロチョウ〈*Appias albina*〉昆虫綱鱗翅目シロチョウ科の蝶。前翅長26～30mm。分布：インドからモルッカ諸島、フィリピン、マレーシア北部およびオーストラリア北部。

カワカミハムシ〈*Chrysolina nikolskyi*〉昆虫綱甲虫目ハムシ科の甲虫。体長6.0～6.5mm。

カワグチミズギワゴミムシ〈*Bembidion aureofuscum*〉昆虫綱甲虫目オサムシ科の甲虫。体長4.2mm。

カワゲラ 積翅〈*Perla tibialis*〉昆虫綱積翅目カワゲラ科。別名ナミカワゲラ。体長雄20mm、雌25mm。分布：北海道、本州、四国、九州。

カワゲラ 積翅〈*stonefly, Steinfliegen*〉昆虫綱カワゲラ目の昆虫の総称。

カワゴケミズメイガ〈*Parthenodes vagalis*〉昆虫綱鱗翅目メイガ科の蛾。分布：九州（鹿児島県）、屋久島、インド、ジャワ。

カワサワマシラグモ〈*Leptoneta kawasawai*〉蛛形綱クモ目マシラグモ科の蜘蛛。

カワサワメクラチビゴミムシ〈*Rakantrechus kawasawai*〉昆虫綱甲虫目オサムシ科の甲虫。体長3.3～3.5mm。

カワセミシジミ〈*Charana jalindra*〉昆虫綱鱗翅目シジミチョウ科の蝶。分布：インド、ジャワ、マレーシア、ボルネオ、スマトラ、パラワン。

カワセミビロウドセセリ〈*Bibasis tuckeri*〉昆虫綱鱗翅目セセリチョウ科の蝶。

カワセミビロードセセリ カワセミビロウドセセリの別名。

カワゾエイチモンジセセリ〈*Parnara kawazoei*〉蝶。

カワチゴミムシ〈*Diplous caligatus*〉昆虫綱甲虫目オサムシ科の甲虫。体長11～14mm。分布：北海道、本州、四国、九州。

カワチマルクビゴミムシ 河内円頸芥虫〈*Nebria lewisi*〉昆虫綱甲虫目オサムシ科の甲虫。体長14mm。分布：北海道、本州、四国、九州。

カワツブアトキリゴミムシ〈*Amphimenes piceolus*〉昆虫綱甲虫目オサムシ科の甲虫。体長5.5～6.5mm。

カワトンボ 川蜻蛉、河蜻蛉〈*Mnais pruinosa*〉昆虫綱蜻蛉目カワトンボ科の蜻蛉。体長55～60mm。分布：日本各地。

カワトンボ科の一種〈*Calopterygidae* sp.〉昆虫綱蜻蛉目カワトンボ科。分布：レイテ、ミンダナオ（フィリピン）。

カワノナガゴミムシ〈*Pterostichus kawanoi*〉昆虫綱甲虫目オサムシ科の甲虫。体長15.5～17.5mm。

カワベコモリグモ〈*Arctosa kawabe*〉蛛形綱コモリグモ科の蜘蛛。体長雌10～12mm、雄8～9mm。分布：北海道、本州、四国、九州。

カワベリキコモンセセリ〈*Celaenorrhinus asmara*〉昆虫綱鱗翅目セセリチョウ科の蝶。分布：インド、ミャンマー、マレーシア、スマトラ、ジャワ。

カワホネネクイハムシ〈*Donacia ozensis*〉昆虫綱甲虫目ハムシ科の甲虫。体長7.5～10.0mm。

カワムシ ザザムシの別名。

カワムラトガリバ〈*Horithyatira kawamurae*〉昆虫綱鱗翅目トガリバガ科の蛾。開張35～45mm。分布：インド、ネパール、スマトラ、四国、九州、屋久島、奄美大島、沖縄本島。

カワムラナガレトビケラ〈*Rhyacophila kawamurae*〉昆虫綱毛翅目ナガレトビケラ科。

カワムラナベブタムシ〈*Aphelocheirus kawamurai*〉昆虫綱半翅目ナベブタムシ科。絶滅危惧I類(CR+EN)。

カワムラヒゲナガムシヒキ〈*Ceraturgus kawamurae*〉昆虫綱双翅目ムシヒキアブ科。体長11～15mm。分布：北海道、本州、四国。

カワムラヒゲボソムシヒキ カワムラヒゲナガムシヒキの別名。

カワムラヒメテントウ〈*Scymnus kawamurai*〉昆虫綱甲虫目テントウムシ科の甲虫。体長1.8～2.6mm。

カワヤナギハバチ〈*Pontania* sp.〉昆虫綱膜翅目。ヤナギ、ポプラに害を及ぼす。

カワラゴミムシ 河原芥虫〈*Omophron limbatum*〉昆虫綱甲虫目オサムシ科の甲虫。体長7mm。分布：北海道、本州、四国、九州。

カワラゴミムシ属の一種〈*Omophron* sp.〉昆虫綱甲虫目オサムシ科。

カワラスズ 川原鈴〈*Pteronemobius furumagiensis*〉昆虫綱直翅目コオロギ科。体長8～11mm。分布：本州、四国、九州、対馬。

カワラバッタ 河原蝗虫〈*Sphingonotus japonicus*〉昆虫綱直翅目バッタ科。体長34～43mm。分布：本州、四国、九州。

カワラハンミョウ 河原斑蝥〈*Cicindela laetescripta*〉昆虫綱甲虫目ハンミョウ科の甲虫。絶滅危惧II類(VU)。体長16mm。分布：北海道、本州、四国、九州。

カワラムクゲカメムシ〈*Cryptostemma japonicum*〉昆虫綱半翅目ムクゲカメムシ科。体長2mm。分布：本州、四国、九州。

カワリアオバセセリ〈*Chaospes furcatus*〉昆虫綱鱗翅目セセリチョウ科の蝶。

カワリアゲハ オスジロアゲハの別名。

カワリキンカメムシ〈*Tectocoris diophthalmus*〉昆虫綱半翅目カメムシ科。分布：インドシナ、マレーシア、インドネシア、フィリピン、オーストラリア、ニューカレドニア、フィジー、サモア。

カワリコブアブラムシ〈*Myzus varians*〉昆虫綱翅目アブラムシ科。体長1.5mm。桃、スモモに害を及ぼす。分布：本州、九州、沖縄、朝鮮半島、中国大陸、台湾、タイ。

カワリタテハモドキ〈*Junonia andremiaja*〉昆虫綱鱗翅目タテハチョウ科の蝶。分布：マダガスカル。

カワリダンゴタマムシ〈*Julodis aequinoctialis*〉昆虫綱甲虫目タマムシ科。分布：モロッコ、アルジェリア。

カワリノコギリグモ〈*Erigone koshiensis*〉蛛形綱クモ目サラグモ科の蜘蛛。

カワリヒゲナガゾウムシ〈*Araecerus varians*〉昆虫綱甲虫目ヒゲナガゾウムシ科の甲虫。体長3.0～4.2mm。分布：小笠原諸島。

カワリヒゲブトノミハムシ〈*Nonarthra variabilis*〉昆虫綱甲虫目ハムシ科の甲虫。体長3.0～4.5mm。

カワリフトタマムシ〈*Sternocera pulchra*〉昆虫綱甲虫目タマムシ科。分布：アフリカ東部。

カワリベニボタル〈*Duliticola paradoxa*〉昆虫綱甲虫目ベニボタル科。分布：ボルネオ。

カワリマルバネマダラ〈*Euploea blossomae*〉昆虫綱鱗翅目マダラチョウ科の蛾。開張80mm。分布：ルソン島山地、ミンダナオ北部(フィリピン)。珍蝶。

カンキツカタカイガラムシ〈*Coccus pseudomagnoliarum*〉昆虫綱半翅目カタカイガラムシ科。柑橘に害を及ぼす。

カンキツヒメガガンボ〈*Limonia amatrix*〉昆虫綱双翅目ガガンボ科。

カンキツヒメヨコバイ〈*Apheliona ferruginea*〉昆虫綱半翅目ヨコバイ科。体長4mm。柑橘に害を及ぼす。分布：本州、四国、九州。

カンキョウタカネヒカゲ〈*Oeneis urda*〉昆虫綱鱗翅目ジャノメチョウ科の蝶。分布：アルタイ、サヤンから朝鮮半島、アムール、ウスリーまで。

カンコノスジヒメハマキ〈*Hedya gratiana*〉昆虫綱鱗翅目ハマキガ科の蛾。分布：屋久島と口永良部島。

カンコハマキ〈*Platypeplus ptarmicopus*〉昆虫綱鱗翅目ノコメハマキガ科の蛾。開張14～17mm。

カンコヒメハマキ〈*Dudua ptarmicopa*〉昆虫綱鱗翅目ハマキガ科の蛾。分布：本州の紀伊半島以西、四国、九州の太平洋岸及び伊豆諸島(三宅島、八丈小島)、屋久島、奄美大島、沖縄本島、台湾、中国。

カンコホソガ〈*Acrocercops scriptulata*〉昆虫綱鱗翅目ホソガ科の蛾。開張9～11mm。

カンコマダラホソガ〈*Diphtheroptila scriptulata*〉昆虫綱鱗翅目ホソガ科の蛾。分布：九州南端、台湾。

カンザシゴカイ 簪沙蚕 環形動物門多毛綱定在目カンザシゴカイ科Serpulidaeに属する種類の総称。

カンザワハダニ〈*Tetranychus kanzawai*〉節足動物門クモ形綱ダニ目ハダニ科のダニ。体長0.5mm。大豆、サトイモ、シソ、ナス科野菜、苺、ヤマノイモ類、桜桃、ナシ類、枇杷、桃、スモモ、林檎、葡萄、柑橘、桑、ホップ、茶、マメ科牧草、グラジオラス、菊、コスモス、百日草、イネ科作物、マリゴールド類、金魚草、サルビア、スミレ類、バラ類、アマリリス、朝顔、ラン類、リンドウ、椿、山茶花、紫陽花、オクラ、アカザ科野菜、ウリ科野菜、柿、無花果、隠元豆、小豆、ササゲに害を及ぼす。分布：日本全国、中国、台湾、フィリピン、マレーシア。

カンシキドクガ〈*Euproctis kanshireia*〉昆虫綱鱗翅目ドクガ科の蛾。分布：西表島。

カンシャカタカイガラモドキ〈*Aclerda takahashii*〉昆虫綱半翅目カタカイガラモドキ科。体長5mm。サトウキビに害を及ぼす。分布：沖縄、台湾。

カンシャシンクイ カンショノシンクイハマキの別名。

カンシャワタアブラムシ〈*Ceratovacuna lanigera*〉昆虫綱半翅目アブラムシ科。体長1.8～1.9mm。サトウキビに害を及ぼす。分布：本州、沖縄、中国、台湾、東南アジア。

カンショオサゾウムシ〈*Rhabdoscelus obscurus*〉昆虫綱甲虫目オサゾウムシ科の甲虫。体長9.2～12.7mm。

ガンショキクイムシ〈*Xyleborus ganshoensis*〉昆虫綱甲虫目キクイムシ科の甲虫。体長2.6～3.2mm。

カンショコバネナガカメムシ〈*Cavelerius saccharivorus*〉昆虫綱半翅目ナガカメムシ科。体長6～9mm。サトウキビに害を及ぼす。分布：九州、沖縄、台湾、中国。

カンショノシンクイハマキ〈*Tetramoera schistaceana*〉昆虫綱鱗翅目ハマキガ科の蛾。サトウキビに害を及ぼす。分布：南西諸島、台湾、フィリピン、中国(南部)、インドネシア、ミクロネシア、ハワイ、スリランカ、マダガスカル。

カンダエンマコガネ　ウエダエンマコガネの別名。

カンターキアシミドリカミキリ〈*Aphrodisium cantori*〉昆虫綱甲虫目カミキリムシ科の甲虫。分布：アッサム，インド北部，ラオス，マレーシア。

カンダリデス・アブシミリス〈*Candalides absimilis*〉昆虫綱鱗翅目シジミチョウ科の蝶。分布：オーストラリア。

カンダリデス・インテンサ〈*Candalides intensa*〉昆虫綱鱗翅目シジミチョウ科の蝶。分布：アルー諸島，ニューギニアからビスマルク諸島まで。

カンダリデス・エリヌス〈*Candalides erinus*〉昆虫綱鱗翅目シジミチョウ科の蝶。分布：オーストラリア，ニューギニア，ティモール。

カンダリデス・キプロトゥス〈*Candalides cyprotus*〉昆虫綱鱗翅目シジミチョウ科の蝶。分布：オーストラリア。

カンダリデス・クプレア〈*Candalides cuprea*〉昆虫綱鱗翅目シジミチョウ科の蝶。分布：ニューギニア。

カンダリデス・グリセルディス〈*Candalides griseldis*〉昆虫綱鱗翅目シジミチョウ科の蝶。分布：モルッカ諸島，ニューギニア。

カンダリデス・ジスカ〈*Candalides ziska*〉昆虫綱鱗翅目シジミチョウ科の蝶。分布：ニューギニア。

カンダリデス・スブルテア〈*Candalides sublutea*〉昆虫綱鱗翅目シジミチョウ科の蝶。分布：ニューギニア。

カンダリデス・スブロセア〈*Candalides subrosea*〉昆虫綱鱗翅目シジミチョウ科の蝶。分布：ニューギニア。

カンダリデス・トゥリンガ〈*Candalides tringa*〉昆虫綱鱗翅目シジミチョウ科の蝶。分布：ニューギニア。

カンダリデス・ヒーシ〈*Candalides heathi*〉昆虫綱鱗翅目シジミチョウ科の蝶。分布：オーストラリア。

カンダリデス・ブラックバーニ〈*Candalides blackburni*〉昆虫綱鱗翅目シジミチョウ科の蝶。分布：オアフ島(ハワイ)。

カンダリデス・プルイナ〈*Candalides pruina*〉昆虫綱鱗翅目シジミチョウ科の蝶。分布：ニューギニア。

カンダリデス・レフサ〈*Candalides refusa*〉昆虫綱鱗翅目シジミチョウ科の蝶。分布：ニューギニア。

カンタロクネミス・オルブレヒチ〈*Cantharocnemis olbrechtsi*〉昆虫綱甲虫目カミキリムシ科の甲虫。分布：アフリカ中央部。

カンタン　邯鄲〈*Oecanthus longicauda*〉昆虫綱直翅目コオロギ科。体長11～20mm。分布：北海道，本州，四国，九州，対馬，奄美諸島。

カンバチュウレンジ〈*Arge pullata*〉昆虫綱膜翅目ミフシハバチ科。

カンバマエジロツツミノガ〈*Coleophora milvipennis*〉昆虫綱鱗翅目ツツミノガ科の蛾。分布：北海道，本州。

カンプトプレウラ・テラメネス〈*Camptopleura theramenes*〉昆虫綱鱗翅目セセリチョウ科の蝶。分布：ブラジル。

カンボウトラカミキリ〈*Hayashiclytus acutivittis*〉昆虫綱甲虫目カミキリムシ科カミキリ亜科の甲虫。体長12～18mm。分布：本州，四国，九州，対馬。

カンボウホソトラカミキリ　カンボウトラカミキリの別名。

カンムリエダシャク〈*Xanthisthisa niveifrons*〉昆虫綱鱗翅目シャクガ科の蛾。淡黄色からオレンジ色がかった褐色。開張3.0～4.5mm。分布：アンゴラ，ザンビア，マラウイ，モザンビーク，トランスバール州。

カンムリグモ〈*Speocera laureata*〉蛛形綱クモ目エンコウグモ科の蜘蛛。

カンムリゴカイ　冠沙蚕　環形動物門多毛綱定在目カンムリゴカイ科の種類の総称，またはそのなかの一種名。

カンムリセスジゲンゴロウ〈*Copelatus kammuriensis*〉昆虫綱甲虫目ゲンゴロウ科の甲虫。体長4.7～5.3mm。

カンワミスジ〈*Athyma kanwa*〉昆虫綱鱗翅目タテハチョウ科の蝶。

【キ】

キアオハマキ〈*Oxigrapha paradiseana*〉昆虫綱鱗翅目ハマキガ科の蛾。開張20～25mm。

キアゲハ〈*Papilio machaon*〉昆虫綱鱗翅目アゲハチョウ科の蝶。黄色地に黒色のはっきりとした模様。開張7～10mm。セリ科野菜に害を及ぼす。分布：ヨーロッパからアジアの温帯域。

キアシアシナガヤセバエ〈*Trepidaria japonica*〉昆虫綱双翅目チビヒゲアシナガヤセバエ科。

キアシアブラコバチ〈*Ephederus lacertosus*〉アブラコバチ科。

キアシイクビチョッキリ〈*Deporaus fuscipennis*〉昆虫綱甲虫目オトシブミ科の甲虫。体長3.6～3.7mm。

キアシエセミギワバエ〈*Procanace grisescens*〉昆虫綱双翅目エセミギワバエ科。

キアシオオブユ　黄脚大蚋〈*Prosimulium yezoense*〉昆虫綱双翅目ブユ科。分布：北海道，本州。

キアシオナガトガリヒメバチ〈Acroricnus ambulator〉昆虫綱膜翅目ヒメバチ科。

キアシオビジョウカイモドキ〈Laius pellegrini〉昆虫綱甲虫目ジョウカイモドキ科の甲虫。体長3～4mm。分布：本州。

キアシガガンボ〈Tipula flavocostalis〉昆虫綱双翅目ガガンボ科。

キアシカネコメツキ〈Limonius apporoximans〉昆虫綱甲虫目コメツキムシ科。

キアシカミキリモドキ〈Oedemeronia manicata〉昆虫綱甲虫目カミキリモドキ科の甲虫。体長7.5～10.0mm。

キアシカワベハネカクシ〈Bledius pallipes〉昆虫綱甲虫目ハネカクシ科の甲虫。体長3.7～4.0mm。

キアシキンシギアブ 黄脚金鷸虻〈Chrysopilus dives〉昆虫綱双翅目シギアブ科。分布：本州。

キアシクサヒバリ 擬黒雲雀〈Trigonidium cicindeloides〉昆虫綱直翅目コオロギ科。別名メダカスズ。体長5～7mm。分布：本州(青森県以南)，四国，九州，五島列島，対馬，南西諸島。

キアシクチブトサルゾウムシ アカアシクチブトサルゾウムシの別名。

キアシクビナガキバチ〈Xiphydria buyssoni〉昆虫綱膜翅目クビナガキバチ科。

キアシクビボソムシ〈Macratria japonica〉昆虫綱甲虫目アリモドキ科の甲虫。体長3.1～4.0mm。

キアシクロクビボソハネカクシ キアシシリグロハネカクシの別名。

キアシクロゴモクムシ〈Harpalus tschiliensis〉昆虫綱甲虫目ゴミムシ科。

キアシクロゴモクムシ ウスアカクロゴモクムシの別名。

キアシクロナガハナアブ 黄脚黒長花虻〈Zelima simplex〉昆虫綱双翅目ハナアブ科。分布：東京付近。

キアシクロナガハネカクシ〈Lathrobium fulvipes〉昆虫綱甲虫目ハネカクシ科。

キアシクロハナアブ〈Cheilosia abbreviata〉昆虫綱双翅目ハナアブ科。

キアシクロヒメテントウ〈Stethorus japonicus〉昆虫綱甲虫目テントウムシ科。体長1.2～1.5mm。

キアシクロムナボソコメツキ〈Ectinus insidiosus〉昆虫綱甲虫目コメツキムシ科の甲虫。体長7.5～10.5mm。

キアシシリアゲ 黄脚挙尾虫〈Panorpa wormaldi〉昆虫綱長翅目シリアゲムシ科。分布：本州中南部。

キアシシリグロハネカクシ〈Astenus latifrons〉昆虫綱甲虫目ハネカクシ科の甲虫。体長5.0～5.4mm。

キアシシロナミシャク〈Xanthorhoe abraxina abraxina〉昆虫綱鱗翅目シャクガ科ナミシャク亜科の蛾。開張30～32mm。分布：北海道，サハリン，中国東北，シベリア南東部。

キアシチビアオゾウムシ〈Scythropus japonicus〉昆虫綱甲虫目ゾウムシ科の甲虫。体長4.3～5.1mm。

キアシチビオオキノコムシ〈Triplax canalicollis〉昆虫綱甲虫目オオキノコムシ科の甲虫。体長3.0～3.5mm。

キアシチビコガシラハネカクシ〈Philonthus numata〉昆虫綱甲虫目ハネカクシ科の甲虫。体長5.0～5.5mm。

キアシチビジョウカイ フタイロチビジョウカイの別名。

キアシチビツツハムシ〈Cryptocephalus amiculus〉昆虫綱甲虫目ハムシ科の甲虫。体長2.0～2.4mm。

キアシチビヒゲナガゾウムシ〈Uncifer pectoralis〉昆虫綱甲虫目ヒゲナガゾウムシ科の甲虫。体長3.0～3.6mm。分布：北海道，本州，四国，九州。

キアシツマキジョウカイ〈Malthinus humeralis〉昆虫綱甲虫目ジョウカイボン科の甲虫。体長3.1～3.3mm。

キアシツメトゲブユ〈Simulium bidentatum〉昆虫綱双翅目ブユ科。体長1.5～2.0mm。害虫。

キアシツヤナガシンクイ〈Xylothrips flavipes〉昆虫綱甲虫目ナガシンクイムシ科の甲虫。体長6.0～8.5mm。

キアシツヤヒラタゴミムシ〈Synuchus callitheres〉昆虫綱甲虫目オサムシ科の甲虫。体長11.5～14.5mm。

キアシツヤホソバエ〈Dicranosepsis bicolor〉昆虫綱双翅目ツヤホソバエ科。体長3.0～3.5mm。害虫。

キアシドウイロツヤカナブン〈Myctorophallus dichropus〉昆虫綱甲虫目コガネムシ科の甲虫。分布：ニューギニア。

キアシドクガ 黄脚毒蛾〈Ivela auripes〉昆虫綱鱗翅目ドクガ科の蛾。開張50～57mm。ヤツデ，アオキ，ミズキに害を及ぼす。分布：北海道，本州(東北地方北部より)，四国，シベリア南東部，中国。

キアシナガバチ 黄脚長蜂〈Polistes rothneyi〉昆虫綱膜翅目スズメバチ科。体長20～26mm。分布：本州，四国，九州，奄美大島。害虫。

キアシナガハネカクシ〈Lathrobium pallipes〉昆虫綱甲虫目ハネカクシ科の甲虫。体長5.8～6.

キアシナガヤセバエ　キアシアシナガヤセバエの別名。

キアシヌレチゴミムシ〈Patrobus flavipes〉昆虫綱甲虫目オサムシ科の甲虫。体長13〜17mm。分布：北海道, 本州, 四国, 九州。

キアシノミハムシ〈Luperomorpha tenebrosa〉昆虫綱甲虫目ハムシ科の甲虫。体長2.5mm。大豆に害を及ぼす。

キアシハエトリ〈Phintella bifurcilinea〉蛛形綱クモ目ハエトリグモ科の蜘蛛。体長雌4.5〜5.0mm, 雄3.5〜4.0mm。分布：日本全土。

キアシハサミムシ　コバネハサミムシの別名。

キアシハナダカバチモドキ　黄脚擬鼻高蜂〈Stizus pulcherrimus〉昆虫綱膜翅目アナバチ科。分布：本州, 九州。

キアシヒゲタケカ〈Macrocera vittata〉昆虫綱双翅目キノコバエ科。

キアシヒゲナガアオハムシ〈Clerotilia flavomarginata〉昆虫綱甲虫目ハムシ科の甲虫。体長4.3〜5.8mm。

キアシヒゲナガゾウムシ　キアシチビヒゲナガゾウムシの別名。

キアシヒゲナガハバチ　黄脚鬚長葉蜂〈Nematus crassus〉昆虫綱膜翅目ハバチ科。分布：北海道, 本州。

キアシヒメカネコメツキ〈Kibunea approximana〉昆虫綱甲虫目コメツキムシ科の甲虫。体長6mm。分布：本州, 九州。

キアシヒメタマムシ〈Buprestis rufipes〉昆虫綱甲虫目タマムシ科。分布：アメリカ東部・南部。

キアシヒメミヤマクワガタ〈Lucanus miwai〉昆虫綱甲虫目クワガタムシ科。分布：台湾(中部高地)。

キアシヒラタクロコメツキ〈Ascoliocerus fluviatilis〉昆虫綱甲虫目コメツキムシ科。

キアシヒラタチビハネカクシ〈Anomognathus armatus〉昆虫綱甲虫目ハネカクシ科。

キアシヒラタヒサゴコメツキ〈Coliascerus fluviatilis〉昆虫綱甲虫目コメツキムシ科。体長7〜9mm。分布：本州, 九州。

キアシヒラタヒメバチ〈Coccygomimus instigator〉昆虫綱膜翅目ヒメバチ科。

キアシフクログモ〈Clubiona flavipes〉蛛形綱クモ目フクログモ科の蜘蛛。

キアシフタマタキノコバエ〈Boletina plana〉昆虫綱双翅目キノコバエ科。

キアシブトコバチ　黄脚太小蜂〈Brachymeria obscurata〉昆虫綱膜翅目アシブトコバチ科。体長5〜7mm。分布：日本全土。

キアシフンバエ〈Scathophaga mellipes〉昆虫綱双翅目フンバエ科。体長10mm。害虫。

キアシホソチョッキリ〈Eugnamptus flavipes〉昆虫綱甲虫目オトシブミ科。体長4mm。分布：本州, 四国, 九州。

キアシホソメダカハネカクシ〈Stenus rugipennis〉昆虫綱甲虫目ハネカクシ科の甲虫。体長4.0〜4.2mm。

キアシホソルリミズアブ〈Actina japonica〉昆虫綱双翅目ミズアブ科。

キアシマドギワアブ〈Paromphrale glabrifrons〉昆虫綱双翅目マドギワアブ科。

キアシマメコメツキ〈Quasimus luteipes〉昆虫綱甲虫目コメツキムシ科の甲虫。体長2.2〜2.4mm。

キアシマメゾウムシ〈Bruchidius fulvipes〉昆虫綱甲虫目マメゾウムシ科の甲虫。体長2.5〜2.7mm。

キアシマメヒラタアブ　黄脚豆扁虻〈Paragus tibialis〉昆虫綱双翅目ハナアブ科。

キアシマルガタゴミムシ　黄脚円形芥虫〈Amara ampliata〉昆虫綱甲虫目オサムシ科の甲虫。体長9〜11mm。分布：日本各地。

キアシマルハナバエ　黄脚円花蠅〈Mydaea urbana〉昆虫綱双翅目ハナバエ科。分布：北海道, 本州, 九州。

キアシミズギワコメツキ〈Migiwa curatus〉昆虫綱甲虫目コメツキムシ科の甲虫。体長3.8〜4.5mm。

キアシミドリツヤハナムグリ〈Lomapteroides duboulayi〉昆虫綱甲虫目コガネムシ科の甲虫。分布：オーストラリア。

キアシミフシハバチ　黄脚三節葉蜂〈Runaria flavipes〉昆虫綱膜翅目ヨフシハバチ科。分布：本州。

キアシムナボソコメツキ〈Agriotes sepes〉昆虫綱甲虫目コメツキムシ科。

キアシルリオオズカッコウムシ〈Cylidrus cyaneus〉昆虫綱甲虫目カッコウムシ科。体長5.5〜8.0mm。

キアシルリクビボソハムシ〈Oulema tristis〉昆虫綱甲虫目ハムシ科。

キアシルリサルハムシ　キアシルリツツハムシの別名。

キアシルリツツハムシ〈Cryptocephalus fortunatus〉昆虫綱甲虫目ハムシ科の甲虫。体長5mm。分布：本州, 四国, 九州。

キアシルリミズギワゴミムシ〈Bembidion trajectum〉昆虫綱甲虫目オサムシ科の甲虫。体長4.0mm。

ギアスアゲハ〈Dabasa gyas〉昆虫綱鱗翅目アゲハチョウ科の蝶。分布：シッキム，アッサム，ミャンマー高地部。

ギアスゾウカブトムシ〈Megasoma gyas〉昆虫綱甲虫目コガネムシ科の甲虫。分布：ブラジル。

キアニリオデス・シラスピオルム〈Cyaniriodes siraspiorum〉昆虫綱鱗翅目シジミチョウ科の蝶。分布：フィリピン。

キアニリオデス・リブナ〈Cyaniriodes libna〉昆虫綱鱗翅目シジミチョウ科の蝶。分布：マレーシア，ボルネオ。

キアニリス・セミアルグス〈Cyaniris semiargus〉昆虫綱鱗翅目シジミチョウ科の蝶。分布：モロッコ，温帯ヨーロッパとアジアからモンゴルまで。

キアニリス・プセウダルギオルス〈Cyaniris pseudargiolus〉昆虫綱鱗翅目シジミチョウ科の蝶。分布：アラスカからパナマまで。

キアニリス・ヘレナ〈Cyaniris helena〉昆虫綱鱗翅目シジミチョウ科の蝶。分布：ギリシア，小アジア，レバノン，イラク。

キアネハレギチョウ〈Cethosia cyane〉昆虫綱鱗翅目タテハチョウ科の蝶。別名ツマグロハレギチョウ。開張80mm。分布：北インドからマレー半島北部。珍種。

キアブ　木虻　昆虫綱双翅目短角亜目アブ群キアブ科Xylophagidaeの総称。

キアミメナミシャク　黄網目波尺蛾〈Eustroma aerosum〉昆虫綱鱗翅目シャクガ科ナミシャク亜科の蛾。開張27～34mm。分布：北海道，本州，四国，九州，対馬，中国。

キアヤヒメノメイガ　黄綾姫野螟蛾〈Diasemia accalis〉昆虫綱鱗翅目メイガ科ノメイガ亜科の蛾。開張16～20mm。分布：北海道，本州，九州，対馬，種子島，屋久島，奄美大島，沖縄本島，西表島，台湾，中国，インドから東南アジア一帯，太平洋の島々。

キイオオナガゴミムシ〈Pterostichus pseudopachinus〉昆虫綱甲虫目ゴミムシ科。

キイオサムシ〈Carabus yaconinus kiiensis〉昆虫綱甲虫目オサムシ科。

キイチゴクロハモグリガ〈Tischeria heinemanni〉昆虫綱鱗翅目ムモンハモグリガ科の蛾。分布：本州，四国，九州，ヨーロッパ。

キイチゴトゲサルゾウムシ〈Scleropteroides hypocritus〉昆虫綱甲虫目ゾウムシ科の甲虫。体長2.5～2.9mm。キイチゴに害を及ぼす。分布：本州，四国，九州。

キイチゴトビハムシ〈Chaetocnema discreta〉昆虫綱甲虫目ハムシ科の甲虫。体長1.8～2.0mm。

キイチゴヒョウモン〈Clossiana frigga saga〉昆虫綱鱗翅目タテハチョウ科の蝶。分布：周極，フィンランド，シベリア，北アメリカではアラスカ北部からコロラド州まで，ヨーロッパ北部，中央アジア。

キイトトンボ　黄糸蜻蛉〈Ceriagrion melanurum〉昆虫綱蜻蛉目イトトンボ科の蜻蛉。体長38mm。分布：北海道(南部)，本州，四国，九州，対馬，種子島，屋久島。

キイフトメイガ〈Jocara kiiensis〉昆虫綱鱗翅目メイガ科フトメイガ亜科の蛾。開張18～21mm。

キイホソヒラタゴミムシ〈Trephionus microphthalmus〉昆虫綱甲虫目オサムシ科の甲虫。体長7.5～8.0mm。

キイロアシナガコガネ〈Ectinohoplia gracilipes〉昆虫綱甲虫目コガネムシ科の甲虫。体長7～8mm。分布：九州，奄美大島。

キイロアシナガヒメハナムシ〈Heterolitus nipponicus〉昆虫綱甲虫目ヒメハナムシ科の甲虫。体長1.7～2.3mm。

キイロアシナガヒメハナムシ　アシナガヒメハナムシの別名。

キイロアシブトハバチ〈Cimbex taukushi〉昆虫綱膜翅目コンボウハバチ科。

キイロアツバ〈Zanclognatha helva〉昆虫綱鱗翅目ヤガ科クルマアツバ亜科の蛾。開張24～34mm。分布：北海道，本州，四国，九州，対馬，朝鮮半島，中国，台湾。

キイロアトキリゴミムシ〈Philorhizus optimus〉昆虫綱甲虫目オサムシ科の甲虫。体長4.0～4.5mm。

キイロアラゲカミキリ〈Penthides rufoflavus〉昆虫綱甲虫目カミキリムシ科フトカミキリ亜科の甲虫。体長7～9mm。

キイロイチモンジヒカゲ〈Meneris tulbaghia〉昆虫綱鱗翅目ジャノメチョウ科の蝶。分布：アフリカ南部からナタールおよびローデシアまで。

キイロウスバアゲハ〈Parnassius eversmanni daisetsuzanus〉昆虫綱鱗翅目アゲハチョウ科の蝶。

キイロウスバアゲハ　ウスバキチョウの別名。

キイロウスバジャノメ〈Erites angularis〉昆虫綱鱗翅目ジャノメチョウ科の蝶。分布：マレーシア，タイ，ミャンマー，スマトラ。

キイロウミハネカクシ〈Bryothinusa tsutsuii〉昆虫綱甲虫目ハネカクシ科の甲虫。体長2.6mm。分布：本州，吐噶喇列島中之島。

キイロウラスジタテハ〈Perisama humboldtii〉昆虫綱鱗翅目タテハチョウ科の蝶。分布：コロンビア，ペルー，ベネズエラ。

キロエグリツマエダシャク〈*Odontopera aurata*〉昆虫綱鱗翅目シャクガ科エダシャク亜科の蛾。開張37〜44mm。分布：北海道，本州(東北地方北部から関東，北陸，中部の山地)，サハリン，千島。

キイロエダシャク〈*Aoshachia virescens*〉昆虫綱鱗翅目シャクガ科エダシャク亜科の蛾。開張46〜51mm。分布：四国南部，九州，対馬，種子島，屋久島，台湾，中国東部。

キイロオオフサキバガ〈*Gaesa okadai*〉昆虫綱鱗翅目キバガ科の蛾。分布：本州の中部山岳地帯，奈良県十津川。

キイロカバエ 黄色蚊蠅〈*Phryne matsumurai*〉昆虫綱双翅目カバエ科。分布：北海道，本州。

キイロカミキリモドキ 黄色擬天牛〈*Xanthochroa hilleri*〉昆虫綱甲虫目カミキリモドキ科の甲虫。体長12〜16mm。分布：本州，四国，九州。害虫。

キイロカレハグモ〈*Lathys puta*〉蛛形綱クモ目ハグモ科の蜘蛛。

キイロカワカゲロウ 黄色河蜉蝣〈*Potamanthus kamonis*〉昆虫綱蜉蝣目カワカゲロウ科。体長10〜11mm。分布：日本各地。

キイロキバナガミズギワゴミムシ〈*Armatocillenus kasaharai*〉昆虫綱甲虫目オサムシ科の甲虫。体長3.8mm。

キイロキリガ〈*Xanthia flavago*〉昆虫綱鱗翅目ヤガ科セダカモクメ亜科の蛾。前翅は黄色，赤色または紫色の幅広い帯がある。開張3〜4mm。分布：ヨーロッパから温帯アジア，カナダ南部や合衆国北部。

キイロクチキバエ〈*Clusia flava*〉昆虫綱双翅目クチキバエ科。

キイロクチキムシ 黄色朽木虫〈*Cteniopinus hypocrita*〉昆虫綱甲虫目ゴミムシダマシ科の甲虫。体長11〜14mm。分布：本州，四国，九州。

キイロクチブサガ〈*Ypsolopha flava*〉昆虫綱鱗翅目スガ科の蛾。開張16〜18mm。分布：本州，四国，九州。

キイロクヌギトビコバチ〈*Cynipencyrtus flavus*〉昆虫綱膜翅目トビコバチ科。

キイロクビナガオトシブミ〈*Paracentrocorynus fulvus*〉昆虫綱甲虫目オトシブミ科。

キイロクビナガハムシ〈*Lilioceris rugata*〉昆虫綱甲虫目ハムシ科の甲虫。体長7.5mm。ヤマノイモ類に害を及ぼす。分布：本州，四国，九州，佐渡，隠岐，淡路島，伊豆諸島。

キイロクモマツマキチョウ〈*Anthocharis damone*〉昆虫綱鱗翅目シロチョウ科の蝶。分布：イタリア南部，シシリー島，ギリシアから東へシリアまで。

キイロクワカイガラヤドリバチ〈*Aphytis diaspidis*〉昆虫綱膜翅目ツヤコバチ科。

キイロクワハムシ ウスイロウリハムシの別名。

キイロケナガトビハムシ〈*Orthaltica okinawana*〉昆虫綱甲虫目ハムシ科の甲虫。体長1.7〜1.8mm。

キイロケブカミバエ〈*Xyphosia punctigera*〉昆虫綱双翅目ミバエ科。

キイロゲンセイ 黄色芫青〈*Zonitis japonica*〉昆虫綱甲虫目ツチハンミョウ科の甲虫。体長9〜20mm。分布：本州，四国，九州。害虫。

キイロコウカアブ 黄色後架虻〈*Ptecticus aurifer*〉昆虫綱双翅目ミズアブ科。体長16〜22mm。分布：日本全土。害虫。

キイロコウラコマユバチ〈*Phanerotoma flava*〉昆虫綱膜翅目コマユバチ科。

キイロコガシラミズムシ〈*Haliplus eximius*〉昆虫綱甲虫目コガシラミズムシ科の甲虫。準絶滅危惧種(NT)。体長3.2〜3.5mm。

キイロコキクイムシ 黄色小木喰虫〈*Cryphalus fulvus*〉昆虫綱甲虫目キクイムシ科の甲虫。体長1.5mm。マツ類に害を及ぼす。分布：日本全国，中国。

キイロコキノコムシ 黄色小茸虫〈*Typhaea pallidula*〉昆虫綱甲虫目コキノコムシ科。分布：本州，九州。

キイロコバネシロチョウ〈*Dismorphia theugenis*〉昆虫綱鱗翅目シロチョウ科の蝶。分布：ボリビア，ペルー。

キイロコハマキ〈*Thiodia teliferana*〉昆虫綱鱗翅目ノコメハマキガ科の蛾。開張12mm。

キイロサシガメ 黄色刺亀〈*Sirthenea flavipes*〉昆虫綱半翅目サシガメ科。体長18〜20mm。分布：本州，四国，九州，南西諸島。

キイロサナエ 黄色早苗蜻蜒〈*Asiagomphus pryeri*〉昆虫綱蜻蛉目サナエトンボ科の蜻蛉。体長65mm。分布：本州(関東以西)，四国，九州，種子島。

キイロサルハムシ キイロナガツツハムシの別名。

キイロシギアブ 黄色鷸虻〈*Rhagio flavimedius*〉昆虫綱双翅目ツルギアブ科。体長8mm。分布：本州。

キイロシマバエ〈*Homoneura extera*〉昆虫綱双翅目シマバエ科。

キイロショウジョウバエ 黄色猩々蠅〈*Drosophila melanogaster*〉昆虫綱双翅目ショウジョウバエ科。体長1.5〜2.0mm。桜桃に害を及ぼす。分布：全世界。

キイロシリアゲアリ 黄色挙尾蟻〈*Crematogaster sordidula osakensis*〉昆虫綱膜翅目アリ科。体長2.5〜3.0mm。分布：日本全土。

キイロシリブトジョウカイ〈*Yukikoa wittmeri*〉昆虫綱甲虫目ジョウカイボン科の甲虫。体長10.5～17.5mm。

キイロスカシマダラ〈*Danaus cloena luciplena*〉昆虫綱鱗翅目マダラチョウ科の蝶。分布：スラウェシ，マルク諸島。

キイロスジボタル〈*Curtos costipennis*〉昆虫綱甲虫目ホタル科の甲虫。体長5.8～7.0mm。

キイロスズメ 黄色天蛾〈*Theretra nessus*〉昆虫綱鱗翅目スズメガ科コスズメ亜科の蛾。開張80～105mm。ヤマノイモ類に害を及ぼす。分布：本州(宮城県以南)，四国，九州，対馬，種子島，屋久島，奄美大島，徳之島，喜界島，沖縄本島，宮古島，西表島，インド―オーストラリア地区。

キイロスズメバチ 黄色雀蜂〈*Vespa similima*〉昆虫綱膜翅目スズメバチ科の昆虫の一種。別名ケブカスズメバチ。体長雌25～28mm，雄25mm。分布：本州，四国，九州。害虫。

キイロセマルキスイ〈*Atomaria lewisi*〉昆虫綱甲虫目キスイムシ科の甲虫。体長1.4～1.8mm。

キイロセマルケシキスイ〈*Cychramus dorsalis*〉昆虫綱甲虫目ケシキスイムシ科の甲虫。体長4mm。分布：北海道，本州，四国，九州。

キイロソトオビアツバ〈*Draganodes coronata*〉昆虫綱鱗翅目ヤガ科クチバ亜科の蛾。分布：本州中部の南岸，四国，北九州市。

キイロタマキノコムシ〈*Leiodes okawai*〉昆虫綱甲虫目タマキノコムシ科。

キイロタマゴバチ 黄色卵蜂〈*Trichogramma dendrolimi*〉昆虫綱膜翅目タマゴヤドリコバチ科。体長0.4mm。分布：本州，九州。

キイロタマノミハムシ〈*Sphaeroderma fuscicorne*〉昆虫綱甲虫目ハムシ科の甲虫。体長3mm。分布：本州，四国，九州。

キイロチビアツバ〈*Neachrostia purpureoflava*〉昆虫綱鱗翅目ヤガ科クチバ亜科の蛾。分布：西表島。

キイロチビオオキノコムシ〈*Rhodotritoma sufflava*〉昆虫綱甲虫目オオキノコムシ科の甲虫。体長3.7～4.5mm。

キイロチビコクヌストモドキ〈*Archaeoglenes orientalis*〉昆虫綱甲虫目ゴミムシダマシ科の虫。体長2.0mm。

キイロチビゴモクムシ 矮黄色塵芥虫〈*Acupalpus inornatus*〉昆虫綱甲虫目オサムシ科の甲虫。体長3.5mm。分布：北海道，本州，四国，九州。

キイロチビトビハムシ〈*Neocrepidodera takara*〉昆虫綱甲虫目ハムシ科。

キイロチビハナケシキスイ〈*Heterhelus japonicus*〉昆虫綱甲虫目ケシキスイ科の甲虫。体長2.2～3.1mm。

キイロチビヒラタケシキスイ〈*Haptoncus luteolus*〉昆虫綱甲虫目ケシキスイ科の甲虫。体長1.9～2.7mm。

キイロチビマルハナノミ〈*Cyphon fuscomarginatus*〉昆虫綱甲虫目マルハナノミ科の甲虫。体長2.4～2.5mm。

キイロツヅリガ〈*Tirathaba irrufatella*〉昆虫綱鱗翅目メイガ科の蛾。分布：本州(関東以西)，四国，九州，屋久島。

キイロツブノミハムシ〈*Aphthona foudrasi*〉昆虫綱甲虫目ハムシ科の甲虫。体長1.6～1.8mm。

キイロツヤシデムシ〈*Camioleum loripes*〉昆虫綱甲虫目ハネカクシ科の甲虫。体長4.0～4.5mm。

キイロツヤシデムシモドキ キイロツヤシデムシの別名。

キイロツヤタマムシ〈*Epistomentis pictus*〉昆虫綱甲虫目タマムシ科。分布：チリ，アルゼンチン。

キイロテントウ〈*Illeis koebelei*〉昆虫綱甲虫目テントウムシ科の甲虫。体長3.5～5.0mm。分布：本州，四国，九州，南西諸島。

キイロテントウゴミムシダマシ〈*Leiochrodes masidai*〉昆虫綱甲虫目ゴミムシダマシ科。

キイロテントウダマシ〈*Saula japonica*〉昆虫綱甲虫目テントウダマシ科の甲虫。体長3.5～4.0mm。分布：北海道，本州，四国，九州。

キイロトガリバシロチョウ〈*Leptophobia eleone*〉昆虫綱鱗翅目シロチョウ科の蝶。分布：コロンビア，エクアドル，ペルー，ベネズエラ(いずれも高地)。

キイロトガリヒメバチ〈*Eurycryptus unicolor*〉昆虫綱膜翅目ヒメバチ科。

キイロトガリヨトウ〈*Brachyxanthia zelotypa*〉昆虫綱鱗翅目ヤガ科カラスヨトウ亜科の蛾。開張28mm。分布：ウラル地方，北海道および本州中部。

キイロトゲエダシャク〈*Apochima praeacutaria*〉昆虫綱鱗翅目シャクガ科の蛾。分布：対馬，屋久島，奄美大島，台湾。

キイロトゲハナバエ 黄色棘花蝿〈*Alloeostillus diaphanus*〉昆虫綱双翅目ハナバエ科。分布：北海道，本州。

キイロトゲムネバッタ〈*Phymateus saxosus*〉昆虫綱直翅目オンブバッタ科。分布：マダガスカル。

キイロトラカミキリ〈*Grammographus notabilis*〉昆虫綱甲虫目カミキリムシ科カミキリ亜科の甲虫。体長13～21mm。分布：本州，四国，九州，屋久島。

キイロナガツツハムシ〈Smaragdina nipponensis〉昆虫綱甲虫目ハムシ科の甲虫。体長5.2～6.0mm。分布：本州，四国，九州，南西諸島。

キイロナガハナアブ〈Zelima annulata〉昆虫綱双翅目ハナアブ科。

キイロナカミゾコメツキダマシ〈Rhacopus miyatakei〉昆虫綱甲虫目コメツキダマシ科の甲虫。体長3.5～3.8mm。

キイロナミシャク〈Pseudostegania defectata〉昆虫綱鱗翅目シャクガ科ナミシャク亜科の蛾。開張21～25mm。分布：本州(宮城県以南)，四国，九州，朝鮮半島，シベリア南東部。

キイロナミホシヒラタアブ コガタノヒラタアブの別名。

キイロネクイハムシ〈Macroplea mutica〉昆虫綱甲虫目ハムシ科の甲虫。絶滅危惧I類(CR+EN)。体長4.2mm。

キイロノメイガ〈Perinephela lancealis〉昆虫綱鱗翅目メイガ科ノメイガ亜科の蛾。開張28～34mm。分布：本州，四国，九州，対馬，千島，中国，台湾。

キイロハゲタカアゲハ〈Atrophaneura priapus〉昆虫綱鱗翅目アゲハチョウ科の蝶。

キイロハナアザミウマ〈Thrips flavus〉昆虫綱総翅目アザミウマ科。体長雌1.3mm，雄1mm。無花果，葡萄，柑橘，大豆に害を及ぼす。分布：日本全国，広く温帯ユーラシアと台湾，フィリピン。

キイロハナノミダマシ〈Scraptia livens〉昆虫綱甲虫目ハナノミダマシ科。

キイロハナムグリハネカクシ〈Eusphalerum parallelum〉昆虫綱甲虫目ハネカクシ科の甲虫。体長2.1～2.6mm。

キイロハバチ〈Monophadnus nigriceps〉昆虫綱膜翅目ハバチ科。

キイロハモグリガ〈Tischeria complanella〉昆虫綱鱗翅目ムモンムグリガ科の蛾。開張8～11mm。

キイロハラダカグモ〈Tylorida striata〉蛛形綱クモ目アシナガグモ科の蜘蛛。体長雌3.5～4.5mm，雄2.5～3.5mm。分布：四国，九州，南西諸島。

キイロハラビロトンボ〈Lyriothemis tricolor〉昆虫綱蜻蛉目トンボ科の蜻蛉。体長50mm。分布：西表島。

キイロヒシモンカミキリ〈Phosphorus virescens〉昆虫綱甲虫目カミキリムシ科の甲虫。分布：アフリカ中央部。

キイロヒトリモドキ〈Asota egens〉昆虫綱鱗翅目ヒトリモドキガ科の蛾。開張57～62mm。分布：インド―オーストラリア地区，九州(鹿児島県)，屋久島，吐噶喇列島，奄美大島，徳之島，沖永良部島，

沖縄本島，久米島，宮古島，石垣島，西表島，与那国島，南北大東島。

キイロヒメテントウ〈Scymnus syoitii〉昆虫綱甲虫目テントウムシ科の甲虫。体長1.1～1.5mm。

キイロヒメハナムシ〈Heterostilbus kobensis〉昆虫綱甲虫目ヒメハナムシ科の甲虫。体長1.6～1.8mm。

キイロヒメハマキ〈Eucoenogenes teliferana〉昆虫綱鱗翅目ハマキガ科の蛾。分布：北海道，本州(中部山地)，ロシア(アムール)。

キイロヒメハムシ〈Epiluperodes ryukyuanus〉昆虫綱甲虫目ハムシ科の甲虫。体長2.3～2.7mm。

キイロヒメヨコバイ〈Typhlocyba sapporensis〉昆虫綱半翅目ヒメヨコバイ科。

キイロヒラタカゲロウ 黄色扁蜉蝣〈Epeorus aesculus〉昆虫綱蜉蝣目ヒラタカゲロウ科。体長7～9mm。分布：日本各地。

キイロヒラタガムシ 黄色扁牙虫〈Enochrus simulans〉昆虫綱甲虫目ガムシ科の甲虫。体長4.9～6.0mm。分布：本州，四国，九州。

キイロヒラタケシキスイ エグリヒラタケシキスイの別名。

キイロフサヒゲボタル〈Stenocladius bicoloripes〉昆虫綱甲虫目ホタル科の甲虫。体長7.8～9.0mm。

キイロフタミゾチビハネカクシ〈Sipalia sharpi〉昆虫綱甲虫目ハネカクシ科の甲虫。体長2.5～2.8mm。

キイロフチグロノメイガ〈Paratalanta taiwanensis〉昆虫綱鱗翅目メイガ科の蛾。分布：北海道知床半島，同胆振カルルス温泉，秋田県鹿角市，同八幡平，山形県朝日岳，群馬県熊ノ平，東京都高尾山，神奈川県箱根，長野県湯俣温泉，富山県東礪波郡利賀村，同上平村，同黒部峡谷の小黒部と阿曾原，同下新川郡僧ケ岳，同中新川郡上市町，岐阜県平湯温泉。

キイロフナガタコメツキ〈Heteroderes inexpectatus〉昆虫綱甲虫目コメツキムシ科の甲虫。体長7.5mm。

キイロフナガタハナノミ 黄色舟形花蚤〈Anaspis luteola〉昆虫綱甲虫目ハナノミダマシ科。分布：本州，四国，九州。

キイロホソガガンボ 黄色細大蚊〈Nephrotoma virgata〉昆虫綱双翅目ガガンボ科。体長12～14mm。イネ科牧草，マメ科牧草，麦類，ウリ科野菜に害を及ぼす。分布：北海道，本州，四国，九州。

キイロホソゴミムシ〈Drypta fulveola〉昆虫綱甲虫目オサムシ科の甲虫。絶滅危惧I類(CR+EN)。体長8.0～9.5mm。

キイロホソツツシンクイ〈Lymexylon miyakei〉昆虫綱甲虫目ツツシンクイ科の甲虫。体長6～

キイロホソナガクチキムシ〈Serropalpus niponicus〉昆虫綱甲虫目ナガクチキムシ科の甲虫。体長8.5～18.5mm。

キイロホソネスイ〈Shoguna rufotestacea〉昆虫綱甲虫目ネスイムシ科の甲虫。体長3.6～4.1mm。

キイロボタル〈Luciola japonica〉昆虫綱甲虫目ホタル科。

キイロマイコガ 黄色舞小蛾〈Stathmopoda auriferella〉昆虫綱鱗翅目ニセマイコガ科の蛾。開張12～15mm。桃，スモモ，林檎，葡萄，キウイに害を及ぼす。分布：本州，四国，九州，屋久島，琉球，台湾，中国中部，フィリピン，ジャワ，インド，スリランカ，パキスタン，イスラエル，セーシェル，コモロ，マダガスカル，アフリカ，オーストラリア。

キイロマダラ〈Parantica cleona〉昆虫綱鱗翅目マダラチョウ科の蝶。

キイロマツモムシ 黄色松藻虫〈Notonecta reuteri〉昆虫綱半翅目マツモムシ科。体長13.5～16.0mm。分布：北海道(利尻島)，本州(尾瀬沼が南限)。

キイロマドガ〈Pyrinioides sinuosus〉昆虫綱鱗翅目マドガ科の蛾。分布：奄美大島，台湾，中国南部，インド。

キイロマドキノハ イティスマドキノハの別名。

キイロマルケシハネカクシ〈Leucocraspedum pallidum〉昆虫綱甲虫目ハネカクシ科。

キイロマルコミズギワゴミムシ〈Elaphropus latissimus〉昆虫綱甲虫目オサムシ科の甲虫。体長2.0mm。

キイロマルハナバチ 黄色円花蜂〈Bombus tersatus〉昆虫綱膜翅目ミツバチ科マルハナバチ亜科。分布：北海道，本州。

キイロミゾアシノミハムシ〈Hemipyxis foveolata〉昆虫綱甲虫目ハムシ科の甲虫。体長3.0～4.0mm。

キイロミミモンエダシャク〈Eilicrinia parvula〉昆虫綱鱗翅目シャクガ科の蛾。分布：四国(香川県小豆島)，九州(大分県蒲江町)，対馬，中国南部。

キイロミヤマカミキリ〈Margites fulvidus〉昆虫綱甲虫目カミキリムシ科カミキリ亜科の甲虫。体長12～19mm。分布：本州(中部以西)，四国，九州，対馬，屋久島，南西諸島。

キイロミヤマクワガタ〈Lucanus delavayi〉昆虫綱甲虫目クワガタムシ科。分布：中国(四川省・雲南省)。

キイロムクゲオオキノコムシ〈Cryptophilus cryptophagoides〉昆虫綱甲虫目オオキノコムシ科。

キイロムクゲテントウダマシ〈Stenotarsus ryukyuensis〉昆虫綱甲虫目テントウムシダマシ科の甲虫。体長3.5～5.0mm。

キイロメダカカミキリ〈Stenhomalus nagaoi〉昆虫綱甲虫目カミキリムシ科カミキリ亜科の甲虫。体長3.8～5.0mm。

キイロメダマチョウ〈Taenaris phorcas〉昆虫綱鱗翅目ワモンチョウ科の蝶。分布：ビスマルク諸島，ソロモン諸島，亜種はビスマルク諸島。

キイロメツブテントウ〈Nesolotis azumai〉昆虫綱甲虫目テントウムシ科の甲虫。

キイロモモブトカッコウムシ〈Iwawakia femorata〉昆虫綱甲虫目カッコウムシ科の甲虫。体長4.0～7.5mm。

キイロヤマカミキリ キイロミヤマカミキリの別名。

キイロヤマトンボ 黄色山蜻蛉〈Macromia daimoji〉昆虫綱蜻蛉目ヤマトンボ科の蜻蛉。絶滅危惧II類(VU)。体長77mm。分布：本州(福島県以南)，九州。

キイロワタフキカイガラムシ 黄色綿吹介殻虫〈Icerya seychellarum〉昆虫綱半翅目ワタフキカイガラムシ科。体長4～6mm。ガジュマル，柑橘，茶，蘇鉄，大豆，マンゴーに害を及ぼす。分布：四国，九州の暖地，南西諸島，世界中の熱帯，亜熱帯地方。

キウイヒメヨコバイ〈Alebrasca actinidedae〉昆虫綱半翅目ヨコバイ科。体長4mm。キウイに害を及ぼす。分布：東京，神奈川，千葉，群馬，静岡，香川。

キーウェイディンモンキチョウ〈Colias keeweydin〉昆虫綱鱗翅目シロチョウ科の蝶。分布：アメリカ合衆国。

キウスバハネカクシ〈Eleusis kraatzi〉昆虫綱甲虫目ハネカクシ科の甲虫。体長3.8mm。

キウチテントウダマシ〈Panamomus yoshidai〉昆虫綱甲虫目テントウムシダマシ科の甲虫。体長2.0～2.3mm。

キウチナミハグモ〈Cybaeus kiuchii〉蛛形綱クモ目タナグモ科の蜘蛛。

キウチホラヒメグモ〈Nesticus longiscapus kiuchii〉蛛形綱クモ目ホラヒメグモ科の蜘蛛。

キウチミジンキスイ〈Propalticus kiuchii〉昆虫綱甲虫目ミジンキスイムシ科の甲虫。

キウチメクラチビゴミムシ〈Himiseus kiuchii〉昆虫綱甲虫目オサムシ科の甲虫。体長3.6～3.9mm。

キエグリシャチホコ 黄刳天社蛾〈Himeropteryx miraculosa〉昆虫綱鱗翅目シャチホコガ科ウチキシャチホコ亜科の蛾。開張45～50mm。分布：沿海州，台湾，北海道から九州。

キエダシャク　黄枝尺蛾〈*Auaxa cesadaria*〉昆虫綱鱗翅目シャクガ科エダシャク亜科の蛾。開張33～39mm。分布：本州(東北地方北部より)，四国，九州，対馬，朝鮮半島，台湾，中国，チベット，インド北部。

キエビグモ〈*Philodromus flavidus*〉蛛形綱クモ目エビグモ科の蜘蛛。体長雌7～8mm，雄5～6mm。分布：北海道，本州，四国，九州。

キエリヒメスガ〈*Lampresthia lucella*〉昆虫綱鱗翅目スガ科の蛾。分布：北海道，本州の山岳地帯。

キエリフタモンカスミカメ〈*Adelphocoris reicheli*〉昆虫綱半翅目カスミカメムシ科。体長7.5mm。大豆に害を及ぼす。分布：北海道，本州，九州，朝鮮半島，旧北区。

キオイデス・イェティラ〈*Chioides jethira*〉昆虫綱鱗翅目セセリチョウ科の蝶。分布：ペルー。

キオイデス・カティッルス〈*Chioides catillus*〉昆虫綱鱗翅目セセリチョウ科の蝶。分布：コロンビアからペルーを経てアルゼンチン，ブラジル，ギアナ，トリニダード。

キオイアオジャコウ　オナシアオジャコウアゲハの別名。

キオイアゲハ〈*Papilio hectorides*〉昆虫綱鱗翅目アゲハチョウ科の蝶。分布：ブラジル，パラグアイ。

キオイアシブトクチバ〈*Parallelia fulvotaenia*〉昆虫綱鱗翅目ヤガ科シタバガ亜科の蛾。分布：インド全域，スリランカから中国，台湾，スンダランド，ジャワ，奄美大島以南，琉球列島，屋久島。

キオイイナズマ〈*Euthalia franciae*〉昆虫綱鱗翅目タテハチョウ科の蝶。分布：ネパールからミャンマー高地まで。

キオイエグリコガネ〈*Macronota flavofasciata formosana*〉昆虫綱甲虫目コガネムシ科の甲虫。分布：台湾。

キオイエダシャク〈*Milionia basalis*〉昆虫綱鱗翅目シャクガ科エダシャク亜科の蛾。開張50～56mm。イヌマキに害を及ぼす。分布：九州南部(宮崎，鹿児島両県の南部)，種子島，屋久島，奄美大島，喜界島，沖縄本島，久米島，宮古島，石垣島，西表島。

キオイオオキノコムシ〈*Episcapha flavofasciata*〉昆虫綱甲虫目オオキノコムシ科の甲虫。体長12～14mm。

キオイオオセセリ〈*Sarbia damippe*〉昆虫綱鱗翅目セセリチョウ科の蝶。分布：ベネズエラ，ブラジル。

キオイカタビロノコギリカミキリ〈*Pyrodes pulcherrimus*〉昆虫綱甲虫目カミキリムシ科の甲虫。分布：南アメリカ。

キオビカバスジナミシャク〈*Perizoma minimata*〉昆虫綱鱗翅目シャクガ科ナミシャク亜科の蛾。開張11～12mm。分布：北海道，本州，四国，九州，シベリア南東部。

キオビカミキリ　キオビミドリカミキリの別名。

キオビキバガ〈*Macrobathra quercea*〉昆虫綱鱗翅目マルハキバガ科の蛾。分布：本州。

キオビキマダラヒメハマキ〈*Olethreutes humeralis*〉昆虫綱鱗翅目ハマキガ科の蛾。開張16～18mm。分布：本州と四国。

キオビクビボソハムシ〈*Lema delicatula*〉昆虫綱甲虫目ハムシ科の甲虫。体長4mm。分布：本州，四国，九州。

キオビクロスズメバチ〈*Vespula vulgaris*〉昆虫綱膜翅目スズメバチ科。体長女王18mm，働きバチ10～14mm，雄15～18mm。害虫。

キオビクロヒゲナガ〈*Nemophora umbripennis*〉昆虫綱鱗翅目マガリガ科の蛾。開張13～17mm。分布：北海道，本州，四国，九州。

キオビケブカタマムシ〈*Dactylozodes brullei*〉昆虫綱甲虫目タマムシ科。分布：チリ，アルゼンチン。

キオビコシブトヒメバチ〈*Metopius browni*〉昆虫綱膜翅目ヒメバチ科。

キオビコノハ〈*Yoma sabina*〉昆虫綱鱗翅目タテハチョウ科の蝶。前翅長36～38mm。分布：インドからモルッカ諸島およびオーストラリアまで。

キオビコノマチョウ〈*Melanitis zitenius*〉昆虫綱鱗翅目ジャノメチョウ科の蝶。分布：インド北部，マレーシア，スマトラ，ジャワ。

キオビコヒゲナガ〈*Nemophora bifasciatella*〉昆虫綱鱗翅目マガリガ科の蛾。開張12～14mm。分布：北海道，中部山岳地帯。

キオビゴマダラエダシャク　黄帯胡麻斑枝尺蛾〈*Culcula panterinaria*〉昆虫綱鱗翅目シャクガ科エダシャク亜科の蛾。開張53～60mm。林檎に害を及ぼす。分布：本州(東北地方北部より)，四国，九州，対馬。

キオビコムラサキ〈*Chitoria fasciola*〉昆虫綱鱗翅目タテハチョウ科の蝶。分布：中国(中部・西部)。

キオビシギゾウムシ〈*Curculio ochrofasciatus*〉昆虫綱甲虫目ゾウムシ科の甲虫。体長4.5～5.5mm。分布：北海道，本州，九州。

キオビシジミ〈*Caleta roxus*〉昆虫綱鱗翅目シジミチョウ科の蝶。

キオビシジミタテハ〈*Abisara fylla*〉昆虫綱鱗翅目シジミタテハ科の蝶。分布：メキシコからコロンビアまで。

キオヒシヤ

キオビジャコウアゲハ〈Euryades duponchelli〉昆虫綱鱗翅目アゲハチョウ科の蝶。分布：アルゼンチン北部・中部。

キオビジャノメ〈Xanthotaenia busiris〉昆虫綱鱗翅目ジャノメチョウ科の蝶。分布：マレーシア、スマトラ、ボルネオ。

キオビスカシバ〈Synanthedon unocingulata〉昆虫綱鱗翅目スカシバガ科の蛾。分布：北海道、本州、九州、朝鮮半島。

キオビセセリモドキ〈Hyblaea puera〉昆虫綱鱗翅目セセリモドキガ科セセリモドキ亜科の蛾。開張38mm。分布：中国、台湾、フィリピン、ミクロネシア、小笠原諸島、沖縄本島、奄美大島、沖永良部島、鹿児島県串木野市、福岡県英彦山、高知県室戸岬、福井県金津町。

キオビタテハモドキ〈Junonia terea〉昆虫綱鱗翅目タテハチョウ科の蝶。分布：エチオピア区のほとんど全域(マダガスカルを除く)。

キオビチビオオキノコムシ〈Spondotriplax flavofasciata〉昆虫綱甲虫目オオキノコムシ科の甲虫。体長2.5～3.6mm。

キオビツチバチ 黄帯土蜂〈Scolia oculata〉昆虫綱膜翅目ツチバチ科。体長雌15～25mm、雄11～20mm。分布：日本全土。

キオビツヤハナバチ〈Ceratina flavipes〉昆虫綱膜翅目コシブトハナバチ科。

キオビテングチョウ〈Libythea myrrha〉昆虫綱鱗翅目テングチョウ科の蝶。分布：インド、スリランカ、タイ、中国西部、マレーシア。

キオビトガリメイガ〈Endotricha flavofascialis〉昆虫綱鱗翅目メイガ科の蛾。分布：本州(富山県、静岡県)。

キオビドクチョウ(1)〈Heliconius narcaeus〉昆虫綱鱗翅目ドクチョウ科の蝶。分布：ブラジル南部。

キオビドクチョウ(2)〈Podotricha euchroia〉昆虫綱鱗翅目ドクチョウ科の蝶。分布：コロンビア、エクアドル、ペルー、ボリビア。

キオビトビノメイガ〈Pyrausta mutuurai〉昆虫綱鱗翅目メイガ科ノメイガ亜科の蛾。開張14mm。分布：東北地方から四国、九州。

キオビトラカミキリ スギノアカネトラカミキリの別名。

キオビトラカミキリの近似類〈Anaglytus producticollis〉昆虫綱甲虫目カミキリムシ科の甲虫。

キオビナガカッコウムシ〈Opilo carinatus〉昆虫綱甲虫目カッコウムシ科の甲虫。体長9～12mm。分布：本州、四国、九州。

キオビナガクチキムシ キオビホソナガクチキムシの別名。

キオビニシキタマムシ〈Demochroa castelnaudii〉昆虫綱甲虫目タマムシ科。分布：マレーシア、スマトラ、ボルネオ、パラワン。

キオビノメイガ〈Nacoleia diemenalis〉昆虫綱鱗翅目メイガ科の蛾。分布：対馬、沖縄本島、宮古島、西表島、台湾、中国南部、インドから東南アジア一帯、アフリカ、太平洋の島々。

キオビハイイロハネカクシ〈Phytolinus lewisii〉昆虫綱甲虫目ハネカクシ科の甲虫。体長14.0～17.0mm。

キオビハガタナミシャク〈Thera variata〉昆虫綱鱗翅目シャクガ科ナミシャク亜科の蛾。開張23～26mm。分布：シベリア南東部、サハリン、北海道、本州、四国。

キオビハマキモドキ〈Choreutis xanthogramma〉昆虫綱鱗翅目ハマキモドキガ科の蛾。分布：石垣島、台湾、フィリピン、ニューギニア、キイ諸島。

キオビハラナガノメイガ〈Tatobotys aurantialis〉昆虫綱鱗翅目メイガ科の蛾。分布：奄美大島、喜界島、沖縄本島、宮古島、西表島、与那国島、南大東島、モルッカ、ソロモン群島。

キオビハレギチョウ〈Cethosia hypsea〉昆虫綱鱗翅目タテハチョウ科の蝶。開張80mm。分布：スンダランド。珍蝶。

キオビヒメガガンボ〈Ula cincta〉昆虫綱双翅目ヒメガガンボ科。体長6mm。キノコ類に害を及ぼす。分布：本州。

キオビヒメハマキ ウツギハマキの別名。

キオビビロウドセセリ〈Hasora schoenherr〉昆虫綱鱗翅目セセリチョウ科の蝶。分布：マレーシアからジャワまで、ボルネオ、フィリピン。

キオビフクロウチョウ アトレウスフクロウチョウの別名。

キオビフシダカヒメバチ〈Sericopimpla albicincta〉昆虫綱膜翅目ヒメバチ科。

キオビフタオチョウ〈Charaxes lucretius〉昆虫綱鱗翅目タテハチョウ科の蝶。分布：インドからフィリピン、スラウェシまでに分布。亜種はマレーシア、ボルネオ。

キオビフトカミキリ〈Analeptes trifasciata〉昆虫綱甲虫目カミキリムシ科の甲虫。分布：アフリカ中央部・東部。

キオビベッコウ 黄条龍甲蜂〈Batozonellus annulatus〉昆虫綱膜翅目ベッコウバチ科。体長雌23～28mm、雄16～18mm。分布：本州、四国、九州、南西諸島。害虫。

キオビベニツヤカミキリ〈Trachyderes succinctus〉昆虫綱甲虫目カミキリムシ科の甲虫。分布：パナマ、南アメリカ北部。

222

キオビベニヒメシャク〈*Idaea impexa*〉昆虫綱鱗翅目シャクガ科ヒメシャク亜科の蛾。開張10～14mm。分布：伊豆諸島八丈島，本州(宮城県以南)，四国，九州，対馬，屋久島，朝鮮半島，中国。

キオビベニモンコノハ〈*Phyllodes eyndhovii*〉昆虫綱鱗翅目ヤガ科の蛾。分布：インドから東南アジア一帯，台湾。

キオビヘリホシヒメハマキ〈*Dichrorampha latiflavana*〉昆虫綱鱗翅目ハマキガ科の蛾。分布：北海道，本州(山地)，朝鮮半島，中国(東北)，ロシア(極東)。

キオビホオナガスズメバチ〈*Vespula media*〉昆虫綱膜翅目スズメバチ科。体長15～24mm。分布：北海道，本州中部以北の山地。害虫。

キオビホソチョウ〈*Bematistes aganice*〉昆虫綱鱗翅目タテハチョウ科の蝶。雄は黒色と黄色，雌は黒色と白色の模様をもつ。開張5.5～8.0mm。分布：エチオピア，スーダン，南アフリカ。

キオビホソナガクチキムシ〈*Phloeotrya flavitarsis*〉昆虫綱甲虫目ナガクチキムシ科の甲虫。体長10～15mm。分布：北海道，本州，四国，九州。

キオビホソハマキモドキ〈*Glyphipterix luteomaculata*〉昆虫綱鱗翅目ホソハマキモドキガ科の蛾。分布：琉球諸島の石垣島。

キオビマエモンシロチョウ〈*Archonias bellona*〉昆虫綱鱗翅目シロチョウ科の蝶。分布：ギアナ，エクアドル，ペルー，ボリビア，ブラジル北部。

キオビマダラ〈*Mechanitis nessaea*〉昆虫綱鱗翅目トンボマダラ科の蝶。分布：ブラジル。

キオビマダラの一種〈*Melinaea sp.*〉昆虫綱鱗翅目トンボマダラ科。

キオビマダラメイガ〈*Etiella walsinghamella*〉昆虫綱鱗翅目メイガ科の蛾。分布：神奈川県以西の本州，九州，オーストラリア，ニューギニア。

キオビミズメイガ 黄帯水螟蛾〈*Cataclysta midas*〉昆虫綱鱗翅目メイガ科ミズメイガ亜科の蛾。開張26mm。分布：北海道，本州，四国，九州，屋久島，朝鮮半島，シベリア南東部，中国。

キオビミドリカミキリ〈*Pachyteria dimidiata*〉昆虫綱甲虫目カミキリムシ科の甲虫。別名キオビカミキリ。分布：アッサム，ラオス，タイ。

キオビモンチビオオキノコムシ キオビチビオオキノコムシの別名。

キオマラ・アシキス〈*Chiomara asychis*〉昆虫綱鱗翅目セセリチョウ科の蝶。分布：カリフォルニア州，メキシコからアルゼンチンおよびアンチル諸島。

キオマラ・ミトゥラクス〈*Chiomara mithrax*〉昆虫綱鱗翅目セセリチョウ科の蝶。分布：メキシコからブラジル，トリニダード，キューバまで。

キカオナガハナアブ 黄顔長花虻〈*Zelima flavifacies*〉昆虫綱双翅目ハナアブ科。分布：北海道，本州。

キカギハマキ〈*Ancylis pulchra*〉昆虫綱鱗翅目ノコメハマキガ科の蛾。開張14～16mm。

キカギヒメハマキ〈*Rhopalovalva pulchra*〉昆虫綱鱗翅目ハマキガ科の蛾。分布：北海道，本州，四国，九州，対馬，ロシア(沿海州)。

キカサハラハムシ〈*Xanthonia placida*〉昆虫綱甲虫目ハムシ科の甲虫。体長3.5mm。桑に害を及ぼす。分布：本州，四国，九州。

キガシラアオアトキリゴミムシ〈*Callida lepida*〉昆虫綱甲虫目オサムシ科の甲虫。体長10～11mm。分布：本州，四国，九州。

キガシラアカネハマキ〈*Epiblema denigratana*〉昆虫綱鱗翅目ノコメハマキガ科の蛾。開張15～17mm。

キガシラアカネヒメハマキ〈*Epinotia ustulana*〉昆虫綱鱗翅目ハマキガ科の蛾。分布：北海道，本州，四国，屋久島，中国，ロシア，ヨーロッパ。

キガシラオオナミシャク 黄頭大波尺蛾〈*Gandaritis agnes*〉昆虫綱鱗翅目シャクガ科ナミシャク亜科の蛾。開張51～60mm。分布：本州，四国，九州。

キガシラシマメイガ 黄頭縞螟蛾〈*Trebania flavifrontalis*〉昆虫綱鱗翅目メイガ科シマメイガ亜科の蛾。開張34mm。分布：本州(関東以西)，四国，九州，対馬，台湾，中国。

キガシラトビイロシマメイガ モモイロシマメイガの別名。

キガシラハサミムシ〈*Paratimomenus flavocapitatus*〉昆虫綱革翅目クギヌキハサミムシ科。体長20mm。分布：屋久島，奄美大島。

キガシラヒシウンカ〈*Kuvera flaviceps*〉昆虫綱半翅目ヒシウンカ科。

キガシラヒラタマルハキバガ〈*Agonopterix ochrocephala*〉昆虫綱鱗翅目マルハキバガ科の蛾。分布：北海道，本州。

キガシラマルハキバガ〈*Pedioxestis isomorpha*〉昆虫綱鱗翅目マルハキバガ科の蛾。分布：北海道，本州。

ギガスオオダイコクコガネ〈*Heliocopris gigas*〉昆虫綱甲虫目コガネムシ科の甲虫。分布：アフリカ西部・東部・南部。

キカニムシ 木蟹虫 節足動物門クモ形綱擬蠍目のキカニムシ亜科Cheliferineaの陸生小動物の総称。

キカマキリモドキ カマキリモドキの別名。

キガリティス・ゾーラ〈*Cigaritis zohra*〉昆虫綱鱗翅目シジミチョウ科の蝶。分布：アフリカ北部。

キカワゲラ〈*Acroneura fulva*〉昆虫綱襀翅目カワゲラ科。

キカワゲラ属の一種〈*Acroneuria* sp.〉昆虫綱襀翅目カワゲラ科。

キカワムシ 樹皮虫 昆虫綱甲虫目キカワムシ科 Pythidaeに属する昆虫の総称。

ギガンテアモンキチョウ〈*Colias giganthea*〉昆虫綱鱗翅目シロチョウ科の蝶。分布：カナダ。

キキョウトリバ〈*Stenoptilia zophodactyla*〉昆虫綱鱗翅目トリバガ科の蛾。分布：九州(福岡県)，インドからヨーロッパ，オーストラリア，南北アメリカ。

キキョウヒゲナガアブラムシ〈*Uroleucon kikioense*〉昆虫綱半翅目アブラムシ科。体長2.7mm。キキョウに害を及ぼす。分布：本州，九州，シベリア。

キキンデラ・アレニコラ〈*Cicindela arenicola*〉昆虫綱甲虫目ハンミョウ科。分布：アメリカ合衆国。

キキンデラ・アンタチマ〈*Cicindela antatsima*〉昆虫綱甲虫目ハンミョウ科。分布：マダガスカル。

キキンデラ・インフスカタ〈*Cicindela infuscata*〉昆虫綱甲虫目ハンミョウ科。分布：アフリカ中央部・南部。

キキンデラ・エクエストゥリス〈*Cicindela equestris*〉昆虫綱甲虫目ハンミョウ科。分布：マダガスカル。

キキンデラ・クアドゥリストゥリアタ〈*Cicindela quadristriata*〉昆虫綱甲虫目ハンミョウ科。分布：ザイール，アンゴラ。

キキンデラ・グラティオサ〈*Cicindela gratiosa*〉昆虫綱甲虫目ハンミョウ科。分布：合衆国中・南部。

キキンデラ・クリスティペンニス〈*Cicindela cristipennis*〉昆虫綱甲虫目ハンミョウ科。分布：マダガスカル。

キキンデラ・スクテッラリス〈*Cicindela scutellaris*〉昆虫綱甲虫目ハンミョウ科。分布：合衆国中・南部。

キキンデラ・スプレンディダ〈*Cicindela splendida*〉昆虫綱甲虫目ハンミョウ科。分布：合衆国中・南部。

キキンデラ・スペラタ〈*Cicindela sperata sperata*〉昆虫綱甲虫目ハンミョウ科。分布：合衆国中部からメキシコ。

キキンデラ・セクスグッタタ〈*Cicindela sexguttata*〉昆虫綱甲虫目ハンミョウ科。分布：カナダ，合衆国。

キキンデラ・トランスベルセファスキアタ〈*Cicindela transversefasciata*〉昆虫綱甲虫目ハンミョウ科。分布：アフリカ中部・南部。

キキンデラ・ドルサリス〈*Cicindela dorsalis dorsalis*〉昆虫綱甲虫目ハンミョウ科。分布：合衆国南部。

キキンデラ・ドンガレンシス〈*Cicindela dongalensis*〉昆虫綱甲虫目ハンミョウ科。分布：アフリカ西部・中央部・東部。

キキンデラ・パラレレストゥリアタ〈*Cicindela parallelestriata*〉昆虫綱甲虫目ハンミョウ科。分布：ザイール。

キキンデラ・パンフィラ〈*Cicindela pamphila*〉昆虫綱甲虫目ハンミョウ科。分布：テキサス，ルイジアナ。

キキンデラ・フォリイコルニス〈*Cicindela foliicornis*〉昆虫綱甲虫目ハンミョウ科。分布：アフリカ中央部。

キキンデラ・フォルモサ〈*Cicindela formosa*〉昆虫綱甲虫目ハンミョウ科。分布：アメリカ合衆国。

キキンデラ・プラエテクスタタ〈*Cicindela praetextata*〉昆虫綱甲虫目ハンミョウ科。分布：テキサス。

キキンデラ・ブランダ〈*Cicindela blanda*〉昆虫綱甲虫目ハンミョウ科。分布：合衆国南部。

キキンデラ・フルギダ〈*Cicindela fulgida fulgida*〉昆虫綱甲虫目ハンミョウ科。分布：カナダ南部，合衆国。

キキンデラ・プルプレア〈*Cicindela purpurea*〉昆虫綱甲虫目ハンミョウ科。分布：カナダ南部，合衆国南部。

キキンデラ・プンクトゥラタ〈*Cicindela punctulata chihuahuae*〉昆虫綱甲虫目ハンミョウ科。分布：カナダ南部，合衆国。

キキンデラ・マクラ〈*Cicindela macra*〉昆虫綱甲虫目ハンミョウ科。分布：インディアナ，イリノイ，ミネソタ，ルイジアナ。

キキンデラ・マルギニペンニス〈*Cicindela marginipennis*〉昆虫綱甲虫目ハンミョウ科。分布：アメリカ。

キキンデラ・マルタ〈*Cicindela marutha*〉昆虫綱甲虫目ハンミョウ科。分布：テキサス，アリゾナ，コロラド。

キキンデラ・ムアタ〈*Cicindela muata*〉昆虫綱甲虫目ハンミョウ科。分布：アフリカ中央部・南部。

キキンデラ・リンバタ〈*Cicindela limbata nympha*〉昆虫綱甲虫目ハンミョウ科。分布：合衆国中・南部。

キキンデラ・レガリス〈*Cicindela regalis*〉昆虫綱甲虫目ハンミョウ科。分布：サハラ以南のアフリカ全域。

キクイオオハナノミ〈*Micropelecotomoides japonica*〉昆虫綱甲虫目オオハナノミ科の甲虫。体長4.5〜7.5mm。

キクイサビゾウムシ〈*Dryophthorus sculpturatus*〉昆虫綱甲虫目オサゾウムシ科の甲虫。体長3.2〜3.6mm。

キクイツツキノコムシ〈*Xylographus scheerpeltzi*〉昆虫綱甲虫目ツツキノコムシ科の甲虫。体長2.4〜2.7mm。

キクイムシ 木喰虫〈*Limnoria lignorum*〉節足動物門甲殻綱等脚目キクイムシ科の海産動物。海中に自然に,あるいは人工的に置かれた木材に穿孔,孔道を掘り,その中にすみ,食害し続ける。体長3mm前後。

キクイムシ 木喰虫〈bark beetles〉昆虫綱甲虫目キクイムシ科Scolytidae(Ipidae)の昆虫の総称。

キクイムシモドキ〈*Rhipidandrus scolytoides*〉昆虫綱甲虫目ゴミムシダマシ科の甲虫。体長2.4mm。

キクキンウワバ〈*Diachrysia intermixta*〉昆虫綱鱗翅目ヤガ科コヤガ亜科の蛾。開張38〜42mm。キク科野菜,シソ,セリ科野菜,アスター(エゾギク),菊,キンセンカ,ダリアに害を及ぼす。分布:インド全域からネパール,インドシナ,ジャワ,スマトラ,中国,台湾,琉球を除くほぼ全域。

キクギンウワバ〈*Macdunnoughia confusa*〉昆虫綱鱗翅目ヤガ科コヤガ亜科の蛾。分布:ユーラシア,本土のほぼ全域。

キククギケアブラムシ〈*Pleotrichophorus chrysanthemi*〉昆虫綱半翅目アブラムシ科。体長2.5〜2.8mm。菊に害を及ぼす。分布:日本全国,台湾,中国,ヨーロッパ。

キクグンバイ 菊軍配〈*Galeatus spinifrons*〉昆虫綱半翅目グンバイムシ科。体長3.0〜3.5mm。ダリア,キクに害を及ぼす。分布:本州,四国,九州。

キクスイカミキリ 菊吸天牛〈*Phytoecia rufiventris*〉昆虫綱甲虫目カミキリムシ科フトカミキリ亜科の甲虫。体長6〜9mm。菊に害を及ぼす。分布:北海道,本州,四国,九州,佐渡,屋久島。

キクスイモドキカミキリ〈*Asaperda rufipes*〉昆虫綱甲虫目カミキリムシ科フトカミキリ亜科の甲虫。体長7〜11mm。分布:本州,四国,九州,佐渡,対馬,屋久島。

キクヅキコモリグモ〈*Pardosa pseudoannulata*〉蛛形綱クモ目コモリグモ科の蜘蛛。体長雌10〜13mm,雄8〜9mm。分布:日本全土。

キクズキドクグモ キクヅキコモリグモの別名。

キクセダカモクメ〈*Cucullia elongata*〉昆虫綱鱗翅目ヤガ科セダカモクメ亜科の蛾。開張45〜50mm。分布:インド北部から中国,東北アジア,沿海州,北海道から九州。

キクタマバエ〈*Diarthonomyia hypogaea*〉昆虫綱双翅目タマバエ科。

キグチヨトウ〈*Phlogophora beatrix*〉昆虫綱鱗翅目ヤガ科カラスヨトウ亜科の蛾。開張45〜48mm。分布:沿海州,北海道と本州中部以北の山地。

キクツツミノガ〈*Coleophora sp.*〉昆虫綱鱗翅目ツツミノガ科の蛾。菊に害を及ぼす。分布:本州。

キクヌス・バットゥス〈*Cycnus battus anfidena*〉昆虫綱鱗翅目シジミチョウ科の蝶。分布:メキシコからコロンビアまで。

キクビアオアトキリゴミムシ 黄頸青後截芥虫〈*Lachnolebia cribricollis*〉昆虫綱甲虫目オサムシ科の甲虫。体長6.5〜9.0mm。分布:北海道,本州,四国,九州。

キクビアオハムシ 黄頸青金花虫〈*Agelasa nigriceps*〉昆虫綱甲虫目ハムシ科の甲虫。体長6.5〜7.8mm。分布:北海道,本州,四国,九州。

キクビカミキリモドキ 黄頸擬天牛〈*Xanthochroa atriceps*〉昆虫綱甲虫目カミキリモドキ科の甲虫。体長8〜12mm。分布:日本各地。害虫。

キクビゴマケンモン〈*Moma fulvicollis*〉昆虫綱鱗翅目ヤガ科ケンモンヤガ亜科の蛾。開張35〜36mm。分布:北海道,本州,朝鮮半島。

キクビスカシバ〈*Paranthrene feralis*〉昆虫綱鱗翅目スカシバガ科の蛾。分布:北海道,本州,九州。

キクビヒメヨトウ 黄頸姫夜盗蛾〈*Prometopus flavicollis*〉昆虫綱鱗翅目ヤガ科カラスヨトウ亜科の蛾。開張24〜28mm。分布:沿海州,北海道から九州,対馬。

キクビムモンアツバ〈*Rivula unctalis*〉昆虫綱鱗翅目ヤガ科クチバ亜科の蛾。分布:アムール地方,北海道。

キクヒメタマバエ〈*Rhopalomyia chrysanthemum*〉昆虫綱双翅目タマバエ科。体長2〜3mm。菊に害を及ぼす。分布:本州,四国,九州。

キクヒメヒゲナガアブラムシ 菊姫鬚長油虫〈*Macrosiphoniella sanborni*〉昆虫綱半翅目アブラムシ科。体長1.8mm。菊に害を及ぼす。分布:日本全国,世界。

キクビラハダニ〈*Bryobia eharai*〉蛛形綱ダニ目ハダニ科。体長0.7mm。菊に害を及ぼす。分布:本州,四国,九州,パキスタン。

キクメダカアブラムシ〈*Coloradoa rufomaculata*〉昆虫綱半翅目アブラムシ科。体長1.0〜1.2mm。菊に害を及ぼす。分布:本州,汎世界的。

キクメハシリグモ〈*Dolomedes stellatus*〉蛛形綱クモ目キシダグモ科の蜘蛛。

キクモンサビダニ〈Paraphytoptus kikus〉蛛形綱ダニ目フシダニ科。体長0.15〜0.25mm。菊に害を及ぼす。分布：日本全国。

キクログランマ・バキス〈Cyclogramma bachis〉昆虫綱鱗翅目タテハチョウ科の蝶。分布：メキシコ。

キクログランマ・パンダマ〈Cyclogramma pandama〉昆虫綱鱗翅目タテハチョウ科の蝶。分布：メキシコからパナマまで。

キクログリファ・トゥシブルス〈Cycloglypha thrasybulus〉昆虫綱鱗翅目セセリチョウ科の蝶。分布：メキシコからブラジル南部、トリニダードまで。

キクロケファラ・ピクタ〈Cyclocephala picta〉昆虫綱甲虫目コガネムシ科の甲虫。分布：メキシコ。

キクロケファラ・メタタ〈Cyclocephala metata〉昆虫綱甲虫目コガネムシ科の甲虫。分布：メキシコ。

キクロシア・ピエロイデス〈Cyclosia pieroides〉昆虫綱鱗翅目マダラガ科の蛾。分布：マレーシア、ジャワ、ボルネオ。

キクロセミア・アナストモシス〈Cyclosemia anastomosis〉昆虫綱鱗翅目セセリチョウ科の蝶。分布：メキシコからブラジルまで。

キクロセミア・エアリナ〈Cyclosemia earina〉昆虫綱鱗翅目セセリチョウ科の蝶。分布：ペルー、ギアナ、アマゾン。

キゴシガガンボ 黄腰大蚊〈Longurio pulverosa〉昆虫綱双翅目ガガンボ科。分布：本州、九州。

キゴシジガバチ〈Sceliphron madraspatanum〉昆虫綱膜翅目ジガバチ科。体長20〜28mm。分布：本州、四国、九州、南西諸島。

キゴシハナアブ 黄腰花虻〈Lathyrophthalmus quinquestriatus〉昆虫綱双翅目ハナアブ科。分布：本州、九州、沖縄。

キコシボソハバチ 黄腰細葉蜂〈Tenthredo mortivaga〉昆虫綱膜翅目ハバチ科。体長12mm。分布：本州、四国、九州。

キゴマダラ〈Sephisa chandra〉昆虫綱鱗翅目タテハチョウ科の蝶。別名ヒサゴスミナガシ。分布：シッキムからタイ北部まで、マレー半島山地、台湾。

キゴマダラヒトリ〈Argina astrea〉昆虫綱鱗翅目ヒトリガ科の蛾。分布：インドから東南アジア一帯、ニューギニア、宮古島。

キコモンシジミタテハ〈Dodona dipoea〉昆虫綱鱗翅目シジミタテハ科の蝶。分布：ヒマラヤ。

キササゲノメイガ〈Sinomphisa plagialis〉昆虫綱鱗翅目メイガ科ノメイガ亜科の蛾。別名アズサノメイガ。開張23〜26mm。分布：北海道、本州、四国、九州、対馬、朝鮮半島、中国。

キザハシオニグモ〈Araneus abscissus〉蛛形綱クモ目コガネグモ科の蜘蛛。体長雌8〜10mm、雄7〜8mm。分布：北海道、本州、四国、九州。

キサントクレイス・アエデシア〈Xanthocleis aedesia〉昆虫綱鱗翅目トンボマダラ科の蝶。分布：コロンビア、ベネズエラ。

キサントクレイス・メノフィルス〈Xanthocleis menophilus〉昆虫綱鱗翅目トンボマダラ科の蝶。分布：コロンビアからペルーまで。

キサントディスカ・アストラペ〈Xanthodisca astrape〉昆虫綱鱗翅目セセリチョウ科の蝶。分布：トーゴ、ガボン。

キサントディスカ・ビビウス〈Xanthodisca vibius〉昆虫綱鱗翅目セセリチョウ科の蝶。分布：シエラレオネ。

キサントパンスズメ〈Xanthopan morgani〉昆虫綱鱗翅目スズメガ科の蛾。前翅は黄色味をおびた褐色、後翅は黒褐色。口吻が25cm以上ある。開張10〜13.5mm。分布：アフリカの熱帯域。珍虫。

ギシギシクチブトサルゾウムシ〈Rhinoncus jakovlevi〉昆虫綱甲虫目ゾウムシ科の甲虫。体長3.0〜3.3mm。

ギシギシタコゾウムシ〈Hypera rumicis〉昆虫綱甲虫目ゾウムシ科の甲虫。体長4〜7mm。

ギシギシホソクチゾウムシ〈Apion violaceum〉昆虫綱甲虫目ホソクチゾウムシ科の甲虫。体長2.5〜2.9mm。

ギシギシモグリハナバエ〈Pegomyia bicolor〉昆虫綱双翅目ハナバエ科。体長6.0〜6.5mm。分布：北海道、本州。

ギシギシヨトウ〈Atrachea nitens〉昆虫綱鱗翅目ヤガ科カラスヨトウ亜科の蛾。開張35〜42mm。分布：朝鮮半島、北海道を除く本土域、対馬。

キシコモリグモ〈Pardosa riparia〉蛛形綱クモ目コモリグモ科の蜘蛛。

キシタアオバケンモン〈Euromoia subpulchra〉昆虫綱鱗翅目ヤガ科の蛾。分布：沿海州、済州島、対馬、台湾。

キシタアオバセセリ〈Choaspes hemixanthus〉昆虫綱鱗翅目セセリチョウ科の蝶。分布：ネパールからマルク諸島、ニューギニアまで。

キシタアゲハ 黄下揚羽〈Troides aeacus〉昆虫綱鱗翅目アゲハチョウ科の蝶。開張雄110mm、雌130mm。分布：台湾、中国からマレー半島。珍蝶。

キシタアシブトクチバ〈Ophiusa coronata〉昆虫綱鱗翅目ヤガ科シタバガ亜科の蛾。分布：インド―オーストラリア地域から太平洋地域、愛知県、

和歌山県, 小豆島, 福岡県, 屋久島, 琉球列島, 小笠原諸島.

キシタアツバ〈*Hypena claripennis*〉昆虫綱鱗翅目ヤガ科アツバ亜科の蛾. 開張30mm. 分布：中国, 朝鮮半島, 宮城県付近を北限, 四国, 九州, 対馬.

キシタウスキチョウ〈*Catopsilia scylla*〉昆虫綱鱗翅目シロチョウ科の蝶. 分布：タイ, マレーシア, モルッカ諸島.

キシタエダシャク 黄下枝尺蛾〈*Arichanna melanaria*〉昆虫綱鱗翅目シャクガ科エダシャク亜科の蛾. 開張34〜44mm. ツツジ, サツキに害を及ぼす. 分布：ヨーロッパ, 北海道, 本州, 四国, 九州.

キシタカザリシロチョウ〈*Delias descombesi*〉昆虫綱鱗翅目シロチョウ科の蝶. 分布：ヒマラヤからマレーシアまで.

キシタキリガ〈*Cosmia moderata*〉昆虫綱鱗翅目ヤガ科カラスヨトウ亜科の蛾. 開張37〜43mm. 分布：沿海州, 北海道から本州中部.

キシタギンウワバ〈*Syngrapha ain*〉昆虫綱鱗翅目ヤガ科コヤガ亜科の蛾. 開張33〜38mm. 分布：ユーラシア, 本州中部の高地陽性林, 飛騨山脈の山腹, 日光, 大雪山塊, 函館市内.

キシタギンモンウワバ キシタギンウワバの別名.

キシタクロテンヒトリ〈*Estigmene acrea*〉昆虫綱鱗翅目ヒトリガ科の蛾. 翅に黒色の斑点をもつ. 開張4.5〜7.0mm. 分布：カナダ東南部, 合衆国東部.

キシタケンモン〈*Acronicta catocaloida*〉昆虫綱鱗翅目ヤガ科ケンモンヤガ亜科の蛾. 開張44〜49mm. 分布：沿海州から朝鮮半島, 北海道, 本州, 四国, 九州.

キシタシロチョウ〈*Cepora aspasia*〉昆虫綱鱗翅目シロチョウ科の蝶. 分布：フィリピンおよびモルッカ諸島.

キシタシロチョウ ケポラ・レアの別名.

キシタシンムシ〈*Olethreutes penthinana*〉昆虫綱鱗翅目ノコメハマキガ科の蛾. 開張14〜19mm.

キシタセセリ〈*Mooreana triconeura*〉昆虫綱鱗翅目セセリチョウ科の蝶.

キシタタテハ〈*Mesoxantha ethosea*〉昆虫綱鱗翅目タテハチョウ科の蝶. 分布：アフリカ西部, 中央部.

キシタトゲシリアゲ〈*Panorpa fulvicaudaria*〉昆虫綱長翅目シリアゲムシ科.

キシタバ 黄下翅〈*Catocala patala*〉昆虫綱鱗翅目ヤガ科シタバガ亜科の蛾. 開張69〜74mm. 分布：インド北部, 中国, 朝鮮半島, 本州, 四国, 九州, 対馬.

キシタハゴロモの一種〈*Aphaena sp.*〉昆虫綱半翅目ビワハゴロモ科.

キシタヒトリモドキ〈*Psephea caricae*〉昆虫綱鱗翅目ヒトリモドキガ科の蛾. 分布：インドーオーストラリア地域, 沖縄本島, 石垣島, 与那国島, 北大東島.

キシタヒメゴマダラ ビトレアヒメマダラの別名.

キシタヒメハマキ〈*Pristerognatha penthinana*〉昆虫綱鱗翅目ハマキガ科の蛾. 分布：北海道, 本州, 四国, 九州, ロシア, ヨーロッパ, イギリス, 北アメリカ.

キシタホソチョウ セルボナホソチョウの別名.

キシタホソバ〈*Eilema griseola*〉昆虫綱鱗翅目ヒトリガ科コケガ亜科の蛾. 開張32〜36mm. 分布：ヨーロッパから日本.

キシタマダラ〈*Parantica aspasia*〉昆虫綱鱗翅目マダラチョウ科の蝶.

キシタミドリヤガ〈*Xestia efflorescens*〉昆虫綱鱗翅目ヤガ科モンヤガ亜科の蛾. 開張40〜45mm. 分布：沿海州, 朝鮮半島, 台湾, 北海道から九州, 対馬, 屋久島.

キシタモリツノハゴロモ〈*Phrictus diadema*〉昆虫綱半翅目ビワハゴロモ科. 分布：コロンビア, ギアナ.

キシニアス・キノセマ〈*Xinias cynosema*〉昆虫綱鱗翅目シジミタテハ科の蝶. 分布：ボリビア.

キシノウエトタテグモ〈*Latouchia typica*〉蛛形綱クモ目トタテグモ科の蜘蛛. 準絶滅危惧種(NT). 体長雌13〜17mm, 雄9〜12mm. 分布：本州(南部), 四国, 九州.

キシベコモリグモ〈*Pardosa yaginumai*〉蛛形綱クモ目コモリグモ科の蜘蛛. 体長雌7〜8mm, 雄6〜7mm. 分布：北海道, 本州, 四国, 九州.

キジマエダシャク 黄縞枝尺蛾〈*Arichanna tetrica*〉昆虫綱鱗翅目シャクガ科エダシャク亜科の蛾. 開張33〜35mm. 分布：北海道, 本州, 四国, 九州, サハリン, シベリア南東部.

キジマクサアブ 黄縞臭虻〈*Anacanthaspis bifasciata japonica*〉昆虫綱双翅目クサアブ科. 分布：本州.

キジマソトグロナミシャク〈*Eulithis pyropata*〉昆虫綱鱗翅目シャクガ科ナミシャク亜科の蛾. 開張28〜32mm. 分布：ドイツ北東部, ロシアの一部, シベリア南東部, 北海道, 本州, 四国.

キジマドクチョウ〈*Heliconius charitonius*〉昆虫綱鱗翅目タテハチョウ科の蝶. 鮮やかな黒色と黄色の帯をもつ. 開張7.5〜8.0mm. 分布：中央および南アメリカ, 合衆国南部. 珍蝶.

キジマトラカミキリ〈*Xylotrechus zebratus*〉昆虫綱甲虫目カミキリムシ科カミキリ亜科の甲虫. 体

キシャチホコ 〈Torigea straminea〉昆虫綱鱗翅目シャチホコガ科ウチキシャチホコ亜科の蛾。開張42～50mm。分布：中国中南部, 朝鮮半島, 北海道から九州, 種子島。

キシャヤスデ 汽車馬陸〈Parafontaria laminata armigera〉節足動物門倍脚綱ババヤスデ科の陸生動物。ヤスデ, オビババヤスデの1亜種。体長30～40mm。害虫。

キジラミ 木虱〈jumping plant lice〉昆虫綱半翅目同翅亜目キジラミ科Psyllidaeに属する昆虫の総称。

キジロオヒキグモ 〈Arachnura logio〉蛛形綱クモ目コガネグモ科の蜘蛛。体長雌25～28mm, 雄1.5～1.8mm。分布：本州(南部), 四国, 九州, 南西諸島。

キシロコパ・フラボルファ 〈Xylocopa flavorufa〉昆虫綱膜翅目ミツバチ科。分布：アフリカ中央部・南部。

キジロゴミグモ 〈Cyclosa laticauda〉蛛形綱クモ目コガネグモ科の蜘蛛。別名ムツデゴミグモ。体長8～10mm, 雄6～7mm。分布：本州, 四国, 九州。

ギシロフアブ 擬白斑虻〈Tabanus takasagoensis〉昆虫綱双翅目アブ科。分布：日本各地。

キスイムシ 木吸虫 昆虫綱甲虫目キスイムシ科Cryptophagidaeに属する昆虫の総称。

キスイムシの一種〈Cryptophagus sp.〉甲虫。

キスイモドキ 〈Byturus affinis〉昆虫綱甲虫目キスイモドキ科の甲虫。体長5.0～5.5mm。

キスカシノメイガ 〈Cotachena histricalis〉昆虫綱鱗翅目メイガ科ノメイガ亜科の蛾。開張17～23mm。

キスジアオジャコウアゲハ 〈Battus crassus〉昆虫綱鱗翅目アゲハチョウ科の蝶。分布：コスタリカからブラジル。

キスジアシナガゾウムシ 〈Mecysolobus flavosignatus〉昆虫綱甲虫目ゾウムシ科の甲虫。体長8～10.5mm。分布：本州, 四国, 九州。

キスジアブ 黄条虻〈Tabanus fulvimedioides〉昆虫綱双翅目アブ科。

キスジイチモンジ 〈Tarattia gutama〉昆虫綱鱗翅目タテハチョウ科の蝶。

キスジウスキヨトウ 〈Archanara sparganii〉昆虫綱鱗翅目ヤガ科カラスヨトウ亜科の蛾。分布：ユーラシア, 北海道, 本州, 四国, 九州北部。

キスジオビハマキ 〈Phiaris pryerana〉昆虫綱鱗翅目ノコメハマキガ科の蛾。開張16～18mm。

キスジオビヒメハマキ 〈Olethreutes pryerana〉昆虫綱鱗翅目ハマキガ科の蛾。分布：北海道, 本州(山地), 四国(山地), ロシア(アムール)。

キスジカブトツノゼミ 〈Membracis foliataarcuata〉昆虫綱半翅目ツノゼミ科。分布：コロンビア, ベネズエラ, ギアナ, ブラジルからアルゼンチン。

キスジカマトリバ 〈Leioptilus lacteolus〉昆虫綱鱗翅目トリバガ科の蛾。分布：本州(関東地方), 九州。

キスジカンムリヨコバイ 黄条冠横遣〈Evacanthus interruptus〉昆虫綱半翅目ヨコバイ科。体長6～8mm。菊に害を及ぼす。分布：北海道, 本州, 四国, 九州。

キスジキシダグモ 〈Pisaura flavistriata〉蛛形綱クモ目キシダグモ科。

キスジクロハマキ カラマツイトヒキハマキの別名。

キスジケブカタマムシ 〈Dactylozodes amplicollis〉昆虫綱甲虫目タマムシ科。分布：チリ。

キスジコガネ 〈Phyllopertha irregularis〉昆虫綱甲虫目コガネムシ科の甲虫。体長8～11mm。分布：本州, 四国, 九州。

キスジゴキブリ 〈Symploce striata〉昆虫綱網翅目チャバネゴキブリ科。体長14～17mm。分布：本州(近畿以南), 四国, 九州, 対馬, 屋久島, 種子島, 宝島。

キスジコヤガ 〈Enispa lutefascialis〉昆虫綱鱗翅目ヤガ科コヤガ亜科の蛾。開張18mm。分布：北海道から九州, 対馬, 屋久島, 沖縄本島, 石垣島, 西表島。

キスジサジヨコバイ 〈Parabolocratus lineatus〉昆虫綱半翅目フクロヨコバイ科。

キスジジガバチ 〈Gorytes eous〉昆虫綱膜翅目ジガバチ科。

キスジシロエダシャク 〈Myrteta sericea〉昆虫綱鱗翅目シャクガ科エダシャク亜科の蛾。開張23～30mm。分布：本州(宮城県以南), 四国, 九州, 屋久島, 台湾, 中国, インド, インドシナ半島。

キスジシロコケガ 〈Bizone harterti〉昆虫綱鱗翅目ヒトリガ科の蛾。分布：沖縄本島, 西表島, 中国南部, シンガポール, アッサム。

キスジシロヒメシャク 黄条白姫尺蛾〈Scopula asthena〉昆虫綱鱗翅目シャクガ科ヒメシャク亜科の蛾。開張14～19mm。分布：本州。

キスジシロフタオ 〈Epiplema cretacea〉昆虫綱鱗翅目フタオガ科の蛾。開張18～23mm。分布：本州, 四国, 九州, 種子島, 屋久島, 吐噶喇列島, 奄美大島, 沖縄本島, 台湾。

キスジセアカカギバラバチ〈*Poecilogonalos fasciata*〉昆虫綱膜翅目カギバラバチ科。体長8～11mm。分布：北海道, 本州, 九州。

キスジチビオオキノコムシ〈*Triplax nakanei*〉昆虫綱甲虫目オオキノコムシ科の甲虫。体長3.5～4.0mm。

キスジチャバネセセリ コチャバネセセリの別名。

キスジツチスガリ〈*Cerceris arenaria*〉昆虫綱膜翅目ジガバチ科。体長10～15mm。分布：北海道, 本州。

キスジツツハムシ〈*Cryptocephalus limbatipennis*〉昆虫綱甲虫目ハムシ科の甲虫。体長3.2～3.6mm。

キスジツツホソミツギリゾウムシ〈*Callipareius miyakawai*〉昆虫綱甲虫目ミツギリゾウムシ科の甲虫。体長4.8～7.9mm。

キスジツトガ〈*Calamotropha nigripunctella*〉昆虫綱鱗翅目メイガ科ツトガ亜科の蛾。開張15mm。分布：北海道, 本州, 四国, 朝鮮半島, 中国。

キスジツマキリヨトウ〈*Callopistria japonibia*〉昆虫綱鱗翅目ヤガ科カラスヨトウ亜科の蛾。分布：関東地方南部, 佐渡島付近, 四国, 九州, 対馬, 屋久島, 口永良部島, 伊豆諸島, 八丈島。

キスジツマキリヨトウ クロキスジツマキリヨトウの別名。

キスジツヤコメツキ〈*Hemirhipus lineatus*〉昆虫綱甲虫目コメツキムシ科。分布：ブラジルからアルゼンチンまで。

キスジテントウダマシ〈*Endomychus plagiatus*〉昆虫綱甲虫目テントウダマシ科の甲虫。体長4～5mm。分布：四国, 九州。

キスジトガリコメツキ〈*Semiotus distinctus*〉昆虫綱甲虫目コメツキムシ科。分布：ペルー, ブラジル, アルゼンチン。

キスジドクチョウ モンキドクチョウの別名。

キスジトラカミキリ 黄条虎天牛〈*Cyrtoclytus caproides*〉昆虫綱甲虫目カミキリムシ科カミキリ亜科の甲虫。体長10～18mm。分布：北海道, 本州, 四国, 九州, 佐渡, 屋久島。

キスジナガクチキムシ 黄条長朽木虫〈*Mikadonius gracilis*〉昆虫綱甲虫目ナガクチキムシ科の甲虫。体長7～16mm。分布：本州, 四国。

キスジノミハムシ 黄条蚤金花虫〈*Phyllotreta striolata*〉昆虫綱甲虫目ハムシ科の甲虫。体長3mm。アブラナ科野菜に害を及ぼす。分布：北海道, 本州, 四国, 九州。

キスジハイイロナミシャク〈*Hydrelia sylvata*〉昆虫綱鱗翅目シャクガ科ナミシャク亜科の蛾。開張18～21mm。分布：サハリンからヨーロッパ, 北海道, 本州, 四国。

キスジハチヤドリヒメバチ〈*Perithous mediator japonicus*〉昆虫綱膜翅目ヒメバチ科。

キスジハナオイアツバ〈*Cidariplura brevivittalis*〉昆虫綱鱗翅目ヤガ科クルマアツバ亜科の蛾。開張30mm。分布：本州(秋田, 宮城県以南), 四国, 九州, 屋久島, 台湾, インド。

キスジハネビロウンカ 黄条翅広浮塵子〈*Rhotana satsumana*〉昆虫綱半翅目ハネナガウンカ科。分布：本州, 九州。

キスジヒゲタケカ〈*Macrocera fasciata monticola*〉昆虫綱双翅目キノコバエ科。

キスジヒゲナガゾウムシ〈*Aphaulimia debilis*〉昆虫綱甲虫目ヒゲナガゾウムシ科の甲虫。体長3.5～5.2mm。分布：北海道, 本州, 四国, 九州, 対馬, 屋久島。

キスジビロウドナミシャク〈*Sibatania arizana*〉昆虫綱鱗翅目シャクガ科の蛾。分布：沖縄本島, 石垣島, 西表島, 台湾, 中国。

キスジビロードナミシャク キスジビロウドナミシャクの別名。

キスジホソドロムシ〈*Stenelmis foveicollis*〉昆虫綱甲虫目ヒメドロムシ科。

キスジホソハマキモドキ〈*Glyphipterix gaudialis*〉昆虫綱鱗翅目ホソハマキモドキガ科の蛾。分布：本州。

キスジホソマダラ 黄条細斑蛾〈*Balataea gracilis*〉昆虫綱鱗翅目マダラガ科の蛾。開張25mm。分布：北海道, 本州, 四国, 九州, 対馬, 千島, 朝鮮半島, 中国。

キスジミゾドロムシ〈*Ordobrevia foveicollis*〉昆虫綱甲虫目ヒメドロムシ科の甲虫。体長3.0～3.8mm。分布：本州, 四国, 九州。

キスジラクダムシ 黄条駱駝虫〈*Raphidia harmandi*〉昆虫綱駱駝虫目キスジラクダムシ科。分布：本州。

キスチケルクス ノウチュウの別名。

キステオデムス・アルマトゥス〈*Cysteodemus armatus*〉昆虫綱甲虫目ツチハンミョウ科。分布：アメリカ合衆国南部(カリフォルニア)。

キスネアシボソケバエ〈*Bibio aneuretus*〉昆虫綱双翅目ケバエ科。

キヅマアツバ〈*Scedopla regalis*〉昆虫綱鱗翅目ヤガ科クチバ亜科の蛾。開張28mm。分布：東北地方北部を北限, 四国, 九州に至る本土域, 屋久島。

キセイバエ ヤドリバエの別名。

キセスジハムシ〈*Haplosomoides miyamotoi*〉昆虫綱甲虫目ハムシ科の甲虫。体長5.0～5.8mm。

キセナゴラスプレボナ〈*Prepona xenagoras*〉昆虫綱鱗翅目タテハチョウ科の蝶。分布：ボリビア。

キセナンドゥラ・プラシナタ〈*Xenandra prasinata*〉昆虫綱鱗翅目シジミタテハ科の蝶。分布：コロンビア。

キセナンドゥラ・ヘリウス〈*Xenandra helius*〉昆虫綱鱗翅目シジミタテハ科の蝶。分布：ギアナ，トリニダード，ベネズエラ，ブラジル。

キセニアデス・オルカムス〈*Xeniades orchamus*〉昆虫綱鱗翅目セセリチョウ科の蝶。分布：スリナム。

キセニアデス・プテラス〈*Xeniades pteras*〉昆虫綱鱗翅目セセリチョウ科の蝶。分布：パナマ，コロンビア，ベネズエラ，トリニダード，コロンビア，ブラジル。

キセノファネス・トゥリクスス〈*Xenophanes tryxus*〉昆虫綱鱗翅目セセリチョウ科の蝶。分布：アルゼンチンからテキサス州まで。

キセノプシラ・クリニタ〈*Xenopsylla crinita*〉昆虫綱隠翅目ヒトノミ科。分布：ケニア，タンザニア，ザンビアなど。

キセノプシラ・コンフォルミス〈*Xenopsylla conformis mycerini*〉昆虫綱隠翅目ヒトノミ科。分布：トルケスタン，トランスカスピア，アフガニスタン，アルジェリア，チュジニア，エジプトなど。

キセノプシラ・タラクテス〈*Xenopsylla taractes*〉昆虫綱隠翅目ヒトノミ科。分布：アルジェリアからエジプト。

キセノプシラ・ヌビカ〈*Xenopsylla nubica*〉昆虫綱隠翅目ヒトノミ科。分布：アフリカ西部・中央部・東部。

キソイス・セサラ〈*Xois sesara*〉昆虫綱鱗翅目ジャノメチョウ科の蝶。分布：フィジー諸島。

キソキンモンホソガ〈*Phyllonorycter kisoensis*〉昆虫綱鱗翅目ホソガ科の蛾。分布：本州。

キソコマベニハナカミキリ〈*Leptura melanura*〉昆虫綱甲虫目カミキリムシ科ハナカミキリ亜科の甲虫。

キソナガレトビケラ〈*Rhyacophila kisoensis*〉昆虫綱毛翅目ナガレトビケラ科。

キソヤマゾウムシ〈*Byrsopages kiso*〉昆虫綱甲虫目ゾウムシ科の甲虫。体長9～10mm。分布：北海道，本州。

キタアカシジミ〈*Japonica adusta*〉昆虫綱鱗翅目シジミチョウ科ミドリシジミ亜科の蝶。絶滅危惧I類(CR+EN)。

キタアトキリゴミムシ〈*Cymindis subarctica*〉昆虫綱甲虫目ゴミムシ科。

キタアラメナガゴミムシ〈*Pterostichus subrugosus*〉昆虫綱甲虫目オサムシ科の甲虫。体長13mm。分布：北海道(大雪山系)。

キタイトトンボ 北糸蜻蛉〈*Coenagrion ecornutum*〉昆虫綱蜻蛉目イトトンボ科の蜻蛉。体長30mm。分布：北海道東部と北部。

キタイナズマチョウバエ〈*Pericoma denticulatistyleta*〉昆虫綱双翅目チョウバエ科。

キタウスグロヤガ〈*Spaelotis suecica*〉昆虫綱鱗翅目ヤガ科の蛾。分布：ユーラシアの高緯度地方，北海道。

キタウスズミヒョウモン〈*Clossiana improba*〉昆虫綱鱗翅目タテハチョウ科の蝶。分布：周極，アラスカ，カナダ北部，ヨーロッパ北部，シベリア北部。

キタウンカ〈*Javesella pellucida*〉昆虫綱半翅目ウンカ科。体長雄3.3mm，雌4mm。イネ科牧草，麦類に害を及ぼす。分布：北海道，本州，ヨーロッパ，トルコ，北アフリカ，中近東，モンゴル，シベリア，カムチャツカ，千島。

キタウンモンエダシャク〈*Jankowskia pseudathleta*〉昆虫綱鱗翅目シャクガ科の蛾。分布：北海道，本州，四国，九州，対馬，朝鮮半島。

キタエグリバ〈*Calyptra hokkaida*〉昆虫綱鱗翅目ヤガ科クチバ亜科の蛾。ナシ類，桃，スモモに害を及ぼす。分布：中国，沿海州，朝鮮半島，本州，九州。

キタエビグモ〈*Philodromus rufus*〉蛛形綱クモ目エビグモ科の蜘蛛。体長雌4～5mm，雄3～4mm。分布：北海道，本州(北部)。

キタエリアス・フィリス〈*Cithaerias philis*〉昆虫綱鱗翅目ジャノメチョウ科の蝶。分布：スリナム，アマゾン。

キタエリアス・メナンデル〈*Cithaerias menander*〉昆虫綱鱗翅目ジャノメチョウ科の蝶。分布：中央アメリカ，コロンビア。

キタエロンフタオチョウ〈*Charaxes cithaeron*〉昆虫綱鱗翅目タテハチョウ科の蝶。分布：ケニア，タンザニア，マラウイ，ザンビア，モザンビーク，ローデシア，南アフリカ。

キタオオコブガ〈*Meganola subgigas*〉昆虫綱鱗翅目コブガ科の蛾。分布：北海道渡島中山峠，北海道釧路標茶町二ツ山。

キタオブユ オブユの別名。

キタガミトビケラ 北上飛螻〈*Limnocentropus insolitus*〉昆虫綱毛翅目キタガミトビケラ科。体長9～12mm。分布：本州，四国。

キタガミトビケラ 北上飛螻 昆虫綱トビケラ目キタガミトビケラ科の昆虫の総称，またはその一種。

キタグニオニグモ〈*Araneus boreus*〉蛛形綱クモ目コガネグモ科の蜘蛛。体長雌10～11mm，雄7～8mm。分布：北海道，本州(高地)。

キタグニナミハグモ〈Cybaeus ryusenensis〉蛛形綱クモ目タナグモ科の蜘蛛。

キタクニハナカミキリ キベリクロハナカミキリの別名。

キタクロオサムシ〈Carabus albrechti〉昆虫綱甲虫目オサムシ科。体長22～25mm。分布：北海道,本州(中部以北),佐渡。害虫。

キタクロヒラタゴミムシ〈Platynus dolens〉昆虫綱甲虫目オサムシ科の甲虫。体長6.5～7.5mm。

キタクロミノガ〈Lepidopsyche pungelerii〉昆虫綱鱗翅目ミノガ科の蛾。分布：北海道から本州,四国。

キタケシグモ〈Meioneta gulosa〉蛛形綱クモ目サラグモ科の蜘蛛。

キタゲンゴロウモドキ〈Dytiscus delictus〉昆虫綱甲虫目ゲンゴロウ科の甲虫。準絶滅危惧種(NT)。体長34～36mm。

キタコウモリ〈Korscheltellus fusconebulosus〉昆虫綱鱗翅目コウモリガ科の蛾。前翅には褐色と白色からなる複雑な模様。開張10～16mm。分布：イギリス本島を含むヨーロッパから, アジア温帯域。

キタコシボソアナバチ〈Pemphredon mandibularis〉昆虫綱膜翅目ジガバチ科。

キタゴマグモ〈Micrargus apertus〉蛛形綱クモ目サラグモ科の蜘蛛。

キタコマユバチ〈Atanycolus initiator〉昆虫綱膜翅目コマユバチ科。

キタコモリグモ〈Trochosa vulvella〉蛛形綱クモ目コモリグモ科の蜘蛛。

キタサシゲマルトゲムシ〈Curimopsis cyclolepidia〉昆虫綱甲虫目マルトゲムシ科の甲虫。体長3mm。

キタサトツツガムシ〈Leptotrombidium kitasatoi〉蛛形綱ダニ目ツツガムシ科。体長41μm。害虫。

キタショウブヨトウ〈Amphipoea fucosa〉昆虫綱鱗翅目ヤガ科カラスヨトウ亜科の蛾。飼料用トウモロコシ,ソルガム,イネ科作物に害を及ぼす。分布：ユーラシア,北海道, 千島。

キタスカシバ〈Sesia yezoensis〉昆虫綱鱗翅目スカシバガ科の蛾。分布：北海道,本州(東北から中部山地)。

キタセジロイエバエ〈Morellia hortorum〉昆虫綱双翅目イエバエ科。体長7.5～8.5mm。害虫。

キタセスジガムシ〈Helophorus mukawaensis〉昆虫綱甲虫目セスジガムシ科の甲虫。体長5.0～6.3mm。

キタセンショウグモ〈Ero furcata〉蛛形綱クモ目センショウグモ科の蜘蛛。体長雌3.5～4.0mm,雄2.4～2.8mm。分布：本州(高地)。

キタダケヨトウ〈Discestra marmorosa〉昆虫綱鱗翅目ヤガ科ヨトウガ亜科の蛾。分布：ユーラシア内陸,赤石山脈,大井川上流小西俣。

キタツツキノコムシ〈Cis seriatopilosus〉昆虫綱甲虫目ツツキノコムシ科。

キタツヤシデムシ〈Pteroloma forstroemi〉昆虫綱甲虫目シデムシ科の甲虫。体長5.2～6.0mm。

キタテハ 黄蛺蝶〈Polygonia c-aureum〉昆虫綱鱗翅目タテハチョウ科ヒオドシチョウ亜科の蝶。前翅長25～30mm。分布：北海道,本州,四国,九州。

キタドウイロチビタマムシ〈Trachys pecirkai〉昆虫綱甲虫目タマムシ科の甲虫。体長3.0～4.2mm。

キタドヨウグモ〈Metleucauge sp.〉蛛形綱クモ目コガネグモ科の蜘蛛。体長雌9～11mm,雄6～8mm。分布：北海道,本州(高地)。

キタネグサレセンチュウ〈Pratylenchus penetrans〉プラティレンクス科。体長雌0.3～0.8mm,雄0.3～0.6mm。隠元豆,小豆,ササゲ,キク科野菜,セリ科野菜,ハッカ,タバコ,ソバ,ウリ科野菜,アブラナ科野菜,ジャガイモに害を及ぼす。分布：北海道から関東に多く,九州まで。

キタネコブセンチュウ〈Meloidogyne hapla〉メロイドギネ科。体長雌0.6～1.0mm,雄0.7～1.4mm。キク科野菜,セリ科野菜,ナス科野菜,苺,タバコ,マメ科牧草,隠元豆,小豆,ササゲ,豌豆,空豆,大豆,アブラナ科野菜,ソバ,ジャガイモ,落花生,甜菜,ウリ科野菜に害を及ぼす。分布：九州以北の日本各地。

キタノハエトリ〈Aelurillus subfestivus〉蛛形綱クモ目ハエトリグモ科の蜘蛛。

キタノヒラタゴミムシ〈Agonum kitanoi〉昆虫綱甲虫目オサムシ科の甲虫。体長6～7mm。

キタハイイロタカネヒカゲ〈Oeneis bore〉昆虫綱鱗翅目ジャノメチョウ科の蝶。分布：スカンジナビア,ヨーロッパ北部,シベリア北部,アラスカ,カナダ北部。

キタバコガ 黄煙草蛾〈Pyrrhia umbra〉昆虫綱鱗翅目ヤガ科タバコガ亜科の蛾。開張35mm。隠元豆,小豆,ササゲ,大豆,アブラナ科野菜,ソバに害を及ぼす。分布：ユーラシアを含む北半球温帯,北海道から九州, 対馬。

キタヒシモンツトガ〈Catoptria pinella〉昆虫綱鱗翅目メイガ科の蛾。分布：ヨーロッパから東北アジア,北海道。

キタヒメクビグロクチバ〈Lygephila subrecta〉昆虫綱鱗翅目ヤガ科クチバ亜科の蛾。分布：北海道十勝地方。

キタヒメヒョウモン〈Boloria napaea〉昆虫綱鱗翅目タテハチョウ科の蝶。分布：周極,アラスカとカナダの極北部,ヨーロッパ北・中部,シベリア東部。

キタヒヨウタンゾウムシ　タマゴゾウムシの別名。

キタヒラタキノコハネカクシ〈*Gyrophaena sapporoensis*〉昆虫綱甲虫目ハネカクシ科の甲虫。体長2.5～3.0mm。

キタベニボタル　北紅蛍〈*Lopheros septentrionalis*〉昆虫綱甲虫目ベニボタル科の甲虫。体長8.0～11.0mm。分布：北海道。

キタホシオビホソノメイガ〈*Paranomis sidemialis*〉昆虫綱鱗翅目メイガ科の蛾。分布：神奈川県丹沢山麓、北海道標茶町、同石狩町、秋田県能代市、同県由利郡金浦町、長野県豊科町、埼玉県入間市。

キタマイマイカブリ〈*Damaster blaptoides viridipennis*〉昆虫綱甲虫目オサムシ科。分布：日本(北海道から九州屋久島まで)。

キタマダラエダシャク〈*Abraxas sylvata*〉昆虫綱鱗翅目シャクガ科の蛾。分布：利尻島と奥尻島を含む北海道全土、東北地方から関東、北陸、中部、東海の山地。

キタマダラチビゲンゴロウ〈*Hygrotus inaequalis hokkaidensis*〉昆虫綱甲虫目ゲンゴロウ科の甲虫。体長2.8mm。

キタマルクビゴミムシ〈*Nebria gyllenhali*〉昆虫綱甲虫目オサムシ科の甲虫。体長8.5～11.0mm。

キタマルクビハネカクシ〈*Tachinus pallipes rishirianus*〉昆虫綱甲虫目ハネカクシ科の甲虫。体長6.0～6.5mm。

キタマルハナノミ〈*Helodes ohbayashii*〉昆虫綱甲虫目マルハナノミ科の甲虫。体長4.7mm。

キタミスジアツバ〈*Herminia satakei*〉昆虫綱鱗翅目ヤガ科クルマアツバ亜科の蛾。分布：岩手県北上市、北海道登別市カルス温泉。

キタヤハズハエトリ〈*Marpissa sp.*〉蛛形綱クモ目ハエトリグモ科の蜘蛛。体長雌8～10mm、雄7～8mm。分布：北海道、本州(中部・東北地方の山地)。

キタヤミサラグモ〈*Arcuphantes septentrionalis*〉蛛形綱クモ目サラグモ科の蜘蛛。体長雌2.5～2.8mm、雄2.3～2.6mm。分布：北海道、本州(高地、亜高山地帯)。

キタヤムシ　北矢虫〈*Sagitta elegans*〉毛顎動物門矢虫綱無膜目ヤムシ科の海産動物。

キタユムシ　北蝪〈*Echiurus echiurus*〉環形動物門ユムシ綱有管目キタユムシ科の海産動物。分布：厚岸以北の北海道。

キタヨコバイ〈*Bathysmatophorus linnavuorii*〉昆虫綱半翅目フトヨコバイ科。

キタヨスジメクラアブ〈*Chrysops vanderwulpi kitaensis*〉昆虫綱双翅目アブ科。害虫。

キタヨトウ〈*Hydraecia ultima*〉昆虫綱鱗翅目ヤガ科カラスヨトウ亜科の蛾。分布：ヨーロッパ北部、デンマーク、スカンジナビア地方、北海道帯広市、十勝地方、秋田県天王町。

キタルリオサムシ〈*Carabus hummeli smaragulus*〉昆虫綱甲虫目オサムシ科。

キタルリモンエダシャク　北瑠璃紋枝尺蛾〈*Cleora cinctaria*〉昆虫綱鱗翅目シャクガ科の蛾。分布：ヨーロッパ、北海道東部、長野県菅平。

キチキチバッタ　ショウリョウバッタモドキの別名。

キチマダニ　黄血真壁蝨〈*Haemaphysalis flava*〉節足動物門クモ形綱ダニ目マダニ科チマダニ属の吸血性のダニ。体長2.0～3.0mm。分布：日本各地。害虫。

キチョウ　黄蝶〈*Eurema hecabe*〉昆虫綱鱗翅目シロチョウ科の蝶。前翅長20～25mm。分布：北海道をのぞく日本全土。

キッコウモンケシカミキリ〈*Exocentrus testudineus*〉昆虫綱甲虫目カミキリムシ科フトカミキリ亜科の甲虫。体長4～6mm。分布：北海道, 本州, 佐渡, 対馬。

キツネノボタンハモグリバエ　毛莨葉潜蠅〈*Phytomyza ranunculi*〉昆虫綱双翅目ハモグリバエ科。体長2.0～2.5mm。マリゴールド類に害を及ぼす。分布：日本全国, 全北区。

キツネハエトリ〈*Icius vulpes*〉蛛形綱クモ目ハエトリグモ科の蜘蛛。体長雌5～6mm、雄4～5mm。分布：本州, 四国, 九州, 南西諸島。

キツリフネヒメハマキ〈*Pristerognatha fuligana*〉昆虫綱鱗翅目ハマキガ科の蛾。分布：北海道, 本州(扉温泉, 大牧), 九州(英彦山)。

キッロクロア・ニアシカ〈*Cirrochroa niasica*〉昆虫綱鱗翅目タテハチョウ科の蝶。分布：ニアス(Nias), カリムブンゴ(Kalim Bungo)。

キッロゲネス・スラデバ〈*Cyllogenes suradeva*〉昆虫綱鱗翅目ジャノメチョウ科の蝶。分布：シッキム。

キテナガグモ〈*Bolyphantes alticeps*〉蛛形綱クモ目サラグモ科の蜘蛛。体長雌4.5～5.0mm、雄4.2～4.5mm。分布：本州(北アルプス一帯)。

キテンエグリシャチホコ〈*Odontosia patricia*〉昆虫綱鱗翅目シャチホコガ科の蛾。分布：沿海州, 北海道, 本州。

キテンシャチホコ〈*Odontosia marumoi*〉昆虫綱鱗翅目シャチホコガ科の蛾。

キテンチビアツバ〈*Mimachrostis owadai*〉昆虫綱鱗翅目ヤガ科クチバ亜科の蛾。分布：沖縄本島与那。

キトウリノヒラ・マルギナリス〈*Citrinophila marginalis*〉昆虫綱鱗翅目シジミチョウ科の蝶。

分布：アフリカ西部。

キトゥリノフィラ・エラストゥス〈*Citrinophila erastus*〉昆虫綱鱗翅目シジミチョウ科の蝶。分布：ガーナからアンゴラまで。

キトゥリノフィラ・テネラ〈*Citrinophila tenera*〉昆虫綱鱗翅目シジミチョウ科の蝶。分布：カメルーン，ナイジェリア。

キトガリキリガ〈*Telorta edentata*〉昆虫綱鱗翅目ヤガ科セダカモクメ亜科の蛾。開張35mm。林檎に害を及ぼす。分布：中国，北海道から本州，対馬。

キトガリヒメシャク〈*Scopula emissaria*〉昆虫綱鱗翅目シャクガ科ヒメシャク亜科の蛾。開張15～19mm。分布：本州(関東以西)，四国，九州，種子島，奄美大島，沖永良部島，沖縄本島，宮古島，石垣島，西表島，インドからオーストラリア。

キドクガ〈*Euproctis piperita*〉昆虫綱鱗翅目ドクガ科の蛾。開張雄25～33mm，雌32～38mm。ハスカップ，林檎に害を及ぼす。分布：北海道，本州，四国，九州，屋久島，サハリン，朝鮮半島，シベリア南東部，中国。

キトビエダシャク〈*Semiothisa brunneata*〉昆虫綱鱗翅目シャクガ科エダシャク亜科の蛾。開張20～22mm。分布：本州中部，サハリン，朝鮮半島，シベリア南東部，ヨーロッパ。

キトビカギバエダシャク〈*Pseudonadagara semicolor*〉昆虫綱鱗翅目シャクガ科エダシャク亜科の蛾。開張30mm。分布：屋久島，奄美大島，沖縄本島，西表島。

キトンボ　黄蜻蛉〈*Sympetrum croceolum*〉昆虫綱蜻蛉目トンボ科アカネ属の蜻蛉。体長42mm。分布：北海道から九州まで。

キナコネアブラムシ〈*Aphanostigma iakusuiensis*〉昆虫綱半翅目ネアブラムシ科。体長0.8mm。ナシ類に害を及ぼす。分布：本州，朝鮮半島，中国。

キナコハリバエ　黄粉針蠅〈*Carcelia excisa*〉昆虫綱双翅目ヤドリバエ科。

キナバルオナガタイマイ〈*Graphium stratiotes*〉昆虫綱鱗翅目アゲハチョウ科の蝶。開張60mm。分布：ボルネオ。珍蝶。

キナバルセアカツヤクワガタ〈*Odontolabis lowei*〉昆虫綱甲虫目クワガタムシ科。分布：ボルネオ。

キナバルネッタイミドリシジミ〈*Austrozephyrus borneanus*〉昆虫綱鱗翅目シジミチョウ科の蝶。分布：ボルネオ。

キナバルホソアカクワガタ〈*Cyclommatus montanellus*〉昆虫綱甲虫目クワガタムシ科。分布：ボルネオ。

キナブラ・ヒペルビウス〈*Cinabra hyperbius*〉昆虫綱鱗翅目ヤママユガ科の蛾。分布：アフリカ南部。

キナミウスグロナミシャク〈*Eupithecia subfuscata*〉昆虫綱鱗翅目シャクガ科ナミシャク亜科の蛾。開張17～18mm。分布：ヨーロッパから中央アジア，シベリア南東部，サハリン，北海道，本州(関東から中部，東海の山地)。

キナミシロヒメシャク　黄並白姫尺蛾〈*Scopula superior*〉昆虫綱鱗翅目シャクガ科ヒメシャク亜科の蛾。開張18～25mm。分布：本州(東北地方北部より)，四国，九州，対馬，屋久島，朝鮮半島，シベリア南東部，中国。

キヌアシナガグモ〈*Tetragnatha lauta*〉蛛形綱クモ目アシナガグモ科の蜘蛛。体長雌5～6mm，雄4～5mm。分布：本州(中・南部)，九州，南西諸島。

キヌアミグモ〈*Cyrtophora exanthematica*〉蛛形綱クモ目コガネグモ科の蜘蛛。体長雌9～12mm，雄3～4mm。分布：本州(紀伊半島)，四国，九州，南西諸島。

キヌキリサラグモ〈*Lepthyphantes cericeus*〉蛛形綱クモ目サラグモ科の蜘蛛。体長雌4.5～5.0mm，雄3.0～3.5mm。分布：北海道，本州(高地)，四国(高地)。

キヌゲハキリバチ　絹毛葉切蜂〈*Megachile kobensis*〉昆虫綱膜翅目ハキリバチ科。分布：本州，四国，九州。

キヌゲマルトゲムシ〈*Cytilus sericeus*〉昆虫綱甲虫目マルトゲムシ科の甲虫。体長4.0～5.0mm。

キヌコガシラハネカクシ〈*Philonthus sericans*〉昆虫綱甲虫目ハネカクシ科の甲虫。体長6.0～6.3mm。

キヌツヤエグリタマムシ〈*Endelus opacipannis*〉昆虫綱甲虫目タマムシ科の甲虫。体長3mm。

キヌツヤネクイハムシ　スゲハムシの別名。

キヌツヤハナカミキリ〈*Corennys sericata*〉昆虫綱甲虫目カミキリムシ科ハナカミキリ亜科の甲虫。体長12～17mm。分布：北海道，本州，四国，九州。

キヌバカワトンボ〈*Psolodesmus mandarinus dorotheae*〉昆虫綱蜻蛉目カワトンボ科。分布：台湾中南部山地。

キネア・イルマ〈*Cynea irma*〉昆虫綱鱗翅目セセリチョウ科の蝶。分布：メキシコからコロンビア，ブラジル，トリニダードまで。

キネア・キネア〈*Cynea cynea*〉昆虫綱鱗翅目セセリチョウ科の蝶。分布：メキシコからコロンビア，ベネズエラ，トリニダードまで。

キノカワガ　木皮蛾〈*Blenina senex*〉昆虫綱鱗翅目ヤガ科キノカワガ亜科の蛾。開張38～43mm。

キノカワコ

キ

キノカワゴミムシ〈*Leistus niger*〉昆虫綱甲虫目オサムシ科の甲虫。体長9〜10mm。

キノカワセセリ〈*Sarangesa dasahara*〉昆虫綱鱗翅目セセリチョウ科の蝶。分布：インド，スリランカからマレーシアまで。

キノカワハネカクシ〈*Coprohilus simplex*〉昆虫綱甲虫目ハネカクシ科の甲虫。体長6mm。

キノカワヒラタゴミムシ〈*Sericoda bogemanni*〉昆虫綱甲虫目オサムシ科の甲虫。体長7.0〜7.5mm。

キノコアカマルエンマムシ 茸赤円閻魔虫〈*Notodoma fungorum*〉昆虫綱甲虫目エンマムシ科の甲虫。体長3.5mm。分布：本州，四国，九州。

キノコエンマムシ〈*Margarinotus boleti*〉昆虫綱甲虫目エンマムシ科の甲虫。体長5.6〜8.5mm。

キノコクダアザミウマ 茸管薊馬〈*Hoplothrips fungosus*〉昆虫綱総翅目クダアザミウマ科。分布：日本各地。

キノコゴミムシ〈*Lioptera erotyloides*〉昆虫綱甲虫目オサムシ科の甲虫。体長12〜16mm。分布：北海道，本州，九州。

キノコシロアリ〈*Macrotermitinae*〉シロアリ科キノコシロアリ亜科の昆虫の総称。珍品。

キノコセスジエンマムシ〈*Onthophilus flavicornis*〉昆虫綱甲虫目エンマムシ科の甲虫。体長1.9〜2.2mm。

キノコバエ タケカの別名。

キノコヒゲナガゾウムシ〈*Euparius oculatus*〉昆虫綱甲虫目ヒゲナガゾウムシ科の甲虫。体長5.5〜8.0mm。分布：北海道，本州，四国，九州，吐噶喇列島中之島。

キノコヒラタケシキスイ 茸扁出尾虫〈*Physoronia explanata*〉昆虫綱甲虫目ケシキスイムシ科の甲虫。体長3.5〜4.0mm。分布：本州，四国，九州。

キノコホシハナノミ〈*Curtimorda maculosa*〉昆虫綱甲虫目ハナノミ科の甲虫。体長3.5〜4.0mm。

キノコムシ 茸虫〈*fungus beetles*〉昆虫綱甲虫目に属する昆虫で，キノコで生活したりキノコに集まるものの総称。オオキノコムシ，コキノコムシなどをさすことも多い。

キノコヨトウ〈*Cryphia obscura*〉昆虫綱鱗翅目ヤガ科キノコヨトウ亜科の蛾。開張21〜23mm。分布：本州，四国，九州，対馬，屋久島，神津島，三宅島。

キノシタシロフアブ〈*Tabanus kinoshitai*〉昆虫綱双翅目アブ科。体長10.0〜15.0mm。害虫。

キノボリトタテグモ〈*Ummidia fragaria*〉蛛形綱クモ目トタテグモ科の蜘蛛。準絶滅危惧種(NT)。

体長雌10〜11mm，雄6〜8mm。分布：本州(南部)，四国，九州，南西諸島。

キノメイガ〈*Uresiphita luteofluvalis*〉昆虫綱鱗翅目メイガ科ノメイガ亜科の蛾。開張28mm。分布：北海道や関東地方から中部の山地。

キバガ 牙蛾 昆虫綱鱗翅目キバガ科Gelechiidaeの昆虫の総称。

キハダエビグモ〈*Philodromus spinitarsis*〉蛛形綱クモ目エビグモ科の蜘蛛。体長雌5〜6mm，雄4〜5mm。分布：北海道，本州，四国，九州。

キハダカニグモ〈*Bassaniana decorata*〉蛛形綱クモ目カニグモ科の蜘蛛。体長雌6〜7mm，雄5〜6mm。分布：北海道，本州，四国，九州。

キハダカノコ 黄肌鹿子蛾〈*Amata germana*〉昆虫綱鱗翅目カノコガ科の蛾。開張30〜37mm。分布：朝鮮半島，シベリア南東部，中国，台湾，本州，四国，九州，対馬，西表島。

キハダケンモン〈*Acronicta leucocuspis*〉昆虫綱鱗翅目ヤガ科ケンモンヤガ亜科の蛾。開張35mm。分布：日本，朝鮮半島。

キハダショウジョウバエ〈*Drosophila lutescens*〉昆虫綱双翅目ショウジョウバエ科。害虫。

キハダハエトリ〈*Icius pupus*〉蛛形綱クモ目ハエトリグモ科の蜘蛛。

キハダヒラタカゲロウ 黄肌扁蜉蝣〈*Heptagenia kihada*〉昆虫綱蜉蝣目ヒラタカゲロウ科。分布：本州，北海道。

キハダヤミグモ エゾガケジグモの別名。

キバチ 樹蜂〈*horntails, wood-wasps*〉昆虫綱膜翅目広腰亜目キバチ科Siricidaeの昆虫の総称。

キバナオニグモ〈*Araneus marmoreus*〉蛛形綱クモ目コガネグモ科の蜘蛛。体長雌17〜20mm，雄10〜11mm。分布：北海道。

キバナガゴミムシ〈*Stomis prognathus*〉昆虫綱甲虫目オサムシ科の甲虫。体長10mm。分布：本州。

キバナガデオキスイ〈*Carpophilus mutilatus*〉昆虫綱甲虫目ケシキスイ科の甲虫。体長2.1〜3.9mm。

キバナガヒラタオサムシ〈*Chaetocarabus intricatus*〉昆虫綱甲虫目オサムシ科の甲虫。別名ギリシアキンオサムシ。分布：ヨーロッパ(中部・南部)。

キバナガヒラタケシキスイ〈*Epuraea mandibularis*〉昆虫綱甲虫目ケシキスイ科の甲虫。体長2.2〜3.3mm。

キバナガミズギワゴミムシ 牙長水際芥虫〈*Armatocillenus yokohamae*〉昆虫綱甲虫目オサムシ科の甲虫。体長4.5mm。分布：北海道，本州，四国，九州。

キバナガミヤマクワガタ〈*Lucanus laminifer*〉昆虫綱甲虫目クワガタムシ科。分布：アッサム，ミャンマー。

キバナガメクラチビゴミムシ〈*Allotrechiama mandibularis*〉昆虫綱甲虫目オサムシ科の甲虫。体長4.0〜4.6mm。

キバネアシブトサシガメ 黄翅脚太刺亀〈*Prostemma flavipennis*〉昆虫綱半翅目マキバサシガメ科。分布：本州，四国，九州。

キバネアラゲカミキリ〈*Anaesthetobrium luteipenne*〉昆虫綱甲虫目カミキリムシ科フトカミキリ亜科の甲虫。体長5.5〜7.0mm。分布：本州，九州。

キバネオオキバウスバカミキリ〈*Macrodontia flavipennis*〉昆虫綱甲虫目カミキリムシ科の甲虫。分布：ブラジル。

キバネオドリバエ〈*Empis latro*〉昆虫綱双翅目オドリバエ科。

キバネカミキリモドキ 黄翅擬天牛〈*Xanthochroa luteipennis*〉昆虫綱甲虫目カミキリモドキ科の甲虫。体長9〜12mm。分布：北海道，本州，四国，九州。

キバネキバナガミズギワゴミムシ〈*Armatocillenus aestuarii*〉昆虫綱甲虫目オサムシ科の甲虫。体長4.5mm。

キバネクビボソハネカクシ〈*Rugilus ceylanensis*〉昆虫綱甲虫目ハネカクシ科の甲虫。体長4.3〜4.7mm。

キバネクロバエ〈*Mesembrina resplendens*〉昆虫綱双翅目イエバエ科。体長10〜13mm。分布：北海道，本州。害虫。

キバネケシガムシ〈*Cercyon quisquilius*〉昆虫綱甲虫目ガムシ科の甲虫。体長2.0〜2.8mm。

キバネシリアゲ 黄翅挙尾虫〈*Panorpa ochraceopennis*〉昆虫綱長翅目シリアゲムシ科。分布：本州，四国，九州。

キバネシリアゲモドキ スカシシリアゲモドキの別名。

キバネシロテンウスグロヨトウ〈*Athetis pallidipennis*〉昆虫綱鱗翅目ヤガ科カラスヨトウ亜科の蛾。分布：北海道北部から東北，関東，中部地方。

キバネシロフコヤガ〈*Lithacodia elaeostygia*〉昆虫綱鱗翅目ヤガ科コヤガ亜科の蛾。分布：東海地方以西，九州北部。

キバネスネゲコバネカミキリ〈*Callisphyris macropus*〉昆虫綱甲虫目カミキリムシ科の甲虫。分布：チリ。

キバネセスジハネカクシ 黄翅背条隠翅虫〈*Oxytelus piceus*〉昆虫綱甲虫目ハネカクシ科の甲虫。体長4.0〜4.6mm。分布：本州，九州。

キバネセセリ 黄翅挵蝶〈*Bibasis aquilina*〉昆虫綱鱗翅目セセリチョウ科の蝶。前翅長21〜23mm。分布：北海道，本州，四国，九州。

キバネセミゾハネカクシ〈*Myrmecocephalus sapida*〉昆虫綱甲虫目ハネカクシ科の甲虫。体長3.2〜3.4mm。

キバネチビハネカクシ〈*Atheta transfuga*〉昆虫綱甲虫目ハネカクシ科。

キバネチビマダラメイガ〈*Quasipuer infamella*〉昆虫綱鱗翅目メイガ科の蛾。分布：長野県南安曇郡豊科町大口沢，東筑摩郡生坂村。

キバネツノトンボ 黄翅角蜻蛉〈*Ascalaphus ramburi*〉昆虫綱脈翅目ツノトンボ科。開張52mm。分布：本州，九州。

キバネツヤハダコメツキ〈*Athous inornatus*〉昆虫綱甲虫目コメツキムシ科の甲虫。体長7〜11mm。

キバネツヤヨツメハネカクシ〈*Orochares japonica*〉昆虫綱甲虫目ハネカクシ科の甲虫。体長2.8〜3.2mm。

キバネツルギタテハ〈*Marpesia harmonia*〉昆虫綱鱗翅目タテハチョウ科の蝶。分布：メキシコ。

キバネトゲアシベッコウ〈*Malloscelis ryoheii*〉昆虫綱膜翅目ベッコウバチ科。

キバネトビイロカミキリ〈*Nysina pallidipennis*〉昆虫綱甲虫目カミキリムシ科カミキリ亜科の甲虫。

キバネトビスジエダシャク〈*Myrioblephara cilicornaria*〉昆虫綱鱗翅目シャクガ科エダシャク亜科の蛾。開張24〜27mm。分布：北海道，本州(東北地方北部より)，九州。

キバネナガクチキムシ〈*Melandrya flavipennis*〉昆虫綱甲虫目ナガクチキムシ科。体長9〜12mm。

キバネナガハネカクシ 黄翅長隠翅虫〈*Xantholinus suffusus*〉昆虫綱甲虫目ハネカクシ科の甲虫。体長8.5〜10.0mm。分布：北海道，本州，九州。

キバネニセクチブトコメツキ〈*Glyphonyx bicolor*〉昆虫綱甲虫目コメツキムシ科。

キバネニセハムシハナカミキリ 黄翅偽葉虫花天牛〈*Lemula decipiens*〉昆虫綱甲虫目カミキリムシ科ハナカミキリ亜科の甲虫。体長4〜7mm。分布：本州，四国，九州。

キバネニセユミセミゾハネカクシ〈*Carpelimus siamensis*〉昆虫綱甲虫目ハネカクシ科の甲虫。体長1.6〜2.3mm。

キバネニセリンゴカミキリ シラホシキクスイカミキリ(1)の別名。

キハネハサ

キバネハサミムシ〈Forficula mikado〉昆虫綱革翅目クギヌキハサミムシ科。

キバネハビロタマムシ〈Catoxantha eburnea〉昆虫綱甲虫目タマムシ科。分布：アンダマン。

キバネハラナガノメイガ〈Tatobotys biannulalis〉昆虫綱鱗翅目メイガ科の蛾。分布：石垣島，西表島，インドから東南アジア一帯。

キバネハリスツノハナムグリ〈Megalorrhina harrisi pallescens〉昆虫綱甲虫目コガネムシ科の甲虫。分布：アフリカ中央部。

キバネフンバエ〈Scathophaga scybalaria〉昆虫綱双翅目フンバエ科。体長8〜11mm。分布：北海道，本州。害虫。

キバネヘリグロクチバ〈Ophiusa trapezium〉昆虫綱鱗翅目ヤガ科シタバガ亜科の蛾。分布：スリランカ，インド，マレーシア，中国，奄美大島以南，与那国島，西表島。

キバネホソコメツキ〈Dolerosomus gracilis〉昆虫綱甲虫目コメツキムシ科の甲虫。体長7〜8mm。分布：北海道，本州，四国，九州。

キバネマグソコガネ〈Aphodius languidulus〉昆虫綱甲虫目コガネムシ科の甲虫。体長5〜6mm。

キバネマルノミハムシ〈Hemipyxis flavipennis〉昆虫綱甲虫目ハムシ科の甲虫。体長4.5mm。分布：北海道，本州，四国，九州。

キバネムラサキタテハ〈Sallya amazoula〉昆虫綱鱗翅目タテハチョウ科の蝶。分布：マダガスカル。

キバネモリトンボ 黄翅森蜻蛉〈Somatochlora graeseri〉昆虫綱蜻蛉目エゾトンボ科の蜻蛉。体長53mm。分布：樺太，朝鮮半島，中国東北部，東シベリヤ。

キバネモンヒトリ〈Spilosoma luteum〉昆虫綱鱗翅目ヒトリガ科ヒトリガ亜科の蛾。開張31〜36mm。分布：北海道，本州，四国，九州，中国東北，シベリア南東部。

キバビル 牙蛭〈Odontobdella blanchardi〉環形動物門ヒル綱咽蛭目イシビル科の陸生動物。分布：本州，四国，九州。

キバライクビチョッキリ〈Deporaus pallidiventris〉昆虫綱甲虫目オトシブミ科の甲虫。体長3.0〜3.8mm。

キバライトトンボ〈Ischnura aurora〉昆虫綱蜻蛉目イトトンボ科の蜻蛉。体長24mm。分布：台湾。

キバラエダシャク〈Garaeus specularis〉昆虫綱鱗翅目シャクガ科エダシャク亜科の蛾。開張28〜39mm。分布：北海道，本州，四国，九州，朝鮮半島，中国，インド北部。

キバラガガンボ 黄腹大蚊〈Limnophila satsuma〉昆虫綱双翅目ガガンボ科。分布：本州，九州。

キバラケンモン 黄腹剣紋〈Trichosea champa〉昆虫綱鱗翅目ヤガ科ウスベリケンモン亜科の蛾。開張42〜60mm。桜に害を及ぼす。分布：北海道から九州，屋久島，沿海州から中国を経てインドから東南アジア一帯。

キバラコナカゲロウ〈Coniopteryx abdominalis〉昆虫綱脈翅目コナカゲロウ科。

キハラゴマダラヒトリ〈Spilosoma lubricipeda〉昆虫綱鱗翅目ヒトリガ科ヒトリガ亜科の蛾。前翅は白色か黄白色で，小さな黒色の斑点が散在する。開張3〜5mm。隠元豆，小豆，ササゲ，大豆，アブラナ科野菜，柿，梅，アンズ，林檎，柑橘，桑，ハッカ，桜類に害を及ぼす。分布：ヨーロッパ，温帯アジア，日本。

キバラコモリグモ〈Pirata subpiraticus〉蛛形綱クモ目コモリグモ科の蜘蛛。体長雌7〜8mm，雄6〜7mm。分布：北海道，本州，四国，九州。

キバラドクグモ キバラコモリグモの別名。

キバラトゲナシミズアブ〈Allognosta japonica〉昆虫綱双翅目ミズアブ科。

キバラナガハナアブ〈Zelima hervei〉昆虫綱双翅目ハナアブ科。

キバラノメイガ〈Charema noctescens〉昆虫綱鱗翅目メイガ科ノメイガ亜科の蛾。開張35〜38mm。分布：北海道，本州，四国，九州，対馬，種子島，屋久島，朝鮮半島，台湾，中国，インドから東南アジア一帯。

キバラハイスヒロキバガ〈Ethmia epitrocha〉昆虫綱鱗翅目スヒロキバガ科の蛾。分布：九州，屋久島，台湾，中国。

キバラハキリバチ〈Megachile xanthothrix〉昆虫綱膜翅目ハキリバチ科。

キバラヒゲナガハバチ〈Nematus hypoxanthus〉昆虫綱膜翅目ハバチ科。

キバラヒトリ〈Epatolmis caesarea〉昆虫綱鱗翅目ヒトリガ科ヒトリガ亜科の蛾。開張30〜35mm。分布：四国，九州，朝鮮半島，シベリア南東部。

キバラヒメアオシャク 黄腹姫青尺蛾〈Hemithea aestivaria〉昆虫綱鱗翅目シャクガ科アオシャク亜科の蛾。開張25〜31mm。梅，アンズ，林檎，茶に害を及ぼす。分布：北海道，本州，四国，九州，対馬，朝鮮半島，中国からヨーロッパ。

キバラヒメナガシンクイ〈Xylopsocus capucinus〉昆虫綱甲虫目ナガシンクイムシ科の甲虫。体長3.0〜5.5mm。

キバラヒメバチ〈Ichneumon disparis〉昆虫綱膜翅目ヒメバチ科。

キバラヒメハムシ〈Exosoma flaviventre〉昆虫綱甲虫目ハムシ科の甲虫。体長5mm。分布：北海道，本州，四国，九州。

キバラヘリカメムシ 黄腹縁亀虫〈*Plinachtus bicoloripes*〉昆虫綱半翅目ヘリカメムシ科。体長14～17mm。マサキ，ニシキギに害を及ぼす。分布：本州，四国，九州。

キバラモクメキリガ 黄腹木目切蛾〈*Xylena formosa*〉昆虫綱鱗翅目ヤガ科セダカモクメ亜科の蛾。開張52～58mm。林檎，ユリ類，桜類，フジに害を及ぼす。分布：東北温帯アジア，沿海州，中国，北海道から九州，対馬，屋久島，沖縄本島。

キハラモンシロモドキ〈*Nyctemera cenis*〉昆虫綱鱗翅目ヒトリガ科の蛾。分布：屋久島，種子島，奄美大島，沖縄本島，石垣島，台湾，中国，インドから東南アジア一帯，九州(佐多岬)。

キバラルリクビボソハムシ〈*Lema concinnipennis*〉昆虫綱甲虫目ハムシ科の甲虫。体長5.0～6.5mm。分布：北海道，本州，四国，九州，尖閣列島。

キヒゲアカグロカミキリ〈*Pachyteria equestris*〉昆虫綱甲虫目カミキリムシ科の甲虫。分布：ラオス，マレーシア。

キヒゲホソクチゾウムシ〈*Apion kihige*〉昆虫綱甲虫目ホソクチゾウムシ科。

キヒメグモ〈*Achaearanea asiatica*〉蛛形綱クモ目ヒメグモ科の蜘蛛。

キヒメシャク〈*Idaea nudaria*〉昆虫綱鱗翅目シャクガ科ヒメシャク亜科の蛾。開張19mm。

キヒメナミシャク 黄姫波尺蛾〈*Hydrelia flammeolaria*〉昆虫綱鱗翅目シャクガ科ナミシャク亜科の蛾。開張15～18mm。分布：北海道，本州，サハリン，シベリア南東部からヨーロッパ。

ギフウスキナミシャク〈*Idiotephria debilitata*〉昆虫綱鱗翅目シャクガ科ナミシャク亜科の蛾。開張27～29mm。分布：北海道，本州，四国，九州，対馬，シベリア南東部。

キフクロカイガラムシ〈*Eriococcus japonicus*〉昆虫綱半翅目。夾竹桃，エゴノキ，クロキに害を及ぼす。

キフクログモ〈*Clubiona lutescens*〉蛛形綱クモ目フクログモ科の蜘蛛。

ギフクロタマゴバチ〈*Telenomus gifuensis*〉昆虫綱膜翅目クロタマゴバチ科。

キブサヒメエダシャク〈*Ligdia ciliaria*〉昆虫綱鱗翅目シャクガ科エダシャク亜科の蛾。開張22～24mm。分布：本州(関東以西)，四国，九州。

キブシノコメエダシャク〈*Acrodontis kotshubeji*〉昆虫綱鱗翅目シャクガ科の蛾。分布：北海道，本州(東北北部，関東，北陸，中部)，対馬，シベリア南東部。

ギフシマトビケラ 岐阜縞飛螻〈*Hydropsyche gifuana*〉昆虫綱毛翅目シマトビケラ科。分布：本州。

ギフダイミョウガガンボ 岐阜大名大蚊〈*Pedicia gifuensis*〉昆虫綱双翅目ヒメガガンボ科。分布：本州。

キフタツメカワゲラ〈*Gibosia hatakeyamae*〉昆虫綱襀翅目カワゲラ科。

キフタホシヒラタヒメバチ〈*Ephialtes rufatus geometrae*〉昆虫綱膜翅目ヒメバチ科。

ギフチョウ 岐阜蝶〈*Luehdorfia japonica*〉昆虫綱鱗翅目アゲハチョウ科の蝶。絶滅危惧II類(VU)。前翅長30～35mm。分布：本州。珍虫。

キブデリス・ムナシルス〈*Cybdelis mnasylus*〉昆虫綱鱗翅目タテハチョウ科の蝶。分布：ベネズエラ。

キブネアミカ〈*Philorus kibunensis*〉昆虫綱双翅目アミカ科。

キブネエリユスリカ〈*Spaniotoma kibunensis*〉昆虫綱双翅目ユスリカ科。

キブネタニガワカゲロウ〈*Ecdyonurus kibunensis*〉昆虫綱蜉蝣目ヒラタカゲロウ科。

キブネヌカカ〈*Culicoides kibunensis*〉昆虫綱双翅目ヌカカ科。体長雌1.22mm，雄1.35mm。害虫。

ギフヒゲナガガガンボ〈*Hexatoma gifuensis*〉昆虫綱双翅目ガガンボ科。

ギフホソカワゲラ〈*Rhopalopsole gifuensis*〉昆虫綱襀翅目ハラジロオナシカワゲラ科。

キプリアクジャクシジミ〈*Arcas cypria*〉昆虫綱鱗翅目シジミチョウ科の蝶。分布：メキシコから中米諸国を経てコロンビアまで。

キプリスモルフォ〈*Morpho cypris*〉昆虫綱鱗翅目モルフォチョウ科の蝶。開張80mm。分布：中米から南米北部。珍蝶。

キベリアオゴミムシ〈*Chlaenius circumductus*〉昆虫綱甲虫目オサムシ科の甲虫。体長13～14mm。分布：北海道，本州，四国，九州。

キベリアオドウガネ〈*Anomala shirakii*〉昆虫綱甲虫目コガネムシ科の甲虫。体長15～16mm。

キベリアゲハ マネシアゲハの別名。

キベリアシブトハナアブ〈*Helophilus sapporensis*〉昆虫綱双翅目ハナアブ科。

キベリオサモドキゴミムシ〈*Anthia apicalis*〉昆虫綱甲虫目ゴミムシ科の甲虫。分布：アフリカ。

キベリオスエダオカワゲラ〈*Caroperla pacifica*〉昆虫綱襀翅目カワゲラ科。

キベリカタキバゴミムシ〈*Badister marginellus*〉昆虫綱甲虫目オサムシ科の甲虫。体長4.2～5.0mm。

キベリカタビロハナカミキリ 黄縁肩広花天牛〈*Pachyta erebia*〉昆虫綱甲虫目カミキリムシ科ハナカミキリ亜科の甲虫。体長14～22mm。分布：本州(中部，関東の山地)。

キヘリカワ

キベリカワベハネカクシ〈Bledius curvicornis〉昆虫綱甲虫目ハネカクシ科の甲虫。体長4.2〜4.7mm。

キベリクキバチ〈Hartigia viator〉昆虫綱膜翅目クキバチ科。

キベリクビボソハムシ〈Lema adamsii〉昆虫綱甲虫目ハムシ科の甲虫。体長5.5〜6.0mm。ヤマノイモ類に害を及ぼす。分布：本州、四国、九州。

キベリクロハナカミキリ〈Acmaeops marginata〉昆虫綱甲虫目カミキリムシ科ハナカミキリ亜科の甲虫。体長8〜10mm。分布：北海道。

キベリクロヒメゲンゴロウ 黄縁黒姫竜蝨〈Ilybius apicalis〉昆虫綱甲虫目ゲンゴロウ科の甲虫。体長8.4〜9.7mm。分布：北海道。

キベリクロヒメハナカミキリ〈Pidonia discoidalis〉昆虫綱甲虫目カミキリムシ科ハナカミキリ亜科の甲虫。体長8.5〜12.0mm。分布：本州、四国、九州。

キベリコバネジョウカイ〈Trypherus niponicus〉昆虫綱甲虫目ジョウカイボン科の甲虫。体長5.1〜8.0mm。

キベリゴマフエダシャク〈Obeidia tigrata〉昆虫綱鱗翅目シャクガ科エダシャク亜科の蛾。開張53mm。分布：インドから中国北西部・南部、朝鮮半島、中国地方の高原。

キベリゴモクムシ 黄縁塵芥虫〈Anoplogenius cyanescens〉昆虫綱甲虫目オサムシ科の甲虫。体長9mm。分布：北海道、本州、四国、九州、南西諸島。

キベリジョウカイ 黄縁浄海〈Podabrus longissimus〉昆虫綱甲虫目ジョウカイボン科。分布：北海道。

キベリシリホソハネカクシ〈Tachyporus orthogrammus〉昆虫綱甲虫目ハネカクシ科の甲虫。体長2.8〜3.0mm。

キベリシロナミシャク〈Eucosmabraxas placida propinqua〉昆虫綱鱗翅目シャクガ科ナミシャク亜科の蛾。開張28〜35mm。分布：北海道、本州、四国、九州。

キベリスカシノメイガ〈Callibotys wilemani〉昆虫綱鱗翅目メイガ科の蛾。分布：伊豆半島以西の本州、四国、九州、対馬。

キベリタテハ 黄縁蛺蝶〈Nymphalis antiopa〉昆虫綱鱗翅目タテハチョウ科ヒオドシチョウ亜科の蝶。外側に青色の斑点が並び、縁どりは淡黄色。開張6〜8mm。分布：ヨーロッパ、アジア温帯域、北アメリカ、南アメリカ北部。

キベリチビケシキスイ〈Meligethes violaceus〉昆虫綱甲虫目ケシキスイ科の甲虫。体長2.1〜3.4mm。

キベリチビコケガ〈Diduga flavicostata〉昆虫綱鱗翅目ヒトリガ科の蛾。分布：九州(大牟田市)、屋久島、台湾、インドから東南アジア一帯。

キベリチビゴモクムシ〈Dicheirotrichus tenuimanus〉昆虫綱甲虫目オサムシ科の甲虫。体長7mm。分布：北海道、本州、四国、九州。

キベリテキサスタマムシ〈Thrincopyge ambiens〉昆虫綱甲虫目タマムシ科。分布：アメリカ(テキサス州、アリゾナ州)。

キベリトガリメイガ〈Endotricha portialis〉昆虫綱鱗翅目メイガ科トガリメイガ亜科の蛾。開張18〜21mm。分布：本州(東北地方北部より)、四国、九州、対馬、屋久島、吐噶喇列島、奄美大島、沖永良部島、沖縄本島、台湾から東南アジア。

キベリドクチョウ〈Heliconius eleuchius primularis〉昆虫綱鱗翅目ドクチョウ科の蝶。分布：コロンビア、エクアドル。

キベリトゲトゲ キベリトゲハムシの別名。

キベリトゲハムシ〈Dactylispa masonii〉昆虫綱甲虫目ハムシ科の甲虫。体長5mm。分布：北海道、本州、四国、九州。

キベリナガアシドロムシ〈Grouvellinus marginatus〉昆虫綱甲虫目ヒメドロムシ科の甲虫。体長2.0〜2.2mm。

キベリネズミホソバ 黄縁鼠細翅〈Agylla gigantea〉昆虫綱鱗翅目ヒトリガ科コケガ亜科の蛾。開張32〜40mm。分布：北海道、本州、九州、朝鮮半島、シベリア南東部、中国。

キベリハイキバガ キベリハイヒゲナガキバガの別名。

キベリハイヒゲナガキバガ〈Homaloxestis myeloxesta〉昆虫綱鱗翅目ヒゲナガキバガ科の蛾。開張12〜17mm。分布：本州、四国、九州、伊豆諸島、琉球、台湾。

キベリハネボソノメイガ〈Circobotys aurealis〉昆虫綱鱗翅目メイガ科ノメイガ亜科の蛾。開張30〜33mm。分布：東北地方北部から四国、九州、対馬、屋久島、シベリア南東部。

キベリハバチ〈Tenthredo limbata〉昆虫綱膜翅目ハバチ科。体長12mm。分布：北海道、本州。

キベリハバビロオオキノコムシ〈Tritoma pallidicincta〉昆虫綱甲虫目オオキノコムシ科の甲虫。体長2.7〜3.5mm。

キベリハムシ〈Oides bowringii〉昆虫綱甲虫目ハムシ科の甲虫。体長13〜15mm。分布：兵庫県。

キベリハレギチョウ〈Cethosia lechenaulti〉昆虫綱鱗翅目タテハチョウ科の蝶。分布：ティモール、ウェタル。

キベリヒゲナガサシガメ〈Euagoras plagiatus〉昆虫綱半翅目サシガメ科。

キベリヒメナミシャク〈*Eois grataria*〉昆虫綱鱗翅目シャクガ科の蛾。分布：沖縄本島，石垣島，与那国島，ミャンマー，スリランカ，インド北部。

キベリヒメハマキ〈*Epinotia cerioides*〉昆虫綱鱗翅目ハマキガ科の蛾。分布：インドのアッサム，香川県の奥塩入と一ツ内。

キベリヒョウタンナガカメムシ〈*Paraparomius lateralis*〉昆虫綱半翅目ナガカメムシ科。体長5〜6mm。分布：北海道，本州，四国，九州。

キベリヒラタアブ〈*Xanthogramma sapporense*〉昆虫綱双翅目ショクガバエ科。体長11〜13mm。分布：北海道，本州。

キベリヒラタガムシ 黄縁扁牙虫〈*Enochrus japonicus*〉昆虫綱甲虫目ガムシ科の甲虫。体長5.3〜5.5mm。分布：本州，九州。

キベリヒラタノミハムシ〈*Hemipyxis cinctipennis*〉昆虫綱甲虫目ハムシ科の甲虫。体長3.5〜5.8mm。

キベリフサヒゲボタル〈*Stenocladius shirakii*〉昆虫綱甲虫目ホタル科の甲虫。体長5.5〜6.1mm。

キベリフトカミキリモドキ〈*Anoxacis flavomarginata*〉昆虫綱甲虫目カミキリモドキ科の甲虫。体長9〜15.5mm。

キベリヘリカメムシ 黄縁縁亀虫〈*Megalotomus costalis*〉昆虫綱半翅目ヘリカメムシ科。分布：北海道，本州。

キベリホソバ キタホソバの別名。

キベリマキバサシガメ〈*Dolichonabis flavomarginatus*〉昆虫綱半翅目マキバサシガメ科。

キベリマドキノコバエ〈*Mycomyia trilineata*〉昆虫綱双翅目キノコバエ科。

キベリマメゲンゴロウ 黄縁豆竜蝨〈*Platambus fimbriatus*〉昆虫綱甲虫目ゲンゴロウ科の甲虫。体長7〜8mm。分布：北海道，本州，四国，九州。

キベリマルクビゴミムシ 黄縁円頸芥虫〈*Nebria livida*〉昆虫綱甲虫目オサムシ科の甲虫。体長13〜16.5mm。分布：本州，四国，九州。

キベリマルクビハネカクシ 黄縁円頸隠翅虫〈*Tachinus mimulus*〉昆虫綱甲虫目ハネカクシ科の甲虫。体長3.5〜4.0mm。分布：本州，九州。

キベリマルヒサゴコメツキ〈*Hypolithus littoralis*〉昆虫綱甲虫目コメツキムシ科の甲虫。体長9〜11mm。

キベリミジングモ〈*Dipoena flavomarginata*〉蛛形綱クモ目ヒメグモ科の蜘蛛。体長2.0〜2.5mm。分布：本州，四国，九州。

キベリモリヒラタゴミムシ ムラサキモリヒラタゴミムシの別名。

キベリルリタマムシ〈*Chrysochroa limbata*〉昆虫綱甲虫目タマムシ科。分布：ボルネオ。

キベレギンボシヒョウモン〈*Speyeria cybele*〉昆虫綱鱗翅目タテハチョウ科の蝶。別名ネグロオオギンボシヒョウモン，オオギンボシヒョウモン。裏面は淡いオレンジ色で，前翅には黒色斑があり，後翅には銀色の斑紋をもつ。開張5.5〜7.5mm。分布：カナダ南部から，ニューメキシコ，ジョージア。

ギボウシアトモンコガ〈*Acrolepiopsis postomacula*〉昆虫綱鱗翅目アトヒゲコガ科の蛾。分布：北海道，本州。

キボシアオイボトビムシ 黄星青疣跳虫〈*Morulina gilvipunctata*〉無翅昆虫亜綱粘管目イボトビムシ科。分布：北海道，本州中北部。

キボシアオゴミムシ 黄星青芥虫〈*Chlaenius posticalis*〉昆虫綱甲虫目オサムシ科の甲虫。体長13mm。分布：北海道，本州，四国，九州。

キボシアゲハ〈*Chilasa epycides*〉昆虫綱鱗翅目アゲハチョウ科の蝶。分布：台湾。

キボシアシナガバチ 黄星脚長蜂〈*Polistes mandarinus*〉昆虫綱膜翅目スズメバチ科。体長14〜18mm。分布：日本全土。害虫。

キボシアツバ〈*Paragabara flavomacula*〉昆虫綱鱗翅目ヤガ科クチバ亜科の蛾。開張20〜22mm。分布：沿海州，朝鮮半島，中国，北海道から九州，対馬。

キボシアトキリゴミムシ〈*Anomotarus stigmula*〉昆虫綱甲虫目オサムシ科の甲虫。体長4.5〜5.5mm。

キボシアブ〈*Hybomitra montana*〉昆虫綱双翅目アブ科。体長12.0〜16.0mm。害虫。

キボシアリシミ〈*Lepisma albomaculata*〉無翅昆虫亜綱総尾目シミ科。

キボシイチモンジ〈*Limenitis sinensium*〉昆虫綱鱗翅目タテハチョウ科の蝶。分布：中国北部および西部。

キボシエグリハマキ〈*Acleris caerulescens*〉昆虫綱鱗翅目ハマキガ科の蛾。分布：北海道，本州(中部山地)，中国，ロシア(沿海州)。

キボシオオタマムシ〈*Sternocera boucardi*〉昆虫綱甲虫目タマムシ科の甲虫。分布：東アフリカ。

キボシオオメイガ 黄星大螟蛾〈*Patissa fulvosparsa*〉昆虫綱鱗翅目メイガ科オオメイガ亜科の蛾。開張25mm。分布：本州，九州，対馬，種子島，屋久島，朝鮮半島，台湾，中国，インドから東南アジア一帯。

キボシオセアニアセセリ〈*Hesperilla picta*〉昆虫綱鱗翅目セセリチョウ科の蝶。前翅は黒褐色の地に黄色の斑紋が，後翅の中央部にはオレンジ色の

斑紋がある。開張3〜4mm。分布：オーストラリアの東部。

キボシカミキリ 黄星天牛〈*Psacothea hilaris*〉昆虫綱甲虫目カミキリムシ科フトカミキリ亜科の甲虫。体長14〜30mm。無花果、繊維作物、桑に害を及ぼす。分布：本州、四国、九州、対馬、南西諸島。

キボシクチカクシゾウムシ〈*Rhyssematoides flavomaculatus*〉昆虫綱甲虫目ゾウムシ科の甲虫。体長4.6〜5.0mm。

キボシクロコミズギワゴミムシ〈*Tachyura gradatus*〉昆虫綱甲虫目ゴミムシ科。

キボシケシゲンゴロウ〈*Nipponhydrus flavomaculatus*〉昆虫綱甲虫目ゲンゴロウ科の甲虫。体長2.5mm。

キボシコオニケシキスイ〈*Cryptarcha longipenis*〉昆虫綱甲虫目ケシキスイ科の甲虫。体長3.1〜3.8mm。

キボシコバンゾウムシ〈*Miarus flavoscutellatus*〉昆虫綱甲虫目ゾウムシ科の甲虫。体長4.5〜5.0mm。

キボシサルハムシ キボシツツハムシの別名。

キボシチビオオキノコムシ〈*Aporotritoma yasumatsui*〉昆虫綱甲虫目オオキノコムシ科の甲虫。体長3.5〜4.0mm。

キボシチビカミキリ〈*Sybra flavomaculata*〉昆虫綱甲虫目カミキリムシ科フトカミキリ亜科の甲虫。体長6〜11mm。分布：本州、四国、九州。

キボシチビコツブゲンゴロウ〈*Hydrocoptus bivittis*〉昆虫綱甲虫目コツブゲンゴロウ科の甲虫。準絶滅危惧種(NT)。体長3.0〜3.4mm。

キボシチビヒラタムシ 黄星矮扁虫〈*Laemophloeus submonilis*〉昆虫綱甲虫目ヒラタムシ科の甲虫。体長3〜5mm。分布：北海道、本州。

キボシツツハムシ〈*Cryptocephalus perelegans*〉昆虫綱甲虫目ハムシ科の甲虫。体長3.0〜4.3mm。

キボシツブゲンゴロウ〈*Japanolaccophilus nipponensis*〉昆虫綱甲虫目ゲンゴロウ科の甲虫。準絶滅危惧種(NT)。体長3.0〜3.2mm。

キボシテントウダマシ〈*Mycetina amabilis*〉昆虫綱甲虫目テントウダマシ科の甲虫。体長4〜5mm。分布：北海道、本州、四国、九州。

キボシトゲムネサルゾウムシ〈*Mecysmoderes ater*〉昆虫綱甲虫目ゾウムシ科の甲虫。体長1.5〜1.7mm。

キボシトックリバチ 黄星徳利蜂〈*Eumenes fratercula*〉昆虫綱膜翅目スズメバチ科。体長13〜17mm。分布：本州、四国、九州。

キボシノメイガ〈*Analthes insignis*〉昆虫綱鱗翅目メイガ科ノメイガ亜科の蛾。開張34mm。分布：本州、四国、中国、屋久島。

キボシハナノミ 黄星花蚤〈*Hoshihananomia hananomi*〉昆虫綱甲虫目ハナノミ科の甲虫。体長5〜8mm。分布：本州、四国。

キボシヒゲナガゾウムシ〈*Ulorhinus confinis*〉昆虫綱甲虫目ヒゲナガゾウムシ科。

キボシヒゲブトコメツキ〈*Drapetes cinctus*〉昆虫綱甲虫目ヒゲブトコメツキ科の甲虫。体長3mm。分布：本州。

キボシヒメグモ〈*Theridion rapulum*〉蛛形綱クモ目ヒメグモ科の蜘蛛。体長雌2.5〜3.5mm、雄1.5〜2.0mm。分布：日本全土。

キボシヒメクロゼミ〈*Gaeana maculata*〉昆虫綱半翅目セミ科。分布：シッキム、インド、ミャンマー、ラオス、ベトナム、中国。

キボシヒメゾウムシ〈*Baris kiboshi*〉昆虫綱甲虫目ゾウムシ科の甲虫。体長3.5〜5.5mm。

キボシヒラタケシキスイ〈*Omosita colon*〉昆虫綱甲虫目ケシキスイ科の甲虫。体長2.5〜3.9mm。

キボシフナガタタマムシ〈*Cobosiella luzonica*〉昆虫綱甲虫目タマムシ科の甲虫。体長6〜11mm。

キボシフンバエモドキ〈*Chylizosoma hostae*〉昆虫綱双翅目フンバエ科。

キボシマエモンジャコウアゲハ〈*Parides childrenae*〉昆虫綱鱗翅目アゲハチョウ科の蝶。分布：ギアナ、オリノコ、ボリビア。

キボシマダラ〈*Tithorea harmonia*〉昆虫綱鱗翅目タテハチョウ科の蝶。縁毛帯は白色で格子模様。開張5.5〜7.5mm。分布：メキシコからブラジル。

キボシマダラカミキリ〈*Saperda balsamifera*〉昆虫綱甲虫目カミキリムシ科フトカミキリ亜科の甲虫。

キボシマメゴモクムシ〈*Stenolophus smaragdulus*〉昆虫綱甲虫目オサムシ科の甲虫。体長5.7〜6.8mm。

キボシマルウンカ 黄星円浮塵子〈*Ishiharanus iguchii*〉昆虫綱半翅目マルウンカ科。分布：本州中部、九州。

キボシマルカメムシ 黄星円亀虫〈*Coptosoma japonicum*〉昆虫綱半翅目マルカメムシ科。分布：本州、四国、九州。

キボシマルトビムシ 黄星円跳虫〈*Bourletiella hortensis*〉無翅亜綱粘管目マルトビムシ科。体長1.5mm。ナス科野菜、甜菜、ハッカ、アブラナ科野菜、ウリ科野菜に害を及ぼす。分布：九州以北の日本各地、汎全世界的。

キボシミスジトガリバ〈*Achlya longipennis*〉昆虫綱鱗翅目トガリバガ科の蛾。分布：本州の関東から中部山地、北海道。

キボシメクラガメ〈*Polymerus palustris*〉昆虫綱半翅目メクラカメムシ科。

キボシメナガヒゲナガゾウムシ〈*Oxyderes fastigata*〉昆虫綱甲虫目ヒゲナガゾウムシ科の甲虫。体長5.7～8.5mm。分布：本州，四国，九州，屋久島，奄美大島。

キボシヤエナミシャク〈*Calocalpe cervinalis*〉昆虫綱鱗翅目シャクガ科の蛾。分布：山梨県清里，北海道函館市峨眉野，同函館山，群馬県神津牧場，同神津，同赤城山，栃木県日光湯元，静岡県籠坂峠，長野県黒沢高原，京都。

キボシルリハムシ〈*Smaragdina aurita*〉昆虫綱甲虫目ハムシ科の甲虫。体長4.5～6.2mm。分布：北海道，本州，四国，九州。

キホソスジナミシャク〈*Lobogonodes erectaria*〉昆虫綱鱗翅目シャクガ科ナミシャク亜科の蛾。開張17～23mm。分布：北海道，本州，四国，九州，対馬，屋久島。

キホソノメイガ〈*Circobotys heterogenalis*〉昆虫綱鱗翅目メイガ科ノメイガ亜科の蛾。開張24～29mm。分布：本州，四国，九州，朝鮮半島南部。

キホリハナバチ〈*Lithurgus collaris*〉昆虫綱膜翅目ハキリバチ科。

キマエアオシャク 黄前青尺蛾〈*Neohipparchus vallata*〉昆虫綱鱗翅目シャクガ科アオシャク亜科の蛾。開張23～32mm。梅，アンズ，栗に害を及ぼす。分布：北海道，本州，四国，九州，対馬，朝鮮半島，台湾，インド北部。

キマエアツバ〈*Adrapsa ablualis*〉昆虫綱鱗翅目ヤガ科クルマアツバ亜科の蛾。開張27mm。分布：本州(房総半島以西)，四国，九州，対馬，屋久島，奄美大島，沖縄本島，石垣島，与那国島，台湾，フィリピン，スリランカ，インドからオーストラリア，ビスマルク諸島，ニューギニア。

キマエキリガ〈*Hemiglaea costalis*〉昆虫綱鱗翅目ヤガ科セダカモクメ亜科の蛾。開張32～34mm。分布：北海道から九州。

キマエクロホソバ 黄前黒細翅〈*Agylla collitoides*〉昆虫綱鱗翅目ヒトリガ科コケガ亜科の蛾。開張33～40mm。分布：北海道，本州，四国，九州，屋久島，朝鮮半島，サハリン，シベリア南東部，中国。

キマエコノハ〈*Eudocima salaminia*〉昆虫綱鱗翅目ヤガ科クチバ亜科の蛾。柑橘に害を及ぼす。分布：インド―オーストラリア地域，南太平洋，近畿以西の本土域，対馬，五島列島，屋久島，吐噶喇列島，沖縄本島，西表島。

キマエツトガ マエキットガの別名。

キマエネス・トゥリプンクトゥス〈*Cymaenes tripunctus*〉昆虫綱鱗翅目セセリチョウ科の蝶。分布：コロラド州，メキシコからブラジルまで。

キマエホソバ〈*Eilema japonica*〉昆虫綱鱗翅目ヒトリガ科コケガ亜科の蛾。開張22～25mm。分布：本州，四国，九州，対馬。

キマエラトリバネアゲハ〈*Ornithoptera chimaera*〉昆虫綱鱗翅目アゲハチョウ科の蝶。開張雄150mm，雌190mm。分布：ニューギニア高地。珍蝶。

キマストゥルム・アルゲンテア〈*Chimastrum argentea*〉昆虫綱鱗翅目シジミタテハ科の蝶。分布：中央アメリカ。

キマダラアゲハ〈*Papilio anactus*〉昆虫綱鱗翅目アゲハチョウ科の蝶。分布：オーストラリア(クイーンズランドからニュー・サウス・ウェールズまで)。

キマダラアツバ〈*Lophomilia polybapta*〉昆虫綱鱗翅目ヤガ科クチバ亜科の蛾。開張25mm。分布：朝鮮半島，北海道を除く本土域，対馬。

キマダラアメリカコヒョウモンモドキ〈*Charidryas nycteis*〉昆虫綱鱗翅目タテハチョウ科の蝶。前後翅ともにオレンジ色と黒色の模様がある。開張3～5mm。分布：カナダから，合衆国のアリゾナ，テキサス，ジョージア。

キマダラオオナミシャク 黄斑大波尺蛾〈*Gandaritis fixseni*〉昆虫綱鱗翅目シャクガ科ナミシャク亜科の蛾。開張40～55mm。分布：北海道，本州，四国，九州，対馬，種子島，屋久島，奄美大島，サハリン，シベリア南東部，中国東北から西部。

キマダラオオヒゲナガゾウムシ〈*Peribathys shinonagai*〉昆虫綱甲虫目ヒゲナガゾウムシ科。体長19～25mm。分布：奄美大島。

キマダラカストニア〈*Synemon parthenoids*〉昆虫綱鱗翅目カストニアガ科の蛾。前翅は，灰褐色と白色のくすんだ模様，後翅は黒褐色で，オレンジ色をおびた黄色の斑紋がある。開張3.0～4.5mm。分布：ビクトリアからサウスオーストラリア。

キマダラカミキリ〈*Aeolesthes chrysothrix*〉昆虫綱甲虫目カミキリムシ科カミキリ亜科の甲虫。体長22～35mm。分布：本州，四国，九州，対馬，屋久島，奄美大島，沖縄諸島，与那国島。

キマダラカメムシ 黄斑亀虫〈*Erthesina fullo*〉昆虫綱半翅目カメムシ科。桜類に害を及ぼす。分布：長崎地方。

キマダラクロノメイガ〈*Herpetogramma ochrimaculais*〉昆虫綱鱗翅目メイガ科の蛾。分布：群馬県碓氷峠，同県多野郡鬼石町，東京都奥多摩町日原，岡山県芳井町，対馬，中国。

キマダラケシキスイ 黄斑出尾虫〈*Soronia japonica*〉昆虫綱甲虫目ケシキスイムシ科の甲虫。体長4mm。分布：本州，四国，九州。

キマダラコウモリ 黄斑蝙蝠蛾〈*Endoclyta sinensis*〉昆虫綱鱗翅目コウモリガ科の蛾。開張88～92mm。柿，林檎に害を及ぼす。分布：北海道，本州，四国，九州，屋久島，台湾，朝鮮半島，中国東部。

キマダラコガ〈*Acrolepiopsis clavivalvatella*〉昆虫綱鱗翅目アトヒゲコガ科の蛾。分布：本州(志賀高原)。

キマダラコシホソトガリヒメバチ〈*Gotra octocincta*〉昆虫綱膜翅目ヒメバチ科。

キマダラコシホソヒメバチ キマダラコシホソトガリヒメバチの別名。

キマダラコメツキ〈*Gamepenthes pictipennis*〉昆虫綱甲虫目コメツキムシ科の甲虫。体長5～7mm。分布：本州,四国,九州。

キマダラコヤガ〈*Emmelia trabealis*〉昆虫綱鱗翅目ヤガ科コヤガ亜科の蛾。開張20mm。分布：ユーラシア,北海道,本州から九州。

キマダラシギゾウムシ〈*Curculio cerasorum*〉昆虫綱甲虫目ゾウムシ科の甲虫。体長2.0～3.5mm。分布：北海道,本州,九州。

キマダラシマトビケラ 黄斑縞飛蝶〈*Diplectrona japonica*〉昆虫綱毛翅目シマトビケラ科。体長9～10mm。分布：本州,四国,九州。

キマダラジャノメ〈*Pararge aegeria*〉昆虫綱鱗翅目タテハチョウ科の蝶。まだら模様をもつ。開張4.0～4.5mm。分布：ヨーロッパ,アジア中央部。

キマダラシロナミシャク 黄斑白波尺蛾〈*Asthena octomacularia*〉昆虫綱鱗翅目シャクガ科ナミシャク亜科の蛾。開張17～21mm。分布：本州(宮城県以南),四国,九州,中国中部。

キマダラセセリ 黄斑挵蝶〈*Potanthus flavum*〉昆虫綱鱗翅目セセリチョウ科の蝶。前翅長15mm。分布：北海道,本州,四国,九州。

キマダラタイマイ〈*Graphium deucalion*〉昆虫鱗翅目アゲハチョウ科の蝶。分布：モルッカ諸島。

キマダラチビアツバ〈*Protoschrankia ijimai*〉昆虫綱鱗翅目ヤガ科クチバ亜科の蛾。分布：北海道,新潟県,埼玉県,三重県。

キマダラチビカミキリ〈*Sybra subtesselata*〉昆虫綱甲虫目カミキリムシ科の甲虫。

キマダラツバメエダシャク 黄斑燕枝尺蛾〈*Thinopteryx crocoptera*〉昆虫綱鱗翅目シャクガ科エダシャク亜科の蛾。翅はオレンジ色がかった黄色,前翅の前端には灰褐色の点。開張5.5～6.0mm。分布：インド,スリランカ,中国,日本,マレーシア,ジャワ。

キマダラツマキリアツバ キマダラアツバの別名。

キマダラツマキリエダシャク〈*Zanclidia testacea*〉昆虫綱鱗翅目シャクガ科エダシャク亜科の蛾。開張39～47mm。分布：北海道,本州,四国,九州。

キマダラトガリバ 黄斑尖翅蛾〈*Macrothyatira flavida*〉昆虫綱鱗翅目トガリバガ科の蛾。開張38～42mm。分布：サハリン,中国,北海道,本州,九州。

キマダラナミシャク〈*Eulithis testata*〉昆虫綱鱗翅目シャクガ科ナミシャク亜科の蛾。開張30mm。分布：ヨーロッパからアジア,カナダ,北海道,サハリン,千島,シベリア南東部,中国東北。

キマダラハナバチ 黄斑花蜂〈*Nomada japonica*〉昆虫綱膜翅目ミツバチ科。体長13mm。分布：日本全土。

キマダラヒカゲ 鱗翅目ジャノメチョウ科キマダラヒカゲ属Neopeに属する昆虫の総称。

キマダラヒカゲ サトキマダラヒカゲの別名。

キマダラヒゲナガコマユバチ 黄斑髭長小繭蜂〈*Macrocentrus philippinensis*〉昆虫綱膜翅目コマユバチ科。分布：本州,四国。

キマダラヒゲナガゾウムシ〈*Tropideres germanus*〉昆虫綱甲虫目ヒゲナガゾウムシ科の甲虫。体長4.2～5.8mm。分布：北海道,本州,四国,九州,佐渡,対馬,伊豆諸島。

キマダラヒメガガンボ〈*Epiphragma trichomera*〉昆虫綱双翅目ガガンボ科。

キマダラヒメドクチョウ〈*Eueides isabella*〉昆虫綱鱗翅目タテハチョウ科の蝶。オレンジ色と黄色と黒色の色彩。開張5.7～7.5mm。分布：中央および南アメリカ。

キマダラヒメヒゲナガカミキリ〈*Monochamus maruokai*〉昆虫綱甲虫目カミキリムシ科フトカミキリ亜科の甲虫。体長15～16mm。分布：石垣島,西表島。

キマダラヒメミヤマカミキリ〈*Dymasius hirayamai*〉昆虫綱甲虫目カミキリムシ科カミキリ亜科の甲虫。体長12～15mm。分布：与那国島。

キマダラヒラアシキバチ ヒラアシキバチの別名。

キマダラヒラタヒメグモ〈*Euryopis flavomaculata*〉蛛形綱クモ目ヒメグモ科の蜘蛛。

キマダラヒラタマルハキバガ〈*Eutorna insidiosa*〉昆虫綱鱗翅目マルハキバガ科の蛾。分布：本州,九州,台湾,インド(アッサム)。

キマダラヒロバカゲロウ〈*Spilosmylus flavicornis*〉昆虫綱脈翅目ヒロバカゲロウ科。

キマダラヒロヨコバイ〈*Scleroracus flavopictus*〉昆虫綱半翅目ヨコバイ科。体長雄3.8mm,雌4.9mm。ナス科野菜,マメ科牧草,菊,リンドウ,ジャガイモ,セリ科野菜に害を及ぼす。分布：北海道,本州,四国,朝鮮半島。

キマダラフシオナガヒメバチ〈*Acropimpla leucostoma*〉昆虫綱膜翅目ヒメバチ科。

キマダラベニチラシ〈*Campylotes desgodinsi*〉昆虫綱鱗翅目マダラガ科の蛾。鮮やかな黒色と赤色の模様がある。開張5.5～7.0mm。分布：インド北部,チベットから,中国南部,ボルネオ。

キマダラマルバネアゲハ〈Papilio zagreus〉昆虫綱鱗翅目アゲハチョウ科の蝶。開張95mm。分布：エクアドルからボリビア。珍蝶。

キマダラムラサキヒメハマキ〈Aterpia flavipunctana〉昆虫綱鱗翅目ハマキガ科の蛾。分布：本州，対馬，ロシア(ウスリー)，北海道。

キマダラモドキ〈Kirinia epaminondas〉昆虫綱鱗翅目ジャノメチョウ科の蝶。準絶滅危惧種(NT)。前翅長30～32mm。分布：北海道(西南部)，本州，四国，九州。

キマダラルリツバメ 黄斑瑠璃燕蝶〈Spindasis takanonis〉昆虫綱鱗翅目シジミチョウ科ミドリシジミ亜科の蝶。天然記念物，準絶滅危惧種(NT)。後翅に2本の尾状突起をもつ。前翅長13～16mm。分布：本州。

キマトデラ・トゥクシル〈Cymatodera tuchsill〉昆虫綱甲虫目カッコウムシ科。分布：アメリカ合衆国。

キマトデラ・トゥリコロル〈Cymatodera tricolor〉昆虫綱甲虫目カッコウムシ科。分布：カナダ，アメリカ合衆国。

キマトデラ・トゥルバタ〈Cymatodera turbata〉昆虫綱甲虫目カッコウムシ科。分布：アメリカ合衆国南部。

キマナウズマキタテハ〈Callicore chimana〉昆虫綱鱗翅目タテハチョウ科の蝶。開張55mm。分布：エクアドル，コロンビア。珍蝶。

キマルカイガラムシ 黄円介殻虫〈Aonidiella citrina〉昆虫綱半翅目マルカイガラムシ科。柑橘に害を及ぼす。分布：九州中部以北，四国，本州。

キマルトビムシ〈Sminthurus viridis〉無翅昆虫亜綱粘管目マルトビムシ科。体長1.5mm。アブラナ科野菜，ウリ科野菜に害を及ぼす。分布：日本全土。

キマワリ 木廻〈Plesiophthalmus nigrocyaneus〉昆虫綱甲虫目ゴミムシダマシ科の甲虫。体長16～20mm。キノコ類に害を及ぼす。分布：北海道，本州，四国，九州。

キミガヨランクダアザミウマ〈Bagnalliella yuccae〉昆虫綱総翅目クダアザミウマ科。

キミスジ〈Symbrenthia hippoclus〉昆虫綱鱗翅目タテハチョウ科の蝶。分布：ヒマラヤ，アッサム，ミャンマーからマレーシア，中国西部・中部および南部まで，モルッカ諸島，ニューギニア，ビスマルク諸島。

キミドリキチョウ〈Eurema novapallida〉昆虫綱鱗翅目シロチョウ科の蝶。

キミドリシロスジタイマイ〈Eurytides lacandones diores〉昆虫綱鱗翅目アゲハチョウ科の蝶。分布：グアテマラからパナマ，エクアドル，ペルー，ボリビア(アンデス東斜面)。

キミドリタイマイ〈Graphium macleayanus〉昆虫綱鱗翅目アゲハチョウ科の蝶。開張60mm。分布：オーストラリア北部。珍蝶。

キミミヤガ〈Xestia tabida〉昆虫綱鱗翅目ヤガ科モンヤガ亜科の蛾。開張40mm。分布：沿海州，北海道，中部以北の本州。

キミャクツツミノガ〈Coleophora flavovena〉昆虫綱鱗翅目ツツミノガ科の蛾。分布：北海道，本州。

キミャクヨトウ〈Dictyestra dissecta〉昆虫綱鱗翅目ヤガ科ヨトウガ亜科の蛾。開張47～50mm。分布：インド，セレベス，フィリピン山地，宮城県以南，四国，九州，対馬，屋久島，石垣島，西表島。

キムジシロナミシャク 黄無地白波尺蛾〈Asthena corculina〉昆虫綱鱗翅目シャクガ科ナミシャク亜科の蛾。開張14～22mm。分布：本州(東北地方北部より)，四国，九州，対馬，屋久島，シベリア南東部。

キムジノメイガ〈Prodasycnemis inornata〉昆虫綱鱗翅目メイガ科ノメイガ亜科の蛾。開張28～35mm。分布：北海道，本州，四国，九州，対馬，中国。

キムジホソバ〈Eilema tsinlingica〉昆虫綱鱗翅目ヒトリガ科の蛾。分布：東北地方北部(秋田県，岩手県)，中部，北陸の山地。

キムネアオハムシ〈Cneorane elegans〉昆虫綱甲虫目ハムシ科の甲虫。体長5.5～7.2mm。分布：本州，四国，九州。

キムネカミキリモドキ〈Oedemeronia testaceithorax〉昆虫綱甲虫目カミキリモドキ科の甲虫。体長7.5～12.0mm。

キムネキノコムシダマシ〈Tetratoma nobuchii〉昆虫綱甲虫目キノコムシダマシ科の甲虫。体長4.5mm。

キムネキボシハナノミ〈Hoshihananomia ochrothorax〉昆虫綱甲虫目ハナノミ科の甲虫。体長8.2～10.5mm。

キムネクロナガハムシ〈Brontispa longissima〉昆虫綱甲虫目ハムシ科。ヤシ，イヌマキ，ナギに害を及ぼす。

キムネクロノミハムシ〈Sphaerodema placida〉昆虫綱甲虫目ハムシ科。

キムネコシボソハバチ〈Tenthredo flavipectus〉昆虫綱膜翅目ハバチ科。体長14mm。分布：本州，四国，九州。

キムネシマアザミウマ 黄胸縞薊馬〈Aeolothrips luteolus〉昆虫綱総翅目シマアザミウマ科。分布：本州。

キムネシマハバチ〈Pachyprotasis antennata〉昆虫綱膜翅目ハバチ科。

キムネタマキスイ〈*Cybocephalus nipponicus*〉タマキスイ科の甲虫。体長0.9〜1.4mm。

キムネチビケシキスイ〈*Meligethes denticulatus*〉昆虫綱甲虫目ケシキスイ科の甲虫。体長2.2〜3.1mm。

キムネツツカッコウムシ 黄胸筒郭公虫〈*Tenerus maculicollis*〉昆虫綱甲虫目カッコウムシ科の甲虫。体長5.0〜8.5mm。

キムネツツキノコムシ〈*Cis subrobustus*〉昆虫綱甲虫目ツツキノコムシ科の甲虫。体長1.8〜2.3mm。

キムネトンボキノコバエ〈*Exechia festiva*〉昆虫綱双翅目キノコバエ科。

キムネヒメコメツキモドキ 黄胸姫擬叩頭虫〈*Anadastus atriceps*〉昆虫綱甲虫目コメツキモドキ科の甲虫。体長3.0〜5.5mm。分布：本州，九州。

キムネヒメジョウカイモドキ〈*Hypebaeus picticollis*〉昆虫綱甲虫目ジョウカイモドキ科の甲虫。体長2.3〜2.7mm。

キムネホソチビマルハナノミ〈*Cyphon hasegawai*〉昆虫綱甲虫目マルハナノミ科の甲虫。体長3.3〜3.5mm。

キムネマルハナノミ〈*Elodes flavicollis*〉昆虫綱甲虫目マルハナノミ科の甲虫。体長4.0〜4.4mm。

キムネマルハナノミの一種〈*Helodes sp.*〉甲虫。

キムネムラサキカミキリ〈*Aphrodisium yungaii*〉昆虫綱甲虫目カミキリムシ科の甲虫。分布：台湾。

キムラグモ 木村蜘蛛〈*Heptathela kimurai*〉蛛形綱クモ目キムラグモ科の蜘蛛。体長雌14〜16mm，雄11〜14mm。分布：九州(福岡，大分，熊本，宮崎，鹿児島)，沖縄。

キムラグモ 木村蜘蛛 節足動物門クモ形綱真正クモ目キムラグモ科の総称，およびそのなかの一種。

キムラチビコブツノゴミムシダマシ〈*Byrsax kimurai*〉昆虫綱甲虫目ゴミムシダマシ科の甲虫。体長3.8mm。

キモグリバエ〈*Chloropidae*〉双翅目キモグリバエ科Chloropidaeに属する昆虫の総称。

キモトエ・アニトルギス〈*Cymothoe anitorgis*〉昆虫綱鱗翅目タテハチョウ科の蝶。分布：ナイジェリア，カメルーン。

キモトエ・アルキメダ〈*Cymothoe alcimeda*〉昆虫綱鱗翅目タテハチョウ科の蝶。分布：アフリカ南部からトランスバールおよびナタール，ローデシア。

キモトエ・アンヒケデ〈*Cymothoe amphicede*〉昆虫綱鱗翅目タテハチョウ科の蝶。分布：リベリアからカメルーンを経てウガンダまで。

キモトエ・エキスケルサ〈*Cymothoe excelsa*〉昆虫綱鱗翅目タテハチョウ科の蝶。分布：ナイジェリア，カメルーンからザイールまで。

キモトエ・エゲスタ〈*Cymothoe egesta*〉昆虫綱鱗翅目タテハチョウ科の蝶。分布：アフリカ西部。

キモトエ・エラボンタス〈*Cymothoe elabontas*〉昆虫綱鱗翅目タテハチョウ科の蝶。分布：ガーナからコンゴまで。

キモトエ・オエミリウス〈*Cymothoe oemilius*〉昆虫綱鱗翅目タテハチョウ科の蝶。分布：ナイジェリアからガボンまで。

キモトエ・カペッラ〈*Cymothoe capella*〉昆虫綱鱗翅目タテハチョウ科の蝶。分布：カメルーン，コンゴ。

キモトエ・クロエテンシ〈*Cymothoe cloetensi*〉昆虫綱鱗翅目タテハチョウ科の蝶。分布：コンゴ。

キモトエ・コクチナタ〈*Cymothoe coccinata*〉昆虫綱鱗翅目タテハチョウ科の蝶。分布：アフリカ西部，中央部。

キモトエ・コンフサ〈*Cymothoe confusa*〉昆虫綱鱗翅目タテハチョウ科の蝶。分布：ナイジェリア，コンゴからウガンダまで。

キモトエ・ディスティンクタ〈*Cymothoe distincta*〉昆虫綱鱗翅目タテハチョウ科の蝶。分布：カメルーンからザイール，ウガンダ西部。

キモトエ・テオベネ〈*Cymothoe theobene*〉昆虫綱鱗翅目タテハチョウ科の蝶。分布：ナイジェリア，アンゴラおよびウガンダ。

キモトエ・ヒアルビタ〈*Cymothoe hyarbita*〉昆虫綱鱗翅目タテハチョウ科の蝶。分布：ナイジェリア，カメルーン。

キモトエ・ヒパタ〈*Cymothoe hypatha*〉昆虫綱鱗翅目タテハチョウ科の蝶。分布：ガーナからカメルーンまで。

キモトエ・フマナ〈*Cymothoe fumana*〉昆虫綱鱗翅目タテハチョウ科の蝶。分布：アフリカ西部。

キモトエ・フモサ〈*Cymothoe fumosa*〉昆虫綱鱗翅目タテハチョウ科の蝶。分布：コンゴ。

キモトエ・プルト〈*Cymothoe pluto*〉昆虫綱鱗翅目タテハチョウ科の蝶。分布：カメルーン，コンゴ。

キモトエ・プレウッシ〈*Cymothoe preussi*〉昆虫綱鱗翅目タテハチョウ科の蝶。分布：カメルーン，ナイジェリア。

キモトエ・ヘシオドトゥス〈*Cymothoe hesiodotus*〉昆虫綱鱗翅目タテハチョウ科の蝶。分布：アフリカ。

キモトエ・ヘルミニア〈*Cymothoe herminia*〉昆虫綱鱗翅目タテハチョウ科の蝶。分布：アフリカ西部，中央部。

キモトエ・メランヤエ〈*Cymothoe melanjae*〉昆虫綱鱗翅目タテハチョウ科の蝶。分布：アフリカ東部，ニアサランド。

キモトエ・メリディオナリス〈*Cymothoe meridionalis*〉昆虫綱鱗翅目タテハチョウ科の蝶。分布：ザイール。

キモトエ・ヨドゥッタ〈*Cymothoe jodutta*〉昆虫綱鱗翅目タテハチョウ科の蝶。分布：コンゴ。

キモトエ・ルリダ〈*Cymothoe lurida*〉昆虫綱鱗翅目タテハチョウ科の蝶。分布：ガーナからアンゴラまで。

キモトエ・ワイメリ〈*Cymothoe weymeri*〉昆虫綱鱗翅目タテハチョウ科の蝶。分布：ナイジェリア，カメルーン。

キモトシギゾウムシ〈*Labaninus kimotoi*〉昆虫綱甲虫目ゾウムシ科の甲虫。体長3.2〜3.6mm。

キモトツツハムシ〈*Cryptocephalus kimotoi*〉昆虫綱甲虫目ハムシ科。

キモトヒメテントウ〈*Scymnus kimotoi*〉昆虫綱甲虫目テントウムシ科の甲虫。体長1.4〜1.7mm。

キモンウスグロノメイガ〈*Herpetogramma magna*〉昆虫綱鱗翅目メイガ科の蛾。分布：本州（東北地方より），四国，九州，屋久島，朝鮮半島，台湾，中国。

キモンエンマコガネ〈*Onthophagus solivagus*〉昆虫綱甲虫目コガネムシ科の甲虫。体長7〜10mm。

キモンカバナミシャク〈*Eupithecia flavoapicaria*〉昆虫綱鱗翅目シャクガ科の蛾。分布：福岡県大牟田市。

キモンカミキリ〈*Menesia sulphurata*〉昆虫綱甲虫目カミキリムシ科フトカミキリ亜科の甲虫。体長6〜10mm。分布：北海道，本州，四国，九州。

キモンクチバ〈*Ophisma gravata*〉昆虫綱鱗翅目ヤガ科シタバガ亜科の蛾。分布：スリランカ，インド，ミャンマー，マレーシアから中国，長崎県野母崎町，屋久島以南，種子島，奄美大島，沖縄本島，石垣島，西表島。

キモンクロアツバ〈*Epizeuxis quadra*〉昆虫綱鱗翅目ヤガ科クルマアツバ亜科の蛾。分布：北海道，本州，四国の山地，アムール，ウスリー。

キモンクロササベリガ〈*Phaulernis monticola*〉昆虫綱鱗翅目ササベリガ科の蛾。分布：本州（中部山岳地帯）。

キモンクロハナカメムシ〈*Anthocoris miyamotoi*〉昆虫綱半翅目ハナカメムシ科。

キモンケチャタテ 黄紋毛茶柱虫〈*Caecilius oyamai*〉昆虫綱噛虫目ケチャタテ科。分布：北海道，本州，九州。

キモンコヤガ〈*Lithacodia numisma*〉昆虫綱鱗翅目ヤガ科コヤガ亜科の蛾。開張18〜23mm。分布：沿海州，北海道から九州，屋久島。

キモンチャバネセセリ〈*Polytremis lubricans*〉昆虫綱鱗翅目セセリチョウ科の蝶。

キモンツマキリアツバ〈*Pangrapta flavomacula*〉昆虫綱鱗翅目ヤガ科クチバ亜科の蛾。開張27mm。分布：沿海州，朝鮮半島，中国，北海道，本州，対馬，沖縄本島。

キモンツヤクワガタ〈*Odontolabis lacordairei*〉昆虫綱甲虫目クワガタムシ科。分布：スマトラ，ボルネオ。

キモントガリメイガ〈*Endotricha kuznetzovi*〉昆虫綱鱗翅目メイガ科の蛾。分布：本州（宮城県以南），四国，石垣島，朝鮮半島，シベリア南東部。

キモントラフヤママユ〈*Citheronia regalis*〉昆虫綱鱗翅目ヤママユガ科の蛾。前翅は灰色で，淡い黄色の卵形の斑点がある。開張9.5〜16.0mm。分布：合衆国の東南部。

キモンナガハネカクシ〈*Lobrathium cribricolle*〉昆虫綱甲虫目ハネカクシ科の甲虫。体長6.3〜6.7mm。

キモンナガミズギワゴミムシ〈*Bembidion scopulinum*〉昆虫綱甲虫目オサムシ科の甲虫。体長4.0〜4.5mm。分布：北海道，本州。

キモンヌカカ〈*Culicoides aterinervis*〉昆虫綱双翅目ヌカカ科。体長1.75mm。害虫。

キモンハイイロナミシャク〈*Venusia blomeri*〉昆虫綱鱗翅目シャクガ科ナミシャク亜科の蛾。開張20〜21mm。分布：ヨーロッパからシベリア東部，中国，北海道，本州。

キモンハナカミキリ〈*Leptura duodecimguttata*〉昆虫綱甲虫目カミキリムシ科ハナカミキリ亜科の甲虫。体長11〜15mm。分布：北海道，本州（中部以北），対馬。

キモンハマキモドキ キモンホソハマキモドキの別名。

キモンヒメハマキ〈*Statherotmantis pictana*〉昆虫綱鱗翅目ハマキガ科の蛾。分布：北海道，本州，四国，対馬，千島列島。

キモンフトカミキリ〈*Eutaenia trifasciella*〉昆虫綱甲虫目カミキリムシ科の甲虫。分布：ラオス，ベトナム北部，マレーシア，中国。

キモンホソカナブン〈*Genyodonta flavomaculata*〉昆虫綱甲虫目コガネムシ科の甲虫。分布：アフリカ南部。

キモンホソハマキモドキ〈*Glyphipterix japonicella*〉昆虫綱鱗翅目ホソハマキモドキガ科の蛾。開張12〜14mm。分布：九州南部，北海道美唄。

キモンミナミシジミ〈Candalides xanthospilos〉昆虫綱鱗翅目シジミチョウ科の蝶。前翅に白味をおびた大きな斑紋，後翅中央に斑点。開張2.5〜3.0mm。分布：オーストラリア。

キヤドリトビコバチ ヒラタカイガラキイロトビコバチの別名。

キヤムラシジミ ソテツシジミの別名。

キャンドレナウラモジタテハ〈Diaethria candrena〉昆虫綱鱗翅目タテハチョウ科の蝶。開張40mm。分布：ブラジル南部からアルゼンチン。珍蝶。

キュウコンコナカイガラムシ〈Phenacoccus avenae〉昆虫綱半翅目コナカイガラムシ科。水仙に害を及ぼす。

キュウシュウエゾゼミ〈Tibicen kyushuensis〉昆虫綱半翅目セミ科。体長48〜54mm。分布：本州(広島県)，四国(愛媛・高知県)，九州。

キュウシュウクチブトカメムシ キュウシュウシモフリクチブトカメムシの別名。

キュウシュウクロナガオサムシ〈Carabus kyushuensis〉昆虫綱甲虫目オサムシ科の甲虫。体長25〜28mm。分布：本州(中国)，九州(山地)。

キュウシュウクロホシタマムシ〈Ovalisia tonkinea〉昆虫綱甲虫目タマムシ科の甲虫。体長6〜11mm。

キュウシュウケズネオドリバエ〈Empis kyushunensis〉昆虫綱双翅目オドリバエ科。

キュウシュウシモフリクチブトカメムシ〈Eocanthecona kyushuensis〉昆虫綱半翅目カメムシ科。

キュウシュウシリアゲ〈Panorpa kiusiuensis〉昆虫綱長翅目シリアゲムシ科。

キュウシュウスジヨトウ〈Doerriesa coenosa〉昆虫綱鱗翅目ヤガ科カラスヨトウ亜科の蛾。分布：対馬美津島町賀谷，福岡市和白。

キュウシュウチビトラカミキリ〈Perissus kiusiuensis〉昆虫綱甲虫目カミキリムシ科カミキリ亜科の甲虫。体長7〜10mm。分布：本州，四国，九州，対馬，屋久島，奄美大島，伊豆諸島。

キュウシュウツチハンミョウ〈Meloe auriculatus〉昆虫綱甲虫目ツチハンミョウ科の甲虫。体長8〜20mm。害虫。

キュウシュウツヤゴモクムシ〈Trichotichnus vespertinus〉昆虫綱甲虫目オサムシ科の甲虫。体長9〜10.5mm。

キュウシュウトゲバカミキリ〈Eryssamena amanoi〉昆虫綱甲虫目カミキリムシ科フトカミキリ亜科の甲虫。体長7.5〜8.0mm。

キュウシュウナガゴミムシ〈Pterostichus kyushuensis〉昆虫綱甲虫目オサムシ科の甲虫。体長14.5〜16.5mm。

キュウシュウナガタマムシ〈Agrilus semivittatus〉昆虫綱甲虫目タマムシ科の甲虫。体長4.0〜5.0mm。

キュウシュウヒゲボソゾウムシ〈Phyllobius rotundicollis〉昆虫綱甲虫目ゾウムシ科の甲虫。体長5.5〜7.0mm。

キュウシュウヒメクモゾウムシ〈Podeschrus signatus〉昆虫綱甲虫目ゾウムシ科の甲虫。体長2.5mm。

キュウシュウヒメコキノコムシ〈Litargus kyushuensis〉昆虫綱甲虫目コキノコムシ科の甲虫。体長3.4mm。

キュウシュウヒメコブハナカミキリ〈Pseudosieversia amanoi〉昆虫綱甲虫目カミキリムシ科の甲虫。体長13.5mm。

キュウシュウヒメハナカミキリ〈Pidonia kyushuensis〉昆虫綱甲虫目カミキリムシ科ハナカミキリ亜科の甲虫。体長9〜11mm。

キュウシュウマエアカシロヨトウ〈Apamea kyushuensis〉昆虫綱鱗翅目ヤガ科カラスヨトウ亜科の蛾。開張35mm。分布：九州，本州。

キュウシュウムネミゾミズギワゴミムシ〈Bembidion kyushuense〉昆虫綱甲虫目オサムシ科の甲虫。体長5.6mm。

キュウセンヒゼンダニ 吸吮皮癬壁蝨〈psoroptid mites〉節足動物門クモ形綱ダニ目キュウセンヒゼンダニ科の総称。

キュウリュウゴミムシダマシ〈Palembus dermestoides〉昆虫綱甲虫目ゴミムシダマシ科の甲虫。体長5.0〜6.0mm。分布：東南アジア，中国南部。害虫。

キュウリュウチュウ キュウリュウゴミムシダマシの別名。

キューバジャコウアゲハ〈Parides gundlachianus〉昆虫綱鱗翅目アゲハチョウ科の蝶。別名コロンブスアゲハ。開張75mm。分布：キューバ。珍蝶。

キューバツバメガ〈Urania boisduvalii〉昆虫綱鱗翅目ツバメガ科の蛾。分布：キューバ。

キューバツルギタテハ〈Marpesia eleuchea〉昆虫綱鱗翅目タテハチョウ科の蝶。開張55mm。分布：キューバ，ジャマイカ。珍蝶。

キューバマルバネカラスシジミ〈Eumaeus atala〉昆虫綱鱗翅目シジミチョウ科の蝶。翅の裏面は黒色で，3列の金属光沢のある帯がある。開張4.0〜4.5mm。分布：フロリダ南部から大アンティル諸島。

ギョウギシバクキイエバエ〈*Atherigona reversura*〉昆虫綱双翅目イエバエ科。体長3mm。イネ科牧草に害を及ぼす。分布：本州, 九州, 中国, 東洋区, ハワイ。

キョウコメクラチビゴミムシ〈*Kurasawatrechus kyokoae*〉昆虫綱甲虫目オサムシ科の甲虫。体長3.2～3.5mm。

ギョウジャグモ〈*Diaea dorsata*〉蛛形綱クモ目カニグモ科の蜘蛛。体長雌5～6mm, 雄4～5mm。分布：北海道, 本州(中部地方高地)。

キョウソヤドリコバチ〈*Nasonia vitripennis*〉昆虫綱膜翅目コガネコバチ科。

キョウチクトウアブラムシ〈*Aphis nerii*〉昆虫綱半翅目アブラムシ科。体長2mm。夾竹桃に害を及ぼす。分布：北海道, 本州, 四国, 九州。

キョウチクトウスズメ〈*Daphnis nerii*〉昆虫綱鱗翅目スズメガ科の蛾。紫味をおびたピンク色と緑色の濃淡からなる複雑な模様をもつ。開張8～12mm。分布：アフリカ, アジア南部。

キョウトアオハナムグリ〈*Protaetia lenzi*〉昆虫綱甲虫目コガネムシ科の甲虫。体長21～23mm。分布：本州, 四国, 九州, 屋久島。

キョウトキハダヒラタカゲロウ〈*Heptagenia kyotoensis*〉昆虫綱蜉蝣目ヒラタカゲロウ科。

ギョウトクコミズギワゴミムシ〈*Paratachys gyotokuensis*〉昆虫綱甲虫目オサムシ科の甲虫。体長2.0mm。

キョウトクシヒゲカ〈*Culex kyotoensis*〉昆虫綱双翅目カ科。

ギョウトクテントウ〈*Hyperaspis gyotokui*〉昆虫綱甲虫目テントウムシ科の甲虫。体長2.7～3.2mm。

キョウトケシデオキノコムシ〈*Scaphisoma unicolor*〉昆虫綱甲虫目デオキノコムシ科の甲虫。体長1.6～1.7mm。

ギョウトゴキブリ〈*Asiablatta kyotensis*〉昆虫綱網翅目チャバネゴキブリ科。体長雄14.5～18.0mm, 雌16～18mm。害虫。

キョウトコチビシデムシ〈*Sciodrepoides tsukamotoi*〉昆虫綱甲虫目チビシデムシ科の甲虫。体長2.6～3.5mm。

キョウトニンギョウトビケラ〈*Goera kyotonis*〉昆虫綱毛翅目ケトビケラ科。

キョウトヒメフタオカゲロウ〈*Ameletus kyotensis*〉昆虫綱蜉蝣目フタオカゲロウ科。

キョウトメクラチビゴミムシ〈*Trechiama angulicollis*〉昆虫綱甲虫目オサムシ科の甲虫。体長5.4～6.1mm。

キョクトウコモリグモ〈*Lycosa atropos*〉蛛形綱クモ目コモリグモ科の蜘蛛。

キョクトウサソリ 極東蠍〈*Buthus martensii*〉節足動物門クモ形綱サソリ目キョクトウサソリ科の陸生動物。体長55～60mm。分布：朝鮮半島北部から中国東北部。害虫。

キョクトウトラカミキリ〈*Clytus arietoides*〉昆虫綱甲虫目カミキリムシ科カミキリ亜科の甲虫。体長7.5～15.0mm。

キヨサトヒメグモ〈*Theridion betteni*〉蛛形綱クモ目ヒメグモ科の蜘蛛。

キヨサトヒメハマキ〈*Endothenia kiyosatoensis*〉昆虫綱鱗翅目ハマキガ科の蛾。分布：山梨県清里高原, 中部山地。

キヨヒメグモ〈*Theridion* sp.〉蛛形綱クモ目ヒメグモ科の蜘蛛。体長雌2.3～2.6mm。分布：本州, 四国。

キラクロヒメハナノミ〈*Mordellistena kirai*〉昆虫綱甲虫目ハナノミ科の甲虫。体長2.8～3.4mm。

キラサ・ベイオビス〈*Chilasa veiovis*〉昆虫綱鱗翅目アゲハチョウ科の蝶。分布：セレベス。

キラチャイロコガネ〈*Sericania kirai*〉昆虫綱甲虫目コガネムシ科の甲虫。体長8.5～10.5mm。分布：本州, 四国, 九州。

キラネッラ・ステッリゲラ〈*Chilanella stelligera*〉昆虫綱鱗翅目ジャノメチョウ科の蝶。分布：チリ, アルゼンチン。

キラービー〈*Apis mellifera* ssp. × *Apis mellifera scutellata*〉昆虫綱膜翅目ミツバチ科。珍虫。

キラヒメハナノミ キラクロヒメハナノミの別名。

キラホシハナノミ〈*Hoshihananomia kirai*〉昆虫綱甲虫目ハナノミ科の甲虫。体長8～10.5mm。

キララコムラサキ〈*Mimathyma ambica*〉昆虫綱鱗翅目タテハチョウ科の蝶。

キララシジミ〈*Poritia erycinoides*〉昆虫綱鱗翅目シジミチョウ科の蝶。分布：マレーシア, ボルネオ, ジャワ, スマトラ, ミンダナオ島(フィリピン)。

キララシロカネグモ〈*Leucauge subgemmea*〉蛛形綱クモ目アシナガグモ科の蜘蛛。体長雌6～7mm, 雄4～5mm。分布：北海道, 本州, 四国, 九州。

キリアツメ〈*Onymacris*〉ゴミムシダマシ科の属称。珍虫。

キリウジガガンボ 切蛆大蚊〈*Tipula aino*〉昆虫綱双翅目ガガンボ科。体長14～18mm。桑, タバコ, 麦類, サトイモ, 稲に害を及ぼす。分布：本州, 四国, 九州。

キリウジガガンボ属の一種〈*Tipula* sp.〉昆虫綱双翅目ガガンボ科。

ギリオソムス・エロンガトゥス〈*Gyriosomus elongatus*〉昆虫綱甲虫目ゴミムシダマシ科。分布：チリ。

キリオソム

ギリオソムス・ゲビエニ〈Gyriosomus gebieni〉昆虫綱甲虫目ゴミムシダマシ科．分布：チリ．

ギリオソムス・ベーチ〈Gyriosomus batesi〉昆虫綱甲虫目ゴミムシダマシ科．分布：チリ．

ギリオソムス・ホーペイ〈Gyriosomus hopei〉昆虫綱甲虫目ゴミムシダマシ科．分布：チリ．

ギリオソムス・ホワイテイ〈Gyriosomus whitei〉昆虫綱甲虫目ゴミムシダマシ科．分布：チリ．

ギリオソムス・リーディ〈Gyriosomus reedi〉昆虫綱甲虫目ゴミムシダマシ科．分布：チリ．

キリガミネナミハグモ〈Cybaeus kirigaminensis〉蛛形綱クモ目タナグモ科の蜘蛛．

キリガヤドリトガリヒメバチ〈Listrognathus eccopteromus〉昆虫綱膜翅目ヒメバチ科．

キリギリス 螽斯〈Gampsocleis buergeri〉昆虫綱直翅目キリギリス科．体長38〜57mm．分布：本州，四国，九州．

キリギリス 螽斯〈long-horned grasshoppers,katydids〉昆虫綱直翅目キリギリス科Tettigoniidaeの昆虫の総称，またはそのなかの一種．

ギリシアキンオサムシ キバナガヒラタオサムシの別名．

キリシマシリアゲ〈Panorpa kirisimaensis〉昆虫綱長翅目シリアゲムシ科．

キリシマチビカミキリ〈Sybra sakamotoi〉昆虫綱甲虫目カミキリムシ科フトカミキリ亜科の甲虫．体長3.0〜3.5mm．

キリシマヒメサビカミキリ〈Kirishimoopsis sakamotoi〉昆虫綱甲虫目カミキリムシ科の甲虫．

キリシマミドリシジミ 霧島緑小灰蝶〈Chrysozephyrus ataxus〉昆虫綱鱗翅目シジミチョウ科ミドリシジミ亜科の蝶．別名ヒマラヤミドリシジミ，ヤクシマミドリシジミ．前翅長19〜21mm．分布：本州(神奈川県が北限)，四国，九州．

キリズミホラヒメグモ〈Nesticus gondai〉蛛形綱クモ目ホラヒメグモ科の蜘蛛．

キリナ・キリナ〈Cyrina cyrina〉昆虫綱鱗翅目セセリチョウ科の蝶．分布：シッキム，ブータン，アッサム，ボルネオ．

キリニア・ロキセラナ〈Kirinia roxelana〉昆虫綱鱗翅目ジャノメチョウ科の蝶．分布：ヨーロッパ東南部，キプロス島，シリア，イラク．

キリノイボゾウムシ クロタマゾウムシの別名．

キリバエダシャク 切翅枝尺蛾〈Ennomos autumnaria〉昆虫綱鱗翅目シャクガ科エダシャク亜科の蛾．開張37〜49mm．林檎に害を及ぼす．分布：北海道，サハリン，本州，四国，九州．

キリバネホソナミシャク 切翅細波尺蛾〈Brabira artemidera〉昆虫綱鱗翅目シャクガ科ナミシャク亜科の蛾．開張18〜27mm．分布：北海道，本州，四国，九州，サハリン，シベリア南東部，中国，台湾，ミャンマー，インド．

キルタカンタクリス・タタリカ〈Cyrtacanthacris tatarica〉昆虫綱直翅目バッタ科．分布：アフリカ，マダガスカル，コモロ諸島，アジア南部．

キルドゥレナ・ゼノビア〈Childrena zenobia〉昆虫綱鱗翅目タテハチョウ科の蝶．分布：中国北部および西部，チベット．

キルロクラ・タイス〈Cirrochroa thais〉昆虫綱鱗翅目タテハチョウ科の蝶．分布：インド南部，スリランカ．

キルロクロア・インペラトゥリクス〈Cirrochroa imperatrix〉昆虫綱鱗翅目タテハチョウ科の蝶．分布：セレベス，ニューギニア．

キルロクロア・エマレア〈Cirrochroa emalea〉昆虫綱鱗翅目タテハチョウ科の蝶．分布：マレーシア，スマトラ，ボルネオ．

キルロクロア・オリッサ〈Cirrochroa orissa〉昆虫綱鱗翅目タテハチョウ科の蝶．分布：スマトラ，マレーシア，ボルネオ．

キレスティス・テラモン〈Cyrestis telamon〉昆虫綱鱗翅目タテハチョウ科の蝶．分布：モルッカ諸島．

キレニア・マルティア〈Cyrenia martia〉昆虫綱鱗翅目シジミタテハ科の蝶．分布：パナマからボリビアまで．

キレネウズマキタテハ アマゾンウズマキタテハの別名．

キレバジャコウアゲハ〈Parides plutonius〉昆虫綱鱗翅目アゲハチョウ科の蝶．分布：ヒマラヤ東部，中国，チベット．

キレバネクロハナノミ〈Mordella truncatoptera〉昆虫綱甲虫目ハナノミ科の甲虫．体長6.0〜7.2mm．

キレバヒトツメジャノメ〈Mycalesis horsfieldi〉昆虫綱鱗翅目ジャノメチョウ科の蝶．分布：マレーシア，ジャワ，セレベス，香港，スマトラ，パラワン島，台湾など．

キレワハエトリ〈Harmochirus pullus〉蛛形綱クモ目ハエトリグモ科の蜘蛛．体長雌3.5〜4.3mm，雄2.5〜3.0mm．分布：北海道，本州，九州．

ギロケイルス・パトゥロバス〈Gyrocheilus patrobas〉昆虫綱鱗翅目ジャノメチョウ科の蝶．分布：メキシコ，アリゾナ州．

キンアリスアブバエ〈Microdon auricomus〉昆虫綱双翅目ハナアブ科．別名キンアリスアブ．

キンイチモンジ〈Pantoporia consimilis〉昆虫綱鱗翅目タテハチョウ科の蝶．

ギンイチモンジセセリ 銀一文字挵蝶〈*Leptalina unicolor*〉昆虫綱鱗翅目セセリチョウ科の蝶。準絶滅危惧種(NT)。前翅長17mm。分布：北海道，本州，四国，九州。

キンイロアブ 金色虻〈*Tabanus sapporoensis*〉昆虫綱双翅目アブ科。体長11〜13mm。分布：北海道，本州，四国，九州。害虫。

ギンイロウグイスコガネ〈*Plusiotis argenteola*〉昆虫綱甲虫目コガネムシ科の甲虫。分布：コロンビア，エクアドル，ペルー。

キンイロエグリタマムシ 金色刳吉丁虫〈*Endelus collaris*〉昆虫綱甲虫目タマムシ科の甲虫。体長4.5〜6.0mm。分布：本州，西南部，九州，対馬。

キンイロエグリツトガ〈*Pareromene sp.*〉昆虫綱鱗翅目メイガ科の蛾。分布：西表島。

キンイロエグリバ〈*Calyptra lata*〉昆虫綱鱗翅目ヤガ科クチバ亜科の蛾。桃，スモモ，林檎，ブドウに害を及ぼす。分布：沿海州，朝鮮半島，青森県から兵庫県に至る日本海側の諸県，関東・中部地方内陸の諸県，九州。

キンイロエビグモ〈*Philodromus auricomus*〉蛛形綱クモ目カニグモ科。

キンイロエビグモ(キンイロ型)〈*Philodromus auricomus*〉蛛形綱クモ目エビグモ科の蜘蛛。体長7.5〜8.5mm，雄7.0〜8.5mm。分布：本州，四国，九州。

キンイロエビグモ(ハラジロ型)〈*Philodromus auricomus*〉蛛形綱クモ目エビグモ科の蜘蛛。体長雌7.5〜8.5mm，雄6〜7mm。分布：北海道，本州，四国，九州。

キンイロオオゴミムシ〈*Trigonognatha aurescens*〉昆虫綱甲虫目オサムシ科の甲虫。体長14〜18mm。

キンイロオサムシ〈*Carabus auratus*〉昆虫綱甲虫目オサムシ科。分布：ヨーロッパ(西部・中部)。

キンイロオニクワガタ オウゴンオニクワガタの別名。

キンイロカブトハナムグリ〈*Theodosia westwoodi*〉昆虫綱甲虫目コガネムシ科の甲虫。分布：ボルネオ。

キンイロキリガ 金色切蛾〈*Clavipalpula aurariae*〉昆虫綱鱗翅目ヤガ科ヨトウガ亜科の蛾。開張37〜43mm。林檎に害を及ぼす。分布：東北アジア温帯，沿海州，北海道から九州，対馬，台湾。

キンイロクワガタ〈*Lamprima aurata*〉昆虫綱甲虫目クワガタムシ科。分布：オーストラリア，タスマニア。

キンイロコバネ モンフタオビコバネの別名。

キンイロジョウカイ 金色浄海〈*Themus episcopalis*〉昆虫綱甲虫目ジョウカイボン科の甲虫。体長20〜24mm。分布：本州南部，四国，九州。

キンイロスイコバネ〈*Eriocrania sigakogenensis*〉昆虫綱鱗翅目スイコバネ科の蛾。分布：長野県志賀高原。

キンイロツノハナムグリ〈*Coelorrhina aurata*〉昆虫綱甲虫目コガネムシ科の甲虫。分布：アフリカ西部，中央部。

キンイロナガタマムシ〈*Agrilus auropictus kanohi*〉昆虫綱甲虫目タマムシ科。

キンイロナンヨウタマムシ〈*Cyphogastra gestroi*〉昆虫綱甲虫目タマムシ科。分布：ニューギニア南東部。

キンイロヌマカ 金色沼蚊〈*Mansonia ochracea*〉昆虫綱双翅目カ科。体長11〜13mm。分布：本州，四国，九州，南西諸島。

キンイロネクイハムシ〈*Donacia japana*〉昆虫綱甲虫目ハムシ科の甲虫。体長7.5〜9.0mm。

キンイロマダラヒトリ〈*Lophocampa caryae*〉昆虫綱鱗翅目ヒトリガ科の蛾。前翅は金色をおびた褐色で，白色の斑紋をもつ。開張4.0〜5.5mm。分布：北および中央アメリカ。

キンイロマドタテハ〈*Dilipa morgiana*〉昆虫綱鱗翅目タテハチョウ科の蝶。分布：シッキム，アッサム，ミャンマー北部，ベトナム北部。

キンイロマルナガゴミムシ キンイロオオゴミムシの別名。

キンイロヤブカ 金色藪蚊〈*Aedes vexans nipponi*〉昆虫綱双翅目カ科。体長6mm。分布：日本全土。害虫。

キンウワバ 金上翅 昆虫綱鱗翅目ヤガ科のキンウワバ亜科の昆虫の総称。

キンウワバトビコバチ 金上翅跳小蜂〈*Litomastix maculata*〉昆虫綱膜翅目トビコバチ科。分布：本州。

キンオニクワガタ〈*Prismognathus dauricus*〉昆虫綱甲虫目クワガタムシ科の甲虫。準絶滅危惧種(NT)。体長雄18〜25mm，雌18〜23mm。分布：朝鮮半島，ウスリー，アムール，中国東北部。

キンオビナミシャク 金帯波尺蛾〈*Electrophaes corylata*〉昆虫綱鱗翅目シャクガ科ナミシャク亜科の蛾。開張23〜31mm。分布：北海道，本州，四国，九州，サハリン，シベリア南東部からヨーロッパ，ウスリー南部。

キンオビハナノミ 金帯花蚤〈*Variimorda flavimana*〉昆虫綱甲虫目ハナノミ科の甲虫。体長5〜7mm。分布：北海道，本州，四国。

ギンガオハリバエ〈*Nemorilla floralis*〉昆虫綱双翅目ヤドリバエ科。

ギンガクシマバエ〈Metopia argyrocephala〉昆虫綱双翅目ニクバエ科。体長5.0～7.5mm。分布：日本全土。

キンカタハリオニグモ〈Zilla aurea〉蛛形綱クモ目コガネグモ科の蜘蛛。体長雌9～10mm, 雄5～6mm。分布：北海道, 本州(高地)。

キンカナブン〈Rhomborrhina splendida〉昆虫綱甲虫目コガネムシ科の甲虫。分布：台湾。

キンカメムシ 金椿象, 金亀虫〈shieldbacked bugs〉昆虫綱半翅目異翅亜目カメムシ科キンカメムシ亜科Scutellerinaeに属する昆虫の総称。

キンケクチブトゾウムシ〈Otiorhynchus sulcatus〉昆虫綱甲虫目ゾウムシ科。体長10mm。シクラメンに害を及ぼす。

キンケコウラコマユバチ〈Sigalphus irrorator〉昆虫綱膜翅目コマユバチ科。

キンケチビドロムシ〈Chibidoronus aureus〉昆虫綱甲虫目チビドロムシ科の甲虫。体長2.0～2.1mm。

キンケチャイロカミキリ〈Asaperda bicostata〉昆虫綱甲虫目カミキリムシ科フトカミキリ亜科の甲虫。体長7.5～9.0mm。

キンケツツヒメゾウムシ〈Phaenomerus foveipennis〉昆虫綱甲虫目ゾウムシ科の甲虫。体長2.4～3.8mm。

キンケトラカミキリ〈Clytus auripilis〉昆虫綱甲虫目カミキリムシ科カミキリ亜科の甲虫。体長11～16mm。分布：北海道, 本州, 四国, 九州, 佐渡。

キンケノミゾウムシ〈Rhynchaenus jozanus〉昆虫綱甲虫目ゾウムシ科の甲虫。体長2.2～2.6mm。

キンケノミヒゲナガゾウムシ〈Melanopsacus kinke〉昆虫綱甲虫目ヒゲナガゾウムシ科の甲虫。体長2.4mm。

キンケハラナガツチバチ〈Campsomeris prismatica〉昆虫綱膜翅目ツチバチ科。体長雌17～27mm, 雄16～23mm。分布：本州, 四国, 九州。

キンケヒメフトコメツキダマシ〈Bioxylus pilosellus〉昆虫綱甲虫目コメツキダマシ科の甲虫。

キンケビロウドカミキリ〈Acalolepta permutans〉昆虫綱甲虫目カミキリムシ科フトカミキリ亜科の甲虫。体長27～30mm。分布：沖縄諸島, 石垣島, 西表島。

キンケミノウスバ〈Pseudopsyche endoxantha〉昆虫綱鱗翅目マダラガ科の蛾。分布：本州中部山地, 四国, 九州の山地, シベリア南東部。

キンゲヨツスジハナカミキリ〈Leptura auratopilosa〉昆虫綱甲虫目カミキリムシ科の甲虫。

ギンジシジミ〈Protoantigius superanus〉昆虫綱鱗翅目シジミチョウ科の蝶。分布：朝鮮。

ギンシャチホコ〈Harpyia umbrosa〉昆虫綱鱗翅目シャチホコガ科ウチキシャチホコ亜科の蛾。開張45～49mm。栗に害を及ぼす。分布：沿海州, 中国, 北海道から九州, 対馬。

ギンジャノメ〈Palaeonympha opalina〉昆虫綱鱗翅目ジャノメチョウ科の蝶。分布：揚子江流域, チベット, 台湾。

ギンスジアオシャク 銀条青尺蛾〈Comibaena argentataria〉昆虫綱鱗翅目シャクガ科アオシャク亜科の蛾。開張22～28mm。分布：北海道, 本州, 四国, 九州, 対馬, 朝鮮半島, 台湾, 中国。

ギンスジアカチャヒメハマキ〈Epiblema quinquefasciana〉昆虫綱鱗翅目ハマキガ科の蛾。分布：北海道, ロシアの沿海州, 千島。

ギンスジアカホシホソハマキ〈Chlidonia excellentana〉昆虫綱鱗翅目ホソハマキガ科の蛾。

ギンスジアツバ〈Colobochyla salicalis〉昆虫綱鱗翅目ヤガ科クチバ亜科の蛾。開張24～26mm。分布：ユーラシア, 沿海州, 千島, 朝鮮半島, 中国, 北海道から九州, 対馬。

ギンスジウンモンヒメハマキ ツヤスジウンモンハマキの別名。

ギンスジエダシャク〈Chariaspilates formosaria〉昆虫綱鱗翅目シャクガ科エダシャク亜科の蛾。開張30～38mm。分布：北海道, 本州, 四国, 九州, 対馬, 朝鮮半島, 中国, 千島, シベリア南東部からアルメニア, ウラル地方, ヨーロッパ東部から南部。

ギンスジオオマドガ〈Herdonia margarita〉昆虫綱鱗翅目マドガ科の蛾。柘榴, 百日紅に害を及ぼす。分布：関東, 近畿, 北陸, 四国, 九州。

ギンスジカギバ〈Mimozethes argentilinearia〉昆虫綱鱗翅目オオカギバガ科の蛾。開張30～33mm。分布：北海道南部, 本州, 四国, 九州, 中国西部・南部。

ギンスジカギバコガ ギンスジクチブサガの別名。

ギンスジカバハマキ〈Croesia askoldana〉昆虫綱鱗翅目ハマキガ科の蛾。開張13～14.5mm。ハスカップに害を及ぼす。分布：北海道, 本州, 四国, 九州, 中国(東北), ロシア(アムール, ウスリー)。

ギンスジキンウワバ〈Erythroplusia rutilifrons〉昆虫綱鱗翅目ヤガ科コヤガ亜科の蛾。開張28～30mm。分布：中国, 沿海州, 本土のほぼ全域, 対馬。

ギンスジクシヒゲコウモリ〈Trictena argentata〉昆虫綱鱗翅目コウモリガ科の蛾。分布：クイーンズランド, ニューサウスウェールズ, オーストラリア南部, タスマニア。

ギンスジクチブサガ〈*Ypsolopha albistriata*〉昆虫綱鱗翅目スガ科の蛾。別名ギンスジカギバコガ。開張25mm。分布：北海道，本州，九州。

ギンスジクロジャノメ〈*Zipaetis scylax*〉昆虫綱鱗翅目タテハチョウ科の蝶。表面は無地の褐色，裏面には黄色の縁どりをもった目玉模様がある。開張5.7〜6.0mm。分布：インド北部の丘陵地，パキスタン，ミャンマー。

ギンスジクロハマキ〈*Spatalistis bifasciana*〉昆虫綱鱗翅目ハマキガ科の蛾。開張10〜15.5mm。分布：北海道，本州，四国，九州，朝鮮半島，中国(東北)，ロシア，ヨーロッパ，イギリス。

ギンスジクロフサガ ギンスジトガリホソガの別名。

ギンスジクロミムシ ギンスジクロハマキの別名。

キンスジコウモリ〈*Phymatopus hecta*〉昆虫綱鱗翅目コウモリガ科の蛾。分布：北海道と本州中部山岳，朝鮮半島からヨーロッパ。

ギンスジコウモリ〈*Helpialus hecta*〉昆虫綱鱗翅目コウモリガ科の蛾。開張28〜32mm。

キンスジコガネ 金線金亀子〈*Anomala holosericea*〉昆虫綱甲虫目コガネムシ科の甲虫。体長17〜19mm。分布：北海道，本州，四国，九州。

キンスジシロホソガ〈*Phyllonorycter leucocorona*〉昆虫綱鱗翅目ホソガ科の蛾。分布：北海道，九州。

ギンスジツトガ 銀条苞蛾〈*Crambus humidellus*〉昆虫綱鱗翅目メイガ科ツトガ亜科の蛾。開張23〜27mm。分布：北海道，本州(東北，中部山地)，九州，サハリン，朝鮮半島，中国東北，シベリア南東部。

ギンスジトガリホソガ〈*Stagmatophora niphosticta*〉昆虫綱鱗翅目カザリバガ科の蛾。開張9〜10.5mm。分布：北海道，本州，九州。

キンスジノメイガ〈*Daulia afralis*〉昆虫綱鱗翅目メイガ科ノメイガ亜科の蛾。開張14mm。分布：東北地方から四国，九州，対馬，屋久島，奄美大島，沖永良部島，沖縄本島，石垣島，西表島，与那国島，台湾，中国，インドから東南アジア一帯。

ギンスジハマキモドキ〈*Prochoreutis montelli*〉昆虫綱鱗翅目ハマキモドキガ科の蛾。分布：北海道，ヨーロッパ(フィンランドとポーランド)。

ギンスジハレギカミキリ〈*Acrocyrtidus argenteofasciatus*〉昆虫綱甲虫目カミキリムシ科の甲虫。分布：ベトナム，マレーシア。

ギンスジヒゲナガ〈*Nemophora optima*〉昆虫綱鱗翅目マガリガ科の蛾。分布：北海道，本州，九州。

ギンスジフタオ ギンスジカギバの別名。

ギンスジホソガ〈*Aristaea issikii*〉昆虫綱鱗翅目ホソガ科の蛾。分布：本州。

ギンスジマダラメイガ〈*Selagia argyrella*〉昆虫綱鱗翅目メイガ科の蛾。分布：岩手県，朝鮮半島，シベリア東部からヨーロッパ。

ギンスジミツオシジミ〈*Catapaecilma major*〉昆虫綱鱗翅目シジミチョウ科の蝶。分布：マレーシア，インド，ミャンマー，スマトラ，ジャワ，ボルネオおよび台湾。

ギンツマヒメハマキ〈*Rhopalovalva exartemana*〉昆虫綱鱗翅目ハマキガ科の蛾。開張10〜13mm。分布：北海道，本州，四国，ロシア(アムール，ウスリー)。

ギンデネス・ブレビッソン〈*Gindanes brebisson*〉昆虫綱鱗翅目セセリチョウ科の蝶。分布：コロンビアおよびブラジル。

ギンデネス・ブロンティヌス〈*Gindanes brontinus*〉昆虫綱鱗翅目セセリチョウ科の蝶。分布：ニカラグア。

ギンツバメ 銀燕蛾〈*Acropteris iphiata*〉昆虫綱鱗翅目ツバメガ科の蛾。開張25〜29mm。分布：北海道，本州，四国，九州，朝鮮半島，中国。

ギンツマキリヨトウ〈*Callopistria argyrosticta*〉昆虫綱鱗翅目ヤガ科カラスヨトウ亜科の蛾。開張22mm。分布：沿海州，朝鮮半島，北海道，東北地方から中部山地。

キンツヤクチブサガ〈*Ypsolopha auratus*〉昆虫綱鱗翅目スガ科の蛾。分布：本州。

ギントガリツトガ〈*Crambus pascuellus*〉昆虫綱鱗翅目メイガ科の蛾。分布：北海道，東北地方，九州，朝鮮半島，中国，サハリンからヨーロッパ。

ギンナガゴミグモ〈*Cyclosa ginnaga*〉蛛形綱クモ目コガネグモ科の蜘蛛。体長雌7〜8mm，雄4.5〜5.0mm。分布：本州，四国，九州，南西諸島。

キンナガゴミムシ〈*Poecilus caerulescens*〉昆虫綱甲虫目オサムシ科の甲虫。体長11mm。分布：北海道，本州，四国，九州。

キンバエ 金蝿〈*Lucilia caesar*〉昆虫綱双翅目クロバエ科。体長7〜10mm。分布：北海道，本州，四国，九州。害虫。

キンバエ 金蝿〈*green bottle flies*〉昆虫綱双翅目環縫亜目クロバエ科キンバエ属の総称，またはそのなかの一種。

ギンバネエダシャク〈*Thalaina clara*〉昆虫綱鱗翅目シャクガ科の蛾。前翅には明るいオレンジ色がかった褐色の線からなる模様がある。開張4.0〜4.5mm。分布：オーストラリア東部，タスマニア北部。

ギンバネキノカワガ〈*Macrobarasa albibasis*〉昆虫綱鱗翅目ヤガ科キノカワガ亜科の蛾。分布：台湾，屋久島，奄美大島，西表島。

ギンバネコガ ギンマルハネコガの別名。

キンバネスジノメイガ〈*Xanthopsamma genialis*〉昆虫綱鱗翅目メイガ科の蛾。分布：九州, 種子島, 屋久島, 中国。

キンバネチビトリバ〈*Buckleria wahlbergi*〉昆虫綱鱗翅目トリバガ科の蛾。開張12〜14mm。分布：北海道, 本州, ヨーロッパやインド。

キンバネハネカクシ〈*Ocypus gloriosus*〉昆虫綱甲虫目ハネカクシ科の甲虫。体長13.0〜16.0mm。

キンバネヒメシャク〈*Scopula epiorrhoe*〉昆虫綱鱗翅目シャクガ科ヒメシャク亜科の蛾。開張16〜21mm。分布：本州(関東以西), 四国, 九州, 対馬, 種子島, 屋久島, 奄美大島, 徳之島, 沖永良部島, 沖縄本島, 石垣島, 西表島。

ギンバネミノガ ニトベミノガの別名。

キンバネヤマメイガ〈*Micraglossa aureata*〉昆虫綱鱗翅目メイガ科の蛾。分布：屋久島白谷, 栗生, 愛子岳, 沖縄本島与那。

ギンハマキ ギンムジハマキの別名。

キンバラナガハシカ 金腹長嘴蚊〈*Tripteroides bambusa*〉昆虫綱双翅目カ科。体長5.0〜5.5mm。分布：日本全土。害虫。

ギンヒゲナガ〈*Nemophora askoldella*〉昆虫綱鱗翅目マガリガ科の蛾。開張15〜16mm。分布：北海道, 本州(中部山岳地帯), シベリア東部。

キンヒバリ 金雲雀〈*Anaxipha pallidula*〉昆虫綱直翅目コオロギ科。体長5〜8mm。分布：本州(関東以西), 四国, 九州, 奄美諸島, 沖縄諸島。

ギンブチジャノメ〈*Hypocysta aroa*〉昆虫綱鱗翅目ジャノメチョウ科の蝶。分布：ニューギニア。

ギンブチツトガ〈*Crambus argentistriellus*〉昆虫綱鱗翅目メイガ科の蛾。

キンヘリアトバゴミムシ〈*Catascopus ignicinctus*〉昆虫綱甲虫目オサムシ科の甲虫。体長11〜12.5mm。

キンヘリタマムシ〈*Scintillatrix bellula*〉昆虫綱甲虫目タマムシ科の甲虫。体長8〜13mm。

キンヘリノミヒゲナガゾウムシ〈*Choragus compactus*〉昆虫綱甲虫目ヒゲナガゾウムシ科の甲虫。体長2.5〜3.6mm。

キンボクハリバエ 金北針蠅〈*Phorocerosoma forte*〉昆虫綱双翅目ヤドリバエ科。分布：北海道。

ギンボシアカガネキバガ〈*Argolamprotes micella*〉昆虫綱鱗翅目キバガ科の蛾。開張11〜15mm。分布：北海道, 本州の低山地から高山帯。

ギンボシイラガ〈*Miresa fulgida*〉昆虫綱鱗翅目イラガ科の蛾。開張30mm。

ギンボシカレハ ギンモンカレハの別名。

ギンボシキハマキ ギンボシキヒメハマキの別名。

ギンボシキヒメハマキ〈*Enarmonia major*〉昆虫綱鱗翅目ハマキガ科の蛾。開張13〜18mm。分布：北海道, 本州, 四国, 九州, 千島列島。

ギンボシキンウワバ〈*Antocuoleora ornatissima*〉昆虫綱鱗翅目ヤガ科コヤガ亜科の蛾。開張38〜42mm。分布：ヒマラヤ南麓から中国, 朝鮮半島, 沿海州, 北海道から九州。

ギンボシクロヒメハマキ〈*Hiroshiinouea stellifera*〉昆虫綱鱗翅目ハマキガ科の蛾。分布：屋久島。

キンボシシマメイガ〈*Orybina regalis*〉昆虫綱鱗翅目メイガ科シマメイガ亜科の蛾。開張28〜30mm。分布：中部から東海地方に西, 四国, 九州, 朝鮮半島, 中国。

ギンボシシャチホコ〈*Yamatoa cinnamomea*〉昆虫綱鱗翅目シャチホコガ科ウチキシャチホコ亜科の蛾。開張26〜32mm。分布：朝鮮半島, 北海道から九州, 対馬, 屋久島。

ギンボシスズメ 銀星天蛾〈*Parum colligata*〉昆虫綱鱗翅目スズメガ科ウンモンスズメ亜科の蛾。開張65〜80mm。分布：北海道, 本州, 四国, 九州, 対馬, 奄美大島, 沖縄本島, 台湾, 中国, インドから東南アジア一帯。

ギンボシツツトビケラ〈*Setodes argentatus*〉昆虫綱毛翅目ヒゲナガトビケラ科。準絶滅危惧種(NT)。体長4〜6mm。稲に害を及ぼす。分布：北海道, 本州, 四国, 九州。

ギンボシトビハマキ〈*Spatalistis christophana*〉昆虫綱鱗翅目ハマキガ科の蛾。開張17mm。分布：北海道, 本州, 四国, 九州, 対馬, 屋久島, 中国, ロシア(ウスリー)。

キンボシハネカクシ〈*Ocypus weisei*〉昆虫綱甲虫目ハネカクシ科の甲虫。体長16mm。分布：北海道, 本州, 四国, 九州。

ギンボシハマキモドキ〈*Tebenna bjerkandrella*〉昆虫綱鱗翅目ハマキモドキガ科の蛾。分布：本州, ヨーロッパ。

ギンボシヒョウモン 銀星豹紋蝶〈*Speyeria aglaja*〉昆虫綱鱗翅目タテハチョウ科ヒョウモンチョウ亜科の蝶。前翅長30〜34mm。分布：北海道, 本州。

ギンボシマダラヒメハマキ ギンボシモトキヒメハマキの別名。

ギンボシマルバネカラスシジミ〈*Eumaeus childrenae*〉昆虫綱鱗翅目シジミチョウ科の蝶。分布：メキシコ, グアテマラ, ホンジュラス。

ギンボシメナガヒゲナガゾウムシ〈*Phaulimia annulipes*〉昆虫綱甲虫目ヒゲナガゾウムシ科の甲虫。体長2.5〜3.0mm。

ギンボシモトキハマキ ギンボシモトキヒメハマキの別名。

ギンボシモトキヒメハマキ〈*Olethreutes siderana*〉昆虫綱鱗翅目ハマキガ科の蛾。開張19～22mm。分布：ヨーロッパからロシア，中国，北海道から本州の中部山地。

ギンボシリンガ　銀星実蛾〈*Ariolica argentea*〉昆虫綱鱗翅目ヤガ科リンガ亜科の蛾。開張23～27mm。分布：朝鮮半島，北海道から九州，対馬，屋久島。

キンホソイシアブ〈*Choerades gilva*〉昆虫綱双翅目ムシヒキアブ科。

キンマダラスイコバネ〈*Eriocrania sparmannella*〉昆虫綱鱗翅目スイコバネガ科の蛾。開張9～11mm。分布：北海道，本州(中部山岳地帯)，ヨーロッパ。

ギンマダラホソガ　銀斑細蛾〈*Parectopa pavoniella*〉昆虫綱鱗翅目ホソガ科の蛾。分布：東京。

ギンマダラメイガ〈*Eurhodope heringii*〉昆虫綱鱗翅目メイガ科の蛾。分布：北海道，本州，四国，九州，朝鮮半島，スリランカ，インド。

ギンマルハネコガ　銀翅小蛾〈*Niphonympha anas*〉昆虫綱鱗翅目クチブサガ科の蛾。開張12～15mm。分布：本州。

キンミスジ　フトオビキンミスジの別名。

ギンミスジハマキ〈*Croesia delicata*〉昆虫綱鱗翅目ハマキガ科の蛾。分布：長野県の奥蓼科，釜ノ沢，御岳山，徳沢，上高地。

ギンミスジヒメハマキ　モンギンスジハマキの別名。

キンミドリウグイスコガネ〈*Plusiotis aurofoveata*〉昆虫綱甲虫目コガネムシ科の甲虫。分布：メキシコ。

ギンムジハマキ〈*Eana argentana*〉昆虫綱鱗翅目ハマキガ科の蛾。開張24～28mm。イネ科牧草に害を及ぼす。分布：北海道，本州(東北，中部山岳帯)，朝鮮半島，サハリン，ロシア，ヨーロッパ，イギリス，小アジア，インド，北アメリカ。

キンムネカブトハナムグリ〈*Phaedimus mohnikei*〉昆虫綱甲虫目コガネムシ科の甲虫。分布：フィリピン。

キンムネヒメカネコメツキ〈*Kibunea ignicollis*〉昆虫綱甲虫目コメツキムシ科の甲虫。体長8mm。分布：北海道，本州，九州。

キンメアブ　メクラアブの別名。

ギンメッキゴミグモ〈*Cyclosa argenteoalba*〉蛛形綱クモ目コガネグモ科の蜘蛛。体長雌6～7mm，雄3～4mm。分布：北海道，本州，四国，九州，南西諸島。

キンモウアナバチ　金毛穴蜂〈*Sphex flammitrichus*〉昆虫綱膜翅目ジガバチ科。体長23～34mm。分布：本州南部以南。害虫。

キンモリヒラタゴミムシ〈*Colpodes sylphis*〉昆虫綱甲虫目オサムシ科の甲虫。体長8.5～10.5mm。

ギンモンアカヨトウ〈*Plusilla rosalia*〉昆虫綱鱗翅目ヤガ科カラスヨトウ亜科の蛾。開張21～22mm。分布：沿海州，北海道から九州。

ギンモンウスキチョウ　ウスキシロチョウの別名。

キンモンエグリバ〈*Plusiodonta coelonota*〉昆虫綱鱗翅目ヤガ科クチバ亜科の蛾。開張30mm。桃，スモモ，葡萄，柑橘に害を及ぼす。分布：インドからベトナム，マレーシア，中国，三河湾付近を北限，紀伊半島，中国地方，四国，九州，屋久島，奄美大島，沖縄本島。

キンモンオビハナノミ〈*Glipa asahinai*〉昆虫綱甲虫目ハナノミ科の甲虫。体長6.5～8.5mm。

キンモンガ　金紋蛾〈*Psychostrophia melanargia*〉昆虫綱鱗翅目フタオガ科の蛾。開張32～39mm。分布：本州北部から四国，九州。

ギンモンカギバ〈*Callidrepana patrana*〉昆虫綱鱗翅目カギバガ科の蛾。開張22～40mm。分布：本州(東北地方より)，四国，九州，対馬，台湾，中国，タイ，ミャンマー，インド北部，ネパール。

ギンモンカバキバガ　ギンモンカバマルハキバガの別名。

ギンモンカバマルハキバガ〈*Promalactis jezonica*〉昆虫綱鱗翅目マルハキバガ科の蛾。開張8.5～10.0mm。分布：北海道，本州，四国，九州。

ギンモンカレハ〈*Somadasys brevivenis*〉昆虫綱鱗翅目カレハガ科の蛾。別名ギンボシカレハ。開張30～40mm。分布：北海道，本州，四国，九州，対馬，サハリン南部，屋久島。

ギンモンカワホソガ〈*Dendrorycter marmaroides*〉昆虫綱鱗翅目ホソガ科の蛾。分布：北海道，北・中米。

ギンモンキハマキ　ギンヅマヒメハマキの別名。

ギンモンクサモグリガ〈*Elachista gleichenella*〉昆虫綱鱗翅目クサモグリガ科の蛾。分布：九州(英彦山)，ヨーロッパ。

ギンモンクロマイコガ〈*Pancaria latreillella*〉昆虫綱鱗翅目マイコガ科の蛾。開張12～14mm。

ギンモンシマメイガ　銀紋縞螟蛾〈*Pyralis regalis*〉昆虫綱鱗翅目メイガ科シマメイガ亜科の蛾。開張16～20mm。分布：北海道，本州，四国，九州，屋久島，台湾，朝鮮半島，中国，シベリアからサハリン，インドから東南アジア一帯。

ギンモンシャチホコ　銀紋天社蛾〈*Spatalia dives*〉昆虫綱鱗翅目シャチホコガ科ウチキシャチホコ亜科の蛾。開張37～45mm。分布：沿海州，北海道から九州，対馬。

キンモンシ

ギンモンシロウワバ〈Macdunnoughia purissima〉昆虫綱鱗翅目ヤガ科コヤガ亜科の蛾。開張29〜32mm．分布：本土のほぼ全域，対馬，伊豆諸島．

ギンモンスズメモドキ 銀紋雀擬，銀紋擬天蛾〈Tarsolepis japonica〉昆虫綱鱗翅目シャチホコガ科ウチキシャチホコ亜科の蛾。開張63〜74mm．分布：中国中南部，台湾，本州（関東地方以西），四国，九州，対馬．

ギンモンセセリ〈Charmion ficulnea〉昆虫綱鱗翅目セセリチョウ科の蝶。分布：アッサムからマレーシア，スマトラ，ボルネオ，スラウェシ，マルク．

ギンモンセダカモクメ〈Cucullia jankowskii〉昆虫綱鱗翅目ヤガ科セダカモクメ亜科の蛾。開張37mm．分布：北海道から九州．

キンモンツヤコガ〈Antispila hikosana〉昆虫綱鱗翅目ツヤコガ科の蛾。分布：九州．

ギンモンツヤホソガ〈Chrysaster hagicola〉昆虫綱鱗翅目ホソガ科の蛾。分布：北海道，本州，四国，九州．

ギンモントガリバ〈Parapsestis argenteopicta〉昆虫綱鱗翅目トガリバガ科の蛾。開張39〜47mm．分布：北海道，本州，四国，九州，対馬，朝鮮半島，シベリア南東部．

キンモンナガタマムシ〈Agrilus auropictus〉昆虫綱甲虫目タマムシ科の甲虫。体長5.8〜10.3mm．

キンモンノメイガ〈Aethaloessa calidalis〉昆虫綱鱗翅目メイガ科の蛾。分布：九州南部，屋久島，奄美大島，徳之島，沖縄本島，西表島，台湾からマレーシア，フィリピンからオーストラリア．

ギンモンハモグリガ リンゴハモグリガの別名．

キンモンフサヒゲカミキリ〈Aristobia approximator birmanica〉昆虫綱甲虫目カミキリムシ科の甲虫。分布：ラオス．

ギンモンフタオツバメ〈Aphnaeus hutchinsoni〉昆虫綱鱗翅目シジミチョウ科の蝶。分布：アフリカ南部および東部．

キンモンホソガ リンゴカバホソガの別名．

ギンモンホソハマキ〈Eugnosta dives〉昆虫綱鱗翅目ホソハマキガ科の蛾。開張18〜22mm．分布：北海道，本州，九州（山地），中国，ロシア（アムール，シベリア）．

ギンモンマイコガ ギンモンクロマイコガの別名．

ギンモンマイコモドキ〈Pancalia issikii〉昆虫綱鱗翅目カザリバガ科の蛾。分布：北海道，本州，九州．

ギンモンミズメイガ 銀紋水螟蛾〈Nymphula corculina〉昆虫綱鱗翅目メイガ科ミズメイガ亜科の蛾。開張15〜19mm．分布：北海道，本州，サハリン．

ギンモンモクメ アオモンギンセダカモクメの別名．

ギンモンモグリガ リンゴハモグリガの別名．

キンモンリンゴホソガ リンゴカバホソガの別名．

ギンヤンマ 銀蜻蜒〈Anax parthenope julius〉昆虫綱蜻蛉目ヤンマ科の蜻蛉。体長70〜75mm．分布：本州，四国，九州，南西諸島．

キヨウグモ〈Menosira ornata〉蛛形綱クモ目アシナガグモ科の蜘蛛。体長雌8〜9mm，雄6〜7mm．分布：北海道，本州，四国，九州．

ギヨスジキハマキ ギンヨスジハマキの別名．

ギヨスジハマキ〈Croesia leechi〉昆虫綱鱗翅目ハマキガ科の蛾。開張15〜17.5mm．分布：北海道，本州，四国，対馬，朝鮮半島，中国，ロシア（ウスリー）．

キンリョクヒゲナガハムシ〈Theopea aureoviridis〉昆虫綱甲虫目ハムシ科の甲虫。体長3.8〜4.8mm．

【ク】

クアドゥルス・ケレアリス〈Quadrus cerealis〉昆虫綱鱗翅目セセリチョウ科の蝶。分布：メキシコから南アメリカまで．

クアドゥルス・コントゥベルナリス〈Quadrus conubernalis〉昆虫綱鱗翅目セセリチョウ科の蝶。分布：メキシコからコロンビアおよびブラジルまで．

クアドゥルス・デイロレイ〈Quadrus deyrollei porta〉昆虫綱鱗翅目セセリチョウ科の蝶。分布：コロンビアからペルー，アマゾン流域．

クアドゥルス・ルグブリス〈Quadrus lugubris〉昆虫綱鱗翅目セセリチョウ科の蝶。分布：メキシコからコロンビア，ベネズエラ，トリニダード．

クイエータナガレトビケラ〈Rhyacophila quieta〉昆虫綱毛翅目ナガレトビケラ科．

クイラフォエトスス・モナクス〈Quilaphoetosus monachus〉昆虫綱鱗翅目ジャノメチョウ科の蝶。分布：チリ．

クインタ・カンナエ〈Quinta cannae〉昆虫綱鱗翅目セセリチョウ科の蝶。分布：メキシコからアルゼンチンまで．

クイーンマダラ ジョオウマダラの別名．

クエサダ・ギガス〈Quesada gigas〉昆虫綱半翅目セミ科。分布：中央アメリカ，南アメリカ．

クエニイアケボノアゲハ〈Atrophaneura kuehni〉昆虫綱鱗翅目アゲハチョウ科の蝶．

クキセンチュウ 茎線虫〈stem nematode〉植物の芽，茎，球茎などに寄生するティレンクス科Ditylenchus属のセンチュウの総称．

クギヌキクワガタ　セアカクギヌキクワガタの別名。

クギヌキクワガタコガネ〈*Fruhstorferia sexmaculata*〉昆虫綱甲虫目コガネムシ科の甲虫。別名クギヌキダルマコガネ。分布：ミャンマー，インドシナ，マレーシア，中国西部。

クギヌキダルマコガネ　クギヌキクワガタコガネの別名。

クギヌキハサミムシ　釘抜鋏虫〈*Forficula scudderi*〉昆虫綱革翅目クギヌキハサミムシ科。体長21〜36mm。分布：北海道，本州(山地)。

クギヌキヒメジョウカイモドキ〈*Ebaeus oblongulus*〉昆虫綱甲虫目ジョウカイモドキ科の甲虫。体長2.5〜3.0mm。

クギヌキフタオチョウ〈*Polyura dehaani*〉昆虫綱鱗翅目タテハチョウ科の蝶。開張70mm。分布：スマトラ，ジャワ西部。珍蝶。

クキバチ　茎蜂〈*stem sawflies*〉昆虫綱膜翅目広腰亜目クキバチ科Cephidaeの昆虫の総称。

ククノールモンキチョウ〈*Colias sifanica*〉昆虫綱鱗翅目シロチョウ科の蝶。分布：アムド地方。

クゴウノメクラチビゴミムシ〈*Kurasawatrechus spelaeus*〉昆虫綱甲虫目オサムシ科の甲虫。体長3.3〜3.4mm。

クゴウマシラグモ〈*Leptoneta kugoana*〉蛛形綱クモ目マシラグモ科の蜘蛛。

クサアブ　臭虻　昆虫綱双翅目短角亜目アブ群のクサアブ科Coenomyiidaeの昆虫の総称。

クサアリモドキ〈*Lasius spathepus*〉昆虫綱膜翅目アリ科。体長6mm。分布：日本全土。

クサイチゴトビハムシ〈*Chaetocnema granulosa*〉昆虫綱甲虫目ハムシ科。体長1.8〜2.0mm。苺に害を及ぼす。分布：本州，四国，九州，台湾。

クサイロモンキチョウ〈*Colias cocandica*〉昆虫綱鱗翅目シロチョウ科の蝶。分布：フェルガナ，天山山脈，アフガニスタン北部。

クサオビリンガ〈*Earias vittella*〉昆虫綱鱗翅目ヤガ科リンガ亜科の蛾。分布：インドから東南アジア，オーストラリア，南太平洋の島嶼部，台湾，海南島，長崎市。

クサカゲロウ　草蜉蝣，草蜻蛉，臭蜻蛉〈*Chrysopa intima*〉昆虫綱脈翅目クサカゲロウ科。開張26〜34mm。分布：北海道，本州。

クサカゲロウ　草蜉蝣，草蜻蛉，臭蜻蛉〈*green lacewing, golden eye*〉昆虫綱脈翅目クサカゲロウ科Chrysopidaeの昆虫の総称，またはそのなかの一種。

クサカゲロウクロトビコバチ〈*Isodromus niger*〉昆虫綱膜翅目トビコバチ科。

クサキイロアザミウマ　草黄色薊馬〈*Anaphothrips obscurus*〉昆虫綱総翅目アザミウマ科。体長1.3mm。イネ科牧草，イネ科作物，麦類に害を及ぼす。分布：日本全国，北半球の温帯。

クサギウスマルカイガラムシ〈*Aspidiotus excisus*〉昆虫綱半翅目マルカイガラムシ科。体長1.5mm。ガジュマル，バナナに害を及ぼす。分布：沖縄諸島，先島諸島，台湾，タイ，スリランカ，フィジー，ミクロネシア。

クサギカメムシ　臭木椿象〈*Halyomorpha halys*〉昆虫綱半翅目カメムシ科。体長14〜18mm。梅，アンズ，桜類，ナシ類，桃，スモモ，林檎，柑橘，桜類，隠元豆，小豆，ササゲ，豌豆，空豆，苺，柿，大豆，ブドウに害を及ぼす。分布：本州，四国，九州，南西諸島。

クサキリ　草螽蟖，草切り〈*Homorocoryphus nitidulus*〉昆虫綱直翅目キリギリス科。体長40〜55mm。稲に害を及ぼす。分布：本州(関東，新潟県以南)，四国，九州，対馬，伊豆諸島。

クサグモ　草蜘蛛〈*Agelena limbata*〉節足動物門クモ形綱真正クモ目タナグモ科の蜘蛛。体長雌14〜16mm，雄12〜14mm。分布：北海道，本州，四国，九州。害虫。

クサシロキヨトウ〈*Acantholeucania loreyi*〉昆虫綱鱗翅目ヤガ科ヨトウガ亜科の蛾。開張34〜36mm。稲，イネ科牧草，飼料用トウモロコシ，ソルガムに害を及ぼす。分布：ヨーロッパ南部からアフリカ，アジアの亜熱帯地域，関東地方以南，四国，九州，対馬，屋久島。

クサシロヨトウ　クサシロキヨトウの別名。

クサゼミ　草蝉　昆虫綱半翅目セミ科クサゼミ属Moganniaのセミの総称。

クサチゴマグモ〈*Micrargus herbigradus*〉蛛形綱クモ目サラグモ科の蜘蛛。体長雌1.8〜2.0mm，雄1.5〜1.8mm。分布：本州(高地)。

クサチコモリグモ〈*Pardosa graminea*〉蛛形綱クモ目コモリグモ科の蜘蛛。

クサチハタグモ〈*Antistea elegans*〉蛛形綱クモ目ハタケグモ科。

クサツミトビケラ属の一種〈*Oecetis* sp.〉昆虫綱毛翅目ヒゲナガトビケラ科。

クサニクバエ〈*Sarcophaga harpax*〉昆虫綱双翅目ニクバエ科。

クサビウラモジタテハ　キャンドレナウラモジタテハの別名。

クサビウンカ　楔浮塵子〈*Sarima amagisana*〉昆虫綱半翅目マルウンカ科。分布：本州，九州。

クサビナガエハネカクシ〈*Ochthephilum cuneatum*〉昆虫綱甲虫目ハネカクシ科。

クサヒノミ

クサビノミバエ〈Megaselia scalaris〉昆虫綱双翅目ノミバエ科。体長雄2.0～2.6mm、雌3.0～3.7mm。害虫。

クサヒバリ　草雲雀〈Paratrigonidium bifasciatum〉昆虫綱直翅目コオロギ科。体長7～8mm。分布：本州(東北南部以南)、四国、九州、奄美諸島、沖縄諸島。

クサビホソハマキ〈Stenodes jaculana〉昆虫綱鱗翅目ホソハマキ科の蛾。分布：北海道、本州、四国(山地)、朝鮮半島、中国、ロシア(シベリア、ウスリー、アムール)。

クサビモンキシタアゲハ〈Troides cuneifera〉昆虫綱鱗翅目アゲハチョウ科の蝶。開張雄110mm、雌140mm。分布：スンダランド。珍蝶。

クサビヨコバイ〈Athysanopsis salicis〉昆虫綱半翅目ヨコバイ科。

クサビヨトウ〈Apamea ophiogramma〉昆虫綱鱗翅目ヤガ科カラスヨトウ亜科の蛾。開張30～34mm。イネ科作物に害を及ぼす。分布：ユーラシア、北海道から九州。

クサフジキンモンホソガ〈Phyllonorycter viciae〉昆虫綱鱗翅目ホソガ科の蛾。分布：北海道、本州。

クサボタル　草蛍　昆虫綱甲虫目ホタル科に属する昆虫の幼虫で、夜間に草むらや草の根ぎわで青い光を出すものをいう。

クサレダマチビトビハムシ〈Neocrepidodera sibirica〉昆虫綱甲虫目ハムシ科の甲虫。体長2.5～3.0mm。

クシガタノメイガ〈Phlyctaenia perlucidalis〉昆虫綱鱗翅目メイガ科の蛾。分布：ヨーロッパ(主に南部)からバルカン半島、山梨県櫛形山、北海道北見小清水町、釧路標茶町、岩手県稗貫郡大迫町。

クシゲマダラカゲロウ〈Ephemerella setigera〉昆虫綱蜉蝣目マダラカゲロウ科。

クシコメツキ　櫛叩頭虫〈Melanotus legatus〉昆虫綱甲虫目コメツキムシ科の甲虫。体長15～16mm。麦類に害を及ぼす。分布：北海道、本州、四国、九州、対馬、南西諸島、伊豆諸島。

クシナシスジキリヨトウ〈Spodoptera cilium〉昆虫綱鱗翅目ヤガ科カラスヨトウ亜科の蛾。分布：アフリカ、マダガスカル、アジア、小笠原諸島、沖縄本島以南、石垣島、西表島。

クシヒゲアリヅカムシ〈Ctenistes oculatus〉昆虫綱甲虫目アリヅカムシ科の甲虫。体長1.6～2.0mm。

クシヒゲウスキヨトウ〈Ctenostola sparganoides〉昆虫綱鱗翅目ヤガ科カラスヨトウ亜科の蛾。分布：沿海州、北海道東部・北部、本州、隠岐島、九州。

クシヒゲウスバカミキリ〈Neoclosterus lujae〉昆虫綱甲虫目カミキリムシ科の甲虫。分布：アフリカ西部、中央部。

クシヒゲオオヒロズコガ　クシヒゲキヒロズコガの別名。

クシヒゲカゲロウ　櫛鬚蜻蛉〈Dilar japonicus〉昆虫綱脈翅目クシヒゲカゲロウ科。開張25mm。分布：本州、四国、九州。

クシヒゲカミキリ〈Pathocerus wagneri〉昆虫綱甲虫目カミキリムシ科の甲虫。分布：アルゼンチン。

クシヒゲキヒロズコガ　櫛鬚大広頭小蛾〈Euplocamus hierophanta〉昆虫綱鱗翅目ヒロズコガ科の蛾。開張19～30mm。分布：本州、四国、九州、アッサム。

クシヒゲコケガ〈Nudaridia ochracea〉昆虫綱鱗翅目ヒトリガ科コケガ亜科の蛾。開張12mm。分布：北海道(南西部)、本州(東北、北陸、中部)、四国、九州、シベリア南東部。

クシヒゲシバンムシ　櫛鬚死番虫〈Ptilineurus marmoratus〉昆虫綱甲虫目シバンムシ科の甲虫。体長2.2～5.3mm。分布：日本各地。害虫。

クシヒゲシマメイガ　櫛鬚縞螟蛾〈Sybrida approximans〉昆虫綱鱗翅目メイガ科シマメイガ亜科の蛾。開張25～35mm。ナラ、樫、ブナに害を及ぼす。分布：本州(東北地方北部より)、四国、九州、屋久島。

クシヒゲシャチホコ〈Ptilophora nohirae〉昆虫綱鱗翅目シャチホコガ科ウチキシャチホコ亜科の蛾。開張33mm。分布：沿海州、北海道から九州。

クシヒゲジョウカイ〈Laemoglyptus pectinatus〉昆虫綱甲虫目ジョウカイボン科の甲虫。体長5.0～5.3mm。

クシヒゲスジキリヨトウ〈Spodoptera pecten〉昆虫綱鱗翅目ヤガ科カラスヨトウ亜科の蛾。分布：アジアの亜熱帯地域、沖縄本島以南、宮古島、石垣島、西表島、与那国島。

クシヒゲチビシデムシ　櫛角矮埋葬虫〈Catopodes fuscifrons〉昆虫綱甲虫目チビシデムシ科の甲虫。体長4.5～5.5mm。分布：本州。

クシヒゲツツシンクイ〈Hylecoetus flavellicornis〉昆虫綱甲虫目ツツシンクイ科の甲虫。体長6～18mm。

クシヒゲツヤアリヅカムシ〈Poroderus medius〉昆虫綱甲虫目アリヅカムシ科の甲虫。体長2.0～2.3mm。

クシヒゲナガハナノミ　クシヒゲマルヒラタドロムシの別名。

クシヒゲニセクビボソムシ〈Aderus flabellicornis〉昆虫綱甲虫目ニセクビボソムシ科の甲虫。体長1.7～2.2mm。

クシヒゲハイイロヒメシャク〈Antilycauges pinguis〉昆虫綱鱗翅目シャクガ科の蛾。分布：台湾, 中国南部・東部, インドシナ, 石垣島, 四国。

クシヒゲハネカクシ〈Velleius pectinatus〉昆虫綱甲虫目ハネカクシ科の甲虫。体長13～20mm。

クシヒゲハバチ 櫛角葉蜂〈Cladius pectinicornis〉昆虫綱膜翅目ハバチ科。分布：日本各地。

クシヒゲヒメハマキ〈Epinotia pygmaeana〉昆虫綱鱗翅目ハマキガ科の蛾。分布：北海道, 対馬, ロシア, ヨーロッパ, イギリス。

クシヒゲビロウドムシ〈Pseudodendroides ocularis〉昆虫綱甲虫目アカハネムシ科の甲虫。体長12～15mm。

クシヒゲフトコメツキダマシ〈Otho nipponicus〉昆虫綱甲虫目コメツキダマシ科の甲虫。体長4.6～6.9mm。

クシヒゲベニボタル 櫛角紅蛍〈Macrolycus flabellatus〉昆虫綱甲虫目ベニボタル科の甲虫。体長10.0～16.5mm。分布：日本各地。

クシヒゲホソカッコウムシ〈Paracladiscus atricolor〉昆虫綱甲虫目カッコウムシ科の甲虫。体長5mm。

クシヒゲマガリガ〈Incurvaria takeuchii〉昆虫綱鱗翅目マガリガ科の蛾。開張15～17mm。分布：本州。

クシヒゲマダラメイガ〈Mussidia pectinicornella〉昆虫綱鱗翅目メイガ科の蛾。分布：関東, 中部, 北陸以西, 奄美大島, 沖縄本島, 石垣島, 西表島, インドから東南アジア一帯。

クシヒゲマルヒラタドロムシ〈Eubrianax granicornis〉昆虫綱甲虫目ヒラタドロムシ科の甲虫。体長3.8～5.6mm。分布：本州, 四国, 九州。

クシヒゲミゾコメツキダマシ 櫛鬚溝偽叩頭虫〈Dirhagus ramosus〉昆虫綱甲虫目コメツキダマシ科の甲虫。体長3.4～5.1mm。分布：北海道, 本州。

クシヒゲムシ 櫛角虫 昆虫綱甲虫目クシヒゲムシ科RhipiceridaeとホソクシヒゲムシCallirhipidaeに属する昆虫の総称。

クシヒゲムラサキハマキ〈Terricula violetana〉昆虫綱鱗翅目ハマキガ科の蛾。分布：本州（東北以南）, 四国, 九州, ロシア（沿海州）。

クシヒゲモンヤガ〈Lycophotia cissigma〉昆虫綱鱗翅目ヤガ科の蛾。分布：朝鮮半島, 沿海州, 本州中部, 長野, 群馬県, 浅間山麓, 山梨県八ヶ岳山麓。

クシモトシロアリ〈Glyptotermes kushimotensis〉昆虫綱等翅目レイビシロアリ科。体長は有翅虫4～6mm, 兵蟻4.8～5.3mm。分布：和歌山県串本町。

クシモモタマキノコムシ〈Triarthron maerkelii〉昆虫綱甲虫目タマキノコムシ科の甲虫。体長2.6～3.5mm。

クジャクアゲハ〈Papilio polyctor〉昆虫綱鱗翅目アゲハチョウ科の蝶。分布：中国西部, ヒマラヤからアフガニスタンまで。

クジャクシジミ〈Hypochlorosis lorquinii〉昆虫綱鱗翅目シジミチョウ科の蝶。分布：ニカラグアからコロンビア, ギアナ, ペルー, ブラジルまで。

クジャクチョウ 孔雀蝶〈Inachis io geisha〉昆虫綱鱗翅目タテハチョウ科ヒオドシチョウ亜科の蝶。目玉模様がある。開張5.5～6.0mm。ホップに害を及ぼす。分布：ヨーロッパ, アジア温帯域, 日本の山地。

クジャクナガハリバエ〈Pelatachina tibialis〉昆虫綱双翅目アシナガヤドリバエ科。

クジャクニシキシジミ〈Hypochrysops pythias〉昆虫綱鱗翅目シジミチョウ科の蝶。分布：ニューギニア, オーストラリア北東部。

クジャクハゴロモ〈Phenax variegata〉昆虫綱半翅目ビワハゴロモ科。分布：南アメリカ。

クジュウフユシャク〈Inurois kyushuensis〉昆虫綱鱗翅目シャクガ科の蛾。

グジョウホラヒメグモ〈Nesticus gujoensis〉蛛形綱クモ目ホラヒメグモ科の蜘蛛。

クシロツマジロケンモン〈Acronicta pacifica〉昆虫綱鱗翅目ヤガ科の蛾。分布：沿海州, 日本。

クシロモクメヨトウ〈Xylomoia graminea〉昆虫綱鱗翅目ヤガ科カラスヨトウ亜科の蛾。分布：沿海州地方, 北海道, 秋田市。

クスアオシャク 樟青尺蛾〈Thalassodes quadraria〉昆虫綱鱗翅目シャクガ科アオシャク亜科の蛾。開張29～31mm。分布：本州（関東以西）, 四国, 九州, 対馬, 屋久島, 台湾, 中国。

クスアナアキゾウムシ〈Dyscerus orientalis〉昆虫綱甲虫目ゾウムシ科の甲虫。体長12～15mm。

クスイキボシハナノミ〈Hoshihananomia kusuii〉昆虫綱甲虫目ハナノミ科の甲虫。体長6.5～8.0mm。

クスオナガアブラムシ クスオナガヒゲナガアブラムシの別名。

クスオナガヒゲナガアブラムシ〈Sinomegoura citricola〉昆虫綱半翅目アブラムシ科。クチナシに害を及ぼす。分布：日本全国, 台湾, 中国, 東南アジア, オーストラリア。

クスオビホソガ〈Acrocercops ordinatella〉昆虫綱鱗翅目ホソガ科の蛾。開張6～8mm。分布：屋久島, 琉球, スリランカ, オーストラリア。

クスクダアザミウマ〈Liothrips floridensis〉昆虫綱総翅目クダアザミウマ科。クスノキ,タブノキに害を及ぼす。

クスグンバイ〈Stephanitis fasciicarina〉昆虫綱半翅目グンバイムシ科。

クスサン 樟蚕〈Dictyoploca japonica〉昆虫綱鱗翅目ヤママユガ科の蛾。別名クリケムシ,シラガタロウ。開張100~130mm。柿,梅,アンズ,桜類,林檎,栗,ハゼ,漆,イチョウ,楓(紅葉),柘榴,百日紅,桜類に害を及ぼす。分布：北海道,本州,四国,九州,対馬,屋久島,シベリア南東部。

クズシロハモグリガ〈Leucoptera puerariella〉昆虫綱鱗翅目ハモグリガ科の蛾。分布：本州,九州。

クズツヤホソガ〈Hyloconis puerariae〉昆虫綱鱗翅目ホソガ科の蛾。分布：北海道,本州。

クスドイゲズキンヨコバイ〈Idiocerus myroxyli〉昆虫綱半翅目ズキンヨコバイ科。

クストガリキジラミ〈Trioza camphorae〉昆虫綱半翅目トガリキジラミ科。クスノキ,タブノキに害を及ぼす。

クストガリキジラミトビコバチ〈Psyllaephagus iwayaensis〉昆虫綱膜翅目トビコバチ科。

クスノオオキクイムシ 樟大穿孔虫〈Xyleborus mutilatus〉昆虫綱甲虫目キクイムシ科の甲虫。体長3.4~4.3mm。分布：日本各地。

クスノキアゲハ〈Papilio troilus〉昆虫綱鱗翅目アゲハチョウ科の蝶。分布：カナダからテキサス州まで。

クスノキカラスアゲハ〈Achillides troilus〉昆虫綱鱗翅目アゲハチョウ科の蝶。

クスノキセセリ〈Seseria affinis〉昆虫綱鱗翅目セセリチョウ科の蝶。分布：スマトラ,マレーシア,ジャワ,ボルネオ。

クズノチビタマムシ 葛矮吉丁虫〈Trachys auricollis〉昆虫綱甲虫目タマムシ科の甲虫。体長3.2~3.9mm。分布：本州,四国,九州,屋久島。

クスノチビマダラメイガ〈Spatulipalpia flabellifera〉昆虫綱鱗翅目メイガ科の蛾。分布：本州(中国地方),九州,屋久島,スリランカ。

クスノハイイロリンゴカミキリ〈Oberea griseopennis〉昆虫綱甲虫目カミキリムシ科フトカミキリ亜科の甲虫。体長12.5~15.0mm。

クスベニカミキリ 樟紅天牛〈Pyrestes haematicus〉昆虫綱甲虫目カミキリムシ科カミキリ亜科の甲虫。体長15~18mm。分布：本州,四国,九州,佐渡,対馬,屋久島。

クスベニカミキリ族の一種〈Erythrus sp.〉昆虫綱甲虫目カミキリムシ科の甲虫。

クズホソガ〈Spulerina lespedezifoliella〉昆虫綱鱗翅目ホソガ科の蛾。分布：本州,九州。

クズマダラホソガ〈Liocrobyla lobata〉昆虫綱鱗翅目ホソガ科の蛾。分布：北海道,本州,九州。

クズマルカメムシ〈Coptosoma semiflavum〉昆虫綱半翅目マルカメムシ科。

クスミサラグモ〈Linyphia fusca〉蛛形綱クモ目サラグモ科の蜘蛛。体長雌4.5~5.5mm,雄3.5~4.0mm。分布：本州,四国,九州。

クスミダニグモ〈Gamasomorpha kusumii〉蛛形綱クモ目タマゴグモ科の蜘蛛。

クスミナミハグモ〈Cybaeus maculosus〉蛛形綱クモ目タナグモ科の蜘蛛。

クスミハエトリ〈Cosmophasis viridifasciata〉蛛形綱クモ目ハエトリグモ科の蜘蛛。

グソクムシ 具足虫〈Aega dofleini〉等脚目グソクムシ科の小型甲殻類。ふつうは海底にすんでいるが,一時的に魚類に外部寄生する。

クダアザミウマの一種〈Bagnalliela sp.〉昆虫綱総翅目クダアザミウマ科。

クダトビケラ属の一種〈Psychomyia sp.〉クダトビケラ科。

クダマキモドキ サトクダマキモドキの別名。

クチキウマ〈Anoplophilus acuticercus〉昆虫綱直翅目カマドウマ科。

クチキオオハナノミ〈Pelecotomoides tokejii〉昆虫綱甲虫目オオハナノミ科の甲虫。体長8~14mm。分布：北海道,本州,四国,九州。

クチキクシヒゲムシ〈Sandalus segnis〉昆虫綱甲虫目クシヒゲムシ科の甲虫。体長11~16mm。分布：北海道,本州,四国,九州。

クチキクダアザミウマ〈Hoplothrips flavipes〉昆虫綱総翅目クダアザミウマ科。体長2.4~3.0mm。分布：ほぼ日本全土。

クチキコオロギ 朽木蟋蟀〈Duolandrevus coulonianus〉昆虫綱直翅目コオロギ科。別名コバネオオズコオロギ。体長24~43mm。分布：本州(関東以西),四国,九州,対馬,奄美諸島,沖縄諸島,先島諸島。

クチキゴミムシ〈Morion japonicum〉昆虫綱甲虫目オサムシ科の甲虫。絶滅危惧II類(VU)。体長14~17mm。

クチキトビケラ〈Ganonema nigripenne〉昆虫綱毛翅目アシエダトビケラ科。

クチキバエ〈Clusiidae〉ハエ目クチキバエ科(Clusiidae)に属する属の総称。

クチキマグソコガネ〈Aphodius hibernalis〉昆虫綱甲虫目コガネムシ科の甲虫。体長7~8mm。

クチキムシ 朽木虫〈Allecula melanaria〉昆虫綱甲虫目ゴミムシダマシ科の甲虫。体長10~11mm。分布：北海道,本州,四国,九州。

クチナガグンバイ〈*Xenotingis hoytona*〉昆虫綱半翅目グンバイムシ科。

クチナガケブカキクイゾウムシ〈*Himatium morimotoi*〉昆虫綱甲虫目ゾウムシ科の甲虫。体長2.2～2.5mm。

クチナガコオロギ 口長蟋蟀〈*Velarifictorus aspersus*〉昆虫綱直翅目コオロギ科。

クチナガコオロギ ツヅレサセコオロギの別名。

クチナガチョッキリ〈*Involvulus plumbeus*〉昆虫綱甲虫目オトシブミ科の甲虫。体長4.0～4.8mm。

クチナガトゲバエ〈*Dilophus fulviventris*〉昆虫綱双翅目ケバエ科。

クチナガハモグリバエ〈*Tylomyza madizina*〉昆虫綱双翅目ハモグリバエ科。

クチナガハリバエ 吻長針蠅〈*Prosena siberita*〉昆虫綱双翅目ヤドリバエ科。体長8～12mm。分布：日本全土。

クチナガルリハリバエ 吻長瑠璃針蠅〈*Chrysosoma aurata*〉昆虫綱双翅目ヤドリバエ科。

クチナシホソガ〈*Parectopa geometropis*〉昆虫綱鱗翅目ホソガ科の蛾。開張6.0～7.5mm。クチナシに害を及ぼす。分布：本州南西部，四国，九州，琉球，台湾。

クチバシガガンボ 吻大蚊〈*Helius tenuirostris*〉昆虫綱双翅目ガガンボ科。分布：北海道，本州，九州。

クチバスズメ 朽葉天蛾〈*Marumba sperchius*〉昆虫綱鱗翅目スズメガ科ウンモンスズメ亜科の蛾。開張95～115mm。分布：インド北部，スマトラから台湾，中国，シベリア南東部，北海道，本州，四国，九州，対馬，種子島，屋久島，沖縄本島。

クチヒゲオオキバカミキリ〈*Callipogon senex*〉昆虫綱甲虫目カミキリムシ科の甲虫。分布：メキシコ，中央アメリカ。

クチビロハジラミ 口広羽虱〈*Anatoecus dentatus*〉昆虫綱食毛目チョウカクハジラミ科。体長雄1.35～1.5mm, 雌1.5～1.75mm。害虫。

クチブトイエバエ〈*Musca crassirostris*〉昆虫綱双翅目イエバエ科。体長5.0～6.0mm。害虫。

クチブトカメムシ 口太亀虫，口太椿象〈*Picromerus lewisi*〉昆虫綱半翅目カメムシ科。分布：日本各地。

クチブトカメムシ 口太亀虫，口太椿象 昆虫綱半翅目カメムシ科クチブトカメムシ亜科Asopinaeに属する昆虫の総称，またはそのなかの一種。

クチブトコブヒゲナガゾウムシ〈*Gibber brevirostris*〉昆虫綱甲虫目ヒゲナガゾウムシ科の甲虫。体長4.4～4.9mm。分布：北海道，本州，四国，九州。

クチブトコメツキ 吻太叩頭虫〈*Silesis musculus*〉昆虫綱甲虫目コメツキムシ科の甲虫。体長7～8mm。ジャガイモ，麦類に害を及ぼす。分布：日本各地。

クチブトチョッキリ〈*Lasiorhynchites brevirostris*〉昆虫綱甲虫目オトシブミ科の甲虫。体長4.1～4.5mm。

クチブトノミゾウムシ〈*Orchestoides decipiens*〉昆虫綱甲虫目ゾウムシ科の甲虫。体長2.1～2.6mm。

クチブトヒゲナガゾウムシ〈*Dissoleucas brevirostris*〉昆虫綱甲虫目ヒゲナガゾウムシ科。

クチブトヒゲボソゾウムシ〈*Phyllobius polydrusoides*〉昆虫綱甲虫目ゾウムシ科の甲虫。体長5.7～6.5mm。分布：本州，四国。

クチベニマイマイ 口紅蝸牛〈*Euhadra callizona amaliae*〉軟体動物門腹足綱オナジマイマイ科のカタツムリ。分布：近畿地方から中部地方東部。

クチボソコメツキ〈*Glyphonyx illepidus*〉昆虫綱甲虫目コメツキムシ科の甲虫。体長4.5～5.0mm。

クチボソマルオサムシ〈*Carabus asperatus*〉昆虫綱甲虫目オサムシ科の甲虫。分布：モロッコ。

クツコムシ 蛛形綱クツコムシ目Ricinuleiに属する節足動物の総称。

クツワムシ 轡虫〈*Mecopoda nipponensis*〉昆虫綱直翅目キリギリス科。別名ガチャガチャ。体長50～53mm。分布：本州(福島県以南)，四国，九州，対馬。

クテノスタ属の一種〈*Ctenosta* sp.〉昆虫綱甲虫目オサムシ科。分布：タンザニア。

クテノプティルム・バサバ〈*Ctenoptilum vasava*〉昆虫綱鱗翅目セセリチョウ科の蝶。分布：インド北部から中国まで。

クテノプティルム・ムルティグッタタ〈*Ctenoptilum multiguttata*〉昆虫綱鱗翅目セセリチョウ科の蝶。分布：ミャンマー，タイ。

グナトゥリケ・エキスクラマティオニス〈*Gnathotriche exclamationis*〉昆虫綱鱗翅目タテハチョウ科の蝶。分布：コロンビア，ベネズエラ。

グナトニクス・ピケイペンニス〈*Gnathonyx piceipennis*〉昆虫綱甲虫目カミキリムシ科の甲虫。分布：ニューギニア。

クニガミカバナミシャク〈*Eupithecia ryukyuensis*〉昆虫綱鱗翅目シャクガ科の蛾。分布：四国南部，九州，対馬，屋久島，沖縄本島。

クニガミキノカワガ〈*Gadirtha* sp.〉昆虫綱鱗翅目ヤガ科キノカワガ亜科の蛾。分布：沖縄本島与那。

クニガミキヨトウ〈*Aletia uruma*〉昆虫綱鱗翅目ヤガ科ヨトウガ亜科の蛾。分布：沖縄本島の北部

山地, 慶良間列島, 阿嘉島, 石垣島.

クヌギイガタマバチ〈*Trichagalma serratae*〉昆虫綱膜翅目タマバチ科. 体長3～4mm. 分布：本州, 四国, 九州.

クヌギカバホソガ オビキンモンホソガの別名.

クヌギカメムシ, 櫟亀虫, 櫟椿象〈*Urostylis westwoodi*〉昆虫綱半翅目クヌギカメムシ科. 体長12mm. 分布：本州, 九州.

クヌギカメムシ, 櫟亀虫, 櫟椿象〈chestnut-leaved oak bug〉昆虫綱半翅目異翅亜目クヌギカメムシ科Urostylidaeの総称, またはそのなかの一種.

クヌギカレハ, 櫟枯葉蛾〈*Dendrolimus undans*〉昆虫綱鱗翅目カレハガ科の蛾. 開張雄60～70mm, 雌85～110mm. 林檎, 栗に害を及ぼす. 分布：朝鮮半島, シベリア南東部, 中国, インド北部, 北海道, 本州, 四国, 対馬, 沖縄本島, 石垣島, 西表島.

クヌギキハムグリ キイロハモグリガの別名.

クヌギキハモグリガ〈*Tischeria quercifolia*〉昆虫綱鱗翅目ムモンハモグリガ科の蛾. 栗に害を及ぼす. 分布：北海道, 本州, 四国, 九州.

クヌギキンモンホソガ〈*Phyllonorycter nipponicella*〉昆虫綱鱗翅目ホソガ科の蛾. 分布：北海道, 本州, 四国, 九州, ロシア南東部.

クヌギケツボフシ〈*Neuroterus sp.*〉ナラ, 樫, ブナに害を及ぼす.

クヌギシギゾウムシ〈*Curculio robustus*〉昆虫綱甲虫目ゾウムシ科の甲虫. 体長9～10mm. 分布：本州, 九州.

クヌギシャチホコ カエデシャチホコの別名.

クヌギトゲアブラムシ, 櫟棘油虫〈*Cervaphis quercus*〉昆虫綱半翅目アブラムシ科.

クヌギトゲワセンチュウ〈*Ogma dryum*〉クリコネマ科. 体長0.3～0.5mm. 栗に害を及ぼす. 分布：北海道, 本州, 九州.

クヌギトビコバチ〈*Cynipencyrtus bicolor*〉昆虫綱膜翅目トビコバチ科.

クヌギハマキホソガ〈*Caloptilia sapporella*〉昆虫綱鱗翅目ホソガ科の蛾. 分布：北海道, 本州, 四国, 九州.

クヌギハモグリガ クヌギキハモグリガの別名.

クヌギホソガ〈*Caloptilia rhodinella*〉昆虫綱鱗翅目ホソガ科の蛾. 開張11～14mm.

クネイロプラティス・リギロイデス〈*Cneiroplatys ligyroides*〉昆虫綱甲虫目コガネムシ科の甲虫. 分布：合衆国南部, メキシコ.

グノディア・ポルトランディア〈*Gnodia portlandia*〉昆虫綱鱗翅目ジャノメチョウ科の蝶. 分布：北アメリカ.

クノドンテス・パリッダ〈*Cnodontes pallida*〉昆虫綱鱗翅目シジミチョウ科の蝶. 分布：トランスバール, ローデシア.

グノフォデス・ディベルサ〈*Gnophoes diversa*〉昆虫綱鱗翅目ジャノメチョウ科の蝶. 分布：ナイジェリアからウガンダ, および南へナタールまで.

グノフォデス・パルメノ〈*Gnophodes parmeno*〉昆虫綱鱗翅目ジャノメチョウ科の蝶. 分布：サハラ砂漠以南のアフリカ全土.

グノフォデス・レリス〈*Gnophoes chelys*〉昆虫綱鱗翅目ジャノメチョウ科の蝶. 分布：アフリカ西部からウガンダまで.

クノールコモリグモ〈*Pirata knorii*〉蛛形綱クモ目コモリグモ科の蜘蛛.

クーパーコムラサキ〈*Chitoria cooperi*〉昆虫綱鱗翅目タテハチョウ科の蝶.

クビアカア メイロカミキリ ヤエヤマモブトアメイロカミキリの別名.

クビアカアリノスハネカクシ〈*Bolitochara picta*〉昆虫綱甲虫目ハネカクシ科.

クビアカサシガメ, 頸赤刺亀〈*Reduvius humeralis*〉昆虫綱半翅目サシガメ科. 体長13～16mm. 分布：本州, 四国, 九州, 南西諸島.

クビアカジョウカイ〈*Athemellus oedemeroides*〉昆虫綱甲虫目ジョウカイボン科の甲虫. 体長10.8～11.2mm.

クビアカスカシバ〈*Synanthedon romanovi*〉昆虫綱鱗翅目スカシバガ科の蛾. 開張43mm. 分布：北海道, 本州, 四国, 九州.

クビアカツヤカミキリ〈*Aromia cyanicornis ruficollis*〉昆虫綱甲虫目カミキリムシ科の甲虫. 分布：朝鮮.

クビアカツヤゴモクムシ〈*Trichotichnus longitarsis*〉昆虫綱甲虫目オサムシ科の甲虫. 体長8～10mm. 分布：北海道, 本州, 四国, 九州.

クビアカツヤテントウ〈*Serangium ruficolle*〉昆虫綱甲虫目テントウムシ科の甲虫. 体長1.7～1.9mm.

クビアカドウガネハナカミキリ〈*Carilia atripennis*〉昆虫綱甲虫目カミキリムシ科ハナカミキリ亜科の甲虫. 体長7～10mm. 分布：日本(低山地).

クビアカトビハムシ〈*Luperomorpha collaric*〉昆虫綱甲虫目ハムシ科の甲虫. 体長2.5～3.2mm.

クビアカトラカミキリ〈*Xylotrechus rufilius*〉昆虫綱甲虫目カミキリムシ科カミキリ亜科の甲虫. 体長9～13mm. 分布：北海道, 本州, 四国, 九州, 佐渡, 対馬, 屋久島.

クビアカナガクチキムシ〈*Perakianus hisamatsui*〉昆虫綱甲虫目ナガクチキムシ科の甲虫。体長1.5～15.5mm。

クビアカハナカミキリ〈*Carilia aureopurpurea*〉昆虫綱甲虫目カミキリムシ科ハナカミキリ亜科の甲虫。体長8～10mm。分布：本州(中部, 東北の山地)。

クビアカハナカミキリ　クビアカドウガネハナカミキリの別名。

クビアカヒメテントウ〈*Pseudoscymnus sylvaticus*〉昆虫綱甲虫目テントウムシ科の甲虫。体長2.3～2.7mm。

クビアカヒラタゴミムシ〈*Agonum rubriola*〉昆虫綱甲虫目オサムシ科。体長7.5mm。分布：本州, 四国, 九州, 南西諸島。

クビアカモモブトホソカミキリ〈*Kurarua rhopalophoroides*〉昆虫綱甲虫目カミキリムシ科カミキリ亜科の甲虫。体長10～11mm。分布：本州, 九州, 対馬。

クビアカモリヒラタゴミムシ〈*Colpodes rubriolus*〉昆虫綱甲虫目オサムシ科の甲虫。体長7.5～9.0mm。

クビアカルリヒラタカミキリ　チャイロホソヒラタカミキリの別名。

クビカクシゴミムシダマシ〈*Dicraeosis bacillus*〉昆虫綱甲虫目ゴミムシダマシ科の甲虫。体長6mm。分布：本州, 四国, 九州。

クビカクシナガクチキムシ　首隠長朽木虫〈*Scotodes niponicus*〉昆虫綱甲虫目ナガクチキムシ科の甲虫。体長8～11mm。分布：北海道, 本州。

クビキリギス　頸螽蟖〈*Euconocephalus thunbergi*〉昆虫綱直翅目キリギリス科。体長57～65mm。稲, 麦類に害を及ぼす。分布：本州(関東以西), 四国, 九州, 対馬, 沖縄諸島。

クビキリギリス　クビキリギスの別名。

クビグロアカサシガメ　首黒赤刺亀〈*Haematoloecha delibuta*〉昆虫綱半翅目サシガメ科。分布：本州, 四国, 九州。

クビグロクチバ〈*Lygephila maxima*〉昆虫綱鱗翅目ヤガ科クチバ亜科の蛾。開張55～60mm。分布：沿海州, 朝鮮半島, 中国, 北海道から九州。

クビグロケンモン〈*Acronicta digna*〉昆虫綱鱗翅目ヤガ科ケンモンヤガ亜科の蛾。開張43mm。分布：沿海州, 朝鮮半島, 日本, 台湾。

クビジロカミキリ〈*Xylariopsis mimica*〉昆虫綱甲虫目カミキリムシ科フトカミキリ亜科の甲虫。体長11～14mm。分布：北海道, 本州, 九州, 屋久島。

クビジロツメヨトウ〈*Oncocnemis campicola*〉昆虫綱鱗翅目ヤガ科セダカモクメ亜科の蛾。分布：長野県上伊那郡長谷村戸台, 同県白馬村八方尾根, 石川県中宮温泉, 小豆島寒霞渓。

クビシロノメイガ〈*Piletocera aegimiusalis*〉昆虫綱鱗翅目メイガ科ノメイガ亜科の蛾。開張19mm。分布：関東以西, 四国, 九州, 対馬, 屋久島, 奄美大島, 徳之島, 沖縄本島, 台湾, 東南アジアからニューギニア。

クピタ・プルレア〈*Cupitha purreea*〉昆虫綱鱗翅目セセリチョウ科の蝶。分布：アッサム, インドから東南アジア一帯。

クピドプシス・イオバテス〈*Cupidopsis iobates*〉昆虫綱鱗翅目シジミチョウ科の蝶。分布：アフリカ南部, アフリカ東部からエチオピアまで。

クピドプシス・キッスス〈*Cupidopsis cissus*〉昆虫綱鱗翅目シジミチョウ科の蝶。分布：ローデシア, シエラレオネからケニア, アフリカ東部, アフリカ南部まで。

クビナガカマキリ〈*Gongylus gongylodes*〉ヨウカイカマキリ科。分布：インド, スリランカ, ジャワ。

クビナガカミキリの一種〈*Gnoma* sp.〉昆虫綱甲虫目カミキリムシ科の甲虫。分布：ニューギニア。

クビナガカメムシ　頸長椿象〈*gnat bug*〉昆虫綱半翅目クビナガカメムシ科Enicocephalidaeの昆虫の総称。

クビナガキバチ　首長樹蜂〈*wood wasps*〉昆虫綱膜翅目広腰亜目クビナガキバチ科の昆虫の総称。

クビナガキバチ　アカアシクビナガキバチの別名。

クビナガキベリアオゴミムシ〈*Chlaenius prostenus*〉昆虫綱甲虫目オサムシ科の甲虫。体長11～12.5mm。

クビナガケシカミキリ〈*Miaenia longicollis*〉昆虫綱甲虫目カミキリムシ科フトカミキリ亜科の甲虫。

クビナガゴミムシ　頸長芥虫〈*Ophionea indica*〉昆虫綱甲虫目オサムシ科の甲虫。体長6.5～7.5mm。分布：本州, 四国, 九州

クビナガゴモクムシ　首長塵芥虫〈*Oxycentrus argutoroides*〉昆虫綱甲虫目オサムシ科の甲虫。体長8mm。分布：本州, 四国, 九州。

クビナガハンミョウの一種〈*Collyris* sp.〉昆虫綱甲虫目ハンミョウ科。分布：マレーシア。

クビナガムシ　頸長虫〈*Cephaloon pallens*〉昆虫綱甲虫目クビナガムシ科の甲虫。体長10～13mm。分布：本州, 四国, 九州。

クビナガヨツボシゴミムシ〈*Tinoderus singularis*〉昆虫綱甲虫目オサムシ科の甲虫。体長10.7～11.0mm。

クビボソアカカミキリ　キヌツヤハナカミキリの別名。

クビホソコガシラミズムシ　首細小頭水虫
〈Haliplus japonicus〉昆虫綱甲虫目コガシラミズムシ科の甲虫。体長2.8〜3.4mm。分布：北海道，本州，九州。

クビボソゴミムシ　〈Galerita orientalis〉昆虫綱甲虫目オサムシ科の甲虫。体長22mm。分布：本州，四国，九州。

クビボソゴミムシ　オオクビボソゴミムシの別名。

クビボソゴミムシ属の一種　〈Galerita sp.〉昆虫綱甲虫目ゴミムシ科。分布：ザイール。

クビボソゴモクムシ　〈Hayekius constrictus〉昆虫綱甲虫目ゴミムシ科。

クビボソジョウカイ　〈Podabrus heydeni〉昆虫綱甲虫目ジョウカイボン科の甲虫。体長9.0〜12.2mm。

クビボソトビハムシ　〈Pseudoliprus hirtus〉昆虫綱甲虫目ハムシ科の甲虫。体長3〜4mm。分布：北海道，本州，四国，九州。

クビボソハナカミキリ　〈Nivellia sanguinosa〉昆虫綱甲虫目カミキリムシ科ハナカミキリ亜科の甲虫。体長10〜14mm。分布：北海道，本州（亜高山帯）。

クビボソハネカクシ　〈Rugilus rufescens〉昆虫綱甲虫目ハネカクシ科の甲虫。体長4.0〜4.3mm。分布：北海道，本州，四国，九州，対馬，屋久島。

クビボソヤマカミキリ　〈Hoplocerambyx severus〉昆虫綱甲虫目カミキリムシ科の甲虫。分布：ニューギニア。

クビレヒメマキムシ　〈Cartodere constricta〉昆虫綱甲虫目ヒメマキムシ科の甲虫。別名ムネクビレヒメマキムシ。体長1.2〜1.7mm。害虫。

クビワウスグロホソバ　首輪淡黒細翅〈Paraona staudingeri〉昆虫綱鱗翅目ヒトリガ科コケガ亜科の蛾。開張39〜50mm。分布：北海道，本州，四国，九州，対馬，朝鮮半島，台湾。

クビワオオツノハナムグリ　〈Mecynorrhina torquata〉昆虫綱甲虫目コガネムシ科の甲虫。分布：シエラレオネからザイール，中央アフリカ。

クビワシャチホコ　首輪天社蛾〈Shaka atrovittatus〉昆虫綱鱗翅目シャチホコガ科ウチキシャチホコ亜科の蛾。開張40〜50mm。分布：沿海州，中国，北海道から九州，屋久島。

クビワチョウ　〈Calinaga buddha〉昆虫綱鱗翅目タテハチョウ科の蝶。分布：ヒマラヤ，アッサム，インド北部，ミャンマー，中国（西・中部），台湾。

クファ・プロソペ　〈Cupha prosope〉昆虫綱鱗翅目タテハチョウ科の蝶。分布：オーストラリア。

クファ・マエオニデス　〈Cupha maeonides〉昆虫綱鱗翅目タテハチョウ科の蝶。分布：セレベス。

クファ・ランペティア　〈Cupha lampetia〉昆虫綱鱗翅目タテハチョウ科の蝶。分布：モルッカ諸島南部。

クボウラミスジシジミ　ウラミスジシジミの別名。

クボタヒメハナノミ　〈Mordellina kubotai〉昆虫綱甲虫目ハナノミ科。

クボタマルヒメドロムシ　〈Optioservus kubotai〉昆虫綱甲虫目ヒメドロムシ科の甲虫。体長2.2〜2.4mm。分布：北海道，本州。

クボタメクラチビゴミムシ　〈Stygiotrechus kubotai〉昆虫綱甲虫目オサムシ科の甲虫。体長3.0〜3.4mm。

クボミケシグモ　〈Meioneta concava〉蛛形綱クモ目サラグモ科の蜘蛛。

クマガイクロアオゴミムシ　〈Chlaenius gebleri〉昆虫綱甲虫目オサムシ科の甲虫。体長14〜14.5mm。

グマガトビケラ　〈Gumaga okinawaensis〉昆虫綱毛翅目ケトビケラ科。

グマガトビケラ属の一種　〈Gumaga sp.〉昆虫綱毛翅目ケトビケラ科。

クマケムシ　熊毛虫〈woolly bear〉昆虫綱鱗翅目ヒトリガ科の蛾の一部の幼虫の名称。

クマコオロギ　熊蟋蟀〈Gryllus minor〉昆虫綱直翅目コオロギ科。体長12〜19mm。分布：本州（東北南部以南），四国，九州。

クマスズムシ　熊鈴虫〈Sclero pterus coriaceus〉昆虫綱直翅目コオロギ科。体長8〜11mm。分布：本州（神奈川県，福井県以西），四国，九州，対馬，沖縄諸島。

クマゼミ　熊蟬〈Cryptotympana facialis〉昆虫綱半翅目セミ科。体長60〜66mm。ナシ類，枇杷，柑橘に害を及ぼす。分布：本州（東京都以西），四国，九州，対馬，種子島，屋久島，吐噶喇列島，奄美大島，沖縄本島，久米島，宮古島。

クマソオオヨトウ　〈Kumasia kumaso〉昆虫綱鱗翅目ヤガ科カラスヨトウ亜科の蛾。分布：本州，四国，九州，伊豆諸島，新島。

クマダハナグモ　〈Misumenops kumadai〉蛛形綱クモ目カニグモ科の蜘蛛。体長雌3.5〜4.5mm，雄2.5〜3.5mm。分布：本州（中・南部），九州，南西諸島。

クマタヒメコバネカミキリ　〈Epania kumatai〉昆虫綱甲虫目カミキリムシ科カミキリ亜科の甲虫。体長6〜8mm。

クマヌカカ　〈Culicoides dubius〉昆虫綱双翅目ヌカカ科。体長雌1.8mm，雄1.28mm。害虫。

クマノミ　ヒグマノミの別名。

クマバチ 熊蜂〈*Xylocopa appendiculata circumvolans*〉昆虫綱膜翅目ミツバチ科。体長22mm。分布:本州, 四国, 九州。害虫。

クマバチ 熊蜂〈*carpenter bee*〉昆虫綱膜翅目コシブトハナバチ科のクマバチ属Xylocopaの総称。

クマバチの一種〈*Xylocopa* sp.〉昆虫綱膜翅目ミツバチ科。

クマムシ 熊虫〈*water-bear*〉緩歩動物門の動物の総称。

クマモトナカジロシタバ〈*Aedia kumamotonis*〉昆虫綱鱗翅目ヤガ科クチバ亜科の蛾。分布:北海道, 本州北部, 九州北部。

クマモトナナフシ 熊本竹節虫〈*Phraortes kumamotoensis*〉昆虫綱竹節虫目ナナフシ科。分布:九州。

グミウスツマハマキ〈*Aphania lacteifacies*〉昆虫綱鱗翅目ノコメハマキガ科の蛾。開張13〜17mm。

グミウスツマヒメハマキ〈*Apotomis lacteifascies*〉昆虫綱鱗翅目ハマキガ科の蛾。分布:北海道から九州, 対馬。

グミオオウスツマハマキ〈*Aphania auricristana*〉昆虫綱鱗翅目ノコメハマキガ科の蛾。開張19〜21mm。

グミオオウスツマヒメハマキ〈*Hedya auricristana*〉昆虫綱鱗翅目ハマキガ科の蛾。分布:北海道, 本州, 四国, 九州, 対馬, 屋久島, 中国。

グミキジラミ 胡頹子木虱〈*Psylla elaeagni*〉昆虫綱半翅目キジラミ科。分布:日本各地。

グミシロカイガラトビコバチ〈*Adelencyrtus aulacaspidis*〉昆虫綱膜翅目トビコバチ科。

グミシロカイガラムシ〈*Aulacaspis difficilis*〉昆虫綱半翅目マルカイガラムシ科。体長2.0〜2.8mm。グミに害を及ぼす。分布:本州, 四国, 九州, 台湾。

グミシロテンヒメハマキ〈*Acroclita gumicola*〉昆虫綱鱗翅目ハマキガ科の蛾。分布:岩手県下, 神奈川県丹沢山塊, 東北, 中部山地。

グミスジハモグリバエ〈*Carinagromyza heringi*〉昆虫綱双翅目ハモグリバエ科。

グミチョッキリ〈*Involvulus placidus*〉昆虫綱甲虫目オトシブミ科の甲虫。体長4.0〜4.5mm。

グミツマジロハマキ〈*Aphania geminata*〉昆虫綱鱗翅目ノコメハマキガ科ノコメハマキガ亜科の蛾。開張14〜16mm。

グミツマジロヒメハマキ〈*Apotomis geminata*〉昆虫綱鱗翅目ハマキガ科の蛾。分布:北海道から九州, 対馬, 屋久島。

グミハイジロヒメハマキ〈*Acroclita elaeagnivora*〉昆虫綱鱗翅目ハマキガ科の蛾。分布:岩手県。

グミハモグリバエ〈*Japanagromyza elaeagni*〉昆虫綱双翅目ハモグリバエ科。

クメジマウズグモ〈*Uloborus grandiprojectus*〉蛛形綱クモ目ウズグモ科の蜘蛛。

クメジマツマキジョウカイ〈*Malthinus kumejimensis*〉昆虫綱甲虫目ジョウカイボン科の甲虫。体長3.7〜4.5mm。

クモ 蜘蛛〈*spider*〉節足動物門クモ形綱真正クモ目Araneaeに属する動物の総称で, この類を一般にクモ類とよんでいる。

クモオビナミシャク〈*Philereme umbraria*〉昆虫綱鱗翅目シャクガ科ナミシャク亜科の蛾。開張34mm。分布:本州, 四国, 九州, 屋久島。

クモガタキリガ〈*Lithophane lamda*〉昆虫綱鱗翅目ヤガ科セダカモクメ亜科の蛾。分布:ユーラシア, 沿海州, サハリン, 北海道東部, 根室, 釧路地方。

クモガタケシカミキリ〈*Exocentrus fasciolatus*〉昆虫綱甲虫目カミキリムシ科フトカミキリ亜科の甲虫。体長4〜6mm。分布:北海道, 本州, 四国, 九州。

クモガタシロチョウ〈*Appias indra*〉昆虫綱鱗翅目シロチョウ科の蝶。分布:シッキムからミャンマー, インド南部およびセイロン, インドシナ半島から台湾, マレーシアまで。

クモガタナガタマムシ〈*Agrilus mallotiellus*〉昆虫綱甲虫目タマムシ科の甲虫。体長3.8〜5.0mm。

クモガタハエトリ〈*Ballus japonicus*〉蛛形綱クモ目ハエトリグモ科の蜘蛛。

クモガタヒョウモン 雲形豹紋蝶〈*Nephargynnis anadyomene*〉昆虫綱鱗翅目タテハチョウ科ヒョウモンチョウ亜科の蝶。前翅長35〜40mm。分布:北海道, 本州, 四国, 九州。

クモスケヤリバエ〈*Lonchoptera stackerbergi*〉昆虫綱双翅目ヤリバエ科。

クモソウメクラチビゴミムシ〈*Trechiama yoshidai*〉昆虫綱甲虫目オサムシ科の甲虫。体長5.2〜6.1mm。

クモノスモンサビカミキリ〈*Graphidessa venata*〉昆虫綱甲虫目カミキリムシ科フトカミキリ亜科の甲虫。体長7〜8mm。分布:北海道, 本州, 四国, 九州。

クモバエ 蜘蛛蠅〈*Nycteribiidae*〉昆虫綱双翅目環縫亜目クモバエ科Nycteribiidaeの昆虫の総称。珍虫。

クモバエの一種〈*Cyclopodia* sp.〉昆虫綱双翅目クモバエ科。分布:パラワン島(フィリピン)。

クモヘリカメムシ〈*Leptocorisa chinensis*〉昆虫綱半翅目ホソヘリカメムシ科。体長15〜17mm。イネ科牧草, マメ科牧草, 飼料用トウモロコシ, ソ

クモマウス

ルガム，イネ科作物，稲に害を及ぼす。分布：本州，四国，九州，南西諸島。

クモマウスグロヤガ〈*Euxoa islandica*〉昆虫綱鱗翅目ヤガ科の蛾。分布：本州の高山帯，アイスランド，北海道。

クモマエゾトンボ 雲間蝦夷蜻蛉〈*Somatochlora alpestris*〉昆虫綱蜻蛉目エゾトンボ科の蜻蛉。分布：朝鮮半島の高山，トランスバイカリア，ヨーロッパ(北部及びアルプス)。

クモマショウジョウバエ〈*Drosophila testacea*〉昆虫綱双翅目ショウジョウバエ科。

クモマツマキチョウ 雲間褄黄蝶〈*Anthocharis cardamines*〉昆虫綱鱗翅目シロチョウ科の蝶。準絶滅危惧種(NT)。翅裏面の黒い複雑な模様が透けて見える。開張4～5mm。分布：ヨーロッパ，アジア温帯域，および日本の山岳域。

クモマトラフバエ〈*Xanthotryxus mongol*〉昆虫綱双翅目クロバエ科。体長11～13mm。分布：本州。

クモマハナカミキリ〈*Brachyta borealis*〉昆虫綱甲虫目カミキリムシ科ハナカミキリ亜科の甲虫。体長7～11mm。分布：北海道，本州(中部以北)。

クモマベニヒカゲ 雲間紅日陰蝶〈*Erebia ligea*〉昆虫綱鱗翅目ジャノメチョウ科の蝶。準絶滅危惧種(NT)。前翅長24～26mm。分布：北海道，本州(中部)。

クモマモンキチョウ〈*Colias nastes*〉昆虫綱鱗翅目シロチョウ科の蝶。別名ホッキョクモンキチョウ。分布：ヨーロッパ極北部，アラスカ，カナダ北部，スカンジナビア半島北部，ラップランドなど。

クモマルトビムシの一種〈*Ptenothrix atra*〉無翅昆虫亜綱粘管目クモマルトビムシ科。

クモリトゲアシベッコウ〈*Priocnemis japonica*〉昆虫綱膜翅目ベッコウバチ科。

クモンクサカゲロウ〈*Chrysopa formosa*〉昆虫綱脈翅目クサカゲロウ科。開張25mm。分布：日本全土。

クヤアミカ〈*Philorus kuyaensis*〉昆虫綱双翅目アミカ科。

クヤニヤシジミ〈*Sinthusa chandrana*〉昆虫綱鱗翅目シジミチョウ科の蝶。分布：インド，インドシナ半島。

グライス・スティグマティクス〈*Grais stigmaticus*〉昆虫綱鱗翅目セセリチョウ科の蝶。分布：メキシコからブラジル南部，ジャマイカまで。

グラウコプシケ・アンティアキス〈*Glaucopsyche antiacis*〉昆虫綱鱗翅目シジミチョウ科の蝶。分布：カリフォルニア州，ネバダ州，アリゾナ州。

グラウコプシケ・キセルケス〈*Glaucopsyche xerces*〉昆虫綱鱗翅目シジミチョウ科の蝶。分布：カリフォルニア州。

グラウコプシケ・メラノプス〈*Glaucopsyche melanops*〉昆虫綱鱗翅目シジミチョウ科の蝶。分布：アフリカ北部，ヨーロッパ西南部。

グラウコプシケ・リグダムス〈*Glaucopsyche lygdamus*〉昆虫綱鱗翅目シジミチョウ科の蝶。分布：ニューファンドランドからジョージア州まで。

クラウディアアグリアス クラウディアミイロタテハの別名。

クラウディアミイロタテハ〈*Agrias claudia*〉昆虫綱鱗翅目タテハチョウ科の蝶。前翅に半月状の深紅色の斑紋がある。開張7～9mm。分布：南アメリカの熱帯域。珍蝶。

クラウディーナミイロタテハ〈*Agrias claudina*〉昆虫綱鱗翅目タテハチョウ科の蝶。開張80mm。分布：アマゾン川流域，ペルー。珍蝶。

クラエニウス・クマティリス〈*Chlaenius cumatilis*〉昆虫綱甲虫目ゴミムシ科。分布：アメリカ合衆国南西部(カリフォルニア，アリゾナ)。

クラエニウス・ピマリクス〈*Chlaenius pimalicus*〉昆虫綱甲虫目ゴミムシ科。分布：アメリカ合衆国南西部(アリゾナ)。

クラエニウス・プルプレウス〈*Chlaenius purpureus*〉昆虫綱甲虫目ゴミムシ科。分布：合衆国南部，メキシコ，ニカラグア。

クラエニウス・ルフィカウダ〈*Chlaenius ruficauda*〉昆虫綱甲虫目ゴミムシ科。分布：アメリカ合衆国南西部(カリフォルニア，アリゾナ)，メキシコ。

クラエニウス・レウコスケリス〈*Chlaenius leuscoscelis*〉昆虫綱甲虫目ゴミムシ科。分布：アメリカ合衆国(カリフォルニア，アリゾナ，ルイジアナ，インディアナ)，メキシコ，グアテマラ。

クラークコモリグモ〈*Pirata clercki*〉蛛形綱クモ目コモリグモ科の蜘蛛。体長7～8mm，雄6～7mm。分布：本州，四国，九州。

クラークドクグモ クラークコモリグモの別名。

クラサワメクラチビゴミムシ〈*Kurasawatrechus eriophorus*〉昆虫綱甲虫目オサムシ科の甲虫。体長2.7～3.1mm。

グラジオラスアザミウマ〈*Thrips simplex*〉昆虫綱総翅目アザミウマ科。体長雌1.6mm，雄1.3mm。グラジオラスに害を及ぼす。分布：本州，四国，九州，温帯アジアを除く世界各地。

クラストペドフォルス属の一種〈*Craspedophorus sp.*〉昆虫綱甲虫目ゴミムシ科。分布：タンザニア。

クラズミウマ 倉住馬〈*Tachycines asynamorus*〉昆虫綱直翅目カマドウマ科。体長15〜22mm。分布：本州,四国,九州。害虫。

グラディアトールメンガタクワガタ〈*Homoderus gladiator*〉昆虫綱甲虫目クワガタムシ科。分布：アフリカ中央部・東部。

グラナデェンシスモルフォ〈*Morpho granadensis*〉昆虫綱鱗翅目モルフォチョウ科の蝶。開張110mm。分布：中米から南米北部。珍蝶。

グラナリアコクゾウムシ〈*Sitophilus granarius*〉昆虫綱甲虫目オサゾウムシ科。別名グラナリアコクゾウ。害虫。

クラニウス・セリケウス〈*Chlaenius sericeus*〉昆虫綱甲虫目ゴミムシ科。分布：カナダ,アメリカ合衆国(アリゾナ,ユタ,インディアナなど)。

クラネオプシラ・ミネルバ〈*Craneopsylla minerva*〉ステファノキルクス科。分布：ペルー,ブラジル,パラグアイ,アルゼンチン。

グラフィウム・アウリゲル〈*Graphium auriger*〉昆虫綱鱗翅目アゲハチョウ科の蝶。分布：アフリカ西部,ガボン。

グラフィウム・アガメデス〈*Graphium agamedes*〉昆虫綱鱗翅目アゲハチョウ科の蝶。分布：ガーナ,コンゴ北部。

グラフィウム・アリステウス〈*Graphium aristeus*〉昆虫綱鱗翅目アゲハチョウ科の蝶。分布：インド北部からミャンマーをへてオーストラリア北部まで,南へタイをへてマレーシアまで。

グラフィウム・アルマンソル〈*Graphium almansor*〉昆虫綱鱗翅目アゲハチョウ科の蝶。分布：アフリカ西部,コンゴ,ウガンダ,エチオピア,ケニア西部。

グラフィウム・エベモン〈*Graphium evemon*〉昆虫綱鱗翅目アゲハチョウ科の蝶。分布：アッサムからマレーシア,ジャワまで。

グラフィウム・エンドクス〈*Graphium endochus*〉昆虫綱鱗翅目アゲハチョウ科の蝶。分布：マダガスカル。

グラフィウム・カービイ〈*Graphium kirbyi*〉昆虫綱鱗翅目アゲハチョウ科の蝶。分布：ケニア,タンザニア。

グラフィウム・キルヌス〈*Graphium cyrnus*〉昆虫綱鱗翅目アゲハチョウ科の蝶。分布：マダガスカル。

グラフィウム・クリメヌス〈*Graphium clymenus*〉昆虫綱鱗翅目アゲハチョウ科の蝶。分布：中国中部・西部。

グラフィウム・トゥレ〈*Graphium thule*〉昆虫綱鱗翅目アゲハチョウ科の蝶。分布：ニューギニア。

グラフィウム・ハケイ〈*Graphium hachei*〉昆虫綱鱗翅目アゲハチョウ科の蝶。分布：カメルーン,アンゴラ,コンゴ。

グラフィウム・バティクレス〈*Graphium bathycles*〉昆虫綱鱗翅目アゲハチョウ科の蝶。分布：ヒマラヤからマレーシアまで。

グラフィウム・ピラデス〈*Graphium pylades*〉昆虫綱鱗翅目アゲハチョウ科の蝶。分布：アフリカ全土(北部を除く)。

グラフィウム・フィロノエ〈*Graphium philonoe*〉昆虫綱鱗翅目アゲハチョウ科の蝶。分布：アフリカ東部。

グラフィウム・ラマケウス〈*Graphium ramaceus*〉昆虫綱鱗翅目アゲハチョウ科の蝶。分布：マレーシア。

グラフィウム・レバッソリ〈*Graphium levassori*〉昆虫綱鱗翅目アゲハチョウ科の蝶。分布：コモロ諸島。

グラプトテティックス・ピンゲンダ〈*Graptotettix pingenda*〉昆虫綱半翅目セミ科。分布：スマトラ山地。

クラマトガリバ〈*Sugitaniella kuramana*〉昆虫綱鱗翅目トガリバガ科の蛾。開張34〜38mm。分布：本州(東北地方南部より),四国,九州。

クラモトマシラグモ〈*Leptoneta kuramotoi*〉蛛形綱クモ目マシラグモ科の蜘蛛。

クラヤミジョウカイ〈*Athemus nigerrimus*〉昆虫綱甲虫目ジョウカイボン科の甲虫。体長15〜18mm。

クララドクチョウ〈*Heliconius clara*〉昆虫綱鱗翅目ドクチョウ科の蝶。分布：ギアナ,アマゾン流域。

クラルシジミ〈*Rapala varuna*〉昆虫綱鱗翅目シジミチョウ科の蝶。別名ホリシャシジミ,マルガタクラルシジミ。分布：インド,スリランカ,マレーシアからセレベスおよびオーストラリア,ジャワ,ボルネオ,パラワン諸島,台湾など。

クラルセナガアナバチ〈*Ampulex kurarensis*〉昆虫綱膜翅目ジガバチ科。分布：台湾。

グラントカブトムシ シロカブトムシの別名。

グラントシロカブト シロカブトムシの別名。

クリアナアキゾウムシ〈*Dyscerus exsculptus*〉昆虫綱甲虫目ゾウムシ科の甲虫。体長12.9〜16.0mm。

クリアリア・アマビリス〈*Chliaria amabilis*〉昆虫綱鱗翅目シジミチョウ科の蝶。分布：マレーシア,ボルネオ。

クリイガアブラムシ〈*Moritziella castaneivora*〉ネアブラムシ科。体長1mm。栗に害を及ぼす。分布：本州。

クリイカモ

クリイガモグリキバガ 昆虫綱鱗翅目キバガ科の蛾。栗に害を及ぼす。

クリイロアシブトコメツキ〈Anchastus aquilis〉昆虫綱甲虫目コメツキムシ科の甲虫。体長9mm。分布：本州，四国，九州，南西諸島。

クリイロアツバ〈Rivula sasaphila〉昆虫綱鱗翅目ヤガ科クチバ亜科の蛾。分布：関東以西，四国。

クリイロアリツカムシ〈Bryaxis princeps〉アリツカムシ科。分布：本州，四国，九州。

クリイロカッコウムシ〈Platytenerus castaneus〉昆虫綱甲虫目カッコウムシ科の甲虫。体長7.0～8.5mm。

クリイロクチキムシ〈Borboresthes acicularis〉昆虫綱甲虫目クチキムシ科の甲虫。体長8mm。

クリイロクチブトゾウムシ〈Cyrtepistomus castaneus〉昆虫綱甲虫目ゾウムシ科の甲虫。体長5.0～6.1mm。

クリイロケシデオキノコムシ〈Scaphisoma castaneipenne〉昆虫綱甲虫目デオキノコムシ科の甲虫。体長2.1～2.3mm。

クリイロコイタマダニ 栗色小板真壁蝨〈Rhipicephalus sanguineus〉節足動物門クモ形綱ダニ目マダニ科コイタマダニ属の吸血性のダニ。

クリイロコガネ〈Miridiba castanea〉昆虫綱甲虫目コガネムシ科の甲虫。体長18～22mm。分布：本州，四国，九州。

クリイロコミズギワゴミムシ〈Tachyura fumicata〉昆虫綱甲虫目オサムシ科の甲虫。体長2.0mm。

クリイロジョウカイ〈Stenothemus badius〉昆虫綱甲虫目ジョウカイボン科の甲虫。体長6.7～10.2mm。

クリイロシラホシカミキリ〈Nanohammus rufescens〉昆虫綱甲虫目カミキリムシ科フトカミキリ亜科の甲虫。体長7～10mm。分布：本州，四国，九州。

クリイロタマキノコシバンムシ〈Byrrhodes nipponicus〉昆虫綱甲虫目シバンムシ科の甲虫。体長2.0～2.6mm。

クリイロタマキノコムシ〈Anisotoma castanea〉昆虫綱甲虫目タマキノコムシ科の甲虫。体長2.5～3.5mm。

クリイロチビカッコウムシ〈Thaneroclerus aino〉昆虫綱甲虫目カッコウムシ科。

クリイロチビキカワムシ〈Lissodema dentatum〉昆虫綱甲虫目チビキカワムシ科の甲虫。体長3mm。分布：北海道，本州。

クリイロチビケブカカミキリ〈Terinaea atrofusca〉昆虫綱甲虫目カミキリムシ科フトカミキリ亜科の甲虫。体長5～7mm。分布：北海道，本州，四国，九州。

クリイロチャタテ〈Ectopsocopsis cryptomeriae〉昆虫綱噛虫目マドチャタテ科。

クリイロツヤハダコメツキ〈Harminatuhous nakanei〉昆虫綱甲虫目コメツキムシ科。

クリイロデオキスイ〈Carpophilus marginellus〉昆虫綱甲虫目ケシキスイ科の甲虫。体長2.4～3.9mm。

クリイロナガゴミムシ〈Pterostichus hoplites〉昆虫綱甲虫目オサムシ科の甲虫。体長8～10mm。分布：本州，九州。

クリイロナガマルキスイ〈Atomaria pilifera〉昆虫綱甲虫目キスイムシ科。

クリイロニセコメツキ クリイロアシブトコメツキの別名。

クリイロヒゲナガハナノミ〈Pseudoepilichas niponicus〉昆虫綱甲虫目ナガハナノミ科の甲虫。体長5.3～6.2mm。

クリイロヒゲハナノミ〈Higehananomia palpalis〉昆虫綱甲虫目ハナノミ科の甲虫。体長8～15mm。分布：本州。

クリイロヒメキノコムシ〈Sphindus castaneipennis〉昆虫綱甲虫目ヒメキノコムシ科の甲虫。体長1.7～2.2mm。

クリイロヒメハナノミ〈Ermischiella castanea〉昆虫綱甲虫目ハナノミ科の甲虫。体長3.8～4.6mm。

クリイロヒメハマキ〈Olethreutes castaneana〉昆虫綱鱗翅目ハマキガ科の蛾。分布：本州，九州，沖縄本島，朝鮮半島。

クリイロマルケシキスイ〈Pallodes umbratilis〉昆虫綱甲虫目ケシキスイ科の甲虫。体長2.7～4.0mm。

クリイロマルチビシバンムシ ヒトクチタケシバンムシの別名。

クリイロムクゲキスイ〈Biphyllus throscoides〉昆虫綱甲虫目ムクゲキスイムシ科の甲虫。体長2.1～2.2mm。

クリオオアブラムシ 栗大油虫〈Lachnus tropicalis〉昆虫綱半翅目アブラムシ科。体長4mm。栗，カシ類に害を及ぼす。分布：北海道，本州，四国，九州。

クリオオシンクイ クリミガの別名。

クリオビキヒメハマキ〈Olethreutes obovata〉昆虫綱鱗翅目ハマキガ科の蛾。分布：中国，ロシア（アムール），東北地方から関東。

クリオビクロコハマキ コクリオビクロヒメハマキの別名。

クリオビクロヒメハマキ〈*Rudisociaria velutina*〉昆虫綱鱗翅目ハマキガ科の蛾。開張15～17mm。分布：本州，四国，九州，朝鮮半島，中国(東北)，ロシア(ウスリー)。

クリゲヒメハナノミ〈*Falsomordellistena trichophora*〉昆虫綱甲虫目ハナノミ科。

クリケムシ クスサンの別名。

クリコゴニア・リシデ〈*Kricogonia lyside*〉昆虫綱鱗翅目シロチョウ科の蝶。分布：プエルトリコ，テキサス州，ベネズエラ，ハイチ。

クリコホラヒメグモ〈*Nesticus kuriko*〉蛛形綱クモ目ホラヒメグモ科の蜘蛛。

クリサキテントウ〈*Harmonia yedoensis*〉昆虫綱甲虫目テントウムシ科の甲虫。体長4.8～8.0mm。

クリサビカミキリ〈*Pterolophia castaneivora*〉昆虫綱甲虫目カミキリムシ科フトカミキリ亜科の甲虫。体長7～9mm。分布：本州。

クリシギゾウムシ 栗鴫象虫，栗鴫象鼻虫〈*Curculio sikkimensis*〉昆虫綱甲虫目ゾウムシ科の甲虫。別名クリムシ。体長6～10mm。栗に害を及ぼす。分布：日本各地。

クリシギゾウムシ コナラシギゾウムシの別名。

クリシスタムシ〈*Sternocera chrysis*〉昆虫綱甲虫目タマムシ科の甲虫。分布：インド。

クリシロカイガラムシ〈*Pseudaulacaspis kiushiuensis*〉昆虫綱半翅目マルカイガラムシ科。栗に害を及ぼす。

クリスチーキマダラヒカゲ〈*Neope christi*〉昆虫綱鱗翅目ジャノメチョウ科の蝶。分布：中国西部。

クリスチナモンキチョウ〈*Colias christina*〉昆虫綱鱗翅目シロチョウ科の蝶。分布：アメリカ合衆国。

クリストフオニケシキスイ〈*Librodor christophi*〉昆虫綱甲虫目ケシキスイ科の甲虫。体長3.5～5.9mm。

クリストフコトラカミキリ〈*Plagionotus christophi*〉昆虫綱甲虫目カミキリムシ科カミキリ亜科の甲虫。体長11～16mm。分布：本州，九州。

クリストフタカネヒカゲ〈*Oeneis pansa*〉昆虫綱鱗翅目ジャノメチョウ科の蝶。分布：ウラル，アルタイ，サヤン。

クリストフモンキチョウ〈*Colias christophi*〉昆虫綱鱗翅目シロチョウ科の蝶。分布：パミール。

クリソゼフィルス・ドゥマ〈*Chrysozephyrus duma*〉昆虫綱鱗翅目シジミチョウ科の蝶。分布：シッキム。

クリソテーメモンキチョウ〈*Colias chrysotheme*〉昆虫綱鱗翅目シロチョウ科の蝶。分布：ヨーロッパ東部からシベリアを経て中国東北部まで。

クリソニムスドクチョウ〈*Heliconius clysonymus*〉昆虫綱鱗翅目タテハチョウ科の蝶。開張80mm。分布：コスタリカ，コロンビア。珍蝶。

クリスプリクトゥルム・ペルニキオス〈*Chrysoplectrum perniciosus*〉昆虫綱鱗翅目セセリチョウ科の蝶。分布：コロンビア，ブラジル。

クリスプリクトゥルム・ペルビバクス〈*Chrysoplectrum pervivax*〉昆虫綱鱗翅目セセリチョウ科の蝶。分布：スリナム。

クリソリティス・クリサンタス〈*Chrysoritis chrysantas*〉昆虫綱鱗翅目シジミチョウ科の蝶。分布：アフリカ南部。

クリタマバチ 栗玉蜂〈*Dryocosmus kuriphilus*〉昆虫綱膜翅目タマバチ科。体長0.14mm。栗に害を及ぼす。

クリタマムシ 栗吉丁虫〈*Toxoscelus auriceps*〉昆虫綱甲虫目タマムシ科の甲虫。体長5mm。分布：北海道，本州，四国，九州，対馬。

クリチビカミキリ〈*Sybra kuri*〉昆虫綱甲虫目カミキリムシ科フトカミキリ亜科の甲虫。

クリチビツヤコガ〈*Heliozela castaneella*〉昆虫綱鱗翅目ツヤコガ科の蛾。分布：本州，九州。

クリチャササグモ〈*Oxyopes badius*〉蛛形綱クモ目ササグモ科の蜘蛛。体長雌8～9mm，雄6～7mm。分布：本州，九州。

クリト・クリト〈*Clito clito*〉昆虫綱鱗翅目セセリチョウ科の蝶。分布：ギアナ，ブラジル。

クリト・ビブルス〈*Clito bibulus*〉昆虫綱鱗翅目セセリチョウ科の蝶。分布：ブラジル。

クリノミキクイムシ〈*Poecilips cardamomi*〉昆虫綱甲虫目キクイムシ科の甲虫。体長2.4～2.8mm。栗に害を及ぼす。

クリハダニ〈*Eotetranychus pruni*〉蛛形綱ダニ目ハダニ科。体長雌0.4mm，雄0.3mm。栗に害を及ぼす。分布：北海道，本州，中央アジア，ヨーロッパ，アメリカ。

クリバネアザミウマ 栗翅薊馬〈*Hercinothrips femoralis*〉昆虫綱総翅目アザミウマ科。

クリバネチビシデムシ〈*Micronemadus pusillimus*〉昆虫綱甲虫目チビシデムシ科の甲虫。体長1.6～2.2mm。

クリバネツヤテントウダマシ〈*Lycoperdina castaneipennis*〉昆虫綱甲虫目テントウムシダマシ科の甲虫。体長4.8～6.0mm。

クリバネヒラタクワガタ〈*Leptinopterus tibialis*〉昆虫綱甲虫目クワガタムシ科の甲虫。分布：ブラジル，パラグアイ，アルゼンチン。

クリハバチ〈*Apethymus kuri*〉昆虫綱膜翅目ハバチ科。栗に害を及ぼす。

クリハモク

クリハモグリガ〈*Lyonetia castaneella*〉昆虫綱鱗翅目ハモグリガ科の蛾。分布：本州(大阪箕面)，九州(英彦山)。

クリヒゲマダラアブラムシ〈*Tuberculatus kuricola*〉昆虫綱半翅目アブラムシ科。体長2mm。栗に害を及ぼす。分布：北海道，本州，九州，朝鮮半島，台湾，中国。

クリフシダニ〈*Aceria japonica*〉蛛形綱ダニ目フシダニ科。体長0.2mm。栗に害を及ぼす。分布：本州，四国，韓国。

グリプタシダ・ソルディダ〈*Glyptasida sordida*〉昆虫綱甲虫目ゴミムシダマシ科。分布：アメリカ合衆国南部，メキシコ。

クリプトグロッサ・ベッルコサ〈*Cryptoglossa verrucosa carinulata*〉昆虫綱甲虫目ゴミムシダマシ科。分布：アメリカ合衆国南部。

クリプトグロッサ・ラエビス〈*Cryptoglossa laevis*〉昆虫綱甲虫目ゴミムシダマシ科。分布：アメリカ合衆国(カリフォルニア)。

クリベニトゲアシガ〈*Oedematopoda* sp.〉昆虫綱鱗翅目ニセマイコガ科の蛾。栗に害を及ぼす。

クリマダラアブラムシ〈*Nippocallis kuricola*〉昆虫綱半翅目アブラムシ科。

クリマルカイガラムシ〈*Quadraspidiotus cryptoxanthus*〉昆虫綱半翅目マルカイガラムシ科。栗に害を及ぼす。

クリミガ 栗実蛾〈*Cydia kurokoi*〉昆虫綱鱗翅目ハマキガ科ノコメハマキガ亜科の蛾。別名クリオオシンクイ。開張18～23mm。栗に害を及ぼす。分布：本州，四国，九州，対馬。

クリミドリシンクイガ〈*Eucoenogenes aestuosa*〉昆虫綱鱗翅目ハマキガ科の蛾。栗に害を及ぼす。分布：北海道，本州，屋久島，中国(南部山地)，インド(北部)。

クリムシ コナラシギゾウムシの別名。

クリメナウラモジタテハ〈*Diaethria clymena*〉昆虫綱鱗翅目タテハチョウ科の蝶。後翅の裏面に白色で「88」の模様がある。開張4.0～4.5mm。分布：南アメリカ全土。珍蝶。

クリモンハマキ〈*Olethreutes castaneanum*〉昆虫綱鱗翅目ノコメハマキガ科の蛾。開張15～17mm。

クリヤケシキスイ 厨出尾虫〈*Carpophilus hemipterus*〉昆虫綱甲虫目ケシキスイ科の甲虫。別名ムロムシ。体長2～4mm。貯穀・貯蔵植物性食品に害を及ぼす。分布：日本全国。

クリューバーモンシロチョウ〈*Artogeia kruperi*〉昆虫綱鱗翅目シロチョウ科の蝶。分布：ヨーロッパ南東部からギリシア，イラン，バルチスタン。

グリーンランドモンキチョウ ツンドラモンキチョウの別名。

クルギイルリマダラ〈*Euploea klugii*〉昆虫綱鱗翅目マダラチョウ科の蝶。

クルギウスルリワモン〈*Thaumantis klugius*〉昆虫綱鱗翅目ワモンチョウ科の蝶。開張90mm。分布：スンダランド。珍蝶。

クルークルリマダラ クルギイルリマダラの別名。

クルダリア・レロマ〈*Crudaria leroma*〉昆虫綱鱗翅目シジミチョウ科の蝶。分布：アフリカ南部からナタールおよびローデシアまで。

クルマアツバ 車厚翅〈*Paracolax derivalis*〉昆虫綱鱗翅目ヤガ科クルマアツバ亜科の蛾。開張23～28mm。分布：北海道，本州，四国，サハリン，朝鮮半島，中国，アムール，ウスリーから欧州。

クルマアツバ 車厚翅 昆虫綱鱗翅目ヤガ科のクルマアツバ亜科Miniinaeの総称，またはそのなかの一種。

クルマスズメ 車天蛾〈*Ampelophaga rubiginosa*〉昆虫綱鱗翅目スズメガ科ホウジャク亜科の蛾。開張80～90mm。葡萄，キウイに害を及ぼす。分布：インド北部，中国北部・東部・雲南省，台湾，北海道，本州，四国，九州，対馬，屋久島，朝鮮半島，シベリア南東部。

クルマバッタ 車蝗，車蝗虫〈*Gastrimargus marmoratus*〉昆虫綱直翅目バッタ科。体長38～57mm。イネ科作物に害を及ぼす。分布：北海道，本州，四国，九州，対馬，南西諸島。

クルマバッタモドキ〈*Oedaleus infernalis*〉昆虫綱直翅目バッタ科。体長31～45mm。分布：本州，四国，九州。

クルミオオフサキバガ〈*Gaesa sparsella*〉昆虫綱鱗翅目キバガ科の蛾。開張20～23mm。分布：本州。

クルミキンモンホソガ〈*Phyllonorycter juglandis*〉昆虫綱鱗翅目ホソガ科の蛾。分布：北海道，本州，九州。

クルミグンバイ〈*Uhlerites latius*〉昆虫綱半翅目グンバイムシ科。

クルミシジミ〈*Chaetoprocta odata*〉昆虫綱鱗翅目シジミチョウ科の蝶。分布：ヒマラヤ。

クルミシントメキバガ〈*Polyhymno trapezoidella*〉昆虫綱鱗翅目キバガ科の蛾。開張15～18mm。分布：北海道，本州，四国，九州，東シベリア。

クルミナガタマムシ〈*Agrilus kurumi*〉昆虫綱甲虫目タマムシ科の甲虫。体長3.7～4.8mm。

クルミニセスガ〈*Prays alpha*〉昆虫綱鱗翅目スガ科の蛾。分布：北海道。

クルミネグサレセンチュウ〈*Pratylenchus vulnus*〉プラティレンクス科。体長雌0.5～0.9mm，雄0.5

〜0.7mm。苺, アブラナ科野菜に害を及ぼす。分布：九州以北の日本各地, 世界の温帯地域。

クルミハムシ 胡桃金花虫〈Gastrolina depressa〉昆虫綱甲虫目ハムシ科の甲虫。体長8mm。分布：北海道, 本州, 四国, 九州。

クルミヒロズヨコバイ〈Oncopsis juglans〉昆虫綱半翅目ヒロズヨコバイ科。

クルミホソガ〈Acrocercops transecta〉昆虫綱鱗翅目ホソガ科の蛾。開張9〜11mm。分布：本州, 四国, 九州。

クルメナウラモジタテハ クリメナウラモジタテハの別名。

グルロキスイモドキ ズグロキスイモドキの別名。

クレオタスアゲハ〈Papilio cleotas〉昆虫綱鱗翅目アゲハチョウ科の蝶。分布：中央アメリカからベネズエラまで。

クレオドラシロチョウ〈Eronia cleodora〉昆虫綱鱗翅目シロチョウ科の蝶。分布：スーダン, 中央アフリカ, ケニア, タンザニアから南アフリカまで。

クレオプシラ・タウンセンディ〈Cleopsylla townsendi〉ステファノキルクス科。分布：ペルー。

クレタニア・プシロリタ〈Kretania psylorita〉昆虫綱鱗翅目シジミチョウ科の蝶。分布：地中海のクレタ島。

クレティス・インスラリス〈Curetis insularis〉昆虫綱鱗翅目シジミチョウ科の蝶。分布：マレーシアからフィリピンおよびセレベスまで。

クレティス・スペルティス〈Curetis sperthis〉昆虫綱鱗翅目シジミチョウ科の蝶。分布：マレーシア。

クレティス・テティス〈Curetis thetis〉昆虫綱鱗翅目シジミチョウ科の蝶。分布：インドからセレベスまで。

クレティス・フェルデリ〈Curetis felderi〉昆虫綱鱗翅目シジミチョウ科の蝶。分布：マレーシア, スマトラ。

クレティス・ブリス〈Curetis bulis〉昆虫綱鱗翅目シジミチョウ科の蝶。分布：インド, インドシナ半島, 日本。

グレトゥナ・キリンダ〈Gretna cylinda〉昆虫綱鱗翅目セセリチョウ科の蝶。分布：ガーナ, トーゴ, アンゴラ。

グレトゥナ・バレンゲ〈Gretna balenge〉昆虫綱鱗翅目セセリチョウ科の蝶。分布：シエラレオネ。

グレトゥナ・ワガ〈Gretna waga〉昆虫綱鱗翅目セセリチョウ科の蝶。分布：ガーナからナイジェリアまで。

クレトンツルギタテハ〈Marpesia crethon〉昆虫綱鱗翅目タテハチョウ科の蝶。分布：南アメリカ北部。

グレネア・ユノ〈Glenea juno〉昆虫綱甲虫目カミキリムシ科の甲虫。分布：マレーシア, スマトラ, ジャワ, ボルネオ。

クレピドプテルス・コルディペンニス〈Crepidopterus cordipennis〉昆虫綱甲虫目ヒョウタンゴミムシ科。分布：マダガスカル。

クレピドプテルス・スブレビペンニス〈Crepidopterus sublevipennis〉昆虫綱甲虫目ヒョウタンゴミムシ科。分布：マダガスカル。

クレピドプテルス・スブレブス〈Crepidopterus sublevis〉昆虫綱甲虫目ヒョウタンゴミムシ科。分布：マダガスカル。

クレピドプテルス・デコルセイ〈Crepidopterus decorsei〉昆虫綱甲虫目ヒョウタンゴミムシ科。分布：マダガスカル。

クレピドプテルス・ピピチ〈Crepidopterus pipitzi〉昆虫綱甲虫目ヒョウタンゴミムシ科。分布：マダガスカル。

クレピドプテルス・マハボエンシス〈Crepidopterus mahaboensis〉昆虫綱甲虫目ヒョウタンゴミムシ科。分布：マダガスカル。

クレフォンテスタスキアゲハ〈Papilio cresphontes〉昆虫綱鱗翅目アゲハチョウ科の蝶。黒と黄色の模様。開張10〜14mm。分布：中央アメリカから, メキシコ, 合衆国南部。

クレムナ・アクトリス〈Cremna actoris〉昆虫綱鱗翅目シジミタテハ科。分布：エクアドル, ボリビア, ベネズエラ, ギアナ, トリニダード。

クレメンスナガレトビケラ〈Rhyacophila clemens〉昆虫綱毛翅目ナガレトビケラ科。体長5〜6mm。分布：北海道, 本州, 四国, 九州。

クロアオカミキリモドキ〈Oedemerina concolor〉昆虫綱甲虫目カミキリモドキ科の甲虫。体長9.5〜10.5mm。分布：北海道, 本州。

クロアオケシジョウカイモドキ 黒青芥子擬菊虎〈Dasytes japonicus〉昆虫綱甲虫目ジョウカイモドキ科の甲虫。体長4.5〜4.9mm。分布：本州, 九州。

クロアカタテハ〈Vanessa dejeani mounseyi〉昆虫綱鱗翅目タテハチョウ科の蝶。分布：ジャワ, バリ, ロンボク, ミンダナオ。

クロアカハネムシ〈Pseudopyrochroa episcopalis〉昆虫綱甲虫目アカハネムシ科の甲虫。体長11〜14mm。分布：四国, 九州。

クロアゲハ 黒揚羽蝶〈Papilio protenor〉昆虫綱鱗翅目アゲハチョウ科の蝶。前翅長50〜73mm。柑橘に害を及ぼす。分布：北海道をのぞく日本全土。

クロアシアオジョウカイ アオジョウカイの別名。

クロアシエダトビケラ 黒脚枝飛螂〈Asotocerus nigripennis〉昆虫綱毛翅目アシエダトビケラ科。準絶滅危惧種(NT)。体長12〜13mm。分布：本州（近畿）、北九州。

クロアシクロノメイガ〈Sylepta tristrialis〉昆虫綱鱗翅目メイガ科ノメイガ亜科の蛾。開張23mm。

クロアシコメツキモドキ〈Languriomorpha nigritarsis〉昆虫綱甲虫目コメツキモドキ科の甲虫。体長8〜13mm。

クロアシツヤホソバエ〈Decachaetophora aeneipes〉昆虫綱双翅目ツヤホソバエ科。体長3.5〜4.5mm。分布：九州、南西諸島。害虫。

クロアシナガコガネ〈Hoplia moerens〉昆虫綱甲虫目コガネムシ科の甲虫。体長6.5〜9.0mm。分布：北海道、本州、四国、九州。

クロアシナガサシガメ〈Gardena muscicapa〉昆虫綱半翅目サシガメ科。

クロアシナガゾウムシ〈Mecysolobus takahashii〉昆虫綱甲虫目ゾウムシ科の甲虫。体長6.5〜7.3mm。

クロアシナミシャク〈Pareulype taczanowskiaria〉昆虫綱鱗翅目シャクガ科ナミシャク亜科の蛾。開張20〜27mm。分布：北海道、長野県、サハリン、朝鮮半島、中国東北、シベリア南東部、千島。

クロアシヒゲナガハナノミ〈Epilichas atricolor〉昆虫綱甲虫目ナガハナノミ科の甲虫。体長9〜10mm。

クロアシヒゲナガヒラタミツギリゾウムシ〈Cerobates nigripes〉昆虫綱甲虫目ミツギリゾウムシ科の甲虫。体長6〜8mm。

クロアシブトコメツキ〈Anchastus mus〉昆虫綱甲虫目コメツキムシ科の甲虫。体長7.0〜8.5mm。

クロアシボソケバエ〈Bibio holomaurus〉昆虫綱双翅目ケバエ科。

クロアシホソナガカメムシ〈Paromius exiguus〉昆虫綱半翅目ナガカメムシ科。体長7.5mm。稲に害を及ぼす。分布：本州、四国、九州、朝鮮半島、済州島、インド、スリランカ。

クロアシホソミツギリゾウムシ〈Jonthocerus nigripes〉昆虫綱甲虫目ミツギリゾウムシ科。

クロアシマダラブユ〈Simulium tuberosum〉昆虫綱双翅目ブユ科。

クロアシムクゲキスイ〈Biphyllus japonicus〉昆虫綱甲虫目ムクゲキスイムシ科の甲虫。体長2.0〜2.5mm。

クロアチアキンオサムシ〈Megodontus croaticus〉昆虫綱甲虫目オサムシ科。分布：アドリア海沿岸。

クロアナアキゾウムシ〈Hylobitelus gebleri〉昆虫綱甲虫目ゾウムシ科の甲虫。体長11〜14mm。

クロアナバチ 黒穴蜂〈Sphex argentatus fumosus〉昆虫綱膜翅目ジガバチ科。体長25〜30mm。分布：日本全土。

クロアミメボタル〈Xylobanus niger〉昆虫綱甲虫目ベニボタル科の甲虫。体長5.5〜9.0mm。

クロアメイロコメツキ〈Kometsukia vesticornis〉昆虫綱甲虫目コメツキムシ科の甲虫。体長12mm。分布：本州。

クロアラハダトビハムシ〈Aphthona nigrita〉昆虫綱甲虫目ハムシ科の甲虫。体長2.0〜3.0mm。

クロアリ 黒蟻 昆虫綱膜翅目アリ科の昆虫のうち、体が黒色ないし黒褐色の種類の俗称。

クロアリガタバチ 黒蟻形蜂〈Sclerodermus nipponicus〉昆虫綱膜翅目アリガタバチ科。分布：本州、九州。害虫。

クロアリヅカエンマムシ〈Hetaerius optatus〉昆虫綱甲虫目エンマムシ科の甲虫。体長2.2〜2.5mm。

クロアンテタテハモドキ〈Catacroptera cloanthe〉昆虫綱鱗翅目タテハチョウ科の蝶。前後翅はともに赤褐色で、黒色の縁どりをもつ青色斑が並ぶ。開張5.5〜7.0mm。分布：アフリカの草原や湿地帯。

クロイエバエ〈Musca bezzii〉昆虫綱双翅目イエバエ科。体長8〜9mm。分布：北海道、本州、九州。害虫。

クロイエバエ ヤエヤマイエバエの別名。

クロイクビゴモクムシ〈Iridessu orientalis〉昆虫綱甲虫目ゴミムシ科。

クロイタナ・クロイテス〈Croitana croites〉昆虫綱鱗翅目セセリチョウ科の蝶。分布：オーストラリア。

クロイトトンボ 黒糸蜻蛉〈Cercion calamorum〉昆虫綱蜻蛉目イトトンボ科の蜻蛉。体長33mm。分布：北海道から九州まで。

クロイネゾウムシ クロイネゾウモドキの別名。

クロイネゾウモドキ〈Notaris oryzae〉昆虫綱甲虫目ゾウムシ科の甲虫。体長5.3〜6.0mm。

クロイロシマハバチ〈Pachyprotasis rapae melas〉昆虫綱膜翅目ハバチ科。

クロイワカワトンボ〈Psolodesmus mandarinus kuroiwae〉昆虫綱蜻蛉目カワトンボ科の蜻蛉。体長52mm。分布：石垣島、西表島。

クロイワコマツモムシ〈Anisops kuroiwae〉昆虫綱半翅目マツモムシ科。体長6〜7mm。分布：本州、四国、九州。

クロイワサキコノハ〈*Doleschallia dascylus*〉昆虫綱鱗翅目タテハチョウ科の蝶。分布：ニューギニア。

クロイワゼミ　黒岩蟬〈*Baeturia kuroiwae*〉昆虫綱半翅目セミ科。絶滅危惧II類(VU)。分布：沖縄本島。

クロイワツクツク〈*Meimuna kuroiwae*〉昆虫綱半翅目セミ科。体長23〜37mm。分布：九州(佐多岬)、種子島、屋久島、吐噶喇列島、奄美諸島、沖縄本島。

クロイワニイニイ〈*Platypleura kuroiwae*〉昆虫綱半翅目セミ科。体長29〜34mm。サトウキビに害を及ぼす。分布：奄美大島、喜界島、徳之島、沖永良部島、与論島、沖縄本島、久米島。

クロイワボタル〈*Luciola kuroiwae*〉昆虫綱甲虫目ホタル科の甲虫。体長4.3〜5.5mm。

クロイワマシラグモ〈*Leptoneta yamauchii*〉蛛形綱クモ目マシラグモ科の蜘蛛。

クロイワマダラ〈*Euploea swainson*〉昆虫綱鱗翅目マダラチョウ科の蝶。分布：フィリピン、スラウェシ北部。

クロイワメクラチビゴミムシ〈*Yamautidius pubicollis*〉昆虫綱甲虫目オサムシ科の甲虫。体長3.2〜3.4mm。

クロウサギチマダニ〈*Haemaphysalis pentalagi*〉蛛形綱ダニ目マダニ科。体長1.6mm。害虫。

クロウスタビガ〈*Rhodinia jankowskii*〉昆虫綱鱗翅目ヤママユガ科の蛾。開張80〜90mm。分布：シベリア南東部から朝鮮半島、本州、北海道、四国中央山地。

クロウスバハムシ〈*Luperus moorii*〉昆虫綱甲虫目ハムシ科の甲虫。体長3.7〜4.2mm。

クロウスムラサキノメイガ〈*Agrotera posticalis*〉昆虫綱鱗翅目メイガ科の蛾。分布：本州(宮城県以南)、四国、九州、対馬、屋久島。

クロウラナミシジミ〈*Nacaduba pactolus*〉昆虫綱鱗翅目シジミチョウ科の蝶。分布：セイロンから台湾およびソロモン諸島まで、インドからマレーシアまで、スマトラ、ジャワ、セレベス、フィリピン、ニューギニアなど。

クロウラナミジャノメ〈*Ypthima pandocus*〉昆虫綱鱗翅目ジャノメチョウ科の蝶。

クロウリハムシ〈*Aulacophora nigripennis*〉昆虫綱甲虫目ハムシ科の甲虫。体長6〜7mm。キキョウ、カーネーション、フジ、大豆、ウリ科野菜に害を及ぼす。分布：本州、四国、九州、南西諸島。

クロウンモハマキ　クロウンモヒメハマキの別名。

クロウンモヒメハマキ〈*Epiblema inconspicua*〉昆虫綱鱗翅目ハマキガ科の蛾。開張18〜23mm。分布：本州、四国、九州、対馬、ロシア(極東地方)、北海道。

クロエグリシャチホコ〈*Ptilodon okanoi*〉昆虫綱鱗翅目シャチホコガ科ウチキシャチホコ亜科の蛾。開張36〜45mm。分布：北海道から九州。

クロエグリタマムシ〈*Endelus bicarinatus*〉昆虫綱甲虫目タマムシ科の甲虫。体長3.5mm。

クロエリア・プシッタキナ〈*Chloeria psittacina*〉昆虫綱鱗翅目セセリチョウ科の蝶。分布：コロンビアからペルー南部まで。

クロエリクチバ〈*Pantydia metaspila*〉昆虫綱鱗翅目ヤガ科クチバ亜科の蛾。分布：スリランカからインド―オーストラリア地域、南太平洋諸島、沖縄本島、宮古島、西表島。

クロエリメンコガ〈*Opogona nipponica*〉昆虫綱鱗翅目ヒロズコガ科の蛾。開張11〜12mm。分布：北海道、本州、四国、九州。

クロエリモトキモグリガ　クロエリメンコガの別名。

クロエンマムシ〈*Hister concolor*〉昆虫綱甲虫目エンマムシ科の甲虫。体長6.8〜9.0mm。

クロオオアリ　黒大蟻〈*Camponotus japonicus*〉昆虫綱膜翅目アリ科。体長7〜13mm。分布：日本全土。害虫。

クロオオイエバエ〈*Muscina japonica*〉昆虫綱双翅目イエバエ科。体長7.0〜10.0mm。害虫。

クロオオイトカメムシ　大糸亀虫〈*Metatropis rufescens*〉昆虫綱半翅目イトカメムシ科。分布：北海道、本州、九州。

クロオオキバハネカクシ　黒大牙隠翅虫〈*Oxyporus niger*〉昆虫綱甲虫目ハネカクシ科の甲虫。体長10〜11mm。分布：北海道、本州、四国、九州。

クロオオサムライコマユバチ〈*Microgaster globatus*〉昆虫綱膜翅目コマユバチ科。

クロオオトガリアナバチ〈*Larra carbonaria erebus*〉昆虫綱膜翅目ジガバチ科。

クロオオナガゴミムシ〈*Pterostichus leptis*〉昆虫綱甲虫目オサムシ科の甲虫。体長20mm。分布：北海道、本州。

クロオオハナカミキリ〈*Megaleptura theracica*〉昆虫綱甲虫目カミキリムシ科ハナカミキリ亜科の甲虫。体長18〜30mm。分布：北海道、本州、四国。

クロオオハナノミ　黒大花蚤〈*Metoecus satanus*〉昆虫綱甲虫目オオハナノミ科の甲虫。体長8.5〜13.0mm。分布：北海道、本州。

クロオオムラサキ〈*Sasakia funebris*〉昆虫綱鱗翅目タテハチョウ科の蝶。別名イナズマオオムラサキ。分布：中国四川省、インド北部カシ丘陵(Khasi Hills)。

クロオオモンエダシャク〈*Boarmia fumosaria*〉昆虫綱鱗翅目シャクガ科エダシャク亜科の蛾。開張27～36mm。分布：北海道，本州，四国，九州，朝鮮半島，中国，台湾。

クロオガサワラクチカクシゾウムシ〈*Buninus niger*〉昆虫綱甲虫目ゾウムシ科の甲虫。

クロオサムシ キタクロオサムシの別名。

クロオナガヒメハナノミ〈*Mordellochroa hasegawai*〉昆虫綱甲虫目ハナノミ科。

クロオナシカワゲラ〈*Indonemoura nohirae*〉昆虫綱積翅目オナシカワゲラ科。

クロオビアシナガゾウムシ〈*Mecysolobus nigrofasciatus*〉昆虫綱甲虫目ゾウムシ科の甲虫。体長5.3～6.0mm。

クロオビアツバ〈*Anatatha wilemani*〉昆虫綱鱗翅目ヤガ科クチバ亜科の蛾。開張40～47mm。分布：本州近畿地方以西，四国，九州，対馬，屋久島。

クロオビオオゴマダラ〈*Idea d'urvillei*〉昆虫綱鱗翅目マダラチョウ科の蝶。分布：ニューギニア。

クロオビカサハラハムシ〈*Hyperaxis fasciata*〉昆虫綱甲虫目ハムシ科の甲虫。体長4mm。分布：本州，四国，九州。

クロオビキノコゴミムシダマシ〈*Platydema pallidicolle*〉昆虫綱甲虫目ゴミムシダマシ科の甲虫。体長4.0mm。

クロオビキヒメシャク〈*Idaea terpnaria*〉昆虫綱鱗翅目シャクガ科ヒメシャク亜科の蛾。開張13～15mm。分布：北海道，本州，四国，九州，シベリア南東部。

クロオビクビナガゴミムシ フタモンクビナガゴミムシの別名。

クロオビクロノメイガ〈*Herpetogramma licarsisalis*〉昆虫綱鱗翅目メイガ科の蛾。分布：関東地方より西の本州，四国，九州，対馬，屋久島，奄美大島，徳之島，沖縄本島，石垣島，西表島，台湾，中国からインド，オーストラリア，太平洋の島々。

クロオビケシマキムシ〈*Corticaria ornata*〉昆虫綱甲虫目ヒメマキムシ科の甲虫。体長2.5～3.0mm。

クロオビコミズギワゴミムシ〈*Paratachys fasciatus*〉昆虫綱甲虫目オサムシ科の甲虫。体長2.6mm。

クロオビシモフリエダシャク〈*Biston fragilis*〉昆虫綱鱗翅目シャクガ科の蛾。

クロオビシロクチカクシゾウムシ〈*Euthyrhinus yaeyamanus*〉昆虫綱甲虫目ゾウムシ科の甲虫。

クロオビシロタマゾウムシ〈*Cionus latefasciatus*〉昆虫綱甲虫目ゾウムシ科の甲虫。体長4.0～4.2mm。

クロオビシロナミシャク 黒帯白波尺蛾〈*Trichopteryx ustata*〉昆虫綱鱗翅目シャクガ科ナミシャク亜科の蛾。開張24～28mm。分布：北海道，本州，四国，九州，シベリア南東部。

クロオビシロヒメキバガ〈*Xenolechia necromantis*〉昆虫綱鱗翅目キバガ科の蛾。

クロオビシロフタオ〈*Epiplema plagifera*〉昆虫綱鱗翅目フタオガ科の蛾。開張14～18mm。分布：北海道，本州，四国，九州，屋久島，中国東部。

クロオビセマルヒラタムシ〈*Psammoecus fasciatus*〉昆虫綱甲虫目ホソヒラタムシ科の甲虫。体長2.4～3.6mm。

クロオビツツハムシ〈*Physosmaragdina nigrifrons*〉昆虫綱甲虫目ハムシ科の甲虫。体長5mm。分布：本州，四国，九州，石垣島。

クロオビトゲムネカミキリ〈*Miaenia fasciatus*〉昆虫綱甲虫目カミキリムシ科フトカミキリ亜科の甲虫。体長7.5mm。分布：本州，四国，九州，対馬，屋久島，奄美大島。

クロオビナミシャク 黒帯波尺蛾〈*Pennithera comis*〉昆虫綱鱗翅目シャクガ科ナミシャク亜科の蛾。開張26～33mm。分布：北海道，本州，四国，九州，シベリア南東部，中国。

クロオビノメイガ 黒帯野螟蛾〈*Pycnarmon pantherata*〉昆虫綱鱗翅目メイガ科ノメイガ亜科の蛾。開張21～26mm。分布：北海道，本州，四国，九州，対馬，朝鮮半島，台湾，中国。

クロオビハイキバガ 黒帯灰牙蛾〈*Telphusa nephomicta*〉昆虫綱鱗翅目キバガ科の蛾。開張14～17mm。分布：本州，九州。

クロオビハナバエ〈*Anthomyia illocata*〉昆虫綱双翅目ハナバエ科。体長5～6mm。分布：本州，四国，九州，南西諸島。害虫。

クロオビヒゲナガゾウムシ 黒帯鬚長象鼻虫〈*Apolecta lewisii*〉昆虫綱甲虫目ヒゲナガゾウムシ科の甲虫。体長7.5～9.3mm。分布：北海道，本州，四国，九州。

クロオビヒゲブトオサムシ〈*Ceratoderus venustus*〉昆虫綱甲虫目ヒゲブトオサムシ科の甲虫。準絶滅危惧種(NT)。体長4.7mm。

クロオビヒメマキムシ クロオビケシマキムシの別名。

クロオビフユナミシャク 黒帯冬波尺蛾〈*Operophtera relegata*〉昆虫綱鱗翅目シャクガ科ナミシャク亜科の蛾。開張28～36mm。林檎に害を及ぼす。分布：北海道，本州，四国，九州，シベリア南東部。

クロオビホソアリモドキ〈*Sapintus protensus*〉昆虫綱甲虫目アリモドキ科の甲虫。体長3.0～3.7mm。

クロオビマグソコガネ〈*Aphodius unifasciatus*〉昆虫綱甲虫目コガネムシ科の甲虫。体長6.5〜8.5mm。

クロオビマダラヒゲナガゾウムシ〈*Acorynus asanoi*〉昆虫綱甲虫目ヒゲナガゾウムシ科の甲虫。体長6.0〜8.2mm。分布：九州(鹿児島県)対馬，屋久島，奄美大島，伊豆諸島御蔵島。

クロオビミドリイエバエ〈*Neomyia lauta*〉昆虫綱双翅目イエバエ科。体長5〜7mm。分布：沖縄本島以南。害虫。

クロオビヤサクチカクシゾウムシ〈*Parempleurus nigronotatus*〉昆虫綱甲虫目ゾウムシ科の甲虫。体長5.5〜8.7mm。

クロオビリンガ 黒帯実蛾〈*Gelastocera exusta*〉昆虫綱鱗翅目ヤガ科リンガ亜科の蛾。開張21〜32mm。分布：沿海州，北海道から九州。

クロカ〈*Leptosciara* sp.〉昆虫綱双翅目クロバネキノコバエ科。

クロカキカイガラトビコバチ〈*Anabrolepis extranea*〉昆虫綱膜翅目トビコバチ科。

クロカキカイガラムシ〈*Lepidosaphes tubulorum*〉昆虫綱半翅目マルカイガラムシ科。体長3〜4mm。ナシ類，栗，紫陽花，柿に害を及ぼす。

クロカギバアゲハ〈*Meandrusa gyas*〉昆虫綱鱗翅目アゲハチョウ科の蝶。

クロカギヒラタキバガ〈*Depressaria conterminella*〉昆虫綱鱗翅目マルハキバガ科の蛾。開張17〜21mm。

クロカギヒラタマルハキバガ〈*Agonopterix l-nigrum*〉昆虫綱鱗翅目マルハキバガ科の蛾。分布：北海道，本州，四国，九州，ヨーロッパからシベリア。

クロカクバネヒゲナガキバガ〈*Athymoris martialis*〉昆虫綱鱗翅目ヒゲナガキバガ科の蛾。分布：屋久島，台湾，中国中部。

クロカクムネトビハムシ〈*Asiorestia komatsui*〉昆虫綱甲虫目ハムシ科の甲虫。体長3.0〜3.5mm。

クロカクモンハマキ〈*Archips crataeganus*〉昆虫綱鱗翅目ハマキガ科の蛾。開張雄18〜24mm，雌23〜29mm。桜桃，ナシ類，林檎に害を及ぼす。分布：北海道から本州中部山地。

クロカゲジグモ〈*Ixeuticus robustus*〉蛛形綱クモ目ガケジグモ科の蜘蛛。体長11〜12mm。分布：本州(大阪府，奈良県，和歌山県の一部分)。

クロカスリタテハ〈*Hamadryas amphinome*〉昆虫綱鱗翅目タテハチョウ科の蝶。分布：メキシコから南米北部。

クロカタカイガラムシ〈*Parasaissetia nigra*〉昆虫綱半翅目カタカイガラムシ科。体長3.5〜5.0mm。パッションフルーツ，バナナ，グアバ，柑橘，インドゴムノキ，クロトン，桑に害を及ぼす。

クロカタゾウムシ〈*Pachyrrhynchus infernalis*〉昆虫綱甲虫目ゾウムシ科の甲虫。体長11〜15mm。分布：石垣島。

クロカタビロオサムシ 黒肩広歩行虫〈*Calosoma maximowiczi*〉昆虫綱甲虫目オサムシ科の甲虫。体長23〜35mm。分布：北海道，本州，四国，九州。

クロカタホソハネカクシ 黒肩細隠翅虫〈*Philydrodes aquatilis*〉昆虫綱甲虫目ハネカクシ科の甲虫。体長6〜7mm。分布：本州。

クロカナブン〈*Rhomborrhina polita*〉昆虫綱甲虫目コガネムシ科の甲虫。体長23〜28mm。分布：本州，四国，九州。

クロガネキンウワバ〈*Diachrysia nigriluna*〉昆虫綱鱗翅目ヤガ科コヤガ亜科の蛾。分布：奄美大島，沖縄本島北部，本土南部地域。

クロカネコメツキ〈*Gambrinus atricolor*〉昆虫綱甲虫目コメツキムシ科。

クロガネネクイハムシ〈*Donacia flemora*〉昆虫綱甲虫目ハムシ科の甲虫。体長7.0〜8.0mm。

クロガネハエトリ〈*Euophrys breviaculeis*〉蛛形綱クモ目ハエトリグモ科の蜘蛛。

クロガネハネカクシ〈*Platydracus inornatus*〉昆虫綱甲虫目ハネカクシ科の甲虫。体長20mm。分布：北海道，本州，四国，九州。

クロカバスジナミシャク〈*Perizoma parvaria*〉昆虫綱鱗翅目シャクガ科ナミシャク亜科の蛾。開張17〜20mm。分布：本州(東北地方北部より)，四国，九州，朝鮮半島，シベリア南東部，インド北部，中国西部。

クロカマトリバ〈*Leioptilus nigridactylus*〉昆虫綱鱗翅目トリバガ科の蛾。分布：本州，四国，九州。

クロカミキリ 黒天牛〈*Spondylis buprestoides*〉昆虫綱甲虫目カミキリムシ科クロカミキリ亜科の甲虫。体長12〜25mm。分布：ほぼ日本全土(小笠原諸島や南西諸島の一部を除く)。

クロカミキリモドキ 黒擬天牛〈*Ezonacerda nigripennis*〉昆虫綱甲虫目カミキリモドキ科の甲虫。体長7〜11mm。分布：北海道，本州，四国。

クロカミナリハムシ〈*Altica fukutai*〉昆虫綱甲虫目ハムシ科。

クロカメノコカワリタマムシ〈*Polybothris nitidiventris*〉昆虫綱甲虫目タマムシ科。分布：マダガスカル。

クロカメムシ 黒椿象，黒亀虫〈*Scotinophara lurida*〉昆虫綱半翅目カメムシ科。体長8〜10mm。稲に害を及ぼす。分布：本州，四国，九州，南西諸島。

273

クロカレキゾウムシ〈Acicnemis niger〉昆虫綱甲虫目ゾウムシ科の甲虫。体長4.5～6.9mm。分布：北海道, 本州, 四国, 九州。

クロカワゲラ属の一種〈Capnia sp.〉昆虫綱襀翅目クロカワゲラ科。

クロキアゲハ ヤンキーキアゲハの別名。

クロキオビケブカタマムシ〈Dactylozodes quadrifasciata〉昆虫綱甲虫目タマムシ科。分布：チリ, パラグアイ, アルゼンチン。

クロキオビジョウカイモドキ〈Laius niponicus〉昆虫綱甲虫目ジョウカイモドキ科の甲虫。体長3.1～3.8mm。

クロキカワムシ〈Pytho yezoensis〉昆虫綱甲虫目キカワムシ科の甲虫。体長8.5～14.0mm。分布：北海道, 本州。

クロキクシケアリ 黒黄櫛毛蟻〈Myrmica kurokii〉昆虫綱膜翅目アリ科。分布：日本各地。

クロキクスイカミキリ〈Stenostola nigerrima〉昆虫綱甲虫目カミキリムシ科フトカミキリ亜科の甲虫。体長8mm。

クロキコモンセセリ〈Celaenorrhinus ruficornis〉昆虫綱鱗翅目セセリチョウ科の蝶。

クロキシギシヤガ〈Naenia contaminata〉昆虫綱鱗翅目ヤガ科モンヤガ亜科の蛾。開張35～38mm。豌豆, 空豆, 大豆, アカザ科野菜, アブラナ科野菜, シソ, 甜菜, ハッカ, スミレ類に害を及ぼす。分布：中国東部・南部, 北海道から九州, 対馬。

クロキシタアツバ〈Hypena amica〉昆虫綱鱗翅目ヤガ科アツバ亜科の蛾。開張28～35mm。分布：中国, 朝鮮半島, 北海道から九州, 対馬, 屋久島, 伊豆諸島。

クロキシタヨトウ クロシタキヨトウの別名。

クロキスジツマキリヨトウ〈Callopistria rivularis〉昆虫綱鱗翅目ヤガ科カラスヨトウ亜科の蛾。開張23～26mm。分布：スリランカ, インド, マレーシア, タイからオーストラリア, 屋久島, 奄美大島。

クロキヌガ〈Scythris pyrropyga〉キヌガ科の蛾。

クロキノカワゴミムシ〈Leistus obtusicollis〉昆虫綱甲虫目オサムシ科の甲虫。体長9.5～10.5mm。分布：本州。

クロキノコゴミムシダマシ〈Platydema fumosum〉昆虫綱甲虫目ゴミムシダマシ科の甲虫。体長6.0～7.0mm。

クロキノコショウジョウバエ〈Mycodrosophila gratiosa〉昆虫綱双翅目ショウジョウバエ科。

クロキノコムシ 黒茸虫〈Mycetophagus ater〉昆虫綱甲虫目コキノコムシ科の甲虫。体長5mm。分布：北海道, 本州。

クロキバアツバ〈Paracolax pacifica〉昆虫綱鱗翅目ヤガ科クルマアツバ亜科の蛾。分布：奄美大島, 湯湾岳, 静岡県引佐, 徳島県水床, 佐賀県多久, 対馬, 屋久島。

クロキバナガミズギワゴミムシ〈Armatocillenus tokunoshimanus〉昆虫綱甲虫目オサムシ科の甲虫。体長3.8mm。

クロキボシゾウムシ 黒黄星象鼻虫〈Pissodes obscurus〉昆虫綱甲虫目ゾウムシ科の甲虫。体長6～8mm。分布：本州, 四国, 九州。

クロキマダラケシキスイ〈Soronia lewisi〉昆虫綱甲虫目ケシキスイムシ科の甲虫。体長5～6mm。分布：本州, 四国。

クロキマダラヒメハマキ〈Enarmonodes aeologlypta〉昆虫綱鱗翅目ハマキガ科の蛾。開張10～13mm。分布：本州, 九州。

クロキモンカミキリ〈Menesia yuasai〉昆虫綱甲虫目カミキリムシ科フトカミキリ亜科の甲虫。

クロキリウジガガンボ〈Tipula patagiata〉昆虫綱双翅目ガガンボ科。

クロギンガ エゾクロギンガの別名。

クロキンバエ〈Phormia regina〉昆虫綱双翅目クロバエ科。体長6.0～10.0mm。害虫。

クロキンメアブ クロメクラアブの別名。

クロクサアリ 黒臭蟻〈Lasius fuliginosus〉昆虫綱膜翅目アリ科。体長4mm。分布：日本全土。

クロクシコメツキ〈Melanotus senilis〉昆虫綱甲虫目コメツキムシ科。体長14～20mm。イネ科牧草, イネ科作物, サツマイモ, 麦類, マメ科牧草に害を及ぼす。分布：九州以北の日本各地。

クロクチカクシゾウムシ〈Catagmatus japonicus〉昆虫綱甲虫目ゾウムシ科の甲虫。体長3.7～9.6mm。分布：本州, 四国, 九州, 対馬。

クロクチブトサルゾウムシ〈Rhinoncomimus niger〉昆虫綱甲虫目ゾウムシ科の甲虫。体長3.0～3.5mm。

クロクビカマキリモドキ ツマグロカマキリモドキの別名。

クロクビクチカクシゾウムシ〈Sybulus nigricollis〉昆虫綱甲虫目ゾウムシ科の甲虫。体長6.2～6.6mm。

クロクビナガカメムシ〈Stenopirates japonicus〉昆虫綱半翅目クビナガカメムシ科。

クロクビブトハネカクシ〈Pinophilus javanus〉昆虫綱甲虫目ハネカクシ科。

クロクビボソムシ〈Macratria atrata〉昆虫綱甲虫目アリモドキ科の甲虫。体長4.5～6.0mm。

クロクモエダシャク〈Apocleora rimosa〉昆虫綱鱗翅目シャクガ科エダシャク亜科の蛾。開張33～

45mm。分布：本州(東北地方北部より), 四国, 九州, 対馬, 屋久島, 奄美大島。

クロクモキノメイガ〈*Pycnarmon tylostegalis*〉昆虫綱鱗翅目メイガ科の蛾。分布：台湾, 中国西部, シベリア南東部。

クロクモシロキバガ 黒雲白牙蛾〈*Dactylethra tegulifera*〉昆虫綱鱗翅目キバガ科の蛾。開張12〜15mm。分布：本州, 四国, 九州, ウスリー。

クロクモスズメ ブドウスズメの別名。

クロクモヒロズコガ 黒雲広頭小蛾〈*Rsecadioides aspersus*〉昆虫綱鱗翅目ヒロズコガ科の蛾。開張20mm。分布：本州, 四国, 九州。

クロクモヤガ 黒雲夜蛾〈*Hermonassa cecilia*〉昆虫綱鱗翅目ヤガ科モンヤガ亜科の蛾。開張37〜40mm。分布：中国, 北海道から九州, 対馬, 屋久島。

クロゲアカコメツキ〈*Ampedus orientalis*〉昆虫綱甲虫目コメツキムシ科。

クロケシグモ〈*Meioneta nigra*〉蛛形綱クモ目サラグモ科の蜘蛛。体長雌2.0〜2.2mm, 雄2.0〜2.2mm。分布：北海道, 本州。

クロケシタマムシ〈*Aphanisticus congener*〉昆虫綱甲虫目タマムシ科の甲虫。体長3mm。

クロケシツブチョッキリ 黒芥子粒短截虫〈*Auletobius uniformis*〉昆虫綱甲虫目オトシブミ科の甲虫。体長2.7〜3.0mm。バラ類, 柘榴, 百日紅, 苺に害を及ぼす。分布：本州, 四国, 九州。

クロケナシヒラタゴミムシ〈*Colpodes otuboi*〉昆虫綱甲虫目オサムシ科の甲虫。体長10〜11.5mm。

クロゲハイイロヒメハマキ〈*Spilonota melanocopa*〉昆虫綱鱗翅目ハマキガ科の蛾。分布：本州, 四国, 対馬, 奄美大島, インド(アッサム), 九州。

クロゲハナアザミウマ〈*Thrips nigropilosus*〉昆虫綱総翅目アザミウマ科。体長雌1.2mm, 雄0.9mm。菊に害を及ぼす。

クロゲヒメキノコハネカクシ〈*Sepedophilus armatus*〉昆虫綱甲虫目ハネカクシ科の甲虫。体長2.5〜3.0mm。

クロケブカゴミムシ〈*Peronomerus nigrinus*〉昆虫綱甲虫目オサムシ科の甲虫。体長7.0〜8.5mm。

クロケブカハムシダマシ〈*Arthromacra robusticeps*〉昆虫綱甲虫目ゴミムシダマシ科の甲虫。体長9mm。分布：北海道, 本州, 九州。

クロケブカヒメハナバチ ミカドヒメハナバチの別名。

クロゲマシラグモ〈*Leptoneta melanocommata*〉蛛形綱クモ目マシラグモ科の蜘蛛。

クロケムリグモ〈*Zolotes daviai*〉蛛形綱クモ目ワシグモ科の蜘蛛。

クロゲンゴロウ 黒竜蝨〈*Cybister brevis*〉昆虫綱甲虫目ゲンゴロウ科の甲虫。体長23〜24mm。分布：本州, 四国, 九州。

クロコエダキノコバエ〈*Coelosia fuscicauda*〉昆虫綱双翅目キノコバエ科。

クロコオロギ〈*Gryllus bimaculatus*〉昆虫綱直翅目コオロギ科。体長20〜26mm。分布：奄美諸島, 先島諸島。

クロコガシラハネカクシ 黒小頭隠翅虫〈*Philonthus japonicus*〉昆虫綱甲虫目ハネカクシ科の甲虫。体長11mm。分布：北海道, 本州, 四国, 九州, 屋久島。

クロコガネ 黒金亀子〈*Holotrichia kiotoensis*〉昆虫綱甲虫目コガネムシ科の甲虫。体長15〜21.5mm。桜桃, 林檎, 柑橘, イネ科牧草, マメ科牧草, 飼料用トウモロコシ, ソルガム, 桜類, シバ類, 麦類, 大豆に害を及ぼす。分布：北海道, 本州, 四国, 九州, 対馬。

クロコキノコムシ クロキノコムシの別名。

クロコキノコムシダマシ〈*Pisenus rufitarsis*〉昆虫綱甲虫目キノコムシダマシ科の甲虫。体長4〜5mm。

クロゴキブリ 黒蜚蠊〈*Periplaneta fuliginosa*〉昆虫綱網翅目ゴキブリ科。体長25〜35mm。貯穀・貯蔵植物性食品に害を及ぼす。分布：本州(東京都以西), 四国, 九州, 屋久島, 奄美大島。

クロコキンモンホソガ〈*Phyllonorycter kurokoi*〉昆虫綱鱗翅目ホソガ科の蛾。分布：九州。

クロコケグモ セアカゴケグモの別名。

クロココモリグモ〈*Arctosa subamylacea*〉蛛形綱クモ目コモリグモ科の蜘蛛。体長雌10〜11mm, 雄7〜8mm。分布：本州, 四国, 九州。

クロコサビイロコヤガ〈*Amyna punctum*〉昆虫綱鱗翅目ヤガ科コヤガ亜科の蛾。開張35〜38mm。分布：アフリカ, インドーオーストラリア地域, 本州中部以南, 四国, 九州, 対馬, 伊豆諸島, 屋久島, 琉球列島。

クロコシロヨトウ〈*Apamea hikosana*〉昆虫綱鱗翅目ヤガ科カラスヨトウ亜科の蛾。開張38〜40mm。分布：九州英彦山。

クロコゾナ・コエキアス〈*Crocozona coecias*〉昆虫綱鱗翅目シジミタテハ科の蝶。分布：コロンビアからボリビア, アマゾン流域, ブラジル。

クロコドクグモ クロココモリグモの別名。

クロコトビハムシ〈*Manobia parvula*〉昆虫綱甲虫目ハムシ科の甲虫。体長1.2〜1.5mm。

クロコノマチョウ 黒木間蝶〈*Melanitis phedima*〉昆虫綱鱗翅目ジャノメチョウ科の蝶。前翅長39〜45mm。分布：本州(静岡県以西), 四国, 九州。

クロコハナコメツキ〈Paracardiophorus opacus〉昆虫綱甲虫目コメツキムシ科の甲虫。体長6.0〜7.0mm。

クロコハマキ〈Acleris tunicatana〉昆虫綱鱗翅目ハマキガ科の蛾。開張19〜22mm。分布：本州、四国、九州。

クロコハマキホソガ〈Caloptilia kurokoi〉昆虫綱鱗翅目ホソガ科の蛾。分布：九州(英彦山)。

クロコバンゾウムシ〈Miarus vestitus〉昆虫綱甲虫目ゾウムシ科。

クロコヒラタアブ　クロコヒラタアブバエの別名。

クロコヒラタアブバエ〈Pipiza inornata〉昆虫綱双翅目ハナアブ科。別名クロコヒラタアブ。

クロコブウンカ　黒瘤浮塵子〈Tropidocephala nigra〉昆虫綱半翅目ウンカ科。分布：本州、四国、九州。

クロコブセスジダルマガムシ〈Neochthebius granulosus〉昆虫綱甲虫目ダルマガムシ科の甲虫。体長1.5〜1.6mm。

クロコブゾウムシ　黒瘤象鼻虫〈Niphades variegatus〉昆虫綱甲虫目ゾウムシ科の甲虫。体長7.1〜9.9mm。分布：北海道、本州、四国、九州、屋久島。

クロコブフシヒメバチ〈Dolichomitus macropunctatus〉昆虫綱膜翅目ヒメバチ科。

クロコマダラカザリシロチョウ〈Delias subnubila〉昆虫綱鱗翅目シロチョウ科の蝶。分布：中国(中部・西部)。

クロコメツキダマシ〈Eurypticus vicinus〉昆虫綱甲虫目コメツキダマシ科の甲虫。体長8〜9mm。分布：北海道、本州、四国。

クロゴモクムシ〈Harpalus niigatanus〉昆虫綱甲虫目オサムシ科の甲虫。体長9.5〜14.5mm。

クロコモンタマムシ〈Poecilonota chinensis〉昆虫綱甲虫目タマムシ科の甲虫。体長12〜17mm。

クロサシガメ　黒刺亀〈Pirates cinctiventris〉昆虫綱半翅目サシガメ科。分布：本州、四国、九州。

クロサジヨコバイ〈Phanaphrodes nigricans〉昆虫綱半翅目ヨコバイ科。体長4.5mm。分布：北海道、本州、四国、九州。

クロサナエ　黒早苗蜻蜓〈Davidius fujiama〉昆虫綱蜻蛉目サナエトンボ科の蜻蛉。体長45mm。分布：本州、四国、九州。

クロサビアヤカミキリ　サビアヤカミキリの別名。

クロサビイロハネカクシ〈Ocypus lewisius〉昆虫綱甲虫目ハネカクシ科の甲虫。体長20.0〜21.0mm。

クロサビカッコウムシ　黒銹郭公虫〈Stigmatium nakanei〉昆虫綱甲虫目カッコウムシ科の甲虫。体長5.5〜7.5mm。分布：北海道、本州。

クロサボテンカミキリ　クロドルカディオンモドキの別名。

クロサメクラチビゴミムシ〈Rakantrechus kurosai〉昆虫綱甲虫目オサムシ科の甲虫。体長3.6〜4.1mm。

クロサワアミメアザミウマ〈Astrothrips aucubae〉昆虫綱総翅目アザミウマ科。

クロサワアリガタハネカクシ〈Megalopaederus kurosawai〉昆虫綱甲虫目ハネカクシ科。体長10.5〜13.4mm。害虫。

クロサワオビハナノミ〈Glipa kurosawai〉昆虫綱甲虫目ハナノミ科の甲虫。体長8.0〜9.3mm。

クロサワシギゾウムシ〈Curculio kurosawai〉昆虫綱甲虫目ゾウムシ科の甲虫。体長4mm。

クロサワシマアザミウマ〈Aeolothrips kurosawai〉昆虫綱総翅目シマアザミウマ科。体長1.6mm。分布：北海道、本州、四国、九州。

クロサワツブミズムシ〈Delevea kurosawai〉昆虫綱甲虫目ツブミズムシ科の甲虫。体長1.4〜1.6mm。

クロサワドロムシ〈Neoriohelmis kurosawai〉昆虫綱甲虫目ヒメドロムシ科の甲虫。体長3.8〜4.1mm。

クロサワハナカミキリ　クビアカドウガネハナカミキリの別名。

クロサワヒメコバネカミキリ〈Epania septemtrionalis〉昆虫綱甲虫目カミキリムシ科カミキリ亜科の甲虫。体長7〜9mm。分布：本州、四国、奄美諸島。

クロサワヘリグロハナカミキリ〈Eustrangalis anticereductus〉昆虫綱甲虫目カミキリムシ科ハナカミキリ亜科の甲虫。体長15mm。

クロサンカクモンハマキ〈Microcorses trigonana〉昆虫綱鱗翅目ホソハマキガ科の蛾。開張20〜21mm。

クロシオウミハネカクシ〈Diaulota pacifica〉昆虫綱甲虫目ハネカクシ科。分布：神奈川県真鶴岬、和歌山県切目崎など。

クロシオカバナミシャク〈Eupithecia kuroshio〉昆虫綱鱗翅目シャクガ科の蛾。分布：四国、九州、伊豆諸島(御蔵島)、屋久島、奄美大島。

クロシオキシタバ〈Catocala kuangtungensis〉昆虫綱鱗翅目ヤガ科シタバガ亜科の蛾。分布：伊豆半島、知多半島、紀伊半島、瀬戸内海沿岸部、家島、淡路島、小豆島、四国南部、屋久島、大分、宮崎県。

クロシオゴマフボクトウ〈Zeuzera caudata〉昆虫綱鱗翅目ボクトウガ科の蛾。分布：神津島、三宅島、八丈島。

クロシオハマキ〈Archips peratratus〉昆虫綱鱗翅目ハマキガ科の蛾。分布：本州、四国、九州、対馬、

屋久島, 奄美大島, 琉球列島(沖縄本島, 西表島), 伊豆諸島(大島, 利島, 式根島, 神津島, 三宅島, 御蔵島)。

クロシカシラミバエ〈*Lipoptena sikae*〉昆虫綱双翅目シラミバエ科。体長1.8mm。害虫。

クロシギアブ〈*Rhagio morulus*〉昆虫綱双翅目ツルギアブ科。体長8～10mm。分布：本州。

クロシギゾウムシ〈*Curculio distinguendus*〉昆虫綱甲虫目ゾウムシ科の甲虫。体長6～8mm。分布：本州, 九州。

クロシジミ 黒小灰蝶〈*Niphanda fusca*〉昆虫綱鱗翅目シジミチョウ科ヒメシジミ亜科の蝶。絶滅危惧I類(CR+EN)。前翅長17～21mm。分布：本州, 四国, 九州。

クロシタアオイラガ 黒下青刺蛾〈*Latoia sinica*〉昆虫綱鱗翅目イラガ科の蛾。開張23～39mm。柿, 梅, アンズ, ナシ類, 林檎, 栗, 桜類に害を及ぼす。分布：北海道から九州, 対馬, 朝鮮半島, シベリア南東部, 中国。

クロシタキヨトウ〈*Aletia placida*〉昆虫綱鱗翅目ヤガ科ヨトウガ亜科の蛾。開張39～43mm。分布：中国中部, 朝鮮半島, 北海道から九州, 対馬, 伊豆諸島, 御蔵島。

クロシタコバネナミシャク〈*Trichopteryx misera*〉昆虫綱鱗翅目シャクガ科ナミシャク亜科の蛾。開張16～19mm。分布：関東地方の平地や低山地。

クロシタシャチホコ〈*Mesophalera sigmata*〉昆虫綱鱗翅目シャチホコガ科ウチキシャチホコ亜科の蛾。開張53～58mm。分布：中国中南部, 屋久島, 九州, 四国, 伊豆諸島(御蔵島)。

クロシデムシ 黒埋葬虫〈*Nicrophorus concolor*〉昆虫綱甲虫目シデムシ科の甲虫。体長25～45mm。分布：北海道, 本州, 四国, 九州。

クロシネ・アカストゥス〈*Chlosyne acastus*〉昆虫綱鱗翅目タテハチョウ科の蝶。分布：ユタ州, ネバダ州, モンタナ州。

クロシネ・エウメダ〈*Chlosyne eumeda*〉昆虫綱鱗翅目タテハチョウ科の蝶。分布：メキシコ。

クロシネ・エーレンベルギイ〈*Chlosyne ehrenbergii*〉昆虫綱鱗翅目タテハチョウ科の蝶。分布：メキシコ。

クロシネ・エロディレ〈*Chlosyne erodyle*〉昆虫綱鱗翅目タテハチョウ科の蝶。分布：中央アメリカ。

クロシネ・ガッビイ〈*Chlosyne gabbii*〉昆虫綱鱗翅目タテハチョウ科の蝶。分布：アメリカ合衆国西部。

クロシネ・ナルバ〈*Chlosyne narva*〉昆虫綱鱗翅目タテハチョウ科の蝶。分布：メキシコからベネズエラまで。

クロシネ・ニクテイス〈*Chlosyne nicteis*〉昆虫綱鱗翅目タテハチョウ科の蝶。分布：アメリカ合衆国。

クロシネ・ハッリッシイ〈*Chlosyne harrisii*〉昆虫綱鱗翅目タテハチョウ科の蝶。分布：北アメリカ, カナダからイリノイ州まで。

クロシネ・ホッフマンニ〈*Chlosyne hoffmanni*〉昆虫綱鱗翅目タテハチョウ科の蝶。分布：アメリカ合衆国西部。

クロシネ・マリナ〈*Chlosyne marina*〉昆虫綱鱗翅目タテハチョウ科の蝶。分布：メキシコ。

クロシネ・メラナルゲ〈*Chlosyne melanarge*〉昆虫綱鱗翅目タテハチョウ科の蝶。分布：グアテマラ。

クロシネ・ヤナイス〈*Chlosyne janais*〉昆虫綱鱗翅目タテハチョウ科の蝶。分布：テキサス州, メキシコ, ホンジュラス。

クロシネ・ラキニア〈*Chlosyne lacinia*〉昆虫綱鱗翅目タテハチョウ科の蝶。分布：メキシコからテキサス州, 中央アメリカまで。

クロシマカラスヨトウ〈*Amphipyra okinawensis* sp.〉昆虫綱鱗翅目ヤガ科カラスヨトウ亜科の蛾。分布：沖縄本島北部山地。

クロシマメイガ〈*Herculia nigralis*〉昆虫綱鱗翅目メイガ科の蛾。

クロシモフリアツバ〈*Bryograpta kogii*〉昆虫綱鱗翅目ヤガ科クチバ亜科の蛾。分布：兵庫, 岡山, 鳥取, 島根県, 対馬, 長野県, 群馬県北軽井沢, 十勝, 釧路地方。

クロジャノメアツバ〈*Bocana manifestalis*〉昆虫綱鱗翅目ヤガ科クルマアツバ亜科の蛾。分布：奄美大島, 徳之島, 沖縄本島, 石垣島, 西表島, 与那国島, 台湾, 中国, インド, 東南アジアからオーストラリア, ポリネシア, ハワイ。

クロジュウジカメムシ〈*Dysdercus decussatus*〉昆虫綱半翅目ホシカメムシ科。

クロジュウニホシテントウ〈*Plotina versicolor*〉昆虫綱甲虫目テントウムシ科の甲虫。体長2.4～3.5mm。

クロジョウカイ〈*Athemus attristatus*〉昆虫綱甲虫目ジョウカイボン科の甲虫。体長13～17mm。分布：本州, 四国, 九州。

クロショウジョウバエ 黒猩々蠅〈*Drosophila virilis*〉昆虫綱双翅目ショウジョウバエ科。体長2.5mm。分布：北海道, 本州, 四国, 九州, 奄美大島。害虫。

クロシラフクチバ〈*Sypnoides fumosa*〉昆虫綱鱗翅目ヤガ科クチバ亜科の蛾。分布：北海道から九州, 対馬。

クロズアカチビゴモクムシ〈Acupalpus hilaris〉昆虫綱甲虫目オサムシ科の甲虫。体長3.3～3.6mm。

クロズウスキエダシャク 黒頭淡黄枝尺蛾〈Lomographa simplicior simplicior〉昆虫綱鱗翅目シャクガ科エダシャク亜科の蛾。開張19～25mm。分布：北海道,本州,四国,九州,対馬,屋久島,中国。

クロズエダシャク〈Biston marginata〉昆虫綱鱗翅目シャクガ科の蛾。分布：本州(紀伊半島以西),四国,九州,対馬,屋久島,奄美大島,沖縄本島,西表島,台湾,中国南部。

クロズオオカワベハネカクシ〈Bledius gyotokui〉昆虫綱甲虫目ハネカクシ科。

クロズカシトガリノメイガ〈Cotachena alysoni〉昆虫綱鱗翅目メイガ科の蛾。分布：関東以西の本州,九州,対馬,喜界島,石垣島。

クロズカタキバゴミムシ〈Badister nigriceps〉昆虫綱甲虫目オサムシ科の甲虫。体長5～9mm。分布：北海道,本州。

クロズキバホウジャク 黒透翅鳳雀蛾〈Hemaris affinis〉昆虫綱鱗翅目スズメガ科オオスカシバ亜科の蛾。ハスカップに害を及ぼす。分布：北海道,本州,四国,九州,沖縄本島,朝鮮半島,シベリア東南部,中国。

クロズコバネジョウカイ〈Trypherus atriceps〉昆虫綱甲虫目ジョウカイボン科。

クロスジアオシャク〈Geometra valida〉昆虫綱鱗翅目シャクガ科アオシャク亜科の蛾。開張45～53mm。分布：本州,四国,九州,対馬,朝鮮半島,中国東北,西部,シベリア南東部。

クロスジアオナミシャク〈Chloroclystis v-ata〉昆虫綱鱗翅目シャクガ科の蛾。分布：北海道,本州,四国,九州,対馬,屋久島。

クロスジアオナミシャク クロフウスアオナミシャクの別名。

クロスジアカクワガタ〈Prosopocoelus vittatus〉昆虫綱甲虫目クワガタムシ科。分布：フィリピン。

クロスジアツバ〈Zanclognatha grisealis〉昆虫綱鱗翅目ヤガ科クルマアツバ亜科の蛾。開張20～22mm。分布：本州,四国,九州,屋久島,対馬,台湾,朝鮮半島,中国,アムール,ウスリー,シベリア。

クロスジアトキリゴミムシ〈Anchista binotata〉昆虫綱甲虫目オサムシ科の甲虫。体長8.5～9.0mm。

クロスジアワフキ〈Yezophora vittata〉昆虫綱半翅目アワフキムシ科。

クロスジイガ〈Niditinea striolella〉昆虫綱鱗翅目ヒロズコガ科の蛾。分布：北海道,本州。

クロスジイシアブ〈Choerades nigrovittatus〉昆虫綱双翅目ムシヒキアブ科。

クロスジイッカク 黒条一角虫〈Notoxus haagi〉昆虫綱甲虫目アリモドキ科の甲虫。体長4.7～6.0mm。分布：本州。

クロスジイラガ〈Natada arizana〉昆虫綱鱗翅目イラガ科の蛾。分布：本州(三重県以西),四国(南部),九州,沖縄本島,台湾。

クロスジオオシロヒメシャク 黒条大白姫尺蛾〈Problepsis diazoma〉昆虫綱鱗翅目シャクガ科ヒメシャク亜科の蛾。開張32～41mm。分布：本州(関東地方より西),四国,九州。

クロスジカギバ〈Oreta turpis〉昆虫綱鱗翅目カギバガ科の蛾。開張30～40mm。サンゴジュ,ガマズミに害を及ぼす。分布：北海道,本州,四国,九州,シベリア南東部,中国。

クロスジカギモンキリガ〈Xylomyges bella〉昆虫綱鱗翅目ヤガ科ヨトウガ亜科の蛾。開張38～45mm。

クロスジカバイロナミシャク〈Venusia laria〉昆虫綱鱗翅目シャクガ科ナミシャク亜科の蛾。開張17～21mm。分布：中国中部から西部,北海道,本州。

クロスジカメノコハムシ〈Cassida lineola〉昆虫綱甲虫目ハムシ科の甲虫。体長5.7～8.7mm。

クロスジキオオメイガ〈Acropentias aurea〉昆虫綱鱗翅目メイガ科の蛾。分布：北海道,本州,四国,九州,屋久島,朝鮮半島,シベリア東南部,台湾,中国。

クロスジキシマメイガ〈Orthopygia repetita〉昆虫綱鱗翅目メイガ科の蛾。分布：関東以西の本州,九州,屋久島,沖縄本島,石垣島,西表島,与那国島,太平洋の島々。

クロスジキノカワガ〈Nycteola asiatica〉昆虫綱鱗翅目ヤガ科キノカワガ亜科の蛾。分布：ユーラシア,北海道から九州。

クロスジキノカワガ ミヤマクロスジキノカワガの別名。

クロスジキヒロズコガ〈Tineovertex melanochryseus〉昆虫綱鱗翅目ヒロズコガ科の蛾。分布：本州(近畿),四国,九州,琉球,台湾,インド(アッサム)。

クロスジキリガ〈Xylopolia bella〉昆虫綱鱗翅目ヤガ科ヨトウガ亜科の蛾。分布：本州,四国,九州,屋久島。

クロスジギンガ〈Chasminodes nigrilinea〉昆虫綱鱗翅目ヤガ科カラスヨトウ亜科の蛾。開張26～30mm。分布：本州,四国,九州,対馬。

クロスジキンノメイガ ヘリグロキンノメイガの別名。

クロスジギンヤンマ　黒筋銀蜻蜒〈*Anax nigrofasciatus*〉昆虫綱蜻蛉目ヤンマ科の蜻蛉。体長65mm。分布：本州，四国，九州，種子島。

クロスジクチブトゾウムシ〈*Macrocrynus psittacinus*〉昆虫綱甲虫目ゾウムシ科の甲虫。体長7.5～8.8mm。分布：石垣島，西表島。

クロスジコガシラハネカクシ〈*Philonthus virgatus*〉昆虫綱甲虫目ハネカクシ科の甲虫。体長7.5～8.0mm。

クロスジコケガ〈*Nudaridia muscula*〉昆虫綱鱗翅目ヒトリガ科の蛾。分布：北海道，シベリア南東部。

クロスジコバネアブラムシ〈*Pentalonia nigronervosa*〉昆虫綱半翅目アブラムシ科。体長1.4mm。バナナに害を及ぼす。分布：沖縄，世界の熱帯。

クロスジコブガ　黒条瘤蛾〈*Meganola fumosa*〉昆虫綱鱗翅目コブガ科の蛾。開張14～21mm。栗に害を及ぼす。分布：北海道，本州中部山地，四国，九州，対馬，朝鮮半島，シベリア南東部。

クロスジシャチホコ〈*Lophocosma atriplaga*〉昆虫綱鱗翅目シャチホコガ科ウチキシャチホコ亜科の蛾。開張40～45mm。分布：沿海州，中国，北海道から九州，対馬。

クロスジシロコブガ　黒条白瘤蛾〈*Nola taeniata*〉昆虫綱鱗翅目コブガ科の蛾。開張12～16mm。分布：本州(東北地方南部より)，四国，九州，対馬，屋久島，沖縄本島，石垣島，西表島，台湾，朝鮮半島，中国からインド。

クロスジシロヒメシャク　黒条白姫尺蛾〈*Scopula pudicaria*〉昆虫綱鱗翅目シャクガ科ヒメシャク亜科の蛾。開張22～27mm。分布：北海道，本州，四国，対馬，朝鮮半島，シベリア南東部，中国。

クロスジチビコケガ〈*Manoba rectilinea*〉昆虫綱鱗翅目ヒトリガ科コケガ亜科の蛾。分布：インドから東南アジア一帯，本州(関東以西)，四国，九州，対馬，屋久島，奄美大島，石垣島，西表島，中国。

クロスジチャイロコガネ〈*Sericania fuscolineata*〉昆虫綱甲虫目コガネムシ科の甲虫。体長8.3～11.5mm。

クロスジチャイロテントウ〈*Micraspis kiotoensis*〉昆虫綱甲虫目テントウムシ科の甲虫。体長3.5～3.7mm。

クロスジツトガ〈*Flavocrambus striatellus*〉昆虫綱鱗翅目メイガ科ツトガ亜科の蛾。開張18～21mm。分布：北海道，本州，四国，九州。

クロスジツマオレガ　黒条褄折蛾〈*Decadarchis atririvis*〉昆虫綱鱗翅目ヒロズコガ科の蛾。開張15～19mm。分布：本州，四国，九州，琉球，台湾。

クロスジツマキジョウカイ〈*Malthinus mucoreus*〉昆虫綱甲虫目ジョウカイボン科の甲虫。体長3.8～5.7mm。

クロスジツマグロヨコバイ〈*Nephotettix apicalis*〉昆虫綱半翅目ヨコバイ科。体長雄4.5mm，雌5.3mm。稲に害を及ぼす。分布：九州，沖縄，中国，熱帯アジア。

クロスジツヤムネハネカクシ〈*Quedius annectens*〉昆虫綱甲虫目ハネカクシ科の甲虫。体長7.0～8.0mm。

クロスジツルギタテハ〈*Marpesia livius*〉昆虫綱鱗翅目タテハチョウ科の蝶。分布：エクアドル，ペルー，ボリビア。

クロスジノノメイガ　黒条野螟蛾〈*Tyspanodes striata*〉昆虫綱鱗翅目メイガ科ノメイガ亜科の蛾。開張26～32mm。分布：北海道，本州，四国，九州，対馬，種子島，屋久島，朝鮮半島，台湾，中国。

クロスジハイイロエダシャク　黒条灰色枝尺蛾〈*Hirasa paupera*〉昆虫綱鱗翅目シャクガ科エダシャク亜科の蛾。開張31～43mm。分布：本州，対馬，中国東北。

クロスジハナカミキリ　カエデノヘリグロハナカミキリの別名。

クロスジヒゲコメツキダマシ〈*Proxylobius galloisi*〉昆虫綱甲虫目コメツキダマシ科の甲虫。体長3.9～5.3mm。

クロスジヒトリ〈*Creatonotos gangis*〉昆虫綱鱗翅目ヒトリガ科の蛾。分布：インド―オーストラリア地域。

クロスジヒメアツバ〈*Schrankia costaestrigalis*〉昆虫綱鱗翅目ヤガ科クチバ亜科の蛾。分布：ヨーロッパ，オーストラリア，本州，四国，九州，対馬，屋久島，奄美大島，沖縄本島，小笠原諸島。

クロスジヒメコメツキ〈*Dalopius patagiatus*〉昆虫綱甲虫目コメツキムシ科の甲虫。体長5.5～6.8mm。

クロスジヒメテントウ〈*Scymnus nigrosuturalis*〉昆虫綱甲虫目テントウムシ科の甲虫。体長2.2mm。

クロスジヒラタノミハムシ〈*Hemipyxis okinawana*〉昆虫綱甲虫目ハムシ科。

クロスジヒロヨコバイ　マエジロヒロヨコバイの別名。

クロスジフユエダシャク　黒条冬枝尺蛾〈*Pachyerannis obliquaria*〉昆虫綱鱗翅目シャクガ科エダシャク亜科の蛾。開張24～30mm。分布：北海道，本州，四国，朝鮮半島，シベリア南東部。

クロスジヘビトンボ〈*Parachauliodes continentalis*〉昆虫綱広翅目ヘビトンボ科。

クロスジホソアワフキ〈*Philaenus nigripectus*〉昆虫綱半翅目アワフキムシ科。体長7mm。桜に

害を及ぼす。分布：北海道, 本州, 四国。

クロスジホソゴミムシダマシ〈*Hypophloeus suturalis*〉昆虫綱甲虫目ゴミムシダマシ科の甲虫。体長3.2mm。

クロスジホソバ〈*Pelosia noctis*〉昆虫綱鱗翅目ヒトリガ科コケガ亜科の蛾。分布：北海道, 本州, 四国, 九州, 対馬, シベリア南東部, 中国。

クロスジホソハナカミキリ〈*Parastrangalis lateristriata*〉昆虫綱甲虫目カミキリムシ科ハナカミキリ亜科の甲虫。

クロスジマダラミズメイガ〈*Nymphula separatalis*〉昆虫綱鱗翅目メイガ科の蛾。分布：秋田県能代市小友沼, 岐阜県小知野, 朝鮮半島元山, 中国, 四国の伊予。

クロスジマルトゲムシ〈*Byrrhus nigrolineatus*〉昆虫綱甲虫目マルトゲムシ科。

クロスジムクゲテントウダマシ〈*Stenotarsus internexus*〉昆虫綱甲虫目テントウムシダマシ科の甲虫。体長3.3～3.8mm。

クロスジモグリガ クロスジツマオレガの別名。

クロスジュウジアトキリゴミムシ クロズジュウジゴミムシの別名。

クロスジュウジゴミムシ〈*Lebia cruxminor*〉昆虫綱甲虫目オサムシ科の甲虫。体長6～7mm。分布：北海道, 本州, 四国, 九州。

クロスジユミモンクチバ〈*Melapia japonica*〉昆虫綱鱗翅目ヤガ科シタバガ亜科の蛾。分布：西南部の海岸線, 島嶼部。

クロズシリホソハネカクシ 黒頭尻細隠翅虫〈*Tachyporus celatus*〉昆虫綱甲虫目ハネカクシ科の甲虫。体長3.0～3.3mm。分布：本州。

グロススミスオナシアゲハ ヤガタオナシアゲハの別名。

クロスズメ 黒天蛾〈*Hyloicus caligineus*〉昆虫綱鱗翅目スズメガ科メンガタスズメ亜科の蛾。開張60～80mm。松に害を及ぼす。分布：中国, 北海道, 本州, 四国, 九州, 朝鮮半島。

クロスズメバチ〈*Vespula flaviceps*〉昆虫綱膜翅目スズメバチ科。社会性カリウドバチの一種。体長11～18mm。分布：日本全土。害虫。

クロズセスジハネカクシ〈*Oxytelus nigriceps*〉昆虫綱甲虫目ハネカクシ科の甲虫。体長4.4～5.0mm。

クロズトガリハネカクシ〈*Lithocharis nigriceps*〉昆虫綱甲虫目ハネカクシ科の甲虫。体長3.3～3.7mm。

クロズネヒラタアブ〈*Cheilosia fuscipennis*〉昆虫綱双翅目ハナアブ科。

クロズノメイガ〈*Goniorhynchus exemplaris*〉昆虫綱鱗翅目メイガ科ノメイガ亜科の蛾。開張21

～24mm。分布：本州(東北地方より), 四国, 九州, 対馬, 屋久島。

クロズハマベゴミムシダマシ〈*Epiphaleria atriceps*〉昆虫綱甲虫目ゴミムシダマシ科の甲虫。体長4.5～5.0mm。分布：本州。

クロズヒメハナノミ〈*Mordellina longula*〉昆虫綱甲虫目ハナノミ科の甲虫。体長3.5～5.1mm。

クロズヒロキバガ〈*Ethmia nigripedella*〉昆虫綱鱗翅目スヒロキバガ科の蛾。分布：北海道の釧路地方, 中央アジア, 東シベリア, モンゴル, 中国, チベット。

クロズホナシゴミムシ〈*Perigona nigriceps*〉昆虫綱甲虫目オサムシ科の甲虫。体長2～3mm。

クロズマグソセスジハネカクシ〈*Oxytelus bengalensis*〉昆虫綱甲虫目ハネカクシ科の甲虫。体長5.0～6.0mm。

クロズマメゲンゴロウ 黒頭豆竜蝨〈*Agabus conspicuus*〉昆虫綱甲虫目ゲンゴロウ科の甲虫。体長9.8～11.0mm。分布：日本各地。

クロズマルクビハネカクシ〈*Tachinus nigriceps*〉昆虫綱甲虫目ハネカクシ科の甲虫。体長4.0～4.5mm。

クロズマルヒメハナムシ〈*Phalacrus punctatus*〉昆虫綱甲虫目ヒメハナムシ科の甲虫。

クロズユスリカバエ〈*Protothanmalea japonica*〉昆虫綱双翅目ユスリカバエ科。

クロズユスリハエカ〈*Thaumalea japonica*〉昆虫綱双翅目ユスリカバエ科。

クロセスジハムシ〈*Japonitata nigrita*〉昆虫綱甲虫目ハムシ科の甲虫。体長4.0～5.8mm。

クロセセリ 黒挵蝶〈*Notocrypta curvifascia*〉昆虫綱鱗翅目セセリチョウ科の蝶。前翅長22mm。分布：九州, 南西諸島。

クロセミゾハネカクシ 黒背溝隠翅虫〈*Falagria sulcata*〉昆虫綱甲虫目ハネカクシ科の甲虫。体長2.8～3.0mm。分布：北海道, 本州。

クロソンホソハナカミキリ〈*Mimostrangalia kurosonensis*〉昆虫綱甲虫目カミキリムシ科ハナカミキリ亜科の甲虫。体長14～18mm。分布：本州(紀伊半島以南), 四国, 九州, 対馬, 屋久島, 伊豆諸島御蔵島。

クロソンマグソコガネダマシ〈*Bolitotrogus kurosonis*〉昆虫綱甲虫目ゴミムシダマシ科の甲虫。体長2.8mm。

クロダケタカネヨトウ〈*Sympistis funebris*〉昆虫綱鱗翅目ヤガ科セダカモクメ亜科の蛾。開張24mm。分布：スカンジナビア, アルプス山塊, 北海道大雪山。

クロタテスジハマキ〈*Archips abiephagus*〉昆虫綱鱗翅目ハマキガ科の蛾。分布：北海道から本州

中部山地。

クロタテハモドキ〈Junonia goudoti〉昆虫綱鱗翅目タテハチョウ科の蝶。分布：マダガスカル，コモロ諸島。

クロタニガワカゲロウ 黒谷川蜉蝣〈Ecdyonurus tobiironis〉昆虫綱蜉蝣目ヒラタカゲロウ科。分布：本州中部。

クロタニユスリカ〈Heptagyia nigra〉昆虫綱双翅目ユスリカ科。

クロタマゾウムシ〈Cionus helleri〉昆虫綱甲虫目ゾウムシ科の甲虫。別名キリノイボゾウムシ。体長4.0～5.1mm。キリ，アブラギリに害を及ぼす。分布：本州，四国，九州。

クロタマムシ 黒吉丁虫〈Buprestis haemorrhoidalis〉昆虫綱甲虫目タマムシ科の虫。体長14～22mm。分布：小笠原諸島をのぞくほぼ日本全土。

クロダンダラカッコウムシ クロサビカッコウムシの別名。

クロチーズバエ〈Steariba nigriceps〉昆虫綱双翅目チーズバエ科。体長3.0～4.0mm。害虫。

クロチビアメバチ〈Tranosema arenicola albula〉昆虫綱膜翅目ヒメバチ科。

クロチビアリモドキ〈Anthicomorphus niponicus〉昆虫綱甲虫目アリモドキ科の甲虫。体長3.3～4.3mm。

クロチビエンマムシ 黒矮閻魔虫〈Carcinops pumilio〉昆虫綱甲虫目エンマムシ科の甲虫。体長2.0～2.5mm。分布：本州，九州。

クロチビオオキノコムシ 黒矮大茸虫〈Tritoma niponensis〉昆虫綱甲虫目オオキノコムシ科の甲虫。体長3～4mm。分布：日本各地。

クロチビカワゴミムシ〈Tachyura nana〉昆虫綱甲虫目オサムシ科の甲虫。体長3.0mm。

クロチビキバガ〈Aproaerema anthyllidella〉昆虫綱鱗翅目キバガ科の蛾。開張8.5～10.0mm。分布：本州，アフリカ，ヨーロッパ，小アジア。

クロチビジョウカイ〈Malthodes minutopygus〉昆虫綱甲虫目ジョウカイボン科の甲虫。体長2.2～3.5mm。

クロチビタマムシ〈Trachys pseudoscrobiculata〉昆虫綱甲虫目タマムシ科の甲虫。体長2.4mm。

クロチビトガリヒメバチ〈Giraudia spinosa〉昆虫綱膜翅目ヒメバチ科。

クロチビナカボソタマムシ〈Nalanda shirozui〉昆虫綱甲虫目タマムシ科の甲虫。体長3～5mm。

クロチビハナケシキスイ〈Heterhelus morio〉昆虫綱甲虫目ケシキスイ科の甲虫。体長1.8～2.5mm。

クロチビヒラタエンマムシ〈Platylomalus persimilis〉昆虫綱甲虫目エンマムシ科の甲虫。体長2.1～2.5mm。

クロチビマルクビハネカクシ〈Erchomus scitulus〉昆虫綱甲虫目ハネカクシ科の甲虫。体長2.5～2.8mm。

クロチビマルハナノミ〈Cyphon mizoro〉昆虫綱甲虫目マルハナノミ科の甲虫。体長2.2～2.5mm。

クロチビミズアブ〈Pachygaster japonica〉昆虫綱双翅目ミズアブ科。

クロチビミズムシ〈Micronecta orientalis〉昆虫綱半翅目ミズムシ科。

クロチビミノガ〈Taleporia nigropterella〉昆虫綱鱗翅目ミノガ科の蛾。分布：福岡県。

クロチャイロコガネ〈Sericania angulata〉昆虫綱甲虫目コガネムシ科の甲虫。

クロチャケムリグモ〈Zelotes asiaticus〉蛛形綱クモ目ワシグモ科の蜘蛛。体長雌7.0～8.5mm，雄5～6mm。分布：本州，四国，九州。

クロチャボハナカミキリ〈Anoplodera takagii〉昆虫綱甲虫目カミキリムシ科ハナカミキリ亜科の甲虫。体長5.5～6.5mm。分布：奄美大島。

クロチャマダラキリガ〈Rhynchaglaea fuscipennis〉昆虫綱鱗翅目ヤガ科セダカモクメ亜科の蛾。開張33mm。分布：関東南部，福井県，四国，九州，対馬，屋久島。

クロチョッキリ〈Involvulus funebris〉昆虫綱甲虫目オトシブミ科の甲虫。体長5.1mm。

クロツグハナケシキスイ〈Amystrops formosiana〉昆虫綱甲虫目ケシキスイ科の甲虫。体長2.0～2.7mm。

クロッシアナ・アスタルテ〈Clossiana astarte〉昆虫綱鱗翅目タテハチョウ科の蝶。分布：アルバータ，ブリティシュコロンビア。

クロッシアナ・アルベルタ〈Clossiana alberta〉昆虫綱鱗翅目タテハチョウ科の蝶。分布：アルバータ，ブリティシュコロンビア。

クロッシアナ・アンガレンシス〈Clossiana angarensis〉昆虫綱鱗翅目タテハチョウ科の蝶。分布：アムール。

クロッシアナ・オスカルス〈Clossiana oscarus〉昆虫綱鱗翅目タテハチョウ科の蝶。分布：アルタイからアムールまで。

クロッシアナ・ジェルドニ〈Clossiana jerdoni〉昆虫綱鱗翅目タテハチョウ科の蝶。分布：カシミール，チトラル(西パキスタン)。

クロッシアナ・セレニス〈Clossiana selenis〉昆虫綱鱗翅目タテハチョウ科の蝶。分布：ウラル山脈，シベリア南部からアムールまで。

クロッシアナ・ディア〈Clossiana dia〉昆虫綱鱗翅目タテハチョウ科の蝶。分布：ヨーロッパ西部，中央アジアから中国西部まで。

クロッシアナ・フリッガ〈Clossiana frigga〉昆虫綱鱗翅目タテハチョウ科の蝶。分布：スカンジナビア半島からアジア北部，カナダ，ロッキー山脈をへてコロラド州まで。

クロッシアナ・ヘゲモネ〈Clossiana hegemone〉昆虫綱鱗翅目タテハチョウ科の蝶。分布：トルキスタン。

クロッシーカザリシロチョウ〈Delias klossi〉昆虫綱鱗翅目シロチョウ科の蝶。開張60mm。分布：ニューギニア島山地。珍蝶。

クロツヅリヒメハマキ〈Epinotia aquila〉昆虫綱鱗翅目ハマキガ科の蛾。分布：北海道(美唄市)。

クロツキクイゾウムシ〈Magdalis galloisi〉昆虫綱甲虫目ゾウムシ科の甲虫。体長3.4〜8.5mm。分布：北海道，本州。

クロツットビケラ 黒筒飛螻〈Uenoa tokunagai〉昆虫綱毛翅目クロツットビケラ科。分布：本州。

クロツツヒラタムシ〈Ancistria reitteri〉昆虫綱甲虫目ツツヒラタムシ科の甲虫。体長3.8〜4.5mm。

クロツツホソミツギリゾウムシ〈Callipareius kojimai〉昆虫綱甲虫目ミツギリゾウムシ科の甲虫。体長7.3〜8.9mm。

クロツツマグソコガネ〈Saprosites japonicus〉昆虫綱甲虫目コガネムシ科の甲虫。体長3.5〜4.0mm。

クロツバメ〈Histia flabellicornis〉昆虫綱鱗翅目マダラガ科の蛾。分布：沖縄本島，石垣島，西表島。

クロツバメアゲハ〈Chilasa toboroi〉昆虫綱鱗翅目アゲハチョウ科の蝶。

クロツバメシジミ 黒燕小灰蝶〈Tongeia fischeri〉昆虫綱鱗翅目シジミチョウ科ヒメシジミ亜科の蝶。準絶滅危惧種(NT)。前翅長11〜13mm。分布：本州(東北をのぞく)，四国，九州。

クロツブアトキリゴミムシ カワツブアトキリゴミムシの別名。

クロツブエンマムシ 黒粒閻魔虫〈Abraeus bonzicus〉昆虫綱甲虫目エンマムシ科の甲虫。体長2.3〜2.5mm。分布：本州，九州。

クロツブゴミムシ〈Pentagonica subcordicollis〉昆虫綱甲虫目オサムシ科の甲虫。体長4.5mm。

クロツブゾウムシ〈Sphinxis koikei〉昆虫綱甲虫目ゾウムシ科の甲虫。体長2.3〜2.5mm。

クロツブマグソコガネ〈Aphodius yamato〉昆虫綱甲虫目コガネムシ科の甲虫。体長3.5〜4.0mm。

クロツマキシャチホコ〈Phalera minor〉昆虫綱鱗翅目シャチホコガ科の蛾。分布：関東地方南部を北限，四国，九州，対馬，屋久島，奄美大島，沖縄本島。

クロツマキジョウカイ〈Malthinus japonicus〉昆虫綱甲虫目ジョウカイボン科の甲虫。体長3.7〜4.8mm。

クロツヤアラゲカミキリ〈Anaespogonius piceonigris〉昆虫綱甲虫目カミキリムシ科フトカミキリ亜科の甲虫。体長9.5mm。

クロツヤアリノスハネカクシ〈Bolitochara comes〉昆虫綱甲虫目ハネカクシ科の甲虫。体長5.5〜6.0mm。分布：本州，九州。

クロツヤイエバエ〈Hydrotaea spinigera〉昆虫綱双翅目イエバエ科。体長5.0〜6.0mm。害虫。

クロツヤオオツノクワガタ〈Mesotopus tarandus〉昆虫綱甲虫目クワガタムシ科。分布：アフリカ西部，中央部。

クロツヤオオヨコバイ〈Kurotsuyanus sachalinensis〉昆虫綱半翅目フトヨコバイ科。

クロツヤキクイムシ〈Trypodendron proximum〉昆虫綱甲虫目キクイムシ科の甲虫。体長3.3〜4.3mm。

クロツヤキノコゴミムシダマシ〈Platydema nigroaeneum〉昆虫綱甲虫目ゴミムシダマシ科の甲虫。体長7mm。分布：本州，四国，九州。

クロツヤキマワリ〈Plesiophthalmus spectabilis〉昆虫綱甲虫目ゴミムシダマシ科の甲虫。体長17〜20mm。分布：本州，四国，九州。

クロツヤクシコメツキ〈Melanotus annosus〉昆虫綱甲虫目コメツキムシ科の甲虫。体長15mm。イネ科作物，柑橘に害を及ぼす。分布：本州，四国，九州。

クロツヤクビボソクワガタ〈Cantharolethrus luxeri〉昆虫綱甲虫目クワガタムシ科。分布：コスタリカ，パナマ，コロンビア。

クロツヤケアシハナバチ〈Macropis tibialis〉昆虫綱膜翅目ケアシハナバチ科。

クロツヤケシクモヒメバチ〈Schizopyga nipponica〉昆虫綱膜翅目ヒメバチ科。

クロツヤコオロギ 黒艶蟋蟀〈Gryllus ritsemae〉昆虫綱直翅目コオロギ科。体長18〜38mm。分布：本州(関東以西)，四国，九州。

クロツヤゴミカ クロツヤニセケバエの別名。

クロツヤゴモクムシ ヒメツヤゴモクムシの別名。

クロツヤサルゾウムシ〈Wagnerinus costatus〉昆虫綱甲虫目ゾウムシ科の甲虫。体長2.8〜3.5mm。

クロツヤシデムシ〈Pteroloma koebelei〉昆虫綱甲虫目シデムシ科の甲虫。体長6mm。分布：本州(中部以北)。

クロツヤショウジョウバエ〈Drosophila coracina〉昆虫綱双翅目ショウジョウバエ科。

クロツヤダイコクコガネ〈Dichotomius inhiatus〉昆虫綱甲虫目コガネムシ科の甲虫。分布：南アメリカ。

クロツヤチビオドリバエ〈Trichina fumipennis〉昆虫綱双翅目オドリバエ科。

クロツヤチビケシキスイ〈Meligethes nitidicollis〉昆虫綱甲虫目ケシキスイ科の甲虫。体長2.0～2.5mm。

クロツヤツツヒラタムシ〈Hectarthrum sociale〉昆虫綱甲虫目ツツヒラタムシ科の甲虫。体長9～13mm。

クロツヤツツホソカタムシ〈Teredolaemus politus〉昆虫綱甲虫目ホソカタムシ科の甲虫。体長3.4～4.0mm。

クロツヤテントウ〈Serangium japonicum〉昆虫綱甲虫目テントウムシ科の甲虫。体長1.5～2.0mm。

クロツヤナガハリバエ 黒艶長針蠅〈Zophomyia temula〉昆虫綱双翅目アシナガヤドリバエ科。分布：北海道。

クロツヤニセケバエ〈Scatopse notata〉昆虫綱双翅目ニセケバエ科。害虫。

クロツヤニセリンゴカミキリ〈Eumecocera atrofusca〉昆虫綱甲虫目カミキリムシ科フトカミキリ亜科の甲虫。体長8mm。

クロツヤバエ ヤマトクロツヤバエの別名。

クロツヤハダクワガタ〈Ceruchus piceus〉昆虫綱甲虫目クワガタムシ科。分布：アメリカ。

クロツヤハダコメツキ 黒艶肌叩頭虫〈Athous secessus〉昆虫綱甲虫目コメツキムシ科の甲虫。体長8～14mm。分布：北海道, 本州, 四国, 九州, 屋久島, 伊豆諸島。

クロツヤハナバエ〈Ophyra nigra〉昆虫綱双翅目ハナバエ科。

クロツヤハネカクシ 黒艶隠翅虫〈Priochirus japonicus〉昆虫綱甲虫目ハネカクシ科の甲虫。体長13mm。分布：本州, 四国, 九州, 佐渡。

クロツヤバネクチキムシ〈Hymenalia unicolor〉昆虫綱甲虫目ゴミムシダマシ科の甲虫。体長5mm。分布：北海道, 本州, 四国。

クロツヤハリバエ〈Macrozenillia townsendi〉昆虫綱双翅目ヤドリバエ科。

クロツヤヒゲナガコバネカミキリ〈Glaphyra hattorii〉昆虫綱甲虫目カミキリムシ科カミキリ亜科の甲虫。体長6.5～8.0mm。

クロツヤヒゲナガハナノミ〈Epilichas monticola〉昆虫綱甲虫目ナガハナノミ科の甲虫。体長8～10mm。

クロツヤヒメハナバチ〈Andrena richardsi〉昆虫綱膜翅目ヒメハナバチ科。

クロツヤヒラタゴミムシ 黒艶扁芥虫〈Synuchus cycloderus〉昆虫綱甲虫目オサムシ科の甲虫。体長10.5～14.0mm。分布：本州, 四国, 九州。

クロツヤヒラタコメツキ〈Calambus japonicus〉昆虫綱甲虫目コメツキムシ科の甲虫。体長7～8mm。分布：北海道, 本州, 四国, 九州。

クロツヤヒラタヒメバチ〈Theronia laevigata nigra〉昆虫綱膜翅目ヒメバチ科。

クロツヤホシヒラタアブ〈Melanostoma alpinum〉昆虫綱双翅目ハナアブ科。

クロツヤホソバエ クロアシツヤホソバエの別名。

クロツヤマガリガ〈Paraclemensia incerta〉昆虫綱鱗翅目マガリガ科の蛾。開張14～16mm。分布：北海道, 本州, 四国, 九州, ウスリー。

クロツヤマグソコガネ〈Aphodius atratus〉昆虫綱甲虫目コガネムシ科の甲虫。

クロツヤマルクビハネカクシ〈Tachinus punctiventris〉昆虫綱甲虫目ハネカクシ科の甲虫。体長9.0～10.0mm。

クロツヤミズアブ〈Evaza japonica〉昆虫綱双翅目ミズアブ科。

クロツヤミズギワカメムシ〈Saldula koreana〉昆虫綱半翅目ミズギワカメムシ科。体長10mm。分布：本州。

クロツヤミズギワコメツキ〈Neohypdonus telluris〉昆虫綱甲虫目コメツキムシ科の甲虫。体長3.0～3.4mm。

クロツヤミズギワヨツメハネカクシ〈Psephidonus sinuatus〉昆虫綱甲虫目ハネカクシ科の甲虫。体長5.0～6.0mm。

クロツヤミノガ〈Bambalina sp.〉昆虫綱鱗翅目ミノガ科の蛾。柿, 林檎, 柑橘, 茶に害を及ぼす。分布：本州, 四国, 九州, 対馬, 屋久島, 奄美大島, 沖縄本島, 石垣島。

クロツヤミヤマクワガタ〈Lucanus atratus〉昆虫綱甲虫目クワガタムシ科。分布：ネパール, シッキム, アッサム。

クロツヤムシ 黒艶虫〈peg beetles, bess beetles〉昆虫綱甲虫目クロツヤムシ科Passalidaeに属する昆虫の総称。

クロツヤムシの一種〈Passalus sp.〉昆虫綱甲虫目クロツヤムシ科。

クロテイオウゼミ〈Pomponia merula〉昆虫綱半翅目セミ科。別名ボルネオテイオウゼミ。分布：ボルネオ。

クロテオノグモ〈Callilepis saga〉蛛形綱クモ目ワシグモ科の蜘蛛。

クロテナガグモ〈Bathyphantes robustus〉蛛形綱クモ目サラグモ科の蜘蛛。体長雌2.5～3.0mm, 雄2.1～2.5mm。分布：本州。

クロテンア

クロテンアオナミシャク 〈*Chloroclystis azumai*〉 昆虫綱鱗翅目シャクガ科の蛾。分布：沖縄本島, 宮古島, 石垣島。

クロテンアオフトメイガ 〈*Jocara rufescens*〉 昆虫綱鱗翅目メイガ科の蛾。分布：本州北部から四国, 九州, 対馬, 屋久島。

クロテンウスチャヒメシャク 〈*Anisodes obrinaria*〉 昆虫綱鱗翅目シャクガ科の蛾。分布：屋久島, 奄美大島, 沖永良部島, 沖縄本島, 久米島, 宮古島, 与那国島, 台湾, 海南島, マレー半島, スリランカ, インド北部, ミャンマー, ボルネオ, インドネシア。

クロテンカバアツバ 〈*Anachrostis nigripunctalis*〉 昆虫綱鱗翅目ヤガ科クチバ亜科の蛾。分布：北海道から九州。

クロテンカバナミシャク 〈*Eupithecia emanata*〉 昆虫綱鱗翅目シャクガ科ナミシャク亜科の蛾。開張15～21mm。分布：北海道, 本州, 四国, 九州, 中国東北, シベリア南東部。

クロテンキクチブサガ 〈*Ypsolopha yasudai*〉 昆虫綱鱗翅目スガ科の蛾。分布：本州(東北, 中部地方)。

クロテンキノカワガ 〈*Nycteola dufayi*〉 昆虫綱鱗翅目ヤガ科キノカワガ亜科の蛾。分布：関東地方を北限とし, 内陸, 四国, 九州。

クロテンキバガ 〈*Telphusa cornisignella*〉 昆虫綱鱗翅目キバガ科の蛾。分布：屋久島。

クロテンキベリドクガ 〈*Euproctis hemicyclia*〉 昆虫綱鱗翅目ドクガ科の蛾。褐色と黄色からなる斑紋をもつ。開張3.0～4.5mm。分布：スマトラの熱帯雨林。

クロテンキヨトウ 〈*Aletia insalebrosa*〉 昆虫綱鱗翅目ヤガ科ヨトウガ亜科の蛾。分布：北海道から九州, 対馬。

クロテンキリガ 〈*Orthosia fausta*〉 昆虫綱鱗翅目ヤガ科ヨトウガ亜科の蛾。開張33～36mm。分布：関東南部, 八丈島, 奄美大島。

クロテングスケバ 〈*Saigona ishidai*〉 昆虫綱半翅目テングスケバ科。

クロテンケナガノミ 〈*Chaetopsylla zibellina*〉 昆虫綱隠翅目ケナガノミ科。体長雄2.0mm, 雌2.7mm。分布：シベリア西部から日本(本州)まで。害虫。

クロテンケンモンスズメ 黒点剣紋天蛾 〈*Kentochrysalis consimilis*〉 昆虫綱鱗翅目スズメガ科メンガタスズメ亜科の蛾。開張50～70mm。分布：本州(東北地方より), 四国, 九州。

クロテンシャチホコ 黒星天社蛾 〈*Urodonta branickii*〉 昆虫綱鱗翅目シャチホコ科ウチキシャチホコ亜科の蛾。開張48～55mm。分布：沿海州, 北海道, 本州, 対馬。

クロテンシロコケガ 〈*Aemene fukudai*〉 昆虫綱鱗翅目ヒトリガ科の蛾。分布：本州, 四国。

クロテンシロチョウ 〈*Leptosia nina*〉 昆虫綱鱗翅目シロチョウ科の蝶。小型で, 前翅の先端部に黒色の斑紋がある。開張4～5mm。分布：インドから, マレーシア, 中国南部, インドネシア。

クロテンシロヒメシャク 黒点白姫尺蛾 〈*Scopula apicipunctata*〉 昆虫綱鱗翅目シャクガ科ヒメシャク亜科の蛾。開張15～24mm。分布：北海道, 本州, 四国, 九州, 対馬, 屋久島, 朝鮮半島, シベリア南東部, 中国。

クロテンシロミズメイガ 〈*Paraponyx diminutalis*〉 昆虫綱鱗翅目メイガ科の蛾。分布：九州, 沖縄本島, 西表島, 台湾, 中国, インドから東南アジア一帯。

クロテンツマアカシロチョウ 〈*Colotis guenei*〉 昆虫綱鱗翅目シロチョウ科の蝶。分布：マダガスカル。

クロテンツマキハマキ 〈*Olethreutes dimidiana*〉 昆虫綱鱗翅目ノコメハマキガ科の蛾。開張15～17.5mm。

クロテンツマキヒメハマキ 〈*Metendothenia atropunctana*〉 昆虫綱鱗翅目ハマキガ科の蛾。分布：日本では本州(東北, 中部山地), 四国(剣山)。

クロテンツマキヒメハマキ クロテンツマキハマキの別名。

クロテントウ 〈*Telsimia nigra*〉 昆虫綱甲虫目テントウムシ科の甲虫。

クロテントウゴミムシダマシ 〈*Leiochrodes convexus*〉 昆虫綱甲虫目ゴミムシダマシ科の甲虫。体長2.5mm。

クロテントビイロナミシャク 〈*Pseudocollix kawamurai*〉 昆虫綱鱗翅目シャクガ科の蛾。分布：本州(伊豆半島以西), 四国, 九州。

クロテントビヒメシャク 黒点鳶姫尺蛾 〈*Idaea foedata*〉 昆虫綱鱗翅目シャクガ科ヒメシャク亜科の蛾。開張17～20mm。分布：北海道, 本州, 朝鮮半島, 中国。

クロテンナミアツバ 〈*Sinarella nigrisigna*〉 昆虫綱鱗翅目ヤガ科クルマアツバ亜科の蛾。分布：対馬, 中国, 朝鮮半島, 台湾。

クロテンハイイロコケガ 黒点灰色苔蛾 〈*Eugoa grisea*〉 昆虫綱鱗翅目ヒトリガ科コケガ亜科の蛾。開張22～28mm。分布：本州(関東以西), 四国, 九州, 対馬, 朝鮮半島。

クロテンヒラタケシキスイ 〈*Epuraea argus*〉 昆虫綱甲虫目ケシキスイ科の甲虫。体長2.5～3.2mm。

クロテンフユシャク 〈*Inurois punctigera*〉 昆虫綱鱗翅目シャクガ科ホシシャク亜科の蛾。開張22～31mm。分布：北海道, 本州, 四国, 九州, 対馬。

クロテンマダラカギバヒメハマキ〈Ancylis melanostigma〉昆虫綱鱗翅目ハマキガ科の蛾。分布：本州の中部山地, 東北, 北海道。

クロテンマメサヤヒメハマキ〈Matsumuraeses vicina〉昆虫綱鱗翅目ハマキガ科の蛾。分布：本州, 対馬, 伊豆八丈島, 中国。

クロテンヤスジカバナミシャク〈Eupithecia interpunctaria〉昆虫綱鱗翅目シャクガ科の蛾。分布：北海道, 本州, 四国, 九州, 対馬。

クロテンヨトウ〈Athetis cinerascens〉昆虫綱鱗翅目ヤガ科カラスヨトウ亜科の蛾。分布：沿海州, 中国, 本州から九州, 対馬。

クロトガリキジラミ 黒尖木虱〈Trioza nigra〉昆虫綱半翅目キジラミ科。分布：北海道, 本州, 九州。

クロトゲアリ〈Polyrhachis dives〉昆虫綱膜翅目アリ科。害虫。

クロトゲケバエ〈Dilophus aquilonia〉昆虫綱双翅目ケバエ科。

クロトゲサルゾウムシ〈Homorosoma aterrimum〉昆虫綱甲虫目ゾウムシ科の甲虫。

クロトゲナシケバエ ホソクロアシボソケバエの別名。

クロトゲハムシ〈Hispellinus moerens〉昆虫綱甲虫目ハムシ科の甲虫。体長3.5mm。

クロトゲマダラアブラムシ〈Tuberculatus stigmatus〉昆虫綱半翅目アブラムシ科。ナラ, 樫, ブナに害を及ぼす。

クロトゲミギワバエ 黒棘水際蠅〈Dichaeta caudata〉昆虫綱双翅目ミギワバエ科。分布：本州。

クロトサカシバンムシ〈Trichodesma japonicum〉昆虫綱甲虫目シバンムシ科の甲虫。体長4.5～7.0mm。

クロトビカスミカメ〈Halticus insularis〉昆虫綱半翅目カスミカメムシ科。体長1.5～2.5mm。サツマイモに害を及ぼす。分布：対馬, 南西諸島。

クロトビムシモドキ 黒擬跳虫〈Lophognathella choreutes〉無翅昆虫亜綱粘管目トビムシモドキ科。分布：本州。

クロトビメクラガメ クロトビカスミカメの別名。

クロトラカミキリ〈Chlorophorus diadema〉昆虫綱甲虫目カミキリムシ科カミキリ亜科の甲虫。体長8～16mm。分布：北海道, 本州, 四国, 九州, 佐渡。

クロトラフハマキ〈Croesia crataegi〉昆虫綱鱗翅目ハマキガ科の蛾。分布：本州では浅い山地から高地, ロシアの沿海州地方。

クロトリノフンダマシ〈Cyrtarachne nigra〉蛛形綱クモ目コガネグモ科の蜘蛛。体長雌6～7mm, 雄1.5～2.0mm。分布：本州(中部以南), 四国, 九州, 南西諸島。

クロドルカディオンモドキ〈Moneilema gigas〉昆虫綱甲虫目カミキリムシ科の甲虫。別名クロサボテンカミキリ。分布：北アメリカ南西部。

クロトンアザミウマ〈Heliothrips haemorrhoidalis〉昆虫綱総翅目アザミウマ科。体長1.5mm。キウイ, 茶, セントポーリア, バラ類, ラン類, サンゴジュ, 柿, 柑橘に害を及ぼす。分布：本州(関東以南)以南。

クロトンカキカイガラムシ〈Lepidosaphes tokionis〉昆虫綱半翅目マルカイガラムシ科。クロトンに害を及ぼす。

クロナガアトキリゴミムシ〈Celaenephes parallelus〉昆虫綱甲虫目オサムシ科の甲虫。体長5.5～7.0mm。

クロナガアリ 黒長蟻〈Messor aciculatum〉昆虫綱膜翅目アリ科。体長5mm。分布：本州, 四国, 九州。

クロナガエダキノコバエ〈Synapha vitripennis〉昆虫綱双翅目キノコバエ科。

クロナガエハネカクシ〈Ochthephilum densipenne〉昆虫綱甲虫目ハネカクシ科の甲虫。体長9.8～10.3mm。

クロナガオサムシ 黒長歩行虫〈Carabus procerulus〉昆虫綱甲虫目オサムシ科の甲虫。体長25～33mm。分布：本州, 九州。害虫。

クロナガカメムシ 黒長亀虫〈Drymus marginatus〉昆虫綱半翅目ナガカメムシ科。体長5mm。分布：北海道, 本州, 四国, 九州。

クロナガキマワリ〈Strongylium niponicum〉昆虫綱甲虫目ゴミムシダマシ科の甲虫。体長14.0～18.0mm。

クロナガクチキムシ〈Melandrya atricolor〉昆虫綱甲虫目ナガクチキムシ科の甲虫。体長9～12mm。分布：本州。

クロナガタマムシ 黒長吉丁虫〈Agrilus cyaneoniger〉昆虫綱甲虫目タマムシ科の甲虫。体長10～15mm。分布：北海道, 本州, 四国, 九州, 対馬, 屋久島。

クロナガハナアブ 黒長花虻〈Zelima longa〉昆虫綱双翅目ハナアブ科。分布：北海道, 本州。

クロナガハナゾウムシ〈Bradybatus sharpi〉昆虫綱甲虫目ゾウムシ科の甲虫。体長3.2～4.0mm。分布：本州, 四国, 九州。

クロナガハムシ〈Orsodacne arakii〉昆虫綱甲虫目ハムシ科の甲虫。体長7mm。分布：北海道, 本州, 四国, 九州。

クロナンキングモ〈Erigonidium graminicola〉蛛形綱クモ目サラグモ科の蜘蛛。体長雌2.5～3.

クロニアテ

0mm, 雄2.3〜2.5mm。分布：本州，九州。

クロニアデス・マカオン〈Croniades machaon〉昆虫綱鱗翅目セセリチョウ科の蝶。分布：ブラジル。

クロニクバエ〈Boettcherisca septentrionalis〉昆虫綱双翅目ニクバエ科。

クロニセトガリハネカクシ〈Achenomorphus lithocharoides〉昆虫綱甲虫目ハネカクシ科の甲虫。体長4.0〜4.4mm。

クロニセリンゴカミキリ〈Eumecocera unicolor〉昆虫綱甲虫目カミキリムシ科フトカミキリ亜科の甲虫。体長8〜11mm。分布：本州，四国，九州。

クロニタイケアブラムシ〈Periphyllus kuwanaii〉昆虫綱半翅目アブラムシ科。楓(紅葉)に害を及ぼす。

クロネコゼキノコバエ〈Zygomyia pictipennis〉昆虫綱双翅目キノコバエ科。

クロネハイイロハマキ クロネハイイロヒメハマキの別名。

クロネハイイロヒメハマキ 黒根灰色葉捲蛾〈Rhopobota naevana〉昆虫綱鱗翅目ハマキガ科ノコメハマキガ亜科の蛾。開張12〜15.5mm。梅，アンズ，ナシ類，林檎，ツゲ，桜類，イヌツゲに害を及ぼす。分布：北半球，北海道から九州，対馬，伊豆諸島(新島，式根島，神津島，三宅島，八丈島)，屋久島，奄美大島。

クロノギカワゲラ〈Cryptoperla sp.〉昆虫綱襀翅目ヒロムネカワゲラ科。

クロノコヒゲシバンムシ〈Pseudomesothes pulverulentus〉昆虫綱甲虫目シバンムシ科の甲虫。体長3.0〜4.0mm。

クロノコムネキスイ〈Henoticus japonicus〉昆虫綱甲虫目キスイムシ科の甲虫。体長1.8〜2.3mm。

クロノミゾウムシ〈Rhynchaenus stigma〉昆虫綱甲虫目ゾウムシ科の甲虫。体長2.2〜2.5mm。

クロバアカサシガメ 黒翅赤刺亀〈Labidocoris insignis〉昆虫綱半翅目サシガメ科。分布：本州，四国，九州。

クロバアカマルハバチ〈Nesotomostetethus religiosa〉昆虫綱膜翅目ハバチ科。

クロバアミカ 黒翅網蚊〈Bibiocephala infuscata〉昆虫綱双翅目アミカ科。分布：本州。

クロバアミカ属の一種〈Amika sp.〉昆虫綱双翅目アミカ科。

クロバエ 黒蝿〈blow fly〉昆虫綱双翅目環縫亜目クロバエ科Calliphoridaeの昆虫の総称，またはそのなかのクロバエ属Calliphoraをさす。

クロバクキバチ 黒翅茎蜂〈Cephus nigripennis〉昆虫綱膜翅目クキバチ科。体長9〜10mm。分布：本州。

クロハグルマエダシャク 黒歯車枝尺蛾〈Synegia esther〉昆虫綱鱗翅目シャクガ科エダシャク亜科の蛾。開張24〜30mm。分布：伊豆諸島八丈島，本州(東北地方北部より)，四国，九州，対馬，屋久島，奄美大島，沖縄本島，石垣島，西表島，中国，台湾。

クロハサミムシ〈Nesogaster lewisi〉昆虫綱革翅目クロハサミムシ科。体長15〜25mm。分布：北海道，本州。

クローバーシストセンチュウ〈Heterodera trifolii〉ヘテロデラ科。マメ科牧草に害を及ぼす。

クローバータネコバチ〈Bruchophagus gibbus〉昆虫綱膜翅目カタビロコバチ科。マメ科牧草に害を及ぼす。

クロバチビオオキノコムシ〈Pseudamblyopus similis〉昆虫綱甲虫目オオキノコムシ科の甲虫。体長3.3〜4.5mm。

クロバトゲヒメハナノミ〈Tolidostena atripennis〉昆虫綱甲虫目ハナノミ科の甲虫。体長2.3〜3.0mm。

クロハナアツバ クロハナコヤガの別名。

クロハナカミキリ〈Leptura aethiops〉昆虫綱甲虫目カミキリムシ科ハナカミキリ亜科の甲虫。体長12〜17mm。分布：北海道，本州，四国，九州，佐渡。

クロハナカメムシ 黒花亀虫〈Anthocoris japonicus〉昆虫綱半翅目ハナカメムシ科。体長3.5〜3.8mm。分布：本州。

クロハナギンガ(1)〈Chasminodes albonitens〉昆虫綱鱗翅目ヤガ科カラスヨトウ亜科の蛾。開張26〜31mm。分布：沿海州，北海道，本州，四国，九州。

クロハナギンガ(2)〈Chasminodes sugii〉昆虫綱鱗翅目ヤガ科カラスヨトウ亜科の蛾。分布：沿海州，北海道，本州，四国，九州の山地。

クロハナグモモドキ〈Lysiteles nigrifrons〉蛛形綱クモ目カニグモ科の蜘蛛。

クロハナケシキスイ〈Carpophilus chalybeus〉昆虫綱甲虫目ケシキスイ科の甲虫。体長2.5〜4.0mm。

クロハナコメツキ〈Cardiophorus pinguis〉昆虫綱甲虫目コメツキムシ科の甲虫。体長6.5〜8.0mm。

クロハナコヤガ〈Aventiola pusilla〉昆虫綱鱗翅目ヤガ科コヤガ亜科の蛾。開張17mm。分布：沿海州，北海道から九州。

クロハナノミ〈Mordella brachyura〉昆虫綱甲虫目ハナノミ科の甲虫。体長5.0〜7.5mm。分布：北海道，本州(山地)。

クロハナボタル〈Plateros coracinus〉昆虫綱甲虫目ベニボタル科の甲虫。体長5.0〜5.9mm。

クロハナムグリ〈*Glycyphana fulvistemma*〉昆虫綱甲虫目コガネムシ科の甲虫。体長11〜14mm。バラ類に害を及ぼす。分布：北海道, 本州, 四国, 九州, 対馬。

クロハヌマユスリカ〈*Psectrotanypus orientalis*〉昆虫綱双翅目ユスリカ科。

クロハネアリガタハネカクシ 黒翅蟻形隠翅虫〈*Oedichirus lewisius*〉昆虫綱甲虫目ハネカクシ科の甲虫。体長6.9〜7.5mm。分布：本州, 九州。

クロハネオレバエ〈*Chyliza scutellata*〉昆虫綱双翅目ハネオレバエ科。

クロハネカクシ〈*Ocypus rambouseki nigroaeneus*〉昆虫綱甲虫目ハネカクシ科の甲虫。体長15.0〜18.0mm。

クロハネクビナガハムシ〈*Lilioceris ruficollis*〉昆虫綱甲虫目ハムシ科の甲虫。体長8.5mm。分布：対馬。

クロハネクビボソハムシ クロハネクビナガハムシの別名。

クロハネシロヒゲナガ 黒翅白鬚長蛾〈*Nemophora albiantennella*〉昆虫綱鱗翅目マガリガ科の蛾。分布：本州, 四国。

クロハネツリアブ 黒翅長吻虻〈*Hyperalonia tantalus*〉昆虫綱双翅目ツリアブ科。体長13〜19mm。分布：日本全土。

クロハネテラウチウンカ〈*Terauchiana nigripennis*〉昆虫綱半翅目ウンカ科。

クロハネナガハネカクシ〈*Xantholinus pleuralis*〉昆虫綱甲虫目ハネカクシ科の甲虫。体長7.5〜8.0mm。

クロハネヒトリ〈*Spilosoma infernalis*〉昆虫綱鱗翅目ヒトリガ科ヒトリガ亜科の蛾。開張雄27〜30mm, 雌32〜40mm。ハスカップ, 桜桃, 林檎に害を及ぼす。分布：北海道, 本州, 四国, 九州, 中国。

クロハネヒメガガンボ〈*Elliptera zipanguensis*〉昆虫綱双翅目ガガンボ科。

クロハネヒメテントウ〈*Axinoscymnus nigripennis*〉昆虫綱甲虫目テントウムシ科の甲虫。体長1.5〜1.7mm。

クロハネビロチョウバエ〈*Brunettia spinistoma*〉昆虫綱双翅目チョウバエ科。

クロハネフユシャク〈*Alsophila foedata*〉昆虫綱鱗翅目シャクガ科ホシシャク亜科の蛾。開張23〜29mm。分布：群馬, 埼玉, 東京, 神奈川。

クロハネホソオドリバエ〈*Rhamphomyia retortus*〉昆虫綱双翅目オドリバエ科。

クロハネマルノミハムシ〈*Argopus nigripennis*〉昆虫綱甲虫目ハムシ科の甲虫。体長4.0〜4.2mm。

クロハネモンアブ クロメクラアブの別名。

クローバーハダニ〈*Bryobia praetiosa*〉節足動物門クモ形綱ダニ目ハダニ科のダニ。体長0.8〜0.9mm。ナス科野菜, 苺, 林檎, イネ科牧草, マメ科牧草, アブラナ科野菜, ウリ科野菜に害を及ぼす。

クロハバチ〈*Macrophya ignava*〉昆虫綱膜翅目ハバチ科。体長9mm。分布：日本全土。

クロハバビロオオキノコムシ〈*Neotriplax atrata*〉昆虫綱甲虫目オオキノコムシ科の甲虫。体長5.0〜7.5mm。分布：北海道, 本州, 四国, 九州。

クロハバラグリハムシ〈*Euliroetis abdominalis*〉昆虫綱甲虫目ハムシ科の甲虫。体長5.8mm。

クロバヒシベニボタル〈*Dictyoptera elegans*〉昆虫綱甲虫目ベニボタル科の甲虫。体長8mm。分布：本州。

クロバヒメジョウカイモドキ〈*Hypebaeus okinawanus*〉昆虫綱甲虫目ジョウカイモドキ科の甲虫。体長2.2mm。

クロバヒメナガハムシ〈*Taumacera tibialis*〉昆虫綱甲虫目ハムシ科の甲虫。体長5mm。分布：本州, 四国, 九州。

クローバヒメハマキ〈*Olethreutes doubledayana*〉昆虫綱鱗翅目ハマキガ科の蛾。分布：北海道, 本州, 四国, 九州, 対馬, 屋久島, 朝鮮半島, 中国, ロシア, ヨーロッパ, イギリス。

クロバミズメイガ〈*Nymphula nigra*〉昆虫綱鱗翅目メイガ科の蛾。分布：本州(伊豆半島), 屋久島, 西表島, インド北部。

クロバメクラガメ〈*Lygocoris nigritulus*〉昆虫綱半翅目メクラカメムシ科。

クロハモグリゾウムシ〈*Elleschus pauper*〉昆虫綱甲虫目ゾウムシ科の甲虫。体長2.6〜2.8mm。

クロハラカマバチ〈*Haplogonatopus atratus*〉昆虫綱膜翅目カマバチ科。

クロハラヒメバチ〈*Callajoppa pepsoides*〉昆虫綱膜翅目ヒメバチ科。体長27mm。分布：日本全土。

クロハレギチョウ〈*Cethosia obscura*〉昆虫綱鱗翅目タテハチョウ科の蝶。分布：ニュー・ブリテン, デューク・オブ・ヨーク。

クロヒカゲ 黒日陰蝶〈*Lethe diana*〉昆虫綱鱗翅目ジャノメチョウ科の蝶。前翅長26〜28mm。分布：北海道, 本州, 四国, 九州。

クロヒカゲモドキ 擬黒日陰蝶〈*Lethe marginalis*〉昆虫綱鱗翅目ジャノメチョウ科の蝶。絶滅危惧II類(VU)。前翅長30〜32mm。分布：本州, 四国, 九州。

クロヒゲアオゴミムシ〈*Chlaenius ocreatus*〉昆虫綱甲虫目オサムシ科の甲虫。体長12mm。分布：本州, 四国, 九州。

クロヒゲアオヒメバチ〈*Platylabus nigricornis*〉昆虫綱膜翅目ヒメバチ科。

クロヒケア

クロヒゲアカコマユバチ〈Cremnops atricornis〉昆虫綱膜翅目コマユバチ科。

クロヒゲアラハダトビハムシ〈Zipangia nigricornis〉昆虫綱甲虫目ハムシ科の甲虫。体長2.5mm。

クロヒゲオレハネカクシ〈Acylophorus honshuensis〉昆虫綱甲虫目ハネカクシ科の甲虫。体長7.2〜8.0mm。

クロヒゲカミムラカワゲラ クロヒゲカワゲラの別名。

クロヒゲカワゲラ 黒鬚襀翅〈Kamimuria quadrata〉昆虫綱襀翅目カワゲラ科。別名クロヒゲカミムラカワゲラ。体長雄12mm、雌15mm。分布：北海道, 本州, 四国, 九州。

クロヒゲキイロカミキリ ヤエヤマキイロアラゲカミキリの別名。

クロヒゲナガケバエ 黒鬚長毛蠅〈Hesperinus nigratus〉昆虫綱双翅目ケバエ科。分布：北海道。

クロヒゲナガコマユバチ〈Macrocentrus marginator〉昆虫綱膜翅目コマユバチ科。

クロヒゲナガジョウカイ〈Habronychus providus〉昆虫綱甲虫目ジョウカイボン科の甲虫。体長5.2〜7.6mm。

クロヒゲナガゾウムシ〈Cedus japonicus〉昆虫綱甲虫目ヒゲナガゾウムシ科の甲虫。体長6〜7mm。分布：奄美大島。

クロヒゲナガハナバエ 黒鬚長花蠅〈Hermyia beelzebul〉昆虫綱双翅目ヒラタハナバエ科。分布：本州, 四国, 九州。

クロヒゲナガフルカ クロヒゲナガケバエの別名。

クロヒゲナガマルクビハネカクシ〈Tachinus adachii〉昆虫綱甲虫目ハネカクシ科の甲虫。体長5.3〜5.7mm。

クロヒゲヒメカゲロウ〈Hemerobius nigricornis〉昆虫綱脈翅目ヒメカゲロウ科。

クロヒゲフシオナガヒメバチ〈Acropimpla persimilis〉昆虫綱膜翅目ヒメバチ科。体長12mm。分布：日本全土。

クロヒゲフシヒメバチ クロヒゲフシオナガヒメバチの別名。

クロヒゲブトカツオブシムシ〈Thaumaglossa hilleri〉昆虫綱甲虫目カツオブシムシ科の甲虫。体長2.8〜4.2mm。

クロヒゲマルガタゴミムシ〈Amara erratica〉昆虫綱甲虫目オサムシ科の甲虫。体長6〜8mm。

クロヒザグモ〈Erigone atra〉蛛形綱クモ目サラグモ科の蜘蛛。

クロヒバリモドキ キアシクサヒバリの別名。

クロヒメイエバエ ウスズミヒメイエバエの別名。

クロヒメガガンボ属の一種〈Eriocera sp.〉昆虫綱双翅目ガガンボ科。

クロヒメガガンボモドキ 黒姫擬大蚊〈Bittacus takaoensis〉昆虫綱長翅目ガガンボモドキ科。分布：本州, 四国, 九州。

クロヒメカワベハネカクシ〈Platystethus operosus〉昆虫綱甲虫目ハネカクシ科の甲虫。体長3.0〜3.4mm。

クロヒメキノコハネカクシ〈Sepedophilus varicornis〉昆虫綱甲虫目ハネカクシ科の甲虫。体長4.5〜5.0mm。

クロヒメクビボソジョウカイ〈Podabrus malthinoides〉昆虫綱甲虫目ジョウカイボン科の甲虫。体長4.5〜6.5mm。

クロヒメコメツキモドキ〈Anadastus matsuzawai〉昆虫綱甲虫目コメツキモドキ科の甲虫。体長3.2〜4.3mm。

クロヒメジョウカイ 黒姫浄海〈Rhagonycha caroli〉昆虫綱甲虫目ジョウカイボン科の甲虫。体長5.7〜6.2mm。分布：北海道。

クロヒメツツハムシ〈Coenobius piceus〉昆虫綱甲虫目ハムシ科。

クロヒメテントウ〈Scymnus japonicus〉昆虫綱甲虫目テントウムシ科の甲虫。体長2.4〜3.1mm。

クロヒメトガリアナバチ〈Liris japonica〉昆虫綱膜翅目ジガバチ科。

クロヒメトガリノメイガ〈Anania fuscoverbascalis〉昆虫綱鱗翅目メイガ科ノメイガ亜科の蛾。開張22mm。分布：北海道, 本州, 四国, 九州。

クロヒメトゲムシ〈Nosodendron coenosum〉昆虫綱甲虫目ヒメトゲムシ科の甲虫。体長5.0〜6.0mm。

クロヒメナガシンクイ〈Xylopsocus bicuspis〉昆虫綱甲虫目ナガシンクイムシ科の甲虫。体長3.5〜5.0mm。

クロヒメネスイ〈Rhizophagus puncticollis〉昆虫綱甲虫目ネスイムシ科の甲虫。体長2.5〜3.3mm。

クロヒメハナノミ〈Mordellistena comes〉昆虫綱甲虫目ハナノミ科の甲虫。体長3〜6mm。繊維作物, カーネーション, ユリ類に害を及ぼす。分布：北海道, 本州, 四国, 九州。

クロヒメヒョウタンゴミムシ〈Clivina lewisi〉昆虫綱甲虫目オサムシ科の甲虫。体長6.5〜7.0mm。分布：本州, 九州。

クロヒメヒラタゴミムシ〈Platynus gracilis〉昆虫綱甲虫目オサムシ科の甲虫。体長5.5〜6.0mm。

クロヒメヒラタタマムシ〈Anthaxia reficulata〉昆虫綱甲虫目タマムシ科の甲虫。体長4〜8mm。

クロヒメヒラタホソカタムシ〈*Cicones tokarensis*〉昆虫綱甲虫目ホソカタムシ科。

クロヒメホソハネカクシ〈*Erichsonius kobensis*〉昆虫綱甲虫目ハネカクシ科の甲虫。体長5.0〜5.5mm。

クロヒメミゾコメツキダマシ〈*Dromaeolus lewisi*〉昆虫綱甲虫目コメツキダマシ科の甲虫。体長4.0〜5.9mm。

クロヒメヤスデ〈*Karteroiulus niger*〉リュウガヤスデ科。体長50mm。害虫。

クロヒョウタンクワガタ〈*Apterodorcus bacchus*〉昆虫綱甲虫目クワガタムシ科。分布：チリ，アルゼンチン。

クロヒョウタンゴミムシダマシ〈*Lithoblaps fausti*〉昆虫綱甲虫目ゴミムシダマシ科の甲虫。分布：カスピ海沿岸地方。

クロヒョウタンメクラガメ〈*Pilophorus iypicus*〉昆虫綱半翅目メクラカメムシ科。

クロヒョウホンムシ〈*Ptinus sauteri*〉昆虫綱甲虫目ヒョウホンムシ科の甲虫。体長2.2〜2.5mm。

クロヒラタオオキノコムシ クロヒラタオオキノコムシの別名。

クロヒラタアブ 黒扁虻〈*Syrphus serarius*〉昆虫綱双翅目ハナアブ科。分布：本州，九州。

クロヒラタアブヤドリバチ〈*Diplazon tibiatorius*〉昆虫綱膜翅目ヒメバチ科。

クロヒラタオオキノコムシ 黒扁大茸虫〈*Renania atrocyanea*〉昆虫綱甲虫目オオキノコムシ科の甲虫。体長5.5〜6.5mm。分布：本州。

クロヒラタカタホソハネカクシ〈*Philydrodes pullus*〉昆虫綱甲虫目ハネカクシ科の甲虫。体長4.2〜4.5mm。

クロヒラタカミキリ〈*Rhopalopus signaticollis*〉昆虫綱甲虫目カミキリムシ科カミキリ亜科の甲虫。体長10〜14mm。分布：北海道，本州。

クロヒラタガムシ〈*Helochares ohkurai*〉昆虫綱甲虫目ガムシ科の甲虫。体長5.9〜6.8mm。

クロヒラタカメムシ〈*Mezira taiwanica*〉昆虫綱半翅目ヒラタカメムシ科。体長10.5〜12.0mm。分布：北海道，本州，四国，九州。

クロヒラタケシキスイ 黒扁出尾虫〈*Ipidia variolosa*〉昆虫綱甲虫目ケシキスイムシ科の甲虫。体長4.0〜4.5mm。分布：北海道，本州，四国，九州。

クロヒラタシデムシ〈*Phosphuga atrata*〉昆虫綱甲虫目シデムシ科の甲虫。体長16〜18mm。分布：北海道，本州(北部)。

クロヒラタタマバチ〈*Ibalia supruenkoi*〉ヒラタタマバチ科。

クロヒラタハバチ〈*Neurotoma atrata*〉昆虫綱膜翅目ヒラタハバチ科。

クロヒラタヒメクチキムシ〈*Mycetochara koltzei*〉昆虫綱甲虫目クチキムシ科。

クロヒラタヨコバイ 黒扁横遺〈*Penthimia nitida*〉昆虫綱半翅目ヨコバイ科。体長4.5〜6.0mm。柑橘に害を及ぼす。分布：本州，四国，九州。

クロヒラモモキノコバエ〈*Delopsis aterrima*〉昆虫綱双翅目キノコバエ科。

クロビロウドコメツキダマシ〈*Pterotarsus borealis*〉昆虫綱甲虫目コメツキダマシ科の甲虫。体長11.4〜12.0mm。

クロビロウドハマキ ヒロバビロウドハマキの別名。

クロビロウドヨトウ〈*Sidemia bremeri*〉昆虫綱鱗翅目ヤガ科カラスヨトウ亜科の蛾。開張40〜53mm。分布：沿海州，朝鮮半島，日本，北海道，本州の内陸草原や盆地部。

クロビロードヨトウ クロビロウドヨトウの別名。

クロフアシナガカッコウムシ〈*Omadius nigromaculatus*〉昆虫綱甲虫目カッコウムシ科の甲虫。体長11mm。分布：四国，九州，南西諸島。

クロフアワフキ 黒斑泡吹虫〈*Sinophora maculosa*〉昆虫綱半翅目アワフキムシ科。分布：北海道，本州，九州。

クロフウスアオナミシャク 黒条青波尺蛾〈*Chloroclystis consueta*〉昆虫綱鱗翅目シャクガ科ナミシャク亜科の蛾。開張11〜17mm。分布：本州(関東以西)，九州(北部)。

クロフオオシロエダシャク 黒斑大白枝尺蛾〈*Pogonopygia nigralbata*〉昆虫綱鱗翅目シャクガ科エダシャク亜科の蛾。開張46〜53mm。分布：本州(宮城県南部より)，四国，九州，対馬，屋久島，奄美大島，沖縄本島。

クロフカバシャク〈*Archiearis notha*〉昆虫綱鱗翅目シャクガ科の蛾。準絶滅危惧種(NT)。分布：中国東北，シベリアからヨーロッパ，北アフリカ。

クロフキエダシャク 黒斑黄枝尺蛾〈*Monocerotesa lutearia*〉昆虫綱鱗翅目シャクガ科エダシャク亜科の蛾。開張18〜22mm。分布：本州(関東，北陸以西)，四国，九州，屋久島。

クロフキオオメイガ〈*Schoenobius gigantellus*〉昆虫綱鱗翅目メイガ科の蛾。分布：秋田県大畑村，埼玉県川越，富山県新湊市堀岡，静岡市北安東，静岡県榛原町細江，福岡県北九州市香月，北海道。

クロフキノメイガ〈*Nacoleia maculalis*〉昆虫綱鱗翅目メイガ科ノメイガ亜科の蛾。開張15〜18mm。分布：北海道，本州，四国，九州，朝鮮半島，中国。

クロフキマダラノメイガ〈Herpetogramma moderatalis〉昆虫綱鱗翅目メイガ科の蛾。分布：北海道,本州,四国,対馬,朝鮮半島,シベリア南東部。

クロフケンモン〈Acronicta jankowskii〉昆虫綱鱗翅目ヤガ科ケンモンヤガ亜科の蛾。開張26〜36mm。分布：沿海州,朝鮮半島,北海道から九州,対馬。

クロフシロエダシャク〈Dilophodes elegans〉昆虫綱鱗翅目シャクガ科の蛾。分布：インド,台湾,中国,本州(宮城県南部より),四国,九州,対馬,屋久島,奄美大島。

クロフシロクチカクシゾウムシ〈Euthyrhinus yakushimanus〉昆虫綱甲虫目ゾウムシ科の甲虫。

クロフシロナミシャク 黒斑白波尺蛾〈Otoplecta frigida〉昆虫綱鱗翅目シャクガ科ナミシャク亜科の蛾。開張17〜20mm。分布：北海道,本州,四国,九州。

クロフシロヒトリ〈Spilosoma lewisii〉昆虫綱鱗翅目ヒトリガ科ヒトリガ亜科の蛾。開張37〜42mm。分布：本州(宮城県以南),四国,九州,対馬。

クロフタオ 黒二尾蛾〈Epiplema styx〉昆虫綱鱗翅目フタオガ科の蛾。開張17〜18mm。分布：北海道,本州,四国,九州。

クロフタオビトガ 黒二帯苞蛾〈Neopediasia mixtalis〉昆虫綱鱗翅目メイガ科ツトガ亜科の蛾。開張23〜30mm。シバ類に害を及ぼす。分布：北海道,本州,九州,対馬,朝鮮半島,中国,東シベリアから中央アジア。

クロフタオレメバエ〈Sicus nigricans〉昆虫綱翅目メバエ科。

クロフタコブパプアゾウムシ〈Gymnopholus regalis〉昆虫綱甲虫目ゾウムシ科。分布：パプアニューギニア。

クロフタツメカワゲラ〈Kiotina suzukii〉昆虫綱襀翅目カワゲラ科。

クロフタマタキノコバエ〈Boletina groenlandica〉昆虫綱双翅目キノコバエ科。

クロフタモンマダラメイガ〈Euzophera batangensis〉昆虫綱鱗翅目メイガ科の蛾。柿,栗に害を及ぼす。分布：東北,北海道,関東,中部,北陸,四国,九州,中国。

クロフツノウンカ〈Perkinsiella saccharicida〉昆虫綱半翅目ウンカ科。体長雄5mm,雌5.8mm。サトウキビ,イネ科作物に害を及ぼす。分布：奄美大島以南,台湾,中国,東南アジア,オーストラリア,ハワイ。

クロフトビイロヤガ〈Xestia fuscostigma〉昆虫綱鱗翅目ヤガ科モンヤガ亜科の蛾。開張40〜45mm。分布：沿海州,朝鮮半島,台湾山地,中国西南部,北海道,東北地方,関東北部,中部地方の山地,中国地方岡山県。

クロフトメイガ〈Termioptycha nigrescens〉昆虫綱鱗翅目メイガ科の蛾。分布：北海道,本州,四国,九州,朝鮮半島。

クロフトモモホソバエ〈Texara compressa〉昆虫綱双翅目フトモモホソバエ科。

クロフナガタハナノミ 黒舟形花蚤〈Anaspis marseuli〉昆虫綱甲虫目ハナノミダマシ科。分布：日本各地。

クロフハネナガウンカ〈Mysidioides sapporensis〉昆虫綱半翅目ハネナガウンカ科。体長9〜10mm。分布：北海道,本州,四国,九州。

クロフヒゲナガゾウムシ 黒斑鬚長象鼻虫〈Tropideres roelofsi〉昆虫綱甲虫目ヒゲナガゾウムシ科の甲虫。体長4.5〜7.1mm。分布：本州,四国,九州,佐渡,対馬。

クロフヒメエダシャク〈Peratophyga hyalinata〉昆虫綱鱗翅目シャクガ科エダシャク亜科の蛾。開張17〜19mm。分布：インド,ミャンマー,インドシナ半島,中国,台湾,本州(東北地方北部より),四国,九州,対馬。

クロフヒメヒゲナガゾウムシ〈Rhaphitropis nigromaculata〉昆虫綱甲虫目ヒゲナガゾウムシ科の甲虫。体長2.1〜2.6mm。

クロフマエモンコブガ〈Nola innocua〉昆虫綱鱗翅目コブガ科の蛾。分布：本州(東海以西),四国,九州,対馬,屋久島,奄美大島,台湾,朝鮮半島。

クロフヤサクチカクシゾウムシ〈Parempleurus nigrovariegatus〉昆虫綱甲虫目ゾウムシ科の甲虫。体長4.6〜5.5mm。

クロベッコウハナアブ 黒鼈甲花虻〈Volucella nigricans〉昆虫綱双翅目ショクガバエ科。体長18〜20mm。分布：本州,四国,九州。

クロベニカミキリ〈Asias halodendri〉昆虫綱甲虫目カミキリムシ科の甲虫。分布：ロシア南部,シベリア,中国東北部,朝鮮半島。

クロベニシジミ〈Lycaena tityrus〉昆虫綱鱗翅目シジミチョウ科の蝶。分布：ヨーロッパ(中部・南部)から小アジアを経てイランまで。

クロベニボタル〈Cautires geometricus〉昆虫綱甲虫目ベニボタル科の甲虫。体長6.0〜10.0mm。

クロベニモンアゲハ パラワンベニモンアゲハの別名。

クロヘリアトキリゴミムシ〈Parena nigrolineata〉昆虫綱甲虫目オサムシ科の甲虫。体長8.0〜9.5mm。

クロヘリイクビチョッキリ〈Deporaus ohdaisanus〉昆虫綱甲虫目オトシブミ科の甲虫。体長4.9〜5.5mm。

クロヘリオオヒゲナガゾウムシ〈*Mecotropis ogasawarai*〉昆虫綱甲虫目ヒゲナガゾウムシ科の甲虫。体長12〜22mm。分布：沖縄諸島。

クロヘリキノメイガ 黒縁黄野螟蛾〈*Goniorhynchus butyrosa*〉昆虫綱鱗翅目メイガ科ノメイガ亜科の蛾。開張17〜20mm。分布：本州(北部より),四国,九州,対馬,屋久島,西表島,台湾,中国。

クロヘリスカシマダラ〈*Danaus melusine melusine*〉昆虫綱鱗翅目マダラチョウ科の蝶。分布：ニューギニア,ニューヘブリデス,ニューアイルランド。

クロヘリツヤコメツキ〈*Chiagosnius vittiger*〉昆虫綱甲虫目コメツキムシ科の甲虫。体長10mm。分布：南西諸島。

クロヘリノメイガ 黒縁野螟蛾〈*Sylepta fuscomarginalis*〉昆虫綱鱗翅目メイガ科ノメイガ亜科の蛾。開張25〜28mm。分布：本州(東北地方南部より),四国,九州,中国。

クロヘリヒメテントウ〈*Scymnus hoffmanni*〉昆虫綱甲虫目テントウムシ科の甲虫。体長1.5〜2.3mm。

クロヘリヒラタケシキスイ〈*Epuraea adumbrata*〉昆虫綱甲虫目ケシキスイ科の甲虫。体長2.4〜3.7mm。

クロヘリメツブテントウ〈*Sticholotis hilleri*〉昆虫綱甲虫目テントウムシ科の甲虫。体長3.2〜3.3mm。

クロホウジャク 黒鳳雀蛾〈*Macroglossum saga*〉昆虫綱鱗翅目スズメガ科ホウジャク亜科の蛾。開張52〜65mm。分布：北海道,本州,四国,九州,屋久島,吐噶喇列島,沖永良部島,沖縄本島,台湾,朝鮮半島,中国,インド北部,シッキム,マレーシア。

クロホシイチモンジ〈*Limenitis doerriesi*〉昆虫綱鱗翅目タテハチョウ科の蝶。

クロホシウスバシロチョウ〈*Parnassius mnemosyne*〉昆虫綱鱗翅目アゲハチョウ科の蝶。分布：ヨーロッパ,小アジア,コーカサス,ウラル,トルケスタン,アフガニスタン,パミール。

クロホシカニグモ〈*Xysticus bifidus*〉蛛形綱クモ目カニグモ科の蜘蛛。

クロボシカニグモ ホンクロボシカニグモの別名。

クロホシキノコヒゲナガゾウムシ〈*Euparius modicus yaeyamanus*〉昆虫綱甲虫目ヒゲナガゾウムシ科の甲虫。体長5.3〜7.6mm。

クロホシキバガ〈*Semnoloma pachysticta*〉昆虫綱鱗翅目キバガ科の蛾。分布：本州,四国,九州,屋久島の平地から低山。

クロホシクチキムシ 黒星朽木虫〈*Pseudocistela haagi*〉昆虫綱甲虫目ゴミムシダマシ科の甲虫。体長7.0〜9.5mm。分布：本州,四国。

クロホシクチブトゾウムシ〈*Myllocerus nigromaculatus*〉昆虫綱甲虫目ゾウムシ科の甲虫。体長6.0〜6.3mm。

クロホシケナガヒゲナガゾウムシ〈*Habrissus nigronotatus*〉昆虫綱甲虫目ヒゲナガゾウムシ科の甲虫。体長4.7〜5.8mm。

クロホシコガシラミズムシ〈*Haliplus sharpi*〉昆虫綱甲虫目コガシラミズムシ科の甲虫。体長3.3〜3.8mm。

クロホシサルハムシ クロボシツツハムシの別名。

クロホシシギゾウムシ〈*Curculio maculanigra*〉昆虫綱甲虫目ゾウムシ科の甲虫。体長4.5〜4.7mm。

クロボシシャチホコ クロテンシャチホコの別名。

クロボシシロオオシンクイ 黒星白大心喰虫〈*Heterogymna ochrogramma*〉昆虫綱鱗翅目シンクイガ科の蛾。開張23〜30mm。分布：本州,四国,九州,屋久島,中国,ブータン。

クロボシスギカミキリ〈*Semanotus ligneus*〉昆虫綱甲虫目カミキリムシ科カミキリ亜科の甲虫。体長8〜17mm。

クロボシセセリ〈*Suastus gremius*〉昆虫綱鱗翅目セセリチョウ科の蝶。前翅長18mm。分布：インド,中国,スリランカ,台湾,マレーシア,小スンダ列島。

クロホシタマクモゾウムシ〈*Egiona picta*〉昆虫綱甲虫目ゾウムシ科の甲虫。体長2.3〜3.6mm。

クロホシタマムシ〈*Ovalisia virgata*〉昆虫綱甲虫目タマムシ科の甲虫。体長9〜12mm。分布：北海道,本州,九州。

クロホシチビオオキノコムシ〈*Tritoma shimoyamai*〉昆虫綱甲虫目オオキノコムシ科の甲虫。体長3〜4mm。

クロホシチビヒゲナガゾウムシ〈*Unciferina japonica*〉昆虫綱甲虫目ヒゲナガゾウムシ科の甲虫。体長2.1〜2.5mm。

クロホシチビヒラタムシ〈*Notolaemus nigroornatus*〉昆虫綱甲虫目ヒラタムシ科の甲虫。体長2.9〜3.5mm。

クロボシツツハムシ〈*Cryptocephalus signaticeps*〉昆虫綱甲虫目ハムシ科の甲虫。体長6mm。桜桃,林檎に害を及ぼす。分布：本州,四国,九州。

クロボシツバメ〈*Tajuria maculata*〉昆虫綱鱗翅目シジミチョウ科の蝶。分布：シッキムからマレーシアまで。

クロホシテナガカミキリ〈*Gerania bosci*〉昆虫綱甲虫目カミキリムシ科の甲虫。分布：インド東部,ミャンマー,タイ,インドシナ,マレーシア,スマトラ,ジャワ,ロンボク,ボルネオ,バンダ。

クロホシテ

クロホシテントウゴミムシダマシ〈Derispia maculipennis〉昆虫綱甲虫目ゴミムシダマシ科の甲虫。体長3mm。分布：本州, 四国, 九州。

クロボシトビハムシ〈Longitarsus bimaculatus〉昆虫綱甲虫目ハムシ科の甲虫。体長1.7～2.0mm。

クロボシノミハムシ クロボシトビハムシの別名。

クロホシヒゲナガゾウムシ〈Ulorhinus aberrans〉昆虫綱甲虫目ヒゲナガゾウムシ科。

クロホシヒメシジミ〈Famegana alsulus〉昆虫綱鱗翅目シジミチョウ科の蝶。分布：オーストラリア, 中国南部, 香港, 台湾, フィリピン, ニューヘブリデス諸島, サモア諸島など。

クロホシヒメスギカミキリ クロボシスギカミキリの別名。

クロボシヒラタシデムシ〈Oiceoptoma nigropunctata〉昆虫綱甲虫目シデムシ科の甲虫。体長10～15mm。

クロホシビロウドコガネ〈Serica nigrovariata〉昆虫綱甲虫目コガネムシ科の甲虫。体長7.5～9.0mm。分布：北海道, 本州。

クロホシフタオ 黒星二尾蛾〈Epiplema moza〉昆虫綱鱗翅目フタオガ科の蛾。開張16～25mm。分布：北海道, 本州, 四国, 九州, 対馬, 朝鮮半島。

クロホシホソアリモドキ〈Sapintus litorosus〉昆虫綱甲虫目アリモドキ科の甲虫。体長4.0～4.6mm。

クロホシホソチョウ〈Acraea andromacha〉昆虫綱鱗翅目タテハチョウ科の蝶。透明な前翅と, 黒色の縁どりのある白色の後翅をもつ。開張5～6mm。分布：インドネシア, パプアニューギニア, フィジー, オーストラリア。

クロボシホソチョウ〈Acraea dammii〉昆虫綱鱗翅目ホソチョウ科の蝶。分布：マダガスカル, コモロ。

クロボシホナシゴミムシ〈Perigona plagiata〉昆虫綱甲虫目ゴミムシ科。

クロホシマルカイガラムシ〈Lindingaspis setiger〉昆虫綱半翅目マルカイガラムシ科。桑, 茶に害を及ぼす。

クロホシムシ 黒星虫〈Golfingia nigra〉星口動物門昆虫綱ホシムシ科の海産動物。分布：東京湾, 瀬戸内海, 有明海。

クロホシメダカハンミョウ〈Therates fasciatus〉昆虫綱甲虫目ハンミョウ科。分布：フィリピン, スラウェシ。

クロホシメナガヒゲナガゾウムシ〈Phaulimia aberrans〉昆虫綱甲虫目ヒゲナガゾウムシ科の甲虫。体長3.3～4.8mm。

クロボシルリシジミ〈Ancema ctesia〉昆虫綱鱗翅目シジミチョウ科の蝶。分布：ヒマラヤから中国西部まで。

クロホソアリモドキ〈Sapintus baicalicus〉昆虫綱甲虫目アリモドキ科の甲虫。体長2.7～4.0mm。

クロホソカ〈Dixa yamatona〉昆虫綱双翅目ホソカ科。

クロホソキコメツキ〈Procraerus cariniceps〉昆虫綱甲虫目コメツキムシ科の甲虫。体長9～15mm。

クロホソクチゾウムシ〈Apion corvinum〉昆虫綱甲虫目ホソクチゾウムシ科の甲虫。体長1.8～2.0mm。

クロホソコバネカミキリ 黒細小翅天牛〈Necydalis harmandi〉昆虫綱甲虫目カミキリムシ科ハナカミキリ亜科の甲虫。体長14～18mm。分布：本州, 四国, 九州。

クロホソゴミムシダマシ〈Hypophloeus colydioides〉昆虫綱甲虫目ゴミムシダマシ科の甲虫。体長4.5～7.0mm。分布：北海道, 本州, 四国, 九州。

クロホソジョウカイ 黒細浄海〈Athemus aegrota〉昆虫綱甲虫目ジョウカイボン科の甲虫。体長8～9mm。分布：本州, 四国, 九州。

クロホソチョウ〈Miyana meyeri〉昆虫綱鱗翅目ホソチョウ科の蝶。分布：ニューギニア。

クロホソチョッキリ〈Eugnamptus morimotoi〉昆虫綱甲虫目オトシブミ科の甲虫。体長4.1～4.5mm。

クロホソナガクチキムシ〈Phloeotrya rugicollis〉昆虫綱甲虫目ナガクチキムシ科の甲虫。体長5.3～13.0mm。

クロホソナガゴミムシ〈Pterostichus ambigenus〉昆虫綱甲虫目オサムシ科の甲虫。体長10～12mm。

クロホソバシロチョウ〈Aporia lotis〉昆虫綱鱗翅目シロチョウ科の蝶。分布：中国西部。

クロホソハマキモドキ クロマイコモドキの別名。

クロホソヒラタコメツキ〈Corymbitodes concolor〉昆虫綱甲虫目コメツキムシ科の甲虫。体長9mm。分布：本州, 四国, 九州。

クロホソムネカワリタマムシ〈Polybothris chloe〉昆虫綱甲虫目タマムシ科。分布：マダガスカル。

クロボタルモドキ クロミナミボタルの別名。

クロマイコガ〈Corsocasis coronias〉昆虫綱鱗翅目マイコガ科の蛾。開張9～10mm。分布：九州（大隅半島）, 屋久島, 台湾, インド, スリランカ。

クロマイコモドキ〈Lamprystica igneola〉昆虫綱鱗翅目マルハキバガ科の蛾。開張17～22mm。分布：北海道, 本州, 四国, 九州, 中国。

クロマキバサシガメ〈Stalia daurica〉昆虫綱半翅目マキバサシガメ科。体長9〜11mm。分布：北海道, 本州, 九州。

クロマダライラガ〈Mediocampa speciosa〉昆虫綱鱗翅目イラガ科の蛾。開張16〜20mm。分布：本州, 四国, 九州。

クロマダラエダシャク〈Abraxas fulvobasalis〉昆虫綱鱗翅目シャクガ科エダシャク亜科の蛾。開張32〜37mm。分布：北海道, 本州, 四国, 九州, 朝鮮半島, 中国東北, シベリア南東部。

クロマダラカゲロウ 黒斑蜉蝣〈Ephemerella nigra〉昆虫綱蜉蝣目マダラカゲロウ科。体長9〜12mm。分布：日本各地。

クロマダラカツオブシムシ〈Trogoderma longisetosum〉昆虫綱甲虫目カツオブシムシ科の甲虫。体長2.1〜4.0mm。

クロマダラカメノコハムシ〈Glyphocassis spilota〉昆虫綱甲虫目ハムシ科の甲虫。体長4.6mm。

クロマダラキノメイガ〈Phlyctaenia coronatoides〉昆虫綱鱗翅目メイガ科の蛾。分布：北海道。

クロマダラコキバガ〈Gnorimoschema aganocarpa〉昆虫綱鱗翅目キバガ科の蛾。開張11mm。分布：本州, 九州。

クロマダラシロハマキ〈Panoplia exquisitana〉昆虫綱鱗翅目ノコメハマキガ科の蛾。開張16〜18mm。

クロマダラシロヒメハマキ〈Epinotia exquisitana〉昆虫綱鱗翅目ハマキガ科の蛾。分布：北海道, 本州, 四国, 九州, 対馬, 伊豆大島, 屋久島, ロシア(アムール)。

クロマダラシンムシガ〈Endothenia nigricostana〉昆虫綱鱗翅目ハマキガ科の蛾。開張14〜15mm。分布：北海道, 本州, 四国, 朝鮮半島, 中国, ロシア, ヨーロッパ, イギリス。

クロマダラスカシノメイガ〈Glyphodes negatalis〉昆虫綱鱗翅目メイガ科の蛾。分布：インドから東南アジア一帯, オーストラリア, 屋久島, 沖縄本島, 西表島。

クロマダラタマムシ〈Nipponobuprestis querceti〉昆虫綱甲虫目タマムシ科の甲虫。体長17〜28mm。

クロマダラツトガ〈Chrysoteuchia atrosignata〉昆虫綱鱗翅目メイガ科ツトガ亜科の蛾。開張23〜29mm。分布：北海道, 四国, 九州, 中国。

クロマダラトリバ〈Platyptilia sythoffi〉昆虫綱鱗翅目トリバガ科の蛾。分布：本州(近畿以西), 九州, スリランカ, インド。

クロマダラナガカメムシ〈Heterogaster urtica〉昆虫綱半翅目ナガカメムシ科。

クロマダラマドガ〈Rhodoneura canidentalis〉昆虫綱鱗翅目マドガ科の蛾。分布：石垣島, 西表島, インド北部。

クロマダラメイガ〈Pyla japonica〉昆虫綱鱗翅目メイガ科の蛾。分布：北海道, 東北地方から関東, 北陸, 中部の山地。

クロマダラヨコバイ〈Orosius ryukyuensis〉昆虫綱半翅目ヨコバイ科。体長3mm。サツマイモに害を及ぼす。分布：沖縄。

クロマドチョウバエ〈Telmatoscopus spinitibialis〉昆虫綱双翅目チョウバエ科。

クロマドボタル 黒窓蛍〈Lychnuris fumosa〉昆虫綱甲虫目ホタル科の甲虫。体長9〜10.5mm。分布：本州。

クロマメゲンゴロウ〈Agabus optatus〉昆虫綱甲虫目ゲンゴロウ科の甲虫。体長6.5〜7.0mm。分布：北海道, 本州, 四国, 九州, 屋久島, 吐噶喇列島中之島。

クロマメコメツキ〈Fleutiauxellus telluris〉昆虫綱甲虫目コメツキムシ科。

クロマメゾウムシ〈Bruchus maculalatipes〉昆虫綱甲虫目マメゾウムシ科。

クロマルイソウロウグモ〈Spheropistha melanosoma〉蛛形綱クモ目ヒメグモ科の蜘蛛。体長雌2.7〜3.0mm, 雄2.0〜2.5mm。分布：本州, 四国, 九州, 南西諸島。

クロマルウンカ〈Gergithus variabilis forma carbonarius〉昆虫綱半翅目マルウンカ科。

クロマルエンマコガネ 黒円閻魔金亀子〈Onthophagus ater〉昆虫綱甲虫目コガネムシ科の甲虫。体長7〜10mm。分布：北海道, 本州, 四国, 九州。

クロマルカイガラトビコバチ〈Anabrolepis lindingaspidis〉昆虫綱膜翅目トビコバチ科。

クロマルクビゴミムシ〈Nebria ochotica〉昆虫綱甲虫目オサムシ科の甲虫。体長10〜13mm。分布：北海道, 本州。

クロマルケシキスイ 黒円出尾虫〈Cylloides ater〉昆虫綱甲虫目ケシキスイ科の甲虫。体長2.7〜4.5mm。分布：日本各地。

クロマルケシキスイ ニセクロマルケシキスイの別名。

クロマルコガネ〈Alissonotum pauper〉昆虫綱甲虫目コガネムシ科の甲虫。体長13〜15mm。分布：吐噶喇列島宝島。

クロマルズオナガヒメバチ〈Xorides investigator〉昆虫綱膜翅目ヒメバチ科。

クロマルチビシバンムシ オオホコリタケシバンムシの別名。

クロマルトビムシ 黒円跳虫〈Sminthurus melanonotus〉無翅昆虫亜綱粘管目マルトビムシ科。分布：福岡県英彦山。

クロマルハナノミ〈Sarabandus monticola〉昆虫綱甲虫目マルハナノミ科。

クロマルハナバチ 黒円花蜂〈Bombus ignitus〉昆虫綱膜翅目ミツバチ科マルハナバチ亜科。体長雌19～23mm, 雄20mm。分布：本州, 四国, 九州。

クロマルハバチ〈Tomostethus nigritus〉昆虫綱膜翅目ハバチ科。

クロマルヒメドロムシ〈Optioservus ater〉昆虫綱甲虫目ヒメドロムシ科の甲虫。体長2.3～2.4mm。

クロマルメクラガメ 黒円盲亀虫〈Orthocephalus funestus〉昆虫綱半翅目メクラカメムシ科。分布：北海道, 本州, 四国。

クロミカドナガクチキムシ〈Mikakonius japonicus〉昆虫綱甲虫目ナガクチキムシ科の甲虫。体長13.0mm。

クロミジングモ〈Dipoena okumae〉蛛形綱クモ目ヒメグモ科の蜘蛛。体長雌2.0～2.5mm, 雄1.8～2.0mm。分布：本州, 四国, 九州。

クロミジンムシダマシ〈Aphanocephalus hemisphericus〉昆虫綱甲虫目ミジンムシダマシ科の甲虫。体長2.1～2.8mm。

クロミズギワゴミムシ〈Bembidion oxyglymma〉昆虫綱甲虫目オサムシ科の甲虫。体長5.0mm。

クロミズギワヨツメハネカクシ〈Psephidonus caliginosus〉昆虫綱甲虫目ハネカクシ科の甲虫。体長4.7～5.2mm。

クロミスジ〈Neptis harita〉昆虫綱鱗翅目タテハチョウ科の蝶。

クロミスジシロエダシャク 黒三条白枝尺蛾〈Myrteta angelica〉昆虫綱鱗翅目シャクガ科エダシャク亜科の蛾。開張34～40mm。分布：北海道, 本州, 四国, 九州, 屋久島, 台湾。

クロミスジシロノメイガ〈Nacoleia foedalis〉昆虫綱鱗翅目メイガ科の蛾。分布：本州(紀伊半島), 九州, 屋久島, 奄美大島, 沖縄本島, 石垣島, 台湾, インドからオーストラリア。

クロミスジノメイガ〈Hedylepta similis〉昆虫綱鱗翅目メイガ科の蛾。分布：本州(関東地方以西), 四国, 九州, 対馬, 種子島, 屋久島, 沖縄本島, 中国, インドから東南アジア一帯。

クロミスジヒシベニボタル〈Benibotarus nigripennis〉昆虫綱甲虫目ベニボタル科の甲虫。体長5.0～7.0mm。

クロミツボシアツバ〈Sinarella japonica〉昆虫綱鱗翅目ヤガ科クルマアツバ亜科の蛾。分布：北海道, 本州, 四国, ウスリー。

クロミドリシジミ 黒緑小灰蝶〈Favonius yuasai〉昆虫綱鱗翅目シジミチョウ科ミドリシジミ亜科の蝶。前翅長19～21mm。分布：本州, 九州。

クロミナミボタル〈Drilaster unicolor〉昆虫綱甲虫目ホタル科の甲虫。体長4.5～4.8mm。

クロミニホソハマキ〈Phalonidia parvana〉昆虫綱鱗翅目ホソハマキガ科の蛾。分布：山梨県清里高原。

クロミキリガ〈Orthosia lizetta〉昆虫綱鱗翅目ヤガ科ヨトウガ亜科の蛾。開張35mm。林檎に害を及ぼす。分布：沿海州, 北海道から九州。

クロミミモンクチバ〈Oxyodes scrobiculata〉昆虫綱鱗翅目ヤガ科クチバ亜科の蛾。分布：インドから東南アジア, オーストラリア, 南太平洋地域, 中国南部, 台湾, 新潟県湯沢町大峰山, 屋久島, 熊本県白髪岳。

クロミャクイチモンジヨコバイ〈Exitianus capicola〉昆虫綱半翅目ヨコバイ科。体長4.3～5.3mm。イネ科牧草に害を及ぼす。分布：本州, 四国, 九州, 中国, 熱帯アジア。

クロミャクキノメイガ クロミャクノメイガの別名。

クロミャクノメイガ〈Sitochroa verticalis〉昆虫綱鱗翅目メイガ科ノメイガ亜科の蛾。開張25～32mm。分布：北海道, 東北から中部や北陸の山地, 九州, 朝鮮半島, サハリン, シベリアからヨーロッパ。

クロミャクホソバ〈Pelosia ramosula〉昆虫綱鱗翅目ヒトリガ科コケガ亜科の蛾。開張25～30mm。分布：北海道, 本州, 九州, サハリン, シベリア南東部。

クロムカシミヤマクワガタ〈Lucanus oberthueri〉昆虫綱甲虫目クワガタムシ科。分布：ネパール, シッキム。

クロムシ タマシキゴカイの別名。

クロムナボソコメツキ〈Agriotes higonius〉昆虫綱甲虫目コメツキムシ科。

クロムネアオハバチ〈Tenthredo nigropicta〉昆虫綱膜翅目ハバチ科。体長13mm。分布：日本全土。

クロムネカタモンホソツノコガネ〈Melinesthes hamula〉昆虫綱甲虫目コガネムシ科の甲虫。分布：アフリカ南部。

クロムネキカワヒラタムシ 黒胸樹皮扁虫〈Pediacus japonicus〉昆虫綱甲虫目ヒラタムシ科の甲虫。体長4mm。分布：本州, 九州, 屋久島。

クロムネハバチ〈Lagidina irritans〉昆虫綱膜翅目ハバチ科。体長15mm。分布：本州, 四国, 九州。

クロムネミドリカワゲラ〈Alloperla thoracica〉昆虫綱襀翅目ミドリカワゲラ科。

グロムファドリナ属の一種〈*Gromphadorhina* sp.〉昆虫綱網翅目オオゴキブリ科。分布：マダガスカル。

クロムラサキタテハ〈*Sallya occidentalium*〉昆虫綱鱗翅目タテハチョウ科の蝶。分布：アフリカ西部，中央部・東部。

クロムラサキマダラ〈*Euploea alcathoe*〉昆虫綱鱗翅目マダラチョウ科の蝶。分布：モルッカ諸島，ニューギニア，オーストラリア。

クロメクラアブ 黒盲虻〈*Chrysops japonicus*〉昆虫綱双翅目アブ科。体長9～10mm。分布：本州，四国，九州。害虫。

クロメシジミタテハ〈*Mesosemia asa*〉昆虫綱鱗翅目シジミタテハ科の蝶。開張40mm。分布：ニカラグアからコロンビア，コスタリカ。珍蝶。

クロメナガヒゲナガゾウムシ〈*Ulorhinus funebris*〉昆虫綱甲虫目ヒゲナガゾウムシ科の甲虫。体長4.0～5.2mm。分布：本州，九州。

クロメマトイ〈*Cryptochaetum grandicorne*〉昆虫綱双翅目カイガラヤドリバエ科。体長2.5～3.5mm。分布：本州，四国，九州。害虫。

クロメンガタスズメ 黒面形天蛾〈*Acherontia lachesis*〉昆虫綱鱗翅目スズメガ科メンガタスズメ亜科の蛾。開張100～125mm。分布：九州，屋久島，台湾，中国，インドから東南アジア一帯。

クロモクメヨトウ〈*Dypterygia caliginosa*〉昆虫綱鱗翅目ヤガ科カラスヨトウ亜科の蛾。開張38～45mm。分布：中国，関東南部以西，四国，九州。

クロモリヒラタゴミムシ〈*Agonum atricomes*〉昆虫綱甲虫目オサムシ科の甲虫。体長12mm。分布：北海道，本州，四国，九州。

クロモンアオシャク 黒紋青尺蛾〈*Comibaena nigromacularia*〉昆虫綱鱗翅目シャクガ科アオシャク亜科の蛾。開張18～26mm。分布：朝鮮半島，中国東北，シベリア南東部，台湾，北海道，本州，四国，九州，対馬，屋久島。

クロモンアカコメツキ〈*Ampedus sanguinolentus*〉昆虫綱甲虫目コメツキムシ科の甲虫。体長10mm。分布：北海道，本州。

クロモンアシナガヒメハナムシ〈*Heterolitus nigromaculatus*〉昆虫綱甲虫目ヒメハナムシ科の甲虫。体長2.0～2.4mm。

クロモンアシブトヒメハマキ〈*Cryptophlebia nota*〉昆虫綱鱗翅目ハマキガ科の蛾。分布：石川県穴水町比良。

クロモンアメバチ 黒紋飴蜂〈*Dicamptus nigropictus*〉昆虫綱膜翅目ヒメバチ科。分布：本州，沖縄。

クロモンイッカク〈*Notoxus monoceros*〉昆虫綱甲虫目アリモドキ科の甲虫。体長4.3～5.3mm。分布：北海道。

クロモンウスチャヒメシャク〈*Anisodes absconditaria*〉昆虫綱鱗翅目シャクガ科ヒメシャク亜科の蛾。開張31～33mm。分布：四国南部，九州南部，屋久島，台湾，マレー半島，スリランカ，インド南部，インド北部からミャンマー，中国西部・南部。

クロモンエグリトビケラ〈*Hydatophylax nigrovittatus*〉昆虫綱毛翅目エグリトビケラ科。

クロモンエグリホソバ〈*Garudinia simulana*〉昆虫綱鱗翅目ヒトリガ科の蛾。分布：東南アジア，西表島。

クロモンオエダシャク〈*Semiothisa temeraria*〉昆虫綱鱗翅目シャクガ科エダシャク亜科の蛾。開張22～24mm。分布：本州(紀伊半島)，四国，九州，対馬，種子島，屋久島，奄美大島，沖縄本島，台湾，中国西部からインド北部。

クロモンオオウスバカミキリ〈*Megopis maculosa*〉昆虫綱甲虫目カミキリムシ科の甲虫。分布：インド，ラオス，マレーシア。

クロモンオオエダシャク クロオオモンエダシャクの別名。

クロモンオオトリバ〈*Stenoptilia albilimbata*〉昆虫綱鱗翅目トリバガ科の蛾。分布：関東から中部の山地や高原。

クロモンオビリンガ〈*Gelastocera rubicundula* sp.〉昆虫綱鱗翅目ヤガ科リンガ亜科の蛾。分布：鹿児島，屋久島，四国室戸市，足摺岬。

クロモンカギバ〈*Callidrepana melanonota*〉昆虫綱鱗翅目カギバガ科の蛾。分布：奄美大島新村，鹿児島県霧島山湯ノ谷，奄美大島住用村，沖縄本島与那，西表島伊武田。

クロモンカクケシキスイ 黒紋角出尾虫〈*Pocadius nobilis*〉昆虫綱甲虫目ケシキスイ科の甲虫。体長2.9～3.7mm。分布：本州，九州。

クロモンカバナミシャク〈*Eupithecia consortaria*〉昆虫綱鱗翅目シャクガ科の蛾。分布：中国西部，関東や中部の山地，四国の山地，北九州。

クロモンカバハマキモドキ〈*Choreutis nigromaculata*〉昆虫綱鱗翅目ハマキモドキガ科の蛾。開張13～15mm。

クロモンカバマダラハマキ〈*Mictocommosis nigromaculata*〉昆虫綱鱗翅目ハマキガ科の蛾。分布：本州(盛岡以南)，四国，九州。

クロモンキイロイエカミキリ〈*Zoodes japonicus*〉昆虫綱甲虫目カミキリムシ科カミキリ亜科の甲虫。体長19～20mm。

クロモンキスイ〈*Cryptophagus decoratus*〉昆虫綱甲虫目キスイムシ科の甲虫。体長2.1～2.5mm。

クロモンキ

クロモンキノコハネカクシ〈Lordithon semirufus〉昆虫綱甲虫目ハネカクシ科の甲虫。体長6.5〜7.0mm。

クロモンキノメイガ〈Udea testacea〉昆虫綱鱗翅目メイガ科ノメイガ亜科の蛾。開張16〜19mm。隠元豆、小豆、ササゲ、大豆、アブラナ科野菜、キク科野菜、セリ科野菜、ハボタン、アスター(エゾギク)、菊、ダリア、プリムラ、カーネーションに害を及ぼす雄。分布：本州(宮城県より南)、四国、九州、対馬、屋久島、奄美大島、沖縄本島。

クロモンキリバエダシャク 黒紋切翅枝尺蛾〈Psyra bluethgeni〉昆虫綱鱗翅目シャクガ科エダシャク亜科の蛾。開張32〜40mm。分布：本州(東北地方北部より)、四国、九州。

クロモンクチバ〈Ophiusa tirhaca〉昆虫綱鱗翅目ヤガ科シタバガ亜科の蛾。開張75〜77mm。分布：ヨーロッパ南部からアフリカ、インド―オーストラリア地域、南太平洋地域、本州、四国、九州、御蔵島、沖縄本島。

クロモンケブカテントウダマシ〈Ectomychus musculus〉昆虫綱甲虫目テントウダマシ科の甲虫。体長2.5〜3.0mm。分布：本州、四国、九州。

クロモンゴマフカミキリ〈Mesosa atronotata〉昆虫綱甲虫目カミキリムシ科フトカミキリ亜科の甲虫。体長11〜16mm。

クロモンコヤガ〈Lithacodia senex〉昆虫綱鱗翅目ヤガ科コヤガ亜科の蛾。開張25mm。分布：北海道、東北地方から九州。

クロモンサシガメ 黒紋刺亀〈Pirates turpis〉昆虫綱半翅目サシガメ科。体長13〜15mm。分布：本州、四国、九州、南西諸島。

クロモンシギアブ〈Atherix kodamai〉昆虫綱双翅目シギアブ科。

クロモンシタバ クロモンクチバの別名。

クロモンシデムシモドキ〈Trigonodemus lebioides〉昆虫綱甲虫目ハネカクシ科の甲虫。体長4.0〜4.5mm。

クロモンシロハマキ ハナウドモグリガの別名。

クロモンシロヒメハマキ ハナウドモグリガの別名。

クロモンスヒロキバガ〈Ethmia maculifera〉昆虫綱鱗翅目スヒロキバガ科の蛾。分布：九州、台湾、中国。

クロモンチビオオキノコムシ〈Tritoma pantherina〉昆虫綱甲虫目オオキノコムシ科の甲虫。体長4.0〜4.5mm。

クロモンチビヒメシャク〈Idaea crassipuncta〉昆虫綱鱗翅目シャクガ科の蛾。分布：西表島、与那国島、神奈川県横須賀。

クロモンチビヒロズコガ〈Crypsithyris crococoma〉昆虫綱鱗翅目ヒロズコガ科の蛾。分布：本州。

クロモンツヅリガ〈Doloessa ochrociliella〉昆虫綱鱗翅目メイガ科の蛾。分布：九州、屋久島、沖縄本島、西表島、インド。

クロモンドクガ〈Pida niphonis〉昆虫綱鱗翅目ドクガ科の蛾。開張雄35〜37mm、雌37〜44mm。分布：北海道、本州(東北地方北部より)、四国、九州、対馬、朝鮮半島、シベリア南東部、中国。

クロモンハイイロノメイガ〈Heterocnephes apicipicta〉昆虫綱鱗翅目メイガ科の蛾。分布：房総半島以西の本州、四国、九州、対馬、屋久島。

クロモンハバビロハネカクシ〈Megarthrus scriptus〉昆虫綱甲虫目ハネカクシ科の甲虫。体長2mm。分布：本州、四国、九州。

クロモンハマキモドキ ゴボウハマキモドキの別名。

クロモンハムシ〈Gonioctena springlovae〉昆虫綱甲虫目ハムシ科の甲虫。体長6.0〜7.0mm。

クロモンヒゲナガヒメルリカミキリ〈Praolia yakushimana〉昆虫綱甲虫目カミキリムシ科フトカミキリ亜科の甲虫。体長7.5mm。

クロモンヒメカミキリ〈Ceresium signaticolle〉昆虫綱甲虫目カミキリムシ科カミキリ亜科の甲虫。体長15mm。

クロモンヒメヒラタホソカタムシ〈Cicones niveus〉昆虫綱甲虫目ホソカタムシ科の甲虫。

クロモンヒラナガゴミムシ〈Hexagonia insignis〉昆虫綱甲虫目オサムシ科の甲虫。体長8〜9mm。分布：本州、四国、九州。

クロモンフトヒゲナガゾウムシ〈Xylinada japonica〉昆虫綱甲虫目ヒゲナガゾウムシ科の甲虫。体長8〜13mm。分布：九州、屋久島、奄美大島、沖縄諸島。

クロモンフトメイガ〈Orthaga euadrusalis〉昆虫綱鱗翅目メイガ科フトメイガ亜科の蛾。開張26〜30mm。分布：本州(東北地方北部より)、四国、九州、対馬、屋久島、台湾、中国、インドから東南アジア一帯。

クロモンベニキバガ クロモンベニマルハキバガの別名。

クロモンベニマダラハマキ〈Thaumatographa decoris〉昆虫綱鱗翅目ハマキガ科の蛾。分布：北海道、本州、九州、国後島、サハリン、ウラジオストク。

クロモンベニマルハキバガ〈Schiffermuelleria imogena〉昆虫綱鱗翅目マルハキバガ科の蛾。別名モンギンスジマルハキバガ。開張16〜20mm。分布：北海道、本州、四国、九州。

クロモンホソコヤガ〈*Araeopteron kurokoi*〉昆虫綱鱗翅目ヤガ科コヤガ亜科の蛾。分布：静岡県伊豆半島以西, 四国, 九州。

クロモンマグソコガネ〈*Aphodius nigrotessellatus*〉昆虫綱甲虫目コガネムシ科の甲虫。体長5〜7mm。

クロモンミズアオヒメハマキ〈*Zeiraphera caeruleumana*〉昆虫綱鱗翅目ハマキガ科の蛾。分布：東北及び中部の山地。

クロモンミヤマナミシャク〈*Xanthorhoe fluctuata malleola*〉昆虫綱鱗翅目シャクガ科ナミシャク亜科の蛾。淡色型と黒色型がある。開張2.5〜3.0mm。分布：ヨーロッパ, 北アフリカ, 日本。

クロモンムクゲケシキスイ〈*Aethina maculicollis*〉昆虫綱甲虫目ケシキスイ科の甲虫。体長2.8〜4.2mm。

クロモンメムシガ〈*Argyresthia communana*〉昆虫綱鱗翅目メムシガ科の蛾。分布：本州, 九州。

クロモンヤマトヨコバイ〈*Yamatotettix nigromaculata*〉昆虫綱半翅目ヨコバイ科。

クロモンヤマメイガ〈*Scoparia melanomaculosa*〉昆虫綱鱗翅目メイガ科の蛾。分布：富山県立山の雷電, 北海道稚内, 利尻島, 山梨県南アルプス白根御池, 群馬県鹿沢温泉, 富山県立山弥陀ヶ原, 宮崎県霧島えびの高原白鳥山。

クロヤエナミシャク〈*Philereme vashti*〉昆虫綱鱗翅目シャクガ科ナミシャク亜科の蛾。開張32mm。分布：北海道, 本州, 九州, シベリア南東部, 中国西部, チベット。

クロヤガ〈*Euxoa nigrata*〉昆虫綱鱗翅目ヤガ科モンヤガ亜科の蛾。開張33mm。分布：北海道, 本州。

クロヤサクチカクシゾウムシ〈*Metempleurus nigritus*〉昆虫綱甲虫目ゾウムシ科の甲虫。体長5.7〜9.2mm。

クロヤチグモ〈*Coelotes exitialis*〉蛛形綱クモ目タナグモ科の蜘蛛。体長雌13〜15mm, 雄8〜10mm。分布：本州, 四国, 九州。

クロヤマアリ 黒山蟻〈*Formica japonica*〉昆虫綱膜翅目アリ科。体長5mm。シバ類に害を及ぼす。分布：日本全土。

クロヤマジグモ〈*Ogulnius agnoscus*〉蛛形綱クモ目カラカラグモ科の蜘蛛。

クロヤマシログモ〈*Scytodes fusca*〉蛛形綱クモ目ヤマシログモ科の蜘蛛。

クロユスリカ〈*Chironomus dissidens*〉昆虫綱双翅目ユスリカ科。

クロヨコモンヒメハナカミキリ〈*Pidonia hayashii*〉昆虫綱甲虫目カミキリムシ科ハナカミキリ亜科の甲虫。

クロヨトウ〈*Polia mortua*〉昆虫綱鱗翅目ヤガ科ヨトウガ亜科の蛾。開張45mm。分布：ヒマラヤ南麓から中国, 沿海州, 関東, 中部山地。

クロリスツマグロシロチョウ〈*Mylothris chloris*〉昆虫綱鱗翅目シロチョウ科の蝶。雌の後翅の表面はサーモンピンク。開張5.5〜6.0mm。分布：サハラ砂漠より南のアフリカ。

クロリンゴキジラミ 黒林檎木虱〈*Psylla malivorella*〉昆虫綱半翅目キジラミ科。体長3mm。林檎に害を及ぼす。分布：本州。

クロルリゴミムシダマシ〈*Metaclisa atrocyanea*〉昆虫綱甲虫目ゴミムシダマシ科の甲虫。体長9〜10mm。分布：北海道, 本州。

クロルリトゲトゲ クロルリトゲハムシの別名。

クロルリトゲハムシ〈*Rhadinosa nigrocyanea*〉昆虫綱甲虫目ハムシ科の甲虫。体長4.5mm。分布：本州, 四国, 九州。

クロルリハナカミキリ〈*Anoplodera monticola*〉昆虫綱甲虫目カミキリムシ科ハナカミキリ亜科の甲虫。体長8〜11.5mm。

クロルリハムシ〈*Chrysolina shikokensis*〉昆虫綱甲虫目ハムシ科の甲虫。体長5.0〜8.0mm。

クロレウプティキア・アガタ〈*Chloreuptychia agatha*〉昆虫綱鱗翅目ジャノメチョウ科の蝶。分布：アマゾン, コロンビア。

クロレウプティキア・アガヤ〈*Chloreuptychia agaya*〉昆虫綱鱗翅目ジャノメチョウ科の蝶。分布：アマゾン。

クロレウプティキア・アルナエア〈*Chloreuptychia arnaea*〉昆虫綱鱗翅目ジャノメチョウ科の蝶。分布：中央アメリカ, トリニダード。

クロレウプティキア・トルムニア〈*Chloreuptychia tolumnia*〉昆虫綱鱗翅目ジャノメチョウ科の蝶。分布：スリナム, アマゾン下流地方, ブラジル。

クロロコマモンキチョウ〈*Colias chlorocoma*〉昆虫綱鱗翅目シロチョウ科の蝶。別名アオベニモンキチョウ。分布：アルメニア南部。

クロロストゥリモン・シマエティス〈*Chlorostrymon simaethis*〉昆虫綱鱗翅目シジミチョウ科の蝶。分布：合衆国(カリフォルニア, アリゾナ, テキサス)からブラジル, アンチル諸島。

クロロストゥリモン・テレア〈*Chlorostrymon telea*〉昆虫綱鱗翅目シジミチョウ科の蝶。分布：合衆国(テキサス)からブラジル。

クロロセウス・プセウドゼリティス〈*Chloroselas pseudozeritis*〉昆虫綱鱗翅目シジミチョウ科の蝶。分布：喜望峰からトランスバール, ローデシアまで。

グローワーム〈*glow warm*〉キノコバエ科のArachnocampa属の幼虫の総称。珍品。

クワアザミウマ 桑薊馬〈*Pseudodendrothrips mori*〉昆虫綱総翅目アザミウマ科。桑に害を及ぼす。分布：本州，九州。

クワイクビレアブラムシ ハスクビレアブラムシの別名。

クワイトヒキハマキ クロカクモンハマキの別名。

クワイホソハマキ〈*Phalonidia mesotypa*〉昆虫綱鱗翅目ホソハマキガ科の蛾。分布：本州，四国，中国(上海)。

クワエダシャク 桑枝尺蛾〈*Menophra atrilineata*〉昆虫綱鱗翅目シャクガ科エダシャク亜科の蛾。開張38～55mm。桑に害を及ぼす。分布：北海道，本州，四国，九州，対馬，朝鮮半島，シベリア南東部，中国，台湾，インド南東部。

クワオオハダニ〈*Panonychus mori*〉蛛形綱ダニ目ハダニ科。体長雌0.5mm，雄0.4mm。ナシ類，桃，スモモ，桑に害を及ぼす。分布：九州以北の日本各地。

クワオオハリセンチュウ〈*Xiphinema bakeri*〉ロンギドルス科。桃，スモモに害を及ぼす。分布：本州，四国，九州，韓国，北アメリカ。

クワカキイガラムシ〈*Lepidosaphes kuwacola*〉昆虫綱半翅目マルカイガラムシ科。体長2.0～2.8mm。柿，梅，アンズ，桃，スモモ，イチョウ，桜類，木犀類，桑に害を及ぼす。分布：九州以北の日本各地。

クワガタ 鍬形 クワガタムシ科の昆虫類をさす一般的な名称。

クワガタアリグモ〈*Myrmarachne kuwagata*〉蛛形綱クモ目ハエトリグモ科の蜘蛛。体長雌4.5～5.0mm，雄3.5～4.0mm。分布：本州，四国，九州，南西諸島。

クワガタカギアシミドリハナムグリ〈*Compsocephalus dmitriewi*〉昆虫綱甲虫目コガネムシ科の甲虫。分布：エチオピア。

クワガタゴミムシダマシ 鍬形偽歩行虫〈*Atasthalomorpha dentifrons*〉昆虫綱甲虫目ゴミムシダマシ科の甲虫。体長11mm。分布：北海道，本州，四国，九州。

クワガタツメダニ〈*Cheyletus malaccensis*〉蛛形綱ダニ目ツメダニ科。体長0.3～0.6mm。害虫。

クワガタハバチ 鍬形葉蜂〈*Sterictiphora nipponica*〉昆虫綱膜翅目ミフシハバチ科。分布：本州，四国。

クワガタムシ 鍬形虫〈*stag beetle*〉昆虫綱甲虫目クワガタムシ科Lucanidaeに属する昆虫の総称。

クワガタモドキ 擬鍬形〈*Trictenotoma davidi*〉クワガタモドキ科。分布：台湾。

クワガタモドキ 擬鍬形 昆虫綱甲虫目クワガタモドキ科Trictenotomidaeに属する昆虫の総称。

クワカミキリ 桑天牛〈*Apriona japonica*〉昆虫綱甲虫目カミキリムシ科フトカミキリ亜科の甲虫。体長36～52mm。ビワ，林檎，桑，アオギリ，柘榴，百日紅，プラタナス，キイチゴ，桜類，柿に害を及ぼす。分布：本州，四国，九州，伊豆諸島。

クワキジラミ 桑木虱〈*Anomoneura mori*〉昆虫綱半翅目キジラミ科。体長4.4～4.9mm。桑に害を及ぼす。分布：北海道，本州，四国，九州。

クワキヨコバイ 桑黄横遺〈*Pagaronia guttigera*〉昆虫綱半翅目ヨコバイ科。体長8～10mm。桑，イネ科牧草，麦類に害を及ぼす。分布：北海道，本州，四国，九州。

クワクロタマバエ〈*Asphondylia morivorella*〉昆虫綱双翅目タマバエ科。体長4mm。桑に害を及ぼす。

クワゴ 桑子，桑蚕〈*Bombyx mandarina*〉昆虫綱鱗翅目カイコガ科の蛾。開張32～45mm。桑に害を及ぼす。分布：北海道から屋久島，吐噶喇列島，朝鮮半島，中国。

クワコナカイガラトビコバチ クワコナコバチの別名。

クワコナカイガラムシ 桑粉介殻虫〈*Pseudococcus comstocki*〉昆虫綱半翅目コナカイガラムシ科。体長3.0～4.5mm。梅，アンズ，ナシ類，桃，スモモ，林檎，葡萄，柑橘，茶，ユリ類，ヤツデ，カナメモチ，桜類，柿，無花果，桑，大豆に害を及ぼす。分布：本州，四国，九州，朝鮮半島，インド，アメリカ南部，西インド諸島。

クワコナコバチ 桑粉小蜂〈*Pseudaphycus malinus*〉昆虫綱膜翅目トビコバチ科。

クワゴマダラヒトリ 桑胡麻斑灯蛾〈*Spilosoma imparilis*〉昆虫綱鱗翅目ヒトリガ科ヒトリガ亜科の蛾。開張雄37～42mm，雌56～64mm。豌豆，空豆，柿，ハスカップ，梅，アンズ，桜桃，ナシ類，枇杷，桃，スモモ，林檎，葡萄，柑橘，桑，ホップ，ハッカ，茶，ツツジ類，桜類に害を及ぼす。分布：北海道，本州，四国，九州，対馬，屋久島，台湾，中国。

クワゴモドキシャチホコ〈*Gonoclostera timoniorum*〉昆虫綱鱗翅目シャチホコガ科ウチキシャチホコ亜科の蛾。開張30～35mm。分布：沿海州，中国，北海道から九州。

クワサビカミキリ〈*Mesosella simiola*〉昆虫綱甲虫目カミキリムシ科フトカミキリ亜科の甲虫。体長6～10mm。分布：本州，四国，九州。

クワシロカイガラムシ〈*Pseudaulacaspis pentagona*〉昆虫綱半翅目マルカイガラムシ科。別名クワノカイガラムシ。体長2.0～2.5mm。キウイ，ナシ類，桃，スモモ，葡萄，アオギリ，蘇鉄，柿，茶，桑に害を及ぼす。分布：本州以南の日本各地，汎世界的。

クワシントメタマバエ 桑芯留癭蠅〈*Diplosis mori*〉昆虫綱双翅目タマバエ科。体長1.9mm。桑に害を及ぼす。分布：本州，四国，九州，朝鮮半島。

クワゾウムシ〈*Episomus mundus*〉昆虫綱甲虫目ゾウムシ科の甲虫。体長12〜15mm。桑に害を及ぼす。分布：本州，四国，九州，種子島。

クワトゲエダシャク〈*Apochima excavata*〉昆虫綱鱗翅目シャクガ科エダシャク亜科の蛾。開張39〜41mm。桃，スモモに害を及ぼす。分布：北海道，本州，九州，朝鮮半島。

クワトゲワセンチュウ〈*Ogma coffeae*〉クリコネマ科。体長0.3〜0.4mm。桑に害を及ぼす。分布：本州以南の日本各地，インド。

クワナカタカイガラトビコバチ〈*Encyrtus obscurus*〉昆虫綱膜翅目トビコバチ科。

クワナガタマムシ〈*Agrilus komareki*〉昆虫綱甲虫目タマムシ科の甲虫。体長5mm。桑に害を及ぼす。分布：九州以北の日本各地。

クワナガハリセンチュウ〈*Longidorus martini*〉ロンギドルス科。桑に害を及ぼす。

クワナシリブトガガンボ 桑名尻太大蚊〈*Triogma kuwanai*〉昆虫綱双翅目ガガンボ科。分布：本州。

クワナタマゴトビコバチ〈*Ooencyrtus kuwanai*〉昆虫綱膜翅目トビコバチ科。

クワノアザミウマ クワアザミウマの別名。

クワノカイガラムシ クワシロカイガラムシの別名。

クワノキキクイムシ クワノキクイムシの別名。

クワノキクイムシ 桑木喰虫〈*Xyleborus atratus*〉昆虫綱甲虫目キクイムシ科の甲虫。体長2.9〜3.2mm。桑に害を及ぼす。分布：北海道，本州。

クワノキンケムシ〈*Euproctis xanthocampa*〉昆虫綱鱗翅目ドクガ科の蛾。

クワノコキクイムシ 桑小木喰虫〈*Cryphalus exiguus*〉昆虫綱甲虫目キクイムシ科の甲虫。体長1.8mm。桑に害を及ぼす。分布：九州以北の日本各地，台湾。

クワノコブコブゾウムシ〈*Styanax kuwanoi*〉昆虫綱甲虫目ゾウムシ科の甲虫。体長7.7〜11.8mm。

クワノミハムシ〈*Luperomorpha funesta*〉昆虫綱甲虫目ハムシ科の甲虫。体長3.5mm。柑橘，繊維作物，大豆，桑に害を及ぼす。分布：北海道，本州，四国，九州。

クワノメイガ 桑野螟蛾〈*Glyphodes duplicalis*〉昆虫綱鱗翅目メイガ科ノメイガ亜科の蛾。桑に害を及ぼす。分布：本州（東北地方北部以南），四国，九州，対馬。

クワノメイガ チビスカシノメイガの別名。

クワハマキ コクワヒメハマキの別名。

クワハマダラガガンボ〈*Limonia nohirai*〉昆虫綱双翅目ヒメガガンボ科。体長12〜15mm。桑に害を及ぼす。分布：九州以北の日本各地，朝鮮半島。

クワハマダラタマバエ〈*Diplosis quadrifasciata*〉昆虫綱双翅目タマバエ科。体長2.5mm。桑に害を及ぼす。分布：本州，朝鮮半島。

クワハムシ 桑金花虫〈*Fleutiauxia armata*〉昆虫綱甲虫目ハムシ科の甲虫。体長5.0〜7.3mm。葡萄，桑，繊維作物，バラ類，梅，アンズ，林檎，ヤマノイモ類に害を及ぼす。分布：北海道，本州，四国，九州。

クワハモグリバエ〈*Agromyza morivora*〉昆虫綱双翅目ハモグリバエ科。体長2.5mm。桑に害を及ぼす。分布：本州。

クワヒメゾウムシ〈*Baris deplanata*〉昆虫綱甲虫目ゾウムシ科の甲虫。体長2.5〜3.6mm。葡萄，桑に害を及ぼす。分布：本州，四国，九州。

クワヒメハマキ〈*Olethreutes mori*〉昆虫綱鱗翅目ハマキガ科の蛾。開張14.5〜16.0mm。桑に害を及ぼす。分布：北海道，本州，対馬，ロシア（沿海州）。

クワヒョウタンゾウムシ〈*Scepticus insularis*〉昆虫綱甲虫目ゾウムシ科の甲虫。体長5.5〜7.0mm。苺，隠元豆，小豆，ササゲ，大豆に害を及ぼす。分布：九州以北の日本各地，朝鮮半島。

クワムラサキシジミ〈*Arhopala asopia*〉昆虫綱鱗翅目シジミチョウ科の蝶。

クワメイガサムライコマユバチ〈*Apanteles minor*〉昆虫綱膜翅目コマユバチ科。

クワヤマウンカ 桑山浮塵子〈*Kakuna kuwayamai*〉昆虫綱半翅目ウンカ科。分布：北海道，本州，九州。

クワヤマエグリシャチホコ〈*Ptilodon kuwayamae*〉昆虫綱鱗翅目シャチホコガ科ウチキシャチホコ亜科の蛾。開張30〜36mm。分布：北海道，本州中部，四国。

クワヤマカマトリバ〈*Leioptilus kuwayamai*〉昆虫綱鱗翅目トリバガ科の蛾。分布：北海道，本州，四国，九州，台湾。

クワヤマトラカミキリ〈*Xylotrechus rusticus*〉昆虫綱甲虫目カミキリムシ科カミキリ亜科の甲虫。体長9〜20mm。分布：北海道。

クワヤマハネナガウンカ 桑山翅長浮塵子〈*Zoraida kuwayamae*〉昆虫綱半翅目ハネナガウンカ科。体長18mm。分布：本州。

クワワタカイガラムシ〈*Pulvinaria kuwacola*〉昆虫綱半翅目カタカイガラムシ科。体長5.5〜7.0mm。楓（紅葉），サンゴジュ，桜類，柿，桑に害を及ぼす。分布：本州，四国，フランス南西部，カリフォルニア。

グンジョウカメムシ〈*Dalpada smaragdina*〉昆虫綱半翅目カメムシ科。分布：中国，台湾。

グンバイトンボ〈*Platycnemis foliacea sasakii*〉昆虫綱蜻蛉目モノサシトンボ科の蜻蛉。絶滅危惧II類(VU)。体長35mm。分布：本州(関東以西)，四国，九州。

グンバイムシ 軍配虫〈*lace bugs*〉昆虫綱半翅目異翅亜目グンバイムシ科Tingidaeの昆虫の総称。

グンバイメクラガメ 軍配盲亀虫〈*Stethoconus japonicus*〉昆虫綱半翅目メクラカメムシ科。分布：本州，九州。

クンブレ・クンブレ〈*Cumbre cumbre*〉昆虫綱鱗翅目セセリチョウ科の蝶。分布：アルゼンチン。

グンマカバナミシャク〈*Eupithecia gummaensis*〉昆虫綱鱗翅目シャクガ科の蛾。分布：群馬県南部の御荷鉾山。

【ケ】

ケアカカツオブシムシ 毛赤鰹節虫〈*Dermestes tessellatocollis*〉昆虫綱甲虫目カツオブシムシ科の甲虫。体長6.6〜7.4mm。分布：本州，九州。

ケアシコンボウキノコバエ〈*Neurotelia femorata*〉昆虫綱双翅目キノコバエ科。

ケアシハエトリ〈*Portia fimbriata*〉蛛形綱クモ目ハエトリグモ科の蜘蛛。体長雌8〜9mm，雄7〜8mm。分布：南西諸島。

ケイギンモンウワバ〈*Autoghapha mandarina*〉昆虫綱鱗翅目ヤガ科コヤガ亜科の蛾。分布：ウラル以東のアジア内陸，北海道，東北地方から関東・中部。

ゲイトネウラ・アカンタ〈*Geitoneura achanta*〉昆虫綱鱗翅目ジャノメチョウ科の蝶。分布：オーストラリア。

ゲイトネウラ・ケルシャウィ〈*Geitoneura kershawi*〉昆虫綱鱗翅目ジャノメチョウ科の蝶。分布：オーストラリア南東部。

ゲイトネウラ・タスマニカ〈*Geitoneura tasmanica*〉昆虫綱鱗翅目ジャノメチョウ科の蝶。分布：タスマニア。

ゲイトネウラ・ホバルティア〈*Geitoneura hobaria*〉昆虫綱鱗翅目ジャノメチョウ科の蝶。分布：タスマニア。

ゲイトネウラ・ミニアス〈*Geitoneura minyas*〉昆虫綱鱗翅目ジャノメチョウ科の蝶。分布：オーストラリア西部。

ゲイトネウラ・ラトニエッラ〈*Geitoneura lathoniella*〉昆虫綱鱗翅目ジャノメチョウ科の蝶。分布：オーストラリアおよびタスマニア。

ケイヌビワキジラミ〈*Paurocephala chonchaiensis*〉昆虫綱半翅目キジラミ科。

ケイベルハバチ〈*Busarbia koebelei*〉昆虫綱膜翅目ハバチ科。

ケイマス・オパリヌス〈*Cheimas opalinus*〉昆虫綱鱗翅目ジャノメチョウ科の蝶。分布：ベネズエラ。

ケオビアリモドキ〈*Anthelephila cribriceps*〉昆虫綱甲虫目アリモドキ科の甲虫。体長2.7〜3.5mm。分布：本州，九州，対馬，奄美大島。

ケオビダンゴタマムシ〈*Julodis gariepina*〉昆虫綱甲虫目タマムシ科。分布：アフリカ南東部。

ケオビトサカシバンムシ〈*Ptinomorphus exilis*〉昆虫綱甲虫目シバンムシ科の甲虫。体長2.3〜3.5mm。

ケオビヒメハナノミ〈*Mordellina pilosovittata*〉昆虫綱甲虫目ハナノミ科。

ケオプスネズミノミ〈*Xenopsylla cheopis*〉昆虫綱隠翅目ヒトノミ科。別名インドネズミノミ。体長雄1.5〜2.0mm，雌2.0〜2.5mm。分布：世界各地。害虫。

ゲオボルス・カスタトゥス〈*Geoborus castatus*〉昆虫綱甲虫目ゴミムシダマシ科。分布：チリ。

ケカゲロウ 毛蜉蝣〈*Acroberotha okamotoi*〉昆虫綱脈翅目ケカゲロウ科。開張25mm。分布：本州，四国，九州。

ケクロプテルス・アウヌス〈*Cecropterus aunus*〉昆虫綱鱗翅目セセリチョウ科の蝶。分布：メキシコからパラグアイまで。

ケクロプテルス・ネイス〈*Cecropterus neis*〉昆虫綱鱗翅目セセリチョウ科の蝶。分布：メキシコからブラジルまで。

ゲ・ゲタ〈*Ge geta*〉昆虫綱鱗翅目セセリチョウ科の蝶。分布：スマトラ，マレーシア，ジャワ。

ゲゲネス・ウルスラ〈*Gegenes ursula*〉昆虫綱鱗翅目セセリチョウ科の蝶。G.pumilioは同種異名。分布：アフリカ東部。

ゲゲネス・ノストロダムス〈*Gegenes nostrodamus*〉昆虫綱鱗翅目セセリチョウ科の蝶。分布：ヨーロッパ南部，アルジェリア，小アジア，ヒマラヤの乾燥地。

ゲゲネス・ホッテントタ〈*Gegenes hottentota*〉昆虫綱鱗翅目セセリチョウ科の蝶。分布：アフリカ南部，アフリカ西部，イエメン。

ケゴモクムシ〈*Harpalus ussuriensis*〉昆虫綱甲虫目オサムシ科の甲虫。体長15〜18mm。

ゲジ 蚰蜒〈*Thereuonema tuberculata*〉節足動物門唇脚綱ゲジ目ゲジ科。体長19〜28mm。害虫。

ゲジ 蚰蜒〈*house-centipede*〉節足動物門唇脚綱ゲジ目Scutigeromorphaの陸生動物の総称。別名ゲジゲジ。

ケシウミアメンボ 芥子海水黽〈*Halovelia septentrionalis*〉昆虫綱半翅目カタビロアメンボ科。分布：本州中部以西，琉球。

ケシカタビロアメンボ〈*Microvelia douglasi*〉昆虫綱半翅目カタビロアメンボ科。

ケシカミキリ〈*Miaenia tonsa*〉昆虫綱甲虫目カミキリムシ科フトカミキリ亜科の甲虫。体長2.5～3.0mm。分布：本州，四国，九州，佐渡，対馬，伊豆諸島。

ケシガムシ〈*Cercyon ustus*〉昆虫綱甲虫目ガムシ科の甲虫。体長2.9～3.0mm。

ケシキスイ 芥子木吸，出尾虫〈*sap beetle*〉昆虫綱甲虫目ケシキスイ科Nitidulidaeの昆虫の総称。

ゲジゲジ ゲジの別名。

ケシゲンゴロウ 芥子竜蝨〈*Hyphydrus japonicus*〉昆虫綱甲虫目ゲンゴロウ科の甲虫。体長4～5mm。分布：本州，四国，九州，南西諸島。

ケシコメツキモドキ 芥子擬叩頭虫〈*Microlanguria jansoni*〉昆虫綱甲虫目コメツキモドキ科の甲虫。体長2.5～4.0mm。分布：本州，九州。

ケシジョウカイモドキ〈*Dasytes vulgaris*〉昆虫綱甲虫目ジョウカイモドキ科の甲虫。体長4.8～5.0mm。

ケシチビドロムシ〈*Limnichomorphus ohbayashii*〉昆虫綱甲虫目チビドロムシ科の甲虫。体長1.1mm。

ケシツチゾウムシ〈*Trachyphloeosoma setosum*〉昆虫綱甲虫目ゾウムシ科の甲虫。体長2.3～2.7mm。

ケシツブサビキコリ〈*Meristhus scobinula*〉昆虫綱甲虫目コメツキムシ科。

ケシツブスナサビキコリ〈*Rismethus scobinula*〉昆虫綱甲虫目コメツキムシ科。体長2.0～2.5mm。

ケシツブタマムシ〈*Haplostethus insperatrus*〉昆虫綱甲虫目タマムシ科の甲虫。体長2.3mm。

ケシツブテントウ ムクゲチビテントウの別名。

ケシツブムクゲキノコムシ〈*Acrotrichis sericans*〉昆虫綱甲虫目ムクゲキノコムシ科。

ケシニセケカツオブシムシ〈*Evorinea iota*〉昆虫綱甲虫目カツオブシムシ科の甲虫。体長1.3～1.5mm。

ケシハナカメムシ〈*Cardiastethus pygmaeus*〉昆虫綱半翅目ハナカメムシ科。体長2mm。分布：本州，四国，九州。

ケシヒメハナノミ〈*Falsomordellistena parca*〉昆虫綱甲虫目ハナノミ科。

ケシヒラタガムシ ツヤヒラタガムシの別名。

ケシミズカメムシ 芥子水亀虫〈*Hebrus nipponicus*〉昆虫綱半翅目ケシミズカメムシ科。分布：本州，九州。

ケジラミ 毛虱〈*Pthirus pubis*〉昆虫綱虱目ヒトジラミ科。体長雌1.5mm，雄1.3mm。分布：全世界。害虫。

ケシルリオトシブミ〈*Euops politus*〉昆虫綱甲虫目オトシブミ科の甲虫。体長2.8～3.1mm。

ケジロキアブ〈*Xylophagus albopilosus*〉昆虫綱双翅目キアブ科。

ケジロツヤヒゲブトコメツキ〈*Drapetes jansoni*〉昆虫綱甲虫目ヒゲブトコメツキ科の甲虫。

ケジロヒョウホンムシ〈*Ptinus senilis*〉昆虫綱甲虫目ヒョウホンムシ科の甲虫。体長2.4～3.0mm。

ケスジドロムシ〈*Pseudamophilus japonicus*〉昆虫綱甲虫目ヒメドロムシ科の甲虫。準絶滅危惧種(NT)。体長4.8～5.3mm。

ケズネオガサワラカミキリ〈*Boninella anoplos*〉昆虫綱甲虫目カミキリムシ科フトカミキリ亜科の甲虫。体長2.9～4.4mm。

ケズネケシカミキリ〈*Miaenia lanata*〉昆虫綱甲虫目カミキリムシ科フトカミキリ亜科の甲虫。体長4.3～6.0mm。

ケズネチビトラカミキリ〈*Amamiclytus hirtipes*〉昆虫綱甲虫目カミキリムシ科カミキリ亜科の甲虫。体長5mm。分布：奄美大島。

ケダニ 毛壁蝨〈*velvet mites*〉節足動物門クモ形綱ダニ目ナミケダニ科Trombidiiaeの大形ダニの総称。

ケチビコフキゾウムシ〈*Sitona hispidulus*〉昆虫綱甲虫目ゾウムシ科の甲虫。体長雌4.3mm，雄3.5mm。マメ科牧草に害を及ぼす。分布：北海道，本州，九州，全北区。

ケチビヒョウタンヒゲナガゾウムシ〈*Notioxenus wollastoni*〉昆虫綱甲虫目ヒゲナガゾウムシ科の甲虫。体長2.1～3.0mm。分布：北海道，本州，四国，九州，吐噶喇列島中之島。

ケチャタテ 毛茶柱，毛茶立 昆虫綱チャタテムシ目ケチャタテ科Caecilidaeの昆虫の総称。

ケデステス・カッリクレス〈*Kedestes callicles*〉昆虫綱鱗翅目セセリチョウ科の蝶。分布：コンゴ，ナタールおよびアフリカ東部からソマリアまで。

ケデステス・ニベオストゥリガ〈*Kedestesu niveostriga*〉昆虫綱鱗翅目セセリチョウ科の蝶。分布：アフリカ南部。

ケデステス・ネルバ〈*Kedestes nerva*〉昆虫綱鱗翅目セセリチョウ科の蝶。分布：ナタール，トランスバール。

ケデステス・バルベラエ〈*Kedestes barberae*〉昆虫綱鱗翅目セセリチョウ科の蝶。分布：喜望峰，

ナタール, トランスバール。

ケデステス・モホズツァ 〈*Kedestes mohozutza*〉 昆虫綱鱗翅目セセリチョウ科の蝶。分布：喜望峰, ナタール, トランスバール。

ケデステス・レペヌラ 〈*Kedestes lepenula*〉 昆虫綱鱗翅目セセリチョウ科の蝶。分布：ナタール, トランスバール, ローデシア, モザンビーク。

ケデステス・ワッレングレニ 〈*Kedestes wallengreni*〉 昆虫綱鱗翅目セセリチョウ科の蝶。分布：ナタール, トランスバール, ケニア。

ケトネ・エウロキリア 〈*Chetone eurocilia*〉 鱗翅目マダラガ科の蛾。分布：コロンビア, ギアナ, エクアドル, ペルー, ボリビア, ブラジル。

ケトネ・ファエバ(インテルセクタ型) 〈*Chetone phaeba f.intersecta*〉 昆虫綱鱗翅目マダラガ科の蛾。分布：南アメリカ(f.intersectaはペルー東部, アマゾン流域に分布)。

ケトビケラ 毛飛螻蛄 〈*sericostomatid caddis*〉 昆虫綱トビケラ目ケトビケラ科の昆虫の総称。

ケナガイネゾウモドキ 〈*Dorytomus hirtipennis*〉 昆虫綱甲虫目ゾウムシ科の甲虫。体長3.5〜4.0mm。

ケナガカクホソカタムシ 〈*Cerylon takara*〉 昆虫綱甲虫目カクホソカタムシ科の甲虫。体長2.5mm。

ケナガカミキリ 〈*Mimistena setigera*〉 昆虫綱甲虫目カミキリムシ科カミキリ亜科の甲虫。体長9〜11mm。分布：四国, 九州, 対馬, 屋久島, 奄美大島, 沖縄諸島。

ケナガクビボソムシ 〈*Neostereopalpus niponicus*〉 昆虫綱甲虫目アリモドキ科の甲虫。体長12〜15mm。分布：本州, 九州。

ケナガコナダニ 毛長粉壁蝨 〈*Tyrophagus putrescentiae*〉 節足動物門クモ形綱ダニ目コナダニ科のダニ。多くの食品や粉末の薬品などに発生し, 室内塵の中にも高率に見られる。体長雌0.4〜0.5mm, 雄0.3〜0.4mm。ナス科野菜, 貯穀・貯蔵植物性食品, ウリ科野菜に害を及ぼす。分布：日本全国, 汎世界的。

ケナガサルゾウムシ 〈*Micrelus excavatus*〉 昆虫綱甲虫目ゾウムシ科の甲虫。体長2.1〜2.3mm。

ケナガスグリゾウムシ 〈*Pseudocneorhinus setosus*〉 昆虫綱甲虫目ゾウムシ科の甲虫。体長6.0〜6.6mm。

ケナガセセリ 〈*Darpa striata*〉 昆虫綱鱗翅目セセリチョウ科の蝶。分布：ミャンマー, マレーシアからボルネオ。

ケナガセマルキスイ 〈*Atomaria horridula*〉 昆虫綱甲虫目キスイムシ科の甲虫。体長1.4〜1.7mm。

ケナガチビクロノメイガ 〈*Herpetogramma stultalis*〉 昆虫綱鱗翅目メイガ科の蛾。分布：関東以西の本州, 九州, 屋久島, 奄美大島, 徳之島, インドから東南アジア一帯, ニューギニア。

ケナガツツキノコムシ 〈*Rhopalodontus perforatus*〉 昆虫綱甲虫目ツツキノコムシ科。

ケナガナガツツキノコムシ 〈*Nipponocis longisetosus*〉 昆虫綱甲虫目ツツキノコムシ科の甲虫。体長3.5〜5.0mm。

ケナガマルキスイ 〈*Toramus glisonothoides*〉 昆虫綱甲虫目コメツキモドキ科の甲虫。体長1.3〜1.6mm。

ケナシクロオビクロノメイガ 〈*Herpetogramma phaeopteralis*〉 昆虫綱鱗翅目メイガ科の蛾。分布：京都府比叡山, 富山県有峰, 北海道標茶町, 石狩町, 東京都高尾山, 埼玉県入間市, 新潟県粟島, 香川県象頭山, アフリカからインド, オーストラリア, 南アメリカ。

ケナシチビクロノメイガ 〈*Herpetogramma ochrotinctalis*〉 昆虫綱鱗翅目メイガ科の蛾。分布：秋田県河辺町, 埼玉県入間市, 静岡県大滝温泉。

ケナシヒラタゴミムシ 〈*Morimotoidius astictus*〉 昆虫綱甲虫目ゴミムシ科。

ケヌカカ 〈*Atrichopogon dorsalis*〉 昆虫綱双翅目ヌカカ科。

ケバエ 毛蠅 〈*march flies*〉 昆虫綱双翅目糸角亜目原カ群の一科の総称。

ケバネオオキバノコギリカミキリ 〈*Priotyrannus mordax*〉 昆虫綱甲虫目カミキリムシ科の甲虫。別名ミカノコギリカミキリ。分布：インド。

ケバネオニツヤクワガタ 〈*Odontolabis dalmani*〉 昆虫綱甲虫目クワガタムシ科。分布：マレーシア, スマトラ, ジャワ, ボルネオ。

ケバネハマキ 〈*Gnorismoneura vallifica*〉 昆虫綱鱗翅目ハマキガ科の蛾。分布：本州の中部山地(扉温泉, 碓氷峠, 榛名山等), 東京高尾山, 中国。

ケバネミヤマクワガタ 〈*Lucanus lunifer*〉 昆虫綱甲虫目クワガタムシ科。分布：ヒマラヤ, アッサム, ミャンマー。

ケバネメクラチビゴミムシ 〈*Chaetotrechiama procerus*〉 昆虫綱甲虫目オサムシ科の甲虫。絶滅危惧I類(CR+EN)。体長5.3〜5.9mm。

ケハラゴマフカミキリ 〈*Coptops hirtiventris*〉 昆虫綱甲虫目カミキリムシ科フトカミキリ亜科の甲虫。体長15.6〜17.0mm。

ケヒラタアブ 〈*Syrphus japonicus*〉 昆虫綱双翅目ハナアブ科。

ケファルスウスバシロチョウ 〈*Parnassius cephalus*〉 昆虫綱鱗翅目アゲハチョウ科の蛾。分布：チベット, 中国(四川省・甘粛省)。

ケフェウプティキア・アンゲリカ〈Cepheuptychia angelica〉昆虫綱鱗翅目ジャノメチョウ科の蝶。分布：ブラジル。

ケフェウプティキア・グラウキナ〈Cepheuptychia glaucina〉昆虫綱鱗翅目ジャノメチョウ科の蝶。分布：メキシコ，グアテマラ，ボリビア。

ケブカアカチャコガネ〈Dasylepida ishigakiensis〉昆虫綱甲虫目コガネムシ科の甲虫。体長14～19mm。

ケブカキイロノメイガ〈Thilptoceras amamiale〉昆虫綱鱗翅目メイガ科の蛾。分布：奄美大島，徳之島，沖縄本島。

ケブカキクイムシ〈Poecilips nubilus〉昆虫綱甲虫目キクイムシ科の甲虫。体長1.9～2.4mm。

ケブカクチブトゾウムシ〈Myllocerus fumosus〉昆虫綱甲虫目ゾウムシ科の甲虫。体長5.4～6.0mm。

ケブカクモバエ〈Penicillidia jenynsii〉昆虫綱双翅目クモバエ科。体長3mm。分布：日本全土。害虫。

ケブカクロコメツキ〈Ampedus vestitus〉昆虫綱甲虫目コメツキムシ科の甲虫。体長10～13mm。

ケブカクロナガハムシ〈Hesperomorpha hirsuta〉昆虫綱甲虫目ハムシ科の甲虫。体長4mm。分布：本州，四国，九州。

ケブカクロバエ〈Aldrichina grahami〉昆虫綱双翅目クロバエ科。体長7～10mm。分布：日本全土。害虫。

ケブカクロバチ〈Dendrocerus longispinus〉ヒゲナガクロバチ科。

ケブカクロハムシダマシ〈Cerogria notabilis〉昆虫綱甲虫目ゴミムシダマシ科の甲虫。体長10mm。分布：奄美大島，沖縄本島。

ケブカケシマキムシ〈Melanophthalma evansi〉昆虫綱甲虫目ヒメマキムシ科の甲虫。体長1.3～1.8mm。

ケブカコフキコガネ〈Tricholontha papagena〉昆虫綱甲虫目コガネムシ科の甲虫。体長28～30mm。サトウキビに害を及ぼす。分布：徳之島，沖縄本島，瀬底島。

ケブカサルハムシ〈Lypesthes lewisii〉昆虫綱甲虫目ハムシ科の甲虫。体長7.0～8.0mm。

ケブカシバンムシ 毛深死番虫〈Nicobium hirtum〉昆虫綱甲虫目シバンムシ科の甲虫。体長3.7～6.0mm。分布：本州，四国，九州。害虫。

ケブカジョウカイモドキ〈Dasytes tomokunii〉昆虫綱甲虫目ジョウカイモドキ科の甲虫。体長5.3～5.8mm。

ケブカスズメバチ〈Vespa simillima〉昆虫綱膜翅目スズメバチ科。

ケブカスズメバチ キイロスズメバチの別名。

ケブカセセリ〈Pithauria marsena〉昆虫綱鱗翅目セセリチョウ科の蝶。分布：ミャンマーからマレーシア，スマトラ，ジャワ。

ケブカチーズバエ〈Liopiophila varipes〉昆虫綱双翅目チーズバエ科。体長3.0～4.0mm。害虫。

ケブカチビナミシャク〈Gymnoscelis esakii〉昆虫綱鱗翅目シャク科ナミシャク亜科の蛾。開張12～14mm。分布：本州(関東以西)，四国，九州，対馬，屋久島，沖縄本島。

ケブカトゲハナバエ〈Megophyra multisetosa〉昆虫綱双翅目イエバエ科。体長7～10mm。分布：本州，四国，対馬，奄美大島。

ケブカトラカミキリ〈Hirticlytus comosus〉昆虫綱甲虫目カミキリムシ科カミキリ亜科の甲虫。体長8～10mm。

ケブカニセハムシハナカミキリ〈Lemula setigera〉昆虫綱甲虫目カミキリムシ科の甲虫。分布：台湾。

ケブカネグロケンモン〈Colocasia mus〉昆虫綱鱗翅目ヤガ科ウスベリケンモン亜科の蛾。開張30～33mm。分布：北海道東部，沿海州，朝鮮半島。

ケブカノメイガ〈Crocidolomia binotalis〉昆虫綱鱗翅目メイガ科の蛾。分布：長崎市田上町，屋久島，沖縄本島，南大東島，台湾からインド，オーストラリア。

ケブカハチモドキハナアブ〈Primoceroides petri〉昆虫綱双翅目ハナアブ科。

ケブカハナバチ 毛深花蜂〈Anthophora acervorum〉昆虫綱膜翅目ミツバチ科。分布：本州西部，九州。

ケブカヒゲナガ 毛深鬚長蛾〈Adela nobilis〉昆虫綱鱗翅目マガリガ科の蛾。開張17～19mm。分布：本州，四国，九州。

ケブカヒメカタゾウムシ〈Arrhaphogaster pilosus〉昆虫綱甲虫目ゾウムシ科の甲虫。体長5.2～5.9mm。分布：関東周辺。

ケブカヒメカブトムシ〈Xylotrupes pubescens〉昆虫綱甲虫目コガネムシ科の甲虫。分布：フィリピン。

ケブカヒメシジミ〈Agrodiaetus dolus〉昆虫綱鱗翅目シジミチョウ科の蝶。雄は銀色を帯びた青色，雌は全体的に暗褐色。開張2.5～4.0mm。分布：スペイン北部，フランス南部，イタリア中央部。

ケブカヒラタカミキリ〈Nothorhina punctata〉昆虫綱甲虫目カミキリムシ科マルクビカミキリ亜科の甲虫。体長7～12.2mm。

ケブカヒラタゴミムシ〈Rupa japonica〉昆虫綱甲虫目オサムシ科の甲虫。体長9～10.5mm。

ケブカフサヒゲフトカミキリ〈Aristobia horridula〉昆虫綱甲虫目カミキリムシ科の甲虫。分布：インド，ミャンマー，ラオス，ベトナム北部，中国。

ケブカヘラツノカブト〈Heterogomphus hirtus〉昆虫綱甲虫目コガネムシ科の甲虫。分布：ペルー。

ケブカホソアカクワガタ〈Cyclommatus canaliculatus〉昆虫綱甲虫目クワガタムシ科。分布：マレーシア，スマトラ，ニアス，ボルネオ。

ケブカホソクチゾウムシ〈Apion griseopubescens〉昆虫綱甲虫目ホソクチゾウムシ科の甲虫。体長1.7～1.9mm。

ケブカマグソコガネ〈Aphodius eccoptus〉昆虫綱甲虫目コガネムシ科の甲虫。体長7.5～9.0mm。

ケブカマドキノコバエ〈Mycomyia ornata〉昆虫綱双翅目キノコバエ科。

ケブカマルキクイムシ〈Sphaerotrypes pila〉昆虫綱甲虫目キクイムシ科の甲虫。体長2.2～3.0mm。

ケブカマルクビカミキリ〈Atimia okayamensis〉昆虫綱甲虫目カミキリムシ科マルクビカミキリ亜科の甲虫。準絶滅危惧種(NT)。体長7mm。

ケブカメクラガメ〈Tinginotum perlatum〉昆虫綱半翅目メクラカメムシ科。

ケブトカミキリ ケブトハナカミキリの別名。

ケブトハナカミキリ 毛太花天牛〈Caraphia lepturoides〉昆虫綱甲虫目カミキリムシ科ハナカミキリ亜科の甲虫。体長12～15mm。分布：本州(神奈川県以南)，四国，九州，対馬，屋久島，奄美大島，沖縄諸島，伊豆諸島。

ケブトヒラタキクイムシ〈Minthea rugicollis〉昆虫綱甲虫目ヒラタキクイムシ科の甲虫。体長2.0～3.5mm。

ゲホウグモ〈Poltys illepidus〉蛛形綱クモ目コガネグモ科の蜘蛛。体長雌12～16mm，雄2～3mm。分布：本州，四国，九州，南西諸島。

ケポラ・アブノルミス・エウリキサンタ〈Cepora abnormis euryxantha〉昆虫綱鱗翅目シロチョウ科の蝶。分布：ニューギニア。

ケポラ・エペリア〈Cepora eperia〉昆虫綱鱗翅目シロチョウ科の蝶。分布：セレベス。

ケポラ・テメナ〈Cepora temena〉昆虫綱鱗翅目シロチョウ科の蝶。分布：インドネシア。

ケポラ・ペリマレ〈Cepora perimale〉昆虫綱鱗翅目シロチョウ科の蝶。分布：ジャワからオーストラリアまで。

ケポラ・ユディトゥ〈Cepora judith〉昆虫綱鱗翅目シロチョウ科の蝶。分布：マレーシア。

ケポラ・ラエタ〈Cepora laeta〉昆虫綱鱗翅目シロチョウ科の蝶。分布：ティモール。

ケポラ・レア〈Cepora lea〉昆虫綱鱗翅目シロチョウ科の蝶。別名キシタシロチョウの一種。分布：ミャンマー，タイ，マレーシア，スマトラ，ボルネオ。

ケマダラカミキリ〈Agapanthia daurica〉昆虫綱甲虫目カミキリムシ科フトカミキリ亜科の甲虫。準絶滅危惧種(NT)。体長9～19mm。分布：北海道，本州。

ケマダラダンゴタマムシ〈Julodis hirsuta〉昆虫綱甲虫目タマムシ科。分布：アフリカ南部。

ケマダラナガツツキノコムシ〈Nipponocis magnus〉昆虫綱甲虫目ツツキノコムシ科の甲虫。体長5.5～6.0mm。

ケマダラヒゲナガゾウムシ〈Rawasia ritsemae〉昆虫綱甲虫目ヒゲナガゾウムシ科の甲虫。体長8.5～15.0mm。分布：吐噶喇列島中之島，沖縄本島。

ケマダラヒメコクヌスト〈Ancyrona shibatai〉昆虫綱甲虫目コクヌスト科。体長5mm。分布：奄美大島。

ケマダラマルハナノミ〈Scirtes okinawanus〉昆虫綱甲虫目マルハナノミ科の甲虫。体長3.7～4.0mm。

ケマダラムクゲキスイ〈Biphyllus flexiosus〉昆虫綱甲虫目ムクゲキスイムシ科の甲虫。体長2.5～2.9mm。

ケマンサルゾウムシ〈Sirocalodes umbrinus〉昆虫綱甲虫目ゾウムシ科の甲虫。体長2.5mm。

ケミジンムシダマシ〈Aphanocephalus shibatai〉昆虫綱甲虫目ミジンムシダマシ科の甲虫。体長1.5～1.8mm。

ケミャクシブキオドリバエ〈Trichoclinocera fuscipennis〉昆虫綱双翅目オドリバエ科。

ケムシ 毛虫〈caterpillars〉鱗翅目の昆虫の幼虫で長い毛をもつものの俗称。

ケムリダニグモ〈Gamasomorpha karschi〉蛛形綱クモ目タマゴグモ科の蜘蛛。

ケムリハラカタグモ〈Ceratinella fumifera〉蛛形綱クモ目サラグモ科の蜘蛛。

ケモチダニ 毛持壁蝨〈myobiid mite〉節足動物門クモ形綱ダニ目ケモチダニ科の総称。

ケモンケシキスイ 毛紋出尾虫〈Atarphia fasciculata〉昆虫綱甲虫目ケシキスイムシ科の甲虫。体長5～6mm。分布：北海道，本州，四国，九州。

ケモンセスジシバンムシ〈Xyletinus tomentosus〉昆虫綱甲虫目シバンムシ科の甲虫。体長2.7～3.9mm。

ケモンダンゴタマムシ〈Julodis manipularis〉昆虫綱甲虫目タマムシ科。分布：モロッコ。

ケモンヒメトゲムシ 毛紋姫棘虫〈*Nosodendron asiaticum*〉昆虫綱甲虫目ヒメトゲムシ科の甲虫。体長4.0～4.5mm。分布：北海道, 本州, 九州。

ケモンヒメミゾコメツキダマシ〈*Dromaeolus cariniceps*〉昆虫綱甲虫目コメツキダマシ科の甲虫。体長4.3～4.9mm。

ケヤキキンモンホソガ〈*Phyllonorycter zelkovae*〉昆虫綱鱗翅目ホソガ科の蛾。分布：本州, 九州。

ケヤキナガタマムシ 欅長吉丁虫〈*Agrilus spinipennis*〉昆虫綱甲虫目タマムシ科の甲虫。体長8～11mm。分布：本州, 四国, 九州。

ケヤキヒラタキクイムシ〈*Lyctus sinensis*〉昆虫綱甲虫目ヒラタキクイムシ科の甲虫。体長2.8～5.3mm。

ケヤキフシアブラムシ〈*Colopha moriokaensis*〉昆虫綱半翅目アブラムシ科。ニレ, ケヤキに害を及ぼす。

ケヤリムシ 毛槍虫〈*Sabellastarte indica*〉環形動物門多毛綱定在目ケヤリ科の海産動物。分布：三陸地方以南。

ケラ 螻蛄〈*Gryllotalpa africana*〉昆虫綱直翅目ケラ科。体長30～35mm。サツマイモ, 大豆, アブラナ科野菜, ウリ科野菜, ナス科野菜, 甜菜, ゴマ, タバコ, 繊維作物, カーネーション, ジャガイモ, シバ類, イネ科作物, 麦類に害を及ぼす。分布：北海道, 本州, 四国, 九州, 対馬, 南西諸島。

ケラ 螻蛄〈*Gryllotalpa*〉ケラ科の属称。珍虫。

ケラエノルリヌス・エンテッルス〈*Celaenorrhinus entellus*〉昆虫綱鱗翅目セセリチョウ科の蝶。分布：ジャワ。

ケラエノルリヌス・アトゥラトゥス〈*Celaenorrhinus atratus*〉昆虫綱鱗翅目セセリチョウ科の蝶。分布：カメルーン。

ケラエノルリヌス・アンバレエサ〈*Celaenorrhinus ambareesa*〉昆虫綱鱗翅目セセリチョウ科の蝶。分布：インド。

ケラエノルリヌス・イッルストウリス〈*Celaenorrhinus illustris*〉昆虫綱鱗翅目セセリチョウ科の蝶。分布：カメルーン。

ケラエノルリヌス・エリギウス〈*Celaenorrhinus eligius*〉昆虫綱鱗翅目セセリチョウ科の蝶。分布：メキシコから南アメリカおよびトリニダードまで。

ケラエノルリヌス・ガレヌス〈*Celaenorrhinus galenus*〉昆虫綱鱗翅目セセリチョウ科の蝶。分布：セネガンビアからナイジェリアまで。

ケラエノルリヌス・クリソグロッサ〈*Celaenorrhinus chrysoglossa*〉昆虫綱鱗翅目セセリチョウ科の蝶。分布：カメルーン。

ケラエノルリヌス・シェマ〈*Celaenorrhinus shema*〉昆虫綱鱗翅目セセリチョウ科の蝶。分布：ギアナ。

ケラエノルリヌス・スピロティルス〈*Celaenorrhinus spilothyrus*〉昆虫綱鱗翅目セセリチョウ科の蝶。分布：インド, スリランカ。

ケラエノルリヌス・ティベタナ〈*Celaenorrhinus tibetana*〉昆虫綱鱗翅目セセリチョウ科の蝶。分布：中国西部, チベット, ミャンマー。

ケラエノルリヌス・バディア〈*Celaenorrhinus badia*〉昆虫綱鱗翅目セセリチョウ科の蝶。分布：アッサム。

ケラエノルリヌス・プトゥラ〈*Celaenorrhinus putra*〉昆虫綱鱗翅目セセリチョウ科の蝶。分布：ミャンマー, マレーシア, ジャワ。

ケラエノルリヌス・プロキシマ〈*Celanorrhinus proxima*〉昆虫綱鱗翅目セセリチョウ科の蝶。分布：シエラレオネからガボンまで。

ケラエノルリヌス・フンブロティ〈*Celaenorrhinus humbloti*〉昆虫綱鱗翅目セセリチョウ科の蝶。分布：マダガスカル。

ケラエノルリヌス・ベットニ〈*Celaenorrhinus bettoni*〉昆虫綱鱗翅目セセリチョウ科の蝶。分布：ナイジェリアからスーダンまで。

ケラエノルリヌス・メデトゥリナ〈*Celaenorrhinus medetrina*〉昆虫綱鱗翅目セセリチョウ科の蝶。分布：カメルーン。

ケラエノルリヌス・モケージ〈*Celaenorrhinus mokeezi*〉昆虫綱鱗翅目セセリチョウ科の蝶。分布：喜望峰からローデシアまで。

ケラエノルリヌス・ラダナ〈*Celaenorrhinus ladana*〉昆虫綱鱗翅目セセリチョウ科の蝶。分布：マレーシア。

ケラエノルリヌス・ラティビットゥス〈*Celaenorrhinus lativittus*〉昆虫綱鱗翅目セセリチョウ科の蝶。分布：ボルネオ。

ケラエノルリヌス・ルティランス〈*Celaenorrhinus rutilans*〉昆虫綱鱗翅目セセリチョウ科の蝶。分布：コンゴ。

ケラストゥリナ・アカサ〈*Celastrina akasa*〉昆虫綱鱗翅目シジミチョウ科の蝶。分布：インド南部, スリランカ, マレーシアからセレベスまで。

ケラストゥリナ・カメナエ〈*Celastrina camenae*〉昆虫綱鱗翅目シジミチョウ科の蝶。分布：マレーシア, ボルネオからセレベスまで。

ケラストゥリナ・クアドゥリプラガ〈*Celastrina quadriplaga*〉昆虫綱鱗翅目シジミチョウ科の蝶。分布：マレーシア, ジャワ, スマトラ, ボルネオ。

ケラストゥリナ・ケイクス〈*Celastrina ceyx*〉昆虫綱鱗翅目シジミチョウ科の蝶。分布：スマト

ラ, マレーシア, ジャワ, ボルネオ, セレベス。

ケラストゥリナ・コッサエア〈Celastrina cossaea〉昆虫綱鱗翅目シジミチョウ科の蝶。分布：マレーシア, ジャワ, スマトラ, ボルネオ。

ケラストゥリナ・テネッラ〈Celastrina tenella〉昆虫綱鱗翅目シジミチョウ科の蝶。分布：ニューギニア, オーストラリア。

ケラストゥリナ・トゥランスペクタ〈Celastrina transpecta〉昆虫綱鱗翅目シジミチョウ科の蝶。分布：シッキム, ミャンマー。

ケラストゥリナ・ネッダ〈Celastrina nedda〉昆虫綱鱗翅目シジミチョウ科の蝶。分布：モルッカ諸島, セレベス, ニューギニア。

ケラストゥリナ・バルダナ〈Celastrina vardhana〉昆虫綱鱗翅目シジミチョウ科の蝶。分布：カシミールカラクマオン(ヒマラヤ)まで。

ケラストゥリナ・ムシナ〈Celastrina musina〉昆虫綱鱗翅目シジミチョウ科の蝶。分布：ミャンマーからマレーシア, スマトラ, ジャワ。

ケラストゥリナ・メラエナ〈Celastrina melaena〉昆虫綱鱗翅目シジミチョウ科の蝶。分布：スマトラ, マレーシア, インドシナ半島。

ケラストゥリナ・ラベンドゥラリス〈Celastrina lavendularis〉昆虫綱鱗翅目シジミチョウ科の蝶。分布：シッキム, アッサムからインドシナ半島まで, マレーシアからフィリピンおよびセレベスまで。

ケラティナ・コエノ〈Ceratina coeno〉昆虫綱鱗翅目トンボマダラ科。分布：コロンビア, ペルー, ベネズエラ。

ケラティニア・エウポンペ〈Ceratinia eupompe〉昆虫綱鱗翅目トンボマダラ科。分布：ブラジル南部。

ケラティニア・ドリッラ〈Ceratinia dorilla〉昆虫綱鱗翅目トンボマダラ科の蝶。分布：中央アメリカ。

ケラティニア・ニセ〈Ceratinia nise〉昆虫綱鱗翅目トンボマダラ科の蝶。分布：ギアナ, ベネズエラ, ペルー。

ケラティニア・メテッラ〈Ceratinia metella〉昆虫綱鱗翅目トンボマダラ科。分布：ペルー。

ケラティニア・ヨライア〈Ceratinia jolaia〉昆虫綱鱗翅目トンボマダラ科の蝶。分布：コロンビア。

ケラトゥリキア・アウレア〈Ceratrichia aurea〉昆虫綱鱗翅目セセリチョウ科の蝶。分布：コンゴ。

ケラトゥリキア・ノトゥス〈Ceratrichia nothus〉昆虫綱鱗翅目セセリチョウ科の蝶。分布：アフリカ西部。

ケラトゥリキア・フォキオン〈Ceratrichia phocion〉昆虫綱鱗翅目セセリチョウ科の蝶。分布：シエラレオネからコンゴまで。

ケラトゥリキア・フラバ〈Ceratrichia flava〉昆虫綱鱗翅目セセリチョウ科の蝶。分布：カメルーン, コンゴ, アフリカ中部。

ケラドンタイマイ〈Graphium celadon〉昆虫綱鱗翅目アゲハチョウ科の蝶。分布：キューバ。

ケラモドキカミキリ〈Hypocephalus armatus〉昆虫綱甲虫目カミキリムシ科の甲虫。分布：ブラジル。

ケリトゥラ・オルフェウス〈Cheritra orpheus〉昆虫綱鱗翅目シジミチョウ科の蝶。分布：フィリピン。

ケリドタ・スプレンデンス〈Celidota splendens〉昆虫綱甲虫目コガネムシ科の甲虫。分布：マダガスカル。

ケリメネツマアカシロチョウ〈Colotis celimene〉昆虫綱鱗翅目シロチョウ科の蝶。分布：サハラ以南のアフリカ全域(西部を除く)。

ケルキオニス・ステネレ〈Cercyonis sthenele〉昆虫綱鱗翅目ジャノメチョウ科の蝶。分布：カリフォルニア州。

ケルキオニス・パウルス〈Cercyonis paulus〉昆虫綱鱗翅目ジャノメチョウ科の蝶。分布：カリフォルニア州, ネバダ州。

ケルキオニス・メアディイ〈Cercyonis meadii〉昆虫綱鱗翅目ジャノメチョウ科の蝶。分布：コロラド州からモンタナ州まで。

ケルソネシア・ペラカ〈Chersonesia peraka〉昆虫綱鱗翅目タテハチョウ科の蝶。分布：ミャンマー, タイ, マレーシア, スマトラ, ジャワ, バリ, ボルネオ, スラウェシ。

ゲルマナカザリシロチョウ〈Delias germana〉昆虫綱鱗翅目シロチョウ科の蝶。開張45mm。分布：ニューギニア島山地。珍蝶。

ゲロシス・ケレビカ〈Gerosis celebica〉昆虫綱鱗翅目セセリチョウ科の蝶。分布：スラウェシ。

ケロテス・ネッスス〈Celotes nessus〉昆虫綱鱗翅目セセリチョウ科の蝶。分布：アリゾナ州からメキシコまで。

ゲンカイハガタシャチホコ〈Hagapteryx kishidai〉昆虫綱鱗翅目シャチホコガ科の蛾。分布：対馬, 四国剣山, 長野県下伊那郡阿智村。

ゲンゴロウ 竜蝨〈Cybister japonicus〉昆虫綱甲虫目ゲンゴロウ科の甲虫。準絶滅危惧種(NT)。体長35〜40mm。分布：北海道, 本州, 四国, 九州, 南西諸島。

ゲンゴロウモドキ 擬竜蝨〈Dytiscus czerskii〉昆虫綱甲虫目ゲンゴロウ科の甲虫。体長31〜

35mm。分布：北海道，本州北部。

ケンザンメクラチビゴミムシ〈*Trechiama chikaichii*〉昆虫綱甲虫目オサムシ科の甲虫。体長6.0～6.6mm。

ゲンジボタル 源氏蛍〈*Luciola cruciata*〉昆虫綱甲虫目ホタル科の甲虫。体長12～18mm。分布：本州，四国，九州。珍虫。

ゲンセイ 芫青 ツチハンミョウ科の甲虫のうち，ツチハンミョウ属Meloe，マメハンミョウ属Epicautaの類を除くものの総称で，科の別名ともいえる。

ケンタウルスオオカブトムシ アフリカオオカブトムシの別名。

ケンチビトガリヒメバチ〈*Polytribax penetrator*〉昆虫綱膜翅目ヒメバチ科。

ケントゥリオプテラ・バリオロサ〈*Centrioptera variolosa*〉昆虫綱甲虫目ゴミムシダマシ科。分布：アメリカ合衆国(アリゾナ)。

ゲントクタカネキマダラセセリ〈*Carterocephalus houangty*〉昆虫綱鱗翅目セセリチョウ科の蝶。分布：中国西部，チベット，ミャンマー。

ゲンノショウコハバチ〈*Ametastegia geranii*〉昆虫綱膜翅目ハバチ科。

ゲンノショウコハモグリバエ〈*Agromyza nigrescens japonica*〉昆虫綱双翅目ハモグリバエ科。

ケンモンキシタバ〈*Catocala deuteronympha*〉昆虫綱鱗翅目ヤガ科シタバガ亜科の蛾。開張64mm。分布：バイカル湖付近から沿海州，中国北部，北海道，東北地方，関東および中部の山地。

ケンモンキリガ〈*Egira saxea*〉昆虫綱鱗翅目ヤガ科ヨトウガ亜科の蛾。開張37mm。分布：北海道南部，本州，四国，九州，屋久島。

ケンモンミドリキリガ〈*Daseochaeta viridis*〉昆虫綱鱗翅目ヤガ科セダカモクメ亜科の蛾。開張38～40mm。分布：北海道から九州，屋久島。

ゲンロクニクバエ 元禄肉蠅〈*Sarcophaga albiceps*〉昆虫綱双翅目ニクバエ科。体長9～15mm。分布：日本全土。害虫。

【コ】

コアオアトキリゴミムシ〈*Taicona aurata*〉昆虫綱甲虫目オサムシ科の甲虫。体長6.5～7.5mm。

コアオカスミカメ〈*Apolygus lucorum*〉昆虫綱半翅目カスミカメムシ科。体長5.2mm。葡萄，マメ科牧草，菊，イネ科牧草，桜桃に害を及ぼす。分布：九州以北の日本各地，旧北区の温帯地方。

コアオカミキリモドキ〈*Oedemerina subrobusta*〉昆虫綱甲虫目カミキリモドキ科の甲虫。体長6.5～8.0mm。

コアオジョウカイモドキ〈*Anhomodactylus eximius*〉昆虫綱甲虫目ジョウカイモドキ科の甲虫。体長4.0～5.0mm。

コアオハナムグリ 小青花潜〈*Oxycetonia jucunda*〉昆虫綱甲虫目コガネムシ科の甲虫。体長11～16mm。林檎，柑橘，ダリア，バラ類に害を及ぼす。分布：北海道，本州，四国，九州，対馬，南西諸島。

コアオバハガタヨトウ ハガタアオヨトウの別名。

コアオマイマイカブリ〈*Damaster blaptoides babaianus*〉昆虫綱甲虫目オサムシ科。分布：福島県，新潟県，長野県北端部。

コアオマルガタゴミムシ 小青円形芥虫〈*Amara chalcophaea*〉昆虫綱甲虫目オサムシ科の甲虫。体長7mm。分布：本州，四国，九州。

コアオメクラガメ コアオカスミカメの別名。

コアカキリバ〈*Anomis lyona*〉昆虫綱鱗翅目ヤガ科の蛾。

コアカクロミジングモ〈*Dipoena mutilata*〉蛛形綱クモ目ヒメグモ科の蜘蛛。

コアカサナダグモ〈*Nematogmus rutilus*〉蛛形綱クモ目サラグモ科の蜘蛛。

コアカソグンバイ〈*Cysteochila fieberi*〉昆虫綱半翅目グンバイムシ科。

コアカツブエンマムシ〈*Bacanius mikado*〉昆虫綱甲虫目エンマムシ科の甲虫。体長1.0～1.2mm。

コアキンカメムシ〈*Coleotichus blackburniae*〉昆虫綱半翅目カメムシ科。分布：カウアイ，オアフ，モロカイ，ラナイ，マウイ，ハワイの各島(ハワイ諸島)。

コアシダカグモ〈*Heteropoda forcipata*〉蛛形綱クモ目アシダカグモ科の蜘蛛。体長雌20～28mm，雄15～25mm。分布：本州，四国，九州，南西諸島。害虫。

コアシナガグモ〈*Tetragnatha exquista*〉蛛形綱クモ目アシナガグモ科の蜘蛛。

コアシナガバチ〈*Polistes snelleni*〉昆虫綱膜翅目スズメバチ科。体長11～17mm。分布：日本全土。害虫。

コアシブトヒメハマキ〈*Cryptophlebia distorta*〉昆虫綱鱗翅目ハマキガ科の蛾。分布：屋久島，中国。

コアスペス・キサントポゴン〈*Choaspes xanthopogon*〉昆虫綱鱗翅目セセリチョウ科の蝶。分布：アッサム，ヒマラヤ，中国西部など。

コアスペス・スブカウダタ〈*Choaspes subcaudata*〉昆虫綱鱗翅目セセリチョウ科の蝶。分布：マレーシアからジャワおよびセレベス，ボルネオなど。

コアトキハマキ〈*Archips betulanus*〉昆虫綱鱗翅目ハマキガ科の蛾。ハスカップに害を及ぼす。分布：北海道、釧路標茶町、朝鮮半島、中国、ロシア、ヨーロッパ、イギリス。

コアトモンミズメイガ〈*Nymphicula minuta*〉昆虫綱鱗翅目メイガ科の蛾。分布：九州、沖縄本当、西表島。

コアトワアオゴミムシ〈*Chlaenius hamifer*〉昆虫綱甲虫目オサムシ科の甲虫。体長11.8～12.5mm。

コアバタダンゴタマムシ〈*Julodis balucha*〉昆虫綱甲虫目タマムシ科。分布：アフガニスタン。

コアミメチャハマキ〈*Acleris shepherdana*〉昆虫綱鱗翅目ハマキガ科の蛾。分布：イギリス、ヨーロッパ、ロシア、中国(東北)、北海道。

コアヤシャク〈*Pingasa pseudoterpnaria*〉昆虫綱鱗翅目シャクガ科アオシャク亜科の蛾。開張32～35mm。分布：インド、ミャンマー、朝鮮半島、中国北部、本州(東北地方北部より)、四国、九州、対馬、屋久島。

コアリガタハネカクシ〈*Megalopaederus lewisi*〉昆虫綱甲虫目ハネカクシ科の甲虫。体長12～13mm。分布：本州。害虫。

コイエバエ〈*Musca tempestiva*〉昆虫綱双翅目イエバエ科。体長3.0～4.5mm。害虫。

コイガ〈*Tineola bisselliella*〉昆虫綱鱗翅目ヒロズコガ科の蛾。分布：全世界。害虫。

コイケヒメハナノミ〈*Mordellina koikei*〉昆虫綱甲虫目ハナノミ科の甲虫。体長3.0～3.9mm。

ゴイシシジミ 碁石小灰蝶〈*Taraka hamada*〉昆虫綱鱗翅目シジミチョウ科アリノスシジミ亜科の蝶。前翅長12～14mm。分布：北海道、本州、四国、九州。

ゴイシツバメシジミ 碁石燕小灰蝶〈*Shijimia moorei*〉昆虫綱鱗翅目シジミチョウ科の蝶。別名タイワンゴイシシジミ。天然記念物、絶滅危惧Ⅰ類(CR+EN)。前翅長11～13mm。分布：本州(奈良県)、九州(熊本県、宮崎県)。

ゴイシモモブトカミキリ〈*Callapoecus guttatus*〉昆虫綱甲虫目カミキリムシ科フトカミキリ亜科の甲虫。体長7～9mm。分布：本州、四国、九州。

コイズミヨトウ〈*Anarta melanopa*〉昆虫綱鱗翅目ヤガ科ヨトウ亜科の蛾。開張23mm。分布：北海道大雪山塊、北アメリカ、ヨーロッパ北部、アルプス高地。

コイチモジキノコヨトウ コイチモンジキノコヨトウの別名。

コイチモンジキノコヨトウ〈*Bryophila parva*〉昆虫綱鱗翅目ヤガ科の蛾。分布：屋久島、奄美大島、男女群島、対馬、筑前沖ノ島、四国足摺岬、慶佐間諸島慶留間島、沖縄本島。

コイチャコガネ〈*Adoretus tenuimaculatus*〉昆虫綱甲虫目コガネムシ科の甲虫。別名チャイロコガネ。体長9.5～12.0mm。桜桃、葡萄、栗、シバ類、柿、林檎に害を及ぼす。分布：本州、四国、九州、屋久島。

コイチャニセハナノミ〈*Orchesia marseuli*〉昆虫綱甲虫目ナガクチキムシ科の甲虫。体長3.5～6.3mm。

コイナゴ〈*Oxya hyla*〉昆虫綱直翅目バッタ科。体長雄18～22mm、雌21～31mm。稲に害を及ぼす。

コウカアブ 後架虻〈*Ptecticus tenebrifer*〉昆虫綱双翅目ミズアブ科。体長11～22mm。分布：北海道、本州、四国、九州、沖縄本島。害虫。

ゴウザンゴマシジミ アリオンシジミの別名。

コウザンチョウ(高山蝶)〈*alpine butterfly*〉高山にだけ生息しているチョウをいい、本州で慣例的に高山チョウとよばれているのは、タカネヒカゲ、ミヤマモンキチョウ、クモマベニヒカゲ、ベニヒカゲ、オオイチモンジ、タカネキマダラセセリ、コヒオドシ、クモマツマキチョウの八種。

コウザンドウボソカミキリ〈*Pseudocalamobius leptissimus* subsp.*okinawanus*〉昆虫綱甲虫目カミキリムシ科フトカミキリ亜科の甲虫。

コウシサラグモ〈*Linyphia clathrata*〉蛛形綱クモ目サラグモ科の蜘蛛。体長雌5.0～5.5mm、雄4.5～5.0mm。分布：北海道、本州、四国、九州。

ゴウシュウアオコウモリ〈*Aenetus eximius*〉昆虫綱鱗翅目コウモリガ科の蛾。雄は、前翅が淡い青緑色で、後翅は白色。雌は前翅はくすんだ緑色の上にまだら模様があり、褐色に縁どりされた白色の斑紋が斜めに並ぶ。開張8～12.5mm。分布：オーストラリアのクイーンズランドから、ビクトリアやタスマニア。

ゴウシュウウスチャドクガ〈*Leptocneria reducta*〉昆虫綱鱗翅目ドクガ科の蛾。褐色で、前翅には暗褐色の斑紋がある。開張3～7mm。分布：オーストラリア東部。

ゴウシュウエノサンドラシャチホコ〈*Oenosandra boisduvalii*〉昆虫綱鱗翅目シャチホコガ科の蛾。灰色の前翅に黒い縞。開張4～5mm。分布：オーストラリア南部。

ゴウシュウオオスカシバ〈*Cephonodes kingi*〉昆虫綱鱗翅目スズメガ科の蛾。体色はオリーブ色。開張4.0～6.5mm。分布：クイーンズランド、ニューサウスウェールズ。

ゴウシュウオオチャイロカレハ〈*Pirana fervens*〉昆虫綱鱗翅目カレハガ科の蛾。前翅は灰褐色、後翅は黄褐色で、斑紋がない。開張4.5～7.5mm。分布：タスマニアを含むオーストラリア南部。

ゴウシュウオオトラガ〈*Agarista agricola*〉昆虫綱鱗翅目トラガ科の蛾。黒色で、前翅には青色の

帯, 胸部は黄色。開張5.5〜7.0mm。分布：オーストラリア北部から, クイーンズランド, ニューサウスウェールズ中部。

ゴウシュウギンモンウワバ〈*Chrysodeixis subsidens*〉昆虫綱鱗翅目ヤガ科の蛾。前翅には銀白色の条がはいる。開張2.5〜4.0mm。分布：オーストラリアの南部および東南部とクイーンズランド中央部, パプアニューギニア, ニューカレドニア, フィジー。

ゴウシュウクロテンキムネヒトリ〈*Rhodogastria crokeri*〉昆虫綱鱗翅目ヒトリガ科の蛾。前翅中央部は透けていて, 基部付近が黄白色。開張5.5〜7.0mm。分布：オーストラリア西北部から, クイーンズランド, ニューサウスウェールズ北部。

ゴウシュウクロモンカブラヤガ〈*Syntheta nigerrima*〉昆虫綱鱗翅目ヤガ科の蛾。前翅は黒地に濃い黒色の模様。開張4.0〜4.5mm。分布：クイーンズランド南部, オーストラリア南西部, タスマニア。

ゴウシュウセマダラハナムグリ〈*Eupoecila australasiae*〉昆虫綱甲虫目コガネムシ科の甲虫。分布：オーストラリア。

ゴウシュウタマナヤガ〈*Agrotis infusa*〉昆虫綱鱗翅目ヤガ科の蛾。前翅には淡色のリング状模様がある。開張3.0〜5.5mm。分布：オーストラリア南部の温帯域。

ゴウシュウチャイロドクガ〈*Euproctis edwardsii*〉昆虫綱鱗翅目ドクガ科の蛾。前翅にやや淡色の鱗粉が散在。開張4.0〜5.7mm。分布：オーストラリアの南東部。

ゴウシュウテルメッサヒトリ〈*Termessa sheperdi*〉昆虫綱鱗翅目ヒトリガ科の蛾。前翅はオレンジ色をおびた黄色で, 黒色の帯をもつ。開張5〜7mm。分布：ニューサウスウェールズ, ビクトリア。

ゴウシュウヒメカナブン〈*Clithria eucnemis*〉昆虫綱甲虫目コガネムシ科の甲虫。分布：オーストラリア。

ゴウシュウヒメカブトムシ〈*Xylotrupes gideon* var.*australicus*〉昆虫綱甲虫目コガネムシ科の甲虫。

ゴウシュウヒメキモンドクガ〈*Teia anartoides*〉昆虫綱鱗翅目ドクガ科の蛾。雄の後翅にはオレンジ色の斑紋がある。開張2.5〜3.0mm。分布：タスマニアを含む, オーストラリア南東部。

ゴウシュウマエアカヒトリ〈*Amsacta marginata*〉昆虫綱鱗翅目ヒトリガ科の蛾。白色, 前翅の先端に赤色の帯。開張4.0〜4.5mm。分布：オーストラリアの北西部から南部。

ゴウシュウユウレイスズメ〈*Coequosa triangularis*〉昆虫綱鱗翅目スズメガ科の蛾。前翅には暗褐色の三角形の斑紋と銀灰色の模様がある。開張15〜16mm。分布：オーストラリア東部。

コウシュンシジミ ヒイロシジミの別名。

コウシュンシロアリ〈*Neotermes koshunensis*〉昆虫綱等翅目レイビシロアリ科。体長は有翅虫8〜11mm, 兵蟻9〜12.5mm, ニンフ9〜10mm。分布：沖縄県, とくに八重山諸島。

コウシュンルリシジミ〈*Chilades lajus*〉昆虫綱鱗翅目シジミチョウ科の蝶。分布：インド, 中国, アジア南部, フィリピン, 台湾。

コウスアオシャク〈*Chlorissa obliterata*〉昆虫綱鱗翅目シャクガ科アオシャク亜科の蛾。開張20〜24mm。分布：北海道, 本州, 四国, 九州, 対馬, 奄美大島, 沖縄本島, 石垣島, 朝鮮半島, サハリン, シベリア南東部, 中国。

コウスアオハマキ〈*Acleris filipjevi*〉昆虫綱鱗翅目ハマキガ科の蛾。分布：北海道, 本州, 四国, 九州, ロシア(ウスリー)。

コウスイロヨトウ〈*Athetis lepigone*〉昆虫綱鱗翅目ヤガ科カラスヨトウ亜科の蛾。分布：ユーラシア, 北海道, 東北, 関東地方, 北陸, 山陰地方, 四国, 北九州, 対馬。

コウスクモチビアツバ〈*Micreremites azumai*〉昆虫綱鱗翅目ヤガ科クチバ亜科の蛾。分布：西表島カンピラ。

コウスグモナミシャク〈*Heterophleps confusa*〉昆虫綱鱗翅目シャクガ科ナミシャク亜科の蛾。開張16〜20mm。分布：北海道, 本州, 四国, 九州, 朝鮮半島, シベリア南東部。

コウスクリイロヒメハマキ〈*Celypha cornigera*〉昆虫綱鱗翅目ハマキガ科の蛾。分布：本州, 四国, 対馬。

コウスグロアツバ〈*Zanclognatha southi*〉昆虫綱鱗翅目ヤガ科クルマアツバ亜科の蛾。分布：東京都清瀬, 北海道, 青森県, 秋田県, 山形県, 宮城県, 埼玉県, 群馬県, 長野県, 新潟県, 福島県, 岐阜県, 愛知県, 兵庫県, 岡山県, 香川県, 福岡県。

コウズゴマフアブ〈*Haematopota kouzuensis*〉昆虫綱双翅目アブ科。体長10〜12mm。害虫。

コウスチャヤガ〈*Diarsia deparca*〉昆虫綱鱗翅目ヤガ科モンヤガ亜科の蛾。開張35〜43mm。分布：北海道から九州, 対馬, 屋久島。

コウスバカゲロウ 小薄蜻蛉〈*Myrmeleon formicarius*〉昆虫綱脈翅目ウスバカゲロウ科。開張75mm。分布：日本全土。

コウスベリケンモン〈*Anacronicta caliginea*〉昆虫綱鱗翅目ヤガ科ウスベリケンモン亜科の蛾。開張43〜46mm。分布：沿海州から朝鮮半島, 中国東北, 北海道から九州。

コウスベリヤガ コウスベリケンモンの別名。

コウセンへ

コウセンベニボシカミキリ タイワンベニボシカミキリの別名。

コウセンボシロノメイガ〈Cirrhochrista bracteolalis〉昆虫綱鱗翅目メイガ科の蛾。分布：屋久島、奄美大島、沖縄本島、石垣島、台湾、中国南部からインド。

コウセンマルケシガムシ〈Peratogonus reversus〉昆虫綱甲虫目ガムシ科の甲虫。体長1.8〜1.9mm。

コウゾチビタマムシ〈Trachys broussonetiae〉昆虫綱甲虫目タマムシ科の甲虫。体長2.7〜3.0mm。

コウゾハマキモドキ〈Choreutis hyligenes〉昆虫綱鱗翅目ハマキモドキガ科の蛾。開張14〜16mm。分布：北海道、本州、四国、九州、台湾。

コウゾリナヒゲナガアブラムシ〈Dactynotus picridis〉昆虫綱半翅目アブラムシ科。

コウチスズメ 小内天蛾〈Smerinthus tokyonis〉昆虫綱鱗翅目スズメガ科ウンモンスズメ亜科の蛾。開張46〜60mm。分布：本州(岩手県以南)、四国、九州(宮崎県)。

コウチツツガムシ〈Miyatrombicula kochiensis〉蛛形綱ダニ目ツツガムシ科。害虫。

コウトウオオゾウムシ〈Eugitopus uhlemanni〉昆虫綱甲虫目オサゾウムシ科。分布：紅頭嶼(蘭嶼)。

コウトウオビハナノミ ハリオオビハナノミの別名。

コウトウカタゾウムシ〈Pachyrrhynchus tobafolius〉昆虫綱甲虫目ゾウムシ科。分布：紅頭嶼、火焼島。

コウトウキシタアゲハ〈Troides magellanus〉昆虫綱鱗翅目アゲハチョウ科の蝶。開張雄120mm、雌150mm。分布：フィリピン、台湾南部の島。珍蝶。

コウトウコガシラミズムシ〈Haliplus kotoshonis〉昆虫綱甲虫目コガシラミズムシ科の甲虫。体長3.1〜3.7mm。

コウトウシジミ〈Danis schaeffera〉昆虫綱鱗翅目シジミチョウ科の蝶。分布：フィリピン、モルッカ諸島、ニューギニア、ソロモン諸島、ニューカレドニア。

コウトウシロシタセセリ〈Tagiades trebellius〉昆虫綱鱗翅目セセリチョウ科の蝶。前翅長22mm。分布：石垣島、西表島。

コウトウセスジタマムシ〈Chrysodema berliozi〉昆虫綱甲虫目タマムシ科。分布：台湾。

コウトウマダラ スジグロシロマダラの別名。

コウノアミメカワゲラ〈Tadamus kohnonis〉昆虫綱積翅目アミメカワゲラ科。

コウノアミメカワゲラ属の一種〈Tadamus sp.〉昆虫綱積翅目アミメカワゲラ科。

コウノエダシャク〈Yezognophos sordaria〉昆虫綱鱗翅目シャクガ科の蛾。分布：スカンジナビア半島、ヨーロッパ中部の高山帯、北海道大雪山系。

コウノカミキリモドキ〈Xanthochroa konoi〉昆虫綱甲虫目カミキリモドキ科の甲虫。体長10〜11.5mm。

コウノクモゾウムシ〈Euryommatus konoi〉昆虫綱甲虫目ゾウムシ科の甲虫。体長4.4〜4.7mm。分布：本州、九州。

コウノゴマフカミキリ ナカジロゴマフカミキリの別名。

コウノジュウジベニボタル〈Lopheros konoi〉昆虫綱甲虫目ベニボタル科の甲虫。体長6.3〜11.5mm。

コウノシロハダニ〈Eotetranychus asiaticus〉蛛形綱ダニ目ハダニ科。体長雌0.4mm、雄0.2mm。茶、柿、柑橘に害を及ぼす。分布：本州、九州、沖縄本島、台湾、アメリカ、ニュージーランド。

コウノツツキノコムシ〈Cis konoi〉昆虫綱甲虫目ツツキノコムシ科の甲虫。体長2mm。

コウノニセリンゴカミキリ〈Niponostenostola konoi〉昆虫綱甲虫目カミキリムシ科フトカミキリ亜科の甲虫。体長10〜12mm。

コウノハバチ〈Selandria konoi〉昆虫綱膜翅目ハバチ科。体長8mm。分布：本州。

コウノヒメクモゾウムシ〈Telephae konoi〉昆虫綱甲虫目ゾウムシ科の甲虫。体長2.5〜3.3mm。分布：北海道。

コウノホシカダニ〈Lardoglyphus konoi〉蛛形綱ダニ目コナダニ科。体長雌0.55mm、雄0.45mm。貯穀・貯蔵植物性食品に害を及ぼす。分布：日本全国。

コウベツブゲンゴロウ〈Laccophilus kobensis〉昆虫綱甲虫目ゲンゴロウ科の甲虫。体長3.6〜3.8mm。

コウベツマキジョウカイ〈Malthinus kobensis〉昆虫綱甲虫目ジョウカイボン科の甲虫。体長3.9〜4.7mm。

コウモリオニグモ〈Araneus patagiatus〉蛛形綱クモ目コガネグモ科の蜘蛛。体長雌7〜9mm、雄5〜6mm。分布：北海道(東南部)。

コウモリガ 蝙蝠蛾〈Endoclyta excrescens〉昆虫綱鱗翅目コウモリガ科の蛾。開張81〜90mm。ナス科野菜、苺、柿、桜桃、ナシ類、枇杷、桃、スモモ、林檎、葡萄、栗、キウイ、柑橘、オリーブ、ホップ、茶、麦類、タバコ、ダリア、イネ科作物、ユリ類、リンドウ、アオギリ、楓(紅葉)、プラタナス、椿、山茶花、ジャガイモ、フジに害を及ぼす。分布：北海道、本州、四国、九州、対馬、屋久島、中国東北からシベリア南東部。

コウモリガ 蝙蝠蛾〈ghost moth, swift moth〉昆虫綱鱗翅目コウモリガ科の総称，またはそのなかの一種。珍虫。

コウモリセセリ〈Gangara lebadea〉昆虫綱鱗翅目セセリチョウ科の蝶。分布：インド，スリランカ，マレーシア，スマトラ，ジャワ，ボルネオ，セレベス。

コウモリセセリ シラガムシセセリの別名。

コウモリタテハ〈Vindula erota〉昆虫綱鱗翅目タテハチョウ科の蝶。後翅には目玉模様，前翅の先端には淡色の斑紋をもつ。開張7.0〜9.5mm。分布：インド，パキスタン，マレーシア，インドネシア。

コウモリダニ 蝙蝠壁蝨〈spinturnicid mites〉節足動物門クモ形綱ダニ目コウモリダニ科の総称。

コウモリバエ 蝙蝠蠅〈Trichobous molossus〉昆虫綱双翅目コウモリバエ科。

コウモリバエ 蝙蝠蠅〈bat flies〉昆虫綱双翅目短角亜目ハエ群蛹生類のコウモリバエ科Streblidaeの総称，またはそのなかの一種。

コウモリヤドリハサミムシ〈Arixenia〉ヤドリハサミムシ科の属称。珍虫。

コウヤツリアブ〈Anthrax aygulus〉昆虫綱双翅目ツリアブ科。体長7〜14mm。分布：日本全土。

コウヤホソハナカミキリ〈Strangalia koyaensis〉昆虫綱甲虫目カミキリムシ科ハナカミキリ亜科の甲虫。体長15〜20mm。分布：本州，四国，九州。

コウライササグモ〈Oxyopes koreanus〉蛛形綱クモ目ササグモ科の蜘蛛。

コウライサラグモ〈Strandella pargongensis〉蛛形綱クモ目サラグモ科の蜘蛛。

コウライハエトリ〈Icius koreanus〉蛛形綱クモ目ハエトリグモ科の蜘蛛。

コウライホテイヌカグモ〈Entelecara dabudongensis〉蛛形綱クモ目サラグモ科の蜘蛛。体長雌1.6mm。分布：本州(伊豆半島)，九州。

コウラギンキヨトウ〈Aletia owadai〉昆虫綱鱗翅目ヤガ科ヨトウガ亜科の蛾。分布：沖縄本島与那。

コウラナミジャノメ〈Ypthima baldus〉昆虫綱鱗翅目タテハチョウ科の蝶。黄色の縁どりの目玉模様は5個。開張3.0〜4.5mm。分布：インド，パキスタン，ミャンマー。

コウラナメクジ 甲羅蛞蝓〈Limax flavus〉軟体動物門腹足綱コウラナメクジ科のナメクジ。体長70mm。ウリ科野菜，キク科野菜，ナス科野菜，苺，菊，サルビア，アブラナ科野菜に害を及ぼす。分布：日本全国，汎世界的。

コウラベニタテハ〈Panacea prola〉昆虫綱鱗翅目タテハチョウ科の蝶。分布：コロンビア，エクアドル，ペルー。

コウンモンクチバ〈Blasticorhinus ussuriensis〉昆虫綱鱗翅目ヤガ科クチバ亜科の蛾。開張38〜41mm。分布：沿海州，朝鮮半島，中国，北海道から九州，対馬，屋久島。

コエア・アケロンタ〈Coea acheronta〉昆虫綱鱗翅目タテハチョウ科の蝶。分布：メキシコ，西インド諸島からブラジル南部。

コエグリトビケラ属の一種〈Apatania sp.〉コエグリトビケラ科。

コエゾゼミ 小蝦夷蟬〈Tibicen bihamatus〉昆虫綱半翅目セミ科。体長47〜56mm。分布：北海道，本州，四国。

コエゾトンボ 小蝦夷蜻蛉〈Somatochlora japonica〉昆虫綱蜻蛉目エゾトンボ科の蜻蛉。体長53mm。分布：北海道。

コエゾマツアミメヒメハマキ〈Zeiraphera suzukii〉昆虫綱鱗翅目ハマキガ科の蛾。分布：北海道旭川。

コエダオビホソハマキ〈Phalonidia melanothica〉昆虫綱鱗翅目ホソハマキガ科の蛾。

コエニロプシス・ベラ〈Coenyropsis bera〉昆虫綱鱗翅目ジャノメチョウ科の蝶。分布：ウガンダ，マウライ，ローデシア。

コエヌラ・アウランティアカ〈Coenura aurantiaca〉昆虫綱鱗翅目ジャノメチョウ科の蝶。分布：アフリカ南部からナタールまで。

コエノニンファ・アマリッリス〈Coenonympha amaryllis〉昆虫綱鱗翅目ジャノメチョウ科の蝶。分布：アジア中部および東部，中国北部および朝鮮。

コエノニンファ・アルカニオイデス〈Coenonympha arcaniodes〉昆虫綱鱗翅目ジャノメチョウ科の蝶。分布：モロッコ，アルジェリア，チュニジア。

コエノニンファ・イフィオデス〈Coenonympha iphiodes〉昆虫綱鱗翅目ジャノメチョウ科の蝶。分布：スペイン北部および中部。

コエノニンファ・エルコ〈Coenonympha elko〉昆虫綱鱗翅目ジャノメチョウ科の蝶。分布：ネバダ州からバンクーバーまで。

コエノニンファ・カリフォルニア〈Coenonympha california〉昆虫綱鱗翅目ジャノメチョウ科の蝶。分布：合衆国西部。

コエノニンファ・グリケリオン〈Coenonympha glycerion〉昆虫綱鱗翅目ジャノメチョウ科の蝶。分布：スペイン，フランス中部，フィンランド，ブルガリア，アルプス。

コエノニンファ・コリンナ〈Coenonympha corinna〉昆虫綱鱗翅目ジャノメチョウ科の蝶。

コエノニン

分布：サルジニア、コルシカ、シシリー、エルバの地中海の島々。

コエノニンファ・サアディ〈Coenonympha saadi〉昆虫綱鱗翅目ジャノメチョウ科の蝶。分布：イラン、イラク。

コエノニンファ・スンベッカ〈Coenonympha sunbecca〉昆虫綱鱗翅目ジャノメチョウ科の蝶。分布：フェルガナ、トルキスタン、天山。

コエノニンファ・セメノビ〈Coenonympha semenovi〉昆虫綱鱗翅目ジャノメチョウ科の蝶。分布：チベットおよび中国西部、中央アジア。

コエノニンファ・ドルス〈Coenonympha dorus〉昆虫綱鱗翅目ジャノメチョウ科の蝶。分布：ヨーロッパ西南部、アフリカ北部。

コエノニンファ・ノルケニ〈Coenonympha nolckeni〉昆虫綱鱗翅目ジャノメチョウ科の蝶。分布：フェルガナ。

コエノニンファ・ハイデニ〈Coenonympha haydeni〉昆虫綱鱗翅目ジャノメチョウ科の蝶。分布：モンタナ州、コロラド州。

コエノニンファ・パンフィルス〈Coenonympha pamphilus〉昆虫綱鱗翅目ジャノメチョウ科の蝶。分布：ヨーロッパ、小アジアからイラン、イラク、アフリカ北部まで。

コエノニンファ・ボウチェリ〈Coenonympha vaucheri〉昆虫綱鱗翅目ジャノメチョウ科の蝶。分布：モロッコ。

コエノニンファ・マンゲリ〈Coenonympha mangeri〉昆虫綱鱗翅目ジャノメチョウ科の蝶。分布：アフガニスタン。

コエノニンファ・モンゴリカ〈Coenonympha mongolica〉昆虫綱鱗翅目ジャノメチョウ科の蝶。分布：モンゴル。

コエノニンファ・レアンデル〈Coenonympha leander〉昆虫綱鱗翅目ジャノメチョウ科の蝶。分布：ハンガリー、ロシア南部、小アジア、アルメニア、イラン。

コエノフレビア・アルキドナ〈Coenophlebia archidona〉昆虫綱鱗翅目タテハチョウ科の蝶。分布：コロンビア、ペルー、ボリビア。

コエビガラスズメ 小蝦殻天蛾〈Sphinx ligustri〉昆虫綱鱗翅目スズメガ科メンガタスズメ亜科の蛾。前翅は淡く灰色をおびた暗色、後翅はくすんだ淡いピンク色で、ともに黒色の帯がある。開張8〜11mm。分布：ヨーロッパ、アジア温帯域、中国。

コエビグモ〈Philodromus obsoleti〉蛛形綱クモ目エビグモ科の蜘蛛。

コエラドディス・ストゥルマリア〈Choeradodis strumaria〉昆虫綱蟷螂目カマキリ科。分布：熱帯南アメリカ。

コエラドディス属の一種〈Choeradodis sp.〉昆虫綱蟷螂目カマキリ科。分布：ペルー。

コエリアデス・アエスキルス〈Coliades aeschylus〉昆虫綱鱗翅目セセリチョウ科の蝶。分布：セネガル。

コエリアデス・アンキセス〈Coeliades anchises〉昆虫綱鱗翅目セセリチョウ科の蝶。分布：アフリカ東部からソマリア、ナタール、アデン（南イエメン）まで。

コエリアデス・カリベ〈Coeliades chalybe〉昆虫綱鱗翅目セセリチョウ科の蝶。分布：トーゴからコンゴまで。

コエリアデス・ケイトゥロア〈Coeliades keithola〉昆虫綱鱗翅目セセリチョウ科の蝶。分布：喜望峰からナタールまで。

コエリアデス・ピシストゥラトゥス〈Coeliades pisistratus〉昆虫綱鱗翅目セセリチョウ科の蝶。分布：シエラレオネからアフリカ南部まで。

コエリアデス・フェルビダ〈Coeliades fervida〉昆虫綱鱗翅目セセリチョウ科の蝶。分布：マダガスカル。

コエリアデス・ラマナテク〈Coeliades ramonatek〉昆虫綱鱗翅目セセリチョウ科の蝶。分布：マダガスカル。

コエリアデス・リベオン〈Coeliades libeon〉昆虫綱鱗翅目セセリチョウ科の蝶。分布：カメルーンからナタールまで。

コエリテス・エウプティキオイデス〈Coelites euptychioides〉昆虫綱鱗翅目ジャノメチョウ科の蝶。分布：マレーシア、スマトラ、ボルネオ。

コエリテス・エピミンティア〈Coelites epiminthia〉昆虫綱鱗翅目ジャノメチョウ科の蝶。分布：マレーシア、スマトラ、ジャワを除きボルネオ、セレベス。

コエリテス・ノティス〈Coelites nothis〉昆虫綱鱗翅目ジャノメチョウ科の蝶。分布：タイ、ベトナム北部、ミャンマー。

コエロシス・ビロバ〈Coelosis biloba〉昆虫綱甲虫目コガネムシ科の甲虫。分布：メキシコからブラジル。

コエンマムシ〈Margarinotus niponicus〉昆虫綱甲虫目エンマムシ科の甲虫。体長3〜5mm。分布：北海道、本州、四国、九州。

コオイムシ 子負虫〈Diplonychus japonicus〉昆虫綱半翅目コオイムシ科。準絶滅危惧種（NT）。体長17〜20mm。分布：本州、四国、九州。

コオイムシ 子負虫 昆虫綱半翅目異翅亜目コオイムシ科Belostomatidaeの昆虫の総称、またはそのなかの一種。準絶滅危惧種（NT）。

コオクソニア・トゥリメニ〈Cooksonia trimeni〉昆虫綱鱗翅目シジミチョウ科の蝶。分布：ローデシア。

コオナガコモンタイマイ ポリセネスタイマイの別名。

コオナガミズスマシ〈Orectochilus punctipennis〉昆虫綱甲虫目ミズスマシ科の甲虫。体長5.5～6.2mm。

コオニグモモドキ〈Pronous minutus〉蛛形綱クモ目コガネグモ科の蜘蛛。体長雌4.5～5.0mm, 雄3～4mm。分布：北海道, 本州, 四国, 九州。

コオニヤンマ 小鬼蜻蜓〈Sieboldius albardae〉昆虫綱蜻蛉目サナエトンボ科の蜻蛉。体長85mm。分布：北海道, 本州, 四国, 九州, 対馬, 種子島, 屋久島。

コオノマダラカゲロウ〈Drunella kohnoae〉昆虫綱蜉蝣目マダラカゲロウ科。

コオビハナノミ〈Glipa fasciata〉昆虫綱甲虫目ハナノミ科の甲虫。体長6.5～9.0mm。

コオビホソアリモドキ〈Sapintus hamai〉昆虫綱甲虫目アリモドキ科の甲虫。体長2.3～2.6mm。

コオロギ 蟋蟀〈cricket〉昆虫綱直翅目コオロギ上科Grylloideaの昆虫の総称。

コオロギ ツヅレサセコオロギの別名。

コオロギバチ〈Liris subtessellatus subtessellatus〉昆虫綱膜翅目アナバチ科。

ゴカクケシグモ〈Meioneta pentagona〉蛛形綱クモ目サラグモ科の蜘蛛。

コカクツツトビケラ 小角筒飛螂〈Dinarthrodes japonicus〉カワツツトビケラ科。分布：北海道, 本州, 九州。

コカクツツトビケラ属の一種〈Goerodes sp.〉昆虫綱毛翅目カクツツトビケラ科。

コカクモンハマキ 小角紋葉巻蛾〈Adoxophyes orana〉昆虫綱鱗翅目ハマキガ科ハマキガ亜科の蛾。開張14～22.5mm。柿, ハスカップ, 梅, アンズ, 桜桃, ナシ類, 桃, スモモ, 林檎, 栗, キウイ, 桑, 茶, 桜類に害を及ぼす。分布：北海道, 東北地方, 本州の関東以西, 四国, 北九州, ロシア, ヨーロッパ, イギリス。

コカゲロウ 子蜉蝣 昆虫綱カゲロウ目コカゲロウ科Baetidaeの昆虫の総称。

コカゲロウ属の一種〈Baetis sp.〉昆虫綱蜉蝣目コカゲロウ科。

コーカサスオオカブトムシ〈Chalcosoma caucasus〉昆虫綱甲虫目コガネムシ科の甲虫。分布：インドシナ, マレーシア, スマトラ, ジャワ, ボルネオ。

コガシラアオゴミムシ〈Chlaenius variicornis〉昆虫綱甲虫目オサムシ科の甲虫。体長11.2～13.5mm。

コガシラアブ 小頭虻〈spider-parasite flies, small-headed flies, bladder fly〉昆虫綱双翅目短角亜目アブ群コガシラアブ科Acroceridaeの総称。

コガシラアワフキ 小頭泡吹〈Euscartopsis assimilis〉昆虫綱半翅目コガシラアワフキ科。体長7.0～8.5mm。ナシ類, 林檎, 葡萄, 桜桃, 柿に害を及ぼす。分布：北海道, 本州, 四国, 九州, 対馬, 屋久島。

コガシラウンカ 小頭浮塵子 昆虫綱半翅目同翅亜目コガシラウンカ科Achilidaeの昆虫の総称。

コガシラスナゴミムシダマシ〈Mesomorphus villiger〉昆虫綱甲虫目ゴミムシダマシ科の甲虫。体長6.0～7.0mm。

コガシラツヤヒラタゴミムシ〈Synuchus angusticeps〉昆虫綱甲虫目オサムシ科の甲虫。体長8～11mm。

コガシラツヤムネハネカクシ〈Quedius parviceps〉昆虫綱甲虫目ハネカクシ科の甲虫。体長11.0～12.0mm。

コガシラナガゴミムシ 小頭長芥虫〈Pterostichus microcephalus〉昆虫綱甲虫目オサムシ科の甲虫。体長8.5～11.5mm。分布：北海道, 本州, 四国, 九州。

コガシラハバチ〈Empronus obsoletus〉昆虫綱膜翅目ハバチ科。

コガシラハマキ〈Acleris ophthalmicana〉昆虫綱鱗翅目ハマキガ科の蛾。分布：本州の中部山地, 四国の剣山。

コガシラホソハネカクシ〈Diochus japonicus〉昆虫綱甲虫目ハネカクシ科の甲虫。体長5.0mm。

コガシラミズムシ 小頭水虫〈Peltodytes intermedius〉昆虫綱甲虫目コガシラミズムシ科の甲虫。体長3.5mm。分布：北海道, 本州, 四国, 九州。

コガシラミズムシの一種〈Haliplus sp.〉甲虫。

コカシワクチブトゾウムシ〈Macrocorynus griseoides〉昆虫綱甲虫目ゾウムシ科の甲虫。体長4.7～5.1mm。

コカスリウスバカゲロウ〈Distoleon contubernalis〉昆虫綱脈翅目ウスバカゲロウ科。

コガタアオシャク〈Nipponogelasma chlorissoides〉昆虫綱鱗翅目シャクガ科の蛾。分布：沖縄本島, 宮古島, 西表島, 台湾, 海南島, 中国, インドシナ半島, 沖永良部島。

コガタアカイエカ 小形赤家蚊〈Culex tritaeniorhynchus〉昆虫綱双翅目カ科。体長4.5mm。分布：日本全土。害虫。

コカタアミ

コガタアミカ〈Blepharocera japonica〉昆虫綱双翅目アミカ科。

コガタイチモジエダシャク コガタイチモンジエダシャクの別名。

コガタイチモンジエダシャク〈Hyperapeira parva〉昆虫綱鱗翅目シャクガ科エダシャク亜科の蛾。開張28〜42mm。分布：シベリア南東部，中国東北，北海道，本州，四国，九州。

コガタウスチャヒメシャク〈Anisodes minorata〉昆虫綱鱗翅目シャクガ科の蛾。分布：屋久島，沖永良部島，宮古島，西表島，台湾，海南島，中国南東部，インドネシアからクィーンズランド。

コガタウズマキタテハ〈Paulogramma pyracmon〉昆虫綱鱗翅目タテハチョウ科の蝶。分布：スリナム，ブラジル。

コガタウツギノヒメハナバチ〈Andrena tsukubana〉昆虫綱膜翅目ヒメハナバチ科。

コガタウミアメンボ 小形海水黽〈Halobates sericeus〉昆虫綱半翅目アメンボ科。分布：沼津，富岡など。

コガタカクムネベニボタル〈Lyponia nigroscutellaris〉昆虫綱甲虫目ベニボタル科の甲虫。体長5.0〜8.0mm。

コガタガムシ〈Hydrophilus bilineatus cashimirensis〉昆虫綱甲虫目ガムシ科の甲虫。体長25mm。分布：本州，四国，九州，南西諸島。

コガタカメノコハムシ〈Cassida vespertina〉昆虫綱甲虫目ハムシ科の甲虫。体長6mm。分布：本州，四国，九州。

コガタキシタバ〈Catocala praegnax〉昆虫綱鱗翅目ヤガ科シタバガ亜科の蛾。開張54〜58mm。分布：沿海州，朝鮮半島から中国の南部，台湾，北海道から九州，対馬。

コガタキンイロヤブカ〈Aedes imprimens〉昆虫綱双翅目カ科。

コガタクシコメツキ〈Melanotus erythropygus〉昆虫綱甲虫目コメツキムシ科。体長8.0〜9.5mm。イネ科牧草に害を及ぼす。分布：九州以北の日本各地，朝鮮半島。

コガタクロウスカ 小形黒淡蚊〈Culex hayashii〉昆虫綱双翅目カ科。

コガタクロマダラ〈Clelea exiguitata〉昆虫綱鱗翅目マダラガ科の蛾。分布：奄美大島，徳之島。

コガタコガネグモ〈Argiope minuta〉蛛形綱クモ目コガネグモ科の蜘蛛。体長雌8〜12mm，雄4〜5mm。分布：本州(中・南部)，四国，九州，南西諸島。

コガタコモリグモ〈Pirata tanakai〉蛛形綱クモ目コモリグモ科の蜘蛛。体長雌4〜5mm，雄3〜4mm。分布：北海道，本州。

コガタシマトビケラ 小形縞飛䗍〈Cheumatopsyche brevilineata〉昆虫綱毛翅目シマトビケラ科。分布：日本各地。

コガタシロオオメイガ〈Scirpophaga virginia〉昆虫綱鱗翅目メイガ科の蛾。分布：新潟県，福岡県，横浜，大阪，京都，インドから東南アジア一帯。

コガタシロスジハナバチ〈Nomia fruhstorferi〉昆虫綱膜翅目コハナバチ科。

コガタシロモンクロノメイガ コガタシロモンノメイガの別名。

コガタシロモンノメイガ〈Piletocera sodalis〉昆虫綱鱗翅目メイガ科ノメイガ亜科の蛾。開張15〜19mm。分布：北海道，本州，四国，九州，対馬，種子島，屋久島，朝鮮半島，中国。

コガタスズメバチ〈Vespa analis〉昆虫綱膜翅目スズメバチ科。体長雌26〜29mm，雄23〜26mm。分布：本州，四国，九州，奄美大島，沖縄諸島。害虫。

コガタツチカメムシ〈Macroscytus fraterculus〉昆虫綱半翅目ツチカメムシ科。

コガタツバメエダシャク〈Ourapteryx obtusicauda〉昆虫綱鱗翅目シャクガ科エダシャク亜科の蛾。開張30〜40mm。分布：北海道，本州，四国，九州。

コガタツマキリエダシャク〈Zethenia contiguaria〉昆虫綱鱗翅目シャクガ科の蛾。分布：宮古島，石垣島，西表島，台湾，中国。

コガタツマキリヨトウ〈Callopistria reticulata〉昆虫綱鱗翅目ヤガ科カラスヨトウ亜科の蛾。分布：スリランカ，インドから東南アジア，伊豆半島南部，佐渡島，四国南部，屋久島。

コガタノキシタバ コガタキシタバの別名。

コガタノゲンゴロウ 小形竜蝨〈Cybister tripunctatus〉昆虫綱甲虫目ゲンゴロウ科の甲虫。絶滅危惧I類(CR+EN)。体長24〜28mm。分布：本州，四国，九州，南西諸島。

コガタノサビキコリ コガタノサビコメツキの別名。

コガタノサビコメツキ〈Lacon parallelus〉昆虫綱甲虫目コメツキムシ科の甲虫。体長11〜13mm。分布：北海道，本州，四国，九州，奄美大島，伊豆諸島。

コガタノシロスジコハナバチ〈Lasioglossum scitulum〉昆虫綱膜翅目コハナバチ科。

コガタノヒラタアブ〈Syrphus vitripennis〉昆虫綱双翅目ショクガバエ科。体長10〜11mm。分布：日本全土。

コガタノベッコウバエ〈Dryomyza anilis〉昆虫綱双翅目ベッコウバエ科。体長6〜12mm。分布：北海道，本州。

コガタノミズアブ 子形蚤虻〈*Eulalia garatas*〉昆虫綱双翅目ミズアブ科。分布：本州以南。

コガタハマダラカ〈*Anopheles minimus*〉昆虫綱双翅目カ科。体長3.5mm。害虫。

コガタヒメアオシャク〈*Jodis angulata*〉昆虫綱鱗翅目シャクガ科の蛾。分布：本州，四国，九州。

コガタヒメイエバエ〈*Fannia leucosticta*〉昆虫綱双翅目ヒメイエバエ科。体長3.0～4.0mm。害虫。

コガタビロゾウムシ〈*Trigonocolus sulcatus*〉昆虫綱甲虫目ゾウムシ科の甲虫。体長2.6～3.1mm。

コガタビロタマムシ〈*Asemochrysus rugulosus*〉昆虫綱甲虫目タマムシ科。分布：タイ，インドシナ，マレーシア。

コガタフタツメカワゲラ属の一種〈*Gibosia* sp.〉昆虫綱襀翅目カワゲラ科。

コガタフチトリコメツキダマシ〈*Dirhagus mystagogus*〉昆虫綱甲虫目コメツキダマシ科の甲虫。体長3.5～4.5mm。

コガタボクトウ〈*Holcocerus vicarius*〉昆虫綱鱗翅目ボクトウガ科の蛾。

コガタホソヒゲヒメハナムシ〈*Litochrus minutus*〉昆虫綱甲虫目ヒメハナムシ科の甲虫。体長1.9～2.1mm。

コガタマツシバンムシ〈*Ernobius curticollis*〉昆虫綱甲虫目シバンムシ科の甲虫。体長2.5～3.5mm。

コガタルリハムシ〈*Gastrophysa atrocyanea*〉昆虫綱甲虫目ハムシ科の甲虫。体長5.8mm。分布：本州，四国，九州。

コカニグモ〈*Coriarachne fulvipes*〉蛛形綱クモ目カニグモ科の蜘蛛。体長雌4～5mm，雄3～4mm。分布：本州，四国，九州，南西諸島。

コガネウロコムシ 多毛綱コガネウロコムシ科Aphrodita属の環形動物の総称。

コガネエビグモ〈*Philodromus aureolus*〉蛛形綱クモ目エビグモ科の蜘蛛。体長雌5～6mm，雄4～5mm。分布：北海道，本州，四国，九州。

コガネオオハリバエ 黄金大針蠅〈*Servillia luteola*〉昆虫綱双翅目ヤドリバエ科。体長16～21mm。分布：北海道，本州，四国，九州。

コガネオサムシ〈*Chrysocarabus auronitens*〉昆虫綱甲虫目オサムシ科。分布：ヨーロッパ（西部・中部）。

コガネキンバエ 黄金金蠅〈*Lucilia ampullacea*〉昆虫綱双翅目クロバエ科。体長6.0～11.0mm。分布：北海道，本州。害虫。

コガネグモ 黄金蜘蛛〈*Argiope amoena*〉節足動物門クモ形綱真正クモ目コガネグモ科の蜘蛛。体長雌20～25mm，雄5～7mm。分布：本州（中・南部），四国，九州，南西諸島。害虫。

コガネグモダマシ〈*Larinia argiopiformis*〉蛛形綱クモ目コガネグモ科の蜘蛛。体長雌10～12mm，雄6～8mm。分布：日本全土。

コガネグモダマシの一種〈*Larinia* sp.〉蛛形綱クモ目コガネグモ科の蜘蛛。体長雌5～6mm，雄4～5mm。分布：伊豆半島。

コガネコバチ 黄金小蜂〈jewel wasp, pteromalid〉節足動物門昆虫綱膜翅目コガネコバチ科Pteromalidaeの昆虫の総称。

コガネコメツキ〈*Selatosomus puncticollis*〉昆虫綱甲虫目コメツキムシ科の甲虫。体長14～16mm。大豆，ウリ科野菜，ナス科野菜，甜菜，ジャガイモ，隠元豆，小豆，ササゲ，アブラナ科野菜，セリ科野菜，麦類，イネ科作物に害を及ぼす。分布：北海道，本州。

コガネナガタマムシ〈*Agrilus fortunatus*〉昆虫綱甲虫目タマムシ科の甲虫。体長7～9mm。分布：本州，四国，九州。

コガネハマキホソガ〈*Caloptilia solaris*〉昆虫綱鱗翅目ホソガ科の蛾。分布：本州（和歌山県），屋久島。

コガネヒメグモ〈*Chrysso venusta*〉蛛形綱クモ目ヒメグモ科の蜘蛛。体長雌6～7mm，雄4～5mm。分布：本州，四国，九州。

コガネヒラタコメツキ コガネコメツキの別名。

コガネホソコメツキ〈*Shirozulus bifoveolatus*〉昆虫綱甲虫目コメツキムシ科の甲虫。体長11～13mm。分布：本州，四国，九州。

コガネムシ 金亀子，黄金虫〈*Anomala splendens*〉昆虫綱甲虫目コガネムシ科の甲虫。体長17～23mm。バラ類，柿に害を及ぼす。分布：北海道，本州，四国，九州。

コガネムシ 金亀子，黄金虫 甲虫目コガネムシ科Scarabaeidaeの昆虫の総称，またはそのうちの一種を指す。

コカバスジナミシャク〈*Perizoma fulvida*〉昆虫綱鱗翅目シャクガ科ナミシャク亜科の蛾。開張17～21mm。分布：本州（東北地方北部より），四国，九州。

コカバスソモンヒメハマキ〈*Eucosma striatiradix*〉昆虫綱鱗翅目ハマキガ科の蛾。分布：北海道，本州，対馬，朝鮮半島，ロシア（極東地方）。

コカバフサキバガ〈*Dichomeris leptosaris*〉昆虫綱鱗翅目キバガ科の蛾。開張12～16mm。分布：北海道，本州（東北から中部の山地）。

コカブトムシ〈*Eophileurus chinensis*〉昆虫綱甲虫目コガネムシ科の甲虫。体長20～24mm。分布：日本全土（小笠原諸島をのぞく）。

コカマキリ 小蟷螂 〈*Statilia maculata*〉 昆虫綱蟷螂目カマキリ科。体長48〜65mm。分布：本州（関東以西），四国，九州，対馬。

コカミナリハムシ 〈*Altica viridicyanea*〉 昆虫綱甲虫目ハムシ科の甲虫。体長2.6〜3.3mm。

コガムシ 〈*Hydrochara affinis*〉 昆虫綱甲虫目ガムシ科の甲虫。体長15〜18mm。分布：北海道，本州，四国，九州。

コカメノコデオキノコムシ 〈*Cyparium laevisternale*〉 昆虫綱甲虫目デオキノコムシ科の甲虫。体長3.5〜4.0mm。

コカメノコテントウ 〈*Propylea quatuordecimpunctata*〉 昆虫綱甲虫目テントウムシ科の甲虫。体長4.0〜4.8mm。

コカワゲラ 〈*Miniperla japonica*〉 昆虫綱襀翅目カワゲラ科。

コギア・アブドゥル 〈*Cogia abdul*〉 昆虫綱鱗翅目セセリチョウ科の蝶。分布：ブラジル。

コギア・エルイナ 〈*Cogia eluina*〉 昆虫綱鱗翅目セセリチョウ科の蝶。分布：メキシコおよび中央アメリカ。

コギア・カルカス 〈*Cogia calchas*〉 昆虫綱鱗翅目セセリチョウ科の蝶。分布：パラグアイからテキサス州まで。

コキアシヒラタヒメバチ 〈*Ephialtes capulifera*〉 昆虫綱膜翅目ヒメバチ科。

コギア・ヒッパルス 〈*Cogia hippalus*〉 昆虫綱鱗翅目セセリチョウ科の蝶。分布：アリゾナ州からアテマラまで。

コキオビヘリホシヒメハマキ 〈*Dichroramplya gueneeana*〉 昆虫綱鱗翅目ハマキガ科の蛾。分布：ロシア（極東，シベリア），中央アジア，カザフ，ヨーロッパ，イギリス，北海道の網走。

コキクイツツキノコムシ 〈*Xylographella punctata*〉 昆虫綱甲虫目ツツキノコムシ科の甲虫。体長1.6〜1.7mm。

コキスジオビヒメハマキ 〈*Celypha flavipalpana*〉 昆虫綱鱗翅目ハマキガ科の蛾。分布：北海道，本州，四国（山地），中国（北京），ロシア，ヨーロッパ。

コキティウス・ドゥポンケル 〈*Cocytius duponchel*〉 昆虫綱鱗翅目スズメガ科の蛾。分布：メキシコからボリビア，ブラジル南部，ジャマイカ，キューバ。

コキノコゴミムシ 〈*Coptoderina japonica*〉 昆虫綱甲虫目オサムシ科の甲虫。体長9.5〜10.5mm。

コキノコムシ 小茸虫 昆虫綱甲虫目コキノコムシ科に属する昆虫の総称。

コキハダカニグモ 〈*Takachihoa truciformis*〉 蛛形綱クモ目カニグモ科の蜘蛛。体長雌3〜4mm，雄2〜3mm。分布：九州，南西諸島。

ゴキブリ 蜚蠊 〈cockroach〉 昆虫綱ゴキブリ目Blattodeaに属する昆虫の総称。

ゴキブリコバチ 蜚蠊小蜂 〈*Tetrastichus hagenowi*〉 昆虫綱膜翅目ヒメコバチ科。体長2mm。分布：日本全土。

ゴキブリヤセバチ 蜚蠊細蜂 〈*Evania appendigaster*〉 昆虫綱膜翅目ヤセバチ科。

コキベリアオゴミムシ 小黄縁青芥虫 〈*Chlaenius circumdatus*〉 昆虫綱甲虫目オサムシ科の甲虫。体長14〜16mm。分布：北海道，本州，四国，九州，南西諸島。

コキマエヤガ 〈*Ochropleura triangularis*〉 昆虫綱鱗翅目ヤガ科モンヤガ亜科の蛾。開張40〜45mm。分布：ヒマラヤ山麓から中国西部，台湾，北海道から九州。

コキマダラコメツキ 〈*Gamepenthes ornatus*〉 昆虫綱甲虫目コメツキムシ科。

コキマダラセセリ 小黄斑挵蝶 〈*Ochlodes venata*〉 昆虫綱鱗翅目セセリチョウ科の蝶。翅に斑紋はない。開張2.5〜3.0mm。分布：ヨーロッパ。

コキモンウスグロノメイガ 〈*Herpetogramma pseudomagna*〉 昆虫綱鱗翅目メイガ科の蛾。分布：東海地方や北陸地方より南，四国，九州，対馬，屋久島。

コキモンホソカナブン 〈*Genyodonta laeviplaga*〉 昆虫綱甲虫目コガネムシ科の甲虫。分布：アフリカ中央部・東部。

コギンスジゾウムシ 〈*Tychius ovalis*〉 昆虫綱甲虫目ゾウムシ科の甲虫。体長2.2〜2.5mm。

コギンハマキ 〈*Pternozyga minuta*〉 昆虫綱鱗翅目ハマキガ科の蛾。

コギンボシヒメハマキ 〈*Enarmonia decor*〉 昆虫綱鱗翅目ハマキガ科の蛾。分布：千葉県松戸市。

コクガ 穀蛾 〈*Nemapogon granellus*〉 昆虫綱鱗翅目ヒロズコガ科の蛾。開張9〜14mm。分布：全世界。

コクガヤドリチビアメバチ 〈*Venturia canescens*〉 昆虫綱膜翅目ヒメバチ科。

コグサアミメカワゲラ 〈*Ostrovus mitsukonis*〉 昆虫綱襀翅目アミメカワゲラ科。

コグサアミメカワゲラ属の一種 〈*Ostrovus* sp.〉 昆虫綱襀翅目アミメカワゲラ科。

コクサギヒラタキバガ コクサギヒラタマルハキバガの別名。

コクサギヒラタマルハキバガ 〈*Agonopterix issikii*〉 昆虫綱鱗翅目マルハキバガ科の蛾。分布：本州。

コクサグモ〈*Agelena opulenta*〉蛛形綱クモ目タナグモ科の蜘蛛。体長雌9~10mm,雄9~10mm。分布:北海道,本州,四国,九州。

コグサミドリカワゲラモドキ〈*Isoperla mitsukonis*〉昆虫綱襀翅目アミメカワゲラ科。

コクシエグリシャチホコ〈*Odontosia patricia marumoi*〉昆虫綱鱗翅目シャチホコガ科ウチキシャチホコ亜科の蛾。開張38~42mm。

コクシヒゲハネカクシ 小櫛角隠翅虫〈*Velleius setosus*〉昆虫綱甲虫目ハネカクシ科の甲虫。体長16~19mm。分布:北海道,本州。

コクシビゲベニボタル〈*Macrolycus aemulus*〉昆虫綱甲虫目ベニボタル科の甲虫。体長8.5~12.8mm。

コクゾウムシ 穀象虫〈*Sitophilus zeamais*〉昆虫綱甲虫目オサゾウムシ科の甲虫。別名コクゾウ。体長2.9~3.5mm。貯穀・貯蔵植物性食品に害を及ぼす。分布:全世界。

コクタグロマダラメイガ〈*Eurhodope pseudodichromella*〉昆虫綱鱗翅目メイガ科の蛾。分布:本州(関東と北陸),九州,屋久島。

コクヌスト 穀盗人〈*Tenebroides mauritanicus*〉昆虫綱甲虫目コクヌスト科の甲虫。貯蔵穀類に多く見られる。体長6~10mm。貯穀・貯蔵植物性食品に害を及ぼす。分布:北海道,本州,四国,九州。

コクヌストモドキ 擬穀盗人〈*Tribolium castaneum*〉昆虫綱甲虫目ゴミムシダマシ科の甲虫。体長3~4mm。貯穀・貯蔵植物性食品に害を及ぼす。分布:日本各地。

コクビボソムシ〈*Macratria fluviatilis*〉昆虫綱甲虫目アリモドキ科の甲虫。体長4.3~6.0mm。

コクマルハキバガ 穀円翅牙蛾〈*Martyringa xeraula*〉昆虫綱鱗翅目マルハキバガ科の蛾。開張18~24mm。貯穀・貯蔵植物性食品に害を及ぼす。分布:北海道,本州,四国,九州,屋久島。

ゴクラクトリバネアゲハ〈*Ornithoptera paradisea*〉昆虫綱鱗翅目アゲハチョウ科の蝶。開張雄130mm,雌160mm。分布:ニューギニア。珍蝶。

コクリオビクロヒメハマキ〈*Olethreutes orthocosma*〉昆虫綱鱗翅目ハマキガ科の蛾。開張12~13mm。分布:北海道から九州,対馬,屋久島,朝鮮半島,ロシア(沿海州)。

コグレヨトウ〈*Hadena dealbata*〉昆虫綱鱗翅目ヤガ科ヨトウガ亜科の蛾。分布:内陸アジア,モンゴル,中国,朝鮮半島北部,サハリン,南千島国後島,赤石山脈,八ヶ岳,飛騨山脈。

コクロアシナガトビハムシ〈*Longitarsus morisonus*〉昆虫綱甲虫目ハムシ科の甲虫。体長1.8~1.9mm。

コクロアナアキゾウムシ〈*Dyscerus cribratus*〉昆虫綱甲虫目ゾウムシ科の甲虫。体長7.9~10.9mm。分布:本州,四国,九州。

コクロアナアキゾウムシ チビアナアキゾウムシの別名。

コクロアナバチ 小黒穴蜂〈*Sphex nigellus*〉昆虫綱膜翅目ジガバチ科。体長19~22mm。分布:本州以南。

コクロイエバエ〈*Polietes steini*〉昆虫綱双翅目イエバエ科。体長6.0mm。害虫。

コクロオオハバビロキノコムシ コクロハバビロオキノコムシの別名。

コクロオナガトガリヒメバチ〈*Mesostenus funebris*〉昆虫綱膜翅目ヒメバチ科。

コクロオナガヒメバチ マツムラトガリヒメバチの別名。

コクロオバボタル〈*Lucidina okadai*〉昆虫綱甲虫目ホタル科の甲虫。準絶滅危惧種(NT)。体長6.5~7.0mm。

コクロカタビロオサムシ〈*Calosoma vagans*〉昆虫綱甲虫目オサムシ科。分布:チリ,アルゼンチン。

コクロキジラミ 小黒木虱〈*Metapsylla nigra*〉昆虫綱半翅目キジラミ科。分布:九州。

コクロケシツブチョッキリ〈*Auletobius irkutensis japonicus*〉昆虫綱甲虫目オトシブミ科の甲虫。体長2.2~2.4mm。

コクロコガネ〈*Holotrichia picea*〉昆虫綱甲虫目コガネムシ科の甲虫。体長16~20mm。

コクロコメツキダマシ〈*Euryptychus lewisi*〉昆虫綱甲虫目コメツキダマシ科の甲虫。体長6.1~7.5mm。

コクロシデムシ 小黒埋葬虫〈*Ptomascopus morio*〉昆虫綱甲虫目シデムシ科の甲虫。体長12~15mm。分布:北海道,本州,四国,九州。

コクロチビシデムシ〈*Catops miensis*〉昆虫綱甲虫目チビシデムシ科の甲虫。体長4.0mm。

コクロチビハナケシキスイ〈*Brachypterus urticae*〉昆虫綱甲虫目ケシキスイ科の甲虫。体長1.6~2.2mm。

コクロツキクイゾウムシ〈*Magdalis jezoensis*〉昆虫綱甲虫目ゾウムシ科。

コクロツヤダイコクコガネ〈*Dichotomius anaglypticus*〉昆虫綱甲虫目コガネムシ科の甲虫。分布:南アメリカ。

コクロツヤヒゲナガハナノミ〈*Epilichas miyatakei*〉昆虫綱甲虫目ナガハナノミ科の甲虫。体長8~9mm。

コクロツヤヒラタゴミムシ〈Synuchus melantho〉昆虫綱甲虫目オサムシ科の甲虫。体長10～13mm。分布：北海道, 本州, 四国, 九州。

コクロデオキノコムシ〈Scaphidium optabile〉昆虫綱甲虫目デオキノコムシ科の甲虫。体長4mm。

コクロナガオサムシ〈Carabus exilis〉昆虫綱甲虫目オサムシ科。

コクロナガオサムシ エゾクロナガオサムシの別名。

コクロナガキマワリ〈Strongylium shibatai〉昆虫綱甲虫目ゴミムシダマシ科の甲虫。体長10.1～13.0mm。

コクロナガタマムシ〈Agrilus yamawakii〉昆虫綱甲虫目タマムシ科の甲虫。体長7.0～12.0mm。

コクロバアミカ〈Amika infuscata minor〉昆虫綱双翅目アミカ科。

コクロハナノミ〈Mordella holomelaena〉昆虫綱甲虫目ハナノミ科。

コクロハナボタル〈Libnetis granicollis〉昆虫綱甲虫目ベニボタル科の甲虫。体長4.5～6.3mm。

コクロハバチ 小黒葉蜂〈Macrophya timida〉昆虫綱膜翅目ハバチ科。モクセイ, ヒイラギ, ネズミモチ, ライラック, イボタに害を及ぼす。分布：本州, 四国, 九州。

コクロハバビロオオキノコムシ〈Neotriplax delkeskampi〉昆虫綱甲虫目オオキノコムシ科の甲虫。体長4.5～6.0mm。分布：本州。

コクロヒゲブトハネカクシ 小黒角太隠翅虫〈Aleochara parens〉昆虫綱甲虫目ハネカクシ科の甲虫。体長6～7mm。分布：本州, 四国, 九州。

コクロヒメゴモクムシ〈Bradycellus subditus〉昆虫綱甲虫目オサムシ科の甲虫。体長4.0～5.7mm。

コクロヒメジョウカイ〈Kandyosilis viatica〉昆虫綱甲虫目ジョウカイボン科の甲虫。体長5.3～5.5mm。

コクロヒメテントウ 小黒姫瓢虫〈Scymnus ishidai〉昆虫綱甲虫目テントウムシ科の甲虫。体長1.9～2.8mm。分布：日本各地。

コクロヒメハナノミ〈Mordellistena inornata〉昆虫綱甲虫目ハナノミ科。

コクロヒメハマキ〈Endothenia remigera〉昆虫綱鱗翅目ハマキガ科の蛾。分布：本州(東北まで), 四国, 対馬, 屋久島, 朝鮮半島, ロシア(アムール, 沿海州)。

コクロヒラタガムシ〈Helochares abnormalis〉昆虫綱甲虫目ガムシ科の甲虫。体長3.4～3.8mm。

コクロヒラタケシキスイ〈Ipidia sibirica〉昆虫綱甲虫目ケシキスイ科の甲虫。体長3.0～3.8mm。

コクロホソアリモドキ〈Sapintus pilosus〉昆虫綱甲虫目アリモドキ科の甲虫。体長2.2～2.8mm。

コクロマメゲンゴロウ〈Agabus insolitus〉昆虫綱甲虫目ゲンゴロウ科の甲虫。体長5.7～6.1mm。

コクロマルクビハネカクシ〈Tachinus diminutus〉昆虫綱甲虫目ハネカクシ科の甲虫。体長2.8～3.0mm。

コクロマルハナノミ〈Sarabandus inornatus〉昆虫綱甲虫目マルハナノミ科の甲虫。体長2.9～3.8mm。

コクロムクゲケシキスイ〈Aethina inconspicua〉昆虫綱甲虫目ケシキスイ科の甲虫。体長2.8～4.2mm。

コクロメダカハネカクシ 小黒目高隠翅虫〈Stenus verecundus〉昆虫綱甲虫目ハネカクシ科の甲虫。体長3.0～3.5mm。分布：本州。

コクロモクメヨトウ〈Dipterygina japonica〉昆虫綱鱗翅目ヤガ科カラスヨトウ亜科の蛾。開張37～40mm。分布：日本の本土域と対馬, 屋久島, 台湾。

コクロモンベニマダラハマキ〈Thaumatographa eremnotorna〉昆虫綱鱗翅目ハマキガ科の蛾。分布：本州。

コクロモンマダラメイガ〈Longiculcita vinaceella〉昆虫綱鱗翅目メイガ科の蛾。分布：本州(東海地方以西), 九州, 屋久島, 中国, 台湾。

コクワガタ 小鍬形虫〈Dorcus recta〉昆虫綱甲虫目クワガタムシ科の甲虫。体長雄18～45mm, 雌20～30mm。分布：北海道, 本州, 四国, 九州, 対馬, 屋久島。

コクワヒメハマキ〈Olethreutes morivora〉昆虫綱鱗翅目ハマキガ科の蛾。開張19～22mm。桑に害を及ぼす。分布：北海道, 本州, 対馬, 伊豆大島。

コクワヒメハマキ クワヒメハマキの別名。

コケイロカスリタテハ〈Hamadryas feronia〉昆虫綱鱗翅目タテハチョウ科の蝶。分布：中米からブラジル。

コケイロビロウドヨトウ〈Sidemia spilogramma〉昆虫綱鱗翅目ヤガ科カラスヨトウ亜科の蛾。分布：ロシア南部からシベリア, 沿海州, 朝鮮半島, 福岡県小石原村。

コケイロビロードヨトウ コケイロビロウドヨトウの別名。

コケイロホソキリガ〈Lithophane nagaii〉昆虫綱鱗翅目ヤガ科セダカモクメ亜科の蛾。分布：静岡県, 新潟県, 四国, 九州, 屋久島。

コケエダシャク〈Alcis jubata〉昆虫綱鱗翅目シャクガ科エダシャク亜科の蛾。開張19～28mm。分布：ヨーロッパからシベリア, 北海道, 本州, 四国, 九州。

コケオニグモ〈Araneus tartaricus〉蛛形綱クモ目コガネグモ科の蜘蛛。

コケカニムシ　苔蟹虫　節足動物門クモ形擬蠍目苔擬蠍亜目Neobisiineaの陸生小動物の総称。

コケキオビヒメハマキ〈*Olethreutes aurofasciana*〉昆虫綱鱗翅目ハマキガ科の蛾。分布：ヨーロッパからロシア，本州，四国，九州の平・山地。

ゴケグモ　後家蜘蛛，寡婦蜘蛛〈*widow spider*〉節足動物門クモ形真正クモ目ヒメグモ科ゴケグモ属のクモの総称。

コケグンバイ　マルグンバイの別名。

コケシガムシ〈*Cercyon aptus*〉昆虫綱甲虫目ガムシ科の甲虫。体長3.1～3.7mm。

コケシグモ〈*Meioneta minuta*〉蛛形綱クモ目サラグモ科の蜘蛛。

コケシゲンゴロウ〈*Hyphydrus pulchellus*〉昆虫綱甲虫目ゲンゴロウ科の甲虫。体長3.4～3.9mm。

コケシジョウカイモドキ〈*Celsus spectabilis*〉昆虫綱甲虫目ジョウカイモドキ科の甲虫。体長3.0～3.6mm。

コケシマグソコガネ〈*Rhyssemus samurai*〉昆虫綱甲虫目コガネムシ科の甲虫。体長3mm。

コケシロアリモドキ　苔擬白蟻〈*Oligotoma japonica*〉昆虫綱紡脚目シロアリモドキ科。分布：九州（薩摩・大隅・肥前長崎），薩南諸島。

コゲチャオニグモ〈*Araneus lugubris*〉蛛形綱クモ目コガネグモ科の蜘蛛。体長雌11～13mm，雄8～10mm。分布：北海道，本州，四国，九州，沖縄。

コゲチャカギバヒメハマキ〈*Ancylis upupana*〉昆虫綱鱗翅目ハマキガ科の蛾。開張16～18mm。分布：イギリス，ヨーロッパからロシア，本州。

コゲチャカギハマキ　コゲチャカギバヒメハマキの別名。

コゲチャカミキリモドキ〈*Xanthochroa spinicoxis*〉昆虫綱甲虫目カミキリモドキ科の甲虫。体長13～15mm。

コゲチャクチキハネカクシ〈*Tachyusida velox*〉昆虫綱甲虫目ハネカクシ科の甲虫。体長4.8～5.0mm。

コゲチャクヒラタチビハネカクシ〈*Placusa taphyporoides*〉昆虫綱甲虫目ハネカクシ科。

コゲチャコガシラハネカクシ〈*Philonthus liopterus*〉昆虫綱甲虫目ハネカクシ科の甲虫。体長8.5～9.0mm。

コゲチャサビカミキリ〈*Mimectatina meridiana*〉昆虫綱甲虫目カミキリムシ科フトカミキリ亜科の甲虫。体長8～11mm。分布：四国，九州，南西諸島，伊豆諸島。

コゲチャスソモンヒメハマキ〈*Eucosma yasudai*〉昆虫綱鱗翅目ハマキガ科の蛾。分布：本州の中部山地や四国の山地。

コゲチャセマルケシキスイ　焦茶背円出尾虫〈*Amphicrossus japonicus*〉昆虫綱甲虫目ケシキスイムシ科の甲虫。体長4～5mm。分布：本州，四国，九州。

コゲチャトゲフチオオウスバカミキリ〈*Macrotoma fisheri*〉昆虫綱甲虫目カミキリムシ科ノコギリカミキリ亜科の甲虫。分布：ミャンマー，ラオス，ベトナム南部，中国南部，台湾。

コゲチャナガムクゲキノコムシ〈*Ptenidium japonicum*〉昆虫綱甲虫目ムクゲキノコムシ科。

コゲチャハエトリ〈*Chalcoscirtus fulvus*〉蛛形綱クモ目ハエトリグモ科の蜘蛛。

コゲチャハエトリの一種〈*Sitticus sp.*〉蛛形綱クモ目ハエトリグモ科の蜘蛛。体長雌5～6mm，雄3.5～4.0mm。分布：本州（中部地方）。

コゲチャヒメハナノミ〈*Falsomordellistena superfusca*〉昆虫綱甲虫目ハナノミ科。

コゲチャヒラタカミキリ〈*Eurypoda unicolor*〉昆虫綱甲虫目カミキリムシ科ノコギリカミキリ亜科の甲虫。体長20～34mm。分布：四国，屋久島，奄美大島。

コゲチャヒラタケシキスイ〈*Epuraea japonica*〉昆虫綱甲虫目ケシキスイ科の甲虫。体長2.0～2.9mm。

コゲチャフタモンヒゲナガカミキリ〈*Monochamus asiaticus*〉昆虫綱甲虫目カミキリムシ科フトカミキリ亜科の甲虫。体長25～27mm。分布：石垣島，西表島。

コゲチャホソクチゾウムシ〈*Apion semisericeum*〉昆虫綱甲虫目ホソクチゾウムシ科の甲虫。体長1.7mm。分布：本州，四国，九州。

コゲチャホソコガシラハネカクシ〈*Gabrius unzenensis*〉昆虫綱甲虫目ハネカクシ科の甲虫。体長5.5～6.2mm。

コゲチャホソヒゲナガゾウムシ〈*Mauia subnotatus*〉昆虫綱甲虫目ヒゲナガゾウムシ科の甲虫。体長2.5～3.5mm。

コゲチャミジンムシダマシ〈*Aphanocephalus wollastoni*〉昆虫綱甲虫目ミジンムシダマシ科の甲虫。体長1.4～1.5mm。

コゲチャムクゲキノコムシ〈*Acrotrichis fusculus*〉昆虫綱甲虫目ムクゲキノコムシ科の甲虫。体長0.65～0.8mm。

コゲチャムクゲテントウダマシ〈*Stenotarsus kurosai*〉昆虫綱甲虫目テントウムシダマシ科の甲虫。体長3.3～4.5mm。

コケヒメエダシャク〈*Dischidesia kurokoi*〉昆虫綱鱗翅目シャクガ科の蛾。分布：福岡県英彦山，中国，台湾，ミャンマー，シッキム，インド北部。

コケヒメグモ〈*Theridion subadultum*〉蛛形綱クモ目ヒメグモ科の蜘蛛。体長雌3.5〜4.0mm，雄2.5〜3.0mm。分布：北海道，本州，四国，九州。

コケブカアブラムシ〈*Eutrichosiphum pasaniae*〉昆虫綱半翅目アブラムシ科。

コケミジングモ〈*Dipoena caninotata*〉蛛形綱クモ目ヒメグモ科の蜘蛛。

コケムシ 苔虫 昆虫綱甲虫目コケムシ科 Scydmaenidaeに属する昆虫の総称。

コケムシイナズマ〈*Euthalia anosia*〉昆虫綱鱗翅目タテハチョウ科の蝶。分布：アッサム，マレーシア。

コケムシ科の一種〈*Scydmaenidae*〉甲虫。

コゲンゴロウモドキ〈*Dytiscus validus*〉昆虫綱虫目ゲンゴロウ科。

ココクゾウムシ 小穀象虫〈*Sitophilus oryzae*〉昆虫綱甲虫目オサゾウムシ科。別名ココクゾウ。体長2.5〜4.0mm。貯穀・貯蔵植物性食品に害を及ぼす。分布：日本各地。

ゴゴシマユムシ〈*Ikedosoma gogoshimense*〉キタユムシ科の環形動物。

コゴタヒロズヨコバイ〈*Oncopsis kogotensis*〉昆虫綱半翅目ヒロズヨコバイ科。

ココノホシテントウ〈*Coccinella explanata*〉昆虫綱甲虫目テントウムシ科の甲虫。体長5〜7mm。分布：北海道，本州。

コゴマヨトウ〈*Euplexia bella*〉昆虫綱鱗翅目ヤガ科カラスヨトウ亜科の蛾。開張28〜33mm。分布：沿海州，台湾，北海道，本州。

コゴメウツギキンモンホソガ〈*Phyllonorycter stephanandrae*〉昆虫綱鱗翅目ホソガ科の蛾。分布：本州(長野県)。

コゴメゴミムシダマシ〈*Latheticus oryzae*〉昆虫綱甲虫目ゴミムシダマシ科の甲虫。体長2.5〜3.0mm。貯穀・貯蔵植物性食品に害を及ぼす。分布：本州，九州，世界の熱帯地域。

コゴモクムシ〈*Harpalus tridens*〉昆虫綱甲虫目オサムシ科の甲虫。体長9〜14mm。

コササグモ〈*Oxyopes saganus*〉蛛形綱クモ目ササグモ科の蜘蛛。

コササコクゾウムシ〈*Diocalandra elongata*〉昆虫綱甲虫目オサゾウムシ科の甲虫。体長2.9〜3.5mm。

コサナエ〈*Trigomphus melampus*〉昆虫綱蜻蛉目サナエトンボ科の蜻蛉。体長42mm。分布：北海道，本州。

コサラグモ〈*Aprifrontalia mascula*〉蛛形綱クモ目サラグモ科の蜘蛛。体長雌4.0〜4.2mm，雄3.0〜3.2mm。分布：本州，四国，九州。

コシアカスカシバ 腰赤透翅〈*Sesia molybdoceps*〉昆虫綱鱗翅目スカシバガ科の蛾。開張35〜40mm。分布：本州，九州。

コシアカハバチ〈*Siobla sturmii*〉昆虫綱膜翅目ハバチ科。

コシアカモモブトハナアブ〈*Penthesilea nigrescens*〉昆虫綱双翅目ハナアブ科。

コシアキトンボ 腰空蜻蛉〈*Pseudothemis zonata*〉昆虫綱蜻蛉目トンボ科の蜻蛉。体長40〜45mm。分布：本州，四国，九州，対馬，種子島，石垣島。

コシアキナガレオドリバエ〈*Hilara neglecta*〉昆虫綱双翅目オドリバエ科。

コシアキノミバエ〈*Dohrniphora cornuta*〉昆虫綱双翅目ノミバエ科。体長雄1.5〜2.0mm，雌2.0〜2.5mm。害虫。

コシアキハバチ〈*Tenthredo gifui*〉昆虫綱膜翅目ハバチ科。体長12mm。分布：本州，四国，九州。

コシキトゲオトンボ〈*Rhipidolestes asatoi*〉昆虫綱蜻蛉目ヤマイトトンボ科の蜻蛉。

コシキハネナシサビカミキリ〈*Pterolophia sp.*〉昆虫綱甲虫目カミキリムシ科フトカミキリ亜科の甲虫。

コシタジロクロマダラメイガ〈*Oligochroa leucophaeella*〉昆虫綱鱗翅目メイガ科の蛾。分布：屋久島，石垣島，台湾，スリランカ，インド。

コシブトジガバチモドキ〈*Trypoxylon pacificum*〉昆虫綱膜翅目ジガバチ科。

コシブトトンボ〈*Acisoma panorpoides panorpoides*〉昆虫綱蜻蛉目トンボ科の蜻蛉。体長26mm。分布：南西諸島(徳之島以南)。

コシブトハナバチ〈*Anthophora florea*〉昆虫綱膜翅目ミツバチ科。体長14mm。分布：本州，四国，九州。

コシボソチビヒラタアブ 腰細矮扁虻〈*Sphegina clunipes*〉昆虫綱双翅目ハナアブ科。分布：本州，北海道。

コシボソヤンマ 腰細蜻蜓〈*Boyeria maclachlani*〉昆虫綱蜻蛉目ヤンマ科の蜻蛉。体長80mm。分布：本州，四国，九州，壱岐，対馬，種子島，屋久島。

コジマイシノミ 小島石蚤〈*Halomachilis kojimai*〉無翅昆虫亜綱総尾目イシノミ科。

コジマクロオビヒメカミキリ〈*Parasalpinia kojimai*〉昆虫綱甲虫目カミキリムシ科カミキリ亜科の甲虫。体長10〜13mm。分布：石垣島，西表島。

コシマゲンゴロウ 小縞竜蝨〈*Hydaticus grammicus*〉昆虫綱甲虫目ゲンゴロウ科の甲虫。体長10mm。分布：北海道，本州，四国，九州。

コジマシギゾウムシ〈*Curculio kojimai*〉昆虫綱甲虫目ゾウムシ科の甲虫。体長4.3〜4.6mm。

コシマチビゲンゴロウ〈*Potamonectes hostilis*〉昆虫綱甲虫目ゲンゴロウ科の甲虫。体長4〜5mm。分布：本州(関東以西), 四国, 九州。

コシマハバチ〈*Pachyprotasis pallidiventris*〉昆虫綱膜翅目ハバチ科。体長8mm。分布：本州, 四国, 九州。

コジマヒゲナガコバネカミキリ〈*Glaphyra kojimai*〉昆虫綱甲虫目カミキリムシ科カミキリ亜科の甲虫。体長5〜9mm。分布：北海道, 本州, 四国, 九州, 対馬。

コジマベニスジカミキリ〈*Niponostenostola pterocaryai*〉昆虫綱甲虫目カミキリムシ科フトカミキリ亜科の甲虫。体長12〜13mm。

コシマメイガ〈*Herculia nanalis*〉昆虫綱鱗翅目メイガ科シマメイガ亜科の蛾。開張15〜21mm。分布：本州(東北南部より), 四国, 九州, 屋久島。

コシモフリヒメハマキ〈*Cymolomia jinboi*〉昆虫綱鱗翅目ハマキガ科の蛾。分布：北海道大雪山(黒岳)。

コジャノメ 小蛇目蝶〈*Mycalesis francisca*〉昆虫綱鱗翅目ジャノメチョウ科の蝶。別名ウスイロコジャノメ。翅の表面によく目だつ眼状紋をもつ。前翅長24〜27mm。分布：本州(東北地方中部以南), 四国, 九州。

コジャバラハエトリ〈*Helicius cylindrata*〉蛛形綱クモ目ハエトリグモ科の蜘蛛。体長雌4〜5mm, 雄3〜4mm。分布：北海道, 本州(関東地方・三宅島)。

コジュウジアトキリゴミムシ〈*Lebia iolanthe*〉昆虫綱甲虫目オサムシ科の甲虫。体長4.5mm。

コーシュンシラホシハナノミ〈*Hoshihananomia composita*〉昆虫綱甲虫目ハナノミ科の甲虫。体長7.3〜11.5mm。

コシラクモヨトウ〈*Oligia fraudulenta*〉昆虫綱鱗翅目ヤガ科カラスヨトウ亜科の蛾。開張22〜25mm。

コシロアシハマキ コシロアシヒメハマキの別名。

コシロアシヒメハマキ 小白脚姫葉捲蛾〈*Hystrichoscelus spathanum*〉昆虫綱鱗翅目ハマキガ科の蛾。開張15〜20mm。ナラ, 樫, ブナに害を及ぼす。分布：本州(宮城県以南), 四国, 九州, 対馬, 伊豆諸島, 屋久島, 奄美大島。

コシロウラナミシジミ〈*Jamides celeno*〉昆虫綱鱗翅目シジミチョウ科の蝶。分布：インド, スリランカ, インドシナ半島, マレーシアからセレベスまで。

コシロオビアオシャク〈*Geometra glaucaria*〉昆虫綱鱗翅目シャクガ科アオシャク亜科の蛾。開張43〜48mm。分布：北海道, 本州, 朝鮮半島, 中国東北, シベリア南東部。

コシロオビドクガ〈*Numenes disparilis*〉昆虫綱鱗翅目ドクガ科の蛾。分布：本州(静岡県西部, 岐阜県から福井県以西), 四国, 対馬, 朝鮮半島, シベリア南東部。

コシロカネグモ〈*Leucauge subblanda*〉蛛形綱クモ目アシナガグモ科の蜘蛛。体長雌8〜9mm, 雄5〜7mm。分布：北海道, 本州, 四国, 九州。

コシロコブゾウムシ ヒメシロコブゾウムシ(1)の別名。

コシロシタセセリ〈*Tagiades ultra*〉昆虫綱鱗翅目セセリチョウ科の蝶。

コシロシタバ〈*Catocala actaea*〉昆虫綱鱗翅目ヤガ科シタバガ亜科の蛾。開張52〜60mm。分布：中国, 朝鮮半島, ウスリー地方, 東北地方, 関東地方, 中国地方から九州北部, 四国。

コシロスジアオシャク 小白条青尺蛾〈*Hemistola veneta*〉昆虫綱鱗翅目シャクガ科アオシャク亜科の蛾。開張24〜36mm。分布：北海道, 本州, 四国, 九州, 対馬, 朝鮮半島, 中国。

コシロブチサラグモ〈*Linyphia marginella*〉蛛形綱クモ目サラグモ科の蜘蛛。体長雌4〜5mm, 雄3.5〜4.0mm。分布：北海道, 本州, 四国。

コシロモンドクガ〈*Orgyia postica*〉昆虫綱鱗翅目ドクガ科の蛾。茶に害を及ぼす。分布：インドから東南アジア一帯, ニューギニア, 喜界島, 徳之島, 沖永良部島, 沖縄本島, 宮古島, 石垣島, 西表島, 与那国島, 台湾。

コシロモンノメイガ〈*Chabula acamasalis*〉昆虫綱鱗翅目メイガ科の蛾。分布：与那国島, 台湾, インドから東南アジア一帯。

コシロモンヒメハマキ〈*Statherotmantis shicotana*〉昆虫綱鱗翅目ハマキガ科の蛾。分布：北海道, 本州, 四国, 九州, 対馬, 色丹島。

コシワハマキ〈*Eucosma striatulana*〉昆虫綱鱗翅目ノコメハマキガ科の蛾。開張14〜16mm。

コシワヒメハマキ コシワハマキの別名。

コスカシバ 小透翅〈*Conopia hector*〉昆虫綱鱗翅目スカシバガ科の蛾。開張20〜30mm。梅, アンズ, 桜桃, 林檎, 桜類に害を及ぼす。分布：北海道, 本州, 四国, 九州, 朝鮮半島, 中国東北。

コスキノケファルス・クリブリフロンス〈*Coscinocephalus cribrifrons*〉昆虫綱甲虫目コガネムシ科の甲虫。分布：合衆国南部。

コスキバヒメハマキ〈*Eucosma melanoneura*〉昆虫綱鱗翅目ハマキガ科の蛾。分布：佐渡島, 屋久島, 奄美大島, 沖縄本島, 西表島, 小笠原諸島, インド(アッサム)。

コスジオビキヒメハマキ〈*Parapammene selectana*〉昆虫綱鱗翅目ハマキガ科の蛾。分布：北海道, ロシア(アムール)。

コスジオビハマキ〈Choristoneura diversana〉昆虫綱鱗翅目ハマキガ科の蛾。開張17～19mm。柿,桜桃,桃,スモモ,林檎に害を及ぼす。分布：北海道,本州。

コスジシロエダシャク 小条白枝尺蛾〈Cabera purus〉昆虫綱鱗翅目シャクガ科エダシャク亜科の蛾。開張24～27mm。分布：北海道,本州,四国,九州,朝鮮半島。

コスジナガキマワリ〈Strongylium uedai〉昆虫綱甲虫目ゴミムシダマシ科の甲虫。体長7.3～9.5mm。

コスジマグソコガネ〈Aphodius lewisii〉昆虫綱甲虫目コガネムシ科の甲虫。体長3～4mm。

コスズメ 小天蛾〈Theretra japonica〉昆虫綱鱗翅目スズメガ科コスズメ亜科の蛾。開張55～70mm。葡萄に害を及ぼす。分布：ほとんど日本全土,台湾,中国,朝鮮半島,シベリア南東部。

コスソキモンヒメハマキ〈Grapholita scintillana〉昆虫綱鱗翅目ハマキガ科の蛾。分布：本州,四国,ロシア(アムール)。

コスソクロモンヒメハマキ〈Eucosma ommatoptera〉昆虫綱鱗翅目ハマキガ科の蛾。分布：北海道釧路市厚岸町,ロシア。

コスナゴミムシダマシ〈Gonocephalum coriaceum〉昆虫綱甲虫目ゴミムシダマシ科の甲虫。体長7.5mm。分布：北海道,本州,四国,九州。

コスモサティルス属の一種〈Cosmosatyrus sp.〉昆虫綱鱗翅目ジャノメチョウ科の蝶。

コスモスアザミウマ〈Microcephalothrips abdominalis〉昆虫綱総翅目アザミウマ科。体長1mm。キク,ダリア,マリゴールド類,アスター(エゾギク)に害を及ぼす。分布：本州,四国,九州。

コセアカアメンボ 小背赤水黽〈Gerris gracilicornis〉昆虫綱半翅目アメンボ科。体長10.5～14.5mm。分布：本州,四国,九州,南西諸島。

コセアカキンウワバ〈Diachrysia ochreata〉昆虫綱鱗翅目ヤガ科コヤガ亜科の蛾。開張24～26mm。分布：インド―オーストラリア地域,中国南部,伊豆半島南部,東海地方,四国,九州,対馬,屋久島,奄美大島,沖縄本島,伊豆諸島。

コセスジエンマムシ〈Onthophilus niponensis〉昆虫綱甲虫目エンマムシ科の甲虫。体長2.0～2.7mm。分布：本州。

コセスジカクマグソコガネ〈Rhyparus amamianus〉昆虫綱甲虫目コガネムシ科の甲虫。体長3.5mm。分布：奄美大島。

コセスジゲンゴロウ〈Copelatus parallelus〉昆虫綱甲虫目ゲンゴロウ科の甲虫。体長3.8mm。

コセスジダルマガムシ〈Ochthebius satoi〉昆虫綱甲虫目ダルマガムシ科の甲虫。体長1.5～1.8mm。

コセスジハバヒロガムシ〈Dactylosternum abdominale〉昆虫綱甲虫目ガムシ科の甲虫。体長5.5～6.0mm。

コセマルヒゲナガゾウムシ〈Penestica brevis〉昆虫綱甲虫目ヒゲナガゾウムシ科の甲虫。体長4.5～5.5mm。

コソデホラヒメグモ〈Nesticus latiscapus kosodensis〉蛛形綱クモ目ホラヒメグモ科の蜘蛛。

コソデマシラグモ〈Leptoneta kosodensis〉蛛形綱クモ目マシラグモ科の蜘蛛。

コダクトゥラクトゥス・アルカエウス〈Codactractus alcaeus〉昆虫綱鱗翅目セセリチョウ科の蝶。分布：アリゾナ州,中央アメリカ。

コダクトゥラクトゥス・イマレナ〈Codactractus imalena〉昆虫綱鱗翅目セセリチョウ科の蝶。分布：コスタリカからコロンビアまで。

コタナグモ〈Cicurina japonica〉蛛形綱クモ目タナグモ科の蜘蛛。体長雌3mm,雄3mm。分布：本州,四国,九州。

コダマシロアリ〈Glyptotermes kodamai〉昆虫綱等翅目レイビシロアリ科。体長有翅虫5～6mm,兵蟻6.5～7.0mm。分布：宮崎県串間市,鹿児島県佐多岬。

ゴダルティアナ・ビセス〈Godartiana byses〉昆虫綱鱗翅目ジャノメチョウ科の蝶。分布：ブラジル。

コチニールカイガラムシ〈Dactylopius coccus〉昆虫綱半翅目コチニールカイガラムシ科。

コチビキカワムシ〈Lissodema minutum〉昆虫綱甲虫目チビキカワムシ科の甲虫。体長1.4～1.8mm。

コチビコブツノゴミムシダマシ コチビツノゴミムシダマシの別名。

コチビツノゴミムシダマシ〈Byrsax spiniceps〉昆虫綱甲虫目ゴミムシダマシ科の甲虫。体長3.0～4.0mm。

コチビヒョウタンゴミムシ〈Dyschirius hiogoensis〉昆虫綱甲虫目ヒョウタンゴミムシ科。

コチビヒラタエンマムシ〈Paromalus vernalis〉昆虫綱甲虫目エンマムシ科の甲虫。体長1.4～1.8mm。

コチビヒラタエンマムシ ヒメチビヒラタエンマムシの別名。

コチビホソハネカクシ〈Lispinus aper〉昆虫綱甲虫目ハネカクシ科の甲虫。体長2.3～2.8mm。

コチビミズムシ〈Micronecta guttata〉昆虫綱半翅目ミズムシ科。

コチャイロコメツキダマシ〈Fornax nipponicus〉昆虫綱甲虫目コメツキダマシ科の甲虫。体長5.2～10.0mm。

コチャイロヨコバイ〈*Matsumurella kogotensis*〉昆虫綱半翅目ヨコバイ科。

コチャオビノメイガ〈*Pyrausta cespitalis*〉昆虫綱鱗翅目メイガ科ノメイガ亜科の蛾。開張16mm。分布：静岡県伊東市郊外岩室山,福岡県英彦山。

コチャタテ 小茶柱,小茶立〈*Trogium pulsatorium*〉昆虫綱噛虫目コチャタテ科。体長2mm。貯穀・貯蔵植物性食品に害を及ぼす。分布：日本全国,汎世界的。

コチャタテ 小茶柱,小茶立〈book-lice〉昆虫綱チャタテムシ目コチャタテ科Trogiidaeの昆虫の総称,またはそのなかの一種。

コチャバネセセリ 小茶翅挵蝶〈*Thoressa varia*〉昆虫綱鱗翅目セセリチョウ科の蝶。別名キスジチャバネセセリ。前翅長15〜17mm。分布：北海道,本州,四国,九州。

コツガノヒメハマキ〈*Pammene tsugae*〉昆虫綱鱗翅目ハマキガ科の蛾。分布：日本各地。

コツチカメムシ コガタツチカメムシの別名。

コツツマグソコガネ〈*Ataenius gracilis*〉昆虫綱甲虫目コガネムシ科の甲虫。

ゴットベルクホソチョウモドキ〈*Pseudacraea gottbergi*〉昆虫綱鱗翅目タテハチョウ科の蝶。分布：カメルーンからザイール南部まで。

コツバメ 小燕蝶〈*Callophrys ferrea*〉昆虫綱鱗翅目シジミチョウ科ミドリシジミ亜科の蝶。前翅長10〜14mm。林檎に害を及ぼす。分布：北海道,本州,四国,九州。

コツバメオオキチョウ〈*Phoebis cipris*〉昆虫綱鱗翅目シロチョウ科の蝶。分布：南アメリカ,ブラジル,ペルー。

コツブゲンゴロウ 小粒竜蝨〈*Noterus japonicus*〉昆虫綱甲虫目コツブゲンゴロウ科の甲虫。体長4mm。分布：北海道,本州,四国,九州,南西諸島。

コツブムシ 小粒虫 等脚目コツブムシ科Sphaeromidaeに属するもののうち磯にすむ数種に与えられた和名およびこの科に属するものの総称。

コツマアカシロチョウ〈*Colotis evenina*〉昆虫綱鱗翅目シロチョウ科の蝶。分布：アフリカ東部から南部まで。

コツマキウスグロエダシャク〈*Scionomia parasinuosa*〉昆虫綱鱗翅目シャクガ科エダシャク亜科の蛾。開張31〜37mm。分布：北海道,本州,四国。

コツマキウスゴトエダシャク コツマキウスグロエダシャクの別名。

コツマキクロヒメハマキ〈*Hendecaneura apicipictum*〉昆虫綱鱗翅目ハマキガ科の蛾。分布：北海道,本州。

コツマグロハイイロスガ〈*Yponomeuta elementaris*〉昆虫綱鱗翅目スガ科の蛾。開張15mm。

コツマモンベニヒメハマキ〈*Eudemopsis tokui*〉昆虫綱鱗翅目ハマキガ科の蛾。分布：対馬,屋久島。

コツヤエンマムシ 小艶閻魔虫〈*Atholus duodecimstriatus quatuordecimstriatus*〉昆虫綱甲虫目エンマムシ科の甲虫。体長3.7〜5.0mm。分布：日本各地。

コツヤホソゴミムシダマシ〈*Menephilus lucens*〉昆虫綱甲虫目ゴミムシダマシ科の甲虫。体長12.0〜12.5mm。

コツヤマグソコガネ〈*Aphodius asahinai*〉昆虫綱甲虫目コガネムシ科の甲虫。体長5〜6mm。

ゴディリス・クリニッパ〈*Godyris crinippa*〉昆虫綱鱗翅目トンボマダラ科の蝶。分布：ボリビア。

ゴディリス・ゴヌッサ〈*Godyris gonussa*〉昆虫綱鱗翅目トンボマダラ科の蝶。分布：コロンビア。

ゴディリス・ザバレッタ〈*Godyris zavaletta*〉昆虫綱鱗翅目トンボマダラ科の蝶。分布：コロンビア,ペルー。

ゴディリス・ドゥイッリア〈*Godyris duillia*〉昆虫綱鱗翅目トンボマダラ科の蝶。分布：コロンビア,ボリビア,エクアドル。

ゴディリス・ヒュウィットソニ〈*Godyris hewitsoni*〉昆虫綱鱗翅目トンボマダラ科の蝶。分布：ボリビア,エクアドル。

コデーニッツサラグモ〈*Doenitzius pruvus*〉蛛形綱クモ目サラグモ科の蜘蛛。

コテングアツバ〈*Hypena pulverulenta*〉昆虫綱鱗翅目ヤガ科アツバ亜科の蛾。分布：東海地方以西,紀伊半島,四国,九州,石垣島。

コテングヌカグモ〈*Walckenaeria vulgaris*〉蛛形綱クモ目サラグモ科の蜘蛛。

ゴトウアカメイトトンボ〈*Erythromma najas baicalense*〉昆虫綱蜻蛉目イトトンボ科の蜻蛉。体長35mm。

ゴトウイトミミズ ユリミミズの別名。

ゴトウヅルヒメハマキ〈*Olethreutes hydrangeana*〉昆虫綱鱗翅目ハマキガ科の蛾。分布：北海道から東北,本州中部山地。

ゴトウナミハグモ〈*Cybaeus gotoensis*〉蛛形綱クモ目タナグモ科の蜘蛛。

ゴトウミゾドロムシ〈*Ordobrevia gotoi*〉昆虫綱甲虫目ヒメドロムシ科の甲虫。体長1.9〜2.0mm。

ゴトウメクラチビゴミムシ〈*Gotoblemus ii*〉昆虫綱甲虫目オサムシ科の甲虫。体長2.5〜3.2mm。

コトガリアカムネグモ〈*Ummeliata angulituberis*〉蛛形綱クモ目サラグモ科の蜘蛛。

コトサカハマキ〈Acleris delicatana〉昆虫綱鱗翅目ハマキガ科の蛾。開張18〜20mm。分布：北海道,本州,四国,九州,中国(東北),ロシア(アムール)。

コトックリゴミムシ〈Oodes piceus〉昆虫綱甲虫目オサムシ科の甲虫。体長7.5〜7.8mm。

コトドマツヒメハマキ〈Pammene ochsenheimeriana〉昆虫綱鱗翅目ハマキガ科の蛾。分布：北海道,本州(碓氷峠,清里高原),イギリス,ヨーロッパ,ロシア,中国。

コトニミギワバエ〈Hydrellia ischiaca〉昆虫綱双翅目ミギワバエ科。体長2.2mm。稲に害を及ぼす。分布：北海道,ヨーロッパ,ロシア(極東),北アメリカ。

コトヒザグモ〈Erigone lila〉蛛形綱クモ目サラグモ科の蜘蛛。

コトビスジエダシャク〈Petelia rivulosa〉昆虫綱鱗翅目シャクガ科エダシャク亜科の蛾。開張30〜43mm。分布：本州(東北地方北部より),四国,九州,対馬。

コトヒメハナカミキリ〈Pidonia lyra〉昆虫綱甲虫目カミキリムシ科ハナカミキリ亜科の甲虫。体長6.5〜8.1mm。

コトビモンアツバ〈Hypena sp.〉昆虫綱鱗翅目ヤガ科アツバ亜科の蛾。分布：西表島,沖縄本島,石垣島。

コトビモンシャチホコ〈Drymonia japonica〉昆虫綱鱗翅目シャチホコガ科ウチキシャチホコ亜科の蛾。開張30mm。分布：青森県を北限,本州,四国,九州。

コトラガ 小虎蛾〈Mimeusemia persimilis〉昆虫綱鱗翅目トラガ科の蛾。開張55mm。分布：北海道,本州,四国,九州,対馬,朝鮮半島,シベリア南東部,中国。

コトラカミキリ〈Plagionotus pulcher〉昆虫綱甲虫目カミキリムシ科カミキリ亜科の甲虫。体長12〜17mm。分布：北海道,本州,四国。

コドリンガ〈Cydia pomonella〉昆虫綱鱗翅目ハマキガ科の蛾。

コドロバチモドキ〈Nysson trimaculatus japonicus〉昆虫綱膜翅目ジガバチ科。

コナガ 小菜蛾〈Plutella xylostella〉昆虫綱鱗翅目スガ科の蛾。開張13〜16mm。アブラナ科野菜,ストック,ハボタンに害を及ぼす。分布：日本各地,全世界。

コナカイガラクロバチ〈Allotropa burrelli〉ハラビロクロバチ科。

コナカイガラフサトビコバチ〈Achrysopophagus nagasakiensis〉昆虫綱膜翅目トビコバチ科。

コナカイガラムシ 粉貝殻虫〈mealy bugs〉昆虫綱半翅目同翅亜目コナカイガラムシ科Pseudococcidaeの昆虫の総称。

コナカゲロウ 粉蜻蛉〈dustywing〉脈翅目コナカゲロウ科Coniopterygidaeに属する昆虫の総称。

コナガコメツキ〈Homotechnus plebejus〉昆虫綱甲虫目コメツキムシ科。

コナカニムシ 粉蟹虫〈Lophochernes bicarinatus〉節足動物門クモ形綱擬蠍目カニムシ科の陸生小動物。分布：本州中南部,四国。

コナハグロトンボ〈Euphaea yayeyamana〉昆虫綱蜻蛉目ミナミカワトンボ科の蜻蛉。体長40mm。分布：石垣島,西表島。

コナジラミ 粉虱〈white flies〉昆虫綱半翅目同翅亜目コナジラミ科Aleyrodidaeの昆虫の総称。

コナダニ 粉壁蝨〈acaroid mite, grain mite, stored products mite〉節足動物門クモ形綱ダニ目コナダニ上科Acaroideaに属する一群のダニの総称。

コナチャタテ 粉茶柱,粉茶立〈Liposcelis divinatorius〉昆虫綱噛虫目コナチャタテ科。体長雄1.02mm,雌1.10〜1.38mm。害虫。

コナチャタテ 粉茶柱,粉茶立〈book-lice〉昆虫綱チャタテムシ目コナチャタテ科Liposcelidaeの昆虫の総称。

コナナガシンクイ 粉長心喰虫〈Rhizopertha dominica〉昆虫綱甲虫目ナガシンクイムシ科の甲虫。体長2.1〜3.0mm。分布：本州,四国,九州。害虫。

コナヒョウヒダニ〈Dermatophagoides farinae〉蛛形綱ダニ目チリダニ科。体長雌0.37〜0.44mm,雄0.29〜0.36mm。害虫。

コナフキアカシマメイガ〈Orthopygia glauculalis〉昆虫綱鱗翅目メイガ科の蛾。分布：石垣島,西表島。

コナフキエダシャク 粉吹枝尺蛾〈Plagodis pulveraria〉昆虫綱鱗翅目シャクガ科エダシャク亜科の蛾。開張は春型35〜40mm,夏型26〜30mm。分布：ヨーロッパ,本州,四国,九州。

コナマダラメイガ スジマダラメイガの別名。

コナミスジキヒメハマキ〈Enarmonia flammeata〉昆虫綱鱗翅目ハマキガ科の蛾。分布：北海道,本州,千島,サハリン。

コナミスジヒメハマキ〈Rhopalovalva amabilis〉昆虫綱鱗翅目ハマキガ科の蛾。分布：東北,中部の山地,北海道。

コナミハグモ〈Cybaeus aquilonalis〉蛛形綱クモ目ミズグモ科の蜘蛛。

コナライクビチョッキリ 小楢猪首短截虫〈Deporaus unicolor〉昆虫綱甲虫目オトシブミ科の甲虫。体長3mm。分布：本州,四国,九州。

コナラクチブサガ〈*Ypsolopha parallelus*〉昆虫綱鱗翅目スガ科の蛾。分布：本州，中国北部。

コナラシギゾウムシ〈*Curculio dentipes*〉昆虫綱甲虫目ゾウムシ科の甲虫。体長5.5〜10.0mm。

コニクバエ〈*Pierretia ugamskii*〉昆虫綱双翅目ニクバエ科。

コニワハンミョウ〈*Cicindela transbaicalica*〉昆虫綱甲虫目ハンミョウ科の甲虫。体長12mm。分布：北海道，本州，四国，九州。

コヌサグモ〈*Steatoda minus*〉蛛形綱クモ目ヒメグモ科の蜘蛛。

コネアオフトメイガ〈*Jocara melanobasis*〉昆虫綱鱗翅目メイガ科フトメイガ亜科の蛾。開張18〜21mm。分布：北海道，本州，四国，九州，対馬，朝鮮半島，台湾，インドから東南アジア一帯。

コネグロフトメイガ ネグロフトメイガの別名。

ゴネプテリクス・ザネカ〈*Gonepteryx zaneka*〉昆虫綱鱗翅目シロチョウ科の蝶。分布：インド北部からミャンマーまで。

コノグナトゥス・プラトン〈*Conognathus platon*〉昆虫綱鱗翅目セセリチョウ科の蝶。分布：ペルー，ネグロ川流域，アマゾン。

コノシタウマ 木下馬〈*Tachycines elegantissima*〉昆虫綱直翅目カマドウマ科。体長20〜25mm。分布：本州。

コノシメトンボ〈*Sympetrum baccha matutinum*〉昆虫綱蜻蛉目トンボ科の蜻蛉。体長40mm。分布：北海道から九州，対馬，種子島。

コノハギス〈*Phyllophorinae*〉キリギリス科コノハギス亜科の昆虫の総称。珍虫。

コノハサラグモ〈*Microneta viaria*〉蛛形綱クモ目サラグモ科の蜘蛛。

コノハシジミ アニタコノハシジミの別名。

コノハタテハモドキ〈*Junonia sinuata*〉昆虫綱鱗翅目タテハチョウ科の蝶。分布：アフリカ西部，中央部。

コノハチョウ 木葉蝶〈*Kallima inachus*〉昆虫綱鱗翅目タテハチョウ科ヒオドシチョウ亜科の蝶。準絶滅危惧種(NT)。翅の表面はオレンジ色と青紫色。開張9〜12mm。分布：インド，パキスタン，中国南部，台湾。

コノハムシ 木葉虫〈*Phyllium pulchrifolium*〉昆虫綱竹節虫目コノハムシ科。分布：インド，スリランカから東南アジア。

コノハムシ 木葉虫〈*leaf-insect*〉昆虫綱ナナフシ目コノハムシ科の昆虫の総称，またはそのなかの一種。珍虫。

コノマチョウ 木間蝶 昆虫綱鱗翅目ジャノメチョウ科のメラニティス属Melanitisの総称。

コハイイロアツバ〈*Gesonia obeditalis*〉昆虫綱鱗翅目ヤガ科クチバ亜科の蛾。分布：インド，アフリカから東南アジア，中国，台湾，沖縄本島。

コハイイロヨトウ〈*Hadena aberrans*〉昆虫綱鱗翅目ヤガ科ヨトウガ亜科の蛾。開張30mm。分布：沿海州，朝鮮半島，北海道から九州，対馬。

コパエオデス・アウランティアカ〈*Copaeodes aurantiaca*〉昆虫綱鱗翅目セセリチョウ科の蝶。分布：合衆国南部からパナマおよびキューバ。

コパエオデス・ミニマ〈*Copaeodes minima*〉昆虫綱鱗翅目セセリチョウ科の蝶。分布：合衆国南部。

コバケデオネスイ〈*Mimemodes japonus*〉昆虫綱甲虫目ネスイムシ科の甲虫。体長1.9〜2.2mm。

コバチ 小蜂 節足動物門昆虫綱膜翅目コバチ上科Chalcidoideaの昆虫の総称。

コハチノスツヅリガ〈*Achroia innotata*〉昆虫綱鱗翅目メイガ科の蛾。分布：本州, 九州, 対馬, 屋久島。

コハナグモ〈*Misumenops japonicus*〉蛛形綱クモ目カニグモ科の蜘蛛。体長雌6〜7mm, 雄4〜5mm。分布：日本全土。

コハナコメツキ 小花叩頭虫〈*Paracardiophorus pullatus*〉昆虫綱甲虫目コメツキムシ科。分布：本州, 九州。

コハナバチ 小花蜂〈*sweat bees*〉昆虫綱膜翅目コハナバチ科に属するラシオグロッサム属Lasioglossumのハナバチの総称。

コバネアオイトトンボ 小翅青糸蜻蛉〈*Lestes japonicus*〉昆虫綱蜻蛉目アオイトトンボ科の蜻蛉。絶滅危惧II類(VU)。体長45mm。分布：本州, 四国, 九州。

コバネイナゴ 小翅稲子, 小翅蝗虫〈*Oxya japonica*〉昆虫綱バッタ目イナゴ科。体長35〜44mm。飼料用トウモロコシ，ソルガム，イネ科牧草，イネ科作物，イグサ，シチトウイ，稲に害を及ぼす。分布：本州(中部以南)。

コバネオオズコオロギ クチキコオロギの別名。

コバネガ 小翅蛾〈*Micropterigidae*〉昆虫綱鱗翅目コバネガ科Micropterigidaeの総称。珍虫。

コバネカミキリ〈*Psephactus remiger*〉昆虫綱甲虫目カミキリムシ科ノコギリカミキリ亜科の甲虫。体長12〜30mm。分布：北海道, 本州, 四国, 九州, 対馬。

コバネササキリ 小翅笹螽蜥〈*Conocephalus japonicus*〉昆虫綱直翅目キリギリス科。体長20〜35mm。稲に害を及ぼす。分布：本州, 四国, 九州。

コバネジャノメ〈*Pierella lena*〉昆虫綱鱗翅目ジャノメチョウ科の蝶。分布：スリナム，ギアナ，ブラジル。

コバネジョウカイモドキ〈Carphuroides plagiatus〉昆虫綱甲虫目ジョウカイモドキ科の甲虫。体長4.1～4.3mm。

コバネチビジョウカイ〈Caccodes niponicus〉昆虫綱甲虫目ジョウカイボン科の甲虫。体長2.3～2.4mm。

コバネツツシンクイ〈Arractocetus nipponicus〉昆虫綱甲虫目ツツシンクイ科の甲虫。体長10～23mm。

コバネナガカメムシ〈Dimorphopterus pallipes〉昆虫綱半翅目ナガカメムシ科。体長5mm。分布：北海道，本州，四国，九州。

コバネナガカメムシの一種〈Dimorphopterus sp.〉昆虫綱半翅目ナガカメムシ科。体長4～6mm。稲に害を及ぼす。分布：日本全国。

コバネナガハネカクシ 小翅長隠翅虫〈Lathrobium pollens〉昆虫綱甲虫目ハネカクシ科の甲虫。体長9.7～10.5mm。分布：本州，九州。

コバネハサミムシ〈Euborellia stali〉昆虫綱革翅目マルムネハサミムシ科。別名キアシハサミムシ。

コバネヒゲブトナミシャク〈Sauris marginepunctata〉昆虫綱鱗翅目シャクガ科の蛾。分布：四国，九州，屋久島，台湾，フィリピン，ボルネオ。

コバネヒシバッタ〈Formosatettix larvatus〉昆虫綱直翅目ヒシバッタ科。体長6～10mm。分布：本州，四国，九州，対馬。

コバネヒメギス 小翅姫螽蟖〈Chizuella bonneti〉昆虫綱直翅目キリギリス科。体長25～30mm。分布：北海道，本州，四国，九州，対馬。

コバネヒョウタンナガカメムシ 小翅瓢箪長亀虫〈Togo hemipterus〉昆虫綱半翅目ナガカメムシ科。体長7mm。稲に害を及ぼす。分布：北海道，本州，四国，九州。

コバネマキバサシガメ 小翅牧場刺亀〈Nabis apicalis〉昆虫綱半翅目マキバサシガメ科。分布：本州，九州。

コバヤシヤブカ〈Aedes kobayashii〉昆虫綱双翅目カ科。

コバヤシヤミサラグモ〈Arcuphantes kobayashii〉蛛形綱クモ目サラグモ科の蜘蛛。体長2mm。分布：本州(中部高地)。

コハラアカモリヒラタゴミムシ〈Agonum lampros〉昆虫綱甲虫目オサムシ科の甲虫。体長9.5mm。分布：北海道，本州，四国，九州。

コバラナミノコバエ〈Fungivora unicolor〉昆虫綱双翅目キノコバエ科。

コバルス・カルビナ〈Cobalus calvina〉昆虫綱鱗翅目セセリチョウ科の蝶。分布：エクアドル。

コバルス・ビルビウス〈Cobalus virbius〉昆虫綱鱗翅目セセリチョウ科の蝶。分布：ブラジル，トリニダード。

コバルトヒゲナガコバネカミキリ〈Glaphyra cobaltinus〉昆虫綱甲虫目カミキリムシ科カミキリ亜科の甲虫。

コバンケイリュウダニ〈Torrenticola elliptica〉蛛形綱ダニ目ケイリュウダニ科。

コバントビケラ〈Anisocentropus immunis〉昆虫綱毛翅目アシエダトビケラ科。体長8～10mm。分布：本州，四国，九州。

コバントビケラ属の一種〈Anisocentropus sp.〉昆虫綱毛翅目アシエダトビケラ科。

コバンマメトビハムシ〈Manobidia nipponica〉昆虫綱甲虫目ハムシ科の甲虫。体長1.5～2.0mm。

コバンマルカイガラムシ〈Pseudaonidia trilobitiformis〉昆虫綱半翅目マルカイガラムシ科。体長2～3mm。茶，ガジュマル，柑橘に害を及ぼす。

コハンミョウ 小斑蝥〈Cicindela inspecularis〉昆虫綱甲虫目ハンミョウ科の甲虫。体長11～13mm。分布：本州，四国，九州。

コハンミョウモドキ〈Elaphrus punctatus〉昆虫綱甲虫目オサムシ科の甲虫。体長6.5mm。分布：北海道，本州(中部以北)。

コバンムシ 小判虫〈Ilyocoris exclamationis〉昆虫綱半翅目コバンムシ科の水生昆虫。準絶滅危惧種(NT)。体長11～12.5mm。分布：本州，九州。

コバンムシ 小判虫 昆虫綱半翅目異翅亜目コバンムシ科Naucoridaeの水生昆虫の総称，またはそのなかの一種。準絶滅危惧種(NT)。

コヒオドシ 小緋織〈Aglais urticae〉昆虫綱鱗翅目タテハチョウ科ヒオドシチョウ亜科の蝶。別名ヒメヒオドシ。翅の縁には青色の斑点。開張4.5～5.0mm。分布：ヨーロッパから，アジア温帯域を経て，日本。

コーヒーキクイムシ〈Taphrorychus coffeae〉昆虫綱甲虫目キクイムシ科の甲虫。体長2.4～3.0mm。

コヒゲウスアヤカミキリ〈Bumetopia brevicornis〉昆虫綱甲虫目カミキリムシ科フトカミキリ亜科の甲虫。体長7.6～12.6mm。

コヒゲシマビロウドコガネ〈Gastroserica brevicornis〉昆虫綱甲虫目コガネムシ科の甲虫。体長6.0～7.5mm。分布：本州，四国，九州。

コヒゲジロハサミムシ〈Euborellia annulipes〉昆虫綱革翅目ハサミムシ科。体長10～20mm。分布：本州，四国，九州。害虫。

コヒゲチビオオキノコムシ〈Aporotritoma arakii〉昆虫綱甲虫目オオキノコムシ科の甲虫。体長3.0～3.5mm。

コヒゲナガコメツキ〈*Neotrichophorus linteatus*〉昆虫綱甲虫目コメツキムシ科。

コヒゲナガハナノミ〈*Ptilodactyla ramae*〉昆虫綱甲虫目ナガハナノミ科の甲虫。体長3.5〜4.7mm。

コヒゲブトコメツキ〈*Aulonothroscus schenklingi*〉昆虫綱甲虫目ヒゲブトコメツキ科。

コヒゲボソゾウムシ〈*Phyllobius brevitarsis*〉昆虫綱甲虫目ゾウムシ科の甲虫。体長5.1〜5.8mm。

コーヒーゴマフボクトウ〈*Zeuzera coffeae*〉昆虫綱鱗翅目ボクトウガ科の蛾。分布：奄美大島、徳之島、石垣島、西表島。

コヒサゴキンウワバ〈*Diachrysia nadeja*〉昆虫綱鱗翅目ヤガ科コヤガ亜科の蛾。分布：沿海州、北海道、東北地方から中部地方、山間地。

コビトウラナミジャノメ〈*Ypthima loryma*〉昆虫綱鱗翅目ジャノメチョウ科の蝶。

コヒトツメオオシロヒメシャク〈*Problepsis minuta*〉昆虫綱鱗翅目シャクガ科の蛾。分布：本州、対馬。

コヒトツメジャノメ〈*Mycalesis sagaica*〉昆虫綱鱗翅目ジャノメチョウ科の蝶。

コヒメコクヌストモドキ〈*Palorus subdepressues*〉昆虫綱甲虫目ゴミムシダマシ科の甲虫。体長2.7〜3.0mm。貯穀・貯蔵植物性食品に害を及ぼす。

コヒメコケムシ〈*Euconnus debilis*〉昆虫綱甲目コケムシ科の甲虫。体長1.0〜1.1mm。

コヒメゴモクムシ コクロヒメゴモクムシの別名。

コヒメシャク〈*Scopula virgulata*〉昆虫綱鱗翅目シャクガ科の蛾。分布：岩手、山梨、静岡、京都、朝鮮半島やシベリア南東部、ヨーロッパ。

コヒメジョウカイモドキ〈*Attalus drouardi*〉昆虫綱甲虫目ジョウカイモドキ科の甲虫。体長2.8〜2.9mm。

コヒメデオキノコムシ〈*Scaphidium montivagum*〉昆虫綱甲虫目デオキノコムシ科の甲虫。体長4.5〜5.0mm。

コヒメヒョウタンゴミムシ〈*Clivina vulgivaga*〉昆虫綱甲虫目オサムシ科の甲虫。体長6mm。分布：北海道、本州、四国、九州。

コヒメミゾコメツキダマシ〈*Dromaeolus brevipes*〉昆虫綱甲虫目コメツキダマシ科の甲虫。体長4.1〜5.0mm。

コヒョウモン 小豹紋蝶〈*Brenthis ino*〉昆虫綱鱗翅目タテハチョウ科ヒョウモン亜科の蝶。オレンジ色の地色に黒斑。開張3〜4mm。分布：イギリス本島を除くヨーロッパから、アジア温帯域、日本。

コヒョウモンモドキ 擬小豹紋蝶〈*Mellicta ambigua*〉昆虫綱鱗翅目タテハチョウ科ヒオドシチョウ亜科の蝶。絶滅危惧II類(VU)。前翅長23〜27mm。分布：関東地方北部から中部地方。

コヒラスナゴミムシダマシ〈*Diphyrrhynchus shibatai*〉昆虫綱甲虫目ゴミムシダマシ科の甲虫。体長3.8〜4.5mm。

コヒラセクモゾウムシ〈*Metialma pusilla*〉昆虫綱甲虫目ゾウムシ科の甲虫。体長2.5〜3.1mm。

コヒラタガムシ〈*Enochrus vilis*〉昆虫綱甲虫目ガムシ科の甲虫。体長3.1〜3.6mm。

コヒラタカメムシ 小扁亀虫〈*Aradus lugubris*〉昆虫綱半翅目ヒラタカメムシ科。分布：北海道、本州。

コヒラタゴミムシ〈*Platynus protensus*〉昆虫綱甲虫目オサムシ科の甲虫。体長11.5〜14.0mm。

コヒラタホソカタムシ〈*Bolcocius shibatai*〉昆虫綱甲虫目ホソカタムシ科の甲虫。体長3.5〜4.4mm。

コビロウドツリアブ〈*Bombylius atriceps*〉昆虫綱双翅目ツリアブ科。

コヒロバスガ トホシスヒロキバガの別名。

コブアカハネムシ〈*Pseudopyrochroa gibbifrons*〉昆虫綱甲虫目アカハネムシ科の甲虫。体長10〜11.5mm。

コブアシトビハムシ〈*Hyphasoma inconstans*〉昆虫綱甲虫目ハムシ科。

コブアシヒメイエバエ〈*Fannia scalaris*〉昆虫綱双翅目イエバエ科。体長5〜7mm。分布：日本全土。害虫。

コブイトアメンボ〈*Hydrometra annamana*〉昆虫綱半翅目イトアメンボ科。

コブウスチャヒメシャク〈*Anisodes illepidaria*〉昆虫綱鱗翅目シャクガ科の蛾。分布：台湾、フィリピンからインド、群馬県湯ノ小屋、新潟県新津、愛知県西尾市。

コブウンカ 瘤浮塵子〈*Tropidocephala brunnipennis*〉昆虫綱半翅目ウンカ科。体長3〜4mm。分布：本州、四国、九州、対馬。

コブオオニジュウヤホシテントウ エゾアザミテントウの別名。

コブガ 瘤蛾 昆虫綱鱗翅目コブガ科Nolidaeの総称。

コブカブリモドキ〈*Damaster ignimetella angulicollis*〉昆虫綱甲虫目オサムシ科の甲虫。分布：中国東南部(広東・福建)。

コフキオオメトンボ〈*Zyxomma obtusum*〉昆虫綱蜻蛉目トンボ科の蜻蛉。体長50mm。分布：北大東島と南大東島。

コフキコガネ 粉吹金亀子〈*Melolontha japonica*〉昆虫綱甲虫目コガネムシ科コフキコガネ亜科の甲虫。体長25〜31mm。林檎、柿に害を及ぼす。分布：本州、四国、九州、佐渡、伊豆諸島。

コフキショウジョウトンボ〈Orthetrum pruinosum neglectum〉昆虫綱蜻蛉目トンボ科の蜻蛉。体長48mm。分布：八重山諸島。

コフキゾウムシ 粉吹象虫,粉吹象鼻虫〈Eugnathus distinctus〉昆虫綱甲虫目ゾウムシ科の甲虫。体長3.5〜7.5mm。大豆に害を及ぼす。分布：本州,四国,九州,南西諸島。

コフキトンボ 粉吹蜻蛉〈Deielia phaon〉昆虫綱蜻蛉目トンボ科の蜻蛉。体長38mm。分布：北海道(南部),本州,四国,九州,種子島,沖縄本島,石垣島。

コフキヒメイトトンボ 粉吹姫糸蜻蛉〈Agriocnemis femina oryzae〉昆虫綱蜻蛉目イトトンボ科の蜻蛉。体長21mm。分布：四国南部,鳥取県,山口県,九州,南西諸島。

コフキヒメショウジョウバエ〈Scaptomyza pallida〉昆虫綱双翅目ショウジョウバエ科。

コフキヤマカミキリ〈Rhytidodera integra〉昆虫綱甲虫目カミキリムシ科カミキリ亜科の甲虫。体長20〜28mm。

コフクログモ〈Clubiona corrugata〉蛛形綱クモ目フクログモ科の蜘蛛。

コブケシグモ〈Meioneta nodosa〉蛛形綱クモ目サラグモ科の蜘蛛。

コフサキバガ〈Dichomeris acuminata〉昆虫綱鱗翅目キバガ科の蛾。開張11〜12.5mm。マメ科牧草に害を及ぼす。分布：本州,四国,九州の平地から低山地,地中海沿岸,ハワイ,西インド諸島,オーストラリア。

コブサビコメツキ〈Lacon quadrinodatus〉昆虫綱甲虫目コメツキムシ科の甲虫。体長15mm。分布：北海道,本州,四国。

コフサヤガ〈Eutelia adulatricoides〉昆虫綱鱗翅目ヤガ科フサヤガ亜科の蛾。分布：インドから中国,台湾,北海道中部,本州,四国,九州,屋久島,沖縄本島,石垣島,与那国島,西表島。

コブシハマキホソガ〈Caloptilia magnoliae〉昆虫綱鱗翅目ホソガ科の蛾。分布：北海道,本州。

コブシロシンクイ〈Meridarchis excisa〉昆虫綱鱗翅目シンクイガ科の蛾。開張雄17〜18mm,雌18〜22mm。分布：北海道,本州。

コブスジアオグロホソカナブン〈Pseudochalcothea pomacea〉昆虫綱甲虫目コガネムシ科の甲虫。分布：マレーシア,ボルネオ。

コブスジアカガネオサムシ〈Carabus conciliator〉昆虫綱甲虫目オサムシ科の甲虫。体長17〜23mm。分布：北海道。

コブスジケシキスイ〈Lasiodactylus tuberculifer〉昆虫綱甲虫目ケシキスイ科の甲虫。体長4.6〜6.0mm。

コブスジゴミムシダマシ コブスジツノゴミムシダマシの別名。

コブスジサビカミキリ〈Atimura japonica〉昆虫綱甲虫目カミキリムシ科フトカミキリ亜科の甲虫。体長5〜8mm。分布：本州,四国,九州,対馬。

コブスジツノゴミムシダマシ〈Boletoxenus bellicosus〉昆虫綱甲虫目ゴミムシダマシ科の甲虫。体長7〜9mm。分布：北海道,本州,四国,九州。

コフタオビシャチホコ〈Gluphisia crenata〉昆虫綱鱗翅目シャチホコガ科ウチキシャチホコ亜科の蛾。開張30〜35mm。分布：北海道から本州中部。

コフタオビチャヒメハマキ〈Pelochrista notocelioides〉昆虫綱鱗翅目ハマキガ科の蛾。分布：岩手県。

コフタスジシマメイガ 小二条縞螟蛾〈Fujimacia bicoloralis〉昆虫綱鱗翅目メイガ科シマメイガ亜科の蛾。開張15〜18mm。分布：北海道,本州,四国,九州,対馬,屋久島,朝鮮半島,中国。

コフタスジベッコウ〈Eopompilus minor〉昆虫綱膜翅目ベッコウバチ科。

コブダルマカレキゾウムシ〈Lobosoma rausense〉昆虫綱甲虫目ゾウムシ科の甲虫。体長3.9〜4.8mm。

コフチベニヒメシャク〈Idaea okinawensis〉昆虫綱鱗翅目シャクガ科の蛾。分布：沖縄本島。

コブチミャクヨコバイ〈Drabescus nakanensis〉昆虫綱半翅目ブチミャクヨコバイ科。

コブツノゴミムシダマシ コブヒメツノゴミムシダマシの別名。

コブドウトリバ〈Nippoptilia minor〉昆虫綱鱗翅目トリバガ科の蛾。開張11〜12mm。分布：九州。

コブトゲテントウダマシ〈Amphisternus lugubris〉昆虫綱甲虫目テントウダマシ科。分布：ボルネオ。

コフトナガコメツキ〈Penthelater plebejus〉昆虫綱甲虫目コメツキムシ科の甲虫。体長12mm。分布：北海道,本州,四国,九州。

コプトミア・ビオラケア〈Coptomia violacea〉昆虫綱甲虫目コガネムシ科の甲虫。分布：マダガスカル。

コプトミア・プロピンクア〈Coptomia propinqua〉昆虫綱甲虫目コガネムシ科の甲虫。分布：マダガスカル。

コプトミア・ポーリアニ〈Coptomia pauliani〉昆虫綱甲虫目コガネムシ科の甲虫。分布：マダガスカル。

コプトミア・ルキダ〈Coptomia lucida〉昆虫綱甲虫目コガネムシ科の甲虫。分布：マダガスカル。

コプトミア・ルフォバリア〈*Coptomia rufovaria*〉昆虫綱甲虫目コガネムシ科の甲虫。分布：マダガスカル。

コフナガタハナノミ〈*Anaspis funagata*〉昆虫綱甲虫目ハナノミダマシ科の甲虫。体長2.5～3.0mm。

コブナシクチブトサルゾウムシ〈*Rhinoncus perpendicularis*〉昆虫綱甲虫目ゾウムシ科の甲虫。体長2.0～2.5mm。

コブナシコブスジコガネ〈*Trox nohirai*〉昆虫綱甲虫目コブスジコガネ科の甲虫。体長5.5～6.0mm。分布：本州, 四国。

コブナシノメイガ〈*Marasmia suspicalis*〉昆虫綱鱗翅目メイガ科の蛾。分布：インドから東南アジア一帯, 琉球宮古島。

コブナナフシ〈*Datames mouhoti*〉昆虫綱竹節虫目ナナフシ科。体長雄38mm, 雌51mm。分布：九州, 沖縄本島。

コブノコギリゾウムシ〈*Ixalma dentipes*〉昆虫綱甲虫目ゾウムシ科の甲虫。体長4.5～5.5mm。

コブノメイガ 瘤野螟蛾〈*Cnaphalocrocis medinalis*〉昆虫綱鱗翅目メイガ科ノメイガ亜科の蛾。開張18mm。稲に害を及ぼす。分布：北海道, 本州, 四国, 九州, 対馬, 種子島, 屋久島, 吐噶喇列島, 奄美大島から西表島, 朝鮮半島, 台湾, 東南アジアからオーストラリア。

コブハサミムシ〈*Anechura harmandi*〉昆虫綱革翅目クギヌキハサミムシ科。体長12～20mm。分布：北海道, 本州, 四国, 九州。害虫。

コブハナゾウムシ〈*Tachypterellus dorsalis*〉昆虫綱甲虫目ゾウムシ科の甲虫。体長2.7～3.1mm。

コブバネゴマフカミキリ〈*Mesosa nomurai*〉昆虫綱甲虫目カミキリムシ科フトカミキリ亜科の甲虫。体長11mm。

コブバネサビカミキリ〈*Pterolophia gibbosipennis*〉昆虫綱甲虫目カミキリムシ科フトカミキリ亜科の甲虫。体長9～13mm。分布：南西諸島。

コブバネテントウダマシ〈*Spathomeles moloch*〉昆虫綱甲虫目テントウダマシ科。分布：フィリピン。

コブハムシ 瘤金花虫 昆虫綱甲虫目ハムシ科コブハムシ亜科Chlamisiinaeに属する昆虫の総称。

コブハリカメムシ〈*Cletus bipunctatus*〉昆虫綱半翅目ヘリカメムシ科。

コブヒゲアツバ〈*Zanclognatha lunaris*〉昆虫綱鱗翅目ヤガ科クルマアツバ亜科の蛾。開張28～31mm。分布：北海道, 本州, 四国, 九州, 対馬, 朝鮮半島, 中国, アムール, ウスリー, シベリアからヨーロッパ。

コブヒゲシロモンノメイガ〈*Glyphodes eurytusalis*〉昆虫綱鱗翅目メイガ科の蛾。分布：屋久島, 西表島, 台湾, ボルネオ, タイ, インド。

コブヒゲボソゾウムシ 瘤鬚細象鼻虫〈*Phyllobius galloisi*〉昆虫綱甲虫目ゾウムシ科の甲虫。体長5.5～6.0mm。分布：北海道, 本州, 四国, 九州。

コブヒメツノゴミムシダマシ〈*Cryphaeus boleti*〉昆虫綱甲虫目ゴミムシダマシ科の甲虫。体長7.0～9.0mm。

コブフシヒメバチ〈*Dolichomitus tuberculatus jezoensis*〉昆虫綱膜翅目ヒメバチ科。体長17mm。分布：北海道, 本州。

コブマルエンマコガネ 瘤円閻魔金亀子〈*Onthophagus atripennis*〉昆虫綱甲虫目コガネムシ科の甲虫。体長6～10mm。分布：本州, 四国, 九州。

コブマルクチカクシゾウムシ〈*Acallinus tuberculatus*〉昆虫綱甲虫目ゾウムシ科の甲虫。体長4.3～4.7mm。

コブヤハズカミキリ〈*Mesechthistatus binodosus*〉昆虫綱甲虫目カミキリムシ科フトカミキリ亜科の甲虫。体長16～24mm。分布：本州(中部以北), 佐渡。

コブルリオトシブミ〈*Euops pustulosus*〉昆虫綱甲虫目オトシブミ科の甲虫。体長4.0～4.3mm。

コベニタヒトリ〈*Rhyparioides metelkana*〉昆虫綱鱗翅目ヒトリガ科ヒトリガ亜科の蛾。開張36～44mm。分布：北海道, 本州, 四国, 九州, 対馬, 屋久島, 奄美大島, 沖縄本島。

コベニスジヒメシャク 小紅条姫尺蛾〈*Timandra comptaria*〉昆虫綱鱗翅目シャクガ科ヒメシャク亜科の蛾。開張19～25mm。分布：北海道, 本州, 四国, 九州, 対馬, 屋久島, 朝鮮半島, シベリア南東部, 中国。

コベニモンキチョウ〈*Colias aurorina*〉昆虫綱鱗翅目シロチョウ科の蝶。別名アルメニアモンキチョウ。分布：アルメニアからギリシア, シリア, イランまで。

コベニモンハカマジャノメ〈*Penrosada hymettia*〉昆虫綱鱗翅目ジャノメチョウ科の蝶。分布：コロンビア。

コベニモンメクラガメ〈*Deraeocoris elegantulus*〉昆虫綱半翅目メクラカメムシ科。

コヘラツノコガネ〈*Ceroplophana borneensis*〉昆虫綱甲虫目コガネムシ科の甲虫。分布：スマトラ, ボルネオ。

コヘリグロクチバ〈*Ophiusa olista*〉昆虫綱鱗翅目ヤガ科シタバガ亜科の蛾。開張46～48mm。分布：インド北部から中国, 朝鮮半島, 関東南部付近をほぼ北限として九州に至る本土域, 対馬。

コヘリグロシタバ コヘリグロクチバの別名。

コホウクキ

ゴボウクギケアブラムシ〈Capitophorus elaeagni〉昆虫綱半翅目アブラムシ科。体長1.8〜2.0mm。グミ、菊、キク科野菜に害を及ぼす。分布：九州以北の日本各地, 汎世界的。

ゴボウゾウムシ〈Larinus latissimus〉昆虫綱甲虫目ゾウムシ科の甲虫。体長5.6〜8.5mm。

ゴボウトガリヨトウ〈Gortyna fortis〉昆虫綱鱗翅目ヤガ科カラスヨトウ亜科の蛾。開張36〜39mm。キク科野菜、ナス科野菜、ハッカ、タバコ、ジャガイモに害を及ぼす。分布：沿海州, 中国東北, 北海道から九州。

ゴボウネモグリバエ〈Ophiomyia lappivora〉昆虫綱双翅目ハモグリバエ科。キク科野菜に害を及ぼす。分布：本州, 九州。

ゴボウノミドリヒメヨコバイ〈Empoasca arborescens〉昆虫綱半翅目ヨコバイ科。体長3mm。柑橘に害を及ぼす。分布：九州, シベリア南東部。

ゴボウハマキモドキ〈Tebenna isshikii〉昆虫綱鱗翅目ハマキモドキガ科の蛾。別名クロモンハマキモドキ。開張8〜10mm。キク科野菜に害を及ぼす。分布：本州, 四国, 九州。

ゴボウハモグリバエ〈Phytomyza lappae〉昆虫綱双翅目ハモグリバエ科。体長1.7〜2.5mm。キク科野菜に害を及ぼす。分布：本州, 四国, 九州, 東アジア, ヨーロッパ。

ゴボウヒゲナガアブラムシ〈Dactynotus gobonis〉昆虫綱半翅目アブラムシ科。体長3.0〜3.5mm。キク科野菜に害を及ぼす。分布：北海道, 本州, 四国, 朝鮮半島南部, 中国, 台湾。

コホソオビホソハマキ〈Phalonidia lydiae〉昆虫綱鱗翅目ホソハマキガ科の蛾。分布：長野県大町, ロシア(ウスリー)。

コホソクビゴミムシ 小細頸芥虫〈Brachinus stenoderus〉昆虫綱甲虫目クビボソゴミムシ科の甲虫。体長5.5〜11.5mm。分布：日本各地。害虫。

コホソスジハマキ〈Argyrotaenia angustilineata〉昆虫綱鱗翅目ハマキガ科の蛾。林檎に害を及ぼす。分布：北海道, 本州, 四国, 九州, 対馬, ロシア(サハリン, 沿海州)。

コホソトビミズギワゴミムシ〈Bembidion aeneipes〉昆虫綱甲虫目オサムシ科の甲虫。体長5.0mm。

コホソナガゴミムシ〈Pterostichus longinquus〉昆虫綱甲虫目オサムシ科の甲虫。体長7〜8mm。

コホソハマキ〈Phalonidia vectisana〉昆虫綱鱗翅目ホソハマキガ科の蛾。分布：本州, 四国, 九州, 対馬, 沖縄本島。

コホソハマキモドキ〈Glyphipterix alpha〉昆虫綱鱗翅目ホソハマキモドキガ科の蛾。分布：本州。

コボトケヒゲナガコバネカミキリ〈Glaphyra kobotokensis〉昆虫綱甲虫目カミキリムシ科カミキリ亜科の甲虫。体長8mm。分布：本州, 佐渡。

コホネゴミムシダマシ〈Phaleromela subhumeralis〉昆虫綱甲虫目ゴミムシダマシ科の甲虫。体長3mm。分布：北海道, 本州(北部)。

コホラヒメグモ〈Nesticus brevipes〉蛛形綱クモ目ホラヒメグモ科の蜘蛛。体長雌2.2mm, 雄2mm。分布：日本全土。

ゴホンヅノカブトムシ〈Eupatorus gracilicornis〉昆虫綱甲虫目コガネムシ科の甲虫。別名オオゴホンヅノカブトムシ。分布：アッサム、インドシナ、マレーシア。

ゴホンダイコクコガネ〈Copris acutidens〉昆虫綱甲虫目コガネムシ科の甲虫。体長10〜16mm。分布：北海道, 本州, 四国, 九州。

コマイマイカブリ〈Damaster blaptoides lewisi〉昆虫綱甲虫目オサムシ科。

コマエアカシロヨトウ〈Apamea askoldis〉昆虫綱鱗翅目ヤガ科カラスヨトウ亜科の蛾。開張28〜33mm。分布：沿海州, 朝鮮半島, 中国, 北海道から九州。

コマカドメクラチビゴミムシ〈Trechiama lavicola〉昆虫綱甲虫目オサムシ科の甲虫。体長4.6〜5.4mm。

コマグソコガネ 小馬糞金亀子〈Aphodius pusillus〉昆虫綱甲虫目コガネムシ科の甲虫。体長3.0〜4.5mm。分布：北海道, 本州, 四国, 九州。

ゴマケンモン〈Moma alpium〉昆虫綱鱗翅目ヤガ科ケンモンヤガ亜科の蛾。開張33〜38mm。分布：沿海州, 朝鮮半島, 中国, 北海道から九州。

ゴマコウンモンクチバ〈Blasticorhinus rivulosa〉昆虫綱鱗翅目ヤガ科クチバ亜科の蛾。分布：スリランカ、インド、ミャンマー、フィリピン、ジャワ、四国西南部, 屋久島, 沖縄本島, 久高島, 西表島。

ゴマシオキシタバ〈Catocala nubila〉昆虫綱鱗翅目ヤガ科シタバガ亜科の蛾。開張50〜57mm。分布：北海道南部, 東北地方, 四国, 九州。

ゴマシオケンモン〈Acronicta isocuspis〉昆虫綱鱗翅目ヤガ科の蛾。分布：東北地方から中部地方, 四国。

ゴマシジミ 胡麻小灰蝶〈Maculinea teleius〉昆虫綱鱗翅目シジミチョウ科ヒメシジミ亜科の蝶。絶滅危惧II類(VU)。前翅長15〜24mm。分布：北海道, 本州, 九州。

ゴマジロオニグモ〈Mangora herbeoides〉蛛形綱クモ目コガネグモ科の蜘蛛。

コマダラウスバカゲロウ〈Dendroleon jezoensis〉昆虫綱脈翅目ウスバカゲロウ科。開張28mm。分布：日本全土。

ゴマダラオトシブミ 胡麻斑落文〈*Paroplapoderus pardalis*〉昆虫綱甲虫目オトシブミ科の甲虫。体長7mm。分布：北海道，本州，四国，九州。

ゴマダラカバチビキバガ イブキチビキバガの別名。

ゴマダラカミキリ 胡麻斑天牛〈*Anoplophora malasiaca*〉昆虫綱甲虫目カミキリムシ科フトカミキリ亜科の甲虫。体長25～35mm。ナシ類，栗，バラ類，ハイビスカス類，楓(紅葉)，柘榴，百日紅，プラタナス，桜類，無花果，林檎，柑橘に害を及ぼす。分布：小笠原諸島をのぞく日本全土。

ゴマダラキコケガ 胡麻斑黄苔蛾〈*Stigmatophora flava*〉昆虫綱鱗翅目ヒトリガ科コケガ亜科の蛾。開張27～30mm。分布：東北アジアから中国を経てインドから東南アジア一帯。

ゴマダラキノコムシダマシ〈*Abstrulia ainu*〉昆虫綱甲虫目キノコムシダマシ科の甲虫。体長3.0～3.5mm。

ゴマダラキリガ 胡麻斑切蛾〈*Conistra castaneofasciata*〉昆虫綱鱗翅目ヤガ科セダカモクメ亜科の蛾。開張35mm。分布：沿海州，北海道から九州。

コマダラコキノコムシ〈*Mycetophagus pustulosus*〉昆虫綱甲虫目コキノコムシ科の甲虫。体長4mm。分布：北海道，本州。

ゴマダラコクヌスト 胡麻斑穀盗〈*Leperina squamulosa*〉昆虫綱甲虫目コクヌスト科の甲虫。体長9～13mm。分布：北海道，本州，四国，九州。

ゴマダラシャチホコ〈*Palaeostauropus obliterata*〉昆虫綱鱗翅目シャチホコガ科シャチホコガ亜科の蛾。開張45～50mm。分布：関東南部以西，四国，九州。

ゴマダラシロエダシャク 胡麻斑白枝尺蛾〈*Percnia albinigrata*〉昆虫綱鱗翅目シャクガ科エダシャク亜科の蛾。開張52～55mm。分布：本州(関東以西)，四国，九州，対馬，朝鮮半島，台湾。

ゴマダラシロチビキバガ 胡麻斑白矮牙蛾〈*Stenolechia notomochla*〉昆虫綱鱗翅目キバガ科の蛾。分布：東京。

ゴマダラシロチョウ〈*Delias lativitta*〉昆虫綱鱗翅目シロチョウ科の蝶。

ゴマダラシロナミシャク 胡麻斑白波尺蛾〈*Naxidia maculata*〉昆虫綱鱗翅目シャクガ科ナミシャク亜科の蛾。開張19～24mm。分布：北海道，本州，四国，九州。

ゴマダラシロヒメハマキ〈*Panolia exquisitana*〉昆虫綱鱗翅目ヒメハマキガ科の蛾。

ゴマダラダンゴタマムシ〈*Julodis euphratica proxima*〉昆虫綱甲虫目タマムシ科。分布：シリア，イラク，イラン，トルケスタン，アフガニスタン。

ゴマダラチビゲンゴロウ〈*Neonectes natrix*〉昆虫綱甲虫目ゲンゴロウ科の甲虫。体長3.1～3.6mm。

ゴマダラチョウ 胡麻斑蝶〈*Hestina japonica*〉昆虫綱鱗翅目タテハチョウ科コムラサキ亜科の蝶。前翅長40～42mm。分布：北海道，本州，四国，九州。

ゴマダラナガカメムシ〈*Spilostehus hospes*〉昆虫綱半翅目ナガカメムシ科。

ゴマダラノメイガ 胡麻斑野螟蛾〈*Pycnarmon lactiferalis*〉昆虫綱鱗翅目メイガ科ノメイガ亜科の蛾。開張22mm。分布：北海道，本州，四国，九州，対馬，屋久島，沖縄本島，台湾，朝鮮半島，中国，東南アジア。

ゴマダラハスジゾウムシ〈*Adosomus melogrammus*〉昆虫綱甲虫目ゾウムシ科の甲虫。体長13～15mm。

ゴマダラハチモドキバエ〈*Campilocera thoracalis*〉昆虫綱双翅目デガシラバエ科。

ゴマダラハデツヤカミキリ〈*Callorophara sollii*〉昆虫綱甲虫目カミキリムシ科の甲虫。分布：シッキム，アッサム，ミャンマー，ベトナム。

ゴマダラヒゲナガ ゴマフヒゲナガの別名。

ゴマダラヒゲナガトビケラ 胡麻斑鬚長飛螻〈*Oecetis nigropunctata*〉昆虫綱毛翅目ヒゲナガトビケラ科。体長6～7mm。稲に害を及ぼす。分布：九州以北の日本各地，朝鮮半島。

ゴマダラヒシウンカ〈*Borysthenes maculatus*〉昆虫綱半翅目ヒシウンカ科。

コマダラヒメガガンボ 小斑姫大蚊〈*Erioptera asymmetrica*〉昆虫綱双翅目ガガンボ科。分布：本州，九州。

ゴマダラヒメグモ〈*Steatoda albomaculata*〉蛛形綱クモ目ヒメグモ科の蜘蛛。体長雌6～7mm，雄5～6mm。分布：北海道，本州(高地)。

ゴマダラヒメハマキ クロネハイイロヒメハマキの別名。

ゴマダラヒョウモンダマシ〈*Anetia numidia*〉昆虫綱鱗翅目マダラチョウ科の蝶。分布：キューバ。

ゴマダラベニコケガ〈*Miltochrista pulchra*〉昆虫綱鱗翅目ヒトリガ科コケガ亜科の蛾。開張30mm。分布：本州，四国，九州，対馬，朝鮮半島，シベリア南東部。

ゴマダラホソチョウ〈*Acraea rogersi*〉昆虫綱鱗翅目ホソチョウ科の蝶。分布：アフリカ西部，中央部。

ゴマダラマネシヒカゲ スジマネシヒカゲの別名。

コマダラミズギワゴミムシ〈*Bembidion elegantulum*〉昆虫綱甲虫目ゴミムシ科。

ゴマダラモモブトカミキリ〈*Leiopus stillatus*〉昆虫綱甲虫目カミキリムシ科フトカミキリ亜科の甲

コマチクモ

虫。体長8〜11mm。分布：北海道, 本州, 四国, 九州, 屋久島。

コマチグモ 小町蜘蛛 節足動物門クモ形綱真正クモ目フクログモ科のコマチグモ属Chiracanthiumのクモの総称。

コマチセイボウ 〈Chrysis komachi〉昆虫綱膜翅目セイボウ科。

コマチヨツバセイボウ コマチセイボウの別名。

コマツエンマグモ 〈Segestria nipponica〉蛛形綱クモ目エンマグモ科の蜘蛛。体長雌8.0〜9.5mm, 雄5.5〜6.0mm。分布：本州(南部), 九州。

コマツキシャチホコ クロツマキシャチホコの別名。

コマツモムシ 小松藻虫〈Anisops genji〉昆虫綱半翅目マツモムシ科。分布：本州, 四国, 九州。

コマツモムシ クロイワコマツモムシの別名。

ゴマノミヒゲナガゾウムシ〈Choragus cissoides〉昆虫綱甲虫目ヒゲナガゾウムシ科の甲虫。体長1.5〜2.4mm。

コマバシロキノカワガ〈Nolathripa lactaria〉昆虫綱鱗翅目ヤガ科キノカワガ亜科の蛾。開張24〜27mm。分布：北海道から九州。

コマバムツホシヒラタアブ〈Lasiopticus komabensis〉昆虫綱双翅目ハナアブ科。

ゴマフアブ 胡麻斑虻〈Haematopota tristis〉昆虫綱双翅目アブ科。体長8〜12mm。分布：北海道, 本州(北部)。害虫。

ゴマフウンカ〈Phyllodinus nigropunctatus〉昆虫綱半翅目ウンカ科。

ゴマフエダシャク ムクゲエダシャクの別名。

ゴマフオオホソバ〈Agrisius fuliginosus〉昆虫綱鱗翅目ヒトリガ科コケガ亜科の蛾。開張42〜47mm。分布：日本, 朝鮮半島, 中国。

ゴマフカブラヤグモ〈Stasina maculifera〉蛛形綱クモ目アシダカグモ科の蜘蛛。

ゴマフカミキリ 胡麻斑天牛〈Mesosa japonica〉昆虫綱甲虫目カミキリムシ科フトカミキリ亜科の甲虫。体長10〜17mm。分布：北海道, 本州, 四国, 九州, 佐渡, 対馬。

ゴマフカミキリ族の一種(1)〈Anancylus socius〉昆虫綱甲虫目カミキリムシ科の甲虫。

ゴマフカミキリ族の一種(2)〈Mutatocoptops alboapicalis〉昆虫綱甲虫目カミキリムシ科の甲虫。

ゴマフガムシ 胡麻斑牙虫〈Berosus signaticollis punctipennis〉昆虫綱甲虫目ガムシ科の甲虫。体長6.3〜6.9mm。分布：北海道, 本州, 四国。

ゴマフガムシ ヤマトゴマフガムシの別名。

ゴマフガムシの一種〈Berosus sp.〉昆虫綱甲虫目ガムシ科。

ゴマフキエダシャク 胡麻斑黄枝尺蛾〈Angerona nigrisparsa〉昆虫綱鱗翅目シャクガ科エダシャク亜科の蛾。開張35〜48mm。林檎に害を及ぼす。分布：本州(宮城県以南), 四国, 九州。

ゴマフキマダラカミキリ フタモンホソヒゲナガカミキリの別名。

ゴマフキリガ〈Orthosia coniortota〉昆虫綱鱗翅目ヤガ科ヨトウガ亜科の蛾。開張32mm。分布：東北地方(秋田, 岩手県)関東, 中部地方の山地。

ゴマフサビカミキリ〈Ropica loochooana〉昆虫綱甲虫目カミキリムシ科フトカミキリ亜科の甲虫。体長6mm。分布：対馬, 沖縄諸島以南の南西諸島。

ゴマフシロキバガ 胡麻斑白牙蛾〈Odites leucostola〉昆虫綱鱗翅目ヒゲナガキバガ科の蛾。開張15〜20mm。柿, ハスカップ, 桜桃, 林檎に害を及ぼす。分布：北海道, 本州, 四国, 九州。

ゴマフシロヒロバキバガ ゴマフシロキバガの別名。

ゴマフチャイロカミキリ〈Asaperda obscura〉昆虫綱甲虫目カミキリムシ科フトカミキリ亜科の甲虫。

ゴマフツトガ〈Chilo pulveratus〉昆虫綱鱗翅目メイガ科の蛾。分布：伊豆半島の大滝温泉, 群馬県南部の板倉町, 台湾。

ゴマフテングハマキ〈Acleris longipalpana〉昆虫綱鱗翅目ハマキガ科の蛾。分布：北海道から本州中部山地。

ゴマフトビケラ 胡麻斑飛螻〈Holostomis melaleuca〉昆虫綱毛翅目トビケラ科。体長15〜18mm。分布：北海道, 本州。

ゴマフヒゲナガ 胡麻斑鬚長蛾〈Nemophora raddei〉昆虫綱鱗翅目マガリガ科の蛾。開張14〜17mm。分布：北海道, 本州, 四国, 九州, 台湾, シベリア東部。

ゴマフフタオチョウ〈Polyura nepenthes nepenthes〉昆虫綱鱗翅目タテハチョウ科の蝶。分布：ミャンマー, インドシナ, 亜種はミャンマー, インドシナ。

ゴマフボクトウ 胡麻斑木蠹蛾〈Zeuzera multistrigata〉昆虫綱鱗翅目ボクトウガ科の蛾。開張40〜70mm。生姜, 苺, 柿, 茶, 牡丹, 芍薬, 楓(紅葉), プラタナス, ツツジ類, 椿, 山茶花, 桜類に害を及ぼす。分布：北海道から屋久島, 対馬, 朝鮮半島, シベリア南東部, 中国東部。

ゴマフミダレハマキ〈Acleris rufana〉昆虫綱鱗翅目ハマキガ科の蛾。分布：北海道, 本州(中部山地), ロシア, ヨーロッパ。

ゴマフリドクガ〈*Euproctis pulverea*〉昆虫綱鱗翅目ドクガ科の蛾。開張雄20〜29mm,雌24〜33mm。柑橘,ヤマモモに害を及ぼす。分布：本州(関東以西),四国,九州,対馬,種子島,屋久島,吐噶喇列島,奄美大島,徳之島,沖永良部島,沖縄本島,宮古島,石垣島,西表島,与那国島。

ゴマベニシタヒトリ〈*Rhyparia purpurata*〉昆虫綱鱗翅目ヒトリガ科ヒトリガ亜科の蛾。開張47〜48mm。分布：本州(関東北部から中部山地),朝鮮半島,シベリア南東部。

ゴママダラメイガ〈*Myelois cribrella*〉昆虫綱鱗翅目メイガ科マダラメイガ亜科の蛾。開張28〜33mm。分布：本州(東北地方北部より),九州,シベリア東部からヨーロッパ。

コマユバチ 小繭蜂 昆虫綱膜翅目有錐類コマユバチ科Braconidaeに属するハチの総称。

コマユミシロスガ〈*Yponomeuta polystigmellus*〉昆虫綱鱗翅目スガ科の蛾。開張25〜30mm。分布：北海道札幌,青森県弘前,中国中部・南部。

ゴマリア・アルボファスキアタ〈*Gomalia albofasciata*〉昆虫綱鱗翅目セセリチョウ科の蝶。分布：インドおよびセイロン。

ゴマリア・エルマ〈*Gomalia elma albofasciata*〉昆虫綱鱗翅目セセリチョウ科の蝶。分布：アフリカからアラビア,バルチスタン,カラチ,インド南部,スリランカ。

コマルガタゴミムシ〈*Amara simplicidens*〉昆虫綱甲虫目オサムシ科の甲虫。体長8〜10mm。

コマルガタテントウダマシ〈*Idiophyes niponensis*〉甲虫。

コマルガムシ〈*Crenitis japonicus*〉昆虫綱甲虫目ガムシ科の甲虫。体長2.9〜3.5mm。

コマルキマワリ〈*Elixota curva*〉昆虫綱甲虫目ゴミムシダマシ科の甲虫。体長8mm。分布：本州,四国,九州。

コマルケシゲンゴロウ〈*Hydrovatus acuminatus*〉昆虫綱甲虫目ゲンゴロウ科の甲虫。体長2.3〜2.4mm。

コマルケシハネカクシ〈*Oligota kurama*〉昆虫綱甲虫目ハネカクシ科。

コマルズハネカクシ 小円頭隠翅虫〈*Domene curtipennis*〉昆虫綱甲虫目ハネカクシ科の甲虫。体長7mm。分布：北海道,本州。

コマルタマキノコムシ〈*Cyrtoplastus laevis*〉昆虫綱甲虫目タマキノコムシ科の甲虫。体長2.5〜2.7mm。

コマルチビゴミムシダマシ〈*Nesocaedius minimus*〉昆虫綱甲虫目ゴミムシダマシ科の甲虫。体長3.0〜3.5mm。

コマルノミハムシ〈*Nonarthra tibiale*〉昆虫綱甲虫目ハムシ科の甲虫。体長4mm。分布：北海道,本州,四国,九州。

コマルハナバチ〈*Bombus ardens*〉昆虫綱膜翅目ミツバチ科マルハナバチ亜科。体長雌16〜21mm,雄16mm。分布：日本全土。害虫。

コマルバヨトウ〈*Hemictenophora euplexiodes*〉昆虫綱鱗翅目ヤガ科カラスヨトウ亜科の蛾。

コマルムネゴミムシダマシ〈*Tarpela brunnea*〉昆虫綱甲虫目ゴミムシダマシ科の甲虫。体長7.0〜11.0mm。

コマルモンシロガ〈*Sphragifera biplaga*〉昆虫綱鱗翅目ヤガ科カラスヨトウ亜科の蛾。開張29〜32mm。分布：中国北部,朝鮮半島,対馬,九州北部,四国から近畿地方。

コマルモンノメイガ〈*Udea montensis*〉昆虫綱鱗翅目メイガ科の蛾。分布：本州の中部山地や関東,東北地方北部から長野県までの低山地。

ゴミアシナガサシガメ 芥脚長刺亀〈*Myiophanes tipulina*〉昆虫綱半翅目サシガメ科。絶滅危惧II類(VU)。分布：本州,四国,九州。

ゴミウスケダニ〈*Calvolia domicola*〉蛛形綱ダニ目ヒョウホンダニ科。体長0.3mm。害虫。

コミカンアブラムシ 小蜜柑油虫〈*Toxoptera aurantii*〉昆虫綱半翅目アブラムシ科。体長1.5〜1.8mm。柑橘,椿,山茶花,モッコク,カナメモチ,イスノキ,ガジュマル,茶に害を及ぼす。分布：本州,四国,九州,世界中の亜熱帯。

ゴミグモ 塵埃蜘蛛〈*Cyclosa octotuberculata*〉節足動物門クモ形綱真正クモ目コガネグモ科の蜘蛛。体長雌12〜15mm,雄7〜8mm。分布：本州,四国,九州,南西諸島。害虫。

ゴミコナダニ〈*Caloglyphus berlesei*〉蛛形綱ダニ目コナダニ科。体長雄0.6〜0.9mm,雌0.8〜1.0mm。貯穀・貯蔵植物性食品に害を及ぼす。分布：日本全国,汎世界的。

コミズギワカメムシ〈*Saldula ornatula*〉昆虫綱半翅目ミズギワカメムシ科。体長3mm。分布：本州以南。

コミスジ 小三条蝶〈*Neptis sappho*〉昆虫綱鱗翅目タテハチョウ科イチモンジチョウ亜科の蝶。黒色と白色の縞模様をもつ。開張4.5〜5.0mm。大豆に害を及ぼす。分布：ヨーロッパの中部および東部。

コミスジモドキ〈*Neptidopsis fulgurata*〉昆虫綱鱗翅目タテハチョウ科の蝶。分布：ケニア,タンザニア,マダガスカル。

コミズスマシ〈*Gyrinus curtus*〉昆虫綱甲虫目ミズスマシ科の甲虫。体長4.5〜6.0mm。分布：北海道,本州,四国,九州。

コミズムシ 小水虫〈Sigara substriata〉昆虫綱半翅目ミズムシ科の水生昆虫。別名フウセンムシ。体長5.5～6.5mm。分布：北海道, 本州, 四国, 九州。

コミツノゴミムシダマシ〈Toxicum subtricornutum〉昆虫綱甲虫目ゴミムシダマシ科の甲虫。体長14.0～15.0mm。

コミドリイエバエ〈Pyrellia vivida〉昆虫綱双翅目イエバエ科。体長5.0～6.0mm。害虫。

コミドリトラカミキリ〈Chlorophorus viridula〉昆虫綱甲虫目カミキリムシ科の甲虫。

コミドリハナバエ 小緑花蠅〈Pyrellia cadaverina〉昆虫綱双翅目イエバエ科。分布：北海道, 本州。

コミドリハバチ〈Pachyprotasis nigronotata〉昆虫綱膜翅目ハバチ科。

コミドリメクラガメ〈Lygus lucorum〉昆虫綱半翅目メクラガメ科。

コミミズク 小耳蟬〈Petalocephala discolor〉昆虫綱半翅目ミミズク科。体長9～13mm。分布：本州, 四国, 九州。

ゴミムシ 芥虫〈Anisodactylus signatus〉昆虫綱甲虫目オサムシ科の甲虫。体長11～14mm。分布：北海道, 本州, 四国, 九州。

ゴミムシダマシ 偽歩行虫〈Neatus picipes〉昆虫綱甲虫目ゴミムシダマシ科の甲虫。体長12mm。貯穀・貯蔵植物性食品に害を及ぼす。分布：日本各地。

コミヤマアワフキ〈Peucoptyelus matsumurai〉昆虫綱半翅目アワフキムシ科。

コミヤマミズオドリハマキモドキ〈Brenthia pileae〉昆虫綱鱗翅目ハマキモドキガ科の蛾。分布：本州, 四国。

コミンタスツバメシジミ〈Everes comyntas〉昆虫綱鱗翅目シジミチョウ科の蝶。雄の翅は青紫色, 雌は灰褐色。開張2.0～2.5mm。分布：カナダ南部から中央アメリカ。

コムカデ 小蜈蚣 節足動物門結合綱Symphylaに属する陸生動物の総称。

コムギツブセンチュウ〈Anguina tritici〉アングイナ科。体長雌3～5mm, 雄2.0～2.5mm。麦類に害を及ぼす。

コムシ コムシ目Diplulaに属する昆虫の総称。

コムラアブ〈Hybomitra borealis〉昆虫綱双翅目アブ科。体長10.0～12.0mm。害虫。

コムライシアブ〈Choerades komurae〉昆虫綱双翅目ムシヒキアブ科。体長11～18mm。分布：本州, 四国, 九州。

コムラウラシマグモ〈Phrurolithus komurai〉蛛形綱クモ目フクログモ科の蜘蛛。体長雌3.5～4.5mm, 雄3.0～3.5mm。分布：本州。

コムラサキ 小紫蝶〈Apatura metis〉昆虫綱鱗翅目タテハチョウ科コムラサキ亜科の蝶。前翅長38～40mm。分布：北海道, 本州, 四国, 九州。

コムラサキ タイリクコムラサキの別名。

コメシマメイガ コメノシマメイガの別名。

コメツガクチブサガ〈Ypsolopha tsugae〉昆虫綱鱗翅目スガ科の蛾。分布：北海道, 本州。

コメツキガタナガクチキムシ〈Paramikadonius crepusculus〉昆虫綱甲虫目ナガクチキムシ科の甲虫。体長15.5～18.0mm。

コメツキダマシ 偽米搗, 偽叩頭虫〈false click beetles〉昆虫綱甲虫目コメツキダマシ科Eucnemidaeの昆虫の総称。

コメツキムシ 米搗虫, 叩頭虫〈click beetles〉昆虫綱甲虫目コメツキムシ科Elateridaeに属する昆虫の総称。

コメツキモドキ 偽叩頭虫 昆虫綱甲虫目コメツキモドキ科Languriidaeに属する昆虫の総称。

コメノクロムシ コメノシマメイガの別名。

コメノケシキスイ〈Carpophilus pilosellus〉昆虫綱甲虫目ケシキスイ科の甲虫。体長2.0～2.5mm。貯穀・貯蔵植物性食品に害を及ぼす。分布：日本全国。

コメノゴミムシダマシ 米偽歩行虫〈Tenebrio obscurus〉昆虫綱甲虫目ゴミムシダマシ科の甲虫。体長14～18mm。貯穀・貯蔵植物性食品に害を及ぼす。分布：日本全土。

コメノシマメイガ 米縞螟蛾〈Aglossa dimidiata〉昆虫綱鱗翅目メイガ科シマメイガ亜科の一種。別名コメノクロムシ。開張16～23mm。貯穀・貯蔵植物性食品に害を及ぼす。分布：日本全土, 朝鮮半島, 中国, インドから東南アジア一帯, ヨーロッパ。

ゴモクムシダマシ〈Pedinus japonicus〉昆虫綱甲虫目ゴミムシダマシ科の甲虫。体長8～9mm。分布：本州, 九州。

コモクメヨトウ〈Actinotia intermediata〉昆虫綱鱗翅目ヤガ科カラスヨトウ亜科の蛾。開張30～33mm。分布：アフリカからアジア, 北海道から九州, 対馬, 屋久島, 石垣島。

コモチシダコブアブラムシ〈Macromyzus woodwardiae〉昆虫綱半翅目アブラムシ科。

コモトグロヒメハマキ〈Eucosma cyanopsis〉昆虫綱鱗翅目ハマキガ科の蛾。分布：ジャワ, インド(アッサム), 屋久島。

コモリグモ 子守蜘蛛〈wolf spider〉節足動物クモ形綱真正クモ目コモリグモ科に属するクモの総称。

コモリヒラタゴミムシ〈Colpodes amphinomus〉昆虫綱甲虫目オサムシ科の甲虫。体長9.5～10.0mm。

コモンアオジャコウアゲハ〈Battus polystictus〉昆虫綱鱗翅目アゲハチョウ科の蝶。分布：ブラジル，パラグアイ，アルゼンチン，亜種はブラジルからアルゼンチン。

コモンアサギマダラ　コモンマダラの別名。

コモンアシナガハムシ〈Monolepta chujoi〉昆虫綱甲虫目ハムシ科の甲虫。体長3.3～3.6mm。

コモンアシブトハマキ　コモンアシブトヒメハマキの別名。

コモンアシブトヒメハマキ〈Psilacantha pryeri〉昆虫綱鱗翅目ハマキガ科の蛾。開張15～19mm。分布：本州，対馬。

コモンウスグロマダラ〈Danaus mercedonia〉昆虫綱鱗翅目マダラチョウ科の蝶。分布：ブルンジ，ルワンダ，ウガンダ，ケニア西部。

コモンウスバシロチョウ〈Parnassius tenedius〉昆虫綱鱗翅目アゲハチョウ科の蝶。分布：アルタイ，サヤン，トランスバイカル。

コモンキノコゴミムシダマシ〈Spiloscapha ichihashii〉昆虫綱甲虫目ゴミムシダマシ科の甲虫。体長4.6～5.0mm。

コモンギンスジヒメハマキ〈Olethreutes subtilana〉昆虫綱鱗翅目ハマキガ科の蛾。分布：北海道，本州(山地)，中国(東北)，ロシア(レニングラード，シベリア)。

コモンクロシデムシ〈Ptomascopus plagiatus〉昆虫綱甲虫目シデムシ科。

コモンサビタマムシ〈Capnodis porosa〉昆虫綱甲虫目タマムシ科。分布：小アジア，キプロス，シリア，イラン。

コモンシジミガムシ〈Laccobius oscillans〉昆虫綱甲虫目ガムシ科の甲虫。体長2.6～2.8mm。

コモンシロスジカミキリ〈Rosenbergia straussi var.rufolineata〉昆虫綱甲虫目カミキリムシ科の甲虫。分布：ニューギニア。

コモンシロマダラ〈Amauris vashti〉昆虫綱鱗翅目マダラチョウ科の蝶。分布：アフリカ中央部。

コモンセセリ　カワベリキコモンセセリの別名。

コモンタイマイ〈Graphium agamemnon〉昆虫綱鱗翅目アゲハチョウ科の蝶。分布：インド―マレーシア地区，オーストラリア北部。

コモンチビオオキノコムシ〈Tritoma cenchris〉昆虫綱甲虫目オオキノコムシ科の甲虫。体長2.5～3.0mm。

コモンツチバチ〈Scolia decorata ventralis〉昆虫綱膜翅目ツチバチ科。

コモンツツキノコムシ〈Cis maculatus〉昆虫綱甲虫目ツツキノコムシ科の甲虫。体長2.4～3.4mm。

コモンハナノミ〈Variimorda ainu〉昆虫綱甲虫目ハナノミ科の甲虫。体長5～7mm。

ゴモンハマダラミバエ　五紋翅斑蠅〈Prionimera japonica〉昆虫綱双翅目ミバエ科。体長7mm。キク科野菜に害を及ぼす。分布：北海道，本州，九州。

コモンヒゲナガゾウムシ　コモンヒメヒゲナガゾウムシの別名。

コモンヒメガガンボ〈Limonia basispina〉昆虫綱双翅目ガガンボ科。

コモンヒメコキノコムシ〈Litargus japonicus〉昆虫綱甲虫目コキノコムシ科の甲虫。体長2.3mm。

コモンヒメハネビロトンボ〈Tramea transmarina euryale〉昆虫綱蜻蛉目トンボ科の蜻蛉。

コモンヒメヒゲナガゾウムシ〈Rhaphitropis guttifer〉昆虫綱甲虫目ヒゲナガゾウムシ科の甲虫。体長2.5～3.7mm。分布：本州，九州，対馬。

コモンヒラタハバチ〈Pamphilius minomalis〉昆虫綱膜翅目ヒラタハバチ科。

コモンホシハナノミ〈Hoshihananomia borealis〉昆虫綱甲虫目ハナノミ科の甲虫。体長10～14mm。

コモンホソナガクチキムシ〈Phloeotrya trisignata〉昆虫綱甲虫目ナガクチキムシ科の甲虫。体長9.5～16.0mm。

コモンマダラ〈Tirumala septentrionis〉昆虫鱗翅目マダラチョウ科の蝶。分布：アジア南部および東部，オーストラリア。

コモンマダラヒゲナガゾウムシ〈Litocerus multiguttatus〉昆虫綱甲虫目ヒゲナガゾウムシ科の甲虫。体長5.1～6.5mm。分布：本州，九州，屋久島。

コモンマルバネタテハ〈Euxanthe eurinome ansellica〉昆虫綱鱗翅目タテハチョウ科の蝶。分布：アフリカ西部からエチオピア南部，およびガボンからザイール。

コモンムツボシタマムシ〈Chrysobothris karasawai〉昆虫綱甲虫目タマムシ科の甲虫。体長10mm。

コモンメダマチョウ〈Taenaris onolaus〉昆虫綱鱗翅目ワモンチョウ科の蝶。分布：ニューギニア。

コヤチグモ〈Coelotes hiratsukai〉蛛形綱クモ目タナグモ科の蜘蛛。

コヤツボシサルハムシ　コヤツボシツツハムシの別名。

コヤツボシツツハムシ　小八星猿金花虫〈Cryptocephalus instabilis〉昆虫綱甲虫目ハムシ科の甲虫。体長5.5mm。分布：本州。

コヤナギヒメハマキ〈*Gypsonoma bifasciata*〉昆虫綱鱗翅目ハマキガ科の蛾。分布：北海道、本州（東北及び中部の山地）、ロシア（ウスリー）。

コヤマトヒゲブトアリヅカムシ〈*Diartiger fossulatus*〉昆虫綱甲虫目ハネカクシ科の甲虫。体長2mm。分布：本州。

コヤマトビケラ〈*Synagapetus japonicus*〉昆虫綱毛翅目ナガレトビケラ科。

コヤマトビケラ属の一種〈*Agapetus* sp.〉昆虫綱毛翅目ヤマトビケラ科。

コヤマトンボ 小山蜻蛉〈*Macromia amphigena amphigena*〉昆虫綱蜻蛉目ヤマトンボ科の蜻蛉。体長75mm。分布：日本各地。

ゴヨウマツオオアブラムシ〈*Cinara shinjii*〉別名ヒメコマツオオアブラムシ。松に害を及ぼす。

コヨツスジハナカミキリ〈*Leptura subtilis*〉昆虫綱甲虫目カミキリムシ科ハナカミキリ亜科の甲虫。別名ヤマトヨツスジハナカミキリ。体長15～20mm。分布：本州、四国、九州、屋久島。

コヨツボシアトキリゴミムシ〈*Dolichoctis striatus*〉昆虫綱甲虫目オサムシ科の甲虫。体長4.0～4.5mm。

コヨツボシケシキスイ〈*Librodor ipsoides*〉昆虫綱甲虫目ケシキスイムシ科の甲虫。体長5～6mm。分布：北海道、本州、四国。

コヨツボシゴミムシ〈*Panagaeus robustus*〉昆虫綱甲虫目オサムシ科の甲虫。体長10～11mm。分布：北海道、本州、九州。

コヨツボシゴミムシダマシ〈*Basanus shirozui*〉昆虫綱甲虫目ゴミムシダマシ科の甲虫。体長7.0～9.0mm。

コヨツメアオシャク 小四目青尺蛾〈*Comostola subtiliaria*〉昆虫綱鱗翅目シャクガ科アオシャク亜科の蛾。開張15～22mm。分布：北海道、本州、四国、九州、対馬、屋久島、伊豆諸島の三宅島、御蔵島、八丈島、奄美大島、沖縄本島、宮古島、石垣島、西表島、吐噶喇中之島。

コヨツメエダシャク〈*Ophthalmitis irroraturia*〉昆虫綱鱗翅目シャクガ科エダシャク亜科の蛾。開張39～43mm。林檎に害を及ぼす。分布：北海道、本州、四国、九州、中国、シベリア南東部。

コヨツメノメイガ〈*Pleuroptya inferior*〉昆虫綱鱗翅目メイガ科ノメイガ亜科の蛾。開張22～27mm。分布：北海道、本州、四国、九州、屋久島、奄美大島、沖縄本島、石垣島、西表島、台湾、朝鮮半島、サハリン、中国、インド。

コヨリムシ 紙縒虫〈*micro-whip-scorpion*〉節足動物門クモ形綱鬚脚目Palpigradiの陸生小動物の総称。

ゴライアスオオタマムシ〈*Euchroma goliath*〉昆虫綱甲虫目タマムシ科。分布：メキシコ、南アメリカ（アンデス山脈）。

ゴライアスオオツノコガネ〈*Goliathus goliathus*〉昆虫綱甲虫目コガネムシ科ハナムグリ亜科の甲虫。

ゴライアスオオツノハナムグリ オオゴライアスツノコガネの別名。

ゴライアストリバネアゲハ〈*Ornithoptera goliath*〉昆虫綱鱗翅目アゲハチョウ科の蝶。開張雄160mm、雌210mm。分布：ニューギニア、セラム島（インドネシア）など。珍蝶。

コラキア・レウコプラガ〈*Corachia leucoplaga*〉昆虫綱鱗翅目シジミタテハ科の蝶。分布：コスタリカ。

コラキティクス・ジョーンストニ〈*Colaciticus johnstoni*〉昆虫綱鱗翅目シジミタテハ科の蝶。分布：南アメリカ。

コラデス・アルゲンタタ〈*Corades argentata*〉昆虫綱鱗翅目ジャノメチョウ科の蝶。分布：ボリビア。

コラデス・アルモ〈*Corades almo*〉昆虫綱鱗翅目ジャノメチョウ科の蝶。分布：コロンビア、エクアドル、ペルー、ボリビア。

コラデス・イドゥナ〈*Corades iduna*〉昆虫綱鱗翅目ジャノメチョウ科の蝶。分布：ペルー、ボリビア。

コラデス・ウレマ〈*Corades ulema*〉昆虫綱鱗翅目ジャノメチョウ科の蝶。分布：コロンビア。

コラデス・エニオ〈*Corades enyo*〉昆虫綱鱗翅目ジャノメチョウ科の蝶。分布：ベネズエラ、コロンビア、エクアドル、ペルー、ボリビア。

コラデス・キステネ〈*Corades cistene*〉昆虫綱鱗翅目ジャノメチョウ科の蝶。分布：エクアドル、ペルー、ボリビア（いずれも高地）。

コラデス・キベレ〈*Corades cybele*〉昆虫綱鱗翅目ジャノメチョウ科の蝶。分布：コロンビア、ペルー。

コラデス・ゲネロサ〈*Corades generosa*〉昆虫綱鱗翅目ジャノメチョウ科の蝶。分布：コロンビア、ペルー。

コラデス・パンノニア〈*Corades pannonia*〉昆虫綱鱗翅目ジャノメチョウ科の蝶。分布：コロンビア、ベネズエラ。

コラデニア・イグナ〈*Coladenia igna*〉昆虫綱鱗翅目セセリチョウ科の蝶。分布：フィリピン。

コラデニア・インドゥラニ〈*Coladenia indrani*〉昆虫綱鱗翅目セセリチョウ科の蝶。分布：アッサム、インドから東南アジア一帯。

コラデニア・シェイラ〈Coladenia sheila〉昆虫綱鱗翅目セセリチョウ科の蝶。分布：中国。

コラデニア・ダン〈Coladenia dan〉昆虫綱鱗翅目セセリチョウ科の蝶。分布：インド，ミャンマー，中国，マレーシア。

ゴーラムオオキノコムシ ミヤマオビオオキノコムシの別名。

コラントゥス・ビテッリウス〈Choranthus vitellius〉昆虫綱鱗翅目セセリチョウ科の蝶。分布：アマゾン，西インド諸島。

コラントゥス・ラディアンス〈Choranthus radians〉昆虫綱鱗翅目セセリチョウ科の蝶。分布：フロリダ州，アンチル諸島。

コリアス・アウロラ〈Colias aurora〉昆虫綱鱗翅目シロチョウ科の蝶。分布：アルタイ山脈，シベリア南東部からアムールまで。

コリアス・アンタルクティカ〈Colias antarctica〉昆虫綱鱗翅目シロチョウ科の蝶。分布：フェゴ島 (Tierradel Fuego)。

コリアス・エリス〈Colias elis〉昆虫綱鱗翅目シロチョウ科の蝶。分布：ロッキー山脈。

コリアス・キノプス〈Colias cynops〉昆虫綱鱗翅目シロチョウ科の蝶。分布：ハイチ島。

コリアス・テラピス〈Colias therapis〉昆虫綱鱗翅目シロチョウ科の蝶。分布：カリフォルニア州，ベネズエラ。

コリアス・ハーゲニ〈Colias hageni〉昆虫綱鱗翅目シロチョウ科の蝶。分布：カナダ。

ゴリアテキクイムシ〈Ficiphagus goliatoides〉昆虫綱甲虫目キクイムシ科の甲虫。体長2.0〜3.2mm。

コリドンルリシジミ〈Lysandra coridon〉昆虫綱鱗翅目シジミチョウ科の蝶。分布：ヨーロッパ。

コリナツルギタテハ〈Marpesia corinna〉昆虫綱鱗翅目タテハチョウ科の蝶。分布：コロンビアからアマゾン流域まで。

コリネア・ファウヌス〈Chorinea faunus〉昆虫綱鱗翅目シジミタテハ科の蝶。分布：ギアナ，トリニダード，ベネズエラ。

コリンナルリマダラ〈Euploea corinna〉昆虫綱鱗翅目マダラチョウ科の蝶。

ゴルギティオン・ベッガ〈Gorgythion begga〉昆虫綱鱗翅目セセリチョウ科の蝶。分布：パナマからパラグアイ，トリニダードまで。

ゴルギラ・アフィクポ〈Gorgyra afikpo〉昆虫綱鱗翅目セセリチョウ科の蝶。分布：カメルーン，ガボン。

ゴルギラ・アブラエ〈Gorgyra aburae〉昆虫綱鱗翅目セセリチョウ科の蝶。分布：ガーナからガボンまで。

ゴルギラ・アレティナ〈Gorgyra aretina〉昆虫綱鱗翅目セセリチョウ科の蝶。分布：トーゴ，ガボン。

ゴルギラ・ジョーンストニ〈Gorgyra johnstoni〉昆虫綱鱗翅目セセリチョウ科の蝶。分布：ガボンからマラウイまで。

ゴルギラ・スブノタタ〈Gorgyra subnotata〉昆虫綱鱗翅目セセリチョウ科の蝶。分布：アフリカ西部。

ゴルギラ・ルベスケンス〈Gorgyra rubescens〉昆虫綱鱗翅目セセリチョウ科の蝶。分布：カメルーン。

コルクキシタバ〈Catocala conversa〉昆虫綱鱗翅目ヤガ科の蛾。分布：地中海沿岸。

ゴルゴパス・トゥロキルス〈Gorgopas trochilus〉昆虫綱鱗翅目セセリチョウ科の蝶。分布：コロンビアからパラグアイ。

ゴルゴパス・ビリディケプス〈Gorgopas viridiceps〉昆虫綱鱗翅目セセリチョウ科の蝶。分布：ニカラグアからペルー，ブラジルまで。

コルシカアゲハ〈Papilio hospiton〉昆虫綱鱗翅目アゲハチョウ科の蝶。分布：コルシカ島，サルジニア島。

コルシカキアゲハ コルシカアゲハの別名。

コルタイアロス・シンドゥ〈Koruthaialos sindu palawites〉昆虫綱鱗翅目セセリチョウ科の蝶。分布：アッサム，ミャンマー，マレーシア，ジャワ，ボルネオ。

コルタイアロス・フォクラ〈Koruthaialos focula〉昆虫綱鱗翅目セセリチョウ科の蝶。分布：ジャワ，スマトラ。

コルティケア・エピベルス〈Corticea epiberus〉昆虫綱鱗翅目セセリチョウ科の蝶。分布：メキシコからブラジルおよびトリニダード。

コルデロペダリオデス・パンダテス〈Corderopedaliodes pandates〉昆虫綱鱗翅目ジャノメチョウ科の蝶。分布：ボリビア。

コルトデラ・フェモラタ〈Cortodera femorata〉昆虫綱甲虫目カミキリムシ科の甲虫。分布：ヨーロッパ(北部・中部)。

コルトデラ・プミラ〈Cortodera pumila〉昆虫綱甲虫目カミキリムシ科の甲虫。分布：コーカサス。

コルブリス・オカレア〈Corbulis ocalea〉昆虫綱鱗翅目トンボマダラ科の蝶。分布：ベネズエラ，トリニダード，コロンビア。

コルブリス・オレアス〈Corbulis oreas〉昆虫綱鱗翅目トンボマダラ科の蝶。分布：ブラジル。

コルブリス・オロリナ〈Corbulis orolina〉昆虫綱鱗翅目トンボマダラ科の蝶。分布：ペルー，アマゾン上流地方。

コルブリス・キモ〈Corbulis cymo〉昆虫綱鱗翅目トンボマダラ科の蝶。分布：ギアナ。

コルブリス・ビルギニア〈Corbulis virginia〉昆虫綱鱗翅目トンボマダラ科の蝶。分布：アマゾン地方。

コルベゴライアスツノコガネ〈Goliathus kolbei〉昆虫綱甲虫目コガネムシ科の甲虫。別名ナミモンシロハナムグリ。分布：ケニア，タンザニア。

コルリエンマムシ〈Saprinus auricollis〉昆虫綱甲虫目エンマムシ科の甲虫。体長4.3〜5.7mm。

コルリクワガタ〈Platycerus acuticollis〉昆虫綱甲虫目クワガタムシ科の甲虫。体長雄10〜12mm，雌8〜10.5mm。分布：本州，四国，九州。

コルリマルクビゴミムシ〈Nebria kurosawai〉昆虫綱甲虫目オサムシ科の甲虫。体長9.0〜9.5mm。

コルリモンクチバ〈Lacera noctilio〉昆虫綱鱗翅目ヤガ科クチバ亜科の蛾。分布：スリランカ，インドから東南アジア，オーストラリア，南太平洋，西表島。

ゴロウヤンコキクイムシ〈Orthotomicus golovjankoi〉昆虫綱甲虫目キクイムシ科。

コロギス 螽蟖䗒蟖〈Prosopogryllacris japonica〉昆虫綱直翅目コロギス科。体長28〜45mm。分布：本州，四国，九州，対馬。

コロティス・アウリギネウス〈Colotis aurigineus〉昆虫綱鱗翅目シロチョウ科の蝶。分布：スーダン南部，アフリカ東部からマラウイまで。

コロティス・アゴイェ〈Colotis agoye〉昆虫綱鱗翅目シロチョウ科の蝶。分布：アフリカ南部および南西部，ソマリランド。

コロティス・エウノマ〈Colotis eunoma〉昆虫綱鱗翅目シロチョウ科の蝶。分布：ケニアからモザンビークまで。

コロティス・エウリメネ〈Colotis eulimene〉昆虫綱鱗翅目シロチョウ科の蝶。分布：ヌビア。

コロティス・エトゥリダ〈Colotis etrida〉昆虫綱鱗翅目シロチョウ科の蝶。分布：バルチスタン，インド。

コロティス・エルゴネンシス〈Colotis elgonensis〉昆虫綱鱗翅目シロチョウ科の蝶。分布：ケニア，ウガンダ，タンザニア，カメルーンおよびナイジェリア。

コロティス・オンファレ〈Colotis omphale〉昆虫綱鱗翅目シロチョウ科の蝶。分布：アフリカ中部・東部および南部。

コロティス・クリソノメ〈Colotis chrysonome〉昆虫綱鱗翅目シロチョウ科の蝶。分布：パレスチナ南部，アフリカ東部。

コロティス・ダイラ〈Colotis daira〉昆虫綱鱗翅目シロチョウ科の蝶。分布：アフリカ北部，ヌビアからソマリランド，スペイン。

コロティス・ディッサ〈Colotis dissociatus〉昆虫綱鱗翅目シロチョウ科の蝶。分布：ケニア。

コロティス・ドゥキッサ〈Colotis ducissa〉昆虫綱鱗翅目シロチョウ科の蝶。分布：ケニア。

コロティス・ニベウス〈Colotis niveus〉昆虫綱鱗翅目シロチョウ科の蝶。分布：ソコトラ島（インド洋アラビア南方の島）。

コロティス・パッレネ〈Colotis pallene〉昆虫綱鱗翅目シロチョウ科の蝶。分布：ローデシア，アフリカ南部および南西部。

コロティス・ハリメデ〈Colotis halimede〉昆虫綱鱗翅目シロチョウ科の蝶。分布：アフリカ西部からスーダン，南へタンザニアまで。

コロティス・ヒルデブランティ〈Colotis hildebrandti〉昆虫綱鱗翅目シロチョウ科の蝶。分布：ケニア，タンザニア，マラウイ。

コロティス・ファウスタ〈Colotis fausta〉昆虫綱鱗翅目シロチョウ科の蝶。分布：パレスチナ，アラビアからインド，スリランカまで。

コロティス・フィサディア〈Colotis phisadia〉昆虫綱鱗翅目シロチョウ科の蝶。分布：アラビア，パレスチナからアフリカ北東部まで。

コロティス・プレイオネ〈Colotis pleione〉昆虫綱鱗翅目シロチョウ科の蝶。分布：アラビア，アデン，エチオピア，ソマリランド。

コロティス・プロトメディア〈Colotis protomedia〉昆虫綱鱗翅目シロチョウ科の蝶。分布：アフリカ西部，スーダン，ソマリア，南へタンザニアまで。

コロティス・ベスタリス〈Colotis vestalis〉昆虫綱鱗翅目シロチョウ科の蝶。分布：バルチスタン，インド西部。

コロティス・ヘタエラ〈Colotis hetaera〉昆虫綱鱗翅目シロチョウ科の蝶。分布：ケニア，タンザニア。

コロティス・マナンハリ〈Colotis mananhari〉昆虫綱鱗翅目シロチョウ科の蝶。分布：マダガスカル。

コロティス・リアゴレ〈Colotis liagore〉昆虫綱鱗翅目シロチョウ科の蝶。分布：イエメン，アラビア。

コロティス・レギナ〈Colotis regina〉昆虫綱鱗翅目シロチョウ科の蝶。分布：アフリカ中部および東部，ナタールからアフリカ南部まで。

コロモジラミ 衣虱〈Pediculus humanus corporis〉昆虫綱虱目ヒトジラミ科。体長雌3.3mm，雄2.3mm。分布：全世界。害虫。

コロラドハムシ〈*Leptinotarsa decemlineata*〉昆虫綱甲虫目ハムシ科。

コロラドムラサキシジミ〈*Hypaurotis crysalus*〉昆虫綱鱗翅目シジミチョウ科の蝶。分布：合衆国(カリフォルニア，アリゾナ，コロラド，ユタ，ニューメキシコ)からコロンビア。

コロンナオナガタイマイ〈*Graphium colonna*〉昆虫綱鱗翅目アゲハチョウ科の蝶。分布：ケニア，タンザニア沿海部から南へ南アフリカまで。

コロンビアドクチョウ〈*Heliconius hecalasius*〉昆虫綱鱗翅目ドクチョウ科の蝶。分布：コロンビア。

コロンブスアゲハ キューバジャコウアゲハの別名。

コロンブスオナガタイマイ〈*Parides columbus*〉昆虫綱鱗翅目アゲハチョウ科の蝶。分布：コスタリカ，エクアドル。

コワモンゴキブリ〈*Periplaneta australasiae*〉昆虫綱網翅目ゴキブリ科。体長25〜30mm。分布：吐噶喇列島，奄美諸島，沖縄諸島，八重島諸島，小笠原諸島。害虫。

コワンオナガフタオチョウ〈*Charaxes cowani*〉昆虫綱鱗翅目タテハチョウ科の蝶。分布：マダガスカル。

コンイロヌカカ〈*Forcipomyia annulipes*〉昆虫綱双翅目ヌカカ科。

コンオビヒゲナガ〈*Nemophora ahenea*〉昆虫綱鱗翅目マガリガ科の蛾。開張11〜13.5mm。分布：本州，四国，九州。

コンガ・ゼラ〈*Conga zela*〉昆虫綱鱗翅目セセリチョウ科の蝶。分布：アルゼンチン。

コンゴウシジミ〈*Ussuriana michaelis*〉昆虫綱鱗翅目シジミチョウ科の蝶。分布：アムール，朝鮮半島。

コンゴウセセリ〈*Satarupa nymphalis*〉昆虫綱鱗翅目セセリチョウ科の蝶。分布：アムール，中国北部・東北部・西部・中部，朝鮮半島，チベット。

コンゴウフキバッタ〈*Parapodisma* sp.〉昆虫綱バッタ目イナゴ科。体長22mm。分布：本州。

コンゴサイカブトムシ〈*Oryctes congonis*〉昆虫綱甲虫目コガネムシ科の甲虫。分布：アフリカ中央部。

コンゴベニカミキリ〈*Purpuricenus laetus* var. *congoanus*〉昆虫綱甲虫目カミキリムシ科の甲虫。分布：アフリカ中央部・南部。

コンゴムラサキ〈*Hypolimnas monteironis*〉昆虫綱鱗翅目タテハチョウ科の蝶。分布：カメルーンからアンゴラ，ザイールを経てウガンダまで。

コンゴモブトハムシ〈*Sagra congoana*〉昆虫綱甲虫目ハムシ科。分布：アフリカ中央部。

コンゴユミツノクワガタ〈*Prosopocoilus congoanus*〉昆虫綱甲虫目クワガタムシ科。分布：アフリカ西部，中央部。

ゴンズイノフクレアブラムシ〈*Indomegoura indica*〉昆虫綱半翅目アブラムシ科。体長3〜4mm。分布：北海道，本州，四国，九州。

コンドウシロミノガ〈*Chalioides kondonis*〉昆虫綱鱗翅目ミノガ科の蛾。柿，梅，アンズ，柑橘に害を及ぼす。分布：九州南部，屋久島，奄美大島。

コンドウヒゲナガアブラムシ〈*Aulacorthum kondoi*〉昆虫綱半翅目アブラムシ科。体長2.7〜3.2mm。隠元豆，小豆，ササゲ，豌豆，ソラマメに害を及ぼす。分布：日本全国，世界。

コンドゥロレピス・ニベイコルニス〈*Chondrolepis niveicornis*〉昆虫綱鱗翅目セセリチョウ科の蝶。分布：アンゴラ，ローデシアからマラウイまで。

コンピラコモリグモ〈*Pardosa lyrivulva*〉蛛形綱クモ目コモリグモ科の蜘蛛。

コンピラナミハグモ〈*Cybaeus kompirensis*〉蛛形綱クモ目タナグモ科の蜘蛛。

コンピラヒメグモ〈*Achaearanea kompirense*〉蛛形綱クモ目ヒメグモ科の蜘蛛。体長雌3.5〜4.5mm，雄2.5〜3.0mm。分布：本州，四国，九州。

コンフォティス・イッロラタ〈*Comphotis irrorata*〉昆虫綱鱗翅目シジミタテハ科の蝶。分布：ギアナ。

コンボウアメバチ〈*Habronyx insidiator*〉昆虫綱膜翅目ヒメバチ科。体長35mm。分布：日本全土。

コンボウケンヒメバチ〈*Coleocentrus incertus*〉昆虫綱膜翅目ヒメバチ科。体長23mm。分布：日本全土。

コンボウナガハリバエ〈*Prosofia kloofia*〉昆虫綱双翅目アシナガヤドリバエ科。

コンボウハバチ 棍棒葉蜂 昆虫綱膜翅目広腰亜目コンボウハバチ科Cimbicidaeの昆虫の総称。

コンボウビワハゴロモ〈*Zanna terminalis*〉昆虫綱半翅目ビワハゴロモ科。分布：マレーシア，スマトラ，ボルネオ。

コンボウヤセバチ 棍棒痩蜂〈*Gasteruption japonicum*〉昆虫綱膜翅目コンボウヤセバチ科。分布：北海道，本州。

コンボウヤセバチ 棍棒痩蜂 節足動物門昆虫綱膜翅目コンボウヤセバチ科Gasteruptionidaeの昆虫の総称。

コンマカイガラムシ〈*Pinnaspis strachani*〉昆虫綱半翅目マルカイガラムシ科。体長2.0〜2.8mm。柑橘に害を及ぼす。分布：本州(関東以西)以南の日本各地，世界の温帯から熱帯地域。

コンマキオビマダラ〈*Melinaea comma*〉昆虫綱鱗翅目トンボマダラ科。分布：南アメリカ北部。

【サ】

サイカチマメゾウムシ 皀莢豆象鼻虫〈Bruchidius dorsalis〉昆虫綱甲虫目マメゾウムシ科の甲虫。体長4.5～6.5mm。分布：本州，九州。

サイカブトムシ タイワンカブトムシの別名。

サイグサトリバ〈Stenoptilia saigusai〉昆虫綱鱗翅目トリバガ科の蛾。分布：山梨県，長野県。

サイゴクヤチグモ〈Coelotes unicatus〉蛛形綱クモ目タナグモ科の蜘蛛。

サイコホラヒメグモ〈Nesticus latiscapus latiscapus〉蛛形綱クモ目ホラヒメグモ科の蜘蛛。

サイシュウカブリモドキ〈Damaster jankowskii quelpatianus〉昆虫綱甲虫目オサムシ科の甲虫。分布：済州島，巨済島。

サイス・ジテッラ〈Sais zitella〉昆虫綱鱗翅目トンボマダラ科の蝶。分布：アマゾン地方。

サイス・モセッラ〈Sais mosella〉昆虫綱鱗翅目トンボマダラ科。分布：コロンビア，ベネズエラ。

サイトウフタオルリシジミ〈Chliaria othona〉昆虫綱鱗翅目シジミチョウ科の蝶。分布：ヒマラヤからアンダマン諸島，マレーシアまで，ジャワ，台湾。

サイハテチビゴミムシ〈Trechus apicalis〉昆虫綱甲虫目オサムシ科の甲虫。体長3.8～4.5mm。

サイヤドリバエ〈Gyrostigma pavesii〉昆虫綱双翅目ウマバエ科。体長24.0～35.0mm。害虫。

ザイラチャイロイチモンジ〈Limenitis zayla〉昆虫綱鱗翅目タテハチョウ科の蝶。茶褐色で，鮮やかな黄褐色の帯をもつ。開張8.0～9.5mm。分布：インド，パキスタン，ミャンマー。

ザウテルアヤトビムシ〈Homidia sauteri〉無翅昆虫亜綱粘管目アヤトビムシ科。

ザウテルオビハナノミ〈Glipa sauteri〉昆虫綱甲虫目ハナノミ科の甲虫。体長11～13mm。分布：南西諸島。

ザウテルキノコゴミムシダマシ〈Platydema sauteri〉昆虫綱甲虫目ゴミムシダマシ科の甲虫。体長7.5～8.0mm。

ザウテルシカクワガタ〈Pseudorhaetus sinicus〉昆虫綱甲虫目クワガタムシ科の甲虫。分布：台湾，中国。

ザウテルシバンムシ〈Falsogastrallus sauteri〉昆虫綱甲虫目シバンムシ科の甲虫。体長1.8～2.0mm。害虫。

ザウテルトビムシモドキ〈Homaloproctus sauteri〉無翅昆虫亜綱粘管目トビムシモドキ科。

ザウテルマメゾウムシ〈Sulcatobruchus sauteri〉昆虫綱甲虫目マメゾウムシ科。

ザオウメクラチビゴミムシ〈Trechiama masatakai〉昆虫綱甲虫目オサムシ科の甲虫。体長4.8～5.4mm。

サカイマルハキバガ〈Promalactis sakaiella〉昆虫綱鱗翅目マルハキバガ科の蛾。

サガオニグモ〈Zilla astridae〉蛛形綱クモ目コガネグモ科の蜘蛛。体長雌9～10mm，雄5～6mm。分布：本州，四国，九州，南西諸島。

サカキコナジラミ〈Rusostigma tokyonis〉昆虫綱半翅目コナジラミ科。

サカキホソカイガラムシ〈Pinnaspis uniloba〉昆虫綱半翅目マルカイガラムシ科。体長3～4mm。木犀類，サカキに害を及ぼす。分布：本州（関東以西）以南の日本各地，台湾，中国，インド。

サカキマルカイガラムシ〈Abgrallaspis degenerata〉昆虫綱半翅目マルカイガラムシ科。体長1.0～1.5mm。モッコク，イヌツゲ，椿，山茶花に害を及ぼす。分布：本州，四国，九州，中国，朝鮮半島，ヨーロッパ南部，アメリカ。

サカグチオオヒラタコメツキ〈Anthracalaus sakaguchii〉昆虫綱甲虫目コメツキムシ科の甲虫。体長20～30mm。

サカグチガガンボダマシ〈Trichocera sakaguchii〉昆虫綱双翅目ガガンボダマシ科。

サカグチキドクガ〈Euproctis sakaguchii〉昆虫綱鱗翅目ドクガ科の蛾。分布：本州（伊豆半島），九州（南部），屋久島，奄美大島，徳之島，沖縄本島，石垣島。

サカグチクチブトゾウムシ〈Oedophrys sakaguchii〉昆虫綱甲虫目ゾウムシ科の甲虫。体長3.6～4.0mm。

サカグチトリノフンダマシ〈Paraplectana sakaguchii〉蛛形綱クモ目コガネグモ科の蜘蛛。体長雌7.0～8.5mm。分布：本州（関東以南），四国，九州，南西諸島。

サカグチホソサビキコリ〈Agrypnus sakaguchii〉昆虫綱甲虫目コメツキムシ科の甲虫。体長9mm。

サカグチマイマイ〈Lymantria sakaguchii〉昆虫綱鱗翅目ドクガ科の蛾。分布：屋久島，奄美大島，沖縄本島。

サカダチコノハナナフシ〈Heteropteryx dilatata〉昆虫綱竹節虫目コノハムシ科。分布：マレーシア。

サカハチアゲハ〈Papilio ophidicephalus〉昆虫綱鱗翅目アゲハチョウ科の蝶。分布：ケニア，アフリカ東部からアフリカ南部まで。

サカハチクロナミシャク〈Calocalpe hecate〉昆虫綱鱗翅目シャクガ科ナミシャク亜科の蛾。開張28～31mm。分布：北海道，サハリン，本州，四国，九州。

サカハチクロナミナミシャク　サカハチクロナミシャクの別名。

サカハチチョウ　逆八蝶〈*Araschnia burejana*〉昆虫綱鱗翅目タテハチョウ科ヒオドシチョウ亜科の蝶。前翅長20〜23mm。分布：北海道，本州，四国，九州。

サカハチトガリバ〈*Kurama mirabilis*〉昆虫綱鱗翅目トガリバガ科の蛾。開張34〜44mm。分布：北海道，本州，四国，九州。

サカハチヒメシャク〈*Scopula hanna*〉昆虫綱鱗翅目シャクガ科の蛾。分布：新潟県新津市，神奈川県横浜，伊豆諸島八丈島，静岡県岩室山，沖永良部島。

サカハチヒメフクロウチョウ〈*Dasyophthalma creusa*〉昆虫綱鱗翅目フクロウチョウ科の蝶。分布：ブラジル。

サガヒザグモ〈*Erigone sagibia*〉蛛形綱クモ目サラグモ科の蜘蛛。

サガミハダニ〈*Tetranychus phaselus*〉蛛形綱ダニ目ハダニ科。体長0.5mm。隠元豆，小豆，ササゲに害を及ぼす。分布：本州，九州，台湾。

サカモリコイタダニ〈*Oribatula sakamorii*〉蛛形綱ダニ目コイタダニ科。体長0.4〜0.5mm。ウリ科野菜に害を及ぼす。分布：北海道，本州，四国。

サカモンヒメハマキ〈*Aterpia circumfluxana*〉昆虫綱鱗翅目ハマキガ科の蛾。分布：本州(東北，関東の山地)，対馬，ロシア(アムール)。

サキアカバナガハネカクシ　先赤翅長隠翅虫〈*Lobrathium partitum*〉昆虫綱甲虫目ハネカクシ科の甲虫。体長5.8〜6.3mm。分布：本州，九州。

サキアカヒゲブトハネカクシ　先赤触角太隠翅虫〈*Aleochara asiatica*〉昆虫綱甲虫目ハネカクシ科。分布：本州，九州。

サキグロヒメバチ〈*Ichneumon falsificus*〉昆虫綱膜翅目ヒメバチ科。

サキグロホシアメバチ〈*Enicospilus ramidulus ramidulus*〉昆虫綱膜翅目ヒメバチ科。

サキグロムシヒキ　先黒食虫虻〈*Machimus scutellaris*〉昆虫綱双翅目ムシヒキアブ科。体長20〜26mm。分布：北海道，本州，四国，九州。

サキシマアオコナブン〈*Rhomborrhina hamai*〉昆虫綱甲虫目コガネムシ科の甲虫。体長28mm。

サキシマアシナガハムシ〈*Monolepta sakishimana*〉昆虫綱甲虫目ハムシ科の甲虫。体長2.6〜3.0mm。

サキシマウスアヤカミキリ〈*Bumetopia sakishimana*〉昆虫綱甲虫目カミキリムシ科フトカミキリ亜科の甲虫。体長10〜13.5mm。

サキシマウスクモナミシャク〈*Heterophleps endoi*〉昆虫綱鱗翅目シャクガ科の蛾。分布：西表島。

サキシマオオニジゴミムシダマシ〈*Hemicera sakishimensis*〉昆虫綱甲虫目ゴミムシダマシ科の甲虫。体長4.5〜8.0mm。

サキシマカギバ〈*Nordstromia duplicata*〉昆虫綱鱗翅目カギバガ科の蛾。分布：石垣島，西表島，中国，インド東北部。

サキシマカンシャクシコメツキ〈*Melanotus sakishimensis*〉昆虫綱甲虫目コメツキムシ科。サトウキビに害を及ぼす。分布：宮古島，八重山群島，沖永良部島。

サキシマギンツバメ〈*Acropteris sparsaria*〉昆虫綱鱗翅目ツバメガ科の蛾。分布：石垣島，台湾，タイ，インド。

サキシマケシマグソコガネ〈*Psammodius kondoi*〉昆虫綱甲虫目コガネムシ科の甲虫。体長2.8mm。

サキシマコイチャコガネ〈*Adoretus formosanus*〉昆虫綱甲虫目コガネムシ科の甲虫。体長10.5〜11.5mm。分布：石垣島，西表島。

サキシマコトビハムシ〈*Manobia gressitti*〉昆虫綱甲虫目ハムシ科の甲虫。体長1.5〜1.8mm。

サキシマコブヒゲカミキリ〈*Rhodopina sakishimana*〉昆虫綱甲虫目カミキリムシ科フトカミキリ亜科の甲虫。体長12.8〜15.6mm。

サキシマチビコガネ〈*Mimela ignicauda*〉昆虫綱甲虫目コガネムシ科の甲虫。体長12mm。分布：石垣島，西表島。

サキシマチビナミシャク〈*Chloroclystis atypha*〉昆虫綱鱗翅目シャクガ科の蛾。分布：石垣島，与那国島，台湾，スラウェシ。

サキシマツトガ〈*Calamotropha formosella*〉昆虫綱鱗翅目メイガ科の蛾。分布：台湾，西表島。

サキシマツバメアオシャク〈*Gelasma versicauda*〉昆虫綱鱗翅目シャクガ科の蛾。分布：西表島，石垣島。

サキシマトゲヒゲトラカミキリ〈*Demonax masatakai*〉昆虫綱甲虫目カミキリムシ科カミキリ亜科の甲虫。体長6〜8mm。

サキシマトゲムネカミキリ〈*Miaenia sakishimanus*〉昆虫綱甲虫目カミキリムシ科フトカミキリ亜科の甲虫。

サキシマヒメシャク〈*Idaea contravalida*〉昆虫綱鱗翅目シャクガ科の蛾。分布：八重山諸島。

サキシマフトメイガ〈*Teliphasa sakishimensis*〉昆虫綱鱗翅目メイガ科の蛾。分布：石垣島，西表島，台湾。

サキシマベニスジヒメシャク〈Timandra sakishimensis〉昆虫綱鱗翅目シャクガ科の蛾。分布：石垣島。

サキシママドボタル〈Lychnuris abdominalis〉昆虫綱甲虫目ホタル科の甲虫。体長9〜10mm。

サキシマモンアリモドキ〈Sapintus sakishimanus〉昆虫綱甲虫目アリモドキ科の甲虫。体長2.5〜3.5mm。

サキシマヤマトンボ〈Macromidia ishidai〉昆虫綱蜻蛉目ヤマトンボ科の蜻蛉。体長52mm。分布：石垣島，西表島。

サキシマヤンマ〈Planaeschna risi sakishimana〉昆虫綱蜻蛉目ヤンマ科の蜻蛉。体長70mm。分布：石垣島，西表島。

サキブトホソクチゾウムシ〈Apion pachyrrhynchum〉昆虫綱甲虫目ホソクチゾウムシ科の甲虫。体長2.2〜2.4mm。

サキマダラヒメバチ〈Ichneumon tibialis〉昆虫綱膜翅目ヒメバチ科。

ザキントゥスマエモンジャコウアゲハ〈Parides zacynthus〉昆虫綱鱗翅目アゲハチョウ科の蝶。分布：ブラジル。

サクキクイムシ〈Xyleborus crassiusculus〉昆虫綱甲虫目キクイムシ科の甲虫。体長2.4〜2.7mm。

サクサン 柞蚕〈Antheraea pernyi〉昆虫綱鱗翅目ヤママユガ科の蛾。開張110〜130mm。分布：中国，日本，ヨーロッパ。

サクセスキクイムシ〈Xyleborus saxeseni〉昆虫綱甲虫目キクイムシ科。体長2mm。桃，スモモ，林檎，栗，柿，ナシ類に害を及ぼす。

サクツクリハバチ〈Stauronema compressicornis〉昆虫綱膜翅目ハバチ科。ヤナギ，ポプラに害を及ぼす。

サクラアカカイガラムシ〈Kuwanina parva〉昆虫綱半翅目フクロカイガラムシ科。桜類に害を及ぼす。

サクライキヒメシャク〈Idaea sakuraii〉昆虫綱鱗翅目シャクガ科の蛾。分布：本州(関東，北陸以西)，九州，対馬，種子島，屋久島，奄美大島，喜界島，沖永良部島，沖縄本島，石垣島，西表島。

サクライメクラチビゴミムシ〈Trechiama inexpectatus〉昆虫綱甲虫目オサムシ科の甲虫。体長4.5〜5.4mm。

サクラウラナミジャノメ〈Ypthima sakra〉昆虫綱鱗翅目ジャノメチョウ科の蝶。分布：ヒマラヤからミャンマーまで。

サクラキバガ 桜牙蛾〈Compsolechia anisogramma〉昆虫綱鱗翅目キバガ科の蛾。開張16〜18mm。梅，アンズ，桜桃，桃，スモモ，桜類に害を及ぼす。分布：北海道，本州，四国，九州，中国。

サクラクワガタハバチ〈Sterictiphora pruni〉昆虫綱膜翅目ミフシハバチ科。

サクラケンモン〈Acronicta adaucta〉昆虫綱鱗翅目ヤガ科ケンモンヤガ亜科の蛾。開張30〜34mm。梅，アンズ，桃，スモモ，林檎，桜類に害を及ぼす。分布：東北アジア温帯部，沿海州，朝鮮半島，北海道から九州北部。

サクラコガネ 桜金亀子〈Anomala daimiana〉昆虫綱甲虫目コガネムシ科の甲虫。体長16〜20mm。梅，アンズ，桜桃，林檎，栗，バラ類，桜類，柿，サツマイモに害を及ぼす。分布：北海道，本州，四国，九州。

サクラコブアブラムシ〈Tuberocephalus sakurae〉昆虫綱半翅目アブラムシ科。体長1.9mm。桜類に害を及ぼす。分布：九州以北の日本各地，朝鮮半島。

サクラサルハムシ〈Cleoporus variabilis〉昆虫綱甲虫目ハムシ科の甲虫。体長3mm。梅，アンズ，林檎に害を及ぼす。分布：本州，四国，九州，シベリア南東部，朝鮮半島，中国，台湾，インドシナ半島。

サクラシンクイガ〈Grapholita ceracivora〉昆虫綱鱗翅目ハマキガ科の蛾。桜桃に害を及ぼす。

サクラスガ〈Yponomeuta evonymellus〉昆虫綱鱗翅目スガ科の蛾。分布：サハリン，朝鮮半島，中国，インド(パンジャブ)，ヨーロッパから東シベリア。

サクラスカシサムライコマユバチ〈Apanteles conopiae〉昆虫綱膜翅目コマユバチ科。

サクラセグロハバチ〈Allantus nakabusensis〉昆虫綱膜翅目ハバチ科。体長6〜7mm。桜類，桜桃に害を及ぼす。分布：九州以北の日本各地。

サクラトビハマキ ウストビハマキの別名。

サクラトル・ポリテス〈Sacrator polites〉昆虫綱鱗翅目セセリチョウ科の蝶。分布：コロンビア。

サクラノキクイムシ〈Polygraphus ssori〉昆虫綱甲虫目キクイムシ科の甲虫。体長2.9〜4.0mm。

サクラノホソキクイムシ〈Xyleborus attenuatus〉昆虫綱甲虫目キクイムシ科の甲虫。体長2.7〜3.1mm。

サクラヒラタハバチ 桜扁葉蜂〈Neurotoma iridescens〉昆虫綱膜翅目ヒラタハバチ科。体長雌13mm，雄11mm。桜桃，桜類に害を及ぼす。分布：九州以北の日本各地，シベリア，朝鮮半島，ヨーロッパ。

サクラフシアブラムシ〈Tuberocephalus sasakii〉昆虫綱半翅目アブラムシ科。体長1.8〜2.0mm。桜類に害を及ぼす。分布：本州。

サクラホソハバチ〈*Pareophora glacilis*〉昆虫綱膜翅目ハバチ科。

サクラムジハムシ〈*Gonioctena morimotoi*〉昆虫綱甲虫目ハムシ科の甲虫。体長6.5～7.2mm。

サグリドラ・アルミベントゥリス〈*Sagridola armiventris*〉昆虫綱甲虫目カミキリムシ科の甲虫。分布：マダガスカル。

サグリドラ属の一種〈*Sagridola* sp.〉昆虫綱甲虫目カミキリムシ科の甲虫。分布：マダガスカル。

サケオヒメハナノミ〈*Glipostenoda excisa*〉昆虫綱甲虫目ハナノミ科の甲虫。体長3.9～5.1mm。

ササアカネズミノミ〈*Neopsylla sasai*〉昆虫綱隠翅目ケブカノミ科。体長雄2.6mm、雌2.9mm。害虫。

ササウオタマバエ 笹魚玉蠅〈*Hasegawaia sasacola*〉昆虫綱双翅目タマバエ科。

ササカワツツキノコムシ〈*Cis sasakawai*〉昆虫綱甲虫目ツツキノコムシ科の甲虫。体長1.3mm。

ササカワフンバエ ササカワフンバエモドキの別名。

ササカワフンバエモドキ〈*Chilizosoma sasakawae*〉昆虫綱双翅目フンバエ科。

ササキコブアブラムシ サクラフシアブラムシの別名。

ササキリ 笹螽蟖,笹切〈*Conocephalus melas*〉昆虫綱直翅目キリギリス科。体長20mm。分布：本州(東京都以西),四国,九州。

ササキリモドキ 擬笹切〈*Xiphidiopsis suzukii*〉昆虫綱直翅目キリギリス科。体長19～23mm。分布：本州(関東以西),四国,九州,対馬。

ササクダアザミウマ 笹管薊馬〈*Podothrips sasacola*〉昆虫綱総翅目クダアザミウマ科。

ササグモ 笹蜘蛛〈*Oxyopes sertatus*〉節足動物門クモ形綱真正クモ目ササグモ科の蜘蛛。体長雌10～11mm、雄7～9mm。分布：本州,四国,九州,南西諸島。

ササグロトゲハナバエ 笹黒棘花蠅〈*Dialyta halterata*〉昆虫綱双翅目ハナバエ科。分布：本州。

ササゲタマオシコガネ〈*Scarabaeus devotus*〉昆虫綱甲虫目コガネムシ科の甲虫。分布：インド。

ササコクゾウムシ〈*Diocalandra sasa*〉昆虫綱甲虫目オサゾウムシ科の甲虫。体長2.9～3.5mm。分布：本州,九州。

ササセマルヒゲナガゾウムシ〈*Phloeobius stenus*〉昆虫綱甲虫目ヒゲナガゾウムシ科の甲虫。体長8～11.5mm。分布：本州,四国,九州,石垣島,伊豆諸島。

サザナミアツバ〈*Hepena abducalis*〉昆虫綱鱗翅目ヤガ科アツバ亜科の蛾。開張35mm。分布：インド,東北地方から四国,九州。

サザナミオオキノコムシ〈*Erotylus incomparabilis*〉昆虫綱甲虫目オオキノコムシ科の甲虫。分布：アマゾン流域。

サザナミオビエダシャク 小波帯枝尺蛾〈*Heterostegane hyriaria*〉昆虫綱鱗翅目シャクガ科エダシャク亜科の蛾。開張15～17mm。分布：本州(関東以西),四国,九州,対馬,屋久島,朝鮮半島,中国。

サザナミキハマキ サザナミキヒメハマキの別名。

サザナミキヒメハマキ〈*Rhopalovalva lascivana*〉昆虫綱鱗翅目ハマキガ科の蛾。開張15.5～17.0mm。栗に害を及ぼす。分布：北海道,本州,四国,九州,ロシア(アムール)。

サザナミクチバ〈*Polydesma boarmoides*〉昆虫綱鱗翅目ヤガ科クチバ亜科の蛾。分布：インドから東南アジア,台湾,ハワイ,奄美大島,静岡県浜松市,徳島県剣山,小笠原諸島父島。

サザナミコヤガ〈*Enispa masuii*〉昆虫綱鱗翅目ヤガ科コヤガ亜科の蛾。分布：四国。

サザナミゴライアスツノコガネ〈*Goliathus albosignatus albosignatus*〉昆虫綱甲虫目コガネムシ科の甲虫。分布：アフリカ南東部。

サザナミサラグモ〈*Strandella fluctimaculata*〉蛛形綱クモ目サラグモ科の蜘蛛。体長雌3.0～3.2mm、雄2.9～3.1mm。分布：北海道(大雪山),本州(高山地帯)。

サザナミシロアオシャク〈*Thalassodes immissaria*〉昆虫綱鱗翅目シャクガ科の蛾。分布：九州南端,種子島,屋久島,吐噶喇列島,奄美大島,沖永良部島,沖縄本島,宮古島,石垣島,西表島,台湾,中国南部,インドから東南アジア一帯。

サザナミシロハマキ チャモンシロハマキの別名。

サザナミシロヒメシャク〈*Scopula nupta*〉昆虫綱鱗翅目シャクガ科ヒメシャク亜科の蛾。開張17～20mm。分布：本州(宮城,群馬,埼玉,神奈川の各県)。

サザナミスズメ 小波天蛾〈*Dolbina tancrei*〉昆虫綱鱗翅目スズメガ科メンガタスズメ亜科の蛾。開張50～80mm。木犀類に害を及ぼす。分布：北海道,本州,四国,九州,対馬,石垣島,西表島,朝鮮半島,中国東北,シベリア南東部。

サザナミダンゴタマムシ〈*Julodis variolaris freygessneri*〉昆虫綱甲虫目タマムシ科。分布：中央アジア,アフガニスタン。

サザナミナミシャク〈*Entephria caesiata*〉昆虫綱鱗翅目シャクガ科ナミシャク亜科の蛾。開張27～29mm。分布：本州,中部山岳の亜高山帯から高山帯,千島,シベリアからヨーロッパ北部及び中部の山岳,北アメリカ大陸。

サザナミニシキシジミ〈*Hypochrysops arronica*〉昆虫綱鱗翅目シジミチョウ科の蝶。分布：ニュー

ギニア。

ササナミヒメハマキ ヤナギササナミハマキの別名。

サザナミフユナミシャク 〈*Operophtera japonaria*〉昆虫綱鱗翅目シャクガ科ナミシャク亜科の蛾。開張24〜28mm。分布：本州。

サザナミマドガ 〈*Rhodoneura polygraphalis*〉昆虫綱鱗翅目マドガ科の蛾。分布：石垣島，西表島。

サザナミムラサキ 〈*Hypolimnas salmacis*〉昆虫綱鱗翅目タテハチョウ科の蝶。前翅先端に白色の斑点がある。開張9.0〜9.5mm。分布：アフリカの西部から東部にいたる熱帯低地。珍蝶。

ササノモモブトキモグリバエ 〈*Platycephala sasae*〉昆虫綱双翅目キモグリバエ科。

ササハモグリバエ 〈*Cerodontha bisetiorbita*〉昆虫綱双翅目ハモグリバエ科。

ササヒゲマダラアブラムシ 〈*Takecallis sasae*〉昆虫綱半翅目アブラムシ科。

ササマルキスイ 〈*Serratomaria vulgaris*〉昆虫綱甲虫目キスイムシ科の甲虫。体長1.4〜1.7mm。

ザザムシ 長野県下で食用にされる水生昆虫の幼虫類の総称。別名カワムシ。

ササラゾウムシ タバゲササラゾウムシの別名。

ササラダニ 蘚壁蝨〈*moss mite, oribatid mites*〉節足動物門クモ形綱ダニ目ササラダニ亜目に属するダニの総称。

サシガメ 刺椿象，刺亀虫〈*assassin bugs*〉昆虫綱半翅目異翅亜目サシガメ科Reduviidaeに属する昆虫の総称。

サジクヌギカメムシ 匙樸亀虫〈*Urostylis striicornis*〉昆虫綱半翅目クヌギカメムシ科。分布：本州，四国，九州。

サシゲケシマルトゲムシ 〈*Syncalypta japonica*〉昆虫綱甲虫目マルトゲムシ科。

サシゲチビタマムシ 〈*Trachys robusta*〉昆虫綱甲虫目タマムシ科の甲虫。体長3.6〜4.6mm。シイノキ，マテバシイ，ヤマモモに害を及ぼす。

サシゲトビハムシ 〈*Lipromima minuta*〉昆虫綱甲虫目ハムシ科の甲虫。体長2.5mm。

サシゲホソカタムシ 〈*Neotrichus hispidus*〉昆虫綱甲虫目ホソカタムシ科の甲虫。体長3.5〜5.0mm。

サシゲマルタマキノコムシ 〈*Agathidium ciliatum*〉昆虫綱甲虫目タマキノコムシ科の甲虫。体長2mm。

サシダニ 刺壁蝨 節足動物門クモ形綱ダニ目中気門亜目のダニ類のうち，哺乳類および鳥類に寄生する吸血性の種類に対する包括的な呼称。

サシチョウバエ 刺蝶蠅〈*sand fly*〉双翅目チョウバエ科サシチョウバエ亜科Phlebotominaeに属する昆虫の総称。

サシバエ 刺蠅〈*Stomoxys calcitrans*〉昆虫綱双翅目イエバエ科。体長3.5〜8.0mm。分布：全世界の温帯，熱帯。害虫。

サシバエ 刺蠅 双翅目イエバエ科サシバエ亜科 Stomoxyinaeに属する昆虫の総称，またはそのうちの一種を指す。

サジヨコバイ 〈*Parabolocratus prasinus*〉昆虫綱半翅目ヨコバイ科。体長5.8〜8.7mm。分布：本州，四国，九州，対馬。

サスマタナガイボグモ 〈*Hersilia clathrata*〉蛛形綱クモ目ナガイボグモ科の蜘蛛。

サスライアリ 〈*driver ant*〉膜翅目アリ科サスライアリ亜科Dorylinaeに属するアリの総称で，サスライアリ属Dorylusとヒメサスライアリ属Aenictusの2属からなる。

ザゼンソウトビハムシ 〈*Sangariola multicostata*〉昆虫綱甲虫目ハムシ科。

サソリ 蠍〈*scorpion*〉節足動物門クモ形綱サソリ目Scorpionesに属する動物の総称。

サソリモドキ 蠍擬〈*whip-scorpion*〉節足動物門クモ形綱サソリモドキ目Thelyphonidaに属する動物の総称。

サタオビハナノミ 〈*Glipa azumai*〉昆虫綱甲虫目ハナノミ科の甲虫。体長8〜11mm。

サタカミキリモドキ 〈*Asclera japonica*〉昆虫綱甲虫目カミキリモドキ科の甲虫。体長7.5〜11.0mm。

サタサビカミキリ 〈*Ropica mizoguchii*〉昆虫綱甲虫目カミキリムシ科フトカミキリ亜科の甲虫。体長6mm。

ザダックボカシタテハ 〈*Euphaedra zaddachi*〉昆虫綱鱗翅目タテハチョウ科の蝶。分布：カメルーンからザイール，アンゴラ，タンザニア，マラウイ，ザンビアまで。

サタツヤゴモクムシ 〈*Trichotichnus sataensis*〉昆虫綱甲虫目ゴミムシ科。

サタナスチャイロツヤカナブン 〈*Lomaptera satanas*〉昆虫綱甲虫目コガネムシ科の甲虫。分布：パプアニューギニア。

サタヒラタゴミムシ 〈*Colpodes sataensis*〉昆虫綱甲虫目ゴミムシ科。

サダヨリケシグモ 〈*Meioneta ignorata*〉蛛形綱クモ目サラグモ科の蜘蛛。

サツキヒメヒラタカゲロウ 〈*Rhithrogena satsuki*〉昆虫綱蜉蝣目ヒラタカゲロウ科。

サッポロアシナガムシヒキ 〈*Molobratia sapporensis*〉昆虫綱双翅目ムシヒキアブ科。

サッポロウンカ〈Changeondelphax velitchkovskyi〉昆虫綱半翅目ウンカ科。体長雄6mm,雌7mm。イネ科牧草に害を及ぼす。分布：北海道, 本州, 九州, シベリア南東部, 中国, カザフスタン, 南ロシア。

サッポロオナガバチ〈Sychnostigma sapporense〉昆虫綱膜翅目ヒメバチ科。

サッポロカザリバ〈Cosmopterix sapporensis〉昆虫綱鱗翅目カザリバガ科の蛾。分布：北海道, 本州, 九州。

サッポロギングチバチ〈Crossocerus dimidiatus sapporensis〉昆虫綱膜翅目ジガバチ科。

サッポロクロヒラタアブ〈Cheilosia nuda〉昆虫綱双翅目ハナアブ科。

サッポロケンモン〈Acronicta sapporensis〉昆虫綱鱗翅目ヤガ科の蛾。

サッポロチビヒメバチ〈Dirophanes yezoensis〉昆虫綱膜翅目ヒメバチ科。

サッポロチャイロヨトウ〈Sapporia repetita〉昆虫綱鱗翅目ヤガ科カラスヨトウ亜科の蛾。分布：北海道から九州, 伊豆諸島, 新島。

サッポロヒゲナガ〈Nemophora sapporensis〉昆虫綱鱗翅目ヒゲナガガ科の蛾。

サッポロヒメハマキ〈Ukamenia sapporensis〉昆虫綱鱗翅目ハマキガ科の蛾。分布：北海道, 本州の平・山地。

サッポロフキバッタ〈Miramella sapporense〉昆虫綱バッタ目イナゴ科。体長25mm。分布：北海道, 本州。

サッポロフクログモ〈Clubiona sapporensis〉蛛形綱クモ目フクログモ科の蜘蛛。体長雌6.5～7.0mm, 雄6.0～6.5mm。分布：北海道, 本州(日本アルプス山系亜高山地帯)。

サッポロマルズオナガヒメバチ〈Ischnoceros sapporensis〉昆虫綱膜翅目ヒメバチ科。

サツマアツバ〈Hypena satsumalis〉昆虫綱鱗翅目ヤガ科アツバ亜科の蛾。開張23mm。分布：鹿児島。

サツマイモトリバ〈Ochyrotica concursa〉昆虫綱鱗翅目トリバガ科の蛾。サツマイモに害を及ぼす。分布：徳之島, 沖縄本島, 久米島, 宮古島, 石垣島, 西表島, 南大東島, 台湾, 中国南部, フィリピンその他インドからオーストラリア。

サツマイモネコブセンチュウ〈Meloidogyne incognita〉メロイドギネ科。体長雌0.5～0.7mm, 雄1.1～2.0mm。アカザ科野菜, キク科野菜, サトイモ, 生姜, セリ科野菜, ナス科野菜, パイナップル, バナナ, 桃, スモモ, サトウキビ, 茶, タバコ, イネ科牧草, マメ科牧草, 飼料用トウモロコシ, ソルガム, ペチュニア, 大豆, オクラ, アブラナ科野菜, イネ科作物, ソバ, ジャガイモ, サツマイモ, 柿, ウリ科野菜, 無花果に害を及ぼす。

サツマイモノメイガ〈Omphisa anastomosalis〉昆虫綱鱗翅目メイガ科の蛾。サツマイモに害を及ぼす。分布：奄美以南の島々。

サツマイモホソガ〈Acrocercops prosacta〉昆虫綱鱗翅目ホソガ科の蛾。分布：屋久島, 台湾, インド。

サツマイモホソチョウ〈Acraea acerata〉昆虫綱鱗翅目タテハチョウ科の蝶。淡い黄色からオレンジ色がかった褐色へと変異がある。開張3～4mm。分布：ガーナからアフリカ東部の熱帯域。

サツマウバタマムシ〈Chalcophora yunnana〉昆虫綱甲虫目タマムシ科の甲虫。体長24～35mm。分布：本州(紀伊半島), 四国, 九州, 佐渡, 対馬, 南西諸島。

サツマオモナガヨコバイ〈Coelidia satsumensis〉昆虫綱半翅目オモナガヨコバイ科。

サツマキノメイガ〈Nacoleia satsumalis〉昆虫綱鱗翅目メイガ科ノメイガ亜科の蛾。開張13～16mm。分布：北海道, 本州, 四国, 九州, 対馬, 種子島, 屋久島, 奄美大島, 沖縄本島。

サツマコウモリ〈Phassus satsumanis〉昆虫綱鱗翅目コウモリガ科の蛾。

サツマゴキブリ 薩摩蜚蠊〈Opisthoplatia orientalis〉昆虫綱網翅目マダラゴキブリ科。体長25～35mm。分布：九州南部以南。害虫。

サツマコフキコガネ〈Melolontha satsumaensis〉昆虫綱甲虫目コガネムシ科の甲虫。体長27～33mm。分布：四国, 九州, 屋久島。

サツマシジミ 薩摩小灰蝶〈Celastrina albocaerulea〉昆虫綱鱗翅目シジミチョウ科ヒメシジミ亜科の蝶。前翅長14～17mm。分布：本州(三重県が北限), 四国, 九州, 奄美大島。

サツマシロアリ 薩摩白蟻〈Glyptotermes satsumensis〉昆虫綱等翅目レイビシロアリ科。体長は有翅虫6～8mm, 兵蟻9～11.5mm, ニンフ6～8mm。分布：四国, 九州。

サツマスズメ〈Theretra clotho〉昆虫綱鱗翅目スズメガ科コスズメ亜科の蛾。開張80～90mm。分布：インドから東南アジア一帯, 本州(紀伊半島以西), 四国, 九州, 対馬, 屋久島, 奄美大島。

サツマツトガ〈Calamotropha okanoi〉昆虫綱鱗翅目メイガ科ツトガ亜科の蛾。開張28mm。分布：北海道, 本州, 九州, 朝鮮半島, 中国東北。

サツマニシキ 薩摩錦〈Erasmia pulchella〉昆虫綱鱗翅目マダラガ科の蛾。分布：伊勢地方, 紀伊半島から南。

サツマノミダマシ〈Neoscona scylloides〉蛛形綱クモ目コガネグモ科の蜘蛛。体長雌8～10mm, 雄7～8mm。分布：本州, 四国, 九州, 南西諸島。

サツマヒサゴゴミムシダマシ
〈*Paramisolampidius kagoshimensis*〉昆虫綱甲虫目ゴミムシダマシ科の甲虫。体長14.5～15.0mm。

サツマヒメカマキリ 〈*Acromantis australis*〉ヒメカマキリ科。

サツマヒメコバネカミキリ 〈*Epania dilaticornis*〉昆虫綱甲虫目カミキリムシ科カミキリ亜科の甲虫。

サツマヒメシャク 薩摩姫尺蛾 〈*Scopula insolata*〉昆虫綱鱗翅目シャクガ科ヒメシャク亜科の蛾。開張15～16mm。分布：本州(東海以西)，四国，九州，屋久島，奄美大島，西表島，中国西部からインドの北部。

サツマ・プラッティ 〈*Satsuma pratti*〉昆虫綱鱗翅目シジミチョウ科の蝶。分布：中国西部および中部。

サツマ・プルト 〈*Satsuma pluto*〉昆虫綱鱗翅目シジミチョウ科の蝶。分布：中国西部および中部。

サツマモンシギアブ 薩摩紋鷸虻 〈*Atherix satsumana*〉昆虫綱双翅目シギアブ科。分布：北海道，本州，九州。

サツマヨコバイ 〈*Satsumanus satsumae*〉昆虫綱半翅目ヨコバイ科。

サティリウム・フリギノサ 〈*Satyrium fuliginosa*〉昆虫綱鱗翅目シジミチョウ科の蝶。分布：カリフォルニア州，ユタ州，ネバダ州。

サティルス・アクタエア 〈*Satyrus actaea*〉昆虫綱鱗翅目ジャノメチョウ科の蝶。分布：ヨーロッパ西南部，小アジア，シリア，イラン。

サティルス・ティベタナ 〈*Satyrus thibetana*〉昆虫綱鱗翅目ジャノメチョウ科の蝶。分布：チベット，中国西部。

サティルス・トゥルケスタナ 〈*Satyrus turkestana badachshana*〉昆虫綱鱗翅目ジャノメチョウ科の蝶。分布：トルケスタン，天山山脈東部からヒンズークシュまで。

サティルス・パラエアルクティクス 〈*Satyrus palaearcticus*〉昆虫綱鱗翅目ジャノメチョウ科の蝶。分布：チベット，中国西部。

サティルス・パリサティス 〈*Satyrus parisatis*〉昆虫綱鱗翅目ジャノメチョウ科の蝶。分布：バルチスタン，ヒマラヤからチトラル(西パキスタン)まで。

サティルス・ビショッフィ 〈*Satyrus bischoffi*〉昆虫綱鱗翅目ジャノメチョウ科の蝶。分布：小アジア，アルメニア，トルキスタン。

サティルス・ヒューブネリ 〈*Satyrus huebneri*〉昆虫綱鱗翅目ジャノメチョウ科の蝶。分布：カシミール，ラダク。

サティルス・プミルス 〈*Satyrus pumilus*〉昆虫綱鱗翅目ジャノメチョウ科の蝶。分布：カシミール，チベット。

サティルス・ブラーミヌス 〈*Satyrus brahminus*〉昆虫綱鱗翅目ジャノメチョウ科の蝶。分布：ヒマラヤ。

サティルス・ワトソニ 〈*Satyrus watsoni wakhilkhani*〉昆虫綱鱗翅目ジャノメチョウ科の蝶。分布：パミール，ヒンズークシュ。

サティロタイゲティス・サティリナ 〈*Satyrotaygetis satyrina*〉昆虫綱鱗翅目ジャノメチョウ科の蝶。分布：中央アメリカ。

サティロデス・エウリディケ 〈*Satyrodes eurydice*〉昆虫綱鱗翅目ジャノメチョウ科の蝶。分布：北アメリカ。

サドアメイロカミキリ 〈*Obrium japonicum*〉昆虫綱甲虫目カミキリムシ科カミキリ亜科の甲虫。体長5～6mm。

サトウオガサワラカミキリ 〈*Boninella satoi*〉昆虫綱甲虫目カミキリムシ科フトカミキリ亜科の甲虫。体長3.4～4.5mm。

サトウオビハナノミ 〈*Glipa satoi yanma*〉昆虫綱甲虫目ハナノミ科の甲虫。体長7.9～10.0mm。

サトウオビハナノミ タイワンオビハナノミの別名。

サトウキビアザミウマ 〈*Stenchaetothrips minutus*〉昆虫綱総翅目アザミウマ科。体長雌1.2mm，雄1.0mm。サトウキビに害を及ぼす。分布：沖縄諸島から台湾，インドネシア，インド，ハワイ，ブラジル。

サトウキビコクゾウムシ 〈*Myocalandra exarata*〉昆虫綱甲虫目オサゾウムシ科の甲虫。体長4.2～6.1mm。

サトウキビコナカイガラムシ 〈*Saccharicoccus sacchari*〉昆虫綱半翅目コナカイガラムシ科。体長3.5～6.0mm。サトウキビに害を及ぼす。

サトウキビシロカイガラトビコバチ 〈*Adelencyrtus miyarai*〉昆虫綱膜翅目トビコバチ科。

サトウキビチビアザミウマ 〈*Fulmekiola serrata*〉昆虫綱総翅目アザミウマ科。体長雌1.2mm，雄1.0mm。サトウキビに害を及ぼす。分布：沖縄から台湾，マレーシア，インドネシア，インド。

サトウキビネワタムシ 〈*Geoica lucifuga*〉昆虫綱半翅目アブラムシ科。体長2mm。サトウキビに害を及ぼす。分布：沖縄，東南アジア。

サトウキビハダニ 〈*Oligonychus orthius*〉蛛形綱ダニ目ハダニ科。体長雌0.4mm，雄0.3mm。サトウキビに害を及ぼす。分布：沖縄本島，台湾，フィリピン。

サトウケシカミキリ〈*Exocentrus satoi*〉昆虫綱甲虫目カミキリムシ科フトカミキリ亜科の甲虫。

サトウダニ 砂糖壁蝨〈*Carpoglyphus lactis*〉節足動物門クモ形綱ダニ目コナダニ団サトウダニ科のダニ。体長雌0.4mm, 雄0.38mm。貯穀・貯蔵植物性食品に害を及ぼす。

サトウヌレチゴミムシ〈*Apatrobus satoui*〉昆虫綱甲虫目オサムシ科の甲虫。体長10mm。

サトウヒメハナノミ〈*Falsomordellistena satoi*〉昆虫綱甲虫目ハナノミ科の甲虫。体長3.8〜6.5mm。

サトウヒメハマキ〈*Pseudohedya satoi*〉昆虫綱鱗翅目ハマキガ科の蛾。分布：北海道網走, 札幌, 新潟県三面。

サトウビロウドカミキリ〈*Acalolepta satoi*〉昆虫綱甲虫目カミキリムシ科フトカミキリ亜科の甲虫。体長17〜19mm。

サトウマメコメツキ〈*Abelater satoi*〉昆虫綱甲虫目コメツキムシ科の甲虫。体長4.0〜4.5mm。

ザトウムシ 座頭虫〈harvestman, daddy long-legs〉節足動物門クモ形綱メクラブモ目Opilionesの陸生動物の総称。

サトウメクラチビゴミムシ〈*Trechiama satoui*〉昆虫綱甲虫目オサムシ科の甲虫。体長4.9〜5.9mm。

サトゥルヌス・ティベリウス〈*Saturnus tiberius*〉昆虫綱鱗翅目セセリチョウ科の蝶。分布：メキシコからコロンビア, ギアナ, トリニダードまで。

サド カブリ〈*Damaster capito*〉昆虫綱甲虫目オサムシ科の甲虫。分布：佐渡。

サトキマダラヒカゲ 里黄斑蔭蝶〈*Neope goschkevitschii*〉昆虫綱鱗翅目ジャノメチョウ科の蝶。前翅長31〜37mm。分布：北海道, 本州, 四国, 九州。

サトクダマキモドキ 里擬管巻〈*Holochlora japonica*〉昆虫綱直翅目キリギリス科。体長42〜56mm。桜桃, 柑橘, 茶, 桜桃, 梅, アンズ, 桃, スモモに害を及ぼす。分布：本州(関東以西), 四国, 九州, 対馬, 伊豆諸島三宅島。

サドスクツツガムシ〈*Gahrliepia saduski*〉蛛形綱ダニ目ツツガムシ科。体長90μm。害虫。

サドチビアメイロカミキリ サドアメイロカミキリの別名。

サトヒメグモ〈*Theridion adamsoni*〉蛛形綱クモ目ヒメグモ科の蜘蛛。体長雌3.6〜4.0mm, 雄2.5〜2.8mm。分布：本州(関東地方以南), 四国(高知)。

サドマイマイカブリ〈*Damaster blaptoides capito*〉昆虫綱甲虫目オサムシ科。分布：佐渡。

サドマルクビゴミムシ〈*Nebria sadona*〉昆虫綱甲虫目オサムシ科の甲虫。体長14mm。分布：本州, 四国, 九州, 佐渡。

サド メクラチビゴミムシ〈*Oroblemus katorum*〉昆虫綱甲虫目オサムシ科の甲虫。体長3.4〜3.6mm。

サドモリヒラタゴミムシ〈*Agonum limodromoides*〉昆虫綱甲虫目オサムシ科の甲虫。体長13.5〜17.0mm。分布：北海道, 本州, 九州。

サナエトンボ 早苗蜻蛉 昆虫綱トンボ目サナエトンボ科Gomphidaeに属する昆虫の総称。

サヌキキリガ〈*Elwesia diplostigma*〉昆虫綱鱗翅目ヤガ科セダカモクメ亜科の蛾。香川県象頭山の金刀比羅宮社叢の原生林に生息。

サバクツマキチョウ〈*Zegris eupheme*〉昆虫綱鱗翅目シロチョウ科の蝶。分布：モロッコ, スペイン, 小アジア, ロシア南部, イラン。

サバクトビバッタ〈*Schistocerca gregaria*〉昆虫綱直翅目バッタ科。珍虫。

サハラキアゲハ〈*Papilio saharae*〉蝶。

サバンナチャバネセセリ〈*Pelopidas thrax*〉蝶。

サビアヤカミキリ〈*Abryna coenosa*〉昆虫綱甲虫目カミキリムシ科フトカミキリ亜科の甲虫。体長17〜21mm。分布：九州, 南西諸島。

サビイロクチブサガ〈*Ypsolopha fujimotoi*〉昆虫綱鱗翅目スガ科の蛾。分布：九州霧島山。

サビイロケブカハヤトビバエ〈*Coproica ferruginata*〉昆虫綱双翅目ハヤトビバエ科。体長1.8〜2.0mm。害虫。

サビイロコヤガ 錆色小夜蛾〈*Amyna stellata*〉昆虫綱鱗翅目ヤガ科コヤガ亜科の蛾。開張18〜24mm。分布：本州, 四国, 九州, 対馬, 屋久島, 台湾。

サビイロナミシャク〈*Pseudocollix hyperythra*〉昆虫綱鱗翅目シャクガ科ナミシャク亜科の蛾。開張20〜24mm。分布：四国, 九州, 屋久島, 奄美大島, 沖縄本島, インドから東南アジア一帯, フィリピン。

サビイロヒメヨトウ〈*Hadjina chinensis*〉昆虫綱鱗翅目ヤガ科カラスヨトウ亜科の蛾。分布：沿海州, 朝鮮半島, 中国, インド西北部, 対馬。

サビイロモンキハネカクシ〈*Ocypus dorsalis*〉昆虫綱甲虫目ハネカクシ科の甲虫。体長18mm。分布：本州, 四国。

サビカクムネチビヒラタムシ〈*Cryptolestes ferrugineus*〉昆虫綱甲虫目ヒラタムシ科の甲虫。体長1.7〜2.3mm。貯穀・貯蔵植物性食品に害を及ぼす。分布：日本全国。

サビカクムネヒラタムシ サビカクムネチビヒラタムシの別名。

サビカッコウムシ〈Thaneroclerus buquet〉昆虫綱甲虫目カッコウムシ科の甲虫。体長4.7～6.3mm。

サビカミキリ〈Arhopalus coreanus〉昆虫綱甲虫目カミキリムシ科の甲虫。

サビカミキリ ムナクボカミキリの別名。

サビキコリ 錆木樵〈Agrypnus binodulus〉昆虫綱甲虫目コメツキムシ科の甲虫。体長12～16mm。分布：北海道, 本州, 四国, 九州, 対馬, 屋久島, 伊豆諸島。

サビクチブトゾウムシ〈Canoixus japonicus〉昆虫綱甲虫目ゾウムシ科の甲虫。体長7.4～8.0mm。

サビダニ 錆壁蝨, 錆壁蝨〈rust mite〉節足動物門クモ形綱ダニ目フシダニ科Eriophyidaeの一部のダニの俗称。

サビタマムシ〈Capnodis tenebrionis〉昆虫綱甲虫目タマムシ科。分布：ヨーロッパ, アフリカ北部, 小アジア, シリア, イラク, イラン, 中央アジア。

サビナカボソタマムシ〈Coraebus ishiharai〉昆虫綱甲虫目タマムシ科の甲虫。体長10～13mm。

サビナ・サビナ〈Sabina sabina〉昆虫綱鱗翅目セセリチョウ科の蝶。分布：ブラジル。

サビノコギリゾウムシ 錆鋸象鼻虫〈Ixalma hilleri〉昆虫綱甲虫目ゾウムシ科の甲虫。体長3.5～4.0mm。分布：本州, 四国。

サビハネカクシ 錆隠翅虫〈Ontholestes gracilis〉昆虫綱甲虫目ハネカクシ科の甲虫。体長13mm。分布：北海道, 本州, 四国, 九州。

サビヒョウタンゾウムシ〈Scepticus griseus〉昆虫綱甲虫目ゾウムシ科の甲虫。体長6.5～8.2mm。大豆, ナス科野菜, マメ科牧草, 落花生, セリ科野菜, キク科野菜, アカザ科野菜, アブラナ科野菜, ウリ科野菜に害を及ぼす。分布：本州, 四国, 九州。

サビヒョウタンナガカメムシ〈Pamerarma rustica〉昆虫綱半翅目ナガカメムシ科。体長6mm。分布：本州, 四国, 九州。

サビマダラオオホソカタムシ 錆斑大細固虫〈Dastarcus longulus〉昆虫綱甲虫目ホソカタムシ科の甲虫。体長5.8～11.0mm。分布：本州, 九州。

サビマルクチゾウムシ〈Galloisia inflata〉昆虫綱甲虫目ゾウムシ科の甲虫。体長5.0～5.5mm。

サビモンカッコウムシ 銹紋郭公虫〈Neoclerus ornatulus〉昆虫綱甲虫目カッコウムシ科の甲虫。体長3.5～5.0mm。分布：本州, 四国, 九州。

サビモンキシタアゲハ〈Troides hypolitus〉昆虫綱鱗翅目アゲハチョウ科の蝶。開張雄130mm, 雌140mm。分布：モルッカ諸島, スラウェシ島。珍蝶。

サビモンルリオビクチバ〈Ischyja ferrifracta〉昆虫綱鱗翅目ヤガ科クチバ亜科の蛾。分布：インド, ボルネオ, フィリピン, 西表島。

ザブエッラ・テネッラ〈Zabuella tenella〉昆虫綱鱗翅目シジミタテハ科の蝶。分布：アルゼンチン。

サベラ・カエシナ〈Sabera caesina〉昆虫綱鱗翅目セセリチョウ科の蝶。分布：ニューギニア, オーストラリア。

サベラ・フリギノサ〈Sabera fuliginosa〉昆虫綱鱗翅目セセリチョウ科の蝶。分布：オーストラリア。

サボテンカミキリの一種〈Moneilema sp.〉昆虫綱甲虫目カミキリムシ科の甲虫。

サボテンコナカイガラムシ〈Hypogeococcus spinosus〉昆虫綱半翅目コナカイガラムシ科。体長1.5mm。サボテン類に害を及ぼす。

サボテンシロカイガラムシ 仙人掌白介殻虫〈Diaspis echinocacti〉昆虫綱半翅目マルカイガラムシ科。体長1～2mm。サボテン類に害を及ぼす。分布：南ヨーロッパ, ブルガリア, ニューメキシコ, デマララ。

サボテンネコナカイガラムシ〈Rhizoecus cacticans〉昆虫綱半翅目コナカイガラムシ科。体長2mm。サボテン類に害を及ぼす。

サボテンノクダアザミウマ〈Scopaeothrips unicolor〉昆虫綱総翅目クダアザミウマ科。

サボテンヒメハダニ〈Brevipalpus russulus〉蛛形綱ダニ目ヒメハダニ科。サボテン類に害を及ぼす。

サボテンフクロカイガラムシ〈Eriococcus coccineus〉昆虫綱半翅目フクロカイガラムシ科。体長2.0～2.5mm。サボテン類に害を及ぼす。

サムソンオオダイコクコガネ〈Heliocopris samson〉昆虫綱甲虫目コガネムシ科の甲虫。分布：アフリカ西部・中央部・南部。

サムライアリ 侍蟻〈Polyergus samurai〉昆虫綱膜翅目アリ科。体長4～6mm。分布：日本全土。

サムライトックリバチ〈Eumenes samuray〉昆虫綱膜翅目スズメバチ科。体長10～15mm。分布：日本全土。

サムライマメゾウムシ 武士豆象鼻虫〈Bruchidius japonicus〉昆虫綱甲虫目マメゾウムシ科の甲虫。体長2.0～3.0mm。分布：北海道, 本州, 九州。

サメハダキコメツキ〈Xanthopenthes granulipennis〉昆虫綱甲虫目コメツキムシ科の甲虫。体長12～15mm。

サメハダチョッキリ サメハダハマキチョッキリの別名。

サメハダチリクワガタ〈Pycnosiphorus caelatus〉昆虫綱甲虫目クワガタムシ科。分布：チリ, アルゼンチン。

サメハダツブノミハムシ〈*Aphthona strigosa*〉昆虫綱甲虫目ハムシ科の甲虫。体長1.8～2.3mm。

サメハダハマキチョッキリ〈*Byctiscus rugosus*〉昆虫綱甲虫目オトシブミ科の甲虫。体長7mm。林檎に害を及ぼす。分布：北海道, 本州, シベリア, 朝鮮半島。

サメハダヒメゾウムシ〈*Baris nipponica*〉昆虫綱甲虫目ゾウムシ科の甲虫。体長5.5～6.4mm。

サメハダホシムシ 鮫肌星虫〈*Phascolosoma scolops*〉星口動物門ホシムシ科の海産動物。分布：日本各地。

サメハダヨモギハムシ〈*Chrysolina aeruginosa*〉昆虫綱甲虫目ハムシ科の甲虫。体長8.0～10.0mm。

サメメクラチビゴミムシ〈*Ishidatrechus kobayashii*〉昆虫綱甲虫目オサムシ科の甲虫。体長2.6～3.0mm。

サヤアシニクダニ 鞘脚肉壁蝨〈*Glycyphagus destructor*〉節足動物門クモ形綱ダニ目無気門亜目コナダニ団ニクダニ科のダニ。体長雌0.4～0.54mm, 雄0.37～0.48mm。貯穀・貯蔵植物性食品に害を及ぼす。分布：日本全国。

サヤサラグモ〈*Oreonetides vaginatus*〉蛛形綱クモ目サラグモ科の蜘蛛。

サヤヒメグモ〈*Coleosoma blundum*〉蛛形綱クモ目ヒメグモ科の蜘蛛。体長雌2.0～2.2mm, 雄2.2～2.5mm。分布：本州(関東地方以南), 九州, 南西諸島。

サヤワセンチュウ類〈*Hemicriconemoides* sp.〉クリコネマ科。モッコクに害を及ぼす。

サヤワムシ 鞘輪虫 袋形動物門輪毛綱ハナビワムシ目サヤワムシ科Flosculariadaeの動物の総称, 狭義ではフロスクラリア属Flosculariaの訳語。

サヤンタカネヒカゲ〈*Oeneis ammon*〉昆虫綱鱗翅目ジャノメチョウ科の蝶。分布：ウラル, アルタイ, サヤン。

ザラアカムネグモ〈*Asperthorax communis*〉蛛形綱クモ目サラグモ科の蜘蛛。体長雌2.2～2.4mm, 雄1.8～2.0mm。分布：本州, 四国, 九州。

サラサエダシャク 更紗枝尺蛾〈*Epholca arenosa*〉昆虫綱鱗翅目シャクガ科エダシャク亜科の蛾。開張23～34mm。分布：北海道, 本州, 四国, 九州, 朝鮮半島, シベリア南東部。

サラサカイガラトビコバチ〈*Metaphycus albopleuralis*〉昆虫綱膜翅目トビコバチ科。

サラサカタカイガラムシ〈*Eulecanium cerasorum*〉昆虫綱半翅目カタカイガラムシ科。体長6～7mm。楓(紅葉), カナメモチ, 桜類, フジ, ナシ類に害を及ぼす。分布：本州, 四国, 九州, 朝鮮半島, カリフォルニア。

サラサヒトリ 更紗灯蛾〈*Camptoloma interiorata*〉昆虫綱鱗翅目ヒトリガ科ヒトリガ亜科の蛾。開張33～39mm。ナラ, 樫, ブナに害を及ぼす。分布：本州, 四国, 九州, 対馬, 朝鮮半島, 中国。

サラサヤンマ 更紗蜻蜓〈*Oligoaeschna pryeri*〉昆虫綱蜻蛉目ヤンマ科の蜻蛉。体長55～60mm。分布：北海道から九州, 対馬, 種子島, 屋久島。

サラティス・サラティス〈*Salatis salatis*〉昆虫綱鱗翅目セセリチョウ科の蝶。分布：コロンビア, ブラジル。

サラティス・フルリウス〈*Salatis fulrius*〉昆虫綱鱗翅目セセリチョウ科の蝶。分布：コロンビア, ペルー。

ザラナミハグモ〈*Cybaeus communis*〉蛛形綱クモ目タナグモ科の蜘蛛。

サランゲサ・アストゥリゲラ〈*Sarangesa astrigera*〉昆虫綱鱗翅目セセリチョウ科の蝶。分布：ローデシア。

サランゲサ・エクスプロンプタ〈*Sarangesa exprompta*〉昆虫綱鱗翅目セセリチョウ科の蝶。分布：ガーナ, エチオピア。

サランゲサ・グリセア〈*Sarangesa grisea*〉昆虫綱鱗翅目セセリチョウ科の蝶。分布：リベリアからガボンまで。

サランゲサ・セイネリ〈*Sarangesa seineri*〉昆虫綱鱗翅目セセリチョウ科の蝶。分布：ナタールからローデシアまで。

サランゲサ・トゥリケラタ〈*Sarangesa tricerata*〉昆虫綱鱗翅目セセリチョウ科の蝶。分布：シエラレオネ, ナイジェリア。

サランゲサ・フィディレ〈*Sarangesa phidyle*〉昆虫綱鱗翅目セセリチョウ科の蝶。分布：喜望峰からローデシアまで。

サランゲサ・モトジ〈*Sarangesa motozi*〉昆虫綱鱗翅目セセリチョウ科の蝶。分布：喜望峰からアンゴラ, ソマリアおよびエチオピアまで。

サランゲサ・ラエリウス〈*Sarangesa laelius*〉昆虫綱鱗翅目セセリチョウ科の蝶。分布：トーゴ, ガボン, アフリカ東部。

ザリアスペス・ミテクス〈*Zariaspes mythecus*〉昆虫綱鱗翅目セセリチョウ科の蝶。分布：メキシコ。

サリアナ・サリウス〈*Saliana salius*〉昆虫綱鱗翅目セセリチョウ科の蝶。分布：メキシコからアルゼンチンおよびトリニダード。

サリアナ・トゥリアングラリス〈*Saliana triangularis*〉昆虫綱鱗翅目セセリチョウ科の蝶。分布：トリニダード。

サリアナ・プラケンス〈*Saliana placens*〉昆虫綱鱗翅目セセリチョウ科の蝶。分布：パナマからコロンビアまで。

ザリガニミミズ〈*Stephanodrilus sapporensis*〉貧毛綱ヒルミミズ科の環形動物。

サリビア・テパヒ〈*Saribia tepahi*〉昆虫綱鱗翅目テングチョウ科の蝶。分布：マダガスカル。

サリラタキチョウ〈*Eurema salilata*〉昆虫綱鱗翅目シロチョウ科の蝶。

ザリンダベニシロチョウ〈*Appias zarinda*〉昆虫綱鱗翅目シロチョウ科の蝶。分布：スラウェシ。

サルヴィンシロスジタイマイ〈*Eurytides salvini*〉昆虫綱鱗翅目アゲハチョウ科の蝶。分布：グアテマラ，ベリゼ(Belize)。

サルオガセギス〈*Markia hystrix*〉昆虫綱直翅目キリギリス科。珍品。

サルジラミ〈*Pedicinus obtusus*〉サルジラミ科。体長雄1.7～2.0mm，雌2.2～2.8mm。害虫。

サルスベリヒゲマダラアブラムシ〈*Tinocallis kahawaluokalani*〉昆虫綱半翅目アブラムシ科。体長1.5mm。柘榴，百日紅に害を及ぼす。分布：本州以南の日本各地，朝鮮半島，台湾，中国，インド，フィリピン，ハワイ，北アメリカ。

サルスベリフクロカイガラムシ〈*Eriococcus logerstroemiae*〉昆虫綱半翅目フクロカイガラムシ科。体長2～3mm。柘榴，百日紅に害を及ぼす。分布：本州，四国，九州，朝鮮半島，中国(東北から東部)，インド，イギリス。

サルダナパルスアグリアス〈*Agrias sardanapalus*〉昆虫綱鱗翅目タテハチョウ科の蝶。分布：アマゾン川上流，中流，亜種はアマゾン川のマナウス(Manaus)より上流地方。

サルトリイバラコバチ〈*Decatoma similacis*〉昆虫綱膜翅目カタビロコバチ科。

サルトリイバラシロハモグリガ〈*Proleucoptera smilactis*〉昆虫綱鱗翅目ハモグリガ科の蛾。分布：本州，九州，朝鮮半島南部。

サルハムシ　猿金花虫，猿葉虫　昆虫綱甲虫目ハムシ科のサルハムシ亜科Eumolpinaeに属する昆虫の総称。

サルビア・キサンティッペ〈*Sarbia xanthippe spixii*〉昆虫綱鱗翅目セセリチョウ科の蝶。分布：ブラジル。

サルミエントイア・ファセリス〈*Sarmientoia phaselis*〉昆虫綱鱗翅目セセリチョウ科の蝶。分布：ベネズエラからアルゼンチンまで。

ザルモクシスオオアゲハ〈*Papilio zalmoxis*〉昆虫綱鱗翅目アゲハチョウ科の蝶。青色から緑色や青銅色。開張14～17mm。分布：ザイール中部からナイジェリア，リベリア。珍品。

サレタラ・キキンナ〈*Saletara cycinna*〉昆虫綱鱗翅目シロチョウ科の蝶。分布：ニューギニア。

サロタ・ギアス〈*Sarota gyas*〉昆虫綱鱗翅目シジミタテハ科。分布：中米から北部南アメリカ，アマゾン流域。

サロタ・クリッス〈*Sarota chrysus chrysus*〉昆虫綱鱗翅目シジミタテハ科。分布：グアテマラからコロンビア，ギアナ，アマゾン流域まで。

サロベツコサラグモ〈*Milleria innerans*〉蛛形綱クモ目サラグモ科の蜘蛛。

サワグルミキンモンホソガ〈*Phyllonorycter pterocaryae*〉昆虫綱鱗翅目ホソガ科の蛾。分布：北海道，本州，九州，ロシア南東部。

サワダキイロアブ〈*Atylotus sawadai*〉昆虫綱双翅目アブ科。害虫。

サワダトビコバチ〈*Anagyrus sawadai*〉昆虫綱膜翅目トビコバチ科。

サワダマメゲンゴロウ〈*Platambus sawadai*〉昆虫綱甲虫目ゲンゴロウ科の甲虫。体長8～9mm。分布：北海道，本州，九州。

サワラハバチ〈*Monoctenus itoi*〉昆虫綱膜翅目マツハバチ科。

サンカククチバ〈*Trigonodes hyppasia*〉昆虫綱鱗翅目ヤガ科シタバガ亜科の蛾。分布：アフリカおよびインド―オーストラリア地域，南太平洋の島嶼部，屋久島以南の島嶼部，福岡県，熊本県，大分県，和歌山県田辺市。

サンカクスジコガネ〈*Anomala triangularis*〉昆虫綱甲虫目コガネムシ科の甲虫。体長12～16mm。サトウキビに害を及ぼす。分布：九州，南西諸島。

サンカクタマムシ〈*Evides triagularis*〉昆虫綱甲虫目タマムシ科の甲虫。分布：東アフリカ。

サンカクマダラメイガ〈*Nyctegretis triangulella*〉昆虫綱鱗翅目メイガ科マダラメイガ亜科の蛾。開張13～17mm。分布：北海道，本州，九州，シベリア南東部，中国。

サンカクモンヒメハマキ〈*Cydia glandicolana*〉昆虫綱鱗翅目ハマキガ科の蛾。分布：北海道，本州，四国，対馬，屋久島，ロシア(アムール)，九州。

サンカメイガ　イッテンオオメイガの別名。

サンキライオナガシジミ〈*Yasoda androconifera*〉昆虫綱鱗翅目シジミチョウ科の蝶。

サンゴアメンボ〈*Hermatobates weddi*〉昆虫綱半翅目アメンボ科。

サンゴジュニセスガ〈*Prays lambda*〉昆虫綱鱗翅目スガ科の蛾。サンゴジュに害を及ぼす。分布：本州。

サンゴジュハムシ　珊瑚樹金花虫，珊瑚樹葉虫〈*Pyrrhalta humeralis*〉昆虫綱甲虫目ハムシ科ウスバハムシ亜科の甲虫。体長6.5mm。サンゴジュ

に害を及ぼす．分布：北海道，本州，四国，九州，沖縄諸島．

サンゴジュハムシ ブチヒゲケブカハムシの別名．

サンゴミズギワカメムシ〈Salduncula decempunctata〉昆虫綱半翅目ミズギワカメムシ科．

サンザシキンモンホソガ〈Phyllonorycter jozanae〉昆虫綱鱗翅目ホソガ科の蛾．分布：北海道，ロシア南東部．

サンザシスガ〈Yponomeuta polysticta〉昆虫綱鱗翅目スガ科の蛾．

サンザシハマキワタムシ〈Prociphilus crataegicola〉昆虫綱半翅目アブラムシ科．体長3mm．林檎に害を及ぼす．分布：日本全国，中国．

サンジョウダケシギアブ〈Crysopilus sanjodakeanus〉昆虫綱双翅目シギアブ科．

サンショウヒラタマルハキバガ〈Agonopterix chaetosoma〉昆虫綱鱗翅目マルハキバガ科の蛾．分布：本州．

サンショヒラタキバガ サンショウヒラタマルハキバガの別名．

サンタロメバエ〈Asiconops santaroi〉昆虫綱双翅目メバエ科．

サンダンキョウヒロコバネ〈Neomicropteryx bifurca〉昆虫綱鱗翅目コバネガ科の蛾．分布：広島県三段峡．

サンディバルコサラグモ〈Maso sundevalli〉蛛形綱クモ目サラグモ科の蜘蛛．

サント メルリフタオチョウ〈Charaxes montieri〉昆虫綱鱗翅目タテハチョウ科の蝶．分布：サントメ島．

サンボンヅノカブトムシ〈Eupatorus beccarii〉昆虫綱甲虫目コガネムシ科の甲虫．別名ミツヅノカブトムシ．分布：ニューギニア．

ザンマラ・カロクロマ〈Zammara calochroma〉昆虫綱半翅目セミ科．分布：メキシコ，中央アメリカ．

ザンマラ・ティンパヌム〈Zammara tympanum〉昆虫綱半翅目セミ科．分布：ブラジル，アルゼンチン，その他．

サンヨウベニボタル〈Duliticola sp.〉昆虫綱甲虫目ベニボタル科．

サンロウドヨウグモ〈Metleucauge menardii〉蛛形綱クモ目コガネグモ科の蜘蛛．体長雌12～14mm，雄9～11mm．分布：北海道，本州，四国，九州．

【シ】

シイオナガクダアザミウマ 椎尾長管薊馬〈Varshneyia pasanii〉昆虫綱総翅目クダアザミウマ科．分布：本州，九州．

シイコムネアブラムシ〈Metanipponaphis rotunda〉昆虫綱半翅目アブラムシ科．体長1mm．イスノキに害を及ぼす．分布：本州，九州．

シイサルハムシ〈Basilepta varicolor〉昆虫綱甲虫目ハムシ科の甲虫．体長2.3～2.5mm．

シイシギゾウムシ〈Curculio hilgendorfi〉昆虫綱甲虫目ゾウムシ科の甲虫．体長6～9mm．

シイタケオオヒロズコガ〈Morophagoides moriutii〉昆虫綱鱗翅目ヒロズコガ科の蛾．キノコ類に害を及ぼす．分布：北海道，本州，四国，九州，東シベリア．

シイタケトンボキノコバエ〈Exechia shiitakevora〉昆虫綱双翅目ナミキノコバエ科．体長4～5mm．キノコ類に害を及ぼす．

シイタケヒメガガンボ〈Ula shiitakea〉昆虫綱双翅目ヒメガガンボ科．キノコ類に害を及ぼす．

シイノキキクイムシ〈Xyleborus exesus〉昆虫綱甲虫目キクイムシ科の甲虫．体長3.0～3.9mm．

シイノコキクイムシ〈Xyleborus compactus〉昆虫綱甲虫目キクイムシ科．体長1.5mm．紫陽花，オリーブ，茶に害を及ぼす．分布：本州以南の日本各地，東南アジア各地，インド，アフリカ．

シイノホソキクイムシ〈Xyleborus defensus〉昆虫綱甲虫目キクイムシ科．

シイフサカイガラムシ〈Asterolecanium pasaniae〉昆虫綱半翅目フサカイガラムシ科．体長1.5mm．カシ類に害を及ぼす．分布：本州（関東以西），四国，九州．

シイホソガ〈Acrocercops mantica〉昆虫綱鱗翅目ホソガ科の蛾．分布：本州，九州，インド．

シイマルクダアザミウマ 椎円管薊馬〈Litotetothrips pasaniae〉昆虫綱総翅目クダアザミウマ科．分布：日本各地．

シイムネアブラムシ〈Metanipponaphis cuspidatae〉昆虫綱半翅目アブラムシ科．体長1.7mm．イスノキに害を及ぼす．分布：本州，九州，沖縄．

シイモグリチビガ〈Stigmella castanopsiella〉昆虫綱鱗翅目モグリチビガ科の蛾．分布：本州（関東以西），九州．

シーヴェルスシャチホコ〈Odontosia sieversii japonica〉昆虫綱鱗翅目シャチホコガ科の蛾．

ジェータテハ〈Polygonia egea undina〉昆虫綱鱗翅目タテハチョウ科の蝶．分布：ヨーロッパ南部からアジア西部を経て，イラン，アフガニスタンまで．

シェンヘールトビコバチ〈Anagyrus schoenherri〉昆虫綱膜翅目トビコバチ科．

シオアメンボ 塩海水黽〈Asclepios shiranui〉昆虫綱半翅目アメンボ科。絶滅危惧I類(CR+EN)。分布：瀬戸内海，九州西海岸。

シオカラトンボ 塩辛蜻蛉〈Orthetrum albistylum speciosum〉昆虫綱蜻蛉目トンボ科の蜻蛉。体長50〜55mm。分布：北海道から沖縄本島。

シオジノキクイムシ〈Hylesinus eos〉昆虫綱甲虫目キクイムシ科の甲虫。体長2.9〜3.4mm。

シオミズツボワムシ 塩水壺輪虫 袋形動物門輪毛虫綱単生殖巣上目ツボワムシ目ツボワムシ科のうち，海水または混合水域に生息している一種(三種六亜種)の総称，またはそのなかの一種。

シオムシ 潮虫〈Tecticeps japonicus〉節足動物門甲殻綱等脚目コツブムシ科の海産動物。分布：北海道日高地方から根室地方。

シオヤアブ 塩屋虻〈Promachus yesonicus〉昆虫綱双翅目ムシヒキアブ科。体長23〜30mm。分布：日本全土。

シオヤトンボ 塩屋蜻蛉〈Orthetrum japonicum japonicum〉昆虫綱蜻蛉目トンボ科の蜻蛉。体長42mm。分布：日本各地。

シオヤムシヒキ シオヤアブの別名。

シガキノコシバンムシ〈Dorcatoma shigaensis〉昆虫綱甲虫目シバンムシ科の甲虫。体長2.5〜2.9mm。

ジカキムシ 字書虫〈leaf miner〉鱗翅目や双翅目の昆虫の幼虫のなかには，葉肉をトンネル状に食入する潜葉性の習性をもつ種があり，その中で葉に残る食痕が文字を書いたような形になる種はとくに字書虫と呼ばれる。

シカシラミバエ〈Lipoptena fortisetosa〉昆虫綱双翅目シラミバエ科。体長2.0〜3.0mm。害虫。

シカヅノヤガ〈Cerapteryx graminis〉昆虫綱鱗翅目ヤガ科の蛾。前翅は褐色で，黄白色のシカのつののような斑紋がある。開張2.5〜3.0mm。分布：ヨーロッパ，温帯アジア，シベリア，北アメリカ。

シガヌカカ〈Culicoides sigaensis〉昆虫綱双翅目ヌカカ科。

シカハジラミ〈Damalinia tibialis〉昆虫綱食毛目ケモノハジラミ科。体長雌1.8〜2.1mm。害虫。

ジガバチ 似我蜂〈Ammophila sabulosa infesta〉昆虫綱膜翅目ジガバチ科。体長雌23mm，雄19mm。分布：日本全土。

ジガバチ 似我蜂〈sand wasp〉昆虫綱膜翅目アナバチ科の一族あるいは一属の名。

ジガバチモドキ 擬似我蜂〈Trypoxylon obsonator〉昆虫綱膜翅目ジガバチ科。分布：本州，四国，九州。

シギアブ 鷸虻，鴫虻〈snipe flies〉昆虫綱双翅目短角亜目アブ群シギアブ科Rhagionidaeの昆虫の総称。

シギゾウムシ 鷸象虫，鴫象虫 昆虫綱甲虫目ゾウムシ科の一属Curculioの昆虫の総称。

シキネキマワリ〈Plesiophthalmus oyamai〉昆虫綱甲虫目ゴミムシダマシ科の甲虫。体長15〜19mm。分布：伊豆諸島。

シキミグンバイ〈Stephanitis svensoni〉昆虫綱半翅目グンバイムシ科。ナンテン，コブシ，シキミに害を及ぼす。

シキミハマキホソガ〈Caloptilia illicii〉昆虫綱鱗翅目ホソガ科の蛾。分布：本州，四国。

シグネタ・フランメアタ〈Signeta flammeata〉昆虫綱鱗翅目セセリチョウ科の蝶。分布：オーストラリア。

ジグモ 地蜘蛛〈Atypus karschi〉節足動物門クモ形綱真正クモ目ジグモ科の蜘蛛。体長雌17〜20mm，雄12〜15mm。分布：北海道から南西諸島。

シクラメンコブアブラムシ〈Aulacorthum circumflexum〉昆虫綱半翅目アブラムシ科。体長1.8〜2.0mm。プリムラ，シクラメン，セリ科野菜に害を及ぼす。分布：日本全国，汎世界的。

シクラメンホコリダニ〈Phytonemus pallidus〉蛛形綱ダニ目ホコリダニ科。体長雌0.24mm，雄0.21mm。苺，セントポーリア，シクラメンに害を及ぼす。分布：九州以北の日本各地，ヨーロッパ，北アメリカ。

シコクアシナガグモ〈Tetragnatha vermiformis〉蛛形綱クモ目アシナガグモ科の蜘蛛。体長雌9〜10mm，雄6〜7mm。分布：本州，四国，九州，南西諸島。

シコクアブ〈Tabanus shikokuensis〉昆虫綱双翅目アブ科。

シコクアミカ〈Philorus sikokuensis〉昆虫綱双翅目アミカ科。

シコクオサムシ トサオサムシの別名。

シコクカクムネコメツキダマシ〈Melasis shikokensis〉昆虫綱甲虫目コメツキダマシ科の甲虫。体長6.3〜8.5mm。

シコクカバナミシャク〈Eupithecia shikokuensis〉昆虫綱鱗翅目シャクガ科の蛾。分布：三重県の平倉，愛媛県の面河渓，徳島県の剣山。

シコククビボソジョウカイ〈Podabrus ishiharai〉昆虫綱甲虫目ジョウカイボン科の甲虫。体長9.8〜11.3mm。

シコククロナガオサムシ〈Carabus hiurai〉昆虫綱甲虫目オサムシ科の甲虫。体長23〜29mm。

シコクコガシラウンカ〈Epirama shikokuana〉昆虫綱半翅目コガシラウンカ科。

シコクジョウカイ〈*Athemellus shikokensis*〉昆虫綱甲虫目ジョウカイボン科の甲虫。体長12.0～15.9mm。

シコクスジグロボタル〈*Pristolycus shikokensis*〉昆虫綱甲虫目ホタル科の甲虫。体長5.8～6.7mm。

シコクダルマガムシ〈*Hydraena notsui*〉昆虫綱甲虫目ダルマガムシ科の甲虫。体長1.5～1.7mm。

シコクチビマルトゲムシ〈*Simplocaria shikokensis*〉昆虫綱甲虫目マルトゲムシ科の甲虫。体長2.0～2.5mm。

シコクトガリヒメバチ〈*Caenocryptus shikokuensis*〉昆虫綱膜翅目ヒメバチ科。

シコクトゲオトンボ〈*Rhipidolestes hiraoi*〉昆虫綱蜻蛉目ヤマイトトンボ科の蜻蛉。体長42mm。分布：四国の山地。

シコクヒメコブハナカミキリ〈*Pseudosieversia shikokensis*〉昆虫綱甲虫目カミキリムシ科ハナカミキリ亜科の甲虫。体長11.5～18.0mm。

シコクヒメハナカミキリ〈*Pidonia shikokuana*〉昆虫綱甲虫目カミキリムシ科ハナカミキリ亜科の甲虫。体長8～10mm。

シコクヒメハナカミキリ　イシヅチヒメハナカミキリの別名。

シコクヒョウタンハネカクシ〈*Brathinus shikouensis*〉昆虫綱甲虫目ハネカクシ科の甲虫。体長3.2～3.6mm。

シコクホシアメバチ〈*Enicospilus shikokuensis*〉昆虫綱膜翅目ヒメバチ科。

シコクホシヨコバイ〈*Xestocephalus shikokuanus*〉昆虫綱半翅目ホシヨコバイ科。

シコクマルカツオブシムシ〈*Anthrenus shikokensis*〉昆虫綱甲虫目カツオブシムシ科の甲虫。体長2.6～3.2mm。

シコクマルドロムシ〈*Georissus sakaii*〉昆虫綱甲虫目マルドロムシ科の甲虫。体長1.2mm。

シコクモリヒラタゴミムシ〈*Colpodes mutsuomiyatakei*〉昆虫綱甲虫目オサムシ科の甲虫。体長8～10mm。

シコタンイネゾウモドキ〈*Dorytomus shikotanus*〉昆虫綱甲虫目ゾウムシ科の甲虫。体長3.5～4.0mm。

シザラスズメ〈*Cizara ardeniae*〉昆虫綱鱗翅目スズメガ科の蛾。前翅先端に小さく透明な白色の斑点がある。開張5～7mm。分布：クイーンズランドから、ニューサウスウェールズ。

シシウドハモグリバエ〈*Phytomyza angelicae kibunensis*〉昆虫綱双翅目ハモグリバエ科。

ジジナ・アンタノッサ〈*Zizina antanossa*〉昆虫綱鱗翅目シジミチョウ科の蝶。分布：スーダンからアフリカ東部をへてナタール，コンゴ，マダガスカル。

ジジナ・オクスレイイ〈*Zizina oxleyi*〉昆虫綱鱗翅目シジミチョウ科の蝶。分布：ニュージーランド。

シジミエダシャク〈*Erateina staudingeri*〉昆虫綱鱗翅目シャクガ科の蛾。胴，後翅の縁はクリーム色と黒色。開張3～4mm。分布：ベネズエラ。

シジミガムシ　小灰牙虫〈*Laccobius bedeli*〉昆虫綱甲虫目ガムシ科の甲虫。体長2.5～3.0mm。分布：北海道，本州，四国，九州。

シジミタテハ〈*Dodona eugenes*〉昆虫綱鱗翅目シジミタテハ科の蝶。分布：ヒマラヤ，中国西部および中部，ミャンマー，マレーシア，台湾。

シジミタテハ　鱗翅目シジミタテハ科Riodinidaeに属する昆虫の総称。

シジミチョウ　蜆蝶，小灰蝶　昆虫綱鱗翅目シジミチョウ科Lycaenidaeの総称，またはヒメシジミPlebejus argusの旧和名。

シジミチョウ　ヒメシジミの別名。

シズオカオサムシ〈*Carabus esakii*〉昆虫綱甲虫目オサムシ科の甲虫。体長22～28mm。分布：本州(静岡，神奈川，山梨各県)。

シズオカヒメハナノミ〈*Glipostenoda shizuokana*〉昆虫綱甲虫目ハナノミ科の甲虫。体長3.4～5.5mm。

シスタセア・ザンパ〈*Systasea zampa*〉昆虫綱鱗翅目セセリチョウ科の蝶。S.pulverulentaの同種異名。分布：メキシコからカリフォルニア州まで。

ジズラ・ガイカ〈*Zizula gaika*〉昆虫綱鱗翅目シジミチョウ科の蝶。分布：インドからジャワ，スマトラ。

ジズラ・キナ〈*Zizula cyna*〉昆虫綱鱗翅目シジミチョウ科の蝶。分布：合衆国(アリゾナ，ニューメキシコ，テキサス)，メキシコ，中米，コロンビア。

ジズラ・トゥルリオラ〈*Zizula tulliola*〉昆虫綱鱗翅目シジミチョウ科の蝶。分布：メキシコからブラジル南部まで。

シセメ・アリストテレス〈*Siseme aristoteles*〉昆虫綱鱗翅目シジミタテハ科の蝶。分布：コロンビア，エクアドル。

シセメ・アレクトゥリオ〈*Siseme alectryo*〉昆虫綱鱗翅目シジミタテハ科の蝶。分布：コロンビア，ブラジル。

シセメ・ネウロデス〈*Siseme neurodes caudalis*〉昆虫綱鱗翅目シジミタテハ科。分布：コロンビアからボリビア，ブラジル北西部。

シセメ・パッラス〈*Siseme pallas*〉昆虫綱鱗翅目シジミタテハ科の蝶。分布：コロンビア，ベネズエラ。

シセメ・ペクリアリス〈*Siseme peculiaris*〉昆虫綱鱗翅目シジミタテハ科の蝶．分布：ペルー．

シセメ・ルクレンタ〈*Siseme luculenta*〉昆虫綱鱗翅目シジミタテハ科の蝶．分布：ペルー．

シセンオオシロシタセセリ〈*Satarupa monbeigi*〉昆虫綱鱗翅目セセリチョウ科の蝶．

シセンオオチャバネセセリ〈*Polytremis gigantea*〉蝶．

シセンキオビコムラサキ キオビコムラサキの別名．

シセンコキマダラセセリ〈*Ochlodes sagittus*〉蝶．

シセンタケセセリ〈*Borbo* sp.〉昆虫綱鱗翅目セセリチョウ科の蝶．

シセンチャバネセセリ〈*Polytremis discreta*〉昆虫綱鱗翅目セセリチョウ科の蝶．

シセンベニヒカゲ〈*Erebia alcmene*〉昆虫綱鱗翅目ジャノメチョウ科の蝶．分布：中国西部から日本まで．

シセンミスジ〈*Athyma recurva*〉昆虫綱鱗翅目タテハチョウ科の蝶．

シセンミヤマシロチョウ〈*Aporia procris*〉昆虫綱鱗翅目シロチョウ科の蝶．分布：中国西部．

シソネアブラムシ〈*Micromyzodium nipponicum*〉昆虫綱半翅目アブラムシ科．体長1.5～1.7mm．シソに害を及ぼす．分布：本州，九州．

シソヒゲナガアブラムシ〈*Aulacorthum perillae*〉昆虫綱半翅目アブラムシ科．体長1.5～2.0mm．シソに害を及ぼす．分布：日本全国，台湾，中国．

シソフシガ〈*Endothenia hoplista*〉昆虫綱鱗翅目ノコメハマキガ科の蛾．開張11～15mm．

シタアカベニモンマダラ〈*Zygaena occitanica*〉昆虫綱鱗翅目マダラ科の蛾．前翅の外縁に細長い白色の斑紋がある．開張3～4mm．分布：フランス南部，スペイン．

シダエダシャク 羊歯枝尺蛾〈*Petrophora chlorosata*〉昆虫綱鱗翅目シャクガ科エダシャク亜科の蛾．開張26～32mm．分布：北海道，本州，四国，九州，対馬，屋久島，シベリア東部からヨーロッパ．

シタガタサヤサラグモ〈*Oreonetides lingualis*〉蛛形綱クモ目サラグモ科の蜘蛛．

シダキオビハバチ〈*Strongylogaster lineata*〉昆虫綱膜翅目ハバチ科．

シタキドクガ 下黄毒蛾〈*Calliteara aurifera*〉昆虫綱鱗翅目ドクガ科の蛾．開張雄45～55mm，雌67～80mm．分布：本州(関東以西)，四国，九州，対馬，屋久島，奄美大島，沖縄本島．

シタクモエダシャク 下雲枝尺蛾〈*Boarmia sordida*〉昆虫綱鱗翅目シャクガ科エダシャク亜科の蛾．開張23～26mm．分布：北海道，本州，四国，九州，対馬，屋久島，千島，朝鮮半島．

シタクロコブガ〈*Nola infranigra*〉昆虫綱鱗翅目コブガ科の蛾．分布：対馬，屋久島，奄美大島．

シダクロスズメバチ〈*Vespula shidai*〉昆虫綱膜翅目スズメバチ科．体長女王15～19mm，働きバチ10～11mm，雄12～14mm．害虫．

シタコバネナミシャク 下小翅波尺蛾〈*Trichopteryx hemana*〉昆虫綱鱗翅目シャクガ科ナミシャク亜科の蛾．開張20～26mm．分布：北海道，本州，四国，九州，対馬，シベリア南東部．

シタジロカバナミシャク〈*Eupithecia idiopusillata*〉昆虫綱鱗翅目シャクガ科の蛾．分布：長野県上伊那郡三峰川，富山県黒部の鐘釣．

シタジロクロマダラメイガ〈*Oligochroa atrisquamella*〉昆虫綱鱗翅目メイガ科の蛾．分布：西表島．

シタジロコブガ〈*Nola infralba*〉昆虫綱鱗翅目コブガ科の蛾．分布：本州(房総半島)，伊豆諸島の八丈島，四国，沖縄本島．

シタジロシロモンヒメハマキ〈*Pammene orientana*〉昆虫綱鱗翅目ハマキガ科の蛾．分布：東北，中部の山地，ロシアのアムール地方．

シダスケバモドキ〈*Ugyops vittatus*〉昆虫綱半翅目ウンカ科．

シータテハ C蛺蝶〈*Polygonia c-album*〉昆虫綱鱗翅目タテハチョウ科ヒオドシチョウ亜科の蝶．後翅の裏面にC字形の白色の斑紋がある．開張4.5～6.0mm．分布：ヨーロッパから北アフリカ，アジア温帯域を経て，日本．

シタバガ 下翅蛾 昆虫綱鱗翅目ヤガ科のうちの分類学上の一群をさす総称．

シタベニイナズマ オオベニイナズマの別名．

シタベニコノハ〈*Thyas honesta*〉昆虫綱鱗翅目ヤガ科シタバガ亜科の蛾．分布：スリランカ，インド，ミャンマー，マレーシア，フィリピン，石垣島，西表島．

シタベニスズメ〈*Theretra alecto*〉昆虫綱鱗翅目スズメガ科の蛾．分布：中国南部，インドから東南アジア一帯，スンダ列島，カスピ海方面，中東地域，奄美大島，徳之島，沖永良部島，沖縄本島，宮古島，石垣島，西表島，南大東島．

シタベニツバメヤママユ〈*Urota sinope*〉昆虫綱鱗翅目ヤママユガ科の蛾．分布：アフリカ東部・南部．

シタベニハゴロモの一種〈*Penthicodes* sp.〉昆虫綱半翅目ビワハゴロモ科．

シタベニヒメシャク〈*Idaea roseomarginaria*〉昆虫綱鱗翅目シャクガ科の蛾．分布：本州(千葉県清澄山以西)，四国，九州．

シタベニモリツノハゴロモ〈*Phrictus tripartitus*〉昆虫綱半翅目ビワハゴロモ科。分布：南アメリカ。

シダヨコバイ〈*Japanagallia pteridis*〉昆虫綱半翅目ヨコバイ科。体長5.0～5.3mm。分布：北海道，本州，四国，九州。

シッキムアサギマダラ〈*Parantica pedonga*〉昆虫綱鱗翅目マダラチョウ科の蝶。

シッキムキコモンセセリ〈*Celaenorrhinus leucocera*〉昆虫綱鱗翅目セセリチョウ科の蝶。分布：シッキムからインドシナ半島，マレーシア，中国北部。

シッチコモリグモ〈*Hygrolycosa umidicola*〉蛛形綱クモ目コモリグモ科の蜘蛛。

シップスタカネフタオシジミ ヤドリギツバメの別名。

シデムシ 埋葬虫〈carrion beetles〉昆虫綱甲虫目シデムシ科Silphidaeに属する昆虫の総称。

シデルス・テフラエウス〈*Siderus tephraeus*〉昆虫綱鱗翅目シジミチョウ科の蝶。分布：メキシコからアマゾンまで。

シデロネ・ネメシス〈*Siderone nemesis*〉昆虫綱鱗翅目タテハチョウ科の蝶。分布：コロンビア，ベネズエラ，アンチル諸島，ブラジル。

シトン・ネディモンド〈*Sithon nedymond*〉昆虫綱鱗翅目シジミチョウ科の蝶。分布：マレーシア，ジャワ，スマトラ。

シナオオイチモンジ〈*Sinimia ciocolatina*〉昆虫綱鱗翅目タテハチョウ科の蝶。分布：中国西部。

シナオオチャバネセセリ〈*Polytremis theca*〉蝶。

シナオオミスジ〈*Neptis dejeani*〉昆虫綱鱗翅目タテハチョウ科の蝶。分布：モンゴル，中国西部。

シナカニグモ カラカニグモの別名。

シナカブリモドキ〈*Damaster lafossei*〉昆虫綱甲虫目オサムシ科。分布：中国(中部・南部)。

シナカミキリ〈*Eutetrapha sedecimpunctata*〉昆虫綱甲虫目カミキリムシ科フトカミキリ亜科の甲虫。体長14～20mm。分布：北海道，本州，四国。

シナカラスアゲハ〈*Papilio syfanius*〉昆虫綱鱗翅目アゲハチョウ科の蝶。分布：中国西部。

シナカラスアゲハ ミヤマカラスアゲハの別名。

シナギフチョウ〈*Luehdorfia chinensis*〉昆虫綱鱗翅目アゲハチョウ科の蝶。分布：中国中部。

シナクダアザミウマ〈*Haplothrips chinensis*〉昆虫綱総翅目クダアザミウマ科。体長雌1.9mm，雄1.5mm。苺，茶，ウリ科野菜，ナス科野菜に害を及ぼす。分布：日本全国，朝鮮半島，中国，台湾。

シナクモマツマキチョウ〈*Anthocharis bambusarum*〉昆虫綱鱗翅目シロチョウ科の蝶。別名テンモクサンツマキチョウ。分布：中国浙江省。

シナグリス・コルヌタ〈*Synagris cornuta*〉昆虫綱膜翅目スズメバチ科。分布：アフリカ中央部・東部・南部。

シナクロアゲハ〈*Papilio janaka*〉昆虫綱鱗翅目アゲハチョウ科の蝶。分布：ヒマラヤから中国西部まで。

シナクロホシカイガラムシ〈*Parlatoreopsis chinensis*〉昆虫綱半翅目マルカイガラムシ科。体長1mm。ナシ類，枇杷，桃，スモモ，ハイビスカス類，カナメモチ，桜類，イボタノキ類，柿に害を及ぼす。

シナクワカミキリ〈*Apriona rugicollis*〉昆虫綱甲虫目カミキリムシ科フトカミキリ亜科の甲虫。

シナケアブラムシ〈*Chaitophorus chinensis*〉昆虫綱半翅目アブラムシ科。

シナコイチャコガネ〈*Adoretus sinicus*〉昆虫綱甲虫目コガネムシ科の甲虫。体長9.5～14.0mm。分布：宮古島以南の南西諸島。

シナコガシラミズムシ〈*Peltodytes sinensis*〉昆虫綱甲虫目コガシラミズムシ科の甲虫。体長3.6～3.8mm。

シナシボリアゲハ〈*Bhutanitis thaidina*〉昆虫綱鱗翅目アゲハチョウ科の蝶。分布：中国西部。

シナジャコウアゲハ〈*Parides mencius*〉蝶。

シナシロシタセセリ〈*Tagiades litigiosus*〉昆虫綱鱗翅目セセリチョウ科の蝶。

シナトゲバゴマフガムシ〈*Berosus fairmairei*〉昆虫綱甲虫目ガムシ科の甲虫。体長4.5～4.7mm。

シナトビスジエダシャク〈*Paradarisa consonaria*〉昆虫綱鱗翅目シャクガ科エダシャク亜科の蛾。開張32～37mm。分布：北海道，本州，四国，九州，対馬，朝鮮半島，サハリン，シベリア南東部からヨーロッパ。

シナノアシナガグモ〈*Tetragnatha shinanoensis*〉蛛形綱クモ目アシナガグモ科の蜘蛛。体長雌6.5～7.5mm，雄5～6mm。分布：本州(長野県の高地)，京都府の山地，奈良県の山地。

シナノエンマコガネ〈*Onthophagus bivertex*〉昆虫綱甲虫目コガネムシ科の甲虫。体長6～10mm。分布：北海道，本州。

シナノキチビタマムシ〈*Trachys auriflua*〉昆虫綱甲虫目タマムシ科の甲虫。体長4.1～5.2mm。

シナノクロフカミキリ〈*Asaperda agapanthina*〉昆虫綱甲虫目カミキリムシ科フトカミキリ亜科の甲虫。体長10～12mm。分布：北海道，本州，四国，九州，佐渡，伊豆諸島。

シナノコナジラミ 信濃粉虱〈*Bemisia shinanoensis*〉昆虫綱半翅目コナジラミ科。体長

シナノサビ

1.2mm。ツツジ類, 桑に害を及ぼす。分布：本州。

シナノサビカミキリ　シナノムナクボカミキリの別名。

シナノセスジエンマムシ〈Onthophilus silvae〉昆虫綱甲虫目エンマムシ科の甲虫。体長2.3〜2.9mm。

シナノナガキクイムシ　披長木喰虫〈Platypus severini〉昆虫綱甲虫目ナガキクイムシ科の甲虫。体長4.7〜5.6mm。分布：日本各地。

シナノヌカカ〈Culicoides sinanoensis〉昆虫綱双翅目ヌカカ科。体長雌1.2〜1.4mm, 雄1.35mm。害虫。

シナノヒメハナカミキリ〈Pidonia suzukii〉昆虫綱甲虫目カミキリムシ科ハナカミキリ亜科の甲虫。

シナノヒメハナノミ〈Falsomordellistena shinanoensis〉昆虫綱甲虫目ハナノミ科の甲虫。体長3.5〜3.8mm。

シナノホラヒメグモ〈Nesticus monticola〉蛛形綱クモ目ホラヒメグモ科の蜘蛛。

シナノムナクボカミキリ〈Arhopalus tobirensis〉昆虫綱甲虫目カミキリムシ科マルクビカミキリ亜科の甲虫。体長15〜24mm。

シナノヤハズハエトリ〈Marpissa pulchra〉蛛形綱クモ目ハエトリグモ科の蜘蛛。体長雌9〜11mm, 雄7〜9mm。分布：本州(中部・信州の高地)。

シナノヤマヤチグモ〈Coelotes sp.〉蛛形綱クモ目タナグモ科の蜘蛛。体長雌10〜11mm, 雄9〜10mm。分布：本州中部(北アルプス山麓)。

シナハナムグリ〈Protaetia famelica〉昆虫綱甲虫目コガネムシ科の甲虫。体長14〜18mm。

シナハマダラカ　支那翅斑蚊〈Anopheles sinensis〉昆虫綱双翅目カ科。体長5.0〜5.5mm。分布：日本全土。害虫。

シナヒメヒラタカメムシ〈Aneurus sinensis〉昆虫綱半翅目ヒラタカメムシ科。

シナヒョウモン〈Clossiana gong〉昆虫綱鱗翅目タテハチョウ科の蝶。分布：中国西部, チベット。

シナヒラタハナバエ　支那扁花蠅〈Ectophasia rotundiventris〉昆虫綱双翅目ヤドリバエ科。分布：北海道, 本州。

シナヒラタヤドリバエ〈Phasia sinensis〉昆虫綱双翅目ヒラタヤドリバエ科。

シナプテ・シラケス〈Synapte syraces〉昆虫綱鱗翅目セセリチョウ科の蝶。分布：メキシコからグアテマラまで。

シナプテ・マリティオサ〈Synapte malitiosa〉昆虫綱鱗翅目セセリチョウ科の蝶。分布：中央アメリカ, 西インド諸島, テキサス州。

シナプテ・ルナタ〈Synapte lunata〉昆虫綱鱗翅目セセリチョウ科の蝶。分布：コスタリカからブラジルおよびトリニダードまで。

シナフトオアゲハ〈Agehana elwesi〉昆虫綱鱗翅目アゲハチョウ科の蝶。別名フトオアゲハ。開張120mm。分布：中国揚子江付近。珍蝶。

シナマダラテントウ　ツシママダラテントウの別名。

シナマダラヒカゲ〈Rhaphicera dumicola〉昆虫綱鱗翅目ジャノメチョウ科の蝶。分布：中国西部。

シナミズメイガ〈Nymphula sinicalis〉昆虫綱鱗翅目メイガ科の蛾。分布：中国浙江省, 岡山県, 宮崎県, 五島列島。

シナミヤマシロチョウ〈Aporia goutelli〉昆虫綱鱗翅目シロチョウ科の蝶。分布：中国西部。

シナラ・ヒラスペス〈Synale hylaspes〉昆虫綱鱗翅目セセリチョウ科の蝶。分布：ブラジルからパラグアイ。

シナルリタマムシ〈Chrysochroa rajah assamensis〉昆虫綱甲虫目タマムシ科。分布：アッサム, インド南部, ミャンマー, タイ, インドシナ, 中国南部。

シノステルヌス・クレオパトラエ〈Synosternus cleopatrae〉昆虫綱隠翅目ヒトノミ科。分布：パレスチナからアフリカ中央部まで。

シノノメシャチホコ〈Peridea elzet〉昆虫綱鱗翅目シャチホコガ科ウチキシャチホコ亜科の蛾。開張50〜53mm。分布：朝鮮半島, 対馬, 九州北部から四国, 小豆島, 中国地方。

シノビグモ〈Cispius orientalis〉蛛形綱クモ目キシダグモ科の蜘蛛。体長雌7〜8mm, 雄6〜7mm。分布：本州(中部・近畿), 四国。

シノプシルス・フォンクエルニエイ〈Synopsyllus fonquerniei〉昆虫綱隠翅目ヒトノミ科。分布：マダガスカル。

シノレ・エラナ〈Synole elana〉昆虫綱鱗翅目セセリチョウ科の蝶。分布：ブラジル。

シノレ・ヒラスペス〈Synole hylaspes〉昆虫綱鱗翅目セセリチョウ科の蝶。分布：ブラジル。

シバオサゾウムシ〈Sphenophorus venatus〉昆虫綱甲虫目オサゾウムシ科の甲虫。体長7.5mm。シバ類に害を及ぼす。

シバカワコガシラアブ　芝川小頭虻〈Cyrtus shibakawae〉昆虫綱双翅目コガシラアブ科。体長8〜10mm。分布：本州, 四国, 九州。

シバカワシリアゲ〈Panorpa arakawai〉昆虫綱長翅目シリアゲムシ科。

シバコナカイガラムシ〈Balanococcus takahashii〉昆虫綱半翅目コナカイガラムシ科。シバ類に害を及ぼす。

シバコナキイロトビコバチ〈Xanthoencyrtus semiapterus〉昆虫綱膜翅目トビコバチ科。

シバコナクロトビコバチ〈Doliphoceras niger〉昆虫綱膜翅目トビコバチ科。

シバサラグモ〈Linyphia herbosa〉蛛形綱クモ目サラグモ科の蜘蛛。

シバスズ 芝鈴虫〈Pteronemobius mikado〉昆虫綱直翅目コオロギ科。体長6～8mm。シバ類に害を及ぼす。分布：本州(東北南部以南)，四国，九州，対馬。

シバタアラゲサビカミキリ〈Egesina shibatai〉昆虫綱甲虫目カミキリムシ科フトカミキリ亜科の甲虫。

シバダイコクコガネ〈Onitis siva〉昆虫綱甲虫目コガネムシ科の甲虫。分布：インド南部。

シバタカレキゾウムシ〈Acicnemis shibatai〉昆虫綱甲虫目ゾウムシ科の甲虫。体長3.2～3.6mm。分布：本州，四国，九州，黒島，吐噶喇列島中之島，奄美大島。

シバタハナボタル〈Plateros shibatai〉昆虫綱甲虫目ベニボタル科の甲虫。体長5.0～6.3mm。

シバタヒゲナガコバネカミキリ〈Glaphyra shibatai〉昆虫綱甲虫目カミキリムシ科カミキリ亜科の甲虫。体長9～10mm。分布：奄美大島，徳之島，沖縄諸島。

シバタヒメハナノミ〈Glipostenoda shibatai〉昆虫綱甲虫目ハナノミ科の甲虫。体長3.5～3.9mm。

シバタフナガタハナノミ〈Anaspis shibatai〉昆虫綱甲虫目ハナノミダマシ科。

シバタホソヒラタゴミムシ〈Trephionus shibataianus〉昆虫綱甲虫目オサムシ科の甲虫。体長8.5～10.0mm。

ジバチ 地蜂 昆虫綱膜翅目のスズメバチ科に属するクロスズメバチ類の俗称。

シバツトガ 芝苞蛾〈Parapediasia teterrella〉昆虫綱鱗翅目メイガ科の蛾。シバ類に害を及ぼす。分布：東北地方の北部から四国，九州，対馬，沖縄本島。

シバネコブセンチュウ〈Meloidogyne graminis〉メロイドギネ科。体長0.6～0.8mm。シバ類に害を及ぼす。分布：本州(静岡県，埼玉県)，アメリカ，ドイツ，エジプト。

シバハマキフシダニ〈Aceria zoysiae〉蛛形綱ダニ目フシダニ科。体長0.26mm。シバ類に害を及ぼす。

シバマダラヨコバイ〈Recilia sp.〉昆虫綱半翅目ヨコバイ科。シバ類に害を及ぼす。

シバミノガ〈Nipponopsyche fuscescens〉昆虫綱鱗翅目ミノガ科の蛾。イネ科牧草に害を及ぼす。分布：本州の関東以西と九州。

シバヤナギハバチ〈Pontania sp.〉ヤナギ，ポプラに害を及ぼす。

シバユミハリセンチュウ〈Paratrichodorus mirzai〉トリコドルス科。体長0.4～0.6mm。シバ類に害を及ぼす。

シバンオオハナノミ〈Pelecotoma septentrionalis〉昆虫綱甲虫目オオハナノミ科の甲虫。体長4.5mm。

シバンムシ 死番虫〈death watch beetles〉昆虫綱甲虫目シバンムシ科Anobiidaeに属する昆虫の総称。

シバンムシアリガタバチ〈Cephalonomia gallicola〉昆虫綱膜翅目アリガタバチ科。体長雄1.5mm，雌2.0mm。害虫。

シブイロカヤキリモドキ〈Xesthophrys horvathi〉昆虫綱直翅目キリギリス科。体長40～50mm。

シブオナガコマユバチ〈Brulleia shibuensis〉昆虫綱膜翅目コマユバチ科。

シブヤカンショコガネ〈Apogonia shibuyai〉昆虫綱甲虫目コガネムシ科の甲虫。体長9～10mm。

シベチャキリガ〈Perigrapha circumducta〉昆虫綱鱗翅目ヤガ科ヨトウガ亜科の蛾。開張45mm。分布：ヨーロッパ東部からアジア内陸，北海道。

シベチャケンモン〈Subacronicta megacephala〉昆虫綱鱗翅目ヤガ科の蛾。分布：北海道。

シベチャシロヒメシャク〈Scopula supernivearia〉昆虫綱鱗翅目シャクガ科の蛾。分布：北海道川上郡標茶町。

シベチャツマジロヒメハマキ〈Hedya ochroleucana〉昆虫綱鱗翅目ハマキガ科の蛾。分布：中国(東北)，ロシア，ヨーロッパ，イギリス，北アメリカ，北海道釧路の標茶。

シベリアカタアリ〈Dolichoderus sibiricus〉昆虫綱膜翅目アリ科。

シベリアシロトビムシ〈Onychiurus sibiricus〉無翅昆虫亜綱粘管目シロトビムシ科。体長2～3mm。アブラナ科野菜に害を及ぼす。分布：本州，九州，シベリア，ヨーロッパ。

シベリアチビオオキノコムシ〈Triplax sibirica〉昆虫綱甲虫目オオキノコムシ科の甲虫。体長2.5～4.0mm。

シベリアテンノミ クロテンケナガノミの別名。

シベリアマルガタゴミムシ〈Amara majuscula〉昆虫綱甲虫目オサムシ科の甲虫。体長7.5～9.0mm。

シーベルシモンキチョウ〈Colias sieversi〉昆虫綱鱗翅目シロチョウ科の蝶。分布：パミール。

シーベルスシャチホコ〈Odontosia sieversii〉昆虫綱鱗翅目シャチホコガ科の蛾。分布：スカンジ

ナビア，北海沿岸，ロシア西南部，沿海州，北海道，東北地方，関東北部，中部山地，四国，九州．

ジポエティス・サイティス〈*Zipoetis saitis*〉昆虫綱鱗翅目ジャノメチョウ科の蝶．分布：インド南部．

ジポエティス・スキラクス〈*Zipoetis scylax*〉昆虫綱鱗翅目ジャノメチョウ科の蝶．分布：アッサム．

シボグモ〈*Anahita fauna*〉蛛形綱クモ目シボグモ科の蜘蛛．体長雌10～11mm，雄7～8mm．分布：日本全土．

シボグモモドキ〈*Zora spinimana*〉蛛形綱クモ目ミヤマシボグモ科の蜘蛛．体長雌5～6mm，雄4～5mm．分布：北海道，本州（中部高地）．

シボリアゲハ〈*Bhutanitis lidderdalei*〉昆虫綱鱗翅目アゲハチョウ科の蝶．分布：ヒマラヤ東部，アッサム，ミャンマー北部，タイ北部，中国西部．

シーボルトミミズ〈*Metaphire sieboldi*〉環形動物門貧毛綱フトミミズ科の大形陸生ミミズ．

シマアカネ〈*Boninthemis insularis*〉昆虫綱蜻蛉目トンボ科の蜻蛉．絶滅危惧II類(VU)．体長40mm．分布：小笠原諸島(父島・母島・向島)．

シマアザミウマ〈*Aeolothrips fasciatus*〉昆虫綱総翅目シマアザミウマ科．体長雌2mm，雄1.5mm．苺，稲に害を及ぼす．分布：本州中部以北，北海道，温帯ユーラシア，北アメリカ．

シマアシブトハナアブ 縞脚太花虻〈*Mesembrius flavipes*〉昆虫綱双翅目ハナアブ科．分布：本州，四国，九州．

シマアツバ〈*Hepatica linealis*〉昆虫綱鱗翅目ヤガ科クチバ亜科の蛾．開張30mm．分布：本州，四国，九州，対馬．

シマアブバエ シマハナアブの別名．

シマアメンボ 縞水黽〈*Metrocoris histrio*〉昆虫綱半翅目アメンボ科．体長5～7mm．分布：北海道，本州，四国，九州，対馬，奄美大島．

シマウズグモ〈*Uloborus uncinatus*〉蛛形綱クモ目ウズグモ科の蜘蛛．

シマウンカ 縞浮塵子〈*Nisia atrovenosa*〉昆虫綱半翅目シマウンカ科．体長4mm．稲に害を及ぼす．分布：本州，四国，九州，南西諸島．

シマカ 縞蚊 昆虫綱双翅目糸角亜目カ科ヤブカ属のシマカ亜属Stegomyiaの総称．

シマガラス シマカラスヨトウの別名．

シマカラスヨトウ〈*Amphipyra pyramidea*〉昆虫綱鱗翅目ヤガ科カラスヨトウ亜科の蛾．開張55～57mm．ハスカップ，桜桃，桃，スモモ，林檎に害を及ぼす．分布：ユーラシア，北海道，本州中北部．

シマキリガ〈*Cosmia achatina*〉昆虫綱鱗翅目ヤガ科カラスヨトウ亜科の蛾．開張27～31mm．分布：本州，四国，九州，対馬，北海道，東北地方．

シマクサアブ〈*Odontosabula gloriosa*〉昆虫綱双翅目クサアブ科．

シマクロハナアブ〈*Eristalis arbustorum*〉昆虫綱双翅目ハナアブ科．

シマケシゲンゴロウ〈*Coelambus chinensis*〉昆虫綱甲虫目ゲンゴロウ科の甲虫．体長4.3～4.9mm．

シマゲンゴロウ 縞竜蝨〈*Hydaticus bowringi*〉昆虫綱甲虫目ゲンゴロウ科の甲虫．体長14mm．分布：北海道，本州，四国，九州．

シマケンモン〈*Acronicta fasciata*〉昆虫綱鱗翅目ヤガ科ケンモンヤガ亜科の蛾．開張35～40mm．分布：インド，スリランカからスンダランド，ニューギニア，中国，台湾，日本．

シマコガシラウンカ〈*Usana yanoi*〉昆虫綱半翅目コガシラウンカ科．体長5mm．分布：本州，四国，九州．

シマコヒオドシ〈*Aglais ichnusa*〉昆虫綱鱗翅目タテハチョウ科の蝶．分布：コルシカ島，サルジニア島．

シマゴミグモ〈*Cyclosa insulana*〉蛛形綱クモ目コガネグモ科の蜘蛛．体長雌6～8mm，雄4～5mm．分布：本州(南部)，四国，九州，南西諸島．

シマコモリグモ〈*Pardosa hortensis*〉蛛形綱クモ目コモリグモ科の蜘蛛．

シマコンボウハバチ 縞棍棒葉蜂〈*Praia ussuriensis*〉昆虫綱膜翅目コンボウハバチ科．分布：北海道，本州，九州．

シマササグモ〈*Oxyopes macilentus*〉蛛形綱クモ目ササグモ科の蜘蛛．体長雌9～13mm，雄9～10mm．分布：本州南部，四国南部，九州南部，南西諸島．

シマサシガメ 縞刺亀〈*Sphedanolestes impressicollis*〉昆虫綱半翅目サシガメ科．体長13～16mm．分布：本州，四国，九州．

シマサジヨコバイ〈*Aphrodes guttatus*〉昆虫綱半翅目ヒラタヨコバイ科．

シマチビゲンゴロウ〈*Potamonectes simplicipes*〉昆虫綱甲虫目ゲンゴロウ科の甲虫．体長4.2～4.6mm．

シマツノトビムシ〈*Entomobrya multifasciata japonica*〉無翅昆虫亜綱粘管目ツノトビムシ科．

シマトゲバカミキリ〈*Eryssamena insularis*〉昆虫綱甲虫目カミキリムシ科フトカミキリ亜科の甲虫．体長7.5～10.5mm．

シマトビケラ 縞飛螻，縞石蚕〈*hydropsychid caddis*〉昆虫綱トビケラ目シマトビケラ科の昆虫の総称，またはそのなかの一属の総称．

シマバエ 縞蠅 昆虫綱双翅目環縫亜目シマバエ科Lauxaniidaeの昆虫の総称．

シマハナアブ 縞花虻〈*Eristalis cerealis*〉昆虫綱双翅目ショクガバエ科。体長10〜13mm。分布：日本全土。害虫。

シマフコヤガ 縞斑小夜蛾〈*Corgatha nitens*〉昆虫綱鱗翅目ヤガ科コヤガ亜科の蛾。開張14〜17mm。分布：朝鮮半島，中国，東北地方から四国，九州，対馬，屋久島，西表島，伊豆諸島(利島，新島，式根島)。

シマママメヒラタアブ〈*Faragus fasciatus*〉昆虫綱双翅目ハナアブ科。

シママルトビムシ 縞円跳虫〈*Ptenothrix denticulata*〉無翅昆虫亜綱粘管目マルトビムシ科。分布：日本各地。

シマミミズ 縞蚯蚓〈*Eisenia fetida*〉環形動物門貧毛綱ツリミミズ科の陸生ミミズ。分布：日本各地。害虫。

シマミヤグモ〈*Ariadna insulicola*〉蛛形綱クモ目エンマグモ科の蜘蛛。体長雌7〜8mm，雄5〜6mm。分布：本州(南部)，九州。

シマモンツヅリガ〈*Thalamorrhyncha isoneura*〉昆虫綱鱗翅目メイガ科の蛾。分布：石垣島，西表島，フィジー島，ソロモン群島。

シマヨトウ〈*Eucarta fasciata*〉昆虫綱鱗翅目ヤガ科カラスヨトウ亜科の蛾。開張26〜31mm。分布：本州，四国，九州，朝鮮半島。

シミ 衣魚，紙魚〈*silverfish, firebrats*〉昆虫綱シミ目シミ科Lepismatidaeの昆虫の総称。また一般にヤマトシミなど室内にすむ種をさすことも多い。珍虫。

シミスキナ・ファリア〈*Simiskina phalia*〉昆虫綱鱗翅目シジミチョウ科の蝶。分布：ミャンマー，マレーシア，ボルネオ，スマトラ。

シミスキナ・ファリゲ〈*Simiskina pharyge*〉昆虫綱鱗翅目シジミチョウ科の蝶。分布：マレーシア，ボルネオ。

シミスキナ・ファレナ〈*Simiskina phalena*〉昆虫綱鱗翅目シジミチョウ科の蝶。分布：ミャンマー，マレーシア，ジャワ，フィリピン。

シミスキナ・フィルラ〈*Simiskina philura*〉昆虫綱鱗翅目シジミチョウ科の蝶。分布：ボルネオ，マレーシア。

シミスキナ・フェレティア〈*Simiskina pheretia*〉昆虫綱鱗翅目シジミチョウ科の蝶。分布：マレーシア，ボルネオ。

シミズサラグモ〈*Drepanotylus shimizui*〉蛛形綱クモ目サラグモ科の蜘蛛。

シミズヌレチゴミムシ〈*Apenetretus dilatatus*〉昆虫綱甲虫目オサムシ科の甲虫。体長9.0mm。

シミノコギリゾウムシ〈*Ixalma guttulum*〉昆虫綱甲虫目ゾウムシ科の甲虫。体長5.5〜6.0mm。

シミリスキバカミキリ〈*Callipogon similis*〉昆虫綱甲虫目カミキリムシ科の甲虫。分布：ペルー，ブラジル。

シミンダメクラチビゴミムシ〈*Yamautidius dilaticollis*〉昆虫綱甲虫目オサムシ科の甲虫。体長3.2〜3.6mm。

ジムカデ 地蜈蚣，地百足〈*worm-like centipede*〉節足動物門唇脚綱ジムカデ目Geophilomorphaに属するムカデの総称。

ジムグリカメムシ〈*Stibaropus formosanus*〉昆虫綱半翅目ツチカメムシ科。

ジムシ 地虫〈*grub*〉昆虫綱甲虫目コガネムシ科の食葉類に属する昆虫の幼虫の俗称。

シムソンツノカブトムシ ムツノメンガタカブトムシの別名。

シメオオメイガ シロオオメイガの別名。

シメキクロコブガ〈*Meganola shimekii*〉昆虫綱鱗翅目コブガ科の蛾。分布：本州，四国，対馬。

シモウスバシロチョウ〈*Parnassius simo*〉昆虫綱鱗翅目アゲハチョウ科の蝶。分布：天山山脈，トルケスタン，パミール，カラコルム，カシミール，ラダク，チベット。

ジモグリコナカイガラムシ〈*Geococcus citrinus*〉昆虫綱半翅目コナカイガラムシ科。体長2〜3mm。茶，柑橘に害を及ぼす。分布：本州の東海地方。

シモフリイオグモ シモフリヤチグモの別名。

シモフリインカツノコガネ〈*Inca bonplandi*〉昆虫綱甲虫目コガネムシ科の甲虫。分布：南アメリカ。

シモフリオオウスバカミキリ〈*Acanthophorus maculatus*〉昆虫綱甲虫目カミキリムシ科の甲虫。分布：熱帯アフリカ全域。

シモフリオオサビカミキリ〈*Steirastoma breve*〉昆虫綱甲虫目カミキリムシ科の甲虫。分布：フロリダ州，西インド諸島，南アメリカ南部。

シモフリオドリバエ〈*Empis cylindracea*〉昆虫綱双翅目オドリバエ科。

シモフリカツオブシムシ〈*Dermestes undulatus*〉昆虫綱甲虫目カツオブシムシ科の甲虫。体長6.0〜6.8mm。

シモフリコメツキ〈*Actenicerus pruinosus*〉昆虫綱甲虫目コメツキムシ科の甲虫。体長12〜17mm。

シモフリシマバエ〈*Homoneura euaresta*〉昆虫綱双翅目シマバエ科。体長3.5mm。分布：日本全土。

シモフリシロヒメシャク〈*Scopula coniaria*〉昆虫綱鱗翅目シャクガ科ヒメシャク亜科の蛾。開張20

シモフリス

～24mm。分布：九州南部, 屋久島, 奄美大島, 徳之島, 沖永良部島, 沖縄本島。

シモフリスズメ 霜降雀蛾, 霜降天蛾　〈*Psilogramma increta*〉昆虫綱鱗翅目スズメガ科メンガタスズメ亜科の蛾。開張110～130mm。ゴマ, 木犀類に害を及ぼす。分布：本州（東北地方北部より）, 四国, 九州, 対馬, 屋久島, 吐噶喇列島, 奄美大島, 沖縄本島, 宮古島, 石垣島, 西表島, 与那国島, 朝鮮半島, 中国東部。

シモフリツツタマムシ〈*Polycesta goryi*〉昆虫綱甲虫目タマムシ科。分布：コロンビア, ベネズエラ, 西インド諸島。

シモフリトゲエダシャク 霜降棘枝尺蛾〈*Phigalia sinuosaria*〉昆虫綱鱗翅目シャクガ科エダシャク亜科の蛾。開張40～44mm。桜桃, 林檎に害を及ぼす。分布：北海道, 本州, 四国, 九州, シベリア南東部。

シモフリナガヒゲカミキリ〈*Xenolea asiatica*〉昆虫綱甲虫目カミキリムシ科フトカミキリ亜科の甲虫。体長6.0～8.5mm。分布：九州, 屋久島, 奄美大島, 徳之島, 石垣島, 西表島。

シモフリヒシガタグモ〈*Episinus kitazawai*〉蛛形綱クモ目ヒメグモ科の蜘蛛。体長雌4～5mm, 雄3～4mm。分布：北海道, 本州（東北地方, 中部・関東の高地）。

シモフリヒメグモ〈*Theridion lyricum*〉蛛形綱クモ目ヒメグモ科の蜘蛛。体長雌3.0～3.3mm, 雄2.2～2.5mm。分布：本州（高地）。

シモフリヒメハマキ〈*Rhodacra pyrrhocrossa*〉昆虫綱鱗翅目ハマキガ科の蛾。分布：屋久島, 奄美大島, 台湾, インド（アッサム）。

シモフリマルカツオブシムシ 霜降円鰹節虫〈*Anthrenus museorum*〉昆虫綱甲虫目カツオブシムシ科。分布：日本各地。

シモフリマルトゲムシ〈*Byrrhus shinanensis*〉昆虫綱甲虫目マルトゲムシ科。体長8mm。分布：本州（中部）。

シモフリミジングモ〈*Dipoena punctisparsa*〉蛛形綱クモ目ヒメグモ科の蜘蛛。体長雌3～4mm, 雄2.5～3.0mm。分布：北海道, 本州, 九州。

シモフリヤチグモ〈*Coelotes insidiosus*〉蛛形綱クモ目タナグモ科の蜘蛛。体長雌14～15mm, 雄12～14mm。分布：北海道, 本州, 四国, 九州。

シモフリヤマガタアツバ〈*Bomolocha benepartita*〉昆虫綱鱗翅目ヤガ科アツバ亜科の蛾。分布：本州, 四国の山地。

シーモンアツバ〈*Sinarella lunifera*〉昆虫綱鱗翅目ヤガ科クルマアツバ亜科の蛾。分布：本州（滋賀県比良山, 和歌山県大塔山）, 四国（高知県別府）, 屋久島, スリランカ。

シーモンキンウワバ〈*Lamprotes mikadina*〉昆虫綱鱗翅目ヤガ科コヤガ亜科の蛾。開張33～37mm。分布：沿海州, サハリン, 朝鮮半島, 北海道, 本州。

シモングモ〈*Spermophora senoculata*〉蛛形綱クモ目ユウレイグモ科の蜘蛛。体長雌2.2mm, 雄2mm。分布：本州, 四国, 九州。害虫。

ジャアナナミハグモ〈*Cybaeus jaanaensis*〉蛛形綱クモ目タナグモ科の蜘蛛。

ジャアナヒラタゴミムシ〈*Jujiroa ana*〉昆虫綱甲虫目オサムシ科の甲虫。体長12.5mm。

シャウフスキクイムシ〈*Xyleborus schaufussi*〉昆虫綱甲虫目キクイムシ科の甲虫。体長2.6～3.1mm。

ジャガイモガ ジャガイモキバガの別名。

ジャガイモガトビコバチ〈*Copidosoma koehleri*〉昆虫綱膜翅目トビコバチ科。

ジャガイモキバガ 馬鈴薯牙蛾〈*Phthorimaea operculella*〉昆虫綱鱗翅目キバガ科の蛾。別名タバコキバガ, ジャガイモガ。開張13～15mm。ナス科野菜, タバコ, ジャガイモに害を及ぼす。分布：北海道を除き, ほとんど全域。

ジャガイモクロバネキノコバエ〈*Pnyxia scabiei*〉昆虫綱双翅目クロバネキノコバエ科。体長雄1.2mm, 雌2.2mm。ジャガイモに害を及ぼす。

ジャガイモシストセンチュウ〈*Globodera rostochiensis*〉ヘテロデラ科。体長0.6mm。ジャガイモに害を及ぼす。

ジャガイモヒゲナガアブラムシ〈*Aulacorthum solani*〉昆虫綱半翅目アブラムシ科。体長1.4～1.7mm。ウリ科野菜, キク科野菜, ナス科野菜, 苺, ナシ類, 柑橘, ゴマ, ハッカ, プリムラ, カーネーション, チューリップ, ユリ類, ラン類, 繊維作物, サツマイモ, 隠元豆, 小豆, ササゲ, 大豆, ソバ, ジャガイモに害を及ぼす。分布：本州, 九州, 沖縄, 台湾。

ジャガイモモグリハナバエ〈*Pegomya dulcamarae*〉昆虫綱双翅目ハナバエ科。体長5～6mm。ジャガイモに害を及ぼす。分布：北海道（北部・東部）, ヨーロッパ。

ジャーガルバナナセセリ バナナセセリの別名。

シャク フタスジウスキエダシャクの別名。

ジャクエモンウスバシロチョウ〈*Parnassius jacquemontii*〉昆虫綱鱗翅目アゲハチョウ科の蝶。分布：トルケスタン, アフガニスタン, カラコルム, カシミール, チベット, 中国西部。

シャクガ 尺蛾〈*geometrid moth*〉昆虫綱鱗翅目シャクガ科Geometridaeのガの総称。

ジャクソンホソカナブン〈*Genyodonta jacksoni*〉昆虫綱甲虫目コガネムシ科の甲虫。分布：アフリ

カ中央部。

ジャクチサンヌレチゴミムシ〈Apatrobus jakuchiensis〉昆虫綱甲虫目オサムシ科の甲虫。体長10mm。

シャクドウクチバ〈Mecodina mubiferalis〉昆虫綱鱗翅目ヤガ科クチバ亜科の蛾。開張37〜40mm。分布：関東南部を東北限、九州に至る本土域、対馬、屋久島、奄美大島、琉球列島一帯。

シャクトリノメイガ〈Ceratarcha umbrosa〉昆虫綱鱗翅目メイガ科の蛾。分布：九州南部、屋久島、奄美大島、沖縄本島、石垣島、台湾、中国、インド。

シャクトリムシ 尺取虫〈inchworm, measuring worm, looper〉昆虫綱鱗翅目シャクガ科の幼虫の俗称。

シャクナゲコノハカイガラムシ〈Fiorinia hymenanthis〉昆虫綱半翅目マルカイガラムシ科。ツツジ類に害を及ぼす。分布：北海道から九州までシャクナゲの栽培地。

シャクナゲミドリシジミ〈Chrysozephyrus birupa〉昆虫綱鱗翅目シジミチョウ科の蝶。分布：ヒマラヤ。

ジャコウアゲハ 麝香揚羽〈Parides alcinous〉昆虫綱鱗翅目アゲハチョウ科の蝶。前翅長45〜60mm。分布：本州、四国、九州、南西諸島。

ジャコウカミキリ〈Aromia moschata〉昆虫綱甲虫目カミキリムシ科カミキリ亜科の甲虫。体長23〜29mm。分布：北海道。

ジャコウホソハナカミキリ〈Mimostrangalia dulcis〉昆虫綱甲虫目カミキリムシ科ハナカミキリ亜科の甲虫。体長14〜15mm。分布：本州、四国、九州、屋久島。

シャコグモ〈Tibellus tenellus〉蛛形綱クモ目エビグモ科の蜘蛛。体長雌8〜10mm、雄6〜7mm。分布：本州、四国、九州。

ジャコブロスチャイルドヤママユ〈Rothschildia jacobeae〉昆虫綱鱗翅目ヤママユガ科の蛾。分布：ブラジル南部、アルゼンチン。

ジャーシーアブ〈Hybomitra jersey〉昆虫綱双翅目アブ科。体長14〜15mm。分布：本州。害虫。

シャシャンボコノハカイガラムシ〈Fiorinia vacciniae〉昆虫綱半翅目マルカイガラムシ科。体長1.5mm。椿、山茶花に害を及ぼす。分布：本州、四国、九州、中国。

シャシャンボサルハムシ〈Colaspoides fulvus〉昆虫綱甲虫目ハムシ科の甲虫。体長4.5〜5.0mm。

シャシャンボツバメスガ〈Saridoscelis sphenias〉昆虫綱鱗翅目スガ科の蛾。分布：本州、台湾、インド、四国、九州。

シャシャンボナガタマムシ〈Agrilus shashamboe〉昆虫綱甲虫目タマムシ科の甲虫。体長4.5〜7.0mm。

ジャスティニア・ジャスティニアヌス〈Justinia justinianus〉昆虫綱鱗翅目セセリチョウ科の蝶。分布：メキシコからブラジル、トリニダードまで。

シャチホコガ 鯱鉾蛾〈Stauropus fagi〉昆虫綱鱗翅目シャチホコガ科シャチホコガ亜科の蛾。灰褐色で、前翅が細長く、後翅は小さくて丸い。開張5.5〜7.0mm。桜桃、ナシ類、林檎、栗、楓(紅葉)、桜類、梅、アンズに害を及ぼす。分布：ヨーロッパから温帯アジア、日本。

シャチホコガ 鯱鉾蛾〈the lobster moth〉昆虫綱鱗翅目シャチホコガ科の昆虫の総称またはそのなかの一種。

シャーデンベルクムラサキヒカゲ〈Ptychandra schadenbergi〉昆虫綱鱗翅目ジャノメチョウ科の蝶。別名プティカンドゥラ・シャーデンベルギ。分布：ミンダナオ。

ジャノメイシガケチョウ〈Cyrestis strigata〉昆虫綱鱗翅目タテハチョウ科の蝶。分布：スラウェシ、マルク諸島。

ジャノメスミナガシ〈Amnosia decora〉昆虫綱鱗翅目タテハチョウ科の蝶。分布：スマトラ、ボルネオ。

ジャノメタテハモドキ〈Junonia lemonias〉昆虫綱鱗翅目タテハチョウ科の蝶。分布：台湾、紅頭嶼。

ジャノメチョウ 蛇目蝶〈Minois dryas〉昆虫綱鱗翅目ジャノメチョウ科の蝶。目玉模様の中央部は青色。開張5〜7mm。分布：ヨーロッパ中部や南部、アジアの温帯域や日本。

ジャノメチョウ 蛇目蝶〈wood nymph〉昆虫綱鱗翅目ジャノメチョウ科Satyridaeの総称、または同科に属するナミジャノメの別名。

ジャノメムラサキ〈Hypolimnas deois〉昆虫綱鱗翅目タテハチョウ科の蝶。分布：ニューギニア、モルッカ諸島。

ジャバシロチョウ〈Appias pandione〉昆虫綱鱗翅目シロチョウ科の蝶。分布：マレーシア。

ジャバベニモンシロチョウ〈Delias periboea〉昆虫綱鱗翅目シロチョウ科の蝶。分布：ジャワ。

ジャバヘリグロシロチョウ〈Anaphaeis java〉昆虫綱鱗翅目シロチョウ科の蝶。雄は黒色の帯と白色の斑紋がある。開張4.5〜5.5mm。分布：ジャワからパプアニューギニア、フィジー、サモア、オーストラリア。

ジャバラグモ〈Ablemma shimojanai〉蛛形綱クモ目ジャバラグモ科の蜘蛛。

ジャバラハエトリ〈Helicius yaginumai〉蛛形綱クモ目ハエトリグモ科の蜘蛛。体長雌4〜5mm、雄3〜4mm。分布：本州(中部地方)。

ジャバラハエトリの一種〈*Helicius* sp.〉蛛形綱クモ目ハエトリグモ科の蜘蛛。体長雌4～5mm，雄3～4mm。分布：本州(中部，関東地方北部)。

シャープゲンゴロウモドキ〈*Dytiscus sharpi*〉昆虫綱甲虫目ゲンゴロウ科の甲虫。絶滅危惧I類(CR+EN)。体長30～33mm。

シャープツブゲンゴロウ アヤナミツブゲンゴロウの別名。

シャープホソコガシラハネカクシ〈*Gabrius sharpianus*〉昆虫綱甲虫目ハネカクシ科の甲虫。体長5.2～5.5mm。

シャーフラディモンキチョウ〈*Colias shahfuladi*〉昆虫綱鱗翅目シロチョウ科の蝶。分布：アフガニスタン北部。

シャミセンコイチャコガネ〈*Adoretus falciungulatus*〉昆虫綱甲虫目コガネムシ科の甲虫。体長9.5mm。分布：石垣島，西表島。

シャミッソージャコウアゲハ〈*Parides chamissonia chamissonia*〉昆虫綱鱗翅目アゲハチョウ科の蝶。分布：ブラジル中東部・南部。

シャムオオキバノコギリカミキリ〈*Dorysthenes walkeri*〉昆虫綱甲虫目カミキリムシ科の甲虫。分布：ミャンマー，タイ，ラオス，ベトナム北部，海南島。

シャラクダニグモ〈*Opopaea sharakui*〉蛛形綱クモ目タマゴグモ科の蜘蛛。

シャリンバイハモグリガ〈*Lyonetia anthemopa*〉昆虫綱鱗翅目ハモグリガ科の蛾。分布：本州，九州，屋久島，台湾。

ジャワコモンアサギマダラ〈*Danaus juventa*〉昆虫綱鱗翅目マダラチョウ科の蝶。分布：スマトラ，ジャワ，バリ，ボルネオ，フィリピン，スラウェシ，マルク諸島，ソロモン諸島。

ジャワシロチョウ〈*Belenois java*〉昆虫綱鱗翅目シロチョウ科の蝶。

ジャワネコブセンチュウ〈*Meloidogyne javanica*〉メロイドギネ科。体長0.6～1.0mm。セリ科野菜，ナス科野菜，苺，パイナップル，バナナ，サトウキビ，コンニャク，タバコ，サトイモ，ショウガに害を及ぼす。

ジャワマルカイガラムシ〈*Abgrallaspis palmae*〉昆虫綱半翅目マルカイガラムシ科。体長2mm。アナナス類，ヤシ類，バナナに害を及ぼす。

シャンハイオエダシャク〈*Semiothisa shanghaisaria*〉昆虫綱鱗翅目シャクガ科エダシャク亜科の蛾。開張21～25mm。分布：北海道，本州，四国，朝鮮半島南部，中国北部。

ジャンボトリバ〈*Agdistopis sinhala*〉昆虫綱鱗翅目トリバガ科の蛾。分布：四国南部，屋久島，西表島，台湾，シンガポール，スリランカ。

シュイロツマアカシロチョウ〈*Colotis evanthe*〉昆虫綱鱗翅目シロチョウ科の蝶。分布：マダガスカル，コモロ諸島。

ジュウイチホシテントウ アイヌテントウの別名。

ジュウクホシテントウ〈*Anisosticta kobensis*〉昆虫綱甲虫目テントウムシ科の甲虫。体長3.8～4.1mm。

ジュウサンホシテントウ 十三星瓢虫〈*Hippodamia tredecimpunctata*〉昆虫綱甲虫目テントウムシ科の甲虫。体長5.5～6.5mm。分布：北海道，本州，九州。

ジュウジアトキリゴミムシ ジュウジゴミムシの別名。

ジュウジエグリゴミムシ〈*Eustra crucifera*〉昆虫綱甲虫目ヒゲブトオサムシ科の甲虫。体長3.0～3.3mm。

ジュウジクロカミキリ〈*Clytosemia pulchra*〉昆虫綱甲虫目カミキリムシ科フトカミキリ亜科の甲虫。体長5～6mm。分布：北海道，本州，四国，九州，佐渡。

ジュウジコブサルゾウムシ〈*Craponius bigibbosus*〉昆虫綱甲虫目ゾウムシ科の甲虫。体長2.3～2.5mm。

ジュウジゴミムシ 十字芥虫〈*Lebia retrofasciata*〉昆虫綱甲虫目オサムシ科の甲虫。体長5.5～6.5mm。分布：本州，四国，九州。

ジュウシチネンゼミ〈*Magicicada septendecim*〉昆虫綱半翅目セミ科。分布：アメリカ。

ジュウシチネンゼミ〈*Magicicada*〉セミ科の属称。珍虫。

ジュウジチビシギゾウムシ〈*Curculio pictus*〉昆虫綱甲虫目ゾウムシ科の甲虫。体長2.0～2.8mm。

ジュウシチホシハナムグリ〈*Paratrichius septemdecimguttatus*〉昆虫綱甲虫目コガネムシ科の甲虫。体長10～12mm。分布：本州，四国，九州，屋久島。

ジュウジドロバチ〈*Euodynerus trilobus*〉昆虫綱膜翅目スズメバチ科。

ジュウジナガカメムシ 十字長亀虫〈*Lygaeus cruciger*〉昆虫綱半翅目ナガカメムシ科。体長9～10mm。分布：北海道，本州，四国，九州。

ジュウジヒメミツギリゾウムシ〈*Miolispa cruciata*〉昆虫綱甲虫目ミツギリゾウムシ科の甲虫。体長6.2～9.2mm。

ジュウジベニボタル〈*Lopheros lineatus*〉昆虫綱甲虫目ベニボタル科の甲虫。体長6.5～10.5mm。

ジュウシホシクビナガハムシ〈*Crioceris quatuordecimpunctata*〉昆虫綱甲虫目ハムシ科の甲虫。体長6～7mm。ユリ科野菜に害を及ぼす。分布：本州，九州。

ジュウシホシサルハムシ　ジュウシホシツツハムシの別名。

ジュウシホシツツハムシ〈Cryptocephalus tetradecaspilotus〉昆虫綱甲虫目ハムシ科の甲虫。体長3.7〜4.7mm。

ジュウシホシテントウ〈Coccinula quatuordecimpustulata〉昆虫綱甲虫目テントウムシ科の甲虫。体長3〜4mm。分布：本州。

ジュウジマメコメツキ〈Negastrius cruciatus〉昆虫綱甲虫目コメツキムシ科。

ジュウジミズギワコメツキ〈Migiwa cruciatus〉昆虫綱甲虫目コメツキムシ科。体長4.5〜5.5mm。

ジュウジモンハナノミ〈Tomoxia biguttata〉昆虫綱甲虫目ハナノミ科の甲虫。体長5.8〜7.0mm。

ジュウタンガ　絨毯蛾, 毛氈蛾〈Trichophaga tapetzella〉昆虫綱鱗翅目ヒロズコガ科の蛾。開張13〜22mm。分布：全世界。

ジュウニキボシカミキリ〈Paramenesia theaphia〉昆虫綱甲虫目カミキリムシ科フトカミキリ亜科の甲虫。体長7〜10.5mm。分布：北海道, 本州, 四国, 九州。

ジュウニホシテントウ〈Calvia duodecimmaculata〉昆虫綱甲虫目テントウムシ科。

ジュウニホシナガクチキムシ〈Eumelandrya duodecimmaculata〉昆虫綱甲虫目ナガクチキムシ科の甲虫。体長7.5〜8.0mm。

ジュウニホシヒメバチ〈Ichneumon centromaculatus〉昆虫綱膜翅目ヒメバチ科。

ジュウニマダラテントウ〈Epilachna boisduvali〉昆虫綱甲虫目テントウムシ科の甲虫。体長7.5〜8.0mm。分布：南西諸島(吐噶喇列島以南)。

シュウホウチビツチゾウムシ〈Trachyrrhinus troglodytes〉昆虫綱甲虫目ゾウムシ科。

ジュウモンジドルカディオン〈Dorcadion equestre〉昆虫綱甲虫目カミキリムシ科の甲虫。分布：バルカン半島, ロシア南部, トルコ西部。

シュウレイホラヒメグモ〈Nesticus shureiensis〉蛛形綱クモ目ホラヒメグモ科の蜘蛛。

ジュウロクテントウ　ジュウロクホシテントウの別名。

ジュウロクホシテントウ〈Sospita oblongoguttata〉昆虫綱甲虫目テントウムシ科の甲虫。体長7.0〜8.5mm。分布：本州, 九州。

ジュズヒゲアリヅカムシ〈Centrotoma prodiga〉昆虫綱甲虫目アリヅカムシ科の甲虫。体長1.8〜2.1mm。

ジュズヒゲムシ〈Zoraptera〉絶翅目の昆虫の総称。珍虫。

シュタウディンガーモンキチョウ　スタウディンガベニモンキチョウの別名。

ジュッポンオナシカワゲラ〈Amphinemura decimceta〉昆虫綱襀翅目オナシカワゲラ科。

シュテンメクラチビゴミムシ〈Trechiama shuten〉昆虫綱甲虫目オサムシ科の甲虫。体長5.1〜6.0mm。

ジュノキマダラセセリ〈Potanthus juno〉蝶。

シュモクアリヅカムシ〈Parapixidicerus carinatus〉昆虫綱甲虫目アリヅカムシ科の甲虫。体長1.7mm。

シュモクバエ〈Diopsidae〉シュモクバエ科の昆虫の総称。珍虫。

シュモクミバエ〈Tereopsis rubicunda〉昆虫綱双翅目ミバエ科。分布：ジャワ, パラワン。

シュモンノメイガ〈Uresiphita suffusalis〉昆虫綱鱗翅目メイガ科ノメイガ亜科の蛾。開張26〜27mm。分布：関東から中部の山地, 四国。

シュルツェマダニ〈Ixodes persulcatus〉節足動物門クモ形綱ダニ目マダニ科マダニ属の吸血性ダニ。体長3.0mm。害虫。

シュレンククビナガオサムシ〈Damaster schrenki〉昆虫綱甲虫目オサムシ科。分布：プリモルスキー, 朝鮮半島北部。

シュレンククビナガオサムシ変種〈Damaster schrencki var.hauryi〉昆虫綱甲虫目オサムシ科の甲虫。

シュロゾウムシ〈Derelomus uenoi〉昆虫綱甲虫目ゾウムシ科の甲虫。体長3.7〜4.5mm。分布：本州, 九州, 対馬。

シュロマルカイガラムシ〈Abgrallaspis cyanophylli〉昆虫綱半翅目マルカイガラムシ科。体長2mm。アナナス類, ラン類, 蘇鉄, ヤシ類, アボカド, グアバに害を及ぼす。分布：南西諸島, 小笠原諸島。

ジュンサイオオナガゴミムシ〈Pterostichus pachinus〉昆虫綱甲虫目ゴミムシ科。

ジュンサイハムシ〈Galerucella nipponensis〉昆虫綱甲虫目ハムシ科の甲虫。体長4.8〜6.0mm。

ジュンサイヒメヒラタゴミムシ〈Platynus sculptipes〉昆虫綱甲虫目オサムシ科の甲虫。体長9〜11mm。

ジュンサイヒラタゴミムシ〈Agonum sculptipes〉昆虫綱甲虫目ゴミムシ科。

シュンレククビナガオサムシ〈Damaster schrencki〉昆虫綱甲虫目オサムシ科の甲虫。分布：アムール, ウスリー。

ジョウエツトゲアリヅカムシ〈Batrisodes oscillator〉昆虫綱甲虫目アリヅカムシ科の甲虫。体長2.1〜2.2mm。

ジョウカイボン 浄海坊〈*Athemus suturellus*〉昆虫綱甲虫目ジョウカイボン科の甲虫。体長14～17mm。分布：北海道,本州,四国,九州。

ジョウカイモドキ 擬浄海 昆虫綱甲虫目ジョウカイモドキ科Melyridaeに属する昆虫の総称。

ショウガクロバネキノコバエ〈*Bradysia zingiberis*〉昆虫綱双翅目クロバネキノコバエ科。生姜に害を及ぼす。

ジョウクリカワゲラ〈*Acroneuria jouklii*〉昆虫綱襀翅目カワゲラ科。

ジョウザンオナガバチ〈*Rhyssa jozana*〉昆虫綱膜翅目ヒメバチ科。

ジョウザンクロヒラタアブ〈*Cheilosia josankeiana*〉昆虫綱双翅目ハナアブ科。

ジョウザンケンモン〈*Acronicta jozana*〉昆虫綱鱗翅目ヤガ科の蛾。分布：中国北部,沿海州,日本。

ジョウザンシジミ 定山小灰蝶〈*Scolitantides orion*〉昆虫綱鱗翅目シジミチョウ科ヒメシジミ亜科の蝶。前翅長11～15mm。分布：北海道。

ジョウザンチビトリバ〈*Capperia jozana*〉昆虫綱鱗翅目トリバガ科の蛾。分布：北海道。

ジョウザンヒトリ〈*Pericallia matronula*〉昆虫綱鱗翅目ヒトリガ科ヒトリガ亜科の蛾。開張73～79mm。分布：ヨーロッパ,北海道,本州,サハリン。

ジョウザンマメヒラタアブ〈*Paragus jozanus*〉昆虫綱双翅目ハナアブ科。

ジョウザンマルトビムシ〈*Ptenothrix vinnula*〉無翅昆虫亜綱粘管目クモマルトビムシ科。

ジョウザンミドリシジミ〈*Favonius aurorinus*〉昆虫綱鱗翅目シジミチョウ科ミドリシジミ亜科の蝶。前翅長18～20mm。分布：北海道,本州。

ショウジョウクロバエ〈*Dexopollenia flava*〉昆虫綱双翅目クロバエ科。体長6～8mm。分布：本州,九州。

ショウジョウトンボ 猩々蜻蛉〈*Crocothemis servilia*〉昆虫綱蜻蛉目トンボ科の蜻蛉。体長48mm。分布：北海道をのぞく日本全土。

ショウジョウバエ 猩々蠅〈*small fruit flies,vinegar flies*〉昆虫綱双翅目短角亜目ハエ群の一科Drosophilidaeを構成する昆虫群。

ジョウノハバチ〈*Tenthredo jonoensis*〉昆虫綱膜翅目ハバチ科。

ショウブオオヨトウ〈*Celaena leucostigma*〉昆虫綱鱗翅目ヤガ科カラスヨトウ亜科の蛾。開張36mm。稲,麦類,イネ科作物に害を及ぼす。分布：ユーラシア,北海道,本州中北部,小豆島。

ショウブヨトウ〈*Amphipoea ussuriensis*〉昆虫綱鱗翅目ヤガ科カラスヨトウ亜科の蛾。開張27～36mm。麦類,イネ科作物に害を及ぼす。分布：沿海州,朝鮮半島,北海道から九州南部,屋久島。

ショウリョウトンボ 精霊蜻蛉 昆虫のトンボのうち,夏季精霊会のころに多数現れるものをさす。

ショウリョウバッタ 精霊蝗,精霊蝗虫〈*Acrida cinerea*〉昆虫綱直翅目バッタ科。体長雄45～52mm,雌75～82mm。稲,イネ科作物に害を及ぼす。分布：本州,四国,九州,対馬,沖縄諸島,伊豆諸島。

ショウリョウバッタモドキ 擬精霊蝗〈*Gonista bicolor*〉昆虫綱直翅目バッタ科。別名キチキチバッタ。体長32～57mm。分布：本州,四国,九州,対馬,沖縄諸島。

ショウレンゲヌレチゴミムシ〈*Patrobus shorengensis*〉昆虫綱甲虫目ゴミムシ科。

ジョオウマダラ〈*Danaus gilippus*〉昆虫綱鱗翅目タテハチョウ科の蝶。オレンジ色がかった暗褐色に目立つ白色の斑点がある。開張7.0～7.5mm。分布：アルゼンチンから,中央アメリカ,北アメリカ。

ショカンベツチビゴミムシ〈*Trechus hashimotoi*〉昆虫綱甲虫目オサムシ科の甲虫。体長2.9～3.2mm。

ショクガタマバエ〈*Aphidoletes meridionalis*〉昆虫綱双翅目タマバエ科。害虫。

ショクガバエ 食蚜蠅 昆虫綱双翅目アブバエ科のハエ類のうち,幼虫がアブラムシ(アリマキ)やカイガラムシを捕食するグループをいう。

ジョーダンアゲハ ジョルダンアゲハの別名。

ショットツノトビムシ〈*Lepidosira montana*〉無翅昆虫亜綱粘管目ツノトビムシ科。

ジョドゥッタホソチョウ〈*Acraea jodutta*〉昆虫綱鱗翅目ホソチョウ科の蝶。開張40mm。分布：アフリカ中央部山地。珍蝶。

ジョナスキシタバ〈*Catocala jonasii*〉昆虫綱鱗翅目ヤガ科シタバガ亜科の蛾。開張65～68mm。分布：朝鮮半島,本州,四国,九州。

ショヒロバキバガ〈*Odites venusta*〉昆虫綱鱗翅目ヒゲナガキバガ科の蛾。分布：本州,屋久島。

ジョルダンアゲハ〈*Papilio jordani*〉昆虫綱鱗翅目アゲハチョウ科の蝶。別名オオゴマダラアゲハ。開張140mm。分布：インドネシア,スラウェシ島北部。珍蝶。

ジョロウグモ 女郎蜘蛛,上臈蜘蛛,絡新婦〈*Nephila clavata*〉節足動物門クモ形綱真正クモ目コガネグモ科の蜘蛛。体長雌20～27mm,雄6～8mm。分布：本州,四国,九州,南西諸島。害虫。

シラオビアカガネヨトウ 白帯銅夜盗蛾〈*Euplexia illustrata*〉昆虫綱鱗翅目ヤガ科カラスヨトウ亜

科の蛾。開張36～40mm。分布：沿海州, 朝鮮半島, 北海道から本州中部山地。

シラオビキクイムシ 〈*Hylesinus cingulatus*〉 昆虫綱甲虫目キクイムシ科の甲虫。体長2.2～2.8mm。

シラオビキリガ 〈*Cosmia camptostigma*〉 昆虫綱鱗翅目ヤガ科カラスヨトウ亜科の蛾。開張35～38mm。分布：沿海州, 中国, 北海道から本州。

シラオビゴマフケシカミキリ 〈*Exocentrus guttulatus*〉 昆虫綱甲虫目カミキリムシ科フトカミキリ亜科の甲虫。体長5～8mm。分布：北海道, 本州, 四国, 九州, 佐渡。

シラオビシデムシモドキ 白帯擬埋葬虫 〈*Nodynus leucofasciatus*〉 昆虫綱甲虫目ハネカクシ科の甲虫。体長10mm。分布：北海道, 本州, 四国, 九州, 佐渡。

シラオビトラカミキリ シロオビトラカミキリの別名。

シラオビマルカツオブシムシ 白帯円鰹節虫 〈*Anthrenus pimpinellae*〉 昆虫綱甲虫目カツオブシムシ科の甲虫。体長3mm。分布：本州, 九州。

シラカシノキクイムシ 〈*Acanthotomicus spinosus*〉 昆虫綱甲虫目キクイムシ科の甲虫。体長2.6～3.4mm。

シラガタロウ クスサンの別名。

シラカバツツミノガ 〈*Coleophora fuscedinella*〉 昆虫綱鱗翅目ツツミノガ科の蛾。分布：北海道, 本州, ヨーロッパ。

シラカバピストルミノガ 〈*Coleophora platyphyllae*〉 昆虫綱鱗翅目ツツミノガ科の蛾。分布：北海道。

シラガムシセセリ 〈*Gangara thyrsis*〉 昆虫綱鱗翅目セセリチョウ科の蝶。鮮赤色の眼。開張7.0～7.5mm。分布：インド, スリランカからフィリピン, スラウェシ。

シラキアシナガコガネ 〈*Hoplia shirakii*〉 昆虫綱甲虫目コガネムシ科の甲虫。体長5～6mm。

シラキアミカ 〈*Parablepharocera shirakii*〉 昆虫綱双翅目アミカ科。

シラキコムラサキ 〈*Chitoria ulupi*〉 昆虫綱鱗翅目タテハチョウ科の蝶。別名ウラギンコムラサキ。分布：アッサムから中国西部, 台湾, 朝鮮半島まで。

シラギコムラサキ アパトゥラ・ウルピの別名。

シラキスカシアミカ シラキアミカの別名。

シラキチビケシキスイ 〈*Meligethes shirakii*〉 昆虫綱甲虫目ケシキスイ科の甲虫。体長2.5～3.3mm。

シラキトゲアシベッコウ 素木棘脚鼈甲蜂 〈*Calicurgus shirakii*〉 昆虫綱膜翅目ベッコウバチ科。分布：本州, 九州。

シラキトゲアシベッコウモドキ シラキトゲアシベッコウの別名。

シラキナガヒメヒラタアブ オオマメヒラタアブの別名。

シラキミドリシジミ ニイタカオナガシジミの別名。

シラクモアツバ 〈*Bomolocha zilla*〉 昆虫綱鱗翅目ヤガ科アツバ亜科の蛾。分布：本州, 北海道。

シラクモアツバ ハングロアツバの別名。

シラクモアナナキゾウムシ 〈*Lepyrus nordenskioldi*〉 昆虫綱甲虫目ゾウムシ科の甲虫。体長9.8～12.2mm。

シラクモゴボウゾウムシ 白雲牛蒡象鼻虫 〈*Larinus formosus*〉 昆虫綱甲虫目ゾウムシ科の甲虫。体長8.9～11.0mm。分布：本州(中部以西の山地), 四国, 九州。

シラクモコヤガ 〈*Hapalotis venustula*〉 昆虫綱鱗翅目ヤガ科コヤガ亜科の蛾。開張17～19mm。分布：ユーラシア, 北海道, 東北地方から本州中部。

シラクモヨトウ 〈*Apamea conciliata*〉 昆虫綱鱗翅目ヤガ科の蛾。

シラケチビミズギワコメツキ 〈*Yamatostrius albipilis*〉 昆虫綱甲虫目コメツキムシ科の甲虫。体長3.2～4.0mm。

シラケトラカミキリ 〈*Clytus melaenus*〉 昆虫綱甲虫目カミキリムシ科カミキリ亜科の甲虫。体長8～11mm。分布：北海道, 本州, 四国, 九州, 佐渡, 対馬。

シラケナガタマムシ 白毛長吉丁虫 〈*Agrilus pilosovittatus*〉 昆虫綱甲虫目タマムシ科の甲虫。体長3.7～5.5mm。分布：本州, 四国, 九州。

シラタエニシキシジミ 〈*Pseudodipsas digglesii*〉 昆虫綱鱗翅目シジミチョウ科の蝶。分布：オーストラリア。

シラタカメクラチビゴミムシ 〈*Trechiama accipitris*〉 昆虫綱甲虫目オサムシ科の甲虫。体長4.4～5.1mm。

シラナミアツバ 〈*Zanclognatha innocens*〉 昆虫綱鱗翅目ヤガ科クルマアツバ亜科の蛾。開張17～24mm。分布：本州, 四国, 九州, 対馬, 朝鮮半島, 中国。

シラナミクロアツバ 〈*Adrapsa notigera*〉 昆虫綱鱗翅目ヤガ科クルマアツバ亜科の蛾。開張29～35mm。分布：本州(宮城, 秋田県が北限), 四国, 九州, 対馬, 屋久島, 奄美大島, 徳之島, 沖縄本島, 石垣島, 台湾, 中国。

シラナミナミシャク 〈*Glaucorhoe unduliferaria*〉 昆虫綱鱗翅目シャクガ科ナミシャク亜科の蛾。開張22～29mm。分布：北海道, 本州(関東から中部

山地），朝鮮半島，中国東北・西部，シベリア南東部。

シラネヒメハナカミキリ〈*Pidonia obscurior*〉昆虫綱甲虫目カミキリムシ科ハナカミキリ亜科の甲虫。体長7〜12mm。分布：本州中部山岳地帯の標高1500m以上の山地。

シラハタネクイハムシ〈*Plateumaris shirahatai*〉昆虫綱甲虫目ハムシ科の甲虫。体長8.0〜9.2mm。

シラハタリンゴカミキリ〈*Oberea shirahatai*〉昆虫綱甲虫目カミキリムシ科フトカミキリ亜科の甲虫。体長16〜18mm。

シラヒゲハエトリ〈*Menemerus confusus*〉蛛形綱クモ目ハエトリグモ科の蜘蛛。体長8〜9mm，雄7〜8mm。分布：本州（南・西部），四国，九州。

シラフオオハマキ シラフオオヒメハマキの別名。

シラフオオヒメハマキ〈*Hedya vicinana*〉昆虫綱鱗翅目ハマキガ科の蛾。開張23〜26mm。分布：北海道，本州（東北，中部山地），中国（東北），ロシア（アムール）。

シラフオガサワラナガタマムシ〈*Agrilus suzukii*〉昆虫綱甲虫目タマムシ科の甲虫。体長5.2〜6.2mm。

シラフカメノコカワリタマムシ〈*Polybothris alboplagiata*〉昆虫綱甲虫目タマムシ科。分布：マダガスカル。

シラフクチバ 白斑朽葉〈*Sypnoides picta*〉昆虫綱鱗翅目ヤガ科クチバ亜科の蛾。開張45〜56mm。分布：沿海州，朝鮮半島，中国，北海道から九州。

シラフクモゾウムシ〈*Neomecopus subarmatus*〉昆虫綱甲虫目ゾウムシ科の甲虫。体長6.5mm。

シラフゴライアス シラフゴライアスツノコガネの別名。

シラフゴライアスツノコガネ〈*Goliathus orientalis*〉昆虫綱甲虫目コガネムシ科の甲虫。分布：アフリカ中央部。

シラフシロオビナミシャク〈*Trichodezia kindermanni*〉昆虫綱鱗翅目シャクガ科ナミシャク亜科の蛾。開張20〜23mm。分布：北海道，サハリン，本州，四国，九州，シベリア，中国東北。

シラフチビサビキコリ〈*Sulcimerus niponensis*〉昆虫綱甲虫目コメツキムシ科。

シラフチビマルトゲムシ〈*Simplocaria bicolor*〉昆虫綱甲虫目マルトゲムシ科の甲虫。体長2.5〜3.5mm。

シラフハイイロハネカクシ〈*Phytolinus variegatus*〉昆虫綱甲虫目ハネカクシ科の甲虫。体長11mm。分布：本州，四国，九州。

シラフヒゲナガカミキリ〈*Monochamus nitens*〉昆虫綱甲虫目カミキリムシ科フトカミキリ亜科の甲虫。体長22〜30mm。分布：北海道，本州，四国。

シラフヒメハマキ シラフオオヒメハマキの別名。

シラフヒョウタンゾウムシ〈*Meotiorhynchus querendus*〉昆虫綱甲虫目ゾウムシ科の甲虫。体長9.0〜10.5mm。キク科野菜，ジャガイモ，セリ科野菜，ユリ科野菜，隠元豆，小豆，ササゲに害を及ぼす。分布：北海道，本州（東北），千島，サハリン。

シラフホソアカクワガタ〈*Cyclommatus giraffa*〉昆虫綱甲虫目クワガタムシ科。分布：ボルネオ。

シラフヨツボシヒゲナガカミキリ〈*Monochamus urssovi*〉昆虫綱甲虫目カミキリムシ科フトカミキリ亜科の甲虫。体長15〜35mm。分布：北海道。

シラベザイノキクイムシ〈*Trypodendron lineatum*〉昆虫綱甲虫目キクイムシ科の甲虫。体長2.9〜4.3mm。

シラホシアシブトクチバ〈*Achaea janata*〉昆虫綱鱗翅目ヤガ科シタバガ亜科の蛾。前翅に2個の暗色の斑点，後翅の外縁には白色の斑紋がある。開張5.5〜6.0mm。分布：インド，台湾，オーストラリア，ニュージーランド。

シラホシオオノヒメグモ〈*Crustulina guttata*〉蛛形綱クモ目ヒメグモ科の蜘蛛。体長1.5〜2.0mm。分布：本州（岩手県）。

シラホシオオハナムグリ〈*Protaetia bifenestrata*〉昆虫綱甲虫目コガネムシ科の甲虫。分布：フィリピン。

シラホシオナガバチ〈*Sychnostigma japonicum*〉昆虫綱膜翅目ヒメバチ科。

シラホシカミキリ 白星天牛〈*Glenea relicta*〉昆虫綱甲虫目カミキリムシ科フトカミキリ亜科の甲虫。体長8〜13mm。分布：北海道，本州，四国，九州，佐渡，対馬，屋久島。

シラホシカメノコカワリタマムシ〈*Polybothris infrasplendens*〉昆虫綱甲虫目タマムシ科。分布：マダガスカル。

シラホシカメムシ〈*Eysarcoris ventralis*〉昆虫綱半翅目カメムシ科。体長5〜7mm。隠元豆，小豆，ササゲ，稲，大豆に害を及ぼす。分布：北海道，本州，四国，九州，南西諸島。

シラホシキクスイカミキリ(1)〈*Eumecocera anomala*〉昆虫綱甲虫目カミキリムシ科フトカミキリ亜科の甲虫。体長8〜11mm。

シラホシキクスイカミキリ(2)〈*Eumecocera gleneoides*〉昆虫綱甲虫目カミキリムシ科フトカミキリ亜科の甲虫。

シラホシキリガ〈*Cosmia restituta*〉昆虫綱鱗翅目ヤガ科カラスヨトウ亜科の蛾。開張25〜29mm。分布：沿海州，北海道，東北地方から関東，中部地方の山地，四国，剣山。

シラホシクチブトノミゾウムシ〈*Orchestoides shirozui*〉昆虫綱甲虫目ゾウムシ科の甲虫。体長2.0〜2.5mm。

シラホシクロアツバ シロホシクロアツバの別名。

シラホシクロツノハナムグリ〈*Gnorimimelus batesi*〉昆虫綱甲虫目コガネムシ科の甲虫。分布：アフリカ中央部。

シラホシコゲチャハエトリ〈*Sitticus penicillatus*〉蛛形綱クモ目ハエトリグモ科の蜘蛛。体長雌3.0〜3.5mm，雄2.8〜3.0mm。分布：北海道，本州，四国，九州。

シラホシコヤガ〈*Enispa leucosticta*〉昆虫綱鱗翅目ヤガ科コヤガ亜科の蛾。開張13〜15mm。分布：北海道から九州，奄美大島，徳之島，沖縄本島。

シラホシサビカミキリ族の一種〈*Eunidia euzonata*〉昆虫綱甲虫目カミキリムシ科の甲虫。

シラホシスカシヨコバイ〈*Scaphoideus festivus*〉昆虫綱半翅目ヨコバイ科。体長5〜6mm。分布：北海道，本州，四国，九州。

シラホシダエンマルトゲムシ〈*Pseudochelonarium japonicum*〉昆虫綱甲虫目ダエンマルトゲムシ科の甲虫。体長5.2〜6.1mm。

シラホシツヤタマムシ〈*Lampetis batesi*〉昆虫綱甲虫目タマムシ科。分布：アルゼンチン。

シラホシツルギタテハ〈*Marpesia merops*〉昆虫綱鱗翅目タテハチョウ科の蝶。分布：コスタリカからボリビアまで。

シラホシテントウ シロホシテントウの別名。

シラホシトリバ 白星鳥羽蛾〈*Deuterocopus albipunctatus*〉昆虫綱鱗翅目トリバガ科の蛾。開張12mm。分布：本州，四国，九州，対馬，屋久島，奄美大島，西表島，朝鮮半島，中国。

シラホシナガタマムシ 白星長吉丁虫〈*Agrilus alazon*〉昆虫綱甲虫目タマムシ科の甲虫。体長9.5〜13.2mm。分布：本州，四国，九州。

シラホシニセイネゾウムシ〈*Caenosilapillus babai*〉昆虫綱甲虫目ゾウムシ科の甲虫。体長5.0〜5.5mm。

シラホシハナノミ 白星花蚤〈*Hoshihananomia perlata*〉昆虫綱甲虫目ハナノミ科の甲虫。体長6〜8mm。分布：北海道，本州，四国，九州。

シラホシハナムグリ〈*Protaetia brevitarsis*〉昆虫綱甲虫目コガネムシ科の甲虫。体長19〜24mm。ナシ類，無花果に害を及ぼす。分布：北海道，本州，四国，九州，対馬。

シラホシハワイトラカミキリ〈*Plagithmysus vitticollis vitticollis*〉昆虫綱甲虫目カミキリムシ科の甲虫。分布：ハワイ島，亜種はハワイ島。

シラホシヒゲナガコバネカミキリ〈*Glaphyra minor*〉昆虫綱甲虫目カミキリムシ科カミキリ亜科の甲虫。体長10〜15mm。分布：北海道，本州。

シラホシヒメカツオブシムシ〈*Attagenus pellio*〉昆虫綱甲虫目カツオブシムシ科の甲虫。体長4.9〜5.8mm。

シラホシヒメスカシバ 白星姫透翅〈*Paranthrenopsis editha*〉昆虫綱鱗翅目スカシバガ科の蛾。分布：本州，四国，九州，対馬。

シラホシヒメゾウムシ〈*Baris dispilota*〉昆虫綱甲虫目ゾウムシ科の甲虫。体長4.8〜5.6mm。分布：北海道，本州，九州。

シラホシヒメフタオチョウ〈*Polyura pyrrhus*〉昆虫綱鱗翅目タテハチョウ科の蝶。後翅の縁には，尾状突起に続く青色の帯。開張7〜9mm。分布：モルッカ諸島，パプアニューギニア，オーストラリア。

シラホシフタオチョウ〈*Polyura pyrrhus scipio*〉昆虫綱鱗翅目タテハチョウ科の蝶。分布：スンバ島。

シラホシベニコヤガ〈*Eublemma cochylioides*〉昆虫綱鱗翅目ヤガ科コヤガ亜科の蛾。分布：アフリカ，インド—オーストラリア地域，南太平洋の島嶼部，伊豆半島，佐渡島，四国，九州，奄美大島，沖縄本島，宮古島，南大東島，西表島。

シラホシホソムネカワリタマムシ〈*Polybothris coeruleipes*〉昆虫綱甲虫目タマムシ科。分布：マダガスカル。

シラホシモクメチバ〈*Ercheia dubia*〉昆虫綱鱗翅目ヤガ科シタバガ亜科の蛾。分布：台湾，フィリピン，ニューギニアからオーストラリア，沖縄本島以南西表島，琉球のほぼ全域。

シラホシヨトウ〈*Melanchra persicariae*〉昆虫綱鱗翅目ヤガ科ヨトウガ亜科の蛾。開張40〜45mm。豌豆，空豆，大豆，アブラナ科野菜，甜菜，ハッカに害を及ぼす。分布：ユーラシア，沿海州，北海道から九州。

シラホシルリコガネカミキリ〈*Sphingnotus insignis albertisi*〉昆虫綱甲虫目カミキリムシ科の甲虫。分布：ニューギニア，ビスマルク諸島。

シラミ 虱〈*sucking lice, sucking louse*〉昆虫綱シラミ目Anopluraの昆虫の総称。

シラミダニ 虱壁蝨〈*Pyemotes ventricosus*〉節足動物門クモ形綱ダニ目シラミダニ科のダニ。害虫。

シラミバエ 虱蠅〈*forest fly, bird fly, louse fly, flat fly*〉昆虫綱双翅目短角亜目ハエ群蛹生類の一科Hyppoboscidaeを構成する昆虫群。

シラメスアカミドリシジミ〈*Chrysozephyrus syla*〉昆虫綱鱗翅目シジミチョウ科の蝶。雄の翅は金緑色で褐色の縁，雌の前翅は青紫色で黒色の縁，後翅は暗褐色。開張4.0〜4.5mm。分布：標高1800〜3500mのヒマラヤ山脈。

シラユキカナブン〈Ranzania bertolonii〉昆虫綱甲虫目コガネムシ科の甲虫。分布：アフリカ中央部・東部。

シラユキコヤガ〈Eublemma sp.〉昆虫綱鱗翅目ヤガ科コヤガ亜科の蛾。分布：秋田県川辺町。

シラユキツトガ〈Catoptria viridiana〉昆虫綱鱗翅目メイガ科の蛾。分布：富山県立山の鷲岳。

シラユキナミシャク〈Palaemystis mabillaria〉昆虫綱鱗翅目シャクガ科ナミシャク亜科の蛾。開張23mm。分布：本州, 四国, 中国西部。

シラユキヒメハナカミキリ〈Pidonia dealbata〉昆虫綱甲虫目カミキリムシ科ハナカミキリ亜科の甲虫。

シラララカハナカミキリ〈Judolia sexmaculata〉昆虫綱甲虫目カミキリムシ科ハナカミキリ亜科の甲虫。体長8〜14mm。分布：北海道, 本州。

シリアアゲハ〈Archon apollinus〉昆虫綱鱗翅目アゲハチョウ科の蝶。分布：小アジア, レバノン。

シリアイボハダオサムシ〈Carabus syriacus〉昆虫綱甲虫目オサムシ科。分布：シリア, パレスチナ。

シリアカイエバエ〈Synthesiomyia nudiseta〉昆虫綱双翅目イエバエ科。体長8.0〜9.0mm。害虫。

シリアカクロデオキノコムシ　シリアカデオキノコムシの別名。

シリアカセグロハバチ〈Tenthredo rubrocaudata〉昆虫綱膜翅目ハバチ科。

シリアカタマノミハムシ〈Sphaeroderma abdominale〉昆虫綱甲虫目ハムシ科。

シリアカデオキノコムシ〈Scaphidium rufopygum〉昆虫綱甲虫目デオキノコムシ科の甲虫。体長4.0〜5.5mm。

シリアカニクバエ〈Sarcophaga crassipalpis〉昆虫綱双翅目ニクバエ科。体長8〜18mm。分布：北海道, 本州, 四国, 九州。害虫。

シリアカヒメクロデオキノコムシ　シリアカデオキノコムシの別名。

シリアカビロウドタテハ〈Terinos clarissa〉昆虫綱鱗翅目タテハチョウ科の蝶。分布：スマトラ, ボルネオ, マレーシア。

シリアカビロードタテハ　シリアカビロウドタテハの別名。

シリアカマメゾウムシ〈Bruchidius urbanus〉昆虫綱甲虫目マメゾウムシ科の甲虫。体長3〜4mm。分布：本州, 九州。

シリアゲアリ　尻上蟻　節足動物門昆虫綱膜翅目アリ科シリアゲアリ属Crematogasterの昆虫の総称。

シリアゲコバチ　挙尾小蜂〈Leucospis japonica〉昆虫綱膜翅目シリアゲコバチ科。体長11mm。分布：日本全土。

シリアゲコバチ　挙尾小蜂　節足動物門昆虫綱膜翅目シリアゲコバチ科Leucospididaeの昆虫の総称。

シリアゲムシ　挙尾虫〈scorpion fly〉昆虫綱シリアゲムシ目シリアゲムシ科Panorpidaeの総称。

シリアゲムシ　ヤマトシリアゲの別名。

シリアミヤマクワガタ〈Lucanus cervus akbesianus〉昆虫綱甲虫目クワガタムシ科。分布：ヨーロッパ, 中央アジア, シリア。

シリクトゥス・アギッラ〈Syrichtus agylla〉昆虫綱鱗翅目セセリチョウ科の蝶。分布：喜望峰からトランスバールおよびローデシアまで。

シリクトゥス・アステロディア〈Syrichtus asterodia〉昆虫綱鱗翅目セセリチョウ科の蝶。分布：喜望峰からトランスバールおよびローデシアまで。

シリクトゥス・アブスコンディタ〈Syrichtus abscondita〉昆虫綱鱗翅目セセリチョウ科の蝶。分布：ナタール, トランスバール, ローデシア。

シリクトゥス・サタスペス〈Syrichtus sataspes〉昆虫綱鱗翅目セセリチョウ科の蝶。分布：喜望峰, ローデシア。

シリクトゥス・スピオ〈Syrichtus spio〉昆虫綱鱗翅目セセリチョウ科の蝶。分布：喜望峰からアンゴラおよびタンザニアまで。

シリクトゥス・セケッスス〈Syrichtus secessus〉昆虫綱鱗翅目セセリチョウ科の蝶。分布：トランスバール, ローデシア。

シリクトゥス・ディオムス〈Syrichtus diomus〉昆虫綱鱗翅目セセリチョウ科の蝶。分布：アフリカ南部全域, 北へタンザニアまで。

シリクトゥス・デラゴアエ〈Syrichtus delagoae〉昆虫綱鱗翅目セセリチョウ科の蝶。分布：ナタール, トランスバール, ローデシア。

シリクトゥス・ナヌス〈Syrichtus nanus〉昆虫綱鱗翅目セセリチョウ科の蝶。分布：喜望峰, ローデシア。

シリクトゥス・プレチ〈Syrichtus ploetzi〉昆虫綱鱗翅目セセリチョウ科の蝶。分布：シエラレオネからコンゴまで。

シリクトゥス・レベリ〈Syrichtus rebeli〉昆虫綱鱗翅目セセリチョウ科の蝶。分布：ウガンダ。

シリグロオオキノコムシ　尻黒大茸虫〈Dactylotritoma atricapilla〉昆虫綱甲虫目オオキノコムシ科の甲虫。体長6.0〜6.5mm。分布：本州, 九州。

シリグロオオケシキスイ　尻黒大出尾虫〈Oxycnemis lewisi〉昆虫綱甲虫目ケシキスイムシ科の甲虫。体長7〜9mm。分布：北海道, 本州, 四国, 九州。

シリグロナカボソタマムシ〈Coraebus kiangsuanus〉昆虫綱甲虫目タマムシ科の甲虫。体長11～14mm。

シリグロニクバエ〈Helicophagella melanura〉昆虫綱双翅目ニクバエ科。体長7.0～13.0mm。害虫。

シリグロハマキ〈Archips nigricaudanus〉昆虫綱鱗翅目ハマキガ科ハマキガ亜科の蛾。柿, ナシ類, 林檎に害を及ぼす。分布：北海道, 本州, 四国, 対馬, 奄美大島, 朝鮮半島, ロシア(ウスリー, サハリン), 九州。

シリグロホソガガンボ〈Nephrotoma nigricauda〉昆虫綱双翅目ガガンボ科。

シリジロヒゲナガゾウムシ〈Androceras flavellicornis〉昆虫綱甲虫目ヒゲナガゾウムシ科の甲虫。体長6.3～8.5mm。分布：北海道, 本州, 九州, 対馬。

シリジロメナガヒゲナガゾウムシ〈Phaulimia confinis〉昆虫綱甲虫目ヒゲナガゾウムシ科の甲虫。体長4.3～5.6mm。分布：本州, 四国, 九州, 対馬。

シリス〈syllis〉多毛綱シリス科Syllidaeに属する環形動物の総称。

シリトゲナガゴミムシ フタトゲナガゴミムシの別名。

シリトゲヒメジョウカイモドキ〈Sternodeattalus chujoi〉昆虫綱甲虫目ジョウカイモドキ科の甲虫。体長3.2～3.6mm。

シリナガカミキリモドキ 尻長擬天牛〈Xanthochroa caudata〉昆虫綱甲虫目カミキリモドキ科の甲虫。体長12～16mm。分布：本州, 四国, 九州。害虫。

シリナガマダラカゲロウ〈Ephacerella longicaudata〉昆虫綱蜉蝣目マダラカゲロウ科。

シリブトウミハネカクシ〈Genoplectes uenoi〉昆虫綱甲虫目ハネカクシ科。分布：和歌山県田辺湾畠島, 愛媛県北条市鹿島, 吐噶喇列島中之島, 奄美諸島徳之島など。

シリブトガガンボ 尾太大蚊〈Cylindrotoma japonica〉昆虫綱双翅目ガガンボ科。体長11～14mm。分布：日本全土。

シリブトチョッキリ〈Chokkirius truncatus〉昆虫綱甲虫目オトシブミ科の甲虫。体長3.1～4.0mm。

シリブトヒメコケムシ〈Euconnus fustiger〉昆虫綱甲虫目コケムシ科の甲虫。体長1.4mm。分布：九州。

シリブトヒラタコメツキ〈Eanoides puerilis〉昆虫綱甲虫目コメツキムシ科の甲虫。体長5～10mm。

シリブトヨツメハネカクシ〈Eudectus rufulus〉昆虫綱甲虫目ハネカクシ科の甲虫。体長2.2～2.5mm。

シルバーリーフコナジラミ〈Bemisia argentifolii〉昆虫綱半翅目コナジラミ科。体長0.8mm。タバコ, 隠元豆, 小豆, ササゲ, ナス科野菜, サツマイモ, 大豆, アブラナ科野菜, ウリ科野菜, セリ科野菜に害を及ぼす。

シルビアキマダラセセリ〈Ochlodes bouddha〉昆虫綱鱗翅目セセリチョウ科の蝶。分布：中国, ミャンマー。

シルビアシジミ〈Zizina otis〉昆虫綱鱗翅目シジミチョウ科ヒメシジミ亜科の蝶。別名タイワンコシジミ。後翅の縁は黒褐色。開張3～4mm。分布：アフリカからインド, 日本, オーストラリア。

シルビヤシジミ シルビアシジミの別名。

シルベストリコバチ〈Prospaltella smithi〉昆虫綱膜翅目ツヤコバチ科。

シルマティア・アエティオプス〈Syrmatia aethiops〉昆虫綱鱗翅目シジミタテハ科。分布：コスタリカ, コロンビアからボリビア。

シルマティア・ドリラス〈Syrmatia dorilas〉昆虫綱鱗翅目シジミタテハ科の蝶。分布：ギアナ, ブラジル。

シルモプテラ・メラノミトゥラ〈Syrmoptera melanomitra〉昆虫綱鱗翅目シジミチョウ科の蝶。分布：カメルーン。

シレトコキノコヨトウ〈Bryophila orthogramma〉昆虫綱鱗翅目ヤガ科の蛾。分布：ヨーロッパ東部からシベリア, モンゴル, 極東アジア, 中国北部, 北海道東北部。

シロアシクシヒゲガガンボ〈Tanyptera macraeformis〉昆虫綱双翅目ガガンボ科。

シロアシクロノメイガ〈Hedylepta tristrialis〉昆虫綱鱗翅目メイガ科の蛾。分布：北海道, 本州, 四国, 九州, 屋久島, 朝鮮半島, シベリア南東部。

シロアシコウカアブ〈Ptecticus okinawaensis〉昆虫綱双翅目ミズアブ科。体長8～10mm。害虫。

シロアシヒメハマキ オオシロアシヒメハマキの別名。

シロアシマルハバチ〈Eriocampa albipes〉昆虫綱膜翅目ハバチ科。

シロアシユスリカ〈Paratendipes albimanus〉昆虫綱双翅目ユスリカ科。

シロアショツメモンヒメハマキ〈Cydia japonensis〉昆虫綱鱗翅目ハマキガ科の蛾。分布：北海道から本州の中部山地。

シロアナアキゾウムシ〈Hesychobius vossi〉昆虫綱甲虫目ゾウムシ科の甲虫。体長6.9～8.1mm。分布：九州, 沖縄諸島, 伊豆諸島(御蔵島, 青ヶ島)。

シロアミメヨトウ〈*Pseuderiopus albiscripta*〉昆虫綱鱗翅目ヤガ科カラスヨトウ亜科の蛾。分布：インド，台湾，西表島。

シロアヤヒメノメイガ 白綾姫野螟蛾〈*Diasemia litterata*〉昆虫綱鱗翅目メイガ科ノメイガ亜科の蛾。開張20〜24mm。分布：北海道，本州，四国，九州，屋久島，朝鮮半島，中国，インドから東南アジア一帯，ヨーロッパ。

シロアラゲカミキリ ヤエヤマキイロアラゲカミキリの別名。

シロアリ 白蟻〈termites〉昆虫綱シロアリ目(等翅目)Isopteraの昆虫の総称。

シロアリモドキ 擬白蟻〈web-spinners〉昆虫綱シロアリモドキ目Embioptera(紡脚目)の昆虫の総称。珍品。

シロアリモドキ属の一種 分布：ペルー。

シロイチモジマダラメイガ シロイチモンジマダラメイガの別名。

シロイチモジヨトウ シロイチモンジヨトウの別名。

シロイチモンジマダラメイガ 白一文字斑螟蛾〈*Etiella zinckenella*〉昆虫綱鱗翅目メイガ科マダラメイガ亜科の蛾。開張21〜26mm。大豆に害を及ぼす。分布：日本全土，朝鮮半島からヨーロッパ，アフリカから東洋熱帯，アメリカ大陸，太平洋の島々。

シロイチモンジヨトウ 白一文字夜盗蛾〈*Spodoptera exigua*〉昆虫綱鱗翅目ヤガ科カラスヨトウ亜科の蛾。灰褐色に，濃淡の斑紋がある。開張2.5〜3.0mm。オクラ，隠元豆，小豆，ササゲ，大豆，アカザ科野菜，アブラナ科野菜，ウリ科野菜，キク科野菜，シソ，セリ科野菜，ナス科野菜，苺，ユリ科野菜，グラジオラスに害を及ぼす。分布：世界各地。

シロイロカゲロウ オオシロカゲロウの別名。

シロウズアシナガハムシ〈*Monolepta shirozui*〉昆虫綱甲虫目ハムシ科の甲虫。体長3.0〜4.0mm。

シロウズアリシミ〈*Atelurodes shirozui*〉無翅昆虫亜綱総尾目メナシシミ科。

シロウズウンカ〈*Toya propinqua*〉昆虫綱半翅目ウンカ科。体長雌3.5mm，雄3.3mm。シバ類，イネ科牧草に害を及ぼす。分布：日本全国，温帯から熱帯。

シロウズクロヒメハナノミ〈*Mordellistena shirozui*〉昆虫綱甲虫目ハナノミ科の甲虫。体長3.0〜3.5mm。

シロウズヒメハナノミ シロウズクロヒメハナノミの別名。

シロウズヒメハナムシ〈*Heterolitus shirozui*〉昆虫綱甲虫目ヒメハナムシ科の甲虫。体長1.7〜2.4mm。

シロウズヒラタチビタマムシ〈*Habroloma kagosimanum*〉昆虫綱甲虫目タマムシ科の甲虫。体長2.8〜3.3mm。

シロウマシジミ アサマシジミの別名。

シロウマハマキ〈*Acleris crassa*〉昆虫綱鱗翅目ハマキガ科の蛾。分布：本州の中部山地。

シロウマヒロコバネ〈*Neomicropteryx nudata*〉昆虫綱鱗翅目コバネガ科の蛾。分布：本州長野県の白馬岳。

シロウマホソヒラタゴミムシ〈*Trephionus kinoshitai*〉昆虫綱甲虫目オサムシ科の甲虫。体長8〜10.5mm。

シロウマミズギワゴミムシ〈*Bembidion fujiyamai*〉昆虫綱甲虫目オサムシ科の甲虫。体長4.0mm。

シロウミアメンボ〈*Halobates matsumurai*〉昆虫綱半翅目アメンボ科。絶滅危惧II類(VU)。

シロウラナミシジミ〈*Jamides alecto*〉昆虫綱鱗翅目シジミチョウ科ヒメシジミ亜科の蝶。淡青色の金属光沢と，細い白色の線。開張3.0〜4.5mm。分布：インド，スリランカ，ミャンマー，マレーシア。

シロエグリコヤガ〈*Holocryptis ussuriensis*〉昆虫綱鱗翅目ヤガ科コヤガ亜科の蛾。分布：沿海州，北海道から九州，伊豆諸島，神津島，御蔵島。

シロエグリツトガ〈*Pareromene exsectella*〉昆虫綱鱗翅目メイガ科ツトガ亜科の蛾。開張8〜12mm。分布：本州，四国，九州，屋久島，シベリア南東部。

シロエビグモ〈*Philodromus cespitum*〉蛛形綱クモ目エビグモ科の蜘蛛。体長雌6〜7mm，雄5〜6mm。分布：本州，四国。

シロオオコフキコガネ〈*Lepidiota stigma*〉昆虫綱甲虫目コガネムシ科の甲虫。分布：インドシナ，マレーシア。

シロオオメイガ〈*Scirpophaga excerptalis*〉昆虫綱鱗翅目メイガ科の蛾。サトウキビに害を及ぼす。分布：本州，四国，九州，対馬，屋久島，奄美大島，沖縄本島，宮古島，石垣島，西表島，台湾。

シロオオヨコバイ〈*Tettigella spectra*〉昆虫綱半翅目オオヨコバイ科。

シロオビアオイチモンジ〈*Limenitis arthemis*〉昆虫綱鱗翅目タテハチョウ科の蝶。分布：カナダからミシガン州まで。

シロオビアオシャク〈*Geometra sponsaria*〉昆虫綱鱗翅目シャクガ科アオシャク亜科の蛾。開張34〜43mm。分布：北海道，本州，対馬，シベリア南東部，中国西部。

シロオビアカアシナガゾウムシ〈*Mecysolobus nipponicus*〉昆虫綱甲虫目ゾウムシ科の甲虫。体

長7.0〜7.5mm。分布：本州, 四国, 九州の山地。

シロオビアゲハ 白帯揚羽〈*Papilio polytes*〉昆虫綱鱗翅目アゲハチョウ科の蝶。後翅には乳白色の斑紋の帯。開張9〜10mm。柑橘に害を及ぼす。分布：インド, スリランカ, アンダマン, ニコバル, マレーシア, スマトラ, ジャワ, ボルネオ, 小スンダ列島, フィリピン, スラウェシ, マルク諸島, 中国, 台湾, 沖縄など。珍蝶。

シロオビアシナガシジミ〈*Miletus biggsi*〉昆虫綱鱗翅目シジミチョウ科の蝶。分布：マレーシア。

シロオビアツバ シロオビクルマコヤガの別名。

シロオビアフリカアオバセセリ〈*Coeliades forestan*〉昆虫綱鱗翅目セセリチョウ科の蝶。灰褐色で, 三角形の前翅。開張4.5〜5.0mm。分布：マダガスカルとセイシェル諸島を含む, サハラ砂漠より南のアフリカ。

シロオビアワフキ 白帯泡吹虫〈*Aphrophora intermedia*〉昆虫綱半翅目アワフキムシ科。体長11〜12mm。ナシ類, 林檎, 柑橘, バラ類, サンゴジュ, マサキ, ニシキギ, 桜類, 桜桃, 桑に害を及ぼす。分布：北海道, 本州, 四国, 九州, 対馬。

シロオビイチモンジジャノメ〈*Orsotriaena medus*〉昆虫綱鱗翅目ジャノメチョウ科の蝶。分布：インド, スリランカ, ニューギニア, オーストラリア, マレーシア。

シロオビウンカ〈*Unkanodes albifascia*〉昆虫綱半翅目ウンカ科。

シロオビオエダシャク〈*Semiothisa fuscaria*〉昆虫綱鱗翅目シャクガ科エダシャク亜科の蛾。開張21〜26mm。分布：北海道, 関東から中部の山地。

シロオビオナガタテハ〈*Palla ussheri*〉昆虫綱鱗翅目タテハチョウ科の蝶。雄は白色の帯で仕切られた黒色の前翅, 雌は淡色のオレンジ色の帯のある翅。開張7〜8mm。分布：アフリカの東部から西部。

シロオビカストニア〈*Castnia licus*〉昆虫綱鱗翅目カストニアガ科の蛾。黒褐色の地に黄色がかった白色の帯が走る。開張6〜10mm。分布：中央および南アメリカの熱帯域。

シロオビカッコウムシ 白帯郭公虫〈*Tarsostenus univittatus*〉昆虫綱甲虫目カッコウムシ科の甲虫。体長4〜5mm。

シロオビカミキリ〈*Phymatodes albicinctus*〉昆虫綱甲虫目カミキリムシ科カミキリ亜科の甲虫。体長4.5〜8.0mm。分布：北海道, 本州, 四国, 九州, 対馬。

シロオビカワトンボ〈*Psolodesmus mandarinus mandarinus*〉昆虫綱蜻蛉目カワトンボ科。分布：台湾北部。

シロオビキノハタテハ〈*Anaea clytemnestra*〉昆虫綱鱗翅目タテハチョウ科の蝶。開張90mm。分布：中南米。珍蝶。

シロオビギンハマキ〈*Croesia dealbata*〉昆虫綱鱗翅目ハマキガ科の蛾。分布：北海道, 本州の山地。

シロオビキンメムシガ〈*Argyresthia perbella*〉昆虫綱鱗翅目メムシガ科の蛾。分布：兵庫県永ノ山。

シロオビクチカクシゾウムシ〈*Cyamobolus sturmi*〉昆虫綱甲虫目ゾウムシ科の甲虫。体長10.1〜12.6mm。

シロオビクルマコヤガ〈*Trisateles emortualis*〉昆虫綱鱗翅目ヤガ科コヤガ亜科の蛾。開張23〜28mm。分布：ユーラシア, 北海道, 本州, 四国。

シロオビクロキバガ〈*Compsolechia solemnella*〉昆虫綱鱗翅目キバガ科の蛾。開張14mm。分布：北海道, 本州(山地)。

シロオビクロコガ シロオビクロナガの別名。

シロオビクロコケガ〈*Siccia minuta*〉昆虫綱鱗翅目ヒトリガ科コケガ亜科の蛾。分布：本州(関東以西), 四国, 九州。

シロオビクロナガ〈*Eidophasia albifasciata*〉昆虫綱鱗翅目スガ科の蛾。開張12〜14mm。分布：北海道, 本州(東北), サハリン。

シロオビクロナミシャク 白帯黒波尺蛾〈*Trichobaptria exsecuta*〉昆虫綱鱗翅目シャクガ科ナミシャク亜科の蛾。開張22〜27mm。分布：北海道, 千島, 本州, 四国, 九州, 東北地方, サハリン, シベリア南東部。

シロオビクロハバチ イチゴハバチの別名。

シロオビクロヒカゲ〈*Lethe verma*〉昆虫綱鱗翅目ジャノメチョウ科の蝶。分布：ヒマラヤから中国中部・南部・西部, マレーシア, 台湾。

シロオビクロホソバ シロオビクロコケガの別名。

シロオビコノハチョウ〈*Kallima albofasciata*〉昆虫綱鱗翅目タテハチョウ科の蝶。分布：アンダマン諸島。

シロオビコノマチョウ〈*Melanitis* sp.〉昆虫綱鱗翅目ジャノメチョウ科の蝶。

シロオビコノマチョウ オビコノマチョウの別名。

シロオビコバネナミシャク〈*Neopachrophilla albida*〉昆虫綱鱗翅目シャクガ科の蛾。分布：石川県, 長野県西部, 福井県, 岐阜県, 四国(高知県)。

シロオビコブガ〈*Nola yoshinensis*〉昆虫綱鱗翅目コブガ科の蛾。分布：本州(東海以西), 四国, 九州, 屋久島。

シロオビゴマダラヒカゲ〈*Zethera pimplea*〉昆虫綱鱗翅目ジャノメチョウ科の蝶。別名フィリピンマダラヒカゲ。分布：バブヤン諸島, ルソン島, ミンドロ, マリンドゥケ, ポリロ, ブリアス, カタンドゥアネス。

シロオビゴマフカミキリ〈Falsomesosella gracilior〉昆虫綱甲虫目カミキリムシ科フトカミキリ亜科の甲虫。体長10〜12mm。分布：本州, 四国, 九州。

シロオビコムラサキ〈Apatura nycteis〉昆虫綱鱗翅目タテハチョウ科の蝶。分布：アムールから朝鮮半島まで。

シロオビコヤガ〈Grammondes stolida〉昆虫綱鱗翅目ヤガ科の蛾。前翅は褐色で, クリーム色と濃いチョコレート色の帯が入る。開張2.5〜4.0mm。分布：ヨーロッパの地中海沿岸, アフリカ, インド, 東南アジア。

シロオビサビカミキリ エゾサビカミキリの別名。

シロオビシギゾウムシ〈Curculio nagaoi〉昆虫綱甲虫目ゾウムシ科の甲虫。体長2.8〜3.8mm。

シロオビシンジュタテハ〈Salamis cytora〉昆虫綱鱗翅目タテハチョウ科の蝶。分布：アフリカ西部。

シロオビタマゴバチ〈Pseudanastatus albitarsis〉昆虫綱膜翅目ナガコバチ科。

シロオビタマゾウムシ〈Stereonychidius galloisi〉昆虫綱甲虫目ゾウムシ科の甲虫。体長4.2〜4.8mm。分布：本州, 九州。

シロオビチビカミキリ〈Sybrodiboma subfasciata〉昆虫綱甲虫目カミキリムシ科フトカミキリ亜科の甲虫。体長7〜10mm。分布：北海道, 本州, 四国, 九州, 佐渡, 対馬, 屋久島, 沖縄諸島。

シロオビチビサビキコリ〈Adelocera difficilis〉昆虫綱甲虫目コメツキムシ科の甲虫。体長3mm。

シロオビチビシギゾウムシ〈Curculio albovittatus〉昆虫綱甲虫目ゾウムシ科の甲虫。体長2.1〜2.3mm。分布：北海道, 本州(山地)。

シロオビチビヒラタカミキリ シロオビカミキリの別名。

シロオビチャイロタテハ〈Siproeta epaphus〉昆虫綱鱗翅目タテハチョウ科の蝶。黒褐色に白色の帯。開張7.0〜7.5mm。分布：中央および南アメリカの熱帯雨林。

シロオビチャイロフタオチョウ〈Charaxes bupalus〉昆虫綱鱗翅目タテハチョウ科の蝶。分布：パラワン。

シロオビツツハナバチ 白帯筒花蜂〈Osmia excavata〉昆虫綱膜翅目ハキリバチ科。分布：日本各地。

シロオビツヤヒメハナバチ〈Andrena watasei〉昆虫綱膜翅目ヒメハナバチ科。

シロオビツルギタテハ〈Marpesia orsilochus〉昆虫綱鱗翅目タテハチョウ科の蝶。分布：南アメリカ北部。

シロオビドイカミキリ〈Doius adachii〉昆虫綱甲虫目カミキリムシ科フトカミキリ亜科の甲虫。体長6mm。分布：北海道, 本州。

シロオビトガリバキノハ シロオビキノハタテハの別名。

シロオビトガリメイガ〈Endotricha aculeatalis〉昆虫綱鱗翅目メイガ科の蛾。分布：沖縄本島, 石垣島, 西表島, 与那国島。

シロオビドクガ 白帯毒蛾〈Numenes albofascia〉昆虫綱鱗翅目ドクガ科の蛾。開張雄45〜67mm, 雌56〜83mm。分布：北海道(南西部), 本州(東北地方北部より), 四国, 九州, 対馬, 朝鮮半島。

シロオビトラカミキリ〈Clytus raddensis〉昆虫綱甲虫目カミキリムシ科カミキリ亜科の甲虫。体長7.5〜12.5mm。分布：本州。

シロオビトリノフンダマシ〈Cyrtarachne nagasakiensis〉蛛形綱クモ目コガネグモ科の蜘蛛。体長雌5〜6mm, 雄1.0〜1.5mm。分布：本州, 四国, 九州, 南西諸島。

シロオビトンボシジミタテハ〈Ithomeis aerella〉昆虫綱鱗翅目シジミタテハ科。分布：ペルー南部。

シロオビナカボカシノメイガ〈Cangetta rectilinea〉昆虫綱鱗翅目メイガ科ノメイガ亜科の蛾。開張11〜14mm。分布：紀伊半島以西の本州, 九州の北部から南部, 屋久島, 奄美大島, 西表島, 台湾, 中国, スリランカ。

シロオビナカボソタマムシ 白帯中細吉丁虫〈Coraebus quadriundulatus〉昆虫綱甲虫目タマムシ科の甲虫。体長6〜9mm。キイチゴに害を及ぼす。分布：北海道, 本州, 四国, 九州, 佐渡。

シロオビノミゾウムシ〈Rhynchaenus rusci〉昆虫綱甲虫目ゾウムシ科の甲虫。

シロオビノメイガ 白帯野螟蛾〈Hymenia recurvalis〉昆虫綱鱗翅目メイガ科ノメイガ亜科の蛾。開張21〜24mm。アカザ科野菜, 甜菜, ケイトウ類に害を及ぼす。分布：日本全図, 東南アジアからオーストラリア, 北アメリカ。

シロオビハイイロヤガ〈Spaelotis lucens〉昆虫綱鱗翅目ヤガ科モンヤガ亜科の蛾。開張45mm。分布：北海道, 東北地方, 関東北部, 中部地方, 朝鮮半島。

シロオビハカマジャノメ〈Pierella nereis〉昆虫綱鱗翅目ジャノメチョウ科の蝶。分布：ブラジル南部。

シロオビハマキ〈Acleris salicicola〉昆虫綱鱗翅目ハマキガ科の蛾。分布：国後島, 北海道。

シロオビハリバエ 白帯針蠅〈Trigonospila ludio〉昆虫綱双翅目ヤドリバエ科。

シロオビハレギチョウ キオビハレギチョウの別名。

シロオビヒカゲ〈Lethe europa〉昆虫綱鱗翅目ジャノメチョウ科の蝶。前翅長32～36mm。分布：石垣島, 西表島。

シロオビヒゲナガ ケブカヒゲナガの別名。

シロオビヒメエダシャク〈Lomaspilis marginata〉昆虫綱鱗翅目シャクガ科エダシャク亜科の蛾。開張19～22mm。分布：北海道, 千島, サハリン, 朝鮮半島, シベリア南東部, ヨーロッパ。

シロオビヒメヒカゲ 白帯姫日陰蝶〈Coenonympha hero〉昆虫綱鱗翅目ジャノメチョウ科の蝶。前翅長18～20mm。分布：フランス, スカンジナビア, ヨーロッパ中部, アジアからアムール, 朝鮮半島, 日本(北海道)まで。

シロオビヒメヒゲナガカミキリ ホシオビヒゲナガカミキリの別名。

シロオビヒメフクロウチョウ〈Opsiphanes tamarindi〉昆虫綱鱗翅目フクロウチョウ科の蝶。分布：メキシコ, ベネズエラ。

シロオビヒョットコ〈Abisara kausambi〉昆虫綱鱗翅目シジミタテハ科の蝶。分布：マレーシア, ボルネオ, スマトラ, ミャンマー, アッサム。

シロオビビロウドカミキリ〈Cereopsius ziczac〉昆虫綱甲虫目カミキリムシ科フトカミキリ亜科の甲虫。

シロオビフクロウ〈Thauria aliris〉昆虫綱鱗翅目タテハチョウ科の蝶。黒地に白色の斜めの帯が走る。開張11～13mm。分布：ミャンマーからタイ, マレーシア, ボルネオ。

シロオビフクロウチョウ イドメネウスフクロウチョウの別名。

シロオビフトヒゲナガゾウムシ〈Eucorynus crassicornis〉昆虫綱甲虫目ヒゲナガゾウムシ科の甲虫。体長6.1～10.0mm。分布：石垣島, 西表島。

シロオビフユシャク 白帯冬尺蛾〈Alsophila japonensis〉昆虫綱鱗翅目シャクガ科ホシシャク亜科の蛾。開張30～38mm。梅, アンズ, 林檎, 桜類に害を及ぼす。分布：北海道, 本州, 四国, 九州。

シロオビベニホシ〈Euthalia adonia〉昆虫綱鱗翅目タテハチョウ科の蝶。

シロオビホウジャク〈Macroglossum mediovittata〉昆虫綱鱗翅目スズメガ科の蛾。分布：沖縄本島, 西表島。

シロオビホオナガスズメバチ〈Vespula norvegicoides pacifica〉昆虫綱膜翅目スズメバチ科。体長女王16～18mm, 働きバチ11～14mm, 雄13～17mm。害虫。

シロオビホソゾウムシ〈Gasteroclisus binodulus〉昆虫綱甲虫目ゾウムシ科の甲虫。体長9.5～11.0mm。

シロオビホソハマキモドキ 白帯細擬葉捲虫〈Glyphipterix basifasciata〉昆虫綱鱗翅目ホソハマキモドキガ科の蛾。開張11～15mm。分布：北海道, 本州, 四国, 九州。

シロオビホタルガ〈Chalcosia formosana〉昆虫綱鱗翅目マダラガ科の蛾。分布：台湾。

シロオビマイマイガ〈Palasea albimacula〉昆虫綱鱗翅目ドクガ科の蛾。前翅の中央には黄白色の透明の帯。開張2.5～4.5mm。分布：アンゴラ, ザンビア, ジンバブエから, モザンビーク, トランスバール, ナタール, ケープ。

シロオビマダラ〈Euploea redtenbacheri〉昆虫綱鱗翅目マダラチョウ科の蝶。分布：ミャンマー, マレーシア, セレベス, モルッカ諸島。

シロオビマダラヒメハマキ〈Griselda relicta〉昆虫綱鱗翅目ハマキガ科の蛾。分布：北海道旭川, 岩手県早池峰山, 東北及び中部山地。

シロオビマダラメイガ〈Acrobasis injunctella〉昆虫綱鱗翅目メイガ科の蛾。分布：本州(東北南部から関東, 中部), シベリア南東部。

シロオビマネシヒカゲ〈Elymnias dara〉昆虫綱鱗翅目ジャノメチョウ科の蝶。分布：ミャンマーからマレーシア, ジャワまで。

シロオビマルカツオブシムシ シラオビマルカツオブシムシの別名。

シロオビマルバナミシャク〈Solitanea defricata〉昆虫綱鱗翅目シャクガ科ナミシャク亜科の蛾。開張21～24mm。分布：本州, シベリア南東部。

シロオビムラサキヒメバチ〈Ichneumon cyaniventris〉昆虫綱膜翅目ヒメバチ科。体長20mm。分布：本州, 四国。

シロオビムラサキフタオチョウ〈Charaxes chintechi〉昆虫綱鱗翅目タテハチョウ科の蝶。分布：マラウイ北部。

シロオビモンキアゲハ タイワンモンキアゲハの別名。

シロオビヨトウ〈Hadena compta〉昆虫綱鱗翅目ヤガ科ヨトウガ亜科の蛾。開張30mm。分布：ユーラシア, 北海道, 本州。

シロオビルリカスリタテハ〈Hamadryas arinome〉昆虫綱鱗翅目タテハチョウ科の蝶。開張65mm。分布：中南米。珍蝶。

シロオビワモンチョウ シロオビフクロウの別名。

シロガ〈Chasmina candida〉昆虫綱鱗翅目ヤガ科カラスヨトウ亜科の蛾。分布：屋久島以南の諸島。

シロカザリシロチョウ〈Delias blanca apameia〉昆虫綱鱗翅目シロチョウ科の蝶。分布：ルソン島, ミンダナオ, ボルネオ北部。

シロカサン 〈*Penicillifera apicalis*〉昆虫綱鱗翅目カイコガ科の蛾。雄の翅は半透明の白色，中央には濃い黒色の斑点。雌は白色。開張2.5～5.0mm。分布：ヒマラヤ山脈から，ミャンマー，マレーシア，フィリピン。

シロカタヤブカ 〈*Aedes nipponicus*〉昆虫綱双翅目カ科。

シロカネイソウロウグモ 〈*Argyrodes bonadea*〉蛛形綱クモ目ヒメグモ科の蜘蛛。体長雌2.5～3.5mm，雄2.0～2.3mm。分布：本州，四国，九州，南西諸島。

シロカネグモ 銀蜘蛛 節足動物門クモ形綱真正クモ目アシナガグモ科のシロカネグモ属の総称。

シロカブトムシ 〈*Dynastes granti*〉昆虫綱甲虫目コガネムシ科の甲虫。別名グラントカブトムシ。分布：アメリカ南部。

シロカマトリバ 〈*Leioptilus albidactylus*〉昆虫綱鱗翅目トリバガ科の蛾。分布：本州。

シロカミキリ ムネホシシロカミキリの別名。

シロカレキゾウムシ 〈*Karekizo impressicollis*〉昆虫綱甲虫目ゾウムシ科の甲虫。体長3.2～4.1mm。

シロキチョウ 〈*Eurema albula*〉昆虫綱鱗翅目シロチョウ科の蝶。分布：ベネズエラ，ブラジル，トリニダード。

シロキマダラヒカゲ 〈*Neope armandii*〉昆虫綱鱗翅目ジャノメチョウ科の蝶。分布：中国西部および中部，アッサム，ミャンマー。

シロクサビモンシジミタテハ 〈*Uraneis ucubis*〉昆虫綱鱗翅目シジミチョウ科の蝶。三角形の白斑。開張3～4mm。分布：コロンビア。

シロクジャクタテハ 〈*Anartia jatrophae*〉昆虫綱鱗翅目タテハチョウ科の蝶。翅は輝くような白色。開張5.0～5.5mm。分布：中央および南アメリカ，西インド諸島，合衆国のテキサス南部やフロリダ。

シロクビキリガ 〈*Lithophane consocia*〉昆虫綱鱗翅目ヤガ科セダカモクメ亜科の蛾。開張43～46mm。分布：ユーラシア，北海道から九州，伊豆大島。

シロクロキバガ 〈*Telphusa comprobata*〉昆虫綱鱗翅目キバガ科の蛾。開張13～15mm。分布：本州(中部地方)。

シロゲトビハムシ 〈*Hespera formosana*〉昆虫綱甲虫目ハムシ科の甲虫。体長2.5～2.8mm。

シロケンモン 〈*Acronicta leporina*〉昆虫綱鱗翅目ヤガ科ケンモンヤガ亜科の蛾。開張43mm。分布：北海道，本州中部以北。

シロコナカゲロウ 白粉蜉蝣 〈*Semidalis albata*〉昆虫綱脈翅目コナカゲロウ科。分布：本州，九州。

シロコブアゲハヒメバチ 〈*Psilomastax pyramidalis*〉昆虫綱膜翅目ヒメバチ科。体長20mm。分布：北海道，本州，九州。

シロコブゾウムシ 白瘤象鼻虫 〈*Episomus turritus*〉昆虫綱甲虫目ゾウムシ科の甲虫。体長13～15mm。フジに害を及ぼす。分布：本州，四国，九州。

シロゴマダラシジミ 〈*Phengaris daitozana*〉昆虫綱鱗翅目シジミチョウ科の蝶。

シロゴマダラヒカゲ 〈*Zethera hestioides*〉昆虫綱鱗翅目ジャノメチョウ科の蝶。分布：ミンダナオ。

シロシジミ 〈*Ravenna nivea*〉昆虫綱鱗翅目シジミチョウ科の蝶。

シロシジミタテハ 〈*Dodona aponata*〉昆虫綱鱗翅目シジミタテハ科。分布：ルソン島，ミンダナオ。

シロシタオビエダシャク 白下帯枝尺蛾 〈*Alcis picata*〉昆虫綱鱗翅目シャクガ科エダシャク亜科の蛾。開張39～45mm。分布：北海道，本州中部山地，東北(宮城県)，北陸，関東，東海の山地。

シロシタケンモン 〈*Acronicta hercules*〉昆虫綱鱗翅目ヤガ科ケンモンヤガ亜科の蛾。開張53mm。分布：沿海州，北海道から九州。

シロシタコバネナミシャク 〈*Trichopteryx fastuosa*〉昆虫綱鱗翅目シャクガ科ナミシャク亜科の蛾。開張21～24mm。分布：北海道，本州，四国，九州。

シロシタサツマニシキ 〈*Erasmia pulchella fritzei*〉昆虫綱鱗翅目マダラガ科の蛾。開張70～80mm。

シロシタセセリ 〈*Tagiades cohaerens*〉昆虫綱鱗翅目セセリチョウ科の蝶。

シロシタトビイロナミシャク 〈*Heterothera postalbida*〉昆虫綱鱗翅目シャクガ科ナミシャク亜科の蛾。開張20～33mm。分布：北海道，本州，四国，九州，対馬，朝鮮半島，中国。

シロシタバ 白下翅 〈*Catocala nivea*〉昆虫綱鱗翅目ヤガ科シタバガ亜科の蛾。開張95～105mm。分布：北海道から九州，西北ヒマラヤ，中国中部，台湾(北部)。

シロシタヒメナミシャク 〈*Lobophora halterata*〉昆虫綱鱗翅目シャクガ科ナミシャク亜科の蛾。開張21～23mm。分布：北海道，本州(中部山地)。

シロシタホタルガ 白下蛍蛾 〈*Chalcosia remota*〉昆虫綱鱗翅目マダラガ科の蛾。開張50～55mm。分布：北海道，本州，四国，九州，対馬，朝鮮半島，中国。害虫。

シロシタミスジ 〈*Neptis praslini*〉昆虫綱鱗翅目タテハチョウ科の蝶。分布：ニューギニア，オーストラリア。

シロシタヨトウ 〈*Sarcopolia illoba*〉昆虫綱鱗翅目ヤガ科ヨトウガ亜科の蛾。開張38～46mm。アカ

ザ科野菜, アブラナ科野菜, ナス科野菜, 林檎, キウイ, 甜菜, 桑, マメ科牧草, イリス類, グラジオラス, 菊, ダリア, ソバに害を及ぼす. 分布：インド北部から中国, 沿海州, 北海道から九州, 対馬.

シロジネマルハキバガ〈*Hypatopa montivaga*〉昆虫綱鱗翅目ネマルハキバガ科の蛾. 分布：北海道, 本州, 四国.

シロジマエダシャク〈*Euryobeidia languidata*〉昆虫綱鱗翅目シャクガ科エダシャク亜科の蛾. 開張38〜46mm. 分布：本州(東北地方北部より), 四国, 九州, 対馬, 台湾, 中国, インド北部, ネパール, 屋久島.

シロジマシャチホコ〈*Pheosia fusiformis*〉昆虫綱鱗翅目シャチホコガ科ウチキシャチホコ亜科の蛾. 開張45〜52mm. 分布：ヨーロッパ, 北海道, 中部以北の本州山地.

シロシモフリエダシャク〈*Biston exoticus*〉昆虫綱鱗翅目シャクガ科の蛾. 分布：四国南部, 対馬, 台湾.

シロシャチホコ〈*Cnethodonta japonica*〉昆虫綱鱗翅目シャチホコガ科の蛾. 分布：本州(東北地方まで), 四国, 九州.

シロシャチホコ バイバラシロシャチホコの別名.

シロジャノメ〈*Malanargia halimede*〉昆虫綱鱗翅目ジャノメチョウ科の蝶. 分布：モンゴル, 中国北部.

シロジュウゴホシテントウ 白十五星瓢虫〈*Calvia quinquedecimguttata*〉昆虫綱甲虫目テントウムシ科の甲虫. 体長5mm. 分布：北海道, 本州.

シロジュウジキバカミキリ〈*Callipogon lemoinei*〉昆虫綱甲虫目カミキリムシ科の甲虫. 分布：パナマ, 南アメリカ北部.

シロジュウシホシテントウ 白十四星瓢虫〈*Calvia quatuordecimguttata*〉昆虫綱甲虫目テントウムシ科の甲虫. 体長4.5〜6.0mm. 分布：北海道, 本州, 四国, 九州.

シロジュウロクホシテントウ〈*Halyzia sedecimguttata*〉昆虫綱甲虫目テントウムシ科の甲虫. 体長6.0〜6.4mm.

シロズアツバ〈*Ectogonia butleri*〉昆虫綱鱗翅目ヤガ科クチバ亜科の蛾. 開張20mm. 分布：関東地方を北限, 九州に至る本土域, 対馬, 屋久島.

シロズア・メルポメネ〈*Shirozua melpomene*〉昆虫綱鱗翅目シジミチョウ科の蝶. 分布：中国.

シロズエダシャク 白頭枝尺蛾〈*Ecpetelia albifrontaria*〉昆虫綱鱗翅目シャクガ科エダシャク亜科の蛾. 開張27〜34mm. 分布：本州(東北地方北部から), 四国, 九州.

シロズオオヨコバイ 白頭大横長〈*Oniella leucocephala*〉昆虫綱半翅目ヨコバイ科. 体長5.5〜7.0mm. 分布：北海道, 本州, 四国, 九州.

シロズキクイサビゾウムシ〈*Synommatoides shirozui*〉昆虫綱甲虫目オサゾウムシ科の甲虫. 体長3.5〜4.2mm.

シロズキヌスガ〈*Kessleria pseudosericella*〉昆虫綱鱗翅目スガ科の蛾. 分布：本州.

シロズキンヨコバイ〈*Idiocerus ishiyamae*〉昆虫綱半翅目ヨコバイ科. 体長5.2〜7.0mm. 分布：北海道, 本州, 四国, 九州.

シロズコガ〈*Acrolepiopsis albicomella*〉昆虫綱鱗翅目アトヒゲコガ科の蛾. 分布：志賀高原(長野県).

シロスジアオシャク〈*Chlorocoma dichloraria*〉昆虫綱鱗翅目シャクガ科の蛾. 青味をおびた緑色. 開張2.5〜3.0mm. 分布：タスマニアを含む, オーストラリア.

シロスジアオヨトウ 白条青夜盗蛾〈*Tranchea atriplicis*〉昆虫綱鱗翅目ヤガ科カラスヨトウ亜科の蛾. 開張45〜52mm. 分布：ユーラシア, 北海道から九州.

シロスジアオリンガ〈*Bena sylpha*〉昆虫綱鱗翅目ヤガ科リンガ亜科の蛾. 開張35〜40mm.

シロスジアツバ〈*Bartula spacoalis*〉昆虫綱鱗翅目ヤガ科クルマアツバ亜科の蛾. 開張25mm. 分布：北海道, 本州, 四国, 九州, 朝鮮半島, 中国.

シロスジイシガケチョウ ジャノメイシガケチョウの別名.

シロスジウンモンコヤガ ウスアオキノコヨトウの別名.

シロスジエグリシャチホコ〈*Fusapteryx ladislai*〉昆虫綱鱗翅目シャチホコガ科ウチキシャチホコ亜科の蛾. 開張38〜44mm. 分布：沿海州, 中国東北, 北海道から九州.

シロスジエグリノメイガ〈*Sufetula sunidesalis*〉昆虫綱鱗翅目メイガ科の蛾. 分布：関東以西の本州, 九州, 対馬, 奄美大島, インドから東南アジア一帯.

シロスジオオエダシャク〈*Xandrames latiferaria*〉昆虫綱鱗翅目シャクガ科エダシャク亜科の蛾. 開張50〜60mm. 分布：北海道, 本州, 四国, 九州, 中国北部, 石垣島, インド北部, 台湾.

シロスジオオスカシノメイガ〈*Glyphodes stolalis*〉昆虫綱鱗翅目メイガ科の蛾. 分布：屋久島, 台湾, インドから東南アジア一帯, オーストラリア.

シロスジオサゾウムシ〈*Rhabdoscelus lineatocollis*〉昆虫綱甲虫目オサゾウムシ科. 体長13〜15mm. サトウキビに害を及ぼす. 分布：フィリピン諸島.

シロスジオナガセセリ〈*Chioides albofasciatus*〉昆虫綱鱗翅目セセリチョウ科の蝶. 分布：中央アメリカからテキサス州まで.

シロスジカバキバガ シロスジカバマルハキバガの別名。

シロスジカバマルハキバガ〈Promalactis suzukiella〉昆虫綱鱗翅目マルハキバガ科の蛾。開張11〜13mm。分布：本州, 九州。

シロスジカミキリ 白条天牛〈Batocera lineolata〉昆虫綱甲虫目カミキリムシ科フトカミキリ亜科に属する甲虫。体長45〜52mm。ナシ類, 栗, 無花果に害を及ぼす。分布：本州, 四国, 九州, 佐渡, 奄美大島, 徳之島。

シロスジカラスヨトウ〈Amphipyra tripartita〉昆虫綱鱗翅目ヤガ科カラスヨトウ亜科の蛾。開張51〜57mm。分布：中国, 朝鮮半島, 北海道を除く本土域, 対馬。

シロスジキノコヨトウ〈Stenoloba jankowskii〉昆虫綱鱗翅目ヤガ科コヤガ亜科の蛾。開張30〜34mm。分布：中国, 沿海州, 北海道から九州, 対馬, 屋久島。

シロスジキリガ〈Lithomoia solidaginis〉昆虫綱鱗翅目ヤガ科セダカモクメ亜科の蛾。開張44〜47mm。分布：北半球冷温帯, 北海道, 群馬県北軽井沢, 鹿沢温泉, 長野県八方尾根。

シロスジキンウワバ〈Diachrysia zosimi〉昆虫綱鱗翅目ヤガ科コヤガ亜科の蛾。開張38〜40mm。分布：ユーラシア, 沿海州, 朝鮮半島, 北海道, 東北地方から関東, 中部地方。

シロスジギングチバチ〈Ectemnius iridifrons〉昆虫綱膜翅目ジガバチ科。体長16mm。分布：日本全土。

シロスジクチキヒメバチ〈Eugalta albimarginalis〉昆虫綱膜翅目ヒメバチ科。体長16mm。分布：日本全土。

シロスジクチブサガ〈Ypsolopha strigosa〉昆虫綱鱗翅目スガ科の蛾。開張24〜27mm。分布：北海道, 本州, 中国北部。

シロスジグモ〈Runcinia albostriata〉蛛形綱クモ目カニグモ科の蜘蛛。

シロスジクロマダラメイガ〈Metriostola infausta〉昆虫綱鱗翅目メイガ科の蛾。分布：北海道, 東北, 関東, 北陸, 中部の山地, 四国の北部山地。

シロスジケアシハナバチ 白条毛脚花蜂〈Dasypoda japonica〉昆虫綱膜翅目ケアシハナバチ科。分布：本州, 九州。

シロスジコガネ 白条金亀子〈Polyphylla albolineata〉昆虫綱甲虫目コガネムシ科コフキコガネ亜科の甲虫。体長24〜32mm。分布：北海道, 本州, 四国, 九州。

シロスジコシブトハナバチ〈Amegilla quadrifasciata〉昆虫綱膜翅目コシブトハナバチ科。

シロスジコハナバチ〈Lasioglossum occidens〉昆虫綱膜翅目コハナバチ科。

シロスジコハナバチモドキ〈Lasioglossum mutillum〉昆虫綱膜翅目コハナバチ科。

シロスジコムラサキ〈Mimathyma nycteis〉昆虫綱鱗翅目タテハチョウ科の蝶。

シロスジコヤガ シロスジキノコヨトウの別名。

シロスジサビコメツキ〈Chalcolepidius limbatus〉昆虫綱甲虫目コメツキムシ科。分布：メキシコからアルゼンチンまで。

シロスジシマコヤガ 白条縞小夜蛾〈Corgatha dictaria〉昆虫綱鱗翅目ヤガ科コヤガ亜科の蛾。開張14〜18mm。分布：中国中部, 関東地方以西, 四国, 九州, 対馬。

シロスジシャチホコ 白条天社蛾〈Nerice davidi〉昆虫綱鱗翅目シャチホコガ科ウチキシャチホコ亜科の蛾。開張35〜40mm。分布：沿海州, 朝鮮半島, 北海道, 本州中部・北部。

シロスジショウジョウグモ〈Hypsosinga sanguinea〉蛛形綱クモ目コガネグモ科の蜘蛛。体長雌3〜5mm, 雄2.5〜3.0mm。分布：北海道, 本州, 四国, 九州。

シロスジタコゾウムシ〈Hypera adspersa〉昆虫綱甲虫目ゾウムシ科の甲虫。

シロスジツガ(1)〈Crambus argyrophorus〉昆虫綱鱗翅目メイガ科ツトガ亜科。開張18〜25mm。分布：北海道, 本州, 四国, 九州, 対馬, 屋久島。

シロスジツガ(2)〈Pseudocatharylla inclaralis〉昆虫綱鱗翅目メイガ科ツトガ亜科の蛾。分布：四国, 九州, 中国。

シロスジツマキリヨトウ〈Callopistria albolineola〉昆虫綱鱗翅目ヤガ科カラスヨトウ亜科の蛾。開張28mm。分布：沿海州, 朝鮮半島, 北海道から九州, 対馬。

シロスジツヤカナブン〈Plaesiorrhina watokinsiana〉昆虫綱甲虫目コガネムシ科の甲虫。分布：アフリカ西部, 中央部。

シロスジツヤヒメゾウムシ〈Eumycterus laodioides〉昆虫綱甲虫目ゾウムシ科の甲虫。体長3.5〜4.0mm。

シロスジドウボソカミキリ 白条胴細天牛〈Pothyne annulata〉昆虫綱甲虫目カミキリムシ科フトカミキリ亜科の甲虫。体長13〜19mm。分布：本州, 四国, 九州, 屋久島, 奄美大島。

シロスジトガリアツバ〈Rhynchina morosa〉昆虫綱鱗翅目ヤガ科の蛾。

シロスジトガリヒメバチ〈Schreineria annulipes japonica〉昆虫綱膜翅目ヒメバチ科。

シロスジトガリメイガ〈*Endotricha costaemaculalis*〉昆虫綱鱗翅目メイガ科の蛾。分布：朝鮮半島，シベリア南東部，台湾，インド，対馬。

シロスジトゲバカミキリ ムモントゲバカミキリの別名。

シロスジトゲヒメバチ 白条棘姫蜂〈*Togea albofasciata*〉ヒメバチ科。分布：北海道，本州，四国。

シロスジトモエ 白条巴蛾〈*Metopta rectifasciata*〉昆虫綱鱗翅目ヤガ科シタバガ亜科の蛾。開張55～63mm。分布：沿海州，朝鮮半島，中国，北海道から九州，対馬，屋久島。

シロスジナガハナアブ 白条長花虻〈*Milesia undulata*〉昆虫綱双翅目ハナアブ科。分布：日本各地。

シロスジヒゲナガゾウムシ〈*Mucronianus takemurai*〉昆虫綱甲虫目ヒゲナガゾウムシ科の甲虫。体長9.5～12.0mm。

シロスジヒゲナガハナバチ〈*Eucera spurcatipes*〉昆虫綱膜翅目コシブトハナバチ科。

シロスジヒトリモドキ〈*Asota heliconia*〉昆虫綱鱗翅目ヒトリモドキガ科の蛾。開張56～60mm。分布：インドーオーストラリア地区，奄美大島，徳之島，沖縄本島，久米島，石垣島，西表島，与那国島，南大東島，台湾。

シロスジヒメエダシャク 白条姫枝尺蛾〈*Ligdia japonaria*〉昆虫綱鱗翅目シャクガ科エダシャク亜科の蛾。開張20～22mm。分布：本州(東北地方北部より)，四国，九州。

シロスジヒメカタゾウ スジヒメカタゾウムシの別名。

シロスジヒメバチ〈*Achaius oratorius albizonellus*〉昆虫綱膜翅目ヒメバチ科。体長13mm。分布：日本全土。

シロスジヒメハマキ〈*Aphanina lacteifascies*〉昆虫綱鱗翅目ハマキガ科の蛾。

シロスジヒラタアブヤドリバチ〈*Homotropus tarsatorius*〉昆虫綱膜翅目ヒメバチ科。

シロスジヒロバハマキ〈*Foveifera hastana*〉昆虫綱鱗翅目ノコメハマキガ科の蛾。開張18～20mm。

シロスジヒロバヒメハマキ〈*Thiodia hastana*〉昆虫綱鱗翅目ハマキガ科の蛾。分布：北海道，ヨーロッパからロシア。

シロスジベッコウアブバエ シロスジベッコウハナアブの別名。

シロスジベッコウハナアブ 白条鼈甲花虻〈*Volucella tabanoides*〉昆虫綱双翅目ショクガバエ科。体長15～20mm。分布：北海道，本州，四国，九州。

シロスジベニキバガ シロスジベニマルハキバガの別名。

シロスジベニマルハキバガ〈*Promalactis enopisema*〉昆虫綱鱗翅目マルハキバガ科の蛾。別名ワタミマルハキバガ。開張11～14mm。分布：千島列島(択捉島，国後島)，北海道，本州，四国，九州，中国。

シロスジヘリホシヒメハマキ〈*Dichrorampha albistriana*〉昆虫綱鱗翅目ハマキガ科の蛾。分布：北海道及び東北の山地。

シロスジホソガ〈*Aristaea pavoniella*〉昆虫綱鱗翅目ホソガ科の蛾。分布：北海道，本州，九州，ヨーロッパ。

シロスジマダラ〈*Penthema formosanum*〉昆虫綱鱗翅目ジャノメチョウ科の蝶。別名タイワンゴマダラ。分布：台湾。

シロスジマダラメイガ〈*Assara terebrella*〉昆虫綱鱗翅目メイガ科の蛾。分布：北海道，シベリア東部からヨーロッパ中部。

シロスジメダカハンミョウ〈*Therates alboobliquatus*〉昆虫綱甲虫目ハンミョウ科の甲虫。体長8～10mm。

シロスジヤドリミツバチ〈*Triepeolus ventralis*〉昆虫綱膜翅目ミツバチ科。

シロスジヨトウ〈*Lacanobia oleracea*〉昆虫綱鱗翅目ヤガ科ヨトウガ亜科の蛾。分布：ユーラシア，北海道，十勝，釧路地方。

シロスジルリコガネカミキリ〈*Sphingnotus mirabilis*〉昆虫綱甲虫目カミキリムシ科の甲虫。分布：セラム，アンボン，ミゾール，サルワッティ，ワイゲオ，ジョビー，ニューギニア。

シロズシンクイ〈*Paramorpha laxeuta*〉昆虫綱鱗翅目シンクイガ科の蛾。分布：屋久島，スリランカ。

シロズススモンヒメハマキ〈*Eucosma aemulana*〉昆虫綱鱗翅目ハマキガ科の蛾。分布：ユーラシア大陸，本州(宮城県まで)，四国，対馬，北海道，九州。

シロスソビキアゲハ〈*Lamproptera curius*〉昆虫綱鱗翅目アゲハチョウ科の蝶。

シロズトビハマキ アカトビハマキの別名。

シロスネアブ 白脛虻〈*Tabanus miyajima*〉昆虫綱双翅目アブ科。分布：本州，四国，九州。

シロズヒメムシヒキ 白頭姫食虫虻〈*Philonicus albiceps*〉昆虫綱双翅目ムシヒキアブ科。分布：本州。

シロズヒメヨコバイ〈*Aguriahana triangularis*〉昆虫綱半翅目ヨコバイ科。体長3.5mm。ナス科野菜，バラ類，苺に害を及ぼす。分布：本州，四国，九州，台湾の山地。

シロズヒラタマルハキバガ〈*Eutorna polismatica*〉昆虫綱鱗翅目マルハキバガ科の蛾。開張15～17mm。分布：本州，四国。

シロズマダラヒメハマキ〈*Griselda toshimai*〉昆虫綱鱗翅目ハマキガ科の蛾。分布：本州(高尾山，扉温泉)，四国(香川県奥塩入，大滝山，一ツ内，高知県足摺岬)，対馬。

シロズマルハネキバガ シロズヒラタマルハキバガの別名。

シロズメムシガ〈*Argyresthia albicomella*〉昆虫綱鱗翅目メムシガ科の蛾。分布：北海道(大沼)，本州(箱根と長野県王滝村)。

シロズリンガ〈*Westermannia elliptica*〉昆虫綱鱗翅目ヤガ科リンガ亜科の蛾。開張35mm。分布：タイ，屋久島，奄美大島。

シロセスジヨコバイ〈*Scaphoideus albovittatus*〉昆虫綱半翅目ヨコバイ科。体長5～6mm。分布：本州，四国，九州。

シロセセリ ユウマダラセセリの別名。

シロタイスアゲハ〈*Parnalius cerisy*〉昆虫綱鱗翅目アゲハチョウ科の蝶。分布：ギリシア，ブルガリア，ルーマニア，トルコ，シリア，イラク，レバノン，コーカサス。

シロタスキシジミ〈*Thysonotis albula*〉昆虫綱鱗翅目シジミチョウ科の蝶。分布：ニューギニア。

シロタテハ〈*Helcyra superba*〉昆虫綱鱗翅目タテハチョウ科の蝶。分布：中国，台湾(ジャワ，アンボン，ニューギニアなどの南方諸島産は別種とされる)。

シロタニガワカゲロウ 白谷川蜉蝣〈*Ecdyonurus yoshidae*〉昆虫綱蜉蝣目ヒラタカゲロウ科。体長9mm。分布：日本各地。

シロタマヒメグモ〈*Enoplognatha margarita*〉蛛形綱クモ目ヒメグモ科の蜘蛛。体長雌6～7mm，雄5～6mm。分布：北海道，本州(北部・中部・関東地方の高地，亜高山地帯)。

シロチビコブカミキリ〈*Miccolamia tuberculata*〉昆虫綱甲虫目カミキリムシ科フトカミキリ亜科の甲虫。

シロチビノメイガ〈*Gargela xanthocasis*〉昆虫綱鱗翅目メイガ科の蛾。分布：鹿児島県の佐多岬，屋久島，口永良部島，沖縄本島，台湾，中国南部，インドから東南アジア一帯，オーストラリア北部。

シロチョウ 白蝶〈*white and sulphur*〉昆虫綱鱗翅目シロチョウ科Pieridaeの総称。

シロチョウタテハ ヒメシロタテハの別名。

シロツトガ〈*Calamotropha azumai*〉昆虫綱鱗翅目メイガ科ツトガ亜科の蛾。開張25mm。分布：北海道，本州，九州，沖縄本島，台湾，シベリア南東部，中国。

シロツバカニグモ〈*Diaea subadulta*〉蛛形綱クモ目カニグモ科の蜘蛛。

シロツバメエダシャク 白燕枝尺蛾〈*Ourapteryx maculicaudaria*〉昆虫綱鱗翅目シャクガ科エダシャク亜科の蛾。開張36～54mm。分布：北海道，本州，四国，九州，対馬，サハリン，千島，朝鮮半島，シベリア南東部，中国。

シロツバメコガ シロツバメスガの別名。

シロツバメスガ 白燕巣蛾〈*Saridoscelis synodias*〉昆虫綱鱗翅目スガ科の蛾。開張13～17mm。分布：北海道，本州，九州。

シロツマキリアツバ〈*Pangrapta porphyrea*〉昆虫綱鱗翅目ヤガ科クチバ亜科の蛾。開張32～36mm。分布：北海道を除く本土域。

シロツメモンヒメハマキ〈*Cydia amurensis*〉昆虫綱鱗翅目ハマキガ科の蛾。分布：本州，四国，屋久島，ロシア(アムール)。

シロツルギアブ〈*Psilocephala argentata*〉昆虫綱双翅目ツルギアブ科。体長10mm。分布：本州，四国，九州。

シロテンアカマダラヒメハマキ〈*Gatesclarkeana idia*〉昆虫綱鱗翅目ハマキガ科の蛾。分布：屋久島，奄美大島，琉球列島(沖縄本島，西表島)，中国南部，スマトラ，ジャワ，ボルネオ，モルッカ諸島。

シロテンアツバ〈*Stenbergmania albomaculalis*〉昆虫綱鱗翅目ヤガ科クチバ亜科の蛾。開張20mm。分布：沿海州，朝鮮半島，本州，四国，九州。

シロテンイラガ〈*Sibine stimulea*〉昆虫綱鱗翅目イラガ科の蛾。前翅は濃い赤褐色に暗紫灰色と黒色の斑紋がある。開張2.5～4.0mm。分布：合衆国の西部および北部。

シロテンウスグロノメイガ〈*Bradina atopalis*〉昆虫綱鱗翅目メイガ科の蛾。分布：東北地方南部から北陸，関東，四国，九州。

シロテンウスグロヨトウ〈*Athetis albisignata*〉昆虫綱鱗翅目ヤガ科カラスヨトウ亜科の蛾。開張30～34mm。分布：沿海州，朝鮮半島，中国，北海道から九州。

シロテンエダシャク 白点枝尺蛾〈*Cleora leucophaea*〉昆虫綱鱗翅目シャクガ科エダシャク亜科の蛾。開張33～45mm。林檎に害を及ぼす。分布：北海道，本州，四国，九州，対馬，屋久島，シベリア南東部，伊豆諸島(三宅島，八丈島)。

シロテンカバナミシャク〈*Eupithecia tripunctaria*〉昆虫綱鱗翅目シャクガ科ナミシャク亜科の蛾。開張17～20mm。分布：北海道，本州，四国，中国東北，シベリア南東部からヨーロッパ，北アメリカ。

シロテンキノメイガ〈*Nacoleia commixta*〉昆虫綱鱗翅目メイガ科ノメイガ亜科の蛾。開張17mm。

分布：北海道, 本州, 四国, 九州, 対馬, 屋久島, 奄美大島, 沖縄本島, 台湾, 中国, 東南アジア。

シロテンキヨトウ〈*Aletia conigera*〉昆虫綱鱗翅目ヤガ科ヨトウガ亜科の蛾。開張31〜35mm。分布：ユーラシア, 北海道から本州中部山地。

シロテンクチバ〈*Hypersypnoides astrigera*〉昆虫綱鱗翅目ヤガ科クチバ亜科の蛾。分布：中国, 沿海州, 北海道から九州, 対馬。

シロテンクロヨトウ 白点黒夜盗蛾〈*Pratysenta cyclica*〉昆虫綱鱗翅目ヤガ科カラスヨトウ亜科の蛾。開張24〜33mm。分布：北海道から九州。

シロテンコウモリ 白点蝙蝠蛾〈*Palpifer sexnotata*〉昆虫綱鱗翅目コウモリガ科の蛾。開張30〜36mm。コンニャクに害を及ぼす。分布：北海道, 本州, 四国, 九州, 対馬, 台湾, スリランカ, インド。

シロテンコバネナミシャク〈*Trichopteryx grisearia*〉昆虫綱鱗翅目シャクガ科の蛾。分布：本州(関東, 北陸以西), 四国, 九州, 対馬。

シロテンサザナミナミシャク〈*Entephria amplicosta*〉昆虫綱鱗翅目シャクガ科ナミシャク亜科の蛾。開張27〜28mm。分布：北海道, 大雪山の高山帯, 本州, 中部山岳。

シロテンシギゾウムシ〈*Curculio yoshieae*〉昆虫綱甲虫目ゾウムシ科の甲虫。体長3.4mm。

シロテンシャチホコ〈*Urodonta viridimixta*〉昆虫綱鱗翅目シャチホコガ科ウチキシャチホコ亜科の蛾。開張40〜44mm。分布：沿海州, 中国東北, 北海道から九州。

シロテンシロアシヒメハマキ〈*Phaecasiophora obraztsovi*〉昆虫綱鱗翅目ハマキガ科の蛾。分布：本州, 四国, 九州北部, 対馬。

シロテンチビミノガ〈*Paranarychia albomaculatella*〉昆虫綱鱗翅目ミノガ科の蛾。分布：山梨県昇仙峡。

シロテンツマキリアツバ〈*Amphitrogia amphidecta*〉昆虫綱鱗翅目ヤガ科クチバ亜科の蛾。開張30〜32mm。分布：東北地方北部から九州, 対馬。

シロテンツヤメクラガメ〈*Deraeocoris punctulatus*〉昆虫綱半翅目メクラカメムシ科。

シロテンガリバヒメハマキ〈*Bactra venosana*〉昆虫綱鱗翅目ハマキガ科の蛾。分布：南ヨーロッパ, 北アフリカ, 中国(南部), 台湾, フィリピン, ジャワ, ボルネオ, ハワイ, 本州(静岡県), 四国, 九州, 伊豆諸島, 屋久島, 琉球列島, 小笠原諸島。

シロテントガリヒメバチ〈*Agrothereutes japonicus*〉昆虫綱膜翅目ヒメバチ科。

シロテントビスジエダシャク〈*Abaciscus albipunctata*〉昆虫綱鱗翅目シャクガ科エダシャク亜科の蛾。開張21〜24mm。分布：本州(東北地方北部より), 四国, 九州。

シロテンナガタマムシ 白鮎長吉丁虫〈*Agrilus sospes*〉昆虫綱甲虫目タマムシ科の甲虫。体長5.2〜8.5mm。分布：本州, 四国, 九州。

シロテンノメイガ〈*Diathrausta brevifascialis*〉昆虫綱鱗翅目メイガ科ノメイガ亜科の蛾。開張18mm。分布：北海道, 本州, 四国, 九州, 種子島, 屋久島, 奄美大島, 沖縄本島, 西表島, 南西諸島, 台湾, 中国。

シロテンハナムグリ〈*Protaetia orientalis*〉昆虫綱甲虫目コガネムシ科の甲虫。体長20〜25mm。分布：本州, 四国, 九州, 対馬。

シロテンヒメコヤガ〈*Amyna octo*〉昆虫綱鱗翅目ヤガ科コヤガ亜科の蛾。開張20〜24mm。分布：世界の亜熱帯域, 北海道を含む全域。

シロテンボカシヒメハマキ〈*Cryptophlebia hemitoma*〉昆虫綱鱗翅目ハマキガ科の蛾。分布：高尾山, 伊豆神津島, 対馬, ネパールのゴダバリ。

シロテンマドガ〈*Banisia owadai*〉昆虫綱鱗翅目マドガ科の蛾。分布：奄美大島, 喜界島, 沖永良部島, 沖縄本島, 石垣島, 西表島, 与那国島。

シロテンムラサキアツバ〈*Paracolax pryeri*〉昆虫綱鱗翅目ヤガ科クルマアツバ亜科の蛾。開張22〜24mm。分布：北海道, 本州, 四国, 九州, 対馬, 屋久島, 奄美大島, 沖縄本島, 台湾。

シロテンメイガ シロテンノメイガの別名。

シロトゲエダシャク〈*Phigalia verecundaria*〉昆虫綱鱗翅目シャクガ科エダシャク亜科の蛾。開張36〜40mm。林檎, 栗, 桜類に害を及ぼす。分布：北海道, 本州, 四国, シベリア南東部。

シロトホシテントウ〈*Calvia decemguttata*〉昆虫綱甲虫目テントウムシ科の甲虫。体長4.5〜6.0mm。分布：北海道, 本州, 四国, 九州。

シロトラカミキリ 白虎天牛〈*Paraclytus excultus*〉昆虫綱甲虫目カミキリムシ科カミキリ亜科の甲虫。体長10〜15mm。分布：北海道, 本州, 四国, 九州, 佐渡, 対馬。

シロトリバ〈*Pterophorus suffiatus*〉昆虫綱鱗翅目トリバガ科の蛾。分布：九州, 奄美大島, 徳之島, 沖永良部島, 西表島, 台湾。

シロナガカイガラムシ〈*Lopholeucaspis cockerelli*〉昆虫綱半翅目マルカイガラムシ科。体長2.0〜2.5mm。タコノキ, 柑橘に害を及ぼす。分布：小笠原, 世界の熱帯, 亜熱帯。

シロナガカキカイガラムシ〈*Neopinnaspis harperi*〉昆虫綱半翅目マルカイガラムシ科。体長2.0〜2.5mm。モッコク, マサキ, ニシキギ, シャリンバイ, イスノキ, イボタノキ類, 木犀類, マン

ゴーに害を及ぼす。分布：本州(南関東以西)以南の日本各地，台湾。

シロナミミズメイガ〈*Parthenodes prodigalis*〉昆虫綱鱗翅目メイガ科の蛾。分布：本州(福井県敦賀市)，徳之島，奄美大島，朝鮮半島，台湾。

シロナヨトウ〈*Spodoptera mauritia*〉昆虫綱鱗翅目ヤガ科カラスヨトウ亜科の蛾。開張32～37mm。アブラナ科野菜，稲，繊維作物に害を及ぼす。分布：マダガスカル，インド以東の亜熱帯アジア，オーストラリア，南太平洋地域，島嶼部を含む西南部一帯。

シロハシイエカ〈*Culex pseudovishnui*〉昆虫綱双翅目カ科。

シロハマキ ウスジロハマキの別名。

シロハマキホソガ〈*Caloptilia albicapitata*〉昆虫綱鱗翅目ホソガ科の蛾。分布：北海道。

シロハラケンモン〈*Acronicta pulverosa*〉昆虫綱鱗翅目ヤガ科ケンモンヤガ亜科の蛾。分布：中国北部，朝鮮半島，本州，四国，九州，対馬，屋久島。

シロハラコカゲロウ〈*Baetis thermicus*〉昆虫綱蜉蝣目コカゲロウ科。体長5～7mm。分布：日本各地。

シロハラノメイガ〈*Pleuroptya deficiens*〉昆虫綱鱗翅目メイガ科の蛾。分布：北海道，本州，四国，九州，対馬，奄美大島，台湾，中国，インドから東南アジア一帯。

シロヒゲアリノスハネカクシ〈*Bolitochara particornis*〉昆虫綱甲虫目ハネカクシ科の甲虫。体長4.5～5.0mm。

シロヒゲナガゾウムシ〈*Platystomos sellatus*〉昆虫綱甲虫目ヒゲナガゾウムシ科の甲虫。体長7.5～11.5mm。分布：北海道，本州，四国，九州，佐渡，対馬，伊豆諸島。

シロヒシモンコヤガ〈*Micardia argentata*〉昆虫綱鱗翅目ヤガ科コヤガ亜科の蛾。開張29～31mm。分布：中国，朝鮮半島，北海道から九州，伊豆大島。

シロヒトモンノメイガ 白一紋野螟蛾〈*Analthes semitritalis*〉昆虫綱鱗翅目メイガ科ノメイガ亜科の蛾。開張26～32mm。分布：北海道，本州，四国，九州，対馬，台湾。

シロヒトリ 白燈蛾，白灯蛾〈*Spilosoma niveum*〉昆虫綱鱗翅目ヒトリガ科ヒトリガ亜科の蛾。開張52～66mm。分布：北海道，本州，四国，九州，対馬，朝鮮半島，サハリン，シベリア南東部，中国。

シロヒメシャク〈*Scopula nivearia*〉昆虫綱鱗翅目シャクガ科の蛾。分布：北海道川上郡標茶，済州島，シベリア南東部。

シロヒメシンクイ〈*Spilonota albicana*〉昆虫綱鱗翅目ハマキガ科の蛾。開張14～17mm。ナシ類，林檎に害を及ぼす。分布：北海道，本州，四国，九州，対馬，屋久島，朝鮮半島，中国，ロシア(アムール)。

シロヒメミミズ〈*Enchytraeus albidus*〉ヒメミミズ科。害虫。

シロヒメヨコバイ〈*Eurhadina pulchella*〉昆虫綱半翅目ヒメヨコバイ科。

シロフアオシャク 白斑青尺蛾〈*Ochrognesia difficta*〉昆虫綱鱗翅目シャクガ科アオシャク亜科の蛾。開張25～32mm。分布：本州(関東より南)，四国，九州，朝鮮半島，中国東北，シベリア南東部。

シロフアオヨトウ〈*Xenotrachea niphonica*〉昆虫綱鱗翅目ヤガ科カラスヨトウ亜科の蛾。開張28～30mm。分布：北海道から九州，対馬。

シロフアブ 白斑虻〈*Tabanus mandarinus*〉昆虫綱双翅目アブ科。体長15～20mm。分布：北海道，本州，四国，九州。害虫。

シロフオナガバチ〈*Rhyssa persuasoria*〉昆虫綱膜翅目ヒメバチ科。

シロフオナガヒメバチ シロフオナガバチの別名。

シロフクロケンモン〈*Narcotica niveosparsa*〉昆虫綱鱗翅目ヤガ科ケンモンヤガ亜科の蛾。開張28～32mm。分布：中国，北海道から九州，対馬。

シロフクロトリバ 白斑黒鳥羽蛾〈*Pselnophorus japonicus*〉昆虫綱鱗翅目トリバガ科の蛾。開張14～18mm。分布：本州(多分関東地方より西)，四国，九州，対馬，種子島，屋久島。

シロフクロノメイガ 白斑黒野螟蛾〈*Pygospila tyres*〉昆虫綱鱗翅目メイガ科ノメイガ亜科の蛾。開張41mm。分布：本州，四国，九州，対馬，屋久島，台湾，インドから東南アジア一帯。

シロフケブカヌカカ〈*Forcipomyia albiradialis*〉昆虫綱双翅目ヌカカ科。

シロフコヤガ〈*Lithacodia pygarga*〉昆虫綱鱗翅目ヤガ科コヤガ亜科の蛾。開張22～28mm。分布：ユーラシア，北海道から九州，対馬。

シロフタオ 白二尾蛾〈*Epiplema exornata*〉昆虫綱鱗翅目フタオガ科の蛾。開張16～18mm。分布：北海道から本州中部山地，中国東北・南部，シベリア南東部，インド。

シロフタオビコヤガ〈*Eulocastra undulata*〉昆虫綱鱗翅目ヤガ科コヤガ亜科の蛾。開張17mm。分布：インド，セレベス，スマトラ，フィリピン，奈良県吉野，東京都奥多摩町日原。

シロフタスジツトガ〈*Agriphila aeneociliella*〉昆虫綱鱗翅目メイガ科の蛾。分布：山形県酒田，中国東北，ウラル地方から中部ヨーロッパ。

シロブチサラグモ〈*Linyphia marginata*〉蛛形綱クモ目サラグモ科の蜘蛛。体長雌5～6mm，雄6～7mm。分布：北海道，本州，四国，九州。

シロフチビコブガ〈Meganola microphasma〉昆虫綱鱗翅目コブガ科の蛾.分布：本州,四国,九州.

シロフツヤトビケラ　白斑艶飛螆〈Parapsyche maculata〉昆虫綱毛翅目シマトビケラ科.分布：北海道,本州.

シロフヒメケンモン〈Gerbathodes lichenodes〉昆虫綱鱗翅目ヤガ科ケンモンヤガ亜科の蛾.開張30mm.分布：沿海州,北海道,本州.

シロフフユエダシャク〈Agriopis leucophaearia〉昆虫綱鱗翅目シャクガ科エダシャク亜科の蛾.開張22〜30mm.分布：ヨーロッパからシベリア東部,中国東北,北海道,本州,四国,九州.

シロベニモンマダラ〈Zygaena ephialtes〉昆虫綱鱗翅目マダラガ科の蛾.白色,赤色,黄色などの斑紋あり.開張3〜4mm.分布：ヨーロッパの中部および南部.

シロヘリアツバ〈Simplicia mistacalis〉昆虫綱鱗翅目ヤガ科クルマアツバ亜科の蛾.分布：インドから東南アジア,ニューギニア,中国,台湾,九州佐多岬,沖永良部島,沖縄本島,西表島,南大東島.

シロヘリカメムシ　白縁亀虫〈Aenaria lewisi〉昆虫綱半翅目カメムシ科.体長12〜14mm.分布：本州,四国,九州.

シロヘリキリガ〈Orthosia limbata〉昆虫綱鱗翅目ヤガ科ヨトウガ亜科の蛾.開張38mm.林檎に害を及ぼす.分布：中国東部,台湾,北海道,東北地方から九州,対馬.

シロヘリクチブトカメムシ　白縁口太亀虫〈Andrallus spinidens〉昆虫綱半翅目カメムシ科.分布：九州南部,種子島など.

シロベリセセリ〈Phocides polybius〉昆虫綱鱗翅目セセリチョウ科の蝶.前後翅とも黒色で,青緑色の金属光沢の縞.開張50mm.分布：中央および南アメリカ.珍蝶.

シロヘリツチカメムシ　白縁土亀虫〈Canthophorus niveimarginatus〉昆虫綱半翅目ツチカメムシ科.準絶滅危惧種(NT).分布：本州,四国,九州.

シロヘリドクチョウ〈Heliconius cyrbius〉昆虫綱鱗翅目ドクチョウ科の蝶.分布：エクアドル,コロンビア.

シロヘリトラカミキリ　白縁虎天牛〈Aglaophis colobotheoides〉昆虫綱甲虫目カミキリムシ科カミキリ亜科の甲虫.体長10〜14mm.分布：日本各地.

シロヘリナガカメムシ〈Panaorus japonicus〉昆虫綱半翅目ナガカメムシ科.体長7〜8mm.稲に害を及ぼす.分布：九州以北の日本各地,千島,極東ロシア,韓国,済州島,中国.

シロヘリハマキモドキ〈Prochoreutis myllerana〉昆虫綱鱗翅目ハマキモドキガ科の蛾.分布：本州(新潟県),ヨーロッパからシベリア.

シロヘリハンミョウ〈Cicindela yuasai〉昆虫綱甲虫目ハンミョウ科の甲虫.体長9〜11mm.分布：本州(千葉県以南),南西諸島,伊豆諸島三宅島.

シロヘリベニモンコノハ〈Phyllodes conspicillator〉昆虫綱鱗翅目ヤガ科の蛾.分布：スラウェシ,アンボン,アルー,ニューギニア.

シロヘリミドリツノカナブン〈Dicranorrhina derbyana〉昆虫綱甲虫目コガネムシ科の甲虫.分布：アフリカ西部・中央部・南部.

シロヘリムラサキ〈Hypolimnas alimena heteromorpha〉昆虫綱鱗翅目タテハチョウ科の蝶.分布：マルク諸島からワイゲオ,ニューギニアを経てビスマルク諸島,ソロモン諸島まで.

シロヘリムラサキマダラ〈Euploea eurianassa〉昆虫綱鱗翅目マダラチョウ科の蝶.分布：ニューギニア.

シロホシエダシャク　白星枝尺蛾〈Arichanna albomacularia〉昆虫綱鱗翅目シャクガ科エダシャク亜科の蛾.開張33〜40mm.分布：北海道,本州,四国,九州.

シロホシカナブン　ニシキカナブンの別名.

シロホシキシタヨトウ〈Triphaenopsis lucilla〉昆虫綱鱗翅目ヤガ科カラスヨトウ亜科の蛾.開張35〜47mm.分布：北海道,本州,四国,九州.

シロホシクロアツバ〈Epizeuxis curvipalpis〉昆虫綱鱗翅目ヤガ科クルマアツバ亜科の蛾.開張21mm.分布：北海道,本州,四国,九州,朝鮮半島,ウスリー.

シロホシコヤガ　シラホシコヤガの別名.

シロホシジャノメ〈Taygetis albinotata〉昆虫綱鱗翅目ジャノメチョウ科の蝶.分布：ボリビア.

シロホシテントウ〈Vibidia duodecimguttata〉昆虫綱甲虫目テントウムシ科の甲虫.体長3.1〜4.9mm.

シロホシヒメグモ〈Steatoda grossa〉蛛形綱クモ目ヒメグモ科の蜘蛛.

シロホシヒメゾウムシ　シラホシヒメゾウムシの別名.

シロホソオビクロナミシャク〈Baptria tibiale〉昆虫綱鱗翅目シャクガ科の蛾.開張26〜31mm.分布：北海道,本州,朝鮮半島,中国東北,サハリン,シベリア東部からヨーロッパ中部.

シロホソコヤガ〈Araeopteron flaccida〉昆虫綱鱗翅目ヤガ科コヤガ亜科の蛾.分布：本州,四国.

シロホソスジナミシャク〈Microlygris multistriata〉昆虫綱鱗翅目シャクガ科ナミシャク亜科の蛾.開張17〜21mm.分布：北海道,本州,四国,九州,対馬,朝鮮半島,インド,中国.

シロホソバ 白細翅〈Eilema degenerella〉昆虫綱鱗翅目ヒトリガ科コケガ亜科の蛾。開張23〜26mm。分布：本州, 四国, 九州, 朝鮮半島, 中国。

シロホソメイガ〈Anerastia leucotaeniella〉昆虫綱鱗翅目メイガ科の蛾。分布：神奈川県藤沢市。

シロマダラオオヒゲナガゾウムシ〈Mecotropis unoi〉昆虫綱甲虫目ヒゲナガゾウムシ科の甲虫。体長13〜17mm。分布：八重山諸島。

シロマダラカバナミシャク〈Eupithecia extensaria〉昆虫綱鱗翅目シャクガ科ナミシャク亜科の蛾。開張22mm。分布：中央アジアからヨーロッパ, シベリア南東部, 青森, 岩手。

シロマダラコヤガ 白斑小夜蛾〈Lithacodia distinguenda〉昆虫綱鱗翅目ヤガ科コヤガ亜科の蛾。開張23〜26mm。稲に害を及ぼす。分布：沿海州, 朝鮮半島, 中国, 北海道から九州。

シロマダラチビカミキリ〈Neosybra albomarmorata〉昆虫綱甲虫目カミキリムシ科フトカミキリ亜科の甲虫。体長11mm。

シロマダラナミシャク〈Dysstroma albicoma〉昆虫綱鱗翅目シャクガ科ナミシャク亜科の蛾。開張22〜25mm。分布：本州。

シロマダラネブトヒゲナガゾウムシ〈Habrissus pardalis〉昆虫綱甲虫目ヒゲナガゾウムシ科の甲虫。体長6.9mm。

シロマダラノメイガ 白斑野螟蛾〈Chabula onychinalis〉昆虫綱鱗翅目メイガ科ノメイガ亜科の蛾。開張20〜23mm。夾竹桃に害を及ぼす。分布：北海道, 本州, 四国, 九州, 対馬, 石垣島, 西表島, 与那国島, 台湾, 朝鮮半島, 中国, インドから東南アジア一帯, オーストラリア, アフリカ。

シロマダラハバチ〈Ametastegia albovaria〉昆虫綱膜翅目ハバチ科。

シロマダラハマキ〈Celypa expeditana〉昆虫綱鱗翅目ノコメハマキガ科の蛾。開張14〜18mm。

シロマダラヒメハマキ〈Olethreutes bipunctana〉昆虫綱鱗翅目ハマキガ科の蛾。分布：ヨーロッパからロシア, 大雪山。

シロマダラヒメヨトウ〈Iambia japonica〉昆虫綱鱗翅目ヤガ科カラスヨトウ亜科の蛾。開張32〜36mm。分布：本州から九州, 対馬。

シロマダラフトカミキリ〈Celosterna pulchellator〉昆虫綱甲虫目カミキリムシ科の甲虫。分布：フィリピン。

シロマダラマドガ〈Hypolamprus marginepunctalis〉昆虫綱鱗翅目マドガ科の蛾。分布：本州(紀伊半島), 四国(南部), 九州(南部), 屋久島, 奄美大島。

シロマダラメイガ〈Euzopherodes oberleae〉昆虫綱鱗翅目メイガ科の蛾。分布：北海道(利尻島を含む), 本州, 対馬。

シロマルモンハマキ シロマルモンヒメハマキの別名。

シロマルモンヒメハマキ〈Zeiraphera demutata〉昆虫綱鱗翅目ハマキガ科の蛾。開張17.5〜19.5mm。分布：北海道, 本州(山地), 中国(東北), ロシア(アムール)。

シロミスジ〈Athyma perius〉昆虫綱鱗翅目タテハチョウ科イチモンジチョウ亜科の蝶。前翅長32〜35mm。分布：インド, ヒマラヤ西部から中国, 台湾をへて小スンダ列島まで, 石垣島, 西表島, 八重山。

シロミズメイガ〈Paraponyx stagnalis〉昆虫綱鱗翅目メイガ科の蛾。分布：奄美大島, 沖縄本島, 石垣島, 西表島, 台湾, インド北部。

シロミミチビヨトウ〈Oligia leuconephra〉昆虫綱鱗翅目ヤガ科カラスヨトウ亜科の蛾。分布：北海道, 本州。

シロミミハイイロヨトウ〈Apamea sordens〉昆虫綱鱗翅目ヤガ科カラスヨトウ亜科の蛾。麦類に害を及ぼす。分布：北半球温帯, 北海道一円, 岩手県, 秋田県の山間地。

シロミャクイチモンジヨコバイ〈Paramesodes albinervosus〉昆虫綱半翅目ヨコバイ科。体長5〜6mm。分布：本州, 四国, 九州, 対馬。

シロミャクオエダシャク〈Rhynchobapta eburnivena〉昆虫綱鱗翅目シャクガ科エダシャク亜科の蛾。開張31〜35mm。分布：本州(伊豆半島以西), 四国, 九州, 対馬, 屋久島, 中国, ボルネオ, アッサム。

シロミャクツツミノガ〈Coleophora therinella〉昆虫綱鱗翅目ツツミノガ科の蛾。分布：本州(岩手県), ヨーロッパ, 中央アジア。

シロムジノメイガ〈Pyrausta incoloralis〉昆虫綱鱗翅目メイガ科の蛾。分布：対馬, 屋久島, 奄美大島, 台湾, インドから東南アジア一帯。

シロムネクチブサガ〈Ypsolopha leuconotellus〉昆虫綱鱗翅目スガ科の蛾。分布：北海道, アムール。

シロムラサキ〈Hypolimnas dubia〉昆虫綱鱗翅目タテハチョウ科の蝶。分布：アフリカ全土(北アフリカを除く)。

シロメダマワモン〈Taenaris catops〉昆虫綱鱗翅目ワモンチョウ科の蝶。

シロモルフォ〈Morpho polyphemus〉昆虫綱鱗翅目モルフォチョウ科の蝶。分布：メキシコ, 中央アメリカ。

シロモンアオヒメシャク 白紋青姫尺蛾〈Dithecodes erasa〉昆虫綱鱗翅目シャクガ科ヒメシャク亜科の蛾。開張19〜24mm。分布：本州(宮城県以南), 四国, 九州。

シロモンアカガネヨトウ〈*Euplexia splendida*〉昆虫綱鱗翅目ヤガ科カラスヨトウ亜科の蛾。分布：東北地方，中部山地，九州の内陸山地，東京都奥多摩町。

シロモンアカヒメハマキ〈*Statherotoxys hedraea*〉昆虫綱鱗翅目ハマキガ科の蛾。分布：屋久島，奄美大島，インド，スリランカ。

シロモンアカミスジ〈*Athyma libnites*〉昆虫綱鱗翅目タテハチョウ科の蝶。

シロモンアゲハ〈*Papilio ambrax*〉昆虫綱鱗翅目アゲハチョウ科の蝶。分布：ニューギニアからクイーンズランドまで。

シロモンアツバ〈*Paracolax albinotata*〉昆虫綱鱗翅目ヤガ科クルマアツバ亜科の蛾。開張22～28mm。分布：北海道，本州，四国，九州。

シロモンウスチャヒメシャク〈*Organopoda carnearia*〉昆虫綱鱗翅目シャクガ科ヒメシャク亜科の蛾。開張27mm。分布：本州(伊豆半島以西)，四国，九州，対馬，屋久島，奄美大島，沖縄本島，台湾，中国南部からシッキム。

シロモンオオナミシャク〈*Triphosa albiplaga*〉昆虫綱鱗翅目シャクガ科の蛾。分布：八ヶ岳，赤石山脈の荒川岳，中国西部，チベット，インド北部。

シロモンオオヒゲナガゾウムシ〈*Mecotropis kyushuensis*〉昆虫綱甲虫目ヒゲナガゾウムシ科の甲虫。体長11～19mm。分布：九州(鹿児島県)，五島列島，屋久島，種子島，吐噶喇列島中之島，奄美大島，沖縄本島。

シロモンオビヨトウ〈*Athetis lineosa*〉昆虫綱鱗翅目ヤガ科カラスヨトウ亜科の蛾。開張31～37mm。分布：インド北部から中国，台湾，朝鮮半島，北海道から九州，伊豆諸島。

シロモンカタゾウムシ〈*Pachyrrhynchus insularis*〉昆虫綱甲虫目ゾウムシ科。分布：紅頭嶼。

シロモンカバナミシャク〈*Eupithecia spadix*〉昆虫綱鱗翅目シャクガ科ナミシャク亜科の蛾。開張19～20mm。分布：本州，朝鮮半島。

シロモンキエダシャク〈*Parectropis extersaria*〉昆虫綱鱗翅目シャクガ科エダシャク亜科の蛾。開張26～30mm。分布：ヨーロッパ，シベリア南部から朝鮮半島，北海道，本州，四国，九州。

シロモンキヨトウ〈*Mythimna unipuncta*〉昆虫綱鱗翅目ヤガ科の蛾。黄褐色で，前翅の中央に白色の斑紋がある。開張3～4mm。分布：北および南アメリカ，地中海地方，アフリカの一部。

シロモンキンメムシガ〈*Argyresthia brockeella*〉昆虫綱鱗翅目メムシガ科の蛾。開張12～13mm。分布：北海道，本州，ヨーロッパ。

シロモンクロエダシャク　白紋黒枝尺蛾〈*Proteostrenia leda*〉昆虫綱鱗翅目シャクガ科エダシャク亜科の蛾。開張28～38mm。分布：北海道，本州，四国，九州。

シロモンクロカノコ〈*Syntomis phegea*〉昆虫綱鱗翅目ヒトリガ科の蛾。青色味をおびた黒色で，前後翅に白色の斑点をもつ。開張3～4mm。分布：ヨーロッパ中部および南部。

シロモンクロキバガ〈*Aroga mesostrepta*〉昆虫綱鱗翅目キバガ科の蛾。分布：北海道，本州の低山地。

シロモンクロシジミ〈*Spalgis epius*〉昆虫綱鱗翅目シジミチョウ科の蝶。雄の前翅には白色斑，雌の前翅は大きく丸みをおびる。開張2～3mm。分布：インドやスリランカからマレーシア，スラウェシ。

シロモンクロシンクイ　白紋黒心喰蛾〈*Commatarcha palaeosema*〉昆虫綱鱗翅目シンクイガ科の蛾。開張13～15mm。分布：本州，四国，九州，屋久島，奄美大島。

シロモンクロノメイガ〈*Anania funebris*〉昆虫綱鱗翅目メイガ科の蛾。分布：北海道，本州，四国，東シベリアからヨーロッパ。

シロモンクロノメイガ　コガタシロモンノメイガの別名。

シロモンクロハマキ　ブライヤヒメハマキの別名。

シロモンケアシカナブン〈*Cheirolasia burkei burkei*〉昆虫綱甲虫目コガネムシ科の甲虫。分布：アフリカ中央部・南部，亜種はアフリカ南部。

シロモンケシカッコウムシ〈*Coptoclerus gressitti*〉昆虫綱甲虫目カッコウムシ科の甲虫。体長3.7～4.0mm。

シロモンケンモン〈*Acronicta albistigma*〉昆虫綱鱗翅目ヤガ科ケンモンヤガ亜科の蛾。開張48mm。分布：本州西部，四国，九州北部，対馬。

シロモンコノメイガ〈*Nacoleia chrysorycta*〉昆虫綱鱗翅目メイガ科の蛾。分布：本州，九州，西表島，台湾，インドから東南アジア一帯。

シロモンコムラサキ〈*Mimathyma schrenckii*〉昆虫綱鱗翅目タテハチョウ科の蝶。分布：アムールから朝鮮半島まで。

シロモンコヤガ〈*Lithacodia fentoni*〉昆虫綱鱗翅目ヤガ科コヤガ亜科の蛾。開張23～26mm。分布：沿海州，朝鮮半島，北海道から九州。

シロモンサビキコリ〈*Agrypnus scutellaris*〉昆虫綱甲虫目コメツキムシ科の甲虫。体長14～16mm。

シロモンシギゾウムシ〈*Curculio alboscutellatus*〉昆虫綱甲虫目ゾウムシ科の甲虫。体長4.0～4.5mm。分布：本州，四国，九州。

シロモンシマメイガ〈*Pyralis albiguttata*〉昆虫綱鱗翅目メイガ科シマメイガ亜科の蛾。開張14～

シロモンセ

20mm。分布：北海道(札幌)、本州、四国、九州。

シロモンセグロハナムグリ〈*Euglypta biplagiata*〉昆虫綱甲虫目コガネムシ科の甲虫。分布：フィリピン。

シロモンチビゾウムシ〈*Nanophyes albovittatus*〉昆虫綱甲虫目ホソクチゾウムシ科の甲虫。体長1.6～1.8mm。

シロモンチビトガリヒメバチ〈*Aptesis albibasalis*〉昆虫綱膜翅目ヒメバチ科。

シロモンチビマダラ〈*Tellervo zoilus*〉昆虫綱鱗翅目タテハチョウ科の蝶。黒に白色の斑紋をもつ。開張4.0～4.5mm。分布：スラウェシからパプアニューギニア、ソロモン諸島、オーストラリア北部。珍蝶。

シロモンチャヒメハマキ〈*Epiblema expressana*〉昆虫綱鱗翅目ハマキガ科の蛾。分布：中部山地、中国(東北)やロシア(アムール)。

シロモンツトガ〈*Catoptria nana*〉昆虫綱鱗翅目メイガ科の蛾。分布：東北地方。

シロモンツマキリアツバ〈*Pangrapta umbrosa*〉昆虫綱鱗翅目ヤガ科クチバ亜科の蛾。開張29～31mm。分布：中国、北海道から九州。

シロモンドクチョウ(1)〈*Heliconius cydno*〉昆虫綱鱗翅目タテハチョウ科の蝶。開張80mm。分布：中米、南米北部。珍蝶。

シロモンドクチョウ(2)〈*Heliconius sapho leuce*〉昆虫綱鱗翅目タテハチョウ科の蝶。分布：メキシコからコロンビア、エクアドルまで。

シロモントゲトゲゾウムシ〈*Colobodes matsumurai*〉昆虫綱甲虫目ゾウムシ科の甲虫。体長5.3～6.6mm。

シロモンノメイガ 白紋野螟蛾〈*Bocchoris inspersalis*〉昆虫綱鱗翅目メイガ科ノメイガ亜科の蛾。開張18～21mm。分布：北海道、本州、四国、九州、対馬、種子島、屋久島、吐噶喇列島、奄美大島、沖永良部島、琉球諸島、台湾、中国、東南アジア、オーストラリア、アフリカ。

シロモンハカマジャノメ〈*Pierella astyoche*〉昆虫綱鱗翅目ジャノメチョウ科の蝶。分布：ギアナ、ペルー、ブラジルのアマゾン流域。

シロモンヒゲナガゾウムシ〈*Gonotropis crassicornis*〉昆虫綱甲虫目ヒゲナガゾウムシ科の甲虫。体長4.6～5.3mm。分布：北海道、本州。

シロモンヒゲナガノメイガ〈*Phalangoides perspectata*〉昆虫綱鱗翅目メイガ科の蛾。分布：インドから東南アジア一帯、台湾、沖縄本島、宮古島、石垣島。

シロモンヒメシジミ〈*Albulina orbitulus*〉昆虫綱鱗翅目シジミチョウ科の蝶。雄の翅は濃青色で細い縁どり、雌は暗褐色。開張2.5～3.0mm。分布：ノルウェーやスウェーデン。

シロモンヒメシンクイ シロモンキンメムシガの別名。

シロモンヒメハマキ〈*Hedya dimidiana*〉昆虫綱鱗翅目ハマキガ科の蛾。開張19～23mm。梅、アンズ、桜桃、桃、スモモ、桜類に害を及ぼす。分布：北海道、本州、四国、九州、伊豆諸島(大島)、ロシア、ヨーロッパ。

シロモンヒラタヒメバチ〈*Coccygomimus alboannulatus*〉昆虫綱膜翅目ヒメバチ科。体長8mm。分布：日本全土。

シロモンフサヤガ〈*Eutelia clarirena*〉昆虫綱鱗翅目ヤガ科フサヤガ亜科の蛾。開張38mm。分布：東海地方以西、四国、九州、対馬、屋久島、沖縄本島。

シロモンフトカミキリ イシガキフトカミキリの別名。

シロモンベニオビシロチョウ〈*Pereute leucodrosine*〉昆虫綱鱗翅目シロチョウ科の蝶。黒色。前翅には赤色の帯、後翅には青灰色の斑紋がある。開張6～7mm。分布：ブラジルからコロンビアにかけての南アメリカ。

シロモンホソカミキリ ヤツボシシロカミキリの別名。

シロモンホソハマキモドキ〈*Glyphipterix delta*〉昆虫綱鱗翅目ホソハマキモドキガ科の蛾。分布：大阪府牛滝山。

シロモンマダラ〈*Amauris niavius*〉昆虫綱鱗翅目マダラチョウ科の蝶。開張85mm。分布：アフリカ中央部、ザイール。珍蝶。

シロモンマメゾウムシ〈*Bruchidius compactus*〉昆虫綱甲虫目マメゾウムシ科の甲虫。体長1.4～1.5mm。

シロモンヤガ〈*Xestia c-nigrum*〉昆虫綱鱗翅目ヤガ科モンヤガ亜科の蛾。開張38～46mm。アカザ科野菜、アブラナ科野菜、キク科野菜、ナス科野菜、林檎、甜菜、ハッカ、繊維作物、マメ科牧草、ジャガイモ、麦類に害を及ぼす。分布：ユーラシアのほぼ全域、北海道から九州、対馬。

シロモンヤドリハナバチ〈*Epeolus melectiformis*〉昆虫綱膜翅目ミツバチ科。

シロモンルリシジミ(1)〈*Celastrina carna*〉昆虫綱鱗翅目シジミチョウ科の蝶。分布：アッサムからマレーシアおよびスマトラ、ジャワ、台湾。

シロモンルリシジミ(2)〈*Thysonotis danis*〉昆虫綱鱗翅目シジミチョウ科の蝶。分布：ニューギニア、オーストラリア。

シロモンルリマダラ〈*Euploea diocletianus diocletianus*〉昆虫綱鱗翅目マダラチョウ科の蝶。分布：インド北部からスンダランドまで、スラウェシ。

シロヤエナミシャク〈*Calocalpe flavipes*〉昆虫綱鱗翅目シャクガ科の蛾。分布：北海道, 本州, サハリン, 朝鮮半島, シベリア南東部, 中国西部。

シロヨトウヤドリヒメバチ〈*Spilichneumon ammonius*〉昆虫綱膜翅目ヒメバチ科。

シワクシケアリ〈*Myrmica kotokui*〉昆虫綱膜翅目アリ科。害虫。

シワクロツチバチ〈*Tiphia brevilineata*〉昆虫綱膜翅目ツチバチ科。

シワチリダニ〈*Euroglyphus maynei*〉蛛形綱ダニ目チリダニ科。体長雄0.21mm, 雌0.26mm。害虫。

シワドウガネサルハムシ〈*Scelodonta sauteri*〉昆虫綱甲虫目ハムシ科の甲虫。体長3.8〜4.2mm。

シワナガキマワリ〈*Strongylium japanum*〉昆虫綱甲虫目ゴミムシダマシ科の甲虫。体長16〜23mm。分布：本州, 四国, 九州, 屋久島。

シワバネコガシラクワガタ〈*Sphenognathus prionoides*〉昆虫綱甲虫目クワガタムシ科。分布：コロンビア。

シワバネセスジハネカクシ〈*Anotylus mimulus*〉昆虫綱甲虫目ハネカクシ科の甲虫。体長4.0〜4.3mm。

シワハムシダマシ〈*Anisostira rugipennis*〉昆虫綱甲虫目ハムシダマシ科の甲虫。体長10.5〜12.0mm。

シワムネマルドロムシ〈*Georissus kurosawai*〉昆虫綱甲虫目マルドロムシ科の甲虫。体長1.6mm。

シンカイナミハグモ〈*Cybaeus shinkaii*〉蛛形綱クモ目タナグモ科の蜘蛛。

ジンガサハムシ 陣笠金花虫〈*Aspidomorpha difformis*〉昆虫綱甲虫目ハムシ科の甲虫。体長9mm。分布：北海道, 本州, 四国, 九州。

ジンガサハムシの一種〈*Chrysomelidae* sp.〉昆虫綱甲虫目ハムシ科。分布：ザイール。

シンクイガ 心喰蛾 昆虫綱鱗翅目シンクイガ科Carposinidaeのガの総称。

シンクイムシ 心食虫〈*borer*〉食害の原因となる害虫のうち, とくに心部, 果実に食入する害虫の総称。鱗翅目のメイガ科, シンクイガ科のものが含まれる。

シンクロエ・カッリィディケ〈*Synchloe callidice*〉昆虫綱鱗翅目シロチョウ科の蝶。分布：ピレネー山脈, アルプス, コーカサス, レバノン, ヒマラヤ, チベット, モンゴル, 北アメリカではアラスカからカリフォルニア州へかけての山地。

シンゲンナミハグモ〈*Cybaeus shingenni*〉蛛形綱クモ目タナグモ科の蜘蛛。

ジンサンシバンムシ〈*Stegobium paniceum*〉昆虫綱甲虫目シバンムシ科の甲虫。体長2〜3mm。貯穀・貯蔵植物性食品に害を及ぼす。

シンシュウナガゴミムシ〈*Pterostichus cristatoides*〉昆虫綱甲虫目オサムシ科の甲虫。体長13〜15.5mm。

シンジュキノカワガ〈*Eligma narcissus*〉昆虫綱鱗翅目ヤガ科キノカワガ亜科の蛾。開張67〜77mm。分布：北海道札幌市, 函館市, 青森県弘前市, 岩手県北上市, 新潟市, 長野県上田市, 松本市, 群馬県鹿沢温泉, 山梨県甲府市, 近畿, 中国, 四国地方, 九州北部。

シンジュサン 真珠蚕〈*Samia cynthia*〉昆虫綱鱗翅目ヤママユガ科の蛾。幅広い淡色の帯や, 透明な三日月形の斑紋をもつ。開張9〜14mm。ナンキンハゼ, ハゼ, ヌルデ, ニワウルシに害を及ぼす。分布：アジア, ヨーロッパ各地。

シンジュタテハ〈*Salamis anacardi*〉昆虫綱鱗翅目タテハチョウ科の蝶。分布：サハラ以南のアフリカ全域。

シンジュタテハ ウスアオシンジュタテハの別名。

シンジュツバメガ ニシキオオツバメガの別名。

シンジュフタオチョウ ホウセキフタオチョウの別名。

シンジュモルフォ〈*Morpho laertes*〉昆虫綱鱗翅目タテハチョウ科の蝶。真珠色をおびた銀白色の翅をもつ。開張10〜10.8mm。分布：ブラジル。

シンチュウムモンメムシガ〈*Argyresthia flavicomans*〉昆虫綱鱗翅目メムシガ科の蛾。分布：北海道, 本州。

シンテイトビケラ 深底飛螻〈*Dipseudopsis stellata*〉昆虫綱毛翅目イワトビケラ科。分布：本州。

シントゥサ・インドゥラサリ〈*Sinthusa indrasari*〉昆虫綱鱗翅目シジミチョウ科の蝶。分布：セレベス。

シントゥサ・ナサカ〈*Sinthusa nasaka*〉昆虫綱鱗翅目シジミチョウ科の蝶。分布：インドからマレーシア, ジャワ。

シントゥサ・ナツミアエ〈*Sinthusa natsumiae*〉昆虫綱鱗翅目シジミチョウ科の蝶。分布：ミンダナオ。

シントゥサ・ビルゴ〈*Sinthusa virgo*〉昆虫綱鱗翅目シジミチョウ科の蝶。分布：シッキム。

シントゥサ・ペレグリヌス〈*Sinthusa peregrinus*〉昆虫綱鱗翅目シジミチョウ科の蝶。分布：フィリピン。

シントゥサ・マリカ〈*Sinthusa malika*〉昆虫綱鱗翅目シジミチョウ科の蝶。分布：スマトラ, マレーシア, ジャワ, ボルネオ。

シントウサ・ミンダネンシス〈Sinthusa mindanensis mindanaensis〉昆虫綱鱗翅目シジミチョウ科の蝶。分布：ミンダナオ(北・南部)。

シンブレンティア・ニファンダ〈Symbrenthia niphanda〉昆虫綱鱗翅目タテハチョウ科の蝶。分布：ヒマラヤ東部, カシミール。

シンブレンティア・ヒッパルス〈Symbrenthia hippalus〉昆虫綱鱗翅目タテハチョウ科の蝶。分布：セレベス。

シンブレンティア・ヒパティア〈Symbrenthia hypatia〉昆虫綱鱗翅目タテハチョウ科の蝶。分布：マレーシア, ジャワ, スマトラ, ボルネオ。

ジンボカバナミシャク〈Eupithecia jinboi〉昆虫綱鱗翅目シャクガ科の蛾。分布：北海道, 本州, 四国。

シンマキア・アスクレピア〈Symmachia asclepia〉昆虫綱鱗翅目シジミタテハ科の蝶。分布：中央アメリカ, エクアドル。

シンマキア・アッキュサトゥリクス〈Symmachia accusatrix〉昆虫綱鱗翅目シジミタテハ科。分布：メキシコからコロンビア, アマゾン流域, ブラジル。

シンマキア・クレオニマ〈Symmachia cleonyma〉昆虫綱鱗翅目シジミタテハ科の蝶。分布：ニカラグア, コロンビア。

シンマキア・チャンピオニ〈Symmachia championi〉昆虫綱鱗翅目シジミタテハ科。分布：メキシコ, グアテマラ。

シンマキア・トゥリアングラリス〈Symmachia triangularis〉昆虫綱鱗翅目シジミタテハ科の蝶。分布：コロンビア。

シンマキア・トゥリコロル〈Symmachia tricolor〉昆虫綱鱗翅目シジミタテハ科の蝶。分布：メキシコからパナマまで, コロンビア, アマゾン流域。

シンマキア・トゥレイッサ〈Symmachia threissa〉昆虫綱鱗翅目シジミタテハ科の蝶。分布：ニカラグア。

シンマキア・ヒッペア〈Symmachia hippea〉昆虫綱鱗翅目シジミタテハ科の蝶。分布：ギアナ。

シンマキア・プラキシラ〈Symmachia praxila〉昆虫綱鱗翅目シジミタテハ科の蝶。分布：ブラジル南部。

シンマキア・プロベトル〈Symmachia probetor〉昆虫綱鱗翅目シジミタテハ科の蝶。分布：ギアナ, アマゾン, トリニダード。

シンマキア・メネタス〈Symmachia menetas pilarius〉昆虫綱鱗翅目シジミタテハ科。分布：ブラジル南部。

シンマキア・メネタス・アル〈Symmachia menetas〉昆虫綱鱗翅目シジミタテハ科の蝶。分布：ブラジル南部。

シンマキア・ユグルタ〈Symmachia jugurtha〉昆虫綱鱗翅目シジミタテハ科の蝶。分布：コロンビア。

シンマキア・レオパルディナ〈Symmachia leopardina〉昆虫綱鱗翅目シジミタテハ科の蝶。分布：アマゾン。

シンムシヤドリオナガヒメバチ〈Lissonota sapinea〉昆虫綱膜翅目ヒメバチ科。

シンムシヤドリフシヒメバチ〈Scambus vulgaris〉昆虫綱膜翅目ヒメバチ科。

ジンメンカメムシ〈Catacanthus incarnatus〉昆虫綱半翅目カメムシ科。分布：インド, スリランカ, ミャンマー, タイ, インドシナ, マレーシア, スマトラ, ジャワ, ボルネオ, 海南島。珍虫。

ジンメンヨウシジミ　シロモンクロシジミの別名。

【ス】

ズアカエダシャク〈Semiothisa bisignata〉昆虫綱鱗翅目シャクガ科の蛾。翅は汚れたピンク色で, 前翅にはチョコレート色の斑紋がある。開張2～3mm。分布：カナダや合衆国北部。

ズアカシダカスミガメ〈Monalocoris japonicus〉昆虫綱半翅目カスミカメムシ科。体長2.5～3.3mm。分布：北海道, 本州, 四国, 九州, 南西諸島。

ズアカシダメクラカメムシ　ズアカシダカスミガメの別名。

ズアカセスジタマムシ〈Iridotaenia igniceps〉昆虫綱甲虫目タマムシ科の甲虫。分布：タイ, インドシナ, 中国南部, 海南島。

ズアカホソオオキノコムシ〈Dacne fungorum〉昆虫綱甲虫目オオキノコムシ科の甲虫。体長2.5～3.5mm。

ズアカリタマムシ〈Micropistus igneiceps〉昆虫綱甲虫目タマムシ科。分布：ミャンマー, タイ, インドシナ。

スアサ・リシデス〈Suasa lisides〉昆虫綱鱗翅目シジミチョウ科の蝶。分布：インド, マレーシア。

スアストゥス・エベリクス〈Suatus everyx〉昆虫綱鱗翅目セセリチョウ科の蝶。分布：マレーシア, ジャワからバリ島まで, ミャンマー, タイ, スマトラ, ボルネオ。

スアストゥス・ミグレウス〈Suastus migreus〉昆虫綱鱗翅目セセリチョウ科の蝶。分布：フィリピン。

スアストゥス・ミヌタ〈Suastus minuta〉昆虫綱鱗翅目セセリチョウ科の蝶。分布：セイロン, マレーシア, シッキム, アッサム, ミャンマー, ジャワ, 海南島。

スアダ・アルビヌス〈*Suada albinus*〉昆虫綱鱗翅目セセリチョウ科の蝶．分布：フィリピン．

スアダ・カタレウコス〈*Suada cataleucos*〉昆虫綱鱗翅目セセリチョウ科の蝶．分布：ボルネオ，パラワン．

スアダ・スウェルガ〈*Suada swerga*〉昆虫綱鱗翅目セセリチョウ科の蝶．分布：セイロン，マレーシア，ジャワ，シッキム，アッサム，スマトラ．

スイカズラキンモンホソガ〈*Phyllonorycter lonicerae*〉昆虫綱鱗翅目ホソガ科の蛾．分布：本州，四国，九州，屋久島．

スイカズラクチブサガ〈*Bhadorcosma lonicerae*〉昆虫綱鱗翅目スガ科の蛾．分布：本州，四国，九州．

スイカズラハモグリバエ〈*Napomyza xylostei*〉昆虫綱双翅目ハモグリバエ科．

スイカズラホソバヒメハマキ〈*Lobesia cocophaga*〉昆虫綱鱗翅目ハマキガ科の蛾．分布：本州，四国，朝鮮半島，ロシア（ウスリー）．

スイカズラムグリガ スイカズラモグリガの別名．

スイカズラモグリガ〈*Perittia lonicerae*〉昆虫綱鱗翅目クサモグリガ科の蛾．開張8.0～9.5mm．分布：本州，九州，ハワイ．

スイギュウジラミ 水牛虱〈*Haematopinus tuberculatus*〉昆虫綱虱目ケモノジラミ科．体長雄2.5～4.0mm，雌3.5～5.6mm．害虫．

スイクチムシ 吸口虫 環形動物門吸口虫綱Myzostomidaに属する海産動物の総称．

スイコバネの一種〈*Eriocrania* sp.〉昆虫綱鱗翅目スイコバネガ科の蛾．

スイセンアブバエ スイセンハナアブの別名．

スイセンハナアブ 水仙虻蠅〈*Merodon equestris*〉昆虫綱双翅目ハナアブ科．水仙に害を及ぼす．分布：ヨーロッパ．

スイバトビハムシ〈*Mantura clavareaui*〉昆虫綱甲虫目ハムシ科の甲虫．体長2.5～3.0mm．

ズイムシ 髄虫 昆虫綱鱗翅目メイガ科の昆虫で，草や木の茎や枝の中（髄）に潜入する幼虫の総称であるが，一般にイネ，トウモロコシ，キビ，ガマ，マコモなどの茎に食入するニカメイガの幼虫をさす．

ズイムシアカタマゴバチ 螟虫赤卵蜂〈*Trichogramma japonicum*〉節足動物門昆虫綱膜翅目タマゴヤドリコバチ科．分布：日本各地．

ズイムシクロタマゴバチ〈*Telenomus dignus*〉昆虫綱膜翅目クロタマゴバチ科．

ズイムシハナカメムシ〈*Lyctocoris beneficus*〉昆虫綱半翅目ハナカメムシ科．絶滅危惧I類（CR+EN）．体長4mm．分布：本州，四国，九州．

スウェインソンマダラ クロイワマダラの別名．

スエヒロタケツツキノコムシ〈*Orthocis schizophylli*〉昆虫綱甲虫目ツツキノコムシ科の甲虫．体長2mm．

スガ 巣蛾 昆虫綱鱗翅目スガ科Yponomeutidaeの昆虫の総称．

ズカクシナガクチキムシ〈*Anisoxya conicicollis*〉昆虫綱甲虫目ナガクチキムシ科の甲虫．体長2.5～3.6mm．

スカシアサギマダラ スカシマダラの別名．

スカシアミカ 透網蚊〈*Parablepharocera esakii*〉昆虫綱双翅目アミカ科．分布：本州，四国，九州．

スカシエダシャク 透枝尺蛾〈*Krananda semihyalina*〉昆虫綱鱗翅目シャクガ科エダシャク亜科の蛾．開張39～44mm．分布：本州（関東以西），四国，九州，対馬，種子島，屋久島，奄美大島，沖縄本島，久米島，宮古島，石垣島，西表島，台湾，中国，インドから東南アジア一帯．

スカシオビガ スカシサンの別名．

スカシカギバ 透鉤翅蛾〈*Macrauzata maxima*〉昆虫綱鱗翅目カギバガ科の蛾．開張45～60mm．分布：本州（宮城県以南），四国，九州，対馬，屋久島，奄美大島，沖縄本島，中国．

スカシカレハ〈*Amurilla subpurpurea*〉昆虫綱鱗翅目カレハガ科の蛾．開張60～70mm．分布：北海道，本州，四国，九州，サハリン，シベリア南東部，バイカル湖周辺，中国，インド北部，ネパール．

スカシコケガ〈*Chamaita ranruna*〉昆虫綱鱗翅目ヒトリガ科の蛾．分布：本州（房総半島以西），四国，対馬，屋久島，奄美大島，西表島，台湾．

スカシサン〈*Prismosticta hyalinata*〉昆虫綱鱗翅目カイコガ科の蛾．開張27～30mm．分布：本州（関東以西），四国，九州．

スカシジャノメ〈*Haetera piera*〉昆虫綱鱗翅目ジャノメチョウ科の蝶．分布：ギアナ，アマゾン，ブラジル．

スカシシリアゲモドキ 透擬挙尾虫〈*Panorpodes paradoxa*〉昆虫綱長翅目シリアゲムシ科．前翅長14～18mm．分布：本州，四国，九州．

スカシセセリ〈*Phanus marshallii*〉昆虫綱鱗翅目セセリチョウ科の蝶．分布：メキシコ，中米諸国，ベネズエラ，ギアナ，エクアドル，ペルー，ボリビア，ブラジル．

スカシタイスアゲハ〈*Zerynthia rumina*〉昆虫綱鱗翅目アゲハチョウ科の蝶．黄色と黒色の細い模様，前翅に鮮やかな赤色斑．開張4.5～5.0mm．分布：フランス南部，スペイン，ポルトガル．

スカシチビオドリバエ〈*Euthyneura aerea*〉昆虫綱双翅目オドリバエ科．

スカシチャオビリンガ〈*Maceda mansueta*〉昆虫綱鱗翅目ヤガ科リンガ亜科の蛾．分布：インド—

オーストラリア地域，鹿児島県田代町。

スカシチャタテ〈*Hemipsocus chloroticus*〉昆虫綱噛虫目スカシチャタテ科。

スカシツバメシジミタテハ〈*Chorinea fauna*〉昆虫綱鱗翅目シジミタテハ科。分布：ニカラグアからペルー東部まで，ギアナ，アマゾン流域。

スカシトガリノメイガ〈*Cotachena pubescens*〉昆虫綱鱗翅目メイガ科の蛾。分布：東北地方から九州，対馬，朝鮮半島，中国，インドから東南アジア一帯。

スカシドクガ〈*Arctornis kumatai*〉昆虫綱鱗翅目ドクガ科の蛾。開張雄34〜40mm，雌40〜45mm。分布：本州（東北地方北部より），四国，九州，対馬。

スカシノメイガ〈*Glyphodes pryeri*〉昆虫綱鱗翅目メイガ科ノメイガ亜科の蛾。開張24〜27mm。桑に害を及ぼす。分布：北海道，本州，四国，九州，中国。

スカシバガ 透翅蛾 昆虫綱鱗翅目スカシバガ科Sesiidaeの昆虫の総称。

スカシバコマユバチ〈*Bracon nipponensis*〉昆虫綱膜翅目コマユバチ科。

スカシヒメアオシャク〈*Jodis amamiensis*〉昆虫綱鱗翅目シャクガ科の蛾。

スカシヒメヘリカメムシ〈*Liorhyssus hyalinus*〉昆虫綱半翅目ヒメヘリカメムシ科。繊維作物に害を及ぼす。

スカシヒロバカゲロウ 透広翅蜉蝣〈*Plethosmylus hyalinatus*〉昆虫綱脈翅目ヒロバカゲロウ科。開張45〜50mm。分布：日本全土。

スカシホソヤガ〈*Stictoptera cucullioides*〉昆虫綱鱗翅目ヤガ科ホソヤガ亜科の蛾。分布：インドからスンダランド，ハワイ，沖縄本島以南の島嶼，八丈島。

スカシマダラ 透斑〈*Danaus vitrina*〉昆虫綱鱗翅目マダラチョウ科の蝶。別名スカシアサギマダラ。分布：フィリピン。

スカシマダラ 透斑 鱗翅目マダラチョウ科スカシマダラ亜科Ithomiinaeに属する昆虫の総称。

スカシモンユスリカ〈*Polypedilum multannulatus*〉昆虫綱双翅目ユスリカ科。

スカダ・ガゾリア〈*Scada gazoria*〉昆虫綱鱗翅目トンボマダラ科の蝶。分布：ブラジル。

スカダ・クサ〈*Scada kusa*〉昆虫綱鱗翅目トンボマダラ科の蝶。分布：エクアドル。

スカダ・ゼミラ〈*Scada zemira*〉昆虫綱鱗翅目トンボマダラ科の蝶。分布：エクアドル。

スカダ・テアフィア〈*Scada theaphia*〉昆虫綱鱗翅目トンボマダラ科。分布：アマゾン川流域。

スカダーモンキチョウ〈*Colias scudderi*〉昆虫綱鱗翅目シロチョウ科の蝶。分布：合衆国(コロラド，ユタ，モンタナ)，カナダ(ブリティシュ・コロンビア)。

スガチビゴミムシ〈*Trechus sugai*〉昆虫綱甲虫目オサムシ科の甲虫。体長4.3mm。

スカラベ〈*scarab*〉甲虫目コガネムシ科ダイコクコガネ亜科(タマオシコガネ亜科)に属し，獣糞を球状に丸めて転がして運搬するグループの総称。

スカリテス・マダガスカレンシス〈*Scarites madagascarensis*〉昆虫綱甲虫目ヒョウタンゴミムシ科。分布：マダガスカル。

スガリミギワバエ〈*Ephydra* sp.〉昆虫綱双翅目ミギワバエ科。害虫。

スギカサガ スギカサヒメハマキの別名。

スギカサヒメハマキ〈*Cydia cryptomeriae*〉昆虫綱鱗翅目ハマキガ科の蛾。杉に害を及ぼす。分布：本州，四国，対馬，屋久島，九州。

スギカミキリ 杉天牛〈*Semanotus japonicus*〉昆虫綱甲虫目カミキリムシ科カミキリ亜科の甲虫。体長10〜20mm。杉に害を及ぼす。分布：本州，四国，九州。

スギカミキリの一種(1)〈*Semanotus amethystinus*〉昆虫綱甲虫目カミキリムシ科の甲虫。

スギカミキリの一種(2)〈*Semanotus litigiosus*〉昆虫綱甲虫目カミキリムシ科の甲虫。

スギキクイサビゾウムシ〈*Dryophthorus japonicus*〉昆虫綱甲虫目オサゾウムシ科の甲虫。体長3.0〜3.3mm。

スギキタヨトウ〈*Hydraecia mongoliensis*〉昆虫綱鱗翅目ヤガ科カラスヨトウ亜科の蛾。ユリ科野菜に害を及ぼす。分布：シベリア，ウスリー，北海道標茶町。

スギクロホシカイガラムシ〈*Cryptoparlatorea leucaspis*〉昆虫綱半翅目。杉に害を及ぼす。

スギザイノタマバエ〈*Resseliella odai*〉昆虫綱双翅目タマバエ科。杉に害を及ぼす。

スギサルハムシ ウスイロサルハムシの別名。

スギタニアオケンモン〈*Nacna sugitanii*〉昆虫綱鱗翅目ヤガ科ケンモンヤガ亜科の蛾。開張26〜30mm。分布：本州，四国，九州。

スギタニアオシャチホコ ブライアアオシャチホコの別名。

スギタニアオモン スギタニアオケンモンの別名。

スギタニイチモンジ〈*Mahaldia thibetana*〉昆虫綱鱗翅目タテハチョウ科の蝶。

スギタニキリガ 杉谷切蛾〈*Perigrapha hoenei*〉昆虫綱鱗翅目ヤガ科ヨトウガ亜科の蛾。開張50〜55mm。分布：沿海州，北海道から九州，対馬，屋久島。

スギタニゴマケンモン〈*Harrisimemna marmorata*〉昆虫綱鱗翅目ヤガ科ケンモンヤガ亜科の蛾。開張26〜30mm。分布：本州，四国，九州。

スギタニシロエダシャク〈*Abraxas flavisinuata*〉昆虫綱鱗翅目シャクガ科エダシャク亜科の蛾。開張34〜44mm。分布：本州，四国，九州，対馬，中国東部。

スギタニマドガ〈*Rhodoneura sugitanii*〉昆虫綱鱗翅目マドガ科の蛾。開張24mm。分布：東海地方より西，四国，九州，対馬。

スギタニモンキリガ〈*Sugitania lepida*〉昆虫綱鱗翅目ヤガ科セダカモクメ亜科の蛾。開張32〜38mm。椿，山茶花に害を及ぼす。分布：本州北端部から九州，北海道南部地域。

スギタニルリシジミ 杉谷瑠璃小灰蝶〈*Celastrina sugitanii*〉昆虫綱鱗翅目シジミチョウ科ヒメシジミ亜科の蝶。前翅長12〜14mm。分布：北海道，本州，四国，九州。

スギタマカ〈*Contarinia inouyei*〉昆虫綱双翅目タマバエ科。別名スギタマバエ。害虫。

スギタマバエ スギタマカの別名。

スギドクガ 杉毒蛾〈*Calliteara abietis*〉昆虫綱鱗翅目ドクガ科の蛾。開張雄42〜46mm，雌44〜65mm。マツ類に害を及ぼす。分布：北海道，本州，四国，九州，対馬，屋久島。

スギナトビハムシ〈*Liprus punctatostriatus*〉昆虫綱甲虫目ハムシ科の甲虫。体長5mm。分布：本州，四国，九州。

スギナハバチ〈*Dolerus subfasciatus*〉昆虫綱膜翅目ハバチ科。

スギナミネコブセンチュウ〈*Meloidogyne suginamiensis*〉メロイドギネ科。体長0.7〜1.2mm。桑に害を及ぼす。分布：関東地方。

スギナミハダニ〈*Eotetranychus suginamensis*〉蛛形綱ダニ目ハダニ科。体長雌0.4mm，雄0.3mm。桑に害を及ぼす。分布：北海道，本州，沖縄本島。

スギノアカネトラカミキリ 杉赤根虎天牛〈*Anaglyptus subfasciatus*〉昆虫綱甲虫目カミキリムシ科カミキリ亜科の甲虫。体長8〜12mm。杉に害を及ぼす。分布：本州，四国，九州。

スギノズマルトラカミキリ〈*Xylotrechus* sp.〉昆虫綱甲虫目カミキリムシ科カミキリ亜科の甲虫。

スギノハダニ〈*Oligonychus hondoensis*〉蛛形綱ダニ目。杉に害を及ぼす。

スキバジンガサハムシ 透翅陣笠金花虫〈*Aspidomorpha transparipennis*〉昆虫綱甲虫目ハムシ科。体長6〜7mm。分布：北海道，本州，九州。

スキバチョウトンボ〈*Rhyothemis phyllis phyllis*〉昆虫綱蜻蛉目トンボ科の蜻蛉。

スキバツリアブ〈*Villa limbata*〉昆虫綱双翅目ツリアブ科。体長10〜16mm。分布：日本全土。

スキバドクガ〈*Perina nuda*〉昆虫綱鱗翅目ドクガ科の蛾。雄の前後翅には透きとおった斑紋がある。開張3.0〜4.5mm。分布：インド，スリランカから，ミャンマー，中国，台湾。

スギハバチ〈*Monoctenus* sp.〉昆虫綱膜翅目。杉に害を及ぼす。

スキバハマキ〈*Eudemis hyalitis*〉昆虫綱鱗翅目ノコメハマキガ科の蛾。開張14〜15mm。

スキバヒメハマキ〈*Grapholita hyalitis*〉昆虫綱鱗翅目ハマキガ科の蛾。分布：九州(大隅半島)，対馬，琉球列島，インド(アッサム)。

スキバホウジャク 透翅蜂雀〈*Hemaris radians*〉昆虫綱鱗翅目スズメガ科オオスカシバ亜科の蛾。翅に透きとおった斑紋がある。開張4〜6mm。分布：カナダや合衆国。

スギハマキ〈*Homona issikii*〉昆虫綱鱗翅目ハマキガ科ハマキガ亜科の蛾。開張19〜28mm。分布：本州，四国，九州，対馬，伊豆諸島(利島，三宅島，八丈島，青ヶ島)，屋久島，台湾，中国(東部)。

スキバミドリカワトンボ〈*Neurobasis* sp.〉昆虫綱蜻蛉目カワトンボ科。分布：ミンダナオ。

スギハムシ ウスイロサルハムシの別名。

スギハラヒメバチ〈*Campoplex sugiharai*〉昆虫綱膜翅目ヒメバチ科。

スギハラベッコウ 杉原鼈甲蜂〈*Cryptocheilus sugiharai*〉昆虫綱膜翅目ベッコウバチ科。分布：四国，九州。

スギヒメシロカイガラムシ〈*Pinnaspis chamaecyparidis*〉昆虫綱半翅目マルカイガラムシ科。体長1mm。イブキ類に害を及ぼす。分布：本州(関東以西)，四国，九州。

スギヒメハマキ〈*Epiblema sugii*〉昆虫綱鱗翅目ハマキガ科の蛾。分布：関東から近畿地方の平地。

スギマルカイガラムシ 杉円介殻虫〈*Aspidiotus cryptomeriae*〉杉に害を及ぼす。分布：日本各地。

スギメムシガ〈*Argyresthia anthocephala*〉昆虫綱鱗翅目メムシガ科の蛾。開張7〜10mm。杉に害を及ぼす。分布：本州，四国，九州。

スギモトゴモクムシ〈*Sugimotoa parallela*〉昆虫綱甲虫目オサムシ科の甲虫。体長4.5〜5.0mm。

スギヤマヒラアシユスリカ〈*Clinotanypus sugiyamai*〉昆虫綱双翅目ユスリカ科。

ズキンヌカグモ〈*Gongylidioides cuculatus*〉蛛形綱クモ目サラグモ科の蜘蛛。体長雌2.3〜2.6mm，雄2.0〜2.5mm。分布：北海道，本州，四国，九州。

ズキンヌカグモの一種〈*Gongylidioides* sp.〉蛛形綱クモ目サラグモ科の蜘蛛。体長雌2.3〜2.6mm, 雄2.0〜2.5mm。分布：本州, 四国, 九州。

ズキンヨコバイ〈*Idiocerus vitticollis*〉昆虫綱半翅目ヨコバイ科。体長5.5〜6.4mm。分布：北海道, 本州, 四国, 九州。

スグリシロエダシャク　ズグロシロエダシャクの別名。

スグリゾウムシ〈*Pseudocneorhinus bifasciatus*〉昆虫綱甲虫目ゾウムシ科の甲虫。体長5〜6mm。柑橘, ハッカ, ハスカップ, 林檎, 苺に害を及ぼす。分布：九州以北の日本各地, 中国, 朝鮮半島, 北アメリカ。

スグリナミシャクヤドリヒメバチ〈*Ichneumon auspex*〉昆虫綱膜翅目ヒメバチ科。

スクリバスカシバ〈*Sesia scribai*〉昆虫綱鱗翅目スカシバガ科の蛾。

スクリプタアヤトガリバ〈*Habrosyne scripta*〉昆虫綱鱗翅目トガリバガ科の蛾。前翅は褐色で, 細かな文字のような, 白色の斑紋がある。開張3〜4mm。分布：カナダ全域, 南部のアーカンサスやミズーリー。

ズグロアカチビハネカクシ〈*Atheta weisei*〉昆虫綱甲虫目ハネカクシ科の甲虫。体長2.8〜3.0mm。

ズグロアカハムシ〈*Gallerucida flavipennis*〉昆虫綱甲虫目ハムシ科の甲虫。体長6〜8mm。分布：本州, 四国, 九州。

ズグロアラメハムシ〈*Lochmaea capreae*〉昆虫綱甲虫目ハムシ科の甲虫。体長5〜6mm。分布：北海道, 本州。

ズグロオニグモ〈*Yaginumia sia*〉蛛形綱クモ目コガネグモ科の蜘蛛。体長雌10〜13mm, 雄8〜9mm。分布：北海道, 本州, 四国, 九州。

ズグロカミキリモドキ〈*Eobia ambusta*〉昆虫綱甲虫目カミキリモドキ科の甲虫。体長6〜10mm。害虫。

ズグロカミキリモドキ　ツマグロランプカミキリモドキの別名。

ズグロキスイモドキ〈*Byturus atricollis*〉昆虫綱甲虫目キスイモドキ科の甲虫。体長4.5〜5.5mm。

ズグロキハムシ〈*Gastrolinoides japonicus*〉昆虫綱甲虫目ハムシ科の甲虫。体長6mm。分布：本州, 四国, 九州。

ズグロキンモンホソガ〈*Phyllonorycter melacoronis*〉昆虫綱鱗翅目ホソガ科の蛾。分布：九州(英彦山), ロシア南東部。

ズグロシラホシカメムシ〈*Eysarcoris fabricii*〉昆虫半翅目カメムシ科。

ズグロシロエダシャク〈*Abraxas grossulariata*〉昆虫綱鱗翅目シャクガ科の蛾。幼虫は黄白色で, 黒色の斑点と, 体側に沿って朱色の帯をもつ。開張4〜5mm。分布：ヨーロッパ, アジア温帯域や日本。

ズグロチビハナケシキスイ〈*Heterhelus solani*〉昆虫綱甲虫目ケシキスイ科の甲虫。体長1.7〜2.7mm。

ズグロツバメアオシャク〈*Gelasma fuscofrons*〉昆虫綱鱗翅目シャクガ科アオシャク亜科の蛾。開張27〜31mm。分布：北海道, 本州, 四国, 奄美大島, 九州。

ズグロツヤテントウ〈*Serangium punctum*〉昆虫綱甲虫目テントウムシ科の甲虫。体長1.8〜2.2mm。

ズグロナガグンバイ〈*Agramma nexilis*〉昆虫綱半翅目グンバイムシ科。体長1.7〜2.5mm。分布：北海道, 本州, 四国。

ズグロハラツヤハナバチ〈*Hylaeus niger*〉昆虫綱膜翅目ミツバチモドキ科。

ズグロヒメナガハネカクシ〈*Leptacinus angustus*〉昆虫綱甲虫目ハネカクシ科の甲虫。体長4.0〜4.3mm。

ズグロホソオオキノコムシ　頭黒細形大茸虫〈*Dacne zonaria*〉昆虫綱甲虫目オオキノコムシ科の甲虫。体長3.0〜3.2mm。分布：北海道, 本州。

ズグロメダカハネカクシ　頭黒目高隠翅虫〈*Stenus flavidulus*〉昆虫綱甲虫目ハネカクシ科の甲虫。体長5.0〜5.5mm。分布：本州。

スゲオオドクガ〈*Laelia gigantea*〉昆虫綱鱗翅目ドクガ科の蛾。開張は春生43〜50, 夏生34〜37mm。分布：本州(東北地方北部より), 四国, 九州, 沖縄本島与那, 伊是名島。

スゲオオハモグリバエ〈*Cerodontha lnctuosa*〉昆虫綱双翅目ハモグリバエ科。

スゲクビボソハムシ〈*Lema dilecta*〉昆虫綱甲虫目ハムシ科の甲虫。体長4mm。分布：北海道, 本州, 九州。

スゲドクガ〈*Laelia coenosa*〉昆虫綱鱗翅目ドクガ科の蛾。開張31〜39mm。イネ科牧草に害を及ぼす。分布：東北から関東, 中部の山地。

スゲノハラジロヒメゾウムシ〈*Limnobaris jucunda*〉昆虫綱甲虫目ゾウムシ科。

スケバハゴロモ　透翅羽衣〈*Euricania facialis*〉昆虫綱半翅目ハゴロモ科。体長5〜6mm。桑, 桜桃に害を及ぼす。分布：本州, 四国, 九州, 朝鮮半島, 中国。

スゲハムシ〈*Plateumaris sericea*〉昆虫綱甲虫目ハムシ科の甲虫。体長7〜11mm。分布：北海道, 本州, 九州。

スゲハモグリバエ〈*Cerodontha semiposticata*〉昆虫綱双翅目ハモグリバエ科。

スコットカメムシ〈*Menida scotti*〉昆虫綱半翅目カメムシ科。体長9〜11mm。分布：北海道, 本州。害虫。

スコットヒョウタンナガカメムシ チャイロホソナガカメムシの別名。

スコトビウス・アタカメンシス〈*Scotobius atacamensis*〉昆虫綱甲虫目ゴミムシダマシ科。分布：チリ。

スコブラ・イソタ〈*Scobura isota*〉昆虫綱鱗翅目セセリチョウ科の蝶。分布：シッキムからマレーシアまで。

スコブラ・ケファロイデス〈*Scobura cephaloides*〉昆虫綱鱗翅目セセリチョウ科の蝶。分布：ミャンマー, アッサム, ベトナム北部。

スゴモリシロチョウ〈*Eucheira socialis*〉昆虫綱鱗翅目シロチョウ科の蝶。分布：メキシコ。

スコリタンティデス・ノトバ〈*Scolitantides notoba*〉昆虫綱鱗翅目シジミチョウ科の蝶。分布：喜望峰からトランスバールおよびローデシアまで。

スジアオゴミムシ〈*Haplochlaenius costiger*〉昆虫綱甲虫目オサムシ科の甲虫。体長22〜24mm。分布：北海道, 本州, 四国, 九州。

スジアカハシリグモ〈*Dolomedes saganus*〉蛛形綱クモ目キシダグモ科の蜘蛛。体長雌13〜15mm, 雄10〜11mm。分布：日本全土。

スジアカベニボタル〈*Conderis orientis*〉昆虫綱甲虫目ベニボタル科の甲虫。体長5.8〜11.7mm。

スジアカヨトウ〈*Apamea striata*〉昆虫綱鱗翅目ヤガ科カラスヨトウ亜科の蛾。開張38〜43mm。分布：沿海州, サハリン, 千島, 本州中部以北の山地, 四国, 剣山の高地。

スジアシイエカ 条脚家蚊〈*Culex vagans*〉昆虫綱双翅目カ科。分布：本州, 北海道。

スジアシハナノミダマシ〈*Canifa cribriceps*〉昆虫綱甲虫目ハナノミダマシ科。

スジアツバ〈*Hypena masurialis*〉昆虫綱鱗翅目ヤガ科アツバ亜科の蛾。分布：インドから東南アジア, ニューギニアから南太平洋の島嶼域, 九州南部, 屋久島, 奄美大島, 石垣島, 与那国島, 西表島。

スジウスイロヨトウ〈*Athetis striolata*〉昆虫綱鱗翅目ヤガ科カラスヨトウ亜科の蛾。分布：西表島住吉, オーストラリア, ニューカレドニア, フィジー。

スジウスキキバガ 条淡黄牙蛾〈*Polyhymno pontifera*〉昆虫綱鱗翅目キバガ科の蛾。開張10〜13mm。分布：本州, 四国, 九州。

スジエグリシャチホコ〈*Ptilodon hoegei*〉昆虫綱鱗翅目シャチホコガ科の蛾。分布：沿海州, 北海道から九州。

スジエグリハマキ〈*Acleris issikii*〉昆虫綱鱗翅目ハマキガ科の蛾。開張17〜22mm。分布：北海道, 本州, 四国(剣山), 中国(東北), ロシア(アムール)。

スジオビキコハマキ〈*Pammene selectana*〉昆虫綱鱗翅目ノコメハマキガ科の蛾。開張11〜13.5mm。

スジオビヒメハマキ〈*Dactylioglypha tonica*〉昆虫綱鱗翅目ハマキガ科の蛾。開張12〜15mm。分布：本州(伊豆半島, 紀伊半島南部), 四国(高松, 足摺岬), 九州(下関, 佐多岬等), 伊豆諸島(神津島, 三宅島), 屋久島, 奄美大島, 台湾, マレー半島, インド(アッサム), スリランカ。

スジカタゾウムシ〈*Pachyrrhynchus yamianus*〉昆虫綱甲虫目ゾウムシ科の甲虫。分布：紅頭嶼, 火焼島。

スジカタダカタマムシ〈*Paracupta helopioides*〉昆虫綱甲虫目タマムシ科。分布：ソロモン。

スジカツオブシムシ〈*Dermestes bicolor*〉昆虫綱甲虫目カツオブシムシ科の甲虫。体長7.0〜9.5mm。分布：本州。

スジカブトゴミムシダマシ〈*Bradymerus kondoi*〉昆虫綱甲虫目ゴミムシダマシ科の甲虫。体長6.2mm。

スジカブトショウジョウバエ〈*Stegana unidentata*〉昆虫綱双翅目ショウジョウバエ科。体長4mm。分布：北海道, 本州, 九州。

スジカミキリモドキ〈*Chrysarthia viatica*〉昆虫綱甲虫目カミキリモドキ科の甲虫。体長6〜8mm。分布：北海道, 本州。

スジカミナリハムシ〈*Altica latericosta*〉昆虫綱甲虫目ハムシ科の甲虫。体長4.5〜5.6mm。

スジキノコヨトウ〈*Cryphia mediofusca*〉昆虫綱鱗翅目ヤガ科の蛾。分布：沿海州, 北海道, 東北地方, 関東北部, 中部の地方内陸部。

スジキヒメハマキ〈*Neoanathamna negligens*〉昆虫綱鱗翅目ハマキガ科の蛾。分布：香川県象頭山, 対馬念仏坂, 屋久島愛子岳。

スジキフタモンアブバエ スジキフタモンハナアブの別名。

スジキフタモンハナアブ 条黄二紋花虻〈*Ferdinandea cuprea*〉昆虫綱双翅目ハナアブ科。分布：北海道, 本州。

スジキリヨトウ〈*Spodoptera depravata*〉昆虫綱鱗翅目ヤガ科カラスヨトウ亜科の蛾。開張25〜32mm。稲, イネ科牧草, シバ類に害を及ぼす。分布：沿海州, 朝鮮半島, 中国, 北海道から九州, 対馬, 伊豆諸島(八丈島), 種子島, 宮古島。

スジグロウスキヨトウ〈*Photedes brevilinea*〉昆虫綱鱗翅目ヤガ科カラスヨトウ亜科の蛾。分布：ユーラシア, 沿海州, 北海道。

スジグロエダシャク〈*Arbognophos amoenaria*〉昆虫綱鱗翅目シャクガ科エダシャク亜科の蛾。開張28～31mm。分布：北海道(中部)，サハリン，シベリア南東部。

スジグロオオハムシ〈*Galeruca spectabilis*〉昆虫綱甲虫目ハムシ科。

スジグロカザリシロチョウ ウスベニモンシロチョウの別名。

スジグロカバナミシャク〈*Eupithecia supercastigata*〉昆虫綱鱗翅目シャクガ科の蛾。分布：本州(関東以西)，四国，九州，対馬。

スジグロカバマダラ 条黒樺斑蝶〈*Salatura genutia*〉昆虫綱鱗翅目マダラチョウ科の蝶。前翅長46mm。分布：宮古諸島，八重山諸島。

スジグロキアブ〈*Xylophagus omogensis*〉昆虫綱双翅目キアブ科。

スジグロキヨトウ〈*Aletia nigrilinea*〉昆虫綱鱗翅目ヤガ科ヨトウガ亜科の蛾。開張32～35mm。分布：インド，フィリピン，東南アジア，伊豆半島付近，本州，四国，九州，対馬，屋久島，沖縄本島。

スジグロシロチョウ 条黒白蝶〈*Pieris melete*〉昆虫綱鱗翅目シロチョウ科の蝶。別名スジグロチョウ。前翅長25～35mm。アブラナ科野菜に害を及ぼす。分布：北海道，本州，四国，九州。

スジグロシロマダラ〈*Salatura melanippus*〉昆虫綱鱗翅目マダラチョウ科の蝶。別名コウトウマダラ。

スジグロスカシジャノメ〈*Pseudohaetera hypaesia*〉昆虫綱鱗翅目ジャノメチョウ科の蝶。分布：エクアドル，ペルー，ボリビア。

スジグロチャバネセセリ 条黒茶翅挵蝶〈*Thymelicus leoninus*〉昆虫綱鱗翅目セセリチョウ科の蝶。準絶滅危惧種(NT)。前翅長15mm。分布：北海道(渡島半島)，本州，九州。

スジグロチョウ スジグロシロチョウの別名。

スジグロハマキ〈*Acleris nigrilineana*〉昆虫綱鱗翅目ハマキガ科の蛾。分布：北海道，本州，九州，ロシア，北欧(ノルウェー，スウェーデン，デンマーク，ポーランド)。

スジグロベニボタル スジグロボタルの別名。

スジグロベニモンシロチョウ ウスベニモンシロチョウの別名。

スジグロボタル 条黒蛍〈*Pristolycus sagulatus*〉昆虫綱甲虫目ホタル科の甲虫。体長6～9mm。分布：北海道，本州，九州，奄美大島。

スジグロマダラメイガ〈*Ceroprepes nigrolineatella*〉昆虫綱鱗翅目メイガ科マダラメイガ亜科の蛾。開張28mm。分布：北海道，本州，四国，九州。

スジクロメダカハネカクシ〈*Stenus anthracinus*〉昆虫綱甲虫目ハネカクシ科の甲虫。体長4.5～5.2mm。

スジクロモクメヨトウ〈*Dypterygia andreji*〉昆虫綱鱗翅目ヤガ科カラスヨトウ亜科の蛾。分布：沿海州，北海道，東北地方，関東中部地方。

スジクワガタ〈*Dorcus striatipennis*〉昆虫綱甲虫目クワガタムシ科の甲虫。体長雄18～30mm，雌14～20mm。分布：北海道，本州，四国，九州，対馬，屋久島。

スジケシマグソコガネ〈*Odochilus convexus*〉昆虫綱甲虫目コガネムシ科の甲虫。体長2.8mm。

スジゲンゴロウ〈*Hydaticus satoi*〉昆虫綱甲虫目ゲンゴロウ科の甲虫。絶滅危惧I類(CR+EN)。体長12～15mm。

スジゲンゴロウ オキナワスジゲンゴロウの別名。

スジコガシラウンカ 条小頭浮塵子〈*Rhotala vittata*〉昆虫綱半翅目コガシラウンカ科。分布：本州，九州。

スジコガシラゴミムシダマシ〈*Heterotarsus carinula*〉昆虫綱甲虫目ゴミムシダマシ科の甲虫。体長10～11mm。分布：本州，四国，九州。

スジコガシラハムシダマシ スジコガシラゴミムシダマシの別名。

スジコガネ〈*Anomala testaceipes*〉昆虫綱甲虫目コガネムシ科の甲虫。体長15～19mm。豌豆，空豆，大豆，ウリ科野菜，イネ科牧草，マメ科牧草，飼料用トウモロコシ，ソルガム，隠元豆，小豆，ササゲ，イネ科作物，ソバ，麦類，ハッカ，ハスカップに害を及ぼす。分布：北海道，本州，四国，九州，対馬，吐噶喇列島。

スジコガネの一種〈*Aglycoptera* sp.〉昆虫綱甲虫目コガネムシ科の甲虫。

スジコナマダラメイガ 条粉斑螟蛾〈*Ephestia kuehniella*〉昆虫綱鱗翅目メイガ科の蛾。貯穀・貯蔵植物性食品に害を及ぼす。分布：アメリカ大陸を除くほとんど全域。

スジコバネ マエモンコバネの別名。

スジコヤガ〈*Eustrotia uncula*〉昆虫綱鱗翅目ヤガ科コヤガ亜科の蛾。開張19mm。分布：ユーラシア，北海道，東北地方，関東，中部。

スジコンボウヒメバチ〈*Acerataspis sinensis*〉昆虫綱膜翅目ヒメバチ科。体長12mm。分布：北海道，本州，四国。

スジサビカミキリ〈*Pterolophia obscura*〉昆虫綱甲虫目カミキリムシ科フトカミキリ亜科の甲虫。体長11～14mm。

スジシャコグモ〈*Tibellus oblongus*〉蛛形綱クモ目エビグモ科の蜘蛛。体長雌10～12mm，雄8～9mm。分布：北海道，本州(北部)。

スジシリアゲ〈*Panorpa striata*〉昆虫綱長翅目シリアゲムシ科。

スジシロカミキリ〈*Glenea lineata*〉昆虫綱甲虫目カミキリムシ科フトカミキリ亜科の甲虫。体長9～12mm。分布：南西諸島。

スジシロキヨトウ〈*Leucania striata*〉昆虫綱鱗翅目ヤガ科ヨトウ亜科の蛾。開張40～42mm。分布：台湾,本州中部以西,対馬,屋久島,奄美大島,沖縄本島。

スジシロキヨトウ ノヒラキヨトウ(1)の別名。

スジシロコヤガ〈*Lithacodia falsa*〉昆虫綱鱗翅目ヤガ科コヤガ亜科の蛾。分布：中国,朝鮮半島,北海道から本州中部,屋久島。

スジダカサビカミキリ〈*Pterolophia bigibbera*〉昆虫綱甲虫目カミキリムシ科フトカミキリ亜科の甲虫。体長9mm。

スジチビタマムシ〈*Habroloma amurense*〉昆虫綱甲虫目タマムシ科の甲虫。体長2.5mm。

スジチビヒラタムシ〈*Laemophloeus immundus*〉昆虫綱甲虫目ヒラタムシ科。

スジチャタテ〈*Psococerastis tokyoensis*〉昆虫綱噛虫目チャタテムシ科。

スジツトガ〈*Chilo sacchariphagus*〉昆虫綱鱗翅目メイガ科の蛾。分布：東南アジア,福岡,佐賀,大阪府堺市。

スジツバメアオシャク〈*Nipponogelasma immunis*〉昆虫綱鱗翅目シャクガ科アオシャク亜科の蛾。開張21～23mm。分布：北海道,本州,四国北部,シベリア南東部,サハリン。

スジツマアカシロチョウ〈*Colotis zoe*〉昆虫綱鱗翅目シロチョウ科の蝶。分布：マダガスカル。

スジツヤチビハネカクシ〈*Edaphus carinicollis*〉昆虫綱甲虫目ハネカクシ科の甲虫。体長1.3mm。

スジトビケラ 条飛蠅〈*Nemotaulius brevilinea*〉昆虫綱毛翅目エグリトビケラ科。体長15～20mm。分布：北海道,本州,四国,九州。

スジトビハマキ アミメトビハマキの別名。

スジハグルマエダシャク〈*Synegia limitatoides*〉昆虫綱鱗翅目シャクガ科エダシャク亜科の蛾。開張雄22～24mm,雌28～31mm。分布：青森県から九州南部。

スジハサミムシ〈*Proreus simulans*〉昆虫綱革翅目ネッタイハサミムシ科。体長12～18mm。分布：沖永良部島,沖縄本島。

スジハナガタマムシ〈*Agrilus sachalinicola*〉昆虫綱甲虫目タマムシ科の甲虫。体長9.0～13.0mm。

スジハナバチ コシブトハナバチの別名。

スジハムネスジタマムシ〈*Chrysodema dohrnii*〉昆虫綱甲虫目タマムシ科の甲虫。分布：フィリピン。

スジヒゲコメツキダマシ〈*Proxylobius helleri*〉昆虫綱甲虫目コメツキダマシ科の甲虫。体長4.0～5.8mm。

スジヒトエダキノコバエ〈*Acnemia brauerii*〉昆虫綱双翅目キノコバエ科。

スジヒメカタゾウムシ〈*Ogasawarazo lineatus*〉昆虫綱甲虫目ゾウムシ科の甲虫。分布：父島,母島(小笠原)。

スジヒメガムシ〈*Hydrobius pauper*〉昆虫綱甲虫目ガムシ科の甲虫。体長6.2～7.3mm。

スジヒメドロムシ〈*Optioservus hayashii*〉昆虫綱甲虫目ヒメドロムシ科。

スジヒメミゾコメツキダマシ〈*Dromaeolus japonensis*〉昆虫綱甲虫目コメツキダマシ科の甲虫。体長4.9～6.5mm。

スジヒラタガムシ〈*Helochares striatus*〉昆虫綱甲虫目ガムシ科の甲虫。体長3.8～4.3mm。

スジヒラタハネカクシ〈*Pseudopsis watanabei*〉昆虫綱甲虫目ハネカクシ科の甲虫。体長3.8～4.0mm。

スジヒロズコガ〈*Tineola striolella*〉昆虫綱鱗翅目ヒロズコガ科の蛾。

スジブトイシガケチョウ〈*Cyrestis maenalis*〉昆虫綱鱗翅目タテハチョウ科の蝶。分布：マレーシア,スマトラ,ジャワ,ボルネオ,フィリピン。

スジブトコモリグモ〈*Alopecosa virgata*〉蛛形綱クモ目コモリグモ科の蜘蛛。体長雌10～13mm,雄9～11mm。分布：北海道,本州(東北・中部の高地)。

スジブトナガレオドリバエ〈*Hilara pachyneura*〉昆虫綱双翅目オドリバエ科。

スジブトハシリグモ〈*Dolomedes pallitarsis*〉蛛形綱クモ目キシダグモ科の蜘蛛。体長雌15～18mm,雄14～16mm。分布：本州,四国,九州。

スジブトヒラタクワガタ〈*Serrognathus costatus*〉昆虫綱甲虫目クワガタムシ科の甲虫。体長雄45～58mm,雌30～34mm。分布：奄美大島,徳之島。

スジブトホコリダニ〈*Tarsonemus bilobatus*〉蛛形綱ダニ目ホコリダニ科。体長雄0.2mm,雌0.3mm。ナス科野菜,ウリ科野菜,葡萄,隠元豆,小豆,ササゲ,大豆,ジャガイモ,サツマイモに害を及ぼす。分布：日本全国,ヨーロッパ,北アメリカ,コスタリカ。

スジブトヤマメイガ〈*Eudonia magnibursa*〉昆虫綱鱗翅目メイガ科の蛾。分布：長野県扉鉱泉,山形県朝日連邦竜門山。

スジベニコケガ〈*Miltochrista striata*〉昆虫綱鱗翅目ヒトリガ科コケガ亜科の蛾。開張32～40mm。分布：北海道,本州,四国,九州,種子島,

屋久島, サハリン, 朝鮮半島, シベリア南東部, 伊豆諸島八丈島.

スジボケハシリグモ〈Dolomedes hercules〉蛛形綱クモ目キシダグモ科.

スジホシムシ 筋星虫〈Sipunculus nudus〉星口動物門ホシムシ科の海産動物. 分布：本州, 四国, 九州.

スジボソクロトラカミキリ〈Chlorophorus motschulskyi〉昆虫綱甲虫目カミキリムシ科の甲虫.

スジホソコガネ〈Coenochilus striatus〉昆虫綱甲虫目コガネムシ科の甲虫. 体長10mm.

スジボソコシブトハナバチ〈Amegilla florea〉昆虫綱膜翅目ミツバチ科.

スジボソサンカククチバ〈Chalciope mygdon〉昆虫綱鱗翅目ヤガ科シタバガ亜科の蛾. 分布：スリランカ, インド, 中国, マレーシアからスンダランド一帯, ジャワ, 奄美大島, 沖縄本島, 大東島, 宮古島, 石垣島.

スジボソヤマキチョウ 条細山黄蝶〈Gonepteryx aspasia niphonica〉昆虫綱鱗翅目シロチョウ科の蝶. 前翅長28～35mm. 分布：本州, 四国, 九州.

スジボソヤマメイガ〈Eudonia microdontalis〉昆虫綱鱗翅目メイガ科の蛾. 分布：北海道北部から東北, 関東, 北陸, 中部山地, 四国北部と九州中部の山地.

スジマガリエンマムシ〈Atholus coelestes〉昆虫綱甲虫目エンマムシ科の甲虫. 体長3.1～3.7mm.

スジマガリノメイガ〈Mutuuraia terrealis〉昆虫綱鱗翅目メイガ科の蛾. 分布：北海道, 本州.

スジマガリベニコケガ〈Asuridia carnipicta〉昆虫綱鱗翅目ヒトリガ科の蛾. 分布：対馬, 中国, 台湾.

スジマグソコガネ〈Aphodius rugosostriatus〉昆虫綱甲虫目コガネムシ科の甲虫. 体長4.5～6.5mm. 分布：北海道, 本州, 四国, 九州.

スジマダラダンゴタマムシ〈Julodis cirrhosa〉昆虫綱甲虫目タマムシ科. 分布：アフリカ南部.

スジマダラチビコメツキ〈Aeoloderma brachmana〉昆虫綱甲虫目コメツキムシ科.

スジマダラヒロバスガ チャノキオオスヒロキバガの別名.

スジマダラメイガ 条斑螟蛾〈Cadra cautella〉昆虫綱鱗翅目メイガ科マダラメイガ亜科の蛾. 別名コナマダラメイガ, チャマダラメイガ. 開張16～20mm. 貯穀・貯蔵植物性食品に害を及ぼす. 分布：全世界.

スジマダラモモブトカミキリ ヒゲナガモモブトカミキリの別名.

スジマネシヒカゲ〈Elymnias nesaea〉昆虫綱鱗翅目ジャノメチョウ科の蝶. 開張80mm. 分布：北インドからスンダランド. 珍蝶.

スジマルハハマキ〈Paratorna seriepuncta〉昆虫綱鱗翅目ハマキガ科の蛾. 分布：ロシアの極東地方, 北海道から中部山地, 中国の東北部.

スジミズアトキリゴミムシ〈Apristus grandis〉昆虫綱甲虫目オサムシ科の甲虫. 体長4.0～4.5mm.

スジムネキスイ〈Henoiderus centromaculatus〉昆虫綱甲虫目キスイムシ科.

スジモクメシャチホコ〈Hupodonta lignea〉昆虫綱鱗翅目シャチホコガ科ウチキシャチホコ亜科の蛾. 開張46～52mm. 分布：北海道, 本州中部以北, 四国, 九州の高地部.

スジモンアツバ〈Microxyla confusa〉昆虫綱鱗翅目ヤガ科クチバ亜科の蛾. 分布：秋田県付近を北限, 東北地方から九州, 対馬, 屋久島.

スジモンカバノメイガ〈Nascia cilialis〉昆虫綱鱗翅目メイガ科の蛾. 分布：北海道, 東北地方の北部, シベリア南東部からヨーロッパ.

スジモンキマルハキバガ 条紋黄円翅牙蛾〈Periacma delegata〉昆虫綱鱗翅目マルハキバガ科の蛾. 開張13～16mm. 分布：本州, 九州.

スジモンダンゴタマムシ〈Julodis koenigi〉昆虫綱甲虫目タマムシ科. 分布：アフリカ北部.

スジモンツバメアオシャク 条紋燕青尺蛾〈Gelasma albistrigata〉昆虫綱鱗翅目シャクガ科アオシャク亜科の蛾. 開張30～34mm. 分布：本州(宮城県より南), 四国, 九州, 対馬.

スジモンヒトリ 条紋灯蛾〈Spilosoma seriatopunctata〉昆虫綱鱗翅目ヒトリガ科ヒトリガ亜科の蛾. 開張35～45mm. 林檎, 桜類に害を及ぼす. 分布：本州, 四国, 九州, 対馬, 屋久島, 伊豆諸島, 奄美大島, 沖縄本島.

スジモンフユシャク〈Alsophiloides acroama〉昆虫綱鱗翅目シャクガ科ホシシャク亜科の蛾. 開張23～27mm. 分布：関東から近畿.

ススイロハマダラミバエ〈Acidiella fusca〉昆虫綱双翅目ミバエ科.

ススイロビロウドコガネ マルガタビロウドコガネの別名.

スズカホラヒメグモ〈Nesticus suzuka〉蛛形綱クモ目ホラヒメグモ科の蜘蛛.

スズカメクラチビゴミムシ〈Trechiama suzukaensis〉昆虫綱甲虫目オサムシ科の甲虫. 体長4.9～6.0mm.

スズキアミメカワゲラモドキ〈Isogenus motonis〉昆虫綱襀翅目アミメカワゲラ科.

スズキカバエ 鈴木蚊蠅〈*Phryne suzukii*〉昆虫綱双翅目カバエ科。体長4〜5mm。分布：本州，四国，九州。害虫。

ススキキオビカザリバ〈*Cosmopterix sublaetifica*〉昆虫綱鱗翅目カザリバガ科の蛾。分布：本州，四国，九州。

スズキキノコヨトウ〈*Cryphia suzukiella*〉昆虫綱鱗翅目ヤガ科の蛾。分布：京都，兵庫県関宮町，高地・徳島県境の四足峠，対馬。

スズキギングチバチ〈*Crossocerus monstrosus suzukii*〉昆虫綱膜翅目ジガバチ科。体長11mm。分布：北海道，本州。

スズキクサカゲロウ〈*Chrysopa suzukii*〉昆虫綱脈翅目クサカゲロウ科。

スズキコウモリバエ〈*Brachytarsina suzukii*〉昆虫綱双翅目コウモリバエ科。体長1.7〜2.0mm。害虫。

スズキコエンマコガネ〈*Caccobius suzukii*〉昆虫綱甲虫目コガネムシ科の甲虫。体長5.5〜6.5mm。

スズキコモリグモ〈*Lycosa suzukii*〉蛛形綱クモ目ドクグモ科の蜘蛛。

ススキサビカミキリ〈*Pterolophia kubokii*〉昆虫綱甲虫目カミキリムシ科フトカミキリ亜科の甲虫。体長16mm。

スズキシマメイガ シロモンシマメイガの別名。

スズキシャチホコ〈*Suzukia cinerea*〉昆虫綱鱗翅目シャチホコガ科ウチキシャチホコ亜科の蛾。開張40〜48mm。分布：沿海州，北海道から九州，屋久島。

ススキチビカミキリ ススキハネナシチビカミキリの別名。

スズキドクガ 鈴木毒蛾〈*Calliteara conjuncta*〉昆虫綱鱗翅目ドクガ科の蛾。開張雄35〜43mm。分布：本州(東北地方北部より)，四国，対馬，朝鮮半島，シベリア南東部。

スズキドクグモ スズキコモリグモの別名。

スズキナガハナアブ 鈴木長花虻〈*Spilomyia suzukii*〉昆虫綱双翅目ハナアブ科。分布：北海道，本州。

ススキノアブラムシ〈*Longiunguis japonicus*〉昆虫綱半翅目アブラムシ科。

ススキハネナシチビカミキリ〈*Sybra miscanthivola*〉昆虫綱甲虫目カミキリムシ科フトカミキリ亜科の甲虫。体長7.7〜11.0mm。

スズキハラボソツリアブ 鈴木腹細長吻虻〈*Cephenius suzukii*〉昆虫綱双翅目ツリアブ科。分布：本州。

スズキヒメヨコバイ〈*Arboridia suzukii*〉昆虫綱半翅目ヨコバイ科。体長3mm。林檎，ブドウに害を及ぼす。分布：本州，四国，九州，シベリア，朝鮮半島。

スズキミスジ〈*Neptis soma*〉昆虫綱鱗翅目タテハチョウ科の蝶。分布：ヒマラヤから中国西部まで，アフガニスタン，ミャンマー，マレーシア，スマトラ，台湾など。

スズバチ 鈴蜂〈*Eumenes decorata*〉昆虫綱膜翅目スズメバチ科。体長25〜30mm。分布：日本全土。害虫。

スズバチネジレバネ 鈴蜂撚翅〈*Pseudoxenos iwatai*〉ハチネジレバネ科。

ススバネショウジョウバエ〈*Drosophila subtilis*〉昆虫綱双翅目ショウジョウバエ科。

スズミグモ 涼蜘蛛〈*Cyrtophora moluccensis*〉節足動物門クモ形綱真正クモ目コガネグモ科の蜘蛛。体長雌14〜16mm，雄3〜5mm。分布：本州(南部)，四国，九州，南西諸島。

スズムシ 鈴虫〈*Homoeogryllus japonicus*〉昆虫綱直翅目コオロギ科。体長17〜25mm。分布：本州(東北南部以南)，四国，九州，奄美諸島。

スズメオオサムライコマユバチ〈*Micropolitis ocellatae*〉昆虫綱膜翅目コマユバチ科。

スズメガ 雀蛾〈hawk moth〉昆虫綱鱗翅目スズメガ科Spihingidaeの昆虫の総称。

スズメサシダニ〈*Dermanyssus hirundinis*〉蛛形綱ダニ目ワクモ科。体長0.6〜0.8mm。害虫。

スズメセセリ〈*Halpe flava*〉昆虫綱鱗翅目セセリチョウ科の蝶。

スズメトリノミ〈*Ceratophyllus farreni chaoi*〉昆虫綱隠翅目ナガノミ科。体長雄2.5mm，雌2.0〜3.5mm。害虫。

スズメハジラミ 雀羽虱〈*Philopterus suzume*〉昆虫綱食毛目チョウカクハジラミ科。体長雄1.3mm，雌1.4mm。害虫。

スズメバチ 胡蜂，雀蜂〈giant hornet〉昆虫綱膜翅目スズメバチ科に属する一種，およびスズメバチ亜科に属するハチの総称で，和名ススメバチは一名オオスズメバチ，大形種の俗称はクマンバチ。

スズメバチ オオスズメバチの別名。

スズメバチネジレバネ〈*Xenos moutoni*〉ハチネジレバネ科。珍虫。

スズヤヒラタカメムシ 鈴谷扁亀虫〈*Aradus melas*〉昆虫綱半翅目ヒラタカメムシ科。分布：北海道，本州。

スソアカゴガシラハネカクシ〈*Philonthus notabilis*〉昆虫綱甲虫目ハネカクシ科の甲虫。体長8.0〜8.5mm。

スソアカヒメホソハネカクシ〈*Neobisnius inornatus*〉昆虫綱甲虫目ハネカクシ科の甲虫。体長4.8mm。

スソアカベニボタル〈Conderis chujoi〉昆虫綱甲虫目ベニボタル科の甲虫。体長5.7〜9.2mm。

スソアカムラサキ〈Hypolimnas pandarus pandarus〉昆虫綱鱗翅目タテハチョウ科の蝶。別名パンドラムラサキ。分布：ブル，アルボン，セラム，カイ。

スソキヒメジョウカイモドキ〈Hypebaeus ohbayashii〉昆虫綱甲虫目ジョウカイモドキ科の甲虫。体長2.0mm。

スソキンモンコハマキ〈Euspila scintillana〉昆虫綱鱗翅目ノコメハマキガ科の蛾。開張9〜10.5mm。

スソグロサラグモ〈Ostearius melanopygius〉蛛形綱クモ目サラグモ科の蜘蛛。体長雌3.0〜3.2mm，雄2.3〜2.5mm。分布：北海道，本州，四国，九州，南西諸島。

スソクロモンアカヒメハマキ〈Eucosma abacana〉昆虫綱鱗翅目ハマキガ科の蛾。分布：北海道から本州中部山地，中国(東北)，ロシア(シベリア，サハリン)。

スソクロモンハマキ〈Phaneta abacana〉昆虫綱鱗翅目ノコメハマキガ科の蛾。開張16〜18mm。

スソモンカバハマキ〈Catoptria glebana〉昆虫綱鱗翅目ノコメハマキガ科の蛾。開張14〜16.5mm。

スソモンサザナミキヒメハマキ〈Neoanathamna pallens〉昆虫綱鱗翅目ハマキガ科の蛾。分布：香川県一ツ内，奥塩入。

スタウディンガベニモンキチョウ〈Colias staudingeri〉昆虫綱鱗翅目シロチョウ科の蝶。分布：天山山脈。

ズダカグモ ズダカサラグモの別名。

ズダカサラグモ〈Nematogmus stylitus〉蛛形綱クモ目コサラグモ科の蜘蛛。

スタグマトプテラ・スップリカリア〈Stagmatoptera supplicaria〉昆虫綱蟷螂目カマキリ科。分布：熱帯南アメリカ。

スタグマトプテラ属の一種〈Stagmatoptera sp.〉昆虫綱蟷螂目カマキリ科。分布：ペルー。

スタフィルス・マザンス〈Staphylus mazans〉昆虫綱鱗翅目セセリチョウ科の蝶。分布：メキシコ，ベネズエラ，トリニダード。

スタラクティス・エウテルペ〈Stalachtis euterpe latefasciata〉昆虫綱鱗翅目シジミタテハ科。分布：ペルー，ギアナ，アマゾン。

スタラクティス・ススンナ〈Stalachtis susanna〉昆虫綱鱗翅目シジミタテハ科。分布：ブラジル。

スタラクティス・ゼフィリティス〈Stalachtis zephyritis evelina〉昆虫綱鱗翅目シジミタテハ科。分布：アマゾン流域，ギアナ。

スタラクティス・ファエドゥサ〈Stalachtis phaedusa〉昆虫綱鱗翅目シジミタテハ科の蝶。分布：ペルー，アマゾン，ギアナ。

スタラクティス・フレギア〈Stalachtis phlegia phlegia〉昆虫綱鱗翅目シジミタテハ科。分布：コロンビアからブラジル。

スタラクティス・マグダレナエ〈Stalachtis magdalenae magdalenae〉昆虫綱鱗翅目シジミタテハ科。分布：コロンビア。

スタラクティス・リネアタ〈Stalachtis lineata〉昆虫綱鱗翅目シジミタテハ科。分布：ブラジル。

スダレゴマダラ〈Euripus robustus myrinoides〉昆虫綱鱗翅目タテハチョウ科の蝶。分布：スラウェシ。

スダレセセリ〈Plastingia naga〉昆虫綱鱗翅目セセリチョウ科の蝶。分布：アッサム，ミャンマーからマレーシア，スマトラ，ジャワ，ボルネオ。

スタンリーハナムグリ〈Astenorrhina stanleyana〉昆虫綱甲虫目コガネムシ科の甲虫。分布：アフリカ中央部。

スティギオニンファ・ビギランス〈Stygionympha vigilans〉昆虫綱鱗翅目ジャノメチョウ科の蝶。分布：アフリカ南部からナタールおよびローデシアまで。

スティクスシジミ ペルーシジミの別名。

スティケリア・サガリス〈Stichelia sagaris〉昆虫綱鱗翅目シジミタテハ科の蝶。分布：アマゾン流域からブラジル南部，ギアナ，トリニダード。

スティケリア・ドゥキンフィエルディア〈Stichelia dukinfieldia〉昆虫綱鱗翅目シジミタテハ科の蝶。分布：ブラジル南部。

スティコフタルマ・ニューモゲニ〈Stichophthalma neumogeni〉昆虫綱鱗翅目ワモンチョウ科の蝶。分布：中国西部。

スティコフタルマ・ロウイサ〈Stichophthalma louisa〉昆虫綱鱗翅目ワモンチョウ科の蝶。分布：ミャンマーからインドシナ半島まで。

スティバリウス・ミューベルギ〈Stivalius mjoebergi〉ピギオプシラ科。分布：ボルネオ。

スティボゲス・ニンフィディア〈Stiboges nymphidia〉昆虫綱鱗翅目シジミタテハ科の蝶。分布：マレーシア，中国西部，ミャンマー，アッサム，スマトラ，ジャワ。

ステッログナタ・マクラタ〈Stellognatha maculata〉昆虫綱甲虫目カミキリムシ科の甲虫。分布：マダガスカル。

ステヌレラ・ジェーゲリ〈Stenullera jaegeri〉昆虫綱甲虫目カミキリムシ科の甲虫。分布：シリア，コーカサス。

ステノカラ・ファランギウム〈*Stenocara phalangium*〉昆虫綱甲虫目ゴミムシダマシ科。分布：アフリカ南部。

ステノカラ・ロンギペス〈*Stenocara longipes*〉昆虫綱甲虫目ゴミムシダマシ科。分布：アフリカ南部。

ステノタルシア・スコッティ〈*Stenotarsia scotti*〉昆虫綱甲虫目コガネムシ科の甲虫。分布：マダガスカル。

ステノモルファ・コンベクサ〈*Stenomorpha convexa*〉昆虫綱甲虫目ゴミムシダマシ科。分布：アメリカ合衆国(アリゾナ，アーカンソ)。

ステノモルファ属の一種〈*Stenomorpha* sp.〉昆虫綱甲虫目ゴミムシダマシ科。分布：アリゾナ。

ステルノデス・カスピクス〈*Sternodes caspicus*〉昆虫綱甲虫目ゴミムシダマシ科。分布：ギリシア，カスピ海のアジア側の沿岸地方。

ステルノトミス・クリソプルス〈*Sternotomis chrysoprus*〉昆虫綱甲虫目カミキリムシ科の甲虫。分布：セネガル，ギニアからカメルーンまで。

ステルノトミス・ボヘマンニ〈*Sternotomis bohemanni bohndriffi*〉昆虫綱甲虫目カミキリムシ科の甲虫。分布：アフリカ中央部，亜種はカメルーン，ザイール，ウガンダ。

ステレラウラナミジャノメ〈*Ypthima stellera*〉昆虫綱鱗翅目ジャノメチョウ科の蝶。

ステロマ・ベガ〈*Steroma bega*〉昆虫綱鱗翅目ジャノメチョウ科の蝶。分布：コロンビア，ペルー，ボリビア，ベネズエラ(いずれも高地)。

ストゥゲタ・ボウケリ〈*Stugeta bowkeri*〉昆虫綱鱗翅目シジミチョウ科の蝶。分布：アフリカ東部および南部。

ストゥゲタ・マルモレア〈*Stugeta marmorea*〉昆虫綱鱗翅目シジミチョウ科の蝶。分布：ガーナからアフリカ大陸を横断してエチオピアまで。

ストゥラテグス・アロエウス〈*Strategus aloeus*〉昆虫綱甲虫目コガネムシ科の甲虫。分布：合衆国南部からブラジル。

ストゥラテグス・ユグルタ〈*Strategus jugurtha*〉昆虫綱甲虫目コガネムシ科の甲虫。分布：ニカラグアからコロンビア。

ストゥリモン・アキス〈*Strymon acis*〉昆虫綱鱗翅目シジミチョウ科の蝶。分布：フロリダ州，アンチル諸島。

ストゥリモン・アジア〈*Strymon azia*〉昆虫綱鱗翅目シジミチョウ科の蝶。分布：メキシコからブラジルおよびパラグアイ。

ストゥリモン・アバロナ〈*Strymon avalona*〉昆虫綱鱗翅目シジミチョウ科の蝶。分布：カリフォルニア州。

ストゥリモン・エドワージ〈*Strymon edwardsi*〉昆虫綱鱗翅目シジミチョウ科の蝶。分布：北アメリカ。

ストゥリモン・エム-アルブム〈*Strymon m-album*〉昆虫綱鱗翅目シジミチョウ科の蝶。分布：南アメリカからカンザス州まで。

ストゥリモン・オンタリオ〈*Strymon ontario*〉昆虫綱鱗翅目シジミチョウ科の蝶。分布：テキサス州。

ストゥリモン・ケクロプス〈*Strymon cecrops*〉昆虫綱鱗翅目シジミチョウ科の蝶。分布：フロリダ州からニューヨーク州まで。

ストゥリモン・コルメッラ〈*Strymon columella*〉昆虫綱鱗翅目シジミチョウ科の蝶。分布：テキサス州から南へ中央アメリカまで。

ストゥリモン・サッサニデス〈*Strymon sassanides*〉昆虫綱鱗翅目シジミチョウ科の蝶。分布：トルキスタンおよびイランからバルチスタンおよびカシミールまで，アフガニスタン。

ストゥリモン・シマエティス〈*Strymon simaethis*〉昆虫綱鱗翅目シジミチョウ科の蝶。分布：アンチル諸島。

ストゥリモン・ティトゥス〈*Strymon titus*〉昆虫綱鱗翅目シジミチョウ科の蝶。分布：アメリカ合衆国の南部。

ストゥリモン・テレア〈*Strymon telea*〉昆虫綱鱗翅目シジミチョウ科の蝶。分布：ブラジルからテキサス州まで。

ストゥリモン・パストル〈*Strymon pastor*〉昆虫綱鱗翅目シジミチョウ科の蝶。分布：テキサス州から中央アメリカまで。

ストゥリモン・バゾキイ〈*Strymon bazochii*〉昆虫綱鱗翅目シジミチョウ科の蝶。分布：ブラジルからテキサス州，トリニダード。

ストゥリモン・ファボニウス〈*Strymon favonius*〉昆虫綱鱗翅目シジミチョウ科の蝶。分布：北アメリカの南部。

ストゥリモン・ファラケル〈*Strymon falacer*〉昆虫綱鱗翅目シジミチョウ科の蝶。分布：カナダからテキサス州まで。

ストゥリモン・ブイ-アルブム〈*Strymon v-album*〉昆虫綱鱗翅目シジミチョウ科の蝶。分布：中国中部・西部。

ストゥリモン・ヘルチ〈*Strymon herzi*〉昆虫綱鱗翅目シジミチョウ科の蝶。分布：アムール，朝鮮半島。

ストゥリモン・マルティアリス〈*Strymon martialis*〉昆虫綱鱗翅目シジミチョウ科の蝶。分布：フロリダ州，キューバ，ジャマイカ。

ストウリモ

ストゥリモン・リパロプス〈Strymon liparops〉昆虫綱鱗翅目シジミチョウ科の蝶。分布：アメリカ合衆国。

ストゥリモン・レダ〈Strymon leda〉昆虫綱鱗翅目シジミチョウ科の蝶。分布：テキサス州，アリゾナ州。

ストゥリモン・レデレリ〈Strymon ledereri〉昆虫綱鱗翅目シジミチョウ科の蝶。分布：小アジア，アルメニア，トランスコーカシア，トランスカスピア。

ストゥロンギリウム・アトゥラム〈Strongylium atram〉昆虫綱甲虫目ゴミムシダマシ科。分布：アメリカ合衆国(アリゾナ)，メキシコ。

ストリクツカウスバシロチョウ〈Parnassius stoliczkanus〉昆虫綱鱗翅目アゲハチョウ科の蝶。分布：カラコルム，カシミール，ラダク。

ストリクツカモンキチョウ〈Colias stoliczkana〉昆虫綱鱗翅目シロチョウ科の蝶。分布：ラダクからアムド南部およびフェルガナ南部まで。

ストルトドントゥス・フェルス〈Storthodontus ferus〉昆虫綱甲虫目ヒョウタンゴミムシ科。分布：マダガスカル。

ストロンギリウム・ストゥールマニ〈Strongylium stuhlmanni〉昆虫綱甲虫目ゴミムシダマシ科。分布：アフリカ中央部・南部。

スナアカネ〈Sympetrum fonscolombei〉昆虫綱蜻蛉目トンボ科の蜻蛉。

ズナガヌカグモ〈Savignia kawachiensis〉蛛形綱クモ目サラグモ科の蜘蛛。

ズナガホソクビハネカクシ〈Zeteotomus maximus〉昆虫綱甲虫目ハネカクシ科の甲虫。体長8.5～9.0mm。

スナコバネナガカメムシ〈Blissus hirtulus〉昆虫綱半翅目ナガカメムシ科。体長3.2～4.0mm。シバ類に害を及ぼす。分布：本州，九州，中国南部，東洋区，アフリカ南部。

スナゴミムシダマシ〈Gonocephalum japanum〉昆虫綱甲虫目ゴミムシダマシ科の甲虫。体長11～12mm。分布：北海道，本州。

スナゴミムシダマシの一種〈Gonocephalum sp.〉昆虫綱甲虫目ゴミムシダマシ科。

スナサビキコリ〈Meristhus niponensis〉昆虫綱甲虫目コメツキムシ科の甲虫。体長5mm。分布：本州，四国，九州。

スナタバムシ 砂束虫〈Mesochaetopterus minutus〉環形動物門多毛綱ツバサゴカイ科の海産動物。分布：本州中部以南。

スナノミ 砂蚤〈Tunga penetrans〉昆虫綱隠翅目スナノミ科の属する昆虫。体長1.0mm。分布：アフリカ，マダガスカル島，南アメリカ大陸。害虫。珍立。

スナハラゴミムシ〈Diplocheila elongata〉昆虫綱甲虫目オサムシ科の甲虫。体長23mm。分布：本州，四国，九州。

スナハラコモリグモ〈Pardosa takahashii〉蛛形綱クモ目コモリグモ科の蜘蛛。体長雌8～9mm，雄6～7mm。分布：九州，南西諸島。

スナホリムシ 砂堀虫 節足動物門甲殻綱等脚目スナホリムシ科に属する種を総称的によぶが，同科でも大形のオオグソクムシなどは除外する。

スナムグリヒョウタンゾウムシ〈Scepticus tigrinus〉昆虫綱甲虫目ゾウムシ科。体長7.5～9.0mm。タバコ，隠元豆，小豆，ササゲ，大豆，ウリ科野菜に害を及ぼす。分布：北海道，本州の平地。

スナヨコバイ〈Psammotettix maritimus〉昆虫綱半翅目ヨコバイ科。準絶滅危惧種(NT)。

スニアナ・スニアス〈Suniana sunias〉昆虫綱鱗翅目セセリチョウ科の蝶。分布：オーストラリア，モルッカ諸島，ニューギニア，ソロモン諸島など。

スニアナ・タヌス〈Suniana tanus〉昆虫綱鱗翅目セセリチョウ科の蝶。分布：ニューギニア。

スネアカキンバエ〈Lucilia porphyrina〉昆虫綱双翅目クロバエ科。体長5.0～10.0mm。害虫。

スネアカヒゲナガゾウムシ〈Autotropis distinguendus〉昆虫綱甲虫目ヒゲナガゾウムシ科の甲虫。体長3.4～3.7mm。分布：北海道，本州，四国，九州，対馬。

スネアカヒメドロムシ〈Optioservus variabilis〉昆虫綱甲虫目ヒメドロムシ科の甲虫。体長2.7～3.0mm。分布：本州。

スネグロウスバカミキリ〈Noserius tibialis〉昆虫綱甲虫目カミキリムシ科の甲虫。

スネグロオチバヒメグモ〈Stemmops nipponicus〉蛛形綱クモ目ヒメグモ科の蜘蛛。体長雌2.5～3.0mm，雄2.0～2.5mm。分布：北海道，本州，四国，九州。

スネゲコバネカミキリ〈Callisphyris semicaligatus〉昆虫綱甲虫目カミキリムシ科の甲虫。分布：チリ。

スネケブカヒロコバネカミキリ〈Macromolorchus hirsutus〉昆虫綱甲虫目カミキリムシ科カミキリ亜科の甲虫。体長10～14mm。分布：本州，四国，九州，対馬。

スネビロオオキノコムシ〈Pseudamblyopus palmipes〉昆虫綱甲虫目オオキノコムシ科の甲虫。体長5.0～6.5mm。

スネブトクシヒゲガガンボ〈Ctenophora nohirae〉昆虫綱双翅目ガガンボ科。

スネブトタマオシコガネ〈*Pachylomera femoralis*〉昆虫綱甲虫目コガネムシ科の甲虫。分布：アフリカ中央部・南部。

スネブトニシキカナブン〈*Stephanorrhina tibialis*〉昆虫綱甲虫目コガネムシ科の甲虫。分布：アフリカ中央部。

スノキツマジロヒメハマキ〈*Apotomis vaccini*〉昆虫綱鱗翅目ハマキガ科の蛾。分布：東北から中部山地，北海道。

ズバケデオネスイ〈*Mimemodes carrenifrons*〉昆虫綱甲虫目ネスイムシ科の甲虫。体長2.1～3.1mm。

スパティレピア・クロニウス〈*Spathilepia clonius*〉昆虫綱鱗翅目セセリチョウ科の蝶。分布：メキシコおよび南アメリカ，テキサス州。

スパトメレス属の一種〈*Spathomeles* sp.〉昆虫綱甲虫目テントウダマシ科。

スパルギス・レモレア〈*Spalgis lemolea*〉昆虫綱鱗翅目シジミチョウ科の蝶。分布：サハラ以南のアフリカ全域。

スピアリア・ガルバ〈*Spialia galba*〉昆虫綱鱗翅目セセリチョウ科の蝶。分布：ヒマラヤ，シッキム，アッサム，スリランカ，インド，ミャンマー。

スピアリア・セルトリウス〈*Spialia sertorius*〉昆虫綱鱗翅目セセリチョウ科の蝶。分布：アフリカ北部，ヨーロッパ南部からチトラル（西パキスタン），チベットからアムールまで。

スピアリア・ドゥロムス〈*Spialia dromus*〉昆虫綱鱗翅目セセリチョウ科の蝶。分布：ナタール，アフリカ東部，ガボン。

スピアリア・フロミディス〈*Spialia phlomidis*〉昆虫綱鱗翅目セセリチョウ科の蝶。分布：ヨーロッパ東部，小アジア，イラン。

スピックスナンベイクワガタ スピックスホソツノクワガタの別名。

スピックスホソツノクワガタ〈*Pholidotus spixi*〉昆虫綱甲虫目クワガタムシ科。別名スピックスナンベイクワガタ。分布：ブラジル。

スピナンテンナ・トゥリスティス〈*Spinantenna tristis*〉昆虫綱鱗翅目ジャノメチョウ科の蝶。分布：チリ。

ズビロキマワリモドキ〈*Gnesis helopioides*〉昆虫綱甲虫目ゴミムシダマシ科の甲虫。体長9mm。分布：本州，四国，九州，南西諸島。

スピンダシス・アブノルミス〈*Spindasis abnormis*〉昆虫綱鱗翅目シジミチョウ科の蝶。分布：インド。

スピンダシス・イクティス〈*Spindasis ictis*〉昆虫綱鱗翅目シジミチョウ科の蝶。分布：カシミール，インドからセイロンまで。

スピンダシス・エッラ〈*Spindasis ella*〉昆虫綱鱗翅目シジミチョウ科の蝶。分布：アフリカ中央部・南部。

スピンダシス・クルスタリア〈*Spindasis crustaria*〉昆虫綱鱗翅目シジミチョウ科の蝶。分布：アフリカ中部。

スピンダシス・スバウレウス〈*Spindasis subaureus*〉昆虫綱鱗翅目シジミチョウ科の蝶。分布：ナイジェリア，カメルーン。

スピンダシス・タベテンシス〈*Spindasis tavetensis*〉昆虫綱鱗翅目シジミチョウ科の蝶。分布：ローデシア。

スピンダシス・トゥリメニ〈*Spindasis trimeni*〉昆虫綱鱗翅目シジミチョウ科の蝶。分布：ローデシア。

スピンダシス・ナマクア〈*Spindasis namaqua*〉昆虫綱鱗翅目シジミチョウ科の蝶。分布：喜望峰。

スピンダシス・ニパリクス〈*Spindasis nipalicus*〉昆虫綱鱗翅目シジミチョウ科の蝶。分布：インド。

スピンダシス・ファネス〈*Spindasis phanes*〉昆虫綱鱗翅目シジミチョウ科の蝶。分布：アフリカ南部からトランスバールまで。

スピンダシス・ブルカヌス〈*Spindasis vulcanus*〉昆虫綱鱗翅目シジミチョウ科の蝶。分布：インド，スリランカ。

スピンダシス・ホメイエリ〈*Spindasis homeyeri*〉昆虫綱鱗翅目シジミチョウ科の蝶。分布：コンゴからタンザニア，ローデシアまで。

スピンダシス・モザンビカ〈*Spindasis mozambica*〉昆虫綱鱗翅目シジミチョウ科の蝶。分布：シエラレオネからトーゴ，アフリカ南部からマラウイまで。

スピンダシス・ルクマ〈*Spindasis rukma*〉昆虫綱鱗翅目シジミチョウ科の蝶。分布：インド。

スピンダシス・ワッガエ〈*Spindasis waggae*〉昆虫綱鱗翅目シジミチョウ科の蝶。分布：ソマリランド。

スフィンクトプシラ・インカ〈*Sphinctopsylla inca*〉ステファノキルクス科。分布：エクアドル，ペルー。

ズブトヌカグモ〈*Araeoncus orientalis*〉蛛形綱クモ目サラグモ科の蜘蛛。

スプレンデウプティキア・アシュナ〈*Splendeuptychia ashna*〉昆虫綱鱗翅目ジャノメチョウ科の蝶。分布：ボリビア，ペルー，コロンビア，エクアドル。

スプレンデウプティキア・コスモフィラ〈*Splendeuptychia cosmophila*〉昆虫綱鱗翅目ジャノメチョウ科の蝶。分布：ブラジル。

スプレンデウプティキア・フリナ〈*Splendeuptychia furina*〉昆虫綱鱗翅目ジャノメチョウ科の蝶。分布：アマゾン地方。

スペイェリア・アディアンテ〈*Speyeria adiante*〉昆虫綱鱗翅目タテハチョウ科の蝶。分布：カリフォルニア州。

スペイェリア・アトッサ〈*Speyeria atossa*〉昆虫綱鱗翅目タテハチョウ科の蝶。分布：カリフォルニア州。

スペイェリア・アトランティス〈*Speyeria atlantis*〉昆虫綱鱗翅目タテハチョウ科の蝶。分布：北アメリカの大西洋岸の州。

スペイェリア・エウリノメ〈*Speyeria eurynome*〉昆虫綱鱗翅目タテハチョウ科の蝶。分布：北アメリカ太平洋岸。

スペイェリア・エドワージイ〈*Speyeria edwardsii*〉昆虫綱鱗翅目タテハチョウ科の蝶。分布：コロラド州，ユタ州，ネバダ州。

スペイェリア・カリッペ〈*Speyeria callippe*〉昆虫綱鱗翅目タテハチョウ科の蝶。分布：カリフォルニア州。

スペイェリア・カルガリアナ〈*Speyeria calgariana*〉昆虫綱鱗翅目タテハチョウ科の蝶。分布：カナダ。

スペイェリア・クリオ〈*Speyeria clio*〉昆虫綱鱗翅目タテハチョウ科の蝶。分布：モンタナ，アルバータ。

スペイェリア・コロニス〈*Speyeria coronis*〉昆虫綱鱗翅目タテハチョウ科の蝶。分布：カリフォルニア州。

スペイェリア・セミラミス〈*Speyeria semiramis*〉昆虫綱鱗翅目タテハチョウ科の蝶。分布：北アメリカ西部。

スペイェリア・ゼレネ〈*Speyeria zerene*〉昆虫綱鱗翅目タテハチョウ科の蝶。分布：カリフォルニア州。

スペイェリア・ネバデンシス〈*Speyeria nevadensis*〉昆虫綱鱗翅目タテハチョウ科の蝶。分布：ユタ州，ネバダ州，ワイオミング州。

スペイェリア・ノトクリス〈*Speyeria notocris*〉昆虫綱鱗翅目タテハチョウ科の蝶。分布：アリゾナ州。

スペイェリア・ハルキオネ〈*Speyeria halcyone*〉昆虫綱鱗翅目タテハチョウ科の蝶。分布：コロラド州。

スペイェリア・ヒッポリタ〈*Speyeria hippolyta*〉昆虫綱鱗翅目タテハチョウ科の蝶。分布：カリフォルニア州，オレゴン州。

スペイェリア・ブレムネリ〈*Speyeria bremneri*〉昆虫綱鱗翅目タテハチョウ科の蝶。分布：北アメリカの太平洋沿岸地方。

スペイェリア・ヘスペリス〈*Speyeria hesperis*〉昆虫綱鱗翅目タテハチョウ科の蝶。分布：コロラド州，ユタ州，モンタナ州。

スペイェリア・マカリア〈*Speyeria macaria*〉昆虫綱鱗翅目タテハチョウ科の蝶。分布：カリフォルニア州，ネバダ州。

スペイェリア・モルモニア〈*Speyeria mormonia*〉昆虫綱鱗翅目タテハチョウ科の蝶。分布：カリフォルニア州，ネバダ州。

スペイェリア・ライス〈*Speyeria lais*〉昆虫綱鱗翅目タテハチョウ科の蝶。分布：カナダ。

スペインヒョウモン〈*Argynnis lathonia*〉昆虫綱鱗翅目タテハチョウ科の蝶。大きな銀色の斑紋が後翅の裏面にある。開張4.0～4.5mm。分布：ヨーロッパ南部，北アフリカ。

スペオニアデス・アルテミデス〈*Spioniades artemides*〉昆虫綱鱗翅目セセリチョウ科の蝶。分布：パナマからブラジル南部，トリニダードまで。

スベザトウムシ 滑座頭虫 節足動物門クモ形綱メクラグモ目スベザトウムシ科Leiobunidaeの陸生動物の総称。

スベスベメロアザミウマ〈*Merothrips laevis*〉昆虫綱総翅目メロアザミウマ科。

スベマルムネアリヅカムシ〈*Triomicrus sublaevis*〉昆虫綱甲虫目ハネカクシ科の甲虫。体長2.2mm。分布：本州。

スベリビュサルゾウムシ〈*Hypurus bertrandti*〉昆虫綱甲虫目ゾウムシ科の甲虫。体長2.2～2.4mm。

スボルナトゥスフタオチョウ〈*Charaxes subornatus*〉昆虫綱鱗翅目タテハチョウ科の蝶。開張55mm。分布：アフリカ中央部。珍蝶。

スボロフカラカネハナカミキリ〈*Gaurotes suvorovi*〉昆虫綱甲虫目カミキリムシ科の甲虫。

ズマルコハナバチ〈*Lasioglossum discrepans*〉昆虫綱膜翅目コハナバチ科。

ズマルトラカミキリ〈*Xylotrechus lautus*〉昆虫綱甲虫目カミキリムシ科カミキリ亜科の甲虫。体長7～8mm。分布：本州，四国，九州，屋久島。

ズマルハネカクシ 頭円隠翅虫〈*Amichrotus apicipennis*〉昆虫綱甲虫目ハネカクシ科の甲虫。体長12mm。分布：北海道，本州，四国，九州。

ズマルハムシダマシ〈*Casnonidea occipitalis*〉昆虫綱甲虫目ハムシダマシ科の甲虫。体長8.2～12.0mm。

ズマルヒラタミツギリゾウムシ〈*Cerobates formosanus*〉昆虫綱甲虫目ミツギリゾウムシ科の甲虫。体長4.5～5.4mm。

スミアカベニボタル〈*Conderis pictus*〉昆虫綱甲虫目ベニボタル科の甲虫。体長6.3～13.0mm。

スミイロハナカミキリ〈Nivellia extensa〉昆虫綱甲虫目カミキリムシ科ハナカミキリ亜科の甲虫。体長11.5mm。

スミコブガ〈Meganola banghaasi〉昆虫綱鱗翅目コブガ科の蛾。開張17〜21mm。分布：ウスリー地方，屋久島，宮城県，関東から中部の山地。

スミスハダニ〈Eotetranychus smithi〉蛛形綱ダニ目ハダニ科。体長雌0.4mm，雄0.3mm。葡萄に害を及ぼす。分布：本州，九州，アメリカ。

スミタナグモ〈Cryphoeca angularis〉蛛形綱クモ目タナグモ科の蜘蛛。

ズミチビタマムシ〈Trachys toringoi〉昆虫綱甲虫目タマムシ科の甲虫。体長3.5mm。林檎，桜桃に害を及ぼす。分布：本州，九州，中国。

スミナガシ 墨流蝶〈Dichorragia nesimachus〉昆虫綱鱗翅目タテハチョウ科スミナガシ亜科の蝶。前翅長32〜38mm。分布：本州，四国，九州，奄美大島，沖縄本島，石垣島，西表島。

ズミメムシガ〈Argyresthia ivella〉昆虫綱鱗翅目メムシガ科の蛾。分布：北海道，本州，ヨーロッパから東シベリア。

スミレアブラムシ〈Aphis sumire〉昆虫綱半翅目アブラムシ科。スミレ類に害を及ぼす。

スミレクビグロクチバ〈Lygephila nigricostata〉昆虫綱鱗翅目ヤガ科クチバ亜科の蛾。開張32mm。分布：沿海州，北海道，本州中部の高原地帯，九州。

スミレシロヒメシャク〈Scopula umbelaria〉昆虫綱鱗翅目シャクガ科ヒメシャク亜科の蛾。開張30〜35mm。分布：北海道，シベリア南東部，ヨーロッパ。

スミレチビタマムシ〈Trachys violae〉昆虫綱甲虫目タマムシ科の甲虫。体長2.6mm。

スミレハモグリバエ〈Liriomyza takakoae〉昆虫綱双翅目ハモグリバエ科。

スメタナホソケシデオキノコムシ〈Scaphobaeocera smetanai〉昆虫綱甲虫目デオキノコムシ科の甲虫。体長1.1〜1.4mm。

スメリナタテハ〈Smerina manoro〉昆虫綱鱗翅目タテハチョウ科の蝶。分布：マダガスカル。

スモモエダシャク 李枝尺蛾〈Angerona prunaria〉昆虫綱鱗翅目シャクガ科エダシャク亜科の蛾。縁毛帯は褐色と黄色の格子模様。開張4.0〜5.5mm。梅，アンズに害を及ぼす。分布：ヨーロッパからアジア温帯域。

スモモキリガ〈Orthosia munda〉昆虫綱鱗翅目ヤガ科ヨトウガ亜科の蛾。開張42〜46mm。梅，アンズ，林檎，桜類に害を及ぼす。分布：ユーラシア，北海道から九州，対馬，沿海州，中国中部，台湾。

スモモヒメシンクイ ボケヒメシンクイの別名。

ズモンタマキノコムシ〈Anisotoma frontalis〉昆虫綱甲虫目タマキノコムシ科の甲虫。体長2.8〜4.3mm。

スラテリマネシアゲハ ビロウドマネシアゲハの別名。

スリップス アザミウマの別名。

スルガオサムシ〈Carabus kimurai〉昆虫綱甲虫目オサムシ科の甲虫。体長17〜22mm。

スルガマシラグモ〈Leptoneta kyokoae〉蛛形綱クモ目マシラグモ科の蜘蛛。

スルコフスキーモルフォ〈Morpho sulkowskyi〉昆虫綱鱗翅目モルフォチョウ科の蝶。開張100mm。分布：エクアドル，ボリビア，ブラジル。珍蝶。

スルスミヒメハナノミ〈Mordellistenoda amamiana〉昆虫綱甲虫目ハナノミ科。

スルスミフタオチョウ〈Charaxes etheocles〉昆虫綱鱗翅目タテハチョウ科の蝶。分布：アフリカ西部・中部および東部からトランスバールまで。

スルスミムラサキ〈Hypolimnas dinarcha〉昆虫綱鱗翅目タテハチョウ科の蝶。開張85mm。分布：アフリカ中央部。珍蝶。

スレンドゥラ・フロリメル〈Surendra florimel〉昆虫綱鱗翅目シジミチョウ科の蝶。分布：ミャンマー，マレーシア，スマトラ，ジャワ。

スロアヌスアオツバメガ〈Uranus sloanus〉昆虫綱鱗翅目ツバメガ科の蛾。後翅には派手な輝きをもった多彩な鱗粉があり，裏面は青緑色の金属光沢と黒色の細い帯をもつ。開張5〜7mm。分布：ジャマイカ(固有)。

スワコワタカイガラモドキ〈Coccura suwakoensis〉昆虫綱半翅目コナカイガラムシ科。体長5〜8mm。カナメモチ，桜類，イボタノキ類，柿，ナシ類，林檎に害を及ぼす。

スンダシマジャノメ〈Ragadia makuta〉昆虫綱鱗翅目ジャノメチョウ科の蝶。分布：スマトラ，ジャワ，ボルネオ。

スンダシロシタセセリ〈Tagiades sambavanus〉蝶。

スンダハレギチョウ〈Cethosia penthesilea〉昆虫綱鱗翅目タテハチョウ科の蝶。分布：ティモール，ウェタル，キッサー，ダマール。

スンバアオネアゲハ〈Papilio neumoegeni〉昆虫綱鱗翅目アゲハチョウ科の蝶。別名スンバアゲハ。開張80mm。分布：スンバ。珍蝶。

スンバアゲハ スンバアオネアゲハの別名。

スンバイチモンジ〈Limenitis chilo〉昆虫綱鱗翅目タテハチョウ科の蝶。分布：スンバ島。

【セ】

セアカアメンボ〈*Limnoporus rufoscutellatus genitalis*〉昆虫綱半翅目アメンボ科。

セアカオオアゴクワガタ〈*Hexarthrius deyrollei*〉昆虫綱甲虫目クワガタムシ科。分布：タイ，マレーシア，スマトラ。

セアカオサムシ〈*Carabus tuberculosus*〉昆虫綱甲虫目オサムシ科の甲虫。体長17〜23mm。分布：北海道，本州，四国，九州。

セアカバナミシャク〈*Eupithecia tricornuta*〉昆虫綱鱗翅目シャクガ科の蛾。分布：北海道，本州，四国，九州，朝鮮半島。

セアカキンウワバ〈*Erythroplusia pyropia*〉昆虫綱鱗翅目ヤガ科コヤガ亜科の蛾。開張30mm。分布：ヒマラヤ南麓一帯から中国，台湾，ほぼ本土の全域，対馬。

セアカクギヌキクワガタ〈*Odontolabis gazella*〉昆虫綱甲虫目クワガタムシ科の甲虫。分布：タイ，マレーシア，スマトラ，ボルネオ。

セアカクサカゲロウ 背赤草蜻蛉〈*Italochrysa japonica*〉昆虫綱脈翅目クサカゲロウ科。開張35mm。分布：本州，四国，九州。

セアカクビボソハムシ〈*Lema scutellaris*〉昆虫綱甲虫目ハムシ科の甲虫。体長5.6〜5.8mm。

セアカクロバエ〈*Muscina assimilis*〉昆虫綱双翅目イエバエ科。体長7.0〜8.0mm。害虫。

セアカケブカサルハムシ〈*Lypesthes fulvus*〉昆虫綱甲虫目ハムシ科の甲虫。体長6.5〜7.5mm。

セアカゴケグモ〈*Latrodectus hasselti*〉蛛形綱クモ目ヒメグモ科の蜘蛛。体長雄3mm，雌10〜14mm。害虫。

セアカゴミムシ セアカヒラタゴミムシの別名。

セアカダイコク セアカナンバンダイコクコガネの別名。

セアカチョッキリ〈*Involvulus sanguinipennis*〉昆虫綱甲虫目オトシブミ科の甲虫。体長4〜5mm。

セアカツノカメムシ 背赤角亀虫〈*Acanthosoma denticauda*〉昆虫綱半翅目ツノカメムシ科。体長14〜18mm。林檎に害を及ぼす。分布：北海道，本州，四国，九州。

セアカツヤクワガタ〈*Odontolabis castelnaudi*〉昆虫綱甲虫目クワガタムシ科。分布：マレーシア，スマトラ，ボルネオ。

セアカナガクチキムシ 背赤長朽木虫〈*Ivania coccinea*〉昆虫綱甲虫目ナガクチキムシ科の甲虫。体長8〜14mm。分布：本州，四国，九州。

セアカナンバンダイコクコガネ〈*Heliocopris bucephalus*〉昆虫綱甲虫目コガネムシ科の甲虫。別名セアカダイコク。分布：インド，ミャンマーからマレーシア，ジャワ。

セアカハナカミキリ〈*Leptura thoracica*〉昆虫綱甲虫目カミキリムシ科ハナカミキリ亜科の甲虫。

セアカハマダラミバエ〈*Hemilea infuscata*〉昆虫綱双翅目ミバエ科。

セアカヒメオトシブミ 背赤姫落文〈*Apoderus geminus*〉昆虫綱甲虫目オトシブミ科の甲虫。体長4.5mm。分布：北海道，本州。

セアカヒメガガンボ〈*Rhipidia pulchra septentrionis*〉昆虫綱双翅目ガガンボ科。

セアカヒメグモ〈*Theridion pictum*〉蛛形綱クモ目ヒメグモ科の蜘蛛。体長雌4〜5mm，雄3.5〜4.0mm。分布：北海道。

セアカヒメドロムシ〈*Optioservus maculatus*〉昆虫綱甲虫目ヒメドロムシ科の甲虫。体長2.4〜2.6mm。

セアカヒメバチ〈*Pterocormus iwatensis*〉昆虫綱膜翅目ヒメバチ科。

セアカヒメハナノミ〈*Mordellistena takizawai*〉昆虫綱甲虫目ハナノミ科の甲虫。体長2.4〜3.8mm。

セアカヒメヒラタケシキスイ〈*Epuraea submicrurula*〉昆虫綱甲虫目ケシキスイ科の甲虫。体長2.0〜2.7mm。

セアカヒラタゴミムシ 背赤芥虫〈*Dolichus halensis*〉昆虫綱甲虫目オサムシ科の甲虫。別名セアカゴミムシ。体長19mm。分布：北海道，本州，四国，九州，屋久島。害虫。

セアカホソクチゾウムシ〈*Apion sulcirostre*〉昆虫綱甲虫目ホソクチゾウムシ科の甲虫。体長1.8〜2.5mm。分布：北海道，本州。

セアカホソクワガタ クリバネヒラタクワガタの別名。

セアカムラサキカナブン〈*Ischiosopha jamesi var.olivacea*〉昆虫綱甲虫目コガネムシ科の甲虫。分布：パプアニューギニア。

セアカヨトウ〈*Oligia fodinae*〉昆虫綱鱗翅目ヤガ科カラスヨトウ亜科の蛾。分布：沿海州，北海道から九州，対馬。

セイウチジラミ〈*Antarctophthirus trichechi*〉昆虫綱虱目カイジュウジラミ科。体長雄3.0mm，雌3.5mm。害虫。

セイドウナガハナアブ〈*Zelima nigripes*〉昆虫綱双翅目ハナアブ科。

セイボウ 青蜂 節足動物門昆虫綱膜翅目セイボウ科Chrysididaeの昆虫の総称。

セイボウ オオセイボウの別名。

セイボウモドキ〈*Cleptes japonicus*〉セイボウモドキ科。体長6mm。分布：本州。

セイヨウエゾベニシタバ〈Catocala puerpera〉昆虫綱鱗翅目ヤガ科の蛾。分布：ヨーロッパ南部, 中近東, ウラル, アルタイ, チベット。

セイヨウオニベニシタバ〈Catocala sponsa〉昆虫綱鱗翅目ヤガ科の蛾。分布：ヨーロッパ, 小アジア, アルジェリア。

セイヨウシジミタテハ〈Hamearis lucina〉昆虫綱鱗翅目シジミチョウ科の蝶。翅の縁には, 内部に黒色の斑点のあるオレンジ色の斑紋が並ぶ。開張3～4mm。分布：ヨーロッパ。

セイヨウシミ 西洋衣魚〈Lepisma saccharina〉無翅昆虫亜綱総尾目シミ科。体長8～9mm。貯穀・貯蔵植物性食品に害を及ぼす。

セイヨウミツバチ ヨウシュミツバチの別名。

セイリンドウキクイムシ〈Pityogenes seirindensis〉昆虫綱甲虫目キクイムシ科の甲虫。体長2.2～2.7mm。

セイロンアシナガグモ〈Tetragnatha ceylonica〉蛛形綱クモ目アシナガグモ科の蜘蛛。

セイロンオオアオコメツキ〈Campsosternus bohemanni〉昆虫綱甲虫目コメツキムシ科。分布：セイロン。

セイロンキシタアゲハ〈Troides darsius〉昆虫綱鱗翅目アゲハチョウ科の蝶。

セウスイロハマキ〈Acleris enitescens〉昆虫綱鱗翅目ハマキガ科の蛾。開張12～15mm。分布：北海道, 本州, 四国, 九州, 対馬, 伊豆諸島, 屋久島, 奄美大島, 中国, 台湾, インド(アッサム)。

セウスヒシウンカ〈Kirbyana pagana〉昆虫綱半翅目ヒシウンカ科。

セウスモンハマキ セウスモンヒメハマキの別名。

セウスモンヒメハマキ〈Epinotia solandriana〉昆虫綱鱗翅目ハマキガ科の蛾。開張18～22mm。分布：北海道, 本州(東北, 中部山地), ロシア, ヨーロッパ, イギリス, 北アメリカ。

ゼガラ・ペッロニア〈Zegara pellonia〉昆虫綱鱗翅目カストニア科。分布：アマゾン上流地方。

セキオビヒメハマキ〈Pammene japonica〉昆虫綱鱗翅目ハマキガ科の蛾。分布：北海道, 本州, 四国。

セキナミシャク〈Ecliptopera capitata〉昆虫綱鱗翅目シャクガ科ナミシャク亜科の蛾。開張22～26mm。分布：北海道, 本州, 対馬, 朝鮮半島, サハリン, シベリア南東部, 中国東北, ヨーロッパ。

セキレイシジミ〈Cheritra freja〉昆虫綱鱗翅目シジミチョウ科の蝶。翅表面は暗褐色で, 白色の尾状突起をもつ。開張4.0～4.5mm。分布：インド, スリランカから, マレーシア, ボルネオ。

セギンモンヒメハマキ〈Zeiraphera bicolora〉昆虫綱鱗翅目ハマキガ科の蛾。分布：群馬県熊ノ平, 長野県松本。

セグロアオズキンヨコバイ〈Straganiassus dorsalis〉昆虫綱半翅目アオズキンヨコバイ科。

セグロアシナガバチ〈Polistes jadwigae〉昆虫綱膜翅目スズメバチ科。体長20～26mm。分布：本州, 四国, 九州, 奄美大島。害虫。

セグロイナゴ セグロバッタの別名。

セグロカブラバチ セグロカブラハバチの別名。

セグロカブラハバチ 背黒蕪菁蜂〈Athalia lugens infumata〉昆虫綱膜翅目ハバチ科。体長6mm。アブラナ科野菜に害を及ぼす。分布：日本全国。

セグロクチナシオドリバエ〈Brachystoma pleurale〉昆虫綱双翅目オドリバエ科。

セグロクビボソゴミムシ セグロホソクビゴミムシの別名。

セグロシャチホコ〈Clostera anastomosis〉昆虫綱鱗翅目シャチホコガ科ウチキシャチホコ亜科の蛾。開張25～35mm。ヤナギ, ポプラに害を及ぼす。

セグロチビオオキノコムシ〈Aporotritoma laetabilis〉昆虫綱甲虫目オオキノコムシ科の甲虫。体長3.0～3.5mm。

セグロツブゾウムシ〈Sphinxis ihai〉昆虫綱甲虫目ゾウムシ科の甲虫。体長2.0～2.3mm。

セグロツヤゴモクムシ セグロマメゴモクムシの別名。

セグロツヤテントウダマシ〈Lycoperdina mandarina〉昆虫綱甲虫目テントウムシダマシ科の甲虫。体長3.5～5.2mm。

セグロトビケラ 背黒飛蠅〈Limnephilus fuscovittatus〉昆虫綱毛翅目エグリトビケラ科。体長13～16mm。分布：北海道, 本州, 四国, 九州。

セグロトリノフンダマシ〈Cyrtarachne cingulata〉蛛形綱クモ目コガネグモ科の蜘蛛。

セグロナガクチキムシ〈Hira suturalis〉昆虫綱甲虫目ナガクチキムシ科の甲虫。体長5.7mm。

セグロナミシャク 背黒波尺蛾〈Laciniodes unistirpis〉昆虫綱鱗翅目シャクガ科ナミシャク亜科の蛾。開張22～26mm。分布：本州(東北地方北部より), 四国, 九州, 対馬, 朝鮮半島, 中国, インド北部, ミャンマー北部。

セグロニセクビボソムシ〈Aderus brunnidorsis〉昆虫綱甲虫目ニセクビボソムシ科の甲虫。体長2.1～2.6mm。

セグロバッタ〈Euprepocnemis shirakii〉昆虫綱直翅目バッタ科。

セクロピアサン セクロピアヤママユの別名。

セクロピアヤママユ〈*Hyalophora cecropia*〉昆虫綱鱗翅目ヤママユガ科の蛾。翅は暗褐色で, 白色とピンク色がかった帯がある。開張11〜15mm。分布：カナダ南部から, 合衆国を経てメキシコ。

セグロヒゲナガハバチ 背黒鬚長葉蜂〈*Nematinus dorsalis*〉昆虫綱膜翅目ハバチ科。分布：本州。

セグロヒメキジラミ〈*Calophya nigridorsalis*〉昆虫綱半翅目ヒメキジラミ科。体長1.1〜1.4mm。ハゼ, ウルシに害を及ぼす。分布：本州以南の日本各地。

セグロヒメツノカメムシ〈*Elasmucha signoreti*〉昆虫綱半翅目ツノカメムシ科。

セグロヒメハナノミ〈*Mordellistena fuscosuturalis*〉昆虫綱甲虫目ハナノミ科の甲虫。体長2.3〜3.7mm。

セグロヒラタケシキスイ〈*Epuraea densepunctala*〉昆虫綱甲虫目ケシキスイ科の甲虫。体長2.4〜3.2mm。

セグロヒロヨコバイ〈*Scleroracus suturalis*〉昆虫綱半翅目ヨコバイ科。

セグロフサキバガ〈*Dichomeris horoglypta*〉昆虫綱鱗翅目キバガ科の蛾。開張11mm。分布：本州, 四国。

セグロフチアカカナブン〈*Diaphonia dorsalis*〉昆虫綱甲虫目コガネムシ科の甲虫。分布：オーストラリア。

セグロベニカミキリ〈*Amarisius altajensis*〉昆虫綱甲虫目カミキリムシ科の甲虫。分布：シベリア, 中国北部, 朝鮮半島。

セグロベニトゲアシガ〈*Oedematopoda ignipicta*〉昆虫綱鱗翅目ニセマイコガ科の蛾。別名ヘリグロマイコガ。開張13〜15mm。分布：北海道, 本州, 四国, 九州。

セグロベニモンカメムシ〈*Elasmostethus interstinctatus*〉昆虫綱半翅目ツノカメムシ科。体長10〜12mm。分布：北海道, 本州。

セグロホソオドリバエ 背黒細踊蠅〈*Rhamphomyia sapporensis*〉昆虫綱双翅目オドリバエ科。分布：北海道, 本州。

セグロホソクビゴミムシ〈*Brachinus nigridorsis*〉昆虫綱甲虫目クビボソゴミムシ科の甲虫。体長11〜12mm。

セグロマメゴモクムシ〈*Stenolophus connotatus*〉昆虫綱甲虫目オサムシ科の甲虫。体長6.4〜7.7mm。

セクロモンアツバ〈*Hypena gonospilalis*〉昆虫綱鱗翅目ヤガ科アツバ亜科の蛾。分布：東南アジアから南太平洋, 沖縄本島, 小笠原諸島。

セクロモンカギバヒメハマキ〈*Ancylis badiana*〉昆虫綱鱗翅目ハマキガ科の蛾。分布：北海道, 本州, 四国, 対馬, 屋久島, イギリス, ヨーロッパ, ロシア, 小アジア, 中国, 九州。

セクロモンハマキ セクロモンヒメハマキの別名。

セクロモンヒメハマキ〈*Epinotia rasdolnyana*〉昆虫綱鱗翅目ハマキガ科の蛾。開張19〜21mm。分布：ロシアのアムール, 千島。

セグロヤナギハバチ〈*Amauronematus fallax*〉昆虫綱膜翅目ハバチ科。

セコブナガキマワリ〈*Strongylium gibbosipenne*〉昆虫綱甲虫目ゴミムシダマシ科の甲虫。体長6.0〜8.2mm。

セコブヒラタケシキスイ〈*Epuraea alpicola*〉昆虫綱甲虫目ケシキスイ科の甲虫。体長2.8〜3.5mm。

セシモフリコハマキ〈*Euspila endrosias*〉昆虫綱鱗翅目ノコメハマキガ科の蛾。開張9〜12.5mm。

セシモフリヒメハマキ〈*Grapholita endrosias*〉昆虫綱鱗翅目ハマキガ科の蛾。分布：本州, インド（アッサム）。

セジロアケボノアゲハ〈*Atrophaneura semperi*〉昆虫綱鱗翅目アゲハチョウ科の蝶。分布：ミンダナオ, パラワン。

セジロアブラコバエ 背白油小蠅〈*Leucopis puncticornis*〉昆虫綱双翅目アブラコバエ科。分布：本州。

セシロイエカ 背白家蚊〈*Culex whitmorei*〉昆虫綱双翅目カ科。分布：本州, 九州。

セジロイエバエ〈*Morellia asetosa*〉昆虫綱双翅目イエバエ科。体長6.5〜8.5mm。分布：北海道, 本州, 九州。害虫。

セジロウンカ 背白浮塵子〈*Sogatella furcifera*〉昆虫綱半翅目ウンカ科。体長3.5〜4.5mm。稲に害を及ぼす。分布：北海道, 本州, 四国, 九州, 対馬, 南西諸島。

セジロウンカモドキ〈*Sogatella kolophon*〉昆虫綱半翅目ウンカ科。体長雌3.9mm, 雄3.2mm。イネ科牧草に害を及ぼす。分布：日本全国, 台湾, 中国, モンゴル, シベリア南東部, 太平洋などアジア・オーストラリア。

セシロオビシンクイ〈*Grapholitha hamatana*〉昆虫綱鱗翅目ノコメハマキガ科の蛾。開張15〜17mm。

セジロクマバチ〈*Xylocopa amamensis*〉昆虫綱膜翅目コシブトハナバチ科。

セジロコガシラウンカ〈*Caristianus japonicus*〉昆虫綱半翅目コガシラウンカ科。

セシロスジヒラタアブ〈*Syrphus noboritoensis*〉昆虫綱双翅目ショクガバエ科。

セジロチビキバガ 背白矮牙蛾〈*Evippe syrictis*〉昆虫綱鱗翅目キバガ科の蛾。開張8mm。梅, アンズ, 桃, スモモに害を及ぼす。分布：本州, 四国。

セジロトガリホソガ〈*Labdia issikii*〉昆虫綱鱗翅目カザリバガ科の蛾。開張7.5〜11.5mm。分布：本州、四国、九州。

セジロナミシャク〈*Laciniodes denigratus*〉昆虫綱鱗翅目シャクガ科ナミシャク亜科の蛾。開張18〜25mm。分布：北海道, 本州, 四国, 九州, 朝鮮半島, 中国東北・西部, シベリア南東部, チベット, モンゴル, インド北部からネパール。

セジロハナバエ〈*Morellia simplicissima*〉昆虫綱双翅目イエバエ科。

セシロヒメハマキ〈*Rhopobota ustomaculana*〉昆虫綱鱗翅目ハマキガ科の蛾。分布：イギリス, ヨーロッパからロシア, 北海道から本州中部山地, 屋久島。

セジロホソハマキ〈*Hysterosia albiscutella*〉昆虫綱鱗翅目ホソハマキガ科の蛾。分布：本州(東北, 中部の浅い山地), 対馬, 伊豆諸島(利島, 式根島, 御蔵島), 朝鮮半島, 中国, ロシア。

セジロメムシガ〈*Argyresthia assimilis*〉昆虫綱鱗翅目メムシガ科の蛾。分布：本州(奈良県吉野山)。

セスジアオツヤコガネ〈*Plusiotis gloriosa*〉昆虫綱甲虫目コガネムシ科の甲虫。分布：アメリカ, メキシコ。

セスジアカガネオサムシ〈*Carabus maeander*〉昆虫綱甲虫目オサムシ科の甲虫。体長6〜21mm。分布：北海道。

セスジアカムカデ〈*Otocryptops rubiginosus*〉メナシムカデ科。害虫。

セスジアカムネグモ 背条赤胸蜘蛛〈*Ummeliata insecticeps*〉節足動物門クモ形綱真正クモ目サラグモ科の蜘蛛。体長雌3.3〜3.5mm, 雄2.8〜3.3mm。分布：北海道, 本州, 四国, 九州。

セスジアシナガサシガメ〈*Gardena brevicollis*〉昆虫綱半翅目サシガメ科。

セスジアメンボ〈*Limnogonus fossarum*〉昆虫綱半翅目アメンボ科。

セスジイトトンボ 背条糸蜻蛉〈*Cercion hieroglyphicum*〉昆虫綱蜻蛉目イトトンボ科の蜻蛉。体長32mm。分布：南西諸島をのぞく日本全土。

セスジウンカ〈*Terthron albovittatum*〉昆虫綱半翅目ウンカ科。体長3mm。分布：本州, 四国, 九州。

セスジオオウスバカミキリ〈*Xixuthrus microcerus*〉昆虫綱甲虫目カミキリムシ科の甲虫。分布：マレーシア, スマトラ, ジャワ, スラウェシ, サンギヘ諸島。

セスジオオトゲハネバエ〈*Scoliocentra engeri*〉昆虫綱双翅目トゲハネバエ科。体長7〜9mm。分布：本州。害虫。

セスジカクケシキスイ〈*Pocadites oviformis*〉昆虫綱甲虫目ケシキスイ科の甲虫。体長3.8〜4.5mm。

セスジカクマグソコガネ〈*Rhyparus azumai*〉昆虫綱甲虫目コガネムシ科の甲虫。体長5.0〜6.5mm。分布：本州, 四国, 九州, 南西諸島。

セスジガケジグモ〈*Amaurobius flavidorsalis*〉蛛形綱クモ目ガケジグモ科の蜘蛛。体長雌7〜9mm, 雄5〜6mm。分布：北海道, 本州, 四国, 九州。

セスジカドムネタマムシ〈*Actenodes costipennis*〉昆虫綱甲虫目タマムシ科。分布：ブラジル, アルゼンチン。

セスジガムシ〈*Helophorus auriculatus*〉昆虫綱甲虫目セスジガムシ科の甲虫。準絶滅危惧種(NT)。体長4.1〜6.1mm。

セスジカメノコハムシ〈*Cassida vibex*〉昆虫綱甲虫目ハムシ科の甲虫。体長7.5mm。分布：本州。

セスジクビボントビハムシ〈*Pseudoliprus suturalis*〉昆虫綱甲虫目ハムシ科の甲虫。体長2.5〜3.0mm。

セスジクビボンハムシ〈*Oulema atrosuturalis*〉昆虫綱甲虫目ハムシ科の甲虫。体長3.0〜3.5mm。

セスジケシガムシ〈*Cercyon aequalis*〉昆虫綱甲虫目ガムシ科の甲虫。体長2.3〜2.9mm。

セスジゲンゴロウ 背条竜蝨〈*Copelatus japonicus*〉昆虫綱甲虫目ゲンゴロウ科の甲虫。体長5.3〜5.7mm。分布：九州。

セスジコクヌストモドキ〈*Tribolium uezumii*〉昆虫綱甲虫目ゴミムシダマシ科。

セスジコナカイガラトビコバチ〈*Waterstonia sapporoensis*〉昆虫綱膜翅目トビコバチ科。

セスジコナカイガラムシ〈*Dysmicoccus wistariae*〉昆虫綱半翅目コナカイガラムシ科。体長3.5〜5.00mm。カナメモチ, キャラボク, 楓(紅葉), 桜類, 柿, ナシ類に害を及ぼす。分布：九州以北の日本各地, 全北区, ミクロネシア。

セスジゴミムシダマシ〈*Setenis striatipennis*〉昆虫綱甲虫目ゴミムシダマシ科。

セスジゴミムシダマシ セスジナガキマワリの別名。

セスジジョウカイ〈*Athemus magnius*〉昆虫綱甲虫目ジョウカイボン科の甲虫。体長10.6〜12.4mm。

セスジスカシバ 背条透翅〈*Pennisetia contracta*〉昆虫綱鱗翅目スカシバガ科の蛾。開張38〜40mm。分布：北海道, 本州, インド。

セスジスズメ 背条天蛾〈*Theretra oldenlandiae*〉昆虫綱鱗翅目スズメガ科コスズメ亜科の蛾。開張50〜70mm。サトイモ, 葡萄, コンニャク, アフリカホウセンカ, ホウセンカに害を及ぼす。分布：

セスジタマゴガタコガネ〈Antichira cincta〉昆虫綱甲虫目コガネムシ科の甲虫。分布：南アメリカ北部。

セスジダルマガムシ〈Ochthebius inermis〉昆虫綱甲虫目ダルマガムシ科の甲虫。体長1.9～2.1mm。

セスジタワラシバンムシ〈Holcobius japonicus〉昆虫綱甲虫目シバンムシ科の甲虫。体長3.5～5.2mm。

セスジチビシデムシ〈Catops torigaii〉昆虫綱甲虫目チビシデムシ科の甲虫。体長4.0～5.0mm。

セスジチビハネカクシ 背条矮隠翅虫〈Micropeplus fulvus〉昆虫綱甲虫目ハネカクシ科の甲虫。体長2.4～2.9mm。分布：本州。

セスジチビヒゲハリバエ 背条矮鬚針蠅〈Micropalpus pudicus〉昆虫綱双翅目ヤドリバエ科。

セスジツツハムシ〈Cryptocephalus inurbanus〉昆虫綱甲虫目ハムシ科の甲虫。体長3.5～4.8mm。

セスジツツホソカタムシ〈Cylindromicrus gracilis〉昆虫綱甲虫目ホソカタムシ科の甲虫。体長3.5～4.5mm。

セスジツユムシ 背条露虫〈Ducetia japonica〉昆虫綱直翅目キリギリス科。体長16～23mm。分布：本州（関東以西）、四国、九州、対馬。

セスジデオキスイ〈Brachypeplus dorsalis〉昆虫綱甲虫目ケシキスイ科の甲虫。体長3.0～4.5mm。

セスジトウゴウカワゲラ〈Togoperla matsumurae〉昆虫綱襀翅目カワゲラ科。

セスジドウナガテナガコガネ〈Euchirus dupontianus〉昆虫綱甲虫目コガネムシ科の甲虫。分布：フィリピン。

セスジトビハムシ〈Lipromela minutissima〉昆虫綱甲虫目ハムシ科の甲虫。体長2.3～2.4mm。

セスジナガカメムシ 背条長亀虫〈Arocatus melanostomus〉昆虫綱半翅目ナガカメムシ科。体長8mm。分布：本州、四国、九州。

セスジナガキマワリ〈Strongylium marseuli〉昆虫綱甲虫目ゴミムシダマシ科の甲虫。体長9～12mm。分布：本州、四国、九州、奄美大島。

セスジナガハリバエ 背条長針蠅〈Dexia flavipes〉昆虫綱双翅目アシナガヤドリバエ科。

セスジナミシャク〈Evecliptopera decurrens〉昆虫綱鱗翅目シャクガ科ナミシャク亜科の蛾。開張20～28mm。分布：東北北部から四国、九州、対馬、屋久島、朝鮮半島、台湾、インド北部、シッキム、ブータン。

インドから東南アジア一帯、ニューギニア、オーストラリア、スラウェシ、中国南部、ほとんど日本全土。

セスジノミヒゲナガゾウムシ〈Choragus mundulus〉昆虫綱甲虫目ヒゲナガゾウムシ科の甲虫。体長1.5～2.4mm。

セスジノメイガ 背条野螟蛾〈Sinibotys evenoralis〉昆虫綱鱗翅目メイガ科ノメイガ亜科の蛾。開張26mm。タケ、ササに害を及ぼす。分布：本州、四国、九州、対馬、台湾、中国。

セスジハネカクシ〈Anotylus cognatus〉昆虫綱甲虫目ハネカクシ科の甲虫。体長2.5～3.0mm。分布：本州、四国、九州。

セスジハマダラミバエ〈Parahypenidium polyfasciatum〉昆虫綱双翅目ミバエ科。

セスジハヤトビバエ〈Copromyiza equina〉昆虫綱双翅目ハヤトビバエ科。体長3～5mm。分布：北海道、本州。

セスジハリバエ 背条針蠅〈Echinomyia mikado〉昆虫綱双翅目ヤドリバエ科。体長10～16mm。分布：本州、九州。

セスジヒトリ〈Spilosoma bisecta〉昆虫綱鱗翅目ヒトリガ科の蛾。分布：近畿地方、四国北部、中国。

セスジヒメテントウ〈Nephus patagiatus〉昆虫綱甲虫目テントウムシ科の甲虫。体長1.5～1.9mm。

セスジヒメハナカミキリ〈Pidonia amentata〉昆虫綱甲虫目カミキリムシ科ハナカミキリ亜科の甲虫。体長5.5～8.5mm。分布：北海道、本州、四国、九州。

セスジヒメヨコバイ〈Togaritettix serratus〉昆虫綱半翅目ヒメヨコバイ科。

セスジヒラアシユスリカ 背条扁脚揺蚊〈Clinotanypus decempunctatus〉昆虫綱双翅目ユスリカ科。分布：本州。

セスジヒラタゴミムシ〈Agonum daimio〉昆虫綱甲虫目オサムシ科の甲虫。体長7mm。分布：北海道、本州、四国、九州、沖縄本島。

セスジホソクビキマワリ〈Stenophanes strigipennis〉昆虫綱甲虫目ゴミムシダマシ科の甲虫。体長13.0～17.0mm。

セスジマルドロムシ〈Georissus granulosus〉昆虫綱甲虫目マルドロムシ科の甲虫。体長1.6mm。

セスジミツギリゾウムシ〈Amorphocephalus gyotokui〉昆虫綱甲虫目ミツギリゾウムシ科。

セスジミドリイエバエ〈Eudasyphora cyanicolor〉昆虫綱双翅目イエバエ科。体長6.5～8.5mm。害虫。

セスジミドリカワゲラ〈Alloperla abdominalis〉昆虫綱襀翅目カワゲラ科。

セスジミドリカワゲラモドキ〈Isoperla towadensis〉昆虫綱襀翅目アミメカワゲラ科。

セスジミドリハナバエ　セスジミドリイエバエの別名。

セスジムクゲキスイ〈*Biphyllus marmoratus*〉昆虫綱甲虫目ムクゲキスイムシ科の甲虫。体長3.4〜4.0mm。

セスジムシ　背筋虫, 背条虫〈*Omoglymmius crassiusculus*〉昆虫綱甲虫目セスジムシ科の甲虫。体長6.2〜7.6mm。

セスジムシ　背筋虫, 背条虫　昆虫綱甲虫目セスジムシ科Rhysodidaeに属する昆虫の総称。

セスジヤブカ　背条藪蚊〈*Aedes dorsalis*〉昆虫綱双翅目カ科。分布：北海道, 本州。

セスジユスリカ　背条揺蚊〈*Chironomus yoshimatsui*〉昆虫綱双翅目ユスリカ科。体長6mm。分布：日本全土。害虫。

セスジユミアシゴミムシダマシ〈*Promethis striatipennis*〉昆虫綱甲虫目ゴミムシダマシ科の甲虫。体長20.0mm。

セスジヨトウ〈*Apamea scolopacina*〉昆虫綱鱗翅目ヤガ科カラスヨトウ亜科の蛾。開張28〜32mm。分布：ユーラシア北海道, 本州中部以北。

セスジルリサルハムシ　セスジツツハムシの別名。

セセリア・アフィニス〈*Seseria affinis affinis*〉昆虫綱鱗翅目セセリチョウ科の蝶。分布：スマトラ, ニアス, ボルネオ, ジャワ。

セセリチョウ　挵蝶　昆虫綱鱗翅目セセリチョウ科Hesperiidaeの総称。

セセリモドキガ　擬挵蝶蛾　昆虫綱鱗翅目セセリモドキガ科Hyblaeidaeの総称。

セダカオサムシ　背高歩行虫〈*Cychrus morawitzi*〉昆虫綱甲虫目オサムシ科の甲虫。体長12〜15mm。分布：北海道, 本州(北部)。

セダカカクケシキスイ〈*Pocadites corpulentus*〉昆虫綱甲虫目ケシキスイ科の甲虫。体長3.5〜4.2mm。

セダカカクムネトビハムシ〈*Asiorestia gruevi*〉昆虫綱甲虫目ハムシ科の甲虫。体長3.3〜4.0mm。

セダカケブカゴミムシ〈*Euschizomerus liebkei*〉昆虫綱甲虫目オサムシ科の甲虫。体長9.8〜10.6mm。

セダカコガシラアブ〈*Philopota nigroaenea*〉昆虫綱双翅目コガシラアブ科。体長6〜8mm。分布：日本全土。

セダカコクヌスト　背高穀盗〈*Thymalus parviceps*〉昆虫綱甲虫目コクヌスト科の甲虫。体長4〜6mm。分布：北海道, 本州, 九州。

セダカコブヤハズカミキリ〈*Parechthistatus grossus*〉昆虫綱甲虫目カミキリムシ科フトカミキリ亜科の甲虫。体長12〜20mm。分布：本州, 四国, 九州。

セダカコミズギワゴミムシ〈*Elaphropus nipponicus*〉昆虫綱甲虫目オサムシ科の甲虫。体長2.2mm。

セダカシギゾウムシ〈*Curculio convexus*〉昆虫綱甲虫目ゾウムシ科の甲虫。体長3〜5mm。

セダカシャチホコ〈*Rabtala cristata*〉昆虫綱鱗翅目シャチホコガ科ウチキシャチホコ亜科の蛾。開張65〜80mm。栗に害を及ぼす。分布：沿海州, 朝鮮半島, 中国, 台湾, 北海道から九州, 対馬, 屋久島, 奄美大島, 沖縄本島, 石垣島, 西表島。

セダカテントウダマシ　偽背高瓢虫〈*Bolbomorphus gibbosus*〉昆虫綱甲虫目テントウダマシ科の甲虫。体長7〜9mm。分布：本州(紀伊半島の山地)。

セダカヒメコメツキモドキ〈*Anadastus convexus*〉昆虫綱甲虫目コメツキモドキ科の甲虫。体長3.7〜5.2mm。

セダカヒメテントウ〈*Scymnus vencoxus*〉昆虫綱甲虫目テントウムシ科の甲虫。体長1.6〜1.7mm。

セダカマルハナノミ〈*Prionocyphon ovalis*〉昆虫綱甲虫目マルハナノミ科の甲虫。体長2.8〜3.4mm。

セダカモクメ　背高木目〈*Cucullia perforata*〉昆虫綱鱗翅目ヤガ科セダカモクメ亜科の蛾。開張36〜41mm。分布：ユーラシア, 北海道から九州, 対馬。

セタビス・ゲラシネ〈*Setabis gelasine*〉昆虫綱鱗翅目シジミタテハ科の蝶。分布：コロンビア, アマゾン。

セタビス・ピティア〈*Setabis pythia*〉昆虫綱鱗翅目シジミタテハ科の蝶。分布：コロンビア, ボリビア, アマゾン。

セッケイカワゲラ　雪渓襀翅〈*Eocapnia nivalis*〉昆虫綱襀翅目クロカワゲラ科。体長雄9mm, 雌10mm。分布：本州中北部。

セッケイムシ　雪渓虫　昆虫綱カワゲラ目クロカワゲラ科の昆虫の総称で, セッケイカワゲラやセッケイカワゲラモドキなど。

セトウチハヤトビバエ〈*Leptocera johnsoni*〉昆虫綱双翅目ハヤトビバエ科。体長1.3〜1.8mm。害虫。

セトオヨギユスリカ　瀬戸泳揺蚊〈*Pontomyia pacifica*〉昆虫綱双翅目ユスリカ科。

セトシミ　瀬戸衣魚〈*Heterolepisma dispar*〉無翅昆虫亜綱尾目シミ科。

セナガアナバチ　背長穴蜂〈*Ampulex amoena*〉昆虫綱膜翅目ジガバチ科。分布：インド北部, タイ, 中国, 台湾, 朝鮮半島, 日本。

セナガヒゲブトハネカクシ〈*Aleochara praesul*〉昆虫綱甲虫目ハネカクシ科。

ゼニガサミズメイガ〈Nymphula bifurcalis〉昆虫綱鱗翅目メイガ科ミズメイガ亜科の蛾。開張16～20mm。分布：本州(宮城県以南)，四国，九州，朝鮮半島。

セニジモンアツバ〈Paragona cleorides〉昆虫綱鱗翅目ヤガ科クチバ亜科の蛾。分布：北海道，東北地方から本州中部。

ゼニス・ミノス〈Zenis minos〉昆虫綱鱗翅目セセリチョウ科の蝶。分布：メキシコからブラジルおよびトリニダードまで。

ゼニフキナミハグモ〈Cybaeus zenifukiensis〉蛛形綱クモ目タナグモ科の蜘蛛。

セネガルカタビロオサムシ〈Ctenosta senegalense〉昆虫綱甲虫目オサムシ科。分布：サハラ以南のアフリカ，マダガスカル。

ゼノニア・ゼノ〈Zenonia zeno〉昆虫綱鱗翅目セセリチョウ科の蝶。分布：アフリカ南部からナイジェリア，アフリカ東部からケニアまで。

ゼノビアアゲハ〈Papilio zenobia〉昆虫綱鱗翅目アゲハチョウ科の蝶。分布：アフリカ西部，コンゴから南へアンゴラまで。

セバストニマ・ドロピア〈Sebastonyma dolopia〉昆虫綱鱗翅目セセリチョウ科の蝶。分布：ヒマラヤ，アッサム。

セビロチビハネカクシ〈Thamiaraea diffinis〉昆虫綱甲虫目ハネカクシ科。

ゼフィルス 昆虫綱鱗翅目シジミチョウ科ミドリシジミ亜科ミドリシジミ族Thecliniの俗称。

セフスアオジャノメ〈Cepheuptychia cephus〉昆虫綱鱗翅目タテハチョウ科の蝶。雄は青色の金属光沢をもち，裏面に黒色の帯が走る。雌は褐色。開張4mm。分布：スリナム，コロンビア，ブラジル南部，それに西インド諸島。

ゼブダカザリシロチョウ〈Delias zebuda〉昆虫綱鱗翅目タテハチョウ科の蝶。分布：スラウェシ。

セブトエダシャク 背太枝尺蛾〈Cusiala stipitaria〉昆虫綱鱗翅目シャクガ科エダシャク亜科の蛾。開張雄40～44mm，雌52mm。柑橘，林檎に害を及ぼす。分布：北海道，朝鮮半島，シベリア南東部，本州，四国，対馬，屋久島，奄美大島。

セブトシロホシクロヨトウ〈Platysenta albigutta〉昆虫綱鱗翅目ヤガ科カラスヨトウ亜科の蛾。分布：屋久島，熊本県水上村，福岡県英彦山，西表島。

セブトモクメヨトウ〈Auchmis saga〉昆虫綱鱗翅目ヤガ科カラスヨトウ亜科の蛾。開張52～60mm。分布：北海道南部，九州に至る本土域，伊豆諸島，三宅島。

セベリンチョウバエ〈Psychoda severini〉昆虫綱双翅目チョウバエ科。

セボシジョウカイ 背星浄海〈Athemus vitellinus〉昆虫綱甲虫目ジョウカイボン科の甲虫。体長9.3～10.7mm。分布：本州，四国，九州。

セボシヒメテントウ〈Pseudoscymnus seboshii〉昆虫綱甲虫目テントウムシ科の甲虫。体長2.2mm。

セボシヒメユスリカ〈Pentaneura melanops〉昆虫綱双翅目ユスリカ科。

セボシヒラタゴミムシ〈Agonum impressum〉昆虫綱甲虫目オサムシ科の甲虫。体長10mm。分布：北海道，本州(中部以北)。

セマダライエバエ セマダラハナバエの別名。

セマダラゴウシュウクワガタ〈Rhyssonotus nebulosus〉昆虫綱甲虫目クワガタムシ科。分布：オーストラリア。

セマダラコガネ〈Blitopertha orientalis〉昆虫綱甲虫目コガネムシ科の甲虫。体長8～13mm。林檎，柑橘，バラ類，シバ類，柿，桜桃，大豆，ラッカセイに害を及ぼす。分布：北海道，本州，四国，九州，対馬，屋久島，奄美大島。

セマダラコノハグモ〈Enoplognatha dorsinotata〉蛛形綱クモ目ヒメグモ科の蜘蛛。

セマダラシロスジカミキリ〈Batocera tigris〉昆虫綱甲虫目カミキリムシ科の甲虫。分布：インドからマレーシア，インドネシアまで。

セマダラナガシンクイ〈Lichenophanes carinipennis〉昆虫綱甲虫目ナガシンクイムシ科の甲虫。体長8.0～16.0mm。

セマダラヌカカ〈Culicoides homotomus〉昆虫綱双翅目ヌカカ科。

セマダラハナバエ 背斑花蠅〈Graphomyia maculata〉昆虫綱双翅目イエバエ科。体長8～10mm。分布：日本全土。害虫。

セマダラハバチ〈Rhogogaster kudianus〉昆虫綱膜翅目ハバチ科。

セマダラフサヒゲカミキリ フサヒゲカミキリの別名。

セマダラマグソコガネ 背斑馬糞金亀子〈Aphodius obsoleteguttatus〉昆虫綱甲虫目コガネムシ科の甲虫。体長4～6mm。分布：北海道，本州，四国，九州。

セマルオオマグソコガネ〈Aphodius brachysomus〉昆虫綱甲虫目コガネムシ科の甲虫。体長7.5～11.0mm。

セマルカブトツノゼミ〈Membracis flaveola〉昆虫綱半翅目ツノゼミ科。分布：コロンビア，エクアドル，ペルー，ベネズエラ，ギアナ，ブラジル。

セマルガムシ 背円牙虫〈Coelostoma stultum〉昆虫綱甲虫目ガムシ科の甲虫。体長5mm。分布：本州，四国，九州。

セマルケシガムシ 背円芥子牙虫〈Cryptopleurum subtile〉昆虫綱甲虫目ガムシ科の甲虫。体長1.7～1.8mm。分布：北海道, 本州, 九州。

セマルケシマグソコガネ〈Psammodius convexus〉昆虫綱甲虫目コガネムシ科の甲虫。体長2.2～3.0mm。

セマルタマキノコムシ〈Cyrtoplastus punctatoseriatus〉昆虫綱甲虫目タマキノコムシ科の甲虫。体長2.6～3.2mm。

セマルチビヒラタムシ〈Xylolestes taevior〉昆虫綱甲虫目ヒラタムシ科の甲虫。体長1.9～3.0mm。

セマルツヤアリモドキ〈Derarimus clavipes〉昆虫綱甲虫目アリモドキ科の甲虫。体長3.3～4.0mm。

セマルトビハムシ〈Minota nigropicea〉昆虫綱甲虫目ハムシ科の甲虫。体長2.0～2.5mm。

セマルトラフカニグモ〈Tmarus rimosus〉蛛形綱クモ目カニグモ科の蜘蛛。体長雌6～7mm, 雄5～6mm。分布：北海道, 本州。

セマルハバビロハネカクシ〈Megarthrus convexus〉昆虫綱甲虫目ハネカクシ科の甲虫。体長2.0～2.2mm。

セマルヒゲナガゾウムシ〈Phloeobius gibbosus〉昆虫綱甲虫目ヒゲナガゾウムシ科の甲虫。体長8～10mm。分布：本州, 四国, 九州, 種子島。

セマルヒメドロムシ〈Cleptelmis parvula〉昆虫綱甲虫目ヒメドロムシ科の甲虫。体長1.5～1.6mm。

セマルヒョウホンムシ ニセセマルヒョウホンムシの別名。

セマルホソヒラタムシ〈Cryptamorpha sculptifrons〉昆虫綱甲虫目ホソヒラタムシ科の甲虫。体長3.8～4.0mm。

セマルマグソガムシ〈Magasternum gibbulum〉昆虫綱甲虫目ガムシ科の甲虫。体長1.8～2.1mm。

セマルミズギワゴミムシ〈Bembidion nipponicum〉昆虫綱甲虫目オサムシ科の甲虫。体長3.5mm。

セマルモンコヤガ〈Acontia olivacea〉昆虫綱鱗翅目ヤガ科コヤガ亜科の蛾。分布：インド南部, 中国, 高知県室戸岬。

セマレア・プルビナ〈Semalea pulvina〉昆虫綱鱗翅目セセリチョウ科の蝶。分布：トランスバール, ローデシア, アンゴラ, コンゴ。

セマンガ・スペルバ〈Semanga superba〉昆虫綱鱗翅目シジミチョウ科の蝶。分布：マレーシア, ジャワ, スマトラ, ボルネオ。

セミ 蝉〈cicada〉昆虫綱半翅目同翅亜目セミ上科 Cicadoideaに含まれる昆虫の総称。

セミスジカミキリ セミスジコブヒゲカミキリの別名。

セミスジコブヒゲカミキリ〈Rhodopina lewisii〉昆虫綱甲虫目カミキリムシ科フトカミキリ亜科の甲虫。体長11～17mm。分布：北海道, 本州, 四国, 九州, 佐渡, 屋久島。

セミスジニセリンゴカミキリ〈Eumecocera trivittata〉昆虫綱甲虫目カミキリムシ科フトカミキリ亜科の甲虫。体長10～12mm。分布：本州, 四国, 九州。

セミストトンボマダラ〈Thyridia themisto〉昆虫綱鱗翅目タテハチョウ科の蝶。翅は透明で黒色の翅脈と帯と縁どりがある。開張7～8mm。分布：アルゼンチンやブラジル。

セミゾキノカワハネカクシ〈Coprohilus impressus〉昆虫綱甲虫目ハネカクシ科の甲虫。体長5.5mm。

セミゾヒラタハネカクシ 背溝扁隠翅虫〈Siagonium nobile〉昆虫綱甲虫目ハネカクシ科の甲虫。体長5mm。分布：本州, 九州。

セミゾヨツメハネカクシ 背溝四眼隠翅虫〈Omalium japonicum〉昆虫綱甲虫目ハネカクシ科の甲虫。体長2.7～2.9mm。分布：本州, 九州。

セミヤドリガ 蝉寄生蛾〈Epipomponia nawai〉昆虫綱鱗翅目セミヤドリガ科の蛾。開張16～18mm。分布：本州, 四国, 九州, 台湾。

セムシアカムネグモ〈Ganthonariam gibberum〉蛛形綱クモ目サラグモ科の蜘蛛。

セメノフツツハムシ〈Cryptocephalus semenovi〉昆虫綱甲虫目ハムシ科の甲虫。体長3.2～4.2mm。

ゼメロス・エメソイデス〈Zemeros emesoides〉昆虫綱鱗翅目シジミタテハ科の蝶。分布：マレーシア, スマトラ, ボルネオ。

セモンインカツノコガネ〈Inca irroratus〉昆虫綱甲虫目コガネムシ科の甲虫。分布：南アメリカ。

セモンカギバヒメハマキ ハギカギハマキの別名。

セモンジンガサハムシ〈Cassida versicolor〉昆虫綱甲虫目ハムシ科の甲虫。体長5mm。林檎に害を及ぼす。分布：本州, 四国, 九州, 南西諸島。

セモンチビオオキノコムシ〈Triplax discicollis〉昆虫綱甲虫目オオキノコムシ科の甲虫。体長4～5mm。

セモンホソオオキノコムシ〈Dacne picta〉昆虫綱甲虫目オオキノコムシ科の甲虫。体長2.8～3.3mm。キノコ類に害を及ぼす。分布：日本全国, アムール。

セモンホソガタオオキノコムシ セモンホソオオキノコムシの別名。

セモンホソクワガタ〈Leptinopterus v-nigrum〉昆虫綱甲虫目クワガタムシ科。分布：ブラジル。

セモンマルタマキノコムシ〈*Agathidium derispioides*〉昆虫綱甲虫目タマキノコムシ科の甲虫。体長2.2〜2.9mm。

ゼラ・アドラビリス〈*Zela adorabilis*〉昆虫綱鱗翅目セセリチョウ科の蝶。分布：マレーシア,スマトラ,ボルネオ。

ゼラ・スキビス〈*Zera scybis*〉昆虫綱鱗翅目セセリチョウ科の蝶。分布：メキシコからボリビアまで。

ゼラ・ゼウス〈*Zela zeus*〉昆虫綱鱗翅目セセリチョウ科の蝶。分布：アッサムからマレーシアおよびフィリピンまで,ミャンマー,タイ,スマトラ,ボルネオ。

ゼラ・ゼノン〈*Zela zenon*〉昆虫綱鱗翅目セセリチョウ科の蝶。分布：ボルネオ,マレーシア,パラワン。

ゼラ・ヒアンキティヌス〈*Zera hyacinthinus*〉昆虫綱鱗翅目セセリチョウ科の蝶。分布：中央アメリカからペルーまで。

セラムタイマイ〈*Graphium stresemanni*〉昆虫綱鱗翅目アゲハチョウ科の蝶。開張65mm。分布：モルッカ。珍蝶。

セラムドウナガテナガコガネ〈*Euchirus longimanus*〉昆虫綱甲虫目コガネムシ科の甲虫。分布：セラム諸島。

セリシマハバチ〈*Pachyprotasis serii*〉昆虫綱膜翅目ハバチ科。体長8mm。セリ科野菜に害を及ぼす。分布：本州,四国,九州。

セリスナヨセアブラムシ〈*Cavariella oenanthi*〉昆虫綱半翅目アブラムシ科。体長1.9〜2.2mm。セリ科野菜に害を及ぼす。分布：北海道,本州,九州,サハリン,シベリア。

ゼリティス・ソルハゲニ〈*Zeritis sorhageni*〉昆虫綱鱗翅目シジミチョウ科の蝶。分布：アンゴラ。

ゼリティス・ネリエネ〈*Zeritis neriene*〉昆虫綱鱗翅目シジミチョウ科の蝶。分布：ガーナ,ナイジェリア,ローデシア。

セリマウズキタテハ〈*Callicore selima*〉昆虫綱鱗翅目タテハチョウ科の蝶。開張55mm。分布：コロンビア,ブラジル。珍蝶。

セルディス・スタティウス〈*Serdis statius*〉昆虫綱鱗翅目セセリチョウ科の蝶。分布：ベネズエラ。

セルディス・ビリディカンス〈*Serdis viridicans*〉昆虫綱鱗翅目セセリチョウ科の蝶。分布：コロンビア。

セルディス・ベネズエラエ〈*Serdis venezuelae*〉昆虫綱鱗翅目セセリチョウ科の蝶。分布：ベネズエラ。

ゼルトゥス・アマサ〈*Zeltus amasa*〉昆虫綱鱗翅目シジミチョウ科の蝶。分布：インド,ミャンマー,マレーシア,スマトラ,ジャワ,ボルネオ。

セルボナホソチョウ〈*Acraea servona*〉昆虫綱鱗翅目ホソチョウ科の蝶。開張50mm。分布：アフリカ中央部。珍蝶。

セレネギンブチヒョウモン〈*Boloria selene*〉昆虫綱鱗翅目タテハチョウ科の蝶。オレンジ色の翅表面に黒色の斑点。開張3〜5mm。分布：ヨーロッパから,アジア温帯域。

セレノファネス・カッシオペ〈*Selenophanes cassiope*〉昆虫綱鱗翅目フクロウチョウ科の蝶。分布：ギアナ,ブラジル,ペルー。

セレベスアオスジアゲハ〈*Graphium milon milon*〉昆虫綱鱗翅目アゲハチョウ科の蝶。別名ミロンタイマイ。分布：スラウェシ,タラウド。

セレベスアカシアシジミ〈*Surendra samina*〉昆虫綱鱗翅目シジミチョウ科の蝶。

セレベスアゲハ〈*Menelaides ascalaphus*〉昆虫綱鱗翅目アゲハチョウ科の蝶。

セレベスイワヒバジャノメ〈*Acrophtalmia leuce*〉昆虫綱鱗翅目ジャノメチョウ科の蝶。

セレベスウラナミジャノメ〈*Ypthima risompae*〉昆虫綱鱗翅目ジャノメチョウ科の蝶。

セレベスオオゴマダラ〈*Idea branchardii*〉昆虫綱鱗翅目マダラチョウ科の蝶。開張150mm。分布：インドネシア,スラウェシ島。珍蝶。

セレベスキチョウ〈*Eurema celebensis*〉昆虫綱鱗翅目シロチョウ科の蝶。

セレベスコジャノメ〈*Mycalesis itys*〉昆虫綱鱗翅目ジャノメチョウ科の蝶。

セレベスコセセリ〈*Zographetus abima*〉昆虫綱鱗翅目セセリチョウ科の蝶。

セレベスシロオビアゲハ〈*Papilio alcindor*〉蝶。

セレベスチャイロフタオチョウ〈*Charaxes affinis*〉昆虫綱鱗翅目タテハチョウ科の蝶。

セレベスナガサキアゲハ〈*Papilio ascalaphus*〉昆虫綱鱗翅目アゲハチョウ科の蝶。分布：セレベス。

セレベスハレギチョウ〈*Cethosia myrina*〉昆虫綱鱗翅目タテハチョウ科の蝶。開張90mm。分布：スラウェシ。珍蝶。

セレベスヒメミスジ〈*Lasippa neriphus*〉昆虫綱鱗翅目タテハチョウ科の蝶。

セレベスベニモンアゲハ〈*Pachliopta polyphontes*〉昆虫綱鱗翅目アゲハチョウ科の蝶。

セレベスマルバネワモン〈*Faunis menado*〉昆虫綱鱗翅目ワモンチョウ科の蝶。分布：セレベス。

セレベスミスジ〈*Neptis ida*〉昆虫綱鱗翅目タテハチョウ科の蝶。

セレベスムラサキ〈*Hypolimnas diomea*〉昆虫綱鱗翅目タテハチョウ科の蝶。分布：スラウェシ。

セレベスモンキアゲハ〈Menelaides sataspes〉昆虫綱鱗翅目アゲハチョウ科の蝶。

ゼロタエア・ファスマ〈Zelotaea phasma〉昆虫綱鱗翅目シジミタテハ科の蝶。分布：アマゾン，ブラジル。

セロピナウラモジタテハ〈Diaethria seropina〉昆虫綱鱗翅目タテハチョウ科の蝶。分布：エクアドル，ブラジル北部。

センカクウスアヤカミキリ〈Bumetopia senkakuana〉昆虫綱甲虫目カミキリムシ科の甲虫。体長10.5mm。

センカクキラホシカミキリ〈Glenea masakii〉昆虫綱甲虫目カミキリムシ科フトカミキリ亜科の甲虫。

センカクスナゴミムシダマシ〈Gonocephalum senkakuense〉昆虫綱甲虫目ゴミムシダマシ科の甲虫。体長7.1～8.1mm。

センゲンチビゴミムシ〈Epaphiopsis oligops〉昆虫綱甲虫目オサムシ科の甲虫。体長3.9～4.2mm。

センショウグモ 戦捷蜘蛛，戦勝蜘蛛〈Ero japonica〉節足動物門クモ形綱真正クモ目センショウグモ科の蜘蛛。体長雌4.0～4.5mm，雄3.0～3.2mm。分布：北海道，本州，四国，九州。

センショウグモの一種〈Mimetus sp.〉蛛形綱クモ目センショウグモ科の蜘蛛。体長雌6.5mm。分布：本州（中部の亜高山地帯）。

ゼンジョウホラヒメグモ〈Nesticus zenjoensis〉蛛形綱クモ目ホラヒメグモ科の蜘蛛。

ゼンジョウマシラグモ〈Leptoneta zenjoensis〉蛛形綱クモ目マシラグモ科の蜘蛛。

ゼンジョウメクラチビゴミムシ〈Awatrechus religiosus〉昆虫綱甲虫目オサムシ科の甲虫。体長4.5～5.0mm。

センゾクナミハグモ〈Cybaeus senzokuensis〉蛛形綱クモ目タナグモ科の蜘蛛。

センタウミアメンボ〈Halobates germanus〉昆虫綱半翅目アメンボ科。

センダンキバガ〈Paralida triannulata〉昆虫綱鱗翅目キバガ科の蛾。分布：近畿地方。

センダンコハモグリガ〈Phyllocnistis selenopa〉昆虫綱鱗翅目コハモグリガ科の蛾。開張4.5～5.0mm。分布：本州，四国，屋久島，台湾。

センダンハマキ センダンヒメハマキの別名。

センダンヒメハマキ〈Rhadinoscolops koeniganus〉昆虫綱鱗翅目ハマキガ科の蛾。開張11～13mm。分布：本州（関東以西），四国，九州，対馬，伊豆諸島，屋久島，琉球列島，小笠原諸島，台湾，中国，インド，ニューギニア，オーストラリア，ミクロネシア。

センチコガネ 雪隠金亀子〈Geotrupes laevistriatus〉昆虫綱甲虫目センチコガネ科センチコガネ亜科の甲虫。体長14～20mm。分布：小笠原諸島をのぞく日本全土。

センチコガネ属〈Geotrupes〉コガネムシ科の属称。

センチトゲハネバエ〈Orbellia tokyoensis〉昆虫綱双翅目トゲハネバエ科。体長7～10mm。分布：北海道，本州，四国，九州。害虫。

センチニクバエ〈Boettcherisca peregrina〉昆虫綱双翅目ニクバエ科。体長8～14mm。分布：日本全土。害虫。

ゼンチハナノミ〈Mordellaria zenchii〉昆虫綱甲虫目ハナノミ科の甲虫。体長4.0～4.5mm。

センチュウ 線虫〈nematode〉線形動物門Nematodaを構成する無脊椎動物の総称。別名エンチュウ。

セントヘレナオオハサミムシ〈Labidura herculeana〉昆虫綱革翅目オオハサミムシ科。珍虫。

セントルロイデスの一種〈Centruroides sp.〉蛛形綱サソリ目キョクトウサソリ科。体長60mm。害虫。

センニンソウハモグリバエ〈Phytomyza paniculatae〉昆虫綱双翅目ハモグリバエ科。

センノカミキリ〈Acalolepta luxuriosa〉昆虫綱甲虫目カミキリムシ科フトカミキリ亜科の甲虫。体長20～36mm。ヤツデ，ウドに害を及ぼす。分布：北海道，本州，四国，九州，佐渡，対馬，屋久島，奄美大島，沖縄諸島。

ゼンパートガリバワモンチョウ〈Zeuxidia semperi semperi〉昆虫綱鱗翅目ワモンチョウ科の蝶。分布：ルソン島，ミンドロ。

センブリ 千振〈Sialis sibirica〉昆虫綱広翅目センブリ科。

センブリ 千振〈alderfly, orlfly〉昆虫綱脈翅目広翅亜目センブリ科Sialidaeに属する昆虫の総称，またはそのなかの一種。

センペラウラナミジャノメ〈Ypthima sempera〉昆虫綱鱗翅目ジャノメチョウ科の蝶。

ゼンマイハバチ〈Thrinax osmundae〉昆虫綱膜翅目ハバチ科。

センモンヤガ〈Agrotis exclamationis〉昆虫綱鱗翅目ヤガ科モンヤガ亜科の蛾。開張40mm。隠元豆，小豆，ササゲ，豌豆，空豆，大豆，アブラナ科野菜，ユリ科野菜，甜菜，麦類，イネ科作物に害を及ぼす。分布：ユーラシア，北海道，東北地方から本州中部。

【ソ】

ソウウンアワフキ〈Mesoptyelus nigrifrons〉昆虫綱半翅目アワフキムシ科。体長7mm。分布：本州, 四国。

ゾウカブトムシ〈Megasoma elephas〉昆虫綱甲虫目コガネムシ科の甲虫。分布：メキシコ, グアテマラ, ホンジュラス, ニカラグア, コスタリカ, パナマ, ベネズエラ。

ソウゲンタカネヒカゲ〈Oeneis nanna〉昆虫綱鱗翅目ジャノメチョウ科の蝶。別名チョウセンタカネヒカゲ。分布：アルタイ, サヤン, アムール, ウスリー。

ソウゲンタカネヒカゲ タカネヒカゲの別名。

ゾウズサンメクラチビゴミムシ〈Trechiama instabilis〉昆虫綱甲虫目オサムシ科の甲虫。体長5.5〜6.3mm。

ゾウツノアカクワガタ〈Prosopocoilus elephus〉昆虫綱甲虫目クワガタムシ科。分布：マレーシア, スマトラ。

ゾウハジラミ〈Haematomyzus elephantis〉昆虫綱食毛目ゾウハジラミ科。体長雄2.0〜2.2mm, 雌2.9〜3.0mm。分布：インドゾウ及びアフリカゾウと同様。害虫。珍虫。

ゾウミヤマクワガタ〈Lucanus elaphus〉昆虫綱甲虫目クワガタムシ科。分布：カナダ, アメリカ。

ゾウムシ 象虫, 象鼻虫〈weevils〉昆虫綱甲虫目ゾウムシ科Curculionidaeの昆虫の総称。

ソウメンチャタテ〈Liposcelis simulans〉昆虫綱噛虫目コナチャタテ科。体長1.1mm。貯穀・貯蔵植物性食品に害を及ぼす。

ソウンクロオビナミシャク〈Viidaleppia taigana〉昆虫綱鱗翅目シャクガ科ナミシャク亜科の蛾。開張29〜35mm。分布：サヤン山脈, アルタイ山脈, サハリン, 千島, 北海道, 本州。

ソウンダースチビタマムシ ソーンダーズチビタマムシの別名。

ゾグラフェトゥス・オギギア〈Zographetus ogygia〉昆虫綱鱗翅目セセリチョウ科の蝶。分布：マレーシア, ボルネオ。

ゾグラフェトゥス・サトゥワ〈Zographetus satwa〉昆虫綱鱗翅目セセリチョウ科の蝶。分布：シッキム, マレーシア, インドシナ半島, ミャンマー, タイ, ジャワ。

ゾグラフェトゥス・セワ〈Zographetus sewa〉昆虫綱鱗翅目セセリチョウ科の蝶。分布：セレベス。

ゾグラフス・レガリス〈Zographus regalis〉昆虫綱甲虫目カミキリムシ科の甲虫。分布：アフリカ西部, 中央部。

ソストゥラタ・グリッパ〈Sostrata grippa〉昆虫綱鱗翅目セセリチョウ科の蝶。分布：エクアドル。

ソストゥラタ・クロニオン〈Sostrata cronion〉昆虫綱鱗翅目セセリチョウ科の蝶。分布：ブラジル。

ソストゥラタ・スキンティッランス〈Sostrata scintillans〉昆虫綱鱗翅目セセリチョウ科の蝶。分布：メキシコからブラジル, トリニダードまで。

ソストゥラタ・ルクッレア〈Sostrata lucullea〉昆虫綱鱗翅目セセリチョウ科の蝶。分布：ブラジル, トリニダード。

ソスピタ・サトゥラプス〈Sospita satraps〉昆虫綱鱗翅目シジミタテハ科の蝶。分布：ニューギニア。

ソスピタ・スタティラ〈Sospita statira〉昆虫綱鱗翅目シジミタテハ科の蝶。分布：ニューギニア。

ソーターアトバゴミムシ〈Catascopus sauteri〉昆虫綱甲虫目ゴミムシ科。別名ゾーテルアトバゴミムシ。分布：中国(福建), 台湾。

ゾディアカツバメガ〈Alcidis zodiaca〉昆虫綱鱗翅目ツバメガ科の蛾。開張100mm。分布：オーストラリア。珍蝶。

ソテツシジミ〈Chilades kiamurae〉昆虫綱鱗翅目シジミチョウ科の蝶。別名キヤムラシジミ。前翅長15〜19mm。分布：琉球, ルソン島, ミンドロ, ミンダナオ, パラワン, ボルネオ。

ゾーテルアトバゴミムシ ゾーターアトバゴミムシの別名。

ソトウスアツバ(1)〈Hadennia obliqua〉昆虫綱鱗翅目ヤガ科クルマアツバ亜科の蛾。開張33mm。分布：本州(関東地方以西), 八丈島, 四国, 九州, 対馬, 屋久島, 奄美大島, 沖縄本島, 石垣島, 西表島。

ソトウスアツバ(2)〈Rhynchina kengkalis〉昆虫綱鱗翅目ヤガ科クルマアツバ亜科の蛾。開張30〜34mm。

ソトウスキノメイガ〈Notaspis tranquillalis〉昆虫綱鱗翅目メイガ科の蛾。分布：インド, ボルネオ, 台湾, 西表島。

ソトウスグロアツバ〈Hydrillodes morosa〉昆虫綱鱗翅目ヤガ科クルマアツバ亜科の蛾。開張24〜28mm。分布：インドからオーストラリア, 宮城県と秋田県が北限。

ソトウスナミガタアツバ〈Hypena kengkalis〉昆虫綱鱗翅目ヤガ科アツバ亜科の蛾。

ソトウスベニアツバ〈Sarcopteron fasciata〉昆虫綱鱗翅目ヤガ科クチバ亜科の蛾。分布：静岡県西部, 三重県付近をおよその東北限, 四国, 九州, 対馬。

ソトウスモンアツバ ソトウスグロアツバの別名。

ソトカバナミシャク〈Eupithecia signigera〉昆虫綱鱗翅目シャクガ科ナミシャク亜科の蛾。開張17

~23mm。分布：本州(東北地方北部より), 四国, 九州, 対馬, 屋久島。

ソトキイロアツバ〈*Oglasa bifidalis*〉昆虫綱鱗翅目ヤガ科クチバ亜科の蛾。開張27～29mm。分布：北海道, 本州, 四国, 九州。

ソトキクロエダシャク〈*Scionomia mendica*〉昆虫綱鱗翅目シャクガ科エダシャク亜科の蛾。開張28～34mm。分布：本州(東北地方北部より), 四国, 九州, 対馬, 屋久島, シベリア南東部。

ソトキナミシャク〈*Ecliptopera pryeri*〉昆虫綱鱗翅目シャクガ科ナミシャク亜科の蛾。開張23～27mm。分布：北海道, 本州, 四国。

ソトキマダラミズメイガ〈*Nymphula enixalis*〉昆虫綱鱗翅目メイガ科ミズメイガ亜科の蛾。開張13～17mm。分布：四国, 九州, 屋久島, 沖縄本島, 与那国島, 台湾, インドから東南アジア一帯。

ソトグロオオキノメイガ〈*Pleuroptya scinisalis*〉昆虫綱鱗翅目メイガ科の蛾。分布：屋久島, 台湾, インド北部。

ソトグロカバタテハ〈*Rhinopalpa polynice*〉昆虫綱鱗翅目タテハチョウ科の蝶。濃い赤褐色で, 黒褐色の縁どりがある。開張7～8mm。分布：インド, マレーシア, インドネシア。

ソトグロキノメイガ〈*Analthes euryterminalis*〉昆虫綱鱗翅目メイガ科の蛾。分布：奄美大島, 沖縄本島, 台湾。

ソトグロコブガ〈*Nola okanoi*〉昆虫綱鱗翅目コブガ科の蛾。分布：本州。

ソトグロホソバミヤマシロチョウ クロホソバシロチョウの別名。

ソトシロオビエダシャク 外白帯枝尺蛾〈*Calicha ornataria*〉昆虫綱鱗翅目シャクガ科エダシャク亜科の蛾。開張35～48mm。分布：本州, 四国, 九州, 千島, 朝鮮半島。

ソトシロオビナミシャク 外白帯波尺蛾〈*Chloroclystis excisa*〉昆虫綱鱗翅目シャクガ科ナミシャク亜科の蛾。開張14～20mm。ツツジ類に害を及ぼす。分布：北海道, 本州, 四国, 九州, 対馬, 屋久島, シベリア南東部。

ソトジロコブガ〈*Meganola izuensis*〉昆虫綱鱗翅目コブガ科の蛾。分布：本州(伊豆半島以西), 九州, 対馬, 屋久島, 石垣島, 西表島。

ソトシロスジミズメイガ〈*Nymphula stagnata*〉昆虫綱鱗翅目メイガ科の蛾。分布：函館, ヨーロッパ。

ソトジロツマキリクチバ〈*Arytrura musculus*〉昆虫綱鱗翅目ヤガ科クチバ亜科の蛾。開張48～50mm。分布：ヨーロッパ東部から沿海州, 朝鮮半島, 本州, 四国, 九州。

ソトジロトガリヒメハマキ〈*Eucosma catharaspis*〉昆虫綱鱗翅目ハマキガ科の蛾。分布：北海道から九州, 屋久島, 中国(上海), ロシア(極東地方)。

ソトシロフヨトウ〈*Colocasidia albifera*〉昆虫綱鱗翅目ヤガ科カラスヨトウ亜科の蛾。分布：北海道, 本州, 四国。

ソトシロモンエダシャク〈*Cleora venustaria*〉昆虫綱鱗翅目シャクガ科エダシャク亜科の蛾。開張26～29mm。分布：本州(宮城県以南), 四国, 九州。

ソトハガタアツバ〈*Olulis puncticinctalis*〉昆虫綱鱗翅目ヤガ科クチバ亜科の蛾。分布：奄美大島, 沖縄本島, ボルネオ, インド, スリランカ。

ソトハナガキクイムシ〈*Crossotarsus externedentatus*〉昆虫綱甲虫目ナガキクイムシ科の甲虫。体長2.8～2.9mm。

ソトベニコヤガ〈*Eublemma anachoresis*〉昆虫綱鱗翅目ヤガ科コヤガ亜科の蛾。開張15mm。分布：アフリカ, アジア熱帯からオーストラリア, 南太平洋, 九州英彦山, 石垣島, 西表島。

ソトベニフトメイガ〈*Termioptycha inimica*〉昆虫綱鱗翅目メイガ科フトメイガ亜科の蛾。開張26～28mm。分布：北海道と本州(関東, 北陸, 近畿)。

ソトムラサキアツバ〈*Hypena ella*〉昆虫綱鱗翅目ヤガ科アツバ亜科の蛾。開張27～30mm。分布：宮城県付近を北限, 四国, 九州。

ソトムラサキコヤガ〈*Maliattha bella*〉昆虫綱鱗翅目ヤガ科コヤガ亜科の蛾。分布：アムール, 北海道から本州中部。

ソトモンツトガ 外紋苞蛾〈*Euchromius expansus*〉昆虫綱鱗翅目メイガ科の蛾。分布：本州(伊豆半島以西), 四国, 九州, 対馬, 台湾, 中国, シベリア南東部。

ソナンカタゾウムシ〈*Pachyrrhynchus sonani*〉昆虫綱甲虫目ゾウムシ科。分布：紅頭嶼。

ソノールモンキチョウ オオアメリカモンキチョウの別名。

ソバカスキバガ〈*Gelechia acanthopis*〉昆虫綱鱗翅目キバガ科の蛾。開張15～19mm。分布：北海道, 本州。

ソバルス・ポッゲイ〈*Sobarus poggei* var.*vethi*〉昆虫綱甲虫目カミキリムシ科の甲虫。分布：アフリカ中央部。

ソビア・アルビペクトゥス〈*Sovia albipectus*〉昆虫綱鱗翅目セセリチョウ科の蝶。分布：ミャンマー, インドシナ半島, タイ。

ソビア・スブフラバ〈*Sovia subflava*〉昆虫綱鱗翅目セセリチョウ科の蝶。分布：中国西部, アッサム。

413

- ゾピリオン・サティリナ〈*Zopyrion satyrina*〉昆虫綱鱗翅目セセリチョウ科の蝶。分布：コロンビア。
- ソフィスタ・アリストテレス〈*Sophista aristoteles*〉昆虫綱鱗翅目セセリチョウ科の蝶。分布：ペルー，ボリビア，アマゾン，ブラジル。
- ソフィスタ・ラティファスキアタ〈*Sophista latifasciata*〉昆虫綱鱗翅目セセリチョウ科の蝶。分布：ブラジル。
- ゾフォペテス・ケリミカ〈*Zophopetes cerymica*〉昆虫綱鱗翅目セセリチョウ科の蝶。分布：セネガンビアからコンゴまで。
- ソボトゲヒサゴゴミムシダマシ〈*Misolampidius sobosanus*〉昆虫綱甲虫目ゴミムシダマシ科の甲虫。体長11.8～15.0mm。
- ソボヒメホソハネカクシ〈*Erichsonius sobosanus*〉昆虫綱甲虫目ハネカクシ科の甲虫。体長4.8～5.0mm。
- ソボホラヒメグモ〈*Nesticus iriei*〉蛛形綱クモ目ホラヒメグモ科の蜘蛛。
- ソボムラサキジョウカイ〈*Themus sobosanus*〉昆虫綱甲虫目ジョウカイボン科の甲虫。体長13～14mm。
- ソボリンゴカミキリ〈*Oberea sobosana*〉昆虫綱甲虫目カミキリムシ科フトカミキリ亜科の甲虫。体長18～20mm。ツツジ類に害を及ぼす。分布：本州，四国，九州。
- ソメワケトリノフンダマシ〈*Cyrtarachne induta*〉蛛形綱クモ目コガネグモ科の蜘蛛。体長雌4.5～5.5mm，雄1.5～2.0mm。分布：本州（中部以南），四国，九州，南西諸島。
- ソラマメゾウムシ 蚕豆象虫，蚕豆象鼻虫〈*Bruchus rufimanus*〉昆虫綱甲虫目マメゾウムシ科の甲虫。体長4～5mm。豌豆，空豆，貯穀・貯蔵植物性食品に害を及ぼす。分布：本州，四国，九州。
- ソラマメヒゲナガアブラムシ〈*Megoura crassicauda*〉昆虫綱半翅目アブラムシ科。体長3～4mm。マメ科牧草，豌豆，ソラマメに害を及ぼす。分布：日本全国，朝鮮半島，中国，台湾，シベリア。
- ソリエールコガネオサムシ〈*Chrysocarabus solieri*〉昆虫綱甲虫目オサムシ科。分布：アルプス山地。
- ソリダキイロコガネ〈*Pelidnota solida*〉昆虫綱甲虫目コガネムシ科の甲虫。分布：南アメリカ南部。
- ソリバネオヒキヤママユ〈*Copiopteryx derceto*〉昆虫綱鱗翅目ヤママユガ科の蛾。分布：ブラジル。
- ソリバネドクチョウ〈*Heliconius hortense*〉昆虫綱鱗翅目ドクチョウ科の蝶。分布：メキシコからコロンビア，エクアドルまで。
- ソリバネホソヤガ〈*Stictoptera describens*〉昆虫綱鱗翅目ヤガ科ホソヤガ亜科の蛾。分布：石垣島バンナ岳，マレーシア，スリランカからボルネオ，スラウェシ，ニューギニア。
- ソルガムタマバエ〈*Allocontarinia sorghicola*〉昆虫綱双翅目タマバエ科。体長2mm。飼料用トウモロコシ，ソルガムに害を及ぼす。分布：本州，九州，東洋区，ヨーロッパ，アフリカ熱帯区，新北区，新熱帯区。
- ソルスキイホソクビキマワリ〈*Stenophanes mesostena*〉昆虫綱甲虫目ゴミムシダマシ科の甲虫。体長17mm。分布：対馬。
- ソルスキーベニシジミ〈*Lycaena solskyi*〉昆虫綱鱗翅目シジミチョウ科の蝶。分布：イラク，イラン，アフガニスタン，パミール，カシミール。
- ソルディダコムラサキ〈*Chitoria sordida*〉昆虫綱鱗翅目タテハチョウ科の蝶。
- ソロモンイチモンジタイマイ〈*Graphium mendana*〉昆虫綱鱗翅目アゲハチョウ科の蝶。分布：ブーゲンビル，ニュー・ジョージア島群，ガダルカナル，マライタ。
- ソロモンオオモンキアゲハ〈*Papilio woodfordi*〉昆虫綱鱗翅目アゲハチョウ科の蝶。分布：ソロモン諸島。
- ソロモンスカシマダラ〈*Danaus garamantis*〉昆虫綱鱗翅目マダラチョウ科の蝶。分布：ブーゲンビル，ガダルカナル。
- ソロモンヤイロタテハ〈*Prothoe ribbei*〉昆虫綱鱗翅目タテハチョウ科の蝶。分布：ソロモン諸島。
- ソーンダーズチビタマムシ〈*Trachys saundersi*〉昆虫綱甲虫目タマムシ科の甲虫。体長3.3～4.5mm。
- ソーンダーズナガタマムシ〈*Agrilus subrobustus*〉昆虫綱甲虫目タマムシ科の甲虫。体長3.8～6.5mm。
- ソントンナクスオヒキヤママユ〈*Copiopteryx sonthonnaxi*〉昆虫綱鱗翅目ヤママユガ科の蛾。分布：ブラジル。
- ゾンメルオニツヤクワガタ〈*Odontolabis sommeri*〉昆虫綱甲虫目クワガタムシ科。分布：スマトラ，ボルネオ。

【タ】

- ダイアナギンボシヒョウモン〈*Speyeria diana*〉昆虫綱鱗翅目タテハチョウ科の蝶。別名メスアカネグロオオヒョウモン。分布：アメリカのオザーク高原とアパラチア山脈。

ダイアナハマキモドキ〈*Choreutis diana*〉昆虫綱鱗翅目ハマキモドキガ科の蛾。分布：北海道，ヨーロッパ，北アメリカ。

ダイアナメダマチョウ〈*Taenaris diana*〉昆虫綱鱗翅目ワモンチョウ科の蝶。分布：モルッカ諸島北部。

ダイオウヒラタクワガタ〈*Eurytrachellelus bucephalus*〉昆虫綱甲虫目クワガタムシ科の甲虫。分布：ジャワ。

タイゲティス・アンドゥロメダ〈*Taygetis andromeda*〉昆虫綱鱗翅目ジャノメチョウ科の蝶。分布：中央アメリカ，トリニダードからブラジル南部まで。

タイゲティス・イプティマ〈*Taygetis ypthima*〉昆虫綱鱗翅目ジャノメチョウ科の蝶。分布：ブラジル。

タイゲティス・キセナナ〈*Taygetis xenana*〉昆虫綱鱗翅目ジャノメチョウ科の蝶。分布：ペルー，スリナム，ブラジル。

タイゲティス・クリソゴネ〈*Taygetis chrysogone*〉昆虫綱鱗翅目ジャノメチョウ科の蝶。分布：コロンビア，ベネズエラ，ペルー。

タイゲティス・ケリア〈*Taygetis celia*〉昆虫綱鱗翅目ジャノメチョウ科の蝶。分布：中央アメリカ。

タイゲティス・シルビア〈*Taygetis sylvia*〉昆虫綱鱗翅目ジャノメチョウ科の蝶。分布：パナマ，ボリビア，アマゾン上流地方。

タイゲティス・ビルギリア〈*Taygetis virgilia*〉昆虫綱鱗翅目ジャノメチョウ科の蝶。分布：中央アメリカ，トリニダードからブラジル南部まで。

タイゲティス・ラルア〈*Taygetis larua*〉昆虫綱鱗翅目ジャノメチョウ科の蝶。分布：コロンビア，ペルー，パラグアイ。

タイゲティス・レクティファスキア〈*Taygetis rectifascia*〉昆虫綱鱗翅目ジャノメチョウ科の蝶。分布：ブラジル。

タイコウチ 太鼓打虫〈*Laccotrephes japonensis*〉昆虫綱半翅目タイコウチ科。体長30〜38mm。分布：本州，四国，九州，沖縄本島。

タイコウチ 太鼓打虫〈water scorpion〉昆虫綱半翅目異翅亜目タイコウチ科Nepidaeに属する昆虫の総称，またはそのなかの一種。

ダイコクアリヅカムシ〈*Rybaxis princeps*〉昆虫綱甲虫目アリヅカムシ科の甲虫。体長2.3〜3.0mm。

ダイコクコガネ 大黒金亀子〈*Copris ochus*〉昆虫綱甲虫目コガネムシ科ダイコクコガネ亜科の甲虫。日本に生息する糞虫の中では最大。準絶滅危惧種(NT)。体長20〜28mm。分布：北海道，本州，九州。

ダイコクコガネ属〈*Copris*〉コガネムシ科の属称。

ダイコクシロアリ〈*Cryptotermes domesticus*〉昆虫綱等翅目レイビシロアリ科。体長は有翅虫5〜6mm，兵蟻3.5〜5.5mm，職蟻5〜7mm。分布：奄美大島以南と小笠原諸島。害虫。

ダイコンアブラムシ 大根油虫〈*Brevicoryne brassicae*〉昆虫綱半翅目アブラムシ科。体長2.2〜2.5mm。ハボタン，アブラナ科野菜に害を及ぼす。分布：日本全国，汎世界的。

タイコンキクイムシ〈*Scolytoplatypus tycon*〉昆虫綱甲虫目キクイムシ科の甲虫。体長4mm。林檎に害を及ぼす。分布：九州以北の日本各地，千島，サハリン，シベリア，朝鮮半島，台湾。

ダイコンサルゾウムシ〈*Ceuthorhynchidius albosuturalis*〉昆虫綱甲虫目ゾウムシ科の甲虫。体長2.2〜2.5mm。アブラナ科野菜に害を及ぼす。分布：九州以北の日本各地，中国。

ダイコンサルハムシ ダイコンハムシの別名。

ダイコンバエ〈*Delia floralis*〉昆虫綱双翅目ハナバエ科。体長7〜8mm。アブラナ科野菜に害を及ぼす。

ダイコンハムシ 大根金花虫, 大根葉虫〈*Phaedon brassicae*〉昆虫綱甲虫目ハムシ科。体長4mm。アブラナ科野菜に害を及ぼす。分布：本州，四国，九州。

タイシャクナガチビゴミムシ〈*Trechiama yakoyamai*〉昆虫綱甲虫目オサムシ科の甲虫。体長5.4〜6.4mm。

タイシャクメクラチビゴミムシ〈*Trechiama insolitus*〉昆虫綱甲虫目オサムシ科の甲虫。体長5.6〜6.1mm。

タイショウオオキノコムシ〈*Episcapha moravitzi*〉昆虫綱甲虫目オオキノコムシ科の甲虫。体長11〜14mm。

タイショウオオゾウムシ〈*Macrochirus praetor*〉昆虫綱甲虫目オサゾウムシ科の甲虫。分布：マレーシア，ジャワ。

タイスアゲハ〈*Zerinthia polyxena*〉昆虫綱鱗翅目アゲハチョウ科の蝶。分布：フランス南部，オーストリア，イタリア，バルカン半島からトルコまで。

ダイズアザミウマ〈*Mycterothrips glycines*〉昆虫綱総翅目アザミウマ科。体長雌1.3mm, 雄1.0mm。ウリ科野菜, 大豆に害を及ぼす。分布：日本全国，朝鮮半島。

ダイズアブラムシ〈*Aphis glycines*〉昆虫綱半翅目アブラムシ科。体長1.4〜1.7mm。大豆に害を及ぼす。分布：日本全国，朝鮮半島，台湾，中国，東南アジア，インド。

ダイズウスイロアザミウマ〈*Thrips setosus*〉昆虫綱総翅目アザミウマ科。体長雌1.3mm, 雄1mm。ウリ科野菜，ナス科野菜，無花果，タバコ，

タイスキン

菊, ダリア, マリゴールド類, 大豆, 隠元豆, 小豆, ササゲに害を及ぼす. 分布：日本全国.

ダイズギンモンハモグリガ 〈*Microthauma glycinella*〉昆虫綱鱗翅目ハモグリガ科の蛾. 分布：九州, 沖縄本島.

ダイズクキタマバエ 〈*Resseliella soya*〉昆虫綱双翅目タマバエ科. 体長雄1.6mm, 雌2.4mm. 大豆に害を及ぼす. 分布：北海道, 本州, 朝鮮半島.

ダイズクキモグリバエ 〈*Melanagromyza sojae*〉昆虫綱双翅目ハモグリバエ科. 体長1.8〜2.2mm. 大豆に害を及ぼす. 分布：本州（中南部）, 四国, 九州, 東洋熱帯地方, オーストラリア, アフリカ.

ダイズクロハモグリバエ 〈*Japanagromyza tristella*〉昆虫綱双翅目ハモグリバエ科. 体長2.6〜2.9mm. 大豆に害を及ぼす. 分布：本州, 四国, 九州から東南アジア, インド.

ダイズコンリュウバエ 大豆根瘤蠅 〈*Rivellia apicalis*〉昆虫綱双翅目ヒロクチバエ科. 体長5mm. 大豆に害を及ぼす. 分布：本州.

ダイズサヤタマバエ 〈*Asphondylia yushimai*〉昆虫綱双翅目タマバエ科. 体長3mm. 大豆に害を及ぼす.

ダイズサヤムシガ ニセマメサヤヒメハマキの別名.

ダイズシストセンチュウ 〈*Heterodera glycines*〉ヘテロデラ科. 体長雌0.7mm, 雄1.3mm. 隠元豆, 小豆, ササゲ, 大豆に害を及ぼす. 分布：北海道, 本州, 四国, 九州, 中国, 韓国, 台湾, インドネシア, エジプト, アメリカ, ブラジル.

ダイズネモグリバエ 〈*Ophiomyia shibatsujii*〉昆虫綱双翅目ハモグリバエ科. 体長2.2mm. 大豆に害を及ぼす. 分布：北海道, 本州, 九州.

ダイズハナタマバエ 昆虫綱双翅目タマバエ科. 大豆に害を及ぼす.

ダイズハバチ 〈*Takeuchiella pentagona*〉昆虫綱膜翅目ハバチ科. 体長雌11mm, 雄8〜9mm. 大豆に害を及ぼす. 分布：本州（東海, 北陸）, 四国, 九州.

ダイズハモグリバエ ダイズクロハモグリバエの別名.

ダイズフクロカイガラムシ 〈*Eriococcus sojae*〉昆虫綱半翅目フクロカイガラムシ科. 体長2〜3mm. 大豆に害を及ぼす. 分布：本州（関東以西）, 四国, 九州.

ダイズメモグリバエ 〈*Melanagromyza koizumii*〉昆虫綱双翅目ハモグリバエ科. 体長2.3〜2.5mm. 大豆に害を及ぼす.

ダイセツオサムシ チシマオサムシの別名.

ダイセツキシタヨトウ 〈*Anarta cordigera*〉昆虫綱鱗翅目ヤガ科ヨトウガ亜科の蛾. 分布：新旧両大陸の高緯度地方, 大雪山.

ダイセツコモリグモ 〈*Arctosa daisetsuzana*〉蛛形綱クモ目コモリグモ科の蜘蛛. 体長雌8〜10mm, 雄6〜8mm. 分布：北海道（大雪山）, 本州（中部・北アルプス高山）.

ダイセツサラグモ 〈*Estrandia nearctica*〉蛛形綱クモ目サラグモ科の蜘蛛. 体長雌3〜6mm, 雄3〜5mm. 分布：北海道（大雪山）, 本州（御岳山）.

ダイセツタカネエダシャク 〈*Psodos coracina*〉昆虫綱鱗翅目シャクガ科エダシャク亜科の蛾. 開張18〜20mm. 分布：スコットランドの高原, スカンジナビア半島, ピレネー山脈, アルプス山脈, カルパチア山脈, 北海道石狩山地, サヤン山脈.

ダイセツタカネヒカゲ 大雪高嶺日陰蝶 〈*Oeneis daisetsuzana*〉昆虫綱鱗翅目ジャノメチョウ科の蝶. 天然記念物, 準絶滅危惧種（NT）. 前翅長23〜25mm. 分布：北海道の大雪山, 日高山脈.

ダイセツタマキノコムシ 〈*Agathidium yasudai*〉昆虫綱甲虫目タマキノコムシ科の甲虫. 体長3.3〜3.5mm.

ダイセツチビゴミムシ 〈*Trechus nakaguroi*〉昆虫綱甲虫目オサムシ科の甲虫. 体長3.6mm. 分布：北海道（大雪山系, 知床半島）.

ダイセツチビットガ 〈*Catoptria satakei*〉昆虫綱鱗翅目メイガ科の蛾. 分布：北海道大雪山の氷山平, 羅臼のサシルイ岳.

ダイセツチビハマキ 〈*Clepsis insignata*〉昆虫綱鱗翅目ハマキガ科の蛾. 分布：北海道大雪山.

ダイセツツトガ 〈*Chrysoteuchia daisetsuzana*〉昆虫綱鱗翅目メイガ科ツトガ亜科の蛾. 開張21〜26mm. 分布：北海道, 大雪山, 十勝糠平, 釧路標茶町, 川湯.

ダイセツテナガグモ 〈*Bathyphantes gracilis*〉蛛形綱クモ目サラグモ科の蜘蛛.

ダイセツドクガ 〈*Gynaephora rossii*〉昆虫綱鱗翅目ドクガ科の蛾. 開張29mm. 分布：北極圏のツンドラ帯, シベリア北東部からウラル地方, ラブラドルからアラスカ, ロッキー山脈の高山帯.

ダイセツドクグモ ダイセツコモリグモの別名.

ダイセツヌレチゴミムシ 〈*Minypatrobus darlingtoni*〉昆虫綱甲虫目オサムシ科の甲虫. 体長5.5mm.

ダイセツヒトリ 〈*Grammia quenseli*〉昆虫綱鱗翅目ヒトリガ科ヒトリガ亜科の蛾. 開張39mm. 分布：北極圏の周辺, 北海道大雪山塊.

ダイセツヒメハマキ 〈*Eriopsela quadrana*〉昆虫綱鱗翅目ハマキガ科の蛾. 分布：イギリス, 北中ヨーロッパからロシアのアムール地方, 北海道大雪山.

ダイセツホソハマキ 〈*Aethes deutschiana*〉昆虫綱鱗翅目ホソハマキガ科の蛾. 分布：北海道の大

雪山, ヨーロッパ(アルプス及び北欧), ロシア(シベリア), モンゴル, 中国, 北米。

ダイセツマメゲンゴロウ 〈*Agabus daisetsuzanus*〉昆虫綱甲虫目ゲンゴロウ科の甲虫。体長6.3〜6.5mm。

ダイセツマルクビゴミムシ 〈*Nebria daisetsuzana*〉昆虫綱甲虫目オサムシ科。

ダイセツマルトゲムシ 〈*Byrrhus fasciatus daisetsuzanus*〉昆虫綱甲虫目マルトゲムシ科の甲虫。体長7.0〜7.5mm。

ダイセツマルトビムシ 〈*Sminthurus daisetsuzanus*〉無翅昆虫亜綱粘管目マルトビムシ科。

ダイセツミズギワゴミムシ 〈*Bembidion daisetsuzanum*〉昆虫綱甲虫目ゴミムシ科。

ダイセツモリヒラタゴミムシ 〈*Colpodes daisetsuzanus*〉昆虫綱甲虫目オサムシ科の甲虫。体長9〜11.5mm。

ダイセツヤガ 〈*Pachnobia imperita*〉昆虫綱鱗翅目ヤガ科モンヤガ亜科の蛾。開張36mm。分布：北アメリカ東部, 大雪山塊, 斜里岳, 知床半島山地, 岩手山, 鳥海山, 月山, 朝日連峰, 飯豊山, 飛騨山脈, 八ヶ岳, 赤石山脈。

ダイセンオサムシ 〈*Carabus daisen*〉昆虫綱甲虫目オサムシ科の甲虫。体長20〜25mm。

ダイセンカミキリ ニセシラホシカミキリの別名。

ダイセンシジミ ウラミスジシジミの別名。

ダイセンセダカモクメ 〈*Cucullia mandschuriae*〉昆虫綱鱗翅目ヤガ科セダカモクメ亜科の蛾。分布：伊豆半島大室山, 静岡県御殿場, 鳥取県大山, 九州英彦山。

ダイセンチビツチゾウムシ 〈*Trachyrhinus daisenicus*〉昆虫綱甲虫目ゾウムシ科の甲虫。体長3.5mm。

ダイセンツノキノコバエ 〈*Zelmira daisenana*〉昆虫綱双翅目キノコバエ科。

ダイセンナガゴミムシ 〈*Pterostichus fujimurai*〉昆虫綱甲虫目オサムシ科の甲虫。体長11.5〜13.0mm。

ダイセンホソガガンボ 〈*Nephrotoma daisensis*〉昆虫綱双翅目ガガンボ科。

ダイセンミズギワナガゴミムシ 〈*Pterostichus daisenicus*〉昆虫綱甲虫目オサムシ科の甲虫。体長14〜16.5mm。

ダイセンムツボシタマムシ 〈*Chrysobothris daisenensis*〉昆虫綱甲虫目タマムシ科の甲虫。体長10mm。

ダイセンヤチグモ 〈*Coelotes eharai*〉蛛形綱クモ目タナグモ科の蜘蛛。

ダイダイウラベニモンシロチョウ 〈*Delias aruna*〉昆虫綱鱗翅目シロチョウ科の蝶。分布：ニューギニア, オーストラリア北部。

ダイダイエビスグモ 〈*Lysiteles miniatus*〉蛛形綱クモ目カニグモ科の蜘蛛。

ダイダイテントウ 〈*Rodolia pumila*〉昆虫綱甲虫目テントウムシ科の甲虫。体長3.0〜3.9mm。

ダイダイモンキチョウ 〈*Colias fieldii*〉昆虫綱鱗翅目シロチョウ科の蝶。別名フィールディーダイダイモンキチョウ。

ダイダイミアモルフォ 〈*Morpho deidamia*〉昆虫綱鱗翅目モルフォチョウ科の蝶。開張120mm。分布：南米。珍蝶。

ダイトウダマキモドキ 〈*Phaulula daitoensis*〉昆虫綱直翅目キリギリス科。

タイホクフトヒゲナガゾウムシ 〈*Dendrotrogus angustipennis*〉昆虫綱甲虫目ヒゲナガゾウムシ科。

ダイミョウアトキリゴミムシ 〈*Cymindis daimio*〉昆虫綱甲虫目オサムシ科の甲虫。体長8〜11.5mm。分布：北海道, 本州, 四国, 九州。

ダイミョウガガンボ 大名大蚊 〈*Pedicia daimio*〉昆虫綱双翅目ガガンボ科。分布：本州。

ダイミョウキクイムシ 〈*Scolytoplatypus daimio*〉昆虫綱甲虫目キクイムシ科の甲虫。体長2.9〜3.3mm。

ダイミョウキノコハネカクシ 〈*Lordithon daimio*〉昆虫綱甲虫目ハネカクシ科の甲虫。体長9.0〜11.0mm。

ダイミョウゴミムシ ダイミョウアトキリゴミムシの別名。

ダイミョウコメツキ 〈*Anostirus daimio*〉昆虫綱甲虫目コメツキムシ科の甲虫。体長10〜13mm。分布：北海道, 本州, 四国, 九州。

ダイミョウ・コロナ 〈*Daimio corona*〉昆虫綱鱗翅目セセリチョウ科の蝶。分布：フィリピン。

ダイミョウセセリ 大名挵蝶 〈*Daimio tethys*〉昆虫綱鱗翅目セセリチョウ科の蝶。前翅長20mm。ヤマノイモ類に害を及ぼす。分布：北海道, 本州, 四国, 九州。

ダイミョウチビヒョウタンゴミムシ 〈*Dyschirius ovicollis*〉昆虫綱甲虫目オサムシ科の甲虫。体長2.5〜3.2mm。

ダイミョウツブゴミムシ 〈*Pentagonica daimiella*〉昆虫綱甲虫目オサムシ科の甲虫。体長5〜6mm。分布：本州, 四国, 九州, 南西諸島。

ダイミョウ・ディベルサ 〈*Daimio diversa*〉昆虫綱鱗翅目セセリチョウ科の蝶。分布：中国中部。

ダイミョウナガタマムシ 〈*Agrilus daimio*〉昆虫綱甲虫目タマムシ科の甲虫。体長4.3〜6.0mm。

ダイミョウバッタ トノサマバッタの別名。

ダイミョウハネカクシ 大名隠翅虫〈*Staphylinus daimio*〉昆虫綱甲虫目ハネカクシ科の甲虫。体長20mm。分布：北海道。

ダイミョウヒラタハナバエ ダイミョウヒラタヤドリバエの別名。

ダイミョウヒラタヤドリバエ〈*Alophora daimio*〉昆虫綱双翅目ヒラタハナバエ科。

ダイミョウ・フィサラ〈*Daimio phisara*〉昆虫綱鱗翅目セセリチョウ科の蝶。分布：香港からインド北部、アッサム、ミャンマー南部まで、中国西部および南部、チベット。

ダイミョウ・ブハガバ〈*Daimio bhagava*〉昆虫綱鱗翅目セセリチョウ科の蝶。分布：アンダマン諸島からタイまで、インド、ミャンマー。

ダイミョウマルズハネカクシ〈*Domene daimio*〉昆虫綱甲虫目ハネカクシ科の甲虫。体長12.3〜12.7mm。

ダイモンテントウ〈*Coccinella hasegawai*〉昆虫綱甲虫目テントウムシ科の甲虫。体長6.0〜6.5mm。

タイヨウモルフォ〈*Morpho hecuba*〉昆虫綱鱗翅目モルフォチョウ科の蝶。開張170mm。分布：アマゾン川流域。珍蝶。

タイリクアカネ 大陸茜蜻蛉〈*Sympetrum striolatum imitoides*〉昆虫綱蜻蛉目トンボ科の蜻蛉。体長45mm。分布：ヨーロッパからアジア東部まで。

タイリクアキアカネ〈*Sympetrum depressiusculum*〉昆虫綱蜻蛉目トンボ科の蜻蛉。体長35mm。分布：北海道と本州の日本海沿岸と対馬。

タイリクアシブトクチバ〈*Parallelia mandschurica*〉昆虫綱鱗翅目ヤガ科シタバガ亜科の蛾。分布：中国東北、沿海州、朝鮮半島、兵庫県篠ヶ峰、岡山県、倉敷市、総社市、高梁市、新見市。

タイリクアリグモ〈*Myrmarachne formicaria*〉蛛形綱クモ目ハエトリグモ科の蜘蛛。体長雌5.0〜5.5mm、雄4.0〜4.5mm。分布：北海道、本州(東北・中部地方)。

タイリクウスイロヨトウ〈*Discestra stigmosa*〉昆虫綱鱗翅目ヤガ科ヨトウガ亜科の蛾。分布：ユーラシア内陸、北海道、浜屯別、斜里郡、大雪山塊、石狩町、秋田県大館市、新潟県朝日村三面、湯沢町大峰山。

タイリクウズグモ〈*Uloborus walckenaerius*〉蛛形綱クモ目ウズグモ科の蜘蛛。

タイリククロスジヘビトンボ クロスジヘビトンボの別名。

タイリクケムリグモ〈*Zelotes jaxartensis*〉蛛形綱クモ目ワシグモ科の蜘蛛。体長雌8〜9mm、雄6〜7mm。分布：本州(中・北部)。

タイリクコムラサキ〈*Apatura ilia*〉昆虫綱鱗翅目タテハチョウ科の蝶。分布：ポルトガル、ヨーロッパ中部からロシア南部まで。

タイリクコモリグモ〈*Arctosa cinerea*〉蛛形綱クモ目コモリグモ科の蜘蛛。体長雌14〜16mm、雄11〜13mm。分布：千島列島、北海道、本州中部の高地。

タイリクサラグモ〈*Linyphia emphana*〉蛛形綱クモ目サラグモ科の蜘蛛。体長雌5〜7mm、雄4.5〜5.5mm。分布：北海道、本州(北部・青森県地方)。

タイリクシマジャノメ〈*Ragadia crisilda*〉昆虫綱鱗翅目ジャノメチョウ科の蝶。分布：ブータン、アッサム、ミャンマー、マレーシア、ボルネオ。

タイリクショウジョウトンボ〈*Crocothemis servilia servilia*〉昆虫綱蜻蛉目トンボ科の蜻蛉。

タイリクシロシタセセリ シナシロシタセセリの別名。

タイリクタバコガ〈*Noctua pronuba*〉昆虫綱鱗翅目ヤガ科の蛾。後翅は濃い黄色で、外縁付近は黒色。開張5〜6mm。分布：ヨーロッパ、アフリカ北部やアジア西部。

タイリクツバメエダシャク〈*Ourapteryx sambucaria*〉昆虫綱鱗翅目シャクガ科の蛾。淡黄色で、昼間も飛ぶ。開張4.5〜6.0mm。分布：ヨーロッパ、アジア温帯域。

タイリクトガリキチョウ〈*Dercas verhuelli*〉昆虫綱鱗翅目シロチョウ科の蝶。分布：インド北部、中国、マレーシア。

タイリクハエトリ〈*Philaeus chrysops*〉蛛形綱クモ目ハエトリグモ科の蜘蛛。

タイリクヒメイエバエ〈*Fannia kokowensis*〉昆虫綱双翅目ヒメイエバエ科。害虫。

タイリクヒメシロモンドクガ〈*Orgyia antiqua*〉昆虫綱鱗翅目ドクガ科の蛾。雄は鮮やかな赤褐色の翅をもつ。開張2〜3mm。分布：ヨーロッパ、アジア温帯域、シベリア、合衆国。

タイリクユウレイグモ〈*Pholcus opilionoides*〉蛛形綱クモ目ユウレイグモ科の蜘蛛。体長雌5〜6mm、雄4〜5mm。分布：北海道、本州(高地)。

ダイリフキバッタ〈*Parapodisma faurieri*〉昆虫綱バッタ目イナゴ科。体長20〜35mm。分布：本州。

タイワンアオバセセリ〈*Badamia exclamationis*〉昆虫綱鱗翅目セセリチョウ科の蝶。前翅長28mm。分布：八重山諸島。

タイワンアカシジミ〈*Cordelia comes*〉昆虫綱鱗翅目シジミチョウ科の蝶。分布：中国西部および中部、台湾(山地)。

タイワンアカセセリ〈*Telicota augias*〉昆虫綱鱗翅目セセリチョウ科の蝶。分布：ミャンマーからオーストラリア。

タイワンアサギマダラ〈*Parantica melaneus*〉昆虫綱鱗翅目マダラチョウ科の蝶。前翅長45mm。分布：石垣島。

タイワンアシナガグモ〈*Tetragnatha nepiformis*〉蛛形綱クモ目アシナガグモ科の蜘蛛。

タイワンアヤシャク〈*Pingasa ruginaria*〉昆虫綱鱗翅目シャクガ科の蛾。分布：アフリカから東南アジア、屋久島、奄美大島、沖縄本島、宮古島、西表島。

タイワンイチモンジ〈*Athyma cama*〉昆虫綱鱗翅目タテハチョウ科の蝶。分布：ヒマラヤ中部・東部、アッサム、ミャンマー高地部、ベトナム北部、マレイ半島、台湾。

タイワンイチモンジシジミ〈*Euaspa milionia*〉昆虫綱鱗翅目シジミチョウ科の蝶。分布：カシミールからネパールまで。

タイワンイラガ〈*Phlossa conjuncta*〉昆虫綱鱗翅目イラガ科の蛾。開張25～27mm。分布：東北地方北部から四国、九州、朝鮮半島、シベリア南東部、中国、台湾、インドから東南アジア一帯。

タイワンウスキノメイガ〈*Botyodes diniasalis*〉昆虫綱鱗翅目メイガ科ノメイガ亜科の蛾。開張30mm。分布：北海道、本州、四国、九州、対馬、屋久島、西表島、台湾、朝鮮半島、中国、インドから東南アジア一帯。

タイワンウチワヤンマ　台湾団扇蜻蜓〈*Ictinogomphus pertinax*〉昆虫綱蜻蛉目サナエトンボ科の蜻蛉。体長70mm。分布：四国、九州、南西諸島。

タイワンウラギンシジミ〈*Curetis brunnea*〉昆虫綱鱗翅目シジミチョウ科の蝶。

タイワンウラミスジシジミ〈*Wagimo sulgeri*〉昆虫綱鱗翅目シジミチョウ科の蝶。

タイワンエグリオオキノコムシ〈*Megalodacne asahinai*〉昆虫綱甲虫目オオキノコムシ科の甲虫。体長5.0～7.5mm。

タイワンエンマコオロギ〈*Teleogryllus mitratus*〉昆虫綱直翅目コオロギ科。体長28mm。アブラナ科野菜、ウリ科野菜、サトウキビに害を及ぼす。分布：本州(三重県)、四国、九州、奄美諸島、沖縄諸島、先島諸島。

タイワンオオカメムシ〈*Eurostus validus*〉昆虫綱半翅目カメムシ科。分布：中国、台湾。

タイワンオオシロエダシャク〈*Dilophodes pavidus*〉昆虫綱鱗翅目シャクガ科の蛾。分布：奄美大島、石垣島、西表島。

タイワンオオシロシタセセリ〈*Satarupa formosibia*〉昆虫綱鱗翅目セセリチョウ科の蝶。

タイワンオオゾウムシ〈*Macrochirus longipes*〉昆虫綱甲虫目オサゾウムシ科。分布：タイ、中国、台湾。

タイワンオオチャバネセセリ〈*Pelopidas conjuncta*〉昆虫綱鱗翅目セセリチョウ科の蝶。分布：インド、スリランカ、マレーシアからフィリピンまで、スマトラ、ジャワ、小スンダ列島からティモール、ボルネオ、台湾。

タイワンオオテントウダマシ〈*Eumorphus quadriguttatus*〉昆虫綱甲虫目テントウダマシ科の甲虫。体長10～12mm。分布：対馬。

タイワンオオヒラタアブ　台湾大扁虻〈*Syrphus confrater*〉昆虫綱双翅目ハナアブ科。分布：四国、九州、沖縄。

タイワンオドリハマキモドキ〈*Brenthia formosensis*〉昆虫綱鱗翅目ハマキモドキガ科の蛾。分布：屋久島、琉球列島(奄美大島、徳之島、宮古島、石垣島、与那国島)、台湾。

タイワンオビハナノミ〈*Glipa formosana*〉昆虫綱甲虫目ハナノミ科の甲虫。体長8.0～9.5mm。

タイワンカクマダニ〈*Dermacentor taiwanensis*〉蛛形綱ダニ目マダニ科。体長7～14mm。害虫。

タイワンカネタタキ〈*Liphoplus formosanus*〉昆虫綱直翅目カネタタキ科。

タイワンカブトムシ〈*Oryctes rhinoceros*〉昆虫綱甲虫目コガネムシ科の甲虫。体長38～44mm。ヤシ類、サトウキビに害を及ぼす。分布：沖縄諸島以南の南西諸島。

タイワンカブリモドキ〈*Damaster nankotaizanus*〉昆虫綱甲虫目オサムシ科の甲虫。分布：台湾(低地)。

タイワンカラスアゲハ〈*Papilio dialis*〉昆虫綱鱗翅目アゲハチョウ科の蝶。分布：ミャンマー、ベトナム北部、海南島、中国(西部・中部)、台湾。

タイワンカラスシジミ〈*Fixsenia formosana*〉昆虫綱鱗翅目シジミチョウ科の蝶。

タイワンカンタン　ヒロバネカンタンの別名。

タイワンキコモンセセリ〈*Celaenorrhinus pulomaya*〉昆虫綱鱗翅目セセリチョウ科の蝶。分布：ヒマラヤ、中国西部、台湾。

タイワンキシタアツバ〈*Hypena trigonalis*〉昆虫綱鱗翅目ヤガ科アツバ亜科の蛾。分布：インド、中国、朝鮮半島、台湾、東北地方を北限、四国、九州、対馬、種子島、伊豆諸島一帯。

タイワンキシタクチバ〈*Hypocala subsatura*〉昆虫綱鱗翅目ヤガ科クチバ亜科の蛾。開張35～45mm。林檎に害を及ぼす。分布：東南アジア、ヒマラヤ南麓、台湾山地、本州、四国、九州、隠岐、対馬、屋久島、伊豆諸島。

タイワンキシタバ〈*Catocala formosana*〉昆虫綱鱗翅目ヤガ科の蛾。分布：台湾。

タイワンキスジヒゲナガゾウムシ〈*Aphaulimia grammica*〉昆虫綱甲虫目ヒゲナガゾウムシ科の

甲虫。体長3.2～4.3mm。

タイワンキチョウ〈*Eurema blanda arsakia*〉昆虫綱鱗翅目シロチョウ科の蝶。前翅長23～25mm。分布：石垣島，西表島。

タイワンキドクガ〈*Euproctis taiwana*〉昆虫綱鱗翅目ドクガ科の蛾。茶に害を及ぼす。分布：奄美大島，沖永良部島，沖縄本島，宮古島，石垣島，西表島，南大東島，台湾。

タイワンキボシツトガ〈*Calamotropha flaviguttella*〉昆虫綱鱗翅目メイガ科ツトガ亜科の蛾。開張23～32mm。

タイワンキマダラ〈*Cupha erymanthis*〉昆虫綱鱗翅目タテハチョウ科ヒョウモンチョウ亜科の蝶。前翅長30mm。分布：石垣島，西表島，沖縄本島。

タイワンキマダラセセリ〈*Potanthus confucius*〉昆虫綱鱗翅目セセリチョウ科の蝶。分布：インド，スリランカ，タイ，マレーシア，中国，台湾，スマトラ，パラワン，小スンダ列島。

タイワンキマダラトリバ〈*Pseudoxyroptila tectonica*〉昆虫綱鱗翅目トリバガ科の蛾。分布：西表島，台湾，中国南部，インドから東南アジア一帯，アフリカ。

タイワンキマダラヒカゲ〈*Neope bremeri*〉昆虫綱鱗翅目ジャノメチョウ科の蝶。

タイワンキンカメムシ〈*Lamprocoris formosanus*〉昆虫綱半翅目カメムシ科。分布：台湾。

タイワンクサカゲロウ〈*Chrysopa formosana*〉昆虫綱脈翅目クサカゲロウ科。

タイワンクシヒゲベニボタル〈*Macrolycus dominator*〉昆虫綱甲虫目ベニボタル科の甲虫。体長7.4～12.0mm。

タイワンクチバスズメ〈*Marumba spectabilis*〉昆虫綱鱗翅目スズメガ科の蛾。分布：インド北部からマレーシア，中国南部。

タイワンクツワムシ〈*Mecopoda elongata*〉昆虫綱直翅目キリギリス科。体長50～75mm。分布：本州（伊豆半島，愛知県岡崎市，三重県，奈良県，大阪府，和歌山県），四国，九州，南西諸島。

タイワンクビナガハンミョウ〈*Collyris formosanus*〉昆虫綱甲虫目ハンミョウ科。分布：台湾。

タイワンクモヘリカメムシ〈*Leptocorisa oratoria*〉昆虫綱半翅目ホソヘリカメムシ科。体長18mm。稲に害を及ぼす。分布：南西諸島，八重山諸島，台湾，東南アジア，インド，オーストラリア。

タイワンクリイロシラホシカミキリ オオシマクリイロシラホシカミキリの別名。

タイワンクロツバメシジミ〈*Tongeia hainani*〉昆虫綱鱗翅目シジミチョウ科の蝶。

タイワンクロフカミキリ〈*Asaperda meridiana*〉昆虫綱甲虫目カミキリムシ科フトカミキリ亜科の甲虫。

タイワンクロボシシジミ〈*Megisba malaya*〉昆虫綱鱗翅目シジミチョウ科ヒメシジミ亜科の蝶。前翅長11～12mm。分布：ヒマラヤからセイロン，マレーシアからニューギニアまで，スマトラ，ジャワ，セレベス，フィリピン，台湾，モルッカ諸島，オーストラリアなど。

タイワンクロホシタマムシ〈*Ovalisia igneilimbata*〉昆虫綱甲虫目タマムシ科。

タイワンクワガタコガネ〈*Fruhstorferia formosana*〉昆虫綱甲虫目コガネムシ科の甲虫。分布：台湾。

タイワンケシゲンゴロウ〈*Hyphydrus lyratus*〉昆虫綱甲虫目ゲンゴロウ科の甲虫。体長3.7～4.9mm。

タイワンゴイシシジミ ゴイシツバメシジミの別名。

タイワンコシジミ シルビアシジミの別名。

タイワンコナカイガラムシ〈*Planococcus lilacinus*〉昆虫綱半翅目コナカイガラムシ科。体長3mm。バナナ，グァバ，柑橘，ハイビスカス類，クロトン，ヤシ類，マンゴーに害を及ぼす。分布：沖縄，東洋の熱帯，亜熱帯地域，マダガスカル，ミクロネシア。

タイワンゴマダラ シロスジマダラの別名。

タイワンコムラサキ〈*Chitoria chrysolora*〉昆虫綱鱗翅目タテハチョウ科の蝶。

タイワンコヤマトンボ〈*Macromia clio*〉昆虫綱蜻蛉目ヤマトンボ科の蜻蛉。体長75mm。分布：西表島。

タイワンサザナミシジミ〈*Tajuria illurgis*〉昆虫綱鱗翅目シジミチョウ科の蝶。

タイワンサザナミスズメ〈*Dolbina inexacta*〉昆虫綱鱗翅目スズメガ科の蛾。分布：石垣島，西表島，台湾，中国南部，インド。

タイワンサソリモドキ〈*Typopeltis crucifer*〉サソリモドキ科。体長40mm。害虫。

タイワンシオカラトンボ〈*Orthetrum glaucum*〉昆虫綱蜻蛉目トンボ科の蜻蛉。体長45mm。分布：屋久島，吐噶喇列島，奄美大島，西表島。

タイワンシオヤトンボ〈*Orthetrum japonicum internum*〉昆虫綱蜻蛉目トンボ科の蜻蛉。

タイワンジャコウアゲハ〈*Parides febanus*〉昆虫綱鱗翅目アゲハチョウ科の蝶。

タイワンシラナミアツバ〈*Herminia terminalis*〉昆虫綱鱗翅目ヤガ科クルマアツバ亜科の蛾。分布：奄美大島，台湾。

タイワンシラホシサビカミキリ〈*Apomecyna maculaticollis*〉昆虫綱甲虫目カミキリムシ科フトカミキリ亜科の甲虫。

タイワンシラホシトリバ〈*Deuterocopus socotranus*〉昆虫綱鱗翅目トリバガ科の蛾。分布：石垣島, 台湾, インドから東南アジア一帯, ニューギニア。

タイワンシラホシハナムグリ〈*Protaetia formosana*〉昆虫綱甲虫目コガネムシ科の甲虫。体長19〜22mm。分布：与那国島。

タイワンシロアリ〈*Odontotermes formosanus*〉昆虫綱等翅目シロアリ科。体長は有翅虫12.5〜13.5mm, 兵蟻4〜5mm, 職蟻5〜5.5mm。サトウキビに害を及ぼす。分布：沖縄県。

タイワンシロチョウ〈*Appias lyncida*〉昆虫綱鱗翅目シロチョウ科の蝶。前翅長30〜33mm。分布：与那国島。

タイワンシロテンハナムグリ〈*Potosia formosana*〉昆虫綱甲虫目コガネムシ科の甲虫。分布：台湾。

タイワンシロフアブ 台湾白斑虻〈*Tabanus amoenus*〉昆虫綱双翅目アブ科。分布：日本各地。

タイワンスジグロチョウ〈*Cepora nerissa*〉昆虫綱鱗翅目シロチョウ科の蝶。分布：インド, 中国, ミャンマー, タイ, マレーシア, ジャワ, スマトラ。

タイワンセスジゲンゴロウ〈*Copelatus tenebrosus*〉昆虫綱甲虫目ゲンゴロウ科の甲虫。体長4.0〜4.6mm。

タイワンダイコクコガネ〈*Catharsius molossus*〉昆虫綱甲虫目コガネムシ科の甲虫。分布：シッキム, アッサム, インドからインドシナ, 台湾など。

タイワンタイマイ〈*Graphium cloanthus*〉昆虫綱鱗翅目アゲハチョウ科の蝶。分布：カシミールから中国, スマトラまで。

タイワンチビオオキノコムシ〈*Triplax taiwana*〉昆虫綱甲虫目オオキノコムシ科の甲虫。体長2.8〜3.5mm。

タイワンチビカミキリ〈*Sybra pascoei*〉昆虫綱甲虫目カミキリムシ科フトカミキリ亜科の甲虫。体長4.0〜5.5mm。分布：沖縄諸島以南の南西諸島。

タイワンチビマルハナノミ〈*Cyphon formosanus*〉昆虫綱甲虫目マルハナノミ科の甲虫。体長2.5〜4.0mm。

タイワンチャバネセセリ〈*Pelopidas sinensis*〉昆虫綱鱗翅目セセリチョウ科の蝶。分布：セイロン, インド南部, アッサムから中国西部まで, 中国中部および南部から台湾。

タイワンツチイナゴ〈*Patanga succincta*〉昆虫綱直翅目バッタ科。体長60〜80mm。タバコ, サトウキビに害を及ぼす。分布：トカラ諸島以南の南西諸島, 中国, 台湾, 東南アジア, インド, スリランカ。

タイワンツツサビカミキリ〈*Cylindilla formosana*〉昆虫綱甲虫目カミキリムシ科フトカミキリ亜科の甲虫。体長6mm。

タイワンツノコガネ〈*Dicranocephalus bourgoini*〉昆虫綱甲虫目コガネムシ科の甲虫。分布：台湾。

タイワンツバメシジミ 台湾燕小灰蝶〈*Everes lacturnus*〉昆虫綱鱗翅目シジミチョウ科ヒメシジミ亜科の蝶。絶滅危惧I類(CR+EN)。前翅長11〜13mm。分布：本州(和歌山県), 四国, 九州から沖縄本島北部。

タイワンツブノミハムシ〈*Aphthona formosana*〉昆虫綱甲虫目ハムシ科の甲虫。体長2.0〜2.3mm。

タイワンツマグロヨコバイ〈*Nephotettix virescens*〉昆虫綱半翅目ヨコバイ科。体長雄4.4mm, 雌5.3mm。稲に害を及ぼす。分布：四国, 九州, 沖縄, 中国, 熱帯アジア。

タイワンツヤコメツキモドキ〈*Caenolanguria insularis*〉昆虫綱甲虫目コメツキモドキ科の甲虫。体長7.0〜8.5mm。分布：南西諸島。

タイワンツヤハナムグリ タイワンシラホシハナムグリの別名。

タイワンドウボソカミキリ〈*Pothyne formosana*〉昆虫綱甲虫目カミキリムシ科フトカミキリ亜科の甲虫。体長12〜17mm。

タイワントガリヒメシャク〈*Scopula pulchellata*〉昆虫綱鱗翅目シャクガ科の蛾。分布：沖縄本島, 久米島, 宮古島, 石垣島, 西表島, 与那国島, 台湾, 海南島からインド。

タイワントゲカメムシ〈*Carbula crassiventris*〉昆虫綱半翅目カメムシ科。

タイワントゲトゲゾウムシ〈*Colobodes formosanus*〉昆虫綱甲虫目ゾウムシ科の甲虫。体長5.6〜6.7mm。

タイワントコジラミ ネッタイトコジラミの別名。

タイワントビナナフシ 台湾飛竹節虫〈*Sipyloidea sipylus*〉昆虫綱竹節虫目ナナフシ科。体長雌80mm。分布：九州南部以南。

タイワンナガカッコウムシ〈*Opilo formosanus*〉昆虫綱甲虫目カッコウムシ科の甲虫。体長12mm。

タイワンナカボソタマムシ〈*Coraebus formosanus*〉昆虫綱甲虫目タマムシ科の甲虫。体長6.5〜9.0mm。

タイワンナマリキシタバ〈*Catocala okurai*〉昆虫綱鱗翅目ヤガ科の蛾。分布：台湾。

タイワンニセクワガタカミキリ〈*Parandra formosana*〉昆虫綱甲虫目カミキリムシ科ニセクワガタカミキリ亜科の甲虫。体長18〜20mm。

タイワンネ

タイワンネブトクワガタ イシガキネブトクワガタの別名。

タイワンネブトヒゲナガゾウムシ〈Habrissus formosanus〉昆虫綱甲虫目ヒゲナガゾウムシ科の甲虫。体長5.3～8.0mm。分布：沖縄本島, 石垣島, 西表島。

タイワンハグロトンボ〈Matrona basilaris〉昆虫綱蜻蛉目カワトンボ科。分布：中国(原亜種b. basiaris シナハグロトンボ), 台湾, 琉球(琉球亜種 b.japonica リュウキュウハグロトンボ)。

タイワンハジラミ 台湾羽虱〈Lagopoecus ovatus〉昆虫綱食毛目チョウカクハジラミ科。体長雄1.58～1.63mm, 雌1.8～1.95mm。害虫。

タイワンハナセセリ ヒメイチモンジセセリの別名。

タイワンヒゲナガアブラムシ〈Uroleucon formosanum〉昆虫綱半翅目アブラムシ科。キク科野菜に害を及ぼす。

タイワンヒゲブトエンマアリヅカムシ〈Trissemus implicita〉昆虫綱甲虫目アリヅカムシ科。

タイワンヒメシジミ〈Freyeria putli〉昆虫綱鱗翅目シジミチョウ科の蝶。世界でもっとも小さな蝶。開張1.0～1.5mm。分布：ギリシャ。

タイワンヒメテントウ〈Scymnus sodalis〉昆虫綱甲虫目テントウムシ科の甲虫。体長1.7～2.4mm。

タイワンヒメハンミョウ〈Cicindela kaleea〉昆虫綱甲虫目ハンミョウ科。体長9mm。分布：本州, 九州, 沖縄本島。

タイワンビロウドセセリ〈Hasora taminatus〉昆虫綱鱗翅目セセリチョウ科の蝶。分布：インド南部, スリランカ。

タイワンヒロオビオオエダシャク シロスジオオエダシャクの別名。

タイワンビロードセセリ タイワンビロウドセセリの別名。

タイワンフタオツバメ〈Spindasis lohita〉昆虫綱鱗翅目シジミチョウ科の蝶。分布：ヒマラヤからマレーシア, インドシナ半島, ボルネオ, 台湾。

タイワンベニゴマダラヒトリ〈Utetheisa lotrix〉昆虫綱鱗翅目ヒトリガ科ヒトリガ亜科の蛾。開張36mm。分布：インド―オーストラリア地域からアフリカ, 本州(東海以西)から琉球。

タイワンベニスズメ〈Theretra suffusa〉昆虫綱鱗翅目スズメガ科の蛾。分布：台湾, 中国南部, インドから東南アジア一帯, 西表島。

タイワンベニボシカミキリ〈Eurybatus formosa〉昆虫綱甲虫目カミキリムシ科の甲虫。別名コウセンベニボシカミキリ。分布：ヒマラヤ, インド, インドシナ, 台湾。

タイワンベニボタル〈Lycostomus formosanus〉昆虫綱甲虫目ベニボタル科の甲虫。体長10.5～17.5mm。

タイワンホシミスジ〈Limenitis sulpitia〉昆虫綱鱗翅目タテハチョウ科の蝶。分布：中国東南部, 香港, 台湾, 海南島, ミャンマーなど。

タイワンホソコバネカミキリ〈Necydalis formosana〉昆虫綱甲虫目カミキリムシ科ハナカミキリ亜科の甲虫。体長17～24mm。分布：九州, 屋久島。

タイワンマツモムシ〈Enithares sinica〉昆虫綱半翅目マツモムシ科。

タイワンマルヒラタコクヌスト〈Latolaeva marginata〉昆虫綱甲虫目コクヌスト科の甲虫。体長3.5～4.8mm。

タイワンミスジ〈Neptis nata〉昆虫綱鱗翅目タテハチョウ科の蝶。

タイワンミスジ スズキミスジの別名。

タイワンミドリシジミ〈Chrysozephyrus disparatus〉昆虫綱鱗翅目シジミチョウ科の蝶。

タイワンミナミヤンマ〈Chlorogomphus risi〉昆虫綱蜻蛉目オニヤンマ科。分布：台湾。

タイワンミヤマクワガタ〈Lucanus formosanus〉昆虫綱甲虫目クワガタムシ科の甲虫。分布：台湾。

タイワンミヤマシロチョウ タカムクシロチョウの別名。

タイワンムラサキツバメ ムラサキツバメの別名。

タイワンメダカカミキリ〈Stenhomalus taiwanus〉昆虫綱甲虫目カミキリムシ科カミキリ亜科の甲虫。体長5～7mm。分布：小笠原諸島をのぞく日本全土。

タイワンモンキアゲハ〈Papilio nephelus〉昆虫綱鱗翅目シジミチョウ科の蝶。別名シロオビモンキアゲハ。開張110mm。分布：中国からスンダランド。珍蝶。

タイワンモンキノメイガ〈Sylepta taiwanalis〉昆虫綱鱗翅目メイガ科ノメイガ亜科の蛾。開張34mm。分布：本州(東北地方南部より), 四国, 九州, 対馬, 台湾。

タイワンモンシロチョウ 台湾紋白蝶〈Pieris canidia〉昆虫綱鱗翅目シロチョウ科の蝶。前翅長20～27mm。分布：対馬。

タイワンモンハナノミ〈Tomoxia formosana〉昆虫綱甲虫目ハナノミ科。

タイワンヤマキチョウ〈Gonepteryx amintha〉昆虫綱鱗翅目シロチョウ科の蝶。分布：中国, 台湾。

タイワンヨツボシゴミムシ〈Craspedophorus formosanus〉昆虫綱甲虫目オサムシ科の甲虫。体長12～12.5mm。

タイワンリスジラミ〈*Enderleinellus kumadai*〉昆虫綱虱目リスジラミ科。体長雄0.6〜0.7mm，雌0.65〜0.75mm。害虫。

タイワンルリシジミ ヤクシマルリシジミの別名。

タイワンルリチラシ〈*Eterusia taiwana*〉昆虫綱鱗翅目マダラガ科の蛾。分布：対馬，対馬知首山。

タイワンワタカイガラムシ〈*Pulvinaria polygonata*〉昆虫綱半翅目カタカイガラムシ科。体長3.5〜5.0mm。柑橘，マンゴーに害を及ぼす。分布：沖縄，中国，台湾，フィリピン，スリランカ。

ダーウィンチリオサムシ〈*Ceroglossus darwini*〉昆虫綱甲虫目オサムシ科。分布：チリ中南部・南部，チロエ島(Chiloé)。

タウマプシラ・ロンギフォルケプス〈*Thaumapsylla longiforceps*〉昆虫綱隠翅目コウモリノミ科。分布：ジャワ，ボルネオ，フィリピン，ニューギニア。

ダエダルマ・ディニアス〈*Daedalma dinias*〉昆虫綱鱗翅目ジャノメチョウ科の蝶。分布：ボリビア。

タエナリス・ウラニア〈*Taenaris urania*〉昆虫綱鱗翅目ワモンチョウ科の蝶。分布：アンボイナ島。

タエナリス・キオニデス〈*Taenaris chionides*〉昆虫綱鱗翅目ワモンチョウ科の蝶。分布：ニューギニア。

タエナリス・ゴルゴ〈*Taenaris gorgo*〉昆虫綱鱗翅目ワモンチョウ科の蝶。分布：ニューギニア。

タエナリス・シェーンベルギ〈*Taenaris schoenbergi*〉昆虫綱鱗翅目ワモンチョウ科の蝶。分布：ニューギニア。

タエナリス・スタウディンゲリ〈*Taenaris staudingeri*〉昆虫綱鱗翅目ワモンチョウ科の蝶。分布：ニューギニア。

タエナリス・セレネ〈*Taenaris selene*〉昆虫綱鱗翅目ワモンチョウ科の蝶。分布：モルッカ諸島南部。

タエナリス・ドミティッラ〈*Taenaris domitilla*〉昆虫綱鱗翅目ワモンチョウ科の蝶。分布：モルッカ諸島北部。

タエナリス・ホルスフィールディ〈*Taenaris horsfieldi*〉昆虫綱鱗翅目ワモンチョウ科の蝶。分布：ジャワ，マレーシア，スマトラ。

タエナリス・ミオプス〈*Taenaris myops*〉昆虫綱鱗翅目ワモンチョウ科の蝶。分布：ニューギニア。

ダエンカクホソカタムシ〈*Philothermes depressus*〉昆虫綱甲虫目カクホソカタムシ科の甲虫。体長1.8〜2.2mm。

ダエンキスイ〈*Dernostea tanakai*〉昆虫綱甲虫目キスイムシ科の甲虫。体長1.2〜1.5mm。

ダエンテントウダマシ〈*Mychothenus asiaticus*〉昆虫綱甲虫目テントウムシダマシ科の甲虫。体長1.2〜1.5mm。

ダエンマルトゲムシ〈*Chelonarium yakushimanum*〉昆虫綱甲虫目ダエンマルトゲムシ科の甲虫。体長5.5mm。分布：南西諸島。

ダエンミジンムシ〈*Corylophus japonicus*〉昆虫綱甲虫目ミジンムシ科の甲虫。体長1.2〜1.4mm。

タカオウスグロアメバチ〈*Ophion takaozanus*〉昆虫綱膜翅目ヒメバチ科。

タカオオニアリヅカムシ タカオトゲアリヅカムシの別名。

タカオオニニセチビシデムシ〈*Ptomaphaginus takaosanus*〉昆虫綱甲虫目チビシデムシ科の甲虫。体長1.9〜2.2mm。

タカオキリガ〈*Pseudopanolis takao*〉昆虫綱鱗翅目ヤガ科ヨトウガ亜科の蛾。開張40〜45mm。分布：東京高尾山，神奈川県丹沢山塊，静岡県井川村，山梨県藪ノ湯，長野県鳥ヶ谷，中房温泉，宮崎県大崩山，鹿児島県霧島山塊。

タカオケンモン〈*Acronicta picata*〉昆虫綱鱗翅目ヤガ科の蛾。分布：関東南部(高尾山)，紀伊半島，四国，対馬，台湾。

タカオシャチホコ〈*Hiradonta takaonis*〉昆虫綱鱗翅目シャチホコガ科ウチキシャチホコ亜科の蛾。開張雄40〜43mm，雌56mm。分布：中国，関東以西，四国，九州，対馬。

タカオシロヒメシャク〈*Scopula takao*〉昆虫綱鱗翅目シャクガ科ヒメシャク亜科の蛾。開張17〜25mm。分布：北海道，本州，四国，九州。

タカオチビゴミムシ〈*Paragonotrechus paradoxus*〉昆虫綱甲虫目オサムシ科の甲虫。体長6.1〜6.2mm。

タカオトゲアリヅカムシ〈*Batrisodes dorsalis*〉昆虫綱甲虫目ハネカクシ科の甲虫。体長2mm。分布：本州。

タカオハナアブ 高雄花虻〈*Penthesilea takaoensis*〉昆虫綱双翅目ハナアブ科。分布：本州。

タカオヒメナガクチキムシ〈*Microtonus takaosanus*〉昆虫綱甲虫目ナガクチキムシ科の甲虫。体長3.0〜3.3mm。

タカオヒメナガゴミムシ〈*Pterostichus takaosanus*〉昆虫綱甲虫目オサムシ科の甲虫。体長6.5〜8.0mm。

タカオヒメハナノミ〈*Falsomordellina takaosana*〉昆虫綱甲虫目ハナノミ科の甲虫。体長4.0〜4.9mm。

タカオマルクチカクシゾウムシ〈*Orochlesis takaosanus*〉昆虫綱甲虫目ゾウムシ科の甲虫。体

長3.2〜4.5mm。分布：本州，四国，九州。

タカオメダカカミキリ〈Stenhomalus takaosanus〉昆虫綱甲虫目カミキリムシ科カミキリ亜科の甲虫。体長4〜5mm。分布：本州，九州。

タカギキンモンホソガ〈Phyllonorycter takagii〉昆虫綱鱗翅目ホソガ科の蛾。分布：北海道，本州。

タカギヒメキノコバエ〈Megophthalmidia takagii〉昆虫綱双翅目キノコバエ科。

タカサゴイチモンジ〈Mahaldia formosana〉昆虫綱鱗翅目タテハチョウ科の蝶。

タカサゴキララマダニ 高砂綺羅々真壁蝨〈Amblyomma testudinarium〉節足動物門クモ形綱ダニ目マダニ科キララマダニ属の吸血性大形ダニ。体長7.0mm。分布：本州関東地方以西。害虫。

タカサゴシロアリ〈Nasutitermes takasagoensis〉昆虫綱等翅目シロアリ科。体長は有翅虫7〜9mm，兵蟻3.5〜4.0mm，職蟻5〜6mm。分布：八重山諸島。

タカサゴシロカミキリ〈Olenecamptus formosanus〉昆虫綱甲虫目カミキリムシ科フトカミキリ亜科の甲虫。体長10〜14mm。キノコ類に害を及ぼす。分布：本州，四国，九州，対馬，屋久島，奄美大島。

タカサゴシロカミキリ ヤツボシシロカミキリの別名。

タカサゴチビカミキリ〈Neosybra sinuicosta〉昆虫綱甲虫目カミキリムシ科フトカミキリ亜科の甲虫。

タカサゴツマキシャチホコ〈Phalera takasagoensis〉昆虫綱鱗翅目シャチホコガ科ウチキシャチホコ亜科の蛾。開張44〜55mm。分布：対馬，九州北部，本州西部，四国北部，関東南部。

タカサゴノコギリクワガタ〈Prosopocoilus motschulskyi〉昆虫綱甲虫目クワガタムシ科の甲虫。体長雄40〜60mm，雌25mm。分布：石垣島，西表島。

タカサゴヒメヨコバイ〈Cicadella takasagonis〉昆虫綱半翅目ヒメヨコバイ科。

タカサゴマツキシャチホコ〈Phalera takasagoensis takasagoensis〉昆虫綱鱗翅目シャチホコガ科の蛾。

タカサゴミドリシジミ〈Neozephyrus taiwanus〉昆虫綱鱗翅目シジミチョウ科の蝶。

タカサゴミヤマクワガタ〈Lucanus taiwanus〉昆虫綱甲虫目クワガタムシ科の甲虫。分布：台湾（山地）。

タカサゴミヤマシロチョウ〈Aporia genestieri〉昆虫綱鱗翅目シロチョウ科の蝶。

タカサゴモモブトハナアブ 高砂腿太花虻〈Pseudomerodon takasagoensis〉昆虫綱双翅目ハナアブ科。分布：北海道，九州。

タカサワナミハグモ〈Cybaeus takasawaensis〉蛛形綱クモ目タナグモ科の蜘蛛。

タカサワメクラチビゴミムシ〈Allotrechiama tenellus〉昆虫綱甲虫目オサムシ科の甲虫。体長3.0〜3.3mm。

タカセモクメキリガ〈Brachionycha albicilia〉昆虫綱鱗翅目ヤガ科セダカモクメ亜科の蛾。分布：高瀬川。

タカチホカタカイガラムシ〈Eulecanium takachihoi〉昆虫綱半翅目カタカイガラムシ科。体長3〜6mm。栗に害を及ぼす。分布：本州，九州。

タカチホホラヒメグモ〈Nesticus takachiho〉蛛形綱クモ目ホラヒメグモ科の蜘蛛。

タカネアシブトハバチ〈Cimbex femorata uchidai〉昆虫綱膜翅目コンボウハバチ科。

タカネウラナミジャノメ〈Pararge schakra〉昆虫綱鱗翅目タテハチョウ科の蝶。表面は地色が褐色，裏面後翅には同心円状の目玉模様が並ぶ。開張5.5〜6.0mm。分布：イランから，インド北部を経て，中国西部。

タカネエビスグモ〈Lysiteles maius〉蛛形綱クモ目カニグモ科の蜘蛛。体長雌4.0〜4.5mm，雄3.8〜4.2mm。分布：北海道，本州(中部の高地・亜高山)。

タカネオオシロモンセセリ〈Udaspes stellatus〉昆虫綱鱗翅目セセリチョウ科の蝶。分布：中国西部とチベット。

タカネキアゲハ〈Papilio sikkimensis〉蝶。

タカネキクセダカモクメ〈Cucullia lederreri〉昆虫綱鱗翅目ヤガ科セダカモクメ亜科の蛾。分布：カムチャッカ，沿海州，本州北部，中部の高山帯，北海道。

タカネキマダラセセリ 高嶺黄斑挵蝶〈Carterocephalus palaemon〉昆虫綱鱗翅目セセリチョウ科の蝶。準絶滅危惧種(NT)。翅は暗褐色で，格子状の模様。開張2〜3mm。分布：ヨーロッパ北東部から中部，北アメリカ。

タカネクジャクアゲハ〈Papilio krishna〉昆虫綱鱗翅目アゲハチョウ科の蝶。分布：ネパール，アッサム，ブータン，シッキム，中国西部。

タカネコヒゲナガ〈Nemophora japanalpina〉昆虫綱鱗翅目マガリガ科の蛾。開張12〜14mm。分布：中部山岳地帯。

タカネコモリグモ〈Pardosa ferruginea〉蛛形綱クモ目コモリグモ科の蜘蛛。体長雌6〜7mm，雄5〜6mm。分布：北海道，千島，本州(高地)。

タカネジャノメ〈*Hipparchia alcyone*〉昆虫綱鱗翅目ジャノメチョウ科の蝶。分布：フランスからバルカン半島をへてロシア南部まで。

タカネショウブヨトウ〈*Amphipoea asiatica*〉昆虫綱鱗翅目ヤガ科カラスヨトウ亜科の蛾。分布：アジア内陸部，中国，沿海州，北海道東部地方，東北地方，関東中部。

タカネツガ〈*Catoptria harutai*〉昆虫綱鱗翅目メイガ科の蛾。分布：赤石山脈の北岳や荒川岳の高山帯。

タカネドクグモ　タカネコモリグモの別名。

タカネトリアゲハ〈*Ornithoptera akakeae*〉昆虫綱鱗翅目アゲハチョウ科の蝶。分布：ニューギニア西部。

タカネトンボ　高嶺蜻蛉〈*Somatochlora uchidai*〉昆虫綱蜻蛉目エゾトンボ科の蜻蛉。体長60mm。分布：北海道から九州，佐渡，御蔵島，対馬，屋久島。

タカネナガバハマキ　タカネナガバヒメハマキの別名。

タカネナガバヒメハマキ〈*Olethreutes schulziana*〉昆虫綱鱗翅目ハマキガ科の蛾。開張17～22mm。分布：北海道羅臼岳，斜里岳，大雪山，岩手県岩手山，早池峰山，長野県白馬岳。

タカネナミシャク〈*Xanthorhoe sajanaria*〉昆虫綱鱗翅目シャクガ科の蛾。分布：石狩山地の高山，カムチャツカ，サヤン山脈，モンゴル。

タカネニセマキバマグソコガネ〈*Aphodius shibatai*〉昆虫綱甲虫目コガネムシ科の甲虫。体長5～7mm。

タカネハイイロハマキ〈*Clepsis monticolana*〉昆虫綱鱗翅目ハマキガ科の蛾。分布：関東山地(金峰山)，八ヶ岳山塊，飛騨山脈(唐松岳，弥陀ケ原，五色ケ原，針ノ木岳，常念岳，乗鞍岳)，木曽山脈(御岳)，両白山地(白山室堂)。

タカネハイイロヨトウ〈*Papestra biren*〉昆虫綱鱗翅目ヤガ科ヨトウガ亜科の蛾。開張38mm。分布：ユーラシア，沿海州，加賀白山，妙高山，飛騨山脈一帯，木曾御岳。

タカネハバチ〈*Tenthredo devius*〉昆虫綱膜翅目ハバチ科。

タカネハマキ〈*Lozotaenia kumatai*〉昆虫綱鱗翅目ハマキガ科の蛾。分布：北海道の大雪，日高山塊，本州の中部山岳帯(五色ケ原，常念岳，三俣蓮華)。

タカネヒカゲ　高嶺日陰蝶〈*Oeneis norna*〉昆虫綱鱗翅目ジャノメチョウ科の蝶。絶滅危惧II類(VU)。前翅長23～25mm。分布：ロシア北部。

タカネヒナバッタ　高嶺雛蝗虫〈*Chorthippus nippomontanus*〉昆虫綱直翅目バッタ科。体長20mm。分布：北海道，本州。

タカネヒメグモ〈*Theridion nigrolimbatum*〉蛛形綱クモ目ヒメグモ科の蜘蛛。体長雌2.5～2.8mm，雄2.3～2.6mm。分布：北海道，本州(高地)。

タカネヒメハナカミキリ〈*Pidonia tsukamotoi*〉昆虫綱甲虫目カミキリムシ科ハナカミキリ亜科の甲虫。体長6.4～8.0mm。分布：南アルプスと奥秩父の標高2000m以上の針葉樹原生林。

タカネヒョウモン〈*Clossiana titania*〉昆虫綱鱗翅目タテハチョウ科の蝶。分布：周極，カナダ北部からアメリカ合衆国まで，ヨーロッパ，シベリア東部。

タカネヒラタハバチ〈*Cephalcia variegata*〉昆虫綱膜翅目ヒラタハバチ科。

タカネベニハマキ〈*Clepsis jinboi*〉昆虫綱鱗翅目ハマキガ科の蛾。分布：北上山地(早池峰山)，飯豊山地(烏帽子岳)，妙高山，飛騨山脈(常念岳，乗鞍岳)，木曽山脈(木曽殿越，木曽御岳)，八ヶ岳，関東山地(金峰山)，赤石山脈(仙丈岳から光岳まで)。

タカネメクラチビゴミムシ〈*Kurasawatrechus brevicornis*〉昆虫綱甲虫目オサムシ科の甲虫。体長3.0～3.2mm。

タカネモンヤガ〈*Xestia wockei*〉昆虫綱鱗翅目ヤガ科の蛾。分布：北アメリカ，アジアの内陸高地，本州中部飛騨山脈，蝶ヶ岳，八ヶ岳山塊，横岳，硫黄岳。

タカネヨトウ　高嶺夜盗〈*Sympistis heliophila*〉昆虫綱鱗翅目ヤガ科セダカモクメ亜科の蛾。開張25mm。分布：本州中部飛騨山脈，木曾御岳，赤石山脈。

タカバクロヒラタゴミムシ〈*Platynus takabai*〉昆虫綱甲虫目オサムシ科の甲虫。体長14～16mm。

タカハシコヒゲナガハナノミ〈*Ptilodactyla takahashii*〉昆虫綱甲虫目ナガハナノミ科の甲虫。体長5.6～6.0mm。

タカハシトゲゾウムシ〈*Dinorhopala takahashii*〉昆虫綱甲虫目ゾウムシ科の甲虫。体長4mm。

タカハシナガゴミムシ〈*Pterostichus bisetosus*〉昆虫綱甲虫目オサムシ科の甲虫。体長12.5～13.5mm。

タカバヤシヒメテントウ〈*Scymnus takabayashii*〉昆虫綱甲虫目テントウムシ科の甲虫。体長2.8～3.0mm。

タカムクカレハ〈*Cosmotriche lunigera*〉昆虫綱鱗翅目カレハガ科の蛾。開張35～40mm。分布：北海道中部山岳，本州中部山岳。

タカムクシャチホコ〈*Takadonta takamukui*〉昆虫綱鱗翅目シャチホコガ科ウチキシャチホコ亜科の蛾。開張42～44mm。分布：北限は青森県で本州，四国，九州のブナ帯。

タカムクシロチョウ〈*Aporia agathon*〉昆虫綱鱗翅目シロチョウ科の蝶。別名タイワンミヤマシロ

チョウ。分布：ヒマラヤ，雲南，ミャンマー，チベット，台湾．

タカムクミズメイガ〈*Paraponyx takamukui*〉昆虫綱鱗翅目メイガ科の蛾．分布：九州の北部・南部，奄美大島．

タガメ 田亀，水爬虫〈*Lethocerus deyrollei*〉昆虫綱半翅目コオイムシ科．絶滅危惧II類(VU)．体長48〜65mm．分布：北海道，本州，四国，九州，沖縄本島．

タガメ 田亀，水爬虫〈*giant water bug*〉昆虫綱半翅目異翅亜目コオイムシ科Belostomatidaeの一亜科(タガメ亜科Lethocerinae)に含まれる昆虫の総称，またはそのなかの一種．絶滅危惧II類(VU)．珍虫．

タカユヒメグモ〈*Theridion takayense*〉蛛形綱クモ目ヒメグモ科の蜘蛛．体長雌3〜4mm，雄2.5〜3.0mm．分布：北海道，本州，四国，九州．

タカラアカボシテントウ〈*Chilocorus takara*〉昆虫綱甲虫目テントウムシ科．

タガラコジャノメ〈*Mycalesis tagala*〉昆虫綱鱗翅目ジャノメチョウ科の蝶．分布：フィリピン．

タカラゴマフカミキリ〈*Mesosa miyamotoi*〉昆虫綱甲虫目カミキリムシ科の甲虫．

タカラシジミ〈*Ussuriana takarana*〉昆虫綱鱗翅目シジミチョウ科の蝶．

タカラシロカイガラムシ〈*Aulacaspis takarai*〉昆虫綱半翅目マルカイガラムシ科．体長2.0〜2.8mm．サトウキビに害を及ぼす．

タカラスナゴミムシダマシ リュウキュウスナゴミムシダマシの別名．

タカラダニ 宝壁蝨 節足動物門クモ形綱ダニ目タカラダニ上科Erythraeoideaに属するダニの総称．

ダカラナ・ビドゥラ〈*Dacalana vidura*〉昆虫綱鱗翅目シジミチョウ科の蝶．分布：アッサムからスマトラ，マレーシア，ジャワまで．

タカラヒメスナゴミムシダマシ〈*Gonocephalum takara*〉昆虫綱甲虫目ゴミムシダマシ科の甲虫．体長6.5mm．

タカラヒメツノゴミムシダマシ〈*Cryphaeus satoi*〉昆虫綱甲虫目ゴミムシダマシ科の甲虫．体長9.0〜11.5mm．

タカラミゾアシノミハムシ〈*Hemipyxis takarai*〉昆虫綱甲虫目ハムシ科の甲虫．体長3.0mm．

タギアデス・カッリガナ〈*Tagiades calligana*〉昆虫綱鱗翅目セセリチョウ科の蝶．分布：マレーシア，スマトラ，ジャワ，ボルネオ．

タギアデス・シボア〈*Tagiades sivoa*〉昆虫綱鱗翅目セセリチョウ科の蝶．分布：ニューギニア，アンボン．

タギアデス・フレスス〈*Tagiades flesus*〉昆虫綱鱗翅目セセリチョウ科の蝶．分布：シエラレオネからアフリカ東部，南へナタールまで．

タギアデス・メナカ〈*Tagiades menaka*〉昆虫綱鱗翅目セセリチョウ科の蝶．分布：マレーシア，シッキム，ボルネオ，中国西部，インド，スマトラ．

タギアデス・ラバタ〈*Tagiades lavata*〉昆虫綱鱗翅目セセリチョウ科の蝶．分布：マレーシア，ボルネオ，スマトラ，ジャワ．

タキグチモモブトホソカミキリ 滝口腿太細天牛〈*Cleomenes takiguchii*〉昆虫綱甲虫目カミキリムシ科カミキリ亜科の甲虫．体長7〜13mm．分布：本州，四国，九州，屋久島．

タキザワツツキクイゾウムシ〈*Magdalis takizawai*〉昆虫綱甲虫目ゾウムシ科の甲虫．体長4.5〜6.4mm．

タキシラ・トゥイスト〈*Taxila thuisto*〉昆虫綱鱗翅目シジミタテハ科の蝶．分布：ミャンマー，マレーシア，スマトラ，ボルネオ．

タキシラ・ハクイヌス〈*Taxila haquinus*〉昆虫綱鱗翅目シジミタテハ科の蝶．分布：ミャンマー，タイ，マレーシア，ボルネオ，スマトラ，ジャワ，パラワン島．

タクア・スペキオサ〈*Tacua speciosa*〉昆虫綱半翅目セミ科．分布：マレーシア，スマトラ，ボルネオ．

ダクスダイコクコガネ〈*Catharsius dux*〉昆虫綱甲虫目コガネムシ科の甲虫．分布：アフリカ西部，中央部．

タケアカセセリ〈*Telicota ohara*〉昆虫綱鱗翅目セセリチョウ科の蝶．分布：海南島，台湾，スラウェシ，インドからオーストラリア，フィリピン．

タケアツバ〈*Rivula biatomea*〉昆虫綱鱗翅目ヤガ科クチバ亜科の蛾．タケ，ササに害を及ぼす．分布：インド南部，近畿地方以西，四国，九州，屋久島，奄美大島，沖縄本島．

タケイオオタマキノコムシ〈*Leiodes fracta*〉昆虫綱甲虫目タマキノコムシ科．

タケイキノコゴミムシダマシ〈*Platydema takeii*〉昆虫綱甲虫目ゴミムシダマシ科の甲虫．体長4〜5mm．分布：本州．

タケイフナガタハナノミ〈*Anaspis takeii*〉昆虫綱甲虫目ハナノミダマシ科．

タケウチエダシャク〈*Biston takeuchii*〉昆虫綱鱗翅目シャクガ科エダシャク亜科の蛾．開張65〜71mm．分布：山梨県日野春，栃木県大平町，群馬県伊香保，東京都井の頭公園，高尾山麓，愛知県新城市，大阪府箕面，岩湧山，高知県大正町．

タケウチキゴシハマダラミバエ〈*Paramyiolia takeuchii*〉昆虫綱双翅目ミバエ科．

タケウチセセリ〈*Onryza maga*〉昆虫綱鱗翅目セセリチョウ科の蝶。分布：中国, 台湾。

タケウチトガリバ〈*Betapsestis takeuchii*〉昆虫綱鱗翅目トガリバガ科の蛾。開張25〜30mm。分布：本州(東北地方北部より), 四国, 九州。

タケウチトゲアワフキ 竹内棘泡吹虫〈*Machaerota takeuchii*〉昆虫綱半翅目トゲアワフキ科。体長8mm。分布：本州, 四国, 九州。

タケウチヒゲナガコバネカミキリ〈*Glaphyra takeuchii*〉昆虫綱甲虫目カミキリムシ科カミキリ亜科の甲虫。体長7〜9mm。分布：四国, 九州, 対馬, 屋久島, 奄美大島。

タケウチホソハナカミキリ〈*Strangalia takeuchii*〉昆虫綱甲虫目カミキリムシ科ハナカミキリ亜科の甲虫。体長13〜16mm。分布：北海道, 本州, 四国, 九州。

タケウチマダラヒメガガンボ〈*Dicranomyia takeuchii*〉昆虫綱双翅目ガガンボ科。

タケウラナミジャノメ〈*Ypthima savara*〉昆虫綱鱗翅目ジャノメチョウ科の蝶。分布：ミャンマー, マレーシア。

タケウンカ〈*Epeurysa nawai*〉昆虫綱半翅目ウンカ科。体長5mm。分布：本州以南。

タケカ 茸蚊〈*fungus gnats, mushroom flies*〉昆虫綱双翅目糸角亜目原カ群タケカ科 Mycetophilidae の昆虫の総称。別名キノコバエ。

タケカレハ 竹枯葉蛾〈*Philudoria albomaculata*〉昆虫綱鱗翅目カレハガ科の蛾。開張雄40〜50mm, 雌50mm。タケ, ササに害を及ぼす。分布：朝鮮半島, シベリア南東部, 中国, 北海道, 本州, 四国, 九州。

タケシロオカイガラトビコバチ〈*Anagyrus antoninae*〉昆虫綱膜翅目トビコバチ科。

タケシロオカイガラムシ 竹白尾介殻虫〈*Antonina crawii*〉タケ, ササに害を及ぼす。分布：日本各地。

タケシロマルカイガラムシ 竹白円介殻虫〈*Odonaspis secreta*〉タケ, ササに害を及ぼす。分布：本州, 四国, 九州, 小笠原島。

タケシロマルキイロツヤコバチ〈*Bestiola mira*〉昆虫綱膜翅目ツヤコバチ科。

タケシロマルクロムネツヤコバチ〈*Physcus odonaspidis*〉昆虫綱膜翅目ツヤコバチ科。

タケシロマルヒラタツヤコバチ〈*Aphelosoma plana*〉昆虫綱膜翅目ツヤコバチ科。

タケスゴモリハダニ〈*Schizotetranychus celarius*〉蛛形綱ダニ目。タケ, ササに害を及ぼす。

タケダハバチ〈*Tenthredo olivacea takedae*〉昆虫綱膜翅目ハバチ科。

タケツノアブラムシ〈*Ceratovacuna japonica*〉昆虫綱半翅目アブラムシ科。

タケトゲトゲ タケトゲハムシの別名。

タケトゲハムシ〈*Dactylispa issikii*〉昆虫綱甲虫目ハムシ科の甲虫。体長5.0〜6.2mm。

タケトビイロマルカイガラトビコバチ〈*Anabrolepis japonica*〉昆虫綱膜翅目トビコバチ科。

タケトラカミキリ 竹虎天牛〈*Chlorophorus annularis*〉昆虫綱甲虫目カミキリムシ科カミキリ亜科の甲虫。体長9〜15mm。分布：北海道をのぞく日本全土。

タケナガヨコバイ〈*Elymana bambusae*〉昆虫綱半翅目ヨコバイ科。

タケノアブラムシ〈*Melanaphis bambusae*〉昆虫綱半翅目アブラムシ科。

タケノクロホソバ タケノホソクロバの別名。

タケノトゲトゲ タケトゲハムシの別名。

タケノホソクロバ 竹細黒翅蛾〈*Balataea funeralis*〉昆虫綱鱗翅目マダラガ科の蛾。開張20mm。タケ, ササに害を及ぼす。分布：北海道, 本州, 四国, 九州, 対馬, 奄美大島, 沖縄本島, 朝鮮半島, 中国北部。

タケノメイガ〈*Coclebotys coclesalis*〉昆虫綱鱗翅目メイガ科ノメイガ亜科の蛾。開張29mm。分布：本州(おそらく近畿以西), 四国, 九州, 屋久島, 沖縄本島, 西表島, 台湾, 東南アジア。

タケヒメカレハ〈*Philudoria laeta*〉昆虫綱鱗翅目カレハガ科の蛾。開張65mm。分布：朝鮮半島, シベリア南東部, 対馬。

タケフクロカイガラトビコバチ〈*Trichomasthus eriococci*〉昆虫綱膜翅目トビコバチ科。

タケフクロカイガラムシ 竹嚢介殻虫〈*Eriococcus onukii*〉昆虫綱半翅目フクロカイガラムシ科。体長3.5mm。分布：北海道, 本州, 四国, 九州。

タケフクロニジトビコバチ〈*Metapterencyrtus eriococci*〉昆虫綱膜翅目トビコバチ科。

タケフシカイガラムシ 竹節介殻虫〈*Idiococcus bambusae*〉昆虫綱半翅目コナカイガラムシ科。分布：横浜市。

タケミスジ〈*Pantoporia venilia*〉昆虫綱鱗翅目タテハチョウ科の蝶。

タケムラスジコガネ〈*Mimela takemurai*〉昆虫綱甲虫目コガネムシ科の甲虫。体長12〜17mm。分布：本州, 四国, 九州。

タケムラデオキノコムシ〈*Scaphidium takemurai*〉昆虫綱甲虫目デオキノコムシ科の甲虫。体長4.7〜5.5mm。

タコサビカミキリ〈*Mesosella kumei*〉昆虫綱甲虫目カミキリムシ科フトカミキリ亜科の甲虫。

タコノキセセリ〈*Unkana mytheca*〉昆虫綱鱗翅目セセリチョウ科の蝶。分布：マレーシア, ミャンマー, スマトラ, ボルネオ。

タコノキトガリホソガ〈*Trissodoris honorariella*〉昆虫綱鱗翅目カザリバガ科の蛾。分布：西表島, 沖縄本島, スリランカ, ニューギニア, フィジー, サモア, ピトケアン, ハワイ諸島。

タコノキナガカイガラムシ〈*Pinnapis buxi*〉昆虫綱半翅目マルカイガラムシ科。体長1.5mm。タコノキに害を及ぼす。

ダシオプタルマ・クレウサ〈*Dasyopthalma creusa*〉昆虫綱鱗翅目フクロウチョウ科の蝶。分布：ブラジル。

タジマホラヒメグモ〈*Nesticus nishikawai*〉蛛形綱クモ目ホラヒメグモ科の蜘蛛。

タスキケムリグモ〈*Zelotes x-notatus*〉蛛形綱クモ目ワシグモ科の蜘蛛。

タスキシジミ〈*Danis danis*〉昆虫綱鱗翅目シジミチョウ科の蝶。後翅の裏面に大きい黒色斑。開張4.0～4.5mm。分布：オーストラリア北西部からパプアニューギニア, モルッカ群島。

タスキナガサキアゲハ〈*Papilio oenomaus*〉蝶。

タスキネッタイシジミ〈*Hypochlorosis donis*〉昆虫綱鱗翅目シジミチョウ科の蝶。分布：オーストラリア, ニューギニア, モルッカ諸島。

タスキベニモンアゲハ〈*Pachliopta liris*〉蝶。

タズナオオヒゲナガゾウムシ〈*Tophoderus frenatus*〉昆虫綱甲虫目ヒゲナガゾウムシ科。分布：マダガスカル。

タヅナミトリバ〈*Oxyptilus pelecyntes*〉昆虫綱鱗翅目トリバガ科の蛾。

タスマニアホソヒラタカミキリ〈*Epithora dorsalis*〉昆虫綱甲虫目カミキリムシ科の甲虫。分布：タスマニア。

タゾエナガタマムシ〈*Agrilus tazoei*〉昆虫綱甲虫目タマムシ科の甲虫。体長6.8～9.2mm。

タソガレグモ〈*Sagella octomaculata*〉蛛形綱クモ目アシダカグモ科の蜘蛛。

タソガレヒカゲ〈*Taygetis echo*〉昆虫綱鱗翅目タテハチョウ科の蝶。褐色で, 前翅の中央はビロード風輝きをもつ黒色。開張5.7～6.0mm。分布：スリナムから, ブラジル。

タチゲクビボソハネカクシ〈*Stilicopsis setigera*〉昆虫綱甲虫目ハネカクシ科の甲虫。体長3.0～3.4mm。

タッタカモクメシャチホコ〈*Neocerura tattakana*〉昆虫綱鱗翅目シャチホコガ科ウチキシャチホコ亜科の蛾。開張70～73mm。分布：本州西部, 四国, 九州, 対馬, 屋久島, 沖縄本島。

タツナミトリバ〈*Procapperia pelecyntes*〉昆虫綱鱗翅目トリバガ科の蛾。開張14～15mm。分布：九州, 中国, スリランカ, インド。

タッパンチャバネセセリ〈*Polytremis eltola*〉昆虫綱鱗翅目セセリチョウ科の蝶。分布：インドからマレーシアまで, 台湾。

タッパンルリシジミ〈*Celastrina dilecta*〉昆虫綱鱗翅目シジミチョウ科の蝶。前翅長13～15mm。分布：四国, 九州, 屋久島, 奄美大島, 沖縄本島, 西表島。

タツホラヒメグモ〈*Nesticus longiscapus draco*〉蛛形綱クモ目ホラヒメグモ科の蜘蛛。

ダッラ・アガトクレス〈*Dalla agathocles*〉昆虫綱鱗翅目セセリチョウ科の蝶。分布：コロンビア。

ダッラ・イブハラ〈*Dalla ibhara*〉昆虫綱鱗翅目セセリチョウ科の蝶。分布：エクアドル, ボリビア, ペルー, ブラジル。

ダッラ・エピファナエウス〈*Dalla epiphanaeus*〉昆虫綱鱗翅目セセリチョウ科の蝶。分布：コロンビアからボリビア。

ダッラ・エピファネウス〈*Dalla epiphaneus*〉昆虫綱鱗翅目セセリチョウ科の蝶。分布：ベネズエラ。

ダッラ・エリオナス〈*Dalla eryonas*〉昆虫綱鱗翅目セセリチョウ科の蝶。分布：パナマからブラジルまで。

ダッラ・カイクス〈*Dalla caicus*〉昆虫綱鱗翅目セセリチョウ科の蝶。分布：ベネズエラ。

ダッラ・カエニデス〈*Dalla caenides*〉昆虫綱鱗翅目セセリチョウ科の蝶。分布：ベネズエラ。

ダッラ・キプセルス〈*Dalla cypselus*〉昆虫綱鱗翅目セセリチョウ科の蝶。分布：コロンビア。

ダッラ・キプリウス〈*Dalla cyprius*〉昆虫綱鱗翅目セセリチョウ科の蝶。分布：ボリビア。

ダッラ・クアドゥリストゥリガ・レギア〈*Dalla quadristriga regia*〉昆虫綱鱗翅目セセリチョウ科の蝶。分布：コロンビアからボリビア, 亜種はペルー。

ダッラ・ジェルスキイ〈*Dalla jelskyi*〉昆虫綱鱗翅目セセリチョウ科の蝶。分布：ペルー, ボリビア。

ダッラ・セミアルゲンテア〈*Dalla semiargentea*〉昆虫綱鱗翅目セセリチョウ科の蝶。分布：コロンビア。

ダッラ・ディミディアトゥス〈*Dalla dimidiatus*〉昆虫綱鱗翅目セセリチョウ科の蝶。分布：ベネズエラ, コロンビア, ボリビア。

ダッラ・ドグニニ〈*Dalla dognini*〉昆虫綱鱗翅目セセリチョウ科の蝶。分布：エクアドル。

ダッラ・フラテル〈*Dalla frater*〉昆虫綱鱗翅目セセリチョウ科の蝶.分布:パナマ,コロンビアからボリビア.

ダッラ・ヘスペリオイデス〈*Dalla hesperioides*〉昆虫綱鱗翅目セセリチョウ科の蝶.分布:コロンビア.

タテアリ ヒラズオオアリの別名.

タテオビフサヒゲボタル〈*Stenocladius azumai*〉昆虫綱甲虫目ホタル科の甲虫.体長5.5~8.5mm.

タテキハマダラミバエ〈*Acrotaeniostola scutellaris*〉昆虫綱双翅目ミバエ科.

タデキボシホソガ〈*Calybites isograpta*〉昆虫綱鱗翅目ホソガ科の蛾.開張8~9mm.分布:本州,四国,九州,朝鮮半島南部,台湾,インド.

タデクギケアブラムシ〈*Capitophorus hippophaes javanicus*〉昆虫綱半翅目アブラムシ科.

タテコトアオカナブン〈*Narycius opalus*〉昆虫綱甲虫目コガネムシ科の甲虫.分布:インド南部.

タテゴトウンカ〈*Calligypona lyraeformis*〉昆虫綱半翅目ウンカ科.

タテコトユミツノクワガタ〈*Prosopocoilus forceps*〉昆虫綱甲虫目クワガタムシ科.分布:マレーシア,スマトラ,ボルネオ.

タデコヤガ〈*Pseudeustrotia candidula*〉昆虫綱鱗翅目ヤガ科コヤガ亜科の蛾.開張23~25mm.分布:ユーラシア,北海道,東北地方から本州中部.

タデサルゾウムシ〈*Homorosoma asper*〉昆虫綱甲虫目ゾウムシ科の甲虫.体長2.2~3.0mm.

タテジマカネコメツキ〈*Gambrinus vittatus*〉昆虫綱甲虫目コメツキムシ科の甲虫.体長6~9mm.分布:北海道,本州,四国,九州.

タテジマカミキリ 縦縞天牛〈*Aulaconotus pachypezoides*〉昆虫綱甲虫目カミキリムシ科フトカミキリ亜科の甲虫.体長17~24mm.分布:本州,四国,九州,対馬,吐噶喇列島.

タテジマキバガ 縦縞牙蛾〈*Brachmia arotraea*〉昆虫綱鱗翅目キバガ科の蛾.開張12~14mm.分布:本州,台湾,ミャンマー,インド,スリランカ,ジャワ.

タテジマクロハナアブ 縦縞黒花虻〈*Eristalinus sepulchralis*〉昆虫綱双翅目ハナアブ科.分布:本州,四国.

タテジマツルギタテハ〈*Marpesia chiron*〉昆虫綱鱗翅目タテハチョウ科の蝶.開張55mm.分布:中南米.珍蝶.

タテジマドウボソカミキリ〈*Hyllisia liturata*〉昆虫綱甲虫目カミキリムシ科の甲虫.

タテジマノコギリクワガタ〈*Prosopocoilus zebra*〉昆虫綱甲虫目クワガタムシ科.分布:ミャンマー,マレーシア,スマトラ,ジャワ,ボルネオ,フィリピン.

タテシマノメイガ 縦縞野螟蛾〈*Sclerocona acutella*〉昆虫綱鱗翅目メイガ科ノメイガ亜科の蛾.開張15mm.分布:北海道,本州,四国,九州,朝鮮半島,シベリア東部からヨーロッパ.

タテジマハエトリ〈*Phlegra fasciata*〉蛛形綱クモ目ハエトリグモ科の蜘蛛.体長6~7mm,雄5~6mm.分布:北海道.

タテジマハナカミキリ タテジマホソハナカミキリの別名.

タテジマハマダラミバエ〈*Acanthoneura pteropleuralis*〉昆虫綱双翅目ミバエ科.分布:本州.

タテジマホソハナカミキリ〈*Parastrangalis shikokensis*〉昆虫綱甲虫目カミキリムシ科ハナカミキリ亜科の甲虫.体長9~15mm.分布:北海道,本州,四国,九州.

タテジマホソマイコガ 堅縞舞小蛾〈*Schreckensteinia festaliella*〉昆虫綱鱗翅目ホソマイコガ科の蛾.開張11~12mm.分布:北海道の層雲峡,本州中部の志賀高原,北アメリカ,ヨーロッパ.

タテジママイコガ タテジマホソマイコガの別名.

タテジロチビヒゲナガゾウムシ〈*Uncifer sakoi*〉昆虫綱甲虫目ヒゲナガゾウムシ科の甲虫.体長3.5mm.

タテスジアオカミキリ〈*Chlorida festiva*〉昆虫綱甲虫目カミキリムシ科の甲虫.分布:中央アメリカ,南アメリカ.

タテスジアカヒメゾウムシ〈*Baris rubricata*〉昆虫綱甲虫目ゾウムシ科の甲虫.体長2.7~3.7mm.分布:本州,九州.

タテスジウンカ 縦条浮塵子〈*Catullia vittata*〉昆虫綱半翅目グンバイウンカ科.体長8.0~9.5mm.分布:本州,四国,九州,屋久島.

タテスジエグリシャチホコ タテスジシャチホコの別名.

タテスジカエデエダシャク〈*Prochoerodes transversata*〉昆虫綱鱗翅目シャクガ科の蛾.淡い黄褐色で,暗褐色の線がある.開張3~5mm.分布:カナダから,合衆国南部.

タテスジカミキリ タテジマカミキリの別名.

タテスジキサルハムシ タテスジキツツハムシの別名.

タテスジキツツハムシ〈*Cryptocephalus nigrofasciatus*〉昆虫綱甲虫目ハムシ科の甲虫.体長2.0~3.0mm.

タテスジケブカカミキリ〈*Xylorhiza adusta*〉昆虫綱甲虫目カミキリムシ科の甲虫.分布:イン

タテスシケ

ド，ミャンマー，インドシナ，マレーシア，中国南部，海南島，台湾．

タテスジケンモン〈*Simyra albovenosa*〉昆虫綱鱗翅目ヤガ科の蛾．分布：ユーラシア一円，北海道．

タテスジゴマフカミキリ〈*Mesosa senilis*〉昆虫綱甲虫目カミキリムシ科フトカミキリ亜科の甲虫．体長10～12mm．分布：北海道，本州，四国，九州．

タテスジシャチホコ〈*Togepteryx velutina*〉昆虫綱鱗翅目シャチホコガ科ウチキシャチホコ亜科の蛾．開張27～30mm．分布：沿海州，北海道から九州．

タテスジツツキノコムシ〈*Cis japonicus*〉昆虫綱甲虫目ツツキノコムシ科の甲虫．体長3.5mm．

タテスジツルギタテハ〈*Marpesia berania*〉昆虫綱鱗翅目タテハチョウ科の蝶．分布：中央アメリカから南アメリカ中部まで．

タテスジドウボソカミキリ タイワンドウボソカミキリの別名．

タテスジトガリホソガ〈*Pyroderces sarcogypsa*〉昆虫綱鱗翅目カザリバガ科の蛾．分布：本州，四国，九州．

タテスジナガドロムシ〈*Heterocerus fenestratus*〉昆虫綱甲虫目ナガドロムシ科の甲虫．体長3.4～4.2mm．

タテスジナミシャク〈*Pareulype consanguinea*〉昆虫綱鱗翅目シャク科ナミシャク亜科の蛾．開張21～24mm．分布：北海道，本州，四国，サハリン，シベリア南東部．

タテスジハエトリ〈*Telamonia vlijmi*〉蛛形綱クモ目ハエトリグモ科の蜘蛛．体長雌8.0～8.5mm，雄7～8mm．分布：沖縄，対馬．

タテスジハナカミキリ〈*Anastrangalia hirayamai*〉昆虫綱甲虫目カミキリムシ科ハナカミキリ亜科の甲虫．体長12～13mm．

タテスジハマキ 縦条葉捲蛾〈*Archips pulcher*〉昆虫綱鱗翅目ハマキガ科ハマキガ亜科の蛾．開張18～26mm．分布：北海道，本州，四国，九州，中国（東北），ロシア（沿海州など）．

タテスジハンミョウ〈*Cicindela striolata*〉昆虫綱甲虫目ハンミョウ科の甲虫．体長10～15mm．分布：石垣島，西表島．

タテスジヒゲナガカミキリ〈*Taeniotes orbignyi*〉昆虫綱甲虫目カミキリムシ科の甲虫．分布：ペルー，ブラジルからアルゼンチンまで．

タテスジヒゲナガハナノミ タテスジヒメヒゲナガハナノミの別名．

タテスジヒメジンガサハムシ〈*Cassida circumdata*〉昆虫綱甲虫目ハムシ科の甲虫．体長5mm．サツマイモに害を及ぼす．分布：九州南西諸島．

タテスジヒメハマキ〈*Hedya anaplecta*〉昆虫綱鱗翅目ハマキガ科の蛾．分布：四国の足摺岬，スリランカ．

タテスジヒメハマキ キカギハマキの別名．

タテスジヒメヒゲナガゾウムシ〈*Rhaphitropis japonica*〉昆虫綱甲虫目ヒゲナガゾウムシ科の甲虫．体長2.9～3.9mm．

タテスジヒメヒゲナガハナノミ〈*Drupeus vittipennis*〉昆虫綱甲虫目ナガハナノミ科の甲虫．体長5～6mm．

タテスジフトカミキリモドキ〈*Anoxacis vittata*〉昆虫綱甲虫目カミキリモドキ科の甲虫．体長7～10.5mm．

タテスジホソミズギワアトキリゴミムシ ミズギワアトキリゴミムシの別名．

タテスジマドガ〈*Rhodoneura ypsilon*〉昆虫綱鱗翅目マドガ科の蛾．分布：沖縄本島，台湾，オーストラリア方面，東南アジア．

タテスジマルケシキスイ〈*Neopallodes omogonis*〉昆虫綱甲虫目ケシキスイ科の甲虫．体長2.5～3.7mm．

タテヅノマルバネクワガタ〈*Neolucanus saundersi*〉昆虫綱甲虫目クワガタムシ科の甲虫．体長雄32～53mm，雌37～48mm．

タテツツガムシ 楯恙虫〈*Leptotrombidium scutellaris*〉節足動物門クモ形綱ダニ目ツツガムシ科の陸生小動物．体長51μm．分布：東北地方以南．害虫．

タテナミツブゲンゴロウ〈*Laccophilus lewisius*〉昆虫綱甲虫目ゲンゴロウ科の甲虫．体長4.0～4.5mm．

タデノクチブトサルゾウムシ〈*Rhinoncus sibiricus*〉昆虫綱甲虫目ゾウムシ科の甲虫．体長2.4～2.6mm．

タテハオオサムライコマユバチ〈*Microgaster tibialis*〉昆虫綱膜翅目コマユバチ科．

タテハチョウ 蛺蝶 昆虫綱鱗翅目タテハチョウ科 Nymphalidae の総称．

タテハマキノメイガ イネハカジノメイガの別名．

タテハモドキ 擬蛺蝶〈*Junonia almana*〉昆虫綱鱗翅目タテハチョウ科ヒオドシチョウ亜科の蝶．別名ムモンタテハモドキ．前翅長30～33mm．分布：九州南部から八重山諸島．

タデマルカメムシ〈*Coptosoma parvipictum*〉昆虫綱半翅目マルカメムシ科．体長2.3～3.0mm．分布：本州，四国，九州，南西諸島．

タテミゾコガシラハネカクシ〈*Gabronthus sulcifrons*〉昆虫綱甲虫目ハネカクシ科の甲虫．体長3.8～4.0mm．

430

タテミゾツマグロアカバハネカクシ〈*Hesperus ornatus*〉昆虫綱甲虫目ハネカクシ科の甲虫。体長10.5～11.0mm。

タテモンマメゾウムシ〈*Callosobruchus maindroni*〉昆虫綱甲虫目マメゾウムシ科。

タテヤマテナガグモ〈*Bathyphantes tateyamensis*〉蛛形綱クモ目サラグモ科の蜘蛛。

タテヤマヒメヒラタカゲロウ〈*Rhithrogena tateyamana*〉昆虫綱蜉蝣目ヒラタカゲロウ科。

タテヤママルトビムシ〈*Ptenothrix tateyamana*〉無翅昆虫亜綱粘管目クモマルトビムシ科。

タデヨツオヒゲナガアブラムシ〈*Akkaia polygoni*〉昆虫綱半翅目アブラムシ科。

タトキラ・テオディケ〈*Tatochila theodice*〉昆虫綱鱗翅目シロチョウ科の蝶。分布：フエゴ島(Tierra del Fuego)，ペルー，チリ，パタゴニア。

タトキラ・バンボルキセミイ〈*Tatochila vanovolxemii*〉昆虫綱鱗翅目シロチョウ科の蝶。分布：アルゼンチン。

タトキラ・ブロンシェルディイ〈*Tatochila blanchardii*〉昆虫綱鱗翅目シロチョウ科の蝶。分布：チリ。

タトキラ・メルケディス〈*Tatochila mercedis*〉昆虫綱鱗翅目シロチョウ科の蝶。分布：チリ。

ダナウス・アッフィニス〈*Danaus affinis*〉昆虫綱鱗翅目マダラチョウ科の蝶。分布：オーストラリア，マレーシア，フィリピン。

ダナウス・イスマレ〈*Danaus ismare*〉昆虫綱鱗翅目マダラチョウ科の蝶。分布：モルッカ諸島，セレベス。

ダナウス・エリクス〈*Danaus eryx*〉昆虫綱鱗翅目マダラチョウ科の蝶。分布：ミャンマー，タイ，インドシナ半島，ボルネオ。

ダナウス・ガウタマ〈*Danaus gautama*〉昆虫綱鱗翅目マダラチョウ科の蝶。分布：ミャンマー。

ダナウス・クレオフィレ〈*Danaus cleophile*〉昆虫綱鱗翅目マダラチョウ科の蝶。分布：ハイチ，キューバ，ジャマイカ。

ダナウス・コアスペス〈*Danaus choaspes*〉昆虫綱鱗翅目マダラチョウ科の蝶。分布：スラ諸島，セレベスの東方，モルッカ海峡の島々，セレベス南部，ミンダナオ島。

ダナウス・セプテントゥリオニス〈*Danaus septentrionis*〉昆虫綱鱗翅目マダラチョウ科の蝶。分布：インド，スリランカから中国西部まで。

ダナウス・フィレネ〈*Danaus philene*〉昆虫綱鱗翅目マダラチョウ科の蝶。分布：モルッカ諸島，ニューギニア，ソロモン諸島まで。

ダナウス・フェッルギネア〈*Danaus ferruginea*〉昆虫綱鱗翅目マダラチョウ科の蝶。分布：ニューギニア，オーストラリア北部。

ダナウス・メラニップス〈*Danaus melanippus*〉昆虫綱鱗翅目マダラチョウ科の蝶。分布：インドシナ半島，マレーシア，セレベス。

タナエキア・アルナ〈*Tanaecia aruna*〉昆虫綱鱗翅目タテハチョウ科の蝶。分布：マレーシア，ボルネオ，スマトラ。

タナエキア・キバリティス〈*Tanaecia cibaritis*〉昆虫綱鱗翅目タテハチョウ科の蝶。分布：アンダマン諸島，ニコバル諸島。

タナエキア・クラトゥラタ〈*Tanaecia clathrata*〉昆虫綱鱗翅目タテハチョウ科の蝶。分布：マレーシア，ボルネオ，スマトラ。

タナエキア・ペレア〈*Tanaecia pelea*〉昆虫綱鱗翅目タテハチョウ科の蝶。分布：マレーシア，ボルネオ。

タナエキア・ムンダ〈*Tanaecia munda*〉昆虫綱鱗翅目タテハチョウ科の蝶。分布：マレーシア，ボルネオ，スマトラ。

タナエキア・ルタラ〈*Tanaecia lutala*〉昆虫綱鱗翅目タテハチョウ科の蝶。分布：ボルネオ。

ダナエツマアカシロチョウ〈*Colotis danae*〉昆虫綱鱗翅目シロチョウ科の蝶。雌雄とも，前翅裏面の先端は淡赤色。開張4.5～5.0mm。分布：アフリカから，イラン，インド，スリランカ。

タナカカラスシジミ〈*Fixsenia tanakai*〉昆虫綱鱗翅目シジミチョウ科の蝶。

タナカツヤハネゴミムシ〈*Anisodactylus andrewesi*〉昆虫綱甲虫目オサムシ科の甲虫。体長11～12mm。

タナカナガゴミムシ〈*Pterostichus latistylis*〉昆虫綱甲虫目オサムシ科の甲虫。体長13～15.5mm。

タナカホソアリモドキ〈*Sapintus tanakai*〉昆虫綱甲虫目アリモドキ科の甲虫。体長2.7～3.2mm。

タナグモ 棚蜘蛛，店蜘蛛 節足動物門クモ形綱真正クモ目タナグモ科の総称。

ダニ 壁蝨〈ticks, mite〉節足動物門クモ形綱ダニ目Acarinaに属する陸生動物の総称。

タニカドミドリシジミ〈*Sibataniozephyrus kuafui*〉昆虫綱鱗翅目シジミチョウ科の蝶。

タニガワトビケラ属の一種〈*Dolophilodes* sp.〉昆虫綱毛翅目カワトビケラ科。

タニガワモクメキリガ〈*Brachionycha permixta*〉昆虫綱鱗翅目ヤガ科セダカモクメ亜科の蛾。分布：群馬県水上町土合，同県霧積温泉，長野県白馬村，東京都奥多摩町，岐阜県宮川村，青森県蔦温泉。

ダニクイタマバエ〈*Silvestria cincta*〉昆虫綱双翅目タマバエ科。害虫。

タニグチコブヤハズカミキリ〈Mesechthistatus taniguchii〉昆虫綱甲虫目カミキリムシ科フトカミキリ亜科の甲虫。体長12〜16mm。分布：本州（中部山岳地帯）。

ダニグモ〈Gamasomorpha cataphracta〉蛛形綱クモ目タマゴグモ科の蜘蛛。体長雌2.5〜3.0mm, 雄2.5〜3.0mm。分布：本州，四国，九州，南西諸島。

タニマノドヨウグモ〈Metleucauge komperensis〉蛛形綱クモ目コガネグモ科の蜘蛛。体長雌9〜11mm, 雄7〜9mm。分布：日本全土。

タヌエテイラ・ティモン〈Tanuetheira timon〉昆虫綱鱗翅目シジミチョウ科の蝶。分布：シエラレオネからカメルーンまで。

タヌキタイマイ オナガアオスジアゲハの別名。

タヌキナガノミ〈Paraceras melis sinensis〉昆虫綱隠翅目ナガノミ科。体長雄3.4mm, 雌4.6mm。害虫。

タヌキマダニ〈Ixodes tanuki〉蛛形綱ダニ目マダニ科。体長2.5〜3.0mm。害虫。

タネガタマダニ 種子形真壁蝨〈Ixodes nipponensis〉蛛形綱ダニ目マダニ科のダニ。体長3.2mm。害虫。

タネバエ 種蠅〈Delia platura〉昆虫綱双翅目ハナバエ科。体長4〜6mm。大豆，落花生，アブラナ科野菜，ユリ科野菜，イネ科牧草，マメ科牧草，飼料用トウモロコシ，ソルガム，スイートピー，アカザ科野菜，キク科野菜，セリ科野菜，タバコ，ウリ科野菜，根元豆，小豆，ササゲ，豌豆，空豆，麦類，イネ科作物に害を及ぼす。分布：北海道，本州，四国，九州。

タバゲササラゾウムシ〈Demimaea fascicularis〉昆虫綱甲虫目ゾウムシ科の甲虫。体長3.6〜4.2mm。分布：本州，四国，九州。

タバコガ 煙草蛾〈Helicoverpa assulta〉昆虫綱鱗翅目ヤガ科タバコガ亜科の蛾。後翅は淡い灰色，翅脈と外縁の帯は黒褐色。開張3〜4mm。ナス科野菜，タバコに害を及ぼす。分布：ヨーロッパから，アフリカ，アジア，オーストラリア。

タバコカスミカメ〈Nesidiocoris tenuis〉昆虫綱半翅目カスミカメムシ科。体長3.5〜4.0mm。ナス科野菜，ゴマに害を及ぼす。分布：本州以南の日本各地，台湾，中国，東南アジア。

タバコキバガ ジャガイモキバガの別名。

タバココナジラミ〈Bemisia tabaci〉昆虫綱半翅目コナジラミ科。ウリ科野菜，ナス科野菜，タバコ，繊維作物，菊，チューリップに害を及ぼす。

タバコシバンムシ〈Lasioderma serricorne〉昆虫綱甲虫目シバンムシ科の甲虫。体長2.5〜3.0mm。タバコ，貯穀・貯蔵植物性食品に害を及ぼす。分布：日本全国，汎世界的。

タバコスズメガ〈Manduca sexta〉昆虫綱鱗翅目スズメガ科の蛾。灰色に黒褐色と白色の線や帯，腹部には，黄色の四角い斑紋が6対並ぶ。開張10.8〜12.0mm。分布：中央および南アメリカの熱帯域から北アメリカ各地。

タバコメクラガメ タバコカスミカメの別名。

ダバサ・ヘルクレス〈Dabasa hercules〉昆虫綱鱗翅目アゲハチョウ科の蝶。分布：中国西部。

ダビドサナエ〈Davidius nanus〉昆虫綱蜻蛉目サナエトンボ科の蜻蛉。体長43mm。分布：本州，四国，九州，隠岐，対馬，西表島。

ダピドディグマ・ヒメン〈Dapidodigma hymen〉昆虫綱鱗翅目シジミチョウ科の蝶。分布：シエラレオネからコンゴまで。

タピノスカリス・ラッフレイイ〈Tapinoscaris raffrayi〉昆虫綱甲虫目ヒョウタンゴミムシ科。分布：マダガスカル。

タブウスフシタマカ〈Daphnephila machilicola〉昆虫綱双翅目タマバエ科。別名タブウスフシタマバエ。

タブウスフシタマバエ タブウスフシタマカの別名。

タブカキカイガラムシ〈Lepidosaphes machili〉昆虫綱半翅目マルカイガラムシ科。体長3.0〜3.8mm。ラン類に害を及ぼす。分布：日本全国，東南アジア。

ダプトノウラ・ポリヒムニア〈Daptonoura polyhymnia〉昆虫綱鱗翅目シロチョウ科の蝶。分布：コロンビア。

ダプトノウラ・リキムニア〈Daptonoura lycimnia〉昆虫綱鱗翅目シロチョウ科の蝶。分布：熱帯南アメリカ全域。

タブノキコムネアブラムシ〈Nipponaphis machilicola〉昆虫綱半翅目アブラムシ科。クスノキ，タブノキに害を及ぼす。

タブノコキクイムシ〈Stephanoderes expers〉昆虫綱甲虫目キクイムシ科。

タブノハマキ タブノヒメハマキの別名。

タブノヒメハマキ〈Sorolopha plinthograpta〉昆虫綱鱗翅目ハマキガ科の蛾。開張17〜19mm。分布：本州(紀伊半島南部，若狭湾冠島)，四国，九州，対馬，八丈島，屋久島，奄美大島，台湾。

タベサナエ〈Trigomphus citimus tabei〉昆虫綱蜻蛉目サナエトンボ科の蜻蛉。体長42〜45mm。分布：本州(静岡県以西)，四国，九州。

タペナ・スウェーチ〈Tapena thwaitesi〉昆虫綱鱗翅目セセリチョウ科の蝶。分布：インドから東南アジア一帯，ボルネオ。

タマアシトビハムシ〈Philopona vibex〉昆虫綱甲虫目ハムシ科の甲虫。体長4.0〜4.2mm。

タマイブキノタマバエ〈Aschistonyx eppoi〉昆虫綱双翅目タマバエ科。イブキ類に害を及ぼす。

タマオシコガネ 球押金亀子〈scarab〉昆虫綱甲虫目コガネムシ科ダイコクコガネ亜科の昆虫の一群。

タマカ 癭蚊〈gall midge, gall gnat〉昆虫綱双翅目糸角亜目原カ群の一科Cecidomyiidaeの総称。別名タマバエ。

タマカイガラヒゲナガゾウムシ 球介殻鬚長象鼻虫〈Anthribus kuwanai〉昆虫綱甲虫目ヒゲナガゾウムシ科の甲虫。体長4.0〜5.2mm。分布：本州、四国、九州。

タマカタカイガラトビコバチ〈Metaphycus tamakatakaigara〉昆虫綱膜翅目トビコバチ科。

タマカタカイガラムシ〈Eulecanium kunoense〉昆虫綱半翅目カタカイガラムシ科。体長4〜5mm。ナシ類、桃、スモモ、林檎、カイドウ、カナメモチ、桜類、梅、アンズに害を及ぼす。分布：九州以北の日本各地、中国、朝鮮半島、カリフォルニア。

タマガムシ〈Amphiops mater〉昆虫綱甲虫目ガムシ科の甲虫。体長3.4〜3.7mm。

タマカメムシ 球亀虫〈Spermatodes aenea〉昆虫綱半翅目カメムシ科。分布：本州。

タマガワナガウンカ〈Stenocranus tamagawanus〉昆虫綱半翅目ウンカ科。

タマガワナガドロムシ〈Heterocerus japonicus〉昆虫綱甲虫目ナガドロムシ科の甲虫。体長2.9〜4.2mm。

タマキノコムシ 球茸虫 昆虫綱甲虫目タマキノコムシ科Liodidaeに属する昆虫の総称。

タマケシゲンゴロウ〈Herophydrus rufus〉昆虫綱甲虫目ゲンゴロウ科の甲虫。体長4.1〜4.5mm。

タマゴゾウムシ〈Dyscerus roelofsi〉昆虫綱甲虫目ゾウムシ科の甲虫。体長10.5〜12.0mm。分布：北海道、本州。

タマコナカイガラムシ〈Nipaecoccus viridis〉昆虫綱半翅目コナカイガラムシ科。体長3mm。ビワ、ハイビスカス類、マンゴー、柑橘に害を及ぼす。分布：沖縄、熱帯アジア、ハワイ、メキシコ。

タマサルゾウムシ〈Orobitis apicalis〉昆虫綱甲虫目ゾウムシ科の甲虫。体長2.1〜2.3mm。

タマシキゴカイ 玉敷沙蚕〈Arenicola brasiliensis〉環形動物門多毛綱タマシキゴカイ科の海産動物。別名クロムシ。分布：三重県以北。

ダマス・クラブス〈Damas clavus〉昆虫綱鱗翅目セセリチョウ科の蝶。分布：パナマからアマゾンまで。

タマツツハムシ〈Adiscus lewisii〉昆虫綱甲虫目ハムシ科の甲虫。体長2.5mm。分布：本州、四国、九州。

タマナキンウワバ〈Diachrysia nigrisigna〉昆虫綱鱗翅目ヤガ科キンウワバ亜科の蛾。

タマナギンウワバ〈Autographa nigrisigna〉昆虫綱鱗翅目ヤガ科コヤガ亜科の蛾。開張34〜40mm。アカザ科野菜、アブラナ科野菜、ウリ科野菜、キク科野菜、シソ、セリ科野菜、ハッカに害を及ぼす。分布：インド西北部からヒマラヤ南麓、中国の全域、日本全土一円。

タマナヤガ 玉夜蛾〈Scotia ipsilon〉昆虫綱鱗翅目ヤガ科モンヤガ亜科の蛾。前翅には淡褐色で、暗褐色と黒色の斑紋、後翅は灰白色、褐色の翅脈がある。開張4.0〜5.5mm。大豆、オクラ、アカザ科野菜、アブラナ科野菜、ウリ科野菜、キク科野菜、サトイモ、生姜、セリ科野菜、ナス科野菜、苺、ユリ科野菜、タバコ、麦類、イネ科牧草、マメ科牧草、飼料用トウモロコシ、ソルガム、イリス類、グラジオラス、菊、ダリア、スミレ類、イネ科作物、ジャガイモに害を及ぼす。分布：世界各地。

タマヌキカレハ ウスズミカレハの別名。

タマヌキクチカクシゾウムシ〈Shirahoshizo tamanukii〉昆虫綱甲虫目ゾウムシ科の甲虫。体長5.5〜6.7mm。分布：北海道、本州。

タマヌキトガリバ〈Neodaruma tamanukii〉昆虫綱鱗翅目トガリバガ科の蛾。開張37〜42mm。分布：北海道、東北、関東、中部山地。

タマネギバエ〈Delia antiqua〉昆虫綱双翅目ハナバエ科。体長5〜7mm。ユリ科野菜に害を及ぼす。分布：日本全国、朝鮮半島、旧北区。

タマバエ タマカの別名。

タマバチ 玉蜂〈gall wasp〉昆虫綱膜翅目タマバチ科Cynipidaeの昆虫の総称。

タマヒメハマキ〈Epinotia tamaensis〉昆虫綱鱗翅目ハマキガ科の蛾。分布：東京都多摩丘陵、対馬。

タマホソガ〈Caloptilia cecidophora〉昆虫綱鱗翅目ホソガ科の蛾。分布：九州(佐多岬、開門岳)、種子島、屋久島。

タマムシ 吉丁虫, 玉虫〈Chrysochroa fulgidissima〉昆虫綱甲虫目タマムシ科の甲虫。別名ヤマトタマムシ。体長30〜41mm。桃、スモモ、桜類、柿に害を及ぼす。分布：本州、四国、九州、佐渡、対馬、屋久島。珍虫。

タマムシ 吉丁虫, 玉虫 甲虫目タマムシ科の昆虫の総称、またはそのうちの一種を指す。

タマムシモドキ〈Monomma glyphysternum〉昆虫綱甲虫目タマムシモドキ科の甲虫。体長5〜6mm。

タマヤスデ〈pill-millipede〉倍脚綱タマヤスデ科Glomeridaeに属する節足動物の総称。

タマヤミサラグモ〈Arcuphantes tamaensis〉蛛形綱クモ目サラグモ科の蜘蛛。

タモオオル

ダモオオルリフタオシジミ〈Pseudolycaena damo〉昆虫綱鱗翅目シジミチョウ科の蝶。分布：メキシコからエクアドルまで。

タユリア・イサエウス〈Tajuria isaeus〉昆虫綱鱗翅目シジミチョウ科の蝶。分布：マレーシア，ボルネオ，ジャワ。

タユリア・メギスティア〈Tajuria megistia〉昆虫綱鱗翅目シジミチョウ科の蝶。分布：ヒマラヤ。

タユリア・ヤラヤラ〈Tajuria jalajala〉昆虫綱鱗翅目シジミチョウ科の蝶。分布：マレーシア，フィリピン。

タラクトゥロケラ・アルキアス〈Taractrocera archias〉昆虫綱鱗翅目セセリチョウ科の蝶。分布：マレーシアからフィリピンまで。

タラクトゥロケラ・アルドニア〈Taractrocera ardonia〉昆虫綱鱗翅目セセリチョウ科の蝶。分布：マレーシア，ボルネオ，セレベス。

タラクトゥロケラ・ダンナ〈Taractrocera danna〉昆虫綱鱗翅目セセリチョウ科の蝶。分布：インド北東部，チベット，ヒマラヤ北西部。

タラクトゥロケラ・パピリア〈Taractrocera papyria〉昆虫綱鱗翅目セセリチョウ科の蝶。分布：オーストラリア，タスマニア。

タラクトゥロケラ・フラボイデス〈Taractrocera flavoides〉昆虫綱鱗翅目セセリチョウ科の蝶。分布：中国西部，チベット東部。

タラクトゥロケラ・マエビウス〈Taractrocera maevius〉昆虫綱鱗翅目セセリチョウ科の蝶。分布：インド，ミャンマー，スリランカ。

ダーラスチャイロナガカメムシ〈Lethaeus dallasi〉昆虫綱半翅目ナガカメムシ科。

タランチュラ〈tarantula〉節足動物門クモ形綱真正クモ目に属する特殊なクモで，ヨーロッパではコモリグモ科のタランテラコモリグモLycosa tarentulaを，アメリカではトタテグモ科，ジョウゴグモ科，オオツチグモ科の地中性または徘徊性のクモをさす。

タランチュラ・ホーク〈Pepsis〉ベッコウバチ科の属名。珍虫。

ダリウスフクロウチョウ〈Dynastor darius〉昆虫綱鱗翅目フクロウチョウ科の蝶。分布：グアテマラからコロンビア，エクアドル，ボリビア，ブラジル南部まで。

タリカダ・ニセウス〈Talicada nyseus〉昆虫綱鱗翅目シジミチョウ科の蝶。分布：アッサムからセイロンまで。

タリデス・セルゲストウス〈Talides sergestus〉昆虫綱鱗翅目セセリチョウ科の蝶。分布：メキシコからブラジル，トリニダードまで。

ダルカンタ・アングラリス〈Dalcantha angularis〉昆虫綱半翅目カメムシ科。分布：スマトラ，ボルネオ。

タルクス・ウォーターストゥラティ〈Tarucus waterstradti〉昆虫綱鱗翅目シジミチョウ科の蝶。分布：マレーシア，アッサム，インド南部。

タルクス・シバリス〈Tarucus sybaris〉昆虫綱鱗翅目シジミチョウ科の蝶。分布：喜望峰，アフリカ東部からエチオピアまで。

タルクス・テオフラストウス〈Tarucus theophrastus〉昆虫綱鱗翅目シジミチョウ科の蝶。分布：ヨーロッパ南部，アフリカ北部，小アジアからインド西部まで。

タルクス・テスピス〈Tarucus thespis〉昆虫綱鱗翅目シジミチョウ科の蝶。分布：喜望峰からローデシアまで。

タルクス・ボウケリ〈Tarucus bowkeri〉昆虫綱鱗翅目シジミチョウ科の蝶。分布：ナタール，トランスバール。

タルグモ〈Cupa typica〉蛛形綱クモ目カニグモ科の蜘蛛。

タルゲッラ・フリギノサ〈Thargella fuliginosa〉昆虫綱鱗翅目セセリチョウ科の蝶。分布：ニカラグア，ギアナ，トリニダード。

タルソクテヌス・コリトゥス〈Tarsoctenus corytus〉昆虫綱鱗翅目セセリチョウ科の蝶。分布：ニカラグア，パナマ，コロンビア，ギアナ，ペルー，アマゾン流域。

タルソクテヌス・パピアス〈Tarsoctenus papias〉昆虫綱鱗翅目セセリチョウ科の蝶。分布：ガイアナ，ペルー，アマゾン流域。

タルソクテヌス・プラエキア〈Tarsoctenus praecia〉昆虫綱鱗翅目セセリチョウ科の蝶。分布：アマゾン流域，エクアドル，ギアナ，ペルー，ボリビア。

タルソクテヌス・プルティア〈Tarsoctenus plutia〉昆虫綱鱗翅目セセリチョウ科の蝶。分布：アマゾン。

タルソケラ・カッシナ〈Tarsocera cassina〉昆虫綱鱗翅目ジャノメチョウ科の蝶。分布：ケーププロビンス(南アフリカ共和国)。

タルソケラ・カッスス〈Tarsocera cassus〉昆虫綱鱗翅目ジャノメチョウ科の蝶。分布：ケーププロビンス(南アフリカ共和国)，マダガスカル。

ダルダヌスジャコウアゲハ〈Parides dardanus〉昆虫綱鱗翅目アゲハチョウ科の蝶。分布：ブラジル中部・南部。

ダルダリナ・ダリダエウス〈Dardarina daridaeus〉昆虫綱鱗翅目セセリチョウ科の蝶。分布：ブラジル。

ダルダリナ・ダルダリス〈*Dardarina dardaris*〉昆虫綱鱗翅目セセリチョウ科の蝶。分布：メキシコ。

ダルパ・ハンリア〈*Darpa hanria*〉昆虫綱鱗翅目セセリチョウ科の蝶。分布：シッキム，アッサム。

ダルマアツバ〈*Daona bilinealis*〉昆虫綱鱗翅目ヤガ科クチバ亜科の蛾。分布：中国宜昌，四国。

ダルマウンカ〈*Gergithoides carinatifrons*〉昆虫綱半翅目マルウンカ科。

ダルマカタビロオサムシ〈*Callisthenes elegans*〉昆虫綱甲虫目オサムシ科。分布：トルケスタン，カザフスタン。

ダルマカメムシ 達磨亀虫〈*Isometopus japonicus*〉昆虫綱半翅目カスミカメムシ科。体長2.7～3.2mm。分布：北海道，本州，四国，九州。

ダルマカレキゾウムシ〈*Trachodes subfasciatus*〉昆虫綱甲虫目ゾウムシ科の甲虫。体長3.5～4.6mm。分布：本州，四国，九州。

ダルマクモゾウムシ〈*Nipponosphadasmus coxalis*〉昆虫綱甲虫目ゾウムシ科。

ダルマゴカイ 達磨沙蚕〈*Sternaspis scutata*〉環形動物門多毛綱ダルマゴカイ科の海産動物。分布：日本各地の海域。

ダルマコガネ〈*Paraphytus dentifrons*〉昆虫綱甲虫目コガネムシ科の甲虫。体長5～6mm。分布：吐噶喇列島，奄美大島。

ダルマチビホソカタムシ〈*Pseudotarphius lewisii*〉昆虫綱甲虫目ホソカタムシ科の甲虫。体長1.8～2.7mm。

ダルマツツキノコムシ〈*Nipponapterocis brevis*〉昆虫綱甲虫目ツツキノコムシ科の甲虫。体長1.4～1.7mm。

ダルマハナカメムシ〈*Bilia esakii*〉昆虫綱半翅目ハナカメムシ科。

ダルマムグソコガネ〈*Mozartius testaceus*〉昆虫綱甲虫目コガネムシ科の甲虫。

タロプス・トゥロッチ〈*Tharops trotschi*〉昆虫綱鱗翅目シジミタテハ科の蝶。分布：コロンビア。

ダンゴタマムシ〈*Julodis onopordi*〉昆虫綱甲虫目タマムシ科。分布：小アジア，シリア，イラク，フランス，スペイン。

タンゴヒラタゴミムシ 丹後扁芥虫〈*Agonum leucopus*〉昆虫綱甲虫目オサムシ科の甲虫。体長8mm。分布：北海道，本州，四国，九州。

ダンゴムシ 団子虫〈*pill bug*〉節足動物門甲殻綱等脚目のオカダンゴムシArmadillidium vulgare（オカダンゴムシ科）とハマダンゴムシTylos granulatus（ハマダンゴムシ科）の総称。

ダンゴムシ オカダンゴムシの別名。

タンザワミズメイガ〈*Ambia* sp.〉昆虫綱鱗翅目メイガ科の蛾。分布：神奈川県丹沢山麓。

ダンダラカッコウムシ ダンダラサビカッコウムシの別名。

ダンダラコメツキ〈*Diacanthus undosus*〉昆虫綱甲虫目コメツキムシ科の甲虫。体長16～17mm。分布：北海道，本州。

ダンダラサビカッコウムシ〈*Stigmatium pilosellum*〉昆虫綱甲虫目カッコウムシ科の甲虫。体長6mm。分布：本州，四国，九州。

ダンダラショウジョウバエ〈*Drosophila annulipes*〉昆虫綱双翅目ショウジョウバエ科。体長3mm。分布：本州，四国，九州。

ダンダラチビタマムシ 段多羅矮吉丁虫〈*Trachys variolaris*〉昆虫綱甲虫目タマムシ科の甲虫。体長3.0～4.1mm。分布：本州，四国，九州。

ダンダラテントウ〈*Menochilus sexmaculatus*〉昆虫綱甲虫目テントウムシ科の甲虫。体長4～7mm。分布：本州，四国，九州，南西諸島。

ダンダラヒメユスリカ 段多羅姫揺蚊〈*Pentaneura monilis*〉昆虫綱双翅目ユスリカ科。

タンブシシアナオオゴマダラ〈*Idea tambusisiana*〉昆虫綱鱗翅目マダラチョウ科の蝶。開張155～160mm。分布：スラウェシ。珍蝶。

タンボオカメコオロギ〈*Loxoblemmus aomoriensis*〉昆虫綱直翅目コオロギ科。体長13mm。分布：北海道，本州(中部以北)。

タンボキヨトウ〈*Aletia pallens*〉昆虫綱鱗翅目ヤガ科ヨトウガ亜科の蛾。分布：ユーラシア，北海道，東北地方，関東北部，中部山地。

タンボキンウワバ〈*Autographa excelsa*〉昆虫綱鱗翅目ヤガ科コヤガ亜科の蛾。開張43～45mm。分布：ユーラシア，北海道，東北地方北部，関東・中部地方の内陸山地。

タンボコオロギ イチモンジコオロギの別名。

タンボツヤヌカカ〈*Dasyhelea scutellata*〉昆虫綱双翅目ヌカカ科。

タンポポハモグリバエ〈*Melanagromyza pulicaria*〉昆虫綱双翅目ハモグリバエ科。

タンボヤガ〈*Xestia ditrapezium*〉昆虫綱鱗翅目ヤガ科モンヤガ亜科の蛾。開張43～47mm。分布：ユーラシア，北海道，東北地方から本州中部。

【チ】

チェケニーウスバシロチョウ ルリモンウスバシロチョウの別名。

チェルノバマダラカゲロウ〈*Cincticostella tshernovae*〉昆虫綱蜉蝣目マダラカゲロウ科。

チカイエカ 地下家蚊〈Culex pipiens molestus〉昆虫綱双翅目カ科。害虫。

チガエナ・アンティリディス〈Zygaena anthyllidis〉昆虫綱鱗翅目マダラガ科の蛾。分布：フランスおよびスペインのピレネー山脈。

チガエナ・カルニオリカ〈Zygaena carniolica〉昆虫綱鱗翅目マダラガ科の蛾。分布：ドイツ中部から地中海沿岸およびアルタイまで。

チガエナ・ヒッポクロピディス〈Zygaena hippocropidis〉昆虫綱鱗翅目マダラガ科の蛾。分布：フランス，スペイン北部。

チガエナ・ファウスタ〈Zygaena fausta〉昆虫綱鱗翅目マダラガ科の蛾。分布：ドイツ中部からヨーロッパ南西部を経てスペイン南部，イタリアまで。

チガエナ・プルプラリス〈Zygaena purpuralis〉昆虫綱鱗翅目マダラガ科の蛾。分布：ヨーロッパからアジア西部まで。

チガエナ・ブワデュバリ〈Zygaena boisduvali〉昆虫綱鱗翅目マダラガ科の蛾。分布：イタリア南部。

チガエナ・ラバンドゥラエ〈Zygaena lavandulae〉昆虫綱鱗翅目マダラガ科の蛾。分布：フランス南部，スペン東部，ポルトガル。

チガヤシロオカイガラムシ〈Antonina graminis〉昆虫綱半翅目コナカイガラムシ科。体長2〜3mm。サトウキビ，シバ類に害を及ぼす。

チクシトゲアリ〈Polyrhachis hippomanes〉昆虫綱膜翅目アリ科。

チクニアショレグモ〈Labulla contortipes chikunii〉蛛形綱クモ目サラグモ科の蜘蛛。体長雌6〜7mm，雄5.5〜6.5mm。分布：本州(中部亜高山地帯)。

チクニエビスグモ〈Synaema chikunii〉蛛形綱クモ目カニグモ科の蜘蛛。体長雌5〜6mm，雄4.0〜4.5mm。分布：北海道，本州(高地)。

チクニサヤヒメグモ〈Coleosoma margaritum〉蛛形綱クモ目ヒメグモ科の蜘蛛。体長雌2.5〜3.0mm，雄2.5〜3.2mm。分布：本州(東北地方・長野県高地)。

チクニヒシガタグモ〈Episinus chikunii〉蛛形綱クモ目ヒメグモ科の蜘蛛。体長雌5〜6mm，雄4〜5mm。分布：本州(山地，亜高山地帯)。

チクニフクログモ〈Clubiona chikunii〉蛛形綱クモ目フクログモ科の蜘蛛。体長雌8〜9mm，雄7〜8mm。分布：本州中部(日本アルプス山麓亜高山地帯)。

チクニヤミサラグモ〈Arcuphantes chikunii〉蛛形綱クモ目サラグモ科の蜘蛛。体長2.5mm。分布：本州(中部地方の高地)。

チクニヨリメケムリグモ〈Zelotes shaanxiensis〉蛛形綱クモ目ワシグモ科の蜘蛛。体長雌7〜8mm，雄6〜7mm。分布：本州(中部)。

チゴザサシジミ〈Hypolycaena thecloides〉昆虫綱鱗翅目シジミチョウ科の蝶。分布：マレーシアからフィリピン，ジャワ，ボルネオ。

チシマオサムシ〈Carabus kurilensis〉昆虫綱甲虫目オサムシ科の甲虫。体長17〜24mm。分布：千島。

チシマカニグモ〈Xysticus kurilensis〉蛛形綱クモ目カニグモ科の蜘蛛。体長雌7〜8mm，雄5〜6mm。分布：千島，北海道，本州，九州。

チシマシロスジコウモリ〈Gazoryctra ganna〉昆虫綱鱗翅目コウモリガ科の蛾。分布：千島，シベリア東部からヨーロッパ北部。

チシマテントウ ダイモンテントウの別名。

チシマハシリグモ〈Dolomedes kurilensis〉蛛形綱クモ目キシダグモ科の蜘蛛。

チシマフクログモ ヒメフクログモの別名。

チシマミズギワゴミムシ〈Bembidion dolorosum〉昆虫綱甲虫目オサムシ科の甲虫。体長5.0〜5.5mm。分布：北海道，本州(北部)。

チシマヤブカ〈Aedes punctor〉昆虫綱双翅目カ科。体長5.5mm。害虫。

チシャノキオオスヒロキバガ〈Ethmia assamensis〉昆虫綱鱗翅目スヒロキバガ科の蛾。別名スジマダラヒロバスガ。開張25〜28mm。分布：本州(中国地方)，四国，九州，屋久島，琉球，北インド，中国，台湾。

チシャノキオオヒロスガ チシャノキオオスヒロキバガの別名。

チシャノキグンバイ〈Dictyla formosa〉昆虫綱半翅目グンバイムシ科。

チシャノキコヒロスガ トホシスヒロキバガの別名。

チスイビル 血吸蛭〈Hirudo nipponia〉環形動物門ヒル綱顎ビル目ヒルド科のヒル。分布：日本各地。害虫。

チスイビル 血吸蛭 ヒル綱ヒルド科の環形動物の一種，または他の動物から血を吸うヒル類の総称。

チーズバエ 乾酪蠅〈Piophila casei〉昆虫綱双翅目チーズバエ科。体長3〜4mm。害虫。

チズモンアオシャク〈Agathia carissima〉昆虫綱鱗翅目シャクガ科アオシャク亜科の蛾。開張27〜34mm。分布：北海道，本州，四国，九州，朝鮮半島，中国東北，シベリア南東部，インド北部。

チズモンクチバ〈Avatha discolor〉昆虫綱鱗翅目ヤガ科シタバガ亜科の蛾。分布：アフリカ，インドから東南アジア，南太平洋，愛知県新城市，新潟県弥彦山，徳島県剣山。

チタナ・チタ〈*Tsitana tsita*〉昆虫綱鱗翅目セセリチョウ科の蝶。分布：喜望峰からトランスバールまで。

チタナ・ワラセイ〈*Tsitana wallacei*〉昆虫綱鱗翅目セセリチョウ科の蝶。分布：ローデシア。

チチイロフタオチョウ〈*Charaxes lactetinctus lactetinctus*〉昆虫綱鱗翅目タテハチョウ科の蝶。分布：コートジボアールから中央アフリカ、コンゴ、ザイール、ウガンダ、エチオピア南西部まで。

チチウスヒラタクワガタ〈*Serrognathus tityus*〉昆虫綱甲虫目クワガタムシ科。分布：アッサム、ネパール、ヒマラヤ、インド、ミャンマー、インドシナ。

チチブニセリンゴカミキリ〈*Niponostenostola niponensis*〉昆虫綱甲虫目カミキリムシ科フトカミキリ亜科の甲虫。体長10～13mm。分布：本州。

チチュウカイミバエ 地中海実蠅〈*Ceratitis capitata*〉昆虫綱双翅目ミバエ科。別名メジフライ。

チチュウスシロカブトムシ〈*Dynastes tityus*〉昆虫綱甲虫目コガネムシ科の甲虫。分布：アメリカ南西部。

チッチゼミ〈*Cicadetta radiator*〉昆虫綱半翅目セミ科。体長27～33mm。分布：北海道(南部)、本州、四国、九州(北部)。

チトヌストリバネアゲハ〈*Ornithoptera tithonus*〉昆虫綱鱗翅目アゲハチョウ科の蝶。開張雄150mm、雌190mm。分布：西ニューギニア高地。珍蝶。

チノマダラカゲロウ〈*Uracanthella chinoi*〉昆虫綱蜉蝣目マダラカゲロウ科。

チバクロバネキノコバエ〈*Bradysia difformis*〉昆虫綱双翅目クロバネキノコバエ科。キノコ類に害を及ぼす。分布：本州、ヨーロッパ。

チビアオゴミムシ〈*Eochlaenius suvorovi*〉昆虫綱甲虫目オサムシ科の甲虫。体長9mm。分布：本州。

チビアオゾウムシ〈*Hyperstylus pallipes*〉昆虫綱甲虫目ゾウムシ科の甲虫。体長3mm。林檎に害を及ぼす。分布：本州以南の日本各地。

チビアオナミシャク〈*Chloroclystis kumakurai*〉昆虫綱鱗翅目シャクガ科の蛾。分布：本州、四国。

チビアカサラグモ〈*Nematogmus sanguinolentus*〉蛛形綱クモ目サラグモ科の蜘蛛。体長1.7～2.0mm。分布：本州、四国、九州。

チビアカジママドガ〈*Striglina paravenia*〉昆虫綱鱗翅目マドガ科の蛾。分布：屋久島、沖縄本島、石垣島、西表島。

チビアシボソケバエ〈*Bibio amputonervis*〉昆虫綱双翅目ケバエ科。

チビアツバ〈*Luceria fletcheri*〉昆虫綱鱗翅目ヤガ科クチバ亜科の蛾。分布：関東地方を北限、四国、九州、屋久島、奄美大島、沖縄本島。

チビアトキリゴミムシ〈*Microlestes minutulus*〉昆虫綱甲虫目ゴミムシ科。

チビアトクロナミシャク〈*Lampropteryx otregiata*〉昆虫綱鱗翅目シャクガ科ナミシャク亜科の蛾。開張18～23mm。分布：ヨーロッパ、ロシアの一部からシベリア南東部、北海道、本州(中部山岳)、四国(石鎚山)。

チビアナアキゾウムシ〈*Dyscerus foveolatus*〉昆虫綱甲虫目ゾウムシ科の甲虫。体長3.0～3.5mm。

チビアヤヒメノメイガ〈*Diasemiopsis ramburialis*〉昆虫綱鱗翅目メイガ科の蛾。分布：北陸地方、四国北部、九州北部、インドから東南アジア一帯、オーストラリア、太平洋の島々、ヨーロッパ南部、北アメリカ。

チビイエバエ〈*Musca fasciata*〉昆虫綱双翅目イエバエ科。体長3.5～4.5mm。害虫。

チビイクビチョッキリ〈*Deporaus minimus*〉昆虫綱甲虫目オトシブミ科の甲虫。体長1.8～3.4mm。

チビイシガケチョウ〈*Chersonesia risa*〉昆虫綱鱗翅目タテハチョウ科の蝶。分布：シッキム、アッサムからインドシナを経てスマトラ、ボルネオまで。

チビイツカク〈*Mecynotarsus minimus*〉昆虫綱甲虫目アリモドキ科の甲虫。体長1.6～1.9mm。

チビウスキヨトウ〈*Acrapex azumai*〉昆虫綱鱗翅目ヤガ科カラスヨトウ亜科の蛾。分布：四国、九州本土、対馬から屋久島、奄美大島、沖縄本島、石垣島、西表島。

チビウスバハムシ〈*Stenoluperus bicarinatus*〉昆虫綱甲虫目ハムシ科の甲虫。体長2.8～3.2mm。

チビウスバホシシャク〈*Derambila saponaria*〉昆虫綱鱗翅目シャクガ科の蛾。分布：インド南部、スリランカ、ミャンマー、マレー半島、ボルネオ、パラワン、石垣島、西表島、台湾。

チビウラナミシジミ〈*Prosotas dubiosa*〉昆虫綱鱗翅目シジミチョウ科の蝶。

チビウンカ〈*Kosswigianella exigua*〉昆虫綱半翅目ウンカ科。シバ類に害を及ぼす。

チビガ 昆虫綱鱗翅目チビガ科Bucculatrigidaeの昆虫の総称。

チビカギキノコバエ〈*Phronia flavicollis*〉昆虫綱双翅目キノコバエ科。

チビカクコガシラハネカクシ〈*Philonthus discoideus*〉昆虫綱甲虫目ハネカクシ科の甲虫。体長4.8～5.3mm。

チビカクマグソコガネ〈*Rhyparus kitanoi*〉昆虫綱甲虫目コガネムシ科の甲虫。体長3.3～4.0mm。

チヒカクモ

チビカクモンハマキ〈Archips insulanus〉昆虫綱鱗翅目ハマキガ科の蛾。分布：奄美大島，琉球列島。

チビカグヤヒメキクイゾウムシ〈Pseudocossonus brachypus〉昆虫綱甲虫目ゾウムシ科の甲虫。体長3.7～3.9mm。

チビカサハラハムシ〈Demotina decorata〉昆虫綱甲虫目ハムシ科の甲虫。体長2.2～3.0mm。

チビカザリコガ〈Digitivalva hemiglypha〉昆虫綱鱗翅目アトヒゲコガ科の蛾。分布：屋久島。

チビカタアカクロハナカミキリ〈Anoplodera binotata〉昆虫綱甲虫目カミキリムシ科ハナカミキリ亜科の甲虫。

チビカミナリハムシ〈Zipanginia picipes〉昆虫綱甲虫目ハムシ科の甲虫。体長2.0～2.2mm。

チビカワトンボ〈Bayadera brevicauda ishigakiana〉昆虫綱蜻蛉目ミナミカワトンボ科の蜻蛉。体長36mm。分布：石垣島，西表島。

チビキアシヒラタヒメバチ〈Coccygomimus nipponicus〉昆虫綱膜翅目ヒメバチ科。体長9mm。分布：日本全土。

チビキイロコウラコマユバチ〈Phanerotoma planifrons〉昆虫綱膜翅目コマユバチ科。

チビキイロゴモクムシ キイロチビゴモクムシの別名。

チビキカワムシの一種〈Lissodema sp.〉甲虫。

チビキノコゴミムシダマシ〈Platydema sylvestre〉昆虫綱甲虫目ゴミムシダマシ科の甲虫。体長4.5～5.0mm。分布：本州，四国，九州。

チビキノコシバランムシ〈Sculptotheca hilleri〉昆虫綱甲虫目シバンムシ科の甲虫。体長1.6～2.0mm。

チビキバナヒメハナバチ 矮黄花姫花蜂〈Andrena knuthi〉昆虫綱膜翅目ヒメハナバチ科。分布：本州，九州。

チビキヒメシャク〈Idaea neovalida〉昆虫綱鱗翅目シャクガ科の蛾。分布：本州(千葉県清澄山)，四国，九州，屋久島，奄美大島，喜界島，徳之島，沖永良部島，沖縄本島，宮古島，石垣島，西表島。

チビキンモンホソガ〈Porphyrosela dorinda〉昆虫綱鱗翅目ホソガ科の蛾。分布：屋久島，台湾，インド。

チビクチカクシゾウムシ〈Deiradocranus setosus〉昆虫綱甲虫目ゾウムシ科の甲虫。体長1.5～1.8mm。

チビクチボソヒゲナガゾウムシ〈Enedreytes gotoi〉昆虫綱甲虫目ヒゲナガゾウムシ科の甲虫。体長2.3～2.5mm。

チビクビボソハネカクシ〈Scopaeus virilis〉昆虫綱甲虫目ハネカクシ科の甲虫。体長2.9～3.1mm。

チビクロアツバ〈Chibidokuga hypenodes〉昆虫綱鱗翅目ヤガ科クチバ亜科の蛾。分布：朝鮮半島，北海道南部，本州，四国，九州，対馬，屋久島，奄美大島，沖縄本島。

チビクロセスジハネカクシ〈Anotylus ganglbaueri〉昆虫綱甲虫目ハネカクシ科の甲虫。体長1.5～1.8mm。

チビクロツツキクイゾウムシ〈Magdalis ruficornis〉昆虫綱甲虫目ゾウムシ科。

チビクロテントウ クロテントウの別名。

チビクロハエトリ〈Heliophanus aeneus〉蛛形綱クモ目ハエトリグモ科の蜘蛛。体長雌4～5mm，雄2.5～3.0mm。分布：北海道，本州，九州。

チビクロハエトリの一種〈Heliophanus sp.〉蛛形綱クモ目ハエトリグモ科の蜘蛛。体長雌5～6mm，雄5～6mm。分布：本州(中部)。

チビクロハナカメムシ〈Anthocoris chibi〉昆虫綱半翅目ハナカメムシ科。

チビクロバネキノコバエ〈Bradysia agrestis〉昆虫綱双翅目クロバネキノコバエ科。体長雄1.2～1.3mm，雌1.1～2.4mm。ウリ科野菜，サトイモに害を及ぼす。

チビクロホシテントウゴミムシダマシ〈Derispia klapperichi〉昆虫綱甲虫目ゴミムシダマシ科の甲虫。体長2.0mm。

チビクロマルハラカタグモ〈Ceratinella brevis〉蛛形綱クモ目サラグモ科の蜘蛛。

チビクロモンキノコハネカクシ〈Lordithon niponensis〉昆虫綱甲虫目ハネカクシ科の甲虫。体長4.5～4.8mm。

チビクロユスリカ〈Smittia pratorum〉昆虫綱双翅目ユスリカ科。

チビクワガタ 矮鍬形虫〈Figulus binodulus〉昆虫綱甲虫目クワガタムシ科の甲虫。体長11～15mm。分布：本州，四国，九州。

チビケカツオブシムシ〈Trinodes rufescens〉昆虫綱甲虫目カツオブシムシ科の甲虫。体長1.9～2.5mm。

チビケシバンムシ〈Theca hilleri〉昆虫綱甲虫目シバンムシ科。

チビケセスジエンマムシ〈Epiechinus arboreus〉昆虫綱甲虫目エンマムシ科の甲虫。体長1.8～2.1mm。

チビゲンゴロウ〈Guignotus japonicus〉昆虫綱甲虫目ゲンゴロウ科の甲虫。体長2mm。分布：北海道，本州，四国，九州，南西諸島。

チビコエンマコガネ〈Caccobius unicornis〉昆虫綱甲虫目コガネムシ科の甲虫。体長3mm。

チビコオニケシキスイ〈Cryptarcha inhalita〉昆虫綱甲虫目ケシキスイ科の甲虫。体長2.1～2.7mm。

チビコガシラミズムシ〈Haliplus minutus〉昆虫綱甲虫目コガシラミズムシ科の甲虫。体長3mm。分布：北海道，本州。

チビコガシラミズムシ クビボソコガシラミズムシの別名。

チビコキクイムシ〈Hypothenemus eruditus〉昆虫綱甲虫目キクイムシ科の甲虫。体長1.1～1.3mm。

チビコクヌスト　矮穀盗〈Latolaeva japonica〉昆虫綱甲虫目コクヌスト科の甲虫。体長3.5～5.2mm。分布：北海道，本州。

チビコケガ〈Mithuna fuscivena〉昆虫綱鱗翅目ヒトリガ科の蛾。分布：奄美大島，沖縄本島，石垣島，ボルネオ，スリランカ。

チビコツブゲンゴロウ〈Hydrocoptus subvittulus〉昆虫綱甲虫目コツブゲンゴロウ科の甲虫。体長2.2～2.4mm。

チビコナダニ〈Suidasia nesbitti〉蛛形綱ダニ目コナダニ科。体長雄0.27～0.3mm，雌0.3～0.34mm。貯穀・貯蔵植物性食品に害を及ぼす。分布：日本全国。

チビコブカミキリ〈Miccolamia verrucosa〉昆虫綱甲虫目カミキリムシ科フトカミキリ亜科の甲虫。体長3.5～4.5mm。分布：北海道，本州，四国，九州，佐渡。

チビコブキゾウムシ〈Sitona japonicus〉昆虫綱甲虫目ゾウムシ科の甲虫。体長4.0～4.8mm。

チビコブスジコガネ〈Trox acaber〉昆虫綱甲虫目コブスジコガネ科の甲虫。体長5.0～5.5mm。分布：北海道，本州，四国，九州。

チビコブツノゴミムシダマシ〈Byrsax niponicus〉昆虫綱甲虫目ゴミムシダマシ科の甲虫。体長6.0mm。

チビコブノメイガ〈Marasmia poeyalis〉昆虫綱鱗翅目メイガ科の蛾。分布：石垣島，西表島，台湾，インドから東南アジア一帯，太平洋諸島，アフリカ。

チビコブハダニ〈Oligonychus ilicis〉蛛形綱ダニ目ハダニ科。体長雌0.4mm，雄0.3mm。ツゲ，ツツジ類，茶に害を及ぼす。分布：本州，四国，九州，アメリカ，ブラジル。

チビゴマフカミキリ〈Mesosa shikokensis〉昆虫綱甲虫目カミキリムシ科の甲虫。

チビコムラサキ〈Rohana parisatis〉昆虫綱鱗翅目タテハチョウ科の蝶。

チビコメツキモドキ〈Henoticonus triphylloides〉昆虫綱甲虫目コメツキモドキ科の甲虫。体長2.8～3.4mm。

チビコモリグモ〈Pirata procurvus〉蛛形綱クモ目コモリグモ科の蜘蛛。体長雌4～5mm，雄3～4mm。分布：北海道，本州，四国，九州。

チビサクラコガネ〈Anomala schoenfeldti〉昆虫綱甲虫目コガネムシ科の甲虫。体長9～12mm。シバ類に害を及ぼす。分布：本州，九州。

チビサシバエ〈Stomoxys uruma〉昆虫綱双翅目イエバエ科。体長3.4～4.5mm。害虫。

チビサナエ〈Stylogomphus ryukyuanus〉昆虫綱蜻蛉目サナエトンボ科の蜻蛉。体長35mm。

チビサラグモ〈Linyphia brongersmai〉蛛形綱クモ目サラグモ科の蜘蛛。体長雌4.5～5.0mm，雄4.5～5.0mm。分布：本州，四国，九州。

チビサルハムシ チビルリツツハムシの別名。

チビシデムシの一種〈Catops sp.〉昆虫綱甲虫目チビシデムシ科。

チビシマメイガ〈Tegulifera faviusalis〉昆虫綱鱗翅目メイガ科の蛾。分布：奄美大島，沖縄本島，ボルネオ，インド。

チビシリアゲハネカクシ〈Tinotus japonicus〉昆虫綱甲虫目ハネカクシ科。

チビシロカネグモ〈Leucauge crucinota〉蛛形綱クモ目アシナガグモ科の蜘蛛。体長雌3mm，雄2mm。分布：四国(山地)，九州(山地)，南西諸島。

チビシロヒメシャク〈Scopula kawabei〉昆虫綱鱗翅目シャクガ科の蛾。分布：本州南西部から南西諸島。

チビスカシノメイガ〈Glyphodes pyloalis〉昆虫綱鱗翅目メイガ科ノメイガ亜科の蛾。開張21～24mm。桑，繊維作物に害を及ぼす。分布：東北地方から四国，九州，対馬，屋久島，吐噶喇列島，奄美大島，沖永良部島，沖縄本島，宮古島，石垣島，西表島，朝鮮半島，中国，インドから東南アジア一帯。

チビスグリゾウムシ〈Pseudocneorhinus minimus〉昆虫綱甲虫目ゾウムシ科の甲虫。体長3.5～5.0mm。

チビスナゴミムシダマシ〈Gonocephalum acoriaceum〉昆虫綱甲虫目ゴミムシダマシ科の甲虫。体長7.2～8.0mm。

チビズマルヒメハナムシ〈Phalacrus luteicornis〉昆虫綱甲虫目ヒメハナムシ科の甲虫。体長1.4～1.6mm。

チビセマルホソヒラタムシ〈Monanus concinnulus〉昆虫綱甲虫目ホソヒラタムシ科の甲虫。体長1.8～2.5mm。

チビタイマイ〈Graphium gelon〉昆虫綱鱗翅目アゲハチョウ科の蝶。分布：ニューカレドニア，リフ，ロイヤルティ諸島。

チビタイマイ キミドリタイマイの別名。

チヒタカネ

チビタカネヒカゲ〈*Oeneis sculda*〉昆虫綱鱗翅目ジャノメチョウ科の蝶。分布：アルタイ, サヤンからアムール, ウスリーまで。

チビタケナガシンクイ 矮竹長心喰虫〈*Dinoderus minutus*〉昆虫綱甲虫目ナガシンクイムシ科の甲虫。体長2.5～3.5mm。貯穀・貯蔵植物性食品に害を及ぼす。分布：日本全国, 汎世界的。

チビタマキノコムシ〈*Zeadolopus japonicus*〉昆虫綱甲虫目タマキノコムシ科の甲虫。体長1.2～1.6mm。

チビダルマガムシ ミヤタケダルマガムシの別名。

チビチーズバエ〈*Protopiophila latipes*〉昆虫綱双翅目チーズバエ科。体長2.5～3.2mm。害虫。

チビツチカメムシ 矮土亀虫〈*Chilocoris confusus*〉昆虫綱半翅目ツチカメムシ科。

チビツトガ〈*Microchilo inouei*〉昆虫綱鱗翅目メイガ科の蛾。分布：北海道, 本州, 屋久島, 四国, 九州。

チビツマオレガ〈*Decadarchis iolaxa*〉昆虫綱鱗翅目ヒロズコガ科の蛾。分布：東京。

チビツヤアシブトコバチ〈*Antrocephalus japonicus*〉昆虫綱膜翅目アシブトコバチ科。

チビツヤグモ〈*Micaria pulicaria*〉蛛形綱クモ目ワシグモ科の蜘蛛。

チビツヤゴモクムシ〈*Trichotichnus nanus*〉昆虫綱甲虫目オサムシ科の甲虫。体長6～7mm。

チビツヤムネハネカクシ〈*Heterothops cognatus*〉昆虫綱甲虫目ハネカクシ科の甲虫。体長4.5～5.5mm。

チビデオゾウムシ〈*Acalyptus carpini*〉昆虫綱甲虫目ゾウムシ科の甲虫。体長2.2～2.6mm。分布：北海道, 本州(中部山地以北)。

チビドウガネハネカクシ〈*Ocypus parvulus*〉昆虫綱甲虫目ハネカクシ科の甲虫。体長12.0～13.0mm。

チビトガリアツバ〈*Hypenomorpha falcipennis*〉昆虫綱鱗翅目ヤガ科クチバ亜科の蛾。分布：北海道, 伊豆半島。

チビトガリハネカクシ〈*Sunius debilicornis*〉昆虫綱甲虫目ハネカクシ科の甲虫。体長2.3～2.5mm。

チビドクガ〈*Chibidokuga nigra*〉昆虫綱鱗翅目ドクガ科の蛾。開張20～24mm。

チビドクグモ チビコモリグモの別名。

チビトゲアシベッコウ〈*Priconemis shidai*〉昆虫綱膜翅目ベッコウバチ科。

チビトビコバチ〈*Arrhenophagus chionaspidis*〉昆虫綱膜翅目トビコバチ科。

チビトビスジエダシャク〈*Aethalura nanaria*〉昆虫綱鱗翅目シャクガ科エダシャク亜科の蛾。開張14～21mm。分布：北海道, 本州, 四国, 九州, 対馬, 朝鮮半島, シベリア南東部。

チビトビモントリバ〈*Stenoptilia dissipata*〉昆虫綱鱗翅目トリバガ科の蛾。分布：本州(山梨県), 九州。

チビトラカミキリの一種〈*Perissus laetus*〉昆虫綱甲虫目カミキリムシ科の甲虫。

チビドロバチ〈*Stenodynerus frauenfeldi*〉昆虫綱膜翅目スズメバチ科。体長6～8mm。分布：北海道, 本州, 四国, 九州, 小笠原諸島父島。

チビドロムシ〈*Limnichus lewisi*〉昆虫綱甲虫目チビドロムシ科の甲虫。体長1.7～1.8mm。

チビナガコケムシ〈*Euthiconus paradoxus*〉昆虫綱甲虫目コケムシ科。

チビナガヒラタムシ〈*Micromalthus debilis*〉昆虫綱甲虫目チビナガヒラタムシ科の甲虫。体長雌2mm。

チビナミハグモ〈*Cybaeus rarispinosus*〉蛛形綱クモ目タナグモ科の蜘蛛。

チビニセユミセミゾハネカクシ〈*Carpelimus exiguus*〉昆虫綱甲虫目ハネカクシ科の甲虫。体長1.5～1.8mm。

チビネスイ〈*Rhizophagus parviceps*〉昆虫綱甲虫目ネスイムシ科の甲虫。体長2.3～2.7mm。

チビノギカワゲラ〈*Microperla brevicauda*〉昆虫綱襀翅目ヒロムネカワゲラ科。別名ヒメノギカワゲラ。

チビノミナガクチキムシ〈*Lederia japonica*〉昆虫綱甲虫目ナガクチキムシ科の甲虫。体長1.7mm。

チビハキリバチ〈*Megachile subalbuta*〉昆虫綱膜翅目ハキリバチ科。

チビハサミムシ〈*Labia curvicauda*〉昆虫綱革翅目クロハサミムシ科。体長4～5mm。分布：本州, 九州, 小笠原諸島。

チビハナカミキリ〈*Grammoptera chalybeella*〉昆虫綱甲虫目カミキリムシ科ハナカミキリ亜科の甲虫。体長6～8mm。分布：北海道, 本州, 佐渡, 対馬。

チビハネカクシの一種〈*Atheta* sp.〉甲虫。

チビハバビロハネカクシ〈*Proteinus crassicornis*〉昆虫綱甲虫目ハネカクシ科の甲虫。体長1.2～1.5mm。

チビハマキモドキ〈*Choreutis minuta*〉昆虫綱鱗翅目ハマキモドキガ科の蛾。分布：沖縄本島, 石垣島。

チビハマキヤドリバエ〈*Actia crassicornis*〉昆虫綱双翅目ヤドリバエ科。

チビハラツヤハナバチ〈*Hylaeus paulus*〉昆虫綱膜翅目ミツバチモドキ科。

チビヒゲタケカ〈*Macrocera pusilla*〉昆虫綱双翅目キノコバエ科。

チビビゲナガハナノミ 矮鬚長花蚤〈*Ectopria opaca*〉昆虫綱甲虫目ヒラタドロムシ科の甲虫。体長2.4～3.5mm。分布：本州，四国，九州。

チビヒサゴゴミムシダマシ〈*Laena rotundicollis*〉昆虫綱甲虫目ゴミムシダマシ科の甲虫。体長5mm。分布：本州，四国，九州，屋久島。

チビヒサゴコメツキ〈*Hypnoidus rivalis*〉昆虫綱甲虫目コメツキムシ科の甲虫。体長4～5mm。分布：北海道，本州(東北山地)。

チビヒトツメアオゴミムシ〈*Chlaenius guttula*〉昆虫綱甲虫目オサムシ科の甲虫。体長7.5～8.2mm。

チビヒメナミシャク〈*Hydrelia shioyana*〉昆虫綱鱗翅目シャクガ科ナミシャク亜科の蛾。開張13～16mm。分布：北海道，本州，四国，九州，朝鮮半島。

チビヒメハナノミ〈*Mordellina chibi*〉昆虫綱甲虫目ハナノミ科。

チビヒメハナムシ〈*Stilbus pumilus*〉昆虫綱甲虫目ヒメハナムシ科の甲虫。体長1.1～1.6mm。

チビヒョウタンゴミムシ〈*Dyschirius ordinatus*〉昆虫綱甲虫目オサムシ科の甲虫。体長2.9～3.0mm。

チビヒョウタンゾウムシ〈*Myosides seriehispidus*〉昆虫綱甲虫目ゾウムシ科の甲虫。体長3.4～3.7mm。

チビヒョウタンヒゲナガゾウムシ〈*Notioxenus tomicoides*〉昆虫綱甲虫目ヒゲナガゾウムシ科。

チビヒラタガムシ〈*Enochrus esuriens*〉昆虫綱甲虫目ガムシ科の甲虫。体長2.4～2.8mm。

チビヒラタムシの一種〈*Laemophloeus* sp.〉昆虫綱甲虫目ヒラタムシ科の甲虫。

チビヒラタヨツメハネカクシ〈*Nipponophloeostiba verrucifera*〉昆虫綱甲虫目ハネカクシ科の甲虫。体長2.3～2.7mm。

チビビロウドコガネ〈*Maladera nitidiceps*〉昆虫綱甲虫目コガネムシ科の甲虫。体長5.5～7.3mm。

チビフシオナガヒメバチ〈*Acropimpla pictipes*〉昆虫綱膜翅目ヒメバチ科。

チビフタオチョウ〈*Polyura athamas*〉昆虫綱鱗翅目タテハチョウ科の蝶。分布：インド北西部から中国南部，ミャンマー，タイ，マレーシア，ジャワ。

チビブドウツヤコガ〈*Antispila orbicuella*〉昆虫綱鱗翅目ツヤコガ科の蛾。分布：九州および屋久島。

チビホウジャク〈*Macroglossum troglodytus*〉昆虫綱鱗翅目スズメガ科の蛾。分布：沖縄本島，台湾，ジャワ，スリランカ，インド。

チビホソナガクチキムシ〈*Phloeotrya parvula*〉昆虫綱甲虫目ナガクチキムシ科の甲虫。体長4.0～5.5mm。

チビホソナガクチキムシ ズカクシナガクチキムシの別名。

チビホソナガゴミムシ〈*Pterostichus neglectus*〉昆虫綱甲虫目ゴミムシ科。

チビホソハネカクシ 矮細隠翅虫〈*Lispinus impressicollis*〉昆虫綱甲虫目ハネカクシ科の甲虫。体長3mm。分布：本州，四国，九州，屋久島。

チビホソハマキ〈*Phalonidia permixtana*〉昆虫綱鱗翅目ホソハマキガ科の蛾。分布：東北及び中部山地。

チビホタルジョウカイ〈*Elianus rugiceps*〉昆虫綱甲虫目ジョウカイボン科。

チビホタルモドキ〈*Omethes rugiceps*〉昆虫綱甲虫目ホタルモドキ科の甲虫。体長4.3～4.5mm。

チビホラヒメグモ〈*Nesticus mogera*〉蛛形綱クモ目ホラヒメグモ科の蜘蛛。体長雌2.8mm，雄2.2mm。分布：日本全土。

チビマエジロホソマダラメイガ〈*Assara hoeneella*〉昆虫綱鱗翅目メイガ科の蛾。分布：本州(関東以西)，四国，九州，中国。

チビマダラ シロモンチビマダラの別名。

チビマダラヒメハマキ〈*Peridaedala japonica*〉昆虫綱鱗翅目ハマキガ科の蛾。分布：和歌山県岩湧山，大阪府岸和田，東京都下日原，長野県碓氷峠。

チビマダラマドガ〈*Rhodoneura erecta*〉昆虫綱鱗翅目マドガ科の蛾。分布：本州，四国，九州，朝鮮半島。

チビマツアナアキゾウムシ〈*Hylobitelus pinastri*〉昆虫綱甲虫目ゾウムシ科の甲虫。体長6.1～8.2mm。分布：北海道，本州の山地。

チビマドガ〈*Microbelia intimalis*〉昆虫綱鱗翅目マドガ科の蛾。分布：西表島，インドから東南アジア一帯。

チビマドタテハ〈*Thaleropis ionia*〉昆虫綱鱗翅目タテハチョウ科の蝶。分布：トルコ，アルメニア，イラク，イラン。

チビマルガタゴミムシ〈*Amara tibialis*〉昆虫綱甲虫目ゴミムシ科。

チビマルカツオブシムシ〈*Anthrenus japonicus*〉昆虫綱甲虫目カツオブシムシ科の甲虫。体長2.0～3.2mm。

チビマルガムシ〈*Paracymus evanescens*〉昆虫綱甲虫目ガムシ科の甲虫。体長2.2～2.3mm。

チビマルクビゴミムシ〈*Nippononebria pusilla*〉昆虫綱甲虫目オサムシ科の甲虫。体長7.0～8.5mm。

チビマルケシゲンゴロウ〈Hydrovatus pumilus〉昆虫綱甲虫目ゲンゴロウ科の甲虫。体長1.7〜1.8mm。

チビマルハナノミ〈Cyphon variabilis〉昆虫綱甲虫目マルハナノミ科の甲虫。体長2.8〜3.8mm。

チビマルヒゲナガハナノミ〈Macroeubria lewisi〉昆虫綱甲虫目ヒラタドロムシ科の甲虫。体長2.6〜3.2mm。

チビマルホソカタムシ〈Murmidius ovalis〉昆虫綱甲虫目カクホソカタムシ科の甲虫。体長1.4mm。貯穀・貯蔵植物性食品に害を及ぼす。分布：本州，九州，中国，東南アジア，インド，ヨーロッパ，南北アメリカ。

チビマルモンノメイガ〈Udea exigualis〉昆虫綱鱗翅目メイガ科の蛾。分布：北海道南部から本州の東海地方。

チビミズアトキリゴミムシ〈Apristus cuprascens〉昆虫綱甲虫目オサムシ科の甲虫。体長3mm。

チビミズギワゴミムシ〈Polyderis microscopicus〉昆虫綱甲虫目オサムシ科の甲虫。体長1.5mm。

チビミズギワコメツキ〈Pronegastrius lewisi〉昆虫綱甲虫目コメツキムシ科の甲虫。体長1.5mm。

チビミズムシ〈Micronecta sedula〉昆虫綱半翅目ミズムシ科。体長2.5〜3.2mm。分布：本州，九州。

チビムクゲケシキスイ〈Circopes suturalis〉昆虫綱甲虫目ケシキスイ科の甲虫。体長2.0〜2.8mm。

チビムジアオシャク〈Mujiaoshakua plana〉昆虫綱鱗翅目シャクガ科アオシャク亜科の蛾。開張20mm。分布：北海道，本州(中部地方)，サハリン，シベリア南東部。

チビムラサキマダラ〈Euploea eleusina〉昆虫綱鱗翅目マダラチョウ科の蝶。

チビメナガゾウムシ〈Calomycterus setarius〉昆虫綱甲虫目ゾウムシ科の甲虫。体長4.4〜4.7mm。

チビメナガヒゲナガゾウムシ〈Phaulimia minor〉昆虫綱甲虫目ヒゲナガゾウムシ科の甲虫。体長2.4〜4.0mm。

チビモリヒラタゴミムシ〈Colpodes aurelius〉昆虫綱甲虫目オサムシ科の甲虫。体長6.5〜8.0mm。

チビヨツボシゴミムシダマシ〈Basanus fukudai〉昆虫綱甲虫目ゴミムシダマシ科の甲虫。体長5.3〜5.5mm。

チビルリクビボソハムシ　スゲクビボソハムシの別名。

チビルリツツハムシ〈Cryptocephalus confusus〉昆虫綱甲虫目ハムシ科の甲虫。体長2.5mm。分布：本州，四国，九州。

チブサトゲグモ〈Gasteracantha mammosa〉蛛形綱クモ目コガネグモ科の蜘蛛。体長雌8〜12mm，雄3〜5mm。分布：南西諸島(奄美大島以南)。

チベットコキマダラセセリ〈Ochlodes thibetanus〉蝶。

チベットスジグロシロチョウ〈Artogeia ajaka〉昆虫綱鱗翅目シロチョウ科の蝶。分布：パキスタン，カシミール，チベット。

チマダラヒメヨコバイ〈Erythroneura mori〉昆虫綱半翅目ヨコバイ科。体長2.3mm。桑，栗に害を及ぼす。分布：本州，四国，九州，中国。

チミアスマエモンジャコウアゲハ〈Parides timias〉昆虫綱鱗翅目アゲハチョウ科の蝶。分布：エクアドル。

チモールアオネアゲハ〈Papilio pericles〉昆虫綱鱗翅目アゲハチョウ科の蝶。開張80mm。分布：ティモール。珍蝶。

チモールメスシロキチョウ〈Ixias vollenhovii〉昆虫綱鱗翅目シロチョウ科の蝶。分布：ティモールおよび周辺の島々。

チャイブシツヤムネハネカクシ〈Quedius planatus〉昆虫綱甲虫目ハネカクシ科の甲虫。体長8.0〜9.0mm。

チャイロアカサルゾウムシ〈Coeliodes brunneus〉昆虫綱甲虫目ゾウムシ科の甲虫。体長3.0〜3.2mm。

チャイロアカメセセリ〈Matapa druna〉昆虫綱鱗翅目セセリチョウ科の蝶。分布：アッサムからマレーシアまで，スマトラ，ボルネオ，ジャワ。

チャイロアサヒハエトリ〈Phintella abnormis〉蛛形綱クモ目ハエトリグモ科の蜘蛛。体長雌5〜6mm，雄5〜6mm。分布：本州，四国，九州。

チャイロアツバ〈Britha inambitiosa〉昆虫綱鱗翅目ヤガ科クチバ亜科の蛾。分布：中国，関東地方を北限，四国，九州。

チャイロアトキリゴミムシ〈Endynomena pradieri〉昆虫綱甲虫目オサムシ科の甲虫。体長8〜9mm。

チャイロイシガケチョウ〈Cyrestis thyonneus〉昆虫綱鱗翅目タテハチョウ科の蝶。分布：スラウェシ，マルク諸島。

チャイロイチモンジ〈Limenitis procris〉昆虫綱鱗翅目タテハチョウ科の蝶。分布：インドからフィリピン，マレーシア，ジャワまで。

チャイロエグリコガネ〈Euselates tonkinensis〉昆虫綱甲虫目コガネムシ科の甲虫。分布：インドシナ，マレーシア，台湾。

チャイロオオイシアブ〈Laphria rufa〉昆虫綱双翅目ムシヒキアブ科。

チャイロオオカサン〈*Gunda ochracea*〉昆虫綱鱗翅目カイコガ科の蛾。地色は赤褐色、前翅の中央は灰色。開張4～6mm。分布：インド北部、マレーシア、スマトラ、フィリピン。

チャイロオオキバノコギリカミキリ〈*Dorysthenes granulosus*〉昆虫綱甲虫目カミキリムシ科の甲虫。分布：インド北部、ミャンマー、タイ、ラオス、ベトナム北部、中国南部、海南島。

チャイロカタビロアメンボ〈*Microvelia japonica*〉昆虫綱半翅目カタビロアメンボ科。

チャイロカドモンヨトウ〈*Apamea sodalis*〉昆虫綱鱗翅目ヤガ科カラスヨトウ亜科の蛾。開張38～42mm。分布：インド北部からボルネオ、中国、本州、四国、九州、対馬、屋久島。

チャイロカナブン〈*Cosmiomorpha similis*〉昆虫綱甲虫目コガネムシ科の甲虫。体長18～22mm。

チャイロカメムシ 茶色亀虫〈*Eurygaster sinica*〉昆虫綱半翅目キンカメムシ科。体長8～11mm。隠元豆、小豆、ササゲに害を及ぼす。分布：本州、四国、九州。

チャイロキカワヒラタムシ〈*Pediacus depressus*〉昆虫綱甲虫目ヒラタムシ科の甲虫。体長4.6～4.9mm。

チャイロキヌコガシラハネカクシ〈*Philonthus azabuensis*〉昆虫綱甲虫目ハネカクシ科の甲虫。体長5.3～5.5mm。

チャイロキリガ〈*Orthosia odiosa*〉昆虫綱鱗翅目ヤガ科ヨトウガ亜科の蛾。開張35～42mm。林檎に害を及ぼす。分布：沿海州、北海道から九州。

チャイロクチブトカメムシ 茶色口太亀虫〈*Arma custos*〉昆虫綱半翅目カメムシ科。体長11～14mm。分布：北海道、本州、四国、九州。

チャイログンバイ〈*Physatocheira orientis*〉昆虫綱半翅目グンバイムシ科。

チャイロケシツブチョッキリ〈*Auletobius fumigatus*〉昆虫綱甲虫目オトシブミ科の甲虫。体長2.1～2.7mm。

チャイロケブカテントウダマシ〈*Ectomychus nigriclavis*〉昆虫綱甲虫目テントウムシダマシ科の甲虫。体長2.7～3.2mm。

チャイロケブカミバエ〈*Oxyna parietina*〉昆虫綱双翅目ミバエ科。

チャイロコガシラハネカクシ〈*Philonthus germanus*〉昆虫綱甲虫目ハネカクシ科の甲虫。体長5.5～6.0mm。

チャイロコガネ コイチャコガネの別名。

チャイロコキクイムシ〈*Macrocryphalus oblongus*〉昆虫綱甲虫目キクイムシ科の甲虫。体長1.5～2.0mm。

チャイロコキノコムシ〈*Typhaea stercorea*〉昆虫綱甲虫目コキノコムシ科の甲虫。体長2.2～3.0mm。貯穀・貯蔵植物性食品に害を及ぼす。

チャイロコメツキ〈*Haterumelater bicaninatus*〉昆虫綱甲虫目コメツキムシ科の甲虫。体長8～12mm。分布：北海道、本州、四国、九州、対馬、南西諸島、伊豆大島。

チャイロコメノゴミムシダマシ〈*Tenebrio molitor*〉昆虫綱甲虫目ゴミムシダマシ科の甲虫。体長11.0～15.0mm。害虫。

チャイロコヤガ〈*Carmara subcervina*〉昆虫綱鱗翅目ヤガ科コヤガ亜科の蛾。分布：スリランカ、ニューギニア、オーストラリア北部、石垣島、西表島。

チャイロサルハムシ 茶色猿金花虫〈*Basilepta balyi*〉昆虫綱甲虫目ハムシ科の甲虫。体長5mm。分布：本州、四国、九州。

チャイロシマチビゲンゴロウ〈*Potamonectes anchoralis*〉昆虫綱甲虫目ゲンゴロウ科の甲虫。体長4.7～5.3mm。

チャイロスズメバチ 茶色胡蜂〈*Vespa dybowskii*〉昆虫綱膜翅目スズメバチ科。体長女王30mm、働きバチ17～24mm、雄20～27mm。分布：本州中部。害虫。

チャイロズマルヒメハナムシ〈*Phalacrus festivus*〉昆虫綱甲虫目ヒメハナムシ科の甲虫。

チャイロスミナガシ〈*Pseudergolis avesta*〉昆虫綱鱗翅目タテハチョウ科の蝶。

チャイロセスジムシ チャイロヒラタセスジムシの別名。

チャイロタテハ コウモリタテハの別名。

チャイロチビケシキスイ〈*Meligethes shimoyamai*〉昆虫綱甲虫目ケシキスイ科の甲虫。体長2.1～2.7mm。

チャイロチビゲンゴロウ〈*Liodessus megacephalus*〉昆虫綱甲虫目ゲンゴロウ科の甲虫。体長2.6～3.4mm。

チャイロチビヒラタエンマムシ〈*Eulomalus tardipes*〉昆虫綱甲虫目エンマムシ科の甲虫。体長1.5～1.8mm。

チャイロチビヒラタカミキリ〈*Phymatodes vandykei*〉昆虫綱甲虫目カミキリムシ科カミキリ亜科の甲虫。体長4～5mm。分布：北海道、本州、九州、対馬。

チャイロチョッキリ 茶色短截虫〈*Aderorhinus crioceroides*〉昆虫綱甲虫目オトシブミ科の甲虫。体長7mm。分布：本州、四国、九州。

チャイロツヤコガネ〈*Parhomonyx fuscoaenea*〉昆虫綱甲虫目コガネムシ科の甲虫。分布：南アメリカ。

チャイロツヤヒラタヒメバチ〈Theronia atalantae gestator〉昆虫綱膜翅目ヒメバチ科。

チャイロツヤムネハネカクシ〈Quedius adustus〉昆虫綱虫目ハネカクシ科の甲虫。体長9.0～11.0mm。

チャイロテントウ〈Micraspis discolor〉昆虫綱甲虫目テントウムシ科の甲虫。体長3.7～4.7mm。

チャイロドクチョウ〈Dryas julia〉昆虫綱鱗翅目タテハチョウ科の蝶。細長い前翅をもち、色は鮮やかなオレンジ色がかった褐色。開張7.5～9.5mm。分布：中央および南アメリカ。珍蝶。

チャイロトンボマダラ〈Hyposcada adelphina〉昆虫綱鱗翅目トンボマダラ科の蝶。分布：中央アメリカ。

チャイロナガオシジミ セキレイシジミの別名。

チャイロナガカメムシ〈Neolethaeus dallasi〉昆虫綱半翅目ナガカメムシ科。体長5～8mm。稲に害を及ぼす。分布：本州、四国、九州。

チャイロナミシャク〈Pelurga comitata〉昆虫綱鱗翅目シャクガ科の蛾。分布：ヨーロッパから中国東北、シベリア南東部、朝鮮半島、礼文島、利尻島。

チャイロニセクビボソムシ〈Aderus grouvelli〉昆虫綱甲虫目ニセクビボソムシ科の甲虫。体長2.4～2.7mm。

チャイロノミカメムシ〈Kokeshia esakii〉昆虫綱半翅目ムクゲカメムシ科。

チャイロハキリアリ〈Atta sexdens〉昆虫綱膜翅目アリ科。分布：中央アメリカおよび南アメリカの熱帯地方。

チャイロハススジハマダラミバエ〈Anomoia vulgaris〉昆虫綱双翅目ミバエ科。

チャイロハバチ 茶色葉蜂〈Nesotaxonus flavescens〉昆虫綱膜翅目ハバチ科。体長9mm。分布：本州、四国、九州。

チャイロヒゲビロウドカミキリ〈Acalolepta fulvicornis〉昆虫綱甲虫目カミキリムシ科フトカミキリ亜科の甲虫。体長17～26mm。分布：本州、九州、屋久島。

チャイロヒゲブトコメツキ〈Trixagus turgidus〉昆虫綱甲虫目ヒゲブトコメツキ科の甲虫。

チャイロヒゲボソキノコムシ〈Parabaptistes irregularfisi〉昆虫綱甲虫目コキノコムシ科の甲虫。体長3.5～3.7mm。

チャイロヒメカミキリ〈Ceresium simile〉昆虫綱甲虫目カミキリムシ科カミキリ亜科の甲虫。体長11～17mm。

チャイロヒメコブハナカミキリ〈Pseudosieversia japonica〉昆虫綱甲虫目カミキリムシ科ハナカミキリ亜科の甲虫。体長11～15mm。分布：本州（中部、関東の山地）。

チャイロヒメコメツキ〈Sericus brunneus〉昆虫綱甲虫目コメツキムシ科の甲虫。体長10mm。分布：北海道,本州(山地)。

チャイロヒメゾウムシ〈Baris maculata〉昆虫綱甲虫目ゾウムシ科の甲虫。体長4.3～5.8mm。

チャイロヒメタマキノコムシ〈Pseudoliodes strigosulus〉昆虫綱甲虫目タマキノコムシ科の甲虫。体長1.7～2.1mm。

チャイロヒメハナカミキリ〈Pidonia aegrota〉昆虫綱甲虫目カミキリムシ科ハナカミキリ亜科の甲虫。体長7～10mm。分布：本州、四国、九州、佐渡, 対馬。

チャイロヒメハナノミ〈Glipostenoda rosseola〉昆虫綱甲虫目ハナノミ科の甲虫。体長3.0～4.6mm。

チャイロヒメハマキ〈Epibactra usuiana〉昆虫綱鱗翅目ハマキガ科の蛾。分布：群馬県碓氷峠。

チャイロヒメホソバマダラ〈Actinote pellenea〉昆虫綱鱗翅目タテハチョウ科の蝶。平べったい触角、長くて丸みをおびた前翅をもつ。開張4.5～5.0mm。分布：アルゼンチンからベネズエラまでの南アメリカと西インド諸島。

チャイロヒラタカミキリ チャイロチビヒラタカミキリの別名。

チャイロヒラタカメノコハムシ〈Notosacantha loochooana〉昆虫綱甲虫目ハムシ科の甲虫。体長5.5～6.0mm。

チャイロヒラタゴミムシ〈Dicranoncus pocillator〉昆虫綱甲虫目オサムシ科の甲虫。体長7.5～8.0mm。

チャイロヒラタセスジムシ〈Clinidium veneficum〉昆虫綱甲虫目セスジムシ科の甲虫。体長6.0～7.5mm。分布：本州、四国、九州。

チャイロヒラナガゴミムシ〈Hexagonia sauteri〉昆虫綱甲虫目オサムシ科の甲虫。体長8.5mm。

チャイロフクロウ〈Amathusia phidippus〉昆虫綱鱗翅目ワモンチョウ科の蝶。開張90mm。分布：マレーシア。珍蝶。

チャイロフクロウチョウ〈Caligo teucer〉昆虫綱鱗翅目タテハチョウ科の蝶。雄の前翅は黒褐色で黄色の帯が走る。裏面後翅にはフクロウの眼のような模様がある。開張9.5～11.0mm。分布：コスタリカからギアナ、スリナム、ガイアナ、エクアドル。珍蝶。

チャイロフタオチョウ〈Charaxes harmodius martinus〉昆虫綱鱗翅目タテハチョウ科の蝶。分布：マレーシア、スマトラ、ジャワ、ボルネオ、パラワン、亜種はマレーシア、スマトラ。

チャイロフタオチョウ ベルナルドスフタオチョウの別名。

チャイロフタオレメバエ〈Sicus abdominalis〉昆虫綱双翅目メバエ科。体長10mm。分布：本州，四国。

チャイロフトカギバ〈Oreta erminea〉昆虫綱鱗翅目カギバガ科の蛾。前翅の基部には銀白色の斑紋がある。開張2.5〜4.5mm。分布：クイーンズランド東南部。

チャイロホソガ〈Caloptilia elongella〉昆虫綱鱗翅目ホソガ科の蛾。開張13〜18mm。

チャイロホソキカワムシ〈Istrisia rufobrunna〉昆虫綱甲虫目キカワムシ科。

チャイロホソコガネ〈Callinomes ishikawai〉昆虫綱甲虫目コガネムシ科の甲虫。体長16〜18mm。

チャイロホソツヤシデムシ〈Apteroloma calathoides〉昆虫綱甲虫目シデムシ科の甲虫。体長3.5〜5.5mm。

チャイロホソナガカメムシ〈Prosomoeus brunneus〉昆虫綱半翅目ナガカメムシ科。

チャイロホソヒラタカミキリ〈Phymatodes testaceus〉昆虫綱甲虫目カミキリムシ科カミキリ亜科の甲虫。体長6〜16mm。分布：北海道，本州。

チャイロホソヒラタゴミムシ チャイロホソモリヒラタゴミムシの別名。

チャイロホソムネハネカクシ〈Stenistoderus nothus〉昆虫綱甲虫目ハネカクシ科の甲虫。体長7.0〜8.5mm。

チャイロホソモリヒラタゴミムシ〈Colpodes kyushuensis〉昆虫綱甲虫目オサムシ科の甲虫。体長8〜10mm。分布：本州，四国，九州。

チャイロマドキノハ〈Anaea cacica〉昆虫綱鱗翅目タテハチョウ科の蝶。分布：ペルー，ボリビア。

チャイロマメゲンゴロウ〈Agabus browni〉昆虫綱甲虫目ゲンゴロウ科の甲虫。体長10.2〜10.5mm。

チャイロマルバネクワガタ〈Neolucanus insularis〉昆虫綱甲虫目クワガタムシ科の甲虫。体長雄25〜30mm，雌24〜28mm。分布：石垣島，西表島。

チャイロミジンムシ〈Alloparmulus rugosus〉昆虫綱甲虫目ミジンムシ科の甲虫。体長1.3〜1.6mm。

チャイロムナボソコメツキ オグラカバイロコメツキの別名。

チャイロムネミゾツブエンマムシ〈Plegaderus shikokensis〉昆虫綱甲虫目エンマムシ科の甲虫。体長1.1〜1.3mm。

チャイロユミツノクワガタ〈Prosopocoilus fuscus〉昆虫綱甲虫目クワガタムシ科。分布：アフリカ中央部。

チャイロヨコバイ〈Matsumurella praesul〉昆虫綱半翅目ヨコバイ科。体長9mm。分布：北海道，本州，四国，九州。

チャイロワモンチョウ〈Stichophthalma nourmahal〉昆虫綱鱗翅目ワモンチョウ科の蝶。分布：インド北部からブータンまで。

チャイロワモンハマダラミバエ チャイロハススジハマダラミバエの別名。

チャエダシャク 茶枝尺蛾〈Megabiston plumosaria〉昆虫綱鱗翅目シャクガ科エダシャク亜科の蛾。開張39〜45mm。柑橘，茶に害を及ぼす。分布：本州，(東北地方北部より)，四国，九州，沖縄本島。

チャオビオエダシャク〈Semiothisa liturata〉昆虫綱鱗翅目シャクガ科エダシャク亜科の蛾。開張23〜26mm。分布：北海道，本州(東北地方北部から中部山地まで)，シベリア南東部。

チャオビゴキブリ〈Supella longipalpa〉昆虫綱網翅目チャバネゴキブリ科。体長雄13〜14.5mm，雌10〜12mm。害虫。

チャオビコバネナミシャク〈Trichopteryx terranea〉昆虫綱鱗翅目シャクガ科ナミシャク亜科の蛾。開張20〜23mm。分布：北海道，本州，四国，九州，対馬，シベリア南東部。

チャオビタテハ〈Eurytela dryope〉昆虫綱鱗翅目タテハチョウ科の蝶。幅広いオレンジ色の帯がある。開張5〜6mm。分布：アフリカ南部の熱帯域。

チャオビチビコケガ〈Philenora latifasciata〉昆虫綱鱗翅目ヒトリガ科の蛾。分布：本州，九州，対馬。

チャオビトビモンエダシャク〈Biston strataria〉昆虫綱鱗翅目シャクガ科エダシャク亜科の蛾。開張45mm。分布：ヨーロッパから中央アジア，北海道，本州(北関東から中部の山地)。

チャオビヒメハナノミ〈Mordellina brunneotincta〉昆虫綱甲虫目ハナノミ科の甲虫。体長2.2〜3.0mm。

チャオビヒメハマキ〈Apotomis biemina〉昆虫綱鱗翅目ハマキガ科の蛾。分布：東北山地，中部山地，琉球(沖縄本島，伊平屋島)。

チャオビフユエダシャク〈Phigaliohybernia fulvinfula〉昆虫綱鱗翅目シャクガ科エダシャク亜科の蛾。開張35〜38mm。分布：本州(東海から近畿)，シベリア南東部。

チャオビマエモンナミシャク〈Mesoleuca mandshuricata〉昆虫綱鱗翅目シャクガ科の蛾。分布：北海道の釧路阿寒と十勝糠平，朝鮮半島，シベリア南東部。

チャオビマダラヒメハマキ〈Griselda shikokuensis〉昆虫綱鱗翅目ハマキガ科の蛾。分布：四国の剣山，本州の中部山地。

チャオビヨトウ　茶帯夜盗蛾〈Niphonyx segregata〉昆虫綱鱗翅目ヤガ科カラスヨトウ亜科の蛾。開張25～30mm。分布：沿海州，朝鮮半島，中国，北海道から九州。

チャオビリンガ〈Maurilia iconica〉昆虫綱鱗翅目ヤガ科リンガ亜科の蛾。分布：インド―オーストラリア地域，九州英彦山，小笠原諸島。

チャグロサソリ〈Heterometrus longimanus〉蛛形綱サソリ目コガネサソリ科。体長100～110mm。害虫。

チャグロヒサゴコメツキ〈Hypolithus brunneofuscus〉昆虫綱甲虫目コメツキムシ科の甲虫。体長9～14mm。分布：本州，四国。

チャグロヒラタコメツキ　チャグロヒサゴコメツキの別名。

チャグロマグソコガネ〈Aphodius isaburoi〉昆虫綱甲虫目コガネムシ科の甲虫。体長4.0～4.5mm。

チャグロマダラヒラタマルハキバガ〈Depressaria spectrocentra〉昆虫綱鱗翅目マルハキバガ科の蛾。分布：九州。

チャクロワシグモ〈Drassodes oculinotatus〉蛛形綱クモ目ワシグモ科の蜘蛛。

チャコウラナメクジ〈Limax valentiana〉軟体動物門腹足綱コウラナメクジ科。体長70mm。ウリ科野菜，キク科野菜，ナス科野菜，苺，菊，金魚草，プリムラ，サルビア，スミレ類，アブラナ科野菜に害を及ぼす。分布：日本全国，汎世界的。

チャゴマフカミキリ〈Mesosa perplexa〉昆虫綱虫目カミキリムシ科フトカミキリ亜科の甲虫。体長11～18mm。分布：本州(阪神地方)，九州(島原半島，福岡市)。

チャコモンセセリ〈Pseudocoladenia dan〉昆虫綱鱗翅目セセリチョウ科の蝶。

チャスジコハナバチ　シロスジコハナバチの別名。

チャスジハエトリ〈Plexippus paykulli〉蛛形綱クモ目ハエトリグモ科の蜘蛛。体長雌10～12mm，雄9～10mm。分布：本州(南・西部)，四国，九州，南西諸島。害虫。

チャタテムシ　茶点虫，茶柱虫〈psocid, barklice〉昆虫綱チャタテムシ目Psocopteraの昆虫の総称。珍虫。

チャドクガ　茶毒蛾〈Euproctis pseudoconspersa〉昆虫綱鱗翅目ドクガ科の蛾。開張雄24～26mm，雌27～35mm。茶，椿，山茶花に害を及ぼす。分布：本州，四国，九州，朝鮮半島，台湾，中国。

チャネグサレセンチュウ〈Pratylenchus loosi〉プラティレンクス科。柑橘，茶に害を及ぼす。

チャノウンモンエダシャク　雲鑾紋枝尺蛾〈Jankowskia athleta〉昆虫綱鱗翅目シャクガ科エダシャク亜科の蛾。開張雄32～40mm，雌42～52mm。茶に害を及ぼす。分布：本州，四国，九州，対馬，屋久島，朝鮮半島，中国，奄美大島，沖縄本島。

チャノカタカイガラムシ〈Parthenolecanium persicae〉昆虫綱半翅目カタカイガラムシ科。体長7～9mm。茶，グミ，サンゴジュ，ブドウに害を及ぼす。分布：本州，四国，世界の温帯地域。

チャノキイロアザミウマ　茶黄色薊馬〈Scirtothrips dorsalis〉昆虫綱総翅目アザミウマ科。体長1mm。苺，無花果，葡萄，キウイ，柑橘，茶，椿，山茶花，紫陽花，柿に害を及ぼす。分布：日本各地。

チャノキホリガ　チャノキホリマルハキバガの別名。

チャノキホリマルハキバガ〈Casmara patrona〉昆虫綱鱗翅目マルハキバガ科の蛾。開張34～38mm。椿，山茶花に害を及ぼす。分布：本州，九州，対馬，台湾，中国南部。

チャノクロアザミウマ〈Dendrothrips minowai〉昆虫綱総翅目アザミウマ科。

チャノクロホシカイガラムシ〈Parlatoria theae〉昆虫綱半翅目マルカイガラムシ科。体長1.5～2.0mm。ナシ類，茶，バラ類，ハイビスカス類，楓(紅葉)，サンゴジュ，桜類，アオキ，梅，アンズに害を及ぼす。分布：本州，四国，九州，世界の温帯地域。

チャノコカクモンハマキ〈Adoxophyes honmai〉昆虫綱鱗翅目ハマキガ科の蛾。ヤマモモ，柿，ナシ類，桃，スモモ，林檎，葡萄，柑橘，茶，バラ類，イヌツゲに害を及ぼす。分布：関東以西，四国，九州，対馬，伊豆諸島，屋久島，琉球列島。

チャノサビダニ〈Calacarus carinatus〉蛛形綱ダニ目フシダニ科。茶に害を及ぼす。

チャノナガサビダニ〈Acaphylla theavagrans〉蛛形綱ダニ目フシダニ科。体長0.2mm。茶に害を及ぼす。分布：日本，台湾。

チャノネコナカイガラムシ〈Rhizoecus theae〉昆虫綱半翅目コナカイガラムシ科。茶に害を及ぼす。

チャノハマキホソガ　チャノホソガの別名。

チャノハモグリバエ〈Tropicomyia theae〉昆虫綱双翅目ハモグリバエ科。体長1.5mm。茶に害を及ぼす。

チャノヒメハダニ〈Brevipalpus obovatus〉蛛形綱ダニ目ヒメハダニ科。体長0.3mm。苺，キウイ，柑橘，桑，茶，ガーベラ，菊，ツツジ類，ナス科野菜に害を及ぼす。分布：本州以南の日本各地，汎世界的。

チャノホコリダニ〈Polyphagotarsonemus latus〉蛛形綱ダニ目ホコリダニ科。体長雌0.3mm，雄0.2mm。シソ，ナス科野菜，苺，キウイ，柑橘，茶，セントポーリア，ガーベラ，菊，ダリア，アフリカホウセンカ，鳳仙花，ペチュニア，サンゴジュ，ツツジ類，ウリ科野菜，サツマイモ，隠元豆，小豆，ササ

ゲに害を及ぼす．分布：九州以北の日本各地，汎世界的．

チャノホソガ　茶細蛾〈*Caloptilia theivora*〉昆虫綱鱗翅目ホソガ科の蛾．開張11〜13mm．茶，椿，山茶花に害を及ぼす．分布：本州，四国，九州，中国，台湾，インド．

チャノマルカイガラムシ〈*Pseudaonidia paeoniae*〉昆虫綱半翅目マルカイガラムシ科．体長3mm．牡丹，芍薬，柘榴，百日紅，ツゲ，ツツジ類，サカキ，椿，山茶花，モッコク，カナメモチ，イスノキ，木犀類，モチノキ，柿，茶に害を及ぼす．分布：本州，四国，九州，ロシア，中国，イタリア，アメリカ．

チャノマルハキバガ　チャノキホリマルハキバガの別名．

チャノミガ〈*Cryptothelea minuscula*〉昆虫綱鱗翅目ミノガ科の蛾．開張23〜27mm．

チャノミドリヒメヨコバイ〈*Empoasca onukii*〉昆虫綱半翅目ヨコバイ科．茶に害を及ぼす．

チャバネアオカメムシ〈*Plautia crossota*〉昆虫綱半翅目カメムシ科．体長10〜12mm．苺，柿，ナシ類，桃，スモモ，林檎，葡萄，キウイ，柑橘，桜類，隠元豆，小豆，ササゲ，大豆，ナス科野菜，稲に害を及ぼす．分布：本州，四国，九州，対馬，南西諸島．

チャバネアカシャク〈*Archiearis infans*〉昆虫綱鱗翅目シャクガ科の蛾．前翅は黒褐色で，白色の鱗粉が散在，後翅はオレンジ色で，独特の斑紋がある．開張3〜4mm．分布：カナダから合衆国北部．

チャバネアゲハ〈*Papilio nobilis*〉昆虫綱鱗翅目アゲハチョウ科の蝶．分布：アフリカ東部．

チャバネイチモンジ〈*Limenitis procris sumbana*〉昆虫綱鱗翅目タテハチョウ科の蝶．分布：スンバ島．

チャバネエンマコガネ〈*Onthophagus gibbulus*〉昆虫綱甲虫目コガネムシ科の甲虫．体長9〜13mm．

チャバネカバナミシャク〈*Eupithecia kobayashii*〉昆虫綱鱗翅目シャクガ科の蛾．分布：本州，四国．

チャバネキクイゾウムシ〈*Heterarthrus lewisii*〉昆虫綱甲虫目ゾウムシ科の甲虫．体長3.2〜4.9mm．分布：本州，四国，九州，対馬．

チャバネキノコハネカクシ〈*Bolitobius princeps*〉昆虫綱甲虫目ハネカクシ科の甲虫．体長7〜8mm．

チャバネキボシアツバ〈*Paragabara ochreipennis*〉昆虫綱鱗翅目ヤガ科クチバ亜科の蛾．分布：朝鮮半島，北海道から九州．

チャバネクシコメツキ　茶翅櫛叩頭虫〈*Melanotus seniculus*〉昆虫綱甲虫目コメツキムシ科の甲虫．体長7〜8mm．分布：本州，四国，九州．

チャバネクビアカツヤゴモクムシ〈*Trichotichnus kantoonus*〉昆虫綱甲虫目オサムシ科の甲虫．体長9〜10mm．

チャバネクビナガゴミムシ　ハネアカクビナガゴミムシの別名．

チャバネクロツツカミキリ〈*Anaesthetis confossicollis*〉昆虫綱甲虫目カミキリムシ科フトカミキリ亜科の甲虫．体長5.5〜7.0mm．分布：北海道，本州，九州．

チャバネクロツヤハダコメツキ〈*Hemicrepidius terukoanus*〉昆虫綱甲虫目コメツキムシ科．体長8〜12mm．分布：本州，対馬．

チャバネクワガタコガネ〈*Fruhstorferia anthracina*〉昆虫綱甲虫目コガネムシ科の甲虫．分布：インドシナ，マレーシア．

チャバネコガシラハネカクシ〈*Philonthus gastralis*〉昆虫綱甲虫目ハネカクシ科の甲虫．体長8.0〜8.5mm．

チャバネゴキブリ　茶翅蜚蠊〈*Blattella germanica*〉昆虫綱網翅目チャバネゴキブリ科．体長10〜12mm．貯穀・貯蔵植物性食品に害を及ぼす．分布：日本全土．

チャバネコハナコメツキ〈*Ryukyucardiophorus lochooensis*〉昆虫綱甲虫目コメツキムシ科の甲虫．体長2.5〜3.5mm．

チャバネセセリ　茶翅挵蝶〈*Pelopidas mathias*〉昆虫綱鱗翅目セセリチョウ科の蝶．前翅長18mm．分布：アジア南部および中部，スリランカ，アッサムからセイロンまで，マレー半島，スマトラ，ジャワ，ボルネオ，セレベス，小スンダ列島，台湾，日本，朝鮮半島．

チャバネセダカシギゾウムシ〈*Curculio fulvipennis*〉昆虫綱甲虫目ゾウムシ科の甲虫．体長2.8〜3.7mm．

チャバネチビオオキノコムシ〈*Tritoma tanigutii*〉昆虫綱甲虫目オオキノコムシ科．

チャバネツトガ〈*Japonichilo bleszynskii*〉昆虫綱鱗翅目メイガ科の蛾．分布：秋田，岩手，新潟，静岡，福井，福岡，シベリア南東部，中国．

チャバネツヤハムシ〈*Phygasia fulvipennis*〉昆虫綱甲虫目ハムシ科の甲虫．体長5.5〜6.0mm．分布：本州，四国，九州．

チャバネトガリノメイガ〈*Hyalobathra illectalis*〉昆虫綱鱗翅目メイガ科の蛾．分布：沖縄本島，石垣島，西表島，台湾，インドから東南アジア一帯．

チャバネトガリハネカクシ〈*Medon spadiceus*〉昆虫綱甲虫目ハネカクシ科の甲虫．体長4.8〜5.2mm．

チャバネトゲハネバエ〈*Tephrochlamys japonica*〉昆虫綱双翅目トゲハネバエ科．体長5mm．害虫．

チャバネハリスツノハナムグリ〈*Megalorrhina harrisi mukengiana*〉昆虫綱甲虫目コガネムシ科の甲虫。分布：アフリカ中央部。

チャバネヒゲナガカワトビケラ 茶翅鬚長河飛螻〈*Stenopsyche sauteri*〉昆虫綱毛翅目ヒゲナガカワトビケラ科。分布：本州，四国，九州。

チャバネヒメカゲロウ 茶翅姫蜻蛉〈*Eumicromus numerosus*〉昆虫綱脈翅目ヒメカゲロウ科。開張18mm。分布：本州，四国，九州。

チャバネヒメクロバエ〈*Hydrotaea chalcogaster*〉昆虫綱双翅目イエバエ科。害虫。

チャバネフタオビアツバ〈*Hypena sp.*〉昆虫綱鱗翅目ヤガ科アツバ亜科の蛾。分布：北海道。

チャバネフトコメツキ チャイロヒメコメツキの別名。

チャバネフユエダシャク〈*Erannis golda*〉昆虫綱鱗翅目シャクガ科エダシャク亜科の蛾。開張36〜45mm。林檎に害を及ぼす。分布：北海道，本州，四国，九州，沖縄本島，シベリア南東部。

チャバネホソアトキリゴミムシ〈*Dromius ruficollis*〉昆虫綱甲虫目オサムシ科の甲虫。体長4.5mm。

チャバネホソミツギリゾウムシ〈*Cyphagogus iwatensis*〉昆虫綱甲虫目ミツギリゾウムシ科の甲虫。体長5.1mm。

チャバネホソリンゴカミキリ〈*Oberea fuscipennis*〉昆虫綱甲虫目カミキリムシ科フトカミキリ亜科の甲虫。体長11.5〜18.0mm。

チャバネマメゲンゴロウ〈*Agabus amoenus*〉昆虫綱甲虫目ゲンゴロウ科。

チャバネムクゲテントウダマシ〈*Stenotarsus chrysomelinus*〉昆虫綱甲虫目テントウムシダマシ科の甲虫。体長3.8〜5.0mm。

チャバネモンウスバカゲロウ〈*Palpares uoeltzkowii*〉昆虫綱脈翅目ウスバカゲロウ科。分布：マダガスカル。

チャハマキ 茶葉巻蛾〈*Homona magnanima*〉昆虫綱鱗翅目ハマキガ科ハマキガ亜科の蛾。開張雄20〜27mm，雌27〜36mm。柿，梅，アンズ，ナシ類，桃，スモモ，林檎，栗，柑橘，ヤマモモ，茶，グラジオラス，シクラメン，クチナシ，柘榴，百日紅，サンゴジュ，ツツジ類，椿，山茶花，トベラ，マサキ，ニシキギ，桜類，カシ類，イヌマキ，木犀類，モチノキに害を及ぼす。分布：本州中部から琉球列島，北海道の南部，台湾，中国南部地方。

チャハモグリバエ〈*Melanagromyza theae*〉昆虫綱双翅目ハモグリバエ科。

チャバラマメゾウムシ〈*Callosobruchus ademptus*〉昆虫綱甲虫目マメゾウムシ科の甲虫。体長2.3〜3.0mm。

チャヒメヒョウタンゴミムシ〈*Clivina westwoodi*〉昆虫綱甲虫目オサムシ科の甲虫。体長5.5〜6.4mm。

チャピンセンチュウ〈*Paratylenchus curvitatus*〉パラティレンクス科。体長0.3〜0.4mm。茶，柑橘，ハッカ，カーネーションに害を及ぼす。分布：沖縄を除く日本各地，南アフリカ。

チャブリアスジャコウアゲハ〈*Parides chabrias*〉昆虫綱鱗翅目アゲハチョウ科の蝶。分布：エクアドル，ペルー，ブラジル。

チャボツヤヒラタゴミムシ〈*Synuchus chabo*〉昆虫綱甲虫目ゴミムシ科。

チャボハグモ〈*Dictyna procerula*〉蛛形綱クモ目ハグモ科の蜘蛛。

チャボハナカミキリ〈*Anoplodera misella*〉昆虫綱甲虫目カミキリムシ科ハナカミキリ亜科の甲虫。体長5〜7mm。分布：本州，四国，九州，対馬。

チャボヒゲナガカミキリ〈*Xenicotela pardalina*〉昆虫綱甲虫目カミキリムシ科フトカミキリ亜科の甲虫。体長9〜13mm。分布：北海道，本州，四国，九州，屋久島。

チャマダラエダシャク 茶斑枝尺蛾〈*Elphos insueta*〉昆虫綱鱗翅目シャクガ科エダシャク亜科の蛾。開張60〜70mm。分布：本州（東北地方北部より），四国，九州，チベット。

チャマダラカツオブシムシ〈*Trogoderma teukton*〉昆虫綱甲虫目カツオブシムシ科の甲虫。体長2.3〜3.3mm。

チャマダラキリガ〈*Rhynchaglaea scitula*〉昆虫綱鱗翅目ヤガ科セダカモクメ亜科の蛾。開張35mm。分布：関東南部，東海，近畿地方以西，四国，九州，対馬，屋久島，奄美大島，沖縄本島。

チャマダラコバネナミシャク〈*Trichopteryx nagaii*〉昆虫綱鱗翅目シャクガ科の蛾。分布：本州（関東以西），四国（北部）の山地。

チャマダラゴライアスツノコガネ〈*Goliathus fornasini*〉昆虫綱甲虫目コガネムシ科の甲虫。分布：ケニア，タンザニア，ルワンダ。

チャマダラセセリ 茶斑挵蝶〈*Pyrgus maculatus*〉昆虫綱鱗翅目セセリチョウ科の蝶。別名ミヤマチャマダラセセリ。絶滅危惧I類（CR+EN）。前翅長15mm。分布：北海道（東南部），本州，四国。

チャマダラツヅリガ〈*Cathayia obliquella*〉昆虫綱鱗翅目メイガ科の蛾。分布：新潟県水原町，近畿地方，中国。

チャマダラハワイトラカミキリ〈*Plagithmysus pulverulentus*〉昆虫綱甲虫目カミキリムシ科の甲虫。分布：オアフ島。

チャマダラヒゲナガゾウムシ 茶斑鬚長象鼻虫〈*Acorynus latirostris*〉昆虫綱甲虫目ヒゲナガゾ

ウムシ科の甲虫。体長6.0〜7.5mm。分布：北海道, 本州, 四国, 九州, 対馬。

チャマダラホソチョウ〈Acraea natalica〉昆虫綱鱗翅目ホソチョウ科の蝶。別名ヘリグロベニホソチョウ。分布：サハラ以南のアフリカ全域(南部を除く)。

チャマダラホソヤガ〈Lophoptera anthyalus〉昆虫綱鱗翅目ヤガ科ホソヤガ亜科の蛾。分布：アッサム, 名古屋市内, 屋久島, 対馬。

チャマダラメイガ〈Ephestia elutella〉昆虫綱鱗翅目メイガ科の蛾。タバコ, 貯穀・貯蔵植物性食品に害を及ぼす。分布：ほとんど世界中(熱帯を除く)。

チャマダラメイガ スジマダラメイガの別名。

チャマルチビヒョウタンゴミムシ〈Dyschirius yanoi〉昆虫綱甲虫目オサムシ科の甲虫。体長2.1〜2.3mm。

チャミノガ 茶蓑蛾〈Eumeta minuscula〉昆虫綱鱗翅目ミノガ科の蛾。柿, 梅, アンズ, 桜桃, ナシ類, 林檎, 栗, 柑橘, ヤマモモ, 茶, 牡丹, 芍薬, クチナシ, 楓(紅葉), 柘榴, 百日紅, サンゴジュ, プラタナス, ツツジ類, 椿, 山茶花, トベラ, マサキ, ニシキギ, 桜類, カシ類, フジ, 木犀類に害を及ぼす。分布：本州, 四国, 九州, 対馬, 台湾, 中国。

チャミノガヤドリトガリヒメバチ〈Ateleute minusculae〉昆虫綱膜翅目ヒメバチ科。

チャミヤマタニガワカゲロウ〈Cinygma adusta〉昆虫綱蜉蝣目ヒラタカゲロウ科。

チャムネハラホソハネカクシ〈Atanygnathus terminalis〉昆虫綱甲虫目ハネカクシ科の甲虫。体長4.5〜5.5mm。

チャモンカギバヒメハマキ〈Ancylis kenneli〉昆虫綱鱗翅目ハマキガ科の蛾。分布：北海道, 本州, 対馬, 中国, ロシア(沿海州)。

チャモンキイロノメイガ〈Polygrammodes sabelialis〉昆虫綱鱗翅目メイガ科の蛾。分布：屋久島, 奄美大島, 徳之島, 沖縄本島, 石垣島, 西表島, 台湾, インドから東南アジア一帯。

チャモンキホソハマキ〈Aethes citreoflava〉昆虫綱鱗翅目ホソハマキガ科の蛾。分布：北海道及び本州中部山地, ロシア(アムール), モンゴル。

チャモンギンハマキ〈Croesia arcuata〉昆虫綱鱗翅目ハマキガ科の蛾。分布：北海道, 本州(関東以北)。

チャモンサザナミキヒメハマキ〈Neoanathamna cerinus〉昆虫綱鱗翅目ハマキガ科の蛾。分布：本州, 四国, 九州。

チャモンシロハマキ〈Acleris placata〉昆虫綱鱗翅目ハマキガ科の蛾。分布：本州(関西以西), 四国, 九州, 屋久島, 台湾, インド。

チャモンシンクイ〈Meridarchis syncolleta〉昆虫綱鱗翅目シンクイガ科の蛾。分布：屋久島, 奄美大島, アンダマン列島, 東南アジア。

チャモントリバ〈Platyptilia calodactyla〉昆虫綱鱗翅目トリバガ科の蛾。

チャモンナガカメムシ 茶紋長亀虫〈Paradieuches dissimilis〉昆虫綱半翅目ナガカメムシ科。分布：北海道, 本州, 九州。

チャモンノメイガ〈Udea stigmatalis〉昆虫綱鱗翅目メイガ科の蛾。分布：北海道, 東北, 関東から中部の山地。

チャモンヒメハマキ〈Apotomis maenamii〉昆虫綱鱗翅目ハマキガ科の蛾。分布：九州(佐多岬), 対馬, 伊豆諸島(大島を除く全島), 屋久島。

チャモンマルトゲムシ〈Byrrhus kamtschaticus〉昆虫綱甲虫目マルトゲムシ科。

チャラセンセンチュウ〈Helicotylenchus erythrinae〉ホプロライムス科。体長0.4〜0.6mm。桑, 茶, ツツジ類, シバ類, 無花果に害を及ぼす。分布：本州以南の日本各地, 世界の熱帯から温帯。

チャールトンウスバシロチョウ〈Parnassius charltonius〉昆虫綱鱗翅目アゲハチョウ科の蝶。分布：ヒマラヤ西北部, パミール。

チュウガタコガネグモ〈Argiope boesenbergi〉蛛形綱クモ目コガネグモ科の蜘蛛。体長雌16〜18mm, 雄5〜6mm。分布：本州(中部以南), 四国, 九州, 南西諸島。

チュウガタコガネグモ ムシバミコガネグモ(1)の別名。

チュウガタシロカネグモ〈Leucauge blanda〉蛛形綱クモ目アシナガグモ科の蜘蛛。体長雌9〜12mm, 雄6〜8mm。分布：本州(中・南部), 四国, 九州, 南西諸島。

チュウガタナガキクイムシ〈Platypus modestus〉昆虫綱甲虫目ナガキクイムシ科の甲虫。体長4.4〜5.6mm。

チュウゴクハネナガイナゴ〈Oxya chinensis〉昆虫綱直翅目バッタ科。体長雌36〜44mm, 雄30〜33mm。稲, サトウキビに害を及ぼす。

チュウジョウアナアキゾウムシ〈Seleuca chujoi〉昆虫綱甲虫目ゾウムシ科の甲虫。体長4.3〜4.9mm。

チュウジョウキスジノミハムシ〈Phyllotreta chujoe〉昆虫綱甲虫目ハムシ科の甲虫。体長2.0mm。

チュウジョウコメツキモドキ〈Sinolanguria cyanea〉昆虫綱甲虫目コメツキモドキ科の甲虫。体長9〜11mm。

チュウジョウゴモクムシ〈Gnathaphanus chujoi〉昆虫綱甲虫目オサムシ科の甲虫。体長11～12mm。

チュウジョウチビエンマムシ〈Binhister chujoi〉昆虫綱甲虫目エンマムシ科の甲虫。体長2.1～2.5mm。

チュウジョウデオキノコムシ〈Scaphidium chujoi〉昆虫綱甲虫目デオキノコムシ科の甲虫。体長4mm。

チュウジョウトラカミキリ〈Xylotrechus chujoi〉昆虫綱甲虫目カミキリムシ科カミキリ亜科の甲虫。体長6～10mm。分布：南西諸島。

チュウジョウナガタマムシ〈Agrilus chujoi〉昆虫綱甲虫目タマムシ科の甲虫。体長6.5～8.0mm。

チュウジョウハナカミキリ〈Nanostrangalia chujoi〉昆虫綱甲虫目カミキリムシ科の甲虫。

チュウジョウヒゲブトカツオブシムシ〈Thaumaglossa chujoi〉昆虫綱甲虫目カツオブシムシ科の甲虫。体長2.8～3.3mm。

チュウジョウヒメツツキノコムシ〈Ennearthron chujoi〉昆虫綱甲虫目ツツキノコムシ科。

チュウジョウヒメテントウ〈Scymnus chujoi〉昆虫綱甲虫目テントウムシ科の甲虫。体長2.5～3.0mm。

チュウジョウヒメハナカミキリ〈Pidonia chujoi〉昆虫綱甲虫目カミキリムシ科ハナカミキリ亜科の甲虫。体長7mm。

チュウジョウホソハナカミキリ〈Strangalia chujoi〉昆虫綱甲虫目カミキリムシ科の甲虫。

チュウゼンジベニボタル〈Xylobanellus tenuis〉昆虫綱甲虫目ベニボタル科の甲虫。体長5.2～6.9mm。

チュウブホソガムシ〈Hydrochus chubu〉昆虫綱甲虫目ホソガムシ科の甲虫。準絶滅危惧種(NT)。体長2.4～2.5mm。

チュウレンジバチ 鐫花娘子蜂〈Arge pagana〉昆虫綱膜翅目ミフシハバチ科。体長9mm。バラ類に害を及ぼす。分布：九州以北の日本各地，シベリア，朝鮮半島，中国，モンゴル，ヨーロッパ。

チュウレンジハバチ チュウレンジバチの別名。

チューバーホソアカグワガタ〈Cyclommatus zuberi〉昆虫綱甲虫目クワガタムシ科。分布：フィリピン。

チューリップサビダニ〈Aceria tulipae〉蛛形綱ダニ目フシダニ科。体長0.25mm。ユリ科野菜，チューリップに害を及ぼす。分布：本州，四国，九州。

チューリップネアブラムシ〈Dysaphis tulipae〉昆虫綱半翅目アブラムシ科。イリス類，チューリップに害を及ぼす。

チューリップヒゲナガアブラムシ〈Macrosiphum euphorbiae〉昆虫綱半翅目アブラムシ科。体長3～4mm。フリージア，マリゴールド類，スミレ類，ペチュニア，チューリップ，ソバ，ジャガイモ，ナス科野菜に害を及ぼす。分布：奄美大島以北の日本各地，汎世界的。

チョウ 蝶〈butterfly〉昆虫綱鱗翅類(目)Lepidopteraに属する昆虫の一部(一群ではない)の呼び名。

チョウセンアカシジミ 朝鮮赤小灰蝶〈Coreana raphaelis〉昆虫綱鱗翅目シジミチョウ科ミドリシジミ亜科の蝶。絶滅危惧II類(VU)。前翅長17～20mm。分布：岩手，山形，新潟。

チョウセンエグリシャチホコ〈Pterostoma griseum〉昆虫綱鱗翅目シャチホコガ科ウチキシャチホコ亜科の蛾。開張55～60mm。分布：沿海州，朝鮮半島，北海道。

チョウセンエゾトンボ〈Somatochlora exuberata〉昆虫綱蜻蛉目エゾトンボ科の蜻蛉。

チョウセンカマキリ〈Tenodera angustipennis〉昆虫綱蟷螂目カマキリ科。体長60～82mm。分布：本州(山地をのぞく)，四国，九州，対馬。

チョウセンカレハ タケヒメカレハの別名。

チョウセンカンショコガネ〈Apogonia cupreoviridis〉昆虫綱甲虫目コガネムシ科の甲虫。体長9.5～11.5mm。分布：宮古島。

チョウセンキボシセセリ〈Hetropterus morpheus〉昆虫綱鱗翅目セセリチョウ科の蝶。後翅の裏面に格子縞の模様。開張3～4mm。分布：スカンジナビア南部から地中海。

チョウセンキリギリス ハネナガキリギリスの別名。

チョウセンギンボシセセリ〈Heteropterus morpheus〉昆虫綱鱗翅目セセリチョウ科の蝶。分布：ヨーロッパからアジア。

チョウセンクロコガネ〈Holotrichia diompharia〉昆虫綱甲虫目コガネムシ科の甲虫。体長16～18mm。

チョウセンケナガニイニイ〈Suisha coreana〉昆虫綱半翅目セミ科。絶滅危惧II類(VU)。

チョウセンコウスグロアツバ〈Zanclognatha leechi〉昆虫綱鱗翅目ヤガ科クルマアツバ亜科の蛾。開張22～26mm。分布：朝鮮半島，群馬県板倉，福井県武生，愛知県愛知郡新町，対馬。

チョウセンコムラサキ〈Apatura iris〉昆虫綱鱗翅目タテハチョウ科の蝶。別名ヨーロッパコムラサキ。後翅には黄色と黒色と紫色を呈した目玉模様が1個ある。開張6.0～7.5mm。分布：ヨーロッパからアジア温帯域。

チョウセンゴモクムシ〈Harpalus crates〉昆虫綱甲虫目オサムシ科の甲虫。体長12～16mm。

チョウセンシマビロウドコガネ 朝鮮縞天鷲絨金亀子〈*Gastroserica herzi*〉昆虫綱甲虫目コガネムシ科の甲虫。分布：九州。

チョウセンシロカミキリ ニセムネホシシロカミキリの別名。

チョウセンシロチョウ 朝鮮白蝶〈*Pontia daplidice*〉昆虫綱鱗翅目シロチョウ科の蝶。前翅に黒色の紋，中央に四角い大きな斑紋がある。開張4〜5mm。分布：中央および南部ヨーロッパ，アジア温帯域から日本。

チョウセンタカネヒカゲ〈*Oeneis walkyria*〉昆虫綱鱗翅目ジャノメチョウ科の蝶。分布：モンゴル，朝鮮半島。

チョウセンタカネヒカゲ タカネヒカゲの別名。

チョウセンツマキリアツバ〈*Tamba corealis*〉昆虫綱鱗翅目ヤガ科クチバ亜科の蛾。開張30mm。分布：朝鮮半島，関東南部以西の暖温帯，四国，九州，対馬。

チョウセントガリバ〈*Tethea ocularis*〉昆虫綱鱗翅目トガリバガ科の蛾。開張36mm。分布：ユーラシア大陸，長野県南部。

チョウセントリバ〈*Platyptilia rhododactyla*〉昆虫綱鱗翅目トリバガ科の蛾。分布：北海道，朝鮮半島，小アジア，インド，ヨーロッパ，アフリカ，北アメリカ。

チョウセンネグロシャチホコ〈*Neodrymonia coreana*〉昆虫綱鱗翅目シャチホコガ科の蛾。分布：対馬。

チョウセンハガタナミシャク〈*Eulithis prunata*〉昆虫綱鱗翅目シャクガ科ナミシャク亜科の蛾。開張28〜29mm。分布：日本，朝鮮半島，サハリン，シベリア南部，中国東北，北海道。

チョウセンハナボタル〈*Plateros koreanus*〉昆虫綱甲虫目ベニボタル科の甲虫。体長4.5〜8.0mm。

チョウセンハマダラカ 朝鮮翅目斑蚊〈*Anopheles koreicus*〉昆虫綱双翅目カ科。

チョウセンヒメギフチョウ〈*Luehdorfia puziloi coreana*〉昆虫綱鱗翅目アゲハチョウ科の蝶。分布：ウスリー，中国東北部，朝鮮半島，日本（北海道・本州）。

チョウセンヒメヒョウモン〈*Clossiana selene*〉昆虫綱鱗翅目タテハチョウ科の蝶。分布：周極，アラスカ北部から合衆国北部まで，ヨーロッパ，シベリア東部。

チョウセンヒョウモンモドキ〈*Eurodryas aurinia*〉昆虫綱鱗翅目タテハチョウ科の蝶。翅の表面は，オレンジ色と乳白色と褐色の模様をもつ。開張3.0〜4.5mm。分布：ヨーロッパ。

チョウセンヒラタクワガタ〈*Serrognathus consentaneus*〉昆虫綱甲虫目クワガタムシ科の甲虫。体長雄23〜38mm，雌20〜23mm。

チョウセンブチカミキリ〈*Lamiomimus gottschei*〉昆虫綱甲虫目カミキリムシ科の甲虫。分布：朝鮮半島，北中国。

チョウセンベッコウヒラタシデムシ〈*Eusilpha bicolor*〉昆虫綱甲虫目シデムシ科の甲虫。体長18〜22mm。

チョウセンベニシジミ〈*Lycaena dispar*〉昆虫綱鱗翅目シジミチョウ科の蝶。雄の翅は朱色で，細く黒色に縁どられ，前翅の中央に黒色の斑点。雌はくすんだ色。開張3〜4mm。分布：ヨーロッパ中部からアジア大陸をアムールまで。

チョウセンホソクビキマワリ ソルスキイホソクビキマワリの別名。

チョウセンホソコバネカミキリ〈*Necydalis major major*〉昆虫綱甲虫目カミキリムシ科の甲虫。分布：ヨーロッパ，コーカサス，シベリア，朝鮮半島，日本，サハリン。

チョウセンマメハンミョウ〈*Epicauta chinensis*〉昆虫綱甲虫目ツチハンミョウ科の甲虫。体長11〜20mm。

チョウセンマルクビゴミムシ〈*Nebria coreica*〉昆虫綱甲虫目オサムシ科の甲虫。体長8.5〜10.0mm。

チョウセンミスジ〈*Neptis philyroides*〉昆虫綱鱗翅目タテハチョウ科の蝶。

チョウセンミヤマクワガタ〈*Lucanus dybowskyi*〉昆虫綱甲虫目クワガタムシ科。分布：中国東北部，朝鮮半島，アムール。

チョウセンムツボシタマムシ〈*Chrysobothris laevicollis*〉昆虫綱甲虫目タマムシ科の甲虫。体長8〜12mm。

チョウセンメスアカシジミ〈*Thecla betulae*〉昆虫綱鱗翅目シジミチョウ科の蝶。雌の前翅にはオレンジ斑。開張3〜4mm。分布：ヨーロッパからアジア温帯域。

チョウトンボ 蝶蜻蛉〈*Rhyothemis fuliginosa*〉昆虫綱蜻蛉目トンボ科の蜻蛉。体長35mm。分布：本州，四国，九州，種子島。

チョウバエ 蝶蠅〈*moth fly*〉双翅目チョウバエ科Psychodidaeに属する昆虫の総称。

チョッキリゾウムシ 直截象虫 昆虫綱甲虫目オトシブミ科の一亜科Rhynchitinaeの昆虫の総称。

チョビヒゲヌカグモ〈*Walckenaeria antica*〉蛛形綱クモ目サラグモ科の蜘蛛。

チラカゲロウ〈*Isonychia japonica*〉昆虫綱蜉蝣目チラカゲロウ科。体長15〜18mm。分布：日本各地。

チリアオジャコウ アルキダマスアオジャコウアゲハの別名。

チリイソウ

チリイソウロウグモ〈Argyrodes fissifrons〉蜘形綱クモ目ヒメグモ科の蜘蛛。体長雌7〜8mm，雄5〜6mm。分布：本州，四国，九州，南西諸島。

チリオサムシ〈Ceroglossus chilensis〉昆虫綱甲虫目オサムシ科。分布：チリ中南部。

チリオサムシの一種〈Ceroglossus sp.〉昆虫綱甲虫目オサムシ科。

チリギンジャノメ〈Argyrophorus argenteus〉昆虫綱鱗翅目ジャノメチョウ科の蝶。分布：チリ。

チリグモ 塵蜘蛛〈Oecobius annulipes〉節足動物門クモ形綱真正クモ目チリグモ科の蜘蛛。体長雌2.5mm，雄2.3mm。分布：本州(南部)，四国，九州，南西諸島。

チリクワガタ ツノナガコガシラクワガタの別名。

チリコモリグモ〈Alopecosa pulverulenta〉蜘形綱クモ目コモリグモ科の蜘蛛。体長雌9〜10mm，雄7〜8mm。分布：北海道，本州(高地)。

チリダニ〈house dust mite〉無気門亜目チリダニ科Pyroglyphidaeに属する小さなダニの総称。

チリナガコバネカミキリ〈Hephaestion macer〉昆虫綱甲虫目カミキリムシ科の甲虫。分布：チリ。

チリニクダニ〈Glycyphagus privatus〉蜘形綱ダニ目ニクダニ科。体長0.3〜0.4mm。害虫。

チリフタオタマムシ〈Ectinogonia buqueti〉昆虫綱甲虫目タマムシ科。分布：チリ。

チリベニモンキチョウ ボーチェルモンキチョウの別名。

チロリ〈Glycera chirori〉多毛綱チロリ科の環形動物。

チンハイウスバシロチョウ〈Parnassius przewalskii〉昆虫綱鱗翅目アゲハチョウ科の蝶。別名プルツェワルスキーウスバシロチョウ。分布：青海省，四川省。

チンバレーキトビコバチ〈Metaphycus timberlakei〉昆虫綱膜翅目トビコバチ科。

チンメルマンセスジゲンゴロウ〈Copelatus zimmermanni〉昆虫綱甲虫目ゲンゴロウ科の甲虫。体長5.3〜5.5mm。

チンメルマンメダカハネカクシ〈Stenus zimmermani〉昆虫綱甲虫目ハネカクシ科の甲虫。体長2.7〜3.1mm。

【ツ】

ツェツェバエ〈tsetse fly〉昆虫綱双翅目環縫亜目ツェツェバエ科Glossinidaeの昆虫の総称。珍virus。

ツガカレハ〈Dendrolimus superans〉昆虫綱鱗翅目カレハガ科の蛾。開張雄55〜76mm，雌82〜97mm。ヒマラヤシーダに害を及ぼす。分布：北海道，本州，四国，九州，対馬，サハリン，千島，シベリア東部からウラル地方。

ツガタケミゾキノコシバンムシ〈Mizodorcatoma pinicola〉昆虫綱甲虫目シバンムシ科の甲虫。体長1.9〜2.3mm。

ツガヒロバキバガ〈Metathrinca tsugensis〉昆虫綱鱗翅目ヒロバキバガ科の蛾。開張17〜23mm。分布：本州，四国，九州。

ツカモトコクロバエ〈Melinda tsukamotoi〉昆虫綱双翅目クロバエ科。

ツガルチシマシデムシ〈Lyrosoma chujoi〉昆虫綱甲虫目シデムシ科の甲虫。体長4.0〜4.5mm。分布：本州(津軽半島)。

ツガルホソシデムシ ツガルチシマシデムシの別名。

ツキガタマメコガネ〈Popillia insularis〉昆虫綱甲虫目コガネムシ科の甲虫。体長9.5〜12.0mm。分布：奄美大島。

ツキノワヘリカメムシ〈Molipteryx hardwickii〉昆虫綱半翅目ヘリカメムシ科。分布：ネパール，インド，ミャンマー，タイ，中国，台湾。

ツキワクチバ〈Artena dotata〉昆虫綱鱗翅目ヤガ科シタバガ亜科の蛾。開張70〜73mm。ナシ類，桃，スモモ，葡萄，柑橘に害を及ぼす。分布：インドの全域からスンダランド，中国，台湾，本州，四国，九州，対馬，屋久島，沖縄本島，西表島。

ツキワマルケシキスイ 月輪円出尾虫〈Cyllodes literatus〉昆虫綱甲虫目ケシキスイ科の甲虫。体長3.2〜4.5mm。分布：本州。

ツクシアオリンガ〈Hylophilodes tsukusensis〉昆虫綱鱗翅目ヤガ科リンガ亜科の蛾。開張33〜36mm。分布：中国の東部・南部，台湾の山地，紀伊半島大塔山系，岡山，広島，山口，四国の南部，九州北部。

ツクシカラスヨトウ〈Callyna contracta〉昆虫綱鱗翅目ヤガ科カラスヨトウ亜科の蛾。開張38〜42mm。分布：九州本土一円，奄美大島。

ツクシリンガ ツクシアオリンガの別名。

ツクツクボウシ〈Meimuna opalifera〉昆虫綱半翅目セミ科。体長40〜46mm。柑橘に害を及ぼす。分布：北海道(南部)，本州，四国，九州，対馬，種子島，屋久島，口永良部島，吐噶喇列島中之島。

ツクネグモ〈Phoroncidia pilula〉蜘形綱クモ目ヒメグモ科の蜘蛛。体長雌1.8〜2.2mm，雄1.5〜1.7mm。分布：本州，四国，九州。

ツグミハジラミ〈Ricinus elongatus〉昆虫綱食毛目タネハジラミ科。

ツクミヒゲナガトビコバチ〈Leptomastix tsukumiensis〉昆虫綱膜翅目トビコバチ科。

ツクミフサカイガラトビコバチ〈Asterolecaniobius tsukumiensis〉昆虫綱膜翅目トビコバチ科。

ツクリタケクロバネキノコバエ〈*Lycoriella ingenua*〉昆虫綱双翅目クロバネキノコバエ科。生姜，キノコ類に害を及ぼす。分布：全北区。

ツゲノメイガ〈*Glyphodes perspectalis*〉昆虫綱鱗翅目メイガ科ノメイガ亜科の蛾。開張28mm。ツゲに害を及ぼす。分布：北海道，本州，四国，九州，種子島，屋久島，朝鮮半島，中国，インド。

ツシマアカサシガメ〈*Scadra rufithorax*〉昆虫綱半翅目サシガメ科。

ツシマアナアキゾウムシ〈*Pagiophloeus tsushimanus*〉昆虫綱甲虫目ゾウムシ科の甲虫。体長10.5～12.2mm。

ツシマアメイロカミキリ〈*Obrium tsushimanum*〉昆虫綱甲虫目カミキリムシ科カミキリ亜科の甲虫。体長5.4mm。

ツシマウスグロエダシャク〈*Polymixinia appositaria*〉昆虫綱鱗翅目シャクガ科の蛾。分布：対馬，朝鮮半島，中国。

ツシマウミユスリカ〈*Clunio tsushimensis*〉昆虫綱双翅目ユスリカ科。

ツシマウラボシシジミ〈*Pithecops fulgens*〉昆虫綱鱗翅目シジミチョウ科ヒメシジミ亜科の蝶。準絶滅危惧種(NT)。前翅長10～13mm。分布：対馬北部。

ツシマオオカメムシ 対馬大亀虫〈*Placosternum alces*〉昆虫綱半翅目カメムシ科。

ツシマオオシロヒメシャク〈*Problepsis eucircota*〉昆虫綱鱗翅目シャクガ科の蛾。分布：対馬，朝鮮半島，中国。

ツシマオオズナガゴミムシ〈*Pterostichus opacipennis*〉昆虫綱甲虫目オサムシ科の甲虫。体長20～22mm。

ツシマオサムシ〈*Carabus tsushimae*〉昆虫綱甲虫目オサムシ科。体長22～25mm。分布：対馬。

ツシマオノヒゲナガゾウムシ〈*Dendrotrogus nagaoi*〉昆虫綱甲虫目ヒゲナガゾウムシ科の甲虫。体長9～12mm。

ツシマカクホソカタムシ〈*Philothermus shibatai*〉昆虫綱甲虫目カクホソカタムシ科の甲虫。体長3.7mm。

ツシマカバナミシャク〈*Eupithecia tsushimensis*〉昆虫綱鱗翅目シャクガ科の蛾。分布：対馬，九州（英彦山）。

ツシマカブリモドキ〈*Damaster fruhstorferi*〉昆虫綱甲虫目オサムシ科の甲虫。体長35～45mm。分布：対馬。

ツシマキクスイモドキカミキリ〈*Asaperda tsushimae*〉昆虫綱甲虫目カミキリムシ科の甲虫。体長9mm。

ツシマキシタヨトウ〈*Olivenebula oberthueri*〉昆虫綱鱗翅目ヤガ科カラスヨトウ亜科の蛾。分布：対馬，済州島，朝鮮半島，沿海州，台湾，中国。

ツシマキノコゴミムシダマシ〈*Platydema satoi*〉昆虫綱甲虫目ゴミムシダマシ科の甲虫。体長5.5～7.3mm。

ツシマクロヒメテントウ〈*Scymnus tsushimaensis*〉昆虫綱甲虫目テントウムシ科の甲虫。体長2.1～2.5mm。

ツシマクロヒメハマキ〈*Hedya tsushimaensis*〉昆虫綱鱗翅目ハマキガ科の蛾。分布：対馬。

ツシマクロモンシャチホコ〈*Harpyia tokui*〉昆虫綱鱗翅目シャチコガ科の蛾。分布：対馬。

ツシマケシカミキリ〈*Exocentrus tsushimanus*〉昆虫綱甲虫目カミキリムシ科フトカミキリ亜科の甲虫。体長4mm。

ツシマゴマケンモン〈*Moma tsushimana*〉昆虫綱鱗翅目ヤガ科の蛾。分布：対馬。

ツシマゴマダラコクヌスト〈*Leperina tsushimana*〉昆虫綱甲虫目コクヌスト科の甲虫。体長10～15mm。

ツシマゴマフチビカミキリ〈*Sphigmothorax tsushimanus*〉昆虫綱甲虫目カミキリムシ科フトカミキリ亜科の甲虫。体長3.3～5.0mm。

ツシマコメツキモドキ〈*Tetralanguria fryi*〉昆虫綱甲虫目コメツキモドキ科の甲虫。体長10.5～13.0mm。

ツシマゴモクムシダマシ〈*Pedinus strigosus*〉昆虫綱甲虫目ゴミムシダマシ科の甲虫。体長7.0～9.0mm。

ツシマサビカミキリ〈*Ropica tsushimensis*〉昆虫綱甲虫目カミキリムシ科フトカミキリ亜科の甲虫。

ツシマスカシノメイガ〈*Glyphodes formosanus*〉昆虫綱鱗翅目メイガ科の蛾。分布：台湾，対馬。

ツシマチビオオキノコムシ〈*Tritoma michitakai*〉昆虫綱甲虫目オオキノコムシ科。

ツシマチビツノゴミムシダマシ〈*Byrsax tsushimensis*〉昆虫綱甲虫目ゴミムシダマシ科の甲虫。体長4.5～4.8mm。

ツシマツトガ〈*Crambus sinicolellus*〉昆虫綱鱗翅目メイガ科の蛾。分布：中国東部，江蘇省，対馬の御岳。

ツシマツマキヒメハマキ〈*Aterpia bicolor*〉昆虫綱鱗翅目ハマキガ科の蛾。分布：対馬。

ツシマツマキリアツバ〈*Pangrapta sp.*〉昆虫綱鱗翅目ヤガ科クチバ亜科の蛾。分布：対馬。

ツシマツヤドロムシ〈*Zaitzevia tsushimana*〉昆虫綱甲虫目ヒメドロムシ科の甲虫。体長2.0～2.1mm。

ツシマデオキノコムシ〈*Scaphidium tsushimense*〉昆虫綱甲虫目デオキノコムシ科の甲虫。体長4.5～5.0mm。

ツシマトゲヒサゴミムシダマシ〈*Misolampidius adachii*〉昆虫綱甲虫目ゴミムシダマシ科の甲虫。体長15.2～16.1mm。

ツシマトリノフンダマシ〈*Paraplectana tsushimensis*〉蛛形綱クモ目コガネグモ科の蜘蛛。体長雌7～9mm。分布：本州(関東以南)，四国，九州，対馬，南西諸島。

ツシマナガゴミムシ〈*Pterostichus symmetricus*〉昆虫綱甲虫目オサムシ科の甲虫。体長16.5～19.0mm。

ツシマナミハグモ〈*Cybaeus uenoi*〉蛛形綱クモ目タナグモ科の蜘蛛。

ツシマニクバエ〈*Sarcophaga tsushimae*〉昆虫綱双翅目ニクバエ科の昆虫。体長9.0～15.0mm。害虫。

ツシマハネナシサビカミキリ〈*Pterolophia adachii*〉昆虫綱甲虫目カミキリムシ科フトカミキリ亜科の甲虫。体長8mm。

ツシマハリアリ〈*Ectomomyrmex javanus*〉昆虫綱膜翅目アリ科。

ツシマヒサゴミムシダマシ〈*Misolampidius tentyrioides*〉昆虫綱甲虫目ゴミムシダマシ科の甲虫。体長12.6～14.6mm。

ツシマヒメカミキリ〈*Ceresium tsushimanum*〉昆虫綱甲虫目カミキリムシ科カミキリ亜科の甲虫。体長12mm。

ツシマヒラタカミキリ〈*Eurypoda tsushimana*〉昆虫綱甲虫目カミキリムシ科の甲虫。

ツシマヒラタシデムシ〈*Eusilpha jakowlewi*〉昆虫綱甲虫目シデムシ科の甲虫。体長17～23mm。

ツシマビロウドカミキリ〈*Acalolepta tsushimae*〉昆虫綱甲虫目カミキリムシ科の甲虫。体長14mm。

ツシマヒロオビジョウカイモドキ〈*Laius tsushimensis*〉昆虫綱甲虫目ジョウカイモドキ科の甲虫。体長3.2～3.4mm。

ツシマフトギス〈*Paratlantica tsushimensis*〉昆虫綱直翅目キリギリス科。準絶滅危惧種(NT)。体長雄33mm，雌62mm。

ツシマヘリビロトゲトゲ ツシマヘリビロトゲハムシの別名。

ツシマヘリビロトゲハムシ〈*Platypria melli*〉昆虫綱甲虫目ハムシ科の甲虫。体長6.5mm。

ツシママシラグモ〈*Leptoneta tsushimensis*〉蛛形綱クモ目マシラグモ科の蜘蛛。

ツシママダラテントウ〈*Epilachna chinensis*〉昆虫綱甲虫目テントウムシ科の甲虫。体長4.5～5.6mm。

ツシママルムネゴミムシダマシ〈*Tarpela tsushimana*〉昆虫綱甲虫目ゴミムシダマシ科の甲虫。体長10.0～12.0mm。

ツシマムツボシタマムシ〈*Chrysobothris samurai*〉昆虫綱甲虫目タマムシ科の甲虫。体長10～12mm。分布：本州(西部)，対馬。

ツシマムナクボカミキリ〈*Cephalallus unicolor*〉昆虫綱甲虫目カミキリムシ科マルクビカミキリ亜科の甲虫。体長16～28mm。分布：本州，四国，九州，対馬，屋久島，奄美大島，沖縄諸島。

ツシマムナクボカミキリ ムナクボカミキリの別名。

ツシマムラサキジョウカイ〈*Themus tsushimensis*〉昆虫綱甲虫目ジョウカイボン科の甲虫。体長14～19mm。

ツシマメクラチビゴミムシ〈*Coreoblemus venustus*〉昆虫綱甲虫目オサムシ科の甲虫。体長2.6mm。

ツシマヨコミゾコブゴミムシダマシ〈*Usechus tsushimensis*〉昆虫綱甲虫目コブゴミムシダマシ科の甲虫。体長3.7mm。

ツシマリンゴカミキリ〈*Oberea inclusa*〉昆虫綱甲虫目カミキリムシ科の甲虫。体長11～18mm。分布：対馬。

ツヅミキクイムシ〈*Xyleborus amputatus*〉昆虫綱甲虫目キクイムシ科の甲虫。体長2.6～3.0mm。

ツヅミミノムシ マダラマルハヒロズコガの別名。

ツヅリガ 綴蛾〈*Paralipsa gularis*〉昆虫綱鱗翅目メイガ科の蛾。別名イッテンコクガ。開張32mm。貯穀・貯蔵植物性食品に害を及ぼす。分布：北海道から沖縄本島，石垣島，アジアからヨーロッパ。

ツヅリモンハマキ〈*Homonopsis foederatana*〉昆虫綱鱗翅目ハマキガ科の蛾。開張17～20mm。林檎に害を及ぼす。分布：北海道，本州，四国，九州，対馬，中国，ロシア(ウスリー，沿海州)。

ツヅレサセコオロギ〈*Scapsipedus aspersus*〉昆虫綱直翅目コオロギ科。別名コオロギ。体長13～22mm。分布：本州，四国，九州。

ツヅレニシキシジミ〈*Hypochrysops rufinus*〉昆虫綱鱗翅目シジミチョウ科の蝶。分布：ニューギニア。

ツタウルシコブアブラムシ〈*Carolinaia japonica*〉昆虫綱半翅目アブラムシ科。体長2mm。ハゼ，ウルシに害を及ぼす。分布：本州。

ツタキオビヒメハマキ〈*Olethreutes tsutavora*〉昆虫綱鱗翅目ハマキガ科の蛾。分布：岩手県盛岡。

ツチアケビミモグリバエ〈*Melanagromyza galeolae*〉昆虫綱双翅目ハモグリバエ科。

ツチイナゴ 土蝗虫，土稲子〈*Patanga japonica*〉昆虫綱バッタ目イナゴ科。体長38～50mm。稲，

柑橘, 大豆, タバコに害を及ぼす。分布：本州, 四国, 九州, 対馬, 沖縄本島。

ツチイロキリガ〈*Agrochola vulpecula*〉昆虫綱鱗翅目ヤガ科セダカモクメ亜科の蛾。分布：ウラルから東北アジア, 東北地方北部, 飛騨山脈, 周辺の高地。

ツチイロコブヤハズカミキリ〈*Parechthistatus gibber* subsp.〉昆虫綱甲虫目カミキリムシ科の甲虫。

ツチイロゾウムシ〈*Cotasteromimus morimotoi*〉昆虫綱甲虫目ゾウムシ科の甲虫。体長1.8〜2.1mm。

ツチイロノメイガ〈*Sylepta invalidalis*〉昆虫綱鱗翅目メイガ科の蛾。分布：東北地方北部から四国, 九州, 対馬, 屋久島, 中国。

ツチイロヒゲボソゾウムシ〈*Phyllobius incomptus*〉昆虫綱甲虫目ゾウムシ科の甲虫。体長4.8〜7.3mm。林檎に害を及ぼす。分布：本州の中部から東北南部。

ツチイロヒメハマキ〈*Epinotia rubricana*〉昆虫綱鱗翅目ハマキガ科の蛾。分布：北海道, 本州(東北及び中部の山地), ロシアのウスリーや千島。

ツチイロビロウドムシ 土色天鵞絨虫〈*Dendroides lesnei*〉昆虫綱甲虫目アカハネムシ科の甲虫。体長13〜17mm。分布：本州。

ツチイロフトヒゲカミキリ〈*Dolophrades terrenus*〉昆虫綱甲虫目カミキリムシ科フトカミキリ亜科の甲虫。体長8〜10.5mm。分布：本州(中国西部), 四国, 九州。

ツチイロヤサクチカクシゾウムシ〈*Metempleurus ogasawarensis*〉昆虫綱甲虫目ゾウムシ科の甲虫。体長6.1〜8.5mm。

ツチカニムシ 土蟹虫 節足動物門クモ形綱擬蠍目ツチカニムシ亜目Chthoniineaの陸生小動物の総称。

ツチカメネジレバネ〈*Triozocera macroscyti*〉昆虫綱撚翅目カメムシネジレバネ科。

ツチカメムシ 土亀虫, 土椿象〈*Macroscytus japonensis*〉昆虫綱半翅目ツチカメムシ科。体長7〜10mm。分布：本州, 四国, 九州, 南西諸島。害虫。

ツチカメムシ 土亀虫, 土椿象〈*ground bug*〉昆虫綱半翅目異翅亜目ツチカメムシ科に属する昆虫の総称, またはそのなかの一種。

ツチスガリ 土棲蜂〈*Cerceris hortivaga*〉昆虫綱膜翅目ジガバチ科。体長7〜14mm。分布：日本全土。

ツチスガリ 土棲蜂 昆虫綱膜翅目アナバチ科の一種, または同属のハチの総称。

ツチチャイロコガネ ツヤチャイロコガネの別名。

ツチバチ 土蜂〈*hairy flower wasp*〉昆虫綱膜翅目ツチバチ科Scoliidaeに属するハチの総称。

ツチバチの一種〈*Scolia* sp.〉昆虫綱膜翅目ミツバチ科。分布：タイ。

ツチバッタ ツマグロイナゴの別名。

ツチハンミョウ 地胆, 土斑猫〈*blister beetle, oil beetle*〉昆虫綱甲虫目ツチハンミョウ科Meloidaeに属する昆虫の総称。

ツチボタル 土蛍〈*glow worm*〉昆虫綱甲虫目ホタル科の昆虫の幼虫, またははねが退化した雌成虫で地表にいて光るものをいう。

ツツイカタビロアメンボ〈*Pseudovelia tsutsuii*〉昆虫綱半翅目カタビロアメンボ科。

ツツイキバナガミズギワゴミムシ〈*Armatocillenus tsutsuii*〉昆虫綱甲虫目オサムシ科の甲虫。体長3.5mm。

ツツイコミズギワゴミムシ〈*Paratachys euryodes*〉昆虫綱甲虫目オサムシ科の甲虫。体長3.0mm。

ツツイシラホシサビカミキリ〈*Apomecyna tsutsuii*〉昆虫綱甲虫目カミキリムシ科フトカミキリ亜科の甲虫。体長6mm。

ツツエンマムシ〈*Trypeticus fagi*〉昆虫綱甲虫目エンマムシ科の甲虫。体長4mm。分布：本州, 四国, 九州。

ツツオニケシキスイ〈*Librodor subcylindricus*〉昆虫綱甲虫目ケシキスイムシ科の甲虫。体長5mm。分布：本州, 四国, 九州。

ツツガタシバンムシ〈*Gastrallus affinis*〉昆虫綱甲虫目シバンムシ科の甲虫。体長1.9〜3.0mm。

ツツガタメクラチビゴミムシ〈*Stygiotrechus unidentatus*〉昆虫綱甲虫目オサムシ科の甲虫。体長2.7〜2.9mm。

ツツカミキリ〈*Torneutes pallidipennis*〉昆虫綱甲虫目カミキリムシ科の甲虫。分布：ウルグアイ, アルゼンチン。

ツツガムシ 恙虫〈*chigger mite*〉節足動物門クモ形綱ダニ目ツツガムシ科Trombiculidaeと, その近縁のレーウェンフェク科Leewenhoekiidaeの総称。

ツツキクイゾウムシ〈*Magdalis memnonia*〉昆虫綱甲虫目ゾウムシ科の甲虫。体長3.0〜4.7mm。

ツツキノコムシ 筒茸虫 昆虫綱甲虫目ツツキノコムシ科Cisidaeに属する昆虫の総称。

ツツクチカクシゾウムシ〈*Cechania eremita*〉昆虫綱甲虫目ゾウムシ科の甲虫。体長2.6〜4.8mm。

ツツケナガヒゲナガゾウムシ〈*Habrissus cylindricus*〉昆虫綱甲虫目ヒゲナガゾウムシ科の甲虫。体長2.9〜5.0mm。

ツツゲホウグモ〈Poltys columnaris〉蛛形綱クモ目コガネグモ科の蜘蛛.

ツツサルハムシ〈Abirus fortunei〉昆虫綱甲虫目ハムシ科の甲虫. 体長7.5～9.5mm.

ツツジアブラムシ 躑躅油虫〈Vesiculaphis caricis〉昆虫綱半翅目アブラムシ科. 体長1.5mm. イグサ, シチトウイ, ツツジ類に害を及ぼす. 分布:本州, 朝鮮半島, 台湾, インド, ハワイ.

ツツジキバガ〈Compsolechia homoplasta〉昆虫綱鱗翅目キバガ科の蛾. 開張16～19mm. ツツジ類に害を及ぼす. 分布:本州.

ツツジグンバイ 躑躅軍配虫〈Stephanitis pyrioides〉昆虫綱半翅目グンバイムシ科. 体長3.5～4.0mm. ツツジ類に害を及ぼす. 分布:北海道, 本州, 四国, 九州, 南西諸島.

ツツジコナカイガラムシ〈Phenacoccus azaleae〉昆虫綱半翅目コナカイガラムシ科. 体長3.0～3.5mm. ツツジ類に害を及ぼす. 分布:本州, 四国, 九州.

ツツジコナジラミ〈Pealius azaleae〉昆虫綱半翅目コナジラミ科. 体長1mm. ツツジ類に害を及ぼす. 分布:本州, 四国, 九州, シベリア, オーストラリア, ニュージーランド, ヨーロッパ.

ツツジコナジラミモドキ〈Odontaleyrodes rhododendri〉昆虫綱半翅目コナジラミ科. ツツジ類に害を及ぼす.

ツツジコブハムシ〈Chlamisus laticollis〉昆虫綱甲虫目ハムシ科の甲虫. 体長2.8mm. ツツジ類に害を及ぼす. 分布:本州.

ツツジツマキリエダシャク〈Endropiodes circumflexus〉昆虫綱鱗翅目シャクガ科の蛾. 分布:本州, (関東北部, 北陸, 中部の山地), 四国.

ツツジトゲムネサルゾウムシ〈Mecysmoderes fulvus〉昆虫綱甲虫目ゾウムシ科の甲虫. 体長1.7～2.3mm. ツツジ類に害を及ぼす.

ツツジハマキホソガ〈Caloptilia azaleella〉昆虫綱鱗翅目ホソガ科の蛾. 開張9～11mm. 分布:本州, 四国, 九州, ヨーロッパ, アメリカ, ニュージーランド.

ツツジハモグリガ〈Lyonetia ledi〉昆虫綱鱗翅目ハモグリガ科の蛾. 分布:北海道, 本州, 九州, 奄美大島, 朝鮮半島南部, ヨーロッパ, 北アメリカ.

ツツジホソガ ツツジハマキホソガの別名.

ツツジムシクソハムシ ツツジコブハムシの別名.

ツツジメムシガ〈Argyresthia tutuzicolella〉昆虫綱鱗翅目メムシガ科の蛾. 分布:本州, 九州.

ツツシンクイ 筒芯食虫 昆虫綱甲虫目ツツシンクイ科Lymexylonidaeの昆虫の総称.

ツツゾウムシ 筒象鼻虫〈Carcilia strigicollis〉昆虫綱甲虫目ゾウムシ科の甲虫. 体長5.5～12.0mm. 分布:北海道, 本州, 四国, 九州, 対馬.

ツツチビヒゲナガゾウムシ〈Noxius japonicus〉昆虫綱甲虫目ヒゲナガゾウムシ科の甲虫. 体長1.5～2.4mm.

ツツデオキスイ〈Carpophilus tenuis〉昆虫綱甲虫目ケシキスイ科の甲虫. 体長1.8～2.4mm.

ツツハナバチ〈Osmia taurus〉昆虫綱膜翅目ハキリバチ科.

ツツヒゲナガゾウムシ〈Hypseus cylindricus〉昆虫綱甲虫目ヒゲナガゾウムシ科.

ツツヒラタムシ〈Ancistria apicalis〉昆虫綱甲虫目ツツヒラタムシ科の甲虫. 体長6～8mm. 分布:本州, 四国, 九州.

ツツホソナガクチキムシ〈Xylita livida〉昆虫綱甲虫目ナガクチキムシ科の甲虫. 体長6～8mm.

ツツホソミツギリゾウムシ〈Callipareius formosanus〉昆虫綱甲虫目ミツギリゾウムシ科の甲虫. 体長4.1～11.3mm.

ツツマダラメイガ〈Acrobasis tokiella〉昆虫綱鱗翅目メイガ科マダラメイガ亜科の蛾. 開張20～24mm. 分布:北海道, 本州, 四国, 九州, 朝鮮半島.

ツツムネチョッキリ〈Involvulus cylindricollis〉昆虫綱甲虫目オトシブミ科の甲虫. 体長4mm. 桜桃, 梅, アンズに害を及ぼす. 分布:北海道, 本州, サハリン, シベリア, ヨーロッパ.

ツトガ 苞蛾〈Ancylolomia japonica〉昆虫綱鱗翅目メイガ科ツトガ亜科の蛾. 開張24～38mm. 稲, シバ類に害を及ぼす. 分布:北海道, 本州, 四国, 九州, 対馬, 屋久島, 沖縄本島, 台湾, 朝鮮半島, シベリア南東部, 中国.

ツトムシ イチモンジセセリの別名.

ツノアオカメムシ 角青亀虫〈Pentatoma japonica〉昆虫綱半翅目カメムシ科. 体長17～22mm. 楓(紅葉)に害を及ぼす. 分布:北海道, 本州, 四国, 九州.

ツノアカツノカメムシ〈Acanthosoma haemorrhoidale angulatum〉昆虫綱半翅目ツノカメムシ科.

ツノアカナガゴミムシ ヒロムネナガゴミムシの別名.

ツノアカニクバエ〈Sarcophaga ruficornis〉昆虫綱双翅目ニクバエ科. 体長10～14mm. 害虫.

ツノアカホンクワガタ〈Cacostomus squamosus〉昆虫綱甲虫目クワガタムシ科. 分布:オーストラリア.

ツノアカヤマアリ〈Formica fukaii〉昆虫綱膜翅目アリ科. 体長5～7mm. 分布:北海道, 本州.

ツノオオアザミウマ〈*Bactrothrips brevitubus*〉昆虫綱総翅目クダアザミウマ科。体長5.0〜7.5mm。分布：本州, 四国, 九州, 対馬, 南西諸島。

ツノオオクダアザミウマ ツノオオアザミウマの別名。

ツノオナガヒメバチ〈*Teleutaea ussuriensis*〉昆虫綱膜翅目ヒメバチ科。

ツノオニグモ〈*Araneus tsuno*〉蛛形綱クモ目コガネグモ科の蜘蛛。体長雌10〜13mm, 雄9〜10mm。分布：北海道, 本州(山地)。

ツノカミキリモドキ〈*Xanthochroa antennata*〉昆虫綱甲虫目カミキリモドキ科の甲虫。

ツノカメムシ 角亀虫, 角椿象〈*acanthosomatid bug*〉昆虫綱半翅目異翅亜目ツノカメムシ科 Acanthosomatidaeに含まれる昆虫の総称。

ツノキウンモンハバチ〈*Arge fulvicornis*〉昆虫綱膜翅目ミフシハバチ科。

ツノキクロハバチ 角黄黒葉蜂〈*Taxonus flavicornis*〉昆虫綱膜翅目ハバチ科。分布：日本各地。

ツノクモゾウムシ〈*Phylaitis maculiventris*〉昆虫綱甲虫目ゾウムシ科の甲虫。体長4.0〜4.9mm。分布：本州, 九州。

ツノグロキイロトゲハネバエ〈*Suillia atricornis*〉昆虫綱双翅目トゲハネバエ科。

ツノクロツヤムシ〈*Cylindrocaulus patalis*〉昆虫綱甲虫目クロツヤムシ科の甲虫。体長17〜20mm。分布：四国, 九州。

ツノグロトビコバチ〈*Anagyrus subnigricornis*〉昆虫綱膜翅目トビコバチ科。

ツノグロモンシデムシ〈*Nicrophorus vespilloides*〉昆虫綱甲虫目シデムシ科の甲虫。体長10〜20mm。

ツノケシグモ〈*Meioneta projecta*〉蛛形綱クモ目サラグモ科の蜘蛛。体長雌1.4〜1.9mm, 雄1.3〜1.7mm。分布：本州。

ツノケヅメカ〈*Symmerus antennalis*〉昆虫綱双翅目キノコバエ科。

ツノコガネ 角金亀子〈*Liatongus phanaeoides*〉昆虫綱甲虫目コガネムシ科の甲虫。体長7〜11mm。分布：北海道, 本州, 四国, 九州。

ツノコガネショウジョウバエ〈*Leucophenga orientalis*〉昆虫綱双翅目ショウジョウバエ科。

ツノコバネナガカメムシ 角小翅長亀虫〈*Iphicrates spinicaput*〉昆虫綱半翅目ナガカメムシ科。分布：九州。

ツノゴミムシダマシ〈*Cryphaeus duellicus*〉昆虫綱甲虫目ゴミムシダマシ科の甲虫。体長12.0〜15.0mm。

ツノサキブトトビコバチ〈*Tyndarichus nawai*〉昆虫綱膜翅目トビコバチ科。

ツノジロホソハバチ〈*Asiemphytus vexator*〉昆虫綱膜翅目ハバチ科。

ツノゼミ 角蟬〈*Orthobelus flavipes*〉昆虫綱半翅目ツノゼミ科。体長6.0〜8.5mm。分布：北海道, 本州, 四国, 九州。

ツノゼミ 角蟬〈*treehopper*〉昆虫綱半翅目同翅亜目ツノゼミ科に属する昆虫の総称, またはそのなかの一種。珍虫。

ツノタテグモ〈*Hypselistes asiaticus*〉蛛形綱クモ目サラグモ科の蜘蛛。

ツノチビゴミムシダマシ〈*Pentaphyllus philippinensis*〉昆虫綱甲虫目ゴミムシダマシ科の甲虫。体長2.5mm。

ツノチビヒラタアブ〈*Sphegina elongata*〉昆虫綱双翅目ハナアブ科。

ツノツツトビケラ〈*Nippoberaea gracilis*〉ツノツツトビケラ科。

ツノトンボ 角蜻蛉〈*Hybris subjacens*〉昆虫綱脈翅目ツノトンボ科。開張63〜75mm。分布：本州, 四国, 九州。

ツノトンボ 角蜻蛉〈*owl fly*〉脈翅目ツノトンボ科 Ascalaphidaeに属する昆虫の総称, またはそのうちの一種を指す。

ツノナガコガシラクワガタ〈*Chiasognathus granti*〉昆虫綱甲虫目クワガタムシ科。別名チリクワガタ。分布：チリ, アルゼンチン。珍虫。

ツノヒゲゴミムシ〈*Loricera pilicornis*〉昆虫綱甲虫目オサムシ科の甲虫。体長7.5mm。分布：北海道, 本州。

ツノヒゲツヤムネハネカクシ〈*Quedius hirticornis*〉昆虫綱甲虫目ハネカクシ科の甲虫。体長9.5〜13.0mm。

ツノヒョウタンクワガタ ルイスツノヒョウタンクワガタの別名。

ツノヒラムシ 角平虫〈*Planocera reticulata*〉扁形動物門渦虫綱多岐腸目ツノヒラムシ科の海産動物。

ツノフトツツハネカクシ 角太筒隠翅虫〈*Osorius taurus*〉昆虫綱甲虫目ハネカクシ科の甲虫。体長8.0〜8.5mm。分布：本州, 九州。

ツノブトホソエンマムシ〈*Niponius obtusiceps*〉甲虫。

ツノブトホタルモドキ〈*Xerasia variegata*〉昆虫綱甲虫目キスイモドキ科の甲虫。体長4.5〜5.5mm。

ツノホソキノコゴミムシダマシ〈*Platydema recticorne*〉昆虫綱甲虫目ゴミムシダマシ科の甲虫。体長4〜5mm。分布：本州, 四国, 九州。

ツノボソチビイッカク〈*Mecynotarsus niponicus*〉昆虫綱甲虫目アリモドキ科の甲虫。体長2.2～2.7mm。

ツノホソフサトビコバチ〈*Cheiloneurus tenuicornis*〉昆虫綱膜翅目トビコバチ科。

ツノマダラカゲロウ〈*Ephemerella cornutus*〉昆虫綱蜉蝣目マダラカゲロウ科。

ツノマルタマキノコムシ〈*Agathidium cornutum*〉昆虫綱甲虫目タマキノコムシ科の甲虫。体長2.0～2.8mm。

ツノロウアカヤドリトビコバチ〈*Anicetus ceroplastis*〉昆虫綱膜翅目トビコバチ科。

ツノロウカイガラムシ 角蠟介殻虫〈*Ceroplastes ceriferus*〉昆虫綱半翅目カタカイガラムシ科。体長6～9mm。ナシ類、林檎、キウイ、柑橘、茶、ハイビスカス類、クチナシ、楓(紅葉)、椿、山茶花、モッコク、トベラ、マサキ、ニシキギ、カナメモチ、イスノキ、イヌツゲ、柿に害を及ぼす。分布：本州、四国、九州。

ツノロウムシ ツノロウカイガラムシの別名。

ツバキウスマルカイガラムシ〈*Aspidiotus japonicus*〉昆虫綱半翅目マルカイガラムシ科。椿、山茶花に害を及ぼす。

ツバキカキカイガラムシ 椿蠣介殻虫〈*Lepidosaphes camelliae*〉昆虫綱半翅目マルカイガラムシ科。椿、山茶花、ユズリハに害を及ぼす。分布：本州、四国、九州。

ツバキクロホシカイガラムシ〈*Parlatoria camelliae*〉昆虫綱半翅目マルカイガラムシ科。体長1.5～2.0mm。モッコク、マサキ、ニシキギ、木犀類、ガジュマル、茶、椿、山茶花に害を及ぼす。分布：本州(関東以西)、四国、九州、南西諸島、世界中の温帯から熱帯。

ツバキコナジラミ〈*Aleurotrachelus camelliae*〉昆虫綱半翅目コナジラミ科。体長1.2mm。椿、山茶花に害を及ぼす。分布：本州(東京都以南)、四国、九州、佐渡。

ツバキコブハムシ〈*Chlamisus lewisii*〉昆虫綱甲虫目ハムシ科。

ツバキシギゾウムシ〈*Curculio camelliae*〉昆虫綱甲虫目ゾウムシ科の甲虫。体長6～9mm。

ツバキネコブセンチュウ〈*Meloidogyne camelliae*〉メロイドギネ科。体長雌0.7～1.1mm、雄1.6～2.2mm。椿、山茶花に害を及ぼす。分布：関東地方。

ツバキハマダラミバエ〈*Staurella camelliae*〉昆虫綱双翅目ミバエ科。

ツバキマルセンチュウ〈*Sphaeronema camelliae*〉スフェロネマ科。体長0.4～0.5mm。椿、山茶花に害を及ぼす。

ツバキワタカイガラムシ〈*Chloropulvinaria floccifera*〉昆虫綱半翅目カタカイガラムシ科。体長3.5～4.5mm。モッコク、モチノキ、椿、山茶花に害を及ぼす。分布：本州、四国、九州、汎世界的。

ツバキワタカイガラモドキ〈*Metaceronema japonica*〉昆虫綱半翅目カタカイガラムシ科。イヌツゲ、モチノキに害を及ぼす。

ツバサゴカイ 翼沙蚕〈*Chaetopterus variopedatus*〉多毛綱ツバサゴカイ科の環形動物。分布：本州中部地方以南。

ツバサゴカイ 翼沙蚕 環形動物門多毛綱定在目ツバサゴカイ科の総称、またはそのなかの一種。

ツバメアオシャク〈*Gelasma ambigua*〉昆虫綱鱗翅目シャクガ科アオシャク亜科の蛾。開張22～29mm。分布：東北地方の北部から四国、九州、対馬、屋久島、朝鮮半島、台湾、中国東部。

ツバメオオキチョウ〈*Phoebis rurina*〉昆虫綱鱗翅目シロチョウ科の蝶。分布：ベネズエラ、ペルー、中央アメリカ。

ツバメガ 燕蛾 昆虫綱鱗翅目ツバメガ科Uraniidaeの総称。

ツバメシジミ 燕小灰蝶〈*Everes argiades*〉昆虫綱鱗翅目シジミチョウ科ヒメシジミ亜科の蝶。前翅長12～15mm。豌豆、空豆、大豆に害を及ぼす。分布：北海道、本州、四国、九州。

ツバメシジミセアカヒメバチ〈*Neotypus orientalis*〉昆虫綱膜翅目ヒメバチ科。

ツバメシジミタテハ〈*Rhetus dysonii psecas*〉昆虫綱鱗翅目シジミタテハ科。分布：パナマからボリビアまで、ブラジル。

ツバメシラミバエ〈*Crataerina hirundinis*〉昆虫綱双翅目シラミバエ科。体長4～5mm。分布：北海道、本州。

ツバメタテハ〈*Rhetus dysonii*〉昆虫綱鱗翅目シジミタテハ科の蝶。分布：パナマ、ペルー、ボリビア。

ツバメヒメダニ〈*Argas japonicus*〉蛛形綱ダニ目ヒメダニ科。体長6.0mm。害虫。

ツブエンマムシ〈*Anapleus semen*〉昆虫綱甲虫目エンマムシ科の甲虫。体長2.2～2.5mm。

ツブゲンゴロウ 粒竜蝨〈*Laccophilus difficilis*〉昆虫綱甲虫目ゲンゴロウ科の甲虫。体長4.1～5.0mm。分布：日本各地。

ツブコメツキモドキ〈*Atomarops lewisi*〉昆虫綱甲虫目コメツキモドキ科の甲虫。体長1.6～1.9mm。

ツブスジドロムシ〈*Paramacronychus granulatus*〉昆虫綱甲虫目ヒメドロムシ科の甲虫。体長2.4～2.7mm。

ツブデオキノコムシ 粒出尾茸虫〈*Pseudobironium lewisi*〉昆虫綱甲虫目デオキノコムシ科の甲虫。体長2.5mm。分布：本州，四国，九州。

ツブノミハムシ〈*Aphthona perminuta*〉昆虫綱甲虫目ハムシ科の甲虫。体長2mm。分布：北海道，本州，四国，九州。

ツマアカアオハマキ〈*Enarmonia hemidoxa*〉昆虫綱鱗翅目ノコメハマキガ科の蛾。開張11～12mm。

ツマアカアオヒメハマキ〈*Gephyroneura hemidoxa*〉昆虫綱鱗翅目ハマキガ科の蛾。分布：紀伊半島(那智山)，四国(足摺岬)，九州(佐多岬，大隅半島)の太平洋岸，台湾，ニューギニア，インド(アッサム)。

ツマアカオオヒメテントウ〈*Cryptolaemus montrouzieri*〉昆虫綱甲虫目テントウムシ科の甲虫。体長3.8～4.2mm。

ツマアカキヨトウ〈*Aletia inornata*〉昆虫綱鱗翅目ヤガ科ヨトウガ亜科の蛾。分布：本州(東北地方)，九州。

ツマアカクビボソムシ〈*Macratria apicalis*〉昆虫綱甲虫目アリモドキ科の甲虫。体長5.5～6.5mm。

ツマアカコノハチョウ ツマアカヒメコノハチョウの別名。

ツマアカシマメイガ〈*Orthopygia nannodes*〉昆虫綱鱗翅目メイガ科の蛾。分布：本州(宮城県より南)，四国，九州，対馬，屋久島。

ツマアカシャチホコ〈*Clostera anachoreta*〉昆虫綱鱗翅目シャチホコガ科ウチキシャチホコ亜科の蛾。開張25mm。ヤナギ，ポプラに害を及ぼす。分布：ユーラシア，北海道から九州，対馬，屋久島。

ツマアカシロオビタテハ〈*Metamorpha epaphus*〉昆虫綱鱗翅目タテハチョウ科の蝶。分布：メキシコからブラジル，ペルーまで。

ツマアカシロチョウ〈*Colotis eupompe*〉昆虫綱鱗翅目シロチョウ科の蝶。分布：シナイ半島，アラビア，アフリカ東部，セネガル。

ツマアカセイボウ ツマアカヨツバセイボウの別名。

ツマアカナガエハネカクシ〈*Ochthephilum bernhaueri*〉昆虫綱甲虫目ハネカクシ科の甲虫。体長9.7～10.3mm。

ツマアカナミシャク 褄赤波尺蛾〈*Aplocera perelegans*〉昆虫綱鱗翅目シャクガ科ナミシャク亜科の蛾。開張33～37mm。分布：東北地方の山岳から中部山岳，知床半島の山岳，稚内，利尻島。

ツマアカヒメコノハチョウ〈*Kallima cymodice*〉昆虫綱鱗翅目タテハチョウ科の蝶。別名ツマアカコノハチョウ。分布：コートジボアールからアンゴラ，ウガンダまで。

ツマアカヒメテントウ〈*Scymnus dorcatomoides*〉昆虫綱甲虫目テントウムシ科の甲虫。体長1.8～2.2mm。

ツマアカマルハナノミダマシ 偽襃赤円花蚕〈*Eucinetus haemorrhoidalis*〉昆虫綱甲虫目マルハナノミダマシ科の甲虫。体長2.5～3.0mm。分布：本州。

ツマアカヨツバセイボウ〈*Chrysis rubripyga*〉昆虫綱膜翅目セイボウ科。体長6～12mm。分布：北海道，本州。

ツマアカルリタマムシ〈*Chrysochroa fulminans*〉昆虫綱甲虫目タマムシ科。分布：マレーシア，スマトラ，ジャワ，ボルネオ，パラワン。

ツマエビイロアツバ〈*Olulis shigakii*〉昆虫綱鱗翅目ヤガ科クチバ亜科の蛾。分布：八重山諸島。

ツマオビアツバ〈*Zanclognatha griselda*〉昆虫綱鱗翅目ヤガ科クルマアツバ亜科の蛾。開張28～32mm。分布：北海道，本州，四国，九州，屋久島，対馬，サハリン，朝鮮半島，ウスリー，アムール，中国。

ツマオビキホソハマキ〈*Eupoecilia angustana*〉昆虫綱鱗翅目ホソハマキガ科の蛾。分布：北海道の夕張岳や標茶町(二ッ山)，東北の早池峰山，本州の中部山地。

ツマオビシロホソハマキ〈*Phalonidia zygota*〉昆虫綱鱗翅目ホソハマキガ科の蛾。分布：北海道，本州(山地)，対馬，中国，ロシア，モンゴル。

ツマオビセモンハマキ〈*Euguseta cosmolitha*〉昆虫綱鱗翅目ホソハマキガ科の蛾。開張15～20.5mm。

ツマオビセンモンホソハマキ〈*Eugnosta ussuriana*〉昆虫綱鱗翅目ホソハマキガ科の蛾。分布：北海道，本州(東北・中部山地)，ロシア(アムール)。

ツマオビホソハマキ〈*Phtheochroides apicana*〉昆虫綱鱗翅目ホソハマキガ科の蛾。開張16～27mm。分布：北海道，本州，四国，九州，屋久島，国後島。

ツマカバコブガ〈*Nola emi*〉昆虫綱鱗翅目コブガ科の蛾。開張17～19mm。分布：北海道，本州，四国，九州，対馬。

ツマキアオジョウカイモドキ 擬褄黄青浄海〈*Malachius prolongatus*〉昆虫綱甲虫目ジョウカイモドキ科の甲虫。体長5～6mm。分布：北海道，本州，四国，九州。

ツマキアカエダシャク〈*Crypsicometa ochracea*〉昆虫綱鱗翅目シャクガ科の蛾。分布：沖縄本島，石垣島，西表島。

ツマキイチモンジ〈*Limenitis californica*〉昆虫綱鱗翅目タテハチョウ科の蝶。分布：カリフォルニア州，アリゾナ州，メキシコ。

459

ツマキウス

ツマキウスグロエダシャク〈*Scionomia anomala*〉昆虫綱鱗翅目シャクガ科エダシャク亜科の蛾。開張32～39mm。

ツマキエダシャク〈*Crypsicometa incertaria*〉昆虫綱鱗翅目シャクガ科エダシャク亜科の蛾。開張26～33mm。分布：北海道, 本州, 四国, 九州, 対馬, 中国西部。

ツマキオオヒメハマキ〈*Pseudohedya elaborata*〉昆虫綱鱗翅目ハマキガ科の蛾。分布：北海道, 本州では東北, 中部山地や鳥取県大山。

ツマキオオメイガ〈*Scirpophaga nivella*〉昆虫綱鱗翅目メイガ科の蛾。分布：琉球諸島, 朝鮮半島, 中国, 東南アジア。

ツマキカノコ〈*Amata flava*〉昆虫綱鱗翅目カノコガ科の蛾。分布：台湾, 与那国島。

ツマキキバガ〈*Aulidiotis bicolor*〉昆虫綱鱗翅目キバガ科の蛾。分布：屋久島。

ツマキクビボソハネカクシ〈*Rugilus japonicus*〉昆虫綱甲虫目ハネカクシ科の甲虫。体長4.3～4.7mm。

ツマキクビボソハムシ アカクビボソハムシの別名。

ツマキクロコバネジョウカイ クロツマキジョウカイの別名。

ツマキクロハマキ ツマキクロヒメハマキの別名。

ツマキクロヒメハマキ〈*Hendecaneura cervinum*〉昆虫綱鱗翅目ハマキガ科の蛾。開張12～13.5mm。分布：北海道, 本州, 九州, 屋久島。

ツマキケシデオキノコムシ〈*Scaphisoma haemorrhoidale*〉昆虫綱甲虫目デオキノコムシ科。

ツマキシジミタテハ〈*Lymnas pixe*〉昆虫綱鱗翅目シジミタテハ科の蝶。分布：中央アメリカ, メキシコからブラジル南部まで。

ツマキシマメイガ 褄黄縞螟蛾〈*Orthopygia placens*〉昆虫綱鱗翅目メイガ科シマメイガ亜科の蛾。開張23～26mm。分布：北海道, 本州, 対馬, 朝鮮半島, 中国。

ツマキシャチホコ 褄黄天社蛾〈*Phalera assimilis*〉昆虫綱鱗翅目シャチホコガ科ウチキシャチホコ亜科の蛾。開張48～75mm。栗に害を及ぼす。分布：沿海州, 朝鮮半島, 日本, 北海道から九州, 対馬。

ツマキシロナミシャク 褄黄白波尺蛾〈*Calleulype whitelyi*〉昆虫綱鱗翅目シャクガ科ナミシャク亜科の蛾。開張32～39mm。分布：北海道, 本州, 四国, 九州, 朝鮮半島。

ツマキタマノミハムシ〈*Sphaeroderma apicale*〉昆虫綱甲虫目ハムシ科の甲虫。体長2.0～2.3mm。

ツマキチョウ 褄黄蝶〈*Anthocharis scolymus*〉昆虫綱鱗翅目シロチョウ科の蝶。前翅長20～27mm。分布：北海道, 本州, 四国, 九州。

ツマキツヤナガハネカクシ〈*Nudobius apicipennis*〉昆虫綱甲虫目ハネカクシ科の甲虫。体長8～9mm。分布：北海道, 本州, 四国, 九州, 佐渡, 対馬。

ツマキトガリホソガ〈*Labdia citracma*〉昆虫綱鱗翅目カザリバガ科の蛾。開張8～12mm。分布：北海道, 本州, 九州, 台湾, インド。

ツマキトラカミキリ〈*Xylotrechus clarinus*〉昆虫綱甲虫目カミキリムシ科カミキリ亜科の甲虫。体長9～16mm。分布：北海道, 本州, 四国。

ツマキナカジロナミシャク〈*Dysstroma citrata*〉昆虫綱鱗翅目シャクガ科ナミシャク亜科の蛾。開張24～34mm。分布：ヨーロッパ, 北海道, 本州, 四国, 九州, サハリン, 千島。

ツマキナガタマムシ〈*Agrilus auroapicalis*〉昆虫綱甲虫目タマムシ科の甲虫。体長6.4～7.3mm。

ツマキニシキシジミタテハ〈*Caria plutargus*〉昆虫綱鱗翅目シジミタテハ科の蝶。開張30mm。分布：ブラジル南部からアルゼンチン。珍蝶。

ツマキハイイロヒメハマキ〈*Antichlidas holocnista*〉昆虫綱鱗翅目ハマキガ科の蛾。分布：北海道, 本州, 四国, 九州, 対馬, 屋久島, 朝鮮半島, 中国(南部)。

ツマキバネナガハネカクシ〈*Lobrathium nudum*〉昆虫綱甲虫目ハネカクシ科の甲虫。体長6.3～7.3mm。

ツマキハバビロガムシ〈*Sphaeridium dimidiatum*〉昆虫綱甲虫目ガムシ科の甲虫。体長6～7mm。分布：南西諸島。

ツマキハマキモドキ ツマキホソハマキモドキの別名。

ツマキヒラタアブ〈*Dideoides lautus*〉昆虫綱双翅目ハナアブ科。

ツマキヒラタチビタマムシ〈*Habroloma eximium*〉昆虫綱甲虫目タマムシ科の甲虫。体長2.8～3.3mm。

ツマキフクロウチョウ〈*Caligo beltrao*〉昆虫綱鱗翅目フクロウチョウ科の蝶。分布：ペルー, ブラジル南部, アルゼンチン。

ツマキフサガ ツマキトガリホソガの別名。

ツマキヘリカメムシ 褄黄縁亀虫〈*Hygia opaca*〉昆虫綱半翅目ヘリカメムシ科。体長10mm。ビワに害を及ぼす。分布：本州以南の各地, 朝鮮半島, 中国。

ツマキホソコバネカミキリ〈*Ulochaetes leoninus*〉昆虫綱甲虫目カミキリムシ科の甲虫。分布：北アメリカ西部。

ツマキホソバ〈*Eilema laevis*〉昆虫綱鱗翅目ヒトリガ科コケガ亜科の蛾。開張32〜35mm。分布：本州(関東以西),四国,九州,対馬,屋久島,沖縄本島,朝鮮半島。

ツマキホソハマキモドキ〈*Lepidotarphius perornatella*〉昆虫綱鱗翅目ホソハマキモドキガ科の蛾。開張15〜18mm。分布：本州,四国,九州,中国。

ツマキミズギワゴミムシ 褄黄水際芥虫〈*Bembidion semilunium*〉昆虫綱甲虫目オサムシ科の甲虫。体長6.0mm。分布：日本各地。

ツマキモンシロモドキ 褄黄擬紋白蝶蛾〈*Nyctemera lacticinia*〉昆虫綱鱗翅目ヒトリガ科モンシロモドキ亜科の蛾。開張45mm。分布：台湾,中国,インドから東南アジア一帯,種子島,屋久島,沖縄本島,宮古島,石垣島,西表島。

ツマキリウスキエダシャク〈*Pareclipsis gracilis*〉昆虫綱鱗翅目シャクガ科エダシャク亜科の蛾。開張28〜39mm。分布：本州(関東地方北部より),四国,九州,対馬,屋久島,奄美大島,沖縄本島,台湾。

ツマキリエダシャク 褄切枝尺蛾〈*Endropiodes abjectus*〉昆虫綱鱗翅目シャクガ科エダシャク亜科の蛾。開張は春型30〜39mm,夏型24〜27mm。分布：北海道,本州,四国,九州,対馬,朝鮮半島,中国東北,シベリア南東部。

ツマキリチビハネカクシ〈*Porocallus insignis*〉昆虫綱甲虫目ハネカクシ科。

ツマキレオオミズスマシ〈*Dineutus australis*〉昆虫綱甲虫目ミズスマシ科の甲虫。体長7.8〜8.4mm。

ツマキレオナガミズスマシ〈*Orectochilus agilis*〉昆虫綱甲虫目ミズスマシ科の甲虫。体長6.0〜7.2mm。

ツマギンスジナガバホソハマキ〈*Aethes triangulana*〉昆虫綱鱗翅目ホソハマキガ科の蛾。分布：北海道,本州(中部山地),四国(山地),中国(東北),ロシア(アムール,ウスリー)。

ツマギンスジナガハマキ〈*Aethes triangularis*〉昆虫綱鱗翅目ホソハマキガ科の蛾。開張22〜24mm。

ツマギンチビガ〈*Stigmella auromarginella*〉昆虫綱鱗翅目チビガ科の蛾。

ツマグロアオカスミカメ〈*Apolygus spinolae*〉昆虫綱半翅目カスミカメムシ科。体長4〜6mm。栗,マメ科牧草,ウリ科野菜,ナス科野菜,茶,柿,林檎,大豆,ブドウに害を及ぼす。分布：九州以北の日本各地,旧北区。

ツマグロアカハバチ〈*Tenthredo fuscoterminata*〉昆虫綱膜翅目ハバチ科。

ツマグロアカバハネカクシ 褄黒赤翅隠虫〈*Hesperus tiro*〉昆虫綱甲虫目ハネカクシ科の甲虫。体長11mm。分布：北海道,本州,四国,九州。

ツマグロアミカ〈*Apistomyia uenoi*〉昆虫綱双翅目アミカ科。

ツマグロアメイロカミキリ〈*Pseudiphra apicalis*〉昆虫綱甲虫目カミキリムシ科カミキリ亜科の甲虫。

ツマグロイシガケチョウ〈*Cyrestis nivea*〉昆虫綱鱗翅目タテハチョウ科の蝶。分布：タイ,インドシナ,スマトラ,ジャワ,ボルネオ,パラワン,小スンダ列島。

ツマグロイナゴ〈*Mecostethus magister*〉昆虫綱直翅目バッタ科。別名ツマグロイナゴモドキ,ツチバッタ。体長30〜45mm。稲に害を及ぼす。分布：本州。

ツマグロイナゴモドキ ツマグロイナゴの別名。

ツマグロオオアワフキ〈*Ptyelus goudoti*〉昆虫綱半翅目アワフキムシ科。分布：マダガスカル。

ツマグロオオキノコバエ〈*Leptomorphus panorpiformis*〉昆虫綱双翅目キノコバエ科。別名ツマグロキノコバエ。

ツマグロオオタケカ ツマグロオオキノコバエの別名。

ツマグロオオヨコバイ〈*Bothrogonia ferruginea*〉昆虫綱半翅目ヨコバイ科。体長13mm。柿,葡萄,ダリア,アオギリ,フジ,柑橘,大豆,イネ科作物,桑に害を及ぼす。分布：本州,四国,九州。

ツマグロガガンボモドキ〈*Bittacus marginatus*〉昆虫綱長翅目ガガンボモドキ科。

ツマグロカマキリモドキ〈*Climaciella quadrituberculata*〉昆虫綱脈翅目カマキリモドキ科。開張32mm。分布：本州,四国,九州。

ツマグロカミキリモドキ〈*Nacerdes melanura*〉昆虫綱甲虫目カミキリモドキ科の甲虫。体長9〜12mm。害虫。

ツマグロカワベハネカクシ〈*Bledius lucidus*〉昆虫綱甲虫目ハネカクシ科の甲虫。体長4.0〜4.4mm。

ツマグロキアタマバエ〈*Eudorylas cruciator*〉昆虫綱双翅目アタマバエ科。別名ツマグロキアタマアブ。

ツマグロキイロゲンセイ ツマグロキゲンセイの別名。

ツマグロキゲンセイ 褄黒黄芫青〈*Zonitis cothurnata*〉昆虫綱甲虫目ツチハンミョウ科の甲虫。体長9〜16mm。分布：伊豆大島,九州。

ツマグロキチョウ 褄黒黄蝶〈*Eurema laeta*〉昆虫綱鱗翅目シロチョウ科の蝶。絶滅危惧II類(VU)。前翅長16〜22mm。分布：本州(東北地方南部が土着北限),四国,九州,南西諸島。

ツマグロキノコバエ　ツマグロオオキノコバエの別名。

ツマグロキヨトウ〈Aletia simplex〉昆虫綱鱗翅目ヤガ科ヨトウガ亜科の蛾。分布：中国，北海道から本州中部。

ツマグロキリガ〈Cosmia apicimacula〉昆虫綱鱗翅目ヤガ科カラスヨトウ亜科の蛾。分布：本州。

ツマグロキンバエ〈Stomorhina obsoleta〉昆虫綱双翅目クロバエ科。体長5～7mm。分布：日本全土。害虫。

ツマグロギンハマキ〈Croesia blanda〉昆虫綱鱗翅目ハマキガ科の蛾。分布：北海道から本州。

ツマグロクシヒゲガガンボ〈Ctenophora isshikii〉昆虫綱双翅目ガガンボ科。

ツマグロクチバ〈Bocula diffusa〉昆虫綱鱗翅目ヤガ科クチバ亜科の蛾。分布：西表島，慶良間諸島，台湾，インド。

ツマグロケンヒメバチ〈Spilopteron apicalis〉昆虫綱膜翅目ヒメバチ科。

ツマグロコシボソアブバエ　ツマグロコシボソハナアブの別名。

ツマグロコシボソハナアブ　褄黒腰細花虻〈Baccha apicalis〉昆虫綱双翅目ハナアブ科。分布：本州，九州。

ツマグロコハナコメツキ〈Paracardiophorus nigroapicalis〉昆虫綱甲虫目コメツキムシ科の甲虫。体長8mm。分布：南西諸島。

ツマグロコブガ〈Nola cristatula minutalis〉昆虫綱鱗翅目コブガ科の蛾。開張15～16mm。分布：ヨーロッパ，本州（関東以西），四国，九州。

ツマグロコホソハマキ〈Phalonidia aliena〉昆虫綱鱗翅目ホソハマキガ科の蛾。分布：本州（東北，中部山地），四国（山地），対馬，ロシア（ウラジオストク）。

ツマグロコメツキ〈Ampedus niponicus〉昆虫綱甲虫目コメツキムシ科の甲虫。体長9～14mm。分布：北海道，本州，四国，九州。

ツマグロシダハバチ〈Strongylogaster filicis〉昆虫綱膜翅目ハバチ科。

ツマグロシマメイガ　褄黒縞螟蛾〈Arippara indicator〉昆虫綱鱗翅目メイガ科シマメイガ亜科の蛾。開張24～31mm。分布：北海道，本州，九州，対馬，種子島，屋久島，沖縄本島，宮古島，石垣島，台湾，朝鮮半島，インドから東南アジア一帯。

ツマグロショウジョウバエ　オウトウショウジョウバエの別名。

ツマグロシリアゲ　褄黒挙尾虫〈Panorpa lewisi〉昆虫綱長翅目シリアゲムシ科。前翅長16～20mm。分布：本州中部，関東北部の標高1300～2000mの山岳地帯。

ツマグロシロノメイガ〈Polythlipta liquidalis〉昆虫綱鱗翅目メイガ科ノメイガ亜科の蛾。開張35～41mm。分布：東北地方から南，四国，九州，対馬，屋久島，朝鮮半島，中国。

ツマグロシンジュタテハ〈Salamis cacta〉昆虫綱鱗翅目タテハチョウ科の蝶。分布：サハラ以南のアフリカ全域。

ツマグロスケバ〈Orthopagus lunulifer〉昆虫綱半翅目テングスケバ科。体長11～15mm。分布：本州，四国，九州，対馬。

ツマグロスズメバチ〈Vespa affinis〉昆虫綱膜翅目スズメバチ科。体長女王25～28mm，働きバチと雄20～22mm。害虫。

ツマグロゼミ〈Nipponosemia terminalis〉昆虫綱半翅目セミ科。絶滅のおそれのある地域個体群（LP）。

ツマグロチビオオキノコムシ〈Tritoma nigropunctata〉昆虫綱甲虫目オオキノコムシ科の甲虫。体長3.0～3.5mm。

ツマグロチャイロフタオチョウ〈Charaxes polyxena〉昆虫綱鱗翅目タテハチョウ科の蝶。分布：中国，香港。

ツマグロツツカッコウムシ〈Tenerus hilleri〉昆虫綱甲虫目カッコウムシ科の甲虫。体長6.5～9.0mm。分布：本州，四国，九州，南西諸島。

ツマグロツツシンクイ　褄黒筒心喰虫〈Hylecoetus dermestoides〉昆虫綱甲虫目ツツシンクイムシ科の甲虫。体長9～18mm。分布：北海道，本州，四国，九州。

ツマグロツヤムネハネカクシ〈Quedius flavicornis〉昆虫綱甲虫目ハネカクシ科の甲虫。体長5.5～6.0mm。

ツマグロテンヒメハマキ〈Petrova monopunctata〉昆虫綱鱗翅目ハマキガ科の蛾。分布：北海道，本州，四国，対馬，中国（東北），ロシア（極東地方）。

ツマグロトビケラ　褄黒飛螻〈Colpomera japonica〉昆虫綱毛翅目トビケラ科。体長18～25mm。分布：北海道，本州，四国，九州。

ツマグロナガハネカクシ〈Lathrobium unicolor〉昆虫綱甲虫目ハネカクシ科の甲虫。体長5.8～6.2mm。

ツマグロナミシャク　褄黒波尺蛾〈Xanthorhoe muscicapata〉昆虫綱鱗翅目シャクガ科ナミシャク亜科の蛾。開張17～20mm。分布：北海道，本州，四国，九州，サハリン，朝鮮半島，シベリア南東部，中国。

ツマグロニシキタマムシ〈Demochroa buquetii〉昆虫綱甲虫目タマムシ科。分布：ネパール，シッキム，アッサム，インド東部，ミャンマー，タイ，マレーシア，スマトラ，ジャワ。

ツマグロハイスガ〈*Yponomeuta yanagawanus*〉昆虫綱鱗翅目スガ科の蛾。マサキ,ニシキギに害を及ぼす。分布:本州,四国。

ツマグロハナアブ 褄黒花虻〈*Leucozona lucorum*〉昆虫綱双翅目ハナアブ科。分布:北海道,本州。

ツマグロハナカミキリ〈*Leptura arcuata tsumagurohana*〉昆虫綱甲虫目カミキリムシ科の甲虫。

ツマグロハバチ〈*Propodea fentoni*〉昆虫綱膜翅目ハバチ科。

ツマグロハレギチョウ キアネハレギチョウの別名。

ツマグロヒゲブトハネカクシ〈*Pseudoplandria spiniventris*〉昆虫綱甲虫目ハネカクシ科。

ツマグロヒゲボソムシヒキ 褄黒鬚細食虫虻〈*Cyrtopogon pictipennis*〉昆虫綱双翅目ムシヒキアブ科。分布:本州中部。

ツマグロヒメコバエ〈*Geomyza advena*〉昆虫綱双翅目ヒメコバエ科。

ツマグロヒメコメツキモドキ〈*Anadastus praeustus*〉昆虫綱甲虫目コメツキモドキ科の甲虫。体長6.5〜8.5mm。分布:本州,九州。

ツマグロヒョウモン 褄黒豹紋蝶〈*Argyreus hyperbius*〉昆虫綱鱗翅目タテハチョウ科ヒョウモンチョウ亜科の蝶。前翅長36〜39mm。スミレ類に害を及ぼす。分布:本州(中部以西),四国,九州,南西諸島。

ツマグロヒラタコメツキ〈*Anostirus castaneus*〉昆虫綱甲虫目コメツキムシ科の甲虫。体長12mm。分布:北海道,本州。

ツマグロヒラタタマムシ〈*Conognatha iris*〉昆虫綱甲虫目タマムシ科。分布:ギアナ,ブラジル。

ツマグロフトタマムシ〈*Sternocera hunterii*〉昆虫綱甲虫目タマムシ科。分布:アフリカ東部。

ツマグロフトメイガ 褄黒太螟蛾〈*Anartula melanophia*〉昆虫綱鱗翅目メイガ科フトメイガ亜科の蛾。開張17mm。分布:本州北部から四国,九州,中国,シベリア南東部。

ツマグロベニカミキリ〈*Purpuricenus desfontaini*〉昆虫綱甲虫目カミキリムシ科の甲虫。分布:ギリシア南部,シリア,トルコ,北アフリカ(アルジェリア)。

ツマグロホソハマキ〈*Euxanthis apicana*〉昆虫綱鱗翅目ホソハマキガ科の蛾。

ツマグロマルハナノミ〈*Scirtes tsumaguro*〉昆虫綱甲虫目マルハナノミ科の甲虫。体長3.3mm。

ツマグロムネブトカッコウムシ ツマグロツツカッコウムシの別名。

ツマグロモモブトアメイロカミキリ〈*Pseudiphra apicale*〉昆虫綱甲虫目カミキリムシ科の甲虫。体長5.5〜7.0mm。

ツマグロヤエナミシャク〈*Calocalpe inanata*〉昆虫綱鱗翅目シャクガ科ナミシャク亜科の蛾。開張27〜34mm。分布:本州,シベリア南東部,チベット。

ツマグロヨコバイ 褄黒横這,端黒横這〈*Nephotettix cincticeps*〉昆虫綱半翅目ヨコバイ科。体長4.5〜6.0mm。稲に害を及ぼす。分布:本州,四国,九州,対馬,南西諸島。

ツマグロランプカミキリモドキ〈*Eobia chinensis*〉昆虫綱甲虫目カミキリモドキ科の甲虫。体長6〜10mm。

ツマグロランプカミキリモドキ ズグロカミキリモドキの別名。

ツマジロアオタテハモドキ〈*Junonia touhilimasa*〉昆虫綱鱗翅目タテハチョウ科の蝶。分布:ザイール南東部,ザンビア,タンザニア南西部。

ツマジロイラガ〈*Belippa horrida*〉昆虫綱鱗翅目イラガ科の蛾。分布:奄美大島,沖縄本島,西表島,台湾,中国南部・西部。

ツマジロウラジャノメ 褄白裏蛇目蝶〈*Lasiommata deidamia*〉昆虫綱鱗翅目ジャノメチョウ科の蝶。別名エゾツマジロウラジャノメ。前翅長28〜32mm。分布:北海道,本州,四国。

ツマジロエダシャク 褄白枝尺蛾〈*Trigonoptila latimarginaria*〉昆虫綱鱗翅目シャクガ科エダシャク亜科の蛾。開張33〜40mm。分布:本州(関東以西),四国,九州,対馬,屋久島,吐噶喇列島,奄美大島,沖永良部島,沖縄本島,台湾,朝鮮半島,中国。

ツマジロカメムシ 褄白亀虫〈*Menida violacea*〉昆虫綱半翅目カメムシ科。体長9〜10mm。柿,隠元豆,小豆,ササゲ,豌豆,空豆,大豆に害を及ぼす。分布:北海道,本州,四国,九州。

ツマジロカラスヨトウ〈*Amphipyra schrenckii*〉昆虫綱鱗翅目ヤガ科カラスヨトウ亜科の蛾。開張50〜56mm。分布:沿海州,朝鮮半島,中国,北海道から九州。

ツマジロキノカワガ〈*Nanaguna breviuscula*〉昆虫綱鱗翅目ヤガ科キノカワガ亜科の蛾。分布:福井県武生市池泉,インド−オーストラリア地域。

ツマジロクロアツバ〈*Epizeuxis fulvipicta*〉昆虫綱鱗翅目ヤガ科クルマアツバ亜科の蛾。分布:東南アジア,台湾,奄美大島。

ツマジロクロハバチ 褄白黒葉蜂〈*Macrophya apicalis*〉昆虫綱膜翅目ハバチ科。体長12mm。分布:日本全土。

ツマジロク

ツマジロクロヒメハマキ〈*Endothenia banausopis*〉昆虫綱鱗翅目ハマキガ科の蛾。分布：北海道，本州，四国，九州，対馬，沖縄本島，中国。

ツマジロコシアカハバチ 褄白腰赤葉蜂〈*Siobla venusta apicalis*〉昆虫綱膜翅目ハバチ科。分布：本州，四国。

ツマジロシジミタテハ〈*Lymnas cephise*〉昆虫綱鱗翅目シジミタテハ科の蝶。分布：メキシコ，中央アメリカ，テキサス州。

ツマジロシャチホコ 褄白天社蛾〈*Hexafrenum leucodera*〉昆虫綱鱗翅目シャチホコガ科ウチキシャチホコ亜科の蛾。開張36～42mm。栗に害を及ぼす。分布：沿海州，サハリン，北海道から九州，対馬，屋久島，伊豆諸島。

ツマジロツマキリアツバ〈*Pangrapta albistigma*〉昆虫綱鱗翅目ヤガ科クチバ亜科の蛾。開張21～24mm。分布：インド北部，中国，朝鮮半島，北海道から九州，対馬。

ツマジロドクガ〈*Arctornis album*〉昆虫綱鱗翅目ドクガ科の蛾。分布：対馬，朝鮮半島，シベリア南東部。

ツマジロヒメガガンボ〈*Limonia unisetosa*〉昆虫綱双翅目ガガンボ科。

ツマジロヒメハマキ〈*Apotomis betuletana*〉昆虫綱鱗翅目ハマキガ科の蛾。分布：ヨーロッパからロシア，北海道。

ツマジロモンハバチ〈*Perineura pictipennis*〉昆虫綱膜翅目ハバチ科。

ツマスジキンモンホソガ〈*Phyllonorycter ulmiforiella*〉昆虫綱鱗翅目ホソガ科の蛾。分布：北海道，本州，ヨーロッパ。

ツマスジツトガ〈*Chrysoteuchia culmella*〉昆虫綱鱗翅目メイガ科の蛾。イネ科牧草に害を及ぼす。分布：ユーラシア大陸，本州，北海道。

ツマスジトガリホソガ 褄条尖細蛾〈*Pyroderces falcatella*〉昆虫綱鱗翅目トガリホソガ科の蛾。開張9～12mm。分布：本州，四国，九州。

ツマスジフサガ ツマスジトガリホソガの別名。

ツマスミレアツバ〈*Hypena* sp.〉昆虫綱鱗翅目ヤガ科アツバ亜科の蛾。分布：屋久島。

ツマテンコブヒゲアツバ〈*Zanclognatha sugii*〉昆虫綱鱗翅目ヤガ科クルマアツバ亜科の蛾。分布：本州（秋田，宮城県以南），四国，九州，対馬，朝鮮半島南部，ウスリー。

ツマテンコヤガ〈*Eublemma ragusana*〉昆虫綱鱗翅目ヤガ科コヤガ亜科の蛾。分布：アフリカからインド―オーストラリア地域，本州，四国，九州，屋久島，沖縄本島，石垣島，西表島。

ツマトビキエダシャク〈*Bizia aexaria*〉昆虫綱鱗翅目シャクガ科エダシャク亜科の蛾。開張35～45mm。分布：北海道，本州，四国，九州，台湾，朝鮮半島，中国。

ツマトビコヤガ〈*Autoba tristalis*〉昆虫綱鱗翅目ヤガ科コヤガ亜科の蛾。開張16～18mm。分布：関東地方を北限，九州，対馬，屋久島，奄美大島，西表島。

ツマトビシロエダシャク 褄鳶白枝尺蛾〈*Spilopera debilis*〉昆虫綱鱗翅目シャクガ科エダシャク亜科の蛾。開張28～36mm。分布：北海道，本州，四国，九州，朝鮮半島，サハリン，シベリア南東部，中国。

ツマナミツマキリヨトウ〈*Deta clava*〉昆虫綱鱗翅目ヤガ科カラスヨトウ亜科の蛾。開張30mm。分布：中国，四国，九州，対馬，屋久島，種子島，伊豆諸島，三宅島，御蔵島。

ツマフタホシテントウ〈*Hyperaspis asiatica*〉昆虫綱甲虫目テントウムシ科の甲虫。体長2.6～3.3mm。

ツマベニシマコヤガ〈*Corgatha obsoleta*〉昆虫綱鱗翅目ヤガ科コヤガ亜科の蛾。開張12～14mm。分布：北海道，本州，四国。

ツマベニタマムシ〈*Tamamushia virida*〉昆虫綱甲虫目タマムシ科の甲虫。体長13～20mm。

ツマベニチョウ 褄紅蝶〈*Hebomoia glaucippe*〉昆虫綱鱗翅目シロチョウ科の蝶。アジア最大のシロチョウ。開張7～10mm。分布：インドから，マレーシア，中国，日本。

ツマベニハマキ ツマベニヒメハマキの別名。

ツマベニヒメハマキ〈*Phaecasiophora roseana*〉昆虫綱鱗翅目ハマキガ科の蛾。開張19～21mm。分布：本州（東北，中部山地），四国。

ツマベニマグソコガネ〈*Aphodius haemorrhoidalis*〉昆虫綱甲虫目コガネムシ科の甲虫。体長4～5mm。

ツマベニヤマキチョウ〈*Anteos menippe*〉昆虫綱鱗翅目シロチョウ科の蝶。分布：熱帯アメリカ全域。

ツマベニヤマトタマムシ ツマベニタマムシの別名。

ツマホシケブカミバエ〈*Trupanea gratiosa*〉昆虫綱双翅目ミバエ科。

ツママルモンハマキ ツママルモンヒメハマキの別名。

ツママルモンヒメハマキ〈*Eudemis profundana*〉昆虫綱鱗翅目ハマキガ科の蛾。開張20mm。分布：北海道，本州（山地），屋久島，ロシア，ヨーロッパ，イギリス。

ツマムラサキアツバ〈*Olulis japonica*〉昆虫綱鱗翅目ヤガ科クチバ亜科の蛾。分布：東海地方以西

の本土域, 対馬, 屋久島, 沖縄本島。

ツママムラサキクチバ〈*Pindara illibata*〉昆虫綱鱗翅目ヤガ科シタバガ亜科の蛾。開張60mm。分布：インド, スリランカ, マレーシアから中国, 台湾, 西表島, 鹿児島県佐多岬。

ツママムラサキシロチョウ〈*Colotis erone*〉昆虫綱鱗翅目シロチョウ科の蝶。分布：アフリカ南部。

ツママムラサキマダラ〈*Euploea mulciber*〉昆虫綱鱗翅目タテハチョウ科の蝶。前翅の表面は紫色の金属光沢をもつ。開張9〜10mm。分布：インド, 中国南部, マレーシア, フィリピン。

ツママムラサキジャノメ〈*Elymnias casiphone*〉昆虫綱鱗翅目ジャノメチョウ科の蝶。開張80mm。分布：タイ, マレーシア, ジャワ。珍蝶。

ツママムラサキマネシヒカゲ〈*Elymnias malelas*〉昆虫綱鱗翅目ジャノメチョウ科の蝶。分布：シッキムからマレーシアまで。

ツママムラサキマネシヒカゲ ツママムラサキマネシジャノメの別名。

ツママムラサキヨツバセイボウ〈*Chrysis splendidula*〉昆虫綱膜翅目セイボウ科。体長6〜8mm。分布：日本全土。

ツママモンエグリハマキ〈*Acleris paradiseana*〉昆虫綱鱗翅目ハマキガ科の蛾。分布：北海道, 本州, 九州の山地, ロシア(アムール)。

ツママモンキリガ〈*Allocosmia coreana*〉昆虫綱鱗翅目ヤガ科カラスヨトウ亜科の蛾。分布：朝鮮半島, 本州。

ツママモンコブガ〈*Poecilonola pulchella*〉昆虫綱鱗翅目コブガ科の蛾。開張14〜15mm。分布：本州(東北地方北部, 関東地方), 対馬, 屋久島。

ツママモンヒゲナガ〈*Nemophora ochsenheimerella*〉昆虫綱鱗翅目マガリガ科の蛾。開張14〜17mm。分布：北海道, 本州, 四国, 九州, 中部ヨーロッパ。

ツママモンヒメハマキ〈*Eudemopsis kirishimensis*〉昆虫綱鱗翅目ハマキガ科の蛾。分布：九州(霧島山), 対馬。

ツママモンベニヒメハマキ〈*Eudemopsis purpurissatana*〉昆虫綱鱗翅目ハマキガ科の蛾。分布：北海道, 本州(山地), 中国(東北), ロシア(アムール)。

ツマリキリウスキエダシャク ツマキリウスキエダシャクの別名。

ツムギアリ 紡蟻〈*Oecophylla smaragdina*〉昆虫綱膜翅目アリ科。珍虫。

ツムギアリ 紡蟻〈weaver ant〉昆虫綱膜翅目アリ科の昆虫のうち, 幼虫の吐き出す糸を用いて巣をつくる習性をもつアリをいう。

ツムギヤスデ 績馬陸 節足動物門倍脚綱ツムギヤスデ目Nematophoraの陸生動物の総称。

ツメアカナガヒラタタマムシ 爪赤長扁吉丁虫〈*Melanophila obscurata*〉昆虫綱甲虫目タマムシ科の甲虫。体長7〜12mm。分布：北海道, 本州, 九州。

ツメアカマルチビゴミムシダマシ〈*Caedius fulviatilis*〉昆虫綱甲虫目ゴミムシダマシ科の甲虫。体長4.2mm。

ツメカメノコウワムシ 角亀甲輪虫 袋形動物門輪毛綱単生殖巣目ツボワムシ目カメノコウワムシ属のうち, 古くKeratella quadrataとして扱われていた種の一群。

ツメクサガ 詰草蛾〈*Heliothis maritima*〉昆虫綱鱗翅目ヤガ科タバコガ亜科の蛾。開張32〜35mm。大豆, ハッカ, 繊維作物, マメ科牧草に害を及ぼす。分布：ヨーロッパ, 北海道から九州。

ツメクサキシタバ〈*Euclidia dentata*〉昆虫綱鱗翅目ヤガ科シタバガ亜科の蛾。開張33mm。分布：アルタイから中国東北, 沿海州, 朝鮮半島, 北海道, 本州中部。

ツメクサクダアザミウマ〈*Haplothrips niger*〉昆虫綱総翅目クダアザミウマ科。マメ科牧草に害を及ぼす。

ツメクサシタバ ツメクサキシタバの別名。

ツメクサタコゾウムシ〈*Hypera nigrirostris*〉昆虫綱甲虫目ゾウムシ科の甲虫。体長3.7mm。マメ科牧草, 大豆に害を及ぼす。分布：北海道, 本州, 全北区。

ツメクサハモグリバエ〈*Liriomyza congesta*〉昆虫綱双翅目ハモグリバエ科。体長1.6mm。隠元豆, 小豆, ササゲ, 大豆に害を及ぼす。分布：北海道, ヨーロッパ, アジアの一部。

ツメクサベニマルアブラムシ〈*Nearctaphis bakeri*〉昆虫綱半翅目アブラムシ科。体長1.8〜1.9mm。マメ科牧草に害を及ぼす。分布：北海道, 本州, アメリカ, ヨーロッパ, アフリカ, インド。

ツメケシグモ〈*Meioneta ungulata*〉蛛形綱クモ目サラグモ科の蜘蛛。

ツメダニ 爪壁蝨 節足動物門クモ形綱ダニ目前気門亜目ツメダニ科Cheyletidaeに属するダニの総称。

ツメトゲブユ〈*Simulium iwatense*〉昆虫綱双翅目ブユ科。体長4mm。分布：本州。害虫。

ツメナガナガレトビケラ〈*Apsilochorema sutshnum*〉昆虫綱毛翅目ナガレトビケラ科。

ツメナシゾウムシ〈*Anoplus plantaris*〉昆虫綱甲虫目ゾウムシ科の甲虫。体長1.6〜1.9mm。

ツメボソクビナガムシ〈*Stenocephaloon metallicum*〉昆虫綱甲虫目クビナガムシ科の甲虫。体長17mm。分布：本州(関東, 中部)。

ツモフリツツミノガ〈Coleophora laripennella〉昆虫綱鱗翅目ツツミノガ科の蛾。分布：北海道,本州, ヨーロッパ。

ツヤアオカメムシ〈Glaucias subpunctatus〉昆虫綱半翅目カメムシ科。体長14～16mm。ナシ類,桃,スモモ,柿,キウイ,柑橘に害を及ぼす。分布：本州,四国,九州。

ツヤアオゴモクムシ〈Harpalus chalcentus〉昆虫綱甲虫目オサムシ科の甲虫。体長11～14mm。分布：本州,四国,九州。

ツヤアカアリヅカムシ〈Batristilbus concolor〉昆虫綱甲虫目アリヅカムシ科の甲虫。体長2.5～2.7mm。

ツヤアカギンボシヒョウモン〈Speyeria aphrodite〉昆虫綱鱗翅目タテハチョウ科の蝶。分布：カナダ, アメリカ。

ツヤアカバコガシラハネカクシ〈Philonthus discrepens〉昆虫綱甲虫目ハネカクシ科の甲虫。体長8.0～9.0mm。

ツヤアシブトコバチ〈Tainania hakonensis〉昆虫綱膜翅目アシブトコバチ科。

ツヤアトバゴミムシ〈Catascopus fascialis var. basalis〉昆虫綱甲虫目ゴミムシ科。分布：アッサム, インド, スマトラ, フィリピン。

ツヤアラゲサビカミキリ〈Egesina picea〉昆虫綱甲虫目カミキリムシ科フトカミキリ亜科の甲虫。体長3.8mm。

ツヤアリバチ 艶蟻蜂〈Methocha japonica〉昆虫綱膜翅目コッチバチ科。体長雌8mm,雄10mm。分布：本州,九州。

ツヤイシアブ〈Maira aterrima〉昆虫綱双翅目ムシヒキアブ科。

ツヤウミベハネカクシ〈Cafius nudus〉昆虫綱甲虫目ハネカクシ科の甲虫。体長8.5～10.5mm。

ツヤエンマコガネ〈Onthophagus nitidus〉昆虫綱甲虫目コガネムシ科の甲虫。体長5～8mm。

ツヤオオアオコメツキ オオミドリコメツキの別名。

ツヤオオキバノコギリカミキリ〈Dorysthenes elegans〉昆虫綱甲虫目カミキリムシ科ノコギリカミキリ亜科の甲虫。体長28mm。

ツヤオニアシブトコバチ〈Dirhinus luzonensis〉昆虫綱膜翅目アシブトコバチ科。

ツヤオビキンモンホソガ〈Phyllonorycter longispinata〉昆虫綱鱗翅目ホソガ科の蛾。分布：北海道,本州。

ツヤカブトショウジョウバエ〈Stegana coleoptrata〉昆虫綱双翅目ショウジョウバエ科。

ツヤキカワムシ 艶樹皮虫〈Boros schneideri〉昆虫綱甲虫目ツヤキカワムシ科の甲虫。体長12mm。分布：北海道。

ツヤキスジジガバチ〈Gorytes tricinctus〉昆虫綱膜翅目ジガバチ科。体長14mm。分布：北海道,本州。

ツヤキベリアオゴミムシ〈Chlaenius spoliatus〉昆虫綱甲虫目オサムシ科の甲虫。体長16mm。分布：本州,九州。

ツヤギンバネスガ〈Niphonympha vera〉昆虫綱鱗翅目スガ科の蛾。分布：本州,四国,九州。

ツヤクロジガバチ 艶黒似我蜂〈Pison punctifrons〉昆虫綱膜翅目ジガバチ科。分布：本州,九州。

ツヤグロシリホソハネカクシ〈Tachyporus suavis〉昆虫綱甲虫目ハネカクシ科の甲虫。体長5mm。分布：本州,四国,九州。

ツヤクロスズメバチ〈Vespula schrenckii〉昆虫綱膜翅目スズメバチ科。体長女王16mm, 働きバチ12～14mm, 雄13～17mm。害虫。

ツヤクロツツキノコムシ〈Orthocis nigrosplendidus〉昆虫綱甲虫目ツツキノコムシ科の甲虫。体長2.7mm。

ツヤケシアカバハネカクシ〈Platydracus vicarius〉昆虫綱甲虫目ハネカクシ科の甲虫。体長16.0～17.0mm。

ツヤケシアバタハネカクシ〈Tympanophorus hayashidai〉昆虫綱甲虫目ハネカクシ科の甲虫。体長10.0～10.5mm。

ツヤケシオニミツギリゾウムシ〈Paramorphocephalus fumosus〉昆虫綱甲虫目ミツギリゾウムシ科の甲虫。体長6.5～12.5mm。

ツヤケシキバネチビハネカクシ〈Atheta sordida〉昆虫綱甲虫目ハネカクシ科の甲虫。体長3.0～3.5mm。

ツヤケシシワチビハネカクシ〈Silusa rugosa〉昆虫綱甲虫目ハネカクシ科の甲虫。体長3mm。分布：本州,九州。

ツヤケシチビケシキスイ〈Meligethes mus〉昆虫綱甲虫目ケシキスイ科の甲虫。体長2.1～2.5mm。

ツヤケシナガタマムシ〈Agrilus moerens〉昆虫綱甲虫目タマムシ科の甲虫。体長5～7mm。柿に害を及ぼす。分布：本州,四国,九州,台湾。

ツヤケシハナカミキリ〈Anastrangalia scotodes〉昆虫綱甲虫目カミキリムシ科ハナカミキリ亜科の甲虫。体長8～13mm。分布：北海道,本州,四国,九州,佐渡,対馬,屋久島。

ツヤケシヒゲナガコバネカミキリ〈Molorchoepania mizoguchii〉昆虫綱甲虫目カミキリムシ科カミキリ亜科の甲虫。体長8～9mm。

- ツヤケシヒゲブトハネカクシ〈*Aleochara fucicola*〉昆虫綱甲虫目ハネカクシ科の甲虫。体長3.5〜4.5mm。
- ツヤケシヒメゾウムシ〈*Paracythopeus melancholicus*〉昆虫綱甲虫目ゾウムシ科の甲虫。体長3.2〜3.6mm。葡萄に害を及ぼす。分布：北海道, 本州, 四国, 九州。
- ツヤケシヒメホソカタムシ 艶消姫細硬虫〈*Microprius opacus*〉昆虫綱甲虫目ホソカタムシ科の甲虫。体長2.2〜3.1mm。
- ツヤケシヒメミツギリゾウムシ〈*Hypomiolispa mikagei*〉昆虫綱甲虫目ミツギリゾウムシ科の甲虫。体長7.7〜8.9mm。
- ツヤケシブチヒゲハネカクシ〈*Anisolinus elegans*〉昆虫綱甲虫目ハネカクシ科の甲虫。体長12mm。分布：本州。
- ツヤケシマグソコガネ〈*Aphodius gotoi*〉昆虫綱甲虫目コガネムシ科の甲虫。体長5mm。
- ツヤコガ 艶小蛾 昆虫綱鱗翅目ツヤコガ科 Heliozelidaeの総称。
- ツヤコガネ〈*Anomala lucens*〉昆虫綱甲虫目コガネムシ科の甲虫。体長14〜18mm。大豆, 豌豆, 空豆, 林檎, ハッカ, イネ科牧草, マメ科牧草, ジャガイモ, 隠元豆, 小豆, ササゲ, イネ科作物, ソバ, 麦類, 桜桃に害を及ぼす。分布：北海道, 本州, 四国, 九州。
- ツヤコチャタテ〈*Lepinotus reticulatus*〉昆虫綱噛虫目コチャタテ科。体長1.1〜1.4mm。貯穀・貯蔵植物性食品に害を及ぼす。分布：日本全国, 汎世界的。
- ツヤコツブゲンゴロウ〈*Canthydrus nitidulus*〉昆虫綱甲虫目コツブゲンゴロウ科の甲虫。体長3.2〜3.5mm。
- ツヤコバチ 艶小蜂〈*fun fly, scale parasite*〉節足動物門昆虫綱膜翅目ツヤコバチ科Aphelinidaeの昆虫の総称。
- ツヤゴミハネカクシ〈*Oxypoda luridipennis*〉昆虫綱甲虫目ハネカクシ科。
- ツヤゴモクムシ〈*Trichotichnus leptopus*〉昆虫綱甲虫目オサムシ科の甲虫。体長9〜12mm。
- ツヤシリアゲアリ〈*Crematogaster nawai*〉昆虫綱膜翅目アリ科。害虫。
- ツヤシリアゲアリ トビイロシリアゲアリの別名。
- ツヤスジウンモンハマキ〈*Phiaris cacuminana*〉昆虫綱鱗翅目ノコメハマキガ科の蛾。開張16〜19mm。
- ツヤスジウンモンヒメハマキ〈*Olethreutes cacuminana*〉昆虫綱鱗翅目ハマキガ科の蛾。分布：北海道, 本州(山地), 四国(山地), ロシア(ウスリー)。
- ツヤスジコガネ〈*Mimela dificilis*〉昆虫綱甲虫目コガネムシ科の甲虫。体長12〜13mm。分布：北海道, 本州, 四国, 九州。
- ツヤスジハマキ〈*Homonopsis illotana*〉昆虫綱鱗翅目ハマキガ科の蛾。開張16〜21mm。柿, 林檎に害を及ぼす。分布：北海道, 本州, 屋久島, ロシア(沿海州), 四国, 九州。
- ツヤスジヒメハナバチ シロオビツヤヒメハナバチの別名。
- ツヤスナゴミムシダマシ〈*Diphyrrhynchus iriomotensis*〉昆虫綱甲虫目ゴミムシダマシ科の甲虫。体長4.5〜6.0mm。
- ツヤズニセスガ〈*Prays gamma*〉昆虫綱鱗翅目スガ科の蛾。分布：広島県三段峡。
- ツヤダイコクコガネ〈*Phanaeus splendidulus*〉昆虫綱甲虫目コガネムシ科の甲虫。分布：南アメリカ。
- ツヤチビキカワムシ〈*Chilopeltis laevipennis*〉昆虫綱甲虫目チビキカワムシ科の甲虫。体長2.0〜3.0mm。
- ツヤチビゴミムシ〈*Lamprotrechus convexiusculus*〉昆虫綱甲虫目オサムシ科の甲虫。体長2.8〜3.3mm。
- ツヤチビタマキノコムシ〈*Zeadolopus sinensis*〉昆虫綱甲虫目タマキノコムシ科の甲虫。体長1.3〜1.5mm。
- ツヤチビタマキノコムシモドキ〈*Loricaster glaber*〉昆虫綱甲虫目タマキノコムシモドキ科。
- ツヤチビトガリヒメバチ〈*Rhembobius perscutator*〉昆虫綱膜翅目ヒメバチ科。
- ツヤチビハネカクシ〈*Ischnopoda distans*〉昆虫綱甲虫目ハネカクシ科。
- ツヤチビヒメゾウムシ〈*Centrinopsis nitens*〉昆虫綱甲虫目ゾウムシ科の甲虫。体長1.5〜2.0mm。
- ツヤチビヒョウタンヒゲナガゾウムシ〈*Notioxenus nitidus*〉昆虫綱甲虫目ヒゲナガゾウムシ科の甲虫。体長1.3〜1.7mm。
- ツヤチビヒラタエンマムシ〈*Platylomalus viaticus*〉昆虫綱甲虫目エンマムシ科の甲虫。体長1.7〜2.1mm。
- ツヤチビヒラタケシキスイ〈*Haptoncus concolor*〉昆虫綱甲虫目ケシキスイ科の甲虫。体長1.6〜2.1mm。
- ツヤチビホソアリモドキ〈*Sapintus laevipennis*〉昆虫綱甲虫目アリモドキ科の甲虫。体長1.9〜2.4mm。
- ツヤチャイロコガネ〈*Sericania fulgida*〉昆虫綱甲虫目コガネムシ科の甲虫。体長8〜10mm。分布：本州。

ツヤチャイロコメツキ〈*Haterumelater bifoveolatus*〉昆虫綱甲虫目コメツキムシ科の甲虫。体長9.5〜12.0mm。

ツヤチャイロヒラアシコメツキ〈*Sphenomerus babai*〉昆虫綱甲虫目コメツキムシ科の甲虫。体長9mm。

ツヤツチイロシンクイ〈*Grapholitha iridescenes*〉昆虫綱鱗翅目ノコメハマキガ科の蛾。開張16〜19mm。

ツヤツツキノコムシ 艶筒茸虫〈*Octotemnus caminifrons*〉昆虫綱甲虫目ツツキノコムシ科の甲虫。体長2mm。分布：小笠原諸島をのぞく日本全土。

ツヤドロバチモドキ 擬艶泥蜂〈*Alysson cameroni*〉昆虫綱膜翅目ジガバチ科。分布：北海道, 本州。

ツヤドロムシ〈*Zaitzevia nitida*〉昆虫綱甲虫目ヒメドロムシ科の甲虫。体長1.7〜1.8mm。

ツヤナガアシドロムシ〈*Grouvellinus nitidus*〉昆虫綱甲虫目ヒメドロムシ科の甲虫。体長2.1〜2.3mm。

ツヤナガタマムシ〈*Agrilus cupes*〉昆虫綱甲虫目タマムシ科の甲虫。体長5.5〜7.0mm。

ツヤナガハムシダマシ 艶長偽葉虫〈*Nemostira hirsuta*〉昆虫綱甲虫目ハムシダマシ科。分布：本州。

ツヤナガヒラタホソカタムシ 艶長扁細堅虫〈*Penthelispa vilis*〉昆虫綱甲虫目ホソカタムシ科の甲虫。体長3.5mm。分布：北海道, 本州, 四国, 九州。

ツヤナシキクイムシ〈*Xyleborus adumbratus*〉昆虫綱甲虫目キクイムシ科の甲虫。体長2.5〜3.1mm。

ツヤナシコメツキダマシ〈*Heterotaxis nipparensis*〉昆虫綱甲虫目コメツキダマシ科の甲虫。体長4.9〜7.7mm。

ツヤナシトドマツカミキリ〈*Tetropium fuscum*〉昆虫綱甲虫目カミキリムシ科マルクビカミキリ亜科の甲虫。

ツヤネクイハムシ〈*Donacia nitidior*〉昆虫綱甲虫目ハムシ科の甲虫。体長6.5〜7.0mm。

ツヤハダクワガタ〈*Ceruchus lignarius*〉昆虫綱甲虫目クワガタムシ科の甲虫。体長雄10〜14mm, 雌13mm。分布：北海道, 本州, 四国, 九州。

ツヤハダゴマダラカミキリ〈*Anoplophora glabripennis*〉昆虫綱甲虫目カミキリムシ科フトカミキリ亜科の甲虫。

ツヤハダヒメゾウムシ〈*Phrissoderes rufitarsis*〉昆虫綱甲虫目ゾウムシ科の甲虫。体長3.2〜3.6mm。

ツヤバネヒメクチキムシ クロツヤバネクチキムシの別名。

ツヤバネベニボタル〈*Calochromus rubrovestitus*〉昆虫綱甲虫目ベニボタル科の甲虫。体長6.5〜10.2mm。

ツヤハマベエンマムシ〈*Eopachylopus ripae*〉昆虫綱甲虫目エンマムシ科の甲虫。体長2.5〜2.8mm。分布：北海道, 本州。

ツヤハマベゾウムシ〈*Thalasselaphas major*〉昆虫綱甲虫目ゾウムシ科の甲虫。体長3.3〜5.2mm。

ツヤハラナガコハナバチ〈*Lasioglossum laeviventre*〉昆虫綱膜翅目コハナバチ科。

ツヤヒサゴゴミムシダマシ(1)〈*Misolampidius clavicrus*〉昆虫綱甲虫目ゴミムシダマシ科の甲虫。体長12〜15mm。分布：本州。

ツヤヒサゴゴミムシダマシ(2)〈*Misolampidius okumurai*〉昆虫綱甲虫目ゴミムシダマシ科の甲虫。体長10.1〜15.2mm。分布：本州。

ツヤヒメオオキノコムシ 艶姫大茸虫〈*Selelia scitula*〉昆虫綱甲虫目オオキノコムシ科の甲虫。体長2.5〜3.2mm。分布：本州, 九州。

ツヤヒメキノコムシ〈*Sphindus brevis*〉昆虫綱甲虫目ヒメキノコムシ科の甲虫。体長1.8〜2.2mm。

ツヤヒメコメツキダマシ〈*Xylotius ruforarginatus*〉昆虫綱甲虫目コメツキダマシ科の甲虫。体長3.4〜6.3mm。

ツヤヒメツツキノコムシ〈*Ceracis japonus*〉昆虫綱甲虫目ツツキノコムシ科の甲虫。体長1.4mm。

ツヤヒメドロムシ〈*Optioservus nitidus*〉昆虫綱甲虫目ヒメドロムシ科の甲虫。体長1.5〜1.7mm。

ツヤヒメナガシンクイ〈*Xylopsocus castanopterus*〉昆虫綱甲虫目ナガシンクイムシ科の甲虫。体長3.0〜4.5mm。

ツヤヒメヒョウタンゴミムシ〈*Clivina castanea*〉昆虫綱甲虫目オサムシ科の甲虫。体長7.2〜8.5mm。

ツヤヒメフトコメツキダマシ〈*Xylobius rufomarginatus*〉昆虫綱甲虫目コメツキダマシ科。体長3〜6mm。分布：北海道, 本州。

ツヤヒメマキムシ〈*Holoparamecus signatus*〉昆虫綱甲虫目ツヤヒメマキムシ科。

ツヤヒメマルタマムシ〈*Kurosawaia yanoi*〉昆虫綱甲虫目タマムシ科の甲虫。体長5〜8mm。

ツヤヒメミゾコメツキダマシ〈*Dromaeolus rufulus*〉昆虫綱甲虫目コメツキダマシ科の甲虫。体長4.7〜6.7mm。

ツヤヒメミツギリゾウムシ〈*Trachelizus japonicus*〉昆虫綱甲虫目ミツギリゾウムシ科の甲虫。体長6.5〜9.8mm。

ツヤヒラタガムシ〈*Agraphydrus narusei*〉昆虫綱甲虫目ガムシ科の甲虫。体長2.1〜2.2mm。

ツヤヒラタキノコハネカクシ〈*Gyrophaena laevior*〉昆虫綱甲虫目ハネカクシ科の甲虫。体長3.0〜3.2mm。

ツヤヒラタコメツキ〈*Aganohypoganus mirabilis*〉昆虫綱甲虫目コメツキムシ科の甲虫。体長11〜12mm。

ツヤヒラタハバチ 艶扁葉蜂〈*Onycholyda lucida*〉昆虫綱膜翅目ヒラタハバチ科。分布：本州，四国，九州。

ツヤホンクワガタ〈*Leptinopterus femoratus lucidus*〉昆虫綱甲虫目クワガタムシ科。分布：ブラジル。

ツヤホソコバネカミキリ〈*Necydalis ebenina*〉昆虫綱甲虫目カミキリムシ科ハナカミキリ亜科の甲虫。分布：北海道，済州島。

ツヤホソチビゴミムシ〈*Perileptus naraensis*〉昆虫綱甲虫目オサムシ科の甲虫。体長2.3〜2.7mm。

ツヤホソハマキモドキ〈*Garmentina molybdotoma*〉昆虫綱鱗翅目ホソハマキモドキガ科の蛾。分布：九州(佐多岬)，屋久島，台湾。

ツヤホソムネカワリタマムシ〈*Polybothris zivetta*〉昆虫綱甲虫目タマムシ科。分布：マダガスカル。

ツヤホソメダカハネカクシ〈*Stenus currax*〉昆虫綱甲虫目ハネカクシ科。

ツヤマグソコガネ〈*Aphodius impunctatus*〉昆虫綱甲虫目コガネムシ科の甲虫。体長6〜7mm。

ツヤマメゲンゴロウ〈*Agabus congener*〉昆虫綱甲虫目ゲンゴロウ科の甲虫。体長7.4〜7.9mm。

ツヤマメゴモクムシ〈*Stenolophus iridicolor*〉昆虫綱甲虫目オサムシ科の甲虫。体長5.4〜6.2mm。

ツヤマルエンマコガネ ツヤエンマコガネの別名。

ツヤマルエンマムシ〈*Atholus pirithous*〉昆虫綱甲虫目エンマムシ科の甲虫。体長3.5〜4.7mm。

ツヤマルガタゴミムシ〈*Amara obscuripes*〉昆虫綱甲虫目オサムシ科の甲虫。体長7.5〜8.0mm。

ツヤマルケシキスイ〈*Neopallodes vicinus*〉昆虫綱甲虫目ケシキスイ科の甲虫。体長2.3〜3.0mm。

ツヤマルシラホシカメムシ〈*Eysarcoris annamita*〉昆虫綱半翅目カメムシ科。体長4.5〜6.0mm。隠元豆，小豆，ササゲ，豌豆，空豆，稲，大豆に害を及ぼす。分布：本州，四国，九州。

ツヤマルタマキノコムシ〈*Agathidium sublaevigatum*〉昆虫綱甲虫目タマキノコムシ科の甲虫。体長2.0〜2.5mm。

ツヤマルタマムシ〈*Philanthaxia yanoi*〉昆虫綱甲虫目タマムシ科。

ツヤマルムネアリヅカムシ スベマルムネアリヅカムシの別名。

ツヤミドリツノハナムグリ〈*Eudicella cupreosuturalis*〉昆虫綱甲虫目コガネムシ科の甲虫。分布：アフリカ東部，中央部。

ツヤミドリメクラガメ〈*Lygus pobulinoides*〉昆虫綱半翅目メクラカメムシ科。

ツヤムネカワベハネカクシ〈*Bledius obtusus*〉昆虫綱甲虫目ハネカクシ科の甲虫。体長3.8〜4.2mm。

ツヤムネナガゴミムシ ツヤムネマルゴミムシの別名。

ツヤムネマルゴミムシ〈*Oxyglychus laeviventris*〉昆虫綱甲虫目オサムシ科の甲虫。体長5.5〜6.0mm。

ツヤモリヒラタゴミムシ〈*Colpodes xestus*〉昆虫綱甲虫目オサムシ科の甲虫。体長8〜11mm。

ツヤモントラフシジミ〈*Virachola isocrates*〉昆虫綱鱗翅目シジミチョウ科の蝶。雄は暗青紫色，雌は淡褐色。開張3〜5mm。分布：インドから，スリランカ，ミャンマー。

ツヤモンホソアリモドキ〈*Sapintus shibatai*〉昆虫綱甲虫目アリモドキ科の甲虫。体長2.2〜3.4mm。

ツヤヨコセミゾハネカクシ〈*Ochthephilus laevis*〉昆虫綱甲虫目ハネカクシ科の甲虫。体長4mm。

ツユグモ〈*Micrommata virescens*〉蛛形綱クモ目アシダカグモ科の蜘蛛。体長雌12〜15mm，雄5〜8mm。分布：北海道，本州，四国，九州。

ツユムシ 露虫〈*Phaneroptera falcata*〉昆虫綱直翅目キリギリス科。体長29〜37mm。分布：北海道，本州，四国，九州，対馬。

ツリアブ 吊虻，長吻虻〈*beefly, bombylid*〉昆虫綱双翅目短角亜目アブ群ツリアブ科Bombyliidaeの昆虫の総称。

ツリガネチマダニ 釣鐘血真壁蝨〈*Haemaphysalis campanulata*〉節足動物門クモ形綱ダニ目マダニ科チマダニ属の吸血性のダニ。分布：本州，南西諸島。

ツリガネヒメグモ〈*Achaearanea angulithorax*〉蛛形綱クモ目ヒメグモ科の蜘蛛。体長雌2.5〜3.0mm，雄2.0〜2.5mm。分布：日本全土。

ツリガネミノガ〈*Pteroma* sp.〉昆虫綱鱗翅目ミノガ科の蛾。分布：福岡県。

ツリサラグモ〈*Linyphia japonica*〉蛛形綱クモ目サラグモ科の蜘蛛。体長雌3.5〜4.0mm，雄2.8〜3.2mm。分布：本州，四国，九州。

ツリバナガ〈*Yponomeuta solitariellus*〉昆虫綱鱗翅目スガ科の蛾。分布：北海道，本州，四国，九州，中国北部。

ツリフネソウヒゲナガアブラムシ〈Impatientinum impatiens〉昆虫綱半翅目アブラムシ科。

ツルウメモドキシロハモグリガ〈Proleucoptera celastrella〉昆虫綱鱗翅目ハモグリガ科の蛾。分布：北海道，本州，九州。

ツルウメモドキスガ〈Yponomeuta sociatus〉昆虫綱鱗翅目スガ科の蛾。分布：北海道，本州。

ツルウメモドキハモグリガ ツルウメモドキシロハモグリガの別名。

ツルギアブ 剣虻〈stiletto fly〉昆虫綱双翅目短角亜目アブ群ツルギアブ科Therevidaeの昆虫の総称。

ツルギオサムシ〈Carabus dehaanii hiraii〉昆虫綱甲虫目オサムシ科。

ツルギキンモンホソガ〈Phyllonorycter turugisana〉昆虫綱鱗翅目ホソガ科の蛾。分布：北海道，四国。

ツルギセセリ〈Eetion elia〉昆虫綱鱗翅目セセリチョウ科の蝶。分布：ミャンマー，マレーシア，スマトラ，ボルネオ。

ツルギダニの一種〈Proctophyllodes sp.〉蛛形綱ダニ目ツルギダニ科。

ツルギツヤムネハネカクシ〈Quedius tsurugiensis〉昆虫綱甲虫目ハネカクシ科の甲虫。体長13.0〜14.4mm。

ツルギヒロコバネ〈Neomicropteryx elongata〉昆虫綱鱗翅目コバネガ科の蛾。開張12mm。

ツルギマルヒサゴゴミムシダマシ〈Misolampidius tsurugisanus〉昆虫綱甲虫目ゴミムシダマシ科の甲虫。体長13.2〜14.6mm。

ツルギヤマナガゴミムシ〈Pterostichus tsurugiyamanus〉昆虫綱甲虫目オサムシ科の甲虫。体長20〜21.5mm。

ツルグミナガツツハムシ〈Smaragdina ihai〉昆虫綱甲虫目ハムシ科。

ツルマサキスガ〈Yponomeuta mayumivorellus〉昆虫綱鱗翅目スガ科の蛾。分布：北海道，本州。

ツルリンドウハモグリバエ〈Napomyza crawfurdiae〉昆虫綱双翅目ハモグリバエ科。

ツワブキケブカミバエ〈Paratephritis fukaii〉昆虫綱双翅目ミバエ科。

ツンドラタカネヒカゲ〈Oeneis norna tundra〉昆虫綱鱗翅目ジャノメチョウ科の蝶。分布：ロシア極北部。

ツンドラモンキチョウ〈Colias hecla〉昆虫綱鱗翅目シロチョウ科の蝶。別名グリーンランドモンキチョウ。分布：カナダ北部，グリーンランド，ヨーロッパ極北部，シベリア北部。

ツンプトクチブトゾウムシ〈Myllocerus nipponensis〉昆虫綱甲虫目ゾウムシ科の甲虫。体長5.5〜6.8mm。

ツンベルグナガゴミムシ エゾナガゴミムシの別名。

【テ】

テアゲネス・アエギデス〈Theagenes aegides〉昆虫綱鱗翅目セセリチョウ科の蝶。分布：メキシコからコロンビアまで。

テアゲネス・アルビプラガ〈Theagenes albiplaga albiplaga〉昆虫綱鱗翅目セセリチョウ科の蝶。分布：メキシコからアルゼンチン。

ディアエウス・ラカエナ〈Diaeus lacaena〉昆虫綱鱗翅目セセリチョウ科の蝶。分布：メキシコからコスタリカおよびパナマまで。

ディアエトゥリア・エウペプラ〈Diaethria eupepla〉昆虫綱鱗翅目タテハチョウ科の蝶。分布：中央アメリカ。

ディアエトゥリア・メティスクス〈Diaethria metiscus〉昆虫綱鱗翅目タテハチョウ科の蝶。分布：ベネズエラ。

ディアストレウス・ギラルディ〈Diastoleus girardi〉昆虫綱甲虫目ゴミムシダマシ科。分布：チリ。

ティエメイア・フォロネア〈Thiemeia phoronea〉昆虫綱鱗翅目ジャノメチョウ科の蝶。分布：ボリビア，ベネズエラ。

テイオウカブリモドキ〈Damaster augustus〉昆虫綱甲虫目オサムシ科。分布：中国(中部・中南部)。

テイオウゼミ 帝王蟬〈Pomponia imperatoria〉昆虫綱半翅目セミ科。分布：マレーシア，スマトラ。

テイオウダイコクコガネ〈Heliocopris tyrannus〉昆虫綱甲虫目コガネムシ科の甲虫。別名テイオウニジダイコクコガネ。分布：インド，マレーシア，スマトラ，ジャワ。

テイオウニジダイコクコガネ テイオウダイコクコガネの別名。

テイオウホソアカクワガタ〈Cyclommatus imperator〉昆虫綱甲虫目クワガタムシ科。分布：ニューギニア。

ディオプタルマ・テレゴネ〈Diopthalma telegone〉昆虫綱鱗翅目シジミタテハ科の蝶。分布：中央アメリカ，ベネズエラからペルーまで。

ディオプトリカメダマチョウ〈Taenaris dioptrica〉昆虫綱鱗翅目ワモンチョウ科の蝶。開張80mm。分布：ニューギニア島。珍種。

ディオペテス・アウリバリウシ〈Diopetes aurivalliusi〉昆虫綱鱗翅目シジミチョウ科の蝶。分布：カメルーン。

ディオペテス・アンゲリタ〈*Diopetes angelita*〉昆虫綱鱗翅目シジミチョウ科の蝶。分布：カメルーン，コンゴ。

ディオペテス・カタッラ〈*Diopetes catalla*〉昆虫綱鱗翅目シジミチョウ科の蝶。分布：トーゴからカメルーン。

ディオペテス・ビオレッタ〈*Diopetes violetta*〉昆虫綱鱗翅目シジミチョウ科の蝶。分布：カメルーン，ガボン。

ディオリステ・コトニデス〈*Dioriste cothonides*〉昆虫綱鱗翅目ジャノメチョウ科の蝶。分布：コスタリカ，パナマ。

ディオリステ・タウロポリス〈*Dioriste tauropolis*〉昆虫綱鱗翅目ジャノメチョウ科の蝶。分布：メキシコ，グアテマラ，ニカラグア。

ディオリステ・レウコスピロス〈*Dioriste leucospilos*〉昆虫綱鱗翅目ジャノメチョウ科の蝶。分布：ペルー，エクアドル，ボリビア。

ディオン・カルメンタ〈*Dion carmenta*〉昆虫綱鱗翅目セセリチョウ科の蝶。分布：ブラジル。

ディオン・ルブリノタ〈*Dion rubrinota*〉昆虫綱鱗翅目セセリチョウ科の蝶。分布：ペルー，ボリビア，コロンビア。

テイカカズラノコキクイムシ〈*Scolytogenes scolytomimoides*〉昆虫綱甲虫目キクイムシ科の甲虫。体長2.1～2.6mm。

ディカッラネウラ・デコラタ〈*Dicallaneura decorata*〉昆虫綱鱗翅目シジミタテハ科の蝶。分布：ニューギニア。

ディカッラネウラ・リッベイ〈*Dicallaneura ribbei*〉昆虫綱鱗翅目シジミタテハ科の蝶。分布：ニューギニア。

ディカッラネウラ・レウコメラス〈*Dicallaneura leucomelas*〉昆虫綱鱗翅目シジミタテハ科の蝶。分布：ニューギニア。

ディキセイア・アスタルテ〈*Dixeia astarte*〉昆虫綱鱗翅目シロチョウ科の蝶。分布：タンザニア。

ディキセイア・カプリコルヌス〈*Dixeia capricornus*〉昆虫綱鱗翅目シロチョウ科の蝶。分布：カメルーン。

ディキセイア・ケブロン〈*Dixeia cebron*〉昆虫綱鱗翅目シロチョウ科の蝶。分布：カメルーン。

ディキセイア・スピッレリ〈*Dixeia spilleri*〉昆虫綱鱗翅目シロチョウ科の蝶。分布：海に沿った地方，ケニアからナタールまで。

ディキセイア・ドキソカリナ〈*Dixeia doxocharina*〉昆虫綱鱗翅目シロチョウ科の蝶。分布：喜望峰からローデシアまで。

ディキセイア・ピゲア〈*Dixeia pigea*〉昆虫綱鱗翅目シロチョウ科の蝶。分布：スーダン南部，アフリカ中部，南へアフリカ南部まで。

ディキセイア・リリアナ〈*Dixeia liliana*〉昆虫綱鱗翅目シロチョウ科の蝶。分布：アフリカ東部。

テイキチシャチホコ〈*Stauropus teikichiana*〉昆虫綱鱗翅目シャチホコガ科の蛾。分布：台湾，屋久島，鹿児島，宮崎県。

ティケッラ・アクテ〈*Ticherra acte*〉昆虫綱鱗翅目シジミチョウ科の蝶。分布：シッキムからミャンマーまで。

ディゴリス・ディルケンナ〈*Dygoris dircenna*〉昆虫綱鱗翅目トンボマダラ科の蝶。分布：コロンビア，ボリビア。

ティサノタ・ガレナ〈*Thysanota galena*〉昆虫綱鱗翅目シジミタテハ科の蝶。分布：ギアナ，アマゾン。

ティシアス・クアドゥラタ〈*Tisias quadrata*〉昆虫綱鱗翅目セセリチョウ科の蝶。分布：ブラジル。

ティシアス・レスエウル〈*Tisias lesueur*〉昆虫綱鱗翅目セセリチョウ科の蝶。分布：ブラジル。

ティシフォネ・ヘレナ〈*Tisiphone helena*〉昆虫綱鱗翅目タテハチョウ科の蝶。前翅にはオレンジ色の斑紋をもち，後翅裏には白色の帯がある。開張5.0～5.5mm。分布：オーストラリア南東部。

ディスキネトゥス・ピキペス〈*Dyscinetus picipes*〉昆虫綱甲虫目コガネムシ科の甲虫。分布：合衆国南部，西インド諸島。

ディスケルス・スブグラヌラトゥス〈*Dyscherus subgranulatus*〉昆虫綱甲虫目ヒョウタンゴミムシ科。分布：マダガスカル。

ディスケルス・ポーリアニ〈*Dyscherus pauliani*〉昆虫綱甲虫目ヒョウタンゴミムシ科。分布：マダガスカル。

ディスコデムス・レティクラトゥス〈*Discodemus reticulatus*〉昆虫綱甲虫目ゴミムシダマシ科。分布：アメリカ合衆国(アリゾナ，ニューメキシコ)。

ディスコフェッルス・エウリバテス〈*Dyscophellus euribates*〉昆虫綱鱗翅目セセリチョウ科の蝶。分布：スリナム。

ディスコフェッルス・ポルキウス〈*Dyscophellus porcius*〉昆虫綱鱗翅目セセリチョウ科の蝶。分布：中央アメリカからペルーおよびコロンビアまで。

ディスコフェッルス・ラムシス〈*Dyscophellus ramusis*〉昆虫綱鱗翅目セセリチョウ科の蝶。分布：ブラジル，中央アメリカ。

ディスコフォラ・ケリンデ〈*Discophora celinde*〉昆虫綱鱗翅目ワモンチョウ科の蝶。分布：ジャワ。

ディスコフォラ・デオ〈Discophora deo〉昆虫綱鱗翅目ワモンチョウ科の蝶。分布：ミャンマー高地部からインドシナ半島まで。

ディスコフォラ・トゥツリア〈Discophora tullia〉昆虫綱鱗翅目ワモンチョウ科の蝶。分布：ミャンマーから中国南部まで。

ディスコフォラ・ネコ〈Discophora necho〉昆虫綱鱗翅目ワモンチョウ科の蝶。分布：ボルネオからフィリピンまで。

ディスコフォラ・バンブサエ〈Discophora bambusae〉昆虫綱鱗翅目ワモンチョウ科の蝶。分布：セレベス。

ディスダエモニア・カスタネア〈Dysdaemonia castanea〉昆虫綱鱗翅目ヤママユガ科の蛾。分布：コスタリカからブラジル。

ディスダエモニア・タメルラン〈Dysdaemonia tamerlan〉昆虫綱鱗翅目ヤママユガ科の蛾。分布：ギアナ地方からブラジル南部。

ティスベ・イレネア〈Thisbe irenea〉昆虫綱鱗翅目シジミタテハ科の蝶。分布：メキシコからコロンビア，ペルー，ベネズエラ，アマゾン流域，ギアナ，トリニダード。

ティスベ・モレラ〈Thisbe molela〉昆虫綱鱗翅目シジミタテハ科の蝶。分布：ベネズエラ，ギアナ。

ティスベ・リコリアス〈Thisbe lycorias〉昆虫綱鱗翅目シジミタテハ科の蝶。分布：メキシコからペルー。

ディスマティア・ポルティア〈Dysmathia portia〉昆虫綱鱗翅目シジミタテハ科の蝶。分布：ギアナ，トリニダード。

ティスマ・フレイイ〈Tisma freyi〉昆虫綱蟷螂目カマキリ科。分布：マダガスカル。

ディスモルフィア・イトミア〈Dismorphia ithomia〉昆虫綱鱗翅目シロチョウ科の蝶。分布：エクアドル。

ディスモルフィア・エリトゥロエ〈Dismorphia erythroe〉昆虫綱鱗翅目シロチョウ科の蝶。分布：コロンビア。

ディスモルフィア・クレタケア〈Dismorphia cretacea〉昆虫綱鱗翅目シロチョウ科の蝶。分布：ブラジル南部。

ディスモルフィア・コルディッレラ〈Dismorphia cordillera〉昆虫綱鱗翅目シロチョウ科の蝶。分布：アマゾン川流域。

ディスモルフィア・コルネリア〈Dismorphia cornelia〉昆虫綱鱗翅目シロチョウ科の蝶。分布：メキシコ。

ディスモルフィア・スピオ〈Dismorphia spio〉昆虫綱鱗翅目シロチョウ科の蝶。分布：アンチル諸島。

ディスモルフィア・ソロルナ〈Dismorphia sororna〉昆虫綱鱗翅目シロチョウ科の蝶。分布：コスタリカ。

ディスモルフィア・デイオネ〈Dismorphia deione〉昆虫綱鱗翅目シロチョウ科の蝶。分布：ニカラグア。

ディスモルフィア・テウカリラ〈Dismorphia theucharila〉昆虫綱鱗翅目シロチョウ科の蝶。分布：ベネズエラ。

ディスモルフィア・テオノエ〈Dismorphia theonoe〉昆虫綱鱗翅目シロチョウ科の蝶。分布：エクアドル。

ディスモルフィア・ヒッポタス〈Dismorphia hippotas〉昆虫綱鱗翅目シロチョウ科の蝶。分布：エクアドル。

ディスモルフィア・フォエドラ〈Dismorphia foedora〉昆虫綱鱗翅目シロチョウ科の蝶。分布：ベネズエラ，ペルー。

ディスモルフィア・フォルトゥナタ〈Dismorphia fortunata〉昆虫綱鱗翅目シロチョウ科の蝶。分布：メキシコ。

ディスモルフィア・ミランドラ〈Dismorphia mirandola〉昆虫綱鱗翅目シロチョウ科の蝶。分布：エクアドル，コロンビア。

ディスモルフィア・メティムナ〈Dismorphia methymna〉昆虫綱鱗翅目シロチョウ科の蝶。分布：ブラジル。

ディスモルフィア・メドラ〈Dismorphia medora〉昆虫綱鱗翅目シロチョウ科の蝶。分布：コロンビア，ベネズエラ。

ディスモルフィア・メリア〈Dismorphia melia〉昆虫綱鱗翅目シロチョウ科の蝶。分布：ブラジル。

ディスモルフィア・リシス〈Dismorphia lysis〉昆虫綱鱗翅目シロチョウ科の蝶。分布：エクアドル。

ディスモルフィア・ルア〈Dismorphia lua〉昆虫綱鱗翅目シロチョウ科の蝶。分布：コロンビア，エクアドル，ペルー。

ディスモルフィア・レオノラ〈Dismorphia leonora〉昆虫綱鱗翅目シロチョウ科の蝶。分布：エクアドル。

ディスモルフィア・レーテス〈Dismorphia rhetes〉昆虫綱鱗翅目シロチョウ科の蝶。分布：コロンビア，ボリビア，エクアドル。

ティスルリオビフタオチョウ〈Charaxes thysi〉昆虫綱鱗翅目タテハチョウ科の蝶。分布：コンゴ，ザイール。

ティソノティス・アポッロニウス〈Thysonotis apollonius〉昆虫綱鱗翅目シジミチョウ科の蝶。分布：ニューギニア。

ティソノティス・アリアヌス〈*Thysonotis aryanus*〉昆虫綱鱗翅目シジミチョウ科の蝶。分布：モルッカ諸島。

ティソノティス・エスメ〈*Thysonotis esme*〉昆虫綱鱗翅目シジミチョウ科の蝶。分布：ニューブリテン島。

ティソノティス・エピコリトゥス〈*Thysonotis epicoritus*〉昆虫綱鱗翅目シジミチョウ科の蝶。分布：ニューギニア。

ティソノティス・カエリウス〈*Thysonotis caelius*〉昆虫綱鱗翅目シジミチョウ科の蝶。分布：モルッカ諸島，ニューギニア，アドミラルティー諸島。

ティソノティス・カリッシマ〈*Thysonotis carissima*〉昆虫綱鱗翅目シジミチョウ科の蝶。分布：ティモール。

ティソノティス・キアネア〈*Thysonotis cyanea*〉昆虫綱鱗翅目シジミチョウ科の蝶。分布：オーストラリア，ニューギニア，モルッカ諸島，ソロモン諸島。

ティソノティス・ステファニ〈*Thysonotis stephani*〉昆虫綱鱗翅目シジミチョウ科の蝶。分布：ニューギニア。

ティソノティス・ドゥルケイ〈*Thysonotis drucei*〉昆虫綱鱗翅目シジミチョウ科の蝶。分布：ニューギニア。

ティソノティス・ピエペルシイ〈*Thysonotis piepersii*〉昆虫綱鱗翅目シジミチョウ科の蝶。分布：セレベス。

ティソノティス・ヒメトゥス〈*Thysonotis hymetus*〉昆虫綱鱗翅目シジミチョウ科の蝶。分布：モルッカ諸島，ニューギニア，オーストラリア。

ティソノティス・プロティヌス〈*Thysonotis plotinus*〉昆虫綱鱗翅目シジミチョウ科の蝶。分布：ニューギニア。

ティソノティス・ペルフェレス〈*Thysonotis perpheres*〉昆虫綱鱗翅目シジミチョウ科の蝶。分布：ニューギニア。

ティソノティス・ヘンギス〈*Thysonotis hengis*〉昆虫綱鱗翅目シジミチョウ科の蝶。分布：ニューギニア。

ティソノティス・ホルサ〈*Thysonotis horsa*〉昆虫綱鱗翅目シジミチョウ科の蝶。分布：ニューギニア。

ティソノティス・マント〈*Thysonotis manto*〉昆虫綱鱗翅目シジミチョウ科の蝶。分布：ニューギニア。

ティソノティス・レガリス〈*Thysonotis regalis*〉昆虫綱鱗翅目シジミチョウ科の蝶。分布：ニューギニア。

ディッスケマ・トゥリコロラ(ルニフェラ型)〈*Dysschema tricolora f.lunifera*〉昆虫綱鱗翅目マダラガ科の蛾。分布：中央アメリカおよび南アメリカの熱帯地方(f.luniferaはブラジルに分布)。

ディディウスモルフォ〈*Morpho didius*〉昆虫綱鱗翅目モルフォチョウ科の蝶。分布：エクアドル，ペルー，ボリビア。

ティティカカシジミ パラキラデス・ティティカカの別名。

ティトレア・タッリキナ〈*Tithorea tarricina*〉昆虫綱鱗翅目トンボマダラ科の蝶。分布：コロンビア。

ティトレア・ピンティアス〈*Tithorea pinthias*〉昆虫綱鱗翅目トンボマダラ科の蝶。分布：パナマ，中央アメリカ。

ティトレア・ヘルミアス〈*Tithorea hermias*〉昆虫綱鱗翅目トンボマダラ科の蝶。分布：アマゾン。

ディナミネ・アガクレス〈*Dynamine agacles*〉昆虫綱鱗翅目タテハチョウ科の蝶。分布：ベネズエラ，トリニダード，ブラジル，中央アメリカ。

ディナミネ・アヌビス〈*Dynamine anubis*〉昆虫綱鱗翅目タテハチョウ科の蝶。分布：アマゾン地方。

ディナミネ・アルテミシア〈*Dynamine artemisia*〉昆虫綱鱗翅目タテハチョウ科の蝶。分布：南アメリカ。

ディナミネ・アレネ〈*Dynamine arene*〉昆虫綱鱗翅目タテハチョウ科の蝶。分布：アマゾン下流地方。

ディナミネ・エルキア〈*Dynamine erchia*〉昆虫綱鱗翅目タテハチョウ科の蝶。分布：アマゾン上流地方。

ディナミネ・ギセッラ〈*Dynamine gisella*〉昆虫綱鱗翅目タテハチョウ科の蝶。分布：パナマ，コロンビア，ボリビア，アマゾン地方。

ディナミネ・グラウケ〈*Dynamine glauce*〉昆虫綱鱗翅目タテハチョウ科の蝶。分布：中央アメリカ，アマゾン，ボリビア。

ディナミネ・クリセイス〈*Dynamine chryseis*〉昆虫綱鱗翅目タテハチョウ科の蝶。分布：ニカラグア，アマゾン上流地方。

ディナミネ・ゲタ〈*Dynamine geta*〉昆虫綱鱗翅目タテハチョウ科の蝶。分布：ペルーおよびボリビア。

ディナミネ・サルペンサ〈*Dynamine salpensa*〉昆虫綱鱗翅目タテハチョウ科の蝶。分布：中央アメリカおよび南アメリカ。

ディナミネ・ゼノビア〈*Dynamine zenobia*〉昆虫綱鱗翅目タテハチョウ科の蝶。分布：アマゾン地方。

ディナミネ・タラッシナ〈Dynamine thalassina〉昆虫綱鱗翅目タテハチョウ科の蝶。分布：中央アメリカ, コロンビア。

ディナミネ・ディオニス〈Dynamine dyonis〉昆虫綱鱗翅目タテハチョウ科の蝶。分布：メキシコ, ホンジュラス。

ディナミネ・ティティア〈Dynamine tithia〉昆虫綱鱗翅目タテハチョウ科の蝶。分布：ブラジル。

ディナミネ・ミリッタ〈Dynamine mylitta〉昆虫綱鱗翅目タテハチョウ科の蝶。分布：南アメリカおよび中央アメリカ。

ディナミネ・ミルリーナ〈Dynamine myrrhina〉昆虫綱鱗翅目タテハチョウ科の蝶。分布：アルゼンチン, ブラジル, パラグアイ。

ディナミネ・ラキドゥラ〈Dynamine racidula〉昆虫綱鱗翅目タテハチョウ科の蝶。分布：アマゾン地方。

ディノスカリス・アトゥロクス〈Dinoscaris atrox〉昆虫綱甲虫目ヒョウタンゴミムシ科。分布：マダガスカル。

ディノスカリス・ガリエニ〈Dinoscaris gallieni〉昆虫綱甲虫目ヒョウタンゴミムシ科。分布：マダガスカル。

ディノスケリス・パッセリニ〈Dinoscelis passerini〉昆虫綱甲虫目ゴミムシダマシ科。分布：アフリカ東部。

ディノプテラ・コラリス〈Dinoptera collaris〉昆虫綱甲虫目カミキリムシ科の甲虫。分布：ヨーロッパ, シベリア, コーカサス。

ディノプトティス・オルファナ〈Dinoptotis orphana〉昆虫綱鱗翅目シジミタテハ科の蝶。分布：アマゾン。

ティビケン・クロロメラ〈Tibicen chloromera〉昆虫綱半翅目セミ科。分布：北アメリカ。

ティビケン・プルイノサ〈Tibicen pruinosa〉昆虫綱半翅目セミ科。分布：北アメリカ。

ティフェダヌス・アンピクス〈Typhedanus ampyx〉昆虫綱鱗翅目セセリチョウ科の蝶。分布：ベネズエラ, メキシコ。

ティフェダヌス・ウンドゥトゥス〈Typhedanus undulatus〉昆虫綱鱗翅目セセリチョウ科の蝶。分布：メキシコからブラジルまで。

ティフェダヌス・オリオン〈Typhedanus orion〉昆虫綱鱗翅目セセリチョウ科の蝶。分布：中央アメリカ。

ティフェダヌス・ガルブラ〈Typhedanus galbula〉昆虫綱鱗翅目セセリチョウ科の蝶。分布：ブラジル。

ティメラエア・アルベスケンス〈Timelaea albescens〉昆虫綱鱗翅目タテハチョウ科の蝶。分布：中国西部。

ティメリクス・アクテオン〈Thymelicus acteon〉昆虫綱鱗翅目セセリチョウ科の蝶。分布：カナリー諸島, アフリカ北部, ヨーロッパ南部・中部から小アジアまで。

ティメリクス・シルベストゥリス〈Thymelicus sylvestris〉昆虫綱鱗翅目セセリチョウ科の蝶。分布：モロッコ, スペインよりヨーロッパ, 小アジアをへてイランまで。

ティモカレス・トゥリファスキアタ〈Timochares trifasciata〉昆虫綱鱗翅目セセリチョウ科の蝶。分布：メキシコからアルゼンチンまで。

ティモクレオン・サティルス〈Timochreon satyrus〉昆虫綱鱗翅目セセリチョウ科の蝶。分布：パナマからブラジル南部まで。

ディモナメダマチョウ アオメダマチョウの別名。

ティリダテスフタオチョウ〈Charaxes tiridates〉昆虫綱鱗翅目タテハチョウ科の蝶。開張80mm。分布：アフリカ中央部。珍蝶。

ティリディア・コンフサ〈Thyridia confusa〉昆虫綱鱗翅目トンボマダラ科の蝶。分布：南アメリカ北部。

ティリディウム・サフィリヌム〈Thyridium saphirinum〉昆虫綱甲虫目コガネムシ科の甲虫。分布：コロンビア。

ティリンティア・コンフルア〈Tirynthia conflua〉昆虫綱鱗翅目セセリチョウ科の蝶。分布：ニカラグアからブラジル。

ディルケシロオビタテハ〈Colobura dirce〉昆虫綱鱗翅目タテハチョウ科の蝶。暗褐色で, 淡黄色の幅広い帯がある。開張5.5～7.5mm。分布：中央および南アメリカ。

ディルケンナ・エウキトゥマ〈Dircenna euchytma〉昆虫綱鱗翅目トンボマダラ科。分布：中米諸国からコロンビア, ベネズエラ。

ディルケンナ・クルギ〈Dircenna klugi〉昆虫綱鱗翅目トンボマダラ科の蝶。分布：メキシコからホンジュラス。

ディルケンナ・デロ〈Dircenna dero〉昆虫綱鱗翅目トンボマダラ科の蝶。分布：ブラジル南部, パラグアイ, アルゼンチン。

ディルケンナ・バリナ〈Dircenna varina〉昆虫綱鱗翅目トンボマダラ科の蝶。分布：エクアドル。

ディルケンナ・バンドナ〈Dircenna vandona〉昆虫綱鱗翅目トンボマダラ科の蝶。分布：エクアドル。

ディルケンナ・ビシナ〈Dircenna visina〉昆虫綱鱗翅目トンボマダラ科の蝶。分布：エクアドル。

ディンガナ・ディンガナ〈*Dingana dingana*〉昆虫綱鱗翅目ジャノメチョウ科の蝶。分布：トランスバール。

ディンガナ・ボウケリ〈*Dingana bowkeri*〉昆虫綱鱗翅目ジャノメチョウ科の蝶。分布：アフリカ南部からナタールまで。

デウドリクス・エピルス〈*Deudorix epirus*〉昆虫綱鱗翅目シジミチョウ科の蝶。分布：モルッカ諸島，ニューギニア，オーストラリア。

デウドリクス・オダナ〈*Deudorix odana*〉昆虫綱鱗翅目シジミチョウ科の蝶。分布：ナイジェリアからカメルーンまで。

デウドリクス・カエルレア〈*Deudorix caerulea*〉昆虫綱鱗翅目シジミチョウ科の蝶。分布：ナイジェリア，アフリカ東部。

デウドリクス・カフエンシス〈*Deudorix kafuensis*〉昆虫綱鱗翅目シジミチョウ科の蝶。分布：ローデシア。

デウドリクス・カリギノサ〈*Deudorix caliginosa*〉昆虫綱鱗翅目シジミチョウ科の蝶。分布：ナイジェリア，ローデシア。

デウドリクス・ゼラ〈*Deudorix zela*〉昆虫綱鱗翅目シジミチョウ科の蝶。分布：シエラレオネ，マラウイ，ローデシア。

デウドリクス・ダリアレス〈*Deudorix dariares*〉昆虫綱鱗翅目シジミチョウ科の蝶。分布：アフリカ東部。

デウドリクス・ディオクレス〈*Deudorix diocles*〉昆虫綱鱗翅目シジミチョウ科の蝶。分布：アフリカ東部。

デウドリクス・ディノカレス〈*Deudorix dinochares*〉昆虫綱鱗翅目シジミチョウ科の蝶。分布：アフリカ東部，マダガスカル。

デウドリクス・ドヘルティイ〈*Deudorix dohertyi*〉昆虫綱鱗翅目シジミチョウ科の蝶。分布：ニューギニア。

デウドリクス・ヒパルギリア〈*Deudorix hypargyria*〉昆虫綱鱗翅目シジミチョウ科の蝶。分布：ミャンマー，マレーシア，ジャワ。

デウドリクス・ビルガタ〈*Deudorix virgata*〉昆虫綱鱗翅目シジミチョウ科の蝶。分布：シエラレオネ。

デウドリクス・ロリソナ〈*Deudorix lorisona*〉昆虫綱鱗翅目シジミチョウ科の蝶。分布：シエラレオネからナイジェリアまで。

デオキノコムシ　出尾茸虫　昆虫綱甲虫目デオキノコムシ科Scaphidiidaeの昆虫の総称。

デオキノコムシの一種〈*Scaphidium* sp.〉甲虫。

テオキラ・イタティアヤエ〈*Theochila itatiayae*〉昆虫綱鱗翅目シロチョウ科の蝶。分布：ブラジルからアルゼンチンまで。

テオノグモ〈*Berlandina asiatica*〉蛛形綱クモ目ワシグモ科の蜘蛛。

テオペオレンジシジミタテハ〈*Theope eudocia*〉昆虫綱鱗翅目シジミチョウ科の蝶。翅に黒色の幅広い縁どり，裏面は淡いレモンイエロー色。開張2.5～4.0mm。分布：トリニダートをはじめ，中央および南アメリカの熱帯域。

テオペ・シンゲネス〈*Theope syngenes*〉昆虫綱鱗翅目シジミタテハ科の蝶。分布：ペルー，アマゾン流域，トリニダード。

テオペ・シンプリキア〈*Theope simplicia*〉昆虫綱鱗翅目シジミタテハ科の蝶。分布：ブラジル。

テオペ・テスティアス〈*Theope thestias*〉昆虫綱鱗翅目シジミタテハ科の蝶。分布：中央アメリカおよび南アメリカ。

テオペ・テリタス〈*Theope theritas*〉昆虫綱鱗翅目シジミタテハ科の蝶。分布：アマゾン。

テオペ・トオテス〈*Theope thootes*〉昆虫綱鱗翅目シジミタテハ科の蝶。分布：中央アメリカからアマゾン，トリニダード。

テオペ・バシレア〈*Theope basilea*〉昆虫綱鱗翅目シジミタテハ科の蝶。分布：中央アメリカ。

テオペ・バレア〈*Theope barea*〉昆虫綱鱗翅目シジミタテハ科の蝶。分布：パナマからアマゾン，トリニダード。

テオペ・ピエリドイデス〈*Theope pieridoides*〉昆虫綱鱗翅目シジミタテハ科の蝶。分布：ブラジル，トリニダード。

テオペ・ビルギリウス〈*Theope virgilius*〉昆虫綱鱗翅目シジミタテハ科の蝶。分布：中央アメリカ。

テオペ・フォリオルム〈*Theope foliorum*〉昆虫綱鱗翅目シジミタテハ科の蝶。分布：ベネズエラ，トリニダード，アマゾン。

テオペ・ププリウス〈*Theope publius*〉昆虫綱鱗翅目シジミタテハ科の蝶。分布：パナマからアマゾンまで。

テオペ・ペディアス〈*Theope pedias*〉昆虫綱鱗翅目シジミタテハ科の蝶。分布：中央アメリカからブラジル南部，メキシコ。

テオペ・マトウタ〈*Theope matuta*〉昆虫綱鱗翅目シジミタテハ科の蝶。分布：中央アメリカからアマゾンまで。

テオペ・リカエニナ〈*Theope lycaenina*〉昆虫綱鱗翅目シジミタテハ科の蝶。分布：ブラジル，トリニダード。

テオペ・レウカンタ〈*Theope leucanthe*〉昆虫綱鱗翅目シジミタテハ科。分布：ペルー，アマゾン流域。

テオポンパ属の一種〈*Theopompa* sp.〉昆虫綱蟷螂目カマキリ科のキノカワカマキリの一種ボルネオ産のTheopompa borneanaに近縁とおもわれる。

テオレマ・エウメニア〈*Theorema eumenia*〉昆虫綱鱗翅目シジミチョウ科の蝶。分布：中央アメリカ，コロンビア。

デガシラバエ 出頭蠅〈*pyrgota fly*〉昆虫綱双翅目短角亜目ハエ群デガシラバエ科Pyrgotidaeの昆虫の総称。

デガンディアカネタテハ〈*Asterope degandii*〉昆虫綱鱗翅目タテハチョウ科の蝶。開張60mm。分布：アマゾン川西部。珍種。

テキサスハキリアリ〈*Atta texana*〉昆虫綱膜翅目アリ科。分布：アメリカ南部および南西部，アンチル諸島。

テキソラ・エラダ〈*Texola elada*〉昆虫綱鱗翅目タテハチョウ科の蝶。分布：メキシコ。

テキソラ・ペルセ〈*Texola perse*〉昆虫綱鱗翅目タテハチョウ科の蝶。分布：アリゾナ州。

デキネア・ペルコシウス〈*Decinea percosius*〉昆虫綱鱗翅目セセリチョウ科の蝶。分布：メキシコ，パナマ，トリニダード。

テグスサン 天蚕糸蚕〈*Eriogyna pyretorum*〉昆虫綱鱗翅目ヤママユガ科の蛾。別名フウサン(楓蚕)。

テクラ・アウダ〈*Thecla auda*〉昆虫綱鱗翅目シジミチョウ科の蝶。分布：コロンビア，パナマ。

テクラ・アエギデス〈*Thecla aegides*〉昆虫綱鱗翅目シジミチョウ科の蝶。分布：中央アメリカからベネズエラまで。

テクラ・アグリコロル〈*Thecla agricolor*〉昆虫綱鱗翅目シジミチョウ科の蝶。分布：メキシコからパナマまで。

テクラ・アテサ〈*Thecla atesa*〉昆虫綱鱗翅目シジミチョウ科の蝶。分布：パナマからアマゾン地方まで。

テクラ・アデノストマティス〈*Thecla adenostomatis*〉昆虫綱鱗翅目シジミチョウ科の蝶。分布：カリフォルニア州。

テクラ・アファカ〈*Thecla aphaca*〉昆虫綱鱗翅目シジミチョウ科の蝶。分布：パラグアイ，ブラジル。

テクラ・アメリケンシス〈*Thecla americensis*〉昆虫綱鱗翅目シジミチョウ科の蝶。分布：チリ。

テクラ・イェブス〈*Thecla jebus*〉昆虫綱鱗翅目シジミチョウ科の蝶。分布：メキシコからブラジル南部，ペルー。

テクラ・ウナ〈*Thecla una*〉昆虫綱鱗翅目シジミチョウ科の蝶。分布：ベネズエラ，ギアナ。

テクラ・ウンドゥラタ〈*Thecla undulata*〉昆虫綱鱗翅目シジミチョウ科の蝶。分布：コロンビア，ブラジル。

テクラ・エウヌス〈*Thecla eunus*〉昆虫綱鱗翅目シジミチョウ科の蝶。分布：グアテマラ，中央アメリカ。

テクラ・エメッサ〈*Thecla emessa*〉昆虫綱鱗翅目シジミチョウ科の蝶。分布：アマゾン。

テクラ・エメンダトゥス〈*Thecla emendatus*〉昆虫綱鱗翅目シジミチョウ科の蝶。分布：ボリビア。

テクラ・エリクサ〈*Thecla ericusa*〉昆虫綱鱗翅目シジミチョウ科の蝶。分布：ベネズエラ。

テクラ・エレマ〈*Thecla erema*〉昆虫綱鱗翅目シジミチョウ科の蝶。分布：グアテマラ，ギアナ，アマゾン。

テクラ・エロンガタ〈*Thecla elongata*〉昆虫綱鱗翅目シジミチョウ科の蝶。分布：コロンビア，ペルー。

テクラ・エンディミオン〈*Thecla endymion*〉昆虫綱鱗翅目シジミチョウ科の蝶。分布：コロンビア。

テクラ・オクリシア〈*Thecla ocrisia*〉昆虫綱鱗翅目シジミチョウ科の蝶。分布：中央アメリカ，メキシコからパラグアイまで。

テクラ・オフェリア〈*Thecla ophelia*〉昆虫綱鱗翅目シジミチョウ科の蝶。分布：ボリビア，アマゾン。

テクラ・オルギア〈*Thecla orgia*〉昆虫綱鱗翅目シジミチョウ科の蝶。分布：メキシコからアマゾンまで。

テクラ・オルキニア〈*Thecla orcynia*〉昆虫綱鱗翅目シジミチョウ科の蝶。分布：メキシコから南アメリカ北部まで。

テクラ・オレアラ〈*Thecla oreala*〉昆虫綱鱗翅目シジミチョウ科の蝶。分布：ブラジル。

テクラ・オロビア〈*Thecla orobia*〉昆虫綱鱗翅目シジミチョウ科の蝶。分布：パナマ，コロンビア，ベネズエラ，アマゾン流域，ペルー，ボリビア。

テクラ・カエサリエス〈*Thecla caesaries*〉昆虫綱鱗翅目シジミチョウ科の蝶。分布：ギアナ，コロンビア。

テクラ・ガッリエナ〈*Thecla galliena*〉昆虫綱鱗翅目シジミチョウ科の蝶。分布：ニカラグアからブラジルまで。

テクラ・カドゥムス〈*Thecla cadmus*〉昆虫綱鱗翅目シジミチョウ科の蝶。分布：パナマ，南アメリカ北部。

テクラ・ガバタ〈*Thecla gabatha*〉昆虫綱鱗翅目シジミチョウ科の蝶。分布：グアテマラ, ホンジュラス, コロンビア。

テクラ・カルス〈*Thecla calus*〉昆虫綱鱗翅目シジミチョウ科の蝶。分布：アマゾン流域。

テクラ・カレシア〈*Thecla calesia*〉昆虫綱鱗翅目シジミチョウ科の蝶。分布：ベネズエラ, エクアドル, コロンビア。

テクラ・ギッベロサ〈*Thecla gibberosa*〉昆虫綱鱗翅目シジミチョウ科の蝶。分布：コロンビア, ペルー, ボリビア。

テクラ・クペントゥス〈*Thecla cupentus*〉昆虫綱鱗翅目シジミチョウ科の蝶。分布：ニカラグアからブラジルまで。

テクラ・クランブサ〈*Thecla crambusa*〉昆虫綱鱗翅目シジミチョウ科の蝶。分布：ブラジル, ボリビア。

テクラ・クリトラ〈*Thecla critola*〉昆虫綱鱗翅目シジミチョウ科の蝶。分布：ギアナ。

テクラ・クリネス〈*Thecla crines*〉昆虫綱鱗翅目シジミチョウ科の蝶。分布：ケイエン。

テクラ・グルヌス〈*Thecla grunus*〉昆虫綱鱗翅目シジミチョウ科の蝶。分布：カリフォルニア州, ネバダ州。

テクラ・ケリダ〈*Thecla celida*〉昆虫綱鱗翅目シジミチョウ科の蝶。分布：キューバ。

テクラ・コマエ〈*Thecla comae*〉昆虫綱鱗翅目シジミチョウ科の蝶。分布：コロンビア。

テクラ・コンキリウム〈*Thecla conchylium*〉昆虫綱鱗翅目シジミチョウ科の蝶。分布：パラグアイ。

テクラ・コンモドゥス〈*Thecla commodus*〉昆虫綱鱗翅目シジミチョウ科の蝶。分布：コロンビア。

テクラ・サティロイデス〈*Thecla satyroides*〉昆虫綱鱗翅目シジミチョウ科の蝶。分布：アマゾン, ブラジル。

テクラ・サラ〈*Thecla sala*〉昆虫綱鱗翅目シジミチョウ科の蝶。分布：コロンビア。

テクラ・シスタ〈*Thecla sista*〉昆虫綱鱗翅目シジミチョウ科の蝶。分布：コロンビア, ペルー, ギアナ, ブラジル。

テクラ・ストゥレフォン〈*Thecla strephon*〉昆虫綱鱗翅目シジミチョウ科の蝶。分布：アマゾン流域。

テクラ・スプリウス〈*Thecla spurius*〉昆虫綱鱗翅目シジミチョウ科の蝶。分布：ギアナ, コロンビア, ボリビア。

テクラ・セウディガ〈*Thecla seudiga*〉昆虫綱鱗翅目シジミチョウ科の蝶。分布：ブラジル, ボリビア。

テクラ・セラピオ〈*Thecla serapio*〉昆虫綱鱗翅目シジミチョウ科の蝶。分布：メキシコ, パナマ。

テクラ・タギラ〈*Thecla tagyra*〉昆虫綱鱗翅目シジミチョウ科の蝶。分布：アマゾン地方。

テクラ・タベナ〈*Thecla thabena*〉昆虫綱鱗翅目シジミチョウ科の蝶。分布：ギアナ, アマゾン。

テクラ・タモス〈*Thecla tamos*〉昆虫綱鱗翅目シジミチョウ科の蝶。分布：コスタリカ, パナマ。

テクラ・タライラ〈*Thecla talayra*〉昆虫綱鱗翅目シジミチョウ科の蝶。分布：メキシコからブラジルまで。

テクラ・タラマ〈*Thecla tarama*〉昆虫綱鱗翅目シジミチョウ科の蝶。分布：ブラジル。

テクラ・タルゲリア〈*Thecla thargelia*〉昆虫綱鱗翅目シジミチョウ科の蝶。分布：アルゼンチン。

テクラ・タレス〈*Thecla thales*〉昆虫綱鱗翅目シジミチョウ科の蝶。分布：ニカラグアからブラジル南部まで。

テクラ・ティアサ〈*Thecla tiasa*〉昆虫綱鱗翅目シジミチョウ科の蝶。分布：ケイエン。

テクラ・ティマエウス〈*Thecla timaeus*〉昆虫綱鱗翅目シジミチョウ科の蝶。分布：コロンビア。

テクラ・テウクリア〈*Thecla teucria*〉昆虫綱鱗翅目シジミチョウ科の蝶。分布：アマゾン地方。

テクラ・テオクリトゥス〈*Thecla theocritus*〉昆虫綱鱗翅目シジミチョウ科の蝶。分布：メキシコからコロンビアまで。

テクラ・テスピア〈*Thecla thespia*〉昆虫綱鱗翅目シジミチョウ科の蝶。分布：ペルー。

テクラ・デモナッサ〈*Thecla demonassa*〉昆虫綱鱗翅目シジミチョウ科の蝶。分布：メキシコからアマゾン流域。

テクラ・テレシナ〈*Thecla teresina*〉昆虫綱鱗翅目シジミチョウ科の蝶。分布：コロンビア。

テクラ・テレンティア〈*Thecla terentia*〉昆虫綱鱗翅目シジミチョウ科の蝶。分布：アマゾン地方。

テクラ・ドゥカリス〈*Thecla ducalis*〉昆虫綱鱗翅目シジミチョウ科の蝶。分布：ブラジル。

テクラ・ドゥラウティ〈*Thecla draudti*〉昆虫綱鱗翅目シジミチョウ科の蝶。分布：中央アメリカ。

テクラ・ドゥリオペ〈*Thecla dryope*〉昆虫綱鱗翅目シジミチョウ科の蝶。分布：カリフォルニア州, ネバダ州, ユタ州。

テクラ・トゥレブラ〈*Thecla trebula*〉昆虫綱鱗翅目シジミチョウ科の蝶。分布：メキシコからコロンビア, アマゾンまで。

テクラ・トルミデス〈*Thecla tolmides*〉昆虫綱鱗翅目シジミチョウ科の蝶。分布：メキシコ, グアテマラからパナマまで。

テクラ・ドルヤサ〈*Thecla doryasa*〉昆虫綱鱗翅目シジミチョウ科の蝶.分布：コロンビア,パナマ,アマゾン.

テクラ・バグラダ〈*Thecla bagrada*〉昆虫綱鱗翅目シジミチョウ科の蝶.分布：ベネズエラ.

テクラ・バッサニア〈*Thecla bassania*〉昆虫綱鱗翅目シジミチョウ科の蝶.分布：コスタリカ,メキシコ.

テクラ・バデタ〈*Thecla badeta*〉昆虫綱鱗翅目シジミチョウ科の蝶.分布：ギアナ,ブラジル,コロンビア.

テクラ・バラヨ〈*Thecla barajo*〉昆虫綱鱗翅目シジミチョウ科の蝶.分布：メキシコからパナマまで.

テクラ・ハルキオネス〈*Thecla halciones*〉昆虫綱鱗翅目シジミチョウ科の蝶.分布：メキシコからアマゾンまで.

テクラ・パルテニア〈*Thecla parthenia*〉昆虫綱鱗翅目シジミチョウ科の蝶.分布：メキシコからニカラグアまで.

テクラ・パレゴン〈*Thecla palegon*〉昆虫綱鱗翅目シジミチョウ科の蝶.分布：メキシコからブラジル南部まで.

テクラ・ビティアス〈*Thecla bitias*〉昆虫綱鱗翅目シジミチョウ科の蝶.分布：メキシコからアマゾンまで.

テクラ・ファレリナ〈*Thecla falerina*〉昆虫綱鱗翅目シジミチョウ科の蝶.分布：ギアナ,アマゾン.

テクラ・ファレロス〈*Thecla phaleros*〉昆虫綱鱗翅目シジミチョウ科の蝶.分布：メキシコからブラジル南部まで.

テクラ・フィデラ〈*Thecla phydela*〉昆虫綱鱗翅目シジミチョウ科の蝶.分布：ブラジル.

テクラ・フォレウス〈*Thecla pholeus*〉昆虫綱鱗翅目シジミチョウ科の蝶.分布：ギアナ,コロンビア,ブラジル.

テクラ・ブサ〈*Thecla busa*〉昆虫綱鱗翅目シジミチョウ科の蝶.分布：メキシコからコスタリカまで.

テクラ・フシウス〈*Thecla fusius*〉昆虫綱鱗翅目シジミチョウ科の蝶.分布：中央アメリカ.

テクラ・ブフォニア〈*Thecla buphonia*〉昆虫綱鱗翅目シジミチョウ科の蝶.分布：メキシコからコロンビア,アマゾン流域.

テクラ・プラティプテラ〈*Thecla platyptera*〉昆虫綱鱗翅目シジミチョウ科の蝶.分布：コロンビア,ベネズエラ,ペルー.

テクラ・ブレスキア〈*Thecla brescia*〉昆虫綱鱗翅目シジミチョウ科の蝶.分布：メキシコからニカラグアまで.

テクラ・ヘスペリティス〈*Thecla hesperitis*〉昆虫綱鱗翅目シジミチョウ科の蝶.分布：コスタリカ,パナマ.

テクラ・ペドゥサ〈*Thecla pedusa*〉昆虫綱鱗翅目シジミチョウ科の蝶.分布：ギアナ.

テクラ・ヘモン〈*Thecla hemon*〉昆虫綱鱗翅目シジミチョウ科の蝶.分布：グアテマラから,コロンビア,ギアナ,ブラジルおよびアマゾン上流地方.

テクラ・ベラニア〈*Thecla verania*〉昆虫綱鱗翅目シジミチョウ科の蝶.分布：エクアドル,ボリビア,アマゾン.

テクラ・ベリナ〈*Thecla velina*〉昆虫綱鱗翅目シジミチョウ科の蝶.分布：アマゾン地方.

テクラ・ベレンティナ〈*Thecla velentina*〉昆虫綱鱗翅目シジミチョウ科の蝶.分布：アルゼンチン.

テクラ・ヘロドトゥス〈*Thecla herodotus*〉昆虫綱鱗翅目シジミチョウ科の蝶.分布：メキシコからアマゾン,アルゼンチン.

テクラ・ポリベテス〈*Thecla polibetes*〉昆虫綱鱗翅目シジミチョウ科の蝶.分布：メキシコからブラジルまで.

テクラ・マボルス〈*Thecla mavors*〉昆虫綱鱗翅目シジミチョウ科の蝶.分布：メキシコからアマゾンまで.

テクラ・マルビナ〈*Thecla malvina*〉昆虫綱鱗翅目シジミチョウ科の蝶.分布：ブラジル.

テクラ・マンティカ〈*Thecla mantica*〉昆虫綱鱗翅目シジミチョウ科の蝶.分布：ブラジル.

テクラ・ミコン〈*Thecla mycon*〉昆虫綱鱗翅目シジミチョウ科の蝶.分布：コロンビア,アマゾン.

テクラ・ミニイア〈*Thecla minyia*〉昆虫綱鱗翅目シジミチョウ科の蝶.分布：ギアナ,アマゾン.

テクラ・ミルティッルス〈*Thecla myrtillus*〉昆虫綱鱗翅目シジミチョウ科の蝶.分布：ベネズエラ.

テクラ・ミルトゥサ〈*Thecla myrtusa*〉昆虫綱鱗翅目シジミチョウ科の蝶.分布：コロンビア,ボリビア,アマゾン.

テクラ・ミルマ〈*Thecla mirma*〉昆虫綱鱗翅目シジミチョウ科の蝶.分布：コロンビア,ペルー,エクアドル.

テクラ・メガクレス〈*Thecla megacles*〉昆虫綱鱗翅目シジミチョウ科の蝶.分布：ブラジル,コロンビア,ベネズエラ.

テクラ・メトン〈*Thecla meton*〉昆虫綱鱗翅目シジミチョウ科の蝶.分布：メキシコからブラジルまで.

テクラ・モニカ〈*Thecla monica*〉昆虫綱鱗翅目シジミチョウ科の蝶.分布：ベネズエラ,コロンビア.

テクラ・ヤダ〈*Thecla jada*〉昆虫綱鱗翅目シジミチョウ科の蝶。分布：メキシコおよびグアテマラ。

テクラ・ヤニアス〈*Thecla janias*〉昆虫綱鱗翅目シジミチョウ科の蝶。分布：メキシコ，中央アメリカ，南アメリカ北部。

テクラ・ラウスス〈*Thecla lausus*〉昆虫綱鱗翅目シジミチョウ科の蝶。分布：ニカラグアからアマゾンまで。

テクラ・ラウドニア〈*Thecla laudonia*〉昆虫綱鱗翅目シジミチョウ科の蝶。分布：コロンビア，アマゾン流域。

テクラ・リカバス〈*Thecla lycabas*〉昆虫綱鱗翅目シジミチョウ科の蝶。分布：パナマからコロンビア，アマゾン流域。

テクラ・リスス〈*Thecla lisus*〉昆虫綱鱗翅目シジミチョウ科の蝶。分布：グアテマラからボリビアまで。

テクラ・リテラトゥス〈*Thecla literatus*〉昆虫綱鱗翅目シジミチョウ科の蝶。分布：パラグアイ。

テクラ・レニタス〈*Thecla lenitas*〉昆虫綱鱗翅目シジミチョウ科の蝶。分布：ブラジルからパラグアイまで。

テクラ・ロキ〈*Thecla loki*〉昆虫綱鱗翅目シジミチョウ科の蝶。分布：カリフォルニア州。

テクラ・ロクスリナ〈*Thecla loxurina*〉昆虫綱鱗翅目シジミチョウ科の蝶。分布：コロンビア，ボリビア，ペルー，ベネズエラ。

テクラ・ロングラ〈*Thecla longula*〉昆虫綱鱗翅目シジミチョウ科の蝶。分布：コロンビア，エクアドル，ボリビア。

テグロデラ・エロサ〈*Tegrodera erosa*〉昆虫綱甲虫目ツチハンミョウ科。分布：アメリカ合衆国南部。

テクロプシス・エリクス〈*Theclopsis eryx*〉昆虫綱鱗翅目シジミチョウ科の蝶。分布：ギアナ，ブラジル，エクアドル，ペルー，ボリビア。

デコボコヒロズコガ〈*Hapsifera barbata*〉昆虫綱鱗翅目ヒロズコガ科の蛾。分布：本州，四国，ウスリー。

デジャンオオキバウスバカミキリ〈*Macrodontia dejeani*〉昆虫綱甲虫目カミキリムシ科の甲虫。分布：コロンビア。

テスティウス・フォレウス〈*Thestius pholeus*〉昆虫綱鱗翅目シジミチョウ科の蝶。分布：コロンビア，ギアナ，ペルー，ブラジル。

テストル・オブスクルス〈*Thestor obscurus*〉昆虫綱鱗翅目シジミチョウ科の蝶。分布：喜望峰。

テストル・ストゥラッティ〈*Thestor strutti*〉昆虫綱鱗翅目シジミチョウ科の蝶。分布：喜望峰。

テストル・バスタ〈*Thestor basuta*〉昆虫綱鱗翅目シジミチョウ科の蝶。分布：喜望峰からトランスバール，ローデシアまで。

テストル・ブラキアラ〈*Thestor brachyara*〉昆虫綱鱗翅目シジミチョウ科の蝶。分布：喜望峰。

テストル・プロトゥムヌス〈*Thestor protumnus*〉昆虫綱鱗翅目シジミチョウ科の蝶。分布：喜望峰からトランスバールまで。

テスピエウス・オトゥナ〈*Thespieus othna*〉昆虫綱鱗翅目セセリチョウ科の蝶。分布：メキシコ，ブラジル。

テスピエウス・オピゲナ〈*Thespieus opigena*〉昆虫綱鱗翅目セセリチョウ科の蝶。分布：エクアドル，ペルー。

テスピエウス・ダルマン〈*Thespieus dalman*〉昆虫綱鱗翅目セセリチョウ科の蝶。分布：メキシコからコロンビア，ペルーまで。

テスピエウス・ダルモン〈*Thespieus dalmon*〉昆虫綱鱗翅目セセリチョウ科の蝶。分布：メキシコからアルゼンチン。

テスピエウス・ヒメッラ〈*Thespieus himella*〉昆虫綱鱗翅目セセリチョウ科の蝶。分布：ブラジル。

テスピエウス・マカレウス〈*Thespieus macareus*〉昆虫綱鱗翅目セセリチョウ科の蝶。分布：メキシコからベネズエラまで。

デスモケルス・アウリペンニス〈*Desmocerus auripennis*〉昆虫綱甲虫目カミキリムシ科の甲虫。分布：北アメリカ（アメリカ合衆国西部オレゴン州・カリフォルニア州のシエラネバダ山脈）。

デスモケルス・パリアトゥス〈*Desmocerus palliatus*〉昆虫綱甲虫目カミキリムシ科の甲虫。分布：北アメリカ（カナダ・アメリカ合衆国東部）。

デスモリカエナ・マゾエンシス〈*Desmolycaena mazoensis*〉昆虫綱鱗翅目シジミチョウ科の蝶。分布：ローデシア，ナタール，トランスバール。

テセウスモルフォ〈*Morpho theseus*〉昆虫綱鱗翅目モルフォチョウ科の蝶。分布：ホンジュラスからパナマを経てペルー北部。

テダセキレイシジミ〈*Drupadia theda*〉昆虫綱鱗翅目シジミチョウ科の蝶。

テツイロシャチホコ〈*Notodonta dromedarius*〉昆虫綱鱗翅目シャチホコガ科の蛾。前翅は，紫色と赤褐色。開張4～5mm。分布：ヨーロッパ中部や，スカンジナビアをふくむ北部。

テツイロハナカミキリ 鉄色花天牛〈*Encyclops olivaceus*〉昆虫綱甲虫目カミキリムシ科ハナカミキリ亜科の甲虫。体長7～10mm。分布：北海道，本州，九州。

テツイロヒメカミキリ〈*Ceresium sinicum*〉昆虫綱甲虫目カミキリムシ科カミキリ亜科の甲虫。体

479

テツイロヒ

長10〜13mm。分布：本州，九州，奄美大島。

テツイロビロウドセセリ〈Hasora badra〉昆虫綱鱗翅目セセリチョウ科の蝶。前翅長24mm。分布：シッキム，アッサム，インドから東南アジア一帯，大スンダ列島，フィリピン，スラウェシ，中国，台湾，西表島の西部。

テツイロビロードセセリ テツイロビロウドセセリの別名。

テッサラトマ・クアドゥラタ〈Tessaratoma quadrata〉昆虫綱半翅目カメムシ科。分布：ネパール，インド，インドシナ，中国，パラワン。

テッサラトマ・ヤバニカ〈Tessaratoma javanica〉昆虫綱半翅目カメムシ科。分布：インド，スリランカ，ミャンマー，マレーシア，フィリピン。

テッサリア・アルマ〈Thessalia alma〉昆虫綱鱗翅目タテハチョウ科の蝶。分布：ユタ州，アリゾナ州。

テッサリア・キアネス〈Thessalia cyneas〉昆虫綱鱗翅目タテハチョウ科の蝶。分布：アリゾナ州。

テッサリア・ライティイ〈Thessalia wrightii〉昆虫綱鱗翅目タテハチョウ科の蝶。分布：カリフォルニア州。

テッティガデス・リンバタ〈Tettigades limbata〉昆虫綱半翅目セミ科。分布：アンデス西部(南アメリカ)。

テッポウムシ 鉄砲虫 昆虫綱甲虫目カミキリムシ科の昆虫の幼虫をいうが，おもに樹木に穴をあける大形の種類をさす。

テッレス・アルカラウス〈Telles arcalaus〉昆虫綱鱗翅目セセリチョウ科の蝶。分布：パナマ，アマゾン，トリニダード。

テトゥラフレビア・グラウコペ〈Tetraphlebia glaucope〉昆虫綱鱗翅目ジャノメチョウ科の蝶。分布：ブラジル。

テトゥラロブス・カビフロンス〈Tetralobus cavifrons〉昆虫綱甲虫目コメツキムシ科。分布：アフリカ東部。

テトゥラロブス・ロトゥンディフロンス〈Tetralobus rotundifrons〉昆虫綱甲虫目コメツキムシ科。分布：アンゴラ，ザンビア，アフリカ東部・南部。

テナガオオゾウムシ〈Cyrtotrachelus dux〉昆虫綱甲虫目オサゾウムシ科。分布：アッサムからマレーシアまで。

テナガカミキリ〈Acrocinus longimanus〉昆虫綱甲虫目カミキリムシ科の甲虫。分布：メキシコからペルーおよびブラジル南部まで。

テナガグモ〈Bathyphantes orientis〉蛛形綱クモ目サラグモ科の蜘蛛。体長雌2.0〜2.3mm，雄1.6〜1.8mm。分布：北海道，本州。

テナガコガネ 手長金亀子，手長黄金〈Cheirotonus macleayi〉昆虫綱甲虫目コガネムシ科の甲虫。分布：台湾。

テナガマシラグモ〈Leptoneta longimana〉蛛形綱クモ目マシラグモ科の蜘蛛。

テニオリヌス・イグニタ〈Teniorhinus ignita〉昆虫綱鱗翅目セセリチョウ科の蝶。分布：シエラレオネからカメルーンまで。

テニオリヌス・ハロナ〈Teniorhinus harona〉昆虫綱鱗翅目セセリチョウ科の蝶。分布：アフリカ東部。

テニオリヌス・ヘリルス〈Teniorhinus herilus〉昆虫綱鱗翅目セセリチョウ科の蝶。分布：モザンビーク。

テニオリヌス・ワトゥソニ〈Teniorhinus watsoni〉昆虫綱鱗翅目セセリチョウ科の蝶。分布：コンゴ。

デニグラータカザリシロチョウ〈Delias denigrata〉昆虫綱鱗翅目シロチョウ科の蝶。開張45mm。分布：ニューギニア島山地。珍蝶。

デーニッツサラグモ〈Doenitzius peniculus〉蛛形綱クモ目サラグモ科の蜘蛛。体長雌3.3〜3.5mm，雄3.1〜3.3mm。分布：本州。

デーニッツハエトリ〈Plexippoides doenitizi〉蛛形綱クモ目ハエトリグモ科の蜘蛛。体長雌8〜9mm，雄6〜7mm。分布：北海道，本州，四国，九州。

デーニッツヒザグモ〈Erigone doenitzi〉蛛形綱クモ目サラグモ科の蜘蛛。

テネディウスウスバシロショウ コモンウスバシロチョウの別名。

デバヒラタムシ 出歯扁虫〈Prostomis latoris〉昆虫綱甲虫目ヒラタムシ科の甲虫。体長5〜8mm。分布：北海道，本州，四国，九州，南西諸島。

デービスアカネタテハ〈Callithea davisi〉昆虫綱鱗翅目タテハチョウ科の蝶。分布：アマゾン上流。

デベソヤチグモ〈Coelotes tumidivulva〉蛛形綱クモ目タナグモ科の蜘蛛。体長雌6〜7mm，雄5〜6mm。分布：本州(北陸西部・近畿北部)。

テマラ・ヒルティペス〈Themara hirtipes〉昆虫綱双翅目ミバエ科。分布：ミャンマー，インドシナ，マレーシア，スマトラ，ボルネオ，フィリピン。

テミレイシガケチョウ〈Cyrestis themire〉昆虫綱鱗翅目タテハチョウ科の蝶。分布：インドシナ，マレーシア。

テメニス・プルクラ〈Temenis pulchra〉昆虫綱鱗翅目タテハチョウ科の蝶。分布：コロンビア，ペルー。

テメニス・ラオトエ〈Temenis laothoe〉昆虫綱鱗翅目タテハチョウ科の蝶。分布：メキシコからパ

デメヒラタケシキスイ〈*Haptoncurina motschulskii*〉昆虫綱甲虫目ケシキスイ科の甲虫。体長1.9〜2.4mm。

テモネ・パイス〈*Themone pais*〉昆虫綱鱗翅目シジミタテハ科の蝶。分布：ブラジル，ベネズエラ，ギアナ，ペルー。

デモフォンルリオビタテハ〈*Prepona demophon*〉昆虫綱鱗翅目タテハチョウ科の蝶。開張90mm。分布：アマゾン，ギアナ。珍蝶。

デモフーンルリオビタテハ〈*Prepona demophoon*〉昆虫綱鱗翅目タテハチョウ科の蝶。開張90mm。分布：アマゾン，ギアナ。珍蝶。

デュルフィーユメガネアゲハ ウルビリアヌストリバネアゲハの別名。

テラウチウンカ 寺内浮塵子〈*Terauchiana singularis*〉昆虫綱半翅目ウンカ科。分布：本州，九州。

テラトネウラ・イサベッラエ〈*Teratoneura isabellae*〉昆虫綱鱗翅目シジミチョウ科の蝶。分布：シエラレオネ。

テラトフタルマ・アキシッラ〈*Teratophthalma axilla*〉昆虫綱鱗翅目シジミタテハ科の蝶。分布：ボリビア，ペルー。

テラトフタルマ・フェリナ〈*Terathophthalma phelina*〉昆虫綱鱗翅目シジミタテハ科。分布：コロンビア，ペルー。

テラトフタルマ・マルセナ〈*Teratophthalma marsena*〉昆虫綱鱗翅目シジミタテハ科の蝶。分布：エクアドル，ペルー。

テラニシアリバチ〈*Cystomutilla teranishii*〉昆虫綱膜翅目アリバチ科。

テラニシセスジゲンゴロウ〈*Copelatus teranishii*〉昆虫綱甲虫目ゲンゴロウ科の甲虫。体長4.8〜5.4mm。

テラニシリンゴカミキリ〈*Oberea herzi*〉昆虫綱甲虫目カミキリムシ科フトカミキリ亜科の甲虫。体長11〜12mm。

デラマス・トモコアエ〈*Deramas tomokoae*〉昆虫綱鱗翅目シジミチョウ科の蝶。分布：ミンダナオ。

デラマス・リベンス〈*Deramas livens*〉昆虫綱鱗翅目シジミチョウ科の蝶。分布：ミャンマー，マレーシア，ジャワ。

デララインデキオビアゲハ〈*Papilio delalandei*〉昆虫綱鱗翅目アゲハチョウ科の蝶。分布：マダガスカル。

デリアス・アゴスティナ〈*Delias agostina*〉昆虫綱鱗翅目シロチョウ科の蝶。分布：ヒマラヤからアッサムまで。

デリアス・アルバーティシ〈*Delias albertisi*〉昆虫綱鱗翅目シロチョウ科の蝶。分布：西イリアン(高地)。

デリアス・アロアエ・アロアエ〈*Delias aroae aroae*〉昆虫綱鱗翅目シロチョウ科の蝶。分布：パプアニューギニア。

デリアス・アロアエ・アンギエンシス〈*Delias aroae angiensis*〉昆虫綱鱗翅目シロチョウ科の蝶。分布：西イリアン。

デリアス・イタンプティ〈*Delias itamputi*〉昆虫綱鱗翅目シロチョウ科の蝶。分布：ニューギニア。

デリアス・イミタトル〈*Delias imitator*〉昆虫綱鱗翅目シロチョウ科の蝶。分布：西イリアン。

デリアス・イルティス〈*Delias iltis*〉昆虫綱鱗翅目シロチョウ科の蝶。分布：パプアニューギニア。

デリアス・エロンガトゥス〈*Delias elongatus*〉昆虫綱鱗翅目シロチョウ科の蝶。分布：西イリアン(高地)。

デリアス・エンニア〈*Delias ennia*〉昆虫綱鱗翅目シロチョウ科の蝶。分布：ニューギニア，オーストラリア。

デリアス・カエネウス〈*Delias caeneus*〉昆虫綱鱗翅目シロチョウ科の蝶。分布：モルッカ諸島。

デリアス・カスタネウス〈*Delias castaneus*〉昆虫綱鱗翅目シロチョウ科の蝶。分布：西イリアン(高地)。

デリアス・ガビア〈*Delias gabia*〉昆虫綱鱗翅目シロチョウ科の蝶。分布：ニューギニア。

デリアス・カルステンチアナ〈*Delias carstenziana*〉昆虫綱鱗翅目シロチョウ科の蝶。分布：ニューギニア(高地)。

デリアス・カロリ〈*Delias caroli*〉昆虫綱鱗翅目シロチョウ科の蝶。分布：ニューギニア。

デリアス・カンディダ〈*Delias candida*〉昆虫綱鱗翅目シロチョウ科の蝶。分布：フィリピン，モルッカ諸島。

デリアス・ギリアーディ〈*Delias gilliardi*〉昆虫綱鱗翅目シロチョウ科の蝶。分布：ニューギニア(高地)。

デリアス・クニングプティ〈*Delias cuninguputi*〉昆虫綱鱗翅目シロチョウ科の蝶。分布：ニューギニア。

デリアス・クラトゥラタ〈*Delias clathrata*〉昆虫綱鱗翅目シロチョウ科の蝶。分布：ニューギニア。

デリアス・クリトエ〈*Delias crithoe*〉昆虫綱鱗翅目シロチョウ科の蝶。分布：ジャワ。

デリアス・クンメリ〈*Delias kummeri*〉昆虫綱鱗翅目シロチョウ科の蝶。分布：ニューギニア。

デリアス・ゲラルディナ〈Delias geraldina〉昆虫綱鱗翅目シロチョウ科の蝶。分布：ニューギニア（高地）。

デリアス・サゲッサ〈Delias sagessa〉昆虫綱鱗翅目シロチョウ科の蝶。分布：パプアニューギニア。

デリアス・ディキセイ〈Delias dixeyi〉昆虫綱鱗翅目シロチョウ科の蝶。分布：西イリアン。

デリアス・ティスベ〈Delias thysbe〉昆虫綱鱗翅目シロチョウ科の蝶。分布：ネパール，ミャンマー，マレーシア，インド南部。

デリアス・ティモレンシス〈Delias timorensis〉昆虫綱鱗翅目シロチョウ科の蝶。分布：ティモール。

デリアス・トティラ〈Delias totila〉昆虫綱鱗翅目シロチョウ科の蝶。分布：ニューブリテン島，ニューアイルランド島。

デリアス・トンプソニ〈Delias thompsoni〉昆虫綱鱗翅目シロチョウ科の蝶。分布：ニューギニア。

デリアス・ナイス〈Delias nais〉昆虫綱鱗翅目シロチョウ科の蝶。分布：ニューギニア。

デリアス・ニエペルティ〈Delias niepelti〉昆虫綱鱗翅目シロチョウ科の蝶。分布：パプアニューギニア。

デリアス・ニグリナ〈Delias nigrina〉昆虫綱鱗翅目シロチョウ科の蝶。分布：オーストラリア南部および東部。

デリアス・ニサ〈Delias nysa〉昆虫綱鱗翅目シロチョウ科の蝶。分布：オーストラリア北部および東部。

デリアス・バゴエ〈Delias bagoe〉昆虫綱鱗翅目シロチョウ科の蝶。分布：ビスマルク群島。

デリアス・ハルストロミ〈Delias hallstromi〉昆虫綱鱗翅目シロチョウ科の蝶。分布：ニューギニア（高地）。

デリアス・ヒポメラス〈Delias hypomelas〉昆虫綱鱗翅目シロチョウ科の蝶。分布：パプアニューギニア。

デリアス・フェレス・ケンリキ〈Delias pheres kenricki〉昆虫綱鱗翅目シロチョウ科の蝶。分布：西イリアン。

デリアス・プラティ〈Delias pratti〉昆虫綱鱗翅目シロチョウ科の蝶。分布：西イリアン（高地）。

デリアス・ベーケリ〈Delias bakeri〉昆虫綱鱗翅目シロチョウ科の蝶。分布：ニューギニア。

デリアス・ヘロニ〈Delias heroni〉昆虫綱鱗翅目シロチョウ科の蝶。分布：西イリアン（高地）。

デリアス・ボスウェリ〈Delias bothwelli〉昆虫綱鱗翅目シロチョウ科の蝶。分布：西イリアン。

デリアス・ボルネマンニ〈Delias bornemanni〉昆虫綱鱗翅目シロチョウ科の蝶。分布：ニューギニア。

デリアス・ミーキ〈Delias meeki〉昆虫綱鱗翅目シロチョウ科の蝶。分布：ニューギニア。

デリアス・ミクロスティカ〈Delias microsticha〉昆虫綱鱗翅目シロチョウ科の蝶。分布：ニューギニア（高地）。

デリアス・メソブレマ〈Delias mesoblema〉昆虫綱鱗翅目シロチョウ科の蝶。分布：ニューギニア。

デリアス・ラダス〈Delias ladas〉昆虫綱鱗翅目シロチョウ科の蝶。分布：ワイゲオ，西イリアン。

デリアス・リガタ〈Delias ligata〉昆虫綱鱗翅目シロチョウ科の蝶。分布：ニューギニア。

デリアス・ルクトゥオサ〈Delias luctuosa〉昆虫綱鱗翅目シロチョウ科の蝶。分布：ニューギニア。

デリアス・レウコバリア〈Delias leucobalia〉昆虫綱鱗翅目シロチョウ科の蝶。分布：ニューギニア。

デリアス・ローゼンベルギ〈Delias rosenbergi〉昆虫綱鱗翅目シロチョウ科の蝶。分布：セレベス。

テリオコリアス・パキス〈Teriocolias pacis〉昆虫綱鱗翅目シロチョウ科の蝶。分布：ペルー（高地）。

テリオミマ・スブプンクタタ〈Teriomima subpunctata〉昆虫綱鱗翅目シジミチョウ科の蝶。分布：ケニア，タンザニア。

テリオミマ・プエラリス〈Teriomima puellaris〉昆虫綱鱗翅目シジミチョウ科の蝶。分布：ローデシア，タンザニア。

テリコタ・ケジア〈Telicota kezia〉昆虫綱鱗翅目セセリチョウ科の蝶。分布：ニューブリテン島，ニューギニア，および周辺の島々。

テリコタ・ベスタ〈Telicota besta〉昆虫綱鱗翅目セセリチョウ科の蝶。分布：インドシナからボルネオまで。

テリコタ・リンナ〈Telicota linna〉昆虫綱鱗翅目セセリチョウ科の蝶。分布：シッキム，アッサム，ミャンマー，タイ。

テリタス・インペリアリス〈Theritas imperialis〉昆虫綱鱗翅目シジミチョウ科の蝶。分布：ニカラグアから南アメリカの北部まで。

テリタス・キプリア〈Theritas cypria〉昆虫綱鱗翅目シジミチョウ科の蝶。分布：メキシコ，中央アメリカからコロンビアまで。

テリタス・マボルス〈Theritas mavors〉昆虫綱鱗翅目シジミチョウ科の蝶。分布：メキシコ，中米諸国，コロンビア，ギアナ，アマゾン流域。

デリーツツガムシ〈Leptotrombidium deliense〉蛛形綱ダニ目ツツガムシ科。体長0.35〜0.40mm。害虫。

テリノス・アトゥリタ〈*Terinos atlita*〉昆虫綱鱗翅目タテハチョウ科の蝶。分布：マレーシア, スマトラ, ボルネオ。

テリノス・タキシレス〈*Terinos taxiles*〉昆虫綱鱗翅目タテハチョウ科の蝶。分布：セレベス。

テリノス・テティス〈*Terinos tethys*〉昆虫綱鱗翅目タテハチョウ科の蝶。分布：ニューギニア。

テリプナ・アクラエア〈*Telipna acraea*〉昆虫綱鱗翅目シジミチョウ科の蝶。分布：ガーナからカメルーンまで。

テリプナ・エリカ〈*Telipna erica*〉昆虫綱鱗翅目シジミチョウ科の蝶。分布：アフリカ中央部。

テリプナ・オーリビリイ〈*Telipna aurivillii*〉昆虫綱鱗翅目シジミチョウ科の蝶。分布：コンゴ, ザイール, ウガンダ。

テリプナ・カルヌタ〈*Telipna carnuta*〉昆虫綱鱗翅目シジミチョウ科の蝶。分布：シエラレオネからウガンダまで。

テリプナ・トランスベルスティグマ〈*Telipna transverstigma*〉昆虫綱鱗翅目シジミチョウ科の蝶。分布：カメルーン。

テリプナ・ビマクラ〈*Telipna bimacula*〉昆虫綱鱗翅目シジミチョウ科の蝶。分布：ガーナからコンゴまで。

デルカス・リコリアス〈*Dercas lycorias*〉昆虫綱鱗翅目シロチョウ科の蝶。分布：シッキム, アッサム, 中国。

テルサモニア・テティス〈*Thersamonia thetis*〉昆虫綱鱗翅目シジミチョウ科の蝶。分布：バルカン半島, 小アジアからイラン, イラクまで。

テルサモンベニシジミ〈*Lycaena thersamon*〉昆虫綱鱗翅目シジミチョウ科の蝶。分布：イタリア, ヨーロッパ東部からレバノン, イランまで。

テルナテアカセセリ〈*Telicota ternatensis*〉昆虫綱鱗翅目セセリチョウ科の蝶。分布：バチャン, テルナテ, オビ, ハルマヘラ。

デルフィウスウスバシロチョウ〈*Parnassius delphius*〉昆虫綱鱗翅目アゲハチョウ科の蝶。分布：天山山脈, トルケスタン, アフガニスタン, パミール, カラコルム, カシミール, ラダク。

テルモニファス・プルリリンバタ〈*Thermoniphas plurilimbata*〉昆虫綱鱗翅目シジミチョウ科の蝶。分布：ウガンダ, コンゴ。

テレサコバネシロチョウ〈*Dismorphia teresa*〉昆虫綱鱗翅目シロチョウ科の蝶。分布：エクアドル, ペルー。

テレシラウスオナガタイマイ〈*Eurytides telesilaus*〉昆虫綱鱗翅目アゲハチョウ科の蝶。分布：コロンビアからパラグアイ, ボリビア。

デレッセルティーマダラタイマイ〈*Graphium delesserti*〉昆虫綱鱗翅目アゲハチョウ科の蝶。開張80mm。分布：スンダランド。珍蝶。

テレミアデス・アビトゥス〈*Telemiades avitus*〉昆虫綱鱗翅目セセリチョウ科の蝶。分布：ギアナ, アマゾン。

テレミアデス・アンフィオン〈*Telemiades amphion*〉昆虫綱鱗翅目セセリチョウ科の蝶。分布：メキシコからブラジルまで。

テレミアデス・ケラミナ〈*Telemiades ceramina*〉昆虫綱鱗翅目セセリチョウ科の蝶。分布：スリナム。

デロカリマ・インテルメディア〈*Derocalymma intermedia*〉デロカリマ科。分布：アフリカ南部。

デロネウラ・バルカ〈*Deloneura barca*〉昆虫綱鱗翅目シジミチョウ科の蝶。分布：アンゴラ。

デロネウラ・ミッラリ〈*Deloneura millari*〉昆虫綱鱗翅目シジミチョウ科の蝶。分布：ナタール, ローデシア。

テンウスイロヨトウ〈*Athetis dissimilis*〉昆虫綱鱗翅目ヤガ科カラスヨトウ亜科の蛾。開張25～30mm。分布：インド, ボルネオ, フィリピン, 北海道を除く本土域, 対馬, 伊豆諸島(新島)。

テンオビナミシャク〈*Acasis exviretata*〉昆虫綱鱗翅目シャクガ科の蛾。分布：北海道上川郡吹上温泉, 北海道釧路標茶町, 同阿寒, 群馬県湯ノ平温泉, 奥日光, 長野県碓氷峠, 軽井沢, 新潟県鹿瀬町下平。

テンオビヨトウ〈*Nonagria turpis*〉昆虫綱鱗翅目ヤガ科カラスヨトウ亜科の蛾。開張26～33mm。分布：北海道から九州, 屋久島, 奄美大島, 沖縄本島, 伊豆諸島, 御蔵島, 三宅島。

テングアゲハ〈*Teinopalpus imperialis*〉昆虫綱鱗翅目アゲハチョウ科の蝶。分布：ネパールからミャンマーまで。

テングアツバ〈*Latirostrum bisacutum*〉昆虫綱鱗翅目ヤガ科アツバ亜科の蛾。開張47～48mm。分布：インド, 本州, 四国, 九州。

テングアワフキ 天狗泡吹虫〈*Philagra albinotata*〉昆虫綱半翅目アワフキムシ科。体長10～12mm。分布：本州, 四国, 九州, 屋久島。

テングイラガ 天狗刺蛾〈*Microleon longipalpis*〉昆虫綱鱗翅目イラガ科の蛾。開張12～18mm。柿, 梅, アンズ, ナシ類, 林檎, 茶, バラ類, ハイビスカス類, 楓(紅葉), ツツジ類, カナメモチ, 桜類に害を及ぼす。分布：北海道, 本州, 四国, 九州, 種子島, 屋久島, 石垣島, 朝鮮半島, シベリア南東部。

テングオオゾウムシ〈*Cyrtotrachelus buqueti*〉昆虫綱甲虫目ゾウムシ科の甲虫。分布：マレーシア。

テングオオヨコバイ〈*Tengirhinus tengu*〉昆虫綱半翅目カンムリヨコバイ科。

テングスケバ 天狗透羽 〈*Dictyophara patruelis*〉 昆虫綱半翅目テングスケバ科。体長12〜14.5mm。分布：北海道，本州，四国，九州。

テングスケバ 天狗透羽 〈*long-nosed planthoppers*〉 昆虫綱半翅目同翅亜目テングスケバ科Dictyopharidaeの昆虫の総称，またはそのなかの一種。

テングダニ 天狗壁蝨 〈*snout mite*〉 節足動物門クモ形綱ダニ目テングダニ科Bdellidaeのダニの総称。

テングダニ科の一種 〈*Bdellidae sp.*〉 蛛形綱ダニ目イエササラダニ科。害虫。

テングチョウ 天狗蝶 〈*Libythea celtis*〉 昆虫綱鱗翅目タテハチョウ科の蝶。暗褐色の模様と，極端にギザギザな前翅をもつ。開張5.5〜7.0mm。分布：ヨーロッパ中部および南部から，北アフリカ，日本，台湾。

テングナミシャク 〈*Collix griseipalpis*〉 昆虫綱鱗翅目シャクガ科ナミシャク亜科の蛾。開張30〜31mm。分布：四国南部，九州南半(天草島を含む)，屋久島，台湾，インド北部。

テングヌカグモ 〈*Walckenaeria mira*〉 蛛形綱クモ目サラグモ科の蜘蛛。体長雌2.0〜2.2mm，雄1.9〜2.0mm。分布：本州(高地)。

テングヌカグモの一種 〈*Walckenaeria sp.*〉 蛛形綱クモ目サラグモ科の蜘蛛。体長雌2.3mm。分布：本州(山地)。

テングハマキ 天狗葉捲蛾 〈*Sparganothis pilleriana*〉 昆虫綱鱗翅目ハマキガ科の蛾。開張19〜21mm。隠元豆，小豆，ササゲ，大豆，苺，柿，ハスカップ，林檎に害を及ぼす。分布：北海道，本州，四国，ヨーロッパ。

テングハレギチョウ 〈*Cethosia nietneri*〉 昆虫綱鱗翅目タテハチョウ科の蝶。分布：インド南部。

テングヒゲナガゾウムシ 〈*Japanthribus kusuii*〉 昆虫綱甲虫目ヒゲナガゾウムシ科の甲虫。体長2.7〜3.0mm。分布：小笠原諸島。

テングビワハゴロモ 〈*Fulgora candelaria*〉 昆虫綱半翅目ビワハゴロモ科。分布：シッキム，アッサム，タイ，インドシナ，中国南部，香港，海南島。

テングベニボタル 〈*Platycis nasutus*〉 昆虫綱甲虫目ベニボタル科の甲虫。体長5.0〜9.0mm。

テングホソナミシャク 〈*Sauris angustifasciata*〉 昆虫綱鱗翅目シャクガ科の蛾。分布：屋久島，石垣島，西表島，台湾，香港。

テンクロアツバ 〈*Rivula sericealis*〉 昆虫綱鱗翅目ヤガ科クチバ亜科の蛾。開張20mm。分布：ユーラシア，北海道から九州，屋久島。

テンクロトビマダラメイガ 〈*Oligochroa bitinctella*〉 昆虫綱鱗翅目メイガ科の蛾。分布：北海道，本州(関東，北陸)，四国，九州。

テンサイカスミカメ 〈*Orthotylus flavosparsus*〉 昆虫綱半翅目カスミカメムシ科。体長3〜4mm。アカザ科野菜，甜菜に害を及ぼす。分布：北海道，本州，四国，九州，中国，シベリア，ヨーロッパ，北アメリカ。

テンサイトビハムシ 〈*Chaetocnema concinna*〉 昆虫綱甲虫目ハムシ科の甲虫。体長2mm。サツマイモ，甜菜に害を及ぼす。分布：奄美大島以北の日本各地，旧北区。

テンサイメクラカメムシ テンサイカスミカメの別名。

テンサイモグリハナバエ 〈*Pegomya cunicularia*〉 昆虫綱双翅目ハナバエ科。体長4〜6mm。アカザ科野菜，甜菜に害を及ぼす。分布：北海道，本州，九州，ヨーロッパ，北アメリカ。

テンサン(天蚕) ヤママユの別名。

テンザンウスバシロチョウ テンシャンウスバシロチョウの別名。

テンザンタカネヒゲ 〈*Oeneis tarpeja*〉 昆虫綱鱗翅目ジャノメチョウ科の蝶。分布：ロシア南部，モンゴル。

テンザンベニモンキチョウ 〈*Colias regia*〉 昆虫綱鱗翅目シロチョウ科の蝶。分布：トルキスタン。

テンジクアゲハ 〈*Papilio polymnestor*〉 昆虫綱鱗翅目アゲハチョウ科の蝶。開張130mm。分布：インド，スリランカ。珍蝶。

テンジクウスバシロチョウ 〈*Parnassius epaphus*〉 昆虫綱鱗翅目アゲハチョウ科の蝶。分布：カシミール，ラダク，中国西部。

テンジクエンマコガネ 〈*Onthophagus vividus*〉 昆虫綱甲虫目コガネムシ科の甲虫。分布：インド。

テンジクゴマダラ 〈*Neurosigma doubledayi*〉 昆虫綱鱗翅目タテハチョウ科の蝶。分布：インド。

テンジクハネビロトンボ 〈*Tramea basilaris burmeisteri*〉 昆虫綱蜻蛉目トンボ科の蜻蛉。

テンシャンウスバシロチョウ 〈*Parnassius tianschanicus*〉 昆虫綱鱗翅目アゲハチョウ科の蝶。別名テンザンウスバシロショウ。分布：トルケスタン，天山山脈からアフガニスタン北東部，カシミールおよび新疆まで。

テンスジアオナミシャク 〈*Chloroclystis suspiciosa*〉 昆虫綱鱗翅目シャクガ科の蛾。分布：兵庫県木上郡柏原町。

テンスジウスキヨトウ 〈*Coenobia orientalis*〉 昆虫綱鱗翅目ヤガ科カラスヨトウ亜科の蛾。分布：北海道，本州。

テンスジキリガ 〈*Conistra fletcheri*〉 昆虫綱鱗翅目ヤガ科セダカモクメ亜科の蛾。開張33〜37mm。分布：北海道から九州，沿海州。

テンスジコブガ〈Meganola pseudohypena〉昆虫綱鱗翅目コブガ科の蛾。分布：石垣島バンナ岳，徳之島三京，沖縄本島与那，西表島古見，台湾。

テンスジツトガ〈Chrysoteuchia distinctella〉昆虫綱鱗翅目メイガ科の蛾。開張22～31mm。分布：北海道，本州，四国，九州，サハリン，中国東北，シベリア南東部。

テンスジヒメナミシャク〈Hydrelia nisaria〉昆虫綱鱗翅目シャクガ科ナミシャク亜科の蛾。開張13～16mm。分布：北海道，本州，四国，九州，対馬，朝鮮半島，シベリア南東部，中国。

テンヅマナミシャク〈Telenomeuta punctimarginaria〉昆虫綱鱗翅目シャクガ科ナミシャク亜科の蛾。開張38～42mm。分布：北海道，本州，四国，九州，屋久島，台湾，中国大陸。

テントウゴミムシダマシ 瓢偽歩行虫〈Leiochrinus satzumae〉昆虫綱甲虫目ゴミムシダマシ科の甲虫。体長3.8～4.5mm。分布：本州，四国，九州。

テントウノミハムシ〈Argopistes biplagiatus〉昆虫綱甲虫目ハムシ科。木犀類に害を及ぼす。

テントウハムシ 瓢葉虫〈Argopistes coccinelloides〉昆虫綱甲虫目ハムシ科。分布：本州，九州，琉球。

テントウミジンムシ〈Corylophodes punctipennis〉昆虫綱甲虫目ミジンムシ科の甲虫。体長1.1～1.6mm。

テントウムシ 瓢虫，天道虫〈Harmonia axyridis〉昆虫綱甲虫目テントウムシ科の甲虫。別名ナミテントウ。体長5～8mm。分布：北海道，本州，四国，九州，対馬，南西諸島。

テントウムシ 瓢虫，天道虫 甲虫目テントウムシ科の昆虫の総称，またはそのうちの一種を指す。

テントウムシダマシ 偽瓢虫 昆虫綱甲虫目テントウムシダマシ科Endomychidaeに属する昆虫の総称。

テンマクエリユスリカ〈Spaniotoma tentoriola〉昆虫綱双翅目ユスリカ科。

テンマダラフトタマムシ〈Sternocera castanea〉昆虫綱甲虫目タマムシ科。分布：アフリカ東部，北東部。

テンモクサンツマキチョウ シナクモマツマキチョウの別名。

テンモンシマコヤガ〈Perynea ruficeps〉昆虫綱鱗翅目ヤガ科コヤガ亜科の蛾。開張21～24mm。分布：岩手県，宮城県付近を北限，四国，九州，対馬。

テンモンダンゴタマムシ〈Julodis cylindrica〉昆虫綱甲虫目タマムシ科。分布：中央アジア。

テンモンチビエダシャク〈Ocoelophora lentiginosaria lentiginosaria〉昆虫綱鱗翅目シャクガ科エダシャク亜科の蛾。開張22～25mm。分

布：北海道，本州，四国，九州，対馬，朝鮮半島，台湾，中国，シベリア南東部。

テンモントガリヨトウ〈Sedina buettneri〉昆虫綱鱗翅目ヤガ科カラスヨトウ亜科の蛾。開張25～31mm。分布：ユーラシア。

テンリュウメダカチビカワゴミムシ〈Asaphidion tenryuense〉昆虫綱甲虫目オサムシ科の甲虫。体長4.5mm。

【ト】

ドアイウンモンヒメハマキ〈Epiblema kostjuki〉昆虫綱鱗翅目ハマキガ科の蛾。分布：北海道，本州では谷川岳山麓。

ドイカミキリ〈Doius divaricatus〉昆虫綱甲虫目カミキリムシ科フトカミキリ亜科の甲虫。体長6～8mm。分布：北海道，本州，四国，九州，対馬。

ドイツトウヒマダラメイガ〈Dioryctria okui〉昆虫綱鱗翅目メイガ科の蛾。分布：北海道。

ドイハナカミキリ〈Leptura doii〉昆虫綱甲虫目カミキリムシ科ハナカミキリ亜科の甲虫。

トウアヒゲナガトビムシ 東亜鬚長跳虫〈Salina celebensis〉無翅昆虫亜綱粘管目オウギトビムシ科。分布：本州，四国，九州。

トウアマツカサアブラムシ〈Pineus harukawai〉昆虫綱半翅目アブラムシ科。松に害を及ぼす。

ドウイロインカツノコガネ〈Inca pulverulentus〉昆虫綱甲虫目コガネムシ科の甲虫。分布：ブラジル。

ドウイロクリタマムシ〈Toxoscelus yakushimensis〉昆虫綱甲虫目タマムシ科の甲虫。体長4～5mm。

ドウイロタマオシコガネ〈Scarabaeus pacatus〉昆虫綱甲虫目コガネムシ科の甲虫。分布：アフリカ南部。

ドウイロチビケシキスイ〈Meligethes haroldi〉昆虫綱甲虫目ケシキスイ科の甲虫。体長2.1～3.0mm。

ドウイロチビタマムシ〈Trachys cupricolor〉昆虫綱甲虫目タマムシ科の甲虫。体長3.8～4.3mm。

ドウイロナガキマワリ〈Strongylium amamianum〉昆虫綱甲虫目ゴミムシダマシ科の甲虫。体長12.0～14.0mm。

ドウイロマルガタゴミムシ〈Amara cupricolor〉昆虫綱甲虫目ゴミムシ科。

ドウイロミズギワゴミムシ 銅色水際芥虫〈Bembidion stenoderum〉昆虫綱甲虫目オサムシ科の甲虫。体長5mm。分布：北海道，本州，四国，九州。

トウイロム

ドウイロムクゲケシキスイ〈Aethina aeneipennis〉昆虫綱甲虫目ケシキスイ科の甲虫。体長3.3～4.5mm。

ドウイロムナゲサルハムシ〈Basilepta uenoi〉昆虫綱甲虫目ハムシ科の甲虫。体長3.5mm。

トウカイツマキリアツバ〈Tamba roseopurpurea〉昆虫綱鱗翅目ヤガ科クチバ亜科の蛾。分布：本州中部。

トウカエデフクロカイガラムシ〈Eriococcus tokaedae〉昆虫綱半翅目フクロカイガラムシ科。体長2～3mm。楓(紅葉)に害を及ぼす。

ドウガネエンマムシ〈Saprinus planiusculus〉昆虫綱甲虫目エンマムシ科の甲虫。体長5.5mm。分布：本州, 九州。

ドウガネコガシラハネカクシ〈Philonthus aeneipennis〉昆虫綱甲虫目ハネカクシ科の甲虫。体長7.5～8.0mm。

ドウガネサルハムシ〈Scelodonta lewisii〉昆虫綱甲虫目ハムシ科の甲虫。体長4mm。葡萄に害を及ぼす。分布：本州, 四国, 九州。

ドウガネ属の一種〈Anomala sp.〉昆虫綱甲虫目コガネムシ科の甲虫。

ドウガネチビマルトゲムシ ドウガネツヤマルトゲムシの別名。

ドウガネツヤハムシ〈Oomorphoides cupreatus〉昆虫綱甲虫目ハムシ科の甲虫。体長3mm。分布：北海道, 本州, 四国, 九州。

ドウガネツヤマルトゲムシ〈Lamprobyrrhulus hayashii〉昆虫綱甲虫目マルトゲムシ科の甲虫。体長2.5～3.5mm。

ドウガネハネカクシ〈Platydracus circumcinctus〉昆虫綱甲虫目ハネカクシ科。

ドウガネヒラタコメツキ〈Corymbitodes gratus〉昆虫綱甲虫目コメツキムシ科の甲虫。体長10～12mm。分布：北海道, 本州, 四国, 九州, 屋久島。

ドウガネブイブイ 銅金蚉々〈Anomala cuprea〉昆虫綱甲虫目コガネムシ科の甲虫。体長18～24mm。イリス類に害を及ぼす。分布：北海道, 本州, 四国, 九州, 対馬。

トウキョウアカムネグモ〈Ummeliata tokyoensis〉蛛形綱クモ目サラグモ科の蜘蛛。

トウキョウウズグモ〈Uloborus sinensis〉蛛形綱クモ目ウズグモ科の蜘蛛。体長雌5.0～5.5mm, 雄3.5～4.5mm。分布：本州, 九州。

ドウキョウオサムシ〈Carabus uenoi〉昆虫綱甲虫目オサムシ科の甲虫。絶滅危惧II類(VU)。体長23～28mm。

トウキョウキンバエ〈Hemipyrellia ligurriens〉昆虫綱双翅目クロバエ科。体長6.0～8.0mm。害虫。

トウキョウクモゾウムシ〈Euryommatus tokioensis〉昆虫綱甲虫目ゾウムシ科の甲虫。体長4.5～5.2mm。

トウキョウトラカミキリ〈Chlorophorus yedoensis〉昆虫綱甲虫目カミキリムシ科カミキリ亜科の甲虫。体長8～9mm。分布：本州。

トウキョウヒメカミキリ オニグルミノキモンカミキリの別名。

トウキョウヒメハナノミ〈Pseudotolida tokyoensis〉昆虫綱甲虫目ハナノミ科。

トウキョウヒメハンミョウ〈Cicindeda kaleea yedoensis〉昆虫綱甲虫目ハンミョウ科の甲虫。体長9～10mm。

トウキョウホラヒメグモ〈Nesticus shinkaii〉蛛形綱クモ目ホラヒメグモ科の蜘蛛。

ドウクツケシガムシ〈Cercyon uenoi〉昆虫綱甲虫目ガムシ科の甲虫。体長2.7～3.2mm。

ドウケシジミ ナツメシジミの別名。

トウゲンメクラチビゴミムシ〈Awatrechus pilosus〉昆虫綱甲虫目オサムシ科の甲虫。体長4.1～4.7mm。

トウゴウカワゲラ〈Togoperla limbata〉昆虫綱襀翅目カワゲラ科。

トウゴウヤブカ 東郷藪蚊〈Aedes togoi〉昆虫綱双翅目カ科。体長6mm。分布：日本全土。害虫。

ドウシグモ〈Doosia japonica〉蛛形綱クモ目ホウシグモ科の蜘蛛。体長3～4mm。分布：本州, 四国, 九州, 南西諸島。

ドウダンシロカイガラムシ〈Chionaspis enkianthi〉昆虫綱半翅目マルカイガラムシ科。体長2.0～2.5mm。ツツジ類に害を及ぼす。

ドウダンワタカイガラムシ〈Pulvinaria enkianthi〉昆虫綱半翅目。石楠花, ドウダンツツジ, アセビに害を及ぼす。

ドウナガオオカナブン〈Agestrata luzonica〉昆虫綱甲虫目コガネムシ科の甲虫。分布：マレーシア, ジャワ, スラウェシ, フィリピン。

ドウナガカニグモ〈Monaeses aciculus〉蛛形綱クモ目カニグモ科の蜘蛛。体長雌6.0～8.5mm, 雄5.5～6.5mm。分布：南西諸島, 台湾, ネパール。

ドウバネコガシラハネカクシ〈Philonthus cunctator〉昆虫綱甲虫目ハネカクシ科の甲虫。体長8.0～8.5mm。

ドゥビエッラ・フィスケッラ〈Dubiella fiscella〉昆虫綱鱗翅目セセリチョウ科の蝶。分布：ニカラグアからアマゾンまで。

トウヒオオハマキ〈Lozotaenia coniferana〉昆虫綱鱗翅目ハマキガ科ハマキガ亜科の蛾。分布：北海道, 本州中部山地, ロシア(沿海州)。

トウヒツヅリヒメハマキ〈Epinotia piceae〉昆虫綱鱗翅目ハマキガ科の蛾。分布：北海道，本州(東北及び中部の山地)，ロシア(ウスリー)。

トウヒノコキクイムシ〈Cryphalus piceae〉昆虫綱甲虫目キクイムシ科の甲虫。体長1.6〜2.1mm。

トウヒノヒメキクイムシ 唐檜姫木喰虫〈Pityophthorus jucundus〉昆虫綱甲虫目キクイムシ科の甲虫。体長1.5〜1.9mm。分布：本州，四国，九州。

トウヒノホソキクイムシ〈Crypturgus pusillus〉昆虫綱甲虫目キクイムシ科の甲虫。体長1.0〜1.6mm。

トウヒハバチ〈Gilpinia tohi〉昆虫綱膜翅目マツハバチ科。

トウヒヒメハマキ〈Cymolomia hartigiana〉昆虫綱鱗翅目ハマキガ科の蛾。分布：北海道，本州(山地)，中国(東北)，ロシア，ヨーロッパ。

トウホククロナガオサムシ〈Carabus exilis parexilis〉昆虫綱甲虫目オサムシ科。

トウホクジョウカイ〈Athemellus canthariformis〉昆虫綱甲虫目ジョウカイボン科の甲虫。体長8.5〜10.6mm。

トウホクチャイロコガネ〈Sericania tohokuensis〉昆虫綱甲虫目コガネムシ科の甲虫。体長8.0〜9.5mm。

トウホクツツキノコムシ〈Cis fukudai〉昆虫綱甲虫目ツツキノコムシ科の甲虫。体長1.3〜1.5mm。

トウホクトラカミキリ〈Chlorophorus tohokensis〉昆虫綱甲虫目カミキリムシ科カミキリ亜科の甲虫。体長15mm。分布：本州。

トウホクナガケシゲンゴロウ〈Hydroporus tokui〉昆虫綱甲虫目ゲンゴロウ科の甲虫。体長3.6〜3.9mm。

トウホクヒメハナカミキリ〈Pidonia michinokuensis〉昆虫綱甲虫目カミキリムシ科の甲虫。体長6〜10mm。分布：本州の東北のみ。

トウホクヤマメイガ〈Scoparia tohokuensis〉昆虫綱鱗翅目メイガ科の蛾。分布：宮城県温湯，秋田県本荘市新山公園。

ドウボソガガンボ〈Tipula mystica〉昆虫綱双翅目ガガンボ科。

ドウボソカミキリ〈Pseudocalamobius japonicus〉昆虫綱甲虫目カミキリムシ科フトカミキリ亜科の甲虫。体長6〜12mm。分布：本州，四国，九州，対馬。

ドウボソメダカハネカクシ〈Stenus macies〉昆虫綱甲虫目ハネカクシ科の甲虫。体長5.0〜5.5mm。

トウモルス・エキオン〈Tmolus echion〉昆虫綱鱗翅目シジミチョウ科の蝶。分布：合衆国(テキサス)，メキシコからブラジル，ハワイ(移入)。

トウモルス・キドゥララ〈Tmolus cydrara〉昆虫綱鱗翅目シジミチョウ科の蝶。分布：メキシコからブラジル。

トウモルス・ケルムス〈Tmolus celmus〉昆虫綱鱗翅目シジミチョウ科の蝶。分布：メキシコからブラジル南部まで。

トウモルス・バサリデス〈Tmolus basalides〉昆虫綱鱗翅目シジミチョウ科の蝶。分布：メキシコからブラジル，トリニダード。

トウモロコシアブラムシ〈Rhopalosiphum maidis〉昆虫綱半翅目アブラムシ科。体長2.5mm。飼料用トウモロコシ，ソルガム，麦類，イネ科牧草，イネ科作物に害を及ぼす。分布：日本各地，汎世界的。

トウモロコシウンカ〈Peregrinus maidis〉昆虫綱半翅目ウンカ科。体長4.5〜5.0mm。飼料用トウモロコシ，ソルガム，イネ科作物に害を及ぼす。

トウヨウカトリバエ〈Lispe orientalis〉昆虫綱双翅目イエバエ科。体長6〜7mm。分布：本州以南。害虫。

トウヨウカミキリ族の一種〈Opsimus quadrilineatus〉昆虫綱甲虫目カミキリムシ科の甲虫。

トウヨウダナエテントウダマシ〈Danae orientalis〉昆虫綱甲虫目テントウムシダマシ科の甲虫。

トウヨウミツバチ ニホンミツバチの別名。

トウヨウモンカゲロウ〈Ephemera orientalis〉昆虫綱蜉蝣目モンカゲロウ科。別名ムスジモンカゲロウ。

トゥラキデス・クレアンテス〈Thracides cleanthes telmela〉昆虫綱鱗翅目セセリチョウ科の蝶。分布：コロンビア，ベネズエラ，ブラジル南部，パラグアイ，亜種はエクアドル，ペルー，アマゾン上流，フランス領ギアナ。

トゥラキデス・ナネア〈Thracides nanea〉昆虫綱鱗翅目セセリチョウ科の蝶。分布：コロンビア，アマゾン上流。

トゥラキデス・フィドン〈Thracides phidon〉昆虫綱鱗翅目セセリチョウ科の蝶。分布：パナマからブラジル，トリニダードまで。

トゥラキノトゥス・ボヘマニ〈Trachynotus bohemanni〉昆虫綱甲虫目ゴミムシダマシ科。分布：アフリカ南部。

トゥラゴケファラ・クラッシコルニス〈Tragocephala crossicornis〉昆虫綱甲虫目カミキリムシ科の甲虫。

トゥラゴケファラ・ユクンダ〈Tragocephala jucunda〉昆虫綱甲虫目カミキリムシ科の甲虫。分布：マダガスカル。

トゥラナナ・アニソフタルマ〈Turanana anisophthalma〉昆虫綱鱗翅目シジミチョウ科の蝶。分布：イラン北部。

トゥラナナ・キティス〈Turanana cytis〉昆虫綱鱗翅目シジミチョウ科の蝶。分布：シリア，小アジア，イラン，トルキスタン。

トゥラペジテス・イアックス〈Trapezites iacchus〉昆虫綱鱗翅目セセリチョウ科の蝶。分布：オーストラリア。

トゥラペジテス・エリエナ〈Trapezites eliena〉昆虫綱鱗翅目セセリチョウ科の蝶。分布：オーストラリア。

トゥラペジテス・シンモムス〈Trapezites symmomus〉昆虫綱鱗翅目セセリチョウ科の蝶。分布：オーストラリア。

トゥラペジテス・フィガリア〈Trapezites phigalia〉昆虫綱鱗翅目セセリチョウ科の蝶。分布：オーストラリア南部。

トゥラペジテス・マヘタ〈Trapezites maheta〉昆虫綱鱗翅目セセリチョウ科の蝶。分布：オーストラリア。

トゥラペジテス・ルテア〈Trapezites lutea〉昆虫綱鱗翅目セセリチョウ科の蝶。分布：オーストラリア。

トゥリキオラウス・メルメロス〈Trichiolaus mermeros〉昆虫綱鱗翅目シジミチョウ科の蝶。分布：マダガスカル。

トゥリクス・ガマ〈Thrix gama〉昆虫綱鱗翅目シジミチョウ科の蝶。分布：マレーシア，スマトラ，ボルネオ。

トゥリコデス・オルナトゥス〈Trichodes ornatus〉昆虫綱甲虫目カッコウムシ科。分布：カナダ，アメリカ合衆国。

トゥリコデス・ホルニ〈Trichodes horni〉昆虫綱甲虫目カッコウムシ科。分布：アメリカ合衆国南部。

トゥリデンスメダマヤママユ〈Automeris tridens〉昆虫綱鱗翅目ヤママユガ科の蛾。分布：ペルー，ブラジル。

トゥリナ・ディスコフォラ〈Drina discophora〉昆虫綱鱗翅目シジミチョウ科の蝶。分布：フィリピン。

トゥリナ・マネイア〈Drina maneia〉昆虫綱鱗翅目シジミチョウ科の蝶。分布：マレーシア，アマゾン。

トゥリフィサ・フリネ〈Triphysa phryne〉昆虫綱鱗翅目ジャノメチョウ科の蝶。分布：ロシア南東部，アルメニア，シベリア西部。

トゥリメンムラサキタテハ〈Sallya trimeni〉昆虫綱鱗翅目タテハチョウ科の蝶。分布：カメルーン，ザイール，アンゴラ，ナミビア。

ドゥルキナ・オルセディケ〈Drucina orsedice〉昆虫綱鱗翅目ジャノメチョウ科の蝶。分布：エクアドル，ペルー，（ともに高地）。

ドゥルキナ・チャンピオニ〈Drucina championi〉昆虫綱鱗翅目ジャノメチョウ科の蝶。分布：グアテマラ。

ドゥルキナ・ベネラタ〈Drucina venerata〉昆虫綱鱗翅目ジャノメチョウ科の蝶。分布：ペルー，ボリビア。

ドゥルキナ・レオナタ〈Drucina leonata〉昆虫綱鱗翅目ジャノメチョウ科の蝶。分布：コスタリカ，パナマ。

ドゥルパディア・エステラ〈Drupadia estella〉昆虫綱鱗翅目シジミチョウ科の蝶。分布：ボルネオ，マレーシア，スマトラ。

ドゥルパディア・スカエバ〈Drupadia scaeva〉昆虫綱鱗翅目シジミチョウ科の蝶。分布：マレーシア，スマトラ。

ドゥルパディア・テダ〈Drupadia theda nishiyamai〉昆虫綱鱗翅目シジミチョウ科の蝶。分布：フィリピン。

ドゥルパディア・メリサ〈Drupadia melisa〉昆虫綱鱗翅目シジミチョウ科の蝶。分布：ミャンマー，シッキム，マレーシア。

ドゥルパディア・ラビンドゥラ〈Drupadia ravindra ravindrina〉昆虫綱鱗翅目シジミチョウ科の蝶。分布：ジャワ，ボルネオ，パラワン。

ドゥルバニア・アマコザ〈Durbania amakoza〉昆虫綱鱗翅目シジミチョウ科の蝶。分布：喜望峰からトランスバールまで。

ドゥルバニア・リンバタ〈Durbania limbata〉昆虫綱鱗翅目シジミチョウ科の蝶。分布：ナタール。

ドゥルバニエッラ・クラーキ〈Durbaniella clarki〉昆虫綱鱗翅目シジミチョウ科の蝶。分布：喜望峰。

トゥレシス・ルカス〈Turesis lucas〉昆虫綱鱗翅目セセリチョウ科の蝶。分布：パナマから南アメリカ，アンチル諸島まで。

ドゥレファリス・アルクモン〈Drephalys alcmon〉昆虫綱鱗翅目セセリチョウ科の蝶。分布：アマゾン。

ドゥレファリス・オリアンデル〈Drephalys oriander〉昆虫綱鱗翅目セセリチョウ科の蝶。分布：アマゾン。

ドゥレファリス・フォエニコイデス〈Drephalys phoenicoides〉昆虫綱鱗翅目セセリチョウ科の蝶。分布：ブラジル。

ドゥロソフィラ・アディアストラ〈Drosophila adiastola〉昆虫綱双翅目ショウジョウバエ科。分布：オアフ，マウイ，ハワイ（ハワイ諸島）。

ドゥロソフィラ・グリムシャウィ〈Drosophila grimshawi〉昆虫綱双翅目ショウジョウバエ科。分布：オアフ島ほか4島。

ドゥロソフィラ・シルベストゥリス〈Drosophila silvestris〉昆虫綱双翅目ショウジョウバエ科。分布：ハワイ島(ハワイ諸島)。

ドゥロソフィラ・フォルメラ〈Drosophila formella〉昆虫綱双翅目ショウジョウバエ科。分布：ハワイ諸島。

ドゥロソフィラ・プラニティビア〈Drosophila planitibia〉昆虫綱双翅目ショウジョウバエ科。分布：マウイ島(ハワイ諸島)。

ドゥロソフィラ・ヘテロネウラ〈Drosophila heteroneura〉昆虫綱双翅目ショウジョウバエ科。分布：ハワイ島(ハワイ諸島)。

トゥロピダクリス・ドゥクス〈Tropidacris dux〉昆虫綱直翅目バッタ科。分布：メキシコ、中米諸国、南米北部。

トゥロンバ・キサントゥラ〈Tromba xanthura〉昆虫綱鱗翅目セセリチョウ科の蝶。分布：ホンジュラス、パナマ、コロンビア。

トオヤマシラホシナガタマムシ〈Agrilus toyamai〉昆虫綱甲虫目タマムシ科の甲虫。体長12.0mm。

トオン・タキセス〈Thoon taxes〉昆虫綱鱗翅目セセリチョウ科の蝶。分布：パナマ。

トオン・モディウス〈Thoon modius〉昆虫綱鱗翅目セセリチョウ科の蝶。分布：中央アメリカ。

トガクシシジミ アサマシジミの別名。

トガクシフサヒゲアオカミキリ〈Agapanthia yagii〉昆虫綱甲虫目カミキリムシ科の甲虫。体長15mm。

トカチセダカモクメ〈Cucullia artemisiae〉昆虫綱鱗翅目ヤガ科セダカモクメ亜科の蛾。分布：ユーラシア、北海道。

トカチハリバエ〈Parasetigena silvestris〉昆虫綱双翅目ヤドリバエ科。

トカラアシダカグモ〈Heteropoda tokarensis〉蛛形綱クモ目アシダカグモ科の蜘蛛。

トカライノジョウカイモドキ〈Laius miyamotoi〉昆虫綱甲虫目ジョウカイモドキ科の甲虫。体長3.9〜4.5mm。

トカラエセミギワバエ〈Nocticanace pacificus〉昆虫綱双翅目エセミギワバエ科。

トカラカミキリモドキ〈Eobia fuscipennis〉昆虫綱甲虫目カミキリモドキ科の甲虫。体長8〜10mm。

トカラクシヒゲジョウカイ〈Laemoglyptus nakanei〉昆虫綱甲虫目ジョウカイボン科の甲虫。体長4.3〜4.5mm。

トカラクロコガネ〈Holotrichia tokara〉昆虫綱甲虫目コガネムシ科の甲虫。体長19〜22mm。

トカラケシカミキリ〈Miaenia nakanei〉昆虫綱甲虫目カミキリムシ科フトカミキリ亜科の甲虫。体長3mm。

トカラコブヒゲカミキリ〈Rhodopina tokarensis〉昆虫綱甲虫目カミキリムシ科フトカミキリ亜科の甲虫。体長10.5〜17.0mm。

トカラコミズギワゴミムシ〈Paratachys troglophilus〉昆虫綱甲虫目オサムシ科の甲虫。体長3.7mm。

トカラサビカッコウムシ トカラダンダラカッコウムシの別名。

トカラシラホシサビカミキリ ツツイシラホシサビカミキリの別名。

トカラセスジゲンゴロウ〈Copelatus tokaraensis〉昆虫綱甲虫目ゲンゴロウ科。

トカラセスジテントウダマシ〈Asymbius foveicollis〉昆虫綱甲虫目テントウムシダマシ科の甲虫。体長1.5mm。

トカラダンダラカッコウムシ〈Stigmatium igai〉昆虫綱甲虫目カッコウムシ科の甲虫。体長5〜6mm。

トカラチビカミキリ トカラケシカミキリの別名。

トカラチャイロクチキムシ〈Cistelina tokaraensis〉昆虫綱甲虫目クチキムシ科の甲虫。体長13mm。

トカラナガエンマムシ〈Platysoma unicum〉昆虫綱甲虫目エンマムシ科の甲虫。体長3.2〜4.2mm。

トカラナガツツキノコムシ〈Nipponocis unipunctatus〉昆虫綱甲虫目ツツキノコムシ科の甲虫。体長1.8〜2.5mm。

トカラヒサゴゴミムシダマシ〈Paramisolampidius tokarensis〉昆虫綱甲虫目ゴミムシダマシ科の甲虫。体長12.5〜14.0mm。

トカラヒメジョウカイモドキ〈Hypebaeus satoi〉昆虫綱甲虫目ジョウカイモドキ科の甲虫。体長2.3〜2.6mm。

トカラビロウドカミキリ〈Acalolepta hamai〉昆虫綱甲虫目カミキリムシ科フトカミキリ亜科の甲虫。

トカラビロウドコガネ〈Maladera satoi〉昆虫綱甲虫目コガネムシ科の甲虫。体長7.5〜8.0mm。

トカラムクゲテントウダマシ〈Stenotarsus nakanoshimensis〉昆虫綱甲虫目テントウダマシ科。

トカラヤハズカミキリ〈Uraecha gilva〉昆虫綱甲虫目カミキリムシ科フトカミキリ亜科の甲虫。体長13.5〜15.0mm。分布：吐噶喇列島、伊豆諸島。

トガリアカムネグモ〈Ummeliata erigonoides〉蛛形綱クモ目サラグモ科の蜘蛛。

トガリアシナガグモ〈Tetragnatha caudicula〉蛛形綱クモ目アシナガグモ科の蜘蛛。体長雌8～11mm, 雄7～8mm。分布：北海道, 本州, 四国, 九州, 南西諸島。

トガリアツバ〈Rhynchina cramboides〉昆虫綱鱗翅目ヤガ科アツバ亜科の蛾。開張25～29mm。分布：中国, 朝鮮半島, 宮城県付近を北限, 四国, 九州。

トガリアナバチ〈Tachytes sinensis〉昆虫綱膜翅目ジガバチ科。体長20mm。分布：本州, 四国, 九州, 沖縄本島。

トガリウスアカヤガ〈Masalia cruentana〉昆虫綱鱗翅目ヤガ科の蛾。分布：福岡県英彦山, 新潟県。

トガリエダシャク 尖枝尺蛾〈Xyloscia subspersata〉昆虫綱鱗翅目シャクガ科エダシャク亜科の蛾。開張30～39mm。分布：本州(東北地方北部より), 四国, 九州, 朝鮮半島。

トガリエンマコガネ〈Onthophagus acuticollis〉昆虫綱甲虫目コガネムシ科の甲虫。体長5～10mm。

トガリオオチャバネセセリ〈Polytremis zina〉蝶。

トガリオニグモ〈Araneus pseudocentrodes〉蛛形綱クモ目コガネグモ科の蜘蛛。体長雌4.0～4.5mm, 雄3.0～3.5mm。分布：本州, 四国, 九州, 南西諸島。

トガリオビカギバ〈Drepana arcuata〉昆虫綱鱗翅目カギバガ科の蛾。前翅の先端が極端に屈曲する。開張2.5～5.0mm。分布：カナダから南カロライナ。

トガリガガンボモドキ〈Bittacus mastrillii〉昆虫綱長翅目ガガンボモドキ科。前翅長22mm。分布：本州東北南部山地と中部山岳地帯の標高1000～1500m付近。

トガリカラカネナガタマムシ〈Agrilus japonicus〉昆虫綱甲虫目タマムシ科の甲虫。体長7.3～8.5mm。

トガリキノメイガ〈Demobotys pervulgalis〉昆虫綱鱗翅目メイガ科の蛾。分布：本州(北部より), 四国, 九州, 対馬。

トガリキヨトウ キイロトガリヨトウの別名。

トガリギンバネスガ〈Thecobathra eta〉昆虫綱鱗翅目スガ科の蛾。分布：本州, 四国, 九州。

トガリクロセセリ〈Notocrypta clavata〉昆虫綱鱗翅目セセリチョウ科の蝶。分布：マレーシア, ボルネオ, スマトラ。

トガリコノハタテハモドキ〈Junonia eurodoce〉昆虫綱鱗翅目タテハチョウ科の蝶。分布：マダガスカル。

トガリゴマダラ〈Euripus nyctelius euploeoides〉昆虫綱鱗翅目タテハチョウ科の蝶。別名エグリゴマダラ。開張雄50mm, 雌70mm。分布：インド北部からスンダランド, フィリピンまでに分布。亜種はミンダナオ。珍蝶。

トガリシロオビサビカミキリ 尖白帯錆天牛〈Pterolophia caudata〉昆虫綱甲虫目カミキリムシ科フトカミキリ亜科の甲虫。体長13～17mm。分布：北海道, 本州, 四国, 九州, 佐渡, 対馬, 伊豆諸島。

トガリシロシタセセリ〈Tagiades toba〉昆虫綱鱗翅目セセリチョウ科の蝶。分布：アッサムからマレーシアまで, スマトラ, ボルネオ。

トガリシロスジグモ〈Runcinia acuminata〉蛛形綱クモ目カニグモ科の蜘蛛。体長雌8～9mm, 雄4～5mm。分布：南西諸島。

トガリシンジュタテハ〈Salamis duprei〉昆虫綱鱗翅目タテハチョウ科の蝶。分布：サハラ以南のアフリカ全域。

トガリスジグロエダシャク〈Heterarmia dissimilis〉昆虫綱鱗翅目シャクガ科エダシャク亜科の蛾。開張36～40mm。分布：本州, 四国, 九州, シベリア南東部。

トガリチビミノガ〈Taleporia shosenkyoensis〉昆虫綱鱗翅目ミノガ科の蛾。分布：山梨県, 長野県。

トガリチャバネセセリ〈Pelopidas agna〉昆虫綱鱗翅目セセリチョウ科の蝶。前翅長19～21mm。分布：八重山諸島。

トガリツマアカシロチョウ〈Colotis subfasciatus〉昆虫綱鱗翅目シロチョウ科の蝶。分布：ザイール, タンザニア以南のアフリカ。

トガリネズミジラミ〈Polyplax reclinata〉ホソゲジラミ科。体長0.8～1.2mm。害虫。

トガリバアカネトラカミキリ 尖翅赤根虎天牛〈Anaglyptus niponensis〉昆虫綱甲虫目カミキリムシ科カミキリ亜科の甲虫。体長7～10mm。分布：本州, 四国, 九州, 佐渡, 伊豆大島。

トガリバガ 尖翅蛾 昆虫綱鱗翅目トガリバガ科Thyatiridaeの総称。

トガリバキノハ〈Anaea electra〉昆虫綱鱗翅目タテハチョウ科の蝶。分布：メキシコからパナマ。

トガリバクロハナノミ〈Mordella oxyptera〉昆虫綱甲虫目ハナノミ科。

トガリバシャチホコ〈Phycidopsis albovittata〉昆虫綱鱗翅目シャチホコガ科の蛾。分布：スリランカ, アッサム, 西表島, 熊本県上益城郡甲佐町。

トガリバシラホシナガタマムシ〈Agrilus tokyoensis〉昆虫綱甲虫目タマムシ科の甲虫。体長9.0～10.0mm。

トガリバシロチョウ 〈*Leptophobia eleusis*〉昆虫綱鱗翅目シロチョウ科の蝶。分布：コロンビア, ベネズエラ。

トガリバシロヒメハマキ 〈*Rhopalovalva catharotorna*〉昆虫綱鱗翅目ハマキガ科の蛾。分布：中国(上海), 対馬, 九州。

トガリハチガタハバチ 〈*Tenthredo flavida*〉昆虫綱膜翅目ハバチ科。体長15mm。分布：本州, 四国, 九州。

トガリバナナセセリ 〈*Erionota thrax*〉昆虫綱鱗翅目セセリチョウ科の蝶。分布：インド, 中国東北部, マレーシア, 小スンダ列島, モルッカ諸島, セレベスなど。

トガリハナバチ 尖花蜂 〈*Coelioxys fenestratus*〉昆虫綱膜翅目ハキリバチ科。分布：本州, 九州。

トガリバナミシャク 〈*Horisme stratata*〉昆虫綱鱗翅目シャクガ科ナミシャク亜科の蛾。開張27～29mm。分布：北海道, 本州, 四国, 九州, 対馬。

トガリバヒメハマキ 〈*Bactra festa*〉昆虫綱鱗翅目ハマキガ科の蛾。分布：北海道, 本州, 四国, 国後島。

トガリバフタオチョウ 〈*Charaxes zoolina*〉昆虫綱鱗翅目タテハチョウ科の蝶。分布：スーダン南部, エチオピア, ソマリアからインド洋沿いの諸国を経てザンビア, ローデシア, 南アフリカまで, アンゴラ, マダガスカル。

トガリバホソコバネカミキリ 〈*Necydalis formosana niimurai*〉昆虫綱甲虫目カミキリムシ科の甲虫。分布：本州, 四国。

トガリバホソコバネカミキリ タイワンホソコバネカミキリの別名。

トガリバメダマチョウ 〈*Morphotenaris schonbergi kenricki*〉昆虫綱鱗翅目ワモンチョウ科の蝶。分布：ニューギニア。

トガリハモグリバエ 〈*Cerodontha geniculata*〉昆虫綱双翅目ハモグリバエ科。

トガリハリバエ 尖針蠅 〈*Masicera oculata*〉昆虫綱双翅目ヤドリバエ科。分布：北海道, 本州。

トガリヒョウモン 〈*Vagrans egista*〉昆虫綱鱗翅目タテハチョウ科の蝶。分布：インド, フィリピン, サモア諸島, マレーシア, オーストラリア。

トガリフタモンアシナガバチ 〈*Polistes riparius*〉昆虫綱膜翅目スズメバチ科。体長14～19mm。害虫。

トガリベニスジヒメシャク 〈*Timandra convectaria*〉昆虫綱鱗翅目シャクガ科ヒメシャク亜科の蛾。開張28～30mm。分布：四国南部, 九州, 種子島, 屋久島, 吐噶喇列島, 奄美大島, 沖永良部島, 沖縄本島, 宮古島, 西表島, 与那国等, 台湾, 中国, フィリピンからインド。

トガリホソアトキリゴミムシ キイロアトキリゴミムシの別名。

トガリホソハマキ 〈*Cochylis hybridella*〉昆虫綱鱗翅目ホソハマキガ科の蛾。分布：北海道から本州中部山地, 中国, ロシア, ヨーロッパ。

トガリメイガ 尖螟蛾 昆虫綱鱗翅目メイガ科の一群のガの総称。

トガリモンキチョウ マエベニモンキチョウの別名。

トガリヨコバイ 〈*Doratulina producta*〉昆虫綱半翅目ヨコバイ科。

トガリヨトウ 〈*Virgo datanidia*〉昆虫綱鱗翅目ヤガ科カラスヨトウ亜科の蛾。開張23～27mm。分布：沿海州, 朝鮮半島, 中国, 本州から九州。

トガリワモン 〈*Dischophora sondaica*〉昆虫綱鱗翅目ワモンチョウ科の蝶。

トキシディア・ダブルデイイ 〈*Toxidia doubledayi*〉昆虫綱鱗翅目セセリチョウ科の蝶。分布：オーストラリア。

トキシディア・ティルス 〈*Toxidia thyrrus*〉昆虫綱鱗翅目セセリチョウ科の蝶。分布：オーストラリア。

トキシティアデス・セリケウス 〈*Toxitiades sericeus*〉昆虫綱甲虫目カミキリムシ科の甲虫。分布：マダガスカル。

トキシディア・パルブルス 〈*Toxidia parvulus*〉昆虫綱鱗翅目セセリチョウ科の蝶。分布：オーストラリア。

トキシディア・ペロン 〈*Toxidia peron*〉昆虫綱鱗翅目セセリチョウ科の蝶。分布：ニュー・サウス・ウェールズ(オーストラリア), クイーンズランド。

トキシキトナ・ゲルダ 〈*Toxochitona gerda*〉昆虫綱鱗翅目シジミチョウ科の蝶。分布：カメルーン。

ドキソコパ・アガティナ 〈*Doxocopa agathina*〉昆虫綱鱗翅目タテハチョウ科の蝶。分布：ギアナ, ブラジル北部, アマゾン地方。

ドキソコパ・エリス 〈*Doxocopa elis*〉昆虫綱鱗翅目タテハチョウ科の蝶。分布：コロンビア, エクアドル。

ドキソコパ・カッリアニラ 〈*Doxocopa callianira*〉昆虫綱鱗翅目タテハチョウ科の蝶。分布：ニカラグア。

ドキソコパ・カッリナ 〈*Doxocopa kallina*〉昆虫綱鱗翅目タテハチョウ科の蝶。分布：ブラジル。

ドキソコパ・グリセルディス 〈*Doxocopa griseldis*〉昆虫綱鱗翅目タテハチョウ科の蝶。分布：アマゾン上流地方, ペルー。

ドキソコパ・クロティルダ 〈*Doxocopa clothilda*〉昆虫綱鱗翅目タテハチョウ科の蝶。分布：ニカラグア。

ドキソコパ・ザルムンナ〈*Doxocopa zalmunna*〉昆虫綱鱗翅目タテハチョウ科の蝶。分布：ブラジル。

ドキソコパ・ズニルダ〈*Doxocopa zunilda*〉昆虫綱鱗翅目タテハチョウ科の蝶。分布：ブラジル。

ドキソコパ・セリナ〈*Doxocopa selina*〉昆虫綱鱗翅目タテハチョウ科の蝶。分布：ブラジル。

ドキソコパ・パボニイ〈*Doxocopa pavonii*〉昆虫綱鱗翅目タテハチョウ科の蝶。分布：メキシコからボリビアまで。

ドキソコパ・フェルデリ〈*Doxocopa felderi*〉昆虫綱鱗翅目タテハチョウ科の蝶。分布：コロンビア，ペルー，ボリビア，ベネズエラ。

ドキソコパ・ラウレ〈*Doxocopa laure*〉昆虫綱鱗翅目タテハチョウ科の蝶。分布：メキシコからコロンビア，ベネズエラ。

ドキソコパ・ラビニア〈*Doxocopa lavinia*〉昆虫綱鱗翅目タテハチョウ科の蝶。分布：ペルー，ボリビア。

トギレエダシャク〈*Protalcis concinnata*〉昆虫綱鱗翅目シャクガ科エダシャク亜科の蛾。開張25～30mm。林檎に害を及ぼす。分布：北海道，本州（東北地方北部から関東，中部），シベリア南東部。

トキンソウトリバ〈*Platyptilia taprobanes*〉昆虫綱鱗翅目トリバガ科の蛾。分布：本州，四国，九州，対馬，台湾，インドから東南アジア一帯，ヨーロッパ，ハワイ，南北アメリカ，アフリカ。

ドクウツギツノエグリヒメハマキ〈*Strepsicrates coriariae*〉昆虫綱鱗翅目ハマキガ科の蛾。分布：本州（関東，東北）。

ドクガ 毒蛾〈*Euproctis subflava*〉昆虫綱鱗翅目ドクガ科の蛾。開張雄25～33mm，雌37～42mm。桃，スモモ，林檎，栗，茶，バラ類，桜類，フジに害を及ぼす。分布：北海道，本州，四国，九州，対馬，朝鮮半島，シベリア南東部，中国。

ドクガ 毒蛾 昆虫綱鱗翅目ドクガ科Lymantriidaeの総称。

ドクガハラボソコマユバチ〈*Meteorus versicolor*〉昆虫綱膜翅目コマユバチ科。

トクソベイカザリシロチョウ〈*Delias toxopei*〉昆虫綱鱗翅目シロチョウ科の蝶。開張45mm。分布：ニューギニア島山地。珍蝶。

ドクチョウ 毒蝶 狭義には昆虫綱鱗翅目タテハチョウ科ドクチョウ亜科Heliconiinaeに属するチョウの総称。

トクナガツノトビムシ〈*Entomobrya tokunagai*〉無翅昆虫亜綱粘管目ツノトビムシ科。

トクナガハモグリバエ〈*Melanagromyza tokunagai*〉昆虫綱双翅目ハモグリバエ科。

トクノシマキマワリ〈*Plesiophthalmus makiharai*〉昆虫綱甲虫目ゴミムシダマシ科の甲虫。体長12.0～13.0mm。

トクノシマチビマルハナノミ〈*Cyphon sinuosus*〉昆虫綱甲虫目マルハナノミ科の甲虫。体長1.8～2.2mm。

トクモトコサラグモ〈*Mecopisthes tokumotoi*〉蛛形綱クモ目サラグモ科の蜘蛛。

ドクロメンガタスズメ〈*Acherontia atropos*〉昆虫綱鱗翅目スズメガ科の蛾。胸部に頭蓋骨のような模様がある。開張10～14mm。分布：地中海沿岸，アフリカ北部。

トゲアシオオベッコウ 棘脚大蜚甲蜂〈*Priocnemis irritabilis*〉昆虫綱膜翅目ベッコウバチ科。体長10～20mm。分布：本州，四国，九州。

トゲアシキノコバエ〈*Mycomyia cinerascens*〉昆虫綱双翅目キノコバエ科。

トゲアシクビボソハムシ〈*Lema coronata*〉昆虫綱甲虫目ハムシ科の甲虫。体長5～6mm。分布：本州，四国，九州，南西諸島。

トゲアシゴモクムシ〈*Harpalus calceatus*〉昆虫綱甲虫目オサムシ科の甲虫。体長12.5～14.5mm。

トゲアシゾウムシ〈*Anosimus decoratus*〉昆虫綱甲虫目ゾウムシ科の甲虫。体長3.8～4.0mm。分布：本州，四国，九州。

トゲアシチビケシキスイ〈*Meligethes schenklingi*〉昆虫綱甲虫目ケシキスイ科の甲虫。体長2.0～2.5mm。

トゲアシツヤムネハネカクシ〈*Quedius armipes*〉昆虫綱甲虫目ハネカクシ科の甲虫。体長7.5～9.0mm。

トゲアシトビハムシ〈*Aphthonoides beccarii*〉昆虫綱甲虫目ハムシ科の甲虫。体長1.5～1.8mm。

トゲアシナガエグリコガネ〈*Pseudochalcothea planiuscula*〉昆虫綱甲虫目コガネムシ科の甲虫。分布：ボルネオ北部。

トゲアシハバチ 棘脚葉蜂〈*Armitarsus punctifemoratus*〉昆虫綱膜翅目ハバチ科。分布：北海道。

トゲアシヒメゾウムシ〈*Baris armipes*〉昆虫綱甲虫目ゾウムシ科の甲虫。体長3.2～3.5mm。

トゲアシヒラタケシキスイ〈*Epuraea dentipes*〉昆虫綱甲虫目ケシキスイ科の甲虫。体長2.6～3.7mm。

トゲアトキリゴミムシ〈*Aephnidius adelioides*〉昆虫綱甲虫目オサムシ科の甲虫。体長6～7mm。分布：本州，四国，九州。

トゲアナアキゾウムシ〈*Dyscerus desbrocheri*〉昆虫綱甲虫目ゾウムシ科。

トゲアミカ〈*Bibiocephala longispina*〉昆虫綱双翅目アミカ科。

トゲアリ 棘蟻〈*Polyrhachis lamellidens*〉昆虫綱膜翅目アリ科。体長6〜8mm。分布：本州, 四国, 九州。

トゲアワフキ 棘泡吹 半翅目トゲアワフキ科Machaerotidaeに属する昆虫の総称。

トゲウスバカミキリ〈*Megopis formosana*〉昆虫綱甲虫目カミキリムシ科ノコギリカミキリ亜科の甲虫。体長32〜42mm。分布：四国, 九州, 南西諸島。

トゲウデコモリグモ〈*Trochosa spinipalpis*〉蛛形綱クモ目ドクグモ科の蜘蛛。

トゲウデドクグモ トゲウデコモリグモの別名。

トゲオクロクチカクシゾウムシ〈*Odosyllis subcostatus*〉昆虫綱甲虫目ゾウムシ科の甲虫。体長6.0〜8.9mm。

トゲオソイダニ〈*Cunaxa capreolus*〉蛛形綱ダニ目オソイダニ科。体長0.6mm。害虫。

トゲオトンボ〈*Rhipidolestes aculeatus*〉昆虫綱蜻蛉目ヤマイトトンボ科の蜻蛉。体長46mm。分布：九州。

トゲカタビロサルゾウムシ〈*Cyphosenus bouvieri*〉昆虫綱甲虫目ゾウムシ科の甲虫。体長3.5〜4.0mm。

トゲカメムシ 棘亀虫〈*Carbula humerigera*〉昆虫綱半翅目カメムシ科。体長7〜12mm。柑橘, ハスカップ, 稲, 隠元豆, 小豆, ササゲに害を及ぼす。分布：北海道, 本州, 四国, 九州。

トゲカワムシ 棘皮虫 袋形動物門動吻虫綱に属する動物の総称, またはそのなかの一種。

トゲグモ 棘蜘蛛〈*Gasteracantha kuhlii*〉節足動物門クモ形綱真正クモ目コガネグモ科の蜘蛛。体長6〜8mm, 雄3〜4mm。分布：本州, 四国, 九州, 南西諸島。

トゲクロツツキクイゾウムシ〈*Magdalis carbonaria*〉昆虫綱甲虫目ゾウムシ科の甲虫。体長4.4〜5.6mm。

トゲクロツヤマグソコガネ〈*Aphodius superatratus*〉昆虫綱甲虫目コガネムシ科の甲虫。体長6.5〜8.5mm。

トゲクロヒメバチ〈*Stenichneumon posticalis*〉昆虫綱膜翅目ヒメバチ科。

トゲゴミグモ〈*Cyclosa mulmeinensis*〉蛛形綱クモ目コガネグモ科の蜘蛛。体長雌3.5〜4.0mm。分布：南西諸島。

トゲシカクワガタ〈*Rhaetulus crenatus*〉昆虫綱甲虫目クワガタムシ科の甲虫。分布：台湾, 朝鮮半島。

トゲジガバチモドキ〈*Trypoxylon pulawskii*〉昆虫綱膜翅目ジガバチ科。

トゲジクロハナノミ〈*Mordella tokejii*〉昆虫綱甲虫目ハナノミ科。

トゲジナガゴミムシ〈*Pterostichus tokejii*〉昆虫綱甲虫目オサムシ科の甲虫。体長17〜19.5mm。

トゲジナガドロムシ〈*Heterocerus tokejii*〉昆虫綱甲虫目ナガドロムシ科。

トゲジヒメナガクチキムシ〈*Hallomenus tokejii*〉昆虫綱甲虫目ナガクチキムシ科の甲虫。体長5.3〜6.4mm。

トゲジホソトビハムシ〈*Luperomorpha tokejii*〉昆虫綱甲虫目ハムシ科の甲虫。体長2.8〜3.0mm。

トゲシラホシカメムシ〈*Eysarcoris aeneus*〉昆虫綱半翅目カメムシ科。体長4.5〜6.0mm。ウリ科野菜, 稲, 苺, 隠元豆, 小豆, ササゲ, 豌豆, 空豆, 大豆に害を及ぼす。分布：本州, 四国, 九州。

トゲセセリ ムモンセセリの別名。

トゲダニ 棘壁蝨 節足動物門クモ形綱ダニ目トゲダニ科Laelapidaeのダニ類の総称。

トゲツノカメムシ 棘角亀虫〈*Lindbergicoris gramineus*〉昆虫綱半翅目ツノカメムシ科。分布：本州, 四国。

トゲツメコガシラハネカクシ〈*Philonthus nakanei*〉昆虫綱甲虫目ハネカクシ科の甲虫。体長9.0〜13.0mm。

トゲツヤイシアブ〈*Pogonosoma funebre*〉昆虫綱双翅目ムシヒキアブ科。

トゲテントウダマシ〈*Cacodaemon spinosus*〉昆虫綱甲虫目テントウダマシ科。分布：マレーシア, スマトラ, ボルネオ。

トゲトゲ 棘々 昆虫綱甲虫目ハムシ科のトゲハムシ亜科Hispinaeに属する昆虫の総称。別名トゲハナムシ。

トゲトゲクロサルゾウムシ〈*Zacladus transversicollis*〉昆虫綱甲虫目ゾウムシ科の甲虫。体長2.6〜3.2mm。

トゲトビイロカゲロウ 棘鳶色蜉蝣〈*Paraleptophlebia spinosa*〉昆虫綱蜉蝣目トビイロカゲロウ科。分布：本州中部。

トゲトビムシ〈*Tomocerus ocreatus*〉無翅昆虫亜綱粘管目トゲトビムシ科。

トゲナガアシグモ〈*Tetragnatha laqueata*〉蛛形綱クモ目アシナガグモ科の蜘蛛。

トゲナガキクイムシ 棘長穿孔虫〈*Diapus aculeatus*〉昆虫綱甲虫目ナガキクイムシ科の甲虫。体長2.8〜3.2mm。分布：本州, 四国, 九州。

トゲナカミゾコメツキダマシ〈*Rhacopus modestus*〉昆虫綱甲虫目コメツキダマシ科の甲虫。体長4.2〜7.1mm。

トゲナシクダアザミウマ〈*Ecacanthothrips inarmatus*〉昆虫綱総翅目クダアザミウマ科。

トゲナシシロトビムシ〈*Onychiurus folsomi*〉無翅昆虫亜綱粘管目シロトビムシ科。体長1.8mm。アブラナ科野菜、ウリ科野菜、ナス科野菜、稲に害を及ぼす。分布：北海道、本州、中国、スマトラ、オーストラリア、ヨーロッパ、北アメリカ。

トゲナシチビケシキスイ〈*Meligethes placidus*〉昆虫綱甲虫目ケシキスイ科の甲虫。体長2.0～2.5mm。

トゲナシヒメハナノミ〈*Mordellina atrofusca*〉昆虫綱甲虫目ハナノミ科の甲虫。体長2.8～3.3mm。

トゲナシホンチビケシキスイ〈*Meligethes turbidescens*〉昆虫綱甲虫目ケシキスイ科の甲虫。体長2.3～2.5mm。

トゲナシミズアブ 棘無水虻胡〈*Allognosta sapporensis*〉昆虫綱双翅目ミズアブ科。分布：北海道、本州。

トゲナシモブトカミキリ〈*Planeacanista japonica*〉昆虫綱甲虫目カミキリムシ科フトカミキリ亜科の甲虫。

トゲナナフシ 刺竹節虫〈*Neohirasea japonica*〉昆虫綱竹節虫目ナナフシ科。体長雌61～71mm。分布：本州、四国、九州。

トゲナベブタムシ〈*Aphelocheirus nawae*〉昆虫綱半翅目ナベブタムシ科。絶滅危惧II類(VU)。

トゲバカミキリ 棘翅天牛〈*Eryssamena saperdina*〉昆虫綱甲虫目カミキリムシ科フトカミキリ亜科の甲虫。体長8～13mm。分布：北海道、本州、四国、九州。

トゲバゴマフガムシ 棘翅胡麻斑牙虫〈*Berosus lewisius*〉昆虫綱甲虫目ガムシ科の甲虫。体長4.0～4.3mm。分布：本州、九州。

トゲハナムシ トゲトゲの別名。

トゲバネカワリタマムシ〈*Polybothris amorpha*〉昆虫綱甲虫目タマムシ科。分布：マダガスカル。

トゲハネバエ 棘翅蠅〈*Helomyza modesta*〉昆虫綱双翅目トゲハネバエ科。分布：本州。

トゲハネバエ類 昆虫綱双翅目トゲハネバエ科。害虫。

トゲバネモリヒラタゴミムシ〈*Colpodes obscuritarsis*〉昆虫綱甲虫目オサムシ科の甲虫。体長8.0～9.5mm。

トゲハラヒラセクモゾウムシ〈*Metialma cordata*〉昆虫綱甲虫目ゾウムシ科の甲虫。体長3.5～4.0mm。分布：本州、九州。

トゲヒゲトビイロカミキリ トゲヒゲヒメカミキリの別名。

トゲヒゲトラカミキリ 棘鬚虎天牛〈*Demonax transilis*〉昆虫綱甲虫目カミキリムシ科カミキリ亜科の甲虫。体長7～12mm。分布：日本各地。

トゲヒゲヒメカミキリ〈*Nysina rufescens*〉昆虫綱甲虫目カミキリムシ科カミキリ亜科の甲虫。体長11～17mm。分布：本州、四国、九州、屋久島。

トゲヒゲブトチビシデムシ〈*Colon itoi*〉昆虫綱甲虫目ヒゲブトチビシデムシ科の甲虫。体長1.8～2.7mm。

トゲヒゲヤマカミキリ〈*Hoplocerambyx spinicornis*〉昆虫綱甲虫目カミキリムシ科の甲虫。

トゲヒシバッタ〈*Criotettix japonicus*〉昆虫綱直翅目ヒシバッタ科。体長16～21mm。稲に害を及ぼす。分布：本州、四国、九州、対馬。

トゲヒメツツキノコムシ〈*Sulcacis affinis*〉昆虫綱甲虫目ツツキノコムシ科の甲虫。体長1.2～1.5mm。

トゲヒメヒラタアブ〈*Ischiodon scutellaris*〉昆虫綱双翅目ショクガバエ科。

トゲヒラタハナムグリ〈*Dasyvalgus tuberculatus*〉昆虫綱甲虫目コガネムシ科の甲虫。体長5.5～7.5mm。分布：本州、四国。

トゲフタオタマムシ 棘二尾吉丁虫〈*Dicerca tibialis*〉昆虫綱甲虫目タマムシ科の甲虫。体長11～15mm。分布：本州、四国、九州。

トゲフチオオウスバカミキリ〈*Macrotoma pascoei*〉昆虫綱甲虫目カミキリムシ科の甲虫。体長43～55mm。

トゲフチオオウスバカミキリの一種〈*Macrotoma absurda*〉昆虫綱甲虫目カミキリムシ科の甲虫。

トゲホオヒメハナバチ 棘頬姫花蜂〈*Andrena dentata*〉昆虫綱膜翅目ヒメハナバチ科。分布：本州、九州。

トゲホソヒメバチ〈*Oxytorus canalis*〉昆虫綱膜翅目ヒメバチ科。

トゲマグソコガネ〈*Leptaegialia denticollis*〉昆虫綱甲虫目コガネムシ科の甲虫。体長3.5～4.0mm。

トゲマリゴミムシダマシ〈*Piesterotarsa gigantea*〉昆虫綱甲虫目ゴミムシダマシ科の甲虫。分布：カスピ海沿岸地方。

トゲマルズオナガヒメバチ〈*Odontocolon rufum*〉昆虫綱膜翅目ヒメバチ科。

トゲミズギワカメムシ〈*Saldoida armata*〉昆虫綱半翅目ミズギワカメムシ科。

トゲムネアオハバチ〈*Tenthredo viridatrix*〉昆虫綱膜翅目ハバチ科。

トゲムネアラゲカミキリ〈*Aragea mizunoi*〉昆虫綱甲虫目カミキリムシ科フトカミキリ亜科の甲虫。体長5mm。

トゲムネアリバチ 棘胸蟻蜂〈Squamulotilla ardescens〉昆虫綱膜翅目アリバチ科。体長6〜8mm。分布：本州，九州。

トゲムネウスバカミキリ コゲチャトゲフチオオウスバカミキリの別名。

トゲムネオオキバハネカクシ〈Pseudoxyporus biguttatus〉昆虫綱甲虫目ハネカクシ科の甲虫。体長6.0〜8.0mm。

トゲムネキスイ〈Cryptophagus acutangulus〉昆虫綱甲虫目キスイムシ科の甲虫。体長2.0〜2.5mm。貯穀・貯蔵植物性食品に害を及ぼす。

トゲムネキバカミキリ オオウスバカミキリの別名。

トゲムネツツナガクチキムシ 棘胸筒長朽木虫〈Hypulus acutangulus〉昆虫綱甲虫目ナガクチキムシ科の甲虫。体長7〜8mm。分布：本州。

トゲムネデオネスイ〈Monotoma spinicollis〉昆虫綱甲虫目ネスイムシ科の甲虫。体長1.9〜2.6mm。

トゲムネバッタ〈Phymateus leprosus〉昆虫綱直翅目オンブバッタ科。分布：サハラ以南のアメリカ（西部を除く）。

トゲムネホソヒゲカミキリ〈Asaperda tenuicornis〉昆虫綱甲虫目カミキリムシ科フトカミキリ亜科の甲虫。

トゲムネミヤマカミキリ〈Trirachys orientalis〉昆虫綱甲虫目カミキリムシ科カミキリ亜科の甲虫。体長32〜53mm。分布：ラオス，中国南部，海南島，台湾，日本（九州）。

トゲモチヒゲナガトビケラ 棘持鬚長飛蝶〈Leptocerus biwaensis〉昆虫綱毛翅目ヒゲナガトビケラ科。分布：本州。

トコジラミ 床虱〈Cimex lectularius〉昆虫綱半翅目トコジラミ科。別名ナンキンムシ。体長4.5〜5.0mm。分布：全世界。害虫。

トコジラミ 床虱〈bed bug〉昆虫綱半翅目異翅亜目トコジラミ科Cimicidaeの昆虫の総称，またはそのなかの一種。別名ナンキンムシ。

トコロコガト コロミコガの別名。

トコロミコガ〈Acrolepiopsis issikiella〉昆虫綱鱗翅目アトヒゲコガ科の蛾。分布：本州，四国，九州。

トサオサムシ〈Carabus tosanus〉昆虫綱甲虫目オサムシ科。体長21〜33mm。分布：四国南部。

トサオノヒゲアリヅカムシ〈Bryaxis gracilipalpis〉昆虫綱甲虫目アリヅカムシ科の甲虫。体長1.5mm。

トサカエグリハマキ トサカハマキの別名。

トサカグンバイ〈Stephanitis takeyai〉昆虫綱半翅目グンバイムシ科。体長2.7〜3.7mm。柿に害を及ぼす。分布：本州，四国，九州，屋久島，奄美大島。

トサカシバンムシ 鶏冠死番虫〈Trichodesma fasciculare〉昆虫綱甲虫目シバンムシ科の甲虫。体長4〜6mm。分布：北海道，本州。

トサカハマキ〈Acleris cristana〉昆虫綱鱗翅目ハマキガ科ハマキガ亜科の蛾。開張21〜23mm。桜桃，桃，スモモ，バラ類，林檎に害を及ぼす。分布：北海道，本州，四国，九州，対馬，中国（東北），ロシア，ヨーロッパ，イギリス。

トサカフトメイガ 鶏冠冠太螟蛾〈Locastra muscosalis〉昆虫綱鱗翅目メイガ科フトメイガ亜科の蛾。開張33〜41mm。ナンキンハゼ，ハゼ，ヌルデ，ニワウルシに害を及ぼす。分布：本州（東北地方北部より），四国，九州，対馬，種子島，屋久島，奄美大島，徳之島，沖縄本島，石垣島，西表島，台湾，中国，インドから東南アジア一帯。

トサキクイムシ〈Orthotomicus tosaensis〉昆虫綱甲虫目キクイムシ科の甲虫。体長2.2〜2.9mm。

トサツツガムシ 土佐恙虫〈Leptotrombidium tosa〉節足動物門クモ形綱ダニ目ツツガムシ科の陸生小動物。分布：四国，九州。

トサハエトリ〈Tasa sp.〉蛛形綱クモ目ハエトリグモ科の蜘蛛。

トサヒメハナカミキリ〈Pidonia approximata〉昆虫綱甲虫目カミキリムシ科ハナカミキリ亜科の甲虫。体長6.4〜8.5mm。

トサヒラズゲンセイ 土佐扁頭芫青〈Horia tosana〉昆虫綱甲虫目ツチハンミョウ科の甲虫。体長22〜31mm。分布：四国，九州，南西諸島。

トサホラヒメグモ〈Nesticus tosa〉蛛形綱クモ目ホラヒメグモ科の蜘蛛。

トサヤドリキバチ〈Stiricorsia tosensis〉昆虫綱膜翅目ヤドリキバチ科。体長8mm。分布：本州，四国，九州。

トシマカバナミシャク〈Eupithecia toshimai〉昆虫綱鱗翅目シャクガ科の蛾。分布：本州（愛知県以西），四国，九州，屋久島。

トセナ・ファスキアタ〈Tosena fasciata〉昆虫綱半翅目セミ科。分布：シッキム，インド，ミャンマー，マレーシア，スマトラ，ジャワ，ボルネオ，フィリピン（パラワン，スル列島）。

トタテグモ〈trap-door spider〉カネコトタテグモ科AntrodiaetidaeとトタテグモCtenizidaeに属するクモの総称。

トチノキヒメヨコバイ〈Erythroneura sp.〉昆虫綱半翅目。カエデ，トチノキに害を及ぼす。

トックリオサムシ〈Lamprostus torosus〉昆虫綱甲虫目オサムシ科。分布：バルカン半島，ルーマニア，アナトリア。

トツクリコ

トックリゴミムシ〈Lachnocrepis prolixa〉昆虫綱甲虫目オサムシ科の甲虫。体長11mm。分布：北海道, 本州, 四国, 九州。

トックリナガゴミムシ〈Pterostichus haptoderoides〉昆虫綱甲虫目オサムシ科の甲虫。体長9～10mm。分布：北海道, 本州, 四国, 九州。

トックリバチ 徳利蜂〈Eumenes micado〉昆虫綱膜翅目スズメバチ科。体長10～15mm。分布：日本全土。

トックリバチの一種〈Eumenes flavopictus〉昆虫綱膜翅目スズメバチ科。分布：シッキム, インド, スリランカ, ミャンマー, タイ。

トックリモドキナガゴミムシ〈Dicaelindus ryukyuensis〉昆虫綱甲虫目オサムシ科の甲虫。体長9.5～10.5mm。

トドキボシゾウムシ〈Pissodes cembrae〉昆虫綱甲虫目ゾウムシ科の甲虫。体長5～8mm。分布：北海道, 本州。

トドデオキスイ〈Carpophilus titanus〉昆虫綱甲虫目ケシキスイ科の甲虫。体長3.8～5.2mm。

トドナ・アドニラ〈Dodona adonira〉昆虫綱鱗翅目シジミタテハ科の蝶。分布：ネパールからミャンマー高地部まで。

トドナ・ウィンドゥ〈Dodona windu〉昆虫綱鱗翅目シジミタテハ科の蝶。分布：ジャワ。

トドナ・エゲオン〈Dodona egeon〉昆虫綱鱗翅目シジミタテハ科の蝶。分布：ネパール, シッキムからミャンマー高地部まで。

トドナ・ドゥラコン〈Dodona dracon〉昆虫綱鱗翅目シジミタテハ科の蝶。分布：ミャンマー北部。

トドナ・ドゥルガ〈Dodona durga〉昆虫綱鱗翅目シジミタテハ科の蝶。分布：カシミール, チベット, 中国西部および中部。

トドナ・フルーストルフェリ〈Dodona fruhstorferi〉昆虫綱鱗翅目シジミタテハ科の蝶。分布：ジャワ, スマトラ, ボルネオ。

トドナ・ヘンリキ〈Dodona henrici〉昆虫綱鱗翅目シジミタテハ科の蝶。分布：海南島。

トドニディア・ヘルムシ〈Dodonidia helmsi〉昆虫綱鱗翅目ジャノメチョウ科の蝶。分布：ニュージーランド。

トドネウラモジタテハ〈Diaethria dodone〉昆虫綱鱗翅目タテハチョウ科の蝶。分布：コロンビア。

トドノネオオワタムシ〈Prociphilus oriens〉タマワタムシ科。モミ, ツガ, トウヒ, トドマツ, エゾマツに害を及ぼす。

トドマツアトマルキクイムシ〈Dryocoetes striatus〉昆虫綱甲虫目キクイムシ科の甲虫。体長2.6～3.1mm。

トドマツアナアキゾウムシ〈Dyscerus insularis〉昆虫綱甲虫目ゾウムシ科の甲虫。体長6.5～7.0mm。

トドマツアミメヒメハマキ〈Zeiraphera rufimitrana〉昆虫綱鱗翅目ハマキガ科の蛾。分布：ロシアからヨーロッパ, イギリス, 北海道, 本州。

トドマツオアブラムシ〈Cinara todocola〉昆虫綱半翅目アブラムシ科。モミ, ツガ, トウヒ, トドマツ, エゾマツに害を及ぼす。

トドマツオオキクイムシ〈Xyleborus validus〉昆虫綱甲虫目キクイムシ科の甲虫。体長4mm。栗に害を及ぼす。分布：日本全国, 朝鮮半島, 中国から東南アジア。

トドマツカミキリ〈Tetropium castaneum〉昆虫綱甲虫目カミキリムシ科マルクビカミキリ亜科の甲虫。体長10～18mm。分布：北海道, 本州。

トドマツカミキリの一種〈Tetropium veltinum〉昆虫綱甲虫目カミキリムシ科の甲虫。

トドマツキボシゾウムシ トドキボシゾウムシの別名。

トドマツノキクイムシ〈Polygraphus proximus〉昆虫綱甲虫目キクイムシ科の甲虫。体長2.4～2.8mm。

トドマツノハダニ〈Oligonychus ununguis〉蛛形綱ダニ目ハダニ科。体長0.3～0.4mm。マツ類に害を及ぼす。分布：九州以北の日本各地, 朝鮮半島, 中国, ヨーロッパ, 南北アメリカ。

トドマツハイモンヒメハマキ〈Olethreutes tephrea〉昆虫綱鱗翅目ハマキガ科の蛾。分布：北海道(定山渓, 旭川), 中国(東北), ロシア(ウスリー)。

トドマツハマキヤドリオナガヒメバチ〈Cephaloglypta murinanae〉昆虫綱膜翅目ヒメバチ科。

トドマツホソアワフキ〈Philaenus abieti〉昆虫綱半翅目アワフキムシ科。

トドマツミキモグリガ〈Cydia pactolana〉昆虫綱鱗翅目ハマキガ科の蛾。分布：北海道。

トドマツメムシガ〈Argyresthia nemorivaga〉昆虫綱鱗翅目メムシガ科の蛾。分布：北海道, 本州, 四国。

トドワタムシ〈Mindarus japonicus〉昆虫綱半翅目アブラムシ科。モミ, ツガ, トウヒ, トドマツ, エゾマツに害を及ぼす。

トナカイバエ〈Oedemagena tarandi〉昆虫綱双翅目ウシバエ科。体長15.0～18.0mm。害虫。

トネガワナガゴミムシ〈Pterostichus bandotaro〉昆虫綱甲虫目オサムシ科の甲虫。体長5.5～6.0mm。

トネホラヒメグモ〈Nesticus akamai〉蛛形綱クモ目ホラヒメグモ科の蜘蛛。

トネリコアザミウマ〈Dendrothrips utari〉昆虫綱総翅目アザミウマ科。体長1mm。分布：本州。

トネリコニセスガ〈Prays beta〉昆虫綱鱗翅目スガ科の蛾。分布：本州。

トノサマジャノメ〈Mycalesis anaxioides〉昆虫綱鱗翅目ジャノメチョウ科の蝶。

トノサマバッタ 殿様蝗, 殿様蝗虫〈Locusta migratoria〉昆虫綱直翅目バッタ科。別名ダイミョウバッタ。体長48～65mm。大豆, 麦類, イネ科牧草, サトウキビ, イネ科作物に害を及ぼす。分布：北海道, 本州, 四国, 九州, 対馬, 沖縄本島, 奄美大島, 伊豆諸島。

トノミネメクラチビゴミムシ〈Trechiama crassilobatus〉昆虫綱甲虫目オサムシ科の甲虫。体長5.3～6.2mm。

トバヨコバイ〈Recilia tobai〉昆虫綱半翅目ヨコバイ科。体長3.5～4.0mm。飼料用トウモロコシ, ソルガム, イネ科牧草に害を及ぼす。分布：本州, 四国, 九州。

トビイロアカガネヨトウ〈Euplexia albilineola〉昆虫綱鱗翅目ヤガ科カラスヨトウ亜科の蛾。分布：奈良県吉野, 福岡県北九州市, 香川県高松市, 広島県豊平町, 兵庫県氷ノ山, 福井県鳩ヶ湯, 愛知県稲武町。

トビイロイナズマ〈Dophla evelina〉昆虫綱鱗翅目タテハチョウ科の蝶。

トビイロウンカ 鳶色浮塵子〈Nilaparvata lugens〉昆虫綱半翅目ウンカ科。体長4.5～5.0mm。稲に害を及ぼす。分布：北海道, 本州, 四国, 九州, 対馬, 南西諸島。

トビイロエンマコガネ〈Onthophagus argyropygus〉昆虫綱甲虫目コガネムシ科の甲虫。体長4.5mm。

トビイロカゲロウ 鳶色蜉蝣 昆虫綱カゲロウ目トビイロカゲロウ科Leptophlebiidaeの昆虫の総称。

トビイロカゲロウ属の一種〈Paraleptophlebia sp.〉昆虫綱蜉蝣目トビイロカゲロウ科。

トビイロカマバチ 褐色鎌蜂〈Haplogonatopus japonicus〉昆虫綱膜翅目カマバチ科。分布：九州。

トビイロカミキリ〈Nysina sphaerioninus〉昆虫綱甲虫目カミキリムシ科カミキリ亜科の甲虫。体長11～17mm。分布：本州, 四国, 九州, 対馬, 屋久島。

トビイロクシコメツキ クロツヤクシコメツキの別名。

トビイロクチキムシ〈Borboresthes cruralis〉昆虫綱甲虫目クチキムシ科の甲虫。体長8mm。

トビイログンバイウンカ 鳶色軍配浮塵子〈Ommatissus lofuensis〉昆虫綱半翅目グンバイウンカ科。分布：本州, 九州。

トビイロケアリ 鳶色毛蟻〈Lasius niger〉昆虫綱膜翅目アリ科。体長4mm。分布：日本全土。害虫。

トビイロゲンゴロウ〈Cybister sugillatus〉昆虫綱甲虫目ゲンゴロウ科の甲虫。体長21～24mm。

トビイロゴキブリ〈Periplaneta brunnea〉昆虫綱網翅目ゴキブリ科。体長31～37mm。害虫。

トビイロサシガメ 鳶色刺亀〈Oncocephalus philippinus〉昆虫綱半翅目サシガメ科。分布：本州, 四国, 九州。

トビイロシマメイガ 鳶色縞螟蛾〈Hypsopygia regina〉昆虫綱鱗翅目メイガ科シマメイガ亜科の蛾。開張15～20mm。分布：北海道, 本州, 四国, 九州, 対馬, 種子島, 屋久島, 沖縄本島, インドから東南アジア一帯。

トビイロシリアゲアリ〈Crematogaster laboriosa〉昆虫綱膜翅目アリ科。害虫。

トビイロシワアリ〈Tetramorium caespitum〉昆虫綱膜翅目アリ科。体長3.0～3.5mm。シバ類に害を及ぼす。分布：日本全土。

トビイロスズメ 鳶色天蛾〈Clanis bilineata〉昆虫綱鱗翅目スズメガ科ウンモンスズメ亜科の蛾。開張100～110mm。大豆に害を及ぼす。分布：中国南部, 本州(東北地方より), 四国, 九州, 対馬, 屋久島, 朝鮮半島。

トビイロセスジハネカクシ 鳶色背条隠翅虫〈Anotylus vicinus〉昆虫綱甲虫目ハネカクシ科の甲虫。体長3.8～4.3mm。分布：日本各地。

トビイロセスジムシ 鳶色背条虫〈Rhysodes comes〉昆虫綱甲虫目セスジムシ科の甲虫。体長7～8mm。分布：北海道, 本州, 四国, 九州。

トビイロセセリ〈Bibasis jaina〉昆虫綱鱗翅目セセリチョウ科の蝶。分布：インド, タイ, マレーシア, ボルネオ, 台湾。

トビイロツノゼミ〈Machaerotypus sibiricus〉昆虫綱半翅目ツノゼミ科。体長5～6mm。分布：北海道, 本州, 四国, 九州, 対馬, 屋久島。

トビイロデオネスイ〈Monotoma picipes〉昆虫綱甲虫目ネスイムシ科の甲虫。体長1.9～2.6mm。

トビイロトビケラ 鳶色飛螻〈Nothopsyche pallipes〉昆虫綱毛翅目エグリトビケラ科。体長12～16mm。分布：北海道, 本州, 四国, 九州。

トビイロトラガ 鳶色虎蛾〈Sarbanissa subflava〉昆虫綱鱗翅目トラガ科モンシロモドキ亜科の蛾。開張45mm。葡萄に害を及ぼす。分布：本州(東北地方北部より), 四国, 九州, 屋久島, 朝鮮半島, シベリア南東部, 中国。

トビイロハゴロモ 鳶色羽衣〈*Mimophantia maritima*〉昆虫綱半翅目アオバハゴロモ科。体長5.5〜6.0mm。イネ科牧草,サトウキビに害を及ぼす。分布:本州,四国,九州,対馬,屋久島。

トビイロヒメテントウ〈*Scymnus paganus*〉昆虫綱甲虫目テントウムシ科の甲虫。体長2.2〜2.7mm。

トビイロヒメハナムシ〈*Olibrus consanguineus*〉昆虫綱甲虫目ヒメハナムシ科の甲虫。体長1.8〜2.2mm。

トビイロヒョウタンゾウムシ〈*Scepticus uniformis*〉昆虫綱甲虫目ゾウムシ科の甲虫。体長5〜7mm。タバコ,大豆,隠元豆,小豆,ササゲ,落花生,キク科野菜,アカザ科野菜,アブラナ科野菜,ウリ科野菜,セリ科野菜に害を及ぼす。分布:本州以南の日本各地。

トビイロフクログモ〈*Clubiona lena*〉蛛形綱クモ目フクログモ科の蜘蛛。体長雌7〜8mm,雄7〜8mm。分布:本州,四国,九州。

トビイロフタスジシマメイガ〈*Stemmatophora valida*〉昆虫綱鱗翅目メイガ科の蛾。分布:本州(東北地方より),四国,九州,対馬,中国。

トビイロフタテンアツバ〈*Rivula errabunda*〉昆虫綱鱗翅目ヤガ科クチバ亜科の蛾。分布:関東地方南部以西の温暖地,九州,対馬。

トビイロホソケシデオキノコムシ〈*Toxidium japonicum*〉昆虫綱甲虫目デオキノコムシ科。

トビイロホソハネカクシ〈*Othiellus latus*〉昆虫綱甲虫目ハネカクシ科。

トビイロマルカイガラムシ〈*Chrysomphalus bifasciculatus*〉昆虫綱半翅目マルカイガラムシ科。茶,ゲッケイジュ,グミ,ツゲ,マサキ,ニシキギ,シャリンバイ,カシ類,木犀類,モチノキに害を及ぼす。

トビイロマルハナノミ 鳶色円花蚤〈*Scirtes japonicus*〉昆虫綱甲虫目マルハナノミ科の甲虫。体長3〜4mm。分布:本州,四国,九州。

トビイロムナボソコメツキ 鳶色胸細叩頭虫〈*Agriotes fuscicollis*〉昆虫綱甲虫目コメツキムシ科。分布:北海道。

トビイロメダカハネカクシ〈*Stenus rufescens*〉昆虫綱甲虫目ハネカクシ科の甲虫。体長3.8〜4.2mm。

トビイロヤガ ウスグロヤガの別名。

トビイロヤンマ〈*Anaciaeschna jaspidea*〉昆虫綱蜻蛉目ヤンマ科の蜻蛉。体長65mm。分布:奄美大島から西表島までの南西諸島。

トビイロリンガ〈*Siglophora ferreilutea*〉昆虫綱鱗翅目ヤガ科リンガ亜科の蛾。開張23〜27mm。分布:シッキム,ボルネオ,関東南部を北限,四国,九州,対馬,屋久島。

トビカギバエダシャク 鳶鉤翅枝尺蛾〈*Luxiaria amasa*〉昆虫綱鱗翅目シャクガ科エダシャク亜科の蛾。開張32〜39mm。分布:北海道,本州,四国,九州,対馬,屋久島,吐噶喇列島,西表島,朝鮮半島,中国西部,台湾,インドから東南アジア一帯。

トビカツオブシムシ 飛鰹節虫〈*Dermestes ater*〉昆虫綱甲虫目カツオブシムシ科の甲虫。体長6.2〜8.8mm。害虫。

トビギンボシシャチホコ〈*Eguria ornata*〉昆虫綱鱗翅目シャチホコガ科ウチキシャチホコ亜科の蛾。開張30〜38mm。分布:沿海州,中国,北海道から九州,対馬。

トビクチミギワバエ〈*Brachydeutera ibari*〉昆虫綱双翅目ミギワバエ科。

トビクロショウジョウバエ〈*Drosophila lacertosa*〉昆虫綱双翅目ショウジョウバエ科。

トビケラ 飛螻,飛蛄,石蚕,飛螻蛄〈*caddisfly,caddis*〉昆虫綱トビケラ目の昆虫の総称。

トビコバチ 跳小蜂〈*encyrtid parasite*〉節足動物門昆虫綱膜翅目トビコバチ科Encyrtidaeの昆虫の総称。

トビサルハムシ 鳶猿金花虫〈*Trichochrysea japana*〉昆虫綱甲虫目ハムシ科の甲虫。体長7mm。分布:本州,四国,九州。

トビジロイソウロウグモ〈*Argyrodes cylindrata*〉蛛形綱クモ目ヒメグモ科の蜘蛛。体長雌5〜6mm,雄2.5〜3.5mm。分布:本州,四国,九州,南西諸島。

トビスジアツバ〈*Zanclognatha tarsicrinalis*〉昆虫綱鱗翅目ヤガ科クルマアツバ亜科の蛾。分布:北海道,本州,四国,九州,対馬,朝鮮半島,中国,アムール,ウスリー,シベリアからヨーロッパ。

トビスジコナミシャク〈*Xanthorhoe designata*〉昆虫綱鱗翅目シャクガ科ナミシャク亜科の蛾。開張18〜25mm。分布:北海道,本州,シベリア南東部,ヨーロッパ。

トビスジシャチホコ〈*Notodonta rothschidi*〉昆虫綱鱗翅目シャチホコガ科ウチキシャチホコ亜科の蛾。開張40〜45mm。分布:北海道から九州。

トビスジシロナミシャク〈*Epirrhoe hastulata*〉昆虫綱鱗翅目シャクガ科の蛾。分布:北海道,シベリア南東部,ヨーロッパ,新潟県糸魚川市葛葉峠。

トビスジトガリナミシャク〈*Zola terranea*〉昆虫綱鱗翅目シャクガ科ナミシャク亜科の蛾。開張17mm。分布:本州(宮城県以南),四国,九州,シベリア南東部。

トビスジヒメナミシャク 鳶条姫波尺蛾〈*Orthonoma obstipata*〉昆虫綱鱗翅目シャクガ科ナミシャク亜科の蛾。開張14〜20mm。分布:全世界。

トビスジマダラメイガ〈*Patagoniodes nipponellus*〉昆虫綱鱗翅目メイガ科マダラメイガ亜科の蛾。開張22～24mm。分布：北海道, 本州, 四国, 九州, 中国からシッキム, カシミール。

トビスジヤエナミシャク〈*Philereme transversata*〉昆虫綱鱗翅目シャクガ科ナミシャク亜科の蛾。開張30～35mm。分布：山梨, 長野, 静岡, 小アジアからヨーロッパ。

トビズムカデ 蔦頭蜈蚣〈*Scolopendra subspinipes mutilans*〉節足動物門唇脚綱オオムカデ目オオムカデ科の陸生動物。体長110～130mm。分布：青森県以西。害虫。

トビナナフシ 飛竹節虫〈*Micadina phluctaenoides*〉昆虫綱竹節虫目ナナフシ科。体長雄36～40mm, 雌50～56mm。分布：本州, 四国, 九州。

トビネオオエダシャク〈*Phthonosema invenustaria*〉昆虫綱鱗翅目シャクガ科エダシャク亜科の蛾。開張41～58mm。分布：北海道, 本州, 四国, 九州, 朝鮮半島, シベリア南東部。

トビネシャチホコ〈*Nephodonta tsushimensis*〉昆虫綱鱗翅目シャチホコガ科の蛾。分布：対馬。

トビネマダラメイガ〈*Eurhodope hollandella*〉昆虫綱鱗翅目メイガ科マダラメイガ亜科の蛾。開張24mm。分布：北海道, 本州, 四国, 九州, 朝鮮半島。

トビハマキ 鳶葉捲蛾〈*Pandemis heparana*〉昆虫綱鱗翅目ハマキガ科ハマキガ亜科の蛾。開張19～28mm。苺, 柿, ハスカップ, 梅, アンズ, 桜桃, ナシ類, 桃, スモモ, 林檎, 栗, バラ類, 桜類に害を及ぼす。分布：北海道, 本州, 四国, 九州, 朝鮮半島, 中国, ロシア, ヨーロッパ, イギリス。

トビフタスジアツバ〈*Leiostola mollis*〉昆虫綱鱗翅目ヤガ科クチバ亜科の蛾。開張24～29mm。分布：北海道から九州, 対馬, 屋久島。

トビヘリキノメイガ〈*Goniorhynchus andrewsalis*〉昆虫綱鱗翅目メイガ科ノメイガ亜科の蛾。開張25mm。分布：北海道, 本州, 四国, 九州, 屋久島, シベリア南東部, 中国。

トビマダラシャチホコ〈*Notodonta torva*〉昆虫綱鱗翅目シャチホコガ科ウチキシャチホコ亜科の蛾。開張45～50mm。分布：ユーラシア, 中国東北, 沿海州, 北海道, 本州中部の山地。

トビマダラメイガ〈*Samaria ardentella*〉昆虫綱鱗翅目メイガ科マダラメイガ亜科の蛾。開張13～15mm。柿, 茶, 椿, 山茶花に害を及ぼす。分布：本州（関東以西）, 四国, 九州, 屋久島。

トビムシ 飛虫, 跳虫〈spring-tail〉昆虫綱無翅類トビムシ目Collembolaに属する昆虫の総称。珍虫。

トビムシハネカクシ〈*Platyola paradoxa*〉昆虫綱甲虫目ハネカクシ科。

トビモンアツバ〈*Bomolocha indicatalis*〉昆虫綱鱗翅目ヤガ科アツバ亜科の蛾。開張23～26mm。分布：インドから台湾, 関東地方を北限, 四国, 九州に至る本土域, 対馬, 奄美大島, 沖縄本島, 宮古島。

トビモンエグリトビケラ〈*Astenophylax grammicus*〉昆虫綱毛翅目エグリトビケラ科。

トビモンオオエダシャク 鳶紋大枝尺蛾〈*Biston robustum*〉昆虫綱鱗翅目シャクガ科エダシャク亜科の蛾。開張雄50～62mm, 雌80mm。林檎, 栗, 柑橘, 茶, 椿, 山茶花, 桜類に害を及ぼす。分布：北海道, 本州, 四国, 九州, 対馬, 屋久島, 朝鮮半島, 中国東北・東部。

トビモンキノコバエ トビモンナミタケカの別名。

トビモンコハマキ〈*Argyrotaenia congruentana*〉昆虫綱鱗翅目ハマキガ科の蛾。開張11～17mm。分布：北海道, 本州, 四国, 九州, 対馬, 伊豆諸島, 屋久島, 奄美大島, 琉球列島, ロシア（シベリア）, インド（アッサム）。

トビモンコブガ〈*Meganola major*〉昆虫綱鱗翅目コブガ科の蛾。分布：インドから東南アジア一帯, ニューカレドニア, 奄美大島西他間, 屋久島。

トビモンコヤガ〈*Lithacodia brunnea*〉昆虫綱鱗翅目ヤガ科コヤガ亜科の蛾。開張20～22mm。分布：北海道から九州。

トビモンシャチホコ〈*Drymonia dodonides*〉昆虫綱鱗翅目シャチホコガ科ウチキシャチホコ亜科の蛾。開張35mm。分布：沿海州, 東北地方から本州中部山地。

トビモンシロコブガ〈*Meganola albula*〉昆虫綱鱗翅目コブガ科の蛾。開張15～21mm。分布：北海道, 本州, 四国, 九州, 対馬, 屋久島, ヨーロッパ, 沖縄本島, 台湾。

トビモンシロナミシャク 鳶紋白波尺蛾〈*Plemyria rubiginata*〉昆虫綱鱗翅目シャクガ科ナミシャク亜科の蛾。開張24～29mm。分布：北海道, 本州, 四国, 九州, シベリア南部, ヨーロッパ。

トビモンシロノメイガ〈*Trichophysetis rufoterminalis*〉昆虫綱鱗翅目メイガ科ノメイガ亜科の蛾。開張10～14mm。分布：東北地方から四国, 九州, 対馬, 屋久島, シベリア南東部, 中国。

トビモンシロヒメハマキ〈*Eucosma metzneriana*〉昆虫綱鱗翅目ハマキガ科の蛾。開張15～22mm。菊に害を及ぼす。分布：ユーラシア, 北西アフリカ, 北海道から九州, 対馬, 伊豆諸島（三宅島）。

トビモントリバ〈*Stenoptilia cretalis*〉昆虫綱鱗翅目トリバガ科の蛾。開張18～23mm。分布：本州, 九州, 対馬。

トビモンナミキノコバエ〈*Fungivora dististylata*〉昆虫綱双翅目キノコバエ科。

トビモンナミタケカ〈Fungivora distystylata〉昆虫綱双翅目キノコバエ科。別名トビモンキノコバエ。

トビモンハマキ 鳶紋葉捲蛾〈Gnorismoneura mesotoma〉昆虫綱鱗翅目ハマキガ科の蛾。開張13～16.5mm。分布：北海道, 本州, 四国, 九州, 対馬。

トビモンフタスジノメイガ〈Cataprosopus pauperalis〉昆虫綱鱗翅目メイガ科ノメイガ亜科の蛾。開張28mm。

トフシアリ〈Solenopsis japonica〉昆虫綱膜翅目アリ科。

トフシケシマキムシ〈Migneauxia orientalis〉昆虫綱甲虫目ヒメマキムシ科の甲虫。体長1.5mm。

トベラキジラミ〈Psylla tobirae〉昆虫綱半翅目キジラミ科。トベラに害を及ぼす。

トベラクロスジナミシャク〈Gymnoscelis tristrigosa〉昆虫綱鱗翅目シャクガ科の蛾。分布：屋久島, 沖縄本島, 久米島, 台湾, スリランカ, インド。

ドヘルティカギアシミドリハナムグリ〈Stephanocrates dohertyi〉昆虫綱甲虫目コガネムシ科の甲虫。分布：アフリカ東部。

トホシオサゾウムシ 十星長象鼻虫〈Aplotes roelofsi〉昆虫綱甲虫目オサゾウムシ科の甲虫。体長5.85～7.9mm。分布：本州, 四国, 九州。

トホシカミキリ〈Saperda alberti〉昆虫綱甲虫目カミキリムシ科フトカミキリ亜科の甲虫。体長12～20mm。分布：北海道, 本州。

トホシカメムシ 十星亀虫〈Lelia decempunctata〉昆虫綱半翅目カメムシ科。体長17～23mm。柿に害を及ぼす。分布：北海道, 本州, 四国, 九州。

トボシガラワタカイガラトビコバチ〈Metaphycus parvus var. eriopelti〉昆虫綱膜翅目トビコバチ科。

トホシクビボソハムシ〈Lema decempunctata〉昆虫綱甲虫目ハムシ科の甲虫。体長5mm。分布：本州, 四国, 九州。

トホシスヒロキバガ〈Ethmia lapidella〉昆虫綱鱗翅目スヒロキバガ科の蛾。開張18～21mm。分布：四国, 九州, 屋久島, 琉球, 台湾, 中国, パンジャブ。

トホシテントウ〈Epilachna admirabilis〉昆虫綱甲虫目テントウムシ科の甲虫。体長5.5～7.5mm。分布：北海道, 本州, 四国, 九州。

トホシハナカミキリ〈Brachyta interrogationis sachalinensis〉昆虫綱甲虫目カミキリムシ科ハナカミキリ亜科の甲虫。体長10～19mm。分布：北海道, 本州(高山帯)。

トホシハムシ〈Gonioctena japonica〉昆虫綱甲虫目ハムシ科の甲虫。体長7mm。分布：北海道, 本州, 四国, 九州。

トホシマルノミハムシ〈Schenklingia kasuga〉昆虫綱甲虫目ハムシ科。

トボロイアゲハ〈Papilio toboroi〉昆虫綱鱗翅目アゲハチョウ科の蝶。分布：ブーゲンビル。

トマトサビダニ〈Aculops lycopersici〉蛛形綱ダニ目フシダニ科。ナス科野菜に害を及ぼす。

トマトハモグリバエ〈Liriomyza sativae〉昆虫綱双翅目ハモグリバエ科。体長1.3～2.3mm。ウリ科野菜, ナス科野菜に害を及ぼす。分布：西日本の一部, 中国南部, タイ, インド北部, アフリカ, 南北アメリカ, 太平洋諸島。

トマレス・カッリマクス〈Tomares callimachus〉昆虫綱鱗翅目シジミチョウ科の蝶。分布：小アジア, イラン, イラク。

トマレス・ノゲリイ〈Tomares nogelii〉昆虫綱鱗翅目シジミチョウ科の蝶。分布：トルコからアルメニアまで。

トマレス・バッルス〈Tomares ballus〉昆虫綱鱗翅目シジミチョウ科の蝶。分布：フランス南部, スペイン, アフリカ北部。

トマレス・フェッツェンコイ〈Tomares fedtschenkoi〉昆虫綱鱗翅目シジミチョウ科の蝶。分布：トルキスタン, パミール。

トマレス・ロマノビ〈Tomares romanovi〉昆虫綱鱗翅目シジミチョウ科の蝶。分布：アルメニア。

トミリスツマキチョウ〈Anthocharis tomyris〉昆虫綱鱗翅目シロチョウ科の蝶。分布：ロシア南部カスピ海東岸地方。

トムソンハムグリハバチ〈Profenusa thomsoni〉昆虫綱膜翅目ハバチ科。

トモエガ 鱗翅目ヤガ科Spirama属の昆虫の総称。

トモエガ オスグロトモエの別名。

トモエスズメ〈Daphnis hypothous〉昆虫綱鱗翅目スズメガ科の蛾。分布：インドからソロモン群島, インドから東南アジア一帯, 中国, 台湾, 徳島県名東郡国府町。

トモンチビオオキノコムシ〈Tritoma asahinai〉昆虫綱甲虫目オオキノコムシ科の甲虫。体長3.5mm。

トモンノメイガ〈Pyrausta limbata〉昆虫綱鱗翅目メイガ科ノメイガ亜科の蛾。開張14～17mm。分布：北海道, 本州, 四国, 九州, 対馬, シベリア南東部, 中国。

トモンハナバチ 十紋花蜂〈Anthidium septemspinosum〉昆虫綱膜翅目ハキリバチ科。分布：本州中部。

ドヨウオニグモ(1)〈Neoscona adianta〉蛛形綱クモ目コガネグモ科の蜘蛛。体長雌8～10mm, 雄5～7mm。分布：北海道, 本州, 四国, 九州。

ドヨウオニグモ(2) 〈Neoscona doenitzi〉蛛形綱クモ目コガネグモ科の蜘蛛.

ドヨウヌカグモ 〈Tiso aestivus〉蛛形綱クモ目サラグモ科の蜘蛛.

トーヨーゴキブリ 〈Blatta orientalis〉昆虫綱網翅目ゴキブリ科.体長20〜24mm.害虫.

トラガ 虎蛾 〈Chelonomorpha japona〉昆虫綱鱗翅目トラガ科の蛾.開張55〜58mm.分布:朝鮮半島,台湾,中国,ミャンマー,インド,北海道,本州,九州.

トラガ 虎蛾 昆虫綱鱗翅目トラガ科のガの総称,またはそのなかの一種.

トラカミキリ 虎天牛 昆虫綱甲虫目カミキリムシ科の一群Clytiniに属する昆虫の総称.

トラカミキリ トラフカミキリの別名.

トラカミキリの一種(1) 〈Xylotrechus albonotatus〉昆虫綱甲虫目カミキリムシ科の甲虫.

トラカミキリの一種(2) 〈Xylotrechus quadripes〉昆虫綱甲虫目カミキリムシ科の甲虫.

トラガモドキ 〈Nikaea longipennis〉昆虫綱鱗翅目ヒトリガ科の蛾.分布:インド北部から中国南西部,石垣島,西表島,台湾.

トラキアブモドキ 〈Solva shikokuana〉昆虫綱双翅目キアブモドキ科.

トラサンドクガ 〈Euproctis torasan〉昆虫綱鱗翅目ドクガ科の蛾.開張雄21〜25mm.分布:本州(伊豆半島以西),四国,九州,対馬.

トラツリアブ 〈Anastoenchus nitidulus〉昆虫綱双翅目ツリアブ科.

トラノオトビハムシ 〈Lythraria salicariae〉昆虫綱甲虫目ハムシ科の甲虫.体長1.8〜2.3mm.

トラノオナミシャク 〈Anticollix sparsata〉昆虫綱鱗翅目シャクガ科ナミシャク亜科の蛾.開張19〜20mm.分布:北海道,本州(東北地方から中部,北陸の山地),シベリア南東部からヨーロッパ.

トラハナムグリ 〈Trichius japonicus〉昆虫綱甲虫目コガネムシ科の甲虫.体長11〜15mm.分布:北海道,本州,四国,九州.

トラフアゲハ 〈Papilio glaucus canadensis〉昆虫綱鱗翅目アゲハチョウ科の蝶.別名メスグロトラフアゲハ.分布:アラスカ,カナダから合衆国南部まで(主としてロッキー山脈の東側に多い).

トラフエダシャク 〈Callioratis millari〉昆虫綱鱗翅目シャクガ科の蛾.オレンジ色,灰色,黒色.開張5.5〜6.0mm.分布:南アフリカ.

トラフカクイカ 〈Culex halifaxii〉昆虫綱双翅目カ科.体長7mm.分布:北日本をのぞく日本全土.

トラフカニグモ 〈Tmarus piger〉蛛形綱クモ目カニグモ科の蜘蛛.体長雌6〜7mm,雄5〜6mm.分布:北海道,本州,四国,九州.

トラフカミキリ 虎斑天牛 〈Xylotrechus chinensis〉昆虫綱甲虫目カミキリムシ科カミキリ亜科の甲虫.体長15〜25mm.桑に害を及ぼす.分布:小笠原諸島をのぞく日本全土.

トラフキアゲハ 〈Papilio alexanor〉昆虫綱鱗翅目アゲハチョウ科の蝶.分布:ヨーロッパ南部沿岸地方から,ペルシア東部,シリア,パレスチナ.

トラフグモ 〈Herpyllus striatus〉蛛形綱クモ目ワシグモ科.

トラフコメツキ 〈Selatosomus onerosus〉昆虫綱甲虫目コメツキムシ科の甲虫.体長9〜14mm.分布:本州,四国,九州.

トラフシジミ 虎斑小灰蝶 〈Rapala arata〉昆虫綱鱗翅目シジミチョウ科ミドリシジミ亜科の蝶.前翅長14〜18mm.林檎に害を及ぼす.分布:北海道,本州,四国,九州.

トラフシジミタテハ(1) 〈Dodona deodata〉昆虫綱鱗翅目シジミタテハ科の蝶.分布:アッサムからミャンマーまで.

トラフシジミタテハ(2) 〈Dodona ouida〉昆虫綱鱗翅目シジミタテハ科の蝶.分布:ヒマラヤから中国西部,ミャンマー,ネパール.

トラフタイマイ 〈Eurytides marcellus〉昆虫綱鱗翅目アゲハチョウ科の蝶.黒色の縞模様と長い剣状の尾状突起.開張5〜7mm.分布:カナダ東部から合衆国のフロリダ,メキシコ湾岸.

トラフタテハ 〈Parthenos sylvia〉昆虫綱鱗翅目タテハチョウ科の蝶.半透明の白斑と黒褐色の縁どりをもつ.開張10〜10.8mm.分布:インド,スリランカ,マレーシア,パプアニューギニア.

トラフツバメエダシャク 虎斑燕枝尺蛾 〈Tristrophis veneris〉昆虫綱鱗翅目シャクガ科エダシャク亜科の蛾.開張27〜32mm.分布:北海道,本州,四国,九州,対馬,サハリン,シベリア南東部.

トラフトンボ 虎斑蜻蛉 〈Epitheca marginata〉昆虫綱蜻蛉目エゾトンボ科の蜻蛉.体長54mm.分布:本州,四国,九州.

トラフハマキ 〈Croesia tigricolor〉昆虫綱鱗翅目ハマキガ科の蛾.開張14〜16mm.分布:北海道,本州,ロシア(沿海州).

トラフヒトリ 〈Callimorpha histrio〉昆虫綱鱗翅目ヒトリガ科トラフヒトリ亜科の蛾.開張72〜94mm.分布:対馬,朝鮮半島,中国北部,台湾.

トラフフサヒゲフトカミキリ 〈Aristobia approximator〉昆虫綱甲虫目カミキリムシ科の甲虫.分布:インド,ミャンマー,タイ,ラオス,カンボジア,ベトナム南部.

トラフホソバネカミキリ 虎斑細翅天牛 〈Thranius variegatus〉昆虫綱甲虫目カミキリムシ科カミキ

リ亜科の甲虫。体長16～22mm。分布：北海道、本州、四国、九州、対馬、屋久島、伊豆諸島。

トラフマダラ〈*Lycorea cleobaea*〉昆虫綱鱗翅目タテハチョウ科の蝶。後翅の外縁には白色の斑紋が並ぶ。開張7～8mm。分布：メキシコからブラジル。

トラフマハキ〈*Ergasia tigricolor*〉昆虫綱鱗翅目ハマキガ科の蛾。

トラフムシヒキ 虎斑食虫虻〈*Astochia virgatipes*〉昆虫綱双翅目ムシヒキアブ科。体長19～28mm。分布：本州、四国、九州。

トラフワシグモ〈*Drassodes serratidens*〉蛛形綱クモ目ワシグモ科の蜘蛛。体長雌9～13mm、雄8～9mm。分布：本州、四国、九州。

トラマルハナバチ〈*Bombus diversus*〉昆虫綱膜翅目ミツバチ科マルハナバチ亜科。体長雌20～26mm、雄16～19mm。分布：日本全土。害虫。

トランスキラナガレトビケラ〈*Rhyacophila transquilla*〉昆虫綱毛翅目ナガレトビケラ科。

トランスバイカルキクイムシ〈*Hylurgops transbaicalicus*〉昆虫綱甲虫目キクイムシ科。

ドリアスオナガシジミタテハ〈*Syrmatia dorias*〉昆虫綱鱗翅目シジミチョウ科の蝶。前翅に白色の斑紋がある。開張1.5～2.0mm。分布：ブラジルとベネズエラ。

ドリカオンシロスジタイマイ〈*Eurytides dolicaon dolicaon*〉昆虫綱鱗翅目アゲハチョウ科の蝶。分布：コロンビア、エクアドル、ペルー、ボリビア、ベネズエラからフランス領ギアナ、ブラジル。

トリキンバエ〈*Protocalliphora azurea*〉昆虫綱双翅目クロバエ科。体長8～12mm。分布：北海道、本州。害虫。

トリゲキシャチホコ〈*Torigea plumosa*〉昆虫綱鱗翅目シャチホコガ科ウチキシャチホコ亜科の蛾。開張42～50mm。分布：本州、四国、九州。

トリコニンファ 肉質鞭毛虫門鞭毛虫亜門動物性鞭毛綱超鞭毛虫目の一属Trichonymphaの総称。

トリサシダニ〈*Ornithonyssus sylviarum*〉蛛形綱ダニ目オオサシダニ科。体長0.5～0.6mm。害虫。

ドリスドクチョウ〈*Heliconius doris*〉昆虫綱鱗翅目タテハチョウ科の蝶。前翅は黒字に薄い黄色。後翅紋がオレンジ色、青色、緑色の3型がある。開張8～9mm。分布：中央および南アメリカ。珍蝶。

トリノフンダマシ 擬鳥糞蜘蛛〈*Cyrtarachne bufo*〉節足動物門クモ形綱真正クモ目コガネグモ科トリノフンダマシ属の蜘蛛。体長雌8～10mm、雄1.5～2.5mm。分布：本州、四国、九州、南西諸島。

トリバガ 鳥羽蛾 昆虫綱鱗翅目トリバガ科 Pterophoridaeの総称。

トリバネアゲハ 鳥羽揚羽〈*Birdwing butterfly*〉昆虫綱鱗翅目アゲハチョウ科の一群の総称。珍虫。

トリバネアゲハ メガネトリバネアゲハの別名。

トリベス・バティッルス〈*Thorybes bathyllus*〉昆虫綱鱗翅目セセリチョウ科の蝶。分布：合衆国の南部。

トリベス・ビラデス〈*Thorybes pylades*〉昆虫綱鱗翅目セセリチョウ科の蝶。分布：カナダからテキサス州、合衆国の大西洋沿いの州まで。

ドリモルファ・スプリウス〈*Dolymorpha spurius*〉昆虫綱鱗翅目シジミチョウ科の蝶。分布：コロンビアからボリビア、ベネズエラ、ギアナ。

ドリルス属の一種〈*Dorylus* sp.〉昆虫綱膜翅目アリ科。分布：ローデシア南部。

ドリルス・ヘルボルス〈*Dorylus helvolus*〉昆虫綱膜翅目アリ科。分布：サハラ以南のアフリカ全域。

ドルカディオン・アエティオプス〈*Dorcadion aethiops*〉昆虫綱甲虫目カミキリムシ科の甲虫。分布：バルカン半島。

ドルカディオン・アレナリウム〈*Dorcadion arenarium*〉昆虫綱甲虫目カミキリムシ科の甲虫。分布：イタリア、バルカン半島。

ドルカディオン・エトゥルスクム〈*Dorcadion etruscum*〉昆虫綱甲虫目カミキリムシ科の甲虫。分布：イタリア、シシリー、アルバニア、ギリシア西部。

ドルカディオン・スコポリィ〈*Dorcadion scopolii*〉昆虫綱甲虫目カミキリムシ科の甲虫。分布：バルカン半島。

ドルカディオン・フリギナトル〈*Dorcadion fuliginator*〉昆虫綱甲虫目カミキリムシ科の甲虫。分布：ヨーロッパ中西部、スペイン。

ドルカディオン・フルブム〈*Dorcadion fulvum*〉昆虫綱甲虫目カミキリムシ科の甲虫。分布：ヨーロッパ中央部。

トルコカクムネチビヒラタムシ〈*Crytolestes turcisus*〉昆虫綱甲虫目ヒラタムシ科。体長1.5～2.0mm。貯穀・貯蔵植物性食品に害を及ぼす。

トルコカクムネヒラタムシ〈*Cryptolestes turcicus*〉昆虫綱甲虫目ヒラタムシ科。害虫。

トルコキンオサムシ〈*Lamprostus erenleriensis*〉昆虫綱甲虫目オサムシ科。分布：トルコ。

トルコルリオサムシ〈*Lamprostus spinolae*〉昆虫綱甲虫目オサムシ科の甲虫。分布：トルコ。

ドルーリーオオアゲハ〈*Papilio antimachus*〉昆虫綱鱗翅目アゲハチョウ科の蝶。別名アンティマクスオオアゲハ。オレンジと黒色の模様。開張15～25mm。分布：ウガンダから、ザイール、アンゴラ、シエラレオネ。珍蝶。

ドルリーカザリバ〈Cosmopterix drurella〉昆虫綱鱗翅目カザリバガ科の蛾。分布：北海道, 本州, 九州, ヨーロッパ。

ドレスカッリア・ダスコン〈Doleschallia doscon〉昆虫綱鱗翅目タテハチョウ科の蝶。分布：ニューギニア。

ドレスカッリア・ヘキソフタルモス〈Doleschallia hexophthalmos〉昆虫綱鱗翅目タテハチョウ科の蝶。分布：モルッカ諸島, ニューギニア。

トレッサ・デコラタ〈Thoressa decorata〉昆虫綱鱗翅目セセリチョウ科の蝶。分布：セイロン。

トレッサ・ビビッタ〈Thoressa bivitta〉昆虫綱鱗翅目セセリチョウ科の蝶。分布：中国西部。

トレッサ・ホノレイ〈Thoressa honorei〉昆虫綱鱗翅目セセリチョウ科の蝶。分布：インド南部。

ドロキリガ〈Ipimorpha subtusa〉昆虫綱鱗翅目ヤガ科カラスヨトウ亜科の蛾。開張30mm。分布：北海道, 東北地方から本州中部山地。

ドロスエリユスリカ〈Spaniotoma filamentosa〉昆虫綱双翅目ユスリカ科。

ドロノキハムシ 白楊金花虫〈Chrysomela populi〉昆虫綱甲虫目ハムシ科の甲虫。体長10～12mm。ヤナギ, ポプラに害を及ぼす。分布：北海道, 本州, 四国, 九州。

ドロバチ 泥蜂〈mud dauber〉昆虫綱膜翅目ドロバチ科のオディネルス属OdynerusやリンキウムRhynchium属その他数属のカリバチの総称。

ドロハマキ〈Sciaphila branderiana〉昆虫綱鱗翅目ノコメハマキガ科の蛾。開張25～29mm。

ドロハマキチョッキリ 泥葉巻短截虫〈Byctiscus congener〉昆虫綱甲虫目オトシブミ科の甲虫。体長6mm。分布：北海道, 本州。

ドロヒメハマキ〈Pseudosciaphila branderiana〉昆虫綱鱗翅目ハマキガ科の蛾。分布：北海道, 本州(東北・中部山地), 中国(東北), ロシア, ヨーロッパ, イギリス, 北アメリカ。

ドロムシ 泥虫 昆虫綱甲虫目ドロムシ上科Dryopoideaに属するうちドロムシ科Dryopidaeとヒメドロムシ科Elmidaeに属するものの総称。

ドロワムシ 泥輪虫 袋形動物門輪毛網セナカワムシ目ヒゲワムシ科の一属Synchaetaの総称, およびそのうちの一種。

ドロンフタオチョウ ウスイロフタオチョウの別名。

トワダオオカ 十和田大蚊〈Toxorhynchites towadensis〉昆虫綱双翅目カ科。体長10～13mm。分布：北海道から屋久島。害虫。

トワダカワゲラ 十和田襀翅〈Scopura longa〉昆虫綱襀翅目トワダカワゲラ科。体長雄14mm, 雌20mm。分布：北海道, 本州(中部以北)。珍虫。

トワダナカミゾコメツキダマシ〈Rhacopus towadensis〉昆虫綱甲虫目コメツキダマシ科の甲虫。体長5.0～6.4mm。

トワダナガレトビケラ〈Rhyacophila articulata〉昆虫綱毛翅目ナガレトビケラ科。

トワダヒメバチ〈Protichneumon platycerus〉昆虫綱膜翅目ヒメバチ科。体長23mm。分布：北海道, 本州。

トワダムモンメダカカミキリ〈Stenhomalus lighti〉昆虫綱甲虫目カミキリムシ科カミキリ亜科の甲虫。体長5mm。分布：北海道, 本州, 四国。

トンビグモの一種〈Poecilochroa sp.〉蛛形綱クモ目フワシグモ科の蜘蛛。体長雌7.5mm。分布：沖縄。

トンビハエトリ〈Icius nigner〉蛛形綱クモ目ハエトリグモ科の蜘蛛。

トンボ 蜻蛉〈dragonfly, damselfly〉昆虫綱トンボ目Odonataに属する昆虫の総称。

トンボエダシャク 蜻蛉枝尺蛾〈Cystidia stratonice〉昆虫綱鱗翅目シャクガ科エダシャク亜科の蛾。開張47～58mm。分布：朝鮮半島, シベリア南東部, 中国東北部・西部, 台湾, インド, 北海道, 本州, 四国, 九州, 対馬, 屋久島。

トンボシジミタテハ〈Ithomeis astrea〉昆虫綱鱗翅目シジミタテハ科の蝶。分布：ベネズエラ, ペルー, ブラジル。

トンボジャコウアゲハ〈Parides hahneli〉昆虫綱鱗翅目アゲハチョウ科の蝶。別名ハーネルジャコウアゲハ。開張90mm。分布：アマゾン中流域南岸。珍蝶。

トンボシロチョウ〈Dismorphia orise〉昆虫綱鱗翅目シロチョウ科の蝶。分布：ギアナ, ボリビア。

トンボマダラ〈Methone grandior〉昆虫綱鱗翅目トンボマダラ科の蝶。開張90mm。分布：アマゾン川流域。珍蝶。

トンボヨロイダニ〈Arrenulus agrionicolus〉蛛形綱ダニ目ヨロイミズダニ科。

【ナ】

ナイスイナズマ〈Euthalia nais〉昆虫綱鱗翅目タテハチョウ科の蝶。分布：シッキム, アッサム, インド, スリランカ。

ナイスヒョウモンシジミタテハ〈Apodemia nais〉昆虫綱鱗翅目シジミタテハ科の蝶。前翅の先端には白色の斑紋がある。開張3～4mm。分布：合衆国のコロラドからニューメキシコ, およびメキシコ。

ナエドコチャイロコガネ〈Sericania mimica〉昆虫綱甲虫目コガネムシ科の甲虫。体長8～11.5mm。

ナエボルス・ナエボルス〈Naevolus naevolus〉昆虫綱鱗翅目セセリチョウ科の蝶。分布：メキシコからブラジルまで。

ナカアオナミシャク 中青波尺蛾〈Eupithecia sophia〉昆虫綱鱗翅目シャクガ科ナミシャク亜科の蛾。開張13～19mm。分布：北海道, 本州, 四国, 九州, 対馬。

ナカアオフトメイガ 中青太螟蛾〈Teliphasa elegans〉昆虫綱鱗翅目メイガ科フトメイガ亜科の蛾。開張30～35mm。分布：北海道, 本州, 四国, 九州, 対馬, 屋久島, 奄美大島, 朝鮮半島, 中国, シベリア南東部。

ナカアカシマメイガ〈Tamraca torridalis〉昆虫綱鱗翅目メイガ科シマメイガ亜科の蛾。開張26～30mm。茶に害を及ぼす。分布：本州(関東地方以西), 四国, 九州, 対馬, 屋久島, 台湾, 中国, インドから東南アジア一帯。

ナカアカスジマダラメイガ 中赤条斑螟蛾〈Nephopterix bicolorella〉昆虫綱鱗翅目メイガ科マダラメイガ亜科の蛾。開張24～29mm。分布：東北北部から四国, 九州, 対馬, 屋久島, 朝鮮半島, 中国, インド。

ナカアカノメイガ〈Clupeosoma pryeri〉昆虫綱鱗翅目メイガ科ノメイガ亜科の蛾。開張14～19mm。分布：関東以西, 四国, 九州, 対馬, 屋久島, 奄美大島, 沖縄本島, 西表島。

ナカアカヒゲブトハネカクシ 中赤角太隠翅虫〈Aleochara curtula〉昆虫綱甲虫目ハネカクシ科の甲虫。体長4.0～8.0mm。分布：本州, 九州。

ナガアシヒゲナガゾウムシ〈Habrissus longipes〉昆虫綱甲虫目ヒゲナガゾウムシ科の甲虫。体長4.8～8.5mm。分布：北海道, 本州, 四国, 九州。

ナガアナアキゾウムシ〈Dyscerus laeviventris〉昆虫綱甲虫目ゾウムシ科の甲虫。体長10.5～14.6mm。分布：本州, 四国, 九州。

ナガアリゾナタマムシ〈Hippomelas planicauda〉昆虫綱甲虫目タマムシ科。分布：アメリカ(アリゾナ州)。

ナガイカバナミシャク〈Eupithecia nagaii〉昆虫綱鱗翅目シャクガ科の蛾。分布：本州(群馬, 山梨, 静岡の各県), 四国(剣山), 屋久島。

ナガイヅツグモ〈Anyphaena ayshides〉蛛形綱クモ目イヅツグモ科の蜘蛛。体長雌8～9mm, 雄6.5～7.5mm。分布：北海道, 本州, 四国, 九州。

ナガイボグモ 長疣蜘蛛〈Herenia savignyi〉ナガイボクモ科の蜘蛛。

ナガイモコガ〈Acrolepiopsis nagaimo〉昆虫綱鱗翅目アトヒゲコガ科の蛾。ヤマノイモ類に害を及ぼす。

ナガイモユミハリセンチュウ〈Paratrichodorus porosus〉トリコドルス科。ヤマノイモ類, 梅, アンズ, 柑橘, マリゴールド類に害を及ぼす。

ナカウスエダシャク 中淡枝尺蛾〈Alcis angulifera〉昆虫綱鱗翅目シャクガ科の蛾。林檎に害を及ぼす。分布：本州(宮城県以南), 四国, 九州, 対馬, 屋久島, 奄美大島, 朝鮮半島。

ナカウスオビアツバ〈Hypena sp.〉昆虫綱鱗翅目ヤガ科アツバ亜科の蛾。分布：沖縄本島, 屋久島。

ナカウスツマキリヨトウ〈Callopistria maillardi〉昆虫綱鱗翅目ヤガ科カラスヨトウ亜科の蛾。分布：アフリカ, マダガスカルから太平洋諸島, 屋久島以南琉球列島, 四国南部。

ナガエグリシャチホコ〈Ptilodon longipennis〉昆虫綱鱗翅目シャチホコガ科の蛾。

ナガエホラヒメグモ〈Nesticus longiscapus〉蛛形綱クモ目ホラヒメグモ科の蜘蛛。

ナガエヤミサラグモ〈Arcuphantes longiscapus〉蛛形綱クモ目サラグモ科の蜘蛛。

ナガエンマムシ〈Cylister lineicolle〉昆虫綱甲虫目エンマムシ科の甲虫。体長3.5～5.0mm。分布：本州, 四国, 九州。

ナガオエダシャク〈Semiothisa cinerearia〉昆虫綱鱗翅目シャクガ科エダシャク亜科の蛾。開張30～39mm。

ナガオコナカイガラムシ〈Pseudococcus longispinus〉昆虫綱半翅目コナカイガラムシ科。体長3～4mm。グアバ, 蘇鉄, ヤシ類, マンゴー, アボカド, 柑橘, ドラセナに害を及ぼす。

ナガオチバアリヅカムシ〈Philoscotus lougulus〉昆虫綱甲虫目アリヅカムシ科。

ナガオチビオオキノコムシ〈Triplax nagaoi〉昆虫綱甲虫目オオキノコムシ科の甲虫。体長3.4～4.3mm。

ナカオドウメクラチビゴミムシ〈Stygiotrechus parvulus〉昆虫綱甲虫目オサムシ科の甲虫。体長2.2～2.4mm。

ナカオビアキナミシャク〈Nothoporinia mediolineata〉昆虫綱鱗翅目シャクガ科ナミシャク亜科の蛾。開張21～28mm。分布：本州(東北地方北部より), 四国, 九州, 屋久島。

ナカオビウスツヤヒメハマキ〈Gypsonoma nitidulana〉昆虫綱鱗翅目ハマキガ科の蛾。分布：イギリス, ヨーロッパからロシア, 小アジア, モンゴル, 北海道及び本州東北地方の亜高山帯。

ナカオビカバナミシャク〈Eupithecia subbreviata〉昆虫綱鱗翅目シャクガ科ナミシャク亜科の蛾。開張17～21mm。分布：北海道, 本州, 四国, 九州, 対馬, 屋久島, シベリア南東部。

ナカオビキリガ〈*Dryobotodes intermissa*〉昆虫綱鱗翅目ヤガ科セダカモクメ亜科の蛾。開張33mm。分布：本州から九州。

ナカオビキンモンホソガ〈*Phyllonorycter cretata*〉昆虫綱鱗翅目ホソガ科の蛾。分布：北海道，本州，ロシア南東部。

ナカオビチビツトガ〈*Catoptria persephone*〉昆虫綱鱗翅目メイガ科の蛾。分布：北海道東部，秋田，新潟，富山，中国の雲南省。

ナカオビチャイロヤガ〈*Paradiarsia punicea*〉昆虫綱鱗翅目ヤガ科モンヤガ亜科の蛾。開張37mm。分布：ユーラシア，沿海州，サハリン，北海道。

ナカオビナミスジキヒメハマキ〈*Pseudohedya gradana*〉昆虫綱鱗翅目ハマキガ科の蛾。分布：北海道，本州(中部山地)，ロシア(シベリア)。

ナカオビムラサキアツバ〈*Diomea* sp.〉昆虫綱鱗翅目ヤガ科クチバ亜科の蛾。分布：奄美大島。

ナカオビンメイガ〈*Antiercta ornatalis*〉昆虫綱鱗翅目メイガ科の蛾。分布：九州南部，種子島，屋久島，奄美大島，沖縄本島，宮古島，西表島，台湾，東洋熱帯からアフリカ，南ヨーロッパ，南北アメリカ。

ナガオミゾムネヒメサビキコリ〈*Agrypnus nagaoi*〉昆虫綱甲虫目コメツキムシ科の甲虫。体長9〜10mm。

ナカオメクラチビゴミムシ〈*Trechiama nakaoi*〉昆虫綱甲虫目オサムシ科の甲虫。絶滅危惧II類(VU)。体長6.0〜6.5mm。

ナガカギバヒメハマキ〈*Ancylis repandana*〉昆虫綱鱗翅目ハマキガ科の蛾。開張23〜24mm。分布：本州，ロシア(アムール)。

ナガタカイガラムシ〈*Coccus longulus*〉昆虫綱半翅目カタカイガラムシ科。体長4〜6mm。ラン類，ハイビスカス類，マンゴー，パッションフルーツ，柑橘に害を及ぼす。分布：南西諸島，小笠原。

ナガカツオゾウムシ〈*Lixus depressipennis*〉昆虫綱甲虫目ゾウムシ科の甲虫。体長9〜13mm。分布：本州，四国，対馬。

ナガカメムシ 長亀虫，長椿象〈lygaeid bug〉昆虫綱半翅目異翅亜目ナガカメムシ科Lygaeidaeの昆虫の総称。

ナカガワヒラタハバチ〈*Pamphilius pallipes nakagawai*〉昆虫綱膜翅目ヒラタハバチ科。

ナカキエダシャク 中黄枝尺蛾〈*Plagodis dolabraria*〉昆虫綱鱗翅目シャクガ科エダシャク亜科の蛾。暗褐色の線と斑紋をもつ。開張3〜4mm。分布：ヨーロッパ，アジア温帯域，日本。

ナガキクイムシ 長木喰虫〈pinhole borer〉昆虫綱甲虫目ナガキクイムシ科Platypodidaeの昆虫の総称。

ナカキシャチホコ〈*Peridea gigantea*〉昆虫綱鱗翅目シャチホコガ科ウチキシャチホコ亜科の蛾。開張50〜60mm。栗に害を及ぼす。分布：沿海州，朝鮮半島，北海道から九州，伊豆諸島，御蔵島，三宅島。

ナカキチビマダラメイガ〈*Pseudocadra micronella*〉昆虫綱鱗翅目メイガ科の蛾。分布：北海道，本州(関東，北陸，中部)，四国，九州，屋久島。

ナカキトガリノメイガ〈*Preneopogon catenalis*〉昆虫綱鱗翅目メイガ科の蛾。分布：伊豆諸島の三宅島，九州南部，屋久島，沖縄本島。

ナガキノカワゴミムシ 長樹皮芥虫〈*Leistus prolongatus*〉昆虫綱甲虫目オサムシ科の甲虫。体長10〜11mm。分布：本州，九州。

ナカキノメイガ〈*Bocchoris aptalis*〉昆虫綱鱗翅目メイガ科の蛾。分布：本州中部から四国，九州，屋久島，沖縄本島，台湾，中国，インド。

ナガキバアツバ〈*Polypogon gryphalis*〉昆虫綱鱗翅目ヤガ科クルマアツバ亜科の蛾。分布：北海道，本州，中部以北の山地，ヨーロッパから朝鮮。

ナカキマエコヤガ〈*Neustrotia sugii*〉昆虫綱鱗翅目ヤガ科コヤガ亜科の蛾。分布：北海道南部，奥尻島，東北地方から近畿地方。

ナガキンカメムシ〈*Brachyaulax cyaneovitta*〉昆虫綱半翅目カメムシ科。分布：中国，台湾。

ナカギンコヒョウモン セレネギンブチヒョウモンの別名。

ナカギンヒョウモン チョウセンヒメヒョウモンの別名。

ナガクシヒゲムシ〈*Callirhipis miwai*〉昆虫綱甲虫目ホソクシヒゲムシ科の甲虫。体長14〜22mm。

ナガクチカクシゾウムシ マエバラナガクチカクシゾウムシの別名。

ナガクチキムシ 長朽木虫 昆虫綱甲虫目ナガクチキムシ科Melandryidaeの昆虫の総称。

ナガクチブトノミゾウムシ〈*Orchestoides maetai*〉昆虫綱甲虫目ゾウムシ科の甲虫。体長3.0〜3.3mm。

ナガクビボソムシ〈*Stereopalpus tokioensis*〉昆虫綱甲虫目アリモドキ科の甲虫。体長7.5〜9.0mm。

ナガグロアカガネヨトウ〈*Euplexia japonica*〉昆虫綱鱗翅目ヤガ科カラスヨトウ亜科の蛾。分布：長野県追分，同県軽井沢，梓山。

ナカクロオビナミシャク〈*Xanthorhoe purpureofascia*〉昆虫綱鱗翅目シャクガ科の蛾。分布：北海道，本州，中部山岳。

ナカグロカスミカメ 中黒盲亀虫〈*Adelphocoris suturalis*〉昆虫綱半翅目カスミカメムシ科。体長

ナカクロカ

7.5〜9.0mm。マメ科牧草, 隠元豆, 小豆, ササゲ, イネ科牧草, 大豆に害を及ぼす。分布：九州以北の日本各地, 極東ロシア, 朝鮮半島, 中国。

ナカグロカレキゾウムシ〈*Acicnemis kiotoensis*〉昆虫綱甲虫目ゾウムシ科の甲虫。体長4.9〜7.0mm。

ナカグロキドクガ〈*Euproctis kurosawai*〉昆虫綱鱗翅目ドクガ科の蛾。

ナカグロキバネクビナガゴミムシ〈*Odacantha puziloi*〉昆虫綱甲虫目オサムシ科の甲虫。体長6.0〜6.5mm。

ナカグロキンモンホソガ〈*Phyllonorycter pulchra*〉昆虫綱鱗翅目ホソガ科の蛾。分布：本州, 四国, 九州, 台湾。

ナカグロクチバ〈*Grammodes geometrica*〉昆虫綱鱗翅目ヤガ科シタバガ亜科の蛾。開張41〜44mm。分布：インドーオーストラリア地域, 屋久島以南, 種子島, 奄美大島, 沖縄本島, 琉球の全域, 四国南部, 対馬, 本州。

ナカグロコシボソハナアブ〈*Baccha nubilipennis*〉昆虫綱双翅目ハナアブ科。

ナカグロコブガ〈*Meganola mediofascia*〉昆虫綱鱗翅目コブガ科の蛾。分布：本州(宮城県から中部山地), 四国, 朝鮮半島。

ナカグロシロチョウ〈*Colotis eris*〉昆虫綱鱗翅目シロチョウ科の蝶。分布：アラビア南西部とサハラ以南のアフリカ全域。

ナカグロチビナミシャク 中黒矮波尺蛾〈*Eupithecia daemionata*〉昆虫綱鱗翅目シャクガ科ナミシャク亜科の蛾。開張17〜19mm。分布：北海道, 本州, 四国, 九州, 対馬。

ナカグロチビノメイガ〈*Mabra eryxalis*〉昆虫綱鱗翅目メイガ科の蛾。分布：屋久島, 沖縄本島, 台湾, インドから東南アジア一帯。

ナカグロツトガ〈*Crambus virgatellus*〉昆虫綱鱗翅目メイガ科ツトガ亜科の蛾。開張18〜21mm。分布：東海以西の本州, 四国, 九州, 朝鮮半島, 中国東部, 秋田県鷹巣町。

ナカグロツマキリアツバ〈*Pangrapta adusta*〉昆虫綱鱗翅目ヤガ科クチバ亜科の蛾。分布：中国, 台湾, 朝鮮半島, 対馬。

ナカグロツマジロハマキ〈*Aphania cuphostra*〉昆虫綱鱗翅目ハマキガ科の蛾。開張16.5〜19.5mm。

ナカグロツマジロヒメハマキ〈*Apotomis cuphostra*〉昆虫綱鱗翅目ハマキガ科の蛾。分布：北海道から本州の中部山地。

ナカグロツヤヒラタゴミムシ〈*Synuchus sylvester*〉昆虫綱甲虫目オサムシ科の甲虫。体長11.5〜13.0mm。

ナカグロナギナタミバエ〈*Rhabdochaeta asteria*〉昆虫綱双翅目ミバエ科。

ナカグロヒメテントウ〈*Stethorus yezoensis*〉昆虫綱甲虫目テントウムシ科の甲虫。体長1.4〜1.7mm。

ナカグロヒラタハナバエ〈*Ectophasia analis*〉昆虫綱双翅目ヒラタハナバエ科。

ナカグロホシカイガラムシ〈*Parlatoria proteus*〉昆虫綱半翅目マルカイガラムシ科。アナナス類, ラン類に害を及ぼす。

ナカグロホソキリガ 中黒細切蛾〈*Lithophane socia*〉昆虫綱鱗翅目ヤガ科セダカモクメ亜科の蛾。開張40〜45mm。分布：ユーラシア, 北海道から本州中部, 四国。

ナカグロホソサジヨコバイ〈*Nirvana suturalis*〉昆虫綱半翅目ヨコバイ科。体長5mm。稲に害を及ぼす。分布：本州以南の日本各地, 台湾, 中国, 東南アジア。

ナカグロマドガ〈*Addaea polyphoralis*〉昆虫綱鱗翅目マドガ科の蛾。分布：西表島, 台湾, ボルネオ, ニューギニア, オーストラリア。

ナカグロミジンムシ〈*Arthrolips lewisii*〉昆虫綱甲虫目ミジンムシ科の甲虫。体長1.2〜1.5mm。

ナカグロミスジ〈*Athyma asura*〉昆虫綱鱗翅目タテハチョウ科の蝶。分布：ヒマラヤ東部, アッサム, 中国西部・中部, 台湾, マレイ半島, スマトラ, ボルネオ, ジャワ。

ナカグロメクラガメ ナカグロカスミカメの別名。

ナカグロメダマワモン〈*Taenaris artemis*〉昆虫綱鱗翅目ワモンチョウ科の蝶。開張80mm。分布：アルー島。珍蝶。

ナカグロモクメ ナカグロモクメシャチホコの別名。

ナカグロモクメシャチホコ〈*Furcula lanigera*〉昆虫綱鱗翅目シャチホコ科ウチキシャチホコ亜科の蛾。開張33〜36mm。ヤナギ, ポプラに害を及ぼす。分布：沿海州, 朝鮮半島, 中国, 北海道から九州。

ナカクロモンコヤガ〈*Pseudeustrotia bipartita*〉昆虫綱鱗翅目ヤガ科コヤガ亜科の蛾。分布：台湾, 奄美大島, 西表島。

ナカクロモンシロナミシャク〈*Cosmorhoe ocellata*〉昆虫綱鱗翅目シャクガ科の蛾。分布：本州の中部山地, 中央アジア, ヨーロッパ。

ナカグロヤガ〈*Noctua undosa*〉昆虫綱鱗翅目ヤガ科モンヤガ亜科の蛾。開張37mm。分布：北海道から本州中部, 四国。

ナカケシゲンゴロウ〈*Hydroporus uenoi*〉昆虫綱甲虫目ゲンゴロウ科の甲虫。体長3.3〜3.4mm。

ナゴウモリノミ〈Ischnopsyllus elongatus〉昆虫綱隠翅目コウモリノミ科.

ナゴコガネグモ 長黄金蜘蛛〈Argiope bruennichii〉節足動物門クモ形綱真正クモ目コガネグモ科の蜘蛛.体長雌20〜25mm,雄6〜10mm.分布:日本全土.害虫.

ナゴコゲチャケシキスイ〈Amphicrossus lewisi〉昆虫綱甲虫目ケシキスイ科の甲虫.体長4.6〜6.5mm.

ナゴゴマフカミキリ 長胡麻斑天牛〈Mesosa longipennis〉昆虫綱甲虫目カミキリムシ科フトカミキリ亜科の甲虫.体長13〜21mm.分布:北海道,本州,四国,九州,佐渡,屋久島,伊豆諸島.

ナゴコムシ 長小虫 コムシ目ナガコムシ科 Campodeidaeに属する昆虫の総称.

ナゴコメツキダマシ〈Isorhipis banghaasi〉昆虫綱甲虫目コメツキダマシ科の甲虫.体長5〜10mm.分布:北海道,本州,四国,九州.

ナガサキアゲハ 長崎揚羽〈Papilio memnon〉昆虫綱鱗翅目アゲハチョウ科の蝶.開張雄110mm,雌130mm.柑橘に害を及ぼす.分布:日本,台湾,中国大陸,スンダランド,小スンダ列島.珍蝶.

ナガサキイチモンジ〈Limenitis helmanni〉昆虫綱鱗翅目タテハチョウ科の蝶.

ナガサキオチバゾウムシ〈Otibazo nagasakiensis〉昆虫綱甲虫目ゾウムシ科の甲虫.体長1.6〜1.8mm.

ナガサキクビナガゴミムシ〈Eucolliuris litura〉昆虫綱甲虫目オサムシ科の甲虫.体長5.5〜6.5mm.

ナガサキチビツチゾウムシ〈Trachyrhinus sordidus〉昆虫綱甲虫目ゾウムシ科の甲虫.体長5.3mm.

ナガサキトゲヒサゴゴミムシダマシ ツヤヒサゴゴミムシダマシ(1)の別名.

ナガサキニセケバエ 長崎偽毛蠅〈Scatopse fuscipes〉昆虫綱双翅目ニセケバエ科.小形のケバエによく似た双翅類.体長2.5〜3.0mm.害虫.

ナガサキヒメシャク〈Scopula plumbearia〉昆虫綱鱗翅目シャクガ科ヒメシャク亜科の蛾.開張19〜21mm.分布:本州(関東以西),四国,九州,種子島,屋久島,奄美大島,沖縄本島,中国西部.

ナガサキヒメテントウ〈Pseudoscymnus nagasakiensis〉昆虫綱甲虫目テントウムシ科の甲虫.体長1.5〜1.6mm.

ナガサキヒメナガゴミムシ〈Pterostichus procephalus〉昆虫綱甲虫目オサムシ科の甲虫.体長8.5mm.

ナガサキムジホソバ〈Tigrioides immaculata〉昆虫綱鱗翅目ヒトリガ科コケガ亜科の蛾.分布:本州(伊豆半島以西),四国,九州,屋久島,台湾.

ナガサキヨツメハネカクシ 長崎四眼隠翅虫〈Olophrum simplex〉昆虫綱甲虫目ハネカクシ科の甲虫.体長3.3〜4.2mm.分布:本州,九州.

ナカジマシロアリ〈Glyptotermes nakajimai〉昆虫綱等翅目レイビシロアリ科.体長有翅虫5.5〜7mm,兵蟻5〜6.5mm.分布:四国,九州.

ナカジロアツバ〈Harita belinda〉昆虫綱鱗翅目ヤガ科アツバ亜科の蛾.開張26〜28mm.分布:朝鮮半島,東北地方を北限,九州に至る本土域,対馬,屋久島.

ナカシロオビエダシャク 中白帯枝尺蛾〈Boarmia definita〉昆虫綱鱗翅目シャクガ科エダシャク亜科の蛾.開張31〜45mm.分布:本州(関東以西),四国,九州.

ナカジロキシタヨトウ〈Triphaenopsis postflava〉昆虫綱鱗翅目ヤガ科カラスヨトウ亜科の蛾.開張31〜35mm.分布:朝鮮半島,北海道,本州,四国.

ナカジロゴマフカミキリ〈Mesosa konoi〉昆虫綱甲虫目カミキリムシ科フトカミキリ亜科の甲虫.体長14〜15mm.分布:吐噶喇列島,奄美諸島,沖縄諸島.

ナカジロサビカミキリ〈Pterolophia jugosa〉昆虫綱甲虫目カミキリムシ科フトカミキリ亜科の甲虫.体長8〜10mm.分布:北海道,本州,四国,九州,対馬.

ナカジロシタバ 中白下翅〈Aedia leucomelas〉昆虫綱鱗翅目ヤガ科クチバ亜科の蛾.後翅の基部は純白色で,縁毛帯にも白色の斑点をもつ.開張3〜4mm.サツマイモに害を及ぼす.分布:インド,オーストラリアや南ヨーロッパ.

ナカシロスジナミシャク〈Xanthorhoe biriviata angulata〉昆虫綱鱗翅目シャクガ科ナミシャク亜科の蛾.開張19〜23mm.分布:北海道,本州,四国,九州,ヨーロッパ,サハリン,中国東北,シベリア南東部.

ナカジロセセリ〈Gerosis sinica〉昆虫綱鱗翅目セセリチョウ科の蝶.

ナカシロテンアツバ〈Bomolocha albopunctalis〉昆虫綱鱗翅目ヤガ科アツバ亜科の蛾.分布:元山,鹿児島,熊本県中部,屋久島,中国.

ナカジロトガリバ〈Togaria suzukiana〉昆虫綱鱗翅目トガリバガ科の蛾.分布:本州,四国,九州.

ナカジロトガリバ ヒメナカジロトガリバの別名.

ナガシロトビムシ〈Onychiurus pseudarmatus〉無翅昆虫亜綱粘管目シロトビムシ科.体長2.5mm.大豆,アカザ科野菜,タバコ,麦類に害を及ぼす.

ナカジロナミシャク 中白波尺蛾〈Melanthia procellata〉昆虫綱鱗翅目シャクガ科ナミシャク亜科の蛾.開張26〜32mm.分布:ヨーロッパ,

ナカシロネ　台湾, 北海道, 朝鮮半島, 中国東北・西部, シベリア南東部, 本州, 四国, 九州, 対馬, 種子島, 屋久島部。

ナカジロネグロエダシャク〈Ramobia mediodivisa〉昆虫綱鱗翅目シャクガ科エダシャク亜科の蛾。開張35～41mm。分布：北海道, 本州(東北地方から中部山地まで)。

ナカジロハマキ〈Acleris japonica〉昆虫綱鱗翅目ハマキガ科の蛾。開張14～18mm。分布：北海道, 本州, 四国, 九州, 対馬, 台湾(山地)。

ナカジロヒメハマキ〈Asaphistis praeceps〉昆虫綱鱗翅目ハマキガ科の蛾。分布：四国, 対馬, 屋久島, 奄美大島, 琉球列島(石垣島, 西表島), インド(アッサム)。

ナカジロフサヤガ〈Penicillaria jocosatrix〉昆虫綱鱗翅目ヤガ科フサヤガ亜科の蛾。分布：インド, オーストラリア地域, 南太平洋, ミクロネシア, 台湾, 琉球列島, 伊豆半島南部。

ナカジロフトメイガ 中白太螟蛾〈Termioptycha margarita〉昆虫綱鱗翅目メイガ科フトメイガ亜科の蛾。開張28mm。分布：東北地方の北部から四国, 九州, 対馬, 屋久島, 台湾, 朝鮮半島, インドから東南アジア一帯。

ナカジロルリハバチ〈Tenthredo picticornis〉昆虫綱膜翅目ハバチ科。

ナ　ナガシンクイ 長心喰虫〈branch and twig borer〉昆虫綱甲虫目ナガシンクイムシ科Bostrichidaeの昆虫の総称。

ナガズキンコモリグモ〈Trochosa aquatica〉蛛形綱クモ目コモリグモ科の蜘蛛。

ナカスジカレキゾウムシ〈Acicnemis suturalis〉昆虫綱甲虫目ゾウムシ科の甲虫。体長3.5～4.0mm。分布：本州, 四国, 九州。

ナカスジキヨトウ〈Senta flammea〉昆虫綱鱗翅目ヤガ科ヨトウガ亜科の蛾。開張30～38mm。分布：ユーラシア, 本州, 四国, 九州。

ナカスジシャチホコ 中条天社蛾〈Nerice bipartita〉昆虫綱鱗翅目シャチホコガ科ウチキシャチホコ亜科の蛾。開張33～38mm。分布：沿海州, 北海道, 本州中部以北, 四国の山地。

ナカスジシロエダシャク〈Cleora nigrofasciaria〉昆虫綱鱗翅目シャクガ科の蛾。

ナガスジヒゲコメツキダマシ〈Proxylobius longicornis〉昆虫綱甲虫目コメツキダマシ科の甲虫。体長3.4～4.9mm。

ナガツツノカナブン〈Taurhina longiceps〉昆虫綱甲虫目コガネムシ科の甲虫。分布：アフリカ西部。

ナガスネエンマコガネ〈Onthophagus ohbayashii〉昆虫綱甲虫目コガネムシ科の甲虫。体長6.0～8.5mm。分布：本州。

ナガセスジハネカクシ〈Micropeplus hiromasai〉昆虫綱甲虫目ハネカクシ科の甲虫。体長2.5～2.7mm。

ナガセスジホソカタムシ〈Bitoma parallela〉昆虫綱甲虫目ホソカタムシ科の甲虫。体長3.5mm。分布：九州, 南西諸島。

ナガゼンマイハバチ〈Strongylogaster secundus〉昆虫綱膜翅目ハバチ科。

ナガチビゲンゴロウ〈Uvarus tokarensis〉昆虫綱甲虫目ゲンゴロウ科の甲虫。体長2.0～2.2mm。

ナガチビヒョウタンゴミムシ〈Dyschirius cheloscelis〉昆虫綱甲虫目オサムシ科の甲虫。体長3.9～4.4mm。

ナガチビホソハネカクシ〈Lispinus strigiventris〉昆虫綱甲虫目ハネカクシ科。

ナガチビマルハナノミ〈Cyphon seryu〉昆虫綱甲虫目マルハナノミ科。

ナガチャクシコメツキ〈Melanotus spernendus〉昆虫綱甲虫目コメツキムシ科。体長13mm。分布：本州, 四国, 九州。

ナガチャコガネ〈Heptophylla picea〉昆虫綱甲虫目コガネムシ科の甲虫。体長11～14mm。林檎, イネ科牧草, ハスカップ, 茶に害を及ぼす。分布：北海道, 本州, 四国, 九州, 対馬, 屋久島。

ナガツツキノコムシ ケナガナガツツキノコムシの別名。

ナガツヤゴモクムシ〈Stenolophus agonoides〉昆虫綱甲虫目ゴミムシ科。

ナガツヤドロムシ〈Zaitzevia elongata〉昆虫綱甲虫目ヒメドロムシ科の甲虫。体長1.6～1.7mm。

ナガツヤヒメミツギリゾウムシ〈Trachelizus makiharai〉昆虫綱甲虫目ミツギリゾウムシ科の甲虫。体長10.4～15.8mm。

ナガツヤヒラタゴミムシ〈Synuchus picicolor〉昆虫綱甲虫目オサムシ科の甲虫。体長11～13mm。

ナガテオニグモ〈Singa hamata〉蛛形綱クモ目コガネグモ科の蜘蛛。体長雌6～7mm, 雄4～5mm。分布：北海道, 本州, 四国, 九州。

ナカドゥバ・アルタ〈Nacaduba aluta〉昆虫綱鱗翅目シジミチョウ科の蝶。分布：マレーシア, スマトラからフィリピンまで。

ナカドゥバ・アングスタ〈Nacaduba angusta〉昆虫綱鱗翅目シジミチョウ科の蝶。分布：マレーシア, インドシナ半島からセレベスまで, ボルネオ, ジャワ, スマトラなど。

ナカドゥバ・パバナ〈Nacaduba pavana〉昆虫綱鱗翅目シジミチョウ科の蝶。分布：チベット, インドからミャンマー, マレーシアまで, スマトラ, ジャワ, ボルネオ, モルッカ諸島, セレベス。

ナカドゥバ・ビオケッラタ〈*Nacaduba biocellata*〉昆虫綱鱗翅目シジミチョウ科の蝶。分布：オーストラリア。

ナカドゥバ・ヘリコン〈*Nacaduba helicon*〉昆虫綱鱗翅目シジミチョウ科の蝶。分布：シッキムからセイロンおよびインドシナ半島, マレーシア。

ナカドゥバ・ベレニケ〈*Nacaduba berenice*〉昆虫綱鱗翅目シジミチョウ科の蝶。分布：インド, スリランカ, マレーシアからオーストラリアまで。

ナカドゥバ・ベロエ〈*Nacaduba beroe*〉昆虫綱鱗翅目シジミチョウ科の蝶。分布：インド, スリランカ, マレーシアからフィリピンまで。

ナガトガリバ 長尖翅蛾〈*Euparyphasma maxima*〉昆虫綱鱗翅目トガリバガ科の蛾。開張57〜60mm。分布：本州(東北地方北部より), 四国, 対馬, 朝鮮半島。

ナガトゲヒメハナノミ〈*Tolidostena japonica*〉昆虫綱甲虫目ハナノミ科。

ナガトナミハグモ〈*Cybaeus kuramotoi*〉蛛形綱クモ目タナグモ科の蜘蛛。

ナカトビハマキ ギンボシトビハマキの別名。

ナガトビハムシ スギナトビハムシの別名。

ナカトビフトメイガ 中蔵太螟蛾〈*Orthaga achatina*〉昆虫綱鱗翅目メイガ科フトメイガ亜科の蛾。開張23〜30mm。栗に害を及ぼす。分布：北海道, 本州, 四国, 九州, 対馬, 屋久島, 朝鮮半島。

ナカトビヤガ〈*Chersotis cuprea*〉昆虫綱鱗翅目ヤガ科モンヤガ亜科の蛾。開張32mm。分布：本州中部。

ナガドロムシ 長泥虫〈*Heterocerus asiaticus*〉昆虫綱甲虫目ナガドロムシ科。体長2.4〜4.0mm。分布：本州, 四国, 九州。

ナガドロムシ 長泥虫 甲虫目ナガドロムシ科 Heteroceridaeの昆虫の総称。

ナガナカグロヒメコメツキ〈*Dalopius exilis*〉昆虫綱甲虫目コメツキムシ科の甲虫。体長5.5〜7.2mm。

ナガナタハバチ〈*Xyela obscura*〉昆虫綱膜翅目ナギナタハバチ科。

ナガニジゴミムシダマシ〈*Ceropria induta*〉昆虫綱甲虫目ゴミムシダマシ科の甲虫。体長10mm。分布：本州, 四国, 九州, 南西諸島。

ナガニセマグソコガネ〈*Psammoporus comis*〉昆虫綱甲虫目コガネムシ科の甲虫。体長3.5〜4.0mm。

ナカネアメイロカミキリ〈*Obrium nakanei*〉昆虫綱甲虫目カミキリムシ科カミキリ亜科の甲虫。体長6.5〜7.0mm。分布：北海道, 本州, 九州。

ナカネナガゴミムシ〈*Pterostichus nakanei*〉昆虫綱甲虫目オサムシ科の甲虫。体長13〜15mm。

ナカネナガタマムシ〈*Agrilus acastus*〉昆虫綱甲虫目タマムシ科の甲虫。体長4.5〜5.5mm。

ナカネヒメハナノミ〈*Falsomordellistena aurofasciata*〉昆虫綱甲虫目ハナノミ科の甲虫。体長5.2〜5.5mm。

ナカネマルクビゴミムシ〈*Nebria nakanei*〉昆虫綱甲虫目オサムシ科。

ナカノテングスケバ〈*Dictyophara nakanonis*〉昆虫綱半翅目テングスケバ科。

ナガノハマダラミバエ〈*Euleia naganoensis*〉昆虫綱双翅目ミバエ科。

ナカノホントリバ〈*Stenoptilia emarginata*〉昆虫綱鱗翅目トリバガ科の蛾。開張16〜23mm。分布：北海道, 本州, 九州, 対馬, 屋久島, 千島, 朝鮮半島, シベリア南東部, 中国。

ナガバカギハマキ ナガカギバヒメハマキの別名。

ナカハグロトンボ〈*Euphaea formosa*〉昆虫綱蜻蛉目ミナミカワトンボ科。分布：台湾。

ナカハスジベニホソハマキ〈*Cochylidia subroseana*〉昆虫綱鱗翅目ホソハマキガ科の蛾。分布：本州, 九州, 対馬, 朝鮮半島, 中国(東北), モンゴル, ロシア, ヨーロッパ。

ナガハナアブ 長花虻〈*Temnostoma apiforme*〉昆虫綱双翅目ハナアブ科。分布：本州。

ナガバナガ〈*Caunaca senilella*〉昆虫綱鱗翅目スガ科の蛾。分布：長野県の上高地, 白馬岳, ヨーロッパ。

ナガハナノミ 長花蚤 昆虫綱甲虫目ナガハナノミ科Ptilodactylidaeの昆虫の総称。

ナガバヒメハナカミキリ 長翅姫花天牛〈*Pidonia signifera*〉昆虫綱甲虫目カミキリムシ科ハナカミキリ亜科の甲虫。体長6〜19mm。分布：本州, 四国, 九州。

ナガバヒロズコガ〈*Cephitinea colonella*〉昆虫綱鱗翅目ヒロズコガ科の蛾。開張19〜28mm。分布：北海道, 本州, ロシア(アジア地区)。

ナガハマツトガ〈*Platytes ornatella*〉昆虫綱鱗翅目メイガ科ツトガ亜科の蛾。開張18mm。分布：北海道, 本州, 四国, 九州, 朝鮮半島, 中国, シベリア東部から中央アジア。

ナガハムシダマシ〈*Macrolagria rufobrunnea*〉昆虫綱甲虫目ゴミムシダマシ科の甲虫。体長11mm。分布：本州, 四国, 九州。

ナカバヤシモモブトカミキリ〈*Leiopus guttatus*〉昆虫綱甲虫目カミキリムシ科フトカミキリ亜科の甲虫。体長6.5〜8.0mm。

ナカハラシマトビケラ〈*Hydropsyche nakaharai*〉昆虫綱毛翅目シマトビケラ科。

ナカハラセンブリ〈*Sialis nakaharai*〉昆虫綱広翅目センブリ科。

ナカハラヨコバイ〈*Nakaharanus nakaharai*〉昆虫綱半翅目ヨコバイ科。

ナガハリセンチュウ〈*Longidorus sp.*〉ロンギドルス科。ハイビスカス類に害を及ぼす。

ナガヒゲナガゾウムシ〈*Tropideres cyaneotergum*〉昆虫綱甲虫目ヒゲナガゾウムシ科の甲虫。体長5.1mm。

ナガヒゲブトコメツキ〈*Aulonothroscus longulus*〉昆虫綱甲虫目ヒゲブトコメツキ科の甲虫。

ナガヒシダニの一種〈*Agistemus sp.*〉蛛形綱ダニ目ハダニ科。

ナガヒメテントウ〈*Scymnus ruficeps*〉昆虫綱甲虫目テントウムシ科の甲虫。体長1.6～2.1mm。

ナガヒメヒラタアブ〈*Sphaerophoria cylindrica*〉昆虫綱双翅目ハナアブ科。

ナガヒメヒラタアブトビコバチ〈*Syrphophagus splaeophoriae*〉昆虫綱膜翅目トビコバチ科。

ナガヒメマキムシ〈*Dienerella tanakai*〉昆虫綱甲虫目ヒメマキムシ科の甲虫。体長1.1～1.6mm。

ナガヒョウタンゴミムシ 長瓢箪芥虫〈*Scarites terricola*〉昆虫綱甲虫目オサムシ科の甲虫。体長19mm。大豆に害を及ぼす。分布：本州，四国，九州。

ナガヒョウホンムシ 長標本虫〈*Ptinus japonicus*〉昆虫綱甲虫目ヒョウホンムシ科の甲虫。体長2.0～4.5mm。貯穀・貯蔵植物性食品に害を及ぼす。分布：日本全国，シベリア，朝鮮半島，中国，シッキム。

ナガヒラタアブ 長扁虻〈*Asarcina porcina*〉昆虫綱双翅目ハナアブ科。分布：本州，四国，九州。

ナガヒラタコメツキ〈*Actenicerus aerosus*〉昆虫綱甲虫目コメツキムシ科。

ナガヒラタチビタマムシ〈*Habroloma yuasai*〉昆虫綱甲虫目タマムシ科の甲虫。体長2.8～3.2mm。

ナガヒラタホソカタムシ〈*Cicones angustissimus*〉昆虫綱甲虫目ホソカタムシ科。

ナガヒラタムシ 長扁虫〈*Tenomerga mucida*〉昆虫綱甲虫目ナガヒラタムシ科の甲虫。体長9～17mm。分布：北海道，本州，四国，九州。珍しい。

ナガヒルキコモンセセリ〈*Celaenorrhinus morena*〉昆虫綱鱗翅目セセリチョウ科の蝶。

ナカブサッチビロウドムシ〈*Dendroides nakabusana*〉昆虫綱甲虫目アカハネムシ科。

ナカブサホラヒメグモ〈*Nesticus chikunii*〉蛛形綱クモ目ホラヒメグモ科の蜘蛛。体長雌5.0～5.3mm，雄4.8～5.2mm。分布：本州の中部(高地・北アルプス山麓)。

ナガフジハムシ〈*Gonioctena sorbina*〉昆虫綱甲虫目ハムシ科。

ナガフタオビキヨトウ〈*Mythimna divergens*〉昆虫綱鱗翅目ヤガ科ヨトウガ亜科の蛾。開張50～57mm。分布：沿海州，朝鮮半島，北海道から九州。

ナガフトヒゲナガゾウムシ〈*Xylinada striatifrons*〉昆虫綱甲虫目ヒゲナガゾウムシ科の甲虫。体長11～15mm。分布：本州。

ナカボシカメムシ 中星亀虫〈*Menida musiva*〉昆虫綱半翅目カメムシ科。分布：本州。

ナカホシメバエ 中星眼蠅〈*Myopa testacea*〉昆虫綱双翅目メバエ科。分布：本州。

ナガホソクチゾウムシ〈*Apion naga*〉昆虫綱甲虫目ホソクチゾウムシ科。

ナガホラアナヒラタゴミムシ〈*Jujiroa elongata*〉昆虫綱甲虫目ゴミムシ科。

ナガマドキノコバエ〈*Neoempheria ferruginea*〉昆虫綱双翅目キノコバエ科。体長7.5～9.0mm。分布：北海道，本州，四国，九州。

ナガマメコメツキ〈*Yukoana elongata*〉昆虫綱甲虫目コメツキムシ科の甲虫。体長3.0～3.5mm。

ナガマルガタゴミムシ〈*Amara macronota*〉昆虫綱甲虫目オサムシ科の甲虫。体長13mm。分布：北海道，本州，四国，九州。

ナガマルガムシ〈*Hydrobius fuscipes*〉昆虫綱甲虫目ガムシ科。

ナガマルキスイ〈*Atomaria punctatissima*〉昆虫綱甲虫目キスイムシ科の甲虫。体長1.6～2.1mm。

ナガマルクビハネカクシ〈*Tachinus elongatus*〉昆虫綱甲虫目ハネカクシ科の甲虫。体長7.5～8.0mm。

ナガマルコガネグモ〈*Argiope aemula*〉蛛形綱クモ目コガネグモ科の蜘蛛。体長雌20～25mm，雄4～5mm。分布：南西諸島。

ナガマルハナバチ〈*Bombus consobrinus wittenburgi*〉昆虫綱膜翅目ミツバチ科。

ナガマルホソカタムシ〈*Lapecautomus orientalis*〉昆虫綱甲虫目カクホソカタムシ科の甲虫。体長1.7～1.9mm。

ナガミズムシ〈*Hesperocorixa mandschurica*〉昆虫綱半翅目ミズムシ科。準絶滅危惧種(NT)。

ナガミゾコメツキダマシ〈*Dirrhagofarsus lewisi*〉昆虫綱甲虫目コメツキダマシ科の甲虫。体長6～10mm。分布：北海道，本州，四国，九州。

ナカミツテンノメイガ〈*Proteurrhypara ocellalis*〉昆虫綱鱗翅目メイガ科ノメイガ亜科の蛾。開張32mm。分布：本州，四国，九州。

ナガミミズ〈*Haplotaxis gordioides*〉貧毛綱ナガミミズ科の環形動物。

ナガムギカスミカメ〈*Stenodema sibiricum*〉昆虫綱半翅目カスミカメムシ科。体長8.5～10.0mm。

稲に害を及ぼす。分布：本州, 四国, 千島, 極東ロシア, サハリン, 朝鮮半島, 中国。

ナガムツボシタマムシ〈*Chrysobothris paramodesta*〉昆虫綱甲虫目タマムシ科。分布：メキシコ。

ナカムラオニグモ〈*Araneus cornutus*〉蛛形綱クモ目コガネグモ科の蜘蛛。体長雌10～12mm, 雄7～9mm。分布：北海道, 本州(中・北部), 四国(山地)。

ナカムラサキハガタヨトウ〈*Blepharita amica ussuriensis*〉昆虫綱鱗翅目ヤガ科モクメヤガ亜科の蛾。開張45～50mm。

ナカムラサキフトメイガ〈*Craneophora ficki*〉昆虫綱鱗翅目メイガ科フトメイガ亜科の蛾。開張20～26mm。分布：北海道, 本州, 四国, 九州, 対馬, 種子島, 屋久島, 朝鮮半島, シベリア南東部, 中国。

ナガメ 菜亀虫, 菜椿象〈*Eurydema rugosa*〉昆虫綱半翅目カメムシ科。体長7～9mm。アブラナ科野菜に害を及ぼす。分布：北海道, 本州, 四国, 九州。

ナガメダカハネカクシ〈*Stenus kobensis*〉昆虫綱甲虫目ハネカクシ科の甲虫。体長5.3～5.7mm。

ナガモリヒラタゴミムシ〈*Colpodes shibataianus*〉昆虫綱甲虫目オサムシ科の甲虫。体長12.5～16.0mm。

ナカモンカギバ〈*Cilix filipjevi*〉昆虫綱鱗翅目カギバガ科の蛾。分布：本州, 四国, シベリア南東部, 中国東北, 朝鮮半島。

ナカモンキナミシャク〈*Idiotephria evanescens*〉昆虫綱鱗翅目シャクガ科ナミシャク亜科の蛾。開張22～25mm。分布：北海道, 本州, 対馬, シベリア東部。

ナカモンセセリ〈*Gerosis limax*〉昆虫綱鱗翅目セセリチョウ科の蝶。

ナカモンツトガ〈*Chrysoteuchia porcelanella*〉昆虫綱鱗翅目メイガ科ツトガ亜科の蛾。開張21mm。分布：北海道, 本州, 四国, 九州, 朝鮮半島, 中国東北, シベリア南東部。

ナカモンナミキノコバエ〈*Mycetophila ruficollis*〉昆虫綱双翅目ナミキノコバエ科。キノコ類に害を及ぼす。分布：北海道, 本州, ヨーロッパ。

ナカモンフサキバガ フジフサキバガの別名。

ナカモンホソキノコバエ〈*Bolitophila maculipennis*〉昆虫綱双翅目ホソキノコバエ科。キノコ類に害を及ぼす。分布：日本全国, ヨーロッパ。

ナガヤマヒメハナカミキリ〈*Pidonia nagayamai*〉昆虫綱甲虫目カミキリムシ科ハナカミキリ亜科の甲虫。

ナガヨツメハネカクシ〈*Acidota crenata*〉昆虫綱甲虫目ハネカクシ科の甲虫。体長6.0～7.0mm。

ナガラガワウンカ 長良川浮塵子〈*Dicranotropis nagaragawana*〉昆虫綱半翅目ウンカ科。分布：本州, 九州。

ナカルリアゲハ アオネアゲハの別名。

ナガレアシナガバエ〈*Diostracus antennalis*〉昆虫綱双翅目アシナガバエ科。

ナガレカタビロアメンボ〈*Pseudovelia tibialis*〉昆虫綱半翅目カタビロアメンボ科。体長2～3mm。分布：北海道, 本州, 四国, 九州, 対馬, 吐噶喇列島, 中之島。

ナガレケユスリカ〈*Spaniotoma intermedia*〉昆虫綱双翅目ユスリカ科。

ナガレダニ 流壁蝨〈*Sperchon fluviatilis*〉節足動物門クモ形綱ダニ目前気門亜目ナガレダニ科のミズダニ。分布：北海道。

ナガレチョウバエ〈*Pericoma* sp.〉昆虫綱双翅目チョウバエ科。

ナガレトビケラ 流石蚕, 流飛蝶〈rhyacophilid caddi〉昆虫綱トビケラ目ナガレトビケラ科に属する昆虫の総称。

ナガレトビケラ属の一種〈*Rhyacophila* sp.〉昆虫綱毛翅目ナガレトビケラ科。

ナガワラビハバチ シダキオビハバチの別名。

ナキイナゴ 鳴蝗〈*Mongolotettix japonicus*〉昆虫綱直翅目バッタ科。体長20～30mm。分布：本州, 四国, 九州。

ナキウサギヒフバエ〈*Oestromyia leporina*〉昆虫綱双翅目ウシバエ科。体長11.0～13.0mm。害虫。

ナキウサギホソノミ〈*Ctenophyllus armatus*〉無翅昆虫亜綱総尾目ホソノミ科。体長雄3.9mm, 雌3.0mm。害虫。

ナギサスズ〈*Parapteronemobius sazanami*〉昆虫綱直翅目コオロギ科。体長8～9mm。分布：神奈川県真鶴海岸, 宮崎県鵜戸海岸。

ナギナタハバチ〈*Xyelidae*〉ナギナタハバチ科の昆虫の総称。珍品。

ナゲナワグモ〈*Mastophora bisaccata*〉蛛形綱クモ目コガネグモ科の蜘蛛。

ナゴヤサナエ〈*Stylurus nagoyanus*〉昆虫綱蜻蛉目サナエトンボ科の蜻蛉。体長63mm。分布：本州, 九州。

ナゴヤマイマイカブリ〈*Damaster blaptoides paraoxuroides*〉昆虫綱甲虫目オサムシ科。

ナシアシブトハバチ〈*Palaeocimbex carinulata*〉昆虫綱膜翅目コンボウハバチ科。体長22～25mm。ナシ類, 桜桃に害を及ぼす。分布：本州, 四国, 九州, 朝鮮半島。

ナシイラカ

ナシイラガ 梨刺蛾〈Narosoideus flavidorsalis〉昆虫綱鱗翅目イラガ科の蛾。開張30〜35mm。柿, ナシ類, 林檎に害を及ぼす。分布：北海道から屋久島, 対馬, 奄美大島, 徳之島, 沖永良部島, 沖縄本島。

ナシオオアブラムシ ナシミドリオオアブラムシの別名。

ナシカキカイガラムシ〈Lepidosaphes conchiformioides〉昆虫綱半翅目マルカイガラムシ科。体長2.0〜2.5mm。ナシ類, 枇杷, 柘榴, 百日紅, マサキ, ニシキギ, カナメモチ, 柿, 梅, アンズに害を及ぼす。

ナシガタカタカイガラムシ〈Protopulvinaria pyriformis〉昆虫綱半翅目カタカイガラムシ科。グアバ, 柑橘, クチナシに害を及ぼす。

ナシカメムシ 梨亀虫, 梨椿象〈Urochela luteovaria〉昆虫綱半翅目クヌギカメムシ科。体長10〜13mm。桜桃, ナシ類, 林檎, 桜類, 梅, アンズに害を及ぼす。分布：北海道, 本州, 四国, 九州。

ナシカワホソガ〈Spulerina astaurota〉昆虫綱鱗翅目ホソガ科の蛾。別名ナシカワモグリ, ナシノカワモグリ。ナシ類, 林檎に害を及ぼす。分布：本州, 四国, 九州, インド。

ナシカワモグリ ナシカワホソガの別名。

ナシキジラミ 梨木虱〈Psylla pyrisuga〉昆虫綱半翅目キジラミ科。体長5mm。ナシ類に害を及ぼす。分布：九州以北の日本各地, 旧北区。

ナシキリガ〈Cosmia pyralina〉昆虫綱鱗翅目ヤガ科カラスヨトウ亜科の蛾。開張28〜31mm。林檎に害を及ぼす。分布：ユーラシア, 北海道, 本州中部山地, 東北地方。

ナシクロホシカイガラムシ〈Parlatoreopsis pyri〉昆虫綱半翅目マルカイガラムシ科。体長1mm。ナシ類, 桃, スモモ, 桑, アオギリ, 楓(紅葉), 桜類, イボタノキ類, 木犀類, モチノキ, 梅, アンズに害を及ぼす。

ナシグンバイ 梨軍配〈Stephanitis nashi〉昆虫綱半翅目グンバイムシ科。体長3.0〜3.3mm。桜桃, ナシ類, 桃, スモモ, 林檎, 桜類, 梅, アンズに害を及ぼす。分布：本州, 四国, 九州。

ナシケンモン 梨剣紋蛾〈Acronicta rumicis〉昆虫綱鱗翅目ヤガ科ケンモンヤガ亜科の蛾。開張32〜43mm。豌豆, 空豆, アブラナ科野菜, 苺, 柿, ハスカップ, 梅, アンズ, 桜類, 林檎, ナシ類, ハッカ, イリス類, グラジオラス, ガーベラ, バラ類, 牡丹, 芍薬, スイートピー, ツツジ類, 桜類に害を及ぼす。分布：ヨーロッパ, 北海道から九州, 対馬, 屋久島。

ナシコフキアブラムシ〈Melanaphis siphonella〉昆虫綱半翅目アブラムシ科。ナシ類に害を及ぼす。

ナシジカレハグモ〈Lathys punctosparsa〉蛛形綱クモ目ハグモ科の蜘蛛。体長雌2.8〜3.0mm, 雄2.0〜2.2mm。分布：本州, 四国, 九州。

ナシシロナガカイガラツヤコバチ〈Marlattiella prima〉昆虫綱膜翅目ツヤコバチ科。

ナシシロナガカイガラムシ〈Lopholeucaspis japonica〉昆虫綱半翅目マルカイガラムシ科。体長3mm。ナシ類, 栗, 柑橘, 茶, バラ類, 牡丹, 芍薬, 楓(紅葉), プラタナス, ツツジ類, マサキ, ニシキギ, カナメモチ, 桜類, フジ, イヌツゲ, 柿, 梅, アンズに害を及ぼす。

ナシチビガ〈Bucculatrix pyrivorella〉昆虫綱鱗翅目チビガ科の蛾。開張7〜9mm。ナシ類に害を及ぼす。分布：北海道, 本州, 四国, 九州, 朝鮮半島南部。

ナシノアブラムシ〈Schizaphis piricola〉昆虫綱半翅目アブラムシ科。体長2mm。ナシ類に害を及ぼす。分布：北海道, 本州, 九州, 朝鮮半島, 中国, 台湾, インド。

ナシノカワモグリ ナシカワホソガの別名。

ナシノヒメシンクイ ナシヒメシンクイの別名。

ナシノマルカイガラコバチ〈Prospaltella auranti〉昆虫綱膜翅目ヒメコバチ科。

ナシハナゾウムシ リンゴハナゾウムシの別名。

ナシハマキマダラメイガ〈Etielloides curvellus〉昆虫綱鱗翅目メイガ科マダラメイガ亜科の蛾。開張22〜26mm。ナシ類に害を及ぼす。分布：北海道, 本州, 九州。

ナシハマキワタムシ〈Prociphilus kuwanai〉昆虫綱半翅目アブラムシ科。体長3.2mm。林檎, ナシ類に害を及ぼす。分布：北海道, 本州, 九州。

ナシヒメシンクイ 梨姫心喰〈Grapholita molesta〉昆虫綱鱗翅目ハマキガ科ノコメハマキガ亜科の蛾。開張10〜15mm。梅, アンズ, 桜類, ナシ類, 枇杷, 桃, スモモ, 林檎, 桜類に害を及ぼす。分布：日本全土を含むほぼ全世界の温帯域。

ナシホソガ ナシカワホソガの別名。

ナシマダラメイガ 梨斑螟蛾〈Ectomyelois pyrivorella〉昆虫綱鱗翅目メイガ科マダラメイガ亜科の蛾。開張22〜27mm。ナシ類に害を及ぼす。分布：北海道, 本州, 四国, 九州, 朝鮮半島, 中国東北。

ナシマルアブラムシ〈Sappaphis piri〉昆虫綱半翅目アブラムシ科。体長3mm。ナシ類に害を及ぼす。分布：北海道, 本州, 四国, 九州, シベリア, 朝鮮半島, 中国。

ナシマルカイガラムシ〈Comstockaspis perniciosa〉昆虫綱半翅目マルカイガラムシ科。体長1.5〜2.0mm。桜桃, ナシ類, 枇杷, 桃, スモモ, 林檎, 葡萄, 柑橘, バラ類, カイドウ, カナメモチ, 桜類, 柿, 梅, アンズに害を及ぼす。

ナシミドリオオアブラムシ 梨緑大油虫〈Nippolachnus piri〉昆虫綱半翅目アブラムシ科。体長3.5mm。ビワ, ナシ類に害を及ぼす。分布：北海道, 本州, 九州, 朝鮮半島, 中国, 台湾, インド。

ナシミハバチ〈Hoplocampa pyricola〉昆虫綱膜翅目ハバチ科。ナシ類に害を及ぼす。

ナシモンエダシャク 梨紋枝尺蛾〈Garaeus mirandus〉昆虫綱鱗翅目シャクガ科エダシャク亜科の蛾。開張28～33mm。分布：本州, 四国, 九州, 千島, シベリア南東部, 北海道, 対馬, 朝鮮半島。

ナシモンクロマダラメイガ〈Acrobasis bellulella〉昆虫綱鱗翅目メイガ科マダラメイガ亜科の蛾。開張16～18mm。分布：本州(東北北部より), 四国, 九州, 対馬, 屋久島, 台湾。

ナスクス・カエピオ〈Nascus caepio〉昆虫綱鱗翅目セセリチョウ科の蝶。分布：ホンジュラスからコロンビアおよびトリニダード。

ナスクス・フォクス〈Nascus phocus〉昆虫綱鱗翅目セセリチョウ科の蝶。分布：メキシコからブラジル, トリニダードまで。

ナスクス・ブロテアス〈Nascus broteas〉昆虫綱鱗翅目セセリチョウ科の蝶。分布：ギアナ, ブラジル。

ナスコナカイガラムシ〈Phenacoccus solani〉昆虫綱半翅目コナカイガラムシ科。体長2～4mm。ナス科野菜に害を及ぼす。

ナストゥラ・エトログス〈Nastra ethologus〉昆虫綱鱗翅目セセリチョウ科の蝶。分布：アルゼンチン。

ナストビハムシ ナスナガスネトビハムシの別名。

ナスナガスネトビハムシ〈Psylliodes angusticollis〉昆虫綱甲虫目ハムシ科。体長2.0～2.5mm。ジャガイモ, ナス科野菜に害を及ぼす。分布：日本各地。

ナスノミハムシ ナスナガスネトビハムシの別名。

ナスノメイガ〈Leucinodes orbonalis〉昆虫綱鱗翅目メイガ科の蛾。ナス科野菜に害を及ぼす。分布：沖縄本島, 台湾, 東南アジアからアフリカまで熱帯。

ナスハモグリバエ〈Liriomyza bryoniae〉昆虫綱双翅目ハモグリバエ科。体長1.5mm。アブラナ科野菜, ナス科野菜, ユリ科野菜, 豌豆, 空豆, ウリ科野菜, ジャガイモに害を及ぼす。分布：本州。

ナスメクラチビゴミムシ〈Trechiama insperatus〉昆虫綱甲虫目オサムシ科の甲虫。体長5.0～5.3mm。

ナタモンアシブトクチバ〈Parallelia joviana〉昆虫綱鱗翅目ヤガ科シタバガ亜科の蛾。分布：インドーオーストラリア地域, 奄美大島以南, 琉球列島, 屋久島, 山形市。

ナタリス・イオレ〈Nathalis iole〉昆虫綱鱗翅目シロチョウ科の蝶。分布：メキシコからコロンビア, バハマ, キューバ, ハイチ, ドミニカ, ジャマイカ。

ナタリス・プランタ〈Nathalis planta〉昆虫綱鱗翅目シロチョウ科の蝶。分布：ベネズエラ, コロンビア。

ナチアオシャチホコ〈Quadricalcarifera nachiensis〉昆虫綱鱗翅目シャチホコガ科の蛾。分布：四国, 九州, 対馬, 屋久島, 石垣島, 西表島。

ナチキシタドクガ〈Calliteara nachiensis〉昆虫綱鱗翅目ドクガ科の蛾。開張雄55～57mm。分布：本州(関東以西), 四国, 九州, 対馬, 屋久島, 奄美大島, 沖縄本島, 中国雲南省。

ナツアカネ 夏茜〈Sympetrum darwinianum〉昆虫綱蜻蛉目トンボ科の蜻蛉。体長34～38mm。分布：北海道, 本州, 四国, 九州, 奄美大島, 西表島。

ナツグミシギゾウムシ〈Curculio elaeagni〉昆虫綱甲虫目ゾウムシ科の甲虫。体長4.0～4.5mm。分布：本州, 四国, 九州。

ナツハゼヒメハマキ〈Olethreutes moderata〉昆虫綱鱗翅目ハマキガ科の蛾。分布：北海道, 本州, ロシア(アムール, 沿海州)。

ナツミオババタル〈Lucidina natsumiae〉昆虫綱甲虫目ホタル科の甲虫。体長7.6～8.0mm。

ナツメカギバヒメハマキ〈Ancylis hylaea〉昆虫綱鱗翅目ハマキガ科の蛾。分布：本州の関西以西, 四国。

ナツメカギハマキ〈Anchylopera hylaea〉昆虫綱鱗翅目ノコメハマキガ科の蛾。開張11.5～13.5mm。

ナツメシジミ〈Castalius rosimon〉昆虫綱鱗翅目シジミチョウ科の蝶。白地に大きな黒色斑。開張2.5～3.0mm。分布：インド, スリランカから, マレーシア, 小スンダ列島。

ナトビハムシ〈Psylliodes punctifrons〉昆虫綱甲虫目ハムシ科。アブラナ科野菜に害を及ぼす。分布：北海道, 本州, 四国, 九州, 台湾, 中国, ベトナム, スマトラ。

ナナカマドキンモンホソガ〈Phyllonorycter sorbicola〉昆虫綱鱗翅目ホソガ科の蛾。桜桃, 林檎に害を及ぼす。分布：北海道, 本州, 四国, 九州。

ナナカマドノキクイムシ〈Polygraphus nigrielytris〉昆虫綱甲虫目キクイムシ科。

ナナカマドメムシガ〈Argyresthia alpha〉昆虫綱鱗翅目メムシガ科の蛾。分布：本州。

ナナスジクロオサムシ〈Megodontus septemcarinatus〉昆虫綱甲虫目オサムシ科の甲虫。分布：コーカサス。

ナナスジナミシャク 七条波尺蛾〈Venusia phasma〉昆虫綱鱗翅目シャクガ科ナミシャク亜

科の蛾。開張16〜20mm。分布：北海道,本州,四国,九州,朝鮮半島,シベリア南東部。

ナナセツトビコバチ〈*Thomsonisca typica*〉昆虫綱膜翅目トビコバチ科。

ナナツザコメクラチビゴミムシ〈*Rakantrechus truncaticollis*〉昆虫綱甲虫目オサムシ科の甲虫。体長3.4〜4.2mm。

ナナフシ 竹節虫〈*Baculum irregulariter dentatum*〉昆虫綱竹節虫目ナナフシ科。体長雄62mm,雌80〜100mm。桜樹に害を及ぼす。分布：本州,四国,九州。

ナナフシハバチ〈*Heptamelus ochroleucus*〉昆虫綱膜翅目ハバチ科。

ナナフシモドキ ナナフシの別名。

ナナホシキンカメムシ〈*Calliphara excellens*〉昆虫綱半翅目カメムシ科。分布：ミャンマー,マレーシア,ジャワ,ボルネオ,フィリピン,スラウェシ,中国,台湾,日本(沖縄)。

ナナホシスヒロキバガ〈*Ethmia septempunctata*〉昆虫綱鱗翅目スヒロキバガ科の蛾。開張16〜19mm。分布：北海道,本州,東シベリア,アムール。

ナナホシテントウ 七星瓢虫〈*Coccinella septempunctata*〉昆虫綱甲虫目テントウムシ科の甲虫。体長5〜9mm。分布：北海道,本州,四国,九州,対馬,南西諸島。

ナナホシヒメグモ〈*Steatoda erigoniformis*〉蛛形綱クモ目ヒメグモ科の蜘蛛。体長2.8〜3.2mm。分布：本州,四国,九州,南西諸島。

ナナホシヒロスガ ナナホシスヒロキバガの別名。

ナナメケシグモ〈*Meioneta obliqua*〉蛛形綱クモ目サラグモ科の蜘蛛。

ナナメヒメヨトウ 斜姫夜盗蛾〈*Balsa malana*〉昆虫綱鱗翅目ヤガ科カラスヨトウ亜科の蛾。開張28〜32mm。分布：アムール地方,北海道,東北地方から本州中部。

ナナレイシジミ〈*Philiris harterti*〉昆虫綱鱗翅目シジミチョウ科の蝶。

ナニワトンボ 浪速蜻蛉〈*Sympetrum gracile*〉昆虫綱蜻蛉目トンボ科の蜻蛉。絶滅危惧II類(VU)。体長35mm。分布：近畿地方の全県と鳥取,岡山,広島,香川,愛媛の各県。

ナニワナンキングモ〈*Erigonidium naniwaense*〉蛛形綱クモ目サラグモ科の蜘蛛。体長雌2.5〜2.8mm,雄2.3〜2.5mm。分布：本州,四国,九州。

ナノミハムシ ナトビハムシの別名。

ナノメイガ〈*Evergestis forficalis*〉昆虫綱鱗翅目メイガ科ノメイガ亜科の蛾。開張23〜29mm。アブラナ科野菜に害を及ぼす。分布：北海道,本州,四国,九州,対馬,屋久島,インドから東南アジア一帯,アフリカ,ユーラシア大陸。

ナパエア・ウンブラ〈*Napaea umbra*〉昆虫綱鱗翅目シジミタテハ科の蝶。分布：メキシコ,中央アメリカ。

ナパエア・エウカリラ〈*Napaea eucharila*〉昆虫綱鱗翅目シジミタテハ科の蝶。分布：ギアナからボリビアまで。

ナパエア・テアゲス〈*Napaea theages*〉昆虫綱鱗翅目シジミタテハ科の蝶。分布：中央アメリカ,コロンビア。

ナパエア・ネポス〈*Napaea nepos*〉昆虫綱鱗翅目シジミタテハ科の蝶。分布：ギアナからペルーおよびパラグアイ。

ナパエア・ベルティアナ〈*Napaea beltiana*〉昆虫綱鱗翅目シジミタテハ科の蝶。分布：ギアナ,コロンビア,ブラジル。

ナヒダ・コエノイデス〈*Nahida coenoides*〉昆虫綱鱗翅目シジミタテハ科の蝶。分布：エクアドル。

ナペオクレス・ユクンダ〈*Napeocles jucunda*〉昆虫綱鱗翅目タテハチョウ科の蝶。分布：アマゾンからボリビアまで。

ナペオゲネス・イナキア〈*Napeogenes inachia*〉昆虫綱鱗翅目トンボマダラ科の蝶。分布：ギアナ,アマゾン下流。

ナペオゲネス・クラント〈*Napeogenes cranto*〉昆虫綱鱗翅目トンボマダラ科の蝶。分布：コロンビア。

ナペオゲネス・コレナ〈*Napeogenes corena*〉昆虫綱鱗翅目トンボマダラ科の蝶。分布：ペルー,エクアドル。

ナペオゲネス・ステッラ〈*Napeogenes stella*〉昆虫綱鱗翅目トンボマダラ科の蝶。分布：コロンビアおよびエクアドル。

ナペオゲネス・スルフリナ〈*Napeogenes sulphurina*〉昆虫綱鱗翅目トンボマダラ科の蝶。分布：アマゾン川流域,ブラジル。

ナペオゲネス・ドゥエッサ〈*Napeogenes duessa*〉昆虫綱鱗翅目トンボマダラ科の蝶。分布：ペルーおよびエクアドル。

ナペオゲネス・ファロ〈*Napeogenes pharo*〉昆虫綱鱗翅目トンボマダラ科の蝶。分布：アマゾン川流域地方,エクアドル。

ナペオゲネス・フロッシナ〈*Napeogenes flossina*〉昆虫綱鱗翅目トンボマダラ科の蝶。分布：コロンビア,エクアドル。

ナペオゲネス・ペリディア〈*Napeogenes peridia*〉昆虫綱鱗翅目トンボマダラ科の蝶。分布：コロンビア。

ナペオゲネス・ラリナ〈Napeogenes larina〉昆虫綱鱗翅目トンボマダラ科の蝶。分布：コロンビア。

ナベヅルハジラミ〈Saemundsssonia integer〉昆虫綱食毛目チョウカクハジラミ科。分布：シベリア東部，モンゴル，中国東北部，朝鮮半島，ウスリー，日本。

ナベブタムシ 鍋蓋虫〈Aphelocheirus vittatus〉昆虫綱半翅目ナベブタムシ科。体長8.5～9.0mm。分布：本州，四国，九州。

ナベブタムシ 鍋蓋虫 昆虫綱半翅目異翅亜目コバンムシ科Naucoridaeナベブタムシ亜科Aphelocheirinaeの昆虫の総称，またはそのなかの一種。

ナポレオンフクロウチョウ〈Dynastor napoleon〉昆虫綱鱗翅目タテハチョウ科の蝶。オレンジ色と褐色の模様をもつ。開張12～16mm。分布：ブラジル高地。

ナマリキシタバ〈Catocala columbina〉昆虫綱鱗翅目ヤガ科シタバガ亜科の蛾。分布：本州中部，東京都日原，埼玉県三峰山，富山県，福井県，滋賀県，岡山県，四国，九州，中国中部，台湾。

ナマリキリガ〈Orthosia satoi〉昆虫綱鱗翅目ヤガ科ヨトウガ亜科の蛾。分布：本州中部から東北地方。

ナマリケンモン〈Anacronicta plumbea〉昆虫綱鱗翅目ヤガ科ウスベリケンモン亜科の蛾。開張38～42mm。分布：関東，東北地方，北海道，四国，九州，中国。

ナミアカヒメハナノミ〈Falsomordellina luteoloides〉昆虫綱甲虫目ハナノミ科の甲虫。体長3.0～4.5mm。

ナミアゲハ アゲハの別名。

ナミイシュクセンチュウ〈Tylenchorhynchus claytoni〉ベロノライムス。体長0.5～0.7mm。ツツジ類に害を及ぼす。分布：本州，九州，北アメリカ，ヨーロッパ。

ナミウラモジタテハ〈Diaethria neglecta〉昆虫綱鱗翅目タテハチョウ科の蝶。別名ウラモジタテハ。分布：グアテマラ，コロンビア，ペルー，ブラジル。

ナミエシロチョウ(1)〈Appias paulina〉昆虫綱鱗翅目シロチョウ科の蝶。別名ナミエチョウ。前翅長25～33mm。分布：セイロン，タイ，カンボジアから中国西部，オーストラリアまで，日本では八重山群島。

ナミエシロチョウ(2)〈Appias melania〉昆虫綱鱗翅目シロチョウ科の蝶。別名ナミエチョウ。分布：シッキムから中国西部およびオーストラリアまで，日本では八重山群島。

ナミエンマアリヅカムシ〈Trissemus alienus〉昆虫綱甲虫目アリヅカムシ科の甲虫。体長2.0～2.1mm。

ナミガタアツバ〈Hepena similalis〉昆虫綱鱗翅目ヤガ科アツバ亜科の蛾。開張32～36mm。

ナミガタウスキアオシャク〈Jodis lactearia〉昆虫綱鱗翅目シャクガ科アオシャク亜科の蛾。開張17～22mm。分布：北海道，本州，四国，九州，対馬，朝鮮半島，中国，シベリア東部からヨーロッパ。

ナミガタエダシャク〈Heterarmia charon〉昆虫綱鱗翅目シャクガ科エダシャク亜科の蛾。開張38～41mm。茶，マサキ，ニシキギに害を及ぼす。分布：北海道，本州，四国，九州，対馬，朝鮮半島，中国。

ナミガタガガンボ〈Limonia undulata〉昆虫綱双翅目ガガンボ科。

ナミガタシロナミシャク 波形白波尺蛾〈Callygris compositata〉昆虫綱鱗翅目シャクガ科ナミシャク亜科の蛾。開張33～40mm。分布：本州(宮城県南部より)，四国，九州，対馬，屋久島，朝鮮半島，中国。

ナミガタチビタマムシ 波形矮吉丁虫〈Trachys griseofasciata〉昆虫綱甲虫目タマムシ科の甲虫。体長3.4～4.1mm。分布：日本各地。

ナミガタニシキオオツバメガ〈Chrysiridia croesus〉昆虫綱鱗翅目ツバメガ科の蛾。分布：アフリカ東部。

ナミガタハマダラミバエ〈Hemileophila undosa〉昆虫綱双翅目ミバエ科。

ナミガタフタスジアオシャク〈Thetidia smaragdaria〉昆虫綱鱗翅目シャクガ科アオシャク亜科の蛾。開張30～32mm。分布：中国東北，シベリア東部，山梨県，長野県。

ナミカワゲラ カワゲラの別名。

ナミクキセンチュウ〈Ditylenchus dipsaci〉アングイナ科。体長1.0～1.3mm。水仙，チューリップ，ユリ科野菜，イリス類に害を及ぼす。分布：本州，温帯地域。

ナミクシヒゲハネカクシ 並櫛角隠翅虫〈Velleius dilatatus〉昆虫綱甲虫目ハネカクシ科の甲虫。体長15～23mm。分布：北海道，本州，中部以北。

ナミグルマアツバ〈Anatatha lignea〉昆虫綱鱗翅目ヤガ科クチバ亜科の蛾。分布：本州，四国，九州，沿海州。

ナミゲムクゲキスイ〈Biphyllus inaequalis〉昆虫綱甲虫目ムクゲキスイムシ科の甲虫。体長2.9～3.4mm。

ナミコガタシマトビケラ〈Cheumatopsyche infascia〉昆虫綱毛翅目シマトビケラ科。

ナミコブガ〈Nola nami〉昆虫綱鱗翅目コブガ科の蛾。開張15～22mm。分布：北海道,本州,四国,九州,屋久島。

ナミコムカデ 並小蜈蚣〈Hanseniella caldaria〉節足動物門結合綱ナミコムカデ科の陸生動物。分布：日本各地。

ナミコモリグモ〈Pirata yaginumai〉蛛形綱クモ目コモリグモ科の蜘蛛。体長雌6～7mm,雄5～6mm。分布：北海道,本州,九州。

ナミザトウムシ 並座頭虫〈Nelima genufusca〉節足動物門クモ形綱ザトウムシ目スベザトウムシ科の陸生動物。

ナミジガバチモドキ〈Trypoxylon petiolatum〉昆虫綱膜翅目アナバチ科。

ナミシャク 波尺蛾 昆虫綱鱗翅目シャクガ科の一亜科の総称。

ナミスジエダシャク 波条枝尺蛾〈Racotis petrosa〉昆虫綱鱗翅目シャクガ科エダシャク亜科の蛾。開張31～36mm。分布：北海道,本州,九州,対馬,屋久島。

ナミスジカタゾウムシ〈Pachyrrhynchus pinorum〉昆虫綱甲虫目ゾウムシ科。分布：ルソン島山地。

ナミスジキハマキ ナミスジキヒメハマキの別名。

ナミスジキヒメハマキ〈Olethreutes subretracta〉昆虫綱鱗翅目ハマキガ科の蛾。開張16～19mm。分布：北海道から中部山地,東京高尾山。

ナミスジコアオシャク〈Diplodesma ussuriaria〉昆虫綱鱗翅目シャクガ科アオシャク亜科の蛾。開張14～20mm。分布：北海道,本州,四国,九州,対馬,屋久島,沖縄本島,西表島,朝鮮半島,シベリア南東部,中国。

ナミスジシロエダシャク 波条白枝尺蛾〈Myrteta tinagmaria〉昆虫綱鱗翅目シャクガ科エダシャク亜科の蛾。開張27～39mm。分布：本州(宮城県以南),四国,九州,対馬,屋久島,沖縄本島,中国南部と南東部。

ナミスジシロカギバ〈Ditrigona conflexaria〉昆虫綱鱗翅目カギバガ科の蛾。分布：対馬,中国。

ナミスジチビヒメシャク 波条矮姫尺蛾〈Scopula personata〉昆虫綱鱗翅目シャクガ科ヒメシャク亜科の蛾。開張13～15mm。分布：本州(東北南部より),四国,九州,薩南諸島,琉球の島々,台湾,中国,朝鮮半島。

ナミスジツルギタテハ〈Marpesia coresia〉昆虫綱鱗翅目タテハチョウ科の蝶。分布：テキサス州南部からメキシコを経て,ペルー,ブラジル南部まで。

ナミスジトガリバ〈Mesopsestis undosa〉昆虫綱鱗翅目トガリバガ科の蛾。開張34～37mm。分布：本州(東北地方北部より),四国,九州。

ナミスジヒメハマキ ナミスジキヒメハマキの別名。

ナミスジフユシャク ナミスジフユナミシャクの別名。

ナミスジフユナミシャク 波条冬波尺蛾〈Operophtera brumata〉昆虫綱鱗翅目シャクガ科ナミシャク亜科の蛾。雄の翅は正常に発達した灰褐色,雌の翅は短い突起に退化。開張2.5～3.0mm。分布：ヨーロッパ,アジア温帯域。

ナミツブダニ〈Oppia nova〉蛛形綱ダニ目ツブダニ科。

ナミツヤムネハネカクシ〈Quedius simulans〉昆虫綱甲虫目ハネカクシ科の甲虫。体長7.5～9.0mm。

ナミテンアツバ〈Hypena rectivittalis〉昆虫綱鱗翅目ヤガ科アツバ亜科の蛾。開張28～30mm。分布：インド,関東地方以西,四国,九州,屋久島。

ナミテントウ テントウムシの別名。

ナミトゲトビムシ〈Tomocerus vulgaris〉無翅昆虫亜綱粘管目トゲトビムシ科。

ナミトビイロカゲロウ 並鳶色蜉蝣〈Paraleptophlebia chocorata〉昆虫綱蜉蝣目トビイロカゲロウ科。体長7～8mm。分布：日本各地。

ナミトモナガキノコバエ〈Rhymosia domestica〉昆虫綱双翅目キノコバエ科。

ナミニクバエ〈Sarcophaga similis〉昆虫綱双翅目ニクバエ科。体長8.0～15.0mm。害虫。

ナミハガケジグモ〈Cybaeopsis typicus〉蛛形綱クモ目ガケジグモ科の蜘蛛。体長雌8～9mm,雄7～8mm。分布：北海道,本州北部,サハリン。

ナミハグモ〈Cybaeus mellotteei〉蛛形綱クモ目ミズグモ科。

ナミハグモの一種〈Cybaeus sp.〉蛛形綱クモ目タナグモ科の蜘蛛。体長雌4.5mm,雄4mm。分布：本州(中部の山地)。

ナミハダニ 並葉壁蝨〈Tetranychus urticae〉節足動物門クモ形綱ダニ目ハダニ科の植物寄生性のダニ。体長雌0.6mm,雄0.4mm。大豆,アカザ科野菜,シソ,ナス科野菜,苺,桜桃,ナシ類,桃,スモモ,林檎,葡萄,桑,ホップ,マメ科牧草,菊,ダリア,百日草,シクラメン,アフリカホウセンカ,鳳仙花,カーネーション,バラ類,リンドウ,ウリ科野菜,隠元豆,小豆,ササゲに害を及ぼす。分布：日本全国,汎世界的。

ナミハレギチョウ スンダハレギチョウの別名。

ナミヒカゲ ヒカゲチョウの別名。

ナミヒメホソキノコバエ〈Bolitophilella cinerea〉昆虫綱双翅目キノコバエ科。

ナミヒョウモン ヒョウモンチョウの別名。

ナミヒラタカゲロウ〈*Epeorus ikanonis*〉昆虫綱蜉蝣目ヒラタカゲロウ科。

ナミヒラタケシキスイ〈*Epuraea pellax*〉昆虫綱甲虫目ケシキスイ科の甲虫。体長2.2～3.6mm。

ナミフタオカゲロウ 並双尾蜉蝣〈*Siphlonurus sanukensis*〉昆虫綱蜉蝣目フタオカゲロウ科。体長13～16mm。分布:日本各地。

ナミホコリダニ〈*Tarsonemus granarius*〉蛛形綱ダニ目ホコリダニ科。体長雌0.18mm、雄0.16mm。害虫。

ナミホシヒラタアブ 波星扁虻〈*Metasyrphus nitens*〉昆虫綱双翅目ショクガバエ科。体長10～11mm。分布:日本全土。

ナミホソキノコバエ〈*Bolitophila disjuncta*〉昆虫綱双翅目キノコバエ科。害虫。

ナミホソハマキモドキ〈*Glyphipterix semiflavana*〉昆虫綱鱗翅目ホソハマキモドキガ科の蛾。開張11～13mm。分布:本州、四国、九州。

ナミマイマイ 普通蝸牛〈*Euhadra sandai communis*〉軟体動物門腹足綱マイマイ科の巻貝。分布:近畿地方。

ナミマメゾウ アズキゾウムシの別名。

ナミマルバネワモンチョウ マルバネワモンの別名。

ナミモンコキノコムシ〈*Mycetophagus undulatus*〉昆虫綱甲虫目コキノコムシ科の甲虫。体長3mm。

ナミモンコケシキスイ 波紋小出尾虫〈*Cryptarcha strigata*〉昆虫綱甲虫目ケシキスイ科の甲虫。体長2.8～4.2mm。分布:日本各地。

ナミモンシロハナムグリ コルベゴライアスツノコガネの別名。

ナミモンニセナガカッコウムシ〈*Xenorthrius umbratrus*〉昆虫綱甲虫目カッコウムシ科の甲虫。体長7.5mm。

ナミヨコセミゾハネカクシ〈*Ochthephilus vulgaris*〉昆虫綱甲虫目ハネカクシ科の甲虫。体長3.3mm。

ナミラセンセンチュウ〈*Helicotylenchus dihystera*〉ホプロライムス科。体長0.5～0.9mm。大豆、パイナップル、柑橘、サトウキビ、苺、柑橘に害を及ぼす。

ナメクジ 蛞蝓〈*Incilaria bilineata*〉軟体動物門腹足綱ナメクジ科の陸生動物。体長60mm。ヤマノイモ類、ウリ科野菜、キク科野菜、ナス科野菜、ユリ科野菜、菊、プリムラ、サルビア、スミレ類、アブラナ科野菜、シソに害を及ぼす。分布:日本全国、中国。

ナモグリバエ 菜潜蠅〈*Phytomyza atricornis*〉昆虫綱双翅目ハモグリバエ科。体長2mm。隠元豆、小豆、ササゲ、マメ科牧草、アスター(エゾギク)、菊、キンセンカ、ダリア、スイートピー、大豆、豌豆、空豆、アブラナ科野菜、キク科野菜に害を及ぼす。分布:日本全土。

ナラアオジョウカイモドキ〈*Anhomodactylus gotoi*〉昆虫綱甲虫目ジョウカイモドキ科の甲虫。体長3.7～3.8mm。

ナライガタマバチ〈*Cynips mukaigawa*〉昆虫綱膜翅目タマバチ科。ナラ、樫、ブナに害を及ぼす。

ナライガフシバチ ナライガタマバチの別名。

ナラカキカイガラムシ〈*Andaspis naracola*〉昆虫綱半翅目マルカイガラムシ科。体長2.0～2.5mm。栗に害を及ぼす。分布:本州以南の日本各地。

ナラキンモンホソガ〈*Phyllonorycter pseudolautella*〉昆虫綱鱗翅目ホソガ科の蛾。分布:北海道、四国、九州、ロシア南東部。

ナラクロオビキバガ〈*Telphusa necromantis*〉昆虫綱鱗翅目キバガ科の蛾。開張12～15mm。分布:北海道、本州、中国。

ナラコハマキ〈*Acleris ferrugana*〉昆虫綱鱗翅目ハマキガ科の蛾。開張13～15.5mm。分布:北海道、本州、四国、中国(東北)、ロシア(アムール)。

ナラコメツキモドキ〈*Languriomorpha nara*〉昆虫綱甲虫目コメツキモドキ科の甲虫。体長4.5～6.5mm。

ナラツツガ ナラピストルミノガの別名。

ナラトゥス・アンテルス〈*Narathura anthelus*〉昆虫綱鱗翅目シジミチョウ科の蝶。分布:ミャンマーからマレーシア、スマトラ、ジャワ、ボルネオ、フィリピン。

ナラトゥラ・アエキソネ〈*Narathura aexone*〉昆虫綱鱗翅目シジミチョウ科の蝶。分布:スラウェシ、ハルマヘラ、ブル、アルー、ニューギニア、ソロモン。

ナラトゥラ・アエディアス〈*Narathura aedias*〉昆虫綱鱗翅目シジミチョウ科の蝶。分布:マレーシア、ジャワ。

ナラトゥラ・アゲラストゥス〈*Narathura agelastus*〉昆虫綱鱗翅目シジミチョウ科の蝶。分布:マレーシア、インドシナ半島。

ナラトゥラ・アトゥラクス〈*Narathura atrax*〉昆虫綱鱗翅目シジミチョウ科の蝶。分布:ミャンマーからマレーシアまで。

ナラトゥラ・アトシア〈*Narathura atosia*〉昆虫綱鱗翅目シジミチョウ科の蝶。分布:インドシナ半島からマレーシアをへてスマトラ、ボルネオ、パラワン。

ナラトゥラ・アブセウス〈*Narathura abseus*〉昆虫綱鱗翅目シジミチョウ科の蝶。分布:インドからインドシナ半島、マレーシアからフィリピンまで、ボルネオ、スマトラ。

ナラトゥラ・アマンテス〈Narathura amantes〉昆虫綱鱗翅目シジミチョウ科の蝶。分布：インド，マレーシアからティモールまで。

ナラトゥラ・アリタエウス〈Narathura alitaeus〉昆虫綱鱗翅目シジミチョウ科の蝶。分布：マレーシア，ボルネオ，セレベス，フィリピン。

ナラトゥラ・アルゲンテア〈Narathura argentea〉昆虫綱鱗翅目シジミチョウ科の蝶。分布：スラウェシ。

ナラトゥラ・アレキサンドゥラエ〈Narathura alexandrae〉昆虫綱鱗翅目シジミチョウ科の蝶。分布：ミンダナオ。

ナラトゥラ・イヤウエンシス〈Narathura ijauensis〉昆虫綱鱗翅目シジミチョウ科の蝶。分布：マレーシア。

ナラトゥラ・ウィルデイ〈Narathura wildei〉昆虫綱鱗翅目シジミチョウ科の蝶。分布：オーストラリア。

ナラトゥラ・エウモルフス〈Narathura eumolphus〉昆虫綱鱗翅目シジミチョウ科の蝶。分布：シッキム，アッサム，インドから東南アジア一帯，海南島。

ナラトゥラ・エピムタ〈Narathura epimuta〉昆虫綱鱗翅目シジミチョウ科の蝶。分布：マレーシア，ボルネオ。

ナラトゥラ・エリダヌス〈Narathura eridanus〉昆虫綱鱗翅目シジミチョウ科の蝶。分布：パラワン，スラウェシ，マルク諸島。

ナラトゥラ・カムデオ〈Narathura camdeo〉昆虫綱鱗翅目シジミチョウ科の蝶。分布：シッキムからベトナム北部まで。

ナラトゥラ・クラリッサ〈Narathura clarissa〉昆虫綱鱗翅目シジミチョウ科の蝶。分布：セレベス，フィリピン。

ナラトゥラ・クレアンデル〈Narathura cleander〉昆虫綱鱗翅目シジミチョウ科の蝶。分布：ボルネオ。

ナラトゥラ・シュタウディンゲリ〈Narathura staudingeri〉昆虫綱鱗翅目シジミチョウ科の蝶。分布：フィリピン(ミンダナオ，レイテ)。

ナラトゥラ・シルヘテンシス〈Narathura silhetensis〉昆虫綱鱗翅目シジミチョウ科の蝶。分布：ミャンマーからマレーシアまで。

ナラトゥラ・テバ〈Narathura theba〉昆虫綱鱗翅目シジミチョウ科の蝶。分布：フィリピン。

ナラトゥラ・ドドネア〈Narathura dodonea〉昆虫綱鱗翅目シジミチョウ科の蝶。分布：ヒマラヤ。

ナラトゥラ・ドヘルティイ〈Narathura dohertyi〉昆虫綱鱗翅目シジミチョウ科の蝶。分布：セレベス。

ナラトゥラ・ファエノプス〈Narathura phaenops〉昆虫綱鱗翅目シジミチョウ科の蝶。分布：マレーシアからフィリピンまで。

ナラトゥラ・フッラ〈Narathura fulla〉昆虫綱鱗翅目シジミチョウ科の蝶。分布：マレーシア，アンダマン諸島。

ナラトゥラ・ヘスバ〈Narathura hesba〉昆虫綱鱗翅目シジミチョウ科の蝶。分布：ミンダナオ。

ナラトゥラ・ヘルクレス〈Narathura hercules〉昆虫綱鱗翅目シジミチョウ科の蝶。分布：スラウェシ，マルク諸島，ニューギニア。

ナラトゥラ・ホルスフィールディ〈Narathura horsfieldi〉昆虫綱鱗翅目シジミチョウ科の蝶。分布：ミャンマーからマレーシア，スマトラ，ニアス，ジャワ，ボルネオ。

ナラトゥラ・マツタロイ〈Narathura matsutaroi〉昆虫綱鱗翅目シジミチョウ科の蝶。分布：ミンダナオ。

ナラトゥラ・マディトゥス〈Narathura madytus〉昆虫綱鱗翅目シジミチョウ科の蝶。分布：オーストラリア，ニューギニア，モルッカ諸島。

ナラトゥラ・マヨル〈Narathura major〉昆虫綱鱗翅目シジミチョウ科の蝶。分布：スマトラ，マレーシアからフィリピンまで。

ナラトゥラ・ミズヌマイ〈Narathura mizunumai〉昆虫綱鱗翅目シジミチョウ科の蝶。分布：ミンダナオ。

ナラトゥラ・ムタ〈Narathura muta〉昆虫綱鱗翅目シジミチョウ科の蝶。分布：マレーシア，ジャワ。

ナラトゥラ・ムーレイ〈Narathura moorei〉昆虫綱鱗翅目シジミチョウ科の蝶。分布：マレーシア，スマトラ，ボルネオ。

ナラトゥラ・メタムタ〈Narathura metamuta〉昆虫綱鱗翅目シジミチョウ科の蝶。分布：マレーシア，スマトラ，ボルネオ。

ナラトゲマダラアブラムシ〈Tuberculatus konaracola〉昆虫綱半翅目アブラムシ科。

ナラヌカグモ〈Dicornua naraensis〉蛛形綱クモ目サラグモ科の蜘蛛。体長雌1.5〜1.7mm，雄1.4〜1.6mm。分布：本州。

ナラノチャイロコガネ〈Proagopertha pubicollis〉昆虫綱甲虫目コガネムシ科の甲虫。体長8.5〜12.0mm。

ナラビストルミノガ〈Coleophora currucipennella〉昆虫綱鱗翅目ツツミノガ科の蛾。開張14〜15mm。

ナラヒラタキクイムシ 楢扁木喰虫〈Lyctus linearis〉昆虫綱甲虫目ヒラタキクイムシ科の甲虫。体長2.0〜5.5mm。分布：北海道。害虫。

ナラフサカイガラムシ〈Asterolecanium japonicum〉昆虫綱半翅目フサカイガラムシ科。カシ類に害を及ぼす。

ナラリンゴタマバチ〈Biorhiza weldi〉蜂。ナラ,樫,ブナに害を及ぼす。

ナラルリオトシブミ〈Euops konoi〉昆虫綱甲虫目オトシブミ科の甲虫。体長3.5〜4.0mm。

ナルキッサスアグリアス ナルキッサスミイロタテハの別名。

ナルキッサスミイロタテハ〈Agrias narcissus〉昆虫綱鱗翅目タテハチョウ科の蝶。開張80mm。分布:アマゾン川中流。珍蝶。

ナルクミメクラチビゴミムシ〈Yamautidius securiger〉昆虫綱甲虫目オサムシ科の甲虫。体長3.3〜3.6mm。

ナルコグモ〈Wendilgarda sp.〉蛛形綱クモ目カラカラグモ科の蜘蛛。体長雌2.1〜2.3mm,雄1.2〜1.3mm。分布:本州。

ナルトミダニグモ〈Ischnothyreus narutomii〉蛛形綱クモ目タマゴグモ科の蜘蛛。体長雌1.0〜1.5mm,雄1.0〜1.3mm。分布:本州,四国,九州,伊豆諸島。

ナルミハナアブ 鳴海花虻〈Narumyia narumii〉昆虫綱双翅目ハナアブ科。分布:本州。

ナロペ・キッラストゥロス〈Narope cyllastros〉昆虫綱鱗翅目フクロウチョウ科の蝶。分布:リオデジャネイロからパナマまで。

ナロペ・キッラバルス〈Narope cyllabarus〉昆虫綱鱗翅目フクロウチョウ科の蝶。分布:ケイエン(仏領ギアナ),コロンビア,ボリビア,アマゾン。

ナワカワトンボ オオカワトンボの別名。

ナワキリガ〈Conistra nawae〉昆虫綱鱗翅目ヤガ科セダカモクメ亜科の蛾。分布:東京高尾山,岐阜市,金華山,近畿地方,四国,九州,対馬,奄美大島,沖縄本島。

ナワコガシラウンカ 名和小頭浮塵子〈Rhotala nawae〉昆虫綱半翅目コガシラウンカ科。分布:本州。

ナワダイミョウガガンボ〈Pedicia nawai〉昆虫綱双翅目ガガンボ科。

ナワタマカイガラムシ〈Kermococcus nawae〉有翅亜目タマカイガラムシ科。体長6〜7mm。栗に害を及ぼす。分布:本州,朝鮮半島。

ナワヒメハナバチ〈Andrena nawai〉昆虫綱膜翅目ヒメハナバチ科。

ナワメナミシャク〈Lampropteryx jameza〉昆虫綱鱗翅目シャクガ科の蛾。分布:日本,朝鮮半島,中国東北,シベリア南東部。

ナンアフタオツバメ〈Spindasis natalensis〉昆虫綱鱗翅目シジミチョウ科の蝶。前翅の先端にはオレンジ色と褐色の斑紋がある。開張2.5〜4.0mm。分布:南アフリカ共和国からモザンビーク,ジンバブエ。

ナンアベニオビシジミ〈Scoptes alphaeus〉昆虫綱鱗翅目シジミチョウ科の蝶。翅の表面には赤色の帯。開張3〜4mm。分布:北アフリカの丘陵地や山岳地帯。

ナンキコブヤハズカミキリ〈Parechthistatus nankiensis〉昆虫綱甲虫目カミキリムシ科の甲虫。体長15〜22mm。

ナンキシマアツバ〈Hepatica nakatanii〉昆虫綱鱗翅目ヤガ科クチバ亜科の蛾。分布:東海地方から本土の南岸,九州の離島部,対馬。

ナンキンキノカワガ〈Gadirtha uniformis〉昆虫綱鱗翅目ヤガ科キノカワガ亜科の蛾。開張43〜54mm。ナンキンハゼ,ハゼ,ヌルデ,ニワウルシに害を及ぼす。分布:台湾以南,東南アジア,本州,四国,九州。

ナンキンムシトコジラミの別名。

ナンシャンホソコバネカミキリ〈Necydalis nanshanensis〉昆虫綱甲虫目カミキリムシ科の甲虫。分布:台湾。

ナントシャチホコ〈Neostauropus alternus〉昆虫綱鱗翅目シャチホコガ科の蛾。分布:インド,スマトラ,中国,台湾,西表島。

ナンブコツブグモ〈Mysmenella jobi〉蛛形綱クモ目コツブグモ科の蜘蛛。体長雌1.0〜1.2mm,雄0.7〜1.0mm。分布:北海道,本州,四国,九州,対馬。

ナンベイウスキゴマダラヒトリ〈Diphthera festiva〉昆虫綱鱗翅目ヤガ科の蛾。象形文字のような模様をもち,前翅は黄色。開張4〜5mm。分布:中央および南アメリカの熱帯域,合衆国南部のフロリダ,テキサス。

ナンベイオオウスバカミキリ〈Ctenoscelis coeus〉昆虫綱甲虫目カミキリムシ科の甲虫。分布:ボリビア,ブラジル。

ナンベイオオクロゾウムシ〈Rhynchophorus palmarum〉昆虫綱甲虫目ゾウムシ科の甲虫。分布:南米(アルゼンチン)。

ナンベイオオスズメ〈Cocytius antaeus〉昆虫綱鱗翅目スズメガ科の蛾。前翅は黄灰色,後翅は黒色の帯で縁どられている。開張13〜17.5mm。分布:中央および南アメリカから,フロリダ南部。

ナンベイオオタガメ〈Belostoma grandis〉昆虫綱半翅目コオイムシ科。分布:南アメリカ。

ナンベイオオタマムシ〈Euchroma gigantea〉昆虫綱甲虫目タマムシ科。分布:南アメリカ,西インド諸島。

ナンベイオオツバメガ オオナンベイツバメガの別名。

ナンベイオオハイイロスズメ〈*Pseudosphinx tetrio*〉昆虫綱鱗翅目スズメガ科の蛾。前翅に灰色と灰白色の複雑な模様がある。開張13～16mm。分布：パラグアイから，西インド諸島，合衆国南端。

ナンベイオオヤガ〈*Thysania agrippina*〉昆虫綱鱗翅目ヤガ科の蛾。世界最大の蛾，前後翅ともに灰白色。開張23～30mm。分布：中央アメリカからブラジル南部。

ナンベイオオルリカミキリ〈*Callichroma aurocomum*〉昆虫綱甲虫目カミキリムシ科の甲虫。分布：南米（アマゾン流域・チリ）。

ナンベイカタビロオサムシ〈*Calosoma antiquum argentinense*〉昆虫綱甲虫目オサムシ科。分布：ボリビア，ブラジル，パラグアイ，アルゼンチン。

ナンベイキンイロアミメシャチホコ〈*Chliara cresus*〉昆虫綱鱗翅目シャチホコガ科の蛾。前翅に金属光沢の斑紋，暗褐色の線がある。開張4.5～5.5mm。分布：中央および南アメリカの熱帯域。

ナンベイクロツヤムシ〈*Passalus interstitialis*〉昆虫綱甲虫目クロツヤムシ科。分布：中央アメリカ，南アメリカ。

ナンベイゴムノキヒトリ〈*Premolis semirufa*〉昆虫綱鱗翅目ヒトリガ科の蛾。翅に黄褐色の模様をもつ。開張4～6mm。分布：南アメリカの熱帯域。

ナンベイセアカユキヒトリ〈*Eupseudosoma involutum*〉昆虫綱鱗翅目ヒトリガ科の蛾。体色はほぼ純白だが，腹部の背面のみは赤色。開張3～4mm。分布：中央南アメリカの熱帯域から，合衆国南部。

ナンベイツバメガ〈*Urania fulgens*〉昆虫綱鱗翅目ツバメガ科の蛾。分布：メキシコ，中央アメリカ，コロンビア。

ナンベイベニゴマダラヒトリ〈*Utetheisa ornatrix*〉昆虫綱鱗翅目ヒトリガ科の蛾。後翅の地色がおもに白色。開張3.0～4.5mm。分布：中央および南アメリカの熱帯域，北方のフロリダ。

ナンベイマルバネカラスシジミ〈*Eumaeus toxana*〉昆虫綱鱗翅目シジミチョウ科の蝶。分布：パナマ西部のチリキ山，エクアドルからボリビア，アマゾン流域まで。

ナンベイミズクサヒトリ〈*Paracles laboulbeni*〉昆虫綱鱗翅目ヒトリガ科の蛾。雄は褐色，雌は黄褐色を呈する。開張3.0～4.5mm。分布：南アメリカの熱帯。

ナンヨウカマキリ〈*Orthodera burmeisteri*〉昆虫綱蟷螂目カマキリ科。体長40～45mm。分布：小笠原諸島。

ナンヨウキマダラセセリ〈*Potanthus omaha niobe*〉蝶。

ナンヨウチビコメツキ〈*Conoderus pallipes*〉昆虫綱甲虫目コメツキムシ科の甲虫。体長10～11mm。

ナンヨウヒメハネビロトンボ〈*Tramea transmarina propinqua*〉昆虫綱蜻蛉目トンボ科の蜻蛉。

ナンヨウベッコウトンボ〈*Neurothemis terminata terminata*〉昆虫綱蜻蛉目トンボ科の蜻蛉。

【ニ】

ニアビウスマダラ シロモンマダラの別名。

ニイクニヒメバチ 新国姫蜂〈*Diphyus niikunii*〉昆虫綱膜翅目ヒメバチ科。分布：本州。

ニイジマアトマルキクイムシ〈*Dryocoetes niijimai*〉昆虫綱甲虫目キクイムシ科の甲虫。体長2.9～3.4mm。

ニイジマオオキクイムシ〈*Neohyorrhynchus niisimai*〉昆虫綱甲虫目キクイムシ科。

ニイシマキクイムシ〈*Sueus niisimai*〉昆虫綱甲虫目キクイムシ科の甲虫。体長雌1.6～2.0mm，雄1.2mm。

ニイジマスジコガネ〈*Anomala niijimae*〉昆虫綱甲虫目コガネムシ科の甲虫。体長13mm。分布：石垣島，西表島。

ニイジマチビカミキリ〈*Egesina bifasciana*〉昆虫綱甲虫目カミキリムシ科フトカミキリ亜科の甲虫。体長4～5mm。分布：北海道，本州，四国，九州，対馬。

ニイジマトラカミキリ 新島虎天牛〈*Xylotrechus emaciatus*〉昆虫綱甲虫目カミキリムシ科カミキリ亜科の甲虫。体長9～14mm。分布：本州，四国，九州，佐渡，対馬，屋久島。

ニイシマホソメイガ〈*Rhinaphe neesimella*〉昆虫綱鱗翅目メイガ科の蛾。分布：本州(関東地方)，九州，屋久島，朝鮮半島。

ニイタカアカシジミ〈*Japonica patungkoanui*〉昆虫綱鱗翅目シジミチョウ科の蝶。

ニイタカオナガシジミ〈*Teratozephyrus hecale*〉昆虫綱鱗翅目シジミチョウ科の蝶。別名シラキミドリシジミ，ニイタカミドリシジミ。分布：中国西部，台湾(高地)。

ニイタカキマダラセセリ(台湾亜種) ウスバキマダラセセリの別名。

ニイタカコキマダラセセリ〈*Ochlodes formosanus*〉蝶。

ニイタカハイイロハナカミキリ〈*Rhagium morrisonensis*〉昆虫綱甲虫目カミキリムシ科の甲虫。分布：台湾。

ニイタカハナカミキリ〈Anastrangalia dissimilis〉昆虫綱甲虫目カミキリムシ科ハナカミキリ亜科の甲虫。体長9～10.5mm。

ニイタカミドリシジミ ニイタカオナガシジミの別名。

ニイニイゼミ〈Platypleura kaempferi〉昆虫綱半翅目セミ科。体長32～40mm。林檎,ナシ類,枇杷,柑橘,柿に害を及ぼす。分布：北海道,本州,四国,九州,対馬,種子島,屋久島,口永良部島,吐噶喇列島,奄美大島,徳之島,沖永良部島,沖縄本島。

ニオベウラギンヒョウモン〈Fabriciana niobe kurana〉昆虫綱鱗翅目タテハチョウ科の蝶。分布：北アフリカ(モロッコ,アルジェリア),ヨーロッパからイラン,アフガニスタンまで。

ニカ・フラビッラ〈Nica flavilla〉昆虫綱鱗翅目タテハチョウ科の蝶。分布：中央アメリカ,ベネズエラ,パラグアイ,ペルー。

ニカメイガ 二化螟蛾〈Chilo suppressalis〉昆虫綱鱗翅目メイガ科ツトガ亜科の蛾。開張22～34mm。稲,イネ科作物に害を及ぼす。分布：北海道,本州,四国,九州,対馬から南西諸島,朝鮮半島。

ニカメイガモドキ〈Chilo hyrax〉昆虫綱鱗翅目メイガ科の蛾。分布：本州,四国,九州,中国東北,シベリア南東部。

ニキビダニ 面皰壁蝨〈Demodex folliculorum〉蛛形綱ダニ目ニキビダニ科のダニ。別名毛包虫。人の皮膚の毛包に寄生する。体長0.3mm。害虫。

ニクイロババヤスデ〈Parafontaria acutidens〉ババヤスデ科。害虫。

ニクダニ 肉壁蝨 節足動物門クモ形綱ダニ目コナダニ団に属するニクダニ科Glycyphagidaeの総称。

ニクテリア・グランディス〈Nyctelia grandis〉昆虫綱甲虫目ゴミムシダマシ科。分布：チリ,アルゼンチン。

ニクテリア・ペナイ〈Nyctelia penai〉昆虫綱甲虫目ゴミムシダマシ科。分布：チリ,アルゼンチン。

ニクテリウス・アレス〈Nyctelius ares〉昆虫綱鱗翅目セセリチョウ科の蝶。分布：ブラジルからブラジル,トリニダード,西インド諸島まで。

ニクテリウス・ニクテリウス〈Nyctelius nyctelius〉昆虫綱鱗翅目セセリチョウ科の蝶。分布：メキシコ,ブラジル,西インド諸島,キューバ,トリニダード,テキサス州。

ニクバエ 肉蠅〈flesh fly〉昆虫綱双翅目有弁翅蠅類ニクバエ科Sarcophagidaeの総称。

ニコニアデス・エフォラ〈Nisoniades ephora〉昆虫綱鱗翅目セセリチョウ科の蝶。分布：メキシコ,コロンビア,ギアナ,トリニダード。

ニコニアデス・キサンタフェス〈Niconiades xanthaphes〉昆虫綱鱗翅目セセリチョウ科の蝶。分布：メキシコからパラグアイ,ウルグアイ,ブラジル南部。

ニコニアデス・ブロミウス〈Nisoniades bromius〉昆虫綱鱗翅目セセリチョウ科の蝶。分布：ギアナ。

ニシアケボノアゲハ〈Parides nox〉昆虫綱鱗翅目アゲハチョウ科の蝶。開張100mm。分布：マレーシア。珍蝶。

ニシアワクラヌレチゴミムシ〈Apatrobus nishiawakurae〉昆虫綱甲虫目オサムシ科の甲虫。体長9.5mm。

ニシイロクワガタ〈Phalacrognathus mulleri〉昆虫綱甲虫目クワガタムシ科。分布：オーストラリア。

ニシイロシジミタテハ〈Ancyluris aulestes〉昆虫綱鱗翅目シジミタテハ科の蝶。分布：コロンビアからボリビアまで,ギアナ,ブラジル北西部。

ニシイロナンヨウタマムシ〈Cyphogastra javanica〉昆虫綱甲虫目タマムシ科。分布：マルク南部,カイ,アルー。

ニシイロフトタマムシ〈Sternocera iris〉昆虫綱甲虫目タマムシ科。分布：アフリカ中央部。

ニシオビイナズマ〈Euthalia duda〉昆虫綱鱗翅目タテハチョウ科の蝶。分布：シッキム,アッサム,チベット。

ニシオビベニアツバ〈Homodes vivida〉昆虫綱鱗翅目ヤガ科クチバ亜科の蛾。分布：インド,本土南西部。

ニシカゼミドリシジミ〈Chrysozephyrus nishikaze〉昆虫綱鱗翅目シジミチョウ科の蝶。

ニシカタビロオサムシ〈Calosoma sycophanta〉昆虫綱甲虫目オサムシ科。分布：ヨーロッパ,アフリカ北部,アジア北部。

ニシガハラワタカイガラムシ〈Pulvinaria nishigaharae〉昆虫綱半翅目カタカイガラムシ科。体長3.0～4.5mm。楓(紅葉),桑に害を及ぼす。分布：本州,朝鮮半島。

ニシカワナミハグモ〈Cybaeus nishikawai〉蛛形綱クモ目タナグモ科の蜘蛛。

ニシカワメクラチビゴミムシ〈Stygiotrechus nishikawai〉昆虫綱甲虫目オサムシ科の甲虫。体長2.5～2.6mm。

ニシキオオツバメガ〈Chrysiridia madagascariensis〉昆虫綱鱗翅目ツバメガ科の蛾。別名シンジュツバメガ。後翅には短く細い尾状突起を何本ももつ。開張8～10mm。分布：マダガスカル(固有)。

ニシキオニグモ〈Araneus variegatus〉蛛形綱クモ目コガネグモ科の蜘蛛。体長雌12～16mm,雄9

〜10mm。分布：北海道, 本州, 九州。

ニシキカナブン〈Stephanorrhina guttata〉昆虫綱甲虫目コガネムシ科の甲虫。別名シロホシカナブン。分布：アフリカ西部, 中央部。

ニシキカワゲラ〈Thaumatoperla〉ニシキカワゲラ科の属称。珍虫。

ニシキギスガ〈Yponomeuta kanaiellus〉昆虫綱鱗翅目スガ科の蛾。分布：北海道, 本州。

ニシキキンウワバ〈Acanthoplusia ichinosei〉昆虫綱鱗翅目ヤガ科コヤガ亜科の蛾。開張35〜37mm。分布：関東以北ではまれ, 四国, 九州, 対馬, 伊豆諸島(神津島, 御蔵島), 屋久島, 奄美大島, 石垣島。

ニシキキンカメムシ 錦金亀虫〈Poecilocoris splendidulus〉昆虫綱半翅目キンカメムシ科。分布：本州, 九州。

ニシキサラグモ〈Taranucnus nishikii〉蛛形綱クモ目サラグモ科の蜘蛛。

ニシキタマムシ〈Metataenia clotildae refulgens〉昆虫綱甲虫目タマムシ科の甲虫。分布：ソロモン諸島。

ニシキドクチョウ〈Heliconius longarenus〉昆虫綱鱗翅目ドクチョウ科の蝶。分布：エクアドル, コロンビア。

ニシキヒザラガイ 錦膝皿貝〈Onithochiton hirasei〉軟体動物門クサズリガイ科のヒザラガイ。分布：房総半島から台湾。

ニシキヒョウモンダマシ〈Anetia thirza〉昆虫綱鱗翅目マダラチョウ科の蝶。分布：メキシコ, 中米北部。

ニシキヒロハマキモドキ〈Nigilgia limata〉昆虫綱鱗翅目ヒロハマキホドキガ科の蛾。分布：屋久島, 沖縄本島, 石垣島。

ニシキホソツノコガネ〈Diceros dives〉昆虫綱甲虫目コガネムシ科の甲虫。分布：マレーシア, フィリピン。

ニシキリセイハエトリ〈Orthrus bicolor〉蛛形綱クモ目ハエトリグモ科の蜘蛛。

ニジコマルキマワリ〈Elixola iridicollis〉昆虫綱甲虫目ゴミムシダマシ科の甲虫。体長6.5〜7.5mm。

ニジゴミムシダマシ〈Tetraphyllus lunuliger〉昆虫綱甲虫目ゴミムシダマシ科の甲虫。体長6〜7mm。分布：本州, 四国, 九州。

ニシタケハエトリ〈Plexippoides nishitakensis〉蛛形綱クモ目ハエトリグモ科の蜘蛛。

ニジツヤゴモクムシ ツヤマメゴモクムシの別名。

ニジマルキマワリ〈Amarygmus callichromus〉昆虫綱甲虫目ゴミムシダマシ科の甲虫。体長9.5〜12.3mm。

ニジムネコガシラハネカクシ〈Philonthus micanticollis〉昆虫綱甲虫目ハネカクシ科。

ニシムモンウラナミジャノメ〈Chazara briseis〉昆虫綱鱗翅目タテハチョウ科の蝶。前翅の前端には淡褐色の縁どり, 後翅外縁には凹凸がある。開張4〜7mm。分布：ヨーロッパの中部と南部, トルコ, イラン。

ニジモンサビカミキリ〈Pterolophia formosana〉昆虫綱甲虫目カミキリムシ科フトカミキリ亜科の甲虫。体長11mm。

ニジモントビコバチ〈Cerapteroceroides japonicus〉昆虫綱膜翅目トビコバチ科。

ニジモントビコバチモドキ〈Cerapterocerus mirabilis〉昆虫綱膜翅目トビコバチ科。

ニジュウシトリバ〈Alucita spilodesma〉昆虫綱鱗翅目ニジュウシトリバガ科の蛾。開張16mm。分布：北海道, 本州, 四国, 九州, 種子島, 屋久島, インド。

ニジュウヤホシテントウ〈Epilachna vigintioctopunctata〉昆虫綱甲虫目テントウムシ科の甲虫。体長6〜7mm。ジャガイモ, ナス科野菜に害を及ぼす。分布：本州, 四国, 九州, 南西諸島。

ニジュウヤホシテントウ オオニジュウヤホシテントウの別名。

ニセアオバセセリ〈Chaospes xanthopogon〉昆虫綱鱗翅目セセリチョウ科の蝶。

ニセアオモリヒラタゴミムシ〈Colpodes stichai〉昆虫綱甲虫目ゴミムシ科。

ニセアカマエアツバ〈Simplicia pseudoniphona〉昆虫綱鱗翅目ヤガ科クルマアツバ亜科の蛾。分布：本州(秋田, 宮城県以南), 四国, 九州, 対馬, 屋久島, 奄美大島, 徳之島, 沖縄本島, 石垣島, 西表島, 与那国島, 台湾。

ニセアカマダラケシキスイ〈Lasiodactylus borealis〉昆虫綱甲虫目ケシキスイ科の甲虫。体長6.0〜7.6mm。

ニセアカムネグモ〈Gnathonarium exiccatum〉蛛形綱クモ目サラグモ科の蜘蛛。体長雌2.0〜2.3mm, 雄1.5〜1.8mm。分布：本州, 四国, 九州。

ニセアカムネグモ ヤマアカムネグモの別名。

ニセアシナガトビハムシ〈Parategyrius unicolor〉昆虫綱甲虫目ハムシ科の甲虫。体長2.7mm。

ニセアシブトケバエ〈Bibio pseudoclavipes〉昆虫綱双翅目ケバエ科。

ニセアズキサヤヒメハマキ〈Matsumuraeses ussuriensis〉昆虫綱鱗翅目ハマキガ科の蛾。分布：本州, 四国(山地), ロシア(沿海州)。

ニセアリモドキカミキリ カッコウメダカカミキリの別名。

ニセイチモンジタテハ　イチモンジマドタテハの別名。

ニセイボタコスガ〈Zelleria japonicella〉昆虫綱鱗翅目スガ科の蛾。分布：北海道上川。

ニセインドオオミドリシジミ〈Neozephyrus desgodinsi dumoides〉昆虫綱鱗翅目シジミチョウ科の蝶。分布：シッキム，アッサム。

ニセウスギンスジキハマキ〈Croesia razowskii〉昆虫綱鱗翅目ハマキガ科の蛾。分布：本州の東北，中部山地，四国の山地。

ニセウスグロヒメスガ〈Swammerdamia caesiella〉昆虫綱鱗翅目スガ科の蛾。分布：北海道美唄，長野県美ケ原，ヨーロッパ，北アメリカ。

ニセウツギヒメハマキ〈Olethreutes subelectana〉昆虫綱鱗翅目ハマキガ科の蛾。分布：本州，四国。

ニセウンモンキハマキ〈Croesia dentata〉昆虫綱鱗翅目ハマキガ科の蛾。分布：北海道，本州(中部山地)。

ニセウンモンクチバ〈Mocis ancilla〉昆虫綱鱗翅目ヤガ科シタバガ亜科の蛾。開張33〜36mm。分布：北海道を除く本土域，対馬，伊豆諸島，三宅島。

ニセエダオビホソハマキ〈Aethes cnicana〉昆虫綱鱗翅目ホソハマキガ科の蛾。分布：北海道，本州(東北，中部山地)，ヨーロッパ，ロシア，中国(東北)。

ニセオオコブガ〈Meganola protogigas〉昆虫綱鱗翅目コブガ科の蛾。分布：本州(島根県)，四国，対馬。

ニセオオマルタマキノコムシ〈Agathidium cariniceps〉昆虫綱甲虫目タマキノコムシ科の甲虫。体長2.7〜3.5mm。

ニセオナガウラナミシジミ　ムラサキオナガウラナミシジミの別名。

ニセオレクギエダシャク〈Protobarmia faustinata〉昆虫綱鱗翅目シャクガ科の蛾。分布：北海道，本州，四国，九州。

ニセカタゾウカミキリ〈Doliops similis〉昆虫綱甲虫目カミキリムシ科の甲虫。分布：紅頭嶼。

ニセカタベニデオキスイ〈Urophorus foveicollis〉昆虫綱甲虫目ケシキスイ科の甲虫。体長3.0〜5.2mm。

ニセカバタテハ〈Ariadne isaeus〉昆虫綱鱗翅目タテハチョウ科の蝶。分布：マレーシア，ジャワ，スマトラ。

ニセカワリタマムシ〈Icarina alata〉昆虫綱甲虫目タマムシ科。分布：マダガスカル。

ニセキクイサビゾウムシ〈Dryophthoroides sulcatus〉昆虫綱甲虫目オサゾウムシ科の甲虫。体長3.9〜4.6mm。

ニセキバネセスジハネカクシ〈Oxytelus varipennis〉昆虫綱甲虫目ハネカクシ科の甲虫。体長4.3〜4.8mm。

ニセキバネナガハネカクシ〈Gyrohypnus fulgidus〉昆虫綱甲虫目ハネカクシ科。

ニセキバネフンバエ〈Scathophaga suillia〉昆虫綱双翅目フンバエ科。体長7mm。害虫。

ニセキベリコバネジョウカイ〈Trypherus limbatus〉昆虫綱甲虫目ジョウカイボン科の甲虫。体長6.3〜7.1mm。

ニセキボシハナノミ〈Hoshihananomia katoi〉昆虫綱甲虫目ハナノミ科の甲虫。体長5.5〜10.0mm。

ニセキボシヒラタケシキスイ〈Omosita japonica〉昆虫綱甲虫目ケシキスイ科の甲虫。体長2.9〜3.9mm。

ニセキマエホソバ〈Eilema nankingica〉昆虫綱鱗翅目ヒトリガ科コケガ亜科の蛾。開張25〜30mm。分布：北海道，本州，四国，九州，対馬，朝鮮半島，中国。

ニセギンボシモトキヒメハマキ〈Olethreutes plumbosana〉昆虫綱鱗翅目ハマキガ科の蛾。分布：新潟県三面，富山県大牧，長野県碓氷峠。

ニセクシヒゲシバンムシ〈Ptilinastes gerardi〉昆虫綱甲虫目シバンムシ科の甲虫。体長2.6〜6.1mm。

ニセクチブトコメツキ〈Lanecarus palustris〉昆虫綱甲虫目コメツキムシ科の甲虫。体長4〜6mm。分布：北海道，本州。

ニセクヌギカメムシ　ヘラクヌギカメムシの別名。

ニセクヌギキンモンホソガ〈Phyllonorycter acutissimae〉昆虫綱鱗翅目ホソガ科の蛾。分布：北海道，本州，四国，九州。

ニセクリヤケシキスイ〈Carpophilus delkeskampi〉昆虫綱甲虫目ケシキスイ科の甲虫。体長2.1〜3.7mm。

ニセクロコガシラハネカクシ〈Philonthus pseudojaponicus〉昆虫綱甲虫目ハネカクシ科の甲虫。体長11.5〜13.0mm。

ニセクロズマルヒメハナムシ〈Phalacrus brevidens〉昆虫綱甲虫目ヒメハナムシ科の甲虫。

ニセクロナガゴミムシ〈Pterostichus fuligineus〉昆虫綱甲虫目オサムシ科の甲虫。体長14.5〜17.0mm。

ニセクロハナボタル〈Plateros hasegawai〉昆虫綱甲虫目ベニボタル科の甲虫。体長5.0〜6.5mm。

ニセクローバーハダニ〈Bryobia rubrioculus〉蛛形綱ダニ目ハダニ科。桜桃，ナシ類，林檎，桜類に害を及ぼす。

ニセクロボシツツハムシ〈Cryptocephalus chujoi〉昆虫綱甲虫目ハムシ科。

ニセクロホシテントウゴミムシダマシ〈Derispia japonicola〉昆虫綱甲虫目ゴミムシダマシ科の甲虫。体長3.5mm。

ニセクロホシテントウゴミムシダマシ アマミクロホシテントウゴミムシダマシの別名。

ニセクロマルケシキスイ〈Cyllodes dubius〉昆虫綱甲虫目ケシキスイ科の甲虫。体長3.6～5.1mm。

ニセクワヤマトラカミキリ〈Xylotrechus sp.〉昆虫綱甲虫目カミキリムシ科カミキリ亜科の甲虫。

ニセケゴモクムシ〈Harpalus pseudophonoides〉昆虫綱甲虫目オサムシ科の甲虫。体長11～16mm。

ニセケシゲンゴロウ〈Hyphydrus paromoeus〉昆虫綱甲虫目ゲンゴロウ科。

ニセケチャタテ〈Pseudocaecilius solocipennis〉昆虫綱噛虫目ニセケチャタテ科。

ニセケブカネスイ〈Rhizophagoides kojimai〉昆虫綱甲虫目ネスイムシ科の甲虫。体長2.5～2.9mm。

ニセコウスバカゲロウ〈Grocus bore〉昆虫綱脈翅目ウスバカゲロウ科。

ニセコキマダラセセリ〈Ochlodes similis〉蝶。

ニセコクマルハキバガ〈Martyringa ussuriella〉昆虫綱鱗翅目マルハキバガ科の蛾。分布：千島列島(国後島)、北海道、本州、ウスリー。

ニセコクロヒメハマキ〈Endothenia bira〉昆虫綱鱗翅目ハマキガ科の蛾。分布：本州(宮城県まで)、九州、伊豆諸島(利島、神津島、三宅島、八丈島)。

ニセコゲチャサビカミキリ〈Mimectatina sp.〉昆虫綱甲虫目カミキリムシ科フトカミキリ亜科の甲虫。

ニセコシボソキノコバエ〈Eudicrana affinis〉昆虫綱双翅目キノコバエ科。体長7.5～9.0mm。分布：北海道、本州、四国、九州。

ニセコシワヒメハマキ〈Eucosma nipponica〉昆虫綱鱗翅目ハマキガ科の蛾。分布：北海道、本州、四国、九州、対馬。

ニセコチビゴミムシ〈Epaphiopsis brevis〉昆虫綱甲虫目オサムシ科の甲虫。体長3.1～4.0mm。

ニセコナガコメツキ〈Neopenthes pallidihumeralis〉昆虫綱甲虫目コメツキムシ科の甲虫。体長11～12mm。

ニセコナラシギゾウムシ〈Curculio conjugalis〉昆虫綱甲虫目ゾウムシ科の甲虫。体長7.0～7.5mm。

ニセコヒオドシ〈Aglais rizana〉昆虫綱鱗翅目タテハチョウ科の蝶。分布：パミール、アフガニスタン、カシミール、ヒマラヤ。

ニセコブスジツノゴミムシダマシ〈Boletoxenus incurvatus〉昆虫綱甲虫目ゴミムシダマシ科の甲虫。体長6.0mm。

ニセゴマダライチモンジ〈Limenitis mimica〉昆虫綱鱗翅目タテハチョウ科の蝶。分布：中国西部および中部。

ニセシストセンチュウ〈Cryphodera sp.〉ヘテロデラ科。林檎に害を及ぼす。

ニセシナノクロフカミキリ〈Asaperda kani〉昆虫綱甲虫目カミキリムシ科の甲虫。体長10mm。

ニセジュウジベニボタル〈Lopheros harmandi〉昆虫綱甲虫目ベニボタル科の甲虫。体長6.2～12.0mm。

ニセシラホシカミキリ〈Pareutetrapha simulans〉昆虫綱甲虫目カミキリムシ科フトカミキリ亜科の甲虫。体長8～12mm。分布：本州、四国、九州。

ニセシラユキカナブン〈Ranzania splendens〉昆虫綱甲虫目コガネムシ科の甲虫。分布：アフリカ中央部・南部。

ニセシロスジツトガ〈Crambus pseudargyrophorus〉昆虫綱鱗翅目メイガ科の蛾。分布：北海道、本州、中国東北、シベリア南東部。

ニセシロフコヤガ〈Lithacodia stygiodes〉昆虫綱鱗翅目ヤガ科コヤガ亜科の蛾。開張22～28mm。分布：北海道から九州、対馬。

ニセシロモンクロヒメハマキ〈Epiblema macrorris〉昆虫綱鱗翅目ハマキガ科の蛾。分布：岩手県下の湿地草原、千島。

ニセシロモンハマキ ニセシロモンヒメハマキの別名。

ニセシロモンヒメハマキ〈Hedya ignara〉昆虫綱鱗翅目ハマキガ科の蛾。林檎に害を及ぼす。分布：北海道、本州、四国、中国(東北)、ロシア(アムール)。

ニセセキオビヒメハマキ〈Pammene flavicellula〉昆虫綱鱗翅目ハマキガ科の蛾。分布：本州、四国、ロシア(ウスリー、シベリア)。

ニセセジロイエバエ〈Polietes albolineatus〉昆虫綱双翅目イエバエ科。体長6.5～7.5mm。害虫。

ニセセスジヒメテントウ〈Nephus tagiapatus〉昆虫綱甲虫目テントウムシ科の甲虫。体長1.3～1.8mm。

ニセセマルヒョウホンムシ〈Gibbium aequinoctiale〉昆虫綱甲虫目ヒョウホンムシ科の甲虫。体長2.5～3.0mm。貯穀・貯蔵植物性食品に害を及ぼす。分布：本州、四国、九州。

ニセセミゾハネカクシ〈Drusilla aino〉昆虫綱甲虫目ハネカクシ科の甲虫。体長5.3～5.6mm。

ニセダイコンアブラムシ〈Lipaphis erysimi〉昆虫綱半翅目アブラムシ科。体長1.7～2.0mm。ハボ

ニセタカサゴミドリシジミ〈Neozephyrus helenae〉昆虫綱鱗翅目シジミチョウ科の蝶。分布：中国西部。

ニセタバコガ〈Heliothis fervens〉昆虫綱鱗翅目ヤガ科の蛾。分布：沿海州，北海道，秋田，新潟，東京，群馬，長野，兵庫，岡山，香川県。

ニセタマナヤガ〈Peridroma saucia〉昆虫綱鱗翅目ヤガ科の蛾。前翅に腎臓形の斑紋がある。開張4.0〜5.5mm。分布：ヨーロッパ，トルコ，インド，アフリカ北部，カナリア諸島，北アメリカ。

ニセチビシデムシ〈Ptomaphagus sibiricus〉昆虫綱甲虫目チビシデムシ科。

ニセチビヒョウタンゴミムシ〈Dyschirius tokyoensis〉昆虫綱甲虫目ヒョウタンゴミムシ科。

ニセチビヒョウタンゾウムシ〈Myosides pyrus〉昆虫綱甲虫目ゾウムシ科の甲虫。体長4.6mm。

ニセツバメアゲハ〈Chilasa laglaizei〉昆虫綱鱗翅目アゲハチョウ科の蝶。開張100mm。分布：ニューギニア。珍蝶。

ニセツマアカシャチホコ〈Clostera curtuloides〉昆虫綱鱗翅目シャチホコガ科ウチキシャチホコ亜科の蛾。開張25〜30mm。分布：北海道から本州中部の山地帯，四国。

ニセツマキケシデオキノコムシ〈Scaphisoma austerum〉昆虫綱甲虫目デオキノコムシ科の甲虫。体長1.8mm。

ニセツマモンベニヒメハマキ〈Eudemopsis toshimai〉昆虫綱鱗翅目ハマキガ科の蛾。分布：四国(足摺岬)，屋久島。

ニセツヤゴモクムシ〈Harpaliscus birmanicus〉昆虫綱甲虫目オサムシ科の甲虫。体長8.3〜8.5mm。

ニセテイオウシジミ〈Mimacraea marshalli〉昆虫綱鱗翅目シジミチョウ科の蝶。翅の表面はオレンジ色で黒色の縁。開張4.5〜5.5mm。分布：モザンビーク，ケニア，ザイール。

ニセデオネスイ〈Monotopion ferrugineum〉昆虫綱甲虫目ネスイムシ科の甲虫。体長1.8〜2.0mm。

ニセドウガネエンマムシ〈Saprinus niponicus〉昆虫綱甲虫目エンマムシ科の甲虫。体長4.8〜6.6mm。

ニセトガリハネカクシ〈Isocheilus staphylinoides〉昆虫綱甲虫目ハネカクシ科の甲虫。体長6mm。分布：本州，四国，九州，対馬，屋久島。

ニセトックリゴミムシ〈Oodes helopioides tokyoensis〉昆虫綱甲虫目オサムシ科の甲虫。体長9.5〜10.5mm。

ニセトビイロウンカ〈Nilaparvata muiri〉昆虫綱半翅目ウンカ科。

ニセトビモンコハマキ〈Argyrotaenia nigricana〉昆虫綱鱗翅目ハマキガ科の蛾。分布：北海道，本州の中部山地帯，四国の山地。

ニセナガアシヒゲナガゾウムシ〈Habrissus analis〉昆虫綱甲虫目ヒゲナガゾウムシ科の甲虫。体長4.9〜8.2mm。

ニセナガカッコウムシ〈Xenorthrius elongatus〉昆虫綱甲虫目カッコウムシ科の甲虫。体長10〜11mm。

ニセナシサビダニ〈Eriophyes chibaensis〉蛛形綱ダニ目フシダニ科。体長0.17mm。ナシ類に害を及ぼす。

ニセナミハダニ〈Tetranychus cinnabarinus〉蛛形綱ダニ目ハダニ科。体長雌0.5mm，雄0.4mm。ナス科野菜，ナシ類，葡萄，柑橘，菊，ダリア，百日草，金魚草，シクラメン，プリムラ，スミレ類，カーネーション，バラ類，ハイビスカス類，オクラ，ウリ科野菜，苺，大豆，隠元豆，小豆，ササゲに害を及ぼす。分布：北海道(温室)，本州，四国，九州，汎世界的。

ニセネグサレセンチュウ〈Aphelenchus avenae〉アフェレンクス科。体長0.5〜0.9mm。サツマイモに害を及ぼす。分布：日本全国，汎世界的。

ニセネジロクロヒメハマキ〈Apotomis platycremna〉昆虫綱鱗翅目ハマキガ科の蛾。分布：愛知県(六所山)以西，四国，屋久島，九州，中国。

ニセネッタイアカセセリ〈Telicota amba〉蝶。

ニセノコギリカミキリ〈Prionus sejunctus〉昆虫綱甲虫目カミキリムシ科ノコギリカミキリ亜科の甲虫。体長24〜42mm。

ニセノコギリハナカミキリ〈Peithona prionoides〉昆虫綱甲虫目カミキリムシ科の甲虫。分布：北インド，南中国，台湾。

ニセハイイロハナカミキリ〈Rhagium pseudojaponicum〉昆虫綱甲虫目カミキリムシ科ハナカミキリ亜科の甲虫。体長10〜18mm。分布：本州，四国，九州，対馬。

ニセハイイロマルハナバチ〈Bombus pseudobaicalensis〉昆虫綱膜翅目ミツバチ科。害虫。

ニセハギカギバヒメハマキ〈Semnostola magnifisa〉昆虫綱鱗翅目ハマキガ科の蛾。分布：宮城県遠刈田，新潟県槇，東京高尾山，中国東北部。

ニセハマヒョウタンゴミムシダマシ〈Idisia vestita〉昆虫綱甲虫目ゴミムシダマシ科の甲虫。体長4.5mm。分布：本州，四国，九州。

ニセハマベエンマムシ〈Hypocaccus sinae〉昆虫綱甲虫目エンマムシ科の甲虫。体長2.6〜3.4mm。

ニセハムシハナカミキリ〈*Lemula japonica*〉昆虫綱鞘翅目カミキリムシ科ハナカミキリ亜科の甲虫。体長8〜9mm。分布：本州(中部山地)。

ニセバラシロヒメハマキ〈*Notocelia nimia*〉昆虫綱鱗翅目ハマキガ科の蛾。分布：本州, 四国, 九州, ロシア(沿海州)。

ニセパラスタシアコガネ〈*Rutelarcha quadrimaculata*〉昆虫綱鞘翅目コガネムシ科の甲虫。分布：インドシナ, マレーシア, スマトラ, ボルネオ。

ニセハルタギンガ〈*Chasminodes bremeri*〉昆虫綱鱗翅目ヤガ科カラスヨトウ亜科の蛾。分布：沿海州, 北海道, 本州中部以北。

ニセヒゲナガビロウドコガネ〈*Serica niijimai*〉昆虫綱鞘翅目コガネムシ科の甲虫。

ニセヒシガタヒメゾウムシ〈*Barinomorphoides similaris*〉昆虫綱鞘翅目ゾウムシ科の甲虫。体長2.7〜3.2mm。

ニセヒメイチモンジセセリ〈*Parnara ganga*〉蝶。

ニセヒメエンマムシ〈*Margarinotus agnatus*〉昆虫綱鞘翅目エンマムシ科の甲虫。

ニセヒメカゲロウ〈*Paramicromus dissimilis*〉昆虫綱脈翅目ヒメカゲロウ科。

ニセヒメジョウカイ〈*Athemus lineatipennis*〉昆虫綱鞘翅目ジョウカイボン科の甲虫。体長7.8〜11.6mm。

ニセヒメナガエンマムシ〈*Platysoma rasile*〉昆虫綱鞘翅目エンマムシ科の甲虫。体長2.3〜3.2mm。

ニセヒメフトコメツキダマシ〈*Bioxylus similis*〉昆虫綱鞘翅目コメツキダマシ科の甲虫。

ニセヒメムネアカハバチ〈*Loderus genicinctus insulicola*〉昆虫綱膜翅目ハバチ科。

ニセヒラタコメツキ〈*Eanus costalis*〉昆虫綱鞘翅目コメツキムシ科の甲虫。体長8〜9mm。

ニセビロウドカミキリ〈*Acalolepta sejuncta*〉昆虫綱鞘翅目カミキリムシ科フトカミキリ亜科の甲虫。体長15〜20mm。分布：北海道, 本州, 四国, 九州, 佐渡, 屋久島。

ニセヒロバキハマキ〈*Pseudargyrotoza calvicaput*〉昆虫綱鱗翅目ハマキガ科の蛾。分布：本州の浅い山地から中部高地。

ニセフクロセンチュウ〈*Rotylenchulus reniformis*〉ホプロライムス科。体長雄0.3〜0.4mm, 雌0.4〜0.5mm。オクラ, ナス科野菜, キク科野菜, サツマイモ, タバコに害を及ぼす。分布：茨城県以西の日本各地, 世界の熱帯, 亜熱帯。

ニセフシトビムシ 偽節跳虫〈*Isotomurus palustris*〉無翅昆虫亜綱粘管目ツノトビムシ科。分布：北半球, 中部アメリカ, 南アメリカ, ビスマルク諸島, オーストラリア。

ニセフジロアツバ〈*Adrapsa subnotigera*〉昆虫綱鱗翅目ヤガ科クルマアツバ亜科の蛾。分布：九州南部, 屋久島。

ニセフタオビチビハナカミキリ ニセフタオビノミハナカミキリの別名。

ニセフタオビノミハナカミキリ〈*Pidonia testacea*〉昆虫綱鞘翅目カミキリムシ科ハナカミキリ亜科の甲虫。体長4.5〜7.0mm。分布：本州(中部山岳地帯)。

ニセフタテンツトガ〈*Catoptria submontivaga*〉昆虫綱鱗翅目メイガ科の蛾。分布：北海道。

ニセフトオビホソハマキ〈*Phalonidia curvistrigana*〉昆虫綱鱗翅目ホソハマキガ科の蛾。分布：ヨーロッパからロシア, 本州(東北, 中部山地)。

ニセベニカミキリ〈*Falsanoplistes borneensis*〉昆虫綱鞘翅目カミキリムシ科の甲虫。

ニセベニコメツキ〈*Pleonomus makiharai*〉昆虫綱鞘翅目コメツキムシ科の甲虫。体長6〜7mm。

ニセベニモンアゲハ〈*Menelaides bootes*〉昆虫綱鱗翅目アゲハチョウ科の蝶。

ニセホソチョウ〈*Acraea vestoides*〉昆虫綱鱗翅目ホソチョウ科の蝶。分布：スマトラ, ジャワ。

ニセホソヒメカタゾウムシ〈*Neasphalmus okinawanus*〉昆虫綱鞘翅目ゾウムシ科の甲虫。体長2.7〜4.5mm。

ニセマイマイカブリ〈*Macrothorax aumonti*〉昆虫綱鞘翅目オサムシ科。分布：モロッコ。

ニセマエモンシマメイガ〈*Stemmatophora tsushimensis*〉昆虫綱鱗翅目メイガ科の蛾。分布：対馬。

ニセマエモンヒメガガンボ〈*Limonia mesosternatoides*〉昆虫綱双翅目ガガンボ科。

ニセマガリキンウワバ〈*Diachrysia bieti*〉昆虫綱鱗翅目ヤガ科コヤガ亜科の蛾。開張43〜47mm。分布：中国西部, 湖北, 四川省, 本州内部。

ニセマキバマグソコガネ〈*Aphodius aleutus*〉昆虫綱鞘翅目コガネムシ科の甲虫。体長4.5〜6.0mm。

ニセマグソコガネ 偽馬糞金亀子〈*Aegialia nitida*〉昆虫綱鞘翅目コガネムシ科の甲虫。体長3.5〜4.5mm。分布：北海道, 本州, 九州。

ニセマグソコガネダマシ〈*Trachyscelis sabuleti*〉昆虫綱鞘翅目ゴミムシダマシ科の甲虫。体長3.1mm。

ニセマツアカヒメハマキ〈*Rhyacionia pinivorana*〉昆虫綱鱗翅目ハマキガ科の蛾。分布：本州(平・山地), 四国, 中国, ロシア, ヨーロッパ, イギリス。

ニセマツシラホシゾウムシ〈Shirahoshizo rufescens〉昆虫綱甲虫目ゾウムシ科の甲虫。体長5.5〜8.2mm。

ニセマツノシラホシゾウムシ ニセマツシラホシゾウムシの別名。

ニセマメサヤヒメハマキ〈Matsumuraeses falcana〉昆虫綱鱗翅目ハマキガ科の蛾。隠元豆,小豆,ササゲ,大豆に害を及ぼす。分布：北海道,本州,四国,九州,対馬,伊豆諸島(大島,新島,式根島,御蔵島,三宅島),屋久島,沖縄本島,台湾,中国,ネパール。

ニセマメノヒメシンクイ〈Fulcrifera orientis〉昆虫綱鱗翅目ハマキガ科の蛾。分布：北海道,本州,隠岐島の五箇。

ニセマルガタゴミムシ〈Amara congrua〉昆虫綱甲虫目オサムシ科の甲虫。体長7.5〜10.0mm。

ニセミカドアツバ〈Lophomilia takao〉昆虫綱鱗翅目ヤガ科クチバ亜科の蛾。分布：本州,四国,九州,対馬,屋久島,奄美大島。

ニセミスジアツバ〈Paracolax bipuncta〉昆虫綱鱗翅目ヤガ科クルマアツバ亜科の蛾。分布：香川県象頭山,東京都高尾山,静岡県伊豆大島,岐阜県岐阜公園,和歌山県大塔山,那智,紀見峠,兵庫県丹波,高知県早明浦,高知県北ノ川,森ケ内,福岡県英彦山,大牟田,熊本県水上村,屋久島,対馬。

ニセミスジチョウ〈Pseudoneptis ianthe〉昆虫綱鱗翅目タテハチョウ科の蝶。分布：アフリカ西部,中央部。

ニセミドリツノカナブン〈Dicranorrhina cavifrons〉昆虫綱甲虫目コガネムシ科の甲虫。分布：アフリカ西部。

ニセミドリヒメハマキ〈Zeiraphera fulvomixtana〉昆虫綱鱗翅目ハマキガ科の蛾。分布：本州,九州(霧島山),対馬,屋久島。

ニセミヤマキンバエ〈Lucilia bazini〉昆虫綱双翅目クロバエ科。体長5.0〜10.0mm。害虫。

ニセミヤマクワガタ〈Lucanus placidus〉昆虫綱甲虫目クワガタムシ科。分布：アメリカ。

ニセムギキモグリバエ〈Meromyza grandifemoris〉昆虫綱双翅目キモグリバエ科。体長3.7〜4.7mm。麦類に害を及ぼす。分布：本州,九州。

ニセムネホシシロカミキリ〈Olenecamptus subobliteratus〉昆虫綱甲虫目カミキリムシ科フトカミキリ亜科の甲虫。体長13〜20mm。分布：九州(北部),対馬。

ニセムモンシロオオメイガ〈Scirpophaga xanthopygata〉昆虫綱鱗翅目メイガ科の蛾。分布：北海道から奄美大島,徳之島,沖縄本島,石垣島,西表島,与那国島,シベリア南東部,朝鮮半島,中国,台湾,ベトナム。

ニセメダカハネカクシ〈Stenaesthetus sunioides〉昆虫綱甲虫目ハネカクシ科の甲虫。体長2.5〜2.7mm。

ニセモンキアゲハ〈Menelaides iswaroides〉昆虫綱鱗翅目アゲハチョウ科の蝶。

ニセモンキゴマダラヒカゲ〈Zethera musides〉昆虫綱鱗翅目ジャノメチョウ科の蝶。分布：チカオ,マスバティ,ガイマラス,ネグロス,セブ,シクィジョール。

ニセモンシロスソモンヒメハマキ〈Eucosma campoliliana〉昆虫綱鱗翅目ハマキガ科の蛾。分布：北海道,本州,四国,対馬,中国(東北),ロシア(シベリア),ヨーロッパ,イギリス,九州。

ニセヤツボシカミキリ〈Saperda mandschukuoensis〉昆虫綱甲虫目カミキリムシ科フトカミキリ亜科の甲虫。体長9〜12mm。分布：北海道,本州。

ニセヤナギハマキ〈Acleris albiscapulana〉昆虫綱鱗翅目ハマキガ科の蛾。分布：北海道,本州,四国(剣山など),朝鮮半島,ロシア(沿海州)。

ニセユミセミゾハネカクシ〈Carpelimus vagus〉昆虫綱甲虫目ハネカクシ科の甲虫。体長2.5〜3.0mm。

ニセヨコモンヒメハナカミキリ〈Pidonia simillima〉昆虫綱甲虫目カミキリムシ科ハナカミキリ亜科の甲虫。体長6.5〜8.0mm。分布：本州,四国,九州。

ニセヨツボシチビハナカミキリ ニセフタオビノミハナカミキリの別名。

ニセリンゴカミキリ〈Oberea mixta〉昆虫綱甲虫目カミキリムシ科フトカミキリ亜科の甲虫。体長14〜17mm。分布：本州,四国,九州。

ニセリンゴシジミ〈Strymonidia prunoides〉昆虫綱鱗翅目シジミチョウ科の蝶。

ニセリンゴハマキモドキ〈Choreutis pariana〉昆虫綱鱗翅目ハマキモドキガ科の蛾。分布：北海道,本州の高山地帯。

ニセルリホシカムシ〈Corynetes coeruleus〉昆虫綱甲虫目カッコウムシ科の甲虫。体長3.0〜5.2mm。

ニチコナミハグモ〈Cybaeus nichikoensis〉蛛形綱クモ目タナグモ科の蜘蛛。

ニッコウアオケンモン〈Nacna malachitis〉昆虫綱鱗翅目ヤガ科ケンモンヤガ亜科の蛾。開張28〜30mm。分布：沿海州,本州,四国,九州,北海道では道南地方,奥尻島,礼文島。

ニッコウアオモン ニッコウアオケンモンの別名。

ニッコウアミメカワゲラ〈Sopkalia yamadae〉昆虫綱襀翅目アミメカワゲラ科。

ニッコウエダシャク 日光枝尺蛾〈Medasina nikkonis〉昆虫綱鱗翅目シャクガ科エダシャク亜科の蛾。開張41～51mm。林檎に害を及ぼす。分布：北海道,本州,四国,九州,対馬,屋久島。

ニッコウエンマコガネ ニッコウコエンマコガネの別名。

ニッコウオオズナガゴミムシ〈Pterostichus macrogenys〉昆虫綱甲虫目オサムシ科の甲虫。体長17～19mm。分布：本州。

ニッコウキエダシャク〈Pseudepione magnaria〉昆虫綱鱗翅目シャクガ科エダシャク亜科の蛾。開張24～26mm。分布：本州(宮城県以南),四国。

ニッコウクモヒメバチ〈Zabrachypus nikkoensis〉昆虫綱膜翅目ヒメバチ科。

ニッコウクロナガゴミムシ〈Pterostichus creper〉昆虫綱甲虫目オサムシ科の甲虫。体長14～16mm。

ニッコウケンモン〈Acronicta praeclara〉昆虫綱鱗翅目ヤガ科ケンモンヤガ亜科の蛾。開張38～45mm。分布：沿海州,北海道から九州。

ニッコウコエンマコガネ〈Caccobius nikkoensis〉昆虫綱甲虫目コガネムシ科の甲虫。体長5～6mm。

ニッコウシャチホコ 日光天社蛾〈Shachia circumscripta〉昆虫綱鱗翅目シャチホコガ科ウチキシャチホコ亜科の蛾。開張35～40mm。分布：中国中西部,北海道,本州,四国,九州。

ニッコウシリアゲ〈Panorpa leucoptera〉昆虫綱長翅目シリアゲムシ科。

ニッコウトガリバ〈Epipsestis nikkoensis〉昆虫綱鱗翅目トガリバガ科の蛾。分布：東北,関東から中部山地,香川県小豆島。

ニッコウナガゴミムシ〈Pterostichus defossus〉昆虫綱甲虫目オサムシ科の甲虫。体長8～10mm。

ニッコウナミシャク〈Amoebotricha grataria〉昆虫綱鱗翅目シャクガ科ナミシャク亜科の蛾。開張32～35mm。分布：北海道,本州,四国,九州。

ニッコウヒメナガゴミムシ〈Pterostichus polygenus〉昆虫綱甲虫目オサムシ科の甲虫。体長8～10mm。

ニッコウヒメハナカミキリ〈Pidonia limbaticollis〉昆虫綱甲虫目カミキリムシ科ハナカミキリ亜科の甲虫。体長7～12mm。分布：本州(中部山岳地帯),四国(山地)。

ニッコウヒラタアブ 日光扁虻〈Didea nikkoensis〉昆虫綱双翅目ハナアブ科。分布：北海道,本州。

ニッコウフサヤガ〈Eutelia grabczewskii〉昆虫綱鱗翅目ヤガ科フサヤガ亜科の蛾。開張25mm。分布：北海道南部から九州。

ニッコウホシヨコバイ〈Xestocephalus nikkoensis〉昆虫綱半翅目ホシヨコバイ科。

ニッコウホソヒラタゴミムシ〈Trephionus nikkoensis〉昆虫綱甲虫目ゴミムシ科。

ニッコウマグソコガネ〈Aphodius tanakai〉昆虫綱甲虫目コガネムシ科の甲虫。体長4～5mm。

ニッコウマダラメイガ〈Isauria pauperculella〉昆虫綱鱗翅目メイガ科マダラメイガ亜科の蛾。開張19mm。

ニッコウマルクビゴミムシ〈Nebria sadona leechii〉昆虫綱甲虫目オサムシ科。

ニッコウマルツツトビケラ〈Micrasema quadriloba〉昆虫綱毛翅目ケトビケラ科。

ニッコウミズギワゴミムシ〈Bembidion misellum〉昆虫綱甲虫目オサムシ科の甲虫。体長4.0mm。

ニッコウウリハムシ〈Chrysolina nikkoensis〉昆虫綱甲虫目ハムシ科の甲虫。体長6.0～6.5mm。

ニッパラナミハグモ〈Cybaeus obedientiarius〉蛛形綱クモ目タナグモ科の蜘蛛。

ニッパラマシラグモ〈Leptoneta nippara〉蛛形綱クモ目マシラグモ科の蜘蛛。

ニッポンアミカモドキ 日本擬網蚊〈Deuterophlebia nipponica〉昆虫綱双翅目アミカモドキ科。分布：本州,九州。

ニッポンオチバカニグモ〈Oxyptila nipponica〉蛛形綱クモ目カニグモ科の蜘蛛。

ニッポンオナガアザミウマ〈Stephanothrips japonicus〉昆虫綱総翅目クダアザミウマ科。体長1.6mm。分布：本州,四国,九州,対馬。

ニッポンオナガコバチ〈Macrodasyceras japonicum〉昆虫綱膜翅目オナガコバチ科。

ニッポンガガンボ 日本大蚊〈Tipula nipponensis〉昆虫綱双翅目ガガンボ科。分布：北海道,本州。

ニッポンガガンボダマシ 日本偽大蚊〈Trichocera japonica〉昆虫綱双翅目ガガンボダマシ科。分布：北海道,本州。

ニッポンカキカイガラムシ〈Lepidosaphes japonica〉昆虫綱半翅目マルカイガラムシ科。体長3～4mm。ヒマラヤシーダに害を及ぼす。分布：九州以北の日本各地,朝鮮半島,中国。

ニッポンカマアシムシ ヨシイムシの別名。

ニッポンカユスリカ〈Procladius nipponicus〉昆虫綱双翅目ユスリカ科。

ニッポンキクハモグリバエ〈Phytomyza japonica〉昆虫綱双翅目ハモグリバエ科。

ニッポンクサカゲロウ〈Chryposa nipponensis〉昆虫綱脈翅目クサカゲロウ科。

ニッポンクロアブブエ ニッポンクロハナアブの別名。

ニッポンクロハナアブ〈*Cheilosia japonica*〉昆虫綱双翅目ハナアブ科。

ニッポンケブカユスリカ〈*Brillia japonica*〉昆虫綱双翅目ユスリカ科。

ニッポンコハナバチ〈*Lasioglossum nipponense*〉昆虫綱膜翅目コハナバチ科。

ニッポンコバネナガカメムシ〈*Dimorphopterus japonicus*〉昆虫綱半翅目ナガカメムシ科。

ニッポンコンボウハバチ ルリコンボウハバチの別名。

ニッポンシロフアブ〈*Tabanus nipponicus*〉昆虫綱双翅目アブ科。体長12〜17mm。害虫。

ニッポンツヤヒラタゴミムシ〈*Synuchus agonus*〉昆虫綱甲虫目オサムシ科の甲虫。体長9〜10mm。

ニッポンドロバチモドキ〈*Nippononysson rufopictus*〉昆虫綱膜翅目ジガバチ科。

ニッポンハイイロカミキリ ハイイロハナカミキリの別名。

ニッポンヒゲナガカワトビケラ〈*Stenopsyche japonica*〉昆虫綱毛翅目ヒゲナガカワトビケラ科。体長雄12〜20mm, 雌14〜22mm。分布：日本全土。

ニッポンヒゲナガハナバチ〈*Tetralonia nipponensis*〉昆虫綱膜翅目ミツバチ科。体長雌14mm, 雄12mm。分布：本州, 四国, 九州。

ニッポンヒメコシボソガガンボ〈*Bittacomorphella nipponensis*〉昆虫綱双翅目コシボソガガンボ科。

ニッポンヒメハナカミキリ〈*Pidonia japonica*〉昆虫綱甲虫目カミキリムシ科ハナカミキリ亜科の甲虫。

ニッポンヒメハナバチヤドリ〈*Sphecodes nipponicus*〉昆虫綱膜翅目コハナバチ科。

ニッポンヒロコバネ〈*Neomicropteryx nipponensis*〉昆虫綱鱗翅目コバネガ科の蛾。開張12mm。分布：本州(近畿地方)。

ニッポンフサトビコバチ〈*Cheiloneurus japonicus*〉昆虫綱膜翅目トビコバチ科。

ニッポンフユガガンボ〈*Paracladura nipponensis*〉昆虫綱双翅目ガガンボダマシ科。

ニッポンホオナガスズメバチ〈*Dolichovespula saxonica nipponica*〉昆虫綱膜翅目スズメバチ科。体長女王16〜18mm, 働きバチ11〜14mm, 雄13〜17mm。害虫。

ニッポンマイマイ 日本蝸牛〈*Satsuma japonica*〉軟体動物門腹足綱ニッポンマイマイ科の巻き貝。分布：本州, 四国東部。

ニッポンマルハナバチヤドリ〈*Psithyrus norvegicus*〉昆虫綱膜翅目ミツバチ科マルハナバチ亜科。

ニッポンミズスマシ〈*Gyrinus niponicus*〉昆虫綱甲虫目ミズスマシ科の甲虫。体長4.6〜5.5mm。

ニッポンムネヒダヤマカミキリ〈*Nadezhdiella japonica*〉昆虫綱甲虫目カミキリムシ科カミキリ亜科の甲虫。体長34mm。

ニッポンモモブトコバネカミキリ〈*Merionoeda formosana*〉昆虫綱甲虫目カミキリムシ科カミキリ亜科の甲虫。体長7〜10mm。分布：本州(山口県), 四国, 九州, 対馬, 南西諸島。

ニッポンヤマブユ〈*Simulium nacojapi*〉昆虫綱双翅目ブユ科。

ニッポンヨツボシゴミムシ 日本四星芥虫〈*Dischissus japonicus*〉昆虫綱甲虫目オサムシ科の甲虫。体長8〜9mm。分布：本州, 四国, 九州。

ニトベエダシャク 新渡戸枝尺蛾〈*Wilemania nitobei*〉昆虫綱鱗翅目シャクガ科エダシャク亜科の蛾。開張30〜35mm。桜桃, 林檎, 桜類に害を及ぼす。分布：本州(東北地方北部より), 四国, 九州, 中国, シベリア南東部。

ニトベオナガバチ〈*Sychnostigma nitobei*〉昆虫綱膜翅目ヒメバチ科。

ニトベキバチ 新渡戸樹蜂〈*Sirex nitobei*〉昆虫綱膜翅目キバチ科。分布：本州, 九州。

ニトベシャチホコ〈*Peridea aliena*〉昆虫綱鱗翅目シャチホコガ科ウチキシャチホコ亜科の蛾。開張50mm。分布：沿海州, 中国東北, 北海道から九州。

ニトベシロアリ〈*Pericapritermes nitobei*〉昆虫綱等翅目シロアリ科。体長は有翅虫6.5〜7.0mm, 兵蟻5〜6.5mm, 職蟻5〜6mm。分布：八重山諸島。

ニトベナガアブバエ ニトベナガハナアブの別名。

ニトベナガハナアブ 新渡戸長花虻〈*Temnostoma nitobei*〉昆虫綱双翅目ハナアブ科。分布：北海道, 本州。

ニトベハラボソツリアブ 新渡戸腹細長吻虻〈*Cephenius nitobei*〉昆虫綱双翅目ツリアブ科。分布：北海道, 本州。

ニトベベッコウハナアブ 新渡戸鼈甲花虻〈*Volucella nitobei*〉昆虫綱双翅目ショクガバエ科。体長19〜21mm。分布：本州, 四国, 九州。

ニトベミノガ〈*Mahasena aurea*〉昆虫綱鱗翅目ミノガ科の蛾。別名ギンバネミノガ。桜桃, 林檎, 茶に害を及ぼす。分布：四国, 九州, 対馬, 屋久島, 奄美大島, 徳之島, 沖縄本島。

ニファンダ・キンビア〈*Niphanda cymbia*〉昆虫綱鱗翅目シジミチョウ科の蝶。分布：シッキムからマレーシアまで。

ニファンダ・テッセゥラタ〈Niphanda tessellata〉昆虫綱鱗翅目シジミチョウ科の蝶。分布：マレーシア。

ニホンアカツヒラタハバチ〈Acantholyda nipponica〉昆虫綱膜翅目ヒラタハバチ科。

ニホンカタビロオキノコムシ カタモンオオキノコムシの別名。

ニホンカネコメツキ〈Gambrinus niponensis〉昆虫綱甲虫目コメツキムシ科の甲虫。体長11～13mm。

ニホンカブラバチ ニホンカブラハバチの別名。

ニホンカブラハバチ 日本蕪菁蜂〈Athalia japonica〉昆虫綱膜翅目ハバチ科。体長7mm。ストック、アブラナ科野菜に害を及ぼす。分布：日本全土。

ニホンキクイムシ 日本木喰虫〈Scolytus japonicus〉昆虫綱甲虫目キクイムシ科の甲虫。体長2.5mm。桃、スモモ、葡萄、林檎、柿、梅、アンズ、桜類に害を及ぼす。分布：北海道、本州、九州。

ニホンキバチ 日本樹蜂〈Urocerus japonicus〉昆虫綱膜翅目キバチ科。体長27～38mm。ヒノキ、サワラ、ビャクシン、イブキに害を及ぼす。分布：日本全土。

ニホンケブカアブラムシ〈Greenidea nipponica〉昆虫綱半翅目アブラムシ科。

ニホンケブカサルハムシ〈Lypesthes japonicus〉昆虫綱甲虫目ハムシ科。

ニホンズグロハキリバチ〈Megachile pseudomonticola〉昆虫綱膜翅目ハキリバチ科。

ニホンセセリモドキ〈Hyblaea fortissima〉昆虫綱鱗翅目セセリモドキガ科セセリモドキ亜科の蛾。開張25mm。分布：東北地方、関東中部地方のほぼ全都県（千葉、茨城県を除く）、滋賀県、京都府、紀伊半島では大峰山、広島県三段峡、四国では面河渓、阿蘇山塊や宮崎県の内陸部。

ニホンタケナガシンクイ〈Dinoderus japonicus〉昆虫綱甲虫目ナガシンクイムシ科の甲虫。体長3.0～3.8mm。害虫。

ニホンチビマメコメツキ〈Quasimus japonicus〉昆虫綱甲虫目コメツキムシ科の甲虫。体長1.8～2.5mm。

ニホンチュウレンジ 日本鐫花娘子蜂〈Arge nipponensis〉昆虫綱膜翅目ミフシハバチ科。体長8mm。分布：本州、四国、九州。

ニホンチュウレンジバチ ニホンチュウレンジの別名。

ニホントリバ〈Platyptilia japonica〉昆虫綱鱗翅目トリバガ科の蛾。分布：山梨県や長野県の高原。

ニホンナガハナノミダマシ〈Eurypogon japonicus〉昆虫綱甲虫目ナガハナノミダマシ科の甲虫。体長3.6～5.3mm。

ニホンニセメムシガ〈Paraargyrsthia japonica〉昆虫綱鱗翅目メムシガ科の蛾。分布：大阪府槇尾山、四国石鎚山。

ニホンハイイロカミキリ ハイイロハナカミキリの別名。

ニホンハモグリトビハムシ〈Mantura japonica〉昆虫綱甲虫目ハムシ科の甲虫。体長2.0mm。

ニホンヒゲブトキスイ〈Cryptophagus japonicus〉昆虫綱甲虫目キスイムシ科の甲虫。体長2.0～3.0mm。

ニホンヒゲボソケシキスイ〈Kateretes japonicus〉昆虫綱甲虫目ケシキスイ科の甲虫。体長1.8～2.4mm。

ニホンヒミズモグラノミ ヒミズケブカノミの別名。

ニホンヒメミゾコメツキダマシ〈Dromaeolus nipponensis〉昆虫綱甲虫目コメツキダマシ科の甲虫。体長3.0～5.0mm。

ニホンフトヒラタコメツキ〈Acteniceromorphus nipponensis〉昆虫綱甲虫目コメツキムシ科の甲虫。体長11.5～13.0mm。

ニホンベニコメツキ〈Denticollis nipponensis〉昆虫綱甲虫目コメツキムシ科の甲虫。体長9～15mm。分布：北海道、本州、四国、九州。

ニホンベニコメツキ ベニコメツキの別名。

ニホンホソオオキノコムシ〈Dacne japonica〉昆虫綱甲虫目オオキノコムシ科の甲虫。体長3.0～4.5mm。キノコ類に害を及ぼす。分布：北海道、本州、四国。

ニホンホホビロコメツキモドキ〈Dauledaya bucculenta〉昆虫綱甲虫目コメツキモドキ科の甲虫。体長8～19mm。分布：本州、四国、九州、口永良部島。

ニホンミツバチ〈Apis cerana〉昆虫綱膜翅目ミツバチ科。別名東洋みつばち。体長12mm。害虫。

ニホンムクゲキノコムシ〈Baeocrara japonica〉昆虫綱甲虫目ムクゲキノコムシ科の甲虫。体長0.65～0.75mm。

ニホンヨシノメバエ〈Lipara japonica〉昆虫綱双翅目キモグリバエ科。体長5.0～5.5mm。分布：日本全土。

ニホンヨフシハバチ〈Blasticotoma nipponica〉昆虫綱膜翅目ヨフシハバチ科。

ニムラ・アグル〈Nymula agle〉昆虫綱鱗翅目シジミタテハ科の蝶。分布：ギアナ。

ニムラ・オレステス〈*Nymula orestes*〉昆虫綱鱗翅目シジミタテハ科の蝶。分布：ギアナ，アマゾン，エクアドル。

ニムラ・カオニア〈*Nymula chaonia*〉昆虫綱鱗翅目シジミタテハ科の蝶。分布：ブラジル。

ニムラ・カリケ〈*Nymula calyce*〉昆虫綱鱗翅目シジミタテハ科の蝶。分布：南アメリカ。

ニムラ・ゲラ〈*Nymla gela*〉昆虫綱鱗翅目シジミタテハ科。分布：パナマ，ペルー，ギアナ，ブラジル北部。

ニムラ・ティティア〈*Nymula tytia*〉昆虫綱鱗翅目シジミタテハ科の蝶。分布：ギアナ，エクアドル，ペルー。

ニムラ・ニンフィディオイデス〈*Nymula nymphidioides*〉昆虫綱鱗翅目シジミタテハ科の蝶。分布：中央アメリカ。

ニムラ・フィッレウス〈*Nymula phylleus*〉昆虫綱鱗翅目シジミタテハ科の蝶。分布：ギアナ，アマゾン。

ニムラ・フリアスス〈*Nymula phliasus*〉昆虫綱鱗翅目シジミタテハ科の蝶。分布：ギアナ。

ニムラ・ミコネ〈*Nymula mycone*〉昆虫綱鱗翅目シジミタテハ科の蝶。分布：メキシコ，グアテマラ，ホンジュラス。

ニムラ・レグルス〈*Nymla regulus regulus*〉昆虫綱鱗翅目シジミタテハ科の蝶。分布：ペルー，アマゾン流域，ブラジル。

ニュージーランドセスジノコギリカミキリ〈*Prionoplus reticularis*〉昆虫綱甲虫目カミキリムシ科の甲虫。分布：ニュージーランド。

ニョウホウハナカミキリ〈*Parastrangalis lesnei*〉昆虫綱甲虫目カミキリムシ科ハナカミキリ亜科の甲虫。体長8〜12mm。分布：本州，四国，九州。

ニョウホウホソハナカミキリ　ニョウホウハナカミキリの別名。

ニヨドホラヒメグモ〈*Nesticus tosa niyodo*〉蛛形綱クモ目ホラヒメグモ科の蜘蛛。

ニラムシ 韮虫　昆虫綱甲虫目ハンミョウ科の昆虫の幼虫の俗称。

ニルギリベニモンアゲハ〈*Pachliopta pandiyana*〉昆虫綱鱗翅目アゲハチョウ科の蝶。分布：インド南部。

ニレウスアゲハ〈*Papilio nireus*〉昆虫綱鱗翅目アゲハチョウ科の蝶。分布：アフリカ全土(北部を除く)。

ニレカワノキクイムシ〈*Scolytus frontalis*〉昆虫綱甲虫目キクイムシ科の甲虫。体長2.6〜4.3mm。

ニレキリガ〈*Cosmia affinis*〉昆虫綱鱗翅目ヤガ科カラスヨトウ亜科の蛾。開張30〜34mm。分布：ユーラシア，北海道から九州，対馬。

ニレキンモンホソガ〈*Phyllonorycter ulmi*〉昆虫綱鱗翅目ホソガ科の蛾。分布：北海道。

ニレコツツミノガ〈*Coleophora ulmivorella*〉昆虫綱鱗翅目ツツミノガ科の蛾。分布：北海道，本州(東北地方)。

ニレコヒメハマキ〈*Epinotia ulmicola*〉昆虫綱鱗翅目ハマキガ科の蛾。分布：北海道，本州，四国，ロシアの沿海州，千島。

ニレザイノキクイムシ〈*Xyleborus apicalis*〉昆虫綱甲虫目キクイムシ科の甲虫。体長3.0〜3.5mm。葡萄，栗，柿，林檎に害を及ぼす。分布：北海道，本州，九州，朝鮮半島。

ニレチャイロヒメハマキ〈*Epinotia ulmi*〉昆虫綱鱗翅目ハマキガ科の蛾。分布：北海道，本州(東北及び中部山地)，ロシア(沿海州)。

ニレチュウレンジ〈*Arge captiva*〉昆虫綱膜翅目ミフシハバチ科。ニレ，ケヤキに害を及ぼす。

ニレナガツツミノガ〈*Coleophora japonicella*〉昆虫綱鱗翅目ツツミノガ科の蛾。分布：北海道，本州(東北地方)。

ニレノオオキクイムシ〈*Scolytus esuriens*〉昆虫綱甲虫目キクイムシ科の甲虫。体長2.8〜5.5mm。

ニレノミゾウムシ〈*Rhynchaenus mutabilis*〉昆虫綱甲虫目ゾウムシ科の甲虫。体長3.0〜3.5mm。

ニレハイイロハマキ　ニレハマキの別名。

ニレハマキ〈*Acleris boscana*〉昆虫綱鱗翅目ハマキガ科の蛾。開張16〜17mm。分布：中央アジア，小アジア，ヨーロッパ，イギリス，北海道，本州。

ニレハマキモドキ〈*Choreutis atrosignata*〉昆虫綱鱗翅目ハマキモドキガ科の蛾。分布：北海道，アムール，ウスリー。

ニレハムシ〈*Pyrrhalta maculicollis*〉昆虫綱甲虫目ハムシ科の甲虫。体長6mm。ニレ，ケヤキに害を及ぼす。分布：北海道，本州，四国，九州。

ニレマダラハマキ　ニレマダラヒメハマキの別名。

ニレマダラヒメハマキ〈*Epinotia signatana*〉昆虫綱鱗翅目ハマキガ科の蛾。林檎に害を及ぼす。分布：北海道，本州(東北及び中部山地)，対馬，ロシア，ヨーロッパ，イギリス。

ニレミスジ　ヒラヤマミスジの別名。

ニワウメクロコブアブラムシ〈*Myzus umefoliae*〉昆虫綱半翅目アブラムシ科。体長2mm。梅，アンズに害を及ぼす。分布：本州。

ニワオニグモ〈*Araneus diadematus*〉蛛形綱クモ目コガネグモ科の蜘蛛。体長雌13〜14mm，雄5〜6mm。分布：北海道，本州(高山1600〜2600m)。

ニワトコアブラムシ〈*Aphis sambuci*〉昆虫綱半翅目アブラムシ科。

ニワトコドクガ〈*Topomesoides jonasii*〉昆虫綱鱗翅目ドクガ科の蛾。開張雄30〜33mm，雌40〜

ニワトコヒ

42mm。分布：本州(宮城県より南)，四国，九州，対馬，朝鮮半島，中国。害虫。

ニワトコヒゲナガアブラムシ ニワトコフクレアブラムシの別名。

ニワトコフクレアブラムシ 接骨木膨油虫 〈*Aulacorthum magnoliae*〉昆虫綱半翅目アブラムシ科。体長3.0～4.0mm。ヤマノイモ類，ナシ類，栗，柑橘，ダリア，デージー，朝顔，ユリ類，ラン類，ハイビスカス類，楓(紅葉)，柘榴，百日紅，マサキ，ニシキギ，桜類，イスノキ，アオキ，ナンテン，紫陽花，サツマイモ，ジャガイモ，ウリ科野菜，豌豆，空豆，ナス科野菜に害を及ぼす。分布：日本全国，朝鮮半島，中国，インド。

ニワトリオオハジラミ 〈*Menacanthus stramineus*〉昆虫綱食毛目タンカクハジラミ科。体長雄2.7～3.0mm，雌2.9～3.3mm。害虫。

ニワトリダニ ワクモの別名。

ニワトリナガハジラミ 鶏長羽虱 〈*Lipeurus caponis*〉昆虫綱食毛目チョウカクハジラミ科。

ニワトリヌカカ 〈*Culicoides arakawae*〉昆虫綱双翅目ヌカカ科。体長1.3～1.8mm。分布：日本全土。害虫。

ニワトリノミ 〈*Ceratophyllus gallinae dilatus*〉昆虫綱隠翅目ナガノミ科。体長雄2.4mm，雌2.9mm。害虫。

ニワトリハジラミ 〈*Menopon gallinae*〉昆虫綱食毛目タンカクハジラミ科。体長雄1.70～1.85mm，雌1.80～2.10mm。害虫。

ニワトリフトノミ 鶏太蚤 〈*Echidnophaga gallinacea*〉昆虫綱隠翅目ヒトノミ科。体長雌1.0～1.5mm，雄0.8mm。分布：神戸，大阪付近。害虫。

ニワナガレトビケラ 〈*Rhyacophila niwae*〉昆虫綱毛翅目ナガレトビケラ科。

ニワハンミョウ 庭斑蝥 〈*Cicindela japana*〉昆虫綱甲虫目ハンミョウ科の甲虫。体長15～18mm。分布：北海道，本州，四国，九州。

ニワヤスデモドキ 丹羽擬馬陸 〈*Neopauropus niwai*〉節足動物門少脚綱ヤスデモドキ科の陸生動物。

ニンギョウトビケラ 人形石蚕，人形飛蝋 〈*Goera japonica*〉昆虫綱毛翅目ニンギョウトビケラ科。体長6～7mm。分布：本州，四国，九州。

ニンギョウトビケラ 人形石蚕，人形飛蝋 〈*goerid caddi*〉昆虫綱トビケラ目エグリトビケラ科ニンギョウトビケラ属の昆虫の総称，あるいはそのなかの一種。

ニンギョウトビケラ属の一種 〈*Goera sp.*〉昆虫綱毛翅目ニンギョウトビケラ科。

ニンジンアブラムシ 〈*Semiaphis heraclei*〉昆虫綱半翅目アブラムシ科。セリ科野菜に害を及ぼす。

ニンジンフタオアブラムシ 〈*Cavariella aegopodii*〉昆虫綱半翅目アブラムシ科。体長1.6mm。セリ科野菜に害を及ぼす。分布：北海道，本州，汎世界的。

ニンフィディウム・アザノイデス 〈*Nymphidium azanoides*〉昆虫綱鱗翅目シジミタテハ科の蝶。分布：中央アメリカからペルーまで。

ニンフィディウム・オナエウム 〈*Nymphidium onaeum*〉昆虫綱鱗翅目シジミタテハ科の蝶。分布：中央アメリカからコロンビア，ベネズエラ，トリニダード。

ニンフィディウム・カクルス 〈*Nymphidium cachrus*〉昆虫綱鱗翅目シジミタテハ科の蝶。分布：コロンビア，アマゾン，ギアナ，トリニダード。

ニンフィディウム・カリカエ 〈*Nymphidium caricae*〉昆虫綱鱗翅目シジミタテハ科の蝶。分布：ギアナ，コロンビア。

ニンフィディウム・ニニアス 〈*Nymphidium ninias*〉昆虫綱鱗翅目シジミタテハ科の蝶。分布：ペルー，アマゾン流域，ブラジル。

ニンフィディウム・ネアルケス 〈*Nymphidium nealces nealces*〉昆虫綱鱗翅目シジミタテハ科。分布：ペルー，ギアナからアマゾン中流地域。

ニンフィディウム・マントゥス 〈*Nymphidium mantus*〉昆虫綱鱗翅目シジミタテハ科の蝶。分布：ペルー，ベネズエラ，ギアナ，トリニダード，ブラジル。

ニンフィディウム・リシモン 〈*Nymphidium lisimon*〉昆虫綱鱗翅目シジミタテハ科の蝶。分布：ギアナ，ペルー。

ニンフィデウム・カクルス 〈*Nymphidium cachrus augea*〉昆虫綱鱗翅目シジミタテハ科。分布：グアテマラからボリビア，アマゾン流域。

ニンフハナカミキリ 〈*Parastrangalis nymphula*〉昆虫綱甲虫目カミキリムシ科ハナカミキリ亜科の甲虫。体長10～13mm。分布：北海道，本州，四国，九州，佐渡。

ニンフホソハナカミキリ ニンフハナカミキリの別名。

【ヌ】

ヌカアブラグモ 〈*Steatoda parvula*〉蛛形綱クモ目ヒメグモ科の蜘蛛。

ヌカカ 糠蚊 〈*biting midges*〉昆虫綱双翅目糸角亜目ヌカカ科Ceratopogonidaeの昆虫の総称，またはそのなかの一種。

ヌカグモ〈*Tmeticus japonicus*〉蛛形綱クモ目サラグモ科の蜘蛛。体長雌3.0～3.3mm, 雄2.8～3.0mm。分布：北海道, 本州, 九州。

ヌカダカアナバチ 額高穴蜂〈*Tachysphex japonicus*〉昆虫綱膜翅目ジガバチ科。分布：本州。

ヌカトガリアナバチ〈*Nitela ohgushii*〉昆虫綱膜翅目ジガバチ科。

ヌカビラネジロキリガ〈*Brachylomia viminalis*〉昆虫綱鱗翅目ヤガ科セダカモクメ亜科の蛾。分布：ユーラシア, 北海道。

ヌカボシソウモグリガ〈*Elachista regificella*〉昆虫綱鱗翅目クサモグリガ科の蛾。分布：本州(長野県), ヨーロッパ。

ヌクミメクラチビゴミムシ〈*Trechiama grandicollis*〉昆虫綱甲虫目オサムシ科の甲虫。体長5.1～5.6mm。

ヌサオニグモ〈*Araneus ejusmodi*〉蛛形綱クモ目コガネグモ科の蜘蛛。体長雌6～8mm, 雄5～6mm。分布：本州, 四国, 九州。

ヌスビトジャノメ〈*Mycalesis maianeas*〉昆虫綱鱗翅目ジャノメチョウ科の蝶。分布：マレーシアおよびボルネオ, スマトラ。

ヌスビトハギチビタマムシ〈*Trachys japonica*〉昆虫綱甲虫目タマムシ科の甲虫。体長2.3～3.1mm。

ヌスビトハギツヤホソガ〈*Hyloconis desmodii*〉昆虫綱鱗翅目ホソガ科の蛾。分布：九州(英彦山)。

ヌスビトハギマダラホソガ〈*Liocrobyla desmodiella*〉昆虫綱鱗翅目ホソガ科の蛾。開張6～7mm。分布：北海道, 本州, 四国, 九州。

ヌタッカゾウムシ〈*Trichalophus nutakkanus*〉昆虫綱甲虫目ゾウムシ科の甲虫。体長11mm。

ヌノメモグリヌカカ〈*Culicoides nunomemoguri*〉昆虫綱双翅目ヌカカ科。害虫。

ヌバタマハナカミキリ〈*Judolidia bangi*〉昆虫綱甲虫目カミキリムシ科ハナカミキリ亜科の甲虫。体長8～12mm。分布：本州, 九州。

ヌバタママグソコガネ〈*Aphodius breviusculus*〉昆虫綱甲虫目コガネムシ科の甲虫。体長4～6mm。分布：北海道, 本州, 四国, 九州。

ヌマカ 沼蚊 昆虫綱双翅目糸角亜目カ科ヌマカ属Mansoniaの昆虫の総称。

ヌマダニ 沼壁蝨〈*Limnesia undulata*〉節足動物門クモ形綱ダニ目ヌマダニ科のミズダニ。分布：日本各地。

ヌマチコモリグモ〈*Pardosa suwai*〉蛛形綱クモ目コモリグモ科の蜘蛛。

ヌマチノシジミタテハ〈*Calephelis mutica*〉昆虫綱鱗翅目シジミチョウ科の蝶。翅は赤褐色で, 黒色の斑点と線があり, 青色か青緑色の金属光沢をもつ斑紋が並ぶ。開張2.0～2.5mm。分布：ペンシルバニア西部からミネソタ南部。

ヌマチビマルハナノミ〈*Cyphon paludosus*〉昆虫綱甲虫目マルハナノミ科の甲虫。体長2.9～3.4mm。

ヌマベウスキヨトウ〈*Chilodes pacifica*〉昆虫綱鱗翅目ヤガ科カラスヨトウ亜科の蛾。分布：新茨城県岩井市菅生沼, 群馬県板倉町, 秋田市鳩崎, 秋田県金浦町前川。

ヌルデギンホソガ〈*Acrocercops deversa*〉昆虫綱鱗翅目ホソガ科の蛾。分布：北海道, 本州, 四国, 九州, 台湾, インド。

ヌルデシロアブラムシ ヌルデミミフシの別名。

ヌルデノアブラムシ ハゼアブラムシの別名。

ヌルデノオオミミフシアブラムシ ヌルデミミフシの別名。

ヌルデノシロアブラムシ ヌルデミミフシの別名。

ヌルデハマキホソガ〈*Caloptilia recitata*〉昆虫綱鱗翅目ホソガ科の蛾。開張13～14mm。分布：本州, 四国, 九州, インド。

ヌルデホソガ ヌルデハマキホソガの別名。

ヌルデミミフシ 塩麩子耳附子〈*Schlechtendalia chinensis*〉昆虫綱半翅目アブラムシ科。別名ヌルデノシロアブラムシ。ナンキンハゼ, ハゼ, ヌルデ, ニワウルシに害を及ぼす。

【ネ】

ネアオフトメイガ 根青太螟蛾〈*Orthaga onerata*〉昆虫綱鱗翅目メイガ科の蛾。分布：北海道, 本州, 四国, 九州。

ネアカエンマコガネ〈*Onthophagus shirakii*〉昆虫綱甲虫目コガネムシ科の甲虫。体長4.0～5.5mm。分布：奄美大島。

ネアカオオキバハネカクシ〈*Oxyporus basiventris*〉昆虫綱甲虫目ハネカクシ科の甲虫。体長9.7～11.0mm。

ネアカカクケシキスイ〈*Pocadites rufobasalis*〉昆虫綱甲虫目ケシキスイ科の甲虫。体長3.8～5.0mm。

ネアカカワトンボ〈*Hetaerina rosea*〉昆虫綱蜻蛉目カワトンボ科。分布：南アメリカ。

ネアカクロベニボタル〈*Cautires bourgeoisi*〉昆虫綱甲虫目ベニボタル科の甲虫。体長6.9～10.8mm。

ネアカチビオオキノコムシ〈*Tritoma lewisianus*〉昆虫綱甲虫目オオキノコムシ科の甲虫。体長3.0～3.5mm。

ネアカツツナガクチキムシ ネアカツナガクチキムシの別名。

ネアカツナガクチキムシ〈*Hypulus cingulatus*〉昆虫綱甲虫目ナガクチキムシ科の甲虫。体長6～8mm。

ネアカトガリハネカクシ〈*Medon lewisius*〉昆虫綱甲虫目ハネカクシ科の甲虫。体長5.0～5.3mm。

ネアカナカジロナミシャク〈*Dysstroma corussaria*〉昆虫綱鱗翅目シャクガ科ナミシャク亜科の蛾。開張26～33mm。分布：北海道,本州,朝鮮半島,サハリン,シベリア南東部,中国。

ネアカヒシベニボタル〈*Dictyoptera speciosa*〉昆虫綱甲虫目ベニボタル科の甲虫。体長7.0～12.0mm。

ネアカヒメカッコウムシ 根赤姫郭公虫〈*Tilloidea notata*〉昆虫綱甲虫目カッコウムシ科の甲虫。体長4～7mm。分布：本州,九州。

ネアカヒメテントウ〈*Axinoscymnus beneficus*〉昆虫綱甲虫目テントウムシ科の甲虫。体長1.6～1.8mm。

ネアカマダラメイガ〈*Elasmopalpus bipartitellus*〉昆虫綱鱗翅目メイガ科マダラメイガ亜科の蛾。開張20mm。分布：本州(東北北部より),九州,対馬。

ネアカマルクビハネカクシ〈*Tachinus trifidus*〉昆虫綱甲虫目ハネカクシ科の甲虫。体長6.0～6.5mm。

ネアカマルケシキスイ〈*Neopallodes inermis*〉昆虫綱甲虫目ケシキスイ科の甲虫。体長2.7～3.5mm。

ネアカマルバネタテハ〈*Euxanthe trajanus*〉昆虫綱鱗翅目タテハチョウ科の蝶。分布：ナイジェリアからザイール,ウガンダ,タンザニアまで。

ネアカヨシヤンマ〈*Aeschnophlebia anisoptera*〉昆虫綱蜻蛉目ヤンマ科の蜻蛉。体長70mm。分布：本州,四国,九州,対馬。

ネアカヨツメハネカクシ〈*Lesteva plagiata*〉昆虫綱甲虫目ハネカクシ科の甲虫。体長3.8～4.3mm。

ネアグラカザリシロチョウ〈*Delias neagra*〉昆虫綱鱗翅目シロチョウ科の蝶。開張60mm。分布：ニューギニア山地。珍種。

ネアブラムシ 根油虫 昆虫綱半翅目同翅亜目ネアブラムシ科Phylloxeridaeの昆虫の総称。

ネアベイア・ランボーニ〈*Neaveia lamborni*〉昆虫綱鱗翅目シジミチョウ科の蝶。分布：ナイジェリア。

ネイタ・ネイタ〈*Neita neita*〉昆虫綱鱗翅目ジャノメチョウ科の蝶。分布：アフリカ南部からナタールまで。

ネイバミルメクス・オパキトラクス〈*Neivamyrmex opacithorax*〉昆虫綱膜翅目アリ科。分布：アメリカ合衆国中部からメキシコを経てパナマまで。

ネウスオドリバエ〈*Empis flavobasalis*〉昆虫綱双翅目オドリバエ科。体長8.4mm。分布：北海道,本州,四国,九州。

ネウスシギアブ〈*Chrysopilus sauteri*〉昆虫綱双翅目シギアブ科。

ネウスシャチホコ〈*Stenoshachia bipartita*〉昆虫綱鱗翅目シャチホコガ科の蛾。分布：台湾,奄美大島,沖縄本島,石垣島,西表島。

ネウスハマキ〈*Croesia conchyloides*〉昆虫綱鱗翅目ハマキガ科の蛾。開張17～18mm。分布：北海道,本州(東北,中部山地),中国,ロシア(アムール)。

ネウズハマキ ネウスハマキの別名。

ネウスホソオドリバエ〈*Rhamphomyia ampla*〉昆虫綱双翅目オドリバエ科。

ネオエピトラ・バロンビエンシス〈*Neoepitola barombiensis*〉昆虫綱鱗翅目シジミチョウ科の蝶。分布：カメルーン。

ネオキセニアデス・ルダ〈*Neoxeniades luda*〉昆虫綱鱗翅目セセリチョウ科の蝶。分布：ホンジュラスからギアナまで。

ネオケムネチビゴミムシ〈*Epaphiopsis matsudai*〉昆虫綱甲虫目オサムシ科の甲虫。体長3.8～4.2mm。

ネオコエニエラ・ドゥプレックス〈*Neocoenyra duplex*〉昆虫綱鱗翅目ジャノメチョウ科の蝶。分布：タンザニアからソマリアまで。

ネオコエニラ・エキステンシイ〈*Neocoenyra extensii*〉昆虫綱鱗翅目ジャノメチョウ科の蝶。分布：アフリカ南部からトランスバールおよびローデシアまで。

ネオコエニラ・クックソニ〈*Neocoenyra cooksoni*〉昆虫綱鱗翅目ジャノメチョウ科の蝶。分布：コンゴ。

ネオコエニラ・グレゴリイ〈*Neocoenyra gregorii*〉昆虫綱鱗翅目ジャノメチョウ科の蝶。分布：スーダン,ウガンダ。

ネオコエニラ・ドゥルバニ〈*Neocoenyra durbani*〉昆虫綱鱗翅目ジャノメチョウ科の蝶。分布：ケーププロビンス(南アフリカ共和国),アフリカ南部。

ネオファシア・テルルーイ〈*Neophasia terlooii*〉昆虫綱鱗翅目シロチョウ科の蝶。分布：カリフォルニア州。

ネオフロンボカシタテハ〈*Euphaedra neophron*〉昆虫綱鱗翅目タテハチョウ科の蝶。黒地に黄金色の帯。開張6.0～7.5mm。分布：アフリカ東部の熱帯域。

ネオヘスペリッラ・キシフィフォラ〈*Neohesperilla xiphiphora*〉昆虫綱鱗翅目セセリチョウ科の蝶。分布：オーストラリア。

ネオペ・ブハドゥラ〈*Neope bhadra*〉昆虫綱鱗翅目ジャノメチョウ科の蝶。分布：シッキムからミャンマー高地部まで。

ネオペ・ヤマ〈*Neope yama*〉昆虫綱鱗翅目ジャノメチョウ科の蝶。分布：ヒマラヤ，ミャンマー高地部。

ネオマエナス・エドゥモンジイ〈*Neomaenas edmondsii*〉昆虫綱鱗翅目ジャノメチョウ科の蝶。分布：ブラジル。

ネオマエナス・セルビリア〈*Neomaenas servilia*〉昆虫綱鱗翅目ジャノメチョウ科の蝶。分布：バルパライソ，チリ。

ネオマエナス・ハクニイ〈*Neomaenas haknii*〉昆虫綱鱗翅目ジャノメチョウ科の蝶。分布：チリ，パタゴニア。

ネオマエナス・ポリオゾナ〈*Neomaenas poliozona*〉昆虫綱鱗翅目ジャノメチョウ科の蝶。分布：チリ。

ネオミノイス・リディングシイ〈*Neominois ridingsii*〉昆虫綱鱗翅目ジャノメチョウ科の蝶。分布：コロラド州。

ネオリカエナ・テングストゥレーミ〈*Neolycaena tengstroemi*〉昆虫綱鱗翅目シジミチョウ科の蝶。分布：中央アジア，パミール，中国北部，モンゴル。

ネオリナ・ヒルダ〈*Neorina hilda*〉昆虫綱鱗翅目ジャノメチョウ科の蝶。分布：インド。

ネオンハエトリ〈*Neon reticulatus*〉蛛形綱クモ目ハエトリグモ科の蜘蛛。体長雌3～4mm，雄2.5～3.0mm。分布：北海道，本州(中部高地)。

ネギアザミウマ〈*Thrips tabaci*〉昆虫綱総翅目アザミウマ科。体長1.3mm。大豆，ナス科野菜，無花果，菊，ダリア，マリゴールド類，カーネーション，バラ類，アマリリス，隠元豆，小豆，ササゲ，アブラナ科野菜，ウリ科野菜，ユリ科野菜，豌豆，ソラマメに害を及ぼす。分布：日本全土。

ネギアブラムシ〈*Neotoxoptera formosana*〉昆虫綱半翅目アブラムシ科。体長1.8～2.0mm。スミレ類，ユリ科野菜に害を及ぼす。分布：本州，九州，中国，台湾，朝鮮半島南部，オーストラリア，北アメリカ，ヨーロッパ。

ネギオオアラメハムシ〈*Galeruca extensa*〉昆虫綱甲虫目ハムシ科の甲虫。体長11.0～12.2mm。

ネギクロアザミウマ〈*Thrips alliorum*〉昆虫綱総翅目アザミウマ科。体長雌1.7mm，雄1.2mm。ユリ科野菜に害を及ぼす。分布：本州以南の日本各地，朝鮮半島，中国東北地方，台湾，ハワイ。

ネギコガ〈葱小蛾〉〈*Acrolepiopsis alliella*〉昆虫綱鱗翅目アトヒゲコガ科の蛾。ユリ科野菜に害を及ぼす。分布：千島列島(国後島)，北海道，本州，四国，九州，シベリア。

ネキシロチョウ〈*Mylothris rhodope*〉昆虫綱鱗翅目シロチョウ科の蝶。分布：アフリカ西部および中部。

ネキトンボ 根黄蜻蛉〈*Sympetrum speciosum*〉昆虫綱蜻蛉目トンボ科の蜻蛉。体長40～45mm。分布：本州(福島県以西)，四国，九州，対馬，屋久島，吐噶喇列島中之島。

ネギノアザミウマ ネギアザミウマの別名。

ネギハモグリバエ〈*Liriomyza chinensis*〉昆虫綱双翅目ハモグリバエ科。体長1.7～2.0mm。ユリ科野菜に害を及ぼす。分布：日本全国，中国，マレー半島。

ネキリア・ザネタ〈*Necyria zaneta*〉昆虫綱鱗翅目シジミタテハ科の蝶。分布：中央アメリカ。

ネキリア・ベッロナ〈*Necyria bellona*〉昆虫綱鱗翅目シジミタテハ科の蝶。分布：ボリビア，ペルー，ブラジル。

ネキリア・マンコ〈*Necyria manco*〉昆虫綱鱗翅目シジミタテハ科の蝶。分布：コロンビア，ペルー。

ネキリア・ユトゥルナ〈*Necyria juturna*〉昆虫綱鱗翅目シジミタテハ科。分布：コロンビア，エクアドル，ペルー。

ネキリムシ 根切虫 栽培植物の根際を加害し，食い切って枯らす害虫の総称。

ネキリムシ カブラヤガの別名。

ネクイハムシ〈*Donacia lenzi*〉昆虫綱甲虫目ハムシ科の甲虫。体長6.0～8.0mm。

ネグサレセンチュウ 根腐線虫〈*root-lesion nematode*〉袋形動物門線虫綱プラティレンクス科の一属の総称。体長雌0.3～0.8mm，雄0.3～0.6mm。豌豆，空豆，隠元豆，小豆，ササゲ，大豆，落花生，キク科野菜，セリ科野菜，ナス科野菜，苺，ヤマノイモ類，ユリ科野菜，柿，パイナップル，ナシ類，枇杷，桃，スモモ，林檎，葡萄，甜菜，麦類，サトウキビ，コンニャク，タバコ，繊維作物，イネ科牧草，マメ科牧草，飼料用トウモロコシ，ソルガム，イネ科作物，ジャガイモ，サツマイモ，アカザ科野菜，アブラナ科野菜，ウリ科野菜に害を及ぼす。分布：関東以西の日本各地，アメリカ，エジプト，南アフリカや熱帯。

ネグレクタウラモジタテハ〈*Diaethria negrecta*〉昆虫綱鱗翅目タテハチョウ科の蝶。開張40mm。分布：メキシコからペルー。珍蝶。

ネグロアツバ〈*Sinarella punctalis*〉昆虫綱鱗翅目ヤガ科クルマアツバ亜科の蛾。分布：北海道，本州，朝鮮半島，アムール。

ネグロウスベニナミシャク〈*Photoscotosia strostrigata*〉昆虫綱鱗翅目シャクガ科ナミシャク亜科の蛾。開張34～42mm。分布：北海道，本州，四国，九州，屋久島，サハリン，シベリア南東部，中国東北から中部。

ネグロエダシャク〈Ramobia basifuscaria〉昆虫綱鱗翅目シャクガ科エダシャク亜科の蛾。開張29～36mm。分布：北海道，本州，四国，九州。

ネグロオオギンボシヒョウモン キベレギンボシヒョウモンの別名。

ネグロカワウンカ〈Andes melanobasis〉昆虫綱半翅目ヒシウンカ科。

ネグロキジラミ 根黒木虱〈Trichochermes bicolor〉昆虫綱半翅目トガリキジラミ科。分布：本州，九州。

ネグロクサアブ〈Coenomyia basalis〉昆虫綱双翅目クサアブ科。体長雄14～16mm，雌21～23mm。分布：北海道，本州，四国，九州。

ネグロクシヒゲガガンボ〈Tanyptera fumibasis〉昆虫綱双翅目ガガンボ科。

ネグロケンモン〈Colocasia jezoensis〉昆虫綱鱗翅目ヤガ科の蛾。分布：本州，北海道，四国，九州の山地。

ネグロケンモン ケブカネグロケンモンの別名。

ネグロシマメイガ〈Pyralis pictalis〉昆虫綱鱗翅目メイガ科の蛾。分布：四国，九州，屋久島，石垣島，台湾，中国，インドから東南アジア一帯。

ネグロシロマダラハマキ ネグロシロマダラヒメハマキの別名。

ネグロシロマダラヒメハマキ〈Gypsonoma distincta〉昆虫綱鱗翅目ハマキガ科の蛾。開張15～16mm。分布：本州（東北及び中部の山地），四国（剣山）。

ネグロトガリバ 根黒尖翅蛾〈Mimopsestis basalis〉昆虫綱鱗翅目トガリバガ科の蛾。開張38～47mm。分布：北海道，本州，四国，九州，朝鮮半島。

ネグロハマキ〈Acleris nigriradix〉昆虫綱鱗翅目ハマキガ科の蛾。開張18～21mm。分布：北海道，本州，四国，対馬，ロシア（シベリア）。

ネグロヒメハマキ〈Gypsonoma ephoropa〉昆虫綱鱗翅目ハマキガ科の蛾。分布：北海道及び本州の中部地方。

ネグロフサヤガ〈Phlegetonia delatrix〉昆虫綱鱗翅目ヤガ科フサヤガ亜科の蛾。分布：インドーオーストラリア地域，南太平洋，屋久島以南の島嶼部，奄美大島，西表島，九州英彦山，鹿児島市。

ネグロフトメイガ〈Lepidogma atribasalis〉昆虫綱鱗翅目メイガ科フトメイガ亜科の蛾。開張16～19mm。分布：北海道，本州，四国，九州，シベリア南東部。

ネグロマグソコガネ〈Aphodius pallidiligonis〉昆虫綱甲虫目コガネムシ科の甲虫。体長3.5～4.5mm。

ネグロミズアブ 根黒水虻〈Craspedometopon frontale〉昆虫綱双翅目ミズアブ科。体長4.5～7.5mm。分布：北海道，本州，四国，九州。

ネグロミノガ〈Acanthopsyche nigraplaga〉昆虫綱鱗翅目ミノガ科の蛾。開張22～23mm。柑橘に害を及ぼす。分布：本州，四国，九州，対馬。

ネグロヨトウ〈Chytonix albonotata〉昆虫綱鱗翅目ヤガ科カラスヨトウ亜科の蛾。開張23～29mm。分布：沿海州，北海道から九州，対馬。

ネコグモ〈Trachelas japonica〉蛛形綱クモ目フクログモ科の蜘蛛。体長雌4～5mm，雄3～4mm。分布：北海道，本州，四国，九州。

ネコショウセンコウヒゼンダニ〈Notoedres cati〉蛛形綱ダニ目ヒゼンダニ科。体長雄0.15mm，雌0.22mm。害虫。

ネコショウヒゼンダニ ネコショウセンコウヒゼンダニの別名。

ネコノミ 猫蚤〈Ctenocephalides felis〉昆虫綱隠翅目ヒトノミ科。体長2.0～2.5mm。害虫。

ネコハエトリ〈Carrhotus xanthogramma〉蛛形綱クモ目ハエトリグモ科の蜘蛛。体長雌8～9mm，雄5～7mm。分布：日本全土。害虫。

ネコハグモ〈Dictyna felis〉蛛形綱クモ目ハグモ科の蜘蛛。体長雌5～6mm，雄4～5mm。分布：本州，四国，九州。

ネコハジラミ〈Felicola subrostratus〉昆虫綱食毛目ケモノハジラミ科。体長雄1.0～1.2mm，雌1.2～1.4mm。害虫。

ネコブセンチュウ 根瘤線虫〈root-knot nematode〉袋形動物門線虫綱メロイドギネ科の一属の総称。体長0.5～1.0mm。豌豆，空豆，大豆，キク科野菜，シソ，生姜，セリ科野菜，ナス科野菜，ヤマノイモ類，ユリ科野菜，桃，スモモ，林檎，キウイ，甜菜，ハゼ，漆，桑，コンニャク，茶，繊維作物，イネ科牧草，マメ科牧草，飼料用トウモロコシ，ソルガム，イネ科作物，ソバ，ジャガイモ，サツマイモ，オクラ，アカザ科野菜，アブラナ科野菜，ウリ科野菜，ブドウに害を及ぼす。

ネサエアマネシジャノメ スジマネシヒカゲの別名。

ネジキキンモンホソガ〈Phyllonorycter lyoniae〉昆虫綱鱗翅目ホソガ科の蛾。分布：本州，四国，九州。

ネジキトゲムネサルゾウムシ〈Mecysmoderes brevicarinatus〉昆虫綱甲虫目ゾウムシ科の甲虫。体長1.5～1.8mm。

ネジキホソガ〈Acrocercops lyoniella〉昆虫綱鱗翅目ホソガ科の蛾。分布：本州，四国，九州。

ネジレツノキノコゴミムシダマシ〈Ischnodactylus iriometensis〉昆虫綱甲虫目ゴミムシダマシ科の甲虫。体長5.5～6.0mm。

ネジレバネ〈strepsipteran, stylopid〉昆虫綱撚翅目Strepsipteraに属する昆虫の総称。

ネジレヒゲアリヅカムシ〈Takaorites torticornis〉昆虫綱甲虫目アリヅカムシ科の甲虫。体長1.6〜1.8mm。

ネジロカバマルハキバガ ヨモギヒラタキバガの別名。

ネジロカミキリ 根白天牛〈Pogonocherus dimidiatus〉昆虫綱甲虫目カミキリムシ科フトカミキリ亜科の甲虫。体長6〜8mm。分布：北海道,本州,四国,九州,佐渡,対馬。

ネジロキノカワガ〈Negritothripa hampsoni〉昆虫綱鱗翅目ヤガ科キノカワガ亜科の蛾。開張20〜22mm。分布：本州,四国,対馬。

ネジロキンモンホソガ〈Phyllonorycter nigristella〉昆虫綱鱗翅目ホソガ科の蛾。分布：北海道,本州,四国。

ネジロクロハマキ〈Olethreutes semnodryas〉昆虫綱鱗翅目ノコメハマキガ科の蛾。開張11.5〜13.0mm。

ネジロクロヒメハマキ〈Apeleptera semnodryas〉昆虫綱鱗翅目ハマキガ科の蛾。分布：九州(佐多岬),屋久島,奄美大島,台湾,琉球列島。

ネジロクロミバエ〈Sphaeniscus atilia〉昆虫綱双翅目ミバエ科。

ネジロコヤガ〈Maliattha vialis〉昆虫綱鱗翅目ヤガ科コヤガ亜科の蛾。開張15〜18mm。分布：インド,北海道,本州から九州。

ネジロシマケンモン〈Acronicta oda〉昆虫綱鱗翅目ヤガ科の蛾。分布：広島県豊平町,兵庫県氷ノ山,新潟県朝日村三面,朝鮮半島,沿海州,中国。

ネジロチビホソバエ〈Stenomicra albibasis〉昆虫綱双翅目ナガショウジョウバエ科。

ネジロツブゾウムシ〈Sphinxis pubescens〉昆虫綱甲虫目ゾウムシ科の甲虫。体長2.0〜2.2mm。

ネジロハキリバチ 根白葉切蜂〈Megachile disjunctiformis〉昆虫綱膜翅目ハキリバチ科。分布：本州,九州,琉球。

ネジロハマキ ネウスハマキの別名。

ネジロフタオチョウ〈Charaxes fulvescens〉昆虫綱鱗翅目タテハチョウ科の蝶。分布：セネガル,シエラレオネからカメルーンを経てガボン,ザイール,ウガンダ,ケニア西部まで,コモロ諸島。

ネジロフトクチバ〈Serrodes campana〉昆虫綱鱗翅目ヤガ科クチバ亜科の蛾。開張75mm。桃,スモモ,葡萄,柑橘に害を及ぼす。分布：インドーオーストラリア地域,近畿以西の本土域,対馬,屋久島,種子島,沖縄本島,西表島。

ネジロミズメイガ 根白水螟蛾〈Nymphula fengwhanalis〉昆虫綱鱗翅目メイガ科ミズメイガ亜科の蛾。開張20mm。分布：本州北部より,四国,九州,対馬,朝鮮半島,中国。

ネジロモンハナノミ 根白紋花蚤〈Tomoxia scutellata〉昆虫綱甲虫目ハナノミ科の甲虫。体長7〜9mm。分布：北海道,本州,四国,九州。

ネスイムシ 根吸虫〈root-eating beetles〉昆虫綱甲虫目ネスイムシ科Rhizophagidaeの昆虫の総称。

ネスジキノカワガ〈Characoma ruficirra〉昆虫綱鱗翅目ヤガ科キノカワガ亜科の蛾。開張18〜23mm。栗に害を及ぼす。分布：関東地方を北限,四国,九州,伊豆諸島,八丈島。

ネスジシャチホコ〈Peridea basilinea〉昆虫綱鱗翅目シャチホコガ科ウチキシャチホコ亜科の蛾。開張52mm。分布：関東地方以西,四国,九州北部。

ネスジシラクモヨトウ〈Apamea hampsoni〉昆虫綱鱗翅目ヤガ科カラスヨトウ亜科の蛾。開張37〜40mm。分布：北海道から九州,対馬,隠岐,新島,神津島。

ネスジナミシャク〈Pareulype onoi〉昆虫綱鱗翅目シャクガ科の蛾。分布：北海道(十勝糠平),本州(長野県八ヶ岳,大井川上流),サハリン南部。

ネズハバチ〈Monoctenus nipponicus〉昆虫綱膜翅目マツハバチ科。

ネズミエグリバキバガ 鼠刳翅牙蛾〈Acria ceramitis〉昆虫綱鱗翅目マルハキバガ科の蛾。開張13〜18mm。林檎,栗に害を及ぼす。分布：本州,四国,九州。

ネズミエグリヒラタマルハキバガ ネズミエグリバキバガの別名。

ネズミケブカノミ〈Stenoponia montana〉昆虫綱隠翅目ケブカノミ科。体長雄3.5mm,雌3.6mm。害虫。

ネズミサシオオアブラムシ〈Cinara fresai〉昆虫綱半翅目アブラムシ科。体長2.8〜3.0mm。イブキ類に害を及ぼす。分布：日本全国,世界。

ネズミスナノミ〈Tunga caecigena〉昆虫綱隠翅目ヒトノミ科。未吸血時には体長1mm以下,吸血すると体長8〜10mm。害虫。

ネズミトゲダニ〈Laelaps echidninus〉蛛形綱ダニ目トゲダニ科。体長1.0mm。害虫。

ネズミヒロバキバガ ネズミエグリバキバガの別名。

ネズミフトノミ〈Echidnophaga murina〉昆虫綱隠翅目ヒトノミ科。

ネズミホソバ〈Pelosia angusta〉昆虫綱鱗翅目ヒトリガ科の蛾。分布：対馬,島根県の隠岐島,サハリン,シベリア南東部。

ネソタウマ属の一種〈Nesothauma sp.〉昆虫綱脈翅目ヒメカゲロウ科。分布：マウイ島(ハワイ諸島)。

ネソタウマ・ハレアカラエ〈Nesothauma haleakalae〉昆虫綱脈翅目ヒメカゲロウ科。分布：マウイ島(ハワイ諸島)。

ネダニ 根壁蝨〈bulb mite〉節足動物門クモ形綱ダニ目コナダニ科ネダニ属Rhizoglyphusのダニの総称。

ネダニ ロビンネダニの別名。

ネツカコキクイムシ〈Cryphalus jeholensis〉昆虫綱甲虫目キクイムシ科。

ネッサエア・ベーチイ〈Nessaea batesii〉昆虫綱鱗翅目タテハチョウ科の蝶。分布：ギアナ,ベネズエラ。

ネッサエア・レギナ〈Nessaea regina〉昆虫綱鱗翅目タテハチョウ科の蝶。分布：ベネズエラ。

ネッタイアオバセセリ〈Choaspes plateni〉昆虫綱鱗翅目セセリチョウ科の蝶。分布：アッサム,マレーシア,スマトラ,ジャワ,ボルネオ,ミンダナオ,スラウェシ。

ネッタイアカセセリ〈Telicota colon〉昆虫綱鱗翅目セセリチョウ科の蝶。前翅長16～18mm。分布：八重山諸島。

ネッタイイエカ〈Culex pipiens quinquefasciatus〉昆虫綱双翅目カ科。害虫。

ネッタイウチベニホソスズメ〈Protambulyx strigilis〉昆虫綱鱗翅目スズメガ科の蛾。細長い前翅の外縁に沿って暗褐色の線が走る。開張9.5～12.0mm。分布：アルゼンチンから,フロリダ。

ネッタイオカメコオロギ〈Loxoblemmus equestris〉昆虫綱直翅目コオロギ科。体長13.5～15.5mm。サトウキビに害を及ぼす。分布：琉球諸島以南の東南アジア。

ネッタイキクキンウワバ〈Diachrysia orichalcea〉昆虫綱鱗翅目ヤガ科コヤガ亜科の蛾。分布：アフリカ,マダガスカル,アジア,オーストラリア,地中海からヨーロッパ南部,沖縄本島,西表島。

ネッタイクロミバエ〈Spathulina acroleuca〉昆虫綱双翅目ミバエ科。

ネッタイシマカ 熱帯縞蚊〈Aedes aegypti〉昆虫綱双翅目カ科。体長4.5mm。分布：九州,琉球,小笠原島。害虫。

ネッタイトコジラミ〈Cimex hemipterus〉昆虫綱半翅目トコジラミ科。別名タイワントコジラミ。害虫。

ネッタイヒメシタスズメ〈Hippotion celerio〉昆虫綱鱗翅目スズメガ科の蛾。前翅は褐色で,銀白色の条がある。開張7～8mm。分布：アフリカ,オーストラリア,ヨーロッパ南部。

ネッタイミドリシジミ〈Austrozephyrus absolon〉昆虫綱鱗翅目シジミチョウ科の蝶。開張35mm。分布：マライ半島。珍蝶。

ネッタイモンキアゲハ〈Achillides fuscus〉昆虫綱鱗翅目アゲハチョウ科の蝶。

ネッタイモンシロモドキ〈Nyctemera coleta〉昆虫綱鱗翅目ヒトリガ科の蛾。分布：インドから東南アジア一帯,オーストラリア,ニューギニア,屋久島,石垣島,西表島。

ネッタイユウレイグモ〈Physocyclus globosus〉蛛形綱クモ目ユウレイグモ科の蜘蛛。

ネトゥロコリネ・タッデウス〈Netrocoryne thaddeus〉昆虫綱鱗翅目セセリチョウ科の蝶。分布：パプア,オビ島(モルッカ諸島)。

ネトゥロパラネ・カノプス〈Netrobalane canopus〉昆虫綱鱗翅目セセリチョウ科の蝶。分布：喜望峰からトランスバールおよびローデシアまで。

ネパールオオアオコメツキ〈Campsosternus stephensi〉昆虫綱甲虫目コメツキムシ科。分布：ネパール。

ネパールミヤマクワガタ〈Lucanus villosus〉昆虫綱甲虫目クワガタムシ科。分布：ネパール。

ネパールモンシデムシ〈Nicrophorus nepalensis〉昆虫綱甲虫目シデムシ科の甲虫。体長15～21mm。

ネフェレ・オエノピオン〈Nephele oenopion〉昆虫綱鱗翅目スズメガ科の蛾。分布：マダガスカル,レユニオン,モーリシャス。

ネフェレ・デンソイ〈Nephele densoi〉昆虫綱鱗翅目スズメガ科の蛾。分布：マダガスカルとその属島。

ネフェロニア・アバタール〈Nepheronia avatar〉昆虫綱鱗翅目シロチョウ科の蝶。分布：シッキム,ミャンマー。

ネフェロニア・アルギア〈Nepheronia argia〉昆虫綱鱗翅目シロチョウ科の蝶。分布：アフリカ南東部および南西部。

ネフェロニア・タラッシナ〈Nepheronia thalassina〉昆虫綱鱗翅目シロチョウ科の蝶。分布：アフリカ西部・中部および東部からトランスバールまで。

ネフェロニア・ブクェティ〈Nepheronia buqueti〉昆虫綱鱗翅目シロチョウ科の蝶。分布：アフリカ東部および南部,マダガスカル。

ネプチューンオオカブトムシ〈Dynastes neptunus〉昆虫綱甲虫目コガネムシ科の甲虫。別名ネプチューンオオツノカブトムシ。分布：コロンビア,ベネズエラ。

ネプティス・アガタ〈Neptis agatha〉昆虫綱鱗翅目タテハチョウ科の蝶。分布：シエラレオネからアフリカ東部,エチオピア,南へナタールまで。

ネプティス・アスパシア〈Neptis aspasia〉昆虫綱鱗翅目タテハチョウ科の蝶。分布：中国西部およ

び中部。

ネプティス・アルマンディア〈*Neptis armandia*〉昆虫綱鱗翅目タテハチョウ科の蝶。分布：中国中部および西部。

ネプティス・アンヤナ〈*Neptis anjana*〉昆虫綱鱗翅目タテハチョウ科の蝶。分布：マレーシア，ミャンマー，ジャワ。

ネプティス・イッリゲラ〈*Neptis illigera*〉昆虫綱鱗翅目タテハチョウ科の蝶。分布：フィリピン。

ネプティス・インコングルア〈*Neptis incongrua*〉昆虫綱鱗翅目タテハチョウ科の蝶。分布：ウガンダ，ニアサランド。

ネプティス・エキサレンカ〈*Neptis exalenca*〉昆虫綱鱗翅目タテハチョウ科の蝶。分布：カメルーン，コンゴ。

ネプティス・エブサ〈*Neptis ebusa*〉昆虫綱鱗翅目タテハチョウ科の蝶。分布：フィリピン。

ネプティス・エブリス〈*Neptis ebilis*〉昆虫綱鱗翅目タテハチョウ科の蝶。分布：ビスマルク群島。

ネプティス・キディッペ〈*Neptis cydippe*〉昆虫綱鱗翅目タテハチョウ科の蝶。分布：中国西部および中部。

ネプティス・キリッラ〈*Neptis cyrilla*〉昆虫綱鱗翅目タテハチョウ科の蝶。分布：フィリピン。

ネプティス・コルメッラ〈*Neptis columella*〉昆虫綱鱗翅目タテハチョウ科の蝶。分布：インド，ミャンマー，タイ，マレーシア，ジャワ，セレベス，フィリピン。

ネプティス・コンシミリス〈*Neptis consimilis*〉昆虫綱鱗翅目タテハチョウ科の蝶。分布：ニューギニア，オーストラリア。

ネプティス・ザイダ〈*Neptis zaida*〉昆虫綱鱗翅目タテハチョウ科の蝶。分布：ヒマラヤ，アッサム，ミャンマー。

ネプティス・サクラバ〈*Neptis saclava*〉昆虫綱鱗翅目タテハチョウ科の蝶。分布：ナイジェリアからエチオピア，南へ喜望峰まで，およびマダガスカル。

ネプティス・サティナ〈*Neptis satina*〉昆虫綱鱗翅目タテハチョウ科の蝶。分布：ニューギニア。

ネプティス・サンカラ〈*Neptis sankara*〉昆虫綱鱗翅目タテハチョウ科の蝶。分布：カシミールからネパールまで。

ネプティス・シェファーディ〈*Neptis shepherdi*〉昆虫綱鱗翅目タテハチョウ科の蝶。分布：オーストラリア，ニューギニア。

ネプティス・ジェームソニ〈*Neptis jamesoni*〉昆虫綱鱗翅目タテハチョウ科の蝶。分布：カメルーン，コンゴ。

ネプティス・スペイェリ〈*Neptis speyeri*〉昆虫綱鱗翅目タテハチョウ科の蝶。分布：アムール。

ネプティス・ゼエルドゥライエルシ〈*Neptis seeldrayersi*〉昆虫綱鱗翅目タテハチョウ科の蝶。分布：ナイジェリア，コンゴ。

ネプティス・ティスベ〈*Neptis thisbe*〉昆虫綱鱗翅目タテハチョウ科の蝶。分布：アムールから朝鮮半島まで。

ネプティス・ドゥリオダナ〈*Neptis duryodana*〉昆虫綱鱗翅目タテハチョウ科の蝶。分布：ボルネオ，マレーシア，スマトラ。

ネプティス・ナラヤナ〈*Neptis narayana*〉昆虫綱鱗翅目タテハチョウ科の蝶。分布：アッサム。

ネプティス・ニクテウス〈*Neptis nycteus*〉昆虫綱鱗翅目タテハチョウ科の蝶。分布：シッキム。

ネプティス・ニコテレス〈*Neptis nicoteles*〉昆虫綱鱗翅目タテハチョウ科の蝶。分布：ガーナからアンゴラまで。

ネプティス・ニコメデス〈*Neptis nicomedes*〉昆虫綱鱗翅目タテハチョウ科の蝶。分布：ガーナからウガンダまで。

ネプティス・ニテティス〈*Neptis nitetis*〉昆虫綱鱗翅目タテハチョウ科の蝶。分布：フィリピン。

ネプティス・ニルバナ〈*Neptis nirvana*〉昆虫綱鱗翅目タテハチョウ科の蝶。分布：セレベス。

ネプティス・ネメテス〈*Neptis nemetes*〉昆虫綱鱗翅目タテハチョウ科の蝶。分布：シエラレオネからウガンダ，アンゴラまで。

ネプティス・パウラ〈*Neptis paula*〉昆虫綱鱗翅目タテハチョウ科の蝶。分布：シエラレオネ。

ネプティス・ビカシ〈*Neptis vikasi*〉昆虫綱鱗翅目タテハチョウ科の蝶。分布：インド，マレーシア，ジャワ。

ネプティス・ブレティ〈*Neptis breti*〉昆虫綱鱗翅目タテハチョウ科の蝶。分布：中国西部。

ネプティス・フロベニア〈*Neptis frobenia*〉昆虫綱鱗翅目タテハチョウ科の蝶。分布：モーリシャス島(マダガスカル島の東方)。

ネプティス・ペラカ〈*Neptis peraka*〉昆虫綱鱗翅目タテハチョウ科の蝶。分布：ミャンマー，タイからインドシナ半島，マレーシアまで。

ネプティス・ヘリオドレ〈*Neptis heliodore*〉昆虫綱鱗翅目タテハチョウ科の蝶。分布：マレーシ，インドシナ半島，ジャワ。

ネプティス・ヘリオポリス〈*Neptis heliopolis*〉昆虫綱鱗翅目タテハチョウ科の蝶。分布：モルッカ諸島北部。

ネプティス・マナサ〈*Neptis manasa*〉昆虫綱鱗翅目タテハチョウ科の蝶。分布：シッキム，ネパール，ミャンマー北部。

ネプティス・マヘンドゥラ〈Neptis mahendra〉昆虫綱鱗翅目タテハチョウ科の蝶。分布：インド。

ネプティス・ミアー〈Neptis miah〉昆虫綱鱗翅目タテハチョウ科の蝶。分布：シッキム，アッサム，ミャンマー。

ネプティス・ミシア〈Neptis mysia〉昆虫綱鱗翅目タテハチョウ科の蝶。分布：モルッカ諸島。

ネプティス・メタッラ〈Neptis metalla〉昆虫綱鱗翅目タテハチョウ科の蝶。分布：シエラレオネ，コンゴ，マダガスカル。

ネプティス・メリケルタ〈Neptis melicerta〉昆虫綱鱗翅目タテハチョウ科の蝶。分布：シエラレオネからエチオピア，アンゴラまで。

ネプティス・ユンバー〈Neptis jumbah〉昆虫綱鱗翅目タテハチョウ科の蝶。分布：インド南部，スリランカ。

ネプティス・ラダア〈Neptis radha〉昆虫綱鱗翅目タテハチョウ科の蝶。分布：シッキム。

ネプティドプシス・プラティプテラ〈Neptidopsis platyptera〉昆虫綱鱗翅目タテハチョウ科の蝶。分布：アフリカ東部。

ネフテシジミ〈Parathyma nefte〉昆虫綱鱗翅目タテハチョウ科の蝶。オレンジ色と褐色の模様をもつ。開張5.5〜7.0mm。分布：インド，パキスタン，ミャンマー，マレーシア。

ネフテミスジ〈Pantoporia nefte〉昆虫綱鱗翅目タテハチョウ科の蝶。分布：インド，ミャンマーからマレーシアおよび香港まで，中国南部，ジャワ，ボルネオ。

ネブトクワガタ 根太鍬形虫〈Aegus laevicollis〉昆虫綱甲虫目クワガタムシ科の甲虫。体長雄16〜28mm，雌16〜18mm。分布：本州，九州，奄美大島。

ネブトヒゲナガゾウムシ〈Habrissus unciferoides〉昆虫綱甲虫目ヒゲナガゾウムシ科の甲虫。体長4.4〜5.6mm。分布：本州，四国，九州，対馬，屋久島。

ネホシウスツマヒメハマキ〈Apotomis basipunctana〉昆虫綱鱗翅目ハマキガ科の蛾。分布：北海道から本州の中部山地。

ネムスガ〈Homadaula anisocentra〉昆虫綱鱗翅目ハマキモドキガ科の蛾。分布：本州，四国，九州，中国，北アメリカ。

ネムノキスガ〈Paraprays anisocentra〉昆虫綱鱗翅目クチブサガ科の蛾。

ネムノキナガタマムシ〈Agrilus sorocinus〉昆虫綱甲虫目タマムシ科の甲虫。

ネムノキナガタマムシ ソーンダーズナガタマムシの別名。

ネムノキマメゾウムシ〈Bruchidius terrenus〉昆虫綱甲虫目マメゾウムシ科の甲虫。体長3mm。分布：本州，九州。

ネムロウスモンヤガ〈Cerastis ruburicosa〉昆虫綱鱗翅目ヤガ科の蛾。分布：北海道の東部，根室市，釧路，十勝。

ネムロコモリグモ〈Pardosa nemurensis〉蛛形綱クモ目コモリグモ科の蜘蛛。

ネメウラ・グラウニンギ〈Nemeura glauningi〉昆虫綱脈翅目イトバネカゲロウ科。分布：アフリカ東部・中部。

ネモロウサヒメハマキ〈Pammene nemorosa〉昆虫綱鱗翅目ハマキガ科の蛾。分布：本州，四国，ロシア（沿海州）。

ネモンシロフコヤガ〈Lithacodia idiostygia〉昆虫綱鱗翅目ヤガ科コヤガ亜科の蛾。開張21〜26mm。分布：秋田県付近を北限，四国，九州，対馬。

ネモンノメイガ〈Nacoleia tampiusalis〉昆虫綱鱗翅目メイガ科ノメイガ亜科の蛾。開張14mm。分布：関東および北陸以西の本州，四国，対馬，種子島，屋久島，中国，東南アジア。

ネリア・ネミリオイデス〈Nelia nemyrioidesu〉昆虫綱鱗翅目ジャノメチョウ科の蝶。分布：チリ。

ネルラ・フィブレナ〈Nerula fibrena〉昆虫綱鱗翅目セセリチョウ科の蝶。分布：ベネズエラ。

ネロネ・カドゥメイス〈Nelone cadmeis〉昆虫綱鱗翅目シジミタテハ科の蝶。分布：パナマからブラジル南部まで。

ネロネ・ヒポカリベ〈Nelone hypochalybe〉昆虫綱鱗翅目シジミタテハ科の蝶。分布：中央アメリカからペルーまで。

【ノ】

ノアサガオハモグリガ〈Bedellia ipomoella〉昆虫綱鱗翅目ハモグリガ科の蛾。分布：九州南部，奄美大島，台湾，タイ。

ノアズキトリバ〈Tomotilus saitoi〉昆虫綱鱗翅目トリバガ科の蛾。分布：本州(大阪府)。

ノイエバエ〈Musca hervei〉昆虫綱双翅目イエバエ科。体長5.5〜7.5mm。害虫。

ノウタニシバンムシ カツラクシヒゲツツシバンムシの別名。

ノウチュウ 嚢虫〈bladder worm〉ジョウチュウ類のうちのムコウジョウチュウやユウコウジョウチュウなどの幼虫。別名嚢尾虫，キスチケルクス。

ノギカワゲラ 乃木襀翅〈Cryptoperla japonica〉昆虫綱襀翅目ヒロムネカワゲラ科。体長9mm。分布：本州，四国，九州。

ノギクメムシガ〈*Thiodia dahurica*〉昆虫綱鱗翅目ハマキガ科の蛾。分布：ロシアの沿海州，北海道から本州の中部山地。

ノグチアオゴミムシ 野口青芥虫〈*Chlaenius noguchii*〉昆虫綱甲虫目オサムシ科の甲虫。体長16mm。分布：北海道，本州，四国，九州。

ノグチクダアザミウマモドキ 野口擬管薊馬〈*Pygothrips nogutii*〉昆虫綱総翅目クダアザミウマ科。分布：駿河。

ノグチクダモドキアザミウマ〈*Acallurothrips nogutii*〉昆虫綱総翅目クダアザミウマ科。体長2mm。分布：本州。

ノグチナガゴミムシ〈*Pterostichus noguchii*〉昆虫綱甲虫目オサムシ科の甲虫。体長12〜15mm。分布：本州，四国，九州。

ノクトゥアナ・ハエマトスピラ〈*Noctuana haematospila*〉昆虫綱鱗翅目セセリチョウ科の蝶。分布：メキシコからコロンビアまで。

ノゲシケブカミバエ〈*Ensina sonchi*〉昆虫綱双翅目ミバエ科。

ノゲシハモグリバエ〈*Liriomyza sonchi*〉昆虫綱双翅目ハモグリバエ科。

ノゲシフクレアブラムシ〈*Hyperomyzus carduellinus*〉昆虫綱半翅目アブラムシ科。体長2.3〜2.8mm。キク科野菜に害を及ぼす。分布：本州，四国，九州，汎世界的。

ノコギリカミキリ 鋸天牛〈*Prionus insularis*〉昆虫綱甲虫目カミキリムシ科ノコギリカミキリ亜科の甲虫。体長23〜48mm。分布：北海道，本州，四国，九州。

ノコギリカメムシ 鋸亀虫〈*Megymenum gracilicorne*〉昆虫綱半翅目カメムシ科。体長13〜16mm。分布：本州，四国，九州，吐噶喇列島。

ノコギリクモゾウムシ〈*Mecopomorphus griseus*〉昆虫綱甲虫目ゾウムシ科の甲虫。体長4.9〜9.1mm。分布：北海道，本州，四国，九州。

ノコギリクワガタ 鋸鍬形虫〈*Prosopocoilus inclinatus*〉昆虫綱甲虫目クワガタムシ科の甲虫。体長雄36〜71mm，雌24〜30mm。分布：北海道，本州，四国，九州，対馬，屋久島。

ノコギリコクヌスト ノコギリヒラタムシの別名。

ノコギリスズメ 鋸天蛾〈*Laothoe amurensis*〉昆虫綱鱗翅目スズメガ科ウンモンスズメ亜科の蛾。開張80〜90mm。分布：北海道，本州，サハリン，中国，朝鮮半島，シベリア南東部からロシア，フィンランド。

ノコギリタテヅノカブトムシ〈*Golofa porteri*〉昆虫綱甲虫目コガネムシ科の甲虫。別名ノコギリナガカブトムシ。分布：コロンビア，ベネズエラ。

ノコギリテナガカブトムシ ノコギリタテヅノカブトムシの別名。

ノコギリトゲワセンチュウ〈*Ogma serratum*〉クリコネマ科。体長0.4〜0.6mm。桃，スモモに害を及ぼす。分布：北海道を除く日本各地，インド。

ノコギリハリアリ 鋸針蟻〈*Amblyopone silvestrii*〉昆虫綱膜翅目アリ科。分布：本州，九州。

ノコギリハリバエ 鋸針蠅〈*Compsilura concinnata*〉昆虫綱双翅目ヤドリバエ科。

ノコギリヒザグモ〈*Erigone prominens*〉蛛形綱クモ目サラグモ科の蜘蛛。体長雌1.8〜2.1mm，雄1.7〜2.0mm。分布：北海道，本州，四国，九州。

ノコギリヒメコバネカミキリ〈*Epania iriei*〉昆虫綱甲虫目カミキリムシ科カミキリ亜科の甲虫。

ノコギリヒラタカメムシ 鋸扁亀虫〈*Aradus orientalis*〉昆虫綱半翅目ヒラタカメムシ科。体長6.5〜9.0mm。分布：北海道，本州，四国，九州。

ノコギリヒラタコガネ ヒジリタマオシコガネの別名。

ノコギリヒラタムシ 鋸扁虫〈*Oryzaephilus surinamensis*〉昆虫綱甲虫目ホソヒラタムシ科の甲虫。体長3〜4mm。貯穀・貯蔵植物性食品に害を及ぼす。分布：日本各地。

ノコギリホソカタムシ 鋸細堅虫〈*Endophloeus serratus*〉昆虫綱甲虫目ホソカタムシ科の甲虫。体長3.5〜5.0mm。分布：本州，四国，九州。

ノコスジモンヤガ〈*Eugraphe subrosea*〉昆虫綱鱗翅目ヤガ科モンヤガ亜科の蛾。開張38mm。分布：ユーラシア，イギリスからサハリン，北海道東部。

ノコバアオシャク〈*Timandromorpha discolor*〉昆虫綱鱗翅目シャクガ科アオシャク亜科の蛾。開張34〜44mm。分布：関東以西の本州，四国，九州，対馬，台湾，インド北部，ボルネオ。

ノコバキスイ〈*Cryptophagus micramboides*〉昆虫綱甲虫目キスイムシ科の甲虫。体長2.3mm。

ノコバフサヤガ〈*Anuga japonica*〉昆虫綱鱗翅目ヤガ科フサヤガ亜科の蛾。開張35〜38mm。分布：中国，本州，四国，九州。

ノコバヤセサラグモ〈*Lepthyphantes serratus*〉蛛形綱クモ目サラグモ科の蜘蛛。

ノコヒゲクチブサガ〈*Ypsolopha cristatus*〉昆虫綱鱗翅目スガ科の蛾。林檎に害を及ぼす。分布：本州。

ノコヒゲヒメフトコメツキダマシ〈*Bioxylus shimoyamai*〉昆虫綱甲虫目コメツキダマシ科の甲虫。

ノコヒゲフトコメツキダマシ〈*Otho spondyloides*〉昆虫綱甲虫目コメツキダマシ科の甲虫。体長6.0〜9.1mm。

ノコミスギンボシヒョウモン〈*Speyeria nokomis*〉昆虫綱鱗翅目タテハチョウ科の蝶。別名メスキヒョウモン。分布：アメリカ，メキシコ。

ノコメキシタバ〈*Catocala bella*〉昆虫綱鱗翅目ヤガ科シタバガ亜科の蛾。開張58〜65mm。分布：沿海州，本州中部，北海道。

ノコメキリガ ノコメトガリキリガの別名。

ノコメセダカヨトウ〈*Orthogonia sera*〉昆虫綱鱗翅目ヤガ科カラスヨトウ亜科の蛾。開張53〜61mm。分布：北海道から九州，対馬。

ノコメトガリキリガ〈*Telorta divergens*〉昆虫綱鱗翅目ヤガ科セダカモクメ亜科の蛾。開張35〜41mm。桃，スモモに害を及ぼす。分布：沿海州，北海道から九州。

ノサシバエ〈*Haematobia irritans*〉昆虫綱双翅目イエバエ科。体長3.0〜4.5mm。分布：北海道，本州，九州。害虫。

ノシメコクガ ノシメマダラメイガの別名。

ノシメコヤガ〈*Sinocharis korbae*〉昆虫綱ヤガ科コヤガ亜科の蛾。絶滅危惧I類(CR+EN)。開張35〜40mm。分布：沿海州，朝鮮半島，東北地方北部。

ノシメトンボ 熨斗目蜻蛉〈*Sympetrum infuscatum*〉昆虫綱蜻蛉目トンボ科の蜻蛉。体長45mm。分布：北海道から九州，対馬。

ノシメマダラメイガ 熨斗目斑螟蛾〈*Plodia interpunctella*〉昆虫綱鱗翅目メイガ科マダラメイガ亜科の蛾。別名ノシメコクガ，ママメダラメイガ。開張13〜16mm。貯穀・貯蔵植物性食品に害を及ぼす。分布：全世界。

ノスフィスティア・ペルプレキスス〈*Nosphistia perplexus*〉昆虫綱鱗翅目セセリチョウ科の蝶。分布：ブラジル。

ノティオタウマ・リーディ〈*Notiothauma reedi*〉ノティオタウマ科。分布：チリ。

ノテメ・エウメウス〈*Notheme eumeus*〉昆虫綱鱗翅目シジミタテハ科の蝶。分布：ギアナ，アマゾンからパラグアイ，ブラジル。

ノテメ・エロタ〈*Notheme erota diadema*〉昆虫綱鱗翅目シジミタテハ科。分布：中米からアルゼンチン。

ノトゥス・セレネ〈*Nothus selene*〉セマトゥルス科。分布：ブラジル。

ノトゥス・ディアナ〈*Nothus diana*〉セマトゥルス科。分布：ブラジル。

ノトゥス・ルヌス〈*Nothus lunus*〉セマトゥルス科。分布：メキシコ，中米，トリニダード，ガイアナ，ブラジル。

ノトクリプタ・カエルレア〈*Notocrypta caerulea*〉昆虫綱鱗翅目セセリチョウ科の蝶。分布：ニューギニア。

ノトクリプタ・クアドゥラタ〈*Notocrypta quadrata*〉昆虫綱鱗翅目セセリチョウ科の蝶。分布：マレーシア，スマトラ，ボルネオ。

ノトクリプタ・フェイスタメリイ〈*Notocrypta feisthamelii*〉昆虫綱鱗翅目セセリチョウ科の蝶。分布：インドから中国およびマレーシアまで，ジャワ，ボルネオ，フィリピン，モルッカ諸島，ニューギニア。

ノトクリプタ・プリア〈*Notocrypta pria*〉昆虫綱鱗翅目セセリチョウ科の蝶。分布：マレーシアボルネオ，スマトラ。

ノトクリプタ・レナーディ〈*Notocrypta renardi*〉昆虫綱鱗翅目セセリチョウ科の蝶。分布：ニューギニア，ニューブリテン島，フィジー諸島など。

ノトクリプタ・ワイゲンシス〈*Notocrypta waigensis*〉昆虫綱鱗翅目セセリチョウ科の蝶。分布：ニューギニア，オーストラリア。

ノトツマグロインバエ〈*Fucellia apicalis*〉昆虫綱双翅目ハナバエ科。体長4〜6mm。分布：北海道，本州，四国，九州。害虫。

ノトヒシス・ラエビス〈*Nothophysis laevis*〉昆虫綱甲虫目カミキリムシ科の甲虫。分布：コンゴ，ザイール。

ノトメクラチビゴミムシ〈*Trechiama notoi*〉昆虫綱甲虫目オサムシ科の甲虫。体長5.6〜6.6mm。

ノハラナメクジ〈*Deroceras laeve*〉軟体動物門腹足綱コウラナメクジ科。体長25〜30mm。キク科野菜，桃，スモモ，菊，プリムラ，スミレ類，アブラナ科野菜，サルビア，苺に害を及ぼす。分布：本州，四国，九州およびヨーロッパ。

ノヒラキヨトウ(1)〈*Leucania insecuta*〉昆虫綱鱗翅目ヤガ科ヨトウガ亜科の蛾。分布：中国，北海道，本州。

ノヒラキヨトウ(2)〈*Leucania nohirae*〉昆虫綱鱗翅目ヤガ科ヨトウガ亜科の蛾。

ノヒラシャチホコ〈*Drumonia basalis*〉昆虫綱鱗翅目シャチホコガ科ウチキシャチホコ亜科の蛾。開張40〜50mm。

ノヒラチビトガリヒメバチ〈*Litochila nohirai*〉昆虫綱膜翅目ヒメバチ科。

ノヒラツキクイゾウムシ〈*Magdalis nohirai*〉昆虫綱甲虫目ゾウムシ科の甲虫。体長4.3〜4.4mm。

ノヒラトビモンシャチホコ〈*Drymonia basalis*〉昆虫綱鱗翅目シャチホコガ科の蛾。分布：岩手県，西方では広島県，四国中央山地，九州，内陸山地。

ノヒラメヒラタアブ 野平豆扁虻〈*Paragus quadrifasciatus*〉昆虫綱双翅目ハナアブ科。分

布：本州．

ノビリスフタオチョウ〈*Charaxes nobilis*〉昆虫綱鱗翅目タテハチョウ科の蝶．分布：ナイジェリア，カメルーン，ガボン，コンゴ，中央アフリカ，ザイール，ウガンダ．

ノブオオアアオコメツキ〈*Campsosternus nobuoi*〉昆虫綱甲虫目コメツキムシ科の甲虫．準絶滅危惧種(NT)．体長30mm．分布：与那国島．

ノブオケシカミキリ〈*Exocentrus nobuoi*〉昆虫綱甲虫目カミキリムシ科フトカミキリ亜科の甲虫．

ノブオハイイロフトカミキリ〈*Blepephaeus nobuoi*〉昆虫綱甲虫目カミキリムシ科フトカミキリ亜科の甲虫．体長15～22mm．

ノブオフトカミキリ ノブオハイイロフトカミキリの別名．

ノブキヒラタマルハキバガ〈*Agonopterix mutuurai*〉昆虫綱鱗翅目マルハキバガ科の蛾．分布：本州(東北および中部地方)．

ノマダクリス・セプテムファスキアタ〈*Nomadacris septemfasciata*〉昆虫綱直翅目バッタ科．分布：アフリカ全域，マダガスカル．

ノミ〈flea〉ノミ目Siphonapteraに属する昆虫の総称．

ノミウスタイマイ〈*Graphium nomius*〉昆虫綱鱗翅目アゲハチョウ科の蝶．分布：インド南部，スリランカ，ミャンマー，タイ．

ノミナガクチキムシ〈*Lederia lata*〉昆虫綱甲虫目ナガクチキムシ科の甲虫．体長2.3mm．

ノミバエ 蚤蠅〈hump backed fly〉昆虫綱双翅目環縫亜目ノミバエ科Phoridaeの昆虫の総称．

ノミバッタ 蚤蝗〈*Xya japonica*〉昆虫綱直翅目ノミバッタ科．体長4～5mm．分布：北海道，本州，四国，九州．

ノミバッタ 蚤蝗 直翅目ノミバッタ科の一種，またはノミバッタ科に属する昆虫の総称．

ノミハムシ 蚤金花虫, 蚤葉虫〈flea beetle〉昆虫綱甲虫目ハムシ科ノミハムシ亜科Alticinaeの昆虫の総称．

ノムラアカコメツキ〈*Ampedus nomurai*〉昆虫綱甲虫目コメツキムシ科．体長10mm．分布：奄美大島．

ノムラオビハナノミ〈*Glipa nipponica*〉昆虫綱甲虫目ハナノミ科の甲虫．体長10～12.2mm．

ノムラツバメエダシャク〈*Ourapteryx nomurai*〉昆虫綱鱗翅目シャクガ科エダシャク亜科の蛾．開張雄36～40mm，雌40～43mm．分布：本州(宮城県以南)，四国，九州．

ノムラヒメドロムシ〈*Nomuraelmis amamiensis*〉昆虫綱甲虫目ヒメドロムシ科の甲虫．体長2.7mm．

ノムラヒメハナノミ〈*Mordellistena nomurai*〉昆虫綱甲虫目ハナノミ科．

ノムラメクラチビゴミムシ〈*Rakantrechus nomurai*〉昆虫綱甲虫目オサムシ科の甲虫．体長4.4～5.2mm．

ノリクラヤマメイガ〈*Scoparia spinata*〉昆虫綱鱗翅目メイガ科の蛾．分布：長野県扉峠，北海道釧路標茶町，秋田県本庄市，長野県乗鞍高原，同扉峠．

ノルトマンウスバシロチョウ〈*Parnassius nordmanni*〉昆虫綱鱗翅目アゲハチョウ科の蝶．分布：コーカサス．

ノルドマンオニグモ〈*Araneus nordmanni*〉蛛形綱クモ目コガネグモ科の蜘蛛．体長雌10～11mm，雄9～10mm．分布：北海道(東北部山地)，本州(北アルプスの高山)．

ノルトマンニア・イリキス〈*Nordmannia ilicis*〉昆虫綱鱗翅目シジミチョウ科の蝶．分布：ヨーロッパ中部・南部，アフリカ北部．

ノンネマイマイ〈*Lymantria monacha*〉昆虫綱鱗翅目ドクガ科の蛾．前翅は白色で，黒色のジグザグ模様，後翅は灰褐色で，外縁に黒色の斑点がある．開張4～5mm．林檎に害を及ぼす．分布：ヨーロッパ，アジア温帯地，日本．

【ハ】

ハアリ 羽蟻〈winged ant〉アリの雌雄で，2対の膜質の翅を備え，生殖を行う個体の総称．

ハイイロアミメヒメハマキ〈*Zeiraphera griseana*〉昆虫綱鱗翅目ハマキガ科の蛾．分布：北海道，本州(東北および中部の山地)，ロシア，ヨーロッパ，イギリス．

ハイイロウスモンハマキ 灰色淡紋葉捲蛾〈*Capua vulgana*〉昆虫綱鱗翅目ハマキガ科の蛾．開張15～18mm．分布：北海道，本州，四国，九州の山地，台湾，中国(東北)，ロシア，小アジア，ヨーロッパ，イギリス．

ハイイロエグリツガ〈*Pareromene moriokensis*〉昆虫綱鱗翅目メイガ科の蛾．分布：四国，九州，屋久島．

ハイイロオオエグリバ〈*Calyptra albivirgata*〉昆虫綱鱗翅目ヤガ科クチバ亜科の蛾．分布：中国，東京高尾山，伊豆半島，紀伊半島，中国地方，四国，九州，対馬．

ハイイロオオエダシャク 灰色大枝尺蛾〈*Biston comitata*〉昆虫綱鱗翅目シャクガ科エダシャク亜科の蛾．開張雄54～59mm，雌71mm．分布：北海道，本州，四国，九州，朝鮮半島，シベリア南東部，中国，台湾．

ハイイロオオコフキコガネ〈*Lepidiota bimaculata*〉昆虫綱甲虫目コガネムシ科の甲虫．

分布：アッサム，インド，インドシナ，マレーシア．

ハイイロカミキリ〈*Rhagium inquisitor*〉昆虫綱甲虫目カミキリムシ科の甲虫．分布：ヨーロッパ．

ハイイロカミキリ ハイイロハナカミキリの別名．

ハイイロカミキリモドキ 灰色擬天牛〈*Eobia cinereipennis*〉昆虫綱甲虫目カミキリモドキ科の甲虫．体長7～12mm．分布：本州南部，四国，九州，琉球．害虫．

ハイイロキクスイモドキカミキリ〈*Asaperda uniformis*〉昆虫綱甲虫目カミキリムシ科フトカミキリ亜科の甲虫．

ハイイロキシタヤガ〈*Xestia semiherbida*〉昆虫綱鱗翅目ヤガ科モンヤガ亜科の蛾．開張47～50mm．分布：ヒマラヤ南麓から中国，台湾，北海道から九州，屋久島．

ハイイロキノコヨトウ〈*Cryphia griseola*〉昆虫綱鱗翅目ヤガ科キノコヨトウ亜科の蛾．開張20mm．分布：沿海州，朝鮮半島，北海道から九州，対馬．

ハイイロキリガ ハイイロヨトウの別名．

ハイイロクチバ〈*Pandesma quenavadi*〉昆虫綱鱗翅目ヤガ科クチバ亜科の蛾．分布：スリランカ，インド，ミャンマー，タイ，ベトナム，北九州市皿倉山．

ハイイロクチブトゾウムシ〈*Cyphicerus kuchibutonus*〉昆虫綱甲虫目ゾウムシ科の甲虫．体長5.8～7.0mm．

ハイイロクビグロクチバ〈*Lygephila craccae*〉昆虫綱鱗翅目ヤガ科クチバ亜科の蛾．分布：ユーラシア，北海道．

ハイイロゲンゴロウ 灰色竜蝨〈*Eretes sticticus*〉昆虫綱甲虫目ゲンゴロウ科の甲虫．体長14mm．分布：本州，四国，九州，南西諸島．

ハイイロケンモン〈*Acronicta psi*〉昆虫綱鱗翅目ヤガ科の蛾．前縁中央に短剣に似た斑紋がある．開張3.0～4.5mm．分布：ヨーロッパから，アフリカ北部，中央アジア．

ハイイロゴキブリ〈*Nauphoeta cinerea*〉昆虫綱翅目ハイイロゴキブリ科．体長21～29mm．害虫．

ハイイロゴケグモ〈*Latrodectus geometricus*〉蛛形綱クモ目ヒメグモ科．体長雄3～4mm，雌6～9mm．害虫．

ハイイロコバネナミシャク〈*Trichopteryx ignorata*〉昆虫綱鱗翅目シャクガ科の蛾．分布：北海道，本州，四国，九州．

ハイイロコブカミキリ〈*Onychocerus crassus*〉昆虫綱甲虫目カミキリムシ科の甲虫．分布：ブラジル．

ハイイロコヤガ〈*Catoblemma obliquisigna*〉昆虫綱鱗翅目ヤガ科コヤガ亜科の蛾．分布：本州から九州，屋久島．

ハイイロサビヒョウタンゾウムシ トビイロヒョウタンゾウムシの別名．

ハイイロシマコヤガ〈*Corgatha fusca*〉昆虫綱鱗翅目ヤガ科コヤガ亜科の蛾．分布：近畿地方，九州南部，瀬戸内海与島．

ハイイロシャチホコ 灰色天社蛾〈*Microphalera grisea*〉昆虫綱鱗翅目シャチホコガ科ウチキシャチホコ亜科の蛾．開張32～43mm．分布：沿海州，台湾，北海道から九州．

ハイイロスガ オオボシハイスガの別名．

ハイイロセダカモクメ 灰色背高木目〈*Cucullia maculosa*〉昆虫綱鱗翅目ヤガ科セダカモクメ亜科の蛾．開張39～43mm．分布：沿海州，朝鮮半島，中国，北海道から九州，対馬．

ハイイロタテハモドキ ウスムラサキタテハモドキの別名．

ハイイロタマゾウムシ〈*Stereonychus japonicus*〉昆虫綱甲虫目ゾウムシ科の甲虫．体長3.3～3.6mm．

ハイイロチビキバガ〈*Hypatima petrinopis*〉昆虫綱鱗翅目キバガ科の蛾．開張7～10mm．分布：大阪近郊の平地から低山地．

ハイイロチビミノガ〈*Taleporia trichopterella*〉昆虫綱鱗翅目ミノガ科の蛾．分布：福岡県粕屋町．

ハイイロチョッキリ〈*Mechoris ursulus*〉昆虫綱甲虫目オトシブミ科の甲虫．体長7.0～9.1mm．

ハイイロツツクビカミキリ〈*Cylindilla grisescens*〉昆虫綱甲虫目カミキリムシ科フトカミキリ亜科の甲虫．体長5～6mm．分布：北海道，本州，九州．

ハイイロトゲトゲゾウムシ〈*Colobodes valbum*〉昆虫綱甲虫目ゾウムシ科の甲虫．体長5.4～6.5mm．

ハイイロニセスガ〈*Prays epsilon*〉昆虫綱鱗翅目スガ科の蛾．分布：北海道苫小牧．

ハイイロネグロシャチホコ〈*Formotensha deliana*〉昆虫綱鱗翅目シャチホコガ科の蛾．分布：北九州(福岡県稲築町および英彦山)，対馬．

ハイイロハガタヨトウ〈*Meganephria debilis*〉昆虫綱鱗翅目ヤガ科セダカモクメ亜科の蛾．分布：沿海州，本州の中部・北部．

ハイイロハナカミキリ〈*Rhagium japonicum*〉昆虫綱甲虫目カミキリムシ科ハナカミキリ亜科の甲虫．体長10～18mm．分布：北海道，本州．

ハイイロハナカミキリの一種(1)〈*Rhagium canadensis*〉昆虫綱甲虫目カミキリムシ科の甲虫．

ハイイロハナカミキリの一種(2)〈*Rhagium rugipennne*〉昆虫綱甲虫目カミキリムシ科の甲虫。

ハイイロハネカクシ 灰色隠翅虫〈*Eucibdelus japonicus*〉昆虫綱甲虫目ハネカクシ科の甲虫。体長15mm。分布：本州，四国，九州。

ハイイロヒトリ〈*Creatonotos transiens*〉昆虫綱鱗翅目ヒトリガ科の蛾。分布：ネパール，インドから東南アジア，台湾，中国南部，屋久島，奄美大島，沖永良部島，沖縄本島，宮古島，石垣島，西表島。

ハイイロヒメグモ〈*Theridion subpallens*〉蛛形綱クモ目ヒメグモ科の蜘蛛。体長雌2.3～2.7mm，雄2.0～2.5mm。分布：北海道，本州。

ハイイロヒメシャク 灰色姫尺蛾〈*Scopula impersonata*〉昆虫綱鱗翅目シャクガ科ヒメシャク亜科の蛾。開張15～20mm。分布：本州(東北北部より)，四国，九州，朝鮮半島，シベリア南東部，台湾，中国。

ハイイロヒョウタンゾウムシ〈*Catapionus gracilicornis*〉昆虫綱甲虫目ゾウムシ科の甲虫。体長9.2～11.9mm。分布：北海道，本州(新潟県，長野県北部以北)。

ハイイロヒョウタンゾウムシ トビイロヒョウタンゾウムシの別名。

ハイイロヒラタチビタマムシ 灰色扁矮吉丁虫〈*Habroloma griseonigrum*〉昆虫綱甲虫目タマムシ科の甲虫。体長2.3～3.0mm。分布：本州，四国，九州。

ハイイロビロウドコガネ〈*Paraserica gricea*〉昆虫綱甲虫目コガネムシ科の甲虫。体長7.5～8.5mm。分布：北海道，本州，四国，九州。

ハイイロフユハマキ〈*Kawabeia razowskii*〉昆虫綱鱗翅目ハマキガ科の蛾。分布：関東以西の平地，四国，九州。

ハイイロボクトウ 灰色木蠹蛾〈*Phragmataecia castaneae*〉昆虫綱鱗翅目ボクトウガ科の蛾。開張32～37mm。分布：北海道，本州，四国，九州，シベリア東部からヨーロッパ，インドから東南アジア一帯，アフリカ。

ハイイロホシミバエ〈*Orellia caerulea*〉昆虫綱双翅目ミバエ科。

ハイイロホソバノメイガ〈*Metasia coniotalis*〉昆虫綱鱗翅目メイガ科ノメイガ亜科の蛾。開張13～18mm。分布：北海道南部，本州，四国，九州，屋久島，台湾，中国。

ハイイロホソマダラメイガ〈*Phycitodes rotundisigna*〉昆虫綱鱗翅目メイガ科の蛾。分布：西表島，沖縄本島。

ハイイロホソリンゴカミキリ〈*Oberea leucothrix*〉昆虫綱甲虫目カミキリムシ科フトカミキリ亜科の甲虫。体長12.3～12.5mm。

ハイイロマダラメイガ〈*Sacculocornutia monotonella*〉昆虫綱鱗翅目メイガ科の蛾。分布：富山県，石川県，中国。

ハイイロマルハナバチ〈*Bombus senilis*〉昆虫綱膜翅目ミツバチ科マルハナバチ亜科。

ハイイロモクメヨトウ 灰色木目夜盗蛾〈*Antha grata*〉昆虫綱鱗翅目ヤガ科カラスヨトウ亜科の蛾。開張33～35mm。分布：アッサム，中国，朝鮮半島，中国地方から九州。

ハイイロヤハズカミキリ 灰色矢筈天牛〈*Niphona furcata*〉昆虫綱甲虫目カミキリムシ科フトカミキリ亜科の甲虫。体長11～19mm。分布：本州，四国，九州，対馬，屋久島，奄美大島，沖縄諸島，伊豆諸島。

ハイイロユスリカ〈*Glyptotendipes tokunagai*〉昆虫綱双翅目ユスリカ科。体長雄7.55～8.47mm，雌7.76～8.98mm。害虫。

ハイイロヨトウ〈*Parastichtis suspecta*〉昆虫綱鱗翅目ヤガ科カラスヨトウ亜科の蛾。ハスカップに害を及ぼす。分布：ユーラシア，北海道，岩手県早池峰山麓。

ハイイロリンガ〈*Gabala argentata*〉昆虫綱鱗翅目ヤガ科リンガ亜科の蛾。開張23～27mm。分布：本州北部から九州，対馬，屋久島。

ハイイロリンゴカミキリ クスノハイイロリンゴカミキリの別名。

ハイイロワモンチョウ〈*Stichophthalma cambodia editha*〉昆虫綱鱗翅目ワモンチョウ科の蝶。分布：ミャンマー北部，カンボジア，タイ。

バイオリンムシ〈*Mormolyce phyllodes*〉昆虫綱甲虫目ゴミムシ科。分布：タイ，マレーシア，スマトラ，ジャワ，バンカ，ナツナ。

バイオリンムシ〈ghost walker〉昆虫綱甲虫目ゴミムシ科の一属の総称。珍虫。

バイオリンムシ(ボルネオ亜種)〈*Mormolyce phyllodes engeli*〉昆虫綱甲虫目ゴミムシ科。分布：ボルネオ。

バイオリンムシの一種〈*Mormolyce* sp.〉昆虫綱甲虫目ゴミムシ科。

バイケイソウハバチ〈*Aglaostigma amoorensis*〉昆虫綱膜翅目ハバチ科。

ハイササベリガ〈*Epermenia strictella*〉昆虫綱鱗翅目ササベリガ科の蛾。開張17mm。分布：北海道，本州の山地，ヨーロッパ，北アフリカ，中近東，コーカサス，モンゴル。

ハイジマアブバエ ハイジマハナアブの別名。

ハイジマハナアブ 灰縞花虻〈*Eumerus strigatus*〉昆虫綱双翅目ハナアブ科。体長10mm。水仙，ユリ類，ジャガイモ，シクラメン，アマリリス，ユリ

科野菜に害を及ぼす。分布：北海道から九州, 全北区。

ハイジロハマキ〈*Pseudeulia vermicularis*〉昆虫綱鱗翅目ハマキガ科の蛾。開張19〜27mm。分布：志賀高原, 中国。

ハイズソバカススガ〈*Kessleria insulella*〉昆虫綱鱗翅目スガ科の蛾。分布：奄美大島, 先島諸島, 台湾。

ハイゼヒメテントウ〈*Scymnus contemtus*〉昆虫綱甲虫目テントウムシ科の甲虫。体長1.8〜2.1mm。

ハイタカグモ〈*Haplodrassus pugnans*〉蛛形綱クモ目ワシグモ科の蜘蛛。体長雌7.5〜8.0mm, 雄5.5〜6.0mm。分布：北海道(十勝川)。

ハイチヒゲダニ〈*Histiostoma laboratorium*〉蛛形綱ダニ目ヒゲダニ科。体長0.38mm。害虫。

ハイトビスジハマキ〈*Syndemis musculana*〉昆虫綱鱗翅目ハマキガ科の蛾。開張21〜26mm。分布：本州の中部山地(碓氷峠, 志賀高原, 美ケ原)。

パイナップルクロマルカイガラムシ〈*Melanaspis bromiliae*〉昆虫綱半翅目マルカイガラムシ科。体長2mm。パイナップルに害を及ぼす。分布：世界中の熱帯, 亜熱帯のパイナップル栽培地帯, 南西諸島(久米島, 石垣島)。

パイナップルコナカイガラムシ〈*Dysmicoccus brevipes*〉昆虫綱半翅目コナカイガラムシ科。体長3mm。マンゴー, パイナップルに害を及ぼす。分布：世界中の熱帯, 亜熱帯地方, 南西諸島, 小笠原。

パイナップルヒメハダニ〈*Dolichotetranychus floridanus*〉蛛形綱ダニ目ヒメハダニ科。体長雌0.4mm, 雄0.3mm。パイナップルに害を及ぼす。分布：沖縄本島, 台湾, 東南アジア, ハワイ, 北・中央アメリカ。

ハイナンアオタマムシ ズアカセスジタマムシの別名。

パイバラシロシャチホコ〈*Cnethodonta grisescens*〉昆虫綱鱗翅目シャチホコガ科ウチキシャチホコ亜科の蛾。開張35〜45mm。林檎に害を及ぼす。分布：沿海州, 朝鮮半島, 中国, 本州, 四国, 九州, 対馬, 北海道, 利尻島, 台湾。

ハイビスカスシロカイガラムシ〈*Pinnaspis hibisci*〉昆虫綱半翅目マルカイガラムシ科。ハイビスカス類に害を及ぼす。

ハイビスカスネコナカイガラムシ〈*Rhizoecus hibisci*〉昆虫綱半翅目コナカイガラムシ科。体長2.5mm。ヤシ類, ハイビスカス類に害を及ぼす。

ハイヘリホシヒメハマキ〈*Dichrorampha canimaculana*〉昆虫綱鱗翅目ハマキガ科の蛾。

ハイマダラクチバ〈*Autophila inconspicua*〉昆虫綱鱗翅目ヤガ科クチバ亜科の蛾。開張40mm。分布：沿海州, 朝鮮半島, 本州中部の内陸高原, 盆地部。

ハイマダラクチボソヒゲナガゾウムシ〈*Plintheria variolosa*〉昆虫綱甲虫目ヒゲナガゾウムシ科の甲虫。体長2.5〜4.7mm。分布：九州, 対馬, 吐噶喇列島中之島, 奄美大島, 伊豆諸島御蔵島。

ハイマダラノメイガ 灰斑野螟蛾〈*Hellula undalis*〉昆虫綱鱗翅目メイガ科ノメイガ亜科の蛾。開張17mm。アブラナ科野菜に害を及ぼす。分布：日本全土, アジア, アフリカ, ヨーロッパ。

ハイマダラヒゲナガゾウムシ〈*Litocerus communis*〉昆虫綱甲虫目ヒゲナガゾウムシ科の甲虫。体長6.8〜10.5mm。分布：奄美大島, 沖縄諸島, 石垣島, 西表島。

ハイマツアトマルキクイムシ〈*Dryocoetes pini*〉昆虫綱甲虫目キクイムシ科の甲虫。体長2.0〜3.0mm。

ハイマツコヒメハマキ〈*Epinotia pinicola*〉昆虫綱鱗翅目ハマキガ科の蛾。分布：知床半島(シャシルイ岳), 夕張山地(芦別, 夕張岳), 奥羽山脈(岩手山), 北上山地(早池峰山), 赤石山脈(荒川岳), 飛騨山脈(乗鞍岳), 木曽御岳。

ハイマツハナゾウムシ〈*Anthonomus varians*〉昆虫綱甲虫目ゾウムシ科の甲虫。体長3.1〜3.5mm。

ハイミダレモンハマキ〈*Acleris hispidana*〉昆虫綱鱗翅目ハマキガ科の蛾。分布：北海道, 本州, ロシア(アムール, シベリア)。

ハイモンカマトリバ〈*Leioptilus acutus*〉昆虫綱鱗翅目トリバガ科の蛾。分布：本州(山梨県)。

ハイモンキシタバ〈*Catocala agitatrix*〉昆虫綱鱗翅目ヤガ科シタバガ亜科の蛾。開張58〜60mm。分布：沿海州, 本州中部, 東北地方内陸部, 北海道。

ハイモンシロノメイガ〈*Cirrhochrista spissalis*〉昆虫綱鱗翅目メイガ科の蛾。分布：西表島, 石垣島, 台湾, インドから東南アジア一帯。

パイワッリア・ベヌリウス〈*Paiwarria venulius*〉昆虫綱鱗翅目シジミチョウ科の蝶。分布：ギアナからボリビアまで。

ハウカクムネヒラタムシ〈*Cryptolestes pusilloides*〉昆虫綱甲虫目ヒラタムシ科。体長1.8〜2.2mm。貯穀・貯蔵植物性食品に害を及ぼす。

ハウチワウンカ〈*Trypetimorpha japonica*〉昆虫綱半翅目ビワハゴロモ科。準絶滅危惧種(NT)。

ハウチワコガシラウンカ ウチワコガシラウンカの別名。

パウススス・スピニコキシス〈*Paussus spinicoxis*〉昆虫綱甲虫目ヒゲブトオサムシ科。分布：アフリカ中央部・南部。

パウススス属の一種〈*Paussus sp.*〉昆虫綱甲虫目ヒゲブトオサムシ科。分布：ギニア。

パウッスス・ホワ〈*Paussus howa*〉昆虫綱甲虫目ヒゲブトオサムシ科．分布：アフリカ全域，マダガスカル．

バウマンフタオチョウ〈*Charaxes baumanni*〉昆虫綱鱗翅目タテハチョウ科の蝶．開張60mm．分布：アフリカ東部から中央部山地．珍種．

ハエ 蠅〈*fly*〉昆虫綱双翅目環縫亜目Cyclorrhaphaに属する昆虫の総称．

バエオグロッサ・ビッロサ〈*Baeoglossa villosa*〉昆虫綱甲虫目ゴミムシ科．分布：アフリカ南部．

バエオティス・ゾナタ〈*Baeotis zonata*〉昆虫綱鱗翅目シジミタテハ科の蝶．分布：メキシコからコロンビア，ベネズエラ．

バエオティス・ネサエア〈*Baeotis nesaea*〉昆虫綱鱗翅目シジミタテハ科の蝶．分布：ペルー，ボリビア，パナマ，コスタリカ．

バエオティス・メラニス〈*Baeotis melanis*〉昆虫綱鱗翅目シジミタテハ科の蝶．分布：ブラジル．

バエオトゥス・バエオトゥス〈*Baeotus baeotus*〉昆虫綱鱗翅目タテハチョウ科の蝶．分布：アマゾン，コロンビア．

バエオトゥス・ヤペトゥス〈*Baeotus japetus*〉昆虫綱鱗翅目タテハチョウ科の蝶．分布：アマゾン，ペルー．

ハエカ 昆虫綱双翅目糸角亜目原カ群の一科Anisopodidaeの総称．

ハエダニ 蠅壁蝨〈*Macrocheles muscaedomesticae*〉節足動物門クモ形綱ダニ目ハエダニ科のダニ．

ハエトリグモ 蠅取蜘蛛〈*jumping spider*〉節足動物門クモ形綱真正クモ目ハエトリグモ科のクモの総称．

ハエトリグモの一種〈*Salticidae* sp.〉蛛形綱クモ目ハエトリグモ科の蜘蛛．体長雌4.8mm．分布：北海道，南西諸島．

ハエトリナミシャク〈*Eupithecia*〉シャクガ科のEupithecia属のうちハワイ産の幼虫が肉食性のもの．珍虫．

ハエマクティス・サングイナリス〈*Haemactis sanguinalis*〉昆虫綱鱗翅目セセリチョウ科の蝶．分布：コロンビア，エクアドル，ペルー，ボリビア，アマゾン上流．

ハエヤドリアシブトコバチ〈*Brachymeria minuta*〉昆虫綱膜翅目アシブトコバチ科．

ハエヤドリコガネコバチ〈*Spalangia endius*〉昆虫綱膜翅目コガネコバチ科．

バオリス・オケイア〈*Baoris oceia*〉昆虫綱鱗翅目セセリチョウ科の蝶．分布：ミャンマー，マレーシア，フィリピン．

バオリス・ファッリ〈*Baoris farri farri*〉昆虫綱鱗翅目セセリチョウ科の蝶．分布：アンダマン，ニコバル，シッキム，インドから東南アジア一帯，中国．

バオリス・リーチイ〈*Baoris leechii*〉昆虫綱鱗翅目セセリチョウ科の蝶．分布：中国西部および中部．

ハカジモドキノメイガ〈*Merasmia limbalis*〉昆虫綱鱗翅目メイガ科ノメイガ亜科の蛾．開張15～19mm．分布：本州北部から四国，九州，屋久島，沖縄本島，西表島，台湾．

ハガタアオシャク〈*Thalera laceratoria*〉昆虫綱鱗翅目シャクガ科アオシャク亜科の蛾．開張24mm．分布：本州，四国，九州，対馬，朝鮮半島，シベリア南東部．

ハガタアオヨトウ〈*Tranchea tokiensis*〉昆虫綱鱗翅目ヤガ科カラスヨトウ亜科の蛾．開張37～42mm．分布：北海道，本州，四国．

ハガタウスキヨトウ〈*Archanara resoluta*〉昆虫綱鱗翅目ヤガ科カラスヨトウ亜科の蛾．分布：北海道，本州．

ハガタウズマキタテハ〈*Callicore sorana*〉昆虫綱鱗翅目タテハチョウ科の蝶．分布：ブラジル，パラグアイ，ボリビア．

ハガタエグリシャチホコ〈*Hagapteryx admirabilis*〉昆虫綱鱗翅目シャチホコガ科ウチキシャチホコ亜科の蛾．開張36～42mm．分布：沿海州，北海道から九州．

ハガタオビハマキモドキ〈*Choreutis fulminea*〉昆虫綱鱗翅目ハマキモドキガ科の蛾．分布：琉球諸島の石垣島と西表島．

ハガタキエダシャク〈*Ctenognophos grandinaria*〉昆虫綱鱗翅目シャクガ科エダシャク亜科の蛾．開張43～50mm．分布：本州（宮城県以南），四国，九州．

ハガタキコケガ 歯形黄苔蛾〈*Miltochrista pallida*〉昆虫綱鱗翅目ヒトリガ科コケガ亜科の蛾．開張22～25mm．分布：北海道，本州，四国，九州，対馬，屋久島，サハリン，朝鮮半島，シベリア南東部．

ハガタキスジアオシャク〈*Hemistola tenuilinea*〉昆虫綱鱗翅目シャクガ科アオシャク亜科の蛾．開張26～32mm．分布：本州（東北地方北部より），四国，九州，朝鮮半島，台湾．

ハガタキリバ 歯形切翅〈*Scoliopteryx libatrix*〉昆虫綱鱗翅目ヤガ科クチバ亜科の蛾．前翅に淡色の帯，白色に輝く斑点をもつ．開張4～5mm．ナシ類，ブドウに害を及ぼす．分布：ヨーロッパから北アフリカ，温帯アジアから日本，北アメリカ．

ハガタクチバ〈*Daddala lucilla*〉昆虫綱鱗翅目ヤガ科クチバ亜科の蛾．分布：インド，ミャンマー，ボルネオ，スマトラ，ジャワ，ニューギニア，中国，

台湾, 本州から九州, 対馬, 屋久島, 奄美大島, 沖縄本島, 石垣島, 西表島。

ハガタシャチホコ　ハガタエグリシャチホコの別名。

ハガタスズメ〈Polyptychus chinensis〉昆虫綱鱗翅目スズメガ科の蛾。分布：中国, 台湾, 沖永良部島。

ハガタセナガアナバチ〈Ampulex dentata〉昆虫綱膜翅目ジガバチ科。分布：沖縄。

ハガタチビナミシャク〈Hastina subfalcaria〉昆虫綱鱗翅目シャクガ科ナミシャク亜科の蛾。開張14〜15mm。分布：北海道, 本州, シベリア南東部, 台湾, インド北部。

ハガタツバメアオシャク〈Gelasma grandificaria〉昆虫綱鱗翅目シャクガ科アオシャク亜科の蛾。開張35〜38mm。分布：北海道, 本州, 四国, 九州, 対馬, 朝鮮半島, シベリア南東部, 台湾, 中国。

ハガタナミシャク〈Eustroma melancholicum〉昆虫綱鱗翅目シャクガ科ナミシャク亜科の蛾。開張30〜43mm。分布：本州, 四国, 九州, 屋久島, 朝鮮半島, サハリン, シベリア南東部, 中国西部, 台湾, シッキム。

ハガタフタオ〈Epiplema flavistriga〉昆虫綱鱗翅目フタオガ科の蛾。開張25〜27mm。分布：本州（房総半島以西）, 四国, 九州, 屋久島, 奄美大島, 沖縄本島, 石垣島, 西表島, 台湾, 中国西部, インドから東南アジア一帯。

ハガタベニコケガ　歯形紅苔蛾〈Miltochrista aberrans〉昆虫綱鱗翅目ヒトリガ科コケガ亜科の蛾。開張20〜25mm。分布：本州, 四国, 九州, 屋久島, 北海道, 朝鮮半島, シベリア南東部, 奄美大島, 徳之島, 沖縄本島, 石垣島, 西表島。

ハガタホソナガクチキムシ　ハガタヨツモンナガクチキムシの別名。

ハガタマエチャナミシャク〈Acolutha pulchella〉昆虫綱鱗翅目シャクガ科ナミシャク亜科の蛾。開張16mm。分布：屋久島, 奄美大島, 台湾, 海南島, ジャワ, インド。

ハガタムラサキ〈Hypolimnas dexithea〉昆虫綱鱗翅目タテハチョウ科の蝶。開張95mm。分布：マダガスカル。珍蝶。

ハガタムラサキエダシャク〈Selenia sordidaria〉昆虫綱鱗翅目シャクガ科エダシャク亜科の蛾。開張は春型39〜54mm, 夏型32〜40mm。分布：本州（宮城県以南）, 四国, 九州, シベリア南東部, 中国。

ハガタモルフォ〈Morpho justitiae〉昆虫綱鱗翅目モルフォチョウ科の蝶。分布：メキシコからパナマを経てエクアドル。

ハガタヤセサラグモ〈Lepthyphantes clarus〉蛛形綱クモ目サラグモ科の蜘蛛。

ハガタヨツモンナガクチキムシ〈Phloeotrya dentatomaculata〉昆虫綱甲虫目ナガクチキムシ科。

ハカマジャノメ〈Pierella lena glaucolena〉昆虫綱鱗翅目ジャノメチョウ科の蝶。分布：ギアナ, ペルー, ブラジル, 亜種はペルー, ブラジル。

ハガマルヒメドロムシ〈Optioservus hagai〉昆虫綱甲虫目ヒメドロムシ科の甲虫。体長2.2〜2.5mm。

ハガレセンチュウ　葉枯線虫〈Aphelenchoides ritzemabosi〉アフェレンコイデス科のセンチュウ。苺, 柿, タバコ, アスター（エゾギク）, 菊, キンセンカ, ダリア, 百日草, 牡丹, 芍薬, ユリ類に害を及ぼす。

パガンタマオシコガネ〈Scarabaeus paganus〉昆虫綱甲虫目コガネムシ科の甲虫。分布：アフリカ中央部・南部。

ハキアイメクラチビゴミムシ〈Rakantrechus yoshikoae〉昆虫綱甲虫目オサムシ科の甲虫。体長4.5〜4.8mm。

ハギオナガヒゲナガアブラムシ〈Megoura lespedezae〉昆虫綱半翅目アブラムシ科。アカシア, ニセアカシア, ネムノキ, ハギ, フジに害を及ぼす。

ハギカギハマキ〈Anchylopera mandarinana〉昆虫綱鱗翅目ノコメハマキガ科の蛾。開張11.5〜12.5mm。分布：北海道, 本州, 九州, 伊豆諸島（八丈小島）, 中国, ロシア（アムール）, 四国。

ハギキノコゴミムシ〈Coptoderina subapicalis〉昆虫綱甲虫目オサムシ科の甲虫。体長6〜7mm。分布：本州, 四国, 九州, 対馬, 奄美大島。

パキストラ・マミッラタ〈Pachystola mamillata〉昆虫綱甲虫目カミキリムシ科の甲虫。分布：アフリカ西部, 中央部。

パキタ・アルマタ〈Pachyta armata〉昆虫綱甲虫目カミキリムシ科の甲虫。分布：アラスカ, 北アメリカ東部。

ハギチビゴミムシ〈Epaphiopsis punctatostriata〉昆虫綱甲虫目オサムシ科の甲虫。体長3.5〜4.0mm。

ハギツツハムシ〈Pachybrachys eruditus〉昆虫綱甲虫目ハムシ科の甲虫。体長4mm。分布：北海道, 本州, 四国, 九州。

ハギツヤホソガ〈Hyloconis lespedezae〉昆虫綱鱗翅目ホソガ科の蛾。分布：北海道。

ハギツルクビオトシブミ　萩鶴頸落文〈Cycnotrachelus roelofsi〉昆虫綱甲虫目オトシブミ科の甲虫。体長5〜8mm。分布：北海道, 本州, 四国, 九州。

パキディッスス属の一種〈*Pachydissus* sp.〉昆虫綱甲虫目カミキリムシ科の甲虫。分布：ザイール。

パキトネ・ギガス〈*Pachythone gigas*〉昆虫綱鱗翅目シジミタテハ科の蝶。分布：パナマ。

パキトネ・パラデス〈*Pachythone palades*〉昆虫綱鱗翅目シジミタテハ科の蝶。分布：ブラジル南部。

パキトネ・ラテリティア〈*Pachythone lateritia*〉昆虫綱鱗翅目シジミタテハ科の蝶。分布：南アメリカ北部,トリニダード。

ハキナガミズアブ〈*Rhaphiocerina hakiensis*〉昆虫綱双翅目ミズアブ科。

ハギニセチビシデムシ〈*Ptomaphagus kuntzeni*〉昆虫綱甲虫目チビシデムシ科の甲虫。体長3.3～4.0mm。

パキネウリア・エレミタ〈*Pachyneuria eremita*〉昆虫綱鱗翅目セセリチョウ科の蝶。分布：南アメリカ。

パキネウリア・オブスクラ〈*Pachyneuria obscura*〉昆虫綱鱗翅目セセリチョウ科の蝶。分布：コロンビア,ペルー,ボリビア。

ハギノシロオビキバガ〈*Evippe albidorsella*〉昆虫綱鱗翅目キバガ科の蛾。開張8.5～10.5mm。分布：北海道,本州,四国,シベリア東部,中国。

ハキヒメバチ〈*Callajoppa exaltatorius*〉昆虫綱膜翅目ヒメバチ科。

ハギマダラホソガ〈*Liocrobyla kumatai*〉昆虫綱鱗翅目ホソガ科の蛾。分布：本州,九州。

ハキリアリ 葉切蟻〈*leaf cutting ant*〉昆虫綱膜翅目アリ科の昆虫のうち,木の葉を切り取って巣に運ぶ習性のあるAttini族のアリの総称。珍虫。

ハキリバチ 葉切蜂〈*leaf-cutter bee*〉昆虫綱膜翅目ハキリバチ科のうちのハキリバチ属Megachileのハナバチの総称。

ハギルリオトシブミ〈*Euops lespedezae*〉昆虫綱甲虫目オトシブミ科の甲虫。体長3.5mm。分布：本州,四国,九州。

バクガ 麦蛾〈*Sitotroga cerealella*〉昆虫綱鱗翅目キバガ科の蛾。開張13～14mm。麦類,貯穀・貯蔵植物性食品に害を及ぼす。分布：全世界。

バクガコマユバチ 麦蛾小繭蜂〈*Microbracon hebetor*〉昆虫綱膜翅目コマユバチ科。

ハクサイダニ〈*Penthaleus erythrocephalus*〉蛛形綱ダニ目ハシリダニ科。体長1mm。アカザ科野菜,アブラナ科野菜に害を及ぼす。分布：本州,九州,ヨーロッパ。

ハクサンクワガタハバチ〈*Aproceros hakusanus*〉昆虫綱膜翅目ミフシハバチ科。

ハクサンコサラグモ〈*Milleria japonica*〉蛛形綱クモ目サラグモ科の蜘蛛。体長雌2.3～2.5mm,雄2.0～2.3mm。分布：本州の高地(白山,南アルプス山麓)。

ハクサンサラグモ〈*Porrhomma hakusanense*〉蛛形綱クモ目サラグモ科の蜘蛛。

ハクサンシリアゲ〈*Panorpa hakusanensis*〉昆虫綱長翅目シリアゲムシ科。

ハクサンヒメハナカミキリ〈*Pidonia hakusana*〉昆虫綱甲虫目カミキリムシ科の甲虫。

バクチノキハモグリガ〈*Lyonetia bakuchia*〉昆虫綱鱗翅目ハモグリガ科の蛾。分布：九州南部,屋久島。

ハクチョウハジラミ〈*Ornithobius cygni*〉昆虫綱食毛目チョウカクハジラミ科。

ハクバヒメハナカミキリ〈*Pidonia pallidicolor*〉昆虫綱甲虫目カミキリムシ科の甲虫。体長13mm。

パークホソカタムシ〈*Euxestus parki*〉昆虫綱甲虫目カクホソカタムシ科の甲虫。体長2.0mm。

ハグモ 葉蜘蛛 節足動物門クモ形綱真正クモ目ハグモ科のクモの総称。

パクリオプテラ・アトゥロポス〈*Pachlioptera atropos*〉昆虫綱鱗翅目アゲハチョウ科の蝶。分布：パラワン。

パクリオプテラ・ポリドルス〈*Pachlioptera polydorus*〉昆虫綱鱗翅目アゲハチョウ科の蝶。分布：モルッカ諸島からオーストラリア北部まで。

パクリオプテラ・ヨフォン〈*Pachlioptera jophon*〉昆虫綱鱗翅目アゲハチョウ科の蝶。分布：インド南西部およびセイロン。

ハグルマアツバ〈*Paracolax dictyogramma*〉昆虫綱鱗翅目ヤガ科クルマアツバ亜科の蛾。分布：本州の山地,北海道の早来町瑞穂。

ハグルマエダシャク〈*Synegia hadassa*〉昆虫綱鱗翅目シャクガ科エダシャク亜科の蛾。開張26～34mm。分布：北海道,本州,四国,九州,中国西部。

ハグルマチャタテ 歯車茶柱虫〈*Matsumuraiella radiopicta*〉昆虫噛虫目ケチャタテ科。分布：北海道,本州,九州。

ハグルマトモエ 歯車巴蛾〈*Spirama helicina*〉昆虫綱鱗翅目ヤガ科シタバガ亜科の蛾。開張52～75mm。ナシ類,桃,スモモ,ブドウに害を及ぼす。分布：インドから東南アジア,日本,台湾,中国。

ハグルマノメイガ〈*Euglyphis procopia*〉昆虫綱鱗翅目メイガ科の蛾。分布：奄美大島,沖縄本島,石垣島,西表島,台湾,中国,東南アジアからアフリカ。

ハグルマヤママユ〈*Loepa katinka*〉昆虫綱鱗翅目ヤママユガ科の蛾。準絶滅危惧種(NT)。黄色で,

549

前翅の先端に沿って暗褐色の条をもつ。開張9～10mm。分布：北インドから中国。

ハグルマヨトウ〈*Apsarasa radians*〉昆虫綱鱗翅目ヤガ科カラスヨトウ亜科の蛾。分布：シッキム，アッサム，ベトナム，台湾，琉球，石垣島バンナ岳。

ハグロアカコマユバチ 翅黒赤小繭蜂〈*Iphiaulax impostor*〉昆虫綱膜翅目コマユバチ科。分布：本州，九州。

ハグロケバエ〈*Bibio tenebrosus*〉昆虫綱双翅目ケバエ科。

ハグロゼミ〈*Huechys sanguinea*〉昆虫綱半翅目セミ科。分布：インドシナ，マレーシア，スマトラ，ボルネオ，フィリピン，中国，台湾。

ハグロトンボ 羽黒蜻蛉〈*Calopteryx atrata*〉昆虫綱蜻蛉目カワトンボ科の蜻蛉。体長60mm。分布：本州，四国，九州，種子島，屋久島。

ハグロハバチ 翅黒葉蜂〈*Allantus luctifer*〉昆虫綱膜翅目ハバチ科。分布：日本各地。

ハグロハモグリバエ〈*Amauromyza nigripennis*〉昆虫綱双翅目ハモグリバエ科。

ハグロフルカ ハグロケバエの別名。

ハケアトガリシャク〈*Oenochroma vinaria*〉昆虫綱鱗翅目シャクガ科の蛾。前翅の先端は鉤爪状，暗色の帯。開張4.5～5.5mm。分布：タスマニアを含む，オーストラリア東部および南部。

ハケゲアリノスハネカクシ〈*Lomechusa sinuata*〉昆虫綱甲虫目ハネカクシ科の甲虫。体長5.0～5.5mm。分布：日本(本州)，サハリン。

ハケスネアリヅカムシ〈*Batriscenaulax furuhatai*〉昆虫綱甲虫目ハネカクシ科の甲虫。体長1.8mm。分布：本州。

パケス・ロクサス〈*Paches loxus*〉昆虫綱鱗翅目セセリチョウ科の蝶。分布：パナマ，ペルー，アマゾン上流。

ハゲタカアゲハ〈*Atrophaneura hageni*〉昆虫綱鱗翅目アゲハチョウ科の蝶。開張110mm。分布：スマトラ。珍蝶。

バケッラ・エグラ〈*Vacerra egla*〉昆虫綱鱗翅目セセリチョウ科の蝶。分布：メキシコ，ニカラグア，パナマ。

バケッラ・ヘルメシア〈*Vacerra hermesia*〉昆虫綱鱗翅目セセリチョウ科の蝶。分布：ペルー。

ハコダテゴモクムシ〈*Harpalus discrepans*〉昆虫綱甲虫目オサムシ科の甲虫。体長10mm。分布：北海道，本州。

ハコネアシナガコガネ〈*Hoplia hakonensis*〉昆虫綱甲虫目コガネムシ科の甲虫。体長7.0～7.5mm。

ハコネエンマムシ〈*Margarinotus sutus*〉昆虫綱甲虫目エンマムシ科の甲虫。体長4～5mm。

ハコネチビマルトゲムシ〈*Simplocaria hakonensis*〉昆虫綱甲虫目マルトゲムシ科の甲虫。体長2.5～3.0mm。

ハコネツノゼミ〈*Gargara donitzi*〉昆虫綱半翅目ツノゼミ科。

ハコネトゲアリヅカムシ〈*Batrisodes rugicollis*〉昆虫綱甲虫目アリヅカムシ科の甲虫。体長2.2mm。

ハコネナガハネカクシ ムネスジナガハネカクシの別名。

ハコネハバチ〈*Tenthredo versuta*〉昆虫綱膜翅目ハバチ科。

ハコネヒラタケシキスイ〈*Epuraea funeraria*〉昆虫綱甲虫目ケシキスイ科の甲虫。体長3.1～4.0mm。

ハコネフシオナカヒメバチ〈*Gregopimpla himalayensis*〉昆虫綱膜翅目ヒメバチ科。

ハコネホソウンカ〈*Unkanodes hakonensis*〉昆虫綱半翅目ウンカ科。

ハコネホソハナカミキリ〈*Idiostrangalia hakonensis*〉昆虫綱甲虫目カミキリムシ科ハナカミキリ亜科の甲虫。体長8～10mm。分布：本州，四国，九州。

ハコネミズギワゴミムシ〈*Bembidion lucillum*〉昆虫綱甲虫目オサムシ科の甲虫。体長4.0mm。

ハコネモリヒラタゴミムシ〈*Colpodes hakonus*〉昆虫綱甲虫目オサムシ科の甲虫。体長8.5～9.5mm。

ハコネヤリバエ 箱根槍蠅〈*Lonchoptera hakonensis*〉昆虫綱双翅目ヤリバエ科。分布：本州中部。

ハコベタコゾウムシ〈*Hypera basalis*〉昆虫綱甲虫目ゾウムシ科の甲虫。体長4.2～5.8mm。

ハコベナミシャク〈*Euphyia cineraria*〉昆虫綱鱗翅目シャクガ科ナミシャク亜科の蛾。開張24～27mm。分布：北海道，本州，四国，九州，朝鮮半島，中国東北，シベリア南東部。

ハコベハナバエ〈*Delia echinata*〉昆虫綱双翅目ハナバエ科。体長6～7mm。カーネーションに害を及ぼす。分布：九州以北の日本各地，朝鮮半島，ヨーロッパ，北アメリカ。

ハコベモグリハナバエ〈*Phorbia echinata*〉昆虫綱双翅目ハナバエ科。

ハコベヤガ〈*Xestia kollari plumbata*〉昆虫綱鱗翅目ヤガ科モンヤガ亜科の蛾。開張45～55mm。分布：ウラル以東のアジア内陸，沿海州，朝鮮半島，北海道から九州，対馬。

ハゴロモ 羽衣〈*flatid planthopper*〉昆虫綱半翅目同翅亜目ビワハゴロモ上科Fulgoroideaのなかの

数科の昆虫を広義の総称とし、そのなかのハゴロ
モ科は狭義の総称。

ハゴロモシジミ〈*Neomyrina nivea*〉昆虫綱鱗翅目シジミチョウ科の蝶。分布：タイからインドシナ半島、マレーシアまで。

ハゴロモトリノミ〈*Ceratophyllus hagoromo*〉昆虫綱隠翅目ナガノミ科。分布：南千島、日本。

ハゴロモヤドリガ〈*Epiricania hagoromo*〉昆虫綱鱗翅目セミヤドリガ科の蛾。開張9〜12mm。分布：埼玉県入間市、九州。

ハサミコムシ 鋏小虫〈*Japygidae*〉昆虫綱無翅亜綱双尾目Dipluraハサミコムシ科の昆虫の総称。珍虫。

ハサミツノカメムシ 鋏角亀虫〈*Acanthosoma labiduroides*〉昆虫綱半翅目ツノカメムシ科。分布：日本各地。

ハサミムシ 鋏虫〈*Anisolabis maritima*〉昆虫綱革翅目ハサミムシ科。体長18〜36mm。分布：北海道、本州、四国、九州、小笠原諸島。害虫。

ハサミムシ 鋏虫 ハサミムシ目ハサミムシ科の昆虫の一種、または同目の昆虫の総称。

ハシグロナンキングモ〈*Erigonidium nigriterminorum*〉蛛形綱クモ目サラグモ科の蜘蛛。体長2.3〜2.6mm。分布：北海道、本州、九州。

ハシドイコスガ〈*Zelleria silvicolella*〉昆虫綱鱗翅目スガ科の蛾。分布：本州(岩手県、東京多摩丘陵)。

ハシドイヒメハマキ〈*Zeiraphera corpulentana*〉昆虫綱鱗翅目ハマキガ科の蛾。分布：北海道、本州(東北及び中部山地)、朝鮮半島、中国(東北)、ロシア(ウスリー)。

バージニアヒトリ〈*Ctenucha virginica*〉昆虫綱鱗翅目ヒトリガ科の蛾。全体は暗褐色で地味、腹部は金属光沢を示す。開張4〜5mm。分布：カナダ、合衆国北部。

ハシバミキンモンホソガ〈*Phyllonorycter tenebriosa*〉昆虫綱鱗翅目ホソガ科の蛾。分布：本州(長野県)。

ハシバミハムシ〈*Galerucella lineola*〉昆虫綱甲虫目ハムシ科。

パシマクス・エロンガトゥス〈*Pasimachus elongatus*〉昆虫綱甲虫目ゴミムシ科。分布：アメリカ合衆国(アリゾナ、オクラホマ、カンザス、アイオワ、ミズーリ)、メキシコ。

パシマクス属の一種〈*Pasimachus* sp.〉昆虫綱甲虫目ゴミムシ科。

パシマクス・プンクタトゥス〈*Pasimachus punctatus*〉昆虫綱甲虫目ゴミムシ科。分布：アメリカ合衆国(アリゾナ、ミズーリ、イリノイ、アラバマ、インディアナ)。

ハジマクチバ ハジマヨトウの別名。

ハジマヨトウ〈*Bambusiphila vulgaris*〉昆虫綱鱗翅目ヤガ科カラスヨトウ亜科の蛾。開張35〜50mm。分布：北海道を除く本土域、対馬、隠岐島、伊豆諸島、八丈島、琉球列島、沖縄本島。

パシムンティアマダラ〈*Lycorea pasinunthia*〉昆虫綱鱗翅目マダラチョウ科の蝶。開張95mm。分布：南米の熱帯、亜熱帯。珍蝶。

バショウオサゾウムシ〈*Cosmopolites sordidus*〉昆虫綱甲虫目オサゾウムシ科の甲虫。体長10〜13mm。バナナに害を及ぼす。分布：奄美大島、沖縄、小笠原諸島、台湾、東南アジア、太平洋諸島、熱帯地域、南アメリカ。

バショウコクゾウムシ〈*Polytus mellerborgi*〉昆虫綱甲虫目オサゾウムシ科の甲虫。体長3.8〜4.2mm。

バショウゾウムシ バショウオサゾウムシの別名。

ハジラミ 羽虱〈bird louse, biting louse, chewing louse〉昆虫綱ハジラミ目Mallophagaに属する昆虫の総称。

ハシリグモ 走蜘蛛 節足動物門クモ形綱真正クモ目キシダグモ科ハシリグモ属のクモの総称。

ハスオビアツバ〈*Zanclognatha obliqua*〉昆虫綱鱗翅目ヤガ科クルマアツバ亜科の蛾。分布：北海道、茨城県菅生沼、ウスリー。

ハスオビアヤナミアツバ〈*Rhynchodontodes* sp.〉昆虫綱鱗翅目ヤガ科クチバ亜科の蛾。分布：熊本県北向山、朝鮮半島南部、済州島。

ハスオビイチモンジ〈*Athyma karita*〉昆虫綱鱗翅目タテハチョウ科の蝶。分布：スンバ島。

ハスオビエダシャク〈*Descoreba simplex*〉昆虫綱鱗翅目シャクガ科エダシャク亜科の蛾。開張41〜48mm。林檎、柑橘、椿、山茶花、桜類に害を及ぼす。分布：本州(東北地方北部より)、四国、九州、対馬、屋久島、シベリア南東部、台湾。

ハスオビオオキバハネカクシ〈*Oxyporus triangulum*〉昆虫綱甲虫目ハネカクシ科の甲虫。体長8.3〜11.0mm。

ハスオビガガンボ〈*Tricyphona grandior*〉昆虫綱双翅目ヒメガガンボ科。

ハスオビカバエダシャク〈*Pseudaspilates obliquizona*〉昆虫綱鱗翅目シャクガ科エダシャク亜科の蛾。開張24〜29mm。分布：本州(中部や北陸の山地)。

ハスオビカメノコカワリタマムシ〈*Polybothris maculiventris*〉昆虫綱甲虫目タマムシ科。分布：マダガスカル。

ハスオビキエダシャク〈*Scardamia aurantiacaria*〉昆虫綱鱗翅目シャクガ科エダシャク亜科の蛾。開

張23～26mm。分布：北海道, 本州, 四国, 九州, 対馬, 朝鮮半島, シベリア南東部, 中国。

ハスオヒキノコハネカクシ〈*Lordithon irregularis*〉昆虫綱甲虫目ハネカクシ科の甲虫。体長6.5～7.0mm。

ハスオヒキバガ カギツマシマキバガの別名。

ハスオヒキンモンホソガ〈*Phyllonorycter rostrispinosa*〉昆虫綱鱗翅目ホソガ科の蛾。栗に害を及ぼす。分布：北海道, 本州, 九州。

ハスオヒコブゾウムシ〈*Desmidophorus crassus*〉昆虫綱甲虫目ゾウムシ科の甲虫。体長9.8～13.0mm。

ハスオヒコヤガ〈*Maliattha separata*〉昆虫綱鱗翅目ヤガ科ヤガ亜科の蛾。分布：ボルネオ, インド, スリランカ, ミャンマー, ジャワ, 屋久島, 沖縄本島。

ハスオヒチビアツバ〈*Hypenodea squalida*〉昆虫綱鱗翅目ヤガ科の蛾。

ハスオヒチビゾウムシ〈*Nanophyes proles*〉昆虫綱甲虫目ホソクチゾウムシ科の甲虫。体長1.7～2.0mm。

ハスオヒトガリシャク〈*Sarcinodes mongaku*〉昆虫綱鱗翅目シャクガ科ホシシャク亜科の蛾。開張42～47mm。分布：紀伊半島, 四国南部, 九州南部, 屋久島, 台湾。

ハスオヒハマキホソガ〈*Caloptilia obliquatella*〉昆虫綱鱗翅目ホソガ科の蛾。分布：本州。

ハスオヒヒゲナガカミキリ〈*Cleptometopus bimaculatus*〉昆虫綱甲虫目カミキリムシ科フトカミキリ亜科の甲虫。体長10～13mm。分布：本州, 四国, 九州, 屋久島, 伊豆諸島。

ハスオヒヒシウンカ〈*Betacixius obliquus*〉昆虫綱半翅目ヒシウンカ科。

ハスオヒヒメアツバ〈*Schrankia separatalis*〉昆虫綱鱗翅目ヤガ科クチバ亜科の蛾。分布：サハリン, 沿海州, 朝鮮半島, 北海道から九州。

ハスオヒヒメコキノコムシ〈*Litargus connexus*〉昆虫綱甲虫目コキノコムシ科の甲虫。体長2.6～3.0mm。

ハスオヒヒメハマキ〈*Sorolopha sphaerocopa*〉昆虫綱鱗翅目ハマキガ科の蛾。分布：対馬, 屋久島, 中国南部, スマトラ, ジャワ, モルッカ諸島。

ハスオヒマドガ〈*Pyrinioides aureus*〉昆虫綱鱗翅目マドガ科の蛾。開張24～27mm。分布：北海道, 本州, 四国, 九州, 中国。

ハスオヒヤナギキンモンホソガ〈*Phyllonorycter salictella*〉昆虫綱鱗翅目ホソガ科の蛾。分布：北海道, 本州, ロシア南東部, ヨーロッパ。

ハスクビレアブラムシ〈*Rhopalosiphum nymphaeae*〉昆虫綱半翅目アブラムシ科。体長雌1.9～2.4mm。桃, スモモ, 桜類, 梅, アンズ, ハスに害を及ぼす。分布：日本全国, 汎世界的。

ハスジオキノコムシ〈*Aulacochilus decoratus*〉昆虫綱甲虫目オオキノコムシ科の甲虫。体長5.5～7.0mm。分布：九州, 対馬。

ハスジカツオゾウムシ 翅条鰹象鼻虫〈*Lixus acutipennis*〉昆虫綱甲虫目ゾウムシ科の甲虫。体長9～14mm。菊に害を及ぼす。分布：本州, 四国, 九州。

ハスジクチカクシゾウムシ〈*Cryptorhynchus fasciculatus*〉昆虫綱甲虫目ゾウムシ科の甲虫。体長3.2～5.1mm。

ハスジゾウムシ〈*Cleonus japonicus*〉昆虫綱甲虫目ゾウムシ科の甲虫。体長14mm。キク科野菜に害を及ぼす。

ハスジチビヒラタエンマムシ〈*Pachylomalus musculus*〉昆虫綱甲虫目エンマムシ科の甲虫。体長1.9～2.8mm。

ハスジチビホソハマキ〈*Cochylidia heydeniana*〉昆虫綱鱗翅目ホソハマキガ科の蛾。分布：北海道, 本州, 四国, ロシア, ヨーロッパの各地。

ハスジトガリヒメシャク〈*Scopula ichinosawana*〉昆虫綱鱗翅目シャクガ科ヒメシャク亜科の蛾。開張22mm。分布：南サハリン, 北海道, 赤石山脈荒川岳, 岩手県根菅岳, 同岩手山不動平, 同焼石岳, 山形県鳥海山河原宿, 北岳, 同仙丈岳, 長野県八ツ尾根, 飛騨山脈五竜岳, 木曽駒ケ岳。

ハスジヒゲナガゾウムシ〈*Sintor dorsalis*〉昆虫綱甲虫目ヒゲナガゾウムシ科の甲虫。体長4.0～5.2mm。分布：九州, 対馬。

ハスジフトメイガ〈*Epilepia dentata*〉昆虫綱鱗翅目メイガ科の蛾。分布：本州(東北地方より), 四国, 九州, 対馬, 朝鮮半島。

ハスジミジンアツバ〈*Hypenodes turfosalis*〉昆虫綱鱗翅目ヤガ科クチバ亜科の蛾。分布：北海道標茶町, ユーラシア。

ハススジクルマコヤガ リュウキュウクルマコヤガの別名。

パスマ・タスマニカ〈*Pasma tasmanica*〉昆虫綱鱗翅目セセリチョウ科の蝶。分布：オーストラリア, タスマニア。

ハスムグリユスリカ 蓮潜揺蚊〈*Stenochironomus nelumbus*〉昆虫綱双翅目ユスリカ科。体長4.0～4.5mm。ハスに害を及ぼす。分布：本州。

ハスモンキンウワバ〈*Diachrysia lectula*〉昆虫綱鱗翅目ヤガ科コヤガ亜科の蛾。分布：スリランカ, インド, ベトナム, スマトラ, 西表島。

ハスモンヒメキノコハネカクシ〈*Sepedophilus pumilus*〉昆虫綱甲虫目ハネカクシ科の甲虫。体長3.2～3.5mm。

ハスモンムクゲキスイ〈Biphyllus rufopictus〉昆虫綱甲虫目ムクゲキスイムシ科の甲虫。体長1.7～2.2mm。

ハスモンヨトウ 斜紋夜盗蛾〈Spodoptera litura〉昆虫綱鱗翅目ヤガ科カラスヨトウ亜科の蛾。前翅には紫色をおびた灰色の帯と黒色の縞。開張3～4mm。サツマイモ, 大豆, オクラ, アカザ科野菜, アブラナ科野菜, ウリ科野菜, キク科野菜, サトイモ, シソ, 生姜, ハス, セリ科野菜, ナス科野菜, 苺, ユリ科野菜, 柿, 葡萄, 柑橘, 茶, タバコ, マメ科牧草, ハボタン, グラジオラス, 菊, キンセンカ, ダリア, シクラメン, アフリカホウセンカ, 鳳仙花, カーネーション, バラ類, アマリリス, ケイトウ類, ジャガイモ, ソバに害を及ぼす。分布：インド, 東南アジア, オーストラリア。

ハゼアブラムシ〈Toxoptera odinae〉昆虫綱半翅目アブラムシ科。体長2mm。サンゴジュ, トベラ, ハゼ, ウルシに害を及ぼす。分布：日本全国, 台湾, 中国, フィリピン, 東南アジア, インド, ネパール。

ハセガワトラカミキリ〈Teratoclytus plavilstshikovi〉昆虫綱甲虫目カミキリムシ科カミキリ亜科の甲虫。体長8～13mm。分布：北海道, 本州。

ハセガワドロムシ〈Helichus hasegawai〉昆虫綱甲虫目ドロムシ科の甲虫。体長4.4～5.1mm。

ハセガワヒメハナノミ〈Ermischiella hasegawai〉昆虫綱甲虫目ハナノミ科の甲虫。体長4.7～5.2mm。

ハセガワヒラタゴミムシ〈Platynus hasegawai〉昆虫綱甲虫目オサムシ科の甲虫。体長9.0～9.5mm。

ハソラ・クアドゥリプンクタタ〈Hasora quadripunctata〉昆虫綱鱗翅目セセリチョウ科の蝶。分布：マレーシア, スマトラ, ジャワ, ボルネオ, フィリピン, スラウェシ, マルク諸島。

ハソラ・ケラエヌス〈Hasora celaenus〉昆虫綱鱗翅目セセリチョウ科の蝶。分布：モルッカ諸島, ニューギニア。

ハソラ・ディスコロル〈Hasora discolor〉昆虫綱鱗翅目セセリチョウ科の蝶。分布：ニューギニア, オーストラリア, モルッカ諸島。

ハソラ・トゥリダス〈Hasora thridas〉昆虫綱鱗翅目セセリチョウ科の蝶。分布：ニューギニア, モルッカ諸島など。

ハソラ・ビッタ〈Hasora vitta〉昆虫綱鱗翅目セセリチョウ科の蝶。分布：ミャンマーからマレーシア, スマトラ, ボルネオ, スラウェシ。

ハソラ・フラマ〈Hasora hurama〉昆虫綱鱗翅目セセリチョウ科の蝶。分布：ニューギニア, オーストラリア, モルッカ諸島。

ハソラ・プロキシッシマ〈Hasora proxissima〉昆虫綱鱗翅目セセリチョウ科の蝶。分布：タイ。

ハソラ・マラヤナ〈Hasora malayana〉昆虫綱鱗翅目セセリチョウ科の蝶。分布：マレーシアからインドシナ半島まで, ジャワ, フィリピン, モルッカ諸島。

ハソラ・ミクスタ〈Hasora mixta〉昆虫綱鱗翅目セセリチョウ科の蝶。分布：ミャンマーからマレーシア, 大スンダ列島, フィリピン, スラウェシ, マルク諸島。

ハソラ・ミラ〈Hasora myra myra〉昆虫綱鱗翅目セセリチョウ科の蝶。分布：マレーシア, スマトラ, ジャワ。

ハソラ・ムス〈Hasora mus〉昆虫綱鱗翅目セセリチョウ科の蝶。分布：マレーシア, ボルネオ。

ハソラ・モエスティッシマ〈Hasora moestissima moestissima〉昆虫綱鱗翅目セセリチョウ科の蝶。分布：ミンダナオ, スラウェシ。

ハソラ・リゼッタ〈Hasora lizetta〉昆虫綱鱗翅目セセリチョウ科の蝶。分布：マレーシア, ジャワ。

ハダカヒゲボソゾウムシ〈Phyllobius japonicus〉昆虫綱甲虫目ゾウムシ科の甲虫。体長5.5～6.0mm。分布：本州(関東以西), 四国, 九州。

ハダカユスリカ〈Cardiocladius capusinus〉昆虫綱双翅目ユスリカ科。

ハタケグモ 畠蜘蛛〈Hahnia corticicola〉節足動物綱クモ形綱真正クモ目ハタケグモ科の蜘蛛。体長雌2.0～2.2mm, 雄2.0～2.2mm。分布：北海道, 本州, 四国, 九州。

ハタケノウマオイ〈Hexacentrus unicolor〉昆虫綱直翅目キリギリス科。体長28～36mm。分布：本州, 四国, 九州。

ハタケヤマアブ 畠山虻〈Tabanus coquilletti〉昆虫綱双翅目アブ科。分布：本州, 北海道。

ハタケヤマヒゲボソムシヒキ〈Grypoctonus hatakeyamae〉昆虫綱双翅目ムシヒキアブ科。体長13～16mm。分布：本州, 四国, 九州。

ハタチコモリグモ〈Alopecosa moriutii〉蛛形綱クモ目コモリグモ科の蜘蛛。

ハダニ 葉壁蝨〈spider mite〉節足動物門クモ形綱ダニ目ハダニ科Tetranychidaeに属するダニの総称。

ハタネズミジラミ〈Hoplopleura acanthopus〉フトゲジラミ科。体長雄0.9～1.1mm, 雌1.2～1.4mm。害虫。

ハタハリゲコモリグモ〈Pardosa diversa〉蛛形綱クモ目コモリグモ科の蜘蛛。

ハタフリシジミ〈Loxura atymnus〉昆虫綱鱗翅目シジミチョウ科の蝶。赤橙色で, 前翅の縁には黒色の帯, 後翅にはとがった尾状突起がある。開張3

～4mm。分布：インドからスリランカ,マレーシア,フィリピン。

ハタヤマクチブトコメツキ〈*Okinawana hatayamai*〉昆虫綱甲虫目コメツキムシ科の甲虫。体長8～10.5mm。

ハチ 蜂〈*wasp, bee*〉昆虫綱膜翅目Hymenopteraに属する昆虫の総称(ただしアリ類を除く)。

ハチガタハバチ〈*Tenthredo matsumurai*〉昆虫綱膜翅目ハバチ科。

ハチジョウウスアヤカミキリ〈*Bumetopia heiana*〉昆虫綱甲虫目カミキリムシ科フトカミキリ亜科の甲虫。体長11～12mm。

ハチジョウシギゾウムシ〈*Curculio hachijoensis*〉昆虫綱甲虫目ゾウムシ科の甲虫。体長4.5mm。分布：伊豆諸島(八丈島, 御蔵島)。

ハチジョウチャイロコメツキダマシ〈*Fornax hachijonis*〉昆虫綱甲虫目コメツキダマシ科の甲虫。体長5.0～9.8mm。

ハチジョウノミゾウムシ〈*Rhamphus hisamatsui*〉昆虫綱甲虫目ゾウムシ科の甲虫。体長1.5～1.8mm。

ハチジョウヒメカミキリ〈*Ceresium hachijoense*〉昆虫綱甲虫目カミキリムシ科の甲虫。

ハチジョウビロウドカミキリ〈*Acalolepta hachijoensis*〉昆虫綱甲虫目カミキリムシ科フトカミキリ亜科の甲虫。体長22～26mm。

ハチダマシスカシバガ〈*Sesia apiformis*〉昆虫綱鱗翅目スカシバガ科の蛾。スズメバチに擬態。胴には黒色と黄色の縞模様がある。開張3.0～4.5mm。分布：ヨーロッパ, アジア温帯域。

ハチノジクロナミシャク〈*Pseudobaptria corydalaria*〉昆虫綱鱗翅目シャクガ科ナミシャク亜科の蛾。開張19～25mm。分布：シベリア南東部, ヨーロッパ東部, 本州中部山地, 四国, 九州。

ハチノスツヅリガ 蜂の巣綴蛾〈*Galleria mellonella*〉昆虫綱鱗翅目メイガ科ツヅリガ亜科の蛾。開張30mm。分布：本州, 四国, 九州, インド, オーストラリア。

ハチノスヤドリコバチ 蜂巣寄生小蜂〈*Elasmus japonicus*〉昆虫綱膜翅目ホソナガコバチ科。分布：本州, 九州。

ハチマガイスカシバ 擬蜂透翅〈*Sesia contaminata*〉昆虫綱鱗翅目スカシバガ科の蛾。開張35～40mm。分布：鹿児島県佐多岬, 北海道, 本州。

ハチマガイツノゼミの一種〈*Heteronotus* sp.〉昆虫綱半翅目ツノゼミ科。

ハチミツガ ハチノスツヅリガの別名。

ハチモドキコバネカミキリ〈*Callisphyris vespa*〉昆虫綱甲虫目カミキリムシ科の甲虫。分布：チリ。

ハチモドキハナアブ 擬蜂花虻〈*Sphyximorphoides pleuralis*〉昆虫綱双翅目ハナアブ科。分布：本州。

ハチモドキミバエ〈*Pelmatops ichnoimoides*〉昆虫綱双翅目ミバエ科。分布：ネパール, インド, 中国南部, 台湾。

ハッカアシナガトビハムシ〈*Longitarsus nipponensis*〉昆虫綱甲虫目ハムシ科。体長2mm。ハッカに害を及ぼす。

ハッカイボアブラムシ〈*Ovatus crataegarius*〉昆虫綱半翅目アブラムシ科。体長1.5mm。ハッカに害を及ぼす。分布：北海道, 本州, 九州, 汎世界的。

ハッカネズミジラミ〈*Polyplax serrata*〉ホソゲジラミ科。体長雄0.7～0.9mm, 雌1.0～1.3mm。害虫。

ハッカネムシガ ハッカノネムシガの別名。

ハッカノネムシガ〈*Endothenia menthivora*〉昆虫綱鱗翅目ハマキガ科の蛾。ハッカに害を及ぼす。分布：北海道, 本州(日光, 軽井沢など), ロシア(アムール, 沿海州)。

ハッカノメイガ〈*Pyrausta aurata*〉昆虫綱鱗翅目メイガ科の蛾。ハッカに害を及ぼす。分布：北海道, 本州中部山岳, 東アジアからヨーロッパ。

ハッカハムシ 薄荷金花虫〈*Chrysolina exanthematica*〉昆虫綱甲虫目ハムシ科の甲虫。体長9mm。ハッカに害を及ぼす。分布：北海道, 本州, 四国, 九州。

ハッカヒメゾウムシ 薄荷姫象鼻虫〈*Baris menthae*〉昆虫綱甲虫目ゾウムシ科。体長3mm。ハッカに害を及ぼす。

バッキニイナ・イリス〈*Vacciniina iris*〉昆虫綱鱗翅目シジミチョウ科の蝶。分布：トルキスタン。

バッキニイナ・ヒルカナ〈*Vacciniina hyrcana*〉昆虫綱鱗翅目シジミチョウ科の蝶。分布：イラン。

バックレヤンミイロプレボナ〈*Prepona buckleyana*〉昆虫綱鱗翅目タテハチョウ科の蝶。分布：コロンビア, ペルー, ボリビア。

パッソバ・ガゼラ〈*Passova gazera*〉昆虫綱鱗翅目セセリチョウ科の蝶。分布：アマゾン流域, ペルー。

パッソバ・パッソバ〈*Passova passova rudex*〉昆虫綱鱗翅目セセリチョウ科の蝶。分布：コロンビア, ベネズエラ, ギアナ, ペルー, ボリビア, ブラジル, パラグアイ。

バッタ 蝗〈*short-horned grasshopper, locust, grasshopper*〉昆虫綱直翅目バッタ亜目のうちバッタ上科Acridioideaおよび少数の近縁群をふくむものの総称。

ハッタアメイロカミキリ〈Obrium hattai〉昆虫綱甲虫目カミキリムシ科カミキリ亜科の甲虫。体長4mm。

ハッタジュズイミミズ ハッタミミズの別名。

ハッタミミズ 八田蚯蚓〈Drawida hattamimizu〉環形動物門貧毛綱ジュズイミミズ科の陸生動物。分布：石川県河北潟周辺，金沢市北部，滋賀県琵琶湖周辺。

ハッチョウトンボ 八丁蜻蛉〈Nannophya pygmaea〉昆虫綱蜻蛉目トンボ科の蜻蛉。体長18mm。分布：本州，四国，九州。

バットゥス・ゼテス〈Buttus zetes〉昆虫綱鱗翅目アゲハチョウ科の蝶。分布：ハイチ。

バットゥス・マディアス〈Battus madyas〉昆虫綱鱗翅目アゲハチョウ科の蝶。分布：ペルー，ボリビア。

パッラ・デキウス〈Palla decius〉昆虫綱鱗翅目タテハチョウ科の蝶。分布：シエラレオネからアンゴラまで。

ハツリグモ〈Acusilas coccineus〉蛛形綱クモ目コガネグモ科の蜘蛛。体長雌8〜10mm，雄5〜6mm。分布：本州，四国，九州，南西諸島。

ハテコモリグモ〈Pirata boreus〉蛛形綱クモ目コモリグモ科の蜘蛛。

ハデス・ノクトゥラ〈Hades noctula〉昆虫綱鱗翅目シジミタテハ科の蝶。分布：メキシコ，中央アメリカ，ベネズエラ。

ハデス・ヘカメデ〈Hades hecamede〉昆虫綱鱗翅目シジミタテハ科の蝶。分布：エクアドル。

ハデツツハムシ〈Cryptocephalus regalis〉昆虫綱甲虫目ハムシ科。

ハデツヤカミキリ〈Calloplophora albopictus〉昆虫綱甲虫目カミキリムシ科の甲虫。分布：台湾。

ハデモンニシキタマムシ〈Demochroa ephippigera〉昆虫綱甲虫目タマムシ科。分布：マレーシア。

バテルシア・ゼブラ〈Batelusia zebra〉昆虫綱鱗翅目シジミチョウ科の蝶。分布：カメルーン。

ハーテルトマネシヒカゲ〈Elymnias harterti〉昆虫綱鱗翅目ジャノメチョウ科の蝶。分布：マレーシア，ボルネオ。

ハードウィッキハタザオツノゼミ〈Hypsauchenia hardwickii〉昆虫綱半翅目ツノゼミ科。分布：ネパール，シッキム，インド北部。

ハードウィックウスバシロチョウ ヒマラヤヒメウスバシロチョウの別名。

バトゥレリア・エルウェシ〈Butleria elwesi〉昆虫綱鱗翅目セセリチョウ科の蝶。分布：チリ，パタゴニア。

バトゥレリア・ファケトゥス〈Butleria facetus〉昆虫綱鱗翅目セセリチョウ科の蝶。分布：アルゼンチンおよびチリ。

バトゥレリア・フルティコレンス〈Butleria fruticolens〉昆虫綱鱗翅目セセリチョウ科の蝶。分布：チリ。

バトゥレリア・ポリスピルス〈Butleria polyspilus〉昆虫綱鱗翅目セセリチョウ科の蝶。分布：チリ。

ハドゥロドンテス・バラネス〈Hadrodontes varanes〉昆虫綱鱗翅目タテハチョウ科の蝶。分布：アフリカ南部からナタールまで。

バトクネマ・コックェリ〈Batocnema cocquereli cocquereli〉昆虫綱鱗翅目スズメガ科の蛾。分布：マダガスカル，コモロ諸島。

ハトナガハジラミ 鳩長羽虱〈Columbicola columbae〉昆虫綱食毛目チョウカクハジラミ科。体長雄1.9〜2.3mm，雌2.2〜2.6mm。害虫。

バドニア・モエキアナ〈Vadonia moeciana〉昆虫綱甲虫目カミキリムシ科の甲虫。分布：バルカン半島東部，トルコ。

ハトマヒメテントウ〈Scymnus hatomensis〉昆虫綱甲虫目テントウムシ科の甲虫。体長1.3〜1.7mm。

バトラーベニモンコノハ〈Phyllodes cerasifera〉昆虫綱鱗翅目ヤガ科の蛾。分布：フィリピン。

パトリシウスウスバシロチョウ〈Parnassius patricius〉昆虫綱鱗翅目アゲハチョウ科の蝶。分布：天山山脈。

ハトリヤブカ 羽鳥藪蚊〈Aedes hatorii〉昆虫綱双翅目カ科。分布：日光中禅寺，奈良県。

ハナアカメクラガメ〈Lygus rubronasutus〉昆虫綱半翅目メクラカメムシ科。

ハナアザミウマ 花薊馬〈Thrips hawaiiensis〉昆虫綱総翅目アザミウマ科。体長雌1.3mm，雄1.0mm。大豆，ウリ科野菜，ユリ科野菜，無花果，柑橘，茶，菊，ダリア，百日草，バラ類，ツツジ類，紫陽花，苺，柿，豌豆，ソラマメに害を及ぼす。分布：本州以南の日本各地，朝鮮半島，中国，東南アジア，インド，ハワイ。

ハナアブ 花虻〈Eristalis tenax〉昆虫綱双翅目ショクガバエ科。体長14〜16mm。害虫。

ハナアブ 花虻 双翅目ショクガバエ科に属する昆虫の総称，またはそのうちの一種を指す。

ハナアブバエ ハナアブの別名。

ハナウドゾウムシ〈Catapionus viridimetallicus〉昆虫綱甲虫目ゾウムシ科の甲虫。

ハナウドチビクダアブラムシ ニンジンアブラムシの別名。

ハナウトチ

555

ハナウドヒラタマルハキバガ〈*Agonopterix sapporensis*〉昆虫綱鱗翅目マルハキバガ科の蛾。分布：北海道。

ハナウドムグリガ ハナウドモグリガの別名。

ハナウドモグリガ〈*Epinotia majorana*〉昆虫綱鱗翅目ハマキガ科の蛾。開張14～19mm。セリ科野菜に害を及ぼす。分布：本州(宮城県以南)，四国，九州，対馬，伊豆諸島(御蔵島)，ロシア(沿海州)。

ハナオイアツバ〈*Cidariplura gladiata*〉昆虫綱鱗翅目ヤガ科クルマアツバ亜科の蛾。開張33mm。分布：本州，四国，九州，対馬，屋久島，奄美大島，沖縄本島，石垣島，西表島，朝鮮半島，台湾，中国。

ハナオニグモ〈*Araneus cucurbitinus*〉蛛形綱クモ目コガネグモ科。

ハナカマキリ〈*Hymenopus coronatus*〉ヒメカマキリ科。分布：インド，タイ，マレーシア，スマトラ，ジャワ，ボルネオ。珍虫。

ハナカミキリ 花天牛 昆虫綱甲虫目カミキリムシ科ハナカミキリ亜科Lepturinaeの昆虫の総称。

ハナカミキリの一種(1)〈*Anoplodera behrensi*〉昆虫綱甲虫目カミキリムシ科の甲虫。

ハナカミキリの一種(2)〈*Anoplodera obliterata*〉昆虫綱甲虫目カミキリムシ科の甲虫。

ハナカミキリの一種(3)〈*Anoplodera valida*〉昆虫綱甲虫目カミキリムシ科の甲虫。

ハナカメムシ 花椿象，花亀虫〈*flower bug*〉昆虫綱半翅目異翅亜目ハナカメムシ科Anthocoridaeの昆虫の総称。

ハナクダアザミウマ〈*Haplothrips kurdjumovi*〉昆虫綱総翅目クダアザミウマ科。体長雌1.8mm，雄1.4mm。ウリ科野菜に害を及ぼす。分布：北海道，本州，四国，中国，シベリア，ヨーロッパ。

ハナグモ 花蜘蛛〈*Misumenops tricuspidatus*〉節足動物門クモ形綱真正クモ目カニグモ科の蜘蛛。体長雌6～7mm，雄4～5mm。分布：日本全土。

ハナグロミドリメクラガメ〈*Lygus nigronasutus*〉昆虫綱半翅目メクラカメムシ科。

パナケア・ディバリス〈*Panacea divalis*〉昆虫綱鱗翅目タテハチョウ科の蝶。分布：コロンビア。

パナケア・レギナ〈*Panacea regina*〉昆虫綱鱗翅目タテハチョウ科の蝶。分布：アマゾン上流地方，エクアドル。

ハナコブチビゾウムシ〈*Nanophyes pubescens*〉昆虫綱甲虫目ホソクチゾウムシ科の甲虫。体長1.5mm。

ハナサラグモ〈*Floronia bucculenta*〉蛛形綱クモ目サラグモ科の蜘蛛。体長雌5～6mm，雄3～4mm。分布：北海道，本州，四国。

ハナジロクチバ〈*Hypospila bolinoides*〉昆虫綱鱗翅目ヤガ科クチバ亜科の蛾。分布：インドからオーストラリア，南太平洋地域，福岡市内。

ハナセセリ オオチャバネセセリの別名。

ハナゾウムシの一種〈*Anthonomus mali*〉昆虫綱甲虫目ゾウムシ科。体長2.6mm。林檎に害を及ぼす。分布：広島県。

ハナダカアブバエ ハナダカハナアブの別名。

ハナダカアリヅカムシ〈*Stipesa rudis*〉昆虫綱甲虫目アリヅカムシ科の甲虫。体長1.4mm。

ハナダカカメムシ 鼻高亀虫〈*Dybowskyia reticulata*〉昆虫綱半翅目カメムシ科。分布：本州，四国，九州。

ハナダカトンボ 鼻高蜻蛉〈*Rhinocypha ogasawarensis*〉昆虫綱蜻蛉目ハナダカトンボ科の蜻蛉。絶滅危惧II類(VU)。体長29mm。分布：父島，母島，兄島，姉島，弟島(小笠原)。

ハナダカノメイガ 鼻高水螟蛾〈*Camptomastix hisbonalis*〉昆虫綱鱗翅目メイガ科ノメイガ亜科の蛾。開張19～23mm。分布：北海道，本州，四国，九州，対馬，種子島，屋久島，沖縄本島，石垣島，西表島，台湾，中国，東南アジア。

ハナダカバチ 鼻高蜂〈*Bembix niphonica*〉昆虫綱膜翅目ジガバチ科。体長20～23mm。分布：日本全土。

ハナダカハナアブ 鼻高花虻〈*Rhingia laevigata*〉昆虫綱双翅目ショクガバエ科。体長8～12mm。分布：本州，四国，九州。

ハナトガリアツバ〈*Hypena sp.*〉昆虫綱鱗翅目ヤガ科アツバ亜科の蛾。分布：四国南部，九州南部，沖永良部島，奄美大島，石垣島。

ハナナガトラフカニグモ〈*Tmarus hanrasanensis*〉蛛形綱クモ目カニグモ科の蜘蛛。

ハナナガヒメベッコウ〈*Auplopus appendiculatus*〉昆虫綱膜翅目ベッコウバチ科。

バナナセセリ〈*Erionota torus*〉昆虫綱鱗翅目セセリチョウ科の蝶。別名ジャーガルバナナセセリ。前翅長30～35mm。バナナに害を及ぼす。

バナナツヤオサゾウムシ〈*Odoiporus longicollis*〉昆虫綱甲虫目オサゾウムシ科の甲虫。体長雌15mm，雄13mm。バナナに害を及ぼす。

バナナホソバヒトリ〈*Antichloris viridis*〉昆虫綱鱗翅目ヒトリガ科の蛾。前翅は青緑色や黒色で，細くて先端がとがる。開張3～4mm。分布：中央および南アメリカ。

ハナノハナノミ〈*Mordellaria hananoi*〉昆虫綱甲虫目ハナノミ科の甲虫。体長4.0～5.5mm。

ハナノヒメハナノミ〈*Falsomordellistena hananoi*〉昆虫綱甲虫目ハナノミ科。

ハナノミ 花蚤〈tumbling flower beetle〉昆虫綱甲虫目ハナノミ科Mordellidaeの昆虫の総称。

ハナノミダマシの一種〈Scraptia sp.〉甲虫。

ハナバエ 花蠅〈anthomyiid fly〉昆虫綱双翅目短角亜目ハエ群のハナバエ科Anthomyiidaeの総称。

ハナバチ 花蜂〈bee〉昆虫綱膜翅目ハナバチ上科（ミツバチ上科）Apoideaに属する昆虫の総称。

ハナバチノスヤドリニクバエ〈Macronychia polyodon〉昆虫綱双翅目ニクバエ科。体長6.5～8.5mm。分布：北海道，本州。

ハナバチヤドリキスイ 花蜂寄生木吸虫〈Antherophagus nigricornis〉昆虫綱甲虫目キスイムシ科の甲虫。体長4.5～6.0mm。分布：北海道，本州。

ハナビラカマキリ ハナカマキリの別名。

ハナビル〈Dinobdella ferox〉ヒルド科。害虫。

ハナブトアブバエ ハナブトハナアブの別名。

ハナブトハナアブ〈Brachyopa bicolor〉昆虫綱双翅目ハナアブ科。

ハナマガリアツバ〈Hadennia incongruens〉昆虫綱鱗翅目ヤガ科クルマアツバ亜科の蛾。開張28～32mm。分布：北海道，本州，四国，九州，対馬，朝鮮半島，アムール，ウスリー。

ハナムグリ 花潜〈Eucetonia pilifera〉昆虫綱甲虫目コガネムシ科ハナムグリ亜科の甲虫。体長14～18mm。林檎，柑橘，バラ類に害を及ぼす。分布：北海道，本州，四国，九州。

ハナムグリハネカクシ〈Eusphalerum pollens〉昆虫綱甲虫目ハネカクシ科の甲虫。体長3mm。林檎に害を及ぼす。分布：本州，四国，九州，台湾。

パナラ・フェレクルス〈Panara phereclus〉昆虫綱鱗翅目シジミタテハ科の蝶。分布：ブラジル，ペルー，ギアナ。

パナルケ・カッリポリス〈Panarche callipolis〉昆虫綱鱗翅目ジャノメチョウ科の蝶。分布：ボリビア。

ハナレシンジュタテハ〈Salamis augustina〉昆虫綱鱗翅目タテハチョウ科の蝶。分布：レユニオン島，モーリシャス島。

パニアイアカザリシロチョウ〈Delias paniaia〉昆虫綱鱗翅目シロチョウ科の蝶。開張45mm。分布：ニューギニア島山地。珍蝶。

ハニングトンウスバシロチョウ〈Parnassius hannyngtoni〉昆虫綱鱗翅目アゲハチョウ科の蝶。分布：チベット。

ハニングトンユミツノクワガタ〈Prosopocoilus natalensis var.hanningtoni〉昆虫綱甲虫目クワガタムシ科。分布：アフリカ東部・南部，亜種はアフリカ東部・南部。

ハネアカカネコメツキ〈Gambrinus rufipennis〉昆虫綱甲虫目コメツキムシ科。体長6～9mm。分布：本州，四国，九州。

ハネアカカミキリモドキ〈Asclera brunneipennis〉昆虫綱甲虫目カミキリモドキ科の甲虫。体長6～8mm。

ハネアカクビナガゴミムシ〈Odacantha aegrota〉昆虫綱甲虫目オサムシ科の甲虫。体長6～7mm。分布：北海道，本州。

ハネアカナガゴミムシ〈Pterostichus brunneipennis〉昆虫綱甲虫目オサムシ科の甲虫。体長13～16.5mm。分布：本州(中部)。

ハネアカブチヒゲハネカクシ〈Anisolinus kowanoi〉昆虫綱甲虫目ハネカクシ科の甲虫。体長11.5～12.0mm。

ハネアリ 昆虫綱膜翅目アリ科の昆虫で，はねをもった個体の名称。

ハネカ 跳蚊 昆虫綱双翅目糸角亜目ハネカ科Nymphomyiidaeの総称。

ハネカ カスミハネカの別名。

ハネカクシ 隠翅虫〈rove beetle〉昆虫綱甲虫目ハネカクシ科Staphylinidaeの昆虫の総称。

ハネキレコミトビコバチ〈Eugahania fumipennis〉昆虫綱膜翅目トビコバチ科。

ハネクスミミドリカワゲラ属の一種〈Sweltsa sp.〉昆虫綱襀翅目ミドリカワゲラ科。

ハネグロアカコマユバチ ハグロアカコマユバチの別名。

ハネグロツヤゴモクムシ〈Trichotichnus lucidus〉昆虫綱甲虫目オサムシ科の甲虫。体長6.7～8.0mm。

ハネグロトビコバチ〈Plesiomicroterys lecaniorum〉昆虫綱膜翅目トビコバチ科。

ハネケナガツヤコバチ〈Aspidiotiphagus citrinus〉昆虫綱膜翅目ツヤコバチ科。

ハネジロアシブトコバチ〈Epitranus albipennis〉昆虫綱膜翅目アシブトコバチ科。

ハネジロベニモンアゲハ セレベスベニモンアゲハの別名。

ハネスジキノコハネカクシ〈Carphacis striatus〉昆虫綱甲虫目ハネカクシ科の甲虫。体長5.0～6.0mm。

ハネスジヒメマキムシ〈Dienerella costipennis〉昆虫綱甲虫目ヒメマキムシ科の甲虫。

バネッサ・カルイエ〈Vanessa carye〉昆虫綱鱗翅目タテハチョウ科の蝶。分布：北アメリカ西部からブラジルまで，パタゴニア。

バネッサ・ビルギニエンシス〈Vanessa virginiensis〉昆虫綱鱗翅目タテハチョウ科の蝶。

分布：北アメリカ，カナリー諸島，南アメリカ，ブラジルまで．

バネッスラ・ミルカ〈*Vanessula milca*〉昆虫綱鱗翅目タテハチョウ科の蝶．分布：ナイジェリア，カメルーン，コンゴからウガンダまで．

ハネナガアタマアブ〈*Pipunculus* sp.〉昆虫綱双翅目アタマアブ科．

ハネナガアヤモクメ ハネナガモクメキリガの別名．

ハネナガイナゴ 翅長蝗虫〈*Oxya velox*〉昆虫綱直翅目バッタ科．体長雄17〜34mm，雌21〜40mm．イグサ，シチトウイ，稲に害を及ぼす．分布：本州以南の日本各地，中国，台湾，東南アジア，インド．

ハネナガウンカ 半翅目ハネナガウンカ科Derbidaeに属する昆虫の総称．

ハネナガカバナミシャク〈*Eupithecia takao*〉昆虫綱鱗翅目シャクガ科ナミシャク亜科の蛾．開張19〜22mm．分布：北海道，本州，四国，対馬．

ハネナガキイロアツバ〈*Stenhypena longipennis*〉昆虫綱鱗翅目ヤガ科クルマアツバ亜科の蛾．分布：瀬戸内町清水，奄美大島，沖縄本島，西表島．

ハネナガキリギリス 翅長螽蟴〈*Gampsocleis ussuriensis*〉昆虫綱直翅目キリギリス科．別名チョウセンキリギリス．体長35mm．分布：北海道．

ハネナガクシコメツキ〈*Melanotus castanipes*〉昆虫綱甲虫目コメツキムシ科の甲虫．体長16〜19mm．分布：北海道，本州，四国，九州．

ハネナガクビボソハネカクシ〈*Rugilus longipennis*〉昆虫綱甲虫目ハネカクシ科の甲虫．体長4.3〜4.7mm．

ハネナガケブカミバエ〈*Elaphromyia incompleta*〉昆虫綱双翅目ミバエ科．

ハネナガコバネナミシャク〈*Trichopteryx polycommata*〉昆虫綱鱗翅目シャクガ科ナミシャク亜科の蛾．開張24〜27mm．

ハネナガコブノメイガ〈*Marasmia latimarginata*〉昆虫綱鱗翅目メイガ科の蛾．分布：関東地方以西，九州，屋久島，吐噶喇列島，奄美大島，石垣島，徳之島，西表島，台湾やインド．

ハネナガチョウトンボ〈*Rhyothemis severini*〉昆虫綱蜻蛉目トンボ科の蜻蛉．準絶滅危惧種(NT)．

ハネナガツヅリガ〈*Lamoria infumatella*〉昆虫綱鱗翅目メイガ科の蛾．分布：九州，屋久島，アッサム．

ハネナガトビコバチ〈*Grandoriella japonica*〉昆虫綱膜翅目トビコバチ科．

ハネナガトリバ〈*Platyptilia scutata*〉昆虫綱鱗翅目トリバガ科の蛾．分布：山梨県や長野県の高原．

ハネナガナミシャク〈*Physetobasis dentifascia*〉昆虫綱鱗翅目シャクガ科ナミシャク亜科の蛾．開張24〜26mm．分布：本州(近畿地方)，四国，九州，中国，ミャンマー，インド，台湾．

ハネナガハバチ〈*Tenthredo longipennis*〉昆虫綱膜翅目ハバチ科．

ハネナガヒシバッタ〈*Euparatettix histricus*〉昆虫綱直翅目ヒシバッタ科．体長14〜20mm．稲に害を及ぼす．分布：本州，四国，九州，壱岐，対馬，奄美大島．

ハネナガヒメガガンボ〈*Dicranoptycha yamata*〉昆虫綱双翅目ガガンボ科．

ハネナガヒラタケシキスイ〈*Epuraea longula*〉昆虫綱甲虫目ケシキスイ科の甲虫．体長2.4〜3.5mm．

ハネナガフキバッタ 翅長蕗蝗虫〈*Eirenephilus longipennis*〉昆虫綱バッタ目イナゴ科．体長24〜39mm．ハスカップ，林檎，隠元豆，小豆，ササゲ，大豆，キク科野菜に害を及ぼす．分布：北海道，本州，四国．

ハネナガブドウスズメ 翅長葡萄天蛾〈*Acosmeryx naga*〉昆虫綱鱗翅目スズメガ科ホウジャク亜科の蛾．開張100mm．分布：北海道，本州，四国，九州，屋久島，吐噶喇列島，奄美大島，徳之島，沖縄本島，台湾，朝鮮半島，中国，インドから東南アジア一帯．

ハネナガマキバサシガメ〈*Nabis stenoferus*〉昆虫綱半翅目マキバサシガメ科．体長7〜9mm．分布：本州，四国，九州．

ハネナガモクメキリガ〈*Xylena japonica*〉昆虫綱鱗翅目ヤガ科セダカモクメ亜科の蛾．開張58mm．分布：関東南部，東海，近畿地方，四国，九州，対馬，屋久島，沖縄本島．

ハネナガルリノメイガ〈*Uresiphita quinquigera*〉昆虫綱鱗翅目メイガ科の蛾．分布：台湾，インド，西表島．

ハネナシアメンボ〈*Gerris amembo*〉昆虫綱半翅目アメンボ科．

ハネナシコロギス〈*Nippancistroger testaceus*〉昆虫綱直翅目コロギス科．体長13〜15mm．分布：北海道，本州，四国，九州．

ハネナシサシガメ 翅無刺亀〈*Coranus dilatatus*〉昆虫綱半翅目サシガメ科．分布：北海道，本州．

ハネナシセスジキマワリ〈*Strongylium apterum*〉昆虫綱甲虫目ゴミムシダマシ科．体長10〜12mm．分布：本州，四国，九州，屋久島．

ハネナシセスジキマワリ ハネナシサシガメの別名．

ハネナシチビカミキリ〈*Palausybra hachijoensis*〉昆虫綱甲虫目カミキリムシ科フトカミキリ亜科の甲虫．体長8mm．分布：伊豆諸島(御蔵島，八丈島)．

ハネナシトビハムシ〈Batophila acutangula〉昆虫綱甲虫目ハムシ科の甲虫。体長1.6〜2.0mm。

ハネナシナガクチキムシ〈Nipponomarolia kobensis〉昆虫綱甲虫目ナガクチキムシ科の甲虫。体長3.2〜6.4mm。

ハネナシハンミョウ〈Tricondyla aptera〉昆虫綱甲虫目ハンミョウ科。分布：フィリピン、マルク諸島、ニューギニア、オーストラリア北東部。

ハネビロアカコメツキ ヒメハネビロアカコメツキの別名。

ハネビロアトキリゴミムシ〈Lebia duplex〉昆虫綱甲虫目オサムシ科の甲虫。体長6.0〜7.5mm。

ハネビロエゾトンボ〈Somatochlora clavata〉昆虫綱蜻蛉目エゾトンボ科の蜻蛉。体長56〜60mm。分布：北海道から九州、対馬。

ハネビロオオキバハネカクシ〈Pseudoxyporus sakagutii〉昆虫綱甲虫目ハネカクシ科。

ハネビロトリバ〈Platyptilia profunda〉昆虫綱鱗翅目トリバガ科の蛾。分布：長野県や栃木県の高原。

ハネビロトンボ 翅広蜻蛉〈Tramea virginia〉昆虫綱蜻蛉目トンボ科の蜻蛉。体長53mm。分布：四国南部、九州南部から南西諸島、小笠原諸島。

ハネビロハナカミキリ〈Leptura latipennis〉昆虫綱甲虫目カミキリムシ科ハナカミキリ亜科の甲虫。体長15〜21mm。分布：北海道、本州、四国。

ハネビロハバチ 翅広葉蜂〈Mesoneura macroptera〉昆虫綱膜翅目ハバチ科。分布：本州、四国。

ハネビロミズギワゴミムシ〈Bembidion persimile〉昆虫綱甲虫目オサムシ科の甲虫。体長6.2mm。

ハネブサシャチホコ〈Platychasma virgo〉昆虫綱鱗翅目シャチホコガ科ハネブサシャチホコ亜科の蛾。開張35mm。分布：朝鮮半島、本州(関東以西、既知の最北産地は群馬県赤城山)、四国、九州。

ハネブタアツバ〈Hydrillodes sp.〉昆虫綱鱗翅目ヤガ科クルマアツバ亜科の蛾。分布：西表島。

ハネホソトガリミズメイガ〈Aulacodes sp.〉昆虫綱鱗翅目メイガ科の蛾。分布：福岡県浮羽郡吉井町。

ハネミジカキクイムシ〈Xyleborus brevis〉昆虫綱甲虫目キクイムシ科の甲虫。体長2.5〜3.0mm。

ハネモンアブ メクラアブの別名。

ハネモンチビヒョウタンゴミムシ〈Dyschirius formosanus〉昆虫綱甲虫目オサムシ科の甲虫。体長2.5〜2.7mm。

ハネモンリンガ 羽紋実蛾〈Kerala decipiens〉昆虫綱鱗翅目ヤガ科リンガ亜科の蛾。開張32〜38mm。分布：沿海州、中国、北海道から本州中部、九州、屋久島。

ハーネルジャコウアゲハ トンボジャコウアゲハの別名。

パノクイナ・エラドゥネス〈Panoquina eradnes〉昆虫綱鱗翅目セセリチョウ科の蝶。分布：グアテマラからコロンビアおよびブラジルまで。

パノクイナ・オコラ〈Panoquina ocola〉昆虫綱鱗翅目セセリチョウ科の蝶。分布：フロリダ州からオハイオ州まで、メキシコからペルー、トリニダードまで。

パノクイナ・パノクイン〈Panoquina ponoquin〉昆虫綱鱗翅目セセリチョウ科の蝶。分布：フロリダ州から北へニュージャージー州まで。

パノゲナ・ヤスミニ〈Panogena jasmini〉昆虫綱鱗翅目スズメガ科の蛾。分布：マダガスカル。

パノプスイナズマ〈Euthalia panopus〉昆虫綱鱗翅目タテハチョウ科の蝶。分布：ルソン島, ボホル, レイテ, ミンダナオ。

ババアメンボ〈Gerris argentatus babai〉昆虫綱半翅目アメンボ科。準絶滅危惧種(NT)。

ババエダシャク〈Hesperumia babai〉昆虫綱鱗翅目シャクガ科の蛾。分布：新潟県黒川村。

ババオオヒメゾウムシ〈Abaris babai〉昆虫綱甲虫目ゾウムシ科の甲虫。体長4.2〜5.1mm。分布：対馬。

ババオオヨコバイ〈Babacephala japonica〉昆虫綱半翅目オオヨコバイ科。

ババコシボソキノコバエ〈Leptomorphus babai〉昆虫綱双翅目キノコバエ科。

ハハジマヒメカタゾウムシ〈Ogasawarazo mater〉昆虫綱甲虫目ゾウムシ科の甲虫。体長5.4〜7.4mm。

ババジョウカイ〈Athemus babai〉昆虫綱甲虫目ジョウカイボン科の甲虫。体長7.1〜7.9mm。

ババスゲヒメゾウムシ〈Limnobaris babai〉昆虫綱甲虫目ゾウムシ科の甲虫。体長3.8〜4.2mm。

ハバチ 葉蜂〈sawfly〉昆虫綱膜翅目広腰亜目の大部分を占める数科の総称。

ハバチキバラコマユバチ〈Proterops nigrepennis〉昆虫綱膜翅目コマユバチ科。

ハバチクロコマユバチ〈Ichneutes reunitor〉昆虫綱膜翅目コマユバチ科。

ハバッリア・ティトレイデス〈Haballia tithoreides〉昆虫綱鱗翅目シロチョウ科の蝶。分布：ベネズエラ、エクアドル。

ハバッリア・デモフィレ〈Haballia demophile〉昆虫綱鱗翅目シロチョウ科の蝶。分布：中央アメリカ。

ハハツリア

ハバツリア・パンドシア〈Haballia pandosia〉昆虫綱鱗翅目シロチョウ科の蝶。分布：ベネズエラ，ペルー，トリニダード。

ハバツリア・ピソニス〈Haballia pisonis〉昆虫綱鱗翅目シロチョウ科の蝶。分布：コロンビア，ペルー。

ハバツリア・マンデラ〈Habalia mandela〉昆虫綱鱗翅目シロチョウ科の蝶。分布：中央アメリカ，ペルー。

ハバツリア・ロクスタ〈Haballia locusta〉昆虫綱鱗翅目シロチョウ科の蝶。分布：中央アメリカ。

ババヒゲブトチビシデムシ〈Colon babai〉昆虫綱甲虫目ヒゲブトチビシデムシ科の甲虫。体長3.2mm。

ババヒメテントウ〈Scymnus babai〉昆虫綱甲虫目テントウムシ科の甲虫。体長1.8〜2.5mm。

ハバビロキンカメムシ〈Poecilocoris latus〉昆虫綱半翅目カメムシ科。分布：インド，ミャンマー，インドシナ，マレーシア，中国。

ハバビロコブハムシ〈Chlamisus japonicus〉昆虫綱甲虫目ハムシ科の甲虫。体長3.5〜4.2mm。

ハバビロタマキノコムシ〈Anisotoma curta〉昆虫綱甲虫目タマキノコムシ科の甲虫。体長2.6〜3.7mm。

ハバビロテントウダマシ〈Endomychus quadra〉昆虫綱甲虫目テントウダマシ科。

ハバビロドロムシ〈Dryopomorphus extraneus〉昆虫綱甲虫目ヒメドロムシ科の甲虫。体長3.8〜4.6mm。

ハバビロナガハナノミダマシ〈Eurypogon brevipennis〉昆虫綱甲虫目ナガハナノミダマシ科の甲虫。体長3.7〜4.4mm。

ハバビロハネカクシ〈Megarthrus japonicus〉昆虫綱甲虫目ハネカクシ科の甲虫。体長2.5〜3.0mm。

ハバビロハネナシトビハムシ〈Batophila latissima〉昆虫綱甲虫目ハムシ科の甲虫。体長1.5〜1.8mm。

ハバビロヒラタケシキスイ〈Epuraea dura〉昆虫綱甲虫目ケシキスイ科の甲虫。体長2.5〜3.4mm。

ハバビロミヤマカミキリ〈Plocaederus obesus〉昆虫綱甲虫目カミキリムシ科の甲虫。分布：インド，アンダマン，インドシナから大スンダ列島を経てフィリピンまで。

ババホシナシテントウ〈Hyperaspis babai〉昆虫綱甲虫目テントウムシ科の甲虫。体長3.4〜3.5mm。

ババマルドロムシ〈Georissus babai〉昆虫綱甲虫目マルドロムシ科の甲虫。体長1.5〜1.7mm。

ババムナビロコメツキ〈Sadoganus babai〉昆虫綱甲虫目コメツキムシ科の甲虫。体長9〜11mm。分布：本州。

パパリボタル〈Hotaria papariensis〉昆虫綱甲虫目ホタル科の甲虫。体長7.5〜8.6mm。

パピアス・ミクロセマ〈Papias microsema〉昆虫綱鱗翅目セセリチョウ科の蝶。分布：メキシコからブラジル，トリニダードまで。

パピリオ・アグラオペ〈Papilio aglaope〉昆虫綱鱗翅目アゲハチョウ科の蝶。分布：アマゾン，アンデス山脈東部，エクアドルおよびペルー。

パピリオ・アリストデムス〈Papilio aristodemus〉昆虫綱鱗翅目アゲハチョウ科の蝶。分布：フロリダ，アンチル諸島，ハイチ。

パピリオ・イスワラ〈Papilio iswara〉昆虫綱鱗翅目アゲハチョウ科の蝶。分布：ミャンマー，マレーシア。

パピリオ・イリオネウス〈Papilio ilioneus〉昆虫綱鱗翅目アゲハチョウ科の蝶。分布：ニューカレドニア。

パピリオ・エウテルピヌス〈Papilio euterpinus〉昆虫綱鱗翅目アゲハチョウ科の蝶。分布：コロンビアからペルーまで。

パピリオ・エケリオイデス〈Papilio echerioides〉昆虫綱鱗翅目アゲハチョウ科の蝶。分布：アフリカ全土（北部を除く）。

パピリオ・エペネトウス〈Papilio epenetus〉昆虫綱鱗翅目アゲハチョウ科の蝶。分布：エクアドル西部，アンデス山脈の西側。

パピリオ・エロストゥラトゥス〈Papilio erostratus〉昆虫綱鱗翅目アゲハチョウ科の蝶。分布：メキシコ，グアテマラ，ホンジュラス。

パピリオ・カイグアナブス〈Papilio caiguanabus〉昆虫綱鱗翅目アゲハチョウ科の蝶。分布：キューバ。

パピリオ・カキクス〈Papilio cacicus〉昆虫綱鱗翅目アゲハチョウ科の蝶。分布：ベネズエラ，コロンビア，エクアドル。

パピリオ・ガッリエヌス〈Papilio gallienus〉昆虫綱鱗翅目アゲハチョウ科の蝶。分布：ナイジェリア南部からコンゴまで。

パピリオ・カノプス〈Papilio canopus〉昆虫綱鱗翅目アゲハチョウ科の蝶。分布：ティモール，オーストラリア北部。

パピリオ・カロプス〈Papilio charopus〉昆虫綱鱗翅目アゲハチョウ科の蝶。分布：アフリカ西部からコンゴまで。

パピリオ・ガンブリシウス〈Papilio gambrisius〉昆虫綱鱗翅目アゲハチョウ科の蝶。分布：モルッカ諸島，アンボイナ。

パピリオ・キアンシアデス〈Papilio chiansiades〉昆虫綱鱗翅目アゲハチョウ科の蝶。分布：アンデス東部，エクアドル，ペルー。

パピリオ・キサントプレウラ〈*Papilio xanthopleura*〉昆虫綱鱗翅目アゲハチョウ科の蝶。分布：アマゾン上流地方。

パピリオ・キノルタ〈*Papilio cynorta*〉昆虫綱鱗翅目アゲハチョウ科の蝶。分布：アフリカ西部・中部からケニア西部，エチオピアまで。

パピリオ・ゴデッフロイ〈*Papilio godeffroyi*〉昆虫綱鱗翅目アゲハチョウ科の蝶。分布：サモア諸島。

パピリオ・ダウヌス〈*Papilio daunus*〉昆虫綱鱗翅目アゲハチョウ科の蝶。分布：ブリティシュコロンビア，アルバータからグアテマラまで。

パピリオ・テルシテス〈*Papilio thersites*〉昆虫綱鱗翅目アゲハチョウ科の蝶。分布：ジャマイカ。

パピリオ・トルクアトゥス〈*Papilio torquatus*〉昆虫綱鱗翅目アゲハチョウ科の蝶。分布：メキシコからブラジル(熱帯地方)まで。

パピリオ・パラメデス〈*Papilio palamedes*〉昆虫綱鱗翅目アゲハチョウ科の蝶。分布：バージニア州から南へメキシコまで。

パピリオ・ビクトリヌス〈*Papilio victorinus*〉昆虫綱鱗翅目アゲハチョウ科の蝶。分布：中央アメリカ。

パピリオ・ヒッパソン〈*Papilio hyppason*〉昆虫綱鱗翅目アゲハチョウ科の蝶。分布：ギアナ，アマゾン，ペルー，ボリビア。

パピリオ・ビルチャッリ〈*Papilio birchalli*〉昆虫綱鱗翅目アゲハチョウ科の蝶。分布：パナマからコロンビアまで。

パピリオ・ファルナケス〈*Papilio pharnaces*〉昆虫綱鱗翅目アゲハチョウ科の蝶。分布：メキシコ。

パピリオ・フスクス〈*Papilio fuscus*〉昆虫綱鱗翅目アゲハチョウ科の蝶。分布：アンダマン諸島からマレーシアをへてフィリピンまで。

パピリオ・ヘッラニクス〈*Papilio hellanichus*〉昆虫綱鱗翅目アゲハチョウ科の蝶。分布：ウルグアイ，アルゼンチン，ブラジル。

パピリオ・ペラウス〈*Papilio pelaus*〉昆虫綱鱗翅目アゲハチョウ科の蝶。分布：ジャマイカ，キューバ，ハイチ島。

パピリオ・ホルニマニ〈*Papilio hornimani*〉昆虫綱鱗翅目アゲハチョウ科の蝶。分布：ケニア，タンザニア。

パピリオ・ムネステウス〈*Papilio mnestheus*〉昆虫綱鱗翅目アゲハチョウ科の蝶。分布：アフリカ西部。

パピリオ・メコウィアヌス〈*Papilio mechowianus*〉昆虫綱鱗翅目アゲハチョウ科の蝶。分布：アフリカ西部からコンゴまで。

パピリオ・リコフロン〈*Papilio lycophron*〉昆虫綱鱗翅目アゲハチョウ科の蝶。分布：メキシコからブラジル南部まで。

パピリオ・ワルスケビッチ〈*Papilio warscewiczi*〉昆虫綱鱗翅目アゲハチョウ科の蝶。分布：エクアドルからボリビアまで。

ハビロイトトンボ〈*Megaloprepus coerulatus*〉昆虫綱蜻蛉目ハビロイトトンボ科。分布：コスタリカ，南アメリカ。珍虫。

ハビロキンヘリタマムシ〈*Scintillatrix chinganensis*〉昆虫綱甲虫目タマムシ科の甲虫。体長11～16mm。

ハビロタマムシ〈*Catoxantha opulenta*〉昆虫綱甲虫目タマムシ科の甲虫。分布：ネパール，シッキム，アッサム，インド東部，ミャンマー。

パプアアオバセセリ〈*Choaspes illuensis*〉昆虫綱鱗翅目セセリチョウ科の蝶。分布：ニューギニア，セラム島。

パプアアゲハ〈*Euchenor euchenor*〉昆虫綱鱗翅目アゲハチョウ科の蝶。分布：ニューギニア。

パプアアマダラ ウスキマダラの別名。

パプアキシタアゲハ〈*Troides oblongomaculatus*〉昆虫綱鱗翅目アゲハチョウ科の蝶。開張雄110mm，雌130mm。分布：モルッカ諸島からニューギニア。珍蝶。

パプアキチョウ〈*Eurema candida*〉昆虫綱鱗翅目シロチョウ科の蝶。分布：モルッカ諸島，ニューギニア。

パプアキンイロクワガタ〈*Lamprima adolphinae*〉昆虫綱甲虫目クワガタムシ科。分布：ニューギニア。

パプアクロボシシジミ〈*Pithecops dionisius*〉昆虫綱鱗翅目シジミチョウ科の蝶。

パプアシロオビアゲハ〈*Papilio phestus*〉昆虫綱鱗翅目アゲハチョウ科の蝶。分布：ソロモン諸島，ニューブリテン島。

パプアシロオビアゲハ シロモンアゲハの別名。

パプアシロシタセセリ〈*Tagiades nestus*〉昆虫綱鱗翅目セセリチョウ科の蝶。

パプアフトナナフシ〈*Eurycantha coenosa*〉昆虫綱竹節虫目ナナフシムシ科。分布：ニューギニア。

パプアミツノカブトムシ ミツノカブトムシの別名。

ハベメクラチビゴミムシ〈*Trechiama habei*〉昆虫綱甲虫目ゴミムシ科。

ハマウズグモ〈*Uloborus yaginumai*〉蛛形綱クモ目ウズグモ科の蜘蛛。

ハマオモトヤドリヌカカ〈*Forcipomyia crinume*〉昆虫綱双翅目ヌカカ科。

ハマオモトヨトウ〈Brithys crini〉昆虫綱鱗翅目ヤガ科ヨトウガ亜科の蛾。開張37～45mm。分布：本州，四国，九州の南岸，屋久島，種子島。

ハマキアリガタバチ 葉捲蟻形蜂〈Goniozus japonicus〉昆虫綱膜翅目アリガタバチ科。分布：本州，九州。

ハマキガ 葉巻蛾〈bell moth〉昆虫綱鱗翅目ハマキガ科Tortricidaeに属するガの総称。幼虫が葉を巻く習性のあるガ全般をさすこともある(英名はleafroller moth)。

ハマキフクログモ 葉巻袋蜘蛛〈Clubiona japonicola〉節足動物門クモ形綱真正クモ目フクログモ科の蜘蛛。体長雌8～9mm，雄5～6mm。分布：北海道，本州，四国，九州。

ハマキモドキガ 葉巻擬蛾 昆虫綱鱗翅目ハマキモドキガ科Choreutidaeに属するガの総称。

ハマキヤドリオナガヒメバチ〈Glypta glypta〉昆虫綱膜翅目ヒメバチ科。

ハマクロルリゴミムシダマシ〈Metaclisa hamai〉昆虫綱甲虫目ゴミムシダマシ科の甲虫。体長7.5～8.0mm。

ハマゴウハムシ〈Phola octodecimguttata〉昆虫綱甲虫目ハムシ科の甲虫。体長5.0～6.0mm。

ハマゴミグモ〈Cyclosa camelodes〉蛛形綱クモ目コガネグモ科の蜘蛛。

ハマスズ 浜鈴虫〈Pteronemobius csikii〉昆虫綱直翅目コオロギ科。体長8～19mm。分布：北海道(南部)，本州，四国，九州，対馬，奄美諸島。

ハマセダカモクメ〈Cucullia scopariae〉昆虫綱鱗翅目ヤガ科セダカモクメ亜科の蛾。分布：ユーラシア，青森県西津軽郡岩崎村。

ハマダヤミサラグモ〈Arcuphantes hamadai〉蛛形綱クモ目サラグモ科の蜘蛛。

ハマダライソアシナガバエ〈Conchopus nodulatus〉昆虫綱双翅目アシナガバエ科。

ハマダラウスカ 翅斑淡蚊〈Culex orientalis〉昆虫綱双翅目カ科。分布：北海道，本州中部以北。

ハマダラカ 翅斑蚊〈anopheline mosquito〉昆虫綱双翅目糸角亜目カ科に属するハマダラカ属Anophelesのカの総称。珍虫。

ハマダラクロヒメガガンボ〈Limonia lecontei〉昆虫綱双翅目ガガンボ科。

ハマダラシギアブ ハマダラナガレアブの別名。

ハマダラナガスネカ〈Orthopodomyia anopheloides anopheloides〉昆虫綱双翅目カ科。

ハマダラナガレアブ〈Atherix ibis〉昆虫綱双翅目ナガレアブ科。

ハマダラナガレシギアブ〈Atherix ibis japonica〉ナガレシギアブ科。

ハマダラナミシャク〈Pomasia denticlathrata〉昆虫綱鱗翅目シャクガ科ナミシャク亜科の蛾。開張18mm。分布：インドから東南アジア一帯，九州，屋久島，奄美大島，台湾，海南島。

ハマダラハルカ 翅斑春蚊〈Haruka elegans〉ハルカ科。体長6～13mm。分布：本州，四国，九州。

ハマダラミギワバエ 翅斑水際蠅〈Scatella crassicosta〉昆虫綱双翅目ミギワバエ科。分布：本州。

ハマドゥリアス・アトゥランティス〈Hamadryas atlantis〉昆虫綱鱗翅目タテハチョウ科の蝶。分布：メキシコ，グアテマラ。

ハマドゥリアス・アリキア〈Hamadryas alicia〉昆虫綱鱗翅目タテハチョウ科の蝶。分布：アマゾン上流からブラジル南部。

ハマドゥリアス・アレテ〈Hamadryas arete〉昆虫綱鱗翅目タテハチョウ科の蝶。分布：ブラジル。

ハマドゥリアス・エラタ〈Hamadryas elata〉昆虫綱鱗翅目タテハチョウ科の蝶。分布：メキシコ。

ハマドゥリアス・グラウコノメ〈Hamadryas glauconome〉昆虫綱鱗翅目タテハチョウ科の蝶。分布：メキシコからコスタリカ。

ハマドゥリアス・クロエ〈Hamadryas chloe〉昆虫綱鱗翅目タテハチョウ科の蝶。分布：スリナムからブラジル。

ハマドゥリアス・フォルナクス〈Hamadryas fornax〉昆虫綱鱗翅目タテハチョウ科の蝶。分布：ベネズエラ，ブラジル，パラグアイ。

ハマトビムシ 浜跳虫〈sand hopper, beach flea〉節足動物門甲殻綱端脚目ハマトビムシ科Orchestidaeに属する動物の総称。

ハマナスアバタケアブラムシ〈Chaetosiphon coreanus〉昆虫綱半翅目アブラムシ科。体長1mm。バラ類に害を及ぼす。分布：北海道，本州，朝鮮半島。

ハマナスオナガアブラムシ〈Longicaudus trirhodus〉昆虫綱半翅目アブラムシ科。体長2mm。バラ類に害を及ぼす。分布：日本全国，朝鮮半島，台湾，ヨーロッパ。

ハマナスツノコブアブラムシ〈Myzus japonensis〉昆虫綱半翅目アブラムシ科。体長1.8mm。バラ類に害を及ぼす。分布：北海道。

ハマナスヒゲナガアブラムシ〈Macrosiphum mordvilkoi〉昆虫綱半翅目アブラムシ科。体長3.3mm。バラ類に害を及ぼす。分布：北海道，本州，朝鮮半島。

ハマナスヒメハマキ〈Notocelia plumbea〉昆虫綱鱗翅目ハマキガ科の蛾。分布：北海道。

ハマヒサカキハモグリガ〈Lyonetia meridiana〉昆虫綱鱗翅目ハモグリガ科の蛾。分布：四国，九

州南部,屋久島。

ハマヒョウタンゴミムシダマシ〈*Idisia ornata*〉昆虫綱甲虫目ゴミムシダマシ科の甲虫。体長5.0mm。

ハマベアナタカラダニ〈*Balaustium murorum*〉蛛形綱ダニ目タカラダニ科。体長0.95mm。害虫。

ハマベアワフキ 浜辺泡吹虫〈*Aphrophora maritima*〉昆虫綱半翅目アワフキムシ科。体長10〜11mm。イネ科牧草に害を及ぼす。分布:北海道,本州,四国,九州,対馬。

ハマベウスバカゲロウ〈*Grocus solers*〉昆虫綱脈翅目ウスバカゲロウ科。

ハマベエンマムシ 浜辺閻魔虫〈*Baeckmanniolus varians*〉昆虫綱甲虫目エンマムシ科の甲虫。体長2.5〜3.5mm。分布:本州,九州。

ハマベオオハネカクシ〈*Hadropinus fossor*〉昆虫綱甲虫目ハネカクシ科の甲虫。体長16.0〜23.0mm。

ハマベキクイゾウムシ〈*Dryotribus mimeticus*〉昆虫綱甲虫目ゾウムシ科の甲虫。体長2.6〜3.1mm。

ハマベクロツヤミギワバエ〈*Mosillus subsultans*〉昆虫綱双翅目ミギワバエ科。体長2mm。害虫。

ハマベゴミムシ〈*Pogonus japonicus*〉昆虫綱甲虫目オサムシ科の甲虫。体長6.5mm。

ハマベゴモクムシ〈*Harpalus variipes*〉昆虫綱甲虫目ゴミムシ科。

ハマベゾウムシ〈*Aphela gotoi*〉昆虫綱甲虫目ゾウムシ科の甲虫。体長3.8〜4.2mm。

ハマベツチカメムシ〈*Psamnozetes ater*〉昆虫綱半翅目ツチカメムシ科。準絶滅危惧種(NT)。

ハマベニクバエ〈*Leucomyia cinerea*〉昆虫綱双翅目ニクバエ科。体長8.0〜10.0mm。害虫。

ハマベバエ〈*Coelopa frigida*〉昆虫綱双翅目ハマベバエ科。体長5.0〜5.5mm。分布:日本全土。害虫。

ハマベハサミムシ ハサミムシの別名。

ハマベハヤトビバエ〈*Leptocera fuscipennis*〉昆虫綱双翅目ハヤトビバエ科。体長1.5〜2.0mm。害虫。

ハマベヒメサビキコリ〈*Agrypnus miyamotoi*〉昆虫綱甲虫目コメツキムシ科の甲虫。体長6〜8mm。分布:本州,四国,九州,吐噶喇列島,伊豆諸島。

ハマベヒメテントウ〈*Scymnus marinus*〉昆虫綱甲虫目テントウムシ科の甲虫。体長1.7〜2.3mm。

ハマベミズギワゴミムシ〈*Bembidion semiluitum*〉昆虫綱甲虫目オサムシ科の甲虫。体長4.5mm。

ハマベムシヒキヌカカ〈*Nilobezzia setoensis*〉昆虫綱双翅目ヌカカ科。

ハマボウジカミキリ〈*Glenea hamabovola*〉昆虫綱甲虫目カミキリムシ科フトカミキリ亜科の甲虫。体長7.5〜8.0mm。

ハマヤガ〈*Agrotis ripae*〉昆虫綱鱗翅目ヤガ科の蛾。分布:ユーラシア内陸,日本海沿岸。

ハマヤマトシジミ〈*Zizeeria karsandra*〉昆虫綱鱗翅目シジミチョウ科の蝶。準絶滅危惧種(NT)。雄の翅は青紫色で,雌はくすんだ褐色。開張2.0〜2.5mm。分布:アフリカ,インド,オーストラリア。

ハミスジエダシャク 翅三条枝尺蛾〈*Boarmia roboraria*〉昆虫綱鱗翅目シャクガ科エダシャク亜科の蛾。変異に富む。開張6〜7mm。林檎に害を及ぼす。分布:ヨーロッパ,アジア温帯域,日本。

パミールイチモンジ〈*Limenitis trivena lepechini*〉昆虫綱鱗翅目タテハチョウ科の蝶。分布:パミール,チトラル,カシミール,クマオン。

パミールベニシジミ〈*Tharsalea phoenicurus*〉昆虫綱鱗翅目シジミチョウ科の蝶。分布:パミール,イラン。

ハムシ 金花虫,葉虫〈leaf beetle〉昆虫綱甲虫目ハムシ科Chrysomelidaeの昆虫の総称。

ハムシダマシ 偽金花虫,偽葉虫〈*Lagria nigricollis*〉昆虫綱甲虫目ゴミムシダマシ科の甲虫。体長7〜8mm。分布:北海道,本州,四国,九州。

ハモグリガ 葉潜蛾〈leaf mining moth〉昆虫綱鱗翅目ハモグリガ科Lyonetiidaeの総称。

ハモグリゾウムシ〈*Elleschus bicoloripes*〉昆虫綱甲虫目ゾウムシ科の甲虫。体長2.3〜2.7mm。

ハモグリバエ 葉潜蝿〈leaf miner fly〉昆虫綱双翅目短角亜目ハエ群の一科Agromyzidaeの総称。

ハモグリムシ 葉潜虫〈leaf miners〉植物の葉の組織内に潜入して生活する昆虫の総称。

ハモンエビグモ〈*Philodromus* sp.〉蛛形綱クモ目エビグモ科の蜘蛛。体長雌7〜8mm,雄6〜7mm。分布:北海道,本州(中部高地)。

ハヤシケシカミキリ〈*Exocentrus hayashii*〉昆虫綱甲虫目カミキリムシ科フトカミキリ亜科の甲虫。体長3.6mm。

ハヤシサビカミキリ〈*Ropica hayashii*〉昆虫綱甲虫目カミキリムシ科フトカミキリ亜科の甲虫。体長9mm。

ハヤシノウマオイ ウマオイムシの別名。

ハヤシヒメヒラタホソカタムシ〈*Synchita hayashii*〉昆虫綱甲虫目ホソカタムシ科の甲虫。体長1.9〜2.8mm。

ハヤシフナガタハナノミ〈*Anaspis hayashii*〉昆虫綱甲虫目ハナノミダマシ科。

ハヤシミドリシジミ〈Favonius ultramarinus〉昆虫綱鱗翅目シジミチョウ科ミドリシジミ亜科の蝶。前翅長17〜21mm。分布：北海道,本州,九州。

ハヤテグモ〈Perenethis fascigera〉蛛形綱クモ目キシダグモ科の蜘蛛。体長雌10〜11mm,雄9〜10mm。分布：本州(南部),四国,九州以南。

ハヤブサハジラミ〈Laemobothrion anatolicum〉昆虫綱食毛目オオハジラミ科。体長雄6.5〜7.0mm,雌7.2〜8.0mm。害虫。

ハラアカアオシャク 腹赤青尺蛾〈Chlorissa amphitritaria〉昆虫綱鱗翅目シャクガ科アオシャク亜科の蛾。開張23〜27mm。分布：本州(東北北部より),四国,九州,対馬,朝鮮半島,シベリア南東部。

ハラアカアシナガハバチ〈Aglaostigma occipitosa〉昆虫綱膜翅目ハバチ科。体長11mm。分布：本州,四国。

ハラアカイエバエ〈Musca ventrosa〉昆虫綱双翅目イエバエ科。体長5.0〜6.0mm。害虫。

ハラアカウスアオナミシャク 腹赤淡青波尺蛾〈Chloroclystis obscura〉昆虫綱鱗翅目シャクガ科ナミシャク亜科の蛾。開張17〜19mm。分布：北海道,本州,四国,九州,対馬。

ハラアカコブカミキリ〈Moechotypa diphysis〉昆虫綱甲虫目カミキリムシ科フトカミキリ亜科の甲虫。体長16〜27mm。キノコ類に害を及ぼす。分布：対馬。

ハラアカシダハバチ〈Strongylogaster blechni〉昆虫綱膜翅目ハバチ科。

ハラアカチビオオキノコムシ〈Tritoma pallidiventris〉昆虫綱甲虫目オオキノコムシ科の甲虫。体長4mm。

ハラアカチビキマワリモドキ〈Tetragonomenes rufiventris〉昆虫綱甲虫目ゴミムシダマシ科の甲虫。体長5.0〜6.0mm。

ハラアカトゲマルセイボウ〈Hedychrum japonicum〉昆虫綱膜翅目セイボウ科。体長5.0〜7.5mm。分布：北海道,本州,九州。

ハラアカナガハナアブ〈Zelima frontalis〉昆虫綱双翅目ハナアブ科。

ハラアカハキリバチヤドリ 腹赤葉切蜂寄生蜂〈Euaspis basalis〉昆虫綱膜翅目ハキリバチ科。分布：本州,四国,九州。

ハラアカハキリヤドリ ハラアカハキリバチヤドリの別名。

ハラアカハゴロモ〈Polydictya basalis〉昆虫綱半翅目ビワハゴロモ科。分布：アッサム,シルハット,インドシナ,ベトナム,スマトラ。

ハラアカヒメアオシャク〈Hemithea beethoveni〉昆虫綱鱗翅目シャクガ科アオシャク亜科の蛾。開張20mm。分布：関東以西の本州,四国,屋久島。

ハラアカヒメバチ〈Fileanta caterythra〉昆虫綱膜翅目ヒメバチ科。

ハラアカヒラクチハバチ〈Trichiosoma vitellinae〉昆虫綱膜翅目コンボウハバチ科。

ハラアカホソナガクチキムシ〈Phloeotrya rufoventris〉昆虫綱甲虫目ナガクチキムシ科の甲虫。体長9〜12mm。

ハラアカマイマイ 腹赤舞舞蛾〈Lymantria fumida〉昆虫綱鱗翅目ドクガ科の蛾。開張雄39〜41mm,雌55〜65mm。モミ,ツガ,トウヒ,トドマツ,エゾマツ,カラマツに害を及ぼす。分布：本州(東北地方北部より),四国,九州。

ハラアカムネスジタマムシ〈Chrysodema sp.〉昆虫綱甲虫目タマムシ科。分布：マレーシア。

ハラアカモリヒラタゴミムシ 腹赤森扁芥虫〈Agonum japonicum〉昆虫綱甲虫目オサムシ科の甲虫。体長10mm。分布：北海道,本州,四国,九州,南西諸島。

ハラアカルリタマムシ〈Chrysochroa purpureiventris〉昆虫綱甲虫目タマムシ科。分布：ミャンマー,タイ,インドシナ,マレーシア,ジャワ。

パライデス・アンコラ〈Paraides anchora〉昆虫綱鱗翅目セセリチョウ科の蝶。分布：ブラジル,トリニダード。

ハラウスキマダラメイガ〈Sandrabatis crassiella〉昆虫綱鱗翅目メイガ科マダラメイガ亜科の蛾。開張24mm。分布：本州(北部より),四国,九州,対馬,インドから東南アジア一帯。

パラエモンツヤダイコクコガネ〈Oxysternon palaemon〉昆虫綱甲虫目コガネムシ科の甲虫。分布：ブラジル。

パラオオナガシジミ〈Bindahara phocides〉昆虫綱鱗翅目シジミチョウ科の蝶。雄は黒褐色で白い尾状突起をもつ。雌は淡褐色から赤褐色。開張4.0〜4.5mm。分布：インド,スリランカ,マレーシア,パプアニューギニア,オーストラリア北部。

ハラオカメコオロギ 原阿亀蟋蟀〈Loxoblemmus arietulus〉昆虫綱直翅目コオロギ科。ミツカドコオロギに似て小形。体長13〜20mm。アブラナ科野菜に害を及ぼす。分布：本州(東北南部以南),四国,九州。

ハラオビアザミウマ〈Hydatothrips abdominalis〉昆虫綱総翅目アザミウマ科。体長雌1.2mm,雄1mm。大豆に害を及ぼす。分布：北海道東部を除く日本各地,朝鮮半島。

ハラオビキノコハネカクシ〈Lordithon principalis〉昆虫綱甲虫目ハネカクシ科の甲虫。体長11.0〜13.0mm。

ハラオビヒメグモ〈*Theridion mneon*〉蛛形綱クモ目ヒメグモ科の蜘蛛。

バラカサアカネシロチョウ バラカサカザリシロチョウの別名。

バラカサカザリシロチョウ〈*Delias baracasa*〉昆虫綱鱗翅目シロチョウ科の蝶。別名バラカサアカネシロチョウ。分布：マレーシア，スマトラ，ボルネオ，フィリピン。

ハラカタグモ〈*Ceratinella sublata*〉蛛形綱クモ目サラグモ科の蜘蛛。

パラカリストゥス・ヒパルギラ〈*Paracarystus hypargyra*〉昆虫綱鱗翅目セセリチョウ科の蝶。分布：ギアナ，ブラジル。

パラカリストゥス・メネストリエシ・ロナ〈*Paracarystus menestriesi rona*〉昆虫綱鱗翅目セセリチョウ科の蝶。分布：コロンビア，ベネズエラ，エクアドル，ペルー，フランス領ギアナ，ブラジル。

パラカリストゥス・メネトゥリーシイ〈*Paracarystus menetriesii*〉昆虫綱鱗翅目セセリチョウ科の蝶。分布：コロンビア，ブラジル。

ハラキカバナミシャク〈*Eupithecia tabidaria*〉昆虫綱鱗翅目シャクガ科ナミシャク亜科の蛾。開張9〜11mm。分布：本州(福島県以南)，四国，九州，屋久島，奄美大島，沖縄本島，宮古島，朝鮮半島。

ハラキクロツトガ〈*Chrysoteuchia pyraustoides*〉昆虫綱鱗翅目メイガ科の蛾。分布：群馬県の地蔵峠，長野県の入笠山，中国，シベリア南東部，中央アジア。

バラギヒメグモ〈*Theridion chikunii*〉蛛形綱クモ目ヒメグモ科の蜘蛛。体長雌4〜5mm，雄3〜4mm。分布：北海道，本州，四国，九州。

パラキラデス・スペキオサ〈*Parachilades speciosa*〉昆虫綱鱗翅目シジミチョウ科の蝶。分布：ペルーおよびボリビア。

パラキラデス・ティティカカ〈*Parachilades titicaca*〉昆虫綱鱗翅目シジミチョウ科の蝶。別名ティティカカシジミ。分布：アンデス(ペルー，チリ)。

バラギンオビヒメハマキ〈*Hedya walsinghami*〉昆虫綱鱗翅目ハマキガ科の蛾。分布：北海道と本州の東北，中部山地，中国の東部。

ハラキンミズアブ 腹金水虻〈*Microchrysa flaviventris*〉昆虫綱双翅目ミズアブ科。体長4〜5mm。分布：本州，四国，九州，南西諸島。

バラクキバチ 薔薇茎蜂〈*Syrista similis*〉昆虫綱膜翅目クキバチ科。体長14mm。バラ類に害を及ぼす。分布：日本全土。

バラクキハバチ〈*Ardis brunniventris*〉昆虫綱膜翅目ハバチ科。

バラクス・ビッタトゥス〈*Baracus vittatus*〉昆虫綱鱗翅目セセリチョウ科の蝶。分布：アッサム，インド，スリランカ，ミャンマーから中国まで。

パラクリソプス・ビコロル〈*Parachrysops bicolor*〉昆虫綱鱗翅目シジミチョウ科の蝶。分布：ニューギニア。

ハラグロアオゴミムシ アカガネアオゴミムシの別名。

ハラグロオオテントウ〈*Callicaria superba*〉昆虫綱甲虫目テントウムシ科の甲虫。体長11.0〜12.0mm。

ハラグロオニイシアブ〈*Pagidolaphria remota*〉昆虫綱双翅目ムシヒキアブ科。

ハラグロカミキリモドキ〈*Xanthochroa deformis*〉昆虫綱甲虫目カミキリモドキ科の甲虫。体長11〜16mm。

ハラグロキノコハネカクシ〈*Lordithon bicolor*〉昆虫綱甲虫目ハネカクシ科の甲虫。体長11mm。分布：本州，四国，九州。

ハラグロコミズムシ〈*Sigara nigroventralis*〉昆虫綱半翅目ミズムシ科。体長5〜6mm。分布：北海道，本州，九州。

ハラクロコモリグモ〈*Lycosa coelestis*〉蛛形綱クモ目コモリグモ科の蜘蛛。体長雌13〜15mm，雄10〜13mm。分布：本州，四国，九州。

ハラグロデオキスイ〈*Carpophilus sibiricus*〉昆虫綱甲虫目ケシキスイ科の甲虫。体長2.2〜3.2mm。

ハラクロドクグモ ハラクロコモリグモの別名。

ハラグロノコギリゾウムシ 腹黒鋸象鼻虫〈*Ixalma nigriventris*〉昆虫綱甲虫目ゾウムシ科の甲虫。体長5.5〜6.0mm。分布：本州と四国の山地。

バラクロハムグリ バラクロハモグリガの別名。

バラクロハモグリガ〈*Tischeria angusticorella*〉昆虫綱鱗翅目ムモンハモグリガ科の蛾。開張7〜8mm。分布：本州，四国，九州，ヨーロッパ，小アジア。

ハラグロヒメハムシ〈*Calomicrus cyaneus*〉昆虫綱甲虫目ハムシ科の甲虫。体長3.0〜3.8mm。

ハラグロビロウドコガネ〈*Serica sawadai*〉昆虫綱甲虫目コガネムシ科の甲虫。体長7.5〜9.0mm。分布：本州。

ハラクロヤセサラグモ〈*Lepthyphantes nigriventris*〉蛛形綱クモ目サラグモ科の蜘蛛。

ハラグロランプカミキリモドキ〈*Eobia florilega*〉昆虫綱甲虫目カミキリモドキ科の甲虫。体長10.5〜14.5mm。

ハラゲエダシャク〈*Diplurodes vestitus*〉昆虫綱鱗翅目シャクガ科の蛾。分布：九州，屋久島，ボルネオ，ミャンマー，インド北部。

565

ハラゲチビエダシャク〈Diplurodes parvularia〉昆虫綱鱗翅目シャクガ科エダシャク亜科の蛾。開張19～24mm。分布：本州(宮城県以南)，四国，九州，対馬，台湾，ボルネオ，アッサム，ブータン。

パラコタルパ・ウルシナ〈Paracotalpa ursina rubripennis〉昆虫綱甲虫目コガネムシ科の甲虫。分布：カリフォルニア南部，亜種はカリフォルニア南部。

バラシロエダシャク 薔薇白枝尺蛾〈Lomographa temerata〉昆虫綱鱗翅目シャクガ科エダシャク亜科の蛾。開張22～24mm。分布：北海道，本州，四国，九州，対馬，朝鮮半島，シベリア南東部からヨーロッパ。

バラシロカイガラムシ 薔薇白介殻虫〈Aulacaspis rosae〉昆虫綱半翅目マルカイガラムシ科。バラ類，キイチゴに害を及ぼす。分布：本州，四国，九州，小笠原島。

ハラジロカツオブシムシ 腹白鰹節虫〈Dermestes maculatus〉昆虫綱甲虫目カツオブシムシ科の甲虫。体長5.5～9.5mm。害虫。

ハラジロセセリ〈Acerbas martini〉昆虫綱鱗翅目セセリチョウ科の蝶。

バラシロハマキ バラシロヒメハマキの別名。

バラシロヒメハマキ 薔薇白姫葉捲蛾〈Notocelia rosaecolana〉昆虫綱鱗翅目ハマキガ科の蛾。開張16～20mm。バラ類に害を及ぼす。分布：ヨーロッパ，北海道から九州，対馬，伊豆諸島。

ハラジロムナキグモ〈Diplocephaloides saganus〉蛛形綱クモ目サラグモ科の蜘蛛。体長雌1.8～2.0mm，雄1.5～1.8mm。分布：北海道，本州，四国，九州。

ハラスジケヅメカ〈Symmerus brevicornis〉昆虫綱双翅目キノコバエ科。

パラスタシアコガネ属の一種〈Parastasia sp.〉昆虫綱甲虫目コガネムシ科の甲虫。分布：マレーシア。

パラスラウガ・カッリモイデス〈Paraslauga kallimoides〉昆虫綱鱗翅目シジミチョウ科の蝶。分布：カメルーン。

パラタイゲティス・リネアタ〈Paratygetis lineata〉昆虫綱鱗翅目ジャノメチョウ科の蝶。分布：コロンビア。

ハラダカツクネグモ〈Phoroncidia altiventris〉蛛形綱クモ目ヒメグモ科の蜘蛛。体長雌1.8～2.0mm，雄1.0～1.2mm。分布：本州，九州。

ハラダチョッキリ〈Involvulus haradai〉昆虫綱甲虫目オトシブミ科の甲虫。体長3.2～4.0mm。

ハラダムカシシリアゲ〈Orthophlebia haradai〉ムカシシリアゲムシ科。珍虫。

パラティマ・レタ〈Parathyma reta〉昆虫綱鱗翅目タテハチョウ科の蝶。分布：アッサム，マレーシア，スマトラ。

ハラトゲナガゴミムシ〈Pterostichus spiculifer〉昆虫綱甲虫目オサムシ科の甲虫。体長13～16mm。分布：本州(中部以北)。

ハラナガカヤシマグモ〈Filistata longiventris〉蛛形綱クモ目カヤシマグモ科の蜘蛛。

ハラナガキマダラノメイガ〈Analthes maculalis〉昆虫綱鱗翅目メイガ科の蛾。分布：北海道，本州。

ハラナガクシヒゲガガンボ 腹長櫛鬚大蚊〈Tanyptera jozana〉昆虫綱双翅目ガガンボ科。分布：北海道，本州，九州。

ハラナガクロハバチ〈Tenthredo hilaris〉昆虫綱膜翅目ハバチ科。体長15mm。分布：北海道，本州，九州。

ハラナガコハナバチ〈Lasioglossum duplex〉昆虫綱膜翅目コハナバチ科。

ハラナガツチバチ 腹長土蜂〈Campsomeris schulthessi〉昆虫綱膜翅目ツチバチ科。分布：本州，九州。

ハラナガハムシドロバチ〈Symmorphus foveolatus〉昆虫綱膜翅目スズメバチ科。

ハラナガヒシガタグモ〈Episinus mirabilis〉蛛形綱クモ目ヒメグモ科の蜘蛛。体長雌4mm，雄3mm。分布：北海道，本州，四国，九州。

バラノミオナガコバチ 薔薇実尾長小蜂〈Megastigmus aculeatus〉昆虫綱膜翅目オナガコバチ科。

バラハキリバチ 薔薇葉切蜂〈Megachile nipponica〉昆虫綱膜翅目ハキリバチ科。体長11～14mm。茶，バラ類に害を及ぼす。分布：九州以北の日本各地，中国。

バラハキリバチモドキ〈Megachile tsurugensis〉昆虫綱膜翅目ハキリバチ科。

バラハマキ バラモンハマキの別名。

バラハモグリバエ〈Agromyza spiraeae〉昆虫綱双翅目ハモグリバエ科。

バラヒメヨコバイ〈Edwardsiana rosae〉昆虫綱半翅目ヒメヨコバイ科。

ハラビロアシナガグモ〈Tetragnatha extensa〉蛛形綱クモ目アシナガグモ科の蜘蛛。体長雌10～12mm，雄7～9mm。分布：北海道，本州(高地)。

ハラビロカタカイガラムシ〈Kilifia acuminata〉昆虫綱半翅目。ヤツデ，アオキ，ミズキに害を及ぼす。

ハラビロカマキリ 腹広蟷螂〈Hierodula patellifera〉昆虫綱蟷螂目カマキリ科。体長50～70mm。分布：本州，四国，九州。

ハラビロサルジラミ〈*Pedicinus eurygaster*〉サルジラミ科。

ハラビロスズミグモ〈*Cyrtophora unicolor*〉蛛形綱クモ目コガネグモ科の蜘蛛。

ハラビロセンショウグモ〈*Mimetus japonicus*〉蛛形綱クモ目センショウグモ科の蜘蛛。体長雌5.0～5.3mm, 雄3.2～3.5mm。分布：本州(中・南部), 四国, 九州。

ハラビロトンボ 腹広蜻蛉〈*Lyriothemis pachygastra*〉昆虫綱蜻蛉目トンボ科の蜻蛉。体長32mm。分布：北海道南部から九州, 対馬, 種子島。

ハラビロハネカクシ 腹広隠翅虫〈*Deleaster yokoyamai*〉昆虫綱甲虫目ハネカクシ科の甲虫。体長7mm。分布：北海道, 本州。

ハラビロハンミョウ〈*Cicindela sumatrensis*〉昆虫綱甲虫目ハンミョウ科の甲虫。絶滅危惧II類(VU)。体長11～14mm。分布：本州, 四国。

ハラビロヘリカメムシ 腹広縁亀虫〈*Homoeocerus dilatatus*〉昆虫綱半翅目ヘリカメムシ科。体長12～14mm。アブラナ科野菜, 隠元豆, 小豆, ササゲ, 大豆に害を及ぼす。分布：北海道, 本州, 四国, 九州。

ハラビロマキバサシガメ〈*Himacerus apterus*〉昆虫綱半翅目マキバサシガメ科。体長10～12mm。分布：北海道, 本州, 四国, 九州。

ハラビロミズアブ〈*Ephippium obtusum*〉昆虫綱双翅目ミズアブ科。

ハラビロミドリオニグモ〈*Araneus viridiventris*〉蛛形綱クモ目コガネグモ科の蜘蛛。体長雌4.8～5.5mm, 雄3.0～3.5mm。分布：本州, 四国, 九州。

パラプシルス・ロンギコルニス〈*Parapsyllus longicornis australiacus*〉ロバノミ科。分布：タスマニア。

ハラブトハマキ〈*Brachygonia angulicostana*〉昆虫綱鱗翅目ホソハマキガ科の蛾。開張18～19mm。

ハラブトヒメハマキ〈*Cryptaspasma angulicostana*〉昆虫綱鱗翅目ハマキガ科の蛾。分布：四国, 九州, 伊豆諸島(利島, 三宅島, 御蔵島, 八丈島), 屋久島, 奄美大島, 琉球列島, 小笠原諸島。

パラプレックス・ケフレニス〈*Parapulex chephrenis*〉昆虫綱隠翅目ヒトノミ科。分布：エジプト, エチオピア。

ハラボシオオスヒロキバガ〈*Ethmia nigroapicella*〉昆虫綱鱗翅目スヒロキバガ科の蛾。分布：琉球, 台湾, フィリピン, サモア, ミャンマー, インド, セイシェル, マダガスカル, ハワイ。

ハラボシヒゲタケカ 腹星鬚丈蚊〈*Macrocera abdominalis*〉昆虫綱双翅目キノコバエ科。分布：本州, 北海道。

ハラボソチビヒラタアブ〈*Sphegina japonica*〉昆虫綱双翅目ハナアブ科。

ハラボソトガリヒメバチ〈*Trachysphyrus tenuiabdominalis*〉昆虫綱膜翅目ヒメバチ科。体長10～18mm。分布：日本全土。

ハラボソトンボ 腹細蜻蛉〈*Orthetrum sabina*〉昆虫綱蜻蛉目トンボ科の蜻蛉。体長52mm。分布：九州南部, 四国, 琉球。

ハラホソバチの一種〈*Stenogaster* sp.〉昆虫綱膜翅目スズメバチ科。分布：タイ。

ハラボソムシヒキ 腹細食虫虻〈*Dioctria nakanensis*〉昆虫綱双翅目ムシヒキアブ科。分布：本州, 九州。

パラミデア・ゲヌティア〈*Paramidea genutia*〉昆虫綱鱗翅目シロチョウ科の蝶。分布：マサチューセッツ州からテキサス州まで。

パラミドリアブラムシ〈*Rhodobium porosum*〉昆虫綱半翅目アブラムシ科。体長1.8～2.0mm。苺, バラ類に害を及ぼす。分布：北海道, 本州, 四国, 世界各地。

パラミムス・スティグマ〈*Paramimus stigma*〉昆虫綱鱗翅目セセリチョウ科の蝶。分布：パナマからコロンビアまで。

パラメケラ・キシカクエ〈*Paramecera xicaque*〉昆虫綱鱗翅目ジャノメチョウ科の蝶。分布：メキシコ。

バラモンハマキ〈*Acleris comariana*〉昆虫綱鱗翅目ハマキガ科の蛾。苺, 林檎に害を及ぼす。分布：中国, ロシア, ヨーロッパ, イギリス, 北アメリカ。

ハラモンムネクボハネカクシ〈*Bolitochara varipes*〉昆虫綱甲虫目ハネカクシ科の甲虫。体長3.4～3.6mm。

パララサ・アスラ〈*Paralasa asura*〉昆虫綱鱗翅目ジャノメチョウ科の蝶。分布：ヒンズークシュ山脈。

パララサ・シャクテイ〈*Paralasa shakti*〉昆虫綱鱗翅目ジャノメチョウ科の蝶。分布：ヒンズークシュ山脈。

パラルゲ・エバースマンニ〈*Pararge eversmanni*〉昆虫綱鱗翅目ジャノメチョウ科の蝶。分布：中央アジア, トルキスタン, パミール, アルアイ。

パラルゲ・エピスコパリス〈*Pararge episcopalis*〉昆虫綱鱗翅目ジャノメチョウ科の蝶。分布：チベット, 中国西部。

パラルゲ・クリメネ〈*Pararge climene*〉昆虫綱鱗翅目ジャノメチョウ科の蝶。分布：ロシア南部, トルコ, 小アジア, アルメニア。

パラルゲ・ヒンドゥークシカ〈*Pararge hindukushica*〉昆虫綱鱗翅目ジャノメチョウ科の蝶。分布：ヒンズークシュ山脈付近。

パラルゲ・フェリクス〈Pararge felix〉昆虫綱鱗翅目ジャノメチョウ科の蝶。分布：アラビア。

パラルゲ・メナバ〈Pararge menava〉昆虫綱鱗翅目ジャノメチョウ科の蝶。分布：ヒマラヤ。

バラルリサルハムシ バラルリッツハムシの別名。

バラルリッツハムシ 薔薇瑠璃筒金花虫〈Cryptocephalus approximatus〉昆虫綱甲虫目ハムシ科の甲虫。体長4～5mm。梅、アンズ、林檎、バラ類に害を及ぼす。分布：本州、四国、九州。

パラレテ・デンドゥロフィルス〈Paralethe dendrophilus〉昆虫綱鱗翅目ジャノメチョウ科の蝶。分布：アフリカ南部。

パラワンアゲハ〈Menelaides lowi〉昆虫綱鱗翅目アゲハチョウ科の蝶。

パラワンイチモンジ〈Athyma speciosa〉昆虫綱鱗翅目タテハチョウ科の蝶。

パラワンコセセリ〈Zographetus rama〉昆虫綱鱗翅目セセリチョウ科の蝶。

パラワントリバネアゲハ〈Trogonoptera trojana〉昆虫綱鱗翅目アゲハチョウ科の蝶。

パラワンナガサキアゲハ〈Papilio lowi〉蝶。

パラワンベニモンアゲハ〈Pachliopta atropos〉昆虫綱鱗翅目アゲハチョウ科の蝶。

パラワンマルバネワモン〈Faunis stomphax〉昆虫綱鱗翅目ワモンチョウ科の蝶。分布：スマトラ、ボルネオ。

パランティルロエア・マーシャリ〈Parantirrhoea marshalli〉昆虫綱鱗翅目ジャノメチョウ科の蝶。分布：インド南部。

ハランナガカイガラムシ 葉蘭長介殻虫〈Pinnaspis aspidistrae〉昆虫綱半翅目マルカイガラムシ科の虫。体長2.0～2.8mm。カンノンチク、シュロチク、ラン類に害を及ぼす。分布：本州（関東以西）以南の日本各地。

ハリアリ 針蟻〈ponerine ant〉昆虫綱膜翅目アリ科ハリアリ亜科Ponerinaeの昆虫の総称。

ハリエンジュアブラムシ〈Aphis craccivora pseudoacaciae〉昆虫綱半翅目アブラムシ科。

ハリオオビハナノミ〈Glipa malaccana〉昆虫綱甲虫目ハナノミ科の甲虫。体長8～10.8mm。

バリオキラ・アスラウガ〈Baliochila aslauga〉昆虫綱鱗翅目シジミチョウ科の蝶。分布：アンゴラからケニア、南へナタールまで。

バリオドンティス・リッゲンバキ〈Pariodontis riggenbachi riggenbachi〉昆虫綱隠翅目ヒトノミ科。分布：アフリカ、インド。

ハリカメムシ 針亀虫〈Cletus rusticus〉昆虫綱半翅目ヘリカメムシ科。分布：本州、四国、九州。

ハリギリマイコガ〈Epicroesa chromatorhoea〉昆虫綱鱗翅目マイコガ科の蛾。分布：北海道、本州。

ハリゲコモリグモ〈Pardosa laura〉蛛形綱クモ目コモリグモ科の蜘蛛。体長雌6～7mm、雄5～6mm。分布：日本全土。

ハリゲスグリゾウムシ〈Pseudocneorhinus adamsi〉昆虫綱甲虫目ゾウムシ科の甲虫。体長5.2～5.9mm。

ハリゲドクグモ ハリゲコモリグモの別名。

ハリサシガメ 針刺亀〈Acanthaspis cincticrus〉昆虫綱半翅目サシガメ科。分布：本州、九州。

ハリスツノハナムグリ〈Megalorrhina harrisi harrisi〉昆虫綱甲虫目コガネムシ科の甲虫。分布：アフリカ西部、中央部。

パリダオオオビガ〈Tagora pallida〉昆虫綱鱗翅目オビガ科の蛾。翅は褐色味をおびた白色。開張10.8～11.0mm。分布：インド、マレーシア、スマトラ、ボルネオ。

パリデス・オレッラナ〈Parides orellana〉昆虫綱鱗翅目アゲハチョウ科の蝶。分布：アマゾン上流地方。

パリデス・クトリナ〈Parides cutorina〉昆虫綱鱗翅目アゲハチョウ科の蝶。分布：アマゾン、エクアドル、ペルー。

パリデス・コエルス〈Parides coelus〉昆虫綱鱗翅目アゲハチョウ科の蝶。分布：ケイエン、仏領ギアナ。

パリデス・トゥロス〈Parides tros〉昆虫綱鱗翅目アゲハチョウ科の蝶。分布：ブラジル。

パリデス・ネファリオン〈Parides nephalion〉昆虫綱鱗翅目アゲハチョウ科の蝶。分布：ブラジル、パラグアイ。

パリデス・ハゲニ〈Parides hageni〉昆虫綱鱗翅目アゲハチョウ科の蝶。分布：スマトラ。

パリデス・バルナ〈Parides varuna〉昆虫綱鱗翅目アゲハチョウ科の蝶。分布：シッキムからミャンマーおよびマレーシア。

パリデス・ファラエクス〈Parides phalaecus〉昆虫綱鱗翅目アゲハチョウ科の蝶。分布：エクアドル。

パリデス・フォスフォルス〈Parides phosphorus〉昆虫綱鱗翅目アゲハチョウ科の蝶。分布：コロンビア、ギアナ、ペルー。

パリデス・プリアプ〈Parides priapus〉昆虫綱鱗翅目アゲハチョウ科の蝶。分布：ミャンマー、マレーシア、スマトラ、ジャワ。

パリデス・モンテズマ〈Parides montezuma〉昆虫綱鱗翅目アゲハチョウ科の蝶。分布：メキシコからニカラグアまで。

パリフティモイデス・ポルティス 〈*Paryphthimoides poltys*〉昆虫綱鱗翅目ジャノメチョウ科の蝶。分布：ベネズエラ、ブラジル。

ハリブトシリアゲアリ 〈*Crematogaster matsumurai*〉昆虫綱膜翅目アリ科。害虫。

ハリマナガウンカ 播磨長浮塵子〈*Stenocranus harimensis*〉昆虫綱半翅目ウンカ科。分布：本州、四国、九州。

パリーミヤマクワガタ 〈*Lucanus parryi*〉昆虫綱甲虫目クワガタムシ科。分布：中国(雲南省・江西省・福建省)。

バルカ・ビコロル 〈*Barca bicolor*〉昆虫綱鱗翅目セセリチョウ科の蝶。分布：チベット、中国西部。

ハルカワコマユバチ 〈*Microctonus vittatae*〉昆虫綱膜翅目コマユバチ科。

ハルカワネアブラムシ 〈*Paracletus cimiciformis*〉昆虫綱半翅目アブラムシ科。体長2.8mm。麦類に害を及ぼす。分布：本州、旧北区。

ハルクロコツチバチ 春黒小土蜂〈*Tiphia vernalis*〉昆虫綱膜翅目コツチバチ科。分布：本州。

ハルクロツチバチ ハルクロコツチバチの別名。

バルクロテンシロチョウ 〈*Leptosia lignea*〉昆虫綱鱗翅目シロチョウ科の蝶。

バルケッラ・アマリンティナ 〈*Parcella amarynthina*〉昆虫綱鱗翅目シジミタテハ科の蝶。分布：コロンビア、ペルー、ベネズエラ、パラグアイ、アルゼンチン。

ハルシエシス・ヒゲア 〈*Harsiesis hygea*〉昆虫綱鱗翅目ジャノメチョウ科の蝶。分布：ニューギニア。

ハルゼミ 春蟬〈*Terpnosia vacua*〉昆虫綱半翅目セミ科のセミ。体長30～37mm。分布：本州、四国、九州。

ハルタウスクモエダシャク 〈*Menophra harutai*〉昆虫綱鱗翅目シャクガ科エダシャク亜科の蛾。開張37～40mm。分布：本州(東北地方北部より)、四国、九州。

ハルタギンガ 〈*Chasminodes harutai*〉昆虫綱鱗翅目ヤガ科カラスヨトウ亜科の蛾。開張24～30mm。

ハルタギンガ クロハナギンガ(1)の別名。

パルダリスオオイナズマ 〈*Lexias pardalis*〉昆虫綱鱗翅目タテハチョウ科の蝶。

パルダレオデス・インケルタ 〈*Pardaleodes incerta*〉昆虫綱鱗翅目セセリチョウ科の蝶。分布：ナイジェリアからコンゴまで。

パルダレオデス・エディプス 〈*Pardaleodes edipus*〉昆虫綱鱗翅目セセリチョウ科の蝶。分布：シエラレオネからカメルーン。

パルダレオデス・サトル 〈*Pardaleodes sator*〉昆虫綱鱗翅目セセリチョウ科の蝶。分布：コンゴ。

パルダレオデス・ティブッルス 〈*Pardaleodes tibullus*〉昆虫綱鱗翅目セセリチョウ科の蝶。分布：ナイジェリア。

パルダレオデス・ブレ 〈*Pardaleodes bule*〉昆虫綱鱗翅目セセリチョウ科の蝶。分布：カメルーン、コンゴ。

バルティア・シャウイイ 〈*Baltia shawii*〉昆虫綱鱗翅目シロチョウ科の蝶。分布：パミール、ラダク、ヒマラヤ北西部。

バルティア・バトゥレリ 〈*Baltia butleri*〉昆虫綱鱗翅目シロチョウ科の蝶。分布：シッキム、チベット。

パルテロームラサキ 〈*Hypolimnas barttteloti*〉昆虫綱鱗翅目タテハチョウ科の蝶。分布：カメルーン、ザイール、ウガンダ西部。

パルドプシス・プンクタティッシマ 〈*Pardopsis punctatissima*〉昆虫綱鱗翅目ホソチョウ科の蝶。分布：喜望峰からエチオピア、マダガスカル。

パルナシウス 〈*Parnassiinae*〉アゲハチョウ科ウスバシロチョウ亜科(Parnassiinae)の総称。珍虫。

パルナッシウス・ディスコボルス 〈*Parnassius discobolus*〉昆虫綱鱗翅目アゲハチョウ科の蝶。分布：天山山脈、アフガニスタン、パミール。

ハルナフリソデダニ 〈*Pergalumna harunaensis*〉蛛形綱ダニ目フリソデダニ科。

パルナラ・アマリア 〈*Parnara amalia*〉昆虫綱鱗翅目セセリチョウ科の蝶。分布：クイーンズランド。

ハルニレノキクイムシ 〈*Neopteleobius scutulatus*〉昆虫綱甲虫目キクイムシ科の甲虫。体長2.1～2.7mm。

パルネス・ニクテイス 〈*Parnes nycteis*〉昆虫綱鱗翅目シジミタテハ科の蝶。分布：パマナからアマゾン地方まで。

ハルノチビミノガ 〈*Kozhantshikovia vernalis*〉昆虫綱鱗翅目ミノガ科の蛾。分布：山梨、大阪、福岡、岩手県、三重県。

バルビコルニス・アクロレウカ 〈*Barbicornis acroleuca*〉昆虫綱鱗翅目シジミタテハ科の蝶。分布：パラグアイ。

バルビコルニス・メラノプス 〈*Barbicornis melanops*〉昆虫綱鱗翅目シジミタテハ科の蝶。分布：ブラジルおよびパラグアイ。

バルビコルニス・モナ 〈*Barbicornis mona*〉昆虫綱鱗翅目シジミタテハ科。分布：ブラジル南部からパラグアイ、アルゼンチン。

パルフォルス・ストラクス〈*Parphorus storax*〉昆虫綱鱗翅目セセリチョウ科の蝶．分布：中央アメリカからアマゾン，トリニダードまで．

パルフォルス・デコラ〈*Parphorus decora*〉昆虫綱鱗翅目セセリチョウ科の蝶．分布：メキシコからブラジル，トリニダードまで．

ハルペ・クニウェッティ〈*Halpe knywetti*〉昆虫綱鱗翅目セセリチョウ科の蝶．分布：インド北部．

ハルペ・ゼマ〈*Halpe zema*〉昆虫綱鱗翅目セセリチョウ科の蝶．分布：インド，マレーシア，ジャワ，スマトラ．

ハルペ・ネフェレ〈*Halpe nephele*〉昆虫綱鱗翅目セセリチョウ科の蝶．分布：中国西部．

ハルペ・ホモレア〈*Halpe homolea*〉昆虫綱鱗翅目セセリチョウ科の蝶．分布：インドからマレーシアおよびジャワまで．

ハルペ・ポルス〈*Halpe porus*〉昆虫綱鱗翅目セセリチョウ科の蝶．分布：中国西部，香港，アッサム，ミャンマー，タイ，マレー半島，アンダマン諸島など．

ハルペ・ムーレイ〈*Halpe moorei*〉昆虫綱鱗翅目セセリチョウ科の蝶．分布：インドからタイおよびインドシナ半島まで．

ハルペ・ワントナ〈*Halpe wantona*〉昆虫綱鱗翅目セセリチョウ科の蝶．分布：マレーシア．

ハルペンディレウス・ツォモ〈*Harpendyreus tsomo*〉昆虫綱鱗翅目シジミチョウ科の蝶．分布：喜望峰．

ハルペンディレウス・ノクアサ〈*Harpendyreus aequatorialis*〉昆虫綱鱗翅目シジミチョウ科の蝶．分布：喜望峰から北へタンザニアまで．

ハルホソカワゲラ属の一種〈*Perlomyia sp.*〉昆虫綱襀翅目ホソカワゲラ科．

パルマルバコジャノメ〈*Lohora ophthalmica*〉昆虫綱鱗翅目ジャノメチョウ科の蝶．

ハルミッラ・エレガンス〈*Harmilla elegans*〉昆虫綱鱗翅目タテハチョウ科の蝶．分布：カメルーン．

バレウプティキア・ウシタタ〈*Vareuptychia usitata*〉昆虫綱鱗翅目ジャノメチョウ科の蝶．分布：中央アメリカ．

バレウプティキア・テミス〈*Vareuptychia themis*〉昆虫綱鱗翅目ジャノメチョウ科の蝶．分布：中央アメリカ．

パレウプティキア・ヘシオネ〈*Pareuptychia hesione*〉昆虫綱鱗翅目ジャノメチョウ科の蝶．分布：中央アメリカおよびブラジル．

ハレギクダアザミウマ〈*Stigmothrips russatus*〉昆虫綱総翅目クダアザミウマ科．

ハレギチョウ　ビブリスハレギチョウの別名．

ハレヤヒメテントウ〈*Pseudoscymnus hareja*〉昆虫綱甲虫目テントウムシ科の甲虫．体長1.9～2.5mm．

バレリア・アビエナ〈*Valeria aviena*〉昆虫綱鱗翅目シロチョウ科の蝶．分布：ニューギニア．

バレリア・アルゴリス〈*Valeria argolis*〉昆虫綱鱗翅目シロチョウ科の蝶．分布：フィリピン．

バレリア・ケイラニカ〈*Valeria ceylanica*〉昆虫綱鱗翅目シロチョウ科の蝶．分布：インド南部，スリランカ．

パレロディナ・アロア〈*Parelodina aroa*〉昆虫綱鱗翅目シジミチョウ科の蝶．分布：ニューギニア．

パロスモデス・モランティイ〈*Parosmodes morantii*〉昆虫綱鱗翅目セセリチョウ科の蝶．分布：トランスバール，ナタールからザンベジ川流域地方まで．

ハロトゥス・アンゲッルス〈*Halotus angellus*〉昆虫綱鱗翅目セセリチョウ科の蝶．分布：中央アメリカ．

パロニムス・キサンティアス〈*Paronymus xanthias*〉昆虫綱鱗翅目セセリチョウ科の蝶．分布：ナイジェリアからガボンまで．

パロニムス・リゴラ〈*Paronymus ligora*〉昆虫綱鱗翅目セセリチョウ科の蝶．分布：シエラレオネからアンゴラまで．

ハロルドハリスツノハナムグリ〈*Megalorrhina harrisi haroldi*〉昆虫綱甲虫目コガネムシ科の甲虫．分布：ザイール，アンゴラなど．

ハロルドヒメコクヌスト〈*Ancyrona haroldi*〉昆虫綱甲虫目コクヌスト科の甲虫．体長4～5mm．分布：北海道，本州．

ハワイアカトンボ〈*Nesogonia blackburni*〉昆虫綱蜻蛉目トンボ科．分布：カウアイ，オアフ，モロカイ，ラナイ，マウイ，ハワイの島々（ハワイ諸島）．

ハワイウスバカミキリ〈*Megopis reflexa*〉昆虫綱甲虫目カミキリムシ科の甲虫．分布：モロカイ，マウイなどのハワイ諸島の大島．

ハワイウミミズカメムシ〈*Speovelia aaa*〉昆虫綱半翅目ミズカメムシ科．分布：ハワイ島（ハワイ諸島）．

ハワイカキカイガラムシ〈*Andaspis hawaiiensis*〉昆虫綱半翅目マルカイガラムシ科．体長1.5～2.0mm．柑橘，マンゴーに害を及ぼす．分布：沖縄，小笠原諸島，ほぼ世界中の熱帯，亜熱帯地域．

ハワイギンヤンマ〈*Anax strenuus*〉昆虫綱蜻蛉目ヤンマ科．分布：カウアイ，オアフ，モロカイ，ラナイ，マウイ，ハワイの島々（ハワイ諸島）．

ハワイクワガタ〈*Apterocyclus honoluluensis*〉昆虫綱甲虫目クワガタムシ科．分布：ハワイ諸島（カウアイ島）．

ハワイショウジョウバエ〈Drosophilidae〉ショウジョウバエ科のうちハワイに分布するもの。珍虫。

ハワイニセクワガタカミキリ〈Parandra puncticeps〉昆虫綱甲虫目カミキリムシ科の甲虫。分布：ハワイ諸島の大きな島々。

ハワイミドリスズメ〈Tinostoma smaragditis〉昆虫綱鱗翅目スズメガ科の蛾。分布：カウアイ島（ハワイ）。

ハワードワラジカイガラムシ〈Drosicha howardi〉昆虫綱半翅目ワタフキカイガラムシ科。体長10mm。ハイビスカス類，サンゴジュ，椿，山茶花，桜類，フジ，葡萄，茶に害を及ぼす。分布：本州，九州，朝鮮半島。

ハンエンカタカイガラムシ〈Saissetia coffeae〉昆虫綱半翅目カタカイガラムシ科。体長2.5～3.5mm。バナナ，クチナシ，蘇鉄，クロトン，マンゴー，ラン類，柑橘，グアバに害を及ぼす。分布：南西諸島，小笠原諸島，八丈島，九州南部，世界の熱帯，亜熱帯。

パンカラ・アンモン〈Panchala ammon〉昆虫綱鱗翅目シジミチョウ科の蝶。分布：ミャンマーからマレーシアおよびスマトラまで。

パンカラ・パラガネサ〈Panchala paraganesa〉昆虫綱鱗翅目シジミチョウ科の蝶。分布：インドからマレーシアまで。

バンクシアシャチホコ〈Danima banksiae〉昆虫綱鱗翅目シャチホコガ科の蛾。前翅は灰色で，黒色の斑紋があり，白色の鱗粉が散在する。開張6～8mm。分布：オーストラリア全域。

ハングロアツバ〈Bomolocha squalida〉昆虫綱鱗翅目ヤガ科アツバ亜科の蛾。開張30mm。分布：東北地方を北限，四国，九州。

ハングロキノメイガ〈Pleuroptya characteristica〉昆虫綱鱗翅目メイガ科の蛾。分布：屋久島，奄美大島，西表島，インド北部，シッキム。

ハングロナミシャク〈Xanthorhoe semilactescens〉昆虫綱鱗翅目シャクガ科の蛾。分布：愛媛県小田深山，柾小屋，新潟県長岡市灰下，兵庫県氷ノ山，熊本県菊池水源。

ハングロホソマダラメイガ〈Phycitodes triangulellus〉昆虫綱鱗翅目メイガ科の蛾。分布：東京，群馬，新潟，シベリア南東部，中国，中央アジア。

ハンゲツオスナキグモ〈Steatoda cavernicola〉蛛形綱クモ目ヒメグモ科の蜘蛛。体長雄7～8mm，雄5～6mm。分布：北海道，本州，四国，九州。

ハンゴンソウハモグリバエ〈Phytomyza senecionis ravasternopleuralis〉昆虫綱双翅目ハモグリバエ科。

ハンゴンノヒメハナバチ〈Andrena seneciorum〉昆虫綱膜翅目ヒメハナバチ科。

バンザ・ニホア〈Banza nihoa〉昆虫綱直翅目キリギリス科。分布：ニホア島。

バンジローツノエグリヒメハマキ〈Strepsicrates rhothia〉昆虫綱鱗翅目ハマキガ科の蛾。分布：琉球列島（沖縄本島，西表島），インド，スリランカ。

ハンシンヒゲナガトビムシ〈Handschinphysa vestita〉無翅昆虫亜綱粘管目オウギトビムシ科。

バンタイマイマイ〈Lymantria bantaizana〉昆虫綱鱗翅目ドクガ科の蛾。開張雄40～41mm，雌60～66mm。分布：東北地方北部から関東，中部。

パンティアデス・パフラゴン〈Panthiades paphlagon〉昆虫綱鱗翅目シジミチョウ科の蝶。分布：コロンビア，ベネズエラ，ペルー。

パンティアデス・ペリオン〈Panthiades pelion〉昆虫綱鱗翅目シジミチョウ科の蝶。分布：ブラジル，エクアドル，トリニダード。

パンディタ・シノペ〈Pandita sinope〉昆虫綱鱗翅目タテハチョウ科の蝶。分布：ジャワ，スマトラ，マレーシア。

バンデポリィーキシタアゲハ ヴァンデポリキシタアゲハの別名。

パンデモス・パシファエ〈Pandemos pasiphae〉昆虫綱鱗翅目シジミタテハ科の蝶。分布：ギアナ，コロンビア，ペルー，アマゾン。

バントウア属の一種〈Bantua sp.〉デロカリマ科。分布：ザイール。

パントポリア・エウリメネ〈Pantoporia eulimene〉昆虫綱鱗翅目タテハチョウ科の蝶。分布：セレベス，モルッカ諸島。

パントポリア・カサ〈Pantoporia kasa〉昆虫綱鱗翅目タテハチョウ科の蝶。分布：フィリピン。

パントポリア・カルワラ〈Pantoporia karwara〉昆虫綱鱗翅目タテハチョウ科の蝶。分布：カナラ(Kanara)，インド西部。

パントポリア・ゴルディア〈Pantoporia gordia〉昆虫綱鱗翅目タテハチョウ科の蝶。分布：フィリピン。

パントポリア・スペキオサ〈Pantoporia speciosa〉昆虫綱鱗翅目タテハチョウ科の蝶。分布：パラワン島。

パントポリア・ディスユンクタ〈Pantoporia disjuncta〉昆虫綱鱗翅目タテハチョウ科の蝶。分布：中国西部および中部。

パントポリア・フォーチュナ〈Pantoporia fortuna〉昆虫綱鱗翅目タテハチョウ科の蝶。分布：中国中部。

パントポリア・プラバラ〈Pantoporia pravara〉昆虫綱鱗翅目タテハチョウ科の蝶。分布：マレー

シア,アッサムからインドシナ半島,スマトラ,ボルネオ,ジャワ,パラワン.

パントポリア・プンクタタ〈Pantoporia punctata〉昆虫綱鱗翅目タテハチョウ科の蝶.分布:中国西部および中部.

パントポリア・ランガ〈Pantoporia ranga〉昆虫綱鱗翅目タテハチョウ科の蝶.分布:インド北部からインドシナ半島,マレーシアまで.

パンドラヒョウモン〈Pandoriana pandora〉昆虫綱鱗翅目タテハチョウ科の蝶.前翅の裏面にバラ色の斑紋がある.開張6〜8mm.分布:南および東ヨーロッパ,北アフリカ,イラン,パキスタン.

パンドラムラサキ スソアカムラサキの別名.

ハンノアオカミキリ〈Eutetrapha chrysochloris〉昆虫綱甲虫目カミキリムシ科フトカミキリ亜科の甲虫.体長12〜17mm.分布:北海道,本州.

ハンノオオルリカミキリ〈Eutetrapha chrysargyrea〉昆虫綱甲虫目カミキリムシ科フトカミキリ亜科の甲虫.体長12〜17mm.

ハンノカバイロキクイムシ〈Alniphagus alni〉昆虫綱甲虫目キクイムシ科の甲虫.体長3.0〜4.4mm.

ハンノキカミキリ〈Cagosima sanguinolenta〉昆虫綱甲虫目カミキリムシ科フトカミキリ亜科の甲虫.体長12〜22mm.分布:北海道,本州,四国,九州,伊豆大島.

ハンノキキクイムシ 赤楊木喰虫〈Xyleborus germanus〉昆虫綱甲虫目キクイムシ科の甲虫.体長2mm.林檎,葡萄,栗,桑,茶,柿,梅,アンズ,桃,スモモに害を及ぼす.分布:日本各地.

ハンノキコブキクイゾウムシ〈Xenomimetes alni〉昆虫綱甲虫目ゾウムシ科.

ハンノキジラミ 赤楊木虱〈Psylla alni〉昆虫綱半翅目キジラミ科.分布:北海道.

ハンノキシロカイガラムシ〈Chionaspis alnus〉昆虫綱半翅目.カンバ,ハンノキ,ヤシャブシに害を及ぼす.

ハンノキツツミノガ〈Coleophora hancola〉昆虫綱鱗翅目ツツミノガ科の蛾.分布:北海道,本州.

ハンノキノミゾウムシ カシワノミゾウムシの別名.

ハンノキハムシ〈Agelastica coerulea〉昆虫綱甲虫目ハムシ科の甲虫.体長8〜9mm.桜類,林檎に害を及ぼす.分布:北海道,本州,四国,九州.

ハンノキヒラタハバチ〈Pamphilius pallipes〉昆虫綱膜翅目ヒラタハバチ科.

ハンノキマガリガ〈Incurvaria alniella〉昆虫綱鱗翅目マガリガ科の蛾.開張14〜18mm.分布:本州.

ハンノキミダレモンハマキ〈Acleris alnivora〉昆虫綱鱗翅目ハマキガ科の蛾.分布:北海道から本州,中国の東北部.

ハンノキリガ〈Lithophane ustulata〉昆虫綱鱗翅目ヤガ科セダカモクメ亜科の蛾.開張36〜40mm.分布:沿海州,北海道から九州.

ハンノキリガ ウスシタキリガの別名.

ハンノキンモンホソガ〈Phyllonorycter hancola〉昆虫綱鱗翅目ホソガ科の蛾.分布:本州,九州,ロシア南東部.

ハンノケンモン 榛剣紋〈Acronicta alni〉昆虫綱鱗翅目ヤガ科ケンモンヤガ亜科の蛾.開張38mm.分布:北海道,本州,東北から中部地方.

ハンノスジキクイムシ〈Xyleborus seriatus〉昆虫綱甲虫目キクイムシ科の甲虫.体長2.4〜2.8mm.

ハンノトビスジエダシャク 榛薦条枝尺蛾〈Aethalura ignobilis〉昆虫綱鱗翅目シャクガ科エダシャク亜科の蛾.開張21〜27mm.分布:北海道,本州,四国,九州,対馬,伊豆諸島八丈島.

ハンノナガホソガ チャイロホソガの別名.

ハンノナミシャク〈Euchoeca nebulata〉昆虫綱鱗翅目シャクガ科ナミシャク亜科の蛾.開張19〜21mm.分布:北海道,本州,シベリア南東部からヨーロッパ.

ハンノハマキホソガ〈Caloptilia alni〉昆虫綱鱗翅目ホソガ科の蛾.分布:北海道,本州,ロシア南東部.

ハンノハムグリハバチ〈Fenusa dohrni〉昆虫綱膜翅目ハバチ科.

ハンノヒメコガネ〈Anomala multistriata〉昆虫綱甲虫目コガネムシ科の甲虫.体長12.5〜17.5mm.シバ類に害を及ぼす.

ハンノヒロズヨコバイ〈Oncopsis alni〉昆虫綱半翅目ヒロズヨコバイ科.

ハンノブチハバチ〈Hemichroa australis〉昆虫綱膜翅目ハバチ科.

ハンノホシボシホソガ〈Parornix alni〉昆虫綱鱗翅目ホソガ科の蛾.分布:北海道,本州,ロシア南東部.

ハンノメムシガ〈Epinotia tenerana〉昆虫綱鱗翅目ハマキガ科の蛾.開張15〜17.5mm.分布:北海道,本州(東北及び中部山地),四国(剣山),ロシア(ウスリー).

ハンノモグリカイガラムシ〈Xylococcus japonicus〉昆虫綱半翅目ワタフキカイガラムシ科.体長4〜6mm.栗に害を及ぼす.分布:北海道,本州,四国,サハリン.

パンパサティルス・クイエス〈Pampasatyrus quies〉昆虫綱鱗翅目ジャノメチョウ科の蝶.分布:アルゼンチン,パタゴニア,ウルグアイ.

ハンマーオーキッドツチバチ〈Tiphiidae〉コッチバチ科の一群の総称。珍虫。

ハンミョウ 斑蝥〈Cicindela japonica〉昆虫綱甲虫目ハンミョウ科の甲虫。体長20mm。分布：本州,四国,九州,屋久島,沖縄本島。

ハンミョウ 斑蝥 甲虫目ハンミョウ科の昆虫の総称,またはそのうちの一種を指す。

ハンミョウ属の一種〈Cicindela sp.〉昆虫綱甲虫目ハンミョウ科。分布：ザイール。

ハンミョウモドキ エゾハンミョウモドキの別名。

ハンモックサラグモ〈Linyphia anguilifera〉蛛形綱クモ目サラグモ科の蜘蛛。体長雌3.8～4.0mm,雄2.8～3.0mm。分布：北海道,本州,四国,九州。

【ヒ】

ビア・アクトリオン〈Bia actorion〉昆虫綱鱗翅目ジャノメチョウ科の蝶。分布：ペルー,スリナム,アマゾン川流域。

ヒアリ アカカミアリの別名。

ヒアリリス・バッロニア〈Hyaliris vallonia〉昆虫綱鱗翅目トンボマダラ科の蝶。分布：ブラジル。

ヒアリリス・フェネステッラ〈Hyaliris fenestella〉昆虫綱鱗翅目トンボマダラ科の蝶。分布：ベネズエラ。

ヒアレンナ・テレシタ〈Hyalenna teresita〉昆虫綱鱗翅目トンボマダラ科の蝶。分布：エクアドル。

ヒアレンナ・ペラシッパ〈Hyalenna perasippa〉昆虫綱鱗翅目トンボマダラ科の蝶。分布：エクアドル,コロンビア。

ヒアロティス・アドゥラストゥス〈Hyarotis adrastus〉昆虫綱鱗翅目セセリチョウ科の蝶。分布：ヒマラヤ,インドから東南アジア一帯。

ヒアロティス・ミクロスティクトゥム〈Hyarotis microstictum〉昆虫綱鱗翅目セセリチョウ科の蝶。分布：インド,マレーシア。

ヒアロティルス・ネレウス〈Hyalothyrus neleus〉昆虫綱鱗翅目セセリチョウ科の蝶。分布：ニカラグア,パナマ,コロンビア,ベネズエラ,ギアナ,ペルー,ボリビア,アマゾン流域。

ヒイラギハマキワタムシ〈Prociphilus osmanthae〉昆虫綱半翅目アブラムシ科。木犀類に害を及ぼす。

ヒイロキリガ〈Cosmia sanguinea〉昆虫綱鱗翅目ヤガ科カラスヨトウ亜科の蛾。開張28～39mm。分布：本州,四国,九州屋久島の山地。

ヒイロゲンセイ ヒラズゲンセイの別名。

ヒイロシジミ〈Deudorix epijarbas〉昆虫綱鱗翅目シジミチョウ科の蝶。別名コウシュンシジミ。分布：インド,マレーシア,オーストラリア,スマトラ,ジャワ,ボルネオ,セレベス,フィリピン,台湾,モルッカ諸島,ニューギニア,ソロモン諸島。

ヒイロツマベニチョウ〈Hebomoia leucippe leucippe〉昆虫綱鱗翅目シロチョウ科の蝶。開張95mm。分布：モルッカ諸島周辺。珍蝶。

ヒイロトリバネアゲハ アカトリバネアゲハの別名。

ヒイロハナカミキリ モウセンハナカミキリの別名。

ヒイロヒメヨコバイ〈Typhlocyba punicea〉昆虫綱半翅目ヒメヨコバイ科。

ヒイロヒラズゲンセイ ヒラズゲンセイの別名。

ヒイロホソガタナガクチキムシ ヒイロホソナガクチキムシの別名。

ヒイロホソチョウ〈Acraea anemosa〉昆虫綱鱗翅目ホソチョウ科の蝶。分布：アフリカ東部。

ヒイロホソナガクチキムシ〈Dapsiloderus nomurai〉昆虫綱甲虫目ナガクチキムシ科の甲虫。体長11.5～13.0mm。

ヒウラシラホシゾウムシ〈Shirahoshizo hiurai〉昆虫綱甲虫目ゾウムシ科の甲虫。体長4.2～4.9mm。

ヒエウンカ〈Sogatella vibix〉昆虫綱半翅目ウンカ科。体長雌4.5mm,雄3.8mm。イネ科牧草に害を及ぼす。分布：日本全国,朝鮮半島,シベリア南東部。

ビエトツマキチョウ ウンナンツマキチョウの別名。

ヒエノアブラムシ〈Melanaphis sacchari〉昆虫綱半翅目アブラムシ科。体長1.6～1.7mm。飼料用トウモロコシ,ソルガム,サトウキビ,イネ科作物に害を及ぼす。分布：本州以南の日本各地,朝鮮半島,中国,台湾,東南アジア,南アメリカ,オーストラリア,ハワイ。

ピエリス・エルガネ〈Pieris ergane〉昆虫綱鱗翅目シロチョウ科の蝶。分布：フランス東南部から小アジア,イランまで。

ピエリス・クリュペリ〈Pieris krueperi〉昆虫綱鱗翅目シロチョウ科の蝶。分布：ギリシア,小アジアからイラン,パミールまで。

ピエリス・クルキフェラルム〈Pieris cruciferarum〉昆虫綱鱗翅目シロチョウ科の蝶。分布：カリフォルニア州。

ピエリス・デオタ〈Pieris deota〉昆虫綱鱗翅目シロチョウ科の蝶。分布：パミール,ラダク。

ピエリス・デュベルナルディ〈Pieris dubernardi〉昆虫綱鱗翅目シロチョウ科の蝶。分布：中国西部。

ピエリス・ビアルディ〈Pieris viardi〉昆虫綱鱗翅目シロチョウ科の蝶。分布：中央アメリカ。

ヒエリスヒ

ピエリス・ピロティス〈Pieris pylotis〉昆虫綱鱗翅目シロチョウ科の蝶。分布：ブラジル。

ピエリス・ブラッシコイデス〈Pieris brassicoides〉昆虫綱鱗翅目シロチョウ科の蝶。分布：エチオピア。

ピエリス・マンニイ〈Pieris mannii〉昆虫綱鱗翅目シロチョウ科の蝶。分布：モロッコ、ヨーロッパ南部からシリアまで。

ピエリドプシス・ビルゴ〈Pieridopsis virgo〉昆虫綱鱗翅目ジャノメチョウ科の蝶。分布：ニューギニア。

ピエレッラ・ヘルビナ〈Pierella helvina〉昆虫綱鱗翅目ジャノメチョウ科の蝶。分布：コロンビア。

ピエレッラ・レア〈Pierella rhea〉昆虫綱鱗翅目ジャノメチョウ科の蝶。分布：アマゾン、リオデジャネイロ。

ピエロコリアス・ニシアス〈Pieroclias nysias〉昆虫綱鱗翅目シロチョウ科の蝶。分布：ボリビア。

ピエロコリアス・フアナコ〈Pierocolias huanaco〉昆虫綱鱗翅目シロチョウ科の蝶。分布：ボリビアのアンデス山系。

ヒオドシチョウ 緋縅蝶〈Nymphalis xanthomelas〉昆虫綱鱗翅目タテハチョウ科ヒオドシチョウ亜科の蝶。前翅長35～40mm。分布：北海道、本州、四国、九州。

ビオリニテンスタテハ〈Palla violinitens〉昆虫綱鱗翅目タテハチョウ科の蝶。開張70mm。分布：アフリカ中央部。珍蝶。

ヒカゲタテハ〈Bhagadatta austenia〉昆虫綱鱗翅目タテハチョウ科の蝶。

ヒカゲチョウ 日隠蝶〈Lethe sicelis〉昆虫綱鱗翅目ジャノメチョウ科の蝶。別名ナミヒカゲ。前翅長29～32mm。分布：本州、四国、九州。

ヒカゲハマキ〈Acleris umbrana〉昆虫綱鱗翅目ハマキガ科の蛾。分布：北海道、本州中部山地、ロシア、ヨーロッパ、イギリス。

ヒカゲヒメハマキ〈Hikagehamakia albiguttata〉昆虫綱鱗翅目ハマキガ科の蛾。分布：北海道、本州、対馬、屋久島、四国、九州。

ヒガシオビヤスデ〈Epanerchodus orientalis〉陸生動物。害虫。

ヒガシカワトンボ〈Mnais pruinosa costalis〉昆虫綱蜻蛉目カワトンボ科の蜻蛉。絶滅のおそれのある地域個体群(LP)。

ヒガシコモリグモ〈Pardosa oriens〉蛛形綱クモ目コモリグモ科の蜘蛛。

ヒガシノヒメハナノミ〈Glipostenoda higashinoi〉昆虫綱甲虫目ハナノミ科。

ピガスウズマキタテハ〈Callicore pygas〉昆虫綱鱗翅目タテハチョウ科の蝶。分布：コロンビア、ペルー、ボリビア、ブラジル。

ピカヌム・オクラケウム〈Pycanum ochraceum〉昆虫綱半翅目カメムシ科。分布：ブータン、インド、ミャンマー、タイ、インドシナ、チベット、中国。

ピカヌム・ルベンス〈Pycanum rubens〉昆虫綱半翅目カメムシ科。分布：インド、ミャンマー、マレーシア、スマトラ、ボルネオ、フィリピン。

ヒカリアシナガグモ〈Tetragnatha nitens〉蛛形綱クモ目アシナガグモ科の蜘蛛。

ヒカリコメツキ〈Pyrophorus noctilucus〉昆虫綱甲虫目コメツキムシ科。珍虫。

ヒカリタマムシ ホウセキカワリタマムシの別名。

ヒカルルリイロジガバチ〈Chlorion lobatum〉昆虫綱膜翅目ジガバチ科。分布：インドシナ、マレーシア。

ヒカルワイゲウシジミ〈Waigeum dinawa〉昆虫綱鱗翅目シジミチョウ科の蝶。分布：ニューギニア。

ヒガンザクラコブアブラムシ〈Tuberocephalus higansakurae〉昆虫綱半翅目アブラムシ科。体長1.7mm。桜類に害を及ぼす。分布：本州。

ヒキオコシコブアブラムシ〈Myzus siegesbeckiae〉昆虫綱半翅目アブラムシ科。体長1.5～1.7mm。桜類に害を及ぼす。分布：本州、四国、九州。

ビキクルス・アウリクルダ〈Bicyclus auricruda〉昆虫綱鱗翅目ジャノメチョウ科の蝶。分布：ガーナからウガンダまで。

ビキクルス・イッキウス〈Bicyclus iccius〉昆虫綱鱗翅目ジャノメチョウ科の蝶。分布：ナイジェリア、コンゴ、ウガンダ。

ビキクルス・カンピナ〈Bicyclus campina〉昆虫綱鱗翅目ジャノメチョウ科の蝶。分布：キリマンジャロ山(ケニアとタンザニアの境にある高山)。

ピキナ・ザンバ〈Pycina zamba〉昆虫綱鱗翅目タテハチョウ科の蝶。分布：コロンビア、ベネズエラからエクアドルおよびペルーまで。

ビクトリアアゲハ ビクトリアトリバネアゲハの別名。

ビクトリアトリバネアゲハ〈Ornithoptera victoriae〉昆虫綱鱗翅目アゲハチョウ科の蝶。別名ビクトリアアゲハ。開張雄150mm、雌200mm。分布：ソロモン諸島。珍蝶。

ヒグマノミ〈Chaetopsylla tuberculaticeps〉昆虫綱隠翅目ケナガノミ科。体長4.5mm。分布：ユーラシア、北アメリカ北西部。害虫。珍虫。

ヒグラシ 蜩〈Tanna japonensis〉昆虫綱半翅目セミ科。体長39～50mm。分布：北海道(南部)、本州、四国、九州、奄美大島。

ヒグラシセセリ〈*Hidari irava*〉昆虫綱鱗翅目セセリチョウ科の蝶。分布：スマトラからバリ島まで。

ヒゲアカアリツカハネカクシ〈*Thyasophila oxypodina*〉昆虫綱甲虫目ハネカクシ科。

ヒゲエナガキノコバエ〈*Leia longipalpis*〉昆虫綱双翅目キノコバエ科。

ヒゲカタアリヅカムシ〈*Tmesiphorus crassicornis*〉昆虫綱甲虫目アリヅカムシ科の甲虫。体長2.9～3.0mm。

ヒゲコガネ 鬚金亀子虫〈*Polyphylla laticollis*〉昆虫綱甲虫目コガネムシ科の甲虫。体長31～38mm。分布：本州, 四国, 九州。

ヒゲコメツキ 角叩頭虫〈*Pectocera fortunei*〉昆虫綱甲虫目コメツキムシ科の甲虫。体長24～30mm。分布：北海道, 本州, 四国, 九州, 対馬, 屋久島, 奄美大島, 沖縄本島, 伊豆諸島。

ヒゲシリブトガガンボ 鬚尾太大蚊〈*Liogma serraticornis*〉昆虫綱双翅目ガガンボ科。分布：本州。

ヒゲシロアラゲカミキリ オガサワラアラゲカミキリの別名。

ヒゲジロキバチ 鬚白樹蜂〈*Urocerus antennatus*〉昆虫綱膜翅目キバチ科。分布：北海道, 本州。

ヒゲジロクビナガキバチ〈*Xiphydria palaeanarctica*〉昆虫綱膜翅目クビナガキバチ科。

ヒゲジロコシアカハバチ〈*Tenthredo dentina*〉昆虫綱膜翅目ハバチ科。

ヒゲシロスズ 鬚白鈴虫〈*Pteronemobius flavoantennalis*〉昆虫綱直翅目コオロギ科。体長6～9mm。分布：本州, 四国, 九州。

ヒゲジロハサミムシ〈*Gonolabis marginalis*〉昆虫綱革翅目マルムネハサミムシ科。体長20mm。林檎に害を及ぼす。分布：本州以南の日本各地, 朝鮮半島, 中国, 台湾, ジャワ。

ヒゲジロハナカミキリ〈*Japanostrangalia dentatipennis*〉昆虫綱甲虫目カミキリムシ科ハナカミキリ亜科の甲虫。体長11～14mm。分布：本州, 四国, 九州。

ヒゲシロホソコバネカミキリ〈*Necydalis odai*〉昆虫綱甲虫目カミキリムシ科ハナカミキリ亜科の甲虫。体長14～22mm。分布：北海道, 本州, 四国, 九州。

ヒゲツェツェバエ〈*Glossina palpalis*〉昆虫綱双翅目ツェツェバエ科。分布：アフリカ西部・中央部・東部。

ヒゲツツガムシ〈*Leptotrombidium palpale*〉蛛形綱ダニ目ツツガムシ科。体長35μm。害虫。

ヒゲツノムラサキカミキリ〈*Jonthodes sculptitis*〉昆虫綱甲虫目カミキリムシ科の甲虫。分布：アフリカ。

ヒゲトビコバチ〈*Encyrtus lecaniorum*〉昆虫綱膜翅目トビコバチ科。

ヒゲナガアメイロカミキリ〈*Obrium longicorne*〉昆虫綱甲虫目カミキリムシ科カミキリ亜科の甲虫。体長8mm。

ヒゲナガアラハダトビハムシ〈*Trachyaphthona sordida*〉昆虫綱甲虫目ハムシ科の甲虫。体長2.0～2.2mm。

ヒゲナガウスシロカミキリ〈*Praolia umui*〉昆虫綱甲虫目カミキリムシ科フトカミキリ亜科の甲虫。

ヒゲナガウスバハムシ〈*Stenoluperus nipponensis*〉昆虫綱甲虫目ハムシ科の甲虫。体長3.5～4.0mm。

ヒゲナガオトシブミ 鬚長落文〈*Paratrachelophorus longicornis*〉昆虫綱甲虫目オトシブミ科の甲虫。体長8～12mm。分布：北海道, 本州, 四国, 九州。

ヒゲナガガ 髭長蛾〈long-horned moth〉昆虫綱鱗翅目マガリガ科の一亜科Incurvariidaeの総称。

ヒゲナガガ ギンスジヒゲナガの別名。

ヒゲナガガガンボ〈*Hexatoma moriokana*〉昆虫綱双翅目ヒメガガンボ科。

ヒゲナガカミキリ〈*Monochamus grandis*〉昆虫綱甲虫目カミキリムシ科フトカミキリ亜科の甲虫。体長26～44mm。分布：北海道, 本州, 四国, 九州。

ヒゲナガカミキリの一種(1)〈*Monochamus galloprovincialis* subsp.*pistor*〉昆虫綱甲虫目カミキリムシ科の甲虫。

ヒゲナガカミキリの一種(2)〈*Monochamus scutellatus* subsp.*oregonensis*〉昆虫綱甲虫目カミキリムシ科の甲虫。

ヒゲナガカメムシ 鬚長亀虫〈*Pachygrontha antennata*〉昆虫綱半翅目ナガカメムシ科。体長8～9mm。分布：北海道, 本州, 四国, 九州。

ヒゲナガカワトビケラ 鬚長河石蚕, 鬚長河飛螻〈*Stenopsyche marmorata*〉昆虫綱毛翅目ヒゲナガカワトビケラ科。珍虫。

ヒゲナガカワトビケラ 鬚長河石蚕, 鬚長河飛螻〈*stenopsychid caddi*〉昆虫綱トビケラ目ヒゲナガカワトビケラ科の昆虫の総称, あるいはそのなかの一種。

ヒゲナガカワベハネカクシ〈*Bledius orphinus*〉昆虫綱甲虫目ハネカクシ科。

ヒゲナガキアブモドキ 鬚長擬虻〈*Solva longicornis*〉昆虫綱双翅目キアブモドキ科。分布：本州, 北海道。

ヒゲナガキトビムシ〈*Salina affinis*〉無翅昆虫亜綱粘管目ヒゲナガキトビムシ科。

ヒゲナガキバケシキスイ〈*Platychora hololeptoides*〉昆虫綱甲虫目ケシキスイムシ科。

ヒゲナガクビボソムシ〈*Macratria antennalis*〉昆虫綱甲虫目アリモドキ科の甲虫。体長3.6〜4.3mm。

ヒゲナガクロコガネ〈*Hexataenius protensis*〉昆虫綱甲虫目コガネムシ科の甲虫。体長11〜15mm。

ヒゲナガクロハバチ〈*Phymatocera nipponica*〉昆虫綱膜翅目ハバチ科。

ヒゲナガコガシラハネカクシ〈*Philonthus longicornis*〉昆虫綱甲虫目ハネカクシ科。

ヒゲナガコブヤハズカミキリ〈*Parechthistatus gibber longicornis*〉昆虫綱甲虫目カミキリムシ科の甲虫。

ヒゲナガゴマフカミキリ〈*Palimna liturata*〉昆虫綱甲虫目カミキリムシ科フトカミキリ亜科の甲虫。体長12〜24mm。分布：北海道,本州,四国,九州,対馬,屋久島。

ヒゲナガコマユバチ〈*Macrocentrus gifuensis*〉昆虫綱膜翅目コマユバチ科。

ヒゲナガコメツキ〈*Neotrichophorus junior*〉昆虫綱甲虫目コメツキムシ科の甲虫。体長13mm。分布：北海道,本州,四国,九州,対馬,屋久島,伊豆諸島。

ヒゲナガササキリ〈*Conocephalus longicornis*〉昆虫綱直翅目キリギリス科。

ヒゲナガササシガメ 鬚長刺亀〈*Endochus stalianus*〉昆虫綱半翅目サシガメ科。分布：本州,四国,九州。

ヒゲナガシラホシカミキリ〈*Eumecocera argyrosticta*〉昆虫綱甲虫目カミキリムシ科フトカミキリ亜科の甲虫。体長10〜13mm。分布：本州,四国,九州。

ヒゲナガゾウムシ 髭長象虫〈*fungus weevil*〉昆虫綱甲虫目ヒゲナガゾウムシ科Anthribidaeに属する昆虫の総称。

ヒゲナガタマノミハムシ〈*Sphaeroderma japanum*〉昆虫綱甲虫目ハムシ科。

ヒゲナガチビケシキスイ〈*Pria tokarensis*〉昆虫綱甲虫目ケシキスイ科の甲虫。体長1.9〜2.1mm。

ヒゲナガチビヒラタドロムシ マスダチビヒラタドロムシの別名。

ヒゲナガチャイロコメツキダマシ〈*Fornax tumidicollis*〉昆虫綱甲虫目コメツキダマシ科の甲虫。体長8.6〜18.2mm。

ヒゲナガツェツェバエ〈*Glossina longipalpis*〉昆虫綱双翅目ツェツェバエ科。分布：ギニアからナイジェリア中央部までとザイール南東部。

ヒゲナガトビケラ属の一種〈*Leptocerus* sp.〉昆虫綱毛翅目ヒゲナガトビケラ科。

ヒゲナガハエトリ〈*Evarcha longipalpis*〉蛛形綱クモ目ハエトリグモ科の蜘蛛。

ヒゲナガハシリグモ〈*Hygropoda higenaga*〉蛛形綱クモ目ヨリメグモ科の蜘蛛。

ヒゲナガハナアブ 鬚長花虻〈*Chrysotoxum japonicum*〉昆虫綱双翅目ハナアブ科。分布：北海道,本州。

ヒゲナガハナノミ 角長花蚤〈*Paralichas pectinatus*〉昆虫綱甲虫目ナガハナノミ科の甲虫。体長8〜12mm。分布：本州,四国,九州。

ヒゲナガハバチ〈*Lagidina platycerus*〉昆虫綱膜翅目ハバチ科。

ヒゲナガヒザグモ〈*Erigone longipalpis*〉蛛形綱クモ目サラグモ科の蜘蛛。体長雌2.8〜3.0mm,雄2.6〜2.8mm。分布：北海道(大雪山,雪ノ平)。

ヒゲナガヒメカミキリ〈*Ceresium longicorne*〉昆虫綱甲虫目カミキリムシ科カミキリ亜科の甲虫。体長11〜17mm。分布：本州,九州,対馬,南西諸島。

ヒゲナガヒメクチバ〈*Seneratia praecipua*〉昆虫綱鱗翅目ヤガ科クチバ亜科の蛾。分布：西表島,スリランカ,インド,アンボン,ジロロ。

ヒゲナガヒメコケムシ〈*Euconnus japonicus*〉昆虫綱甲虫目コケムシ科。

ヒゲナガヒメヒラタムシ 鬚長姫扁虫〈*Dendrophagus longicornis*〉昆虫綱甲虫目ヒラタムシ科の甲虫。体長6.5mm。分布：北海道,本州。

ヒゲナガヒメルリカミキリ 鬚長姫瑠璃天牛〈*Praolia citrinipes*〉昆虫綱甲虫目カミキリムシ科フトカミキリ亜科の甲虫。体長6〜8mm。分布：本州,四国,九州,屋久島,奄美大島。

ヒゲナガビロウドコガネ〈*Serica boops*〉昆虫綱甲虫目コガネムシ科の甲虫。体長7〜8mm。分布：本州,四国,九州。

ヒゲナガホソクチゾウムシ〈*Apion placidum*〉昆虫綱甲虫目ホソクチゾウムシ科の甲虫。体長2.6〜3.0mm。分布：本州,四国,九州。

ヒゲナガホソシバンムシ〈*Oligomerus ptilinoides*〉昆虫綱甲虫目シバンムシ科。

ヒゲナガホソハナカミキリ〈*Mimostrangalia longicornis*〉昆虫綱甲虫目カミキリムシ科ハナカミキリ亜科の甲虫。体長13〜18mm。分布：奄美大島,徳之島,沖縄諸島。

ヒゲナガホソハバチ〈*Ametastegia longicornis*〉昆虫綱膜翅目ハバチ科。

ヒゲナガマシラグモ〈*Leptoneta uenoi*〉蛛形綱クモ目マシラグモ科の蜘蛛。

ヒゲナガマダラヤドリハナバチ〈*Nomada hakonensis*〉昆虫綱膜翅目ミツバチ科。

ヒゲナガマメゾウムシ〈*Bruchidius lautus*〉昆虫綱甲虫目マメゾウムシ科の甲虫。体長2.5～3.2mm。

ヒゲナガマルクビハネカクシ〈*Tachinus sawadai*〉昆虫綱甲虫目ハネカクシ科の甲虫。体長5.4～5.9mm。

ヒゲナガマルタマキノコムシ〈*Agathidium longicorne*〉昆虫綱甲虫目タマキノコムシ科の甲虫。体長2.7～3.5mm。

ヒゲナガマルハバチ〈*Phymatoceropsis japonica*〉昆虫綱膜翅目ハバチ科。

ヒゲナガミズギワハネカクシ〈*Derops longicornis*〉昆虫綱甲虫目ハネカクシ科の甲虫。体長4.8～5.3mm。

ヒゲナガムシヒキ 鬚長食虫虻〈*Myielaphus dispar*〉昆虫綱双翅目ムシヒキアブ科。分布：北海道, 本州。

ヒゲナガモモブトカミキリ〈*Acanthocinus griseus*〉昆虫綱甲虫目カミキリムシ科フトカミキリ亜科の甲虫。体長9～13mm。分布：北海道, 本州, 四国, 九州。

ヒゲナガモモブトカミキリの一種〈*Acanthocinus aedilis*〉昆虫綱甲虫目カミキリムシ科の甲虫。

ヒゲナガヤチバエ〈*Sepedon sphegea*〉昆虫綱双翅目ヤチバエ科。体長7～11mm。分布：本州, 四国, 九州。

ヒゲナガルリマルノミハムシ〈*Hemipyxis plagioderoides*〉昆虫綱甲虫目ハムシ科の甲虫。体長3.8～5.0mm。分布：本州, 四国, 九州。

ヒゲハナノミ〈*Higehanomia palpalis*〉昆虫綱甲虫目ハナノミ科。

ヒゲブトアザミウマ 鬚太薊馬〈*Chirothrips manicatus*〉昆虫綱総翅目アザミウマ科。体長0.8～1.4mm。飼料用トウモロコシ, ソルガム, 麦類, イネ科作物に害を及ぼす。分布：北海道, 本州, 四国, 九州。

ヒゲブトアリノスハネカクシ〈*Bolitochara cylindricornis*〉昆虫綱甲虫目ハネカクシ科の甲虫。体長6.5～7.0mm。

ヒゲブトエクボアリヅカムシ〈*Raphitreus speratus*〉昆虫綱甲虫目アリヅカムシ科の甲虫。体長2.2mm。

ヒゲブトエンマアリヅカムシ〈*Trissemus antilope*〉昆虫綱甲虫目アリヅカムシ科。

ヒゲブトオサムシ 角太歩行虫 昆虫綱甲虫目ヒゲブトオサムシ科Paussidaeに属する昆虫の総称。

ヒゲブトキスイ〈*Cryptophagus latangulus*〉昆虫綱甲虫目キスイムシ科の甲虫。体長2.5～3.0mm。

ヒゲブトクチキバエ〈*Hendelia beckeri*〉昆虫綱双翅目クチキバエ科。

ヒゲブトクチブトゾウムシ〈*Myllocerus abnormalis*〉昆虫綱甲虫目ゾウムシ科の甲虫。体長5.8～6.7mm。

ヒゲブトクロアツバ〈*Nodaria tristis*〉昆虫綱鱗翅目ヤガ科クルマアツバ亜科の蛾。開張28～32mm。分布：本州(宮城県以南), 四国, 九州, 屋久島, 対馬, 朝鮮半島。

ヒゲブトグンバイ 鬚太軍配〈*Copium japonicum*〉昆虫綱半翅目グンバイムシ科。体長3.5～4.2mm。分布：本州, 九州, 五島列島。

ヒゲブトコキノコムシ 鬚太小茸虫〈*Mycetophagus antennatus*〉昆虫綱甲虫目コキノコムシ科の甲虫。体長4mm。分布：北海道, 本州, 四国, 九州。

ヒゲブトコケムシ〈*Veraphis ishikawai*〉昆虫綱甲虫目コケムシ科の甲虫。体長1.8mm。

ヒゲブトコバエ 鬚太小蠅 昆虫綱双翅目短角亜目ハエ群ヒゲブトコバエ科Cryptochaetidaeの総称。

ヒゲブトゴミムシダマシ 鬚太偽歩行虫〈*Luprops sinensis*〉昆虫綱甲虫目ゴミムシダマシ科の甲虫。体長8～10mm。分布：北海道, 本州, 四国, 九州。

ヒゲブトコメツキ 鬚太叩頭虫〈*Throscus longurus*〉昆虫綱甲虫目ヒゲブトコメツキ科。分布：本州, 対馬。

ヒゲブトシギゾウムシ〈*Curculio breviscapus*〉昆虫綱甲虫目ゾウムシ科の甲虫。体長5～6mm。

ヒゲブトジュウジベニボタル〈*Lopheros crassipalpis*〉昆虫綱甲虫目ベニボタル科の甲虫。体長7.5～12.0mm。

ヒゲブトセスジハネカクシ〈*Anotylus crassicornis*〉昆虫綱甲虫目ハネカクシ科の甲虫。体長4.0～4.5mm。

ヒゲブトチビハネカクシ〈*Silusa lanuginosa*〉昆虫綱甲虫目ハネカクシ科。

ヒゲブトテントウダマシ〈*Trochoideus desjardinsi*〉昆虫綱甲虫目テントウムシダマシ科の甲虫。体長3～4mm。

ヒゲブトトガリキジラミ 角太尖木虱〈*Stenopsylla nigricornis*〉昆虫綱半翅目キジラミ科。分布：本州, 九州。

ヒゲブトトガリキジラミトビコバチ〈*Metaprionomitus stenopsyllae*〉昆虫綱膜翅目トビコバチ科。

ヒゲブトナガクチキムシ〈*Dircaeomorpha elegans*〉昆虫綱甲虫目ナガクチキムシ科の甲虫。体長8.2～13.1mm。

ヒゲブトナガハネカクシ〈*Lathrobium monilicorne*〉昆虫綱甲虫目ハネカクシ科の甲虫。体長6.3～6.7mm。

ヒゲフトナミシャク 鬚太波尺蛾〈*Sauris nanaria*〉昆虫綱鱗翅目シャクガ科ナミシャク亜科の蛾。開張17～20mm。分布：本州,四国,九州。

ヒゲブトハナカミキリ〈*Pachypidonia bodemeyeri*〉昆虫綱甲虫目カミキリムシ科ハナカミキリ亜科の甲虫。体長13～14mm。

ヒゲブトハナムグリ〈*Anthypna pectinata*〉昆虫綱甲虫目コガネムシ科の甲虫。体長7.5～9.5mm。分布：本州,四国。

ヒゲブトハネカクシ 角太隠翅虫〈*Aleochara lata*〉昆虫綱甲虫目ハネカクシ科の甲虫。体長5.0～9.0mm。分布：本州,九州。

ヒゲブトハムシダマシ ヒゲブトゴミムシダマシの別名。

ヒゲブトハンミョウ属の一種〈*Dromica sp.*〉昆虫綱甲虫目ハンミョウ科。分布：ザイール。

ヒゲブトヒラタケシキスイ〈*Epuraea depressa*〉昆虫綱甲虫目ケシキスイ科の甲虫。体長2.5～3.6mm。

ヒゲブトベッコウ〈*Evagetes deirambo*〉昆虫綱膜翅目ベッコウバチ科。

ヒゲブトホソアリモドキ〈*Sapintus monstrosicornis*〉昆虫綱甲虫目アリモドキ科の甲虫。体長2.0～2.2mm。

ヒゲブトマダラメイガ〈*Spatulipalpia albistrialis*〉昆虫綱鱗翅目メイガ科の蛾。分布：本州(東北地方南部より),九州,西表島,スリランカ。

ヒゲブトマルクビハネカクシ〈*Tachinus nakanei*〉昆虫綱甲虫目ハネカクシ科の甲虫。体長6.0～6.5mm。

ヒゲブトマルハバチ〈*Megatomostethus crassicornis*〉昆虫綱膜翅目ハバチ科。

ヒゲブトムネトゲアリヅカムシ〈*Petaloscapus basicornis*〉昆虫綱甲虫目アリヅカムシ科の甲虫。体長2.1～2.3mm。

ヒゲブトヨコセミゾハネカクシ〈*Ochthephilus antennatus*〉昆虫綱甲虫目ハネカクシ科の甲虫。体長3.1mm。

ヒゲブトルリミズアブ〈*Beris petiolata*〉昆虫綱双翅目ミズアブ科。

ヒゲボソヒメコメツキダマシ 鬚細姫偽叩頭虫〈*Hypocoelus harmandi*〉昆虫綱甲虫目コメツキダマシ科の甲虫。体長4.7～6.6mm。分布：北海道,本州。

ヒゲマダライナゴ〈*Hieroglyphus annulicornis*〉昆虫綱直翅目バッタ科。体長雌42～55mm,雄40mm。サトウキビに害を及ぼす。分布：宮古・八重山群島,台湾,中国,ベトナム,タイ,インド。

ヒゲマダラエダシャク〈*Cryptochorina amphidasyaria*〉昆虫綱鱗翅目シャクガ科エダシャク亜科の蛾。開張46～54mm。分布：北海道,本州,四国,九州,シベリア南東部。

ヒゴキノコゴミムシダマシ〈*Platydema higonium*〉昆虫綱甲虫目ゴミムシダマシ科の甲虫。体長5.5～6.5mm。

ヒゴキンウワバ〈*Chrysodeixis sp.*〉昆虫綱鱗翅目ヤガ科コヤガ亜科の蛾。分布：熊本県の内陸部,台湾。

ヒゴケナガクビボソムシ〈*Neostereopalpus kyushuensis*〉昆虫綱甲虫目アリモドキ科の甲虫。体長9.5～13.0mm。

ヒコサンオオズナガゴミムシ〈*Pterostichus macrocephalus*〉昆虫綱甲虫目ゴミムシ科。分布：九州北部。

ヒコサンカバナミシャク〈*Eupithecia antivulgaria*〉昆虫綱鱗翅目シャクガ科の蛾。分布：本州(関東以西),四国,九州。

ヒコサンキンモンホソガ〈*Phyllonorycter hikosana*〉昆虫綱鱗翅目ホソガ科の蛾。分布：九州。

ヒコサンコアカヨトウ〈*Anapamea apameoides*〉昆虫綱鱗翅目ヤガ科カラスヨトウ亜科の蛾。分布：中国湖南省,対馬,隠岐両島,北九州市,英彦山,香川県。

ヒコサンコモリグモ〈*Arctosa hikosanensis*〉蛛形綱クモ目コモリグモ科の蜘蛛。

ヒコサンセスジゲンゴロウ〈*Copelatus takakurai*〉昆虫綱甲虫目ゲンゴロウ科の甲虫。体長4.6～4.8mm。

ヒコサンヌカグモ〈*Dicornua hikosanensis*〉蛛形綱クモ目サラグモ科の蜘蛛。体長雌1.8～2.0mm,雄1.5～1.7mm。分布：九州。

ヒコサンヌレチゴミムシ〈*Apatrobus hikosanus*〉昆虫綱甲虫目オサムシ科の甲虫。体長11mm。

ヒコサンヒゲナガコバネカミキリ〈*Glaphyra adachii*〉昆虫綱甲虫目カミキリムシ科カミキリ亜科の甲虫。

ヒコサンホソカ〈*Dixa hikosana*〉昆虫綱双翅目ホソカ科。

ヒコサンホソカイガラムシ〈*Pinnaspis hikosana*〉昆虫綱半翅目マルカイガラムシ科。イヌツゲに害を及ぼす。

ヒコサンモリヒラタゴミムシ〈*Colpodes ehikoensis*〉昆虫綱甲虫目ゴミムシ科。

ヒゴトゲハムシ〈*Dactylispa higoniae*〉昆虫綱甲虫目ハムシ科の甲虫。体長3.8～4.5mm。

ヒゴノトゲトゲ ヒゴトゲハムシの別名。

ヒゴノムナビロオオキノコムシ〈*Microsternus higonius*〉昆虫綱甲虫目オオキノコムシ科の甲虫。体長2.2～2.5mm。

ヒゴヒゲナガハナノミ〈*Paralichas higoniae*〉昆虫綱甲虫目ナガハナノミ科の甲虫。体長6.8～7.2mm。

ヒゴヒラタエンマムシ〈*Hololepta higoniae*〉昆虫綱甲虫目エンマムシ科の甲虫。体長8.0～8.9mm。

ヒゴホラヒメグモ〈*Nesticus higoensis*〉蛛形綱クモ目ホラヒメグモ科の蜘蛛。

ピゴラ・イグニタ〈*Pygora ignita*〉昆虫綱甲虫目コガネムシ科の甲虫。分布：マダガスカル。

ピゴラ・クアトゥオルデキムグッタタ〈*Pygora quattuordecimguttata*〉昆虫綱甲虫目コガネムシ科の甲虫。分布：マダガスカル。

ピゴラ・ドンキエリ〈*Pygora donckieri*〉昆虫綱甲虫目コガネムシ科の甲虫。分布：マダガスカル。

ピゴラ・プラシナ〈*Pygora prasina*〉昆虫綱甲虫目コガネムシ科の甲虫。分布：マダガスカル。

ピゴラ・レノキニア〈*Pygora lenocinia*〉昆虫綱甲虫目コガネムシ科の甲虫。分布：マダガスカル。

ヒサカキクロホシカイガラムシ〈*Parlatoria sexlobata*〉昆虫綱半翅目マルカイガラムシ科。モチノキに害を及ぼす。

ヒサカキノキクイムシ 野茶穿孔虫〈*Xyleborus octiesdentatus*〉昆虫綱甲虫目キクイムシ科の甲虫。体長2.5～2.7mm。分布：四国、九州。

ヒサカキハモグリガ〈*Lyonetia euryella*〉昆虫綱鱗翅目ハモグリガ科の蛾。分布：本州、九州。

ヒザグロナキイナゴ〈*Podismopsis genicularibus*〉昆虫綱直翅目バッタ科。

ヒザグロフトカミキリモドキ〈*Anoxacis geniculata*〉昆虫綱甲虫目カミキリモドキ科の甲虫。体長9.5～15.0mm。

ヒザクロメダカハネカクシ〈*Stenus distans*〉昆虫綱甲虫目ハネカクシ科の甲虫。体長5.3～5.7mm。

ヒサゴクチカクシゾウムシ〈*Simulatacalles simulator*〉昆虫綱甲虫目ゾウムシ科の甲虫。体長3.5～5.2mm。

ヒサゴコフキゾウムシ〈*Parasitones gravidus*〉昆虫綱甲虫目ゾウムシ科の甲虫。体長6.3～7.0mm。

ヒサゴゴミムシダマシ 瓢偽歩行虫〈*Misolampidius rugipennis*〉昆虫綱甲虫目ゴミムシダマシ科の甲虫。体長13～15mm。分布：本州、九州。

ヒサゴスズメ 瓢天蛾〈*Mimas christophi*〉昆虫綱鱗翅目スズメガ科ウンモンスズメ亜科の蛾。前翅にオリーブ色の斑紋がある。開張6.0～7.5mm。分布：ヨーロッパからシベリア。

ヒサゴスミナガシ キゴマダラの別名。

ヒサゴチビゴミムシ〈*Iga formicina*〉昆虫綱甲虫目オサムシ科の甲虫。体長3.5～4.3mm。

ヒサゴトビハムシ〈*Chaetocnema ingenua*〉昆虫綱甲虫目ハムシ科の甲虫。体長2.5～3.0mm。麦類に害を及ぼす。分布：九州以北の日本各地、中国。

ヒサゴホソカタムシ〈*Glyphocryptus brevicollis*〉昆虫綱甲虫目ホソカタムシ科の甲虫。体長2.4～3.0mm。

ヒサゴムクゲキノコムシ〈*Camptodium adustipenne*〉昆虫綱甲虫目ムクゲキノコムシ科の甲虫。体長0.7～0.9mm。

ヒザブトヒメグモ〈*Achaearanea ferrumequinum*〉蛛形綱クモ目ヒメグモ科の蜘蛛。体長雌2.5～3.0mm、雄2.0～2.5mm。分布：本州(関東地方以南)、四国、九州。

ヒサマツシバンムシ〈*Hisamatsua japonica*〉昆虫綱甲虫目シバンムシ科の甲虫。体長2.4～2.9mm。

ヒサマツジョウカイ〈*Athemus hisamatsui*〉昆虫綱甲虫目ジョウカイボン科の甲虫。体長8.6～10.7mm。

ヒサマツナガゴミムシ〈*Pterostichus hisamatsui*〉昆虫綱甲虫目オサムシ科の甲虫。体長15.5～17.5mm。

ヒサマツニセケカツオブシムシ〈*Evorinea hisamatsui*〉昆虫綱甲虫目カツオブシムシ科の甲虫。体長1.7～2.0mm。

ヒサマツミドリシジミ 久松緑小灰蝶〈*Chrysozephyrus hisamatsusanus*〉昆虫綱鱗翅目シジミチョウ科ミドリシジミ亜科の蝶。前翅長17～20mm。分布：本州(関東、中部が北限)、四国、九州。

ヒサマツミナミチビコメツキ〈*Prodrasterius hisamatsui*〉昆虫綱甲虫目コメツキムシ科の甲虫。体長6～9mm。

ヒザユスリカ〈*Chironomus rostratus*〉昆虫綱双翅目ユスリカ科。

ピサロタテヅノカブトムシ〈*Golofa pizarro*〉昆虫綱甲虫目コガネムシ科の甲虫。分布：メキシコからブラジル。

ヒシウンカ 菱浮塵子〈*Pentastiridius apicalis*〉昆虫綱半翅目ヒシウンカ科。体長6～8mm。稲、イネ科牧草に害を及ぼす。分布：本州、四国、九州。

ヒシウンカ 菱浮塵子〈*rhombic planthopper*〉昆虫綱半翅目同翅亜目ヒシウンカ科Cixiidaeの昆虫の総称、およびそのなかの一種。

ヒシウンカモドキ(短翅型)〈*Cixiopsis punctatus*〉昆虫綱半翅目グンバイウンカ科。

ヒシウンカモドキ(長翅型)〈*Cixiopsis punctatus*〉昆虫綱半翅目グンバイウンカ科。

ヒシガタグモ〈*Episinus affinis*〉蛛形綱クモ目ヒメグモ科の蜘蛛。体長雌5～6mm、雄3～4mm。

ヒシガタシギゾウムシ 〈Shigizo rhombiformis〉昆虫綱甲虫目ゾウムシ科の甲虫。体長2.2～3.1mm。

ヒシガタヒメグモ 〈Chrysso vesiculosa〉蛛形綱クモ目ヒメグモ科の蜘蛛。体長雌3mm, 雄2mm。分布：本州(関東地方以南), 四国, 九州。

ヒシガタヒメゾウムシ 〈Barinomorphus antennatus〉昆虫綱甲虫目ゾウムシ科の甲虫。体長2.0～2.5mm。

ヒシカミキリ 菱天牛 〈Microlera ptinoides〉昆虫綱甲虫目カミキリムシ科フトカミキリ亜科の甲虫。体長3～4mm。分布：北海道, 本州, 四国, 九州, 佐渡。

ヒシキジラミ 菱木虱 〈Syntomoza magna〉昆虫綱半翅目キジラミ科。分布：九州。

ヒシキジラミトビコバチ 〈Psyllencyrtus syntomozae〉昆虫綱膜翅目トビコバチ科。

ヒジグロヒナバッタ 〈Chorthippus fumatus〉昆虫綱直翅目バッタ科。

ヒシチビゾウムシ 〈Nanophyes japonicus〉昆虫綱甲虫目ホソクチゾウムシ科の甲虫。体長2.1～2.2mm。

ヒシバッタ 菱蝗 〈Acrydium japonicum〉昆虫綱直翅目ヒシバッタ科。体長7～11mm。イネ科牧草, マメ科牧草, シバ類に害を及ぼす。分布：北海道, 本州, 四国, 九州, 隠岐, 対馬, 奄美大島。

ヒシバッタ 菱蝗 直翅目ヒシバッタ科の昆虫の総称, またはそのうちの一種。

ヒシハムシ ジュンサイハムシの別名。

ヒシベニボタル 〈Dictyoptera gorhami〉昆虫綱甲虫目ベニボタル科の甲虫。体長5.3～9.3mm。

ヒシモンチビオオキノコムシ 〈Tritoma discalis〉昆虫綱甲虫目オオキノコムシ科の甲虫。体長2.7～4.0mm。

ヒシモンツトガ 〈Catoptria permiaca〉昆虫綱鱗翅目メイガ科ツトガ亜科の蛾。開張19～24mm。分布：本州中部山地, 四国では剣山の頂上付近, 朝鮮半島, 中国, シベリア南東部からウラル地方。

ヒシモンナガタマムシ 菱紋長吉丁虫 〈Agrilus discalis〉昆虫綱甲虫目タマムシ科の甲虫。体長5～8mm。分布：本州, 四国, 九州。

ヒシモンハマダラミバエ 〈Acanthoneura trigona〉昆虫綱双翅目ミバエ科。

ヒシモンモドキ 〈Hishimonoides sellatiformis〉昆虫綱半翅目ヨコバイ科。体長5mm。桑に害を及ぼす。分布：東北地方, 関東, 東山地方の一部。

ヒシモンヨコバイ 〈Hishimonus sellatus〉昆虫綱半翅目ヨコバイ科。体長3.9～4.5mm。桑, 柑橘に害を及ぼす。分布：北海道, 本州, 四国, 九州, 対馬。

ビジョオニグモ 〈Araneus mitificus〉蛛形綱クモ目コガネグモ科の蜘蛛。体長雌8～10mm, 雄5～6mm。分布：本州, 四国, 九州。

ヒショヨコバイ 〈Erotettix cyane〉昆虫綱半翅目ヨコバイ科。

ヒジリタマオシコガネ 〈Scarabaeus sacer〉昆虫綱甲虫目コガネムシ科の甲虫。別名ノコギリヒラタコガネ。分布：ヨーロッパ南部, アフリカ北部, 中央アジアからインド, 中国まで。

ピストルツツガ リンゴピストルミノガの別名。

ヒゼンコモリグモ 〈Lycosa sagaphila〉蛛形綱クモ目コモリグモ科の蜘蛛。

ヒゼンダニ 皮癬壁蝨 〈Sarcoptes scabiei〉節足動物門クモ形綱ダニ目ヒゼンダニ科のダニ。体長雄0.22mm, 雌0.38mm。害虫。

ピタウリア・ストゥラミネイペンニス 〈Pithauria stramineipennis〉昆虫綱鱗翅目セセリチョウ科の蝶。分布：シッキムから中国, マレーシア。

ヒダカキンオサムシ 〈Megodontus kolbei〉昆虫綱甲虫目オサムシ科。体長20～26mm。分布：北海道。

ヒダカチビゴミムシ 〈Masuzoa notabilis〉昆虫綱甲虫目オサムシ科の甲虫。体長4.3～4.7mm。

ヒダカハマキホソガ 〈Caloptilia hidakensis〉昆虫綱鱗翅目ホソガ科の蛾。分布：北海道, 本州, ロシア南部。

ヒダカマルガタゴミムシ 〈Amara hidakana〉昆虫綱甲虫目オサムシ科の甲虫。体長6.0～7.5mm。

ヒダカメクラチビゴミムシ 〈Trechiama borealis〉昆虫綱甲虫目オサムシ科の甲虫。体長4.5mm。分布：北海道(日高山脈)。

ヒダチャイロコガネ 〈Sericania hidana〉昆虫綱甲虫目コガネムシ科の甲虫。体長9.5～10.8mm。

ヒダビル 襞蛭 〈Trachelobdella okae〉環形動物門ヒル綱吻ビル目ウオビル科の水生動物。

ヒダリマキマイマイ 左巻蝸牛 〈Euhadra quesita〉軟体動物門腹足綱オナジマイマイ科のカタツムリ。分布：関東地方, 中部地方。

ピックオビハナノミ 〈Glipa pici〉昆虫綱甲虫目ハナノミ科の甲虫。体長7～9mm。

ピックオビハナノミ タイワンオビハナノミの別名。

ピックニセハムシハナカミキリ 〈Lemula rufithorax〉昆虫綱甲虫目カミキリムシ科ハナカミキリ亜科の甲虫。体長6～8mm。分布：本州, 四国, 九州。

ヒツジキンバエ 羊金蠅 〈Lucilia cuprina〉昆虫綱双翅目クロバエ科。体長5.0～8.0mm。分布：東京付近。害虫。

ヒツジシラミバエ〈*Melophagus ovinus*〉昆虫綱双翅目シラミバエ科。体長5〜6mm。分布：北海道,本州。害虫。

ヒツジバエ 羊蠅〈*Oestris ovis*〉昆虫綱双翅目ヒツジバエ科。体長11.0mm。分布：北海道。害虫。

ヒッパルキア・スタティリヌス〈*Hipparchia statilinus*〉昆虫綱鱗翅目ジャノメチョウ科の蝶。分布：スペインからヨーロッパ中部・南部をへて小アジア,アフリカ北部まで。

ヒッパルキア・セメレ〈*Hipparchia semele*〉昆虫綱鱗翅目ジャノメチョウ科の蝶。分布：ヨーロッパ西部・中部,ロシア南部。

ヒッパルキア・ハンシイ〈*Hipparchia hansii*〉昆虫綱鱗翅目ジャノメチョウ科の蝶。分布：モロッコ,チュニス,トリポリタニア(北アフリカ・リビア地方)。

ヒッレ・エリトゥロプス〈*Hille erythropus*〉昆虫綱半翅目ツノゼミ科。分布：コロンビア,エクアドル,ブラジル,アルゼンチン。

ピッロギラ・エドクラ〈*Pyrrhogyra edocla*〉昆虫綱鱗翅目タテハチョウ科の蝶。分布：中央アメリカ。

ピッロギラ・ネアエレア〈*Pyrrhogyra neaerea*〉昆虫綱鱗翅目タテハチョウ科の蝶。分布：メキシコ,中央アメリカ,アマゾン地方。

ヒデアスアトラスカブト フィディアスアトラスオオカブトムシの別名。

ビティス・フォエニッサ〈*Bithys phoenissa*〉昆虫綱鱗翅目シジミチョウ科の蝶。分布：ニカラグア,パナマ,コロンビアからアマゾンまで。

ピテコプス・ペリデスマ〈*Pithecops peridesuma*〉昆虫綱鱗翅目シジミチョウ科の蝶。分布：ハルマヘラ,テルナテ島,バチャン島などのモルッカ諸島の島々。

ヒトエカンザシゴカイ 一重簪沙蚕〈*Serpula vermicularis*〉環形動物門多毛綱カンザシゴカイ科の海産動物。分布：日本各地。

ヒトエグサガガンボ〈*Dicranomyia monostromia*〉昆虫綱双翅目ヒメガガンボ科。

ヒトエグモ 単衣蜘蛛〈*Plator nipponicus*〉節足動物門クモ形綱真正クモ目ヒトエグモ科の蜘蛛。分布：近畿地方。

ヒトオビアラゲカミキリ 一帯粗毛天牛〈*Rhaposcelis unifasciatus*〉昆虫綱甲虫目カミキリムシ科フトカミキリ亜科の甲虫。体長7〜10mm。分布：北海道,本州,四国,九州,佐渡,対馬。

ヒトオビチビカミキリ〈*Sybra unifasciata*〉昆虫綱甲虫目カミキリムシ科フトカミキリ亜科の甲虫。体長12mm。

ヒトオビチビキカワムシ〈*Lissodema plagiatum*〉昆虫綱甲虫目チビキカワムシ科の甲虫。体長2.3〜3.2mm。

ヒトオビトンビグモ〈*Poecilochroa unifascigera*〉蛛形綱クモ目ワシグモ科の蜘蛛。体長雌5〜6mm,雄4〜5mm。分布：本州,九州。

ヒトクイバエ〈*Cordylobia anthoropophaga*〉昆虫綱双翅目クロバエ科。体長6.0〜12.0mm。害虫。

ヒトクチタケシバンムシ〈*Dorcatoma polypori*〉昆虫綱甲虫目シバンムシ科の甲虫。体長1.7〜2.0mm。

ヒトコブオオヘリテントウダマシ マルバネオオテントウダマシの別名。

ヒトジラミ 人虱〈*Pediculus humanus*〉昆虫綱虱目ヒトジラミ科のシラミ。体長2〜4mm。害虫。

ヒトスジアツバ〈*Hypena tatorhina*〉昆虫綱鱗翅目ヤガ科アツバ亜科の蛾。開張33mm。分布：沿海州,北海道から九州。

ヒトスジオオハナノミ 一条大花蚤〈*Metoecus paradoxus*〉昆虫綱甲虫目オオハナノミ科の甲虫。体長9〜15mm。

ヒトスジオオミヤマカミキリ〈*Massicus pascoei*〉昆虫綱甲虫目カミキリムシ科の甲虫。分布：インド東部,マレーシア。

ヒトスジオオメイガ 一条大螟蛾〈*Scirpophaga lineata*〉昆虫綱鱗翅目メイガ科オオメイガ亜科の蛾。開張19〜22mm。分布：東北地方から四国,九州,屋久島,マレー半島,インド。

ヒトスジオナガタイマイ〈*Graphium illyris*〉昆虫綱鱗翅目アゲハチョウ科の蝶。分布：アフリカ西部からザイールまで。

ヒトスジキソトビケラ〈*Psilotreta japonica*〉昆虫綱毛翅目フトヒゲトビケラ科。

ヒトスジクロアツバ〈*Hypena furva*〉昆虫綱鱗翅目ヤガ科アツバ亜科の蛾。分布：鹿児島,屋久島。

ヒトスジシマカ 一条縞蚊〈*Aedes albopictus*〉昆虫綱双翅目カ科。体長4.5mm。分布：本州(仙台以南)以南。害虫。

ヒトスジトビコバチ〈*Comperiella unifasciata*〉昆虫綱膜翅目トビコバチ科。

ヒトスジヌカカ〈*Forcipomyia longimaculata*〉昆虫綱双翅目ヌカカ科。

ヒトスジヒゲブトキジラミ〈*Homotoma unifasciata*〉昆虫綱半翅目キジラミ科。

ヒトスジホソマダラメイガ〈*Phycitodes unifasciellus*〉昆虫綱鱗翅目メイガ科の蛾。分布：八丈島,群馬県大河原,同熊ノ平,長野県浅間山荘,新潟県粟島,静岡県大滝温泉,香川県五剣山,屋久島。

ヒトスジマダラエダシャク〈Abraxas latifasciata〉昆虫綱鱗翅目シャクガ科エダシャク亜科の蛾。開張30～39mm。分布：全国，対馬から朝鮮半島，シベリア南東部，中国東部。

ヒトツトゲマダニ〈Ixodes monospinosus〉蛛形綱ダニ目マダニ科。体長4.0mm。害虫。

ヒトツノツツキノコムシ〈Paraxestocis unicornis〉昆虫綱甲虫目ツツキノコムシ科の甲虫。体長1.5～1.7mm。

ヒトツメアオゴミムシ 一目青芥虫〈Chlaenius deliciolus〉昆虫綱甲虫目オサムシ科の甲虫。体長10～12mm。分布：本州，四国，九州。

ヒトツメアトキリゴミムシ〈Parena monostigma〉昆虫綱甲虫目オサムシ科の甲虫。体長6～8mm。分布：北海道，本州，四国，九州。

ヒトツメオオシロヒメシャク 一眼大白姫尺蛾〈Problepsis superans〉昆虫綱鱗翅目シャクガ科ヒメシャク亜科の蛾。開張47～50mm。分布：本州(東北地方北部より)，四国，九州，対馬，朝鮮半島，シベリア南東部，チベット，台湾。

ヒトツメカギバ 一眼鉤翅蛾〈Auzata superba〉昆虫綱鱗翅目カギバガ科の蛾。開張30～45mm。分布：北海道，本州，四国，九州，朝鮮半島，シベリア南東部，中国。

ヒトツメカマキリ〈Pseudocreobotra wahlbergi〉ヒメカマキリ科。分布：アフリカ熱帯部。

ヒトツメキヨトウ〈Aletia perstriata〉昆虫綱鱗翅目ヤガ科ヨトウ亜科の蛾。分布：兵庫県関宮町福定，岩手県北上市。

ヒトツメジャノメ〈Mycalesis mineus〉昆虫綱鱗翅目ジャノメチョウ科の蝶。分布：インド，ミャンマー，マレーシアから中国まで。

ヒトツメタマキノコムシ〈Liodopria maculicollis〉昆虫綱甲虫目タマキノコムシ科の甲虫。体長2.5～3.1mm。

ヒトツメハゴロモ〈Euricania ocellus〉昆虫綱半翅目ハゴロモ科。

ヒトツメヒメヨコバイ〈Ishiharella polyphemus〉昆虫綱半翅目ヒメヨコバイ科。

ヒトツメヒラナガゴミムシ〈Hexagonia cyclops〉昆虫綱甲虫目オサムシ科の甲虫。体長8mm。

ヒトツメヨコバイ〈Phlogotettix cyclops〉昆虫綱半翅目ヨコバイ科。体長4.5～5.5mm。分布：北海道，本州，四国，九州，対馬。

ヒトツモンミミズ〈Pheretima hilgendorfi〉貧毛綱フトミミズ科の環形動物。害虫。

ヒトテンアカスジコケガ〈Bizone unipunctata〉昆虫綱鱗翅目ヒトリガ科コケガ亜科の蛾。開張32mm。分布：九州南部，天草島，屋久島，奄美大島，徳之島，沖永良部島，沖縄本島。

ヒトテンクロマダラメイガ〈Salebria morosalopsidis〉昆虫綱鱗翅目メイガ科の蛾。分布：関東，中部以西の本州，九州，中国。

ヒトテンケンモン〈Gerbathodes ypsilon〉昆虫綱鱗翅目ヤガ科ケンモンヤガ亜科の蛾。開張28～32mm。

ヒトテンツヤホソバエ〈Sepsis monostigma〉昆虫綱双翅目ツヤホソバエ科。体長3～4mm。分布：日本全土。害虫。

ヒトテントガリバ〈Tetheella fluctuosa〉昆虫綱鱗翅目トガリバガ科の蛾。開張32～36mm。分布：ヨーロッパ，シベリア南東部，北海道，本州，四国。

ヒトテンヨトウ〈Chalconyx ypsilon〉昆虫綱鱗翅目ヤガ科カラスヨトウ亜科の蛾。分布：中国，北海道から九州。

ヒトトガリコヤガ〈Xanthodes intersepta〉昆虫綱鱗翅目ヤガ科コヤガ亜科の蛾。開張43mm。分布：インド以東東南アジア，台湾，屋久島，奄美大島，沖縄本島。

ヒトトゲクロバネキノコバエ〈Psilosciara flammulinae〉昆虫綱双翅目クロバネキノコバエ科。害虫。

ヒトトゲルリタマムシ〈Chrysochroa mutabilis〉昆虫綱甲虫目タマムシ科。分布：インド。

ピトニデス・アッセクラ〈Pythonides assecla〉昆虫綱鱗翅目セセリチョウ科の蝶。分布：ブラジル。

ピトニデス・アマリッリス〈Pythonides amaryllis〉昆虫綱鱗翅目セセリチョウ科の蝶。分布：グアテマラ，パナマ，コロンビア，ブラジル。

ピトニデス・プロキセヌス〈Pythonides proxenus〉昆虫綱鱗翅目セセリチョウ科の蝶。分布：メキシコ，中央アメリカ。

ピトニデス・ヨビアヌス〈Pythonides jovianus〉昆虫綱鱗翅目セセリチョウ科の蝶。分布：メキシコからブラジル。

ピトニデス・ルソリウス〈Pythonides lusorius〉昆虫綱鱗翅目セセリチョウ科の蝶。分布：ブラジル。

ピトニデス・レリナ〈Pythonides lerina〉昆虫綱鱗翅目セセリチョウ科の蝶。分布：エクアドル，ペルー，ベネズエラ，ギアナ，アマゾン上流。

ヒトノミ 人蚤〈Pulex irritans〉昆虫綱隠翅目ヒトノミ科の寄生虫。体長2.0～3.5mm。害虫。

ヒトヒフバエ〈Dermatobia hominis〉昆虫綱双翅目ヒフバエ科。体長12.0mm。害虫。

ヒトホシアリバチ〈Smicromyrme lewisi〉昆虫綱膜翅目アリバチ科。体長雌5～8mm，雄6～11.5mm。分布：日本全土。

ヒトホシホソメイガ〈*Hypsotropha solipunctella*〉昆虫綱鱗翅目メイガ科の蛾。分布：東北地方から関東，北陸。

ヒトミヒメサルハムシ サクラサルハムシの別名。

ヒトモンノメイガ 一紋野螟蛾〈*Pyrausta unipunctata*〉昆虫綱鱗翅目メイガ科ノメイガ亜科の蛾。開張17mm。分布：北海道，本州，四国，九州，対馬，屋久島，中国。

ヒトリガ 灯蛾〈*Arctia caja*〉昆虫綱鱗翅目ヒトリガ科ヒトリガ亜科の蛾。前翅は褐色と白色，後翅は赤色。開張5.0〜7.5mm。アブラナ科野菜，繊維作物，菊，桜類に害を及ぼす。分布：ヨーロッパから，アジア温帯域，日本。

ヒトリガカゲロウ 灯取蛾蜉蝣〈*Oligoneuriella rhenana*〉昆虫綱蜉蝣目ヒトリガカゲロウ科。準絶滅危惧種(NT)。分布：本州の日本海沿岸地方の河川。

ヒトリシズカショウジョウバエ〈*Drosophila denticeps*〉昆虫綱双翅目ショウジョウバエ科。

ヒトリハラボソコマユバチ〈*Meteorus camptolomae*〉昆虫綱膜翅目コマユバチ科。

ビトレアヒメマダラ〈*Ideopsis vitrea*〉昆虫綱鱗翅目タテハチョウ科の蝶。細長い腹部をもつ。開張7.0〜9.5mm。分布：スラウェシから，モルッカ群島，パプアニューギニア。

ヒナカブトムシ〈*Aegopsis curvicornis*〉昆虫綱甲虫目コガネムシ科の甲虫。分布：パナマ，コロンビア，エクアドル，ベネズエラ，ブラジル。

ヒナカマキリ 雛蟷螂〈*Amantis nawai*〉昆虫綱蟷螂目カマキリ科のカマキリ。体長18〜21mm。分布：本州，四国，九州，対馬。

ヒナコマチグモ〈*Chiracanthium kompiricola*〉蛛形綱クモ目フクログモ科の蜘蛛。

ヒナサラグモ〈*Meioneta* sp.〉蛛形綱クモ目サラグモ科。

ヒナシャチホコ 雛天社蛾〈*Micromelalopha troglodyta*〉昆虫綱鱗翅目シャチホコガ科ウチキシャチホコ亜科の蛾。開張15〜20mm。分布：沿海州，北海道，本州(中国山地まで)，四国。

ビーナスコウモリ〈*Leto venus*〉昆虫綱鱗翅目コウモリガ科の蛾。前翅はオレンジ色をおびた褐色に，銀色の斑紋，後翅はサーモンピンク色。開張10〜16mm。分布：南アフリカ共和国のケープ州。

ヒナハグモ〈*Dictyna foliicola*〉蛛形綱クモ目ハグモ科の蜘蛛。体長雌2.5〜3.0mm，雄2.5〜3.0mm。分布：本州，四国，九州。

ヒナバッタ 雛蝗〈*Chorthippus brunneus*〉昆虫綱直翅目バッタ科。体長20〜23mm。分布：北海道，本州，四国，九州。

ヒナマシラグモ〈*Leptoneta cineracea*〉蛛形綱クモ目マシラグモ科の蜘蛛。

ヒナヤマトンボ〈*Macromia urania*〉昆虫綱蜻蛉目ヤマトンボ科の蜻蛉。準絶滅危惧種(NT)。体長65mm。分布：石垣島。

ヒナルリハナカミキリ〈*Dinoptera criocerina*〉昆虫綱甲虫目カミキリムシ科ハナカミキリ亜科の甲虫。体長6〜7mm。分布：本州，四国，九州，対馬。

ビニウス・アルギノテ〈*Vinius arginote*〉昆虫綱鱗翅目セセリチョウ科の蝶。分布：ブラジル，アマゾン。

ビニウス・トゥリハナ〈*Vinius tryhana*〉昆虫綱鱗翅目セセリチョウ科の蝶。分布：トリニダード。

ヒヌマイトトンボ〈*Mortonagrion hirosei*〉昆虫綱蜻蛉目イトトンボ科の蜻蛉。絶滅危惧I類(CR+EN)。体長27mm。

ヒノキカワムグリガ ヒノキカワモグリガの別名。

ヒノキカワモグリガ〈*Epinotia granitalis*〉昆虫綱鱗翅目ハマキガ科の蛾。開張13〜16mm。杉に害を及ぼす。分布：本州(東北地方を含む)，九州，対馬，屋久島。

ヒノキノキクイムシ〈*Phloeosinus rudis*〉昆虫綱甲虫目キクイムシ科の甲虫。体長2.5〜3.0mm。

ヒノキハモグリガ〈*Argyresthia chamaecypariae*〉昆虫綱鱗翅目メムシガ科の蛾。分布：本州，四国。

ヒノデホラヒメグモ〈*Nesticus kataokai*〉蛛形綱クモ目ホラヒメグモ科の蜘蛛。

ヒノハシリグモ〈*Dolomedes hinoi*〉蛛形綱クモ目キシダグモ科の蜘蛛。

ヒノマルコモリグモ〈*Arctosa japonica*〉蛛形綱クモ目コモリグモ科の蜘蛛。体長雌9〜10mm，雄8〜9mm。分布：日本全土。

ヒノマルドクグモ ヒノマルコモリグモの別名。

ビバシス・エテルカ〈*Bibasis etelka*〉昆虫綱鱗翅目セセリチョウ科の蝶。分布：マレーシア，ボルネオ。

ビバシス・オエディポデア〈*Bibasis oedipodea*〉昆虫綱鱗翅目セセリチョウ科の蝶。分布：インド，ヒマラヤからインドシナ，中国，スマトラ，ジャワ，ボルネオ，フィリピン，スラウェシ。

ビバシス・セプテントゥリオニス〈*Bibasis septentrionis*〉昆虫綱鱗翅目セセリチョウ科の蝶。分布：中国，シッキム。

ビバシス・バスタナ〈*Bibasis vasutana*〉昆虫綱鱗翅目セセリチョウ科の蝶。分布：ミャンマー，シッキム。

ヒパティウム属の一種〈*Hypatium* sp.〉昆虫綱甲虫目カミキリムシ科の甲虫。分布：ザイール。

ヒパナルティア・ケーフェルスタイニイ〈*Hypanartia kefersteinii*〉昆虫綱鱗翅目タテハ

チョウ科の蝶。分布：ベネズエラ，コロンビア，アマゾン地方。

ヒパナルティア・ゴドマニイ〈*Hypanartia godmanii*〉昆虫綱鱗翅目タテハチョウ科の蝶。分布：メキシコ，中央アメリカからコロンビアまで。

ヒパナルティア・ディオネ〈*Hypanartia dione*〉昆虫綱鱗翅目タテハチョウ科の蝶。分布：南アメリカ北部。

ヒパナルティア・レテ〈*Hypanartia lethe*〉昆虫綱鱗翅目タテハチョウ科の蝶。分布：メキシコからブラジルまで。

ヒバノキクイムシ〈*Phloeosinus perlatus*〉昆虫綱甲虫目キクイムシ科の甲虫。体長2.0〜3.4mm。ヒノキ，サワラ，ビャクシン，イブキに害を及ぼす。

ヒバノコキクイムシ〈*Phloeosinus lewisi*〉昆虫綱甲虫目キクイムシ科の甲虫。体長1.5〜2.3mm。分布：本州，四国。

ビビダハバチ〈*Tenthredo vivida*〉昆虫綱膜翅目ハバチ科。

ヒフィラリア・アノフタルマ〈*Hyphilaria anophthalma*〉昆虫綱鱗翅目シジミタテハ科の蝶。分布：コロンビア，エクアドル。

ヒフィラリア・ニキアス〈*Hyphilaria nicias*〉昆虫綱鱗翅目シジミタテハ科の蝶。分布：ギアナからボリビアまで。

ヒフィラリア・パルテニス〈*Hyphilaria parthenis*〉昆虫綱鱗翅目シジミタテハ科の蝶。分布：ボリビア，アマゾン流域，ギアナ，ブラジル。

ヒプセアハレギチョウ キオビハレギチョウの別名。

ヒプセリスキミスジ ヒメキミスジの別名。

ヒプナ・クリテムネストゥラ〈*Hypna clytemnestra*〉昆虫綱鱗翅目タテハチョウ科の蝶。分布：スリナム，ボリビア。

ビブリア・アケロイア〈*Byblia acheloia*〉昆虫綱鱗翅目タテハチョウ科の蝶。分布：アフリカ全土。

ビブリスハレギチョウ〈*Cethosia biblis*〉昆虫綱鱗翅目タテハチョウ科の蝶。翅の縁にはV字形の斑紋がある。開張8〜9mm。分布：インド西部，中国，マレーシア，インドネシア，フィリピン。珍蝶。

ヒブリダクロテンシロチョウ〈*Leptosia hybrida*〉昆虫綱鱗翅目シロチョウ科の蝶。分布：ギニアからザイールなどを経てケニアまで。

ヒペナ・ヨシナリス〈*Hypena yoshinalis*〉昆虫綱鱗翅目ヤガ科アツバ亜科の蛾。分布：奈良県吉野，四国。

ヒペレキア・マーシャリ〈*Hyperechia marshalli*〉昆虫綱双翅目ムシヒキアブ科。分布：アフリカ中央部・南部。

ヒポキスタ・アンティリウス〈*Hypocysta antirius*〉昆虫綱鱗翅目ジャノメチョウ科の蝶。分布：クイーンズランド。

ヒポキスタ・エウフェミア〈*Hypocysta euphemia*〉昆虫綱鱗翅目ジャノメチョウ科の蝶。分布：オーストラリア東部。

ヒポキスタ・オシリス〈*Hypocysta osyris*〉昆虫綱鱗翅目ジャノメチョウ科の蝶。分布：ニューギニア。

ヒポキスタ・プセウディリウス〈*Hypocysta pseudirius*〉昆虫綱鱗翅目ジャノメチョウ科の蝶。分布：オーストラリア東部。

ヒポクリソプス・アナクレトゥス〈*Hypochrysops anacletus*〉昆虫綱鱗翅目シジミチョウ科の蝶。分布：アンボン，セラムなどのモルッカ諸島。

ヒポクリソプス・アペッレス〈*Hypochrysops apelles*〉昆虫綱鱗翅目シジミチョウ科の蝶。分布：木曜島，オーストラリア，アルー諸島およびティモール。

ヒポクリソプス・アポッロ〈*Hypochrysops apollo*〉昆虫綱鱗翅目シジミチョウ科の蝶。分布：オーストラリア。

ヒポクリソプス・アルキタス〈*Hypochrysops architas*〉昆虫綱鱗翅目シジミチョウ科の蝶。分布：ソロモン諸島。

ヒポクリソプス・イグニタ〈*Hypochrysops ignita*〉昆虫綱鱗翅目シジミチョウ科の蝶。分布：オーストラリア。

ヒポクリソプス・クラテバス〈*Hypochrysops cratevas*〉昆虫綱鱗翅目シジミチョウ科の蝶。分布：ソロモン諸島，ガダルカナル島。

ヒポクリソプス・クリサルギリア〈*Hypochrysops chrysargyria*〉昆虫綱鱗翅目シジミチョウ科の蝶。分布：ニューギニア。

ヒポクリソプス・クリサンティス〈*Hypochrysops chrysanthis*〉昆虫綱鱗翅目シジミチョウ科の蝶。分布：アンボイナ，セラム島。

ヒポクリソプス・スキンティッランス〈*Hypochrysops scintillans*〉昆虫綱鱗翅目シジミチョウ科の蝶。分布：ニューブリテン島，ガダルカナル島その他の島々。

ヒポクリソプス・タエニアタ〈*Hypochrysops taeniata*〉昆虫綱鱗翅目シジミチョウ科の蝶。分布：サンクリストバル島(ソロモン諸島)。

ヒポクリソプス・デリキア〈*Hypochrysops delicia*〉昆虫綱鱗翅目シジミチョウ科の蝶。分布：オーストラリア。

ヒポクリソプス・ドレスカッリイ〈*Hypochrysops doleschallii*〉昆虫綱鱗翅目シジミチョウ科の蝶。分布：セラム，アンボイナ。

ヒポクリソプス・パーゲンシュテヘリ〈*Hypochrysops pagenstecheri*〉昆虫綱鱗翅目シジミチョウ科の蝶。分布：ニューブリテン島。

ヒポクリソプス・ハリアエトゥス〈*Hypochrysops halyaetus*〉昆虫綱鱗翅目シジミチョウ科の蝶。分布：オーストラリア西部。

ヒポクリソプス・ビソス〈*Hypochrysops byzos*〉昆虫綱鱗翅目シジミチョウ科の蝶。分布：オーストラリア。

ヒポクリソプス・ポリクレトゥス〈*Hypochrysops polycletus*〉昆虫綱鱗翅目シジミチョウ科の蝶。分布：マルク諸島，ニューギニア，ティモール。

ヒポクリソプス・メーキ〈*Hypochrysops meeki*〉昆虫綱鱗翅目シジミチョウ科の蝶。分布：ニューギニア。

ヒポクリソプス・レギナ〈*Hypochrysops regina*〉昆虫綱鱗翅目シジミチョウ科の蝶。分布：モルッカ諸島。

ヒポクロロシス・アンティファ〈*Hypochlorosis antipha*〉昆虫綱鱗翅目シジミチョウ科の蝶。分布：アルー諸島。

ヒポコペラテス・アルマ〈*Hypokopelates aruma*〉昆虫綱鱗翅目シジミチョウ科の蝶。分布：カメルーンからガボンまで。

ヒポコペラテス・エレアラ〈*Hypokopelates eleala*〉昆虫綱鱗翅目シジミチョウ科の蝶。分布：シエラレオネからコンゴまで。

ヒポコペラテス・メラ〈*Hypokopelates mera*〉昆虫綱鱗翅目シジミチョウ科の蝶。分布：カメルーンからアンゴラまで。

ヒポスカダ・アビダ〈*Hyposcada abida*〉昆虫綱鱗翅目トンボマダラ科の蝶。分布：コロンビア。

ヒポスカダ・ケジア〈*Hyposcada kezia*〉昆虫綱鱗翅目トンボマダラ科の蝶。分布：アマゾン。

ヒポスカダ・シニリア〈*Hyposcada sinilia*〉昆虫綱鱗翅目トンボマダラ科の蝶。分布：コロンビア。

ヒポスカダ・ファッラクス〈*Hyposcada fallax*〉昆虫綱鱗翅目トンボマダラ科の蝶。分布：ペルー。

ヒポティリス・アンゲリナ〈*Hypothiris angelina*〉昆虫綱鱗翅目トンボマダラ科の蝶。分布：エクアドル，アマゾン，ペルー。

ヒポティリス・アンテア〈*Hypothiris antea*〉昆虫綱鱗翅目トンボマダラ科の蝶。分布：エクアドル。

ヒポティリス・アントニア〈*Hypothiris antonia*〉昆虫綱鱗翅目トンボマダラ科の蝶。分布：エクアドル。

ヒポティリス・オウリタ〈*Hypothiris oulita*〉昆虫綱鱗翅目トンボマダラ科の蝶。分布：ペルー。

ヒポティリス・オクナ〈*Hypothiris ocna*〉昆虫綱鱗翅目トンボマダラ科の蝶。分布：コロンビア，エクアドル。

ヒポティリス・カッリスピア〈*Hypothiris callispila*〉昆虫綱鱗翅目トンボマダラ科の蝶。分布：中央アメリカ。

ヒポティリス・カティッラ〈*Hypothiris catilla*〉昆虫綱鱗翅目トンボマダラ科の蝶。分布：ボリビア。

ヒポティリス・テア〈*Hypothiris thea*〉昆虫綱鱗翅目トンボマダラ科の蝶。分布：アマゾン川流域。

ヒポティリス・トゥリコロル〈*Hypothiris tricolor*〉昆虫綱鱗翅目トンボマダラ科の蝶。分布：ペルーおよびボリビア。

ヒポティリス・ニノニア〈*Hypothiris ninonia*〉昆虫綱鱗翅目トンボマダラ科の蝶。分布：コロンビア，アマゾン地方。

ヒポティリス・フィレタエラ〈*Hypothiris philetaera*〉昆虫綱鱗翅目トンボマダラ科の蝶。分布：コロンビア。

ヒポティリス・ホネスタ〈*Hypothiris honesta*〉昆虫綱鱗翅目トンボマダラ科の蝶。分布：エクアドル。

ヒポティリス・メテッラ〈*Hypothiris metella*〉昆虫綱鱗翅目トンボマダラ科の蝶。分布：ペルー。

ヒポティリス・メルゲリナ〈*Hypothiris mergelena*〉昆虫綱鱗翅目トンボマダラ科の蝶。分布：コロンビア。

ヒポティリス・リカステ〈*Hypothiris lycaste*〉昆虫綱鱗翅目トンボマダラ科の蝶。分布：中央アメリカ。

ヒポテクラ・アスティア〈*Hypothecla astyla*〉昆虫綱鱗翅目シジミチョウ科の蝶。分布：フィリピン。

ヒポネフェレ・アマルダエア〈*Hyponephere amardaea*〉昆虫綱鱗翅目ジャノメチョウ科の蝶。分布：イラン，アフガニスタン。

ヒポネフェレ・カペッラ〈*Hyponephele capella*〉昆虫綱鱗翅目ジャノメチョウ科の蝶。分布：パミール，トルキスタン，イラン。

ヒポネフェレ・ダベンドゥラ〈*Hyponephele davendra*〉昆虫綱鱗翅目ジャノメチョウ科の蝶。分布：ヒマラヤ，バルチスタン。

ヒポネフェレの一種〈*Hyponephele* sp.〉昆虫綱鱗翅目ジャノメチョウ科の蝶。

ヒポネフェレ・リカオン〈*Hyponephele lycaon*〉昆虫綱鱗翅目ジャノメチョウ科の蝶。分布：ヨーロッパ西部から中央アジアまで。

ヒポネフェレ・ルピヌス〈*Hyponephele lupinus*〉昆虫綱鱗翅目ジャノメチョウ科の蝶。分布：ヨー

ロッパ西南部, アフリカ北部, ロシア南部からイランまで。

ヒポミリナ・ノメニア〈*Hypomyrina nomenia*〉昆虫綱鱗翅目シジミチョウ科の蝶。分布：シエラレオネからコンゴまで。

ヒポリカエナ・キネシア〈*Hypolycaena cinesia*〉昆虫綱鱗翅目シジミチョウ科の蝶。分布：ボルネオ。

ヒポリカエナ・ハティタ〈*Hypolycaena hatita*〉昆虫綱鱗翅目シジミチョウ科の蝶。分布：シエラレオネからコンゴ, アンゴラまで。

ヒポリカエナ・フィリップス〈*Hypolycaena philippus*〉昆虫綱鱗翅目シジミチョウ科の蝶。分布：アフリカ全土。

ヒポリカエナ・フォルバス〈*Hypolycaena phorbas*〉昆虫綱鱗翅目シジミチョウ科の蝶。分布：オーストラリア, ニューギニア, ニューブリテン島。

ヒポリカエナ・リアラ〈*Hypolycaena liara*〉昆虫綱鱗翅目シジミチョウ科の蝶。分布：ガーナからコンゴおよびウガンダまで。

ヒポリカエナ・レボナ〈*Hypolycaena lebona*〉昆虫綱鱗翅目シジミチョウ科の蝶。分布：シエラレオネからコンゴまで。

ヒポリムナス・アンテボルタ〈*Hypolimnas antevorta*〉昆虫綱鱗翅目タテハチョウ科の蝶。分布：タンザニア。

ヒポリムナス・ウサンバラ〈*Hypolimnas usambara*〉昆虫綱鱗翅目タテハチョウ科の蝶。分布：アフリカ東部。

ヒポリムナス・オクトクラ〈*Hypolimnas octocula*〉昆虫綱鱗翅目タテハチョウ科の蝶。分布：ニューヘブリデス諸島, マリアナ諸島。

ヒポリムナス・デケプトル〈*Hypolimnas deceptor*〉昆虫綱鱗翅目タテハチョウ科の蝶。分布：ケニアから南へナタールまで。

ヒポリムナス・パノピオン〈*Hypolimnas panopion*〉昆虫綱鱗翅目タテハチョウ科の蝶。分布：ニューギニア。

ヒポリムナス・パンダルス〈*Hypolimnas pandarus*〉昆虫綱鱗翅目タテハチョウ科の蝶。分布：モルッカ諸島。

ヒポレウキス・トゥリプンクタタ〈*Hypoleucis tripunctata*〉昆虫綱鱗翅目セセリチョウ科の蝶。分布：トーゴからガボンまで。

ヒポレリア・アルビノタタ〈*Hypoleria albinotata*〉昆虫綱鱗翅目トンボマダラ科の蝶。分布：コロンビア。

ヒポレリア・アンドゥロミカ〈*Hypoleria andromica*〉昆虫綱鱗翅目トンボマダラ科の蝶。分布：ベネズエラ, コロンビア, エクアドル, トリニダード。

ヒポレリア・オト〈*Hypoleria oto*〉昆虫綱鱗翅目トンボマダラ科の蝶。分布：メキシコ。

ヒポレリア・オルティギア〈*Hypoleria ortygia*〉昆虫綱鱗翅目トンボマダラ科の蝶。分布：エクアドル。

ヒポレリア・モルガネ〈*Hypoleria morgane*〉昆虫綱鱗翅目トンボマダラ科の蝶。分布：メキシコおよびホンジュラス。

ヒポレリア・リベトゥリス〈*Hypoleria libethris*〉昆虫綱鱗翅目トンボマダラ科の蝶。分布：コロンビアからペルーまで。

ヒマカバタテハ〈*Ariadne merione*〉昆虫綱鱗翅目タテハチョウ科の蝶。分布：インド, スリランカ, マレーシア。

ヒマサン 蓖麻蚕〈*Samia cynthia ricini*〉昆虫綱鱗翅目ヤママユガ科の蛾。開張100〜116mm。

ヒマサン 蓖麻蚕〈*eri-silkworm*〉昆虫綱鱗翅目ヤママユガ科に属する蛾。

ヒマサン シンジュサンの別名。

ヒマステルナ・ラクテオグッタタ〈*Phymasterna lacteoguttata*〉昆虫綱甲虫目カミキリムシ科の甲虫。分布：マダガスカル。

ヒマラヤアケボノアゲハ〈*Atrophaneura aidoneus*〉昆虫綱鱗翅目アゲハチョウ科の蝶。

ヒマラヤコヒオドシ〈*Aglais caschmirensis*〉昆虫綱鱗翅目タテハチョウ科の蝶。分布：ヒマラヤ。

ヒマラヤシジミ ワタナベシジミの別名。

ヒマラヤシロチョウ〈*Aporia leucodyce*〉昆虫綱鱗翅目シロチョウ科の蝶。分布：バルチスタン, カシミール, イラン, 天山, その他ヒマラヤ地方。

ヒマラヤスギキバガ〈*Brachmia kyotensis*〉昆虫綱鱗翅目キバガ科の蛾。分布：本州。

ヒマラヤスギマルカイガラムシ〈*Unaspidiotus corticispini*〉昆虫綱半翅目マルカイガラムシ科。体長2mm。ヒマラヤシーダに害を及ぼす。分布：本州, 四国, 九州。

ヒマラヤハガタヨトウ〈*Isopolia strigidisca*〉昆虫綱鱗翅目ヤガ科セダカモクメ亜科の蛾。開張30〜35mm。分布：シッキム, 中国, 本州, 四国, 九州, 屋久島。

ヒマラヤヒメウスバシロチョウ〈*Parnassius hardwickii*〉昆虫綱鱗翅目アゲハチョウ科の蝶。分布：カラコルム, カシミール, ラダク, チベット, ネパール。

ヒマラヤベニシジミ〈*Lycaena kasyapa*〉昆虫綱鱗翅目シジミチョウ科の蝶。分布：ヒマラヤ西部。

ヒマラヤホソチョウ ベスタホソチョウの別名。

ヒマラヤミドリシジミ キリシマミドリシジミの別名。

ヒマラヤムカシトンボ〈Epiophlebia laidlawi〉昆虫綱蜻蛉目ムカシトンボ科。分布：ネパール，インド北部。

ヒマワリハモグリバエ〈Liriomyza debilis〉昆虫綱双翅目ハモグリバエ科。

ヒミコヒメハナカミキリ〈Pidonia neglecta〉昆虫綱甲虫目カミキリムシ科ハナカミキリ亜科の甲虫。

ヒミズケブカノミ〈Palaeopsylla nippon〉昆虫綱隠翅目ケブカノミ科。体長雄2.3mm，雌2.6mm。害虫。

ヒメアオシャク〈Diplodesma takahashii〉昆虫綱鱗翅目シャクガ科の蛾。分布：北海道，東北，中部山地，九州内陸山地。

ヒメアオズキンヨコバイ〈Batracomorphus diminutus〉昆虫綱半翅目ヨコバイ科。体長雌5mm，雄4.5mm。葡萄，マメ科牧草に害を及ぼす。分布：日本全国，台湾。

ヒメアオタマノミハムシ〈Sphaeroderma separatum〉昆虫綱甲虫目ハムシ科の甲虫。体長2.0mm。

ヒメアオツヤハダコメツキ〈Mucromorphus miwai〉昆虫綱甲虫目コメツキムシ科の甲虫。体長9～11mm。

ヒメアカウスグロノメイガ〈Bradina sp.〉昆虫綱鱗翅目メイガ科の蛾。分布：本州，四国，九州，対馬，屋久島，奄美大島。

ヒメアカオビマダラメイガ〈Conobathra birgitella〉昆虫綱鱗翅目メイガ科の蛾。分布：北海道，本州(関東，北陸)，九州，中国。

ヒメアカカツオブシムシ〈Trogoderma granarium〉昆虫綱甲虫目カツオブシムシ科の甲虫。体長2～3mm。貯穀・貯蔵植物性食品に害を及ぼす。

ヒメアカキクイムシ〈Poecilips advena〉昆虫綱甲虫目キクイムシ科の甲虫。体長1.5～2.2mm。

ヒメアカキリバ〈Anomis involuta〉昆虫綱鱗翅目ヤガ科クチバ亜科の蛾。分布：インド－オーストラリア地域，本州中部以西，九州，沖縄本島。

ヒメアカクビボソハムシ〈Lema rugifrons〉昆虫綱甲虫目ハムシ科の甲虫。体長4.2～5.3mm。

ヒメアカジママドガ〈Striglina venia〉昆虫綱鱗翅目マドガ科の蛾。分布：四国，九州，対馬，台湾，中国。

ヒメアカシマメイガ コシマメイガの別名。

ヒメアカセスジハネカクシ〈Oxytelus migrator〉昆虫綱甲虫目ハネカクシ科の甲虫。体長2.6～2.8mm。

ヒメアカタテハ 姫赤蛺蝶〈Cynthia cardui〉昆虫綱鱗翅目タテハチョウ科ヒオドシチョウ亜科の蝶。別名ヒメタテハ。オレンジ色と黒色の模様と白色の斑紋がある。開張5～6mm。大豆，キク科野菜に害を及ぼす。分布：オーストラリアとニュージーランドを除く世界各地。

ヒメアカネ 姫茜蜻蛉〈Sympetrum parvulum〉昆虫綱蜻蛉目トンボ科の蜻蛉。体長34mm。分布：北海道から九州，対馬。

ヒメアカネシロチョウ〈Delias henningia〉昆虫綱鱗翅目シロチョウ科の蝶。分布：ミンダナオ。

ヒメアカハナカミキリ〈Anoplodera pyrrha〉昆虫綱甲虫目カミキリムシ科ハナカミキリ亜科の甲虫。体長9～12mm。分布：本州，四国。

ヒメアカハネムシ 姫赤翅虫〈Pseudopyrochroa rubricollis〉昆虫綱甲虫目アカハネムシ科の甲虫。体長6.5～10.0mm。分布：北海道，本州。

ヒメアカホシカメムシ〈Dysdercus poecilus〉昆虫綱半翅目ホシカメムシ科。繊維作物に害を及ぼす。

ヒメアカボシテントウ〈Chilocorus kuwanae〉昆虫綱甲虫目テントウムシ科の甲虫。体長3.3～4.9mm。分布：北海道，本州，四国，九州，対馬。

ヒメアカマエヤガ〈Spaelotis ravida〉昆虫綱鱗翅目ヤガ科の蛾。分布：新潟県，粟島。

ヒメアカマダラメイガ〈Nephopterix adelphella〉昆虫綱鱗翅目メイガ科の蛾。分布：北海道，本州，四国，九州，朝鮮半島，ヨーロッパ。

ヒメアケビコノハ〈Othreis fullonia〉昆虫綱鱗翅目ヤガ科クチバ亜科の蛾。大型で，後翅はオレンジ色に，黒色の斑紋がある。開張8～10mm。ナシ類，桃，スモモ，葡萄，柑橘に害を及ぼす。分布：アフリカ熱帯域，東南アジア，オーストラリア。

ヒメアサギナガタマムシ〈Agrilus hattorii〉昆虫綱甲虫目タマムシ科の甲虫。体長4.0～5.8mm。

ヒメアサギマダラ ヒメコモンアサギマダラの別名。

ヒメアシダカグモ〈Heteropoda stellata〉蛛形綱クモ目アシダカグモ科の蜘蛛。体長雌14～16mm，雄12～14mm。分布：本州，九州。

ヒメアシナガグモ〈Dyschiriognatha tenera〉蛛形綱クモ目アシナガグモ科の蜘蛛。体長雌2.5～3.0mm，雄2.0～2.5mm。分布：本州，四国，九州。

ヒメアシナガコガネ 姫足長黄金〈Ectinohoplia obducta〉昆虫綱甲虫目コガネムシ科の甲虫。体長6.5～10.0mm。ハスカップ，林檎，栗，柑橘，桜桃に害を及ぼす。分布：北海道，本州，四国，九州。

ヒメアシナガハムシ〈Monolepta minor〉昆虫綱甲虫目ハムシ科の甲虫。体長3.0～3.2mm。

ヒメアシブトクチバ〈*Parallelia dulcis*〉昆虫綱鱗翅目ヤガ科シタバガ亜科の蛾。開張30～32mm。分布：中国，朝鮮半島，本州，四国，九州，対馬。

ヒメアシマダラブユ 姫脚斑蚋〈*Simulium venustum*〉昆虫綱双翅目ブユ科。分布：日本各地。

ヒメアトキリゴミムシ〈*Lebia calycophora*〉昆虫綱甲虫目オサムシ科の甲虫。体長4.5～5.0mm。

ヒメアトスカシバ 姫後透翅〈*Paranthrene pernix*〉昆虫綱鱗翅目スカシバガ科の蛾。開張25～30mm。分布：本州，四国，九州，中国。

ヒメアバタコバネハネカクシ〈*Nazeris optatus*〉昆虫綱甲虫目ハネカクシ科の甲虫。体長4.8～5.2mm。

ヒメアポロヤママユ〈*Ceranchia reticolens*〉昆虫綱鱗翅目ヤママユガ科の蛾。分布：マダガスカル。

ヒメアミカ 姫網蚊〈*Philorus vividis*〉昆虫綱双翅目アミカ科。分布：本州，四国，九州。

ヒメアミメエダシャク 姫網目枝尺蛾〈*Semiothisa clathrata*〉昆虫綱鱗翅目シャクガ科エダシャク亜科の蛾。開張25～26mm。分布：ヨーロッパからシベリア，北海道，南千島，本州中部。

ヒメアミメカワゲラ 姫網目襀翅〈*Arcynopteryx jezoensis*〉昆虫綱襀翅目アミメカワゲラ科。分布：北海道。

ヒメアメンボ〈*Gerris lacustris latiabdominis*〉昆虫綱半翅目アメンボ科。体長8.5～11.0mm。分布：北海道，本州，四国，九州。

ヒメアヤクチバ〈*Sypna astrigera*〉昆虫綱鱗翅目ヤガ科シタバ亜科の蛾。開張45～47mm。

ヒメアヤメハモグリバエ〈*Cerodontha iridicola*〉昆虫綱双翅目ハモグリバエ科。

ヒメアヤモンチビカミキリ〈*Neosybra cribrella*〉昆虫綱甲虫目カミキリムシ科フトカミキリ亜科の甲虫。体長7mm。分布：本州，四国，九州，屋久島。

ヒメアリ 姫蟻〈*Monomorium nipponense*〉昆虫綱膜翅目アリ科。体長2mm。分布：本州，四国，九州。害虫。

ヒメアリオンシジミ ヨーロッパゴマシジミの別名。

ヒメアンデスヒョウモン〈*Yramea modesta*〉昆虫綱鱗翅目タテハチョウ科の蝶。分布：チリ南部。

ヒメイエバエ 姫家蠅〈*Fannia canicularis*〉昆虫綱双翅目イエバエ科。体長5～7mm。分布：全世界。害虫。

ヒメイチジクシジミ〈*Iraota distanti*〉昆虫綱鱗翅目シジミチョウ科の蝶。分布：マレーシア，スマトラ，ボルネオ。

ヒメイチモンジ〈*Athyma venata*〉昆虫綱鱗翅目タテハチョウ科の蝶。

ヒメイチモンジセセリ〈*Parnara bada*〉昆虫綱鱗翅目セセリチョウ科の蝶。別名タイワンハナセセリ。前翅長15mm。分布：奄美諸島以南。

ヒメイトアメンボ 姫糸水黽〈*Hydrometra procera*〉昆虫綱半翅目イトアメンボ科。体長7.5～9.0mm。分布：北海道，本州，四国，九州，南西諸島。

ヒメイトカメムシ 姫糸亀虫〈*Metacanthus pulchellus*〉昆虫綱半翅目イトカメムシ科。体長3.5～4.2mm。稲に害を及ぼす。分布：北海道，本州，四国，九州。

ヒメイトトンボ〈*Agriocnemis pygmaea*〉昆虫綱蜻蛉目イトトンボ科の蜻蛉。準絶滅危惧種(NT)。体長19mm。分布：徳之島以南の南西諸島。

ヒメウコンエダシャク〈*Corymica arnearia*〉昆虫綱鱗翅目シャクガ科エダシャク亜科の蛾。開張22～26mm。分布：本州(関東以西)，四国，九州，対馬，種子島，屋久島，奄美大島，沖縄本島，西表島，台湾，中国，朝鮮半島，ボルネオからインド。

ヒメウコンカギバ〈*Tridrepana unispina*〉昆虫綱鱗翅目カギバガ科の蛾。分布：四国(南部)，九州，対馬，屋久島，奄美大島，沖縄本島，台湾，中国。

ヒメウコンノメイガ〈*Pleuroptya brevipennis*〉昆虫綱鱗翅目メイガ科の蛾。分布：秋田県本荘市，群馬県御荷鉾山，埼玉県三峰山大輪，静岡県大滝御温泉，熊本県球磨郡上村，対馬恵古および佐須奈。

ヒメウスアオシャク〈*Jodis putata*〉昆虫綱鱗翅目シャクガ科アオシャク亜科の蛾。開張17～22mm。分布：北海道，本州，四国，九州。

ヒメウスイロハムシ〈*Monolepta nojiriensis*〉昆虫綱甲虫目ハムシ科の甲虫。体長2.8～3.0mm。

ヒメウスグロヨトウ〈*Athetis lapidea*〉昆虫綱鱗翅目ヤガ科カラスヨトウ亜科の蛾。開張24～30mm。分布：沿海州，北海道から九州，対馬。

ヒメウスヅマクチバ〈*Dinumma placens*〉昆虫綱鱗翅目ヤガ科クチバ亜科の蛾。分布：インド，ボルネオ，フィリピン，西表島。

ヒメウストラフコメツキ〈*Selatosomus vagepictus*〉昆虫綱甲虫目コメツキムシ科の甲虫。体長7～8mm。分布：本州，四国，九州。

ヒメウスバアゲハ ヒメウスバシロチョウの別名。

ヒメウスバカゲロウ〈*Pseudoformicaleo jacobsoni*〉昆虫綱脈翅目ウスバカゲロウ科。

ヒメウスバシロチョウ 姫淡翅白蝶〈*Parnassius hoenei*〉昆虫綱鱗翅目アゲハチョウ科の蝶。別名ヒメウスバアゲハ。前翅長25～35mm。分布：北海道。

ヒメウスベニトガリバ 姫淡紅尖翅蛾〈*Habrosyne aurorina*〉昆虫綱鱗翅目トガリバガ科の蛾。開張30～34mm。分布：北海道，本州，四国，九州，朝鮮半島。

ヒメウズマキタテハ〈*Callicore hydaspes*〉昆虫綱鱗翅目タテハチョウ科の蝶。分布：ブラジル，パラグアイ。

ヒメウチスズメ 姫内天蛾〈*Smerinthus caecus*〉昆虫綱鱗翅目スズメガ科ウンモンスズメ亜科の蛾。開張60～70mm。分布：北海道，サハリン，朝鮮半島，シベリア南東部，バイカル湖周辺，中国北部。

ヒメウマノオバチ〈*Euurobracon breviterebrae*〉昆虫綱膜翅目コマユバチ科。分布：中国東北部，台湾，日本(本州・四国)。

ヒメウミユスリカ〈*Clunio pacificus*〉昆虫綱双翅目ユスリカ科。

ヒメウラナミシジミ〈*Prosatas nora*〉昆虫綱鱗翅目シジミチョウ科ヒメシジミ亜科の蝶。前翅長10～12mm。分布：石垣島，西表島。

ヒメウラナミジャノメ 姫裏波蛇目蝶〈*Ypthima argus*〉昆虫綱鱗翅目ジャノメチョウ科の蝶。前翅長20～22mm。分布：北海道，本州，四国，九州。

ヒメウラベニエダシャク〈*Heterolocha laminaria*〉昆虫綱鱗翅目シャクガ科エダシャク亜科の蛾。開張15～18mm。分布：小アジア，シベリア南東部，中国南東部，北海道，青森市の近郊。

ヒメウラボシシジミ〈*Neopithecops zalmora*〉昆虫綱鱗翅目シジミチョウ科の蝶。分布：インド，スリランカ，マレーシアからオーストラリアまで，スマトラ，ジャワ，ボルネオ，フィリピン，台湾，モルッカ諸島など。

ヒメウラマダラセセリ〈*Acleros mackenii*〉昆虫綱鱗翅目セセリチョウ科の蝶。分布：喜望峰からアンゴラおよびタンザニアまで。

ヒメウラマダラフタオチョウ〈*Charaxes phraortes*〉昆虫綱鱗翅目タテハチョウ科の蝶。分布：マダガスカル。

ヒメウンモンクチバ〈*Mocis dolosa*〉昆虫綱鱗翅目ヤガ科シタバガ亜科の蛾。開張31～37mm。分布：鹿児島，中国，大分県佐伯市。

ヒメエグリアツバ〈*Wilemaniella angulata*〉昆虫綱鱗翅目ヤガ科クチバ亜科の蛾。開張17mm。分布：関東南部を北限，四国，九州の本土域，対馬。

ヒメエグリオオキノコムシ〈*Megalodacne lewisi*〉昆虫綱甲虫目オオキノコムシ科。

ヒメエグリゴミムシダマシ〈*Uloma ichoi*〉昆虫綱甲虫目ゴミムシダマシ科の甲虫。体長6.6～7.0mm。

ヒメエグリバ〈*Calyptra emarginata*〉昆虫綱鱗翅目ヤガ科クチバ亜科の蛾。開張36～40mm。柿，ナシ類，桃，スモモ，林檎，葡萄，柑橘に害を及ぼす。分布：インドから東南アジア，関東南部を北限，四国，九州，対馬，屋久島，琉球列島。

ヒメエグリユミアシゴミムシダマシ〈*Promethis persimilis*〉昆虫綱甲虫目ゴミムシダマシ科の甲虫。体長19.8～23.8mm。

ヒメエセミギワバエ〈*Chaetocanace beseta*〉昆虫綱双翅目エセミギワバエ科。

ヒメエビイロアツバ〈*Maguda suffusa*〉昆虫綱鱗翅目ヤガ科クチバ亜科の蛾。分布：サワラク，本土南岸，四国，九州，屋久島，石垣島，朝鮮半島。

ヒメエンマムシ〈*Margarinotus weymarni*〉昆虫綱甲虫目エンマムシ科の甲虫。体長6～9mm。分布：北海道，本州，四国，九州。

ヒメオオキバハネカクシ〈*Oxyporus basicornis*〉昆虫綱甲虫目ハネカクシ科の甲虫。体長9～10mm。分布：本州，四国，九州。

ヒメオオクチキムシ〈*Allecula nipponica*〉昆虫綱甲虫目クチキムシ科の甲虫。体長8.5mm。

ヒメオオクワガタ〈*Dorcus montivagus*〉昆虫綱甲虫目クワガタムシ科の甲虫。体長雄31～55mm，雌27～32mm。分布：北海道，本州，四国，九州。

ヒメオオゴマダラ〈*Ideopsis gaura*〉昆虫綱鱗翅目マダラチョウ科の蝶。分布：マレーシア，香港，スマトラ，ジャワ，ボルネオ，フィリピン。

ヒメオオメカメムシ ヒメオオメナガカメムシの別名。

ヒメオオメナガカメムシ〈*Geocoris proteus*〉昆虫綱半翅目ナガカメムシ科。分布：本州，九州。

ヒメオオヤマカワゲラ 姫大山襀翅〈*Oyamia seminigra*〉昆虫綱襀翅目カワゲラ科。分布：本州，四国，九州。

ヒメオオルリアゲハ〈*Achillides montrouzieri*〉昆虫綱鱗翅目アゲハチョウ科の蝶。

ヒメオガサワラカミキリ〈*Boninella igai*〉昆虫綱甲虫目カミキリムシ科フトカミキリ亜科の甲虫。体長2.4～2.9mm。

ヒメオサムシ〈*Carabus japnicus*〉昆虫綱甲虫目オサムシ科の甲虫。別名クロオサムシ。体長19～28mm。分布：本州，四国，九州。

ヒメオナガコモンタイマイ〈*Graphium polistratus*〉昆虫綱鱗翅目アゲハチョウ科の蝶。分布：ケニアの沿海部から，南へタンザニア，マラウイ，モザンビーク，南アフリカ北部まで。

ヒメオニグモ ドヨウオニグモ(1)の別名。

ヒメオビウスイロヨトウ〈*Athetis gluteosa*〉昆虫綱鱗翅目ヤガ科カラスヨトウ亜科の蛾。分布：ユーラシア，東北地方から中部地方，福岡県，対馬。

ヒメオビオオキノコムシ〈*Episcapha fortunei*〉昆虫綱甲虫目オオキノコムシ科の甲虫。体長9～

13mm。分布：本州，四国，九州，吐噶喇列島，奄美大島。

ヒメオビキノコゴミムシダマシ〈*Platydema nigropictum*〉昆虫綱甲虫目ゴミムシダマシ科の甲虫。体長3.0mm。

ヒメオビコヤガ〈*Maliattha arefacta*〉昆虫綱鱗翅目ヤガ科コヤガ亜科の蛾。開張17〜18mm。分布：中国中部，本州から九州，対馬，屋久島。

ヒメオビニセクビボソムシ〈*Pseudoloterus cinctus*〉昆虫綱甲虫目ニセクビボソムシ科の甲虫。体長1.9〜2.1mm。

ヒメガガンボの一種〈*Dicranoptycha* sp.〉昆虫綱双翅目ヒメガガンボ科。生姜に害を及ぼす。

ヒメカギバアオシャク 姫鉤翅青尺蛾〈*Mixochlora vittata*〉昆虫綱鱗翅目シャクガ科アオシャク亜科の蛾。開張29〜40mm。分布：本州，四国，九州，対馬，屋久島，インドから東南アジア一帯，フィリピン。

ヒメカクスナゴミムシダマシ〈*Gonocephalum terminale*〉昆虫綱甲虫目ゴミムシダマシ科の甲虫。体長10.0mm。

ヒメカクムネカワリタマムシ〈*Polybothris aequalis*〉昆虫綱甲虫目タマムシ科。分布：マダガスカル。

ヒメカクムネベニボタル〈*Lyponia osawai*〉昆虫綱甲虫目ベニボタル科の甲虫。体長7.0〜9.9mm。

ヒメカクモンヤガ〈*Chersotis deplana*〉昆虫綱鱗翅目ヤガ科の蛾。分布：沿海州，サハリン，山西省，上信山地。

ヒメカゲロウ 姫蜻蛉〈brown lacewing〉昆虫綱脈翅目ヒメカゲロウ科Hemerobiidaeの昆虫の総称。

ヒメカゲロウ属の一種〈*Caenis* sp.〉昆虫綱脈翅目ヒメカゲロウ科。

ヒメカサアブラムシ〈*Aphrastasia pectinatae* var. *ishiharai*〉昆虫綱半翅目アブラムシ科。モミ，ツガ，トウヒ，トドマツ，エゾマツに害を及ぼす。

ヒメカスリガガンボ〈*Limnophila formosa*〉昆虫綱双翅目ヒメガガンボ科。

ヒメカタゾウムシ〈*Ogasawarazo rugosicephalus*〉昆虫綱甲虫目ゾウムシ科の甲虫。体長5.0〜6.2mm。分布：小笠原諸島の父島。

ヒメカツオガタナガクチキムシ〈*Eustrophus niponicus*〉昆虫綱甲虫目ナガクチキムシ科の甲虫。体長5.5〜5.7mm。

ヒメカツオゾウムシ〈*Lixus subtilis*〉昆虫綱甲虫目ゾウムシ科の甲虫。体長8〜9mm。カーネーションに害を及ぼす。

ヒメカツオブシムシ 姫鰹節虫〈*Attagenus unicolor*〉昆虫綱甲虫目カツオブシムシ科の甲

虫。体長3.5〜4.5mm。分布：北海道，本州，四国，九州。害虫。

ヒメカバイロコメツキ〈*Agriotes elegantulus*〉昆虫綱甲虫目コメツキムシ科の甲虫。体長4.8〜6.5mm。

ヒメカバスジナミシャク〈*Perizoma saxeum*〉昆虫綱鱗翅目シャクガ科ナミシャク亜科の蛾。開張17〜21mm。分布：北海道，本州，四国，九州，朝鮮半島，サハリン，中国東北。

ヒメカバナミシャク〈*Eupithecia aritai*〉昆虫綱鱗翅目シャクガ科の蛾。分布：本州(静岡県以西)，四国，屋久島，西表島。

ヒメカバナミシャク マエナミカバナミシャクの別名。

ヒメカバノキハムシ〈*Syneta brevitibialis*〉昆虫綱甲虫目ハムシ科の甲虫。体長3.8〜4.5mm。

ヒメカバマダラヨトウ〈*Apamea cuneata*〉昆虫綱鱗翅目ヤガ科カラスヨトウ亜科の蛾。開張27〜30mm。

ヒメカブトムシ〈*Xylotrupes gideon*〉昆虫綱甲虫目コガネムシ科の甲虫。分布：アッサム，インド，ミャンマー，インドシナ，マレーシア，中国南部，ボルネオ，スマトラ，ソロモン，オーストラリア。

ヒメカマキリ 姫蟷螂〈*Acromantis japonica*〉ヒメカマキリ科。体長29〜35mm。分布：本州，四国，九州，対馬。

ヒメカマキリモドキ 姫擬蟷螂〈*Mantispa japonica*〉昆虫綱脈翅目カマキリモドキ科。開張23〜24mm。分布：日本全土。

ヒメカミキリ族の一種〈*Gelonaetha hirta*〉昆虫綱甲虫目カミキリムシ科の甲虫。

ヒメカミナリハムシ〈*Altica caerulescens*〉昆虫綱甲虫目ハムシ科。

ヒメガムシ 姫牙虫〈*Sternolophus rufipes*〉昆虫綱甲虫目ガムシ科の甲虫。体長9〜11mm。分布：本州，四国，九州，琉球。

ヒメカメノコテントウ 姫亀子瓢虫〈*Propylaea japonica*〉昆虫綱甲虫目テントウムシ科の甲虫。体長3.0〜4.6mm。分布：小笠原諸島をのぞく日本全土。

ヒメカメノコハムシ 姫亀子金花虫〈*Cassida piperata*〉昆虫綱甲虫目ハムシ科の甲虫。体長5.0〜5.5mm。分布：北海道，本州，九州。

ヒメカメムシ 姫亀虫〈*Rubiconia intermedia*〉昆虫綱半翅目カメムシ科。分布：本州，四国。

ヒメカラスハエトリ〈*Rhene* sp.〉蛛形綱クモ目ハエトリグモ科の蜘蛛。体長雌4.0〜4.5mm，雄4.0〜4.5mm。分布：本州(中部，関東の一部)。

ヒメカラフトヒョウモン ホソバヒョウモンの別名。

ヒメカレハ 姫枯葉蛾〈Phyllodesma japonica〉昆虫綱鱗翅目カレハガ科の蛾。開張雄40〜45mm,雌47mm。林檎に害を及ぼす。分布:ウラル地方からシベリア南東部,サハリン,北海道,本州。

ヒメカワチゴミムシ〈Diplous depressus〉昆虫綱甲虫目オサムシ科の甲虫。体長9〜11mm。分布:北海道,本州,四国。

ヒメカンショコガネ〈Apogonia amida〉昆虫綱甲虫目コガネムシ科の甲虫。体長7.0〜8.5mm。分布:本州,四国,九州。

ヒメキアゲハ〈Papilio indra〉昆虫綱鱗翅目アゲハチョウ科の蝶。分布:アメリカ合衆国西部。

ヒメキアシドクガ〈Ivela ochropoda〉昆虫綱鱗翅目ドクガ科の蛾。開張雄29〜31mm,雌38〜40mm。分布:北海道,本州(東北地方北部,関東から中部山地),シベリア南東部。

ヒメキアシヒラタヒメバチ〈Coccygomimus disparis〉昆虫綱膜翅目ヒメバチ科。

ヒメキイロマグソコガネ〈Aphodius inouei〉昆虫綱甲虫目コガネムシ科の甲虫。体長3.0〜3.5mm。

ヒメキイロヨトウ〈Anapamea minor〉昆虫綱鱗翅目ヤガ科カラスヨトウ亜科の蛾。分布:北海道,本州,九州北部,対馬,小豆島。

ヒメキクスイカミキリ ニセシラホシカミキリの別名。

ヒメキシタヒトリ 姫黄下灯蛾〈Parasemia plantaginis〉昆虫綱鱗翅目ヒトリガ科ヒトリガ亜科の蛾。開張37〜40mm。分布:北海道,中部山地,ヨーロッパ。

ヒメギス 姫螽蟖〈Metrioptera hime〉昆虫綱直翅目キリギリス科。体長は短翅型19〜22mm,長翅型32〜36mm。分布:北海道(中部・南部),本州,四国,九州。

ヒメキスジツトガ〈Calamotropha brevistrigella〉昆虫綱鱗翅目メイガ科の蛾。分布:本州(関東以西),九州,屋久島,中国南部。

ヒメキスジホソハマキモドキ〈Glyphipterix gemmula〉昆虫綱鱗翅目ホソハマキモドキガ科の蛾。分布:本州,四国,九州,台湾。

ヒメキテンシロツトガ〈Calamotropha fulvifusalis〉昆虫綱鱗翅目メイガ科の蛾。分布:北海道南部と本州(東北と北陸),シベリア南東部。

ヒメキトンボ〈Brachythemis contaminata〉昆虫綱蜻蛉目トンボ科の蜻蛉。体長33mm。分布:石垣島,与那国島。

ヒメキノコゴミムシ〈Coptoderina osakana〉昆虫綱甲虫目オサムシ科の甲虫。体長8.0〜9.5mm。

ヒメキノコハネカクシ〈Sepedophilus tibialis〉昆虫綱甲虫目ハネカクシ科の甲虫。体長5.0〜5.5mm。

ヒメキバネサルハムシ 姫黄翅猿金花虫〈Pagria signata〉昆虫綱甲虫目ハムシ科の甲虫。体長2.5mm。大豆,隠元豆,小豆,ササゲ,マメ科牧草に害を及ぼす。分布:本州,四国,九州。

ヒメギフチョウ 姫岐阜蝶〈Luehdorfia puziloi〉昆虫綱鱗翅目アゲハチョウ科の蝶。準絶滅危惧種(NT)。前翅長25〜32mm。分布:北海道(中央部・東部),本州(東北から中部)。

ヒメキベリアオゴミムシ 姫黄縁青芥虫〈Chlaenius inops〉昆虫綱甲虫目オサムシ科の甲虫。体長11mm。分布:北海道,本州,四国,九州。

ヒメキベリトゲトゲ ヒメキベリトゲハムシの別名。

ヒメキベリトゲハムシ〈Dactylispa angulosa〉昆虫綱甲虫目ハムシ科の甲虫。体長3.3〜4.2mm。

ヒメキホソバ〈Eilema cribrata〉昆虫綱鱗翅目ヒトリガ科コケガ亜科の蛾。開張28〜30mm。分布:北海道,本州,四国,九州,対馬,屋久島,朝鮮半島,シベリア南東部,中国。

ヒメキマエホソバ〈Eilema coreana〉昆虫綱鱗翅目ヒトリガ科の蛾。分布:秋田,岩手,新潟。

ヒメキマダラコメツキ 姫黄斑叩頭虫〈Gamepenthes similis〉昆虫綱甲虫目コメツキムシ科の甲虫。体長4.0〜4.5mm。分布:本州。

ヒメキマダラセセリ 姫黄斑挵蝶〈Ochlodes ochracea〉昆虫綱鱗翅目セセリチョウ科の蝶。前翅長16mm。分布:北海道(まれ),本州,四国,九州。

ヒメキマダラタテハ〈Byblia ilithyia〉昆虫綱鱗翅目タテハチョウ科の蝶。分布:マダガスカルを除くアフリカ全域,アラビア,インド,スリランカ。

ヒメキマダラヒカゲ〈Zophoessa callipteris〉昆虫綱鱗翅目ジャノメチョウ科の蝶。前翅長30〜32mm。分布:北海道,本州,四国,九州。

ヒメキマワリ〈Plesiophthalmus laevicollis〉昆虫綱甲虫目ゴミムシダマシ科の甲虫。体長10〜12mm。分布:本州。

ヒメキマワリモドキ〈Plamius yaeyamensis〉昆虫綱甲虫目ゴミムシダマシ科の甲虫。体長5.0〜6.5mm。

ヒメキミスジ〈Symbrenthia hypselis〉昆虫綱鱗翅目タテハチョウ科の蝶。黒色とオレンジ色の縞模様。開張4〜5mm。分布:インド,パキスタンから,マレーシア,ジャワ。

ヒメキリウジガガンボ 姫切蛆大蚊〈Tipula latemarginata〉昆虫綱双翅目ガガンボ科。体長13mm。稲に害を及ぼす。分布:北海道,本州,シベリア,サハリン,南千島。

ヒメキリバエダシャク〈Ennomos infidelis〉昆虫綱鱗翅目シャクガ科の蛾。分布:北海道,シベリ

ア南東部。

ヒメキンイシアブ〈*Choerades japonicus*〉昆虫綱双翅目ムシヒキアブ科。

ヒメキンイロジョウカイ〈*Themus midas*〉昆虫綱甲虫目ジョウカイボン科の甲虫。体長17～19mm。

ヒメギンウワバ アミメギンウワバの別名。

ヒメキンオビナミシャク〈*Electrophaes recens*〉昆虫綱鱗翅目シャクガ科の蛾。分布：北海道，本州，四国，九州。

ヒメキンオビハナノミ〈*Variimorda miyarabi*〉昆虫綱甲虫目ハナノミ科の甲虫。体長5.5～6.0mm。

ヒメギンガ〈*Chasminodes unipuncta*〉昆虫綱鱗翅目ヤガ科カラスヨトウ亜科の蛾。分布：北海道南部から九州に至る山地。

ヒメキンケクロハナノミ〈*Mordella kanpira*〉昆虫綱甲虫目ハナノミ科の甲虫。体長4.0～5.2mm。

ヒメギンスジツトガ〈*Crambus silvellus*〉昆虫綱鱗翅目メイガ科の蛾。分布：北海道，本州の東北と中部山地，サハリン，シベリア南東部からヨーロッパ。

ヒメキンモンホソガ〈*Phyllonorycter pygmaea*〉昆虫綱鱗翅目ホソガ科の蛾。分布：北海道，四国，九州。

ヒメギンヤンマ〈*Hemianax ephippiger*〉昆虫綱蜻蛉目ヤンマ科の蜻蛉。

ヒメクサキリ 姫草螽斯〈*Homorocoryphus jezoensis*〉昆虫綱直翅目キリギリス科。体長25～30mm。稲，麦類に害を及ぼす。分布：北海道，本州（山地）。

ヒメクサシロキヨトウ〈*Acantholeucania loreyimima*〉昆虫綱鱗翅目ヤガ科ヨトウガ亜科の蛾。分布：オーストラリア，ニューギニア，ニューカレドニア，ベトナム，沖縄本島，宮古島。

ヒメクサゼミ イワサキクサゼミの別名。

ヒメクシヒゲガガンボ〈*Tanyptera angustistyla*〉昆虫綱双翅目ガガンボ科。

ヒメクチカクシゾウムシ〈*Catarrhinus umbrosus*〉昆虫綱甲虫目ゾウムシ科の甲虫。体長4.1～7.0mm。分布：本州，四国，九州，南西諸島。

ヒメクチキムシダマシ〈*Elacatis ocularis*〉昆虫綱甲虫目クチキムシダマシ科の甲虫。体長2.7～4.8mm。

ヒメクチナガガガンボ〈*Elephantomyia dietziana*〉昆虫綱双翅目ガガンボ科。

ヒメクチバスズメ 姫朽葉天蛾〈*Marumba jankowskii*〉昆虫綱鱗翅目スズメガ科ウンモンスズメ亜科の蛾。開張65～80mm。分布：北海道，本州，四国，九州，中国東北，シベリア南東部。

ヒメクビアカハナカミキリ〈*Carilia otome*〉昆虫綱甲虫目カミキリムシ科ハナカミキリ亜科の甲虫。体長8～10mm。

ヒメクビグロクチバ〈*Lygephila recta*〉昆虫綱鱗翅目ヤガ科クチバ亜科の蛾。開張37～40mm。分布：北海道，南部，本土域，対馬，屋久島，朝鮮半島，沿海州，中国。

ヒメクビナガカメムシ〈*Hoplitocoris lewisi*〉昆虫綱半翅目クビナガカメムシ科。体長5.5mm。分布：本州，九州。

ヒメクビボソジョウカイ〈*Podabrus macilentus*〉昆虫綱甲虫目ジョウカイボン科。

ヒメクビボソハネカクシ〈*Scopaeus currax*〉昆虫綱甲虫目ハネカクシ科の甲虫。体長3.8～4.2mm。

ヒメグモ 姫蜘蛛〈*Achaearanea japonica*〉節足動物門クモ形綱真正クモ目ヒメグモ科の蜘蛛。体長雌3.5～4.5mm，雄2～3mm。分布：日本全土。

ヒメクモヘリカメムシ 姫蜘蛛縁亀虫〈*Paraplesius unicolor*〉昆虫綱半翅目ホソヘリカメムシ科。分布：日本各地。

ヒメクモマツマキチョウ〈*Anthocharis gruneri*〉昆虫綱鱗翅目シロチョウ科の蝶。分布：ギリシアからトルコ南部，イラク，イランまで。

ヒメクルマガ ヒメクルマコヤガの別名。

ヒメクルマコヤガ 姫車小夜蛾〈*Oruza divisa*〉昆虫綱鱗翅目ヤガ科コヤガ亜科の蛾。開張16～20mm。分布：アフリカからインド，マレーシア，中国，本州，四国，九州，対馬，屋久島，伊豆諸島（三宅島），石垣島。

ヒメクロアツバ〈*Sinarella rotundipennis*〉昆虫綱鱗翅目ヤガ科クルマアツバ亜科の蛾。分布：新津市秋葉山，青森市，秋田県河野浦，宮城県温湯，新潟県逆巻，福井県鰐淵寺，岐阜県六ノ里白鳥町，京都市，香川県一ツ内，奥州，愛媛県滑床，高知県土佐山田。

ヒメクロイラガ〈*Scopelodes contracta*〉昆虫綱鱗翅目イラガ科の蛾。柿，ヤマモモ，アブラギリ類，プラタナス，桜類に害を及ぼす。分布：東北地方から四国南部，九州南部，対馬，中国北部。

ヒメクロウリハムシ〈*Aulacophora lewisii*〉昆虫綱甲虫目ハムシ科の甲虫。体長5.3～6.0mm。ウリ科野菜に害を及ぼす。分布：屋久島，南西諸島，台湾，中国，シベリア。

ヒメクロオサムシ 姫黒歩行虫〈*Carabus opaculus*〉昆虫綱甲虫目オサムシ科の甲虫。体長14～22mm。分布：北海道，本州（東北）。

ヒメクロオトシブミ〈*Apoderus erythrogaster*〉昆虫綱甲虫目オトシブミ科の甲虫。体長4～5mm。バラ類，梅，アンズに害を及ぼす。分布：本州，四国，九州。

ヒメクロオニオサムシ〈*Imaibius dardiellus*〉昆虫綱甲虫目オサムシ科。分布：カシミール。

ヒメクロオビフユナミシャク〈*Operophtera crispifascia*〉昆虫綱鱗翅目シャクガ科の蛾。分布：東京都高尾山、岩手県夏油温泉、群馬県宝川温泉、新潟県燕温泉。

ヒメクロカイガラムシ〈*Parlatoria ziziphi*〉昆虫綱半翅目マルカイガラムシ科。体長1.2～1.8mm。柑橘に害を及ぼす。分布：本州(南関東以南)、九州、南西諸島。

ヒメクロカメムシ 姫黒亀虫〈*Scotinophara scotti*〉昆虫綱半翅目カメムシ科。分布：本州、九州。

ヒメクロカワゲラ〈*Capnia flebilis*〉昆虫綱襀翅目クロカワゲラ科。

ヒメクロキンウワバ〈*Chrysodeixis minutus*〉昆虫綱鱗翅目ヤガ科コヤガ亜科の蛾。分布：アッサム、シッキム、台湾、奄美大島。

ヒメクロゴキブリ 姫黒蜚蠊〈*Chorisoneura nigra*〉昆虫綱網翅目ヒメクロゴキブリ科。体長10mm。分布：本州(南部)、四国、九州。

ヒメクロコメツキ〈*Ampedus carbunculus*〉昆虫綱甲虫目コメツキムシ科の甲虫。

ヒメクロサナエ〈*Lanthus fujiacus*〉昆虫綱蜻蛉目サナエトンボ科の蜻蛉。体長45mm。分布：本州、四国、九州。

ヒメクロシデムシ〈*Nicrophorus tenuipes*〉昆虫綱甲虫目シデムシ科の甲虫。体長14～23mm。

ヒメクロスジノメイガ〈*Tyspanodes gracilis*〉昆虫綱鱗翅目メイガ科の蛾。分布：西表島船浦。

ヒメクロスジホソバ〈*Pelosia obtusa*〉昆虫綱鱗翅目ヒトリガ科の蛾。分布：ヨーロッパ中部・南部、北海道、本州(東北地方北部と新潟県)、シベリア南東部。

ヒメクロセスジハネカクシ〈*Anotylus laticornis*〉昆虫綱甲虫目ハネカクシ科の甲虫。体長2.0～2.3mm。

ヒメクロゼミ〈*Gaeana festiva*〉昆虫綱半翅目セミ科。分布：シッキム、ブータン、インド、ミャンマー、ラオス、マレーシア、スマトラ。

ヒメクロゼミの一種〈*Gaeana* sp.〉昆虫綱半翅目セミ科。

ヒメクロツツキクイゾウムシ〈*Magdalis flavicornis*〉昆虫綱甲虫目ゾウムシ科の甲虫。体長2.8～3.2mm。

ヒメクロツヤハダコメツキ〈*Hemicrepidius desertor*〉昆虫綱甲虫目コメツキムシ科。体長10～11mm。分布：本州、四国、九州。

ヒメクロツヤヒラタゴミムシ〈*Synuchus congruus*〉昆虫綱甲虫目オサムシ科の甲虫。体長7.5～9.5mm。

ヒメクロデオキノコムシ 姫黒出尾茸虫〈*Scaphidium incisum*〉昆虫綱甲虫目デオキノコムシ科の甲虫。体長4mm。分布：北海道、本州。

ヒメクロトラカミキリ〈*Chlorophorus diminuta*〉昆虫綱甲虫目カミキリムシ科カミキリ亜科の甲虫。体長4～8mm。分布：北海道、小笠原諸島をのぞく日本全土。

ヒメクロナガコメツキ〈*Elater candezei*〉昆虫綱甲虫目コメツキムシ科。体長24mm。分布：本州、九州。

ヒメクロナガタマムシ〈*Agrilus lasiolus*〉昆虫綱甲虫目タマムシ科。

ヒメクロナガハリバエ〈*Medina collaris*〉昆虫綱双翅目アシナガヤドリバエ科。

ヒメクロバエ 姫黒蠅〈*Ophyra leucostoma*〉昆虫綱双翅目イエバエ科。体長6.0～6.7mm。分布：北海道、本州、四国、九州。害虫。

ヒメクロハナボタル〈*Plateros japonicus*〉昆虫綱甲虫目ベニボタル科の甲虫。体長5.7～5.8mm。

ヒメクロハネカクシ〈*Ocypus brevicornis*〉昆虫綱甲虫目ハネカクシ科の甲虫。体長12.0～13.0mm。

ヒメクロヒカゲ ミヤマシロオビヒカゲの別名。

ヒメクロホウジャク 姫黒鳳雀蛾〈*Macroglossum bombylans*〉昆虫綱鱗翅目スズメガ科ホウジャク亜科の蛾。開張40mm。分布：北海道、本州、四国、九州、対馬、種子島、屋久島、奄美大島、石垣島、台湾、中国、インドシナからインド北部。

ヒメクロホシフタオ〈*Epiplema mozzetta*〉昆虫綱鱗翅目フタオガ科の蛾。分布：埼玉県入間市仏子、北海道奥尻島、岩手県盛岡、同筑波郡新山、長野県北安曇郡八坂村、同中房温泉、同白骨温泉、新潟県逆巻、東京都高尾山、横浜市、山梨県精進湖、静岡県大滝温泉、三重県平倉、高知県室戸市埼山、鹿児島県大口市。

ヒメクロマルケシキスイ〈*Cyllodes breviusculus*〉昆虫綱甲虫目ケシキスイ科の甲虫。体長2.7～4.0mm。

ヒメクロミスジノメイガ〈*Hedylepta misera*〉昆虫綱鱗翅目メイガ科ノメイガ亜科の蛾。開張17～25mm。分布：本州(東北地方北部より)、四国、九州、種子島、屋久島、朝鮮半島、中国。

ヒメクロルリゴミムシダマシ〈*Metaclisa nagaii*〉昆虫綱甲虫目ゴミムシダマシ科の甲虫。体長7.0～8.0mm。

ヒメグンバイ 姫軍配〈*Uhlerites debile*〉昆虫綱半翅目グンバイムシ科。体長2.9～3.2mm。栗に害を及ぼす。分布：北海道、本州、四国、九州。

ヒメケゴモクムシ〈*Harpalus jureceki*〉昆虫綱甲虫目オサムシ科の甲虫。体長10～12.6mm。

ヒメケシガムシ〈*Cercyon algarum*〉昆虫綱甲虫目ガムシ科。

ヒメケシゲンゴロウ〈*Hyphydrus laeviventris*〉昆虫綱甲虫目ゲンゴロウ科の甲虫。体長4.4～5.0mm。

ヒメケシマグソコガネ ヒメホソケシマグソコガネの別名。

ヒメケブカチョッキリ〈*Involvulus pilosus*〉昆虫綱甲虫目オトシブミ科の甲虫。体長4.2～4.5mm。

ヒメケブカマルクビカミキリ〈*Atimia fujimurai*〉昆虫綱甲虫目カミキリムシ科の甲虫。体長5.5mm。

ヒメゲンゴロウ〈*Rhantus pulverosus*〉昆虫綱甲虫目ゲンゴロウ科の甲虫。体長12mm。分布：北海道, 本州, 四国, 九州, 南西諸島。

ヒメケンモン〈*Gerbathodes angusta*〉昆虫綱鱗翅目ヤガ科ケンモンヤガ亜科の蛾。開張30～34mm。分布：関東地方以西, 四国北部, 九州北部。

ヒメコウモリ〈*Korscheltellus variabilis*〉昆虫綱鱗翅目コウモリガ科の蛾。分布：岩手県早池峰山頂。

ヒメコウモリタテハ〈*Vindula dejone*〉昆虫綱鱗翅目タテハチョウ科の蝶。

ヒメコウラコマユバチ〈*Chelonus pectinophorae*〉昆虫綱膜翅目コマユバチ科。

ヒメコエンマコガネ〈*Caccobius brevis*〉昆虫綱甲虫目コガネムシ科の甲虫。体長3.5～5.5mm。

ヒメコオロギ 姫蟋蟀〈*Gryllulus nipponensis*〉昆虫綱直翅目コオロギ科。体長10～11mm。分布：本州（関東, 中部, 近畿）。

ヒメコガシラミズムシ〈*Haliplus ovalis*〉昆虫綱甲虫目コガシラミズムシ科の甲虫。体長4.0～4.3mm。

ヒメコガネ 姫金亀子虫〈*Anomala rufocuprea*〉昆虫綱甲虫目コガネムシ科の甲虫。体長13～16mm。ラッカセイ, アブラナ科野菜, ウリ科野菜, キク科野菜, サトイモ, ナス科野菜, 苺, 柿, ハスカップ, 梅, アンズ, 桜桃, ナシ類, 林檎, 葡萄, 栗, キウイ, コンニャク, タバコ, イネ科牧草, マメ科牧草, 飼料用トウモロコシ, ソルガム, 桜類, ジャガイモ, シバ類, サツマイモ, 隠元豆, 小豆, ササゲ, 麦類, イネ科作物, ソバ, 大豆に害を及ぼす。分布：北海道, 本州, 四国, 九州, 対馬。

ヒメコクヌストモドキ〈*Palorus ratzeburgii*〉昆虫綱甲虫目ゴミムシダマシ科の甲虫。体長2.4～3.0mm。貯穀・貯蔵植物性食品に害を及ぼす。分布：本州, 九州, 世界各地。

ヒメコクロチビシデムシ〈*Catops nomurai*〉昆虫綱甲虫目チビシデムシ科の甲虫。体長3.3～3.9mm。

ヒメコスカシバ〈*Conopia tenuis*〉昆虫綱鱗翅目スカシバガ科の蛾。

ヒメコナジラミ 姫粉虱〈*Bemisia giffardi*〉昆虫綱半翅目コナジラミ科。柑橘に害を及ぼす。

ヒメコバチ 姫小蜂 昆虫綱膜翅目寄生バチ群ヒメコバチ科Eulophidaeに属する昆虫の総称。

ヒメコバネナガカメムシ 姫小翅長亀虫〈*Blissus bicoloripes*〉昆虫綱半翅目ナガカメムシ科。分布：本州, 九州。

ヒメコブオトシブミ 姫瘤落文〈*Phymatapoderus pavens*〉昆虫綱甲虫目オトシブミ科の甲虫。体長6mm。分布：本州, 四国, 九州。

ヒメコブガ 姫瘤蛾〈*Nola confusalis*〉昆虫綱鱗翅目コブガ科の蛾。分布：北海道, 本州（東北地方から中部山地）, 朝鮮半島, シベリア南東部からヨーロッパ。

ヒメコブスジコガネ〈*Trox opacotuberculatus*〉昆虫綱甲虫目コブスジコガネ科の甲虫。体長6.5mm。

ヒメコブスジツノゴミムシダマシ〈*Bolitonaeus mergae*〉昆虫綱甲虫目ゴミムシダマシ科の甲虫。体長3.9～4.5mm。

ヒメコブヒゲアツバ〈*Zanclognatha tarsipennalis*〉昆虫綱鱗翅目ヤガ科クルマアツバ亜科の蛾。開張27～30mm。分布：北海道, 本州, 四国, 九州, 対馬, 朝鮮半島, 中国, アムール, ウスリー, シベリアからヨーロッパ。

ヒメコブヒゲナガゾウムシ〈*Gibber nodulosus*〉昆虫綱甲虫目ヒゲナガゾウムシ科の甲虫。体長4.5～5.0mm。分布：北海道, 本州, 九州, 対馬。

ヒメコブヤハズカミキリ〈*Parechthistatus gibber*〉昆虫綱甲虫目カミキリムシ科フトカミキリ亜科の甲虫。体長14～22mm。分布：本州（近畿以西）, 四国, 九州, 対馬。

ヒメコボウゾウムシ〈*Larinus ovalis*〉昆虫綱甲虫目ゾウムシ科。

ヒメゴホンツノカブトムシ〈*Eupatorus hardwickei*〉昆虫綱甲虫目コガネムシ科の甲虫。別名ゴホンヅノカブトムシ。分布：シッキム, アッサム。

ヒメゴホンヅノカブトムシ ゴホンヅノカブトムシの別名。

ヒメコマグソコガネ〈*Aphodius naraensis*〉昆虫綱甲虫目コガネムシ科の甲虫。体長3mm。

ヒメコマダラオトシブミ〈*Paroplapoderus vanvolxemi*〉昆虫綱甲虫目オトシブミ科の甲虫。体長6.0～7.0mm。

ヒメコマダラシロナミシャク〈*Naxidia semiobscura*〉昆虫綱鱗翅目シャクガ科の蛾。分布：九州。

ヒメコマツオオアブラムシ ゴヨウマツオオアブラムシの別名。

ヒメゴマフコヤガ〈Metaemene atriguttata〉昆虫綱鱗翅目ヤガ科コヤガ亜科の蛾。分布：ボルネオ，インドから東南アジア一帯，九州南部，屋久島，吐噶喇列島，沖縄本島，宮古島，石垣島，西表島。

ヒメゴミムシ〈Anisodactylus tricuspidatus〉昆虫綱甲虫目オサムシ科の甲虫。体長10～13.5mm。

ヒメゴミムシダマシ〈Alphitobius laevigatus〉昆虫綱甲虫目ゴミムシダマシ科の甲虫。体長5.5～6.5mm。貯穀・貯蔵植物性食品に害を及ぼす。

ヒメコメツキガタナガクチキムシ 姫米搗形長朽木虫〈Synchroa melanotoides〉昆虫綱甲虫目ナガクチキムシ科の甲虫。体長9～13mm。分布：北海道，本州，九州。

ヒメコメツキダマシ〈Hypocoelus japonicus〉昆虫綱甲虫目コメツキダマシ科の甲虫。体長3.7～5.1mm。

ヒメコモリグモ〈Pardosa umida〉蛛形綱クモ目コモリグモ科の蜘蛛。

ヒメコモンアサギマダラ〈Parantica aglea〉昆虫綱鱗翅目マダラチョウ科の蝶。別名ヒメアサギマダラ。分布：インド，スリランカ，ミャンマー，タイ，マレーシア，台湾。

ヒメサカハチアゲハ〈Papilio constantinus〉昆虫綱鱗翅目アゲハチョウ科の蝶。分布：エチオピア南東部，ソマリアからインド洋岸沿いに南アフリカまでとコンゴ南東部，ザイール南部，ザンビア。

ヒメサクラコガネ〈Anomala geniculata〉昆虫綱甲虫目コガネムシ科の甲虫。体長11～16mm。梅，アンズ，葡萄，飼料用トウモロコシ，ソルガム，桜類，シバ類に害を及ぼす。分布：北海道，本州，四国，九州。

ヒメサザナミアオシャク〈Thalassodes proquadraria〉昆虫綱鱗翅目シャクガ科の蛾。分布：沖縄本島，宮古島，西表島，台湾，インド北部。

ヒメサザナミスズメ〈Dolbina exacta〉昆虫綱鱗翅目スズメガ科の蛾。分布：北海道，本州，朝鮮半島，シベリア南東部，中国中部。

ヒメサザナミハマキ〈Acleris takeuchii〉昆虫綱鱗翅目ハマキガ科の蛾。分布：本州(宮城県以南)，九州，対馬。

ヒメササノミキモグリバエ〈Dicraeus nartshukae〉昆虫綱双翅目キモグリバエ科。

ヒメサナエ 姫早苗蜻蜓〈Sinogomphus flavolimbatus〉昆虫綱蜻蛉目サナエトンボ科の蜻蛉。体長38～42mm。分布：本州，四国，九州。

ヒメサビキコリ〈Agrypnus scrofa〉昆虫綱甲虫目コメツキムシ科の甲虫。体長8～10mm。分布：北海道，本州，四国，九州，奄美大島。

ヒメサビスジヨトウ〈Athetis stellata〉昆虫綱鱗翅目ヤガ科カラスヨトウ亜科の蛾。開張25～30mm。分布：スリランカ，インドから東北アジア，北海道中部，本土の全域，対馬，伊豆諸島(八丈島まで)，西南部の離島一帯。

ヒメサギゾウムシ〈Curculio hime〉昆虫綱甲虫目ゾウムシ科の甲虫。体長3.5～4.0mm。

ヒメシジミ 姫小灰蝶〈Plebejus argus〉昆虫綱鱗翅目シジミチョウ科ヒメシジミ亜科の蝶。別名マシジミ，シジミチョウ。準絶滅危惧種(NT)。雄は濃い青紫色で，白色の縁どり，雌は褐色で，縁にオレンジ色の斑点。開張2～3mm。分布：ヨーロッパからアジア温帯域，日本。

ヒメシジミガムシ〈Laccobius fragilis〉昆虫綱甲虫目ガムシ科の甲虫。体長2.3～2.9mm。

ヒメシタコバネナミシャク 姫下小翅波尺蛾〈Trichopteryx microloba〉昆虫綱鱗翅目シャクガ科ナミシャク亜科の蛾。開張20～26mm。分布：本州(関東から中部の山地)，四国(北部山地)。

ヒメシタベニスズメ〈Hippotion boerhaviae〉昆虫綱鱗翅目スズメガ科の蛾。分布：中国南部，インドから東南アジア一帯，ソロモン群島，九州，沖縄本島，久米島，宮古島，石垣島，南大東島。

ヒメシマヒザグモ〈Erigone himeshimensis〉蛛形綱クモ目サラグモ科の蜘蛛。

ヒメシマヨトウ〈Eucarta arctides〉昆虫綱鱗翅目ヤガ科カラスヨトウ亜科の蛾。分布：沿海州，朝鮮半島，北海道から本州中部。

ヒメシモフリコメツキ〈Actenicerus orientalis〉昆虫綱甲虫目コメツキムシ科の甲虫。体長16～23mm。分布：北海道，本州，四国，九州。

ヒメシモフリヒラタコメツキ ヒメシモフリコメツキの別名。

ヒメシモフリヤチグモ〈Coelotes interunus〉蛛形綱クモ目タナグモ科の蜘蛛。体長雌7～8mm，雄6～7mm。分布：北海道，本州(山地)。

ヒメシャチホコ 姫天社蛾〈Neostauropus basalis〉昆虫綱鱗翅目シャチホコガ科シャチホコガ亜科の蛾。開張36～40mm。分布：中国，沿海州，北海道から九州，対馬。

ヒメジャノメ 姫蛇目蝶〈Mycalesis gotama〉昆虫綱鱗翅目ジャノメチョウ科の蝶。別名ウスイロコジャノメ。前翅長24～27mm。稲に害を及ぼす。分布：北海道，本州，四国，九州，南西諸島。

ヒメジュウジナガカメムシ〈Tropidothorax sinensis〉昆虫綱半翅目ナガカメムシ科。体長15mm。柿に害を及ぼす。分布：本州以南の日本各地，中国。

ヒメシュモクアリヅカムシ〈Zethopsus lativentris〉昆虫綱甲虫目アリヅカムシ科の甲虫。体長1.2mm。

ヒメジョウカイ 姫浄海〈Mikadocantharis japonica〉昆虫綱甲虫目ジョウカイボン科の甲虫。体長9.5〜11.2mm。分布：日本各地。

ヒメジョウカイモドキ〈Attalus japonicus〉昆虫綱甲虫目ジョウカイモドキ科の甲虫。体長2.8〜3.3mm。

ヒメシラオビカミキリ〈Pogonocherus fasciculatus〉昆虫綱甲虫目カミキリムシ科フトカミキリ亜科の甲虫。体長5.0〜7.5mm。分布：北海道，本州。

ヒメシラフヒゲナガカミキリ〈Monochamus sutor〉昆虫綱甲虫目カミキリムシ科フトカミキリ亜科の甲虫。体長14〜28mm。分布：北海道。

ヒメシラフマダラメイガ〈Cryptoblabes loxiella〉昆虫綱鱗翅目メイガ科マダラメイガ亜科の蛾。開張23〜26mm。

ヒメシラホシカメノコカワリタマムシ〈Polybothris solea〉昆虫綱甲虫目タマムシ科。分布：マダガスカル。

ヒメシラホシハワイトラカミキリ〈Plagithmysus decorus〉昆虫綱甲虫目カミキリムシ科の甲虫。分布：ハワイ島。

ヒメシリアカニクバエ〈Ravinia striata〉昆虫綱双翅目ニクバエ科。

ヒメシリアゲモドキ〈Panorpodes pulchra〉昆虫綱長翅目シリアゲムシ科。

ヒメシリグロハネカクシ 姫尻黒隠翅虫〈Astenus brevipes〉昆虫綱甲虫目ハネカクシ科の甲虫。体長3.0〜3.4mm。分布：本州，九州。

ヒメシリブトガガンボ〈Liogma brevipecten〉昆虫綱双翅目ガガンボ科。

ヒメシロイラガ 姫白刺蛾〈Narosa edoensis〉昆虫綱鱗翅目イラガ科の蛾。開張15mm。梅，アンズに害を及ぼす。分布：東京都内，中国。

ヒメシロオビアワフキ〈Trigophora obliqua〉昆虫綱半翅目アワフキムシ科。

ヒメシロオビヒカゲ〈Lethe confusa〉昆虫綱鱗翅目ジャノメチョウ科の蝶。分布：インド，中国，マレーシア。

ヒメシロカゲロウ 姫白蜉蝣〈Caenis spp.〉昆虫綱カゲロウ目ヒメシロカゲロウ科の一属の昆虫の総称。

ヒメシロコブゾウムシ(1)〈Dermatoxenus caesicollis〉昆虫綱甲虫目ゾウムシ科の甲虫。体長12〜14mm。ヤツデ，ウドに害を及ぼす。分布：本州，四国，九州，沖縄諸島。

ヒメシロコブゾウムシ(2)〈Dermatoxenus nodosus〉昆虫綱甲虫目ゾウムシ科の甲虫。分布：本州，九州。

ヒメシロシジミ〈Leucantigius atayalicus〉昆虫綱鱗翅目シジミチョウ科の蝶。

ヒメシロジスガ〈Klausius minor〉昆虫綱鱗翅目スガ科の蛾。分布：京都府比叡山。

ヒメシロシタバ〈Catocala nagioides〉昆虫綱鱗翅目ヤガ科シタバガ亜科の蛾。分布：北海道，本州，朝鮮半島，沿海州。

ヒメシロスジホソハマキモドキ〈Glyphipterix funditrix〉昆虫綱鱗翅目ホソハマキモドキガ科の蛾。分布：北海道根室。

ヒメシロタテハ〈Mynes geoffroyi〉昆虫綱鱗翅目タテハチョウ科の蝶。分布：ニューギニアおよびその属島，オーストラリア北東部。

ヒメシロチョウ 姫白蝶〈Leptidea amurensis〉昆虫綱鱗翅目シロチョウ科の蝶。絶滅危惧II類(VU)。前翅長20〜26mm。分布：北海道，本州，九州。

ヒメシロテンアオヨトウ〈Tranchea melanospila〉昆虫綱鱗翅目ヤガ科カラスヨトウ亜科の蛾。開張45mm。分布：北海道南部・東部，本州中部上信山地，ヒマラヤ西部から中国，沿海州。

ヒメシロテンコヤガ シロテンヒメコヤガの別名。

ヒメシロテンマドガ〈Banisia myrsusalis〉昆虫綱鱗翅目マドガ科の蛾。分布：屋久島の愛子岳。

ヒメシロドクガ〈Arctornis chichibense〉昆虫綱鱗翅目ドクガ科の蛾。開張雄32〜36mm，雌35〜47mm。分布：北海道，本州（東北地方北部より），四国，九州。

ヒメシロノメイガ〈Palpita inusitata〉昆虫綱鱗翅目メイガ科ノメイガ亜科の蛾。開張18〜23mm。分布：関東地方より西，四国，九州，対馬，屋久島。

ヒメシロフアオシャク〈Chloromachia infracta〉昆虫綱鱗翅目シャクガ科アオシャク亜科の蛾。開張24〜26mm。分布：本州（関東以西），四国，九州，対馬，屋久島，奄美大島，沖縄本島，香港。

ヒメシロモンオビヨトウ〈Athetis lineosella〉昆虫綱鱗翅目ヤガ科カラスヨトウ亜科の蛾。分布：沖縄本島北部。

ヒメシロモンドクガ 姫白紋毒蛾〈Orgyia thyellina〉昆虫綱鱗翅目ドクガ科の蛾。開張雄21〜29mm，雌30〜42mm。隠元豆，小豆，ササゲ，大豆，柿，ハスカップ，梅，アンズ，桜桃，ナシ類，桃，スモモ，林檎，栗，ホップ，茶，プラタナス，桜類，フジに害を及ぼす。分布：北海道，本州，四国，九州，朝鮮半島，シベリア南東部，台湾。

ヒメジンガサハムシ〈Cassida fuscorufa〉昆虫綱甲虫目ハムシ科の甲虫。体長6mm。分布：北海道，本州，四国，九州。

ヒメスカシドクガ〈Arctornis kanazawai〉昆虫綱鱗翅目ドクガ科の蛾。分布：西表島カンピラ滝，石垣島，台湾中部。

ヒメスカシバ〈Synanthedon tenuis〉昆虫綱鱗翅目スカシバガ科の蛾。柿に害を及ぼす。分布：北海道, 本州, 四国, 九州, 朝鮮半島, 中国東北部。

ヒメスギカミキリ 姫杉天牛〈Palaeocallidium rufipenne〉昆虫綱甲虫目カミキリムシ科カミキリ亜科の甲虫。体長6～13mm。イブキ類に害を及ぼす。分布：南西諸島(沖縄諸島以南), 小笠原諸島をのぞく日本全土。

ヒメスギノコヨトウ〈Cryphia minutissima〉昆虫綱鱗翅目ヤガ科の蛾。分布：中国浙江省, 新潟県(新津市, 弥彦山), 長野県下伊那郡, 滋賀県比良山, 奈良県日山, 香川県象頭山, 福岡県英彦山。

ヒメスジコガネ〈Mimela flavilabris〉昆虫綱甲虫目コガネムシ科の甲虫。体長13～17mm。分布：北海道, 本州, 四国, 九州。

ヒメスジシロカミキリ ハマボウスジカミキリの別名。

ヒメスジマグソコガネ〈Aphodius hasegawai〉昆虫綱甲虫目コガネムシ科の甲虫。体長3～4mm。

ヒメスジミズギワゴミムシ〈Bembidion pliculatum〉昆虫綱甲虫目オサムシ科の甲虫。体長4.0mm。

ヒメスズ〈Pteronemobius nigrescens〉昆虫綱直翅目コオロギ科。体長6～7mm。分布：本州(関東以西), 四国, 九州。

ヒメスズメ〈Deilephila askoldensis〉昆虫綱鱗翅目スズメガ科コスズメ亜科の蛾。開張50mm。分布：北海道, 本州, 九州, 朝鮮半島, シベリア南東部。

ヒメスズメバチ〈Vespa ducalis〉昆虫綱膜翅目スズメバチ科。体長25～36mm。分布：本州, 四国, 九州。害虫。

ヒメスナゴミムシダマシ〈Gonocephalum persimile〉昆虫綱甲虫目ゴミムシダマシ科の甲虫。体長8.5mm。

ヒメセアカケバエ 姫背赤毛蠅〈Penthetria japonica〉昆虫綱双翅目ケバエ科。体長11mm。分布：北海道, 本州, 四国, 九州。害虫。

ヒメセアカフルカ ヒメセアカケバエの別名。

ヒメセグロケバエ〈Penthetria velutina〉昆虫綱双翅目ケバエ科。

ヒメセグロツヤゴモクムシ ムネアカマメゴモクムシの別名。

ヒメセグロヒゲナガハバチ〈Nematinus alni〉昆虫綱膜翅目ハバチ科。

ヒメセスジアメンボ〈Limnogonus parvulus〉昆虫綱半翅目アメンボ科。

ヒメセスジカクマグソコガネ〈Rhyparus helopholoides〉昆虫綱甲虫目コガネムシ科の甲虫。体長3.5mm。

ヒメセスジゴミムシダマシ〈Setenis noctivigilus〉昆虫綱甲虫目ゴミムシダマシ科。

ヒメセスジデオキノコムシ〈Ascaphium apicale〉昆虫綱甲虫目デオキノコムシ科の甲虫。体長3.5～4.0mm。分布：本州, 四国(山地)。

ヒメセスジノメイガ〈Sinibotys obliquilinealis〉昆虫綱鱗翅目メイガ科の蛾。分布：長野県乗鞍高原, 北海道石狩町, 登別市, 千歳市, 長野県上高地, 扉峠, 奈川渡ダム, 群馬県反湖, 埼玉県三峰山。

ヒメセダカメクラガメ〈Charagochilus gyllenhalii〉昆虫綱半翅目メクラカメムシ科。

ヒメセボシヒラタゴミムシ〈Agonum suavissimum〉昆虫綱甲虫目オサムシ科の甲虫。体長7.5～10.0mm。

ヒメセマルガムシ〈Coelostoma orbiculare〉昆虫綱甲虫目ガムシ科の甲虫。体長4mm。分布：北海道, 本州。

ヒメセマルヒゲナガゾウムシ〈Phloeobius mimes〉昆虫綱甲虫目ヒゲナガゾウムシ科の甲虫。体長5.7～6.2mm。

ヒメゾウカブトムシ〈Megasoma pachecoi〉昆虫綱甲虫目コガネムシ科の甲虫。分布：メキシコ。

ヒメソテツシジミ〈Chilades pandava〉昆虫綱鱗翅目シジミチョウ科の蝶。

ヒメタイコウチ 姫太鼓打虫〈Nepa hoffmanni〉昆虫綱半翅目タイコウチ科。体長18～22mm。分布：兵庫県から愛知県。

ヒメダイコクコガネ〈Copris triparititus〉昆虫綱甲虫目コガネムシ科の甲虫。体長14～16mm。

ヒメダイコンバエ〈Delia planipalpis〉昆虫綱双翅目ハナバエ科。体長5～6mm。アブラナ科野菜に害を及ぼす。分布：北海道, 千島, 中国東北部, ヨーロッパ, 北アメリカ。

ヒメタイワンアオバセセリ〈Badamia atrox〉昆虫綱鱗翅目セセリチョウ科の蝶。分布：ニューヘブリデス, リフ, ロイヤルティ, フィジー。

ヒメタテハ ヒメアカタテハの別名。

ヒメダニ 姫壁蝨〈soft tick〉節足動物門クモ形綱ダニ目ヒメダニ科Argasidaeの大形ダニ類の総称。

ヒメタマカイガラトビコバチ〈Aenasioidea tenuicornis〉昆虫綱膜翅目トビコバチ科。

ヒメタマカイガラムシ〈Kermococcus miyasakii〉有翅亜綱半翅目タマカイガラムシ科。

ヒメタマセグロトビコバチ〈Microterys interpunctus〉昆虫綱膜翅目トビコバチ科。

ヒメダルマカメムシ〈Isometopus hananoi〉昆虫綱半翅目メクラカメムシ科。

ヒメダルマハナカメムシ〈Bilia japonica〉昆虫綱半翅目ハナカメムシ科。

ヒメダンゴタマムシ〈Julodella dilaticollis〉昆虫綱甲虫目タマムシ科。分布：中央アジア，イラン，アフガニスタン。

ヒメチビシデムシ〈Nemadus japanus〉昆虫綱甲虫目チビシデムシ科の甲虫。体長2.1～2.3mm。

ヒメチビヒラタエンマムシ〈Platylomalus mendicus〉昆虫綱甲虫目エンマムシ科の甲虫。体長1.8～2.3mm。分布：本州，九州。

ヒメチビマルハナノミ〈Cyphon puncticeps〉昆虫綱甲虫目マルハナノミ科の甲虫。体長1.8～2.7mm。

ヒメチャイロコメツキダマシ〈Fornax consobrinus〉昆虫綱甲虫目コメツキダマシ科の甲虫。体長6.4～9.9mm。

ヒメチャイロコメツキダマシ コチャイロコメツキダマシの別名。

ヒメチャタテ〈Lachesilla pedicularia〉昆虫綱噛虫目ヒメチャタテ科。

ヒメチャチビヒョウタンゴミムシ〈Dyschirius igai〉昆虫綱甲虫目ヒョウタンゴミムシ科。

ヒメチャバネアオカメムシ 姫茶翅青亀虫〈Plautia splendens〉昆虫綱半翅目カメムシ科。分布：本州。

ヒメチャバネゴキブリ〈Blattella lituricollis〉昆虫綱網翅目チャバネゴキブリ科。体長10～11mm。分布：九州南端部から南西諸島。

ヒメチャバネトガリノメイガ〈Hyalobathra dialychna〉昆虫綱鱗翅目メイガ科の蛾。分布：屋久島，奄美大島，沖縄本島，ミャンマー，インド。

ヒメチャマダラセセリ 姫茶斑挵蝶〈Pyrgus malvae〉昆虫綱鱗翅目セセリチョウ科の蝶。絶滅危惧II類(VU)。後翅の白色の斑紋がある。天然記念物。開張2.0～2.5mm。分布：ヨーロッパ，温帯アジア。

ヒメツチカメムシ 姫土亀虫〈Geotomus pygmaeus〉昆虫綱半翅目ツチカメムシ科。分布：本州，四国，九州。

ヒメツチスガリ〈Cerceris carinalis〉昆虫綱膜翅目ジガバチ科。

ヒメツチハンミョウ〈Meloe coarctatus〉昆虫綱甲虫目ツチハンミョウ科の甲虫。体長9～23mm。分布：本州，四国，九州，佐渡。害虫。

ヒメツツマグソコガネ〈Saprosites narae〉昆虫綱甲虫目コガネムシ科の甲虫。体長2.5～3.0mm。

ヒメツノカメムシ 姫角亀虫〈Elasmucha putoni〉昆虫綱半翅目ツノカメムシ科。分布：日本各地。

ヒメツノゴミムシダマシ〈Cryphaeus punctulatus〉昆虫綱甲虫目ゴミムシダマシ科。

ヒメツノゴミムシダマシ ツノゴミムシダマシの別名。

ヒメツバメアオシャク〈Gelasma protrusa〉昆虫綱鱗翅目シャクガ科アオシャク亜科の蛾。開張24～31mm。分布：本州(北限は宮城県)，四国，九州，対馬，屋久島，沖縄本島，石垣島，西表島，台湾，朝鮮半島，シベリア南東部，中国。

ヒメツバメエダシャク〈Ourapteryx subpunctaria〉昆虫綱鱗翅目シャクガ科エダシャク亜科の蛾。開張31～42mm。分布：本州(東北地方北部より)，四国，九州，種子島，屋久島。

ヒメツマアカカラスシジミ〈Strymonidia spini〉昆虫綱鱗翅目シジミチョウ科の蝶。分布：ヨーロッパ中部・南部，コーカサス，シリア，イラン，アムール，朝鮮半島，中国。

ヒメツマアカシロチョウ〈Colotis eucharis〉昆虫綱鱗翅目シロチョウ科の蝶。分布：インド，スリランカ。

ヒメツマオビアツバ〈Zanclognatha subgriselda〉昆虫綱鱗翅目ヤガ科クルマアツバ亜科の蛾。分布：北海道，本州，四国，九州。

ヒメツマオレガ〈Thermocrates epischista〉昆虫綱鱗翅目ヒロズコガ科の蛾。分布：九州(門司)。

ヒメツマキホソバ〈Eilema minor〉昆虫綱鱗翅目ヒトリガ科コケガ亜科の蛾。分布：本州(東北地方)，対馬。

ヒメツマキホソバ ニセキマエホソバの別名。

ヒメツマキリヨトウ〈Callopistria duplicans〉昆虫綱鱗翅目ヤガ科カラスヨトウ亜科の蛾。開張28mm。分布：インド，中国，台湾，関東地方以西，四国，九州，対馬，屋久島，奄美大島，沖縄本島，石垣島，西表島。

ヒメツマグロシロノメイガ〈Leucinodes apicalis〉昆虫綱鱗翅目メイガ科の蛾。分布：九州の天草島，屋久島，奄美大島，徳之島，沖縄本島，西表島，台湾，中国，インドから東南アジア一帯。

ヒメツヤエンマコガネ〈Onthophagus carnarius〉昆虫綱甲虫目コガネムシ科の甲虫。体長4.5～6.5mm。

ヒメツヤエンマムシ〈Hister simplicisternus〉昆虫綱甲虫目エンマムシ科の甲虫。体長4.2～6.5mm。

ヒメツヤゴモクムシ〈Trichotichnus congruus〉昆虫綱甲虫目オサムシ科の甲虫。体長6～9mm。

ヒメツヤテントウ〈Microserangium okinawense〉昆虫綱甲虫目テントウムシ科の甲虫。体長1.1～1.5mm。

ヒメツヤドロムシ〈Zaitzeviaria brevis〉昆虫綱甲虫目ヒメドロムシ科の甲虫。体長1.4～1.5mm。

ヒメツヤハムシ〈Oomorphoides japanus〉昆虫綱甲虫目ハムシ科の甲虫。体長2.7～2.9mm。

ヒメツヤヒラタゴミムシ〈*Synuchus dulcigradus*〉昆虫綱甲虫目オサムシ科の甲虫。体長8～10mm。

ヒメツヤホソムネカワリタマムシ〈*Polybothris sexsulcata*〉昆虫綱甲虫目タマムシ科。分布：マダガスカル。

ヒメツヤマルガタゴミムシ〈*Amara nipponica*〉昆虫綱甲虫目オサムシ科の甲虫。体長6.0～7.5mm。

ヒメツヤメクラチビゴミムシ〈*Ishikawatrechus humeralis*〉昆虫綱甲虫目オサムシ科の甲虫。体長4.6～4.9mm。

ヒメデオキノコムシ〈*Scaphidium femorale*〉昆虫綱甲虫目デオキノコムシ科の甲虫。体長5mm。分布：本州，四国，九州。

ヒメテントウノミハムシ〈*Argopistes tsekooni*〉昆虫綱甲虫目ハムシ科の甲虫。体長2.5mm。分布：本州，九州。

ヒメドウガネトビハムシ〈*Chaetocnema concinnicollis*〉昆虫綱甲虫目ハムシ科の甲虫。体長1.8～2.0mm。

ヒメドウガネヒラタコメツキ〈*Corymbitodes obscuripes*〉昆虫綱甲虫目コメツキムシ科。

ヒメトガリシロチョウ〈*Appias olferna*〉昆虫綱鱗翅目シロチョウ科の蝶。

ヒメトガリノメイガ〈*Anania verbascalis*〉昆虫綱鱗翅目メイガ科ノメイガ亜科の蛾。開張22mm。キク科野菜，キクに害を及ぼす。分布：北海道，本州，四国，九州，対馬，屋久島。

ヒメトガリハナバチ〈*Coelioxys acuminata*〉昆虫綱膜翅目ハキリバチ科。

ヒメトガリヨトウ〈*Gortyna basalipunctata*〉昆虫綱鱗翅目ヤガ科カラスヨトウ亜科の蛾。開張38mm。分布：沿海州，中国，アッサム，北海道，本州，九州北部，隠岐島。

ヒメトゲトビムシ 姫棘跳虫〈*Tomocerus minutus*〉無翅昆虫亜綱粘管目トゲトビムシ科。体長2mm。分布：日本全土。

ヒメトゲヘリカメムシ ヒメヘリカメムシの別名。

ヒメトサカシバンムシ〈*Anhedobia capucina*〉昆虫綱甲虫目シバンムシ科の甲虫。体長2.7～4.8mm。

ヒメトビイロカゲロウ〈*Choroterpes trifurcata*〉昆虫綱蜉蝣目トビイロカゲロウ科。

ヒメトビウンカ 姫飛浮塵子〈*Laodelphax striatellus*〉昆虫綱半翅目ウンカ科。体長雄2.1mm，雌2.1～2.8mm。イネ科牧草，飼料用トウモロコシ，ソルガム，イネ科作物，麦類に害を及ぼす。分布：日本全国，旧北区，東洋区。

ヒメトビケラ属の一種〈*Hydroptila* sp.〉昆虫綱毛翅目ヒメトビケラ科。

ヒメトビサシガメ〈*Staccia diluta*〉昆虫綱半翅目サシガメ科。

ヒメトビネマダラメイガ〈*Acrobasis rufilimbalis*〉昆虫綱鱗翅目メイガ科マダラメイガ亜科の蛾。開張17mm。分布：北海道，本州，九州。

ヒメトビハムシ〈*Orthocrepis adamsii*〉昆虫綱甲虫目ハムシ科の甲虫。体長1.5～2.0mm。

ヒメトビホシハムシ〈*Gonioctena takahashii*〉昆虫綱甲虫目ハムシ科の甲虫。体長6mm。分布：本州，四国。

ヒメトラガ 姫虎蛾〈*Asteropetes noctuina*〉昆虫綱鱗翅目トラガ科の蛾。開張42～45mm。葡萄に害を及ぼす。分布：北海道，本州，四国，九州，屋久島。

ヒメトラハナムグリ〈*Trichius succinctus*〉昆虫綱甲虫目コガネムシ科の甲虫。体長8～13mm。分布：北海道，本州，四国，九州，屋久島。

ヒメトンボ〈*Diplacodes trivialis*〉昆虫綱蜻蛉目トンボ科の蜻蛉。体長26mm。分布：南西諸島（屋久島以南）。

ヒメトンボジャコウアゲハ〈*Parides triopas*〉昆虫綱鱗翅目アゲハチョウ科の蝶。分布：仏領ギアナ，ブラジル北部。

ヒメナカウスエダシャク〈*Alcis albifera*〉昆虫綱鱗翅目シャクガ科エダシャク亜科の蛾。開張26～30mm。分布：北海道，本州，四国，千島，サハリン，中国東北，シベリア南東部。

ヒメナガエンマムシ〈*Platysoma celatum*〉昆虫綱甲虫目エンマムシ科の甲虫。体長3mm。分布：北海道，本州。

ヒメナガカキカイガラムシ〈*Lepidosaphes pallida*〉昆虫綱半翅目マルカイガラムシ科。キャラボク，イブキ類，イヌマキに害を及ぼす。

ヒメナガカメムシ 姫長亀虫〈*Nysius plebeius*〉昆虫綱半翅目ナガカメムシ科。体長5mm。稲，苺に害を及ぼす。分布：本州以南の日本各地，ミッドウェイ。

ヒメナガキマワリ〈*Strongylium impigrum*〉昆虫綱甲虫目ゴミムシダマシ科の甲虫。体長11～13mm。分布：本州，四国，九州。

ヒメナガクチキムシ〈*Symphora atra*〉昆虫綱甲虫目ナガクチキムシ科の甲虫。体長4.2～4.8mm。

ヒメナガコメツキ〈*Parabetarmon carinicephalus*〉昆虫綱甲虫目コメツキムシ科の甲虫。体長8mm。

ヒメナガサビカミキリ〈*Pterolophia leiopodina*〉昆虫綱甲虫目カミキリムシ科フトカミキリ亜科の甲虫。体長5～8mm。分布：本州，四国，九州，奄美大島。

ヒメナジロシタバ〈Ecpatia longinqua〉昆虫綱鱗翅目ヤガ科クチバ亜科の蛾。分布：インド，北部ミャンマー，フィリピン，屋久島以南，奄美大島，沖縄本島，伊平屋島，石垣島，西表島。

ヒメナジロトガリバ〈Togaria tancrei〉昆虫綱鱗翅目トガリバガ科の蛾。開張35〜44mm。分布：北海道，東北地方，千島，シベリア南東部。

ヒメナガセスジホソカタムシ〈Bitoma niponica〉昆虫綱甲虫目ホソカタムシ科の甲虫。体長2.0〜3.3mm。

ヒメナガヒラタムシ〈Tenomerga japonica〉昆虫綱甲虫目ナガヒラタムシ科の甲虫。体長9〜16mm。

ヒメナカボソタマムシ〈Coraebus iriei〉昆虫綱甲虫目タマムシ科の甲虫。体長4〜5mm。

ヒメナガメ〈Eurydema dominulus〉昆虫綱半翅目カメムシ科。体長6〜9mm。アブラナ科野菜に害を及ぼす。分布：本州，四国，九州，南西諸島。

ヒメナミアツバ〈Herminia sp.〉昆虫綱鱗翅目ヤガ科クルマアツバ亜科の蛾。分布：沖縄本島，石垣島，西表島，台湾。

ヒメナミグルマアツバ〈Anatatha misae〉昆虫綱鱗翅目ヤガ科クチバ亜科の蛾。分布：北海道から九州，対馬，朝鮮半島。

ヒメナミハグモ〈Cybaeus miyosii〉蛛形綱クモ目ミズグモ科の蜘蛛。

ヒメニシキキマワリモドキ ルリスジキマワリモドキの別名。

ヒメニジコマルキマワリ〈Elixota izumii〉昆虫綱甲虫目ゴミムシダマシ科の甲虫。体長6.3〜6.5mm。

ヒメニセハイスガ〈Eumonopyta unicornis〉昆虫綱鱗翅目スガ科の蛾。分布：東京。

ヒメヌレチゴミムシ〈Apatrobus echigonus〉昆虫綱甲虫目オサムシ科の甲虫。体長8.2mm。

ヒメネクイハムシ〈Donacia yuasai〉昆虫綱甲虫目ハムシ科。

ヒメネグロケンモン〈Colocasia umbrosa〉昆虫綱鱗翅目ヤガ科ウスベリケンモン亜科の蛾。開張28〜33mm。分布：本州から九州。

ヒメネグロミズアブ〈Ouchimyia nipponensis〉昆虫綱双翅目ミズアブ科。

ヒメネジロコヤガ〈Maliattha signifera〉昆虫綱鱗翅目ヤガ科コヤガ亜科の蛾。開張16〜17mm。分布：インド―オーストラリア地域，東北地方以南，四国，九州，伊豆諸島一帯，屋久島。

ヒメネズミジラミ〈Hoplopleura himenezumi〉フトゲジラミ科。体長雄0.8〜0.9mm，雌1.0〜1.2mm。害虫。

ヒメノガリノメイガ〈Phlyctaenia verbascalis〉昆虫綱鱗翅目メイガ科の蛾。

ヒメノギカワゲラ チビノギカワゲラの別名。

ヒメハイイロカギバ〈Pseudalbara parvula〉昆虫綱鱗翅目カギバガ科の蛾。開張22〜30mm。分布：北海道，本州，四国，九州，朝鮮半島，シベリア南東部，中国。

ヒメハイイロヨトウ〈Hadena corrupta〉昆虫綱鱗翅目ヤガ科ヨトウガ亜科の蛾。分布：朝鮮半島，モンゴル，サハリン，北海道長万部町静狩。

ヒメハガタナミシャク〈Ecliptopera silaceata〉昆虫綱鱗翅目シャクガ科の蛾。分布：北海道，シベリア南東部，ヨーロッパ。

ヒメハガタヨトウ〈Apamea commixta〉昆虫綱鱗翅目ヤガ科カラスヨトウ亜科の蛾。分布：北海道，本州。

ヒメハキリバチ 姫葉切蜂〈Megachile spissula〉昆虫綱膜翅目ハキリバチ科。分布：本州。

ヒメハサミツノカメムシ 姫鋏角亀虫〈Acanthosoma forficula〉昆虫綱半翅目ツノカメムシ科。体長14〜16mm。分布：北海道，本州，四国，九州。

ヒメハサミムシ〈Nala lividipes〉昆虫綱革翅目オオハサミムシ科。体長9〜11mm。分布：本州(神戸市)，石垣島。

ヒメハスオビガガンボ〈Pedicia gaudens〉昆虫綱双翅目ガガンボ科。

ヒメハスオビカメノコカワリタマムシ〈Polybothris lamina〉昆虫綱甲虫目タマムシ科。分布：マダガスカル。

ヒメハスジゾウムシ〈Chromoderes declivis〉昆虫綱甲虫目ゾウムシ科。

ヒメバチ 姫蜂 昆虫綱膜翅目有錐類ヒメバチ科 Ichneumonidaeに属する昆虫の総称。

ヒメハチマガイツノゼミ〈Heteronotus glandiferus〉昆虫綱半翅目ツノゼミ科。分布：グアテマラ，ベネズエラ，ブラジル。

ヒメハチモドキハナアブ 姫擬蜂花虻〈Takaomyia johannis〉昆虫綱双翅目ハナアブ科。分布：本州。

ヒメハナカミキリ〈Pidonia mutata〉昆虫綱甲虫目カミキリムシ科ハナカミキリ亜科の甲虫。体長5.5〜7.5mm。分布：本州，四国，九州。

ヒメハナカメムシ〈Orius sauteri〉昆虫綱半翅目ハナカメムシ科。

ヒメハナグモ〈Misumena vatia〉蛛形綱クモ目カニグモ科の蜘蛛。体長雌7〜10mm，雄3〜4mm。分布：北海道，本州，九州。

ヒメハナダカノメイガ〈Camptomastix septentrionalis〉昆虫綱鱗翅目メイガ科の蛾。分

布：秋田県金浦町,秋田県本荘市,南秋田郡大潟村。

ヒメハナノミダマシ〈Scraptia forticornis〉昆虫綱甲虫目ハナノミダマシ科。

ヒメハナバチ 姫花蜂 昆虫綱膜翅目ハナバチ上科ヒメハナバチ科Andrenidaeのヒメハナバチ属Andrenaの昆虫の総称。

ヒメハナバチモドキ 姫擬花蜂〈Panurginus crawfordi〉昆虫綱膜翅目ヒメハナバチ科。分布：本州,九州。

ヒメハナマガリアツバ〈Hadennia nakatanii〉昆虫綱鱗翅目ヤガ科クルマアツバ亜科の蛾。分布：本州(伊豆以西の太平洋岸および瀬戸内海沿岸),四国,九州,対馬。

ヒメハナムグリ ヒメアシナガコガネの別名。

ヒメハナムシ 姫花虫 昆虫綱甲虫目ヒメハナムシ科Phalacridaeに属する昆虫の総称。

ヒメハネビロアカコメツキ〈Ampedus puniceus〉昆虫綱甲虫目コメツキムシ科の甲虫。体長11mm。分布：本州。

ヒメハネビロトンボ〈Tramea transmaria yayeyamana〉昆虫綱蜻蛉目トンボ科の蜻蛉。体長55mm。

ヒメハバビロドロムシ〈Dryopomorphus nakanei〉昆虫綱甲虫目ヒメドロムシ科の甲虫。体長4〜5mm。分布：本州。

ヒメハマキガ 姫葉捲蛾 鱗翅目ハマキガ科ヒメハマキガ亜科Olethreutinaeの昆虫の総称。

ヒメハラナガツチバチ 姫腹長土蜂〈Campsomeris annulata〉昆虫綱膜翅目ツチバチ科。体長雌15〜22mm,雄11〜19mm。分布：本州,四国,九州。

ヒメハリアリ〈Ponera japonica〉昆虫綱膜翅目アリ科。

ヒメハリカメムシ〈Cletus trigonus〉昆虫綱半翅目ヘリカメムシ科。体長8mm。稲に害を及ぼす。分布：本州以南の日本各地,台湾,中国,東洋区。

ヒメハルゼミ 姫春蝉〈Euterpnosia chibensis〉昆虫綱半翅目セミ科。体長32〜36mm。分布：本州,四国,九州,種子島,屋久島,奄美大島。

ヒメハンミョウ〈Cicindela elisae〉昆虫綱甲虫目ハンミョウ科の甲虫。体長8〜11mm。分布：北海道,本州,四国,九州,伊豆諸島。

ヒメハンミョウモドキ〈Elaphrus comatus〉昆虫綱甲虫目オサムシ科の甲虫。体長6.5〜7.5mm。

ヒメヒオドシ コヒオドシの別名。

ヒメヒカゲ 姫日陰蝶〈Coenonympha oedippus〉昆虫綱鱗翅目ジャノメチョウ科の蝶。絶滅危惧II類(VU)。前翅長19〜21mm。分布：本州(中部,近畿,中国)。

ヒメヒゲナガカミキリ〈Monochamus subfasciatus〉昆虫綱甲虫目カミキリムシ科フトカミキリ亜科の甲虫。体長10〜18mm。分布：北海道,本州,四国,九州,対馬,屋久島。

ヒメヒゲナガハナアブ〈Chrysotoxum testaceum〉昆虫綱双翅目ハナアブ科。

ヒメヒゲナガハナノミ〈Drupeus laetabilis〉昆虫綱甲虫目ナガハナノミ科の甲虫。体長5〜6mm。

ヒメヒゲブトクロアツバ〈Nodaria externalis〉昆虫綱鱗翅目ヤガ科クルマアツバ亜科の蛾。分布：インドからオーストラリア,屋久島,奄美大島,沖永良部島,沖縄本島,宮古島,石垣島,西表島。

ヒメヒトツメジャノメ〈Mycalesis perseus〉昆虫綱鱗翅目ジャノメチョウ科の蝶。別名ムモンジャノメ。分布：アジア南部からオーストラリアまで。

ヒメヒョウタンキマワリ〈Eucrossoscelis michioi〉昆虫綱甲虫目ゴミムシダマシ科の甲虫。体長5.8〜7.1mm。

ヒメヒョウタンゴミムシ〈Clivina niponensis〉昆虫綱甲虫目オサムシ科の甲虫。体長4.6〜5.4mm。

ヒメヒョウホンムシ〈Ptinus clavipes〉昆虫綱甲虫目ヒョウホンムシ科の甲虫。体長3mm。分布：本州。

ヒメヒョウモン〈Boloria pales〉昆虫綱鱗翅目タテハチョウ科の蝶。分布：周極,ヨーロッパ,中央アジア,コーカサス,中国,アラスカ。

ヒメヒラタアブ 姫扁虻〈Sphaerophoria menthastri〉昆虫綱双翅目ハナアブ科。分布：本州,四国,九州。

ヒメヒラタアブバエ ヒメヒラタアブの別名。

ヒメヒラタカゲロウ 姫扁蜉蝣〈Rhithrogena japonica〉昆虫綱蜉蝣目ヒラタカゲロウ科。分布：本州。

ヒメヒラタカメムシ 姫扁亀虫〈Aneurus macrotylus〉昆虫綱半翅目ヒラタカメムシ科。分布：日本各地。

ヒメヒラタケシキスイ〈Epuraea domina〉昆虫綱甲虫目ケシキスイ科の甲虫。体長3mm。柑橘に害を及ぼす。分布：本州以南の日本各地,ヨーロッパ,シベリア。

ヒメヒラタゴミムシダマシ〈Catapiestus rugpennis〉昆虫綱甲虫目ゴミムシダマシ科の甲虫。体長11.6〜15.4mm。

ヒメヒラタシデムシ〈Thanatophilus auripilosus〉昆虫綱甲虫目シデムシ科の甲虫。体長12〜14mm。分布：北海道,本州,四国,九州。

ヒメヒラタタマムシ 姫扁吉丁虫〈Anthaxia proteus〉昆虫綱甲虫目タマムシ科の甲虫。体長3.0〜5.5mm。分布：北海道,本州,四国,九州,対馬。

ヒメヒラタドロムシ〈*Mataeopsephus maculatus*〉昆虫綱甲虫目ヒラタドロムシ科の甲虫。体長4.8〜5.1mm。

ヒメヒラタナガカメムシ 姫扁長亀虫〈*Cymus aurescens*〉昆虫綱半翅目ナガカメムシ科。体長4mm。分布：北海道,本州,四国,九州。

ヒメヒラタハネカクシ〈*Siagonium debile*〉昆虫綱甲虫目ハネカクシ科の甲虫。体長3mm。

ヒメヒラタヒゲナガハナノミ ヒメマルヒラタドロムシの別名。

ヒメヒラタムクゲキノコムシ〈*Microptilium pulchellum*〉昆虫綱甲虫目ムクゲキノコムシ科。

ヒメヒラタムシ〈*Uleiota arborea*〉昆虫綱甲虫目ヒラタムシ科の甲虫。体長5.5mm。分布：北海道,本州,四国,九州,屋久島。

ヒメビロウドカミキリ〈*Acalolepta degener*〉昆虫綱甲虫目カミキリムシ科フトカミキリ亜科の甲虫。体長9〜14mm。

ヒメビロウドコガネ 姫天鵞絨金亀子〈*Maladera orientalis*〉昆虫綱甲虫目コガネムシ科の甲虫。体長6〜8mm。ハスカップ,桜桃,ナシ類,桃,スモモ,林檎,甜菜,桑,ハッカ,繊維作物,ジャガイモ,隠元豆,小豆,ササゲ,大豆,麦類,イネ科作物,柿に害を及ぼす。分布：日本各地。

ヒメピンセンチュウ〈*Paratylenchus elachistus*〉パラティレンクス科。体長0.2〜0.3mm。桑に害を及ぼす。

ヒメフクログモ〈*Clubiona kurilensis*〉蛛形綱クモ目フクログモ科の蜘蛛。体長雌6〜7mm,雄5〜6mm。分布：北海道,本州,四国,九州。

ヒメフサキバガ〈*Dichomeris ferruginosa*〉昆虫綱鱗翅目キバガ科の蛾。分布：近畿地方,中国。

ヒメフタオカゲロウ 姫双尾蜉蝣〈*Ameletus montanus*〉昆虫綱蜉蝣目フタオカゲロウ科。体長8〜11mm。分布：日本各地。

ヒメフタオチョウ〈*Polyura narcaea*〉昆虫綱鱗翅目タテハチョウ科の蝶。分布：中国,ベトナム北部,台湾。

ヒメフタオツバメ〈*Spindasis kuyaniana*〉昆虫綱鱗翅目シジミチョウ科の蝶。

ヒメフタツメウバタマムシ〈*Lampropepla ophtalmica*〉昆虫綱甲虫目タマムシ科。分布：マダガスカルとその属島。

ヒメフタテンツトガ〈*Catoptria amathusia*〉昆虫綱鱗翅目メイガ科の蛾。分布：長野県追分,同県の中房温泉,山梨県(奥秩父金峰山),富士山新五合目,南アルプスの北沢。

ヒメフタテンヨコバイ〈*Macrosteles striifrons*〉昆虫綱半翅目ヨコバイ科。体長3〜5mm。イネ科牧草,ナス科野菜,苺,ユリ科野菜,マメ科牧草,稲,キク科野菜,セリ科野菜,麦類に害を及ぼす。分布：北海道,本州,四国,九州。

ヒメフタトゲホソヒラタムシ〈*Silvanus lewisi*〉昆虫綱甲虫目ホソヒラタムシ科の甲虫。体長2.1〜2.5mm。貯穀・貯蔵植物性食品に害を及ぼす。分布：本州,四国,九州,台湾,東南アジア,オーストラリア,アフリカ。

ヒメフタモンクロテントウ〈*Cryptogonus horishanus*〉昆虫綱甲虫目テントウムシ科の甲虫。体長1.5〜2.4mm。

ヒメフチトリアツバコガネ〈*Phaeochrous tokaraensis*〉昆虫綱甲虫目コガネムシ科の甲虫。体長7〜9mm。

ヒメフトコメツキダマシ〈*Bioxylus japonensis*〉昆虫綱甲虫目コメツキダマシ科の甲虫。体長4〜7mm。分布：北海道,本州。

ヒメフトツツハネカクシ〈*Mimogonus microps*〉昆虫綱甲虫目ハネカクシ科の甲虫。体長2.6〜3.0mm。

ヒメフンバエ〈*Scathophaga stercoraria*〉昆虫綱双翅目フンバエ科。体長10mm。分布：日本全土。害虫。

ヒメベッコウ〈*Auplopus carbonarius*〉昆虫綱膜翅目ベッコウバチ科。体長6〜11mm。分布：本州,四国,九州。

ヒメベッコウハゴロモ 姫鼈甲羽衣〈*Ricania taeniata*〉昆虫綱半翅目ハゴロモ科。分布：本州,九州。

ヒメベニシタヒトリ〈*Rhyparioides subvarius*〉昆虫綱鱗翅目ヒトリガ科の蛾。分布：中国北部から南部,対馬。

ヒメベニボタル〈*Lyponia delicatula*〉昆虫綱甲虫目ベニボタル科の甲虫。体長7〜10mm。分布：本州,四国,九州。

ヒメベニモンウズマキタテハ〈*Callicore peristera*〉昆虫綱鱗翅目タテハチョウ科の蝶。分布：コロンビア,ペルー,ボリビア。

ヒメベニモンドクチョウ〈*Heliconius ricini*〉昆虫綱鱗翅目タテハチョウ科の蝶。前翅は乳白色の斑紋をもつ黒色,後翅はオレンジ色で幅広い黒色の縁どりがある。開張5.5〜7.0mm。分布：中央アメリカからアマゾンの盆地。

ヒメヘラズネクモバエ〈*Nycteribia pygmaea*〉昆虫綱双翅目クモバエ科。体長1.5mm。害虫。

ヒメヘリカメムシ 姫縁亀虫〈*Coriomeris scabricornis*〉昆虫綱半翅目ヘリカメムシ科。分布：本州,九州。

ヒメホウジャク ホシヒメホウジャクの別名。

ヒメホウセキカミキリ〈*Sternotomis callais*〉昆虫綱甲虫目カミキリムシ科の甲虫。分布：カメ

ルーン，ガボン，ザイール。

ヒメボクトウ 〈*Cossus arenicolus*〉昆虫綱鱗翅目ボクトウガ科の蛾。分布：新潟県新津市，京都市八幡，福岡県英彦山，対馬。

ヒメホコリタケシバンムシ 〈*Caenocara rufitarse*〉昆虫綱甲虫目シバンムシ科の甲虫。体長1.7〜2.0mm。

ヒメホシカメムシ 姫星亀虫 〈*Physopelta cincticollis*〉昆虫綱半翅目オオホシカメムシ科。体長10.5〜13.0mm。分布：本州，四国，九州，南西諸島。

ヒメホシキコケガ 姫星黄苔蛾 〈*Asura dharma*〉昆虫綱鱗翅目ヒトリガ科コケガ亜科の蛾。開張20〜25mm。分布：種子島，屋久島，奄美大島，沖縄本島，宮古島，石垣島，西表島，中国からインドから東南アジア一帯。

ヒメホシショウジョウバエ 〈*Drosophila angularis*〉昆虫綱双翅目ショウジョウバエ科。

ヒメボシハイスガ 〈*Yponomeuta griseatus*〉昆虫綱鱗翅目スガ科の蛾。分布：奄美大島。

ヒメホシミミヨトウ 〈*Pratysenta serve*〉昆虫綱鱗翅目ヤガ科カラスヨトウ亜科の蛾。分布：インドから東南アジア，奄美大島，沖縄本島，宮古島，石垣島。

ヒメホソアシナガバチ ホソアシナガバチの別名。

ヒメホソエンマムシ 〈*Niponius osorioceps*〉昆虫綱甲虫目ホソエンマムシ科の甲虫。体長4.0〜4.5mm。分布：北海道，本州。

ヒメホソオドリバエ 〈*Rhamphomyia araneipes*〉昆虫綱双翅目オドリバエ科。

ヒメホソキコメツキ 〈*Procraerus helvolus*〉昆虫綱甲虫目コメツキムシ科の甲虫。体長4.0〜4.5mm。

ヒメホソクビゴミムシ 〈*Brachinus incomptus*〉昆虫綱甲虫目クビボソゴミムシ科の甲虫。体長5.5〜8.0mm。

ヒメホソケシマグソコガネ 〈*Trichiorhyssemus esakii*〉昆虫綱甲虫目コガネムシ科の甲虫。体長3.5mm。

ヒメホソコガシラハネカクシ 〈*Philonthus wuesthoffi*〉昆虫綱甲虫目ハネカクシ科の甲虫。体長7.0〜9.0mm。

ヒメホソゴミムシダマシ 〈*Hypophloeus robustus*〉昆虫綱甲虫目ゴミムシダマシ科の甲虫。体長3.0〜3.4mm。

ヒメホソサナエ 〈*Leptogomphus yayeyamensis*〉昆虫綱蜻蛉目サナエトンボ科の蜻蛉。体長40mm。分布：石垣島，西表島。

ヒメホソスガ 〈*Euhyponomeutoides namikoae*〉昆虫綱鱗翅目スガ科の蛾。分布：本州（中部山岳地帯）。

ヒメホソナガクチキムシ 〈*Serropalpus filiformis*〉昆虫綱甲虫目ナガクチキムシ科の甲虫。体長7〜15mm。

ヒメホソナガゴミムシ 姫細長芥虫 〈*Pterostichus rotundangulus*〉昆虫綱甲虫目オサムシ科の甲虫。体長11.5mm。分布：北海道，本州，四国，九州。

ヒメホソハマベゴミムシダマシ 〈*Micropedinus pallidipennis*〉昆虫綱甲虫目ゴミムシダマシ科の甲虫。体長3〜4mm。分布：北海道，本州，四国，九州。

ヒメボタル 姫蛍 〈*Hotaria parvula*〉昆虫綱甲虫目ホタル科の甲虫。体長5.5〜9.6mm。分布：本州，四国，九州，屋久島。

ヒメマイマイカブリ 〈*Damaster blaptoides oxuroides*〉昆虫綱甲虫目オサムシ科。

ヒメマキムシ 姫薪虫 〈*Stephostethus chinensis*〉昆虫綱甲虫目ヒメマキムシ科の甲虫。体長1.7mm。分布：北海道，本州。

ヒメマキムシ 姫薪虫 昆虫綱甲虫目ヒメマキムシ科Lathridiidaeに含まれる昆虫の総称。

ヒメマダラエダシャク 〈*Abraxas niphonibia*〉昆虫綱鱗翅目シャクガ科エダシャク亜科の蛾。開張26〜36mm。分布：北海道，本州，四国，九州，屋久島，奄美大島，沖縄本島，朝鮮半島，中国東北，千島。

ヒメマダラカツオブシムシ 〈*Trogoderma inclusum*〉昆虫綱甲虫目カツオブシムシ科の甲虫。体長2.2〜3.6mm。害虫。

ヒメマダラケシミズギワゴミムシ 〈*Bembidion octomaculatum*〉昆虫綱甲虫目ゴミムシ科。

ヒメマダラタイマイ 〈*Paranticopsis megarus*〉昆虫綱鱗翅目アゲハチョウ科の蝶。

ヒメマダラナガカメムシ 姫斑長亀虫 〈*Graptostethus servus*〉昆虫綱半翅目ナガカメムシ科。分布：本州，四国，九州。

ヒメマダラマドガ 〈*Rhodoneura hyphaema*〉昆虫綱鱗翅目マドガ科の蛾。分布：本州，四国，九州，対馬，屋久島。

ヒメマダラミズギワゴミムシ 〈*Bembidion fasciatum*〉昆虫綱甲虫目オサムシ科の甲虫。体長3.7mm。

ヒメマダラミズメイガ 〈*Nymphula responsalis*〉昆虫綱鱗翅目メイガ科ミズメイガ亜科の蛾。開張12〜23mm。分布：北海道，本州，四国，九州，奄美大島，西表島，与那国島，台湾，朝鮮半島，中国，シベリア南東部。

ヒメマドチャタテ 〈*Peripsocus quercicola*〉昆虫綱噛虫目マドチャタテ科。

ヒメマルガタテントウダマシ〈Dexialia minor〉昆虫綱甲虫目テントウダマシ科の甲虫。体長1.3〜1.5mm。

ヒメマルカツオブシムシ 姫円鰹節虫〈Anthrenus verbasci〉昆虫綱甲虫目カツオブシムシ科の甲虫。体長2.5mm。分布：日本全土。害虫。

ヒメマルカメムシ 姫円亀虫〈Coptosoma biguttulum〉昆虫綱半翅目マルカメムシ科。体長3.0〜4.5mm。フジに害を及ぼす。分布：本州,四国,九州。

ヒメマルクビゴミムシ〈Nebria reflexa〉昆虫綱甲虫目オサムシ科の甲虫。体長8〜11.5mm。

ヒメマルクビゴミムシダマシ〈Tarpela elegantula〉昆虫綱甲虫目ゴミムシダマシ科の甲虫。体長8〜12mm。分布：本州。

ヒメマルクビヒラタカミキリ〈Asemum punctulatum〉昆虫綱甲虫目カミキリムシ科マルクビカミキリ亜科の甲虫。体長8〜15mm。分布：北海道,本州。

ヒメマルクビミツギリゾウムシ ヒメマルミツギリゾウムシの別名。

ヒメマルゴキブリ〈Trichoblatta pygmaea〉昆虫綱網翅目マルゴキブリ科。

ヒメマルシバンムシ〈Cryptoramorphus longiusculus〉昆虫綱甲虫目シバンムシ科の甲虫。体長1.8〜2.3mm。

ヒメマルハナノミ〈Scirtes sobrinus〉昆虫綱甲虫目マルハナノミ科の甲虫。体長2.3〜2.8mm。

ヒメマルハナバチ〈Bombus beaticola〉昆虫綱膜翅目ミツバチ科。

ヒメマルバネマダラ ホリシャルリマダラの別名。

ヒメマルバネムラサキマダラ ホリシャルリマダラの別名。

ヒメマルヒラタドロムシ〈Eubrianax pellucidus〉昆虫綱甲虫目ヒラタドロムシ科の甲虫。体長3.9〜4.8mm。

ヒメマルミズムシ 姫円水虫〈Paraplea indistinguenda〉昆虫綱半翅目マルミズムシ科。体長1.5〜1.8mm。分布：本州,九州。

ヒメマルミツギリゾウムシ〈Higonius cilo〉昆虫綱甲虫目ミツギリゾウムシ科の甲虫。体長4.0〜6.0mm。

ヒメマルムネゴミムシダマシ ヒメマルクビゴミムシダマシの別名。

ヒメミカヅキキリガ〈Cosmia eugeniae〉昆虫綱鱗翅目ヤガ科カラスヨトウ亜科の蛾。分布：沿海州,北海道東部・中部,本州。

ヒメミズカマキリ 姫水蠍蝋〈Ranatra unicolor〉昆虫綱半翅目タイコウチ科。分布：本州,九州。

ヒメミズギワアトキリゴミムシ〈Demetrias amurensis〉昆虫綱甲虫目オサムシ科の甲虫。体長4.5mm。

ヒメミスジエダシャク〈Hypomecis kuriligena〉昆虫綱鱗翅目シャクガ科の蛾。分布：北海道東部,利尻島,千島列島(国後島)。

ヒメミズスマシ〈Gyrinus gestroi〉昆虫綱甲虫目ミズスマシ科の甲虫。体長4.6〜5.2mm。

ヒメミズメイガ ソトキマダラミズメイガの別名。

ヒメミツオシジミ〈Horaga albimacula〉昆虫綱鱗翅目シジミチョウ科の蝶。

ヒメミツギリゾウムシ〈Trachelizus bisulcatus〉昆虫綱甲虫目ミツギリゾウムシ科の甲虫。体長5.5〜11.5mm。

ヒメミツテンノメイガ〈Mabra nigriscripta〉昆虫綱鱗翅目メイガ科の蛾。分布：屋久島,奄美大島,沖永良部島,台湾,インド北部。

ヒメミドリシジミ〈Favonius schischkini〉昆虫綱鱗翅目シジミチョウ科の蝶。分布：ウスリー。

ヒメミノガ 姫蓑蛾〈Psyche niphonica〉昆虫綱鱗翅目ミノガ科の蛾。開張11〜13mm。分布：本州(岐阜県),九州。

ヒメミミズクカワリタマムシ〈Polybothris dilatata〉昆虫綱甲虫目タマムシ科。分布：マダガスカル。

ヒメミヤマクワガタ〈Lucanus swinhoei〉昆虫綱甲虫目クワガタムシ科。分布：台湾。

ヒメミヤマケシカミキリ〈Exocentrus sp.〉昆虫綱甲虫目カミキリムシ科フトカミキリ亜科の甲虫。

ヒメミヤマセセリ〈Erynnis tages〉昆虫綱鱗翅目セセリチョウ科の蝶。灰褐色の後翅に細かい白色の模様。開張2.5〜3.0mm。分布：ヨーロッパからアジアの温帯域にかけての平野部の草原。

ヒメミヤマツヤヒラタゴミムシ〈Synuchus tristis〉昆虫綱甲虫目ゴミムシ科。

ヒメミヤマメダカゴミムシ〈Notiophilus aquaticus〉昆虫綱甲虫目オサムシ科の甲虫。体長4.8〜5.5mm。

ヒメミルンヤンマ〈Planaeschna naica〉昆虫綱蜻蛉目ヤンマ科の蜻蛉。

ヒメムクゲオオキノコムシ〈Cryptophilus propinquus〉昆虫綱甲虫目コメツキモドキ科の甲虫。体長2.4〜2.6mm。

ヒメムクゲコケムシ〈Scydmaenus takaranus〉昆虫綱甲虫目コケムシ科。

ヒメムクゲコケムシ ムクゲコケムシの別名。

ヒメムツテンチャタテ〈Trichadenotecnum sexpunctellum〉昆虫綱噛虫目チャタテムシ科。

ヒメムツボシカメノコカワリタマムシ 〈*Polybothris emarginata*〉昆虫綱甲虫目タマムシ科。分布：マダガスカル。

ヒメムナボソコメツキ ニセクチブトコメツキの別名。

ヒメムラサキクチバ ムラサキアツバの別名。

ヒメムラサキツバメ 〈*Arhopala abseus*〉昆虫綱鱗翅目シジミチョウ科の蝶。

ヒメムラサキトビムシ 姫紫跳虫〈*Hypogastrura communis*〉無翅昆虫亜綱粘管目ヒメトビムシ科。体長1mm。アブラナ科野菜に害を及ぼす。分布：日本全土。

ヒメムラサキミドリシジミ マルバネミドリシジミの別名。

ヒメムラサキヨトウ 〈*Sideridis unica*〉昆虫綱鱗翅目ヤガ科ヨトウガ亜科の蛾。開張37mm。分布：石川県付近,四国,九州,対馬。

ヒメモクメヨトウ 姫木目夜盗蛾〈*Actinotia polyodon*〉昆虫綱鱗翅目ヤガ科カラスヨトウ亜科の蛾。開張30～35mm。分布：イギリス,北海道から本州中部。

ヒメモンキアゲハ 〈*Menelaides amynthor*〉昆虫綱鱗翅目アゲハチョウ科の蝶。

ヒメモンキアワフキ 姫紋黄泡吹虫〈*Aphrophora rugosa*〉昆虫綱半翅目アワフキムシ科。体長10～11mm。分布：北海道,本州,四国,九州。

ヒメモンクキバチ 〈*Janus micromaculatus*〉昆虫綱膜翅目クキバチ科。

ヒメモンシデムシ 〈*Nicrophorus montivagus*〉昆虫綱甲虫目シデムシ科の甲虫。体長11～17mm。分布：本州,四国。

ヒメモンナガミズギワゴミムシ 〈*Bembidion thermoides*〉昆虫綱甲虫目ゴミムシ科。

ヒメモンナガレアブ 〈*Atrichops fontinalis*〉昆虫綱双翅目ナガレアブ科。

ヒメヤスデ 姫馬陸 節足動物門倍脚綱ヒメヤスデ目 Juliformia のヤスデ類の総称。

ヒメヤチグモ 〈*Coelotes tarumii*〉蛛形綱クモ目タナグモ科の蜘蛛。

ヒメヤツボシハンミョウ 〈*Cicindela psilica*〉昆虫綱甲虫目ハンミョウ科の甲虫。体長8～10mm。分布：石垣島,西表島。

ヒメヤドリギツバメ 〈*Pratapa deva*〉昆虫綱鱗翅目シジミチョウ科の蝶。

ヒメヤママユ 姫山繭蛾〈*Caligula boisduvalii*〉昆虫綱鱗翅目ヤママユガ科の蛾。開張雄85～90mm,雌90～105mm。梅,アンズ,栗,楓(紅葉),サンゴジュ,桜類に害を及ぼす。分布：朝鮮半島,シベリア南東部,中国からモンゴル,四国,九州,対馬,屋久島。

ヒメヤマヤチグモ 〈*Coelotes michikoae*〉蛛形綱クモ目タナグモ科の蜘蛛。体長雌9～10mm,雄7～8mm。分布：本州(近畿),四国。

ヒメヤムシ 姫矢虫〈*Sagitta minima*〉毛顎動物門矢虫綱無膜目ヤムシ科の海産動物。分布：相模湾,駿河湾など。

ヒメユウレイガガンボ 〈*Dolichopeza satsuma*〉昆虫綱双翅目ガガンボ科。

ヒメユミアシゴミムシダマシ 〈*Promethis noctivigila*〉昆虫綱甲虫目ゴミムシダマシ科の甲虫。体長15.0mm。

ヒメユミハリセンチュウ 〈*Paratrichodorus minor*〉トリコドルス科。体長0.5～0.8mm。アスター(エゾギク)に害を及ぼす。分布：本州,九州,オーストラリア。

ヒメヨコバイ 姫横遺 半翅目ヒメヨコバイ科 Cicadellidae の昆虫の総称。

ヒメヨコバイの一種〈*Empoasca sp.*〉昆虫綱半翅目ヨコバイ科。体長3mm。桃,スモモ,甜菜,バラ類に害を及ぼす。

ヒメヨツスジハナカミキリ 〈*Leptura kusamai*〉昆虫綱甲虫目カミキリムシ科ハナカミキリ亜科の甲虫。体長13～16mm。分布：本州。

ヒメヨツボシゴミムシ 〈*Microcosmodes flavopilosus*〉昆虫綱甲虫目オサムシ科の甲虫。体長7.0～7.5mm。

ヒメヨツボシサラグモ 〈*Strandella yaginumai*〉蛛形綱クモ目サラグモ科の蜘蛛。体長雌3.3～3.5mm,雄3.2～3.4mm。分布：本州,四国,九州。

ヒメヨツメキクイムシ 〈*Polygraphus parvulus*〉昆虫綱甲虫目キクイムシ科の甲虫。体長1.7～2.2mm。

ヒメヨツモンノメイガ 〈*Heliothela nigralbata*〉昆虫綱鱗翅目メイガ科の蛾。分布：四国,九州,徳之島,沖永良部島,宮古島,中国東部。

ヒメリスアカネ 〈*Sympetrum risi yosico*〉昆虫綱蜻蛉目トンボ科の蜻蛉。

ヒメリンゴカミキリ 〈*Oberea hebescens*〉昆虫綱甲虫目カミキリムシ科フトカミキリ亜科の甲虫。体長13～15.5mm。分布：本州,四国,九州。

ヒメリンゴケンモン 〈*Acronicta tridens*〉昆虫綱鱗翅目ヤガ科の蛾。分布：ユーラシア,北海道十勝地方,秋田,宮城,新潟,群馬,長野,岐阜県。

ヒメルリイロアリスアブ 〈*Microdon caeruleus*〉昆虫綱双翅目ハナアブ科。

ヒメルリゴミムシダマシ 〈*Encyalesthus exularis*〉昆虫綱甲虫目ゴミムシダマシ科の甲虫。体長13.0mm。

ヒメルリミズアブ 〈*Ptecticus mitsuminensis*〉昆虫綱双翅目ミズアブ科。

ピメロソムス・スファエリクス〈*Pimelosomus sphaericus*〉昆虫綱甲虫目ゴミムシダマシ科。分布：アルゼンチン。

ヒモワタカイガラトビコバチ〈*Encyrtus sasakii*〉昆虫綱膜翅目トビコバチ科。

ヒモワタカイガラムシ〈*Takahashia japonica*〉昆虫綱半翅目カタカイガラムシ科。体長5〜7mm。林檎, 柑橘, 桑, 楓(紅葉), イスノキ, 柿, 桃, スモモに害を及ぼす。分布：本州, 四国, 九州。

ビャクシンカミキリ〈*Semanotus bifasciatus*〉昆虫綱甲虫目カミキリムシ科カミキリ亜科の甲虫。体長8〜20mm。ヒノキ, サワラ, ビャクシン, イブキに害を及ぼす。分布：本州。

ビャクシンカミキリ南方亜種〈*Semanotus bifasciatus* subsp.*sinoauster*〉昆虫綱甲虫目カミキリムシ科の甲虫。

ビャクシンコノハカイガラムシ 柏槙木葉介殻虫〈*Fiorinia pinicola*〉昆虫綱半翅目マルカイガラムシ科。体長2mm。イヌマキ, ヤマモモに害を及ぼす。分布：本州, 四国, 九州。

ビャクシンハダニ〈*Oligonychus perditus*〉蛛形綱ダニ目ハダニ科。体長雌0.5mm, 雄0.4mm。イブキ類に害を及ぼす。分布：九州以北の日本各地, 朝鮮半島, 中国, ヨーロッパ, 北アメリカ, ブラジル。

ビャクシンハモグリガ〈*Argyresthia sabinae*〉昆虫綱鱗翅目メムシガ科の蛾。イブキ類に害を及ぼす。分布：九州(熊本県)。

ビャクダンハワイトラカミキリ〈*Plagithmysus greenwelli*〉昆虫綱甲虫目カミキリムシ科の甲虫。分布：ハワイ島。

ヒュウィットソニア・シミリス〈*Hewitsonia similis*〉昆虫綱鱗翅目シジミチョウ科の蝶。分布：ゴールドコースト(黄金海岸)からコンゴまで。

ヒュウィットソニア・ボアジュバリイ〈*Hewitsonia boisduvalii*〉昆虫綱鱗翅目シジミチョウ科の蝶。分布：カメルーン南部, ガボン, コンゴ。

ヒュウィットソンアグリアス〈*Agrias hewitsonius*〉昆虫綱鱗翅目タテハチョウ科の蝶。分布：アマゾン上流テフェ(Tefé)付近。

ヒュウィットソンウラミドリタテハ〈*Nessaea hewitsoni*〉昆虫綱鱗翅目タテハチョウ科の蝶。別名ミズイロタテハ。分布：コロンビア, エクアドル, ペルー, アマゾン上流。

ヒュウィットソンマネシヒカゲ〈*Elymnias hewitsoni*〉昆虫綱鱗翅目ジャノメチョウ科の蝶。分布：スラウェシ。

ヒョウゴナガゴミムシ〈*Pterostichus sphodriformis*〉昆虫綱甲虫目オサムシ科の甲虫。体長17.5〜21.0mm。

ヒョウゴマルガタゴミムシ〈*Amara hiogoensis*〉昆虫綱甲虫目オサムシ科の甲虫。体長13.5〜15.5mm。

ヒョウゴミズギワゴミムシ〈*Bembidion hiogoense*〉昆虫綱甲虫目オサムシ科の甲虫。体長5.0mm。

ヒョウタンキマワリ〈*Eucrossoscelis broscosomoides*〉昆虫綱甲虫目ゴミムシダマシ科の甲虫。体長5.1〜7.2mm。

ヒョウタンゴミムシ 瓢箪芥虫〈*Scarites aterrimus*〉昆虫綱甲虫目オサムシ科の甲虫。体長20mm。分布：北海道, 本州, 四国, 九州。

ヒョウタンゴミムシ 瓢箪芥虫 甲虫目ヒョウタンゴミムシ科の昆虫の総称, またはそのうちの一種を指す。

ヒョウタンナガカメムシ 瓢箪長亀虫〈*Caridops albomarginatus*〉昆虫綱半翅目ナガカメムシ科。分布：本州, 九州。

ヒョウタンナガキマワリ ヒョウタンキマワリの別名。

ヒョウタンハネカクシ〈*Brathinus oculatus*〉昆虫綱甲虫目ハネカクシ科の甲虫。体長3.5〜4.0mm。分布：北海道, 本州, 四国。

ヒョウタンボクモグリガ〈*Perittia andoi*〉昆虫綱鱗翅目クサモグリガ科の蛾。分布：北海道, 本州(中部山地)。

ヒョウタンメクラガメ 瓢箪盲亀虫〈*Pilophorus setulosus*〉昆虫綱半翅目メクラカメムシ科。分布：日本各地。

ヒョウタンメダカハネカクシ〈*Dianous japonicus*〉昆虫綱甲虫目ハネカクシ科。

ヒョウヒダニ 表皮壁蝨〈*Dermatophagoides* spp.〉節足動物門クモ形綱ダニ目チリダニ科の一属の総称。

ヒョウマダラ〈*Timelaea maculata*〉昆虫綱鱗翅目タテハチョウ科の蝶。別名ヒョウモンマダラ。分布：中国, 台湾。

ヒョウマダラボクトウ〈*Zeuzera pyrina*〉昆虫綱鱗翅目ボクトウガ科の蛾。前翅は白色に, 黒色の斑。開張4.5〜7.5mm。分布：ヨーロッパから, 北アフリカ, アジア温帯域, 北アメリカ。

ヒョウモンエダシャク〈*Arichanna jaguararia*〉昆虫綱鱗翅目シャクガ科エダシャク亜科の蛾。開張41〜50mm。分布：中国, 北海道, 本州, 四国, 九州。

ヒョウモンカイガラトビコバチ〈*Pareusemion studiosum*〉昆虫綱膜翅目トビコバチ科。

ヒョウモンケシキスイ 豹紋出尾虫〈*Librodor pantherinus*〉昆虫綱甲虫目ケシキスイ科の

甲虫。体長6.0〜6.5mm。分布：北海道,本州,四国,九州。

ヒョウモンショウジョウバエ〈Drosophila busckii〉昆虫綱双翅目ショウジョウバエ科。体長2mm。害虫。

ヒョウモンチョウ 豹紋蝶〈Brenthis daphne〉昆虫綱鱗翅目タテハチョウ科ヒョウモンチョウ亜科の蝶。別名ナミヒョウモン。準絶滅危惧種(NT)。前翅長25〜30mm。分布：北海道,本州(東北北部,関東,中部)。

ヒョウモンチョウ 豹紋蝶 鱗翅目タテハチョウ科ヒョウモンチョウ亜科Argynninaeの昆虫の総称。準絶滅危惧種(NT)。

ヒョウモンドクチョウ〈Agraulis vanillae〉昆虫綱鱗翅目タテハチョウ科の蝶。翅は細長く赤橙色,黒色の斑紋と黒色の翅脈をもつ。開張6.0〜7.5mm。分布：南アメリカから合衆国南部。

ヒョウモンヒメバチ〈Hoplismenus pica japonicus〉昆虫綱膜翅目ヒメバチ科。

ヒョウモンマダラ ヒョウマダラの別名。

ヒョウモンモドキ 擬豹紋蝶〈Melitaea scotosia〉昆虫綱鱗翅目タテハチョウ科ヒオドシチョウ亜科の蝶。絶滅危惧I類(CR+EN)。前翅長28〜30mm。分布：関東,中部地方と中国地方。

ヒョウモンモドキ属の一種〈Melitaea sp.〉昆虫綱鱗翅目タテハチョウ科の蝶。

ヒヨケムシ 日避虫,避日虫〈sun spider, wind scorpion〉節足動物門クモ形綱避日目Solifugaeの陸生動物の総称。

ヒョットコシジミタテハ〈Abisara echerius〉昆虫綱鱗翅目シジミタテハ科の蝶。分布：インド,スリランカ,中国,ジャワ,フィリピンなど。

ヒヨドリジョウゴキバガ〈Scrobipalpa ergasima〉昆虫綱鱗翅目キバガ科の蛾。分布：本州(中国地方),九州。

ヒヨドリハジラミ 鵯羽虱〈Menacanthus microsceli〉昆虫綱食毛目タンカクハジラミ科。

ヒヨドリバナハモグリバエ〈Phytomyza eupatorii〉昆虫綱双翅目ハモグリバエ科。

ヒラアシキバチ 扁脚樹蜂〈Tremex fuscicornis〉昆虫綱膜翅目キバチ科。分布：本州,九州。

ヒラアシコメツキ〈Sephilus formosanus〉昆虫綱甲虫目コメツキムシ科の甲虫。体長11〜12mm。

ヒラアシタニユスリカ〈Heptagyia brevitarsis〉昆虫綱双翅目ユスリカ科。

ヒラアシハバチ 扁脚葉蜂〈Croesus japonicus〉昆虫綱膜翅目ハバチ科。カンバ,ハンノキ,ヤシャブシに害を及ぼす。分布：本州,北海道。

ビラ・アゼカ〈Vila azeca〉昆虫綱鱗翅目タテハチョウ科の蝶。分布：ボリビアおよびペルー。

ヒラカタベッコウ 扁肩龍甲蜂〈Aporus japonicus〉昆虫綱膜翅目ベッコウバチ科。分布：九州。

ヒラクビナガゴミムシ〈Cosmodiscus platynotus〉昆虫綱甲虫目オサムシ科の甲虫。体長8mm。分布：本州,九州,吐噶喇列島。

ヒラケメクラチビゴミムシ〈Kurasawatrechus hirakei〉昆虫綱甲虫目オサムシ科の甲虫。体長2.5〜3.1mm。

ビラコラ・ビマクラタ〈Virachola bimaculata〉昆虫綱鱗翅目シジミチョウ科の蝶。分布：シエラレオネ。

ビラコラ・リビア〈Virachola livia〉昆虫綱鱗翅目シジミチョウ科の蝶。分布：エジプト,アラビア,アフリカ東部。

ヒラサナエ〈Davidius moiwanus taruii〉昆虫綱蜻蛉目サナエトンボ科の蜻蛉。

ヒラサンハバチ 比良山葉蜂〈Allomorpha hirasana〉昆虫綱膜翅目ハバチ科。分布：本州,四国,九州。

ヒラシマケシカミキリ〈Miaenia hirashimai〉昆虫綱甲虫目カミキリムシ科フトカミキリ亜科の甲虫。体長3.23mm。

ヒラシマシギゾウムシ〈Curculio hirashimai〉昆虫綱甲虫目ゾウムシ科の甲虫。体長2.5〜2.7mm。

ヒラシマナガタマムシ〈Agrilus hirashimai〉昆虫綱甲虫目タマムシ科の甲虫。体長3.8〜5.0mm。

ヒラシマミズクサハムシ〈Plateumaris hirashimai〉昆虫綱甲虫目ハムシ科の甲虫。体長7.0〜8.0mm。

ヒラズオオアリ〈Camponotus nipponicus〉昆虫綱膜翅目アリ科。

ヒラズキジラミ 扁頭木虱〈Livia jesoensis〉ヒラズキジラミ科。分布：北海道,本州,九州。

ヒラズゲンセイ〈Cissites cephalotes〉昆虫綱甲虫目ツチハンミョウ科の甲虫。別名ヒイロヒラズゲンセイ。体長18〜30mm。分布：ミャンマー,タイ,マレーシア,スマトラ,ジャワ,フィリピン,台湾。害虫。

ヒラズネヒゲボソゾウムシ〈Phyllobius intrusus〉昆虫綱甲虫目ゾウムシ科の甲虫。体長5.9〜6.4mm。イブキ類に害を及ぼす。

ヒラズハナアザミウマ〈Frankliniella intonsa〉昆虫綱総翅目アザミウマ科。体長1.2〜1.8mm。大豆,イリス類,グラジオラス,菊,ダリア,カーネーション,バラ類,ユリ類,ハイビスカス類,ツツジ類,隠元豆,石刀,ササゲ,ウリ科野菜,苺,柿,無花果,豌豆,空豆,ナス科野菜,茶に害を及ぼす。分布：ほぼ日本全土。

ヒラセクモゾウムシ〈Metialma signifera〉昆虫綱甲虫目ゾウムシ科の甲虫。

ヒラセノミゾウムシ〈Rhynchaenus dorsoplanatus〉昆虫綱甲虫目ゾウムシ科の甲虫。体長2.9〜3.1mm。

ヒラタアオコガネ 扁青金亀子〈Anomala octiescostata〉昆虫綱甲虫目コガネムシ科の甲虫。体長10〜12mm。シバ類,柿に害を及ぼす。分布:本州,四国,九州,屋久島。

ヒラタアオミズギワゴミムシ〈Bembidion pseudolucillum〉昆虫綱甲虫目オサムシ科の甲虫。体長3.7mm。

ヒラタアシバエ〈Platypeza argyrogyna〉昆虫綱双翅目ヒラタアシバエ科。

ヒラタアトキリゴミムシ〈Parena cavipennis〉昆虫綱甲虫目オサムシ科の甲虫。体長9.5〜10.0mm。

ヒラタアブ 扁虻,平虻 昆虫綱双翅目短角亜目ハエ群アブハエ科のうち,体の腹部がとくに扁平なショクガバエの類をいう。

ヒラタアブコガネコバチ〈Pachyneuron formosum〉昆虫綱膜翅目コガネコバチ科。

ヒラタアブトビコバチ〈Syrphophagus nigrocyaneus〉昆虫綱膜翅目トビコバチ科。

ヒラタウンモンタマムシ〈Chalcopoecila ornata〉昆虫綱甲虫目タマムシ科。分布:チリ,アルゼンチン。

ヒラタエンマムシ〈Hololepta depressa〉昆虫綱甲虫目エンマムシ科の甲虫。体長6mm。分布:北海道,本州,四国,九州。

ヒラタオニケシキスイ〈Librodor binaevus〉昆虫綱甲虫目ケシキスイムシ科の甲虫。体長5mm。分布:北海道,本州,四国。

ヒラタカイガラキイロトビコバチ〈Microterys flavus〉昆虫綱膜翅目トビコバチ科。

ヒラタカクコガシラハネカクシ〈Philonthus depressipennis〉昆虫綱甲虫目ハネカクシ科の甲虫。体長7.0〜7.5mm。

ヒラタカゲロウ 扁蜉蝣 昆虫綱カゲロウ目ヒラタカゲロウ科Heptageniidaeの昆虫の総称。

ヒラタカタカイガラムシ 扁硬介殻虫〈Coccus hesperidum〉昆虫綱半翅目カタカイガラムシ科。体長3〜4mm。バナナ,柑橘,茶,バラ類,ラン類,ハイビスカス類,クチナシ,トベラ,ヒマラヤシーダ,柿,無花果に害を及ぼす。分布:奄美大島,小笠原島。

ヒラタカメムシ 扁平亀虫,扁椿象〈Aradus consentaneus〉昆虫綱半翅目ヒラタカメムシ科。

ヒラタカメムシ 扁平亀虫,扁椿象〈flat bug〉昆虫綱半翅目異翅亜目ヒラタカメムシ科Aradidaeの昆虫の総称,およびそのなかの一種。

ヒラタキイロチビゴミムシ 扁黄色矮芥虫〈Trechus ephippiatus〉昆虫綱甲虫目オサムシ科の甲虫。体長3.8〜4.5mm。分布:北海道,本州,四国,九州。

ヒラタキクイムシ 扁木喰虫〈Lyctus brunneus〉昆虫綱甲虫目ヒラタキクイムシ科の甲虫。体長3〜7mm。分布:日本全土。害虫。

ヒラタキノコゴミムシダマシ〈Ischnodactylus loripes〉昆虫綱甲虫目ゴミムシダマシ科の甲虫。体長8.0〜9.0mm。

ヒラタクシコメツキ〈Melanotus koikei〉昆虫綱甲虫目コメツキムシ科。体長16mm。分布:本州。

ヒラタクチキムシダマシ〈Prostominia lewisi〉昆虫綱甲虫目クチキムシダマシ科の甲虫。体長2.8〜4.0mm。

ヒラタグモ 扁蜘蛛〈Uroctea compactilis〉節足動物門クモ形綱真正クモ目ヒラタグモ科の蜘蛛。体長雌8〜10mm,雄6〜7mm。分布:本州,四国,九州,南西諸島。害虫。

ヒラタクロクシコメツキ〈Melanotus correctus〉昆虫綱甲虫目コメツキムシ科。体長15mm。分布:北海道,本州,四国,九州,屋久島。

ヒラタクロコメツキ〈Ascoliocerus saxatilis〉昆虫綱甲虫目コメツキムシ科。

ヒラタクワガタ〈Serrognathus platymelus〉昆虫綱甲虫目クワガタムシ科の甲虫。体長雄39〜73mm,雌25〜34mm。分布:アッサム,ヒマラヤ,インド東部,ミャンマー,インドシナ,マレーシア,中国,日本,スマトラ,ボルネオ,フィリピン,スラウェシ。

ヒラタグンバイウンカ 扁軍配浮塵子〈Ossoides lineatus〉昆虫綱半翅目グンバイウンカ科。分布:本州,九州,屋久島。

ヒラタケブカタマムシ〈Dactylozodes rousseli〉昆虫綱甲虫目タマムシ科。分布:チリ。

ヒラタコガシラハネカクシ〈Philonthus spadiceus〉昆虫綱甲虫目ハネカクシ科の甲虫。体長10〜11mm。分布:北海道,本州,四国,九州,佐渡。

ヒラタコクヌストモドキ〈Tribolium confusum〉昆虫綱甲虫目ゴミムシダマシ科の甲虫。体長3.0〜3.8mm。貯穀・貯蔵植物性食品に害を及ぼす。

ヒラタコミズギワゴミムシ〈Tachyura exarata〉昆虫綱甲虫目オサムシ科の甲虫。体長2.5mm。

ヒラタゴモクムシ〈Harpalus platynotus〉昆虫綱甲虫目オサムシ科の甲虫。体長9〜16mm。分布:北海道,本州,四国,九州。

ヒラタシデムシ 扁埋葬虫〈Silpha perforata〉昆虫綱甲虫目シデムシ科の甲虫。体長16〜18mm。分布:北海道。

ヒラタセスジハネカクシ〈*Anotylus japonicus*〉昆虫綱甲虫目ハネカクシ科の甲虫。体長3.0～3.3mm。

ヒラタチビタマムシ 扁矮吉丁虫〈*Habroloma elegantulum*〉昆虫綱甲虫目タマムシ科の甲虫。体長2.4～3.0mm。分布：本州，四国，九州，対馬。

ヒラタチャイロコガネ〈*Sericania alternata*〉昆虫綱甲虫目コガネムシ科の甲虫。

ヒラタチャタテ 扁茶柱〈*Liposcelis bostrychophilus*〉昆虫綱噛虫目コナチャタテ科の微小昆虫。体長1mm。貯穀・貯蔵植物性食品に害を及ぼす。分布：世界中。

ヒラタチョウバエ〈*Telmatoscopus* sp.〉昆虫綱双翅目チョウバエ科。

ヒラタドロムシ 扁泥虫〈*Mataeopsephus japonicus*〉昆虫綱甲虫目ヒラタドロムシ科の甲虫。体長8mm。分布：本州，四国，九州。

ヒラタナガエンマムシ〈*Platylister pini*〉昆虫綱甲虫目エンマムシ科の甲虫。体長3.7～4.8mm。

ヒラタナガカメムシ 扁長亀虫〈*Gastrodes japonicus*〉昆虫綱半翅目ナガカメムシ科。体長7mm。稲に害を及ぼす。分布：本州以南の日本各地。

ヒラタナガカメムシ ヒメヒラタナガカメムシの別名。

ヒラタヌカカ〈*Atrichopogon* sp.〉昆虫綱双翅目ヌカカ科。

ヒラタネクイハムシ〈*Donacia hiurai*〉昆虫綱甲虫目ハムシ科の甲虫。体長8.5～10.0mm。

ヒラタハナムグリ〈*Nipponovalgus angusticollis*〉昆虫綱甲虫目コガネムシ科の甲虫。体長4.0～6.5mm。分布：本州，四国，九州，対馬，吐噶喇列島中之島。

ヒラタハネカクシ 扁隠翅虫〈*Siagonium vittatum*〉昆虫綱甲虫目ハネカクシ科の甲虫。体長5mm。分布：北海道，本州，九州。

ヒラタハバチ 扁葉蜂〈*Pamphilius volatilis*〉昆虫綱膜翅目ヒラタハバチ科。分布：北海道，本州，九州。

ヒラタハバチ 扁葉蜂〈webspinning sawfly〉昆虫綱膜翅目広腰亜目ヒラタハバチ科Pamphiliidaeの総称。

ヒラタヒゲナガハナノミ マルヒラタドロムシの別名。

ヒラタヒサゴコメツキ〈*Coliascerus saxatilis*〉昆虫綱甲虫目コメツキムシ科の甲虫。体長6～11mm。分布：北海道，本州，九州。

ヒラタヒシガタグモ〈*Episinus yoshimurai*〉蛛形綱クモ目ヒメグモ科の蜘蛛。

ヒラタヒシバッタ〈*Austrohancockia platynota*〉昆虫綱直翅目ヒシバッタ科。体長9～15mm。分布：奄美大島。

ヒラタビル 平田蛭〈*Glossiphonia complanata*〉環形動物門ヒル綱吻ビル目グロシフォニ科の淡水産動物。分布：日本各地の池，沼，川。

ヒラタホソアリモドキ〈*Sapintus perileptoides*〉昆虫綱甲虫目アリモドキ科の甲虫。体長1.7～2.1mm。

ヒラタホソカタムシ 扁細硬虫〈*Colobicus hirtus*〉昆虫綱甲虫目ホソカタムシ科の甲虫。体長3.8～5.4mm。

ヒラタホソコガシラハネカクシ〈*Gabrius subdepressus*〉昆虫綱甲虫目ハネカクシ科の甲虫。体長6.0～7.5mm。

ヒラタホソナガクチキムシ〈*Phloeotrya planiuscula*〉昆虫綱甲虫目ナガクチキムシ科の甲虫。体長14.5～16.0mm。

ヒラタマルゴミムシ ヒラクビナガゴミムシの別名。

ヒラタミズギワカメムシ〈*Salda littoralis*〉昆虫綱半翅目ミズギワカメムシ科。準絶滅危惧種(NT)。

ヒラタミミズク 扁耳蟬〈*Tituria angulata*〉昆虫綱半翅目ミミズク科。分布：九州，屋久島。

ヒラタムシ 扁虫, 平虫〈flat bark beetle〉昆虫綱甲虫目ヒラタムシ科Cucujidaeに属する昆虫の総称。

ヒラタヤスデ 扁馬陸 節足動物門倍脚綱ヒラタヤスデ科Platydesmidaeの陸生動物の総称。

ヒラタヨツボシアナキリゴミムシ〈*Dolichoctis tetraspilotus*〉昆虫綱甲虫目オサムシ科の甲虫。体長6.5～7.0mm。

ヒラタヨツメハネカクシ〈*Phloeostiba plana*〉昆虫綱甲虫目ハネカクシ科の甲虫。体長2.5～3.0mm。

ヒラツノキノコゴミムシダマシ〈*Ischnodactylus parallelicornis*〉昆虫綱甲虫目ゴミムシダマシ科の甲虫。体長5.5～5.6mm。

ピラデス・コケレリ〈*Pilades coquereli*〉昆虫綱甲虫目ヒョウタンゴミムシ科。分布：マダガスカル。

ピラデス・サカラバ〈*Pilades sakalava*〉昆虫綱甲虫目ヒョウタンゴミムシ科。分布：マダガスカル。

ヒラナガムクゲオオキノコムシ ヒラナガムクゲキスイの別名。

ヒラナガムクゲキスイ〈*Cryptophilus obliteratus*〉昆虫綱甲虫目コメツキモドキ科の甲虫。体長2.4～3.0mm。

ヒラノアカヒラタゴミムシ〈*Jujiroa minobusana*〉昆虫綱甲虫目オサムシ科の甲虫。体長11.5～12.5mm。

ヒラノクロテントウダマシ〈Endomychus hiranoi〉昆虫綱甲虫目テントウムシダマシ科の甲虫。体長4.2～4.7mm。

ヒラノコギリホソヒラタムシ〈Silvanopsis simoni〉昆虫綱甲虫目ホソヒラタムシ科の甲虫。体長2.2～3.1mm。

ヒラノニセマルトビハムシ〈Schenklingia hiranoi〉昆虫綱甲虫目ハムシ科の甲虫。体長3.0～3.3mm。

ヒラノヒメハナノミ〈Falsomordellistena hiranoi〉昆虫綱甲虫目ハナノミ科。

ヒラノヒメハマキ〈Gypsonoma hiranoi〉昆虫綱鱗翅目ハマキガ科の蛾。分布：中部山地。

ヒラノヤマメイガ〈Eudonia hiranoi〉昆虫綱鱗翅目メイガ科の蛾。分布：長野県梓川渓谷釜ノ沢、北海道稚内、糠平、層雲峡、秋田、宮城、群馬、埼玉、長野、山梨、富山、愛媛、香川。

ヒラヒゲノコギリカミキリ〈Sarmydus antennatus〉昆虫綱甲虫目カミキリムシ科の甲虫。分布：アッサム、ミャンマー、マレーシア、アンダマン、ニコバル、スマトラ、ジャワ、ボルネオ、台湾。

ヒラマキミズマイマイ 平巻水蝸牛〈Gyraulus chinensis〉軟体動物門腹足綱ヒラマキガイ科の巻き貝。分布：日本各地。

ヒラムシ 平虫〈flatworm〉扁形動物門渦虫綱多岐腸目Polycladidaに属する海産動物の総称。

ヒラムネヒメマキムシ〈Enicmus histrio〉昆虫綱甲虫目ヒメマキムシ科の甲虫。体長1.7～2.0mm。

ヒラムネホソヒラタムシ〈Protosilvanus lateritius〉昆虫綱甲虫目ホソヒラタムシ科の甲虫。体長4mm。分布：九州、南西諸島。

ヒラムネマルキスイ〈Serratomaria tarsalis〉昆虫綱甲虫目キスイムシ科の甲虫。体長1.5～1.9mm。

ピラメイス・イテア〈Pyrameis itea〉昆虫綱鱗翅目タテハチョウ科の蝶。分布：オーストラリア、ニュージーランド。

ピラメイス・デジェアニ〈Pyrameis dejeani〉昆虫綱鱗翅目タテハチョウ科の蝶。分布：ジャワ。

ピラメイス・ミリンナ〈Pyrameis myrinna〉昆虫綱鱗翅目タテハチョウ科の蝶。分布：ブラジル、エクアドル。

ヒラヤマアミメケブカミバエ〈Campiglossa hirayamae〉昆虫綱双翅目ミバエ科。

ヒラヤマカマガタアブラムシ〈Yamatocallis hirayamae〉昆虫綱半翅目アブラムシ科。楓(紅葉)に害を及ぼす。

ヒラヤマコブハナカミキリ〈Enoploderes bicolor〉昆虫綱甲虫目カミキリムシ科ハナカミキリ亜科の甲虫。体長11～14mm。分布：本州、四国、九州。

ヒラヤマシマバエ〈Homoneura hirayamae〉昆虫綱双翅目シマバエ科。

ヒラヤマシロエダシャク〈Cabera schaefferi〉昆虫綱鱗翅目シャクガ科の蛾。分布：本州(東北地方と中部山地)、朝鮮半島、シベリア南東部、中国西部。

ヒラヤマナガメゾウムシ〈Aclees hirayamai〉昆虫綱甲虫目ゾウムシ科の甲虫。体長9.6～15.1mm。

ヒラヤマヒメハナノミ〈Mordellina hirayamai〉昆虫綱甲虫目ハナノミ科の甲虫。体長2.2～3.0mm。

ヒラヤマホソコバネカミキリ〈Necydalis hirayamai〉昆虫綱甲虫目カミキリムシ科の甲虫。分布：台湾。

ヒラヤマミズアブ〈Orthogoniocera hirayamai〉昆虫綱双翅目ミズアブ科。

ヒラヤマミスジ〈Pantoporia opalina〉昆虫綱鱗翅目タテハチョウ科の蝶。別名ニレミスジ。分布：ヒマラヤ、アッサム高地部、ミャンマー高地部、タイ、中国西部、台湾。

ヒラヨツモンツヤゴミムシダマシ〈Diachina quadrimaculata〉昆虫綱甲虫目ゴミムシダマシ科の甲虫。体長4.7mm。

ビリダタテハモドキ〈Junonia villida〉昆虫綱鱗翅目タテハチョウ科の蝶。黒色と紫色の目玉模様が2個ずつある。開張4.0～5.5mm。分布：パプアニューギニア、オーストラリア、太平洋南東部の島々。

ヒル 蛭〈leech〉環形動物門ヒル綱Hirudineaに属する種類の総称。

ヒルガオトビハムシ〈Longitarsus adamsii〉昆虫綱甲虫目ハムシ科の甲虫。体長2.1～3.1mm。

ヒルガオトリバ〈Emmelina jezonica〉昆虫綱鱗翅目トリバガ科の蛾。開張22～25mm。サツマイモに害を及ぼす。分布：北海道、本州、九州。

ヒルガオハモグリガ〈Bedellia somnulentella〉昆虫綱鱗翅目ハモグリガ科の蛾。開張8～11mm。サツマイモ、朝顔に害を及ぼす。分布：本州、四国、九州、朝鮮半島南部、ヨーロッパ、インド、オーストラリア、アフリカ、アメリカ大陸。

ヒルガオモグリガ ヒルガオハモグリガの別名。

ビルガ・コメト〈Virga cometho〉昆虫綱鱗翅目セセリチョウ科の蝶。分布：メキシコ。

ヒルガタワムシ 蛭形輪虫 袋形動物門輪毛虫綱ヒルガタワムシ目Bdelloideaの淡水生動物の総称。

ピルグス・アメリカヌス・ベッラトゥリックス〈Pyrgus americanus bellatrix〉昆虫綱鱗翅目セセリチョウ科の蝶。分布：ブラジル南部、パラグアイ、ウルグアイ、アルゼンチン、チリ。

ピルグス・アルベウス〈Pyrgus alveus〉昆虫綱鱗翅目セセリチョウ科の蝶。分布：アフリカ北部, スペインからコーカサス, シベリアまで。

ピルグス・オノポルディ〈Pyrgus onopordi〉昆虫綱鱗翅目セセリチョウ科の蝶。分布：モロッコ, アルジェリア, スペイン, フランス南部。

ピルグス・ケンタウレアエ〈Pyrgus centaureae〉昆虫綱鱗翅目セセリチョウ科の蝶。分布：スカンジナビア北部, ロシアの北極圏, 北アメリカからアパラチア山脈, ロッキー山脈。

ピルグス・コンムニス〈Pyrgus communis〉昆虫綱鱗翅目セセリチョウ科の蝶。分布：カナダからメキシコまで。

ピルグス・シリクツス〈Pyrgus syrichtus〉昆虫綱鱗翅目セセリチョウ科の蝶。分布：中央アメリカ, フロリダ州, アンチル諸島。

ピルグス・スクリプトゥラ〈Pyrgus scriptura〉昆虫綱鱗翅目セセリチョウ科の蝶。分布：コロラド州からメキシコまで。

ピルグス・セルラトゥラエ〈Pyrgus serratulae〉昆虫綱鱗翅目セセリチョウ科の蝶。分布：スペイン, ヨーロッパ中部からシベリア東部まで。

ピルグス・ティベタヌス〈Pyrgus thibetanus〉昆虫綱鱗翅目セセリチョウ科の蝶。分布：中国西部。

ピルグス・トゥリシグナトゥス〈Pyrgus trisignatus〉昆虫綱鱗翅目セセリチョウ科の蝶。分布：アルゼンチンおよびチリ。

ピルグス・バッロシ〈Pyrgus barrosi〉昆虫綱鱗翅目セセリチョウ科の蝶。分布：チリ。

ピルグス・ビエティ〈Pyrgus bieti〉昆虫綱鱗翅目セセリチョウ科の蝶。分布：中国西部, チベット。

ピルグス・フリティッラリウス〈Pyrgus fritillarius〉昆虫綱鱗翅目セセリチョウ科の蝶。分布：ヨーロッパ南部・中部, ロシア南部から中央アジアまで。

ピルグス・ベトゥリウス〈Pyrgus veturius〉昆虫綱鱗翅目セセリチョウ科の蝶。分布：ブラジル。

ピルグス・ルラリス〈Pyrgus ruralis〉昆虫綱鱗翅目セセリチョウ科の蝶。分布：カリフォルニア州。

ピルゴヒトリ〈Apantesis virgo〉昆虫綱鱗翅目ヒトリガ科の蛾。大型で後翅に黒色の斑紋がある。開張4.5～7.0mm。分布：カナダ東南部, 西海岸を除く合衆国各地。

ピルダルス・コルブロ〈Pyrdalus corbulo〉昆虫綱鱗翅目セセリチョウ科の蝶。分布：ギアナ。

ヒルデブランチフタオチョウ〈Charaxes hildebrandti〉昆虫綱鱗翅目タテハチョウ科の蝶。開張65mm。分布：アフリカ中央部。珍蝶。

ピルナ・ギランス〈Piruna gyrans〉昆虫綱鱗翅目セセリチョウ科の蝶。分布：メキシコ。

ビルマトックリゴミムシ〈Oodes peguensis〉昆虫綱甲虫目オサムシ科の甲虫。体長8.5～9.2mm。

ピルロカッレス・アンティクア〈Pyrrhocalles antiqua〉昆虫綱鱗翅目セセリチョウ科の蝶。分布：ハイチ, キューバ, ジャマイカ。

ピルロピゲ・アミクラス〈Pyrrhopyge amyclas〉昆虫綱鱗翅目セセリチョウ科の蝶。分布：ギアナ。

ピルロピゲ・アラキセス〈Pyrrhopyge araxes〉昆虫綱鱗翅目セセリチョウ科の蝶。分布：メキシコからコロンビアまで。

ピルロピゲ・アラクス〈Pyrrhopyge arax〉昆虫綱鱗翅目セセリチョウ科の蝶。分布：ボリビア。

ピルロピゲ・エリトゥロスティクタ〈Pyrrhopyge erythrosticta〉昆虫綱鱗翅目セセリチョウ科の蝶。分布：中央アメリカ, コロンビア。

ピルロピゲ・カリベア〈Pyrrhopyge chalybea〉昆虫綱鱗翅目セセリチョウ科の蝶。分布：メキシコ, 中央アメリカ, ベネズエラ。

ピルロピゲ・クレオナ〈Pyrrhopyge creona〉昆虫綱鱗翅目セセリチョウ科の蝶。分布：ペルー。

ピルロピゲ・クレオン〈Pyrrhopyge creon〉昆虫綱鱗翅目セセリチョウ科の蝶。分布：中央アメリカ。

ピルロピゲ・ケリタ〈Pyrrhopyge kelita〉昆虫綱鱗翅目セセリチョウ科の蝶。分布：ボリビア, ペルー, エクアドル。

ピルロピゲ・スパティオサ〈Pyrrhopyge spatiosa〉昆虫綱鱗翅目セセリチョウ科の蝶。分布：エクアドル, コロンビア。

ピルロピゲ・セルギウス〈Pyrrhopyge sergius〉昆虫綱鱗翅目セセリチョウ科の蝶。分布：コロンビア, ベネズエラ, ギアナ, エクアドル, ペルー, ボリビア, ブラジル。

ピルロピゲ・デキピエンス〈Pyrrhopyge decipiens〉昆虫綱鱗翅目セセリチョウ科の蝶。分布：エクアドル。

ピルロピゲ・ヒギエイア〈Pyrrhopyge hygieia〉昆虫綱鱗翅目セセリチョウ科の蝶。分布：エクアドル。

ピルロピゲ・ビキサエ〈Pyrrhopyge bixae〉昆虫綱鱗翅目セセリチョウ科の蝶。分布：ギアナ。

ピルロピゲ・ペロタ〈Pyrrhopyge pelota〉昆虫綱鱗翅目セセリチョウ科の蝶。分布：ブラジル, パラグアイ, アルゼンチン。

ピルロピゲ・マルケナ〈Pyrrhopyge markena〉昆虫綱鱗翅目セセリチョウ科の蝶。分布：エクアドル。

ピルロピゲ・ヨナス〈Pyrrhopyge jonas〉昆虫綱鱗翅目セセリチョウ科の蝶。分布：メキシコ。

ピルロピゲ・ラティファスキアタ〈Pyrrhopyge latifasciata〉昆虫綱鱗翅目セセリチョウ科の蝶。分布：コロンビアおよびペルー。

ピルロピゲ・ルブリコッリス〈Pyrrhopyge rubricollis〉昆虫綱鱗翅目セセリチョウ科の蝶。分布：スリナム。

ピルロピゴプシス・アガリコン〈Pyrrhopygopsis agaricon〉昆虫綱鱗翅目セセリチョウ科の蝶。分布：コロンビア。

ピルロピゴプシス・ソクラテス〈Pyrrhopygopsis socrates〉昆虫綱鱗翅目セセリチョウ科の蝶。分布：コロンビアからアルゼンチン。

ヒレアミメキクイゾウムシ〈Choerorhinus explanatus〉昆虫綱甲虫目ゾウムシ科の甲虫。体長3.2mm。

ヒレオトリバネアゲハ〈Ornithoptera meridionalis〉昆虫綱鱗翅目アゲハチョウ科の蝶。開張雄100mm,雌150mm。分布：ニューギニア。珍蝶。

ヒレス・カリダ〈Hyles calida〉昆虫綱鱗翅目スズメガ科の蛾。分布：ハワイ。

ピレネーコガネオサムシ〈Chrysocarabus splendents〉昆虫綱甲虫目オサムシ科。分布：ピレネー山脈の高所からスペイン,フランスの低地まで。

ヒレフィラ・イグノランス〈Hylephila ignorans〉昆虫綱鱗翅目セセリチョウ科の蝶。分布：ベネズエラ。

ヒレフィラ・シグナタ〈Hylephila signata〉昆虫綱鱗翅目セセリチョウ科の蝶。分布：チリ,パタゴニア。

ヒレフィラ・フィラエウス〈Hylephila phylaeus〉昆虫綱鱗翅目セセリチョウ科の蝶。分布：南アメリカからミシガン州および西インド諸島。

ヒレフィラ・ボウッレティ〈Hylephila boulleti〉昆虫綱鱗翅目セセリチョウ科の蝶。分布：ペルー,ボリビア,チリ,アルゼンチン。

ヒレルクチブトゾウムシ〈Oedophrys hilleri〉昆虫綱甲虫目ゾウムシ科の甲虫。体長5mm。林檎に害を及ぼす。分布：本州,四国,九州。

ヒレルコキノコムシ〈Mycetophagus hillerianus〉昆虫綱甲虫目コキノコムシ科の甲虫。体長4mm。

ヒレルチビシデムシ〈Catops hilleri〉昆虫綱甲虫目チビシデムシ科の甲虫。体長3.2〜4.8mm。

ヒレルチビヒラタムシ〈Xylolestes hilleri〉昆虫綱甲虫目ヒラタムシ科の甲虫。体長2.0〜3.0mm。

ヒレルホソクチゾウムシ〈Apion hilleri〉昆虫綱甲虫目ホソクチゾウムシ科の甲虫。体長1.7〜1.8mm。

ヒロアシタマノミハムシ〈Sphaeroderma tarsatum〉昆虫綱甲虫目ハムシ科の甲虫。体長2.3〜2.8mm。

ヒロアタマナガレトビケラ〈Rhyacophila brevicephala〉昆虫綱毛翅目ナガレトビケラ科。

ビロウドアシナガオトシブミ〈Himatolabus cupreus〉昆虫綱甲虫目オトシブミ科の甲虫。体長4.5mm。分布：本州,九州。

ビロウドオオゾウムシ イツポシオオゾウムシの別名。

ビロウドカミキリ〈Acalolepta fraudatrix〉昆虫綱甲虫目カミキリムシ科フトカミキリ亜科の甲虫。体長12〜15mm。分布：北海道,本州,四国,九州,佐渡,屋久島。

ビロウドコガネ〈Maladera japonica〉昆虫綱甲虫目コガネムシ科ビロードコガネ亜科の甲虫。体長8〜9mm。林檎,アスター(エゾギク),バラ類に害を及ぼす。分布：北海道,本州,四国,九州,対馬,屋久島。

ビロウドコメツキダマシ〈Pterotarsus mouhoti〉昆虫綱甲虫目コメツキダマシ科の甲虫。体長11〜17mm。

ビロウドコヤガ〈Anterastria atrata〉昆虫綱鱗翅目ヤガ科コヤガ亜科の蛾。開張25mm。分布：中国,沿海州,東北地方から九州,対馬。

ビロウドサシガメ 天鵞絨刺亀〈Ectrychotes andreae〉昆虫綱半翅目サシガメ科。体長11〜14mm。分布：本州,四国,九州,南西諸島。

ビロウドスズメ 天鵞絨天蛾〈Rhagastis mongoliana〉昆虫綱鱗翅目スズメガ科コスズメ亜科の蛾。開張45〜60mm。葡萄に害を及ぼす。分布：本州(東北地方北部より),四国,九州,対馬,屋久島,台湾,朝鮮半島,中国,シベリア南東部。

ビロウドツリアブ 天鵞絨吊虻〈Bombylius major〉昆虫綱双翅目ツリアブ科。体長8〜12mm。分布：日本全土。

ビロウドナミシャク 天鵞絨波尺蛾〈Sibatania mactata〉昆虫綱鱗翅目シャクガ科ナミシャク亜科の蛾。開張30〜40mm。分布：北海道(南部),本州,四国,九州,屋久島,朝鮮半島,シベリア南東部。

ビロウドハナカメムシ〈Lasiochilus japonicus〉昆虫綱半翅目ハナカメムシ科。

ビロウドハマキ 天鵞絨葉巻蛾〈Cerace xanthocosma〉昆虫綱鱗翅目ハマキガ科ハマキガ亜科の蛾。開張雄35〜40mm,雌45〜53mm。茶,楓(紅葉)に害を及ぼす。分布：房総半島以西,能登半島以西,近畿,四国,九州,対馬,屋久島,中国の東部・西南部,サハリン。

ビロウドハリバエ 天鵞絨針蠅〈Servillia politula〉昆虫綱双翅目ヤドリバエ科。

ビロウドヒメハナノミ〈*Falsomordellistena chrysotrichia*〉昆虫綱甲虫目ハナノミ科。

ビロウドヒラタシデムシ〈*Oiceoptoma thoracica*〉昆虫綱甲虫目シデムシ科の甲虫。体長14〜16mm。分布：北海道, 本州(中部以北)。

ビロウドホソナガクチキムシ〈*Phloeotrya obscura*〉昆虫綱甲虫目ナガクチキムシ科の甲虫。体長5〜9mm。分布：本州。

ビロウドマダラ〈*Euploea midamus*〉昆虫綱鱗翅目マダラチョウ科の蝶。分布：ヒマラヤ, マレーシア, 中国西部。

ビロウドマネシアゲハ〈*Chilasa slateri*〉昆虫綱鱗翅目アゲハチョウ科の蝶。開張80mm。分布：北インドからボルネオ。珍蝶。

ビロウドムラサキ〈*Terinos terpander*〉昆虫綱鱗翅目タテハチョウ科の蝶。翅は黒色で, 紫色の輝きをもつ。開張7.0〜7.5mm。分布：マレーシア, ジャワ, ボルネオ。

ヒロオビイシガケチョウ〈*Cyrestis acilia*〉昆虫綱鱗翅目タテハチョウ科の蝶。分布：ワイゲオ, ニューギニア。

ヒロオビイチモンジ〈*Limenitis sydyi*〉昆虫綱鱗翅目タテハチョウ科の蝶。分布：中国中部および西部。

ヒロオビウスグロアツバ〈*Hydrillodes funeralis*〉昆虫綱鱗翅目ヤガ科クルマアツバ亜科の蛾。分布：北海道, 本州, 四国, 九州, 朝鮮半島, 中国, ウスリー。

ヒロオビウラナミシジミ〈*Jamides nemophilus*〉昆虫綱鱗翅目シジミチョウ科の蝶。分布：ニューギニア, オーストラリア。

ヒロオビエダシャク〈*Duliophyle agitata*〉昆虫綱鱗翅目シャクガ科エダシャク亜科の蛾。開張43〜52mm。分布：北海道, 本州, 四国, 九州, 対馬, 中国, チベット。

ヒロオビオオエダシャク 広帯大枝尺蛾〈*Xandrames dholaria*〉昆虫綱鱗翅目シャクガ科エダシャク亜科の蛾。開張60〜71mm。分布：北海道, 本州, 四国, 九州, 対馬, 屋久島, 朝鮮半島, 台湾, 中国, アッサム, シッキム。

ヒロオビオオゴマフカミキリ〈*Mesoereis koshunensis*〉昆虫綱甲虫目カミキリムシ科フトカミキリ亜科の甲虫。体長19〜22mm。分布：石垣島, 西表島。

ヒロオビキシタクチバ〈*Hypocala biarcuata*〉昆虫綱鱗翅目ヤガ科クチバ亜科の蛾。分布：沖縄本島, 石垣島, 西表島, 大東島。

ヒロオビクジャクアゲハ〈*Papilio buddha*〉昆虫綱鱗翅目アゲハチョウ科の蝶。別名ブッダオビクジャクアゲハ。分布：インド南部。

ヒロオビクロギンガ クロスジギンガの別名。

ヒロオビクロモンシタバ〈*Ophiusa disjungens*〉昆虫綱鱗翅目ヤガ科シタバガ亜科の蛾。分布：オーストラリア, ニューギニア, ニューカレドニア, インド―オーストラリア地域, 対馬, 屋久島, 奄美大島, 沖縄本島, 南大東島, 石垣島, 与那国島。

ヒロオビジョウカイモドキ〈*Laius histrio*〉昆虫綱甲虫目ジョウカイモドキ科の甲虫。体長2.6〜3.2mm。

ヒロオビダマシヒカゲ シロオビゴマダラヒカゲの別名。

ヒロオビトンボエダシャク 広帯蜻蛉枝尺蛾〈*Cystidia truncangulata*〉昆虫綱鱗翅目シャクガ科エダシャク亜科の蛾。開張48〜58mm。分布：北海道, 本州, 四国, 九州, 対馬, 屋久島, 朝鮮半島, 中国。

ヒロオビナガタマムシ〈*Agrilus sudai*〉昆虫綱甲虫目タマムシ科の甲虫。体長6.5〜7.8mm。

ヒロオビナミシャク〈*Hydriomena impluviata*〉昆虫綱鱗翅目シャクガ科ナミシャク亜科の蛾。開張25〜30mm。分布：北海道, 本州, 四国, 九州, サハリン, 千島, 朝鮮半島, シベリア東部からヨーロッパ。

ヒロオビヒゲナガ 広帯鬚長蛾〈*Nemophora paradisea*〉昆虫綱鱗翅目マガリガ科の蛾。開張17mm。分布：本州, 四国, 九州。

ヒロオビヒゲナガ ギンスジヒゲナガの別名。

ヒロオビヒメハマキ〈*Epinotia bicolor*〉昆虫綱鱗翅目ハマキガ科の蛾。分布：本州(宮城県まで), 四国, 九州, 対馬, 伊豆諸島(三宅島), 屋久島, ロシア(アムール), 中国(北部), 台湾, インド(アッサム)。

ヒロオビフトカッコウムシ〈*Orthrius binotatus*〉昆虫綱甲虫目カッコウムシ科の甲虫。体長11mm。

ヒロオビフトヨコバイ〈*Athysanus latifasciatus*〉昆虫綱半翅目ヨコバイ科。

ヒロオビマダラヒゲナガゾウムシ〈*Acorynus poecilus*〉昆虫綱甲虫目ヒゲナガゾウムシ科の甲虫。体長5.9〜7.2mm。

ヒロオビミスジ〈*Neptis brebissonii*〉昆虫綱鱗翅目タテハチョウ科の蝶。

ヒロオビミドリシジミ〈*Favonius latifasciatus*〉昆虫綱鱗翅目シジミチョウ科ミドリシジミ亜科の蝶。前翅長17〜21mm。分布：本州(京都府以西)。

ヒロオビモンシデムシ〈*Nicrophorus investigator*〉昆虫綱甲虫目シデムシ科の甲虫。体長14〜22mm。分布：北海道, 本州, 四国, 九州。

ヒロクチバエ 広口蠅 昆虫綱双翅目短角亜目ハエ群の一科Platystomatidaeの総称。

ヒロコバネ ニッポンヒロコバネの別名。

613

ヒロコモク

ヒロゴモクムシ 〈Harpalus corporosus〉昆虫綱甲虫目オサムシ科の甲虫。体長11～15.5mm。

ヒロシヒメハマキ 〈Zeiraphera hiroshii〉昆虫綱鱗翅目ハマキガ科の蛾。分布：北海道奥尻島，群馬県熊ノ平，神奈川県鵠沼。

ビローシマコキクイムシ 〈Scolytogenes birosimensis〉昆虫綱甲虫目キクイムシ科の甲虫。体長1.3～1.7mm。

ヒロシマサナエ 〈Davidius moiwanus sawanoi〉昆虫綱蜻蛉目サナエトンボ科の蜻蛉。準絶滅危惧種(NT)。

ヒロシマツノマユブユ 〈Simulium aureohirtum〉昆虫綱双翅目ブユ科。

ヒロズイラガ 〈Naryciodes posticalis〉昆虫綱鱗翅目イラガ科の蛾。分布：本州，九州。

ヒロヅキバナヒメハナバチ 〈Andrena valeriana〉昆虫綱膜翅目ヒメハナバチ科。

ヒロズキンバエ 広頭巾蠅 〈Lucilia cuprina〉昆虫綱双翅目クロバエ科。体長5～7mm。害虫。

ヒロズコガ 広頭小蛾 昆虫綱鱗翅目ヒロズコガ科Tineidaeのガの総称。

ヒロスジホソオドリバエ 〈Rhamphomyia latistriata〉昆虫綱双翅目オドリバエ科。

ヒロセハエトリ 〈Marpissa hiroseae〉蛛形綱クモ目ハエトリグモ科の蜘蛛。

ピロタ・アクルスティアナ 〈Pyrota akhurstiana〉昆虫綱甲虫目ツチハンミョウ科。分布：アメリカ合衆国南部，メキシコ。

ピロデウドリクス・ディイッルス 〈Pilodeudorix diyllus〉昆虫綱鱗翅目シジミチョウ科の蝶。分布：シエラレオネからナイジェリアまで。

ヒロテゴマグモ 〈Micrargus latitegulatus〉蛛形綱クモ目サラグモ科の蜘蛛。

ビロードコガネ ビロウドコガネの別名。

ビロードコヤガ ビロウドコヤガの別名。

ビロードサシガメ ビロウドサシガメの別名。

ビロードスズメ ビロウドスズメの別名。

ビロードツリアブ ビロウドツリアブの別名。

ビロードナミシャク ビロウドナミシャクの別名。

ビロードハマキ ビロウドハマキの別名。

ビロードマダラ ビロウドマダラの別名。

ビロードマネシアゲハ ビロウドマネシアゲハの別名。

ビロードムラサキ ビロウドムラサキの別名。

ピロニア・ケキリア 〈Pyronia cecilia〉昆虫綱鱗翅目ジャノメチョウ科の蝶。分布：モロッコ，スペインからヨーロッパ南部をへて小アジアまで。

ピロニア・ティトヌス 〈Pyronia tithonus〉昆虫綱鱗翅目ジャノメチョウ科の蝶。分布：スペイン，ヨーロッパからコーカサスまで。

ピロニア・バトゥセバ 〈Pyronia bathseba〉昆虫綱鱗翅目ジャノメチョウ科の蝶。分布：ヨーロッパ西南部，モロッコ，アルジェ。

ピロニア・ヤニロイデス 〈Pyronia janiroides〉昆虫綱鱗翅目ジャノメチョウ科の蝶。分布：アルジェリアおよびチュジニア。

ピロネウラ・カッリネウラ 〈Pyroneura callineura perakana〉昆虫綱鱗翅目セセリチョウ科の蝶。分布：アッサム，ミャンマー，マレーシア，スマトラ，ジャワ，ボルネオ，パラワン。

ピロネウラ・ベルミクラタ 〈Pyroneura vermiculata〉昆虫綱鱗翅目セセリチョウ科の蝶。分布：スマトラ。

ピロネウラ・リブルニア 〈Pyroneura liburnia〉昆虫綱鱗翅目セセリチョウ科の蝶。分布：フィリピン。

ヒロバウスアオエダシャク 〈Paradarisa chloauges〉昆虫綱鱗翅目シャクガ科エダシャク亜科の蛾。開張40mm。分布：ミャンマー，台湾，本州(東海地方以西)，四国，九州，対馬。

ヒロバウスグロノメイガ 〈Paranacoleia lophophoralis〉昆虫綱鱗翅目メイガ科ノメイガ亜科の蛾。開張25mm。分布：本州(関東以西)，四国，九州，対馬，屋久島，奄美大島，西表島，シンガポール。

ヒロバカゲロウ 広翅蜻蛉 〈Lysmus harmandinus〉昆虫綱脈翅目ヒロバカゲロウ科。開張35mm。分布：日本全土。

ヒロバカゲロウ科 〈Osmylidae〉アミメカゲロウ目の科名。

ヒロバカレハ 〈Gastropacha quercifolia〉昆虫綱鱗翅目カレハガ科の蛾。分布：ヨーロッパ，中国南西部，本州，朝鮮半島，シベリア南東部。

ヒロバキバガ 広翅牙蛾 昆虫綱鱗翅目ヒロバキバガ科Xylorictidaeのガの総称。

ヒロバキハマキ 〈Pseudargyrotoza minuta〉昆虫綱鱗翅目ハマキガ科の蛾。開張11～16mm。分布：北海道，本州，四国，九州，伊豆諸島(八丈島)。

ヒロバクサカゲロウ 〈Ankylopteryx octopunctata〉昆虫綱脈翅目クサカゲロウ科。開張27mm。分布：南西諸島。

ヒロバクロヒメハマキ 〈Proschistis marmaropa〉昆虫綱鱗翅目ハマキガ科の蛾。分布：本州(関東以西)，四国，対馬，伊豆大島，屋久島，奄美大島，琉球列島(沖縄本島，西表島，久米島)，スリランカ，九州。

ヒロバコナガ 〈Caunaca sera〉昆虫綱鱗翅目スガ科の蛾。開張11～14mm。分布：日本各地，台湾，

インドシナ,ジャワ,インド,スリランカ,オーストラリア,ニュージーランド.

ヒロバチビトガリアツバ 〈*Hypenomorpha calamina*〉昆虫綱鱗翅目ヤガ科クチバ亜科の蛾.分布:北海道,本州,四国,九州.

ヒロバツバメアオシャク 広翅燕青尺蛾 〈*Gelasma illiturata*〉昆虫綱鱗翅目シャクガ科アオシャク亜科の蛾.開張29～32mm.桃,スモモに害を及ぼす.分布:本州(東北北部より),四国,九州,対馬,朝鮮半島,台湾,中国東部.

ヒロバトガリエダシャク 広翅尖枝尺蛾 〈*Planociampa antipala*〉昆虫綱鱗翅目シャクガ科エダシャク亜科の蛾.開張32～42mm.分布:本州(宮城県以南),四国,九州,シベリア南東部,中国.

ヒロバトガリナミシャク 〈*Carige irrorata*〉昆虫綱鱗翅目シャクガ科ナミシャク亜科の蛾.開張24～29mm.分布:本州,四国.

ヒロバネアミメカワゲラ ヤマトヒロバアミメカワゲラの別名.

ヒロバネカンタン 〈*Oecanthus* sp.〉昆虫綱直翅目コオロギ科.別名タイワンカンタン.体長13～20mm.分布:本州(関東以西),四国,九州,奄美諸島,沖縄諸島,先島諸島.

ヒロバネツユムシ 〈*Phaula gracilis*〉昆虫綱直翅目キリギリス科.

ヒロバネハワイトラカミキリ 〈*Plagithmysus articolor*〉昆虫綱甲虫目カミキリムシ科の甲虫.分布:ハワイ島.

ヒロバネヒナバッタ 広翅雛蝗虫 〈*Chorthippus latipennis*〉昆虫綱直翅目バッタ科.体長20～30mm.分布:本州,四国,九州.

ヒロハヒメグモ 〈*Theridion latifolium*〉蛛形綱クモ目ヒメグモ科の蜘蛛.体長雌5～6mm,雄4～5mm.分布:北海道,本州,四国,九州.

ヒロバビロウドガ ヒロバビロウドハマキの別名.

ヒロバビロウドハマキ 〈*Eurydoxa advena*〉昆虫綱鱗翅目ハマキガ科ハマキガ亜科の蛾.開張33～44mm.分布:北海道,本州(中部山岳地帯),ロシア(ウスリー,サハリン).

ヒロバビロードハマキ ヒロバビロウドハマキの別名.

ヒロバフユエダシャク 〈*Larerannis miracula*〉昆虫綱鱗翅目シャクガ科エダシャク亜科の蛾.開張33～40mm.分布:本州.

ピロバリア・オブロンガ 〈*Pilobalia oblonga*〉昆虫綱甲虫目ゴミムシダマシ科.分布:ペルー,ボリビア,チリ,アルゼンチン.

ピロバリア・コスカロニ 〈*Pilobalia coscaroni*〉昆虫綱甲虫目ゴミムシダマシ科.分布:ペルー,ボリビア,チリ,アルゼンチン.

ピロバリア・バッロシ 〈*Pilobalia barrosi*〉昆虫綱甲虫目ゴミムシダマシ科.分布:ペルー,ボリビア,チリ,アルゼンチン.

ピロピゲ・アエラタ 〈*Pyrrhopyge aerata*〉昆虫綱鱗翅目セセリチョウ科の蝶.分布:コロンビア.

ピロピゲ・アジザ 〈*Pyrrhopyge aziza araethyrea*〉昆虫綱鱗翅目セセリチョウ科の蝶.分布:コロンビア,ベネズエラ,ガイアナ,エクアドル,ペルー,ボリビア.

ヒロヒゲクロハナノミ 〈*Mordella latipalpis*〉昆虫綱甲虫目ハナノミ科.

ピロピゲ・テラッサ 〈*Pyrrhopyge telassa phaeax*〉昆虫綱鱗翅目セセリチョウ科の蝶.分布:エクアドル,ペルー,ボリビア.

ピロピゲ・テラッシナ 〈*Pyrrhopyge telassina telassina*〉昆虫綱鱗翅目セセリチョウ科の蝶.分布:ペルー,ボリビア.

ピロピゲ・ハダッサ 〈*Pyrrhopyge hadassa hanga*〉昆虫綱鱗翅目セセリチョウ科の蝶.分布:コロンビア,エクアドル,ペルー,ボリビア,ブラジル北部.

ピロピゲ・フィディアス 〈*Pyrrhopyge phidias rusca*〉昆虫綱鱗翅目セセリチョウ科の蝶.分布:メキシコ,中米諸国,コロンビア,ベネズエラ,ギアナ,エクアドル,ペルー,ボリビア,ブラジル,パラグアイ.

ピロピゲ・プロクルス 〈*Pyrrhopyge proculus lina*〉昆虫綱鱗翅目セセリチョウ科の蝶.分布:コロンビア,ベネズエラ,ギアナ,エクアドル,ペルー,ボリビア,ブラジル.

ピロプス属の一種 〈*Pyrops* sp.〉昆虫綱半翅目ビワハゴロモ科.分布:マダガスカル.

ピロプス・レンダリ 〈*Pyrops rendalli*〉昆虫綱半翅目ビワハゴロモ科.分布:アフリカ南東部.

ヒロヘリアオイラガ 〈*Latoia lepida*〉昆虫綱鱗翅目イラガ科の蛾.柿,ヤマモモ,楓(紅葉),プラタナス,椿,山茶花,桜類,木犀類に害を及ぼす.分布:鹿児島市内,大阪,西宮,北九州.

ヒロムネカワリタマムシ 〈*Polybothris expansicollis*〉昆虫綱甲虫目タマムシ科.分布:マダガスカル.

ヒロムネナガゴミムシ 〈*Pterostichus dulcis*〉昆虫綱甲虫目オサムシ科の甲虫.体長9～10mm.

ヒロモンホソハマキモドキ 〈*Glyphipterix trigonodes*〉昆虫綱鱗翅目ホソハマキモドキガ科の蛾.分布:琉球列島の石垣島.

ビワサビダニ 〈*Aceria* sp.〉蛛形綱ダニ目フシダニ科.体長0.2mm.ビワに害を及ぼす.分布:全世界のビワ栽培地帯.

ビワハゴロモ 琵琶羽衣〈lantern fly〉昆虫綱半翅目同翅亜目ビワハゴロモ科Fulgoridaeの昆虫の総称。

ビワハゴロモの一種〈Fulgora sp.〉昆虫綱半翅目ビワハゴロモ科。

ビワハナアザミウマ 枇杷花薊馬〈Thrips coloratus〉昆虫綱総翅目アザミウマ科。体長雌1.3mm,雄1.0mm。柑橘,茶,カーネーション,バラ類,ユリ科野菜,無花果,ビワに害を及ぼす。分布：本州以南の日本各地,朝鮮半島,中国,東南アジア,インド。

ビワフサキバガ〈Dichomeris ochthophora〉昆虫綱鱗翅目キバガ科の蛾。開張14〜19mm。ビワに害を及ぼす。分布：本州(紀伊半島),九州。

ピンセンチュウ類〈Paratylenchus spp.〉パラチレンクス科。体長0.2〜0.5mm。バラ類に害を及ぼす。

ピンタラ・ピンウィッリ〈Pintara pinwilli〉昆虫綱鱗翅目セセリチョウ科の蝶。分布：ミャンマー,インドシナ,スマトラ,ボルネオ。

ピンディス・ペッロニア〈Pindis pellonia〉昆虫綱鱗翅目ジャノメチョウ科の蝶。分布：メキシコ,グアテマラ。

ビンドゥラ・アルシノエ〈Vindula arsinoe〉昆虫綱鱗翅目タテハチョウ科の蝶。分布：マレーシアからオーストラリアまで。

【フ】

ファウストツマキチョウ〈Zegris fausti〉昆虫綱鱗翅目シロチョウ科の蝶。分布：トゥラン(Turan),フェルガナ,アフガニスタン。

ファウストハマキチョッキリ〈Byctiscus fausti〉昆虫綱甲虫目オトシブミ科の甲虫。体長4mm。楓(紅葉)に害を及ぼす。分布：本州,四国,九州。

ファウニス・アルケシラウス〈Faunis arcesilaus〉昆虫綱鱗翅目ワモンチョウ科の蝶。分布：タイ,アッサム,マレーシア,ジャワ。

ファウニス・エウメウス〈Faunis eumeus〉昆虫綱鱗翅目ワモンチョウ科の蝶。分布：中国,ミャンマー,アッサム。

ファウニス・キラタ〈Faunis kirata〉昆虫綱鱗翅目ワモンチョウ科の蝶。分布：マレーシア,スマトラ。

ファウニス・グラキリス〈Faunis gracilis〉昆虫綱鱗翅目ワモンチョウ科の蝶。分布：マレーシア。

ファウニス・ファウヌラ〈Faunis faunula〉昆虫綱鱗翅目ワモンチョウ科の蝶。分布：タイ,ミャンマー,マレーシア。

ファウヌスヘラヅノカブトムシ〈Xyloryctes faunus〉昆虫綱甲虫目コガネムシ科の甲虫。分布：合衆国南部。

ファウヌラ・パタゴニカ〈Faunula patagonica〉昆虫綱鱗翅目ジャノメチョウ科の蝶。分布：パタゴニア。

ファエドゥロトゥス・サギッティゲラ〈Phaedrotus sagittigera〉昆虫綱鱗翅目シジミチョウ科の蝶。分布：ロッキー山脈。

ファエノキトニア・キングルス〈Phaenochitonia cingulus〉昆虫綱鱗翅目シジミタテハ科の蝶。分布：スリナムからボリビアまで。

ファエノキトニア・ソフィステス〈Phaenochitonia sophistes〉昆虫綱鱗翅目シジミタテハ科の蝶。分布：ペルー。

ファエノキトニア・フォエニクラ〈Phaenochitonia phoenicura〉昆虫綱鱗翅目シジミタテハ科の蝶。分布：中央アメリカからコロンビアまで。

ファエノキトニア・ボッコリス〈Phaenochitonia bocchoris〉昆虫綱鱗翅目シジミタテハ科の蝶。分布：ブラジル。

ファシス・アルギラスピス〈Phasis argyraspis〉昆虫綱鱗翅目シジミチョウ科の蝶。分布：喜望峰。

ファシス・サルドニクス〈Phasis sardonyx〉昆虫綱鱗翅目シジミチョウ科の蝶。分布：喜望峰。

ファシス・テロ〈Phasis thero〉昆虫綱鱗翅目シジミチョウ科の蝶。分布：喜望峰。

ファシス・フェルタミ〈Phasis felthami〉昆虫綱鱗翅目シジミチョウ科の蝶。分布：喜望峰。

ファシス・マラグリダ〈Phasis malagrida〉昆虫綱鱗翅目シジミチョウ科の蝶。分布：ケープタウン。

ファシス・リケゲネス〈Phasis lycegenes〉昆虫綱鱗翅目シジミチョウ科の蝶。分布：アフリカ南部からナタールまで。

ファシス・ワッレングレニ〈Phasis wallengreni〉昆虫綱鱗翅目シジミチョウ科の蝶。分布：喜望峰。

ファセリスカザリシロチョウ〈Delias fascelis〉昆虫綱鱗翅目シロチョウ科の蝶。開張45mm。分布：ニューギニア島高山地。珍蝶。

ファッラキア・エレガンス〈Fallacia elegans〉昆虫綱甲虫目カミキリムシ科の甲虫。分布：コーカサス。

ファヌス・オブスキュリオル〈Phanus obscurior〉昆虫綱鱗翅目セセリチョウ科の蝶。分布：中米諸国,ベネズエラ,ギアナ,ペルー,ブラジル。

ファヌス・ビトゥレウス〈Phanus vitreus〉昆虫綱鱗翅目セセリチョウ科の蝶。分布：メキシコ,

中米諸国, コロンビア, ベネズエラ, ギアナ, エクアドル, ペルー, ボリビア, ブラジル, パラグアイ。

ファネス・アバリス〈*Phanes abaris*〉昆虫綱鱗翅目セセリチョウ科の蝶。分布：エクアドル。

ファネス・アルモダ〈*Phanes almoda*〉昆虫綱鱗翅目セセリチョウ科の蝶。分布：ブラジル, ギアナ。

ファネス・アレテス〈*Phanes aletes*〉昆虫綱鱗翅目セセリチョウ科の蝶。分布：メキシコからブラジル南部。

ファノデムスモルフォチョウ〈*Morpho phanodemus phanodela*〉昆虫綱鱗翅目モルフォチョウ科の蝶。分布：アマゾン川上流地方。

ファブリキアナ・エリサ〈*Fabriciana elisa*〉昆虫綱鱗翅目タテハチョウ科の蝶。分布：コルシカ島とサルジニア島。

ファブリキアナ・カマラ〈*Fabriciana kamala*〉昆虫綱鱗翅目タテハチョウ科の蝶。分布：ヒマラヤ北西部。

ファブリキアナ・ニオベ〈*Fabriciana niobe*〉昆虫綱鱗翅目タテハチョウ科の蝶。分布：ヨーロッパ西部, ロシア, 小アジアからイランまで。

ファランタ・コルンビナ〈*Phalanta columbina*〉昆虫綱鱗翅目タテハチョウ科の蝶。分布：シエラレオネからケニア, 南へナタールまで。

ファルガ・イェコニア〈*Falga jeconia*〉昆虫綱鱗翅目セセリチョウ科の蝶。分布：ベネズエラ。

ファルキドンアグリアス ファルキドンミイロタテハの別名。

ファルキドンミイロタテハ〈*Agrias phalcidon*〉昆虫綱鱗翅目タテハチョウ科の蝶。開張75mm。分布：アマゾン川中流南側, トナンチンス。珍蝶。

ファルクナ・シネシア〈*Falcuna synesia*〉昆虫綱鱗翅目シジミチョウ科の蝶。分布：アフリカ西部, 中央部。

ファルサルスホソチョウ〈*Acraea pharsalus*〉昆虫綱鱗翅目ホソチョウ科の蝶。開張80mm。分布：アフリカ中央部。珍蝶。

ファルネウプティキア・ファレス〈*Pharneuptychia phares*〉昆虫綱鱗翅目ジャノメチョウ科の蝶。分布：アルゼンチン, ブラジル, ベネズエラ。

ファレアス・コエレステ〈*Phareas coeleste*〉昆虫綱鱗翅目セセリチョウ科の蝶。分布：コロンビア, ギアナ, エクアドル, ペルー, ボリビア, ブラジル。

フィキオデス・アエクアトリアリス〈*Phyciodes aequatorialis*〉昆虫綱鱗翅目タテハチョウ科の蝶。分布：エクアドル。

フィキオデス・アクティノテ〈*Phyciodes actinote*〉昆虫綱鱗翅目タテハチョウ科の蝶。分布：ボリビア。

フィキオデス・アクラリナ〈*Phyciodes acralina*〉昆虫綱鱗翅目タテハチョウ科の蝶。分布：ペルー, コロンビア, ボリビア。

フィキオデス・アルシナ〈*Phyciodes alsina*〉昆虫綱鱗翅目タテハチョウ科の蝶。分布：ニカラグア。

フィキオデス・アングスタ〈*Phyciodes angusta*〉昆虫綱鱗翅目タテハチョウ科の蝶。分布：コロンビア。

フィキオデス・アンニタ〈*Phyciodes annita*〉昆虫綱鱗翅目タテハチョウ科の蝶。分布：ベネズエラ。

フィキオデス・イアンテ〈*Phyciodes ianthe*〉昆虫綱鱗翅目タテハチョウ科の蝶。分布：ブラジル, ボリビア。

フィキオデス・イトモイデス〈*Phyciodes ithomoides*〉昆虫綱鱗翅目タテハチョウ科の蝶。分布：コロンビア。

フィキオデス・イルディカ〈*Phyciodes ildica*〉昆虫綱鱗翅目タテハチョウ科の蝶。分布：エクアドル。

フィキオデス・エウトゥロピア〈*Phiciodes eutropia*〉昆虫綱鱗翅目タテハチョウ科の蝶。分布：パナマ。

フィキオデス・エウニケ〈*Phyciodes eunice*〉昆虫綱鱗翅目タテハチョウ科の蝶。分布：ブラジル。

フィキオデス・エティア〈*Phyciodes etia*〉昆虫綱鱗翅目タテハチョウ科の蝶。分布：エクアドルおよびペルー。

フィキオデス・エメランティア〈*Phyciodes emerantia*〉昆虫綱鱗翅目タテハチョウ科の蝶。分布：コロンビア。

フィキオデス・エラニテス〈*Phyciodes eranites*〉昆虫綱鱗翅目タテハチョウ科の蝶。分布：パナマ, コロンビア。

フィキオデス・エラフィアエア〈*Phyciodes elaphiaea*〉昆虫綱鱗翅目タテハチョウ科の蝶。分布：エクアドルおよびペルー。

フィキオデス・オタネス〈*Phyciodes otanes*〉昆虫綱鱗翅目タテハチョウ科の蝶。分布：グアテマラ。

フィキオデス・オルティア〈*Phyciodes orthia*〉昆虫綱鱗翅目タテハチョウ科の蝶。分布：パラグアイおよびブラジル。

フィキオデス・カスティッラ〈*Phyciodes castilla*〉昆虫綱鱗翅目タテハチョウ科の蝶。分布：コロンビア。

フィキオデス・カッロニア〈*Phyciodes callonia*〉昆虫綱鱗翅目タテハチョウ科の蝶。分布：ペルー。

フィキオデス・カトゥラ〈*Phyciodes catula*〉昆虫綱鱗翅目タテハチョウ科の蝶。分布：ペルー, ボ

リビア．

フィキオデス・カミッルス〈Phyciodes camillus〉昆虫綱鱗翅目タテハチョウ科の蝶．分布：北アメリカ西部．

フィキオデス・クインティッラ〈Phyciodes quintilla〉昆虫綱鱗翅目タテハチョウ科の蝶．分布：エクアドル．

フィキオデス・クリオ〈Phyciodes clio〉昆虫綱鱗翅目タテハチョウ科の蝶．分布：中央アメリカ，コロンビア，エクアドル，ペルー．

フィキオデス・ゲミニア〈Phyciodes geminia〉昆虫綱鱗翅目タテハチョウ科の蝶．分布：ペルー．

フィキオデス・コリバッサ〈Phyciodes corybassa〉昆虫綱鱗翅目タテハチョウ科の蝶．分布：ボリビア．

フィキオデス・サラディッレンシス〈Phyciodes saladillensis〉昆虫綱鱗翅目タテハチョウ科の蝶．分布：アルゼンチン．

フィキオデス・セスティア〈Phyciodes sestia〉昆虫綱鱗翅目タテハチョウ科の蝶．分布：コロンビア．

フィキオデス・テキサナ〈Phyciodes texana〉昆虫綱鱗翅目タテハチョウ科の蝶．分布：メキシコからジョージア州まで．

フィキオデス・テレトゥサ〈Phyciodes teletusa〉昆虫綱鱗翅目タテハチョウ科の蝶．分布：ブラジル．

フィキオデス・ドゥルシッラ〈Phyciodes drusilla〉昆虫綱鱗翅目タテハチョウ科の蝶．分布：アルゼンチン．

フィキオデス・ニグレッラ〈Phyciodes nigrella〉昆虫綱鱗翅目タテハチョウ科の蝶．分布：グアテマラ．

フィキオデス・ヌッシア〈Phyciodes nussia〉昆虫綱鱗翅目タテハチョウ科の蝶．分布：ペルー．

フィキオデス・ノースブランディイ〈Phyciodes northbrundii〉昆虫綱鱗翅目タテハチョウ科の蝶．分布：ボリビア．

フィキオデス・ピクタ〈Phyciodes picta〉昆虫綱鱗翅目タテハチョウ科の蝶．分布：メキシコからネブラスカ州まで．

フィキオデス・ファオン〈Phyciodes phaon〉昆虫綱鱗翅目タテハチョウ科の蝶．分布：メキシコからジョージア州まで．

フィキオデス・プトリカ〈Phyciodes ptolyca〉昆虫綱鱗翅目タテハチョウ科の蝶．分布：ベネズエラ，グアテマラ．

フィキオデス・フリシア〈Phyciodes frisia〉昆虫綱鱗翅目タテハチョウ科の蝶．分布：熱帯南アメリカからテキサス州まで．

フィキオデス・フルビプラガ〈Phyciodes fulviplaga〉昆虫綱鱗翅目タテハチョウ科の蝶．分布：コスタリカ，パナマ．

フィキオデス・ベスタ〈Phyciodes vesta〉昆虫綱鱗翅目タテハチョウ科の蝶．分布：メキシコからカンザス州まで．

フィキオデス・ベレナ〈Phyciodes verena〉昆虫綱鱗翅目タテハチョウ科の蝶．分布：ボリビア，ペルー．

フィキオデス・マルガレタ〈Phyciodes margaretha〉昆虫綱鱗翅目タテハチョウ科の蝶．分布：コロンビア．

フィキオデス・ミリッタ〈Phyciodes mylitta〉昆虫綱鱗翅目タテハチョウ科の蝶．分布：アリゾナ州，コロラド州．

フィキオデス・ムレナ〈Phyciodes murena〉昆虫綱鱗翅目タテハチョウ科の蝶．分布：ペルー．

フィキオデス・モンタナ〈Phyciodes montana〉昆虫綱鱗翅目タテハチョウ科の蝶．分布：カリフォルニア州，ネバダ州．

フィキオデス・ランスドルフィ〈Phyciodes lansdorfi〉昆虫綱鱗翅目タテハチョウ科の蝶．分布：ブラジル．

フィキオデス・リリオペ〈Phyciodes liriope〉昆虫綱鱗翅目タテハチョウ科の蝶．分布：南アメリカ．

フィキオデス・レアニラ〈Phyciodes leanira〉昆虫綱鱗翅目タテハチョウ科の蝶．分布：メキシコからカリフォルニア州まで．

フィキオデス・レウコデスマ〈Phyciodes leucodesma〉昆虫綱鱗翅目タテハチョウ科の蝶．分布：コロンビア，ベネズエラ．

フィキオデス・レティティア〈Phyciodes letitia〉昆虫綱鱗翅目タテハチョウ科の蝶．分布：エクアドル，コロンビア．

フィキオデス・レビナ〈Phyciodes levina〉昆虫綱鱗翅目タテハチョウ科の蝶．分布：コロンビア．

フィスカエネウラ・パンダ〈Physcaeneura panda〉昆虫綱鱗翅目ジャノメチョウ科の蝶．分布：アフリカ南部からナタールおよびローデシアまで．

フィスカエネウラ・ピオネ〈Physcaeneura pione〉昆虫綱鱗翅目ジャノメチョウ科の蝶．分布：アフリカ東部．

フィスカエネウラ・レダ〈Physcaeneura leda〉昆虫綱鱗翅目ジャノメチョウ科の蝶．分布：アフリカ東部．

フィソガステル・ペナイ〈Physogaster penai〉昆虫綱甲虫目ゴミムシダマシ科．分布：チリ．

フィソステルナ・グロボサ〈Physosterna globosa〉昆虫綱甲虫目ゴミムシダマシ科.分布：アフリカ南部.

フィタラ・インテルミクスタ〈Phytala intermixta〉昆虫綱鱗翅目シジミチョウ科の蝶.分布：カメルーン.

フィタラ・エライス〈Phytala elais〉昆虫綱鱗翅目シジミチョウ科の蝶.分布：アフリカ西部,中央部.

フィタラ・バンソメレニ〈Phytala vansomereni〉昆虫綱鱗翅目シジミチョウ科の蝶.分布：ウガンダ.

フィタラ・ヒエッティナ〈Phytala hyettina〉昆虫綱鱗翅目シジミチョウ科の蝶.分布：アンゴラ.

フィタラ・ヒエットイデス〈Phytala hyettoides〉昆虫綱鱗翅目シジミチョウ科の蝶.分布：ナイジェリア.

フィディアスアトラスオオカブトムシ〈Chalcosoma atlas form phidias〉昆虫綱甲虫目コガネムシ科の甲虫.分布：スラウェシ.

フィディキナ・マンニフェラ〈Fidicina mannifera〉昆虫綱半翅目セミ科.分布：中央アメリカ,南アメリカ.

フィディプスコウモリワモン チャイロフクロウの別名.

フィラリア・キアラ〈Phylaria cyara〉昆虫綱鱗翅目シジミチョウ科の蝶.分布：カメルーン,アンゴラからケニアまで.

フイリカツオブシムシ〈Dermestes frischi〉昆虫綱甲虫目カツオブシムシ科の甲虫.体長6.2〜8.4mm.

フイリコタナグモ〈Cicurina maculifera〉蛛形綱クモ目タナグモ科の蜘蛛.体長雌5.5〜6.0mm,雄4〜5mm.分布：九州.

フィリッピンベニモンアゲハ〈Pachliopta phegeus〉昆虫綱鱗翅目アゲハチョウ科の蝶.

フイリヒメハナカミキリ〈Pidonia signata〉昆虫綱甲虫目カミキリムシ科ハナカミキリ亜科の甲虫.体長8.5〜11.0mm.分布：本州中部山岳地帯の標高2000m以上.

フイリビワハゴロモ〈Fulgora oculata〉昆虫綱半翅目ビワハゴロモ科.分布：インド,マレーシア,スマトラ,ジャワ,ボルネオ.

フィリピンアサギシロチョウ〈Pareronia boebera〉昆虫綱鱗翅目シロチョウ科の蝶.

フィリピンイチモンジ〈Moduza urdaneta〉昆虫綱鱗翅目タテハチョウ科の蝶.

フィリピンオオヒゲコメツキ ミナミオオヒゲコメツキの別名.

フィリピンオビクジャクアゲハ〈Papilio daedalus〉昆虫綱鱗翅目アゲハチョウ科の蝶.分布：フィリピン,パラワン,亜種はフィリピン(パラワンは別亜種).

フィリピンキクイムシ〈Cyrtogenius brevior〉昆虫綱甲虫目キクイムシ科の甲虫.体長2.0〜2.6mm.

フィリピンキシタアゲハ〈Troides rhadamantus〉昆虫綱鱗翅目アゲハチョウ科の蝶.開張雄110mm,雌130mm.分布：フィリピン.珍蝶.

フィリピンクビナガカミキリ〈Gnoma jugalis〉昆虫綱甲虫目カミキリムシ科の甲虫.分布：フィリピン.

フィリピンコブスジツヤカナブン〈Plectrone nigrocoerulea〉昆虫綱甲虫目コガネムシ科の甲虫.分布：フィリピン.

フィリピンツヤクロクワガタ〈Prosopocoilus lumawigi〉昆虫綱甲虫目クワガタムシ科.分布：フィリピン.

フィリピンマダラヒカゲ シロオビゴマダラヒカゲの別名.

フィリピンルリヒカゲ〈Ptychandra lorquinii〉昆虫綱鱗翅目ジャノメチョウ科の蝶.分布：ルソン島,マリンドゥケ.

フィールディーダイダイモンキチョウ ダイダイモンキチョウの別名.

フィールドモンキチョウ〈Colias fieldii edusina〉昆虫綱鱗翅目シロチョウ科の蝶.分布：インド(北部・東部)から中国(西部・中部)まで.

フィレタスアオジャコウアゲハ〈Battus philetas philetas〉昆虫綱鱗翅目アゲハチョウ科の蝶.分布：エクアドル,ペルー北部.

フィロクラニア・イルデンス〈Phyllocrania illudens〉昆虫綱蟷螂目カマキリ科.分布：マダガスカル.

フィロテス・アベンケッラグス〈Philotes abencerragus〉昆虫綱鱗翅目シジミチョウ科の蝶.分布：スペイン,モロッコからエジプト,ヨルダンまで.

フィロテス・エノプテス〈Philotes enoptes〉昆虫綱鱗翅目シジミチョウ科の蝶.分布：合衆国の太平洋沿いの州.

フィロテス・バットイデス〈Philotes battoides〉昆虫綱鱗翅目シジミチョウ科の蝶.分布：カリフォルニア州.

フィロテス・バトン〈Philotes baton〉昆虫綱鱗翅目シジミチョウ科の蝶.分布：スペインからヨーロッパ南部・中部をへてイラン,チトラル(西パキスタン北部)まで.

フィロテス・バビウス〈*Philotes bavius*〉昆虫綱鱗翅目シジミチョウ科の蝶。分布：モロッコ, アルジェリア, ギリシア, ハンガリー, 小アジアからロシア南部まで。

フィロリトゥス・モルビッロスス〈*Philolithus morbillosus*〉昆虫綱甲虫目ゴミムシダマシ科。分布：アメリカ合衆国(カリフォルニア, アリゾナ)。

フィロレア・ケプケイ〈*Philorea koepkei*〉昆虫綱甲虫目ゴミムシダマシ科。分布：ペルー, チリ。

フウサン(楓蚕) テグスサンの別名。

フウジンナミハグモ〈*Cybaeus fuujinensis*〉蛛形綱クモ目タナグモ科の蜘蛛。

フウセンムシ コミズムシの別名。

フウトウカヅラノクダアザミウマ〈*Smerinthothrips kawanai*〉昆虫綱総翅目クダアザミウマ科。

フウトウカヅラヤドリクダアザミウマ〈*Liothrips piperinus*〉昆虫綱総翅目クダアザミウマ科。

フウボビロウドコガネ〈*Serica foobowana*〉昆虫綱甲虫目コガネムシ科の甲虫。

フウライボウ パラオオナガシジミの別名。

フウレンホラヒメグモ〈*Nesticus furenensis*〉蛛形綱クモ目ホラヒメグモ科の蜘蛛。

フウレンメクラチビゴミムシ〈*Rakantrechus pallescens*〉昆虫綱甲虫目オサムシ科の甲虫。体長3.6〜3.8mm。

フェーバーユミツノクワガタ〈*Prosopocoilus faber*〉昆虫綱甲虫目クワガタムシ科。分布：アフリカ西部, 中央部。

フェミアデス・ミルビウス・ミロル〈*Phemiades milvius milor*〉昆虫綱鱗翅目セセリチョウ科の蝶。分布：ペルー, フランス領ギアナ, ブラジル南部。

フェラエウス・アルギンニス〈*Pheraeus argynnis*〉昆虫綱鱗翅目セセリチョウ科の蝶。分布：ブラジル。

フェリエビロウドカミキリ〈*Acalolepta ferriei*〉昆虫綱甲虫目カミキリムシ科フトカミキリ亜科の甲虫。体長11〜16mm。

フェリエベニボシカミキリ〈*Rosalia ferriei*〉昆虫綱甲虫目カミキリムシ科カミキリ亜科の甲虫。別名フェリービロウドカミキリ。体長23〜32mm。分布：奄美大島。

フェリダマスルリオビタテハ〈*Prepona pheridamas*〉昆虫綱鱗翅目タテハチョウ科の蝶。開張80mm。分布：アマゾン川流域。珍蝶。

フェルガナベニモンキチョウ〈*Colias eogene*〉昆虫綱鱗翅目シロチョウ科の蝶。分布：アフガニスタン北部, フェルガナ, パミール, カシミール, ラダク。

フェレス・ヘリコニデス〈*Pheles heliconides*〉昆虫綱鱗翅目シジミタテハ科の蝶。分布：ギアナ, アマゾン。

フェレペダリオデス・フェレティアデス〈*Pherepedaliodes pheretiades*〉昆虫綱鱗翅目ジャノメチョウ科の蝶。分布：ボリビア。

フォエビス・エウブレ〈*Phoebis eubule*〉昆虫綱鱗翅目シロチョウ科の蝶。分布：中央アメリカおよび南アメリカ。

フォエビス・エディタ〈*Phoebis editha*〉昆虫綱鱗翅目シロチョウ科の蝶。分布：ハイチ。

フォエビス・オルビス〈*Phoebis orbis*〉昆虫綱鱗翅目シロチョウ科の蝶。分布：ハイチ, キューバ。

フォエビス・スタティラ〈*Phoebis statira*〉昆虫綱鱗翅目シロチョウ科の蝶。分布：南アメリカ, グアテマラ, テキサス州。

フォキデス・ウラニア〈*Phocides urania*〉昆虫綱鱗翅目セセリチョウ科の蝶。分布：メキシコ, グアテマラ, コスタリカ。

フォキデス・オレイデス〈*Phocides oreides*〉昆虫綱鱗翅目セセリチョウ科の蝶。分布：ペルー, ボリビア。

フォキデス・キセノクラテス〈*Phocides xenocrates*〉昆虫綱鱗翅目セセリチョウ科の蝶。分布：コロンビア, エクアドル, ペルー, ボリビア。

フォキデス・テルムス〈*Phocides thermus*〉昆虫綱鱗翅目セセリチョウ科の蝶。分布：中央アメリカ。

フォキデス・バタバノ〈*Phocides batabano*〉昆虫綱鱗翅目セセリチョウ科の蝶。分布：熱帯アメリカ, キューバ。

フォキデス・ピアリア〈*Phocides pialia*〉昆虫綱鱗翅目セセリチョウ科の蝶。分布：メキシコからペルー, ブラジルまで。

フォキデス・ヨカラ〈*Phocides yokhara dryas*〉昆虫綱鱗翅目セセリチョウ科の蝶。分布：コロンビア, エクアドル, ペルー, ボリビア。

フォダガ・アルティケプス〈*Phodaga alticeps*〉昆虫綱甲虫目ツチハンミョウ科。分布：アメリカ合衆国(アーカンソ, カリフォルニア)。

フォチヌスナンベイジャコウアゲハ〈*Parides photinus*〉昆虫綱鱗翅目アゲハチョウ科の蝶。開張75mm。分布：中米, コスタリカ。珍蝶。

フォリソラ・アルフェウス〈*Pholisora alpheus*〉昆虫綱鱗翅目セセリチョウ科の蝶。分布：ニューメキシコ州, アリゾナ州からメキシコまで。

フォリソラ・ハイフルスティイ〈*Pholisora hayhurstii*〉昆虫綱鱗翅目セセリチョウ科の蝶。分布：アメリカ合衆国。

フォリソラ・メジカヌス〈Pholisora mejicanus〉昆虫綱鱗翅目セセリチョウ科の蝶。分布：カナダからテキサス州まで。

フォルカスアゲハ フォルカスミドリアゲハの別名。

フォルカスミドリアゲハ〈Papilio phorcas〉昆虫綱鱗翅目アゲハチョウ科の蝶。開張90mm。分布：アフリカ中央部。珍蝶。

フォルスターミドリシジミ〈Euaspa forsteri〉昆虫綱鱗翅目シジミチョウ科の蝶。分布：台湾。

フォルソムシロトビムシ シトゲナシシロトビムシの別名。

フォルチュンオオキノコムシ ヒメオビオオキノコムシの別名。

フォルチュンヒメミヤマクワガタ〈Lucanus fortunei〉昆虫綱甲虫目クワガタムシ科。分布：中国中南部。

フォルベシイアゲハ〈Papilio forbesi〉昆虫綱鱗翅目アゲハチョウ科の蝶。開張95mm。分布：スマトラ北部山地。珍蝶。

フォルベストゥラ・トゥルンカタ〈Forbestra truncata〉昆虫綱鱗翅目トンボマダラ科の蝶。分布：エクアドル、アンデス山脈。

フカイウスマユヒメコバチ〈Euplectrus fukaii〉昆虫綱膜翅目ヒメコバチ科。

フカイドロバチ〈Rhynchium haemorrhoidale fukaii〉昆虫綱膜翅目スズメバチ科。体長20mm。分布：本州、四国、九州、沖縄本島。

フカイヒメハナバチ〈Andrena fukaii〉昆虫綱膜翅目ヒメハナバチ科。

フカミゾセスジムシ〈Omoglymmius sulcicollis〉昆虫綱甲虫目セスジムシ科の甲虫。体長5.5～6.0mm。

フカミゾホソカタムシ〈Erotylathris costatus〉昆虫綱甲虫目ホソカタムシ科の甲虫。体長4～5mm。

フカヤカタカイガラムシ〈Protopulvinaria fukayai〉昆虫綱半翅目カタカイガラムシ科。体長3～4mm。キヅタ、クチナシに害を及ぼす。分布：本州、四国、九州、中国。

フキアブラムシ〈Aphis fukii〉昆虫綱半翅目アブラムシ科。体長1.5～2.1mm。キク科野菜に害を及ぼす。分布：日本全国、朝鮮半島南部、台湾。

フキオオキバガ フキヒラタマルハキバガの別名。

フキサルハムシ〈Bromius obscurus〉昆虫綱甲虫目ハムシ科の甲虫。体長6mm。分布：北海道、本州。

フキシマハバチ〈Pachyprotasis fukii〉昆虫綱膜翅目ハバチ科。体長8mm。キク科野菜に害を及ぼす。分布：本州、四国、九州。

フキトリバ〈Pselnophorus vilis〉昆虫綱鱗翅目トリバガ科の蛾。別名マダラトリバ。開張18～24mm。分布：北海道、本州、四国、九州、対馬、種子島、屋久島、シベリア南東部、中国。

フキノメイガ 蕗野螟蛾〈Ostrinia scapulalis〉昆虫綱鱗翅目メイガ科ノメイガ亜科の蛾。開張24～34mm。隠元豆、小豆、ササゲ、オクラ、キク科野菜、ナス科野菜、林檎、ホップ、ハッカ、ダリア、ジャガイモに害を及ぼす。分布：東ヨーロッパから日本。

フキバッタ 蕗蝗〈Podisma sapporensis〉昆虫綱直翅目バッタ科。体長23mm。隠元豆、小豆、ササゲ、豌豆、空豆、麦類、ソバ、ジャガイモ、大豆、キク科野菜に害を及ぼす。分布：北海道、本州。

フキバッタ 蕗蝗 直翅目イナゴ科中のフキバッタ類の昆虫の総称、またはそのうちの一種を指す。

フキヒョウタンゾウムシ〈Catapionus modestus〉昆虫綱甲虫目ゾウムシ科。

フキヒラタキバガ フキヒラタマルハキバガの別名。

フキヒラタマルハキバガ〈Agonopterix roseocaudella〉昆虫綱鱗翅目マルハキバガ科の蛾。別名ウラベニマルハキバガ。開張23～28mm。分布：千島列島(国後島)、北海道、本州、四国、九州、ウスリー。

フキヨトウ〈Hydraecia amurensis〉昆虫綱鱗翅目ヤガ科カラスヨトウ亜科の蛾。開張34～45mm。イネ科作物に害を及ぼす。分布：沿海州、朝鮮半島、中国、北海道、本州、四国、宮崎県。

フクオカツツガムシ〈Leptotrombidium fukuoka〉蛛形綱ダニ目ツツガムシ科。体長0.29mm。害虫。

フクキケムネチビゴミムシ〈Epaphiopsis fukukii〉昆虫綱甲虫目ゴミムシ科。

フクケントラカミキリ〈Clytus fukienensis〉昆虫綱甲虫目カミキリムシ科カミキリ亜科の甲虫。体長10～13mm。分布：奄美大島。

フクシマモリヒラタゴミムシ〈Colpodes mutator〉昆虫綱甲虫目ゴミムシ科。

フクハラツヤヒラタゴミムシ〈Synuchus fukuharai〉昆虫綱甲虫目オサムシ科の甲虫。体長8.5～10.0mm。

フクラスズメ 胴雀蛾,胴天蛾〈Arcte coerulea〉昆虫綱鱗翅目ヤガ科シタバガ亜科の蛾。開張85mm。ナシ類、桃、スモモ、葡萄、柑橘、繊維作物に害を及ぼす。分布：インド―オーストラリア地域、中国、台湾、北海道から九州、対馬、屋久島、徳之島。

フクラヤムシ〈Sagitta enflata〉毛顎動物門矢虫綱無膜目ヤムシ科の海産動物。

フクロウチョウ 梟蝶〈owl butterfly〉昆虫綱鱗翅目フクロウチョウ科に属するチョウの総称。

フクロウチョウ チャイロフクロウチョウの別名.

フクロウハジラミ〈Strigiphilus heterocerus〉昆虫綱食毛目チョウカクハジラミ科.

フクログモ 袋蜘蛛〈sac spider〉クモ目フクログモ科フクログモ属Clubionaに属する蛛形類の総称.

フクロムシ 袋虫 節足動物門甲殻綱根頭目Rhizocephalaに属する海産動物の総称で,フクロムシ科,イタフクロムシ科,ナガフクロムシ科,ツブフクロムシ科などからなる.

フクロヨコバイ〈Hecalusu fkuroki〉昆虫綱半翅目フクロヨコバイ科.

ブーケトラカミキリ〈Xylotrechus buqueti〉昆虫綱甲虫目カミキリムシ科の甲虫.

フーケントラカミキリ フクケントラカミキリの別名.

フサアシナガバエ〈Dolichopus plumipes〉昆虫綱双翅目アシナガバエ科.

フサオシャチホコ〈Dudusa sphingiformis〉昆虫綱鱗翅目シャチホコ科の蛾.分布:ヒマラヤ南麓からミャンマー,中国,朝鮮半島,対馬.

フサオナシカワゲラ属の一種〈Amphinemura sp.〉昆虫綱襀翅目オナシカワゲラ科.

フサカ アカケヨソイカの別名.

フサキバアツバ〈Trotosema sordidum〉昆虫綱鱗翅目ヤガ科クルマアツバ亜科の蛾.分布:北海道(函館),本州,四国,九州,屋久島,対馬,朝鮮半島南部.

フサクビヨトウ〈Hadena rivularis〉昆虫綱鱗翅目ヤガ科ヨトウガ亜科の蛾.開張32mm.カーネーションに害を及ぼす.分布:ユーラシア,北海道,本州,四国,九州,対馬.

フサゴカイ 房沙蚕 環形動物門多毛綱フサゴカイ科Terebellidaeの海産動物の総称.

フサハラアツバ〈Herminia ryukyuensis〉昆虫綱鱗翅目ヤガ科クルマアツバ亜科の蛾.分布:奄美大島,屋久島,沖縄本島,宮古島,石垣島,西表島,与那国島.

フサヒゲアリヅカムシ〈Batrisoplisus antennatus〉昆虫綱甲虫目アリヅカムシ科.

フサヒゲオビキリガ〈Agrochola evelina〉昆虫綱鱗翅目ヤガ科セダカモクメ亜科の蛾.分布:沿海州,北海道,本州,四国.

フサヒゲカミキリ〈Batus barbicornis〉昆虫綱甲虫目カミキリムシ科の甲虫.分布:南アメリカ北部.

フサヒゲサシガメ 総鬚刺亀〈Ptilocerus immitis〉昆虫綱半翅目サシガメ科.準絶滅危惧種(NT).分布:本州,九州.

フサヒゲハヤトビバエ〈Leptocera caenosa〉昆虫綱双翅目ハヤトビバエ科.体長3.8mm.害虫.

フサヒゲビロウドカミキリ〈Sarothrocera lowi〉昆虫綱甲虫目カミキリムシ科の甲虫.分布:ミャンマー,ラオス,マレーシア,スマトラ,ボルネオ.

フサヒゲマダラメイガ〈Epicrocis hilarella〉昆虫綱鱗翅目メイガ科の蛾.分布:東海地方以西の本州,屋久島,台湾,中国,スリランカ,インド.

フサヒゲミドリオビカミキリ〈Diastocera wallichi〉昆虫綱甲虫目カミキリムシ科の甲虫.分布:ヒマラヤ,インドシナ,マレーシア,中国南部.

フサヒゲルリカミキリ 総鬚瑠璃天牛〈Agapanthia japonica〉昆虫綱甲虫目カミキリムシ科フトカミキリ亜科の甲虫.絶滅危惧I類(CR+EN).体長11〜17mm.分布:北海道,本州.

フサモクメ フサヤガの別名.

フサヤガ 房夜蛾〈Eutelia geyeri〉昆虫綱鱗翅目ヤガ科フサヤガ亜科の蛾.開張35〜39mm.分布:スリランカ,インドから中国,台湾,北海道,その他の本土域,対馬,屋久島.

フサヤスデ 総馬陸 節足動物門倍脚綱フサヤスデ科Polyxenidaeに属する陸生動物の総称.

プサンメティクス・ピリペス〈Psammetichus pilipes〉昆虫綱甲虫目ゴミムシダマシ科.分布:チリ.

プサンモデス属の一種〈Psammodes sp.〉昆虫綱甲虫目ゴミムシダマシ科.分布:ナタール(南アフリカ).

フジアシブサホソガ〈Cuphodes wisteriella〉昆虫綱鱗翅目ホソガ科の蛾.分布:本州,四国,九州.

フジイコモリグモ〈Arctosa fujiii〉蛛形綱クモ目コモリグモ科の蜘蛛.体長雌7〜8mm,雄6〜7mm.分布:本州(関東地方).

フジカバナミシャク〈Eupithecia fujisana〉昆虫綱鱗翅目シャクガ科の蛾.分布:静岡県側の富士山新五合目,秋田県八幡平.

フシキアツバ〈Zanclognatha dolosa〉昆虫綱鱗翅目ヤガ科クルマアツバ亜科の蛾.分布:北海道,本州,四国,九州,朝鮮半島.

フジキオビ 富士黄帯蛾〈Schistomitra funeralis〉昆虫綱鱗翅目フタオガ科の蛾.開張46〜53mm.分布:関東地方北部から中部,近畿,中国地方の山間部.

フシキキシタバ〈Catocala separans〉昆虫綱鱗翅目ヤガ科シタバガ亜科の蛾.開張55mm.分布:朝鮮半島,沿海州,青森県弘前市,岩手県盛岡市,福島県館岩村,新潟県新津市,福井県武生市,富山県有峰,滋賀県八日市市,兵庫県氷上郡,長野県上田市,山梨県長坂町,同明野村,茨城県久喜市.

フシグロエビグモ〈*Philodromus nigristriatipes*〉蛛形綱クモ目エビグモ科の蜘蛛.

フジケシカミキリ〈*Exocentrus wistariae*〉昆虫綱甲虫目カミキリムシ科フトカミキリ亜科の甲虫.

フジケムネチビゴミムシ〈*Epaphiopsis fujii*〉昆虫綱甲虫目オサムシ科の甲虫.体長4.1～4.7mm.

フジコナカイガラトビコバチ〈*Anagyrus fujikona*〉昆虫綱膜翅目トビコバチ科.

フジコナカイガラムシ〈*Planococcus kraunhiae*〉昆虫綱半翅目コナカイガラムシ科.体長2.5～4.0mm.葡萄,トベラ,カナメモチ,フジ,無花果,ナシ類,柿,柑橘に害を及ぼす.分布:本州(南関東以西),四国,九州,中国,エリトリア,北アメリカ.

フジコナヒゲナガトビコバチ〈*Leptomastix dactylopii*〉昆虫綱膜翅目トビコバチ科.

フジコブヤハズカミキリ〈*Mesechthistatus fujisanus*〉昆虫綱甲虫目カミキリムシ科フトカミキリ亜科の甲虫.体長12～19mm.分布:本州(富士山周辺).

フジジガバチ〈*Ammophila atripes japonica*〉昆虫綱膜翅目アナバチ科.

フジシロナガカイガラムシ〈*Chionaspis wistariae*〉昆虫綱半翅目マルカイガラムシ科.フジに害を及ぼす.

フジシロホソガ〈*Phrixosceles scioplintha*〉昆虫綱鱗翅目ホソガ科の蛾.開張9～10mm.

フジシロミャクヨトウ〈*Heliophobus texturatus*〉昆虫綱鱗翅目ヤガ科ヨトウガ亜科の蛾.準絶滅危惧種(NT).分布:モンゴル,チベット,ネパール中部,富士山五合目付近.

フジタナゴミムシ〈*Pterostichus fujitai*〉昆虫綱甲虫目オサムシ科の甲虫.体長9.5～11.0mm.

フシダニ 虫慶蝉〈gall mite〉節足動物門クモ形綱ダニ目フシダニ科Eriophyidaeのダニの総称.

フジタマモグリバエ〈*Melanagromyza websteri*〉昆虫綱双翅目ハモグリバエ科.

フジチビヒラタエンマムシ〈*Platylomalus fujisanus*〉昆虫綱甲虫目エンマムシ科の甲虫.体長1.6～2.2mm.

フジツツガムシ〈*Leptotrombidium fuji*〉蛛形綱ダニ目ツツガムシ科.体長31μm.害虫.

フシツノエンマムシ〈*Niponius furcatus*〉昆虫綱甲虫目ホソエンマムシ科の甲虫.体長3.6～4.2mm.

フジツボカイガラムシ〈*Asterococcus muratae*〉昆虫綱半翅目フジツボカイガラムシ科.体長4～5mm.ビワ,葡萄,楓(紅葉),サンゴジュ,カナメモチ,イスノキ,ツツジ類に害を及ぼす.

フジツボロウムシ〈*Ceroplastes ciripediformis*〉昆虫綱半翅目カタカイガラムシ科.パッションフルーツに害を及ぼす.

フジツヤホソガ〈*Hyloconis wisteriae*〉昆虫綱鱗翅目ホソガ科の蛾.分布:本州,四国,九州.

フジツヤムネハネカクシ〈*Quedius sugai*〉昆虫綱甲虫目ハネカクシ科の甲虫.体長13.5～14.6mm.

フジナガゴミムシ〈*Pterostichus fujisanus*〉昆虫綱甲虫目オサムシ科の甲虫.体長15～16.5mm.

フジナミハグモ〈*Cybaeus fujisanus*〉蛛形綱クモ目タナグモ科の蜘蛛.

フジハムシ 藤金花虫〈*Gonioctena rubripennis*〉昆虫綱甲虫目ハムシ科の甲虫.体長5～7mm.フジに害を及ぼす.分布:北海道,本州,四国,九州.

フジハムシダマシ〈*Macrolagria fujisana*〉昆虫綱甲虫目ハムシダマシ科の甲虫.体長9.0～11.6mm.

フジハモグリバエ〈*Agromyza wistariae*〉昆虫綱双翅目ハモグリバエ科.

フジヒメハナカミキリ〈*Pidonia fujisana*〉昆虫綱甲虫目カミキリムシ科ハナカミキリ亜科の甲虫.体長5.5～8.0mm.分布:本州(富士山とその周辺のみ).

フジフサキバガ〈*Dichomeris oceanis*〉昆虫綱鱗翅目キバガ科の蛾.別名ナカモンフサキバガ.開張16～24mm.分布:四国,九州,台湾,中国.

フジホソガ〈*Acrocercops wisteriae*〉昆虫綱鱗翅目ホソガ科の蛾.分布:本州,四国,九州.

フジホラヒメグモ〈*Nesticus uenoi*〉蛛形綱クモ目ホラヒメグモ科の蜘蛛.絶滅危惧II類(VU).

フジマシラグモ〈*Leptoneta caeca*〉蛛形綱クモ目マシラグモ科の蜘蛛.

フジマダラホソガ〈*Liocrobyla brachybotrys*〉昆虫綱鱗翅目ホソガ科の蛾.分布:本州,九州.

フジマダラホソガ ヌスビトハギマダラホソガの別名.

フジマメトリバ 藊豆鳥羽蛾〈*Sphenarches anisodactylus*〉昆虫綱鱗翅目トリバガ科の蛾.開張15～18mm.隠元豆,小豆,ササゲに害を及ぼす.分布:北海道,本州,四国,九州,対馬,徳之島,沖縄本島,石垣島,台湾,インドからオーストラリア,アフリカ,南アメリカ.

フジマメホソクチゾウムシ〈*Apion abruptum*〉昆虫綱甲虫目ホソクチゾウムシ科の甲虫.体長2.6～2.8mm.

フジミドリシジミ 富士緑小灰蝶〈*Quercusia fujisana*〉昆虫綱鱗翅目シジミチョウ科ミドリシジミ亜科の蝶.前翅長15～16mm.分布:北海道(道南部),本州,四国,九州.

フジメクラチビゴミムシ〈*Kurasawatrechus fujisanus*〉昆虫綱甲虫目ゴミムシ科の甲虫。体長2.1～2.7mm。分布：富士山麓の溶岩道(不動穴・八幡穴・三ッ池穴・裾野風穴)。

フジヤマダルマアリヅカムシ〈*Paracyathiger fujiyamai*〉昆虫綱甲虫目アリヅカムシ科の甲虫。体長1.4～1.5mm。

フジヤマチビカミキリ〈*Miaenia fujiyamai*〉昆虫綱甲虫目カミキリムシ科の甲虫。

フジヤマヒメハナノミ〈*Mordellistena fujiyamai*〉昆虫綱甲虫目ハナノミ科。

フジミサラグモ〈*Arcuphantes fujiensis*〉蛛形綱クモ目サラグモ科の蜘蛛。

フジヨコフマシラグモ〈*Leptoneta striata fujisana*〉蛛形綱クモ目マシラグモ科の蜘蛛。

フジロアツバ〈*Adrapsa notigera*〉昆虫綱鱗翅目ヤガ科クルマアツバ亜科の蛾。開張30～33mm。分布：本州(関東地方以西)、四国、九州、対馬、屋久島。

フジワラメクラチビゴミムシ〈*Trechiama fujiwaraorum*〉昆虫綱甲虫目オサムシ科の甲虫。体長4.5～5.5mm。

ブースモンキチョウ〈*Colias boothii*〉昆虫綱鱗翅目シロチョウ科の蝶。分布：北アメリカの極北部。

プセウダクラエア・イミタトル〈*Pseudacraea imitator*〉昆虫綱鱗翅目タテハチョウ科の蝶。分布：アフリカ南部。

プセウダクラエア・クエノウィ〈*Pseudacraea kuenowi*〉昆虫綱鱗翅目タテハチョウ科の蝶。分布：コンゴ、ウガンダ。

プセウダクラエア・グラウキナ〈*Pseudacraea glaucina*〉昆虫綱鱗翅目タテハチョウ科の蝶。分布：マダガスカル。

プセウダクラエア・シムラトル〈*Pseudacraea simulator*〉昆虫綱鱗翅目タテハチョウ科の蝶。分布：シエラレオネ、ガーナ。

プセウダクラエア・ストゥリアタ〈*Pseudacraea striata*〉昆虫綱鱗翅目タテハチョウ科の蝶。分布：シエラレオネからアンゴラまで。

プセウダクラエア・セミレ〈*Pseudacraea semire*〉昆虫綱鱗翅目タテハチョウ科の蝶。分布：シエラレオネからアンゴラまで。

プセウダクラエア・ドロメナ〈*Pseudacraea dolomena*〉昆虫綱鱗翅目タテハチョウ科の蝶。分布：シエラレオネからコンゴ、ウガンダ、アンゴラ。

プセウダクラエア・ワールブルギ〈*Pseudacraea warburgi*〉昆虫綱鱗翅目タテハチョウ科の蝶。分布：カメルーン、コンゴ。

プセウダルギンニス・ヘゲモネ〈*Pseudargynnis hegemone*〉昆虫綱鱗翅目タテハチョウ科の蝶。分布：カメルーンからウガンダ、南へローデシアまで。

プセウダレティス・アグリッピナ〈*Pseudaletis agrippina*〉昆虫綱鱗翅目シジミチョウ科の蝶。分布：カメルーン。

プセウダレティス・クリメヌス〈*Pseudaletis clymenus*〉昆虫綱鱗翅目シジミチョウ科の蝶。分布：カメルーン、シエラレオネ。

プセウダレティス・マザングリ〈*Pseudaletis mazanguli*〉昆虫綱鱗翅目シジミチョウ科の蝶。分布：コンゴ。

プセウダレティス・レオニス〈*Pseudaletis leonis*〉昆虫綱鱗翅目シジミチョウ科の蝶。分布：シエラレオネ。

プセウドカザラ・アンテリア〈*Pseudochazara anthelia*〉昆虫綱鱗翅目ジャノメチョウ科の蝶。分布：小アジア、バルカン諸国。

プセウドカザラ・ゲイェリ〈*Pseudochazara geyeri*〉昆虫綱鱗翅目ジャノメチョウ科の蝶。分布：バルカン南部からトルキスタンまで。

プセウドカザラ・ヒッポリテ〈*Pseudochazara hippolyte*〉昆虫綱鱗翅目ジャノメチョウ科の蝶。分布：シエラネバダ山脈、ロシア南部、小アジアから中国まで。

プセウドカザラ・マムッラ〈*Pseudochazara mamurra*〉昆虫綱鱗翅目ジャノメチョウ科の蝶。分布：ギリシア、小アジアからイランまで。

プセウドカザラ・レゲリ〈*Pseudochazara regeli*〉昆虫綱鱗翅目ジャノメチョウ科の蝶。分布：パミール、トルキスタン。

プセウドキシキラ・ビプストゥラタ〈*Pseudoxychila bipustulata*〉昆虫綱甲虫目ハンミョウ科。分布：南アメリカ全域。

プセウドクラニス・グランディディエリ〈*Pseudoclanis grandidieri*〉昆虫綱鱗翅目スズメガ科の蛾。分布：マダガスカル、コモロ諸島。

プセウドケラナ・フルグル〈*Pseudokerana fulgur*〉昆虫綱鱗翅目セセリチョウ科の蝶。分布：タイ、マレーシア、スマトラ。

プセウドコラデニア・ダン〈*Pseudocoladenia dan sumatrana*〉昆虫綱鱗翅目セセリチョウ科の蝶。分布：ヒマラヤ、インドから東南アジア一帯、大スンダ、小スンダ、スラウェシ。

プセウドサルビア・ファエニコラ〈*Pseudosarbia phaenicola*〉昆虫綱鱗翅目セセリチョウ科の蝶。分布：ブラジル、アルゼンチン。

プセウドスカダ・アウレオラ〈*Pseudoscada aureola*〉昆虫綱鱗翅目トンボマダラ科の蝶。分布：アマゾン地方。

プセウドスカダ・セバ〈*Pseudoscada seba*〉昆虫綱鱗翅目トンボマダラ科の蝶。分布：エクアドル，ボリビア，ベネズエラ，ペルー。

プセウドスカダ・フロルラ〈*Pseudoscada florula*〉昆虫綱鱗翅目トンボマダラ科の蝶。分布：ケイエン。

プセウドディプサス・エオネ〈*Pseudodipsas eone*〉昆虫綱鱗翅目シジミチョウ科の蝶。分布：オーストラリア，ニューブリテン島，ニューアイルランド島。

プセウドディプサス・ミルメコフィサ〈*Pseudodipsas myrmecophila*〉昆虫綱鱗翅目シジミチョウ科の蝶。分布：オーストラリア。

プセウドテルグミア・フィディア〈*Pseudotergumia fidia*〉昆虫綱鱗翅目ジャノメチョウ科の蝶。分布：ヨーロッパ西南部，アフリカ北部。

プセウドナカドゥバ・アエティオプス〈*Pseudonacaduba aethiops*〉昆虫綱鱗翅目シジミチョウ科の蝶。分布：ガボンからコンゴまで。

プセウドナカドゥバ・シケラ〈*Pseudonacaduba sichela*〉昆虫綱鱗翅目シジミチョウ科の蝶。分布：喜望峰からローデシアおよびモザンビークまで。

プセウドニンファ・ナリキア〈*Pseudonympha narycia*〉昆虫綱鱗翅目ジャノメチョウ科の蝶。分布：アフリカ南部からトランスバールおよびローデシアまで。

プセウドニンファ・ヒッピア〈*Pseudonympha hippia*〉昆虫綱鱗翅目ジャノメチョウ科の蝶。分布：ケーププロビンス(南アフリカ共和国)，アフリカ南部。

プセウドニンファ・マカカ〈*Pseudonympha machacha*〉昆虫綱鱗翅目ジャノメチョウ科の蝶。分布：レソト(バストランド，南アフリカ共和国の中にある)。

プセウドニンファ・マグス〈*Pseudonympha magus*〉昆虫綱鱗翅目ジャノメチョウ科の蝶。分布：アフリカ南部からナタールおよびローデシアまで。

プセウドネプティス・コエノビタ〈*Pseudoneptis coenobita*〉昆虫綱鱗翅目タテハチョウ科の蝶。分布：シエラレオネからウガンダまで。

プセウドピエリス・ネヘミア〈*Pseudopieris nehemia*〉昆虫綱鱗翅目シロチョウ科の蝶。分布：メキシコからブラジル南部，パラグアイ。

プセウドプセクトゥラ・コオケオルム〈*Pseudopsectra cookeorum*〉昆虫綱脈翅目ヒメカゲロウ科。分布：マウイ島(ハワイ諸島)。

プセウドプセクトゥラ・スウェツェイ〈*Pseudopsectra swezeyi*〉昆虫綱脈翅目ヒメカゲロウ科。分布：カウアイ島(ハワイ諸島)。

プセウドプセクトゥラ・ユージンゲリ〈*Pseudopsectra usingeri*〉昆虫綱脈翅目ヒメカゲロウ科。分布：ハワイ島(ハワイ諸島)。

プセウドペプリア・グランデ〈*Pseudopeplia grande*〉昆虫綱鱗翅目シジミタテハ科の蝶。分布：コロンビア。

プセウドマニオラ・ゲルリンダ〈*Pseudomaniola gerlinda*〉昆虫綱鱗翅目ジャノメチョウ科の蝶。分布：ボリビア。

プセウドマニオラ・ファセリス〈*Pseudomaniola phaselis*〉昆虫綱鱗翅目ジャノメチョウ科の蝶。分布：コロンビアおよびベネズエラ。

プセウドルキア・キレンシス〈*Pseudolucia chilensis*〉昆虫綱鱗翅目シジミチョウ科の蝶。分布：チリ。

プセウドルキア・ファガ〈*Pseudolucia faga*〉昆虫綱鱗翅目シジミチョウ科の蝶。分布：エクアドル，ペルー。

プセクトゥラスケリス・ピリペス〈*Psectrascelis pilipes peninsularis*〉昆虫綱甲虫目ゴミムシダマシ科。分布：南アメリカ南部。

プセクトゥラスケリス・ピロサ〈*Psectrascelis pilosa*〉昆虫綱甲虫目ゴミムシダマシ科。分布：チリ。

フセトゲヒメハナノミ〈*Tolidostena fusei*〉昆虫綱甲虫目ハナノミ科。

プソラリス・エクスクラマティオニス〈*Psoralis exclamationis*〉昆虫綱鱗翅目セセリチョウ科の蝶。分布：ボリビア。

プソロス・フスクラ〈*Psolos fuscula*〉昆虫綱鱗翅目セセリチョウ科の蝶。分布：セレベス。

プソロス・フリゴ〈*Psolos fuligo fuligo*〉昆虫綱鱗翅目セセリチョウ科の蝶。分布：インドから東南アジア一帯。

フタアナムネトゲアリヅカムシ〈*Coryphomus spinicollis*〉昆虫綱甲虫目アリヅカムシ科。

フタイロウリハムシ〈*Aulacophora bicolor*〉昆虫綱甲虫目ハムシ科の甲虫。体長7.6〜8.3mm。

フタイロカミキリモドキ〈*Oedemeronia sexualis*〉昆虫綱甲虫目カミキリモドキ科の甲虫。体長6.5〜9.0mm。分布：四国，九州，南西諸島。

フタイロコガシラハネカクシ〈*Philonthus kobensis*〉昆虫綱甲虫目ハネカクシ科の甲虫。体長6.8〜7.3mm。

フタイロコヤガ〈*Acontia bicolora*〉昆虫綱鱗翅目ヤガ科コヤガ亜科の蛾。開張20mm。分布：中国，宮城県付近から九州，対馬。

フタイロジョウカイ〈*Cantharis lewisi*〉昆虫綱甲虫目ジョウカイボン科。

フタイロセマルトビハムシ〈*Aphthonomorpha collaris*〉昆虫綱甲虫目ハムシ科の甲虫。体長2.0〜2.5mm。

フタイロチビジョウカイ〈*Malthinellus bicolor*〉昆虫綱甲虫目ジョウカイボン科の甲虫。体長2.7〜3.9mm。

フタイロチビテントウ〈*Sukunahikona bicolor*〉昆虫綱甲虫目テントウムシ科の甲虫。体長0.9〜1.1mm。

フタイロヒザゴトビハムシ〈*Chaetocnema bicolorata*〉昆虫綱甲虫目ハムシ科の甲虫。体長1.8〜2.0mm。

フタイロミゾキノコシバンムシ〈*Mizodorcatoma pulcherrima*〉昆虫綱甲虫目シバンムシ科の甲虫。体長2.2〜3.0mm。

フタオイソウロウグモ〈*Argyrodes fur*〉蛛形綱クモ目ヒメグモ科の蜘蛛。体長雌2.5〜3.0mm、雄2.2〜2.5mm。分布：本州、四国、九州、南西諸島。

フタオガ 双尾蛾 昆虫綱鱗翅目フタオガ科 Epiplemidaeの総称。

フタオカゲロウ 双尾蜉蝣 昆虫綱カゲロウ目フタオカゲロウ科Siphlonuridaeの昆虫の総称。

フタオクロバエ〈*Triceratopyga calliphoroides*〉昆虫綱双翅目クロバエ科。体長6〜10mm。害虫。

フタオタマムシ〈*Dicerca furcata*〉昆虫綱甲虫目タマムシ科の甲虫。体長14〜21mm。

フタオチョウ 二尾蝶, 双尾蝶〈*Polyura eudamippus*〉昆虫綱鱗翅目タテハチョウ科フタオチョウ亜科の蝶。準絶滅危惧種(NT)。前翅長45〜50mm。分布：沖縄本島の中部から北部にかけて、ネパール、シッキム、アッサム。

フタオビアツバ〈*Hypena proboscidalis*〉昆虫綱鱗翅目ヤガ科アツバ亜科の蛾。長い感覚性口器をもつ。開張4.0〜4.5mm。分布：ヨーロッパ、温帯アジアのイラクサの多い地域。

フタオビアラゲカミキリ〈*Rhoposcelis bifasciatus*〉昆虫綱甲虫目カミキリムシ科フトカミキリ亜科の甲虫。体長5〜6mm。分布：北海道、本州、四国、九州、佐渡、対馬。

フタオビアリスアブ 二帯蟻巣虻〈*Microdon bifasciatus*〉昆虫綱双翅目ハナアブ科。分布：北海道。

フタオビオオハナノミ 二帯大花蚤〈*Macrosiagon bipunctatus*〉昆虫綱甲虫目オオハナノミ科の甲虫。体長5〜11mm。分布：本州、四国、九州。

フタオビカバナミシャク〈*Perizoma haasi*〉昆虫綱鱗翅目シャクガ科の蛾。分布：山梨県北岳山麓、アムール地方。

フタオビカブトツノゼミ〈*Membracis cingulata*〉昆虫綱半翅目ツノゼミ科。分布：コロンビア、エクアドル、ペルー、ボリビア、ギアナ、ブラジル。

フタオビキヨトウ〈*Mythimna turca*〉昆虫綱鱗翅目ヤガ科ヨトウガ亜科の蛾。開張42〜47mm。分布：ユーラシア、北海道から九州、対馬。

フタオビキンモンホソガ〈*Phyllonorycter bicinctella*〉昆虫綱鱗翅目ホソガ科の蛾。分布：北海道、九州。

フタオビクロマイコガ〈*Stathmopoda brachymochla*〉昆虫綱鱗翅目ニセマイコガ科の蛾。分布：屋久島。

フタオビコキノコムシ〈*Triphyllioides seriatus*〉昆虫綱甲虫目コキノコムシ科の甲虫。体長2.8〜3.6mm。分布：北海道、本州、四国、九州。

フタオビコケガ〈*Eugoa bipunctata*〉昆虫綱鱗翅目ヒトリガ科の蛾。分布：石垣島、西表島、台湾、中国、インドから東南アジア一帯。

フタオビコヤガ 双帯小夜蛾〈*Naranga aenescens*〉昆虫綱鱗翅目ヤガ科コヤガ亜科の蛾。別名イネアオムシ。開張16〜21mm。稲に害を及ぼす。分布：インド、スリランカ、東南アジア一帯、北海道から九州、伊豆諸島、屋久島、琉球列島。

フタオビショウジョウバエ〈*Drosophila bizonata*〉昆虫綱双翅目ショウジョウバエ科。体長2mm。キノコ類に害を及ぼす。分布：日本全国、朝鮮半島、ハワイ。

フタオビシロエダシャク〈*Lamprocabera candidaria*〉昆虫綱鱗翅目シャクガ科エダシャク亜科の蛾。開張23〜29mm。分布：本州(宮城県から関東中部山地)、四国。

フタオビチビオオキノコムシ〈*Tritoma latifasciata*〉昆虫綱甲虫目オオキノコムシ科の甲虫。体長3〜4mm。

フタオビチビカツオブシムシ〈*Orphinus fasciatus*〉昆虫綱甲虫目カツオブシムシ科の甲虫。体長1.8〜2.6mm。

フタオビチビキカワムシ〈*Lissodema pictipenne*〉昆虫綱甲虫目チビキカワムシ科の甲虫。体長2.0〜3.5mm。

フタオビチビハナカミキリ フタオビノミハナカミキリの別名。

フタオビチャヒメハマキ〈*Pelochrista inignana*〉昆虫綱鱗翅目ハマキガ科の蛾。分布：北海道、本州(岩手県)、中国(北部)、ロシア(アムール)。

フタオビツツキノコムシ 二帯筒茸虫〈*Cis bifasciatus*〉昆虫綱甲虫目ツツキノコムシ科の甲虫。体長1.6〜2.0mm。分布：本州。

フタオビツヤゴミムシダマシ〈*Alphitophagus bifasciatus*〉昆虫綱甲虫目ゴミムシダマシ科の甲虫。体長2.3〜3.0mm。

フタオビトガリメイガ フタオビノメイガの別名。

フタオビノミハナカミキリ〈*Pidonia puziloi*〉昆虫綱甲虫目カミキリムシ科ハナカミキリ亜科の甲虫。別名フタオビチビハナカミキリ。体長3.5～6.5mm。分布：北海道(渡島半島)，本州，四国，九州，対馬。

フタオビノメイガ 二帯尖螟蛾〈*Trichophysetis cretacea*〉昆虫綱鱗翅目メイガ科トガリメイガ亜科の蛾。開張12～16mm。分布：北海道，本州，四国，九州，屋久島，シベリア南東部，中国。

フタオビハバチ 二帯葉蜂〈*Jermakia sibirica*〉昆虫綱膜翅目ハバチ科。分布：日本各地。

フタオビヒメコキノコムシ〈*Litargus antennatus*〉昆虫綱甲虫目コキノコムシ科の甲虫。体長2.1～2.4mm。

フタオビヒメサビカミキリ フタモンヒメサビカミキリの別名。

フタオビヒメハナノミ〈*Mordellina signatella*〉昆虫綱甲虫目ハナノミ科の甲虫。体長2.5～3.0mm。

フタオビヒラタタマムシ〈*Conognatha errata*〉昆虫綱甲虫目タマムシ科。分布：チリ，アルゼンチン。

フタオビホソズキンヨコバイ〈*Macropsis matsumurana*〉昆虫綱半翅目ヒロズヨコバイ科。

フタオビホソナガクチキムシ〈*Dircaea erotyloides*〉昆虫綱甲虫目ナガクチキムシ科の甲虫。体長8.5～13.5mm。分布：北海道，本州，四国，九州。

フタオビホソハマキ〈*Eupoecilia citrinana*〉昆虫綱鱗翅目ホソハマキガ科の蛾。分布：北海道，本州の東北及び中部の山地。

フタオビミドリトラカミキリ〈*Chlorophorus muscosa*〉昆虫綱甲虫目カミキリムシ科カミキリ亜科の甲虫。体長9～15mm。分布：本州，四国，九州，佐渡，対馬，屋久島，奄美大島。

フタオビユスリカ〈*Stenochironomus satorui*〉昆虫綱双翅目ユスリカ科。

フタオモドキナミシャク〈*Macrohastina azela*〉昆虫綱鱗翅目シャクガ科ナミシャク亜科の蛾。開張18～21mm。分布：本州(宮城県以南)，四国，九州，中国西部からミャンマー北部。

フタオルリシジミ〈*Chliaria kina*〉昆虫綱鱗翅目シジミチョウ科の蝶。分布：ヒマラヤ，ミャンマー，マレーシア高地帯，台湾。

フタオレウスグロエダシャク〈*Biston thoracicaria*〉昆虫綱鱗翅目シャクガ科エダシャク亜科の蛾。開張36mm。林檎に害を及ぼす。分布：北海道，本州，四国，九州，朝鮮半島，シベリア南東部，中国。

フタオレツトガ〈*Calamotropha yamanakai*〉昆虫綱鱗翅目メイガ科の蛾。分布：岩手，宮城，埼玉，静岡，富山，福島，屋久島。

フタガタハナアブ 二形花虻〈*Imatisma dimorpha*〉昆虫綱双翅目ハナアブ科。分布：北海道，本州。

フタキスジエダシャク〈*Gigantalcis flavolinearia*〉昆虫綱鱗翅目シャクガ科エダシャク亜科の蛾。開張42～46mm。分布：北海道，本州，四国。

フタキスジツトガ〈*Calamotropha aureliella*〉昆虫綱鱗翅目メイガ科の蛾。分布：青森，岩手，伊豆大島。

フタキボシアツバ〈*Gynaephila maculifera*〉昆虫綱鱗翅目ヤガ科クチバ亜科の蛾。分布：沿海州，北海道，本州。

フタキボシカネコメツキ〈*Gambrinus kraatzi*〉昆虫綱甲虫目コメツキムシ科の甲虫。体長9～12mm。分布：北海道，本州，四国，九州。

フタキボシケシゲンゴロウ〈*Nipponhydrus bimaculatus*〉昆虫綱甲虫目ゲンゴロウ科の甲虫。準絶滅危惧種(NT)。体長2.5mm。

フタキボシコメツキ フタキボシカネコメツキの別名。

フタキボシゾウムシ 二黄星象鼻虫〈*Lepyrus japonicus*〉昆虫綱甲虫目ゾウムシ科の甲虫。体長8.1～10.5mm。分布：北海道，本州。

フタキモンノメイガ フタモンキノメイガの別名。

フタクロアツバ〈*Brevipecten consanguis*〉昆虫綱鱗翅目ヤガ科クチバ亜科の蛾。開張25mm。分布：中国，本土西南，四国，九州，対馬。

フタクロオオアツバ クロハナコヤガの別名。

フタクロオビクチバ〈*Melapia bifasciata*〉昆虫綱鱗翅目ヤガ科シタバガ亜科の蛾。分布：沖縄本島。

フタクロテンナミシャク 二黒点波尺蛾〈*Xenortholitha propinguata niphonica*〉昆虫綱鱗翅目シャクガ科ナミシャク亜科の蛾。開張25～33mm。分布：シベリア南東部，中国東北，北海道，本州，四国，九州，朝鮮半島，カシミール，インド北部，フィリピン。

フタクロテンマダラメイガ〈*Selagia spadicella*〉昆虫綱鱗翅目メイガ科の蛾。分布：北海道，シベリア東部からヨーロッパ。

フタクロボシキバガ 二黒星牙蛾〈*Odites issikii*〉昆虫綱鱗翅目ヒゲナガキバガ科の蛾。開張16～20mm。梅，アンズ，ナシ類，枇杷，桃，スモモ，林檎，葡萄，キウイに害を及ぼす。分布：北海道，本州，四国，九州，朝鮮半島，中国東北。

フタクロホシチビカ 二黒星矮蚊〈*Uranotaenia bimaculata*〉昆虫綱双翅目カ科。分布：本州，九州，琉球。

フタクロボシヒロバキバガ フタクロボシキバガの別名。

フタグロマダラメイガ〈*Eurhodope dichromella*〉昆虫綱鱗翅目メイガ科マダラメイガ亜科の蛾。開張19～21mm。分布：北海道，本州，四国，九州，屋久島。

フタクロモンキバガ 二黒紋牙蛾〈*Anarsia bipinnata*〉昆虫綱鱗翅目キバガ科の蛾。開張14～19mm。分布：本州の近畿地方。

フタコブカメムシ〈*Cazira verrucosa*〉昆虫綱半翅目カメムシ科。分布：インド，ミャンマー，中国，台湾。

フタコブサラグモ〈*Hypomma affinis*〉蛛形綱クモ目サラグモ科の蜘蛛。

フタコブスジアツバ〈*Hypena sinuosa*〉昆虫綱鱗翅目ヤガ科アツバ亜科の蛾。分布：鹿児島，種子島，沖縄本島，石垣島，台湾。

フタコブルリハナカミキリ 二瘤瑠璃花天牛〈*Stenocorus caeruleipennis*〉昆虫綱甲虫目カミキリムシ科ハナカミキリ亜科の甲虫。体長17～25mm。分布：北海道，本州，四国，九州。

フタジマネグロシャチホコ〈*Neodrymonia delia*〉昆虫綱鱗翅目シャチホコガ科ウチキシャチホコ亜科の蛾。開張39～44mm。分布：青森県を北限，本州，四国，九州。

ブタジラミ 豚虱〈*Haematopinus suis*〉昆虫綱虱目ケモノジラミ科。体長雄3.6～4.2mm，雌4.0～5.0mm。害虫。

フタシロスジカバナミシャク〈*Eupithecia melanolopha*〉昆虫綱鱗翅目シャクガ科の蛾。分布：本州(茨城県以西)，四国，九州，屋久島，台湾からインド北部。

フタシロスジナミシャク〈*Epirrhoe supergressa supergressa*〉昆虫綱鱗翅目シャクガ科ナミシャク亜科の蛾。開張18～23mm。分布：北海道，本州，四国，九州，対馬，サハリン，朝鮮半島，中国東北，シベリア南東部。

フタシロテンホソマダラメイガ〈*Assara korbi*〉昆虫綱鱗翅目メイガ科の蛾。分布：本州(東北南部より)，四国，九州，対馬，屋久島，石垣島，西表島，シベリア南東部，中国。

フタシロモンヒメハマキ〈*Epinotia stroemiana*〉昆虫綱鱗翅目ハマキガ科の蛾。分布：イギリス，ヨーロッパからロシア，北アメリカ，北海道。

フタスジアカマダラメイガ〈*Boeswarthia oberleella*〉昆虫綱鱗翅目メイガ科の蛾。分布：北海道，本州(東北北部より)，九州，中国。

フタスジアツバ〈*Bertula bistrigata*〉昆虫綱鱗翅目ヤガ科クルマアツバ亜科の蛾。開張28mm。分布：北海道，本州，四国，九州，朝鮮半島，アムール，ウスリー。

フタスジアツバ トビフタスジアツバの別名。

フタスジイエバエ〈*Musca sorbens*〉昆虫綱双翅目イエバエ科。体長5.0～6.5mm。分布：南西諸島，小笠原諸島。害虫。

フタスジイクビハネカクシ〈*Mycetoporus duplicatus*〉昆虫綱甲虫目ハネカクシ科の甲虫。体長4.5～5.0mm。

フタスジウスキエダシャク〈*Parabapta aetheriata*〉昆虫綱鱗翅目シャクガ科エダシャク亜科の蛾。開張23～29mm。分布：北海道，本州，四国，朝鮮半島，シベリア南東部。

フタスジエグリアツバ〈*Gonepatica opalina*〉昆虫綱鱗翅目ヤガ科クチバ亜科の蛾。開張24～26mm。分布：中国，朝鮮半島，北海道から九州。

フタスジオエダシャク 二条尾枝尺蛾〈*Rhynchobapta cervinaria*〉昆虫綱鱗翅目シャクガ科エダシャク亜科の蛾。開張24～28mm。分布：インド北部，中国，朝鮮半島，本州(宮城県以南)，四国，九州，対馬。

フタスジオオウンカ〈*Euidella bilineata*〉昆虫綱半翅目ウンカ科。

フタスジオビカミキリ〈*Thompsoniana* sp.〉昆虫綱甲虫目カミキリムシ科の甲虫。分布：マレーシア。

フタスジカスミカメ〈*Stenotus binotatus*〉昆虫綱半翅目カスミカメムシ科。イネ科牧草に害を及ぼす。

フタスジカタゾウムシ〈*Pachyrrhynchus inclytus* var.*modestior*〉昆虫綱甲虫目ゾウムシ科。分布：ルソン島山地。

フタスジカタビロハナカミキリ〈*Brachyta bifasciatus japonicus*〉昆虫綱甲虫目カミキリムシ科ハナカミキリ亜科の甲虫。体長16～23mm。分布：本州，四国。

フタスジカンショコガネ〈*Apogonia bicarinata*〉昆虫綱甲虫目コガネムシ科の甲虫。体長98.5～10.5mm。分布：九州，南西諸島。

フタスジキントビケラ〈*Psilotreta kisoensis*〉昆虫綱毛翅目フトヒゲトビケラ科。

フタスジキホソハマキ〈*Atthes rectilineana*〉昆虫綱鱗翅目ホソハマキガ科の蛾。分布：本州，九州，伊豆諸島，中国，ロシア，モンゴル。

フタスジキリガ〈*Enargia flavata*〉昆虫綱鱗翅目ヤガ科カラスヨトウ亜科の蛾。開張27～29mm。分布：北海道を除き，本州から九州に至る本土域。

フタスジギンエダシャク〈*Megaspilates mundataria*〉昆虫綱鱗翅目シャクガ科エダシャク亜科の蛾。開張34～36mm。分布：本州(東北地方北部より中部)，四国，九州(北部)，朝鮮半島，中国，シベリア南東部からウラル地方。

フタスジクリイロハマキ〈*Acleris platynotana*〉昆虫綱鱗翅目ハマキガ科の蛾。開張16〜22mm。分布：北海道(南部),本州,四国,九州,対馬,伊豆諸島(大島),中国,ロシア(アムール)。

フタスジクロマダラメイガ〈*Pyla subcognata*〉昆虫綱鱗翅目メイガ科の蛾。分布：北海道,本州(東北地方と中部山地),シベリア南東部。

フタスジコナカイガラムシ〈*Ferrisia virgata*〉昆虫綱半翅目コナカイガラムシ科。柑橘,ハイビスカス類,クロトンに害を及ぼす。

フタスジゴマフカミキリ〈*Mesosa cribrata*〉昆虫綱甲虫目カミキリムシ科フトカミキリ亜科の甲虫。体長7.0〜8.5mm。分布：北海道,本州,四国,九州。

フタスジコヤガ〈*Deltote bankiana*〉昆虫綱鱗翅目ヤガ科コヤガ亜科の蛾。開張20mm。分布：ユーラシア,北海道および本州中部,九州北部。

フタスジサナエ〈*Trigomphus interruptus*〉昆虫綱蜻蛉目サナエトンボ科の蜻蛉。体長44mm。分布：本州(富士川以西),四国,九州。

フタスジサラグモ〈*Linyphia limbatinella*〉蛛形綱クモ目サラグモ科の蜘蛛。体長雌4.5〜5.5mm,雄4〜5mm。分布：北海道,本州,四国,九州。

フタスジシマコヤガ〈*Corgatha marumoi*〉昆虫綱鱗翅目ヤガ科コヤガ亜科の蛾。分布：本州の南岸から四国,九州,屋久島,琉球列島。

フタスジシマメイガ 二条縞螟蛾〈*Orthopygia glaucinalis*〉昆虫綱鱗翅目メイガ科シマメイガ亜科の蛾。開張21〜22mm。分布：北海道,本州,四国,九州,対馬,種子島,屋久島,奄美大島,沖縄本島,朝鮮半島,中国,シベリア東部からヨーロッパ。

フタスジショウジョウバエ〈*Drosophila bifasciata*〉昆虫綱双翅目ショウジョウバエ科。

フタスジシロオオメイガ 二条白大螟蛾〈*Leechia sinuosalis*〉昆虫綱鱗翅目メイガ科の蛾。分布：本州,九州,対馬,屋久島,台湾,中国。

フタスジスカシバ ヒメアトスカシバの別名。

フタスジスズバチ 二条鈴蜂〈*Discoelius japonicus*〉昆虫綱膜翅目スズメバチ科。体長15〜19mm。分布：日本全土。

フタスジスネビロヘリカメムシ〈*Diactor bilineata*〉昆虫綱半翅目ヘリカメムシ科。分布：熱帯南アメリカ。

フタスジチャイロイラガ〈*Apoda limacodes*〉昆虫綱鱗翅目イラガ科の蛾。雄は濃い黄褐色,雌は黄色。開張2.5〜3.0mm。分布：ヨーロッパの中部および南部,イギリス南部。

フタスジチョウ 二条蝶〈*Neptis rivularis*〉昆虫綱鱗翅目タテハチョウ科イチモンジチョウ亜科の蝶。前翅長26mm。分布：北海道,本州(東北地方東北部,関東地方北部から中部地方)。

フタスジツヅリガ〈*Eulophopalpia pauperalis*〉昆虫綱鱗翅目メイガ科の蛾。分布：本州(北部より),四国,九州,対馬,屋久島。

フタスジツツハムシ〈*Cryptocephalus bilineatus*〉昆虫綱甲虫目ハムシ科の甲虫。体長2.0mm。

フタスジツマアカシロチョウ〈*Colotis evippe*〉昆虫綱鱗翅目シロチョウ科の蝶。分布：サハラ以南のアフリカ全域とコモロ諸島。

フタスジトガリヨコバイ〈*Futasujinus candidus*〉昆虫綱半翅目ヨコバイ科。

フタスジドクチョウ〈*Heliconius antiochus albus*〉昆虫綱鱗翅目ドクチョウ科の蝶。分布：南アメリカ北部。

フタスジトビコバチ〈*Comperiella bifasciata*〉昆虫綱膜翅目トビコバチ科。

フタスジハナアブ〈*Syrphus bilineatus*〉昆虫綱双翅目ハナアブ科。

フタスジハナカミキリ〈*Nakanea vicaria*〉昆虫綱甲虫目カミキリムシ科ハナカミキリ亜科の甲虫。体長14〜20mm。分布：北海道,本州,四国,九州,屋久島。

フタスジハワイトラカミキリ〈*Plagithmysus bilineatus*〉昆虫綱甲虫目カミキリムシ科の甲虫。分布：ハワイ島。

フタスジヒトリ 二条灯蛾〈*Spilosoma bifasciata*〉昆虫綱鱗翅目ヒトリガ科ヒトリガ亜科の蛾。開張45〜50mm。分布：北海道,本州,四国,九州。

フタスジヒメグモ〈*Theridion bimaculatum*〉蛛形綱クモ目ヒメグモ科の蜘蛛。体長雌2.5〜3.0mm,雄2.5〜3.0mm。分布：北海道。

フタスジヒメテントウ〈*Horniolus fortunatus*〉昆虫綱甲虫目テントウムシ科の甲虫。体長3.0〜3.2mm。

フタスジヒメハナムシ〈*Olibrus particeps*〉昆虫綱甲虫目ヒメハナムシ科の甲虫。体長1.5〜2.1mm。

フタスジヒメハマキ〈*Grapholita pallifrontana*〉昆虫綱鱗翅目ハマキガ科の蛾。分布：本州(長野県軽井沢,松本),四国(香川県国分寺),イギリス,ヨーロッパからロシア,小アジア。

フタスジヒメハムシ〈*Medythia nigrobilineata*〉昆虫綱甲虫目ハムシ科の甲虫。体長3mm。隠元豆,小豆,ササゲ,大豆に害を及ぼす。分布：北海道,本州,四国,九州,沖永良部島。

フタスジフタツメカワゲラ〈*Gibosia jezoensis*〉昆虫綱襀翅目カワゲラ科。

フタスジフトメイガ〈*Termioptycha bilineata*〉昆虫綱鱗翅目メイガ科の蛾。分布：本州(近畿以西),九州,屋久島,西表島。

フタスジフユシャク〈*Inurois asahinai*〉昆虫綱鱗翅目シャクガ科の蛾。分布：北海道，関東地方，中国北部。

フタスジベッコウ〈*Eopompilus internalis*〉昆虫綱膜翅目ベッコウバチ科。

フタスジマメイガ フタスジシマメイガの別名。

フタスジマルハナバエ 二条円花蠅〈*Helina delata*〉昆虫綱双翅目ハナバエ科。分布：本州，九州。

フタスジミドリカワゲラモドキ〈*Isoperla nipponica*〉昆虫綱襀翅目アミメカワゲラ科。

フタスジミヤマツトガ〈*Japonicrambus bilineatus*〉昆虫綱鱗翅目メイガ科の蛾。分布：岩手，山形，山梨，長野。

フタスジムネアカヒトリ〈*Teracotona euprepia*〉昆虫綱鱗翅目ヒトリガ科の蛾。前翅はクリーム色で, 翅脈が褐色。開張4.0～5.5mm。分布：アンゴラ，ジンバブエから, ザンビア, モザンビーク。

フタスジモンカゲロウ 二条紋蜉蝣〈*Ephemera japonica*〉昆虫綱蜉蝣目モンカゲロウ科。体長12～14mm。分布：日本各地。

フタスジヨトウ〈*Protomiselia bilinea*〉昆虫綱鱗翅目ヤガ科ヨトウガ亜科の蛾。開張30～38mm。分布：本州，四国。

フタヅノチビゴミムシダマシ〈*Pentaphyllus dilatipes*〉昆虫綱甲虫目ゴミムシダマシ科の甲虫。体長2.5mm。

フタツノツツキノコムシ〈*Neoennearthron bicarinatum*〉昆虫綱甲虫目ツツキノコムシ科の甲虫。体長1.0～2.4mm。

フタツノツヤツツキコムシ〈*Euxestocis bicornutus*〉昆虫綱甲虫目ツツキノコムシ科の甲虫。体長1.9mm。

フタツノヒメツツキノコムシ フタツノツツキノコムシの別名。

フタツメイエカミキリ〈*Gnatholea biseburata*〉昆虫綱甲虫目カミキリムシ科カミキリ亜科の甲虫。体長12～19mm。分布：奄美大島，石垣島。

フタツメイエカミキリの一種〈*Gnatholea eburifera*〉昆虫綱甲虫目カミキリムシ科の甲虫。

フタツメウバタマムシ〈*Lampropepla rothschildi*〉昆虫綱甲虫目タマムシ科の甲虫。分布：マダガスカルとその属島。

フタツメオオシロヒメシャク〈*Problepsis albidior*〉昆虫綱鱗翅目シャクガ科ヒメシャク亜科の蛾。開張30～35mm。分布：本州(和歌山県)，四国南部，九州，対馬，屋久島，奄美大島，沖永良部島，沖縄本島，久米島，宮古島，石垣島，西表島，台湾，インド北部から中国南部，ボルネオ。

フタツメカワゲラ属の一種〈*Neoperla* sp.〉昆虫綱襀翅目カワゲラ科。

フタツメケシカミキリ〈*Miaenia bioculata*〉昆虫綱甲虫目カミキリムシ科フトカミキリ亜科の甲虫。体長6～8mm。

フタツメゴミムシ〈*Lebidia bioculata*〉昆虫綱甲虫目オサムシ科の甲虫。体長8～19mm。分布：北海道，本州，四国，九州。

フタツメヒメハマキ ヨモギネムシガの別名。

フタツメメダマチョウ〈*Taenaris bioculatus*〉昆虫綱鱗翅目ワモンチョウ科の蝶。分布：ニューギニア本島とそれ以西の属島。

フタテンアカオビマダラメイガ〈*Conobathra tricolorella*〉昆虫綱鱗翅目メイガ科の蛾。分布：沖縄本島国頭普久，神奈川県横須賀，静岡県大滝温泉，福岡県英彦山。

フタテンアカヒメミツギリゾウムシ ジュウジヒメミツギリゾウムシの別名。

フタテンアツバ〈*Rivula inconspicua*〉昆虫綱鱗翅目ヤガ科クチバ亜科の蛾。開張15～17mm。分布：宮城県付近を北限，四国，九州，対馬，屋久島。

フタテンエダシャク〈*Seleniopsis evanescens*〉昆虫綱鱗翅目シャクガ科エダシャク亜科の蛾。開張29～40mm。分布：北海道，本州，四国，九州。

フタテンオエダシャク〈*Semiothisa defixaria*〉昆虫綱鱗翅目シャクガ科エダシャク亜科の蛾。開張25～27mm。分布：本州(東北地方北部より)，四国，九州，対馬，屋久島，朝鮮半島，中国。

フタテンオオメイガ〈*Catagela subdodatella*〉昆虫綱鱗翅目メイガ科の蛾。分布：新潟県新津市七日町，千葉県高宕山，静岡市北安東，大岩，福岡県折尾，香月大辻鉱，対馬念仏山，同季木山，同内山。

フタテンオオヨコバイ 二点大横遁〈*Epicanthus stramineus*〉昆虫綱半翅目フトヨコバイ科。分布：北海道，本州。

フタテンカスミガメ〈*Creontiades bipunctatus*〉昆虫綱半翅目カスミカメムシ科。体長7mm。分布：本州，四国，九州，南西諸島。

フタテンカメムシ 二点亀虫〈*Laprius gastricus*〉昆虫綱半翅目カメムシ科。分布：本州，九州。

フタテンキヨトウ〈*Aletia radiata*〉昆虫綱鱗翅目ヤガ科ヨトウガ亜科の蛾。開張30～35mm。分布：北海道から九州，対馬。

フタテンシロカギバ〈*Ditrigona virgo*〉昆虫綱鱗翅目カギバガ科の蛾。開張18～28mm。分布：北海道，本州，四国，九州，屋久島，朝鮮半島，中部西部。

フタテンソトグロエダシャク フタテンソトグロキエダシャクの別名。

フタテンソトグロキエダシャク〈*Pseudepione shiraii*〉昆虫綱鱗翅目シャクガ科エダシャク亜科の蛾。開張21～24mm。分布：本州,四国。

フタテンチビアツバ〈*Neachrostia bipuncta*〉昆虫綱鱗翅目ヤガ科クチバ亜科の蛾。分布：静岡県大滝温泉,群馬県大河原,群馬県御荷鉾山,福井県武生市,北九州市皿倉山,北九州市,屋久島,東北地方,四国。

フタテンチビヨコバイ〈*Cicadulina bipunctella*〉昆虫綱半翅目ヨコバイ科。体長3mm。飼料用トウモロコシ,ソルガム,イネ科作物に害を及ぼす。

フタテンツヅリガ 二点綴蛾〈*Aphomia sapozhnikovi*〉昆虫綱鱗翅目メイガ科ツヅリガ亜科の蛾。開張19～23mm。隠元豆,小豆,ササゲ,大豆,甜菜に害を及ぼす。分布：北海道,本州,九州,中国,インドから東南アジア一帯。

フタテンツトガ〈*Catoptria montivaga*〉昆虫綱鱗翅目メイガ科ツトガ亜科の蛾。開張23～26mm。分布：本州の中部山岳地帯,四国の剣山,石鎚山,九州の九重山塊。

フタテンツノカメムシ〈*Elasmucha nipponica*〉昆虫綱半翅目ツノカメムシ科。

フタテンツマジロナミシャク〈*Euphyia unangulata gracilaria*〉昆虫綱鱗翅目シャクガ科ナミシャク亜科の蛾。開張22～24mm。分布：北海道,中国東北,シベリア南東部,ヨーロッパ。

フタテントガリバ〈*Ochropacha duplaris*〉昆虫綱鱗翅目トガリバガ科の蛾。開張31～36mm。分布：北海道,本州(中部山岳)。

フタテンナガアワフキ〈*Clovia bipunctata*〉昆虫綱半翅目アワフキムシ科。

フタテンナカジロナミシャク 二点中白波尺蛾〈*Dysstroma cinereata*〉昆虫綱鱗翅目シャクガ科ナミシャク亜科の蛾。開張28～35mm。分布：本州(東北地方北部より),四国,九州,屋久島,朝鮮半島,中国西部,台湾,インド北部,シッキム。

フタテンヒメマルクビハネカクシ〈*Cilea silphoides*〉昆虫綱甲虫目ハネカクシ科の甲虫。体長3.2～3.6mm。

フタテンヒメヨコバイ〈*Arboridia apicalis*〉昆虫綱半翅目ヒメヨコバイ科。体長3.0～3.5mm。葡萄に害を及ぼす。分布：本州,四国,九州,対馬。

フタテンヒメヨトウ 二点姫夜盗蛾〈*Hadjina biguttula*〉昆虫綱鱗翅目ヤガ科カラスヨトウ亜科の蛾。開張28～32mm。分布：朝鮮半島,北海道南部,東北地方から九州,対馬,屋久島,種子島。

フタテンヒラタマルハキバガ〈*Agonopterix bipunctifera*〉昆虫綱鱗翅目マルハキバガ科の蛾。分布：北海道,本州,四国。

フタテンヒロバキバガ〈*Odites malivara*〉昆虫綱鱗翅目ヒゲナガキバガ科の蛾。林檎に害を及ぼす。分布：本州,四国,中国。

フタテンホソハマキ〈*Hysterosia inopiana*〉昆虫綱鱗翅目ホソハマキガ科の蛾。分布：北海道の大雪,夕張山地,飛騨,木曽山脈の山岳地帯。

フタテンメクラカメムシ フタテンカスミガメの別名。

フタテンヨコバイ〈*Macrosteles horvathi*〉昆虫綱半翅目ヨコバイ科。体長3.0～4.5mm。稲に害を及ぼす。分布：北日本,両北区。

フタガリコヤガ〈*Xanthodes transversa*〉昆虫綱鱗翅目ヤガ科コヤガ亜科の蛾。開張35～42mm。オクラ,繊維作物,ハイビスカス類に害を及ぼす。分布：インド―オーストラリア地域一帯,南太平洋,中国,関東地方以西,屋久島以南の離島。

フタトゲクロカワゲラ 双棘黒襀翅〈*Allocapnia bituberculata*〉昆虫綱襀翅目クロカワゲラ科。分布：本州。

フタトゲチマダニ 二刺血真壁蝨〈*Haemaphysalis longicornis*〉節足動物門クモ形綱ダニ目マダニ科チマダニ属の吸血性のダニ。体長2.0～3.0mm。害虫。

フタトゲナガゴミムシ〈*Pterostichus mirificus*〉昆虫綱甲虫目オサムシ科の甲虫。体長13.5～15.0mm。

フタトゲナガシンクイ カキノフタトゲナガシンクイの別名。

フタトゲホソヒラタムシ〈*Silvanus affinis*〉昆虫綱甲虫目ホソヒラタムシ科の甲虫。体長3.5mm。分布：北海道,本州,四国,九州。

フタトビスジナミシャク〈*Xanthorhoe hortensiaria*〉昆虫綱鱗翅目シャクガ科ナミシャク亜科の蛾。開張18～23mm。分布：北海道,本州,四国,九州,対馬,シベリア南東部,中国。

フタナミシャチホコ トビマダラシャチホコの別名。

フタナミトビヒメシャク 二波蔦姫尺蛾〈*Pylargosceles steganioides*〉昆虫綱鱗翅目シャクガ科ヒメシャク亜科の蛾。開張19～24mm。大豆,柑橘に害を及ぼす。分布：本州,四国,九州,対馬,種子島,屋久島,朝鮮半島,中国,台湾。

フタバアシブトケバエ〈*Bibio deceptus*〉昆虫綱双翅目ケバエ科。体長7mm。桜桃に害を及ぼす。分布：北海道,本州,九州,ロシア極東部。

フタバアナアキゾウムシ〈*Hylobitelus futabae*〉昆虫綱甲虫目ゾウムシ科の甲虫。体長8.4～10.5mm。

フタバカゲロウ 双翅蜉蝣〈*Cloeon dipterum*〉昆虫綱蜉蝣目コカゲロウ科。体長7～8mm。分布：日本各地。

フタバコカゲロウ〈Baetiella japonica〉昆虫綱蜉蝣目コカゲロウ科。

フタバヤチグモ〈Coelotes hamamurai〉蛛形綱クモ目タナグモ科の蜘蛛。

フタベニオビノメイガ〈Pyrausta contigualis〉昆虫綱鱗翅目メイガ科の蛾。分布：北九州市上津役。

フタホシアトキリゴミムシ　フタホシヒメアトキリゴミムシの別名。

フタホシアリバチ　二星蟻蜂〈Timulla insidiator〉昆虫綱膜翅目アリバチ科。体長雌7mm，雄8〜12mm。分布：本州，九州。

フタホシオオノミハムシ　二星大蚤金花虫〈Pseudodera xanthospila〉昆虫綱甲虫目ハムシ科の甲虫。体長7mm。分布：本州，四国，九州。

フタホシカギアシゾウムシ〈Bagous kagiashi〉昆虫綱甲虫目ゾウムシ科の甲虫。体長2.5〜2.9mm。

フタホシキコケガ　二星黄苔蛾〈Nudina artaxidia〉昆虫綱鱗翅目ヒトリガ科コケガ亜科の蛾。開張20〜26mm。分布：北海道，本州，四国，九州，朝鮮半島，シベリア南東部，中国，台湾。

フタホシクロクビナガゴミムシ〈Mimocolliuris insulana〉昆虫綱甲虫目オサムシ科の甲虫。体長6.0〜6.5mm。

フタホシコオロギ　クロコオロギの別名。

フタホシコヤガ〈Micardia pulchra〉昆虫綱鱗翅目ヤガ科コヤガ亜科の蛾。開張29〜31mm。分布：朝鮮半島，北海道から九州，伊豆諸島(大島，新島)。

フタホシサビカミキリ〈Ropica dorsalis〉昆虫綱甲虫目カミキリムシ科フトカミキリ亜科の甲虫。体長6.5〜8.0mm。分布：本州，南西諸島。

フタホシシリグロハネカクシ　二星尻黒隠翅虫〈Astenus bicolon〉昆虫綱甲虫目ハネカクシ科の甲虫。体長4.0〜4.5mm。分布：本州，九州。

フタホシシロエダシャク　二星白枝尺蛾〈Lomographa bimaculata subonotata〉昆虫綱鱗翅目シャクガ科エダシャク亜科の蛾。開張23〜24mm。分布：ヨーロッパ，北海道，本州，四国，九州，対馬，屋久島，朝鮮半島，千島，シベリア南東部。

フタホシスジバネゴミムシ〈Planetes puncticeps〉昆虫綱甲虫目オサムシ科の甲虫。体長12〜13mm。分布：本州，四国，九州，屋久島。

フタホシチビオオキノコムシ　二星矮大茸虫〈Triplax devia〉昆虫綱甲虫目オオキノコムシ科の甲虫。体長3.5〜4.0mm。分布：本州，九州。

フタホシチビゴミムシ〈Lasiotrechus discus〉昆虫綱甲虫目オサムシ科の甲虫。体長4.5〜5.5mm。分布：北海道，本州，九州。

フタホシツヤナガゴミムシ〈Chlaeminus annamensis〉昆虫綱甲虫目オサムシ科の甲虫。体長6〜7mm。

フタホシテオノグモ〈Callilepis bipunctata〉蛛形綱クモ目ワシグモ科の蜘蛛。体長雌5.5〜6.5mm，雄4.5〜5.0mm。分布：本州。

フタホシテントウ〈Hyperaspis japonica〉昆虫綱甲虫目テントウムシ科の甲虫。体長2.0〜3.1mm。

フタホシドクガ　二星毒蛾〈Euproctis staudingeri〉昆虫綱鱗翅目ドクガ科の蛾。開張30〜55mm。分布：北海道，本州(東北地方北部より)，四国，九州，台湾。害虫。

フタホシノメイガ〈Glyphodes bipunctalis〉昆虫綱鱗翅目メイガ科の蛾。分布：伊豆半島以西の本州，四国，九州，対馬，屋久島，吐噶喇列島，奄美大島，喜界島，沖縄本島，朝鮮半島。

フタホシハゴロモ〈Ricania binotata〉昆虫綱半翅目ハゴロモ科。体長9〜10mm。サトウキビに害を及ぼす。分布：奄美大島以南，台湾，東南アジア。

フタホシハバチ〈Dolerus yokohamensis〉昆虫綱膜翅目ハバチ科。

フタボシハマキ　フタボシヒメハマキの別名。

フタホシヒゲナガハナアブ　二星髭長花虻〈Chrysotoxum biguttatum〉昆虫綱双翅目ハナアブ科。分布：北海道，本州。

フタホシヒメアオゴミムシ　フタホシツヤナガゴミムシの別名。

フタホシヒメアトキリゴミムシ〈Lebia bifenestrata〉昆虫綱甲虫目オサムシ科の甲虫。体長5mm。分布：北海道，本州，四国，九州。

フタホシヒメテントウ〈Scymnus phosphorus〉昆虫綱甲虫目テントウムシ科。

フタホシヒメテントウトビコバチ〈Homalotylus scymnivorus〉昆虫綱膜翅目トビコバチ科。

フタホシヒメハナムシ〈Merobrachys bimaculatus〉昆虫綱甲虫目ヒメハナムシ科の甲虫。体長1.6〜2.0mm。

フタボシヒメハマキ〈Ancylis selenana〉昆虫綱鱗翅目ハマキガ科の蛾。開張10〜14mm。梅，アンズ，ナシ類に害を及ぼす。分布：北海道，本州，四国，対馬，朝鮮半島，中国(東北)，ロシア，ヨーロッパ。

フタホシヒラタガムシ〈Enochrus umbratus〉昆虫綱甲虫目ガムシ科。

フタホシヨトウ〈Hoplodrina implacata〉昆虫綱鱗翅目ヤガ科カラスヨトウ亜科の蛾。分布：中国，台湾，朝鮮半島，近畿以西，四国，九州北部，対馬。

フタマエホシエダシャク〈Sabaria paupera〉昆虫綱鱗翅目シャクガ科エダシャク亜科の蛾。開張21

～25mm。分布：北海道, 本州, 四国, 九州。

フタマタシロナミシャク〈*Asthena ochrifasciaria*〉昆虫綱鱗翅目シャクガ科ナミシャク亜科の蛾。開張18～22mm。分布：本州(関東地方以西), 四国, 九州, 対馬。

フタマタノメイガ 二又野螟蛾〈*Pagyda arbiter*〉昆虫綱鱗翅目メイガ科ノメイガ亜科の蛾。開張16～25mm。分布：北海道, 本州, 四国, 九州, 対馬, 屋久島, 台湾。

フタマタフユエダシャク〈*Larerannis filipjevi*〉昆虫綱鱗翅目シャクガ科エダシャク亜科の蛾。開張29～33mm。分布：北海道, 本州(中部山地), シベリア南東部。

フタモンアカメクラガメ〈*Apolygus hilaris*〉昆虫綱半翅目メクラカメムシ科。

フタモンアシナガバチ 二紋脚長蜂〈*Polistes chinensis*〉昆虫綱膜翅目スズメバチ科。体長14～18mm。分布：本州, 四国, 九州。害虫。

フタモンアメイロカミキリ オガサワラモモブトアメイロカミキリの別名。

フタモンアラゲカミキリ〈*Rhopaloscelis maculatus*〉昆虫綱甲虫目カミキリムシ科フトカミキリ亜科の甲虫。体長4～5mm。分布：北海道, 本州, 四国。

フタモンイエカミキリ〈*Gnatholea subnuda*〉昆虫綱甲虫目カミキリムシ科の甲虫。分布：ラオス, マレーシア, ボルネオ。

フタモンウスキメクラガメ〈*Lygus honshuensis*〉昆虫綱半翅目メクラカメムシ科。

フタモンウバタマコメツキ オオフタモンウバタマコメツキの別名。

フタモンカサハラハムシ〈*Demotina bipunctata*〉昆虫綱甲虫目ハムシ科。

フタモンカタビロハナカミキリ〈*Pachyta bicuneata*〉昆虫綱甲虫目カミキリムシ科の甲虫。分布：シベリア東部, 朝鮮半島北部, サハリン。

フタモンカバナミシャク〈*Eupithecia repentina*〉昆虫綱鱗翅目シャクガ科ナミシャク亜科の蛾。開張20mm。分布：本州(東北地方北部より), 四国, 九州, 対馬, 中国南西部。

フタモンキイロシギアブ〈*Rhagio itoi*〉昆虫綱双翅目シギアブ科。

フタモンキスジジガバチ〈*Lestiphorus bilunulatus yamatonis*〉昆虫綱膜翅目ジガバチ科。

フタモンキノメイガ 二黄紋野螟蛾〈*Evergestis junctalis*〉昆虫綱鱗翅目メイガ科ノメイガ亜科の蛾。開張15～19mm。分布：北海道, 本州(東北から中部山地), 九州(中央高地), 中国。

フタモンキバネエダシャク〈*Crocallis elinguaria*〉昆虫綱鱗翅目シャクガ科の蛾。分布：ヨーロッパからシベリア東部, 北海道積丹郡美国町。

フタモンクビナガゴミムシ〈*Archicolliuris bimaculata nipponica*〉昆虫綱甲虫目オサムシ科の甲虫。体長7.0～8.5mm。分布：本州, 四国, 九州。

フタモンクビボソムシ〈*Macratria griseosellata*〉昆虫綱甲虫目アリモドキ科の甲虫。体長3.4～4.2mm。

フタモンクロテントウ〈*Cryptogonus orbiculus*〉昆虫綱甲虫目テントウムシ科の甲虫。体長2.1～2.8mm。分布：本州, 四国, 九州, 対馬, 南西諸島。

フタモンクロナミシャク〈*Microcalcarifera obscura*〉昆虫綱鱗翅目シャクガ科ナミシャク亜科の蛾。開張25～30mm。分布：本州(宮城県以南), 四国, 九州, 対馬, 屋久島, 奄美大島, 石垣島, 台湾, 中国西部。

フタモンコガネ〈*Proagopertha ohbayashii*〉昆虫綱甲虫目コガネムシ科の甲虫。体長11～11.5mm。

フタモンコナミシャク〈*Venusia megaspilata*〉昆虫綱鱗翅目シャクガ科ナミシャク亜科の蛾。開張17mm。分布：北海道, 本州, 四国。

フタモンコハマキ〈*Argyrotaenia liratana*〉昆虫綱鱗翅目ハマキガ科の蛾。分布：北海道, 本州, 四国, 九州, 対馬, ロシア(沿海州), インド(アッサム)。

フタモンコブガ〈*Nola exumbrata*〉昆虫綱鱗翅目コブガ科の蛾。分布：四国, 九州, 屋久島, 奄美大島, 沖永良部島, 沖縄本島, 石垣島, 西表島, 与那国島。

フタモンサビカミキリ〈*Ropica coenosa*〉昆虫綱甲虫目カミキリムシ科フトカミキリ亜科の甲虫。体長8～10mm。

フタモンジンガサハムシ〈*Agenysa caedemadens*〉昆虫綱甲虫目ハムシ科。分布：仏領ギアナ, ブラジル。

フタモンツツヒゲナガゾウムシ〈*Ozotomerus nigromaculatus*〉昆虫綱甲虫目ヒゲナガゾウムシ科の甲虫。体長6.5～8.1mm。分布：本州, 四国, 九州, 屋久島, 沖縄諸島。

フタモンツヤゴミムシダマシ〈*Scaphidema ornatellum*〉昆虫綱甲虫目ゴミムシダマシ科の甲虫。体長5mm。分布：本州, 九州。

フタモントガリエダシャク〈*Nadagara prosigna*〉昆虫綱鱗翅目シャクガ科エダシャク亜科の蛾。開張24～25mm。分布：本州(関東以西), 四国, 九州。

フタモントガリコメツキ〈*Semiotus imperialis*〉昆虫綱甲虫目コメツキムシ科。分布：エクアドル, ペルー。

フタモントガリバヒメハマキ〈*Bactra hostilis*〉昆虫綱鱗翅目ハマキガ科の蛾。分布：本州(関西以西)，九州，伊豆諸島(新島，式根島)，屋久島，琉球列島，小笠原諸島。

フタモントビコバチ〈*Anabrolepis bifasciata*〉昆虫綱膜翅目トビコバチ科。

フタモンニシキタマムシ〈*Demochroa ocellata*〉昆虫綱甲虫目タマムシ科。分布：インド南部，スリランカ，アンダマン。

フタモンハナノミ〈*Tomoxia similaris*〉昆虫綱虫目ハナノミ科の甲虫。体長6.0～7.7mm。

フタモンハバビロオオキノコムシ〈*Tritoma biplagiata*〉昆虫綱甲虫目オオキノコムシ科の甲虫。体長3～4mm。

フタモンハマキホソガ〈*Caloptilia geminata*〉昆虫綱鱗翅目ホソガ科の蛾。分布：琉球，奄美群島。

フタモンヒゲブトカツオブシムシ〈*Thaumaglossa laeta*〉昆虫綱甲虫目カツオブシムシ科の甲虫。体長2.8～3.3mm。

フタモンヒゲブトハネカクシ〈*Aleochara bipustulata*〉昆虫綱甲虫目ハネカクシ科の甲虫。体長2.5～4.0mm。

フタモンヒメキノコハネカクシ〈*Sepedophilus bipustulatus*〉昆虫綱甲虫目ハネカクシ科の甲虫。体長4.0～4.5mm。

フタモンヒメコキノコムシ〈*Litargus unifasciatus*〉昆虫綱甲虫目コキノコムシ科の甲虫。体長2.3mm。

フタモンヒメサビカミキリ〈*Microzotale uenoi*〉昆虫綱甲虫目カミキリムシ科フトカミキリ亜科の甲虫。体長2.56～3mm。

フタモンヒメナガクチキムシ〈*Microtonus dimidiatus*〉昆虫綱甲虫目ナガクチキムシ科の甲虫。体長2.2～3.2mm。

フタモンヒメハナノミ〈*Falsomordellistena altestrigata*〉昆虫綱甲虫目ハナノミ科の甲虫。体長2.2～3.5mm。

フタモンベッコウ 二紋鼈甲蜂〈*Parabatozonus hakodadi*〉昆虫綱膜翅目ベッコウバチ科。体長雌20～30mm，雄15～24mm。分布：本州，四国，九州。

フタモンホシカメムシ〈*Pyrrhocoris sibiricus*〉昆虫綱半翅目ホシカメムシ科。体長8～9mm。隠元豆，小豆，ササゲ，大豆，稲に害を及ぼす。分布：北海道，本州，四国，九州。

フタモンホソヒゲナガカミキリ〈*Annamanum griseatum*〉昆虫綱甲虫目カミキリムシ科フトカミキリ亜科の甲虫。体長11～18mm。分布：本州，四国，九州。

フタモンマダラメイガ〈*Euzophera bigella*〉昆虫綱鱗翅目メイガ科マダラメイガ亜科の蛾。開張18～21mm。分布：北海道，本州，四国，対馬，屋久島，伊豆諸島(利島，三宅島，八丈島)，中央アジアからヨーロッパ，北アフリカ。

フタモンマルクビゴミムシ 二紋円頸芥虫〈*Nebria pulcherrima*〉昆虫綱甲虫目オサムシ科の甲虫。体長13mm。分布：本州，四国，九州。

フタモンマルケシキスイ〈*Cylloides binotatus*〉昆虫綱甲虫目ケシキスイ科の甲虫。体長3.4～4.2mm。

フタモンミドリカワゲラ〈*Alloperla bimaculata*〉昆虫綱襀翅目カワゲラ科。

フタモンヤママユ属の一種〈*Lobobunaea sp.*〉昆虫綱鱗翅目ヤママユガ科の蛾。分布：アフリカ東部。

フタモンヨツメハネカクシ〈*Lesteva fenestrata*〉昆虫綱甲虫目ハネカクシ科の甲虫。体長3.3～3.5mm。

フタヤマエダシャク 双山枝尺蛾〈*Rikiosatoa grisea*〉昆虫綱鱗翅目シャクガ科エダシャク亜科の蛾。開張31～39mm。分布：北海道，本州，四国，九州，対馬，屋久島，朝鮮半島，中国。

フタワイシュクセンチュウ〈*Tylenchorhynchus nudus*〉ベロノライムス科。椿，山茶花に害を及ぼす。

ブチエビグモ〈*Philodromus margaritatus*〉蛛形綱クモ目エビグモ科の蜘蛛。体長雌7～8mm，雄6～7mm。分布：北海道，本州(北部)。

フチグロキシタアゲハ ヘリブトキシタアゲハの別名。

フチグロコンノメイガ フチグロノメイガの別名。

フチグロシロヒメシャク〈*Scopula ornata*〉昆虫綱鱗翅目シャクガ科ヒメシャク亜科の蛾。開張20mm。分布：山梨県から長野県の山地，シベリア東部からヨーロッパ。

フチグロトゲエダシャク〈*Nyssiodes lefuarius*〉昆虫綱鱗翅目シャクガ科エダシャク亜科の蛾。開張30mm。分布：北海道，本州(東北地方北部から関東，中部)，九州(熊本県阿蘇山)，シベリア南東部，中国。

フチグロノキンノメイガ〈*Notarcha maculalis*〉昆虫綱鱗翅目メイガ科ノメイガ亜科の蛾。開張26～35mm。

フチグロノメイガ 縁黒野螟蛾〈*Paratalanta ussurialis*〉昆虫綱鱗翅目メイガ科ノメイガ亜科の蛾。開張18～27mm。分布：北海道，本州，四国，対馬，シベリア南東部，中国東北。

フチグロヒョウモン(1)〈*Melitaea didyma*〉昆虫綱鱗翅目タテハチョウ科の蝶。雄は赤味がかった褐色で，濃い黒色の縁どりをもつ。前翅の裏面は

淡いオレンジ色。開張3.0～4.5mm。分布：ヨーロッパ，北アフリカ，アジア温帯域。

フチグロヒョウモン(2)〈*Phalanta alcippe*〉昆虫綱鱗翅目タテハチョウ科の蝶。分布：シッキムからマレーシア，ニコバル諸島，フィリピン，モルッカ諸島まで。

フチグロベニシジミ〈*Lycaena virgaureae*〉昆虫綱鱗翅目シジミチョウ科の蝶。分布：ヨーロッパ(北部・中部)から小アジアを経てモンゴルまで。

フチグロヤツボシカミキリ〈*Pareutetrapha eximia*〉昆虫綱甲虫目カミキリムシ科フトカミキリ亜科の甲虫。体長11～13mm。分布：北海道，本州，四国，九州。

フチケケシキスイ〈*Nitidula carnaria*〉昆虫綱甲虫目ケシキスイ科の甲虫。体長1.6～3.5mm。

ブチゲス・イドテア〈*Buzyges idothea*〉昆虫綱鱗翅目セセリチョウ科の蝶。分布：コスタリカ。

フチケマグソコガネ 縁毛馬糞金亀子〈*Aphodius urostigma*〉昆虫綱甲虫目コガネムシ科の甲虫。体長5～6mm。

フチドリアカクワガタ〈*Prosopocoelus bison*〉昆虫綱甲虫目クワガタムシ科。分布：アンボン，ブル，セラム，ニューギニア。

フチトリアツバコガネ〈*Phaeochrous emarginatus*〉昆虫綱甲虫目アツバコガネ科の甲虫。体長9～11mm。分布：九州，南西諸島。

フチドリイシガケチョウ〈*Cyrestis periander*〉昆虫綱鱗翅目タテハチョウ科の蝶。分布：インド，ミャンマー，インドシナ，タイ，スマトラ，ジャワ，ボルネオ，小スンダ列島。

フチドリオオテントウダマシ〈*Eumorphus dilatatus turritus*〉昆虫綱甲虫目テントウダマシ科。分布：タイ，マレーシア，ボルネオ，ジャワ。

フチドリカメノコカワリタマムシ〈*Polybothris emarginata*〉昆虫綱甲虫目タマムシ科。分布：マダガスカル。

フチトリケシガムシ〈*Cercyon dux*〉昆虫綱甲虫目ガムシ科の甲虫。体長3.7～4.2mm。

フチトリゲンゴロウ〈*Cybister limbatus*〉昆虫綱甲虫目ゲンゴロウ科の甲虫。絶滅危惧I類(CR+EN)。体長32～37mm。

フチトリコメツキダマシ〈*Dirhagus pectinicornis*〉昆虫綱甲虫目コメツキダマシ科の甲虫。体長3.4～5.8mm。

フチトリツヤテントウダマシ〈*Lycoperdina dux*〉昆虫綱甲虫目テントウムシダマシ科の甲虫。体長5.5～6.0mm。

フチトリヒメヒラタタマムシ〈*Anthaxia primorjensis*〉昆虫綱甲虫目タマムシ科の甲虫。体長3～5mm。

フチトリベッコウトンボ〈*Neurothemis fluctuans*〉昆虫綱蜻蛉目トンボ科の蜻蛉。

ブチヒゲウスバハムシ エグリバケブカハムシの別名。

ブチヒゲカミキリ ブチヒゲハナカミキリの別名。

ブチヒゲカメムシ 斑鬚亀虫〈*Dolycoris baccarum*〉昆虫綱半翅目カメムシ科。体長10～14mm。シソ，隠元豆，小豆，ササゲ，麦類，イネ科牧草，豌豆，空豆，オクラ，アブラナ科野菜，キク科野菜，セリ科野菜，イネ科作物，ユリ科野菜，大豆，ハスカップ，稲に害を及ぼす。分布：日本全国，朝鮮半島，中国，旧北区。

ブチヒゲクロカスミカメ〈*Adelphocoris triannulatus*〉昆虫綱半翅目カスミカメムシ科。体長7～9mm。稲，大豆に害を及ぼす。分布：九州以北の日本各地，極東ロシア，中国。

ブチヒゲクロメクラガメ ブチヒゲクロカスミカメの別名。

ブチヒゲケブカハムシ〈*Pyrrhalta annulicornis*〉昆虫綱甲虫目ハムシ科の甲虫。体長7.2～8.2mm。

ブチヒゲハナカミキリ〈*Anoplodera variicornis*〉昆虫綱甲虫目カミキリムシ科ハナカミキリ亜科の甲虫。体長15～22mm。分布：北海道，本州，四国。

ブチヒゲヤナギドクガ〈*Leucoma candida*〉昆虫綱鱗翅目ドクガ科の蛾。開張36～46mm。分布：北海道(中部から北西部)，本州(秋田，宮城，新潟，長野の各県，近畿から中国地方南部)，シベリア南東部，朝鮮半島。

ブチヒメヘリカメムシ 斑姫縁亀虫〈*Stictopleurus punctatonervosus punctatonervosus*〉昆虫綱半翅目ヘリカメムシ科。体長6～8mm。分布：北海道，本州，四国，九州。

ブチヒラタナガカメムシ〈*Kleidocerys nubilus*〉昆虫綱半翅目ナガカメムシ科。

フチベニヒメシジミ〈*Aricia agestis*〉昆虫綱鱗翅目シジミチョウ科の蝶。褐色で，縁には赤橙色の三日月形の斑紋がある。開張2～3mm。分布：ヨーロッパのヒース地帯。

フチベニヒメシャク 縁紅姫尺蛾〈*Idaea jakima*〉昆虫綱鱗翅目シャクガ科ヒメシャク亜科の蛾。開張14～19mm。分布：北海道，本州，四国，九州，対馬，朝鮮半島，シベリア南東部，中国。

フチヘリジョウカイ〈*Athemus maculielytris*〉昆虫綱甲虫目ジョウカイボン科の甲虫。体長8.4～10.1mm。

ブチマャコヨコバイ 斑脈横這〈*Drabescus nigrifemoratus*〉昆虫綱半翅目ヨコバイ科。体長7～8mm。分布：北海道，本州，四国，九州。

フチムラサキノメイガ〈*Aurorobotys aurorina*〉昆虫綱鱗翅目メイガ科の蛾。分布：関東と北陸以西の本州，九州，中国。

フチモチヒグモ〈*Steatoda albimaculosa*〉蛛形綱クモ目ヒメグモ科の蜘蛛。

フツウゴカイ 普通沙蚕〈*Nereis pelagica*〉環形動物門多毛綱ゴカイ科の海産動物。

フツウミミズ 普通蚯蚓〈*Amynthas communissima*〉環形動物門貧毛綱フトミミズ科の陸上動物。分布：北海道南部，本州，九州。

ブッダオビクジャクアゲハ ヒロオビクジャクアゲハの別名。

ブッチシナカブリモドキ〈*Damaster lafossei buchi*〉昆虫綱甲虫目オサムシ科の甲虫。分布：中国中南部(浙江・福建)。

プディキティア・フォルス〈*Pudicitia pholus*〉昆虫綱鱗翅目セセリチョウ科の蝶。分布：アッサム。

プテロテイノン・イリコロル〈*Pteroteinon iricolor*〉昆虫綱鱗翅目セセリチョウ科の蝶。分布：カメルーンからシエラレオネまで。

プテロテイノン・カエニラ〈*Pteroteinon caenira*〉昆虫綱鱗翅目セセリチョウ科の蝶。分布：カメルーン，コンゴ。

プテロテイノン・カプロッニエリ〈*Pteroteinon capronnieri*〉昆虫綱鱗翅目セセリチョウ科の蝶。分布：ガーナからコンゴまで。

プテロテイノン・ラウフェラ〈*Pteroteinon laufella*〉昆虫綱鱗翅目セセリチョウ科の蝶。分布：ガーナからコンゴまで。

プテロニミア・アプレイア〈*Pteronymia apuleia*〉昆虫綱鱗翅目トンボマダラ科の蝶。分布：エクアドル。

プテロニミア・ゼルリナ〈*Pteronymia zerlina*〉昆虫綱鱗翅目トンボマダラ科の蝶。分布：ペルーおよびエクアドル。

プテロニミア・ティグラネス〈*Pteronymia tigranes*〉昆虫綱鱗翅目トンボマダラ科の蝶。分布：中米から南米熱帯。

プテロニミア・ピクタ〈*Pteronymia picta*〉昆虫綱鱗翅目トンボマダラ科の蝶。分布：コロンビアおよびベネズエラ。

プテロニミア・ベイア〈*Pteronymia veia*〉昆虫綱鱗翅目トンボマダラ科の蝶。分布：ベネズエラおよびコロンビア。

プテロニミア・ラウラ〈*Pteronymia laura*〉昆虫綱鱗翅目トンボマダラ科の蝶。分布：コロンビア。

プテロニミア・ラティッラ〈*Pteronymia latilla*〉昆虫綱鱗翅目トンボマダラ科の蝶。分布：ベネズエラ，コロンビア。

プテロニミア・リッラ〈*Pteronymia lilla*〉昆虫綱鱗翅目トンボマダラ科の蝶。分布：エクアドル。

フトアカコメツキ〈*Ampedus pachycollis*〉昆虫綱甲虫目コメツキムシ科。体長12～15mm。分布：北海道，本州。

フトアナアキゾウムシ〈*Dyscerus gigas*〉昆虫綱甲虫目ゾウムシ科の甲虫。体長12.0～16.0mm。

フトアラメヒラタゴミムシダマシ〈*Tagalus tokaranus*〉昆虫綱甲虫目ゴミムシダマシ科の甲虫。体長2.5～3.0mm。

ブドウアワフキ〈*Dophora vitis*〉昆虫綱半翅目アワフキムシ科。

ブドウオオトリバ〈*Platyptilia ignifera*〉昆虫綱鱗翅目トリバガ科の蛾。開張17～23mm。葡萄に害を及ぼす。分布：本州，九州，対馬，インド。

ブドウキンモンツヤコガ〈*Antispila uenoi*〉昆虫綱鱗翅目ツヤコガ科の蛾。葡萄に害を及ぼす。

ブドウコナジラミ 葡萄粉虱〈*Aleurolobus taonabae*〉昆虫綱半翅目コナジラミ科。体長1.2mm。モッコク，ブドウに害を及ぼす。分布：本州，中国。

ブドウコハモグリガ〈*Phyllocnistis toparcha*〉昆虫綱鱗翅目コハモグリガ科の蛾。開張5.0～5.5mm。葡萄に害を及ぼす。分布：北海道，本州，四国，九州，インド。

ブドウサビダニ〈*Calepitrimerus vitis*〉蛛形綱ダニ目フシダニ科。体長0.15mm。葡萄に害を及ぼす。分布：本州，世界各国のブドウ栽培地帯。

ブドウサルハムシ フキサルハムシの別名。

ブドウスカシクロバ 葡萄透黒翅蛾〈*Illiberis tenuis*〉昆虫綱鱗翅目マダラガ科の蛾。開張30mm。葡萄に害を及ぼす。分布：北海道，本州，四国，九州，屋久島，奄美大島，朝鮮半島，シベリア南東部，中国，インド。

ブドウスカシバ 葡萄透翅蛾〈*Paranthrene regalis*〉昆虫綱鱗翅目スカシバガ科の蛾。別名エビヅルノムシ。開張29～34mm。葡萄に害を及ぼす。分布：北海道，本州，四国，九州，朝鮮半島，中国東北。

ブドウスズメ 葡萄天蛾〈*Acosmeryx castanea*〉昆虫綱鱗翅目スズメガ科ホウジャク亜科の蛾。開張70～90mm。葡萄に害を及ぼす。分布：北海道，本州，四国，九州，対馬，屋久島，吐噶喇列島，奄美大島，徳之島，台湾，中国。

ブドウツヤコガ〈*Antispila ampelopsia*〉昆虫綱鱗翅目ツヤコガ科の蛾。分布：本州，九州，屋久島。

ブドウドクガ 葡萄毒蛾〈*Neocifuna eurydice*〉昆虫綱鱗翅目ドクガ科の蛾。開張38～46mm。分布：北海道，本州，四国，九州，屋久島，シベリア南東部。

ブドウトラカミキリ 葡萄虎天牛〈*Xylotrechus pyrrhoderus*〉昆虫綱甲虫目カミキリムシ科カミ

キリ亜科の甲虫。体長9〜14mm。葡萄に害を及ぼす。分布：本州, 四国, 九州。

ブドウトリバ 葡萄鳥羽蛾〈*Nippoptilia vitis*〉昆虫綱鱗翅目トリバガ科の蛾。開張17〜18mm。葡萄に害を及ぼす。分布：本州, 四国, 九州, 対馬, 朝鮮半島, 台湾, タイ。

ブドウナガタマムシ〈*Agrilus marginicollis*〉昆虫綱甲虫目タマムシ科の甲虫。体長4.2〜6.0mm。葡萄に害を及ぼす。

ブドウネアブラムシ 葡萄根油虫〈*Viteus vitifolii*〉昆虫綱半翅目ネアブラムシ科。体長1mm。葡萄に害を及ぼす。分布：本州, 汎世界的。

ブドウノメクラチビゴミムシ〈*Kusumia takahasii*〉昆虫綱甲虫目オサムシ科の甲虫。体長4.6〜5.5mm。

ブドウハマキチョッキリ 葡萄葉巻短截虫〈*Aspidobyctiscus lacunipennis*〉昆虫綱甲虫目オトシブミ科の甲虫。体長5mm。葡萄に害を及ぼす。分布：本州, 四国, 九州。

ブドウハモグリダニ〈*Colomerus vitis*〉蛛形綱ダニ目フシダニ科。体長0.2〜0.3mm。葡萄に害を及ぼす。分布：本州, 世界各国のブドウ栽培地帯。

ブドウヒメハダニ〈*Brevipalpus lewisi*〉蛛形綱ダニ目ヒメハダニ科。体長0.3mm。葡萄に害を及ぼす。分布：本州, ヨーロッパ, レバノン, エジプト, アメリカ, オーストラリア。

ブドウホソハマキ〈*Eupoecilia ambiguella*〉昆虫綱鱗翅目ホソハマキガ科の蛾。葡萄に害を及ぼす。分布：北海道, 本州, 四国, 九州, 対馬, 伊豆諸島 (神津島, 御蔵島, 八丈島), 屋久島, 奄美大島, 台湾。

ブドウモグリガ ブドウコハモグリガの別名。

フトオアゲハ 太尾揚羽〈*Agehana maraho*〉昆虫綱鱗翅目アゲハチョウ科の蝶。開張110mm。分布：台湾。珍蝶。

フトオアゲハ シナフトオアゲハの別名。

フトオビアゲハ〈*Papilio androgeus*〉昆虫綱鱗翅目アゲハチョウ科の蝶。分布：メキシコ, 西インド諸島からブラジル南部まで。

フトオビアトキリゴミムシ〈*Somotrichus unifasciatus*〉昆虫綱甲虫目オサムシ科の甲虫。体長4mm。

フトオビイシガケチョウ ヒロオビイシガケチョウの別名。

フトオビエダシャク〈*Hypomecis crassestrigata*〉昆虫綱鱗翅目シャクガ科エダシャク亜科の蛾。開張29〜36mm。分布：北海道, 本州, 四国, 九州, シベリア南東部。

フトオビキスジジガバチ〈*Gorytes sinensis*〉昆虫綱膜翅目ジガバチ科。

フトオビキンミスジ〈*Pantoporia hordonia*〉昆虫綱鱗翅目タテハチョウ科の蝶。黒色とオレンジ色の縞模様。開張4.5〜5.7mm。分布：インドからベトナム北部, マレーシア, アンダマン諸島, ニコバル諸島, スマトラ, ジャワ, ボルネオ, パラワン, 台湾。

フトオビキンモンホソガ〈*Phyllonorycter spinolella*〉昆虫綱鱗翅目ホソガ科の蛾。分布：北海道, ヨーロッパ。

フトオビコンボウハバチ〈*Zaraea triangularis*〉昆虫綱膜翅目コンボウハバチ科。

フトオビシジミタテハ〈*Ancyluris etias*〉昆虫綱鱗翅目シジミタテハ科。分布：コロンビアからボリビアまで, ギアナ, アマゾン流域。

フトオビシャクドウクチバ〈*Mecodina fasciata*〉昆虫綱鱗翅目ヤガ科クチバ亜科の蛾。分布：西表島。

フトオビトラフアゲハ〈*Papilio eurymedon*〉昆虫綱鱗翅目アゲハチョウ科の蝶。別名トラフアゲハ。分布：カナダのブリティッシュ・コロンビアからアメリカ合衆国のモンタナ, コロラド, カリフォルニア, ニューメキシコ州まで。

フトオビトラフアゲハ トラフアゲハの別名。

フトオビヒメテントウ〈*Scymnus miyamotoi*〉昆虫綱甲虫目テントウムシ科。

フトオビヒメナミシャク〈*Eupithecia gigantea*〉昆虫綱鱗翅目シャクガ科ナミシャク亜科の蛾。開張22〜31mm。分布：北海道, 本州, 四国, 九州, 屋久島, サハリン, シベリア南東部。

フトオビホソバスズメ 太帯細翅天蛾〈*Oxyambulyx japonica*〉昆虫綱鱗翅目スズメガ科ウンモンスズメ亜科の蛾。開張80〜100mm。分布：本州 (東北地方北部より), 四国, 九州, 台湾, 中国, 朝鮮半島南部。

フトオビホソハマキ〈*Phalonidia latifasciana*〉昆虫綱鱗翅目ホソハマキガ科の蛾。分布：北海道及び本州の東北と中部山地。

フトオビホソマダラメイガ〈*Phycitodes recurvaria*〉昆虫綱鱗翅目メイガ科の蛾。分布：徳島市蔵本。

フトオビルリツバメ〈*Alcides zodiaca*〉昆虫綱鱗翅目ツバメガ科の蛾。翅は黒色, 淡い赤紫色の帯がある。開張8〜10mm。分布：ニューギニア, オーストラリア東南部。

フトガタヒメカミキリ オセアニアヒメカミキリの別名。

フトカツオゾウムシ ツツゾウムシの別名。

フトカドエンマコガネ〈*Onthophagus fodiens*〉昆虫綱甲虫目コガネムシ科の甲虫。体長7〜11mm。

フトカミキリ 太天牛 昆虫綱甲虫目カミキリムシ科フトカミキリ亜科Lamiinaeの昆虫の総称。

フトキノカワゴミムシ〈Leistus crassus〉昆虫綱甲虫目オサムシ科の甲虫。体長9〜10mm。

フトキバスナハラゴミムシ〈Diplocheila macromandibularis〉昆虫綱甲虫目オサムシ科の甲虫。体長16.2〜17.0mm。

フトクチヒゲヒラタゴミムシ〈Parabroscus crassipalpis〉昆虫綱甲虫目オサムシ科の甲虫。体長11〜13mm。

フトクロハバチ〈Macrophya obesa〉昆虫綱膜翅目ハバチ科。

フトゲツツガムシ 太毛恙虫〈Leptotrombidium pallidum〉節足動物門クモ形綱ダニ目ツツガムシ科の陸上小動物。体長48μm。分布：日本各地。害虫。

フトコシジロハバチ 太腰白葉蜂〈Corymbas nipponica〉昆虫綱膜翅目ハバチ科。分布：日本各地。

フトゴモクムシ〈Chydaeus constrictus〉昆虫綱甲虫目オサムシ科の甲虫。体長9〜10.5mm。

フトジマナミシャク 太縞波尺蛾〈Xanthorhoe saturata〉昆虫綱鱗翅目シャクガ科ナミシャク亜科の蛾。開張17〜22mm。アブラナ科野菜，セリ科野菜に害を及ぼす。分布：北海道，本州，四国，九州，対馬，屋久島，台湾，中国からインド北部。

フトシロスジットガ〈Crambus kuzakaiensis〉昆虫綱鱗翅目メイガ科の蛾。分布：本州北部，関東から北陸，中部の山地。

フトスジエダシャク 太条枝尺蛾〈Cleora repulsaria〉昆虫綱鱗翅目シャクガ科エダシャク亜科の蛾。開張28〜39mm。分布：本州(関東地方以西)，四国，九州，対馬，屋久島，奄美大島，徳之島，沖縄本島，宮古島，台湾，中国，インドシナ半島からミャンマー。

フトスジオエダシャク〈Semiothisa pryeri〉昆虫綱鱗翅目シャクガ科エダシャク亜科の蛾。開張30〜35mm。分布：北海道，本州，九州。

フトスジダンゴタマムシ〈Julodis caillaudi〉昆虫綱甲虫目タマムシ科。分布：アフリカ北部，エチオピア，アラビア，イラン。

フトスジツノハナムグリ〈Eudicella ducalis〉昆虫綱甲虫目コガネムシ科の甲虫。分布：アフリカ中央部。

フトスジツバメエダシャク〈Ourapteryx persica〉昆虫綱鱗翅目シャクガ科エダシャク亜科の蛾。開張雄38〜50mm，雌49〜52mm。分布：北海道，本州，四国，シベリア南東部から中南部。

フトスジヒメハムシ〈Medythia suturalis〉昆虫綱甲虫目ハムシ科の甲虫。体長3.0〜3.4mm。

フトスジモンヒトリ 太条紋灯蛾〈Spilosoma obliquizonata〉昆虫綱鱗翅目ヒトリガ科ヒトリガ亜科の蛾。開張43〜50mm。分布：北海道，本州，四国，九州。

フトチビマルハナノミ〈Cyphon satoi〉昆虫綱甲虫目マルハナノミ科の甲虫。体長2.7〜3.4mm。

フトチャイロコメツキダマシ〈Fornax lewisi〉昆虫綱甲虫目コメツキダマシ科の甲虫。体長7.5〜11.0mm。

フトツツハネカクシ 太筒隠翅虫〈Osorius angustulus〉昆虫綱甲虫目ハネカクシ科の甲虫。体長5.3〜6.0mm。分布：本州，九州。

フトツツマグソコガネ〈Dialytes foveatus〉昆虫綱甲虫目コガネムシ科の甲虫。体長4.0〜4.5mm。

フトツノカメノコハムシ〈Omocerus casta〉昆虫綱甲虫目ハムシ科。分布：グアテマラからパナマ。

フトツノキノコバエ〈Zelmira semirufa〉昆虫綱双翅目キノコバエ科。

フトツノフサカ〈Culex infantulus〉昆虫綱双翅目カ科。

フトツヤケシヒゲブトハネカクシ〈Aleochara variolosa〉昆虫綱甲虫目ハネカクシ科の甲虫。体長3.5〜4.5mm。

フトツヤハダコメツキ〈Harminathous suturalis〉昆虫綱甲虫目コメツキムシ科の甲虫。体長14〜16mm。分布：本州，四国，九州，屋久島，伊豆諸島。

フトナガニジゴミムシダマシ〈Ceropria laticollis〉昆虫綱甲虫目ゴミムシダマシ科の甲虫。体長10.0〜13.5mm。

フトナミゲムクゲキスイ〈Biphyllus complexus〉昆虫綱甲虫目ムクゲキスイムシ科の甲虫。体長2.9〜3.4mm。

フトネクイハムシ〈Donacia clavareaui〉昆虫綱甲虫目ハムシ科の甲虫。体長7.5〜9.0mm。

フトノミゾウムシ〈Rhynchaenus excellens〉昆虫綱甲虫目ゾウムシ科の甲虫。

フトハサミツノカメムシ 太鋏角亀虫〈Acanthosoma crassicauda〉昆虫綱半翅目ツノカメムシ科。分布：本州，九州。

フトハスジホソハマキ〈Cochylidia contumescens〉昆虫綱鱗翅目ホソハマキガ科の蛾。分布：北海道，本州(東北，中部山地)，国後島，朝鮮半島，中国。

フトハチモドキバエ〈Eupyrgota fusca〉昆虫綱双翅目デガシラバエ科。体長14〜18mm。分布：本州，四国，九州。

フトヒゲアトキリゴミムシ フトヒゲホソアトキリゴミムシの別名。

フトヒゲアメイロカミキリ〈*Obrium takahashii*〉昆虫綱甲虫目カミキリムシ科カミキリ亜科の甲虫。

フトヒゲウスバカミキリ〈*Megopis validicornis*〉昆虫綱甲虫目カミキリムシ科ノコギリカミキリ亜科の甲虫。

フトヒゲカクツツトビケラ〈*Dinarthrodes complicatus*〉昆虫綱毛翅目カクツツトビケラ科。体長7〜9mm。分布：北海道, 本州, 四国, 九州。

フトヒゲコメツキダマシ〈*Fryanus japonicus*〉昆虫綱甲虫目コメツキダマシ科の甲虫。体長5.0〜7.8mm。

フトヒゲツヤマルケシキスイ〈*Neopallodes clavatus*〉昆虫綱甲虫目ケシキスイ科の甲虫。体長2.7〜3.5mm。

フトヒゲナガキアブモドキ〈*Solva fuscitarsis*〉昆虫綱双翅目キアブモドキ科。

フトヒゲホソアトキリゴミムシ〈*Dromius crassipalpis*〉昆虫綱甲虫目オサムシ科の甲虫。体長6.0〜6.5mm。

フトヒシベニボタル〈*Pyropterus nigroruber*〉昆虫綱甲虫目ベニボタル科の甲虫。体長6.2〜10.0mm。

フトフタオビエダシャク 太二帯枝尺蛾〈*Ectropis bistortata*〉昆虫綱鱗翅目シャクガ科エダシャク亜科の蛾。開張29〜37mm。大豆に害を及ぼす。分布：北海道, 本州, 四国, 九州, 対馬, 屋久島, 沖縄本島, 石垣島, 西表島, 朝鮮半島からヨーロッパ。

フトベニスジヒメシャク〈*Timandra apicirosea*〉昆虫綱鱗翅目シャクガ科ヒメシャク亜科の蛾。開張23〜30mm。分布：北海道, 本州, 四国, 九州, 対馬, シベリア南東部。

フトベニボタル〈*Lycostomus semiellipticus*〉昆虫綱甲虫目ベニボタル科の甲虫。体長10〜14mm。分布：北海道, 本州, 九州。

フトヘリタイワンタイマイ〈*Graphium cloanthus clymenus*〉昆虫綱鱗翅目アゲハチョウ科の蝶。分布：カシミール, シッキム, ミャンマー, 中国(中部・西部・南部), 台湾, スマトラ。

フトミミズ 太蚯蚓 環形動物門貧毛綱フトミミズ科のミミズの総称であるが, 狭義にはフトミミズ属のミミズの総称。

フトメイガ 太螟蛾 昆虫綱鱗翅目メイガ科の一亜科の総称。

フトモモムシヒキヌカカ〈*Palpomyia distincta*〉昆虫綱双翅目ヌカカ科。

ブナオシャチホコ〈*Quadricalcarifera punctatella*〉昆虫綱鱗翅目シャチホコガ科ウチキシャチホコ亜科の蛾。開張33〜43mm。ナラ, 樫, ブナに害を及ぼす。分布：北海道道南部, 東北, 中部の山地, 四国, 九州。

フナガタクチカクシゾウムシ〈*Sternochetus navicularis*〉昆虫綱甲虫目ゾウムシ科の甲虫。体長5.2〜6.5mm。

フナガタクチキムシ〈*Isomira oculata*〉昆虫綱甲虫目クチキムシ科の甲虫。体長5〜6mm。

ブナハダニ〈*Oligonychus gotohi*〉蛛形綱ダニ目ハダニ科。体長雌0.5mm, 雄0.3mm。栗に害を及ぼす。分布：九州以北の日本各地, 中国。

ブナキリガ〈*Orthosia paromoea*〉昆虫綱鱗翅目ヤガ科ヨトウガ亜科の蛾。開張36〜38mm。林檎に害を及ぼす。分布：北海道から九州。

ブナキンモンホソガ〈*Phyllonorycter fagifolia*〉昆虫綱鱗翅目ホソガ科の蛾。分布：北海道, 九州。

フナクイムシ 船喰虫〈*Teredo navalis*〉軟体動物門二枚貝綱フナクイムシ科の二枚貝。海中の木材, すなわち桟橋, 杭, 養殖筏, 貯木, 木造船などに穿孔してその中にすみ害を与える。

ブナクチナガオオアブラムシ〈*Stomaphis fagi*〉昆虫綱半翅目アブラムシ科。

ブナタマバエ〈*Phegomyia tokunagai*〉昆虫綱双翅目タマバエ科。

ブナノキヤブカ〈*Aedes oreophilus*〉昆虫綱双翅目カ科。

ブナノコアトマルキクイムシ〈*Pseudopoecilips pilosus*〉昆虫綱甲虫目キクイムシ科の甲虫。体長2.5〜3.4mm。

ブナハカイガラフシ〈*Ollgotrophus faggalli*〉昆虫綱半翅目。ナラ, 樫, ブナに害を及ぼす。

ブナハムシ ウエツキブナハムシの別名。

ブナヒメシンクイ〈*Pseudopammene fagivora*〉昆虫綱鱗翅目ハマキガ科の蛾。分布：本州のブナ帯。

ブナヒラアブラムシ〈*Platyaphis fagi*〉昆虫綱半翅目アブラムシ科。

フナムシ 船虫, 海蛆〈*Ligia exotica*〉等脚目フナムシ科の甲殻類。体長30〜45mm。分布：本州以南の西太平洋の沿岸。害虫。

プナルゲントゥス・ラムナ〈*Punargentus lamna*〉昆虫綱鱗翅目ジャノメチョウ科の蝶。分布：ボリビア。

フネトラカミキリ〈*Chlorophorus* sp.〉昆虫綱甲虫目カミキリムシ科カミキリ亜科の甲虫。

フノジグモ〈*Synaema globosum*〉蛛形綱クモ目カニグモ科の蜘蛛。体長雌6〜8mm, 雄4〜5mm。分布：北海道, 本州, 四国, 九州。

ブユ 蚋〈*black fly*〉昆虫綱双翅目糸角亜目ブユ科 Simuliidaeの昆虫の総称。

フユシャク 冬尺蛾 昆虫綱鱗翅目シャクガ科に属するガのうち, 晩秋から早春の寒冷期に成虫が羽化して, 交尾, 産卵する一群の総称。

フユシャクモドキ〈*Kawabea ignavana*〉昆虫綱鱗翅目ハマキガ科の蛾。開張雄26〜29mm,雌23〜25mm。

プライアアオシャチホコ〈*Quadricalcarifera pryeri*〉昆虫綱鱗翅目シャチホコガ科ウチキシャチホコ亜科の蛾。開張42〜46mm。分布：北海道,本州,四国,九州。

プライアシリアゲ〈*Panorpa pryeri*〉昆虫綱長翅目シリアゲムシ科。前翅長13〜18mm。分布：日本全土。

フライアナアキゾウムシ クリアナアキゾウムシの別名。

フライシャーナガタマムシ〈*Agrilus fleischeri*〉昆虫綱甲虫目タマムシ科の甲虫。体長11.0mm。

フライソンアミメカワゲラ〈*Perlodes frisonana*〉昆虫綱襀翅目アミメカワゲラ科。準絶滅危惧種(NT)。

フライソンアミメカワゲラ アミメカワゲラの別名。

プライヤエグリシャチホコ〈*Lophontosia pryeri*〉昆虫綱鱗翅目シャチホコガ科ウチキシャチホコ亜科の蛾。開張25〜30mm。分布：朝鮮半島,北海道から九州,対馬。

プライヤエダシャク〈*Arichanna pryeraria*〉昆虫綱鱗翅目シャクガ科エダシャク亜科の蛾。開張32〜37mm。分布：本州(東北地方北部から関東,北陸,中部の山地),四国と九州の山地,台湾。

プライヤオビキリガ〈*Dryobotodes pryeri*〉昆虫綱鱗翅目ヤガ科セダカモクメ亜科の蛾。開張38〜40mm。分布：北海道から九州。

プライヤキリガ プライヤオビキリガの別名。

プライヤキリバ〈*Goniocraspidum pryeri*〉昆虫綱鱗翅目ヤガ科クチバ亜科の蛾。開張40〜44mm。分布：台湾,日本海側では山形県まで北上,太平洋側,静岡県西部以西,四国,九州。

プライヤハマキ〈*Acleris affinitana*〉昆虫綱鱗翅目ハマキガ科ハマキガ亜科の蛾。開張14〜18mm。分布：北海道,本州,四国,九州,対馬,ロシア(アムール)。

プライヤヒメハマキ〈*Epiblema pryerana*〉昆虫綱鱗翅目ハマキガ科の蛾。開張22〜26mm。分布：北海道,本州,四国,九州,ロシア(極東地方)。

プラエタキシラ・ワイスケイ〈*Praetaxila weiskei*〉昆虫綱鱗翅目シジミタテハ科の蝶。分布：ニューギニア。

プラエファウヌラ・アルミッラ〈*Praefaunula armilla*〉昆虫綱鱗翅目ジャノメチョウ科の蝶。分布：ブラジル。

プラエフィロテス・アントゥラキアス〈*Praephilotes anthracias*〉昆虫綱鱗翅目シジミチョウ科の蝶。分布：トルキスタン。

プラエペダリオデス・ファニアス〈*Praepedaliodes phanias*〉昆虫綱鱗翅目ジャノメチョウ科の蝶。分布：パラグアイ,ブラジル,ペルー,エクアドル。

プラエポダリオデス・オルクス〈*Praepodaliodes orcus*〉昆虫綱鱗翅目ジャノメチョウ科の蝶。分布：コロンビア,ペルー。

プラオキス・チレンシス〈*Praocis chilensis*〉昆虫綱甲虫目ゴミムシダマシ科。分布：チリ。

ブラキグレニス・エステマ〈*Brachyglenis esthema*〉昆虫綱鱗翅目シジミタテハ科の蝶。分布：パナマからコロンビアおよびブラジル。

ブラキレプチュラ・エクキシペス〈*Anoplodera excisipes*〉昆虫綱甲虫目カミキリムシ科の甲虫。分布：トルコ南部。

ブラシア・プットナムミ〈*Diachrysia putnami*〉昆虫綱鱗翅目ヤガ科コヤガ亜科の蛾。分布：シベリア,沿海州から中国。

ブラジルオオチャバネセセリ〈*Epargyreus exadeus*〉昆虫綱鱗翅目セセリチョウ科の蝶。分布：メキシコ,中米諸国からブラジル,アルゼンチンまで。

ブラジルオオモンシロチョウ〈*Ascia buniae*〉昆虫綱鱗翅目シロチョウ科の蝶。分布：ブラジル,ペルー。

ブラジルサシガメ〈*Triatoma infestans*〉昆虫綱半翅目サシガメ科。分布：熱帯南アメリカ。

ブラスタ・エキストゥルスス〈*Vlasta extrusus*〉昆虫綱鱗翅目セセリチョウ科の蝶。分布：コロンビア。

プラスティンギア・アウランティアカ〈*Plastingia aurantiaca*〉昆虫綱鱗翅目セセリチョウ科の蝶。分布：ジャワ,マレーシア,ボルネオ,スマトラ。

プラスティンギア・カッリネウラ〈*Plastingia callineura*〉昆虫綱鱗翅目セセリチョウ科の蝶。分布：マレーシア,ジャワ,アッサム,ミャンマー,スマトラ,パラワン。

プラスティンギア・コリッサ〈*Plastingia corissa*〉昆虫綱鱗翅目セセリチョウ科の蝶。分布：ボルネオ,ミャンマー,ジャワ。

プラスティンギア・ニアサナ〈*Plastingia niasana*〉昆虫綱鱗翅目セセリチョウ科の蝶。分布：ミャンマーからマレーシアまで。

プラスティンギア・プグナンス〈*Plastingia pugnans*〉昆虫綱鱗翅目セセリチョウ科の蝶。分布：スマトラ,マレーシア,ミャンマー,ジャワ,ボルネオ。

プラスティンギア・フスキコルニス〈*Plastingia fuscicornis*〉昆虫綱鱗翅目セセリチョウ科の蝶。分布：マレーシア,インド,ミャンマー,ボルネオ。

プラスティンギア・ヘレナ〈Plastingia helena〉昆虫綱鱗翅目セセリチョウ科の蝶。分布：スマトラ, マレーシア, ボルネオ, ミャンマー。

プラスティンギア・ラトイア〈Plastingia latoia〉昆虫綱鱗翅目セセリチョウ科の蝶。分布：マレーシア, ミャンマー, スマトラ, ボルネオ。

プラタパ・マメルティナ〈Pratapa mamertina〉昆虫綱鱗翅目シジミチョウ科の蝶。分布：ミンダナオ。

ブラックバーンハワイトラカミキリ〈Plagithmysus blackburni〉昆虫綱甲虫目カミキリムシ科の甲虫。分布：ハワイ島。

ブラッソリス・アスティラ〈Brassolis astyra〉昆虫綱鱗翅目フクロウチョウ科の蝶。分布：ブラジル。

ブラッソリス・ソフォラエ〈Brassolis sophorae〉昆虫綱鱗翅目フクロウチョウ科の蝶。分布：エクアドル, フランス領ギアナ, コロンビアからアルゼンチン。

プラティコエリア・フメラリス〈Platycoelia humeralis〉昆虫綱甲虫目コガネムシ科の甲虫。分布：メキシコ, パナマ。

プラティプティマ・オルナタ〈Platypthima ornata〉昆虫綱鱗翅目ジャノメチョウ科の蝶。分布：ニューギニア。

プラティプレウラ・フルビゲラ〈Platypleura fulvigera〉昆虫綱半翅目セミ科。分布：フィリピン。

プラティペディア・プトゥナミ〈Platypedia putnami〉昆虫綱半翅目セミ科。分布：アメリカ西部。

プラティレスケス・アイレシイ〈Platylesches ayresii〉昆虫綱鱗翅目セセリチョウ科の蝶。分布：アフリカ南部からローデシアまで。

プラティレスケス・カマエレオン〈Platylesches chamaeleon〉昆虫綱鱗翅目セセリチョウ科の蝶。分布：アフリカ西部。

プラティレスケス・ガレサ〈Platylesches galesa〉昆虫綱鱗翅目セセリチョウ科の蝶。分布：マラウイ, トランスバール。

プラティレスケス・ピカニニ〈Platylesches picanini〉昆虫綱鱗翅目セセリチョウ科の蝶。分布：リベリア, コンゴ, トランスバール。

プラティレスケス・モリティリ〈Platylesches moritili〉昆虫綱鱗翅目セセリチョウ科の蝶。分布：アフリカ南部からアフリカ中部まで。

プラティレスケス・ロブストゥス〈Platylesches robustus〉昆虫綱鱗翅目セセリチョウ科の蝶。分布：アフリカ東部からトランスバールまで。

フラベオラモンキチョウ〈Colias flaveola〉昆虫綱鱗翅目シロチョウ科の蝶。分布：ボリビア, チリ, アルゼンチン。

ブランクシキア・フレイイ〈Brancsikia freyi〉昆虫綱蟷螂目カマキリ科。分布：マダガスカル。

ブラングス・イナクス〈Brangus inachus〉昆虫綱鱗翅目シジミチョウ科の蝶。分布：パナマから, ペルー東部, ギアナ, アマゾン流域まで。

ブラングス・シルメナ〈Brangus silumena〉昆虫綱鱗翅目シジミチョウ科の蝶。分布：コロンビア, ブラジル北部。

ブラングス・ディディマオン〈Brangus didymaon〉昆虫綱鱗翅目シジミチョウ科の蝶。分布：ペルー, ブラジル。

ブランコエリユスリカ〈Spaniotoma suspensa〉昆虫綱双翅目ユスリカ科。

ブランコサムライコマユバチ〈Apanteles liparidis〉昆虫綱膜翅目コマユバチ科。

ブランコヤドリバエ 赤楊毛虫寄生蝿〈Exorista japonica〉昆虫綱双翅目ヤドリバエ科。体長8～15mm。分布：日本全土。

ブランコルリタマゴバチ〈Anastatus japonicus〉昆虫綱膜翅目ナガコバチ科。

ブラントパプアゾウムシ〈Gymnopholus brandti〉昆虫綱甲虫目ゾウムシ科。分布：パプアニューギニア。

フリア・イッリマニ〈Phulia illimani〉昆虫綱鱗翅目シロチョウ科の蝶。分布：ボリビア。

フリアナ・スタクタッラ〈Phlyana stactalla〉昆虫綱鱗翅目シジミチョウ科の蝶。分布：シエラレオネからナイジェリアまで。

フリアナ・ヘリチア〈Phlyana heritsia〉昆虫綱鱗翅目シジミチョウ科の蝶。分布：ケニア。

フリア・ニンファ〈Phulia nympha〉昆虫綱鱗翅目シロチョウ科の蝶。分布：ボリビア。

プリオネリス・クレマンテ〈Prioneris clemanthe〉昆虫綱鱗翅目シロチョウ科の蝶。分布：ミャンマー, タイ, マレーシア。

プリステネス・ベントゥラリス〈Plisthenes ventralis〉昆虫綱半翅目カメムシ科。分布：ハルマヘラ, ニューギニア。

フリソデダニ 振袖壁蝨〈large-winged mite〉節足動物門クモ形綱ダニ目フリソデダニ上科Galumnoideaのササラダニ類の総称。

フリソデヒメイエバエ〈Fannia manicata〉昆虫綱双翅目ヒメイエバエ科。体長6.0～7.5mm。害虫。

ブリッジメスアカモンキアゲハ〈Papilio bridgei〉昆虫綱鱗翅目アゲハチョウ科の蝶。開張150mm。分布：ソロモン諸島。珍蝶。

フリツスラ

フリッスラ・アエギス〈Phrissura aegis〉昆虫綱鱗翅目シロチョウ科の蝶。分布：フィリピン，マレーシア。

フリッツェホウジャク〈Macroglossum fritzei〉昆虫綱鱗翅目スズメガ科ホウジャク亜科の蛾。開張45mm。分布：本州(伊豆半島以西)，四国，九州，対馬，屋久島，奄美大島，沖縄本島，石垣島，西表島，中国南部。

ブリットンツヤヒラタゴミムシ〈Synuchus orbicollis〉昆虫綱甲虫目オサムシ科の甲虫。体長8.5～11.5mm。

ブリテシア・キルケ〈Brintesia circe〉昆虫綱鱗翅目ジャノメチョウ科の蝶。分布：ヨーロッパ西部，小アジア，イラン，ヒマラヤ。

フリネタ・アウロキンクタ〈Phryneta aurocincta〉昆虫綱甲虫目カミキリムシ科の甲虫。分布：アフリカ西部，中央部。

フリネタ・マルモレア〈Phryneta marmorea〉昆虫綱甲虫目カミキリムシ科の甲虫。分布：マダガスカル。

フルカ ケバエの別名。

ブルカ・ウンドゥラトゥス〈Burca undulatus〉昆虫綱鱗翅目セセリチョウ科の蝶。分布：メキシコからブラジルまで。

ブルカ・ブラコ〈Burca braco〉昆虫綱鱗翅目セセリチョウ科の蝶。分布：パナマからブラジル，キューバまで。

ブルーキシタアゲハ〈Trioides prattorum〉昆虫綱鱗翅目アゲハチョウ科の蝶。分布：ブル島。

フルギダニセムラサキツバメ〈Flos fulgida〉昆虫綱鱗翅目シジミチョウ科の蝶。

ブルークスプレポナ〈Prepona brooksiana〉昆虫綱鱗翅目タテハチョウ科の蝶。分布：メキシコ南東部・南部，亜種はメキシコ(チアパスChiapas)。

ブルサ・サキシコラ〈Brusa saxicola〉昆虫綱鱗翅目セセリチョウ科の蝶。分布：コンゴ。

プルシアナ・キューニ〈Prusiana kuehni〉昆虫綱鱗翅目セセリチョウ科の蝶。分布：スラウェシ。

プルシアナ・プルシアス〈Prusiana prusias〉昆虫綱鱗翅目セセリチョウ科の蝶。分布：フィリピン，ボルネオ，モルッカ諸島。

プルシオティス・コスタタ〈Plusiotis costata〉昆虫綱甲虫目コガネムシ科の甲虫。分布：メキシコ。

プルシオティス・サラエイ〈Plusiotis sallaei〉昆虫綱甲虫目コガネムシ科の甲虫。分布：メキシコ。

プルシオティス・バデニ〈Plusiotis badeni〉昆虫綱甲虫目コガネムシ科の甲虫。分布：メキシコ。

プルシオティス・プラシナ〈Plusiotis prasina〉昆虫綱甲虫目コガネムシ科の甲虫。分布：メキシコ。

プルシオティス・マルギナタ〈Plusiotis marginata〉昆虫綱甲虫目コガネムシ科の甲虫。分布：メキシコ，パナマ。

プルシオティス・レコンテイ〈Plusiotis lecontei〉昆虫綱甲虫目コガネムシ科の甲虫。分布：合衆国南部，メキシコ。

フルショウヤガ〈Agrotis militaris〉昆虫綱鱗翅目ヤガ科の蛾。分布：サハリン，沿海州，千島，北海道の東部。

フルダ・コロッレル〈Fulda coroller〉昆虫綱鱗翅目セセリチョウ科の蝶。分布：マダガスカル。

フルダ・ラダマ〈Fulda rhadama〉昆虫綱鱗翅目セセリチョウ科の蝶。分布：マダガスカル。

プルツェワルスキーウスバシロチョウ チンハイウスバシロチョウの別名。

フルティス・プルクラ〈Frutis pulchra〉昆虫綱半翅目ビワハゴロモ科。分布：インド，マレーシア，スマトラ。

ブルドッグアント〈Myrmecia〉アリ科の属称。珍虫。

フルホンシバンムシ〈Gastrallus immarginatus〉昆虫綱甲虫目シバンムシ科の甲虫。体長2.2～3.0mm。害虫。

ブルマイスターオオキノコムシ〈Aegithus burmeisteri〉昆虫綱甲虫目オオキノコムシ科。分布：ペルー，ボリビア，ブラジル。

プルリサ・ギガンテウス〈Purlisa giganteus〉昆虫綱鱗翅目シジミチョウ科の蝶。分布：マレーシア，ボルネオ。

フレアデルファ属の一種〈Freadelpha sp.〉昆虫綱甲虫目カミキリムシ科の甲虫。分布：ザイール。

フレイアナアキゾウムシ〈Dyscerus freyi〉昆虫綱甲虫目ゾウムシ科。

プレウロポンファ・コスタタ〈Pleuropompha costata〉昆虫綱甲虫目ツチハンミョウ科。分布：アメリカ合衆国。

フレギアシジミタテハ〈Stalachtis phlegia〉昆虫綱鱗翅目シジミタテハ科の蝶。開張40mm。分布：コロンビアからボリビア。珍蝶。

プレキス・アトゥリテス〈Presis atlitesu〉昆虫綱鱗翅目タテハチョウ科の蝶。分布：インドからマレーシア，セレベスまで。

プレキス・アルケシア〈Precis archesia〉昆虫綱鱗翅目タテハチョウ科の蝶。分布：アフリカ南部からアンゴラ，アフリカ東部。

プレキス・アルタキシア〈*Precis artaxia*〉昆虫綱鱗翅目タテハチョウ科の蝶。分布：アンゴラからアフリカ東部まで。

プレキス・アンティロペ〈*Precis antilope*〉昆虫綱鱗翅目タテハチョウ科の蝶。分布：コンゴからアフリカ東部まで。

プレキス・アンドゥレミアヤ〈*Precis andremiaja*〉昆虫綱鱗翅目タテハチョウ科の蝶。分布：マダガスカル。

プレキス・インフラクタ〈*Precis infracta*〉昆虫綱鱗翅目タテハチョウ科の蝶。分布：アフリカ東部。

プレキス・ウェスターマンニ〈*Precis westermanni*〉昆虫綱鱗翅目タテハチョウ科の蝶。分布：ガーナからアンゴラまで。

プレキス・エウロドケ〈*Precis eurodoce*〉昆虫綱鱗翅目タテハチョウ科の蝶。分布：マダガスカル。

プレキス・エビゴネ〈*Precis evigone*〉昆虫綱鱗翅目タテハチョウ科の蝶。分布：ジャワからフィリピン，ニューギニアまで。

プレキス・クレリア〈*Precis clelia*〉昆虫綱鱗翅目タテハチョウ科の蝶。分布：アフリカ全土。

プレキス・ケリネ〈*Precis ceryne*〉昆虫綱鱗翅目タテハチョウ科の蝶。分布：アンゴラからナタール，および北へエチオピアまで。

プレキス・コエレスティナ〈*Precis coelestina*〉昆虫綱鱗翅目タテハチョウ科の蝶。分布：カメルーンからウガンダおよびソマリランドまで。

プレキス・コリメネ〈*Precis chorimene*〉昆虫綱鱗翅目タテハチョウ科の蝶。分布：セネガルからコンゴおよびエチオピアまで。

プレキス・シヌアタ〈*Precis sinuata*〉昆虫綱鱗翅目タテハチョウ科の蝶。分布：シエラレオネからウガンダまで。

プレキス・ソフィア〈*Precis sophia*〉昆虫綱鱗翅目タテハチョウ科の蝶。分布：セネガルからコンゴおよびウガンダ，南へナタールまで。

プレキス・タレタ〈*Precis tareta*〉昆虫綱鱗翅目タテハチョウ科の蝶。分布：ケニア。

プレキス・テレア〈*Precis terea*〉昆虫綱鱗翅目タテハチョウ科の蝶。分布：シエラレオネからウガンダ，ソマリランド，アンゴラまで。

プレキス・トゥゲラ〈*Precis tugela*〉昆虫綱鱗翅目タテハチョウ科の蝶。分布：マラウイ(ニアサランド)，南へナタールまで。

プレキス・ナタリカ〈*Precis natalica*〉昆虫綱鱗翅目タテハチョウ科の蝶。分布：アフリカ東部。

プレキス・ハドゥロペ〈*Precis hadrope*〉昆虫綱鱗翅目タテハチョウ科の蝶。分布：ガーナ。

プレキス・ビッリダ〈*Precis villida*〉昆虫綱鱗翅目タテハチョウ科の蝶。分布：オーストラリア，タスマニア，サモア諸島，ソロモン諸島，ニューヘブリデス諸島。

プレキス・ペラルガ〈*Precis pelarga*〉昆虫綱鱗翅目タテハチョウ科の蝶。分布：セネガルからアンゴラ，エチオピアまで。

プレキス・ラダマ〈*Precis rhadama*〉昆虫綱鱗翅目タテハチョウ科の蝶。分布：モザンビーク，マダガスカル，モーリシャス島。

プレキス・リムノリア〈*Precis limnoria*〉昆虫綱鱗翅目タテハチョウ科の蝶。分布：アフリカ東部からソマリランド，エチオピアおよびアラビアまで。

プレクトゥルラ・スピニカウダ〈*Plectrura spinicauda*〉昆虫綱甲虫目カミキリムシ科の甲虫。分布：アラスカからカナダを経て西海岸をワシントン州，オレゴン州まで。

プレスティア・ドルス〈*Plestia dorus*〉昆虫綱鱗翅目セセリチョウ科の蝶。分布：アリゾナ州からメキシコまで。

フレスナ・ニアッサエ〈*Fresna nyassae*〉昆虫綱鱗翅目セセリチョウ科の蝶。分布：ローデシア，モザンビーク。

フレスナ・ネトファ〈*Fresna netopha*〉昆虫綱鱗翅目セセリチョウ科の蝶。分布：アフリカ西部からウガンダ，南へアンゴラまで。

フレッチェルツツガムシ〈*Leptotrombidium fletcheri*〉蛛形綱ダニ目ツツガムシ科。体長0.20〜0.25mm。害虫。

プレトゥス・プレタ〈*Pretus preta*〉昆虫綱鱗翅目シジミタテハ科の蝶。分布：中央アメリカ，ボリビア。

プレトゴナ・ミカレシス〈*Bletogona mycalesis*〉昆虫綱鱗翅目ジャノメチョウ科の蝶。分布：セレベス。

プレビクラ・アマンダ〈*Plebicula amanda*〉昆虫綱鱗翅目シジミチョウ科の蝶。分布：アフリカ北部，スペイン，ヨーロッパからアジア西部，イランまで。

プレビクラ・エスケリ〈*Plebicula escheri*〉昆虫綱鱗翅目シジミチョウ科の蝶。分布：スペイン，ヨーロッパ南部からバルカンまで。

プレビクラ・ドリラス〈*Plebicula dorylas*〉昆虫綱鱗翅目シジミチョウ科の蝶。分布：スペイン，ヨーロッパ南部から小アジアまで。

ブレフィディウム・エキジリス〈*Brephidium exilis*〉昆虫綱鱗翅目シジミチョウ科の蝶。分布：合衆国(オレゴン，ネブラスカ，カンザス)，西インド諸島，中米からベネズエラ。

ブレフィディウム・バルベラエ〈*Brephidium barberae*〉昆虫綱鱗翅目シジミチョウ科の蝶。分布：アフリカ南部。

ブレフィディウム・メトフィス〈Brephidium metophis〉昆虫綱鱗翅目シジミチョウ科の蝶。分布：アフリカ南部からデラゴア湾まで。

プレベユス・アクイラ〈Plebejus aquila〉昆虫綱鱗翅目シジミチョウ科の蝶。分布：周極，ハドソン湾からラブラドル半島まで。

プレベユス・アクモン〈Plebejus acmon〉昆虫綱鱗翅目シジミチョウ科の蝶。分布：アメリカ西部。

プレベユス・イカリオイデス〈Plebejus icarioides pheres〉昆虫綱鱗翅目シジミチョウ科の蝶。分布：カナダから合衆国西部。

プレベユス・エバースマニ〈Plebejus eversmanni〉昆虫綱鱗翅目シジミチョウ科の蝶。分布：パミール，トルキスタン。

プレベユス・サエピオルス〈Plebejus saepiolus〉昆虫綱鱗翅目シジミチョウ科の蝶。分布：カナダ南部，アメリカ合衆国の太平洋沿いの州。

プレベユス・ピラオン〈Plebejus pylaon〉昆虫綱鱗翅目シジミチョウ科の蝶。分布：スペインよりロシア南部，イランまで。

プレポナ・デイフィレ〈Preoona deiphile〉昆虫綱鱗翅目タテハチョウ科の蝶。分布：ブラジル中部。

プレポナ・ネオテルペ〈Prepona neoterpe〉昆虫綱鱗翅目タテハチョウ科の蝶。分布：中央アメリカ，ペルー。

プレポナ・ピレネ〈Prepona pylene〉昆虫綱鱗翅目タテハチョウ科の蝶。分布：ブラジル。

プレポナ・ラエルテス〈Prepona laertes〉昆虫綱鱗翅目タテハチョウ科の蝶。分布：中央アメリカからブラジル，パラグアイまで。

ブレンティス・ヘカテ〈Brenthis hecate〉昆虫綱鱗翅目タテハチョウ科の蝶。分布：ヨーロッパ西南部，ロシア，小アジア，イラン，中央アジア。

プロアルナ・ヒラリス〈Proarna hilaris〉昆虫綱半翅目セミ科。分布：中央アメリカ，南米北部。

フロイデトゲテントウダマシ〈Cacodaemon freudei〉昆虫綱甲虫目テントウダマシ科。分布：マレーシア，スマトラ，ボルネオ。

ブロイニングカミキリ〈Saperda breuningi〉昆虫綱甲虫目カミキリムシ科フトカミキリ亜科の甲虫。体長8.5～11.0mm。分布：本州，九州。

ブロイニングヒメハナカミキリ〈Pidonia breuningi〉昆虫綱甲虫目カミキリムシ科の甲虫。

プロエチア・アミグダリス〈Ploetzia amygdalis〉昆虫綱鱗翅目セセリチョウ科の蝶。分布：マダガスカル。

プログナトグリルス・アラトゥス〈Prognathogryllus alatus〉昆虫綱直翅目コオロギ科。分布：カウアイ島，オアフ島。

フロス・アピダヌス〈Flos apidanus〉昆虫綱鱗翅目シジミチョウ科の蝶。分布：アッサムからマレーシアおよびセレベス，スマトラ，ジャワ，ボルネオ，フィリピン。

フロス・アンニエッラ〈Flos anniella〉昆虫綱鱗翅目シジミチョウ科の蝶。分布：フィリピン，モルッカ諸島，マレーシア，ボルネオ，ジャワ。

フロンタスキシジミ〈Thysonotis phroso〉昆虫綱鱗翅目シジミチョウ科の蝶。分布：ニューギニア。

プロソパルプス・ドゥプレクス〈Prosopalpus duplex〉昆虫綱鱗翅目セセリチョウ科の蝶。分布：シエラレオネ。

プロソポケラ・ラクタトル〈Prosopocera lactator〉昆虫綱甲虫目カミキリムシ科の甲虫。分布：サハラ以南のほとんどアフリカ本土全域。

ブローチハムシ〈Polychalca punctatissima〉昆虫綱甲虫目ハムシ科。分布：ブラジル。

プロディスケルス・オバトゥス〈Prodyscherus ovatus〉昆虫綱甲虫目ヒョウタンゴミムシ科。分布：マダガスカル。

プロテイデス・メイシイ〈Proteides maysii〉昆虫綱鱗翅目セセリチョウ科の蝶。分布：キューバ。

プロテシラウスオナガタイマイ〈Eurytides protesilaus〉昆虫綱鱗翅目アゲハチョウ科の蝶。分布：メキシコからブラジル南部まで。

プロトゥリクス・ビッティコリス〈Pyrotrichus vitticollis〉昆虫綱甲虫目カミキリムシ科の甲虫。分布：北アメリカ（カナダ西岸南部・アメリカ合衆国西岸）。

プロトロパラ・エレガンス〈Protorhopala elegans〉昆虫綱甲虫目カミキリムシ科の甲虫。分布：マダガスカル。

プロノフィラ・オルクス〈Pronophila orcus〉昆虫綱鱗翅目ジャノメチョウ科の蝶。分布：コロンビア，ボリビア，ペルー。

プロノフィラ・コルディレラ〈Pronophila cordillera〉昆虫綱鱗翅目ジャノメチョウ科の蝶。分布：ボリビア。

プロノフィラ・ティマンテス〈Pronophila timanthes〉昆虫綱鱗翅目ジャノメチョウ科の蝶。分布：コスタリカ，パナマ，エクアドル。

プロノフィラ・テレバ〈Pronophila theleba〉昆虫綱鱗翅目ジャノメチョウ科の蝶。分布：ベネズエラ，コロンビア，エクアドル，ペルー，ボリビア。

プロノフィラ・ローゼンベルギ〈Pronophila rosenbergi〉昆虫綱鱗翅目ジャノメチョウ科の蝶。分布：ペルー。

プロブレマ・ビッスス〈Problema byssus〉昆虫綱鱗翅目セセリチョウ科の蝶。分布：カンザス州からフロリダ州まで。

プロペルティウス・プロペルティウス〈*Propertius propertius*〉昆虫綱鱗翅目セセリチョウ科の蝶。分布：ペルー，ボリビア，アマゾンからパラグアイ，アルゼンチン。

プロボスキス・オルセディケ〈*Proboscis orsedice*〉昆虫綱鱗翅目ジャノメチョウ科の蝶。分布：エクアドル，ペルー。

ブロミウスルリアゲハ〈*Papilio bromius*〉昆虫綱鱗翅目アゲハチョウ科の蝶。開張90mm。分布：アフリカ中央部。珍蝶。

プロメテアヤママユ〈*Callosamia promethea*〉昆虫綱鱗翅目ヤママユガ科の蛾。雄は黒褐色，雌は明るい赤褐色から暗褐色。開張7.5～9.5mm。分布：カナダ南部から合衆国南東部。

フロリダロウムシ〈*Ceroplastes floridensis*〉昆虫綱半翅目カタカイガラムシ科。体長2～3mm。柑橘，クチナシ，マサキ，ニシキギ，マンゴーに害を及ぼす。分布：南西諸島，小笠原，世界中の熱帯，亜熱帯。

ブロンズウスバカミキリ〈*Cheloderus childreni*〉昆虫綱甲虫目カミキリムシ科の甲虫。分布：チリ。

ブロンズカミキリ ブロンズウスバカミキリの別名。

ブロンズクビナガゴミムシ〈*Odacantha metallica*〉昆虫綱甲虫目オサムシ科の甲虫。体長6.5～7.5mm。

ブンガロティス・アスティロス〈*Bungalotis astylos*〉昆虫綱鱗翅目セセリチョウ科の蝶。分布：ホンジュラスからコスタリカ，パナマからブラジル南部。

ブンガロティス・グアドゥラトゥム・バルバ〈*Bungalotis quadratum barba*〉昆虫綱鱗翅目セセリチョウ科の蝶。分布：ホンジュラス，コロンビア，ギアナ3国，ペルー，アマゾン。

ブンガロティス・ミダス〈*Bungalotis midas*〉昆虫綱鱗翅目セセリチョウ科の蝶。分布：ギアナ，トリニダード，ボリビア，ペルー，コロンビア。

フンバエ 糞蠅〈*dung fly*〉双翅目フンバエ科Scatophagidaeに属する昆虫の総称。

【ヘ】

ベアタアグリアス〈*Agrias beata*〉昆虫綱鱗翅目タテハチョウ科の蝶。分布：ペルー中部。

ベアタミイロタテハ〈*Agrias beatifica*〉昆虫綱鱗翅目タテハチョウ科の蝶。開張75mm。分布：アマゾン川上流。珍蝶。

ヘイケボタル 平家蛍〈*Luciola lateralis*〉昆虫綱甲虫目ホタル科の甲虫。体長7～10mm。分布：北海道，本州，四国，九州。

ベイヤーウグイスコガネ〈*Plusiotis beyeri*〉昆虫綱甲虫目コガネムシ科の甲虫。分布：アリゾナ州からメキシコを経てホンジュラスまで。

ヘオデス・アルキフロン〈*Heodes alciphron*〉昆虫綱鱗翅目シジミチョウ科の蝶。分布：ヨーロッパ西部から小アジアをへてイランまで。

ヘオデス・オキムス〈*Heodes ochimus*〉昆虫綱鱗翅目シジミチョウ科の蝶。分布：パミール，イラン。

ヘオデス・ソルスキイ〈*Heodes solskyi*〉昆虫綱鱗翅目シジミチョウ科の蝶。分布：カシミール，サマルカンド。

ヘオデス・ティティルス〈*Heodes tityrus*〉昆虫綱鱗翅目シジミチョウ科の蝶。分布：ヨーロッパ西部からロシアをへてアルタイ山脈まで。

ベーカーノミツノゼミ〈*Emphusis bakeri*〉昆虫綱半翅目ツノゼミ科。分布：ミンダナオ。

ヘカレシアドクチョウ〈*Heliconius hecalesia*〉昆虫綱鱗翅目タテハチョウ科の蝶。開張80mm。分布：中米南部からコロンビア。珍蝶。

ペキンニクバエ〈*Sarcophaga polystylata*〉昆虫綱双翅目ニクバエ科。

ヘクソカズラヒゲナガアブラムシ〈*Aulacorthum nipponicum*〉昆虫綱半翅目アブラムシ科。

ヘクソドン・ウニコロル〈*Hexodon unicolor*〉昆虫綱甲虫目コガネムシ科の甲虫。分布：マダガスカル。

ヘクソドン属の種〈*Hexodon sp.*〉昆虫綱甲虫目コガネムシ科の甲虫。分布：マダガスカル。

ヘクソドン・ニグリコリス〈*Hexodon nigricollis*〉昆虫綱甲虫目コガネムシ科の甲虫。分布：マダガスカル。

ヘクソドン・ミヌトゥム〈*Hexodon minutum*〉昆虫綱甲虫目コガネムシ科の甲虫。分布：マダガスカル。

ヘクソドン・モンタンドニ〈*Hexodon montandoni*〉昆虫綱甲虫目コガネムシ科の甲虫。分布：マダガスカル。

ヘクトールアゲハ ヘクトールベニモンアゲハの別名。

ヘクトールベニモンアゲハ〈*Pachliopta hector*〉昆虫綱鱗翅目アゲハチョウ科の蝶。開張85mm。分布：インド，スリランカ。珍蝶。

ベスケインカツノコガネ〈*Inca besckei*〉昆虫綱甲虫目コガネムシ科の甲虫。分布：ブラジル。

ベスタツマアカシロチョウ〈*Colotis vesta*〉昆虫綱鱗翅目シロチョウ科の蝶。分布：サハラ以南のアフリカ全域。

ベスタホソチョウ〈*Acraea vesta*〉昆虫綱鱗翅目タテハチョウ科の蝶。オレンジ色と褐色の模様を

もつ。開張4.5〜8.0mm。分布：インド北部, ミャンマー, パキスタン, 中国南部。

ヘスティナ・メナ〈Hestina mena〉昆虫綱鱗翅目タテハチョウ科の蝶。分布：中国からミャンマー高地部まで。

ヘスペリア・アッタルス〈Hesperia attalus〉昆虫綱鱗翅目セセリチョウ科の蝶。分布：合衆国南部。

ヘスペリア・ウンカス〈Hesperia uncas〉昆虫綱鱗翅目セセリチョウ科の蝶。分布：合衆国西部。

ヘスペリア・サッサクス〈Hesperia sassacus〉昆虫綱鱗翅目セセリチョウ科の蝶。分布：合衆国。

ヘスペリア・パウネエ〈Hesperia pawnee〉昆虫綱鱗翅目セセリチョウ科の蝶。分布：コロラド州。

ヘスペリア・メテア〈Hesperia metea〉昆虫綱鱗翅目セセリチョウ科の蝶。分布：アメリカ合衆国。

ヘスペリア・ラウレンティナ〈Hesperia laurentina〉昆虫綱鱗翅目セセリチョウ科の蝶。分布：カナダ, ミネソタ州。

ヘスペリア・ルリコラ〈Hesperia ruricola〉昆虫綱鱗翅目セセリチョウ科の蝶。分布：合衆国西南部。

ヘスペリア・レオナルドゥス〈Hesperia leonardus〉昆虫綱鱗翅目セセリチョウ科の蝶。分布：カナダから南へフロリダ州まで。

ヘスペリッラ・イドテア〈Hesperilla idothea〉昆虫綱鱗翅目セセリチョウ科の蝶。分布：オーストラリア。

ヘスペリッラ・オルナタ〈Hesperilla ornata〉昆虫綱鱗翅目セセリチョウ科の蝶。分布：オーストラリア。

ヘスペリッラ・クリソトゥリカ〈Hesperilla chrysotricha〉昆虫綱鱗翅目セセリチョウ科の蝶。分布：オーストラリア。

ヘスペリッラ・クリプサルギラ〈Hesperilla crypsargyra〉昆虫綱鱗翅目セセリチョウ科の蝶。分布：オーストラリア。

ヘスペリッラ・ドンニサ〈Hesperilla donnysa〉昆虫綱鱗翅目セセリチョウ科の蝶。分布：オーストラリア。

ヘスペルスアゲハ〈Papilio hesperus〉昆虫綱鱗翅目アゲハチョウ科の蝶。開張120mm。分布：アフリカ中央部。珍種。

ベスペルス・キサタルティ〈Vesperus xatarti〉昆虫綱甲虫目カミキリムシ科の甲虫。分布：フランスおよびスペインのピレネー山脈東部。

ベスペルス・ストゥレペンス〈Vesperus strepens〉昆虫綱甲虫目カミキリムシ科の甲虫。分布：フランス。

ベスペルス・ルリドゥス〈Vesperus luridus〉昆虫綱甲虫目カミキリムシ科の甲虫。分布：フランス南部, コルシカ, イタリア。

ヘスペロカリス・アウグイティア〈Hesperocharis auguitia〉昆虫綱鱗翅目シロチョウ科の蝶。分布：ブラジル南部, ウルグアイ。

ヘスペロカリス・アウレオマクラタ〈Hesperocharis aureomaculata〉昆虫綱鱗翅目シロチョウ科の蝶。分布：エクアドル。

ヘスペロカリス・アガシクレス〈Hesperocharis agasicles〉昆虫綱鱗翅目シロチョウ科の蝶。分布：ボリビアおよびペルー。

ヘスペロカリス・アングイティア〈Hesperocharis anguitia〉昆虫綱鱗翅目シロチョウ科の蝶。分布：ブラジル南部。

ヘスペロカリス・イディオティカ〈Hesperocharis idiotica〉昆虫綱鱗翅目シロチョウ科の蝶。分布：メキシコ, コスタリカ。

ヘスペロカリス・グラフィテス〈Hesperocharis graphites〉昆虫綱鱗翅目シロチョウ科の蝶。分布：メキシコ。

ヘスペロカリス・ネラ〈Hesperocharis nera〉昆虫綱鱗翅目シロチョウ科の蝶。分布：エクアドル, ボリビア, スリナム。

ヘスペロカリス・ネレイナ〈Hesperocharis nereina〉昆虫綱鱗翅目シロチョウ科の蝶。分布：ペルーおよびボリビア。

ヘスペロカリス・ヒルランダ〈Hesperocharis hirlanda〉昆虫綱鱗翅目シロチョウ科の蝶。分布：熱帯南アメリカ全域。

ヘスペロカリス・マーチャリ〈Hesperocharis marchali〉昆虫綱鱗翅目シロチョウ科の蝶。分布：コロンビア, ベネズエラ, ペルー, ボリビア。

ベソッカキトビムシ ヤツメフォルソムトビムシの別名。

ペダリオデス・アルボノタタ〈Pedaliodes albonotata〉昆虫綱鱗翅目ジャノメチョウ科の蝶。分布：ベネズエラ。

ペダリオデス・イェプタ〈Pedaliodes jeptha〉昆虫綱鱗翅目ジャノメチョウ科の蝶。分布：コロンビア。

ペダリオデス・エンプサ〈Pedaliodes empusa〉昆虫綱鱗翅目ジャノメチョウ科の蝶。分布：コロンビア, ペルー。

ペダリオデス・テナ〈Pedaliodes tena〉昆虫綱鱗翅目ジャノメチョウ科の蝶。分布：コロンビア, エクアドル。

ペダリオデス・パクティエス〈Pedaliodes pactyes〉昆虫綱鱗翅目ジャノメチョウ科の蝶。分布：ボリビア。

ペダリオデス・パネイス〈*Pedaliodes paneis*〉昆虫綱鱗翅目ジャノメチョウ科の蝶。分布：ペルー, コロンビア, ボリビア。

ペダリオデス・パンメネス〈*Pedaliodes pammenes*〉昆虫綱鱗翅目ジャノメチョウ科の蝶。分布：ボリビア。

ペダリオデス・ピソニア〈*Pedaliodes pisonia*〉昆虫綱鱗翅目ジャノメチョウ科の蝶。分布：ベネズエラ, エクアドル, ペルー, ボリビア。

ペダリオデス・ピレタ〈*Pedaliodes piletha*〉昆虫綱鱗翅目ジャノメチョウ科の蝶。分布：コロンビア, ペルー, ベネズエラ, パラグアイ(いずれも高地)。

ペダリオデス・ファエアカ〈*Pedaliodes phaeaca*〉昆虫綱鱗翅目ジャノメチョウ科の蝶。分布：ベネズエラ。

ペダリオデス・ファエドゥラ〈*Pedaliodes phaedra*〉昆虫綱鱗翅目ジャノメチョウ科の蝶。分布：コロンビア。

ペダリオデス・フィスコア〈*Pedaliodes physcoa*〉昆虫綱鱗翅目ジャノメチョウ科の蝶。分布：ボリビア, ペルー。

ペダリオデス・フェレス〈*Pedaliodes pheres*〉昆虫綱鱗翅目ジャノメチョウ科の蝶。分布：エクアドル, ボリビア, ペルー。

ペダリオデス・プラキシテア〈*Pedaliodes praxithea*〉昆虫綱鱗翅目ジャノメチョウ科の蝶。分布：ボリビア, エクアドル。

ペダリオデス・フラシクレア〈*Pedaliodes phrasiclea*〉昆虫綱鱗翅目ジャノメチョウ科の蝶。分布：コロンビア, エクアドル, ペルー, ボリビア。

ペダリオデス・プロティナ〈*Pedaliodes plotina*〉昆虫綱鱗翅目ジャノメチョウ科の蝶。分布：ベネズエラ。

ペダリオデス・ペウケスタス〈*Pedaliodes peucestas*〉昆虫綱鱗翅目ジャノメチョウ科の蝶。分布：コロンビア, エクアドル, ペルー。

ペダリオデス・ペリナエア〈*Pedaliodes pelinaea*〉昆虫綱鱗翅目ジャノメチョウ科の蝶。分布：エクアドル。

ペダリオデス・ペリンナ〈*Pedaliodes pelinna*〉昆虫綱鱗翅目ジャノメチョウ科の蝶。分布：エクアドル。

ペダリオデス・ペルペルナ〈*Pedaliodes perperna*〉昆虫綱鱗翅目ジャノメチョウ科の蝶。分布：中央アメリカ。

ペダリオデス・ポエシア〈*Pedaliodes poesia*〉昆虫綱鱗翅目ジャノメチョウ科の蝶。分布：コロンビア, エクアドル。

ペダリオデス・ポルキア〈*Pedaliodes porcia*〉昆虫綱鱗翅目ジャノメチョウ科の蝶。分布：エクアドル, コロンビア, ペルー。

ペダリオデス・ポルスカ〈*Pedaliodes polusca*〉昆虫綱鱗翅目ジャノメチョウ科の蝶。分布：ペルー, ボリビア, コロンビア。

ペダリオデス・マルッラ〈*Pedaliodes marulla*〉昆虫綱鱗翅目ジャノメチョウ科の蝶。分布：ペルー, ボリビア。

ペダリオデス・ユバ〈*Pedaliodes juba*〉昆虫綱鱗翅目ジャノメチョウ科の蝶。分布：エクアドル。

ベダリヤテントウ〈*Rodolia cardinalis*〉昆虫綱甲虫目テントウムシ科の甲虫。体長4.5〜4.0mm。分布：本州, 四国, 九州, 南西諸島。

ベーツアカネタテハ〈*Callithea batesii*〉昆虫綱鱗翅目タテハチョウ科の蝶。分布：アマゾン上流, ブラジル。

ベッカーキイロタテハ〈*Cymothoe beckeri*〉昆虫綱鱗翅目タテハチョウ科の蝶。分布：ナイジェリア東部からカメルーン, ガボン, アンゴラ, ザイール, ウガンダまで。

ベッコウアメバチモドキ〈*Opheltes glaucopterus*〉昆虫綱膜翅目ヒメバチ科。体長26mm。分布：北海道, 本州, 九州。

ベッコウガガンボ 鼈甲大蚊〈*Dictenidia pictipennis fasciata*〉昆虫綱双翅目ガガンボ科。体長13〜17mm。分布：本州, 四国, 九州。

ベッコウクサアブ〈*Pseudoerinna fuscata*〉昆虫綱双翅目クサアブ科。

ベッコウシリアゲ 鼈甲挙尾虫〈*Panorpa klugi*〉昆虫綱長翅目シリアゲムシ科。前翅長13〜16mm。分布：本州, 四国, 九州。

ベッコウチョウトンボ〈*Rhyothemis variegata imperatrix*〉昆虫綱蜻蛉目トンボ科の蜻蛉。別名オキナワベッコウトンボ。体長35〜40mm。

ベッコウトンボ 鼈甲蜻蛉〈*Libellula angelina*〉昆虫綱蜻蛉目トンボ科の蜻蛉。絶滅危惧I類(CR+EN)。体長37〜45mm。分布：本州, 四国, 九州。

ベッコウバエ 鼈甲蝿〈*Dryomyza formosa*〉昆虫綱双翅目ベッコウバエ科。体長9〜20mm。分布：本州, 四国, 九州。害虫。

ベッコウバエ 鼈甲蝿 昆虫綱双翅目短角亜目ハエ群の一科Dromyzidaeの総称。

ベッコウハゴロモ 鼈甲羽衣〈*Orosanga japonica*〉昆虫綱半翅目ハゴロモ科。体長9〜11.5mm。フジ, イヌツゲ, 林檎, 桑, 楓(紅葉)に害を及ぼす。分布：本州, 四国, 九州。

ベッコウバチ 鼈甲蜂〈*Cyphononyx dorsalis*〉昆虫綱膜翅目ベッコウバチ科のハチ。体長15〜

647

27mm。分布：本州，四国，九州。害虫。

ベッコウバチ 鼈甲蜂〈*spider wasp, pomplid wasp*〉昆虫綱膜翅目ベッコウバチ科の一種，あるいは同科の総称。

ベッコウハナアブ 鼈甲花虻〈*Volucella jeddona*〉昆虫綱双翅目ショクガバエ科。体長17〜20mm。分布：北海道，本州，四国。

ベッコウヒラタシデムシ〈*Calosilpha brunnicollis*〉昆虫綱甲虫目シデムシ科の甲虫。体長20mm。分布：本州，四国，九州。

ベッコウマイマイ 鼈甲蝸牛 軟体動物門腹足綱ベッコウマイマイ科に属するカタツムリの総称。

ベーツタテハ〈*Batesia hypochlora*〉昆虫綱鱗翅目タテハチョウ科の蝶。開張80mm。分布：西アマゾン。珍蝶。

ベッチチビコフキゾウムシ〈*Sitona lineellus*〉昆虫綱甲虫目ゾウムシ科の甲虫。体長3.1〜4.5mm。

ベーツツヤコガネ サキシマチビコガネの別名。

ベッティウス・アルトナ〈*Vettius artona*〉昆虫綱鱗翅目セセリチョウ科の蝶。分布：ニカラグアからブラジル南部。

ベッティウス・クルギ〈*Vettius klugi*〉昆虫綱鱗翅目セセリチョウ科の蝶。分布：コロンビア，ベネズエラ，ガイアナ，フランス領ギアナ，ペルー。

ベッティウス・コリナ〈*Vettius coryna*〉昆虫綱鱗翅目セセリチョウ科の蝶。分布：メキシコからボリビア，アマゾン。

ベッティウス・トゥリアングラリス〈*Vettius triangularis*〉昆虫綱鱗翅目セセリチョウ科の蝶。分布：ギアナからアマゾン。

ベッティウス・ファンタソス〈*Vettius fantasos*〉昆虫綱鱗翅目セセリチョウ科の蝶。分布：メキシコからパラグアイ，ブラジル南部，ジャマイカ。

ベッティウス・フィッルス〈*Vettius phyllus*〉昆虫綱鱗翅目セセリチョウ科の蝶。分布：パナマからブラジル南部，亜種はパナマからブラジル中部。

ベッティウス・マルクス〈*Vettius marcus*〉昆虫綱鱗翅目セセリチョウ科の蝶。分布：パナマからブラジル，ギアナ，トリニダード。

ベッティウス・ヤベサ〈*Vettius jabesa*〉昆虫綱鱗翅目セセリチョウ科の蝶。分布：ペルー，アマゾン。

ベッティウス・ラフレスナイエイ・ピカ〈*Vettius lafresnayei pica*〉昆虫綱鱗翅目セセリチョウ科の蝶。分布：グアテマラからペルー，アマゾン，ブラジル南部。

ベッティウス・ラフレナイエ〈*Vettius lafrenaye*〉昆虫綱鱗翅目セセリチョウ科の蝶。分布：パナマからブラジルまで。

ベッティウス・リチャーディ〈*Vettius richardi*〉昆虫綱鱗翅目セセリチョウ科の蝶。分布：コロンビア，ベネズエラ，ガイアナ，フランス領ギアナ，アマゾン。

ベーツナガゴミムシ ミズギワナガゴミムシの別名。

ベーツヒラタカミキリ〈*Eurypoda batesi*〉昆虫綱甲虫目カミキリムシ科ノコギリカミキリ亜科の甲虫。体長20〜40mm。分布：本州，四国，九州，屋久島，奄美大島，沖縄諸島。

ベーツヒラタゴミムシ〈*Euplynes batesi*〉昆虫綱甲虫目オサムシ科の甲虫。体長7.5mm。分布：北海道，本州，四国，九州。

ベーツホソアトキリゴミムシ〈*Dromius batesi*〉昆虫綱甲虫目ゴミムシ科。

ベーツヤサカミキリ〈*Leptoxenus ibidiiformis*〉昆虫綱甲虫目カミキリムシ科カミキリ亜科の甲虫。体長11〜15mm。

ペッリキア・コスティマクラ〈*Pellicia costimacula*〉昆虫綱鱗翅目セセリチョウ科の蝶。分布：メキシコからブラジルまで。

ペッリキア・ザミア〈*Pellicia zamia*〉昆虫綱鱗翅目セセリチョウ科の蝶。分布：南アメリカ。

ペッロティア・エクシミア〈*Perrotia eximia*〉昆虫綱鱗翅目セセリチョウ科の蝶。分布：マダガスカル。

ペテガリナミハグモ〈*Cybaeus petegarinus*〉蛛形綱クモ目タナグモ科の蜘蛛。

ペテガリメクラチビゴミムシ〈*Trechiama minutus*〉昆虫綱甲虫目オサムシ科の甲虫。体長3.5〜3.8mm。

ペデスタ・ブロンシェルディイ〈*Pedesta blanchardii*〉昆虫綱鱗翅目セセリチョウ科の蝶。分布：中国西部および中部。

ペデスタ・ベイリーイ〈*Pedesta baileyi*〉昆虫綱鱗翅目セセリチョウ科の蝶。分布：中国西部。

ペデスタ・マスリエンシス〈*Pedesta masuriensis*〉昆虫綱鱗翅目セセリチョウ科の蝶。分布：ヒマラヤ，シッキム，アッサム，雲南。

ヘテロサイス・ギウリア〈*Heterosais giulia*〉昆虫綱鱗翅目トンボマダラ科の蝶。分布：コロンビア，ベネズエラ。

ヘテロサイス・ネフェレ〈*Heterosais nephele*〉昆虫綱鱗翅目トンボマダラ科の蝶。分布：アマゾン上流，エクアドル，コロンビア。

ヘテロニンファ・ミリフィカ〈*Heteronympha mirifica*〉昆虫綱鱗翅目ジャノメチョウ科の蝶。分布：オーストラリア。

ヘテロプシス・ドゥレパナ〈*Heteropsis drepana*〉昆虫綱鱗翅目ジャノメチョウ科の蝶。分布：マダガスカル。

ペドストゥランガリア・エンミポダ〈*Pedostrangalia emmipoda*〉昆虫綱甲虫目カミキリムシ科の甲虫。分布：ギリシア, トルコ, 小アジア, シリア。

ベナスカザリシロチョウ〈*Delias benasu*〉昆虫綱鱗翅目タテハチョウ科の蝶。分布：スラウェシ中部。

ベニイカリモンガ〈*Callidula attenuata*〉昆虫綱鱗翅目イカリモンガ科の蛾。開張30～35mm。分布：四国と九州の南部, 五島列島福江島, 種子島, 屋久島, 奄美大島, 沖縄本島, 石垣島, 西表島, 台湾, インド北部, シッキム。

ベニイトトンボ〈*Ceriagrion nipponicum*〉昆虫綱蜻蛉目イトトンボ科の蜻蛉。絶滅危惧II類(VU)。体長36mm。

ベニイボトビムシ〈*Lobella roseola*〉無翅昆虫亜綱粘管目イボトビムシ科。体長2mm。分布：日本全土。

ベニイラガ〈*Natarosa subrosea*〉昆虫綱鱗翅目イラガ科の蛾。分布：四国(南部), 九州(南部), 屋久島, 沖縄本島, 西表島。

ベニイロタテハ〈*Cymothoe sangaris*〉昆虫綱鱗翅目タテハチョウ科の蝶。分布：アフリカ西部, 中央部。

ベニイロホソチョウモドキ〈*Pseudacraea eurytus*〉昆虫綱鱗翅目タテハチョウ科の蝶。分布：アフリカ西部, 中央部。

ベニウラナミジャノメ〈*Callerebia scanda*〉昆虫綱鱗翅目ジャノメチョウ科の蝶。

ベニエグリコヤガ〈*Holocryptis nymphula*〉昆虫綱鱗翅目ヤガ科コヤガ亜科の蛾。開張16～18mm。分布：沿海州, 北海道から九州, 対馬。

ベニオオキチョウ〈*Phoebis avellaneda*〉昆虫綱鱗翅目シロチョウ科の蝶。分布：キューバ。

ベニオカ・テルプシコレ〈*Heniocha terpsichore*〉昆虫綱鱗翅目ヤママユガ科の蛾。分布：アフリカ東部。

ベニオビイナズマ〈*Euthalia djata*〉昆虫綱鱗翅目タテハチョウ科の蝶。分布：ボルネオ北部。

ベニオビウズマキタテハ〈*Catacore pasithea*〉昆虫綱鱗翅目タテハチョウ科の蝶。分布：アマゾン上流地方。

ベニオビエダシャク〈*Milionia isodoxa*〉昆虫綱鱗翅目シャクガ科の蛾。明るい金属色。開張4～5mm。分布：パプアニューギニア。

ベニオビキノハ〈*Anaea galanthis*〉昆虫綱鱗翅目タテハチョウ科の蝶。分布：南アメリカ(南部を除く), 西インド諸島。

ベニオビコバネシロチョウ〈*Dismorphia amphione*〉昆虫綱鱗翅目シロチョウ科の蝶。黒色とオレンジ色と褐色のまざった色。開張4.0～4.5mm。分布：中央および南アメリカ。

ベニオビジョウカイモドキ〈*Laius kishii*〉昆虫綱甲虫目ジョウカイモドキ科。

ベニオビシロチョウ〈*Appias ithome*〉昆虫綱鱗翅目シロチョウ科の蝶。分布：セレベス。

ベニオビスズメ コエビガラスズメの別名。

ベニオビヒゲナガ〈*Nemophora rubrofascia*〉昆虫綱鱗翅目マガリガ科の蛾。開張18～21mm。分布：北海道, 本州, 四国, 九州, シベリア東部。

ベニカミキリ〈*Purpuricenus temminckii*〉昆虫綱甲虫目カミキリムシ科カミキリ亜科の甲虫。体長13～17mm。タケ, ササに害を及ぼす。分布：北海道, 本州, 四国, 九州, 佐渡, 対馬。

ベニカミキリ ミナミオオアゴベニカミキリの別名。

ベニカメノコハムシ〈*Cassida murraea*〉昆虫綱甲虫目ハムシ科の甲虫。体長7.0～8.7mm。

ベニキジラミ 紅木虱〈*Psylla coccinea*〉昆虫綱半翅目キジラミ科。体長2.5～3.5mm。分布：北海道, 本州, 四国, 九州, 佐渡, 奄美大島, 対馬, 八丈島。

ベニキノハタテハ〈*Anaea nessus*〉昆虫綱鱗翅目タテハチョウ科の蝶。開張60mm。分布：中米南部, 南米北部。珍蝶。

ベニクジャクシジミ〈*Arcas ducalis*〉昆虫綱鱗翅目シジミチョウ科の蝶。分布：ニカラグアからコロンビア, ギアナ, ペルー, ブラジルまで。

ベニクラ・ココア〈*Penicula cocoa*〉昆虫綱鱗翅目セセリチョウ科の蝶。分布：トリニダード。

ベニコバネシロチョウ〈*Dismorphia cubana*〉昆虫綱鱗翅目シロチョウ科の蝶。分布：キューバ。

ベニゴマダラヒトリ〈*Utetheisa pulchella tenuella*〉昆虫綱鱗翅目ヒトリガ科の蛾。

ベニゴマダラヒトリ ヨーロッパベニゴマダラヒトリの別名。

ベニコメツキ 紅叩頭虫〈*Denticollis miniatus*〉昆虫綱甲虫目コメツキムシ科の甲虫。体長8～12mm。分布：本州, 四国, 九州。

ベニコメツキの一種〈*Denticollis sp.*〉昆虫綱甲虫目コメツキムシ科。

ベニシジミ 紅小灰蝶〈*Lycaena phlaeas*〉昆虫綱鱗翅目シジミチョウ科ベニシジミ亜科の蝶。前翅は明るいオレンジ色で, 黒斑があり, 暗色で縁どられる。開張2.5～3.0mm。分布：ヨーロッパからアフリカを経て, アジア温帯域, 日本。

ベニシタトラフヒトリ〈Callimorpha dominula〉昆虫綱鱗翅目ヒトリガ科の蛾。前翅に黄白色の斑紋がある。開張4.5～5.5mm。分布：ヨーロッパ、アジア温帯域。

ベニシタバ 紅下翅蛾〈Catocala electa〉昆虫綱鱗翅目ヤガ科シタバガ亜科の蛾。開張75mm。分布：北海道から九州、四国、アムール、ウスリー、朝鮮半島、中国。

ベニシタヒトリ〈Rhyparioides nebulosus〉昆虫綱鱗翅目ヒトリガ科ヒトリガ亜科の蛾。開張40～48mm。分布：北海道、本州、九州、シベリア南東部。

ベニシマコヤガ〈Corgatha pygmaea〉昆虫綱鱗翅目ヤガ科コヤガ亜科の蛾。分布：関東地方以西、四国、九州、対馬、八丈島、小笠原諸島。

ベニシロチョウ〈Appias nero〉昆虫綱鱗翅目シロチョウ科の蝶。別名イシガキシロチョウ、ヤマザキベニシロチョウ。全身がオレンジ色。開張7.0～7.5mm。分布：インド北部からミャンマー、マレーシア、フィリピン、スラウェシ島。

ベニスカシジャノメ アケボノスカシジャノメの別名。

ベニスジアツバ〈Phytometra amata〉昆虫綱鱗翅目ヤガ科クチバ亜科の蛾。開張18mm。分布：沿海州、朝鮮半島、済州島、本州から九州。

ベニスジエダシャク 紅条枝尺蛾〈Heterolocha stulta〉昆虫綱鱗翅目シャクガ科エダシャク亜科の蛾。開張24～27mm。分布：北海道(南部)、本州、四国、九州。

ベニスジコヤガ〈Eublemma dimidialis〉昆虫綱鱗翅目ヤガ科コヤガ亜科の蛾。開張17～23mm。分布：東海地方を北限、近畿地方、四国、九州の南岸部。

ベニスジナミシャク〈Rhodometra sacraria〉昆虫綱鱗翅目シャクガ科の蛾。淡赤色から褐色の帯が対角線状にある。開張2.5～3.0mm。分布：ヨーロッパ、北アフリカからインド北部。

ベニスジヒメシャク 紅条姫尺蛾〈Timandra griseata〉昆虫綱鱗翅目シャクガ科ヒメシャク亜科の蛾。開張20～25mm。ソバに害を及ぼす。分布：北海道、千島、本州、四国、九州、対馬。

ベニスジモンキアゲハ〈Papilio diophantus〉昆虫綱鱗翅目シジミチョウ科の蝶。開張100mm。分布：北スマトラ山地。珍蝶。

ベニスズメ 紅雀蛾, 紅天蛾〈Deilephila elpenor〉昆虫綱鱗翅目スズメガ科コスズメ亜科の蛾。前翅は褐色で、浅黒いピンク色の帯があり、後翅は明るいピンク色。開張5.5～6.0mm。アフリカホウセンカ、ホウセンカに害を及ぼす。分布：ヨーロッパ、温帯アジア、日本。

ベニチラシコヤガ〈Eublemma amasina〉昆虫綱鱗翅目ヤガ科コヤガ亜科の蛾。開張20～22mm。分布：ヨーロッパ、ロシア、中国、朝鮮半島、東北地方一帯から四国、九州。

ベニツチカメムシ〈Parastrachia japonensis〉昆虫綱半翅目ツチカメムシ科。体長16～19mm。分布：本州(西端)、九州。

ベニツヤカミキリ〈Dicelosternus corallinus〉昆虫綱甲虫目カミキリムシ科の甲虫。分布：台湾。

ベニトガリアツバ〈Naganoella timandra〉昆虫綱鱗翅目ヤガ科クチバ亜科の蛾。開張27～31mm。分布：沿海州、朝鮮半島、秋田、山形、新潟県、佐渡島、福井県、隠岐島、九州北部、対馬、紀伊半島内陸部、四国の瀬戸内側。

ベニトビコバチ〈Leptomastidea rubra〉昆虫綱膜翅目トビコバチ科。

ベニトラシャク〈Dysphania cuprina〉昆虫綱鱗翅目シャクガ科の蛾。オレンジ色と黒色と白色。開張7.0～7.5mm。分布：インド、パキスタンから、インドネシア、フィリピン、パプアニューギニア。

ベニトラフシジミ〈Rapala dioetas〉昆虫綱鱗翅目シジミチョウ科の蝶。分布：セレベス、マレーシア。

ベニトンボ〈Trithemis aurora〉昆虫綱蜻蛉目トンボ科の蜻蛉。体長35mm。

ベニナガタマムシ〈Agrilus viduus〉昆虫綱甲虫目タマムシ科の甲虫。体長5.8～9.5mm。

ベニバネチビオオキノコムシ〈Tritoma rufipennis〉昆虫綱甲虫目オオキノコムシ科の甲虫。体長3.0～4.5mm。

ベニバネテントウダマシ〈Mycetina rufipennis〉昆虫綱甲虫目テントウムシダマシ科の甲虫。体長3.0～5.0mm。

ベニバネヒラタコメツキ ベニヒラタコメツキの別名。

ベニバネフトヒラタコメツキ〈Acteniceromorphus chlamydatus〉昆虫綱甲虫目コメツキムシ科。体長15mm。分布：本州、四国、九州。

ベニバハナカミキリ〈Paranaspia anaspidoides〉昆虫綱甲虫目カミキリムシ科ハナカミキリ亜科の甲虫。体長9～13mm。分布：本州、四国、九州、対馬、屋久島、伊豆諸島。

ベニハレギチョウ〈Cethosia chrysippe〉昆虫綱鱗翅目タテハチョウ科の蝶。分布：ニューギニア、ソロモン諸島、オーストラリア。

ベニヒカゲ 紅日陰蝶〈Erebia niphonica〉昆虫綱鱗翅目ジャノメチョウ科の蝶。準絶滅危惧種(NT)。前翅長22～24mm。分布：北海道、本州(東北、中部)。

ベニヒメシャク 紅姫尺蛾〈*Idaea muricata*〉昆虫綱鱗翅目シャクガ科ヒメシャク亜科の蛾。開張11〜15mm。分布：北海道, 本州, 四国, 九州, 対馬, 屋久島, 朝鮮半島, サハリン, シベリア東部, 中国。

ベニヒメトンボ〈*Diplacodes bipunctatus*〉昆虫綱蜻蛉目トンボ科の蜻蛉。準絶滅危惧種(NT)。体長30mm。分布：小笠原諸島の父島と母島, 硫黄島。

ベニヒメヒカゲ〈*Coenonympha arcania*〉昆虫綱鱗翅目ジャノメチョウ科の蝶。分布：ヨーロッパ西部, ロシア南部, 小アジア。

ベニヒラタコメツキ〈*Actenicerus chlamydatus*〉昆虫綱甲虫目コメツキムシ科。

ベニヒラタムシ 紅扁虫〈*Cucujus coccinatus*〉昆虫綱甲虫目ヒラタムシ科の甲虫。体長11〜15mm。分布：北海道, 本州, 四国, 九州。

ベニフカミキリ ハラアカコブカミキリの別名。

ベニフキノメイガ〈*Pyrausta panopealis*〉昆虫綱鱗翅目メイガ科ノメイガ亜科の蛾。開張14〜16mm。シソに害を及ぼす。分布：本州の北部から四国, 九州, 対馬, 屋久島, 台湾, 中国, アジアからオーストラリアの熱帯, 亜熱帯, 南アメリカ。

ベニヘリカザリシロチョウ〈*Delias mysis*〉昆虫綱鱗翅目シロチョウ科の蝶。前翅の先端部は黒色で,4個の白斑がある。開張5.5〜6.0mm。分布：オーストラリア, パプアニューギニア。

ベニヘリコケガ 紅縁苔蛾〈*Miltochrista miniata*〉昆虫綱鱗翅目ヒトリガ科コケガ亜科の蛾。開張20〜25mm。分布：ヨーロッパ, 東北アジア, 北海道, 本州, 四国, 九州, 屋久島。

ベニヘリチビオオキノコムシ〈*Tritoma circumcincta*〉昆虫綱甲虫目オオキノコムシ科の甲虫。体長3.7〜4.3mm。

ベニヘリテントウ 紅縁瓢虫〈*Rodolia limbata*〉昆虫綱甲虫目テントウムシ科の甲虫。体長4.5〜6.5mm。分布：本州, 四国, 九州, 対馬。

ベニホシイチモンジ〈*Seokia pratti coreana*〉昆虫綱鱗翅目タテハチョウ科の蝶。分布：中国中部から東北部, 朝鮮半島北部まで。

ベニホシイナズマ〈*Euthalia lubentina*〉昆虫綱鱗翅目タテハチョウ科の蝶。別名ベニホシゴマダラ。分布：インド北部からスンダランド, フィリピンまでに分布。亜種はインド南部。

ベニホシカミキリ〈*Rosalia lesnei*〉昆虫綱甲虫目カミキリムシ科カミキリ亜科の甲虫。体長20〜43mm。分布：台湾, 石垣島(琉球)。

ベニホシゴマダラ ベニホシイナズマの別名。

ベニホシハマキチョッキリ〈*Byctiscus princeps*〉昆虫綱甲虫目オトシブミ科の甲虫。体長6mm。分布：本州, 四国, 九州。

ベニホソガ〈*Macarostola japonica*〉昆虫綱鱗翅目ホソガ科の蛾。分布：本州(和歌山県大島), 屋久島。

ベニホソチョウ〈*Acraea violae*〉昆虫綱鱗翅目ホソチョウ科の蝶。分布：アッサム, インド, スリランカ。

ベニホソヒラタコメツキ〈*Corymbitodes nikkoensis*〉昆虫綱甲虫目コメツキムシ科。

ベニボタル 紅蛍〈*Lycostomus modestus*〉昆虫綱甲虫目ベニボタル科の甲虫。体長8.5〜14.3mm。分布：日本各地。

ベニボタル属の一種〈*Lycus* sp.〉昆虫綱甲虫目ベニボタル科。分布：ナイジェリア。

ベニマダラシロチョウ〈*Delias harpalyce*〉昆虫綱鱗翅目シロチョウ科の蝶。分布：オーストラリア南部および東部。

ベニミスジコヤガ〈*Autoba trilinea*〉昆虫綱鱗翅目ヤガ科コヤガ亜科の蛾。分布：中国, 和歌山県田部市, 大阪府池田市, 香川県五剣山。

ベニツボシテントウ ダンダラテントウの別名。

ベニムネムラサキカミキリ〈*Callichroma velutinum*〉昆虫綱甲虫目カミキリムシ科の甲虫。分布：ブラジル。

ベニモンアオリンガ 紅紋青実蛾〈*Earias roseifera*〉昆虫綱鱗翅目ヤガ科リンガ亜科の蛾。開張17〜21mm。ツツジ類に害を及ぼす。分布：沿海州, 朝鮮半島, 北海道から九州, 対馬, 屋久島。

ベニモンアゲハ〈*Pachliopta aristolochiae*〉昆虫綱鱗翅目アゲハチョウ科の蝶。前翅に白色のすじがある。開張8〜11mm。分布：インドから中国南部, マレーシア, 小スンダ列島。

ベニモンアシナガヒメハナムシ〈*Heterolitus coronatus*〉昆虫綱甲虫目ヒメハナムシ科の甲虫。体長2.0〜2.5mm。

ベニモンウズマキタテハ〈*Catacore kolyma*〉昆虫綱鱗翅目タテハチョウ科の蝶。分布：アマゾン上流地方。

ベニモンオオキチョウ〈*Phoebis philea*〉昆虫綱鱗翅目シロチョウ科の蝶。雄の前翅に, 幅広いオレンジ色の帯, 雌は黄色か白色。開張7〜8mm。分布：ブラジル南部から中央アメリカ, フロリダ南部。

ベニモンオオセセリ ミモニアデス・ヌルスキアの別名。

ベニモンカザリバ ベニモントガリホソガの別名。

ベニモンカツオブシムシ ベニモンチビカツオブシムシの別名。

ベニモンカメムシ 紅紋亀虫〈*Elasmostethus humeralis*〉昆虫綱半翅目ツノカメムシ科。分布：北海道, 本州, 九州。

ベニモンカラスシジミ〈*Strymonidia iyonis*〉昆虫綱鱗翅目シジミチョウ科ミドリシジミ亜科の蝶。準絶滅危惧種(NT)。前翅長12～16mm。分布：本州(中部以西), 四国。

ベニモンキチョウ〈*Colias heos*〉昆虫綱鱗翅目シロチョウ科の蝶。分布：アムール, ウスリーから朝鮮半島北部まで。

ベニモンキノコゴミムシダマシ〈*Platydema subfascia*〉昆虫綱甲虫目ゴミムシダマシ科の甲虫。体長4.0～5.0mm。

ベニモンキノメイガ〈*Ostrinia palustralis memnialis*〉昆虫綱鱗翅目メイガ科ノメイガ亜科の蛾。開張26～36mm。

ベニモンクロアゲハ〈*Papilio anchisiades*〉昆虫綱鱗翅目アゲハチョウ科の蝶。黒色。後翅にピンク色かルビー色, または紫色の斑紋がある。開張6.0～9.5mm。分布：中央アメリカおよび南アメリカの熱帯域。

ベニモンクロヒカゲ〈*Tisiphone abeona*〉昆虫綱鱗翅目ジャノメチョウ科の蝶。分布：オーストラリア。

ベニモンコノハ〈*Phyllodes consobrina*〉昆虫綱鱗翅目ヤガ科シタバガ亜科の蛾。分布：中国南部, ベトナム, インド北部, 台湾, 九州南部, 種子島, 吐噶喇列島宝島, 奄美大島, 沖縄本島北部。

ベニモンゴマダラシロチョウ〈*Delias aganippe*〉昆虫綱鱗翅目シロチョウ科の蝶。分布：オーストラリア南部および東部。

ベニモンコヤガ〈*Lithacodia rosacea*〉昆虫綱鱗翅目ヤガ科コヤガ亜科の蛾。開張18～19mm。分布：中国, 朝鮮半島, 関東中部地方。

ベニモンシロチョウ〈*Delias hyparete*〉昆虫綱鱗翅目シロチョウ科の蝶。分布：ヒマラヤから台湾, セレベス, フィリピン, マレーシア。

ベニモンスカシジャノメ〈*Cithaerias pyropina*〉昆虫綱鱗翅目ジャノメチョウ科の蝶。分布：コロンビア, ペルー, ボリビア。

ベニモンスカシジャノメ アケボノスカシジャノメの別名。

ベニモンセセリ〈*Koruthaialos sindu*〉昆虫綱鱗翅目セセリチョウ科の蝶。分布：マレーシア, アッサム, スマトラ。

ベニモンタテハモドキ〈*Junonia westermanni*〉昆虫綱鱗翅目タテハチョウ科の蝶。分布：アフリカ西部からアンゴラ, ザイール, エチオピアまで。

ベニモンチビオオキノコムシ〈*Tritoma sobrina*〉昆虫綱甲虫目オオキノコムシ科の甲虫。体長4～5mm。分布：本州, 四国, 九州。

ベニモンチビカツオブシムシ〈*Orphinus japonicus*〉昆虫綱甲虫目カツオブシムシ科の甲虫。体長1.7～2.8mm。

ベニモンツノカメムシ ベニモンカメムシの別名。

ベニモンツマキリアツバ ウスベニツマキリアツバの別名。

ベニモンツヤミジンムシ〈*Parmulus politus*〉昆虫綱甲虫目ミジンムシ科の甲虫。体長1.2～1.9mm。

ベニモントガリホソガ〈*Labdia semicoccinea*〉昆虫綱鱗翅目カザリバガ科の蛾。別名ベニモンフサガ。開張10.5～15.0mm。分布：本州, 四国, 九州, 台湾, インド, マレーシア, ジャワ。

ベニモントラガ 紅紋虎蛾〈*Sarbanissa venusta*〉昆虫綱鱗翅目トラガ科の蛾。開張36～38mm。分布：北海道, 本州, 四国, 九州, 中国。

ベニモンノメイガ〈*Agathodes ostentalis*〉昆虫綱鱗翅目メイガ科の蛾。分布：奄美大島, 沖縄本島, 宮古島, 西表島, 波照間島, 台湾, 中国, インドから東南アジア一帯, オーストラリア。

ベニモンハカマジャノメ〈*Penrosada helvina*〉昆虫綱鱗翅目ジャノメチョウ科の蝶。分布：コロンビア, ペルー。

ベニモンハバビロオオキノコムシ〈*Neotriplax biplagiata*〉昆虫綱甲虫目オオキノコムシ科。

ベニモンヒゲブトタマキノコムシ〈*Anisotoma biplagiata*〉昆虫綱甲虫目タマキノコムシ科の甲虫。体長2.6～3.5mm。

ベニモンヒトリ〈*Tyria jacobeae*〉昆虫綱鱗翅目ヒトリガ科の蛾。前翅には赤色の斑紋と帯。開張3.0～4.5mm。分布：ヨーロッパ。

ベニモンヒメハマキ〈*Laspeyresia koenigiana*〉昆虫綱鱗翅目ヒメハマキガ科の蛾。

ベニモンヒメヒラタホソカタムシ〈*Cicones rufosignatus*〉昆虫綱甲虫目ホソカタムシ科の甲虫。

ベニモンフサガ ベニモントガリホソガの別名。

ベニモンホソチョウ〈*Acraea egina*〉昆虫綱鱗翅目ホソチョウ科の蝶。分布：アフリカ西部, 中央部。

ベニモンホソチョウモドキ〈*Pseudacraea clarki*〉昆虫綱鱗翅目タテハチョウ科の蝶。分布：アフリカ中央部。

ベニモンホソバジャコウアゲハ〈*Pachliopta neptunus*〉昆虫綱鱗翅目アゲハチョウ科の蝶。開張100mm。分布：ミャンマー南部, タイ, マレーシア, スマトラ, ボルネオ, パラワン, 亜種はボルネオ北部。珍蝶。

ベニモンマイコモドキ〈*Pancalia hexachrysa*〉昆虫綱鱗翅目カザリバガ科の蛾。分布：本州, 九州。

ベニモンマキバサシガメ 紅紋牧場刺亀〈*Gorpis japonicus*〉昆虫綱半翅目マキバサシガメ科。分布：本州。

ベニモンマダラ 紅紋斑蛾〈*Zygaena niphona*〉昆虫綱鱗翅目マダラガ科の蛾。準絶滅危惧種(NT)。

開張30mm。分布：本州の関東から中部山地, 函館市赤川, 旭丘, 東山。珍虫。

ベニモンマダラシロチョウ〈*Prioneris sita*〉昆虫綱鱗翅目シロチョウ科の蝶。分布：インド半島部, スリランカ。

ベニモンマネシアゲハ〈*Chilasa anchisiades*〉昆虫綱鱗翅目アゲハチョウ科の蝶。

ベニモンマルケシキスイ〈*Cyllodes dorsalis*〉昆虫綱甲虫目ケシキスイ科の甲虫。体長2.3〜4.5mm。

ベニモンムクゲキスイ〈*Biphyllus suffusus*〉昆虫綱甲虫目ムクゲキスイムシ科の甲虫。体長1.9〜2.4mm。

ベニモンムナビロオオキノコムシ〈*Microsternus perforatus*〉昆虫綱甲虫目オオキノコムシ科の甲虫。

ベニモンヨトウ〈*Oligonyx vulnerata*〉昆虫綱鱗翅目ヤガ科カラスヨトウ亜科の蛾。開張21〜25mm。分布：沿海州, 朝鮮半島, 中国, 北海道から九州。

ベニヤマキチョウ〈*Gonepteryx cleopatra*〉昆虫綱鱗翅目シロチョウ科の蝶。雄は前翅中央が濃いオレンジ色, 後翅には小さな尾状の突起。開張5〜7mm。分布：スペイン, フランス南部, イタリア, ギリシャから北アフリカ。

ヘーネアオハガタヨトウ〈*Isopolia hoenei*〉昆虫綱鱗翅目ヤガ科セダカモクメ亜科の蛾。分布：中国南部(広東省), 東京都高尾山, 四国, 九州。

ペネロペホソチョウ〈*Acraea penelope*〉昆虫綱鱗翅目ホソチョウ科の蝶。開張40mm。分布：アフリカ中央部。珍蝶。

ヘノテシア・アベロナ〈*Henotesia avelona*〉昆虫綱鱗翅目ジャノメチョウ科の蝶。分布：マダガスカル。

ヘノテシア・アンカラトゥラ〈*Henotesia ankaratra*〉昆虫綱鱗翅目ジャノメチョウ科の蝶。分布：マダガスカル。

ヘノテシア・アンコラ〈*Henotesia ankora*〉昆虫綱鱗翅目ジャノメチョウ科の蝶。分布：マダガスカル。

ヘノテシア・アンタハラ〈*Henotesia antahala*〉昆虫綱鱗翅目ジャノメチョウ科の蝶。分布：マダガスカル。

ヘノテシア・エリアシス〈*Henotesia eliasis*〉昆虫綱鱗翅目ジャノメチョウ科の蝶。分布：コンゴ。

ヘノテシア・シモンシ〈*Henotesia simonsi*〉昆虫綱鱗翅目ジャノメチョウ科の蝶。分布：ローデシア。

ヘノテシア・ストゥリグラ〈*Henotesia strigula*〉昆虫綱鱗翅目ジャノメチョウ科の蝶。分布：マダガスカル。

ヘノテシア・ナルキッスス〈*Henotesia narcissus*〉昆虫綱鱗翅目ジャノメチョウ科の蝶。分布：モーリシャス島。

ヘノテシア・パラドクサ〈*Henotesia paradoxa*〉昆虫綱鱗翅目ジャノメチョウ科の蝶。分布：マダガスカル。

ヘノテシア・ファエア〈*Henotesia phaea*〉昆虫綱鱗翅目ジャノメチョウ科の蝶。分布：コンゴ。

ヘノテシア・ペイト〈*Henotesia peitho*〉昆虫綱鱗翅目ジャノメチョウ科の蝶。分布：ガーナからガボン, ウガンダまで。

ヘノテシア・ペルスピクア〈*Henotesia perspicua*〉昆虫綱鱗翅目ジャノメチョウ科の蝶。分布：コンゴ, アフリカ東部からナタールまで。

ヘノテシア・マシコラ〈*Henotesia masikora*〉昆虫綱鱗翅目ジャノメチョウ科の蝶。分布：マダガスカル。

ヘビイチゴハバチ〈*Priophorus nigricans*〉昆虫綱膜翅目ハバチ科。

ヘビイチゴハモグリバエ〈*Japanagromyza duchesneae*〉昆虫綱双翅目ハモグリバエ科。

ヘビトンボ 蛇蜻蛉〈*Protohermes grandis*〉昆虫綱広翅目ヘビトンボ科。開張100mm。分布：日本全土。

ヘビトンボ 蛇蜻蛉〈*dobsonfly*〉脈翅目ヘビトンボ科Corydalidaeに属する昆虫の総称, またはそのうちの一種を指す。

ベヒリウス・クラビクラ〈*Vehilius clavicula*〉昆虫綱鱗翅目セセリチョウ科の蝶。分布：ブラジル。

ベヒリウス・ベトゥラ〈*Vehilius vetula*〉昆虫綱鱗翅目セセリチョウ科の蝶。分布：ブラジル。

ベヒリウス・ベノスス〈*Vehilius venosus*〉昆虫綱鱗翅目セセリチョウ科の蝶。分布：メキシコからブラジルおよびトリニダード。

ベヒリウス・ラブダクス〈*Vehilius labdacus*〉昆虫綱鱗翅目セセリチョウ科の蝶。分布：メキシコからベネズエラおよびトリニダード。

ペプシス・シュタウディンゲリ〈*Pepsis staudingeri*〉昆虫綱膜翅目ジガバチ科。分布：南アメリカ。

ペプシス・スマラグディナ〈*Pepsis smaragdina*〉昆虫綱膜翅目ジガバチ科。分布：南アメリカ。

ベベアリア・アブソロン〈*Bebearia absolon*〉昆虫綱鱗翅目タテハチョウ科の蝶。分布：カメルーン, コンゴ。

ベベアリア・アルカディウス〈*Bebearia arcadius*〉昆虫綱鱗翅目タテハチョウ科の蝶。分布：シエラレオネからガーナまで。

ベベアリア・イトゥリナ〈*Bebearia iturina*〉昆虫綱鱗翅目タテハチョウ科の蝶。分布：コンゴ。

ベベアリア・エルフィニケ〈Bebearia elphinice〉昆虫綱鱗翅目タテハチョウ科の蝶。分布：ガボン。

ベベアリア・オクトグランマ〈Bebearia octogramma〉昆虫綱鱗翅目タテハチョウ科の蝶。分布：カメルーン。

ベベアリア・カッテリ〈Bebearia cutteri〉昆虫綱鱗翅目タテハチョウ科の蝶。分布：リベリアからカメルーンまで。

ベベアリア・カルシェナ〈Bebearia carshena〉昆虫綱鱗翅目タテハチョウ科の蝶。分布：ガーナからコンゴおよびウガンダまで。

ベベアリア・コムス〈Bebearia comus〉昆虫綱鱗翅目タテハチョウ科の蝶。分布：カメルーンからコンゴまで。

ベベアリア・スタウディンゲリ〈Bebearia staudingeri〉昆虫綱鱗翅目タテハチョウ科の蝶。分布：カメルーン，ガボン。

ベベアリア・セネガレンシス〈Bebearia senegalensis〉昆虫綱鱗翅目タテハチョウ科の蝶。分布：アフリカ西部からモザンビークおよびケニアまで。

ベベアリア・ソフス〈Bebearia sophus〉昆虫綱鱗翅目タテハチョウ科の蝶。分布：シエラレオネからコンゴまで。

ベベアリア・テオグニス〈Bebearia theognis〉昆虫綱鱗翅目タテハチョウ科の蝶。分布：ガーナ。

ベベアリア・デメトゥラ〈Bebearia demetra〉昆虫綱鱗翅目タテハチョウ科の蝶。分布：シエラレオネからカメルーンまで。

ベベアリア・テンティリス〈Bebearia tentyris〉昆虫綱鱗翅目タテハチョウ科の蝶。分布：シエラレオネからコンゴまで。

ベベアリア・ニバリア〈Bebearia nivaria〉昆虫綱鱗翅目タテハチョウ科の蝶。分布：カメルーン，コンゴ。

ベベアリア・パルティタ〈Bebearia partita〉昆虫綱鱗翅目タテハチョウ科の蝶。分布：カメルーン，コンゴ。

ベベアリア・バロムビナ〈Bebearia barombina〉昆虫綱鱗翅目タテハチョウ科の蝶。分布：カメルーン。

ベベアリア・ファンタシア〈Bebearia phantasia〉昆虫綱鱗翅目タテハチョウ科の蝶。分布：ナイジェリアからコンゴまで。

ベベアリア・フランザ〈Bebearia phranza〉昆虫綱鱗翅目タテハチョウ科の蝶。分布：コンゴ，ナイジェリア。

ベベアリア・マルダニア〈Bebearia mardania〉昆虫綱鱗翅目タテハチョウ科の蝶。分布：ガーナからコンゴおよびウガンダまで。

ベベアリア・ラエティティア〈Bebearia laetitia〉昆虫綱鱗翅目タテハチョウ科の蝶。分布：シエラレオネからガボンまで。

ヘベフタオチョウ〈Polyura hebe〉昆虫綱鱗翅目タテハチョウ科の蝶。分布：マレーシア，スマトラ，ニアス，ジャワ，ボルネオ，小スンダ列島，亜種はジャワ。

ベマティステス・アドゥラスタ〈Bematistes adrasta〉昆虫綱鱗翅目ホソチョウ科の蝶。分布：ケニア，タンガニーカ。

ベマティステス・アルキノエ〈Bematistes alcinoe〉昆虫綱鱗翅目ホソチョウ科の蝶。分布：アフリカ中央部。

ベマティステス・インデンタタ〈Bematistes indentata〉昆虫綱鱗翅目ホソチョウ科の蝶。分布：カメルーンからアンゴラまで。

ベマティステス・エキスキサ〈Bematistes excisa〉昆虫綱鱗翅目ホソチョウ科の蝶。分布：カメルーンからコンゴまで。

ベマティステス・エパエア〈Bematistes epaea〉昆虫綱鱗翅目ホソチョウ科の蝶。分布：アフリカ中央部。

ベマティステス・エピプロテア〈Bematistes epiprotea〉昆虫綱鱗翅目ホソチョウ科の蝶。分布：ナイジェリアからコンゴまで。

ベマティステス・エロンガタ〈Bematistes elongata〉昆虫綱鱗翅目ホソチョウ科の蝶。分布：カメルーン，コンゴ。

ベマティステス・クアドゥリコロル〈Bematistes quadricolor〉昆虫綱鱗翅目ホソチョウ科の蝶。分布：アフリカ東部。

ベマティステス・コンサングイネア〈Bematistes consanguinea〉昆虫綱鱗翅目ホソチョウ科の蝶。分布：ガーナからナイジェリアおよびコンゴをへてウガンダまで。

ベマティステス・スカリビッタタ〈Bematistes scalivittata〉昆虫綱鱗翅目ホソチョウ科の蝶。分布：ザンビア。

ベマティステス・テッルス〈Bematistes tellus〉昆虫綱鱗翅目ホソチョウ科の蝶。分布：カメルーンからウガンダまで。

ベマティステス・フォルモサ〈Bematistes formosa〉昆虫綱鱗翅目ホソチョウ科の蝶。分布：カメルーン，コンゴ。

ベマティステス・ベスタリス〈Bematistes vestalis〉昆虫綱鱗翅目ホソチョウ科の蝶。分布：アフリカ西部，中央部。

ベマティステス・ポッゲイ〈Bematistes poggei〉昆虫綱鱗翅目ホソチョウ科の蝶。分布：コンゴからウガンダ，エチオピア，スーダンまで。

ベマティステス・マカリア〈Bematistes macaria〉昆虫綱鱗翅目ホソチョウ科の蝶。分布：アフリカ西部, 中央部。

ベマティステス・マカリオイデス〈Bematistes macarioides〉昆虫綱鱗翅目ホソチョウ科の蝶。分布：ガーナ。

ベマティステス・マカリスタ〈Bematistes macarista〉昆虫綱鱗翅目ホソチョウ科の蝶。分布：ナイジェリア, カメルーン, コンゴ。

ヘミアルグス・アンモン〈Hemiargus ammon〉昆虫綱鱗翅目シジミチョウ科の蝶。分布：合衆国南部から中米, ベネズエラ, キューバ, ドミニカ。

ヘミアルグス・ケラウヌス〈Hemiargus ceraunus〉昆虫綱鱗翅目シジミチョウ科の蝶。分布：中央アメリカからテキサス州まで。

ヘミアルグス・トマシ〈Hemiargus thomasi〉昆虫綱鱗翅目シジミチョウ科の蝶。分布：フロリダ州, バハマ諸島。

ヘミアルグス・ハンノ〈Hemiargus hanno hanno〉昆虫綱鱗翅目シジミチョウ科の蝶。分布：メキシコ, 西インド諸島からアマゾン流域。

ヘミオラウス・ケレ〈Hemiolaus ceres〉昆虫綱鱗翅目シジミチョウ科の蝶。分布：ケニア。

ヘミオラウス・ドロレス〈Hemiolaus dolores〉昆虫綱鱗翅目シジミチョウ科の蝶。分布：アフリカ東部。

ヘミスキエラ・マクリペンニス〈Hemisciera maculipennis〉昆虫綱半翅目セミ科。分布：アマゾン川流域。

ヘメヘソイレコダニ〈Rhysotritia ardua〉蛛形綱ダニ目ヘソイレコダニ科。

ペラウスアゲハ〈Papilio pelaus pelaus〉昆虫綱鱗翅目アゲハチョウ科の蝶。分布：ジャマイカ, キューバ, ハイチ, プエルトリコ。

ヘラクヌギカメムシ〈Urostylis annulicornis〉昆虫綱半翅目クヌギカメムシ科。別名ニセクヌギカメムシ。体長11〜13mm。分布：本州, 四国, 九州。

ヘラクレスオオカブトムシ ヘルクレスオオカブトムシの別名。

ヘラクレスヤママユ〈Coscinocera hercules〉昆虫綱鱗翅目ヤママユガ科の蛾。雄は長い尾状突起をもち, 先端で細くなり, 足の形を呈する。開張16.5〜25.0mm。分布：パプアニューギニアからオーストラリア北部。

ペラゴンタテツノカブトムシ〈Golofa pelagon〉昆虫綱甲虫目コガネムシ科の甲虫。分布：ボリビア, チリ。

ヘラサギハジラミ〈Ibidoecus platalae〉昆虫綱食毛目チョウカクハジラミ科。分布：ユーラシア（西部を除く）。

ヘラズネクモバエ〈Nycteribia allotopa〉昆虫綱双翅目クモバエ科。体長2.0mm。害虫。

ヘラヅノキノコゴミムシダマシ〈Platydema planicorne〉昆虫綱甲虫目ゴミムシダマシ科の甲虫。体長4.2〜4.6mm。

ヘラヅノコガネ〈Ceropleophana modiglianii〉昆虫綱甲虫目コガネムシ科の甲虫。分布：マレーシア, スマトラ, ボルネオ。

ベラミスタ・トルクアティラ〈Velamysta torquatilla〉昆虫綱鱗翅目トンボマダラ科の蝶。分布：ボリビア。

ヘラムシ 箆虫 節足動物門甲殻綱等脚目ヘラムシ科に属する海産動物の総称。

ヘリアオダイコクコガネ〈Phanaeus mimas〉昆虫綱甲虫目コガネムシ科の甲虫。分布：ブラジル。

ヘリアカアリモドキ〈Anthicomorphus suturalis〉昆虫綱甲虫目アリモドキ科の甲虫。体長4.5〜5.5mm。分布：本州（西部）, 九州。

ヘリアカカネコメツキ〈Gambrinus limbatipennis〉昆虫綱甲虫目コメツキムシ科。

ヘリアカキンノメイガ〈Carminibotys carminalis〉昆虫綱鱗翅目メイガ科の蛾。分布：近畿以西の本州, 四国, 九州, 中国。

ヘリアカクシヒゲボタル〈Cyphonocerus marginatus〉昆虫綱甲虫目ホタル科の甲虫。体長6.2〜6.7mm。

ヘリアカゴミムシダマシ〈Eutochia lateralis〉昆虫綱甲虫目ゴミムシダマシ科の甲虫。体長6.0〜6.5mm。

ヘリアカシモフリコメツキ〈Actenicerus modestus〉昆虫綱甲虫目コメツキムシ科の甲虫。体長9.5〜11.0mm。

ヘリアカデオキノコムシ 縁赤出尾茸虫〈Scaphidium reitteri〉昆虫綱甲虫目デオキノコムシ科の甲虫。体長5mm。分布：本州, 四国, 九州。

ヘリアカトガリアオシャク〈Pamphlebia rubrolimbraria〉昆虫綱鱗翅目シャクガ科の蛾。分布：本州, 沖縄本島, 石垣島, 西表島, 台湾, フィリピンからオーストラリア, インド。

ヘリアカナガクチキムシ〈Prothalpia ordinaria〉昆虫綱甲虫目ナガクチキムシ科の甲虫。体長6.2〜9.5mm。

ヘリアカナガハナゾウムシ〈Bradybatus limbatus〉昆虫綱甲虫目ゾウムシ科の甲虫。体長2.6〜3.2mm。

ヘリアカバコガシラハネカクシ〈Philonthus solidus〉昆虫綱甲虫目ハネカクシ科の甲虫。体長10.0〜11.0mm。

ヘリアカヒラタケシキスイ〈Epuraea hisamatsui〉昆虫綱甲虫目ケシキスイ科の甲虫。体長2.5～3.1mm。

ヘリアカビロウドセセリ〈Bibasis iluska〉昆虫綱鱗翅目セセリチョウ科の蝶。

ヘリアカビロードセセリ ヘリアカビロウドセセリの別名。

ヘリアカボタル ヘリアカクシヒゲボタルの別名。

ヘリアクモマツマキチョウ〈Anthocharis belia〉昆虫綱鱗翅目シロチョウ科の蝶。分布：ヨーロッパ南部, アフリカ北部。

ヘリアス・ファラエノイデス〈Helias phalaenoides〉昆虫綱鱗翅目セセリチョウ科の蝶。分布：メキシコからパラグアイ, トリニダードまで。

ヘリア・ラミス〈Peria lamis〉昆虫綱鱗翅目タテハチョウ科の蝶。分布：南アメリカ北部。

ヘリアンデルツバメシジミタテハ〈Rhetus periander〉昆虫綱鱗翅目シジミタテハ科。分布：ホンジュラスからギアナ, ブラジル, アルゼンチンまで。

ヘリウスハナカミキリ〈Pyrrhona laeticolor〉昆虫綱甲虫目カミキリムシ科ハナカミキリ亜科の甲虫。体長10～13mm。分布：本州, 四国, 九州, 屋久島。

ペリオノロミア・ヘロス〈Prionolomia heros〉昆虫綱半翅目ヘリカメムシ科。分布：インド, スマトラ, ジャワ。

ヘリオビイナズマ〈Euthalia iapis〉昆虫綱鱗翅目タテハチョウ科の蝶。分布：マレーシア, ジャワ。

ヘリオビハマキ〈Microcorses marginifasciata〉昆虫綱鱗翅目ホソハマキガ科の蛾。開張19～22mm。

ヘリオビヒメハマキ〈Cryptaspasma marginifasciata〉昆虫綱鱗翅目ハマキガ科の蛾。分布：本州, 四国, 九州, ロシア(沿海州)。

ヘリオフォルス・アンドゥロクレス〈Heliophorus androcles〉昆虫綱鱗翅目シジミチョウ科の蝶。分布：ヒマラヤから中国西部まで。

ヘリオフォルス・ニラ〈Heliophorus nila〉昆虫綱鱗翅目シジミチョウ科の蝶。分布：マレーシア, スマトラ。

ヘリオフォルス・ブラーマ〈Heliophorus brahma〉昆虫綱鱗翅目シジミチョウ科の蝶。分布：ヒマラヤから中国西部まで。

ヘリオフォルス・ベーケリ〈Heliophorus bakeri〉昆虫綱鱗翅目シジミチョウ科の蝶。分布：インド。

ヘリオフォルス・ムーレイ〈Heliophorus moorei〉昆虫綱鱗翅目シジミチョウ科の蝶。分布：チベット, 中国西部および中部, インド北部。

ヘリオフグス・インプレッスス〈Heliofugus impressus〉昆虫綱甲虫目ゴミムシダマシ科。分布：チリ。

ヘリオフグス・ペナイ〈Heliofugus penai〉昆虫綱甲虫目ゴミムシダマシ科。分布：チリ。

ヘリオペテス・アルサルテ〈Heliopetes arsalte〉昆虫綱鱗翅目セセリチョウ科の蝶。分布：メキシコからパラグアイおよびジャマイカまで。

ヘリオペテス・エリケトルム〈Heliopetes ericetorum〉昆虫綱鱗翅目セセリチョウ科の蝶。分布：カリフォルニア州, アリゾナ州。

ヘリオペテス・オムリナ〈Heliopetes omrina〉昆虫綱鱗翅目セセリチョウ科の蝶。分布：ペルー。

ヘリオペテス・ドミケッラ〈Heliopetes domicella〉昆虫綱鱗翅目セセリチョウ科の蝶。分布：アリゾナ州, メキシコからアルゼンチンまで。

ヘリオペテス・ペトゥルス〈Heliopetes petrus〉昆虫綱鱗翅目セセリチョウ科の蝶。分布：ペルー, ブラジル。

ヘリオペテス・マカイラ〈Heliopetes macaira〉昆虫綱鱗翅目セセリチョウ科の蝶。分布：アリゾナ州からパナマまで。

ヘリオペテス・ラビアナ〈Heliopetes lavians〉昆虫綱鱗翅目セセリチョウ科の蝶。分布：メキシコからアルゼンチンまで。

ヘリカメムシ 縁椿象, 縁亀虫〈Coreus marginatus orientalis〉昆虫綱半翅目ヘリカメムシ科。体長12～16mm。分布：北海道, 本州(中部以北)。

ヘリカメムシ 縁椿象, 縁亀虫〈squash bug, coreid bug〉昆虫綱半翅目異翅亜目ヘリカメムシ科Coreidaeの昆虫の総称, またはそのなかの一種。

ペリカレス・アグリッパ〈Perichares agrippa〉昆虫綱鱗翅目セセリチョウ科の蝶。分布：ニカラグア, トリニダード。

ペリカレス・フィレテス〈Perichares philetes〉昆虫綱鱗翅目セセリチョウ科の蝶。分布：メキシコ。

ペリカレス・ブトゥス〈Perichares butus〉昆虫綱鱗翅目セセリチョウ科の蝶。分布：ギアナ。

ペリカレス・リンディギアナ〈Perichares lindigiana〉昆虫綱鱗翅目セセリチョウ科の蝶。分布：コロンビアおよびベネズエラ。

ペリカレス・ロトゥス〈Perichares lotus〉昆虫綱鱗翅目セセリチョウ科の蝶。分布：メキシコからベネズエラおよびトリニダード。

ヘリキスジノメイガ〈Mrgaritia sticticalis〉昆虫綱鱗翅目メイガ科の蛾。分布：北海道, 朝鮮半島, シベリア東部からヨーロッパ, 北アメリカ。

ペリクレスミイロタテハ〈Agrias pericles〉昆虫綱鱗翅目タテハチョウ科の蝶。開張75mm。分布：アマゾン川中流北岸・中流南側。珍蝶。

ヘリグロアオカミキリ〈*Saperda interrupta*〉昆虫綱甲虫目カミキリムシ科フトカミキリ亜科の甲虫。体長8～12mm。分布：本州。

ヘリグロアカトビハムシ〈*Horaia esakii*〉昆虫綱甲虫目ハムシ科。

ヘリグロアサギシロチョウ〈*Valeria jobaea*〉昆虫綱鱗翅目シロチョウ科の蝶。分布：モルッカ諸島，ニューギニア。

ヘリグロイシガケチョウ〈*Cyrestis cassander*〉昆虫綱鱗翅目タテハチョウ科の蝶。分布：フィリピン。

ヘリグロエダシャク〈*Bupalus vestalis*〉昆虫綱鱗翅目シャクガ科エダシャク亜科の蛾。開張34～36mm。分布：北海道，本州(東北地方北部と関東北部から中部山地)，シベリア南東部，中国。

ヘリグロガガンボ〈*Tipula nigrocostata*〉昆虫綱双翅目ガガンボ科。

ヘリグロキイロノメイガ〈*Herpetogramma submarginalis*〉昆虫綱鱗翅目メイガ科の蛾。分布：沖永良部島，徳之島，西表島，インド，太平洋の島々。

ヘリグロキエダシャク〈*Corymica deducta*〉昆虫綱鱗翅目シャクガ科エダシャク亜科の蛾。開張19～21mm。分布：東南アジアから中国，本州(伊豆半島以西)，四国，九州，対馬，屋久島。

ヘリグロキマダラタテハ〈*Byblia anvatara*〉昆虫綱鱗翅目タテハチョウ科の蝶。分布：サハラ以南のアフリカ全域，コモロ，マダガスカル，ソコトラ島。

ヘリグロキンノメイガ〈*Pleuroptya balteata*〉昆虫綱鱗翅目メイガ科ノメイガ亜科の蛾。開張25～32mm。ナラ，樫，ブナに害を及ぼす。分布：本州(東北北部より)，四国，九州，対馬，種子島，屋久島，奄美大島，台湾，朝鮮半島，中国，インドから東南アジア一帯。

ヘリグロクチバ〈*Ophiusa triphaenoides*〉昆虫綱鱗翅目ヤガ科シタバガ亜科の蛾。開張56mm。分布：インド，ミャンマーから中国に至る大陸部，台湾，東海地方以西，四国，九州，屋久島，奄美大島，徳之島，沖縄本島。

ヘリグロコブガ〈*Meganola costalis*〉昆虫綱鱗翅目コブガ科の蛾。分布：北海道(南西部)，本州(東北地方北部から中部山地)，シベリア南東部。

ヘリクロコマルハキバガ〈*Cryptolechia facunda*〉昆虫綱鱗翅目マルハキバガ科の蛾。開張11～12mm。

ヘリグロシタバ ヘリグロクチバの別名。

ヘリグロスカシジャノメ ボリタスカシジャノメの別名。

ヘリグロタテハ〈*Cirrochroa regina*〉昆虫綱鱗翅目タテハチョウ科の蝶。分布：ニューギニア，モルッカ諸島。

ヘリグロチャバネセセリ 縁黒茶翅挵蝶〈*Thymelicus sylvaticus*〉昆虫綱鱗翅目セセリチョウ科の蝶。前翅長15mm。分布：北海道(西南部)，本州，四国，九州。

ヘリグロツユムシ 縁黒露虫〈*Psyra japonica*〉昆虫綱直翅目キリギリス科。体長40～45mm。分布：本州(宮城県，山形県，東京都，和歌山県，大阪府)，対馬。

ヘリグロツルギタテハ〈*Marpesia hermione*〉昆虫綱鱗翅目タテハチョウ科の蝶。分布：グアテマラからペルー，ボリビア。

ヘリグロデオキスイ〈*Carpophilus cingulatus*〉昆虫綱甲虫目ケシキスイ科の甲虫。体長2.1～2.7mm。

ヘリクロテンアオシャク〈*Hemistola dijuncta*〉昆虫綱鱗翅目シャクガ科アオシャク亜科の蛾。開張雄26～28mm，雌30～36mm。分布：本州(関東以西)，四国，九州，対馬，朝鮮半島，中国東部。

ヘリグロテントウノハムシ〈*Argopistes coccinelliformis*〉昆虫綱甲虫目ハムシ科の甲虫。体長3.2～4.0mm。

ヘリグロトガリメイガ〈*Endotricha consosia*〉昆虫綱鱗翅目メイガ科トガリメイガ亜科の蛾。開張20mm。

ヘリグロトラフタテハ〈*Parthenos tigrina*〉昆虫綱鱗翅目タテハチョウ科の蝶。分布：ワイゲオ，サラワティ，ミズール，ニューギニア。

ヘリグロノメイガ〈*Herpetogramma cynaralis*〉昆虫綱鱗翅目メイガ科の蛾。分布：本州(紀伊半島)，四国と九州の南部，対馬，屋久島，奄美大島，沖縄本島，台湾，インドから東南アジア一帯。

ヘリグロヒメアオシャク〈*Hemithea tritonaria*〉昆虫綱鱗翅目シャクガ科の蛾。分布：インドから東南アジア一帯，台湾，朝鮮半島，中国，本州(関東以西)，四国，九州，対馬，屋久島，奄美大島，沖縄本島。

ヘリグロヒメシャク〈*Scopula luridata*〉昆虫綱鱗翅目シャクガ科の蛾。分布：沖縄本島，朝鮮半島，中国西部，中央アジアから北アフリカ。

ヘリグロヒメハナバエ 縁黒姫花蝿〈*Orchisia costata*〉昆虫綱双翅目ハナバエ科。分布：九州。

ヘリグロヒメハマキ〈*Eubrochoneura altissima*〉昆虫綱鱗翅目ハマキガ科の蛾。分布：静岡県大滝温泉，香川県象頭山。

ヘリグロヒメフクロウチョウ〈*Opsiphanes batea*〉昆虫綱鱗翅目フクロウチョウ科の蝶。分布：ブラジル。

ヘリグロヒメヨトウ〈*Pratysenta illustrata*〉昆虫綱鱗翅目ヤガ科カラスヨトウ亜科の蛾。分布：アムール，中国，長野県松本盆地，八坂村，生坂村，明科町。

ヘリグロヒラタケシキスイ　縁黒扁出尾虫〈*Omosita discoidea*〉昆虫綱甲虫目ケシキスイ科の甲虫。体長2.3〜3.7mm。分布：日本各地。

ヘリグロベニカミキリ〈*Purpuricenus spectabilis*〉昆虫綱甲虫目カミキリムシ科カミキリ亜科の甲虫。体長12〜20mm。分布：北海道，本州，四国，九州，佐渡，対馬，屋久島。

ヘリグロベニホソチョウ　チャマダラホソチョウの別名。

ヘリグロホソカッコウムシ〈*Callimerus nigromarginatus*〉昆虫綱甲虫目カッコウムシ科。体長7〜9mm。分布：南西諸島。

ヘリグロホソハナカミキリ〈*Ohbayashia nigromarginata*〉昆虫綱甲虫目カミキリムシ科ハナカミキリ亜科の甲虫。体長10〜12mm。分布：本州，四国，九州。

ヘリグロホソハマキモドキ〈*Glyphipterix nigromarginata*〉昆虫綱鱗翅目ホソハマキモドキガ科の蛾。開張10〜13mm。分布：本州，四国，九州。

ヘリグロマイコガ　セグロベニトゲアシガの別名。

ヘリグロマダラエダシャク〈*Abraxas satoni*〉昆虫綱鱗翅目シャクガ科の蛾。分布：北海道(三笠市)，本州(東北地方北部から関東，北陸)，九州(大分県祖母山，熊本県球磨郡水上村)，中国東北。

ヘリグロメダカカッコウムシ〈*Callimerus ryukyuensis*〉昆虫綱甲虫目カッコウムシ科の甲虫。体長8〜9mm。

ヘリグロヨツモンヤママユ〈*Nudaurelia arabella*〉昆虫綱鱗翅目ヤママユガ科の蛾。分布：アフリカ東部・南部。

ヘリグロリンゴカミキリ〈*Nupserha marginella*〉昆虫綱甲虫目カミキリムシ科フトカミキリ亜科の甲虫。体長8〜13mm。分布：北海道，本州，四国，九州，対馬。

ヘリコニウス・アオエデ〈*Heliconius aoede*〉昆虫綱鱗翅目ドクチョウ科の蝶。分布：アマゾン地方，ギアナ，ベネズエラ，ボリビア。

ヘリコニウス・アッティス〈*Heliconius atthis*〉昆虫綱鱗翅目ドクチョウ科の蝶。分布：エクアドル。

ヘリコニウス・アリスティオヌス〈*Heliconius aristionus*〉昆虫綱鱗翅目ドクチョウ科の蝶。分布：ボリビアおよびペルー。

ヘリコニウス・アリフェラ〈*Heliconius aliphera*〉ヘリコニウス科。分布：アマゾン流域からブラジル南部。

ヘリコニウス・アリフェルス〈*Heliconius alipherus*〉昆虫綱鱗翅目ドクチョウ科の蝶。分布：中央アメリカからブラジル南部まで。

ヘリコニウス・アンティオクス〈*Heliconius antiochus*〉昆虫綱鱗翅目ドクチョウ科の蝶。分布：南アメリカ北部。

ヘリコニウス・アンデリダ〈*Heliconius anderida*〉昆虫綱鱗翅目ドクチョウ科の蝶。分布：中央アメリカ，ベネズエラ。

ヘリコニウス・イスメニウス〈*Heliconius ismenius*〉昆虫綱鱗翅目ドクチョウ科の蝶。分布：コロンビアからホンジュラスまで。

ヘリコニウス・エアネス〈*Heliconius eanes*〉昆虫綱鱗翅目ドクチョウ科の蝶。分布：ボリビアおよびペルー。

ヘリコニウス・エディアス〈*Heliconius edias*〉昆虫綱鱗翅目ドクチョウ科の蝶。分布：中央アメリカ，エクアドル，ベネズエラ。

ヘリコニウス・エトゥラ〈*Heliconius ethra*〉昆虫綱鱗翅目ドクチョウ科の蝶。分布：ブラジル。

ヘリコニウス・エラト・エンマ〈*Heliconius erato emma*〉昆虫綱鱗翅目ドクチョウ科の蝶。分布：中米諸国からウルグアイ，アルゼンチン北部まで。

ヘリコニウス・エラト・ヒダルス〈*Heliconius erato hydarus*〉昆虫綱鱗翅目ドクチョウ科の蝶。分布：ブラジル北部アマゾン流域。

ヘリコニウス・エラト・フィリス〈*Heliconius erato phyllis*〉昆虫綱鱗翅目ドクチョウ科の蝶。分布：ブラジル南部。

ヘリコニウス・キサントクレス〈*Heliconius xanthocles*〉昆虫綱鱗翅目ドクチョウ科の蝶。分布：ギアナ，エクアドル，ペルー。

ヘリコニウス・キサントクレス・メレテ〈*Heliconius xanthocles melete*〉昆虫綱鱗翅目ドクチョウ科の蝶。分布：コロンビア，エクアドル，ペルー，ボリビア。

ヘリコニウス・キセノクレウス〈*Heliconius xenocleus*〉昆虫綱鱗翅目ドクチョウ科の蝶。分布：エクアドル，ペルー。

ヘリコニウス・クイタレヌス〈*Heliconius quitalenus*〉昆虫綱鱗翅目ドクチョウ科の蝶。分布：ボリビアおよびペルー。

ヘリコニウス・シルバヌス〈*Heliconius silvanus*〉昆虫綱鱗翅目ドクチョウ科の蝶。分布：ベネズエラ，ギアナ，ブラジル。

ヘリコニウスタイマイ〈*Eurytides pausanias*〉昆虫綱鱗翅目アゲハチョウ科の蝶。開張80mm。分布：中米南部からブラジルまで。珍品。

ヘリコニウス・タレス〈*Heliconius tales*〉昆虫綱鱗翅目ドクチョウ科の蝶。分布：アマゾン，ギア

ナア。

ヘリコニウス・ティマレトゥス〈Heliconius timaretus〉昆虫綱鱗翅目ドクチョウ科の蝶。分布：エクアドル。

ヘリコニウス・テレシフェ〈Heliconius telesiphe〉昆虫綱鱗翅目ドクチョウ科の蝶。分布：ペルーおよびボリビア。

ヘリコニウス・ナンヌス〈Heliconius nannus〉昆虫綱鱗翅目ドクチョウ科の蝶。分布：ブラジル。

ヘリコニウス・ヌマトゥス〈Heliconius numatus〉昆虫綱鱗翅目ドクチョウ科の蝶。分布：ギアナ，アマゾン。

ヘリコニウス・ノバトゥス〈Heliconius novatus〉昆虫綱鱗翅目ドクチョウ科の蝶。分布：ボリビア，ペルー。

ヘリコニウス・パルダリヌス〈Heliconius pardalinus〉昆虫綱鱗翅目ドクチョウ科の蝶。分布：エクアドル，ペルー，ボリビア，アマゾン。

ヘリコニウス・ビビリウス〈Heliconius vibilius〉昆虫綱鱗翅目ドクチョウ科の蝶。分布：ブラジル，コロンビア。

ヘリコニウスヒメドクチョウ〈Eueides heliconius〉昆虫綱鱗翅目タテハチョウ科の蝶。地はオレンジ色，縁は黒色。開張4.5～5.0mm。分布：メキシコ南部から南アメリカ。

ヘリコニウス・フィッリス〈Heliconius phyllis〉昆虫綱鱗翅目ドクチョウ科の蝶。分布：アルゼンチンからパラグアイおよびペルー，ギアナおよびアマゾン。

ヘリコニウス・ブルカヌス〈Heliconius vulcanus〉昆虫綱鱗翅目ドクチョウ科の蝶。分布：コロンビア，パナマ。

ヘリコニウス・ヘカレ〈Heliconius hecale〉昆虫綱鱗翅目ドクチョウ科の蝶。分布：コロンビア。

ヘリコニウス・ベスケイ〈Heliconius besckei〉昆虫綱鱗翅目ドクチョウ科の蝶。分布：ブラジル南部。

ヘリコニウス・ペティベラヌス〈Heliconius petiveranus〉昆虫綱鱗翅目ドクチョウ科の蝶。分布：メキシコからベネズエラまで。

ヘリコニウス・ベトゥストゥス〈Heliconius vetustus〉昆虫綱鱗翅目ドクチョウ科の蝶。分布：ギアナ，アマゾン下流地方。

ヘリコニウス・ヘルマテヌス〈Heliconius hermathenus〉昆虫綱鱗翅目ドクチョウ科の蝶。分布：アマゾン地方。

ヘリコニウス・メタルメ〈Heliconius metharme〉昆虫綱鱗翅目ドクチョウ科の蝶。分布：南アメリカ北部。

ヘリコニウス・メルポメネ・キテルス〈Heliconius melpomene cytherus〉昆虫綱鱗翅目ドクチョウ科の蝶。分布：中米諸国から南米中部まで。

ヘリコニウス・メルポメネ・プレッセニ〈Heliconius melpomene plesseni〉昆虫綱鱗翅目ドクチョウ科の蝶。分布：エクアドル。

ペリサマ・エウリクレア〈Perisama euriclea〉昆虫綱鱗翅目タテハチョウ科の蝶。分布：コロンビア，ペルー，ベネズエラ。

ペリサマ・オッペリイ〈Perisama oppelii〉昆虫綱鱗翅目タテハチョウ科の蝶。分布：コロンビア。

ペリサマカザリシロチョウ〈Delias belisama〉昆虫綱鱗翅目シロチョウ科の蝶。分布：ジャワ，スマトラ。

ペリサマ・カセバ〈Perisama chaseba〉昆虫綱鱗翅目タテハチョウ科の蝶。分布：ボリビア。

ペリサマ・カビルニア〈Perisama cabirnia〉昆虫綱鱗翅目タテハチョウ科の蝶。分布：ペルー，ボリビア。

ペリサマ・カラミス〈Perisama calamis〉昆虫綱鱗翅目タテハチョウ科の蝶。分布：ボリビア。

ペリサマ・キサンティカ〈Perisama xanthica〉昆虫綱鱗翅目タテハチョウ科の蝶。分布：ペルー。

ペリサマ・グエリニ〈Perisama guerini〉昆虫綱鱗翅目タテハチョウ科の蝶。分布：コロンビア。

ペリサマ・クロエリア〈Perisama cloelia〉昆虫綱鱗翅目タテハチョウ科の蝶。分布：ペルー。

ペリサマ・ケキダス〈Perisama cecidas〉昆虫綱鱗翅目タテハチョウ科の蝶。分布：エクアドル，ペルー。

ペリサマ・コムネナ〈Perisama comnena〉昆虫綱鱗翅目タテハチョウ科の蝶。分布：ペルー。

ペリサマ・ニクティメネ〈Perisama nyctimene〉昆虫綱鱗翅目タテハチョウ科の蝶。分布：エクアドル。

ペリサマ・パタラ〈Perisama patara〉昆虫綱鱗翅目タテハチョウ科の蝶。分布：ベネズエラ。

ペリサマ・バニンカ〈Perisama vaninka〉昆虫綱鱗翅目タテハチョウ科の蝶。分布：コロンビア，ペルー。

ペリサマ・ビリディノタ〈Perisama viridinota〉昆虫綱鱗翅目タテハチョウ科の蝶。分布：ペルー。

ペリサマ・フィリヌス〈Perisama philinus〉昆虫綱鱗翅目タテハチョウ科の蝶。分布：ブラジル。

ペリサマ・プリエネ〈Perisama priene〉昆虫綱鱗翅目タテハチョウ科の蝶。分布：ペルー。

ペリサマ・プリスティア〈Perisama plistia〉昆虫綱鱗翅目タテハチョウ科の蝶。分布：コロンビア，ペルー。

ヘリサマホ

ペリサマ・ボンプランディイ〈Perisama bonplandii〉昆虫綱鱗翅目タテハチョウ科の蝶。分布：コロンビア，ペルー。

ペリサマ・モロナ〈Perisama morona〉昆虫綱鱗翅目タテハチョウ科の蝶。分布：ペルー，ボリビア。

ペリサマ・レバシイ〈Perisama lebasii〉昆虫綱鱗翅目タテハチョウ科の蝶。分布：コロンビア。

ヘリジロオニグモ〈Neoscona subpullata〉蛛形綱クモ目コガネグモ科の蜘蛛。体長雌5～6mm，雄3～4mm。分布：本州，四国，九州，南西諸島。

ヘリジロカラスノメイガ〈Evergestis holophaealis〉昆虫綱鱗翅目メイガ科の蛾。分布：東北から関東，中部，北陸の山地。

ヘリジロカラスメイガ ヘリジロカラスノメイガの別名。

ヘリジロキンノメイガ〈Paliga auratalis〉昆虫綱鱗翅目メイガ科ノメイガ亜科の蛾。開張18～21mm。分布：北海道，本州，四国，九州，対馬，屋久島，沖永良部島，西表島。

ヘリジロクロマダラ〈Clelea albicilia〉昆虫綱鱗翅目マダラガ科の蛾。分布：関東，中部，北陸の山地。

ヘリジロサラグモ〈Linyphia oidedicata〉蛛形綱クモ目サラグモ科の蜘蛛。体長雌4～5mm，雄4.5～5.5mm。分布：日本全土。

ヘリジロヨツメアオシャク 縁白四目青尺蛾〈Comibaena amoenaria〉昆虫綱鱗翅目シャクガ科アオシャク亜科の蛾。開張22～31mm。分布：北海道，本州，四国，九州，対馬，朝鮮半島，シベリア南東部。

ヘリスジシャチホコ〈Neopheosia fasciata〉昆虫綱鱗翅目シャチホコガ科ウチキシャチホコ亜科の蛾。開張45～50mm。分布：インドから台湾，伊豆半島以西，四国，九州，対馬。

ヘリスジナミシャク 縁条波尺蛾〈Eschatarchia lineata〉昆虫綱鱗翅目シャクガ科ナミシャク亜科の蛾。開張25～28mm。分布：本州（関東や北陸以西），四国，九州，対馬，屋久島，奄美大島，沖縄本島，台湾，ミャンマー。

ヘリテンエンマムシ〈Margarinotus marginepunctatus〉昆虫綱甲虫目エンマムシ科の甲虫。体長4.0～4.6mm。

ペリドゥノタ・カービイ〈Pelidnota kirbyi〉昆虫綱甲虫目コガネムシ科の甲虫。分布：ブラジル。

ペリドゥノタ・キアニペス〈Pelidnota cyanipes〉昆虫綱甲虫目コガネムシ科の甲虫。分布：ブラジル。

ペリドゥノタ・ストゥリゴサ〈Pelidnota strigosa〉昆虫綱甲虫目コガネムシ科の甲虫。分布：メキシコ，グアテマラ，ニカラグア，コスタリカ，パナマ。

ペリドゥノタ・ビレスケンス〈Pelidnota virescens〉昆虫綱甲虫目コガネムシ科の甲虫。分布：メキシコ。

ペリドゥノタ・フロンメリ〈Pelidnota frommeri〉昆虫綱甲虫目コガネムシ科の甲虫。分布：メキシコ。

ペリドゥノタ・プンクトゥラタ〈Pelidnota punctulata〉昆虫綱甲虫目コガネムシ科の甲虫。分布：メキシコ，グアテマラ，ホンジュラス，ニカラグア。

ペリドゥノタ・ラエビッシマ〈Pelidnota laevissima〉昆虫綱甲虫目コガネムシ科の甲虫。分布：パナマ，トリニダード，ベネズエラ，フランス領ギアナ，コロンビア。

ヘリトゲコブスジコガネ〈Trox mandli〉昆虫綱甲虫目コブスジコガネ科の甲虫。体長5.5～7.0mm。分布：北海道，本州。

ヘリトゲヨツメハネカクシ〈Pycnoglypta denticollis〉昆虫綱甲虫目ハネカクシ科の甲虫。体長2.6～3.0mm。

ヘリナガエンマムシ〈Platysoma vagans〉昆虫綱甲虫目エンマムシ科の甲虫。体長4.5～4.9mm。

ペーリーナガスネトビハムシ〈Psylliodes balyi〉昆虫綱甲虫目ハムシ科の甲虫。体長2.5～3.0mm。

ヘリハネムシ 縁翅虫〈Ischalia patagiata〉昆虫綱甲虫目アカハネムシ科の甲虫。体長3.8～6.5mm。分布：本州，四国，九州。

ヘリヒラタアブ 縁扁虻〈Didea alneti〉昆虫綱双翅目ショクガバエ科。体長11～13mm。分布：本州，四国，九州。

ヘリブトキシタアゲハ〈Troides haliphron〉昆虫綱鱗翅目アゲハチョウ科の蝶。分布：スンバ，スンバワ，フロレスの各島。

ヘリブトベニモンキチョウ〈Colias wiskotti〉昆虫綱鱗翅目シロチョウ科の蝶。分布：パミールからヒンズークシュ山脈まで。

ヘリブトミドリシジミ〈Teratozephyrus tsangkie〉昆虫綱鱗翅目シジミチョウ科の蝶。分布：中国（西部・中部）。

ペリプラキス・グラウコマ〈Periplacis glaucoma〉昆虫綱鱗翅目シジミタテハ科の蝶。分布：ブラジル。

ペリプラキス・スペルバ〈Periplacis superba〉昆虫綱鱗翅目シジミタテハ科。分布：ブラジルのアマゾン流域。

ヘリボシアオネアゲハ〈Achillides lorquinianus〉昆虫綱鱗翅目アゲハチョウ科の蝶。

ヘリボシウンモンコヤガ ヘリボシキノコヨトウの別名。

ヘリボシオオルリアゲハ〈*Papilio lorguinianus*〉昆虫綱鱗翅目アゲハチョウ科の蝶。開張90mm。分布：ハルマヘラ, 西イリアン。珍蝶。

ヘリボシオナシモンキアゲハ〈*Papilio dravidarum*〉昆虫綱鱗翅目アゲハチョウ科の蝶。分布：インド南部。

ヘリボシカメノコカワリタマムシ〈*Polybothris cordiformis*〉昆虫綱甲虫目タマムシ科。分布：マダガスカル。

ヘリボシキシタクチバ〈*Hypocala violacea*〉昆虫綱鱗翅目ヤガ科クチバ亜科の蛾。分布：東南アジア, 石垣島, 北九州, 対馬。

ヘリボシキノコヨトウ〈*Stenoloba oculata*〉昆虫綱鱗翅目ヤガ科の蛾。分布：中国, 北海道南端部, 本州, 九州。

ヘリボシチャイロフタオチョウ〈*Charaxes harmodius*〉昆虫綱鱗翅目タテハチョウ科の蝶。分布：スマトラ。

ヘリボシヒメハマキ〈*Dichrorampha cancellatana*〉昆虫綱鱗翅目ハマキガ科の蛾。分布：北海道, ロシア(沿海州, サハリン, 千島など)。

ヘリボシフタオチョウ〈*Charaxes durnfordi*〉昆虫綱鱗翅目タテハチョウ科の蝶。分布：ミャンマーからジャワ, ボルネオまでに分布。亜種はジャワ。

ヘリボシプレポナ〈*Prepona chromus*〉昆虫綱鱗翅目タテハチョウ科の蝶。分布：コロンビア, ベネズエラ。

ヘリボシボカシタテハ〈*Euphaedra eleus*〉昆虫綱鱗翅目タテハチョウ科の蝶。分布：シエラレオネからコンゴをへてウガンダ, アンゴラまで。

ヘリミゾツヤタマムシ〈*Lampetis corynthia*〉昆虫綱甲虫目タマムシ科。分布：アルゼンチン。

ヘリムネヒラタケシキスイ〈*Epuraea bickhaldti*〉昆虫綱甲虫目ケシキスイ科の甲虫。体長2.4～3.4mm。

ヘリムネマメコメツキ 縁胸豆叩頭虫〈*Yukoana carinicollis*〉昆虫綱甲虫目コメツキムシ科の甲虫。体長2.8～4.0mm。分布：本州。

ヘリモンイシガキチョウ〈*Cyrestis camillus*〉昆虫綱鱗翅目タテハチョウ科の蝶。分布：シエラレオネからエチオピアまで。

ヘリモンキチョウ　ウスイロモンキチョウの別名。

ヘリモンダンゴタマムシ〈*Julodis fimbriata*〉昆虫綱甲虫目タマムシ科。分布：エチオピア, ソマリア, アラビア。

ヘリモンヒメハナカミキリ〈*Pidonia matsushitai*〉昆虫綱甲虫目カミキリムシ科ハナカミキリ亜科の甲虫。体長7～12mm。分布：本州の中部山岳地帯。

ヘリモンフトタマムシ〈*Sternocera orissa*〉昆虫綱甲虫目タマムシ科。分布：アフリカ中央部・南東部・南部。

ヘリモンマガリガ〈*Lampronia marginimacutata*〉昆虫綱鱗翅目マガリガ科の蛾。開張14～15mm。分布：中部山岳地帯。

ヘリングハマキホソガ〈*Caloptilia heringi*〉昆虫綱鱗翅目ホソガ科の蛾。分布：北海道, ロシア南東部。

ヘルオモルファ・ラティタルシス〈*Helluomorpha latitarsis*〉昆虫綱甲虫目ゴミムシ科。分布：アメリカ合衆国。

ペルークビボソクワガタ〈*Cantharolethrus peruvianus*〉昆虫綱甲虫目クワガタムシ科。分布：ペルー。

ヘルクレスオオカブトムシ〈*Dynastes hercules*〉昆虫綱甲虫目コガネムシ科の甲虫。別名ヘルクレスオオツノカブトムシ。世界最大のカブトムシとして知られる。分布：グアテマラからパナマ, エクアドル, アンチル諸島。

ヘルクレスオオツノカブト　ヘルクレスオオカブトムシの別名。

ヘルクレスモルフォ〈*Morpho hercules*〉昆虫綱鱗翅目モルフォチョウ科の蝶。開張120mm。分布：ブラジル中南部。珍蝶。

ペルーシジミ〈*Styx infernalis*〉昆虫綱鱗翅目シジミタテハ科の蝶。別名スティクスシジミ。

ペルスアオジャコウアゲハ〈*Battus belus*〉昆虫綱鱗翅目アゲハチョウ科の蝶。分布：メキシコから熱帯南アメリカ, 亜種はペルー東部からガイアナ, スリナム, フランス領ギアナ, ブラジルのアマゾン地方。

ペルセウスモルフォ〈*Morpho perseus*〉昆虫綱鱗翅目モルフォチョウ科の蝶。分布：ギアナ, コロンビアからボリビアまで, アンデス山脈およびアマゾン地方。

ベルナルドスフタオチョウ〈*Charaxes bernardus*〉昆虫綱鱗翅目タテハチョウ科の蝶。オレンジ色の翅の中央に幅広い白色の帯がある。開張9～12mm。分布：インド, スリランカ, パキスタン, ミャンマー, マレーシア。

ベルベリア・アブデルカデル〈*Berberia abdelkader*〉昆虫綱鱗翅目ジャノメチョウ科の蝶。分布：オラン(アルジェリア), モロッコ。

ヘルマテナ・カンディダタ〈*Hermathena candidata columba*〉昆虫綱鱗翅目シジミタテハ科の蝶。分布：コロンビアからボリビア。

ヘルマンアカザキバガ〈*Chrysoesthia hermannella*〉昆虫綱鱗翅目キバガ科の蛾。分

布：本州，ヨーロッパ，小アジア，北アフリカ，北アメリカ．

ヘルメウプティキア・ヘルメス〈*Hermeuptychia hermes*〉昆虫綱鱗翅目ジャノメチョウ科の蝶．分布：北アメリカ，中央アメリカからブラジル南部まで．

ペルリブリス・ピルラ〈*Perrhybris pyrrha*〉昆虫綱鱗翅目シロチョウ科の蝶．分布：中央アメリカからブラジル南部まで．

ペルリブリス・リペラ〈*Perrhybris lypera*〉昆虫綱鱗翅目シロチョウ科の蝶．分布：コロンビア，エクアドル．

ペルリブリス・ロレナ〈*Perrhybris lorena*〉昆虫綱鱗翅目シロチョウ科の蝶．分布：コロンビア，エクアドル，ペルー，ボリビア．

ベルレーゼコバチ〈*Prospaltella berlesei*〉昆虫綱膜翅目ツヤコバチ科．

ペレイデスモルフォ〈*Morpho peleides*〉昆虫綱鱗翅目タテハチョウ科の蝶．褐色の裏面には，黒色と黄色の縁どりをもつ明瞭な目玉模様が並ぶ．開張9.5～12.0mm．分布：西インド諸島を含む中央および南アメリカ．珍蝶．

ペレウテ・アウトディカ〈*Pereute autodyca*〉昆虫綱鱗翅目シロチョウ科の蝶．分布：ブラジル南部．

ペレウテ・カロプス〈*Pereute charops*〉昆虫綱鱗翅目シロチョウ科の蝶．分布：メキシコからベネズエラ北部まで．

ペレウテ・スウェインソニ〈*Pereute swainsoni*〉昆虫綱鱗翅目シロチョウ科の蝶．分布：ブラジル．

ペレウテ・テルトゥサ〈*Pereute telthusa*〉昆虫綱鱗翅目シロチョウ科の蝶．分布：ペルー．

ペレエキスジジガバチ〈*Mellinus obscurus*〉昆虫綱膜翅目ジガバチ科．体長10～13mm．分布：日本全土．

ペレエヒゲベッコウ〈*Dipogon conspersus*〉昆虫綱膜翅目ベッコウバチ科．

ヘレナキシタアゲハ〈*Troides helena*〉昆虫綱鱗翅目アゲハチョウ科の蝶．開張雄110mm，雌130mm．分布：北インドからスラウェシ島．珍蝶．

ヘレナモルフォ〈*Morpho helena*〉昆虫綱鱗翅目モルフォチョウ科の蝶．開張150mm．分布：エクアドル，ペルー．珍蝶．

ベレノイス・アウロタ〈*Belenois aurota*〉昆虫綱鱗翅目シロチョウ科の蝶．分布：アフリカ全土．

ベレノイス・アンチアナカ〈*Belenois antsianaka*〉昆虫綱鱗翅目シロチョウ科の蝶．分布：マダガスカル．

ベレノイス・ギディカ〈*Belenois gidica*〉昆虫綱鱗翅目シロチョウ科の蝶．分布：アフリカ全土（北部を除く）．

ベレノイス・グランディディエリ〈*Belenois grandidieri*〉昆虫綱鱗翅目シロチョウ科の蝶．分布：マダガスカル，アルダブラ諸島．

ベレノイス・スベイダ〈*Belenois subeida*〉昆虫綱鱗翅目シロチョウ科の蝶．分布：アフリカ西部，中央部．

ベレノイス・ゾカリア〈*Belenois zochalia*〉昆虫綱鱗翅目シロチョウ科の蝶．分布：サハラ以南のアフリカ全域（西部を除く）．

ベレノイス・ソリルキス〈*Belenois solilucis*〉昆虫綱鱗翅目シロチョウ科の蝶．分布：アフリカ西部，コンゴからウガンダまで．

ベレノイス・ティサ〈*Belenois thysa*〉昆虫綱鱗翅目シロチョウ科の蝶．分布：スーダン南部，エチオピアからアフリカ南部まで．

ベレノイス・テウスジ〈*Belenois theuszi*〉昆虫綱鱗翅目シロチョウ科の蝶．分布：カメルーン，コンゴ．

ベレノイス・テオラ〈*Belenois theora*〉昆虫綱鱗翅目シロチョウ科の蝶．分布：シエラレオネからザイール，スーダン，ウガンダ．

ベレノイス・ヘディレ〈*Belenois hedyle*〉昆虫綱鱗翅目シロチョウ科の蝶．分布：シエラレオネからアシャンティ(Ashanti)まで．

ベレノイス・ヘルキダ〈*Belenois helcida*〉昆虫綱鱗翅目シロチョウ科の蝶．分布：マダガスカル．

ベレノイス・マベラ〈*Belenois mabella*〉昆虫綱鱗翅目シロチョウ科の蝶．分布：マダガスカル．

ベレノイス・ラッフレイイ〈*Belenois raffrayi*〉昆虫綱鱗翅目シロチョウ科の蝶．分布：ザイール，ウガンダ，ケニア，タンザニアなど．

ヘレノールモルフォ〈*Morpho helenor*〉昆虫綱鱗翅目モルフォチョウ科の蝶．開張110mm．分布：アマゾン川流域．珍蝶．

ベレミアツマキチョウ〈*Euchloe belemia*〉昆虫綱鱗翅目シロチョウ科の蝶．分布：アフリカ北部から東へエジプトを経てレバノン，イラクまで，スペイン，ポルトガル．

ペロピダス・アッサメンシス〈*Pelopidas assamensis*〉昆虫綱鱗翅目セセリチョウ科の蝶．分布：インドからマレーシアまで．

ペロプタルマ・トゥッリウス〈*Peropthalma tullius*〉昆虫綱鱗翅目シジミタテハ科の蝶．分布：中央アメリカおよび南アメリカ．

ペロミスコプシラ・オストシビリカ〈*Peromyscopsylla ostsibirica*〉無翅昆虫亜綱総尾目ホソノミ科．分布：シベリア，アラスカ．

ペロミスコプシラ・カタティナ〈*Peromyscopsylla catatina*〉無翅昆虫亜綱総尾目ホソノミ科。分布：カナダ，アメリカ合衆国。

ペロミスコプシラ・セレニス〈*Peromyscopsylla selenis*〉無翅昆虫亜綱総尾目ホソノミ科。分布：カナダ，アメリカ合衆国。

ペロミスコプシラ・ハミフェル〈*Peromyscopsylla hamifer hamifer*〉無翅昆虫亜綱総尾目ホソノミ科。分布：朝鮮半島，ウスリー，カナダ，アメリカ合衆国。

ペロミスコプシラ・ヘスペロミス・アデルファ〈*Peromyscopsylla hesperomys adelpha*〉無翅昆虫亜綱総尾目ホソノミ科。分布：カナダ，アメリカ合衆国，メキシコ。

ベロンヒゲナガカミキリ〈*Monochamus subfasciatus beloni*〉昆虫綱甲虫目カミキリムシ科の甲虫。

ベンガルバエ〈*Bengalia latro*〉昆虫綱双翅目クロバエ科。体長9～11mm。分布：石垣島，西表島。

ベンケイソウスガ〈*Yponomeuta vigintipunctatus*〉昆虫綱鱗翅目スガ科の蛾。分布：北海道，本州，四国，九州，中国北部，ウスリー，ヨーロッパ。

ベンゲットアゲハ〈*Papilio benguetanus*〉昆虫綱鱗翅目アゲハチョウ科の蝶。開張90mm。分布：フィリピン，ルソン島。珍蝶。

ペンタプラタルトゥルス・ボッテギ〈*Pentaplatarthrus bottegi*〉昆虫綱甲虫目ヒゲブトオサムシ科。分布：アフリカ東部。

ペンティラ・アウガ〈*Pentila auga*〉昆虫綱鱗翅目シジミチョウ科の蝶。分布：カメルーン，コンゴ。

ペンティラ・アスパシア〈*Pentila aspasia*〉昆虫綱鱗翅目シジミチョウ科の蝶。分布：スペイン領ギニア。

ペンティラ・アブラキサス〈*Pentila abraxas*〉昆虫綱鱗翅目シジミチョウ科の蝶。分布：ガーナからカメルーンまで。

ペンティラ・オクキデンタリウム〈*Pentila occidentalium*〉昆虫綱鱗翅目シジミチョウ科の蝶。分布：カメルーン。

ペンティラ・クロエテンシ〈*Pentila cloetensi*〉昆虫綱鱗翅目シジミチョウ科の蝶。分布：アフリカ西部，中央部。

ペンティラ・タキロイデス〈*Pentila tachyroides*〉昆虫綱鱗翅目シジミチョウ科の蝶。分布：アフリカ西部，中央部。

ペンティラ・トゥロピカリス〈*Pentila tropicalis*〉昆虫綱鱗翅目シジミチョウ科の蝶。分布：アフリカ西部からナタールおよびローデシアまで。

ペンティラ・トッリダ〈*Pentila torrida*〉昆虫綱鱗翅目シジミチョウ科の蝶。分布：ガボン。

ペンティラ・パウリ〈*Pentila pauli*〉昆虫綱鱗翅目シジミチョウ科の蝶。分布：アフリカ中央部・東部・南部。

ペンティラ・ビトゥイェ〈*Pentila bitje*〉昆虫綱鱗翅目シジミチョウ科の蝶。分布：カメルーン。

ペンティラ・ヒュウィットソニ〈*Pentila hewitsoni*〉昆虫綱鱗翅目シジミチョウ科の蝶。分布：ナイジェリア，カメルーン。

ペンティラ・フィディア〈*Pentila phidia*〉昆虫綱鱗翅目シジミチョウ科の蝶。分布：ガーナ，トーゴランド。

ペンティラ・プレウッシ〈*Penthila preussi*〉昆虫綱鱗翅目シジミチョウ科の蝶。分布：シエラレオネからコンゴまで。

ペンティラ・ペトゥレイア〈*Pentila petreia*〉昆虫綱鱗翅目シジミチョウ科の蝶。分布：ガーナからウガンダまで。

ペンティラ・モンバサエ〈*Pentila mombasae*〉昆虫綱鱗翅目シジミチョウ科の蝶。分布：タンザニア。

ペンティラ・ラウラ〈*Pentila laura*〉昆虫綱鱗翅目シジミチョウ科の蝶。分布：ラゴス(ナイジェリア南西部，ギニア湾に臨む都市)。

ペンティラ・ロタ〈*Pentila rotha*〉昆虫綱鱗翅目シジミチョウ科の蝶。分布：カメルーン。

ペンテマ・リサルダ〈*Penthema lisarda*〉昆虫綱鱗翅目タテハチョウ科の蝶。分布：ヒマラヤ東部から中国西部まで。

ベントンモリヒラタゴミムシ〈*Colpodes bentonis*〉昆虫綱甲虫目オサムシ科の甲虫。体長9～12mm。

ヘンニングカザリシロチョウ ヒメアカネシロチョウの別名。

ペンロサダ・レナ〈*Penrosada lena*〉昆虫綱鱗翅目ジャノメチョウ科の蝶。分布：コロンビア。

【ホ】

ボアジュバルホソチョウモドキ〈*Pseudacraea boisduvali*〉昆虫綱鱗翅目タテハチョウ科の蝶。分布：アフリカのほとんど全域。

ボアジュバルムラサキタテハ〈*Sallya boisduvali*〉昆虫綱鱗翅目タテハチョウ科の蝶。分布：ザイール，ケニアからザンビア，ローデシア，モザンビークまで。

ポアネス・アアロニ〈*Poanes aaroni*〉昆虫綱鱗翅目セセリチョウ科の蝶。分布：ニュージャージー州。

ポアネス・ザブロン〈Poanes zabulon〉昆虫綱鱗翅目セセリチョウ科の蝶。分布：カナダからパナマ。

ポアネス・ビアトール〈Poanes viator〉昆虫綱鱗翅目セセリチョウ科の蝶。分布：合衆国東部。

ポアネス・ホボモク〈Poanes hobomok〉昆虫綱鱗翅目セセリチョウ科の蝶。分布：カナダ東部からアラバマ州まで。

ポアネス・マッサソイト〈Poanes massasoit〉昆虫綱鱗翅目セセリチョウ科の蝶。分布：マサチューセッツ州。

ポアノシプス・プキシッリウス〈Poanopsis puxillius〉昆虫綱鱗翅目セセリチョウ科の蝶。分布：メキシコ。

ホウキムシ 箒虫〈phoronids〉触手動物門ホウキムシ綱の海産小動物の総称、またはそのなかの一種。別名箒虫動物。

ボウサンゾウムシ〈Catabonops monachus〉昆虫綱甲虫目ゾウムシ科の甲虫。体長2.8～3.2mm。

ホウシグモ〈Storena hoosi〉蛛形綱クモ目ホウシグモ科の蜘蛛。体長8～10mm。分布：四国、九州、南西諸島。

ホウジャク 蜂雀蛾, 鳳雀蛾〈Macroglossum stellatarum〉昆虫綱鱗翅目スズメガ科ホウジャク亜科の蛾。前翅は灰褐色で、黒色の線がある。開長4～5mm。分布：ヨーロッパやアフリカ北部原産、アジアから日本。

ホウジャク 蜂雀蛾, 鳳雀蛾 鱗翅目スズメガ科の昆虫のうち、比較的小型で、主として昼飛性の種の総称。

ボウズナガクチキムシ〈Bonzicus hypocrita〉昆虫綱甲虫目ナガクチキムシ科の甲虫。体長10～17mm。分布：北海道, 本州, 四国。

ホウセキカミキリ〈Sternotomis pulchra〉昆虫綱甲虫目カミキリムシ科の甲虫。分布：アフリカ西部, 中央部。

ホウセキカワリタマムシ〈Polybothris sumptuosa〉昆虫綱甲虫目タマムシ科の甲虫。分布：マダガスカル。

ホウセキヒメフタオチョウ ホウセキフタオチョウの別名。

ホウセキフタオチョウ〈Polyura delphis〉昆虫綱鱗翅目タテハチョウ科の蝶。別名シンジュフタオチョウ。翅の表面は淡い黄緑色から白色、先端には三角形の黒色斑。開張9.5～10.0mm。分布：インド北部, パキスタン, ミャンマー。珍蝶。

ホウネンタワラチビアメバチ〈Charops bicolor〉昆虫綱膜翅目ヒメバチ科。体長8mm。分布：本州, 四国, 九州。

ホウノキトゲバカミキリ〈Rondibilis sapporensis〉昆虫綱甲虫目カミキリムシ科フトカミキリ亜科の甲虫。

ホウライコムラサキ アパトゥラ・ウルビの別名。

ホウライミドリシジミ キリシマミドリシジミの別名。

ホウレンソウケナガコナダニ〈Tyrophagus similis〉蛛形綱ダニ目コナダニ科。体長雌0.4～0.7mm, 雄0.3～0.6mm。アカザ科野菜に害を及ぼす。分布：北海道, 本州, 汎世界的。

ポエキルミティス・クリサオル〈Poecilmitis chrysaor〉昆虫綱鱗翅目シジミチョウ科の蝶。分布：喜望峰。

ポエキルミティス・ゼウクソ〈Poecilmitis zeuxo〉昆虫綱鱗翅目シジミチョウ科の蝶。分布：喜望峰。

ポエキルミティス・ディクソニ〈Poecilmitis dicksoni〉昆虫綱鱗翅目シジミチョウ科の蝶。分布：アフリカ南部。

ポエキルミティス・パルムス〈Poecilmitis palmus〉昆虫綱鱗翅目シジミチョウ科の蝶。分布：ケーププロビンス(南アフリカ共和国)。

ポエキルミティス・バンプトニ〈Poecilmitis bamptoni〉昆虫綱鱗翅目シジミチョウ科の蝶。分布：アフリカ南部。

ポエキルミティス・ピロエイス〈Poecilmitis pyroeis〉昆虫綱鱗翅目シジミチョウ科の蝶。分布：アフリカ南部。

ポエキルミティス・ブルークシ〈Poecilmitis brooksi〉昆虫綱鱗翅目シジミチョウ科の蝶。分布：アフリカ南部。

ポエキルミティス・ペルセウス〈Poecilmitis perseus〉昆虫綱鱗翅目シジミチョウ科の蝶。分布：アフリカ南部。

ホオアカオサゾウムシ〈Otidognathus jansoni〉昆虫綱甲虫目オサゾウムシ科の甲虫。体長7.1～9.7mm。

ホオアカゾウムシ ホオアカオサゾウムシの別名。

ホオジロアシナガゾウムシ ホホジロアシナガゾウムシの別名。

ホオジロハエトリ〈Evarcha flammata〉蛛形綱クモ目ハエトリグモ科の蜘蛛。体長雌7～8mm, 雄5～6mm。分布：本州(中部・高地)。

ホオズキカメムシ 酸漿亀虫〈Acanthocoris sordidus〉昆虫綱半翅目ヘリカメムシ科。体長10～13.5mm。朝顔, サツマイモ, ナス科野菜, タバコに害を及ぼす。分布：本州, 四国, 九州, 南西諸島。

ホオズキヘリカメムシ ホオズキカメムシの別名。

ホオノキセダカトビハムシ〈Lanka magnoliae〉昆虫綱甲虫目ハムシ科の甲虫。体長2.5～3.0mm。

ボカシヌマユスリカ〈Anatopynia nebulosa〉昆虫綱双翅目ユスリカ科。

ボカシハマキ〈Enlia ministrana〉昆虫綱鱗翅目ハマキガ科の蛾。開張21〜32mm。分布：北海道，本州（東北・中部山岳帯），中国（東北），ロシア，ヨーロッパ，イギリス，北アメリカ。

ボカシミジングモ〈Dipoena castrata〉蛛形綱クモ目ヒメグモ科の蜘蛛。体長雌4.0〜4.5mm，雄2.0〜2.5mm。分布：日本全土。

ホクオウハエトリ〈Pellenes nigrociliatus〉蛛形綱クモ目ハエトリグモ科の蜘蛛。

ホクチチビハナカミキリ〈Alosterna tabacicolor〉昆虫綱甲虫目カミキリムシ科ハナカミキリ亜科の甲虫。体長6.5〜9.5mm。分布：北海道，本州。

ボクトウガ 木蠹蛾〈Cossus jezoensis〉昆虫綱鱗翅目ボクトウガ科の蛾。開張雄34〜74mm，雌55〜80mm。林檎，栗，楓（紅葉），桜類に害を及ぼす。分布：関東，近畿，北海道，九州。

ホクベイウスキモン〈Alypia octomaculata〉昆虫綱鱗翅目トラガ科の蛾。前翅に淡黄色の紋，後翅に白色の紋がある。開張3〜4mm。分布：カナダ東南部から，合衆国のテキサス。

ホクベイウスチャトガリバヤガ〈Phlogophora iris〉昆虫綱鱗翅目ヤガ科の蛾。前翅には筆で書いたような黒色の条がある。開張4.0〜4.5mm。分布：カナダ中部および東部，合衆国北部。

ホクベイオオギンモンセセリ〈Epargyreus clarus〉昆虫綱鱗翅目セセリチョウ科の蝶。暗褐色で前翅の中央には黄色の斑紋が，先端部には白色の斑点がある。開張4.5〜6.0mm。分布：北アメリカ。

ホクベイキシタバ〈Catocala ilia〉昆虫綱鱗翅目ヤガ科の蛾。前翅には複雑な模様，後翅にはギザギザした形の帯。開張7〜8mm。分布：カナダ南部からフロリダ。

ホクベイギンモンコウモリ〈Sthenopis argenteomaculatus〉昆虫綱鱗翅目コウモリガ科の蛾。前翅は灰褐色に，褐色味をおびた白色の条と小さな銀色の斑紋がある。開張6〜10mm。分布：カナダ南部から，合衆国のミネソタ，バージニア。

ホクベイシロスジシャチホコ〈Nerice bidentata〉昆虫綱鱗翅目シャチホコガ科の蛾。前翅を白色の縁どりをもった黒褐色の条が横切る。開張3〜4mm。分布：カナダ南部と合衆国。

ホクベイシロモンドクガ〈Orygia leucostigma〉昆虫綱鱗翅目ドクガ科の蛾。雄は濃い褐色味をおびた灰色，雌は灰白色。開張2.5〜4.0mm。分布：北アメリカ，合衆国各地。

ホクベイチャイロシャチホコ〈Datana ministra〉昆虫綱鱗翅目シャチホコガ科の蛾。外縁部は凹凸があり黒色味がかる。開張4〜5mm。分布：カナダ南部や合衆国。

ホクベイツマアカシャチホコ〈Clostera albosigma〉昆虫綱鱗翅目シャチホコガ科の蛾。淡褐色の前翅の先端はチョコレート色。開張3〜4mm。分布：カナダ南部から，合衆国。

ホクベイヒルガオシャチホコ〈Schizura ipomoeae〉昆虫綱鱗翅目シャチホコガ科の蛾。前翅の縁に三角形の斑紋がある。開張4〜5mm。分布：合衆国から，カナダ南部。

ホクベイホソバボクトウ〈Prionoxystus robiniae〉昆虫綱鱗翅目ボクトウガ科の蛾。雄の前翅には暗色のまだら模様，後翅は黄色。開張4.5〜8.0mm。分布：合衆国とカナダ南部。

ホクマントゲダニ〈Laelaps jettmari〉蛛形綱ダニ目トゲダニ科。体長0.7mm。害虫。

ホクリクチビゴミムシ〈Epaphiopsis hayashii〉昆虫綱甲虫目オサムシ科の甲虫。体長3.0〜3.5mm。

ポクリトル・フェラ〈Polyctor fera〉昆虫綱鱗翅目セセリチョウ科の蝶。分布：ボリビア。

ボケヒメシンクイ〈Grapholita dimorpha〉昆虫綱鱗翅目ハマキガ科の蛾。桃，スモモに害を及ぼす。分布：東北や中部山地（長野県）。

ホコモンワモンチョウ〈Stichophthalma louisa siamensis〉昆虫綱鱗翅目ワモンチョウ科の蝶。分布：テナセリウム，ミャンマー，ベトナム北部，タイ。

ホコリタケケシキスイ〈Pocadiodes japonicus〉昆虫綱甲虫目ケシキスイ科の甲虫。体長3.1〜5.1mm。

ホコリダニ 埃壁蝨〈tarsonemid mite〉節足動物門クモ形綱ダニ目ホコリダニ科Tarsonemidaeの微小なダニの総称。

ホシアオズキンヨコバイ〈Batracomorphus stigmaticus〉昆虫綱半翅目アオズキンヨコバイ科。

ホシアシナガヤセバエ 星脚長瘠蠅〈Stypocladius appendiculatus〉昆虫綱双翅目アシナガヤセバエ科。体長8〜10mm。分布：本州，四国，九州。

ホシアシブトハバチ 星脚太葉蜂〈Agenocimbex jucunda〉昆虫綱膜翅目コンボウハバチ科。分布：九州。

ホシアワフキ 星泡吹虫〈Aphrophora stictica〉昆虫綱半翅目アワフキムシ科。体長13〜14mm。イネ科牧草に害を及ぼす。分布：北海道，本州，四国，九州。

ホシウスバカゲロウ 星蛟蜻蛉〈Glenuroides japonicus〉昆虫綱脈翅目ウスバカゲロウ科。開張72mm。分布：日本全土。

ホシオビイナズマ〈*Euthalia dunya*〉昆虫綱鱗翅目タテハチョウ科の蝶.分布:ミャンマーからマレーシア,ジャワまで.

ホシオビキリガ〈*Conistra albipuncta*〉昆虫綱鱗翅目ヤガ科セダカモクメ亜科の蛾.開張36～39mm.林檎に害を及ぼす.分布:沿海州,北海道から九州,対馬.

ホシオビコケガ 星帯苔蛾〈*Parasiccia altaica*〉昆虫綱鱗翅目ヒトリガ科コケガ亜科の蛾.開張20～28mm.分布:本州,四国,九州,対馬,屋久島,朝鮮半島,シベリア南東部.

ホシオビハマキ〈*Geogepa stenochorada*〉昆虫綱鱗翅目ハマキガ科の蛾.開張15～18mm.分布:本州(東北以南),四国(山地).

ホシオビヒゲナガカミキリ〈*Monochamus kumageinsulanus*〉昆虫綱甲虫目カミキリムシ科の甲虫.別名シロオビヒメヒゲナガカミキリ.

ホシオビホソノメイガ〈*Nomis albopedalis*〉昆虫綱鱗翅目メイガ科ノメイガ亜科の蛾.開張28～36mm.分布:北海道,本州,四国,九州,対馬,朝鮮半島,サハリン,千島,中国.

ホシガタシロヒゲナガゾウムシ〈*Platystomos asteromaculatus*〉昆虫綱甲虫目ヒゲナガゾウムシ科の甲虫.体長7.2～11.6mm.

ホシカメムシ 星亀虫〈*pyrrhocorid bug*〉半翅目ホシカメムシ科Pyrrhocoridaeおよびオオホシカメムシ科Largidaeの昆虫の総称.

ホシカレハ 星枯葉蛾〈*Gastropacha populifolia*〉昆虫綱鱗翅目カレハガ科の蛾.開張雄60mm,雌80mm.分布:ヨーロッパ,北海道,本州,九州,朝鮮半島,シベリア南東部,中国.

ホシキアブ〈*Xylophagus matsumurai*〉昆虫綱双翅目キアブ科.体長8～17mm.分布:北海道,本州,四国,九州.

ホシギンスジキハマキ〈*Croesia elegans*〉昆虫綱鱗翅目ハマキガ科の蛾.開張13.5～15.0mm.分布:北海道,本州中部山地(熊ノ平,美ケ原).

ホシギンスジハマキ〈*Croesia bergmanniana*〉昆虫綱鱗翅目ハマキガ科の蛾.

ホシクサカゲロウ〈*Chrysopa vittata*〉昆虫綱脈翅目クサカゲロウ科.開張40～50mm.分布:日本全土.

ホシグロコウマルヒメグモ〈*Nesticus floronoides*〉蛛形綱クモ目ホラヒメグモ科.

ホシクロトガリヒメバチ〈*Nippocryptus vittatorius*〉昆虫綱膜翅目ヒメバチ科.

ホシグロホラヒメグモ〈*Nesticus floronoides floronoides*〉蛛形綱クモ目ホラヒメグモ科の蜘蛛.

ホシゲヒメハナムシ ホソヒゲヒメハナムシの別名.

ホシコミミズク〈*Ledropsis wakabae*〉昆虫綱半翅目ミミズク科.体長10～10.5mm.

ホシコヤガ 星小夜蛾〈*Ozarba punctigera*〉昆虫綱鱗翅目ヤガ科コヤガ亜科の蛾.開張20mm.分布:インド,中国,朝鮮半島,オーストラリア,関東地方付近を北限,九州,対馬,琉球列島.

ホシササキリ 星笹螽蟖〈*Conocephalus maculatus*〉昆虫綱直翅目キリギリス科.体長22～25mm.分布:本州(東京都以西),四国,九州.

ホシサシガメ〈*Pygolampis cognata*〉昆虫綱半翅目サシガメ科.

ホシサジヨコバイ〈*Parabolopona guttatus*〉昆虫綱半翅目ヨコバイ科.体長7mm.分布:本州,四国,九州.

ホシシジミタテハ〈*Zemeros flegyas*〉昆虫綱鱗翅目シジミタテハ科の蝶.分布:インドからインドネシア,マレーシアをへて中国まで.

ホシジストガリナミシャク ホシスジトガリナミシャクの別名.

ホシシャク 星尺蛾〈*Naxa seriaria*〉昆虫綱鱗翅目シャクガ科ホシシャク亜科の蛾.開張34～39mm.モクセイ,ヒイラギ,ネズミモチ,ライラック,イボタに害を及ぼす.分布:北海道,本州,四国,九州,朝鮮半島,中国,シベリア南東部.

ホシシリアゲ 星挙尾虫〈*Panorpa takenouchii*〉昆虫綱長翅目シリアゲムシ科.分布:本州,四国,九州.

ホシジロトンビグモ〈*Poecilochroa hosiziro*〉蛛形綱クモ目ワシグモ科の蜘蛛.体長雌6.0～7.5mm,雄5.0～5.5mm.分布:本州.

ホシスジオニグモ〈*Neoscona theisi*〉蛛形綱クモ目コガネグモ科の蜘蛛.体長雌8～10mm,雄5～7mm.分布:本州(静岡県以南),四国,九州,南西諸島.

ホシスジシロエダシャク 星条白枝尺蛾〈*Myrteta conspersaria*〉昆虫綱鱗翅目シャクガ科エダシャク亜科の蛾.開張20～34mm.分布:北海道,本州,四国,九州.

ホシスジトガリナミシャク〈*Carige cruciplaga*〉昆虫綱鱗翅目シャクガ科ナミシャク亜科の蛾.開張24～29mm.分布:本州(東北地方北部より),四国,九州,対馬,朝鮮半島,中国東北・西部.

ホシズナワカバグモ〈*Oxytate hoshizuna*〉蛛形綱クモ目カニグモ科の蜘蛛.

ホシセダカヤセバチ 星背高瘦蜂〈*Pristaulacus intermedius*〉昆虫綱膜翅目セダカヤセバチ科.分布:本州,九州.

ホシゾラセセリ〈*Iambrix salsala*〉昆虫綱鱗翅目セセリチョウ科の蝶。分布：インドからセイロンまで、マレーシアからインドシナ半島まで。

ホシチャタテ　星茶柱虫〈*Myopsocus muscosus*〉昆虫綱噛虫目ホシチャタテ科。分布：本州、九州。

ホシチャバネセセリ　星茶翅挵蝶〈*Aeromachus inachus*〉昆虫綱鱗翅目セセリチョウ科の蝶。絶滅危惧II類(VU)。前翅長14mm。分布：本州、対馬。

ホシチョウカ　ホシチョウバエの別名。

ホシチョウバエ　星蝶蠅〈*Psychoda alternata*〉昆虫綱双翅目チョウバエ科。体長1～2mm。分布：全世界。害虫。

ホシツヤヒラタアブ　星艶扁虻〈*Melanostoma scalare*〉昆虫綱双翅目ハナアブ科。分布：本州、九州。

ホシツリアブ〈*Anthrax distigma*〉昆虫綱双翅目ツリアブ科。

ホシナカグロモクメシャチホコ〈*Furcula infumata*〉昆虫綱鱗翅目シャチホコガ科の蛾。分布：沿海州、千島、北海道、本州。

ホシナガゴミムシ〈*Pterostichus oblongopunctatus*〉昆虫綱甲虫目オサムシ科の甲虫。体長10.5～12.5mm。

ホシニセハイスガ〈*Teinoptila guttella*〉昆虫綱鱗翅目スガ科の蛾。分布：奄美大島、与那国島、台湾。

ホシヌカカ〈*Culicoides punctatus*〉昆虫綱双翅目ヌカカ科。害虫。

ホシノハマキ〈*Gnorismoneura hoshinoi*〉昆虫綱鱗翅目ハマキガ科の蛾。分布：本州(東北以南)、四国、伊豆諸島(新島)、朝鮮半島、中国。

ホシハネビロアトキリゴミムシ　ヒメアトキリゴミムシの別名。

ホシハラビロヘリカメムシ　星腹広縁亀虫〈*Homoeocerus unipunctatus*〉昆虫綱半翅目ヘリカメムシ科。体長12～15mm。大豆に害を及ぼす。分布：本州、四国、九州、南西諸島。

ホシヒトリモドキ〈*Asota plana*〉昆虫綱鱗翅目ヒトリモドキガ科の蛾。開張56mm。分布：インドから東南アジア一帯、インド北部、アッサムからインドシナ半島を経て台湾、屋久島、奄美大島、徳之島、沖縄本島、石垣島、西表島。

ホシヒメガガンボ　星姫大蚊〈*Erioptera asiatica*〉昆虫綱双翅目ガガンボ科。分布：北海道、本州。

ホシヒメグモモドキ〈*Theridula gonygaster*〉蛛形綱クモ目ヒメグモ科の蜘蛛。体長雌1.7～2.2mm, 雄1.5～2.0mm。分布：本州、四国、九州。

ホシヒメセダカモクメ〈*Cucullia fraudatrix*〉昆虫綱鱗翅目ヤガ科セダカモクメ亜科の蛾。開張35mm。分布：ユーラシア、北海道中南部、本州中部(群馬、長野県)。

ホシヒメホウジャク〈*Gurelca himachala*〉昆虫綱鱗翅目スズメガ科ホウジャク亜科の蛾。開張35～40mm。分布：台湾、インド北部、北海道、本州、四国、九州、対馬、種子島、屋久島、朝鮮半島、中国。

ホシヒメヨコバイ〈*Limassolla multipunctata*〉昆虫綱半翅目ヨコバイ科。バラ類に害を及ぼす。

ホシベッコウカギバ〈*Deroca inconclusa*〉昆虫綱鱗翅目カギバガ科の蛾。開張25～35mm。分布：本州(東北地方北部より)、四国、九州、対馬、屋久島、朝鮮半島南部、中国、ミャンマー、インド北部。

ホシベニカミキリ　星紅天牛〈*Eupromus ruber*〉昆虫綱甲虫目カミキリムシ科フトカミキリ亜科の甲虫。体長18～26mm。分布：本州、四国、九州、対馬、屋久島。

ホシベニシタヒトリ〈*Rhyparioides amurensis*〉昆虫綱鱗翅目ヒトリガ科ヒトリガ亜科の蛾。開張46～51mm。分布：朝鮮半島、中国東北、シベリア南東部、北海道、本州、四国、九州。

ホシホウジャク　星鳳雀蛾〈*Macroglossum pyrrhosticta*〉昆虫綱鱗翅目スズメガ科ホウジャク亜科の蛾。開張40～50mm。分布：北海道、本州、四国、九州、種子島、屋久島、吐噶喇列島から琉球の各島嶼、南および北大東島、台湾、朝鮮半島、中国からインド北部、スンダ列島から太平洋の島々。

ホシボシアメリカコヒョウモンモドキ〈*Poladryas minuta*〉昆虫綱鱗翅目タテハチョウ科の蝶。黒色とオレンジ色の格子模様をもつ。開張3～4mm。分布：メキシコから、合衆国のニューメキシコ、テキサス。

ホシボシカワリタマムシ〈*Polybothris navicularis*〉昆虫綱甲虫目タマムシ科。分布：マダガスカル。

ホシボシキチョウ〈*Eurema brigitta*〉昆虫綱鱗翅目シロチョウ科の蝶。雄には前翅と後翅の黒色の幅広い帯がある。雌は淡黄色。開張4～5mm。分布：アフリカからインド、中国、パプアニューギニア、オーストラリア。

ホシボシゴミムシ　星星塵芥虫〈*Anisodactylus punctatipennis*〉昆虫綱甲虫目オサムシ科の甲虫。体長11～12mm。分布：日本各地。

ホシボシジャコウアゲハ　アンテノールオオジャコウアゲハの別名。

ホシボシタテハ〈*Hamanumida daedalus*〉昆虫綱鱗翅目タテハチョウ科の蝶。前後翅とも白色と黒色の斑点がある。開張5～6mm。分布：アフリカ。

ホシボシトガリバ〈*Demopsestis punctigera*〉昆虫綱鱗翅目トガリバガ科の蛾。開張33～40mm。分布：北海道、本州、四国、九州、朝鮮半島。

ホシボシベニモンアゲハ〈Papilio hector〉昆虫綱鱗翅目アゲハチョウ科の蝶。別名ヘクトールアゲハ。分布：セイロンからベンガルまで。

ホシボシホソガ〈Callisto multimaculata〉昆虫綱鱗翅目ホソガ科の蛾。桜桃に害を及ぼす。分布：北海道，本州，九州。

ホシボシヤガ 星夜蛾〈Hermonassa arenosa〉昆虫綱鱗翅目ヤガ科モンヤガ亜科の蛾。開張35～38mm。分布：沿海州，北海道から九州，対馬。

ホシホソバ 星細翅〈Pelosia muscerda〉昆虫綱鱗翅目ヒトリガ科コケガ亜科の蛾。開張19～25mm。分布：北海道，本州，四国，九州。

ホシマルカツオブシムシ〈Anthrenus maculifer〉昆虫綱甲虫目カツオブシムシ科の甲虫。体長2.2～2.5mm。

ホシミスジ 星三条蝶〈Neptis pryeri〉昆虫綱鱗翅目タテハチョウ科イチモンジチョウ亜科の蝶。前翅長30mm。分布：本州，四国，九州。

ホシミスジエダシャク〈Racotis boarmiaria〉昆虫綱鱗翅目シャクガ科エダシャク亜科の蛾。開張40～47mm。分布：インドから東南アジア一帯，ニューギニア，本州(北陸や関東以西)，四国，九州，対馬，種子島，屋久島，奄美大島，徳之島，沖縄本島。

ホシミドリヒメグモ〈Chrysso punctifera〉蛛形綱クモ目ヒメグモ科の蜘蛛。体長雌4～5mm，雄3～4mm。分布：北海道，本州，四国，九州。

ホシミミヨトウ〈Apamea concinnata〉昆虫綱鱗翅目ヤガ科カラスヨトウ亜科の蛾。開張26～33mm。麦類，イネ科作物に害を及ぼす。分布：北海道から本州中部。

ホシムシ 星虫〈peanut worm〉星口動物門に属する種類の総称，またはそのなかの一種。

ホシムラサキアツバ〈Bomolocha nigrobasalis〉昆虫綱鱗翅目ヤガ科アツバ亜科の蛾。分布：朝鮮半島，北海道から九州。

ホシムラサキアツバ ハングロアツバの別名。

ホシメハナアブ 星目花虻〈Lathyrophthalmus ocularis〉昆虫綱双翅目ショクガバエ科。体長11～13mm。分布：北海道，本州，四国，九州。

ホシモンマダラヒゲナガゾウムシ〈Litocerus kimurai〉昆虫綱甲虫目ヒゲナガゾウムシ科の甲虫。体長4.3～6.5mm。分布：本州，九州，対馬，屋久島。

ホシモンマルノコダニ〈Prozercon stellifer〉蛛形綱ダニ目マルノコダニ科。

ホシヨコバイ〈Xestocephalus japonicus〉昆虫綱半翅目ホシヨコバイ科。別名カバフヨコバイ。

ポスッタイゲティス・ペネレア〈Posttaygetis penelea〉昆虫綱鱗翅目ジャノメチョウ科の蝶。分布：中央アメリカからブラジルまで。

ホソアイヌキンオサムシ〈Carabus kosugei hidakamontanus〉昆虫綱甲虫目オサムシ科の甲虫。分布：北海道南部。

ホソアオバヤガ〈Ochropleura praecox〉昆虫綱鱗翅目ヤガ科モンヤガ亜科の蛾。開張40～48mm。分布：ユーラシア，沿海州，朝鮮半島，北海道から九州。

ホソアカオビマダラメイガ〈Conobathra rubiginella〉昆虫綱鱗翅目メイガ科の蛾。分布：群馬県湯ノ平温泉，山梨県桃ノ木温泉，埼玉県入間市仏子，対馬大星山。

ホソアカガネオサムシ〈Carabus vanvolxemi〉昆虫綱甲虫目オサムシ科の甲虫。体長18～25mm。分布：本州(関東，東北)，佐渡。

ホソアカクチキムシ〈Allecula tenuis〉昆虫綱甲虫目クチキムシ科の甲虫。体長6.5mm。

ホソアカツヤコメツキ〈Scutellathous suturalis〉昆虫綱甲虫目コメツキムシ科。

ホソアカトンボ〈Agrionoptera insignis insignis〉昆虫綱蜻蛉目トンボ科の蜻蛉。

ホソアカバコキノコムシダマシ〈Pisenus chujoi〉昆虫綱甲虫目キノコムシダマシ科の甲虫。体長3mm。分布：本州，四国。

ホソアシカミキリモドキ〈Anancosessinia tarsalis〉昆虫綱甲虫目カミキリモドキ科の甲虫。体長9～11mm。

ホソアシシバンムシ〈Nesocoelopus miyatakei〉昆虫綱甲虫目シバンムシ科の甲虫。体長1.8～2.8mm。

ホソアシチビイッカク〈Mecynotarsus tenuipes〉昆虫綱甲虫目アリモドキ科の甲虫。体長2.5～3.0mm。

ホソアシチビシデムシ〈Cholevodes tenuitarsis〉昆虫綱甲虫目チビシデムシ科。

ホソアシナガタマムシ 細脚長吉丁虫〈Agrilus lewisiellus〉昆虫綱甲虫目タマムシ科の甲虫。体長4.5～8.0mm。分布：日本各地。

ホソアシナガバチ 細脚長蜂〈Parapolybia varia〉昆虫綱膜翅目スズメバチ科。体長14～20mm。分布：本州，四国，九州。害虫。

ホソアツバ〈Hypena whitelyi〉昆虫綱鱗翅目ヤガ科アツバ亜科の蛾。開張30mm。分布：北海道，本州。

ホソアトキハマキ リンゴモンハマキの別名。

ホソアトキリゴミムシ〈Dromius prolixus〉昆虫綱甲虫目オサムシ科の甲虫。体長6～7mm。分布：北海道，本州，四国，九州。

ホソアナアキゾウムシ〈Dyscerus elongatus〉昆虫綱甲虫目ゾウムシ科の甲虫。体長5.0～8.1mm。分布：本州，四国，九州，対馬，屋久島。

ホソアメイロカミキリ〈*Gracilia minuta*〉昆虫綱甲虫目カミキリムシ科カミキリ亜科の甲虫。体長2.5〜7.0mm。

ホソアワフキ〈*Philaenus spumarius*〉昆虫綱半翅目アワフキムシ科。イネ科牧草に害を及ぼす。

ホソウスバハネカクシ〈*Eleusis humilis*〉昆虫綱甲虫目ハネカクシ科の甲虫。体長2.7mm。

ホソウスバフユシャク〈*Inurois tenuis*〉昆虫綱鱗翅目シャクガ科ホシシャク亜科の蛾。開張21〜27mm。林檎に害を及ぼす。分布：北海道、本州、四国、九州、朝鮮半島、シベリア南東部。

ホソウミベハネカクシ〈*Cafius algarum*〉昆虫綱甲虫目ハネカクシ科の甲虫。体長4.5〜4.8mm。

ホソウンモンハマキ〈*Platypeplus hemigraptus*〉昆虫綱鱗翅目ノコメハマキガ科の蛾。開張14.5〜16.0mm。

ホソウンモンヒメハマキ〈*Dudua hemigrapta*〉昆虫綱鱗翅目ハマキガ科の蛾。分布：九州(大隅半島佐多岬)、屋久島、奄美大島、沖縄本島、台湾。

ホソエダツトガ〈*Crambus hayachinensis*〉昆虫綱鱗翅目メイガ科の蛾。分布：本州北部(岩手県早池峰山の亜高山帯)、シベリア南東部、中央アジア。

ホソエンマムシ 細閻魔虫〈*Niponius impressicollis*〉昆虫綱甲虫目ホソエンマムシ科の甲虫。体長5.0〜5.5mm。分布：北海道、本州、九州。

ホソオアゲハ ホソオチョウの別名。

ホソオオキバハネカクシ〈*Pseudoxyporus angusticeps*〉昆虫綱甲虫目ハネカクシ科の甲虫。体長7.5〜8.5mm。

ホソオオクチキムシ〈*Allecula cryptomeriae*〉昆虫綱甲虫目クチキムシ科の甲虫。体長16〜17.5mm。

ホソオチョウ 細尾蝶〈*Sericinus montela*〉昆虫綱鱗翅目アゲハチョウ科の蝶。前翅長27〜35mm。分布：東京近郊。

ホソオツルギタテハ〈*Marpesia petreus*〉昆虫綱鱗翅目タテハチョウ科の蝶。鉤状に鋭く曲がった前翅、長い尾状突起をもつ。開張7.0〜7.5mm。分布：中央および南アメリカ。

ホソオビアオスジアゲハ オオアオスジアゲハの別名。

ホソオビアシブトクチバ〈*Parallelia arctotaenia*〉昆虫綱鱗翅目ヤガ科シタバガ亜科の蛾。開張38〜44mm。ナシ類、桃、スモモ、葡萄、柑橘、バラ類に害を及ぼす。分布：インドーオーストラリア地域、関東地方以西の本土域、西南部の離島。

ホソオビアミメモンヒメハマキ〈*Pseudohermenias ajaensis*〉昆虫綱鱗翅目ハマキガ科の蛾。分布：北海道、中国(東北)、ロシア(ウスリー)。

ホソオビアメリカマエキセセリ〈*Thorybes dunus*〉昆虫綱鱗翅目セセリチョウ科の蝶。暗褐色の前翅に淡色の斑点。開張3.0〜4.5mm。分布：ミネソタ、ネブラスカ、ニューイングランドなどから、テキサスやフロリダ。

ホソオビオナシアゲハ アフリカオナシアゲハの別名。

ホソオビキマルハキバガ〈*Cryptolechia malacobyrsa*〉昆虫綱鱗翅目マルハキバガ科の蛾。開張16〜19mm。分布：本州、九州、屋久島、琉球。

ホソオビクジャクアゲハ〈*Papilio crino*〉昆虫綱鱗翅目アゲハチョウ科の蝶。開張90mm。分布：スンダランド。珍蝶。

ホソオビツチイロノメイガ〈*Sylepta pallidinotalis*〉昆虫綱鱗翅目メイガ科の蛾。分布：北海道、本州(関東地方以西)、四国、九州、屋久島、徳之島、沖縄本島、宮古島、与那国島、中国。

ホソオビヒゲナガ 細帯鬚長蛾〈*Nemophora aurifera*〉昆虫綱鱗翅目マガリガ科の蛾。開張15〜17mm。分布：北海道、本州、四国、九州。

ホソカ 細蚊〈*Dixa sp.*〉昆虫綱双翅目ホソカ科。

ホソカ 細蚊 昆虫綱双翅目糸角亜目ホソカ蚊Dixidaeの昆虫の総称。

ホソガ 細蛾 昆虫綱鱗翅目ホソガ蛾Gracillariidaeの総称。

ホソカクムネトビハムシ〈*Asiorestia interpunctata*〉昆虫綱甲虫目ハムシ科の甲虫。体長3.8〜4.0mm。

ホソカサハラハムシ〈*Demotina sasakawai*〉昆虫綱甲虫目ハムシ科。

ホソカザリバ〈*Cosmopterix attenuatella*〉昆虫綱鱗翅目カザリバガ科の蛾。分布：本州、九州、台湾、ヨーロッパ、南北アメリカ、ボルネオ、サモア、フィジー。

ホソカタカイガラムシ〈*Coccus acutissimus*〉昆虫綱半翅目カタカイガラムシ科。体長4〜5mm。レイシ、マンゴーに害を及ぼす。

ホソガタコキノコムシ〈*Mycetophagus elongatus*〉昆虫綱甲虫目コキノコムシ科の甲虫。体長4.0〜4.5mm。

ホソガタチビシデムシ〈*Catops nipponensis*〉昆虫綱甲虫目チビシデムシ科の甲虫。体長4.0〜5.2mm。

ホソガタナガハネカクシ〈*Xantholinus tubulus*〉昆虫綱甲虫目ハネカクシ科の甲虫。体長7.0〜8.0mm。

ホソガタヒメカミキリ〈*Ceresium elongatum*〉昆虫綱甲虫目カミキリムシ科カミキリ亜科の甲虫。体長11～15mm。分布：南西諸島。

ホソガタヒメクチキムシ〈*Mycetochara elongata*〉昆虫綱甲虫目クチキムシ科の甲虫。体長6mm。

ホソガタヒメハナカミキリ〈*Pidonia semiobscura*〉昆虫綱甲虫目カミキリムシ科ハナカミキリ亜科の甲虫。体長7～12mm。分布：本州中部山岳地帯(おもに標高800～1700m)。

ホソカタムシ 細堅虫 昆虫綱甲虫目ホソカタムシ科Colydiidaeの昆虫の総称。

ホソカッコウムシ 細郭公虫〈*Cladiscus obeliscus*〉昆虫綱甲虫目カッコウムシ科の甲虫。体長6～8mm。分布：本州、四国、九州、吐噶喇列島。

ホソカバスジナミシャク〈*Eupithecia lariciata*〉昆虫綱鱗翅目シャクガ科ナミシャク亜科の蛾。開張16～18mm。分布：北海道、本州(東北地方から中部山地)、朝鮮半島、シベリア東部からヨーロッパ。

ホソカブトゴミムシダマシ〈*Bolitophagus reticulatus*〉昆虫綱甲虫目ゴミムシダマシ科の甲虫。体長6～7mm。分布：北海道、本州(北部)。

ホソカミキリ 細天牛〈*Distenia gracilis*〉昆虫綱甲虫目カミキリムシ科ホソカミキリ亜科の甲虫。体長20～30mm。分布：北海道、本州、四国、九州、対馬。

ホソカミキリモドキ〈*Paroncomera yatoi*〉昆虫綱甲虫目カミキリモドキ科の甲虫。体長11～14mm。

ホソガムシ〈*Hydrochus aequalis*〉昆虫綱甲虫目ホソガムシ科の甲虫。体長3mm。

ホソカメノコカワリタマムシ〈*Polybothris cribraria*〉昆虫綱甲虫目タマムシ科。分布：マダガスカル。

ホソキオビヘリホシヒメハマキ〈*Dichrorampha petiverella*〉昆虫綱鱗翅目ハマキガ科の蛾。分布：イギリス、ヨーロッパ、イラン、カザフ、モンゴル、ロシア(シベリアなど)、北海道。

ホソキカワムシ〈*Hemipeplus miyamotoi*〉昆虫綱甲虫目ホソキカワムシ科の甲虫。体長3.5～4.5mm。

ホソキコメツキ ホソツヤケシコメツキの別名。

ホソキスジノミハムシ〈*Phyllotreta rectilineata*〉昆虫綱甲虫目ハムシ科の甲虫。体長2.0～2.5mm。

ホソキバキマルハキバガ ホソオビキマルハキバガの別名。

ホソキバナガゴミムシ〈*Stomis japonicus*〉昆虫綱甲虫目オサムシ科の甲虫。体長8.5～11.0mm。

ホソキヒラタケシキスイ〈*Epuraea parilis*〉昆虫綱甲虫目ケシキスイ科の甲虫。体長2.4～3.7mm。

ホソキボシアオゴミムシ〈*Chlaenius rufifemoratus*〉昆虫綱甲虫目オサムシ科の甲虫。体長11～12.3mm。

ホソキボシアトキリゴミムシ キボシアトキリゴミムシの別名。

ホソキモンアツバ〈*Paracolax tokui*〉昆虫綱鱗翅目ヤガ科クルマアツバ亜科の蛾。分布：対馬。

ホソキリンゴカミキリ〈*Oberea infranigrescens*〉昆虫綱甲虫目カミキリムシ科フトカミキリ亜科の甲虫。体長14～19mm。分布：本州、四国、九州。

ホソギンスジヒメハマキ〈*Olethreutes metallicana*〉昆虫綱鱗翅目ハマキガ科の蛾。分布：北海道利尻岳、夕張岳、岩手県早池峰山、山形県鳥海山。

ホソクシヒゲアリヅカムシ〈*Pilopius discedens*〉昆虫綱甲虫目アリヅカムシ科の甲虫。体長1.8～2.0mm。

ホソクチカクシゾウムシ〈*Camptorhinus albizziae*〉昆虫綱甲虫目ゾウムシ科の甲虫。体長3.7～5.3mm。分布：本州、四国、九州。

ホソクビアリモドキ 細頸擬蟻〈*Formicomus braminus*〉昆虫綱甲虫目アリモドキ科の甲虫。体長2.4～4.0mm。分布：本州、九州、対馬、南西諸島。

ホソクビキマワリ〈*Stenophanes rubripennis*〉昆虫綱甲虫目ゴミムシダマシ科の甲虫。体長20mm。分布：北海道、本州。

ホソクビゴミムシ 細頸芥虫〈*bombardier beetle*〉昆虫綱甲虫目ゴミムシ科の一群であるホソクビゴミムシ亜科Brachiniaeの昆虫の総称。

ホソクビツユムシ〈*Anisotima japonica*〉昆虫綱直翅目キリギリス科。体長34～38mm。分布：本州、四国、九州。

ホソクビナガオサムシ〈*Damaster constricticollis*〉昆虫綱甲虫目オサムシ科の甲虫。分布：ウスリー、朝鮮半島(北部・中部)。

ホソクビナガバイオリンムシ〈*Mormolyce hagenbachi*〉昆虫綱甲虫目ゴミムシ科。分布：タイ、マレーシア、スマトラ。

ホソクビナガハムシ〈*Lilioceris parvicollis*〉昆虫綱甲虫目ハムシ科の甲虫。体長7.5mm。分布：本州、四国、九州。

ホソクビメクラシデムシ〈*Leptodirus hohenwarti*〉昆虫綱甲虫目チビシデムシ科。分布：ユーゴスラビア(洞窟性)。

ホソクリタマムシ〈*Toxoscelus matobai*〉昆虫綱甲虫目タマムシ科の甲虫。体長4.5mm。

ホソクロアシボソケバエ〈*Plecia adiastola*〉昆虫綱双翅目ケバエ科。

ホソクロオビコバネナミシャク ホソクロオビシロナミシャクの別名。

ホソクロオビシロナミシャク〈Trichopteryx auricilla〉昆虫綱鱗翅目シャクガ科ナミシャク亜科の蛾。開張23〜25mm。分布：本州，四国。

ホソクロクチキムシ〈Allecula noctivaga〉昆虫綱甲虫目クチキムシ科。

ホソクロチビハネカクシ〈Tachyusa coarctata〉昆虫綱甲虫目ハネカクシ科。

ホソクロツヤヒラタコメツキ〈Liotrichus hypocrita〉昆虫綱甲虫目コメツキムシ科の甲虫。体長10mm。分布：本州。

ホソクロナガタマムシ〈Agrilus kawarai〉昆虫綱甲虫目タマムシ科の甲虫。体長7.3〜9.5mm。

ホソクロハナノミ〈Mordella niveoscutellata〉昆虫綱甲虫目ハナノミ科の甲虫。体長6.5〜9.0mm。

ホソクロマメゲンゴロウ〈Agabus miyamotoi〉昆虫綱甲虫目ゲンゴロウ科の甲虫。体長7.0〜7.5mm。

ホソケシガムシ〈Oosternum sorex〉昆虫綱甲虫目ガムシ科の甲虫。体長1.5〜1.6mm。

ホソケシマグソコガネ〈Trichiorhyssemus asperulus〉昆虫綱甲虫目コガネムシ科の甲虫。体長3.0〜3.5mm。

ホソコハナムグリ〈Glycyphana gracilis viridis〉昆虫綱甲虫目コガネムシ科の甲虫。体長9〜11mm。

ホソコバネオオハナノミ〈Nephrites kurosawai〉昆虫綱甲虫目オオハナノミ科の甲虫。体長13.5mm。

ホソコバネカミキリ〈Necydalis pennata〉昆虫綱甲虫目カミキリムシ科ハナカミキリ亜科の甲虫。体長15〜18mm。分布：北海道，対馬。

ホソコバネカミキリ ツマキホソコバネカミキリの別名。

ホソコバネナガカメムシ〈Macropes obnubilus〉昆虫綱半翅目ナガカメムシ科。体長4〜5mm。分布：北海道，本州，四国，九州。

ホソゴマフガムシ〈Berosus pulchellus〉昆虫綱甲虫目ガムシ科の甲虫。体長3.0〜3.5mm。

ホソコミズギワゴミムシ〈Lymnastis pilosus〉昆虫綱甲虫目ゴミムシ科。

ホソサジヨコバイ〈Nirvana pallida〉昆虫綱半翅目ホソサジヨコバイ科。

ホソサビイロモンキハネカクシ〈Miobdelus brevipennis〉昆虫綱甲虫目ハネカクシ科の甲虫。体長13.0〜15.0mm。

ホソサビキコリ〈Agrypnus fuliginosus〉昆虫綱甲虫目コメツキムシ科の甲虫。体長13〜20mm。分布：本州，四国，九州。

ホソシダメクラカメムシ〈Bryocoris gracilis〉昆虫綱半翅目メクラカメムシ科。

ホソジマヒラタアブ〈Asarcina formosae〉昆虫綱双翅目ハナアブ科。

ホソシモフリコメツキ〈Actenicerus yamashitai〉昆虫綱甲虫目コメツキムシ科。体長14〜16mm。分布：本州。

ホソシリブトガガンボ〈Diogma glabrata megacauda〉昆虫綱双翅目ガガンボ科。

ホソスガ〈Euhyponomeutoides trachydeltus〉昆虫綱鱗翅目スガの蛾。開張19〜24mm。マサキ，ニシキギに害を及ぼす。分布：北海道，本州，ウスリー，中国。

ホソスゲハムシ カバノキハムシの別名。

ホソスジアゲハ〈Graphium glycerion〉昆虫綱鱗翅目アゲハチョウ科の蝶。分布：ネパール，ミャンマーから中国西部まで。

ホソスジカバホソガ〈Lithocolletis corylifoliella〉昆虫綱鱗翅目ホソガ科の蛾。開張6〜8mm。

ホソスジキヒメシャク〈Idaea remissa〉昆虫綱鱗翅目シャクガ科ヒメシャク亜科の蛾。開張13〜16mm。分布：北海道，本州，四国，九州，対馬。

ホソスジキンモンホソガ〈Phyllonorycter issikii〉昆虫綱鱗翅目ホソガ科の蛾。分布：北海道，本州，九州，ロシア南東部。

ホソスジシロオビジャノメ〈Satyrus sybillina〉昆虫綱鱗翅目ジャノメチョウ科の蝶。分布：中国西部。

ホソスジツトガ 細条苞蛾〈Pseudargyria interruptella〉昆虫綱鱗翅目メイガ科ツトガ亜科の蛾。開張16〜19mm。分布：北海道，本州，四国，九州，対馬，屋久島，朝鮮半島，台湾，中国。

ホソスジデオキノコムシ 細筋出尾茸虫〈Ascaphium tibiale〉昆虫綱甲虫目デオキノコムシ科の甲虫。体長5〜6mm。分布：本州，九州。

ホソスジドウボソカミキリ〈Pothyne subvittipennis〉昆虫綱甲虫目カミキリムシ科フトカミキリ亜科の甲虫。体長12〜15mm。分布：沖縄諸島。

ホソスジナミシャク〈Microlygris complicata〉昆虫綱鱗翅目シャクガ科ナミシャク亜科の蛾。開張15〜21mm。分布：本州(岩手県以南)，四国，九州，屋久島。

ホソスジハイイロナミシャク〈Hydrelia gracilipennis〉昆虫綱鱗翅目シャクガ科の蛾。分布：北海道，本州の中部山地。

ホソスジハマキ〈Epagoge angustilineata〉昆虫綱鱗翅目ハマキガ科の蛾。開張14〜18mm。

ホソスジヒメミツギリゾウムシ〈Asaphepterum japonicum〉昆虫綱甲虫目ミツギリゾウムシ科。

ホソスジフトタマムシ〈*Sternocera interrupta*〉昆虫綱甲虫目タマムシ科。分布：アフリカ西部。

ホソスジホソガ〈*Aristaea asteris*〉昆虫綱鱗翅目ホソガ科の蛾。分布：本州，九州。

ホソスナゴミムシダマシ〈*Gonocephalum sexuale*〉昆虫綱甲虫目ゴミムシダマシ科の甲虫。体長9.5～11.5mm。

ホソセスジゲンゴロウ〈*Copelatus weymarni*〉昆虫綱甲虫目ゲンゴロウ科の甲虫。体長5.0～5.5mm。分布：本州，九州。

ホソセスジデオキスイ〈*Cillaeus ryukyuensis*〉昆虫綱甲虫目ケシキスイ科の甲虫。体長3.5～4.0mm。

ホソセスジハムシ〈*Haplosomoides costatus*〉昆虫綱甲虫目ハムシ科の甲虫。体長6.5～7.0mm。

ホソセスジヒゲブトハネカクシ〈*Aleochara trisulcata*〉昆虫綱甲虫目ハネカクシ科の甲虫。体長3.5～4.5mm。

ホソセスジムシ 細背条虫〈*Yamatosa nipponensis*〉昆虫綱甲虫目セスジムシ科の甲虫。体長5.5～7.0mm。分布：北海道，本州，四国，九州。

ホソセダカオドリバエ〈*Leptopeza flavipes*〉昆虫綱双翅目オドリバエ科。

ホソセマルヒゲナガゾウムシ〈*Caenophloeobius inconspicuus*〉昆虫綱甲虫目ヒゲナガゾウムシ科の虫。体長4.5～6.0mm。

ホソタケナガシンクイ〈*Dinoderus speculifer*〉昆虫綱甲虫目ナガシンクイムシ科の甲虫。体長3.5～4.0mm。

ホソダルマガムシ〈*Hydraena riparia*〉昆虫綱甲虫目ダルマガムシ科の甲虫。体長2.1～2.3mm。

ホソダンゴタマムシ〈*Julodis pietzschmanni*〉昆虫綱甲虫目タマムシ科。分布：イラク。

ホソチアナバチ 細矮穴蜂〈*Carinostigmus filippovi*〉昆虫綱膜翅目アナバチ科。分布：本州，九州。

ホソチビオオキノコムシ〈*Triplax japonica*〉昆虫綱甲虫目オオキノコムシ科の甲虫。体長4.0～4.5mm。分布：北海道，本州，四国，九州。

ホソチビコクヌスト〈*Lophocateres pusillus*〉昆虫綱甲虫目コクヌスト科の甲虫。体長3mm。貯穀・貯蔵植物性食品に害を及ぼす。分布：九州，沖縄，熱帯，亜熱帯地域。

ホソチビゴミムシ〈*Perileptus japonicus*〉昆虫綱甲虫目オサムシ科の甲虫。体長2.6～2.8mm。分布：北海道，本州，四国，九州。

ホソチビジョウカイ〈*Malthodes furcatopygus*〉昆虫綱甲虫目ジョウカイボン科の甲虫。体長2.5～2.6mm。

ホソチビゾウムシ〈*Nanophyes marmoratus*〉昆虫綱甲虫目ホソクチゾウムシ科の甲虫。体長1.6～2.1mm。

ホソチビナミシャク〈*Eupithecia absinthiata*〉昆虫綱鱗翅目シャクガ科ナミシャク亜科の蛾。開張19～20mm。分布：ヨーロッパからアジア，北海道，本州の中部山地。

ホソチビヒョウタンゴミムシ 細矮瓢箪芥虫〈*Dyschirius steno*〉昆虫綱甲虫目オサムシ科の甲虫。体長2.9～3.2mm。分布：本州，九州。

ホソチビヒラタエンマムシ〈*Paromalus parallelopipedus*〉昆虫綱甲虫目エンマムシ科の甲虫。体長2.3～2.6mm。

ホソチビヒラタムシ〈*Leptophloeus femoralis*〉昆虫綱甲虫目ヒラタムシ科の甲虫。体長2.4～3.3mm。

ホソチビマルハナノミ〈*Cyphon sanno*〉昆虫綱甲虫目マルハナノミ科の甲虫。体長2.9～3.0mm。

ホソチャオビタテハ〈*Eurytela narinda*〉昆虫綱鱗翅目タテハチョウ科の蝶。分布：マダガスカル。

ホソチャタテ〈*Stenopsocus aphidiformis*〉昆虫綱噛虫目ホソチャタテ科。

ホソチャバネコガシラハネカクシ〈*Rabigus brunnicollis*〉昆虫綱甲虫目ハネカクシ科の甲虫。体長4.5～5.5mm。

ホソチョウ 細蝶〈*Acraea issoria*〉昆虫綱鱗翅目ホソチョウ科の蝶。Acraea issoriaは同種異名。分布：インド北部，ミャンマー，インドシナ，中国(中・南部)，スマトラ，ジャワ，バリ。

ホソチョウ 細蝶 鱗翅目タテハチョウ科ホソチョウ亜科Acraeinaeに属する昆虫の総称，またはそのうちの一種を指す。

ホソチョウガタフタオチョウ〈*Charaxes acraeoides*〉昆虫綱鱗翅目タテハチョウ科の蝶。分布：カメルーン，中央アフリカ，コンゴ。

ホソチョウの一種〈*Actinote* sp.〉昆虫綱鱗翅目ホソチョウ科の蝶。

ホソチョッキリ〈*Eugnamptus aurifrons*〉昆虫綱甲虫目オトシブミ科の甲虫。体長4.0～4.5mm。

ホソツツタマムシ 細筒吉丁虫〈*Paracylindromorphus japanensis*〉昆虫綱甲虫目タマムシ科の甲虫。体長4.0～5.5mm。分布：本州，四国，九州。

ホソツツトドマツカミキリ ホソトドマツカミキリの別名。

ホソツツリンゴカミキリ〈*Oberea nigriventris*〉昆虫綱甲虫目カミキリムシ科フトカミキリ亜科の甲虫。体長13～18mm。分布：本州，四国，九州，対馬，屋久島。

ホソツノコマユバチ〈Helcon dentator〉昆虫綱膜翅目コマユバチ科。

ホソツマキリアツバ〈Stenograpta stenoptera〉昆虫綱鱗翅目ヤガ科クチバ亜科の蛾。分布：本州中部, 四国, 朝鮮半島南部。

ホソツメダニ〈Cheyletus eruditus〉蛛形綱ダニ目ツメダニ科。体長0.75mm。害虫。

ホソツヤケシコメツキ〈Hayekpenthes pallidus〉昆虫綱甲虫目コメツキムシ科の甲虫。体長7～8mm。分布：本州, 四国, 九州, 南西諸島。

ホソツヤドロムシ ホソヒメツヤドロムシの別名。

ホソツヤナガゴミムシ〈Abacetus leucotelus〉昆虫綱甲虫目オサムシ科の甲虫。体長4～5mm。

ホソツヤハダコメツキ〈Athousius humeralis〉昆虫綱甲虫目コメツキムシ科の甲虫。体長9～12mm。

ホソツヤヒゲナガコバネカミキリ〈Glaphyra nitida〉昆虫綱甲虫目カミキリムシ科カミキリ亜科の甲虫。体長5.5～7.5mm。分布：本州(中部)。

ホソツヤヒメマキムシ〈Holoparamecus depressus〉昆虫綱甲虫目ツヤヒメマキムシ科の甲虫。体長1.0～1.4mm。

ホソツヤヒラタアブ 細艶扁虻〈Melanostoma mellinum〉昆虫綱双翅目ハナアブ科。分布：本州。

ホソツヤヒラタゴミムシ〈Synuchus atricolor〉昆虫綱甲虫目オサムシ科の甲虫。体長11～15mm。

ホソツヤルリクワガタ〈Platycerus kawadai〉昆虫綱甲虫目クワガタムシ科の甲虫。体長雄9.5～13.0mm, 雌9～11mm。分布：本州(富士山周辺の山地)。

ホソデオキスイ ツツデオキスイの別名。

ホソデオキノコムシ タケムラデオキノコムシの別名。

ホソデオネスイ〈Europs tempris〉昆虫綱甲虫目ネスイムシ科の甲虫。体長2.2～2.4mm。

ホソテゴマグモ〈Micrargus acuitegulatus〉蛛形綱クモ目サラグモ科の蜘蛛。

ホソテントウダマシ〈Panamomus brevicornis〉昆虫綱甲虫目テントウムシダマシ科の甲虫。体長2.3～2.5mm。

ホソトガイバ〈Tethra intensa〉昆虫綱鱗翅目トガリバガ科の蛾。

ホソトガリクチブサガ〈Ypsolopha acuminatus〉昆虫綱鱗翅目スガ科の蛾。分布：北海道, 本州。

ホソトガリノメイガ〈Antigastra catalaunalis〉昆虫綱鱗翅目メイガ科ノメイガ亜科の蛾。開張18mm。分布：本州, 四国, 九州, 屋久島, 台湾, 中国, インドから東南アジア一帯, 小アジアからヨーロッパ南部。

ホソトガリバ〈Tethea intensa〉昆虫綱鱗翅目トガリバガ科の蛾。開張43～48mm。分布：台湾, シベリア南東部, 北海道, 本州, 四国, 九州。

ホソトゲアシベッコウ〈Priocnemis cyphonota〉昆虫綱膜翅目ベッコウバチ科。

ホソトゲテントウダマシ〈Cacodaemon spinicollis〉昆虫綱虫目テントウダマシ科。分布：マレーシア, スマトラ, ボルネオ。

ホソトドマツカミキリ〈Tetropium gracilicorne〉昆虫綱甲虫目カミキリムシ科マルクビカミキリ亜科の甲虫。体長11mm。分布：北海道。

ホソトビミズギワゴミムシ〈Bembidion chloropus〉昆虫綱甲虫目オサムシ科の甲虫。体長5.8mm。

ホソトラカミキリ〈Chlorophorus xenisca〉昆虫綱虫目カミキリムシ科カミキリ亜科の甲虫。体長7.5～11.0mm。分布：北海道, 本州, 四国, 九州, 佐渡。

ホソナガカメムシ 細長亀虫〈Paromius seychellesus〉昆虫綱半翅目ナガカメムシ科。分布：本州, 四国, 九州。

ホソナガコメツキダマシ〈Isorhipis foveata〉昆虫綱甲虫目コメツキダマシ科の甲虫。体長6～8mm。分布：北海道, 本州, 四国, 九州。

ホソナガシバンムシ〈Microbregma emarginatum〉昆虫綱甲虫目シバンムシ科の甲虫。体長3.5～4.5mm。

ホソナガニジゴミムシダマシ〈Ceropria striata〉昆虫綱甲虫目ゴミムシダマシ科の甲虫。体長11mm。分布：本州, 九州。

ホソナカボソタマムシ〈Coraebus sakagutii〉昆虫綱甲虫目タマムシ科の甲虫。体長6～7mm。

ホソナミアツバ〈Paracolax fentoni〉昆虫綱鱗翅目ヤガ科クルマアツバ亜科の蛾。分布：北海道, 本州, 四国, 九州, 屋久島, 奄美大島, 台湾, 朝鮮半島, 中国。

ホソナミアツバ チョウセンコウスグロアツバの別名。

ホソニセクビボソムシ〈Pseudanidorus rubrivestus〉昆虫綱甲虫目ニセクビボソムシ科の甲虫。体長2.2～2.6mm。

ホソネクイハムシ〈Donacia vulgaris〉昆虫綱甲虫目ハムシ科の甲虫。体長6.0～10.0mm。

ホソバアツバ ホソアツバの別名。

ホソバウスキヨトウ〈Photedes elymi〉昆虫綱鱗翅目ヤガ科カラスヨトウ亜科の蛾。分布：ユーラシア, 沿海州, 北海道北部・東部。

ホソバウスムラサキクチバ〈Ericeia sp.〉昆虫綱鱗翅目ヤガ科クチバ亜科の蛾。分布：奄美大島, 石垣島, 西表島, 台湾。

ホソハオオ

ホソバオオゴマダラ〈Idea lynceus〉昆虫綱鱗翅目マダラチョウ科の蝶。開張160mm。分布：スンダランド。珍蝶。

ホソバオビキリガ〈Dryobotodes angusta〉昆虫綱鱗翅目ヤガ科セダカモクメ亜科の蛾。分布：本州, 四国, 九州。

ホソバカバアツバ〈Anachrostis minutissima〉昆虫綱鱗翅目ヤガ科クチバ亜科の蛾。分布：屋久島, 九州本土南部, 西表島。

ホソバカラスマダラ〈Euploea eyndhovii gardineri〉昆虫綱鱗翅目マダラチョウ科の蝶。分布：ミャンマー南部からスンダランドまで。

ホソバキボシセセリ〈Ampittia virgata〉昆虫綱鱗翅目セセリチョウ科の蝶。別名ホソバキマダラセセリ。分布：中国, 台湾。

ホソバキホリマルハキバガ〈Casmara agronoma〉昆虫綱鱗翅目マルハキバガ科の蛾。分布：本州, 屋久島, 中国。

ホソバキマダラセセリ ホソバキボシセセリの別名。

ホソバキリガ〈Orthosia angustipennis〉昆虫綱鱗翅目ヤガ科ヨトウガ亜科の蛾。開張40mm。林檎に害を及ぼす。分布：沿海州, 北海道から九州, 対馬。

ホソバコスガ 細翅小巣蛾〈Xyrosaris lichneuta〉昆虫綱鱗翅目スガ科の蛾。開張13〜17mm。マサキ, ニシキギに害を及ぼす。分布：北海道, 本州, 四国, 九州, 琉球, 台湾, 中国, インド。

ホソバジャコウアゲハ〈Pachliopta coon〉昆虫綱鱗翅目アゲハチョウ科の蝶。後翅に目立つ黒色と黄色の斑紋がある。開張9〜13mm。分布：おもに熱帯雨林。珍蝶。

ホソバシャチホコ 細翅天社蛾〈Fentonia ocypete〉昆虫綱鱗翅目シャチホコガ科ウチキシャチホコ亜科の蛾。開張42〜48mm。栗に害を及ぼす。分布：沿海州, 朝鮮半島, 中国, 北海道から九州, 対馬, 屋久島。

ホソバスカシクロバ〈Illiberis yunnanensis〉昆虫綱鱗翅目マダラガ科の蛾。分布：奄美大島, 中国南部・西部。

ホソバスズメ 細翅天蛾〈Oxyambulyx ochracea〉昆虫綱鱗翅目スズメガ科ウンモンスズメ亜科の蛾。開張90〜110mm。分布：本州（宮城県以南）, 四国, 九州, 対馬, 屋久島, 台湾, 中国, 東南アジア。

ホソバセセリ 細羽挵蝶〈Isoteinon lamprospilus〉昆虫綱鱗翅目セセリチョウ科の蝶。前翅長17〜20mm。分布：本州（山形県以南）, 四国, 九州。

ホソバセダカモクメ〈Cucullia fraterna〉昆虫綱鱗翅目ヤガ科セダカモクメ亜科の蛾。開張44〜47mm。分布：ユーラシア, 北海道から九州, 奄美大島, 沖縄本島。

ホソバソトグロキノメイガ〈Analthes sp.〉昆虫綱鱗翅目メイガ科の蛾。分布：東京都高尾山, 埼玉県入間市仏子。

ホソバタイマイ〈Graphium ridleyanus〉昆虫綱鱗翅目アゲハチョウ科の蝶。分布：アフリカ西部, 中央部。

ホソバチビナミシャク〈Gymnoscelis subpumilata〉昆虫綱鱗翅目シャクガ科の蛾。分布：本州（関東, 北陸以西）, 四国, 九州, 対馬, 沖縄本島, 石垣島, 西表島。

ホソバチビハマキ ホソバチビヒメハマキの別名。

ホソバチビヒメハマキ〈Lobesia aeolopa〉昆虫綱鱗翅目ハマキガ科の蛾。開張10.5〜12.0mm。柿, 枇杷, 葡萄, キウイ, 柑橘, キクに害を及ぼす。分布：房総半島以西の太平洋岸, 四国, 九州, 対馬, 伊豆八丈島, 台湾からインド。

ホソバトガリエダシャク〈Planociampa modesta〉昆虫綱鱗翅目シャクガ科エダシャク亜科の蛾。開張31〜38mm。林檎に害を及ぼす。分布：本州（東北地方北部より）, 四国, 九州。

ホソバトガリナミシャク 細翅尖波尺蛾〈Carige scutilimbata〉昆虫綱鱗翅目シャクガ科ナミシャク亜科の蛾。開張24〜31mm。分布：本州（宮城, 山形両県より南）, 四国, 九州, 対馬。

ホソバトガリメイガ キベリトガリメイガの別名。

ホソバトビケラ〈Molanna moesta〉昆虫綱毛翅目ホソバトビケラ科。体長8〜11mm。分布：北海道, 本州, 四国, 九州。

ホソハナカミキリ〈Leptostrangalia hosohana〉昆虫綱甲虫目カミキリムシ科ハナカミキリ亜科の甲虫。体長7〜10mm。分布：本州, 四国, 九州。

ホソハナコメツキ〈Cardiophorus niponicus〉昆虫綱甲虫目コメツキムシ科の甲虫。体長8〜9mm。分布：本州, 四国, 九州。

ホソバナミシャク〈Microloba bella bella〉昆虫綱鱗翅目シャクガ科ナミシャク亜科の蛾。開張21〜30mm。分布：北海道, 本州, 四国, 九州, 屋久島, 奄美大島, 朝鮮半島, 中国東北, シベリア南東部, 台湾, ミャンマー。

ホソバネキンウワバ〈Chrysodeixis acuta〉昆虫綱鱗翅目ヤガ科コヤガ亜科の蛾。分布：アジア, アフリカ, 日本。

ホソバネグロシャチホコ〈Disparia variegata〉昆虫綱鱗翅目シャチホコガ科ウチキシャチホコ亜科の蛾。開張41〜45mm。分布：太平洋側では東京高尾山, 日本海側では佐渡島を北限, 四国, 九州, 対馬, 屋久島, 奄美大島, 徳之島, 沖縄本島, 西表島, 伊豆諸島三宅島。

ホソバネグロヨトウ〈Chytonix subalbonotata〉昆虫綱鱗翅目ヤガ科カラスヨトウ亜科の蛾。開張33mm。分布：北海道および本州。

ホソバネコブガ〈*Nola angustipennis*〉昆虫綱鱗翅目コブガ科の蛾。分布：西表島。

ホソバネヒメガガンボ〈*Limonia longipennis*〉昆虫綱双翅目ガガンボ科。

ホソバネヤドリコバチの一種〈*Anaphes* sp.〉ホソバネヤドリコバチ科。

ホソバハイイロハマキ〈*Cnephasia cinereipalpana*〉昆虫綱鱗翅目ハマキガ科の蛾。苺，ハスカップ，林檎，ハッカ，タバコに害を及ぼす。分布：北海道，本州，四国，九州，中国(東北)，ロシア(極東)。

ホソバハイキバガ〈*Aristotelia incitata*〉昆虫綱鱗翅目キバガ科の蛾。開張10～11.5mm。

ホソバハガタヨトウ〈*Meganephria funesta*〉昆虫綱鱗翅目ヤガ科セダカモクメ亜科の蛾。開張50～55mm。分布：北海道を除く本土域。

ホソバハビロイトトンボ〈*Microstigma anomalum*〉昆虫綱蜻蛉目ハビロイトトンボ科。分布：南アメリカ。

ホソバハラアカアオシャク〈*Chlorissa anadema*〉昆虫綱鱗翅目シャクガ科アオシャク亜科の蛾。開張17～21mm。分布：北海道，本州，四国，九州，対馬，朝鮮半島，中国東北，シベリア南東部。

ホソバハレギチョウ セレベスハレギチョウの別名。

ホソバヒメカゲロウ〈*Micromus multipunctatus*〉昆虫綱脈翅目ヒメカゲロウ科。

ホソバヒメハマキ 細翅姫葉捲蛾〈*Lobesia reliquana*〉昆虫綱鱗翅目ハマキガ科の蛾。開張11～14mm。分布：北海道，本州，四国，九州，対馬，イギリス，ヨーロッパ，ロシア，小アジア，中国(東北)。

ホソバヒョウモン〈*Clossiana thore*〉昆虫綱鱗翅目タテハチョウ科ヒョウモンチョウ亜科の蝶。別名ヒメカラフトヒョウモン。前翅長22～24mm。分布：北海道の石狩低地帯以東。

ホソバベニモンアゲハ ホソバジャコウアゲハの別名。

ホソバホソハマキ〈*Stenodes amabilis*〉昆虫綱鱗翅目ホソハマキガ科の蛾。分布：山梨県，芦安，桃ノ木温泉。

ホソバホッキョクヒョウモン〈*Clossiana polaris*〉昆虫綱鱗翅目タテハチョウ科の蝶。分布：周極，アラスカ，カナダ中部以北，グリーンランド，ヨーロッパ北部，シベリア北・東部。

ホソバマエモンジャコウアゲハ〈*Parides neophilus*〉昆虫綱鱗翅目アゲハチョウ科の蝶。分布：コロンビア，ペルー東部，ボリビア，ギアナ，ブラジル，パラグアイ。

ホソハマキガ 細葉巻蛾 昆虫綱鱗翅目ホソハマキガ科Cochylidaeの総称。

ホソハマキモドキ ナミホソハマキモドキの別名。

ホソバマダラカゲロウ〈*Ephemerella denticula*〉昆虫綱蜉蝣目マダラカゲロウ科。

ホソハマベゴミムシダマシ〈*Micropedinus algae*〉昆虫綱甲虫目ゴミムシダマシ科の甲虫。体長4.5～5.0mm。

ホソバミツモンケンモン〈*Cymatophoropsis unca*〉昆虫綱鱗翅目ヤガ科の蛾。分布：徳島県那賀山，高知県，広島市草津，岡山県高梁市，新見市，宮崎県，済州島，中国西南部。

ホソバミドリヨトウ〈*Euplexia literata*〉昆虫綱鱗翅目ヤガ科カラスヨトウ亜科の蛾。開張35～38mm。分布：インド北部から台湾，本州，近畿地方，四国の山地，九州，対馬，屋久島。

ホソバヤマメイガ〈*Scoparia isochroalis*〉昆虫綱鱗翅目メイガ科の蛾。分布：宮城県，東京，埼玉県，富山県，福岡県。

ホソバヨトウ〈*Sasunaga tenebrosa*〉昆虫綱鱗翅目ヤガ科カラスヨトウ亜科の蛾。分布：福岡県英彦山，伊豆諸島御蔵島，対馬，屋久島。

ホソハラアカヒラタハバチ〈*Pamphilius tenuis*〉昆虫綱膜翅目ヒラタハバチ科。

ホソハラボアリヅカムシ〈*Batriscenellus fragilis*〉昆虫綱甲虫目アリヅカムシ科。

ホソハラクモヒメバチ〈*Zabrachypus tenuiabdominalis*〉昆虫綱膜翅目ヒメバチ科。

ホソハラフシヒメバチ〈*Pimplaetus crassigenus*〉昆虫綱膜翅目ヒメバチ科。

ホソハリカメムシ 細針亀虫〈*Cletus punctiger*〉昆虫綱半翅目ヘリカメムシ科。体長8.5～11.0mm。柑橘，隠元豆，小豆，ササゲ，稲に害を及ぼす。分布：北海道，本州，四国，九州。

ホソハリカメムシ ヒメハリカメムシの別名。

ホソバルリオビコノハチョウ〈*Kallima alompra*〉昆虫綱鱗翅目タテハチョウ科の蝶。分布：シッキム，アッサム，ミャンマー北部。

ホソハンミョウ 細斑蟄〈*Cicindela gracilis*〉昆虫綱甲虫目ハンミョウ科の甲虫。体長9～10mm。分布：北海道，本州，四国，九州。

ホソヒゲケブカカミキリ〈*Eupogoniopsis tenuicornis*〉昆虫綱甲虫目カミキリムシ科フトカミキリ亜科の甲虫。体長5mm。分布：本州，四国，九州。

ホソヒゲナガキマワリ〈*Ainu tenuicornis*〉昆虫綱甲虫目ゴミムシダマシ科の甲虫。体長12～13mm。分布：北海道，本州，四国，九州。

ホソヒゲナガゾウムシ〈*Hypseus debilis*〉昆虫綱甲虫目ヒゲナガゾウムシ科。

ホソヒゲナガビロウドコガネ〈*Serica nitididorisis*〉昆虫綱甲虫目コガネムシ科の甲虫。体長6.0～9.5mm。

ホソヒゲヒメハナムシ〈*Litochrus rufoguttatus*〉昆虫綱甲虫目ヒメハナムシ科の甲虫。体長2.3～2.8mm。

ホソヒメアリヅカムシ〈*Pseudozibus longicollis*〉昆虫綱甲虫目アリヅカムシ科の甲虫。体長0.9～1.0mm。

ホソヒメガガンボ 細姫大蚊〈*Pseudolimnophila inconcussa*〉昆虫綱双翅目ガガンボ科。分布：北海道, 本州, 九州。

ホソヒメカタゾウムシ〈*Asphalmus japonicus*〉昆虫綱甲虫目ゾウムシ科の甲虫。体長3.5～3.7mm。

ホソヒメクロオサムシ〈*Carabus harmandi*〉昆虫綱甲虫目オサムシ科の甲虫。体長18～21mm。分布：本州(中部以北)。

ホソヒメコクヌストモドキ〈*Lyphia exigua*〉昆虫綱甲虫目ゴミムシダマシ科の甲虫。体長2.0mm。

ホソヒメジョウカイモドキ〈*Attalus elongatulus*〉昆虫綱甲虫目ジョウカイモドキ科の甲虫。体長3.7～4.2mm。

ホソヒメツヤドロムシ〈*Zaitzeviaria gotoi*〉昆虫綱甲虫目ヒメドロムシ科の甲虫。体長1.2～1.4mm。

ホソヒメマキムシ〈*Dienerella filum*〉昆虫綱甲虫目ヒメマキムシ科の甲虫。体長1.2～1.6mm。

ホソヒョウタンゴミムシ〈*Scarites acutidens*〉昆虫綱甲虫目オサムシ科の甲虫。体長17.5～22.0mm。

ホソヒョウタンゾウムシ〈*Sympiezomias cribricollis*〉昆虫綱甲虫目ゾウムシ科の甲虫。体長6.5～10.0mm。

ホソヒラタアブ 細扁虻〈*Episyrphus balteatus*〉昆虫綱双翅目ショクガバエ科。体長8～11mm。分布：日本全土。

ホソヒラタキスイ〈*Leucohimatium breve*〉昆虫綱甲虫目キスイムシ科。

ホソヒラタコケムシ〈*Eutheia japonica*〉昆虫綱甲虫目コケムシ科の甲虫。体長1.15～1.35mm。

ホソヒラタゴミムシ〈*Pristosia aeneola*〉昆虫綱甲虫目オサムシ科の甲虫。体長13～14mm。分布：本州, 四国。

ホソヒラタシデムシ〈*Silpha longicornis*〉昆虫綱甲虫目シデムシ科の甲虫。体長16mm。分布：本州(中部以北)。

ホソヒラタデオキスイ〈*Platynema japonica*〉昆虫綱甲虫目ケシキスイ科の甲虫。体長5.4～6.5mm。

ホソヒラタハネカクシ〈*Siagonium gracile*〉昆虫綱甲虫目ハネカクシ科の甲虫。体長3.5mm。

ホソフタオビヒゲナガ〈*Nemophora trimetrella*〉昆虫綱鱗翅目マガリガ科の蛾。開張17～22mm。分布：本州, 四国, 九州。

ホソフタホシメダカハネカクシ 細二星目高隠翅虫〈*Stenus alienus*〉昆虫綱甲虫目ハネカクシ科の甲虫。体長5mm。分布：北海道, 本州, 四国, 九州。

ホソフナガタハナノミ〈*Pentaria elongata*〉昆虫綱甲虫目ハナノミダマシ科。

ホソベニボタル 細紅蛍〈*Mesolycus atrorufus*〉昆虫綱甲虫目ベニボタル科の甲虫。体長5.5～11.0mm。分布：北海道, 本州, 四国。

ホソヘリカメムシ 細縁椿象, 細縁亀虫〈*Riptortus clavatus*〉昆虫綱半翅目ホソヘリカメムシ科。体長14～17mm。柿, 隠元豆, 小豆, ササゲ, 豌豆, 空豆, 苺, 大豆に害を及ぼす。分布：北海道, 本州, 四国, 九州, 南西諸島。

ホソホタルモドキ 細擬蛍〈*Drilonius striatulus*〉昆虫綱甲虫目ホタルモドキ科の甲虫。体長3.5～4.7mm。分布：本州, 四国。

ホソホナシゴミムシ〈*Perigona sinuata*〉昆虫綱甲虫目オサムシ科の甲虫。体長3.0～3.5mm。

ホソマキバサシガメ〈*Arbela tabida*〉昆虫綱半翅目マキバサシガメ科。

ホソマダラシバンムシ〈*Xestobium shibatai*〉昆虫綱甲虫目シバンムシ科の甲虫。体長6.3～7.0mm。

ホソマダラシリアゲ 細斑挙尾虫〈*Panorpa multifasciaria*〉ホソマダラシリアゲ科。分布：本州。

ホソマダラハイイロハマキ〈*Croesia indignana*〉昆虫綱鱗翅目ハマキガ科の蛾。分布：北海道, 本州(中部山地), ロシア(アムール)。

ホソマダラホソカタムシ〈*Sympanotus pictus*〉昆虫綱甲虫目ホソカタムシ科の甲虫。体長5mm。キノコ類に害を及ぼす。分布：本州, 九州。

ホソマダラメイガ〈*Homoeosoma osakiella*〉昆虫綱鱗翅目メイガ科マダラメイガ亜科の蛾。開張22～23mm。

ホソマメコメツキ〈*Quasimus ellipticus*〉昆虫綱甲虫目コメツキムシ科。

ホソマメムシ〈*Thorictodes heydeni*〉ホソマメムシ科の甲虫。体長1.5mm。貯穀・貯蔵植物性食品に害を及ぼす。分布：九州, 沖縄および世界各地(南アメリカを除く)。

ホソマルバネオオテントウダマシ〈*Eumorphus austerus austerus*〉昆虫綱甲虫目テントウダマシ科。分布：アッサム, ミャンマー, インドシナ, タイ, マレーシア, 中国。

ホソミイトトンボ 細身糸蜻蛉〈*Aciagrion hisopa*〉昆虫綱蜻蛉目イトトンボ科の蜻蛉。体長38mm。分布：本州(関東平野以西),四国,九州。

ホソミオツネントンボ〈*Indolestes peregrinus*〉昆虫綱蜻蛉目アオイトトンボ科の蜻蛉。体長38mm。分布：本州,四国,九州。

ホソミオニヤンマ〈*Chlorogomphus suzukii*〉昆虫綱蜻蛉目オニヤンマ科。分布：台湾。

ホソミシオカラトンボ〈*Orthetrum luzonicum*〉昆虫綱蜻蛉目トンボ科の蜻蛉。体長47mm。分布：南西諸島(吐噶喇列島以南)。

ホソミズギワハネカクシ〈*Derops japonicus*〉昆虫綱甲虫目ハネカクシ科の甲虫。体長4.5〜5.0mm。

ホソミスジノメイガ〈*Pleuroptya chlorophanta*〉昆虫綱鱗翅目メイガ科ノメイガ亜科の蛾。開張21〜28mm。桜類に害を及ぼす。分布：北海道,本州,四国,九州,対馬,種子島,屋久島,奄美大島,沖縄本島,台湾,朝鮮半島,中国。

ホソミツカドコナヒラタムシ〈*Silvanoprus grouvellei*〉昆虫綱甲虫目ホソヒラタムシ科。体長2.5mm。分布：本州。

ホソミツギリゾウムシ 細三錐象鼻虫〈*Cyphagogus signipes*〉昆虫綱甲虫目ミツギリゾウムシ科の甲虫。体長4.0〜6.5mm。分布：本州,九州,対馬,奄美大島。

ホソミドリウンカ 細緑浮塵子〈*Saccharosydne procerus*〉昆虫綱半翅目ウンカ科。体長6mm。分布：本州,四国,九州。

ホソミハネナガミズアブ〈*Ptecticus australis*〉昆虫綱双翅目ミズアブ科。

ホソミモリトンボ 細身森蜻蛉〈*Somatochlora arctica*〉昆虫綱蜻蛉目エゾトンボ科の蜻蛉。体長52mm。分布：北海道,本州中部までの山地の湿原。

ホソミヤマサビゾウムシ〈*Metahylobius jonensis*〉昆虫綱甲虫目ゾウムシ科の甲虫。体長8.0〜9.1mm。

ホソムネカワリタマムシ〈*Polybothris videns*〉昆虫綱甲虫目タマムシ科。分布：マダガスカル。

ホソムネコチビシデムシ〈*Mesocatops japonicus*〉昆虫綱甲虫目チビシデムシ科の甲虫。体長2.5〜3.7mm。

ホソムネデオネスイ〈*Monotoma longicollis*〉昆虫綱甲虫目ネスイムシ科の甲虫。体長1.3〜1.8mm。

ホソムネホソヒラタムシ〈*Silvanoprus angusticollis*〉昆虫綱甲虫目ホソヒラタムシ科の甲虫。体長2.5〜3.0mm。

ホソメダカナガカメムシ〈*Ninomimus flavipes*〉昆虫綱半翅目ナガカメムシ科。

ホソメナガヒゲナガゾウムシ〈*Phaulimia angusta*〉昆虫綱甲虫目ヒゲナガゾウムシ科の甲虫。体長2.5〜3.5mm。

ホソモモブトカミキリ〈*Eryssamena acuta*〉昆虫綱甲虫目カミキリムシ科フトカミキリ亜科の甲虫。体長8〜12.5mm。

ホソモリヒラタゴミムシ〈*Colpodes speculator*〉昆虫綱甲虫目オサムシ科の甲虫。体長9〜10.5mm。

ホソモンツヤゴミムシダマシ〈*Scaphidema pictipenne*〉昆虫綱甲虫目ゴミムシダマシ科の甲虫。体長3.8〜4.0mm。

ホソモンホソハマキモドキ〈*Glyphipterix okui*〉昆虫綱鱗翅目ホソハマキモドキガ科の蛾。分布：北海道,本州。

ホソユウマダラエダシャク〈*Abraxas minax*〉昆虫綱鱗翅目シャクガ科エダシャク亜科の蛾。開張雄33〜38mm,雌39〜49mm。

ホソヨコミゾドロムシ〈*Leptelmis parallela*〉昆虫綱甲虫目ヒメドロムシ科の甲虫。体長2.5〜2.6mm。

ホソヨスジノメイガ 細四条野螟蛾〈*Pagyda amphisalis*〉昆虫綱鱗翅目メイガ科ノメイガ亜科の蛾。開張21〜25mm。分布：北海道を除く日本各地。

ホソヨツバセイボウ〈*Chrysis galloisi*〉昆虫綱膜翅目セイボウ科。

ホソヨツメハネカクシ〈*Paraleaster japonicus*〉昆虫綱甲虫目ハネカクシ科。

ホソリンゴカミキリ ホソツツリンゴカミキリの別名。

ホソルリトビハムシ〈*Aphthonaltica angustata*〉昆虫綱甲虫目ハムシ科の甲虫。体長2.0〜3.0mm。

ホソワラジムシ〈*Porcellionides pruinosus*〉甲殻綱等脚目ワラジムシ科。害虫。

ポタマナクサス・テスティア〈*Patamanaxas thestia*〉昆虫綱鱗翅目セセリチョウ科の蝶。分布：エクアドル。

ポタマナクサス・フラボファスキアタ〈*Potamanaxas flavofasciata*〉昆虫綱鱗翅目セセリチョウ科の蝶。分布：エクアドル,ボリビア。

ポタマナクサス・メリケルテス〈*Potamanaxas melicertes*〉昆虫綱鱗翅目セセリチョウ科の蝶。分布：パナマ,コスタリカ。

ポタマナクサス・ラオマ〈*Patamanaxas laoma*〉昆虫綱鱗翅目セセリチョウ科の蝶。分布：ボリビア。

ホタル 蛍〈*firefly*〉昆虫綱甲虫目ホタル科Lampyridaeに属する昆虫の総称。

ホタルガ 蛍蛾 〈*Pidorus glaucopis*〉昆虫綱鱗翅目マダラガ科の蛾。開張45～60mm。サカキに害を及ぼす。分布：北海道,本州,四国,九州,対馬,沖縄本島,朝鮮半島,中国北部,台湾。

ホタルカミキリ 蛍天牛 〈*Dere thoracica*〉昆虫綱甲虫目カミキリムシ科カミキリ亜科の甲虫。体長7～10mm。分布：北海道,本州,四国,九州,佐渡,対馬。

ホタルゴキブリ 〈*Paratropes lycoides*〉昆虫綱翅目オオゴキブリ科。珍虫。

ホタルトビケラ 蛍飛蜉 〈*Nothopsyche ruficollis*〉昆虫綱毛翅目エグリトビケラ科。体長9～12mm。分布：本州,四国,九州。

ホタルハムシ 蛍金花虫 〈*Monolepta dichroa*〉昆虫綱甲虫目ハムシ科の甲虫。体長4mm。苺,ウリ科野菜,アブラナ科野菜,イネ科牧草,イネ科作物,マメ科牧草に害を及ぼす。分布：北海道,本州,四国,九州。

ホタルミミズ 蛍蚯蚓 〈*Microscolex phosphoreus*〉環形動物門貧毛綱フトミミズ科の陸生動物。

ボタンヅルナミシャク 〈*Horisme vitalbata*〉昆虫綱鱗翅目シャクガ科ナミシャク亜科の蛾。開張27mm。分布：群馬,山口,高知,福岡,鹿児島,対馬,ヨーロッパ,シベリア南東部,朝鮮半島。

ポタントゥス・イリオン 〈*Potanthus ilion*〉昆虫綱鱗翅目セセリチョウ科の蝶。分布：小スンダ列島。

ポタントゥス・オマハ 〈*Potanthus omaha*〉昆虫綱鱗翅目セセリチョウ科の蝶。分布：ミャンマー,タイ,マレーシア,スマトラ,ボルネオ,フィリピン,スラウェシ。

ポタントゥス・ガンダ 〈*Potanthus ganda marla*〉昆虫綱鱗翅目セセリチョウ科の蝶。分布：アッサムからマレーシア,スマトラ,ジャワ,バリ,ボルネオ。

ポタントゥス・タキシルス 〈*Potanthus taxilus*〉昆虫綱鱗翅目セセリチョウ科の蝶。分布：スマトラ,ジャワ,ボルネオ,フィリピン,スラウェシ,マルク諸島。

ポタントゥス・ダラ 〈*Potanthus dara*〉昆虫綱鱗翅目セセリチョウ科の蝶。分布：ヒマラヤ,インド,インドシナ半島,マレーシア。

ポタントゥス・トゥラカラ 〈*Potanthus trachala*〉昆虫綱鱗翅目セセリチョウ科の蝶。分布：スマトラ,ジャワ。

ポタントゥス・ネスタ 〈*Potanthus nesta*〉昆虫綱鱗翅目セセリチョウ科の蝶。分布：アッサム,ミャンマー,タイ,ジャワ。

ポタントゥス・パメラ 〈*Potanthus pamela*〉昆虫綱鱗翅目セセリチョウ科の蝶。分布：スマトラ,ジャワ,ボルネオ。

ポタントゥス・パリダ 〈*Potanthus pallida*〉昆虫綱鱗翅目セセリチョウ科の蝶。分布：インド,スリランカ,ヒマラヤ,ミャンマー,タイ,中国。

ポタントゥス・パルニア 〈*Potanthus palnia palnia*〉昆虫綱鱗翅目セセリチョウ科の蝶。分布：インド,ミャンマー,タイ,中国,スマトラ。

ポタントゥス・フェッティンギ 〈*Potanthus fettingi fettingi*〉昆虫綱鱗翅目セセリチョウ科の蝶。分布：スマトラ,ジャワ。

ポタントゥス・ヘタエルス 〈*Potanthus hetaerus*〉昆虫綱鱗翅目セセリチョウ科の蝶。分布：アンダマン,マレーシア,スマトラ,ジャワ,ボルネオ,パラワン,フィリピン,スラウェシ。

ポタントゥス・ミンゴ 〈*Potanthus mingo mingo*〉昆虫綱鱗翅目セセリチョウ科の蝶。分布：インド北部,ミャンマー,タイ,ジャワ,フィリピン。

ポタントゥス・リディア 〈*Potanthus lydia*〉昆虫綱鱗翅目セセリチョウ科の蝶。分布：ミャンマー,マレーシア。

ポタントゥス・レクティファスキアタ 〈*Potanthus rectifasciata*〉昆虫綱鱗翅目セセリチョウ科の蝶。分布：シッキム,ブータン,アッサム,ミャンマー北部。

ポーチェスモルフォ 〈*Morpho portis*〉昆虫綱鱗翅目モルフォチョウ科の蝶。開張80mm。分布：ブラジル中部。珍蝶。

ボーチェルモンキチョウ 〈*Colias vautieri*〉昆虫綱鱗翅目シロチョウ科の蝶。別名チリベニモンキチョウ。分布：チリ,アルゼンチン。

ホッカイジョウカイ 北海浄海 〈*Wittmercantharis vulcana*〉昆虫綱甲虫目ジョウカイボン科の甲虫。体長5.7～7.2mm。分布：北海道。

ホッキョクタカネヒカゲ 〈*Oeneis norna hilda*〉昆虫綱鱗翅目ジャノメチョウ科の蝶。分布：スカンジナビアおよびアジア北部,カムチャツカ,アラスカ。

ホッキョクヒョウモン 〈*Clossiana chariclea*〉昆虫綱鱗翅目タテハチョウ科の蝶。分布：周極,アラスカ北部とグリーンランドからユーコンまで,ヨーロッパ北部。

ホッキョクモンキチョウ クモマモンキチョウの別名。

ホッキョクモンヤガ 〈*Agrotis patula*〉昆虫綱鱗翅目ヤガ科の蛾。分布：飛騨山脈,赤石山脈,飯豊山塊,朝日連邦,鳥海山,利尻山,大雪山塊,北アメリカ東部,シベリア,千島,ウルップ島,シムシル島。

ホッコクヤブカ 〈*Aedes cinereus*〉昆虫綱双翅目カ科。

ホッパーロスチャイルドヤママユ 〈*Rothschildia hopfferi*〉昆虫綱鱗翅目ヤママユガ科の蛾。分布：ブラジル,パラグアイ,アルゼンチン。

ホップイボアブラムシ〈Phorodon humuli〉昆虫綱半翅目アブラムシ科。体長2mm。梅, アンズ, ホップ, 桃, スモモに害を及ぼす。分布：日本全国, 朝鮮半島, 台湾。

ホッポアゲハ〈Papilio hoppo〉昆虫綱鱗翅目アゲハチョウ科の蝶。分布：台湾。

ホッポエグリコガネ〈Coelodera penincillata〉昆虫綱甲虫目コガネムシ科の甲虫。分布：インド, ネパール, ミャンマー, タイ, 台湾。

ボッラ・クプレイケプス〈Bolla cupreiceps〉昆虫綱鱗翅目セセリチョウ科の蝶。分布：メキシコからボリビアおよびトリニダードまで。

ボティヌス・ギッボスス〈Bothynus gibbosus obsoletus〉昆虫綱甲虫目コガネムシ科の甲虫。分布：合衆国南部, メキシコ。

ホデバメダマチョウ〈Hyantis hodeva〉昆虫綱鱗翅目ワモンチョウ科の蝶。開張80mm。分布：ニューギニア島。珍蝶。

ポテムネムス・デツネリ〈Potemnemus detzneri〉昆虫綱甲虫目カミキリムシ科の甲虫。分布：ニューギニア。

ボトゥリニア・ケンネリ〈Bothrinia chennelli〉昆虫綱鱗翅目シジミチョウ科の蝶。分布：アッサム。

ポトマナキサス・ヒルタ〈Potomanaxas hirta hirta〉昆虫綱鱗翅目セセリチョウ科の蝶。分布：コスタリカからボリビア。

ホネゴミムシダマシ〈Emypsara riederi〉昆虫綱甲虫目ゴミムシダマシ科の甲虫。体長6mm。分布：北海道, 本州(北部)。

ボネリムシ〈Bonellia fuliginosa〉環形動物門ユムシ綱ボネリムシ科の海産動物。

ホノハハマキ〈Acleris aestuosa〉昆虫綱鱗翅目ハマキガ科の蛾。分布：本州(東北から中部山地), 四国(石鎚山など)。

ホープオオウスバカミキリ〈Rhaphipodus hopei〉昆虫綱甲虫目カミキリムシ科の甲虫。分布：アンダマン, ミャンマー, タイ, ラオス, マレーシア, ボルネオ。

ホープケアシカナブン〈Cheirolasia burkei hopei〉昆虫綱甲虫目コガネムシ科の甲虫。分布：アフリカ中央部。

ポプライネゾウモドキ〈Dorytomus urakoae〉昆虫綱甲虫目ゾウムシ科の甲虫。体長3.5〜5.1mm。分布：本州の山地。

ポプラコハマキ ポプラヒメハマキの別名。

ポプラシロハモグリガ〈Paraleucoptera sinuella〉昆虫綱鱗翅目ハモグリガ科の蛾。分布：北海道, 本州(東北), 朝鮮半島南部, 中国, ヨーロッパ, 北アフリカ。

ポプラツツハムシ〈Smaragdina nigrocyanea〉昆虫綱甲虫目ハムシ科。体長5mm。分布：北海道, 本州。

ポプラノコギリスズメ〈Laothoe populi〉昆虫綱鱗翅目スズメガ科の蛾。前翅は淡灰色から紫灰色で白色の斑紋をもつ。開張7〜8mm。分布：ヨーロッパから, 温帯アジア。

ポプラハバチ 白楊葉蜂〈Trichiocampus populi〉昆虫綱膜翅目ハバチ科。ヤナギ, ポプラに害を及ぼす。分布：北海道。

ポプラハムシ〈Chrysomela tremulae〉昆虫綱甲虫目ハムシ科の甲虫。体長8.5〜10.0mm。

ポプラヒメハマキ〈Gypsonoma minutana〉昆虫綱鱗翅目ハマキガ科ノコメハマキガ亜科の蛾。開張10.5〜15.0mm。分布：本州, インド(カシミール), 中国, ロシア, ヨーロッパ, イギリス。

ポプラモンシロハモグリガ〈Leucoptera susinella〉昆虫綱鱗翅目ツマオレガ科の蛾。開張8.0〜9.5mm。

ポプラモンシロモグリガ ポプラモンシロハモグリガの別名。

ポプルスイネゾウモドキ〈Eteophilus urakoae〉昆虫綱甲虫目ゾウムシ科。

ボペッラナ・コットニ〈Powellana cottoni〉昆虫綱鱗翅目シジミチョウ科の蝶。分布：カメルーン, コンゴ。

ボヘマニチャイロフタオチョウ〈Charaxes bohemani〉昆虫綱鱗翅目タテハチョウ科の蝶。表面は青色で, 黒色の幅広い縁どりをもつ。開張7.5〜10.8mm。分布：ケニアからマラウイ, ザンビア, アンゴラにかけてのアフリカの熱帯域。

ホホアカオサゾウムシ ホオアカオサゾウムシの別名。

ホホアカクロバエ〈Calliphora vicina〉昆虫綱双翅目クロバエ科。体長6〜11mm。害虫。

ホホグロオビキンバエ〈Chrysomya pinguis〉昆虫綱双翅目クロバエ科。体長8.0〜9.5mm。害虫。

ホホジロアシナガゾウムシ〈Mecysolobus erro〉昆虫綱甲虫目ゾウムシ科の甲虫。体長6.2〜9.3mm。分布：本州, 四国, 九州。

ホホジロオビキンバエ〈Chrysomya rufifacies〉昆虫綱双翅目クロバエ科。体長7.0〜9.0mm。害虫。

ホメルスアゲハ ホメロスアゲハの別名。

ホメロスアゲハ〈Papilio homerus〉昆虫綱鱗翅目アゲハチョウ科の蝶。開張150mm。分布：ジャマイカ。珍蝶。

ホモキルトゥス・ドゥロメダリウス〈Homocyrtus dromedarius〉昆虫綱甲虫目ゴミムシダマシ科。分布：チリ。

ホモノハダニ〈*Petrobia latens*〉蛛形綱ダニ目ハダニ科。体長0.6mm。ユリ科野菜,苺,隠元豆,小豆,ササゲ,麦類,大豆に害を及ぼす。分布:北海道,本州。

ホラアナトゲアリヅカムシ〈*Speobatrisodes punctaticeps*〉昆虫綱甲虫目アリヅカムシ科の甲虫。体長2.6〜2.8mm。

ホラアナホソメクラシデムシ〈*Hadesia vasiceki*〉昆虫綱甲虫目チビシデムシ科。分布:ユーゴスラビア(洞窟性)。

ホラガ・アメティストゥス〈*Horaga amethystus*〉昆虫綱鱗翅目シジミチョウ科の蝶。分布:マレーシア。

ホラガ・セリナ〈*Horaga selina*〉昆虫綱鱗翅目シジミチョウ科の蝶。分布:セレベス。

ホラガ・ビオラ〈*Horaga viola*〉昆虫綱鱗翅目シジミチョウ科の蝶。分布:インド,ヒマラヤ地方。

ホラコタナグモ〈*Cicurina troglodytes*〉蛛形綱クモ目タナグモ科の蜘蛛。

ホラズミヒラタゴミムシ〈*Jujiroa troglodytes*〉昆虫綱甲虫目オサムシ科の甲虫。体長11.5〜12.5mm。

ホラズミヤチグモ〈*Coelotes antri*〉蛛形綱クモ目タナグモ科の蜘蛛。体長雌10〜13mm,雄8〜10mm。分布:本州,四国,九州。

ホラヌカグモ〈*Caviphantes samensis*〉蛛形綱クモ目サラグモ科の蜘蛛。

ホラヒメグモ 洞姫蜘蛛〈*Nesticus* spp.〉蛛形綱クモ目ホラヒメグモ科の蜘蛛。

ホラヒメグモ 洞姫蜘蛛〈*Nesticus* spp.〉節足動物門クモ形綱真正クモ目ホラヒメグモ科の総称であるが,日本のものはすべて一属とされている。

ホラヤミサラグモ〈*Arcuphantes troglodytarum*〉蛛形綱クモ目サラグモ科の蜘蛛。

ホリイコシジミ〈*Zizula hylax*〉昆虫綱鱗翅目シジミチョウ科の蝶。前翅長8〜9mm。

ホリイコノハカイガラムシ〈*Fiorinia horii*〉昆虫綱半翅目マルカイガラムシ科。体長1mm。ツツジ類に害を及ぼす。

ポリウラ・ガンマ〈*Polyura gamma*〉昆虫綱鱗翅目タテハチョウ科の蝶。分布:ニューカレドニア。

ポリウラ・クリタルクス〈*Polyura clitarchus*〉昆虫綱鱗翅目タテハチョウ科の蝶。分布:ニューカレドニア,ロイヤルティ。

ポリウラ・コグナトゥス〈*Polyura cognatus*〉昆虫綱鱗翅目タテハチョウ科の蝶。分布:スラウェシ。

ポリウラ・サッコ〈*Polyura sacco*〉昆虫綱鱗翅目タテハチョウ科の蝶。分布:ニューヘブリデス。

ポリウラ・シュライベリ〈*Polyura schreiberi*〉昆虫綱鱗翅目タテハチョウ科の蝶。分布:アッサムからタイおよびマレーシア,ジャワ。

ポリウラ・モオリ〈*Polyura moori*〉昆虫綱鱗翅目タテハチョウ科の蝶。分布:マレーシアからミャンマーまで。

ポリウラ・ヤリスス〈*Polyura jalysus*〉昆虫綱鱗翅目タテハチョウ科の蝶。分布:マレーシア,ボルネオ。

ポリオンマトゥス・アルケド〈*Polyommatus alcedo*〉昆虫綱鱗翅目シジミチョウ科の蝶。分布:イラン。

ポリオンマトゥス・エロス〈*Polyommatus eros*〉昆虫綱鱗翅目シジミチョウ科の蝶。分布:ピレネー山脈,アルプス,アペニン山脈から中央アジアまで。

ポリオンマトゥス・シーベルシ〈*Polyommatus sieversi*〉昆虫綱鱗翅目シジミチョウ科の蝶。分布:パミール,イラン,トルキスタン。

ポリオンマトゥス・デバニカ〈*Polyommatus devanica*〉昆虫綱鱗翅目シジミチョウ科の蝶。分布:カシミール。

ポリオンマトゥス・レウィイ〈*Polyommatus loewii*〉昆虫綱鱗翅目シジミチョウ科の蝶。分布:小アジア,アルメニア,イランからチトラル(西パキスタン)まで。

ポリカエナ・タメルラナ〈*Polycaena tamerlana*〉昆虫綱鱗翅目シジミタテハ科の蝶。分布:チベット,トルキスタン。

ポリカエナ・ルア〈*Polycaena lua*〉昆虫綱鱗翅目シジミタテハ科の蝶。分布:アムド(Amdo,チベット北東部),チベット東部,中国西部。

ポリクトル・ポリクトル〈*Polyctor polyctor*〉昆虫綱鱗翅目セセリチョウ科の蝶。分布:メキシコからブラジル南部まで。

ポリゴニア・エゲア〈*Polygonia egea*〉昆虫綱鱗翅目タテハチョウ科の蝶。分布:ヨーロッパ南部からアルメニアまで。

ポリゴニア・オルカス〈*Polygonia orcas*〉昆虫綱鱗翅目タテハチョウ科の蝶。分布:北アメリカ西部。

ポリゴニア・コンマ〈*Polygonia comma*〉昆虫綱鱗翅目タテハチョウ科の蝶。分布:カナダからテキサス州まで。

ポリゴニア・サティルス〈*Polygonia satyrus*〉昆虫綱鱗翅目タテハチョウ科の蝶。分布:オンタリオから北アメリカの太平洋岸まで。

ポリゴニア・ジェーアルブム〈*Polygonia j-album*〉昆虫綱鱗翅目タテハチョウ科の蝶。分布:カナダからミシガン州まで。

ポリゴニア・ゼフィルス〈Polygonia zephyrus〉昆虫綱鱗翅目タテハチョウ科の蝶。分布：ロッキー山脈から太平洋岸まで。

ポリゴニア・ファウヌス〈Polygonia faunus〉昆虫綱鱗翅目タテハチョウ科の蝶。分布：カナダから合衆国ジョージア州，ラブラドル半島(Labrador)まで。

ポリゴニア・プログネ〈Polygonia progne〉昆虫綱鱗翅目タテハチョウ科の蝶。分布：カナダからバージニア州まで。

ポリゴヌス・リビドゥス〈Polygonus lividus〉昆虫綱鱗翅目セセリチョウ科の蝶。分布：ブラジルからフロリダ州まで。

ホリシャアカセセリ〈Telicota ancilla〉昆虫綱鱗翅目セセリチョウ科の蝶。分布：インドから中国を経てニューギニア，オーストラリアまで。

ホリシャアトバゴミムシ〈Catascopus szekessyi〉昆虫綱甲虫目ゴミムシ科。分布：台湾。

ホリシャキシタケンモン〈Trisuloides sericea〉昆虫綱鱗翅目ヤガ科ウスベリケンモン亜科の蛾。開張48～51mm。分布：四国西南部，九州南部，屋久島，台湾，中国からヒマラヤ南麓。

ホリシャケンモン ホリシャキシタケンモンの別名。

ホリシャシジミ クラルシジミの別名。

ホリシャシャチホコ〈Quadricalcarifera subgeneris〉昆虫綱鱗翅目シャチホコガ科の蛾。分布：台湾，奄美大島，沖縄本島，石垣島，西表島，対馬。

ホリシャミスジ〈Neptis ananta〉昆虫綱鱗翅目タテハチョウ科の蝶。分布：ヒマラヤ，アッサム，ミャンマー，マレーシア，中国西部，台湾。

ホリシャルリマダラ〈Euploea tulliolus〉昆虫綱鱗翅目マダラチョウ科の蝶。別名ヒメマルバネマダラ，ヒメマルバネムラサキマダラ，マサキルリマダラ。前翅長31mm。分布：ソロモン諸島，マレーシア，台湾，オーストラリア。

ポリスティクティス・アポテタ〈Polystichtis apotheta〉昆虫綱鱗翅目シジミタテハ科の蝶。分布：ギアナ，コロンビア，ブラジル。

ポリスティクティス・アルゲニッサ〈Polystichtis argenissa〉昆虫綱鱗翅目シジミタテハ科の蝶。分布：コロンビア，パナマ。

ポリスティクティス・エミリウス〈Polystichtis emylius〉昆虫綱鱗翅目シジミタテハ科の蝶。分布：ギアナ，トリニダード，アマゾン，ペルー。

ポリスティクティス・シアカ〈Polystichtis siaka〉昆虫綱鱗翅目シジミタテハ科の蝶。分布：ブラジル。

ポリスティクティス・ゼアンゲル〈Polystichtis zeanger〉昆虫綱鱗翅目シジミタテハ科の蝶。分布：ギアナ，トリニダード，アマゾン。

ポリスティクティス・タラ〈Polystichtis thara〉昆虫綱鱗翅目シジミタテハ科の蝶。分布：ペルー。

ポリスティクティス・フロルス〈Polystichtis florus〉昆虫綱鱗翅目シジミタテハ科の蝶。分布：エクアドルからベネズエラまで。

ポリスティクティス・ポルタオン〈Polystichtis porthaon〉昆虫綱鱗翅目シジミタテハ科の蝶。分布：アマゾン。

ポリスティクティス・ラオボタス〈Polystichtis laobotas〉昆虫綱鱗翅目シジミタテハ科の蝶。分布：コロンビアおよびパナマ。

ポリスティクティス・ラステネス〈Polystichtis lasthenes〉昆虫綱鱗翅目シジミタテハ科の蝶。分布：メキシコおよびホンジュラス。

ポリスティクティス・ラトナ〈Polystichtis latona〉昆虫綱鱗翅目シジミタテハ科の蝶。分布：アマゾン。

ポリスティクティス・ルキアヌス〈Polystichtis lucianus〉昆虫綱鱗翅目シジミタテハ科の蝶。分布：パナマ，ベネズエラ，ギアナ，トリニダード。

ポリスティクティス・ロドペ〈Polystichtis rhodope〉昆虫綱鱗翅目シジミタテハ科の蝶。分布：アマゾン，トリニダード。

ポリセネスタイマイ〈Graphium policenes〉昆虫綱鱗翅目アゲハチョウ科の蝶。開張75mm。分布：アフリカ中央部。珍蝶。

ポリタスカシジャノメ〈Dulcedo polita〉昆虫綱鱗翅目ジャノメチョウ科の蝶。開張70mm。分布：ニカラグアからコロンビア。珍蝶。

ポリダマスアオジャコウアゲハ オナシアオジャコウアゲハの別名。

ポリティア・カレンニア〈Poritia karennia〉昆虫綱鱗翅目シジミチョウ科の蝶。分布：カレン-ヒル(Karen Hills，ミャンマー南東部)。

ポリティア・スマトゥラエ〈Poritia sumatrae〉昆虫綱鱗翅目シジミチョウ科の蝶。分布：マレーシア，スマトラ。

ポリティア・ファレナ〈Poritia phalena〉昆虫綱鱗翅目シジミチョウ科の蝶。分布：インド，マレーシア，スマトラ，ジャワ。

ポリティア・フィロタ〈Poritia philota〉昆虫綱鱗翅目シジミチョウ科の蝶。分布：スマトラ，ボルネオ，フィリピン。

ポリティア・プロムラ〈Poritia promula〉昆虫綱鱗翅目シジミチョウ科の蝶。分布：ジャワ，マレーシア。

ポリテス・サブレティ〈Polites sabuleti〉昆虫綱鱗翅目セセリチョウ科の蝶。分布：カリフォルニア州。

ポリテス・テミストクレス〈Polites themistocles〉昆虫綱鱗翅目セセリチョウ科の蝶。分布：カナダからフロリダ州まで。

ポリテス・バラコア〈Polites baracoa〉昆虫綱鱗翅目セセリチョウ科の蝶。分布：アンチル諸島，フロリダ州，キューバ。

ポリテス・ビベックス〈Polites vibex〉昆虫綱鱗翅目セセリチョウ科の蝶。分布：熱帯アメリカから合衆国中部まで，西インド諸島。

ポリテス・ビベックス・カティリナ〈Polites vibex catilina〉昆虫綱鱗翅目セセリチョウ科の蝶。分布：アメリカ合衆国からアルゼンチン，亜種は南米北部からアルゼンチン。

ポリテス・ペキウス〈Polites peckius〉昆虫綱鱗翅目セセリチョウ科の蝶。分布：合衆国およびカナダ。

ポリテス・ベルナ〈Polites verna〉昆虫綱鱗翅目セセリチョウ科の蝶。分布：合衆国東部。

ポリテス・マナタアクア〈Polites manataaqua〉昆虫綱鱗翅目セセリチョウ科の蝶。分布：合衆国中・東部。

ポリテス・ミスティク〈Polites mystic〉昆虫綱鱗翅目セセリチョウ科の蝶。分布：合衆国中部・東部。

ポリトゥリックス・アウギヌス〈Polythrix auginus〉昆虫綱鱗翅目セセリチョウ科の蝶。分布：ギアナ，コロンビア，ブラジル。

ポリトゥリックス・ギゲス〈Polythrix gyges〉昆虫綱鱗翅目セセリチョウ科の蝶。分布：ベネズエラ，ペルー。

ポリトゥリックス・デクルタタ〈Polythrix decurtata〉昆虫綱鱗翅目セセリチョウ科の蝶。分布：コロンビア，ブラジル。

ポリトゥリックス・メタッレスケンス〈Polythrix metallescens〉昆虫綱鱗翅目セセリチョウ科の蝶。分布：ブラジル。

ポリトゥリックス・ロマ〈Polythrix roma〉昆虫綱鱗翅目セセリチョウ科の蝶。分布：ペルー，アマゾン。

ポリトゥレミス・カエルレスケンス〈Polytremis caerulescens〉昆虫綱鱗翅目セセリチョウ科の蝶。分布：中国西部。

ポリドラ　環形動物門多毛綱スピオ科Spionidaeの一属Polydoraの総称。

ホリニクバエ〈Pierretia horii〉昆虫綱双翅目ニクバエ科。

ポリニフェス・ドゥメニリイ〈Polyniphes dumenilii〉昆虫綱鱗翅目シジミチョウ科の蝶。分布：ベネズエラ，トリニダード，コロンビア。

ホリハバチ〈Taxonus horii〉昆虫綱膜翅目ハバチ科。

ポリフィラ・スペキオサ〈Polyphylla speciosa〉昆虫綱甲虫目コガネムシ科の甲虫。分布：合衆国南部。

ポリフィラ・ディファルクタ〈Polyphylla difarcta〉昆虫綱甲虫目コガネムシ科の甲虫。分布：合衆国南部。

ポリフィラ・デキムリネアタ〈Polyphylla decimlineata〉昆虫綱甲虫目コガネムシ科の甲虫。分布：合衆国南部。

ポリフィラ・ペティティ〈Polyphylla petiti〉昆虫綱甲虫目コガネムシ科の甲虫。分布：メキシコ。

ポリフィラ・ポトシマ〈Polyphylla potosima〉昆虫綱甲虫目コガネムシ科の甲虫。分布：メキシコ。

ポリフェムスヤママユ〈Antheraea polyphemus〉昆虫綱鱗翅目ヤママユガ科の蛾。後翅に灰色の目玉模様(なかにレモンの形をした斑紋)をもつ。開張10〜13mm。分布：合衆国やカナダ南部。

ポリプティクス・メアンデル〈Polyptychus meander〉昆虫綱鱗翅目スズメガ科の蛾。分布：マダガスカルとその属島。

ホルストジョウゴグモ〈Macrothele holsti〉蛛形綱クモ目ジョウゴグモ科の蜘蛛。

ホルスフィールディア・ナラダ〈Horsfieldia narada〉昆虫綱鱗翅目シジミチョウ科の蝶。分布：インドからタイをへてマレーシア，スリランカ。

ポルタオンコモンタイマイ〈Graphium porthaon〉昆虫綱鱗翅目アゲハチョウ科の蝶。分布：ザイール南部，ケニア，タンザニアから南へボツワナ，南アフリカまで。

ボルティニア・テアタ〈Voltinia theata〉昆虫綱鱗翅目シジミタテハ科の蝶。分布：エクアドル，コロンビア。

ポルテティス属の一種〈Porthetis sp.〉昆虫綱バッタ目フトスナバッタ科。分布：エジプト。

ホルトノキナガヒゲガ〈Agriothera elaeocarpophaga〉昆虫綱鱗翅目ナガヒゲガ科の蛾。分布：本州(伊豆半島，紀伊大島)，四国(愛媛県，高知県)，九州(佐多岬)，屋久島，口永良部島，石垣島，西表島，アッサム。

ボルネオウラフチベニシジミ〈Heliophorus kiana〉昆虫綱鱗翅目シジミチョウ科の蝶。

ボルネオカタゾウムシ〈Apocyrtidius chlorophanus〉昆虫綱甲虫目ゾウムシ科。分布：ボルネオ。

ボルネオキシタアゲハ〈*Troides andromache*〉昆虫綱鱗翅目アゲハチョウ科の蝶。開張雄110mm, 雌130mm。分布：ボルネオ。珍蝶。

ボルネオシマジャノメ〈*Ragadia annulata*〉昆虫綱鱗翅目ジャノメチョウ科の蝶。分布：ボルネオ。

ボルネオチャイロフタオチョウ〈*Charaxes borneensis*〉昆虫綱鱗翅目タテハチョウ科の蝶。開張80mm。分布：マレーシア, スマトラ, ボルネオ。珍蝶。

ボルネオテイオウゼミ クロテイオウゼミの別名。

ボルネオホシチャバネセセリ〈*Aeromachus jhora*〉昆虫綱鱗翅目セセリチョウ科の蝶。

ボルネオムラサキヒカゲ〈*Ptychandra talboti*〉昆虫綱鱗翅目ジャノメチョウ科の蝶。別名プティカンドゥラ・タルボッティ。分布：ボルネオ。

ホルバートアブ〈*Atylotus horvathi*〉昆虫綱双翅目アブ科。体長13〜15mm。分布：北海道, 本州, 四国。害虫。

ホルバートカタビロアメンボ〈*Microvelia horvathi*〉昆虫綱半翅目カタビロアメンボ科。

ポルフィロゲネス・オンファレ〈*Porphyrogenes omphale*〉昆虫綱鱗翅目セセリチョウ科の蝶。分布：アマゾンからボリビアまで。

ポルフィロゲネス・ブルペクラ〈*Porphyrogenes vulpecula*〉昆虫綱鱗翅目セセリチョウ科の蝶。分布：ブラジル。

ボルボ・ツェッレリ〈*Borbo zelleri*〉昆虫綱鱗翅目セセリチョウ科の蝶。分布：シリア, アフリカ北部。

ボルボ・デテクタ〈*Borbo detecta*〉昆虫綱鱗翅目セセリチョウ科の蝶。分布：ナタールからケニアまで。

ボルボネウラ・シルフィス〈*Bolboneura sylphis*〉昆虫綱鱗翅目タテハチョウ科の蝶。分布：メキシコ。

ボルボ・ファッラクス〈*Borbo fallax*〉昆虫綱鱗翅目セセリチョウ科の蝶。分布：カメルーンからマラウイ, ナタールからトランスバールまで。

ボルボ・ファトゥエッルス〈*Borbo fatuellus*〉昆虫綱鱗翅目セセリチョウ科の蝶。分布：シエラレオネからアフリカ東部および南部まで。

ボルボ・ベバニ〈*Borbo bewani*〉昆虫綱鱗翅目セセリチョウ科の蝶。分布：インドからマレーシアおよび中国南部まで, オーストラリア。

ボルボ・ペロブスクラ〈*Borbo perobscura*〉昆虫綱鱗翅目セセリチョウ科の蝶。分布：ガーナからウガンダまで。

ボルボ・ホルチイ〈*Borbo holtzii*〉昆虫綱鱗翅目セセリチョウ科の蝶。分布：トランスバール, アンゴラからエチオピアまで。

ボルボ・ボルボニカ〈*Borbo borbonica*〉昆虫綱鱗翅目セセリチョウ科の蝶。分布：アフリカ全土。

ボルボ・ミカンス〈*Borbo micans*〉昆虫綱鱗翅目セセリチョウ科の蝶。分布：ナイジェリアからカメルーンをへてケニア, エチオピアまで。

ボルボ・ラテク〈*Borbo ratek*〉昆虫綱鱗翅目セセリチョウ科の蝶。分布：マダガスカル。

ボルボ・ルゲンス〈*Borbo lugens*〉昆虫綱鱗翅目セセリチョウ科の蝶。分布：アフリカ東部。

ホルンケシガムシ〈*Oosternum horni*〉昆虫綱甲虫目ガムシ科の甲虫。体長1.6〜1.7mm。

ホルンナガエンマムシ〈*Platylister horni*〉昆虫綱甲虫目エンマムシ科の甲虫。体長4.5〜6.3mm。

ホルンナガタマムシ〈*Agrilus hornianus*〉昆虫綱甲虫目タマムシ科の甲虫。体長5.3〜8.2mm。

ホルンヒメハナノミ〈*Falsomordellistena konoi yakushimaensis*〉昆虫綱甲虫目ハナノミ科の甲虫。体長2.3〜3.0mm。

ホルンフタオタマムシ〈*Dicerca horni*〉昆虫綱甲虫目タマムシ科。分布：アメリカ西部。

ポレミオトゥス・スブメタッリクス〈*Polemiotus submetallicus*〉昆虫綱甲虫目ゴミムシダマシ科。分布：アメリカ合衆国(カリフォルニア, アリゾナ)。

ホワイトヘッドイナズマ〈*Euthalia whiteheadi mariae*〉昆虫綱鱗翅目タテハチョウ科の蝶。分布：ジャワ, スマトラ, ボルネオ。

ホンクロボシカニグモ〈*Xysticus atrimaculatus*〉蛛形綱クモ目カニグモ科の蜘蛛。体長雌8mm, 雄4mm。分布：本州。

ホンコノハムシ〈*Phyllium siccifolium*〉昆虫綱竹節虫目コノハムシ科。分布：マレーシア, ジャワ。

ボンサイオオハリセンチュウ〈*Xiphinema incognitum*〉ロンギドルス科。体長1.5〜2.0mm。葡萄, 椿, 山茶花に害を及ぼす。分布：日本全国, 韓国, 台湾, 中国, エジプト, 南アフリカ。

ホンサナエ〈*Asiagomphus postocularis*〉昆虫綱蜻蛉目サナエトンボ科の蜻蛉。体長50mm。分布：北海道, 本州, 四国, 九州。

ホンシュウオオイチモンジシマゲンゴロウ〈*Hydaticus conspersus*〉昆虫綱甲虫目ゲンゴロウ科の甲虫。絶滅危惧II類(VU)。体長15〜16mm。

ホンシュウチビジョウカイ〈*Malthodes ohbayashii*〉昆虫綱甲虫目ジョウカイボン科の甲虫。体長3.0〜3.1mm。

ホンシュウホソニクバエ〈*Goniophyto honshuensis*〉昆虫綱双翅目ニクバエ科。体長5.0〜8.0mm。害虫。

ホンスンキクイムシ〈Orthotomicus suturalis〉昆虫綱甲虫目キクイムシ科の甲虫。体長2.8〜3.7mm。

ポンチア・クロリディケ〈Pontia chloridice〉昆虫綱鱗翅目シロチョウ科の蝶。分布：ヨーロッパ東南部、小アジア、チベット、シベリア東部、中国西南部。

ポンティア・ヘリケ〈Pontia helice〉昆虫綱鱗翅目シロチョウ科の蝶。分布：アフリカ全土。

ポンティエウクロイア・プロトディケ〈Pontieuchloia protodice〉昆虫綱鱗翅目シロチョウ科の蝶。分布：カナダ、アメリカ合衆国からグアテマラまで。

ポンティエウクロイア・ベッケリ〈Pontieuchloia beckeri〉昆虫綱鱗翅目シロチョウ科の蝶。分布：アメリカ合衆国。

ホンドコブヒゲアツバ〈Zanclognatha curvilinea〉昆虫綱鱗翅目ヤガ科クルマアツバ亜科の蛾。分布：本州(静岡県以西)、四国、九州、対馬、朝鮮半島南部の低地から低山地。

ホンヒラタキスイ〈Silvanoprus inermis〉昆虫綱甲虫目ホソヒラタムシ科の甲虫。体長1.8〜2.4mm。

ポンペイウス・アテニオン〈Pompeius athenion〉昆虫綱鱗翅目セセリチョウ科の蝶。分布：メキシコからブラジルまで。

ポンペイウス・キッタラ〈Pompeius chittara〉昆虫綱鱗翅目セセリチョウ科の蝶。分布：トリニダード、中央アメリカ。

ポンペイウス・ダレス〈Pompeius dares〉昆虫綱鱗翅目セセリチョウ科の蝶。分布：ブラジルからメキシコまで。

ポンペロン・マルギナタ〈Pompelon marginata〉昆虫綱鱗翅目マダラガ科の蛾。分布：ミャンマー、マレーシア、ボルネオ、フィリピン。

ポンポンメクラチビゴミムシ〈Trechiama parvus〉昆虫綱甲虫目オサムシ科の甲虫。体長4.2〜4.8mm。

ホンラートウスバシロチョウ〈Parnassius honrathi〉昆虫綱鱗翅目アゲハチョウ科の蝶。分布：トルケスタン、アフガニスタン、パミール。

【マ】

マアッセニア・ハイデニ〈Maassenia heydeni〉昆虫綱鱗翅目スズメガ科の蛾。分布：マダガスカル。

マイコアカネ〈Sympetrum kunckeli〉昆虫綱蜻蛉目トンボ科の蜻蛉。体長34mm。分布：北海道から九州。

マイコガ 舞妓蛾 昆虫綱鱗翅目マイコガ科 Heliodinidaeの総称。

マイコトラガ〈Maikona jezoensis〉昆虫綱鱗翅目トラガ科の蛾。開張44mm。分布：東北地方から近畿地方、伊豆半島、伊豆大島、対馬、徳島県。

マイコフクログモ〈Clubiona rostrata〉蛛形綱クモ目フクログモ科の蜘蛛。体長雌5.5〜6.0mm、雄5.0〜5.5mm。分布：北海道、本州(高地、亜高山地帯)。

マイコモドキ ツマキホソハマキモドキの別名。

マイマイガ(1)〈Lymantria dispar〉昆虫綱鱗翅目ドクガ科の蛾。雄は淡い黄褐色で、雌は白色。開張4〜6mm。大豆、柿、ハスカップ、梅、アンズ、桜桃、ナシ類、桃、スモモ、林檎、栗、ヤマモモ、イネ科牧草、バラ類、楓(紅葉)、柘榴、百日紅、サンゴジュ、桜類、カシ類に害を及ぼす。分布：ヨーロッパやアジア温帯、北アメリカ。

マイマイガ(2)〈Lymantria dispar postalba〉昆虫綱鱗翅目ドクガ科の蛾。開張雄45〜53mm、雌65mm。

マイマイカブリ 蝸牛被〈Damaster blaptoides〉昆虫綱甲虫目オサムシ科の甲虫。体長28〜60mm。分布：本州(近畿以西)、四国、九州、屋久島。害虫。

マイマイツツハナバチ 蝸牛筒花蜂〈Osmia orientalis〉昆虫綱膜翅目ハキリバチ科。分布：本州、四国、九州。

マイマイヒラタヒメバチ〈Coccygomimus luctuosus〉昆虫綱膜翅目ヒメバチ科。

マイムナウズマキタテハ〈Callicore maimuna〉昆虫綱鱗翅目タテハチョウ科の蝶。後翅の裏面に「88」の模様がある。開張5.0〜5.5mm。分布：西インド諸島を含む、ブラジルからコロンビアにかけての南アメリカの熱帯域。

マイヤーチビゴミムシ〈Anophthalmus mayeri mayeri〉昆虫綱甲虫目ゴミムシ科。分布：ノエ洞、ダンテ洞(イタリア)。

マエアカイクビゴモクムシ〈Iridessus lucidus〉昆虫綱甲虫目ゴミムシ科。

マエアカクロベニボタル〈Cautires zahradniki〉昆虫綱甲虫目ベニボタル科の甲虫。体長8.0〜10.0mm。

マエアカコジャノメ〈Mycalesis terminus〉昆虫綱鱗翅目ジャノメチョウ科の蝶。分布：オーストラリア、モルッカ諸島、ニューギニア。

マエアカシロヨトウ〈Apamea kawadai〉昆虫綱鱗翅目ヤガ科カラスヨトウ亜科の蛾。開張38〜42mm。分布：北海道、本州、四国。

マエアカスカシノメイガ〈Palpita nigropunctalis〉昆虫綱鱗翅目メイガ科ノメイガ亜科の蛾。開張29〜31mm。オリーブ、イボタノキ類、木犀類、ラ

イラックに害を及ぼす.分布:北海道,本州,四国,九州,対馬,屋久島,朝鮮半島,サハリン,シベリア南東部.

マエアカハマキ〈*Acleris bicolor*〉昆虫綱鱗翅目ハマキガ科の蛾.分布:本州の東北,中部山地.

マエアカヒトリ 前赤灯蛾〈*Amsacta lactinea*〉昆虫綱鱗翅目ヒトリガ科ヒトリガ亜科の蛾.開張55mm.アブラナ科野菜に害を及ぼす.分布:インドから東南アジア一帯,本州(山形県以南),四国,九州,屋久島,吐噶喇列島,沖縄本島,石垣島,西表島.

マエアカヒメシャク〈*Gnamptoloma aventiaria*〉昆虫綱鱗翅目シャクガ科の蛾.分布:インドからオーストラリア,屋久島,西表島.

マエアカヒメハナノミ〈*Mordellina callichroa*〉昆虫綱甲虫目ハナノミ科の甲虫.体長4.5~5.1mm.

マエアカフトメイガ〈*Termioptycha distantia*〉昆虫綱鱗翅目メイガ科の蛾.分布:西表島住吉,沖縄本島国頭村比地.

マエアカホソトビハムシ〈*Luperomorpha birmanica*〉昆虫綱甲虫目ハムシ科の甲虫.体長2.8~3.0mm.

マエアカミドリカミキリ〈*Pachyteria niewenhuisi*〉昆虫綱甲虫目カミキリムシ科の甲虫.分布:マレーシア,スマトラ.

マエアカムクゲケシキスイ〈*Aethina flavicollis*〉昆虫綱甲虫目ケシキスイムシ科.

マエアウスキノメイガ〈*Hedylepta indicata*〉昆虫綱鱗翅目メイガ科ノメイガ亜科の蛾.開張20mm.大豆,隠元豆,小豆,ササゲに害を及ぼす.分布:本州(東北地方北部より),四国,九州,対馬,種子島,屋久島,西表島,台湾,中国から東南アジア,アフリカ,アメリカ.

マエウスグロオオメイガ〈*Scirpophaga parvalis*〉昆虫綱鱗翅目メイガ科の蛾.分布:東北,北陸,関東,四国北部,九州北部.

マエウストガリコヤガ〈*Hyposada hirashimai*〉昆虫綱鱗翅目ヤガ科コヤガ亜科の蛾.分布:石垣島.

マエウスモンキノメイガ〈*Paliga ochrealis*〉昆虫綱鱗翅目メイガ科の蛾.分布:本州(東北地方北部より),四国,対馬,屋久島.

マエウスヤガ〈*Eugraphe sigma*〉昆虫綱鱗翅目ヤガ科モンヤガ亜科の蛾.開張38~43mm.分布:ユーラシア,沿海州,朝鮮半島,中国,北海道,本州中部山地(長野,群馬,山梨県).

マエオビジャコウアゲハ〈*Parides ascanius*〉昆虫綱鱗翅目アゲハチョウ科の蝶.開張75mm.分布:リオデジャネイロ南部.珍蝶.

マエカドコエンマコガネ〈*Caccobius jessoensis*〉昆虫綱甲虫目コガネムシ科の甲虫.体長5~8mm.分布:北海道,本州,四国,九州.

マエキアカネタテハ〈*Callithea hewitsoni*〉昆虫綱鱗翅目タテハチョウ科の蝶.分布:コロンビア,アマゾン上流.

マエキアワフキ 前黄泡吹虫〈*Aphrophora costalis*〉昆虫綱半翅目アワフキムシ科.体長10~12mm.分布:北海道,本州,四国,九州.

マエキオエダシャク 前黄尾枝尺蛾〈*Plesiomorpha flaviceps*〉昆虫綱鱗翅目シャクガ科エダシャク亜科の蛾.開張23~26mm.イヌツゲに害を及ぼす.分布:本州(宮城県以南),四国,九州,対馬,種子島,屋久島,奄美大島,沖永良部島,沖縄本島,石垣島,西表島,台湾,中国,インド.

マエキガガンボ 前黄大蚊〈*Tipula yamata*〉昆虫綱双翅目ガガンボ科.体長13~15mm.分布:本州,四国,九州.

マエキカギバ 前黄鉤翅蛾〈*Agnidra scabiosa*〉昆虫綱鱗翅目カギバガ科の蛾.開張25~34mm.分布:北海道,本州,四国,九州,対馬,朝鮮半島,中国,シベリア南東部,台湾.

マエキグモ〈*Caracladus pauperulus*〉蛛形綱クモ目サラグモ科の蜘蛛.

マエキシタグロノメイガ〈*Sitochroa umbrosalis*〉昆虫綱鱗翅目メイガ科ノメイガ亜科の蛾.開張22~25mm.分布:北海道,本州,四国,九州,屋久島,朝鮮半島,中国.

マエキシロエダシャク〈*Lomographa inamata*〉昆虫綱鱗翅目シャクガ科エダシャク亜科の蛾.開張26mm.分布:九州,屋久島,奄美大島,台湾,中国,インドから東南アジア一帯.

マエキセセリ〈*Lobocla bifasciata*〉昆虫綱鱗翅目セセリチョウ科の蝶.分布:ヒマラヤからインドシナ半島まで,中国,朝鮮半島,台湾など.

マエキツトガ〈*Pseudocatharylla simplex*〉昆虫綱鱗翅目メイガ科ツトガ亜科の蛾.開張21~23mm.分布:北海道,本州,四国,九州,対馬,中国.

マエキツヤホソバエ〈*Xenosepsis fukuharai*〉昆虫綱双翅目ツヤホソバエ科.体長3.7~4.0mm.害虫.

マエキトガリアツバ〈*Anoratha costalis*〉昆虫綱鱗翅目ヤガ科アツバ亜科の蛾.開張38~46mm.分布:インド,中国,本州近畿地方以西,四国,九州,屋久島.

マエキトビエダシャク 前黄鳶枝尺蛾〈*Nothomiza formosa*〉昆虫綱鱗翅目シャクガ科エダシャク亜科の蛾.開張21~28mm.分布:北海道,本州,四国,九州.

マエキナカ

マエキナカジロナミシャク〈Dysstroma korbi〉昆虫綱鱗翅目シャクガ科ナミシャク亜科の蛾。開張24〜29mm。分布：北海道, 本州, サハリン, 朝鮮半島, 中国東北, シベリア南東部, バイカル湖地方。

マエキノメイガ〈Herpetogramma rudis〉昆虫綱鱗翅目メイガ科ノメイガ亜科の蛾。開張25〜28mm。分布：東北地方の北部から四国, 九州, 対馬, 屋久島, 中国。

マエキハマキ〈Acleris pulchella〉昆虫綱鱗翅目ハマキガ科の蛾。分布：本州(東北以南), 四国, 九州, 対馬。

マエキヒメシャク〈Scopula nigropunctata〉昆虫綱鱗翅目シャクガ科ヒメシャク亜科の蛾。開張は春型24〜30mm, 夏型20〜25mm。分布：北海道, 本州, 四国, 九州, 対馬。

マエキヒロズヨコバイ〈Oncopsis flavicollis〉昆虫綱半翅目ヒロズヨコバイ科。

マエキフタツメカワゲラ 前黄二目襀翅〈Kiotina pictetii〉昆虫綱襀翅目カワゲラ科。分布：本州, 九州。

マエキフタツメカワゲラモドキ マエキフタツメカワゲラの別名。

マエキホソバ〈Eilema complana〉昆虫綱鱗翅目ヒトリガ科の蛾。前翅は細長く, 光沢のある灰色で, 前縁に沿って黄金色の縞がある。開張3〜4mm。分布：ヨーロッパ, アジア温帯域, シベリア, 北アメリカ。

マエキミジンムシ〈Arthrolips oblongus〉昆虫綱甲虫目ミジンムシ科の甲虫。体長1.0〜1.7mm。

マエキミドリカミキリ〈Pachyteria basalis〉昆虫綱甲虫目カミキリムシ科の甲虫。分布：マレーシア, ボルネオ。

マエキモンクロノメイガ〈Syngamia falsidicalis〉昆虫綱鱗翅目メイガ科の蛾。分布：福岡県英彦山, 熊本県球磨郡山江村, 台湾, インドから東南アジア一帯。

マエキモンノメイガ〈Pyrausta pullatalis〉昆虫綱鱗翅目メイガ科の蛾。分布：シベリア南東部, 岩手県盛岡市, 富山県東礪波郡上平村, 同利賀村, 熊本県八代郡泉村白鳥山。

マエキモンハマキ〈Oxigrapha caerulescens〉昆虫綱鱗翅目ハマキガ科の蛾。開張22〜24mm。

マエキヤガ〈Xestia stupenda〉昆虫綱鱗翅目ヤガ科モンヤガ亜科の蛾。開張50mm。分布：沿海州, 中国, 北海道, 本州から九州, 対馬。

マエキリンガ〈Iragaodes nobilis〉昆虫綱鱗翅目ヤガ科リンガ亜科の蛾。開張25〜28mm。分布：沿海州, 台湾, 東北地方を北限, 本州から九州, 対馬。

マエグロキチョウ ウスイロキチョウの別名。

マエグロクマゼミ〈Cryptotympana aquila〉昆虫綱半翅目セミ科。分布：タイ, ラオス, ベトナム, マレーシア, スマトラ。

マエグロコシボソハバチ 前黒腰細葉蜂〈Tenthredo analis〉昆虫綱膜翅目ハバチ科。分布：北海道, 本州, 四国。

マエグロコバネシロチョウ〈Dismorphia nemesis〉昆虫綱鱗翅目シロチョウ科の蝶。分布：中央アメリカ, ベネズエラ, ペルー。

マエグロコミズギワゴミムシ〈Tachyura tosta〉昆虫綱甲虫目オサムシ科の甲虫。体長2.0mm。

マエグロシギアブ〈Rhagio costimaculus〉昆虫綱双翅目シギアブ科。

マエグロジャコウアゲハ〈Parides polyzelus〉昆虫綱鱗翅目アゲハチョウ科の蝶。分布：メキシコからホンジュラス。

マエグロシラオビアカガネヨトウ〈Euplexia albovittata〉昆虫綱鱗翅目ヤガ科カラスヨトウ亜科の蛾。分布：ヒマラヤ南麓から中国, 台湾, 対馬, 九州, 四国一円, 屋久島, 伊豆諸島, 式根島, 三宅島, 御蔵島, 八丈島。

マエグロスソモンヒメハマキ〈Eucosma obumbratana〉昆虫綱鱗翅目ハマキガ科の蛾。分布：ヨーロッパからロシア, 中部山地から北海道。

マエグロチビオオキノコムシ〈Tritoma centralis〉昆虫綱甲虫目オオキノコムシ科の甲虫。体長3.0〜3.5mm。

マエグロツヅリガ〈Cataprosopus monstrosus〉昆虫綱鱗翅目メイガ科ノメイガ亜科の蛾。開張30〜38mm。分布：北海道, 本州, 四国, 九州, 朝鮮半島。

マエグロツリアブ〈Hyperalonia similis〉昆虫綱双翅目ツリアブ科。

マエグロノメイガ マエグロツヅリガの別名。

マエグロハネナガウンカ 前黒翅長浮塵子〈Zoraida pterophoroides〉昆虫綱半翅目ハネナガウンカ科。分布：本州, 九州。

マエグロハマダラミバエ〈Acidiella longistigma〉昆虫綱双翅目ミバエ科。

マエグロヒメフタオカゲロウ 前黒姫双尾蜉蝣〈Ameletus costalis〉昆虫綱蜉蝣目フタオカゲロウ科。体長5〜7mm。分布：日本各地。

マエグロホソバ〈Conilepia nigricosta〉昆虫綱鱗翅目ヒトリガ科コケガ亜科の蛾。開張雄35〜40mm, 雌40mm。分布：本州(東北地方以西), 四国, 九州, 中国。

マエグロマイマイ〈Lymantria xylina〉昆虫綱鱗翅目ドクガ科の蛾。開張雄44〜53mm, 雌37〜78mm。分布：本州(房総半島以西), 四国, 九州, 沖縄本島, 台湾, 屋久島。

マエクロモンオオトリバ〈*Stenoptilia admiranda*〉昆虫綱鱗翅目トリバガ科の蛾。分布：関東から中部の山地や高原。

マエクロモンシロノメイガ〈*Neohendecasis apiceralis*〉昆虫綱鱗翅目メイガ科の蛾。分布：北海道, 本州, 新潟県新津市, 静岡県大滝温泉, 中国東部。

マエグロヤガ〈*Agrotis scotacra*〉昆虫綱鱗翅目ヤガ科の蛾。分布：沿海州, 朝鮮半島北部, 秋田県天王町長沼。

マエジロアカフキヨトウ〈*Psedaletia albicosta*〉昆虫綱鱗翅目ヤガ科ヨトウガ亜科の蛾。分布：インドからスマトラ, フィリピン, 台湾, 屋久島。

マエジロアシナガヤセバエ〈*Rainieria latifrons*〉昆虫綱双翅目チビヒゲアシナガヤセバエ科。

マエジロアツバ〈*Hypostrotia cinerea*〉昆虫綱鱗翅目ヤガ科クチバ亜科の蛾。開張20～27mm。分布：沿海州, 朝鮮半島, 北海道から九州, 対馬。

マエジロオオマダラメイガ〈*Euzophera waranabei*〉昆虫綱鱗翅目メイガ科の蛾。分布：対馬, 四国。

マエジロオオヨコバイ〈*Kolla atramentaria*〉昆虫綱半翅目ヨコバイ科。体長5.5～6.5mm。柑橘に害を及ぼす。分布：北海道, 本州, 四国, 九州。

マエジロギンマダラメイガ〈*Pseudacrobasis nankingella*〉昆虫綱鱗翅目メイガ科の蛾。分布：本州(関東, 北陸, 近畿), 九州, 中国。

マエジロクチバ マエジロアツバの別名。

マエシロクチブサガ〈*Ypsolopha saitoi*〉昆虫綱鱗翅目スガ科の蛾。分布：本州, 四国, 九州。

マエジロクロマダラメイガ〈*Assara funerella*〉昆虫綱鱗翅目メイガ科の蛾。分布：北海道, 本州, 台湾, 中国。

マエジロシャチホコ 前白天社蛾〈*Notodonta albicosta*〉昆虫綱鱗翅目シャチホコガ科ウチキシャチホコ亜科の蛾。開張50～55mm。分布：北海道, 東北地方から近畿, 中国地方, 四国, 九州の高地。

マエジロトガリバ 前白尖翅蛾〈*Tethea albicostata*〉昆虫綱鱗翅目トガリバガ科の蛾。開張40～45mm。分布：シベリア南東部, 朝鮮半島, 中国, 北海道, 東北地方北部と中部山地。

マエジロヒロヨコバイ〈*Handianus limbifer*〉昆虫綱半翅目ヨコバイ科。別名クロスジヒロヨコバイ。

マエジロホソマダラメイガ〈*Phycitodes subcretacellus*〉昆虫綱鱗翅目メイガ科マダラメイガ亜科の蛾。開張18～21mm。分布：北海道, 本州, 四国, 九州, 対馬, 屋久島, 中国, シベリア南東部。

マエジロホソメイガ〈*Emmalocera venosella*〉昆虫綱鱗翅目メイガ科ホソメイガ亜科の蛾。開張28mm。分布：北海道, 本州, 四国, 九州, 対馬, 屋久島。

マエジロマダラメイガ〈*Edulicodes inoueellus*〉昆虫綱鱗翅目メイガ科マダラメイガ亜科の蛾。開張22mm。サンゴジュ, ガマズミに害を及ぼす。分布：本州(関東, 東海), 四国, 九州, 沖縄本島。

マエジロミドリモンヒメハマキ〈*Zeiraphera shimekii*〉昆虫綱鱗翅目ハマキガ科の蛾。分布：上信越の山地(熊ノ平, 土合口, 清水等), 富士山麓(精進湖), 東北, 北海道。

マエジロムラサキヒメハマキ〈*Eudemopsis pompholycias*〉昆虫綱鱗翅目ハマキガ科の蛾。分布：北海道, 本州(東北, 中部山地), 中国。

マエシロモンアツバ〈*Rivula curvifera*〉昆虫綱鱗翅目ヤガ科クチバ亜科の蛾。分布：スリランカ, インド, ボルネオ, 朝鮮半島, 関東南部から伊豆半島付近を北限, 佐渡島, 本州, 四国, 九州, 対馬。

マエシロモンキノカワガ〈*Nycteola costalis*〉昆虫綱鱗翅目ヤガ科キノカワガ亜科の蛾。分布：房総半島, 四国, 九州, 対馬, 屋久島, 奄美大島, 西表島。

マエシロモンノメイガ〈*Diathraustodes fulvofusus*〉昆虫綱鱗翅目メイガ科の蛾。分布：宮城, 神奈川, 静岡, 福岡, 富山県, 中国中部, インド北部。

マエジロヤガ〈*Ochropleura plecta*〉昆虫綱鱗翅目ヤガ科モンヤガ亜科の蛾。開張30～33mm。分布：北半球の温帯, 北海道, 本州, 九州北部。

マエダヒメハナノミ〈*Mordellistena maedai*〉昆虫綱甲虫目ハナノミ科。

マエチャオオヒロバキバガ〈*Rhizosthenes falciformis*〉昆虫綱鱗翅目ヒゲナガキバガ科の蛾。分布：本州, 四国, 中国中部。

マエチャナミシャク〈*Acolutha pictaria*〉昆虫綱鱗翅目シャクガ科ナミシャク亜科の蛾。開張14～16mm。分布：本州(伊豆半島以西), 四国, 九州, 屋久島, 奄美大島, 沖縄本島, 西表島, 中国, 台湾, ボルネオ, インド北部, 朝鮮半島南部。

マエテンアツバ〈*Rhesala imparata*〉昆虫綱鱗翅目ヤガ科クチバ亜科の蛾。開張20～24mm。分布：スリランカ, 北海道を除く本土域, 対馬。

マエテンカバナミシャク〈*Eupithecia costiconvexa*〉昆虫綱鱗翅目シャクガ科の蛾。分布：本州(鳥取県), 四国(南部), 九州, 対馬, 屋久島。

マエテンヨトウ〈*Platysenta fuliginosa*〉昆虫綱鱗翅目ヤガ科カラスヨトウ亜科の蛾。分布：本州から九州, 対馬, 屋久島。

マエトガリヒメヒョウモン〈*Clossiana bellona*〉昆虫綱鱗翅目タテハチョウ科の蝶。分布：ノース

マ

687

マエトヒケ

ダコタ州からニューヨーク州までとノースカロライナ州およびテネシー州まで。

マエトビケムリグモ〈*Zelotes pallidipatellis*〉蛛形綱クモ目ワシグモ科の蜘蛛。体長雌7〜8mm，雄6〜7mm。分布：北海道，本州，四国，九州。

マエトビノメイガ〈*Bocchoris adipalis*〉昆虫綱鱗翅目メイガ科の蛾。分布：九州の南半，奄美大島，沖縄本島，台湾，東南アジア。

マエナミカバナミシャク〈*Eupithecia niphonaria*〉昆虫綱鱗翅目シャクガ科の蛾。分布：本州（関東以西），四国，九州，対馬，屋久島，奄美大島。

マエナミマダラメイガ〈*Nephopterix maenamii*〉昆虫綱鱗翅目メイガ科の蛾。分布：関東以西の本州，九州，屋久島，済州島。

マエバラナガクチカクシゾウムシ〈*Rhadinomerus maebarai*〉昆虫綱甲虫目ゾウムシ科の甲虫。体長3.5〜7.0mm。

マエフタスジシリアゲ〈*Panorpa gokaensis*〉昆虫綱長翅目シリアゲムシ科。

マエフタスジトゲシリアゲ マエフタスジシリアゲの別名。

マエフタテンナミシャク〈*Herbulotia agilata*〉昆虫綱鱗翅目シャクガ科ナミシャク亜科の蛾。開張20〜21mm。分布：本州（岩手県から中部，北陸の山地），シベリア南東部。

マエフタホシテントウ〈*Phrynocaria congener*〉昆虫綱甲虫目テントウムシ科の甲虫。体長4.3〜5.0mm。

マエフタモンアツバ〈*Prolophota trigonifera*〉昆虫綱鱗翅目ヤガ科クチバ亜科の蛾。分布：スリランカ，高知県室戸市，鹿児島市，屋久島，奄美大島，西表島。

マエベニコケガ〈*Nipponasura sanguinea*〉昆虫綱鱗翅目ヒトリガ科の蛾。分布：石垣島，西表島，与那国島。

マエベニトガリバ〈*Tethea japonica*〉昆虫綱鱗翅目トガリバガ科の蛾。開張37〜39mm。林檎に害を及ぼす。分布：北海道，本州，ウスリー。

マエベニノメイガ〈*Paliga minnehaha*〉昆虫綱鱗翅目メイガ科ノメイガ亜科の蛾。開張21mm。分布：北海道，本州，四国，九州，対馬，屋久島，奄美大島，中国。

マエベニヒメシャク〈*Idaea obliteraria*〉昆虫綱鱗翅目シャクガ科の蛾。分布：四国南部，九州南部，屋久島。

マエベニモンキチョウ〈*Colias dimera*〉昆虫綱鱗翅目シロチョウ科の蝶。別名トガリモンキチョウ。分布：コロンビア，エクアドル，ペルー。

マエベニモンツマキリアツバ〈*Ectogoniella insularis*〉昆虫綱鱗翅目ヤガ科クチバ亜科の蛾。分布：西表島。

マエヘリクルマコヤガ アトキスジクルマコヤガの別名。

マエヘリモンアツバ〈*Diomea jankowskii*〉昆虫綱鱗翅目ヤガ科クチバ亜科の蛾。開張30mm。分布：沿海州，朝鮮半島，北海道から九州，対馬，屋久島，伊豆諸島。

マエヘリモンクチバ マエヘリモンアツバの別名。

マエホシヨトウ〈*Pyrrhidivalva sordida*〉昆虫綱鱗翅目ヤガ科カラスヨトウ亜科の蛾。開張30〜34mm。分布：沿海州，朝鮮半島，中国，北海道から九州，対馬。

マエモンウスグロオオナミシャク マエモンオオナミシャクの別名。

マエモンウスグロナミシャク マエモンオオナミシャクの別名。

マエモンオオナミシャク〈*Triphosa sericata*〉昆虫綱鱗翅目シャクガ科ナミシャク亜科の蛾。開張38〜46mm。分布：北海道，本州，四国，九州，対馬。

マエモンオオヤマキチョウ〈*Anteos clorinde*〉昆虫綱鱗翅目シロチョウ科の蝶。雄の前翅には黄金色の斑紋がある。開張7〜9mm。分布：ブラジル北部から中央アメリカ，西インド諸島，合衆国のテキサス，アリゾナ，コロラド。

マエモンキエダシャク〈*Heterarmia costipunctaria*〉昆虫綱鱗翅目シャクガ科エダシャク亜科の蛾。開張26〜32mm。分布：北海道，関東以西の平地や山地，四国，九州。

マエモンクロヒロズコガ 前紋黒広頭小蛾〈*Monopis monachella*〉昆虫綱鱗翅目ヒロズコガ科の蛾。開張12〜20mm。分布：各地，ユーラシア，アフリカ，南北アメリカ，台湾，フィリピン，インドネシア，ニューギニア，サモア，ハワイ。

マエモンコバネ〈*Paramartyria semifasciella*〉昆虫綱鱗翅目コバネガ科の蛾。開張8.5〜10.0mm。分布：本州（紀伊半島），四国の山地。

マエモンコブガ〈*Nola japonibia*〉昆虫綱鱗翅目コブガ科の蛾。開張14〜15mm。分布：北海道，本州，四国，九州。

マエモンコヤガ〈*Neustrotia japonica*〉昆虫綱鱗翅目ヤガ科コヤガ亜科の蛾。開張19〜20mm。分布：東北地方北部を北限，四国，九州。

マエモンシデムシ〈*Nicrophorus maculifrons*〉昆虫綱甲虫目シデムシ科の甲虫。体長20〜25mm。分布：北海道，本州，四国，九州。

マエモンシマメイガ コフタスジシマメイガの別名。

マエモンジャコウアゲハ〈*Parides sestris*〉昆虫綱鱗翅目アゲハチョウ科の蝶。分布：メキシコ南

部からコスタリカ北部, コロンビア, エクアドル.

マエモンシロオビアオシャク マエモンシロスジアオシャクの別名.

マエモンシロスジアオシャク 〈*Geometra ussuriensis*〉昆虫綱鱗翅目シャクガ科アオシャク亜科の蛾. 開張40mm. 分布：本州中部・南部, 四国中部, 朝鮮半島, シベリア南東部.

マエモンシロチョウ 〈*Archonias tereas*〉昆虫綱鱗翅目シロチョウ科の蝶. 分布：メキシコ, 中米諸国, コロンビア, ベネズエラ, エクアドル, ブラジル.

マエモンシロハマキ 〈*Acleris lacordairana*〉昆虫綱鱗翅目ハマキガ科の蛾. 分布：北海道, 本州, 四国, 九州, ロシア, ヨーロッパ.

マエモンシロヒロズコガ 前紋白広頭小蛾〈*Tinea endochrysa*〉昆虫綱鱗翅目ヒロズコガ科の蛾. 開張12～15mm. 分布：本州, 九州.

マエモンツマキリアツバ 〈*Pangrapta costinotata*〉昆虫綱鱗翅目ヤガ科クチバ亜科の蛾. 開張26～29mm. 分布：東北地方北部から九州, 対馬, 屋久島.

マエモンノメイガ 〈*Pycnarmon cribrata*〉昆虫綱鱗翅目メイガ科の蛾. 分布：本州, 九州, 沖縄本島首里, 伊豆諸島, 八丈島, 台湾, 中国, 東南アジア.

マエモンハイイロナミシャク 〈*Venusia semistrigta*〉昆虫綱鱗翅目シャクガ科の蛾. 分布：北海道, シベリア南東部, 本州, 四国.

マエモンヒメガガンボ 〈*Limonia mesosternata*〉昆虫綱双翅目ガガンボ科.

マエモンヒラタノミハムシ 〈*Hemipyxis shirakii*〉昆虫綱甲虫目ハムシ科の甲虫. 体長3.8～5.0mm.

マエモンヒロズコガ マエモンシロヒロズコガの別名.

マエモンフクロウチョウ 〈*Caligo martia*〉昆虫綱鱗翅目フクロウチョウ科の蝶. 分布：ブラジル.

マエモンフタオ 〈*Epiplema erasaria*〉昆虫綱鱗翅目フタオガ科の蛾. 開張22mm. 分布：北海道, 東北地方北部から関東, 北陸, 中部の山地, 朝鮮半島, シベリア南東部, 中国西部, 台湾.

マエモンベニキノハタテハ 〈*Anaea marthesia*〉昆虫綱鱗翅目タテハチョウ科の蝶. 別名マエモンベニコノハ. 開張80mm. 分布：メキシコからブラジル. 珍蝶.

マエモンベニコノハ マエモンベニキノハタテハの別名.

マエモンホソハマキモドキ ナミホソハマキモドキの別名.

マエモンマダラカギバヒメハマキ 〈*Ancylis amplimacula*〉昆虫綱鱗翅目ハマキガ科の蛾. 分

布：本州(宮城県以南), 四国, 対馬, ロシア(沿海州).

マガイクロハサミムシ 〈*Nogogaster lewisi*〉昆虫綱革翅目クロハサミムシ科.

マカオニデスアゲハ 〈*Papilio machaonides*〉昆虫綱鱗翅目アゲハチョウ科の蝶. 分布：ハイチ, ドミニカ, プエルトリコ, グランドカイマン島(Grand Cayman).

マガタマニシキシジミ 〈*Hypochrysops plotinus*〉昆虫綱鱗翅目シジミチョウ科の蝶. 分布：ニューギニア.

マガタマハンミョウ 勾玉斑蝥〈*Cicindela ovipennis*〉昆虫綱甲虫目ハンミョウ科の甲虫. 体長15mm. 分布：北海道, 本州(中部以北).

マガタマリンガ 〈*Westermannia sp.*〉昆虫綱鱗翅目ヤガ科リンガ亜科の蛾. 分布：西表島.

マガネアサヒハエトリ 〈*Phintella difficilis*〉蛛形綱クモ目ハエトリグモ科の蜘蛛. 体長雌4.5～5.5mm, 雄3.5～4.7mm. 分布：北海道, 本州, 四国, 九州.

マガリウスヅマアツバ 〈*Bomolocha mandarina*〉昆虫綱鱗翅目ヤガ科アツバ亜科の蛾. 分布：中国西南部・中部, 関東, 中部地方, 四国, 九州山地.

マガリガ 曲蛾 昆虫綱鱗翅目マガリガ科 Incurvariidaeのガの総称.

マガリキドクガ 〈*Euproctis curvata*〉昆虫綱鱗翅目ドクガ科の蛾. 開張35～44mm. 分布：本州(東海地方以西), 四国, 九州, 対馬, 屋久島.

マガリキンウワバ 〈*Diachrysia leonina*〉昆虫綱鱗翅目ヤガ科コヤガ亜科の蛾. 分布：沿海州, 中国東北, 陝西省, 北海道, 東北地方から本州中部, 山間地, 奈良県葛神岳, 四国, 剣山, 九州九重山塊.

マガリケヒラタアブ 〈*Melanostoma ambiguum*〉昆虫綱双翅目ハナアブ科.

マガリケムシヒキ 曲毛食虫虻〈*Neoitamus angusticornis*〉昆虫綱双翅目ムシヒキアブ科. 体長15～20mm. 分布：本州, 四国, 九州.

マガリスジコヤガ 〈*Lithacodia wiscotti*〉昆虫綱鱗翅目ヤガ科コヤガ亜科の蛾. 分布：アムール地方, 北海道東部, 本州.

マガリミジンアツバ 〈*Hypenodes curvilinea*〉昆虫綱鱗翅目ヤガ科クチバ亜科の蛾. 分布：北海道標茶町.

マカレウスタイマイ 〈*Graphium macareus*〉昆虫綱鱗翅目アゲハチョウ科の蝶. 分布：インド北部からフィリピンまで, タイからマレーシアまで.

マキアカマルカイガラムシ 〈*Aonidiella taxus*〉昆虫綱半翅目マルカイガラムシ科. 体長1.8mm. イヌマキに害を及ぼす. 分布：本州(関東以西)以

マキカキカ

南の日本各地, 朝鮮半島, 台湾, ロシア, ヨーロッパ, 南北アメリカ。

マキカキカイガラムシ〈*Lepidosaphes piniphila*〉昆虫綱半翅目マルカイガラムシ科。イヌマキに害を及ぼす。

マギキカダ・カッシニ〈*Magicicada cassini*〉昆虫綱半翅目セミ科。分布：アメリカ合衆国。

マギキカダ・セプテンデクラ〈*Magicicada septendecula*〉昆虫綱半翅目セミ科。分布：アメリカ。

マキサビダニ〈*Paracalacarus podocarpi*〉蛛形綱ダニ目フシダニ科。体長0.18mm。イヌマキに害を及ぼす。

マキシマトビケラ〈*Neuronia maxima*〉昆虫綱毛翅目トビケラ科。

マキシロマルカイガラムシ〈*Diaspidiotus makii*〉昆虫綱半翅目マルカイガラムシ科。体長1.5mm。マツ類に害を及ぼす。分布：本州, 九州, 奄美諸島, 朝鮮半島。

マキシンハアブラムシ マキノアブラムシの別名。

マキノアブラムシ〈*Neophyllaphis podocarpi*〉昆虫綱半翅目アブラムシ科。別名マキシンハアブラムシ, マキハアブラムシ。体長1.6mm。イヌマキに害を及ぼす。分布：本州, 四国, 九州, 台湾, オーストラリア。

マキハアブラムシ マキノアブラムシの別名。

マキバカスミガメ〈*Lygus disponsi*〉昆虫綱半翅目カスミカメムシ科。体長5.5～6.0mm。隠元豆, 小豆, ササゲ, 豌豆, 空豆, 大豆, 麦類, アブラナ科野菜, セリ科野菜, ハッカ, ウリ科野菜, 甜菜に害を及ぼす。分布：北海道。

マキバサシガメ 牧場刺亀虫〈*damsel bug*〉半翅目マキバサシガメ科Nabidaeの昆虫の総称, またはそのうちの一種を指す。

マキバジャノメ〈*Maniola jurtina*〉昆虫綱鱗翅目タテハチョウ科の蝶。裏面は前翅はオレンジ色で, 後翅は褐色。開張4.0～5.5mm。分布：ヨーロッパ, 北アフリカ, イラン。

マキバマグソコガネ〈*Aphodius pratensis*〉昆虫綱甲虫目コガネムシ科の甲虫。体長4～5mm。

マキバメクラガメ マキバカスミガメの別名。

マキハラノミヒゲナガゾウムシ〈*Melanopsacus makiharai*〉昆虫綱甲虫目ヒゲナガゾウムシ科の甲虫。体長2.6～2.8mm。

マキムシモドキ 擬薪虫〈*Peltastica reitteri*〉昆虫綱甲虫目マキムシモドキ科の甲虫。体長4mm。分布：北海道, 本州。

マークオサムシ〈*Carabus maacki aquatilis*〉昆虫綱甲虫目オサムシ科の甲虫。絶滅危惧II類(VU)。体長27～34mm。分布：本州。

マクガタテントウ〈*Coccinula crotchi*〉昆虫綱甲虫目テントウムシ科の甲虫。体長3.0～3.8mm。

マクシア・サティロイデス〈*Macusia satyroides*〉昆虫綱鱗翅目シジミチョウ科の蝶。分布：アマゾン流域, ブラジル。

マグソガムシ〈*Pachysternum haemorrhoum*〉昆虫綱甲虫目ガムシ科の甲虫。体長2.5～3.0mm。分布：北海道, 本州, 四国, 九州。

マグソクワガタ〈*Nicagus japonicus*〉昆虫綱甲虫目コブスジコガネ科の甲虫。体長8.0～9.5mm。

マグソコガネ 馬糞金亀子〈*Aphodius rectus*〉昆虫綱甲虫目コガネムシ科マグソコガネ亜科の甲虫。体長5～6mm。分布：北海道, 本州, 四国, 九州。

マグソコガネの一種〈*Aphodius sp.*〉昆虫綱甲虫目コガネムシ科の甲虫。

マグネウプティキア・オクヌス〈*Magneuptychia ocnus*〉昆虫綱鱗翅目ジャノメチョウ科の蝶。分布：アマゾン, ペルー。

マグネウプティキア・クルエナ〈*Magneuptychia cluena*〉昆虫綱鱗翅目ジャノメチョウ科の蝶。分布：ブラジル。

マグネウプティキア・トゥリコロル〈*Magneuptychia tricolor*〉昆虫綱鱗翅目ジャノメチョウ科の蝶。分布：アマゾン, ペルー, エクアドル, スリナム。

マグネウプティキア・ノルティア〈*Magneuptychia nortia*〉昆虫綱鱗翅目ジャノメチョウ科の蝶。分布：ペルー, アマゾン, ケイエン。

マグネウプティキア・ベーチ〈*Magneuptychia botesii*〉昆虫綱鱗翅目ジャノメチョウ科の蝶。分布：アマゾン, ペルー, スリナム。

マグネウプティキア・リビエ〈*Magneuptychia libye*〉昆虫綱鱗翅目ジャノメチョウ科の蝶。分布：中央アメリカ, ジャマイカ。

マグネウプティキア・レア〈*Magneuptychia lea*〉昆虫綱鱗翅目ジャノメチョウ科の蝶。分布：スリナムおよびブラジル。

マクラスピス・ルキダ〈*Macraspis lucida*〉昆虫綱甲虫目コガネムシ科の甲虫。分布：メキシコ, ホンジュラス, ニカラグア, コスタリカ, パナマ, コロンビア, ベネズエラ。

マクレアナニアベニモンスカシジャノメ〈*Hactera macleannania*〉昆虫綱鱗翅目ジャノメチョウ科の蝶。開張70mm。分布：南米, コスタリカからコロンビア。珍種。

マクロポイデス・ニエトイ〈*Macropoides nietoi*〉昆虫綱甲虫目コガネムシ科の甲虫。分布：メキシコ, ニカラグア。

マクロリリステス・コルポラリス〈*Macrolyristes corporalis*〉昆虫綱直翅目キリギリス科。分布：

マレーシア, スマトラ。

マゲバヒメハマキ〈*Kennelia xylinana*〉昆虫綱鱗翅目ハマキガ科の蛾。分布：北海道, 本州, 中国(東北), ロシア(アムール)。

マサカカツオブシムシ〈*Thylodrias contractus*〉昆虫綱甲虫目カツオブシムシ科の甲虫。体長1.8〜2.5mm。

マサカリヤチグモ〈*Coelotes kintaroi*〉蛛形綱クモ目タナグモ科の蜘蛛。

マサキウラナミジャノメ〈*Ypthima masakii*〉昆虫綱鱗翅目ジャノメチョウ科の蝶。準絶滅危惧種(NT)。前翅長20〜24mm。分布：石垣島, 西表島, 竹富島。

マサキスガ〈*Yponomeuta hexabola*〉昆虫綱鱗翅目スガ科の蛾。開張17〜19mm。マサキ, ニシキギに害を及ぼす。分布：本州, 四国, 九州。

マサキナガカイガラムシ 正木長介殻虫〈*Unaspis euonymi*〉昆虫綱半翅目マルカイガラムシ科。マサキ, ニシキギに害を及ぼす。分布：日本各地。

マサキナガタマムシ〈*Agrilus euonymi*〉昆虫綱甲虫目タマムシ科の甲虫。体長4.8〜6.8mm。ニシキギ, マユミ, マサキに害を及ぼす。

マサキルリマダラ ホリシャルリマダラの別名。

マサキルリモントンボ〈*Coeliccia flavicauda masakii*〉昆虫綱蜻蛉目モノサシトンボ科の蜻蛉。体長47mm。分布：石垣島, 西表島。

マザマニセミヤマクワガタ〈*Lucanus mazama*〉昆虫綱甲虫目クワガタムシ科。分布：アメリカ。

マシジミ ヒメシジミの別名。

マシダナガゴミムシ〈*Pterostichus masidai*〉昆虫綱甲虫目オサムシ科の甲虫。体長14〜15mm。

マシラグモ 猿蜘蛛〈*Leptoneta* spp.〉蛛形綱クモ目マシラグモ科の蜘蛛。

マシラグモ 猿蜘蛛 節足動物門クモ形綱真正クモ目マシラグモ科の総称。

マスイカバナミシャク〈*Eupithecia masuii*〉昆虫綱鱗翅目シャクガ科の蛾。分布：香川県の石清尾山と象頭山, 鳥取市。

マスダクロホシタマムシ〈*Ovalisia vivata*〉昆虫綱甲虫目タマムシ科の甲虫。体長7〜13mm。ヒノキ, サワラ, ビャクシン, イブキに害を及ぼす。分布：本州, 四国, 九州, 屋久島。

マスダチビアナバチ 桝田矮穴蜂〈*Passaloecus monilicornis*〉昆虫綱膜翅目ジガバチ科。分布：本州, 九州。

マスダチビヒラタドロムシ〈*Psephenoides japonicus*〉昆虫綱甲虫目ヒラタドロムシ科の甲虫。体長2.0〜2.4mm。

マストドデラ・アンティキペス〈*Mastododera anthicipes*〉昆虫綱甲虫目カミキリムシ科の甲虫。分布：マダガスカル。

マストドデラ・コクチナタ〈*Mastododera coccinata*〉昆虫綱甲虫目カミキリムシ科の甲虫。分布：マダガスカル。

マストドデラ属の一種〈*Mastododera* sp.〉昆虫綱甲虫目カミキリムシ科の甲虫。分布：マダガスカル。

マストドデラ・ティビアリス〈*Mastododera tibialis*〉昆虫綱甲虫目カミキリムシ科の甲虫。分布：マダガスカル。

マストドデラ・トゥランスベルサリス〈*Mastododera transversalis*〉昆虫綱甲虫目カミキリムシ科の甲虫。分布：マダガスカル。

マダガスカルオオコオロギ〈*Brachytrupes grandidieri*〉昆虫綱直翅目コオロギ科。分布：マダガスカル。

マダガスカルオオゴキブリ〈*Gromphadorhina laevigata*〉昆虫綱網翅目オオゴキブリ科。分布：マダガスカル。

マダガスカルオオトビナナフシ〈*Achrioptera fallax*〉昆虫綱竹節虫目ナナフシムシ科。分布：マダガスカル。

マダガスカルオナガフタオチョウ〈*Charaxes antamboulou*〉昆虫綱鱗翅目タテハチョウ科の蝶。分布：マダガスカル。

マダガスカルオナガヤママユ〈*Argema mittrei*〉昆虫綱鱗翅目ヤママユガ科の蛾。分布：マダガスカル。

マダガスカルオナシアゲハ ウラナミオナシアゲハの別名。

マダガスカルクチヒゲゾウムシ〈*Rhinostomus niger*〉昆虫綱甲虫目ゾウムシ科。分布：熱帯アフリカ, マダガスカル。

マダガスカルタテハモドキ〈*Junonia rhadama*〉昆虫綱鱗翅目タテハチョウ科の蝶。分布：マダガスカルとその属島。

マダガスカルトゲムネバッタ〈*Phymateus madagassus*〉昆虫綱直翅目オンブバッタ科。分布：マダガスカル。

マダガスカルマルバネタテハ〈*Euxanthe madagascariensis*〉昆虫綱鱗翅目タテハチョウ科の蝶。分布：マダガスカル(東岸の森林地帯)。

マダガスカルムラサキタテハ〈*Sallya madagascariensis*〉昆虫綱鱗翅目タテハチョウ科の蝶。分布：マダガスカル。

マダガスカルユミツノクワガタ〈*Prosopocoilus serricornis*〉昆虫綱甲虫目クワガタムシ科。分布：コモロ, マダガスカル。

マダガスカルルリアゲハ〈*Papilio epiphorbas*〉昆虫綱鱗翅目アゲハチョウ科の蝶。別名エピフォルバスルリアゲハ。分布：マダガスカル，コモロ諸島。

マダケカザリバ〈*Cosmopterix phyllostachysea*〉昆虫綱鱗翅目カザリバガ科の蛾。分布：本州，九州。

マダケコバチ〈*Gahaniola phyllostachitis*〉昆虫綱膜翅目カタビロコバチ科。

マタスジノメイガ〈*Pagyda quinquelineata*〉昆虫綱鱗翅目メイガ科ノメイガ亜科の蛾。開張19〜26mm。分布：北海道，本州，四国，九州，対馬，種子島，屋久島，奄美大島，中国。

マダニ 真壁蝨〈*tick*〉節足動物門クモ形綱ダニ目マダニ亜目に含まれる大形吸血性ダニの総称。

マタパ・アリア〈*Matapa aria*〉昆虫綱鱗翅目セセリチョウ科の蝶。分布：インドからセイロン，マレーシアからフィリピンまで，中国東部，スマトラ，ジャワ，ボルネオ。

マタパ・クレスタ〈*Matapa cresta*〉昆虫綱鱗翅目セセリチョウ科の蝶。分布：シッキム，アッサム，ミャンマーからマレーシア，スマトラ，ボルネオ。

マタパ・ケルシナ〈*Matapa celsina*〉昆虫綱鱗翅目セセリチョウ科の蝶。分布：フィリピン(ミンダナオ島とセレベス)。

マダラアオナミシャク〈*Chloroclystis hypopyrrha*〉昆虫綱鱗翅目シャクガ科ナミシャク亜科の蛾。開張16〜17mm。分布：本州(関東以西)，四国，九州，屋久島。

マダラアシゾウムシ 斑脚象鼻虫〈*Ectatorrhinus adamsi*〉昆虫綱甲虫目ゾウムシ科の甲虫。体長14〜18mm。ハゼ，ウルシに害を及ぼす。分布：本州，四国，九州，対馬。

マダラアシナガバエ 斑脚長蠅〈*Sciapus neblosus*〉昆虫綱双翅目アシナガバエ科。体長5〜6mm。分布：日本全土。

マダラアラゲサルハムシ〈*Demotina fasciculata*〉昆虫綱甲虫目ハムシ科の甲虫。体長4mm。茶に害を及ぼす。分布：本州，四国，九州。

マダラアワフキ〈*Awafukia nawai*〉昆虫綱半翅目アワフキムシ科。体長9〜10mm。分布：本州，四国，九州。

マダライソアシナガバエ ハマダライソアシナガバエの別名。

マダライナズマ〈*Euthalia kardama*〉昆虫綱鱗翅目タテハチョウ科の蝶。分布：中国西部および中部。

マダライラガ〈*Kitanola uncula*〉昆虫綱鱗翅目イラガ科の蛾。開張16〜22mm。分布：北海道，本州，四国，九州，サハリン，朝鮮半島，シベリア南東部。

マダラウスズミケンモン〈*Acronicta subornata*〉昆虫綱鱗翅目ヤガ科の蛾。分布：本州(関東地方から兵庫県まで)の丘陵地。

マダラウスナミシャク〈*Hydrelia bicauliata*〉昆虫綱鱗翅目シャクガ科ナミシャク亜科の蛾。開張17〜22mm。分布：本州(関東地方以西)，四国，九州。

マダラウスバカゲロウ 斑蛟蜻蛉〈*Dendroleon pupillaris*〉昆虫綱脈翅目ウスバカゲロウ科。分布：本州，九州。

マダラウスムラサキクチバ〈*Ericeia sp.*〉昆虫綱鱗翅目ヤガ科クチバ亜科の蛾。分布：屋久島，沖縄本島，石垣島，南大東島，台湾。

マダラエグリバ〈*Plusiodonta casta*〉昆虫綱鱗翅目ヤガ科クチバ亜科の蛾。開張25〜32mm。ナシ類，桃，スモモ，葡萄，柑橘に害を及ぼす。分布：沿海州，朝鮮半島，中国，北海道を除く本土域，対馬。

マダラオオアメバチ〈*Stauropoctonus bombycivorus*〉昆虫綱膜翅目ヒメバチ科。

マダラオオハヤトビバエ〈*Crumomyia annulus*〉昆虫綱双翅目ハヤトビバエ科。体長3.3〜4.5mm。害虫。

マダラオオメコクヌスト〈*Acrops higonia*〉昆虫綱甲虫目コクヌスト科の甲虫。体長5.0〜5.5mm。

マダラオトヒメガガンボ〈*Dicranota nebulipennis*〉昆虫綱双翅目ガガンボ科。

マダラガ 斑蛾 昆虫綱鱗翅目マダラガ科Zygaenidaeのガの総称。

マダラガ科の一種〈*Zygaenidae sp.*〉昆虫綱鱗翅目マダラガ科の蛾。

マダラガガンボ 斑大蚊〈*Tipula coquilletti*〉昆虫綱双翅目ガガンボ科。分布：北海道，本州，九州。害虫。

マダラカギバ〈*Callicilix abraxata*〉昆虫綱鱗翅目カギバガ科の蛾。開張30〜43mm。分布：北海道，本州，四国，九州，屋久島，台湾，中国。

マダラカギバヒメハマキ〈*Ancylis laetana*〉昆虫綱鱗翅目ハマキガ科の蛾。分布：イギリス，ヨーロッパからロシア，本州の中部山地。

マダラカギバラバチ 斑鉤腹蜂〈*Poecilogonalos maga*〉昆虫綱膜翅目カギバラバチ科。体長7.5〜10.0mm。分布：北海道，本州，四国。

マダラカゲロウ 斑蜉蝣〈*Ephemerella trispina*〉昆虫綱蜉蝣目マダラカゲロウ科。

マダラカゲロウ 斑蜉蝣 昆虫綱カゲロウ目マダラカゲロウ科Ephemerellidaeの昆虫の総称。

マダラカサハラハムシ マダラアラゲサルハムシの別名。

マダラカスミガメ〈*Lygus saundersi*〉昆虫綱半翅目カスミカメムシ科。体長4〜5mm。分布：北海道，本州，四国，九州。

マダラカタビロアメンボ〈*Microvelia reticulata*〉昆虫綱半翅目カタビロアメンボ科。体長1.1～1.5mm。分布：北海道，本州，四国，九州。

マダラカバエ〈*Sylvicola japonica*〉昆虫綱双翅目カバエ科。害虫。

マダラカバスジナミシャク〈*Eupithecia tantilloides*〉昆虫綱鱗翅目シャクガ科ナミシャク亜科の蛾。開張16～17mm。分布：北海道，本州，四国，九州，対馬。

マダラカマドウマ 斑竈馬〈*Diestrammena japonica*〉昆虫綱直翅目カマドウマ科。体長20～27mm。分布：日本全土。害虫。

マダラカマヒメハマキ〈*Eumarissa symbolias*〉昆虫綱鱗翅目ハマキガ科の蛾。分布：四国，対馬，屋久島，インド(アッサム)。

マダラカミキリモドキ〈*Oncomerella venosa*〉昆虫綱甲虫目カミキリモドキ科の甲虫。体長10～13mm。分布：北海道，本州，四国，九州。

マダラカモドキサシガメ 斑蚊擬刺亀〈*Empicoris brachystigma*〉昆虫綱半翅目サシガメ科。分布：本州，九州。

マダラカレキゾウムシ〈*Acicnemis maculaalba*〉昆虫綱甲虫目ゾウムシ科の甲虫。体長3.5～4.8mm。

マダラキノコゴミムシ〈*Coptoderina eluta*〉昆虫綱甲虫目オサムシ科の甲虫。体長6.0～6.5mm。

マダラキノコムシダマシ〈*Abstrulia japonica*〉昆虫綱甲虫目キノコムシダマシ科の甲虫。体長2.5mm。

マダラキノコヨトウ〈*Cryphia sp.*〉昆虫綱鱗翅目ヤガ科の蛾。分布：沿海州，北海道，本州内陸部から日本海側，鳥取県大山，四国剣山，九州九重山系黒岳。

マダラキボシキリガ〈*Cosmia variegata*〉昆虫綱鱗翅目ヤガ科カラスヨトウ亜科の蛾。開張25～28mm。

マダラキヨトウ〈*Aletia flavostigma*〉昆虫綱鱗翅目ヤガ科キヨトウガ亜科の蛾。開張30～38mm。分布：沿海州，北海道から九州。

マダラキンウワバ〈*Polychrysia splendida*〉昆虫綱鱗翅目ヤガ科コヤガ亜科の蛾。分布：沿海州，サハリン，北海道，本州，四国。

マダラギンスジハマキ〈*Pseudargyrotoza aeratana*〉昆虫綱鱗翅目ハマキガ科の蛾。分布：北海道から本州中部山地，ロシア(ウスリー)。

マダラキンモンホソガ〈*Phyllonorycter pastorella*〉昆虫綱鱗翅目ホソガ科の蛾。分布：北海道，本州，四国，朝鮮半島南部，中国，ロシア南東部，ヨーロッパ。

マダラクチカクシゾウムシ〈*Cryptorhynchus electus*〉昆虫綱甲虫目ゾウムシ科の甲虫。体長4.3～5.2mm。

マダラクルマコヤガ〈*Oruza sp.*〉昆虫綱鱗翅目ヤガ科コヤガ亜科の蛾。分布：石垣島。

マダラクワガタ 斑鍬形虫〈*Aesalus asiaticus*〉昆虫綱甲虫目クワガタムシ科の甲虫。体長5～7mm。分布：北海道，本州，四国，九州，対馬。

マダラクワカミキリ〈*Apriona marcusiana*〉昆虫綱甲虫目カミキリムシ科の甲虫。分布：マレーシア，ボルネオ。

マダラケシツブゾウムシ〈*Smicronyx madaranus*〉昆虫綱甲虫目ゾウムシ科の甲虫。体長2.2～2.4mm。

マダラケシミズギワゴミムシ〈*Bembidion articulatum*〉昆虫綱甲虫目オサムシ科の甲虫。体長3.8mm。

マダラケブカチョッキリ〈*Involvulus singularis*〉昆虫綱甲虫目オトシブミ科の甲虫。体長3.0～3.5mm。

マダラコオロギ〈*Cardiodactylus novae-guineae*〉昆虫綱直翅目コオロギ科。体長26mm。分布：奄美大島，沖縄本島，八重山諸島。

マダラコガシラミズムシ〈*Haliplus tsukushiensis*〉昆虫綱甲虫目コガシラミズムシ科の甲虫。準絶滅危惧種(NT)。

マダラコガシラミズムシ クロホシコガシラミズムシの別名。

マダラコキノコムシ〈*Mycetophagus irroratus*〉昆虫綱甲虫目コキノコムシ科の甲虫。体長5mm。

マダラゴキブリ 斑蜚蠊〈*Rhabdoblatta guttigera*〉昆虫綱網翅目マダラゴキブリ科。体長25～30mm。分布：九州(南部)，種子島，奄美大島。

マダラコシボソハナアブ 斑腰細花虻〈*Baccha maculata*〉昆虫綱双翅目ハナアブ科。分布：日本各地。

マダラコナカゲロウ 斑粉蜉蝣〈*Coniocompsa japonica*〉昆虫綱脈翅目コナカゲロウ科。開張6～8mm。分布：本州，四国，九州。

マダラコバネナミシャク〈*Trichopteryx ussurica*〉昆虫綱鱗翅目シャクガ科ナミシャク亜科の蛾。開張24～30mm。分布：北海道，本州，四国，九州，シベリア南東部。

マダラコブクモヒメバチ〈*Zatypota albicoxa*〉昆虫綱膜翅目ヒメバチ科。

マダラゴマフカミキリ〈*Mesosa poecila*〉昆虫綱甲虫目カミキリムシ科フトカミキリ亜科の甲虫。体長13～17mm。

マダラゴモクムシ〈*Harpalus pallidipennis*〉昆虫綱甲虫目オサムシ科の甲虫。体長8.6～9.5mm。

マダラコヤガ〈Lithacodia nemorum〉昆虫綱鱗翅目ヤガ科コヤガ亜科の蛾。開張20mm。分布：沿海州，中国，朝鮮半島，秋田県付近を北限，四国，九州。

マダラサソリ 斑蠍〈Isometrus europaeus〉節足動物門クモ形綱サソリ目キョクトウサソリ科の陸生動物。体長45mm。分布：沖縄県の石垣島，宮古島。害虫。

マダラサビタマムシ〈Capnodis miliaris metallica〉昆虫綱甲虫目タマムシ科。分布：トルコ，キプロス，シリア，イラク，イラン，アフガニスタン，中央アジア，新彊。

マダラシダハバチ〈Thrinax macula〉昆虫綱膜翅目ハバチ科。

マダラシマゲンゴロウ〈Hydaticus thermonectoides〉昆虫綱甲虫目ゲンゴロウ科の甲虫。絶滅危惧II類(VU)。体長9～10mm。

マダラシミ 斑衣魚〈Thermobia domestica〉無翅昆虫亜綱総尾目シミ科。分布：アジア，ヨーロッパ，アフリカ，北アメリカ，オーストラリアの温熱帯地方。害虫。

マダラショウジョウバエ〈Amiota variegata〉昆虫綱双翅目ショウジョウバエ科。

マダラシロエダシャク〈Alcis silvicola〉昆虫綱鱗翅目シャクガ科エダシャク亜科の蛾。開張21～26mm。分布：本州(関東以西)，四国，九州。

マダラシロオオノメイガ ツマグロシロノメイガの別名。

マダラシロチョウ〈Prioneris thestylis〉昆虫綱鱗翅目シロチョウ科の蝶。分布：台湾。

マダラシロツマオレガ〈Decadarchis contributa〉昆虫綱鱗翅目ヒロズコガ科の蛾。分布：本州，四国，九州。

マダラシロヒロズコガ〈Tinea contributa〉昆虫綱鱗翅目ヒロズコガ科の蛾。開張13～14mm。

マダラシロモンノメイガ〈Glyphodes pulverulentalis〉昆虫綱鱗翅目メイガ科の蛾。分布：屋久島，中国南部，インドから東南アジア一帯。

マダラスキバヒメハマキ〈Spilonota algosa〉昆虫綱鱗翅目ハマキガ科の蛾。分布：本州，九州(佐多岬)，対馬，屋久島，沖縄本島，西表島，台湾，インド(アッサム)。

マダラスジゲンゴロウ マダラシマゲンゴロウの別名。

マダラスジハエトリ〈Plexippoides annulipedis〉蛛形綱クモ目ハエトリグモ科の蜘蛛。体長雌9～10mm，雄8～9mm。分布：北海道，本州，四国，九州。

マダラスズ 斑鈴〈Pteronemobius fascipes〉昆虫綱直翅目コオロギ科。体長6～12mm。麦類，シバ類に害を及ぼす。分布：北海道，本州，四国，九州，対馬。

マダラタニガワカゲロウ〈Ecdyonurus tigris〉昆虫綱蜉蝣目ヒラタカゲロウ科。

マダラチズモンアオシャク〈Agathia lycaenaria〉昆虫綱鱗翅目シャクガ科アオシャク亜科の蛾。開張33mm。分布：インドから東南アジア一帯，四国南部，九州，屋久島，奄美大島，伊豆諸島の三宅島と御蔵島，福岡県の沖ノ島と長崎県の男女群島。

マダラチビコメツキ 斑矮叩頭虫〈Aeloderma agnatum〉昆虫綱甲虫目コメツキムシ科の甲虫。体長4.5～5.0mm。分布：北海道，本州，四国，九州，吐噶喇列島。

マダラチビヒメハマキ〈Olethreutes exilis〉昆虫綱鱗翅目ハマキガ科の蛾。分布：本州，ロシア(アムール)。

マダラチョウ 斑蝶〈tiger and crow〉昆虫綱鱗翅目マダラチョウ科Danaidaeの総称。

マダラツツキノコムシ 斑筒茸虫〈Orthocis ornatus〉昆虫綱甲虫目ツツキノコムシ科の甲虫。体長3mm。分布：本州。

マダラツツヒゲナガゾウムシ〈Ozotomerus amamianus〉昆虫綱甲虫目ヒゲナガゾウムシ科の甲虫。体長4.1～6.9mm。分布：奄美大島，西表島。

マダラツマキリヨトウ〈Callopistria repleta〉昆虫綱鱗翅目ヤガ科カラスヨトウ亜科の蛾。開張30～35mm。分布：インドから中国，台湾，朝鮮半島，沿海州，北海道から九州，対馬，屋久島，西表島，伊豆諸島，三宅島，御蔵島。

マダラツマキリヨトウ クロキスジツマキリヨトウの別名。

マダラツヤコバチ〈Marietta carnesi〉昆虫綱膜翅目ツヤコバチ科。

マダラツヤタマムシ〈Lampetis plagiata〉昆虫綱甲虫目タマムシ科。分布：チリ，パラグアイ，アルゼンチン。

マダラトガリホソガ〈Anatrachyntis japonica〉昆虫綱鱗翅目カザリバガ科の蛾。キウイに害を及ぼす。分布：本州，四国，九州。

マダラトリバ フキトリバの別名。

マダラナガカメムシ〈Lygaeus equestris〉昆虫綱半翅目ナガカメムシ科。体長14～15mm。害虫。

マダラナギナタハバチ〈Xyela julii〉昆虫綱膜翅目ナギナタハバチ科。

マダラナニワトンボ〈Sympetrum maculatum〉昆虫綱蜻蛉目トンボ科の蜻蛉。絶滅危惧I類(CR+EN)。体長35mm。分布：山形，新潟，長野，

石川，岐阜，愛知，三重，京都，大阪，和歌山，兵庫，岡山，広島の各府県。

マダラナンキングモ〈*Erigonidium torquipalpis*〉蛛形綱クモ目サラグモ科の蜘蛛。

マダラニセクビボソムシ〈*Phytobaenus amabilis*〉昆虫綱甲虫目ニセクビボソムシ科の甲虫。体長1.9〜2.6mm。

マダラノコメエダシャク〈*Acrodontis hunana*〉昆虫綱鱗翅目シャクガ科の蛾。分布：奄美大島，沖縄本島，中国南東部。

マダラノミゾウムシ〈*Rhynchaenus nomizo*〉昆虫綱甲虫目ゾウムシ科の甲虫。体長2.5〜2.8mm。

マダラバッタ 斑蝗虫〈*Aiolopus tamulus*〉昆虫綱直翅目バッタ科。体長24〜36mm。分布：本州，四国，九州，奄美大島，沖縄本島，伊豆大島。

マダラハネナガウンカ〈*Pamendanga matsumurai*〉昆虫綱半翅目ハネナガウンカ科。

マダラハマキホソガ〈*Caloptilia pulverea*〉昆虫綱鱗翅目ホソガ科の蛾。分布：北海道，本州，九州，ロシア南東部。

マダラハヤトビバエ〈*Poecilosomella punctipennis*〉昆虫綱双翅目ハヤトビバエ科。体長2.5〜3.0mm。害虫。

マダラヒゲナガカミキリ マツノマダラカミキリの別名。

マダラヒゲナガゾウムシ〈*Opanthribus tessellatus*〉昆虫綱甲虫目ヒゲナガゾウムシ科の甲虫。体長2.2〜3.5mm。分布：北海道，本州，四国，九州，対馬。

マダラヒゲブトナミシャク〈*Episteira eupena*〉昆虫綱鱗翅目シャクガ科の蛾。分布：本州，四国，九州，奄美大島，沖縄本島。

マダラヒメガガンボ〈*Limonia quadrimaculata*〉昆虫綱双翅目ガガンボ科。

マダラヒメグモ〈*Steatoda triangulosa*〉蛛形綱クモ目ヒメグモ科の蜘蛛。

マダラヒメコキノコムシ〈*Litargops maculosus*〉昆虫綱甲虫目コキノコムシ科の甲虫。体長3.5mm。

マダラヒメコクヌスト マダラオオメコクヌストの別名。

マダラヒメスジマグソコガネ〈*Aphodius madara*〉昆虫綱甲虫目コガネムシ科の甲虫。体長3.5〜4.0mm。

マダラヒメゾウムシ〈*Baris orientalis*〉昆虫綱甲虫目ゾウムシ科の甲虫。体長3.0〜3.7mm。

マダラヒメバチ 斑姫蜂〈*Pterocormus generosus*〉昆虫綱膜翅目ヒメバチ科の寄生バチ。体長14mm。分布：日本全土。

マダラヒメヨコバイ〈*Platytettix pulchrus*〉昆虫綱半翅目ヒメヨコバイ科。

マダラフクログモ〈*Clubiona maculata*〉蛛形綱クモ目フクログモ科の蜘蛛。

マダラフトヒゲナガゾウムシ 斑太髭長象鼻虫〈*Basitropis nitidicutis*〉昆虫綱甲虫目ヒゲナガゾウムシ科の甲虫。体長6.1〜12.0mm。分布：本州，四国，九州。

マダラボシキリガ〈*Dimorphicosmia variegata*〉昆虫綱鱗翅目ヤガ科カラスヨトウ亜科の蛾。分布：沿海州，北海道から本州中部。

マダラホンカ〈*Dixa longistyla*〉昆虫綱双翅目ホンカ科。

マダラホソカタムシ 斑細堅虫〈*Trachypholis variegata*〉昆虫綱甲虫目ホソカタムシ科の甲虫。体長4〜5mm。分布：北海道，本州，四国，九州。

マダラホソコヤガ〈*Araeopteron fragmenta*〉昆虫綱鱗翅目ヤガ科コヤガ亜科の蛾。分布：北海道，本州，四国，九州。

マダラホソトガリヒメバチ〈*Nematopodius oblongus*〉昆虫綱膜翅目ヒメバチ科。

マダラマドガ〈*Rhodoneura vittula*〉昆虫綱鱗翅目マドガ科の蛾。開張16〜21mm。分布：本州，四国，九州，中国北部，インド。

マダラマルハヒロズコガ 斑丸翅広頭小蛾〈*Hypophrictis conspersa*〉昆虫綱鱗翅目ヒロズコガ科の蛾。別名ツツミミノムシ。開張18〜27mm。分布：本州，石垣島，九州。

マダラミズメイガ 斑水螟蛾〈*Nymphula interruptalis*〉昆虫綱鱗翅目メイガ科ミズメイガ亜科の蛾。開張21〜28mm。分布：北海道，本州，四国，九州，対馬，朝鮮半島，中国。

マダラムネスジゾウムシ シラクモアナアキゾウムシの別名。

マダラムラサキシジミ〈*Arhopala thamyras*〉昆虫綱鱗翅目シジミチョウ科の蝶。

マダラムラサキヨトウ〈*Eucarta amethystina*〉昆虫綱鱗翅目ヤガ科カラスヨトウ亜科の蛾。開張33mm。分布：ユーラシア，沿海州，朝鮮半島，中国，北海道，東北地方，関東，中部山地。

マダラメイガ 斑螟蛾 昆虫綱鱗翅目メイガ科の一亜科であるマダラメイガ亜科Phycitinaeのガの総称。

マダラメカクシゾウムシ 斑目隠象鼻虫〈*Mecistocerus nipponicus*〉昆虫綱甲虫目ゾウムシ科の甲虫。体長6.6〜11.5mm。分布：北海道，本州，四国，九州。

マダラメクラカメムシ マダラカスミガメの別名。

マダラメバエ 斑眼蠅〈*Myopa buccata*〉昆虫綱双翅目メバエ科。分布：本州，九州。

マダラメマトイ オカダマダラメマトイの別名．

マダラヤドリバエ 斑寄生蠅〈Sturmia bella〉昆虫綱双翅目ヤドリバエ科．

マダラヤンマ 斑蜻蜒〈Aeschna mixta〉昆虫綱蜻蛉目ヤンマ科の蜻蛉．体長62mm．分布：北海道から本州(長野県，石川県まで)．

マダラヨコバイ〈Psammotettix striatus〉昆虫半翅目ヨコバイ科．体長雄3.6～3.8mm，雌3.7～4.0mm．イネ科牧草，飼料用トウモロコシ，ソルガム，シバ類，麦類に害を及ぼす．分布：日本全国，旧北区，東南アジア．

マダラヨトウ〈Xenapamea pacifica〉昆虫綱鱗翅目ヤガ科カラスヨトウ亜科の蛾．分布：北海道の北部から東南部・南部，秋田，宮城，新潟，長野，静岡，和歌山，奈良県，四国，九州．

マツアカシンムシ〈Rhyacionia dativa〉昆虫綱鱗翅目ハマキガ科の蛾．分布：北海道(南部)，本州，四国，九州，屋久島，中国(南部)．

マツアカツヤシンムシ〈Petrova coeruleostriana〉昆虫綱鱗翅目ハマキガ科の蛾．分布：岩手県北部．

マツアカマダラメイガ〈Dioryctria pryeri〉昆虫綱鱗翅目メイガ科マダラメイガ亜科の蛾．分布：北海道南部，本州，九州，奄美大島，台湾，中国．

マツアトキハマキ〈Archips oporanus〉昆虫綱鱗翅目ハマキガ科ハマキガ亜科の蛾．開張雄16～26mm，雌20～29mm．ヒマラヤシーダに害を及ぼす．分布：北海道，本州，四国，九州，対馬，伊豆大島，屋久島．

マツアナアキゾウムシ 松孔開象鼻虫〈Dyscerus abietis haroldi〉昆虫綱甲虫目ゾウムシ科の甲虫．体長7～13mm．分布：北海道，本州，四国，九州．

マツアラハダクチカクシゾウムシ〈Rhadinopus confinis〉昆虫綱甲虫目ゾウムシ科の甲虫．体長4.3～4.8mm．

マツアワフキ 松泡吹虫〈Aphrophora flavipes〉昆虫綱半翅目アワフキムシ科．体長9～11mm．マツ類に害を及ぼす．分布：本州，四国，九州，奄美大島．

マツオオアブラムシ〈Cinara piniformosana〉昆虫半翅目アブラムシ科．マツ類に害を及ぼす．分布：日本全国，朝鮮半島．

マツオオエダシャク〈Deileptenia ribeata〉昆虫鱗翅目シャクガ科エダシャク亜科の蛾．開張33～44mm．分布：北海道，本州，四国，九州，屋久島，朝鮮半島，サハリン，シベリア南東部からヨーロッパ．

マツオオキクイゾウムシ〈Macrorhyncolus crassiusculus〉昆虫綱甲虫目ゾウムシ科の甲虫．体長3.2～3.9mm．

マツガエウズグモ〈Uloborus prominens〉蛛形綱クモ目ウズグモ科の蜘蛛．

マツカキカイガラムシ〈Lepidosaphes pini〉昆虫綱半翅目マルカイガラムシ科．体長3mm．マツ類に害を及ぼす．分布：北海道(南部)，本州，四国，九州，奄美大島，小笠原，朝鮮半島，中国，台湾．

マツカサシラホシゾウムシ〈Shirahoshizo coniferae〉昆虫綱甲虫目ゾウムシ科の甲虫．体長4.6～6.2mm．

マツカレハ 松枯葉蛾〈Dendrolimus spectabilis〉昆虫綱鱗翅目カレハガ科の蛾．別名マツケムシ．灰白色から褐色と変異がある．開張5～8mm．ヒマラヤシーダ，マツ類に害を及ぼす．分布：イギリス本島を除くヨーロッパ，北アフリカ，中央アジア．

マツキボシゾウムシ 松黄星象鼻虫〈Pissodes nitidus〉昆虫綱甲虫目ゾウムシ科の甲虫．体長6.5～7.5mm．ヒマラヤシーダに害を及ぼす．分布：北海道，本州，四国，九州．

マツキリガ 松切蛾〈Panolis flammea〉昆虫綱鱗翅目ヤガ科ヨトウガ亜科の蛾．開張33～36mm．松に害を及ぼす．分布：本州(青森県まで)，四国，九州，対馬，屋久島．

マツキンノニアゲハ〈Papilio mackinnoni〉昆虫綱鱗翅目アゲハチョウ科の蝶．開張100mm．分布：ケニアからザイールの山地．珍蝶．

マツクイムシ 松喰虫 マツ類を加害する害虫の総称．

マツクチブトキクイゾウムシ〈Stenoscelis gracilitarsis〉昆虫綱甲虫目ゾウムシ科の甲虫．体長2.8～3.6mm．

マックランギア・サロニナ〈McClungia salonina〉昆虫綱鱗翅目トンボマダラ科の蝶．分布：ボリビア，パラグアイ，エクアドル．

マックリーアオカナブン〈Heterorrhina macleayi〉昆虫綱甲虫目コガネムシ科の甲虫．分布：フィリピン．

マックリーウスバカミキリ〈Agrianome spinicollis〉昆虫綱甲虫目カミキリムシ科の甲虫．分布：オーストラリア．

マツクロスズメ〈Hyloicus pinastri〉昆虫綱鱗翅目スズメガ科の蛾．分布：ヨーロッパ，シベリア南東部，朝鮮半島，対馬，本州(関東から中部の山地)．

マツゲヌカカ〈Culicoides comosioculatus〉昆虫綱双翅目ヌカカ科．

マツケムシ マツカレハの別名．

マツケムシクロタマゴバチ〈Telenomus dendrolimi〉昆虫綱膜翅目クロタマゴバチ科．

マツケムシハネミジカタマゴバチ〈Anastatus gastropachae〉昆虫綱膜翅目ナガコバチ科．

マツケムシヒラタヒメバチ〈Itoplectis alternans spectabilis〉昆虫綱膜翅目ヒメバチ科。

マツケムシヤドリコンボウアメバチ〈Habronyx heros〉昆虫綱膜翅目ヒメバチ科。

マツコナカイガラムシ〈Crisicoccus pini〉昆虫綱半翅目コナカイガラムシ科。体長3〜4mm。マツ類に害を及ぼす。分布：本州，四国，九州，朝鮮半島。

マツコブキクイゾウムシ〈Xenomimetes destructor〉昆虫綱甲虫目ゾウムシ科の甲虫。体長3.5〜4.1mm。分布：北海道，本州，四国，九州。

マツザイシバンムシ 松材死番虫〈Ernobius mollis〉昆虫綱甲虫目シバンムシ科の甲虫。体長3.0〜6.0mm。分布：北海道，本州。害虫。

マツザワヌカカ〈Culicoides matsuzawai〉昆虫綱双翅目ヌカカ科。体長1.2mm。害虫。

マツシタコモリグモ〈Lycosa matsushitai〉蛛形綱クモ目コモリグモ科の蜘蛛。

マツシタチャイロコガネ〈Sericania matusitai〉昆虫綱甲虫目コガネムシ科の甲虫。体長8.6〜9.5mm。

マツシタトラカミキリ〈Anaglyptus matsushitai〉昆虫綱甲虫目カミキリムシ科カミキリ亜科の甲虫。体長10〜13mm。分布：北海道，本州，九州，屋久島。

マツシタヒメハナカミキリ ヘリモンヒメハナカミキリの別名。

マツシラホシゾウムシ 松白星象鼻虫〈Shirahoshizo insidiosus〉昆虫綱甲虫目ゾウムシ科。分布：日本各地。

マツズアカシンムシ〈Petrova cristata〉昆虫綱鱗翅目ハマキガ科ノコメハマキガ亜科の蛾。開張11〜19mm。松に害を及ぼす。分布：本州(宮城県まで)，四国，九州，伊豆諸島(大島，式根島，神津島，三宅島)，屋久島，琉球列島(沖縄本島，南大東島)，小笠原諸島，中国(中部・北部)。

マツダクスベニカミキリ〈Pyrestes yayeyamensis〉昆虫綱甲虫目カミキリムシ科カミキリ亜科の甲虫。体長15〜20mm。

マツダケチョウバエ〈Psychoda fungicola〉昆虫綱双翅目チョウバエ科。体長7mm。キノコ類に害を及ぼす。分布：本州。

マツダヒメクモゾウムシ〈Telephae matsudai〉昆虫綱甲虫目ゾウムシ科の甲虫。体長2.5mm。

マツダマダラバエ〈Euprosopia matsudai〉昆虫綱双翅目ヒロクチバエ科。体長10〜12mm。分布：本州，九州。

マツチビヒメハマキ〈Coenobiodes abietiella〉昆虫綱鱗翅目ハマキガ科の蛾。分布：北海道，本州(中部山地)，中国。

マツチャイロキクイゾウムシ〈Ochronanus pallidus〉昆虫綱甲虫目ゾウムシ科の甲虫。体長2.1〜2.6mm。

マツツマアカシンムシ〈Rhyacionia duplana〉昆虫綱鱗翅目ハマキガ科ノコメハマキガ亜科の蛾。開張16〜19mm。松に害を及ぼす。分布：ヨーロッパ，ロシア，北海道(南部)，本州，四国，九州。

マツツマアカヒメハマキ マツツマアカシンムシの別名。

マツトビゾウムシ 松飛象鼻虫〈Scythropus scutellaris〉昆虫綱甲虫目ゾウムシ科の甲虫。体長6.0〜7.2mm。分布：本州，四国，九州。

マツトビヒメハマキ〈Gravitarmata margarotana〉昆虫綱鱗翅目ハマキガ科ノコメハマキガ亜科の蛾。開張19mm。分布：北海道，本州，四国，九州，対馬，朝鮮半島，中国，ヨーロッパ。

マツトビマダラシンムシ マツトビヒメハマキの別名。

マツトビメクラガメ〈Psallus kyushuensis〉昆虫綱半翅目メクラカメムシ科。

マツナガエンマムシ〈Platylister pini〉昆虫綱甲虫目エンマムシ科の甲虫。体長5mm。分布：本州，四国，九州。

マツナガカキカイガラムシ〈Lepidosaphes pitysophila〉昆虫綱半翅目マルカイガラムシ科。体長3〜4mm。マツ類に害を及ぼす。分布：沖縄諸島，先島諸島，台湾。

マツノオオキクイムシ カラマツヤツバキクイムシの別名。

マツノオオマダラメイガ マツノシンマダラメイガの別名。

マツノカサアブラムシ〈Pineus laevis〉昆虫綱半翅目カサアブラムシ科。松に害を及ぼす。

マツノカバイロキクイムシ〈Hylurgops glabratus〉昆虫綱甲虫目キクイムシ科の甲虫。体長4.5〜5.6mm。

マツノカワホソガ〈Spulerina corticicola〉昆虫綱鱗翅目ホソガ科の蛾。分布：北海道。

マツノキクイムシ 松木喰虫〈Tomicus piniperda〉昆虫綱甲虫目キクイムシ科の甲虫。体長4〜5mm。マツ類に害を及ぼす。分布：日本全国，広く北半球。

マツノキシロチョウ〈Neophasia menapia〉昆虫綱鱗翅目シロチョウ科の蝶。前翅の前半分に黒色の斑紋，後翅には黒色の翅脈が網目状にある。開張4〜5mm。分布：カナダ南部から，カリフォルニア南部，メキシコ。

マツノキハバチ 松黄葉蜂〈Neodiprion sertifer〉昆虫綱膜翅目マツハバチ科。松に害を及ぼす。分布：本州。

マツノクロホシハバチ 松黒星葉蜂〈*Diprion nipponica*〉昆虫綱膜翅目マツハバチ科。松に害を及ぼす。分布：本州，九州。

マツノクロマダラヒメハマキ〈*Epinotia rubiginosana*〉昆虫綱鱗翅目ハマキガ科の蛾。分布：北海道，本州，四国，対馬。

マツノコキクイムシ〈*Tomicus minor*〉昆虫綱甲虫目キクイムシ科の甲虫。体長3.5～4.0mm。マツ類に害を及ぼす。

マツノゴマダラノメイガ〈*Conogethes* sp.〉昆虫綱鱗翅目メイガ科の蛾。ヒマラヤシーダ，マツ類に害を及ぼす。分布：本州，四国，九州，奄美大島，沖縄本島，西表島，台湾。

マツノザイセンチュウ 松材線虫〈*Bursaphelenchus xylophilus*〉袋形動物門線虫綱チレンクス目アフェレンコイデス科の植物寄生線虫。マツ類に害を及ぼす。

マツノシラホシゾウムシ マツシラホシゾウムシの別名。

マツノシンクイフシヒメバチ〈*Exeristes longiseta*〉昆虫綱膜翅目ヒメバチ科。

マツノシントメタマバエ〈*Cantarinia matusintome*〉昆虫綱双翅目の蠅。松に害を及ぼす。

マツノシンマダラメイガ 松心斑螟蛾〈*Dioryctria sylvestrella*〉昆虫綱鱗翅目メイガ科マダラメイガ亜科の蛾。開張22～23mm。松に害を及ぼす。分布：北海道，本州，四国，九州，屋久島，沖縄本島，西表島，南大東島，朝鮮半島，シベリア東部からヨーロッパ。

マツノスジキクイムシ 松条木喰虫〈*Hylurgops interstitialis*〉昆虫綱甲虫目キクイムシ科の甲虫。体長4.2～5.4mm。分布：本州，四国，九州。

マツノツノキクイムシ〈*Orthotomicus angulatus*〉昆虫綱甲虫目キクイムシ科の甲虫。体長3.1～3.6mm。

マツノトビイロカミキリ マツノマダラカミキリの別名。

マツノネノキクイムシ〈*Hylurgus ligniperda*〉昆虫綱甲虫目キクイムシ科の甲虫。体長4.0～5.7mm。

マツノハマルカイガラムシ〈*Hemiberlesia pitysophila*〉昆虫綱半翅目マルカイガラムシ科。体長2mm。マツ類に害を及ぼす。分布：沖縄諸島，先島諸島，台湾，中国。

マツノヒゲボソメクラガメ〈*Alloeotomus chinensis*〉昆虫綱半翅目メクラカメムシ科。

マツノヒロスジキクイムシ〈*Hylastes plumbeus*〉昆虫綱甲虫目キクイムシ科の甲虫。体長2.3～3.0mm。

マツノホソアブラムシ〈*Eulachnus thunbergii*〉昆虫綱半翅目アブラムシ科。松に害を及ぼす。

マツノホソスジキクイムシ〈*Hylastes parallelus*〉昆虫綱甲虫目キクイムシ科の甲虫。体長3.2～4.5mm。

マツノマダラカミキリ 松斑天牛〈*Monochamus alternatus*〉昆虫綱甲虫目カミキリムシ科フトカミキリ亜科の甲虫。別名マツノトビイロカミキリ。体長18～27mm。マツ類に害を及ぼす。分布：本州，四国，九州，屋久島，奄美大島，伊豆諸島。

マツノマダラメイガ〈*Dioryctria abietella*〉昆虫綱鱗翅目メイガ科マダラメイガ亜科の蛾。分布：北海道，本州，四国，九州，対馬，屋久島，朝鮮半島，シベリア東部からヨーロッパ。

マツノミドリハバチ 松緑葉蜂〈*Nesodiprion japonica*〉昆虫綱膜翅目マツハバチ科。松に害を及ぼす。分布：本州，九州，沖縄。

マツノムツバキクイムシ 松六歯木喰虫〈*Ips acuminatus*〉昆虫綱甲虫目キクイムシ科の甲虫。体長2.8～3.8mm。分布：北海道，本州，四国。

マツノメムシ〈*Epinotia* sp.〉松に害を及ぼす。

マツバノタマバエ〈*Thecodiplosis joponensis*〉昆虫綱双翅目の蠅。松に害を及ぼす。

マツハバチ 松葉蜂〈*conifer sawfly*〉昆虫綱膜翅目広腰亜目マツハバチ科Diprionidaeの総称。

マツハバチ マツノクロホシハバチの別名。

マツバラシラクモヨトウ〈*Apamea remissa*〉昆虫綱鱗翅目ヤガ科カラスヨトウ亜科の蛾。分布：ユーラシア，北海道，本州北部，本州中部。

マツヒョウタンメクラガメ〈*Pilophorus miyamotoi*〉昆虫綱半翅目メクラカメムシ科。

マツヒラタカメムシ 松扁亀虫〈*Aradus unicolor*〉昆虫綱半翅目ヒラタカメムシ科。分布：本州，九州。

マツブサハマキホソガ〈*Caloptilia schisandrae*〉昆虫綱鱗翅目ホソガ科の蛾。分布：北海道，本州。

マツマダラメイガ マツノマダラメイガの別名。

マツムシ 松虫〈*Xenogryllus marmoratus*〉昆虫綱直翅目コオロギ科。体長18～38mm。分布：本州（東北南部以南），四国，九州，奄美諸島。

マツムシモドキ 擬松虫〈*Aphonomorphus japonicus*〉昆虫綱直翅目コオロギ科。体長12～18mm。分布：本州，四国，伊豆諸島。

マツムラカミキリモドキ〈*Eobia matsumurai*〉昆虫綱甲虫目カミキリモドキ科の甲虫。体長10～13mm。

マツムラトガリヒメバチ〈*Picardiella tarsalis*〉昆虫綱膜翅目ヒメバチ科。

マツムラヒメアブ 松村姫虻〈*Silvius matsumurai*〉昆虫綱双翅目アブ科。分布：北海道。

マツムラヒロコバネ〈*Neomicropteryx matsumurana*〉昆虫綱鱗翅目コバネガ科の蛾。開張12mm。分布：本州の中部山岳地帯。

マツムラベッコウコマユバチ 松村鼈甲小繭蜂〈*Braunsia matsumurai*〉昆虫綱膜翅目コマユバチ科。分布：日本各地。

マツムラマダラメイガ〈*Homoeosoma matsumurellum*〉昆虫綱鱗翅目メイガ科の蛾。分布：北海道, 本州(東北, 関東, 中部, 北陸), 中国東北, シベリア南東部。

マツモグリカイガラムシ〈*Matsucoccus matsumurae*〉昆虫綱半翅目ワタフキカイガラムシ科。体長2.5〜4.0mm。マツ類に害を及ぼす。分布：小笠原を除く日本各地, 朝鮮半島, 中国, 東部アメリカ。

マツモトコナカイガラムシ〈*Crisicoccus seruratus*〉昆虫綱半翅目コナカイガラムシ科。体長3〜4mm。葡萄, カナメモチ, フジ, 柿, 無花果, ナシ類, 楓(紅葉)に害を及ぼす。

マツモムシ 松藻虫〈*Notonecta triguttata*〉昆虫綱半翅目マツモムシ科。体長11.5〜14.0mm。分布：北海道, 本州, 四国, 九州。

マツモムシ 松藻虫〈*back swimmer*〉昆虫綱半翅目異翅亜目マツモムシ科Notonectidaeに属する昆虫の総称, またはそのなかの一種。

マツヤマクチビロトビコバチ〈*Heteroleptomastix matsuyamensis*〉昆虫綱膜翅目トビコバチ科。

マツリクロホシカイガラムシ〈*Parlatoria cinerea*〉昆虫綱半翅目マルカイガラムシ科。体長1mm。柑橘に害を及ぼす。分布：世界の熱帯, 亜熱帯地方, 小笠原。

マツワラジカイガラムシ〈*Drosicha pinicola*〉昆虫綱半翅目ワタフキカイガラムシ科。体長8mm。マツ類に害を及ぼす。分布：関東地方以西の日本各地, 朝鮮半島。

マディエスアオジャコウアゲハ〈*Battus madyes*〉昆虫綱鱗翅目アゲハチョウ科の蝶。分布：ペルー, ボリビア, アルゼンチン。

マディラコナカイガラムシ〈*Phenacoccus madeirensis*〉昆虫綱半翅目コナカイガラムシ科。体長4〜5mm。ハイビスカス類に害を及ぼす。

マドアブ マドバエの別名。

マドガ 窓蛾〈*Thyris usitata*〉昆虫綱鱗翅目マドガ科の蛾。開張14〜17mm。分布：北海道から九州, 対馬, 千島。

マドガ 窓蛾 昆虫綱鱗翅目マドガ科のガの総称, またはそのなかの一種。

マドガガンボ 窓大蚊〈*Tipula nova*〉昆虫綱双翅目ガガンボ科。分布：北海道, 本州, 九州。

マドギワバエ マドバエの別名。

マドコノハ〈*Zaretis isidora*〉昆虫綱鱗翅目タテハチョウ科の蝶。分布：ギアナ, コロンビア, パラグアイ。

マドタイスアゲハ〈*Parnalius rumina*〉昆虫綱鱗翅目アゲハチョウ科の蝶。分布：フランス南部, スペイン, ポルトガル, アフリカ北部。

マドタイスアゲハ スカシタイスアゲハの別名。

マドタテハ〈*Dilipa fenestra*〉昆虫綱鱗翅目タテハチョウ科の蝶。分布：中国西部から東北部, 朝鮮半島まで。

マドバエ〈*Scenopinus fenestralis*〉昆虫綱双翅目マドバエ科。

マドバネサビイロコヤガ〈*Amyna natalis*〉昆虫綱鱗翅目ヤガ科コヤガ亜科の蛾。分布：インド―オーストラリア地域から南太平洋, ハワイ, 奄美大島。

マドヒゲタケカ〈*Macrocera maculosa*〉昆虫綱双翅目キノコバエ科。

マドヒラタアブ 窓扁虻〈*Eumerus japonica*〉昆虫綱双翅目ハナアブ科。分布：本州, 九州。

マナタリア・テレベ〈*Manataria thelebe*〉昆虫綱鱗翅目ジャノメチョウ科の蝶。分布：コロンビア, エクアドル, ペルー, ボリビア, ベネズエラ。

マナタリア・ヘルキナ〈*Manataria hercyna*〉昆虫綱鱗翅目ジャノメチョウ科の蝶。分布：メキシコからブラジル南部まで。

マニオラ・カドゥシア〈*Maniola cadusia*〉昆虫綱鱗翅目ジャノメチョウ科の蝶。分布：イラン, トルキスタン。

マニオラ・キルギサ〈*Maniola kirghisa*〉昆虫綱鱗翅目ジャノメチョウ科の蝶。分布：トルキスタン, パミール, アレキサンダー山脈。

マニオラ・ナウビデンシス〈*Maniola naubidensis*〉昆虫綱鱗翅目ジャノメチョウ科の蝶。分布：パミール, トルキスタン。

マニオラ・ナリカ〈*Maniola narica*〉昆虫綱鱗翅目ジャノメチョウ科の蝶。分布：ロシマ南部, トルキスタン。

マニオラ・プルクラ〈*Maniola pulchra*〉昆虫綱鱗翅目ジャノメチョウ科の蝶。分布：トルキスタン, ヒンズークシュ, カシミール。

マニオラ・リモニアス〈*Maniola limonias*〉昆虫綱鱗翅目ジャノメチョウ科の蝶。分布：チリ。

マニオラ・ルピヌス〈*Maniola lupinus*〉昆虫綱鱗翅目ジャノメチョウ科の蝶。分布：ヒマラヤ北西部, イタリア, ギリシア。

マニオラ・ワグネリ〈*Maniola wagneri*〉昆虫綱鱗翅目ジャノメチョウ科の蝶。分布：アルメニア, イラン, イラク。

マネアトラフシジミ〈Rapala manea〉昆虫綱鱗翅目シジミチョウ科の蝶。分布：インドからモルッカ諸島およびセレベス，マレーシア，ボルネオ，フィリピンなど。

マネキグモ 招蜘蛛〈Miagrammopes orientalis〉節足動物門クモ形綱真正クモ目ウズグモ科の蜘蛛。体長雌12～15mm，雄4～5mm。分布：本州，四国，九州，南西諸島。

マネシアゲハ〈Chilasa clytia〉昆虫綱鱗翅目アゲハチョウ科の蝶。別名キベリアゲハ。開張90mm。分布：北インドからボルネオ。珍蝶。

マネシミスジ〈Neptis nausicaa〉昆虫綱鱗翅目タテハチョウ科の蝶。分布：ニューギニア。

マネレビア・キクロピナ〈Manerebia cyclopina〉昆虫綱鱗翅目ジャノメチョウ科の蝶。分布：ボリビア，ペルー。

マハタラ・アトゥキンソニ〈Mahathala atkinsoni〉昆虫綱鱗翅目シジミチョウ科の蝶。分布：ミャンマー。

マハラージャウスバシロチョウ〈Parnassius maharaja〉昆虫綱鱗翅目アゲハチョウ科の蝶。分布：カシミール，ラダク。

マホメットモンシロチョウ〈Artogeia mahometana〉昆虫綱鱗翅目シロチョウ科の蝶。分布：パミール，ヒンズークシュ。

マボロシアカネタテハ〈Callithea sapphira〉昆虫綱鱗翅目タテハチョウ科の蝶。開張60mm。分布：アマゾン川中流。珍蝶。

マホロバヒメハナカミキリ〈Pidonia leucanthophila〉昆虫綱甲虫目カミキリムシ科ハナカミキリ亜科の甲虫。

マミジロハエトリ〈Evarcha albaria〉蛛形綱クモ目ハエトリグモ科の蜘蛛。体長雌7～8mm，雄6～7mm。分布：北海道，本州，四国，九州。

マミジロハエトリの一種〈Evarcha sp.〉蛛形綱クモ目ハエトリグモ科の蜘蛛。体長雌8～9mm，雄6～7mm。分布：北海道(士幌町)，本州(中部・南西部)，沖縄。

マムサビニシキシジミ〈Hypochrysops theon〉昆虫綱鱗翅目シジミチョウ科の蝶。分布：オーストラリア，ニューギニア。

マメアブラムシ 豆油虫〈Aphis craccivora〉昆虫綱半翅目アブラムシ科。体長1.6～2.1mm。豌豆，空豆，落花生，柑橘，マメ科牧草，ケイトウ類，スイートピー，大豆，隠元豆，小豆，ササゲに害を及ぼす。分布：日本全国，世界各地。

マメイタイセキグモ〈Ordgarius hobsoni〉蛛形綱クモ目キレアミグモ科の蜘蛛。

マメウスキマダラ〈Danaus pumila〉昆虫綱鱗翅目マダラチョウ科の蝶。分布：ニューヘブリデス，ロイヤルティ，ニューカレドニア。

マメオニグモ〈Araneus sp.〉蛛形綱クモ目コガネグモ科の蜘蛛。体長雌4～5mm，雄3.5～4.0mm。分布：北海道，本州，四国，九州。

マメカザリバ〈Cosmopterix schmidiella〉昆虫綱鱗翅目カザリバガ科の蛾。分布：本州(中部山岳)，ヨーロッパ，イラン。

マメガムシ 豆牙虫〈Regimbartia attenuata〉昆虫綱甲虫目ガムシ科の甲虫。体長3.5～4.0mm。分布：本州，四国，九州。

マメキシタバ〈Catocala duplicata〉昆虫綱鱗翅目ヤガ科シタバガ亜科の蛾。開張46～48mm。分布：朝鮮半島，近畿地方以北の本州内陸部，北海道，四国，九州。

マメクワガタ〈Figulus punctatus〉昆虫綱甲虫目クワガタムシ科の甲虫。体長10～11mm。分布：本州，四国，九州，対馬，屋久島，奄美大島。

マメゲンゴロウ 豆竜蝨〈Agabus japonicus〉昆虫綱甲虫目ゲンゴロウ科の甲虫。体長6.5～7.5mm。分布：北海道，本州，四国，九州，南西諸島。

マメコガネ 豆金亀子，豆黄金〈Popillia japonica〉昆虫綱甲虫目コガネムシ科の甲虫。体長9～13mm。大豆，桜桃，葡萄，栗，キウイ，ヤマモモ，コンニャク，イネ科牧草，マメ科牧草，イリス類，グラジオラス，ダリア，百日草，マリゴールド類，バラ類，桜類，シバ類，柿，林檎，苺，隠元豆，小豆，ササゲに害を及ぼす。分布：北海道，本州，四国，九州，対馬。

マメコバチ〈Osmia cornifrons〉昆虫綱膜翅目ハキリバチ科。

マメゴモクムシ〈Stenolophus fulvicornis〉昆虫綱甲虫目オサムシ科の甲虫。体長4.5～5.3mm。

マメザトウムシ 豆座頭虫〈Caddo agilis〉節足動物門クモ形綱メクラグモ目マメザトウムシ科の陸生動物。分布：西日本。

マメサヤヒメハマキ〈Matsumuraeses phaseoli〉昆虫綱鱗翅目ハマキガ科ノコメハマキガ亜科の蛾。開張雄14～23mm，雌14～21mm。隠元豆，小豆，ササゲ，豌豆，ソラマメに害を及ぼす。分布：北海道，本州，四国，伊豆大島，朝鮮半島(北部)，中国(東北)，ロシア(アムール)。

マメシンクイガ マメノヒメシンクイの別名。

マメゾウガタチビヒゲナガゾウムシ〈Uncifer bruchoides〉昆虫綱甲虫目ヒゲナガゾウムシ科の甲虫。体長2.4～3.7mm。

マメゾウムシ 豆象虫〈seed beetle, bean weevil〉昆虫綱甲虫目マメゾウムシ科Bruchidaeに含まれる昆虫の総称。

マメダルマアリヅカムシ〈Morana discendens〉昆虫綱甲虫目アリヅカムシ科の甲虫。体長1.2～1.3mm。

マメダルマコガネ〈Panelus parvulus〉昆虫綱甲虫目コガネムシ科の甲虫。体長2〜3mm。

マメチビキカワムシ〈Lissodema myrmido〉昆虫綱甲虫目チビキカワムシ科。

マメチビタマムシ〈Trachys falcatae〉昆虫綱甲虫目タマムシ科の甲虫。体長2.4〜3.0mm。

マメチャイロキヨトウ〈Aletia consanguis〉昆虫綱鱗翅目ヤガ科ヨトウ亜科の蛾。開張30〜35mm。分布：インドから東南アジア，台湾，本州，関東地方以西から九州，対馬，屋久島，奄美大島，徳之島，沖縄本島，石垣島，西表島，南大東島，伊豆諸島，八丈島までの各島。

マメチャイロヨトウ マメチャイロキヨトウの別名。

マメドクガ 豆毒蛾〈Cifuna locuples〉昆虫綱鱗翅目ドクガ科の蛾。開張雄29〜40mm，雌42〜47mm。隠元豆，小豆，ササゲ，大豆，梅，アンズ，林檎，フジに害を及ぼす。分布：インドから東南アジア一帯，中国北部・南部，北海道，本州，四国，九州，朝鮮半島，シベリア南東部。

マメノシンクイガ〈Grapholitha glycinivorella〉昆虫綱鱗翅目ノコメハマキガ科の蛾。開張12〜14mm。

マメノヒメシンクイ〈Leguminivora glycinivorella〉昆虫綱鱗翅目ハマキガ科の蛾。大豆に害を及ぼす。分布：北海道，本州，四国，九州，対馬，朝鮮半島，中国（東北），ロシア（シベリア），インド（アッサム）。

マメノホソガ マメハマキホソガの別名。

マメノミドリヒメヨコバイ〈Empoasca sakaii〉昆虫綱半翅目ヨコバイ科。体長3mm。ラッカセイ，マメ科牧草，大豆，ジャガイモ，隠元豆，小豆，ササゲ，柑橘に害を及ぼす。分布：本州，九州。

マメノメイガ 豆野螟蛾〈Maruca testulalis〉昆虫綱鱗翅目メイガ科ノメイガ亜科の蛾。開張25〜27mm。隠元豆，小豆，ササゲ，大豆に害を及ぼす。分布：北海道，本州，四国，九州，対馬，屋久島，奄美大島，沖縄本島，石垣島，西表島，北大東島，台湾，中国，朝鮮半島，インドから東南アジア一帯，オーストラリア，アフリカ。

マメハナアザミウマ 豆花薊馬〈Megalurothrips distalis〉昆虫綱総翅目アザミウマ科。体長1.5mm。柑橘，茶，ユリ科野菜に害を及ぼす。分布：ほぼ日本全土。

マメハマキホソガ〈Caloptilia soyella〉昆虫綱鱗翅目ホソガ科の蛾。開張10〜11mm。隠元豆，小豆，ササゲ，大豆，ナシ類に害を及ぼす。分布：本州，四国，九州，スリランカ，ジャワ，インド。

マメハモグリバエ〈Liriomyza trifolii〉昆虫綱双翅目ハモグリバエ科。体長2mm。大豆，ウリ科野菜，菊，アブラナ科野菜，キク科野菜，セリ科野菜，隠元豆，小豆，ササゲ，ナス科野菜に害を及ぼす。分布：本州以南の日本各地，温帯，亜熱帯。

マメハモグリバエ ツメクサハモグリバエの別名。

マメハモグリホソガ〈Acrocercops caerulea〉昆虫綱鱗翅目ホソガ科の蛾。分布：屋久島，台湾，インド，フィジー，西アフリカ。

マメハンミョウ 豆斑蝥〈Epicauta gorhami〉昆虫綱甲虫目ツチハンミョウ科の甲虫。体長12〜17mm。大豆に害を及ぼす。分布：本州，四国，九州。

マメハンミョウ属の一種〈Epicauta sp.〉昆虫綱甲虫目ツチハンミョウ科。分布：マダガスカル。

マメヒメサヤムシガ マメサヤヒメハマキの別名。

マメヒラタアブ ヒメヒラタアブの別名。

マメヒラタケシキスイ〈Haptoncurina paulula〉昆虫綱甲虫目ケシキスイ科の甲虫。体長1.7〜2.8mm。

マメヒラタホソカタムシ〈Acolophus debilis〉昆虫綱甲虫目ホソカタムシ科の甲虫。体長2.2〜2.6mm。

マメフチトリコメツキダマシ〈Clypeorhagus marginatus〉昆虫綱甲虫目コメツキダマシ科の甲虫。体長3.3〜4.5mm。

マメホソガ マメハマキホソガの別名。

マメホソクチゾウムシ 豆細口象鼻虫〈Apion collare〉昆虫綱甲虫目ホソクチゾウムシ科の甲虫。体長2.4mm。隠元豆，小豆，ササゲに害を及ぼす。分布：九州以北の日本各地，インド。

マメマダラメイガ ノシメマダラメイガの別名。

マメヨトウ〈Ceramica pisi〉昆虫綱鱗翅目ヤガ科ヨトウ亜科の蛾。開張38mm。分布：ユーラシア，沿海州，サハリン，千島から北海道。

マヤサンオサムシ〈Carabus maiyasanus〉昆虫綱甲虫目オサムシ科の甲虫。体長21〜29mm。

マヤサンコブヤハズカミキリ〈Mesechthistatus furciferus〉昆虫綱甲虫目カミキリムシ科フトカミキリ亜科の甲虫。体長16〜20mm。分布：本州（近畿，中部）。

マユタテアカネ 眉立茜〈Sympetrum eroticum eroticum〉昆虫綱蜻蛉目トンボ科の蜻蛉。体長35mm。分布：北海道から九州，対馬，種子島，屋久島。

マユタテアカネ・コノシメトンボ雑間雑種〈Sympetrum eroticum eroticum〉昆虫綱蜻蛉目トンボ科の蜻蛉。

マユミオオクチブサガ〈Ypsolopha longus〉昆虫綱鱗翅目スガ科の蛾。分布：北海道，本州。

マユミオオスガ〈Yponomeuta tokyonellus〉昆虫綱鱗翅目スガ科の蛾。開張25〜30mm。分布：本州，九州，中国北部および中部。

マユミコゲチャハエトリ〈*Sitticus floricola*〉蛛形綱クモ目ハエトリグモ科の蜘蛛。体長雌5mm。分布：北海道。

マユミシロスガ〈*Yponomeuta spodocrossus*〉昆虫綱鱗翅目スガ科の蛾。分布：北海道,本州の山地。

マユミテオノグモ〈*Callilepis nocturna*〉蛛形綱クモ目ワシグモ科の蜘蛛。体長雌5.0～5.5mm,雄4.3～5.0mm。分布：北海道。

マユミトガリバ〈*Neoploca arctipennis*〉昆虫綱鱗翅目トガリバガ科の蛾。開張35～38mm。分布：北海道,本州,四国,九州。

マユミハイスガ〈*Yponomeuta osakae*〉昆虫綱鱗翅目スガ科の蛾。分布：本州,四国。

マユミヒメハマキ〈*Neostatherotis nipponica*〉昆虫綱鱗翅目ハマキガ科の蛾。分布：本州の平地,山地。

マライセクロハバチ〈*Macrophya malaisei*〉昆虫綱膜翅目ハバチ科。

マラガシーサビコメツキ〈*Lycoreus alluaudi*〉昆虫綱甲虫目コメツキムシ科。分布：マダガスカル。

マラザ・カルミデス〈*Malaza carmides*〉昆虫綱鱗翅目セセリチョウ科の蝶。分布：マダガスカル。

マラッカイナズマ〈*Euthalia malaccana*〉昆虫綱鱗翅目タテハチョウ科の蝶。分布：タイ,マレーシア。

マラッカウラナミシジミ〈*Jamides malaccanus*〉昆虫綱鱗翅目シジミチョウ科の蝶。分布：マレーシア。

マーラットコナジラミ〈*Aleurolobus marlatti*〉昆虫綱半翅目コナジラミ科。体長雌1.3mm,雄1mm。柑橘,ツツジ類に害を及ぼす。分布：本州以南の日本各地,中国,台湾,東南アジア。

マラヤウラギンシジミ〈*Curetis saronis*〉昆虫綱鱗翅目シジミチョウ科の蝶。

マラヤコセセリ〈*Zographetus doxus*〉昆虫綱鱗翅目セセリチョウ科の蝶。

マリアクモゾウムシ〈*Euryommatus mariae*〉昆虫綱甲虫目ゾウムシ科の甲虫。

マルアワフキ〈*Lepyronia coleopterata*〉昆虫綱半翅目アワフキムシ科。体長8～9mm。分布：北海道,本州。

マルウンカ 円浮塵子〈*Gergithus variabilis*〉昆虫綱半翅目マルウンカ科。体長5.5～6.0mm。分布：本州(関東以北),四国,九州,対馬,屋久島,八丈島。

マルウンカ 円浮塵子 半翅目マルウンカ科Issidaeの昆虫の総称,またはそのうちの一種を指す。

マルエンマコガネ〈*Onthophagus viduus*〉昆虫綱甲虫目コガネムシ科の甲虫。体長5～9mm。

マルオカホソハナカミキリ〈*Idiostrangalia maruokai*〉昆虫綱甲虫目カミキリムシ科ハナカミキリ亜科の甲虫。体長11.5～12.0mm。

マルオクロコガネ〈*Holotrichia convexopyga*〉昆虫綱甲虫目コガネムシ科の甲虫。体長16～21mm。

マルカイガラクロフサトビコバチ〈*Apterencyrtus microphagus*〉昆虫綱膜翅目トビコバチ科。

マルカイガラムシ 丸貝虫〈scale insect〉昆虫綱半翅目同翅亜目マルカイガラムシ科Diaspididaeの昆虫の総称。

マルカククチゾウムシ〈*Blosyrus japonicus*〉昆虫綱甲虫目ゾウムシ科の甲虫。体長5.4～6.6mm。

マルガタアブ〈*Stonemyia yezoensis*〉昆虫綱双翅目アブ科。体長10～16mm。分布：北海道,本州,四国,九州,奄美大島。害虫。

マルガタオオヨツボシゴミムシ〈*Craspedophorus mandarinus*〉昆虫綱甲虫目オサムシ科の甲虫。体長16.8～17.5mm。

マルガタカクケシキスイ〈*Pocadites japonus*〉昆虫綱甲虫目ケシキスイ科の甲虫。体長2.5～3.9mm。

マルガタキスイ〈*Curelius japonicus*〉昆虫綱甲虫目キスイムシ科の甲虫。体長1.0～1.2mm。

マルガタクラルシジミ クラルシジミの別名。

マルガタゲンゴロウ 円形竜蝨〈*Graphoderus adamsii*〉昆虫綱甲虫目ゲンゴロウ科の甲虫。体長13mm。分布：本州,四国,九州。

マルガタゴミムシ 円形芥虫〈*Amara chalcites*〉昆虫綱甲虫目オサムシ科。体長8～9mm。分布：北海道,本州,四国,九州。平地の草地などに生息。

マルガタゴモクムシ〈*Harpalus bungii*〉昆虫綱甲虫目オサムシ科の甲虫。体長6.5～8.5mm。

マルガタシマチビゲンゴロウ〈*Oreodytes rivalis*〉昆虫綱甲虫目ゲンゴロウ科の甲虫。体長2.6～2.9mm。

マルガタチビタマムシ〈*Trachys oviformis*〉昆虫綱甲虫目タマムシ科。

マルガタチビタマムシ アカガネチビタマムシの別名。

マルガタチビマルハナノミ〈*Cyphon granulosus*〉昆虫綱甲虫目マルハナノミ科の甲虫。体長2.3～2.5mm。

マルガタツヤヒラタゴミムシ〈*Synuchus arcuaticollis*〉昆虫綱甲虫目オサムシ科の甲虫。体長8～10.5mm。

マルガタテントウダマシ〈*Exysma orbicularis*〉昆虫綱甲虫目テントウダマシ科。

マルガタナガゴミムシ〈*Pterostichus subovatus*〉昆虫綱甲虫目オサムシ科の甲虫。体長11〜12mm。分布：北海道, 本州。

マルガタハナカミキリ 円形花天牛〈*Judolia cometes*〉昆虫綱甲虫目カミキリムシ科ハナカミキリ亜科の甲虫。体長10〜17mm。分布：北海道, 本州, 四国, 九州。

マルガタヒラタガムシ マルヒラタガムシの別名。

マルガタビロウドコガネ〈*Maladera secreta*〉昆虫綱甲虫目コガネムシ科の甲虫。体長9〜11.5mm。分布：本州, 四国, 九州, 対馬。

マルガタミジンムシ〈*Orthoperus japonicus*〉昆虫綱甲虫目ミジンムシ科の甲虫。体長1.1〜1.2mm。

マルカネグモ〈*Atelidea globosa*〉蛛形綱クモ目アシナガグモ科。

マルカブトゴミムシダマシ〈*Bolitophagiella pannosa*〉昆虫綱甲虫目ゴミムシダマシ科の甲虫。体長4.5〜5.0mm。

マルカブトツノゼミ〈*Membracis foliata* var. *c-album*〉昆虫綱半翅目ツノゼミ科。分布：コロンビア, ペルー, ベネズエラ, ギアナ, ブラジル, アルゼンチン。

マルガムシ〈*Hydrocassis lacustris*〉昆虫綱甲虫目ガムシ科の甲虫。体長7mm。分布：本州, 四国, 九州。

マルカメムシ 丸椿象, 丸亀虫〈*Coptosoma punctissimum*〉昆虫綱半翅目マルカメムシ科。体長4.5〜5.7mm。フジ, 隠元豆, 小豆, ササゲ, 大豆に害を及ぼす。分布：本州, 四国, 九州。

マルカメムシ 丸椿象, 丸亀虫 昆虫綱半翅目異翅亜目マルカメムシ科Plataspidaeに属する昆虫の総称, またはそのなかの一種。

マルキマダラケシキスイ〈*Stelidota multiguttata*〉昆虫綱甲虫目ケシキスイ科の甲虫。体長2.3〜3.2mm。

マルギンバネスガ〈*Thecobathra anas*〉昆虫綱鱗翅目スガ科の蛾。分布：ネパール, ブータン, アッサム, 中国, 台湾, 日本。

マルクビカミキリ亜科の北米特産属の一種(1)〈*Atimia confusa* subsp.*dorsalis*〉昆虫綱甲虫目カミキリムシ科の甲虫。

マルクビカミキリ亜科の北米特産属の一種(2)〈*Atimia hoppingi*〉昆虫綱甲虫目カミキリムシ科の甲虫。

マルクビクシコメツキ 丸首櫛叩頭虫〈*Melanotus fortnumi*〉昆虫綱甲虫目コメツキムシ科。体長7〜9mm。サツマイモ, 大豆, 十字科野菜, ナス科野菜, 甜菜, タバコ, イネ科牧草, マメ科牧草, 飼料用トウモロコシ, ソルガム, ジャガイモ, 隠元豆, 小豆, ササゲ, イネ科作物, 麦類, アブラナ科野菜, セリ科野菜に害を及ぼす。分布：北海道, 本州, 四国, 九州。

マルクビケマダラカミキリ〈*Trichoferus campestris*〉昆虫綱甲虫目カミキリムシ科カミキリ亜科の甲虫。体長10〜19mm。分布：本州, 九州。

マルクビゴミムシ 円頸芥虫〈*Nebria chinensis*〉昆虫綱甲虫目オサムシ科の甲虫。体長12.5〜15.0mm。分布：本州, 四国, 九州。

マルクビツチハンミョウ 円首芝胆〈*Meloe corvinus*〉昆虫綱甲虫目ツチハンミョウ科の甲虫。体長9〜27mm。分布：北海道, 本州, 四国, 九州, 対馬。害虫。

マルクビツツケシキスイ〈*Megauchenia angustata*〉昆虫綱甲虫目ケシキスイ科の甲虫。体長4.2〜6.0mm。

マルクビバイオリンムシ〈*Mormolyce castelnaudi*〉昆虫綱甲虫目ゴミムシ科。分布：タイ, マレーシア, スマトラ。

マルクビヒメカミキリ〈*Curtomerus flavus*〉昆虫綱甲虫目カミキリムシ科カミキリ亜科の甲虫。体長6〜12mm。分布：八丈島, 小笠原諸島。

マルクビヒラタカミキリ〈*Asemum amurense*〉昆虫綱甲虫目カミキリムシ科マルクビカミキリ亜科の甲虫。体長9〜22mm。分布：北海道, 本州, 四国。

マルクホンチョウ〈*Miyana moluccana*〉昆虫綱鱗翅目ホソチョウ科の蝶。分布：スラウェシ, マルク諸島, ビスマルク諸島。

マルクロホシカイガラムシ〈*Parlatoria pergandii*〉昆虫綱半翅目マルカイガラムシ科。体長1.5mm。柑橘に害を及ぼす。分布：本州(南関東以南)以南の日本各地, 世界の温帯から熱帯地方。

マルグンバイ〈*Acalypta sauteri*〉昆虫綱半翅目グンバイムシ科。体長2.0〜2.2mm。分布：本州, 四国, 九州。

マルケシゲンゴロウ〈*Hydrovatus adachii*〉昆虫綱甲虫目ゲンゴロウ科の甲虫。体長2.4〜2.7mm。

マルケシハネカクシ〈*Oligota antennata*〉昆虫綱甲虫目ハネカクシ科。

マルゲリータカザリシロウチョウ〈*Delias marguerita*〉昆虫綱鱗翅目シロチョウ科の蝶。開張45mm。分布：ニューギニア島山地。珍蝶。

マルコシラナガゴミムシ〈*Pterostichus nimbatidius*〉昆虫綱甲虫目オサムシ科の甲虫。体長11mm。

マルコガシラハネカクシ〈*Philonthus macies*〉昆虫綱甲虫目ハネカクシ科。

マルコガシラミズムシ〈*Haliplus brevior*〉昆虫綱甲虫目コガシラミズムシ科。

マルコガタノゲンゴロウ〈*Cybister lewisianus*〉昆虫綱甲虫目ゲンゴロウ科の甲虫。絶滅危惧I類(CR+EN)。体長23～25mm。

マルコブオニグモ〈*Araneus rotundicornis*〉蛛形綱クモ目コガネグモ科の蜘蛛。体長雌8～9mm、雄7～8mm。分布：北海道，本州，九州。

マルコブスジコガネ　円瘤条金亀子〈*Trox setifer*〉昆虫綱甲虫目コブスジコガネ科の甲虫。体長6.5～10.0mm。分布：北海道，本州，九州。

マルコポーロモンキチョウ〈*Colias marcopolo*〉昆虫綱鱗翅目シロチョウ科の蝶。分布：パミール南東部からヒンズークシュ山脈まで。

マルゴミグモ〈*Cyclosa vallata*〉蛛形綱クモ目コガネグモ科の蜘蛛。体長雌4.0～4.5mm。分布：本州，四国，九州。

マルサラグモ〈*Centromerus sylvaticus*〉蛛形綱クモ目サラグモ科の蜘蛛。体長雌3mm，雄2.5mm。分布：本州。

マルシラホシアツバ〈*Edessena gentiusalis*〉昆虫綱鱗翅目ヤガ科クルマアツバ亜科の蛾。開張48～53mm。分布：本州(関東地方以西)，四国，九州，屋久島，対馬，台湾，中国。

マルシラホシカメムシ〈*Eysarcoris guttiger*〉昆虫綱半翅目カメムシ科。体長4.5～6.0mm。隠元豆，小豆，ササゲ，豌豆，空豆，大豆，稲に害を及ぼす。分布：本州，四国，九州，南西諸島。

マルシロホシヒメヨトウ〈*Dysmilichia fukudai*〉昆虫綱鱗翅目ヤガ科カラスヨトウ亜科の蛾。分布：本州，九州北部，対馬，朝鮮半島南部。

マルスオオカブト　マルスゾウカブトムシの別名。

マルスゾウカブトムシ〈*Megasoma mars*〉昆虫綱甲虫目コガネムシ科の甲虫。分布：ネグロ川流域，アマゾン川全流域。

マルヅメオニグモ〈*Araneus semilunaris*〉蛛形綱クモ目コガネグモ科の蜘蛛。体長雌5～6mm、雄4～5mm。分布：本州，四国，九州，南西諸島。

マルダイコクコガネ〈*Copris brachypterus*〉昆虫綱甲虫目コガネムシ科の甲虫。絶滅危惧II類(VU)。体長15～18mm。分布：奄美大島。

マルタマキノコムシモドキ〈*Clambus formosanus japonicus*〉昆虫綱甲虫目タマキノコムシモドキ科の甲虫。

マルタンヤンマ〈*Anaciaeschna martini*〉昆虫綱蜻蛉目ヤンマ科の蜻蛉。体長70～75mm。分布：本州(関東以西)，四国，九州，種子島。

マルチビガムシ〈*Pelthydrus japonicus*〉昆虫綱甲虫目ガムシ科の甲虫。体長2.7mm。

マルチビゲンゴロウ〈*Clypeodytes frontalis*〉昆虫綱甲虫目ゲンゴロウ科の甲虫。体長1.5～1.8mm。

マルチビゴミムシダマシ〈*Caedius marinus*〉昆虫綱甲虫目ゴミムシダマシ科の甲虫。体長4.0～4.5mm。

マルチビヒラタエンマムシ〈*Platylomalus montivagus*〉昆虫綱甲虫目エンマムシ科の甲虫。体長2.0～2.6mm。

マルチャリウラモジタテハ〈*Diaethria marchari*〉昆虫綱鱗翅目タテハチョウ科の蝶。開張40mm。分布：コスタリカからコロンビア。珍蝶。

マルツチカメムシ〈*Aethus nigritus*〉昆虫綱半翅目ツチカメムシ科。

マルツノゼミ〈*Gargara genistae*〉昆虫綱半翅目ツノゼミ科。体長4～5mm。フジに害を及ぼす。分布：北海道，本州，四国，九州，対馬，屋久島，沖縄本島，小笠原諸島。

マルツヤキノコゴミムシダマシ〈*Platydema kurama*〉昆虫綱甲虫目ゴミムシダマシ科の甲虫。体長6.0～7.2mm。

マルツヤドロムシ　マルヒメツヤドロムシの別名。

マルツヤニジゴミムシダマシ〈*Addia scatebrae*〉昆虫綱甲虫目ゴミムシダマシ科の甲虫。体長5.5～7.0mm。

マルツヤマグソコガネ〈*Aphodius troitzkyi*〉昆虫綱甲虫目コガネムシ科の甲虫。体長5.0～5.5mm。

マルトゲムシ　円刺虫　昆虫綱甲虫目マルトゲムシ科Byrrhidaeに属する昆虫の総称。

マルトビムシ　丸跳虫　昆虫綱トビムシ目マルトビムシ科Sminthuridaeおよびクモマルトビムシ科Dicyrtomidaeなどに属する無翅類の昆虫の総称。

マルドロムシ〈*Georissus canalifer*〉昆虫綱甲虫目マルドロムシ科の甲虫。体長1.7～1.9mm。

マルナガアシドロムシ〈*Grouvellinus subopacus*〉昆虫綱甲虫目ヒメドロムシ科の甲虫。体長1.6～1.8mm。

マルバオオカバナミシャク〈*Eupithecia subicterata*〉昆虫綱鱗翅目シャクガ科の蛾。

マルハグルマエダシャク〈*Synegia ichinosawana*〉昆虫綱鱗翅目シャクガ科エダシャク亜科の蛾。開張21～25mm。分布：北海道(礼文島を除く)，本州(東北地方北部から近畿地方まで)，サハリン。

マルバスジマダラメイガ〈*Apomyelois striatella*〉昆虫綱鱗翅目メイガ科の蛾。分布：本州(関東以西)，四国，九州，対馬，屋久島，奄美大島，沖縄本島。

マルバトビスジエダシャク〈*Anaboarmia aechmeessa*〉昆虫綱鱗翅目シャクガ科エダシャク亜科の蛾。開張26～31mm。分布：本州，四国，九州。

マルハナノミ　円花蚤　昆虫綱甲虫目マルハナノミ科Helodidaeに属する昆虫の総称。

マルハナバチ 円花蜂, 丸花蜂〈bumble bee〉昆虫綱膜翅目ミツバチ科のマルハナバチ属Bombusに属するハナバチの総称.

マルハナバチモドキ〈Andrena bombiformis〉昆虫綱膜翅目ヒメハナバチ科.

マルバネアカネタテハ〈Asterope leprieuri〉昆虫綱鱗翅目タテハチョウ科の蝶. 開張60mm. 分布：アマゾン川西部. 珍蝶.

マルバネアトキリゴミムシ〈Pseudomenarus flavomaculatus〉昆虫綱甲虫目オサムシ科の甲虫. 体長5mm.

マルバネアメリカヒカゲ〈Euptychia cymela〉昆虫綱鱗翅目タテハチョウ科の蝶. 黒褐色で, 黄色の縁どりをもつ目玉模様をもち, 中には銀青色の金属光沢をもつ斑点がある. 開張4.5～5.0mm. 分布：カナダ南部からメキシコ北部.

マルバネイシガケチョウ〈Cyrestis cocles〉昆虫綱鱗翅目タテハチョウ科の蝶. 分布：シッキム, アッサム, インド, ミャンマー, インドシナ, マレーシア, 海南島, ボルネオ.

マルバネウスグロアツバ〈Hydrillodes pacifica〉昆虫綱鱗翅目ヤガ科クルマアツバ亜科の蛾. 分布：奄美大島, 兵庫県淡路島, 高知県室戸岬, 福岡県北九州市八幡, 対馬, 屋久島.

マルバネウラナミシジミ〈Petrelaea dana〉昆虫綱鱗翅目シジミチョウ科の蝶. 別名オガサワラウラナミシジミ. 前翅長10～12mm. 分布：インドからマレーシア, ニューギニアまで.

マルバネオオテントウダマシ〈Eumorphus marginatus〉昆虫綱甲虫目テントウダマシ科. 別名ヒトコブオオヘリテントウダマシ. 分布：ミャンマー, マレーシア, スマトラ, ジャワ, ボルネオ.

マルバネカラスシジミ〈Eumaeus minyas〉昆虫綱鱗翅目シジミチョウ科の蝶. 別名マルバネシジミ. 分布：メキシコ, コスタリカからボリビアまで.

マルバネキシタケンモン〈Trisuloides rotundipennis〉昆虫綱鱗翅目ヤガ科の蛾. 分布：本州では伊豆半島以西の西南部, 四国, 九州.

マルバネキノカワガ〈Selepa celtis〉昆虫綱鱗翅目ヤガ科キノカワガ亜科の蛾. 分布：インド―オーストラリア地域, 台湾, 石垣島, 西表島.

マルバネコブヒゲカミキリ〈Rhodopina integripennis〉昆虫綱甲虫目カミキリムシ科フトカミキリ亜科の甲虫. 体長12～17mm. 分布：本州, 四国, 九州.

マルバネシジミ マルバネカラスシジミの別名.

マルバネシリアゲ〈Panorpa nipponensis〉昆虫綱長翅目シリアゲムシ科.

マルバネシロチョウ〈Pseudopontia paradoxa〉昆虫綱鱗翅目シロチョウ科の蝶. 分布：シエラレオネから中央アフリカ, ザイール, アンゴラまで.

マルバネツマアカシロチョウ〈Colotis antevippe〉昆虫綱鱗翅目シロチョウ科の蝶. 分布：サハラ以南のアフリカ全域.

マルバネトビケラ 円翅飛蝨, 丸翅飛蝨〈Phryganopsyche latipennis〉マルバネトビケラ科. 体長9～12mm. 分布：北海道, 本州, 四国, 九州.

マルバネトビケラ 円翅飛蝨, 丸翅飛蝨 昆虫綱トビケラ目マルバネトビケラ科の昆虫の総称, あるいはそのなかの一種.

マルバネヒメカゲロウ〈Neuronema albostigma〉昆虫綱脈翅目ヒメカゲロウ科. 開張22～26mm. 分布：日本全土.

マルバネヒョウモンモドキ〈Melitaea yuenty〉昆虫綱鱗翅目タテハチョウ科の蝶. 分布：中国西部.

マルバネフタオ〈Phazaca prunaria〉昆虫綱鱗翅目フタオガ科の蛾. 分布：本州(東海地方以西), 四国, 九州, 屋久島, 奄美大島, 徳之島, 沖縄本島, 宮古島, 石垣島, 台湾, スリランカ, インド.

マルバネベニシジミ〈Lycaena cuprea〉昆虫綱鱗翅目シジミチョウ科の蝶. 分布：パミール, アフガニスタン.

マルバネミドリシジミ〈Esakiozephyrus bieti〉昆虫綱鱗翅目シジミチョウ科の蝶. 別名ヒメムラサキミドリシジミ. 分布：チベット, 中国西部.

マルバネムラサキツバメ エグリシジミの別名.

マルバネモンキタテハ〈Aterica galene〉昆虫綱鱗翅目タテハチョウ科の蝶. 分布：アフリカ西部, 中央部.

マルバネルリマダラ〈Euploea eunice〉昆虫綱鱗翅目マダラチョウ科の蝶. 別名ヤエヤマムラサキマダラ, ヤエヤマルリマダラ. 分布：ニコバル諸島から台湾, セレベス, フィジー島まで.

マルバネワモン〈Faunis canens〉昆虫綱鱗翅目タテハチョウ科の蝶. 翅の表面は褐色. 開張6.0～7.5mm. 分布：インド, ミャンマー, マレーシア.

マルバネワモンチョウ〈Thaumantis diores〉昆虫綱鱗翅目ワモンチョウ科の蝶. 分布：シッキム, アッサム.

マルバヒメシャク〈Scopula duplinupta〉昆虫綱鱗翅目シャクガ科の蛾. 分布：長野県白骨温泉, 群馬県湯ノ平温泉, 長野県扉温泉, 軽井沢, 北海道東部.

マルバラコマユバチ〈Chelonogastra koebelei〉昆虫綱膜翅目コマユバチ科.

マルヒゲナガハナノミ〈Cophaesthetus brevis〉昆虫綱甲虫目ヒラタドロムシ科の甲虫. 体長3.2～

4.4mm。

マルヒサゴゴミムシダマシ〈Misolampidius molytopsis〉昆虫綱甲虫目ゴミムシダマシ科の甲虫。体長11.6～14.6mm。

マルヒメキノコムシ〈Aspidiphorus japonicus〉昆虫綱甲虫目ヒメキノコムシ科の甲虫。体長1.2～1.6mm。

マルヒメゴモクムシ〈Bradycellus fimbriatus〉昆虫綱甲虫目オサムシ科の甲虫。体長3.6～3.9mm。

マルヒメツヤドロムシ〈Zaitzeviaria ovata〉昆虫綱甲虫目ヒメドロムシ科の甲虫。体長1.1～1.4mm。

マルヒョウタンゾウムシ 円瓢簞象鼻虫〈Catapionus obscurus〉昆虫綱甲虫目ゾウムシ科の甲虫。体長6.5～9.3mm。分布：本州の東北低山地から中部山地まで。

マルヒラクチハバチ 丸扁口葉蜂〈Trichiosoma jakovleffi〉昆虫綱膜翅目コンボウハバチ科。分布：北海道，本州。

マルヒラスナゴミムシダマシ〈Diphyrrhynchus oharensis〉昆虫綱甲虫目ゴミムシダマシ科の甲虫。体長4.5～6.0mm。

マルヒラタアブ 円扁虻〈Didea fasciata〉昆虫綱双翅目ハナアブ科。分布：北海道，本州。

マルヒラタガムシ〈Enochrus subsignatus〉昆虫綱甲虫目ガムシ科の甲虫。体長4.8～5.0mm。

マルヒラタケシキスイ〈Parametopia xrubrum〉昆虫綱甲虫目ケシキスイムシ科の甲虫。体長3.5mm。分布：本州，九州，南西諸島。

マルヒラタコクヌスト〈Latolaeva higonia〉昆虫綱甲虫目コクヌスト科の甲虫。体長6.5～7.3mm。

マルヒラタドロムシ〈Eubrianax ramicornis〉昆虫綱甲虫目ヒラタドロムシ科の甲虫。体長3.8～5.1mm。

マルボシハナバエ 円星花蠅〈Gymnosoma rotundatum〉昆虫綱双翅目ヤドリバエ科。体長6～9mm。分布：北海道，本州，四国，九州。

マルマグソコガネ〈Mazartius jugosus〉昆虫綱甲虫目コガネムシ科の甲虫。体長4.0～4.5mm。

マルマメエンマムシ〈Gnathoncus nanus〉昆虫綱甲虫目エンマムシ科の甲虫。体長1.5～2.8mm。

マルマメデオキノコムシ〈Baeocera abnormalis〉昆虫綱甲虫目デオキノコムシ科。

マルマルケシキスイ〈Cyllodes semiglobosus〉昆虫綱甲虫目ケシキスイ科の甲虫。体長2.4～4.0mm。

マルミズギワゴミムシ〈Bembidion eurygonum〉昆虫綱甲虫目オサムシ科の甲虫。体長5.5mm。

マルミズムシ 円水虫〈Paraplea japonica〉昆虫綱半翅目マルミズムシ科。体長2.3～2.6mm。分布：本州，四国，九州，吐噶喇列島。

マルムネアリヅカムシ〈Triomicrus protervus〉昆虫綱甲虫目アリヅカムシ科の甲虫。体長2.0～2.2mm。

マルムネカブトツノゼミ〈Membracis bucktoni〉昆虫綱半翅目ツノゼミ科。分布：コロンビア，ペルー，アマゾン，ブラジル。

マルムネカレハカマキリ〈Deroplatys truncata〉昆虫綱蟷螂目カマキリ科。分布：マレーシア，スマトラ，ジャワ，ボルネオ。

マルムネグンバイ〈Xenotingis horni〉昆虫綱半翅目グンバイムシ科。分布：台湾。

マルムネゴミムシダマシ 円胸偽歩行虫〈Tarpela cordicollis〉昆虫綱甲虫目ゴミムシダマシ科の甲虫。体長9.0～13.0mm。分布：本州，九州。

マルムネジョウカイ〈Prothemus ciusianus〉昆虫綱甲虫目ジョウカイボン科の甲虫。体長8.9～10.7mm。

マルムネタマキノコムシ〈Agathidium crassicorne〉昆虫綱甲虫目タマキノコムシ科の甲虫。体長1.7～2.7mm。

マルムネチビキカワムシ〈Salpingus niponicus〉昆虫綱甲虫目チビキカワムシ科の甲虫。体長3.5mm。分布：北海道，本州。

マルムネチョッキリ〈Chonostropheus chujoi〉昆虫綱甲虫目オトシブミ科の甲虫。体長3.5～4.0mm。

マルムネヒメナガゴミムシ〈Pterostichus latemarginatus〉昆虫綱甲虫目ゴミムシ科。

マルメサルゾウムシ〈Phytobius quadricornis〉昆虫綱甲虫目ゾウムシ科の甲虫。体長2.3～2.5mm。

マルメッスス・カエサレア〈Marmessus caesarea〉昆虫綱鱗翅目シジミチョウ科の蝶。分布：セレベス，ニアス島。

マルメッスス・テダ〈Marmessusu theda〉昆虫綱鱗翅目シジミチョウ科の蝶。分布：マレーシアからフィリピンまで。

マルメッスス・ラビンドゥラ〈Marmessus ravindra〉昆虫綱鱗翅目シジミチョウ科の蝶。分布：マレーシア，インド，ミャンマー，ジャワ，ボルネオ。

マルメッスス・ルフォタエニア〈Marmessus rufotaenia〉昆虫綱鱗翅目シジミチョウ科の蝶。分布：ミャンマー，スマトラ，マレーシア，ジャワ。

マルモンウスヅマアツバ〈Bomolocha bicoloralis〉昆虫綱鱗翅目ヤガ科アツバ亜科の蛾。分布：沿海州，北海道，本州，四国，対馬。

マルモンオオキバハネカクシ〈*Pseudoxyporus gnatho*〉昆虫綱甲虫目ハネカクシ科。

マルモンカタゾウムシ〈*Pachyrrhynchus arcitis kotoensis*〉昆虫綱甲虫目ゾウムシ科。分布：紅頭嶼。

マルモンキノコヨトウ〈*Byromoia melachlora*〉昆虫綱鱗翅目ヤガ科キノコヨトウ亜科の蛾。開張16〜19mm。分布：沿海州，北海道から九州，屋久島。

マルモンササラゾウムシ〈*Demimaea circula*〉昆虫綱甲虫目ゾウムシ科の甲虫。体長2.5〜2.7mm。

マルモンサビカミキリ〈*Pterolophia angusta*〉昆虫綱甲虫目カミキリムシ科フトカミキリ亜科の甲虫。体長6〜9mm。桑に害を及ぼす。分布：北海道，本州，四国，九州，対馬。

マルモンシャチホコ〈*Peridea moltrechti*〉昆虫綱鱗翅目シャチホコガ科ウチキシャチホコ亜科の蛾。開張45〜50mm。分布：沿海州，北海道(南部のみ)，本州，四国，九州。

マルモンシロガ〈*Sphragifera sigillata*〉昆虫綱鱗翅目ヤガ科カラスヨトウ亜科の蛾。開張32〜40mm。分布：沿海州，北海道から九州。

マルモンシロナミシャク 円紋白波尺蛾〈*Eucosmabraxas evanescens evanescens*〉昆虫綱鱗翅目シャクガ科ナミシャク亜科の蛾。開張30〜37mm。分布：北海道，本州，四国，九州，屋久島，中国。

マルモンタマゾウムシ〈*Cionus tamazo*〉昆虫綱甲虫目ゾウムシ科の甲虫。体長3.7〜3.9mm。分布：北海道，本州，四国，九州。

マルモンツチスガリ〈*Cerceris rybiensis japonica*〉昆虫綱膜翅目ジガバチ科。体長9〜16mm。分布：本州，九州。

マルモンツノカメムシ モンキツノカメムシの別名。

マルモンニセハナノミ〈*Orchesia diversenotata*〉昆虫綱甲虫目ナガクチキムシ科の甲虫。体長3.2〜5.0mm。

マルモンヒメアオシャク〈*Jodis praerupta*〉昆虫綱鱗翅目シャクガ科アオシャク亜科の蛾。開張19〜24mm。分布：本州(東北地方北部より)，四国，九州，対馬，シベリア南東部，中国。

マルモンヒメアツバ〈*Schrankia kogii*〉昆虫綱鱗翅目ヤガ科クチバ亜科の蛾。分布：北海道，秋田県。

マルモンフトシロスジカミキリ〈*Megacriodes forbesi*〉昆虫綱甲虫目カミキリムシ科の甲虫。分布：スマトラ。

マルモンホソアリモドキ〈*Sapintus irregularis*〉昆虫綱甲虫目アリモドキ科の甲虫。体長3.3〜4.3mm。

マルモンマダラメイガ〈*Protoetiella bipunctiella*〉昆虫綱鱗翅目メイガ科の蛾。分布：東北地方北部から関東，中部。

マルモンマルトゲムシ〈*Byrrhus osanaii*〉昆虫綱甲虫目マルトゲムシ科の甲虫。体長5.5〜6.0mm。

マルヤマトリキンバエ〈*Protocalliphora maruyamensis*〉昆虫綱双翅目クロバエ科。体長8.0〜10.0mm。害虫。

マルヤマベッコウ〈*Cryptocheilus maruyamai*〉昆虫綱膜翅目ベッコウバチ科。

マルヤマホシアメバチ〈*Enicospilus maruyamanus*〉昆虫綱膜翅目ヒメバチ科。

マルヤマメンガタヒメバチ〈*Metopius maruyamensis*〉昆虫綱膜翅目ヒメバチ科。

マレーアオジマカミキリ〈*Anoplophora zonatrix*〉昆虫綱甲虫目カミキリムシ科の甲虫。分布：ミャンマー，タイ，ラオス，マレーシア。

マレーエグリコガネ〈*Coelodera diardi malayana*〉昆虫綱甲虫目コガネムシ科の甲虫。分布：マレーシア。

マレーオオウスバカミキリ〈*Megopis gigantea*〉昆虫綱甲虫目カミキリムシ科の甲虫。分布：マレーシア，スマトラ，ボルネオ。

マレーオオタイマイ〈*Graphium empedovana*〉昆虫綱鱗翅目アゲハチョウ科の蝶。分布：マレーシア，スマトラ，ジャワ，ボルネオ，パラワン。

マレーカブトハナムグリ〈*Theodosia perakensis*〉昆虫綱甲虫目コガネムシ科の甲虫。分布：マレーシア。

マレーコノハチョウ〈*Kallima limborgi*〉昆虫綱鱗翅目タテハチョウ科の蝶。

マレーコムラサキ〈*Eulaceura osteria*〉昆虫綱鱗翅目タテハチョウ科の蝶。分布：ジャワ，ボルネオ，マレーシア。

マレーツノコガネ〈*Prigenia viridiaurata*〉昆虫綱甲虫目コガネムシ科の甲虫。分布：ボルネオ，マレーシア。

マレーホソツノコガネ〈*Diceros malayanus*〉昆虫綱甲虫目コガネムシ科の甲虫。分布：マレーシア。

マレラ・タミロイデス〈*Marela tamyroides*〉昆虫綱鱗翅目セセリチョウ科の蝶。分布：コロンビア，ブラジル。

マンゴーイナズマ〈*Euthalia aconthea*〉昆虫綱鱗翅目タテハチョウ科の蝶。前翅の縁にはU字形の斑紋が並ぶ。開張5.5〜6.0mm。分布：インド，スリランカ，中国を経て，マレーシアやインドネシア。

マンゴウラキオビアゲハ〈*Papilio mangoura*〉昆虫綱鱗翅目アゲハチョウ科の蝶。分布：マダガスカル。

マンゴーカタカイガラムシ〈*Milviscutulus mangiferae*〉昆虫綱半翅目カタカイガラムシ科。体長3mm。グアバ、柑橘、クチナシ、マンゴーに害を及ぼす。分布：本州(紀伊半島)以南の日本各地、熱帯、亜熱帯地域のマンゴー栽培地帯。

マンゴーシロカイガラムシ〈*Aulacaspis tubercularis*〉昆虫綱半翅目マルカイガラムシ科。体長2.0～2.8mm。マンゴーに害を及ぼす。分布：南西諸島、小笠原、世界の熱帯地方。

マンゴーフサヤガ〈*Chlumetia brevisigna*〉昆虫綱鱗翅目ヤガ科の蛾。マンゴーに害を及ぼす。

マンサクシロナミシャク〈*Asthena hamadryas*〉昆虫綱鱗翅目シャクガ科の蛾。分布：本州(東北地方北部より)、九州。

マンシュウイトトンボ〈*Ischnura elegans*〉昆虫綱蜻蛉目イトトンボ科の蜻蛉。準絶滅危惧種(NT)。体長34mm。分布：利尻島と北海道東部。

マンシュウコムラサキ〈*Apatura here*〉昆虫綱鱗翅目タテハチョウ科の蝶。分布：中国東北部。

マンダリニア・レガリス〈*Mandarinia regalis*〉昆虫綱鱗翅目ジャノメチョウ科の蝶。分布：中国西部および中部、ミャンマー。

マンドゥカ・ペッレニア〈*Manduca pellenia*〉昆虫綱鱗翅目スズメガ科の蛾。分布：メキシコからコロンビア、ベネズエラ。

マンネングサヒメスガ〈*Swammerdamia sedella*〉昆虫綱鱗翅目スガ科の蛾。分布：北海道、本州、四国。

マンボウメクラチビゴミムシ〈*Trechiama tenuiformis*〉昆虫綱甲虫目オサムシ科の甲虫。体長4.9～5.6mm。

マンモスゴキブリ〈*Megaloplatta longipennis*〉ニクティボラ科。分布：パナマ、エクアドル、ペルー、ブラジル。

マンレイカギバ〈*Microblepsis manleyi*〉昆虫綱鱗翅目カギバガ科の蛾。開張25～35mm。分布：本州(東北地方北部より)、四国、九州。

マンレイツマキリアツバ〈*Polysciera manleyi*〉昆虫綱鱗翅目ヤガ科クチバ亜科の蛾。開張27～30mm。分布：北海道から九州。

【ミ】

ミイデラゴミムシ 三井寺芥虫〈*Pheropsophus jessoensis*〉昆虫綱甲虫目オサムシ科の甲虫。体長11～18mm。分布：北海道、本州、四国、九州、奄美大島。害虫。

ミイロキンカメムシ〈*Cosmocoris pulcherrimus*〉昆虫綱半翅目カメムシ科。分布：フィリピン。

ミイロコヤガ〈*Shiraia tripartita*〉昆虫綱鱗翅目ヤガ科コヤガ亜科の蛾。分布：中国、新潟県津川町、奈良県桜井市、福岡県田主丸町、対馬北部。

ミイロシジミタテハ〈*Ancyluris formosissima*〉昆虫綱鱗翅目シジミタテハ科の蝶。開張40mm。分布：コロンビアからボリビア。珍蝶。

ミイロタイマイ〈*Graphium weiskei*〉昆虫綱鱗翅目アゲハチョウ科の蝶。開張65mm。分布：ニューギニア。珍蝶。

ミイロタテハ 三色蛺蝶〈*agrias*〉昆虫綱鱗翅目タテハチョウ科Agrias属に含まれるチョウの総称。

ミイロチビハネカクシ〈*Phymatura japonica*〉昆虫綱甲虫目ハネカクシ科の甲虫。体長3.0～3.2mm。

ミイロトラカミキリ〈*Xylotrechus takakuwai*〉昆虫綱甲虫目カミキリムシ科カミキリ亜科の甲虫。体長11mm。

ミイロプレポナ〈*Prepona praeneste*〉昆虫綱鱗翅目タテハチョウ科の蝶。分布：ペルー中北部。

ミイロベニカミキリ〈*Euryclelia cardinalis*〉昆虫綱甲虫目カミキリムシ科の甲虫。分布：マレーシア、ボルネオ。

ミイロボカシタテハ〈*Euphaedra adonina*〉昆虫綱鱗翅目タテハチョウ科の蝶。分布：ナイジェリア東部からザイール南西部まで。

ミイロムナビロオオキノコムシ〈*Microsternus tricolor*〉昆虫綱甲虫目オオキノコムシ科の甲虫。体長3.5～5.0mm。

ミエヒメハマキ〈*Lobesia mieae*〉昆虫綱鱗翅目ハマキガ科の蛾。分布：東京都下八王子。

ミカエリソウノメイガ〈*Pronomis delicatalis*〉昆虫綱鱗翅目メイガ科の蛾。分布：本州(東北地方北部より)、四国、中国。

ミカゲゴモクムシ〈*Harpalus roninus*〉昆虫綱甲虫目オサムシ科の甲虫。体長17～19mm。

ミカゲツツキノコムシ〈*Cis mikagensis*〉昆虫綱甲虫目ツツキノコムシ科の甲虫。体長1.7～2.5mm。

ミカヅキキリガ〈*Cosmia cara*〉昆虫綱鱗翅目ヤガ科カラスヨトウ亜科の蛾。開張26mm。分布：沿海州、北海道、東北地方から本州中部。

ミカヅキナミシャク〈*Earophila correlata*〉昆虫綱鱗翅目シャクガ科ナミシャク亜科の蛾。開張25～27mm。分布：本州(関東以西)、四国、九州。

ミカドアゲハ 帝揚羽〈*Graphium doson*〉昆虫綱鱗翅目アゲハチョウ科の蝶。特別天然記念物。前翅長40～48mm。分布：本州(北限は三重県)、四国、九州、南西諸島。

ミカドアツバ〈Lophomilia flaviplaga〉昆虫綱鱗翅目ヤガ科クチバ亜科の蛾。分布：沿海州, 北海道から本州中部。

ミカドアリバチ 帝蟻蜂〈Mutilla mikado〉昆虫綱膜翅目アリバチ科。体長雌12mm, 雄13mm。分布：本州, 九州。

ミカドウスバシロチョウ〈Parnassius imperator〉昆虫綱鱗翅目アゲハチョウ科の蝶。分布：チベット, 中国西部。

ミカドオオアリ〈Camponotus kiusiuensis〉昆虫綱膜翅目アリ科。体長7～12mm。分布：本州, 九州。害虫。

ミカドガガンボ 帝大蚊〈Ctenacroscelis mikado〉昆虫綱双翅目ガガンボ科。体長35～40mm。分布：本州, 四国, 九州。

ミカドキクイムシ〈Scolytoplatypus mikado〉昆虫綱甲虫目キクイムシ科の甲虫。体長3.6mm。柿に害を及ぼす。分布：北海道, 本州, 四国, 九州。

ミカドケナガノミ〈Chaetopsylla mikado〉昆虫綱隠翅目ケナガノミ科。体長雄2.6mm, 雌3.5mm。害虫。

ミカドジガバチ 帝似我蜂〈Ammophila aemulans〉昆虫綱膜翅目ジガバチ科。体長26mm。分布：本州, 九州, 対馬。

ミカドシギキノコバエ〈Gnoriste mikado〉昆虫綱双翅目キノコバエ科。

ミカドテントウ〈Chilocorus mikado〉昆虫綱甲虫目テントウムシ科の甲虫。体長3.9～4.1mm。

ミカドトックリバチ〈Eumenes mikado〉昆虫綱膜翅目ドロバチ科。

ミカドトリバ 帝鳥羽蛾〈Xenopterophora mikado〉昆虫綱鱗翅目トリバガ科の蛾。開張13mm。分布：本州(関東以西), 九州。

ミカドドロバチ 帝泥蜂〈Euodynerus nipanicus nipanicus〉昆虫綱膜翅目スズメバチ科。体長7～13mm。分布：日本全土。

ミカドハエトリ〈Thyene imperialis〉蛛形綱クモ目ハエトリグモ科の蜘蛛。

ミカドハマダラミバエ〈Staurella mikado〉昆虫綱双翅目ミバエ科。

ミカドヒゲナガガガンボ〈Hexatoma imperator〉昆虫綱双翅目ガガンボ科。

ミカドヒゲブトコメツキ〈Trixagus micado〉昆虫綱甲虫目ヒゲブトコメツキ科の甲虫。

ミカドヒメハナノミ〈Mordellina mikado〉昆虫綱甲虫目ハナノミ科。

ミカドヒメハナバチ〈Andrena mikado〉昆虫綱膜翅目ヒメハナバチ科。

ミカドヒョウモン イダリアギンボシヒョウモンの別名。

ミカドフキバッタ ミヤマフキバッタの別名。

ミカドフタオチョウ〈Polyura pyrrhus pyrrhus〉昆虫綱鱗翅目タテハチョウ科の蝶。分布：アンボン, セラムからバンダ海の島々を経てオーストラリア北部までに分布。亜種はアンボン, セラム。

ミカドマダラメイガ〈Nephopterix mikadella〉昆虫綱鱗翅目メイガ科マダラメイガ亜科の蛾。開張24～30mm。分布：本州(東北地方南部より), 四国, 九州, 対馬, 屋久島, 奄美大島。

ミカドヤチグモ〈Coelotes micado〉蛛形綱クモ目タナグモ科の蜘蛛。

ミカボコブガ〈Meganola mikabo〉昆虫綱鱗翅目コブガ科の蛾。分布：北海道(南西部), 本州(青森県, 群馬県)。

ミカレシス・アウリビルリイ〈Mycalesis aurivillii〉昆虫綱鱗翅目ジャノメチョウ科の蝶。分布：ウガンダ。

ミカレシス・アソキス〈Mycalesis asochis〉昆虫綱鱗翅目ジャノメチョウ科の蝶。分布：ナイジェリアからアンゴラまで。

ミカレシス・アナキシアス〈Mycalesis anaxias〉昆虫綱鱗翅目ジャノメチョウ科の蝶。分布：インド, マレーシア。

ミカレシス・アナピタ〈Mycalesis anapita〉昆虫綱鱗翅目ジャノメチョウ科の蝶。分布：マレーシア, スマトラ, ボルネオ。

ミカレシス・アニナナ〈Mycalesis anynana〉昆虫綱鱗翅目ジャノメチョウ科の蝶。分布：アフリカ東部からトランスバールまで。

ミカレシス・アンソルゲイ〈Mycalesis ansorgei〉昆虫綱鱗翅目ジャノメチョウ科の蝶。分布：ウガンダ。

ミカレシス・イタルス〈Mycalesis italus〉昆虫綱鱗翅目ジャノメチョウ科の蝶。分布：アフリカ西部。

ミカレシス・エナ〈Mycalesis ena〉昆虫綱鱗翅目ジャノメチョウ科の蝶。分布：ローデシア, マラウイ, タンザニア。

ミカレシス・エバドゥネ〈Mycalesis evadne〉昆虫綱鱗翅目ジャノメチョウ科の蝶。分布：シエラレオネ, ガボン。

ミカレシス・オブスクラ〈Mycalesis obscura〉昆虫綱鱗翅目ジャノメチョウ科の蝶。分布：ナイジェリア, コンゴ。

ミカレシス・オロアティス〈Mycalesis oroatis〉昆虫綱鱗翅目ジャノメチョウ科の蝶。分布：マレーシア, ジャワ, スマトラ。

ミカレシス・ケニア〈Mycalesis kenia〉昆虫綱鱗翅目ジャノメチョウ科の蝶。分布：アフリカ東部。

ミカレシス・ゴロ〈Mycalesis golo〉昆虫綱鱗翅目ジャノメチョウ科の蝶。分布：コンゴ，ウガンダ。

ミカレシス・サウッスレイ〈Mycalesis saussurei〉昆虫綱鱗翅目ジャノメチョウ科の蝶。分布：コンゴ，アフリカ東部からウガンダまで。

ミカレシス・サフィツァ〈Mycalesis safitza〉昆虫綱鱗翅目ジャノメチョウ科の蝶。分布：サハラ砂漠以南ノアフリカ全土。

ミカレシス・サンダケ〈Mycalesis sandace〉昆虫綱鱗翅目ジャノメチョウ科の蝶。分布：セネガルからコンゴまで。

ミカレシス・シリウス〈Mycalesis sirius〉昆虫綱鱗翅目ジャノメチョウ科の蝶。分布：オーストラリア，ニューギニア，モルッカ諸島。

ミカレシス・スキアティス〈Mycalesis sciathis〉昆虫綱鱗翅目ジャノメチョウ科の蝶。分布：リベリア，カメルーン。

ミカレシス・スドゥラ〈Mycalesis sudra〉昆虫綱鱗翅目ジャノメチョウ科の蝶。分布：ジャワ，バリ島。

ミカレシス・スブディタ〈Mycalesis subdita〉昆虫綱鱗翅目ジャノメチョウ科の蝶。分布：インド南部およびセイロン。

ミカレシス・ディスコボルス〈Mycalesis discobolus〉昆虫綱鱗翅目ジャノメチョウ科の蝶。分布：ニューギニア。

ミカレシス・デキサメヌス〈Mycalesis dexamenus〉昆虫綱鱗翅目ジャノメチョウ科の蝶。分布：セレベス。

ミカレシス・デュポンシェリ〈Mycalesis duponcheli〉昆虫綱鱗翅目ジャノメチョウ科の蝶。分布：ニューギニア。

ミカレシス・ドゥビア〈Mycalesis dubia〉昆虫綱鱗翅目ジャノメチョウ科の蝶。分布：ケニア，ウガンダ。

ミカレシス・ドゥルガ〈Mycalesis durga〉昆虫綱鱗翅目ジャノメチョウ科の蝶。分布：ニューギニア。

ミカレシス・ドロテア〈Mycalesis dorothea〉昆虫綱鱗翅目ジャノメチョウ科の蝶。分布：シエラレオネからアンゴラまで。

ミカレシス・ノビリス〈Mycalesis nobilis〉昆虫綱鱗翅目ジャノメチョウ科の蝶。分布：コンゴからウガンダまで。

ミカレシス・パトゥニア〈Mycalesis patnia〉昆虫綱鱗翅目ジャノメチョウ科の蝶。分布：セイロン，インド南部。

ミカレシス・バルバラ〈Mycalesis barbara〉昆虫綱鱗翅目ジャノメチョウ科の蝶。分布：ミューギニア。

ミカレシス・ビサラ〈Mycalesis visala〉昆虫綱鱗翅目ジャノメチョウ科の蝶。分布：アッサムからマレーシアまで。

ミカレシス・ヒュウィットソニ〈Mycalesis hewitsoni〉昆虫綱鱗翅目ジャノメチョウ科の蝶。分布：カメルーンおよびコンゴ。

ミカレシス・ファラントゥス〈Mycalesis phalanthus〉昆虫綱鱗翅目ジャノメチョウ科の蝶。分布：アフリカ東部。

ミカレシス・フスクム〈Mycalesis fuscum〉昆虫綱鱗翅目ジャノメチョウ科の蝶。分布：マレーシア，ジャワ，スマトラ。

ミカレシス・フネブリス〈Mycalesis funebris〉昆虫綱鱗翅目ジャノメチョウ科の蝶。分布：シエラレオネ，ガボン。

ミカレシス・ブルガリス〈Mycalesis vulgaris〉昆虫綱鱗翅目ジャノメチョウ科の蝶。分布：アフリカ西部からウガンダまで。

ミカレシス・マトゥタ〈Mycalesis matuta〉昆虫綱鱗翅目ジャノメチョウ科の蝶。分布：ルウェンゾリ山（コンゴとウガンダの境にある山）。

ミカレシス・マハデバ〈Mycalesis mahadeva〉昆虫綱鱗翅目ジャノメチョウ科の蝶。分布：ニューギニア。

ミカレシス・マルサラ〈Mycalesis malsara〉昆虫綱鱗翅目ジャノメチョウ科の蝶。分布：インド，ミャンマー。

ミカレシス・マルサリダ〈Mycalesis malsarida〉昆虫綱鱗翅目ジャノメチョウ科の蝶。分布：アッサム。

ミカレシス・マルティウス〈Mycalesis martius〉昆虫綱鱗翅目ジャノメチョウ科の蝶。分布：ガーナからケニアまで。

ミカレシス・マンダネス〈Mycalesis mandanes〉昆虫綱鱗翅目ジャノメチョウ科の蝶。分布：トーゴからコンゴまで。

ミカレシス・ムキア〈Mycalesis mucia〉昆虫綱鱗翅目ジャノメチョウ科の蝶。分布：ニューギニア。

ミカレシス・ムナシクレス〈Mycalesis mnasicles〉昆虫綱鱗翅目ジャノメチョウ科の蝶。分布：マレーシア，ミャンマー高地部，アッサム。

ミカレシス・メストゥラ〈Mycalesis mestra〉昆虫綱鱗翅目ジャノメチョウ科の蝶。分布：インド。

ミカレシス・メッセネ〈Mycalesis messene〉昆虫綱鱗翅目ジャノメチョウ科の蝶。分布：モルッカ諸島。

ミカレシス・レプカ〈Mycalesis lepcha〉昆虫綱鱗翅目ジャノメチョウ科の蝶。分布：インド，ネパール，ヒマラヤ北西部。

ミカレシス・ロルナ〈*Mycalesis lorna*〉昆虫綱鱗翅目ジャノメチョウ科の蝶。分布：ニューギニア。

ミカワオサムシ〈*Carabus arrowianus*〉昆虫綱甲虫目オサムシ科の甲虫。体長21～30mm。

ミカワキヨトウ〈*Aletia bani*〉昆虫綱鱗翅目ヤガ科ヨトウガ亜科の蛾。分布：静岡県大井川中流部,熊本県の内陸山地。

ミカワホラヒメグモ〈*Nesticus mikawanus*〉蛛形綱クモ目ホラヒメグモ科の蜘蛛。

ミカンカキカイガラムシ 蜜柑蠣介殻虫〈*Lepidosaphes beckii*〉昆虫綱半翅目マルカイガラムシ科。柑橘に害を及ぼす。

ミカンカメノコハムシ〈*Cassida obtusata*〉昆虫綱甲虫目ハムシ科。柑橘に害を及ぼす。

ミカンキイロアザミウマ〈*Frankliniella occidentalis*〉昆虫綱総翅目アザミウマ科。体長雌1.5mm,雄1.0mm。キク科野菜,ナス科野菜,苺,ユリ科野菜,セントポーリア,ガーベラ,菊,シクラメン,サルビア,アフリカホウセンカ,鳳仙花,カーネーション,バラ類,アカザ科野菜,ウリ科野菜に害を及ぼす。

ミカンキジラミ〈*Diaphorina citri*〉昆虫綱半翅目キジラミ科。柑橘に害を及ぼす。

ミカンクロアブラムシ〈*Toxoptera citricida*〉昆虫綱半翅目アブラムシ科。柑橘に害を及ぼす。

ミカンコエダシャク〈*Hyposidra talaca*〉昆虫綱鱗翅目シャクガ科の蛾。茶に害を及ぼす。分布：沖縄本島,西表島,南大東島,台湾,インドからニューギニア。

ミカンコナカイガラムシ〈*Planococcus citri*〉昆虫綱半翅目コナカイガラムシ科。体長3.5mm。バナナ,グアバ,柑橘,セントポーリア,アフリカホウセンカ,鳳仙花,ハイビスカス類,クロトン,ヤシ類,マンゴーに害を及ぼす。

ミカンコナジラミ 蜜柑粉虱〈*Dialeurodes citri*〉昆虫綱半翅目コナジラミ科。体長1.3mm。柑橘,クチナシ,イスノキ,木犀類,モチノキに害を及ぼす。分布：本州,四国,九州,対馬。

ミカンコハモグリガ 蜜柑葉潜蛾〈*Phyllocnistis citrella*〉昆虫綱鱗翅目コハモグリガ科の蛾。開張5mm。柑橘に害を及ぼす。分布：本州以南のミカン類栽培地,台湾,中国,東南アジア,インド,オーストラリア,アフリカ。

ミカンコミバエ 蜜柑小実蠅〈*Strumeta dorsalis*〉昆虫綱双翅目ミバエ科。体長6.0～7.5mm。バナナ,柑橘,マンゴー,パパイアに害を及ぼす。分布：南西諸島,小笠原諸島。

ミカンサビダニ〈*Aculops pelekassi*〉蛛形綱ダニ目フシダニ科。柑橘に害を及ぼす。

ミカンセマルヒゲナガゾウムシ〈*Phloeobius alternatus*〉昆虫綱甲虫目ヒゲナガゾウムシ科の甲虫。体長12～15mm。分布：本州,九州。

ミカンツボミタマバエ〈*Contarinia okadai*〉昆虫綱双翅目タマバエ科。体長2mm。柑橘に害を及ぼす。分布：本州(関東以西)四国,九州。

ミカントゲカメムシ〈*Rhynchocoris humeralis*〉昆虫綱半翅目カメムシ科。準絶滅危惧種(NT)。柑橘に害を及ぼす。

ミカントゲコナジラミ 蜜柑棘粉虱〈*Aleurocanthus spiniferus*〉昆虫綱半翅目コナジラミ科。体長1.3mm。葡萄,柑橘,クチナシ,柿に害を及ぼす。

ミカントゲワセンチュウ〈*Ogma civellae*〉クリコネマ科。柑橘に害を及ぼす。

ミカンナガカキカイガラムシ 蜜柑長蠣介殻虫〈*Lepidosaphes gloverii*〉昆虫綱半翅目マルカイガラムシ科。柑橘に害を及ぼす。

ミカンナガタマムシ 蜜柑長吉丁虫〈*Agrilus auriventris*〉昆虫綱甲虫目タマムシ科の甲虫。体長6～10mm。柑橘に害を及ぼす。分布：本州(関東以西)以南の日本各地,台湾,中国南部,マレーシア。

ミカンネコナカイガラムシ 蜜柑根粉介殻虫〈*Rhizoecus kondonis*〉昆虫綱半翅目コナカイガラムシ科。柑橘に害を及ぼす。分布：本州,四国,九州。

ミカンネセンチュウ〈*Tylenchulus semipenetrans*〉ティレンクルス科。柑橘に害を及ぼす。

ミカンノコギリカミキリ ケバネオオキバノコギリカミキリの別名。

ミカンバエ 蜜柑蠅〈*Tetradacus tsuneonis*〉昆虫綱双翅目ミバエ科。体長10mm。柑橘に害を及ぼす。分布：熊本,大分,宮崎,鹿児島県の一部,台湾。

ミカンハダニ 蜜柑葉壁蝨〈*Panonychus citri*〉節足動物門クモ形綱ダニ目ハダニ科の植物寄生性のダニ。体長雌0.5mm,雄0.4mm。ナシ類,枇杷,桃,スモモ,林檎,葡萄,柑橘,サンゴジュ,木犀類,イヌツゲ,柿,ウリ科野菜に害を及ぼす。分布：日本全国,台湾,中国,フィリピン,インド,スリランカ,中東,南北アメリカ,アフリカ,ニュージーランド。

ミカンハモグリガ ミカンコハモグリガの別名。

ミカンヒメコナカイガラムシ〈*Pseudococcus cryptus*〉昆虫綱半翅目コナカイガラムシ科。柑橘に害を及ぼす。

ミカンヒメワタカイガラムシ〈*Chloropulvinaria citricola*〉昆虫綱半翅目カタカイガラムシ科。体長3.0～3.5mm。楓(紅葉),柿,柑橘,ハイビスカス類に害を及ぼす。分布：本州,四国,九州,中国,チベット,アメリカ。

ミカンヒモワタカイガラムシ〈Saissetia citricola〉昆虫綱半翅目カタカイガラムシ科。体長4〜5mm。ナシ類,柑橘,茶,クチナシ,サンゴジュ,モッコク,柿に害を及ぼす。

ミカンヒラタマルハキバガ〈Psorosticha melanocrepida〉昆虫綱鱗翅目マルハキバガ科の蛾。柑橘に害を及ぼす。分布：本州,四国,九州,屋久島。

ミカンマルカイガラキイロコバチ〈Aphytis cylindratus〉昆虫綱膜翅目ツヤコバチ科。

ミカンマルカイガラムシ 蜜柑円介殻虫〈Pseudaonidia duplex〉昆虫綱半翅目マルカイガラムシ科。体長3mm。無花果,ナシ類,柑橘,ヤマモモ,茶,椿,山茶花,イスノキ,木犀類,柿に害を及ぼす。分布：本州,四国,九州。

ミカンマルハキバガ ミカンヒラタマルハキバガの別名。

ミカンミドリアブラムシ ユキヤナギアブラムシの別名。

ミカンモグリガ ミカンコハモグリガの別名。

ミカンワタカイガラトビコバチ〈Microterys ishiii〉昆虫綱膜翅目トビコバチ科。

ミカンワタカイガラムシ〈Chloropulvinaria aurantii〉昆虫綱半翅目カタカイガラムシ科。柑橘,キヅタ,トベラに害を及ぼす。

ミギワバエ 汀蝿〈shore fly〉昆虫綱双翅目短角亜目ハエ群ミギワバエ科Ephydridaeの総称。

ミギワフクログモ〈Clubiona phragmitis〉蛛形綱クモ目フクログモ科の蜘蛛。

ミクテリス・クリスプス〈Mycteris crispus〉昆虫綱鱗翅目セセリチョウ科の蝶。分布：グアテマラからコロンビアまで。

ミクラチビカミキリ〈Sybrodiboma mikurensis〉昆虫綱甲虫目カミキリムシ科フトカミキリ亜科の甲虫。体長9〜12mm。

ミクラビロウドカミキリ〈Acalolepta mikurensis〉昆虫綱甲虫目カミキリムシ科フトカミキリ亜科の甲虫。体長16〜20mm。分布：伊豆諸島(御蔵島,八丈島)。

ミクラミヤマクワガタ〈Lucanus gamunus〉昆虫綱甲虫目クワガタムシ科の甲虫。準絶滅危惧種(NT)。体長雄26〜30mm,雌24〜26mm。分布：伊豆諸島(御蔵島,神津島)。

ミクロケリス・バリイコロル〈Microceris variicolor〉昆虫綱鱗翅目セセリチョウ科の蝶。分布：ブラジル。

ミクロゼグリス・ピロトエ〈Microzegris pyrothoe〉昆虫綱鱗翅目シロチョウ科の蝶。分布：ロシア南東部,中央アジア。

ミクロティア・エルバ〈Microtia elva〉昆虫綱鱗翅目タテハチョウ科の蝶。分布：メキシコ,中央アメリカ。

ミクロペンティラ・アデルギタ〈Micropentila adelgitha〉昆虫綱鱗翅目シジミチョウ科の蝶。分布：カメルーン。

ミクロペンティラ・アルベルタ〈Micropentila alberta〉昆虫綱鱗翅目シジミチョウ科の蝶。分布：オゴエ川(Ogowe River)流域,カメルーン。

ミクロペンティラ・ガブニカ〈Micropentila gabunica〉昆虫綱鱗翅目シジミチョウ科の蝶。分布：シエラレオネ。

ミクロペンティラ・ピギ〈Micropentila mpigi〉昆虫綱鱗翅目シジミチョウ科の蝶。分布：ウガンダ。

ミクロペンティラ・ブルンネア〈Micropentila brunnea〉昆虫綱鱗翅目シジミチョウ科の蝶。分布：アフリカ西部,リベリア。

ミケハラブトハナアブ〈Paramallota iyonis〉昆虫綱双翅目ショクガバエ科。体長20mm。分布：本州,四国。

ミケモモブトハナアブ 三毛腿太花虻〈Pseudomallota tricolor〉昆虫綱双翅目ハナアブ科。分布：北海道,本州。

ミゴナ・イルミナ〈Mygona irmina〉昆虫綱鱗翅目ジャノメチョウ科の蝶。分布：ベネズエラ,コロンビア。

ミゴナ・タンミ〈Mygona thammi〉昆虫綱鱗翅目ジャノメチョウ科の蝶。分布：ペルー。

ミゴナ・パエアニア〈Mygona paeania〉昆虫綱鱗翅目ジャノメチョウ科の蝶。分布：エクアドル。

ミゴナ・プロキタ〈Mygona prochyta〉昆虫綱鱗翅目ジャノメチョウ科の蝶。分布：ボリビア,ペルー。

ミゴナ・プロキラ〈Mygona prochyla〉昆虫綱鱗翅目ジャノメチョウ科の蝶。分布：ボリビア。

ミサキオナガミバエ〈Urophora misakiana〉昆虫綱双翅目ミバエ科。

ミサキクシヒゲシマメイガ〈Datanoides misakiensis〉昆虫綱鱗翅目メイガ科の蛾。分布：本州(関東以西),四国,九州。

ミザクラコブアブラムシ〈Tuberocephalus misakurae〉昆虫綱半翅目アブラムシ科。体長1.9mm。桜類に害を及ぼす。分布：本州。

ミシウス・ミシウス〈Misius misius〉昆虫綱鱗翅目セセリチョウ科の蝶。分布：アマゾン。

ミジカオカワゲラ〈Strophopteryx nohirae〉昆虫綱襀翅目ミジカオカワゲラ科。体長8mm。桜桃,桃,スモモ,梅,アンズに害を及ぼす。分布：本州,九州,朝鮮半島。

ミジカオカワゲラ科の一種〈Taeniopterygidae sp.〉昆虫綱積翅目ミジカオカワゲラ科。

ミジカオクロカワゲラ〈Eucapnopsis stigmatica〉昆虫綱積翅目クロカワゲラ科。

ミジンアツバ〈Hypenodes rectifascia〉昆虫綱鱗翅目ヤガ科クチバ亜科の蛾。分布：埼玉県入間市仏子，福井県武生市，北九州市八幡区折尾，石垣島。

ミジンウキマイマイ 微塵浮蝸牛〈Limacina helicina〉軟体動物門腹足綱ウキマイマイ科の巻き貝。分布：北太平洋の亜寒色域。

ミジンカバナミシャク〈Eupithecia addictata〉昆虫綱鱗翅目シャクガ科ナミシャク亜科の蛾。開張14～18mm。分布：北海道，本州，四国，九州，シベリア南東部。

ミジンキヒメシャク〈Idaea trisetata〉昆虫綱鱗翅目シャクガ科ヒメシャク亜科の蛾。開張11～15mm。分布：本州(東北地方南部より)，四国，九州，対馬，中国東部。

ミジンコワムシ 微塵子輪虫 袋形動物門輪毛綱ハナビワムシ目ミジンコワムシ科の水生動物の総称であるが，狭義ではヘクサアルトラ属Hexarthraの総称。

ミジンダルマガムシ〈Limnebius japonicus〉昆虫綱甲虫目ダルマガムシ科の甲虫。体長1.3～1.4mm。

ミジンハサミムシ〈Labia minor〉昆虫綱革翅目クロハサミムシ科。体長4～7mm。分布：本州，四国，九州。

ミジンベニコヤガ〈Ectoblemma rosella〉昆虫綱鱗翅目ヤガ科コヤガ亜科の蛾。分布：静岡県磐田市，香川県高松市藤尾神社，北九州市香月。

ミジンマイマイ 微塵蝸牛〈Vallonia costata〉軟体動物門腹足綱ミジンマイマイ科の巻き貝。分布：日本各地。

ミジンムシ 微塵虫 昆虫綱甲虫目ミジンムシ科Corylophidaeに属する昆虫の総称。

ミジンムシモドキ〈Phaenocephalus castaneus〉ミジンムシモドキ科の甲虫。体長1.4～1.8mm。

ミジンアオシロチョウ〈Catopsilia florella〉昆虫綱鱗翅目シロチョウ科の蝶。雄は黄緑色味をおびた白色。開張5～7cm。分布：アフリカおよびカナリア諸島。

ミズアオシロチョウ ウラナミシロチョウの別名。

ミズアオマダラタイマイ〈Graphium xenocles〉昆虫綱鱗翅目アゲハチョウ科の蝶。分布：インド北部，ミャンマーおよびタイ。

ミズアオモルフォ〈Morpho catenarius〉昆虫綱鱗翅目モルフォチョウ科の蝶。開張120mm。分布：ブラジル中南部。珍蝶。

ミズアトキリゴミムシ〈Apristus secticollis〉昆虫綱甲虫目オサムシ科の甲虫。体長2.5～3.0mm。

ミズアブ 水虻〈Stratiomys japonica〉昆虫綱双翅目ミズアブ科。体長13～20mm。分布：北海道，本州，四国，九州。

ミズアブ 水虻〈soldier fly〉昆虫綱双翅目短角亜目アブ群ミズアブ科Stratiomyidaeの総称。

ミズイロオナガシジミ 水色尾長小灰蝶〈Antigius attilia〉昆虫綱鱗翅目シジミチョウ科ミドリシジミ亜科の蝶。前翅長14～17mm。分布：北海道，本州，四国，九州。

ミズイロタテハ ヒュウィットソンウラミドリタテハの別名。

ミズカゲロウ 水蜻蛉〈Sisyra nikkoana〉昆虫綱脈翅目ミズカゲロウ科。分布：日本各地。

ミズカゲロウ属〈Sisyra〉ミズカゲロウ科の属称。

ミズカマキリ 水蟷螂〈Ranatra chinensis〉昆虫綱半翅目タイコウチ科。体長40～45mm。分布：北海道，本州，四国，九州。

ミズカマキリ 水蟷螂〈watr stick insect〉昆虫綱半翅目異翅亜目タイコウチ科Nepidaeミズカマキリ亜科Ranatrinaeに属する昆虫の総称，またはそのなかの一種。

ミズカメムシ 水椿象，水亀虫〈Mesovelia orientalis〉昆虫綱半翅目ミズカメムシ科。分布：四国，九州，琉球諸島。

ミズカメムシ 水椿象，水亀虫 昆虫綱半翅目異翅亜目ミズカメムシ科Mesoveliidaeに属する昆虫の総称，またはそのなかの一種。

ミズキカキカイガラムシ〈Lepidosaphes corni〉昆虫綱半翅目マルカイガラムシ科。マサキ，ニシキギに害を及ぼす。

ミズキカタカイガラムシ〈Parthenolecanium corni〉昆虫綱半翅目カタカイガラムシ科。体長4～6mm。桃，スモモ，楓(紅葉)，柿，プラタナス，葡萄，桑に害を及ぼす。分布：九州以北の日本各地，世界の温帯地域。

ミズキツヤコガ〈Antispila corniella〉昆虫綱鱗翅目ツヤコガ科の蛾。分布：九州。

ミズギボウシアトモンコガ〈Acrolepiopsis delta〉昆虫綱鱗翅目アトヒゲコガ科の蛾。分布：広島県比婆郡高野。

ミズギワアトキリゴミムシ〈Demetrias marginicollis〉昆虫綱甲虫目オサムシ科の甲虫。体長5～6mm。分布：北海道，本州。

ミズギワコメツキの一種〈Migiwa sp.〉昆虫綱甲虫目コメツキムシ科。

ミズギワナガゴミムシ〈Pterostichus asymmetricus〉昆虫綱甲虫目オサムシ科の甲虫。体長15～19mm。分布：本州(中部以北)。

ミスキワハ

ミズギワハムシ〈*Hydrogaleruca nipponensis*〉昆虫綱甲虫目ハムシ科。

ミズギワヨツメハネカクシ〈*Psephidonus lestevoides*〉昆虫綱甲虫目ハネカクシ科の甲虫。体長4.5～4.8mm。

ミズグモ 水蜘蛛〈*Argyroneta aquatica*〉節足動物門クモ形綱真正クモ目ミズグモ科の蜘蛛。絶滅危惧II類(VU)。体長雌9～15mm,雄10～12mm。分布：北海道,本州,九州などの高層湿原。

ミスケリア・アントリア〈*Myscelia antholia*〉昆虫綱鱗翅目タテハチョウ科の蝶。分布：アンチル諸島。

ミスケリア・エトゥサ〈*Myscelia ethusa*〉昆虫綱鱗翅目タテハチョウ科の蝶。分布：メキシコ。

ミスケルス・アッサリクス〈*Myscelus assaricus*〉昆虫綱鱗翅目セセリチョウ科の蝶。分布：ギアナ。

ミスケルス・アミスティス〈*Myscelus amystis*〉昆虫綱鱗翅目セセリチョウ科の蝶。分布：ボリビア。

ミスケルス・イッルストゥリス〈*Myscelus illustris*〉昆虫綱鱗翅目セセリチョウ科の蝶。分布：ペルー,ボリビア。

ミスケルス・サンティラリウス〈*Myscelus santhilarius*〉昆虫綱鱗翅目セセリチョウ科の蝶。分布：ギアナからブラジル,アマゾンまで。

ミスケルス・ドゥラウティ〈*Myscelus draudti*〉昆虫綱鱗翅目セセリチョウ科の蝶。分布：ボリビア。

ミスケルス・フォロニス〈*Myscelus phoronis*〉昆虫綱鱗翅目セセリチョウ科の蝶。分布：コロンビア,ボリビア,ペルー。

ミスケルス・ベルティ〈*Myscelus belti*〉昆虫綱鱗翅目セセリチョウ科の蝶。分布：中央アメリカ。

ミスケルス・ロジャーシ〈*Myscelus rogersi*〉昆虫綱鱗翅目セセリチョウ科の蝶。分布：トリニダード。

ミスジアオリンガ〈*Earias insulana*〉昆虫綱鱗翅目ヤガ科リンガ亜科の蛾。分布：アフリカ,アジア,宮古島,石垣島。

ミスジアシナガトビハムシ〈*Longitarsus boharti*〉昆虫綱甲虫目ハムシ科の甲虫。体長2.0～2.1mm。

ミスジアツバ〈*Paracolax trilinealis*〉昆虫綱鱗翅目ヤガ科クルマアツバ亜科の蛾。開張23～30mm。分布：北海道,本州,四国,九州,屋久島,対馬,朝鮮半島,中国,アムール,ウスリー。

ミズジオナガツヤコバチ〈*Azotus perspeciosus*〉昆虫綱膜翅目ツヤコバチ科。

ミスジオビモンヒゲナガゾウムシ〈*Nessiodocus antennalis*〉昆虫綱甲虫目ヒゲナガゾウムシ科の甲虫。体長4.5～4.7mm。

ミスジガガンボ 三条大蚊〈*Gymnastes flavitibia*〉昆虫綱双翅目ガガンボ科。分布：本州,九州。

ミスジカバナミシャク〈*Eupithecia neosatyrata*〉昆虫綱鱗翅目シャクガ科の蛾。分布：香川県坂出市。

ミスジキオビカミキリ〈*Thompsoniana triochraceofasciata*〉昆虫綱甲虫目カミキリムシ科の甲虫。分布：マレーシア。

ミスジキリガ〈*Jodia sericea*〉昆虫綱鱗翅目ヤガ科セダカモクメ亜科の蛾。分布：本州,四国(瀬戸内海沿岸),北九州,岩手,秋田県,北海道斜里郡。

ミスジキリバエダシャク〈*Psyra boarmiata*〉昆虫綱鱗翅目シャクガ科エダシャク亜科の蛾。開張33～37mm。分布：シベリア南東部,北海道(南部),本州(宮城県,関東北部,中部や北陸の山地),四国。

ミスジケシタマムシ ミスジツブタマムシの別名。

ミスジコナフエダシャク 三条粉斑枝尺蛾〈*Cabera exanthemata*〉昆虫綱鱗翅目シャクガ科エダシャク亜科の蛾。開張25～27mm。分布：北海道,本州(東北地方から中部山地まで)。

ミスジコブガ〈*Nola trilinea*〉昆虫綱鱗翅目コブガ科の蛾。分布：北海道(南西部),本州,四国,九州,種子島,奄美大島,沖縄本島,宮古島,朝鮮半島南部。

ミスジコムラサキ〈*Bremeria chevana chevana*〉昆虫綱鱗翅目タテハチョウ科の蝶。分布：ヒマラヤ,ミャンマー,タイ北部,中国西部。

ミスジシマカ 三条縞蚊〈*Aedes galloisi*〉昆虫綱双翅目カ科。分布：北海道,本州。

ミスジシリアゲ 三条挙尾虫〈*Panorpa trizonata*〉昆虫綱長翅目シリアゲムシ科。前翅長14～18mm。分布：本州と九州の標高700m以上の山地。

ミスジシロエダシャク 三条白枝尺蛾〈*Taeniophila unio*〉昆虫綱鱗翅目シャクガ科エダシャク亜科の蛾。開張31～41mm。分布：北海道,本州,四国,九州,千島,サハリン,朝鮮半島,シベリア南東部。

ミスジシロチョウ〈*Anaphaeis eriphia*〉昆虫綱鱗翅目シロチョウ科の蝶。分布：アラビア,サハラ以南のアフリカ全域,マダガスカル。

ミスジスカシバ〈*Bembecia montis*〉昆虫綱鱗翅目スカシバガ科の蛾。分布：本州。

ミスジセイボウ〈*Chrysis fasciata*〉昆虫綱膜翅目セイボウ科。

ミスジチョウ 三条蝶〈*Neptis philyra*〉昆虫綱鱗翅目タテハチョウ科イチモンジチョウ亜科の蝶。前翅長32～42mm。分布：北海道,本州,四国,九州。

ミスジツノハナムグリ〈*Eudicella gralli*〉昆虫綱甲虫目コガネムシ科の甲虫。分布：アフリカ西部,中央部。

ミスジツブタマムシ〈*Paratrachys hederae*〉昆虫綱甲虫目タマムシ科の甲虫。体長2.5～4.0mm。

ミスジツマキリエダシャク 三条褄切枝尺蛾〈*Zethenia rufescentaria*〉昆虫綱鱗翅目シャクガ科エダシャク亜科の蛾。開張32～42mm。分布：北海道,本州,四国,九州,対馬,屋久島,朝鮮半島,中国東北,シベリア南東部。

ミスジトガリバ〈*Achlya flavicornis*〉昆虫綱鱗翅目トガリバガ科の蛾。開張37～40mm。分布：北海道,シベリアからヨーロッパ。

ミスジトガリヨコバイ〈*Japananus hyalinus*〉昆虫綱半翅目ヨコバイ科。楓(紅葉)に害を及ぼす。

ミスジナガクチキムシ〈*Stenoxylita trialbofasciata*〉昆虫綱甲虫目ナガクチキムシ科の甲虫。体長9～11mm。

ミスジナガコメツキ〈*Agonischius obscuripes*〉昆虫綱甲虫目コメツキムシ科。

ミスジノメイガ〈*Protonoceras capitalis*〉昆虫綱鱗翅目メイガ科の蛾。分布：石垣島,西表島,台湾,中国,インドから東南アジア一帯。

ミスジノメイガ マエウスキノメイガの別名。

ミスジハイイロヒメシャク〈*Scopula cineraria*〉昆虫綱鱗翅目シャクガ科の蛾。分布：本州(福井県,和歌山県),四国,九州,対馬,吐噶喇列島から石垣島,朝鮮半島,中国。

ミスジハエトリ〈*Plexippus setipes*〉蛛形綱クモ目ハエトリグモ科の蜘蛛。体長雌7～8mm,雄6～7mm。分布：本州(南・西部),四国,九州,南西諸島。害虫。

ミスジハボシカ〈*Culiseta kanayamensis*〉昆虫綱双翅目カ科。

ミスジハマダラミバエ〈*Trypeta artemisicola*〉昆虫綱双翅目ミバエ科。

ミスジヒゲナガカミキリ〈*Monochamus tridentatus*〉昆虫綱甲虫目カミキリムシ科の甲虫。分布：マダガスカル。

ミスジヒシベニボタル〈*Benibotarus spinicoxis*〉昆虫綱甲虫目ベニボタル科の甲虫。体長4.3～8.2mm。

ミスジヒメハナカミキリ〈*Pidonia gibbicollis*〉昆虫綱甲虫目カミキリムシ科ハナカミキリ亜科の甲虫。

ミスジビロウドスズメ〈*Rhagastis trilineata*〉昆虫綱鱗翅目スズメガ科の蛾。分布：本州(関東や北陸以西),四国,九州,屋久島。

ミスジビロードスズメ ミスジビロウドスズメの別名。

ミスジマイマイ 三筋蝸牛〈*Euhadra peliomphala*〉軟体動物門腹足綱オナジマイマイ科のカタツムリ。分布：関東から東海道地方。

ミスジマルゾウムシ〈*Phaeopholus ornatus*〉昆虫綱甲虫目ゾウムシ科の甲虫。体長2.4～2.7mm。

ミスジマルバハマキ〈*Paratorna cuprescens*〉昆虫綱鱗翅目ハマキガ科の蛾。分布：本州(東北も含む),九州,屋久島,ロシア(沿海州)。

ミスジミバエ 三条果実蠅〈*Zeugodacus scutellatus*〉昆虫綱双翅目ミバエ科。分布：本州,九州。

ミスジムツバセイボウ ミスジセイボウの別名。

ミスジモドキ〈*Neptidopsis ophione*〉昆虫綱鱗翅目タテハチョウ科の蝶。分布：サハラ以南のアフリカ全域。

ミズスマシ 鼓豆虫,水澄〈*Gyrinus japonicus*〉昆虫綱甲虫目ミズスマシ科の甲虫。体長6.0～7.5mm。分布：北海道,本州,四国,九州。

ミズタドクグモ〈*Arctosa kobayashii*〉蛛形綱クモ目ドクグモ科。

ミズダニ 水壁蝨〈*water mites*〉節足動物門クモ形綱ダニ目前気亜目Hydrachnellaeのうち水生の種類の総称。

ミズタマケブカミバエ〈*Aliniana longipennis*〉昆虫綱双翅目ミバエ科。

ミズタマタカネキマダラセセリ〈*Carterocephalus alcinus*〉蝶。

ミズタママメオドリバエ〈*Dolichocephala irrorata*〉昆虫綱双翅目オドリバエ科。

ミズトビムシ 水跳虫〈*Podura aquatica*〉無翅昆虫亜綱粘管目ミズトビムシ科。分布：日本各地。

ミズナラキンモンホソガ〈*Phyllonorycter mongolicae*〉昆虫綱鱗翅目ホソガ科の蛾。分布：北海道,本州,四国,九州。

ミズヌマホソコバネカミキリ〈*Necydalis mizunumai*〉昆虫綱甲虫目カミキリムシ科の甲虫。分布：台湾。

ミズバエ〈*Brachydeutera argentata*〉昆虫綱双翅目ミギワバエ科。

ミズバチ 水蜂〈*Agriotypus gracilis*〉昆虫綱膜翅目ヒメバチ科の寄生バチ。珍虫。

ミズバチ 水蜂 昆虫綱膜翅目ヒメバチ科のミズバチ属Agriotypusに属する寄生バチの総称。

ミズヒキゴカイ 水引沙蚕〈*Cirriformia tentaculata*〉環形動物門多毛綱定在目ミズヒキゴカイ科の海産動物。分布：世界各地の海岸。

ミズフシトビムシ 水節跳虫〈*Isotoma pinnata fasciata*〉無翅昆虫亜綱粘管目フシトビムシ科。分布：本州。

ミズベオサムシ〈*Hygrocarabus variolosus*〉昆虫綱甲虫目オサムシ科。分布：ヨーロッパ西部からバルカン半島まで。

ミズマルトビムシ 水円跳虫〈Sminthurides aquaticus〉無翅昆虫亜綱粘管目マルトビムシ科。分布：日本各地。

ミズミミズ 水蚯蚓 環形動物門貧毛綱ミズミミズ科Naididaeの陸生動物の総称。

ミズムシ 水虫〈Hesperocorixa distanti〉昆虫綱半翅目ミズムシ科の甲虫。体長9.5〜11.5mm。分布：北海道,本州,九州。

ミズムシ 水虫〈water boatman〉昆虫綱半翅亜目ミズムシ科Corixidaeに属する昆虫の総称,またはそのなかの一種。

ミズメイガ 水螟蛾 昆虫綱鱗翅目メイガ科のなかの一亜科をさすミズメイガ亜科Nymphulinaeのガの総称。

ミズモグリゴミムシ〈Hololeius ceylanicus〉昆虫綱甲虫目オサムシ科の甲虫。体長11mm。分布：南西諸島。

ミズワムシ 水輪虫 袋形動物門輪毛綱ミズワムシ科の水生動物の総称であるが,狭義ではエピイファネス属Epiphanesの総称。

ミセラニクバエ〈Sarcophaga misera〉昆虫綱双翅目ニクバエ科。

ミゾアカハネムシ〈Pseudopyrochroa brevitarsis〉昆虫綱甲虫目アカハネムシ科の甲虫。体長7.5〜11.0mm。

ミゾコメツキダマシの一種〈Proxylobius sp.〉昆虫綱甲虫目コメツキムシ科。

ミゾシワアリ〈Lordomyrma azumai〉昆虫綱膜翅目アリ科。

ミゾチビヒラタエンマムシ〈Eulomalus lombokanus〉昆虫綱甲虫目エンマムシ科の甲虫。体長1.2〜1.4mm。

ミゾチビユスリカ〈Tanytarsus bicolioculus〉昆虫綱双翅目ユスリカ科。

ミゾツヤドロムシ〈Zaitzevia rivalis〉昆虫綱甲虫目ヒメドロムシ科の甲虫。体長2.1〜2.3mm。

ミゾトガリハネカクシ〈Medon sulcifrons〉昆虫綱甲虫目ハネカクシ科の甲虫。体長4.5〜4.9mm。

ミゾナシミズムシ〈Cymatia apparens〉昆虫綱半翅目ミズムシ科。

ミソハギハムシ〈Pyrrhalta calmariensis〉昆虫綱甲虫目ハムシ科の甲虫。体長4.0mm。

ミゾバネダンゴタマムシ〈Julodis laevicostata〉昆虫綱甲虫目タマムシ科。分布：イラク,イラン,中央アジア。

ミゾバネナガクチキムシ〈Melandrya modesta〉昆虫綱甲虫目ナガクチキムシ科の甲虫。体長8〜14mm。

ミゾビロウドコガネ〈Hoplomaladera saitoi〉昆虫綱甲虫目コガネムシ科の甲虫。体長8.5mm。

ミゾムネアカコメツキ〈Ampedus canalicollis〉昆虫綱甲虫目コメツキムシ科。体長10〜13.5mm。分布：本州,九州。

ミゾムネチビサビキコリ〈Adelocera brunnea〉昆虫綱甲虫目コメツキムシ科の甲虫。体長7mm。

ミゾムネマグソコガネ〈Aphodius mizo〉昆虫綱甲虫目コガネムシ科の甲虫。体長3.3〜4.0mm。

ミソリア・アムラ〈Mysoria amra〉昆虫綱鱗翅目セセリチョウ科の蝶。分布：メキシコ,グアテマラ。

ミソリア・ガルガラ〈Mysoria galgala〉昆虫綱鱗翅目セセリチョウ科の蝶。分布：コロンビア,ブラジル。

ミソリア・タッス〈Mysoria thasus〉昆虫綱鱗翅目セセリチョウ科の蝶。分布：スリナム,中央アメリカ。

ミソリア・バルカストゥス〈Mysoria barcastus antila〉昆虫綱鱗翅目セセリチョウ科の蝶。分布：メキシコ,中米諸国,南米の全部(チリを除く)。

ミダガハラサラグモ〈Leptorhorptrum robustum〉蛛形綱クモ目サラグモ科の蜘蛛。

ミダレカクモンハマキ〈Archips fuscocupreanus〉昆虫綱鱗翅目ハマキガ科ハマキガ亜科の蛾。開張雄16〜22mm,雌22〜26mm。柿,ハスカップ,梅,アンズ,桜桃,ナシ類,桃,スモモ,林檎,栗,柑橘,桜類に害を及ぼす。分布：北海道,本州,四国,九州,伊豆大島,屋久島,朝鮮半島,ロシア(シベリア,千島)。

ミダレクロベニボタル〈Cautires incompositus〉昆虫綱甲虫目ベニボタル科。

ミダレクロベニボタル クロベニボタルの別名。

ミダレモンクチブサガ〈Ypsolopha distinctatus〉昆虫綱鱗翅目スガ科の蛾。分布：本州,九州。

ミダレモンハマキ ミヤマミダレモンハマキの別名。

ミダレモンヒメハマキ〈Phaecadophora acutana〉昆虫綱鱗翅目ハマキガ科の蛾。分布：九州南部,対馬,屋久島,奄美大島,台湾。

ミチオシエ 路教 昆虫綱甲虫目ハンミョウ科のハンミョウとその類似種に対する総称。

ミチノクキリガ〈Cosmia mali〉昆虫綱鱗翅目ヤガ科カラスヨトウ亜科の蛾。林檎に害を及ぼす。分布：青森県から福井県。

ミチノクケマダラカミキリ〈Agapanthia sakaii〉昆虫綱甲虫目カミキリムシ科の甲虫。体長13mm。

ミチノクコヒオドシ ヤンキーコヒオドシの別名。

ミチノクヒメカミキリ〈Pidonia hamadryas〉昆虫綱甲虫目カミキリムシ科ハナカミキリ亜科の甲虫。体長7.1〜9.0mm。

ミチノクヒメハナカミキリ　ミチノクヒメカミキリの別名。

ミチノクフクログモ〈Clubiona diversa〉蛛形綱クモ目フクログモ科の蜘蛛。体長雌4.0～4.2mm, 雄3.2～3.5mm。分布：本州（東北地方）。

ミツアナアトキリゴミムシ〈Parena tripunctata〉昆虫綱甲虫目オサムシ科の甲虫。体長6～7.5mm。

ミツアナツツキノコムシ〈Cis seriatulus〉昆虫綱甲虫目ツツキノコムシ科の甲虫。体長1.9～2.3mm。

ミツアリ　蜜蟻〈honey ant〉昆虫綱膜翅目アリ科の昆虫のうち、体内に蜜を貯蔵する習性をもつミツアリ属Myrmeocystesの昆虫の総称。

ミツオシジミ〈Horaga onyx〉昆虫綱鱗翅目シジミチョウ科の蝶。別名アサクラシジミ。分布：インド, マレーシア, スマトラ, ジャワ, ボルネオ, フィリピン, 台湾など。

ミツオシジミタテハ〈Helicopis cupido〉昆虫綱鱗翅目シジミチョウ科の蝶。後翅裏面に銀色の斑紋がある。開張3～4mm。分布：南アメリカの熱帯域。珍蝶。

ミツオビキンアツバ〈Sinarella aegrota〉昆虫綱鱗翅目ヤガ科クルマアツバ亜科の蛾。開張17～18mm。分布：北海道, 本州, 四国, 九州, 屋久島, 対馬, 朝鮮半島, 中国, ウスリー。

ミツオビキンモンホソガ〈Phyllonorycter tritorrhecta〉昆虫綱鱗翅目ホソガ科の蛾。分布：本州。

ミツオビツヤホソガ〈Neolithocolletis hikomonticola〉昆虫綱鱗翅目ホソガ科の蛾。分布：本州, 九州。

ミツオビツヤユスリカ〈Cricotopus trifasciatus〉昆虫綱双翅目ユスリカ科。

ミツオビヒゲナガハナアブ〈Chrysotoxum nigroscutellum〉昆虫綱双翅目ハナアブ科。

ミツオビヒメクモゾウムシ〈Telephae trifasciatus〉昆虫綱甲虫目ゾウムシ科の甲虫。体長2.2～2.5mm。

ミツオホシハナノミ〈Hoshihananomia mitsuoi〉昆虫綱甲虫目ハナノミ科の甲虫。体長10.5～13.0mm。

ミツカドオニグモ〈Araneus dehaani〉蛛形綱クモ目コガネグモ科の蜘蛛。

ミツカドコオロギ　三角蟋蟀〈Loxoblemmus doenitzi〉昆虫綱直翅目コオロギ科。体長16～21mm。ウリ科野菜, アブラナ科野菜, 稲に害を及ぼす。分布：本州（東北南部以南）, 四国, 九州。

ミツカドコナヒラタムシ〈Silvanoprus scuticollis〉昆虫綱甲虫目ホソヒラタムシ科の甲虫。体長2.5mm。

ミツギリゾウムシ　三錐象虫, 三錐象鼻虫〈Baryrhynchus poweri〉昆虫綱甲虫目ミツギリゾウムシ科の甲虫。体長10.6～23.5mm。分布：本州（とくに西日本）, 四国, 九州, 屋久島, 徳之島, 奄美大島, 沖縄諸島。

ミツクリクロタマゴバチ〈Trissolcus mitsukurii〉タマゴクロバチ科。

ミツクリハバチ　箕作葉蜂〈Eriocampa mitsukurii〉昆虫綱膜翅目ハバチ科。分布：本州, 北海道, 四国。

ミツクリヒゲナガハナバチ〈Tetralonia mitsukurii〉昆虫綱膜翅目コシブトハナバチ科。

ミツコブキバガ　三疣牙蛾〈Hypatima triorthias〉昆虫綱鱗翅目キバガ科の蛾。開張18～20mm。分布：北海道, 本州。

ミツシロモンノメイガ〈Glyphodes actorionalis〉昆虫綱鱗翅目メイガ科ノメイガ亜科の蛾。開張31mm。分布：伊豆半島以西の本州, 四国南部, 九州南部, 種子島, 屋久島, 奄美大島, 沖永良部島, 沖縄本島, 西表島, 台湾, 中国, インドから東南アジア一帯。

ミツシロモンヒメハマキ〈Epinotia contrariana〉昆虫綱鱗翅目ハマキガ科の蛾。ハスカップに害を及ぼす。分布：北海道, 本州（中部山地）, 中国（東北）, ロシア（アムール, ウスリー）。

ミツヅノカブトムシ　サンボンヅノカブトムシの別名。

ミッチフナガタハナノミ〈Anaspis mitchii〉昆虫綱甲虫目ハナノミダマシ科の甲虫。体長2.5～3.0mm。

ミツツボアリ　アリ科のCamponotus属またはMelophorus属の一群の総称。珍虫。

ミツテンケンモン　ヒメケンモンの別名。

ミツテンコメツキモドキ〈Tetralanguria collaris〉昆虫綱甲虫目コメツキモドキ科の甲虫。体長9.5～16.0mm。

ミツテンノメイガ〈Mabra charonialis〉昆虫綱鱗翅目メイガ科ノメイガ亜科の蛾。開張17～20mm。分布：北海道, 本州, 四国, 九州, 対馬, 種子島, 屋久島, 朝鮮半島, シベリア南東部, 中国。

ミツテンリンガ　ヒメケンモンの別名。

ミツノエンマコガネ〈Onthophagus tricornis〉昆虫綱甲虫目コガネムシ科の甲虫。体長12～18mm。

ミツノオオケシキスイ〈Tricanus aponicus〉昆虫綱甲虫目ケシキスイ科の甲虫。体長5.2～5.3mm。

ミツノカブト　サンボンヅノカブトムシの別名。

ミツノカブトムシ〈Scapanes australis〉昆虫綱甲虫目コガネムシ科の甲虫。別名パプアミツノカブトムシ。分布：ニューギニア。

ミツノクロツヤムシ〈*Ceracupes arrowi*〉昆虫綱甲虫目クロツヤムシ科の甲虫。分布：台湾。

ミツノゴミムシダマシ〈*Toxicum tricornutum*〉昆虫綱甲虫目ゴミムシダマシ科の甲虫。体長16mm。分布：本州, 四国。

ミツノツツキノコムシ〈*Odontocis denticollis*〉昆虫綱甲虫目ツツキノコムシ科の甲虫。体長1.9mm。

ミツノミバエ〈*Vidalia triceratops*〉昆虫綱双翅目ミバエ科。分布：ネパール。

ミツバウツギフクレアブラムシ ゴンズイノフクレアブラムシの別名。

ミツハシテングスケバ〈*Tenguella mitsuhashii*〉昆虫綱半翅目テングスケバ科。

ミツバチ 蜜蜂〈honey bee〉昆虫綱膜翅目ミツバチ科ミツバチ属の総称。

ミツバチ ニホンミツバチの別名。

ミツバチシラミバエ 蜜蜂虱蠅〈*Braula coeca*〉昆虫綱双翅目ミツバチシラミバエ科。

ミツバチモドキ 擬蜜蜂〈*Colletes collaris*〉昆虫綱膜翅目ミツバチモドキ科。分布：本州, 九州。

ミツヒダアリモドキ〈*Pseudoleptaleus trigibber*〉昆虫綱甲虫目アリモドキ科の甲虫。体長2.3～2.9mm。

ミツホシアカクワガタ〈*Prosopocoelus occipitalis*〉昆虫綱甲虫目クワガタムシ科。分布：マレーシア, アンダマン, スマトラ, ニアス, ジャワ, ボルネオ, スラウェシ, フィリピン。

ミツボシアツバ〈*Bomolocha tristalis*〉昆虫綱鱗翅目ヤガ科アツバ亜科の蛾。開張33～40mm。大豆に害を及ぼす。分布：沿海州, 朝鮮半島, 中国, 北海道から九州。

ミツホシイエカ 三星家蚊〈*Culex sinensis*〉昆虫綱双翅目カ科。分布：四国, 九州, 本州。

ミツボシキアブモドキ〈*Solva moiwana*〉昆虫綱双翅目キアブモドキ科。

ミツボシキバガ 三星牙蛾〈*Brachmia modicella*〉昆虫綱鱗翅目キバガ科の蛾。開張12～15mm。分布：北海道, 本州, 九州, ウスリー。

ミツボシキリガ 三星切蛾〈*Eupsilia tripunctata*〉昆虫綱鱗翅目ヤガ科セダカモクメ亜科の蛾。開張38mm。分布：中国, 関東地方北部, 本州, 四国, 九州, 対馬。

ミツボシタテハ〈*Catonephele numilia*〉昆虫綱鱗翅目タテハチョウ科の蝶。雄は黒色で, オレンジ色の斑紋, 後翅には紫色の斑紋がある。雌の前翅には黄白色の斑紋がある。開張7.0～7.5mm。分布：西インド諸島を含む中南米。

ミツボシチビオオキノコムシ 三星矮大茸虫〈*Tritoma maculifrons*〉昆虫綱甲虫目オオキノコムシ科の甲虫。体長3.0～3.5mm。分布：本州, 九州。

ミツボシツチカメムシ〈*Legnotus triguttulus*〉昆虫綱半翅目ツチカメムシ科。体長4.5～6.0mm。分布：北海道, 本州, 四国, 九州。

ミツボシツマキリアツバ〈*Pangrapta vasava*〉昆虫綱鱗翅目ヤガ科クチバ亜科の蛾。開張26～28mm。分布：沿海州, 朝鮮半島, 中国, 北海道から九州。

ミツボシナガタマムシ〈*Agrilus trinotatus*〉昆虫綱甲虫目タマムシ科の甲虫。体長4.5～7.0mm。

ミツボシナミシャク〈*Heterophleps pallescens*〉昆虫綱鱗翅目シャクガ科ナミシャク亜科の蛾。開張24～25mm。分布：本州(宮城県以南), 四国。

ミツボシハマダラミバエ〈*Proanoplomus japonicus*〉昆虫綱双翅目ミバエ科。

ミツボシフタオツバメ〈*Spindasis syama*〉昆虫綱鱗翅目シジミチョウ科の蝶。分布：インド, 中国中部および西部, マレーシア, フィリピン, ミャンマー, スマトラ, ジャワ, ボルネオ, フィリピン。

ミツボシホソナガクチキムシ〈*Abdera trisignata*〉昆虫綱甲虫目ナガクチキムシ科の甲虫。体長2.1～2.9mm。

ミツボシモンオビヨトウ〈*Athetis costiloba*〉昆虫綱鱗翅目ヤガ科カラスヨトウ亜科の蛾。分布：奄美大島。

ミツボシヨトウ〈*Eutamsia asahinai*〉昆虫綱鱗翅目ヤガ科カラスヨトウ亜科の蛾。分布：屋久島, 奄美大島, 沖縄本島, 石垣島, 西表島, 台湾。

ミツマタインガガンボ〈*Dicranomyia trifilamentosa*〉昆虫綱双翅目ヒメガガンボ科。

ミツマタハマダラミバエ〈*Paragastrozona japonica*〉昆虫綱双翅目ミバエ科。

ミツマタマルガタゴミムシ〈*Amara plebeja*〉昆虫綱甲虫目オサムシ科の甲虫。体長6～7mm。

ミツメアカトビムシ〈*Anurida trioculata*〉無翅昆虫亜綱粘管目ヤマトビムシ科。体長3mm。麦類, 豌豆, ソラマメに害を及ぼす。分布：本州, 九州。

ミツメトガリアナバチ 三目尖穴蜂〈*Lyroda nigra japonica*〉昆虫綱膜翅目アナバチ科。分布：本州, 九州。

ミツモンエグリゴモクムシ〈*Amblystomus quadriguttatus*〉昆虫綱甲虫目オサムシ科の甲虫。体長3.5～3.6mm。

ミツモンキホソキバガ〈*Oecia oecophila*〉昆虫綱鱗翅目キバガ科の蛾。

ミツモンキンウワバ〈*Acanthoplusia agnata*〉昆虫綱鱗翅目ヤガ科コヤガ亜科の蛾。開張32～35mm。隠元豆, 小豆, ササゲ, 大豆, アブラナ科野菜, キク科野菜, セリ科野菜, 菊, キンセンカ, ダリ

ア, 金魚草, チューリップに害を及ぼす. 分布: 中国, 台湾, 日本, 朝鮮半島, 沿海州.

ミツモンケンモン〈*Cymatophoropsis trimaculata tanakai*〉昆虫綱鱗翅目ヤガ科ケンモンヤガ亜科の蛾. 絶滅危惧I類(CR+EN). 開張35mm. 分布: 沿海州, 朝鮮半島, 中国北部, 日本.

ミツモンセマルヒラタムシ 三紋背円扁虫〈*Psammoecus triguttatus*〉昆虫綱甲虫目ホソヒラタムシ科の甲虫. 体長2.5〜3.0mm. 分布: 本州, 四国, 九州.

ミツモンハチモドキバエ〈*Paradapsilia trinotata*〉昆虫綱双翅目デガシラバエ科.

ミツモンハナノミ〈*Mordellaria triguttata*〉昆虫綱甲虫目ハナノミ科の甲虫. 体長3.5〜5.0mm.

ミツモンマルカッコウムシ〈*Allochotes amamioshimanus*〉昆虫綱甲虫目カッコウムシ科の甲虫. 体長7.5mm.

ミツリンウラナミシジミ〈*Jamides caeruleus*〉昆虫綱鱗翅目シジミチョウ科の蝶.

ミツワマルトビムシ〈*Ptenothrix tricycla*〉無翅昆虫亜綱粘管目クモマルトビムシ科.

ミトウナガゴミムシ〈*Pterostichus mitoyamanus*〉昆虫綱甲虫目オサムシ科の甲虫. 体長15.5〜18.0mm.

ミトウラ・キサミ〈*Mitoura xami*〉昆虫綱鱗翅目シジミチョウ科の蝶. 分布: バンクーバー, カリフォルニア州からメキシコまで.

ミトウラ・グリネウス〈*Mitoura gryneus*〉昆虫綱鱗翅目シジミチョウ科の蝶. 分布: アメリカ合衆国.

ミトウラ・グルヌス〈*Mitoura grunus*〉昆虫綱鱗翅目シジミチョウ科の蝶. 分布: カリフォルニア州.

ミトウラゲニウス・デジャアニ〈*Mitragenius dejeani*〉昆虫綱甲虫目ゴミムシダマシ科. 分布: アルゼンチン.

ミトウラ・サエピウム〈*Mitoura saepium*〉昆虫綱鱗翅目シジミチョウ科の蝶. 分布: 北アメリカの太平洋沿いの州.

ミトウラス・ナウテス〈*Mithras nautes*〉昆虫綱鱗翅目シジミチョウ科の蝶. 分布: エクアドル, アマゾン流域.

ミトウラ・スピンクトルム〈*Mitoura spinctorum*〉昆虫綱鱗翅目シジミチョウ科の蝶. 分布: コロラド州からメキシコまで.

ミドリアキナミシャク〈*Epirrita viridipurpurescens*〉昆虫綱鱗翅目シャクガ科ナミシャク亜科の蛾. 開張24〜31mm. 分布: 北海道, 本州, 九州.

ミドリアシナガグモ〈*Tetragnatha pinicola*〉蛛形綱クモ目アシナガグモ科の蜘蛛. 体長雌7〜8mm, 雄5〜6mm. 分布: 北海道, 本州, 四国, 九州.

ミドリイエバエ〈*Neomyia timorensis*〉昆虫綱双翅目イエバエ科. 体長5〜8mm. 分布: 本州, 四国, 九州, 南西諸島. 害虫.

ミドリイツツバセイボウ〈*Chrysis lusca*〉昆虫綱膜翅目セイボウ科. 体長9〜11mm. 分布: 本州, 四国, 九州, 南西諸島.

ミドリイナズマ〈*Euthalia monina*〉昆虫綱鱗翅目タテハチョウ科の蝶. 分布: ボルネオ, スマトラ, マレーシア.

ミドリオオキスイ〈*Helota cereopunctata*〉昆虫綱甲虫目オオキスイムシ科の甲虫. 体長8〜9mm. 分布: 北海道, 本州, 九州.

ミドリオオツハンミョウ〈*Megacephala euphratica*〉昆虫綱甲虫目ハンミョウ科の甲虫. 別名ミドリオニハンミョウ. 分布: アルジェリアからエジプト, コーカサスからイラン.

ミドリオオツノハナムグリ〈*Chelorrhina polyphemus*〉昆虫綱甲虫目コガネムシ科の甲虫. 別名オオツノハナムグリ. 分布: ガーナからザイール, ウガンダ.

ミドリオオメハネカクシ〈*Quedius multipunctatus*〉昆虫綱甲虫目ハネカクシ科の甲虫. 体長8.5〜9.0mm.

ミドリオオユスリカ〈*Chironomus plumosus* var. *prasinatus*〉昆虫綱双翅目ユスリカ科.

ミドリオニオサムシ〈*Imaibius wittnerorum*〉昆虫綱甲虫目オサムシ科. 分布: パキスタン.

ミドリオニカミキリ〈*Psalidognathus superbus*〉昆虫綱甲虫目カミキリムシ科の甲虫. 分布: 南アメリカ北部.

ミドリオニハンミョウ ミドリオオツハンミョウの別名.

ミドリカタカイガラムシ〈*Coccus viridis*〉昆虫綱半翅目カタカイガラムシ科. 体長3mm. クチナシ, 柑橘に害を及ぼす. 分布: 世界中の熱帯, 亜熱帯地域, 南西諸島, 小笠原諸島.

ミドリカミキリ〈*Chloridolum viride*〉昆虫綱甲虫目カミキリムシ科カミキリ亜科の甲虫. 体長15〜21mm. キノコ類に害を及ぼす. 分布: 北海道, 本州, 四国, 九州, 対馬, 屋久島.

ミドリカミキリモドキ〈*Chrysarthia integricollis*〉昆虫綱甲虫目カミキリモドキ科の甲虫. 体長5〜7mm.

ミドリカメノコハムシ〈*Cassida erudita*〉昆虫綱甲虫目ハムシ科の甲虫. 体長7.0〜8.0mm.

ミドリカワゲラモドキ 擬緑襀翅〈*Isoperla suzukii*〉昆虫綱襀翅目アミメカワゲラ科. 体長5

~6mm。分布：本州，四国，九州。

ミドリカワトンボ〈*Neurobasis chinensis chinensis*〉昆虫綱蜻蛉目カワトンボ科。分布：インド，インドシナ，マレーシア，中国南部。

ミドリキンバエ〈*Lucilia illustris*〉昆虫綱双翅目クロバエ科。体長5.0~9.0mm。害虫。

ミドリクチブトゾウムシ〈*Cyphicerus viridulus*〉昆虫綱甲虫目ゾウムシ科の甲虫。体長4.1~5.0mm。

ミドリケンモン ケンモンミドリキリガの別名。

ミドリササキリモドキ ササキリモドキの別名。

ミドリサビコメツキ〈*Chalcolepidius porcatus*〉昆虫綱甲虫目コメツキムシ科。分布：メキシコ，中央アメリカ，南アメリカ。

ミドリサルゾウムシ〈*Ceutorhynchus diffusus*〉昆虫綱甲虫目ゾウムシ科の甲虫。体長2.0~2.2mm。

ミドリサルハムシ〈*Colaspoides japanus*〉昆虫綱甲虫目ハムシ科の甲虫。体長4.5~5.0mm。

ミドリシジミ 緑小灰蝶〈*Neozephyrus taxila*〉昆虫綱鱗翅目シジミチョウ科ミドリシジミ亜科の蝶。前翅長14~20mm。分布：北海道，本州，四国，九州。

ミドリシジミ 緑小灰蝶 鱗翅目シジミチョウ科ミドリシジミ族Thecliniに属する昆虫の総称，またはそのうちの一種を指す。

ミドリシタバチの一種〈*Euglossa* sp.〉昆虫綱膜翅目ミツバチ科。

ミドリシナカブリモドキ〈*Damaster lafossei coelestis* ab.*viridicollis*〉昆虫綱甲虫目オサムシ科の甲虫。分布：中国南部(浙江)。

ミドリシロモンコヤガ〈*Lithacodia virescens*〉昆虫綱鱗翅目ヤガ科コヤガ亜科の蛾。分布：関東中部地方から四国，九州。

ミドリスズメ〈*Rhyncholaba acteus*〉昆虫綱鱗翅目スズメガ科の蛾。分布：奄美大島，徳之島，沖永良部島，沖縄本島，宮古島，石垣島，西表島，南大東島，インドから東南アジア一帯，スンダ列島からフィリピン。

ミドリセイボウ ミドリイツツバセイボウの別名。

ミドリチビキバガ〈*Aristotelia citrocosma*〉昆虫綱鱗翅目キバガ科の蛾。開張7~8mm。分布：本州(紀伊半島)，四国，台湾，スリランカ。

ミドリチリフタオタマムシ〈*Ectinogonia speciosa*〉昆虫綱甲虫目タマムシ科。分布：チリ。

ミドリツヅリガ〈*Doloessa viridis*〉昆虫綱鱗翅目メイガ科の蛾。分布：種子島，屋久島，奄美大島，徳之島，台湾，フィリピン，インドから東南アジア一帯。

ミドリツチハンミョウ〈*Lytta caraganae*〉昆虫綱甲虫目ツチハンミョウ科の甲虫。体長10~22mm。

ミドリツノダイコクコガネ〈*Phanaeus palaeno*〉昆虫綱甲虫目コガネムシ科の甲虫。分布：ブラジル。

ミドリツヤゴモクムシ〈*Stenolophus chalceus*〉昆虫綱甲虫目ゴミムシ科。

ミドリツヤダイコクコガネ〈*Oxysternon conspicillatum*〉昆虫綱甲虫目コガネムシ科の甲虫。分布：南アメリカ。

ミドリツヤナガタマムシ〈*Agrilus insuspectus*〉昆虫綱甲虫目タマムシ科の甲虫。体長4.5~7.7mm。

ミドリツヤハダコメツキ アオツヤハダコメツキの別名。

ミドリトビハムシ〈*Crepidodera japonica*〉昆虫綱甲虫目ハムシ科の甲虫。体長3.5mm。分布：北海道，本州。

ミドリトビムシ 緑跳虫〈*Isotoma viridis*〉無翅昆虫亜綱粘管目フシトビムシ科。分布：日本各地。

ミドリトビメクラガメ〈*Campylomma lividicornis*〉昆虫綱半翅目メクラカメムシ科。

ミドリナカボソタマムシ〈*Coraebus hastanus*〉昆虫綱甲虫目タマムシ科の甲虫。体長8~12mm。分布：南西諸島。

ミドリナガヨコバイ〈*Balclutha saltuella*〉昆虫綱半翅目ヨコバイ科。イネ科牧草に害を及ぼす。

ミドリナンヨウタマムシ〈*Cyphogastra bruyni*〉昆虫綱甲虫目タマムシ科。分布：ニューギニア。

ミドリバエ〈*Isomyia senomera*〉昆虫綱双翅目クロバエ科。

ミドリバエヒメハマキ〈*Grapholita pavonana*〉昆虫綱鱗翅目ハマキガ科の蛾。分布：本州中部山地。

ミドリハガタヨトウ〈*Meganephria extensa*〉昆虫綱鱗翅目ヤガ科セダカモクメ亜科の蛾。開張50~55mm。分布：沿海州，中国，北海道から九州。

ミドリハナカミキリ ルリハナカミキリの別名。

ミドリハナバエ〈*Orthellia caerulea*〉昆虫綱双翅目イエバエ科。

ミドリハネナガカナブン〈*Eccoptocnemis babaulti*〉昆虫綱甲虫目コガネムシ科の甲虫。分布：アフリカ中央部。

ミドリヒゲナガ〈*Adela reaumurella*〉昆虫綱鱗翅目マガリガ科の蛾。開張14~16mm。分布：北海道，本州，九州，ヨーロッパ。

ミドリヒメカゲロウ 緑姫蜻蛉〈*Notiobiella subolivacea*〉昆虫綱脈翅目ヒメカゲロウ科。開張15mm。分布：本州，四国，九州。

ミドリヒメコメツキ〈*Vuilletus viridis*〉昆虫綱甲虫目コメツキムシ科の甲虫。体長5〜6mm。分布：北海道, 本州, 四国, 九州, 屋久島。

ミドリヒメシャク〈*Antitrygodes divisaria*〉昆虫綱鱗翅目シャクガ科の蛾。分布：沖縄本島, 石垣島, 西表島, 台湾, インドから東南アジア一帯。

ミドリヒメスギカミキリ〈*Palaeocallidium kuratai*〉昆虫綱甲虫目カミキリムシ科カミキリ亜科の甲虫。準絶滅危惧種(NT)。体長10mm。分布：本州(中部山地)。

ミドリヒメハマキ〈*Zeiraphera virinea*〉昆虫綱鱗翅目ハマキガ科の蛾。分布：北海道, 本州(東北から鳥取県大山まで), 屋久島, ロシア(アムール)。

ミドリヒメヨコバイ〈*Chlorita flavescens*〉昆虫綱半翅目ヒメヨコバイ科。体長3mm。分布：北海道, 本州, 四国, 九州。

ミドリヒョウモン 緑豹紋蝶〈*Argynnis paphia*〉昆虫綱鱗翅目タテハチョウ科ヒョウモンチョウ亜科の蝶。雄の前翅には黒色の帯, 雌には黒色の斑点がある。開張5.5〜7.0mm。分布：ヨーロッパ, アフリカ北部, アジア温帯域, 日本。

ミドリヒラタカミキリ〈*Callidium aeneum*〉昆虫綱甲虫目カミキリムシ科カミキリ亜科の甲虫。体長9〜15mm。分布：北海道, 本州。

ミドリヒロヨコバイ〈*Laburus impictifrons*〉昆虫綱半翅目ヨコバイ科。

ミドリフトメイガ〈*Trichotophysa jucundalis*〉昆虫綱鱗翅目メイガ科の蛾。分布：本州(近畿以西), 四国, 対馬, スリランカ, インド。

ミドリホソカッコウムシ アマミミドリカッコウムシの別名。

ミドリホソクロバ〈*Adscita statices*〉昆虫綱鱗翅目マダラガ科の蛾。金属光沢をおびた緑色の翅をもつ。開張2.5〜3.0mm。分布：ヨーロッパ, アジア温帯域。

ミドリホソナミシャク〈*Phthonoloba viridifasciata*〉昆虫綱鱗翅目シャクガ科の蛾。分布：屋久島, 吐噶喇列島, 奄美大島, 沖縄本島, 石垣島, 台湾。

ミドリマメゴモクムシ〈*Stenolophus difficilis*〉昆虫綱甲虫目オサムシ科の甲虫。体長4.8〜5.9mm。

ミドリミナミシジミ〈*Candalides helenita*〉昆虫綱鱗翅目シジミチョウ科の蝶。分布：オーストラリア, ニューギニア。

ミドリムラサキツバメ〈*Arhopala hellenore*〉昆虫綱鱗翅目シジミチョウ科の蝶。

ミドリモンキチョウ〈*Colias behri*〉昆虫綱鱗翅目シロチョウ科の蝶。別名ベーリモンキチョウ。分布：北アメリカ西部山地。

ミドリモンコノハ〈*Othreis homaena*〉昆虫綱鱗翅目ヤガ科クチバ亜科の蛾。分布：インドから台湾, ジャワ, ボルネオ, フィリピン, 八重山諸島。

ミドリモンハマキ ミドリモンヒメハマキの別名。

ミドリモンヒメハマキ〈*Zeiraphera subcorticana*〉昆虫綱鱗翅目ハマキガ科の蛾。開張13.5〜14.0mm。分布：北海道, 本州(中部山地以北), 中国(東北), ロシア(シベリア)。

ミドリユムシ 緑蟲〈*Thalassema mucosum*〉環形動物門ユムシ綱キタユムシ科の海産動物。分布：本州中部以南。

ミドリリンガ〈*Clethrophora distincta*〉昆虫綱鱗翅目ヤガ科リンガ亜科の蛾。開張41〜45mm。分布：本州, 四国, 九州, 対馬, 屋久島, 朝鮮半島, 中国からヒマラヤ南麓。

ミドリワタカイガラムシ〈*Pulvinaria psidii*〉昆虫綱半翅目カタカイガラムシ科。体長3.5〜4.5mm。グアバ, 柑橘, マンゴーに害を及ぼす。分布：小笠原諸島, 世界中の熱帯, 亜熱帯地域。

ミドロミズメイガ〈*Neoschoenobia decoloralis*〉昆虫綱鱗翅目メイガ科の蛾。分布：北海道, 本州, 四国, 九州, 朝鮮半島, 中国。

ミナコモリグモ〈*Pardosa minae*〉蛛形綱クモ目コモリグモ科の蜘蛛。

ミナミアオカメムシ〈*Nezara viridula*〉昆虫綱半翅目カメムシ科。体長雌14〜17mm, 雄13〜14mm。隠元豆, 小豆, ササゲ, 大豆, ユリ科野菜, ナシ類, 枇杷, 桃, スモモ, 豌豆, 空豆, イネ科作物, オクラ, アブラナ科野菜, セリ科野菜, 柑橘, ナス科野菜に害を及ぼす。分布：本州以南の日本各地, 汎世界的。

ミナミアオスジハナバチ〈*Nomia pavonula*〉昆虫膜翅目コハナバチ科。

ミナミアカタテハ〈*Pyrameis gonerilla*〉昆虫綱鱗翅目タテハチョウ科の蝶。分布：ニュージーランド。

ミナミアトワアオゴミムシ〈*Chlaenius pictus*〉昆虫綱甲虫目オサムシ科の甲虫。体長12.5〜14.0mm。

ミナミアフリカタカネキマダラセセリ〈*Metisella metis*〉昆虫綱鱗翅目セセリチョウ科の蝶。翅の表面は褐色地に, 赤橙色の斑紋がある。開張2.5〜3.0mm。分布：南アフリカ共和国のプロビンス岬からナタル州, トランスバール州。

ミナミイオウトラカミキリ〈*Chlorophorus minamiiwo*〉昆虫綱甲虫目カミキリムシ科カミキリ亜科の甲虫。体長9.4〜10.1mm。

ミナミイオウモンアリモドキ〈*Sapintus minamiiwo*〉昆虫綱甲虫目アリモドキ科の甲虫。体長2.8〜3.4mm。

ミナミイシガケチョウ〈Cyrestis achates〉昆虫綱鱗翅目タテハチョウ科の蝶。分布：ニューギニアからソロモン諸島まで。

ミナミイチモンジセセリ〈Parnara apostata〉昆虫綱鱗翅目セセリチョウ科の蝶。

ミナミイヌモンキチョウ　イヌモンキチョウの別名。

ミナミウコンノメイガ〈Pleuroptya sabinusalis〉昆虫綱鱗翅目メイガ科の蛾。分布：屋久島，口永良部島，奄美大島，徳之島，沖縄本島，西表島，台湾，インドからオーストラリア，サモア諸島。

ミナミウスキヒメシャク〈Scopula remotata〉昆虫綱鱗翅目シャクガ科の蛾。分布：石垣島，インド北部。

ミナミウズグモ〈Uloborus geniculatus〉蛛形綱クモ目ウズグモ科の蜘蛛。体長雌6〜8mm，雄4〜6mm。分布：南西諸島，小笠原諸島。

ミナミウラモジタテハ〈Diaethria meridionalis〉昆虫綱鱗翅目タテハチョウ科の蝶。分布：ブラジル南部。

ミナミエグリゴミムシダマシ〈Uloma excisa〉昆虫綱甲虫目ゴミムシダマシ科の甲虫。体長10mm。分布：小笠原諸島をのぞく日本全土。

ミナミエグリバ〈Calyptra minuticornis〉昆虫綱鱗翅目ヤガ科クチバ亜科の蛾。分布：スリランカ，インド，ジャワ，フィリピン，オーストラリア，屋久島以南，台湾に至る島嶼域。

ミナミオオアゴベニカミキリ〈Euryphagus pictus〉昆虫綱甲虫目カミキリムシ科の甲虫。分布：ジャワ，ボルネオ，フィリピン，マルク。

ミナミオオクワガタ〈Dorcus antaeus〉昆虫綱甲虫目クワガタムシ科。分布：シッキム，アッサム，ヒマラヤ，インド，ミャンマー，タイ，マレーシア，台湾。

ミナミオオチャモンアオシャク〈Aporandria specularia〉昆虫綱鱗翅目シャクガ科の蛾。後翅に褐色の斑紋がある。開張4.5〜6.0mm。分布：インド，スリランカ，マレーシア，スマトラ，フィリピン，スラウェシ。

ミナミオオヒゲコメツキ〈Oxynopterus audouini〉昆虫綱甲虫目コメツキムシ科。別名フィリピンオオヒゲコメツキ。分布：マレーシア，ジャワ，ボルネオ，フィリピン。

ミナミオオミスジ〈Phaedyma columella〉昆虫綱鱗翅目タテハチョウ科の蝶。

ミナミガケジグモ〈Titanoeca fulmeki〉蛛形綱クモ目ガケジグモ科の蜘蛛。

ミナミカバマダラ〈Danaus eresimus〉昆虫綱鱗翅目マダラチョウ科の蝶。分布：テキサス南部，フロリダ南部から南アメリカまでと西インド諸島。

ミナミカマバエ〈Ochthera circularis〉昆虫綱双翅目ミギワバエ科。体長3.0〜3.5mm。分布：本州(中部以南)，四国，九州，南西諸島。

ミナミカワトンボ　南川蜻蛉　昆虫綱トンボ目ミナミカワトンボ科Euphaeidaeの昆虫の総称。

ミナミカワトンボの一種〈Euphaea sp.〉昆虫綱蜻蛉目ミナミカワトンボ科。分布：ミンダナオ(フィリピン)。

ミナミキイロアザミウマ〈Thrips palmi〉昆虫綱総翅目アザミウマ科。体長雌1.3mm，雄1.1mm。無花果，菊，ナス科野菜，オクラ，アカザ科野菜，ウリ科野菜に害を及ぼす。

ミナミキイロメクラカメムシ〈Tyttus mundulus〉昆虫綱半翅目メクラカメムシ科。

ミナミキノコヨトウ〈Cryphia maritima〉昆虫綱鱗翅目ヤガ科の蛾。分布：四国南岸部(徳島県)，屋久島，奄美大島。

ミナミキバナガミズギワゴミムシ〈Armatocillenus seticornis〉昆虫綱甲虫目オサムシ科の甲虫。体長4.0mm。

ミナミキンイロスカシバガ〈Albuna oberthuri〉昆虫綱鱗翅目スカシバガ科の蛾。腹部には金色の帯，尾部には毛の束。開張2.5〜3.0mm。分布：オーストラリアのノーザンテリトリー。

ミナミクギヌキハサミムシ〈Forficula hiromasai〉昆虫綱革翅目クギヌキハサミムシ科。

ミナミクロホシフタオ〈Epiplema meridiana sp.〉昆虫綱鱗翅目フタオガ科の蛾。分布：沖縄本島，石垣島。

ミナミゴモクムシ〈Pseudognathaphanus punctilabris〉昆虫綱甲虫目オサムシ科の甲虫。体長13〜13.5mm。

ミナミコモリグモ〈Pirata meridionalis〉蛛形綱クモ目コモリグモ科の蜘蛛。体長雌5〜6mm，雄3〜4mm。分布：本州，四国，九州。

ミナミコモンマダラ〈Tirumala hamata〉昆虫綱鱗翅目マダラチョウ科の蝶。前翅長48mm。分布：南西諸島。

ミナミサシバエ〈Haematobosca sanguinolenta〉昆虫綱双翅目イエバエ科。体長5.0〜6.0mm。害虫。

ミナミジャノメ〈Heteronympha merope〉昆虫綱鱗翅目タテハチョウ科の蝶。雌の後翅の裏面には赤褐色と灰褐色のまだら模様がある。開張5〜6mm。分布：タスマニアを含むオーストラリアの南西部から南東部。

ミナミスカシマダラ〈Danaus rotundata〉昆虫綱鱗翅目マダラチョウ科の蝶。分布：ニューブリテン，ニューアイルランドなど。

ミナミスナゴミムシダマシ〈Gonocephalum moluccanum〉昆虫綱虫目ゴミムシダマシ科の甲虫。体長8.0mm。

ミナミセジロイエバエ〈Morellia hortensia〉昆虫綱双翅目イエバエ科。体長5.0～8.0mm。害虫。

ミナミタルグモ〈Cupa zhengi〉蛛形綱クモ目カニグモ科の蜘蛛。体長雌3.5～4.7mm,雄3～4mm。分布：九州(南部),南西諸島。

ミナミチスイエグリバ〈Calytra eustrigata〉昆虫綱鱗翅目ヤガ科の蛾。前翅の先端はとがっている。開張3～4mm。分布：インド,スリランカから,マレーシア。

ミナミチーズバエ〈Protopiophila contecta〉昆虫綱双翅目チーズバエ科。体長3.0～3.8mm。害虫。

ミナミチビアツバ〈Luceria oculalis〉昆虫綱鱗翅目ヤガ科クチバ亜科の蛾。分布：インド―オーストラリア地域,南太平洋,沖縄本島,石垣島,西表島,小笠原諸島。

ミナミチビカワゴミムシ〈Tachyta umbrosa〉昆虫綱虫目オサムシ科の甲虫。体長3.0mm。

ミナミチビミズギワゴミムシ〈Polyderis impressipennis〉昆虫綱甲虫目オサムシ科の甲虫。体長1.9mm。

ミナミツブゲンゴロウ〈Laccophilus pulicarius〉昆虫綱甲虫目ゲンゴロウ科の甲虫。体長2.8mm。

ミナミツマジロヒメハマキ〈Cydia leucostoma〉昆虫綱鱗翅目ハマキガ科の蛾。茶に害を及ぼす。分布：奄美大島や沖縄本島。

ミナミツメダニ〈Chelacaropsis moorei〉蛛形綱ダニ目ツメダニ科。体長0.3～0.5mm。害虫。

ミナミツヤクワガタ〈Odontalabis leuthneri〉昆虫綱甲虫目クワガタムシ科。分布：インドシナ,ボルネオ。

ミナミツヤナガゴミムシ〈Abacetus submetallicus〉昆虫綱甲虫目オサムシ科の甲虫。体長5～6mm。

ミナミトガリエダシャク〈Nadagara subnubila〉昆虫綱鱗翅目シャクガ科の蛾。分布：屋久島,奄美大島,台湾。

ミナミトビカギバエダシャク〈Luxiaria mitorrhaphes〉昆虫綱鱗翅目シャクガ科の蛾。分布：九州,対馬,屋久島,石垣島,台湾,中国,チベット,ミャンマー,インド北部。

ミナミトンボ〈Hemicordulia mindana nipponica〉昆虫綱蜻蛉目エゾトンボ科の蜻蛉。体長46mm。分布：南九州(宮崎県),種子島,屋久島,吐噶喇列島中之島,石垣島,西表島。

ミナミニセマグソコガネダマシ〈Trachyscelis chinensis〉昆虫綱虫目ゴミムシダマシ科の甲虫。体長3.2mm。

ミナミネグサレセンチュウ〈Pratylenchus coffeae〉プラティレンクス科。体長雌0.5～0.8mm,雄0.5～0.7mm。大豆,バナナ,コンニャク,タバコ,サツマイモ,ゴマ,稲,アブラナ科野菜,サトイモ,ジャガイモに害を及ぼす。分布：日本各地,熱帯から温帯。

ミナミノミ〈Stivalius aestivalis〉昆虫綱隠翅目ミナミノミ科。

ミナミハマダラウスカ〈Culex mimeticus〉昆虫綱双翅目カ科。

ミナミヒゲナガカメムシ〈Pachygrontha bipunctata〉昆虫綱半翅目ナガカメムシ科。

ミナミヒゲブトナミシャク〈Sauris interruptaria〉昆虫綱鱗翅目シャクガ科の蛾。分布：屋久島,奄美大島,沖縄本島,台湾からインドから東南アジア一帯,ニューギニア。

ミナミヒメガムシ〈Sternolophus inconspicuus〉昆虫綱虫目ガムシ科の甲虫。体長8～10mm。

ミナミヒメシャク〈Scopula emma〉昆虫綱鱗翅目シャクガ科の蛾。分布：奄美大島,沖永良部島,沖縄本島,宮古島,石垣島,台湾。

ミナミヒメハマキ〈Rhodocosmaria occidentalis〉昆虫綱鱗翅目ハマキガ科の蛾。分布：琉球列島(南大東島,宮古島),小笠原諸島,マレー半島。

ミナミヒメヒョウタンゴミムシ〈Clivina lobata〉昆虫綱虫目オサムシ科の甲虫。体長4.7～5.6mm。

ミナミヒメミゾコメツキダマシ〈Dromaeolus marginatus〉昆虫綱虫目コメツキダマシ科の甲虫。体長3.6～6.2mm。

ミナミヒョウモン〈Cirrochroa aoris〉昆虫綱鱗翅目タテハチョウ科の蝶。分布：アッサム,ミャンマー。

ミナミフタキボシアツバ〈Gynaephila punctirena sp.〉昆虫綱鱗翅目ヤガ科クチバ亜科の蛾。分布：石垣島,西表島。

ミナミベニボタル〈Eropterus aritai〉昆虫綱甲虫目ベニボタル科の甲虫。体長4.1～4.5mm。

ミナミボクトウ〈Xyleutes strix〉昆虫綱鱗翅目ボクトウガ科の蛾。大型で,眼が突出。翅には灰褐色の細かい模様がある。開張9～22mm。分布：インド北部から,マレーシア,パプアニューギニア。

ミナミホソナガカメムシ〈Paromius piratoides〉昆虫綱半翅目ナガカメムシ科。体長7.5～8.0mm。稲に害を及ぼす。分布：本州(つくば以西),四国,九州,南西諸島,フィリピン,タイ,ミクロネシア。

ミナミホソバノメイガ〈Circobotys cryptica〉昆虫綱鱗翅目メイガ科の蛾。分布：対馬,屋久島,徳之島,沖縄本島,奄美大島。

ミナミマキバハヤトビバエ〈Norrbomyia marginalis〉昆虫綱双翅目ハヤトビバエ科。体長3.0～4.0mm。害虫。

ミナミダラヨコバイ〈Orosius orientalis〉昆虫綱半翅目ヨコバイ科。サツマイモに害を及ぼす。分布：本州，沖縄。

ミナミマルムネハサミムシ〈Carcinophora distincta〉昆虫綱革翅目マルムネハサミムシ科。

ミナミミドリカレハ〈Trabala viridana〉昆虫綱鱗翅目カレハガ科の蛾。前翅は三角形で，基部に淡褐色の斑紋がある。開張4～6mm。分布：マレーシア，スマトラ，ジャワ，ボルネオ。

ミナミモンシロチョウ〈Pieris manni〉昆虫綱鱗翅目シロチョウ科の蝶。分布：モロッコからヨーロッパ南部を経て小アジア，シリアまで。

ミナミヤンマ 南蜻蜒〈Chlorogomphus brunneus〉昆虫綱蜻蛉目オニヤンマ科の蜻蛉。体長75～80mm。分布：九州・四国南部，屋久島，奄美大島。

ミナミユウレイグモ〈Pholcus nagasakiensis〉蛛形綱クモ目ユウレイグモ科の蜘蛛。体長雌8～9mm，雄7～8mm。分布：九州，南西諸島。

ミニホソハマキ〈Phalonidia minimana〉昆虫綱鱗翅目ホソハマキガ科の蛾。分布：本州，四国，対馬。

ミニュスキュラモンキチョウ〈Colias minuscula〉昆虫綱鱗翅目シロチョウ科の蝶。分布：エクアドル，ペルー，チリ。

ミネス・ウッドフォーディ〈Mynes woodfordi〉昆虫綱鱗翅目タテハチョウ科の蝶。分布：ソロモン諸島。

ミネトワダカワゲラ〈Scopura montana〉昆虫綱襀翅目トワダカワゲラ科。

ミネヤナギタマハバチ〈Pontania bridgmanii〉昆虫綱膜翅目ハバチ科。

ミノウスバ 蓑薄翅蛾〈Pryeria sinica〉昆虫綱鱗翅目マダラガ科の蛾。開張31～33mm。マサキ，ニシキギに害を及ぼす。分布：北海道，本州，四国，九州，対馬，朝鮮半島，中国東部。

ミノオキイロヒラタヒメバチ〈Xanthopimpla clavata〉昆虫綱膜翅目ヒメバチ科。体長10mm。分布：本州，四国，九州。

ミノオホソムシヒキ〈Leptogaster minomoensis〉昆虫綱双翅目ムシヒキアブ科。

ミノオメクラチビゴミムシ〈Trechiama nagahinis〉昆虫綱甲虫目オサムシ科の甲虫。体長4.7～5.8mm。

ミノガ 蓑蛾〈Canephora asiatica〉昆虫綱鱗翅目ミノガ科の蛾。開張23～24mm。分布：日本各地。

ミノガ 蓑蛾〈bagworm moth〉昆虫綱鱗翅目ミノガ科Psychidaeのガの総称。

ミノスキシタアゲハ〈Troides minos〉昆虫綱鱗翅目アゲハチョウ科の蝶。

ミノドヒラタモグリガ〈Opostega minodensis〉昆虫綱鱗翅目ヒラタモグリガ科の蛾。分布：本州（長野県）。

ミノヒラムシ 蓑平虫〈Thysanozoon brocchii〉扁形動物門渦虫綱多岐腸目ニセツノヒラムシ科の海産動物。分布：関東地方以南の沿岸。

ミノムシ 蓑虫〈bagworm〉昆虫綱鱗翅目ミノガ科に属するガの幼虫。

ミノムシセセリ〈Coladenia palawana〉昆虫綱鱗翅目セセリチョウ科の蝶。

ミノモホソムシヒキ 箕面細食虫虻〈Leptogaster minomensis〉昆虫綱双翅目ムシヒキアブ科。分布：日本各地。

ミノモマイマイ〈Lymantria minomonis〉昆虫綱鱗翅目ドクガ科の蛾。開張雄37～41mm，雌63mm。分布：本州（房総半島以西），四国，九州，屋久島。

ミバエ 実蠅，果実蠅〈fruit fly〉昆虫綱双翅目短角亜目ハエ群ミバエ科Tephritidaeの総称。

ミフシハバチ 三節葉蜂 昆虫綱膜翅目広腰亜目ミフシハバチ科Argidaeの総称。

ミマクラエア・アピカリス〈Mimacraea apicalis〉昆虫綱鱗翅目シジミチョウ科の蝶。分布：トーゴランド。

ミマクラエア・エルトゥリンガミ〈Mimacraea eltringhami〉昆虫綱鱗翅目シジミチョウ科の蝶。分布：ウニオロ(Unyoro)。

ミマクラエア・クラウセイ〈Mimacraea krausei〉昆虫綱鱗翅目シジミチョウ科の蝶。分布：コンゴ。

ミマクラエア・スコプトレス〈Mimacraea skoptoles〉昆虫綱鱗翅目シジミチョウ科の蝶。分布：ローデシア。

ミマクラエア・ネオコトン〈Mimacraea neokoton〉昆虫綱鱗翅目シジミチョウ科の蝶。分布：ローデシア。

ミマクラエア・フルバリア〈Mimacraea fulvaria〉昆虫綱鱗翅目シジミチョウ科の蝶。分布：コンゴ。

ミマクラエア・ヘウラタ〈Mimacraea heurata〉昆虫綱鱗翅目シジミチョウ科の蝶。分布：シエラレオネ。

ミマクラエア・ランドゥベッキ〈Mimacraea landbecki〉昆虫綱鱗翅目シジミチョウ科の蝶。分布：カメルーン。

ミミズ 蚯蚓〈earthworm〉環形動物門貧毛綱Oligochaetaの動物の総称であるが，陸生の大形のみみずをさしていることが多い。

ミミズク 耳蟬〈*Ledra auditura*〉昆虫綱半翅目ミミズク科。体長14〜18mm。アオギリ、林檎に害を及ぼす。分布：本州、四国、九州、対馬。

ミミズク 耳蟬 昆虫綱半翅目同翅亜目ヨコバイ科 Cicadellidae ミミズク亜科 Ledrinae に属する昆虫の総称、またはそのなかの一種。

ミミズクカワリタマムシ〈*Polybothris ochreata var.stellata*〉昆虫綱甲虫目タマムシ科。分布：マダガスカル。

ミミズクタマムシ〈*Polybothris goryi*〉昆虫綱甲虫目タマムシ科の甲虫。分布：マダガスカル。

ミミヒゼンダニ イヌミミヒゼンダニの別名。

ミミモンエダシャク〈*Eilicrinia wehrlii*〉昆虫綱鱗翅目シャクガ科エダシャク亜科の蛾。開張30〜31mm。分布：北海道、本州、九州、中国東北、シベリア南東部。

ミミモンクチバ〈*Anticarsia irrorata*〉昆虫綱鱗翅目ヤガ科クチバ亜科の蛾。分布：アフリカ、マダガスカル、インド—オーストラリア地域、四国南部、九州、対馬、屋久島、石垣島、西表島。

ミメネ・メリエ〈*Mimene melie*〉昆虫綱鱗翅目セセリチョウ科の蝶。分布：ニューギニア。

ミメレシア・ケッルラリス〈*Mimeresia cellularis*〉昆虫綱鱗翅目シジミチョウ科の蝶。分布：カメルーン。

ミメレシア・セミルファ〈*Mimeresia semirufa*〉昆虫綱鱗翅目シジミチョウ科の蝶。分布：シエラレオネ。

ミメレシア・ディノラ〈*Mimeresia dinora*〉昆虫綱鱗翅目シジミチョウ科の蝶。分布：カメルーン。

ミメレシア・デボラ〈*Mimeresia debora*〉昆虫綱鱗翅目シジミチョウ科の蝶。分布：カメルーン。

ミメレシア・ネアベイ〈*Mimeresia neavei*〉昆虫綱鱗翅目シジミチョウ科の蝶。分布：ウガンダ。

ミメレシア・リベンティナ〈*Mimeresia libentina*〉昆虫綱鱗翅目シジミチョウ科の蝶。分布：カメルーン。

ミモカスティナ・ロスチャイルディ〈*Mimocastina rothschildi*〉昆虫綱鱗翅目シジミタテハ科の蝶。分布：ギアナ。

ミモザオナガヤママユ アフリカオナガミズアオの別名。

ミモニアデス・アミスティス〈*Mimoniades amystis hages*〉昆虫綱鱗翅目セセリチョウ科の蝶。分布：メキシコ、中米諸国を経てパラグアイ、アルゼンチンまで。

ミモニアデス・エウフェメ〈*Mimoniades eupheme*〉昆虫綱鱗翅目セセリチョウ科の蝶。分布：ペルー、エクアドル。

ミモニアデス・エピマキア〈*Mimoniades epimachia epimachia*〉昆虫綱鱗翅目セセリチョウ科の蝶。分布：コロンビア、ベネズエラ、エクアドル、ペルー、ボリビア、パラグアイ。

ミモニアデス・オキアルス〈*Mimoniades ocyalus*〉昆虫綱鱗翅目セセリチョウ科の蝶。分布：ブラジル。

ミモニアデス・ヌルスキア〈*Mimoniades nurscia*〉昆虫綱鱗翅目セセリチョウ科の蝶。別名ベニモンオオセセリ。分布：コロンビア、エクアドル、ペルー。

ミモニアデス・フォロニス〈*Mimoniades phoronis phoronis*〉昆虫綱鱗翅目セセリチョウ科の蝶。分布：パナマ、コロンビア、エクアドル、ペルー、ボリビア。

ミモニアデス・プンクティゲル〈*Mimoniades punctiger*〉昆虫綱鱗翅目セセリチョウ科の蝶。分布：コロンビア、ボリビア。

ミモニアデス・ポルス〈*Mimoniades porus mortis*〉昆虫綱鱗翅目セセリチョウ科の蝶。分布：コロンビア、ペルー、その他のアマゾン上流。

ミヤガワタマツツガムシ〈*Helenicula miyagawai*〉蛛形綱ダニ目ツツガムシ科。害虫。

ミヤグモ〈*Ariadna lateralis*〉蛛形綱クモ目エンマグモ科の蜘蛛。体長雌10〜15mm、雄6〜8mm。分布：本州、四国、九州。

ミヤケカレハ 三宅枯葉蛾〈*Takanea miyakei*〉昆虫綱鱗翅目カレハガ科の蛾。開張40mm。分布：北海道、本州、四国、九州、中国雲南省。

ミヤケジマヨトウ〈*Atrachea miyakensis*〉昆虫綱鱗翅目ヤガ科カラスヨトウ亜科の蛾。分布：三宅島、御蔵島、八丈島。

ミヤケシリアゲ〈*Panorpa tsunekatanis*〉昆虫綱長翅目シリアゲムシ科。

ミヤケスナゴミムシダマシ〈*Gonocephalum miyakense*〉昆虫綱甲虫目ゴミムシダマシ科の甲虫。体長10.5〜11.5mm。

ミヤケチャイロコガネ〈*Sericania miyakei*〉昆虫綱甲虫目コガネムシ科の甲虫。

ミヤケハダニ〈*Eotetranychus kankitus*〉蛛形綱ダニ目ハダニ科。体長雌0.4mm、雄0.3mm。柑橘に害を及ぼす。分布：四国。

ミヤケヒメナガクチキムシ〈*Symphora miyakei*〉昆虫綱甲虫目ナガクチキムシ科の甲虫。体長3.0〜3.7mm。

ミヤケヒラタクビナガキバチ〈*Platyxiphydria miyakei*〉昆虫綱膜翅目クビナガキバチ科。

ミヤケミズムシ〈*Xenocorixa vittipennis*〉昆虫綱半翅目ミズムシ科。体長7.5〜9.0mm。分布：本州、九州。

ミヤコアラハダチャイロコメツキ〈*Ectamenogonus miyako*〉昆虫綱甲虫目コメツキムシ科の甲虫。体長10.5〜13.0mm。

ミヤコウズグモ〈*Uloborus tanakai*〉蛛形綱クモ目ウズグモ科の蜘蛛。

ミヤコオオブユ〈*Prosimulium kiotoense*〉昆虫綱双翅目ブユ科。害虫。

ミヤココガネオサムシ〈*Chrysocarabus punctatoauratus*〉昆虫綱甲虫目オサムシ科。分布：ピレネー山脈。

ミヤコジマトタテグモ〈*Latouchia japonica*〉蛛形綱クモ目トタテグモ科の蜘蛛。

ミヤコドウボソカミキリ〈*Pothyne miyakoensis*〉昆虫綱甲虫目カミキリムシ科の甲虫。体長13mm。

ミヤコニイニイ〈*Platypleura miyakona*〉昆虫綱半翅目セミ科。体長35〜44mm。分布：宮古島、多良間島。

ミヤコハナムグリ〈*Protaetia miyakoensis*〉昆虫綱甲虫目コガネムシ科の甲虫。体長23〜26mm。分布：宮古島。

ミヤコヒメベッコウ〈*Auplopus kyotoensis*〉昆虫綱膜翅目ベッコウバチ科。害虫。

ミヤコマドボタル〈*Lychnuris miyako*〉昆虫綱甲虫目ホタル科の甲虫。準絶滅危惧種(NT)。体長12〜15mm。

ミヤコムモンユスリカ〈*Polypedilum kyotoensis*〉昆虫綱双翅目ユスリカ科。

ミヤコリンゴカミキリ〈*Oberea shirakii*〉昆虫綱甲虫目カミキリムシ科フトカミキリ亜科の甲虫。体長14.5mm。分布：宮古島。

ミヤジマコガネヒラタコメツキ〈*Selatosomus miyajimanus*〉昆虫綱甲虫目コメツキムシ科。体長12mm。分布：本州。

ミヤジマトンボ〈*Orthetrum poecilops*〉昆虫綱蜻蛉目トンボ科の蜻蛉。絶滅危惧I類(CR+EN)。体長47mm。

ミヤジマミスジ〈*Neptis nandina*〉昆虫綱鱗翅目タテハチョウ科の蝶。分布：インドからフィリピンおよび台湾まで、アンダマンからマレーシアまで。

ミヤタケダルマガムシ〈*Hydraena miyatakei*〉昆虫綱甲虫目ダルマガムシ科の甲虫。体長1.4〜1.6mm。

ミヤタケヒゲナガジョウカイ〈*Habronychus miyatakei*〉昆虫綱甲虫目ジョウカイボン科の甲虫。体長8.0〜8.3mm。

ミヤタケヒメタマキノコムシ〈*Colenis miyatakei*〉昆虫綱甲虫目タマキノコムシ科の甲虫。体長1.4〜1.6mm。

ミヤタケヒメツヤヒラタコメツキ〈*Hypoganus miyatakei*〉昆虫綱甲虫目コメツキムシ科の甲虫。体長12〜12.5mm。

ミヤナ・モルッカナ〈*Myyana moluccana*〉昆虫綱鱗翅目ホソチョウ科の蝶。分布：モルッカ諸島、セレベス。

ミヤビヒシベニボタル〈*Dictyoptera ohbayashii*〉昆虫綱甲虫目ベニボタル科の甲虫。体長5.4〜8.3mm。

ミヤマアカネ 深山茜〈*Sympetrum pedemontanum elatum*〉昆虫綱蜻蛉目トンボ科の蜻蛉。体長34mm。分布：北海道、本州、四国、九州。

ミヤマアカマエヤガ アカマエヤガの別名。

ミヤマアカヤガ〈*Diarsia brunnea*〉昆虫綱鱗翅目ヤガ科モンヤガ亜科の蛾。開張35〜38mm。分布：千島、沿海州、朝鮮半島、中国、北海道、東北地方の脊梁山地、関東中部山地一帯、中国山地(岡山県北部)、四国、剣山。

ミヤマアナアキゾウムシ〈*Dyscerus montanus*〉昆虫綱甲虫目ゾウムシ科。

ミヤマアミメナミシャク〈*Eustroma inextricata*〉昆虫綱鱗翅目シャクガ科ナミシャク亜科の蛾。開張29〜32mm。分布：北海道、本州、朝鮮半島、千島、シベリア南東部、台湾、インド北部。

ミヤマアワフキ〈*Ainoptielus nigroscutellatus*〉昆虫綱半翅目アワフキムシ科。

ミヤマイボタニセスガ〈*Prays delta*〉昆虫綱鱗翅目スガ科の蛾。分布：本州。

ミヤマイワトビケラ属の一種〈*Plectrocnemia sp.*〉昆虫綱毛翅目イワトビケラ科。

ミヤマウスグロノメイガ〈*Opsibotys perfuscalis*〉昆虫綱鱗翅目メイガ科ノメイガ亜科の蛾。開張23mm。分布：長野県駒ノ湯、美ヶ原、北海道釧路標茶町、福島県不動滝温泉、長野県浅間高原、乗鞍岳冷泉小屋、富山県東礪波郡利賀村、札幌。

ミヤマウスバシロチョウ〈*Parnassius phoebus*〉昆虫綱鱗翅目アゲハチョウ科の蝶。分布：ヨーロッパ、ウラル、天山、アルタイ、サヤン、トランスバイカル、ウスリー、アムール、カムチャツカ、アラスカ、ロッキー山脈。

ミヤマウラナミジャノメ〈*Ypthima okurai*〉昆虫綱鱗翅目ジャノメチョウ科の蝶。

ミヤマウンモンヒメハマキ〈*Olethreutes lacunana*〉昆虫綱鱗翅目ハマキガ科の蛾。分布：イギリス、ヨーロッパ、ロシア、中国(東北)、北海道の夕張山地。

ミヤマエグリシャチホコ〈*Odontosia japonibia*〉昆虫綱鱗翅目シャチホコガ科ウチキシャチホコ亜科の蛾。開張35〜41mm。

ミヤマエグリツトガ〈Pareromene vermeeri〉昆虫綱鱗翅目メイガ科の蛾。分布：北部や中部山地,屋久島。

ミヤマオオハナムグリ〈Protaetia lugubris〉昆虫綱甲虫目コガネムシ科の甲虫。体長19～22mm。分布：北海道,本州,四国,九州。

ミヤマオビオオキノコムシ〈Episcapha gorhami〉昆虫綱甲虫目オオキノコムシ科の甲虫。体長11.0～15.5mm。

ミヤマオビキリガ〈Conistra grisescens〉昆虫綱鱗翅目ヤガ科セダカモクメ亜科の蛾。開張33～35mm。林檎に害を及ぼす。分布：沿海州,日本,北海道から九州。

ミヤマカギバヒメハマキ〈Ancylis myrtilana〉昆虫綱鱗翅目ハマキガ科の蛾。分布：イギリス,北中ヨーロッパからロシア,長野県燕岳,富山県立山弥陀ケ原。

ミヤマカザリシロチョウ〈Delias belladonna〉昆虫綱鱗翅目シロチョウ科の蝶。分布：インド北部から中国西部,マレーシア。

ミヤマカタビロオサムシ〈Charmosta lugens〉昆虫綱甲虫目オサムシ科。

ミヤマカバキリガ〈Orthosia incerta〉昆虫綱鱗翅目ヤガ科ヨトウガ亜科の蛾。開張40mm。分布：ユーラシア,北海道および本州中部以北の山地。

ミヤマカバナミシャク〈Eupithecia pacifica〉昆虫綱鱗翅目シャクガ科の蛾。分布：本州(関東,中部,北陸,中国地方),四国の山地。

ミヤマガマズミニセスガ〈Prays iota〉昆虫綱鱗翅目スガ科の蛾。分布：北海道(大雪山),本州(中部山岳地帯と奈良県大台ケ原)。

ミヤマカミキリ 深山天牛〈Massicus raddei〉昆虫綱甲虫目カミキリムシ科カミキリ亜科の甲虫。体長34～57mm。栗に害を及ぼす。分布：北海道,本州,四国,九州,佐渡,対馬,屋久島。

ミヤマカミキリモドキ 深山擬天牛〈Ditylus laevis〉昆虫綱甲虫目カミキリモドキ科の甲虫。体長15～20mm。分布：北海道,本州(中部以北)。

ミヤマカメムシ〈Hermolaus amurensis〉昆虫綱半翅目カメムシ科。

ミヤマカラスアゲハ 深山烏揚羽〈Papilio maackii〉昆虫綱鱗翅目アゲハチョウ科の蝶。別名シナカラスアゲハ。前翅長45～80mm。分布：北海道,本州,四国,九州。

ミヤマカラスシジミ 深山烏小灰蝶〈Strymonidia mera〉昆虫綱鱗翅目シジミチョウ科ミドリシジミ亜科の蝶。前翅長14～19mm。分布：北海道(渡島半島),本州,四国,九州。

ミヤマカワトンボ 深山河蜻蛉〈Calopteryx cornelia〉昆虫綱蜻蛉目カワトンボ科の蜻蛉。体長65mm。分布：北海道(知床五湖と南部),本州,四国,九州。

ミヤマキアゲハ〈Papilio bairdii〉昆虫綱鱗翅目アゲハチョウ科の蝶。

ミヤマキイロトゲハネバエ〈Suillia brunneipennis〉昆虫綱双翅目トゲハネバエ科。体長7mm。分布：北海道,本州,四国,九州。

ミヤマキシタバ〈Catocala ella〉昆虫綱鱗翅目ヤガ科シタバガ亜科の蛾。開張60mm。分布：沿海州,朝鮮半島,中国。

ミヤマキハマキ〈Clepsis aliana〉昆虫綱鱗翅目ハマキガ科の蛾。分布：北海道大雪山,本州常念岳。

ミヤマキベリホソバ〈Eilema okanoi〉昆虫綱鱗翅目ヒトリガ科コケガ亜科の蛾。開張31～33mm。分布：北海道,本州(東北地方北部,中部山地)。

ミヤマキリガ〈Cosmia unicolor〉昆虫綱鱗翅目ヤガ科カラスヨトウ亜科の蛾。開張27～32mm。分布：沿海州,北海道から本州中部山地。

ミヤマキンバエ〈Lucilia papuensis〉昆虫綱双翅目クロバエ科。体長5.0～10.0mm。害虫。

ミヤマキンモンホソガ〈Phyllonorycter ermani〉昆虫綱鱗翅目ホソガ科の蛾。分布：北海道。

ミヤマクシヒゲベニボタル〈Macrolycus montanus〉昆虫綱甲虫目ベニボタル科の甲虫。体長7.7～15.0mm。

ミヤマクチカクシゾウムシ〈Protacalles monticola〉昆虫綱甲虫目ゾウムシ科の甲虫。体長3.6～4.7mm。

ミヤマクビアカジョウカイ〈Cantharis nakanei〉昆虫綱甲虫目ジョウカイボン科の甲虫。体長9mm。分布：本州(中部)。

ミヤマクビボソジョウカイ〈Podabrus lictorius〉昆虫綱甲虫目ジョウカイボン科の甲虫。体長5.8～7.7mm。

ミヤマクロオビナミシャク〈Praethera anomala〉昆虫綱鱗翅目シャクガ科ナミシャク亜科の蛾。開張28～33mm。分布：飛騨山脈常念岳。

ミヤマクロスジキノカワガ〈Nycteola degenerana〉昆虫綱鱗翅目ヤガ科キノカワガ亜科の蛾。開張25mm。分布：ユーラシア,北海道,東北地方から関東,中部の内陸部,日本海岸,佐渡島,四国,対馬。

ミヤマクロナガゴミムシ〈Pterostichus karasawai〉昆虫綱甲虫目オサムシ科の甲虫。体長14～15mm。

ミヤマクロバエ〈Calliphora vomitoria〉昆虫綱双翅目クロバエ科。体長8～11mm。害虫。

ミヤマクロハナカミキリ〈Anoplodera excavata〉昆虫綱甲虫目カミキリムシ科ハナカミキリ亜科の

甲虫。体長9〜14mm。分布：本州, 四国, 九州, 屋久島。

ミヤマクワガタ 深山鍬形虫〈Lucanus maculifemoratus〉昆虫綱甲虫目クワガタムシ科の甲虫。体長雄43〜72mm, 雌32〜39mm。分布：北海道, 本州, 四国, 九州。

ミヤマグンバイ〈Derephysia ovata〉昆虫綱半翅目グンバイムシ科。

ミヤマケシカミキリ〈Exocentrus montilineatus〉昆虫綱甲虫目カミキリムシ科フトカミキリ亜科の甲虫。体長4.0〜5.7mm。

ミヤマケシデオキノコムシ〈Scaphisoma ustulatum〉昆虫綱甲虫目デオキノコムシ科。

ミヤマコガネヒラタコメツキ〈Selatosomus impressus〉昆虫綱甲虫目コメツキムシ科の甲虫。体長14mm。分布：北海道, 本州。

ミヤマコキクイムシ〈Cryphalus montanus〉昆虫綱甲虫目キクイムシ科の甲虫。体長1.5〜2.4mm。

ミヤマコブヤハズカミキリ マヤサンコブヤハズカミキリの別名。

ミヤマコホソハマキ〈Aethes rutilana〉昆虫綱鱗翅目ホソハマキガ科の蛾。分布：早池峰山。

ミヤマゴマキリガ〈Feralia montana〉昆虫綱鱗翅目ヤガ科セダカモクメ亜科の蛾。分布：飛騨山脈, 長野県側, 八ヶ岳山塊, 蓼科山, 赤石山脈の山麓, 大菩薩峠, 入笠山, 長野県佐久郡川上村, 群馬県処沼, 栃木県日光明智平。

ミヤマゴモクムシ〈Harpalus fuliginosus〉昆虫綱甲虫目オサムシ科の甲虫。体長9〜11mm。

ミヤマサナエ 深山早苗蜻蜓〈Anisogomphus maacki〉昆虫綱蜻蛉目サナエトンボ科の蜻蛉。体長50〜55mm。分布：本州, 四国, 九州。

ミヤマサビゾウムシ〈Metahylobius rubiginosus〉昆虫綱甲虫目ゾウムシ科の甲虫。体長8.1〜10.5mm。

ミヤマシギゾウムシ〈Curculio koreanus〉昆虫綱甲虫目ゾウムシ科。

ミヤマシジミ 深山小灰蝶〈Lycaeides argyrognomon〉昆虫綱鱗翅目シジミチョウ科ヒメシジミ亜科の蝶。絶滅危惧II類(VU)。前翅長15〜16mm。分布：東北地方中部から中部地方。

ミヤマシボグモモドキ〈Zora nemoralis〉蛛形綱クモ目ミヤマシボグモ科の蜘蛛。体長雌3.5〜5.0mm, 雄2.5〜3.5mm。分布：本州(関東地方高地)。

ミヤマシマトビケラ属の一種〈Diplectrona sp.〉昆虫綱毛翅目シマトビケラ科。

ミヤマジャノメ〈Aphantopus hyperantus〉昆虫綱鱗翅目タテハチョウ科の蝶。翅の裏面に目玉模様をもつ。開張4.0〜4.5mm。分布：ヨーロッパからアジアの温帯域。

ミヤマジュウジアトキリゴミムシ〈Lebia sylvarum〉昆虫綱甲虫目オサムシ科の甲虫。体長5.5〜7.0mm。

ミヤマジュウジゴミムシ ミヤマジュウジアトキリゴミムシの別名。

ミヤマショウブヨトウ〈Amphipoea burrowsi〉昆虫綱鱗翅目ヤガ科カラスヨトウ亜科の蛾。開張37mm。分布：沿海州, 朝鮮半島, 北海道, 東北地方, 中部山地。

ミヤマシロオビヒカゲ〈Lethe insana〉昆虫綱鱗翅目ジャノメチョウ科の蝶。別名ヒメクロヒカゲ。分布：ヒマラヤから中国西部, 台湾。

ミヤマシロチョウ 深山白蝶〈Aporia hippia〉昆虫綱鱗翅目シロチョウ科の蝶。絶滅危惧II類(VU)。前翅長30〜36mm。分布：本州(中部)。

ミヤマスソモンヒメハマキ〈Eucosma aspidiscana〉昆虫綱鱗翅目ハマキガ科の蛾。分布：北海道, 本州(東北, 中部山地), 北西アフリカ, ヨーロッパ, イギリス, 小アジア, ロシア。

ミヤマセセリ 深山挵蝶〈Erynnis montanus〉昆虫綱鱗翅目セセリチョウ科の蝶。前翅長20mm。分布：北海道, 本州, 四国, 九州。

ミヤマセダカオドリバエ〈Oreogeton tibialis〉昆虫綱双翅目オドリバエ科。

ミヤマセダカモクメ〈Cucullia lucifuga〉昆虫綱鱗翅目ヤガ科セダカモクメ亜科の蛾。開張50mm。分布：ユーラシア, 本州, 飛騨山脈および赤石山脈, 富士山山腹, 北海道, 大雪山塊。

ミヤマントジロアツバ〈Bomolocha semialbata〉昆虫綱鱗翅目ヤガ科アツバ亜科の蛾。分布：北海道, 本州, 四国, 対馬。

ミヤマダイコクコガネ〈Copris pecuarius〉昆虫綱甲虫目コガネムシ科の甲虫。体長17〜22mm。

ミヤマタテスジコメツキ〈Ampedus gracilipes〉昆虫綱甲虫目コメツキムシ科。体長7〜10mm。分布：本州, 四国, 九州。

ミヤマタニガワカゲロウ〈Cinygma hirasana〉昆虫綱蜉蝣目ヒラタカゲロウ科。

ミヤマタニガワカゲロウ属の一種〈Cinygmula sp.〉昆虫綱蜉蝣目ヒラタカゲロウ科。

ミヤマタマゴゾウムシ〈Dyscerus oblongus〉昆虫綱甲虫目ゾウムシ科。

ミヤマチビシデムシ〈Catops sparsepunctatus〉昆虫綱甲虫目チビシデムシ科の甲虫。体長3.2〜4.0mm。

ミヤマチビナミシャク〈Perizoma japonicum〉昆虫綱鱗翅目シャクガ科ナミシャク亜科の蛾。開張

17〜20mm。分布：飛騨山脈, 赤石山脈, 笠ヶ岳, 本谷山, 三ツ石山。

ミヤマチャイロヨトウ〈*Apamea hedeni*〉昆虫綱鱗翅目ヤガ科カラスヨトウ亜科の蛾。開張40〜46mm。分布：福井, 岐阜, 長野, 群馬, 山梨, 栃木県, 北海道東部, 知床半島から千島, サハリン。

ミヤマチャバネセセリ 深山茶翅挵蝶〈*Pelopidas jansonis*〉昆虫綱鱗翅目セセリチョウ科の蝶。前翅長18〜22mm。分布：本州, 四国, 九州。

ミヤマチャマダラセセリ チャマダラセセリの別名。

ミヤマツチハンミョウ〈*Meloe brevicollis*〉昆虫綱甲虫目ツチハンミョウ科の甲虫。体長10〜20mm。

ミヤマツツキノコムシ〈*Cis nipponicus*〉昆虫綱甲虫目ツツキノコムシ科。

ミヤマツバメエダシャク 深山燕枝尺蛾〈*Thinopteryx delectans*〉昆虫綱鱗翅目シャクガ科エダシャク亜科の蛾。開張45〜55mm。分布：本州(宮城県以南), 四国, 九州, 対馬, 朝鮮半島, 中国。

ミヤマツヤスジウンモンヒメハマキ〈*Orthotaenia secunda*〉昆虫綱鱗翅目ハマキガ科の蛾。分布：北海道, 本州, ロシア(アムール, ウスリー)。

ミヤマドウボソカミキリ〈*Pseudocalamobius montanus*〉昆虫綱甲虫目カミキリムシ科フトカミキリ亜科の甲虫。体長12mm。

ミヤマトゲハナバエ 深山棘花蠅〈*Phaonia apicalis*〉昆虫綱双翅目ハナバエ科。分布：北海道, 本州, 九州。

ミヤマトリバ〈*Platyptilia montana*〉昆虫綱鱗翅目トリバガ科の蛾。分布：長野県と山梨県の境界に近い北岳, 仙丈岳, 白根山。

ミヤマナガゴミムシ〈*Pterostichus rhanis*〉昆虫綱甲虫目オサムシ科の甲虫。体長13.5〜16.0mm。

ミヤマナカボソタマムシ〈*Coraebus montanus*〉昆虫綱甲虫目タマムシ科の甲虫。体長10〜13mm。

ミヤマナミシャク 深山波方尺蛾〈*Venusia cambrica*〉昆虫綱鱗翅目シャクガ科ナミシャク亜科の蛾。前翅には灰褐色の模様がある。後翅はクリーム色で, 無地。開張2.5〜3.0mm。分布：ヨーロッパ, アジア温帯域を経て, 日本, カナダや合衆国北部。

ミヤマニセムラサキツバメ〈*Flos diardi*〉昆虫綱鱗翅目シジミチョウ科の蝶。分布：アッサムからマレーシアおよびセレベス, ジャワ, スマトラ, ボルネオ, パラワン島。

ミヤマヌカカ〈*Culicoides maculatus*〉昆虫双翅目ヌカカ科。害虫。

ミヤマノギカワゲラ〈*Yoraperla uenoi*〉昆虫綱積翅目ヒロムネカワゲラ科。

ミヤマハイタカグモ〈*Haplodrassus montanus*〉蛛形綱クモ目ワシグモ科の蜘蛛。体長雌7mm, 雄6mm。分布：本州中部(高地)。

ミヤマハガタヨトウ〈*Blepharita bathensis*〉昆虫綱鱗翅目ヤガ科セダカモクメ亜科の蛾。分布：北海道, 東北地方, 関東北部, 中部の内陸山地。

ミヤマハナバエ 深山花蠅〈*Pegomyia virginea*〉昆虫綱双翅目ハナバエ科。体長6〜8mm。分布：北海道, 本州, 四国, 九州。

ミヤマハネヒラタハネカクシ〈*Quedius abnormalis*〉昆虫綱甲虫目ハネカクシ科の甲虫。体長15.0mm。

ミヤマハマキホソガ〈*Caloptilia monticola*〉昆虫綱鱗翅目ホソガ科の蛾。分布：北海道, 本州, ロシア南東部。

ミヤマハマキモドキ〈*Prochoreutis alpina*〉昆虫綱鱗翅目ハマキモドキガ科の蛾。分布：本州(長野県)。

ミヤマハマダラミバエ〈*Acidiella accepta*〉昆虫綱双翅目ミバエ科。

ミヤマハンミョウ〈*Cicindela sachalinensis*〉昆虫綱甲虫目ハンミョウ科の甲虫。体長15〜20mm。分布：北海道, 本州(中部以北), 四国。

ミヤマヒカゲ〈*Lethe christophi*〉昆虫綱鱗翅目ジャノメチョウ科の蝶。分布：アッサム, ミャンマー北東部, 中国(西・中部)。

ミヤマヒゲボソゾウムシ〈*Phyllobius annectens*〉昆虫綱甲虫目ゾウムシ科の甲虫。体長8.0〜8.9mm。分布：北海道, 本州, 四国, 九州。

ミヤマヒサゴゴミムシ 深山瓢芥虫〈*Broscosoma doenitzi*〉昆虫綱甲虫目オサムシ科の甲虫。体長8.5mm。分布：本州, 四国, 九州。

ミヤマヒサゴコメツキ〈*Hypolithus motschulskyi*〉昆虫綱甲虫目コメツキムシ科の甲虫。体長8〜12mm。分布：本州, 四国。

ミヤマヒシガタクモゾウムシ〈*Lobotrachelus minor*〉昆虫綱甲虫目ゾウムシ科の甲虫。体長2.5〜2.8mm。分布：本州, 四国, 九州。

ミヤマヒシベニボタル〈*Dictyoptera aurora*〉昆虫綱甲虫目ベニボタル科の甲虫。体長7.0〜11.0mm。

ミヤマヒメスガ〈*Paraswammerdamia monticolella*〉昆虫綱鱗翅目スガ科の蛾。分布：北海道の大雪山。

ミヤマヒメナガクチキムシ〈*Hallomenus nipponicus*〉昆虫綱甲虫目ナガクチキムシ科の甲虫。体長4.3〜6.3mm。

ミヤマヒメハナカミキリ〈Pidonia silvicola〉昆虫綱甲虫目カミキリムシ科ハナカミキリ亜科の甲虫。体長6.7〜9.2mm。

ミヤマヒメハナノミ〈Falsomordellistena alpigena〉昆虫綱甲虫目ハナノミ科。

ミヤマヒメマルガタゴミムシ〈Amara fujiii〉昆虫綱甲虫目オサムシ科の甲虫。体長6.0〜7.5mm。

ミヤマヒラタハネカクシ ミヤマハネヒラタハネカクシの別名。

ミヤマヒラタハムシ〈Gastrolina peltoidea〉昆虫綱甲虫目ハムシ科の甲虫。体長7mm。分布：北海道,本州,四国。

ミヤマヒロバハマキ〈Aphelia christophi〉昆虫綱鱗翅目ハマキガ科の蛾。分布：北海道の夕張山地,イランの北部。

ミヤマフキバッタ 深山蕗蝗〈Parapodisma mikado〉昆虫綱バッタ目イナゴ科。体長22〜35mm。ダリア,キク科野菜,大豆,隠元豆,小豆,ササゲに害を及ぼす。分布：北海道,本州。

ミヤマフタオビキヨトウ〈Mythimna monticola〉昆虫綱鱗翅目ヤガ科ヨトウガ亜科の蛾。分布：北海道から九州,朝鮮半島北部。

ミヤマブチヒゲハネカクシ〈Anisolinus taoi〉昆虫綱甲虫目ハネカクシ科の甲虫。体長11.5〜13.0mm。

ミヤマフユナミシャク〈Operophtera nana〉昆虫綱鱗翅目シャクガ科ナミシャク亜科の蛾。開張25〜30mm。分布：関東,中部の山地。

ミヤマベニコメツキ〈Denticollis scutellaris〉昆虫綱甲虫目コメツキムシ科。

ミヤマベニコメツキ ベニコメツキの別名。

ミヤマベニモンアゲハ〈Atrophaneura latreillei〉昆虫綱鱗翅目アゲハチョウ科の蝶。

ミヤマホソアリモドキ〈Pseudoleptaleus nipponicus〉昆虫綱甲虫目アリモドキ科の甲虫。体長3.0〜3.4mm。

ミヤマホソオドリバエ〈Rhamphomyia complicans〉昆虫綱双翅目オドリバエ科。

ミヤマホソチャバネコメツキ〈Ampedus tokugoensis〉昆虫綱甲虫目コメツキムシ科の甲虫。体長9mm。

ミヤマホソハナカミキリ〈Idiostrangalia contracta〉昆虫綱甲虫目カミキリムシ科ハナカミキリ亜科の甲虫。体長9〜12mm。分布：本州,四国,九州。

ミヤマホラヒメグモ〈Nesticus masudai〉蛛形綱クモ目ホラヒメグモ科の蜘蛛。

ミヤマミダラウワバ〈Abrostola pacifica〉昆虫綱鱗翅目ヤガ科コヤガ亜科の蛾。分布：北海道から本州中部。

ミヤママダラギンスジハマキ〈Pseudargyrotoza conwagana〉昆虫綱鱗翅目ハマキガ科の蛾。分布：北海道から本州中部山地,対馬,中国(東北),ロシア,小アジア,ヨーロッパ,イギリス。

ミヤママルガタゴミムシ〈Amara asymmetrica〉昆虫綱甲虫目オサムシ科の甲虫。体長9〜10mm。分布：本州(南アルプス)。

ミヤママルカツオブシムシ〈Anthrenus tanakai〉昆虫綱甲虫目カツオブシムシ科の甲虫。体長2.5〜3.4mm。

ミヤママルクビゴミムシ〈Nippononebria chalceola〉昆虫綱甲虫目オサムシ科の甲虫。体長6.5〜9.0mm。分布：本州。

ミヤママルハナバエ 深山丸花蝿〈Mydaea tincta〉昆虫綱双翅目ハナバエ科。分布：本州。

ミヤママミズギワゴミムシ〈Bembidion sanatum〉昆虫綱甲虫目オサムシ科の甲虫。体長5.3mm。

ミヤママミズギワヨツメハネカクシ〈Psephidonus suensoni〉昆虫綱甲虫目ハネカクシ科の甲虫。体長5.5〜6.5mm。

ミヤママミズスマシ〈Gyrinus reticulatus〉昆虫綱甲虫目ミズスマシ科の甲虫。体長5.6〜6.0mm。

ミヤママミダレモンハマキ〈Acleris submaccana〉昆虫綱鱗翅目ハマキガ科の蛾。開張22〜26mm。分布：北海道,本州,九州,四国,対馬,中国(東北),ロシア。

ミヤマメクラチビゴミムシ〈Yamautidius aenigmaticus〉昆虫綱甲虫目オサムシ科の甲虫。体長3.4〜3.6mm。

ミヤマメスコバネマルハキバガ〈Cheimophila fumida〉昆虫綱鱗翅目マルハキバガ科の蛾。林檎に害を及ぼす。分布：北海道,本州,九州。

ミヤマメダカゴミムシ 深山眼高芥虫〈Notiophilus impressifrons〉昆虫綱甲虫目オサムシ科の甲虫。体長6.5mm。分布：北海道,本州,四国,九州。

ミヤマモモブトカミキリ〈Leiopus montanus〉昆虫綱甲虫目カミキリムシ科フトカミキリ亜科の甲虫。体長7.5〜10.0mm。分布：本州。

ミヤマモンキチョウ〈Colias palaeno〉昆虫綱鱗翅目シロチョウ科の蝶。準絶滅危惧種(NT)。前翅長22〜26mm。分布：飛騨山脈と浅間山系。

ミヤマヤナギヒメハマキ〈Epinotia cruciana〉昆虫綱鱗翅目ハマキガ科の蛾。分布：北海道(知床,シャシュリ岳),東北の八幡平(茶臼岳,前森山,名倉山),イギリス,ヨーロッパ,ロシア,中国(東北),北アメリカ。

ミヤマヨトウ〈Lacanobia thalassina〉昆虫綱鱗翅目ヤガ科ヨトウガ亜科の蛾。開張37〜42mm。分布：ユーラシア,北海道から本州中部,内陸山地。

ミヤマルリハナカミキリ〈*Anoplodera azumensis*〉昆虫綱甲虫目カミキリムシ科ハナカミキリ亜科の甲虫。体長7～8mm。分布：北海道, 本州, 九州, 佐渡。

ミヤモトアシナガミゾドロムシ〈*Stenelmis miyamotoi*〉昆虫綱甲虫目ヒメドロムシ科の甲虫。体長2.7～3.1mm。

ミヤモトクロカワゲラ〈*Takagripopteryx tikumana*〉昆虫綱襀翅目クロカワゲラ科。

ミヤモトホソヒラタハムシ〈*Leptispa miyamotoi*〉昆虫綱甲虫目ハムシ科の甲虫。体長5.2～6.3mm。

ミヤモトミゾドロムシ ミヤモトアシナガミゾドロムシの別名。

ミョウコウツヤムネハネカクシ〈*Quedius babai*〉昆虫綱甲虫目ハネカクシ科の甲虫。体長14.2～16.4mm。

ミョウジンホラヒメグモ〈*Nesticus linyphoides*〉蛛形綱クモ目ホラヒメグモ科の蜘蛛。

ミヨシコバンゾウムシ ムシクサコバンゾウムシの別名。

ミヨタトラヨトウ〈*Oxytrypia orbiculosa*〉昆虫綱鱗翅目ヤガ科カラスヨトウ亜科の蛾。絶滅危惧I類(CR+EN)。分布：長野県御代田町, ウスリー, 朝鮮半島, 中国東北。

ミラカザリシロチョウ〈*Delias mira*〉昆虫綱鱗翅目シロチョウ科の蝶。開張60mm。分布：ニューギニア島山地。珍蝶。

ミラニオン・フィルムヌス〈*Milanion filumnus*〉昆虫綱鱗翅目セセリチョウ科の蝶。分布：ボリビア。

ミラニオン・ヘメス〈*Milanion hemes*〉昆虫綱鱗翅目セセリチョウ科の蝶。分布：ギアナ, ブラジル。

ミラブリス属の一種〈*Mylabris* sp.〉昆虫綱甲虫目ツチハンミョウ科。分布：ザイール。

ミラヤ・シルビア〈*Miraja sylvia*〉昆虫綱鱗翅目セセリチョウ科の蝶。分布：マダガスカル。

ミラレリア・キモトエ〈*Miraleria cymothoe*〉昆虫綱鱗翅目トンボマダラ科の蝶。分布：ベネズエラおよびコロンビア。

ミランダアカスジシジミタテハ〈*Ancyluris miranda*〉昆虫綱鱗翅目シジミタテハ科。分布：エクアドル, ペルー, ボリビア, ブラジル。

ミランダキシタアゲハ〈*Troides miranda*〉昆虫綱鱗翅目アゲハチョウ科の蝶。開張雄135mm, 雌170mm。分布：ボルネオ, スマトラ。珍蝶。

ミランダモンキチョウ〈*Colias miranda*〉昆虫綱鱗翅目シロチョウ科の蝶。分布：ネパール, シッキム。

ミリナ・デルマプテラ〈*Myrina dermaptera*〉昆虫綱鱗翅目シジミチョウ科の蝶。分布：アフリカ東部からナタール, ローデシアまで。

ミリナハレギチョウ セレベスハレギチョウの別名。

ミリリア・ベネズエラエ〈*Mysoria venezuelae*〉昆虫綱鱗翅目セセリチョウ科の蝶。分布：メキシコからコロンビアまで。

ミルミドーネモンキチョウ〈*Colias myrmidone myrmidone*〉昆虫綱鱗翅目シロチョウ科の蝶。別名ヨーロッパベニモンキチョウ。分布：ヨーロッパからロシア南部を経てアジア西部まで。

ミルミドンオオダイコクコガネ〈*Heliocopris myrmidon*〉昆虫綱甲虫目コガネムシ科の甲虫。分布：アフリカ中央部。

ミルメキア・グローサ〈*Myrmecia gulosa*〉昆虫綱膜翅目アリ科。分布：オーストラリア。

ミルメキア・ニグロキンクタ〈*Myrmecia nigrocincta*〉昆虫綱膜翅目アリ科。分布：オーストラリア。

ミルメキア・ピロスラ〈*Myrmecia pilosula*〉昆虫綱膜翅目アリ科。分布：オーストラリア。

ミルメキア・ブレビノダ〈*Myrmecia brevinoda*〉昆虫綱膜翅目アリ科。分布：オーストラリア。

ミルンヤンマ〈*Planaeschna milnei*〉昆虫綱蜻蛉目ヤンマ科の蜻蛉。体長70～75mm。分布：本州, 四国, 九州, 種子島, 屋久島, 奄美大島, 徳之島。

ミレトウス・アルキロクス〈*Miletus archilochus*〉昆虫綱鱗翅目シジミチョウ科の蝶。分布：マレーシア, ボルネオ, インドシナ半島。

ミレトウス・アンコン〈*Miletus ancon*〉昆虫綱鱗翅目シジミチョウ科の蝶。分布：ミャンマー, インドシナ半島, マレーシア, ボルネオ。

ミレトウス・シメトウス〈*Miletus symethus*〉昆虫綱鱗翅目シジミチョウ科の蝶。分布：アッサムからフィリピン, スマトラ, マレーシア, ジャワ。

ミレトウス・メラニオン〈*Miletus melanion*〉昆虫綱鱗翅目シジミチョウ科の蝶。分布：フィリピン。

ミレトウス・レオス〈*Miletus leos*〉昆虫綱鱗翅目シジミチョウ科の蝶。分布：モルッカ諸島, ニューギニア, セレベス。

ミロトゥリス・サガラ〈*Mylothris sagala*〉昆虫綱鱗翅目シロチョウ科の蝶。分布：アフリカ西部・中部および東部から, 南へローデシアまで。

ミロトゥリス・スミシ〈*Mylothris smithi*〉昆虫綱鱗翅目シロチョウ科の蝶。分布：マダガスカル。

ミロトゥリス・スルフレア〈*Mylothris sulphurea*〉昆虫綱鱗翅目シロチョウ科の蝶。分布：カメルーン。

ミロトゥリス・トゥリメイア〈Mylothris trimenia〉昆虫綱鱗翅目シロチョウ科の蝶。分布：アフリカ南部。

ミロトゥリス・ヌガジヤ〈Mylothris ngaziya〉昆虫綱鱗翅目シロチョウ科の蝶。分布：コモロ諸島。

ミロトゥリス・ヌビラ〈Mylothris nubila〉昆虫綱鱗翅目シロチョウ科の蝶。分布：カメルーン、ガボン。

ミロトゥリス・ベルニケ〈Mylothris bernice〉昆虫綱鱗翅目シロチョウ科の蝶。分布：カメルーン、コンゴ、ケニア、南へローデシアまで。

ミロトゥリス・ポッペア〈Mylothris poppea〉昆虫綱鱗翅目シロチョウ科の蝶。分布：アフリカ西部・中部および東部。

ミロトゥリス・モルトニ〈Mylothris mortoni〉昆虫綱鱗翅目シロチョウ科の蝶。分布：エチオピア西部。

ミロトゥリス・ユレイ〈Mylothris yulei〉昆虫綱鱗翅目シロチョウ科の蝶。分布：アフリカ東部、エチオピアからローデシアまで。

ミロンダイコクコガネ〈Phanaeus milon〉昆虫綱甲虫目コガネムシ科の甲虫。分布：アルゼンチン。

ミロンタイマイ　オオアオスジアゲハの別名。

ミロン・プルケリウス〈Mylon pulcherius〉昆虫綱鱗翅目セセリチョウ科の蝶。分布：メキシコからブラジルおよびトリニダードまで。

ミロン・メランデル〈Mylon melander〉昆虫綱鱗翅目セセリチョウ科の蝶。分布：メキシコからパラグアイまで。

ミワハナボタル〈Plateros miwai〉昆虫綱甲虫目ベニボタル科の甲虫。体長5.0～6.8mm。

ミワヒメハナカミキリ〈Pidonia miwai〉昆虫綱甲虫目カミキリムシ科ハナカミキリ亜科の甲虫。体長6～8mm。分布：本州（東北およびそれ以南の日本海側）。

ミワミズギワアトキリゴミムシ〈Peliocypas miwai〉昆虫綱甲虫目オサムシ科の甲虫。体長4mm。

ミンダナオシマジャノメ〈Ragadia melindena〉昆虫綱鱗翅目ジャノメチョウ科の蝶。分布：ミンダナオなど。

ミンタ・ミンタ〈Mintha mintha〉昆虫綱鱗翅目ジャノメチョウ科の蝶。分布：ケーププロビンス（南アフリカ共和国）、アフリカ南部。

ミンドロムラサキヒカゲ〈Ptychandra mindorana〉昆虫綱鱗翅目ジャノメチョウ科の蝶。別名プティカンドゥラ・ミンドラナ。分布：ミンドロ。

ミンミンゼミ　蛁蟟〈Oncotympana maculaticollis〉昆虫綱半翅目セミ科のセミ。体長57～63mm。梅、アンズに害を及ぼす。分布：北海道、本州、四国、九州、対馬。

【ム】

ムーアキシタクチバ〈Hypocala deflorata〉昆虫綱鱗翅目ヤガ科クチバ亜科の蛾。開張40～48mm。柿に害を及ぼす。分布：インド―オーストラリア地域、インドから中国、北海道を除く本土域、対馬、屋久島、沖縄本島、石垣島。

ムーアシロホシテントウ〈Calvia muiri〉昆虫綱甲虫目テントウムシ科の甲虫。体長4.0～5.1mm。

ムカシオオコウモリ〈Zelotypia stacyi〉昆虫綱鱗翅目コウモリガ科の蛾。前翅には褐色と白色の複雑な模様、その中央に目玉模様がある。後翅はオレンジ色。開張19～25mm。分布：オーストラリア西部。

ムカシカワトンボ　昔河蜻蛉　昆虫綱トンボ目ムカシカワトンボ科Amphipterygidaeの昆虫の総称。

ムカシゲンゴロウ　昔竜蝨〈Phreatodytes relictus〉ムカシゲンゴロウ科の甲虫。体長1.2mm。

ムカシゴカイ　昔沙蚕〈Saccocirus uchidai〉環形動物門原始環虫綱ムカシゴカイ科の海産動物。分布：北海道、岡山県以北の本州の海岸。

ムカシゴカイ　昔沙蚕　原始環虫綱Archiannelidaに属する環形動物の総称、またはそのうちの一種を指す。

ムカシシロアリ〈Mastotermes darwiniensis〉ムカシシロアリ科。珍虫。

ムカシタイマイ〈Protographium leosthenes〉昆虫綱鱗翅目アゲハチョウ科の蝶。

ムカシトンボ　昔蜻蛉〈Epiophlebia superstes〉昆虫綱蜻蛉目ムカシトンボ科の蜻蛉。中生代ジュラ紀ころに栄えた絶滅群のムカシトンボ亜目の遺存種で、日本特産種。体長50mm。分布：北海道から九州。珍虫。

ムカシハサミムシ〈Challia fletcheri〉昆虫綱革翅目ムナボソハサミムシ科。

ムカシヒカゲ〈Neorina lowii〉昆虫綱鱗翅目ジャノメチョウ科の蝶。分布：マレーシア、スマトラ、ボルネオ、パラワン島。

ムカシヒメイチモンジセセリ〈Parnara naso〉昆虫綱鱗翅目セセリチョウ科の蝶。

ムカシミヤマクワガタ〈Lucanus gracilis〉昆虫綱甲虫目クワガタムシ科。分布：ネパール、シッキム。

ムカシヤンマ　昔蜻蜓〈Tanypteryx pryeri〉昆虫綱蜻蛉目ムカシヤンマ科の蜻蛉。体長70mm。分布：本州、九州。

ムカデ 蜈蚣,百足〈centipede〉節足動物門唇脚類 Chilopodaに属する陸生動物のうち,ゲジ目を除いたものの総称。

ムカヌム・パティブルム〈Mucanum patibulum〉昆虫綱半翅目カメムシ科。分布:マレーシア,スマトラ,ボルネオ。

ムギアカタマバエ〈Sitodiplosis mosellana〉昆虫綱双翅目タマバエ科。体長2mm。麦類に害を及ぼす。分布:本州,四国,九州,全北区。

ムギカラバエ〈Meromyza nigriventris〉昆虫綱双翅目キモグリバエ科。体長3～4mm。麦類に害を及ぼす。分布:北海道,中国,ロシア,モンゴル,イラン,ヨーロッパ。

ムギキイロハモグリバエ〈Cerodontha denticornis〉昆虫綱双翅目ハモグリバエ科。体長2.0～2.5mm。麦類に害を及ぼす。分布:本州,ヨーロッパ,中国,台湾。

ムギキカラバエ〈Chlorops mugivorus〉昆虫綱双翅目キモグリバエ科。体長雌3.8mm,雄2.8mm。麦類に害を及ぼす。分布:本州,四国。

ムギキベリハモグリバエ〈Cerodontha lateralis〉昆虫綱双翅目ハモグリバエ科。体長1.6～2.0mm。麦類に害を及ぼす。分布:北海道,ヨーロッパ,ロシア(極東)。

ムギキモグリバエ ムギカラバエの別名。

ムギキモグリバエヤドリバチ〈Coelinidea hordeicola〉昆虫綱膜翅目コマユバチ科。

ムギクビボソハムシ〈Oulema erichsoni〉昆虫綱甲虫目ハムシ科の甲虫。体長4.3～4.8mm。麦類に害を及ぼす。分布:北海道,本州,九州,千島,サハリン,シベリア,ヨーロッパ。

ムギクビレアブラムシ〈Rhopalosiphum padi〉昆虫綱半翅目アブラムシ科。体長2.3mm。梅,アンズ,ナシ類,飼料用トウモロコシ,ソルガム,イネ科作物,麦類,林檎に害を及ぼす。分布:日本全国,シベリア,韓国,中国,アメリカ,ヨーロッパ。

ムギクロハモグリバエ 麦黒葉潜蠅〈Agromyza albipennis〉昆虫綱双翅目ハモグリバエ科。体長3.0～3.5mm。麦類に害を及ぼす。分布:九州以北の日本各地,ヨーロッパ,ロシア(極東),北アメリカ。

ムギコナダニ〈Aleuroglyphus ovatus〉蛛形綱ダニ目コナダニ科。体長0.5mm。貯穀・貯蔵植物性食品に害を及ぼす。分布:日本全国。

ムギシストセンチュウ〈Bidera avenae〉ヘテロデラ科。体長0.4mm。麦類に害を及ぼす。

ムギシラミダニ〈Pyemotes tritici〉蛛形綱ダニ目シラミダニ科。害虫。

ムギスジハモグリバエ 麦条葉潜蠅〈Phytomyza nigra〉昆虫綱双翅目ハモグリバエ科。体長2mm。麦類に害を及ぼす。分布:日本,東アジア,ヨーロッパ,北アメリカ。

ムギダニ〈Penthaleus major〉蛛形綱ダニ目ハシリダニ科。体長1mm。イネ科牧草,麦類に害を及ぼす。分布:九州以北の日本各地,ヨーロッパ,アフリカ,アメリカ,オーストラリア。

ムギハバチ 麦葉蜂〈Dolerus lewisii〉昆虫綱膜翅目ハバチ科。体長9mm。麦類に害を及ぼす。分布:本州,朝鮮半島。

ムギハモグリバエ 麦潜葉蠅〈wheat leaf miner〉双翅目ハモグリバエ科に属する昆虫のうち,幼虫がムギの葉に潜り食害するハエの総称。

ムギヒゲナガアブラムシ〈Sitobion akebiae〉昆虫綱半翅目アブラムシ科。体長2.5～3.1mm。苺,イネ科牧草,グラジオラス,チューリップ,イネ科作物,麦類,稲に害を及ぼす。分布:日本全国,朝鮮半島。

ムギヒサゴトビハムシ〈Chaetocnema cylindrica〉昆虫綱甲虫目ハムシ科の甲虫。体長3mm。イネ科牧草,イネ科作物,麦類に害を及ぼす。分布:本州,九州,朝鮮半島,中国。

ムギホラヒメグモ〈Nesticus sonei〉蛛形綱クモ目ホラヒメグモ科の蜘蛛。

ムギミドリアブラムシ〈Schizaphis graminum〉昆虫綱半翅目アブラムシ科。体長1.8mm。麦類に害を及ぼす。分布:日本全国,汎世界的。

ムギメクラガメ〈Stenodema calcaratum〉昆虫綱半翅目メクラカメムシ科。

ムギヤガ 麦夜蛾〈Euxoa oberthueri〉昆虫綱鱗翅目ヤガ科モンヤガ亜科の蛾。開張40～44mm。分布:中国,朝鮮半島,沿海州,北海道,東北地方から関東北部,中部北部。

ムギワラギクオマルアブラムシ〈Brachycaudus helichrysi〉昆虫綱半翅目アブラムシ科。体長1.5～2.0mm。キンセンカ,デージー,バラ類,菊,梅,アンズに害を及ぼす。分布:日本全国,汎世界的。

ムクゲエダシャク〈Lycia hirtaria〉昆虫綱鱗翅目シャクガ科の蛾。褐色と灰色で,毛が豊か。開張4～5mm。分布:ヨーロッパ全土。

ムクゲキノコムシ 尨毛茸虫 昆虫綱甲虫目ムクゲキノコムシ科Ptiliidaeに含まれる昆虫の総称。

ムクゲコケムシ〈Scydmaenus vestitus〉昆虫綱甲虫目コケムシ科の甲虫。体長2.5～2.7mm。

ムクゲコノハ 尨毛木葉蛾〈Lagoptera juno〉昆虫綱鱗翅目ヤガ科シタバガ亜科の蛾。開張85～90mm。分布:ナシ類,桃,スモモ,葡萄,柑橘に害を及ぼす。分布:インド北部,中国,台湾,沿海州,朝鮮半島,北海道から九州,対馬,屋久島,伊豆諸島,西南部の島嶼。

ムクゲダエンミジンムシ ムクゲミジンムシの別名。

ムクゲチビテントウ〈*Sukunahikona japonica*〉昆虫綱甲虫目テントウムシ科の甲虫。体長1.0～1.1mm。

ムクゲチリボシカミキリ〈*Mallosia mirabilis*〉昆虫綱甲虫目カミキリムシ科の甲虫。分布：コーカサス。

ムクゲヒメキノコハネカクシ〈*Sepedophilus germanus*〉昆虫綱甲虫目ハネカクシ科の甲虫。体長3.8～4.8mm。

ムクゲミジンムシ〈*Sericoderus lateralis*〉昆虫綱甲虫目ミジンムシ科の甲虫。体長0.9～1.2mm。

ムクツマキシャチホコ 椋樸青天社蛾〈*Phalera angustipennis*〉昆虫綱鱗翅目シャチホコガ科ウチキシャチホコ亜科の蛾。開張50～67mm。分布：中国，台湾，本州北部(北限は秋田県付近)，四国，九州の北部，対馬。

ムクロジウラナミシジミ〈*Jamides cunilda*〉昆虫綱鱗翅目シジミチョウ科の蝶。分布：マレーシア，ボルネオ，ジャワ。

ムクロジキバガ〈*Hypatima sapindivora*〉昆虫綱鱗翅目キバガ科の蛾。分布：本州(近畿地方)。

ムコガワメクラチビゴミムシ〈*Trechiama expectatus*〉昆虫綱甲虫目オサムシ科の甲虫。体長4.8～5.6mm。

ムコブマダラカゲロウ〈*Drunella* sp.〉昆虫綱蜉蝣目マダラカゲロウ科。

ムササビケブカノミ〈*Rhadinopsylla japonica*〉昆虫綱隠翅目ケブカノミ科。体長雄2.1mm，雌2.6mm。害虫。

ムサシヤチグモ〈*Coelotes musashiensis*〉蛛形綱クモ目タナグモ科の蜘蛛。体長雌9～10mm，雄6～7mm。分布：本州(中・北部)。

ムシカリヒメハマキ オオクリモンヒメハマキの別名。

ムジギンガ〈*Chasminodes pseudalbonitens*〉昆虫綱鱗翅目ヤガ科カラスヨトウ亜科の蛾。分布：北海道，本州，四国，九州の山地。

ムシクサコバンゾウムシ〈*Gymnaetron miyoshii*〉昆虫綱甲虫目ゾウムシ科の甲虫。体長2.0～2.4mm。

ムシクソハムシ 虫糞金花虫〈*Chlamisus spilotus*〉昆虫綱甲虫目ハムシ科の甲虫。体長約3mm。ツツジ，サツキに害を及ぼす。分布：本州，四国，九州。

ムシクソハムシの一種〈*Chlamisus* sp.〉昆虫綱甲虫目ハムシ科。

ムシスジコガネ〈*Anomala edentula*〉昆虫綱甲虫目コガネムシ科の甲虫。体長19～23mm。分布：九州南端，南西諸島。

ムシダマオナガコバチ〈*Megastigmus habui*〉昆虫綱膜翅目オナガコバチ科。

ムジチャオオキバガ〈*Cryptolechia phaeocausta*〉昆虫綱鱗翅目マルハキバガ科の蛾。開張16～19.5mm。

ムジチャヒラタマルハキバガ〈*Agonopterix phaeocausta*〉昆虫綱鱗翅目マルハキバガ科の蛾。分布：本州(中部山岳地帯)。

ムジツツミノガ〈*Coleophora obducta*〉昆虫綱鱗翅目ツツミノガ科の蛾。カラマツに害を及ぼす。

ムシバミコガネグモ(1)〈*Argiope aetherea*〉蛛形綱クモ目キレアミグモ科の蜘蛛。

ムシバミコガネグモ(2)〈*Argiope keyserlingi*〉蛛形綱クモ目キレアミグモ科の蜘蛛。

ムジヒカリバコガ〈*Roeslerstammia nitidella*〉昆虫綱鱗翅目ヒカリバコガ科の蛾。分布：近畿地方。

ムシヒキアブ 虫引虻，食虫虻〈*robber fly, assassin fly*〉昆虫綱双翅目短角亜目アブ群ムシヒキアブ科Asilidaeの総称。

ムジホソバ〈*Eilema deplana*〉昆虫綱鱗翅目ヒトリガ科コケガ亜科の蛾。開張28～35mm。分布：ヨーロッパ，北海道，本州，四国，九州。

ムシャカラスシジミ〈*Fixsenia eximia*〉昆虫綱鱗翅目シジミチョウ科の蝶。

ムシャクロツバメシジミ〈*Tongeia filicaudis*〉昆虫綱鱗翅目シジミチョウ科の蝶。

ムシャコブアブラムシ〈*Myzus mushaensis*〉昆虫綱半翅目アブラムシ科。桜類に害を及ぼす。

ムシャミドリシジミ〈*Chrysozephyrus mushaellus*〉昆虫綱鱗翅目シジミチョウ科の蝶。

ムシャミヤマカミキリ〈*Hemadius oenochrous*〉昆虫綱甲虫目カミキリムシ科の甲虫。分布：チベット，ラオス，中国(中・南部)，台湾。

ムスカンピア・クリブレッルム〈*Muschampia cribrellum*〉昆虫綱鱗翅目セセリチョウ科の蝶。分布：ルーマニアからロシア南部をへてアムールまで。

ムスカンピア・プロト〈*Muschampia proto*〉昆虫綱鱗翅目セセリチョウ科の蝶。分布：アフリカ北部，ポルトガルからヨーロッパ南部をへて小アジアまで。

ムスジアツバ〈*Loxioda parva* sp.〉昆虫綱鱗翅目ヤガ科クチバ亜科の蛾。分布：八重山諸島。

ムスジイトトンボ 六条糸蜻蛉〈*Cercion sexlineatum*〉昆虫綱蜻蛉目イトトンボ科の蜻蛉。体長29mm。分布：本州(関東以西の太平洋岸)，四国，九州，南西諸島。

ムスジシロナミシャク〈*Asthena nymphaeata*〉昆虫綱鱗翅目シャクガ科ナミシャク亜科の蛾。開張16～20mm。分布：北海道，本州，四国，九州，対馬，朝鮮半島，シベリア南東部。

ムスジモンカゲロウ 六条紋蜉蝣〈*Ephemera lineata*〉昆虫綱蜉蝣目モンカゲロウ科。体長13～17mm。分布：日本各地。

ムスジモンカゲロウ トウヨウモンカゲロウの別名。

ムツアカネ 陸奥茜蜻蛉〈*Sympetrum danae*〉昆虫綱蜻蛉目トンボ科の蜻蛉。体長30mm。分布：北海道から本州の山岳地帯。

ムツウラハマキ〈*Daemilus mutuurai*〉昆虫綱鱗翅目ハマキガ科の蛾。分布：北海道大雪山，本州中部山岳帯。

ムツキボシツツハムシ〈*Cryptocephalus ohnoi*〉昆虫綱甲虫目ハムシ科の甲虫。体長4.1～4.2mm。

ムツキボシテントウ〈*Oenopia scalaris*〉昆虫綱甲虫目テントウムシ科の甲虫。体長3.3～3.9mm。

ムツキボシハムシ〈*Gallerucida lewisi*〉昆虫綱甲虫目ハムシ科の甲虫。体長6mm。分布：本州，四国。

ムツゲゴマムクゲキノコムシ 六毛胡麻尨毛茸虫〈*Acrotrichis grandicollis*〉昆虫綱甲虫目ムクゲキノコムシ科の甲虫。体長0.9～1.2mm。分布：北海道，本州，九州。

ムツコブスジコガネ〈*Trox mutsuensis*〉昆虫綱甲虫目コブスジコガネ科の甲虫。体長8mm。

ムツコブメナガヒゲナガゾウムシ〈*Phaulimia decorata*〉昆虫綱甲虫目ヒゲナガゾウムシ科の甲虫。体長5.3mm。

ムツコモンヒゲナガゾウムシ〈*Gonotropis murakamii*〉昆虫綱甲虫目ヒゲナガゾウムシ科の甲虫。体長5.1～5.4mm。

ムツスジカタゾウムシ〈*Macrocyrtus subcostatus*〉昆虫綱甲虫目ゾウムシ科。分布：ルソン島山地。

ムツデゴミグモ キジロゴミグモの別名。

ムツテンナミシャク 六点波尺蛾〈*Catarhoe yokohamae*〉昆虫綱鱗翅目シャクガ科ナミシャク亜科の蛾。開張20～23mm。分布：本州，朝鮮半島，中国東北，西部，シベリア南東部。

ムツテンノメイガ〈*Telanga sexpunctalis*〉昆虫綱鱗翅目メイガ科の蛾。分布：屋久島，奄美大島，沖縄本島，石垣島，西表島，台湾，中国，インドから東南アジア一帯。

ムツテンヒメヨコバイ〈*Typhlocyba sexpunctata*〉昆虫綱半翅目ヒメヨコバイ科。

ムツテンミズメイガ〈*Talanga sexpunctalis*〉昆虫綱鱗翅目メイガ科の蛾。

ムツテンヨコバイ〈*Macrosteles sexnotatus*〉昆虫綱半翅目ヨコバイ科。体長3.0～4.5mm。イネ科牧草に害を及ぼす。分布：北海道，本州，四国，九州。

ムツトゲイセキグモ〈*Ordgarius sexspinosus*〉蛛形綱クモ目コガネグモ科の蜘蛛。体長雌8～10mm，雄2mm。分布：本州(関東地方以南)，四国，九州，南西諸島。

ムツノメンガタカブトムシ〈*Trichogomphus simson*〉昆虫綱甲虫目コガネムシ科の甲虫。別名シムソンツノカブトムシ。分布：マレーシア，スマトラ。

ムツバハエトリ〈*Yaginumanis sexdentatus*〉蛛形綱クモ目ハエトリグモ科の蜘蛛。体長雌8～9mm，雄6～7mm。分布：本州，四国，九州，南西諸島。

ムツヒゲキクイゾウムシ〈*Hexarthrum brevicorne*〉昆虫綱甲虫目ゾウムシ科の甲虫。体長2.2～2.4mm。

ムツボシアオコトラカミキリ〈*Chlorophorus sexmaculatus*〉昆虫綱甲虫目カミキリムシ科カミキリ亜科の甲虫。体長7～13mm。

ムツボシオニグモ〈*Araniella* sp.〉蛛形綱クモ目コガネグモ科の蜘蛛。体長雌4～7mm，雄3.5～5.0mm。分布：北海道，本州，四国，九州。

ムツボシカメノコカワリタマムシ〈*Polybothris auriventris*〉昆虫綱甲虫目タマムシ科。分布：マダガスカル。

ムツボシシロカミキリ〈*Olenecamptus taiwanus*〉昆虫綱甲虫目カミキリムシ科フトカミキリ亜科の甲虫。体長10～17mm。分布：九州，南西諸島。

ムツボシタマムシ 六星吉丁虫〈*Chrysobothris succedanea*〉昆虫綱甲虫目タマムシ科の甲虫。体長7～12mm。ヒマラヤシーダ，柿，梅，アンズに害を及ぼす。分布：北海道，本州，四国，九州，佐渡，対馬。

ムツホシチビオオキノコムシ〈*Tritoma towadensis*〉昆虫綱甲虫目オオキノコムシ科の甲虫。体長3.0～3.8mm。

ムツボシツツハムシ〈*Cryptocephalus sexpunctatus*〉昆虫綱甲虫目ハムシ科の甲虫。体長5.0～6.0mm。

ムツボシツヤコツブゲンゴロウ 六星艶小粒竜蝨〈*Canthydrus politus*〉昆虫綱甲虫目コツブゲンゴロウ科の甲虫。体長2.4～2.6mm。分布：本州，四国，九州。

ムツボシテントウ 六星瓢虫〈*Sticholotis punctata*〉昆虫綱甲虫目テントウムシ科の甲虫。体長2.0～2.6mm。分布：本州。

ムツボシトビハムシ〈*Amphimeloides biplagiatus*〉昆虫綱甲虫目ハムシ科の甲虫。体長2.0～2.5mm。

ムツボシナガハナアブ〈*Milesia oshimaensis*〉昆虫綱双翅目ハナアブ科。

ムツボシニセマルトビハムシ〈*Schenklingia sauteri*〉昆虫綱甲虫目ハムシ科の甲虫。体長3.0mm。

ムツボシハチモドキハナアブ〈*Takaomyia sexmaculata*〉昆虫綱双翅目ハナアブ科。

ムツボシベッコウ 六星龕甲蜂〈*Anoplius fuscus*〉昆虫綱膜翅目ベッコウバチ科。分布：本州，九州。

ムツボシベッコウハナアブ 六星龕甲虻〈*Volucella sexmaculata*〉昆虫綱双翅目ハナアブ科。分布：本州。

ムツボシマルハナノミ 六星円花蚤〈*Prionocyphon sexmaculatus*〉昆虫綱甲虫目マルハナノミ科の甲虫。体長3.4～5.5mm。分布：日光，上高地等。

ムツメユウレイグモ シモングモの別名。

ムツモンアオカナブン〈*Heterorrhina sexmaculata*〉昆虫綱甲虫目コガネムシ科の甲虫。分布：マレーシア，スマトラ，ジャワ。

ムツモンアカザキバガ〈*Microsetia sexguttella*〉昆虫綱鱗翅目キバガ科の蛾。分布：北海道，本州，ヨーロッパから東シベリア，小アジア，南アフリカ，カナダ。

ムツモンオトシブミ 六紋落文〈*Apoderus praecellens*〉昆虫綱甲虫目オトシブミ科の甲虫。体長6mm。分布：本州，四国。

ムツモンコミズギワゴミムシ〈*Paratachys plagiatus shimosae*〉昆虫綱甲虫目オサムシ科の甲虫。体長2.8mm。

ムツモンサビカミキリ〈*Protorhopala sexnotata*〉昆虫綱甲虫目カミキリムシ科の甲虫。分布：マダガスカル。

ムツモンサビタマムシ〈*Capnodis sexmaculata*〉昆虫綱甲虫目タマムシ科。分布：中央アジア，アフガニスタン，パキスタン。

ムツモンジンガサハムシ〈*Stolas illustris*〉昆虫綱甲虫目ハムシ科。分布：メキシコ，中央アメリカ。

ムツモンナガクチキムシ 六紋長朽木虫〈*Dircaeomorpha validicornis*〉昆虫綱甲虫目ナガクチキムシ科の甲虫。体長6.7～11.5mm。分布：大和一軒茶屋，三国峠，中禅寺湖付近，十和田湖，剣山等。

ムツモンヒメコキノコムシ〈*Litargus sexsignatus*〉昆虫綱甲虫目コキノコムシ科の甲虫。体長2.0～2.2mm。

ムツモンベニマダラ〈*Zygaena filipendulae*〉昆虫綱鱗翅目マダラガ科の蛾。前翅に大きな赤色の斑点が6個ある。開張2.5～4.0mm。分布：ヨーロッパ全域。

ムツモンホソカナブン〈*Plaesiorrhina mhondana*〉昆虫綱甲虫目コガネムシ科の甲虫。分布：アフリカ中央部。

ムツモンホソヒラタアブ 六紋細扁虻〈*Stenosyrphus lasiophthalmus*〉昆虫綱双翅目ハナアブ科。分布：本州。

ムツモンミツギリゾウムシ〈*Pseudorychodes insignis*〉昆虫綱甲虫目ミツギリゾウムシ科の甲虫。体長8.3～14.6mm。分布：北海道，本州，四国，九州，屋久島。

ムナアカコマチグモ〈*Chiracanthium digitivorum*〉蛛形綱クモ目フクログモ科の蜘蛛。

ムナアカフクログモ〈*Clubiona vigil*〉蛛形綱クモ目フクログモ科の蜘蛛。体長雌10～13mm，雄8～10mm。分布：日本全土。

ムナカタコマユバチ 棟方小繭蜂〈*Chelonus munakatae*〉昆虫綱膜翅目コマユバチ科。体長6～8mm。分布：日本全土。

ムナカタミズメイガ〈*Paraponyx ussuriensis*〉昆虫綱鱗翅目メイガ科の蛾。分布：北海道南部，本州，シベリア南東部，中国。

ムナキグモ〈*Diplocephalus bicurvatus*〉蛛形綱クモ目サラグモ科の蜘蛛。

ムナキハナアブ 胸黄花虻〈*Pseudozetterstedtia unicolor*〉昆虫綱双翅目ハナアブ科。分布：北海道，本州。

ムナキヒメジョウカイ〈*Kandyosilis mucronata*〉昆虫綱甲虫目ジョウカイボン科の甲虫。体長3.9～4.0mm。

ムナキヒメジョウカイモドキ〈*Attalus niponensis*〉昆虫綱甲虫目ジョウカイモドキ科の甲虫。体長3.5～4.4mm。

ムナキホソヒゲナガハムシ〈*Luperus laricis*〉昆虫綱甲虫目ハムシ科の甲虫。体長3.5～5.0mm。

ムナキルリハムシ〈*Smaragdina garretai*〉昆虫綱甲虫目ハムシ科の甲虫。体長4.5～6.0mm。分布：本州，四国。

ムナクボエンマムシ〈*Atholus depistor*〉昆虫綱甲虫目エンマムシ科の甲虫。体長4.5～6.0mm。分布：本州，九州。

ムナクボカミキリ〈*Arhopalus rusticus*〉昆虫綱甲虫目カミキリムシ科マルクビカミキリ亜科の甲虫。体長10～27mm。分布：北海道，本州，四国，九州，佐渡，対馬，伊豆諸島神津島。

ムナクボカミキリの一種〈*Arhopalus productus*〉昆虫綱甲虫目カミキリムシ科の甲虫。

ムナクボセスジタマムシ〈*Chrysodema aurofoveata*〉昆虫綱甲虫目タマムシ科。分布：ニューギニア，ソロモン。

ムナクボチビフトハネカクシ〈*Euaesthetus nitidulus*〉昆虫綱甲虫目ハネカクシ科。

ムナクボナガクチキムシ〈*Euryzilora lividipennis*〉昆虫綱甲虫目ナガクチキムシ科の甲虫。体長8～11.5mm。

ムナクボヒラタケシキスイ〈*Epuraea foveicollis*〉昆虫綱甲虫目ケシキスイ科の甲虫。体長2.5～3.7mm。

ムナクボヒラナガハネカクシ〈*Coenonica lewisia*〉昆虫綱甲虫目ハネカクシ科。

ムナクボビロウドコガネ〈*Maladera impressithorax*〉昆虫綱甲虫目コガネムシ科の甲虫。体長7.5mm。分布：奄美大島。

ムナクボミゾコメツキダマシ〈*Dirhagus foveolatus*〉昆虫綱甲虫目コメツキダマシ科の甲虫。体長4.8～6.7mm。

ムナクボヨツメハネカクシ〈*Omalium niponense*〉昆虫綱甲虫目ハネカクシ科の甲虫。体長3.3～3.5mm。

ムナグロオオコモリグモ〈*Lycosa pia*〉蛛形綱クモ目コモリグモ科の蜘蛛。

ムナグロオニアカハネムシ〈*Pseudopyrochroa flavilabris*〉昆虫綱甲虫目アカハネムシ科の甲虫。体長8～11.5mm。

ムナグロキイロメクラガメ〈*Tytthus chinensis*〉昆虫綱半翅目メクラカメムシ科。

ムナグロキンケカミキリ〈*Pachyteria spinicollis*〉昆虫綱甲虫目カミキリムシ科の甲虫。分布：マレーシア。

ムナグロズキンヨコバイ〈*Idiocerus nigripectus*〉昆虫綱半翅目ズキンヨコバイ科。

ムナグロチャイロツヤハダコメツキ〈*Scutellathous porrecticollis*〉昆虫綱甲虫目コメツキムシ科の甲虫。体長10mm。

ムナグロチャイロテントウ〈*Micraspis satoi*〉昆虫綱甲虫目テントウムシ科の甲虫。体長3.4～3.6mm。

ムナグロツヤコメツキ ムナグロチャイロツヤハダコメツキの別名。

ムナグロツヤシデムシ〈*Apteroloma discicolle*〉昆虫綱甲虫目シデムシ科の甲虫。体長4mm。分布：本州。

ムナグロツヤハムシ〈*Arthrotus niger*〉昆虫綱甲虫目ハムシ科の甲虫。体長5mm。分布：北海道，本州，四国，九州。

ムナグロデオキスイ〈*Carpophilus contegens*〉昆虫綱甲虫目ケシキスイ科の甲虫。体長2.2～3.5mm。

ムナグロナガカッコウムシ〈*Opilo niponicus*〉昆虫綱甲虫目カッコウムシ科の甲虫。体長8.8～11.0mm。

ムナグロナガハムシ〈*Zeugophora bicolor*〉昆虫綱甲虫目ハムシ科の甲虫。体長4～5mm。分布：北海道，本州，四国，九州。

ムナグロナガレトビケラ〈*Rhyacophila nigrocephala*〉昆虫綱毛翅目ナガレトビケラ科。

ムナグロハエトリ〈*Modunda orientalis*〉蛛形綱クモ目ハエトリグモ科の蜘蛛。

ムナグロハラボソコマユバチ〈*Streblocera nigrithoracica*〉昆虫綱膜翅目コマユバチ科。

ムナグロハリスツノハナムグリ〈*Megalorrhina harrisi peregrina*〉昆虫綱甲虫目コガネムシ科の甲虫。分布：アフリカ西部・中央部・東部。

ムナグロヒシベニボタル フトヒシベニボタルの別名。

ムナグロヒメグモ〈*Theridion pinastri*〉蛛形綱クモ目ヒメグモ科の蜘蛛。体長雌3～4mm，雄2～3mm。分布：北海道，本州，四国，九州。

ムナグロホソアリモドキ〈*Sapintus cohaeres*〉昆虫綱甲虫目アリモドキ科の甲虫。体長3.8～4.3mm。分布：本州，四国，九州。

ムナグロホソツヤシデムシ ムナグロツヤシデムシの別名。

ムナゲクロサルハムシ〈*Basilepta hirticollis*〉昆虫綱甲虫目ハムシ科の甲虫。体長4mm。分布：本州，四国，九州。

ムナコブクモゾウムシ〈*Talimanus speculiferus*〉昆虫綱甲虫目ゾウムシ科の甲虫。体長3.2～3.5mm。

ムナコブハナカミキリ 胸瘤花天牛〈*Xenophyrama purpureum*〉昆虫綱甲虫目カミキリムシ科ハナカミキリ亜科の甲虫。体長17～20mm。分布：本州(近畿以西)，九州。

ムナシテウス・クリソフリス〈*Mnasitheus chrysophrys*〉昆虫綱鱗翅目セセリチョウ科の蝶。分布：中央アメリカ。

ムナシルス・ペニキッラトゥス〈*Mnasilus penicillatus*〉昆虫綱鱗翅目セセリチョウ科の蝶。分布：メキシコからブラジルまで。

ムナスジクチキバエ〈*Paraclusia japonica*〉昆虫綱双翅目クチキバエ科。

ムナスジヒゲタケカ〈*Macrocera alpicoloides*〉昆虫綱双翅目キノコバエ科。

ムナビロアオゴミムシ〈*Chlaenius sericimicans*〉昆虫綱甲虫目オサムシ科の甲虫。体長13.2～14.5mm。

ムナビロアカハネムシ〈*Pseudopyrochroa laticollis*〉昆虫綱甲虫目アカハネムシ科の甲虫。体長8～13mm。

ムナビロアトボシアオゴミムシ〈*Chlaenius tetragonoderus*〉昆虫綱甲虫目オサムシ科の甲虫。体長12～12.5mm。

ムナビロイネゾウモドキ〈Dorytomus notaroides〉昆虫綱甲虫目ゾウムシ科の甲虫。体長6.0〜6.5mm。

ムナビロオオキスイ〈Helota fulviventris〉昆虫綱甲虫目オオキスイムシ科の甲虫。体長13〜13.5mm。

ムナビロカクホソカタムシ〈Cautomus hystriculus〉昆虫綱甲虫目カクホソカタムシ科の甲虫。体長1.8〜2.5mm。

ムナビロカッコウムシ〈Clerus postmaculatus〉昆虫綱甲虫目カッコウムシ科の甲虫。体長5〜6mm。分布：吐噶喇列島、奄美大島。

ムナビロカレハカマキリ〈Deroplatys desiccata〉昆虫綱蟷螂目カマキリ科。分布：マレーシア、スマトラ、ジャワ、ボルネオ。

ムナビロコケムシ〈Cephennium japonicum〉昆虫綱甲虫目コケムシ科の甲虫。体長1.1〜1.3mm。

ムナビロサビキコリ〈Agrypnus cordicollis〉昆虫綱甲虫目コメツキムシ科の甲虫。体長12〜17mm。分布：北海道、本州、四国、九州、屋久島。

ムナビロツヤドロムシ〈Elmomorphus brevicornis〉昆虫綱甲虫目ドロムシ科の甲虫。体長3.3〜4.0mm。分布：本州、九州。

ムナビロツヤミズギワゴミムシ〈Bembidion pogonoides〉昆虫綱甲虫目オサムシ科の甲虫。体長6.0mm。

ムナビロテントウダマシ〈Mycetina laticollis〉昆虫綱甲虫目テントウダマシ科の甲虫。体長3.5〜4.0mm。分布：本州、四国、九州。

ムナビロナガゴミムシ〈Pterostichus abaciformis〉昆虫綱甲虫目オサムシ科の甲虫。体長15〜19mm。

ムナビロネスイ〈Rhizophagus nobilis〉昆虫綱甲虫目ネスイムシ科の甲虫。体長4.0〜5.0mm。

ムナビロハネカクシ 胸広隠翅虫〈Algon grandicollis〉昆虫綱甲虫目ハネカクシ科の甲虫。体長14mm。分布：北海道、本州、九州。

ムナビロヒメマキムシ〈Dienerella costulata〉昆虫綱甲虫目ヒメマキムシ科の甲虫。体長1.0〜1.5mm。貯穀・貯蔵植物性食品に害を及ぼす。分布：日本全国、中国、ヨーロッパ、北アメリカ。

ムナビロムクゲキスイ〈Biphyllus aequalis〉昆虫綱甲虫目ムクゲキスイムシ科の甲虫。体長2.2〜2.6mm。

ムナビロムクゲキノコムシ〈Acrotrichis lewisi〉昆虫綱甲虫目ムクゲキノコムシ科の甲虫。体長1.15〜1.35mm。

ムナブトヒメスカシバ〈Zenodoxus constricta〉昆虫鱗翅目スカシバガ科の蛾。分布：本州、九州、朝鮮半島。

ムナボシヒメグモ〈Theridion sterninotatum〉蛛形綱クモ目ヒメグモ科の蜘蛛。体長雌2.8〜3.2mm、雄2.3〜2.7mm。分布：本州、四国、九州。

ムナボソコメツキ〈Agriotes exulatus〉昆虫綱甲虫目コメツキムシ科。

ムナボソヒメマキムシ〈Stephostethus angusticollis〉昆虫綱甲虫目ヒメマキムシ科の甲虫。体長1.7〜2.1mm。

ムナボソミジングモ〈Dipoena longisternum〉蛛形綱クモ目ヒメグモ科の蜘蛛。

ムナミゾハナカミキリ 胸溝花天牛〈Munamizoa maculata〉昆虫綱甲虫目カミキリムシ科ハナカミキリ亜科の甲虫。体長13〜16mm。分布：本州、四国。

ムニンアオイトトンボ オガサワラアオイトトンボの別名。

ムニンヒメカッコウムシ〈Tilloidea munin〉昆虫綱甲虫目カッコウムシ科の甲虫。体長6〜10mm。

ムネアカアオモリヒラタゴミムシ クビアカヒラタゴミムシの別名。

ムネアカアリモドキ〈Anthelephila ruficollis〉昆虫綱甲虫目アリモドキ科の甲虫。体長3.5〜4.0mm。分布：南西諸島。

ムネアカアリモドキカッコウムシ〈Thanasimus substriatus〉昆虫綱甲虫目カッコウムシ科の甲虫。体長7〜9mm。分布：北海道。

ムネアカアワフキ〈Hindoloides bipunctatum〉昆虫綱半翅目トゲアワフキ科。体長4〜5mm。分布：本州、四国、九州。

ムネアカウグイスコガネ〈Plusiotis victorina〉昆虫綱甲虫目コガネムシ科の甲虫。分布：メキシコ。

ムネアカウスイロハムシ〈Monolepta kurosawai〉昆虫綱甲虫目ハムシ科の甲虫。体長4.0〜5.0mm。

ムネアカオオアリ 胸赤大蟻〈Camponotus obscuripes〉昆虫綱膜翅目アリ科。体長8〜12mm。分布：北海道、本州、四国、九州。害虫。

ムネアカオオキバハネカクシ〈Oxyporus rufus osawai〉昆虫綱甲虫目ハネカクシ科の甲虫。体長9.0〜10.0mm。

ムネアカオオホソトビハムシ〈Luperomorpha collaris〉昆虫綱甲虫目ハムシ科の甲虫。体長3.2〜3.8mm。

ムネアカキアシハバチ 胸赤黄脚葉蜂〈Paracharactus leucopodus〉昆虫綱膜翅目ハバチ科。分布：本州。

ムネアカキノコハネカクシ〈Lordithon simplex〉昆虫綱甲虫目ハネカクシ科。

ムネアカクシヒゲムシ 胸赤櫛角虫〈*Horatocera niponica*〉昆虫綱甲虫目クシヒゲムシ科の甲虫。体長12〜17mm。分布：本州，四国，九州。

ムネアカクロアカハネムシ〈*Pseudopyrochroa atripennis*〉昆虫綱甲虫目アカハネムシ科の甲虫。体長10〜14mm。分布：本州，四国。

ムネアカクロコメツキ〈*Ischnodes maiko*〉昆虫綱甲虫目コメツキムシ科の甲虫。体長8.5〜10.2mm。

ムネアカクロジョウカイ 胸赤黒浄海〈*Cantharis adusticollis*〉昆虫綱甲虫目ジョウカイボン科の甲虫。体長12mm。分布：北海道，本州，四国，九州。

ムネアカクロハナカミキリ〈*Leptura dimorpha*〉昆虫綱甲虫目カミキリムシ科ハナカミキリ亜科の甲虫。

ムネアカケブカテントウダマシ〈*Ectomychus sakaii*〉昆虫綱甲虫目テントウムシダマシ科の甲虫。体長2.0〜2.5mm。

ムネアカコガネ ムネアカセンチコガネの別名。

ムネアカサルハムシ 胸赤猿金花虫〈*Basilepta ruficollis*〉昆虫綱甲虫目ハムシ科の甲虫。体長5mm。分布：北海道，本州，四国，九州。

ムネアカシリブトカッコウムシ〈*Allochotes dichroa*〉昆虫綱甲虫目カッコウムシ科。

ムネアカシワハムシダマシ〈*Anisostira abnormipes*〉昆虫綱甲虫目ハムシダマシ科の甲虫。体長10.0〜10.8mm。

ムネアカスジバネゴミムシ〈*Planetes kasaharai*〉昆虫綱甲虫目オサムシ科の甲虫。体長9.5mm。

ムネアカセンチコガネ 胸赤雪隠金亀子〈*Bolbocerosoma nigroplagiatum*〉昆虫綱甲虫目センチコガネ科の甲虫。体長9〜14mm。分布：北海道，本州，四国，九州。

ムネアカタマキノコシバムシ〈*Byrrhodes irregularis*〉昆虫綱甲虫目シバンムシ科の甲虫。体長1.7〜2.2mm。

ムネアカタマノミハムシ〈*Sphaeroderma placidum*〉昆虫綱甲虫目ハムシ科の甲虫。体長3mm。分布：北海道，本州，四国，九州。

ムネアカチビカッコウムシ ムネアカチビホシカムシの別名。

ムネアカチビキカワムシ〈*Lissodema unifasciatum*〉昆虫綱甲虫目チビキカワムシ科の甲虫。体長1.6〜2.1mm。

ムネアカチビケシキスイ〈*Meligethes flavicollis*〉昆虫綱甲虫目ケシキスイ科の甲虫。体長2.1〜3.1mm。

ムネアカチビナカボソタマムシ〈*Nalanda rutilicollis*〉昆虫綱甲虫目タマムシ科の甲虫。体長3.5〜5.0mm。

ムネアカチビヒョウタンゴミムシ〈*Dyschirius batesi*〉昆虫綱甲虫目オサムシ科の甲虫。体長2.4〜2.7mm。

ムネアカチビホシカムシ〈*Opetiopalpus obesus*〉昆虫綱甲虫目カッコウムシ科。

ムネアカツノゴミムシダマシ〈*Hoplocephala asiatica*〉昆虫綱甲虫目ゴミムシダマシ科の甲虫。体長5.5〜6.0mm。

ムネアカツヤケシコメツキ〈*Megapenthes opacus*〉昆虫綱甲虫目コメツキムシ科の甲虫。体長10mm。分布：北海道，本州。

ムネアカツヤコマユバチ〈*Odontobracon bicolor*〉昆虫綱膜翅目コマユバチ科。

ムネアカテングベニボタル〈*Konoplatycis otome*〉昆虫綱甲虫目ベニボタル科の甲虫。体長5.0〜9.5mm。

ムネアカナガクチキムシ〈*Phryganophilus ruficollis*〉昆虫綱甲虫目ナガクチキムシ科の甲虫。体長10〜16mm。分布：北海道，本州，九州。

ムネアカナガタマムシ〈*Agrilus imitans*〉昆虫綱甲虫目タマムシ科の甲虫。体長7.2〜11.0mm。

ムネアカノミヒゲナガゾウムシ〈*Choragus cryphaloides*〉昆虫綱甲虫目ヒゲナガゾウムシ科。

ムネアカハラビロヒメハナバチ〈*Andrena parathoracica*〉昆虫綱膜翅目ヒメハナバチ科。

ムネアカヒゲブトハンミョウ〈*Dromica cupricollis*〉昆虫綱甲虫目ハンミョウ科。分布：アフリカ中央部。

ムネアカヒメイクビハネカクシ ムネアカマルクビハネカクシの別名。

ムネアカヒメクチキムシ〈*Mycetochara scutellaris*〉昆虫綱甲虫目クチキムシ科の甲虫。体長4.5mm。

ムネアカヒメジョウカイモドキ〈*Attalus chujoanus*〉昆虫綱甲虫目ジョウカイモドキ科の甲虫。体長3.5〜4.1mm。

ムネアカヒメハナカミキリ〈*Pidonia muneaka*〉昆虫綱甲虫目カミキリムシ科ハナカミキリ亜科の甲虫。

ムネアカヒメマキムシ〈*Dienerella ruficollis*〉昆虫綱甲虫目ヒメマキムシ科の甲虫。体長1.0〜1.2mm。

ムネアカフトジョウカイ〈*Wittmercantharis curtata*〉昆虫綱甲虫目ジョウカイボン科の甲虫。体長8.1〜9.8mm。

ムネアカホソツツシンクイ 胸赤細筒心喰虫〈*Lymexylon ruficolle*〉昆虫綱甲虫目ツツシンクイ科の甲虫。体長9〜14mm。分布：本州。

ムネアカホソベニボタル〈*Stenolycus ohirai*〉昆虫綱甲虫目ベニボタル科の甲虫。体長6.3～7.0mm。

ムネアカホソホタルモドキ〈*Drilonius osawai*〉昆虫綱甲虫目ホタルモドキ科の甲虫。体長5.7～6.0mm。

ムネアカマダラバエ 胸赤斑蠅〈*Rivellia basilaris*〉昆虫綱双翅目ヒロクチバエ科。分布：本州，九州。

ムネアカマメゴモクムシ〈*Stenolophus propinquus*〉昆虫綱甲虫目オサムシ科の甲虫。体長5.0～5.5mm。分布：北海道，本州，四国，九州。

ムネアカマルカッコウムシ〈*Allochotes dichrous*〉昆虫綱甲虫目カッコウムシ科の甲虫。体長6.5～8.5mm。

ムネアカマルクビハネカクシ〈*Tachinus impunctatus*〉昆虫綱甲虫目ハネカクシ科の甲虫。体長6.5mm。分布：北海道，本州。

ムネアカメダカカミキリ エチゴメダカミキリの別名。

ムネアカヨコモンヒメハナカミキリ〈*Pidonia masakii*〉昆虫綱甲虫目カミキリムシ科ハナカミキリ亜科の甲虫。体長6.5～8.5mm。分布：本州（中部以北）。

ムネウストガリハネカクシ チビトガリハネカクシの別名。

ムネカクトビケラ属の一種〈*Ecnomus* sp.〉ムネカクトビケラ科。

ムネカドデオキスイ〈*Carpophilus acutangulus*〉昆虫綱甲虫目ケシキスイ科の甲虫。体長1.9～2.7mm。

ムネクビレヒメマキムシ クビレヒメマキムシの別名。

ムネクボスジホソカタムシ〈*Ascetoderes takeii*〉昆虫綱甲虫目ホソカタムシ科の甲虫。体長3.7～5.0mm。

ムネクリイロボタル〈*Cyphonocerus ruficollis*〉昆虫綱甲虫目ホタル科の甲虫。体長6～8mm。分布：本州，四国，九州。

ムネグロキスイモドキ ズグロキスイモドキの別名。

ムネグロコチビシデムシ〈*Sciodrepoides watsoni*〉昆虫綱甲虫目チビシデムシ科。

ムネグロサラグモ〈*Linyphia nigripectoris*〉蛛形綱クモ目サラグモ科の蜘蛛。体長雌3.5～4.0mm，雄3.0～3.5mm。分布：本州，四国，九州，南西諸島。

ムネグロテングベニボタル〈*Platycis consobrinus*〉昆虫綱甲虫目ベニボタル科の甲虫。体長5.0～8.0mm。

ムネクロナガハムシ ムナグロナガハムシの別名。

ムネクロベニカミキリ〈*Purpuricenus budensis*〉昆虫綱甲虫目カミキリムシ科の甲虫。分布：ヨーロッパ中南部，トルコ，シリア，コーカシア。

ムネグロメバエ〈*Asiconops opimus*〉昆虫綱双翅目メバエ科。

ムネグロリンゴカミキリ〈*Nupserha sericans*〉昆虫綱甲虫目カミキリムシ科の甲虫。体長8～12.5mm。

ムネコブウスバベニカミキリ〈*Eryhrus congruus*〉昆虫綱甲虫目カミキリムシ科の甲虫。

ムネコブゴマフカミキリ イシガキゴマフカミキリの別名。

ムネシロテンカバナミシャク〈*Eupithecia maenamiella*〉昆虫綱鱗翅目シャクガ科の蛾。分布：三重県の平倉，島根県平田市一畑。

ムネスジウスバカミキリ〈*Nortia carinicollis*〉昆虫綱甲虫目カミキリムシ科カミキリ亜科の甲虫。体長14～15mm。分布：沖縄諸島，石垣島，西表島。

ムネスジキスイ〈*Henotiderus centromaculatus*〉昆虫綱甲虫目キスイムシ科の甲虫。体長1.6～2.0mm。

ムネスジコガシラハネカクシ 胸条小頭隠翅虫〈*Philonthus rutiliventris*〉昆虫綱甲虫目ハネカクシ科の甲虫。体長9.5～10.5mm。分布：北海道，本州，九州。

ムネスジダンゴタマムシ〈*Julodis variolaris variolaris*〉昆虫綱甲虫目タマムシ科。分布：中央アジア，アフガニスタン。

ムネスジダンダラコメツキ〈*Harminius singularis*〉昆虫綱甲虫目コメツキムシ科。

ムネスジナガハネカクシ〈*Xantholinus cunctator*〉昆虫綱甲虫目ハネカクシ科の甲虫。体長6.0～10.0mm。

ムネスジノミゾウムシ〈*Rhynchaenus takabayashii*〉昆虫綱甲虫目ゾウムシ科の甲虫。体長2.3～2.6mm。

ムネスジミジンキスイ〈*Propalticus ryukyuensis*〉昆虫綱甲虫目ミジンキスイムシ科の甲虫。

ムネステウス・イットナ〈*Mnestheus ittona*〉昆虫綱鱗翅目セセリチョウ科の蝶。分布：パナマからボリビアまで。

ムネツノチリクワガタ〈*Sclerostomus cucullatus*〉昆虫綱甲虫目クワガタムシ科。分布：チリ，アルゼンチン。

ムネナガカバイロコメツキ〈*Ectinus longicollis*〉昆虫綱甲虫目コメツキムシ科。体長9～13mm。分布：本州，四国，九州。

ムネナガマルガタゴミムシ〈*Amara communis*〉昆虫綱甲虫目オサムシ科の甲虫。体長6～7mm。

ムネビロアカハネムシ　ムナビロアカハネムシの別名。

ムネビロイネゾウモドキ　ムナビロイネゾウモドキの別名。

ムネビロカクホソカタムシ　ムナビロカクホソカタムシの別名。

ムネビロツヤドロムシ　ムナビロツヤドロムシの別名。

ムネビロネスイ　ムナビロネスイの別名。

ムネビロハネカクシ　ムナビロハネカクシの別名。

ムネブトツツキノコムシ〈*Lipopterocis simplex*〉昆虫綱甲虫目ツツキノコムシ科の甲虫。体長1.5〜2.0mm。

ムネブトトガリヒメバチ〈*Idiolispa analis nigra*〉昆虫綱膜翅目ヒメバチ科。

ムネホシシロカミキリ〈*Olenecamptus clarus*〉昆虫綱甲虫目カミキリムシ科フトカミキリ亜科の甲虫。体長11〜17mm。分布：北海道, 本州, 四国, 九州, 対馬。

ムネボソアリ〈*Leptothorax congruus*〉昆虫綱膜翅目アリ科。体長3mm。分布：日本全土。

ムネボソヨツメハネカクシ〈*Boreaphilus japonicus*〉昆虫綱甲虫目ハネカクシ科の甲虫。体長2.5〜2.8mm。

ムネマダラトラカミキリ〈*Xylotrechus grayii*〉昆虫綱甲虫目カミキリムシ科カミキリ亜科の甲虫。体長9〜17mm。分布：小笠原諸島をのぞく日本全土。

ムネマルチビキカワムシ　マルムネチビキカワムシの別名。

ムネマルヒョウタンゾウムシ〈*Leptomias schoenherri*〉昆虫綱甲虫目ゾウムシ科の甲虫。体長8.5〜10.1mm。

ムネミゾクロチビジョウカイ〈*Malthodes sulcicollis*〉昆虫綱甲虫目ジョウカイボン科の甲虫。体長3.2〜4.0mm。

ムネミゾチビゴモクムシ〈*Acupalpus horni*〉昆虫綱甲虫目オサムシ科の甲虫。体長3.8〜4.3mm。

ムネミゾツブエンマムシ〈*Plegaderus marseuli*〉昆虫綱甲虫目エンマムシ科の甲虫。体長1.5〜1.8mm。

ムネミゾナガゴミムシ〈*Caelostomus picipes*〉昆虫綱甲虫目オサムシ科。体長6.0〜6.5mm。分布：本州, 四国, 九州。

ムネミゾヒメコクヌストモドキ〈*Coelopalorus foveicollis*〉昆虫綱甲虫目ゴミムシダマシ科。体長3.6〜4.3mm。貯穀・貯蔵植物性食品に害を及ぼす。分布：沖縄, 東南アジア, 中国, 東アフリカ, ハワイ。

ムネミゾヒメツツハムシ〈*Coenobius sulcicollis*〉昆虫綱甲虫目ハムシ科の甲虫。体長2.3〜2.5mm。

ムネミゾヒラタゴミムシダマシ〈*Phthora canalicollis*〉昆虫綱甲虫目ゴミムシダマシ科の甲虫。体長3.5mm。分布：北海道, 本州。

ムネミゾヒラタミツギリゾウムシ〈*Cerobates canaliculatus*〉昆虫綱甲虫目ミツギリゾウムシ科の甲虫。体長5.0〜5.6mm。

ムネミゾマルゴミムシ〈*Caelostomus picipes japonicus*〉昆虫綱甲虫目オサムシ科の甲虫。体長6.0〜6.5mm。

ムネモンアカネトラカミキリ〈*Xylotrechus atronotatus*〉昆虫綱甲虫目カミキリムシ科カミキリ亜科の甲虫。体長11〜20mm。分布：八重山諸島。

ムネモンウスアオカミキリ〈*Pareutetrapha magnifica*〉昆虫綱甲虫目カミキリムシ科フトカミキリ亜科の甲虫。体長12〜17mm。

ムネモンオオゾウムシ〈*Protocerius colossus*〉昆虫綱甲虫目ゾウムシ科の甲虫。分布：マレーシア。

ムネモンジンガサハムシ〈*Mesomphalia gibbosa*〉昆虫綱甲虫目ハムシ科。分布：ブラジル。

ムネモンチャイロトラカミキリ〈*Xylotrechus hircus*〉昆虫綱甲虫目カミキリムシ科カミキリ亜科の甲虫。体長8〜15mm。分布：北海道(知床半島, 足寄周辺など)。

ムネモンヒメハナカミキリ　カクムネヒメハナカミキリの別名。

ムネモンフトタマムシ〈*Sternocera monacha*〉昆虫綱甲虫目タマムシ科。分布：アフリカ東部。

ムネモンマルハナノミ〈*Helodes kojimai*〉昆虫綱甲虫目マルハナノミ科の甲虫。体長4.5〜5.5mm。分布：北海道。

ムネモンヤツボシカミキリ　胸紋八星天牛〈*Saperda tetrastigma*〉昆虫綱甲虫目カミキリムシ科フトカミキリ亜科の甲虫。体長11〜15mm。分布：北海道, 本州, 四国, 九州, 佐渡, 対馬。

ムネヨコカクホソカタムシ〈*Cerylon curticolle*〉昆虫綱甲虫目カクホソカタムシ科の甲虫。体長1.5mm。

ムモンアカシジミ　無紋赤小灰蝶〈*Shirozua jonasi*〉昆虫綱鱗翅目シジミチョウ科ミドリシジミ亜科の蝶。前翅長17〜22mm。分布：北海道, 本州。

ムモンアケボノアゲハ〈*Atrophaneura varuna*〉昆虫綱鱗翅目アゲハチョウ科の蝶。開張100mm。分布：マレーシア。珍蝶。

ムモンアシナガシジミ〈*Allotinus unicolor*〉昆虫綱鱗翅目シジミチョウ科の蝶。分布：マレーシア, ボルネオ, ジャワ, セレベス。

ムモンアラゲサビカミキリ〈*Egesina flavoapicalis*〉昆虫綱甲虫目カミキリムシ科フトカミキリ亜科の虫。体長4.5~5.0mm。分布：沖縄諸島。

ムモンウスキコケガ〈*Neasura melanopyga*〉昆虫綱鱗翅目ヒトリガ科の蛾。分布：徳之島, 沖縄本島, 宮古島, 石垣島, 西表島, 台湾。

ムモンウスキチョウ〈*Catopsilia crocale*〉昆虫綱鱗翅目シロチョウ科の蝶。分布：インド―オーストラリア全域, 日本では沖縄本島まで。

ムモンウスキチョウ ウスキシロチョウの別名。

ムモンオオハナノミ 無紋大花蚤〈*Macrosiagon nasutum*〉昆虫綱甲虫目オオハナノミ科の甲虫。体長5~11mm。分布：本州, 四国。

ムモンキイロアツバ〈*Stenhypena nigripuncta*〉昆虫綱鱗翅目ヤガ科クルマアツバ亜科の蛾。分布：本州(秋田, 宮城県以南), 四国, 九州, 対馬, 屋久島, 朝鮮半島。

ムモンキイロハバチ 無紋黄色葉蜂〈*Conaspidia hyalina*〉昆虫綱膜翅目ハバチ科。分布：北海道, 本州, 四国。

ムモンキスジノミハムシ〈*Phyllotreta atra*〉昆虫綱甲虫目ハムシ科の甲虫。体長2.0~2.2mm。

ムモンキチョウ〈*Gandaca harina*〉昆虫綱鱗翅目シロチョウ科の蝶。分布：インド, ミャンマー, アンダマン諸島, マレーシア, モルッカ諸島およびニューギニア。

ムモンキノコヒゲナガゾウムシ〈*Euparius concolor*〉昆虫綱甲虫目ヒゲナガゾウムシ科の甲虫。体長5.5~7.2mm。分布：奄美大島, 沖縄諸島。

ムモンクサカゲロウ〈*Chrysopa ciliata*〉昆虫綱脈翅目クサカゲロウ科。開張25~30mm。

ムモンクロセセリ〈*Ancistroides nigrita*〉昆虫綱鱗翅目セセリチョウ科の蝶。分布：スマトラ, マレーシアからフィリピンまで。

ムモンクロヒゲナガキバガ〈*Catacreagra notolychna*〉昆虫綱鱗翅目ヒゲナガキバガ科の蛾。分布：石垣島。

ムモンコバネ 無紋小翅蛾〈*Paramartyria immaculatella*〉昆虫綱鱗翅目コバネガ科の蛾。開張9~10mm。分布：本州, 九州の低山地からかなりの高山地まで。

ムモンジャノメ ヒメヒトツメジャノメの別名。

ムモンシリグロオオキノコムシ〈*Pselaphandra inornata*〉昆虫綱甲虫目オオキノコムシ科の甲虫。体長5.0~5.5mm。

ムモンシロオオメイガ 無紋白大螟蛾〈*Scirpophaga praelata*〉昆虫綱鱗翅目メイガ科オオメイガ亜科の蛾。開張28~32mm。分布：ヨーロッパから日本。

ムモンスジバネゴミムシ〈*Planetes formosanus*〉昆虫綱甲虫目オサムシ科の甲虫。体長9mm。

ムモンスネビロオオキノコムシ スネビロオオキノコムシの別名。

ムモンセセリ〈*Caltoris bromus*〉昆虫綱鱗翅目セセリチョウ科の蝶。別名トゲセセリ。分布：中国, マレーシア, インド, インドシナ半島, スマトラ, ジャワ, ボルネオ, セレベス, 台湾など。

ムモンタテハモドキ タテハモドキの別名。

ムモンチビオオキノコムシ〈*Spondotriplax inornata*〉昆虫綱甲虫目オオキノコムシ科の甲虫。体長3.0~3.5mm。

ムモンチビヒゲナガゾウムシ〈*Uncifer difficilis*〉昆虫綱甲虫目ヒゲナガゾウムシ科の甲虫。体長2.1~2.5mm。

ムモンチャイロテントウ〈*Micraspis kurosai*〉昆虫綱甲虫目テントウムシ科の甲虫。体長3.1~3.9mm。

ムモンチャイロホソバネカミキリ〈*Thranius rufescens*〉昆虫綱甲虫目カミキリムシ科カミキリ亜科の甲虫。体長14~23mm。

ムモンツチイロヒメハマキ〈*Epinotia bushiensis*〉昆虫綱鱗翅目ハマキガ科の蛾。分布：埼玉県入間市仏子。

ムモンツマジロヒメハマキ〈*Aphanina auricristana*〉昆虫綱鱗翅目ヒメハマキガ科の蛾。

ムモントゲバカミキリ〈*Rondibilis femorata*〉昆虫綱甲虫目カミキリムシ科フトカミキリ亜科の甲虫。体長4.8~6.5mm。

ムモンニセスガ〈*Prays kappa*〉昆虫綱鱗翅目スガ科の蛾。分布：北海道大沼。

ムモンニセハイスガ〈*Euhyponomeuta secundus*〉昆虫綱鱗翅目スガ科の蛾。分布：北海道大雪山。

ムモンハイイロハマキ ムモンハイイロヒメハマキの別名。

ムモンハイイロヒメハマキ〈*Gypsonoma holocrypta*〉昆虫綱鱗翅目ハマキガ科の蛾。開張15~16mm。分布：北海道, 本州(東北及び中部の山地), ロシア(アムール)。

ムモンヒロバキバガ 無紋広翅牙蛾〈*Odites lividula*〉昆虫綱鱗翅目ヒゲナガキバガ科の蛾。開張17~21mm。栗, 柿, ナシ類, 林檎, 椿, 山茶花に害を及ぼす。分布：本州, 四国, 九州。

ムモンフサキバガ〈*Dichomeris tostella*〉昆虫綱鱗翅目キバガ科の蛾。開張18~23mm。梅, アンズに害を及ぼす。分布：本州, 四国, 九州の山地。

ムモンベニカミキリ〈*Amarysius sanguinipennis*〉昆虫綱甲虫目カミキリムシ科カミキリ亜科の甲虫。体長14～19mm。分布：本州，九州。

ムモンベニボシカミキリ〈*Eurybatus lateritia*〉昆虫綱甲虫目カミキリムシ科の甲虫。分布：ネパール，インド北部，ミャンマー，インドシナ，中国。

ムモンヘリホシヒメハマキ〈*Dichrorampha impuncta*〉昆虫綱鱗翅目ハマキガ科の蛾。分布：本州の中部山地。

ムモンホソアシナガバチ〈*Parapolybia indica*〉昆虫綱膜翅目スズメバチ科。体長15～20mm。害虫。

ムモンホソバトガリメイガ 無紋細翅尖螟蛾〈*Endotricha hypogrammalis*〉昆虫綱鱗翅目メイガ科トガリメイガ亜科の蛾。開張19～21mm。分布：本州，九州。

ムモンミドリメクラガメ〈*Lygocoris idoneus*〉昆虫綱半翅目メクラカメムシ科。

ムモンムネアカハバチ〈*Eutomostethus hyalinus*〉昆虫綱膜翅目ハバチ科。

ムモンムラサキシジミ〈*Arhopala inornata*〉昆虫綱鱗翅目シジミチョウ科の蝶。

ムモンヨツメハネカクシ〈*Lesteva crassipes*〉昆虫綱甲虫目ハネカクシ科の甲虫。体長5.8～6.3mm。

ムラカミカレキゾウムシ〈*Atrachodes murakamii*〉昆虫綱甲虫目ゾウムシ科の甲虫。体長3.0～3.2mm。

ムラカミヒメクモゾウムシ〈*Telephae murakamii*〉昆虫綱甲虫目ゾウムシ科の甲虫。体長3.0～3.2mm。

ムラキハガタヨトウ ナカムラサキハガタヨトウの別名。

ムラクモアツバ〈*Bomolocha melanica*〉昆虫綱鱗翅目ヤガ科アツバ亜科の蛾。分布：東北地方から九州。

ムラクモヒシガタグモ〈*Episinus nubilus*〉蛛形綱クモ目ヒメグモ科の蜘蛛。体長雌4～5mm，雄3～4mm。分布：北海道，本州，四国，九州。

ムラサキアカガネヨトウ〈*Euplexia vinacea*〉昆虫綱鱗翅目ヤガ科カラスヨトウ亜科の蛾。分布：北海道から東北地方，関東中部，四国。

ムラサキアシブトクチバ〈*Parallelia maturata*〉昆虫綱鱗翅目ヤガ科シタバガ亜科の蛾。開張53～55mm。ナシ類，桃，スモモ，葡萄，柑橘に害を及ぼす。分布：インドから東南アジア一帯，中国，台湾，北海道，宮城県，本州，四国，九州，屋久島。

ムラサキアツバ 紫厚翅蛾〈*Diomea cremata*〉昆虫綱鱗翅目ヤガ科クチバ亜科の蛾。開張28～30mm。分布：沿海州，朝鮮半島，北海道から九州，対馬，伊豆諸島(御蔵島)。

ムラサキイチモンジ〈*Sumalia dudu*〉昆虫綱鱗翅目タテハチョウ科の蝶。分布：インド，ミャンマーから香港および台湾まで。

ムラサキイラガ 紫刺蛾〈*Austrapoda nitobeana*〉昆虫綱鱗翅目イラガ科の蛾。開張25～30mm。桜に害を及ぼす。分布：東北地方から四国，九州。

ムラサキイラガ ウスムラサキイラガの別名。

ムラサキウスアメバチ〈*Dictyonotus purpurascens*〉昆虫綱膜翅目ヒメバチ科。

ムラサキウズマキタテハ〈*Callicore pastazza*〉昆虫綱鱗翅目タテハチョウ科の蝶。開張55mm。分布：アマゾン川西部。珍蝶。

ムラサキウスモンヤガ〈*Cerastis leucographa*〉昆虫綱鱗翅目ヤガ科の蛾。分布：ユーラシア，沿海州，北海道，本州中部。

ムラサキウワバ 紫上翅蛾〈*Plusidia cheiranthi*〉昆虫綱鱗翅目ヤガ科コヤガ亜科の蛾。開張33～36mm。分布：ユーラシア，北海道，本州。

ムラサキエダシャク 紫枝尺蛾〈*Selenia tetralunaria*〉昆虫綱鱗翅目シャクガ科エダシャク亜科の蛾。翅の外縁に凸凹がある。開張4～5mm。ハスカップ，林檎に害を及ぼす。分布：ヨーロッパからアジア温帯域，日本。

ムラサキエンマコガネ〈*Onthophagus murasakianus*〉昆虫綱甲虫目コガネムシ科の甲虫。体長4～6mm。

ムラサキオオアカキリバ〈*Anomis griseolineata*〉昆虫綱鱗翅目ヤガ科クチバ亜科の蛾。分布：日本海側を北上し，新潟，秋田，青森県から北海道南端部，伊豆半島南部，四国各地，九州北部。

ムラサキオオゴミムシ カクムネマルナガゴミムシの別名。

ムラサキオオダイコクコガネ〈*Phanaeus lancifer*〉昆虫綱甲虫目コガネムシ科の甲虫。分布：ブラジル。

ムラサキオオツチハンミョウ〈*Meloe violaceus*〉昆虫綱甲虫目ツチハンミョウ科の甲虫。体長9～28mm。

ムラサキオオハナムグリ ミヤマオオハナムグリの別名。

ムラサキオナガウラナミシジミ〈*Catochrysops strabo*〉昆虫綱鱗翅目シジミチョウ科の蝶。別名ニセオナガウラナミシジミ。前翅長11～13mm。分布：インドからモルッカ諸島まで。

ムラサキカクモンハマキ〈*Archips viola*〉昆虫綱鱗翅目ハマキガ科ハマキガ亜科の蛾。林檎，栗に害を及ぼす。分布：北海道，本州，ロシア(ウスリーなど)。

ムラサキカネコメツキ〈*Limonius eximius*〉昆虫綱甲虫目コメツキムシ科。

ムラサキカバナミシャク〈Eupithecia rigida〉昆虫綱鱗翅目シャクガ科の蛾。分布：インドからオーストラリア，石垣島，西表島。

ムラサキカメムシ　紫亀虫〈Carpocoris purpureipennis〉昆虫綱半翅目カメムシ科。体長12～15mm。ユリ科野菜に害を及ぼす。分布：北海道，本州。

ムラサキキンウワバ〈Autographa buraetica〉昆虫綱鱗翅目ヤガ科コヤガ亜科の蛾。分布：本州中部の亜高山帯。

ムラサキクチバ　ツマムラサキクチバの別名。

ムラサキクチブサガ〈Rhabdocosma aglaophanes〉昆虫綱鱗翅目スガ科の蛾。開張18～19mm。分布：北海道，本州，四国，九州。

ムラサキコノハチョウ〈Kallima paralekta〉昆虫綱鱗翅目タテハチョウ科の蝶。開張90mm。分布：マレーシア，スマトラ。珍蝶。

ムラサキコムラサキ〈Apatura serarum〉昆虫綱鱗翅目タテハチョウ科の蝶。分布：中国(中部・西部)。

ムラサキシジミ　紫小灰蝶〈Narathura japonica〉昆虫綱鱗翅目シジミチョウ科ミドリシジミ亜科の蝶。前翅長14～20mm。分布：本州(東北地方南部が北限)以南。

ムラサキシタバ　紫下翅蛾〈Catocala fraxini〉昆虫綱鱗翅目ヤガ科シタバガ亜科の蛾。前翅は灰白色と暗い灰褐色の模様，後翅は黒褐色に，くすんだ青色の帯。開張7.5～9.5mm。分布：ヨーロッパ中部および北部。

ムラサキシマメイガ〈Scenedra umbrosalis〉昆虫綱鱗翅目メイガ科シマメイガ亜科の蛾。開張15～22mm。分布：北海道，本州，対馬。

ムラサキシャチホコ〈Uropyia meticulodina〉昆虫綱鱗翅目シャチホコガ科ウチキシャチホコ亜科の蛾。開張48～55mm。分布：沿海州，中国，北海道から九州，対馬。

ムラサキシラホシカメムシ　ツヤマルシラホシカメムシの別名。

ムラサキスガ　ムラサキクチブサガの別名。

ムラサキスカシジャノメ〈Cithaerias esmeralda〉昆虫綱鱗翅目タテハチョウ科の蝶。ほぼ透明な翅に，目玉模様をもつ。開張5mm。分布：ブラジルとペルー。

ムラサキスカシバ〈Paranthrene purpurea〉昆虫綱鱗翅目スカシバガ科の蛾。分布：本州，九州。

ムラサキスジアシゴミムシ〈Eobroscus lutshniki〉昆虫綱甲虫目オサムシ科の甲虫。体長14～15mm。分布：北海道，本州，四国，九州。

ムラサキスジノメイガ〈Clupeosoma purpureum〉昆虫綱鱗翅目メイガ科の蛾。分布：奄美大島田検，千葉県清澄山，静岡県岩室山，鹿児島市内，対馬阿連，石垣島，西表島。

ムラサキセイジシジミ〈Hypochlorosis humboldti〉昆虫綱鱗翅目シジミチョウ科の蝶。分布：ニューギニア。

ムラサキタテハ〈Sallya benguelae〉昆虫綱鱗翅目タテハチョウ科の蝶。分布：アンゴラ，ザイール，タンザニア西部。

ムラサキツバメ　紫燕蝶〈Narathura bazalus turbata〉昆虫綱鱗翅目シジミチョウ科ミドリシジミ亜科の蝶。別名タイワンムラサキツバメ。前翅長16～23mm。分布：本州(近畿が北限)，四国，九州，南西諸島。

ムラサキツマキリアツバ〈Pangrapta indentalis〉昆虫綱鱗翅目ヤガ科クチバ亜科の蛾。分布：伊豆半島，本州の北部，四国，九州，対馬，屋久島。

ムラサキツマキリヨトウ〈Callopistria juventina〉昆虫綱鱗翅目ヤガ科カラスヨトウ亜科の蛾。開張30～36mm。分布：ヨーロッパ南部から中近東，インド，中国，朝鮮半島，沿海州，北海道から九州，対馬，久島，沖縄本島，石垣島，伊豆諸島，八丈島。

ムラサキツヤコガ　紫艶小蛾〈Tyriozela porphyrogona〉昆虫綱鱗翅目ツヤコガ科の蛾。開張8mm。分布：北海道，本州，九州。

ムラサキツヤゴミムシダマシ　ムラサキツヤニジゴミムシダマシの別名。

ムラサキツヤニジゴミムシダマシ〈Addia latior〉昆虫綱甲虫目ゴミムシダマシ科の甲虫。体長7mm。分布：奄美大島。

ムラサキツヤハナムグリ〈Protaetia cataphracta〉昆虫綱甲虫目コガネムシ科の甲虫。体長21～24mm。分布：北海道，本州，四国，九州。

ムラサキツヤマガリガ〈Paraclemensia caerulea〉昆虫綱鱗翅目マガリガ科の蛾。開張12～14mm。分布：本州，四国，九州。

ムラサキツルギタテハ〈Marpesia marcella〉昆虫綱鱗翅目タテハチョウ科の蝶。開張60mm。分布：中米から南米北部。珍蝶。

ムラサキテングチョウ〈Libythea geoffroyi〉昆虫綱鱗翅目タテハチョウ科の蝶。雄は黒褐色で，全体に紫味がかり，雌は暗褐色で，いびつな白斑がある。開張5.0～5.5mm。分布：ミャンマー，タイ，フィリピン，パプアニューギニア，オーストラリア。

ムラサキトガリシャク〈Sarcinodes restitutaria〉昆虫綱鱗翅目シャクガ科の蛾。分布：石垣島，西表島，台湾，中国西部，マレー半島，ボルネオ，スマトラ，インド。

ムラサキトガリバ〈Epipsestis ornata〉昆虫綱鱗翅目トガリバガ科の蛾。開張31～38mm。分布：北海道，本州，四国，九州，対馬。

ムラサキトガリバキノハ〈*Anaea panariste*〉昆虫綱鱗翅目タテハチョウ科の蝶。分布：コロンビア，ベネズエラ。

ムラサキトガリバワモンチョウ　アオヘリフクロウの別名。

ムラサキトビケラ　紫石蚕，紫飛蠊〈*Eubasilissa regina*〉昆虫綱毛翅目トビケラ科ムラサキトビケラ属。体長20〜27mm。分布：北海道，本州，四国，九州。

ムラサキトビムシ　ヒメムラサキトビムシの別名。

ムラサキナガカメムシ〈*Pylorgus colon*〉昆虫綱半翅目ナガカメムシ科。体長4〜5mm。分布：北海道，本州，四国，九州。

ムラサキハガタヨトウ〈*Blepharita amica*〉昆虫綱鱗翅目ヤガ科セダカモクメ亜科の蛾。分布：東北地方から中部地方。

ムラサキハネナガミズアブ　紫翅長水虻〈*Ptecticus matsumurae*〉昆虫綱双翅目ミズアブ科。分布：北海道。

ムラサキハマキ　クロコハマキの別名。

ムラサキハマキホソガ〈*Caloptilia gloriosa*〉昆虫綱鱗翅目ホソガ科の蛾。分布：北海道，本州，九州。

ムラサキハレギチョウ〈*Cethosia lamarcki lamarcki*〉昆虫綱鱗翅目タテハチョウ科の蝶。分布：ティモール，ウェタル，キッサー，ババル。

ムラサキヒメカネコメツキ〈*Kibunea eximia*〉昆虫綱甲虫目コメツキムシ科。体長7mm。分布：本州。

ムラサキヒメクチバ〈*Mecodina subviolacea*〉昆虫綱鱗翅目ヤガ科クチバ亜科の蛾。開張23〜28mm。分布：中国，朝鮮半島，北限は宮城県付近，四国，九州，対馬，屋久島。

ムラサキヒョウモン　ビロウドムラサキの別名。

ムラサキフクロウチョウ〈*Eryphanis polyxena*〉昆虫綱鱗翅目タテハチョウ科の蝶。翅は，濃い紫色の金属光沢をもち，黒色で縁どられる。開張8.25〜10mm。分布：西インド諸島を含む中央および南アメリカ。

ムラサキベニシジミ〈*Helleia helle*〉昆虫綱鱗翅目シジミチョウ科の蝶。分布：ヨーロッパ（北部・中部）からシベリアを経てアムールまで。

ムラサキマダラ　ルリマダラの別名。

ムラサキマダラメイガ〈*Nephopterix proximalis*〉昆虫綱鱗翅目メイガ科の蛾。分布：石垣島，西表島，ボルネオ，インド北部。

ムラサキマネシアゲハ　オオムラサキアゲハの別名。

ムラサキミズキツヤコガ〈*Antispila purplella*〉昆虫綱鱗翅目ツヤコガ科の蛾。分布：四国，九州。

ムラサキミツボシアツバ〈*Hypena narratalis*〉昆虫綱鱗翅目ヤガ科アツバ亜科の蛾。分布：インド北部，中国，北海道，本州，四国。

ムラサキミツボシキリガ〈*Eupsilia unipuncta*〉昆虫綱鱗翅目ヤガ科セダカモクメ亜科の蛾。分布：中国湖南省，宮城県，栃木県足尾銅山，奥多摩町日原，埼玉県三峰山麓，愛媛県面河渓，熊本県，大分県。

ムラサキモリヒラタゴミムシ〈*Colpodes integratus*〉昆虫綱甲虫目オサムシ科の甲虫。体長9.5〜11.5mm。

ムラサキヨトウ〈*Lacanobia contigua*〉昆虫綱鱗翅目ヤガ科ヨトウガ亜科の蛾。開張45mm。分布：ユーラシア，北海道，本州中部山地，岩手県，秋田県の山間地。

ムラサキルリタマムシ〈*Chrysochroa cuprascens*〉昆虫綱甲虫目タマムシ科。分布：インド南部。

ムラサキワモンチョウ〈*Stichophthalma camadeva*〉昆虫綱鱗翅目タテハチョウ科の蝶。前翅は青味をおびた白色で翅の縁には黒色の斑紋が並び，黒褐色の後翅の縁には淡青色と白色の帯が走る。開張12〜13mm。分布：インド北部やパキスタン，ミャンマー。

ムラヤマムネクロサビカミキリ〈*Prosoplus banksi*〉昆虫綱甲虫目カミキリムシ科の甲虫。体長8.5〜16.0mm。

ムラヤマムネコブサビカミキリ〈*Prosoplus bankii*〉昆虫綱甲虫目カミキリムシ科フトカミキリ亜科の甲虫。

ムルティヒメハマキ〈*Eucosmomorpha multicolor*〉昆虫綱鱗翅目ハマキガ科の蛾。分布：本州（東北，中部山地），ロシア（沿海州）。

ムーレアナ・トゥリコネウラ〈*Mooreana trichoneura*〉昆虫綱鱗翅目セセリチョウ科の蝶。分布：インド，マレーシアからフィリピンまで。

ムーレアナ・プリンケプス〈*Mooreana princeps*〉昆虫綱鱗翅目セセリチョウ科の蝶。分布：フィリピン，ミンダナオ島。

ムレサラグモ〈*Drapetisca socialis*〉蛛形綱クモ目サラグモ科の蜘蛛。

ムロズミソレグモ〈*Zoropsis nishimurai*〉蛛形綱クモ目スオウグモ科の蜘蛛。

ムロテハエトリ〈*Phintella mellotteei*〉蛛形綱クモ目ハエトリグモ科の蜘蛛。

ムロムシ　クリヤケシキスイの別名。

【メ】

メアンダールリオビタテハ〈*Prepona meander*〉昆虫綱鱗翅目タテハチョウ科の蝶。黒色の翅の表面に青緑色の金属光沢をもつ帯がある。開張8〜

10.8mm。分布：西インド諸島を含む，中央および南アメリカ。

メイガ 螟蛾 昆虫綱鱗翅目メイガ科Pyralidaeの総称。

メイチュウ 螟虫 昆虫類のうち，草木の茎や枝の髄(中心部)に食入する昆虫の幼虫のことをいうが，おもにイネノズイムシともよばれるニカメイガの幼虫をさすことが多い。

メガケファラ・カロリナ〈Megacephala carolina〉昆虫綱甲虫目ハンミョウ科。分布：合衆国南部，中米および西インド諸島。

メガケファラ・クルギ〈Megacephala klugi〉昆虫綱甲虫目ハンミョウ科。分布：南アメリカ北部。

メガケファラ・ビルギニカ〈Megacephala virginica〉昆虫綱甲虫目ハンミョウ科。分布：合衆国中・南部。

メガケファラ・ブラシリエンシス〈Megacephala brasiliensis〉昆虫綱甲虫目ハンミョウ科。分布：ボリビア，アマゾン川流域からウルグアイ，パラグアイ。

メガケファラ・フルギダ〈Megacephala fulgida pilosipennis〉昆虫綱甲虫目ハンミョウ科。分布：南米北部，亜種は南米北西部。

メガケファラ・マルティイ〈Megacephala martii〉昆虫綱甲虫目ハンミョウ科。分布：ブラジル，ペルー，パラグアイ。

メガティムス・コファクイ〈Megathymus cofaqui〉昆虫綱鱗翅目セセリチョウ科の蝶。分布：ジョージア州，フロリダ州。

メガティムス・ストレッケリ〈Megathymus streckeri〉昆虫綱鱗翅目セセリチョウ科の蝶。分布：コロラド州，ニューメキシコ州，アリゾナ州。

メガティムス・スミシ〈Megathymus smithi〉昆虫綱鱗翅目セセリチョウ科の蝶。分布：アリゾナ州。

メカニティス属の一種〈Mechanitis sp.〉昆虫綱鱗翅目トンボマダラ科。分布：ペルー。

メカニティス・ドリッスス〈Mechanitis doryssus〉昆虫綱鱗翅目トンボマダラ科の蝶。分布：中央アメリカ，ベネズエラ。

メカニティス・ファッラガ〈Mechanitis huallaga〉昆虫綱鱗翅目トンボマダラ科の蝶。分布：ペルー。

メカニティス・ポリムニア〈Mechanitis polymnia〉昆虫綱鱗翅目トンボマダラ科の蝶。分布：ギアナ，ブラジル。

メカニティス・マクリヌス〈Mechanitis macrinus〉昆虫綱鱗翅目トンボマダラ科の蝶。分布：中央アメリカ。

メカニティス・マンティネウス〈Mechanitis mantineus〉昆虫綱鱗翅目トンボマダラ科の蝶。分布：エクアドルのアンデス山脈西部。

メカニティス・メッセノイデス〈Mechanitis messenoides〉昆虫綱鱗翅目トンボマダラ科の蝶。分布：エクアドル，ペルー，ボリビア。

メカニティス・リキディケ〈Mechanitis lycidice〉昆虫綱鱗翅目トンボマダラ科の蝶。分布：中央アメリカ。

メカニティス・リシムニア〈Mechanitis lysimnia〉昆虫綱鱗翅目トンボマダラ科の蝶。分布：ミナス・ジェライス地方(Minas Geraes，ブラジル南東部)。

メガネアゲハ ウルビリアヌストリバネアゲハの別名。

メガネアサヒハエトリ〈Phintella linea〉蛛形綱クモ目ハエトリグモ科の蜘蛛。体長雌5～6mm，雄4～5mm。分布：本州，四国，九州。

メガネイオグモ メガネヤチグモの別名。

メガネサナエ〈Stylurus oculatus〉昆虫綱蜻蛉目サナエトンボ科の蜻蛉。体長60～67mm。分布：本州。

メガネドヨウグモ〈Metleucauge yunohamensis〉蛛形綱クモ目コガネグモ科の蜘蛛。体長雌9～11mm，雄7～9mm。分布：北海道，本州，四国，九州。

メガネトリバネアゲハ〈Ornithoptera priamus〉昆虫綱鱗翅目アゲハチョウ科の蝶。別名メガネアゲハ。雄の翅の表面には，黒色と緑色の模様。開張10.8～13.0mm。分布：モルッカ諸島から，パプアニューギニア，ソロモン諸島，オーストラリア北部。珍蝶。

メガネトリバネアゲハ(ニューギニア亜種)〈Ornithoptera priamus poseidon〉昆虫綱鱗翅目アゲハチョウ科の蝶。分布：ニューギニア。

メガネヤチグモ〈Coelotes luctuosus〉蛛形綱クモ目タナグモ科の蜘蛛。体長雌13～15mm，雄11～13mm。分布：北海道，本州，四国，九州。

メガミニシキシジミ〈Hypochrysops rex〉昆虫綱鱗翅目シジミチョウ科の蝶。分布：ニューギニア。

メガラグリオン・オアフエンセ〈Megalagrion oahuense〉昆虫綱蜻蛉目イトトンボ科。分布：オアフ島(ハワイ諸島)。

メガラグリオン・デケプトル〈Megalagrion deceptor〉昆虫綱蜻蛉目イトトンボ科。分布：マウイ島(ハワイ諸島)。

メガラグリオン・バガブンドゥム〈Megalagrion vagabundum〉昆虫綱蜻蛉目イトトンボ科。分布：カウアイ島(ハワイ諸島)。

メガロパルプス・ジムナ〈*Megalopalpus zymna*〉昆虫綱鱗翅目シジミチョウ科の蝶。分布：ガーナからガボンまで。

メガロパルプス・メタレウクス〈*Megalopalpus metaleucus*〉昆虫綱鱗翅目シジミチョウ科の蝶。分布：ガーナからカメルーンまで。

メキシコアゲハ ウラギンアゲハの別名。

メキシコオオミドリカミキリ〈*Callichroma cosmicum*〉昆虫綱甲虫目カミキリムシ科の甲虫。分布：メキシコ, ホンジュラス。

メキシコサソリ〈*Centruroides noxius*〉蛛形綱サソリ目キョクトウサソリ科。体長45mm。害虫。

メキシコゾウカブトムシ〈*Megasoma mexicanus*〉昆虫綱甲虫目コガネムシ科の甲虫。分布：メキシコ西部。

メキシコフクロウチョウ〈*Caligo uranus*〉昆虫綱鱗翅目フクロウチョウ科の蝶。分布：メキシコ, グアテマラ, ホンジュラス。

メキシコマルバネカラスシジミ〈*Eumaeus toxea*〉昆虫綱鱗翅目シジミチョウ科の蝶。分布：メキシコ, グアテマラ, ホンジュラス。

メキリグモ〈*Gnaphosa kompirensis*〉蛛形綱クモ目ワシグモ科の蜘蛛。体長雌8～10mm, 雄6～8mm。分布：北海道, 本州, 四国, 九州。

メクラアブ 盲虻〈*Chrysops suavis*〉昆虫綱双翅目アブ科。体長8～10mm。分布：北海道, 本州, 四国, 九州。害虫。

メクラウスイロムクゲキノコムシ メナシウスイロムクゲキノコムシの別名。

メクラカメムシ 盲亀虫〈*plant bug*〉半翅目メクラカメムシ科Miridaeの昆虫の総称。

メクラグモ 盲蜘蛛 節足動物門クモ形綱メクラグモ目Opilionesの陸生動物の総称。

メクラゲンゴロウ〈*Morimotoa phreatica*〉昆虫綱甲虫目ゲンゴロウ科の甲虫。体長2.9～3.4mm。分布：兵庫県柏原町, 京都府福知山市。

メクラナガアリ〈*Stenamma owstoni*〉昆虫綱膜翅目アリ科。

メクラホソノミ〈*Leptopsylla segnis*〉無翅昆虫亜綱総尾目ホソノミ科。

メクラヤムシ 盲矢虫〈*Sagitta macrocephala*〉毛顎動物門矢虫綱無膜目ヤムシ科の海産動物。

メグロハエトリ〈*Silerella barbata*〉蛛形綱クモ目ハエトリグモ科の蜘蛛。

メゲウプティキア・アントノエ〈*Megeuptychia antonoe*〉昆虫綱鱗翅目ジャノメチョウ科の蝶。分布：中央アメリカ, アマゾン。

メゲレノフォルス・アメリカヌス〈*Megelenophorus americanus*〉昆虫綱甲虫目ゴミムシダマシ科。分布：アルゼンチン。

メコサスピス属の一種〈*Mecosaspis* sp.〉昆虫綱甲虫目カミキリムシ科の甲虫。分布：ザイール。

メコサスピス・ビオラケウス〈*Mecosaspis violaceus*〉昆虫綱甲虫目カミキリムシ科の甲虫。分布：ザイール。

メザ・インドゥシアタ〈*Meza indusiata*〉昆虫綱鱗翅目セセリチョウ科の蝶。分布：カメルーン。

メザ・キベウテス〈*Meza cybeutesu*〉昆虫綱鱗翅目セセリチョウ科の蝶。分布：カメルーン, コンゴ。

メサピア・ペロリア〈*Mesapia peloria*〉昆虫綱鱗翅目シロチョウ科の蝶。分布：チベット北東部。

メザ・マビッレイ〈*Meza mabillei*〉昆虫綱鱗翅目セセリチョウ科の蝶。分布：カメルーン。

メザ・メザ〈*Meza meza*〉昆虫綱鱗翅目セセリチョウ科の蝶。分布：トーゴからアンゴラまで。

メサリナケブカミバエ〈*Stylia messalina*〉昆虫綱双翅目ミバエ科。

メジフライ チチュウカイミバエの別名。

メシマキンケカミキリ〈*Asaperda wadai*〉昆虫綱甲虫目カミキリムシ科フトカミキリ亜科の甲虫。

メシマコブヒゲカミキリ〈*Rhodopina meshimensis*〉昆虫綱甲虫目カミキリムシ科フトカミキリ亜科の甲虫。

メシママルクチカクシゾウムシ〈*Orochlesis meshimensis*〉昆虫綱甲虫目ゾウムシ科の甲虫。体長4.2～4.6mm。

メスアオトラフシジミ〈*Rapala pheretima*〉昆虫綱鱗翅目シジミチョウ科の蝶。分布：インド, マレーシア, スマトラ, ボルネオ, ジャワ。

メスアオビロウドセセリ〈*Bibasis harisa*〉昆虫綱鱗翅目セセリチョウ科の蝶。分布：アッサム, ミャンマー, マレーシア。

メスアオビロードセセリ メスアオビロウドセセリの別名。

メスアカアシボソケバエ〈*Bibio simulans*〉昆虫綱双翅目ケバエ科。

メスアカオオムシヒキ〈*Microstylum dimorphum*〉昆虫綱双翅目ムシヒキアブ科。体長33～41mm。分布：奄美大島以南の南西諸島。

メスアカキマダラコメツキ 雌赤黄斑叩頭虫〈*Gamepenthes versipellis*〉昆虫綱甲虫目コメツキムシ科の甲虫。体長6～7mm。分布：北海道, 本州, 四国, 九州。

メスアカケバエ〈*Bibio rufiventris*〉昆虫綱双翅目ケバエ科。体長9～11mm。分布：日本全土。害虫。

メスアカネグロオオヒョウモン ダイアナギンボシヒョウモンの別名。

メスアカハバチ〈*Nematinus japonica*〉昆虫綱膜翅目ハバチ科。

メスアカフルカ　メスアカケバエの別名。

メスアカミドリシジミ　**雌赤緑小灰蝶**〈*Chrysozephyrus smaragdinus*〉昆虫綱鱗翅目シジミチョウ科ミドリシジミ亜科の蝶。前翅長17〜21mm。分布：北海道, 本州, 四国, 九州。

メスアカムラサキ　**雌赤紫蝶**〈*Hypolimnas misippus*〉昆虫綱鱗翅目タテハチョウ科ヒオドシチョウ亜科の蝶。前翅長35〜45mm。分布：アフリカ, 東洋の熱帯から亜熱帯, 北アメリカ南部から南アメリカ。

メスアカモンキアゲハ〈*Papilio aegeus*〉昆虫綱鱗翅目アゲハチョウ科の蝶。黒地の前翅を白色の帯が斜めに走る。開張7.5〜9.0cm。分布：オーストラリア東部と, パプアニューギニア周辺の島々。

メスカバフアツバ〈*Hypena sp.*〉昆虫綱鱗翅目ヤガ科アツバ亜科の蛾。分布：東南アジア, 屋久島, 沖永良部島, 沖縄本島, 宮古島, 石垣島。

メスキオビタテハ〈*Cynandra opis*〉昆虫綱鱗翅目タテハチョウ科の蝶。分布：シエラレオネから, アンゴラ, ウガンダまで。

メスキツマキチョウ〈*Anthocharis sara*〉昆虫綱鱗翅目シロチョウ科の蝶。分布：合衆国西部。

メスキートヒメシジミ〈*Hemiargus isola*〉昆虫綱鱗翅目シジミチョウ科の蝶。雄の翅は青紫色で, 灰褐色の縁どり。開張2〜3mm。分布：合衆国南部からコスタリカ。

メスキヒョウモン　ノコミスギンボシヒョウモンの別名。

メスキベニホシシャク〈*Eumelea ludovicata*〉昆虫綱鱗翅目シャクガ科の蛾。分布：台湾からインド, スンダ列島, ソロモン群島, 徳之島, 宮古島。

メスグロカミキリモドキ〈*Asclera carinicollis*〉昆虫綱甲虫目カミキリモドキ科の甲虫。体長6.5〜8.0mm。

メスグロシダハバチ〈*Alphostrombocerus konowi*〉昆虫綱膜翅目ハバチ科。

メスグロトラフアゲハ〈*Papilio glaucus*〉昆虫綱鱗翅目アゲハチョウ科の蝶。雄と一部の雌は, 黄色地に黒色の縦縞, 雌は黒褐色か黒色。開張9〜16.5mm。分布：北アメリカ。

メスグロトラフアゲハ　トラフアゲハの別名。

メスグロヒメアツバ〈*Schrankia dimorpha*〉昆虫綱鱗翅目ヤガ科クチバ亜科の蛾。分布：本州中部以西, 三重県, 香川県, 屋久島, 伊豆諸島, 八丈島。

メスグロヒョウモン　**雌黒豹紋蝶**〈*Damora sagana*〉昆虫綱鱗翅目タテハチョウ科ヒョウモンチョウ亜科の蝶。前翅長36〜40mm。分布：北海道, 本州, 四国, 九州。

メスグロヒラタキノコバエ〈*Ceroplatus testaceus biformis*〉昆虫綱双翅目キノコバエ科。

メスグロヒラタタケカ　メスグロヒラタキノコバエの別名。

メスグロベニコメツキ　メスグロホタルコメツキの別名。

メスグロベニシジミ〈*Palaeochrysophanus hippothoe*〉昆虫綱鱗翅目シジミチョウ科の蝶。雄の翅は濃い赤銅色に, 黒色の縁どり, 雌の後翅は褐色。開張3〜4mm。分布：ヨーロッパからアジア温帯域, シベリアの沼沢地。

メスグロホタルコメツキ〈*Denticollis versicolor*〉昆虫綱甲虫目コメツキムシ科の甲虫。体長14〜15mm。分布：本州(関東以北)。

メスグロミスジ〈*Athyma nefte*〉昆虫綱鱗翅目タテハチョウ科の蝶。

メスグロミゾコメツキダマシ〈*Torigaia bicolor*〉昆虫綱甲虫目コメツキダマシ科の甲虫。体長6.8〜12.4mm。

メスコバネキバガ〈*Xenomicta cupreifera*〉昆虫綱鱗翅目マルハキバガ科の蛾。別名ウスオビマルハキバガ。開張雄17〜19mm, 雌13.5mm。

メスコバネマルハキバガ〈*Diurnea cupreifera*〉昆虫綱鱗翅目マルハキバガ科の蛾。林檎に害を及ぼす。分布：本州, 四国。

メスジロイシガケチョウ〈*Cyrestis lutea*〉昆虫綱鱗翅目タテハチョウ科の蝶。分布：ジャワ, バリ, スマトラ, ボルネオ, フィリピン。

メスジロキチョウ〈*Ixias pyrene*〉昆虫綱鱗翅目シロチョウ科の蝶。分布：ネパール, シッキム, アッサム, インド, スリランカ, パキスタン, ミャンマー, アンダマン, インドシナ, マレーシア, 中国南部, 海南島, 台湾, フィリピン, スマトラ, ジャワ。

メスジロコノハチョウ〈*Kallima rumia*〉昆虫綱鱗翅目タテハチョウ科の蝶。分布：アフリカ西部・中央部・東部。

メスジロナガレオドリバエ〈*Hilara leucogyne*〉昆虫綱双翅目オドリバエ科。

メスジロハエトリ〈*Phintella munitus*〉蛛形綱クモ目ハエトリグモ科の蜘蛛。体長雌7〜8mm, 雄6〜7mm。分布：本州, 四国, 九州。

メスジロホシチョウ〈*Acraea ranavalona*〉昆虫綱鱗翅目ホシチョウ科の蝶。分布：マダガスカル, コモロ, アストベ, アルダブラ。

メススジゲンゴロウ〈*Acilius japonicus*〉昆虫綱甲虫目ゲンゴロウ科の甲虫。体長16mm。分布：北海道, 本州(中部以北の高地)。

メスチャヒカゲ〈*Lethe chandica*〉昆虫綱鱗翅目ジャノメチョウ科の蝶。分布：インド北部からスンダランド, フィリピンまで。

メストゥラ・アミモネ〈Mestra amymone〉昆虫綱鱗翅目タテハチョウ科の蝶.分布:熱帯中央アメリカからネブラスカ州まで.

メストゥラ・テレボアス〈Mestra teleboas〉昆虫綱鱗翅目タテハチョウ科の蝶.分布:アンチル諸島.

メストゥラ・ヒペルムネストゥラ〈Mestra hypermnestra〉昆虫綱鱗翅目タテハチョウ科の蝶.分布:ブラジル,パラグアイ.

メスモンホソハマキモドキ〈Glyphipterix imparfasciata〉昆虫綱鱗翅目ホソハマキモドキガ科の蛾.分布:琉球諸島の石垣島.

メセネ・エパフス〈Mesene epaphus〉昆虫綱鱗翅目シジミタテハ科の蝶.分布:南アメリカ北部.

メセネ・クロケッラ〈Mesene crocella〉昆虫綱鱗翅目シジミタテハ科の蝶.分布:中央アメリカ.

メセネ・シラリス〈Mesene silaris〉昆虫綱鱗翅目シジミタテハ科の蝶.分布:ニカラグア,ベネズエラ,ペルー.

メセネ・ネプティクラ〈Mesene nepticula〉昆虫綱鱗翅目シジミタテハ科の蝶.分布:アマゾン,ギアナ,エクアドル.

メセネ・ヒア〈Mesene hya〉昆虫綱鱗翅目シジミタテハ科の蝶.分布:アマゾン.

メセネ・マルガレッタ〈Mesene margaretta〉昆虫綱鱗翅目シジミタテハ科の蝶.分布:メキシコからコロンビア,ペルー,ベネズエラ.

メセノプシス・ブリアキシス〈Mesenopsis bryaxis〉昆虫綱鱗翅目シジミタテハ科の蝶.分布:中央アメリカからボリビアまで.

メセンヒイロシジミタテハ〈Mesene phareus〉昆虫綱鱗翅目シジミチョウ科の蝶.雄は深紅色で,黒色の縁どりをもち,雌は淡色.開張2.0~2.5mm.分布:中央および南アメリカの熱帯域.

メソアキダリア・アレキサンドゥラ〈Mesoacidalia alexandra〉昆虫綱鱗翅目タテハチョウ科の蝶.分布:アルメニアおよびイラン.

メソアキダリア・クラウディア〈Mesoacidalia claudia〉昆虫綱鱗翅目タテハチョウ科の蝶.分布:ヒマラヤ.

メソセミア・アクタ〈Mesosemia acuta〉昆虫綱鱗翅目シジミタテハ科.分布:ブラジル南部.

メソセミア・アハバ〈Mesosemia ahava〉昆虫綱鱗翅目シジミタテハ科の蝶.分布:ペルー.

メソセミア・イェジエラ〈Mesosemia jeziela jeziela〉昆虫綱鱗翅目シジミタテハ科.分布:コロンビアからボリビア,アマゾン流域.

メソセミア・イビクス〈Mesosemia ibycus〉昆虫綱鱗翅目シジミタテハ科の蝶.分布:ギアナ,ペルー,コロンビア.

メソセミア・ウルリカ〈Mesosemia ulrica〉昆虫綱鱗翅目シジミタテハ科の蝶.分布:コロンビア,ペルー,ギアナ.

メソセミア・エウメネ〈Mesosemia eumene〉昆虫綱鱗翅目シジミタテハ科の蝶.分布:コロンビア,ペルー,ボリビア,ギアナ.

メソセミア・エフィネ〈Mesosemia ephyne〉昆虫綱鱗翅目シジミタテハ科の蝶.分布:ギアナ,アマゾン,ペルー.

メソセミア・オディケ〈Mesosemia odice〉昆虫綱鱗翅目シジミタテハ科の蝶.分布:アルゼンチン,ブラジル.

メソセミア・オルボナ〈Mesosemia orbona〉昆虫綱鱗翅目シジミタテハ科の蝶.分布:ギアナ,コロンビア.

メソセミア・ガウディオルム〈Mesosemia gaudiolum〉昆虫綱鱗翅目シジミタテハ科の蝶.分布:メキシコからコスタリカまで.

メソセミア・カパエナ〈Mesosemia capaena capaena〉昆虫綱鱗翅目シジミタテハ科.分布:ギアナ,アマゾン流域.

メソセミア・カリプソ〈Mesosemia calypso〉昆虫綱鱗翅目シジミタテハ科の蝶.分布:アマゾン.

メソセミア・クロエスス〈Mesosemia croesus trilineata〉昆虫綱鱗翅目シジミタテハ科.分布:コロンビア,ボリビア,ギアナ,アマゾン流域,ブラジル.

メソセミア・ザノア〈Mesosemia zanoa〉昆虫綱鱗翅目シジミタテハ科の蝶.分布:コロンビア.

メソセミア・シフィア〈Mesosemia sifia〉昆虫綱鱗翅目シジミタテハ科の蝶.分布:ギアナ,エクアドル,コロンビア,アマゾン.

メソセミア・ゾレア〈Mesosemia zorea〉昆虫綱鱗翅目シジミタテハ科の蝶.分布:ペルー,ボリビア,エクアドル.

メソセミア・フィロクレス〈Mesosemia philocles〉昆虫綱鱗翅目シジミタテハ科の蝶.分布:ベネズエラ,ギアナ,アマゾン流域.

メソセミア・マカエラ〈Mesosemia machaera〉昆虫綱鱗翅目シジミタテハ科の蝶.分布:ペルー,アマゾン流域.

メソセミア・マクリナ〈Mesosemia macrina〉昆虫綱鱗翅目シジミタテハ科の蝶.分布:コロンビア.

メソセミア・ミノス〈Mesosemia minos〉昆虫綱鱗翅目シジミタテハ科の蝶.分布:アマゾン,ブラジル.

メソセミア・メッセイス〈Mesosemia messeis〉昆虫綱鱗翅目シジミタテハ科の蝶.分布:アマゾン,エクアドル,ボリビア,ペルー.

メソセミア・メトゥアナ〈Mesosemia metuana〉昆虫綱鱗翅目シジミタテハ科の蝶。分布：コロンビア，エクアドル。

メソセミア・メトペ〈Mesosemia metope metope〉昆虫綱鱗翅目シジミタテハ科。分布：ベネズエラ，ペルー，ギアナ，アマゾン流域，ブラジル北部。

メソセミア・メバニア〈Mesosemia mevania〉昆虫綱鱗翅目シジミタテハ科の蝶。分布：コロンビア，ペルー。

メソセミア・メルピア〈Mesosemia melpia〉昆虫綱鱗翅目シジミタテハ科の蝶。分布：アマゾン。

メソセミア・ユディカリス〈Mesosemia judicalis judicalis〉昆虫綱鱗翅目シジミタテハ科。分布：エクアドル，ペルー，ボリビア，アマゾン流域。

メソセミア・ラマクス〈Mesosemia lamachus〉昆虫綱鱗翅目シジミタテハ科。分布：メキシコ，ホンジュラス，グアテマラ。

メソセミア・ロルハナ〈Mesosemia loruhana loruhana〉昆虫綱鱗翅目シジミタテハ科。分布：コロンビア，エクアドル，ペルー，ボリビア，アマゾン流域。

メソセミア・ロルハマ〈Mesosemia loruhama〉昆虫綱鱗翅目シジミタテハ科の蝶。分布：ペルー。

メンディナ・アエルロピス〈Mesodina aeluropis〉昆虫綱鱗翅目セセリチョウ科の蝶。分布：オーストラリア。

メソディナ・ハリジア〈Mesodina halyzia〉昆虫綱鱗翅目セセリチョウ科の蝶。分布：オーストラリア。

メソプタルマ・イドテア〈Mesopthalma idotea〉昆虫綱鱗翅目シジミタテハ科の蝶。分布：ギアナ，アマゾン。

メダカアトキリゴミムシ〈Orionella lewisii〉昆虫綱甲虫目オサムシ科の甲虫。体長9.0～9.5mm。

メダカオオキバハネカクシ〈Megalopinus japonicus〉昆虫綱甲虫目ハネカクシ科の甲虫。体長5mm。分布：本州，四国，対馬，石垣島。

メダカケブカキクイゾウムシ〈Pholidoforus squamosus〉昆虫綱甲虫目ゾウムシ科の甲虫。体長2.2～3.5mm。

メダカサルゾウムシ〈Phytobius quadrituberculatus〉昆虫綱甲虫目ゾウムシ科。

メダカスズ キアシクサヒバリの別名。

メダカチビカワゴミムシ 眼高矮河芥虫〈Asaphidion semilucidum〉昆虫綱甲虫目オサムシ科の甲虫。体長4mm。分布：北海道，本州，四国，九州。

メダカチビドロムシ〈Acontosceles yorioi〉昆虫綱甲虫目チビドロムシ科の甲虫。体長2.1mm。

メダカツヤハダコメツキ 眼高艶肌叩頭虫〈Athous jactatus〉昆虫綱甲虫目コメツキムシ科の甲虫。体長7～11mm。分布：北海道，本州，四国，九州。

メダカナガカメムシ 眼高長亀虫〈Chauliops fallax〉昆虫綱半翅目ナガカメムシ科。体長3mm。隠元豆，小豆，ササゲ，大豆に害を及ぼす。分布：本州，四国，九州，南西諸島。

メダカヒシベニボタル〈Dictyoptera oculata〉昆虫綱甲虫目ベニボタル科の甲虫。体長5.8～9.8mm。

メタカリス・プトロマエウス〈Metacharis ptolomaeus〉昆虫綱鱗翅目シジミタテハ科の蝶。分布：アマゾンからブラジル南部まで。

メタカリス・ルキウス〈Metacharis lucius〉昆虫綱鱗翅目シジミタテハ科の蝶。分布：ギアナ。

メダケクダアザミウマ〈Hindsiana odonaspicola〉昆虫綱総翅目クダアザミウマ科。

メタニア・アガシクレス〈Methania agasicles〉昆虫綱鱗翅目シロチョウ科の蝶。分布：ペルー，ボリビア(ともに高地)。

メダマグモ 巨眼蜘蛛，目玉蜘蛛〈Dinopis subrufa〉蛛形綱クモ目メダマグモ科メダマグモ属の蜘蛛。

メダマグモ 巨眼蜘蛛，目玉蜘蛛 節足動物門クモ形綱真正クモ目メダマグモ科の総称であるが，おもにそのなかのメダマグモ属Deinopisをさす。

メダマコウモリ ムカシオオコウモリの別名。

メダママネシヒカゲ〈Elymnias agondas〉昆虫綱鱗翅目タテハチョウ科の蝶。後翅の裏面に目玉模様を囲むオレンジ色の斑紋がある。開張7～9mm。分布：パプアニューギニアからオーストラリア北部。

メダママルバネワモン〈Faunis phaon〉昆虫綱鱗翅目ワモンチョウ科の蝶。分布：フィリピン。

メダママミナミオビガ〈Anthela ocellata〉昆虫綱鱗翅目ミナミオビガ科の蛾。灰褐色。前翅には暗褐色の帯と黒色の目玉模様。開張4.5～5.0mm。分布：タスマニアを含むオーストラリア東部および南部。

メタモルファ・スルピティア〈Metamorpha sulpitia〉昆虫綱鱗翅目タテハチョウ科の蝶。分布：南アメリカ北部からペルーまで。

メツブテントウ〈Sticholotis substriata〉昆虫綱甲虫目テントウムシ科の甲虫。体長2.7～3.0mm。

メッラナ・ビッラ〈Mellana villa〉昆虫綱鱗翅目セセリチョウ科の蝶。分布：ブラジル。

メッラナ・ペルフィダ〈Mellana perfida〉昆虫綱鱗翅目セセリチョウ科の蝶。分布：コスタリカからコロンビアまで。

メッラナ・メッラ〈Mellana mella〉昆虫綱鱗翅目セセリチョウ科の蝶。分布：メキシコからブラジ

ルおよびトリニダードまで。

メッリクタ・アウレリア〈Mellicta aurelia〉昆虫綱鱗翅目タテハチョウ科の蝶。分布：中部ヨーロッパからウラル山脈, 中央アジア, コーカサス, アムールまで。

メッリクタ・アステリア〈Mellicta asteria〉昆虫綱鱗翅目タテハチョウ科の蝶。分布：アルプス, アルタイ山脈。

メッリクタ・デイオネ〈Mellicta deione〉昆虫綱鱗翅目タテハチョウ科の蝶。分布：ヨーロッパ西南部, アフリカ北部。

メッリクタ・パルテノイデス〈Mellicta parthenoides〉昆虫綱鱗翅目タテハチョウ科の蝶。分布：ヨーロッパ西部。

メティセッラ・アエギパン〈Metisella aegipan〉昆虫綱鱗翅目セセリチョウ科の蝶。分布：アフリカ南部。

メティセッラ・ウィッレミ〈Metisella willemi〉昆虫綱鱗翅目セセリチョウ科の蝶。分布：トランスバール, ソマリア。

メティセッラ・シリンクス〈Metisella syrinx〉昆虫綱鱗翅目セセリチョウ科の蝶。分布：喜望峰。

メティセッラ・ペレクスケッレンス〈Metisella perexcellens〉昆虫綱鱗翅目セセリチョウ科の蝶。分布：ニアサ。

メティセッラ・メニンクス〈Metisella meninx〉昆虫綱鱗翅目セセリチョウ科の蝶。分布：ナタールおよびトランスバール。

メトゥロン・オロパ〈Metron oropa〉昆虫綱鱗翅目セセリチョウ科の蝶。分布：パラグアイ。

メトゥロン・キソガストゥラ〈Metron chysogastra〉昆虫綱鱗翅目セセリチョウ科の蝶。分布：メキシコからアマゾン, トリニダードまで。

メドゥワイエッラ・ロビンソニ〈Medwayella robinsoni〉ビギオプシラ科。分布：マレーシア。

メトネ・ケキリア〈Methone cecilia〉昆虫綱鱗翅目シジミタテハ科の蝶。分布：コスタリカ, パナマ, ギアナ, ペルー, ボリビア, ブラジル北部。

メナシウスイロムクゲキノコムシ〈Ptinella mekura〉昆虫綱甲虫目ムクゲキノコムシ科の甲虫。体長0.65～0.7mm。

メナシヒメグモ〈Comaroma nakahirai〉蛛形綱クモ目ヒメグモ科の蜘蛛。

メナラウスモルフォ　メネラウスモルフォの別名。

メナンダーアオイロシジミタテハ〈Menander menander〉昆虫綱鱗翅目シジミチョウ科の蝶。金属光沢をもつ。裏面は黄白色。開張3～4mm。分布：パナマから南アメリカ北部の熱帯域, トリニダード。

メナンデル・コルスカンス〈Menander coruscans〉昆虫綱鱗翅目シジミタテハ科の蝶。分布：ボリビア, アマゾン。

メナンデル・プレトゥス〈Menander pretus pretus〉昆虫綱鱗翅目シジミタテハ科。分布：コスタリカからブラジル, ボリビア。

メナンデル・ヘブルス〈Menander hebrus〉昆虫綱鱗翅目シジミタテハ科の蝶。分布：エクアドルからボリビア, ギアナ, アマゾン流域。

メネラウスモルフォ〈Morpho menelaus〉昆虫綱鱗翅目タテハチョウ科の蝶。翅は鮮やかな青色に輝く。開張13～14mm。分布：ベネズエラ, ブラジル。珍蝶。

メノコクチブサガ〈Ypsolopha amoenellus〉昆虫綱鱗翅目スガ科の蛾。分布：北海道, 本州(栃木県)。

メノコツチハンミョウ〈Meloe menoko〉昆虫綱甲虫目ツチハンミョウ科の甲虫。体長8～21mm。

メノコヒメハナノミ〈Falsomordellistena menoko〉昆虫綱甲虫目ハナノミ科。

メバエ　眼蠅〈thick-headed fly, wasp fly〉昆虫綱双翅目短角亜目ハエ群メバエ科Conopidaeの総称。

メボソマルタマキノコムシ〈Agathidium fornicatum〉昆虫綱甲虫目タマキノコムシ科の甲虫。体長2.7～3.6mm。

メマトイ　目纏　昆虫類のハエのうち, 山野で人の顔の周りをうるさく付きまとう小形種の総称。

メミズムシ　眼水虫〈Ochterus marginatus〉昆虫綱半翅目メミズムシ科。体長4.5～5.5mm。分布：本州, 四国, 九州。

メムノンフクロウチョウ〈Caligo memnon〉昆虫綱鱗翅目フクロウチョウ科の蝶。開張140mm。分布：メキシコからコスタリカ。珍蝶。

メラナルギア・イネス〈Melanargia ines〉昆虫綱鱗翅目ジャノメチョウ科の蝶。分布：スペイン, ポルトガル, アフリカ北部からキレナイカ(リビア地方)まで。

メラナルギア・オクキタニカ〈Melanargia occitanica〉昆虫綱鱗翅目ジャノメチョウ科の蝶。分布：ヨーロッパ西南部, シシリー島, アフリカ北部。

メラナルギア・ティテア〈Melanargia titea〉昆虫綱鱗翅目ジャノメチョウ科の蝶。分布：シリア, パレスチナ, アルメニア, イラン。

メラナルギア・ラリッサ〈Melanargia larissa〉昆虫綱鱗翅目ジャノメチョウ科の蝶。分布：バルカン, シリア, イラン。

メラナルギア・ルッシアエ〈Melanargia russiae〉昆虫綱鱗翅目ジャノメチョウ科の蝶。分布：ポル

トガル, スペインからロシア南部およびシベリア西部まで。

メラニス・アギルトゥス〈Melanis agyrtus〉昆虫綱鱗翅目シジミタテハ科の蝶。分布：中央アメリカからブラジル南部まで。

メラニス・アンブリッリス〈Melanis ambryllis ambryllis〉昆虫綱鱗翅目シジミタテハ科。分布：ボリビア, パラグアイ, ブラジル北部。

メラニス・キサリファ〈Melanis xarifa quadripunctata〉昆虫綱鱗翅目シジミタテハ科。分布：コロンビア, ペルー, ボリビア, ベネズエラ, アマゾン流域, ギアナ, トリニダード。

メラニス・ケルコペス〈Melanis cercopes f. andania〉昆虫綱鱗翅目シジミタテハ科。分布：ペルー, ボリビア。

メラニス・ピクセ〈Melanis pixe pixe〉昆虫綱鱗翅目シジミタテハ科。分布：メキシコからパナマ, 亜種はグアテマラ。

メラニス・ヒッラパナ〈Melanis hillapana〉昆虫綱鱗翅目シジミタテハ科。分布：ペルー, ボリビア。

メラニティス・アトゥラクス〈Melanitis atrax〉昆虫綱鱗翅目ジャノメチョウ科の蝶。分布：フィリピン。

メラニティス・アマビリス〈Melanitis amabilis〉昆虫綱鱗翅目ジャノメチョウ科の蝶。分布：モルッカ諸島, ニューギニア。

メラニティス・ベルティナ〈Melanitis velutina〉昆虫綱鱗翅目ジャノメチョウ科の蝶。分布：セレベス, モルッカ諸島。

メラニティス・リビア〈Melanitis libya〉昆虫綱鱗翅目ジャノメチョウ科の蝶。分布：セネガルからウガンダまで。

メラノトゥリクス・ニンファリアリア〈Melanothrix nymphaliaria philippina〉昆虫綱鱗翅目オビガ科の蛾。分布：ジャワ, スマトラ, フィリピン。

メリタエア・アガル〈Melitaea agar〉昆虫綱鱗翅目タテハチョウ科の蝶。分布：中国西部。

メリタエア・アクラエイナ〈Melitaea acraeina〉昆虫綱鱗翅目タテハチョウ科の蝶。分布：ロシア, フェルガナ。

メリタエア・アルケシア〈Melitaea arcesia〉昆虫綱鱗翅目タテハチョウ科の蝶。分布：中央アジア, アルタイ山脈, アムール。

メリタエア・キンキシア〈Melitaea cinxia〉昆虫綱鱗翅目タテハチョウ科の蝶。分布：ヨーロッパ西部からアムール, モロッコまで。

メリタエア・サキサティリス〈Melitaea saxatilis〉昆虫綱鱗翅目タテハチョウ科の蝶。分布：イラン。

メリタエア・シビナ〈Melitaea sibina〉昆虫綱鱗翅目タテハチョウ科の蝶。分布：パミール, 中央アジア。

メリタエア・シンドゥラ〈Melitaea sindura〉昆虫綱鱗翅目タテハチョウ科の蝶。分布：カシミール, チトラル(西パキスタン), チベット。

メリタエア・トゥリビア〈Melitaea trivia〉昆虫綱鱗翅目タテハチョウ科の蝶。分布：ヨーロッパ南部からロシア南部をへてイラン, ヒマラヤ西部まで。

メリタエア・パッラス〈Melitaea pallas〉昆虫綱鱗翅目タテハチョウ科の蝶。分布：パミール, 中央アジア。

メリタエア・フォエベ〈Melitaea phoebe〉昆虫綱鱗翅目タテハチョウ科の蝶。分布：ヨーロッパ, アフリカ北部から中央アジアをへて中国北部まで。

メリタエア・ベッロナ〈Melitaea bellona〉昆虫綱鱗翅目タテハチョウ科の蝶。分布：中国西部。

メリタエア・ペルセア〈Melitaea persea〉昆虫綱鱗翅目タテハチョウ科の蝶。分布：トルコからアフガニスタンまで。

メリタエア・ルトゥコ〈Melitaea lutko〉昆虫綱鱗翅目タテハチョウ科の蝶。分布：アルタイ山脈, チベット。

メリナエア・イダエ〈Melinaea idoe〉昆虫綱鱗翅目トンボマダラ科の蝶。分布：コロンビアおよびエクアドル。

メリナエア・エトゥラ〈Melinaea ethra〉昆虫綱鱗翅目トンボマダラ科。分布：ブラジル南部。

メリナエア・サテビス〈Melinaea satevis〉昆虫綱鱗翅目トンボマダラ科。分布：ボリビア。

メリナエア・ザネカ〈Melinaea zaneka〉昆虫綱鱗翅目トンボマダラ科の蝶。分布：エクアドル。

メリナエア・スキラックス〈Melinaea scylax〉昆虫綱鱗翅目トンボマダラ科の蝶。分布：コスタリカ。

メリナエア・メッサティス〈Melinaea messatis〉昆虫綱鱗翅目トンボマダラ科の蝶。分布：コロンビア, パナマ, ボリビア。

メリナエア・メッセニナ〈Melinaea messenina〉昆虫綱鱗翅目トンボマダラ科の蝶。分布：コロンビアおよびエクアドル。

メリナエア・メディアトゥリクス〈Melinaea mediatrix〉昆虫綱鱗翅目トンボマダラ科の蝶。分布：アマゾン川流域, ギアナ。

メリナエア・メノフィルス〈Melinaea menophilus〉昆虫綱鱗翅目トンボマダラ科。分布：コロンビアとペルーのアンデス東側, アマゾン川流域。

メリナエア・モトネ〈Melinaea mothone〉昆虫綱鱗翅目トンボマダラ科.分布：コロンビア,ペルー,ボリビア.

メリヌスアメリカカラスシジミ〈Strymon melinus〉昆虫綱鱗翅目シジミチョウ科の蝶.雄は青味をおびた灰色で,後翅にはオレンジ色の斑点.開張2.5〜3.0mm.分布：カナダ南部から南アメリカ北西部.

メリボエウスアカスジシジミタテハ〈Ancyluris meliboeus〉昆虫綱鱗翅目シジミタテハ科の蝶.分布：エクアドル,ペルー,ギアナ,ブラジル北部.

メルフィナ・スタティラ〈Melphina statira〉昆虫綱鱗翅目セセリチョウ科の蝶.分布：シエラレオネ.

メルフィナ・スタティリデス〈Melphina statiridesu〉昆虫綱鱗翅目セセリチョウ科の蝶.分布：シエラレオネ.

メルフィナ・マルティナ〈Melphina malthina〉昆虫綱鱗翅目セセリチョウ科の蝶.分布：シエラレオネからガボンまで.

メルポメネドクチョウ〈Heliconius melpomene〉昆虫綱鱗翅目タテハチョウ科の蝶.長い触角を持つ.開張6〜8mm.分布：中央アメリカからブラジル.珍蝶.

メルポメーネベニモンドクチョウ メルポメネドクチョウの別名.

メレアゲリア・ダフニス〈Meleageria daphnis〉昆虫綱鱗翅目シジミチョウ科の蝶.分布：南フランス,ヨーロッパ南部からレバノン,シリア,イランまで.

メレテ・サラキア〈Melete salacia〉昆虫綱鱗翅目シロチョウ科の蝶.分布：メキシコ,キューバ.

メレテ・フロリンダ〈Melete florinda〉昆虫綱鱗翅目シロチョウ科の蝶.分布：中央アメリカ.

メレテ・ペルビアナ〈Melete peruviana〉昆虫綱鱗翅目シロチョウ科の蝶.分布：ペルー,ボリビア,コロンビア.

メレテ・ポリヒムニア〈Melete polyhymnia〉昆虫綱鱗翅目シロチョウ科の蝶.分布：コロンビア.

メレテ・リキムニア〈Melete lycimnia〉昆虫綱鱗翅目シロチョウ科の蝶.分布：スリナム,ベネズエラからブラジル南部,中央アメリカ.

メレンカンプオウゴンオニクワガタ〈Allotopus mollenkampi〉昆虫綱甲虫目クワガタムシ科.分布：スマトラ,ボルネオ.

メンガタカブトムシ〈Trichogomphus martabani〉昆虫綱甲虫目コガネムシ科の甲虫.分布：インド北部,ミャンマー.

メンガタクワガタ〈Homodelus mellyi〉昆虫綱甲虫目クワガタムシ科の甲虫.分布：アフリカ西部,中央部,亜種はアフリカ西部,中央部.

メンガタスズメ 面形天蛾,面形雀〈Acherontia styx〉昆虫綱鱗翅目スズメガ科メンガタスズメ亜科の蛾.開張85〜110mm.ゴマ,金黒草に害を及ぼす.分布：本州,四国,九州,対馬,朝鮮半島,台湾,中国,マレーシア.

メンガタタマムシ フタツメウバタマムシの別名.

メンガタブラベルスゴキブリ〈Blaberus craniifer〉昆虫綱鱗翅目ブラベルスゴキブリ科.分布：アメリカ合衆国フロリダ州,メキシコ,ホンジュラス,キューバ,ヒスパニオラ.

メンガタメクラガメ〈Eurystylus coelestialium〉昆虫綱半翅目メクラカメムシ科.

メンブラキス・フスカタ〈Membracis fuscata〉昆虫綱半翅目ツノゼミ科.分布：メキシコ,コロンビア,エクアドル,ペルー,ベネズエラ,スリナム,ギアナ,ブラジル.

メンブラキス・プロビッタタ〈Membracis provittata〉昆虫綱半翅目ツノゼミ科.分布：メキシコ,コロンビア,エクアドル,ペルー,ベネズエラ,スリナム,ギアナ,ブラジル.

【モ】

モイワウスバカゲロウ〈Epacanthaclisis moiwana〉昆虫綱脈翅目ウスバカゲロウ科.開張75〜80mm.分布：北海道,本州,四国.

モイワエゾカ モイワキノコバエモドキの別名.

モイワキノコバエモドキ〈Pachyneura fasciata〉キノコバエモドキ科.

モイワケンヒメバチ〈Arotes moiwanus〉昆虫綱膜翅目ヒメバチ科.

モイワサナエ〈Davidius moiwanus〉昆虫綱蜻蛉目サナエトンボ科の蜻蛉.体長38〜43mm.

モイワナガハバチ〈Strongylogaster moiwanus〉昆虫綱膜翅目ハバチ科.

モイワヒメバチ〈Protichneumon moiwanus〉昆虫綱膜翅目ヒメバチ科.

モウシキマダラセセリ〈Potanthus motzui〉蝶.

モウセンガ ジュウタンガの別名.

モウセンハナカミキリ〈Ephies japonicus〉昆虫綱甲虫目カミキリムシ科ハナカミキリ亜科の甲虫.体長12〜14mm.分布：本州(山口県),四国(徳島県),九州,屋久島.

モウソウタマコバチ 孟宗痩小蜂〈Aiolomorphus rhopaloides〉昆虫綱膜翅目カタビロコバチ科.タケ,ササに害を及ぼす.分布：本州,四国,九州.

モウリメクラチビゴミムシ〈Yamautidius mohrii〉昆虫綱甲虫目オサムシ科の甲虫.体長3.2〜3.4mm.

モエリス・ストゥリガ〈Moeris striga〉昆虫綱鱗翅目セセリチョウ科の蝶。分布：メキシコからアルゼンチンまで。

モエリス・モエリス〈Moeris moeris〉昆虫綱鱗翅目セセリチョウ科の蝶。分布：アマゾン。

モエリス・レムス〈Moeris remus〉昆虫綱鱗翅目セセリチョウ科の蝶。分布：メキシコからブラジル、トリニダードまで。

モクセイアゲハ〈Pazala timur〉昆虫綱鱗翅目アゲハチョウ科の蝶。

モクセイカキカイガラムシ〈Andaspis micropori〉昆虫綱半翅目マルカイガラムシ科。アオギリ、楓（紅葉）、サンゴジュ、カナメモチ、木犀類に害を及ぼす。

モクタチバナカキカイガラムシ〈Lepidosaphes laterochitinosa〉昆虫綱半翅目マルカイガラムシ科。体長3～4mm。グアバ、椿、山茶花、マンゴーに害を及ぼす。分布：沖縄、中国南部、台湾、ミクロネシアなどの熱帯、亜熱帯地方。

モクメガ モクメシャチホコの別名。

モクメガラス 木目烏蛾〈Perinaenia lignosa〉昆虫綱鱗翅目ヤガ科の蛾。分布：本州。

モクメカラスヨトウ モクメクチバの別名。

モクメクチバ〈Perinaenia accipiter〉昆虫綱鱗翅目ヤガ科クチバ亜科の蛾。開張42～47mm。分布：関東以西の丘陵地、四国、九州、対馬、沖縄本島北部山地、台湾およびヒマラヤ南麓。

モクメシャチホコ〈Cerura vinula〉昆虫綱鱗翅目シャチホコガ科ウチキシャチホコ亜科の蛾。前翅は白色で、灰黒色のジグザグの模様がある。開張6～8mm。分布：ヨーロッパ、アフリカ北部、アジア温帯域、日本。

モクメヤガ モクメヨトウの別名。

モクメヨトウ〈Axylia putris〉昆虫綱鱗翅目ヤガ科カラスヨトウ亜科の蛾。開張31～37mm。分布：ユーラシア、北海道から九州。

モグラケブカノミ〈Ctenophthalmus congener congeneroides〉昆虫綱隠翅目ケブカノミ科。体長雄2.5mm、雌2.2mm。害虫。

モグリガ 潜蛾 ガの幼虫のなかには、植物の葉、果実、茎、枝、幹あるいは根に潜るものがあり、これらを総称してモグリガと呼ぶ。

モグリバエ 潜蠅 昆虫綱双翅目ハモグリバエ科の昆虫の総称。

モジツノゼミ〈Tsunozemia mojiensis〉昆虫綱半翅目ツノゼミ科。体長7mm。分布：北海道、本州、四国、九州、南西諸島。

モジモンヒゲナガゾウムシ〈Xenocerus puncticollis〉昆虫綱甲虫目ヒゲナガゾウムシ科の甲虫。分布：フィリピン。

モジャモジャツチイロゾウムシ〈Pseudohylobius setosus〉昆虫綱甲虫目ゾウムシ科の甲虫。体長5.6～6.0mm。

モジヨコバイ〈Amimenus mojiensis〉昆虫綱半翅目ヨコバイ科。

モタシンガ・アトゥラルバ〈Motasingha atralba〉昆虫綱鱗翅目セセリチョウ科の蝶。分布：オーストラリア。

モタシンガ・ディルフィア〈Motasingha dirphia〉昆虫綱鱗翅目セセリチョウ科の蝶。分布：オーストラリア。

モタ・マッシラ〈Mota massyla〉昆虫綱鱗翅目シジミチョウ科の蝶。分布：アッサム、ミャンマー。

モチカキカイガラムシ〈Lepidosaphes dorsalis〉昆虫綱半翅目マルカイガラムシ科。体長2～3mm。モチノキに害を及ぼす。

モチツツジマダラヒメハマキ〈Griselda macrosepalpana〉昆虫綱鱗翅目ハマキガ科の蛾。分布：関西以西(和歌山、大阪、兵庫、屋久島)。

モチツツジメムシガ〈Argyresthia beta〉昆虫綱鱗翅目メムシガ科の蛾。分布：北海道、本州。

モッコクハマキ〈Eucosma ancyrota〉昆虫綱鱗翅目ノコメハマキガ科ノコメハマキガ亜科の蛾。開張18～21mm。モッコク、サカキ、ヒサカキに害を及ぼす。

モッコクヒメハマキ〈Eucoenogenes ancyrota〉昆虫綱鱗翅目ハマキガ科の蛾。モッコクに害を及ぼす。分布：本州(関東以西)、四国、九州、対馬、伊豆諸島(式根島、神津島、八丈島)、屋久島。

モデスタコムラサキ〈Chitoria modesta〉昆虫綱鱗翅目タテハチョウ科の蝶。

モトアカウスマルヒメバチ〈Exetastes robustus〉昆虫綱膜翅目ヒメバチ科。

モトアカヒメハマキ〈Spilonota semirufana〉昆虫綱鱗翅目ハマキガ科の蛾。分布：北海道、本州(東北、中部山地)、ロシア(シベリア)。

モトキスガ〈Yponomeuta bipunctellus〉昆虫綱鱗翅目スガ科の蛾。分布：北海道、本州、四国。

モトキハマキ〈Croesia fuscotogata〉昆虫綱鱗翅目ハマキガ科の蛾。開張11.5～15.0mm。分布：北海道、本州、四国、九州、対馬、ロシア(アムール)。

モトキマイコガ〈Stathmopoda moriutiella〉昆虫綱鱗翅目ニセマイコガ科の蛾。分布：北海道、本州。

モトキメンコガ〈Opogona thiadelpha〉昆虫綱鱗翅目ヒロズコガ科の蛾。開張10～11mm。分布：本州、四国、九州、屋久島。

モトキモグリガ モトキメンコガの別名。

モトクロオビナミシャク〈Viidaleppia quadrifulta〉昆虫綱鱗翅目シャクガ科ナミシャク

亜科の蛾。開張27〜31mm。分布：関東から中部の山地から高山帯。

モトグロコブガ〈*Meganola basifascia*〉昆虫綱鱗翅目コブガ科の蛾。分布：北海道東部，本州，四国。

モトグロコヤガ〈*Xanthograpta basinigra*〉昆虫綱鱗翅目ヤガ科コヤガ亜科の蛾。分布：北海道から本州中部。

モトグロヒラタマルハキバガ〈*Depressaria petronoma*〉昆虫綱鱗翅目マルハキバガ科の蛾。分布：本州(大阪府，奈良県)。

モトゲヒメハマキ〈*Eucoenogenes japonica*〉昆虫綱鱗翅目ハマキガ科の蛾。分布：本州，四国，対馬，屋久島，九州。

モトドマリクロハナアブ 元泊黒花虻〈*Cheilosia motodomariensis*〉昆虫綱双翅目ハナアブ科。分布：北海道。

モトドマリクロヒラタアブ〈*Cheilosia illustrata*〉昆虫綱双翅目ハナアブ科。

モトミドリムラサキシジミ〈*Arhopala horsfieldi*〉昆虫綱鱗翅目シジミチョウ科の蝶。

モトメハエトリ〈*Phidippus procus*〉蛛形綱クモ目ハエトリグモ科の蜘蛛。

モトモンキチョウ〈*Colias hyale*〉昆虫綱鱗翅目シロチョウ科の蝶。分布：ヨーロッパから小アジア，コーカサス，中央アジアまで。

モートンイトトンボ〈*Mortonagrion selenion*〉昆虫綱蜻蛉目イトトンボ科の蜻蛉。体長25mm。分布：北海道(南部)，本州，四国，九州。

モネテ・アルフォンスス〈*Monethe alphonsus*〉昆虫綱鱗翅目シジミタテハ科。分布：ギアナ，ブラジル東部。

モネテ・アルベルトゥス〈*Monethe albertus*〉昆虫綱鱗翅目シジミタテハ科の蝶。分布：ペルー，ボリビア，ベネズエラ，ブラジル北西部。

モノサシトンボ 物差蜻蛉，物指蜻蛉〈*Copera annulata*〉昆虫綱蜻蛉目モノサシトンボ科の蜻蛉。体長42mm。分布：北海道から九州まで。

モパラ・オルマ〈*Mopala orma*〉昆虫綱鱗翅目セセリチョウ科の蝶。分布：トーゴランド。

モミアトキハマキ〈*Archips issikii*〉昆虫綱鱗翅目ハマキガ科の蛾。分布：北海道，本州，対馬，ロシア(ウスリー)。

モミジオオヒラタキバガ〈*Depressaria pallidor*〉昆虫綱鱗翅目マルハキバガ科の蛾。開張26〜30mm。

モミジクロホシカイガラムシ〈*Parlatoria octolobata*〉昆虫綱半翅目マルカイガラムシ科。体長1.5〜2.0mm。楓(紅葉)に害を及ぼす。分布：本州，九州。

モミジシロカイガラムシ〈*Chionaspis acer*〉昆虫綱半翅目マルカイガラムシ科。体長1.5〜2.0mm。楓(紅葉)に害を及ぼす。分布：本州，九州。

モミジツマキリエダシャク〈*Endropiodes indictinaria*〉昆虫綱鱗翅目シャクガ科の蛾。分布：本州，四国，九州，シベリア南東部。

モミジニセキンホソガ〈*Cameraria niphonica*〉昆虫綱鱗翅目ホソガ科の蛾。分布：北海道，九州，ロシア南東部。

モミジニタイケアブラムシ〈*Periphyllus californiensis*〉昆虫綱半翅目アブラムシ科。体長2.3〜2.9mm。楓(紅葉)に害を及ぼす。分布：日本全国，朝鮮半島，中国，台湾，アメリカ，ヨーロッパ，インド，オーストラリア，ニュージーランド。

モミジハマキホソガ〈*Caloptilia acericola*〉昆虫綱鱗翅目ホソガ科の蛾。分布：北海道，本州，九州。

モミジマルハキバガ イヌエンジュヒラタマルハキバガの別名。

モミジワタカイガラムシ〈*Lecanium horii*〉昆虫綱半翅目カタカイガラムシ科。体長8〜11mm。ナシ類，葡萄，楓(紅葉)，カナメモチ，カシ類，無花果，林檎に害を及ぼす。分布：北海道，本州，四国，九州。

モミヒラタハバチ〈*Caphalcia stigma*〉昆虫綱膜翅目ヒラタハバチ科。

モミヨコスジハマキ〈*Paracroesia abievora*〉昆虫綱鱗翅目ハマキガ科の蛾。分布：本州(西南部)，九州。

モモアカアブラムシ 桃赤油虫〈*Myzus persicae*〉昆虫綱半翅目アブラムシ科。体長1.8〜2.0mm。キク科野菜，セリ科野菜，ナス科野菜，苺，柿，バナナ，梅，アンズ，ナシ類，桃，スモモ，林檎，柑橘，甜菜，ゴマ，コンニャク，タバコ，マメ科牧草，ハボタン，イリス類，セントポーリア，ガーベラ，菊，キンセンカ，ダリア，デージー，百日草，金魚草，シクラメン，プリムラ，スミレ類，アフリカホウセンカ，鳳仙花，カーネーション，バラ類，アマリリス，水仙，朝顔，チューリップ，夾竹桃，トベラ，桜類，サツマイモ，隠元豆，小豆，ササゲ，大豆，アカザ科野菜，ウリ科野菜に害を及ぼす。分布：日本全国，世界各地。

モモアカキモンハバチ〈*Pachyprotasis variegata tenebrosa*〉昆虫綱膜翅目ハバチ科。体長9mm。分布：本州。

モモアカナガハナアブ 腿赤長花虻〈*Zelima sapporoensis*〉昆虫綱双翅目ハナアブ科。分布：北海道。

モモイヒラタアブヤドリバチ〈*Homotropus momoii*〉昆虫綱膜翅目ヒメバチ科。

モモイロキンウワバ〈*Anadevidia hebetata*〉昆虫綱鱗翅目ヤガ科コヤガ亜科の蛾。開張38〜

モモイロシ

45mm。分布：インド北部，朝鮮半島，本土域，伊豆諸島三宅島．

モモイロシマコヤガ〈*Corgatha costimacula*〉昆虫綱鱗翅目ヤガ科コヤガ亜科の蛾．分布：沿海州，北海道と本州の日本海側，四国の瀬戸内海側．

モモイロシマメイガ〈*Hypsopygia mauritialis*〉昆虫綱鱗翅目メイガ科シマメイガ亜科の蛾．開張16〜21mm．分布：本州(多分関東以西)，四国，九州，屋久島，沖縄本島，台湾，中国，東南アジアからマダガスカル，アフリカ．

モモイロツマキリアツバ モモイロツマキリコヤガの別名．

モモイロツマキリコヤガ〈*Lophoruza pulcherrima*〉昆虫綱鱗翅目ヤガ科コヤガ亜科の蛾．開張23〜26mm．分布：インド，中国，朝鮮半島，本州北部から四国，九州，対馬．

モモイロフサクビヨトウ〈*Hadena confucii*〉昆虫綱鱗翅目ヤガ科ヨトウガ亜科の蛾．開張30mm．分布：中国雲南省，北海道から九州．

モモエカキムシ モモハモグリガの別名．

モモエグリイエバエ 腿刳家蠅〈*Hydrotaea dentipes*〉昆虫綱双翅目イエバエ科．体長6.3〜8.0mm．分布：北海道．害虫．

モモエグリハナバエ モモエグリイエバエの別名．

モモキアリモドキ〈*Anthicomorphus cruralis*〉昆虫綱甲虫目アリモドキ科の甲虫．体長2.8〜3.7mm．

モモキホソナガクチキムシ〈*Phloeotrya femoralis*〉昆虫綱甲虫目ナガクチキムシ科の甲虫．体長5〜10mm．

モモグロオオイエバエ〈*Muscina angustifrons*〉昆虫綱双翅目イエバエ科．体長7.0〜8.0mm．害虫．

モモクロサムライコマユバチ〈*Apanteles conspersae*〉昆虫綱膜翅目コマユバチ科．

モモグロハナカミキリ 腿黒花天牛〈*Toxotinus reini*〉昆虫綱甲虫目カミキリムシ科ハナカミキリ亜科の甲虫．体長13〜16mm．分布：本州，四国，九州．

モモグロハネオレバエ〈*Chyliza nigrifemorata*〉昆虫綱双翅目ハネオレバエ科．

モモグロヨコバイ〈*Paralaevicephalus nigrifemoratus*〉昆虫綱半翅目ヨコバイ科．

モモケビロウドコガネ〈*Serica inexspectata*〉昆虫綱甲虫目コガネムシ科の甲虫．体長6.3〜9.0mm．

モモコフキアブラムシ 桃粉吹油虫〈*Hyalopterus pruni*〉昆虫綱半翅目アブラムシ科．梅，アンズ，桃，スモモに害を及ぼす．

モモサビダニ〈*Aculus fockeui*〉蛛形綱ダニ目フシダニ科．体長0.19mm．桃，スモモに害を及ぼす．分布：本州，四国，世界各地のモモ栽培地帯．

モモシンクイガ〈*Carposina sasakii*〉昆虫綱鱗翅目シンクイガ科の蛾．梅，アンズ，ナシ類，桃，スモモ，林檎に害を及ぼす．

モモスズメ 桃雀〈*Marumba gaschkewitschii*〉昆虫綱鱗翅目スズメガ科ウンモンスズメ亜科の蛾．開張70〜90mm．梅，アンズ，桜類，桃，スモモ，桜類に害を及ぼす．分布：北海道，本州，四国，九州，対馬，屋久島，朝鮮半島．

モモスズメサムライコマユバチ〈*Apanteles miyoshii*〉昆虫綱膜翅目コマユバチ科．

モモチョッキリ 桃短截虫〈*Rhynchites heros*〉昆虫綱甲虫目オトシブミ科の甲虫．体長7〜10mm．ビワ，桃，スモモ，林檎，ナシ類，梅，アンズに害を及ぼす．分布：北海道，本州，四国，九州．

モモチョッキリゾウムシ モモチョッキリの別名．

モモナメクジハバチ〈*Caliroa matsumotonis*〉昆虫綱膜翅目ハバチ科．体長4mm．桃，スモモ，桜桃に害を及ぼす．

モモノゴマダラノメイガ 桃胡麻斑野螟蛾〈*Conogethes punctiferalis*〉昆虫綱鱗翅目メイガ科ノメイガ亜科の蛾．開張21〜27mm．柿，枇杷，桃，スモモ，林檎，栗，柑橘に害を及ぼす．分布：本州，四国，九州，対馬，種子島，屋久島，奄美大島，徳之島，沖永良部島，沖縄本島，石垣島，西表島，中国から東南アジア．

モモノハマキマダラメイガ〈*Psorosa taishanella*〉昆虫綱鱗翅目メイガ科の蛾．分布：本州(東北地方南部より)，四国，九州，中国．

モモノヒメシンクイ モモヒメシンクイガの別名．

モモノメイガ モモノゴマダラノメイガの別名．

モモノモグリガ モモハモグリガの別名．

モモハムグリガ モモハモグリガの別名．

モモハモグリガ 桃葉潜蛾〈*Lyonetia clerkella*〉昆虫綱鱗翅目ハモグリガ科の蛾．別名モモエカキムシ．開張7〜9mm．桃，スモモ，桜類に害を及ぼす．分布：本州，四国，九州，朝鮮半島南部，台湾，中国，ヨーロッパ，インド，マダガスカル．

モモヒメシンクイガ 桃姫心喰蛾〈*Carposina niponensis*〉昆虫綱鱗翅目シンクイガ科の蛾．別名モモノヒメシンクイ．開張16〜22mm．分布：関東地方，北海道，東北地方，伊豆諸島(神津島)，屋久島，朝鮮半島，中国，ロシア．

モモブトアオリンガ〈*Earias dilatifemur*〉昆虫綱鱗翅目ヤガ科リンガ亜科の蛾．分布：奄美大島，沖縄本島，宮古島．

モモブトオオルリハムシ〈*Sagra buqueti*〉昆虫綱甲虫目ハムシ科の甲虫．分布：ジャワ．

モモブトカミキリモドキ〈*Oedemeronia lucidicollis*〉昆虫綱甲虫目カミキリモドキ科の甲

虫。体長5.5〜8.0mm。分布：北海道,本州,四国,九州。

モモブトキアブモドキ〈Solva harmandi〉昆虫綱双翅目キアブモドキ科。体長6〜8mm。分布：北海道,本州,四国,九州。

モモブトクダアザミウマ〈Bamboosiella lewisi〉昆虫綱総翅目クダアザミウマ科。体長2mm。分布：本州。

モモブトゲンセイ〈Horia debyi〉昆虫綱甲虫目ツチハンミョウ科。分布：セイロン,マレーシア,スマトラ,ジャワ,ボルネオ,フィリピンなど。

モモブトサルハムシ〈Rhyparida sakisimensis〉昆虫綱甲虫目ハムシ科の甲虫。体長5.3〜6.5mm。

モモブトシデムシ 腿太埋葬虫〈Necrodes nigricornis〉昆虫綱甲虫目シデムシ科の甲虫。体長18〜20mm。分布：北海道,本州,四国,九州。

モモブトスカシバ〈Melittia japona〉昆虫綱鱗翅目スカシバガ科の蛾。開張23〜25mm。分布：北海道,本州,九州,対馬,台湾。

モモブトセダカオドリバエ〈Hybos japonicus〉昆虫綱双翅目オドリバエ科。

モモブトツノコマユバチ〈Helcon ruspator〉昆虫綱膜翅目コマユバチ科。

モモブトトゲバカミキリ〈Rondibilis elongata〉昆虫綱甲虫目カミキリムシ科フトカミキリ亜科の甲虫。体長6.5〜8.0mm。分布：沖縄諸島,石垣島,西表島。

モモブトトビイロサシガメ〈Oncocephalus femoratus〉昆虫綱半翅目サシガメ科。

モモブトナガゴミムシ〈Pterostichus colonus〉昆虫綱甲虫目オサムシ科の甲虫。体長10〜12mm。

モモブトハサミムシ〈Timomenus komarowi〉昆虫綱革翅目クギヌキハサミムシ科。体長15〜22mm。分布：対馬。

モモブトハナカミキリ 腿太花天牛〈Oedecnema dubia〉昆虫綱甲虫目カミキリムシ科ハナカミキリ亜科の甲虫。体長11〜17mm。分布：北海道,本州(中部,関東以北)。

モモブトハワイトラカミキリ〈Plagithmysus cristatus〉昆虫綱甲虫目カミキリムシ科の甲虫。分布：オアフ島。

モモブトモリカ〈Hyperoscelis insignis〉モリカ科。

モモブトヤマカミキリ〈Utopia castelnaudi〉昆虫綱甲虫目カミキリムシ科の甲虫。分布：マレーシア,スマトラ,ボルネオ。

モリオカツトガ〈Chrysoteuchia moriokensis〉昆虫綱鱗翅目メイガ科の蛾。分布：北海道,東北地方の北部。

モリオカヒゲナガ〈Nemophora moriokensis〉昆虫綱鱗翅目マガリガ科の蛾。分布：東北地方。

モリオカブユモドキ〈Forcipomyia moriokensis〉昆虫綱双翅目ヌカカ科。体長1.0〜1.3mm。害虫。

モリオカメコオロギ〈Loxoblemmus arietulus〉昆虫綱直翅目コオロギ科。

モリオサムシ〈Sphodristocarabus adamsi〉昆虫綱甲虫目オサムシ科。分布：コーカサス,トランスコーカシア。

モリカワオオアザミウマ〈Holurothrips morikawai〉昆虫綱総翅目クダアザミウマ科。体長5mm。分布：本州,四国,九州,沖縄本島。

モリコモリグモ〈Xerolycosa nemoralis〉蛛形綱クモ目コモリグモ科の蜘蛛。体長雌7〜8mm,雄5〜6mm。分布：本州(東北・中部地方の高地)。

モリシロジャノメ〈Melanargia epimede〉昆虫綱鱗翅目ジャノメチョウ科の蝶。

モリス・エテルカ〈Morys etelka〉昆虫綱鱗翅目セセリチョウ科の蝶。分布：トリニダード。

モリス・ケルド〈Morys cerdo〉昆虫綱鱗翅目セセリチョウ科の蝶。分布：メキシコから南アメリカ,トリニダードまで。

モリズミタナグモ〈Cryphoeca silvicola〉蛛形綱クモ目タナグモ科の蜘蛛。

モリズミマシラグモ〈Leptoneta silvicola〉蛛形綱クモ目マシラグモ科の蜘蛛。

モリス・リデ〈Morys lyde〉昆虫綱鱗翅目セセリチョウ科の蝶。分布：メキシコからコスタリカまで。

モリチャバネゴキブリ〈Blattella nipponica〉昆虫綱網翅目チャバネゴキブリ科。体長11〜14mm。分布：本州,四国,九州,屋久島,種子島。害虫。

モリドクグモ モリコモリグモの別名。

モリトンボ〈Somatochlora graeseri graeseri〉昆虫綱蜻蛉目エゾトンボ科の蜻蛉。

モリヌカカ〈Forcipomyia longiradialis〉昆虫綱双翅目ヌカカ科。

モリバッタ〈Traulia ornata〉昆虫綱バッタ目イナゴ科。体長40mm。分布：奄美大島,徳之島,沖縄本島,石垣島,西表島,与那国島。

モリハマダラミバエ〈Acidiella egregia〉昆虫綱双翅目ミバエ科。

モリモトチビゴミムシ〈Epaphiopsis morimotoi〉昆虫綱甲虫目オサムシ科の甲虫。体長3.8〜4.6mm。

モリモトヒメナガクチキムシ〈Holostrophus morimotoi〉昆虫綱甲虫目ナガクチキムシ科の甲虫。体長4.0〜4.5mm。

モリモト メクラチビゴミムシ〈*Stygiotrechus morimotoi*〉昆虫綱甲虫目オサムシ科の甲虫。体長2.4～2.5mm。

モリモト メツブテントウ〈*Sticholotis morimotoi*〉昆虫綱甲虫目テントウムシ科の甲虫。体長1.9mm。

モリモトモリヒラタゴミムシ〈*Beckeria morimotoi*〉昆虫綱甲虫目ゴミムシ科。

モリヤシロオビチビカミキリ〈*Sybra basialbofasciata*〉昆虫綱甲虫目カミキリムシ科フトカミキリ亜科の甲虫。体長10mm。

モリヤママドガ 森山窓蛾〈*Herdonia osacesalis*〉昆虫綱鱗翅目マドガ科の蛾。開張39mm。分布：本州。

モルッカナガサキアゲハ〈*Papilio deiphobus*〉昆虫綱鱗翅目アゲハチョウ科の蝶。分布：モロタイ、テルテナ、ハルマヘラ、バチャン。

モルテナ・フィアラ〈*Moltena fiara*〉昆虫綱鱗翅目セセリチョウ科の蝶。分布：喜望峰、ナタール。

モルビナ・モルブス〈*Morvina morvus*〉昆虫綱鱗翅目セセリチョウ科の蝶。分布：ブラジル。

モルフォチョウ〈*morpho*〉昆虫綱鱗翅目モルフォチョウ科に属する中・南アメリカ特産のモルフォチョウ類の属名あるいは俗称。

モルフォ・パトゥロクルス〈*Morpho patroclus*〉昆虫綱鱗翅目モルフォチョウ科の蝶。分布：ペルー、ボリビア。

モルフォプシス・アルバーティシ〈*Morphopsis albertisi*〉昆虫綱鱗翅目ワモンチョウ科の蝶。分布：ニューギニア。

モーレアナ・トゥリコネウラ〈*Mooreana trichoneura trichoneura*〉昆虫綱鱗翅目セセリチョウ科の蝶。分布：シッキムからマレーシアを経てボルネオ。

モレンカンプオオカブトムシ〈*Chalcosoma mollenkampi*〉昆虫綱甲虫目コガネムシ科の甲虫。分布：ボルネオ。

モロコシクキイエバエ〈*Atherigona biseta*〉昆虫綱双翅目イエバエ科。体長3.0～4.5mm。イネ科作物に害を及ぼす。分布：日本、中国、台湾。

モロ・フメラリス〈*Molo humeralis*〉昆虫綱鱗翅目セセリチョウ科の蝶。分布：ブラジル、コロンビア。

モロ・ヘラエア〈*Molo heraea*〉昆虫綱鱗翅目セセリチョウ科の蝶。分布：パナマからアマゾンまで。

モロンダバオナシアゲハ〈*Papilio morondavana*〉昆虫綱鱗翅目アゲハチョウ科の蝶。分布：マダガスカル。

モンアシブトゾウムシ〈*Eusynnada japonica*〉昆虫綱甲虫目ゾウムシ科。

モンイネゾウモドキ〈*Dorytomus maculipennis*〉昆虫綱甲虫目ゾウムシ科の甲虫。体長4.0～4.8mm。分布：本州、四国、九州。

モンウスイロハマキ〈*Acleris expressa*〉昆虫綱鱗翅目ハマキガ科の蛾。分布：北海道、本州、ロシア（沿海州）。

モンウスカバナミシャク〈*Eupithecia clavifera*〉昆虫綱鱗翅目シャクガ科ナミシャク亜科の蛾。開張18～21mm。分布：北海道、本州、四国、九州、対馬。

モンウスギヌカギバ 紋薄絹鉤翅蛾〈*Macrocilix maia*〉昆虫綱鱗翅目カギバガ科の蛾。開張35～45mm。分布：本州、四国、九州、朝鮮半島、台湾、中国、マレー半島、スマトラ、インド。

モンウスキヒメシャク 紋淡黄姫尺蛾〈*Idaea effusaria*〉昆虫綱鱗翅目シャクガ科ヒメシャク亜科の蛾。開張15～19mm。分布：北海道、本州、四国、九州、朝鮮半島、シベリア南東部。

モンウスグロノメイガ〈*Bradina geminalis*〉昆虫綱鱗翅目メイガ科の蛾。分布：本州、四国、九州、対馬、屋久島、沖縄本島、石垣島、西表島、与那国島、中国。

モンウスバカゲロウ〈*Palpares speciosus*〉昆虫綱脈翅目ウスバカゲロウ科。分布：アフリカ中央部・東部。

モンウスバカゲロウ属の一種〈*Palpares sp.*〉昆虫綱脈翅目ウスバカゲロウ科。分布：マダガスカル。

モンウスベニオオノメイガ〈*Uresiphita limbalis*〉昆虫綱鱗翅目メイガ科の蛾。分布：対馬、屋久島、吐噶喇列島、奄美大島、沖永良部島、インドから東南アジア一帯、ヨーロッパ南部、北アフリカ。

モンオナガバチ オオホシオナガバチの別名。

モンオビオエダシャク〈*Plesiomorpha punctilinearia*〉昆虫綱鱗翅目シャクガ科エダシャク亜科の蛾。開張26～27mm。分布：本州（東北地方北部より）、四国、九州、対馬、屋久島、奄美大島、沖縄本島、台湾、中国、インド北部。

モンオビヒメヨトウ 紋帯姫夜盗蛾〈*Dysmilichia gemella*〉昆虫綱鱗翅目ヤガ科カラスヨトウ亜科の蛾。開張24～28mm。分布：沿海州、朝鮮半島、中国、北海道から九州、対馬。

モンカゲロウ 紋蜉蝣〈*Ephemera strigata*〉昆虫綱蜉蝣目モンカゲロウ科。体長20～25mm。分布：日本各地。

モンカタホソハネカクシ〈*Philydrodes ishidai*〉昆虫綱甲虫目ハネカクシ科の甲虫。体長3.5～4.0mm。

モンカ・テラタ〈*Monca telata*〉昆虫綱鱗翅目セセリチョウ科の蝶。分布：メキシコからベネズエラおよびトリニダード。

モンカマオドリバエ〈Chelifera precatoria〉昆虫綱双翅目オドリバエ科。

モンカワゲラ 紋襀翅〈Acroneuria stigmatica〉昆虫綱襀翅目カワゲラ科。体長雄17mm, 雌22mm。アブラナ科野菜に害を及ぼす。分布：北海道, 本州, 四国。

モンキアカガネヨトウ〈Euplexia aureopuncta〉昆虫綱鱗翅目ヤガ科カラスヨトウ亜科の蛾。開張36〜41mm。分布：北海道から九州。

モンキアカシマメイガ キンボシシマメイガの別名。

モンキアゲハ 紋黄揚羽〈Papilio helenus〉昆虫綱鱗翅目アゲハチョウ科の蝶。前翅長50〜80mm。柑橘に害を及ぼす。分布：本州(関東, 中部が土着北限), 四国, 九州, および先島諸島をのぞく南西諸島。

モンキアシナガハムシ〈Monolepta quadriguttata〉昆虫綱甲虫目ハムシ科の甲虫。体長3.6〜4.1mm。

モンキアシナガヤセバエ 紋黄脚長瘠蠅〈Gymnonerius femoratus〉昆虫綱双翅目アシナガヤセバエ科。分布：本州。

モンキアワフキ 紋黄泡吹虫〈Yezophora flavomaculata〉昆虫綱半翅目アワフキムシ科。体長13〜14mm。イネ科牧草, 林檎に害を及ぼす。分布：北海道, 本州, 四国, 九州。

モンキイナズマ〈Euthaliopsis aetion〉昆虫綱鱗翅目タテハチョウ科の蝶。

モンキイロセマルケシキスイ〈Cychramus plagiatus〉昆虫綱甲虫目ケシキスイ科の甲虫。体長3.5〜5.5mm。

モンキウリハムシモドキ〈Atrachya flavomaculata〉昆虫綱甲虫目ハムシ科の甲虫。体長4.0〜4.5mm。

モンキカミキリ〈Anoplophora horsfieldi tonkinensis〉昆虫綱甲虫目カミキリムシ科の甲虫。分布：ベトナム北部, 台湾。

モンキキナミシャク 紋黄波尺蛾〈Idiotephria amelia〉昆虫綱鱗翅目シャクガ科ナミシャク亜科の蛾。開張23〜26mm。分布：本州(東北地方北部より), 四国, 九州。

モンキキリガ〈Xanthia icteritia〉昆虫綱鱗翅目ヤガ科セダカモクメ亜科の蛾。開張32〜34mm。分布：ユーラシアの冷温帯林, 北海道から本州中部。

モンキクロエダシャク〈Proteostrenia pica〉昆虫綱鱗翅目シャクガ科エダシャク亜科の蛾。開張20〜24mm。分布：本州(関東北部, 中部から近畿の山地), 四国, 九州。

モンキクロノメイガ〈Herpetogramma luctuosalis〉昆虫綱鱗翅目メイガ科ノメイガ亜科の蛾。開張26mm。葡萄に害を及ぼす。分布：対馬, 種子島, 屋久島, 吐噶喇列島, 奄美大島, 沖縄本島, 宮古島, 石垣島。

モンキクロメクラガメ 紋黄黒盲亀虫〈Deraeocoris ater〉昆虫綱半翅目メクラカメムシ科。分布：北海道, 本州。

モンキゴミムシダマシ 紋黄偽歩行虫〈Diaperis lewisi〉昆虫綱甲虫目ゴミムシダマシ科の甲虫。体長6.5mm。分布：北海道, 本州, 四国, 九州。

モンキコムラサキ〈Euapatura mirza〉昆虫綱鱗翅目タテハチョウ科の蝶。分布：イラン, イラク北部。

モンキコヤガ〈Hyperstrotia flavipuncta〉昆虫綱鱗翅目ヤガ科コヤガ亜科の蛾。開張18〜23mm。分布：北海道から九州, 対馬。

モンキジガバチ 紋黄似我蜂〈Sceliphron deforme〉昆虫綱膜翅目ジガバチ科。分布：本州, 九州。

モンキシギゾウムシ アキグミシギゾウムシの別名。

モンキシロシャチホコ 紋黄白天社蛾〈Leucodonta bicoloria〉昆虫綱鱗翅目シャチホコガ科ウチキシャチホコ亜科の蛾。開張25〜30mm。分布：ユーラシア冷温帯, サハリン, 沿海州, 中国東北, 北海道から本州中部山地, 奈良県荒神岳, 岡山県北部山地, 広島県三段峡, 四国石鎚山, 剣山。

モンキシロノメイガ〈Cirrhochrista brizoalis〉昆虫綱鱗翅目メイガ科ノメイガ亜科の蛾。開張20〜24mm。分布：関東地方以西, 四国, 九州, 対馬, 屋久島, 吐噶喇列島, 奄美大島から与那国島, 台湾から東南アジア, オーストラリア。

モンキゼテラ〈Zethera musa〉昆虫綱鱗翅目ジャノメチョウ科の蝶。分布：ミンドロ, セブ, ミンダナオ, バシラン。

モンキタマムシ〈Ptosima chinensis〉昆虫綱甲虫目タマムシ科の甲虫。体長8〜12mm。桃, スモモに害を及ぼす。

モンキチビメクラガメ〈Hallodapus fenestratus〉昆虫綱半翅目メクラカメムシ科。

モンキチョウ 紋黄蝶〈Colias erate〉昆虫綱鱗翅目シロチョウ科の蝶。前翅長22〜31mm。隠元豆, 小豆, ササゲ, 大豆, マメ科牧草に害を及ぼす。分布：日本全土。

モンキツノハムシ〈Cryptocephalus takahashii〉昆虫綱甲虫目ハムシ科。

モンキツノカメムシ 紋黄角亀虫〈Sastragala scutellata〉昆虫綱半翅目ツノカメムシ科。体長11.5〜14.5mm。分布：本州, 四国, 九州。

モンキドクチョウ〈Heliconius sara〉昆虫綱鱗翅目タテハチョウ科の蝶。別名キスジドクチョウ。開張80mm。分布：中南米。珍蝶。

モンキナガクチキムシ 紋黄長朽木虫〈*Penthe japana*〉昆虫綱甲虫目キノコムシダマシ科の甲虫。体長10～14mm。分布：北海道,本州,四国,九州。

モンキナミシャク モンキキナミシャクの別名。

モンキノメイガ〈*Pelena sericea*〉昆虫綱鱗翅目メイガ科の蛾。分布：本州,九州,対馬,屋久島,沖縄本島,台湾,中国,インド。

モンキハバチ 紋黄葉蜂〈*Conaspidia guttata*〉昆虫綱膜翅目ハバチ科。分布：北海道,本州。

モンキヒラタケシキスイ〈*Epuraea quadrimaculata*〉昆虫綱甲虫目ケシキスイ科の甲虫。体長2.4～3.0mm。

モンキヒロズヨコバイ〈*Oncopsis mali*〉昆虫綱半翅目ヨコバイ科。体長4.5～6.0mm。林檎に害を及ぼす。分布：本州,四国,九州。

モンキボカシタテハ〈*Euphaedra edwardsi*〉昆虫綱鱗翅目タテハチョウ科の蝶。分布：シエラレオネからカメルーン,コンゴ,ザイール。

モンキホソツノコガネ〈*Diceros ornatus*〉昆虫綱甲虫目コガネムシ科の甲虫。分布：フィリピン。

モンキマキバカスミガメ〈*Orthops campestris*〉昆虫綱半翅目カスミカメムシ科。体長4.0～5.5mm。分布：北海道,本州,九州。

モンキマキバメクラカメムシ モンキマキバカスミガメの別名。

モンキマダラヤドリハナバチ〈*Nomada maculifrons*〉昆虫綱膜翅目ミツバチ科。

モンキマメゲンゴロウ〈*Platambus pictipennis*〉昆虫綱甲虫目ゲンゴロウ科の甲虫。体長7.5～8.0mm。分布：北海道,本州,四国,九州。

モンキマルバネアゲハ〈*Papilio bachus*〉昆虫綱鱗翅目アゲハチョウ科の蝶。開張95mm。分布：ペルーからボリビア。珍蝶。

モンキムラサキクチバ モンムラサキクチバの別名。

モンキモモブトアブバエ モンキモモブトハナアブの別名。

モンキモモブトハナアブ 紋黄腿太花虻〈*Pseudovolucella decipiens*〉昆虫綱双翅目ハナアブ科。分布：北海道,本州。

モンキモモブトハムシ〈*Zeugophora flavonotata*〉昆虫綱甲虫目ハムシ科の甲虫。体長3.0mm。

モンキヤイロタテハ〈*Prothoe australis*〉昆虫綱鱗翅目タテハチョウ科の蝶。分布：モルッカ諸島,ニューギニア。

モンキヤガ〈*Diarsia dewitzi*〉昆虫綱鱗翅目ヤガ科モンヤガ亜科の蛾。開張35～38mm。分布：沿海州,千島,北海道から九州,屋久島。

モンキルリタマムシ エドワードキンイロタマムシの別名。

モンギンスジハマキ 紋銀条葉捲蛾〈*Olethreutes arcuella*〉昆虫綱鱗翅目ノコメハマキガ科の蛾。開張16～21mm。分布：北海道,本州。

モンギンスジヒメハマキ〈*Olethreutes captiosana*〉昆虫綱鱗翅目ハマキガ科の蛾。分布：北海道,本州(東北,中部山地),朝鮮半島,ロシア(沿海州)。

モンギンスジマルハキバガ クロモンベニマルハキバガの別名。

モンギンホソキバガ 紋銀細牙蛾〈*Thyrsostoma pylartis*〉昆虫綱鱗翅目キバガ科の蛾。開張10～12mm。分布：本州,屋久島,台湾,インド(アッサム)。

モンクキバチ 紋茎蜂〈*Janus japonicus*〉昆虫綱膜翅目クキバチ科。体長11～15mm。サンゴジュに害を及ぼす。分布：本州。

モンクチカクシゾウムシ〈*Sclerolips maculicollis*〉昆虫綱甲虫目ゾウムシ科の甲虫。体長5.0～5.5mm。分布：本州,四国,九州。

モンクチボソヒメガガンボ〈*Limonia avocetta*〉昆虫綱双翅目ガガンボ科。

モンクロアカマルケシキスイ〈*Neopallodes hilleri*〉昆虫綱甲虫目ケシキスイムシ科の甲虫。体長3.5mm。分布：本州。

モンクロアカミツギリゾウムシ ヒメミツギリゾウムシの別名。

モンクロアサギヒトリ〈*Spilosoma lutea japonica*〉昆虫綱鱗翅目ヒトリガ科の蛾。

モンクロアツバ〈*Bomolocha triangularis*〉昆虫綱鱗翅目ヤガ科アツバ亜科の蛾。開張25mm。

モンクロアリノスハネカクシ 紋黒蟻巣隠翅虫〈*Bolitochara optata*〉昆虫綱甲虫目ハネカクシ科の甲虫。体長6.0～6.5mm。分布：本州,三宅島,屋久島。

モンクロキイロナミシャク 紋黒黄色波尺蛾〈*Stamnodes danilovi*〉昆虫綱鱗翅目シャクガ科ナミシャク亜科の蛾。開張23～28mm。分布：北海道中部の山地,関東北部から中部の亜高山帯から高山帯,中国,チベット,モンゴル,シベリア南西部。

モンクロキシタアツバ〈*Hypena orosia*〉昆虫綱鱗翅目ヤガ科アツバ亜科の蛾。開張30mm。分布：インド,スリランカ,ミャンマー,中国,九州南端佐多岬,屋久島以南の南西の離島部一帯。

モンクロキハバチ〈*Taxonus nigromaculatus*〉昆虫綱膜翅目ハバチ科。

モンクロギンシャチホコ 紋黒銀天社蛾〈*Wilemanus bidentatus*〉昆虫綱鱗翅目シャチホ

コガ科ウチキシャチホコ亜科の蛾。開張30～36mm。分布：沿海州，朝鮮半島，中国，北限は岩手県，四国，九州。

モンクロシャチホコ 紋黒天社蛾〈*Phalera flavescens*〉昆虫綱鱗翅目シャチホコガ科ウチキシャチホコ亜科の蛾。開張雄46～54mm，雌55～59mm。梅，アンズ，桜類，ナシ類，枇杷，桃，スモモ，林檎，桜類に害を及ぼす。分布：沿海州，朝鮮半島，中国，台湾，北海道から九州，対馬，伊豆諸島，御蔵島，三宅島。

モンクロハハバチ〈*Macrophya fascipennis*〉昆虫綱膜翅目ハバチ科。

モンクロベニカミキリ〈*Purpuricenus lituratus*〉昆虫綱甲虫目カミキリムシ科カミキリ亜科の甲虫。体長17～23mm。分布：本州(西南部)，四国，九州，対馬。

モンクロベニコケガ 紋黒紅苔蛾〈*Stigmatophora rhodophila*〉昆虫綱鱗翅目ヒトリガ科コケガ亜科の蛾。開張22～25mm。分布：北海道，本州，四国，九州，朝鮮半島，シベリア南東部，中国。

モンケシガムシ〈*Nipponocercyon shibatai*〉昆虫綱甲虫目ガムシ科の甲虫。体長2.1～2.3mm。

モンケシツブチョッキリ〈*Auletobius submaculatus*〉昆虫綱甲虫目オトシブミ科の甲虫。体長3.0～4.4mm。

モンコガネショウジョウバエ〈*Leucophenga maculata*〉昆虫綱双翅目ショウジョウバエ科。

モンザ・アルベルティ〈*Monza alberti*〉昆虫綱鱗翅目セセリチョウ科の蝶。分布：カメルーンからガボン，マラウイまで。

モンザ・クレタケア〈*Monza cretacea*〉昆虫綱鱗翅目セセリチョウ科の蝶。分布：シエラレオネからコンゴまで。

モンサビカッコウムシ サビモンカッコウムシの別名。

モンシロイチモンジ〈*Limenitis albomaculata*〉昆虫綱鱗翅目タテハチョウ科の蝶。分布：チベット東部，中国西部。

モンシロクルマコヤガ〈*Oruza glaucotorna*〉昆虫綱鱗翅目ヤガ科コヤガ亜科の蛾。開張23mm。分布：朝鮮半島，関東南部を北限，伊豆半島，日本海側では新潟県を北限，四国，九州，対馬，屋久島，石垣島，西表島。

モンシロクロノメイガ〈*Sylepta segnalis*〉昆虫綱鱗翅目メイガ科ノメイガ亜科の蛾。開張19～23mm。分布：北海道，本州，四国，九州，朝鮮半島，中国。

モンシロクロバガガンボ〈*Hexatoma alboguttata*〉昆虫綱双翅目ガガンボ科。

モンシロコゲチャハエトリ〈*Sitticus fasciger*〉蛛形綱クモ目ハエトリグモ科の蜘蛛。体長雌5.0～5.5mm，雄4.0～4.5mm。分布：北海道，本州(中部地方)。

モンシロサシガメ 紋白刺亀〈*Rhynocoris leucospilus*〉昆虫綱半翅目サシガメ科。分布：シベリヤ地方。

モンシロシャチホコ モンクロシャチホコの別名。

モンシロスソモンヒメハマキ〈*Eucosma niveicaput*〉昆虫綱鱗翅目ハマキガ科の蛾。分布：近畿と九州佐多岬。

モンシロチョウ 紋白蝶〈*Pieris rapae*〉昆虫綱鱗翅目シロチョウ科の蝶。小型で，翅には黒色の斑紋がある。開張4.5～5.5mm。アブラナ科野菜，ハボタン類に害を及ぼす。分布：ヨーロッパからアジア温帯域。

モンシロツマキリエダシャク〈*Zethenia albonotaria*〉昆虫綱鱗翅目シャクガ科エダシャク亜科の蛾。開張40～44mm。林檎に害を及ぼす。分布：シベリア南東部，朝鮮半島，中国東北，北海道，本州，四国，九州，対馬，屋久島，奄美大島，沖縄本島。

モンシロドクガ 紋白毒蛾〈*Euproctis similis*〉昆虫綱鱗翅目ドクガ科の蛾。別名クワノキンケムシ。開張雄24～38mm，雌32～39mm。柿，ハスカップ，梅，アンズ，桜桃，林檎，栗，桑，バラ類，サンゴジュ，桜類，フジに害を及ぼす。分布：北海道，本州，四国，九州，朝鮮半島，千島，シベリア南東部からヨーロッパ。

モンシロナガカメムシ〈*Panaorus albomaculatus*〉昆虫綱半翅目ナガカメムシ科。体長7.5mm。大豆に害を及ぼす。分布：本州，四国，九州，極東ロシア，朝鮮半島，中国。

モンシロハナカメムシ〈*Montandoniola moraguesi*〉昆虫綱半翅目ハナカメムシ科。

モンシロハネカクシダマシ〈*Inopeplus quadrinotatus*〉ハネカクシダマシ科の甲虫。体長2.3～4.5mm。

モンシロハマキ〈*Gypsonoma niveicaput*〉昆虫綱鱗翅目ノコメハマキガ科の蛾。開張14mm。

モンシロヒラタマルハキバガ〈*Agonopterix costaemaculella*〉昆虫綱鱗翅目マルハキバガ科の蛾。分布：北海道，本州，四国，九州，台湾，中国，インド(ヒマラヤ地方)。

モンシロマルトゲムシ〈*Byrrhus imafukui*〉昆虫綱甲虫目マルトゲムシ科。

モンシロマルハキバガ 紋白円翅牙蛾〈*Cryptolechia costaemaculella*〉昆虫綱鱗翅目マルハキバガ科の蛾。開張17～23mm。分布：日本各地。

モンシロミズギワカメムシ〈*Chartoscirta elegantula*〉昆虫綱半翅目ミズギワカメムシ科。

モンシロム

モンシロムラサキクチバ〈Ercheia niveostrigata〉昆虫綱鱗翅目ヤガ科シタバガ亜科の蛾。開張45mm。分布：本州から九州，対馬。

モンシロモドキ 擬紋白蝶〈Nyctemera adversata〉昆虫綱鱗翅目ヒトリガ科モンシロモドキ亜科の蛾。開張36～50mm。分布：本州(伊豆半島以西)，四国，九州，対馬，屋久島，吐噶喇列島，奄美大島，徳之島，沖永良部島，与論島，沖縄本島，久米島，石垣島，西表島，台湾，インドから東南アジア一帯。

モンシロルリノメイガ〈Uresiphita tricolor〉昆虫綱鱗翅目メイガ科ノメイガ亜科の蛾。開張22～25mm。分布：本州(東北地方北部より)，四国，九州，対馬，台湾，朝鮮半島，中国。

モンスカシキノメイガ〈Pseudebulea fentoni〉昆虫綱鱗翅目メイガ科ノメイガ亜科の蛾。開張26～31mm。分布：本州，佐渡島，北海道，ウスリー，朝鮮半島，四国，九州，対馬。

モンスジマダラメイガ ゴマダラメイガの別名。

モンスズメバチ〈Vespa crabro〉昆虫綱膜翅目スズメバチ科。体長雌29mm，雄27mm。林檎に害を及ぼす。分布：日本全土。

モンセマルホソヒラタムシ〈Cryptomorpha desjardinsi〉昆虫綱甲虫目ホソヒラタムシ科の甲虫。体長3.5～5.0mm。

モンゼンイスアブラムシ〈Nipponaphis monzeni〉昆虫綱半翅目アブラムシ科。体長3.3mm。イスノキに害を及ぼす。分布：本州以南の日本各地。

モンチビゾウムシ 紋矮象鼻虫〈Nanophyes pallipes〉昆虫綱甲虫目ホソクチゾウムシ科の甲虫。体長1.6～1.9mm。分布：本州，四国，九州。

モンチビツトガ〈Microchilo inexpectellus〉昆虫綱鱗翅目メイガ科の蛾。分布：北陸，関東以西の本州と北九州。

モンチビヒラタケシキスイ〈Haptoncus ocularis〉昆虫綱甲虫目ケシキスイ科の甲虫。体長2.0～3.1mm。

モンチビヒラタムシ〈Notolaemus cribratus〉昆虫綱甲虫目ヒラタムシ科の甲虫。体長2.0～3.3mm。

モントガリバ 紋尖翅蛾〈Thyatira batis〉昆虫綱鱗翅目トガリバガ科の蛾。前翅には，ピンク色がかった白色の縁どりをもつ黄褐色の斑紋がある。開張3～4mm。キイチゴに害を及ぼす。分布：ヨーロッパ，アジア温帯域。

モントビヒメシャク〈Scopula modicaria〉昆虫綱鱗翅目シャクガ科ヒメシャク亜科の蛾。開張19～23mm。分布：北海道，本州，四国，九州，中国，シベリア南東部，琉球。

モンナガマドキノコバエ〈Neoempheria winnertzi〉昆虫綱双翅目キノコバエ科。

モンニセツノキノコバエ〈Apemon similis nigricoxa〉昆虫綱双翅目キノコバエ科。

モンヌカカ〈Forcipomyia metatarsis〉昆虫綱双翅目ヌカカ科。

モンヌマユスリカ〈Anatopynia goetghebueri〉昆虫綱双翅目ユスリカ科。

モンハイイロキリガ〈Lithophane plumbealis〉昆虫綱鱗翅目ヤガ科セダカモクメ亜科の蛾。開張30～34mm。分布：沿海州，北海道から九州。

モンハナノミ 紋花蚤〈Tomoxia nipponica〉昆虫綱甲虫目ハナノミ科の甲虫。体長6.0～7.5mm。分布：函館，日光付近。

モンヒメマキムシモドキ〈Derodontus japonicus〉昆虫綱甲虫目マキムシモドキ科の甲虫。体長2.2～3.1mm。

モンフサキバガ〈Dichomeris harmonias〉昆虫綱鱗翅目キバガ科の蛾。開張14～17mm。分布：本州，九州，中国。

モンフタオビコバネ〈Micropterix aureatella〉昆虫綱鱗翅目コバネガ科の蛾。別名キンイロコバネ。開張8～9mm。分布：北海道，本州(東北，中部)の山地。

モンフナガタハナノミ〈Ectasiocnemis anchoralis〉昆虫綱甲虫目ハナノミダマシ科の甲虫。体長4.0～4.5mm。

モンベッコウ 紋鼈甲蜂〈Batozonellus maculifrons〉昆虫綱膜翅目ベッコウバチ科。体長雌18mm，雄15mm。分布：本州以南。

モンヘビトンボ〈Neochauliodes sinensis meridionallis〉昆虫綱広翅目ヘビトンボ科。開張66mm。分布：対馬，南西諸島。

モンヘリアカヒトリ〈Diacrisia sannio〉昆虫綱鱗翅目ヒトリガ科ヒトリ亜科の蛾。開張39～42mm。分布：北海道，本州(中部山地)，ヨーロッパ。

モンホソショウジョウバエ〈Diastata ussurica〉昆虫綱双翅目ホソショウジョウバエ科。

モンホソバスズメ〈Oxyambulyx schauffelbergeri〉昆虫綱鱗翅目スズメガ科ウンモンスズメ亜科の蛾。開張90～100mm。分布：北海道(南西部)，本州(宮城県以南)，四国，中国北部。

モンミドリメクラガメ〈Lygus viridis lobatus〉昆虫綱半翅目メクラカメムシ科。

モンムラサキクチバ〈Ercheia umbrosa〉昆虫綱鱗翅目ヤガ科シタバガ亜科の蛾。開張40～58mm。ナシ類，桃，スモモ，葡萄，柑橘に害を及ぼす。分布：インド北部から中国，台湾，北海道から九州，対馬。

【ヤ】

ヤイトムシ 灸虫〈whip-scorpion〉節足動物門クモ形綱ヤイトムシ目ヤイトムシ科Schizomidaeの

陸生動物の総称。

ヤイロタテハ〈Prothoe calydonia〉昆虫綱鱗翅目タテハチョウ科の蝶。開張110mm。分布：スンダランド。珍蝶。

ヤエナミシャク〈Calocalpe undulata〉昆虫綱鱗翅目シャクガ科ナミシャク亜科の蛾。開張25～29mm。分布：本州の中部山地, 北海道, ユーラシア大陸。

ヤエヤマアカバネクロベニボタル〈Cautires kazuoi〉昆虫綱甲虫目ベニボタル科の甲虫。体長7.0～11.7mm。

ヤエヤマアシナガミゾドロムシ〈Stenelmis ishiharai〉昆虫綱甲虫目ヒメドロムシ科の甲虫。体長2.5～2.6mm。

ヤエヤマイエバエ〈Musca convexifrons〉昆虫綱双翅目イエバエ科。体長6.5～7.5mm。害虫。

ヤエヤマイチモンジ〈Athyma selenophora〉昆虫綱鱗翅目タテハチョウ科イチモンジチョウ亜科の蝶。前翅長35～40mm。分布：石垣島, 西表島。

ヤエヤマウズグモ〈Uloborus yaeyamensis〉蛛形綱クモ目ウズグモ科の蜘蛛。

ヤエヤマウスヅマアツバ〈Bomolocha sp.〉昆虫綱鱗翅目ヤガ科アツバ亜科の蛾。分布：西表島。

ヤエヤマウスムラサキクチバ〈Ericeia inangulata〉昆虫綱鱗翅目ヤガ科クチバ亜科の蛾。分布：インドから東南アジア一帯, 石垣島, 西表島。

ヤエヤマウラナミジャノメ〈Ypthima yayeyamana〉昆虫綱鱗翅目ジャノメチョウ科の蝶。準絶滅危惧種(NT)。前翅長25～26mm。分布：石垣島, 西表島。

ヤエヤマオオスナゴミムシダマシ〈Gonocephalum kondoi〉昆虫綱甲虫目ゴミムシダマシ科の甲虫。体長8.3～10.6mm。

ヤエヤマオドリハマキモドキ〈Brenthia yaeyamae〉昆虫綱鱗翅目ハマキモドキガ科の蛾。分布：琉球列島の石垣島。

ヤエヤマカギバラヒゲナガゾウムシ〈Deropygus didymus〉昆虫綱甲虫目ヒゲナガゾウムシ科の甲虫。体長3.9～4.2mm。

ヤエヤマカノコサビカミキリ〈Apomecyna histrioides〉昆虫綱甲虫目カミキリムシ科フトカミキリ亜科の甲虫。

ヤエヤマキイロアラゲカミキリ〈Penthides flavus〉昆虫綱甲虫目カミキリムシ科フトカミキリ亜科の甲虫。体長6～9mm。

ヤエヤマキノカワガ〈Gaditha pulchra〉昆虫綱鱗翅目ヤガ科キノカワガ亜科の蛾。分布：スリランカ, インド, オーストラリア, フィリピン, 石垣島, 西表島。

ヤエヤマキノコゴミムシダマシ〈Platydema celatum〉昆虫綱甲虫目ゴミムシダマシ科の甲虫。体長3.5～4.0mm。

ヤエヤマキボシハナノミ〈Hoshihananomia splendens〉昆虫綱甲虫目ハナノミ科の甲虫。体長9～13.5mm。

ヤエヤマキマワリ　イブシキマワリの別名。

ヤエヤマクシヒゲボタル〈Cyphonocerus yayeyamensis〉昆虫綱甲虫目ホタル科の甲虫。体長6.5～6.7mm。

ヤエヤマクビナガハンミョウ〈Collyris loochooensis〉昆虫綱甲虫目ハンミョウ科の甲虫。準絶滅危惧種(NT)。体長10～13mm。分布：石垣島, 西表島。

ヤエヤマクマゼミ〈Cryptotympana yayeyamana〉昆虫綱半翅目セミ科。体長70mm。分布：石垣島, 西表島。

ヤエヤマクリタマムシ〈Toxoscelus miwai〉昆虫綱甲虫目タマムシ科の甲虫。体長4～5mm。

ヤエヤマクロスジホソハナカミキリ〈Parastrangalis ishigakiensis〉昆虫綱甲虫目カミキリムシ科ハナカミキリ亜科の甲虫。体長8.7～10.0mm。

ヤエヤマクロノメイガ〈Herpetogramma sp.〉昆虫綱鱗翅目メイガ科の蛾。分布：沖縄本島, 石垣島, 西表島。

ヤエヤマクワカミキリ〈Apriona yaeyamai〉昆虫綱甲虫目カミキリムシ科フトカミキリ亜科の甲虫。体長36～40mm。分布：石垣島。

ヤエヤマケシカミキリ〈Miaenia brevicollis〉昆虫綱甲虫目カミキリムシ科フトカミキリ亜科の甲虫。体長3mm。

ヤエヤマケシガムシ〈Cercyon yayeyama〉昆虫綱甲虫目ガムシ科の甲虫。体長2.3～2.8mm。

ヤエヤマコブヒゲアツバ〈Zanclognatha yaeyamalis〉昆虫綱鱗翅目ヤガ科クルマアツバ亜科の蛾。分布：石垣島, 西表島, 与那国島。

ヤエヤマサソリ　八重山蠍〈Liocheles australasiae〉節足動物門クモ形綱サソリ目コガネサソリ科の陸生動物。体長30～40mm。分布：石垣島, 宮古島。害虫。

ヤエヤマサナエ〈Asiagomphus yayeyamensis〉昆虫綱蜻蛉目サナエトンボ科の蜻蛉。準絶滅危惧種(NT)。体長58mm。分布：石垣島, 西表島。

ヤエヤマサビコメツキ〈Lacon yayeyamanus〉昆虫綱甲虫目コメツキムシ科の甲虫。体長12～15mm。

ヤエヤマサンカククチバ〈Melapia kishidai〉昆虫綱鱗翅目ヤガ科シタバガ亜科の蛾。分布：西表島。

ヤエヤマシマアツバ〈*Hepatica seinoi*〉昆虫綱鱗翅目ヤガ科クチバ亜科の蛾。分布：八重山諸島。

ヤエヤマシロチョウ〈*Appias libythea*〉昆虫綱鱗翅目シロチョウ科の蝶。分布：インド，スリランカ，タイ，インドシナ半島，マレーシアからフィリピンまで。

ヤエヤマシロチョウ ヒメトガリシロチョウの別名。

ヤエヤマセスジムシ〈*Omoglymmius microtis*〉昆虫綱甲虫目セスジムシ科の甲虫。体長5.0〜5.2mm。

ヤエヤマタカビロキマワリモドキ〈*Phaedis marmoratus*〉昆虫綱甲虫目ゴミムシダマシ科の甲虫。体長10.5〜13.0mm。

ヤエヤマチビカミキリ リュウキュウチビカミキリの別名。

ヤエヤマツヤドロムシ〈*Zaitzevia yaeyamana*〉昆虫綱甲虫目ヒメドロムシ科の甲虫。体長1.5〜1.6mm。

ヤエヤマトラカミキリ〈*Chlorophorus yayeyamensis*〉昆虫綱甲虫目カミキリムシ科カミキリ亜科の甲虫。体長9〜15mm。分布：北海道，本州(中北部)をのぞく日本全土。

ヤエヤマナカオビキトウ〈*Aletia opada*〉昆虫綱鱗翅目ヤガ科ヨトウガ亜科の蛾。分布：フィリピン・ルソン島，西表島。

ヤエヤマニイニイ〈*Platypleura yaeyamana*〉昆虫綱半翅目セミ科。

ヤエヤマノコギリクワガタ タカサゴノコギリクワガタの別名。

ヤエヤマハナダカトンボ〈*Rhinocypha uenoi*〉昆虫綱蜻蛉目ハナダカトンボ科の蜻蛉。体長30mm。分布：西表島。

ヤエヤマハナホタル〈*Plateros ignius*〉昆虫綱甲虫目ベニボタル科の甲虫。体長6.0〜7.0mm。

ヤエヤマヒオドシハナカミキリ〈*Paranaspia yayeyamensis*〉昆虫綱甲虫目カミキリムシ科ハナカミキリ亜科の甲虫。体長10〜12mm。

ヤエヤマヒゲナガジョウカイ〈*Micropodabrus yayeyamanus*〉昆虫綱甲虫目ジョウカイボン科の甲虫。体長6.2〜7.5mm。

ヤエヤマヒシカミキリ〈*Microlera yayeyamensis*〉昆虫綱甲虫目カミキリムシ科フトカミキリ亜科の甲虫。体長3mm。

ヤエヤマヒロハマキモドキ〈*Phycodes bushii*〉昆虫綱鱗翅目ヒロハマキホドキガ科の蛾。分布：石垣島，西表島。

ヤエヤマフタイロジョウカイ〈*Athemellus ryukyuanus*〉昆虫綱甲虫目ジョウカイボン科の甲虫。体長7.0〜9.4mm。

ヤエヤマフトカミキリ〈*Blepephaeus yayeyamai*〉昆虫綱甲虫目カミキリムシ科フトカミキリ亜科の甲虫。体長17〜22mm。分布：石垣島，西表島。

ヤエヤマフトヤスデ〈*Prospirobolus joannise*〉フトヤスデ科。体長100mm。害虫。

ヤエヤマベニハナボタル〈*Plateros yayeyamanus*〉昆虫綱甲虫目ベニボタル科の甲虫。体長6.5〜8.0mm。

ヤエヤマホソジョウカイモドキ〈*Idgia flavicollis*〉昆虫綱甲虫目ジョウカイモドキ科の甲虫。体長7.5〜10.0mm。

ヤエヤマホソバネカミキリ〈*Thranius multinotatus*〉昆虫綱甲虫目カミキリムシ科カミキリ亜科の甲虫。体長11〜14mm。

ヤエヤママキベリクロハナボタル〈*Plateros rufomarginatus*〉昆虫綱甲虫目ベニボタル科の甲虫。体長4.5〜6.0mm。

ヤエヤママルヒラタドロムシ〈*Eubrianax manakikikuse*〉昆虫綱甲虫目ヒラタドロムシ科の甲虫。体長3.3mm。

ヤエヤマミカンナガタマムシ〈*Agrilus aritai*〉昆虫綱甲虫目タマムシ科の甲虫。体長7.0mm。

ヤエヤマミズメイガ〈*Oligostigma bilinealis*〉昆虫綱鱗翅目メイガ科の蛾。分布：インド，ボルネオ，西表島。

ヤエヤマミツギリゾウムシ〈*Baryrhynchus yayeyamensis*〉昆虫綱甲虫目ミツギリゾウムシ科の虫。絶滅危惧I類(CR+EN)。体長13.4〜24.0mm。

ヤエヤマムナビロタマムシ〈*Sambus yaeyamanus*〉昆虫綱甲虫目タマムシ科の甲虫。体長3〜4mm。

ヤエヤマムラサキ〈*Hypolimnas anomala*〉昆虫綱鱗翅目タテハチョウ科ヒオドシチョウ亜科の蝶。前翅長38〜48mm。分布：マレーシアからフィリピン，およびニューギニア，オーストラリアまで。

ヤエヤマムラサキマダラ マルバネルリマダラの別名。

ヤエヤマメダカカッコウムシ〈*Callimerus ishigakensis*〉昆虫綱甲虫目カッコウムシ科の甲虫。体長8mm。

ヤエヤマモモブトアメイロカミキリ〈*Pseudiphra elegans*〉昆虫綱甲虫目カミキリムシ科カミキリ亜科の甲虫。体長4〜6mm。

ヤエヤマヤチグモ〈*Coelotes yaeyamensis*〉蛛形綱クモ目タナグモ科の蜘蛛。

ヤエヤマルリマダラ マルバネルリマダラの別名。

ヤエンオニグモ〈*Araneus macacus*〉蛛形綱クモ目コガネグモ科の蜘蛛。体長雌17〜20mm，雄9〜10mm。分布：北海道，本州。

ヤガ 夜蛾 昆虫綱鱗翅目ヤガ科Noctuidaeの総称。

ヤガスリサラグモ〈Linyphia albolimbata〉蛛形綱クモ目サラグモ科の蜘蛛。体長雌5.3～5.6mm,雄5.2～5.5mm。分布：北海道,本州,九州。

ヤガタオナシアゲハ〈Papilio grosesmithi〉昆虫綱鱗翅目アゲハチョウ科の蝶。分布：マダガスカル。

ヤガタフクログモ〈Clubiona yagata〉蛛形綱クモ目フクログモ科の蜘蛛。体長雌9～10mm,雄6～7mm。分布：北海道,本州(亜高山地帯)。

ヤギシロトビムシ〈Onychiurus pseudarmatus yagii〉無翅昆虫亜綱粘管目シロトビムシ科。別名ヤギトビムシモドキ。害虫。

ヤギトビムシモドキ ヤギシロトビムシの別名。

ヤギヌマノセマルトラフカニグモ〈Tmarus yaginumai〉蛛形綱クモ目カニグモ科の蜘蛛。

ヤギヌマフクログモ〈Clubiona yaginumai〉蛛形綱クモ目フクログモ科の蜘蛛。体長雌5mm,雄4.5mm。分布：本州(伊豆地方)。

ヤギハジラミ〈Damalinia caprae〉昆虫綱食毛目ケモノハジラミ科。体長雄1.3～1.5mm,雌1.75～1.90mm。害虫。

ヤクエグリオオキノコムシ〈Megalodacne yakushimensis〉昆虫綱甲虫目オオキノコムシ科。

ヤクサザナミキヒメハマキ〈Tokuana imbrica〉昆虫綱鱗翅目ハマキガ科の蛾。分布：屋久島,佐渡島。

ヤクシマウシウンカ〈Perkinsiella yakushimensis〉昆虫綱半翅目ウンカ科。

ヤクシマオニクワガタ〈Prismognathus tokui〉昆虫綱甲虫目クワガタムシ科の甲虫。体長雄16～20mm,雌14～18mm。

ヤクシマカバナミシャク〈Eupithecia yakushimensis〉昆虫綱鱗翅目シャクガ科の蛾。分布：屋久島。

ヤクシマキリガ〈Mesorhynchaglaea pacifica〉昆虫綱鱗翅目ヤガ科セダカモクメ亜科の蛾。分布：伊豆半島石廊崎,渥美半島,神戸市,四国,屋久島。

ヤクシマギンツバメ〈Pseudomicronia caelata〉昆虫綱鱗翅目ツバメガ科の蛾。分布：本州(紀伊半島),四国南部,九州南部,屋久島,奄美大島,徳之島,台湾,中国,タイ,マレー半島,インド。

ヤクシマキンモンホソガ〈Phyllonorycter yakusimensis〉昆虫綱鱗翅目ホソガ科の蛾。分布：屋久島。

ヤクシマクロヤマメイガ〈Scoparia yakushimana〉昆虫綱鱗翅目メイガ科の蛾。分布：屋久島宮ノ浦,屋久島愛子岳,白谷,栗生。

ヤクシマコケガ〈Asura intermedia〉昆虫綱鱗翅目ヒトリガ科コケガ亜科の蛾。

ヤクシマコブヒゲアツバ〈Zanclognatha yakushimalis〉昆虫綱鱗翅目ヤガ科クルマアツバ亜科の蛾。分布：屋久島,九州,四国,紀伊半島の大塔山,奄美大島,沖縄本島。

ヤクシマコブヤハズカミキリ〈Hayashiechthistatus inexpectus〉昆虫綱甲虫目カミキリムシ科フトカミキリ亜科の甲虫。体長14.8～15.5mm。分布：屋久島。

ヤクシマチビゴミムシ〈Epaphiopsis janoi〉昆虫綱甲虫目オサムシ科の甲虫。体長2.8～3.6mm。

ヤクシマドクガ〈Orgyia triangularis〉昆虫綱鱗翅目ドクガ科の蛾。開張雄30～33mm。分布：本州(東海地方以西),四国,九州,対馬,屋久島,吐噶喇列島,奄美大島,沖縄本島,伊豆諸島の神津島。

ヤクシマトゲオトンボ〈Rhipidolestes aculeatus yakusimensis〉昆虫綱蜻蛉目トゲオトンボ科の蜻蛉。

ヤクシマナガキマワリ〈Strongylium yakushimanum〉昆虫綱甲虫目ゴミムシダマシ科の甲虫。体長20mm。分布：屋久島。

ヤクシマナガゴミムシ〈Pterostichus yakushimanus〉昆虫綱甲虫目オサムシ科の甲虫。体長18mm。

ヤクシマナガタマムシ〈Agrilus yakushimensis〉昆虫綱甲虫目タマムシ科の甲虫。体長4.0～5.8mm。

ヤクシマネグロシャチホコ〈Formotensha yakusimensis〉昆虫綱鱗翅目シャチホコガ科の蛾。分布：九州南部(大隅半島)から琉球の全域,屋久島。

ヤクシマノコギリカミキリ〈Prionus yakushimanus〉昆虫綱甲虫目カミキリムシ科ノコギリカミキリ亜科の甲虫。体長31～43mm。

ヤクシマハナボタル〈Eropterus yakushimaensis〉昆虫綱甲虫目ベニボタル科の甲虫。体長5.5～6.0mm。

ヤクシマヒメキシタバ〈Catocala tokui〉昆虫綱鱗翅目ヤガ科シタバガ亜科の蛾。分布：屋久島,対馬,紀伊半島大塔山系,台湾。

ヤクシマヒメコブガ〈Nola semiconfusa〉昆虫綱鱗翅目コブガ科の蛾。分布：屋久島。

ヤクシマヒメハマキ〈Notocelia yakushimensis〉昆虫綱鱗翅目ハマキガ科の蛾。分布：屋久島。

ヤクシマヒラタゴミムシ〈Colpodes hirashimai〉昆虫綱甲虫目オサムシ科の甲虫。体長10.5～13.0mm。

ヤクシマフトスジエダシャク〈Cleora minutaria〉昆虫綱鱗翅目シャクガ科エダシャク亜科の蛾。開張35～43mm。分布：伊豆諸島(三宅島,御蔵島),四国,九州,対馬,種子島,屋久島,奄美大島,徳之島,沖永良部島,沖縄本島,石垣島,西表島。

ヤクシマホソコバネカミキリ〈Necydalis yakushimensis〉昆虫綱甲虫目カミキリムシ科ハナカミキリ亜科の甲虫。

ヤクシマミドリカミキリ〈Chloridolum kurosawae〉昆虫綱甲虫目カミキリムシ科カミキリ亜科の甲虫。体長14〜19mm。分布：屋久島。

ヤクシマミドリシジミ キリシマミドリシジミの別名。

ヤクシマヨツスジハナカミキリ〈Leptura yakushimana〉昆虫綱甲虫目カミキリムシ科ハナカミキリ亜科の甲虫。体長17mm。

ヤクシマヨトウ〈Tiracola plagiata〉昆虫綱鱗翅目ヤガ科ヨトウガ亜科の蛾。分布：インドから台湾，屋久島山地，九州南部，四国南部，紀伊半島南部，奄美大島，石垣島。

ヤクシマルリシジミ 屋久島瑠璃小灰蝶〈Acytolepis puspa ishigakiana〉昆虫綱鱗翅目シジミチョウ科ヒメシジミ亜科の蝶。別名タイワンルリシジミ。前翅長13〜15mm。分布：本州(三重県が北限)，四国，九州，南西諸島。

ヤクチビオオキノコムシ〈Triplax yakushimana〉昆虫綱甲虫目オオキノコムシ科の甲虫。体長4mm。

ヤクツノハネカクシ〈Borolinus bicornis〉昆虫綱甲虫目ハネカクシ科の甲虫。体長7.8〜8.2mm。

ヤクツヤキノコゴミムシダマシ〈Scaphidema aikoae〉昆虫綱甲虫目ゴミムシダマシ科の甲虫。体長5.2mm。

ヤクハナノミ 夜久花蚤〈Yakuhananomia yakui〉昆虫綱甲虫目ハナノミ科の甲虫。体長8.5〜10.0mm。分布：北海道。

ヤクヒゲナガハナノミ〈Epilichas yakushimensis〉昆虫綱甲虫目ナガハナノミ科の甲虫。体長11〜15mm。

ヤクヒサゴゴミムシダマシ〈Misolampidius yakushimanus〉昆虫綱甲虫目ゴミムシダマシ科の甲虫。体長13.8〜16.5mm。

ヤクヒラタヒゲナガハナノミ〈Eubrianax insularis〉昆虫綱甲虫目ヒラタドロムシ科。

ヤクマルバネコブヒゲカミキリ〈Rhodopina nasui〉昆虫綱甲虫目カミキリムシ科フトカミキリ亜科の甲虫。

ヤクユミアシゴミムシダマシ〈Promethis exigua〉昆虫綱甲虫目ゴミムシダマシ科の甲虫。体長18.0mm。

ヤクルリヒラタコメツキ〈Actenicerus yaku〉昆虫綱甲虫目コメツキムシ科の甲虫。体長15〜17mm。

ヤケヒョウヒダニ〈Dermatophagoides pteronyssinus〉蛛形綱ダニ目チリダニ科。体長雌0.29〜0.38mm，雄0.24〜0.28mm。害虫。

ヤケヤスデ 焦馬陸〈Oxidus gracilis〉節足動物門倍脚綱ヤケヤスデ科の陸生動物。体長19〜21mm。分布：日本各地。害虫。

ヤゴ 水蠆 トンボ類の幼虫の総称。

ヤコオナ・アナスヤ〈Jacoona anasuja〉昆虫綱鱗翅目シジミチョウ科の蝶。分布：ボルネオ，マレーシア，スマトラ。

ヤコオナ・イルミナ〈Jacoona irmina〉昆虫綱鱗翅目シジミチョウ科の蝶。分布：ニアス島(スマトラ西方の島)。

ヤコオナ・スコプラ〈Jacoona scopula〉昆虫綱鱗翅目シジミチョウ科の蝶。分布：マレーシア。

ヤコンオサムシ〈Carabus yaconinus〉昆虫綱甲虫目オサムシ科の甲虫。体長21〜32mm。分布：本州，四国。

ヤサアリグモ〈Myrmarachne innermichelis〉蛛形綱クモ目ハエトリグモ科の蜘蛛。体長5〜6mm。分布：本州，四国，九州，南西諸島。

ヤサイゾウムシ 野菜象虫，野菜象鼻虫〈Listroderes costirostris〉昆虫綱甲虫目ゾウムシ科の甲虫。体長7.5〜8.0mm。キク科野菜，ナス科野菜，ユリ科野菜，タバコ，菊，キンセンカ，アカザ科野菜，ウリ科野菜，シソ，セリ科野菜，アブラナ科野菜に害を及ぼす。分布：本州，四国，九州。

ヤサガタアシナガグモ〈Tetragnatha japonica〉蛛形綱クモ目アシナガグモ科の蜘蛛。体長雌10〜12mm，雄7〜9mm。分布：日本全土。

ヤサガタナガクチキムシ〈Melandrya parallela〉昆虫綱甲虫目ナガクチキムシ科の甲虫。体長12〜13.5mm。

ヤサクチカクシゾウムシ〈Parempleurus dentirostris〉昆虫綱甲虫目ゾウムシ科の甲虫。体長5.1〜5.6mm。

ヤサコマチグモ〈Chiracanthium unicum〉蛛形綱クモ目フクログモ科の蜘蛛。体長雌6〜7mm，雄5〜6mm。分布：本州(南部)，四国，九州。

ヤサハナカメムシ〈Amphiareus obscuriceps〉昆虫綱半翅目ハナカメムシ科。体長3mm。分布：北海道，本州，四国，九州。

ヤシアカセセリ〈Cephrenes acalle〉昆虫綱鱗翅目セセリチョウ科の蝶。

ヤシオオオサゾウムシ〈Rhynchophorus ferrugineus〉昆虫綱甲虫目オサゾウムシ科の甲虫。体長22〜35mm。ヤシ類に害を及ぼす。

ヤシオサゾウムシ〈Rhabdoscelus fissicauda〉昆虫綱甲虫目オサゾウムシ科の甲虫。体長14.0〜15.3mm。

ヤシトガリホソガ〈Batrachedra arenosella〉昆虫綱鱗翅目トガリホソガ科の蛾。開張10〜14mm。

ヤジマサシアブ〈*Isshikia yajimai*〉昆虫綱双翅目アブ科。体長16mm。害虫。

ヤシャゲンゴロウ〈*Acilius kishii*〉昆虫綱甲虫目ゲンゴロウ科の甲虫。絶滅危惧I類(CR+EN)。体長15.0～16.0mm。珍虫。

ヤジリモンコヤガ〈*Ozana chinensis*〉昆虫綱鱗翅目ヤガ科コヤガ亜科の蛾。分布：中国中部，静岡市，新潟県小出町虫野，福井県武生市。

ヤスジカバナミシャク〈*Eupithecia mandschurica*〉昆虫綱鱗翅目シャクガ科の蛾。分布：シベリア南東部，北海道，東北地方から関東，北陸。

ヤスジシャチホコ〈*Epodonta lineata*〉昆虫綱鱗翅目シャチホコガ科ウチキシャチホコ亜科の蛾。開張44～50mm。分布：沿海州，朝鮮半島，北海道から九州。

ヤスジマルバヒメシャク〈*Scopula floslactata*〉昆虫綱鱗翅目シャクガ科ヒメシャク亜科の蛾。開張22～29mm。分布：北海道，本州，四国，九州，朝鮮半島からヨーロッパ。

ヤスダコゲチャハエトリ〈*Sitticus lineolatus*〉蛛形綱クモ目ハエトリグモ科の蜘蛛。体長雌4.5～5.5mm，雄4.0～4.5mm。分布：北海道(高山)。

ヤスデ 馬陸〈millipede〉節足動物門倍脚綱Diplopodaの陸生動物の総称。

ヤスデモドキ 擬馬陸 節足動物門少脚綱Pauropodaの陸生動物の総称。

ヤスマツアメンボ〈*Gerris insularis*〉昆虫綱半翅目アメンボ科。

ヤスマツイボトビムシ 安松疣跳虫〈*Pseudachorutes yasumatsui*〉無翅昆虫亜綱粘管目イボトビムシモドキ科。

ヤスマツキクイムシ〈*Pseudohylesinus sericeus*〉昆虫綱甲虫目キクイムシ科の甲虫。体長3.5～4.3mm。

ヤスマツクロカワゲラ〈*Capnia yasumatusi*〉昆虫綱襀翅目クロカワゲラ科。

ヤスマツケシタマムシ〈*Aphanisticus yasumatsui*〉昆虫綱甲虫目タマムシ科。体長3～4mm。

ヤスマツケブカハムシ〈*Pyrrhalta yasumatsui*〉昆虫綱甲虫目ハムシ科の甲虫。体長4.0～4.8mm。

ヤスマツコナジラミ〈*Pentaleyrodes yasumatsui*〉昆虫綱半翅目コナジラミ科。

ヤスマツセスジタマムシ〈*Chrysodema yasumatsui*〉昆虫綱甲虫目タマムシ科。分布：台湾。

ヤスマツツヤヒラタゴミムシ〈*Synuchus yasumatsui*〉昆虫綱甲虫目ゴミムシ科。

ヤスマツトビナナフシ 安松飛竹節虫〈*Micadina yasumatsui*〉昆虫綱竹節虫目ナナフシ科。体長47～57mm。分布：本州，四国，九州。

ヤスマツナガウンカ〈*Stenocranus yasumatsui*〉昆虫綱半翅目ウンカ科。

ヤスマツナガタマムシ〈*Agrilus yasumatsui*〉昆虫綱甲虫目タマムシ科の甲虫。体長4.2～5.3mm。

ヤスマツナカミゾコメツキダマシ〈*Rhacopus yasumatsui*〉昆虫綱甲虫目コメツキダマシ科の甲虫。体長7.3～8.0mm。

ヤスマツハモグリバエ〈*Napomyza yasumatsui*〉昆虫綱双翅目ハモグリバエ科。

ヤスマツフシダカコンボウハナバチ〈*Rhopalomelissa yasumatsui*〉昆虫綱膜翅目コハナバチ科。

ヤセアトキリゴミムシ〈*Dolichoctis luctuosus*〉昆虫綱甲虫目オサムシ科の甲虫。体長8mm。

ヤセサラグモ〈*Lepthyphantes japonicus*〉蛛形綱クモ目サラグモ科の蜘蛛。

ヤセバチ 痩蜂 昆虫綱膜翅目ヤセバチ上科Evanioideaに属する寄生性の昆虫の総称。

ヤセモリヒラタゴミムシ〈*Colpodes elainus*〉昆虫綱甲虫目オサムシ科の甲虫。体長9.5～12.0mm。

ヤセモリヒラタゴミムシ キンモリヒラタゴミムシの別名。

ヤセヨツボシホソナガクチキムシ〈*Dircaea quadriguttata*〉昆虫綱甲虫目ナガクチキムシ科の甲虫。体長6～10mm。

ヤソダ・ピタ〈*Yasoda pita*〉昆虫綱鱗翅目シジミチョウ科の蝶。分布：マレーシア，ジャワ，スマトラ。

ヤチガガンボ〈*Tipula serricauda*〉昆虫綱双翅目ガガンボ科。

ヤチグモの一種〈*Coelotes sp.*〉蛛形綱クモ目タナグモ科の蜘蛛。体長雌9～10mm，雄8～9mm。分布：本州(中部の山地)。

ヤチスズ〈*Pteronemobius concolor*〉昆虫綱直翅目コオロギ科。体長7～9mm。麦類に害を及ぼす。分布：北海道，本州，四国，九州，対馬。

ヤチダモキクイコマユバチ〈*Coeloides japonicus*〉昆虫綱膜翅目コマユバチ科。

ヤチダモノオオキクイムシ〈*Hylesinus nobilis*〉昆虫綱甲虫目キクイムシ科の甲虫。体長4.6～5.3mm。

ヤチダモノクロキクイムシ 谷地柳黒木喰虫〈*Hylesinus tristis*〉昆虫綱甲虫目キクイムシ科の甲虫。体長2.9～3.7mm。分布：北海道，本州，九州。

ヤチダモノナガキクイムシ 谷地柳長穿孔虫〈*Crossotarsus niponicus*〉昆虫綱甲虫目ナガキク

イムシ科の甲虫．体長6mm．分布：北海道，本州，四国，九州．

ヤチダモハマキ〈*Doloploca praeviella*〉昆虫綱鱗翅目ハマキガ科の蛾．分布：北海道の札幌，標茶町，長野県松本，ロシアのウスリー，シベリア．

ヤチバエ 谷地蠅 昆虫綱双翅目短角亜目ハエ群ヤチバエ科Sciomyzidaeの総称．

ヤチヒョウモン〈*Proclossiana eunomia*〉昆虫綱鱗翅目タテハチョウ科の蝶．分布：周極，アラスカ北部から合衆国中部まで，ヨーロッパ，シベリア東部．

ヤツオオズナガゴミムシ〈*Pterostichus koheii*〉昆虫綱甲虫目ゴミムシ科．

ヤツオオナガゴミムシ〈*Pterostichus mucronatus*〉昆虫綱甲虫目オサムシ科の甲虫．体長16.5～22.0mm．

ヤツガタケヤガ〈*Anomogyna yatsugadakeana*〉昆虫綱鱗翅目ヤガ科の蛾．分布：飛騨山脈，妙高山塊，八ヶ岳，蓼科山，赤石山脈．

ヤツコカンザシゴカイ 奴簪沙蚕〈*Pomatoleios kraussii*〉環形動物門多毛綱カンザシゴカイ科の海産動物．分布：陸奥湾以南．

ヤツシロハマダラカ〈*Anopheles yatsushiroensis*〉昆虫綱双翅目カ科．

ヤツデキジラミ〈*Psylla fatsiae*〉昆虫綱半翅目キジラミ科．ヤツデ，アオキ，ミズキに害を及ぼす．

ヤツバキクイムシ 八歯木喰虫〈*Ips typographus japonicus*〉昆虫綱甲虫目キクイムシ科の甲虫．体長4.2～5.2mm．モミ，ツガ，トウヒ，トドマツ，エゾマツに害を及ぼす．分布：北海道，本州．

ヤツボシカギバラヒゲナガゾウムシ ヤツボシヒゲナガゾウムシの別名．

ヤツボシカミキリ〈*Saperda octomaculata*〉昆虫綱甲虫目カミキリムシ科フトカミキリ亜科の甲虫．体長10～16mm．分布：北海道，本州．

ヤツボシシロカミキリ〈*Olenecamptus octopustulatus*〉昆虫綱甲虫目カミキリムシ科フトカミキリ亜科の甲虫．

ヤツボシツツハムシ〈*Cryptocephalus japanus*〉昆虫綱甲虫目ハムシ科の甲虫．体長8mm．分布：本州，四国，九州．

ヤツボシノメイガ〈*Prophantis octoguttalis*〉昆虫綱鱗翅目メイガ科の蛾．分布：本州（南西部），四国，九州，屋久島，奄美大島，徳之島，沖永良部島，沖縄本島，石垣島，台湾，インドから東南アジア一帯，オーストラリア．

ヤツボシハナカミキリ〈*Leptura arcuata*〉昆虫綱甲虫目カミキリムシ科ハナカミキリ亜科の甲虫．体長12～18mm．分布：北海道，本州，四国，九州，佐渡，屋久島．

ヤツボシハムシ〈*Gonioctena nigroplagiata*〉昆虫綱甲虫目ハムシ科の甲虫．体長6mm．分布：本州．

ヤツボシヒゲナガゾウムシ〈*Deropygus histrio*〉昆虫綱甲虫目ヒゲナガゾウムシ科の甲虫．体長2.6～3.5mm．分布：本州，四国，九州，対馬，吐噶喇列島．

ヤツボシヒメバチ〈*Ichneumon 8-guttatus*〉昆虫綱膜翅目ヒメバチ科．

ヤツメカミキリ 八目天牛〈*Eutetrapha ocelota*〉昆虫綱甲虫目カミキリムシ科フトカミキリ亜科の甲虫．体長11～18mm．分布：北海道，本州，四国，九州，対馬，屋久島．

ヤツメノメイガ〈*Anania assimilis*〉昆虫綱鱗翅目メイガ科ノメイガ亜科の蛾．開張23～26mm．

ヤツメフォルソムトビムシ〈*Folsomia octoculata*〉無翅昆虫亜綱粘管目ツチトビムシ科．別名ベソッカキトビムシ．

ヤツモンシロスジカミキリ〈*Batocera roylei*〉昆虫綱甲虫目カミキリムシ科の甲虫．分布：アッサム，インド，ベトナム北部，ラオス，マレーシア，中国．

ヤツモントゲミツギリゾウムシ〈*Caenorychodes octoguttatus*〉昆虫綱甲虫目ミツギリゾウムシ科の甲虫．体長11.9～20.0mm．

ヤツモンミツギリゾウムシ〈*Cerobates octoguttatus*〉昆虫綱甲虫目ミツギリゾウムシ科．

ヤツワクガビル〈*Kumabdella octonaria*〉クガビル科．害虫．

ヤドカリグモ〈*Thanatus miniaceus*〉蛛形綱クモ目エビグモ科の蜘蛛．体長雌5～6mm，雄4～5mm．分布：北海道，本州，四国，九州．

ヤドカリチョッキリ 寄居短截虫〈*Paradeporaus parasiticus*〉昆虫綱甲虫目オトシブミ科の甲虫．体長3.4～3.6mm．分布：北海道．

ヤドリカニムシ 宿蟹虫 節足動物門クモ形綱擬蠍目ヤドリカニムシ科Chernetidaeの陸生小動物の総称．

ヤドリギアシナガシジミ〈*Allotinus major*〉昆虫綱鱗翅目シジミチョウ科の蝶．

ヤドリギシジミ〈*Hemiolaus coeculus*〉昆虫綱鱗翅目シジミチョウ科の蝶．雄の翅は青紫色，黒褐色の縁どりをもつ．開張3～4mm．分布：アフリカ南部のサバンナ．

ヤドリギツバメ〈*Tajuria cippus*〉昆虫綱鱗翅目シジミチョウ科の蝶．翅の裏面は灰色で，黒色の線がある．開張3.0～4.5mm．分布：インド，中国南部，マレーシア，ボルネオ．

ヤドリキバチ 寄生樹蜂〈*Orussus japonicus*〉昆虫綱膜翅目ヤドリキバチ科．分布：本州．

ヤドリキバチ 寄生樹蜂 昆虫綱膜翅目広腰亜目ヤドリキバチ科Orussidaeの総称。

ヤドリスズメバチ〈Vespula austriaca〉昆虫綱膜翅目スズメバチ科。

ヤドリダニ 寄生壁蝨 節足動物門クモ形綱ダニ目ヤドリダニ科Parasitidaeのダニの総称。

ヤドリノミゾウムシ〈Rhynchaenus hustachei〉昆虫綱甲虫目ゾウムシ科の甲虫。体長3.5～4.0mm。

ヤドリバエ 寄生蠅〈tachina fly, tachinid fly〉昆虫綱双翅目短角亜目ハエ群ヤドリバエ科Tachinidaeの総称。別名寄生バエ。

ヤドリバエガタツェツェバエ〈Glossina tachinoides〉昆虫綱双翅目ツェツェバエ科。分布：アフリカ西部(海岸地帯を除く)。

ヤドリバチ 寄生蜂〈parasitic wasp, parasitic hymenoptera〉膜翅目の昆虫のうち、ほかの昆虫やクモなどに寄生するハチ類の総称。

ヤドリベッコウ 寄生鼈甲蜂〈Xanthampulex pernix〉昆虫綱膜翅目ベッコウバチ科。分布：本州、九州。

ヤドリホオナガスズメバチ〈Vespula adulterina montivaga〉昆虫綱膜翅目スズメバチ科。体長女王16～18mm、雄14～18mm。害虫。

ヤナギイチゴハマキモドキ〈Choreutis yakushimensis〉昆虫綱鱗翅目ハマキモドキガ科の蛾。分布：本州(近畿)、九州、屋久島。

ヤナギイネゾウモドキ〈Dorytomus rectinasus〉昆虫綱甲虫目ゾウムシ科の甲虫。体長4.0～5.3mm。

ヤナギエダタマバエ〈Rabdophaga rigidae〉別名ヤナギズイフシ。ヤナギ、ポプラに害を及ぼす。

ヤナギカワウンカ 柳樹皮浮塵子〈Andes marmoratus〉昆虫綱半翅目ヒシウンカ科。体長6.5mm。林檎に害を及ぼす。分布：本州、四国、九州、対馬。

ヤナギカワウンカモドキ〈Andes marmoratiformis〉昆虫綱半翅目ヒシウンカ科。

ヤナギキリガ〈Ipimorpha retusa〉昆虫綱鱗翅目ヤガ科カラスヨトウ亜科の蛾。開張28mm。分布：ユーラシア、北海道、本州。

ヤナギキンモンホソガ〈Phyllonorycter salicicolella〉昆虫綱鱗翅目ホソガ科の蛾。分布：北海道、本州、ヨーロッパ。

ヤナギクロケアブラムシ〈Chaitophorus saliniger〉昆虫綱半翅目アブラムシ科。ヤナギ、ポプラに害を及ぼす。

ヤナギコハマキホソガ〈Caloptilia chrysolampra〉昆虫綱鱗翅目ホソガ科の蛾。開張8～11mm。分布：本州、四国、九州、台湾。

ヤナギコハモグリガ〈Phyllocnistis saligna〉昆虫綱鱗翅目コハモグリガ科の蛾。開張6～7mm。分布：本州、四国、九州、台湾、インド、ヨーロッパ。

ヤナギコホソガ ヤナギコハマキホソガの別名。

ヤナギササナミハマキ〈Hedya acharis〉昆虫綱鱗翅目ノコメハマキガ科の蛾。開張17～21mm。

ヤナギサザナミヒメハマキ〈Saliciphaga acharis〉昆虫綱鱗翅目ハマキガ科の蛾。分布：北海道、本州、四国、九州、朝鮮半島、中国(東北)、ロシア(アムール)。

ヤナギシリジロゾウムシ 柳尾白象鼻虫〈Cryptorhynchus lapathi〉昆虫綱甲虫目ゾウムシ科の甲虫。体長6.5～8.5mm。ヤナギ、ポプラに害を及ぼす。分布：北海道、本州、九州。

ヤナギシントメタマバエ〈Rabdophaga rosaria〉昆虫綱双翅目の蠅。ヤナギ、ポプラに害を及ぼす。

ヤナギズイフシ ヤナギエダタマバエの別名。

ヤナギチビタマムシ 柳矮吉丁虫〈Trachys minuta〉昆虫綱甲虫目タマムシ科の甲虫。体長2.5～3.8mm。分布：日本各地。

ヤナギツマジロハマキ〈Aphania capreana〉昆虫綱鱗翅目ノコメハマキガ科の蛾。開張19～21mm。

ヤナギツマジロヒメハマキ〈Apotomis capreana〉昆虫綱鱗翅目ハマキガ科の蛾。分布：ヨーロッパから北アメリカ、北海道から本州中部山地。

ヤナギドクガ 柳毒蛾〈Leucoma salicis〉昆虫綱鱗翅目ドクガ科の蛾。開張37～55mm。ヤナギ、ポプラに害を及ぼす。分布：ヨーロッパ、北海道、本州(中部山地)、北アメリカの一部。

ヤナギトラカミキリ〈Xylotrechus salicis〉昆虫綱甲虫目カミキリムシ科カミキリ亜科の甲虫。体長13.8～17.5mm。

ヤナギナガタマムシ〈Agrilus suvorovi〉昆虫綱甲虫目タマムシ科の甲虫。体長5.5～9.5mm。

ヤナギナミシャク〈Hydriomena furcata〉昆虫綱鱗翅目シャクガ科ナミシャク亜科の蛾。開張26～32mm。分布：北海道、本州。

ヤナギノミゾウムシ〈Rhynchaenus salicis〉昆虫綱甲虫目ゾウムシ科の甲虫。体長2.0～2.5mm。

ヤナギハマキ〈Acleris latifasciana〉昆虫綱鱗翅目ハマキガ科の蛾。開張16～22.5mm。分布：北海道、本州、四国、九州、中国、ロシア、ヨーロッパ、イギリス。

ヤナギハマキホソガ〈Caloptilia stigmatella〉昆虫綱鱗翅目ホソガ科の蛾。分布：北海道、本州、ロシア南東部、ヨーロッパ。

ヤナギハムシ 柳金花虫〈Chrysomela vigintipunctata〉昆虫綱甲虫目ハムシ科の甲虫。

体長18mm。ヤナギ,ポプラに害を及ぼす。分布：北海道,本州,四国,九州。

ヤナギハモグリバエ〈*Phytagromyza populi*〉昆虫綱双翅目ハモグリバエ科。

ヤナギフタオアブラムシ〈*Cavariella salicicola*〉昆虫綱半翅目アブラムシ科。体長1.8～2.3mm。セリ科野菜に害を及ぼす。分布：日本全国,汎世界的。

ヤナギホシハムシ〈*Gonioctena honshuensis*〉昆虫綱甲虫目ハムシ科の甲虫。体長6.0～7.0mm。

ヤナギムジハムシ〈*Gonioctena sibirica*〉昆虫綱甲虫目ハムシ科の甲虫。体長5.0～5.6mm。

ヤナギメムシガ〈*Epinotia nisella*〉昆虫綱鱗翅目ハマキガ科の蛾。開張15～16mm。分布：北海道から本州の中部山地。

ヤナギルリチョッキリ〈*Neocoenorrhinus interruptus*〉昆虫綱甲虫目オトシブミ科。体長3mm。林檎に害を及ぼす。分布：北海道,本州北から中部。

ヤナギルリハムシ〈*Plagiodera versicolora*〉昆虫綱甲虫目ハムシ科の甲虫。体長4mm。ヤナギ,ポプラに害を及ぼす。分布：北海道,本州,四国,九州,南西諸島。

ヤニサシガメ 脂刺椿象,脂刺亀虫,樹脂刺亀〈*Velinus nodipes*〉昆虫綱半翅目サシガメ科。体長12～15mm。分布：本州,四国,九州。害虫。

ヤネホソバ 屋根細翅〈*Eilema fuscodorsalis*〉昆虫綱鱗翅目ヒトリガ科コケガ亜科の蛾。開張25～29mm。分布：本州(宮城県以南),四国,九州,対馬,屋久島,奄美大島,西表島,中国。害虫。

ヤノイスアブラムシ〈*Neothoracaphis yanonis*〉昆虫綱半翅目アブラムシ科。体長1mm。イスノキに害を及ぼす。分布：本州,九州。

ヤノウスグモビロウドコガネ〈*Pachyserica yanoi*〉昆虫綱甲虫目コガネムシ科の甲虫。体長7mm。分布：石垣島,西表島。

ヤノウンカ カヤウンカの別名。

ヤノクチナガオオアブラムシ〈*Stomaphis yanonis*〉昆虫綱半翅目アブラムシ科。

ヤノコモンタマムシ〈*Poecilonota yanoi*〉昆虫綱甲虫目タマムシ科。

ヤノシギゾウムシ〈*Curculio yanoi*〉昆虫綱甲虫目ゾウムシ科の甲虫。体長3.5mm。

ヤノズキンヨコバイ〈*Idiocerus yanoi*〉昆虫綱半翅目ズキンヨコバイ科。

ヤノスジコガネ〈*Anomala yanoi*〉昆虫綱甲虫目コガネムシ科の甲虫。体長14～16mm。

ヤノトガリハナバチ 矢野尖花蜂〈*Coelioxys yanonis*〉昆虫綱膜翅目ハキリバチ科。体長15mm。分布：本州,九州。

ヤノトガリヨコバイ〈*Yanocephalus yanoi*〉昆虫綱半翅目ヨコバイ科。

ヤノトラカミキリ〈*Xylotrechus yanoi*〉昆虫綱甲虫目カミキリムシ科カミキリ亜科の甲虫。体長16～20mm。分布：本州(西南部),九州,対馬。

ヤノナガゴミムシ〈*Pterostichus janoi*〉昆虫綱甲虫目オサムシ科の甲虫。体長11～12.5mm。

ヤノナミガタチビタマムシ〈*Trachys yanoi*〉昆虫綱甲虫目タマムシ科の甲虫。体長2.6～4.2mm。分布：本州,四国,九州,佐渡。

ヤノネカイガラムシ 矢根貝殻虫〈*Unaspis yanonensis*〉昆虫綱半翅目マルカイガラムシ科。体長2.5～3.5mm。柑橘に害を及ぼす。

ヤノハモグリバエ〈*Agromyza yanonis*〉昆虫綱双翅目ハモグリバエ科。体長3mm。麦類に害を及ぼす。分布：本州,四国,九州。

ヤノヒラタハナムグリ〈*Yanovalgus planiusculus*〉昆虫綱甲虫目コガネムシ科の甲虫。体長8～11mm。分布：屋久島。

ヤノホソコミズギワゴミムシ〈*Lymnastis yanoi*〉昆虫綱甲虫目オサムシ科の甲虫。体長2.0mm。

ヤノヤハズカミキリ〈*Niphona yanoi*〉昆虫綱甲虫目カミキリムシ科フトカミキリ亜科の甲虫。体長18～20mm。分布：沖縄諸島,石垣島,西表島,与那国島。

ヤハズカミキリ〈*Uraecha bimaculata*〉昆虫綱甲虫目カミキリムシ科フトカミキリ亜科の甲虫。体長15～25mm。分布：北海道,本州,四国,九州,対馬,屋久島,伊豆諸島。

ヤハズトビハムシ〈*Dibolia japonica*〉昆虫綱甲虫目ハムシ科の甲虫。体長2.8mm。

ヤハズナミシャク〈*Perizoma sagittata*〉昆虫綱鱗翅目シャクガ科ナミシャク亜科の蛾。開張24～29mm。分布：北海道,本州,千島,サハリン,朝鮮半島,中国東北,シベリア南東部,ヨーロッパ。

ヤハズハエトリ〈*Marpissa elongata*〉蛛形綱クモ目ハエトリグモ科の蜘蛛。体長雌8～11mm,雄7～8mm。分布：日本全土。

ヤハズフクログモ〈*Clubiona jucunda*〉蛛形綱クモ目フクログモ科の蜘蛛。体長雌7～8mm,雄5～6mm。分布：北海道,本州,四国,九州。

ヤバネウラシマグモ〈*Phrurolithus pennatus*〉蛛形綱クモ目フクログモ科の蜘蛛。体長雌3.5～4.5mm,雄3.0～3.5mm。分布：本州。

ヤバネハエトリ〈*Marpissa pomatia*〉蛛形綱クモ目ハエトリグモ科の蜘蛛。体長雌10～12mm,雄8～10mm。分布：北海道,本州(高地)。

ヤヒコカラスヨトウ〈*Amphipyra subrigua*〉昆虫綱鱗翅目ヤガ科カラスヨトウ亜科の蛾。分布：新

潟県, 弥彦山, 朝日村, 湯沢町, 糸魚川市, 佐渡島, 東京都奥多摩町, 岡山県備中町).

ヤブカ 藪蚊 昆虫綱双翅目糸角亜目カ科ヤブカ属Aedesの昆虫の総称。

ヤブガラシグンバイ〈Cysteochila consueta〉昆虫綱半翅目グンバイムシ科。

ヤブキリ 藪螽蟖, 藪切〈Tettigonia orientalis〉昆虫綱直翅目キリギリス科。体長45～50mm。ダリア, タバコ, イネ科作物, 水仙, 麦類に害を及ぼす。分布：本州, 四国, 九州。

ヤブクロシマバエ〈Minettia longipennis〉昆虫綱双翅目シマバエ科。体長5mm。分布：日本全土。

ヤブクロバエ ヤブクロシマバエの別名。

ヤブコウジハカマカイガラムシ 藪柑子袴介殻虫〈Nipponorthezia ardisiae〉昆虫綱半翅目ハカマカイガラムシ科。体長1.5～2.0mm。柑橘, 茶に害を及ぼす。分布：関東以南の本州。

ヤフシキアミヒメバチ〈Exephanes tibialis〉昆虫綱膜翅目ヒメバチ科。

ヤフシハバチ〈Tenthredo jakutensis〉昆虫綱膜翅目ハバチ科。

ヤブジラミハモグリバエ〈Phytomyza tordylii〉昆虫綱双翅目ハモグリバエ科。

ヤブヤンマ 藪蜻蜒〈Polycanthagyna melanictera〉昆虫綱蜻蛉目ヤンマ科の蜻蛉。体長80mm。分布：本州, 四国, 九州, 沖縄本島までの南西諸島の各地。

ヤホシゴミムシ〈Lebidia octoguttata〉昆虫綱甲虫目オサムシ科の甲虫。体長10～12.5mm。分布：北海道, 本州, 四国, 九州, 奄美大島。害虫。

ヤホシサヤヒメグモ〈Coleosoma octomaculatum〉蛛形綱クモ目ヒメグモ科の蜘蛛。体長雌2～3mm, 雄2.5～3.0mm。分布：日本全土（高地を除く）。

ヤホシチョウ ヤホシムラサキの別名。

ヤホシテントウ〈Harmonia octomaculata〉昆虫綱甲虫目テントウムシ科の甲虫。体長5.8～7.0mm。

ヤホシホソマダラ 八星細斑蛾〈Balataea octomaculata〉昆虫綱鱗翅目マダラガ科の蛾。開張23mm。分布：本州, 四国, 九州, 朝鮮半島, シベリア南東部, 中国北部。

ヤホシムラサキ〈Hypolimnas octocula pallas〉昆虫綱鱗翅目タテハチョウ科の蝶。別名ヤホシチョウ。分布：ニューヘブリデス, ロイヤルティ, ニューカレドニア。

ヤマアカムネグモ〈Gnathonarium dentatum〉蛛形綱クモ目コサラグモ科の蜘蛛。

ヤマアミカ〈Bibiocephala montana〉昆虫綱双翅目アミカ科。

ヤマイトトンボ 山糸蜻蛉 昆虫綱トンボ目ヤマイトトンボ科Megapodagrionidaeに属する昆虫の総称。

ヤマイモハムシ 薯蕷金花虫〈Lema honorata〉昆虫綱甲虫目ハムシ科の甲虫。体長5～6mm。ヤマノイモ類に害を及ぼす。分布：本州, 四国, 九州, 南西諸島。

ヤマウコギヒラタマルハキバガ〈Agonopterix encentra〉昆虫綱鱗翅目マルハキバガ科の蛾。分布：本州。

ヤマウチチャイロコガネ〈Sericania yamauchii〉昆虫綱甲虫目コガネムシ科の甲虫。

ヤマエヤマヒメボタル〈Luciola filiformis〉昆虫綱甲虫目ホタル科の甲虫。体長4.5～6.5mm。

ヤマオオトゲアリヅカムシ〈Lasinus monticola〉昆虫綱甲虫目アリヅカムシ科。

ヤマオニグモ〈Araneus uyemurai〉蛛形綱クモ目コガネグモ科の蜘蛛。体長雌18～20mm, 雄8～10mm。分布：本州, 四国, 九州。

ヤマガタアツバ〈Bomolocha stygiana〉昆虫綱鱗翅目ヤガ科アツバ亜科の蛾。開張28～32mm。分布：本州北部から九州, 対馬。

ヤマガタトビイロトビケラ〈Nothopsyche yamagataensis〉昆虫綱毛翅目エグリトビケラ科。

ヤマガタヒメバチ〈Chasmias major〉昆虫綱膜翅目ヒメバチ科。

ヤマカミキリ ミヤマカミキリの別名。

ヤマカワヤミサラグモ〈Arcuphantes yamakawai〉蛛形綱クモ目サラグモ科の蜘蛛。

ヤマキチョウ 山黄蝶〈Gonepteryx rhamni maxima〉昆虫綱鱗翅目シロチョウ科の蝶。準絶滅危惧種(NT)。前翅長29～34mm。分布：本州（東北, 中部, 関東）。

ヤマキマダラヒカゲ 山黄斑日蔭蝶〈Neope niphonica〉昆虫綱鱗翅目ジャノメチョウ科の蝶。前翅長31～35mm。分布：北海道, 本州, 四国, 九州。

ヤマキレアミグモ〈Zygiella montana〉蛛形綱クモ目コガネグモ科の蜘蛛。体長雌6～7mm, 雄5～6mm。分布：北海道（高地）, 本州（高地）。

ヤマギングチバチ〈Ectemnius planifrons〉昆虫綱膜翅目ジガバチ科。体長10mm。分布：北海道, 本州。

ヤマクダマキモドキ〈Holochlora longifissa〉昆虫綱直翅目キリギリス科。体長45～50mm。分布：本州(関東以西), 対馬。

ヤマグモ クロヤチグモの別名。

ヤマクロヒラタアブ〈Cheilosia luteipes〉昆虫綱双翅目ハナアブ科。

ヤマコシボソアナバチ〈Pemphredon montanus〉昆虫綱膜翅目ジガバチ科。

ヤマゴミグモ〈Cyclosa monticola〉蛛形綱クモ目コガネグモ科の蜘蛛。体長雌8〜9mm,雄6〜7mm。分布：本州,四国,九州,南西諸島。

ヤマコモリグモ〈Pardosa plumipes〉蛛形綱クモ目コモリグモ科の蜘蛛。体長雌6.5〜7.0mm,雄6.0〜6.5mm。分布：北海道。

ヤマザキヒラアシハナコメツキ〈Cardiotarsus yamazakii〉昆虫綱甲虫目コメツキムシ科の甲虫。体長7.5〜8.0mm。

ヤマザキベニシロチョウ ベニシロチョウの別名。

ヤマサナエ〈Asiagomphus melaenops〉昆虫綱蜻蛉目サナエトンボ科の蜻蛉。体長62〜70mm。分布：本州,四国,九州。

ヤマジガバチ〈Ammophila infesta〉昆虫綱膜翅目アナバチ科。

ヤマジキシダグモ〈Pisaura strandi〉蛛形綱クモ目キシダグモ科。

ヤマジグモ〈Ogulnius pullus〉蛛形綱クモ目カラカラグモ科の蜘蛛。体長雌1.5〜1.6mm,雄1.0〜1.1mm。分布：本州,四国,九州。

ヤマジサラグモ〈Linyphia montana〉蛛形綱クモ目サラグモ科の蜘蛛。

ヤマジドヨウグモ〈Metleucauge reticuloides〉蛛形綱クモ目コガネグモ科の蜘蛛。体長雌7〜10mm,雄3〜6mm。分布：本州,四国,九州,南西諸島。

ヤマジハエトリ〈Aelurillus festivus〉蛛形綱クモ目ハエトリグモ科の蜘蛛。体長雌7〜8mm,雄6〜7mm。分布：北海道,本州,四国,九州。

ヤマシロオニグモ〈Neoscona scylla〉蛛形綱クモ目コガネグモ科の蜘蛛。体長雌12〜17mm,雄8〜10mm。分布：日本全土。

ヤマシログモ〈Scytodes striatipes〉蛛形綱クモ目ヤマシログモ科の蜘蛛。

ヤマシロヒメヨコバイ〈Erythroneura yamashiroensis〉昆虫綱半翅目ヒメヨコバイ科。

ヤマダカレハ 山田枯葉蛾〈Cyclophragma yamadai〉昆虫綱鱗翅目カレハガ科の蛾。開張雄70〜80mm,雌70〜110mm。栗に害を及ぼす。分布：本州(関東以西),四国,朝鮮半島。

ヤマダシマカ〈Aedes flavopictus flavopictus〉昆虫綱双翅目カ科。

ヤマタナグモ ヤマヤチグモの別名。

ヤマタニシ 山田螺〈Cyclophorus herklotsi〉軟体動物門腹足綱ヤマタニシ科の巻き貝。分布：本州から屋久島。

ヤマダヤブカ〈Aedes yamadai〉昆虫綱双翅目カ科。

ヤマツツジマダラヒメハマキ〈Griselda kaempferiana〉昆虫綱鱗翅目ハマキガ科の蛾。分布：北海道及び本州東北地方(岩手県),本州中部山地。

ヤマテハラツヤハナバチ〈Hylaeus monticola〉昆虫綱膜翅目ミツバチモドキ科。

ヤマトアオドウガネ〈Anomala japonica〉昆虫綱甲虫目コガネムシ科の甲虫。体長20〜26mm。

ヤマトアザミテントウ〈Epilachna niponica〉昆虫綱甲虫目テントウムシ科の甲虫。体長5.5〜8.5mm。

ヤマトアシナガバチ〈Polistes japonicus〉昆虫綱膜翅目スズメバチ科。体長15〜22mm。害虫。

ヤマトアブ 大和虻〈Tabanus rufidens〉昆虫綱双翅目アブ科。体長19〜20mm。分布：北海道,本州,四国,九州,対馬,屋久島。害虫。

ヤマトアミカ 大和網蚊〈Bibiocephala japonica〉昆虫綱双翅目アミカ科。分布：北海道,四国,九州。

ヤマトアミメカワゲラモドキ 大和擬網目襀翅〈Stavsolus japonicus〉昆虫綱襀翅目アミメカワゲラ科。体長14mm。分布：北海道,本州,四国,九州。

ヤマトアミメベニボタル ヤマトアミメボタルの別名。

ヤマトアミメボタル〈Xylobanus japonicus〉昆虫綱甲虫目ベニボタル科の甲虫。体長9〜11mm。分布：北海道,本州。

ヤマトアリノスハネカクシ〈Homoeusa japonica〉昆虫綱甲虫目ハネカクシ科。分布：本州,九州。

ヤマトイクビハネカクシ〈Mycetoporus discoidalis〉昆虫綱甲虫目ハネカクシ科の甲虫。体長4.5〜5.0mm。

ヤマトイシノミ イシノミの別名。

ヤマトイソユスリカ 大和磯揺蚊〈Telmatogeton japonicus〉昆虫綱双翅目ユスリカ科。分布：本州,九州。

ヤマトウシオグモ〈Desis japonica〉蛛形綱クモ目ミズグモ科の蜘蛛。

ヤマトウスチャヤガ〈Diarsia nipponica〉昆虫綱鱗翅目ヤガ科モンヤガ亜科の蛾。開張34〜38mm。分布：利尻島,北海道中部,東北地方の脊梁山脈,関東北部,中部地方の山地。

ヤマトエダシャク 大和枝尺蛾〈Cassyma deletaria〉昆虫綱鱗翅目シャクガ科エダシャク亜科の蛾。開張29〜38mm。分布：本州(関東以西),四国,九州,対馬,屋久島,奄美大島,台湾,中国,インド北部。

ヤマトエンマコガネ〈Onthophagus japonicus〉昆虫綱甲虫目コガネムシ科の甲虫。体長7〜11mm。

ヤマトエンマムシ 大和閻魔虫〈*Hister japonicus*〉昆虫綱甲虫目エンマムシ科の甲虫。体長9〜13mm。分布：本州, 四国, 九州。

ヤマトオオメハネカクシ 大和大目隠翅虫〈*Quedius juno*〉昆虫綱甲虫目ハネカクシ科の甲虫。体長9.0〜12.0mm。分布：本州。

ヤマトオサムシ〈*Carabus yamato*〉昆虫綱甲虫目オサムシ科の甲虫。体長17〜22mm。

ヤマトオサムシダマシ〈*Blaps japonensis*〉昆虫綱甲虫目ゴミムシダマシ科の甲虫。体長22.0mm。

ヤマトカギバ 大和鉤翅蛾〈*Nordstromia japonica*〉昆虫綱鱗翅目カギバガ科の蛾。開張25〜37mm。分布：本州(東北地方北部より), 四国, 九州, 対馬, 中国。

ヤマトカクツツトビケラ〈*Yamatopsyche tsudai*〉昆虫綱毛翅目カクツツトビケラ科。

ヤマトガケジグモ〈*Titanoeca albofasciata*〉蛛形綱クモ目ガケジグモ科の蜘蛛。体長雌6〜8mm, 雄4〜6mm。分布：本州, 四国, 九州, 沖縄。

ヤマトカスミニクバエ〈*Blaesoxipha japonensis*〉昆虫綱双翅目ニクバエ科。

ヤマトカナエグモ〈*Chorizopes nipponicus*〉蛛形綱クモ目コガネグモ科の蜘蛛。体長雌3.5〜4.5mm, 雄2.5〜3.0mm。分布：本州, 四国, 九州。

ヤマトカブトヒメグモ〈*Pholcomma japonicum*〉蛛形綱クモ目ヒメグモ科の蜘蛛。体長雌2.5〜2.7mm。分布：本州(おもに亜高山地帯)。

ヤマトカワゲラ 大和襀翅〈*Niponiella limbatella*〉昆虫綱襀翅目カワゲラ科。体長雄12mm, 雌14mm。分布：本州。

ヤマトキカワアリヅカムシ〈*Bibloporus japonicus*〉昆虫綱甲虫目アリヅカムシ科。

ヤマトキジラミ 大和木虱〈*Psylla jamatonica*〉昆虫綱半翅目キジラミ科。アカシア, ニセアカシア, ネムノキ, ハギ, フジに害を及ぼす。分布：北海道, 本州, 九州。

ヤマトキタヨコバイ〈*Bathysmatophorus japonicus*〉昆虫綱半翅目フトヨコバイ科。

ヤマトキマダラハナバチ 大和黄斑花蜂〈*Nomada calloptera*〉昆虫綱膜翅目ミツバチ科。分布：本州, 九州。

ヤマトキモンハナカミキリ〈*Judolia japonica*〉昆虫綱甲虫目カミキリムシ科ハナカミキリ亜科の甲虫。体長9〜11mm。分布：本州, 四国, 九州。

ヤマトギンガ〈*Chasminodes japonica*〉昆虫綱鱗翅目ヤガ科カラスヨトウ亜科の蛾。開張28〜34mm。分布：長野・群馬県境碓氷峠, 群馬県赤城山, 四国, 剣山。

ヤマトキンモンホソガ〈*Phyllonorycter japonica*〉昆虫綱鱗翅目ホソガ科の蛾。分布：北海道, 本州, 九州, ロシア南東部。

ヤマトクサカゲロウ〈*Chrysopa nipponensis*〉昆虫脈翅目クサカゲロウ科。開張26mm。分布：日本全土。

ヤマトクチキカ〈*Axymyia japonica*〉昆虫綱双翅目クチキカ科。

ヤマトクチブトメバエ〈*Leopoldius japonicus*〉昆虫綱双翅目メバエ科。

ヤマトクビボソハネカクシ〈*Stilicoderus japonicus*〉昆虫綱甲虫目ハネカクシ科の甲虫。体長6.5〜6.9mm。

ヤマトクロカワゲラ〈*Capnia japonica*〉昆虫綱襀翅目クロカワゲラ科。

ヤマトクロスジヘビトンボ〈*Parachauliodes japonicus*〉昆虫綱広翅目ヘビトンボ科。開張90〜102mm。分布：本州, 四国, 九州。

ヤマトクロスジヘビトンボ クロスジヘビトンボの別名。

ヤマトクロツヤバエ〈*Lonchaea lucidiventris*〉昆虫綱双翅目クロツヤバエ科。

ヤマトクロヒラタゴミムシ〈*Platynus subovatus*〉昆虫綱甲虫目オサムシ科の甲虫。体長11〜13.5mm。

ヤマトケアシハナバチ〈*Melitta japonica*〉昆虫綱膜翅目ケアシハナバチ科。

ヤマトケシマキムシ〈*Melanophthalma japonica*〉昆虫綱甲虫目ヒメマキムシ科の甲虫。体長1.6〜1.8mm。

ヤマトケシマグソコガネ〈*Psammodius japonicus*〉昆虫綱甲虫目コガネムシ科の甲虫。体長3.5〜4.5mm。

ヤマトケズネグモ〈*Gonatium japonicum*〉蛛形綱クモ目サラグモ科の蜘蛛。体長雌2.5〜3.0mm, 雄2.4〜2.6mm。分布：北海道, 本州, 九州。

ヤマトコカゲロウ〈*Baetis yamatoensis*〉昆虫綱蜉蝣目コカゲロウ科。

ヤマトゴキブリ 大和蜚蠊〈*Periplaneta japonica*〉昆虫綱網翅目ゴキブリ科。体長20〜30mm。貯穀・貯蔵植物性食品に害を及ぼす。分布：北海道, 本州。

ヤマトコノハグモ〈*Enoplognatha japonica*〉蛛形綱クモ目ヒメグモ科の蜘蛛。体長雌5〜7mm, 雄4〜6mm。分布：北海道, 本州, 四国, 九州。

ヤマトコマチグモ〈*Chiracanthium lascivum*〉蛛形綱クモ目フクログモ科の蜘蛛。体長雌10〜14mm, 雄8〜9mm。分布：日本全土。

ヤマトゴマフガムシ〈Berosus japonicus〉昆虫綱甲虫目ガムシ科の甲虫。体長6mm。分布：北海道, 本州, 四国, 九州。

ヤマトゴミグモ〈Cyclosa japonica〉蛛形綱クモ目コガネグモ科の蜘蛛。体長雌5～6mm, 雄4～5mm。分布：本州, 四国, 九州, 南西諸島。

ヤマトコヤガ〈Arasada ornata〉昆虫綱鱗翅目ヤガ科コヤガ亜科の蛾。分布：ボルネオ, 東海地方, 紀伊半島, 四国南部, 九州。

ヤマトサルゾウムシ〈Phytobius japonicus〉昆虫綱甲虫目ゾウムシ科の甲虫。体長2.2mm。

ヤマトシギアブ 大和鷸虻〈Rhagio japonicus〉昆虫綱双翅目シギアブ科。分布：本州。

ヤマトシジミ 大和小灰蝶〈Pseudozizeeria maha〉昆虫綱鱗翅目シジミチョウ科ヒメシジミ亜科の蝶。前翅長10～13mm。分布：北海道をのぞく日本全土。

ヤマトシマメイガ〈Herculia japonica〉昆虫綱鱗翅目メイガ科シマメイガ亜科の蛾。開張24mm。

ヤマトシミ 大和衣魚〈Ctenolepisma villosa〉無翅昆虫亜綱総尾目シミ科。体長8～9mm。貯穀・貯蔵植物性食品に害を及ぼす。分布：日本全土。

ヤマトジャノメグモ〈Anepsion japonicum〉蛛形綱クモ目ヨリメグモ科の蜘蛛。

ヤマトシリアゲ 大和挙尾虫〈Panorpa japonica〉昆虫綱長翅目シリアゲムシ科。前翅長13～20mm。分布：本州, 四国, 九州。

ヤマトシリグロハネカクシ〈Astenus chloroticus〉昆虫綱甲虫目ハネカクシ科の甲虫。体長5.0～5.3mm。

ヤマトシロアリ 大和白蟻〈Reticulitermes speratus〉昆虫綱等翅目ミゾガシラシロアリ科。体長は有翅虫4.5～7.5mm, 兵蟻3.5～6.0mm, 職蟻3.5～5.0mm。茶, 桜類, サトウキビに害を及ぼす。分布：北海道北部をのぞく日本全土。珍虫。

ヤマトシロオビトラカミキリ〈Kazuoclytus lautoides〉昆虫綱甲虫目カミキリムシ科カミキリ亜科の甲虫。体長8～11mm。分布：本州, 四国, 九州。

ヤマトシロスジヤドリハナバチ〈Epeolus japonicus〉昆虫綱膜翅目コシブトハナバチ科。

ヤマトスジアオリンガ〈Bena japonica〉昆虫綱鱗翅目ヤガ科の蛾。

ヤマトスナゴミムシダマシ〈Gonocephalum coenosum〉昆虫綱甲虫目ゴミムシダマシ科の甲虫。体長7.0～9.0mm。

ヤマトセスジミシ〈Omoglymmius lewisi〉昆虫綱甲虫目セスジミシ科の甲虫。体長7.3～7.7mm。

ヤマトセンブリ 大和千振〈Sialis japonica〉昆虫綱広翅目センブリ科。開張23～30mm。分布：本州, 四国, 九州。珍虫。

ヤマトダニ ヤマトマダニの別名。

ヤマトタマムシ タマムシの別名。

ヤマトチビアナバチ 大和矮穴蜂〈Psenulus lubricus〉昆虫綱膜翅目ジガバチ科。分布：本州, 九州。

ヤマトチビアリノスハネカクシ ヤマトアリノスハネカクシの別名。

ヤマトチビケシキスイ〈Meligethes japonicus〉昆虫綱甲虫目ケシキスイ科の甲虫。体長1.8～2.2mm。

ヤマトチビコバネカミキリ〈Leptepania japonica〉昆虫綱甲虫目カミキリムシ科カミキリ亜科の甲虫。体長5mm。分布：本州, 四国, 対馬。

ヤマトチビミドリカワゲラ 大和矮緑襀翅〈Haploperla japonica〉昆虫綱襀翅目ミドリカワゲラ科。分布：本州東北部。

ヤマトツツガムシ〈Neotrombicula japonica〉蛛形綱ダニ目ツツガムシ科。害虫。

ヤマトツヤグモ〈Micaria japonica〉蛛形綱クモ目ワシグモ科の蜘蛛。体長雌4.0～4.3mm, 雄3.2～3.7mm。分布：北海道, 本州（関東地方の高地）。

ヤマトツヤゴモクムシ〈Trichotichnus edai〉昆虫綱甲虫目オサムシ科の甲虫。体長12.2～13.0mm。

ヤマトツヤハナバチ〈Ceratina japonica〉昆虫綱膜翅目ミツバチ科。

ヤマトツルギアブ 大和剣虻〈Psilocephala albata〉昆虫綱双翅目ツルギアブ科。分布：本州。

ヤマトデオキノコムシ 大和出尾茸虫〈Scaphidium japonum〉昆虫綱甲虫目デオキノコムシ科の甲虫。体長5～7mm。分布：北海道, 本州, 四国, 九州。

ヤマトテナガグモ〈Bathyphantes japonicus〉蛛形綱クモ目サラグモ科の蜘蛛。体長4.7～5.0mm。分布：本州（中部, 北アルプス山麓）。

ヤマトトゲバカミキリ〈Rondibilis japonica〉昆虫綱甲虫目カミキリムシ科フトカミキリ亜科の甲虫。体長7mm。

ヤマトトゲハナバエ〈Phaonia japonica〉昆虫綱双翅目イエバエ科。体長6～8mm。分布：北海道, 本州, 四国, 九州。

ヤマトトゲムネアナバチ 大和棘胸穴蜂〈Oxybelus strandi〉昆虫綱膜翅目ジガバチ科。分布：本州, 九州。

ヤマトトックリゴミムシ〈Lachnocrepis japonica〉昆虫綱甲虫目オサムシ科の甲虫。体長11～12mm。分布：本州, 四国, 九州。

ヤマトトモエ〈*Speiredonia japonica*〉昆虫綱鱗翅目ヤガ科の蛾。

ヤマトナガヒラタムシ〈*Tenomerga yamato*〉昆虫綱甲虫目ナガヒラタムシ科の甲虫。体長9.5〜11.0mm。

ヤマトニジュウシトリバ〈*Alucita japonica*〉昆虫綱鱗翅目ニジュウシトリバガ科の蛾。開張15mm。分布：北海道,本州,九州。

ヤマトニセクビボソムシ〈*Pseudolotelus japonicus*〉昆虫綱甲虫目ニセクビボソムシ科の甲虫。体長2.3〜3.0mm。

ヤマトニセユミセミゾハネカクシ〈*Thinodromus japonicus*〉昆虫綱甲虫目ハネカクシ科の甲虫。体長3.2〜3.7mm。

ヤマトヌスミベッコウ〈*Ceropales shizukoae*〉昆虫綱膜翅目ベッコウバチ科。

ヤマトネスイ 大和根吸虫〈*Rhizophagus japonicus*〉昆虫綱甲虫目ネスイムシ科の甲虫。体長2.5〜4.3mm。分布：北海道,本州。

ヤマトネズミナガノミ ヤマトネズミノミの別名。

ヤマトネズミノミ 大和鼠蚤〈*Monopsyllus anisus*〉昆虫綱隠翅目ナガノミ科。体長雄1.5〜2.5mm,雌2.0〜2.5mm。害虫。

ヤマトハガタヨトウ〈*Isopolia stenoptera*〉昆虫綱鱗翅目ヤガ科セダカモクメ亜科の蛾。分布：静岡県三笠山,同県中川根町,愛知県新城市,三重県大宮町,奈良市,四国(高知県),九州(福岡県)。

ヤマトハキリバチ〈*Megachile japonica*〉昆虫綱膜翅目ハキリバチ科。体長12mm。楓(紅葉),梅,アンズに害を及ぼす。分布：九州以北の日本各地。

ヤマトハサミコムシ 大和鋏小虫〈*Japyx japonicus*〉無翅昆虫亜綱双尾目ハサミコムシ科。体長10mm。分布：本州,九州。

ヤマトバッタ〈*Aiolopus japonicus*〉昆虫綱直翅目バッタ科。体長29〜38mm。分布：本州,四国,九州。

ヤマトハナダカバチモドキ 大和擬鼻高蜂〈*Bembicinus hungaricus japonicus*〉昆虫綱膜翅目アナバチ科。分布：本州,九州。

ヤマトハボシカ〈*Culiseta nipponica*〉昆虫綱双翅目カ科。

ヤマトハマダラカ〈*Anopheles lindesai japanicus*〉昆虫綱双翅目カ科。

ヤマトハマダラミバエ〈*Oedaspis japonica*〉昆虫綱双翅目ミバエ科。

ヤマトハムシドロバチ〈*Symmorphus apiciornatus*〉昆虫綱膜翅目スズメバチ科。体長6〜8mm。分布：本州,九州。

ヤマトヒゲナガアブバエ ヤマトヒゲナガハナアブの別名。

ヤマトヒゲナガゾウムシ〈*Tropideres japonicus*〉昆虫綱甲虫目ヒゲナガゾウムシ科の甲虫。体長5.0〜6.2mm。分布：本州,四国,九州,対馬,南西諸島。

ヤマトヒゲナガハナアブ 大和鬚長花虻〈*Chrysotoxum festivum*〉昆虫綱双翅目ショクガバエ科。体長12〜14mm。分布：北海道,本州。

ヤマトヒゲナガビロウドコガネ〈*Serica nipponica*〉昆虫綱甲虫目コガネムシ科の甲虫。体長6.0〜8.5mm。分布：本州。

ヤマトヒゲブトチビシデムシ〈*Colon japonicum*〉昆虫綱甲虫目ヒゲブトチビシデムシ科の甲虫。体長2.2〜2.4mm。

ヤマトビケラ属の一種〈*Glossosoma* sp.〉昆虫綱毛翅目ヤマトビケラ科。

ヤマトヒジリムクゲキノコムシ 大和聖尨毛茸虫〈*Mikado japonicus*〉昆虫綱甲虫目ムクゲキノコムシ科の甲虫。体長0.45〜0.6mm。分布：本州,九州。

ヤマトヒドロカワゲラ〈*Hydroperla japonica*〉昆虫綱積翅目アミメカワゲラ科。

ヤマトヒハマキ〈*Pandemis monticolana*〉昆虫綱鱗翅目ハマキガ科の蛾。分布：北海道,本州中部山地。

ヤマトヒバリ 大和雲雀〈*Homoeoxipha lycoides*〉昆虫綱直翅目コオロギ科。体長6〜13mm。分布：本州(東北南部以南),四国,九州,奄美諸島。

ヤマトヒメカゲロウ 大和姫蜻蛉〈*Hemerobius japonicus*〉昆虫綱脈翅目ヒメカゲロウ科。開張16mm。分布：日本全土。

ヤマトヒメクモゾウムシ〈*Ellatocerus japonicus*〉昆虫綱甲虫目ゾウムシ科の甲虫。体長3.0〜3.5mm。

ヤマトヒメテントウ〈*Scymnus yamato*〉昆虫綱甲虫目テントウムシ科の甲虫。体長2.3〜3.0mm。

ヤマトヒメナガゴミムシ〈*Pterostichus basipunctatus*〉昆虫綱甲虫目ゴミムシ科。

ヤマトヒメハナカミキリ〈*Pidonia yamato*〉昆虫綱甲虫目カミキリムシ科ハナカミキリ亜科の甲虫。体長7〜12mm。分布：本州(静岡県以西),四国,九州。

ヤマトヒメホソキノコバエ〈*Bolitophila japonica*〉昆虫綱双翅目ホソキノコバエ科。体長4〜6mm。キノコ類に害を及ぼす。分布：北海道,本州,ヨーロッパ。

ヤマトヒメホソタケカ〈*Bolitophiella japonica*〉ホソタケカ科。別名ヤマトホソキノコバエ。

ヤマトヒメマグソコガネ クロツツマグソコガネの別名。

ヤマトヒメメダカカッコウムシ〈Neohydnus hozumii〉昆虫綱甲虫目カッコウムシ科の甲虫。体長5.5mm。

ヤマトヒラセクモゾウムシ〈Metialma japonica〉昆虫綱甲虫目ゾウムシ科。

ヤマトヒラタキノコハネカクシ〈Gyrophaena niponensis〉昆虫綱甲虫目ハネカクシ科の甲虫。体長2.7～3.0mm。

ヤマトヒロバアミメカワゲラ 大和広翅網目襀翅〈Pseudomegarcys japonicus〉昆虫綱襀翅目アミメカワゲラ科。分布：本州の中部から北部。

ヤマトヒロバカゲロウ〈Spilosmylus tuberculatus〉昆虫綱脈翅目ヒロバカゲロウ科。開張35mm。分布：本州以南。

ヤマトヒロバネアミメカワゲラ ヤマトヒロバアミメカワゲラの別名。

ヤマトフクログモ〈Clubiona japonica〉蛛形綱クモ目フクログモ科の蜘蛛。体長雌10～13mm、雄8～10mm。分布：日本全土。

ヤマトフタツメカワゲラ 大和二目襀翅〈Neoperla nipponensis〉昆虫綱襀翅目カワゲラ科。体長雄8mm、雌12mm。分布：北海道、本州、四国、九州。

ヤマトホソガムシ 大和細牙虫〈Hydrochus japonicus〉昆虫綱甲虫目ホソガムシ科の甲虫。体長2.6～3.1mm。分布：本州、四国、九州。

ヤマトホソキノコバエ ヤマトヒメホソタケカの別名。

ヤマトホソケシデオキノコムシ〈Toxidium aberrans〉昆虫綱甲虫目デオキノコムシ科の甲虫。体長2.5～2.7mm。

ヤマトホソスジハネカクシ〈Thoracophorus certatus〉昆虫綱甲虫目ハネカクシ科の甲虫。体長2.5～3.0mm。

ヤマトホソヤガ〈Lophoptera hayesi〉昆虫綱鱗翅目ヤガ科ホソヤガ亜科の蛾。分布：本州中部以西、四国、九州、対馬、屋久島。

ヤマトホラヒメグモ〈Nesticus yamato〉蛛形綱クモ目ホラヒメグモ科の蜘蛛。

ヤマトマシラグモ〈Leptoneta japonica〉蛛形綱クモ目マシラグモ科の蜘蛛。

ヤマトマダニ 大和真壁蝨〈Ixodes ovatus〉節足動物クモ形綱ダニ目マダニ科マダニ属の吸血性のダニ。体長3.0mm。害虫。

ヤマトマダラアシナガバエ〈Condylostylus japonicus〉昆虫綱双翅目アシナガバエ科。

ヤマトマダラバッタ ヤマトバッタの別名。

ヤマトマダラメイガ〈Nephopterix intercisella〉昆虫綱鱗翅目メイガ科マダラメイガ亜科の蛾。開張25～30mm。分布：本州(宮城県以南)、四国、九州、対馬、屋久島。

ヤマトマルクビハネカクシ 大和円首隠翅虫〈Tachinus japonicus〉昆虫綱甲虫目ハネカクシ科の甲虫。体長10mm。分布：本州、四国、九州。

ヤマトマルドロムシ〈Georissus japonisus〉昆虫綱甲虫目マルドロムシ科の甲虫。体長1.4～1.5mm。

ヤマトミギワバエ〈Ephydra japonica〉昆虫綱双翅目ミギワバエ科。体長3.5～4.0mm。分布：日本全土。

ヤマトモンシデムシ 大和紋埋葬虫〈Nicrophorus japonicus〉昆虫綱甲虫目シデムシ科の甲虫。体長22～25mm。分布：本州、四国、九州。

ヤマトヤギヌマグモ〈Telema nipponica〉蛛形綱クモ目ヤギヌマグモ科の蜘蛛。体長雌0.9～1.1mm、雄0.9～1.0mm。分布：本州(南部)、四国、九州。

ヤマトヤドカリグモ〈Thanatus nipponicus〉蛛形綱クモ目エビグモ科の蜘蛛。

ヤマトヤブカ 大和藪蚊〈Aedes japonicus〉昆虫綱双翅目カ科。体長6mm。分布：日本全土。害虫。

ヤマトユスリカ〈Chironomus nipponensis〉昆虫綱双翅目ユスリカ科。害虫。

ヤマトヨコバイ〈Yamatotettix flavovittata〉昆虫綱半翅目ヨコバイ科。体長3.5mm。分布：本州、四国、九州。

ヤマトヨスジハナカミキリ コヨツスジハナカミキリの別名。

ヤマトヨダンハムシ〈Paropsides duodecimpustulata〉昆虫綱甲虫目ハムシ科の甲虫。体長8.0～10.0mm。

ヤマトヨツスジハナカミキリ コヨツスジハナカミキリの別名。

ヤマトンボ 山蜻蛉 昆虫綱トンボ目エゾトンボ科に属するヤマトンボ亜科Macromiinaeの昆虫の総称。

ヤマナカウラナミジャノメ〈Ypthima conjuncta〉昆虫綱鱗翅目ジャノメチョウ科の蝶。分布：中国、海南島、台湾。

ヤマナカナガレトビケラ〈Rhyacophila yamanakensis〉昆虫綱毛翅目ナガレトビケラ科。

ヤマナカヤマメイガ〈Scoparia yamanakai〉昆虫綱鱗翅目メイガ科の蛾。分布：長野県松本市安土、北海道釧路標茶町、富山県下新川郡僧ケ岳。

ヤマナラシノモモブトカミキリ〈Acanthoderes clavipes〉昆虫綱甲虫目カミキリムシ科フトカミキリ亜科の甲虫。体長7～17mm。

ヤマナラシハムシ〈Phratora laticollis〉昆虫綱甲虫目ハムシ科の甲虫。体長3.8～4.8mm。

ヤマナラシモモブトカミキリ ヤマナラシノモモブトカミキリの別名。

ヤマネコセセリ〈Odina hieroglyphica〉昆虫綱鱗翅目セセリチョウ科の蝶。分布：ミャンマー，マレーシア，スマトラ，ボルネオ，フィリピン，スラウェシ。

ヤマノイモコガ〈Acrolepiopsis suzukiella〉昆虫綱鱗翅目アトヒゲコガ科の蛾。ヤマノイモ類に害を及ぼす。分布：本州，四国，九州。

ヤマハイスガ〈Yponomeuta montanatus〉昆虫綱鱗翅目スガ科の蛾。分布：長野県志賀高原。

ヤマハタケグモ〈Neoantistea quelpartensis〉蛛形綱クモ目ハタケグモ科の蜘蛛。体長2.4～2.6mm。分布：本州，四国，九州。

ヤマハハコハマキモドキ〈Tebenna submicalis〉昆虫綱鱗翅目ハマキモドキガ科の蛾。分布：千島列島(国後島)，北海道，サハリン。

ヤマハハコホソガ〈Leucospilapteryx anaphalidis〉昆虫綱鱗翅目ホソガ科の蛾。分布：北海道，本州，ロシア南東部。

ヤマハマベエンマムシ〈Hypocaccus subaenus〉昆虫綱甲虫目エンマムシ科の甲虫。体長2.6～2.9mm。

ヤマハラジロオナシカワゲラ〈Leuctra higashiyamae〉昆虫綱襀翅目ハラジロオナシカワゲラ科。

ヤマハリゲコモリグモ〈Pardosa brevivulva〉蛛形綱クモ目コモリグモ科の蜘蛛。体長雌6～7mm，雄5～6mm。分布：北海道，本州，四国，九州。

ヤマヒメギス　イブキヒメギスの別名。

ヤマビル　山蛭〈Haemadipsa zeylanica japonica〉環形動物門ヒル綱顎ビル目ヤマビル科の亜陸生動物。分布：本州，四国，九州。害虫。

ヤマブキハバチ〈Tenthredo fukaii〉昆虫綱膜翅目ハバチ科。体長10mm。分布：本州，四国。

ヤマボウシヒメハマキ〈Hedya corni〉昆虫綱鱗翅目ハマキガ科の蛾。分布：東北，中部山地。

ヤママユ　山繭〈Antheraea yamamai〉昆虫綱鱗翅目ヤママユガ科の蛾。別名テンサン(天蚕)。開張115～150mm。栗，桜類に害を及ぼす。分布：日本各地。

ヤママユガ　ヤママユの別名。

ヤマムツボシタマムシ〈Chrysobothris nikkoensis〉昆虫綱甲虫目タマムシ科。

ヤマムツボシタマムシ　イガムツボシタマムシの別名。

ヤマモガシハマキホソガ〈Caloptilia heliciae〉昆虫綱鱗翅目ホソガ科の蛾。分布：屋久島。

ヤマモトヒメハナノミ〈Mordellina yamamotoi〉昆虫綱甲虫目ハナノミ科の甲虫。体長4.5～5.1mm。

ヤマモトメクラチビゴミムシ〈Ishikawatrechus ishikawai〉昆虫綱甲虫目オサムシ科の甲虫。体長4.9～5.7mm。

ヤマモモキバガ〈Polyhymno pancratiastis〉昆虫綱鱗翅目キバガ科の蛾。開張9～12mm。分布：本州，四国，九州，台湾，インド(アッサム)。

ヤマモモコナジラミ〈Parabemisia myricae〉昆虫綱半翅目コナジラミ科。体長0.8mm。桑，茶，ツツジ類，桜類，ヤマモモに害を及ぼす。分布：本州，九州，台湾，マレーシア。

ヤマモモノキクイムシ〈Xyleborus glabratus〉昆虫綱甲虫目キクイムシ科の甲虫。体長2.2～2.5mm。

ヤマモモハマキ　ヤマモモヒメハマキの別名。

ヤマモモハモグリガ〈Lyonetia myricella〉昆虫綱鱗翅目ハモグリガ科の蛾。分布：九州南部，屋久島。

ヤマモモヒメハマキ　山桃姫葉捲蛾〈Eudemis gyrotis〉昆虫綱鱗翅目ハマキガ科ノコメハマキガ亜科の蛾。開張13～17.5mm。ヤマモモに害を及ぼす。分布：本州(関東以西)，四国，九州，八丈島，屋久島，奄美大島，中国南部，台湾，インド(アッサム)。

ヤマヤチグモ〈Coelotes corasides〉蛛形綱クモ目タナグモ科の蜘蛛。体長雌10～13mm，雄10～11mm。分布：北海道，本州，四国，九州。

ヤマヤチグモの一種〈Coelotes sp.〉蛛形綱クモ目タナグモ科の蜘蛛。体長雌9～10mm，雄7～8mm。分布：本州(中部の山地)。

ヤマヤブキリ〈Tettigonia yama〉昆虫綱直翅目キリギリス科。

ヤマユリオオハリセンチュウ〈Xiphinema insigne〉ロンギドルス科。体長2.5mm。ユリ類に害を及ぼす。分布：本州，九州，スリランカ。

ヤミイロオニグモ〈Araneus fuscocolorata〉蛛形綱クモ目コガネグモ科の蜘蛛。体長雌5～6mm，雄3.5～4.0mm。分布：北海道，本州，四国，九州。

ヤミイロオニグモの近似種〈Araneus sp.〉蛛形綱クモ目コガネグモ科の蜘蛛。体長雌5～6mm，雄3.5～4.0mm。分布：本州，四国，九州。

ヤミイロカニグモ〈Xysticus croceus〉蛛形綱クモ目カニグモ科の蜘蛛。体長雌7～8mm，雄5～6mm。分布：北海道，本州，四国，九州，南西諸島。

ヤミシロシタセセリ〈Tagiades japetus〉昆虫綱鱗翅目セセリチョウ科の蝶。分布：タイ，マレーシアからインドシナ半島およびオーストラリア，インド，ジャワ，ボルネオ，セレベス，フィリピン，モルッカ諸島，ニューギニア，ソロモン諸島など。

ヤミデス・アブドゥル〈Jamides obdul〉昆虫綱鱗翅目シジミチョウ科の蝶。分布：マレーシア，ボ

ルネオ，ジャワ．

ヤミデス・アラトウス〈Jamides aratus〉昆虫綱鱗翅目シジミチョウ科の蝶．分布：ボルネオからセレベスまで．

ヤミデス・アレウアス〈Jamides aleuas〉昆虫綱鱗翅目シジミチョウ科の蝶．分布：ニューギニア，オーストラリア．

ヤミデス・エウキラス〈Jamides euchylas〉昆虫綱鱗翅目シジミチョウ科の蝶．分布：モルッカ諸島，ニューギニア．

ヤミデス・エルピス〈Jamides elpis〉昆虫綱鱗翅目シジミチョウ科の蝶．分布：アッサムからインドシナ半島，マレーシアからセレベスまで．

ヤミデス・カエルレアス〈Jamides caeruleas〉昆虫綱鱗翅目シジミチョウ科の蝶．分布：インド，マレーシア，ボルネオ，ジャワ．

ヤミデス・カンケナ〈Jamides kankena〉昆虫綱鱗翅目シジミチョウ科の蝶．分布：インドからジャワまで．

ヤミデス・キタ〈Jamides cyta〉昆虫綱鱗翅目シジミチョウ科の蝶．分布：ニューギニア，オーストラリア，マレーシアからソロモン諸島まで．

ヤミデス・ゼブラ〈Jamides zebra〉昆虫綱鱗翅目シジミチョウ科の蝶．分布：マレーシア，ボルネオ，ナツナ諸島．

ヤミデス・タリンガ〈Jamides talinga〉昆虫綱鱗翅目シジミチョウ科の蝶．分布：マレーシア．

ヤミデス・フィラトウス〈Jamides philatus〉昆虫綱鱗翅目シジミチョウ科の蝶．分布：ミャンマーからマレーシア，セレベスおよびフィリピンまで．

ヤミデス・フェスティブス〈Jamides festivus〉昆虫綱鱗翅目シジミチョウ科の蝶．分布：セレベス．

ヤミデス・プラ〈Jamides pura〉昆虫綱鱗翅目シジミチョウ科の蝶．分布：インドからマレーシア，香港まで．

ヤミデス・ルキデ〈Jamides lucide〉昆虫綱鱗翅目シジミチョウ科の蝶．分布：スマトラ，ジャワ．

ヤミデス・ルギネ〈Jamides lugine〉昆虫綱鱗翅目シジミチョウ科の蝶．分布：ミャンマー，ボルネオ．

ヤモンヒラタタマムシ〈Conognatha sagittaria〉昆虫綱甲虫目タマムシ科．分布：チリ．

ヤモンユスリカ〈Polypedilum octoguttatus〉昆虫綱双翅目ユスリカ科．

ヤヨイヒメハナバチ〈Andrena hebes〉昆虫綱膜翅目ヒメハナバチ科．

ヤヨイヒメハナバチモドキ〈Andrena stellaria〉昆虫綱膜翅目ヒメハナバチ科．

ヤリウンカ〈Sardia rostrata〉昆虫綱半翅目ウンカ科．

ヤリガタケシジミ 槍岳小灰蝶〈Lycaeides yarigadakeana〉昆虫綱鱗翅目シジミチョウ科の蝶．分布：アルタイ，シベリア，中国東北部，朝鮮半島，日本，アムール．

ヤリガタケシジミ アサマシジミの別名．

ヤリグモ〈Argyrodes sagana〉蛛形綱クモ目ヒメグモ科の蜘蛛．体長雌9〜11mm，雄6〜8mm．分布：日本全土．

ヤルメヌス・イキリウス〈Jalmenus icilius〉昆虫綱鱗翅目シジミチョウ科の蝶．分布：オーストラリア．

ヤルメヌス・イノウス〈Jalmenus inous〉昆虫綱鱗翅目シジミチョウ科の蝶．分布：オーストラリア．

ヤンキーアゲハ〈Papilio polyxenes〉昆虫綱鱗翅目アゲハチョウ科の蝶．分布：北アメリカ，メキシコ，グアテマラ，キューバ．

ヤンキーコキマダラセセリ〈Ochlodes yuma〉蝶．

ヤンキーコヒオドシ〈Aglais milberti〉昆虫綱鱗翅目タテハチョウ科の蝶．別名ミチノクコヒオドシ．分布：北アメリカ北部からロッキー山脈沿いにカリフォルニア州まで．

ヤンコウスキーカブリモドキ〈Damaster jankowskii〉昆虫綱甲虫目オサムシ科の甲虫．分布：朝鮮半島，ウスリー．

ヤンコウスキーキリガ〈Xanthocosmia jankowskii〉昆虫綱鱗翅目ヤガ科カラスヨトウ亜科の蛾．開張36〜38mm．分布：沿海州，北海道，本州．

ヤンバルエンマコガネ〈Onthophagus suginoi〉昆虫綱甲虫目コガネムシ科の甲虫．体長4.5〜6.0mm．

ヤンバルテナガコガネ 山原手長金亀子〈Cheirotonus jambar〉昆虫綱甲虫目コガネムシ科の甲虫．天然記念物，絶滅危惧I類(CR+EN)．体長50〜62mm．分布：沖縄本島の北部．珍虫．

ヤンマ 蜻蜓 昆虫綱トンボ目ヤンマ科Aeschnidaeの昆虫の総称．

【ユ】

ユアサクロベニボタル〈Cautires yuasai〉昆虫綱甲虫目ベニボタル科の甲虫．体長6.5〜9.8mm．

ユアサハナゾウムシ 湯浅花象鼻虫〈Anthonomus yuasai〉昆虫綱甲虫目ゾウムシ科の甲虫．体長2.5〜3.0mm．分布：本州．

ユアサヒメカミキリ〈Ceresium yuasai〉昆虫綱甲虫目カミキリムシ科カミキリ亜科の甲虫．

ユウグモノメイガ〈Ostrinia memnialis〉昆虫綱鱗翅目メイガ科の蛾．分布：北海道，本州，四国，九州，対馬．

ユーウスイロキヨトウ〈*Leucania yu*〉昆虫綱鱗翅目ヤガ科ヨトウガ亜科の蛾。分布：インドから東南アジア, 台湾, 琉球列島, 沖縄本島, 石垣島。

ユウバリメクラチビゴミムシ〈*Trechiama inflexus*〉昆虫綱甲虫目オサムシ科の甲虫。体長4.0〜4.6mm。

ユウバリメクラミズギワゴミムシ〈*Caecidium trechomorphum*〉昆虫綱甲虫目オサムシ科の甲虫。体長4.5mm。

ユウマダラエダシャク 夕斑枝尺蛾〈*Abraxas miranda*〉昆虫綱鱗翅目シャクガ科エダシャク亜科の蛾。開張は春生雄39〜46mm, 雌44〜51mm, 夏生雄34〜40mm, 雌36〜40mm。マサキ, ニシキギに害を及ぼす。分布：北海道から屋久島, 対馬, 朝鮮半島, 中国東北, 沖縄本島, 久高島, 久米島, 宮古島, 西表島。

ユウマダラセセリ〈*Abraximorpha davidii*〉昆虫綱鱗翅目セセリチョウ科の蝶。別名シロセセリ。分布：中国西部および中部, ミャンマー, ベトナム北部, 台湾。

ユウレイガガンボ〈*Dolichopeza albitibia*〉昆虫綱双翅目ガガンボ科。

ユウレイグモ 幽霊蜘蛛〈*Pholcus crypticolens*〉蛛形綱クモ目ユウレイグモ科の蜘蛛。体長雌5〜6mm, 雄4〜5mm。分布：日本全土。

ユウレイグモ 幽霊蜘蛛 節足動物門クモ形綱真正クモ目ユウレイグモ科の総称, またはそのなかの一種。

ユウレイグモモドキ〈*Smeringopus pallidus*〉蛛形綱クモ目ユウレイグモ科の蜘蛛。

ユウレイセセリ〈*Borbo cinnara*〉昆虫綱鱗翅目セセリチョウ科の蝶。前翅長17mm。分布：先島諸島(宮古島, 石垣島, 西表島, 与那国島など)。

ユウレヒレアラシナナフシ〈*Extatosoma tiaratum*〉昆虫綱竹節虫目ナナフシムシ科。分布：ニューギニア, オーストラリア。

ユカタヤマシログモ 浴衣山城蜘蛛〈*Scytodes thoracica*〉節足動物門クモ形綱真正クモ目ヤマシログモ科の蜘蛛。体長雌5〜7mm, 雄4〜5mm。分布：日本全土。害虫。

ユカタンビワハゴロモ〈*Laternaria laternaria*〉昆虫綱半翅目ビワハゴロモ科。分布：メキシコ南部, 中央アメリカ, 南アメリカ。珍虫。

ユーカリカレハ〈*Porela vetusta*〉昆虫綱鱗翅目カレハガ科の蛾。前翅は灰褐色で, 濃褐色と白色の斑紋がある。開張2.5〜4.5mm。分布：南クイーンズランド, ビクトリア, サウスオーストラリア。

ユーカリヤママユ〈*Opodiphthera eucalypti*〉昆虫綱鱗翅目ヤママユガ科の蛾。前翅の先端に黒色の斑点をちりばめた白色の帯がある。開張8〜13mm。分布：オーストラリアのノーザンテリトリー, クイーンズランド, ビクトリアとニュージーランド。

ユガワミジカオカワゲラ〈*Obipteryx yugawae*〉昆虫綱襀翅目ミジカオカワゲラ科。

ユキムシ 雪虫 晩秋に道路や町中の家の軒下などをふわーと静かに飛ぶ白い小虫の北国での方言で, アブラムシ類のワタアブラ亜科の一部の種を指す。

ユキヤナギアブラムシ〈*Aphis spiraecola*〉昆虫綱半翅目アブラムシ科。体長雌1.5mm。ビワ, 桃, スモモ, 林檎, 柑橘, コスモス, デージー, 牡丹, 芍薬, クチナシ, サンゴジュ, トベラ, カナメモチ, 桜類, 梅, アンズ, ナシ類, セリ科野菜に害を及ぼす。分布：日本全国, 世界各地。

ユークリデスウラモジタテハ〈*Diaethria euclides*〉昆虫綱鱗翅目タテハチョウ科の蝶。開張40mm。分布：南米北部。珍蝶。

ユーゲニアモルフォ〈*Morpho eugenia*〉昆虫綱鱗翅目モルフォチョウ科の蝶。分布：フランス領ギアナ。

ユスリカ 揺蚊〈*midge*〉昆虫綱双翅目糸角亜目カ群ユスリカ科Chironomidaeの総称。

ユズリハコハモグリガ〈*Phyllocnistis hyperbolacma*〉昆虫綱鱗翅目コハモグリガ科の蛾。分布：本州(中部以北)。

ユズリハノキクイムシ〈*Xyleborus voluvulus*〉昆虫綱甲虫目キクイムシ科の甲虫。体長2.4〜2.8mm。

ユズリハマルカイガラムシ〈*Aonidiella messengeri*〉昆虫綱半翅目マルカイガラムシ科。ガジュマル, 蘇鉄, マサキ, ニシキギ, ヤシ類, ユズリハに害を及ぼす。

ユディタ・ラミス〈*Juditha lamis*〉昆虫綱鱗翅目シジミタテハ科の蝶。分布：メキシコからブラジル南部, アルゼンチン北部。

ユディタ・ルビゴ〈*Juditha rubigo*〉昆虫綱鱗翅目シジミタテハ科。分布：ペルー, アマゾン流域。

ユネア・ドラエテ〈*Junea doraete*〉昆虫綱鱗翅目ジャノメチョウ科の蝶。分布：コロンビア, ペルー。

ユネア・ドリンデ〈*Junea dorinde*〉昆虫綱鱗翅目ジャノメチョウ科の蝶。分布：エクアドル, ペルー。

ユネア・ホイットリイ〈*Junea whitelyi*〉昆虫綱鱗翅目ジャノメチョウ科の蝶。分布：エクアドル, ペルー, ボリビア。

ユノニア・ラビニア〈*Jynonia lavinia*〉昆虫綱鱗翅目タテハチョウ科の蝶。分布：熱帯アメリカからカナダ南部まで。

ユノハマサラグモ〈Linyphia yunohamensis〉蛛形綱クモ目サラグモ科の蜘蛛。体長雌5～6mm,雄4.0～4.5mm。分布：北海道,本州,四国,九州。

ユノハマヒメグモ〈Theridion yunohamense〉蛛形綱クモ目ヒメグモ科の蜘蛛。体長雌4～5mm,雄3～4mm。分布：日本全土。

ユビオナシカワゲラ属の一種〈Protonemura sp.〉昆虫類襀翅目オナシカワゲラ科。

ユベンタヒメマダラ〈Ideopsis juventa〉昆虫綱鱗翅目マダラチョウ科の蝶。

ユミアシオオゴミムシダマシ 弓脚大偽塵芥虫〈Setenis valgipes〉昆虫綱甲虫目ゴミムシダマシ科。体長24～27mm。キノコ類に害を及ぼす。分布：本州,四国,九州。

ユミアシハナカメムシ〈Physopleurella armata〉昆虫綱半翅目ハナカメムシ科。体長3.0～3.6mm。分布：本州,四国,九州。

ユミガタマダラウワバ〈Abrostola abrostolina〉昆虫綱鱗翅目ヤガ科コヤガ亜科の蛾。開張25～27mm。分布：中国,台湾,北海道を除く本土域,対馬。

ユミセミゾハネカクシ〈Thinodromus sericatus〉昆虫綱甲虫目ハネカクシ科の甲虫。体長3.0～3.8mm。

ユミモンクチバ〈Melapia electaria〉昆虫綱鱗翅目ヤガ科シタバガ亜科の蛾。開張36～38mm。分布：沿海州,北海道から九州。

ユミモンシャチホコ〈Urodonta arcuata〉昆虫綱鱗翅目シャチホコガ科ウチキシャチホコ亜科の蛾。開張雄40～43mm,雌48mm。分布：沿海州,中国東北,朝鮮半島,北海道から九州。

ユミモンヒラタカゲロウ 弓紋扁蜉蝣〈Epeorus curvatulus〉昆虫綱蜉蝣目ヒラタカゲロウ科。分布：本州,北海道。

ユムシ 蟥〈echiurid〉環形動物門ユムシ綱 Echiuroideaに属する海産動物の総称,またはそのなかの一種。

ユメノキクイムシ〈Phloeosinus pulchellus〉昆虫綱甲虫目キクイムシ科の甲虫。体長2.0～3.4mm。

ユメムシ ウミグモの別名。

ユヤマセダカコクヌスト〈Thymalus punctidorsum〉昆虫綱甲虫目コクヌスト科。

ユリクビナガハムシ〈Lilioceris merdigera〉昆虫綱甲虫目ハムシ科の甲虫。体長7.0～8.5mm。

ユリシンムシガ〈Hysterosia hysterosia pistrinana〉昆虫綱鱗翅目ホソハマキガ科の蛾。開張18～24mm。

ユリセスオオツノカブト〈Dynastes ulysses〉昆虫綱甲虫目コガネムシ科の甲虫。分布：ニューギニア（属島を含む）。

ユリセンチュウ〈Aphelenchoides lilium〉アフェレンコイデス科。体長0.6～0.8mm。ユリ類に害を及ぼす。分布：本州。

ユリノキエダシャク〈Epimecis hortaria〉昆虫綱鱗翅目シャクガ科の蛾。変異がきわめて多い。開張4.5～5.5mm。分布：カナダ南部から,フロリダ。

ユリノクダアザミウマ 百合管薊馬〈Liothrips vaneeckei〉昆虫綱総翅目クダアザミウマ科。ユリ類に害を及ぼす。分布：日本各地。

ユリミミズ 揺蚯蚓〈Limnodrilus socialis〉環形動物門貧毛綱イトミミズ科の陸生動物。別名ゴトウイトミミズ。

【ヨ】

ヨイロボカシタテハ〈Euphaedra themis〉昆虫綱鱗翅目タテハチョウ科の蝶。分布：シエラレオネからコンゴ,アンゴラまで。

ヨウザワマシラグモ〈Leptoneta musculina〉蛛形綱クモ目マシラグモ科の蜘蛛。

ヨウザワメクラチビゴミムシ〈Trechiama tamaesis〉昆虫綱甲虫目オサムシ科の甲虫。体長4.9～6.0mm。

ヨウシュミツバチ〈Apis mellifera〉昆虫綱膜翅目ミツバチ科。体長13mm。害虫。

ヨウランゴキブリ〈Imblattella orchidae〉昆虫綱網翅目チャバネゴキブリ科。体長10.5mm。害虫。

ヨウロウアシブトハバチ〈Leptocimbex yorofui〉昆虫綱膜翅目コンボウハバチ科。

ヨウロウヒラクチハバチ ヨウロウアシブトハバチの別名。

ヨコクラメクラチビゴミムシ〈Yamautidius eos〉昆虫綱甲虫目オサムシ科の甲虫。体長3.2～3.6mm。

ヨコグロケシカミキリ〈Exocentrus fisheri〉昆虫綱甲虫目カミキリムシ科フトカミキリ亜科の甲虫。体長6～7mm。分布：北海道,本州。

ヨコグロハナカミキリ〈Anastrangalia sequensi〉昆虫綱甲虫目カミキリムシ科ハナカミキリ亜科の甲虫。体長8～13mm。

ヨコジマオオハリバエ 横縞大針蠅〈Servillia amurensis〉昆虫綱双翅目ヤドリバエ科。体長13～19mm。分布：北海道,本州。

ヨコジマオオヒラタアブ〈Dideoides latus〉昆虫綱双翅目ショクガバエ科。体長14～17mm。分布：本州,四国,九州。

ヨコジマコバネヤドリニクバエ〈Miltogramma takanoi〉昆虫綱双翅目ニクバエ科。

ヨコジマナミシャク 横縞波尺蛾〈Eulithis convergenata〉昆虫綱鱗翅目シャクガ科ナミシャ

ク亜科の蛾。開張28〜34mm。分布：北海道,本州,四国,九州,対馬,サハリン,千島,シベリア南東部,中国東北。

ヨコジマハナアブ 横縞花虻〈*Temnostoma vespiforme*〉昆虫綱双翅目ハナアブ科。分布：北海道,本州。

ヨコジマフトカミキリ〈*Plectrodera scalator*〉昆虫綱甲虫目カミキリムシ科の甲虫。分布：北アメリカ南部。

ヨコスジサビカミキリ〈*Pterolophia latefascia*〉昆虫綱甲虫目カミキリムシ科フトカミキリ亜科の甲虫。体長9〜12mm。

ヨコスジヒメハナムシ〈*Stilbus avunculus*〉昆虫綱甲虫目ヒメハナムシ科の甲虫。体長1.5〜1.8mm。

ヨコスジヨトウ〈*Mesoligia furuncula*〉昆虫綱鱗翅目ヤガ科カラスヨトウ亜科の蛾。分布：ユーラシア,北海道,本州。

ヨコヅナサシガメ 横綱刺亀〈*Agriosphodrus dohrni*〉昆虫綱半翅目サシガメ科。分布：九州。

ヨコヅナシモフリヒラタコメツキ〈*Actenicerus giganteus*〉昆虫綱甲虫目コメツキムシ科。体長21〜27mm。分布：本州。

ヨコヅナツチカメムシ〈*Adrisa magna*〉昆虫綱半翅目ツチカメムシ科。体長17〜20mm。分布：本州,四国,九州,対馬。

ヨコヅナトモエ〈*Eupatula macrops*〉昆虫綱鱗翅目ヤガ科シタバガ亜科の蛾。分布：インドの全域,スリランカ,ボルネオ,中国南部,台湾,愛媛県,福島県,岡山県,隠岐島,鹿児島県,宮城県,屋久島,高知県,岩手県,熊本県。

ヨコバイ 横這〈*leaf hopper*〉昆虫綱半翅目同翅亜目ヨコバイ科Cicadellidaeに属する昆虫の総称。

ヨコハマコマユバチ〈*Tropobracon yokohamensis*〉昆虫綱膜翅目コマユバチ科。分布：台湾,日本(本州・四国・九州・沖縄)。

ヨコハマヒメバチ〈*Hoplismenus obscurus*〉昆虫綱膜翅目ヒメバチ科。

ヨコヒダハマキ〈*Acleris yasudai*〉昆虫綱鱗翅目ハマキガ科の蛾。分布：本州(中部山地),四国(剣山など)。

ヨコヒダハマキ クロコハマキの別名。

ヨコフカニグモ〈*Xysticus transversomaculatus*〉蛛形綱クモ目カニグモ科の蜘蛛。

ヨコフマシラグモ〈*Leptoneta striata*〉蛛形綱クモ目マシラグモ科の蜘蛛。

ヨコミゾコブゴミムシダマシ〈*Usechus chujoi*〉昆虫綱甲虫目コブゴミムシダマシ科の甲虫。体長3.6mm。

ヨコミゾチビコブゴミムシダマシ ヨコミゾコブゴミムシダマシの別名。

ヨコミゾドロムシ〈*Leptelmis gracilis*〉昆虫綱甲虫目ヒメドロムシ科の甲虫。絶滅危惧I類(CR+EN)。体長2.6〜3.0mm。

ヨコモンオオキバハネカクシ〈*Pseudoxyporus hoplites*〉昆虫綱甲虫目ハネカクシ科の甲虫。体長8.0〜9.0mm。

ヨコモントガリハネカクシ〈*Medon submaculatus*〉昆虫綱甲虫目ハネカクシ科の甲虫。体長4.3〜4.6mm。

ヨコモンハナアブ 横紋花虻〈*Cynorrhina japonica*〉昆虫綱双翅目ハナアブ科。分布：本州。

ヨコモンヒメハナカミキリ〈*Pidonia insuturata*〉昆虫綱甲虫目カミキリムシ科ハナカミキリ亜科の甲虫。体長6.5〜8.5mm。分布：本州(中部山岳地帯)。

ヨコモンヒメヒラタホソカタムシ〈*Cicones bitomoides*〉昆虫綱甲虫目ホソカタムシ科。

ヨコモンヒラタアブ 横紋扁虻〈*Ischirosyrphus laternarius*〉昆虫綱双翅目ショクガバエ科。体長12〜13mm。分布：北海道,本州,四国。

ヨコヤマトラカミキリ 横山虎天牛〈*Epiclytus yokoyamai*〉昆虫綱甲虫目カミキリムシ科カミキリ亜科の甲虫。体長7〜10mm。分布：本州,四国,九州。

ヨコヤマヒゲナガカミキリ〈*Dolichoprosopus yokoyamai*〉昆虫綱甲虫目カミキリムシ科フトカミキリ亜科の甲虫。体長25〜35mm。分布：本州,四国,九州。

ヨコヤマヒメカミキリ〈*Ceresium holophaeum*〉昆虫綱甲虫目カミキリムシ科カミキリ亜科の甲虫。体長7〜11mm。分布：北海道,本州,四国,九州,対馬,屋久島,奄美大島,沖縄諸島,伊豆諸島。

ヨコヤマヒメカミキリ ヨコヤマヒメハナカミキリの別名。

ヨコヤマヒメハナカミキリ〈*Pidonia yokoyamai*〉昆虫綱甲虫目カミキリムシ科ハナカミキリ亜科の甲虫。体長10〜11.8mm。

ヨシアキナミハグモ〈*Cybaeus yoshiakii*〉蛛形綱クモ目タナグモ科の蜘蛛。

ヨシイナガチビゴミムシ ヨシイメクラチビゴミムシの別名。

ヨシイムシ〈*Nipponentomon nippon*〉クシカマアシムシ科。体長1.5〜1.8mm。分布：北海道,本州,四国,九州。

ヨシイメクラチビゴミムシ〈*Trechiama ohshimai*〉昆虫綱甲虫目オサムシ科の甲虫。体長5.2〜6.1mm。

ヨシウスオビカザリバ〈*Cosmopterix lienigiella*〉昆虫綱鱗翅目カザリバガ科の蛾。分布：北海道，本州，四国，九州，台湾，ヨーロッパ。

ヨシカザリバ〈*Cosmopterix scribaiella*〉昆虫綱鱗翅目カザリバガ科の蛾。分布：本州，九州。

ヨシカレハ〈*Philudoria potatoria*〉昆虫綱鱗翅目カレハガ科の蛾。開張雄45〜60mm，雌50〜80mm。分布：ヨーロッパからシベリア南東部，朝鮮半島，サハリン，北海道，本州，四国，九州。

ヨシカワメクラチビゴミムシ〈*Kusumia yoshikawai*〉昆虫綱甲虫目オサムシ科の甲虫。体長4.5〜5.4mm。

ヨシダヒメハナノミ〈*Falsomordellistena yoshidai*〉昆虫綱甲虫目ハナノミ科の甲虫。体長3.3〜4.0mm。

ヨシツトガ〈*Chilo luteellus*〉昆虫綱鱗翅目メイガ科ツトガ亜科の蛾。開張25〜33mm。分布：北海道，本州，四国，九州，対馬，朝鮮半島，中国からヨーロッパ，北アフリカ。

ヨシノキシタバ〈*Catocala connexa*〉昆虫綱鱗翅目ヤガ科シタバガ亜科の蛾。開張55〜65mm。分布：北海道，本州，四国，九州。

ヨシノキヨトウ〈*Aletia impura*〉昆虫綱鱗翅目ヤガ科ヨトウガ亜科の蛾。分布：ユーラシア，北海道，本州。

ヨシノクルマコヤガ〈*Oruza yoshinoensis*〉昆虫綱鱗翅目ヤガ科コヤガ亜科の蛾。分布：紀伊半島，四国，九州，対馬，屋久島。

ヨシノコブガ〈*Meganola melancholica*〉昆虫綱鱗翅目コブガ科の蛾。栗に害を及ぼす。分布：本州（宮城県以南），四国，九州，対馬，屋久島。

ヨシノシマコヤガ〈*Corgatha yoshinoensis*〉昆虫綱鱗翅目ヤガ科コヤガ亜科の蛾。開張24mm。

ヨシノシャチホコ ネジレシャチホコの別名。

ヨシノタイマイ〈*Graphium macfarlanei*〉昆虫綱鱗翅目アゲハチョウ科の蝶。

ヨシノツマキリアツバ〈*Pangrapta yoshinensis*〉昆虫綱鱗翅目ヤガ科クチバ亜科の蛾。分布：北海道標茶町，福島県，千葉県清澄山，紀伊半島，四国，屋久島，奈良県吉野。

ヨシノマダラカゲロウ〈*Ephemerella yoshinoensis*〉昆虫綱蜉蝣目マダラカゲロウ科。

ヨシノミヤアブラムシ〈*Quadrartus yoshinomiyai*〉昆虫綱半翅目アブラムシ科。体長2mm。イスノキに害を及ぼす。分布：本州（和歌山県，静岡県，三重県）。

ヨシノモモブトキモグリバエ〈*Platycephala umbraculata*〉昆虫綱双翅目キモグリバエ科。

ヨシブエナガキクイムシ 蘆笛長穿孔虫〈*Platypus calamus*〉昆虫綱甲虫目ナガキクイムシ科の甲虫。体長2.8〜3.7mm。分布：北海道。

ヨシブエノナガキクイムシ ヨシブエナガキクイムシの別名。

ヨシヨトウ〈*Rhizedra lutosa*〉昆虫綱鱗翅目ヤガ科カラスヨトウ亜科の蛾。分布：ユーラシア，北海道から本州中部。

ヨスジアオカミキリ〈*Eumecocera impustulata*〉昆虫綱甲虫目カミキリムシ科フトカミキリ亜科の甲虫。体長9〜12mm。

ヨスジアカエダシャク 四条赤枝尺蛾〈*Apopetelia morosa*〉昆虫綱鱗翅目シャクガ科エダシャク亜科の蛾。開張25〜29mm。分布：本州，対馬，中国。

ヨスジアカヨトウ〈*Pygopteryx suava*〉昆虫綱鱗翅目ヤガ科カラスヨトウ亜科の蛾。開張30〜38mm。分布：沿海州，朝鮮半島，中国，北海道から九州。

ヨスジカバイロアツバ〈*Herminia robiginosa*〉昆虫綱鱗翅目ヤガ科クルマアツバ亜科の蛾。分布：北海道，アムール，朝鮮半島，南千島。

ヨスジキエダシャク〈*Cotta incongruaria*〉昆虫綱鱗翅目シャクガ科エダシャク亜科の蛾。開張35〜40mm。分布：本州（関東以西），四国，九州，対馬，中国。

ヨスジキヒメシャク 四条黄姫尺蛾〈*Idaea auricruda*〉昆虫綱鱗翅目シャクガ科ヒメシャク亜科の蛾。開張13〜16mm。分布：北海道，本州，四国，九州，朝鮮半島，シベリア南東部，中国。

ヨスジキリガ〈*Eupsilia strigifera*〉昆虫綱鱗翅目ヤガ科セダカモクメ亜科の蛾。開張35〜38mm。分布：関東地方以西，四国，九州，対馬。

ヨスジキンメアブ ヨスジメクラアブの別名。

ヨスジコヤガ〈*Eublemma baccalix*〉昆虫綱鱗翅目ヤガ科コヤガ亜科の蛾。分布：アフリカ，インド，スリランカ，南太平洋，奄美大島。

ヨスジシラホシサビカミキリ〈*Apomecyna histrio*〉昆虫綱甲虫目カミキリムシ科フトカミキリ亜科の甲虫。体長7〜12mm。分布：奄美大島，沖縄諸島，石垣島，西表島，与那国島。

ヨスジシロカギバ〈*Ditrigona quinquelineata*〉昆虫綱鱗翅目カギバガ科の蛾。開張20〜30mm。分布：本州，九州，中国西部。

ヨスジタマムシ カクムネカワリタマムシの別名。

ヨスジナミシャク〈*Xanthorhoe quadrifasciata*〉昆虫綱鱗翅目シャクガ科ナミシャク亜科の蛾。開張23〜27mm。分布：北海道，本州，四国，九州，中国東北，サハリン，シベリア東部からヨーロッパ。

ヨスジノコメキリガ〈*Eupsilia quadrilinea*〉昆虫綱鱗翅目ヤガ科セダカモクメ亜科の蛾。開張

38mm。分布：関東南部，四国，九州，対馬。

ヨスジノメイガ〈*Pagyda quadrilineata*〉昆虫綱鱗翅目メイガ科の蛾。分布：北海道，本州，四国，九州，対馬，種子島，屋久島，沖縄本島，台湾，中国。

ヨスジノメイガ マタスジノメイガの別名。

ヨスジハナカミキリ ヨッスジハナカミキリの別名。

ヨスジヒシウンカ ヨッスジヒシウンカの別名。

ヨスジホソハナカミキリ〈*Strangalia attenuata*〉昆虫綱甲虫目カミキリムシ科ハナカミキリ亜科の甲虫。体長11〜17mm。分布：北海道。

ヨスジメクラアブ〈*Chrysops vanderwulpi*〉昆虫綱双翅目アブ科。体長8〜9mm。分布：北海道，本州，四国，九州，石垣島，西表島。害虫。

ヨダンハエトリ〈*Marpissa pulla*〉蜘形綱クモ目ハエトリグモ科の蜘蛛。体長雌6〜7mm，雄6〜7mm。分布：本州，四国，九州。

ヨツアナデオネスイ〈*Monotoma quadrifoveolata*〉昆虫綱甲虫目ネスイムシ科の甲虫。体長1.8〜2.3mm。

ヨツアナミズギワゴミムシ〈*Bembidion tetraporum*〉昆虫綱甲虫目オサムシ科の甲虫。体長4.5mm。分布：北海道，本州。

ヨツオビハレギカミキリ〈*Acrocyrtidus elegantulus*〉昆虫綱甲虫目カミキリムシ科カミキリ亜科の甲虫。体長19〜23mm。

ヨツキボシカミキリ 四黄星天牛〈*Epiglenea comes*〉昆虫綱甲虫目カミキリムシ科フトカミキリ亜科の甲虫。体長8〜11mm。分布：本州，四国，九州，対馬，屋久島。

ヨツキボシコメツキ〈*Ectinoides insignitus*〉昆虫綱甲虫目コメツキムシ科の甲虫。体長6mm。分布：本州，四国，九州。

ヨツキボシゾウムシ〈*Lepyrus quadrinotatus*〉昆虫綱甲虫目ゾウムシ科。

ヨツキボシハムシ〈*Hamushia eburata*〉昆虫綱甲虫目ハムシ科の甲虫。体長5.5mm。分布：本州。

ヨツクロモンミズメイガ〈*Eoophyla inouei*〉昆虫綱鱗翅目メイガ科の蛾。分布：沖縄本島，石垣島，西表島。

ヨツゲトビコバチ〈*Pseudhomalopoda shikokuensis*〉昆虫綱膜翅目トビコバチ科。

ヨツコブゴミムシダマシ 四瘤偽歩行虫〈*Uloma bonzica*〉昆虫綱甲虫目ゴミムシダマシ科の甲虫。体長10mm。分布：北海道，本州，四国。

ヨツコブツノゼミ〈*Bocydium globulare*〉昆虫綱半翅目ツノゼミ科。分布：ペルー，ギアナ，ブラジル。

ヨツコブノコギリゾウムシ〈*Ixalma quadrigibbosa*〉昆虫綱甲虫目ゾウムシ科の甲虫。体長5.5〜6.0mm。

ヨツコブヒメグモ〈*Chrosiothes sudabides*〉蜘形綱クモ目ヒメグモ科の蜘蛛。体長雌1.5〜3.0mm，雄1.3〜2.0mm。分布：本州，四国，九州。

ヨツコブヒラタカブトムシ〈*Phileurus didymus*〉昆虫綱甲虫目コガネムシ科の甲虫。分布：南アメリカ全域。

ヨツスジカミキリ〈*Micromulciber quadrisignatus*〉昆虫綱甲虫目カミキリムシ科フトカミキリ亜科の甲虫。体長16〜17mm。分布：西表島，与那国島。

ヨツスジシラホシカミキリ ヨスジシラホシサビカミキリの別名。

ヨツスジトラカミキリ 四条虎天牛〈*Chlorophorus quinquefasciata*〉昆虫綱甲虫目カミキリムシ科カミキリ亜科の甲虫。体長13〜18mm。分布：本州，四国，九州，対馬，南西諸島。

ヨツスジハナカミキリ〈*Leptura ochraceofasciata*〉昆虫綱甲虫目カミキリムシ科ハナカミキリ亜科の甲虫。体長9〜20mm。分布：北海道，本州，四国，九州，対馬，屋久島，奄美大島，沖縄諸島，伊豆諸島。

ヨツスジヒシウンカ 四条菱浮塵子〈*Oliarus quadricinctus*〉昆虫綱半翅目ヒシウンカ科。分布：本州，九州。

ヨツスジヒメシンクイ 四条姫心喰蛾〈*Grapholitha delineana*〉昆虫綱鱗翅目ハマキガ科ノコメハマキガ亜科の蛾。開張11〜12mm。ホップに害を及ぼす。分布：北海道，本州，四国，九州，対馬。

ヨツスジホソハナカミキリ ヨスジホソハナカミキリの別名。

ヨツデゴミグモ〈*Cyclosa sedeculata*〉蜘形綱クモ目コガネグモ科の蜘蛛。体長雌4.5〜5.0mm，雄3〜4mm。分布：本州，四国，九州，南西諸島。

ヨツテンアオシャク〈*Comibaena diluta*〉昆虫綱鱗翅目シャクガ科アオシャク亜科の蛾。開張20〜28mm。菊に害を及ぼす。分布：本州(神奈川県三浦半島以西)，四国，九州，対馬，種子島，屋久島，奄美大島，徳之島，沖縄本島，宮古島，石垣島，与那国島。

ヨツテンシマコヤガ〈*Corgatha fusciceps*〉昆虫綱鱗翅目ヤガ科コヤガ亜科の蛾。分布：四国，九州。

ヨツテンヨコバイ〈*Macrosteles quadrimaculatus*〉昆虫綱半翅目ヨコバイ科。体長4〜5mm。分布：北海道，本州，四国，九州。

ヨツノチビゴミムシダマシ〈*Pentaphyllus quadricornis*〉昆虫綱甲虫目ゴミムシダマシ科の甲虫。体長2.3〜2.7mm。

783

ヨツバクロチャイロコガネ〈Sericania quadrifoliata〉昆虫綱甲虫目コガネムシ科の甲虫。体長10～11mm。分布：本州。

ヨツバコガネ〈Ohkubous ferrieri〉昆虫綱甲虫目コガネムシ科の甲虫。体長12～13.5mm。分布：日本全土。

ヨツバコセイボウ 四歯小青蜂〈Chrysis ignita〉昆虫綱膜翅目セイボウ科。分布：北海道、本州。

ヨツボシアカサルハムシ ヨツボシアカツツハムシの別名。

ヨツボシアカツツハムシ〈Coptocephala orientalis〉昆虫綱甲虫目ハムシ科の甲虫。体長4.5～5.5mm。

ヨツボシアカマルケシキスイ〈Cyllodes punctidorsum〉昆虫綱甲虫目ケシキスイ科の甲虫。体長4.0～6.1mm。

ヨツボシアシナガグモ〈Dyschiriognatha quadrimaculata〉蛛形綱クモ目アシナガグモ科の蜘蛛。体長雌2.5～3.0mm、雄2.0～2.5mm。分布：本州、四国、九州。

ヨツボシアリモドキ ヨツボシホソアリモドキの別名。

ヨツボシウスキヒメシャク〈Scopula superciliata〉昆虫綱鱗翅目シャクガ科ヒメシャク亜科の蛾。開張18～25mm。分布：本州(宮城県以南)、四国、九州、朝鮮半島。

ヨツボシオオアリ 四星大蟻〈Camponotus quadrinotatus〉昆虫綱膜翅目アリ科。体長5～8mm。分布：本州、四国、九州。害虫。

ヨツボシオオキスイ 四星大木吸虫〈Helota gemmata〉昆虫綱甲虫目オオキスイムシ科の甲虫。体長13mm。分布：北海道、本州、四国、九州。

ヨツボシオオキノコムシ 四星角大茸虫〈Eutriplax tuberculifrons〉昆虫綱甲虫目オオキノコムシ科の甲虫。体長5～8mm。分布：本州、四国、九州。

ヨツボシオサモドキゴミムシ〈Anthia sexguttata〉昆虫綱甲虫目ゴミムシ科の甲虫。分布：アルメニア、中央アジア、イラン、インド。

ヨツボシカミキリ 四星天牛〈Stenygrinum quadrinotatum〉昆虫綱甲虫目カミキリムシ科カミキリ亜科の甲虫。体長8～14mm。分布：北海道、本州、四国、九州、佐渡、屋久島、奄美大島。

ヨツボシカメムシ 四星亀虫〈Homalogonia obtusa〉昆虫綱半翅目カメムシ科。体長12～14mm。林檎、大豆、隠元豆、小豆、ササゲ、柿、桃、スモモに害を及ぼす。分布：北海道、本州、四国、九州。

ヨツボシカワリタマムシ〈Polybothris luczoti〉昆虫綱甲虫目タマムシ科。分布：マダガスカル。

ヨツボシキバネナガクチキムシ〈Stolius vagepictus〉昆虫綱甲虫目ナガクチキムシ科の甲虫。体長4.5～6.0mm。

ヨツボシキンイロツノハナムグリ〈Coelorrhina quadrimaculata〉昆虫綱甲虫目コガネムシ科の甲虫。分布：アフリカ西部・中央部・東部。

ヨツボシクサカゲロウ 四星草蜻蛉〈Chrysopa septempunctata〉昆虫綱脈翅目クサカゲロウ科。開張35～40mm。分布：日本全土。

ヨツボシクロヒメゲンゴロウ〈Ilybius chishimanus〉昆虫綱甲虫目ゲンゴロウ科の甲虫。体長10～12mm。分布：北海道。

ヨツボシケシキスイ 四星出尾虫〈Librodor japonicus〉昆虫綱甲虫目ケシキスイ科の甲虫。体長7.5～13.5mm。分布：北海道、本州、四国、九州。

ヨツボシケシミズギワゴミムシ〈Bembidion paediscum〉昆虫綱甲虫目オサムシ科の甲虫。体長3mm。分布：北海道、本州(中部)。

ヨツボシゲンセイ〈Schroetteria polita〉昆虫綱甲虫目ツチハンミョウ科の甲虫。体長9～12mm。

ヨツボシゴミムシ 四星芥虫〈Panagaeus japonicus〉昆虫綱甲虫目オサムシ科の甲虫。体長12mm。分布：北海道、本州、四国、九州。

ヨツボシゴミムシダマシ 四星偽歩行虫〈Basanus erotyloides〉昆虫綱甲虫目ゴミムシダマシ科の甲虫。体長10mm。分布：本州、四国、九州。

ヨツボシサラグモ〈Strandella quadrimaculata〉蛛形綱クモ目サラグモ科の蜘蛛。体長雌3.2～3.6mm、雄3.0～3.3mm。分布：本州(平野部に多い)。

ヨツボシサルハムシ ヨツボシナガツツハムシの別名。

ヨツボシショウジョウグモ〈Hypsosinga pygmaea〉蛛形綱クモ目コガネグモ科の蜘蛛。

ヨツボシシロオビゴマフカミキリ〈Mesosa mediofasciata〉昆虫綱甲虫目カミキリムシ科フトカミキリ亜科の甲虫。体長10～13mm。分布：本州、四国。

ヨツボシセセリモドキ〈Hyblaea constellata〉昆虫綱鱗翅目セセリモドキガ科の蛾。分布：西表島、沖縄本島、屋久島。

ヨツボシセマルケシキスイ〈Cychramus variegatus〉昆虫綱甲虫目ケシキスイ科の甲虫。体長3.8～6.7mm。

ヨツボシチビアトキリゴミムシ〈Syntomus quadripunctatus〉昆虫綱甲虫目オサムシ科の甲虫。体長3.0～3.5mm。

ヨツボシチビハナカミキリ〈Omphalodera puziloi〉昆虫綱甲虫目カミキリムシ科の甲虫。

ヨツボシチビハナカミキリ　フタオビノミハナカミキリの別名。

ヨツボシチビヒラタカミキリ　ヨツボシヒラタカミキリの別名。

ヨツボシツノオオキノコムシ　ヨツボシオオキノコムシの別名。

ヨツボシツヤナガゴミムシ〈Abacetus tanakai〉昆虫綱甲虫目オサムシ科の甲虫。体長5.5～7.0mm。

ヨツボシテントウ〈Phymatosternus lewisii〉昆虫綱甲虫目テントウムシ科の甲虫。体長2.9～3.7mm。

ヨツボシテントウダマシ　四星擬瓢虫〈Ancylopus melanocephalus〉昆虫綱甲虫目テントウダマシ科の甲虫。体長4.5～5.0mm。分布：本州, 四国, 九州。

ヨツボシトンボ　四星蜻蛉〈Libellula quadrimaculata〉昆虫綱蜻蛉目トンボ科の蜻蛉。体長45mm。分布：北海道, 本州, 四国, 九州。

ヨツボシナガツツハムシ〈Clytra arida〉昆虫綱甲虫目ハムシ科の甲虫。体長9mm。分布：本州, 四国, 九州。

ヨツボシノカナブン〈Eudicella smithi〉昆虫綱甲虫目コガネムシ科の甲虫。分布：アフリカ(中部と西南部)。

ヨツボシノメイガ〈Glyphodes quadrimaculalis〉昆虫綱鱗翅目メイガ科ノメイガ亜科の蛾。開張33～37mm。分布：北海道, 本州, 四国, 九州, 朝鮮半島, 中国, シベリア東部。

ヨツボシハムシ〈Paridea quadriplagiata〉昆虫綱甲虫目ハムシ科の甲虫。体長5mm。分布：本州, 四国, 九州。

ヨツボシヒメアシナガグモ　ヨツボシアシナガグモの別名。

ヨツボシヒメクチキムシ〈Mycetochara collina〉昆虫綱甲虫目クチキムシ科の甲虫。体長5mm。

ヨツボシヒメゾウムシ〈Baris flavosignata〉昆虫綱甲虫目ゾウムシ科の甲虫。体長4.3～4.8mm。

ヨツボシヒメナガクチキムシ〈Holostrophus lewisi〉昆虫綱甲虫目ナガクチキムシ科の甲虫。体長3.5～5.0mm。分布：本州, 四国。

ヨツボシヒラタアブ　四星扁虻〈Xanthandrus comtus〉昆虫綱双翅目ハナアブ科。分布：北海道。

ヨツボシヒラタカミキリ〈Phymatodes quadrimaculatus〉昆虫綱甲虫目カミキリムシ科カミキリ亜科の甲虫。体長4～6mm。分布：本州, 九州。

ヨツボシヒラタゴミムシ〈Agonum quadriimpressus〉昆虫綱甲虫目オサムシ科の甲虫。体長5.2～5.5mm。分布：北海道, 本州, 四国, 九州。

ヨツボシヒラタシデムシ〈Xylodrepa sexcarinata〉昆虫綱甲虫目シデムシ科の甲虫。体長10～15mm。

ヨツボシヒラタテントウダマシ〈Indalmus quadripunctatus〉昆虫綱甲虫目テントウムシダマシ科の甲虫。体長5.5～7.0mm。

ヨツボシホソアリモドキ〈Pseudoleptaleus valgipes〉昆虫綱甲虫目アリモドキ科の甲虫。体長1.7～2.1mm。分布：本州, 四国, 九州。

ヨツボシホソオオキノコムシ〈Dacne maculata〉昆虫綱甲虫目オオキノコムシ科の甲虫。体長2.5～3.0mm。

ヨツボシホソナガクチキムシ〈Dircaea shibatai〉昆虫綱甲虫目ナガクチキムシ科の甲虫。体長8～10mm。

ヨツボシホソバ　四星細翅〈Lithosia quadra〉昆虫綱鱗翅目ヒトリガ科コケガ亜科の蛾。雌の前翅には, 大小さまざまな黒色の斑点が2個ずつあり,「ヨツモン」と呼ばれる。開張3.0～5.5mm。分布：ヨーロッパ, アジア域, 日本。

ヨツボシホソハナバエ　四星細花蠅〈Helina quadrum〉昆虫綱双翅目ハナバエ科。分布：北海道, 本州。

ヨツボシマグソコガネ〈Aphodius sordidus〉昆虫綱甲虫目コガネムシ科の甲虫。体長5～7mm。分布：北海道, 本州, 九州。

ヨツボシミズギワゴミムシ　四星水際芥虫〈Bembidion morawitzi〉昆虫綱甲虫目オサムシ科の甲虫。体長4.5mm。分布：北海道, 本州, 四国, 九州, 南西諸島。

ヨツホシムネミゾサルゾウムシ〈Cidnorhinus quadrimaculatus〉昆虫綱甲虫目ゾウムシ科の甲虫。体長2.8～3.0mm。

ヨツボシモンシデムシ　四星紋埋葬虫〈Nicrophorus quadripunctatus〉昆虫綱甲虫目シデムシ科の甲虫。体長14～18mm。分布：北海道, 本州, 四国, 九州。

ヨツボシワシグモ〈Kishidaia albimaculata〉蛛形綱クモ目ワシグモ科の蜘蛛。体長雌7～9mm, 雄6～7mm。分布：北海道, 本州, 四国。

ヨツメアオシャク　四目青尺蛾〈Thetidia albocostaria〉昆虫綱鱗翅目シャクガ科アオシャク亜科の蛾。開張23～30mm。菊に害を及ぼす。分布：北海道, 本州, 四国, 九州, 対馬, 奄美大島, 朝鮮半島, 中国東北, シベリア南東部。

ヨツメエダシャク　四目枝尺蛾〈Ophthalmitis albosignaria〉昆虫綱鱗翅目シャクガ科エダシャク亜科の蛾。開張39～51mm。分布：北海道, 本

ヨツメオサ

州, 四国, 九州, 対馬, 朝鮮半島, 中国北部, シベリア南東部。

ヨツメオサゾウムシ 〈Sphenocorynus ocellatus〉昆虫綱甲虫目オサゾウムシ科の甲虫。体長9.5～13.1mm。分布：奄美大島, 沖縄本島, 石垣島, 西表島。

ヨツメクロノメイガ 〈Algedonia luctualis〉昆虫綱鱗翅目メイガ科ノメイガ亜科の蛾。開張25mm。分布：本州中部山地, 九州。

ヨツメトビケラ 四目飛螺 〈Perissoneura paradoxa〉昆虫綱毛翅目フトヒゲトビケラ科。体長12～22mm。分布：本州, 四国。

ヨツメナガヒゲガ 〈Telethera blepharacma〉昆虫綱鱗翅目ナガヒゲガ科の蛾。分布：琉球の八重山諸島, 台湾, スリランカ。

ヨツメノメイガ 〈Pleuroptya quadrimaculalis〉昆虫綱鱗翅目メイガ科ノメイガ亜科の蛾。開張27～34mm。分布：北海道, 本州, 四国, 九州, 対馬, 屋久島, 朝鮮半島, 台湾, 中国, インドから東南アジア一帯。

ヨツメヒメシャク 〈Cyclophora albipunctata〉昆虫綱鱗翅目シャクガ科ヒメシャク亜科の蛾。開張21～25mm。分布：北海道, 本州(中部山地), サハリン, 千島, 朝鮮半島, シベリア南東部, ヨーロッパ。

ヨツメヒメハマキ 〈Cydia danilevskyi〉昆虫綱鱗翅目ハマキガ科の蛾。開張14～15mm。分布：北海道, 本州, 四国, 九州, ロシア(極東)。

ヨツモンオオアオコメツキ 〈Campsosternus matsumurae〉昆虫綱甲虫目コメツキムシ科の甲虫。体長30mm。分布：石垣島, 西表島。

ヨツモンカタキバゴミムシ 〈Badister pictus〉昆虫綱甲虫目オサムシ科の甲虫。体長6～7mm。分布：本州, 四国, 九州。

ヨツモンカタビロハナカミキリ 〈Pachyta quadrimaculata〉昆虫綱甲虫目カミキリムシ科の甲虫。分布：ヨーロッパ(北部・中部の山地)。

ヨツモンカメノコハムシ 〈Laccoptera quadrimaculata〉昆虫綱甲虫目ハムシ科の甲虫。体長7.5～9.0mm。

ヨツモンカメムシ 四紋亀虫 〈Urochela quadrinotata〉昆虫綱半翅目クヌギカメムシ科。体長15mm。分布：北海道, 本州, 九州。害虫。

ヨツモンキスイ 〈Cryptophagus callosipennis〉昆虫綱甲虫目キスイムシ科の甲虫。体長2.5mm。

ヨツモンキヌガ ヨツモンキヌバコガの別名。

ヨツモンキヌバコガ 四紋絹翅小蛾 〈Scythris sinensis〉昆虫綱鱗翅目キヌバコガ科の蛾。開張12～15mm。分布：北海道, 本州, 四国, 九州, シベリア, 中国。

ヨツモンキバケシキスイ 〈Prometopia quadrimaculata〉昆虫綱甲虫目ケシキスイ科の甲虫。体長2.7～4.2mm。

ヨツモンクロサルハムシ ヨツモンクロツツハムシの別名。

ヨツモンクロツツハムシ 〈Cryptocephalus nobilis〉昆虫綱甲虫目ハムシ科の甲虫。体長6mm。分布：本州, 四国, 九州。

ヨツモンケシミズギワゴミムシ ヨツボシケシミズギワゴミムシの別名。

ヨツモンコシボソキノコバエ 〈Leptomorphus quadrimaculatus〉昆虫綱双翅目キノコバエ科。

ヨツモンコミズギワゴミムシ 〈Tachyura laetifica〉昆虫綱甲虫目オサムシ科の甲虫。体長2.5mm。分布：北海道, 本州, 四国, 九州。

ヨツモンシタベニヒトリ 〈Euplagia quadripunctaria〉昆虫綱鱗翅目ヒトリガ科の蛾。前翅には帯が斜めに走る。開張5～6mm。分布：ヨーロッパから, アジア温帯域。

ヨツモンタマノミハムシ 〈Sphaeroderma quadrimaculatum〉昆虫綱甲虫目ハムシ科の甲虫。体長3.0～4.0mm。

ヨツモンチビオオキノコムシ 〈Aporotritoma amamiensis〉昆虫綱甲虫目オオキノコムシ科の甲虫。体長4.0～4.2mm。

ヨツモンチビカツオブシムシ 〈Orphinus quadrimaculatus〉昆虫綱甲虫目カツオブシムシ科の甲虫。体長1.8～2.6mm。

ヨツモンチビカッコウムシ 〈Isoclerus pictus〉昆虫綱甲虫目カッコウムシ科の甲虫。体長3mm。

ヨツモンツヤゴミムシダマシ 〈Diaclina plagiata〉昆虫綱甲虫目ゴミムシダマシ科の甲虫。体長4.3～4.8mm。

ヨツモンナガクチキムシ 〈Melandrya quadrisignata〉昆虫綱甲虫目ナガクチキムシ科の甲虫。体長7～9mm。分布：本州。

ヨツモンハイイロカミキリ 〈Parepicedia fimbriata〉昆虫綱甲虫目カミキリムシ科の甲虫。分布：マレーシア, スマトラ, ボルネオ。

ヨツモンハカマジャノメ 〈Pierella hortona〉昆虫綱鱗翅目ジャノメチョウ科の蝶。分布：エクアドル, ペルー, ブラジルのアマゾン流域。

ヨツモンハナノミ 〈Variimorda ihai〉昆虫綱甲虫目ハナノミ科の甲虫。体長4～8mm。

ヨツモンヒメアトキリゴミムシ 〈Brachichila hypocrita〉昆虫綱甲虫目オサムシ科の甲虫。体長6.0～7.5mm。

ヨツモンヒメテントウ 〈Nephus yotsumon〉昆虫綱甲虫目テントウムシ科の甲虫。体長1.9～2.1mm。

ヨツモンヒメドロムシ ツヤヒメドロムシの別名。

ヨツモンヒメナガクチキムシ 〈Holostrophus dux〉昆虫綱甲虫目ナガクチキムシ科の甲虫。体長5〜7mm。

ヨツモンヒメナガクチキムシ ヨツモンホソナガクチキムシの別名。

ヨツモンヒメヨコバイ 〈Empoascanara limbata〉昆虫綱半翅目ヒメヨコバイ科。体長2.5mm。イネ科牧草, 稲, 麦類に害を及ぼす。分布：北海道, 本州, 四国, 九州, 対馬。

ヨツモンヒラタケシキスイ 〈Atarphia quadripunctata〉昆虫綱甲虫目ケシキスイ科の甲虫。体長3.2〜4.6mm。

ヨツモンヒラタツユムシ 〈Sanaa intermedia〉昆虫綱直翅目キリギリス科。分布：インドシナ, マレーシア。

ヨツモンホソナガクチキムシ 〈Pseudozilora quadrimaculata〉昆虫綱甲虫目ナガクチキムシ科の甲虫。体長3.2〜3.7mm。

ヨツモンホソバ ヨツボシホソバの別名。

ヨツモンマエジロアオシャク 四紋前白青尺蛾 〈Comibaena procumbaria〉昆虫綱鱗翅目シャクガ科アオシャク亜科の蛾。開張20〜25mm。分布：本州(北限は宮城県), 四国, 九州, 対馬, 屋久島, 奄美大島, 喜界島, 徳之島, 沖縄本島, 久米島, 宮古島, 石垣島, 西表島, 台湾, 中国。

ヨツモンマネシヒカゲ シロオビマネシヒカゲの別名。

ヨツモンマメコメツキ 〈Negastrius quadrillus〉昆虫綱甲虫目コメツキムシ科。

ヨツモンマメゾウムシ 〈Callosobruchus maculatus〉昆虫綱甲虫目マメゾウムシ科の甲虫。体長3mm。貯穀・貯蔵植物性食品に害を及ぼす。

ヨツモンマメゾウムシ アカイロマメゾウムシの別名。

ヨツモンミズギワコメツキ 〈Migiwa quadrillum〉昆虫綱甲虫目コメツキムシ科の甲虫。体長3.5mm。甜菜に害を及ぼす。分布：北海道, 本州, 九州。

ヨツモンミゾアシノミハムシ 〈Hemipyxis balyi〉昆虫綱甲虫目ハムシ科の甲虫。体長4.2〜5.2mm。

ヨツモンミツギリゾウムシ 〈Baryrhynchus tokarensis〉昆虫綱甲虫目ミツギリゾウムシ科の甲虫。体長20.5〜21.5mm。

ヨツモンムラサキアツバ 〈Diomea discisigna〉昆虫綱鱗翅目ヤガ科クチバ亜科の蛾。分布：東北地方北部を北限に, 九州に至る本土域, 対馬, 屋久島, 沖縄本島, 石垣島, 西表島, 伊豆諸島, 三宅島, 御蔵島。

ヨツモンメクラガメ 〈Trichophoroncus albonotatus〉昆虫綱半翅目メクラカメムシ科。

ヨツモンヤママユ 〈Nudaurelia oubie〉昆虫綱鱗翅目ヤママユガ科の蛾。分布：アフリカ東部。

ヨツモンヨコバイ 〈Cicadula quadrinotatus〉昆虫綱半翅目ヨコバイ科。

ヨツモンヨツメカッコウ 〈Dieropsis quadriplagiata〉昆虫綱甲虫目カッコウムシ科。分布：アフリカ中央部。

ヨトウアメバチモドキ 〈Netelia ocellaris〉昆虫綱膜翅目ヒメバチ科。

ヨトウオオサムライコマユバチ 〈Micropolitis medianus〉昆虫綱膜翅目コマユバチ科。

ヨトウガ 夜盗蛾 〈Lacanobia brassicae〉昆虫綱鱗翅目ヤガ科ヨトウガ亜科の蛾。前翅は暗褐色で白色の斑点や条がある。開張3〜5mm。豌豆, 空豆, 大豆, アカザ科野菜, アブラナ科野菜, ウリ科野菜, シソ, 生姜, ハス, セリ科野菜, ナス科野菜, 苺, ユリ科野菜, 柿, ハスカップ, 桃, スモモ, 林檎, 甜菜, ホップ, ハッカ, タバコ, 繊維作物, イネ科牧草, マメ科牧草, 飼料用トウモロコシ, ソルガム, ハボタン, イリス類, グラジオラス, アスター(エゾギク), 菊, キンセンカ, ダリア, デージー, マリゴールド類, 金魚草, プリムラ, スミレ類, カーネーション, バラ類, スイートピー, イネ科作物, ジャガイモ, ソバに害を及ぼす。分布：ヨーロッパのほかにインド, 日本。

ヨトウサムライコマユバチ 〈Apanteles congestus〉昆虫綱膜翅目コマユバチ科。

ヨドシロヘリハンミョウ 〈Cicindela yodo〉昆虫綱甲虫目ハンミョウ科の甲虫。絶滅危惧II類(VU)。

ヨドテナガグモ 〈Bathyphantes yodoensis〉蛛形綱クモ目サラグモ科の蜘蛛。

ヨドヤチグモ 〈Coelotes yodoensis〉蛛形綱クモ目タナグモ科の蜘蛛。体長雌6〜8mm, 雄5〜7mm。分布：本州(三重・京都・大阪)。

ヨナグニアカアシカタゾウムシ 〈Metapocyrtus yonagunianus〉昆虫綱甲虫目ゾウムシ科の甲虫。体長9.2〜10.0mm。分布：与那国島。

ヨナグニアシナガドロムシ 〈Stenelmis aritai〉昆虫綱甲虫目ヒメドロムシ科の甲虫。体長2.5〜2.7mm。

ヨナグニウスアヤカミキリ 〈Bumetopia oscitans subsp. yonaguni〉昆虫綱甲虫目カミキリムシ科フトカミキリ亜科の甲虫。体長9〜10mm。

ヨナグニエンマコガネ 〈Onthophagus aokii〉昆虫綱甲虫目コガネムシ科の甲虫。体長5.5〜7.0mm。

ヨナグニキマワリ 〈Plesiophthalmus punctatus〉昆虫綱甲虫目ゴミムシダマシ科の甲虫。体長13.5〜18.5mm。

ヨナグニコガネ〈Mimela yonaguniensis〉昆虫綱甲虫目コガネムシ科の甲虫。体長20mm。分布：石垣島，与那国島。

ヨナグニゴマダラカミキリ〈Anoplophora ryukyuensis〉昆虫綱甲虫目カミキリムシ科の甲虫。体長27〜42mm。

ヨナグニゴマフカミキリ〈Mesosa yonaguni〉昆虫綱甲虫目カミキリムシ科フトカミキリ亜科の甲虫。体長13〜22mm。分布：沖縄本島以南の南西諸島。

ヨナグニゴマフカミキリ イシガキゴマフカミキリの別名。

ヨナクニサン(カイ島亜種)〈Attacus atlas aurantiaca〉昆虫綱鱗翅目ヤママユガ科の蛾。分布：カイ島。

ヨナクニサン(原名亜種)〈Attacus atlas atlas〉昆虫綱鱗翅目ヤママユガ科の蛾。分布：ヒマラヤ，インド，ミャンマー，タイ，マレーシア，中国南部，香港，台湾，与那国島，西表島，琉球。

ヨナグニサン 与那国蚕蛾〈Attacus atlas〉昆虫綱鱗翅目ヤママユガ科の蛾。世界最大種。翅には透明な三角形の斑紋がある。準絶滅危惧種(NT)。開張15.9〜30.0mm。分布：インド，スリランカから，中国，マレーシア，インドネシア。珍虫。

ヨナグニジュウジクロカミキリ〈Euryclytosemia nomurai〉昆虫綱甲虫目カミキリムシ科フトカミキリ亜科の甲虫。体長5.0〜5.5mm。

ヨナグニドウボソカミキリ〈Pothyne yonaguniensis〉昆虫綱甲虫目カミキリムシ科の甲虫。体長15mm。

ヨナグニトゲハムシ〈Asamangulia yonakuni〉昆虫綱甲虫目ハムシ科の甲虫。体長6.5mm。

ヨナグニヒラタハナムグリ〈Nipponovalgus yonakuniensis〉昆虫綱甲虫目コガネムシ科の甲虫。体長4.5〜6.5mm。分布：沖縄諸島以南の南西諸島。

ヨフシハバチ〈Blasticotoma filiceti pacifica〉昆虫綱膜翅目ヨフシハバチ科。

ヨホシゾウムシ〈Trichalophus albonotatus〉昆虫綱甲虫目ゾウムシ科の甲虫。体長10mm。

ヨホシナミシャク〈Eupithecia costimacularia〉昆虫綱鱗翅目シャクガ科ナミシャク亜科の蛾。開張19〜21mm。分布：本州(関東以西)，四国，九州，対馬。

ヨメナクロハモグリバエ〈Nemorimyza posticata〉昆虫綱双翅目ハモグリバエ科。

ヨメナシロハモグリバエ〈Calycomyza humeralis〉昆虫綱双翅目ハモグリバエ科。

ヨメナスジハモグリバエ(1)〈Liriomyza asterivora〉昆虫綱双翅目ハモグリバエ科。

ヨメナスジハモグリバエ(2)〈Ophiomyia maura〉昆虫綱双翅目ハモグリバエ科。

ヨメナノアブラムシ〈Aleurodaphis asteris〉昆虫綱半翅目アブラムシ科。

ヨメフリヒメハマキ ドロハマキの別名。

ヨモギアカスジキイロハマキ〈Clepsis strigana〉昆虫綱鱗翅目ハマキガ科の蛾。

ヨモギウストビホソハマキ〈Cochylidia richteriana〉昆虫綱鱗翅目ホソハマキガ科の蛾。分布：ヨーロッパ，ロシア，中国，朝鮮半島，北海道，本州(岩手県盛岡)。

ヨモギエダシャク 蓬枝尺蛾，艾枝尺蛾〈Ascotis selenaria〉昆虫綱鱗翅目シャクガ科エダシャク亜科の蛾。開張37〜49mm。隠元豆，小豆，ササゲ，大豆，落花生，セリ科野菜，ナス科野菜，梅，アンズ，ナシ類，林檎，栗，柑橘，桑，茶，菊，ダリア，マリゴールド類，バラ類に害を及ぼす。分布：南ヨーロッパからアフリカ，アジア，本州，四国，九州，対馬，種子島，屋久島。

ヨモギオオシンムシガ ヨモギオオホソハマキの別名。

ヨモギオオホソハマキ〈Phtheochroides clandestina〉昆虫綱鱗翅目ホソハマキガ科の蛾。開張25〜33mm。キク科野菜に害を及ぼす。分布：北海道から九州までの平・山地，ロシアやアフガニスタン。

ヨモギガ〈Protoschinia scutosa〉昆虫綱鱗翅目ヤガ科の蛾。隠元豆，小豆，ササゲ，大豆に害を及ぼす。分布：北海道，秋田県，岩手県，山形県，群馬県，栃木県，長野県，広島県。

ヨモギキジラミ〈Craspedolepta artemisiae〉昆虫綱半翅目キジラミ科。

ヨモギキリガ〈Orthosia ella〉昆虫綱鱗翅目ヤガ科ヨトウガ亜科の蛾。開張40mm。林檎に害を及ぼす。分布：北海道，本州，四国，沿海州。

ヨモギキハモグリバエ〈Melanagromyza artemisiae〉昆虫綱双翅目ハモグリバエ科。

ヨモギキモグリバエ ヨモギキハモグリバエの別名。

ヨモギグンバイ〈Tingis comosa〉昆虫綱半翅目グンバイムシ科。

ヨモギコヤガ〈Phyllophila obliterata〉昆虫綱鱗翅目ヤガ科コヤガ亜科の蛾。開張21〜26mm。分布：ユーラシア，東北地方から九州，対馬，屋久島。

ヨモギシロテンヨコバイ 艾白点横遣〈Mileeva dorsimaculata〉昆虫綱半翅目ヨコバイ科。体長5.5〜6.0mm。分布：北海道，本州，四国，九州。

ヨモギシロフシガ トビモンシロヒメハマキの別名。

ヨモギスジハモグリバエ〈*Phytomyza albiceps*〉昆虫綱双翅目ハモグリバエ科。

ヨモギツツミノガ〈*Coleophora yomogiella*〉昆虫綱鱗翅目ツツミノガ科の蛾。分布：北海道, 本州(東北地方)。

ヨモギトビハムシ〈*Longitarsus amiculus*〉昆虫綱甲虫目ハムシ科の甲虫。体長2mm。分布：北海道, 本州, 四国, 九州, 吐噶喇列島。

ヨモギトリバ 艾鳥羽蛾〈*Leioptilus lienigianus*〉昆虫綱鱗翅目トリバガ科の蛾。開張20mm。分布：北海道, 本州, 四国, 九州, 対馬, 奄美大島, 朝鮮半島, 台湾, インドからニューギニア, アフリカ, ヨーロッパ。

ヨモギネムシガ〈*Epiblema foenella*〉昆虫綱鱗翅目ハマキガ科の蛾。開張16～24mm。分布：北海道から九州及び対馬, 伊豆諸島(大島, 御蔵島), 屋久島, 沖縄本島。

ヨモギハナツツミノガ〈*Coleophora artemisicolella*〉昆虫綱鱗翅目ツツミノガ科の蛾。分布：北海道, 本州, ヨーロッパ。

ヨモギハマダラミバエ〈*Trypeta artemisiae*〉昆虫綱双翅目ミバエ科。

ヨモギハムシ 艾金花虫〈*Chrysolina aurichalcea*〉昆虫綱甲虫目ハムシ科の甲虫。体長10mm。菊に害を及ぼす。分布：北海道, 本州, 四国, 九州, 南西諸島。

ヨモギハモグリコガ〈*Digitivalva artemisiella*〉昆虫綱鱗翅目アトヒゲコガ科の蛾。分布：北海道, 本州, 九州。

ヨモギハモグリバエ〈*Cerodontha artemisiae*〉昆虫綱双翅目ハモグリバエ科。

ヨモギヒシウンカ〈*Oliarus artemisiae*〉昆虫綱半翅目ヒシウンカ科。

ヨモギヒメヒゲナガアブラムシ〈*Macrosiphoniella yomogicola*〉昆虫綱半翅目アブラムシ科。体長2.5mm。菊に害を及ぼす。分布：日本全国。

ヨモギヒメヨコバイ〈*Cicadella artemisiae*〉昆虫綱半翅目ヒメヨコバイ科。

ヨモギヒラタキバガ〈*Agonopterix cnicella*〉昆虫綱鱗翅目マルハキバガ科の蛾。別名ネジロカバマルハキバガ。開張21～23mm。

ヨモギヒラタマルハキバガ〈*Agonopterix yomogiella*〉昆虫綱鱗翅目マルハキバガ科の蛾。分布：本州。

ヨモギフクログモ〈*Clubiona neglectoides*〉蛛形綱クモ目フクログモ科の蜘蛛。

ヨモギホソガ〈*Leucospilapteryx omissella*〉昆虫綱鱗翅目ホソガ科の蛾。分布：本州, 九州, ヨーロッパ。

ヨモギメバエガ〈*Catoptria metzneriana*〉昆虫綱鱗翅目ノコメハマキガ科の蛾。開張20～22mm。

ヨモギモンキハムシ〈*Hamushia konishii*〉昆虫綱甲虫目ハムシ科の甲虫。体長5.0～5.5mm。

ヨリトモナガゴミムシ〈*Pterostichus yoritomus*〉昆虫綱甲虫目オサムシ科の甲虫。体長11～13mm。分布：北海道, 本州, 四国, 九州。

ヨリメオビモンヒゲナガゾウムシ〈*Nessiodocus trioides*〉昆虫綱甲虫目ヒゲナガゾウムシ科の甲虫。体長4.5～4.9mm。

ヨリメグモ〈*Conoculus lyugadinus*〉蛛形綱クモ目ヨリメグモ科の蜘蛛。体長雌2.5～3.0mm, 雄1.8～2.5mm。分布：本州(関東地方以南), 四国, 九州, 南西諸島。

ヨロイヒメグモ〈*Comaroma maculosum*〉蛛形綱クモ目ヒメグモ科の蜘蛛。体長1.3～1.5mm。分布：本州, 四国。

ヨロイモグラゴキブリ〈*Macropanesthia rhinoceros*〉昆虫綱網翅目オオゴキブリ科。珍虫。

ヨーロッパアカタテハ〈*Vanessa atalanta*〉昆虫綱鱗翅目タテハチョウ科の蝶。黒色の前翅に赤色の帯, 翅の先端には白色の斑点がある。開張5.5～6.0mm。分布：ヨーロッパから北アフリカ, インド北部。

ヨーロッパイボタガ〈*Acanthobrahmaea europaea*〉昆虫綱鱗翅目イボタガ科の蛾。前翅の先端部に暗色の斑点。開張5～7mm。分布：イタリア・ルカニア地方(固有)。

ヨーロッパカクモンシジミ〈*Syntarucus pirithous*〉昆虫綱鱗翅目シジミチョウ科の蝶。雄は青紫色, 雌は褐色。開張2.5～3.0mm。分布：ヨーロッパ南部, 北アフリカ。

ヨーロッパクヌギカレハ〈*Lasiocampa quercus*〉昆虫綱鱗翅目カレハガ科の蛾。雄は翅の基部が濃いチョコレート色, 外縁部は淡褐色。開張5.0～7.5mm。分布：ヨーロッパから北アフリカ。

ヨーロッパゲンゴウロウモドキ〈*Dytiscus dimidiatus*〉昆虫綱甲虫目ゲンゴロウ科。分布：ヨーロッパ。

ヨーロッパコキマダラセセリ〈*Ochlodes hyrcanus*〉蝶。

ヨーロッパコヒオドシ〈*Aglais urticae baikalensis*〉昆虫綱鱗翅目タテハチョウ科の蝶。分布：ヨーロッパから中央アジア, シベリア, 中国北部・東北部, 朝鮮半島まで。

ヨーロッパゴマシジミ〈*Maculinea nausithous*〉昆虫綱鱗翅目シジミチョウ科の蝶。別名ヒメアリオンシジミ。分布：スペイン北部, フランスからヨーロッパ中部を経てウラル山脈, コーカサスまで。

ヨーロッパコムラサキ チョウセンコムラサキの別名.

ヨーロッパシロジャノメ〈Melanargia galathea〉昆虫綱鱗翅目タテハチョウ科の蝶.黒色と白色の格子模様をもつ.開張4.5~5.5mm.分布:ヨーロッパ.

ヨーロッパタイマイ〈Iphiclides podalirius〉昆虫綱鱗翅目アゲハチョウ科の蝶.淡黄色の地に細い帯,長い尾状突起.開張7~8mm.分布:ヨーロッパ全域,北アフリカからアジアの温帯域,中国.

ヨーロッパネズミノミ〈Nosopsyllus fasciatus〉昆虫綱隠翅目ナガノミ科.体長雄1.5~2.5mm,雌2.5~3.5mm.害虫.

ヨーロッパヒオドシチョウ〈Nymphalis polychloros〉昆虫綱鱗翅目タテハチョウ科の蝶.後翅の外側には三日月形の青色斑.開張5~6mm.分布:ヨーロッパ,北アフリカ,ヒマラヤ山脈.

ヨーロッパヒメシロチョウ〈Leptidea sinapis〉昆虫綱鱗翅目シロチョウ科の蝶.灰色の斑紋をそなえた純白色の翅.開張4~5mm.分布:イギリス本島を含むヨーロッパ各地.

ヨーロッパヒメヒカゲ〈Coenonympha tullia〉昆虫綱鱗翅目タテハチョウ科の蝶.後翅には不連続な白色の帯がある.開張3~4mm.分布:中央ヨーロッパから北ヨーロッパ.

ヨーロッパフタオチョウ〈Charaxes jasius〉昆虫綱鱗翅目タテハチョウ科の蝶.翅の表面は暗褐色で,オレンジ色の縁どり.開張7.5~8.0mm.分布:地中海地方から,熱帯アフリカ,南アフリカ.

ヨーロッパベニゴマダラヒトリ〈Utetheisa pulchella〉昆虫綱鱗翅目ヒトリガ科の蛾.前翅は黄白色で,黒色と赤色の斑紋がある.後翅は白色で,外縁に不定形の黒色の斑紋がある.開張3~4mm.分布:地中海沿岸から,アフリカ,中東.

ヨーロッパベニモンキチョウ ミルミドーネモンキチョウの別名.

ヨーロッパミヤマクワガタ〈Lucanus cervus cervus〉昆虫綱甲虫目クワガタムシ科.分布:ヨーロッパ,中央アジア.

ヨーロッパモンキチョウ〈Colias crocea〉昆虫綱鱗翅目シロチョウ科の蝶.分布:ヨーロッパ中部から中央アジア,イラクまで.

【ラ】

ライヒメテントウ〈Axinoscymnus rai〉昆虫綱甲虫目テントウムシ科の甲虫.体長1.6~1.7mm.

ラインホルトキイロタテハ〈Cymothoe reinholdi〉昆虫綱鱗翅目タテハチョウ科の蝶.分布:ナイジェリア,カメルーンからザイールまで.

ラウスナガクチキムシ〈Prothalpia rausuana〉昆虫綱甲虫目ナガクチキムシ科の甲虫.体長6.3~7.7mm.

ラエオンピス・ロボリス〈Laeosopis roboris〉昆虫綱鱗翅目シジミチョウ科の蝶.分布:ピレネー山脈とスペイン.

ラオスクスノキセセリ〈Seseria sambara〉昆虫綱鱗翅目セセリチョウ科の蝶.分布:アッサムからインドシナ半島.

ラオスジャコウアゲハ〈Byasa laos〉昆虫綱鱗翅目アゲハチョウ科の蝶.

ラオスマダラセセリ〈Coladenia agnioides〉昆虫綱鱗翅目セセリチョウ科の蝶.

ラオスルリボシカミキリ〈Rosalia lameerei〉昆虫綱甲虫目カミキリムシ科の甲虫.分布:ミャンマー,タイ,ラオス,ベトナム,中国南西部.

ラオダマスアオジャコウアゲハ〈Battus laodamas laodamas〉昆虫綱鱗翅目アゲハチョウ科の蝶.分布:メキシコから熱帯南アメリカ.

ラガディア・クリシア〈Ragadia crisia〉昆虫綱鱗翅目ジャノメチョウ科の蝶.分布:マレーシア,ジャワ,スマトラ.

ラカンツヤムネハネカクシ〈Quedius cephalotes〉昆虫綱甲虫目ハネカクシ科の甲虫.体長15.7mm.

ラカンドネスオナガタイマイ〈Eurytides lacandones〉昆虫綱鱗翅目アゲハチョウ科の蝶.分布:グアテマラ,パナマ,アンデス東部からボリビアまで.

ラカンホラアナサラグモ〈Porrhomma rakanum〉蛛形綱クモ目サラグモ科の蜘蛛.

ラカンホラヒメグモ〈Nesticus rakanus〉蛛形綱クモ目ホラヒメグモ科の蜘蛛.

ラギウム・シコファンタ〈Rhagium sycophanta〉昆虫綱甲虫目カミキリムシ科の甲虫.分布:ヨーロッパ(北部・中部),シベリア西部.

ラギウム・モルダクス〈Rhagium mordax〉昆虫綱甲虫目カミキリムシ科の甲虫.分布:ヨーロッパ,シベリア西部,コーカサス.

ラキシタ・オルフナ〈Laxita orphna〉昆虫綱鱗翅目シジミタテハ科の蝶.分布:ボルネオ,マレーシア,スマトラ.

ラキシタ・セゲキア〈Praetaxila segecia〉昆虫綱鱗翅目シジミタテハ科の蝶.分布:ニューギニア,オーストラリア.

ラキシタ・ダマヤンティ〈Laxita damajanti〉昆虫綱鱗翅目シジミタテハ科の蝶.分布:マレーシア,ボルネオ.

ラキシタ・テネタ〈Laxita teneta〉昆虫綱鱗翅目シジミタテハ科の蝶.分布:ボルネオ.

ラキシタ・テレシア〈*Laxita telesia*〉昆虫綱鱗翅目シジミタテハ科の蝶。分布：マレーシア, ボルネオ, スマトラ。

ラクサオクロヒカゲ〈*Lethe vindhya*〉昆虫綱鱗翅目ジャノメチョウ科の蝶。

ラクダムシ 駱駝虫〈*Inocellia japonica*〉昆虫綱駱駝虫目ラクダムシ科。開張雄15mm, 雌20mm。分布：本州, 四国, 九州。珍虫。

ラクダムシ 駱駝虫〈*snakefly, serpentfly*〉脈翅目ラクダムシ亜目Raphidiodeaに属する昆虫の総称, またはそのうちの一種を指す。

ラクノクネマ・ダーバニ〈*Lachnocnema durbani*〉昆虫綱鱗翅目シジミチョウ科の蝶。分布：アフリカ東部から南へ喜望峰まで。

ラクノクネマ・ニベウス〈*Lachnocnema niveus*〉昆虫綱鱗翅目シジミチョウ科の蝶。分布：カメルーン。

ラクノクネマ・ブリモ〈*Lachnocnema brimo*〉昆虫綱鱗翅目シジミチョウ科の蝶。分布：ナイジェリア, トーゴランド。

ラクノクネマ・マグナ〈*Lachnocnema magna*〉昆虫綱鱗翅目シジミチョウ科の蝶。分布：カメルーンおよびコンゴ。

ラクノクネマ・ルナ〈*Lachnocnema luna*〉昆虫綱鱗翅目シジミチョウ科の蝶。分布：カメルーン。

ラクノプテラ・アイレシイ〈*Lachnoptera ayresii*〉昆虫綱鱗翅目タテハチョウ科の蝶。分布：喜望峰からローデシアまで。

ラクノプテラ・イオレ〈*Lachnoptera iole*〉昆虫綱鱗翅目タテハチョウ科の蝶。分布：シエラレオネからコンゴをへてアフリカ東部まで。

ラグライズアゲハ ニセツスメアゲハの別名。

ラサイア・アゲシラス〈*Lasaia agesilas narses*〉昆虫綱鱗翅目シジミタテハ科。分布：ホンジュラスからパラグアイ, アルゼンチン。

ラサイア・オイレウス〈*Lasaia oileus*〉昆虫綱鱗翅目シジミタテハ科の蝶。分布：南アメリカ。

ラサイアシジミタテハ〈*Lasaia* sp.〉昆虫綱鱗翅目シジミタテハ科の蝶。開張35mm。分布：エクアドル。珍蝶。

ラサイア・スコティナ〈*Lasaia scotina*〉昆虫綱鱗翅目シジミタテハ科の蝶。分布：コスタリカ, ブラジル南部。

ラサイア・スラ〈*Lasaia sula*〉昆虫綱鱗翅目シジミタテハ科。分布：合衆国テキサスから中米・コロンビア。

ラサイア・セッシリス〈*Lasaia sessilis*〉昆虫綱鱗翅目シジミタテハ科の蝶。分布：メキシコ, グアテマラ。

ラサイア・メリス〈*Lasaia meris*〉昆虫綱鱗翅目シジミタテハ科の蝶。分布：メキシコからパラグアイ, ペルー, アルゼンチン, ブラジル。

ラサイア・モエロス〈*Lasaia moeros moeros*〉昆虫綱鱗翅目シジミタテハ科。分布：コロンビア, ペルー, ボリビア。

ラシオフィラ・ギタ〈*Lasiophila gita*〉昆虫綱鱗翅目ジャノメチョウ科の蝶。分布：ペルー。

ラシオフィラ・キルケ〈*Lasiophila circe*〉昆虫綱鱗翅目ジャノメチョウ科の蝶。分布：コロンビア。

ラシオフィラ・キルタ〈*Lasiophila cirta*〉昆虫綱鱗翅目ジャノメチョウ科の蝶。分布：ペルー(高地)。

ラシオフィラ・ファラエシア〈*Lasiophila phalaesia*〉昆虫綱鱗翅目ジャノメチョウ科の蝶。分布：エクアドル, ボリビア, ペルー。

ラシオフィラ・プロシムナ〈*Lasiophila prosymna*〉昆虫綱鱗翅目ジャノメチョウ科の蝶。分布：コロンビア。

ラシオンマタ・マエラ〈*Lasiommata maera*〉昆虫綱鱗翅目ジャノメチョウ科の蝶。分布：ヨーロッパ西部から小アジア, 中央アジア, シリア, イラン, ヒマラヤまで。

ラシオンマタ・マデラカル〈*Lasiommata maderakal*〉昆虫綱鱗翅目ジャノメチョウ科の蝶。分布：エチオピア, ソマリランド北部。

ラシオンマタ・メゲラ〈*Lasiommata megera*〉昆虫綱鱗翅目ジャノメチョウ科の蝶。分布：ヨーロッパ西部から小アジアをへてシリア, レバノン, イラン, アフリカ北部まで。

ラセンセンチュウ類〈*Helicotylenchus* spp.〉ホプロライムス科。ナシ類, 栗に害を及ぼす。

ラダクモンキチョウ〈*Colias ladakensis*〉昆虫綱鱗翅目シロチョウ科の蝶。分布：ラダク東部。

ラックカイガラムシ〈*Laccifer lacca*〉昆虫綱半翅目ラックカイガラムシ科。珍虫。

ラッフルズセセリ〈*Euschemon rafflesia*〉昆虫綱鱗翅目セセリチョウ科の蝶。黒地に黄色の斑紋がある。開張4.5～6.0mm。分布：オーストラリアのクイーンズランドからニューサウスウェールズ。珍虫。珍蝶。

ラティンダ・アモル〈*Rathinda amor*〉昆虫綱鱗翅目シジミチョウ科の蝶。分布：インド, スリランカ。

ラテンヒメチャマダラセセリ〈*Pyrgus malvoides*〉蝶。

ラトレイユキンイロクワガタ〈*Lamprima latreillei*〉昆虫綱甲虫目クワガタムシ科。分布：オーストラリア, タスマニア。

ラトレイユコガシラクワガタ〈Chiasognathus latreillei〉昆虫綱甲虫目クワガタムシ科。分布：チリ。

ラトレイユベニモンアゲハ〈Parides latreillei〉昆虫綱鱗翅目アゲハチョウ科の蝶。分布：ヒマラヤ地方，ミャンマー。

ラパラ・アッフィニス〈Rapala affinis〉昆虫綱鱗翅目シジミチョウ科の蝶。分布：セレベス。

ラパラ・アブノルミス〈Rapala abnormis〉昆虫綱鱗翅目シジミチョウ科の蝶。分布：マレーシア，ジャワ，ミャンマー，ボルネオ。

ラパラ・エルキア〈Rapala elcia〉昆虫綱鱗翅目シジミチョウ科の蝶。分布：マレーシア，フィリピン。

ラパラ・ケッスマ〈Rapala kessuma〉昆虫綱鱗翅目シジミチョウ科の蝶。分布：ジャワ，マレーシア，ボルネオ。

ラパラ・スキンティラ〈Rapala scintilla〉昆虫綱鱗翅目シジミチョウ科の蝶。分布：アッサムからマレーシアまで。

ラパラ・セリラ〈Rapala selira〉昆虫綱鱗翅目シジミチョウ科の蝶。分布：ヒマラヤ，チベット。

ラパラ・ドゥラスモス〈Rapala drasmos〉昆虫綱鱗翅目シジミチョウ科の蝶。分布：マレーシア，ボルネオ。

ラパラ・ミカンス〈Rapala micans〉昆虫綱鱗翅目シジミチョウ科の蝶。分布：中国。

ラヒポドゥス・スボパクス〈Rhaphipodus subopacus〉昆虫綱甲虫目カミキリムシ科の甲虫。分布：インド。

ラフィケラ・ムーレイ〈Rhaphicera moorei〉昆虫綱鱗翅目ジャノメチョウ科の蝶。分布：ヒマラヤ西部からシッキムまで。

ラブドマンティス・ガラティア〈Rhabdomantis galatia〉昆虫綱鱗翅目セセリチョウ科の蝶。分布：シエラレオネからモザンビークまで。

ラブドマンティス・ソシア〈Rhabdomantis sosia〉昆虫綱鱗翅目セセリチョウ科の蝶。分布：カメルーンからモザンビークまで。

ラブラドルモンキチョウ〈Colias pelidne〉昆虫綱鱗翅目シロチョウ科の蝶。分布：北アラスカ，カナダ。

ラホプテルス属の一種〈Graphopterus sp.〉昆虫綱甲虫目ゴミムシ科。分布：ザイール。

ラマケウスタイマイ〈Graphium ideoides〉昆虫綱鱗翅目アゲハチョウ科の蝶。開張80mm。分布：スンダランド（ジャワを除く）。珍蝶。

ラマトラカミキリ〈Clytus lama〉昆虫綱甲虫目カミキリムシ科の甲虫。

ラマムラサキシジミ〈Narathura rama〉昆虫綱鱗翅目シジミチョウ科の蝶。

ラマルキアナ属の一種〈Lamarckiana sp.〉昆虫綱バッタ目フトスナバッタ科。分布：エジプト。

ラミーカミキリ〈Paraglenea fortunei〉昆虫綱甲虫目カミキリムシ科フトカミキリ亜科の甲虫。体長8〜17mm。ハイビスカス類，繊維作物に害を及ぼす。分布：本州（千葉県以西），四国，九州。

ラムミドリカミキリ〈Pachyteria lambi〉昆虫綱甲虫目カミキリムシ科の甲虫。分布：マレーシア。

ララサンヒメハナノミ〈Glipostenoda rarasana〉昆虫綱甲虫目ハナノミ科。

ララサンミスジ〈Athyma fortuna〉昆虫綱鱗翅目タテハチョウ科の蝶。

ララサンミドリシジミ〈Chrysozephyrus rarasanus〉昆虫綱鱗翅目シジミチョウ科の蝶。

ララメダマヤママユ〈Automeris larra〉昆虫綱鱗翅目ヤママユガ科の蛾。分布：コロンビア，ブラジル。

ラリノポダ・ラギラ〈Larinopoda lagyra〉昆虫綱鱗翅目シジミチョウ科の蝶。分布：ナイジェリアからコンゴまで。

ラリノポダ・ラティマルギナタ〈Larinopoda latimarginata〉昆虫綱鱗翅目シジミチョウ科の蝶。分布：ナイジェリア。

ラリノポダ・リラカエア〈Larinopoda liracaea〉昆虫綱鱗翅目シジミチョウ科の蝶。分布：アフリカ西部，中央部。

ラリノポダ・リルカエア〈Larinopoda lircaea〉昆虫綱鱗翅目シジミチョウ科の蝶。分布：ナイジェリア。

ラリムナミスジ〈Pantoporia larymna〉昆虫綱鱗翅目タテハチョウ科の蝶。分布：ミャンマー，タイ，マレーシア，ジャワ，スマトラ，ボルネオ。

ラリンガ・カステルナウイ〈Laringa castelnaui〉昆虫綱鱗翅目タテハチョウ科の蝶。分布：マレーシア，ボルネオ，フィリピン，スマトラ。

ラリンガ・ホルスフィールディ〈Laringa horsfieldi〉昆虫綱鱗翅目タテハチョウ科の蝶。分布：インド，アンダマン諸島，ジャワ，スマトラ。

ランクロホシカイガラムシ〈Genaparlatoria pseudaspidiotus〉昆虫綱半翅目マルカイガラムシ科。体長1.5mm。マンゴーに害を及ぼす。分布：南西諸島，小笠原。

ランシジミ〈Hypolycaena danis〉昆虫綱鱗翅目シジミチョウ科の蝶。

ランシロカイガラムシ 蘭白介殻虫〈Diaspis boisduvalii〉昆虫綱半翅目マルカイガラムシ科。体長1〜2mm。ラン類に害を及ぼす。

ランノオビアザミウマ ランノシマアザミウマの別名。

ランノシマアザミウマ〈*Chaetanaphothrips orchidii*〉昆虫綱総翅目アザミウマ科。体長0.8mm。シクラメン，ラン類に害を及ぼす。分布：本州，南西諸島。

ランプムシ 昆虫綱甲虫目カミキリモドキ科に属する一群の昆虫の総称。

ランプロスピルス・ゲニウス〈*Lamprospilus genius*〉昆虫綱鱗翅目シジミチョウ科の蝶。分布：スリナムからブラジルまで。

ランプロレニス・ニティダ〈*Lamprolenis nitida*〉昆虫綱鱗翅目ジャノメチョウ科の蝶。分布：ニューギニア。

ランポニア・ランポニア〈*Lamponia lamponia*〉昆虫綱鱗翅目セセリチョウ科の蝶。分布：ブラジル南部。

ランミモグリバエ〈*Japanagromyza tokunagai*〉昆虫綱双翅目ハモグリバエ科。体長3.5mm。ラン類に害を及ぼす。分布：本州，四国，九州。

【リ】

リエキア・アクラエオイデス〈*Riechia acraeoides*〉昆虫綱鱗翅目カストニア科。分布：南アメリカの熱帯地方。

リオディナ・リキスカ〈*Riodina lycisca*〉昆虫綱鱗翅目シジミタテハ科の蝶。分布：ブラジル南部。

リオディナ・リシストゥラトゥス〈*Riodina lysistratus*〉昆虫綱鱗翅目シジミタテハ科の蝶。分布：ブラジル南部からパラグアイ，アルゼンチン。

リオディナ・リシップス〈*Riodina lysippus*〉昆虫綱鱗翅目シジミタテハ科の蝶。分布：コロンビア，ペルー，ボリビア，ベネズエラ，ブラジル北部，トリニダード。

リオディナ・リシッポイデス〈*Riodina lysippoides*〉昆虫綱鱗翅目シジミタテハ科。分布：ブラジル南部，パラグアイ，ウルグアイ。

リカエイデス・アステル〈*Lycaeides aster*〉昆虫綱鱗翅目シジミチョウ科の蝶。分布：ニューファンドランド。

リカエイデス・クリストフィ〈*Lycaeides christophi*〉昆虫綱鱗翅目シジミチョウ科の蝶。分布：イラン，トルキスタン，チトラル（西パキスタン），ヒマラヤ。

リカエイデス・クレオビス〈*Lycaeides cleobis*〉昆虫綱鱗翅目シジミチョウ科の蝶。分布：アジア東部から朝鮮。

リカエイデス・シャスタ〈*Lycaeides shasta*〉昆虫綱鱗翅目シジミチョウ科の蝶。分布：ロッキー山脈。

リカエイデス・メリッサ〈*Lycaeides melissa*〉昆虫綱鱗翅目シジミチョウ科の蝶。分布：ロッキー山脈，カンザス州からマニトバまで。

リカエナ・アエオルス〈*Lycaena aeolus*〉昆虫綱鱗翅目シジミチョウ科の蝶。分布：アフガニスタン。

リカエナ・アボッティ〈*Lycaena abbotti*〉昆虫綱鱗翅目シジミチョウ科の蝶。分布：ケニア，タンザニア，マラウイ。

リカエナ・アロタ〈*Lycaena arota*〉昆虫綱鱗翅目シジミチョウ科の蝶。分布：ロッキー（オレゴンからカリフォルニアを経てコロラド，ニューメキシコ，メキシコ北部）。

リカエナ・エピキサンテ〈*Lycaena epixanthe*〉昆虫綱鱗翅目シジミチョウ科の蝶。分布：ニューファンドランドからカンザス州まで。

リカエナ・オルス〈*Lycaena orus*〉昆虫綱鱗翅目シジミチョウ科の蝶。分布：アフリカ南部。

リカエナ・カスピウス〈*Lycaena caspius*〉昆虫綱鱗翅目シジミチョウ科の蝶。分布：トルキスタン，パミール，イラン北部。

リカエナ・キサントイデス〈*Lycaena xanthoides*〉昆虫綱鱗翅目シジミチョウ科の蝶。分布：カリフォルニア州。

リカエナ・ゴルゴン〈*Lycaena gorgon*〉昆虫綱鱗翅目シジミチョウ科の蝶。分布：カリフォルニア州。

リカエナ・サルスティウス〈*Lycaena salustius*〉昆虫綱鱗翅目シジミチョウ科の蝶。分布：ニュージランド。

リカエナ・スタンドフッシ〈*Lycaena standfussi*〉昆虫綱鱗翅目シジミチョウ科の蝶。分布：チベットから中国西部まで，モンゴル。

リカエナ・スノーウィ〈*Lycaena snowi*〉昆虫綱鱗翅目シジミチョウ科の蝶。分布：ロッキー山脈。

リカエナ・スプレンデンス〈*Lycaena splendens*〉昆虫綱鱗翅目シジミチョウ科の蝶。分布：モンゴル，アムール。

リカエナ・トエ〈*Lycaena thoe*〉昆虫綱鱗翅目シジミチョウ科の蝶。分布：北アメリカの大西洋沿いの州，コロラド州。

リカエナ・パバナ〈*Lycaena pavana*〉昆虫綱鱗翅目シジミチョウ科の蝶。分布：ヒマラヤ。

リカエナ・パング〈*Lycaena pang*〉昆虫綱鱗翅目シジミチョウ科の蝶。分布：中国四川省。

リカエナ・フェレデイイ〈*Lycaena feredayi*〉昆虫綱鱗翅目シジミチョウ科の蝶。分布：ニュージーランド。

リカエナ・ヘッレ〈*Lycaena helle*〉昆虫綱鱗翅目シジミチョウ科の蝶。分布：ヨーロッパ中部・北部からロシア，シベリアをへてアムールまで。

リカエナ・ヘッロイデス〈*Lycaena helloides*〉昆虫綱鱗翅目シジミチョウ科の蝶。分布：カナダ南部(ブリティッシュ・コロンビア)，合衆国(オンタリオ，アイオア)からメキシコ西北部。

リカエナ・ヘテロネア〈*Lycaena heteronea*〉昆虫綱鱗翅目シジミチョウ科の蝶。分布：ロッキー(ブリティッシュ・コロンビアからアルバータを経てメキシコ)。

リカエナ・マリポサ〈*Lycaena mariposa*〉昆虫綱鱗翅目シジミチョウ科の蝶。分布：ロッキー山脈，カリフォルニア州。

リカエナ・ルビドウス〈*Lycaena rubidus*〉昆虫綱鱗翅目シジミチョウ科の蝶。分布：カリフォルニア州，オレゴン州。

リカエノプシス・ハラルドウス〈*Lycaenopsis haraldus*〉昆虫綱鱗翅目シジミチョウ科の蝶。分布：スマトラ，マレーシア，ジャワ。

リカス・アルゲンテウス〈*Lycas argenteus*〉昆虫綱鱗翅目セセリチョウ科の蝶。分布：メキシコからブラジルまで。

リキダスアオジャコウアゲハ〈*Battus lycidas*〉昆虫綱鱗翅目アゲハチョウ科の蝶。分布：メキシコからコロンビア，ベネズエラ，エクアドル，ブラジル南部，ボリビア。

リキメネスマエモンジャコウアゲハ〈*Parides lycimenes*〉昆虫綱鱗翅目アゲハチョウ科の蝶。分布：グアテマラ，エクアドル。

リクス・アンプリアトウス〈*Lycus ampliatus*〉昆虫綱甲虫目ベニボタル科。分布：アフリカ中央部・東部。

リクヌクス・ケルスス〈*Lychnuchus celsus*〉昆虫綱鱗翅目セセリチョウ科の蝶。分布：南アメリカ。

リクヌコイデス・オジアス〈*Lychnuchoides ozias*〉昆虫綱鱗翅目セセリチョウ科の蝶。分布：ブラジル南部。

リコレア・ケレス〈*Lycorea ceres*〉昆虫綱鱗翅目マダラチョウ科の蝶。分布：キューバ，ハイチ，トリニダード，ギアナ。

リサコディア・スコリダ〈*Lithacodia squalida*〉昆虫綱鱗翅目ヤガ科コヤガ亜科の蛾。分布：朝鮮半島，中国。

リサンデルマエモンジャコウアゲハ〈*Parides lysander*〉昆虫綱鱗翅目アゲハチョウ科の蝶。分布：コロンビア東部，エクアドル東部，ペルー東部，ギアナ，ブラジル。

リサンドゥラ・アルビカンス〈*Lysandra albicans*〉昆虫綱鱗翅目シジミチョウ科の蝶。分布：アフリカ北部，スペイン。

リシリハマキ〈*Aphelia septentrionalis*〉昆虫綱鱗翅目ハマキガ科の蛾。分布：北海道の利尻島，アラスカのマッキンレー公園。

リシリヒトリ〈*Hyphoraia aulica*〉昆虫綱鱗翅目ヒトリガ科ヒトリガ亜科の蛾。開張38mm。分布：ヨーロッパから日本。

リスアカネ〈*Sympetrum risi*〉昆虫綱蜻蛉目トンボ科の蜻蛉。体長36〜40mm。分布：本州，四国，九州，対馬。

リスジラミ 栗鼠虱〈*Enderleinellus nitzschi*〉昆虫綱虱目リスジラミ科。体長雌0.8mm，雄0.9mm。害虫。

リースヌカカ アキヤマヌカカの別名。

リーチクビナガオサムシ〈*Damaster leechi*〉昆虫綱甲虫目オサムシ科。分布：朝鮮半島(北部・中部)。

リーチタイマイ〈*Graphium leechi*〉昆虫綱鱗翅目アゲハチョウ科の蝶。分布：中国(中部・西部)。

リッタ・アウリクラタ〈*Lytta auriculata*〉昆虫綱甲虫目ツチハンミョウ科。分布：アメリカ合衆国南部。

リッタ・ニティドゥラ〈*Lytta nitidula*〉昆虫綱甲虫目ツチハンミョウ科。分布：アメリカ合衆国南部。

リッタ・マギステル〈*Lytta magister*〉昆虫綱甲虫目ツチハンミョウ科。分布：アメリカ合衆国南部(アリゾナ，カリフォルニア)。

リツリンメクラチビゴミムシ〈*Trechiama exilis*〉昆虫綱甲虫目オサムシ科の甲虫。体長4.8〜5.3mm。

リデンス・ビオッレイイ〈*Ridens biolleyi*〉昆虫綱鱗翅目セセリチョウ科の蝶。分布：コスタリカ。

リデンス・メフィティス〈*Ridens mephitis*〉昆虫綱鱗翅目セセリチョウ科の蝶。分布：ボリビア，中央アメリカ。

リデンス・リデンス〈*Ridens ridens*〉昆虫綱鱗翅目セセリチョウ科の蝶。分布：パナマからブラジルまで。

リトゥラ・アウレア〈*Ritra aurea*〉昆虫綱鱗翅目シジミチョウ科の蝶。分布：マレーシア，ボルネオ。

リノスカファ・トゥリコロル〈*Rhinoscapha tricolor*〉昆虫綱甲虫目ゾウムシ科。分布：ニューギニア。

リノルタ属の一種〈*Rhinortha* sp.〉昆虫綱半翅目ビワハゴロモ科。分布：ザイール。

リパフナエウス・アデルナ〈*Lipaphnaeus aderna*〉昆虫綱鱗翅目シジミチョウ科の蝶。分布：シエラレオネから，コンゴをへてウガンダまで。

リパフナエウス・エッラ〈Lipaphnaeus ella〉昆虫綱鱗翅目シジミチョウ科の蝶。分布：アフリカ南部からタンザニアまで。

リパフナエウス・レオニナ〈Lipaphnaeus leonina〉昆虫綱鱗翅目シジミチョウ科の蝶。分布：シエラレオネからカメルーンまで。

リビテア・ナリナ〈Libythea narina〉昆虫綱鱗翅目テングチョウ科の蝶。分布：フィリピン，ニューギニア，スンバワ島。

リビテア・レピタ〈Libythea lepita〉昆虫綱鱗翅目テングチョウ科の蝶。分布：インドから中国西部まで。

リビティナ・キュビエリ〈Libythina cuvieri〉昆虫綱鱗翅目タテハチョウ科の蝶。分布：アマゾン。

リフィラ・カストウニア〈Liphyra castnia〉昆虫綱鱗翅目シジミチョウ科の蝶。分布：ニューギニア。

リプテナ・イデオイデス〈Liptena ideoides〉昆虫綱鱗翅目シジミチョウ科の蝶。分布：ウガンダ。

リプテナ・イルマ〈Liptena ilma〉昆虫綱鱗翅目シジミチョウ科の蝶。分布：シエラレオネからコンゴおよびウガンダ，アンゴラ。

リプテナ・ウンディナ〈Liptena undina〉昆虫綱鱗翅目シジミチョウ科の蝶。分布：アフリカ中央部。

リプテナ・ウンドゥラリス〈Liptena undularis〉昆虫綱鱗翅目シジミチョウ科の蝶。分布：ナイジェリアからコンゴまで。

リプテナ・エウクリネス〈Liptena eukrines〉昆虫綱鱗翅目シジミチョウ科の蝶。分布：ローデシア。

リプテナ・オトゥラウガ〈Liptena otlauga〉昆虫綱鱗翅目シジミチョウ科の蝶。分布：ナイジェリアからカメルーンまで。

リプテナ・オパカ〈Liptena opaca〉昆虫綱鱗翅目シジミチョウ科の蝶。分布：カメルーンからガボンまで。

リプテナ・オールブルム〈Liptena o-rubrum〉昆虫綱鱗翅目シジミチョウ科の蝶。分布：カメルーン。

リプテナ・カタリナ〈Liptena catalina〉昆虫綱鱗翅目シジミチョウ科の蝶。分布：シエラレオネからカメルーンまで。

リプテナ・カンピムス〈Liptena campimus〉昆虫綱鱗翅目シジミチョウ科の蝶。分布：カメルーン。

リプテナ・キサントストラ〈Liptena xanthostola〉昆虫綱鱗翅目シジミチョウ科の蝶。分布：ナイジェリアからウガンダまで。

リプテナ・シミリス〈Liptena similis〉昆虫綱鱗翅目シジミチョウ科の蝶。分布：カメルーン。

リプテナ・スブバリエガタ〈Liptena subvariegata〉昆虫綱鱗翅目シジミチョウ科の蝶。分布：カメルーン，コンゴ。

リプテナ・デスペクタ〈Liptena despecta〉昆虫綱鱗翅目シジミチョウ科の蝶。分布：カメルーン。

リプテナ・トゥルバタ〈Liptena turbata〉昆虫綱鱗翅目シジミチョウ科の蝶。分布：カメルーン。

リプテナ・ヌビフェラ〈Liptena nubifera〉昆虫綱鱗翅目シジミチョウ科の蝶。分布：カメルーン。

リプテナ・ファティマ〈Liptena fatima〉昆虫綱鱗翅目シジミチョウ科の蝶。分布：カメルーン。

リプテナ・フェリマニ〈Liptena ferrymani〉昆虫綱鱗翅目シジミチョウ科の蝶。分布：ナイジェリア。

リプテナ・プラエスタンス〈Liptena praestans〉昆虫綱鱗翅目シジミチョウ科の蝶。分布：シエラレオネ。

リプテナ・ヘレナ〈Liptena helena〉昆虫綱鱗翅目シジミチョウ科の蝶。分布：ガーナからカメルーンまで。

リプテナ・ペロブスクラ〈Liptena perobscura〉昆虫綱鱗翅目シジミチョウ科の蝶。分布：カメルーン。

リプテナ・ホメイエリ〈Liptena homeyeri〉昆虫綱鱗翅目シジミチョウ科の蝶。分布：コンゴからローデシアまで。

リプテナ・ホランディ〈Liptena hollandi〉昆虫綱鱗翅目シジミチョウ科の蝶。分布：コンゴ。

リプテナ・リビア〈Liptena lybia〉昆虫綱鱗翅目シジミチョウ科の蝶。分布：ガボン。

リプテナ・リビッサ〈Liptena libyssa〉昆虫綱鱗翅目シジミチョウ科の蝶。分布：ナイジェリアからアンゴラ，ウガンダまで。

リブリタ・リブリタ〈Librita librita〉昆虫綱鱗翅目セセリチョウ科の蝶。分布：メキシコ，パナマ。

リマノポダ・アクラエイダ〈Lymanopoda acraeida〉昆虫綱鱗翅目ジャノメチョウ科の蝶。分布：エクアドル，ペルー，ボリビア。

リマノポダ・アルボマクラタ〈Lymanopoda albomaculata〉昆虫綱鱗翅目ジャノメチョウ科の蝶。分布：コロンビア，ペルー，ボリビア（いずれも高地）。

リマノポダ・オブソレタ〈Lymanopoda obsoleta〉昆虫綱鱗翅目ジャノメチョウ科の蝶。分布：コロンビア，ベネズエラ，ペルー，ボリビア。

リマノポダ・キンナ〈Lymanopoda cinna〉昆虫綱鱗翅目ジャノメチョウ科の蝶。分布：グアテマラ。

リマノポダ・サミウス〈Lymanopoda samius〉昆虫綱鱗翅目ジャノメチョウ科の蝶。分布：コロンビア。

リマノボダ・ニベア〈Lymanopoda nivea〉昆虫綱鱗翅目ジャノメチョウ科の蝶。分布：エクアドル，コロンビア。

リマノボダ・パナケア〈Lymanopoda panacea〉昆虫綱鱗翅目ジャノメチョウ科の蝶。分布：エクアドル，ペルー。

リマノボダ・ラブダ〈Limanopoda labda〉昆虫綱鱗翅目ジャノメチョウ科の蝶。分布：コロンビア，エクアドル。

リムナス・アエガテス〈Lymnas aegates〉昆虫綱鱗翅目シジミタテハ科の蝶。分布：ボリビア，ペルー，アルゼンチン。

リムナス・アンブリッリス〈Lymnas ambryllis〉昆虫綱鱗翅目シジミタテハ科の蝶。分布：南アメリカ北部。

リムナス・イアルバス〈Lymnas iarbas〉昆虫綱鱗翅目シジミタテハ科の蝶。分布：ベネズエラ，エクアドル，トリニダード。

リムナス・キサリファ〈Lymnas xarifa〉昆虫綱鱗翅目シジミタテハ科の蝶。分布：南アメリカ北部。

リムナス・キナロン〈Lymnas cinaron〉昆虫綱鱗翅目シジミタテハ科の蝶。分布：コロンビアからブラジル南部まで。

リムナス・プルケッリマ〈Lymnas pulcherrima〉昆虫綱鱗翅目シジミタテハ科の蝶。分布：スリナム。

リメニティス・イミタタ〈Limenitis imitata〉昆虫綱鱗翅目タテハチョウ科の蝶。分布：ニアス。

リメニティス・エルウェシ〈Limenitis elwesi〉昆虫綱鱗翅目タテハチョウ科の蝶。分布：チベット。

リメニティス・キオコラティナ〈Limenitis ciocolatina〉昆虫綱鱗翅目タテハチョウ科の蝶。分布：中国西部。

リメニティス・コッティニ〈Limenitis cottini〉昆虫綱鱗翅目タテハチョウ科の蝶。分布：中国西部。

リメニティス・ズレマ〈Limenitis zulema〉昆虫綱鱗翅目タテハチョウ科の蝶。分布：シッキム，ミャンマー。

リメニティス・ダナバ〈Limenitis danava〉昆虫綱鱗翅目タテハチョウ科の蝶。分布：ヒマラヤ，アッサム，ミャンマー。

リメニティス・トゥリベナ〈Limenitis trivena〉昆虫綱鱗翅目タテハチョウ科の蝶。分布：カシミール，パミール，トルキスタン。

リメニティス・ブレドウィ〈Limenitis bredowi〉昆虫綱鱗翅目タテハチョウ科の蝶。分布：アリゾナ州，カリフォルニア州，メキシコ。

リメニティス・ホメイエリ〈Limenitis homeyeri〉昆虫綱鱗翅目タテハチョウ科の蝶。分布：アムール，中国東南部および西部。

リメニティス・リサニアス〈Limenitis lysanias〉昆虫綱鱗翅目タテハチョウ科の蝶。分布：セレベス。

リメニティス・リミレ〈Limenitis lymire〉昆虫綱鱗翅目タテハチョウ科の蝶。分布：セレベス。

リメニティス・レドゥクタ〈Limenitis reducta〉昆虫綱鱗翅目タテハチョウ科の蝶。分布：ヨーロッパ。

リメニティス・ロルクイニ〈Limenitis lorquini〉昆虫綱鱗翅目タテハチョウ科の蝶。分布：アメリカ合衆国西部。

リメニティス・ワイデメーイェリ〈Limenitis weidemeyeri〉昆虫綱鱗翅目タテハチョウ科の蝶。分布：北アメリカの西部地方。

リモガンセスジムシ〈Rhyzodiates rimoganensis〉昆虫綱甲虫目セスジムシ科の甲虫。体長5.5～6.9mm。

リュイスアシナガオトシブミ ルイスアシナガオトシブミの別名。

リュウガヤスデ 竜河馬陸 節足動物門倍脚綱ヒメヤスデ目リュウガヤスデ科の一属Skleroprotopusの総称。

リュウガンコノハカイガラムシ〈Thysanofiorinia nephelii〉昆虫綱半翅目マルカイガラムシ科。レイシに害を及ぼす。

リュウキュウアカスジキヨトウ〈Xipholeucania simillima〉昆虫綱鱗翅目ヤガ科ヨトウガ亜科の蛾。分布：スラウェシ，フィリピンから琉球，奄美大島，沖縄本島，西表島。

リュウキュウアカマエアツバ〈Simplicia ryukyuensis〉昆虫綱鱗翅目ヤガ科クルマアツバ亜科の蛾。分布：九州(南端部)，屋久島，奄美大島，徳之島，沖縄本島，石垣島，西表島，与那国島，小笠原諸島。

リュウキュウアサギマダラ〈Ideopsis similis〉昆虫綱鱗翅目マダラチョウ科の蝶。前翅長46mm。分布：南西諸島(奄美大島以南)。

リュウキュウアシナガグモ〈Tetragnatha makiharai〉蛛形綱クモ目アシナガグモ科の蜘蛛。

リュウキュウアシブトヒメハマキ〈Cryptophlebia repletana〉昆虫綱鱗翅目ハマキガ科の蛾。分布：沖縄本島，西表島，台湾，フィリピン，南インド，スマトラ，スラウェシ，サラワク，ニューギニア，ニューアイルランド，フィジー。

リュウキュウアトキハマキ〈Archips meridionalis〉昆虫綱鱗翅目ハマキガ科の蛾。分布：南西諸島(奄美大島，沖縄本島)。

リュウキュウアブラゼミ〈*Graptopsaltria bimaculata*〉昆虫綱半翅目セミ科。体長53〜65mm。分布：奄美大島, 徳之島, 沖永良部島, 与論島, 沖縄本島, 久米島。

リュウキュウイシュクセンチュウ〈*Tylenchorhynchus leviterminalis*〉ベロノライムス科。体長0.7〜0.9mm。サツマイモ, サトウキビに害を及ぼす。分布：沖縄, 台湾。

リュウキュウウスイロヨトウ〈*Athetis placida*〉昆虫綱鱗翅目ヤガ科カラスヨトウ亜科の蛾。分布：スリランカ, 屋久島以南, 沖縄本島, 宮古島, 石垣島, 大東島。

リュウキュウウラナミジャノメ〈*Ypthima riukiuana*〉昆虫綱鱗翅目ジャノメチョウ科の蝶。準絶滅危惧種(NT)。前翅長24〜26mm。分布：沖縄本島, 渡嘉敷島, 座間味島。

リュウキュウウラボシシジミ〈*Pithecops corvus*〉昆虫綱鱗翅目シジミチョウ科ヒメシジミ亜科の蝶。別名ウライウラボシシジミ。準絶滅危惧種(NT)。前翅長11〜13mm。分布：沖縄本島, 西表島。

リュウキュウオオカミキリモドキ〈*Eobia magna*〉昆虫綱甲虫目カミキリモドキ科の甲虫。体長17mm。

リュウキュウオオスカシバ 琉球大透翅蛾〈*Cephonodes xanthus*〉昆虫綱鱗翅目スズメガ科の蛾。分布：四国(南部), 九州(南部), 種子島, 屋久島, 吐噶喇列島, 奄美大島, 沖縄本島, 西表島。

リュウキュウオオハナムグリ〈*Protaetia lewisi*〉昆虫綱甲虫目コガネムシ科の甲虫。体長30〜32mm。分布：奄美大島以南の南西諸島。

リュウキュウカトリヤンマ〈*Gynacantha ryukyuensis*〉昆虫綱蜻蛉目ヤンマ科の蜻蛉。体長65〜70mm。分布：奄美大島から与那国島までの南西諸島。

リュウキュウキノカワガ〈*Risoba prominens*〉昆虫綱鱗翅目ヤガ科キノカワガ亜科の蛾。開張30〜35mm。分布：インド, 本土南岸, 伊豆諸島御蔵島, 屋久島, 奄美大島, 沖縄本島, 西表島。

リュウキュウギンヤンマ〈*Anax panybeus*〉昆虫綱蜻蛉目ヤンマ科の蜻蛉。体長85mm。分布：吐噶喇列島以南の南西諸島。

リュウキュウクビボソトビハムシ〈*Lipromorpha difficilis*〉昆虫綱甲虫目ハムシ科の甲虫。体長2.5〜2.8mm。

リュウキュウクマゼミ〈*Cryptotympana okinawana*〉昆虫綱半翅目セミ科。

リュウキュウクモガタケシカミキリ〈*Exocentrus takakuwai*〉昆虫綱甲虫目カミキリムシ科フトカミキリ亜科の甲虫。

リュウキュウクルマコヤガ〈*Oruza obliquaria*〉昆虫綱鱗翅目ヤガ科コヤガ亜科の蛾。開張17〜19mm。分布：紀伊半島南岸, 四国, 対馬, 屋久島, 奄美大島, 徳之島, 沖縄本島, 西表島, 九州本土。

リュウキュウクロコガネ〈*Holotrichia loochooana*〉昆虫綱甲虫目コガネムシ科の甲虫。体長19〜21mm。サトウキビに害を及ぼす。分布：奄美以南の南西諸島。

リュウキュウコクワガタ〈*Dorcus amamianus*〉昆虫綱甲虫目クワガタムシ科の甲虫。体長雄24mm, 雌20mm。分布：奄美大島, 沖縄本島。

リュウキュウコナガコメツキ〈*Neotrichophorus aureopilosus*〉昆虫綱甲虫目コメツキムシ科。体長11mm。分布：九州, 南西諸島。

リュウキュウコミスジ リュウキュウミスジの別名。

リュウキュウコモリグモ〈*Pardosa okinawensis*〉蛛形綱クモ目コモリグモ科の蜘蛛。体長雌6〜7mm, 雄5〜6mm。分布：南西諸島(沖縄本島)。

リュウキュウコヤガ〈*Narangodes haemorranta*〉昆虫綱鱗翅目ヤガ科コヤガ亜科の蛾。分布：ベトナム, 沖縄本島, 奄美大島, 徳之島, 沖永良部島。

リュウキュウサビアヤカミキリ〈*Abryna loochooana*〉昆虫綱甲虫目カミキリムシ科の甲虫。体長19〜24mm。

リュウキュウジュウサンホシチビオオキノコムシ〈*Tritoma shibatai*〉昆虫綱甲虫目オオキノコムシ科の甲虫。体長3mm。

リュウキュウジュウニホシチビオオキノコムシ〈*Tritoma loochooana*〉昆虫綱甲虫目オオキノコムシ科の甲虫。体長3〜4mm。

リュウキュウシロカイガラムシ〈*Chionaspis sozanica*〉昆虫綱半翅目マルカイガラムシ科。楓(紅葉)に害を及ぼす。

リュウキュウスジコガネ〈*Anomala cpustulata*〉昆虫綱甲虫目コガネムシ科の甲虫。体長12mm。サトウキビに害を及ぼす。分布：宮古島, 石垣島。

リュウキュウスナゴミムシダマシ〈*Gonocephalum okinawanum*〉昆虫綱甲虫目ゴミムシダマシ科の甲虫。体長6.0〜7.0mm。

リュウキュウセスジゲンゴロウ〈*Copelatus andamanicus*〉昆虫綱甲虫目ゲンゴロウ科の甲虫。体長4.5〜5.1mm。

リュウキュウダエンチビドロムシ〈*Pelochares ryukyuensis*〉昆虫綱甲虫目チビドロムシ科の甲虫。体長2.0〜2.1mm。

リュウキュウダエンマルトゲムシ〈*Chelonarium ohbayashii*〉昆虫綱甲虫目ダエンマルトゲムシ科の甲虫。体長4.4〜5.7mm。

リュウキュウタマツツハムシ〈*Adiscus nigripennis*〉昆虫綱甲虫目ハムシ科の甲虫。体長

4.0〜5.0mm。

リュウキュウダルマアツバ〈*Daona mansueta*〉昆虫綱鱗翅目ヤガ科クチバ亜科の蛾。分布：宮古島。

リュウキュウダンダラカッコウムシ〈*Stigmatium ryukyuense*〉昆虫綱甲虫目カッコウムシ科の甲虫。体長5.5mm。

リュウキュウチビカミキリ〈*Neosybra ryukyuensis*〉昆虫綱甲虫目カミキリムシ科フトカミキリ亜科の甲虫。体長6〜7mm。

リュウキュウチビコバネカミキリ〈*Leptepania ryukyuana*〉昆虫綱甲虫目カミキリムシ科カミキリ亜科の甲虫。体長6mm。分布：屋久島, 奄美大島, 徳之島。

リュウキュウチビジョウカイ〈*Maltypus ryukyuanus*〉昆虫綱甲虫目ジョウカイボン科の甲虫。体長2.0〜2.1mm。

リュウキュウツクネグモ〈*Phoroncidia ryukyuensis*〉蛛形綱クモ目ヒメグモ科の蜘蛛。

リュウキュウツツハムシ〈*Cryptocephalus loochooensis*〉昆虫綱甲虫目ハムシ科の甲虫。体長3.0〜4.0mm。

リュウキュウウツトガ〈*Ancylolomia westwoodi*〉昆虫綱鱗翅目メイガ科の蛾。分布：石垣島, 西表島。

リュウキュウツヤハナムグリ〈*Prataetia pryeri*〉昆虫綱甲虫目コガネムシ科の甲虫。体長16〜25mm。分布：九州(佐田岬), 南西諸島。

リュウキュウドウガネ〈*Anomala xanthopleura*〉昆虫綱甲虫目コガネムシ科の甲虫。体長15〜19mm。分布：沖縄諸島以南の南西諸島。

リュウキュウトゲオトンボ オキナワトゲオトンボの別名。

リュウキュウトビモンハマキ〈*Gnorismoneura exulis*〉昆虫綱鱗翅目ハマキガ科の蛾。分布：奄美大島, 徳之島, 沖縄本島, 西表島, 台湾。

リュウキュウトンボ〈*Hemicordulia okinawensis*〉昆虫綱蜻蛉目エゾトンボ科の蜻蛉。体長50mm。分布：奄美大島, 沖縄本島。

リュウキュウナカジロナミシャク〈*Melanthia catenaria*〉昆虫綱鱗翅目シャクガ科の蛾。分布：沖縄本島, 宮古島, 石垣島, 西表島。

リュウキュウナガタマムシ〈*Agrilus takaii*〉昆虫綱甲虫目タマムシ科の甲虫。体長6.2〜9.5mm。

リュウキュウナガヒメテントウ〈*Nephus ryukyuensis*〉昆虫綱甲虫目テントウムシ科の甲虫。体長1.7〜2.2mm。

リュウキュウノコギリクワガタ オキナワノコギリクワガタの別名。

リュウキュウハグロトンボ〈*Matrona basilaris japonica*〉昆虫綱蜻蛉目カワトンボ科の蜻蛉。体長62mm。分布：奄美大島, 徳之島, 沖縄本島。

リュウキュウハマキ〈*Argyrotaenia affinisana*〉昆虫綱鱗翅目ハマキガ科の蛾。分布：琉球列島, 台湾, 中国, インド。

リュウキュウヒゲジロハサミムシ〈*Carcinophora ryukyuensis*〉昆虫綱革翅目マルムネハサミムシ科。

リュウキュウヒメアメイロカミキリ〈*Longipalpus dilatipennis*〉昆虫綱甲虫目カミキリムシ科カミキリ亜科の甲虫。体長4.0〜5.5mm。分布：南西諸島。

リュウキュウヒメカミキリ〈*Ceresium fuscum*〉昆虫綱甲虫目カミキリムシ科カミキリ亜科の甲虫。体長10〜14mm。分布：四国, 九州, 南西諸島, 伊豆諸島。

リュウキュウヒメジャノメ〈*Mycalesis madjicosa*〉昆虫綱鱗翅目ジャノメチョウ科の蝶。

リュウキュウヒメテントウ〈*Pseudoscymnus hurohime*〉昆虫綱甲虫目テントウムシ科の甲虫。体長1.7〜2.2mm。

リュウキュウヒメヒラタタマムシ〈*Anthaxia moya*〉昆虫綱甲虫目タマムシ科の甲虫。体長3.0〜5.5mm。

リュウキュウヒメミズスマシ〈*Gyrinus ryukyuensis*〉昆虫綱甲虫目ミズスマシ科の甲虫。体長4.1〜5.0mm。

リュウキュウビロウドセセリ オキナワビロウドセセリの別名。

リュウキュウフトスジエダシャク〈*Cleora injectaria*〉昆虫綱鱗翅目シャクガ科の蛾。分布：インドーオーストラリア地域, 屋久島, 奄美大島, 沖縄本島, 西表島, マレーシア, ミャンマー, スリランカ。

リュウキュウベニイトトンボ〈*Ceriagrion auranticum ryukyuanum*〉昆虫綱蜻蛉目イトトンボ科の蜻蛉。体長40mm。分布：鹿児島県が北限で南西諸島全域。

リュウキュウホソシバンムシ〈*Oligomerus chujoi*〉昆虫綱甲虫目シバンムシ科の甲虫。体長3.3〜4.1mm。

リュウキュウホソヒゲヒメハナムシ〈*Litochrus ryukyuensis*〉昆虫綱甲虫目ヒメハナムシ科の甲虫。体長2.5〜2.9mm。

リュウキュウマダラマドガ〈*Rhodoneura splendida*〉昆虫綱鱗翅目マドガ科の蛾。分布：石垣島, 西表島, インドから東南アジア一帯とソロモン群島。

リュウキュウマルムネジョウカイ〈*Prothemus ryukyuanus*〉昆虫綱甲虫目ジョウカイボン科の甲虫。体長8.7〜14.3mm。

リュウキュウミカンサビダニ〈*Phyllocoptruta citri*〉蛛形綱ダニ目フシダニ科。柑橘に害を及ぼす。

リュウキュウミスジ〈*Neptis hylas*〉昆虫綱鱗翅目タテハチョウ科イチモンジチョウ亜科の蝶。別名リュウキュウコミスジ。前翅長26〜30mm。分布：奄美諸島、沖縄諸島、先島諸島。

リュウキュウミドリイエバエ〈*Neomyia indica*〉昆虫綱双翅目イエバエ科。体長6.0〜8.0mm。害虫。

リュウキュウムジホソバ〈*Tigrioides pallens*〉昆虫綱鱗翅目ヒトリガ科の蛾。分布：沖縄本島、石垣島、西表島。

リュウキュウムラサキ 琉球紫蝶〈*Hypolimnas bolina*〉昆虫綱鱗翅目タテハチョウ科ヒオドシチョウ亜科の蝶。黒色で、白色の斑紋がある。開張7〜11mm。分布：インドから、台湾、マレーシア、インドネシア、オーストラリア。珍蝶。

リュウキュウモウセンハナカミキリ〈*Ephies okinawanus*〉昆虫綱甲虫目カミキリムシ科ハナカミキリ亜科の甲虫。体長14mm。

リュウキュウモンハナノミ〈*Tomoxia ryukyuana*〉昆虫綱甲虫目ハナノミ科の甲虫。体長5.0〜6.2mm。

リュウキュウルリボシカミキリ 琉球瑠璃星天牛〈*Glenea chlorospila*〉昆虫綱甲虫目カミキリムシ科フトカミキリ亜科の甲虫。体長9〜14mm。分布：四国、九州、屋久島、奄美大島、沖縄諸島、伊豆諸島。

リュウキュウルリモントンボ〈*Coeliccia ryukyuensis*〉昆虫綱蜻蛉目モノサシトンボ科の蜻蛉。体長50mm。分布：南西諸島中部。

リュウグウニシキシジミ〈*Hypochrysops narcissus*〉昆虫綱鱗翅目シジミチョウ科の蝶。分布：オーストラリア。

リュウジンメクラチビゴミムシ〈*Ryugadous solidior*〉昆虫綱甲虫目オサムシ科の甲虫。体長3.9mm。

リュウゼツランハモグリバエ〈*Liriomyza decempunctata*〉昆虫綱双翅目ハモグリバエ科。

リュウノイワヤナミハグモ〈*Cybaeus ryunoiwayaensis*〉蛛形綱クモ目タナグモ科の蜘蛛。

リュウノメクラチビゴミムシ〈*Awatrechus hygrobius*〉昆虫綱甲虫目オサムシ科の甲虫。絶滅危惧I類(CR+EN)。体長4.0〜4.5mm。

リュデレス・ミナメン〈*Lycoderes minamen*〉昆虫綱半翅目ツノゼミ科。分布：メキシコ、ホンジュラス、エクアドル、ブラジル。

リョウブヒメコバネカミキリ〈*Epania shikokensis*〉昆虫綱甲虫目カミキリムシ科カミキリ亜科の甲虫。体長7〜9mm。分布：四国、九州、屋久島、奄美大島、沖縄諸島。

リョウブモモブトコバネカミキリ リョウブヒメコバネカミキリの別名。

リョウブモモブトヒメコバネカミキリ リョウブヒメコバネカミキリの別名。

リョクモンエダシャク〈*Hypochrosis festivaria*〉昆虫綱鱗翅目シャクガ科の蛾。分布：インドから東南アジア一帯、屋久島、奄美大島、沖永良部島、沖縄本島、石垣島、西表島。

リョクモンオオキンウワバ〈*Diachrysia coreae*〉昆虫綱鱗翅目ヤガ科コヤガ亜科の蛾。開張42〜48mm。分布：朝鮮半島、中国、東北地方北部、四国、九州、対馬。

リリスキオビマダラ〈*Melinaea lilis*〉昆虫綱鱗翅目タテハチョウ科の蝶。黒色とオレンジ色の斑紋をもつ。開張7.0〜7.5mm。分布：メキシコからアマゾン盆地。

リロプテリクス・リラ〈*Lyropteryx lyra*〉昆虫綱鱗翅目シジミタテハ科の蝶。分布：パナマ、コロンビア。

リンゴアオナミシャク〈*Chloroclystis rectangulata*〉昆虫綱鱗翅目シャクガ科ナミシャク亜科の蛾。開張15〜20mm。ナシ類、林檎に害を及ぼす。分布：北海道、本州、四国、九州、対馬、シベリア南東部からヨーロッパ。

リンゴアナアキゾウムシ〈*Dyscerus shikokuensis*〉昆虫綱甲虫目ゾウムシ科の甲虫。体長13〜16mm。桜桃、林檎に害を及ぼす。分布：北海道、本州、四国、九州。

リンゴオオハマキ オオフタスジハマキの別名。

リンゴカキカイガラムシ 林檎蠣介殻虫〈*Lepidosaphes ulmi*〉昆虫綱半翅目マルカイガラムシ科。ナシ類、林檎、楓(紅葉)、桜類に害を及ぼす。分布：北海道、本州。

リンゴカバホソガ〈*Lithocolletis blancardella*〉昆虫綱鱗翅目ホソガ科の蛾。別名キンモンホソガ。開張6.5〜9.5mm。桜桃、林檎、カイドウに害を及ぼす。分布：北海道、本州、九州(別府市、福岡県田主丸町など)、朝鮮半島南部、中国、ロシア南東部。

リンゴカミキリ〈*Oberea japonica*〉昆虫綱甲虫目カミキリムシ科フトカミキリ亜科の甲虫。体長13〜21mm。桃、スモモ、林檎、桜類、桜桃、梅、アンズに害を及ぼす。分布：本州、四国、九州、屋久島。

リンゴカレハ 林檎枯葉蛾〈*Odonestis pruni*〉昆虫綱鱗翅目カレハガ科の蛾。開張雄50mm、雌

リンコキシ

60mm。桜桃、ナシ類、林檎、栗に害を及ぼす。分布：ヨーロッパから中国、台湾、北海道、本州、四国、九州、対馬、屋久島。

リンゴキジラミ〈*Psylla mali*〉昆虫綱半翅目キジラミ科。体長3mm。林檎に害を及ぼす。分布：北海道、本州。

リンゴキマダラハマキ ウスアミメキハマキの別名。

リンゴクロカスミカメ〈*Pseudophylus flavipes*〉昆虫綱半翅目カスミカメムシ科。体長3.5mm。林檎に害を及ぼす。分布：北海道、本州、沿海州。

リンゴクロチビガ リンゴクロムグリチビガの別名。

リンゴクロムグリチビガ〈*Stigmella pomella*〉ムグリチビガ科の蛾。開張4.5〜6.0mm。林檎に害を及ぼす。

リンゴクロモグリチビガ リンゴクロムグリチビガの別名。

リンゴケンモン〈*Acronicta incretata*〉昆虫綱鱗翅目ヤガ科ケンモンヤガ亜科の蛾。開張45〜50mm。柿、梅、アンズ、桜桃、桃、スモモ、林檎、バラ類、桜類に害を及ぼす。分布：沿海州、サハリン、朝鮮半島、日本、中国中部。

リンゴコカクモンハマキ コカクモンハマキの別名。

リンゴコシンクイ〈*Grapholita inopinata*〉昆虫綱鱗翅目ハマキガ科の蛾。開張9〜12mm。林檎に害を及ぼす。分布：本州(東北及び中部の寒冷地)、朝鮮半島、中国。

リンゴコブアブラムシ〈*Ovatus malisuctus*〉昆虫綱半翅目アブラムシ科。体長1.5mm。林檎に害を及ぼす。分布：北海道、本州、朝鮮半島、台湾、中国。

リンゴコブガ 林檎瘤蛾〈*Mimerastria mandschuriana*〉昆虫綱鱗翅目コブガ科の蛾。開張17〜24mm。林檎、桜類に害を及ぼす。分布：北海道、本州、四国、九州、対馬、朝鮮半島、サハリン、シベリア南東部。

リンゴコフキゾウムシ〈*Phyllobius armatus*〉昆虫綱甲虫目ゾウムシ科の甲虫。体長8.0〜8.5mm。梅、アンズ、林檎に害を及ぼす。分布：本州、四国、九州。

リンゴコフキハムシ 林檎粉吹金花虫〈*Lypesthes ater*〉昆虫綱甲虫目ハムシ科の甲虫。体長6〜7mm。ナシ類、林檎、栗、梅、アンズに害を及ぼす。分布：北海道、本州、四国、九州。

リンゴザイノキクイムシ〈*Xyleborus sp.*〉昆虫綱甲虫目キクイムシ科。体長3mm。林檎に害を及ぼす。

リンゴサビダニ〈*Aculus schlechtendali*〉蛛形綱ダニ目フシダニ科。林檎に害を及ぼす。

リンゴシジミ〈*Strymonidia pruni*〉昆虫綱鱗翅目シジミチョウ科ミドリシジミ亜科の蝶。別名エゾリンゴシジミ。前翅長12〜16mm。分布：北海道。

リンゴシロヒメシンクイ シロヒメシンクイの別名。

リンゴシロヒメハマキ〈*Spilonota ocellana*〉昆虫綱鱗翅目ハマキガ科ノコメハマキガ亜科の蛾。開張13.5〜18.0mm。梅、アンズ、桜桃、ナシ類、桃、スモモ、林檎に害を及ぼす。分布：北半球、北海道から九州。

リンゴスガ〈*Yponomeuta malinellus*〉昆虫綱鱗翅目スガ科の蛾。開張18〜22mm。林檎に害を及ぼす。分布：北海道、本州、サハリン、朝鮮半島、中国東北、小アジア、ユーラシア、ヨーロッパ、北アメリカ。

リンゴチャタテ〈*Psococerastis mali*〉昆虫綱噛虫目チャタテムシ科。

リンゴチュウレンジ〈*Arge mali*〉昆虫綱膜翅目ミフシハバチ科。林檎に害を及ぼす。

リンゴツツミノガ〈*Coleophora serratela*〉昆虫綱鱗翅目ツツミノガ科の蛾。林檎に害を及ぼす。分布：北海道、本州、ヨーロッパ、中央アジア、北アメリカ。

リンゴツノエダシャク 林檎角枝尺蛾〈*Phthonosema tendinosaria*〉昆虫綱鱗翅目シャクガ科エダシャク亜科の蛾。開張45〜58mm。林檎に害を及ぼす。分布：北海道、本州、四国、九州、対馬、屋久島、奄美大島、朝鮮半島、中国東北、シベリア南東部。

リンゴツボミタマバエ〈*Contarinia mali*〉昆虫綱双翅目ハマバエ科。体長雄2mm、雌2.5〜3.0mm。林檎に害を及ぼす。分布：長野県。

リンゴツマキリアツバ〈*Pangrapta obscurata*〉昆虫綱鱗翅目ヤガ科クチバ亜科の蛾。開張26〜29mm。林檎に害を及ぼす。分布：中国からアムール、沿海州、朝鮮半島、北海道から九州、対馬。

リンゴドクガ〈*Calliteara pseudabietis*〉昆虫綱鱗翅目ドクガ科の蛾。雄の前翅は淡い灰白色で、中央に灰褐色の帯、雌は白色。開張5〜7mm。林檎、楓(紅葉)、桜類に害を及ぼす。分布：ヨーロッパ、アジア温帯域、日本。

リンゴナミシャク タテスジナミシャクの別名。

リンゴネコブセンチュウ〈*Meloidogyne mali*〉メロイドギネ科。体長0.7〜1.0mm。桃、スモモ、桑、林檎に害を及ぼす。

リンゴノコカクモンハマキ コカクモンハマキの別名。

リンゴノヒメハナバチ〈*Andrena pruniphora*〉昆虫綱膜翅目ヒメハナバチ科。

リンゴノミゾウムシ〈*Rhamphus pulicarius*〉昆虫綱甲虫目ゾウムシ科。林檎に害を及ぼす。

リンゴハイイロヒメハマキ〈Spilonota lechriaspis〉昆虫綱鱗翅目ハマキガ科ノコメハマキガ亜科の蛾。開張13～16mm。ナシ類, 枇杷, 林檎に害を及ぼす。分布：本州, 四国, 九州, 朝鮮半島, 中国, ロシア(アムール)。

リンゴハダニ 林檎葉壁蝨〈Panonychus ulmi〉節足動物門クモ形綱ダニ目ハダニ科の植物寄生性のダニ。桜桃, ナシ類, 桃, スモモ, 林檎に害を及ぼす。分布：北緯三七度以北の寒冷地。

リンゴハナゾウムシ 林檎花象虫, 林檎花象鼻虫〈Anthonomus pomorum〉昆虫綱甲虫目ゾウムシ科の甲虫。体長3.1～4.5mm。林檎, ナシ類に害を及ぼす。分布：本州。

リンゴハバチ リンゴチュウレンジの別名。

リンゴハマキクロバ 林檎葉巻黒翅蛾〈Illiberis pruni〉昆虫綱鱗翅目マダラガ科の蛾。開張27～30mm。梅, アンズ, ナシ類, 林檎, 桜類に害を及ぼす。分布：北海道, 本州, 四国, 九州, シベリア南東部, 中国北部。

リンゴハマキホソガ〈Caloptilia zachrysa〉昆虫綱鱗翅目ホソガ科の蛾。開張12～14mm。林檎に害を及ぼす。分布：本州, 四国, 九州, インド, スリランカ。

リンゴハマキモドキ 林檎擬葉捲虫〈Choreutis vinosa〉昆虫綱鱗翅目ハマキモドキガ科の蛾。開張10～13mm。林檎に害を及ぼす。分布：北海道, 本州。

リンゴハモグリガ〈Lyonetia prunifoliella〉昆虫綱鱗翅目ハモグリガ科の蛾。別名ギンモンハモグリガ。開張9～11mm。林檎に害を及ぼす。分布：北海道, 本州(中部以北), 朝鮮半島南部, 中国。

リンゴヒゲナガゾウムシ 林檎鬚長象虫〈Phyllobius longicornis〉昆虫綱甲虫目ゾウムシ科の甲虫。体長7.5～9.8mm。林檎に害を及ぼす。分布：北海道, 本州(中部山地以北)。

リンゴピストルミノガ〈Coleophora ringoniella〉昆虫綱鱗翅目ツツミノガ科の蛾。別名ピストルツツガ。開張12～16mm。桜桃, 林檎に害を及ぼす。分布：北海道, 本州。

リンゴヒメシンクイ 林檎姫心喰虫〈Argyresthia conjugella〉昆虫綱鱗翅目メムシガ科の蛾。開張12mm。林檎に害を及ぼす。分布：北海道, 本州, ヨーロッパから東シベリア, ロシア(中央アジア), 北アメリカ。

リンゴフキハムシ リンゴコフキハムシの別名。

リンゴホソガ リンゴハマキホソガの別名。

リンゴマダラヨコバイ〈Orientus ishidae〉昆虫綱半翅目ヨコバイ科の虫。体長6.5mm。林檎に害を及ぼす。分布：北海道, 本州, 四国, 九州。

リンゴミドリアブラムシ〈Ovatus malicolens〉昆虫綱半翅目アブラムシ科の虫。体長1.5mm。林檎に害を及ぼす。分布：北海道, 本州, 九州, 汎世界的。

リンゴモンハマキ〈Archips breviplicanus〉昆虫綱鱗翅目ハマキガ科の蛾。開張雄18～25mm, 雌23～30mm。柿, ハスカップ, 梅, アンズ, 桜桃, ナシ類, 桃, スモモ, 林檎に害を及ぼす。分布：北海道, 本州, 四国, 九州, 朝鮮半島, 中国(東北), ロシア(シベリア, サハリン)。

リンゴワタムシ 林檎綿虫〈Eriosoma lanigera〉昆虫綱半翅目アブラムシ科。体長2mm。林檎に害を及ぼす。分布：北海道, 本州, 世界各地のリンゴ栽培地。

リンシ類 鱗翅類〈Lepidoptera〉昆虫の中で甲虫類に次いで種数が多い一群で, 通常体全体の表面が鱗粉または鱗毛でおおわれている種類。

リンデホソツノクワガタ〈Pholidotus lindei〉昆虫綱甲虫目クワガタムシ科。分布：ブラジル。

リンドウハモグリバエ〈Phytomyza gentianae〉昆虫綱双翅目ハモグリバエ科。リンドウに害を及ぼす。

リンドウホソハマキ〈Phalonidia rubricana〉昆虫綱鱗翅目ホソハマキガ科の蛾。リンドウに害を及ぼす。

リントン・キリクエンシス〈Rhinthon chiriquensis〉昆虫綱鱗翅目セセリチョウ科の蝶。分布：メキシコ, グアテマラ, パナマ。

リンネセイボウ ヨツバコセイボウの別名。

【ル】

ルイスアカマルハバチ〈Nesotomostethus lewisii〉昆虫綱膜翅目ハバチ科。

ルイスアシナガオトシブミ〈Henicolabus lewisi〉昆虫綱甲虫目オトシブミ科の甲虫。体長6mm。分布：本州, 四国, 九州。

ルイスウスイロカネコメツキ〈Nothodes marginipennis〉昆虫綱甲虫目コメツキムシ科の甲虫。体長9～10mm。

ルイスオオキクイムシ〈Hyorrhynchus lewisi〉昆虫綱甲虫目キクイムシ科の甲虫。体長3.5～5.3mm。

ルイスオオゴミムシ ルイスナガゴミムシの別名。

ルイスオサムシ〈Carabus lewisianus〉昆虫綱甲虫目オサムシ科の甲虫。体長18～23mm。分布：本州(箱根, 伊豆半島周辺, 房総半島南部)。

ルイスカネコメツキ〈Cidnopus marginipennis〉昆虫綱甲虫目コメツキムシ科。

ルイスキスイ〈Cryptophagus lewisii〉昆虫綱甲虫目キスイムシ科の甲虫。体長2.6mm。

ルイスクシコメツキ〈Melanotus lewisi〉昆虫綱甲虫目コメツキムシ科の甲虫。体長17～22mm。分布：本州, 四国, 九州, 対馬, 屋久島。

ルイスクビナガハムシ〈*Lilioceris lewisi*〉昆虫綱甲虫目ハムシ科の甲虫。体長7.5mm。分布：本州，四国。

ルイスクビブトハネカクシ〈*Pinophilus lewisius*〉昆虫綱甲虫目ハネカクシ科の甲虫。体長8.0～8.5mm。

ルイスクビボソハムシ ルイスクビナガハムシの別名。

ルイスコオニケシキスイ〈*Cryptarcha lewisi*〉昆虫綱甲虫目ケシキスイ科の甲虫。体長2.7～3.9mm。

ルイスコトビハムシ〈*Manobia lewisi*〉昆虫綱甲虫目ハムシ科の甲虫。体長1.5～1.8mm。

ルイスコメツキモドキ〈*Languriomorpha lewisi*〉昆虫綱甲虫目コメツキモドキ科の甲虫。体長6.0～9.5mm。

ルイスザイノキクイムシ〈*Xyleborus lewisi*〉昆虫綱甲虫目キクイムシ科の甲虫。体長3.5～4.5mm。

ルイスジンガサハムシ〈*Thlaspida lewisii*〉昆虫綱甲虫目ハムシ科の甲虫。体長6.0～6.5mm。分布：北海道，本州，四国，九州。

ルイスセスジハネカクシ〈*Anotylus lewisius*〉昆虫綱甲虫目ハネカクシ科の甲虫。体長2.1～2.4mm。

ルイスチビシデムシ〈*Catops angustitarsis*〉昆虫綱甲虫目チビシデムシ科の甲虫。体長3.5mm。

ルイスチビヒラタムシ〈*Notolaemus lewisi*〉昆虫綱甲虫目ヒラタムシ科の甲虫。体長2.2～3.8mm。

ルイスチャイロコガネ〈*Sericania lewisi*〉昆虫綱甲虫目コガネムシ科の甲虫。体長8～10.5mm。

ルイスチャバネキクイゾウムシ〈*Sphaerocorynes lewisianus*〉昆虫綱甲虫目ゾウムシ科の甲虫。体長3.0～3.7mm。

ルイスツノヒョウタンクワガタ〈*Nigidius lewisi*〉昆虫綱甲虫目クワガタムシ科の甲虫。体長13～16mm。分布：四国，九州，対馬，沖縄諸島以北の南西諸島。

ルイスツブゲンゴロウ タテナミツブゲンゴロウの別名。

ルイスツヤムネハネカクシ〈*Quedius lewisius*〉昆虫綱甲虫目ハネカクシ科。

ルイスデオキスイ〈*Carpophilus lewisi*〉昆虫綱甲虫目ケシキスイ科の甲虫。体長2.3～2.8mm。

ルイステントウ〈*Adalia conglomerata*〉昆虫綱甲虫目テントウムシ科の甲虫。体長3.4～4.3mm。

ルイステントウダマシ〈*Panamomus lewisi*〉昆虫綱甲虫目テントウムシダマシ科の甲虫。体長2.1～2.5mm。

ルイスナガカメムシ〈*Mizaldus lewisi*〉昆虫綱半翅目ナガカメムシ科。

ルイスナガキクイムシ〈*Platypus lewisi*〉昆虫綱甲虫目ナガキクイムシ科の甲虫。体長5.5～5.8mm。

ルイスナガゴミムシ〈*Trigonotoma lewisii*〉昆虫綱甲虫目オサムシ科の甲虫。体長18mm。分布：本州，四国，九州。

ルイスナカボソタマムシ〈*Coraebus rusticanus*〉昆虫綱甲虫目タマムシ科の甲虫。体長8～11mm。分布：北海道，本州，四国，九州。

ルイスハナムグリハネカクシ〈*Eusphalerum lewisi*〉昆虫綱甲虫目ハネカクシ科の甲虫。体長2.2～2.5mm。

ルイスハンミョウ〈*Cicindela lewisii*〉昆虫綱甲虫目ハンミョウ科の甲虫。絶滅危惧II類(VU)。体長15～17mm。分布：本州(近畿以西)，四国，九州。

ルイスヒメゴモクムシ〈*Bradycellus lewisi*〉昆虫綱甲虫目オサムシ科の甲虫。体長5.2～5.5mm。

ルイスヒラタガムシ〈*Helochares lewisius*〉昆虫綱甲虫目ガムシ科の甲虫。体長2.4～3.5mm。

ルイスヒラタチビタマムシ〈*Habroloma lewisii*〉昆虫綱甲虫目タマムシ科の甲虫。体長2.5～3.2mm。

ルイスホソカタムシ〈*Gempylodes lewisii*〉昆虫綱甲虫目ホソカタムシ科の甲虫。体長7～11mm。分布：本州，四国，九州。

ルイスメダカハネカクシ〈*Stenus lewisius*〉昆虫綱甲虫目ハネカクシ科の甲虫。体長4.3～4.7mm。

ルイヨウマダラテントウ〈*Epilachna yasutomii*〉昆虫綱甲虫目テントウムシ科の甲虫。体長6.5～8.0mm。分布：北海道(道南)，本州(中部以北)。

ルカスキイロタテハ〈*Cymothoe lucasi*〉昆虫綱鱗翅目タテハチョウ科の蝶。分布：ナイジェリア東部からガボン，ザイールまで。

ルキア・リンバリア〈*Lucia limbaria*〉昆虫綱鱗翅目シジミチョウ科の蝶。分布：オーストラリア。

ルキダ・ルキア〈*Lucida lucia*〉昆虫綱鱗翅目セセリチョウ科の蝶。分布：ブラジル。

ルキッレッラ・カミッサ〈*Lucillella camissa*〉昆虫綱鱗翅目シジミタテハ科の蝶。分布：エクアドル。

ルキニア・シダ〈*Lucinia sida*〉昆虫綱鱗翅目タテハチョウ科の蝶。分布：キューバ，ハイチ，ジャマイカ。

ルソンアサギマダラ〈*Parantica luzonensis*〉昆虫綱鱗翅目マダラチョウ科の蝶。

ルソンカラスアゲハ〈*Papilio chikae*〉昆虫綱鱗翅目アゲハチョウ科の蝶。開張110mm。分布：フィリピン，ルソン島。珍蝶。

ルソンキマダラカミキリ〈*Anoplophora lucipor*〉昆虫綱甲虫目カミキリムシ科の甲虫。分布：フィリピン。

ルソンキマダラセセリ〈Potanthus hyugai〉蝶。

ルソンシマジャノメ〈Ragadia luzonia〉昆虫綱鱗翅目ジャノメチョウ科の蝶。分布：ルソン島, ミンドロ, レイテ, サマールなど。

ルソントゲフチオオウスバカミキリ〈Macrotoma luzonum〉昆虫綱甲虫目カミキリムシ科の甲虫。分布：フィリピン, スラウェシ。

ルソンマネシヒカゲ〈Elymnias melias〉昆虫綱鱗翅目ジャノメチョウ科の蝶。

ルソンミドリカワトンボ〈Neurobasis chinensis luzonensis〉昆虫綱蜻蛉目カワトンボ科。分布：ルソン島(フィリピン)。

ルティランスオオアオコメツキ〈Campsosternus rutilans〉昆虫綱甲虫目コメツキムシ科。分布：スンダ列島, ルソン島, ミンダナオ, パラワン。

ルテオラカザリシロウチョウ〈Delias luteola〉昆虫綱鱗翅目シロチョウ科の蝶。開張60mm。分布：ニューギニア島山地。珍蝶。

ルーテランスキンオサムシ〈Chaetocarabus rutilans〉昆虫綱甲虫目オサムシ科の甲虫。分布：ピレネー山脈。

ルデンス・ルデンス〈Ludens ludens〉昆虫綱鱗翅目セセリチョウ科の蝶。分布：パナマからベネズエラまで。

ルトゥロデス・クレオタス〈Luthrodes cleotas〉昆虫綱鱗翅目シジミチョウ科の蝶。分布：ニューギニア, ソロモン諸島, ビスマルク群島。

ルビーアカヤドリコバチ ルビー赤寄生小蜂〈Aniceitus beneficus〉節足動物門昆虫綱膜翅目トビコバチ科。体長雌1.6mm, 雄1mm。分布：本州, 四国, 九州。

ルビーアカヤドリトビコバチ ルビーアカヤドリコバチの別名。

ルビーキヤドリトビコバチ〈Microterys speciosus〉昆虫綱膜翅目トビコバチ科。

ルビークロヤドリコバチ〈Coccophagus hawaiiensis〉昆虫綱膜翅目ツヤコバチ科。

ルビーフサトビコバチ〈Cheiloneurus ceroplastis〉昆虫綱膜翅目トビコバチ科。

ルビーロウカイガラムシ〈Ceroplastes rubens〉昆虫綱半翅目カタカイガラムシ科。体長3〜4mm。柑橘, 茶, クチナシ, ゲッケイジュ, 椿, 山茶花, モッコク, 柿, ナシ類に害を及ぼす。

ルビーロウムシ ルビーロウカイガラムシの別名。

ルーベンスチビゴミムシ〈Aphaenops loubensi〉昆虫綱甲虫目ゴミムシ科。分布：サン・マルタン洞(ピレネー山脈)。

ルミアコノハチョウ アフリカコノハチョウの別名。

ルーミスシジミ〈Panchala ganesa loomisi〉昆虫綱鱗翅目シジミチョウ科ミドリシジミ亜科の蝶。絶滅危惧II類(VU)。前翅長13〜15mm。分布：本州(房総半島が北限), 四国, 九州。

ルリアカシアシジミ〈Zinaspa todara〉昆虫綱鱗翅目シジミチョウ科の蝶。

ルリアカネタテハ〈Callithea buckleyi f. staudingeri〉昆虫綱鱗翅目タテハチョウ科の蝶。分布：エクアドル, アマゾン上流。

ルリアシナガハリバエ 瑠璃脚長針蠅〈Janthinomyia felderi〉昆虫綱双翅目アシナガヤドリバエ科。分布：北海道。

ルリアブバエ ルリハナアブの別名。

ルリアリ 瑠璃蟻〈Iridomyrmex itoi〉昆虫綱膜翅目アリ科。体長2.0〜3.5mm。分布：本州中部太平洋岸から四国, 九州。害虫。

ルリイクビチョッキリ〈Deporaus mannerheimi〉昆虫綱甲虫目オトシブミ科の甲虫。体長3.2〜4.4mm。

ルリイトトンボ 瑠璃糸蜻蛉〈Enallagma boreale circulatum〉昆虫綱蜻蛉目イトトンボ科の蜻蛉。体長35mm。分布：本州。

ルリイナズマ〈Tanaecia iapis〉昆虫綱鱗翅目タテハチョウ科の蝶。

ルリイロオニカミキリ〈Psalidognathus friendi〉昆虫綱甲虫目カミキリムシ科の甲虫。分布：南アメリカ北部。

ルリイロサビコメツキ〈Chalcolepidius lacordairei〉昆虫綱甲虫目コメツキムシ科。分布：メキシコ, 中央アメリカ。

ルリイロスカシクロバ〈Illiberis consimilis〉昆虫綱鱗翅目マダラガ科の蛾。分布：三重県伊勢市, 藤原町, シベリア南東部。

ルリイロナガアブバエ ルリイロナガハナアブの別名。

ルリイロナガハナアブ 瑠璃色長花虻〈Xylota coquilletti〉昆虫綱双翅目ハナアブ科。分布：日本各地。

ルリイロハラナガハナアブ〈Zelima abiens〉昆虫綱双翅目ハナアブ科。

ルリイロミツオシジミ〈Thaduka multicaudata〉昆虫綱鱗翅目シジミチョウ科の蝶。

ルリウスバカミキリ〈Pyrodes nitidus〉昆虫綱甲虫目カミキリムシ科の甲虫。分布：ブラジル, アルゼンチン。

ルリウスバハムシ〈Stenoluperus cyaneus〉昆虫綱甲虫目ハムシ科の甲虫。体長4mm。分布：北海道, 本州, 九州。

ルリウラナミシジミ〈Jamides bochus〉昆虫綱鱗翅目シジミチョウ科ヒメシジミ亜科の蝶。前翅長

15mm。分布：ヒマラヤから中国中部，マレーシア，台湾，およびオーストラリアまで，日本では八重山諸島。

ルリエンマムシ 瑠璃閻魔虫〈Saprinus speciosus〉昆虫綱甲虫目エンマムシ科の甲虫。体長7mm。分布：本州，四国，九州。

ルリオオキノコムシ〈Aulacochilus bedeli〉昆虫綱甲虫目オオキノコムシ科の甲虫。体長5.5～8.0mm。分布：本州，四国，九州。

ルリオトシブミ 瑠璃落文〈Euops punctatostriatus〉昆虫綱甲虫目オトシブミ科の甲虫。体長3.5mm。分布：北海道，本州，四国，九州。

ルリオナガフタオシジミ〈Hypolycaena erylus〉昆虫綱鱗翅目シジミチョウ科の蝶。分布：シッキムからインドシナ半島，マレーシアからフィリピンまで。

ルリオビコノハチョウ〈Kallima spiridiva〉昆虫綱鱗翅目タテハチョウ科の蝶。分布：スマトラ。

ルリオビコムラサキ〈Doxocopa cherubina〉昆虫綱鱗翅目タテハチョウ科の蝶。翅の裏面は淡褐色で，黒色斑がある。開張6～7mm。分布：中央および南アメリカ。

ルリオビトガリバワモン ルリオビフクロウの別名。

ルリオビナミシャク〈Acasis viretata〉昆虫綱鱗翅目シャクガ科ナミシャク亜科の蛾。開張17～21mm。分布：北海道，本州，四国，九州，朝鮮半島，シベリア東部からヨーロッパ。

ルリオビフクロウ〈Zeuxidia amethystus〉昆虫綱鱗翅目タテハチョウ科の蝶。鋭く尖った前翅と，青紫色の斑紋のある後翅をもつ。開張7～10mm。分布：タイ，マレーシア，スマトラ。

ルリオビフタオチョウ〈Polyura schreiber〉昆虫綱鱗翅目タテハチョウ科の蝶。

ルリオビムラサキ〈Hypolimnas alimena〉昆虫綱鱗翅目タテハチョウ科の蝶。分布：モルッカ諸島，ニューギニア，オーストラリア。

ルリオビヤイロタテハ〈Prothoe franckii〉昆虫綱鱗翅目タテハチョウ科の蝶。開張70mm。分布：インド北部からスンダランドを経てフィリピンまで。珍蝶。

ルリオザリシジミ〈Danis phroso〉昆虫綱鱗翅目シジミチョウ科の蝶。

ルリオカスリタテハ〈Hamadryas velutina〉昆虫綱鱗翅目タテハチョウ科の蝶。開張65mm。分布：ブラジル。珍蝶。

ルリオカタビロオオキノコムシ〈Aulacochilus bedeli〉昆虫綱甲虫目オオキノコムシ科。

ルリカミキリ 瑠璃天牛〈Bacchisa fortunei〉昆虫綱甲虫目カミキリムシ科フトカミキリ亜科の甲虫。体長9～11mm。ナシ類，林檎，カナメモチ，桜類，梅，アンズに害を及ぼす。分布：本州，四国，九州，対馬。

ルリカミキリモドキ〈Anoncodina sambucea〉昆虫綱甲虫目カミキリモドキ科の甲虫。体長8～14mm。

ルリキオビジョウカイモドキ〈Laius takaraensis〉昆虫綱甲虫目ジョウカイモドキ科の甲虫。体長2.7～3.4mm。

ルリキノコムシダマシ〈Tetratoma sakagutii〉昆虫綱甲虫目キノコムシダマシ科の甲虫。体長5～6mm。

ルリキンバエ〈Protophormia terraenovae〉昆虫綱双翅目クロバエ科。体長7～11mm。分布：北海道，本州(北部)。害虫。

ルリクチブトカメムシ 瑠璃口太亀虫〈Zicrona caerulea〉昆虫綱半翅目カメムシ科。体長6～9mm。分布：北海道，本州，四国，九州，南西諸島。

ルリクビボソハムシ〈Lema cirsicola〉昆虫綱甲虫目ハムシ科の甲虫。体長5～6mm。分布：本州，四国，九州。

ルリクロボシカミキリ〈Pseudomyagrus waterhousei〉昆虫綱甲虫目カミキリムシ科の甲虫。分布：マレーシア，スマトラ，ニアス，ジャワ，ボルネオ。

ルリクワガタ 瑠璃鍬形虫〈Platycerus delicatulus〉昆虫綱甲虫目クワガタムシ科の甲虫。体長雄10～13mm，雌10.5～11.0mm。分布：本州，四国，九州。

ルリコガシラハネカクシ 瑠璃小頭隠翅虫〈Philonthus cyanipennis〉昆虫綱甲虫目ハネカクシ科の甲虫。体長12mm。分布：北海道，本州，四国，九州，佐渡，対馬。

ルリコシアカハバチ〈Siobla metallica〉昆虫綱膜翅目ハバチ科。

ルリコナカイガラトビコバチ〈Clausenia purpurea〉昆虫綱膜翅目トビコバチ科。

ルリゴミムシダマシ 瑠璃偽歩行虫〈Encyalesthus violaceipennis〉昆虫綱甲虫目ゴミムシダマシ科の甲虫。体長16mm。分布：北海道，本州，四国，九州。

ルリコンボウハバチ〈Orientabia japonica〉昆虫綱膜翅目コンボウハバチ科。体長13～15mm。分布：日本全土。

ルリサカハチヒメフクロウチョウ〈Dasyophthalma rusina〉昆虫綱鱗翅目フクロウチョウ科の蝶。分布：ブラジル。

ルリサルハムシ〈Basilepta modesta〉昆虫綱甲虫目ハムシ科の甲虫。体長4.2～4.5mm。

ルリジガバチ 瑠璃似我蜂〈*Chalybion japonicum*〉昆虫綱膜翅目ジガバチ科。体長18〜20mm。分布：本州, 四国, 九州。害虫。

ルリシジミ 瑠璃小灰蝶〈*Celastrina argiolus*〉昆虫綱鱗翅目シジミチョウ科ヒメシジミ亜科の蝶。雄は明るい青紫色で, 黒色の細い縁どり, 雌は幅広い黒褐色の縁どり。開張2〜3mm。分布：ヨーロッパ, 北アフリカ, アジア温帯域を経て, 日本。

ルリスジキマワリモドキ〈*Pseudonautes purpurivittatus*〉昆虫綱甲虫目ゴミムシダマシ科の甲虫。体長9mm。分布：九州, 南西諸島。

ルリズヒラタアシバエ〈*Platypeza caeruleoceps*〉昆虫綱双翅目ヒラタアシバエ科。

ルリタテハ 瑠璃蛺蝶〈*Kaniska canace*〉昆虫綱鱗翅目タテハチョウ科ヒオドシチョウ亜科の蝶。青味をおびた黒色で, 外側に淡い色の帯。開張6.0〜7.5mm。分布：インド, スリランカ, マレーシア, フィリピン, 日本。

ルリチビカミナリハムシ〈*Ogloblinia berberii*〉昆虫綱甲虫目ハムシ科の甲虫。体長2.0〜2.5mm。

ルリチビチョッキリ〈*Pselaphorhynchites japonicus*〉昆虫綱甲虫目オトシブミ科の甲虫。体長2.7〜2.8mm。

ルリチュウレンジ 瑠璃鐫花娘子〈*Arge similis*〉昆虫綱膜翅目ミフシハバチ科。体長9mm。ツツジ類に害を及ぼす。分布：日本全土。

ルリツツカッコウムシ〈*Tenerus lewisi*〉昆虫綱甲虫目カッコウムシ科の甲虫。体長5〜7mm。分布：北海道, 本州, 九州。

ルリツヤシンジュタテハ〈*Salamis temora*〉昆虫綱鱗翅目タテハチョウ科の蝶。分布：アフリカ中央部・東部。

ルリツヤタテハ〈*Myscelia orsis*〉昆虫綱鱗翅目タテハチョウ科の蝶。分布：ブラジル。

ルリツヤハダコメツキ〈*Miwacrepidius praenobilis*〉昆虫綱甲虫目コメツキムシ科の甲虫。体長13〜20mm。分布：北海道, 本州, 四国, 九州。

ルリツヤヒメキマワリモドキ〈*Simalura coerulea*〉昆虫綱甲虫目ゴミムシダマシ科の甲虫。体長8.5〜10.5mm。

ルリデオチョッキリ〈*Involvulus apertus*〉昆虫綱甲虫目オトシブミ科の甲虫。体長2.3〜2.4mm。

ルリテントウダマシ 瑠璃偽瓢虫〈*Endomychus gorhami*〉昆虫綱甲虫目テントウムシダマシ科の甲虫。体長3.6〜5.0mm。分布：日本各地。

ルリナガクチキムシ〈*Melandrya shimoyamai*〉昆虫綱甲虫目ナガクチキムシ科の甲虫。体長11〜14mm。

ルリナガスネトビハムシ〈*Psylliodes brettinghami*〉昆虫綱甲虫目ハムシ科の甲虫。体長3.0〜4.0mm。

ルリナカボソタマムシ〈*Coraebus niponicus*〉昆虫綱甲虫目タマムシ科の甲虫。体長8〜11mm。分布：九州(南端部), 種子島, 屋久島, 奄美大島。

ルリノメイガ〈*Udea orbicentralis*〉昆虫綱鱗翅目メイガ科ノメイガ亜科の蛾。開張19〜25mm。分布：北海道, 本州の中部山地, サハリン, シベリア南東部, 中国。

ルリバエ〈*Physiphora aenea*〉昆虫綱双翅目ハネフリバエ科。体長4.0mm。害虫。

ルリハダホソクロバ〈*Rhagades pruni*〉昆虫綱鱗翅目マダラガ科の蛾。開張24〜26mm。分布：本州(北部から中部), 九州, 朝鮮半島からヨーロッパ。

ルリハナアブ 瑠璃花虻〈*Lathyrophthalmus viridis*〉昆虫綱双翅目ハナアブ科。分布：本州, 四国, 九州。

ルリハナカミキリ〈*Anoplodera cyanea*〉昆虫綱甲虫目カミキリムシ科ハナカミキリ亜科の甲虫。別名ミドリハナカミキリ。体長10〜15mm。分布：北海道, 本州, 四国, 九州, 佐渡。

ルリバネウリハムシ〈*Aulacophora loochooensis*〉昆虫綱甲虫目ハムシ科の甲虫。体長7.5〜9.0mm。

ルリバネチビオオキノコムシ〈*Triplax fukudai*〉昆虫綱甲虫目オオキノコムシ科の甲虫。体長3.0〜4.3mm。

ルリバネナガハムシ〈*Liroetis coeruleipennis*〉昆虫綱甲虫目ハムシ科の甲虫。体長6.2〜8.8mm。

ルリハムシ〈*Linaeidea aenea*〉昆虫綱甲虫目ハムシ科の甲虫。体長8mm。分布：北海道, 本州, 四国, 九州。

ルリハラオドリバエ〈*Empis cyaneiventris*〉昆虫綱双翅目オドリバエ科。

ルリバラハバチ〈*Tenthredo sortitor*〉昆虫綱膜翅目ハバチ科。

ルリハリバエ 瑠璃針蠅〈*Gymnochaeta viridis*〉昆虫綱双翅目ヤドリバエ科。体長9〜13mm。分布：北海道, 本州, 九州。

ルリヒゲナガコバネカミキリ〈*Glaphyra cobaltina*〉昆虫綱甲虫目カミキリムシ科カミキリ亜科の甲虫。体長9mm。

ルリヒメジョウカイモドキ 瑠璃姫擬浄海〈*Hypebaeus chlorizans*〉昆虫綱甲虫目ジョウカイモドキ科の甲虫。体長2.6〜3.0mm。分布：本州, 九州。

ルリヒラタカミキリ〈*Callidium violaceum*〉昆虫綱甲虫目カミキリムシ科カミキリ亜科の甲虫。体長8〜16mm。分布：北海道。

ルリヒラタゴミムシ〈*Dicranoncus femoralis*〉昆虫綱虫目オサムシ科の甲虫。体長9mm。分布：北海道, 本州, 四国, 九州, 屋久島。

ルリヒラタヒメハムシ〈*Calomicrus iniquus*〉昆虫綱甲虫目ハムシ科の甲虫。体長5.5mm。分布：本州, 四国。

ルリヒラタムシ 瑠璃扁虫〈*Cucujus mniszechi*〉昆虫綱甲虫目ヒラタムシ科の甲虫。体長20～25mm。分布：北海道, 本州, 四国, 九州。

ルリフタオチョウ(1)〈*Anaea cyanea*〉昆虫綱鱗翅目タテハチョウ科の蝶。分布：エクアドル, ペルー。

ルリフタオチョウ(2)〈*Polygrapha cyanea*〉昆虫綱鱗翅目タテハチョウ科の蝶。分布：エクアドル, ペルー。

ルリホシカタゾウムシ〈*Alcides semperi*〉昆虫綱甲虫目ゾウムシ科。分布：ルソン島。

ルリホシカタゾウムシ〈*Pachyrrhynchus sanchezi*〉昆虫綱甲虫目ゾウムシ科。分布：ルソン島山地。

ルリボシカミキリ 瑠璃星天牛〈*Rosalia batesi*〉昆虫綱甲虫目カミキリムシ科カミキリ亜科の甲虫。体長16～30mm。分布：北海道, 本州, 四国, 九州, 屋久島。

ルリホシカムシ〈*Necrobia violacea*〉昆虫綱甲虫目カッコウムシ科の甲虫。体長4～6mm。分布：北海道, 本州, 四国, 九州。

ルリボシスミナガシ〈*Stibochiona nicea*〉昆虫綱鱗翅目タテハチョウ科の蝶。分布：ヒマラヤ, アッサム, 中国西部, マレーシア。

ルリボシタテハモドキ〈*Junonia hierta*〉昆虫綱鱗翅目タテハチョウ科の蝶。分布：エチオピア区, 東洋区。

ルリボシヤンマ 瑠璃星蜻蜓〈*Aeschna juncea*〉昆虫綱蜻蛉目ヤンマ科の蜻蛉。体長75～80mm。分布：北海道, 本州中部以北。

ルリホソアリモドキ〈*Sapintus nigrocyanellus*〉昆虫綱甲虫目アリモドキ科の甲虫。体長3.2～3.8mm。

ルリホソカッコウムシ〈*Spinzoa coerulea*〉昆虫綱甲虫目カッコウムシ科の甲虫。体長5.0～5.5mm。

ルリホソチョッキリ〈*Eugnamptus amurensis*〉昆虫綱甲虫目オトシブミ科の甲虫。体長4.5～5.0mm。

ルリマエヒゲナガ ホソオビヒゲナガの別名。

ルリマダラ〈*Euploea sylvester*〉昆虫綱鱗翅目マダラチョウ科の蝶。別名ムラサキマダラ。前翅長43mm。分布：インド, マレーシア, ニューギニア, オーストラリア, シッキムからビスマルク群島まで, 台湾。

ルリマルクビゴミムシ〈*Nebria shibanaii*〉昆虫綱甲虫目オサムシ科の甲虫。体長10～13.5mm。分布：北海道。

ルリマルノミハムシ〈*Nonarthra cyaneum*〉昆虫綱甲虫目ハムシ科の甲虫。体長4mm。分布：北海道, 本州, 四国, 九州。

ルリマルハラコバチ 瑠璃円腹小蜂〈*Perilampus japonicus*〉マルハラコバチ科。分布：北海道, 本州。

ルリミズアブ 瑠璃水虻〈*Sargus niphonensis*〉昆虫綱双翅目ミズアブ科。体長9～16mm。分布：日本全土。

ルリムネオニジゴミムシダマシ〈*Hemicera japonica*〉昆虫綱甲虫目ゴミムシダマシ科の甲虫。体長7.0～12.0mm。

ルリムネブトカッコウムシ ルリツツカッコウムシの別名。

ルリモンアゲハ〈*Papilio paris*〉昆虫綱鱗翅目アゲハチョウ科の蝶。後翅に金属色の斑紋がある。開張8～13.5cm。分布：インド, タイ, スマトラ, ジャワの低地。

ルリモンウスバシロチョウ〈*Parnassius szechenyi*〉昆虫綱鱗翅目アゲハチョウ科の蝶。分布：チベット, 中国西部。

ルリモンウラモジタテハ〈*Diaethria astala*〉昆虫綱鱗翅目タテハチョウ科の蝶。分布：メキシコからコロンビアまで。

ルリモンエダシャク〈*Cleora insolita*〉昆虫綱鱗翅目シャクガ科エダシャク亜科の蛾。開張29～32mm。林檎に害を及ぼす。分布：北海道, 本州, 四国, 九州, 屋久島, シベリア南東部。

ルリモンエダシャク キタルリモンエダシャクの別名。

ルリモンオオヒカゲ〈*Antirrhaea avernus*〉昆虫綱鱗翅目ジャノメチョウ科の蝶。分布：エクアドル, ペルー。

ルリモンクチバ〈*Lacera alope*〉昆虫綱鱗翅目ヤガ科クチバ亜科の蛾。開張54～58mm。分布：スリランカ, インド, ボルネオ, スマトラ, ジャワ, フィリピン, スラウェシ, 台湾, 関東南部付近を北限とし, 九州に至る本土域, 対馬, 屋久島, 沖縄本島, 石垣島。

ルリモンシャチホコ〈*Peridea oberthueri*〉昆虫綱鱗翅目シャチホコガ科ウチキシャチホコ亜科の蛾。開張45～50mm。分布：北海道から九州, 伊豆諸島, 御蔵島, 三宅島。

ルリモンジャノメ〈*Elymnias hypermnestra*〉昆虫綱鱗翅目ジャノメチョウ科の蝶。別名ルリモンマネシヒカゲ。開張60mm。分布：ヒマラヤ, インド, スリランカからマレーシア, スマトラ, ジャワ, ボルネオ, 小スンダ列島, 海南島, 台湾。珍蝶。

ルリモンスミナガシ〈*Stibochiona coresia*〉昆虫綱鱗翅目タテハチョウ科の蝶。分布：ジャワ，スマトラ。

ルリモンタテハモドキ ルリボシタテハモドキの別名。

ルリモンハナバチ〈*Thyreus decorus*〉昆虫綱膜翅目ミツバチ科。体長13mm。分布：本州，四国，九州。

ルリモンホソバ〈*Chrisaeglia magnifica*〉昆虫綱鱗翅目ヒトリガ科の蛾。分布：ネパール，シッキム，インド北部，ボルネオ，九州南部，屋久島，奄美大島，西表島。

ルリモンワモン〈*Thaumantis odana*〉昆虫綱鱗翅目ワモンチョウ科の蝶。開張100mm。分布：スンダランド。珍蝶。

ルリヨロイバエ〈*Spaniocelyphus scutatus*〉昆虫綱双翅目ヨロイバエ科。分布：インド東部，スマトラ。

ルンド オオアゴベニカミキリ〈*Euryphagus lundi*〉昆虫綱甲虫目カミキリムシ科の甲虫。分布：アッサム，ミャンマー，マレーシア，ニアス，スマトラ，ジャワ，ボルネオ，パラワン。

【レ】

レイシヒメハマキ〈*Statherotis discana*〉昆虫綱鱗翅目ハマキガ科の蛾。レイシに害を及ぼす。

レウカスピスシロスジタイマイ〈*Eurytides leucaspis leucaspis*〉昆虫綱鱗翅目アゲハチョウ科の蝶。分布：コロンビア，エクアドル，ペルー，ボリビア(アンデス東斜面)。

レウキアスカザリシロチョウ〈*Delias leucias*〉昆虫綱鱗翅目シロチョウ科の蝶。開張45mm。分布：ニューギニア島山地。珍蝶。

レウキディア・エキシグア〈*Leucidia exigua*〉昆虫綱鱗翅目シロチョウ科の蝶。分布：ベネズエラ，ブラジル，トリニダード。

レウキディア・ブレフォス〈*Leucidia brephos*〉昆虫綱鱗翅目シロチョウ科の蝶。分布：ベネズエラからブラジル南部，トリニダード。

レウコキトネア・レブブ〈*Leucochitonea levubu*〉昆虫綱鱗翅目セセリチョウ科の蝶。分布：喜望峰からトランスバールおよびローデシアまで。

レウコキモナ・フィレモン〈*Leucochimona philemon*〉昆虫綱鱗翅目シジミタテハ科の蝶。分布：ギアナ，アマゾン。

レウコキモナ・ラゴラ〈*Leucochimona lagora*〉昆虫綱鱗翅目シジミタテハ科。分布：ニカラグアからコロンビア，エクアドル，ギアナ。

レウコグラフス・バリエガトゥス〈*Leucographus variegatus*〉昆虫綱甲虫目カミキリムシ科の甲虫。分布：マダガスカル。

レオドンタ・タガステ〈*Leodonta tagaste*〉昆虫綱鱗翅目シロチョウ科の蝶。分布：ベネズエラ，エクアドル，ペルー。

レオナ・ステーリ〈*Leona stohri*〉昆虫綱鱗翅目セセリチョウ科の蝶。分布：ガーナからカメルーンまで。

レオナ・レオノラ〈*Leona leonora*〉昆虫綱鱗翅目セセリチョウ科の蝶。分布：ガーナからコンゴまで。

レオニダキノハタテハ〈*Anaea leonida*〉昆虫綱鱗翅目タテハチョウ科の蝶。開張50mm。分布：アマゾン川流域。珍蝶。

レガリスオオクジャクシジミ〈*Evenus regalis*〉昆虫綱鱗翅目シジミチョウ科の蝶。分布：メキシコからアマゾン流域まで。

レコア・メトン〈*Rekoa meton*〉昆虫綱鱗翅目シジミチョウ科の蝶。分布：メキシコからブラジル。

レコンテッラ・グナラ〈*Lecontella gnara*〉昆虫綱甲虫目カッコウムシ科。分布：アメリカ合衆国。

レサスオナガタイマイ〈*Graphium rhesus rhesulus*〉昆虫綱鱗翅目アゲハチョウ科の蝶。分布：スラウェシ南部。

レスキンティス・モルティイ〈*Rhescynthis mortii*〉昆虫綱鱗翅目ヤママユガ科の蛾。分布：ブラジル。

レスビアハカマジャノメ〈*Pierella lesbia*〉昆虫綱鱗翅目ジャノメチョウ科の蝶。分布：コロンビア，エクアドル。

レーダシロチョウ〈*Eronia leda*〉昆虫綱鱗翅目シロチョウ科の蝶。分布：エチオピアからモザンビークを経て南アフリカまでとアンゴラ。

レックスマダラアゲハ〈*Papilio rex*〉昆虫綱鱗翅目アゲハチョウ科の蝶。分布：ナイジェリア，カメルーンおよびアフリカ東部山地。

レテ・アルボリネアタ〈*Lethe albolineata*〉昆虫綱鱗翅目ジャノメチョウ科の蝶。分布：揚子江流域。

レテ・アレテ〈*Lethe arete nagaraja*〉昆虫綱鱗翅目ジャノメチョウ科の蝶。分布：スラウェシ，マルク諸島など。

レテ・インスラリス〈*Lethe insularis*〉昆虫綱鱗翅目ジャノメチョウ科の蝶。分布：中国，台湾。

レテ・エルウェシ〈*Lethe elwesi*〉昆虫綱鱗翅目ジャノメチョウ科の蝶。分布：ヒマラヤから中国西部まで。

レテ・オクラティッシマ〈*Lethe oculatissima*〉昆虫綱鱗翅目ジャノメチョウ科の蝶。分布：中国。

レテ・カンサ〈*Lethe kansa*〉昆虫綱鱗翅目ジャノメチョウ科の蝶。分布：アッサム，シッキム。

レテ・ゴアルパラ〈*Lethe goalpara*〉昆虫綱鱗翅目ジャノメチョウ科の蝶。分布：ヒマラヤ。

レテ・サティリナ〈*Lethe satyrina*〉昆虫綱鱗翅目ジャノメチョウ科の蝶。分布：チベットから上海まで。

レテ・シドニス〈*Lethe sidonis*〉昆虫綱鱗翅目ジャノメチョウ科の蝶。分布：アフガニスタン，ヒマラヤ。

レテ・シノリクス〈*Lethe sinorix*〉昆虫綱鱗翅目ジャノメチョウ科の蝶。分布：シッキム，ブータン，アッサム，ミャンマー北部。

レテ・シルキス〈*Lethe syrcis*〉昆虫綱鱗翅目ジャノメチョウ科の蝶。分布：ジャワ，中国およびベトナム北部。

レテ・スカンダ〈*Lethe scanda*〉昆虫綱鱗翅目ジャノメチョウ科の蝶。分布：ヒマラヤ東部。

レテ・スラ〈*Lethe sura*〉昆虫綱鱗翅目ジャノメチョウ科の蝶。分布：ブータン，アッサム，ミャンマー北部。

レテ・セルボニス〈*Lethe serbonis*〉昆虫綱鱗翅目ジャノメチョウ科の蝶。分布：アッサム，ミャンマーから中国西部まで。

レテ・ダレナ〈*Lethe darena*〉昆虫綱鱗翅目ジャノメチョウ科の蝶。分布：スマトラ，ジャワ，ボルネオ。

レテ・ティタニア〈*Lethe titania*〉昆虫綱鱗翅目ジャノメチョウ科の蝶。分布：中国西部。

レテ・ドゥリペティス〈*Lethe drypetis*〉昆虫綱鱗翅目ジャノメチョウ科の蝶。分布：インド南部，スリランカ。

レテ・ニグリファスキア〈*Lethe nigrifascia*〉昆虫綱鱗翅目ジャノメチョウ科の蝶。分布：中国。

レテノールアゲハ〈*Papilio rhetenor*〉昆虫綱鱗翅目アゲハチョウ科の蝶。分布：インド北部および中国。

レテノールモルフォ〈*Morpho rhetenor*〉昆虫綱鱗翅目タテハチョウ科の蝶。雄は鮮やかな金属光沢をもつ青色。雌はオレンジ色がかった褐色と黒色の模様をもつ。開張13〜15mm。分布：コロンビア，ベネズエラ，エクアドル，フランス領ギアナ，スリナム，ガイアナ。珍蝶。

レテ・バイラバ〈*Lethe bhairava*〉昆虫綱鱗翅目ジャノメチョウ科の蝶。分布：ブータン，アッサム。

レテ・バウキス〈*Lethe baucis*〉昆虫綱鱗翅目ジャノメチョウ科の蝶。分布：中国西部および中部。

レテ・バラデバ〈*Lethe baladeva*〉昆虫綱鱗翅目ジャノメチョウ科の蝶。分布：ヒマラヤ。

レーテヒトリ〈*Euchromia lethe*〉昆虫綱鱗翅目ヒトリガ科の蛾。翅は黒色で，淡い黄色と白色の窓のような模様がある。開張4〜5mm。分布：西アフリカ，コンゴ川流域。

レテ・プロキシマ〈*Lethe proxima*〉昆虫綱鱗翅目ジャノメチョウ科の蝶。分布：中国西部。

レテ・ヘッレ〈*Lethe helle*〉昆虫綱鱗翅目ジャノメチョウ科の蝶。分布：中国西部。

レテ・マイトゥリア〈*Lethe maitrya*〉昆虫綱鱗翅目ジャノメチョウ科の蝶。分布：インド北部，ヒマラヤ地方。

レテ・マンゾルム〈*Lethe manzorum*〉昆虫綱鱗翅目ジャノメチョウ科の蝶。分布：中国西部および中部。

レテ・ミネルバ〈*Lethe minerva*〉昆虫綱鱗翅目ジャノメチョウ科の蝶。分布：ジャワ，マレーシア，バリ島，ロンボク島。

レテ・メカラ〈*Lethe mekara*〉昆虫綱鱗翅目ジャノメチョウ科の蝶。分布：インド北部からスマトラ，ボルネオまで。

レテ・ヤラウリダ〈*Lethe jalaurida*〉昆虫綱鱗翅目ジャノメチョウ科の蝶。分布：ヒマラヤ，中国西部。

レテ・ラティアリス〈*Lethe latiaris*〉昆虫綱鱗翅目ジャノメチョウ科の蝶。分布：シッキム，アッサム，ミャンマー。

レテ・ラナリス〈*Lethe lanaris*〉昆虫綱鱗翅目ジャノメチョウ科の蝶。分布：中国。

レテ・ラビリンテア〈*Lethe labyrinthea*〉昆虫綱鱗翅目ジャノメチョウ科の蝶。分布：中国西部および中部。

レバデア・アランカラ〈*Lebadea alankara*〉昆虫綱鱗翅目タテハチョウ科の蝶。分布：スマトラ，ジャワ，ボルネオ。

レビクカザリシロチョウ〈*Delias levicki*〉昆虫綱鱗翅目シロチョウ科の蝶。分布：ミンダナオ。

レピドクリソプス・アエティオピア〈*Lepidochrysops aethiopia*〉昆虫綱鱗翅目シジミチョウ科の蝶。分布：ナタール，トランスバール。

レピドクリソプス・アリアドゥネ〈*Lepidochrysops ariadne*〉昆虫綱鱗翅目シジミチョウ科の蝶。分布：ナタール。

レピドクリソプス・イグノタ〈*Lepidochrysops ignota*〉昆虫綱鱗翅目シジミチョウ科の蝶。分布：ナタール，トランスバール。

レピドクリソプス・オルティギア〈*Lepidochrysops ortygia*〉昆虫綱鱗翅目シジミチョウ科の蝶。分布：喜望峰からトランスバールまで。

レピドクリソプス・カッフラリアエ〈*Lepidochrysops caffrariae*〉昆虫綱鱗翅目シジミチョウ科の蝶。分布：喜望峰からナタールまで。

レピドクリソプス・ギガンタ〈Lepidochrysops giganta〉昆虫綱鱗翅目シジミチョウ科の蝶。分布：ローデシア。

レピドクリソプス・グラウカ〈Lepidochrysops glauca〉昆虫綱鱗翅目シジミチョウ科の蝶。分布：トランスバール，ローデシア。

レピドクリソプス・グラハミ〈Lepidochrysops grahami〉昆虫綱鱗翅目シジミチョウ科の蝶。分布：喜望峰。

レピドクリソプス・コクシイ〈Lepidochrysops coxii〉昆虫綱鱗翅目シジミチョウ科の蝶。分布：ローデシア南部。

レピドクリソプス・タンタルス〈Lepidochrysops tantalus〉昆虫綱鱗翅目シジミチョウ科の蝶。分布：ナタール，トランスバール。

レピドクリソプス・デリカタ〈Lepidochrysops delicata〉昆虫綱鱗翅目シジミチョウ科の蝶。分布：ローデシア，マラウイ。

レピドクリソプス・ネビッレイ〈Lepidochrysops nevillei〉昆虫綱鱗翅目シジミチョウ科の蝶。分布：ローデシア。

レピドクリソプス・パトゥリキア〈Lepidochrysops patricia〉昆虫綱鱗翅目シジミチョウ科の蝶。分布：アフリカ南部および東部からエチオピアまで。

レピドクリソプス・パルシモン〈Lepidochrysops parsimon〉昆虫綱鱗翅目シジミチョウ科の蝶。分布：シエラレオネからタンザニア，ローデシアまで。

レピドクリソプス・ビクトリアエ〈Lepidochrysops victoriae〉昆虫綱鱗翅目シジミチョウ科の蝶。分布：ケニア，ウガンダ。

レピドクリソプス・プレベイア〈Lepidochrysops plebeia〉昆虫綱鱗翅目シジミチョウ科の蝶。分布：ナタールからローデシアまで。

レピドクリソプス・プロケラ〈Lepidochrysops procera〉昆虫綱鱗翅目シジミチョウ科の蝶。分布：ナタール，トランスバール。

レピドクリソプス・ペクリアリス〈Lepidochrysops peculiaris〉昆虫綱鱗翅目シジミチョウ科の蝶。分布：ローデシア，タンザニアおよびケニア。

レピドクリソプス・ポリディアレクタ〈Lepidochrysops polydialecta〉昆虫綱鱗翅目シジミチョウ科の蝶。分布：ナイジェリア。

レピドクリソプス・メティムナ〈Lepidochrysops methymna〉昆虫綱鱗翅目シジミチョウ科の蝶。分布：喜望峰からナタールまで。

レピドクリソプス・ラクリモサ〈Lepidochrysops lacrimosa〉昆虫綱鱗翅目シジミチョウ科の蝶。分布：ナタール，トランスバール。

レピドクリソプス・レツェア〈Lepidochrysops letsea〉昆虫綱鱗翅目シジミチョウ科の蝶。分布：喜望峰からローデシア，ソマリアまで。

レビナ・レビナ〈Levina levina〉昆虫綱鱗翅目セセリチョウ科の蝶。分布：ブラジル。

レフェリスカ・ビルギニエンシス〈Lephelisca virginiensis〉昆虫綱鱗翅目シジミタテハ科の蝶。分布：フロリダ州からオハイオ州まで。

レフェリスカ・ライティ〈Lephelisca wrighti〉昆虫綱鱗翅目シジミタテハ科の蝶。分布：テキサス州，カリフォルニア州。

レプティディア・ギガンテア〈Leptidia gigantea〉昆虫綱鱗翅目シロチョウ科の蝶。分布：中国中部および西部。

レプトグリルス・デキピエンス〈Leptogryllus decipiens〉昆虫綱直翅目コオロギ科。分布：オアフ島。

レプトシア・キシフィア〈Leptosia xiphia〉昆虫綱鱗翅目シロチョウ科の蝶。分布：インド，スリランカ，マレーシア，フィリピン。

レプトシア・メドゥサ〈Leptosia medusa〉昆虫綱鱗翅目シロチョウ科の蝶。分布：アフリカ西部からコンゴおよびウガンダまで。

レプトネウラ・オキシルス〈Leptoneura oxylus〉昆虫綱鱗翅目ジャノメチョウ科の蝶。分布：アフリカ南東部。

レプトネウラ・クリトゥス〈Leptoneura clytus〉昆虫綱鱗翅目ジャノメチョウ科の蝶。分布：アフリカ南部からナタールまで。

レプトネウラ・スワネポエリ〈Leptoneura swanepoeli〉昆虫綱鱗翅目ジャノメチョウ科の蝶。分布：トランスバール。

レプトフォビア・アリパ〈Leptophobia aripa〉昆虫綱鱗翅目シロチョウ科の蝶。分布：メキシコからエクアドル，ペルー，ブラジル。

レプトフォビア・エウテミア〈Leptophobia euthemia〉昆虫綱鱗翅目シロチョウ科の蝶。分布：コロンビア，ベネズエラ。

レプトフォビア・オリンピア〈Leptophobia olympia〉昆虫綱鱗翅目シロチョウ科の蝶。分布：コロンビア，ペルー，ベネズエラ。

レプトフォビア・カエシア〈Leptophobia caesia〉昆虫綱鱗翅目シロチョウ科の蝶。分布：エクアドル，中央アメリカ，コスタリカ。

レプトフォビア・キネレア〈Leptophobia cinerea〉昆虫綱鱗翅目シロチョウ科の蝶。分布：エクアドル，ペルー，ボリビア。

レプトフォビア・スバルゲンテア〈Leptophobia subargentea〉昆虫綱鱗翅目シロチョウ科の蝶。分布：ペルー。

レプトフォビア・トバリア〈Leptophobia tovaria〉昆虫綱鱗翅目シロチョウ科の蝶。分布：コロンビア，エクアドル，ペルー，ベネズエラ。

レプトフォビア・ネフティス〈Leptophobia nephthis〉昆虫綱鱗翅目シロチョウ科の蝶。分布：ペルー，ボリビア。

レプトフォビア・ピナラ〈Leptophobia pinara〉昆虫綱鱗翅目シロチョウ科の蝶。分布：コロンビア。

レプトミリナ・ヒルンド〈Leptomyrina hirundo〉昆虫綱鱗翅目シジミチョウ科の蝶。分布：アフリカ東部から南へ喜望峰まで。

レプトミリナ・フィディアス〈Leptomyrina phidias〉昆虫綱鱗翅目シジミチョウ科の蝶。分布：マダガスカル。

レプトミリナ・ボスキ〈Leptomyrina boschi〉昆虫綱鱗翅目シジミチョウ科の蝶。分布：エチオピア。

レプトミリナ・ララ〈Leptomyrina lara〉昆虫綱鱗翅目シジミチョウ科の蝶。分布：アフリカ南部，アフリカ東部からエチオピアまで。

レプラオオハイイロカミキリ〈Phryneta leprosa〉昆虫綱甲虫目カミキリムシ科の甲虫。分布：アフリカ西部・中央部・東部。

レプリコルニス・メランクロイア〈Lepricornis melanchroia〉昆虫綱鱗翅目シジミタテハ科の蝶。分布：メキシコ。

レペッラ・レペレティエル〈Lepella lepeletier〉昆虫綱鱗翅目セセリチョウ科の蝶。分布：アフリカ中部。

レーマンエンマゴミムシ〈Machozetus lehmani〉昆虫綱甲虫目ヒョウタンゴミムシ科の甲虫。分布：トルクメニスタン。

レメラナ・ダビシ〈Remelana davisi〉昆虫綱鱗翅目シジミチョウ科の蝶。分布：フィリピン。

レモニアス・アガベ〈Lemonias agave〉昆虫綱鱗翅目シジミタテハ科の蝶。分布：コスタリカからコロンビア，トリニダード。

レモニアス・グラフィラ〈Lemonias glaphyra〉昆虫綱鱗翅目シジミタテハ科の蝶。分布：パラグアイ，ブラジル。

レモニアス・ジギア〈Lemonias zygia〉昆虫綱鱗翅目シジミタテハ科の蝶。分布：ギアナ，ベネズエラ，ブラジル。

レモニアス・タラ〈Lemonias thara〉昆虫綱鱗翅目シジミタテハ科の蝶。分布：ギアナ，アマゾン。

レモントビハムシ〈Clitea metallica〉昆虫綱甲虫目ハムシ科の甲虫。体長2.5〜3.3mm。

レレマ・アッキウス〈Lerema accius〉昆虫綱鱗翅目セセリチョウ科の蝶。分布：中央アメリカ，アメリカ合衆国からマサチューセッツ州。

レレマ・リネオサ〈Lerema lineosa〉昆虫綱鱗翅目セセリチョウ科の蝶。分布：ブラジル。

レロデア・エウファラ〈Lerodea eufala〉昆虫綱鱗翅目セセリチョウ科の蝶。分布：フロリダ州からバージニアおよびネブラスカ州，メキシコからパラグアイおよびアンチル諸島。

レロデア・エダタ〈Lerodea edata〉昆虫綱鱗翅目セセリチョウ科の蝶。分布：テキサス州，メキシコを南下。

レロフチビシギゾウムシ〈Curculio roelofsi〉昆虫綱甲虫目ゾウムシ科の甲虫。体長1.8〜2.7mm。

レント・レント〈Lento lento〉昆虫綱鱗翅目セセリチョウ科の蝶。分布：コロンビア。

【ロ】

ロイコドロシメシロチョウ〈Pereuta leucodrosime〉昆虫綱鱗翅目タテハチョウ科の蝶。開張70mm。分布：南米北部。珍蝶。

ロエベレッカ・カルブス〈Roeberella calvus〉昆虫綱鱗翅目シジミタテハ科の蝶。分布：ペルー。

ロガエウス・スボパクス〈Logaeus subopacus〉昆虫綱甲虫目カミキリムシ科の甲虫。分布：インド。

ロガニア・ハンプソニ〈Logania hampsoni〉昆虫綱鱗翅目シジミチョウ科の蝶。分布：ニューギニア。

ロガニア・マッサリア〈Logoania massalia〉昆虫綱鱗翅目シジミチョウ科の蝶。分布：アッサムからミャンマーをへてマレーシア，ボルネオまで。

ロガニア・マライイカ〈Logania malayica〉昆虫綱鱗翅目シジミチョウ科の蝶。分布：マレーシアからフィリピンまで。

ロガニア・マルモラタ〈Logania marmorata〉昆虫綱鱗翅目シジミチョウ科の蝶。分布：ミャンマーからマレーシア，ジャワまで。

ロガニア・レギナ〈Logania regina〉昆虫綱鱗翅目シジミチョウ科の蝶。分布：マレーシア，ボルネオ。

ロキシアスウスバシロチョウ〈Parnassius loxias〉昆虫綱鱗翅目アゲハチョウ科の蝶。分布：天山山脈，中国新疆。

ロキセレビア・シルビコラ〈Loxerebia sylvicola〉昆虫綱鱗翅目ジャノメチョウ科の蝶。分布：四川省。

ロキセレビア・ポリフェムス〈Loxerebia polyphemus〉昆虫綱鱗翅目ジャノメチョウ科の蝶。分布：中国西部。

ロサモンタナカザリシロチョウ〈Delias rosamontana〉昆虫綱鱗翅目シロチョウ科の蝶。開張45mm。分布：ニューギニア島山地。珍蝶。

ロサリア・フネブリス〈Rosalia funebris〉昆虫綱甲虫目カミキリムシ科の甲虫。分布：アラスカ，北アメリカ西部。

ロスチャイルドトリバネアゲハ〈Ornithoptera rothschildi〉昆虫綱鱗翅目アゲハチョウ科の蝶。開張雄135mm，雌160mm。分布：西ニューギニア高地。珍蝶。

ロスチャイルドルリオビタテハ〈Prepona rothschildi〉昆虫綱鱗翅目タテハチョウ科の蝶。開張80mm。分布：アマゾン，ギアナ。珍蝶。

ローゼンベルクオウゴンオニクワガタ〈Allotopus rosenbergi〉昆虫綱甲虫目クワガタムシ科の甲虫。分布：ジャワ。

ローゼンベルクカザリシロチョウ（スラウェシ南部亜種）〈Delias rosenbergi chrysoleuca〉昆虫綱鱗翅目タテハチョウ科の蝶。分布：スラウェシ南部。

ローダインコブバエ〈Cordylobia rodhaini〉昆虫綱双翅目クロバエ科。体長11〜14mm。害虫。

ロッキーアポロチョウ〈Parnassius clodius〉昆虫綱鱗翅目アゲハチョウ科の蝶。分布：オレゴン州，カリフォルニア州。

ロッキーモンキチョウ〈Colias occidentalis〉昆虫綱鱗翅目シロチョウ科の蝶。分布：アメリカ合衆国。

ロッコウヒメハマキ〈Coenobiodes acceptana〉昆虫綱鱗翅目ハマキガ科の蛾。分布：神戸六甲山。

ロディニア・カルファルニア〈Rodinia calpharnia〉昆虫綱鱗翅目シジミタテハ科の蝶。分布：アマゾン上流地方。

ロドゥッサ・ビオラ〈Rhodussa viola〉昆虫綱鱗翅目トンボマダラ科の蝶。分布：アマゾン上流地方。

ロトングス・アベスタ〈Lotongus avesta〉昆虫綱鱗翅目セセリチョウ科の蝶。分布：マレーシア，スマトラ，ボルネオ。

ロトングス・オナラ〈Lotongus onara〉昆虫綱鱗翅目セセリチョウ科の蝶。分布：ジャワ。

ロトングス・サララ〈Lotongus sarala〉昆虫綱鱗翅目セセリチョウ科の蝶。分布：アッサムから中国西部，海南島。

ロトングス・タプロバヌス〈Lotongus taprobanus〉昆虫綱鱗翅目セセリチョウ科の蝶。分布：セレベス。

ロニノナガタマムシ〈Agrilus ronino〉昆虫綱甲虫目タマムシ科の甲虫。体長4.0〜6.2mm。

ロビンネダニ〈Rhizoglyphus robini〉蛛形綱ダニ目コナダニ科のダニ。体長雌0.7mm，雄0.6mm。イリス類，グラジオラス，マリゴールド類，アマリリス，水仙，チューリップ，ユリ類，リンドウ，サトイモ，ユリ科野菜に害を及ぼす。分布：九州以北の日本各地。

ロファクリス・クリスタタ〈Lophacris cristata〉昆虫綱直翅目バッタ科。分布：メキシコ，中米諸国，南米北部。

ロファクリス・フンボルティイ〈Lophacris humboldtii〉昆虫綱直翅目バッタ科。分布：エクアドル，ペルー，ブラジル。

ロブスターエグリゴマダラ〈Euripus robustus〉昆虫綱鱗翅目タテハチョウ科の蝶。開張雄65mm，雌90mm。分布：スラウェシ島。珍蝶。

ローベルクロハバチ〈Macrophya rohweri〉昆虫綱膜翅目ハバチ科。

ロボクラ・ネポス〈Lobocla nepos〉昆虫綱鱗翅目セセリチョウ科の蝶。分布：中国西部。

ロボクラ・リリアナ〈Lobocla liliana〉昆虫綱鱗翅目セセリチョウ科の蝶。分布：ヒマラヤ西部からミャンマーまで。

ロボメトポン・フシフォルメ〈Lobometopon fusiforme〉昆虫綱甲虫目ゴミムシダマシ科。分布：アメリカ合衆国（アリゾナ）。

ロマノフモンキチョウ〈Colias romanovi〉昆虫綱鱗翅目シロチョウ科の蝶。分布：トルケスタン付近。

【ワ】

ワイギンモンウワバ〈Sclerogenia jessica〉昆虫綱鱗翅目ヤガ科コヤガ亜科の蛾。開張29〜31mm。分布：ほぼ本土域一帯，対馬，屋久島，伊豆諸島。

ワイゲウム・タウマ〈Waigeum thauma〉昆虫綱鱗翅目シジミチョウ科の蝶。分布：ニューギニア，ワイゲウ島。

ワイゲウム・リッベイ〈Waigeum ribbei〉昆虫綱鱗翅目シジミチョウ科の蝶。分布：ニューギニア。

ワイモンルリシジミ〈Amblopala avidiena〉昆虫綱鱗翅目シジミチョウ科の蝶。

ワイルマンシロチョウ〈Delias wilemani〉昆虫綱鱗翅目シロチョウ科の蝶。

ワイルマンネグロシャチホコ〈Disparia nigrofasciata〉昆虫綱鱗翅目シャチホコガ科の蛾。分布：台湾，西表島，石垣島。

ワイルマンヒトリ〈Spilosoma wilemani〉昆虫綱鱗翅目ヒトリガ科の蛾。分布：台湾，伊豆諸島，神津島。

ワカバグモ 若葉蜘蛛〈Oxytate striatipes〉節足動物門クモ形綱真正クモ目カニグモ科の蜘蛛。体長雌10〜12mm，雄8〜10mm。分布：日本全土。

ワカバネコハエトリ〈Phintella castriesiana〉蛛形綱クモ目ハエトリグモ科の蜘蛛。

ワカヤマハマキホソガ〈Caloptilia wakayamensis〉昆虫綱鱗翅目ホソガ科の蛾。分布：本州(和歌山県)。

ワカヤマヒゲナガ〈Nemophora wakayamensis〉昆虫綱鱗翅目マガリガ科の蛾。分布：紀伊半島, 九州。

ワカレサラグモ〈Pityohyphantes phrigianus〉蛛形綱クモ目サラグモ科の蜘蛛。

ワキグロサツマノミダマシ〈Neoscona mellotteei〉蛛形綱クモ目コガネグモ科の蜘蛛。体長雌8～10mm, 雄7～8mm。分布：日本全土。

ワキジロヒメグモ〈Theridion indicis〉蛛形綱クモ目ヒメグモ科の蜘蛛。

ワクドツキジグモ〈Pasilobus bufoninus〉蛛形綱クモ目キレアミグモ科の蜘蛛。

ワクモ 鶏蜱〈Dermanyssus gallinae〉節足動物門クモ形綱ダニ目ワクモ科のダニ。別名ニワトリダニ。ニワトリに外部寄生する。体長0.7～1.0mm。害虫。

ワグラーオオヒゲカミキリ〈Psygmatocerus wagleri〉昆虫綱甲虫目カミキリムシ科の甲虫。分布：ブラジル。

ワケコブアブラムシ〈Myzus ascalonicus〉昆虫綱半翅目アブラムシ科。体長1.6mm。スミレ類に害を及ぼす。分布：本州, 全北区, オーストラリア, ニュージーランド。

ワサビクダアザミウマ〈Liothrips wasabiae〉昆虫綱総翅目クダアザミウマ科。体長雌3.0mm, 雄2.7mm。アブラナ科野菜に害を及ぼす。分布：島根, 山口, 広島県。

ワシバナヒメキクイゾウムシ〈Phloeophagosoma curvirostre〉昆虫綱甲虫目ゾウムシ科の甲虫。体長2.6～3.5mm。

ワシバナヒラタキクイゾウムシ〈Cossonus gibbirostris〉昆虫綱甲虫目ゾウムシ科の甲虫。体長4.9～6.0mm。

ワスレナグモ〈Calommata signatum〉蛛形綱クモ目ジグモ科の蜘蛛。準絶滅危惧種(NT)。体長雌15～18mm, 雄6～8mm。分布：本州(中・南部), 四国, 九州。

ワセンチュウ〈Criconemella sp.〉クリコネマ科。体長0.5～0.7mm。桃, スモモに害を及ぼす。

ワセンチュウ類〈Criconemella spp.〉クリコネマ科。体長0.2～0.5mm。稲, ツツジ類に害を及ぼす。

ワタアカキバガ ワタアカミムシガの別名。

ワタアカキリバ〈Anomis flava〉昆虫綱鱗翅目ヤガ科クチバ亜科の蛾。開張30mm。ナシ類, 桃, スモモ, 葡萄, 柑橘に害を及ぼす。分布：西南部一帯, 中部以北, 北海道, 屋久島。

ワタアカミムシガ 綿赤実蛾〈Pectinophora gossypiella〉昆虫綱鱗翅目キバガ科の蛾。開張16～19mm。繊維作物に害を及ぼす。分布：世界中ほとんどの棉栽培地。

ワタアブラムシ 綿油虫〈Aphis gossypii〉昆虫綱半翅目アブラムシ科。体色は黄緑色, 暗青緑色, 淡黄色と変化に富む。体長1.1～1.9mm。ケイトウ類, キク科野菜, シソ, ナス科野菜, 苺, ユリ科野菜, 無花果, バナナ, ナシ類, 枇杷, 柑橘, 甜菜, コンニャク, 繊維作物, ガーベラ, 菊, キンセンカ, デージー, シクラメン, サボテン類, サルビア, アフリカホウセンカ, 鳳仙花, カーネーション, バラ類, チューリップ, ユリ類, ラン類, ハイビスカス類, アオギリ, インドゴムノキ, 蘇鉄, マサキ, ニシキギ, 桜類, サツマイモ, 隠元豆, 小豆, ササゲ, 大豆, ソバ, オクラ, アカザ科野菜, サトイモ, ウリ科野菜, ジャガイモに害を及ぼす。分布：北海道, 本州, 四国, 九州。

ワダオオキクイムシ〈Pseudohyorrhynchus wadai〉昆虫綱甲虫目キクイムシ科の甲虫。体長2.5～3.8mm。

ワタカタカイガラフサトビコバチ〈Cheiloneurus claviger〉昆虫綱膜翅目トビコバチ科。

ワタカミキリ〈Sybra punctatostriata〉昆虫綱甲虫目カミキリムシ科の甲虫。

ワダカミキリモドキ〈Xanthochroa wadai〉昆虫綱甲虫目カミキリモドキ科の甲虫。体長16～18mm。

ワタキバガ ワタアカミムシガの別名。

ワタコナカイガラムシ〈Maconellicoccus hirsutus〉昆虫綱半翅目コナカイガラムシ科。ハイビスカス類に害を及ぼす。

ワダトガリヒメバチ〈Gambrus wadai〉昆虫綱膜翅目ヒメバチ科。

ワタナベアゲハ〈Menelaides thaiwanus〉昆虫綱鱗翅目アゲハチョウ科の蝶。

ワタナベオジロサナエ〈Stylogomphus shirozui watanabei〉昆虫綱蜻蛉目サナエトンボ科の蜻蛉。体長42mm。分布：西表島。

ワタナベカタホソハネカクシ〈Philydrodes watanabei〉昆虫綱甲虫目ハネカクシ科の甲虫。体長3.1～3.4mm。

ワタナベカレハ〈Gastropacha watanabei〉昆虫綱鱗翅目カレハガ科の蛾。分布：屋久島, 熊本県の内陸山地, 高知県横倉山, 和歌山県大塔山, 秋田県鷹巣町。

ワタナベキンモンホソガ〈Phyllonorycter watanabei〉昆虫綱鱗翅目ホソガ科の蛾。分布：北海道, 四国, 九州。

ワタナベクロオビキバガ〈*Telphusa linearivalvata*〉昆虫綱鱗翅目キバガ科の蛾。分布：屋久島。

ワタナベシジミ〈*Rapala nissa*〉昆虫綱鱗翅目シジミチョウ科の蝶。別名ヒマラヤシジミ。分布：ヒマラヤから中国西部および中部、マレーシア、スマトラ、ジャワ、台湾。

ワタナベシリボンクロバチ〈*Watanabeia afissae*〉シリボソクロバチ科。

ワタナベヒメエダシャク〈*Ninodes watanabei*〉昆虫綱鱗翅目シャクガ科の蛾。分布：対馬、沖縄本島、西表島、台湾、朝鮮半島。

ワタナベホソコメツキダマシ〈*Nematodes watanabei*〉昆虫綱甲虫目コメツキダマシ科の甲虫。体長5.6〜11.6mm。

ワタノシマアザミウマ〈*Ayyaria chaetophora*〉昆虫綱総翅目アザミウマ科。

ワタノメイガ　綿野螟蛾〈*Notarcha derogata*〉昆虫綱鱗翅目メイガ科ノメイガ亜科の蛾。開張22〜34mm。オクラ、繊維作物、ハイビスカス類、アオギリに害を及ぼす。分布：日本全土、朝鮮半島、台湾からアジアの熱帯、亜熱帯、オーストラリア。

ワタノメイガコウラコマユバチ　綿野螟蛾小裏小繭蜂〈*Chelonus tabanus*〉昆虫綱膜翅目コマユバチ科。分布：本州。

ワタフキカイガラムシ　イセリアカイガラムシの別名。

ワタヘリクロノメイガ〈*Diaphania indica*〉昆虫綱鱗翅目メイガ科ノメイガ亜科の蛾。開張25mm。オクラ、ウリ科野菜、繊維作物、ハイビスカス類に害を及ぼす。分布：北海道、本州、四国、九州、対馬、種子島、屋久島、奄美大島、徳之島、沖永良部島、沖縄本島、宮古島、西表島、台湾、朝鮮半島、中国、東洋からアフリカの熱帯。

ワタミヒゲナガゾウムシ〈*Araecerus coffeae*〉昆虫綱甲虫目ヒゲナガゾウムシ科の甲虫。体長3〜5mm。柑橘、ユリ科野菜、貯穀・貯蔵植物性食品に害を及ぼす。分布：本州以南の日本各地、広く熱帯から亜熱帯地域。

ワタミマルハキバガ　シロスジベニマルハキバガの別名。

ワタムシ　綿虫　昆虫綱半翅目同翅亜目アブラムシ上科Aphidoideaに属する昆虫のうち、有翅型で体表に白色のろう質物を分泌するものの総称。

ワタムシヤドリコバチ〈*Aphelinus mali*〉昆虫綱膜翅目ツヤコバチ科。

ワタリオオキチョウ〈*Phoebis sennae*〉昆虫綱鱗翅目シロチョウ科の蝶。分布：南アメリカ、ジャマイカ。

ワタリカラスシジミ〈*Fixsenia watarii*〉昆虫綱鱗翅目シジミチョウ科の蝶。

ワタリビロウドコガネ〈*Nipponoserica peregrina*〉昆虫綱甲虫目コガネムシ科の甲虫。体長7.5〜9.5mm。

ワタリンガ　綿実蛾〈*Earias cupreoviridis*〉昆虫綱鱗翅目ヤガ科リンガ亜科の蛾。分布：本州、南大東島。

ワッレングレニア・オト〈*Wallengrenia otho*〉昆虫綱鱗翅目セセリチョウ科の蝶。Polites corasの同種異名。分布：カナダ東部からテキサス州まで。

ワッレングレニア・オフィテス〈*Wallengrenia ophites*〉昆虫綱鱗翅目セセリチョウ科の蝶。分布：アンチル諸島。

ワッレングレニア・ドルーリイ〈*Wallengrenia druryi*〉昆虫綱鱗翅目セセリチョウ科の蝶。分布：合衆国東部からブラジルまで。

ワモンアカヤドリトビコバチ〈*Anicetus annulatus*〉昆虫綱膜翅目トビコバチ科。

ワモンオビハナノミ〈*Glipa shibatai*〉昆虫綱甲虫目ハナノミ科の甲虫。体長9.5〜12.0mm。

ワモンカタゾウムシ〈*Pachyrrhynchus circulatus*〉昆虫綱甲虫目ゾウムシ科。分布：カタンドワネス、ビラク、ミンダナオ。

ワモンキシタバ〈*Catocala fulminea*〉昆虫綱鱗翅目ヤガ科シタバガ亜科の蛾。開張53〜56mm。梅、アンズ、林檎に害を及ぼす。分布：ユーラシア、北海道、本州、九州。

ワモンゴキブリ　輪紋蜚蠊〈*Periplaneta americana*〉昆虫綱網翅目ゴキブリ科。体長30〜40mm。貯穀・貯蔵植物性食品に害を及ぼす。分布：九州、南西諸島、小笠原諸島。

ワモンコマユバチ〈*Aphrastobracon tibialis*〉昆虫綱膜翅目コマユバチ科。

ワモンサビカミキリ〈*Pterolophia annulata*〉昆虫綱甲虫目カミキリムシ科フトカミキリ亜科の甲虫。体長11〜14mm。分布：本州、四国、九州、佐渡、対馬、南西諸島、伊豆諸島。

ワモンチョウ　輪紋蝶〈*Stichophthalma howqua*〉昆虫綱鱗翅目ワモンチョウ科の蝶。分布：インド北部から中国(中部・南部)、台湾まで。

ワモンチョウ　輪紋蝶　鱗翅目ワモンチョウ科Amathusiidaeに属する昆虫の総称、またはそのうちの一種を指す。

ワモンドウボソカミキリ　シロスジドウボソカミキリの別名。

ワモントゲトゲゾウムシ〈*Colobodes ornatus*〉昆虫綱甲虫目ゾウムシ科の甲虫。体長6.0〜7.4mm。

ワモンナガハムシ〈*Zeugophora annulata*〉昆虫綱甲虫目ハムシ科の甲虫。体長4.5mm。分布：北海道、本州、四国、九州。

ワモンニセカタゾウカミキリ〈Doliops magnifica〉昆虫綱甲虫目カミキリムシ科の甲虫。分布：ルソン島，ネグロス，ミンダナオ。

ワモンノメイガ 環紋野螟蛾〈Nomophila noctuella〉昆虫綱鱗翅目メイガ科ノメイガ亜科の蛾。開張27mm。アカザ科野菜，アブラナ科野菜，キク科野菜に害を及ぼす。分布：全世界。

ワモンヒョウタンゾウムシ〈Sympiezomias lewisii〉昆虫綱甲虫目ゾウムシ科の甲虫。体長6.8～10.0mm。キク科野菜に害を及ぼす。

ワモンマルケシキスイ〈Cyllodes nakanei〉昆虫綱甲虫目ケシキスイ科の甲虫。体長2.3～3.6mm。

ワモンマルタマキノコムシ〈Agathidium annulatum〉昆虫綱甲虫目タマキノコムシ科の甲虫。体長2.9～3.6mm。

ワラジムシ 草鞋虫，鼠姑〈Porcellio scaber〉節足動物門甲殻綱等脚目ワラジムシ科の陸上動物。体長11mm。害虫。

ワラスクシヒゲヤマカミキリ ウォーレスクシヒゲカミキリの別名。

ワラストンオニツヤクワガタ〈Odontolabis wollastoni〉昆虫綱甲虫目クワガタムシ科。分布：マレーシア，スマトラ。

ワラスハタザオツノゼミ ウォーレスハタザオツノゼミの別名。

ワラビツメナシアブラムシ 蕨爪無油虫〈Shinjia pteridifoliae〉昆虫綱半翅目アブラムシ科。分布：本州，九州。

ワラビハバチ〈Aneugmenus kiotonis〉昆虫綱膜翅目ハバチ科。

ワルデンフェルスタテヅノクワガタモドキ〈Autocrates waldenfelsi〉クワガタモドキ科。分布：マレーシア。

ワルトンサルゾウムシ〈Phytobius waltoni〉昆虫綱甲虫目ゾウムシ科の甲虫。体長2.3～2.5mm。

ワレスタイマイ〈Graphium wallacei〉昆虫綱鱗翅目アゲハチョウ科の蝶。分布：モルッカ諸島，ニューギニア。

ワレスルリタマムシ ウォーレスルリタマムシの別名。

ワレモコウチュウレンジ〈Arge cyanocrocea〉昆虫綱膜翅目ミフシハバチ科。

ワレモコウツヤハモグリガ〈Tischeria szoecsi〉昆虫綱鱗翅目ムモンハモグリガ科の蛾。分布：長野県菅平。

ワレモコウハモグリバエ〈Agromyza sulfuriceps〉昆虫綱双翅目ハモグリバエ科。

昆虫2.8万 名前大辞典

2009年2月25日 第1刷発行

発　行　者／大高利夫
編集・発行／日外アソシエーツ株式会社
　　　　　　〒143-8550 東京都大田区大森北1-23-8　第3下川ビル
　　　　　　電話(03)3763-5241(代表)　FAX(03)3764-0845
　　　　　　URL http://www.nichigai.co.jp/
発　売　元／株式会社紀伊國屋書店
　　　　　　〒163-8636 東京都新宿区新宿3-17-7
　　　　　　電話(03)3354-0131(代表)
　　　　　　ホールセール部(営業)　電話(03)6910-0519

電算漢字処理／日外アソシエーツ株式会社
印刷・製本／株式会社平河工業社

不許複製・禁無断転載　　　　　　《中性紙三菱クリームエレガ使用》
〈落丁・乱丁本はお取り替えいたします〉
ISBN978-4-8169-2164-3　　　Printed in Japan, 2009

本書はディジタルデータでご利用いただくことができます。詳細はお問い合わせください。

植物レファレンス事典

A5・1,380頁　定価40,950円（本体39,000円）　2004.1刊
野草・ハーブから熱帯植物まで、27,220種の植物を収録。

植物レファレンス事典Ⅱ （2003-2008補遺）

A5・910頁　定価33,600円（本体32,000円）　2009.1刊
2003～2008年刊行の図鑑・百科事典に収載された13,467種を収録。

動物レファレンス事典

A5・930頁　定価45,150円（本体43,000円）　2004.6刊
哺乳類・鳥類から爬虫類・両生類まで11,610種の動物を収録。

魚類レファレンス事典

A5・1,350頁　定価45,150円（本体43,000円）　2004.12刊
魚類・貝類からサンゴ・クラゲまで、20,982種の水生生物を収録。

昆虫レファレンス事典

A5・1,480頁　定価45,150円（本体43,000円）　2005.5刊
チョウ・甲虫からクモ・多足類まで25,916種の昆虫を収録。

探している生物の図版がどの図鑑・百科事典に収載されているかを調べられる索引事典。収載図鑑名のほか、学名、漢字表記、別名、形状説明、分布説明などの情報も記載。

環境史事典——トピックス1927-2006

A5・650頁　定価14,490円（本体13,800円）　2007.6刊
日本の環境問題に関する出来事を年表形式で一覧。戦前の土呂久鉱害、ゴミの分別収集開始からクールビズ・ロハスまで5,000件のトピックを収録。

植物文化人物事典　江戸から近現代 植物に魅せられた人々

大場秀章 編　A5・640頁　定価7,980円（本体7,600円）　2007.4刊
本草学の時代から現代まで、植物に関して功績を残した人物を集大成。植物学者、農業技術者、園芸家、文人、植物画家、写真家などの1,157人を収録。

データベースカンパニー
日外アソシエーツ
〒143-8550　東京都大田区大森北1-23-8
TEL. (03)3763-5241　FAX. (03)3764-0845　http://www.nichigai.co.jp/